国家出版基金项目

# 中国地区比较新闻史

上卷

主　编　宁树藩
副主编　姚福申　秦绍德

复旦大学出版社

# 目 录

序 …………………………………………………………………… 1
前言 ………………………………………………………………… 1

## 第一部分 总论：中国近现代新闻事业发展的地区轨迹

第一章 外报全面垄断时期(1822—1894) ………………………… 3
第二章 维新运动时期(1895—1898) ……………………………… 13
第三章 辛亥革命准备时期(1899—1911) ………………………… 20
第四章 民国成立初期(1912—1919) ……………………………… 29
第五章 "五四"和第一次国内革命战争时期(1919—1927) ……… 43
第六章 十年内战时期(1927—1937) ……………………………… 59
第七章 全面抗日战争时期(1937—1945) ………………………… 88
第八章 解放战争时期(1946—1949) ……………………………… 117
第九章 社会主义新闻事业的奠基时期(1949.10—1957.春) …… 169
第十章 探索社会主义道路的曲折时期(1957—1978) …………… 191
第十一章 改革开放时期(1978—2000) …………………………… 216

# 第二部分 东北地区

- 第一章 东北地区新闻事业评述 ………………………………… 257
  - 一、东北报业在侵略与反侵略斗争中产生与发展
    (1899—1911) …………………………………………… 257
  - 二、军阀割据时期的东北报业(1912—1931) ……………… 262
  - 三、伪满时期新闻统制和三次新闻整顿(1932—1945.8) …… 266
  - 四、解放战争时期随军进退的东北报业
    (1945.9—1948.11) ……………………………………… 270
  - 五、解放后东北新闻事业的发展及其特色(1948.11—2000) … 274
- 第二章 黑龙江新闻事业发展概要 ……………………………… 279
  - 一、黑龙江古代的新闻传播 ……………………………… 279
  - 二、黑龙江早期的外文报刊 ……………………………… 281
  - 三、黑龙江的近代新闻事业 ……………………………… 284
  - 四、"五四运动"后的黑龙江新闻事业 …………………… 288
  - 五、20世纪20年代黑龙江的外文报刊 ………………… 293
  - 六、黑龙江沦陷时期的报刊 ……………………………… 297
  - 七、抗日联军在黑龙江的报刊 …………………………… 300
  - 八、解放战争时期的黑龙江新闻事业 …………………… 304
  - 九、新中国建立后黑龙江的新闻事业 …………………… 308
  - 十、新时期的黑龙江新闻事业 …………………………… 312
- 第三章 吉林新闻事业发展概要 ………………………………… 315
  - 一、清末吉林报业的产生与发展 ………………………… 315
  - 二、民国初年吉林省的报纸 ……………………………… 321
  - 三、沦陷时期吉林省的报纸 ……………………………… 323
  - 四、解放战争时期的吉林报业 …………………………… 327
  - 五、中华人民共和国成立后吉林的新闻事业 …………… 330
- 第四章 辽宁新闻事业发展概要 ………………………………… 333

一、辛亥革命前的辽宁报业 ……………………………………… 333
　　二、奉系军阀统治的二十年 ……………………………………… 338
　　三、伪满时期的辽宁新闻界 ……………………………………… 345
　　四、从抗战胜利到新建辽宁省 …………………………………… 348
　　五、辽宁新闻事业在曲折中前进 ………………………………… 351

## 第三部分　华北地区

**第一章　华北地区新闻事业评述** ……………………………………… 357
　　一、初创时期(1900年之前) …………………………………… 357
　　二、20世纪初的大发展(1900—1911) ………………………… 362
　　三、在北洋军阀的统治下(1912—1928) ……………………… 366
　　四、南京政府控制时期(1928—1937) ………………………… 371
　　五、全面抗战八年间(1937—1945) …………………………… 375
　　六、为全国解放作贡献(1945—1949) ………………………… 380
　　七、新中国成立以后(1949—1999) …………………………… 384

**第二章　北京新闻事业发展概要** ……………………………………… 390
　　一、北京近代报刊姗姗来迟 ……………………………………… 390
　　二、维新派报刊在北京昙花一现 ………………………………… 391
　　三、各派政治力量纷纷在首都办报 ……………………………… 393
　　四、民初北京新闻业的斗争与发展 ……………………………… 396
　　五、新闻事业在"五四"至北伐时期的变化 …………………… 402
　　六、政治中心南移后的北平新闻事业 …………………………… 406
　　七、北平沦陷时期的新闻界概况 ………………………………… 411
　　八、从胜利到解放北平时期新闻界的剧变 ……………………… 417
　　九、新中国成立后北京新闻业再度辉煌 ………………………… 421

**第三章　天津新闻事业发展概要** ……………………………………… 429
　　一、天津近代报刊的初创时期 …………………………………… 429
　　二、殖民势力的深入与近代报业的发展 ………………………… 432

三、北洋军阀统治下的天津报业·················436
　　四、新闻事业在国民党统治时期的发展···········441
　　五、敌伪时期的天津新闻事业···················445
　　六、解放战争时期的天津新闻事业···············448
　　七、新闻事业在新中国成立后的发展·············451

第四章 河北新闻事业发展概要·························456
　　一、河北新闻事业的起源与清代"京报"···········456
　　二、晚清近代报刊在河北的发展·················458
　　三、民国成立到北伐时期的河北报业·············459
　　四、河北新闻事业在十年内战中的发展···········462
　　五、抗战时期河北新闻事业的艰难历程···········466
　　六、解放战争时期河北的新闻事业···············471
　　七、河北新闻事业在新中国成立后的发展·········474

第五章 山西新闻事业发展概要·························478
　　一、山西报业蹒跚起步·························478
　　二、晚清时期的并州报界·······················480
　　三、阎锡山统治时期的山西新闻事业·············484
　　四、抗战时期的山西报业·······················489
　　五、山西新闻事业迎来沧桑巨变·················496
　　六、解放后山西新闻事业的发展·················500

第六章 内蒙古新闻事业发展概要·······················505
　　一、清末民初·································505
　　二、在"五四"和大革命潮流中···················508
　　三、十年内战时期·····························512
　　四、抗战前后·································516
　　五、新中国成立以后···························522

# 序

由复旦大学新闻学院宁树藩教授立项、牵头、主编,姚福申、秦绍德等四十位学者通力襄助和协作完成的《中国地区比较新闻史》,经过26年的努力,终于杀青问世。这是中国新闻史研究的一项重大成果,它的出版,值得欢迎,值得重视,值得祝贺。

中国新闻史的研究是从地方新闻史开始的。最早问世的姚公鹤的《上海报纸小史》、项士元的《浙江新闻史》,以及胡道静有关上海新闻史的系列著作,蔡寄鸥有关武汉新闻史的专著等,都属于地方新闻史研究的范围。20世纪80至90年代,各省市纷纷修撰地方志,其中就有不少地方新闻史的内容,有的还设立了专"志",或专门的章节。但一部贯穿古今,皋牢百代,卢牟六合,以研究和比较全国各地区新闻史发展历史为主要内容的综合性的专著,则似乎还不曾有过。这说明中国各地区新闻事业发展的历史是不平衡的,也说明这方面相关资料的搜集、整理和比较研究,是有一定的难度的。

现在,这样一部以《中国地区比较新闻史》命名的,以研究和比较全国各地区新闻史发展历史为主要内容的鸿篇巨构,正呈现在读者在面前。她不仅对全国省市地区和港澳台地区的新闻事业的发展,作了全面的历史的概括、勾画、描述和分析,而且在书的最后部分为读者提供了15项包括"调查表""分类统计""报刊名录"等在内的附录,以方便学者作进一步研究时参考。真是功莫大焉,善莫大焉。主编和作者们的创意,他们的辛劳和奉献是十分值得称赞的。

我和宁树藩教授相知相识逾60年。深知他是一位德、才、识兼备的新闻史学者。他是学外语出身的,英文很好,这使得他在治学上从一开始就具有世界眼光。抗日战争时期,他为了求学,曾经随着流亡师生步行从浙江经江西、湖南走到广东的坪石,练出了一双能够长途跋涉和吃得起苦的铁脚板,也练就了一身能够适应各种生活和工作条件的本领。到复旦任教后,他由教政治课、教党史转为教新闻史,有深厚的理论根底和文史基础。50年代中期以后,他专攻中国新闻史,教学研究,成绩斐然,成为一代宗师。我和他虽然不在一个学校,没有在一起参加新中国成立后前30年的各项"运动",但始终相濡以沫,时时存问,并未相忘于江湖。20世纪80年代以后,改革开放,百废俱兴,又和他有了多次合作和切磋的机会。他是我十分尊敬的长者。由他主持编写的这部《中国地区比较新闻史》是他经营了20多年的传世之作。它的出版,将是对不久前逝世的这位长者的一个很好的纪念。

参与这部专著编写工作的是一个老中青结合的班子,既有渊博多识的硕学鸿儒,也有才情敏给的青年俊彦。而姚福申、秦绍德两位学者则为这部书的最后完成和顺利出版作出了重大贡献。没有他们的努力和辛勤付出,这部书不可能这么快收官和出版。他们的业绩,同样值得感念。

《中国地区比较新闻史》经过几十位作者20多年的努力终于杀青问世,我乐观厥成,爰为之序。

2016年6月7日于北京宜园

# 前　言

我们的祖国——中国幅员辽阔,地形复杂,历史悠久,民族、文化多样。

中国是一个政治、经济、文化发展极不平衡的大国。近代以来,外国资本主义的入侵,封建帝国的瓦解和军阀割据,接连不断抵御外侮的抗战和内战,使得不平衡进一步加重。

这种不平衡导致了中国近现代新闻事业在全国各地区表现出很大的差异性。不仅诞生年代有先后,发展规模有大小,而且运行轨迹也不同,形态特点更是千姿百态。若以为中国新闻史只是几个发达中心城市新闻事业的兴衰演变,只是若干位著名记者、报人的奋斗历史,那就错了,太不全面了。一部中国近现代新闻事业史,是包含全国各地区新闻事业发展的全部历史。既有发达地区、中心城市的,也有落后、边缘地区的;既有先行繁荣的,也有后来崛起的;既有汉族的,也有少数民族的。本书展现了全国各地区、各省份近现代新闻事业沿革发展的历史,从这个意义上说,弥补了以往中国新闻史著作的不足和缺漏。

各地区新闻事业发展的差异性,是由各地不同的经济、政治、文化因素制约决定的。虽然从总体上看,经济是经常起作用的因素,但在历史的某些阶段,政治却往往起着决定性的作用。譬如抗日战争时期三个不同的区域——沦陷区、国统区、敌后抗日根据地的新闻事业,就明显表现出不同的发展轨迹和特点。作为政治的最高形式——战争,往往决定着各地区新闻事业的命运，它可以风扫落叶般地摧毁新闻事业，也可以带来重建和勃兴。新中国成立以后，由于全国政令统一和计划经济体制，各地新闻事业的差异性在缩小，同质化在扩大。改革开放以后，由于社会主义市场经济的推动，各地新闻事业"井喷"式发展，创新争先，活力空前增强，又形成了差异性竞争的局面。

有差异，就能比较。有比较，方能接近对规律的认识。中国近现代新闻事业地区发展的不平衡现象，背后存在着深刻的不以人的意志为转移的内在规律性。地区发展的差异是表象，决定地区发展差异的因素却有着许多共同的地方，有某些规律可循。比较，是一种可资认识规律的方法。在其他学科领域，如哲学、文学、经济学、政治学、法学、教育学等，比较研究已展开多年，较为成熟。而在新闻史学领域，尤其是中国新闻史领域，则刚刚开始，还在摸索阶段。本书也是一种尝试，旨在通过比较地区内各省份、全国各地区在同一时段内的发展差异性和相似性，探索形成差异的影响因素及其原因，从而归纳总结我国近现代新闻事业发展的若干规律性思考。与以往新闻史著作不同之处在于，本书更着眼于各地区新闻事业发展规律的思考。

鉴于研究和叙述的方便，本书内容分三个部分：即"总论""地区评述"和"省、自治区、直辖市新闻事业发展概要"（以下简称"概要"）。

"概要"是本书的基础部分，文字数量也最多，系统地叙述各省、市、自治区近现代新闻事业发展的历史。在此基础上比较本省（市、自治区）内不同地区的差异，新闻出版中心的形成，以及和邻近省份的区别。须说明的是，海南省因建制不久，未独立成篇，有关内容写入广东省。

"总论述"是本书之纲，也是最着力的部分。这部分以历史为线索（划分为十一个时期），以地区为落脚点（这里所说的地区，一般会突破行政区划的概念），以全国为视野，阐述新闻事业发展的地区运行轨迹及政治大变动所造成的地区流向；阐述全国报刊重要基地的出现，新闻出版中心的形成及其地位的历史变化，地区中心的形成及辐射情况；阐述报刊多样化发展中的分流与汇合；阐述军阀割据、国民党地方势力对地区新闻事业的影响；阐述广播电视发展中的网络布局、技术进步的特点以及对各地的影响；阐述中西文化碰撞对不同地区、不同城市新闻事业的不同影响,等等。

"地区评述"有东北、华北、华东、华中、华南、西北、西南七篇。地区大致按曾经有过的行政大区与历史习惯划分,台湾列入华东,港、澳列入华南。"地区评述"介于"概要"和"总论"之间,是联系二者的纽带。"地区评述"大致勾画出该地区新闻事业发展的特点,阐述地区新闻出版中心的出现及历史变迁,以及地区内各省的比较。

本书的时间跨度,从鸦片战争前夕中国近代报刊诞生起,截至20世纪末。个别内容延伸至本世纪初。

# 第一部分

# 总论：中国近现代新闻事业发展的地区轨迹

中国是一个幅员辽阔,经济、政治、文化发展又极不平衡的国家,世界各国实所少见。中国新闻事业的发展,由此出现了一个令人注目的现象,即地区的差异性(稍大点的国家也有,但中国更明显些)。它表现于很多方面,并受到多种因素的制约,情况错综复杂。对这一问题的认真探讨,将会大大拓宽中国新闻史的研究领域,活跃研究思路,深化研究层次,将会帮助我们更好地把握中国新闻事业发展的特色和运行规律。这是一项规模宏大的系统工程,需要中国新闻学界通力合作。近年来,地方新闻志和新闻史的编写工作,热潮迭起,成果累累,为这项研究提供了非常有利的条件。本书是一带基础性的尝试之作,所论报业发展的地区轨迹,侧重研究报业发展的地区走向、新闻媒介在全国分布的地区格局、全国和地区报刊出版中心的形成和变动、报业区域特色之呈现等问题。至于中国经济、政治、文化发展不平衡状态对各地报业的不同影响,本文自当涉及,但不作系统论述。

# 第一章

# 外报全面垄断期间(1822—1894)

至19世纪初,近代型报刊在欧美一些主要国家差不多已有一百数十年至二百年的历史了。它已深入社会生活的各个领域,作出了多彩多姿的表演。一股影响深远的改革潮流,正在火热的竞争中悄然兴起,真是热闹非凡,引人神往!

这时,在整个中华大地上,还没有诞生过一份这种近代型报刊。我们看到的只是发源于唐代的古代型《京报》。它不断携带着皇朝信息,自京都辐射至全国。中国的封建社会,自身还不能培育出近代报刊,这是不难理解的。可是当别人已经把它创造出来并置于我们的大门前时,不仅民间无人学办,就是具有无上权威的清廷统治者,也全然无意效法以强化自己的传播系统。目光远大,力主"师夷长技以制夷"的林则徐,在和英国人的斗争中,也只是懂得译报(这已经是很了不起了),还没有考虑过办报,表明中国实在是太落后了。

这就出现了一种异常现象,即近代报刊起初是由西方殖民主义者从外部移植到中国境内的,而且在一个相当长的时期内(约70多年)外报在中国报界处于垄断地位。在此期间,考察中国境内报业发展的地区轨迹状况,就必须考察外国殖民主义势力在中国活动的状况作为总的出发点。

外报是在19世纪20年代由南部的澳门和广州开始进入我国的。澳门出版近代报刊最早,1822年9月创刊的葡文《蜜蜂华报》(*A Abelha da*

China)是中国境内第一份近代报刊。澳门所出的报刊数量也最多,至1839年计出有葡文7种,英文1种,中英文合刊1种,1839年从广州迁来英文报刊3种,可说是相当繁荣了。不过,外报在华的发展,澳门并不担当主要角色。当时的澳门已是葡萄牙统治多年的地区,葡国并无以此为基地对华大举扩张的战略意图。这里所办的大多为葡文报刊,其内容所涉也大多为该国自身事务,与中国关联甚少。它所起的特殊作用,是作为英美人士在广州办报的联络站和回旋地。英美商人和传教士经常为广州办报事务奔走于粤澳之间;在中英关系紧张之时,他们就把广州的报纸迁到澳门以避风头。

主要角色是广州。这里的全部报刊都是为推动外国殖民主义势力进入中国而运转的。着力经营的是英文报刊,至1839年计出有商业报纸5种(英商4种、美商1种),杂志2种。其中有1827年创办、中国第一家英文报纸《广州纪录报》,有提倡自由贸易、重视对华报道的《广州周报》,有由美国传教士主办、出版近20年负有盛名的《中国丛报》。其事业之隆,影响之巨,澳门望尘莫及。外国传教士还在这里办有中文报刊两种,其中1833年创办的《东西洋每月统记传》是中国境内第一家中文近代报刊。当时清廷禁止在广州传教和出版中文报刊,传教士使用种种手段不予理睬,但毕竟障碍较多,难以打开局面。上述两种中文报刊合起来只出了两年,便匆匆结束。

英美传教士为什么不就近选择澳门作为他们的报刊出版基地?当然,这里紧邻广州,又可逃避清政府的干扰,应是理想地区。可是英美传教士所奉行的基督教(新教)和澳门葡萄牙当局所支持的天主教,形同水火,势不相容。当"伦敦布道会"的米怜1813年初次来华甫到澳门时,便被当地政府限令24小时内离境。1833年澳门当局又查封了英国传教士马礼逊设在该地的印刷厂,迫使马氏所办英文周刊《澳门杂文编》停刊。可见,澳门并非他们办报的理想场所。他们之所以把出版基地选在南洋的马六甲、新加坡等地,是经过审慎思考的。

1839年秋由于中英关系紧张,广州的中英文报刊或停或迁,它再次成为无报城市。而澳门除原有两种葡文报纸外,又从广州迁来3种赫赫有名的英文报刊,呈现出一片繁荣景象。这就是澳门上述特殊作用的发挥。鸦片战争的大炮,从东南沿海打开了外报进入中国大陆的通道。《南京条约》

为新的出版地点做好了安排。它们由广州向福州、宁波、上海等新开放的通商城市伸展。自40年代初至1860年,广州出了英文报刊3种,葡文1种;福州出了中、英文报刊各1种;宁波出中文1种;上海出英文5种,中文1种。

最引人注目的是香港报业的兴起。在鸦片战争前,这里只是一个小渔村,与报纸无缘。可是到了1860年,这里先后涌现了英文报刊11种,中文4种,葡文2种,其数量超过包括上海在内的各通商城市所出之总和,而且有不少报纸,如英商办的英文《中国之友》报、《香港纪录报》和《德臣报》,都是影响一时的著名报纸,其中《德臣报》直到1974年才停刊,成为在华历史最长的一家报纸。香港报业为何出现如此异乎寻常的发展势头?其根本原因在于:战后香港在中外(首为英国)贸易中所处的特别重要地位,对办报提出了迫切需求,而英国政府在这里所建立的直接统治和快速发展起来的资本主义现代化建设,又为办报创造了比中国任何城市更为方便的条件[①]。历史为香港的报业发展提供了最好的机遇。

上海在开埠7年后(1850年)开始办报,比香港迟了9年,但较其他各市为早,其报刊数量也为其他各市之冠。《北华捷报》一创刊就十分活跃,摆出与香港一争短长的架势。上海报刊发展的势头强劲,不同凡响。

广州和澳门的地位则明显下降。广州原为外报最繁盛、最活跃的城市,是不可代替的据点。后来变了,战前一些著名的大报,1839年迁走后再迁返的只《中国丛报》一家。该报失去当年的生气,不久也停办。新办的一家英文一家葡文报纸,表现本就平平,一年后闭馆。到了1859年全市一份报刊也没有了。其所以如此,主要原因是广州紧邻香港,当时最需要英文商业报纸,可由香港包揽。而两次鸦片战争中,广州所受侵害最为严重,市民反对外来势力的情绪也最强烈。外国人在这里出版报刊,就多了一层顾虑。更重要的原因,是广州原为清政府对外贸易的唯一口岸,现在中外贸易北移的趋向日渐明显,办报的基本需求削弱了。

澳门,如前所说,它在中国报业上的地位,是由它所起的一种特殊作用

---

① 方汉奇主编:《中国新闻事业通史》,中国人民大学出版社1996版,第289页。

造成的。这种特殊作用就是作为英美在华办报活动的联络点和回旋地。在香港初建百务待举,战局仍不稳定之际,这种特殊作用曾有所发挥。例如,《香港公报》(1841)和香港《中国之友》(1842),都是先在澳门出了创刊号后才回香港出版的。一旦香港条件完善,这一特殊作用便很快消失了。所出3种葡文报刊,所涉大多为与葡国相关的事务,自成系统。澳门的报业未再引起中国社会注意。

和战前一样,办报的仍然是商人和传教士两种人,也仍然是商人办英文报纸、传教士办中文期刊这种基本模式。但这期间出现了一重要倾向,即商人在中外商务急剧发展的推动下大办报纸。自1841年至1860年一共出了约20种英文报纸、1种中文报纸。而传教士则办报的积极性不高,行动滞缓。鸦片战争后他们纷纷来华,至1860年基督教传教士已达百余人。他们将原设在南洋诸地的印刷设备也迁来香港和上海,可是他们当时忙于筹建教堂和从事笼络人心的办学与医疗事业,宣传上又侧重于印刷一些宗教小册子和科技书本,对办报不予重视。至1860年,他们一共只出版了3种期刊,即香港的《遐迩贯珍》、宁波的《中外新报》和上海的《六合丛谈》[①]。这3种期刊的出版时间合计不过10年。这种商业报刊与传教士报刊的严重失衡的状况,又造成了英文报刊与中文报刊的巨大差距。从数量论,英文报刊与中文报刊的比例是6∶1,如果再考虑到英文报刊比中文报刊早出12年,而前者又都是报纸(其中不少是日报),后者大多为期刊,其差距之大就难以计算了。当时的报坛,可以说是英文报纸的世界。这一状况表明,外报还来不及将自己的注意力投向中国读者,并将其影响深入中国社会,这是外报在华发展的早期性表现。这种早期性和外报地区发展的初创阶段是相适应的。

使在华外报地区发展形势发生重大变化的,是第二次鸦片战争。以英国为首的外国人,严重不满《南京条约》的限定,叫嚣以战争扩张他们的势力,在华的英文报纸纷起鼓噪。外国势力及其报刊积极要求向中国大陆推

---

① 据1843年2月出版的《中国丛报》记载,在1843年初,传教士曾出过一份名为《千里镜》的中文月刊,因出版地未明,故暂不计入。

进的愿望,通过第二次鸦片战争顺利实现。报刊出版地区大大扩展了。至 1894 年止,新进入办报行列的,计有汕头、厦门、台湾、烟台、天津、九江、汉口等城市和清廷首都北京。这样,自 1841 年以来,出版报刊的已增至 14 个城市(包括香港、澳门),它们散布于广东、福建、浙江、江苏、山东、河北、江西、湖北等 8 个省份。报刊总的流向,是沿海岸、沿长江,由南及北、自东向西伸展;并以上海为枢纽,将沿海、沿江两大线点连接起来,将中国经济最富饶、文化最发达的广大地区纳入其影响之下,形成一个对外报十分优越的地区布局。

自 19 世纪 60 年代初起,外报的商业报刊与传教士报刊的比重、外文报刊与中文报刊的比重,开始出现重大变化。传教士经过长期沉寂之后,办报热情忽而高涨,在 1861—1894 年的 33 年间,一共出版了 46 种报刊,是前 20 年的 15 倍多,其中中文报刊有 41 种。这期间,外商办报的积极性继续保持相当高的强度,所出报刊达 60 种左右,其数量继续超过传教士报刊,但其比例已由原来的 6∶1 降至 4∶3,其差距大大缩小。具有重要意义的是,外商已改变了不重视中文报纸的旧习,所办报纸中有 20 种是中文报纸,占了 1/3。这样一来,中文报刊的比重一下子提高了,这 20 种再加上传教士的 41 种,达到了 61 种,其数量大大超过外文报刊的 45 种(商办 40 种加传教士办的 5 种)。这些中文报刊中,有蜚声中外的《申报》《新闻报》《华字日报》《中外新报》《万国公报》等报。这就表明,外报已逐步将其注意力投向中国读者了,其影响已逐步深入到中国社会中去了。这也表明英美报业在中国的发展,已逐渐走向成熟阶段。这一变化是很深刻的,如果没有这种报刊结构上的调整,上述那种地区布局的优势,是难以发挥出来的。

在外报以迅猛之势向大陆推进之际,中国土地上兴起了一股中国人自办报刊的潮流。它出现于 19 世纪 70 年代初,至 1894 年中日战争前夕,在香港、上海、汉口、广州等地,兴办了中文报刊 20 种左右。

这些报刊,总的来说,是在我国早期现代化运动推动下登上历史舞台的。其性质和发展动力不同于外报,可是它们却异常软弱,都只活动于外报已甚繁盛的地区,而不能为自己开辟新的发展天地;有的还是依附于外报或是在外报的影响下运作的,至中日甲午战争前夕,它已呈萎缩状态。除香港外,上海几家综合性报纸均已停刊,只剩下几种译报和文艺小报,广州也只剩下一家《中西日报》,不成气候,而香港最负盛名的《循环日报》,也失去往日的风采。不过,中国人自办报刊的出现,毕竟是有划时代意义的重大事件。它虽然不能改变外报对中国报坛的垄断局面,但却打破了外报的一统天下;它虽不能左右中国报业发展的地区形势,但能给这一形势施加影响。

在上述报业地区布局形成之后,报业的地区局势发展很快,具有战略意义的有三件大事。

(1) 五大报业基地的建立。所谓五大报业基地,即指上海、香港、广州、天津、汉口等五报业基地。上海、香港的重要性,众所周知,后面还要介绍,这里从略。

关于广州,原来对办报的一些不利条件,随着形势的发展已有变化。这里毕竟是中国对外贸易的南方最大的商埠,又是广东的政治、经济与文化中心,工商与文化事业发展很快。这里又有长期的办报传统,外国商人和传教士在这里有着广泛的社会联系。广州报业在一度衰落之后,1865年起又重趋活跃,这一年一下创办了3种报刊,至1894年一共创办了5种英文报刊、9种中文报刊,其总数仅次于沪、港而居全国第三位。这些报刊多数为外商和外国传教士所办[①]。自80年代起,一批中国人自办的报刊在这里出现,其中有闻名一时的《述报》和《广报》。可以看出,鸦片战争前广州在报界的那种特殊地位,虽然不复再现,但它作为中国南方重要报业基地的形象已经呈现出来。

关于汉口,它地处长江中游,上接四川重庆,下通上海,又是华中重镇,与内地有广泛联系,外商和传教士垂涎已久。开埠以后,他们纷纷前来活动。外商在1866年就在这里创办了第一张报纸——英文《楚报》,传教士在1872年出版了第一份报刊——中文《谈道新编》。至1894年,外商共出版了英文报纸1种,中文报纸4种;传教士出版了英文期刊1种,中文期刊6种[②]。合计共出报刊11种,其数量居全国第四位。此外,有着重要意义的,就是中国人

---

① 在这些报刊中,中文的《广州新报》《中外新闻七日报》颇具影响,受到注意。
② 这些报刊中,较为著名的除《楚报》《谈道新编》外,还有中文商业报纸《字林汉报》《汉报》和传教士所办中文《武汉近事编》等。

自办的全国第一份报纸《昭文新报》,也于1873年在这里诞生。从各方面考察,它作为华中地区重要报业基地,是没有疑问的。

关于天津。天津是北方最大的通商口岸,又紧邻北京,地位十分重要。这里的报业发展较晚,它是外国势力于19世纪80年代逐步向北方推进之际兴起的。第一份报纸出版于1880年,至80年代中期开始显示出强劲的势头。出报并不多。至1894年,一共出了3种英文报纸,两种中文报纸。但报纸实力雄厚,背景非同一般。出版中英文《时报》的时报馆,系由天津怡和洋行出资兴办,并得到天津海关总税务司德璀琳和朝廷大员李鸿章的积极支持,主编和撰稿人都为一时之选。中文《时报》在李提摩太主持下,放言高论,鼓吹新政,和上海的《万国公报》相唱和,影响全国。继之而起的英文《京津泰晤士报》,受天津英租界工部局的资助,实为半官方性报纸,长期成为英国在中国北部的喉舌,出版47年之久。天津之北方报业基地的地位,进入19世纪80年代后就逐步形成了。

这样,上海、香港、广州、汉口、天津五大城市结合起来,在中国的华东、华南、华中、华北建立起五大报业基地,以此为基干,再将散布各地的报业线点联成一气,这就使原来的报业地区布局,大大增强了活力。至于其他城市,如福州,办报很早,出版也多,外国商人和传教士在这里共出有中英文报10种左右,其数量大大超过天津。但是这些报刊地方性强、能量小,其商业性的英文报纸多以刊登商品广告和航运情报为主,非关重要。这里的宗教报刊之所以一度繁荣,原因之一在于当时传教士一时不易在广州打开局面,故转而以福州作为传教基地。这种繁荣局面是很不稳定的。至19世纪70年代后期,只剩下一种《闽省会报》了,当然,福州仍然是福建省最重要的报业据点,在南方也有较大的影响,但难以跻身于五大基地之林。其他办报城市,地位均在福州之下,更难与五大基地并列。

(2) 沪、港南北对峙形势的出现。第二次鸦片战争后,沪、港二地的报业继续快速发展,将其他城市远远抛在后面,两地新增报刊的数量,为全国总数70%以上,具有全国影响的、报龄在半个世纪以上的中英文报纸,全部集中在两地。人才设备方面两地也占有最大的优势。就上海与香港两地比较而论,它们所拥有的报刊数量虽有差别,但从报纸的品牌效应考察,双方具有相抗衡的实力。英文名牌报纸,上海有《北华捷报》《字林西报》《文汇报》,香港则有《德臣报》《香港电讯报》等;中文名牌报纸,上海有《申报》《新闻报》《字林沪报》,香港则有《华字日报》《中外新报》和中国人自办的《循环日报》。双方的实力是相近的。当然,上海后来居上,其报刊之密集,品类之齐全,发行之广泛,香港难以比拟(这里且不详述)。但是,香港也有自己的优势。它是鸦片战争后我国报业发源地,基础雄厚,经验丰富。《申报》在筹办之际,曾特地派人前来向香港报界取经。尤为重要的是,在中文报业现代化的进程中,香港往往走在上海前面。香港报人(如陈蔼廷、黄胜等)长期受到西方文化的熏陶,又曾多年任职外报,对于近代报纸工作在文化思想上易于适应。而早期上海的报人,所受传统文化教育极深。他们邃于词章旧学,而对于报纸知识、新闻观念则甚淡薄。文化素养不同,业务表现也就迥异,上海中文报馆里的中国报人,在新闻报道中往往不遵循新闻的特性要求,将新闻文学化,并将一些志怪志异的作品作为新闻稿处理。当香港的报纸对这一现象进行批评时,《申报》还撰文进行辩护①,香港的中文报纸这样的倾向就少多了②。又如报纸的版面编排,香港的中文报纸一开始就注意移植报纸的经验,分栏划线,长短相间,上下交错,栏目字体醒目,整个版面编排,令人耳目一新。反观上海中文报纸的情况,其由外国人主编的第一份中文日报《上海新报》,版面编排与香港的报纸略似。可是自从19世纪70年代中国报人登上报坛时起,情况就不同了。自《申报》至所有的中文报纸,都摒弃了前人所设计的先进的编排形式,转而以中国书本等传统出版物为范本,每页30多至40直行,每行40多至50来字,字号同一,自右及左连成一片。这种不合报纸阅读要求的落后编排形式,竟能持续30多年,直至19世纪末至20世纪初才开始变革。汉口、天津等地的报纸也受到这种落后形式的影响。再从中国人办的报纸看,香港的优势也很明显。香港《循环日报》无论从内容或形式论上,都压倒上海所有中国人办的报纸;而上海《益报》那种反对筑铁路、通航运,宣传"开矿必乱"的论调,在香港的报纸上是找不到的。

---

① 《驳香港西报论申报》,《申报》1874年2月25日。
② 王韬主编的香港《近事编录》也时出现这类报道。陈蔼廷主编的《中外新闻七日报》未见此类稿件,在所接触到的早起《香港华字日报》和《香港中外新报》有关材料,也未发现。

## 第一章　外报全面垄断期间(1822—1894)

正因为各具备影响全国的实力,各拥有为对方所不及的优势,遂在全国形成沪、港两地报业南北对峙的形势。这两家超级报业大户,左右着中国报业发展的局势。这种对峙形势也推动着两地报业之间的竞争与交往关系。

(3) 上海成为全国外报中心。上海濒临大海,与太平洋相接,又位于沿海航线的中端,南北交通便利。而且位于长江入海处,有富饶的长江流域作为腹地。它是全国最好的贸易港口。但是,这种优势只有在第二次鸦片战争后,新的通商口岸增加,长江流域开放后才显露出来。19世纪60年代起,中外贸易急剧北移,上海商业大幅度增长,居全国各埠之首。商业大发展也就带来报业大发展[①]。1861—1894年,外国人所办中外文报刊至少有75种,另外加上中国人自办的报刊十数种,合计约90种。而同期的香港,外国人办有中外文报刊约21种,加上中国人办的报纸4种,合计25种[②]。可见上海报刊的数量大大超过香港,其总数约为香港的3.6倍,而全国最知名的外报,全都聚集在上海,如商办中文报纸《申报》、英文报纸《字林西报》,传教士的中文期刊《万国公报》、英文期刊《教务杂志》。上海还是一国际性的报业集合地,前来办报的有英、美、法、德、葡、日等国人士,出有各种文字的报刊,而香港只有英、葡两种外文报刊。英国路透社来华筹办分社时,其社址也选择在上海,而不是在英国统治下的香港。很多原在外地出版的报刊也被吸引,从四面八方纷纷迁来上海。《中国读者》和《教务杂志》从福州迁来,《小孩月报》从广州迁来,《中国之友》自香港经广州迁来,英国传教士将北京的《中西闻见录》停刊后,改来上海出版《格致汇编》,等等,情况十分明显,上海已经成为全国的外报中心了。

需加说明的是,我们这时还不能称上海为全国报业中心。因为,这里所讨论的是中国报业的历史。这时上海中国人所办报刊已异常萎缩,至1894年已没有一张综合性报纸了。而香港除著名的《循环日报》《维新日报》仍在继续出版外,老牌的《华字日报》《中外新报》已转为中国人所有,实力强大,远非上海所能比拟。据此,上海作为全国报业中心的条件尚有欠缺,称之为

---

[①] 方汉奇主编:《中国新闻事业通史》,中国人民大学出版社1996年版,第308页。
[②] 香港所办25种报刊中,中文报刊有9种。《中国新闻事业通史》第307页错记述为6种,笔者借此机会予以更正。

全国外报中心比较合乎实际。

概而言之,外国侵华活动,是外报(以英美为主体)在中国地区发展的动力和导向。两次鸦片战争的节奏,造成了外报地区发展中的阶段性。报刊随着商人和传教士的足迹沿海、沿长江,由南及北、由东向西伸展。在中日战争前夕,外报散布于中国最富裕的8个省份,建立起5个大基地、两个重点和一个全国中心,这就是外报在中国地区发展中形成的总形势、总轨迹和总格局。外报就是在这种最佳格局下施行其垄断功能的。

(本章撰稿人:宁树藩)

# 第二章

# 维新运动时期(1895—1898)

维新变法运动改变了中国报业发展的形势。以往,外报支配着整个中国报界。现在,中国人办的报刊一下成为报坛主角。报刊是按中国社会自身的需要和中国人追求国家富强的要求运转的。报业的发展趋向、运行轨迹、地区格局等方面,都发生了一系列的变动。

中国人积蓄已久的办报渴求,在民族危机的刺激下,一下迸发出来。在短短不到4年的时间之内,全国出版了约90种报刊,约占全部新出的中文报刊的80%;如果把外国人新办的外文报刊(包括日本在台湾所办)计算在内,也要达到总数70%左右。中国人自办报刊如此大幅度地超过外报,意义非同一般。外报的垄断局面终被打破。中国人的报刊成为报业发展的主流了。

这些报刊兴起于1895年。自北京登程,转上海再进入全国20多个城市。新加入办报行列的有杭州、温州、平湖、苏州、无锡、芜湖、桂林、梧州、成都、重庆、长沙、萍乡、开封和西安等地,由原来外报曾活动的8省,扩至安徽、四川、广西、湖南、河南和陕西等6省,比原来的地区大大扩大了。

这些报刊的发展的地区轨迹,和以往大有区别。以往,外报是循着外国势力的侵华路线移动的,这就形成一种沿海沿江的运行轨迹;而现在,报刊是随着维新运动的潮流活动的,动力不同,趋向各异,彼此自然不能同轨。一个明显的变化,就是报业的发展出现一种由沿海向内地转移的倾向。譬如,原来一些从未办过报的内陆省份,如湖南、广西,现在的办报活动都非常活跃。又如浙江省,濒海的宁波原为该省第一个办报重地,现在沉默了,而既不濒海又不沿长江的杭州,却一下出了5种报刊。该省未来报业中心的形象已经呈现出来。更如香港,鸦片战争后,它始终是办报的热点,报人纷集,名报如林,全国瞩目。而如今,在大陆办报热潮迭起,风靡全国之际,香港除出过一种并无多大影响的《香港新报》之外,就没再办过一种报刊了。包括著名的《循环日报》在内的原有几种中文报纸,对维新运动虽有所反映,但表现寻常,未能引起人们的注意,当时上海曾出有选录各地报刊言论的专刊、专栏,而香港中文报刊的稿件被选入的却非常之少。形势确实是变了。推其致变之由,非止一端。关键的一点是:中国人救亡图存、自求改革的运动,是以中国大陆为主要舞台的运动。那些同运动共呼吸的报刊,总是聚集在运动的周围。一些僻处海隅的城市,远离大陆改革事业的中心,因而也就削弱了对报业的吸引力。每一城市的原因并非一致,毋须细说。

与此相联系,地区形势所出现的另一变化,是长江流域报业地位的上升。维新运动期间,沿海新增的办报据点仅温州一市,而长江流域新增的则有安徽重镇芜湖、长江西端名城重庆,苏州、无锡距长江也近在咫尺。《渝报》《皖报》《无锡白话报》和上海的报刊连成一线,声息相通,活跃非凡,而沿海一带则冷清多了。

还有一大变化,这就是报业发展中,长期形成的沿海、沿江地域上的线形状态被一下打破了。由于两线之外新出现了一批办报城市,遂使全国许多报业据点结成片、块,造成若干具有全国影响的报业地区(如两湖、江浙等)。中国报业发展中的地区性问题开始真正显露出来,这一势头方兴未艾,孕育着地区形势的大变动。

中国报业的地区布局在维新运动中作了多方面的调整,一定程度上改变了那种严重失衡的状况。报业重心逐步向资源丰富、面积辽阔的内陆移动和中国的改革事业与中国人民的社会生活广泛结合,显示出生气勃勃的活力。中国维新时期的报业,在地区发展中走自己的路,闯出一条适合自己需求的康庄大道。

全国出版报刊的各地,占有重要地位的有北京、上海、长沙、天津四大

## 第二章　维新运动时期(1895—1898)

城市。

先说北京。在外报垄断期间,它一直不受办报人的重视。朝廷不办现代报刊,外商在北方办报,受到青睐的是天津,对北京了无兴趣。传教士曾有意在这里出报,1872年创办了《中西闻见录》,只谈科技,不谈政治,只三年也就迁走了①。可是现在形势大变,北京第一次成为办报的首选城市,受到维新派的特别关注。因为维新运动是自上而下的企图运用朝廷的权力推行变法主张的运动。用报刊打通当朝权贵的思想,是维新志士实现他们企图的必要手段。康有为称:"变法原非自京师始,非自王公大臣始不可。"②一语道破了在北京办报的重要性。运动一开始,康有为、梁启超就全力在北京活动,创办了维新运动第一份报刊《中外纪闻》(前身为《万国公报》)。正因为这份报刊是在北京出版的,就有条件使得它得以将那些"新奇"的改革思想,注入那群受着封建思想严重禁锢的王公大臣们的头脑,使他们"日闻所不闻,识议一变焉"③。更新观念谈何容易,但是,能在这一潭死水中掀起一阵波澜,意义已非一般,至于在这威严的首都,突破报禁,创办新刊,其在全国所起的倡导与激励作用,更是毋庸多说了。北京毕竟太古老了,办报条件落后得惊人。社会上无铅印设备,发行也难,《中外纪闻》只得按照古代型报纸格式,木板刻印,随《京报》发行系统分送。更严重的是,这里的顽固势力异常强大。严复的估计是,当时北京顽固势力与维新势力为千与一之比。这张维新派报纸很快就被扼杀了。北京这个大都会还不具备发展报业的条件。

上海仍是办报最活跃的城市。在1896—1898年间,一共出了48种左右的中文报刊,达到全国各地新出的中文报刊总数40%以上。一大变化是,在这些中文报刊中中国人办的占总数的83%,占了压倒优势,顿时改变了原来中国人自办报刊的萎缩态势。

对维新派来说,上海的办报地位特别重要,康有为等在建立北京强学会,出版《中外纪闻》的时候,就着力筹建上海的据点,认为上海的优势在于

---

① 美国传教士李佳白在维新运动期间曾来北京出版过《尚贤堂纪事》(中文),一年即停。
② 《南海先生自编年谱》,《康南海先生遗著汇刊(22)》,台北宏业书局1987年版,第33页。
③ 同上。

"沪上总南北之汇,为士夫所走集"①。就是说,上海可以把南北的运动联接起来,将影响推至全国各省。这里又是新派知识精英汇集之所,可以为运动呼风唤雨。情况正是如此。参加出版《强学报》的上海强学会的人士有来自浙江、湖北、广东、安徽、江苏、江西、广西、福建、湖南、四川诸省名流②。《时务报》的情况也大致相仿。这和以前中文报纸主笔多为本地和邻近地区旧式文人的情况,大不相同,如果没有这种转变,维新派报刊是不能担负起它的历史使命的。

维新派报刊中,上海占有最高地位。造成这种影响的,首推《时务报》。它那激动人心的变法宣传,"举国趋之,如饮狂泉"③俨然成了全国舆论界的领袖,原来所谓倡导新政的权威、广学会的《万国公报》,较之逊色。各地很多报刊是在《时务报》的推动下办起来的。此外,上海还涌起了一大批各式各样的报刊,为《求是报》《实学报》《新学报》《农学报》《译书公会报》《富强报》《工商学报》等报 20 种左右。它们并不直接鼓吹运动,而着眼于宣传新学理、新知识、新形势,为实行改革做基础工作。它们和《时务报》相配合造成强大的声势,也使维新之宣传得以深入持久地进行。上海优势之形成与此不能分开。

如果说,在前一阶段,我们还不能称上海是全国报业中心,那么,现在它这种地位是当之无愧的了。

湖南长沙办报甚晚,出报不多,但有独特重要地位。湖南地处内陆,长期闭塞,守旧思想严重。但有两大优势,一是有一批思想激进、热情洋溢的维新志士(谭嗣同、唐才常等)纷集长沙,献身运动;一是若干当地政府要员(陈宝箴、黄遵宪、江标等)倾向维新,为报刊的出版提供了优异条件。

报刊从"学术为政治之本"观念出发,"不谈朝政,不议官常",而致力于"实学",讲求和学术上的阐扬。这固然旨在为朝政改革提供理论基础,而受到守旧文化思想严重禁锢的湖南,也正需要从学术上为维新运动开辟道路。

---

① 康有为:《上海强学会后序》,汤志钧编:《康有为政论集》,中华书局 1981 年版,第 172 页。
② 参见蔡尔康:《上海强学会序》按语,蔡尔康纂辑、林乐知著译:《中东战纪本末》卷八,上海图书集成局铸铅代印,文海出版社有限公司印行,沈云龙主编"近代中国史料丛刊续编"第七十一辑,第 902 页。
③ 梁启超:《本馆第一百册祝辞并论报馆之责任及本馆之经历》,载《清议报》第 100 册,1899 年 12 月。

这里的报刊没有《时务报》那样强的鼓动性,但阐发新学所取得的独特成就,在某些方面超过了《时务报》。

这里报刊(主要是《湘报》)的又一重要特色,就是不只讲解维新变法的道理,而且发挥了推进新政建设的作用。《湘报》以相当的篇幅来反映与讨论正在湖南积极兴办的各种新政措施,如创建学堂、学会、保卫局及发展商务、矿务和交通事业等。报刊宣传与当地实际工作密切结合,这是其他地区报刊没有做到,也是不可能做到的。报刊又和遍布各州府县的学堂、学会联成一气,在一个省区之内,其发行之广、影响之深,各省无与伦比。

《湘学报》《湘报》的地方色彩较强,这里的维新派是以"吾湘变,则中国变"[①]的眼光来看湖南的。他们立足湖南,胸怀全国。这两报刊东联上海,南通澳门,北接天津,与《时务报》《知新报》和《国闻报》互为联络补充,特别在《时务报》改法和《国闻汇编》停刊,之后,它们的作用更加显露出来。在维新派报刊的地区布局中,湖南是颇为关键的一环。

天津是维新派在北方唯一的报刊据点。在维新运动走向高潮时,由学贯中西的严复等人创办了著名的《国闻报》。该报和《时务报》一样,都以"通上下之情""通中外之故"为方针,但《时务报》以"通上下"为重点,旨在推动维新变法的政治活动;而《国闻报》则重"通中外",希图通过介绍西情西学,广开民智,为除旧布新实行改革奠定根本基础。所以该报特别注重译报("萃取各国之报凡百余种"),并创办了译介西学名著(如《天演论》)的旬刊《国闻汇编》。但在当时政治大潮的推动下,该报对维新运动也作了广泛的反映与热情支持,与《时务报》《湘报》《湘学报》成为维新派报刊的三大支柱。

《国闻报》立足北方。在国内新闻报道上,曾规划以北方为范围,以与南方报纸分工。其采访活动地区,定为天津、保定、北京及河南、山东、山西、陕西、甘肃、新疆、东北三省和西藏、蒙古等地[②],一开始它就是以广大北方地区的宣传机关自任的,但实践中,它的活动大大越出这个范围。它所反映与推动的是整个维新运动。

---

① 《湖南时务学堂缘起》,《知新报》第32册。
② 《国闻报缘起》,《国闻报》第1号。

它和上海的《时务报》与湖南报刊,工作上时相联络,宣传上互相配合。特别在运动的后期,当上述报刊受到过多的干扰而不能正常活动时,它成了维新派宣传任务最重要的承担者,创造出了许多非凡的业绩。这种历史作用,是该报对维新运动独特的贡献。

这四大城市中,北京只是前期发挥过如上所述的特殊作用,很快就不办报了。实际上维新派的政治思想倾向、多姿多彩的表演、兴衰起伏的节奏,主要是由上海(又主要是由《时务报》)、湖南长沙和天津等城市的报刊来体现的。

原来五大办报基地,香港的沉默前面说过了。而广州本为维新精英孕育之地,又有长期办报传统,为什么这时除出过寥寥数种无足轻重的报刊外,别无表现?广州偏处南粤,康梁志在内地,当然不会把主要精力放在这里来办报,但对此也很重视。他们曾几度来这里活动。可是梁对广东的政治形势大为失望。他曾告诉同党说,粤省"督、抚、藩、臬、学五台皆视西学如仇","度风气之闭塞未有如此间者也"①。这样恶劣的政治思想氛围,当然不适宜办报。他们选择了澳门作为南方报业据点。这里的最大好处是清廷势力所不及,议论顾忌较少。遂出版《知新报》以广《时务报》的影响。最令人迷惑的是汉口。它本是重要报业基地,于今冷落了。办报热潮在它的周围一浪一浪地涌现,封疆大吏张之洞(湖广总督)曾一再饬令湖北全省销行上海的《时务报》《农学报》和湖南《湘学报》。可是整个维新运动期间,这里一份报刊也没创办过。原因是复杂的,关要之处在于张之洞在湖北的专制统治。张也要求改革变法,但其内容和指导思想与维新派不一致。他也相当重视报刊的作用,不过囿于旧例,一时不办官报,希图驾驭沪湘等地维新派报刊以壮声势,但一当这些报刊超出他所允许的范围时,就严加压制,他在湖北有无上权威,一切和他的思想主张有抵触的报刊,都不允许出版。

四川和广西是两个新起的办报省份,值得重视。重庆、成都两地,自1897年10月起先后创办了《渝报》《蜀学报》和《渝州新闻》。它们不仅开四川办报之先声,也结束了整个大西南没有近代报刊的历史。此处和上海位

---

① 转引自丁文江、赵丰田:《梁启超年谱长编》,上海人民出版社2009年版,第64页。

于长江的东西两端,整条长江的报刊活动也由此活跃起来。康有为曾两次来到桂林。他的活动得到广西巡抚史念祖、按察使蔡希邠和名绅岑春煊、唐景崧等人的积极支持。康门弟子在这里办起了《广仁报》。它和《知新报》关系密切,同为维新派在南方的重要刊物,该报和梧州的《梧报》一起,开创了广西近代报业的历史。

至此,与1874年以前合计,出版报刊的已有14个省、27个城市,其中有首都和9个省会,大致包括了全国政治地位重要,经济、文化发达,人口稠密的地区,出现了若干影响一方和全国的报业据点,报业的地区布局与中国的国情渐相适应。中国报业开始呈现旺盛景象。然而,即使在这个区域内,报业发展不平衡状态仍然严重存在,而辽阔的东北、云贵、青藏、内蒙古和新疆地域内,仍无一家报馆。这是摆在人们面前的严酷现实。

这个时期的报刊是随着维新运动而涌现的,很快又随着这一政治运动的失败而泯灭,真是其兴也勃,其亡也忽。但是几经耕耘、培育出这批报刊的土壤,是消灭不了的,中国时局的大变动将为报刊带来更大的发展,报业的地区形势将出现更大的变化。

(本章撰稿人:宁树藩)

# 第三章

# 辛亥革命准备时期(1899—1911)

　　这是中国报刊大发展时期。一方面,由维新变法所开创的政治运动,这期间以更大规模和更为激烈的方式澎湃于全国各地,各种政治力量纷纷登台表演,报刊成为他们的斗争工具而大显身手。另一方面,整个社会卷入到社会变革运动中来了。在这里,报刊又被当作推进社会现代化的有效手段,受到广泛重视。在中国人心目中,报刊的社会地位一下提高了。而在这时,清政府迫于形势,放松了对报刊的统治政策,这又为报刊的大发展提供了有利的政治条件。自1899年至1911年的12年间,中国人在国内新出版的中文报刊合计有1 300种上下,而在此以前的25年所出报刊大约只有110种,增长之快,确是惊人。

　　这次报刊的大发展是各种社会力量活动的结果,是适应多种要求而形成的。报刊种类比过去增多了,这就出现了一种报刊结构多元化现象。当时的报刊大略可分为5类,即官办报刊、政党和政治派系报刊、商业性报刊、科技文化教育报刊以及外国人在华报刊。报刊结构的多元化,又带来报刊地区发展的分流趋向。这5类报刊的地域线路常呈现相互交叉的现象,但又都各有自己的流向,都形成自己的地区发展轨迹。这种报刊结构的多元化和报刊地区发展的分流表现,也并非自今日始,不过现在才有较为充分的发展,才对报刊的地区总局势造成重大影响。

　　关于官办报刊。维新运动期间,清廷曾有过出版官报的尝试,未几即随变法失败而告终。庚子八国联军之役以后,出版官报成为清政府施行新政的一项重要内容。近代官报的历史,由此正式开始。清廷实行的是高度中央集权的封建统治,出版官报的决策一经确定,便凭借其庞大的权力系统推行至全国。自 20 世纪初至 1911 年大约 10 年时间内,所出版的各级(中央、总督辖区、省、州县四级)各类(综合、商务、学务、警务等类)官报,共约 110 种①,分布于除新疆外的全国各行省和蒙古、西藏地区。这些官报每期印数多达一二万份,少也有数千,并以行政手段向下属地区层层派销,发行至全国各州县。一下改变了原来地区分布的严重不平衡状况。这是过去外国在华报人和维新志士没有做到也不可能做到的,在世界各国也许尚无先例。严格地说,清廷官报是以天津的《北洋官报》(1902)为发展起点的,以它为范例,全国仿行。继起的南京《南洋官报》为官报在南部的一面旗帜。华中地区在武汉出版的《湖北官报》却最体现官报精神,受到社会重视。北京中央政府的《政治官报》(后为《内阁官报》)创办于 1907 年 10 月,一经出现便成为全国官报的最高机关。这样,清政府按自己的政治需要,利用遍布全国的政府机构,以行政手段,建立起以北京为核心,以天津、南京、武汉为重要基地,均衡分布于全国的官报地区网络。这种地区网络,在清朝统治期间,具有相当的稳定性。这就是官报在地区发展形势上的优势。这种优势,并未能有助于实现其"正人心""息邪诐"的办报宗旨,而对于"开民智""增学识"的作用,由于其深入全国基层,不可低估。

关于政党和政治派系报刊。这期间,又一支强劲的报坛新军开始登上中国的历史舞台,这支新军就是政党和政治派系报刊。这类报刊一出现就活跃非凡,对中国的政治形势发生了巨大的影响。

中国政党报刊萌发于维新运动时期。20 世纪初正式出现,分革命与改良两派,起初主要分布于香港和海外,大约自 1906 年以后出版重点向内地转移。自 1900 年至 1911 年武昌起义前,革命派在内地所出版的报刊大约有 150 种,改良派所出报刊数字(包括香港)略少一些。

两派报刊在国内地区分布的形势和在国外相比有一重大区别。在海

---

① 李斯颐:《清末官报》,《新闻春秋》1994 年 3 月第 3 期。

外,双方都是以清除对方对群众的政治思想影响,壮大自己的群众队伍为直接任务的,两派短兵相接,壁垒分明。这就出现一种现象,凡是有某派报刊的地方,另一派报刊也随之而来,形成地区上两军对垒的形势。在国内大陆则不同,两派的宣传目标、方式虽不一样,但都以清政府为直接对手。它们之间两军对垒的现象基本消失了。现在,两派报刊是在各自当时的政治任务和形势导向下,形成各自地区发展轨迹的。

革命派报刊是为配合不断发动的起义,而将报刊的出版重心转向国内的。革命派报刊由此形成三个主要出版地区:一是在边境起义运动推动下出现的,以广州为主要基地的两广和云贵地区。广州办有革命报刊20种左右,广西的桂林、梧州出有近10种,偏远的昆明、贵阳均办有革命报刊。二是在中部起义推动下出现的,以沪汉为主干的长江流域地区,除上海外,出版地点还有芜湖、安庆、武汉、重庆等地,武汉地区报纸(《商务报》《大江报》等)直接为武昌起义的发动作出贡献。三是京津地区,是在"鼓吹中央革命"思想指导下兴办的。1909年起在北京、天津两地出版了约8种报纸,方式隐蔽,数量虽不多,但引人注目。从全国看,革命报刊分布于除西藏、蒙古、甘肃、黑龙江以外的20行省。

改良派(立宪派)报刊在维新运动失败后一直未曾中断,随着立宪运动和保路斗争的兴起迅速发展到全国各地。其重要地区一是北京。立宪运动中大批立宪派代表人物聚集在这里,报刊活跃一时,或为宣传宪政阵地,或为国会请愿机关报,或为资政院喉舌,所出版报刊共约20种[①],数量居全国各地之首。二是成都。立宪派在这里出版报刊较迟(1910年),可是激烈的保路斗争一下把他们的办报活动推向高潮,自1911年6月至9月3个多月间,创办了《四川保路同志会报告》《西顾报》等5种报刊。它们和群众一起与清政府进行了有声有色的斗争,为其他各地立宪派报刊所不及。三是两湖地区。湖南、湖北是立宪运动的要地,也是开展保路斗争的主要省份。正是在这一背景下,立宪派报刊在两省盛行一时,在1909年至1911年武昌起

---

① 这些报刊有汪康年创办的《京报》,留日学生创办的《中央日报》,国会请愿同志会机关报《国民公报》,北京资政院的《资政院公报》和《宪报》《宪政白话报》等。

## 第三章 辛亥革命准备时期(1899—1911)

义前夕达到高潮,共约出版13种,其中宣传宪政运动的10种,鼓吹保路斗争的3种[①]。两省中湖南又占主要地位,共出8种报刊,其中县级3种,为各省所未见。再就是广州。这里是革命派活跃的地区,但保皇与立宪派势力仍有相当影响,保路斗争在这里也有较大的反映。他们在这里约出有10种报刊,其中2种为鼓吹保路运动而创办。

香港和上海一直是两派特别重视的办报基地。在其前期,香港尤为重要。由于它邻近内地,又是逃避清廷压制的理想庇护所,两派都积极在这里办报,以沟通内地和他们海外活动的联系。兴中会的机关报《中国日报》和保皇党的机关报《商报》均在此出版。在内地起义高潮和立宪运动兴起后,上海在两派报刊的地位迅速上升,驾于香港之上。武昌起义前,革命派在上海约出有30种报刊,改良派约出20种。其中,立宪派的《政论》《国风报》有全国影响,而同盟会的《民立报》则是该会的主要机关报。

关于商业报纸。中国人自办的商业报纸,萌发于19世纪七八十年代,比起外商在华报纸迟了近半个世纪。而它所经历的仍然是一条荆棘丛生的道路,或似匆匆过客,旋办旋停(如沪、汉);或遭种种折磨,日趋萎缩(如广州)。直至19世纪末,中国商报领域呈现出的依然是一片荒凉景象(香港除外)。这和西方商业报纸正如日中天,报坛独领风骚的气势相比较,形成尖锐的反差。

至此,形势开始出现变化。20世纪初中国民族工商业出现一次较大的发展高潮,清廷钳制报纸的政策也有所放松。我国商业报纸以此为契机,在此报刊大发展的潮流中,日益活跃起来,成为中国报界一支重要力量。

商业报纸是随着我国商业发展潮流散布各地的,沿江沿海一些重要商埠是其主要基地。香港占有突出地位,它是市场经济发展得相当充分的城市,是商业报纸成长的适宜场所。著名的政论报纸《循环日报》这时已完全转化为商业性质,历史悠久的外商报纸《华字日报》和《中外新报》,这时已转为中国人所有。这三家大报组成国人自办的商业报纸群体,阵容之盛,一时

---

[①] 这些报刊中湖北有《宪政白话报》《趣报》《湖北自治公报》,湖南有《湖南自治报》《湘路新志》《长沙地方自治白话报》。

无两。次为上海,这里久为外商报纸的全国中心,可是中国人自办的商报却成长不起来。这一时期起,情况不同了。新创办的商业报纸和期刊,超过10种。尤为重要的是,全国影响最大的商业报纸《申报》,在1909年产权已归华人;另一张商业大报《新闻报》,中国人也在1906年取得了部分股权,在全国引人注目。汉口是最早出现中国人自办报纸的城市,随后开始了出版商业报纸的艰苦尝试。这些报纸或由于主客观条件的不成熟,或困于政治的干扰,均告失败。同样也是进入20世纪开始出现转机,报纸出现商业化倾向。在1906年,历史悠久、华中影响最大的商业报纸《汉口中西报》终于问世。这时广州也办起了华南影响最大的商业报纸《七十二行商报》。此外,京、津、福建、浙江、江苏、安徽、四川、山东及广西和东北地区也都出现商报。可以看出,中国商业报刊正显现出一股坚韧发展的势头,它对中国报业产生日益深刻的影响。可是,由于中国工商业经济发展的严重不平衡,这些报刊主要分布于工商业经济比较发达的地区,而对经济相对落后的西南(四川除外)、西北、内蒙古、西藏等广大地区以及华中、华东和东北的个别省份,当时尚无商业报纸出现。而除了港、沪、穗、汉外,各市所出商业报刊历时10年以上的,一个也没有。

关于科技文化教育报刊。社会的发展,现代化的要求,推动着这一类报刊的兴起,维新运动时期它们初露锋芒,进入20世纪后发展迅速,在经济文化发达地区风行一时。发展最快地区,首推京沪两地。北京是文人荟萃之区,庚子之役失败以后,"志者为之愤慨,人人发愤求强,深识者咸以振兴教育,启发民智为转弱图强之根本"[①]。他们纷纷出版报刊,以事宣传鼓吹,所出文化教育类报刊有50余种。它们以广开民智为主旨,致力于普及教育。50余种报刊中,通俗、启蒙性报刊和白话、京话报刊等占了30余种,形成北京报刊一大特色。上海出有约80余种科技文化教育类报刊,数量居全国之首,和文化古都北京不同。上海久受西学熏陶,报刊对西学传播较为重视,80余种报刊中着重介绍西方社会科学和自然科学知识的达30种左右。特

---

① 长白山人:《北京报纸小史》,见管翼贤:《新闻学集成》"各国新闻概况篇",北平中华新闻学院1943年版,转引自上海书店影印版《民国丛书》,第282页。

别是这些报刊中,拥有影响全国、坚持数十年之久的如《东方杂志》(1904—1948)、《教育杂志》(1909—1948),是北京和全国所不能企及的。这期间,上海还涌现出约 30 种文艺期刊和小报,其中相当一部分为谈风月、说勾栏的消闲性质,反映了半殖民地半封建都市文化的一个侧面。此外,在成都、广州、武汉等市也出版了一批这类报纸,大多以开民智、牖新知、倡实业为职志。此时广州也出现了 4 种保国粹、尊孔学的报刊,引人注目。

关于外国人在华报刊。八国联军之役后兴起的列强竞相争夺在华势力范围的热潮,引起了在华报发展形势的重大变化。英美垄断外国在华报界的局面已被打破,代之而起的是群雄并起、角逐中华的新形势。

日本异军突起。它在华办报始于 1890 年,在甲午战争前只在上海出版了 4 种短命的中、日文小报。随后,除在侵占的台湾办了 4 种日文报纸外,还在上海、福州、汉口出版了共约 5 家中、日文报纸,可说是初露锋芒,但在外报中影响不大。进入 20 世纪后,势力激增。在 1901 年战争尚在进行之际,日本就抢先在天朝首府北京创办了外国人在这里的第一张大型日报《顺天时报》。日俄战争后,更挺进东北,至 1911 年出版了约 19 种日文报纸、3 种中文报纸,其中包括著名的《盛京日报》,以与俄国相抗衡。同时除在台湾广办报纸实行新闻垄断外,还在沿海沿江的天津、青岛、上海、福州、厦门、汉口、重庆和香港等地,加强报刊活动,以与英美的传统影响挑战。日本人分路出击,气势汹汹,12 年间创办了近 60 种报刊,其他各国瞠乎其后。

俄国人开始加入办报行列,这是在华外报的重要发展。俄国报刊是在八国联军之役前后,随沙俄侵略势力深入我国东北地区而出现的。俄国人在华出版的第一张报纸,是 1900 年在旅顺创刊的俄文《新境报》(*Новый Край*),一译《新边疆》等。日俄战争爆发后发展很快,以哈尔滨为中心在东北地区一下子出版了约 18 种俄文报刊和 3 种中文报刊,和日本报刊势力大体相当,形成两军对垒之势。日俄战争期间,俄国人还在北京创办了中文《燕都报》,以与《顺天时报》对抗。

德国人的报刊也是在这期间发展起来的。第一张德国人的报刊是 1887 年创刊于上海的《德文新报》。至 1898 年共出版了 3 种中文报刊、1 种德文报刊。而在这年入侵山东之后,12 年间约出版了中文报刊 8 种,德文

12种,分布于上海和京、津、青岛、烟台、哈尔滨等市,从地区看,重点在北方。

　　法国人在华办报始于19世纪70年代初,在1900年前,出版了7种法文报纸和两种中文宗教期刊,地点均在上海。八国联军之役一个重要变化,就是把出版的重点转向京津。至1910年法国人先后在北京、天津创办了《北京回声报》《北京信使报》《天津信使报》《天津回声报》等有影响的法文报纸,并且《北京新闻报》出有中文版。而在上海,这时除创办数种无足称道的法文期刊外,别无报纸出版。

　　英美两国这时新办的报刊合计约70种。这期间,它们在报刊地区发展战略上的一个重大举措,就是积极向北方扩展,以与正在那里纷纷聚集的其他列强报刊较量。1901年在北京创办了该市第一张英文报纸《益闻西报》,次年该报同时在天津出版。此外,首次进入青岛、威海卫,并在烟台重新办起报纸。另一重要举措,就是继续加强在沿海、沿江一些传统报业基地的活动。值得注意的是,这时着力发展的是英文报刊:在广州和汉口,分别创办了在华南和华中有重要影响的《南华早报》《楚报》等英文报纸;在上海,出版了《上海泰晤士报》等8种英文报刊。而中文报刊则继续缩小阵地。总的看来,英美报刊发展的势头趋于滞缓。此外,这期间葡萄牙人在澳门、香港、上海办有5种葡文报刊。意大利人、瑞士人、犹太人各在上海办有1种报刊。综合以上情况可以看出,原来在英美报业垄断情况下所形成的外报地区格局,由于日、俄、德报刊的群起,有了重要的变化。代之而起的,是与各列强势力范围大致相适应的地区新形势。于今,整个东北地区成了日、俄报刊斗争的战场,华北地区则是列强报刊角逐的重要场所。日本报业更是野心勃勃,除独占台湾、扎根东北、雄视华北外,还向长江流域进军,以与英美传统势力挑战。至于英美报业,一方面巩固原有强大的基地,同时向北方推进,以应付新的地区形势。这样,外报在地域上,从沿江沿海地带积极向华北、东北扩展,造成了以英美报刊为主干多国多文种的报业网络,地域更大了,报业据点更密集了。

　　5类报刊各按自己的特性分流发展,最终又在中国广阔的土地上交叉汇合,所引起的中国报业地区总形势的变化是多方面的。

## 第三章 辛亥革命准备时期(1899—1911)

如果说,在前一时期,全国还有9省和蒙古、西藏广大地区没有出版过一张报纸,那么现在这一现象完全消失了,而且所有省的省会都有了中国人自办的报刊。这显然是一大进步。更有意义的是,这期间大多数省份都出现自己的报业中心,为本省的报业发展打下稳定的基础。这些报业中心有不少是由这次报刊发展大潮推上历史舞台的。例如杭州,它办报比宁波迟了41年,维新运动中初露锋芒,但只有在这次报业大发展的新形势下,它那优越的条件才得以很好的发挥。在1899年至1911年,宁波出了8种报刊,而它一下创办了40种之多。

又一重要变化,就是原来一省中办报的通常是一两个城市,现在却出现一省多城的倾向,有两个以上办报城市的省份约有12个。江苏最多,计有南京、苏州、无锡、吴县、扬州、宜兴、常熟、昆山、阜宁、太仓、镇江、江阴、南通、常州等14个城市出版报刊。广东次之,有12个城市。浙江第三,有10个城市。报刊地区网点的密集度提高了,表明报刊在某些地区的深入程度。

由于报刊在全国有了较大的发展和中小办报城市的增多,这就造成报业地区分布上,出现若干以一两个城市为中心的报业地区,大致形成了以京津为中心的华北地区,以上海为中心的华东地区,以广州、香港为中心的华南地区,以武汉为中心的华中地区,以哈尔滨、沈阳(奉天)为中心的东北地区,以成都、重庆为中心的西南地区,以西安为中心的开始在形成的西北地区。

这期间,一些城市在报业发展中的地位也发生重要变化。

最为显著的是北京。这一全国政治中心、文化重镇,长期以来在报业发展中一直被冷落。这或者是由于当时的报业潮流没有向它提出要求,或者是由于它本身的障碍使它与潮流隔绝。现在形势大变,由报刊多元化所形成的报业大潮已在撞击它的大门了,清廷对报业的监控也大为松弛了。闸门一经打开,报流便奔腾而至。在此以前,它所出版的中文报刊合计不足10种,而在1899年至1911年间,一下出了159种,差不多是原来的16倍,其数量仅次于上海而居全国的第二位。

广州也有较大变化,这一报刊最早的基地,后来发展一度趋缓。由于它那优越的政治、商业、文化诸条件所起的推动作用以及良好的报业基础,在这次报业大潮中,它的办报活动十分活跃,新办的报刊达110余种,大大超过香港,居全国第三位。

武汉的报业地位也大为加强。该地区办报条件优越,由于官方的严密控制,报刊起步虽早但发展缓慢。这期间形势出现变化,起初出现的是官报、外报,1905年起民办报刊有较快的发展,辛亥革命前数年革命报纸十分活跃,这期间新出版的中文报刊有60余种,居全国第四位。

上海继续成为报刊发展最快的城市。报刊多元化所汇成的报业大潮兴起之后,上海越来越成为各类报刊角逐的场所。办报一时成为新的规模更大的热潮,自1899年至辛亥革命前夕,新出版的中文报刊达三百数十家,接近以前出版总数的3倍。它的全国报业中心的地位进一步巩固了。

此外,在这次报刊大发展中崛起的城市,还有成都、杭州、南京、长沙、沈阳等。出版中文报刊达到10至14种的还有济南、桂林、哈尔滨、重庆、南昌、西安等市。

现在再对全国各省和京、沪两市以及香港、澳门在1911年武昌起义前(包括1879年前)所出全部中文报刊,在数量上作一总的考察,依次排名如下:上海、北京、广东、浙江、湖北、江苏、河北(含天津)、四川、福建、香港、湖南、山东、辽宁(奉天)、广西、江西、陕西、吉林、安徽、黑龙江、山西、云南、河南、澳门、贵州、甘肃、蒙古、西藏、新疆[①]。

这种5类报刊分流所引起的中国报刊发展的地区轨迹,在以后的阶段还会继续下去,但在新的历史条件下又将出现新的变动。

(本章撰稿人:宁树藩)

---

[①] 据史和、姚福申、叶翠娣编:《中国近代报刊名录》,福建人民出版社1991年版。本书所收报名虽有缺漏,但对排名次序影响不大。

# 第四章

# 民国成立初期(1912—1919)

在这段时间里,我国的新闻事业比起上一阶段,发展更快,规模更大,变化也更多。其最大的推动力、冲击力依然是政治运动。报刊挟着推翻清王朝的革命狂飙遍布全国,又在激烈的政治斗争中历尽艰辛,几经起伏。悄悄兴起于民初中期的文化运动,给它以新的巨大吸引力。报刊成为文化运动的先导,在新旧思潮的较量中作出了非凡的表现。这期间,正迅速发展的我国民族工商业的有利形势,增强了新闻事业的活力,也促使它的运行机制向现代化道路迈进。

推动上一阶段新闻事业发展的社会诸条件,于今发挥了更大的作用,这些社会条件根植于发展不平衡的地区,在它们的综合影响下,报业发展的地区形势与格局,出现了重要变化。

最显著的是在政治报刊方面的影响。在当时,政治报刊主要是由政府所办报刊和政党报刊两部分组成的,它们在政治方面的反应具有高度敏锐性。

先说政府报刊。这类报刊的性质同清末官报。清廷在20世纪初建立起来的庞大官报系统,在辛亥起义的浪潮中顷刻瓦解,代之而起的是各地新政府办的报刊,其规模比前者也许还要大些。可是情况起了变化。清廷官报是由中央政权自上而下地以行政手段按照大体相同章程规范兴办的,具有很高程度的统一性、整体性。而这时各地新政府所办报刊则不同,它们是在夺取政权后纷纷自行兴办的,方针、宗旨、规章、体制,悉自行决定,具有很高程度的独立性。这样,由于各地区情况的不同,所办报刊显现出很大的差异。有的报纸为革命派主持,如武汉的《中华民国公报》(创办时)、南京的《临时政府公报》;有的由立宪派控制,如云南的《云南政治公报》、浙江的《浙江军政府公报》;有的同一省却存在两种不同政治倾向的政府报纸,如四川成都的《四川军政府官报》为立宪派所掌握,而重庆蜀军政府的《皇汉大事记》则由革命党人主办;有的省份主持该省军政府报刊的既非革命派也非立宪派,而是原清政府的军政大员,如领导广西军政府《广西公报》的,是曾因镇压革命有功被清廷提为广西提督的陆荣廷;也有的省份,军政府报纸的办报成员和管辖报纸的军政府领导分属于不同党派,产生报纸与政府相对立状态,如湖南军政府的《长沙日报》,在同盟会员焦达峰、陈作新担任湖南正副都督时,主持日常报务的立宪派势力却运用该报攻击二都督,并拒登同盟会的文件,如此等等。可以说是形形色色,令人目眩。这种状况,在大大小小军阀把持了各地政权以后,更以新的形态表现出来,并日益强化。就是说,像清廷官报所形成的那种从中央到地方统一的全国报刊网络,就此消失了。

再看政党报刊。这是民初报坛最活跃的成分,发展也最迅猛。这时的政党报刊是在前一时期政党报刊的基础上发展起来的,有前后相承的关系。可是,情况起了重大变化。前一时期,革命与改良两派报刊是随着各自政党不同性质与目标的政治运动运行的,地区发展上虽有交叉,但不同轨。而现在,各个政党报刊投入全国夺权的斗争,共同的目标把它们在全国很多省市聚集起来。1913年秋达到高潮。这里又出现一新的情况。在清末,同处一地的革命与立宪两派报刊,在海外虽然是两军对垒,水火不容,而在国内,除个别地区外(如贵州),颇能自行其道,平静相安。而在民初,国内各地政党之间(主要是同盟会——国民党和共和党等党之间),斗争不断激化,形成不可两立之势,如北京的《国光新闻》《国风日报》与《国民公报》等报,武汉的《震旦民报》《民心报》与《共和民报》《群报》等报,广州的《中国日报》与《华国报》等报。长沙的《长沙日报》(改组后)与《湖南公报》等报,成都的《寰一报》与《宪演报》,开封的《开封民立报》与《河声日报》等报刊之间,就是这样的情况。这种迷漫于南北各地政党报刊的硝烟,成为民初报界的一大奇观,前所未见。

民初政党报刊地区形势的又一特点,就是急剧的变动性。最明显的是革命党人的报刊,随着起义的胜利以如火燎原之势遍布全国,其他政党报刊不能与之抗衡。可是在风云多变的权力斗争中,不断失败的国民党人也就不断丢失了自己的报刊阵地。全国瞩目的京津地区、武汉地区以及四川、湖南、浙江等省的报刊优势,一个个被消除了,保持自己报刊影响的,在"二次革命"前,已退缩至长江沿岸的江苏、江西、安徽和沿海的广东、福建等省,以及上海市。待到"二次革命"失败,国民党报刊几乎全被摧残,只剩几种托庇于租界坚持战斗由盛到衰,时隔不过两年。

依附袁世凯势力的共和党等政党报刊,影响迅速上升,在京津报界更是活跃一时。可是好景不长,在袁世凯的权力恶性膨胀,并为实现帝制积极活动之际,矛盾逐渐显露了。袁世凯所需要的是专制政治,不是政党政治,一切不遵从袁意志的,不论任何性质,任何党派的报纸,都在打击之列,这正如前人所说,当时的报纸"反对帝制者","则又封报捕人,一如前对待民党"[①]。北京1912年出版的150多种报纸中,相当一部分为政党报纸,而在1916年基本上未见政党报纸(御用报纸除外)。在全国,民初那股政党报纸的热潮,一下冷却了。大约在1914—1915年以后,新出版的政党报纸已不多见[②]。民初政党报刊的大发展形势,根本上说,是由当时所倡行的议会政治、政党政治造成的。可是中国社会的现实,通行的是权力政治、军阀政治,而不是前者;是权力摆布政党,而不是政党左右权力。那些政党领袖们,企图运用报纸这一强大的舆论手段以取得议会斗争胜利,从而掌握政权,这只是幻想。既然当时的政党报刊是在议会政治、政党政治的召唤下登上历史舞台的,现在则随着它们幻想的破灭而衰落,这也是很自然的。

民初给报业地区形势带来又一重大变化的,是地方军阀把持政权现象的出现。李大钊揭露当时的政局说:"革命以前,吾民之患在一专制君主;革

---

① 熊少豪:《五十年来北方报纸之事略》,《最近之五十年》第三编,上海书店1987年版,第25页。
② 在袁世凯逝世后的北洋军阀统治时期,政党报刊略有回苏气象,但不成气候。

命以后吾民之患在数十专制都督。""昔则一国有一专制君主,今则一省有一专制都督。"①我们可以这样说,和清代相比,民初压制报业的,不只是一个专制君主,而是几十个分踞各省的专制都督。这一现象,从袁世凯统治时期就开始了。

袁世凯建立了全国统治地位,伴随而来的是各省督军的专权现象。在清末,封疆大吏对其所辖地区的报刊,并无独特的影响,报刊通常并不随他们的变动而变动。而在民初,情况大异。掌握地方军政大权的官员(都督—督军)成了这个地区报刊的主宰,他们的每一次更动差不多都要引起一阵动荡和混乱。四川是带有典型意义的。1912年2月,刚就任都督的尹昌衡就查封了颇有影响的《四川公报》和《晨钟报》。次年7月,都督换成胡景伊,胡上任不过三周,就封了国民党的《四川民报》和其他四家报纸,创办了自己的《蜀报》《崇正日报》,并扶植了几家报纸。1915年6月胡离去,他所创办和扶植的报刊纷纷停刊。还有,护国军入川在宜宾办的《军声报》,只出了20多天便因北洋军入城而告终,而北洋军阀周骏在成都出版的《评论新报》,也只一个月左右便因周骏被蔡锷赶出成都而消失。办办停停,起落无常,全国很多省、市也都不同程度地存在类似情况。

袁世凯死去之后,军阀派系林立。都督专制的地方政治,日益向封建军阀割据的局面发展。在袁世凯的统治下,地方势力虽已存在,但除个别情况外,各地还保持某种形式的统一。现在不同了,南北对峙,全国分化。军阀抢占地盘,不仅有了北洋军阀、西南军阀,还分为直系、皖系、奉系、桂系、滇系、粤系、湘系、川系,等等。各省督军或者自成一系,或者加入其他军阀派系。他们据地为王,自行其是,对于中央政府,或顺,或违,或叛,悉以保存和发展自身势力为依归。这样,全国的报业又进而分处于各系军阀所控制的大大小小的地域之内。在袁当道时,一个省内报刊的政治处境,根本上决定于它们对袁政府的态度:报刊之受迫害,最大原因是反袁。现在不一样了,报刊的政治处境,根本上决定于它们对本地军阀当道的态度:报刊之受迫害,最大原因是触犯了统治本地区的军阀。桂系军阀之在广州封报杀人,并

---

① 李大钊:《大哀篇》,《言治》月刊第1年第1期,1913年4月1日。

非由于这些报纸反对北京中央政府,而是由于得罪了他们自己。在段祺瑞担任内阁总理时,北京的反段报纸受到严重压制,1918年9月24日,一下就查封了8家报纸。可是处于黎元洪影响之下的武汉报纸,虽不断制造拥黎反段的舆论,却又安然无恙。军阀割据,是中国政治发展不平衡对报刊地区形势影响的最严重表现,不过这种影响现在只是初见端倪,以后将更加明显地显露出来。

科学文化教育报刊则是另一种景象。这类报刊是一部分知识分子致力于提高科学文化教育水平以推动中国现代化的产物。它兴起于维新运动期间,民国成立又给它的发展以强大动力。比起政治报刊,它和当时风云莫测的政治斗争联系不那么密切。因此它的发展常处于渐缓平稳状态,而它的创办,更多地受到当地人的文化程度和编撰人员的知识素养与思想状况的制约。这类报刊的情况也有区别。

发展较快又较普及的是教育报刊。共和既立,首重教育,成为国人共识,官方倡导,各界协力,官办民办,同时俱进。民初7年多时间,共出版了120种左右,而在民国以前,总共不过40种左右,只占现在的1/3,出版地虽集中于文化教育发达地区,华东地区占总数的70%,但却又遍及除西藏、新疆、蒙古外全国各省,普及率是相当高的。

科学文化报刊出现了新的发展趋向,当时知识界之积极出版这类报刊,一方面继承原来科学救国的办刊传统,但感触于民初政局又有了新的思考。他们在办刊宗旨中说:"民权国力之发展,必与其学术思想之进步为平行线。"① 有人更断言,"今吾国之不国","原因复杂莫可数推,然众因之总因,要敢毅然断之曰不学耳"②。这就把出版科学文化刊物和推进政治民主和匡救时弊结合起来,显现出新意。其代表性刊物为在上海出版的《科学》杂志。另一类是宣传新思潮的刊物,它们的着眼点并非介绍科学文化知识,而是以西方科学文化为武器,对中国的传统思想进行全面批判。宣称不谈政治,实际上在求对中国的政治实行根本的改造。这类刊物以《新青年》为代

---

① 《科学》杂志的发刊词,《科学》杂志创刊号,1915年1月。
② 李其荃:《发刊词》,《丁巳》月刊,1917年2月。

表,与之呼应的还有《新潮》等刊。当时为数寥寥,但是随后一场席卷全国的文化革命运动,是从这里兴起的。与此相对立,在猖獗一时的复古潮流中,还出现一批"保存国粹""阐明孔学"的刊物,《孔教会杂志》《不忍》《中国学报》等是其代表。在中国报刊界,文化思想斗争一下代替政治,步入时代最前列,成为这一时期报刊发展的重要特点。

科学文化报刊通常总是出现于学者、专家、学校聚集之地,它的地区分布就不可能像教育报刊那样广泛。主要集中于京、沪两地。上海数量多,有近20种,有些代表性刊物,如《科学》《新青年》《不忍》《孔教会杂志》,均创刊于此。北京的刊物少一些,但其后影响转大,随着《新青年》《孔教会杂志》之迁北京,《新潮》《国故》之创办,北京一下成为举国瞩目的新旧文化斗争的中心,为上海所不及。京、沪之外,成都是重镇,崇奉孔学、宣传新潮的刊物并存。前者有《尊孔报》《国学杂志》,后者有《四川译学报》《川报》。吴虞等以报刊为阵地开展了勇猛的批孔斗争,影响全国。武汉、广州等市,也出有同类性质的报刊,表现一般,不作详述。

文艺和消闲性报刊出现新的发展形势。它们仍然盛行于一些文人雅士结集的城市。数量多、变动大的是上海,不及8年,新出版的有60余种,超过了前阶段的发展势头。一大变化是,原来风行的消闲性小报转趋衰落,代之而起的是期刊杂志,这是削弱新闻性加强文艺性的结果。而商业大潮给这些报刊带来的商品化,则是一种更为深刻的变化。这期间,出现了以《礼拜六》为代表的鸳鸯蝴蝶派文艺期刊,它影响了整整一代文艺报坛的风气。稍后一批为大型游艺场所招徕顾客服务的《新世界》《大世界》《新舞台报》《新施尔周报》等报,纷纷问世。这是小报商品化的进一步表现,当时也许是上海的特产。

北京的情况有别。这里风行的几乎全是政治报刊,终清廷统治之日,还没有发现过一种消闲性文艺报刊。民国成立后不久,情况大变,不仅出现了消闲性小报,而且一些政治大报也竞相刊载低级庸俗的内容,以取悦读者。当时有人揭露说,北京的报纸"非叙京华之风月,即读八埠之声歌。丝竹之外,无复文章,北里之游,顿成习惯"[①]。甚至一些原来尚较严肃的大报,也

---

[①]《新闻记者与道德》,《甲寅》杂志第2号,1914年6月。

## 第四章 民国成立初期(1912—1919)

公然设置妓女专栏,这是上海所没有的。其所以如此,主要因为在袁世凯和北洋军阀直接控制下,完全失去言论出版自由,政治压抑。一些报纸只好"放浪形骸,专以鼓吹娱乐事业为事"①。如果说,上海消闲性报刊的变化主要是商业潮流的推动,而北京则是当时的政治氛围造成的。

上海之外,武汉是消闲性报刊最为发达之地。创始于1904年,至民国前,已逾10种。其繁盛原因,办报主人就曾解释说:"汉上繁华,极盛震旦,舟车所汇,汗雨嘘云。在昔铁路未通,犹逊申江一席,现则凌驾而前,不知所止,南朝金粉,莫不抱琴蹑履,以待游宾,同人创为《花报》。"②可见小报风行,和武汉商业之繁荣与娱乐事业之发达,密切相连。民国成立以后,小报以强劲的势头继续扩展,《繁华报》《游戏报》《自由花》《花花报》《花世界》等报纸,一时纷起,争奇斗艳。比起过去,更加懂得运用市场竞争手段,如发奖券、广登妓女广告,印制名妓小影附粘报端,等等,以广销路,和上海一样,消闲性报刊越来越商品化了。此间小报,和上海颇多联络,不少做法是从上海学来的,但盛行于上海的《礼拜六》派报刊,却未能在武汉发展起来。

这类报刊还散见于长沙、芜湖、成都、重庆、开封等市和浙江省的一些州县。变化大的是杭州。该市是清末小报的发祥地,陈蝶仙1895年创办的《大观报》,比上海最早的文艺小报——1896年由李伯元创办的《指南报》尚早一年③,至1911年曾出小报若干种。可是民国成立后至"五四"前,这些消闲性文艺报刊在杭州消失了(据目前所知),但它们却纷纷出现于浙江的绍兴、宁波、台州、黄岩等地。

这类报刊的地区分布范围比起教育报刊要小得多,不过后者常借官方势力推行,而前者大多为文人自行出版。

关于商业报纸,原来沿海沿江的一些重要商报基地,出现了持续发展的新势头。这一形势是当时我国工商业经济有了重要增进造成的,也是这些

---

① 长白山人:《北京报纸小史》,见管翼贤:《新闻学集成》"各国新闻概况篇",北平中华新闻学院1943年版,转引自上海书店影印版《民国丛书》,第282页。
② 转引自刘望岭:《黑血·金鼓——辛亥前后湖北报刊史事长编》,湖北教育出版社1991年版,第125页。
③ 据项士元:《浙江新闻史》,杭州《笑林报》也创刊于1895年。近有人考证认为实创刊于1898年。

报纸在激烈的政治动荡中坚持"经济独立,无偏无党"和"在商言商"办报方针的结果。

先说沿海的广州、福州。广州的不少报纸,在清末就出现了商业化趋势,并出版了著名的《七十二行商报》。民国成立后,广州报纸几经龙济光和桂系军阀摧残。但商业报纸还能取得重要发展,新创办了颇有影响的《总商会报》《商权报》,原有的《七十二行商报》则增强了实力,影响显著扩大。他们的工作是小心谨慎的,常相告诫,报纸"都要在商言商,不能染有一点政治色彩"①。福州的情况,大致类似,新出版的商业报纸有《商报》《商务日报》等,较之过去的《福建商业公报》(旬刊)、《福建新闻报》,其商业性方面是提高了。更趋活跃的,则是长江两岸一些商埠的商报。引人注目的是武汉市,民国成立后,先后创办了《汉口新闻报》、《天声报》、《商报》(陈济寰)、《公论日报》、《商报》(王春光)等商业报纸,其中有的是日出三大张的大型报。在清末创办的著名商业报纸《汉口中西报》,民国后又增办了《汉口中西报晚报》《汉口日报》,组成了一家三报的报业机构,在中国人的报业中实为创举。商业报纸之盛,除上海外全国各市莫能与比。商业重镇重庆市,清末也出过书册型商报,未几即停。而1914年创办的《商务日报》,体制完备,日出两大张,一直办到1951年。安徽的芜湖市,民国前也出过一份商报,一年而逝。1915年创办的《工商日报》,不断改进经营,扩展规模,出版至解放后才停,成为安徽省解放前历史最长、销数最多的报纸。可以看出,和沿海诸埠相比,长江沿岸城市的商业报纸呈后来居上的趋势。

商业报纸取得最大发展的城市,仍然是上海,其主要表现不在增加几家报纸的数量,而在于原有的《申报》《新闻报》这样的商业大报,清醒地认识到面临的市场竞争形势,顺应世界商业报纸的发展潮流,对自身进行了一系列的改造。这就是引进当时全国最先进的印刷设备,设立系统的科学管理体制,对广告、发行和报纸业务工作进行多方面的改革,同时不断扩展报馆的经营规模(申报馆不惜70万两巨资建造全国最大的报馆大楼),以推动报纸向企业化、规模化、现代化方向迈进。这些改革也促进了沪上其他报纸(如

---

① 沈琼楼:《清末民初广州报业杂忆》,《广州文史资料》1964年第17辑。

《时报》)的革新,影响全国。

出版商业报纸的省份也在继续增加。河南在清末没有出版过商报。民国成立后该省商界对办报表现出积极性,他们的代表在北京召开的全国工商大会上建议广办实业报,并在1913年创办了该省第一个商报《河南实业日报》。边远的绥远归绥市①也于1916年创办了《商报》。

现在,我们看到,民国成立后,政治报刊、科学文化教育报刊和商业报刊,在地区发展上都出现不同程度的变化,它们各沿着自己的轨迹在运行,同时又相互渗透,交叉行进,为中国报业的地区发展形势描绘出一幅新图景。

总览全国,报刊地区形势的一个重要发展,就是报刊地区分布的密集度提高了。一省中出版报刊的城市普遍增加。例如在清末,四川办报的城市为两个,现增为7个;湖北由2个增至4个(武汉作一市计),安徽由两个增至4个,湖南由4个增至7个,黑龙江由2个增至5个。增幅最大的是浙江,由原来的10个一下增至20个。江苏(上海不计入)原就为全国城市最多的省份,计有15个,现在增加3个,合为18个。从全国看,报刊最为密集的地区在长江流域和东南诸省,而江、浙两省尤为突出。在这一阶段,全国前三位办报城市最多的省份,原依次为江苏、广东、浙江,现在则改变为浙江、江苏、广东。就江、浙两省论,办报城、县,又主要聚集于江苏南部以及浙江沿海和杭、嘉、湖经济和文化较为发达的区域,而西藏、新疆、内蒙和云、贵等省,则少有变动,差异非常明显。

就城市论,发展最为突出的是北京。民国成立后,北京成为全国政治中心,各种政治势力纷纷前来办报,至1912年10月,新出的报纸已逾百种。而上海至这年年底,只出了约60种。在1899年,北京全市未出一份报纸,而现在,出版报纸数竟超过上海,居全国首位,变化惊人。

风云莫测的政局又使北京成为全国最大的新闻源,全国各大报纸驻京记者纷至沓来,其中有蜚声遐迩的黄远生、邵飘萍、张季鸾等。外国新闻机构也派来大批驻京记者。在清末,只有英国《泰晤士报》一家,现在据目前所

---

① 绥远省于1954年并入内蒙古自治区,归绥市改名呼和浩特市。

知,派记者来的已有英、美、澳、日等国报社、通讯社十数二十家。出版于沪、津等地的外报,也派驻京记者前来采访。北京又成为外国记者在华活动中心,这是过去不曾有的。

北京又是报刊界新旧思潮斗争的主要阵地。在"五四运动"前夕,以《新青年》为核心,形成全国最强大的思潮报刊阵营。随后北京之成为新文化运动的中心,就是从这里起步的。

和北京相比,上海新出版报刊的数量少一些,一度退居全国第二位。但报刊的发展较为稳定,政治上比较活跃。北京处于袁世凯和北洋军阀直接控制之下,一切持不同政见的报刊难以生存。而在上海,革命势力仍保持相当大的影响,民气尤为高扬。报业又托庇于租界,北京政府难以施展淫威,报刊因而有了较大的活动空间。一些反袁报纸,如《民国日报》《中华新报》,正是在袁世凯帝制自为高潮中出现的,而袁的御用报纸上海《亚细亚日报》,则因群众的抗拒不得不早早收场。在对洪宪改元事件上,上海和北京两市报纸之抵制与顺从的不同表现,更形成鲜明的对照。

在科学文化思想上,上海报刊对新旧思潮斗争之开展,较之北京报刊略见逊色,可是它对科学文化知识的传播,却显现出巨大优势。上海拥有全国最多具有多学科现代知识的专家学者(很多人在民初由海外归来)。他们认为,欲使中国独立富强,不但要自革命着手,也要自提倡科学文化着手。他们是推动沪上科学文化报刊发展的主要精神力量。当时上海的出版业十分繁盛,1912年已有44家之多,全国无一省份可与之相比。全国最大的书局商务印书馆和中华书局均设在这里,这又为科学文化期刊的兴办提供了优裕的物质条件。这期间,上海所出这类期刊(连同清末创刊现继续刊行的)有20余种。其中《科学》杂志和《东方杂志》历时数十年影响不衰,风行全国。

民国成立后,中国民族经济有了很大的发展,上海尤其突出。这对上海报业所带来的重要影响,前面已经作了说明。这里要强调的,就是上海报业在企业化、现代化方面的努力及其成就,将会促进中国大陆报业兴起新一轮改革潮流,影响深远。不过,像上海这样高度发育的市场经济,并不是其他城市所能具备的,上海报业由此而形成的特性将会更加鲜明,京、沪报业差异就会愈益显现出来。

这一时期,上海报业在全国的地位在继续提高。就某些方面论,略次于北京,但从根本上、总体上观察,仍在北京之上,居全国首位。

京、沪之外,报业影响最大的城市,当推武汉。武昌起义以来七年半中,新出版的报刊近100种,发展规模和速度是空前的。起义枪声一响,它迅速成为全国和世界新闻界注意焦点,中外记者纷集,日本多达70余人。

武汉是各大政治势力必争之地,也是各个政党、派系报刊角逐的战场,斗争倾轧异常激烈。汉上报界形势,和北京政治风云直接相连,为全国所关注。和北京一样,此间称威一时的革命党人的报纸,在"癸丑报灾"中全被摧残。不同的是,革命党在这里有着强大的影响,气势旺盛。报纸办了被封,封了再办,斗争不懈。一待袁死压力有所缓和,原被封的《民报》《震旦民报》《大汉报》迅速复刊,并出版了新的报纸。报界呈现出反军阀、争共和的活力。这种现象为北京所未见,超过该市的恐怕只有上海了。

这时获得重大发展的武汉民族经济、商品市场对该市报业也起了重要推动作用。新的商业报纸应时而出,还有很多报纸实行增张扩版(最多增至五大张二十版),添置先进印刷设备,加强广告业务,开拓新闻来源,改进报纸栏目,等等,推动报业现代化。这方面的经验主要来自上海。在商业大潮中,武汉出现一批风月小报,其一些举措也是从上海学来的。

全国还有许多城市,如成都、杭州、广州、福州、芜湖、长沙、哈尔滨等市,报刊发展较快,其中成都新出版的报刊约有140种,其数量超过武汉,因地处西陲,且地方性较强,其在全国的影响受到限制。

总的看来,这个时期中国报刊地区发展形势的变化是多样的、广阔的,有些是具有深刻意义的,但是就其发展趋向和形成的格局论,和前一阶段并无太大的差异。这时,我国社会正处于转型期,一些势将导致报刊形势重大变动的矛盾还刚刚显露。在未来的日子里,随着矛盾的发展,一幅反映中国报业地区发展新形势的图景,会逐渐呈现在我们的面前。

报业的地区性,并非中国特有的问题。不过,由于中国是一个幅员辽阔、历史悠久,政治、经济、文化发展极不平衡的大国,这一问题就显得更为突出,再者,还有外部条件的影响。中国的近代报业,兴起于鸦片战争之后,就是说,中国报业的地区性是在半殖民地半封建的条件下形成的,这就造成了中国的一些特殊情况。这种国情,就成为本论题研究的出发点。

环顾近百年中国报刊发展的历史,我们了解到,决定中国报刊地区发展形势最重要的因素是政治。前面已可看到,自 1822 年至 1894 年这 70 年间,中国报刊运行的地区轨迹和地区分布的格局,完全是外国侵略势力造成的。对比一下,下列材料也许很有意思,即中美两国报刊都曾有一种由东部向西部发展的共同趋向,可是推动这个发展趋向的,在美国是实业界向中西部经济开发潮流,而在中国则是外国殖民主义者深入内陆的侵华战火。

在中国,一个地区、一个城市报刊的兴衰起伏,起决定作用的也往往是政治因素。且看东北三省。在整个 19 世纪末出版一份近代报刊,而自 1904 年至 1911 年约 7 年之间,却一下涌现出约 90 种报刊。令人诧异的是,这些报刊并不是本地区社会需要的产物,而是外部政治势力在这里活动的结果(只有很少例外)。这些办报人中,大部分是正在这里进行紧张角逐的日本人、俄国人,再就是奉北京旨令在本地区出版官报的封疆官吏,还有一部分则是从关外进入这里进行宣传鼓动的革命党人和立宪党人。

再看北京。戊戌政变后报禁森严,在 1899 年,偌大一个天朝首府,竟然一张报纸也未办(而我们的邻邦日本东京,当时日销万份以上的大报就有 8 家,有的日销近 10 万份)。而到 20 世纪初,一当清廷实行所谓新政,报禁有所放松,报刊便如雨后春笋纷纷破土而出,在大约 10 年时间内,出版了 159 种,仅次于上海,居全国第二位,至 1912 年更跃居全国首位。政策的变化,给一个城市报刊发展带来如此重大变化,实属世界所罕见。

肇端于民国初年的军事割据,迫使全国报刊处于各地军阀控制之下。军阀左右着所统治地区的报刊命运,军阀在该地区的统治状况,决定着该地区报刊的发展状况,军阀之间势力的消长,很快就会引起报刊地区形势的变化。这是中国社会的封建性在政治上的新表现,它对报刊的地区形势造成多方面的影响。这种影响,这时还刚刚开始,有的还没有显露。

经济对中国报刊地区形势的影响,则是另一种情况。它没有政治那样的直接影响力和快速的表现。地区的报业发展状况和这个地区的经济形势,并不常相一致。例如,戊戌政变后北京报刊的没落与勃兴,并不是北京经济形势变化的反映。可是,经济却具有政治不能代替的重大作用,即它能够提供报刊赖以生存和发展的基本条件。在动荡不定的中国社会里,从一个较长的时间段考察,它为报刊营造安家落户、发育成长的场所,报刊总是聚集于经济发达、工商业繁荣的地区和城市。

不断发展起来的市场竞争,是经济影响报刊地区形势的另一重要方面。这一影响涉及整个报界(这里不作详析),但影响最大的是商业报纸(包括其他民办报纸)。商报成长于商业经济发展较好的城市,这样的城市由少而多,报纸也由稀而盛。随着一些地区经济较快地增长,报业市场竞争的激烈开展,报纸纷纷改进自己的生存条件,以适应优胜劣汰的严峻形势。这样,在全国逐步形成了一批具有相当规模、设备先进、实力雄厚、发展稳定、影响广泛的主干报纸。这种报纸是一个地区、一个城市报业发展的标志。至"五四"前夕,这类报纸在华东有上海的《申报》《新闻报》《时报》,在华中有武汉的《汉口中西报》,在华南有广州的《七十二行商报》,还有相邻的境外香港的《香港华字日报》《循环日报》,在华北有初露锋芒的天津《大公报》。一些省份也开始出现自己的主干报纸。这是中国报纸向现代化迈进中出现的地区形势新景象。

对中国这样一个历史悠久、幅员辽阔的大国来说,报业在文化上所呈现的地区性,比一般国家当然要明显些。最直接而又广泛的影响,是各地区居民的识字率和文化水平,这和一个地区报刊密集程度、发行量大小以及科学文化报刊地区分布状况密切相连。这是很容易理解的,从上面的陈述中已可窥见一斑。毋庸赘言,近代报刊在中国的扩展,是和西方文化在中国的传播相伴而行的,而近代报纸自身,也是西方文化的产物。西方文化在一个地区和城市影响的程度,制约着这个地区和城市的报纸发展状况。就早期的上海和香港而言,当时上海主持中文报纸笔政的多为旧式文人,他们邃于经古词章之学,而新知两学则非所长,新闻观念淡薄;而香港的中国报人,久受西方文化熏陶,有些人更有丰富的外报工作经验(如陈蔼廷、黄胜等),深受西方报纸模式的影响。不同的文化背景下,报纸的面貌常出现差异,例如报纸的编排和版式。上海1861年创刊的《上海新报》曾仿行西方报纸,采用分栏编排、长短行相间的醒目版式,可是继起的《申报》和1898年前出版的各大报纸,均受中国传统影响,对这先进的版式却一律拒用,而仍按照中国书本的式样,由右到左,由上到下,简单地直行排列。中国的传统型战胜了西方的现代型,而在香港,自其出现的第一张中文报纸起,就一直采用西方报纸先进的版式,和上海形成鲜明对照。又如新闻写作。早期上海的报纸,常混淆新闻与文学的区分,新闻文学化的倾向影响一时;而香港的报纸,除个别外没有这种倾向,香港的英文报纸还对上海报纸违反新闻规范的表现提出批评。不过时势很快变迁,不久上海成为全国西方文化传播中心,很多报纸业务改革从这里推向全国和香港。

经历长期历史所形成的地区文化,如巴蜀文化、楚文化以及人们常说的京派文化、海派文化等,都会对报刊的发展状况打上自己的烙印。中国文化发展不平衡状态对报刊的影响有诸多方面、诸多层次,有些深层的影响常要经历相当的时间和在一定的条件下才显现出来。

报刊发展的地区性,是政治、经济、文化等多种因素的综合体现,这些因素之间又相互渗透,并随着时间的推移而常相变动,这里需要作耐心的、清醒的、细致的辨析。但研究上又重在宏观把握,从总体性中考察地区性,从纵向的历史线索中审视横向演进轨迹,又须从各种比较中揭示其所呈现的特性。这是一项艰难的研究任务。

(本章撰稿人:宁树藩)

# 第五章

# "五四"和第一次国内革命战争时期(1919—1927)

这是我国报刊发展的一个重要转变期,很多标志我国报业历史发展阶段性的新现象,从这里起步。这些新现象又都是在政治、思想的激烈碰撞中形成的。这使报业地区形势呈现复杂多变状态。

## 一、"五四"时期的学生报刊

各类群众性报刊崛起,相继登上历史前台大显身手,是这一时期我国报刊发展的一个重要标志。1915年开始的科学与民主的宣传,不断向基层群众扩展,促使群众的新觉醒,兴起一种人民大众是历史的主人,由自己解放自己的新思潮。群众报刊,就是在这种思潮推动下涌现的。

学生是新思潮的先导,也是群众办报的先行者。"五四运动"中,学生纷纷起而把办报作为斗争手段。情况不一,有由在校学生自行组织办的,有由学校学生自治会办的,但成为发展主流、风行一时的,则是各地学生在斗争中所组织的学生联合会(简称"学联")主办的报刊。于1919年6、7月间,形成一个由全国和十多个省市学联报刊组成的全国学生报刊网络。

现将目前所知全国和各省、市学联的报刊名称和创办日期,按时间顺序列表于下:

北京学联：《五七周刊》，1919 所 5 月 7 日创刊，稍后出有《救亡》。

武汉学联：《学生周刊》，1919 年 5 月 17 日创刊。

安徽学联：《安徽全省学生联合会周刊》，1919 年 5 月 25 日创刊于安庆。6 月又办《安徽学生周刊》。

陕西学联：《陕西学生联合会刊》，约 1919 年 5 月末创刊。

上海学联：《上海学生联合会日刊》。1919 年 6 月 4 日创刊，又于 1919 年 12 月 15 日创办《上海学生联合会通俗丛刊》。

南昌学联：《南昌学生联合会周刊》，1919 年 6 月 4 日创刊。

全国学联：《全国学生联合会日刊》，1919 年 6 月 16 日创刊于上海。

南京学联：《南京学生联合会日刊》，1919 年 6 月 23 日创刊。

杭州学联：《杭州学生联合会报》，1919 年 6 月 25 日创刊。

浙江学联：《浙江学生联合会周刊》，1919 年 11 月 21 日创刊于绍兴。

湖南学联：《湘江评论》，1919 年 7 月 21 日创刊。

天津学联：《天津学生联合会报》，1919 年 7 月 21 日创刊。

四川学联：《四川学生潮》，1920 年 6 月 13 日创刊。

广西学联与梧州学联：《救国晨报》，创刊于梧州，创刊日期不详。

桂林学联：《桂林学生联合会会刊》，创刊日期不详。

云南学联：《云南学生联合会周刊》，创刊日期不详。

此外，浙江的东阳学联于 1919 年 6 月创办《东阳县学生联合会周刊》，四川的川东学联于 1919 年 12 月 21 日创办《川东学生周刊》，江苏无锡旅外学联于 1919 年 7 月 23 日创办《无锡旅外学生联合会会刊》，等等。

一种作为学生群体的舆论工具就这样开始呈现在读者面前，这也标志着我国民众办报新潮流由此开端。

学生办报，并非新鲜事。20 世纪初留日学生的办报热潮，广受我国进步舆论界赞颂，功载史册。但远离祖国，脱离实际斗争。办报人非以学生身份活动，多数由省同乡会主办，报刊并无组织联系，彼此性质大异，难以类比。而"五四"时期的学联报刊，不仅表明我国学生报刊发展的里程碑，同时也是我国"五四"时期"民众大联合"办报时代精神的生动展现。

学生报刊的发展和当时我国新式教育的较大进展也有密切联系。"五四运动"前数年,教育曾有多种改革。至 1916 年 7 月,全国大专院校 104 所,其中大学 10 所,学生 1 219 人;专科学校 94 所,学生 24 023 人;中学 803 所,学生 87 929 人;师范学校 211 所,学生 27 929 人;职业学校 92 所,学生 10 551 人[①],此后续有发展。没有这种新式教育的重要基础,学生报刊的跃进现象,也是难以出现的。

从地区看,这些学生报刊出版状况是不一致的,它发源于北京,这是因为北京是全国教育最发达的地区,同时也是新文化运动的重要基地。"五四运动"爆发后第三天,北京学生就积极开始办报。浙江、陕西、四川等省就学北京大学的学生先后出版自己的报刊。但是,北京在北洋军阀直接统治下,学生办报活动受到严重压制,北京学生联合会出版的《五七》周刊和《救亡》等报,先后被迫停刊。6 月,学生报刊出版中心转向上海,这是"六三工人运动"以后开始的。6 月 4 日,上海学联的《上海学生联合会日刊》创办,接着,6 月 16 日由 21 省区代表在上海开会成立的全国学生联合会,创办了《全国学生联合会日刊》,地址设在上海。此后,学生报刊向全国省市广泛扩展。总览全局,最活跃的地区大致为京、沪、津诸市和浙江及长江流域诸省。从上面所列省市学联报刊出版表中,可窥知大概。这和这些地区经济、文化较为发达的情况相适应。学生报刊出版最多的省份是浙江,计有 14 种之多,为全国之冠。最有影响,是湖南学联的《湘江评论》,特别是毛泽东《民众的大联合》一文,提出以民众的大联合夺取胜利的新战略方针,在全国引起广泛的反响。上海的《时事新报》、北京的《又新日报》和成都的《星期日》全文转载,也有刊物载文推荐。这种情况,其他学生刊物所未见。该文对于我们加深对当时学生报刊的认识也是大有启发的。山东省的情况有些特殊,它是"五四运动"中的敏感地区,学生运动发展迅猛,也成立了山东学联。在运动中学生捣毁军阀的《昌言报》,在报上登宣言,在街头散发传单,可是在亲日派安福系军阀残暴压制下,未见出版过一种报刊。在广东,学联分裂为两派,只有主张参加现实斗争那派,出过《国耻》和《国货月刊》二刊,为时短暂,

---

① 熊明安:《中华民国教育史》,重庆出版社 1997 年版,第 47 页。

影响一般。在福建,"五四运动"中尚未见有出版学生报刊的记载①。学生报刊在粤闽沿海的低迷状态,和其在长江沿岸的高昂气势,适成对照。

学生报刊人事变动性强,缺乏报业基础,学生组织也多松散,出版难以持久,时局不断动荡,内部意见难以统一。大约在1920年夏后,学生报刊大潮渐趋低落。

## 二、政党报刊新时代的开始

这时期,中国报业所出现的历史巨变,就是政党报刊发展新时代的开始。中国政党报刊,自19世纪末起步,作出了不少功绩。民初经过短暂的繁荣,匆匆转趋衰落,后虽几经振作,但一直徘徊,看不到生机。

关于党报的衰落,人们通常归咎于军阀政府之压制,其实更为根本的原因,是在其本身的弱点。中国资产阶级由于受不成熟的社会条件的制约,其政党的弱点很多,如思想分歧(特别是对政治纲领的认识)、组织涣散、脱离群众、家长作风、领导不力等。同盟会如此,保皇立宪党尤为严重(特别政治纲领的缺陷)。这些弱点在清末报刊活动中时有表现,但影响还不是很大。可是一当清廷覆没,民国成立后,它们却迅猛暴露出来。同盟会自行瓦解,改建的国民党因官僚政客的纷纷加入引起性质蜕变。这时,革命党人所办报纸大增,可是国民党组织无力领导,大多是自作主张,各行其是,革命党报之间的斗争,时有所闻。1914年孙中山改组国民党为中华革命党,以强化党的战斗力。清除官僚政客以纯洁党,是最大收获,但强调对领袖个人的忠诚,将党员分等,则又强化原有的某些弱点。对党报来说,宣传目标不明、脱离群众、缺乏统一领导等问题依然严重,好在孙中山敏于接受形势教育,不断探索前进,这和立宪党大不相同。当时的立宪党的报纸,以依附于军阀统治而张扬一时,这种逆时代潮流而进的旺盛,隐伏着更为严重的危机。随着形势的变化,纷纷分化、消亡。梁启超主持的最后两大报纸——研究系②的

---

① 据北洋政府内务部档案,1919年2月,福州曾创刊《全闽学生联合会日刊》,此系孤证,出版日期疑有误,待查考。
② 即"宪法研究会",成立于1916年,以研究宪法相标榜。严格地说,它还不能算是政党。

上海《时事新报》和北京《晨报》，日益陷于困境。前者，梁已把它当成包袱，时时想到抛售；后者，主持报务的梁的亲信，思想分化，意志衰退，报纸无所作为。1920年春梁启超欧游归国后，表示不问政治，无意办报，应聘清华大学研究院从事学术研究了。

可以看出，兴起于清末的中国资产阶级政党报刊，民国以来步履维艰，一步步走入时代的低谷。要不要办党报，一度曾成为舆论界的议题。其实，"五四"后正是以工农为主体的民众大联合与帝国主义和封建军阀大搏斗时期。这种斗争极其需要坚强的党的领导和党报指引，不过过去那种传统型党报已经不能适应新的斗争要求。新时代呼唤新型党报，中国共产党报刊的出现，标志着我国政党报刊新时代的开始，是我国党报发展的重大历史转折。

这种党报是无产阶级也是人民大众的喉舌，它以马克思主义为指导，有严密的组织性，在党的统一领导下活动。就是说，上面所提及的我国资产阶级党报那些弱点，完全消除了，可以说是新型报刊了。

这里还要论及孙中山领导的革命党报刊问题。孙的可贵之处，就是不断艰难地寻求党报改革之路。在十月革命和"五四运动"影响下，经过中国共产党的尽心帮助，终于对国民党报刊进行了全面改造，相当程度上可以认为是新型党报了。这样，两类党报所组成的新型党报，取代了以往以资产阶级革命派、改良派党报为主体的旧型党报，成为我国党报发展主流，展向全国。

共产党党报萌发于1920年，最早的出版基地是上海、北京和广州。三地共产主义小组在这一年分别创办的《劳动界》《劳动音》和《劳动者》三刊，这是中国共产党党报正破土而出的标志。上海是出版中心，它率先于1920年8月15日创办了《劳动界》；9月，8卷1号的《新青年》成为小组刊物；11月7日，再办大型理论刊物《共产党》月刊，全国瞩目。

1921年7月中国共产党正式成立，所作第一个决议，专对党的宣传工作、出版报刊问题作出指示。中共党报的历史就此真正开始了。首先着力进行的是建设党的机关报。党中央设在上海，这里有优越的党报基础。至1923年夏，先后创办了党中央政治机关报《向导》周报、理论机关报《新青年》季刊和《前锋》月刊，一鸣惊人，影响中外。上海也大大提高了在党报活动中的地位。

从1924年起,党报的一个重要发展,就是各地区委机关报的创建。按时间顺序,排列于下:

北京地方委员会——北方区委:1924年4月27日,中共北京地方委员会机关报《政治生活》在北京创刊。1925年秋,中共北方区委成立,转为北方区委机关报。

豫陕区委:1925年9月1日,区委机关报《中州评论》在开封创刊。1926年被封。

湖南区委:1925年12月,区委机关报《战士》周刊在长沙创刊,1927年4月停刊。

广东区委:1926年7月,区委机关报《人民周刊》在广州创刊。1927年4月30日停刊。工作范围包括广西。

湖北区委:1926年10月,区委机关报《群众》周刊在武汉创刊,1927年4月中旬停刊。

创建区委机关报的地区,也就是当时党报出版的重点地区。值得思考的一个问题,就是所辖地区十分重要的江浙区委,只于1926年10月创办了一种党内刊物《教育杂志》,而没有在江、浙两省创办面向广大群众的区委机关报。现在能够设想的,就是这两省和党中央所在地上海的联系十分密切,江浙群众是党中央机关报宣传的直接对象,这就如当时中共上海党委并没有另办自己的机关报一样。浙江的基层共产党组织办报活动却很活跃,在宁波、温州、绍兴、象山等地,都曾出版报刊,由共产党员主编的报刊则更多。此外,福建、安徽、江西、四川、陕西、山东等省的共产党组织都出版党报。远在哈尔滨的中共地下党,还奋勇出版不及5个月便被封的《东北早报》。

伴随着共产党报刊而兴起的为青年团(初名社会主义青年团,后改名共产主义青年团)报刊。开始出现于1922年,出版地点为北京、广州和成都。1923年团中央设上海,是年创刊的团中央机关刊物《中国青年》,是当时影响最大的团刊。"五卅"后地方团刊形成高潮。青年团报刊实际上是共产党报刊的组成部分,二者相连,各发挥自己的优势,以加深和扩大党的宣传影响,这是政党报刊功能的新发展,为过去所未见。

## 第五章 "五四"和第一次国内革命战争时期(1919—1927)

这期间,政党报刊的另一件大事,就是孙中山领导的国民党报刊的改造。"五四运动"前后,国民党报刊已呈露某些新现象,但积习已深,认识犹浅,旧传统实难作更大摆脱。它的根本改造是在中国共产党帮助下实现的。当然,最主要的,是中国共产党帮助孙中山进行了对国民党的改建;对国民党党报实际工作之推动,则在国民党第一次全国代表大会实现国共合作之后全面开展。中共中央曾强调,共产党之赞助国民党,"宣传更重于组织"①。大批共产党员被派参加国民党报刊工作,成为推动国民党报刊改革的主力军。还要提起的是,毛泽东在担任国民党中央代理宣传部长期间,曾对国民党党报革旧创新方面作出重大努力②。其意见的推行,虽受诸多限制,但其影响不可忽视。

国民党党报,就是在这样的有利条件下,以崭新的面孔在全国发展起来,其规模和声势大大超过共产党报刊。广州是国民党党报全国发展中心。

"一大"后,国民党迅即改组广州原有的广州《民国日报》和《国民新闻》,使其分别成为国民党中央机关报和国民党广东省党部的机关报。同时也将上海原叶楚伧等私人所办上海《民国日报》,改组为国民党上海执行部的报纸,这标志着国民党党报步入新发展轨道的良好开端。接着,随着革命形势之发展,国民党报刊很快活跃于全国大部分省市。据《政治周报》所载材料,至1926年6月全国省市共出有国民党党报66种,计广西2种,湖南26种,直隶7种,江苏4种,湖北4种,北京(未标明),上海1种,汉口3种,江西4种,浙江3种,山东6种,福建3种,四川2种,内蒙古1种。这里要说明一点,这些数字是根据尚在出版的党报统计的(大量已停刊的不计入)。66种是很大规模了。而未被列入统计的广东省,当时至少出有党报6种;

---

① 见中国共产党于1924年5月在上海召开的中央扩大会议所通过的《共产党在国民党内的工作问题议决案》。
② 毛泽东对改进国民党党报工作的意见,余家宏、宁树藩、叶春华主编的《新闻学基础》(安徽人民出版社1985年9月出版)第376页,曾简作评价,可供参考。现转引于下:毛泽东"首先对国民党报刊宣传工作作了全面检查与总结,指出存在七个方面的缺点,主要是:对各重要事件的宣传指导不敏捷;指挥系统缺乏,上下级失去联络,造成各自为战的局面;检查纠正职务,完全旷废,没有充分搜集和向下级供给材料;没有进行党内教育;宣传偏于市民,农村宣传不力,缺乏图画宣传等等。……国民党的'二大'根据毛泽东的意见作出决议,拟定了改进计划,但由于国民党组织情况的复杂,它的执行是受到很大限制的"。

黑龙江的哈尔滨,在 1926 年 6 月,正创办国民党党报《哈尔滨日报》,也许由于时间匆促和空间上的遥隔,未被列入。实际国民党党报在全国有 70 余种。

1926 年 6 月,正处于北伐战争前夕,国民党报刊步入发展的高峰期。但随形势而起伏不平衡的情况总是存在的。湖南所出党报最多,高居全国各省首位①。湖南是群众运动最为发达的地区,又是北伐战争的前沿阵地,"五卅运动"以后,这里的国民党的办报激情不断高涨。其办报的一个重要特点,就是不只是在省城出版省、市党组织的机关报,而是把办报活动深入到很多郊县。据目前所知,在北伐战争前,衡阳、湘潭、湘乡、衡山、宝庆、常德、耒阳等县的国民党县部都出版报纸,其他各省不可企及。而在北京、上海这两大重镇,这时国民党党报却冷落下来。1925 年 3 月 5 日,国民党北京执行委员会曾创办北京《民国日报》,同月 18 日(即孙中山在北京逝世后 6 天),便被段祺瑞政府勒令停版。是年 12 月再创办《国民新报》,在北伐前夕,再被封禁,北京遂成为无国民党党报的城市。而国民党上海执行委员会的上海《民国日报》,在 1925 年 11 月后转为国民党右派——西山会议派报纸,另创上海《国民日报》的计划又被扼杀。这样,国共合作的国民党党报,也在上海消失了。

北伐战争开始后,国民党报刊继续发展。湖北、湖南、福建、浙江、广西等省,新办的党报一时纷起,武汉的地位迅速提高。1927 年 1 月,国民党中央党部迁武汉,这里成了国民党报刊最重要出版基地。除加强了原有的《楚光日报》外,新创办了汉口《民国日报》和《中央日报》,重要的是,这里建立了国民党中央的机关报。最为活跃的是浙江省。据目前所知,自 1926 年 7 月至次年 5 月不到一年间,该省国民党共出省、市、县各级党部报刊约 14 种,除杭州《民国日报》、宁波《民国日报》等省、地级党报外,还创办了武义、义乌、绍兴、嘉善、常山、平湖、上虞、兰溪等县党部报刊,有些事迹是激动人心的。

---

① 《政治周报》对国民党报刊在全国省市出版数量所作统计,要求完全准确,实属难能,于今也无法查核。但如认为湖南当时所出之数居全国省市之首,当属可信。

可是这时,这种国共合作国民党党报的分化活动,也正迅速开展。早在"五卅运动"后不久,就曾出现西山会议派篡夺上海《民国日报》的严重事件。现在,随着国民党根据地之巩固,国民党实力派权力之扩张,军事势力不断胜利伸展,这种分裂活动就全面发展起来。首起于广东,在"四一二"前后的闽、浙、苏、赣等地扩展,至"七一五"后,则整个国民党军占领区域,国民党报刊全为反共势力所控制。这样,中国政党报坛,过去那种革命派、改良派对峙的局势已经消逝,国共两党较量的新时代从此开始了。

## 三、共产党领导的工农群众报刊大量涌现

当时报界所出现的又一重大新现象,是工农报刊开始广泛兴起,成为革命斗争的一支重要舆论生力军。先说工人报刊。在"五四运动"前后,中国的无政府主义者也曾在广州、北京、长沙等地零星出过一些工人小报,可是它们并不反映工人群众的利益和要求,影响甚微。不久,在革命大潮中也就消失了。

我们所说这种"现代式的"①,体现时代发展潮流的工人报刊,是在中国共产党出现以后成长起来的。它随着共产党领导的工人运动和反帝反军阀的斗争的开展而不断壮大。据所积累的资料统计,自1920年至1927年7月约7年期间,全国所出工人报刊约有70种(这是很不完全的统计),都为现代工会组织所主办。其中少量为产业工会所办,计有铁路、海员、矿业、机器、纺织、印刷、店员、邮务等。最为重要的为铁路工会系统所出报刊,不仅有中华全国铁路总工会的《铁路工人》,其总工会下属的京汉铁路、陇海铁路、粤汉铁路、广九铁路、广三铁路等工会都办有报刊。而北京出版的《工人周刊》和很多铁路工会有着广泛的联系。中华海员工业联合总会的机关刊物《中国海员》,也起有重要作用。大量出版并起主要作用的,是地方工人组织系统的报刊。全国性的先有中国劳动组合书记部的《劳动周刊》和《工人周刊》,后有中华全国总工会的《中国工人》和《工人之路》。出版机关报刊的

---

① 沿用邓中夏在《中国职工运动简史》一书中的用语。

省市总工会,据目前所知,则有上海、北京、广东、湖南、湖北、山东、山西等处①。而上述各省省会广州、长沙、武汉、济南、太原等市工人组织,也都出有报刊。此外,在东北的黑龙江,还兴办了《满洲工人》。

这些工人报刊,多出版于工业较为发达、革命斗争形势有较大发展的地区。从全国看,主要出版基地有四个,各自的重要影响又随形势的转移而有变动。简述于下。

(1) 上海。这里是中国现代工人报刊的发源地和最早的出版中心。共产主义小组的《劳动界》、中国劳动组合书记部的《劳动周刊》,都具有开创性质,影响全国。1922年夏,劳动组合书记部被迫北迁,刊物被封,办刊活动自此转入低潮。1924年夏起,再呈勃兴之势,"五卅运动"后形成热潮,《上海总工会月刊》的出版,启动了我国省市级总工会机关报发展的新潮流。在工人武装起义和反击"四一二"反革命政变的斗争中,上海工人报刊,表现出非凡的英雄气概。7年间所出工人报刊共约16种②。

(2) 北京。我国工人报刊发源地之一(略晚于上海)。在1922年夏,中国劳动组合书记部迁来以后,北京遂取代上海成为我国工人报刊出版重心。办报基地是在北京,但工作范围却包括广大北方多省,特别是北方铁路系统工人聚集地。所出《工人周刊》,坚持5年之久(1921—1926),发行5 000份,传向全国,是当时工人报刊中影响最大的一种。它对我国第一次工人运动高潮的推动,起有重要作用。在"二七惨案"后工人报刊暂入低潮之际,《工人周刊》坚持出版,并相继创办了全国铁路总工会、京汉铁路总工会机关报,并推动出版山东总工会机关报。这期间,北京和中共北方区委所辖地区,所出版的工人报刊约13种。

(3) 广东。辛亥革命后,非"现代式"的工会和工人小报,皆一度在这里活跃一时。中共创建时期,"现代式"工人报刊在这里的发展,较为滞后。广州共产主义小组的《劳动者》,实为无政府主义者所把持。1923年4月4日创刊的广东工会联合会机关报《劳动周报》,标志着本省工人报刊大发展的

---

① 1927年2月23日,《江西全省工人第一次代表大会决议案》做出江西总工会编辑工人刊物的决定,会后这一刊物曾否出版,情况不明。
② 如加上在其影响下的无锡、苏州二市工人小报,则为18种。

开端。随着国共合作之实现,革命根据地之不断巩固,各类工人报刊一时纷起。最为重要的是,中华全国总工会省港罢工委员会所出版的《工人之路特号》①、中华海员工业联合总会的《中国海员》。相继出现的还有印刷工会、机器工会和广九、粤汉、广三等铁路工会所兴办的报刊,气势昂扬,广州一下成为全国工人报刊出版重心。北伐开始后,这里的工会活动所受限制日严,1927年"七一五"政变后,这些报刊全被摧残。所出报刊,共约14种。

(4) 两湖(湖南、湖北)。两省紧密相连,工人运动"争辉并美"(邓中夏),工人报刊同发端于共产党创建时期。在我国第一次工人运动的高潮中,出版报刊最多(约5种)。其中有的还成为中共北京党委主办的长辛店工人补习学校的学习材料。北伐战争开始以后,工人报刊在广东逐渐衰落,却在这里日益兴盛起来。新成立的湖南总工会创办了《湖南工人》,并印画报十万余张,由运输队随北伐军沿途散发。1926年10月,湖北全省总工会成立,出版《工人导报》《工人画报》。中华全国总工会的《中国工人》移武汉出版,同时还兴办有其他工人报刊,武汉成了全国工人报刊出版重点。"七一五"后全被扼杀。本期间,两湖地区共约出版工人报刊16种。

伴随工人报刊而起的,是农民报刊。这是过去未曾见到过的,更可表现出是新时代的产物。由于条件不同,农民报刊发展的规模,虽然还比不上工人报刊,但那日益旺盛的势头,引起全国关注。自党成立至1927年7月期间,大约出版了30多种报刊(不及工人报刊半数),地域广及广东、广西、福建、浙江、江西、湖南、湖北、内蒙古、陕西诸省。最早的基地是广东。党成立不久,共产党员彭湃,即在广东的海丰和广大的东江地区开展农民运动,创办了第一个农民刊物《赤心》和《海丰》半月刊。1926年1月,创办了广东省农民协会的刊物《犁头》。是年1月和8月,国民党中央农民部先后兴办了指导农民运动的《中国农民》月刊和《农民运动》周刊(通俗性)。北伐战争开始后,农民报刊的热潮迅速转向两湖地区。最为活跃的是湖南。长沙、耒

---

① 关于这个刊物出版情况的说法,学界尚未一致。一种说法是,中华全国总工会于1925年5月初成立后,即于5月31日创办《工人之路》周刊,待所属省港罢工委员会成立后,即于1925年6月24日改名《工人之路特号》日刊。另一说法是,全国总工会筹办《工人之路》周刊的计划因时间仓促并未实现,待考。

阳、茶陵等市县农民协会,纷纷出版农民小报、画报(见有6种),1927年1月,湖南省农民协会,在急风暴雨的斗争中,创办了机关报《农夫》,而传单、标语、壁报,更遍及农村各地。而湖北,影响最大的是省农民协会的《湖北农民》,发刊于北伐前不久,发行5 000份,北伐军占领武汉后,最高达两万份。1927年1月,国民政府迁武汉,《农民运动》和《中国农民》随之相继由广州迁来。1927年初,相邻的江西省农民协会,也曾创办《江西农民》等数种报刊,与两湖联成一气①。汪精卫政变后,遭遇和工人报刊同样的命运。

前面说过,学生报刊是群众报刊发展的先导。只是当时处于启蒙时期,思想、政治尚欠成熟,缺乏强有力的统一领导,不久转入低潮。在中国共产党成立以后,情况大变,学生运动不断接受共产党的领导和青年团的影响(青年团成员中80%是学生),并受工农斗争与大革命形势的推动,学生运动、学生组织都空前发展起来。据统计,"五卅运动"后,全国除吉林、黑龙江、新疆三省(西藏未计入)外,都建有数量不等的县、市学生联合会,有16个省成立了全省学生联合会。学生联合会报刊的出版比过去更加旺盛了。据1926年7月统计,仅学联系统的刊物,"就有40多种,十多个省学联刊物尚未计入"②。

这样,在中国共产党领导下,一个以共产党报刊为核心,以学生报刊为先导,以工农报刊为主体的人民群众报刊大联合、大发展的新潮流,已呈现在我们的面前。这些报刊可以被摧残于一时,但它产生的民众力量和社会潮流,是永远扼杀不了的,它会在新的条件下大展雄图。

## 四、新文化刊物的广泛兴办

在这期间,一批反映新文化的报刊情趣广泛,不拘一格,各展丰姿,成为平民文化人、平民知识分子的喉舌。这是本时期报刊界又一重要新现象。

这些报刊也多分布于当时革命潮流影响地区,尤出现于文化事业较为

---

① 江西省农民报刊为时短暂,1927年初创办,至是年6月5日,随省农民协会被国民党省政府查封而停刊。
② 宁树藩主编:《中国新闻事业通史》第二卷,中国人民大学出版社2000年版,第151页。

## 第五章 "五四"和第一次国内革命战争时期(1919—1927)

发达、文化人聚集的省市。这类报刊(主要是期刊),因其过于零散,材料难寻,其出版数字实在难作统计。只能就目前所了解到的情况,粗略估计全国出版总数当超过 400 种,除京、沪外,出版最多的省份为四川,约出 60 种,次为浙江,约 50 种。另如湖南、湖北、江苏、广东、广西、福建等省,也有较多发展。

要强调的是,统率全局的这些报刊出版重心,应是北京和上海。它们是这类报刊的发源地和发展旗帜,两地南北呼应,相互促进,连成一气。但两地情况,却有重要差别。在北京,这些办刊精英,多活跃于大学(主要是北京大学校园),主要不是那些教授名流,而是那些众多的尚在上学或刚毕业的青年学子。他们在新思潮的哺育下,纷纷结成社团,出版报刊,任意而谈,无所顾忌。很多新知新学形成热潮,影响全国。上海则不同,大批朝气蓬勃的办刊英才,大多栖身于出版社(书局、印书馆等)。这和北京不同,他们没有办刊的自主权,作为文化雇员,是要听命于经理等领导人的。上海作为商业大城市,出版社特别多,在民初据说有 44 家。"五四"时期,实力最为雄厚的为商务印书馆、中华书局,此外较有影响的尚有大东书局、世界书局、泰东图书局、亚东图书馆等。它们在新文化大潮的冲击下,纷纷寻求改革,以适应新的形势。最有典型意义的是商务印书馆。它那老成保守的状态日益和时代脱节,北京大学的《新潮》杂志曾给予尖锐的批评,馆内新旧之争顿趋激烈,张元济的革新主张,终获胜利。一个重大措施,就是对该馆八大名牌杂志,进行整顿改造。一群富有朝气的新人,如沈雁冰、郑振铎、胡愈之、杨贤江等,走上改革的第一线。当时担负主编《小说月报》重任的沈雁冰,年仅二十五岁。其时中华书局等出版社所出报刊,也多顺应潮流,面目一新,在沪上形成强大声势。经改革的出版社,对新文化社团有很大的吸引力。文学研究会成立于北京,却把上海的出版社作为所办刊物的出版机关,后来泰东图书局,成了"创造社的摇篮"(张静庐)。在北京,"五四运动"后期,新文化期刊出版潮流低落。1920 年夏,《新青年》迁返上海,而《新潮》则因学校经费困难于 1922 年停刊。新文化期刊出版中心,遂由北京移向上海,新文化期刊成长的经历,京、沪还有一大差异。在上海这一商业大都市,首先要应对的,是和鸳鸯蝴蝶派的持续斗争,而在这历史古都当时仍是北洋军阀首府的北京,所要不断批评的,"正是针对着这些本来的'官场学'的"①。

以上各类报刊,都是这一历史大转折新时代的产物,它们之间都有着内在联系,共同为我们的报坛谱写辉煌的历史新篇,它们运行的地区轨迹,虽不全一样,但基本上是同轨的。

## 五、各地军阀对报业的控制

再看军阀统治。与民众大联合形势恰恰相反,这个时期的北洋军阀出现了大分化的趋向。这种分化,是从袁世凯死去以后开始的。主要有皖、直、奉三系,还有许多小的地方派系,如在南方活跃一时的桂系、滇系,争权夺地,战乱不停。这种地域大割据状况,随着各派系军阀势力之盛衰而变动不居。我们也看到,这期间出现的军阀地区割据的新形势,对当时我国报业发展的地区形势,也产生了重要影响。

最敏感的地区是北京。这里是全国的都城,北洋军阀的首府,各派系兵戎相见,要夺取的,首先就是这块圣地。这些窃据中央政权的统治者,自己并不办报,但都出钱让别人办报给自己鼓吹,成为本派系的宣传机关。广发津贴,收买、笼络报纸之风,盛行一时(皖系尤甚)。这样,在每次直皖、直奉等大战之后,北京的军阀派系报刊的出版形势,都会发生一次变动。这样,在北京以往习见的,是军阀统治镇压人民群众和进步政党报刊的情况;而现在,军阀派系之间相互封禁报刊的现象不断出现(参阅本书北京节)。京津密切相联,北京变化对天津的军阀报纸也产生同样影响。天津王郅隆的《大公报》(馆址在英租界)是皖系的喉舌。1920年直皖战争皖系被打败,直系入主北京,该报被禁在京津发行,王郅隆逃往日本,报纸一度停刊。刘浚卿主持的天津《益世报》,拥护直系,反对奉张。第二次直奉战争中,直系失败,奉军逮捕刘浚卿,并接收《益世报》,使之成为奉系喉舌。

引人注意的是在反奉战争中出现了新的倾向。这本是直系与冯玉祥国民军联合反对奉系的战争,可是在日、英帝国主义干预下,转变为奉直联合,

---

① 瞿秋白:《〈鲁迅杂感选集〉序言》,《瞿秋白文集》,人民出版社1998年版,第61页。

## 第五章 "五四"和第一次国内革命战争时期(1919—1927)

反对国民军的战争。这种策划的险恶用心,是在让军阀间的厮杀变为相互联合,以扑灭正澎湃于全国的人民革命运动。国民军败退,1926年4月中旬奉直联军进驻北京后,迅即对新闻界进行疯狂摧残。百日之内就杀害了邵飘萍、林白水,逮捕了成舍我这些著名报人,宪兵司令部传讯记者的事件不断发生。奉军还搜查了北京大学书报处,"连日派武装军队巡逻该校四周"[①]。北京被称为恐怖世界。军阀联手残酷镇压进步新闻事业,正是其虚弱性的表现,是垂死的挣扎。军阀间的矛盾斗争不可能就此消失,在全国继续表现出来。

异军崛起的省份是广东。这里是孙中山革命党影响深远的地区,北京军阀政府又鞭长难及。在军阀统治大分化的潮流中,孙中山领导的国民党经过与北洋、西南军阀的复杂的斗争,终于在这里建立了国共合作的革命基地,各类革命报刊纷纷在这里聚集。大约在1925年"五卅运动"后至1926年初,广州革命报刊的出版中心和北京形成鲜明对照。可是在革命报刊大发展过程中,革命阵营也出现了分化。最严重的表现,是蒋介石成为新右派代表,进行遏制和反对共产党的活动,报刊的发展不断深受影响。受到最大打击的,是革命的军队报刊。由苏俄和中国共产党帮助成立的黄埔军校非常重视政治思想工作,成立不久,出版了《黄埔潮》《中国军人》一大批军队报刊(粗略统计有10种以上),有大批中共党员和国民党左派参加。蓄意排共、全面把持军权的蒋介石,决不容许这些报刊存在。几经策划,这批活跃一时的革命军人报刊终趋消失,代之而起的是右派军人报刊。这样的斗争逐渐扩及其他革命报刊。我们看到了报界的变化:在北京,人民群众和北洋军阀的斗争正走向终点;而在广东(主要是广州),一个人民群众和国民党新军阀的奋战的新时代,已从这里开始了。

湖南则是全国各派系矛盾的聚集地。这里地处华中要道,生存于南北夹攻之中,全省被大小军阀分割,你争我夺,变动无常。而本省军人派系无休止的斗争又和上述矛盾交织在一起,使形势更加复杂化、严重化。这种矛盾状况给湖南报界所带来的动荡是空前的,也是罕见的。

---

① 上海《民国日报》,1926年4月29日。

皖系军阀张敬尧统治湖南期间(1918.3—1920.6),湖南报界蒙灾严重,颇称繁盛的长沙报纸后来只剩3家。但也要看到,张实力不足,全省有70县,他力所能及的不足半数,湘南、湘西一带为湘桂军所驻守,吴佩孚、冯玉祥等直系诸军则占领衡阳、浏阳、常德等处(奉军、鲁军也占有数县),在长沙受压的报纸纷纷逃迁湘军驻地,多集中于郴州。鼓吹"驱张运动"的报纸《湘潮》不能在张敬尧控制的长沙等地刊行,却能利用直皖矛盾在直军驻地衡阳出版。张敬尧败走以后,逃迁的各报重返长沙,报业之盛有胜当年。可是在湖南进入所谓"自治"年代后,情况出现一大变化,即原来影响这里报业发展的是南北军阀的斗争,而现在则主要表现为省内军界的派系之争。湖南军界报纸可分为谭延闿、赵恒惕、程潜三派。在相互较量中,程派报纸或封或停,一时沉寂,形成了谭、赵对峙局面。赵派气盛一筹,但情况无常。在1923年谭、赵战争中,谭军一度攻占长沙,查封了受赵控制的《湖南日报》等报。这种斗争的背后常有省外军阀背景,复杂多变。随着全国斗争形势激化,湖南又再成为南北战场。1925年春北洋军阀南征,所属川军进驻湖南,横行一时,报界备受摧残,澧县记者惨遭杀害。1926年夏南方革命北伐时,也查封了一些对抗革命的报纸。南北战场,转变成了革命报刊发展的据点。以上情况表明,这时军阀之间矛盾斗争对我国报业所造成的影响,湖南是相当典型的。

这种新闻现象出现于我国广大地区,但其重点,则在京津、华中和东南诸省。这里要提起的是直系后期军阀孙传芳的"表演"。1923年,他先后供职福建、浙江,1925年冬,自任浙闽苏皖赣五省联军总司令。这些省域不只是他和皖、奉军阀军事较量的战场,也是新闻斗争的场所。气势日盛,初露锋芒于福建,大显雄威于浙江(一次封报十数家,自办机关报),影响并扩及沪上,最后都被北伐军消灭。

(本章撰稿人:宁树藩)

# 第六章

# 十年内战时期(1927—1937)

这一时期,我国政治形势出现了影响全局的重大变化。首先是北洋政府的垮台和国民党政府的建立,即以新军阀代替了旧军阀的统治;再就是国共关系由合作转向对抗,红色根据地破土而出;三是民族矛盾不断上升,终于发展成为我国社会主要矛盾。这十年间,我们也还看到,我国大部分发达地区,还是处于相对稳定的状态,经济、文化事业仍有较为显著的发展。这期间,我国新闻事业地区形势的大变动,就是上述条件制约下展现的。

## 一、国民党党报地区分布的新局势

1928年国民党奠都南京后,就开始考虑筹建党报问题。过去的北洋军阀,只知凭武力逞雄,对办报实不重视。国民党则大异,在执政后,既把军队作为维护政权的主要支柱,同时也十分重视报纸的作用,大革命时期在中共帮助下广泛发展起来的国共合作的党报,都已全被剿灭,经篡夺而留下来的也不过十数种,且多散处各方,政见且多分歧,难以应对当前严重局势。

这样,1928年,国民党开展了一场关于党报建设的大讨论。先是在是年5月,由戴季陶写给广州《民国日报》一封指导工作的信开始的[①]。接着6

---

[①] 此处所述有关内容,见1928年国民党广东省党务指导委员会出版的《宣传工作》。

月和9月,国民党中央常委会议对党报建设有关问题进行了专门讨论,并通过了《设置党报条例》《指导党报条例》《设置党报办法》等重要文件①。这次讨论,强调树立党报的党性原则,实行中央集权领导体制和奉行三民主义,反对共产主义宣传方针等问题。实践上则把建立中央直属党报作为首要任务。

建立中央直属党报是从南京起步的。1929年2月,将上年2月创刊于上海的《中央日报》移南京出版,成为党中央最高宣传机关,这期间还在南京兴办了面向全国的中央通讯社(由武汉移来改建)和中央广播电台。三位一体,成为新闻事业的核心力量。与此同时,还在北平、天津、武汉、西安、广州、福州等当时处于重要地位的城市设置了中央直属党报,以强化中央对这些地区的影响。发展规模最大的是各省的地方党报,起先零星出现,涌现于1930—1935年。至1936年,这种地方党报(还分省、区、县三级),除西藏、新疆和东北沦陷区外,已扩至全国各省。这样,国民党就构成了以《中央日报》为核心,以各省直属党报为主干,以各省地方党报为基点的党报网络,覆盖全国。

这是国民党党报的发展在地区广度上一次重大历史突破。第一次国内革命战争时期是国民党党报发展的最好时期,地区分布也是很广的。据广州《政治周报》1926年6月统计,全国同时有13个省市出版党报,多聚集于沿江沿海地区,出版总数为66种。北伐后党报数量有所增加,但出报省市无大变化。而现在,则出现了巨变。至1936年6月,全国出版国民党党报的省市增至25个(东三省已为日寇侵占,未计),出版总数达599家,而县党报的大发展又增大了很多省的党报分布密度。江苏的情况最为突出,在1926年6月,共计3家党报;至1936年6月,仅县党报就达80种②。可以明显地看出,这一时期国民党党报的发展在地区分布的广度、密度上都是空前

---

① 这些于1928年设置的条例,均见"国民党中央训练部"档案,存藏于南京中央第二历史档案馆。
② 见蔡铭泽:《中国国民党党报历史研究》。而蔡书中这些统计依据是许晚成的《全国报馆刊社调查录》(上海龙文书店1936年出版)。许氏这一调查录的材料,迄今仍为我国学界所重视,引用率很高。但如蔡著所说"所列数据只能是相对的、近似的,不可能精确无误"。笔者也常发现有脱漏和差误之处,但它的参考价值仍然很高。

的。这种不平常的新现象值得深思。

人们在这里看到了国民党党报大一统的大好形势,可是在这大一统形势下面,却又存在种种不统一的表现,党报发展的地区差异性纷纷以新的面貌显露出来,这正是本时期需要着力研究的问题。这种差异性的出现,起因是地区经济、文化发展的不平衡,但根本原因却在于国民党复杂的派系矛盾的严重影响。国民党在其执政后,原有的派系林立现象,更趋严重,原来一些派别更加活跃起来,新建立了改组派、再造派、新政学系等组织。可是更令人注目的,还是那些在国民党中央统治薄弱地区纷起的大大小小的地方实力派。他们是所辖地区的"土皇帝",对国民党中央(蒋介石集团)既顺从又抵制,一切以维护自己的军政权力为依归。这样,他们对国民党的新闻政策、指令,也同样抱遵循与抵制的双重态度。至于他们遵循与抵制的程度,取决于中央对他所能统治的程度,并随形势、条件之转移不断变化。

党报运行中所显现出来的地区差异性,就表现出复杂而多样的面貌。还要说明,这种地方实力派统治的地区,和由国民党中央政府所直接巩固统治的地区,情况是大不相同的。试作分别说明。

关于国民党中央政府巩固统治的地区,其范围大致为华东的江苏、浙江、安徽、江西4省和华中的河南、湖南、湖北3省。这7省的党报宣传和国民党中央的方针都能保持一致,中央的一些政策措施都能顺利贯彻(就总体情况看),党报出版也特别繁荣。1936年6月统计,这7省党报共出339种,占当时全国党报总数599种的56.59%[①],比数之高,令人惊异。不过也要看到,华东4省的情况和华中3省相比还是有差别的。苏、浙、皖、赣在地理上环拱首都南京,是中央政府命脉地带和统治重心,而且北伐后4省的斗争形势一直还比较稳定。正是这些优异条件,大大有利于南京和4省党报事业的建立。关于南京所建立的强大新闻事业系统的情况,上面已作介绍,要补充说明的是,"九一八"以后,国民党中央党报领导体制改革,强化了蒋介石对《中央日报》的把持。这期间,蒋的亲信贺衷寒、戴笠等人组成的组织

---

① 1936年中国国民党党报总数和7省党报总数的统计,均依据许晚成《全国报馆刊社调查录》所提供的材料。

"复兴社"在南京创办《中国日报》,鼓吹"一党独裁""领袖中心"。党中央的报业完全成了蒋介石集团实行独裁的舆论工具。江苏的党报和南京的党报实成一体,宣传上保持完全统一自不待言,一些体制举措也是全力推行,如党报的省、区、县三级制,该省办得最好,难以普及的县党报,江苏就办了80多家,居全国首位。浙江情况和江苏相仿,县党报约60种,稍逊于江苏。其《东南日报》是省党报中之佼佼者,影响超越本省,扩及东南。安徽的党报,政治上和江浙联通一气,党报数量则少得多,总数约30家,县党报约20家,这主要是因为经济、文化条件有逊于前两省。江西的经济、文化发展状况和安徽无差异,但党报要发达得多,党报共38家,其中县党报约30家,可是政治形势二省则大不相同。中原大战后,蒋介石为所谓"剿匪"需要,江西有重兵把守,还在南昌设"剿匪"总部和"南昌行营",江西的舆论界被紧紧控制。1931年春,南昌行营为配合军事围剿,还创办了面向官兵的《扫荡》三日刊(《扫荡报》的前身),为苏、浙、皖三省所未见。

豫、湘、鄂三省地处中原,和首都南京并不紧密相联,却是十分的重要外围地带,中央也鞭长可及。三省与中央的分属关系,完全视南京政府军事实力强弱而定。这样,豫、湘、鄂之转为中央政府之巩固基地,是经历了一个国民党军事派系(蒋、桂、冯、阎)战争角逐过程的。是在蒋介石集团击败对手,军事实力大大加强以后实现的。河南在北伐后所建立的党报系统(包括党、政、军),全由冯玉祥系掌握,报纸对蒋介石的态度,全随冯对蒋的态度变化而变化。在南京受排斥的国民党改组派骨干,在这里却担任了国民党河南省党部机关报《新中华日报》社社长。中原大战蒋胜冯败后(1930年10月),河南完全为蒋介石集团所控制,很快建立以《河南民国日报》为核心,包括省通讯社、广播电台和部分市(区)、县党报(约20家)在内的强大的党的新闻网络。从此河南成为蒋介石集团党报系统的稳固基地。而湖南、湖北两省,在1927年"马日事变"之后,起初也是战乱频繁,待到1929年蒋介石击败桂系后才渐趋稳定。湖南在起初战乱的2年,国民党的省长就换了3人。一张报纸,一年就改组4次。1929年,何键(由桂系投蒋)出任省长后,才逐渐稳定了局势。在蒋介石的积极支持下,很快建立了省、市、县党报系统(另有省政府报纸)。至1936年,共出了党报57家,其中县报约50家,均仅次于江苏,成为蒋介石集团党报系统重要组成部分。湖北在1927年末唐生智败走为桂系所占据。经蒋桂战争后又于1929年春末为蒋介石集团所统治。前此萎靡而多变的党报,这时开始稳定发展起来。1936年6月,共出省、市(区)、县级党报25家,其中县党报约20家,其数量虽略高于河南,较之湖南尚有较大差距。但是,有重要意义的是《武汉日报》和《扫荡报》在武汉的出版。前者是国民党中央直属党报,享受中央多种优惠待遇,迅速成长为华中地区发行量最高(曾达23 000余份)、影响最大的党报。后者前身为在南昌创办的《扫荡》三日刊。1935年6月,蒋介石在其担任新成立的"鄂豫皖三省剿匪"总司令坐镇武汉时,改组该刊,出版大型的《扫荡报》,成为军中最重要的报纸。湖北之作为蒋氏集团报业集团基地,其地位高于豫、湘两省。这里也要看到在后来全国风起云涌的抗日高潮中,三省的党报时而也出现同情群众运动,不满蒋氏不抵抗政策的宣传。这是报社内部人员受到群众爱国运动大潮的感染,并非军政派系斗争的反映,应该将二者区别开来。

现在再来考察地方实力派统治地区。在前述国民党中央政府巩固统治地区,各省党报的状况,统一性是主流,彼此也呈现出差异性,但并不严重,居次要地位。可是在地方实力派地区,情况则大异。它们之间当然也有统一性的表现,但凸现出来的却是差异性。

最引人注目的是四川。这是"天高皇帝远",交通闭塞,经济、文化发展不平衡的大省,由防区制而产生的军人割据,形成了地方实力派的多元化。取得派系斗争胜利的刘湘被国民政府任为省长,其他各防区长官都被任为国民革命军的军长。对于国民党中央政府,这些地方实力派表面上都持拥护态度,但却严防其军政势力进入省区,都以捍卫自己的统治地为最高原则。当国民党中央将自己强大的党报网络向四川伸展的时候,遇到了重重障碍,出现了种种矛盾。国民党中央在清党后,曾多次入川设立机构,试图重建国民党,但都难如愿。至1929年末,全省国民党员只77名。出版党报自然难以开展。在1928—1929年间,最早兴办的几家党报多为这些机构所出,刊名都为《党务周刊》《党务旬刊》之类,以宣传党务为主要任务,影响甚微。1930年起,特别在1935年蒋介石集团势力以追剿红军为由进入四川后,蒋系国民党才有较大的发展。至 1936 年 6 月,共出党报 35 种,其中县党报约 20 种。数量并不算少。问题是,这些党报分处各防区,受制于各区军长,举步维艰。1930 年曾办一张省党报《四川晨报》,起初只是勉力支撑的四开小报,后来仍是势弱力微,不能起主干作用,1935 年也停刊了。当时雄踞一方的军长、师长,大兴办报之风,军人报刊喧噪一时,气焰压倒了党报。可以说,川省国民党党报没有主干,组织涣散,活动空间狭小,难以发挥党报应有的作用,其政治方针(拥蒋反共)和南京政府尚能保持一致。1935 年蒋介石集团势力入川插手川省军政事务后,地方实力派报纸表现出拒蒋倾向,而蒋的势力(康泽等)也扶植了一些亲蒋党报。这样,在川省国民党党报间兴起了地方实力派和蒋氏集团的曲折斗争。

在广西,国民党党报系统的重建实始于桂系在蒋桂战争中溃败之 1932 年初。当年桂系曾逞雄中原,逼退蒋介石,现虽退守根据地,但决意养精蓄锐,以图东山再起。李宗仁、白崇禧这些新桂系头头,不像有些军阀,只知抓军队,而是党、政、军并重,尤其是对党的工作给予特别关注,重视思想工作,把党报放在非常重要的地位。广西有深厚的党组织基础,在 1927 年清党以后,留存下来的国民党员近 2 万名。比起四川在 1929 年末只有 77 名的状况,真有天壤之别。可是桂省所出党报只有约 20 种,其中县党报数种,较之四川的 35 种要少得多。富有党政斗争经验的新桂系领导人对办党报问题有较为清醒的认识,他们当时所关注的,是强化统一领导,提高实战能力,求精不重量。他们在整顿的基础上,着重出版南宁、桂林、梧州、柳州、郁林、龙州(镇南)、百色等地 7 家《民国日报》,以此作为全省党报支柱,以省党部机关报《南宁民国日报》为党报的核心和龙头,面向全省,负责对外宣传,精心经营,饮誉西南。省党部还常召开 7 家《民国日报》负责人会议,统一宣传思想,各明职责,还制订党报组织条例、办事通则。一些县党报也在这些党报思想、原则指导下,与省市党报相配合。这样,桂省国民党党报数量不多,却形成一支在省党部统一领导下思想协调、工作有序、很好地组织起来的精干队伍,和四川情况形成鲜明对照。之所以能做到这点,和桂省李宗仁、白崇禧、黄旭初三领导能够团结合作有很大关系。广西的国民党党报长期奉行反共抗蒋的方针,在其后期抗日运动高潮中,开始批判蒋的"先安内后攘外"

## 第六章　十年内战时期(1927—1937)

政策,支持共产党的团结抗日主张。1936年6月,广西参与"两广事变",但密云不雨,终以和平解决告终,而党报的反蒋和团结抗日宣传更趋激烈。

广东是国民党党报的重要基地,有悠久的历史渊源,最早参与了清党后党报的整顿和建设工作,较快地建立起省、市(区)、县三级党报体制,共出版约25种(如包括香港则超过30种)。作为地方实力派的省份有一大特点,就是不只有军事实力派,还有政治实力派,前者虽较单一,后者却甚复杂,计有胡汉民、汪精卫、卸军职后的李济深和西山会议的某些人士。他们虽常在省外活动,但其深厚的社会基础却在广东。他们或依民主政制(如胡汉民),或据政党规范(如汪精卫)。对蒋介石以军队逞雄、操纵党政的表现进行猛烈攻击,旨在与蒋争夺中央权力。他们和广东军事实力派,相互利用,彼此相依。这样宁粤之间存在紧张而复杂的关系,广东长期成为抗蒋基地,可是大家都是老谋深算的斗争能手,在策略上是打是和,或拥或抗,完全要看当时形势如何对自己有利为依归。宁粤间动荡多变的局势,给广东的国民党党报造成反复无常的混乱。特别是中央直属党报广州《民国日报》,它刚刚热情称颂一种政治主张,忽又痛斥为祸国殃民的论调;原本一再拥戴的政治领袖,转眼又成了猛烈攻击的对象。朝秦暮楚,昨是今非。这种随权飘荡的病象并非该报所独有,但表现出如此严重的程度,实为他省同类党报所罕见。此外,从广东全省各级党报组织状况看,其散漫虽不似川省,但其严密情况比之桂省则相差甚远,各报宣传上之不统一,还是常见的。粤港密切相连,广东派系时以香港为办报基地。栖身香港的胡汉民出版了自己的喉舌《三民主义月刊》,值得注意。

山西是阎锡山的老巢,但把它作为"独立王国"苦心经营,是中原大战惨败以后的事。在"九一八"后复杂条件的制约下,蒋阎关系转入互利协调的和平状态。1932年2月,蒋任命阎锡山为太原绥靖公署主任,阎在山西的统治自此进入新的阶段。他全力埋首经济建设和政治整顿改革,俯首拥蒋,以求自强自立,独霸一方;而不像桂系在和平抗蒋的形势下,励精图治,以图东山再起,问鼎中原。而在整治省政方略上,更有一大差异,桂系十分重视国民党党治和发挥党报的思想组织作用,而阎对此则一直持淡化态度。从历史看,阎是老同盟会员,可是1913年11月,他却接受袁世凯命令,解散山西全省国民党党部,自己也声明退出国民党。1924年国共合作后,山西曾秘密成立国民党组织。1925年成立国民党山西党部,尚未见出版党报。1927年6月,阎锡山投靠蒋介石,国民党中央重组山西省党部,创办《清党日刊》和《山西党报》。后者未久改名山西《民国日报》,成为南京国民党党报伸入山西的一个据点。中原溃败后,阎锡山解权退居故里,但对山西军政仍保持巨大影响力。1931年末,他利用国民党山西省党部枪杀请愿学生激起的群众抗议浪潮,指使晋省当局逮捕省党部负责人,解散省党报,停止各县党部活动,同时查封了山西《民国日报》,山西成了一段时期没有国民党组织和报纸的省份。

从这段历史可以看出,国民党党报在山西的基础十分薄弱,而阎锡山更缺乏运用党组织和党报斗争的经验与观念。这和广西是截然不同的。阎重主山西省政后,直至1932年11月才办了一张国民党党报《山西党员通讯》(简称《山西党讯》)。此外,还有一家在阎这次主政前(1931年11月)由国民党员主办的《太原晚报》,直至1937年抗战爆发,全省只这两家党报。更值得注意的是,在随后大规模开展省内各项事业建设、各种民众团体活动中,很少看到国民党组织和党报的作用。当时最为活跃的是山西军政两署机关报《山西日报》。在推动建设事业中,还创办了《劳资合一》《新建设》《建设之路》《新农村》《民众监政》等一批报刊。晋省之所以淡化国民党党报,除上述历史原因外,还担忧如积极发展党报,就会招引南京国民党党报势力之入省,这是阎所最忌惮的。这里有一疑问,即同在以强凌弱的形势下,南京国民党为什么不断将党报势力挤入四川,而对晋省却按兵不动?两省情况多殊,但关要之点却在于川省军阀多头,而在山西只要阎锡山所作所为不偏离拥蒋方向,就可放心。蒋对阎的省政建设持肯定态度。1935年蒋在一次庐山高干会议上,曾对阎的政绩大加表扬。这就不必另挑矛盾,引发离心倾向。

以下综述全国具有最大影响、带有典型性的地方实力派的四省情况。在全国其他各实力派统治省区,也同样因条件不同,各呈特色。一是韩复榘盘踞的山东。韩蓄意将该省建造为独立王国,蒋、韩之间不断进行限制与反限制的斗争。南京国民党利用当时有利条件,在鲁省广泛建立国民党组织,想以此控制韩复榘。所出党报多达50余种,其中县党报近50种(仅次于江苏居全国第二)。韩"不想借党部以自重",但面临这种严重现象是不能忍受的。这样,在山东省内,以多种方式掀起一场对国民党组织和党报的激烈搏斗,为全国所罕见。二是龙云、卢汉统治下的云南。1928年初,龙云被蒋介石任命为云南省主席。比起其他拥蒋实力派,其在一段时期内,只拥蒋而不防蒋。南京国民党组织顺顺当当地进入云南各地,党报平平稳稳地兴办起来。在1933年前,出版了以《云南民国日报》(约万份)为首的8种党报,其中县党报约3种,宣传倾向一直跟蒋走。1934年末,蒋介石乘"追剿"红军之机入滇图控云南,龙云防蒋之心由此滋生。1935年连续创办完全在他控制下的省府报纸《云南日报》和昆明市府的《新滇报》,以与党报并峙,当是此一心态的反映。但附蒋拥蒋的方针未变,在"两广事件"和"西安事变"中,党政报纸都在蒋一边。这是雷鸣前的一时平静。再谈"马家天下"的宁夏和青海,中原大战局势明朗后,马氏家族的两省头头先后决心投蒋,南京国民党乘势大举进入两省,广建党组织,进行控制。同时在二省都办起了省党报《民国日报》,这就把国民党全国党报网络伸入偏远而闭塞的"领地",人们看到了大一统景象。人们或未想到,由于不久前马氏家族上层大批入党,并进入领导机构,这就使得两省的国民党省党部和党报社内党组织,常分化为党内两个并存的派系。控制与反控制的斗争,常表现为党内派系斗争,我们常看到,这些融家族、民族、宗教为一体,地域基础深厚的马家子弟,经常战胜那些有强大的政治背景、久经党政工作训练、组织严密的蒋家王朝御林军的奇观。其他地方实力派统治地区,自也各具特色,不一一评述了。

## 二、革命根据地报刊的崛起和转移

在红色根据地,即工农武装割据地区办报,中国过去所未有,在全世界也是新现象。纵观全国报刊地区形势变动的经历,也是一次意义最为深刻的发展。

我们还会看到,革命根据地报刊的诞生,是"五四"以来革命报刊历史运动中客观规律的呈现。"五四"时期,在"民众的大联合"时代要求下,一大批自求解放的民众联合起来纷纷出版报刊,影响一时,终因缺乏中国共产党的领导而趋涣散。到了共产党成立和大革命时期,人们开始发现,在中国共产党领导下,工农学群众报刊、国共合作报刊在全国蓬勃兴起,显示出巨大的威力,但又因没有掌握武装力量,不敌国民党而败下阵来。在国民党叛变以后,共产党广泛发动武装起义,把建立自己的武装力量作为首要任务。可是起初却又不顾中国的社会条件,以攻占大城市作为革命的目标,步入误区。毛泽东总结了这一教训,转向农村进军,建立农村革命根据地,实行工农武装割据,为中国革命开辟了正确道路,革命根据地报刊也就紧循这种历史轨迹登上时代舞台。

这里,还要强调一个问题,即"革命根据地"和"报刊"相当程度上存在一种相互依存的密切关系。根据地当然是前提条件,没有它,这类报刊就不会产生;可是,没有报刊,根据地就难以巩固和坚持。因为根据地是处在四面包围的封闭地区,如果没有报刊担负信息沟通的任务,革命活动就无法开展。更为重要的是,如果不通过报刊等手段进行强大的思想宣传,把红军改造为一支新型军队,同时以先进的革命思想教育工农群众,要求得根据地的创建与发展是不可能的。

革命根据地办报一时成为时代潮流。自 1927 年 10 月向井冈山进军开始,至 1935 年 11 月初长征红军会师陕北,在全国建立起湘赣、湘鄂赣、赣南和闽西、闽浙赣、鄂豫皖、洪湖和湘鄂西、左右江、广东东江和琼崖、川陕、湘鄂川黔、陕甘和陕北等大小 11 块根据地,革命根据地报刊,也就随之蓬勃发展起来。这段不平凡的岁月,根据地总共出了多少报刊,由于时局动荡,年代久远,实物散失很多,实在无法统计。现根据所看到各方调查材料和其他一些记载,初步了解到所出报刊一共有 400 种左右(其中有报名可查的有 340 多种),实际出版的当超此数。不过和实际情况也不会相差太远。

这种根据地报刊的地区分布形势,取决于当时根据地的地区布局形势。而根据地所以能够建立,主观上除掌握必要的武装力量外,主要取决于两大条件:一是这些地区在大革命时期受到革命战争和工农运动重要影响,有良好的群众基础;一是处于反动统治势力薄弱地域,即那些农村、山区和数省的边界,而军阀之间的不断战争,则为根据地创建与发展提供了良好的机遇。这些根据地的具体情况也不尽相同,这就使这些根据地报刊之间出现某些差异性,虽然它们的共性是主要的根本性的。现就一些影响较大的根据地报刊试作概要评述。

(1) 湘赣区。1927年秋收起义时,毛泽东总结实践经验,将由武力攻占城市,转向农村山区进军,占据井冈山为革命基地。这是革命道路的历史创举。它也是本区根据地创建的伟大开端。井冈山地处湘赣边界罗霄山脉中段,离国民党统治中心较远,周边群众基础较好,北伐战争时边界多处建立党组织,成立农民协会。有了这块良好的立足地,武装力量不断壮大。1928年4月,朱德和毛泽东会师后,红军达万余人,接着对周边地区"进剿"的敌军进行多次胜利的斗争,逐步形成了以宁冈为中心的湘赣区农村根据地。在建立根据地的过程中,政治宣传工作一直受到极大的重视。从井冈山时期开始,毛泽东就反复强调政治宣传对根据地建设的重大意义。井冈山区没有办报条件,就使用标语、壁报和新闻性简报等宣传手段,毛泽东还亲自动手编写。由于战事频繁,局势多变,直到1930年才开始出版报刊,自此起发展较快,至1934年,一共出了42种,其中江西31种,湖南11种。这些报刊全由党、政、军3类组成,其中党团报刊28种(团6种),政府10种,军队4种。

(2) 湘鄂赣区。本区与湘赣区邻近,大革命时也广受革命影响,工农运动非常活跃。蒋介石叛变后,起义活动很快发动起来。1928年,彭德怀、黄公略胜利发动了平江、嘉义起义,成立了红五军,建立了湘鄂赣革命政权。1929年9月,本区第一份报刊《工农报》创刊,至1934年,一共出版60种。其中江西31种,湖南16种,湖北13种。比起湘赣区,本区虽然创建较迟,但开始出报的时间却早一年,数量也多得多。报刊种类结构大致相同,但本区开始出现了工会报刊数种,突破报刊单一化倾向。这是因为本地有了较大的活动空间,工作内容也有扩展。

(3) 赣南和闽西区是后来苏区中央政府所在地的重要地区。1929年初,毛泽东、朱德率红四军离井冈山向赣南出击,先后建立了赣南、闽西根据地,两地相连,形成革命根据地中最广阔的一块。这里地处农村山区,山峦起伏,横亘赣闽,反动势力统治薄弱,群众基础很好,革命有广大的活动空间,这里的经济、文化状况相对说来也比较好,这就为苏区建设提供了良好的条件。1931年末在这里建立了中央苏维埃政府,根据地的创建达到全盛时期,新闻事业的发展也步入高峰。自1930年至1934年,共出版报刊120余种,其中赣南约百种,闽西约26种,其中在苏区中央政府所在地瑞金共出版约37种。报刊之多元化的发展,党、政、军报刊系统性之呈现,均远为其他地区所不及。在前两苏区,印刷上大多为油印小报,石印尚少。而这里石印大量增加,并出现多种铅印报刊,表明出版条件大有改善。报纸销数达万份的,据知至少有5种,《红色中华》最高达4万份,《青年实话》达3万份,这在国民党统治区也是不多的。1931年初,红军利用缴获敌人的器材建立起第一个红军电台,1931年11月在瑞金建立了根据地第一个通讯社"红中社",沟通了中央苏区与各根据地以及白区地下党的联系。

(4) 闽浙赣区。这是邻近中央苏区的大块根据地,位于闽浙皖赣四省边界,由方志敏、邵式平等创建。先开辟赣东区,进而向浙闽皖边界伸展,形成本区根据地,1933年与中央苏区相连接。从1929年至1934年,共出版报刊约35种,其中江西约27种,福建约8种,浙江未见。报刊数量虽然不及湘赣和湘鄂赣西区,但报刊种类,除党、政、军机关报外,还出有工、青、妇、儿童等多种报刊,还见有两种铅印报,在发展趋向方面走在前面。

(5) 鄂豫皖区。北伐战争期间,鄂、豫、皖三省边区,群众革命斗争广泛发展。鄂东农民纷纷组织农会、自卫军,配合北伐军进军。宁、汉合流后,发动秋收起义,举行震动全国的"黄安暴动"。随后又在大别山区进行斗争,在河南进行攻占商城的斗争。分别建立起鄂东、豫南和皖南三块根据地,至1930年联成一片,形成仅次于中央苏区的广大革命根据地,首府所在地设于河南商城。本根据地出版的第一份报是1930年2月在河南商城创刊的《红日报》,至1933年1月,共约40种,其中湖北约16种,河南20余种,安徽未见。出版重心在河南,省级党、政、团、工报刊均出版于此,还出有军、师、团报刊。湖北则广出县报,各类县报在10种以上,与群众建立密切的联系。

(6) 洪湖和湘鄂西区。这是跨越长江南北的农村根据地,是由贺龙在南昌起义以后返湘鄂活动和周逸群一道创建的。经过起义、组建红军和艰苦的斗争,开辟了这块范围有数十县的根据地。其主要地区在湖北境内,逼近武汉。自1928年秋至1932年2月,共出报20余种,数量不算多,但分量较重。分局和省级报刊办得很出色,中共湘鄂西中央分局机关报《红旗日报》(石印)是苏区难得一见的日报。贺龙、周逸群经常去报社指导工作,还亲自改稿和口授内容,发行2 000到4 000份,遍及周边20余县。另由谢觉哉主编的湘鄂西苏维埃机关报《工农日报》也有较大影响。

(7) 左右江区。这是蒋桂战争桂系失败后,党在广西西部所建立的根据地。先是邓小平、张云逸于1929年末领导在党影响下的广西军队,在百色发动起义,开辟了右江根据地,建立了红七军。1930年2月,在党的领导下,由俞作豫所统率的广西军队举行龙州起义,创建了左江根据地,建立了红八军。红军在左右江地区坚持办报,时间1929年末到1931年末。右江区最早出版的是《右江日报》,左江区最早出版的是《群众报》(后改名《工农兵》),两报都出版于所发动起义的城市(百色和龙州),都创刊于发动起义前若干天,也都各有良好的出版条件。《右江日报》为铅印日刊,为全苏区所仅见;《工农兵》是铅印三日刊,也属稀有。桂系头头返省后,加强对红军的"围剿",红八军败退至右江和红七军会合,离龙州后,另出一铅印小报。1930年秋,右江红军奉命北上,由韦拔群坚持继续斗争,并在东兰县山区创办油印的《红旗报》(1931年11月),不久根据地被占,韦拔群壮烈牺牲,报也停刊。一共约出5种报刊,多为部队主办。

(8) 川陕区。红四方面军主力,1932年10月退出鄂豫皖区,长途转战,至是年末进入川北,开始创建本根据地。四川军阀派系林立,当时混战方酣,其时统治川北的田颂尧、刘存厚、杨森三大军阀,彼此矛盾重重,相互牵制。而处于极端穷困状态的农民,渴思变革。在这些有利形势下,几经奋战,根据地迅速发展到42 000余平方里,仅次于中央苏区。自1933年1月至1935年初,所出报刊约30种,见有报名的为27种。目前所知,均出版于四川境内。大量出版的军队报刊,在上述27种报刊中占有15种。这是因为红四方面军入川后,军力发展很快,成立了5个军,达8万余人。各级、各种军事机构分驻各地纷纷办报,有的师部也创办报刊。其他报刊几乎全为省级党、政、军、工会所出。共建有24个县苏维埃政权,但办报的只有南江县一县,形成了本区报刊出版的特色。

此外,陕甘和陕北区只见有《西北红旗》《布尔什维克》《生活》三数种报刊。湘赣川黔区为时短暂,局势多变,情况难明。至于广东东江海陆丰根据地只数月之久,琼崖根据地未及巩固,长期成为游击战争区,办报十分困难,情况也不甚了解。这些地区,暂不计入。

现综观长征前全国根据地报刊出版形势,可以看出,全国根据地报刊绝大部分都聚集于与湘、鄂、赣三省相连接的边区。分省计算,江西出版约200种,湖南约50种,湖北约50种,合计约300种,约占全国总数的3/4,而江西一省则竟占总数的一半。现在再回过来审视前面提出的决定根据地创建与发展的两大条件。一是广受革命时期革命影响,有良好的群众基础;二是地形地势有利,处于反动统治薄弱地带,二者密切相连。但从实践观察,二者的主导作用彼此有别。前者有利于起义的发动和革命力量的创建,后者则为革命武装力量提供较稳固的立足基地,以便坚持斗争,发展壮大。二者不可缺,后者似更重要。以湖南和江西比较,以革命条件论,前者优于后者。据武汉国民政府农民部1927年6月的调查,湖南有41个县农会,会员有450万多人;江西只有10个县农会,会员38万余人,相差甚远。1927年"八七"会议后,毛泽东领导秋收起义,参加起义的绝大多数是湖南省区的农民,可是这支起义部队所建立起来的湘赣边区,大部分却在江西境内,所出报刊数量是湖南的3倍。江西根据地所出报刊之所以特别多,也有其政治原因,如赣南苏区所出报刊竟达百种,这和苏维埃临时中央政府设在赣南的瑞金有很大关系。不过也要知道,当时中共苏区中央局和红军总部曾拟定将这个临时政府设在较为繁荣的闽西长汀,后来所以改变主意,是因为毛泽东等认为瑞金在苏区的战略地位比长汀重要[①],这和地形地势仍有关系。再看广东,它是广受革命影响的省份,"四一二"后曾有多次起义,也曾于东江和海南岛建立根据地,但都为时短暂。东江的海陆丰政权只存在4个月,主要因所在地区活动地域受限,缺乏能长期与敌周旋的立足空间,革命力量在海南岛后来进行的是流动的游击战争。在这里,缺乏办报条件。

---

① 黄少群:《邓小平在中央苏区》(上),《百年潮》2004年第6期。

从上面叙述中,我们惊喜地看到,在那些偏僻闭塞、贫困落后的农村山区,却萌发起一大批斗志昂扬、朝气蓬勃的报刊。它们大多是用土纸油印或石印、八开至十六开的通俗小报,但是所反映出来的却是社会最先进的思想文化,进步在时代最前列。这种报刊发展中所呈现的地区新现象是一种历史飞跃,意义深远。

这些报刊兴起于华东、华中地区,逐步向西南、西北伸展,到了长征开始后都先后消失,可是很快又在陕甘宁地区重新发展起来。1935年末起,在瓦窑堡、保安出版《战士报》《红色中华》等报。1937年1月,中共中央由保安迁延安,成立由洛甫、博古、周恩来等组成的党报委员会,加强党报出版工作。接着创办党中央政治理论刊物《解放》以及其他若干党刊,为适应新的形势,《红色中华》改名《新中华报》。报刊的数量还不算多,重要的是,其作用、地位迅速提高,正迎接一个全国范围的根据地报刊发展高潮的到来。

这些根据地报刊和党在白区的地下报刊结成党报全国网络,各发挥自己的优势,配合战斗,展现出前所未有的宣传威力。

## 三、民办报刊大发展的地区形势

这10年间,国民党政府的统治处于相对稳定的状态,经济、交通、文化教育事业都有很大起色,为报刊的大发展提供了基本条件。国民党政府对报刊施行严厉的统制政策已是人所周知。可是这时,它已懂得了硬软兼施的两手策略。对于那些被认为不触犯自己统治利益的报刊,则采取容忍甚至网罗的态度,以壮大自己的力量。而进步人士中也涌现大批战士,学会了斗争艺术,为报刊开拓了广阔的活动空间。这也是促进民办报刊大发展的重要因素。

这些报刊多聚集于华东的江苏、浙江、安徽、江西、山东,华南的广东,华中的湖南、湖北、河南,西南的四川和华北的河北等省(南京、上海、北平未计入)。名列前茅的首推江苏,浙江也引人注目。关于浙江,据资料统计,自民初1912年至1927年7月近15年间,所出民办报刊约400种。而此后这10年间,共出约660多种,其发展可说是迅猛的。至于江苏,因缺乏这类系统性史料,难以和浙江作这样的对照评比。但根据许晚成所编《全国报刊社调查录》等材料查证,可以看到在1936年春,浙江所出民办报刊约90种(1927年5月前出版的约15种);而江苏所出约220种(1927年5月前所出近30种),不仅大大超过浙江,而且遥遥领先于全国各省。这固然有地理因缘,但更大的推动力,是南京之奠定为全国首都。

皖、赣、鲁三省民办报刊的发展,以山东情况最佳。1936年春,所出约81种(1927年5月前所出的5种);安徽尚称活跃,约出40种(1927年5月前所出约6种);江西虽是国民党党政报刊的天下,但民办报刊也出有约21种(1927年5月前所出的约3种)。这三省和苏、浙二省合在一起,华东地区可说是掌握了全国民办报刊的半壁江山。

华中湘、鄂、豫三省是民办报刊较为繁盛地区。湖北、湖南所出分别为60种和约39种(其在1927年8月以前所出分别为14种和6种)。河南所出要少一些,约33种。要说明一个问题是,这里在汪精卫政变后,经历新军阀连年混战,民办报刊几乎全被摧残。复起后这些报刊处境复杂。它们是在应对各种矛盾(包括蒋介石国民党的两手策略)的经历中发展起来的。

在华南,民办报刊最显眼的是广东省。刊期短的日刊—周刊,共81种,民办的近60种。周刊以上的期刊共124种,由于情况复杂,性质难明,但估计民办的当有数十种。就是说该省民办报刊总数已大大超过浙江,仅次于江苏居全国第二位。在福建,民办报刊比之广东自然落差甚大。但就本省论,1936年春全省共出有报刊47种,民办的却占了约35种,居明显优势,和全国其他省比也处于中游地位。令人诧异的是广西,据统计,自"五四运动"至大革命8年间,曾出版民办报刊25种。可是十年内战期间,所出民办报刊只有20余种,不足25种,就是说不仅没有前进,反而后退了,这是全国各省所罕见。就1936年春出版情况看,共出20种,其中民办共约5种(两种属宗教性),和当时该省经济、文化事业的发展状况很不适应。这种表现,实根源于新桂系在省内所全面推行的严厉专制统治政策。

在西南,四川省一枝独秀,民办报刊数量较多,进展较快。自1912至1926年这15年间,共约出版290种;自1927至1937年7月十年半时间,出了约410种,发展还是显著的。再看1936年6月出版情况,这月仍在刊行

## 第六章 十年内战时期(1927—1937)

的民办报刊有60余种。经比较可以看出,该省民办报刊之发展处于各省的先进行列。四川是由军人割剧的大省,各行其是,斗争不断。这种统治的分散化虽有失常状态,但对民办报刊却也提供了活动空间,和广西形成鲜明的对照。

在华北,民办报业发达的省份,只有河北了(北平未计入)。1936年春,所出民办报刊约150余种,其数量是很高的。具有重要影响的均聚集于天津一市。大报纷起争雄,格调不同的小报也各呈异彩。天津民办报业步入鼎盛时期。其他市县所出也近60种,可称旺盛,但多为期刊,大半数为学校校刊和教育性质。1935年《何梅协定》为民办报刊带来严峻局势,情况这里暂不申述。

至于一些边远省、自治区,仍然是一片沉寂。不过,它们也有自己的亮点。如内蒙古,自1912至1927年7月近15年间,共出民办报刊6种;而1927年5月至1936年底近10年间,共约出15种,增加9种。其数虽说寥寥,但按比率计,所增达一倍半,高于一些发达省份。青海这10年,只出民办报刊1种,却打破零的纪录,意义非同一般。到这时尚未出过民办报刊的还有宁夏、新疆和西藏。

从历史影响看,这十年间,反映我国民办报刊发展时代趋向的,有两大重要表现。现简略分述于下。

(1) 私营报纸企业化潮流。

所谓报纸企业化,这实是报纸的经营方式问题。其中牵涉到两大观念的转变,一是改变过去重报纸、轻报业的倾向,强调要把治理好报业视为方针大计,把扩展和强化报业作为坚定的目标。二是改变过去那种落后的小本经营方式,讲求规模效应,施行科学管理体制。采用先进的技术和装备设施,并网罗现代型的专业人才。这一切,旨在强化应对日益激化的报界市场竞争的能力。

宣传上和那些政治派系报纸不同,强调不偏不党,持公正立场,做群众喉舌,大多谨小慎微,不敢与反动统治公然对抗。要说明的是,各报表现并不一致,其中有些私营报纸在当时全国人民争取民主自由、反蒋抗日的斗争大潮下,曾有不凡的表现,有的曾以"敢言"而名噪一时。

中国企业化报纸是在辛亥革命后民族资本主义有所发展的条件下出现的,第一张企业化报纸是由席子佩转让的《申报》,第一位杰出的报业家是史量才。十年内战期间,民族资本主义又有新的发展,企业化报纸开始由上海走向全国,可是力量异常薄弱,发展地区极其狭小,只分布于北平(北京)、天津、南京、武汉、广州等几座大城市,表现出严重的地区局限性。各市的情况也多差异,简述于下。

在北京—北平,脱颖而出的是成舍我的报系。1924年4月,以所得工资200元创办《世界晚报》,次年2月贷款增办《世界日报》,稍后再办《世界画报》,这种艰难创业经历,显露出成舍我坚定的献身报业的雄图壮志。当时北京的报馆林立,大报名报环伺,要为这新出的报纸打开局面,更是不易。而成却从容应对,以现代报业头脑,强化报界市场竞争意识,调整报业经营机制,把开发读者资源视为头等要务,博采众长,广泛开展报纸业务改革,三报面貌焕然一新,全市瞩目。但初创时期阅历未深,根基尚弱,各项改革举措有待成熟。当时报业尚不能算已实现企业化,只可说是在企业化道路上迈进。而在因"敢言"惨遭张宗昌横祸以后,报纸顿入困境。《世界日报》报系的大发展是在国民党政权取代北洋军阀统治后的事。

1928年北洋政府垮台后,北平报界一片混乱。一大批乞怜于军阀、官僚而存活的报纸,纷纷闭馆,一些曾雄踞北京报坛的大报,如研究系的《晨报》、日本的《顺天时报》,也相继停刊。而天主教的《益世报》,则在动荡中沉沦,《京报》也难现当年锐气。《世界日报》则适时而起,再展雄姿。原来种种改革举措和思路获得了更好的活动空间,报业迅速发展。1933年还创设了新闻专科学校,可说壮志非凡。报纸发行量大增,全面抗战前夕已高达2至3万份,为北平各大报之冠。这期间,越出本市,先后在南京、上海创办《民生报》《立报》,组成报团,扬名全国。成舍我也作为卓越的报业家载入史册。

在天津,重要的是新记《大公报》的崛起。创刊于1926年,隆盛于10年内战时期,由股份公司经办,资本5万元,已是初具规模的企业了。创办时吴鼎昌、胡政之、张季鸾三巨头商定,要把该报作为专心共办的事业来经营。和同类报纸一样,强调政治上"超然于党派之上","绝对拥护国民之公共之利益",但有重要区别,其他报纸如《世界日报》,报纸经营重在遵从读者要求,服务发展报业,并无自己的政治追求。而《大公报》却是"论政"报纸,有自己的政治理想和对时政的主张,甚至有时将其置于读者舆情和报业利益之上。"九一八"后该报的对日"缓抗"论遭到读者广泛批评时,公然声称:"宁愿牺牲销路,也不向社会空气低头。"①这虽只是一时应对之策,但看出报纸个性。

"不党、不卖、不私、不盲"八字方针,是《大公报》的灵魂。这是报纸主人对民国以来中国报业"呻吟于权力、财力双重压力之下"的痛苦经历,所作深沉的反思,刻骨铭心。它是最佳的办报方针和治业方针。吴、胡、张三巨头是推行这一方针的最佳组合。发刊以后,表现非凡,随着全国抗日救亡形势日益发展,更展现出惊人的宣传魅力。报纸面目一新,尤其是那些勇闯禁区所写激动人心的新闻通讯、痛陈时弊淋漓洒脱的政论文章,一时风靡朝野。报业迅猛发展,基础日趋雄厚,1936年设上海分馆,成为驰名全国的大报,报纸销数原不足2 000份,至1936年,津沪两馆合销10万份。资金由原5万元增至40万元,以后一报多馆之大发展,由此开端。

在南京,1927年10月21日,成舍我在这里创办《民生报》,是北平(原北京)《世界日报》报系在南京的扩展,南北呼应,相互促进。南京在国民党统治下,报界成了党报的天下,舆论控制很严,并不是民营企业化报纸发展的良好场所。但是这里人口众多,事业繁盛,奠都以后成全国政治中心,成为重要新闻源泉,《民生报》在这里仍有其展现活动能量的空间。该报由成亲自主持,业务骨干多为来自北京的原班人马,应用《世界日报》的成功经验并作重要发挥,改办四开小报以适应时势,并创小报大办、精编主义的新思路,报纸面目一新,销量大增。初销3 000份,一年后逾万份,最高曾达3万份,报业也日益繁盛,曾计划组织中国报业公司,还表示要实现报业托拉斯的抱负,可惜壮志难酬。1934年5月,《民生报》因揭发国民党彭学沛的劣迹导致被判永远停刊,成舍我也被拘禁40天,这是成办报生涯所遭受最严重的打击。

在武汉,影响最大的是《汉口中西报》,创刊于1906年5月,终刊于1937

---

① 吴廷俊:《新记大公报史稿》,武汉出版社2002年版,第46页。

年12月,历时32年。为湖北历史最长的报纸,全国也罕见。为武汉商界名流王华轩独资经营,声称系"纯粹商业性质""无党无偏""绝对不卷入政潮之旋涡"。稳健超然,工于应对政府权势以求生存。发刊以来,除武昌首义期间因登载失实军事新闻,一度被军政府查封[①]外,都能泰然相处,驰骋自如。

《汉口中西报》从一个尚不成熟的商业报纸起步,应用跻身商界经营经验,兢兢业业,一步步向企业化道路前进,终结硕果。到了30年代初,新闻界称之为"汉口的《申报》"(黄天鹏),闻名全国。但是,又应看到,报纸主人王华轩由于主客观条件,在政治上、业务工作上都存在浓厚的保守思想,对时政的宣传报道,因循应付,无所作为,报业也无重大发展。1917年增办《汉口日报》与《汉口中西报》《汉口中西晚报》鼎足而立,成为王氏报业兴旺期。惜以经营不善,经济上难以支持,未数年只剩《汉口中西报》一家。十年内战期间,曾致力于改革和扩展报业,受到注意,惜未见大效。1936年报纸日销数也只5 000份(据许晚成)。抗战爆发后数月停刊。1939年王氏病逝,王华轩以毕生献身报业而享盛誉,但他不是杰出的报业家。

在广州,北伐胜利、广东动荡时局初平后,广州商务报纸虽然仍处境艰难,但渐有发展,引人注目的是,由两家商业公司分别经营的报业集团一时并起。一是以李抗希为首的远东公司属下办的《新报》《快报》《新国华报》和《真共和报》4家报纸;一是以王泽民为首的惠民公司属下办的《国华报》《越华报》和《现象报》3家报纸。可说是我国报业企业化潮流中所出现的新气象。可是公司财力不足,两家合计不足10万元(参见本书"华南地区"部分)。而这种将西方资本主义社会报业企业化,移用于市场经济还不甚发达的广州,又增加了其动作难度。到了1934年,远东公司的4家报纸便难以支撑,同时歇业。惠民公司所经办的是3家"老牌"报纸,基础较好,经验也较丰富,联合后经营很有起色。至1936年,报纸销数最高达3万份,居粤省各报之首。可是宣传上仍然无所作为,声名不出省外,1938年日寇进犯广州时停刊。

---

[①] 据上海《民立报》1911年10月28日所载《报界一席语》称,《汉口中西报》因载"荫昌统旗兵两万一节,语多失实,由军政府于初二日发封"。

现在再看上海。这里的企业化大报在原来大发展的基础上,又雄心勃勃跨入一个新的阶段,向报业托拉斯迈进了。主要有两大表现。一是1929年初,史量才收买了《新闻报》福开森的股权(65%),就是说史家一下掌握了旧中国产业最大的两家报纸,声势空前。另一表现是,1932年,以张竹平为核心,结成《时事新报》、《大晚报》、《大陆报》(英文)和申时通讯社联合体,史称"四社"。这虽然还不是产权的联合,而是在新闻资源开发和报业动作的统一经营,还不能算是严格意义上的报团。可是这个"四社"成为历史名牌,后起新秀。在日报、晚报、英文报、通讯社诸领域,也各雄踞一方,而所着力掌握的又实为报纸报业动作的生命线,其对报界影响非同一般。

这两大表现惊动了国民党执政当局。民营报纸原来那种企业化,只要不触犯政治,它还可不予干预;而现在,被认为是在向它的新闻霸权主义挑战了,就再不能容忍。史量才受到了来自本市和南京国民党政权多方施压,在作了一些重大妥协后,一场"购股风波"才告平息。对于"四社",则施压迫使张竹平将《时事新报》的股权售给孔祥熙,"四社"遂也随之瓦解。国民党的专制政权根本不能容忍报业托拉斯存在,这表明在半封建半殖民地条件下,民营报业企业化的独立发展道路是走不通的。

(2) 反文化"围剿"中文化社团期刊。

民办报刊又一重大表现,是革命文化社团期刊杂志的崛起。它们是在中国共产党影响和领导之下成长起来的,其重要作用是在白区开展革命文化运动,配合苏区武装革命运动,以推动全国革命斗争的胜利发展,谱写了辉煌的历史新篇。其经历过程,可分两个阶段。

一是1927年末至1930年初革命文学社团期刊勃起阶段。大革命失败后,革命文化人从全国各地、从日本,纷纷聚集上海,重振创造社,组建太阳社、我们社,大办期刊,倡导革命文学,和国民党反动统治继续进行战斗。而这时革命文坛主将鲁迅新落户沪上,主编《语丝》《奔流》诸刊,威震一时。而田汉的南国社也出版了多种刊物。"五卅运动"以后的上海,新文学期刊杂志一度沉落,而现在,忽以前所未有的规模涌现出来。粗略统计,这些期刊共30来种,其中创造社、太阳社、我们社(三社相互关系密切,很多成员是共产党员)三社数量居多,共约 25 种①。综观全国,当时革命文学期刊,几乎全汇集于上海。上海的旺盛和外地的沉寂,形成鲜明的对照。

引人注目的是北京(北平)。这里先受北洋军阀张作霖的残暴镇压,接着又遭新军阀相互搏斗的折腾。鲁迅早在 1926 年秋被迫离京前往厦门。1927 年 10 月,《语丝》周刊和出版该刊的北新书局同时被封,这份饮誉京城的名刊遂和书局同迁上海。不过,继续坚持出版的,尚有由鲁迅支持的未名社的《未明》半月刊和沉钟社的《沉钟》周刊②。它们处境十分艰难,《未名》曾商酌迁上海,改由鲁迅接编,未能如愿,出至 1929 年 5 月停刊。《沉钟》随后也移沪出版。这样,就像鲁迅所说,北平"真成了沙漠"。再看广州,这里皆是进步文化人向往之地。鲁迅之所以于 1927 年 1 月来到广州,就是想"与创造社联合起来,造一条战线,更向旧社会进攻"③。可是广州形势日非,创造社的主要成员已先行离粤去沪,在"四一二"政变后,环境更趋险恶,鲁迅随也前往上海。比起北平,广州还相差更远,在这一阶段,这里还没出现过一份革命文学社团期刊。其他各地也难觅踪影。

这种期刊当时为什么几乎都聚集在上海?原因非只一端,主要为:上海有深厚的新文化运动传统,和先进的文化人有广泛的联系;这里有全国最好的出版条件,书店林立,其时更是新书店"蜂起",为办刊提供了广阔活动的空间。尤为重要的是,当时全国各大城市正处于革命与反革命拼搏和新军阀混战的动荡之中,而上海在"四一二"之后,局势转趋相对平稳,那些刚从实际斗争中归来转入文化战线的文士,极其需要这种能够从容研究和写作的环境。北平、广州等市在当时就没有这样的环境。

创造社、太阳社等社的期刊,公开表明崇奉马克思主义,宣扬无产阶级文学,反对国民党专制统治。一批年青成员在当时国内外形势影响下出现"左"的倾向,并对同一阵线的鲁迅进行攻击。这种混乱状态引起共产党的关注,成为左翼文化社团联盟建立的重要导因之一。

---

① 这些统计主要参照《中国现代文学期刊目录》(初稿),上海文艺出版社 1961 年版,《中国新文学大系》(第 19 集·史料·索引),上海文艺出版社 1989 年版。
② 鲁迅:《鲁迅书信集》上集,人民文学出版社 1976 年版,第 167 页。
③ 鲁迅:《两地书·六九》,人民文学出版社 2006 年版,第 195 页。

## 第六章 十年内战时期(1927—1937)

紧接着开始了一个新的阶段,这就是1930年初至1936年春,中国左翼文化社团期刊大发展阶段。这期间,情况起了飞跃性变化。此前,办刊的还只是几家松散文学社团,还存在思想分歧时而相互攻击。虽然和共产党有着联系,但关系尚欠密切。而现在则大异。上海文化各界——文学、社会科学、戏剧、教育、新闻、美术等领域先进文士,相继奋起结成联盟,办刊一时成为热潮。特别重要的是,这些期刊是在中国共产党统一领导下团结战斗。

起主导作用的是中国左翼作家联盟(简称左联)和中国社会科学家联盟(简称社联)所办期刊。左联1930年3月成立于上海,这里的文学界进步名家差不多全部加入了,鲁迅是领袖和旗手。外地文学精英不断前来加盟,有重要影响的是成立大会后不久,茅盾由日本来沪成为左联的主将。1931年,共产党的领导人、卓越的文学家瞿秋白到上海,对革命文化运动亲临指导。左联的期刊就在这种优异的条件下迅猛发展起来。由于社会联系复杂,时局动荡,刊物情况也较复杂。大多为左联机关和左联成员所办,也有一些为左联和文化社团合办,还有不少与左联关系密切或是左联外围的刊物(如《文艺新闻》),粗略统计,合计约有50种。这是左翼文化社团影响最为广泛的时期。

社联成立时间只晚于左联两个月。大革命失败后,也有一批社会科学志士从广州、从日本等地汇集上海,转向文化战线继续战斗。他们志在宣传马克思主义,以先进的思想武装群众,推进革命。较之宣传革命文学,出版这样性质的期刊,有较大的难度。这样,他们除在创造社刊物上发表些文章外,其主要的工作,是翻译和出版马克思主义原著,1928年出版了朱镜我所译恩格斯的《社会主义从空想到科学的发展》一书。1929年,马克思主义原著和国外革命家阐释马克思主义的译本纷纷问世,一时形成热潮。其中马克思、恩格斯、列宁的著作,就见有12本之多,为社会科学宣传工作之开展奠定了良好的基础。社联成立后,期刊的编印就成为重要任务了。成立两月后,出版《新思想》(原创造社刊物改组),随即创办机关刊物《社会科学战线》。此后迅速发展,共有30余种。这样,如果再加上几个小社团的刊物,上海左翼文化社团出版的期刊当超过百种。这是"五四"以来新文化期刊发展的高峰,在激烈的文化"围剿"与"反围剿"的拼搏中,所向披靡,威震全国。

本阶段,从全国地区形势看,出现了一重大变化。在前阶段,上海可说是孤城奋战,而现在,上海的左联、社联在全国一些重要城市和海外设立分盟、支部等组织。这样,左翼文化期刊遂就以上海为中心向外地扩展。其主要城市是北平、广州和日本的东京。

居首要地位的是北平。左联北平分盟(北平左联)、社联北平分盟(北平社联)先后于1930年9月和1932年初成立,左翼文化社团期刊开始在这里活跃起来,北平的沉寂被打破了。这两个社团所办和合办的刊物共约15种,加上北平剧联、教联等社团刊物,北平左翼文化期刊的总数当在20种以上,可说是生机初现。情况是艰难的,从北平左联看,往日名家都已纷纷南下,现仍栖身于北平高校的几名"五四"干将,或早已转向,或对于当前文化新潮态度冷漠。令人欣喜的是,一大批就读大学的年轻人应时而起,肩担历史重任。我们看到,北平左联所出期刊基本上是由他们编辑的。如其中影响最大的《文学杂志》和《文艺月报》,前者编辑王志之、谷万川都是北平师大的学生,后者编辑陈北鸥是年方21岁的学子。北平左联还有一好的条件,就是常得到上海的有力支持。鲁迅、茅盾和一些年轻作家常为之写稿,鲁迅给予更多的关怀,时常在信中对杂志编辑王志之进行指点。而这些期刊对上海文化战线的斗争也积极响应。可是反革命压制日趋严重。1933年末《文艺月报》被禁以后,期刊活动遂陷停顿。北平社联的工作基地全在大中学校(上海除学校外,还有街道、工厂,并办有《市民生活》等刊),主持期刊工作的大多也是在校大学生。和北平左联不同的是,社联的期刊出版,获得了多名进步专家教授的热情帮助,其中有许德珩、陶孟和、范文澜、初大吉、千家驹等人。在严重的白色恐怖下,北平社联和上海的联系十分艰难,但刊物的宣传目标和趋向,还都协调一致;所讨论的热点问题,如关于中国社会性质与论战、反对中国托派的斗争等,也能很好配合。1933年冬,北平社联遭特务破坏,期刊遂停出。1934年秋,曾在《世界日报》副刊上撰稿进行宣传,不久也告停。这样,1934年以后,北平左翼文化社团的报刊活动大致都被迫中断了。可是,这时的北平,革命文化潮流已不可遏止,在此后一年多的时间,我们看到了有多种进步的文化期刊,相继出现。

广州文总和广州社联成立于1932年夏,是在上海文总的指导下,对广

## 第六章 十年内战时期(1927—1937)

州进步组织普罗文化同盟(成员有欧阳山等)改组而成。广州社联成立于是年秋,来自上海的何思敬和来自日本的何干之参加筹建。第一份期刊是由三社团共办的《广州文艺》月刊(出20多期)。接着办刊活动相继而起,加上广州剧联和诗歌、美术等等社团所出,所知共约有15种。这些期刊的宣传路线,和上海、北平同类期刊是保持一致的,但在宣传手段上,《广州文艺》使用广东方言写作,表明重在面向省内群众,无意扩大在南方诸省的影响。社联的活动基地在中山大学(法律系主任何思敬是社联成员)、女子师范(何干之等任教师),师生合作办刊。女师出有《女师校刊》,和北大的《北大学生》、清华的《今日》、复旦的《客观》一起,成为高校社联的四大期刊。当时环境十分险恶,1933年何干之、欧阳山等离粤去沪,次年初,广州中山大学、女子师范校内盟员大批被捕,六人遭杀害,办刊活动也就随之停止。可是次年春,很快又在广州出现一突进社,它是在左联广州分盟停止活动后秘密组织的,曾出版半公开的文学刊物《突进》[①]。文化战线斗争在继续。

在日本东京,左联、社联都曾设立分盟。东京社联未见有办刊活动,暂不置论。左联东京分盟成立的时间略晚于左联北平分盟,它虽身处异国,但和国内特别是上海的联系非常密切。左联在上海成立时,就有多名重要成员来自东京。不久,东京分盟的创始人叶以群等纷纷返沪参加工作,更使得分盟一时处于停顿状态。好在很快迎来一批东渡留学的进步年轻人,1933年起,东京左联又朝气蓬勃地活跃起来,期刊出版活动就是从这时开始的。在1934—1935年间,先后创办了《东流》、《杂文》(被封后改名《质文》)和《诗歌》三刊,办刊的多是些二十岁左右的年轻学子,寓居东京的郭沫若时予支持。上海的鲁迅、茅盾也为它撰稿,影响日盛。这期间,北平、广州的左联、社联的期刊多已被迫停出,而东京独异军突起,是对我全国革命文化斗争的重要支持。日本政府对这些期刊多方压制,或封禁,或捕人,而这些年轻战士,从容应对。《东流》和《质文》都坚持到1936年11月才终刊。《诗歌》在这年初被封后,改名《诗歌生活》移沪出至是年10月才停[②]。

---

[①] 《中国新文学大系》(第19集,史料·索引),上海文艺出版社1989年版,第376页。
[②] 关于左联东京分盟的期刊出版情况,可参阅周葱秀等:《中国近现代文化期刊史》,山西教育出版社1999年版,第284—286页。

此外,在国内河北、河南、山东、山西、福建、江苏、浙江等省的一些城市,也零星出有左翼文化社团或外围期刊。这样,就形成了以上海为中心,以北平、广州为两翼,连结全国广大地区,并有日本东京相呼应的强大的左翼文化战线,为粉碎国民党的文化"围剿"进行了激动人心的战斗。至1936年春,为发展统一战线,左翼社团自行解散,有关期刊也随之终刊。上海是这些期刊的发祥地,坚持出版到最后时刻,并且作为主战场,各个重大斗争都是在这里胜利进行的。大量的文化斗争经验和业务工作的创新在这里形成。更令人振奋的是,成群年轻卓越的文化战士,在这里为祖国新文化的繁荣创建殊勋。可以看到,在这期间,上海在我国新文化发展史上步入了它的高峰期。

(3) 革命文化报刊在抗日救亡高潮中的斗争。

国民党的文化"围剿"在革命文化的反击下一败涂地,"一二·九运动"的爆发是其必然结果。这一运动是由北平的学生发动的,中国革命跃入一个新的阶段,进步文化界的报刊活动也起了重要变化。就是说,原来左翼文化社团报刊活跃的时代渐告结束,而一种抗日救亡报刊时代来临了。当然,报刊之宣传抗日救亡并不始于此时,但作为报刊的时代潮流,是"一二·九"以后出现的。

这种现象是全国性的,但北平、上海是其重点地区,它们各在特性中表现自己,南北映照,引人注目。

北平抗日救亡报刊中,数量最多、最为活跃的是学生报刊。兴起于运动爆发后不久,首先创办的是北平学生联合会。1935年11月18日,党为准备发动学生救亡运动而重建了北平学联,运动之后又要通过学联继续扩大和深化革命的影响。出版报刊就成为迫切需要,大约在1935年12月后,北平学联的机关报《学联情报》诞生了,这应是1929年学联解散后全国重现的第一张学联报纸。随着形势的急剧发展,这张不定期的报纸于1936年1月中旬改版为《学联日报》,后来还相继出版《北平学生》《学联会报》等刊,传诵于平津和华北。在基层,有很多大学的学生纷起办刊,宣传救亡。《北大旬刊》、《清华周刊》、《燕大周刊》、《东大校刊》、《救亡》(北平大学工学院)等刊,一时涌现。《燕大周刊》还专出《十二·九特刊》以壮救亡宣传声势。每天还有"许多学生采访着各种救亡消息,编成刊物,寄往全国各地"。这些报刊活动和学生、市民有着非常密切的联系。最富生气、尤为可贵的是,这些学生一边战斗,一边注意提高自己的知识和理论水平,组织"求知会",开展抗日救亡的理论讨论,出版《求知月刊》。特别要提起的,是中华民族解放先锋队(简称"民先队")报刊,这是学生报刊在抗日救亡运动中的发展。民先队是北平学生在党领导下,于1936年2月1日成立,表现出学生运动与实际斗争、与工农兵相结合的趋向,与北平学联并肩战斗。出版报刊是民先队的一项重要任务,其机关报先有《民族解放》《解放之路》,后又出版过《一周间》《我们的队伍》《我们的生活》等刊。这支由学联、大学基层和民先队系统所组成的学生救亡报刊,担负着平津抗日救亡宣传的主要任务,影响扩及华北各省。

"一二·九运动"震动着整个北平文化界,而这时党的工作已摆脱了在左联、社联时期一度盛行的宗派主义影响,着力于建立统一战线,以扩大社会联系。这样,在北平文化界,相继出现多种社团、协会、救国会等组织加入救亡行列。1936年2月,在《北平文化界救国会宣言》签字的各方人士,共有120人之多。我们看到,北平文化界也打破过去的沉寂,相继出版报刊,与广大学生协同战斗的景象。这些报刊有大学里的进步教授冲破种种障碍所出的《盍旦》(齐燕铭等)、《动向》等。此外还有1936年冬成立的北平作家协会创办的《文学周刊》,由平、津、穗、青岛等四个诗歌团体在北平组成的中国诗歌作者协会创办的《诗歌杂志》。由"一二·九"文艺社出版的《青年作家》,等等,共有十数种。不过,北平时局动荡,作家流动频繁,出版条件也欠佳,这些报刊宣传上尚未形成强大影响。

在上海,"一二·九"狂潮很快沸腾起来,以学生为先导的各界救亡运动此起彼伏,震撼全市。抗日救亡报刊也随之迅猛发展起来,超过北平而居全国之首。

当然,上海有着自己的不同表现。其基本一条,就是在此以前抗日救亡报刊在这里已有相当的基础。上海聚集着大量进步和爱国的文化人,"九一八"和淞沪战争中日寇步步侵华和国民党不抵抗政策激起他们巨大的愤慨。另一方面,这期间党逐步纠正了左翼文化工作中关门主义偏向,注意扩大和文化界的联系,和邹韬奋、李公朴、郑振铎、沙千里、叶圣陶、沈滋九、章锡琛等名家建立了良好关系。当时上海的党组织遭到严重破坏,左翼文化期刊纷纷停出,而在这时,在党的影响和一些左翼社团成员策划下,这批文化人士兴起一阵办刊热潮。自1933年秋起,出版有《文学》《妇女生活》《读书与出版》《大众生活》等刊。它们在"一二·九运动"前就不断开展激动人心的抗日救亡宣传,这一运动爆发后,又率先呼应北平,把这一宣传运动推向高潮。这和北平的情况是不一样的。

和北平还有着重大差别。在北平"一二·九运动"中,宣传战线上最活跃、起主干作用的是学生报刊。可是上海在整个抗日宣传运动中,却难见学生报刊的踪影。为响应北平,上海曾多次掀起强大的学生运动,组织学联,全国学联也在上海重建,但却未见办报,基本原因是社会条件不同,以前已曾论及。从历史具体情况看,那时北平党组织,"是通过北平学联发动和领导……'一二·九运动'"①。而上海学联则不起这样的作用,它不承担重大宣传任务,何况当时上海具有良好的出版抗日救亡报刊条件(如上所说),如《大众生活》在获得"一二·九运动"消息后,迅即热情支持,全力以赴进行宣传报道,销行达20万份,成为全国抗日救亡宣传一面旗。这样,学生办刊就不成为一种必要工作和迫切需求。

"一二·九"后,上海各界种种救国团体一时涌现,当月27日成立上海文化界救国会,发表有275人签名的"救国运动宣言",开始表现出文化界联合救国的大好形势。1936年春夏之交,潘汉年、冯雪峰来沪,加强上海党的团结御侮工作。是年9月,发表"文学界同人为团结御侮与言论自由的宣言",签名的虽只有21人,但其中鲁迅、茅盾、郭沫若、巴金、谢冰心和论语派的林语堂、礼拜六派的包天笑、周瘦鹃等人,进一步实现了不同流派、不同风格的文学界大团结②。这一局势推动了抗日救亡的大发展。运动爆发后出版的救亡报刊,有上海文化界救国会的《救亡情报》,上海青年作家协会的《救亡情报》,上海青年作家协会的《文学导报》,由鲁迅倡议创办的《海燕》

---

① 翟作君、蒋志彦:《中国学生运动史》,学林出版社1996年版,第212页。
② 参见夏衍:《懒寻旧梦录》,生活·读书·新知三联书店1985年版,第322—324页。

《中流》《光明》《生活星期刊》《申报周刊》《世界文化》《大家看》等。原礼拜六派、论语派所出某些报刊,开始出现关注现实斗争积极倾向。在1937年7月抗战全面爆发前一年半左右的时间里,全国所出各类抗日救亡报刊,粗略统计约有近百种之多。其中最有影响的报刊,大多也集中在上海。这样,比起左翼文化期刊年代,上海虽已不是出版中心,但仍是全国最广大的出版基地。

从全国看,广州、福州、厦门、杭州、苏州、济南、青岛、开封、太原、重庆、成都、天津等市,也出版这类报刊。这一潮流也向南京冲击。1936年8月,出现宣传全民抗战热潮,鼓动妇女参加救亡工作的《妇女文化》月刊,但很快受到当局严重压制,次月迁往上海。

(本章撰稿人:宁树藩)

# 第七章

# 全面抗日战争时期(1937—1945)

这期间,我国的政治形势发生了空前的变动。全国出现了三个不同性质的地区,即国民党统治区、中共领导的抗日根据地和日寇侵占下的沦陷区。这有一个形成过程。在前一时期,这一现象已有呈现,只是在抗日战争全面爆发后才凸现出来,大致在武汉失守后抗日战争进入相持阶段,才趋于相对稳定状态。

政治地区形势决定新闻事业的地区形势。抗日战争期间,我国新闻事业就是在这三个不同区域发展起来的。三地区间虽有联系,但新闻事业发展情况大异,现分别评述于下。

## 一、国民党统治区

这是新闻事业发展变动最大的地区。从全局看,其表现可分两个部分考察。一是报业发展的势头,出现由发达的东部向较落后的西部转移的趋向。西南和西北地区(当时称之为大后方)成为全区的办报基地。二是,遭日寇侵占的华东、华南、华中各省中,继续由国民党统治的那些山区城镇,广泛涌现办报新潮,坚持到抗战胜利。这两部分报刊联成一气,对沦陷区筑成一强大的包围圈,生气勃勃,显现出前所未见的历史奇观。

这两部分报刊实为同一事物的两个方面,存在很多共性。但因所处地区形势不同,在其运行过程中却表现出大量差异性。对它们分别作专门阐述,很有必要。

先说作为在后方的西部地区。这里是国统区全国办报基地,众多的全国名报在这里落户,大批各地办报精英在这里聚集。这里有着良好的办报主观因素。当我们从本区客观情况观察,可以发现本区具有全国所特有的两大条件。一是这里有西南、西北连成一片的辽阔的地域,报纸有广阔的活动空间。二是,这里虽在战时,但时局却一直和平安定,不仅日本侵华军队未曾进犯过,而原来这里最为频繁的内战也全停歇了。这样,我们可以看出,八年来这里新闻事业的大发展,总体上是在平衡、有序的情况下出现的。

这里,我们大致可看出一种趋向,即报业在大发展中,各地那些原有的报业基地、据点继续发挥其固有优势,大显身手。另一批新的城镇在报业活动中应时而起,走上时代前列。还出现一种力量,着力把报业活动伸入那缺报、无报的边远地带,还办起少数民族文字报和专版、专栏。报业的发展,各地是不平衡的,但可以看到,各地报业发展程度,仍然大体上和其经济、文化发展的程度是相适应的。西南地区和西北地区相比较是如此,西南地区的四川、云南、贵州相比较,也仍然如此(新疆、西藏问题当另作论述)。

再说战区诸省情况。在那里,各省都已是破碎河山,原来那些报业名城都已相继沦失,可是一种强劲的办报新潮却在那里不断兴起,一批新的报业基地转入各省山区如广东的粤北,福建的闽西、闽北,江西的赣南,湖北的鄂东,浙江的浙东,安徽的大别山和皖南山区等原来那些冷寂的山区,一下活跃起来。

这些各省国民党统治区都出现一些程度不同的新情况,主要是山川阻隔,交通困难大增,各地分散,难以形成统领全统治区中心城市。二是敌军压境,战局变幻无常,军事形势成为影响报业发展变化的最重要因素。这些情况和大后方是大不相同的。

这样,这些报业基地同战前比,总体上其影响强度,趋于弱化,这是很明显。而在不少省份则转趋多元化倾向。例如江西,全省报业基地原只有南昌,现在则分流为赣州、吉安、泰和三市了。又如湖南,原来只是长沙一市,武汉失守后,长沙已不能独担全省国统区重任,相继增加衡阳、邵阳、沅陵三城,与长沙并列为湖南四大报业基地了。而浙江,在杭州失守后,先有绍兴、宁波,后转为金华、丽水和永康,而永嘉、奉化诸市办报也十分活跃,其报业据点多元倾向就更显著了。国统区的地域大为缩小,而报业据点反而增加很多,这是新形势下的新现象。这时还出现县报发展的强劲势头,这也是受抗战形势的推动。一些在战前县报较为发达的省份,县报则更趋密集化,并深入至穷乡僻壤。如湖南,在一大批县城沦陷的情况下,至1941年出版报刊的县市有40个之多,战前从未办报的占10个,其发展深度,可以想见。有的省份则出现更大的变化,如福建,抗战前在国民党统治区办报的,都集中于沿海6个县、市(中共领导的苏区未计)。抗战爆发后,转入山区纷纷办报,出报的县很快增至35个。

纵观战区各省报业发展总的局势,发展最繁盛的首推浙江。当然,在1939年以前,报纸影响最大的省份是湖北和湖南,尤其是湖北的武汉,一时成为全国的报业发展中心,名报云集。可是这时的浙江却也是异军崛起,在全省掀起一股办报热潮,自抗战爆发至1938年,新创办的报刊超过250种,出版报刊的县、市约有60个,其出版数量之巨,办报县、市之多,全国无与伦比。同期湖北所出报刊共87种,大多聚集于武汉。武汉失守后,报刊出版形势有重要变化,而浙江一直迈步前进,在抗战胜利时,所出报刊共约近700种,办报县、市,共70余个[①],始终居各省之首。

和浙江相反,报业活动最为冷寂和滞后的是江苏。"七七事变"后不久,大部土地沦陷,报纸纷纷停办,少数艰难中坚持斗争,有的易地出版,新创办的为数甚少,这类报刊(包括国民党的党、政、军和一些民办报)总数不到20种。到1941年以后,更是为数寥寥[②]。江、浙相邻,战前都是报业非常发达的省。现在两省差距如此之大,也许有某种地理因素(浙江有些县,县城被侵后,报社转至县内山区继续出版),但最主要的还是军事形势不同,江苏是敌方重点统治地区,军事严密控制,而浙江则有所差异。1939年末,敌伪维新政府,曾在邻近数省设置官方报纸,在江浙分布情况是:江苏为南京、苏

---

① 所作统计,主要参考吴工圣未刊稿《浙江新闻简志》初稿(1991年3月)。
② 主要参照《江苏省志·报业志》和其他有关资料,待继续考查。

## 第七章　全面抗日战争时期(1937—1945)

州、扬州、无锡、常州、镇江、江阴、常熟等27个县市;而浙江只杭州、平湖、海门三地①,轻重之差异,于此可见其大概。

特别引人注目的是桂林的巨变。战前只出有省内报纸三数种,现在则一跃为蜚声全国的报业名城了。它的发展主要是在广州、武汉失守前后开始的。各地文化界人士不断涌入,据记载达千余人,其中全国知名之士近200人。"无论质量和数量,有一个时期都占全国第一位。"②出现文化街、书店、出版社、印刷厂逾200家。报业一下繁盛起来,外地迁来的各类知名报纸加上市内新出版的报纸,共30余种③;各类杂志近200种,成为与重庆、成都、昆明并列的全国四大报业基地。而进步新闻工作之活跃,尤其突出。该市报业所以获得如此重大发展,其主要原因,是其地当时偏离敌寇侵华军事要冲,局势相对稳定。同时又是东南战区通向大后方良好的联络站,而该市政治气氛较之重庆也宽松一些。这样的条件,查遍战区各市,无与伦比。当然,军事形势是首要条件。1944年战役一爆发,桂林报业也就沦没了。

比之大后方,战区办报有一重大差异,就是在动荡的时局中出报的场所流动多变,抗战初期情况最为严重,进入相持阶段后,转趋平缓。可是局部性的战役仍连年不断。从1939年至1942年粗略统计,就有广东沿海、长沙、广西沿海、鄂西、浙东、浙赣、豫南、闽浙等诸战役,每一次战役,都带来一次报纸的大搬迁。浙江著名的《东南日报》,在杭州沦陷后迁至金华,浙东战役中又移丽水云和出版,1942年浙赣战役中再迁福建省的南平。这是一平常事例,但可见一斑。1944年日本侵略军所发动的豫湘桂战役,是1938年后对国统区报业最沉重的一次打击。其时豫、湘、桂、粤的战时首府洛阳、长沙、桂林、韶关都沦失,被侵占的城镇有一百数十个之多,这里本是报业繁盛地带,现在一下成了动荡纷乱的世界。桂林这座报业名城殒落了,一些报刊被迫停刊,有的远迁外省,有的则转本省山区昭平、百色等继续出版。江南的情况更艰难一些,经过浩劫后,继续出版的报纸已没有几家了。

在抗战阵营内,这期间国统区新闻界出现重大变化,最主要的表现就是

---

① 伪维新政府《宣传部第一届全国宣传会议报告汇编》,第二历史档案馆。
② 王坪:《文化城的文化状况》,《广西日报》1943年9月8日。
③ 见彭继良:《广西新闻事业史》第七章所提供的史料统计,第272—284页。

抗日统一战线的建立,联合抗敌,形势喜人。可是这种联合,一开始就在斗争中进行。随着时间的转移,形势的变化,斗争不断提升,造成极其广泛和深刻的影响。情况是复杂的,但其根本原因,是来自蒋介石政府的专制统治,对异己新闻势力的严厉控制和摧残。

抗战中,国民党统治的地域是大大缩小了,可是所统治的力度却大大加强了。原来一些它的势力难以进入的大片地区,现在却顺利地处于它的党、政、军管辖之下,统治手段更加专横了。

与此同时,国民党建立起强大的新闻专制体制,施行严厉的新闻统制政策。迁都重庆后,着力建立起从中央到省市、基层完善的党报系统,强化《中央日报》,广设分馆,以扩展其舆论枢纽作用,增加党中央的直属党报,由内战时期的7家增至1944年的18家。以大西南为重点(6家),并深入过去影响薄弱的青海、宁夏的马家天下。基层党报受到重视,县党报非常活跃①。军队报纸更有飞跃的发展,原来只有《扫荡报》一种,现在则建立起强大的军报体系。中央为《扫荡报》,各战区是《阵中日报》,以下设《扫荡简报》。军报总数达170家。另外,自1939年起国民党强化了新闻检查体制,成立了军委会战时新闻检查局,在各省、市广设检查机构,并在重庆、成都、西安、桂林和昆明5市设立特级新闻检查处,严加监控。

这种政治和新闻的专制统治是遍及全国的,具有时代的共性。可是,很多省、市由于所处具体条件的不同,其矛盾斗争状况又呈现自己的特色。抗

---

① 当时国统区国民党县党报总数,未见有统计材料。因据部分省份在1936年和1944上所出县党报数目对照,可看出抗日战争时期,国民党的县党报有较大的发展。见下表:

| 省名 | 1936年县党报数 | 1944年县党报数 |
| --- | --- | --- |
| 湖南 | 30 | 75 |
| 湖北 | 24 | 48 |
| 广东 | 28(加区党报) | 66 |
| 安徽 | 约20 | 42 |
| 四川 | 约20 | 50余 |
| 云南 | 5 | 约20 |
| 甘肃 | 10 | 约30 |

战时国统区新闻事业的地区差异性就是这样形成的。

最富有典型意义的是四川省。这里是蒋政权建立最强大统治的省份,同时也是它与抗战阵营内各种势力矛盾斗争的聚焦点。受到最大冲击的是四川实力派。在这里蒋介石重兵驻守,并亲任省府主席。长期由军阀分割、宰据全川的时代就此消逝。在新闻界,那种军区报纸林立,为争权夺势而相互拼搏的景象也不会再见。这当然是一种进步,原来的实力派很快分化了。其中王缵绪、王陵基、杨森、唐式遵等人,公开倒向蒋介石一边,而刘文辉、邓锡侯、潘文华等仍坚持拒蒋方针,成为实力派的代表人物。随着形势的发展变化,他们还出现接近共产党的新倾向,他们的成都《华西日报》曾和《新华日报》建立良好的关系。1939年刘文辉出任新成立的西康省主席后,就把该省作为川康实力的活动基地。刘文辉根据当时条件,制定了"经济上开门,政治上半开门,军事上关门"的拒蒋策略。这里设立了委员长行辕和国民党西康省党部,各自出了报纸。但没有国民党驻军,西康过去甚少办报,现在在康定、西昌、雅安一下出版十数种报刊。在刘的支持下,宣传上甚为活跃,其中《新康报》(刘的儿子所办)的进步宣传,影响一时。抗战后期,刘文辉加入中国民主同盟,并和中共建立了联系。可以看出,四川(川康)实力派,性质已起了变化,由封建地方军阀势力转为民主力量的组成部分了。

最引人注目的,是二次合作后国共两党在这里的较量,活跃起来的是新闻战线。共产党在重庆出版了《新华日报》和《群众》周刊(这是中共国统区所出仅有的公开报刊)其斗争方式起了重大变化。在20世纪30年代上海反文化"围剿"斗争中,中共所进行的是"游击战",是非法斗争。而现在,在重庆所进行的则是"阵地战",是与非法斗争相配合的合法斗争。这和现在国统区其他城市的情况也不一样,因为其他城市(除抗战初的武汉)没有出版公开报刊。《新华日报》面对的是国民党中央权势集团,处处受到监视,所承受的是当时最沉重的专制压力。处境之艰难险恶,自可想见。可是正是经由这样环境之磨炼,在中共南方局周恩来等领导下,《新华日报》迅速成长,成为中共在国统区一面光辉旗帜,与延安《解放日报》双峰并峙,影响深远;积累了非常丰富的政治斗争和业务工作经验,培养出一大批杰出的办报精英。这是进步新闻界的宝贵财富。这期间,中共还在成都等市开展地下办报活动,一批中共党员参加其他报刊工作,还在川省报界开展广交朋友的活动,积极支持《新华日报》的斗争。

民营报纸在重庆、成都的聚集,大大推进了川省报业的繁荣景象。它们中有的为本省原办,但大家注意的则是那些由外省迁来的全国知名报纸,政治上原都是中间派,有的中间偏左,有的偏右,都无党派关系。这些报刊,在国民党专制统治下和国共斗争中,表现不一,少数公开转到拥蒋反共的一边,其中有的原报主政治倾向转变,如1940年迁渝的《益世报》;有的则因国民党的篡夺而造成。至于这类报纸的大多数,情况要复杂得多。有代表性的,是《大公报》和《新民报》。它们的抗日救国宣传,广受称道,政治倾向是有差异的。《大公报》提出"国家中心"论,宣扬"信任政府""拥护领袖"。《新民报》则表示"中间偏左,遇难即避",即在保生存中求发展的方针。"皖南事变"中,《大公报》表现出鲜明的"拥蒋"立场,《新民报》在受压后也表达了对"事件"明确支持的态度,可是随后两报却出现一种批政府的新风。内容并非国共之争,而是对日益显现的政府腐朽无能、官场徇私枉法等现象的鞭挞。《大公报》自1941年12月发表揭露孔家用逃难飞机带洋狗、外交部长用公款置私宅的新闻,1943年刊载政府漠视河南灾民疾苦的《看重庆,念中原》社评,震动朝野,报纸名气大扬。《新民报》在"夹缝"磨炼中提高了思想认识和应对本领,而对官场腐败、民众疾苦,心明气静,发挥小型报、晚报的特色,注重运用社会新闻、副刊、杂文等言论,借古讽今,寓庄于谐,旁敲侧击,所表现出的深沉尖锐、痛快淋漓之战斗风格,发人深省,大快人心,报馆的"三张一赵"(张恨水、张友鸾、张慧剑和赵超构),自此名噪一时。

在抗战后期,重庆新闻界纷起联合,开展争民主、反专制的斗争。1945年重庆杂志界掀起了一场萌发于抗战胜利前夕,发展于胜利后的"拒签"运动,取得了争取新闻自由的巨大胜利。在国统区,重庆是国民党施行新闻管制最严的地区,而强大的反管制运动悄悄从这里兴起。这里也可看出,国民党四川的新闻统制也是经历了一个由强盛到衰落的过程。

在云南,蒋介石乘抗战时机,大举将自己的势力引入该省,以图对地方实力派龙云实行全面控制,原已缓和的蒋、龙矛盾转趋激化。有意义的是,龙由此渐次走向进步并和中共建立了良好的关系。蒋对龙的压制是多方面的,最重要的是,驻滇中央军达50多万(滇军只约13万),似可宰割局势,但牵制颇多,不敢轻易冒分裂大险。龙除任省长外,蒋还不得不委以其滇黔绥靖公署主任、委员长昆明行营主任等要职,龙实是省内掌有实际大权人物。

八年间,云南新闻事业发展迅猛,昆明一跃而成国统区四大新闻重镇之一。国民党在这里建立起庞大的党、军、团(三青团)报纸体系,各级党报达23种;其中中央直辖党报昆明《中央日报》受到特别器重。国民党军委还在昆明建立了特别新闻检查处,对全省的新闻出版业进行严密监控。可是,我们又看到另外的一面,毛泽东主席的言论,共产党的业绩,在这里的报纸上时而可见。《新华日报》在其出版地重庆发行遭遇种种障碍,可是在昆明日发3 000份都畅行无阻。共产党在这里不能公开办报,但在很多报刊中,中共党员成为重要成员,其中包括龙云的《云南日报》和国民党军方的昆明《扫荡报》。这里,特别引人注意的,是迁来昆明的西南联合大学的斗争业绩。该校有悠久的民主传统,刚刚接受"一二·九运动"洗礼的教授们,以昂扬的爱国、民主豪情,除在课堂、会场宣传外,还广泛运用报纸期刊(逾10种),宣扬自由民主学理,痛击专制统治现实,反响强烈,学生十分活跃。皖南事变后,在校内壁报上贴出了《新华日报》揭露事变真相的剪报材料[1]。《大公报》披露"洋狗事件"后,联大学生发动了反孔大游行。积极参加校内外各种民主运动包括和校内三青团思想宣传的斗争,西南联大被称为民主运动堡垒。中共早在联大建立地下组织,后渐加强,1943年,党的宣传骨干华岗以联大教授身份来昆明开展滇省工作,影响日大,和龙云也建立更为密切的关系。

云南的民主运动和报刊宣传是在龙云的庇护下进行的,封报捕人现象少见,(目前只知1940年一期刊被封),他所受压力更日见沉重,推动他向进步势力靠近。1944年末,龙云秘密加入民主同盟,此前还在他的官邸设秘密电台和中共联系[2]。

新闻战线反专制斗争,昆明大获胜利,名扬全国。

---

[1] 李凌:《龙云与民主堡垒西南联大》,《炎黄春秋》2005年第4期。
[2] 同上。

再看广西。这里原是新桂系严加控制的"独立王国",现在国民党势力经由各种渠道伸进来了。就新闻业看,这里出版有国民党中央直辖党报广西《中央日报》,建立起《扫荡报》《阵中日报》和《扫荡简报》军报系统,设有国民党中央通讯社桂林分社,还设置特别新闻检查所,对全省新闻出版工作严加管制,中统、军统纷纷介入。

新桂系与蒋介石的关系,由对抗转为某种程度的合作。但是,限制与反限制的斗争始终不断。正是由于存在这种矛盾,新桂系对新闻、文化事业,采取了较为开明、开放的政策。当时大量报纸、杂志、出版社和上千文化人在桂林聚集,一大原因是地理位置适当,但更为重要的是桂林的文化氛围较为宽松,不像重庆那样严重压制。如中共领导的《救亡日报》,不可能在重庆出版,可是在这里却十分活跃;重庆《大公报》被扣压的稿件,可以转至桂林该报发表。即使军方的桂林《扫荡报》,其对进步文化的态度,和重庆《扫荡报》也是有所区别的[①]。

桂林的新闻出版和文化繁荣年代,是在1941年前的两三年。这里我们应认清,新桂系和蒋介石的矛盾,是属统治势力内部矛盾,双方对中共等革命力量都存在对抗关系。这和云南龙云的情况很不相同。龙这时正从地方军阀层迈步走向进步势力一边,与蒋的抗争日趋严重。皖南事变后,新桂系公开参加反共,中共领导的和其他进步的新闻出版事业全被封禁,大批文化人被迫离桂。而在云南,进步新闻出版界,自然也遭受蒋政权严重压制,但在龙云的庇护下,尚能安然渡过难关,迁入昆明的进步文化人还有所增加。也要认识到,那时对进步新闻出版的态度,桂、蒋之间仍有区别,随后,桂林新闻、文化事业又现生气,但当年文化城风光不再。在民主运动中,我们看到了民主堡垒昆明的崛起。

新疆在军阀的专横统治下闭塞而落后,抗战推动了它和内地的联系,外地势力纷纷进来了,中国共产党人是先国民党前来的。专横狡诈的盛世才,以建设大后方抗敌为名,旨在利用外邦力量以扩张自己的专制势力,称霸一方,矛盾很快开始爆发。抗战八年间,盛世才在新疆经历了"亲共"与反共,

---

① 夏衍:《广州到桂林》,《懒寻旧梦录》,三联书店1985年版,第433页。

拥蒋与反蒋,最后走向垮台的过程。新疆战时新闻事业就是在这种曲折的历程中展开的。

鉴于强邻苏联的影响,盛世才在抗战前夕就采取亲苏策略。在1937年上半年,与中共也建立了抗日民族统一战线的关系。"七七事变"后,一大批中共骨干人员前往新疆,新闻事业是当时重点支援的领域。

新疆原只有一份四开的《新疆日报》,条件非常落后。1938年1月起,一批中共党员进入该报。是年秋,萨空了到该报出任要职。报纸很快被改革为具有4种文版(汉文、维吾尔文、哈萨克文、俄罗斯文),6个分社的先进大报,汉文版销8 000份,其他文版合销9 000份,影响大增。可是在工作实践中,盛世才和中共的矛盾逐步爆发。这首先是在1939年秋,新疆学院工作团深入基层开展抗日救亡群众运动引发的。院长杜重远(中共党员)被软禁,矛盾随又扩及报社,中共党员受到监视,1942年盛世才公开举起反共拥蒋旗帜,大批国民党员受请入疆,原由中共党员经管的新疆日报社,在是年7月31日出完最后一期后,交由国民党接管,包括报社骨干在内的大批中共党员被捕入狱。次年陈潭秋、毛泽民、杜重远、林基路等被秘密杀害。国民党除占据《新疆日报》,还办了县党报和几份期刊。可是在之后,盛世才与国民党之间限制与反限制之争又登台表演,一批国民党员又被捕入狱,导致国民党大军入境,结束了盛世才的统治。蒋政权势力如此顺畅地进入地方实力派盘踞地区,占据新闻界,建立全区的统治地位,可说是没有前例的。共产党在新疆除旧创新之功,长存史册。后虽暂受挫折,但影响深入民心。

原由蒋介石集团独霸的省份,政治形势也常出现重要变化,给新闻事业带来新现象,引人注目的是安徽省。它本长期为蒋集团所把持,现在新桂系势力大举进来了。军事上受李宗仁领导的第五战区管辖,政治上由桂系人士担任省长。可是蒋集团势力(主要为CC系)在这里根深蒂固,且背景通天。这样,皖省的统治势力形成了新桂系与蒋系并立的新局面。从地区看,这就出现两个工作重点。一个以省会立煌(今安徽金寨)为基地,新桂系干部主要活动于此;一是以皖南屯溪为基地,CC系干部主要活动于此。皖省战时新闻事业的发展形势,主要就是通过这两个重心地区展开的。

在立煌,时任安徽省长的李宗仁、廖磊等,运用治桂经验,对新闻、文化工作施行开明政策,网罗省内外民主进步知名人士(如章乃器、章伯钧、朱蕴山等),组织安徽省民众总动员会,广泛开展发展民众工作,一大批抗日救亡报刊蓬勃而起。文委所办《大别山日报》(有中共党员参加),是最出色、影响最广泛的报纸。此外,金寨周边县动委会也纷出民众小报,整个大别山区抗日救亡,充满生机。可是形势骤变,在第一次反共高潮中,皖省蒋桂合流,中共影响下的报刊遭到扼杀。《大别山日报》在1940年1月27日,被刚就任皖省主席的李品仙所禁。蒋桂之联合反共,这里比广西要提前一年。这主要由于地区形势差异,省长之由廖磊改为李品仙,或也有关。

屯溪新闻界,当时实是国民党报的天下。国民党机关之在屯溪办报,是从1938年秋开始的,计有国民党安徽省党部的《皖报》(屯溪版)、国民党军事系统的《前线日报》(在屯创刊),国民党安徽省党部皖南办事处和国民党皖南行署,都分别在这里办通讯社和报纸,尤为重要的是,国民党中央直辖党报《安徽中央日报》也在这里出版、日销6 200份,在18家直辖党报中居第三位。如此红红火火,安徽所首见,对照立煌,差异立现。桂系势力也进入屯溪,但这里的工作主要为CC系所把持,正如CC系势力也进入立煌,但那里的工作也主要为桂系掌握一样。

江西省是蒋政权重点统治的地区,新闻事业大都为其亲信派系所控制,抗战开始后,一些情况有所变化,如南昌失守,统治重心分化为泰和、吉安、赣州三地,但是,那种严重的派系统治的局势不但没有松弛,反而萌发了一重大新现象,这就是蒋经国系的崛起。

1937年4月,蒋经国由苏联回国,1939年3月调往赣州,出任赣南地区专员,随即赴重庆中央党政培训班受训,经蒋介石批准,增选为三青团中央干事,并被委任为三青团江西支团的筹备主任。

由蒋介石自任团长的三民主义青年团,被看作是振作老朽的国民党、调控亲嫡派系倾轧的强大的新生力量。要以此为基础建立一个最贴近的新派系,这就是所说的蒋经国系(或称"新太子系"),这是远大目标,现在就要开步走。

蒋经国在赣的活动遭到有着强大势力、掌握着三青团组织大权的复兴社头头康泽的压制,蒋为壮大自己的力量,着重举办各种干部培训班。约在1940年,还创办了对内的《太阳报》,这个报纸后公开发行。这是蒋经国系最早的报纸。

经过持续、尖锐的斗争,蒋经国势力终于战胜复兴社的康泽、CC系等派系的压制,而取得在赣的统治地位,影响扩及省内其他区。新闻事业方面,也随之起了重大变化,原由复兴社所办《新赣南》、CC系所办《赣南民国日报》,均转入蒋经国手中。前者后改名《正气日报》,延文化界名流曹聚仁任总经理和总编辑,并吸收一些进步人士参加工作。此外,还创办三青团江西支团机关报《青年日报》,由蒋兼任社长。还出有其他一些报刊。在报刊宣传上,蒋从苏联经验中搬用一些新做法,表现出一些新姿态,是对国民党陈腐旧传统的冲击,引起国内报界的注意。

浙江的国统区仍然由蒋介石集团(主要为CC系)所全面控制。这里没有外省实力派势力进入,也没有出现本集团内严重的派系斗争。值得提起的一重要情况,就是由黄绍竑取代朱家骅(CC系重要头目)出任浙江省省长。黄早已脱离桂系而投靠蒋介石,受到重用。但他还不是蒋的嫡系,在团结抗战问题上,他具有较为开明的态度。在省政府与省党部的关系问题上,他同意政府应遵从国民党中央的决定,但强调和同级党政关系,则是"在合作的口号之下,而各自进行各自的工作"①,不同意有些省"党政合一"的做法。他非常重视基层群众的政治工作,施行全省性抗日救亡组织(抗委会、政工队)归政府领导的体制,并由他负责总管②。

这期间,浙江新闻界所出现的一重大变化,便是政府在报刊工作中的作用与影响大大提升了。在十年内战期间,浙省蒋介石集团所出报刊中,国民党县党部机关报约有40种;而全省各县政府,除三、五县出有行政业务性政府公报外,政府机关报则一县未见。抗战期间,出版国民党县党部机关报的县份有20家。在前期,县政府出机关报的仍是偶见。但县政府所

---

① 黄绍竑:《五十回忆》,岳麓书社1999年版,第144页。
② 同上。

领导由抗卫会、政工室出版的报纸则风起云涌,仅 1938 年一年,约有 50 个县办有这类报刊,种数在 60 个以上,中共党员纷纷加入,活跃一时。至中后期,上述抗日组织报刊冷落以后,县政府机关报继之而起,出报的也约有 20 个县。

省、专署等政府报刊也应时而发。重要的是,由省长黄绍竑所创办的省政府机关刊物《浙江潮》、浙西行署机关报《民族日报》,吸收多名中共党员、文化名流参加工作,名闻遐迩。报刊的进步活动受到国民党的遏制,皖南事变后,《浙江潮》被迫停刊(1944 年末复刊)。《民族日报》几经改组,终为国民党CC系把持。该系在浙省根基深厚,且有中央为后盾。黄绍竑曾被举告与中共的联系,受到国民党中央来电警告。从本质上看,黄和国民党派系间并无根本性矛盾。黄曾说,他和国民党工作上的一些矛盾,是在客客气气中处理好的,相互忍让的情况,是都会存在的。

浙江远离国统区政治中心,受日寇侵扰又十分严重,全省 75 县,县境全未被蹂犯者仅 9 个县,抗敌自卫的游击区十分广泛,抗敌意识高涨。在这里我们看到,国民党对进步势力和他省一样,也是采取遏制政策,但有时却较宽松。如"皖南事变"后,省内若干进步报刊,受压停刊。但也有一些中共主办的报刊,安渡难关。又如由中共党员任总编辑的进步报纸《民生日报》,将"皖南事变"称"新四军事件"轻轻带过,也幸逃脱惩处。和省府关系密切、由严北溟任总编的《浙江日报》有进步倾向,虽时受牵制,但仍行销全省,影响日增。由CC系掌握国民党在东南的大报《东南日报》,为扩大社会影响,也吸收一些进步文化人参加工作,如由中共地下党员陈向平主编的《笔垒》副刊,名噪一时。

浙江是抗日救亡报刊发展特别广泛的省份。在 1938 年末,办报的县达 60 多个,共 200 余种,为全国之冠。未见出报的县,全省不到 10 个,共同对敌气氛高扬。随后报刊的发展是不平衡的,但抗日宣传仍是主流,国民党系统的报刊所显露出的矛盾甚多。不过也有一些如《浙西日报》《国民报》《宁波日报》《平阳报》《青年日报》等国民党、三青团报纸,在发动群众、开展抗日宣传方面,曾作出不少成绩。

# 第七章 全面抗日战争时期(1937—1945)

## 二、敌后抗日根据地

敌后抗日根据地是中国共产党领导的抗日地区,为抗击日寇统治而建立。十年内战期间,共产党的根据地主要是建于敌对势力薄弱地区;而现在,则向日寇所侵据的要地进军,像一把刺入它身躯的利刃。共产党的武装将国民党丢失的土地大片夺回来,形成敌后战场,和国民党的正面战场相互配合,共击顽敌,为推动抗战胜利作出历史贡献。

抗日根据地是民族的,也是民主的,是二者的统一。民主政治,是根据地建设的中心环节。党全力推行抗日民族统一战线政策,通过民主方式(如普选、举行人民代表大会等),建立地方政权,实行"三三制"。党、政、广大人民群众结成一片。遍及根据地的巨大抗日力量,由此得以充分发挥。这种民主政治,还"示范全国,争取人心向我"①,为四年后民主革命胜利奠定了基础。

敌后抗日根据地也是这时期最富有生命力、迅猛发展的地区。全面抗战开始时,只有陕甘宁边区一隅之地,23个县,人口250万,经改编的八路军约4.5万人,新四军1万余人。而到1945年春,除陕甘宁外,还创建了华北、华中和华南根据地(共19块),"总面积95万平方公里,人口9 550万人,八路军、新四军及其他人民抗日武装上升到91万人"②。

根据地新闻事业也紧随着根据地的发展迅速成长,报刊受到极大的重视。刘少奇把在根据地办报,看成"和开辟根据地必须建党建军一样重要"③。陈毅在筹办华中根据地的《新华报》时也说:"我们情愿减少一个旅经费,也要办这张报纸。"④八年来,根据地报刊,经过各种艰苦斗争的磨炼和共产党的不断思想教育,形成一英姿焕发、走在时代最前列的新闻大军。

抗日根据地新闻事业,分布于陕甘宁、华北、华中和华南等地区。它们

---

① 邓小平:《党与抗日民主政权》,《邓小平文选》(第一卷),人民出版社1989年版。
② 胡绳:《中国共产党的七十年》,中共党史出版社1991年版,第159页。
③ 李汉章:《硝烟滚滚,驰骋淮海》,转引自《江苏报业史志》1991年12月第3期。
④ 《江苏报业史志》1991年9月第2期,第24页。

在共产党领导下,形成统一的整体,共性是其主要表现,但各地区情况不全相同,新闻事业的发展也出现某些地区的差异性。分述于下。

(1) 陕甘宁边区。

陕甘宁边区是敌后新闻事业的大后方和司令台。延安是中共中央及其所创设新闻事业的所在地。这里担负着两大历史重任:一是强化本地区自身的新闻事业建设,并对其进行马克思主义改造,以适应迅猛发展的革命形势;一是对敌后根据地新闻事业加强指导,沟通上下联系,使边区和各敌后根据地的新闻事业形成统一的整体。这是有一个发展过程的。

自1937年7月至1941年初,重点是加强边区新闻事业的基础建设。开始于1939年。一个重要举措,就是将《新中华报》改组为中共中央机关报,使之成为党中央影响全国的舆论机关。这年还创办了党刊《共产党人》、军队刊物《八路军军政杂志》、青年刊物《中国青年》、妇女刊物《中国妇女》。原附属于《新中华报》的新华通讯社,这时也和报社分开,单独成立编辑部,由党中央直接领导。到1940年,又创办了《中国工人》《中国文化》和以农民与基层干部为对象的陕甘宁边区机关报《边区群众报》。至是年末,还创建了延安新华广播电台,这是中共口语广播事业的历史开端。这样,在中央和边区党委领导下,形成一种党、政、军、工、农、青、妇、文化各类报刊相结合,报社、通讯社和广播电台相配合的非常完备的现代化新闻事业体系,全国瞩目。这种建设事业,自然也推动了敌后根据地新闻事业的发展,加强了彼此的联系。《八路军军政杂志》更是每期下发到八路军驻扎的各华北根据地。不过,指导和推进敌后新闻事业当时还不是延安的工作重点。

新的阶段大致始于1941年春,一个重要步骤是强化党中央机关报的作用和影响。是年5月,将小型的四开三日刊《新中华报》改组为大型的对开日刊《解放日报》,并采取多种加强党中央对该报的领导,同时也加强了新华社的工作。中央规定,一切党的政策将经过《解放日报》和新华社向全国传达。促使延安新闻事业走向成熟的,是正式开始于1942年的全党整风运动。《解放日报》是接受改造的典范,同时又是推进运动顺利发展的重要力量。两三年间,边区新闻事业经历马克思主义的深刻改造,面目一新,为随后新中国新闻事业的发展奠定了坚实基础。

陕甘宁边区对敌后抗日根据地新闻事业之引导,从战略上看,是从1941年开始的①,先是要求各根据地新闻事业的对外宣传,"均应服从党的政策与中央决定",纠正曾出现的某些无政府状态,"以保障全党意见和步调的一致"②。再就是,针对当时根据地报刊发展很大,种类数量均多,但杂乱无章,彼此重复现象,延安党中央做出了对报纸杂志进行整顿的决定③。在中央的指导和推动下,各抗日根据地报纸杂志都渐次走上体制健全、结构合理、分工明确、运行畅达有序的道路。同时,还加强新华总社和广播电台的工作,将延安和各敌后根据地的新闻事业结成统一的新闻网络。最后,尤为重要的是,将延安的整风运动广泛向敌后根据地新闻界开展,1943—1944年是学习高潮,这又促使在马克思主义的基础上,趋于思想统一。

(2) 华北敌后抗日根据地。

华北敌后抗日根据地是全国最大的敌后根据地,共包括晋察冀、晋冀鲁豫、山东、晋绥等四个地区。如从现在的地区划分看,它不仅包括华北,还伸入到华中的河南和华东的山东。本根据地由八路军在1937年11月太原失守后进军山西敌后开始创建,发展迅猛,成为全国最早发展起来的敌后根据地。

新闻事业也随之蓬勃兴起。1937年12月11日,由晋察军区政治部创办的《抗敌报》是敌后根据地出现的第一张由中共所办的报纸。很快出现报刊大发展形势,1938年华北根据地所出报刊逾30种,而当时其他根据地报刊,合计也只三数种。至1939年,只山西敌后根据地的报纸就有240多种④(而华中敌后根据地报刊仍处于起步阶段)。至1940年,不仅数量继续增加,而华北所属四个地区最大的报纸,即《晋察冀日报》、华北《新华日报》、《大众日报》、《抗战日报》均已出版。而这一年,新华社华北分社也率先成立。

---

① 《中国共产党新闻工作文件汇编》,新华出版社1980年版。中共中央和延安新闻领导机构所发指导敌后根据地新闻工作的文件,始见于1941年5月,这年共有三篇。
② 《中共中央关于统一各根据地内对外宣传的指示》,1941年5月25日。
③ 《中央宣传部关于各抗日根据地报纸杂志的指示》,1941年7月4日。
④ 据1939年11月在重庆举办的全国报纸展览所提供的材料。转引自《山西通志·新闻出版志·报业篇》,中华书局1999年版,第2页。

三数年间,华北敌后新闻工作创造了辉煌的业绩,影响全国。但在迅猛发展中也出现诸多矛盾。上述1941年中央所作关于整顿敌后新闻工作的指示,虽然是面向整个敌后,但主要是对华北讲的,显示出所揭数量多、分工不明、彼此重复等弱点。最突出的显然是华北,关于统一对外宣传问题,华北《抗敌报》和华北新华社早在1940年秋对"百团大战"宣传中就受到中央的批评教育。在其极为艰难的日子里,华北新闻事业进行多方面整顿改革,取得了重大成就。

整风运动在华北敌后全面、热烈开展。最有意义的一大创举,就是为配合整风运动的深入开展,晋察冀日报社于1944年5月出版了全国第一部《毛泽东选集》,共分5卷,50多万字。本书是在第一次提出"毛泽东思想"的王稼祥指导下出版的①。《晋察冀日报》在所发表的消息中称,该报社所以出版《毛泽东选集》,是"为了贯彻毛泽东思想于边区全党"。

华北创建敌后根据地的经验受到中共中央领导高度重视。刘少奇多次强调华北经验对其他根据地的示范作用。毛泽东还为《模范抗日根据地——晋察冀边区》一书题写书名。陆定一曾表扬说:"晋察冀的报纸工作确是做了模范。"②

(3) 华中敌后抗日根据地。

华中敌后抗日根据地主要是新四军创建的,地处长江中下游江淮河汉之间。其地经济富饶,文化发达。共包括苏南、苏中、苏北、皖中、淮南、淮北、鄂豫皖、浙东等区。其新闻事业是全国根据地中重要组成部分。

1938年5月初,新四军政治部在皖南创办《抗敌报》,这是新四军所办的第一张报纸,随后还出版了几种杂志,广受欢迎。可是这些报刊均出版于国统区新四军军部驻地,而不是敌后根据地。华中敌后报刊直到1938年秋才开始出现,这就是是年8月在苏南根据地创办的《火线报》,9月由新四军游击支队在豫南根据地确山县创办的《拂晓报》。在1939年前仅此两报。

---

① 王稼祥于1943年7月6日在《解放日报》发表的《中国共产党与中国民族解放的道路》一文中,第一次提出"毛泽东思想"概念。据胡绳:《中国共产党的七十年》,中共党史出版社1991年版,第169页。
② 左禄:《坚持敌后抗战的〈晋察冀日报〉》,《新闻研究资料》(总第三十六辑),中国社会科学院新闻研究所1986年版,第107页。

1939年起,华中开始注重发动游击战争,开辟敌后根据地工作。1938年冬,刘少奇受命去中共中原局指导工作,对此作了重大努力,根据地有了重要发展,一批有广泛影响的报纸随之崛起,其中有《群众导报》(苏南)、《团结日报》(苏鲁豫)、《七七报》(鄂中)、《前锋报》(淮南),最为重要的是中共中原局机关报《抗敌报》(江北版),于1939年11月20日创刊。1940年是根据地发展最关要的一年。是年10月黄桥决战的胜利为华中抗日根据地的顺利创建,奠定了坚实的基础,皖南事变以后继续取得进展。新闻事业的发展也迈入高潮。据陈毅1941年8月一篇文章介绍,当时华中解放区,有日报27种,周刊、月刊和半月刊40余种,部队报纸40余种,油印报纸以区乡部队计200余种[①]。

华中根据地的创建比华北艰难得多。这是因为那时日寇开始注意对敌后的"扫荡",国民党也逐渐改变观念,注意伸入敌后活动,对共产党进行排挤。加之这里的根据地比起华北要狭小得多,难以周旋。形势复杂多变,报刊工作也动荡不定。中共中原局机关报的不断变迁是一重要表现。华中和华北还有一不同之处,就是这里根据地是在和敌伪、反共顽固派三角斗争中建立起来的。1940年10月黄桥决战胜利创刊的《联抗报》是为适应这一严重的三角斗争形势而出版的。华中共产党在报刊宣传上,还要进行反顽斗争与反敌伪斗争相区别的教育,纠正曾经出现的左倾倾向。

华中也有自己的有利条件。先行者华北经验提供了重要借鉴。自1939年起,党对华中根据地报纸之兴办十分关注,出现急起直追之势。在大发展中并不是一时蜂起、数量繁多,而大体上是精干有序,根基扎实。而经济、文化的得天独厚的条件,也是新闻事业成长的良好土壤。办报的技术和物质设施也很欠缺,但比华北要好得多。大批文化人和报界知名人士在这里聚集,为根据地新闻事业作出多种宝贵贡献。中共中原局机关报《江淮日报》是敌后根据地第一张铅印对开大型日报。淮北出版的《拂晓报》,是抗日根据地刻印最好的油印报,饮誉海内外。新华社华中分社(社长范长江)之建立虽晚于华北分社,但工作出色,其经验常广为传播。

---

① 陈毅:《四年抗战与新四军现状》,《八路军军政杂志》1941年第3期。

(4) 华南敌后抗日根据地。

华南敌后抗日根据地包括湛江和琼崖两个地区,都处于广东一省之内,地域比华北、华中要小得多,但和港澳相连,和海外华侨关系密切,具有独特影响,且与华北、华中相配合,对壮大根据地全国形势颇有利。

和华北、华中全面抗战一开始即有强大的八路军、新四军进驻不同,华南根据地的抗日武装是较晚在本地区组建的。在海南,1938年广州失守后,土地革命时期留下的少量红军战士即整编为琼崖抗日自卫队,起初只300多人,1939年2月,日军在海南岛登陆后,游击队迅速壮大,很快发展为2 000多人,根据地的创建工作积极展开。在广东东江一带,抗日武装力量也是由在广州失守前后成立的两支小型游击队开始组建的。至1939年春发展至四五千人。1941年发展为东江纵队,队伍更加壮大,驰骋于东江广大地带和广九路西侧。

华南根据地报刊也就在这些地区茁壮成长起来。1939年4月,中共琼崖特委在琼山县所创办的《抗日新闻》是海南也是华南抗日根据地所出版的第一份报纸。1941年1月和3月在东莞和宝安先后创刊的《大家团结》《新百姓》,是东江游击队最早出版的两份报纸。可以看出,比起华北、华中要晚得多。自1941至1943年前后,是华南根据地报刊发展的高潮期,一些重要的报刊,如《前进报》、《抗日杂志》(以上东江纵队),《新琼崖报》(琼崖抗日民主政府),《新文昌报》(文昌县抗日民主政府)等都是在其间兴办的。抗战期间所出报刊总数实难统计,能知道的近20种,数量虽然很少,但基础扎实,都能在动荡中稳步前进,大多坚持到抗战胜利,这是非常难得的。这些报刊还肩负着联系港九各界、南洋华侨和海外人士的独特任务。很多美国飞行员在《前进报》上撰稿,对东江纵队对他们的营救表示感谢。1944年美国《亚美杂志》刊载《东江游击队与盟国太平洋战略》一文,论述东江纵队在太平洋反攻战斗中的战略意义,由延安《解放日报》全文译载。

华南敌后新闻工作由中共广东省委直接领导、发布指示,也经常受到党中央的关怀。在海南敌后,担负着与党中央联络的电台,是由周恩来副主席专送的。华南敌后报刊播载新华社电稿和延安《解放日报》的文章;注意遵循中央精神改进工作,报刊体制和报业结构多是依据中央意向调整建构的。

在整风运动中,虽然不能像华北、华中那样深入开展学习,但报刊积极反映延安整风运动情况,出版《整风文件》,以接受教育。

以陕甘宁边区为龙头的四大抗日根据地,由于所处地区的多种条件不同,新闻事业发展的具体表现呈现多方面差异性,这是很自然的。可是从另一视野看,在共产党领导下,在陕甘宁范例引导下,各根据地新闻事业,在其性能、体制、宣传思想等本质问题上,却大大增强了同一性(共性)。我们看到,抗日战争胜利之际,全国抗日根据地的新闻事业,以整齐步伐,朝向共同目标,迎接新的革命斗争。

## 三、沦陷区

我国领土之遭日本侵占是从 1895 年台湾之割让开始的,继而在 1931 年东北被强占,"七七事变"后,为日寇所侵占的沦陷区遍及南北各省,地域之广前所未有。日本在其所占地区,实行严酷的统治,对新闻事业的控制是其重要方面。半个世纪以来,日本妄图将中国变成其独占殖民地的意旨,一脉相承,愈演愈烈,只是因条件和时势不同,其所采取的策略和表现手法有所变化。

台湾是被割让的孤悬海外的岛屿,当时人口约三百万,清廷日趋衰弱。在这种情况下,日本对台不只是实行严厉的政治专制政策,还更险恶地对台人施行"同化""奴化"阴谋,新闻、文化是广受侵害的事业。日踞台后,中文报刊一律停刊,新起的全是日人所办的日文报。直到 1905 年才见由日文《台湾日日新报》附出一份同名中文报纸,1911 年也停。台人之办中文报始于 1920 年的《台湾青年》(几度改名),当时台湾仍禁台人办报,只好在东京出版。几经复杂的斗争,到了 1932 年,台人开始拥有唯一一份中文日报《台湾新民报》(前报改名)。日本在全面侵华前夕,加强对台的"同化"政策,严令废止所有报纸的中文版,《台湾新民报》被迫于 1937 年 4 月改用日文印行。至 1944 年,由该报改名的《兴南新闻》,奉令和其他 5 家台湾报纸合并为《台湾新报》。台湾人办的报纸,在日踞台期间自此消失。与此相联系的,是日本对台湾文化教育事业所推行的"同化"政策。日本侵占台湾后,初等学校全用日语教学,大学的教材也多使用日文。各级学校的教职员,日人远多于台人。后来很多台人难以用中文写作。有人回忆说,"台湾光复之初,能以中文写作的作家极少",报纸约稿时,就由他"以日文撰稿,另请他人译为中文发表"①。半世纪来,移台日人达四五十万。在语言文字、生活习俗等方面所起"同化"作用甚大,也深刻影响新闻事业。

东北三省,地域之广,人口之众远高于台湾,且与内地联系密切。我国抗日浪潮声势不断高涨。这样,日本在这里不采取像在台湾那样直接控制的方式,而是制造一伪满洲国傀儡出面,自己在内部操纵的做法,以增强其欺骗性。其在新闻事业的表现是非常明显的,表面上,全满洲的报业全由设在伪国务院内弘报组织弘报处等机构统一管辖,可是弘报处等机构却又处在关东军司令部的报道部监视之下活动。而弘报处实行日满一体的政策,日、满的报纸合处在一起,日报实处于主导地位,而任弘报处处长的又多为日本人。可见,操纵伪满报业的仍是日方。关于通讯社,伪满建立有伪满洲国通讯社(简称"国通社"),问题是"国通"与日本的"同盟"保持了不可分离之一元化的关系。就是说,伪满这个弱小的通讯社融入于日本强大的"同盟社",成为其一附属机构了。日官方曾坦言:"把握满洲国的通信权,在推行我国的国策上是绝对必要的。"②关于伪满的广播事业,也同样在"日满合办"的名义下受日本完全控制。对中文报刊的出版,则改变了在台湾那种严厉态度,日文报刊一统天下的局面也突破了。据统计,1940年7月,整个东北地区所出版的39种主要报纸中,日文的17种,中文的16种,兼出中、日文的3种。中、日文报纸的比例和台湾情况大异。但也要看到,在这一本是中国人所生存、活动的土地上,忽而出现日文报纸半边天,这当是日本"同化"政策的某种反映,尤为严重的是日本人对中文报坛的侵占。上述16家中文报纸中,日本人主持的占12家,中国人只4家。而日本的语言、文化也不断向中国报坛、文坛渗入。如"弘报""放送"等词的广泛运用。还推一种非驴非马的"协和语"(使用日语中的"汉字"、模仿日本语法的倒装法,动词

---

① 刘昌平:《话说歌雷的两次劫难》,《复旦通讯》1998年第53期。
② 满铁经调会:《满洲通信事业方案》,转引自宁树藩主编:《中国新闻事业通史》第二卷,中国人民大学出版社1996年版,第916页。

在宾语之后等)。使得光复后在东北办报,需在这方面做大量的清理工作①。

"七七事变"后日本发动的全面侵华战争,是以灭亡全中国、奴役整个中华民族为旨意的,所侵夺我国领土,从北到南遍及十多个省份。这种侵略活动,激起中华民族的大觉醒,祖国大地到处燃烧起抗日烽火。日本帝国主义者处境之艰难严峻,远非侵占东北情况可比。这就使在关内新沦陷区的统治方式,不得不进行调整,从而更具有欺骗性。原来那类"日满一体""一元化""两位一体"等提法被抛弃了,改用"日中提携""分治合作""共存共荣""互利互惠"等词法,以示"独立""平等"之假象。还在其军事监控下,大力推行"以华治华"之方策。在新闻界,日本仍然要兴办自己的一些有较大影响的主干报报纸,但在总体上则通过中国人主持的中文报刊,以宣扬其侵华思想,这和东北的做法是很不相同的。我们也要看到,当时沦陷区地域辽阔,条件不尽相同,日本侵略者对华北、华中和华南等地区新闻事业统治情况,是有所差异的。分述下。

(1) 华北沦陷区。

华北是"九一八"后,日本侵略者对关内影响最深重的地区。1935 年末在河北通县出版的《冀东日报》,是关内第一张汉奸报纸。"七七"后,日本对我国领土之大规模掠夺,也是从这里开始的。早在南京沦陷之次日(1937 年 12 月 14 日),伪"中华民国临时政府"被扶植成立,统辖冀、晋、鲁、豫四个"省公署"和北京、天津、青岛三个"特别市公署"与威海卫以及代管的苏北"专员公署"。日本侵略者认为"华北与日满两国在国防上、经济上,为强度结合地带之特殊性"②,对本地区之统治特别重视。其对新闻事业之管辖,一方面,对中国人办报之限制比东北是放宽了,中国人所办报纸的数量已超过日方。中文报刊也已成为报刊发展的主流。可是从另一方面考察,日方对本地区新闻事业之控制,其严峻之程度,居其他沦陷区之首位。从经过整顿后 1940 年前后情况看,当时伪临时政府首府北平,出有中文报纸 8 家(占

---

① 李锐:《回忆热河办报》,《新闻研究资料》第 35 辑,中国社会科学院新闻研究所 1986 年版。
② 黄美真等编:《汪精卫国民政府成立》,上海人民出版 1984 年版,第 424 页。

全区25家近1/3),中国人办的6家,居大多数。可是另外两家,一是日本侵略军北支旅派遣军报道部的《民众报》,为露骨的侵略工具;一是伪临时政府宣传机关《新民报》晨刊与晚刊,伪临时政府领导人王揖唐、王克敏等任挂名总裁,但实权全为担任社长的日本人所掌握。还在山西、山东、河南三省中四个市和徐州市设有该报分社,是华北沦陷区影响最广泛的报纸。天津出有中文报纸4家,中国人办的3家,另一家是日侵略军北支派遣军的机关报《庸报》,由日同盟社骨干任社长,其影响之大仅次于北平《新民报》居第二位。

纵观本地区25家日伪报纸[①],其中中国人所办汉奸报16家,日侵略者所办和直接操纵的9家。数量上前者居多数,可是占日伪报坛主导地位的却是后者,其实际影响,后者压倒前者。

中文期刊的数量较多,大多聚集于北平。1940年初据称有82种,一大批为汉奸文化人(包括周作人)所办。政治影响最大的还是与"新民会"(全由日本操纵的组织)相关的刊物。关于日文报刊,据目前所知,当时出有10种左右,约半数创刊于"七七事变"前,比起东北伪满是少多了,但多于关内其他沦陷区,其分布面广及山西、山东、河南三省和平、津、青岛三特别市。

日本侵略者对华的通讯和广播事业的控制就更加严厉了。表面上,伪临时政府似有自己独立通讯社——中华通讯社。实际上该社系由日本同盟社华北总局华文部"改组"而成,其社长仍由原华文部部长担任,实权全由日方掌握。广播方面,日军侵占华北之后就规定,华北所有的广播电台都置于日本占领军监督和指挥之下。成立的北京广播台,1938年元旦开始播音。这家广播台不仅统率华北8家电台,还具有中央台性质,担负与东京和伪满电台联系的任务。其他沦陷区电台,皆以北京广播电台所播为基本内容。

在汪伪政府成立后,伪临时政府改名华北政务委员会,地位有了变化,成为汪伪中央所属地方政府。值得注意的是,这个伪华北新政府还是按日本侵略者所说"全盘继续承认既成事实"[②],一如既往地在日方严厉统治下活动,对汪伪政府既名义上承认领导关系,又保持自己的独立性。在新闻事

---

① 本统计及有关情况参见黄士芳:《汪伪的新闻事业与新闻宣传》(1996年写成,未刊稿)。
② 黄美真等编:《汪精卫国民政府成立》,上海人民出版1984年版,第446页。

业方面,既有选择地接受某些统一措施,参与某些共同活动,但奉行的是自行其是的方针。日本对本地区新闻事业之严厉控制的政策与体制,继续坚持未变。某些具体表现,下文将有述及。

(2) 华中沦陷区。

华中伪"中华民国维新政府"成立于1938年3月28日,建立了江苏、浙江、安徽三个伪省政府和上海、南京两个特别市政府。这期间,上海出版了2份日文报纸,1份中文报纸。重要的是日本军部所办的中文《新闻报》,在华中沦陷区有重大影响。引人深思的是,在苏、浙、皖三省,至1939年底,由伪维新政府所属报社出版的38种报纸①,全都由中国人所办,与同时期华北沦陷区报纸情况相较,出现重大差异。当时的江苏徐州,确出有由日本人办的《苏北新民报》,可是那时的徐州,正处于华北临时政府代管之下。

日本对华中沦陷区报纸之操纵,为什么有别于华北,估计原因有二。一是从军事上考虑。我们看到,日本在所谓日伪关系调整意见中,曾讲明两地区不同的着重点。对华北,强调的是"华北与日满两国在国防上、经济上,为强度结合地带之特殊性"(见前文)。对华中,则着眼于"在长江下游地域,设定经济上日支强度结合地带"②。这里国防上之"强度结合"略去了。再就是长期历史传承的影响。从清末到1931年"九一八"以前,日本在中国关内所出报纸数目,共69种。其中华北36种,而华中苏、浙、皖三省,1种也未见③。可以看出地区历史联系所起作用。

日本对华中报业之操纵只是方式上的调整,战略原则上一直是坚定不移。明显的表现是,全部报社都在其派遣军监控下活动,报社之创立都要日方允诺、批准,有些报纸甚至每期"均需将清样送日军联络官审阅后方能出版"④。日方还将其为伪华北临时政府所制订的《现行出版法》内容输入维新政府的《维新政府出版法》,以支配其报刊宣传。通讯社方面,维新政府的

---

① 据中国第二历史档案馆所藏《宣传部第一届全国宣传会议报告汇编》宣传事业伪档。转引自黄士芳:《汪伪的新闻事业与新闻宣传》。
② 黄美真等编:《汪精卫国民政府成立》,上海人民出版 1984 年版,第 422 页。
③ 这项统计系以顾炳祥《近代日本中文报活动》一稿(未刊)中所列"日本人在华创办、经营报纸名录"(中、日、英文)为依据并作补充而成(会有缺漏)。
④ 《江苏省志·报业志》,江苏古籍出版社 1999 年版,第 109 页。

"中华联合通讯社"虽系由中国人主持(和华北的"中华通讯社"连社长也是日本人情况不同),但发稿内容大受限制,军事新闻及一些重要政治性新闻均由日本同盟社发稿。至于广播电台,则全由日军控制了。

维新政府所辖的是全国文化、新闻事业最发达的地区,有丰富的出版政府系统报纸经验。这个政府成立后,对原有各报几次整顿,将全区 38 家报纸建成一直属于维新政府宣传局之下的报纸网络,这和华北临时政府所属报纸出现的那种散乱状况,适成对照。

日寇对"七七事变"后所侵占的地区,推行"以华治华"政策,似当始于华北沦陷区。但从上述对新闻事业控制状况表现出严重保守,欲动还休。把这一政策提到一个战略地位,着力开展,可说是从华中地区开始的。

1940 年 3 月 30 日,汪伪国民政府在日本扶植下成立,伪华中维新政府宣告取消,合并于伪中央政府。这个所谓中央政府,名义上是对原南京国民党政府之继承:还都南京,恢复国民党统治的政治体制,奉行"三民主义",重建军队,制订自己的法规……这个国民政府还对新闻事业作了很大的整顿与调整(主要在华中区)。一个重要举措,就是重建国民党政府的党报体制,在行政院宣传部的统管下,分区分级,将华中区 38 家直属党报组成一自成体系的严密网络,原日本对报业的诸多牵制,形式上大多消除了。1941 年 1 月,汪伪政府公布了《出版法》,标明它是根据 1930 年国民政府的《出版法》修订而成,以示和原《维新政府出版法》没有联系。1940 年 5 月,成立中央通讯社,宣称这是对内对外"全国"唯一的通讯机关,比之原伪政府通讯社所受日方限制不同了。1941 年 2 月,日本向汪伪政府宣布,交还"广播事业权",汉奸政府开始有了名义上属于自己的广播事业。至此,汪伪国民政府表面已建立自己的新闻事业系统了。

其实,汪伪国民政府这种"独立"性的表象,是在帮助日本侵占全中国服务。1939 年末,日、汪秘密签订的《日支新关系调整纲要》已把这种谋略确定下来,可以查阅①。至于汪伪新闻事业之"独立""自立"表现,更是其所玩

---

① 《日支新关系调整纲要》,毛泽东在《克服投降危险,力争时局好转》一文(《毛泽东选集》第二卷)中,称之为卖国协定。该文的"注一"对该"纲要"的内容作了介绍。

弄的骗局,实际控制之严,一如其旧。原对伪新闻事业实行管制的日派遣军报道机构,现仍旧分布于包括南京在内的很多重要城市。上海更是其主要基地,除派遣军机构外,还设有其他军政机关10处之多。汪伪宣传部为便于接受"指导",还特设驻沪办事处。原来由日方指派人员到伪政府机关操权的做法是变动了,改以"招聘""交换"等名义,使日方一大批所谓"顾问""理事""职员"等身份的人进入汪伪政府机关。方式不同,其监控职能仍似当年。其对汪伪广播、通讯事业的控制尤为严重。汪伪中央广播电台第一届理事会成员名额,汪伪政府和日方各占一半,而在地方性的,如金华电台中,日籍人员居多数(9名),更占主导地位。此外,日方还在经济上、技术上进行控制。汪伪中央通讯社也同样"招聘"日方人员为理事,还通过和日本的同盟社在人事上、业务上建立密切关系,以接受其"指导"。

在日常新闻活动中,日方强调日伪间"合作""协同""互助"等关系,以施控对方。1943年初,在日本的指使下,汪伪国民政府向英美宣战。这样,日本和汪伪真正形成一体,"共存共荣"。汪伪的新闻事业从此赤裸裸处于日本控制之下了。

日本侵略者对汪伪国民政府权力及其新闻事业的控制,上述只是问题的一个方面。另一方面就是对其实际影响地区范围的限制。日本侵略者着意扶植一个名义上统辖关内整个沦陷区的傀儡政府,以加速推行其"以华治华"的方针。但是认定这个政府权力所及地区须加限定,在全沦陷区应施行"分治"政策。这样,在汪伪国民政府成立前夕,日方提出了"分治合作主义"①,这是对"以华治华"政策的重要补充,值得重视。

汪伪国民政府是关内各沦陷区的中央政府,各地方伪政府都是公开承认的,并接受一些指令,参加某些活动。但其实际统治区域,只是江苏、浙江、安徽三省及上海、南京两市,其所领导的新闻事业区域范围也同样如此。例如,汪伪报业一最大的改革,是伪宣传部直属报社管理制度的建立,可是其基础全是华中地区的报社,对其他地区毫无触动。1941年2月,汪伪政

---

① 1939年6月8日,日本五相会议决定《树立新中央政府的方针》称:"中国将来的政府体制,当适应其历史与现实,以分治合作主义为准则。"黄美真等编:《汪伪国民政府成立》,上海人民出版1984年版,第31页。

府开始建立"中国广播建设事业协会",负责指导沦陷区内广播电台建设,实际它所能经管的也只是华中沦陷区广播台,华北、蒙疆等区都在日本策划下成立了自己的广播协会。1940年5月1日,汪伪政府在南京设自己的通讯机构——中央通讯社,被称为"对内对外唯一的全国性质之新闻电讯机关"。可是华北的政务委员会属下,另有日本控制下的中华通讯社,自行其是。伪中央通讯社在沦陷区共设8个分社,除两个分设于武汉、广州外,其他均设于苏、浙、皖3省和上海。还另有5个通讯处,除汕头1处外,其他设在江、浙两省。北京、天津只设有通讯员。可见,中央通讯社活动的主要基地,仍在华中沦陷区。

华北沦陷区之特殊地位是非常明显的。汪伪国民政府成立后,改设的华北政务委员会虽然成了伪国府属下的地方政权,但其政治、经济、文化和新闻事业之受日方严密操控,自成一体的情况,一如其旧。大汉奸陈公博曾坦言,"事实上,华北何止独立,简直是一个国家"[①]。

其他沦陷区也各有自己的"独立"性,但却难以和华北(还有蒙疆)相比拟。

(3) 华南沦陷区。

侵华日方所要着力控制的是粤、闽沿海城镇和岛屿,强调这是军事、经济和国际关系至为重要的地区。对新闻事业之操纵,也主要集中于这一地段。

首要的是广东。1938年10月日本侵占广州后,很快于是年12月,由日本南支派遣军军部在广州创办中文机关报《广东迅报》,日本特务唐泽信夫任社长,台湾人任总编辑,是华南沦陷区影响最大的报纸,后复增出日文《南支日报》。在日军方指使下,伪广州市政府和广东省政府在1939年先后创办了各自机关报《民声日报》和《中山日报》。1939年2月至6月,日军在占领海南岛和潮州、汕头后,分别成立了当地伪政府,出版了它们的机关报,其中有较大影响的为《海南迅报》。据目前所知,在1940年前,广东所出敌伪报纸十数种。日本侵占广州的当月(1938年10月)就成立了广东放播

---

[①] 陈公博:《八年来的回忆》,黄美真等编:《汪精卫国民政府成立》,上海人民出版1984年版,第31页。

局。此外,广东伪政府还在广州成立南华通讯社。而日本同盟社更在广州设立华南总局和海口支局,对广东和华南的通讯事业进行全面控制。

在福建,日伪新闻事业基地是厦门。在1940年以前几乎全部聚集于此。原由日本操纵在这里创办的《全闽新日报》,在抗日爆发后被勒令停刊,1937年冬迁沦陷的金门复刊。次年5月厦门遭日本侵占,该报再搬回来扩大经营,增出日文版,由日军华南情报部长泽重信任社长,成为福建沦陷区影响最大的报纸。这时,在日本扶植下,伪厦门特别市政府也出版了一张报纸。伪"台湾广播协会"(成立于1931年)于1938年8月在厦门建立广播电台。这期间,在广州设立的日本同盟社华南总局在厦门成立了厦门支局,控制了闽省沦陷区的通讯事业。

侵华日军没有在华南侵占区建立统一傀儡政府,广东、福建各自为政,分而治之。较之华北、华中,这是一大区别。其对一些重要新闻机构多采取直接操纵的方式。台湾的参与是其特色,如厦门的广播电台,是由直属伪台湾总督府的"台湾广播会"建立的,《全闽新日报》原是在日政府资助下由台湾人创办的,伪《广东迅报》的总编辑是台湾人林宝树。伪广州市政府的《民声报》,社长是台湾人叶锦灿。

汪伪国民政府成立后,粤闽的日伪报业略有发展。广东新增报刊10种左右,福建的福州在1941和1944年被侵占后,日伪出版了两种报纸,厦门在1940年和次年末,创办了《华南新日报》和该报的夕刊,均无重大影响。

这期间,日本在这里仍未建立统一政府,所谓华南仍实指粤闽两省,往往以广东作为代表。这里已是汪伪国民政府统辖下的地方政府了。但如前所述,这种汪伪中央与地方的关系是很不正常的,汪伪中央政策措施之推行,往往是障碍重重,难以统一落实。不过,我们也应看到,华南对比华北那种"特殊化"严重程度还是有差异的。例如,上面提及的汪伪中央通讯社虽说其主要活动区仍在华中,可是在华南还是设立了一个分社,一个支社,却未见于华北。而华北伪政务委员会却另设中华通讯社以与中央通讯社对垒。又如汪伪中央宣传部,为整顿各地沦陷区的宣传工作,1941年春起在各地广设宣传处、科。在广东见有宣传处的设立,而华北全无。再看,汪伪国民政府曾在所属重要省市设置新闻检查机构,北京和广州都成立新闻检查所,不同的是广州的检查所归汪伪宣传部统辖,而北京的则直属伪北京特别警察局,并另制订检查标准。

日本发动太平洋战争后,汪伪国民政府也随之于1943年向英美宣战。这样,汪伪进一步依附日本,结成所谓"同生共死""共存共荣"的关系。新闻事业受到很大重视,很快进行多方面整顿,以适应战时体制。原来的"分治合作"政策落后了,现在着力要做的,是建构一种力量集中、行动协调、组织统一的新闻机构。其中一个特别重要的举措,就是将全沦陷区新闻界,分地区组成一统一的"中国新闻协会"(1944年在上海成立)。在伪中央宣传部领导下,下设一华北总分会和七个区分会,即南京、上海、汉口、广州、苏州、扬州、杭州等。安徽、江西、福建有关报社,则分别归属南京、汉口、广州等区分会。协会的总部设有理事会和多个工作机构。看样子,伪国民政府新闻事业的统一化,至此可说是形成了。不过这种所谓"统一"全是在日本操作下造成的,那些主管实事的机构多由日本人把持。参加这协会的还有11个日本报社在内部起着影响。实际上,伪国民政府之傀儡角色比以前更明显了。

这时,正日益陷于困境的日本侵略战争形势对敌伪新闻事业提出严重挑战。物资,特别是纸张的严重短缺,迫使伪报大量减幅、合并和停刊。尤令人关注的是,沦陷区广大群众对敌伪报纸所施行的严厉新闻封锁政策,表现出强烈愤慨情绪。伪新闻和宣传机关受到种种压力,这也引起了一些内部人士对实由日本炮制和操作的、十分苛刻的新闻检查制的不满。伪宣传部直属党部《中华日报》1944年9月和次年1月先后发表文章和社论,要求言论自由,批评当局的新闻统制种种不当表现。1945年5月,伪国防部宣布撤销新闻检查所。这实是所谓同生共死日伪新闻事业潜存矛盾的大暴露,彼此全面瓦解"共死"之日,已近在眼前。

(本章撰稿人:宁树藩)

# 第八章

# 解放战争时期(1946—1949)

1946—1949年是我国新闻事业地区局势变化最大、影响最为深远的四年。其突出的表现,就是由原来国民党、中国共产党和日寇占领的三大地区的较量,转为国、共两大地区的对抗,最终实现为中共领导下全国大统一(尚非完全统一)。这两大地区的抗争引发各地新闻事业的激烈变动,复杂多样,同时,又综合呈现地区形势新发展的总趋向。

这种大变动是在全国政治局势大转折的过程中表现出来的,具有明显的阶段性。可分为和平谈判和全面内战两阶段。

## 一、和平谈判阶段

时间是1945年8月日本投降至次年6月前后。这时,因沦陷区收复,国、共两地区连接在一起了。国统区获得最大的扩张,但解放区也有所发展。抗战胜利时面积只有约100万平方公里的解放区,至1946年1月则增至239.1万平方公里[①],与国统区的对峙形势扩展至全国,已非战前主要只有陕甘宁边区所辖23个县时期可比了。

---

① 胡绳主编:《中国共产党的七十年》,中共党史出版社1991年版,第218页。

## （一）国统区情况

新闻事业之变动是在日本投降后很快就开始的。活动之地域主要在国民党统治区。首先兴起的是报业大迁移的潮流。它们纷纷由山乡僻地迁返城市，由西南、西北等大后方迁返东南等收复区。这种迁移大潮，不简单是当年地区局势的重现，更是在时代大转折的条件下，新闻事业地区重新布局的表现，主体部分则是国民党的新闻事业。

抗战一结束，国民党即派宣传部要员赶赴京、沪、平、津、汉等重要城市，进行接收和重建新闻宣传阵地。

出现巨大变化的是上海。战前在1928年末上海《中央日报》停刊迁南京，1932年1月《民国日报》被迫停刊后，上海除一份影响甚微的《民报》外，就没有国民党报纸了。可是现在，国民党系统的报纸忽而纷纷赶集沪上，至1946年6月有10种之多。就在日本宣布投降之当日，国民党中央直属党报上海《中央日报》和三青团上海支团部的《正言报》，率先在上海发刊。原先在这里未见的军队系统报纸，战后只四个半月就出了4种之多。除由《扫荡报》改名的《和平日报》外，还有国民党第三方面军的《阵中日报》、第三战区顾祝同系统的《前线日报》和第一绥靖部的日文《改造日报》。值得注意的是，原在浙江刊行的著名《东南日报》在1946年6月出了上海版，并把该报总部移设上海。此外，还出有几种国民党派系报纸。国民党在这里最重大的一个举措，就是以《申报》《新闻报》附逆为由，接管了这两家蜚声全国的大报，最后加以完全控制，纳入"国民党报纸系列"，实现了国民党蒋介石集团长期梦寐以求的心愿。上海一下子成为国民党至关重要的新闻阵地。

在南京，则大大强化了国民党新闻事业中心地位。1945年9月10日，国民党中央机关报《中央日报》由重庆迁返南京，并迅速扩大了直属党报系统。战前直属党报仅18种，至1946年7月增为23种，并扩展至关外的沈阳、长春。战前南京不曾出过军报。1945年11月12日，国民党军委主办的《扫荡报》改名《和平日报》在南京出版，总社也由重庆移来。这是南京有军报之始，该报分社战前只有昆明一家，至1946年5月初，增至京、沪、汉、渝、穗、沈阳、台湾7家，半年后再增兰州分社，形成一个全国性中央军报系统,为过去所未见。1946年4月和5月,国民党中央通讯社和中央广播电台,也先后由重庆迁南京,其总社、总台均设置于此,其分社、分台比战前都有较大发展。在1946年7月1日,国民党国防部新办了军事新闻通讯社,设有南京总社和上海、北平、沈阳、郑州和兰州5个分社,在其他军事要地设有13个通讯站[①],又出现了一个全国性军事通讯系统。可以看出,战后最显著的变化,就是新闻事业军事系统的兴起,这和当时的政局是有很大联系的。重建后的南京和上海国民党新闻事业,密切了相互关系,联成一体,使其规模和影响达到历史高峰。京、沪成了国民党在大陆与共产党进行政治宣传的新闻大战场。

在北平,1945年9月国民党在美国支援下赶来接收,10月1日,国民党中央直属党报《华北日报》《英文北平时事日报》同时复刊。这份英文报是战前国民党"以北平外侨甚多"于1930年创办的,现仍为国民党唯一直属外文党报。华北是日寇在我关内最大的侵占区,投降后大批日本战俘和侨民在这里聚集,《华北日报》特出日文版,以施加宣传影响。这也是北平国民党党报一大特色。这期间,国民党北平市委机关报、中央社北平分社、国民党北平广播电台都重新建立,战前国民党在北平的新闻机构已全部恢复了。令人瞩目的是,一批新的机构应时而出,如国民党军委北平行营(后改"行辕")机关报《经世日报》、国民党将领杜聿明所办《新生报》等。时任国民党第十二战区司令官、后为华北"剿总"总司令的傅作义,也正派员赴北平积极筹办《平明日报》。此外,国民党军报和军事新闻社也首次在这里设立分支。在和平谈判期间的北平国民党新闻界,人们闻到的是浓厚的战争气息。

在天津,国民党的《天津民国日报》抢先于1945年9月6日出版,比《北平华北日报》早出25天。它是国民党中央在天津出版的首家直属党报,地位至关重要。鉴于天津市民习惯接受民营报刊,报社主管人特向国民党中宣部提出淡化该报党报色彩的建议(获得批准),主张在报中不称"本党"而改称"国民党"。允许对国民党某些次要政策法令作一些轻描淡写的批评。这些欺骗手法之施行,使该报销数一时大增。这时重建的天津国民党新闻

---

[①]《江苏省志·报业志》,江苏古籍出版社1999年版,第379—380页。

事业,还有中统特务背景的《中华日报》、中央通讯社天津分社和首次在津市设立的天津广播电台,比起战前有很大的扩展。国民党平、津两地新闻事业紧密相连,以北平为主干,各自发挥优势,形成国民党在华北最强大的新闻基地。当时还成为支撑国民党抢占东北地区新闻战线的重镇,有大批平、津国民党党报销行到东北。

武汉在光复后很快出版了6份对开大报,其中4份是国民党系统的报纸,即国民党中央直属党报《汉口武汉日报》、汉口特别市党部的《华中日报》、湖北省政府的《新湖北日报》和国民党军委的《和平日报》。至1946年6月还创刊了三民主义青年团的《汉口报》(四开)。国民党的中央通讯社汉口分社、中央广播电台汉口分台都在这时建立,组成了国民党在武汉的党、政、军、团一整套新闻事业体系。要说明的是,1945年9月18日创办国民党直属党报《宜昌武汉日报》,实为《汉口武汉日报》的分社。国民党在武汉新闻界的势力有很大增强,武汉之所以受到国民党重视,是因为地处华中要冲,东连京沪,北接平津,可将国民党在全国最主要的新闻事业地带联成一气,影响非同一般。

再看原大后方情况。在这一报业大迁移的潮流中,国民党新闻事业在这里仍保持强大的统治地位。在重庆、成都、贵阳、昆明、西安等重要城市和西康省,国民党中央直属党报,全都继续出版,有的只改个名称,如《重庆中央日报》在总社迁南京后,改名《陪都中央日报》。又如国民党军委的《和平日报》,自总社迁南京后,在关内设6个分社,大后方有重庆和兰州两个分社。

日本投降后,国民党对收复区的最大关注,是在抢占关外东北地区。在美国援助下,从陆、海、空三路向该区运兵,国民党大批新闻骨干人员也随军前往。不顾国共两党达成的停战协定,猖狂攻打先行进入东北的解放军。他们虽然起先也出了些小报,但零散飘荡,不成气候。国民党新闻事业在东北之大发展是在1946年春苏联红军陆续撤离后开始的。主要聚集于东北第一大城市沈阳和长春两市。数月间,国民党中央直属党报《中央日报》在二市建立了分社,二市都分别出版了所属省政府、市政府机关报。中央通讯社沈阳分社和长春分社相继成立,二市的国民党广播电台都已播音。国民

## 第八章 解放战争时期(1946—1949)

党在沈阳、长春两大城市的新闻事业体系很快建立起来,影响一时。这里特别要说明的是,其新闻事业一个显著的特点,就是各种军报的纷起。在沈阳,国民党所出第一份报纸,是东北保安司令部长官部机关报《中苏日报》,发刊于苏联红军尚未撤退的1946年3月5日。继之而起的,是出版于同年4月1日国民党军委的《和平日报》沈阳版。同月中旬再出青年军二〇七师的《东北新报》。沈阳光复初的三大报纸全属军报性质。此外,这里还办有供军中阅读的小型报纸《扫荡简报》。在长春,在1946年5月被国民党侵占之当月,兴办了新六军的《前进报》。接着,一个月后又出现了新一军主办的《华声报》。还有一家情况尚未查明的《新生报》,估计很大可能是第五军军长杜聿明所办报纸,与其在北平所出《新生报》同一系统。国民党军进军长春过程中,在侵占四平后其七十一军还创办了《四平日报》。与关内情况不同,这些军报大多是正驰骋于反共内战疆场国民党的实战部队出版的,表明国民党的新闻宣传,火药味越来越浓了。

台湾的回归是当时国人最为关注的历史大事。1945年10月25日,在台北举行中国战区台湾省受降仪式这一天,台湾省政府机关报《台湾新生报》和台湾广播电台同时在台北兴办。前者是光复后国民党政权在台所办第一张报纸,具有重要意义,后者是国民党迫切要在台湾建立的新闻传播阵地。台籍人林忠受命为台长后,紧张筹备,带领技术人员随同接收大员同机赶赴台湾,及时完成建台工作。接着,国民党党营报纸《中华日报》于1946年2月在台南创刊。这是国民党在台的第一张党报,但不是党的机关报。台湾学者称之为"所有权归属中国国民党",是"中国国民党与台湾同胞合作创办的新闻事业"①。这是国民党在台湾光复之初淡化党报色彩的一种表现。1946年5月4日,军报《和平日报》在台中出版,形成台北、台南、台中国民党三大报纸鼎立之势,受到全台关注。三报中,影响最大的是《台湾新生报》,有材料称发行总额有20万份②,《中华日报》次之,《和平日报》之活跃是以后的事。1945年10月,中央通讯社派驻台北特派员,次年2月台北

---

① 《中华民国年鉴》,台北中国新闻学会1991年版,第66页。
② 《文化之窗》,《消息半月刊》1946年4月11日,第2期。

分社正式成立。这里再总体考察一下,国民党由党、政、军三报和通讯社、广播电台所组合的新闻事业体系,在1946年5月《和平日报》台湾版发刊时开始全面形成了,为时约8个月。

台湾光复之初,国民党政府对报刊采取"创刊不需许可,言论不受检查"的开放政策,废除了新闻许可检查制度,和在关内收复区的表现,大异其趣。实际上这也只是对半个世纪来在日本重压下追求自由解放的台湾民众的一种抚慰笼络手段,事实上也不会认真执行。有些报纸如民办的《民报》《人民导报》,曾因揭发批判政府大员把"接收"当"劫收"和政府一些损害台湾民众利益的政策,受到当局的警告和干涉,有的社长被迫辞职。至1945年11月23日政府公告,要求已出版的新闻杂志补办登记手续(未严格执行)。不过,也应该肯定,光复之初确也是台湾新闻出版业历史上最宽松时期,新闻事业获得前所未有的发展。至1946年底,所出报纸21家,杂志30家,新闻通讯社4家,共55家[①]。

纵观全貌可以看出,表面上国民党政府的新闻事业可说是处于历史上的鼎盛时期,这是在其强大军事势力支撑下呈现的。可是在其内部,其深重的政治危机正日益激化,全面崩溃之日已近在眼前。

这期间,原创建于沪、宁、平、津等市民间名报,如《大公报》《文汇报》《新民报》《世界日报》和《益世报》等都纷纷在原地复刊。《文汇报》率先于日本投降后第三天在上海出版,至1945年末上述报纸的复刊工作均告完成。从地区考察,这些报纸在复刊工作中表现出两大特点。一是上海比战前地位有所提升。如《大公报》,总社原在天津,现则改设沪上。重庆版无法发表的稿子,则"发电致沪",由沪版发表宣传[②]。《新民报》的沪版则是这次新建的,兼出日、晚两刊,总部虽在南京,活动中心实为上海,政治态度的表现也有所不同,南京该报的复刊词,写明"服膺三民主义""拥护现政府"词句,沪版不提了。一向栖身于平、津的《益世报》,也在上海办了分社。还有一特点就是,那些在抗战期间迁来重庆、成都落户的民间报纸,如《大公报》《新民

---

[①] 辛广伟:《台湾出版史》,河北教育出版社2000年版,第26页。
[②] 徐铸成:《徐铸成回忆录》,生活·读书·新知三联书店1998年版,第126页。

报》《世界日报》《益世报》等,这时在其以总社的身份返回收复区以后,原所落户城市各报,全都改为分社(版),继续坚持出版,一个也没少。其所以如此,是因为这里八年来成为国统区政治、文化和新闻中心,当时仍是全国报界所关注的政治重镇。有些报纸长期活动于斯,更是优势所在。

还应注意的一个重要现象,就是在这期间,民主党派组织和成员所办报刊纷起,活跃空前。其分布地域伸向全国一些重要城市,但其基地大多设在重庆和上海,前者更为重要(较之上述民间报纸,其地区性同中有异)。民主党派中,发展迅速影响最大的是中国民主同盟。1945年10月1日,民盟在重庆举行首次全国代表大会,强调"要把中国建造成一个十足道地自由独立民主国家",决定向全国发展组织(当时全国盟员约有3 000人),兴起办报热潮。1946年2月,总部在重庆创办了民盟中央机关报《民主报》、重庆民盟组织还出版了《民主星期刊》《民主》周刊等。其他民盟地方组织这时也出版了一批报刊,如香港的《光明报》(1946年8月复刊)、西安的《秦风·工商日报》、昆明的《民主周刊》、桂林的《民主星期刊》、北平的《民主半月刊》、南方总支部的《人民报》等。此外还有不少民盟成员主持的报刊(上海较多)。其时在重庆成立的民主党派还有民主建国会、九三学社和中国人民救国会等,出有数种报刊,较有影响的是民建会的《平民周刊》和救国会的《民主生活》。中国民主促进会于1945年12月30日在上海成立,《民主》周刊是其言论机关。中国农工民主党于1946年3月在香港出有《人民报》。

中国共产党十分重视到收复区开展办报工作,把上海置于首要地位。1945年9月14日,毛泽东、周恩来作出《尽快去上海等地办报》的指示[①],周恩来反复强调"上海这个地方很重要,一定要尽快建立我们的宣传阵地"[②]。可是中共在沪的办报工作遭到国民党百般刁难。国民党先已承诺迁沪出版的《新华日报》终未兑现。原创刊于上海的《救亡日报》,改名《建国日报》复刊后只12天,便被禁办,使中共在上海陷于无报纸的境地。对此,中共早有预料,伺机应对。早在日本宣布投降之次日,1945年8月16日,即以苏商

---

[①] 《毛泽东新闻工作文选》,新华出版社1983年版,第131页。
[②] 夏衍:《懒寻旧梦录》,三联书店1985年版,第543页。

名义创办了《新生活报》(后改名《时代日报》)。是年9月21日,再利用刘尊棋(地下党员)为美国新闻处中文部主任的身份,创刊《联合日报》,11月起停刊半年后改名《联合晚报》。两报广受欢迎,《联合晚报》的销数超过了《新民报·晚刊》。至1946年6月,将公开的党刊《群众》由渝迁沪,改半月刊为周刊,实行杂志报纸化。中共在上海报界的影响大增。此外,还通过党员以民间身份出版《周报》《文萃》《消息》等期刊,相互配合。这时党还着力组织不断来沪的文化界爱国进步人士,在报刊上发表文章,推动"反内战""要民主"潮流[1]。

中共在收复区另一办报重点是北平市。它是国共在争夺东北和华北中重要的基地。而当时共产党的力量,"主要在北方,解放区包围着北平,在北平这个中心城办报最好"[2]。可是这时该市由国民党重兵镇守,办报也是一艰难任务。日本投降后,北平的地下党员很快就出版《国光日报》和《鲁迅晚报》开展宣传活动,惜未久即停。1946年1月11日,由国、共、美三方组成的军事调停处执行部在北平成立,中共利用这合法的有利条件,于是年2月22日在北平创设了新华社北平分社和《解放》三日刊,这是共产党在国民党统治区北方地区唯一的公开新闻机关。《解放》创刊号销数达万份。后来"突破四万份,成为北平各报之冠"[3]。随着内战危机日益紧迫,报社和分社所遭压制不断加强,至1946年5月末被勒令停业。可是共产党继续通过由地下党领导的中外出版社,广泛开展出版发行进步书刊活动,影响一时。当时北平地下党员"就打进敌人和民间的报社和通讯社内部去进行工作"。在全面内战期间,取得辉煌成就。这里可以看出,中共在北平的斗争策略,和上海是有所不同的。

共产党在收复区关注的另一重点,就是粤港地区。日本投降不久,中共中央即电中共广东区委,指示"立即派出干部前往香港、广州占领宣传阵

---

[1] 夏衍:《懒寻旧梦录》,三联书店1985年版,第542—567页。
[2] 据于光远转述李克农的意见,见《纪念北平〈解放〉报和新华社北平分社创建45周年》,《新闻研究资料》总第53辑,中国社会科学出版社1991年版,第63页。
[3] 钱江:《北平〈解放〉三日刊纪事》,《新闻研究资料》总第36辑,中国社会科学院新闻研究所1986年版,第48页。

地"。当时广东的形势相当严峻,国民党不顾停战协定,还在对东江纵队进行围剿,共产党遂把活动重点转向英国统治下的香港。首先于1945年11月13日,创办了由中共广东区委主办的公开报纸《正报》(不以党报名义),是一张四开三日刊小型报,主要面向粤港读者特别是基层群众,销行约7 000份。至1946年1月初,一个更为重要的举措,就是复刊《华商报》。该报前期的任务主要是面向香港同胞、海外华侨与外国进步人士,而现在,除原有对象外,更着眼于粤港和华南群众了。该报原就是中共领导下统一战线性质的报纸,和民主党派与进步人士建立了良好的关系。此时,经过数年并肩战斗,党对他们的影响更为深广,相互关系更为密切。这时报社中骨干人员中,中共党员和民主人士约各占一半,其总经理萨空了、总编辑刘思慕都是民盟成员(尚未入党)。报纸由对开晚报改为对开日报,栏目也更为完备,比前阶段"更正规化了"(夏衍语)。销数初约万份,后来曾超过10万份。共产党对在港出版的农工民主党机关报《人民报》也给予积极支持,不仅参与筹备活动,还应邀派党员多人参加该报工作,有的曾任总编辑(如卓炯、张琛)战后香港当局取消了新闻检查制度,对进步宣传还比较宽松。在中共领导与影响下的进步报界,日趋活跃,引人瞩目。

在广州,中共因形势严峻不能出版报纸,广州地下市委则于1945年末创办民间性《学习知识》半月刊。进步文化界名流纷纷为之撰稿,广受欢迎。接着,香港的《正报》《华商报》同在穗设立营业处,大力扩展两报在粤的影响。此外,党还通过由港迁来的《人民报》和其他民主报刊,开展争民主、反内战的宣传斗争。在这些报刊被扼杀以后,党则运用新的方式继续战斗,特别是设计多样的、秘密的发行手段,将革命的"纸弹"射向敌人的心脏。

收复区这些城市和原大后方一些城市(重庆、昆明、西安等)联成一体,成为国统区新闻战线上的重要阵地。当时全面内战尚未爆发,国共主要斗争手段不是枪杆子而是笔杆子,新闻事业一下居于最重要的地位,毛泽东认为具有"第一重大意义"①。为时不及一年的时间内,其斗争之激烈也是历史罕见的。斗争主要进行于上海、北平、广州(暨香港)、重庆、昆明和西安等

---

① 《毛泽东新闻工作文选》,新华出版社1983年版,第131页。

城市。从全局考察,其斗争重心由原大后方的重庆逐步向收复区的上海转移,这是当时国统区新闻战线最显著的地区发展轨迹,反映了战后初期历史条件的特殊性。

重庆是战时陪都,战后约半年内仍保持国统区政治中枢的地位,继续是国统区报业出版中心,当时影响政治全局的如国共和平谈判、政治协商会议等活动都是在这里进行的。重庆成为全国瞩目的新闻源。还要特别提及的,在全面抗战的八年中,深受国民党专制政策压抑的一大批民间报刊,在日本投降前八天,发起了强大的争取言论自由的拒检运动,一直延续到战后一个多月终于取得了胜利。这一运动得到《新华日报》的积极支持,并在原大后方成都、昆明、西安、桂林等市获得广泛响应。这一反对国民党战时专制统治的斗争,却成了新时期反内战、争民主伟大运动的先导,这是有深远意义的。报界激战接踵而来,《新华日报》与《中央日报》和《大公报》的论战,影响遐迩。重庆较场口事件中,《新华日报》营业部和中国民主同盟的《民主报》被捣毁,这是战后国统区最早受到国民党暴徒残害的两家报纸。就从这时起,中共和民盟的报纸开始结成成败相依、并肩战斗的战友关系。这期间,国民党往往也把民盟的报刊和中共的报刊一样,都作为封杀对象。1946年3月,民盟西北总支部机关报《秦风·工商日报》被国民党特务捣毁,被迫停刊。1946年7月昆明"李闻惨案"中,民盟云南支部《民主周刊》主编闻一多,继李公朴之后被杀害,该刊也随之停刊。

新闻战线斗争重心之向上海转移,大致是在政治协商会议1946年初起步的。新闻、文化界大批进步人士不断由重庆等内地城市聚会上海。争取和平民主运动很快在收复区广泛发展起来,"往往先从上海发生,而后转向其他地区"①。这些条件推动报业的发展变化。1946年3月重庆《群众》杂志休刊后迁上海出版,其时重庆《新华日报》已改由中共四川省委领导,成为中共中央在国统区唯一公开新闻宣传机关。这时《文萃》则由文摘性改革为时事政论性期刊。改革的原因该刊讲得很清楚:"形势在变,许多进步作者先后从内地到了上海等地。'大后方'可供选载的报刊文章在日渐减少,我

---

① 吉林大学等五大学主编:《中国现代史》(下册),河南人民出版社1983年版,第283页。

们在上海等地组织稿件却方便起来了。"①影响日增的民间报纸《新民报·晚刊》于是时复刊,《文汇报》经整顿步入了朝气蓬勃的发展道路。《大公报》一大变化,则是其言论中心由重庆转到了上海。例如,《可耻的长春之战》社评,是先由上海馆 1946 年 4 月 16 日发表,次日再由重庆馆转载,和上次《质中共》社评两馆发表先后的情况,恰恰相反。该报政治倾向的转变,则是一年以后的事。不断聚集起来的民主进步人士和报刊,结成了强大的联合阵线,与国民党的专制统治进行较量。上海成为国统区新闻界争取和平民主运动的主战场,各地新闻战线的斗争往往是通过上海的支持与宣传而影响全国的。

## (二)解放区情况

日本投降后,中国人民解放军不顾国民党的阻挠,至 1945 年 8 月 26 日,已收复中小城市 59 个(原有 116 个)和广大乡村,解放区在全国有重要发展。针对全国严峻的斗争局势和实际情况,为保卫和发展胜利果实,1945 年 9 月 19 日,中共中央向各中央局发出指示,明确提出"向北发展,向南防御"是党的一项"全国战略方针"。这一战略方针也推动了解放区新闻事业地区形势的大变动。

所谓"向南防御",是将那些孤悬南方敌后易遭袭击的根据地解放军撤迁江北,以收缩战线,有些地区尤为紧迫。1945 年 9 月 20 日,中共中央指示华中局,"浙东、苏南、皖中部队北撤,越快越好"。

接到指示,这些地区的部队和党政干部迅速整装出发。随之北撤的有一大批新闻机构,主要的有新华社浙东分社、《新浙东报》、《战斗报》(以上为浙东地区);新华社苏南分社、《苏浙日报》、《前进报》(以上为苏南地区);《大江报》、《武装报》(以上为皖中、皖南地区)。它们大多在 1945 年 10 月初和 11 月间随军北撤,至 12 月先后完成任务(《战斗报》延至次年 1 月)。新驻地区,除《前进报》撤至苏中二分区与《人民报》合并,《新浙东报》少数人留苏北加入《江海报》外,其余全都聚集于山东解放区,加入大众日报社和其他报

---

① 黄立文:《回忆文萃周刊》,《新闻研究资料》总第 10 期,新华出版社 1981 年版,第 8 页。

社工作,《战斗报》则进至泰安继续出版,人员和设备则大大加强。山东在解放区新闻战线上的重要地位,正逐步显现出来。当时移驻山东及邻近解放区的,有大量军区部队和地方干部,这是决定该地区新闻事业发展的根本因素。

所谓"向北发展",当时的任务是,继续打击敌伪,完全控制热河、察哈尔两省,进而控制东北①。

"向北发展"大致起始于苏联红军进驻东北以后,第一个重大行动是1945年8月23日,冀察军区部队对张家口的攻占。这里是连接华北和东北的战略要地,对当时战局有很大影响。在新闻战线上的一件大事,就是张家口新华广播电台的建立。进入张家口之次日,即接收原日伪"放送局",利用其完好的设备开始播音,这些设备中包括10千瓦短波发射机和500瓦中波发射机各一部,其发射功率大大超过解放区其他广播电台。张家口台和延安台建立了密切关系,它每天早、中、晚3次播音中,必有两次转播延安台的节目,实际成了延安台的"中转站"。这就使中共中央的声音突破因广播功率不足所受的地区限制,迅速传向各解放区、国统区和海外。次年7月又增设了英语节目。解放区新闻事业在北方升起了一颗新星。

在新形势推动下,中共中央决定向东北进军。从延安、冀东、冀热辽、山东和苏北各地,派出10万余部队和2万干部迅速前往。其中"以山东人为最多,共有6万人"②。1945年9月先后出发。

在这里,报业也具有特别重要意义。当时曾有口号,把报纸和"二万干部、十万兵"并提,看成是开辟根据地的依靠力量。当时随部队和干部前往的,有大批包括原供职延安解放日报、新华总社和各解放区新闻机构的精英,新四军三师是带着《前线报》沿途天天出版到达东北的。

向东北大进军中,出版的最早一份报纸,是中共热河省委于1945年9月中旬在承德创办的《中苏新报》。而在东北出版的第一份报纸,是在11月1日创刊于沈阳的中共中央东北局机关报《东北日报》。而在12月末国民

---

① 据中共中央1945年9月19日至各中央局的指示和次日刘少奇至山东分局的指示。
② 何虎生:《红流大事》(上),中共党史出版社2006年版,第177页。

党军进驻东北前,中共长春市委、松江省委、哈尔滨市委、黑龙江省委、合江省委、牡丹江地委等党委,都纷纷出版了机关报。此外,还出现了其他一些种类的报纸,如由中共哈尔滨市委领导的哈市中苏友好协会的《解放报》、中共牡丹江地委领导的高丽人民协会所出朝鲜文《人民新报》。当时可说,东北地区是中共报纸的一统天下[①]。这与苏联红军所造成的有利局势和对中共的支持协助是分不开的。

可是,在苏联红军管制下(虽然当时国民党军还没进入东北),办报所受到的限制和干预还是很多的。根据中共与苏联驻东北红军协商,中共可在东北乡村开展工作,但不能在苏占区或大城市公开活动。这样,在沈阳东北局的《东北日报》,报头的出版地址印的却是山海关;在沈阳的馆址,悬挂的是"文化社"的牌子。在哈尔滨,滨江党委的《松江新报》则以个人名义公开出版。在大连,旅大地委报纸《人民呼声》(后改名《大连日报》)的公开主办机关则为市职工总会,等等。

在宣传报道上,还要注意不要触犯苏联和国民党政府之间所签订的协定,避免牵涉到苏联政府。这也是和其他解放区报纸工作的一大差异。

在国民党军进入苏占区接收政权后,更大的压力与困难出现了。中共的报纸要靠原来那样的掩护手段继续留下来已不可能了。在苏军的要求下,那些在苏占区大城市出版的中共报纸,自1945年11月下旬起,被迫先后或迁或停。如沈阳东北局的《东北日报》撤迁本溪,长春的《长春新报》和哈尔滨的《松江新报》相继停刊。可是中共党组织仍然要在这些城市继续出报,坚持斗争,采用的还是那种以个人名义或由群众组织出面的掩护手段。如以个人名义的,有哈尔滨市委的《哈尔滨日报》、长春市委的《长春新报》(停刊后复刊)。以群众组织出面的,有沈阳、哈尔滨市中苏友好协会分别出版的《文化导报》和《北光日报》等。这种掩护手段表面看和过去一样,但实际情况有很大差异。原先只要苏军认可就行,而现在则须经国民党当地统治机关批准了。上述诸报,都是经精心谋划,向国民党政府办妥登记手续后

---

① 日本投降后不久,国民党在东北的某些市县也出过一些小报,为时很短,随着国民党组织的溃散而停刊。

出版,成为合法的报纸。可以说,原先这些报纸是处于半地下状态,现在则是完全转入地下了。

　　随之而来的是斗争态势的重要变动。这些地下报纸现在要和国民党进行面对面的较量了,处境变得严峻而复杂。宣传报道方面,除继续遵守原则性与灵活性相结合的方针外,要对合法手段的运用给予最大关注,要把揭发该市国民党的专制、腐朽统治作为重要任务。有代表性的是哈尔滨市《哈尔滨日报》和《北光日报》。国民党对两报日益仇视,却又找不到依法惩处的把柄,遂竟使用暗害手段。先是《哈尔滨日报》一干部被特务杀害。随后在1946年3月9日,著名的抗日将领、时任哈市中苏友协会长和《北光日报》领导人李兆麟,又遭暗害身亡。报纸愤怒声讨国民党的罪行,影响强烈。当时哈市周围聚集万余中共部队,国民党查封两报还是有顾忌的。

　　在苏军于1946年3、4月间,从东北撤军回国以后,国共争夺东北的战争激化了。南北情况不同,中共在这里的新闻事业的地区局势也随之出现重大差异。

　　在北满黑龙江地区,1946年4月苏军撤出后,中共部队很快进驻哈尔滨,本地区基本解放,新闻事业获得了广泛发展。中共东北局党委的《东北日报》、东北民主联军总部的《自卫报》,相继由吉林迁至哈市。其他解放区少见的一批民办报纸(约有4种)在这里复刊和创刊[①]。哈市朝鲜人民联盟还创办了朝鲜文的《新民日报》。哈尔滨市成了东北解放区新闻出版中心。在黑龙江全区,自东北局至省、市、地委党报纷纷建立,县委小型报含苞待放(1946年8月开始创办),逐步形成强劲的党报体系。此时,东北局的东北新华广播电台正在佳木斯积极筹建(1946年9月开始播音)。

　　在松花江以南的辽宁、吉林地区,国民党军当时处于较大的优势地位。解放军放弃了沈阳、长春等城市,向距离国民党占领中心和交通干线较远的城镇和广大乡村转移,报刊形势也随之大变动。沈阳的《文化导报》在苏军撤出之次日即被国民党查封,报社人员有的被捕,大多转至吉林的海龙。长

---

① 参见《黑龙江省志·报业志》,黑龙江人民出版社1993年版,第二篇第一章"民办报纸"和第六章所附"解放区报纸一览表"。

春的《长春新报》在苏撤军后,经历了停刊、复刊、再次停刊的艰难曲折的过程。其他一些新闻单位,有的迁往黑龙江,另外一些则转入两省内较安全的城镇,如延吉、安东、抚顺(县)、临江(镇)等地,坚持斗争。

依据《中苏条约》,苏军在东北撤退,并不包括旅顺和大连,这里的党报《人民呼声》继续在苏军管辖下出版,这是东北全区仅见的现象了。1946年6月1日,《人民呼声》改名《大连日报》,加强了领导,充实了人员,改善了设施,并有了自己的电台,影响大增。在国民党军入侵辽南之际,《大连日报》对《南辽日报》的困难作了支援。在该报被迫停刊后,《大连日报》突破困难,发行至辽南解放区,成为"向当地军民进行思想教育的锐利武器"[1]。

## 二、全面内战阶段

从1946年7月至1949年9月,这是枪杆子、笔杆子双双大活跃的年代。这里充分表现战争和新闻事业的关系:战争的进程、战争双方力量的此长彼消决定新闻业的命运,而新闻业又回过来影响战争形势的发展。全国范围呈现这种关系。这种状况在我国还是前所未见的。

当时新闻事业地区形势的变动,最突出的一种表现,就是解放军横渡长江前,江南和江北两大地区存在最大差别而这两大地区内的不同地区,又呈现出不同的变化轨迹。

在摧毁了国民党的军事、政治统治后,形势迅猛发展。久所向往的新中国新闻事业的地区新格局,不断在人们面前展现出来。

现分题叙述于下。

### (一) 长江以北区域

这里着重要写的,是中国共产党领导下新闻事业的地区运行轨迹和发展趋向。至于国民党领导的新闻事业之地区变动,则依附于此并作简要

---

[1] 大连日报社编:《大连日报史料集》,大连日报出版社1985年版,第203页。

说明。

这一阶段,解放区新闻事业所面临的形势和前阶段很不相同。其一大特点,就是活动地域不断的流动性。起初源于国民党的全面进攻和重点进攻,接着来自解放军的战略反攻和外线作战,朝朝暮暮,转战不停。这种大流动的局势,又引发新闻事业地区变化的一些新趋向,诸如:1)时进时退,以退促进。随之而来的就是向国民党统治区全面推进的动人景象。2)忽分忽合,由分到合,终于形成全国性从中央到基层新闻事业合理的新布局。3)由城市转入农村,由农村回归城市,先后步入城市办报大轨道。4)北上南下,西移东进,汇成了向南发展的大潮流,等等。

(1) 西北地区。

西北的陕北地区是中共中央领导核心和解放区首府延安所在地。解放战争期间(特别是初期),有关新闻工作的战略决策和重要决定都自这里发出。

全面内战爆发前,延安对解放区新闻事业作出两大战略性举措:一是迅速抽调大批新闻工作骨干前往东北地区(前已述)。二是延安新华广播电台的重建。该台创建于1940年末,1943年因故障停播。1945年8月获知日本投降消息后,立即抢先恢复播音[①],同时确定以"立足解放区,面向全中国"作为新的办台方针,并以国民党统治区的听众为主要对象,为推动解放战争进行作了宣传舆论准备。

1946年6月全面内战爆发,国共生死决战开始了。对此,共产党是早有预判的。新闻战线如何应对这场斗争? 1946年4月,党中央提出了"全党办通讯社"的口号。5月决定,对《解放日报》和新华社进行大改组。这两个单位原本各自独立,宣传上以报社为主。改组后,则将领导重心转向新华社,成立以社为主的"报、社合一"体制。接着,原属军委三局的广播电台也划归新华社统一管理,这就成了"报、社、台三合一了"。新华社被置于如此

---

[①] 恢复播音时间原认为1945年9月5日,后经查考,否定了这一说法,但恢复播音的确切日期迄今尚未查明,仅估计"大概在8月15日前后"。据赵玉明主编:《中国广播电视通史》,中国传媒大学出版社2004年版,第104页。

## 第八章 解放战争时期(1946—1949)

高的地位,实属首见①。这完全是为了适应战争的需要。在战争高度运动的状态下,通讯社的信息传播、扩散功能比报纸、杂志更容易发挥,更灵活。

为此,国民党入侵陕北前,新华社大力建构面向全国、深入基层、适应战争形势的通讯网。总社整顿了下属各社,并进行扩建增建,使其覆盖面广,布局合理。各大战区都先后建立了总分社,分社已超过40所。过去不受重视的支社,现被看作是做好新华社工作的基础,着力加强。

总社强化了对下属各总分社、分社的领导,密切上下之间的联系。1946年6、7月,总社向各社印发《情况通报》(不定期)和《十天综合战况》及其他各类材料,1946年7月曾达80余件②。所发的重要指示,经《新华社文件资料选编》选载的,1946年共达18种,而整个抗战时期,总社指示被选载的仅两种③。各地方通讯社在总社的指导下,适应军事斗争的功能日益强化,摆脱了地区局限性,全国观念增强了。"立足部队"和原"立足地方"的通讯社,有了分工但又相互交融,并肩战斗,形成一体。

1947年3月,国民党军侵入陕北。这里的新闻战线转入敌我面对面斗争新阶段。从延安撤退后,新华社总社一分为二,分两路转移。一路由廖承志率领总社东渡黄河,由西向东奔波两千多里,到晋冀鲁豫涉县山村西戌村建立新址(奔走期间暂建临时总社)。另一路由范长江率领少数人员,番号"四大队",紧随党中央毛泽东主席等留陕北,转战山区僻地打"蘑菇战"。主要任务为沟通陕北和华北总社之间的联系,将党中央的声音继续传向全国。同时还直接指导陕北的斗争。从战略上看,这决不是大退却,而是为迎接大好形势的大迈进。经过一年战斗,陕北战场胜利大局已定。"四大队"随党中央转赴晋冀鲁豫平山县和新华总社会合。

"四大队"随党中央迁离陕北后,西北地区党的新闻事业承担了所交接

---

① 中共党报史上,曾有过"报、社合一"的经历,1931年末,中共在江西瑞金创办的红色中华通讯社和《红色中华》报同属一个机构。其所以如此,实因当时条件困难,工作不繁重,合在一起便于管理。合后双方关系并无变化,这和本文所说情况是不相同的。至1937年1月,红色中华通讯社改名为新华通讯社。两年后,中共中央决定,将新华社与由《红色中华》改名的《新中华报》分开,结束了七年多的"报、社一家"的历史。
② 刘云莱:《新华通讯社发展史略》(二),《新闻研究资料》第32辑,中国新闻出版社1985年版,第141页。
③ 新华社新闻研究部编:《新华社文件资料选编》第一辑(1931—1949),第2—5页。

的任务,并在全国大反攻形势推动下有了重要的新发展。

中共中央西北局机关报《群众日报》(1948 年 1 月由《边区群众报》改名①)和新华社西北总分社,同返延安共处清凉山(报、社一家)。西北总分社的任务大大加强了。最为显著的是新华社前线分社的蓬勃发展。1948 年秋,西北野战军政治部发出加强前线分社工作的重要指示,并作出各纵队都要成立前线支社的决定。1948 年冬,新华社总社提出在延安增建西北新华广播电台,面向西北对解放区人民和国民党军进行宣传。1949 年 1 月 5 日起正式播音。这是西北解放区第一座广播电台,与新华社西北总分社、群众日报社同处延安清凉山,成了"社、报、台"一家。

当时新闻机构的基本职能是为战争服务。本地区最高决策者是西北野战军(后改名第一野战军)司令员彭德怀,各路记者纷集彭总身边。西北分局报纸的总编辑胡绩伟兼任新华社前线分社社长,其职务主要就是跟彭将军在前线采访。彭对新闻工作非常重视,和随军记者亲密相处,细心指点,还会为新闻工作出谋划策。后来诱导敌军溃败的著名"空城计",就是由他精心设计的。

我国西北地区,包括陕西、甘肃、青海、宁夏和新疆,地区广袤,面积为 304.7 平方公里,占全国近 1/3,可是由于经济、文化落后,新闻事业也是全国最不发达的地区。解放战争爆发前,当地新闻事业基本上为外来势力(代表中央政府委派)和地方军阀所办,报刊皆为官报,几无民间所办报刊,内容单调,发行量低。陕西是个例外,还有一些办得好的民间报纸。在这样的基本格局中,少数地区还保留着中共和进步力量所办的或控制的报刊,如甘肃陇东解放区的《陇东报》,一直坚持出版到 1948 年。新疆三区(伊犁、塔城、阿勒力泰)革命临时政府统治下,出版过《民主报》《前进报》《真理之路报》等,《自由之声报》是当时我国唯一的锡伯文报。

1949 年 5 月,解放军发动了解放大西北的战争。以彭德怀为司令员的

---

① 据《中国新闻年鉴》(1982 年)、《中国大百科全书》(1990 年)等多种材料。可是胡绩伟则说,《边区群众报》在 1948 年 4 月回到延安继续出版。到 1949 年 5 月 20 日西安解放,边区群众报社搬到西安,改出《群众日报》。见胡绩伟:《办一张群众喜闻乐见的报纸》,《新闻研究资料》总第 30 辑,中国新闻出版社 1985 年版,第 2 页。此外,还有其他不同意见,待查核。

第一野战军和其他部队 40 余万人,以摧枯拉朽之势,依次解放了西北各省区。各地国民党和地方军阀办的报刊全部停刊被接收。各省区的党的机关报和新政府的报刊纷纷创办,群团报刊、极少数民间报刊作了保留。新闻事业的新格局已经展开。

(2) 东北地区。

抗战后国民党发动的全面内战,东北地区也是一重要目标,战略意图是在侵入黑龙江,独占全东北。可是力不从心,"壮志"难酬,其军事活动限在吉林南部。1946 年秋攻占吉林的通化和安东,未再北上。通化新华广播电台安然撤退到临江镇,与临江分台会合。安东新华广播电台则转移到朝鲜的新义州,并仍以新华广播电台称号继续播音。

国民党军当时占据东北的重点,实为热河。1946 年 8 月起北犯,相继侵占承德市和赤峰等地。这里的主要新闻机构冀热辽分局的《冀热辽日报》和新华社分社,随军自承德撤至林西。历时近两个月,"撤退五六次,奔波一二千里"[①],被喻为"二千五百里小长征"(徐懋庸)。《冀热辽日报》和新华社分社,实行"报、社合一,以社为主",充分发挥新华社的作用。一路上新华分社天天收报,油印《每日新闻》,以适应人们迫切的要求。在驻留热北的林西期间,组建新华社热中、热辽、热东等支社,把主要力量深入到基层办小报、发电稿,和人民群众与各级领导建立了比以往更密切的联系。

1947 年夏,东北解放军开始大反攻,6 月初解放赤峰后不断前进,原北撤的新闻机构随军南返,继续开展军事、土改等宣传斗争,一批新的新闻人才涌现出来。从延安等老区来的新闻干部,磨炼得更为成熟了,不少人调赴其他战区担负更为重要的任务。

就全东北地区看,党的工作重心是"建立巩固的东北根据地"。其首要任务是加强黑龙江地区的建设,新闻工作主要基地是哈尔滨。在 1946 年 5、6 月间,东北局的《东北日报》、新华社东北总分社和东北民主联军的《自卫报》,相继迁入该市。至是年末,迁来这里和在这里创办的报纸有 10 种之多。另一重要基地,则为合江省省会佳木斯。由东北局宣传部直接领导的

---

① 李锐:《李锐往事杂忆》,江苏人民出版社 1995 年版,第 73 页。

东北新华广播电台,于 1946 年 9 月在这里建立。新华社东北总分社在这里建立新华社合江分社,中共合江省委在 1946 年 7 月创办了《合江日报》,合江军区创办了《部队生活》。此外,还有其他省区在这里出版的报纸,重要的有黑龙江省区的《黑龙江日报》和《西满日报》。据知,至 1948 年初,在"黑龙江地区,先后创办和移入的报纸已达 24 种"[①]。

在本地区新闻事业的发展中,报纸成为主流。品类多,覆盖面大,影响深广,和陕北地区新华社成为主流的情况,适成鲜明的对照。本地区新闻工作重心不在通讯社。《东北日报》和新华社东北总分社迁黑龙江地区后关系虽密切,但仍各自独立活动。

在广播电台方面,东北全区原有广播电台 14 座,在蒋军进攻后或停或迁,至 1946 年夏存有 7 座(仍为全国各大地区数量最多的地区)。一个很重要变化是,其发展重心不断向黑龙江地区转移。至 1947 年末,东北共有广播电台 9 座(包括热河),黑龙江地区就占有 4 座,其中还有最重要的东北新华广播电台。这些电台在体制上和报纸、新华社分立[②]。东北台是在中共东北局宣传部直接领导下活动的,业务还接受新华总社的指导,但非"合一"。

可以看出,在新闻事业体制方面的"延安经验",黑龙江地区并没有照搬,这是由地区条件的差异决定的。"延安经验"是为适应战局大动荡下新闻机构大流动的情况提出的。黑龙江地区经过 1946 年春防御战的胜利,已逐步形成较为稳固的根据地,新闻机构在这里有安营扎寨的空间了,这里的条件与其他一些地区很不相同,和热河也大异。

这时,一项最紧迫的任务,就是清剿散处黑龙江地区的匪徒(曾被国民党收编为军、集团军),约在七万之众。《东北日报》《合江日报》等一批党报,以一年多时间大力开展剿匪宣传报道。至 1947 年 2 月,《东北日报》已发稿

---

① 罗玉琳、艾国忱:《黑龙江地方党报发展简史》,《新闻研究资料》总第 31 辑,中国新闻出版社 1985 年版,第 193 页。所说 24 种不包括基层所出油印小报。
② 据赵玉明:《中国广播电视通史》第 140 页称,齐齐哈尔广播电台于 1946 年 6 月初"并入新华社西满分社,改名为齐齐哈尔新华广播电台……6 月末又改称西满新华广播电台"。这样,就成了社、台合一,以台为主了。具体运行情况待考。不过,这也只是短暂情况。后来齐齐哈尔新华广播电台还是与新华社分立。

200篇左右①。推进根据地巩固的最根本的举措,乃是土地改革运动。1946年7月,中共东北局发布"七七决议",开始了土改运动。派出1.2万名干部下乡搞土改,一批报社记者深入农村,和群众在一起开展斗争。新闻界一场大规模的土改宣传报道热潮由此开始了。仅据1947年7月至次年2月,《东北日报》就发表消息240多条,省委指示、经验介绍和言论和通讯共140多篇②。当时的报纸强调以写群众、为群众服务为主要内容,还要求报纸通俗,让农民乐意看,看得懂,著名记者李准就是在这里锻炼成长的。特别有意义的是,土改宣传推动了一大批县委小报的涌现。第一份是中共宾县县委于1946年8月创办的《翻身报》③。至1948年8月,共出县委小报25种,其中有《汤原小报》《生产报》《庄稼人报》《翻身小报》《贫农报》《土改消息》等。在沉寂的农村,一下涌现出如此众多的报纸,真不多见。这些报纸所以能在这里扎根,标志着解放区已趋巩固。

自1947年5月,中共在东北地区发动夏、秋和冬季大反攻,歼敌逾30万。解放区面积占东北总面积的97%,东满、西满、南满、北满连成一片。东北解放区新闻事业发生了巨变,原被迫从一些城镇和战略要地迁出的新闻机构,迁返原地并有重要发展。几经转移的南满鞍山、安东和吉林广播电台均返原址播音,通北台也先后以临江台呼号再度广播,在黑龙江则新建哈尔滨广播台,以抵制长春国民党广播台的影响。还建立牡丹江广播台,办有汉语、朝鲜语节目。1948年8月,中共中央东北局作出《关于统一广播电台的决定》,确立东北新华广播电台在全东北各台中的领导地位和各地方台的合作关系。在辽沈战役中,东北新华广播电台发挥了重大作用。该台设立的"对国民党广播"节目发布公告,领导人谈话和投诚国民党军官讲话,瓦解了国民党军队军心。报纸也同样迁返原地。其中有中共吉林市委的《吉林日报》重返吉林市,辽东区委《辽东日报》迁返通化等。除此而外,新办报刊大量涌现,在南满主要是部队报刊,野战军和地方军区都出有各种报刊,多数为油印,少数铅印,活跃于基层。在北满黑龙江地区,除少数几种为部队

---

① 辽宁日报社编:《东北日报简史》,辽宁日报出版社1988年版,第14页。
② 同上书,第24页。
③ 当时宾县县委书记马斌在土改运动中创造了丰富的群众工作经验,《东北日报》广为介绍,影响一时。

报刊外，多数为地方党委和机构所办，引人注目的是，这里新出现了《西铁消息》《鹤岗工人》等一批工人报刊。东北局创办了以知识分子为对象的《生活报》，还在东北局宣传资助下出版了由进步作家萧军主编的《文化报》。这可看出，东北大后方新闻界显露出一种新气象，前所未见。

辽沈战役结束以后，东北全境获得解放。军管会进入沈阳之初创办了《沈阳时报》，《东北日报》迁回沈阳后成为东北局机关报，《沈阳时报》和《辽东日报》合并。东北新华广播电台和新华社东北总分社也迁回沈阳，沈阳成为东北新闻事业的领导中心。

通讯社活动空间也大大扩展并日趋强化。秋季攻势发动期间，在东北民主联军指示下，纵队政治部建立了通讯社支社，负责组织全纵队通讯工作，并向新华总社供稿。不久，东北野战兵团成立新华分社，强化了军事宣传报道，并确立了由兵团负责管理发布战报的体制，部队也密切了与新华总分社的联系。

现在再看一下国民党在东北新闻事业的状况。在全面内战初期，其在松花江以南各重要城市的报纸、广播电台曾繁盛一时，在"临江战役"后开始日益陷入困境，报纸的出版出现异常的困难。在长春的《中央日报》(长春版)、《中正日报》等14家报纸，被迫合出一《联合报》苟延残喘。广播电台不断被接管。在东北大决战前夕，困处沈阳、长春、锦州危城的蒋军已难运用报纸为其挣扎效力，只好依靠沈阳等三市的广播电台造谣说谎，以迷惑群众了。

辽沈战役后，党领导的一项最紧要工作，就是在中央的号令下组织强大的解放军进关南下，支援全国解放战争。大批党政干部和新闻工作骨干也随军奔赴新的战场，东北日报社所抽调的人员是1949年4月出发的。这一景象，比之三年前来自陕北、华北等老区的10万部队、2万干部出关北上东北地区的情状，适成扣人心弦的对照。

东北地区新闻事业进入了新的历史时期，推动经济建设，宣传报道工业生产、农业生产和文化教育成为主要任务。

至此我们可以说，东北的新闻事业，对推动建立巩固的根据地并使之成为全国解放战争大后方，作出了重大贡献。而这里的新闻事业自身，也就是

# 第八章 解放战争时期(1946—1949)

在这样的战斗形势下成长起来的。这是造成东北新闻事业地区特性的主要原因。

(3) 华北地区。

在整个解放战争时期,中国共产党在华北的新闻事业充分表现出由战争的进展所决定的流动状态,即进—退—进,城市—农村—城市的轨迹。

抗日战争结束后,由于共产党领导的抗日敌后根据地在这里地广人多,包围着城市,随着八路军进城接受若干处日军投降,报刊也办到城市里。典型的是中共中央晋察冀分局机关报《晋察冀日报》迁入张家口市(1945年9月),这是少有的中共进城办报。张家口新华广播电台也开始播音。另一家是中共晋冀豫边区机关报《人民日报》在邯郸创刊(1946年5月)。但是没过多久,国民党于1946年悍然发动内战,向中共控制的城市进犯。这些报纸又迁回农村,在阜平、武安、涉县、遵化、阳城、长治、菏泽、兴县等县城出版。经历了短暂时间的艰苦办报,其中有些还在坚持中得到了发展。冀中解放区的《冀中导报》办得很活跃,一批办报骨干云集于此,如林铁、王亢之、朱子强、方纪、孙犁、杨沫等。《冀鲁豫日报》在从菏泽转移到朝城的四个月中,几乎坚持天天出报。

1947年7月,人民解放军由战略防御转入战略反攻,华北地区经过正太战役、青沧战役、保(定)北战役、大清河北战役、清风店战役等,晋察冀解放区和晋冀鲁豫解放区连成一片,成为除东北解放区外最大的解放区。1948年3、4月间,毛泽东、周恩来、任弼时率领党中央机关和中国人民解放军总部东渡黄河,到河北平山西柏坡,与刘少奇、朱德率领的中央工委会合。华北成了中共中央指挥全国解放战争,部署各项工作的司令部所在地。党所领导的新闻骨干力量也从各地向华北源源不断地汇集,进行着解放战争的新闻报道,酝酿着新中国成立以后的新闻事业。华北成为党中央领导的新闻事业的基地。这里所发生的许多事情不是仅表现为地区新闻事业的特点,而是深远地影响到全国和未来。

新闻队伍由各解放区向华北解放区集结。其中最重要的是,新华社千里大转移由陕北来到华北。1947年3月,胡宗南进犯延安。3月27日延安《解放日报》停刊,新华社承担起通讯社、广播和党中央机关报三重任务。3

月下旬,新华社总社有准备地撤离陕北,向河北进发。7月上旬抵达河北涉县西戌村总社新址以后开始工作。这次转移历时3个多月,行程2 000多里①。这时,新华社总社和晋察豫总分社,同处涉县。晋冀鲁豫《人民日报》和《新华日报》太行版距新华社总社也只有三五十里。迁来的陕北新华广播电台与原有的晋察冀台、邯郸台同处华北,相互配合,影响大增。为促进新华社各地总分社、分社、支社、前线分社的发展,新华总社领导人陈克寒率队亲赴晋绥、晋察冀、晋冀鲁豫、华东各解放区实地调查,写出很有见解的多篇考察报告,在新华社史上留下瞩目的一笔,给新闻学留下了宝贵财富。随着解放战争进展,1948年4月,新华总社离开太行山,于6月中迁至河北平山县陈家峪,和跟随毛泽东辗转陕北的新华社另一部分人员("四大队")会合。驻地离党中央所在地西柏坡不远。三位一体的新华社集中了我党新闻工作队伍的精锐。他们不仅经受了残酷的战争环境的考验,而且通过在部队中广设军分社、支社,壮大了自己的队伍,拓展了军事报道、评论、口语广播、国际广播等新闻业务。新华社的这支队伍受到了党中央的直接关心、指挥、帮助和熏陶。1948年4月2日,毛泽东在东渡黄河、前往华北的途中,和《晋绥日报》以及新华社晋绥总分社的编辑人员座谈,希望新闻工作人员宣传、把握好党的路线、政策。同年10月2日,刘少奇又和新华社华北总分社、华北《人民日报》即将上前线的记者团谈话,就群众路线、作风修养等问题谆谆嘱咐。为了靠近中央,就近工作,新华总社将第一编辑室设在西柏坡胡乔木(时任中央政治局候补委员,兼新华社总编辑)住处。新华社主要稿件都在这里编发,重要稿件都要递交中央领导人审批。毛泽东不仅对稿件作了不少修改补充,还亲自撰写了作品多篇。据统计,从第一编辑室成立到1949年4月渡江前,他给新华社所写稿件有14篇②。

党中央关心、训练新华社工作人员,这是有意为进城作准备,为未来党的新闻事业培养骨干。事实也是如此,新华社的骨干成为新中国成立后各中央新闻单位的主要领导。1949年1月底北平和平解放以后,范长江首先

---

① 刘云莱:《新华社史话》,新华出版社1988年版,第76页。
② 《毛泽东新闻工作文选》,新华出版社2014年版。

入城,筹组中央机关报。3月下旬,新华总社从平山迁入北平。6月初廖承志主持,将口语广播从新华社分出去,成立中央广播事业管理处(后升为局),开创了新中国的广播事业。除了新华社外,各解放区的新闻人员也纷纷向平、津等大中城市集结。

随着华北各大中城市的解放,解放区原有报刊合并,重新创立并进城办报,各城市、区域的新闻事业格局正在形成中。1948年6月,《晋察冀日报》和晋冀鲁豫《人民日报》合并,在河北平山县创办中共中央华北局机关报《人民日报》。1949年1月北平和平解放以后,《人民日报》迁到北平——这一几代古都。直至8月1日升格成为中共中央机关报之前,《人民日报》仍为华北局机关报。办报人员除了从解放区来的原有办报骨干外,还吸收了北平原地下党骨干和城市进步青年作为补充,所有办报人员都经历了从农村办报到城市办报的转变。1948年11月初,石家庄解放,当月创办了《新石门日报》,1948年元旦改为《石家庄日报》。11月22日,保定解放,过三日便创办《新保定日报》。鉴于河北大部已解放,中共冀中区党委决定《冀中导报》停刊,于1949年元旦创办冀中《河北日报》,毛泽东为之题写报头。河北省建制成立后,冀中《河北日报》与《冀东日报》《冀南日报》合并为省委机关报《河北日报》,先是在保定出版,后迁往石家庄。1949年1月有15日天津解放,两天后便创办天津市委机关报《天津日报》,办报队伍由华北《人民日报》《冀中导报》等解放区报纸调集人员组成。山西解放区原有的新闻力量很强,1949年4月24日山西省太原解放,来自《新华日报》太行版、《新华日报》太岳版、《晋绥日报》和《晋绥大众报》的骨干队伍,即进入太原,二日后创办《山西日报》。内蒙古自治区由于成立早(1947年5月),早在1947年9月就创办中共内蒙古党委机关报《内蒙古自治报》,1948年元旦改为《内蒙古日报》。这里还要叙述的是,在解放各城市的过程中,党中央毛主席对建立省一级党属机关报的体制已有所思考,因为还要打破原解放区的建制。1948年秋冬之际,派赴太原前线的新闻干部行前请毛泽东为进城后的《太原日报》题写报头,他写下的却是《山西日报》。无独有偶,《冀中导报》社请毛泽东题报名,他写下的却是《河北日报》。后来这两份果然是省委机关报。

集结起来的新闻工作队伍很快分散,因为解放战争的胜利来得太快,长江以南、大西南的新解放区迫切需要有经验的党的新闻干部去筹建当地党报和其他新闻机构。华北解放区的报刊成了革命的摇篮,它的骨干不仅要进驻本地区的城市,而且要奔赴新解放区,筹建党的新闻机构。如《冀鲁豫日报》的南下干部创办了《江西日报》,北平《解放报》和《冀中导报》的南下干部参与创建云南、贵州新闻机构,《晋绥日报》的南下干部创办了《川西日报》和成都电台,华北《人民日报》和《天津日报》的干部参建了湖南电台和《新湖南报》等。

华北地区的新闻事业在短短几年里经历了巨大的变化。中国共产党的新闻力量进城,撤退,最终再进城建立了强大的机构,揭开了新中国成立后我国新闻事业新的一页。骨干人员如同种子从各地汇聚笼来,又撒向新解放区、全国各地。华北解放区发生的这一切对全国的影响是巨大的、深远的。这在新闻史上也是不多见的。自然,因为这一切都是和解放战争的决战,乃至中国人民革命斗争的最后胜利同步的。

与共产党新闻力量在城外大规模集结相映照的是,北平等大城市的新闻界则出现了复杂的斗争。一方面,国民党占据着控制主要报刊的地位,撕破和平协定以后又进一步镇压进步新闻界,1946年5月起,北平查封了70多家报刊、通讯社,包括共产党公开的《解放》杂志社和新华社北平分社,1947年2月逮捕了包括新闻界在内的各界人士2 000多人。另一方面,共产党领导的地下出版活动又十分活跃。在北平建立的中外出版社,经售的进步报刊、书籍达七八百种,并有着庞大的销售网点。北平各大学的学生报刊,如《燕京新闻》《辅仁通讯》等仍十分活跃。地下党员和进步人士渗入各种新闻机构,甚至是国民党办的报刊、美国新闻处等开展着有利于打破国民党新闻封锁,为解放军传递情报的工作。华北新闻界大变动的时刻正在到来。

(4) 华中和山东地区。

抗日战争胜利之后,华中各解放区(苏中、苏北、淮南、淮北)连成一片。抗战期间创办的解放区报刊得以扩充、合并并进城办报。可是一年不到,国民党反动派就发动内战,进犯解放区,遭到我野战军回击。华中以及山东地区成了敌我交叉、胶着作战的区域。解放区报刊完全适应运动战的环境,一边打仗,一边坚持出报,敌进我退,敌退我进,谱写了运动战中办报的可歌可泣的篇章。这里的情况比华北解放区复杂、艰难一些。

1945年10月,中共中央华中分局和华中军区成立,进驻淮安城。12月9日,华中分局机关报——《新华日报》(华中版)在淮阴创刊,同时承担新华社华中总分社的任务。这是华中解放区最大、最重要的一家报纸,编辑力量雄厚,范长江任社长兼总编辑,恽逸群、黄源等是其中主要骨干。最初半年的办报环境稳定,办报条件较好。1946年7月,国民党军队结束进攻中原解放区后,迅即进攻苏中。华中野战军司令员粟裕率3万部队,迎击国民党12万大军,灵活机动,七战七捷,歼敌5万3千余人。《新华日报》(华中报)和新华社华中分社"派出火线采访组和工作队,携带电台,随团指挥部行动",大大提高了军事报道的时效和质量,是新华社设前线分社的最初尝试。此后,于战略上考虑,部队北上,向山东解放区靠拢,组成华东野战军。淮阴吃紧,《新华日报》(华中版)先迁至淮安、沭阳一带农村坚持出报,将每日四版改为二版。在北撤路上,华中野战军总部迅速创建了新华社前线分社,后又在华野一师建立支社,总分社加强了对分社、支社的指导,分支社每月向总社发稿百余篇。1946年12月26日,《新华日报》(华中版)创刊一年后被迫停刊,报社人员继续北上。部队北撤后,苏中区党委办的《江海导报》、苏北区党委办的《苏北日报》、华中一地委的《前线报》和中共紫石县的《紫石大众》在敌军"扫荡""清剿"的环境下,艰难地坚持出版。

相对稳定一些的是中共中央山东分局机关报《大众日报》。这家1939年1月1日在沂蒙山区腹地沂水县农村创刊的报纸,经过日寇重点"扫荡",在极其艰难困苦的战争环境下久经考验,锻炼出一支拿起枪能打仗,拿起笔能办报的坚强队伍。1945年9月,日军投降,《大众日报》从莒南迁至临沂县城,开始了较为稳定的办报全盛期。发行量一度达到3.5万多份,记者和职工有几百人。1946年4、5月间扩版至铅印对开每日一大张。1947年1月,原中共中央华中分局和山东分局合并为华东局,华中、山东野战军合并为华东野战军。北撤《新华日报》(华中版)并入《大众日报》,新华社华中总分社和山东总分社合并,组成华东总分社。由于华中各解放区和原在山东的人员会师于《大众日报》,《大众日报》成了新闻干部的蓄水池,集中了华中和山东地区新闻骨干,人才济济。从国民党重点进攻山东到淮海战役,《大众日报》和新华社华东总分社详细报道了发生在华东战场上从鲁南战役到淮海战役的历次战役,宣传了山东人民踊跃参军(58万余人),全民支前(700多万人),"推起小车下江南,担起担架上前线"的动人事迹。《大众日报》是蓄水池,同时也是输血站。从1948年冬到全国解放,先后"北上""南下",向新解放城市输送了七八十位新闻骨干,分布到中央新闻单位和各省市报社。其中有派往东北,先后创办《大连日报》《安东日报》《辽东日报》的五十多位骨干,有派往中原、江海地区创办新华社中原总分社和《中原日报》《江淮日报》的骨干,有先在济南创办《新民主报》,后又南下筹备创办上海《解放日报》的一批骨干。1949年4月1日,《大众日报》由益都县迁到济南,改为中共中央山东分局机关报兼济南市委机关报,结束了农村办报的历史,开始了城市办报的新时期。

地委一级、面向基层的报纸在拉锯战中变动很大,斗争很艰难。盐阜地区的《盐阜大众报》创刊于抗战中的淮安农村。通俗是其特色,是可载入新闻史册的。"使初识字的人看得懂,使不识字的人听得懂",是该报人员恪守的办报标准。抗战胜利后进入淮安城办了7个月。1946年蒋军进犯淮安后,先后迁至阜宁、阜东。流动的报社在敌人的包围中穿插、周旋,在极其艰苦的环境下坚持出报。1947年12月正式全面复刊,1949年3月回到盐城办报,直至解放以后[①]。华中解放区八地委的机关报《雪枫报》原名《拂晓报》,创刊于1938年9月30日,为新四军游击支队机关报。抗战胜利后为中共中央华中分局七地委机关报,开始在津浦铁路路东洪泽湖边的泗县和路西濉溪口(今淮北市)分别出版路东版和路西版,相距七八百里。蒋军进攻以后,报纸随军撤出濉溪口,向冀鲁豫的水东地区转移。《雪枫报》后改编为中共中央豫皖苏分局机关报。如果说《雪枫报》走过了"八千里路云和月",经历了长途跋涉和转移的话,那么《淮海报》始终在苏北鲁南地区敌军的缝隙中转圈子。这份创办于抗日战争初,有着悠久历史的报纸,原为中共苏皖区机关报,抗战胜利后一度改名《苏北报》(淮海版),1946年5月恢复

---

① 《光辉的历程》,《新闻研究资料》第21辑,中国社会科学出版社1983年版,第32页。

# 第八章 解放战争时期(1946—1949)

原名,为华中六地委机关报。同年3月进沭阳城办报,未及五个月蒋军进犯,遂转移到涟水,年底又转移到山东郯城(紧靠苏北),此后再回淮阴农村,坚持出报。

解放区的新闻工作者坚持在运动战中办报,一手握枪,一手执笔,其艰苦程度难以想象。他们"在牛车棚里编过报,在木船上印过报"。能铅印就铅印,不能铅印就油印。敌人来了,把机器埋了就转移,敌人走了挖出来继续印报。在战争中采访、发稿、编印,随时有可能牺牲。许多新闻工作者为此献出了生命。《盐阜大众报》记者钱毅(阿英之子)就是其中的一位,他在采访中遇敌被俘,被敌杀害,年仅二十三岁。解放区新闻工作者所书写的这一页,是新闻史上不能忘却的光辉的篇章。

这个时期,在华中和山东新闻工作中创新并又推广到全国的一项经验,就是新华社野战分社的创立。全面内战开始后,华中总分社派出火线采访组,山东野战军设置记者团都是前线分社的先驱。后成立的新华社华东前线分社是新华社第一个正式的前线分社。前线分社受部队首长领导,属野战军政治部的组成部分,业务上是总社、总分社领导。陈毅司令员等亲自关心,指导野战分社工作。野战分社将支社建到团(少数建到师),携带电台随军行动,和部队建立密切关系,有力地配合了军事行动。

华中和山东解放区新闻工作最有特色的一件事,就是在战争环境下举办了新闻教育。1946年2月9日,在中共中央华中分局所在地淮阴创办了华中新闻专科学校(简称华中新专),隶属于《新华日报》华中版。它的设计者是范长江,主要着意于为解放区报纸培养新闻骨干。学校成立后范长江任校长,包之静任副校长,谢冰岩任教育长。华中新专设立编通、电务、经理三科。学制为半年,前一个半月为公共课,后三个半月为分科课程,第六个月为总结。范长江亲自讲课,题目为"人民的报纸",恽逸群讲《新闻学概论》。华中新专重视理论和实际结合,前期以上课为主,实习为辅,后期以实习为主[①]。华中新专实际只招收了一期学员,有100多人,第一期结业后才招收第二期,后因国民党军进犯,《新华日报》华中版北撤,华中新专遂停办。

---

① 林麟:《华中新闻专科学校》,《新闻研究资料》总第26辑,中国社会科学出版社1984年版,第192页。

1948年6月,华中新专复校,又招生二期,约220名学员。1949年4月渡江南下,在无锡继续办学,更名苏南新专。华中新专是解放区所办的第一所新闻学校,存在时间虽短,却体现了办学者的长远眼光。新专为解放区,乃至新中国成立后进城办报培养了一批新闻骨干。在边打仗边办报的艰苦环境中仍坚持新闻教育,尤其难能可贵。这为以后大军南下,创办华东新闻学院提供了榜样。

1947年11月,盐城解放,苏中苏北连成一片,中共中央华东局决定撤销苏中苏北区委和行政公署,成立华中工委和华中行政办事处。同时,《江淮日报》和《苏北日报》合并,创办《华中日报》。此后,1948年元旦又将《华中日报》改为《新华日报》(华中版),作为复刊,刊期与前衔接。

随着解放战争的胜利,华中和山东解放区和华北、东北解放区一样,组织大批新闻工作者南下渡江,到新解放的城市接管旧的机构,创办新的报纸。《新华日报》华中版的工作人员全部人员南下,经泰州到无锡,接管旧报刊,创办了《苏南日报》,办报骨干分赴苏南各城市苏州、常州、镇江等。《雪枫报》的原班人员会同来自延安《解放日报》和新华社的领导进入南京,创办解放后的《新华日报》和新华社南京分社。原在华中、山东解放区工作的范长江、恽逸群、魏克明、王中等领导和山东《大众日报》《新民主报》等报社的一批骨干,1949年4月下旬云集丹阳,和上海军管会(筹)的各支队伍一起集训,待上海解放后接收国民党办的各种报刊、电台,创办上海市委机关报《解放日报》。

(5) 中原地区。

中原地区跨豫、皖、苏、鄂、陕五省,南临长江,北枕黄河,东起大运河,西迄伏牛山,地理位置十分重要。从古至今,历来是兵家必争之地,有"逐鹿中原"之说,"得中原者得天下"。解放战争中,这里是国民党军队围攻解放区,发动内战的首要之冲,同时也是人民解放军战略进攻揭开序幕之地。1946年1月,国民党开始采用"蚕食"政策,以30万大军建6 000座碉堡,将李先念领导的部队压缩在东西不足200里、南北不足50里的狭窄区域内。同年6月,正式发动了围歼中原解放军的战役,李先念率部分南北二路向西突围,行程3 000里,战争10余次,成功地建立陕西、鄂西根据地。中共中央中原局机关报《七七日报》随军撤退,虽无法出报,但随身电台为部队提供了许多情报。

1947年夏,战略反攻开始,中原解放军刘邓大军先是发动鲁南战役,而后千里跃进大别山,开辟新解放区。与此同时,陈谢、陈粟大军分别在陇海、平汉两路出击,12月三路大军会师确山,连通了中原各解放区。1948年,中原解放军驰骋于江淮河之间,歼灭国民党军有生力量。出于战略的考虑,蒋介石调动了大量军力,寻找解放军决战。中原成了双方拉锯、争夺的大战场。洛阳、开封一年中两次被解放就反映了拉锯之激烈,为其他地区所罕见。

这样的战争环境严重影响着中原地区新闻事业的生存形态。抗战胜利之后,国民党凭借着军事统治,虽然占据着河南新闻界的重要地位,恢复了《河南民国日报》《河南民报》,创办了《力行日报》(军统)、《大河日报》等,河南报刊一时也号称有60多家,通讯社71家,但因为战争的环境,办得十分不景气,再加上国民党对新闻界实行粗暴的新闻检查,迫害进步记者,而自己办的报纸又以造谣为能事,所以报刊不受群众欢迎。众多的通讯社其实有不少是国民党各个系统设在战区的情报机构。

在刘邓大军挺进大别山的过程中,晋冀鲁豫所属的邯郸新华广播电台为其增播专设节目,从1947年8月1日起每天早晨播1—2小时,除国内外时事、前方战况、后方支前外,还播放南下部队家属家书近2 000封。老解放区办的报刊在战争状态下一直坚持出版。如豫北的《豫北人民报》《直南大众》《翻身报》等。在恢复和新开辟的解放区,创办了一些新的区委机关报,如豫皖苏的《雪枫报》、豫西的《豫西日报》、鄂豫区的《鄂豫报》、桐柏的《桐柏日报》等。与此同时,城市办报的时代正式开始了,每解放一个城市就办一份所在城市的市委机关报。先后有1948年4月9日创刊的《新洛阳报》,同年10月创办的《开封日报》《郑州新闻》。城市办报的出现是党的新闻事业重心转移的标志,同时也带来新的问题。毛泽东在再克洛阳给前线指挥部的电报中,对应注意正确把握城市工商业和留城人员等政策,提出九条意见。事实上,在城市新办报纸的宣传中,确实常出现偏离党的政策的偏向。熟悉情况,纠错反正,积累经验,确是城市办报必经之路。1947年5

月,中共中央成立以邓小平为第一书记、陈毅为第二书记的中原局。郑州解放以后,1949年元旦在郑州创办中原局机关报《中原日报》。

中原战争的激烈,促进了军事通讯报道的发展。这一时期,新华社分支机构云集中原。1948年8月,新华社中原总分社成立于河南宝丰县,下辖豫西分社、江汉分社和桐柏分社,加上原有的总社直接领导的豫陕鄂野战分社、中原野战分社、豫皖苏分社、开封分社,分社竟有7个之多,几乎遍布中原大地。这在新华社的历史上也不多见。战争出新闻。哪里战事激烈,哪里的军事通讯机构多,这是完全可以理解的。

上述中原各新闻机构的共同特点就是存在时间短,变动大。因为战争发展太快了。人民解放军歼灭了国民党军主力以后,很快渡过长江,进军到江南、华南、西南。中原地区的新闻骨干随军南下创办新解放区的新闻机构,而本地的新闻机构不断撤并、重组。《中原日报》仅办了5个月,其记者、编辑队伍便南下汉口创办了中共中央华中局机关报《长江日报》。《新洛阳报》也办了仅一年,便抽力量南下。另外一部分则筹备《河南日报》。《鄂豫报》停刊后和《江汉日报》合并,南下创办了《湖北日报》和新华社湖北分社。其他各地报刊合并,新创的很多,这里不一一列举。总的态势是,有办报经验的骨干纷纷南下,开辟新的战场,而留在河南的新闻力量相对比较弱,这对解放以后河南新闻事业的发展还是有影响的。

## (二)长江以南区域

1946年全面内战爆发之后,战事基本上集中在长江以北地区,国民党在长江以南各省市维持着较为稳定的统治局面。因此,长江以南各地区新闻事业没有出现北方那样频繁的变动。但在这里却出现军事斗争以外的"第二条战线"的殊死斗争。一方面,国民党要钳制舆论,为其反人民的内战服务;另一方面,共产党和进步力量为进行争民主、反独裁的新闻报道和宣传作艰苦卓绝的斗争。这种斗争在国民党统治的不同区域有一定的差别。1949年4月20—21日,中国人民解放军从江阴至九江的千里长江上同时渡江,解放长江以南的广袤地区。同时在新解放的城市接收国民党新闻事业,创办各级党委机关报,揭开了我国新闻事业新的一页。大批老解放区的干部南下,和当地的干部会合;党和政府在大中城市集中办报、台、通讯社,地方新闻事业恢复了省治传统,解放区分割的局面结束了。

(1) 京沪杭地区。

从国民党首都南京到全国新闻中心城市上海,以及浙江和周边中小城市,是国民党新闻统制最严重的地区。抗战胜利复员以后,凭借着接收政权的力量,国民党控制了主要媒体,占据着垄断新闻舆论的阵地。共产党借国共合作尚未破裂之机,在国统区公开办报的部署全部被遏制。

在这种情况下,共产党只能在合法身份的掩护下,通过各种巧妙的方式,顽强地进行宣传:以杂志形式担负起新闻传递任务的是《群众》半月刊(后改为周刊);以摘编报刊文摘为形式,透露各种信息,发表时政述评的有出版了三年之久的《文萃》;以民间面貌出现的《联合晚报》;挂苏商招牌出版的《时代日报》;以民盟名义出版,实际由共产党员编撰的周刊《国讯》《展望》等。在国民党严控报刊印刷所需的纸张和印刷所的情况下,坚持办上述报刊,其困难可想而知。

和风起云涌的学生运动、群众斗争相结合,是共产党和进步报刊坚持斗争的重要方式。1947年初起,国统区的经济政治形势全面恶化,失业、失学等严重威胁民众生存。以上海、南京、北平等地学生发起的"反饥饿、反内战"运动席卷全国。学生赴京请愿,遭民警镇压的"五二〇血案"震动全国。在学生运动中诞生了学生自己办的报刊。在上海有《学生报》,1947年6月1日创刊[①]。与其相呼应的有重庆《中国学生导报》《大学新闻周报》,北平的《燕京新闻》等。在国民党封堵、迫害下,学生报刊克服了难以想象的困难坚持出版,铅印不成就油印,前面办报人被捕,后面已有人顶上。学生报刊一直在地下出版至1949年4月。

国民党对新闻舆论的控制随着战争形势发展对自己不利而越发严酷。国共和谈破裂,国民党发动全面内战,同时也就加强对进步报刊的封禁。1946年9月,国民党民警非法搜查在上海出版的《群众》周刊,同时在全国

---

[①]《回忆上海〈学生报〉》,《新闻研究资料》总第14辑,中国展望出版社1982年版,第125页。

查封 265 家报刊①。1947 年春,国民党的战略进攻受挫,而 5 月又爆发群众赴京示威。国民党不仅查封了《文萃》等杂志,又勒令《文汇报》、《新民报晚刊》(上海版)、《联合晚报》停刊。人民解放军由防御转为进攻,逐鹿中原之后,国民党战场失利,更加强化对新闻舆论的管制。同年 7 月颁布《动员戡乱完成宪政实施纲要》,12 月公布《戡乱时期危害国家紧急治罪条例》,这些文件以"戡乱"为名,实行对新闻出版最严厉的管制。对新闻舆论用重典,这其实是国民党深恐统治危机,对自己缺乏信心的表现。正如当时有人说:"随着统治者愈感其无力统治,手段也愈来愈下着,也愈残酷。"②国民党的管制主要针对的也就是其控制最严的京沪杭地区。

国民党的新闻管制不仅压制了共产党和进步力量,而且也压制了私营报刊和幻想走"第三条道路"的一些刊物。抗战胜利以后,一些私营报刊纷纷复刊,伺机发展,希冀有光明的前景。其中,很有代表性的是上海《文汇报》的复刊和《新民报》在南京、上海、北平、重庆、成都扩充为五社八版。可是,和他们希望和平、民主的愿望相反,国民党实行的都是倒行逆施的政策。他们希冀保持客观的报道和独立的言论,也遭到了国民党的压制。1946 年 6 月,南京"下关事件"中《新民报》采访主任浦熙修遭暴徒毒打。1947 年 5 月,因报道"五二〇事件",上海《文汇报》《新民报晚刊》被勒令停刊。1948 年 6 月,南京《新民报》也因如实报道国民党在中原大战中的军事状况(何应钦在立法院的报告),而被诬"泄露军事机密",几经转圜无果,最终在蒋介石一纸手令下,永久停刊。1946 年 9 月 1 日,政论性周刊《观察》在上海创刊。这份自命为"自由主义的刊物"以"替国家培养一点自由主义思想的种子"为主旨,坚持"民主、自由、进步、理性"的办刊原则,虽然以敢于秉公立言受到知识界的支持,一度发行达十万份,但在两报对立决战中无法维持中立的地位,终因抨击国民党腐败政治、同情支持学生运动,于 1948 年 12 月被国民党查封。主编储安平因躲避追捕逃往北平。国民党对私营报刊和中立报刊压制的结果起到了"为渊驱鱼"的作用,使自己在人民的反对声中更加孤立。

---

① 《中国共产党历史》第一卷下册,中共党史出版社 2011 年版,第 741 页。
② 陈铭德:《〈新民报〉春秋》,重庆出版社 1987 年版,第 247 页。

## 第八章 解放战争时期(1946—1949)

解放军渡过长江,南京、上海、杭州先后解放,国民党新闻统制结束了,京沪杭新闻事业揭开新的一页。最先解放的城市是南京,解放后第八天出版了党委机关报。报的名称是周恩来代表党中央把有着光荣传统的《新华日报》报名给予的(另将《解放日报》的报名给予上海的党报),并调石西民、杨永直等主持报务。当时江苏还没建省,只分苏北、苏南两区。这就使得《新华日报》这一重要影响的报纸暂时还只能是南京市委一级的报纸,是由党中央直接领导的。新华社南京分社是和新华日报社同时成立的,仍是一套班子两块牌子。南京解放的第二天,南京的广播电台奉命转播北平新华电台的节目。从5月18日起,新建的南京人民广播电台开始播音。

关于民间报纸,南京解放不久,恢复出版的有三家。一是于1948年7月被国民党政府勒令"永久停刊"的《新民报》,1949年2月遭国民党军警特务捣毁的《南京人报》,还有一家是1932年创刊的《中国日报》。南京《大刚报》被接管,这是一家在抗日战争初期创办,有多名进步文人参加的民办报纸,广受欢迎。抗战胜利后由贵阳迁出,分设汉口版和南京版,为国民党当局CC系所控制。

南京市以外,江苏地区报纸也有很大发展。最为重要的为苏北区党委的《苏北日报》和苏南区党委的《苏南日报》。两报的前身可说是富有革命斗争经验的后期《新华日报》(华中版)。进行改组后一分为二,一小部分人员组成《苏北日报》,留在苏北于1949年在泰州出版。大部分人员组成《苏南日报》,于同年5月6日在新解放的无锡创刊。同时在无锡建立新华社苏南分社(与报社合在一起)。此外,在渡江后四个月期间,无锡市委、苏州市委分别出版了《无锡日报》和《新苏州报》;镇江地委、常州地区分别出了《前进日报》和《常州日报》。与此同时,新华社苏南分社还在松江、苏州、常州、镇江分设了四个支社,无锡、苏州、镇江等地并设有广播电台。

最为重要的是对上海的接管,上海是全国新闻中心,也是外国新闻界在华活动的主要基地,受到中外特别关注。为接管上海,党组织了一支数千人的干部纵队,把新闻工作人员列入第一梯队。他们大多是华东等老区新闻界精英,其领导成员为长期战斗在党的新闻战线上的范长江、恽逸群、魏克明等同志,这支部队于1949年4月下旬到丹阳,集中学习,整装待发。

中共上海地下党肩负着特别重大的任务,国民党在上海重兵防守,妄图把它作为长期垂死挣扎的城市,和对南京的处置是大不相同的。1948年冬,党就从外地调来一些党员骨干充实地下党组织。从体制上,把分散在各个系统从事新闻工作的党员组织起来,作为新闻系统的专业队伍,由夏衍、姚溱、陈虞孙等同志组成的地下文委领导。着力打入国民党系统和其他新闻单位,建立各种群众组织如记者联谊会、读书小组、同仁联谊会、工人协会(印刷),使党的活动深入于新闻界群众之中。地下党于1949年初出版《新闻观察》《评论版》等数种以灰色面貌出现的合法报刊进行抗争,传达党的声音,影响很大。《新闻观察》发行曾达万份(4月末相继被封)。

接管上海新闻事业的工作特别繁重。据统计,解放前夕上海有大小报纸70多家,通讯社80多家,期刊杂志近200家,广播电台除国民党军、政、警系统外,还有各具政治背景的私营电台50多家,数量之多,情况之杂,在全国各市中居首位。鉴于中共中央早在1948年11月起就陆续发布新解放城市新闻事业接管政策的指示,同时吸取天津等城市接管报纸的经验教训,上海地下党组织了调查工作,发动各方力量搜集全市新闻单位的政治背景、经济情况、人员编制、机器设备等情况,编入《上海概况》,供军管会人员入城使用。调查的重点则是我国影响最大的私营报纸,当时为国民党CC系控制的《申报》(即将以该报社址出版《解放日报》)。除此而外,地下党还领导报馆印刷厂员工,进行防止破坏、拆迁的护馆护厂斗争。上海解放时,全市所有报社、电台和印刷厂都完好无损。

1949年4月间,地下党创办了一份《上海人民》报,报道国民党军全线溃败,解放军节节胜利的大好形势,鼓动人民迎接上海解放。

解放军进城后迅即开始了对全市旧有新闻机构的接管工作。进行得顺利有序,这是因为事先的政策学习和调查研究都做得非常充分。对全市解放前夕旧有新闻事业,依据进步、中间、反动类别,区别对待。充分体现党中央对接管工作的政策要求。对《中央日报》《和平日报》《东南日报》《前线日报》《时事新报》和青年党的《中华日报》等报纸,以及国民党的通讯社和电台,一律实行接管。反动的《益世报》是在入城后由该报地下党员清楚写出调查材料后才接管没收的。一共接管了报纸18家,通讯社2家,广播电台

17座。

解放军入城后规定,一切私营新闻事业须向军管会登记,经批准后方能续办。至1949年6月30日止,申请登记的报纸、杂志、通讯社244家,其中报纸43家,通讯社12家,杂志189家;经核准的44家,其中报纸14家,通讯社2家,杂志28家。私营广播电台申请获准恢复活动的19家[1]。总计有63个旧有新闻单位续办。

上海的进步报刊在国民党统治下全被查封,其中不少属民营性质,接管旧有新闻事业的一项重要工作,就是支持这些报刊的复刊。著名的《新民报(晚刊)》《文汇报》先后恢复出版,《文汇报》在经济上获得共产党的多方帮助,《大公报》的总编辑王芸生随解放军回到上海,6月17日宣布了《大公报》的新生。期刊方面复刊的有《展望》《世界知识》《观察》《经济周报》等。

上海解放后,军管会命令外国驻沪的新闻处停止活动,对外国所办报纸则允许继续出版。英国《字林西报》和美国的《大美晚报》由于造谣惑众,受到军管会的警告和内部工人的反对,不得不自动停刊,其他外报续办。而北平解放后,市军管会除通令外国驻平新闻处停止活动外,还限令"所有外侨均不得在本市主办报纸或杂志"[2]。可以看到,上海和北平的政策是有差异的。

比接管更紧迫的,是创建中共中央华东局和上海市的新闻事业体系。首位工作是创办《解放日报》。它在上海解放的第二天即面世,成为中共中央华东局和上海市委机关报。经济上除了没收国民党官僚资本为公股外,还接受受到保护的史量才家属资本作为私股(占全部股份的43.33%),经济上成公私合营性质。这可说是保护工商业政策带来的独特现象(1954年私股抽出)。此外,1947年2月在山东成立的新华通讯社华东总分社在上海解放之当日迁抵沪市,同日新华社上海分社成立。也同在这一天,市军管会接管国民党的广播电台,成立了上海人民广播电台,直接受中央广播事业管理处领导。8月华东广播电台由山东济南迁沪,改名为上海人民广播电

---

[1] 马光仁主编:《上海新闻史》,复旦大学出版社1996年版,第1089页。
[2] 《东北日报》1949年3月1日。

台第一台,原沪台改名为上海人民广播电台第二台。这样可以看出,华东新闻事业发展中心由山东济南转来上海了。其重要意义影响全国。

此外,还创办了多种其他报刊,着力反映上海这一大城市多方面的要求。在1949年内创刊的,有新民主主义青年团的《青年报》、上海市总工会的《劳动报》、文化专业报纸《人民文化报》、上海戏剧界民营报纸《剧影日报》、民营小型报纸《大报》和《亦报》;为联系上海工商界和众多的老读者,还改组《新闻报》出版《新闻日报》;还创办了中国民主同盟上海市委员会机关报《上海盟讯》,这是继北平《光明日报》之后,全国新解放城市第二份民主党派报纸。

上海新闻界还很重视农村工作。1950年5月28日,创办了中共上海市郊工作委员会机关报《沪郊农民报》,深受农民欢迎。

对杭州及浙江的接管也是解放军渡江后的一项重要任务。杭州是浙江新闻事业的中心。该市在1949年5月30日解放前夕,尚在出版的报纸约15家。其中国民党的报纸4家,为《东南日报》《正报》《大同报》和《民报》,民营报纸约11家,4家国民党的报纸解放后即被杭州军管会接管。民营报纸的政治背景至为复杂,有的以国民党集团为背景,有的实为国民党党棍所办,解放后终被接管,如《大杭报》等。解放后继续出版民营报纸计有6家。在1950年前,倾向进步的有两家。一是《当代日报》,其前身为《当代晚报》,社长在解放前逃亡台湾后,报社为中共地下党员所控制,进行进步宣传。一是《工商报》,1949年由《浙江商报》与《浙江日报》合并而成,黄绍竑曾任名誉理事长。政治倾向中间偏左,将中央社反共稿件进行改写,把"共匪"改为"共党""共军"等。还有4家民办的《西湖日报》《天行报》《大华日报》《金融论坛报》,虽未经申请批准手续,但仍任其继续出版,这是在杭州出现的特殊现象。有关这一问题,当时浙江新华分社和浙江日报社请示中共中央宣传部。答复是"新华社对未登记的报纸应予发稿,并可酌收稿费,此事有利无害。与将来是否允其出版无关"①。前3种因经济困难数月后即停,后一家

---

① 《中宣部关于对私营报纸应采有态度的指示》(1949年5月30日),《中国共产党新闻工作文件汇编》(上),新华出版社1980年版,第317页。

挣扎到1953年3月也停。

杭州解放时,全市共有通讯社31家,其中属国民党系统的6家,和国民党官方关系密切的15家,私营以商业为目的10家①。除国民党官方通讯社被接管外,其他也都停止活动。广播电台方面只有国民党官方"浙江省广播电台"一家,杭州解放的当天由解放军进驻。

杭州解放后第5天(5月8日),中共浙江省委机关报浙江日报社和新华通讯社浙江分社同时成立,其工作人员主要是在1949年4月间,经中共浙东临委对游击区党报人员进行半个月培训后调入的。报社和通讯社的社长则由曾任新华社第三野战军总分社社长的陈冰担任。浙江新华广播电台1949年5月25日正式开播。

杭州解放后,浙江的党政领导还在这里创办了杭州总工会的《工人生活》和公安部门的《杭州公安》(均1950年前)。1949年5月,人民日报浙江记者站在杭州成立。杭州以外,浙江全省其他地区至1949年5月末,也都顺利解放,国民党的新闻机构全被接管,在中国共产党的领导下,新闻事业迅速兴建起来。发展是不平衡的。占有重要地位的,是宁波、温州、绍兴、金华,当时全省所出4家地委报纸都分别由这4市兴办。1949年5月25日解放的宁波,在出版地委机关报《甬江日报》的同时,成立了新华社宁波支社,还出有短期的民办报纸。温州于1949年5月12日创办了浙江最早地委级报纸《浙南日报》,出版了解放后浙江首家民主党派(以民盟为主)报纸《进步报》,还在1949年下半年筹建温州人民广播电台。解放后的中共绍兴地委与县军管会共办《新华电讯》。该县1920年出版历史最久的《绍兴新闻》,解放后继续出版。解放初中共金华地委出版的《金华新闻》于7月改组为新华社金华支社。在12月1日另出地委机关报《金华大众》,此外,还出有进步学生刊物《新青年》。

这期间,还有其他约9个县开展创建新的新闻事业活动,温岭、瑞安二县创办县委报纸,临海县成立了新华社支社,兰溪县军管会曾出版一份报纸,旋因人员调离停刊。平湖、嘉兴、云和、海盐、海宁等县都办了民营报纸,

---

① 徐运嘉、杨萍萍:《杭州报刊史概述》,浙江大学出版社1989年版,第189页。

未久均停。

在杭州和浙省地区,创建共产党新闻机构的主要人员,大多来自本省游击根据地建立的浙东简讯社、四明简讯社和金萧报社。前两报社人员,在1949年4月渡江前夕,经中共浙江临时委员会培训半月赶赴解放后的杭州。金萧报社人员是在1949年5月9日报纸停刊后前往杭州的。他们大多调入杭州浙江日报社、新华社浙江分社等重要新闻机构。为了弥补人员短缺,还于是年7月开办杭州新闻学校(一期)。

和接管京、沪新闻事业的人员情况相比,其共同点是,大部分人员都是来自解放区新闻机构。可是,在杭州接管人员多来自本省游击根据地的三报;而京、沪接管人员却调自华东的山东和苏北广大解放区新闻界,差异是很大的。

(2) 中南地区。

这里所指的中南地区主要指两湖(湖北、湖南)长江以南的地区。这里是国民党统治区的重要腹地,在内战期间称之为"全盘战争的心脏"[1]。抗战胜利后,中南地区是国民党首先派员接收、布局设点的地方,因为这里离重庆近,历史上又有较好的基础。但这里与京沪杭不同,它不是国民党直接重点掌控的,国民党内各派力量和地方势力错综复杂。中共在这里的新闻战线上采用各种灵活的方法斗争,为解放接管打下了基础。

自1945年8月至1949年5月,在武汉所出各类报刊170余种。因为时局动乱,经济困难严重,这些报刊大多旋出旋停。在渡江前夕仍出版的,大约尚有20种至30种,其中6家大报,4家为国民党系统的。它们是国民党中宣部直接领导的《武汉日报》、国民党军队系统的《和平日报》(汉口版)、国民党湖北省政府机关报《新湖北日报》和国民党汉口特别市党部的《华中日报》,另外两种为民办报纸《大刚报》和《武汉时报》。小型报纸中,较有影响的有三民主义青年团的《汉口报》、民办的《正义报》和武汉大学学生自治会主办的《武大新闻》等。

---

[1] 参见《李宗仁回忆录》(下),中国人民政治协商会议广西壮族自治区文史资料研究委员会1980年发行,第986页。

在武汉新闻界,国民党的报纸显然占据统治地位,反共宣传喧扰一时。中共在这里几乎无出版报刊的可能,但也不是无所作为的,而以隐蔽灵活的方式,团结进步力量,展开争取和平民主和新闻报道自由的斗争。在国民党的《武汉日报》《新湖北日报》初创时期,曾有中共党员参加工作。1949年成立了中共武汉地下党委,在新闻界发展党员,建立组织,影响日增。其中一个亮点,就是帮助民营汉口《大刚报》在艰苦的环境中,同国民党进行抗争,不断走向进步。这家被称之为"少数知识分子同别人结合起来办的一张报"(熊复语),1937年11月9日创刊于郑州,抗日战争中因战争变动而不断迁移,先信阳,后衡阳,继而柳州、贵阳,历尽艰辛,却磨炼了报社同人的意志。日本投降之后,在汉口、南京同时复刊。南京《大刚报》逐步被国民党CC系控制,而汉口《大刚报》则是在中共直接关心指导下,秉承报社同人共同意志办的。汉口《大刚报》坚决反对蒋介石发动内战,实行独裁统治,但在斗争方式上比较隐蔽、巧妙。对国民党指定的官方报道采取轻重倒置的办法加以应付,对国民党的黑暗统治以及民不聊生,则充分暴露。报纸还邀请进步作家,地下党员邵荃麟和夫人葛琴主编副刊《大江》,茅盾、郭沫若、萧军、艾芜、臧克家等一批作家在副刊上发表作品。1947年6月1日发生国民党军警镇压武汉大学进步学生的血腥惨案,杀害3人,逮捕9人。《大刚报》不顾禁令,报道了事件真相,以及武大师生的追悼会和游行。1948年8月7日,汉口发生了轰动全国的"景明大楼事件",美国空军借举行舞会之机集体强奸中国妇女。国民党当局讳莫如深,压制报道。《大刚报》冲破封锁,全面出动搜集人证物证,公布真相,发表正义的呼声。在国民党统治区,《大刚报》的进步倾向是有一定影响的,因而它始终有一批稳定的读者。

1948年5月和7月,武汉职业报人先后成立的"汉口外勤记者联谊会""汉口市各报编辑人协会",日益摆脱国民党党报控制,"逐渐变为共产党在武汉新闻战线的一支友军"①。而国民党四大报纸,背景不同,宗旨有别,在共产党大军压境时各走各的路。《华中日报》早在1948年末就将全部设备拆迁广州,次年1月出广州版。《武汉日报》在武汉解放前夕逃迁湖南衡阳,

---

① 《湖北省报业志》第740页,《武汉市志·新闻志》第106—407页。

随转广西柳州一度复刊。《和平日报》出至 1949 年 3 月末自动停刊。而《新湖北日报》则在武汉解放的当天出了号外以示庆贺。

1949 年 5 月 16 日,武汉解放。接管与创建新闻机构的工作迅即展开。原在河南郑州出版的中共中央中原局机关报《中原日报》,是年 4 月末就作了筹划,5 月 15 日组成先遣队随军南下,于 21 日进入武汉市与地下党会合。接管国民党的《武汉日报》于 23 日在其馆址上创办了中共中央华中局①机关报《长江日报》,参加该报的还有来自东北的一些新闻干部,社长熊复曾任重庆《新华日报》总编辑。1948 年 8 月在河南成立的新华社中原总分社,于 1949 年 5 月,由谢冰岩率领全部人员迁入武汉,7 月 1 日改为新华社华中总分社。该总分社接管了国民党的中央通讯社武汉分社。原江汉、鄂豫两解放区的《江汉日报》社和《鄂豫报》社成员,会师于孝感进行培训学习。6 月 6 日进入武汉后于 7 月 1 日创办《湖北日报》,而新华社湖北分社担负向《湖北日报》供稿的任务。《湖北日报》出 10 天后,遵照中共华中局把工作重点放在新解放区农村的指示②,于 8 月 5 日改出《湖北农民报》,次年 6 月重出《湖北日报》。1949 年 2 月 13 日,新华社中原总分社在河南郑州建立了中原新华广播电台。5 月,武汉总分社随中原局南迁,该台停止播音。5 月 23 日接管汉口广播电台,开始以"武汉新华广播电台"呼号播音,9 月 1 日改称武汉人民广播电台。这是当时华中唯一的一座广播电台,华东则有 3 座。

除上述中原局和湖北省党委新闻机构外,武汉新出的报刊还有武汉市公安局在 1949 年 5 月 28 日创刊的《武汉公安》,中原和武汉市职工会筹委会是年 6 月创办的《华中工人》和《湖北教育》等。

武汉解放时,尚有报 22 家。解放后有的被接管,有的出十数天或月余后停刊。批准继续出版的有两家,一是不甚知名的《中华信义报》,另一则是有重要影响的《大刚报》,经过公私合营,至 1952 年元旦成为中共武汉市委机关报《新武汉报》。这一做法,在中共党报史上也不多见,它所走的道路和

---

① 当时仍称中原局,1949 年 7 月 1 日改为华中局,次年 2 月改为中南局。
② 经考查,笔者认为这一改动和当时武汉市形势较为稳定,而湖北农村地主匪霸势力猖獗一时的情况有关。

上海的《大公报》《文汇报》和《新民报晚刊》的经历,是大不相同的。

不久,湖北全境解放,一批中共市地委报纸随之创刊。在1950年前,计有宜昌市委机关报《宜昌日报》、襄阳地委机关报《襄阳日报》、沙市地委机关报《沙市日报》和恩施地委机关报《恩施日报》等,还一度在安陆出版县委的《秋征小报》,这些地市委报纸着力宣传报道新区农村清乡反霸减租减息的斗争。

在湖南及其省府长沙,一度也是国共在中南斗争的焦点。解放战争4年间,长沙所出报纸50多家,其中官报4家,即直属国民党中宣部的湖南《中央日报》、国民党湖南省党部的《湖南日报》、湖南省政府的《国民日报》和湖南三民主义青年团的《中兴日报》。还有一批民办的小型报纸,主要有《实践晚报》《长江日报》《法报》《自由报》《新生活》等。

与武汉的四大官报完全代表国民党不同,长沙四家官报表现出复杂的情况,有的甚至发出进步正义的声音。

湖南是湘系地方势力的统治基地,与中央政权的矛盾时而会在报刊上反映出来。1948年程潜竞选副总统失败,退任湖南省政府主席,次年初,陈明仁的武汉警备司令被撤,调长沙任华中军政公署副长官和第一兵团司令。自此,长沙的军政大权全为湘系所控制。坐镇武汉的"华中剿总"司令员的白崇禧,也只能望而兴叹,无可奈何。长沙的报纸在很大程度上挣脱了国民党中央的干预而扩大了自由活动空间。战后初期开始,揭发本省地方官绅贪赃枉法、欺诈勒索行为,为改进群众特别是农民的生存环境而呼吁。这是国民党统治区新闻界罕见的新气象,在全面内战爆发后,则以多种方式报道内战的祸害和各地群众反内战争和平的英勇斗争。随着国民党的败局日趋明朗,这一宣传更加活跃,影响大增。最激进的是湖南《中央日报》,社长段梦晖被认为是"一位有爱国心和进步思想的老报人"(李锐)。该报并不是完全不受国民党中宣部的控制,但却利用各种条件摆脱其控制。进步宣传在解放战争初期就已开始的,不久,就引入一些中共党员和进步人士到报社任职。《国民日报》和《湖南日报》在迁长沙后都倾向进步,都有中共党员参加工作。《中兴日报》起初坚决反共,并成为党团磨擦的重要工具。1947年起开始转向,逐步摆脱三青团湖南支团部控制,也与中共地下党暗中联系。

长沙和湖南是中共长期新闻活动的地区。战后不久组建的中共长沙工委于1946年就成立了新闻支部,积极在新闻界开展工作。广泛交往的大多为小型报,它们都积极接受中共的影响。特别是战斗性很强的《实践晚报》,和中共关系更为密切。这是一张在中共地下组织的关心下"属于新闻工作者自己的"报纸。《实践晚报》由新闻工作者集资创办,请国民党要人作董事长掩护,创刊于1948年7月21日,已是国共决战见分晓之际。《实践晚报》办得十分大胆,常用改头换面的新华社广播稿和外国电讯报道战局真相,1949年4月以后的报道主题是和战问题,更是公开主张湖南自救,希望"程家长(程潜)向傅作义看齐"。在短短的一年多时间里,《实践晚报》两次被封,又两次复刊,态度更加激进。对进步报刊而言,湖南的环境看来比湖北要好一些。个中原因,可能因为湖南不是国民党蒋介石直接控制的地区,桂系的掣肘对新闻统制多少起一些缓冲作用。《实践晚报》第一次被封,南京的禁令早下,长沙压了一个多月才执行。《实践晚报》被封激起长沙新闻界的义愤。连湖南《中央日报》也发表社论,对《实践晚报》表示同情和声援①。可见,同样在国民党统治之下,各地情况还是很不一样的。地方政治势力的存在,是考察地区新闻事业生存环境不能忽略的要素。由于派系斗争等原因,湖南全省所出县报特多,不少成为中共地下党领导下的报纸。如邵阳《劲报》由中共地下党员主办,进行进步宣传,后成为中共地下中心县委组织武装起义的阵地。此外,地下党还于1948年5月26日成立新闻从业人员互助会,将长沙全市的新闻从业人员团结在一起,为迎接解放而战斗。

　　武汉解放后,华中"剿总"司令白崇禧退至湖南,先拟设长官公署于长沙,因感形势不适转迁衡阳。入城后很快强化了对该市的新闻管制,连续查封了进步报纸《力报》和《大华晚报》,对长沙报界虽控制乏力,但仍多方施压。这更促进了该市报纸团结战斗的大趋向。1949年6月,国民党中宣部撤换了湖南《中央日报》社长段梦晖,长沙各报一致停刊一日以示抗议。

　　解放军在攻占武汉后不久,对白崇禧集团发动了1949年夏季攻势,7月下旬已逼近长沙近郊,程潜、陈明仁早已酝酿起义,现转为实际策划了。

---

① 谌震:《长沙实践晚报》,《新闻研究资料》总第33期,中国新闻出版社1985年版,第173页。

段梦晖协助了程潜将军这一行动。8月4日,程潜、陈明仁将军在长沙宣布起义。5日,段梦晖率领湖南《中央日报》全社员工通电响应,这是国民党中央直辖党报中唯一宣布起义的报纸。很快湖南全境解放,湖南新闻界接管、创建的工作积极展开了。最重要的是中共湖南省委机关报《新湖南报》的创办。对此,党早有筹划,确定以原中共冀察热辽中央分局机关报南下人员为基础。在人员行经天津停留时,新组建的湖南省委决定李锐负责《新湖南报》工作。李返湘途中,继续网罗精英,壮大队伍,达七八十人。其中有延安《解放日报》、重庆《新华日报》和其他解放区的老报人,更多的是在热河奋战五年的新干部,进入长沙之后,和地下党大会师,双方亲密无间,相得益彰,大大加强了办报力量。

1949年8月15日,《新湖南报》在长沙创刊。李锐任社长兼总编辑,朱九思任副社长兼副总编辑。报社负责接收湖南《中央日报》。段梦晖将原报社全部机器设备、资产完整地移交,为《湖南日报》的创办提供了有利条件。与《新湖南报》创刊同时,新华社湖南分社成立。仍为"报、社合一"体制,由李锐任分社社长。程潜宣布起义时,分社尚未进城,起义的通电由四野军用电台以暗码发布,错漏甚多,致延九天播发,受到中宣部、新华社总社的批评[①]。

《实践晚报》在和平解放后继续出版,于1949年9月与《晚晚报》合并,改名《大众晚报》,成为中共长沙市委所办的报纸。1949年8月7日,民盟湖南省委创办了机关报《长沙民主报》,这是华中地区第一家民主党派报纸。民盟宣传部长杨伯峻任社长。参加工作的大多为工商界、文学界、知识界知名人士。后因经济困难,于1950年末停刊,成员得到适当的安排。

长沙市以外地区,也兴办有多种地市委报纸。衡阳居首要地位。在1949年10月白崇禧战败逃离后,迅即于10月16日创办了衡阳市委机关报《衡阳新闻》。这是当时这些地区唯一的市委机关报。3个月后,又兴办了衡阳地委机关报《岳南人民》,宣传对象是农民。此外,自1949年9月至

---

① 参见《新华社文件资料选编》第一辑,第250—252页;并参阅《湖南省志·新闻出版志·报业》第二章"新华社湖南分社"。

1950年1月,益阳、常德、邵阳、零陵、郴州、沅陵各地委都出版了自己的机关报,繁盛一时。

(3) 粤港地区。

与全国的其他国民党统治区一样,日本投降以后,国民党的新闻宣传机构在广东(主要集中在广州)迅速占据有利位置,扩充膨胀。不仅有广州沦陷时迁到粤北韶关的国民党中央直属党报《中山日报》《中正日报》和军方办的《和平日报》,重新迁回广州出版,而且国民党广东省党部、广州市党部、广东省政府在短短的两年内又复刊或创办了新的报纸,分别是《岭南日报》(1947年元旦创刊)、《广州日报》(1945年8月复刊)、《华南日报》(1946年6月1日创刊)。国民党的报刊财大气粗,宣传阵容一时颇为壮观。但由于只宣传有利于自己的内容,一些重大新闻隐匿不报,所以在读者中的影响极其有限。再加上水土不服,国民党中央是打算加强对广东新闻事业的控制的,但广东的新闻业自有其传统,读者也自有其阅读习惯和口味,国民党中央派驻办报人员很不适应,报纸自然办得没人要看。与此对照的是在广东具有悠久历史传统和雄厚读者基础的老牌商报,如《越华报》《国华报》《现象报》等,把握一般市民阅读兴趣,发行量远胜过国民党党报,半官方报《大党报》《建国日报》在读者中的影响也超过《中山日报》等党报。

共产党员和进步民主力量试图利用国共和谈之机,在广州建立自己的舆论阵地,但阻力重重,随即遭到国民党政府的残酷镇压。1946年共产党在香港办的《正报》和《华商报》在广州设立办事处,发行报纸,不久即被查封。中国农工民主党1946年3月在香港创办了一份呼吁"民主力量联合起来建设一个和平、自由、独立、繁荣的新中国"的报纸《人民报》,4月迁到广州出版。由于如实报道了广东军事当局和中共华南游击队的谈判而招致国民党忌恨,仅出版了30期,到7月6日被查封。1946年上半年国民党发动内战趋势日益明显以后,在广东频频制造事端,迫害进步报刊。5月4日,借纪念游行之际,国民党指使特务、流氓混入游行队伍,砸烂《华商报》《正报》广州办事处。6月5日,国民党广州市政府派出警察突击搜查全市书店,非法没收《人民报》《民主星期刊》等一批民主报刊杂志。6月29日,正式查封了《华商报》《正报》广州办事处和一批进步出版社、书店①。1948年宋子文接任广州市长,加强了对共产党和民主力量报刊活动的严密钳制。自然,星星之火是难以扑灭的。广东地下党组织和中共游击区都还陆续办过一些报刊,如《前进报》(东江纵队)、《团结报》等,尽管条件艰难,出版简陋,毕竟传达了解放战争胜利进军的消息。城市中爱国民主人士、学生办的《每日论坛报》《广州学生》等也存在过一个短暂时期。

1949年2月5日,国民党政府"内阁"迁往广州。3月29日,《广东日报》由国民党中宣部改组为党中央的《中央日报》,陶希圣任社长。就在这个月的12日,还发行了《中央日报》台湾版,遥相呼应。在解放大军渡江占领南京后,代理总统李宗仁南迁广州。这样,广州《中央日报》成了在蒋介石操纵下进行蒋桂斗争,反对粤桂联盟的舆论工具。该报大力强化反共宣传,谎报军情,喧嚣一时。不过广东原来所出报纸,多没有跟着走,有的还有新的开拓和迈进,也有的因此遭受处分制裁。著名报人陆铿发行的《天地新闻日报》,以"言论荒谬,制造军事消息,为'匪'张目"的罪名,于1949年5月19日起被罚停刊一周的处分。

1949年9月,解放军四野发起广东战役。大军压境,国民党遵蒋介石意旨,弃守广州。在此前夕,《中央日报》随广州政府机构迁海南岛海口市出版。《大光报》的一些负责人和骨干成员也赶赴海口,和该报1946年在该市建立的分社合成新社,与《中央日报》报纸分庭抗礼。广州解放时市内绝大部分知名报纸,如《越华报》《现象报》《商报》《国华报》《西南日报》《前锋日报》《环球报》《建国日报》《星报》等仍继续出版。《大光报》留守人员仍出版该报,广州解放之日的头条大标题是《广州天亮了》②。

早在1949年初秋,中共中央南方分局就拟定在广州创办中共中央华南局机关报《南方日报》,并将这项重任交给在香港出版的《华商报》承担。广州解放次日,《华商报》立即停刊,全体人员奔赴广州,1949年10月23日,《南方日报》顺利与读者见面。

---

① 陈伟民:《战斗在港穗的〈人民报〉》,《新闻研究资料》总第12辑,中国展望出版社1982版,第62页。
② 王文彬编:《中国现代报史资料汇辑》,重庆出版社1996年版,第218页。

解放战争时期,毗邻广东的香港却和广东大不一样,成为战后中共和民主进步力量新闻宣传活动十分活跃的一个城市。首先在香港创刊的是《正报》,这是中共广东省委为执行中共中央迅速占领香港宣传阵地的指示,派遣东江纵队《前进报》社骨干赴港创办的。接踵而来、影响更大的是《华商报》的复刊(前已叙述)。1947年2月,重庆《新华日报》被封以后,《华商报》成了国统区群众了解国际国内真实形势的唯一报纸。1948年下半年起,为了将滞留香港的进步民主人士安全转移到解放区去,《华商报》又以公开机构的身份,承担起这一没有见诸版面的任务①。事实上,《华商报》成为在长江以南国民党统治区开的一扇"天窗",也是爱国进步人士聚集的一个阵地,"统战工作的联系站"(刘思慕),其影响超出香港,远及内地和南洋各国。1949年10月15日,因人员赴刚解放的广州创办《南方日报》,《华商报》停刊,甚为可惜!

和《正报》《华商报》同时在香港出版的进步报刊还有,1946年3月1日创刊的农工民主党机关报《人民报》,1946年8月复刊的民盟中央机关报《光明报》,1947年1月30日迁至香港出版的中共机关刊《解放》,民主人士办的《愿望》杂志和《明朗》周刊。《文汇报》在上海被封后,1948年9月2日香港《文汇报》创刊。除了报刊而外,"国新社"香港分社继续发稿,著名记者陆诒主持,一批在港社员如胡仲持、高天、刘思慕、黄药眠、黎澍等为其发稿,稿件发至南洋、海外。中共也在香港办了新华南通讯社。这样,就形成了一个奇特的现象:在国民党控制的长江以南广大地区,共产党和进步民主力量办的新闻事业几乎被扼杀殆尽,可是在香港这一弹丸之地,进步报刊、通讯社却蔚然成一阵营,向外界发布着真实的战争进程报道,传递着中共和民主进步力量的声音。形成这一现象自然和香港独特地位有关,香港不在国民党统治所及的范围之内,港英当局牢牢掌握对这块租借地的治权,不容他人染指。因而对出版刊物的管制,也以他们的制度为准绳,只要有声望的"法人"出面登记便可出版。抗战胜利以后,港英当局又取消了新闻审查。这就为进步力量立足香港创造了有利条件形成这一现象,还与进步民主人

---

① 杨奇:《忆复刊后的香港〈华商报〉》,《香港报业春秋》,广东人民出版社1991年版,第192页。

士和文化人云集香港有关。两种命运大决战的关键时刻,国民党加紧对异己力量的镇压和迫害,许多进步人士(包括中共地下党员)纷纷避走香港。香港一时人才云集,各种政治力量十分活跃,避港人员不少关系本来就熟络。这种情况下,创办新的报刊条件十分有利。香港一时成为战后新闻事业突然繁荣的中心城市。不过这种情况维持不了几年。决定中国命运的决战很快见分晓,随着大陆的解放,民主人士、文化人离港去解放区,一些报刊纷纷停刊、内迁,香港又恢复昔日模样。

与粤港地区毗邻的福建、广西,在两种命运的大决战中,新闻事业有其沉浮的自身特点,限于篇幅,这里不再详述。

(4) 西南地区。

在抗日战争中,西南是大后方。经过抗战时期的经营,国民党新闻事业在这里占据着压倒优势。与此同时,国民党迁都重庆,这也是共产党报纸《新华日报》能公开出版的唯一城市。《新华日报》不仅是中国共产党的宣传阵地,而且也是党联系国统区群众的桥梁,统一战线的重要基地和领导地下工作的机构[①]。《新华日报》和新闻界的进步力量结成争取民主自由的广泛的统一战线。日本投降以后,这里进步和反动两种力量的斗争比其他地区都激烈。由于大西南是人民解放战争最后解放的地区,国民党残余势力负隅顽抗,穷凶极恶镇压进步新闻界,而地下党和进步力量坚持斗争,不畏牺牲,所以这里黎明前的斗争比别处更加惨烈。

从"拒检运动"到"较场口事件",两种力量展开拉锯战。"拒检运动"的实质是进步力量向国民党当局争取新闻出版自由,反对国民党当局以战时为名对新闻出版物实施原稿审查(1938年7月起)。鉴于舆论的压力,也出于政协召开前标榜民主的考虑,国民党宣布取消原稿审查。进步新闻出版力量取得了实质性胜利,更重要的是通过联谊会、出版联合刊等形式逐步团结起来,形成了要民主、争自由的一股社会力量。国民党当然不会甘心于这一回合的失败,紧接着就是下一回合的反扑。这就是"较场口事件"。2月

---

① 熊复:《关于〈新华日报〉的历史地位及其特点》,《新华日报的回忆(续集)》,四川人民出版社1983年版,第64页。

22日和24日,《新华日报》重庆营业部和成都营业分处相继被暴徒捣毁。这激起了新闻出版界新一轮捍卫新闻出版自由的斗争,一直延续到6、7月。国民党想借助政权暴力的淫威来得到在舆论上得不到的优势,其结果是更失去人心和舆论支持。

《新华日报》在这里坚持着最后的斗争。1946年5月以后,中共南方局和中共代表团迁往南京。《新华日报》成为中共四川省委机关报,受四川省委领导,但这没有改变代表党在国统区办的全国性报纸的地位。国民党发动全面内战以后,《新华日报》的办报环境越来越困难,但《新华日报》仍然鲜明地坚持着自己的立场,宣传自己的主张。策略地通过关注中小工商业发展,披露国民党退伍军人的悲惨遭遇,报道学生升学就业等民众关心的切身问题,来宣传和平民主独立的主张。《新华日报》十分注意运用读者论坛、读者服务处等渠道和广大读者群众建立密切的关系,"让人民自己讲话,讲人民自己的话"。虽然,许多新闻骨干都纷纷离开报社,去内地开辟新的战场,但《新华日报》不是孤立地作战,而是十分注意做好新闻界的统一战线工作,同许多报纸,包括《大公报》《新民报》《时事新报》《国民公报》《商务日报》等互相交换消息,有时把自己不能发表的新闻线索提供给其他报纸采访、发表,有时甚至派人帮助中间派报纸写评论。在艰难的环境下,《新华日报》内部开展了群众性的总结活动,用以团结自己、巩固阵地。这些总结,回顾了十多年来的办报历程,从报纸的立场、性质、方针、任务、原则、方法、风格等各方面作了总结,大大统一了报社人员的思想。1947年2月28日,国民党派近千军警包围《新华日报》,悍然宣布禁止《新华日报》出版。《新华日报》结束了在国统区出版九年一个月的光荣历史。所有人员于3月初返回延安。《新华日报》在国统区人民中留下不可磨灭的影响,当时有人称赞它"像黎明前的一支响亮的号角"。

《新华日报》停刊以后,中共重庆市委秘密出版油印的《挺进报》,屡遭国民党摧残,两度被迫停刊,仍坚持出版两年多,编辑人员陈然等多人被国民党特务机构逮捕,英勇就义。但斗争不会停止,党影响的西南新闻界仍以其他方式和国民党斗争。有一些报纸是其他力量办的,党员和进步人士被派入其中影响、控制着报纸的方向。成都《华西晚报》是一家涂上四川地方力量保护色的同人报纸,地下党员田一平、黎澍被派入担任总经理和主笔,在开办初期以趣味为宗旨,政治上呈灰色、暧昧,站稳脚跟以后开始崭露头角,在成都拒检运动、争取新闻自由等斗争中起带头作用,影响很大。经济上接受中共和民主进步人士的援助,维持出版。在受到国民党进一步迫害下,该报脱离四川地方势力,转由民盟支持,张澜任董事长,继续坚持斗争[①]。另一家被社会认为有三青团背景的重庆《西南日报》,其实也有进步力量在其中工作。《西南日报》是西南民族资本和国民党黄埔势力为竞选伪国大代表而联合办的一个言论机关。聘请的总编辑却是地下党员张兆麟(本名刘乐扬),在党组织的支持下,一批骨干进入《西南日报》,控制着采编出版大权。该报以消极方式处理国民党要求刊登的稿件,揭露抨击CC系,扩大黄埔系、地方势力与CC系的矛盾,增加地方色彩,为四川人民、知识分子和民族工商业讲话。进步言论主张夹在其中,不少甚至由新华社帮助代写[②]。《重庆商务日报》本来也是一家三青团头目所办、名声极坏的报纸。党组织派了不少进步报人打入该报,伺机掌握了编采出版大权。在重庆新闻舆论界的几次大的斗争中,《商务日报》配合《新华日报》,起着其他报纸所不能起的作用。在内部,采编骨干则和老板作有理有节的斗争,坚守自己掌握的阵地[③]。在西南新闻界,这种敌我之间、我友之间犬牙交错的复杂情况并不罕见。党实行了正确的统一战线政策,团结一切可以团结的力量,与国民党的新闻统制作不懈的斗争,坚持到解放为止。

黎明前的黑暗更黑暗。国民党残余势力在西南解放前夕疯狂镇压新闻界进步力量,实行大逮捕、大屠杀。以1947年"六二事件"为起点,把一批新闻界人士投入监狱,并在临解放时在"渣滓洞""白公馆"进行屠杀,《新民报》五烈士便是其中之一。在新闻史上,以消灭肉体来扼杀舆论,属于最暴虐、最无能的一类。黑暗挡不住太阳,西南新闻事业很快回到人民的怀抱。我

---

① 《田一平谈〈华西晚报〉的七个春秋》,《新闻研究资料》总第40辑,中国社会科学出版社1987年版,第165页。
② 《回忆华西日报》,《新闻研究资料》总第10辑,新华出版社1981年版,第37页。
③ 《较场口事件中的商务日报》,《新闻研究资料》总第36辑,中国社会科学院新闻研究所1986年发行,第16页。

们不应忘记为进步为真理而牺牲的新闻战士。

1949年11月30日重庆解放,12月27日成都解放,12月10日中共中央西南局机关报《新华日报》在重庆创刊,延用抗日战争时期的报名,与南京《新华日报》重名。直至四川建省、取消行政大区,并入其他地方报纸,遂改为《四川日报》,为四川省委机关报,在成都出版。接管旧的新闻机构,创建新的报刊的工作是由随第二野战军进军西南的西南服务团新闻大队主要承担,同时又汇合了当地的地下党进行的。

如果说,四川是国共双方在内战时期大西南斗争最激烈的省份的话,那么,云南又有另一种特殊情况,这就是地方势力的介入。龙云主政的云南一直和蒋介石国民党若即若离,由于我党展开统一战线工作,云南省政府自抗战后期起一直对进步报刊较为宽容。在昆明影响大的《正义报》坚持对国民党腐败政策的揭露,不断以各种方式报道解放区的情况,披露国民党中央政府和地方的矛盾,为蒋介石解除龙云职务鸣不平。到临解放时,公开发表中共宣布的战犯名单和毛泽东的《论人民民主专政》。民盟云南支部刊物《民中周刊》,学生民主运动中的刊物《学生报》等都坚持出版到被封闭。中共云南省工委和解放军滇桂黔边纵队在自己的区域出版了《战斗报》等多种报刊。

1949年12月9日,云南和平解放。云南地下党先接管了《中央日报》《民意日报》,创办了《云南人民日报》。1950年3月4日,地下党人员汇合随军南下人员正式创刊云南省委机关报《云南日报》。同时,昆明人民广播电台正式播音。

(本章撰稿人:宁树藩、秦绍德)

# 第九章

# 社会主义新闻事业的奠基时期（1949.10—1957.春）

1949年10月，中华人民共和国宣告成立，标志着我国进入了一个崭新的历史时期。如同各条战线发生了翻天覆地的变化一样，我国的新闻事业也发生了翻天覆地的变化。国民党的新闻事业土崩瓦解，完全退出了中国大陆。外国人在中国办的报刊、通讯社逐步停办。私营报刊除了敌视新中国的被勒令停办外，其余经过公私合营保留了一部分。私人通讯社和广播电台则完全停办。与此相对应的是，全国各地以各级共产党党报为主干的新闻宣传网逐步建立；中国共产党在共和国首都北京建立了中央机关报《人民日报》、国家通讯社新华社和中央人民广播电台，北京成为全国的新闻中心和舆论中心；各地的群众报刊、专业报刊、少数民族报刊如雨后春笋般创立，新闻事业迎来一个蓬勃发展的热潮；在大动荡、大变化的过程中，中国共产党的新闻宣传主张、各项政策不断付诸实践。

这是我国新闻事业一个脱胎换骨的过程，宣告新中国人民新闻事业正开启一个新纪元。由于这个时期形成了全国新闻事业的布局和基本构架，由于这个时期提出的新闻宣传思想、政策、法令、管理办法大体已形成、稳定，并对以后的新闻事业发生历史性影响，所以我们称之为社会主义新闻事业的奠基时期。

这一切，当然不是在一天早上发生的。本节根据历史的演进来叙述各地新闻事业变化的概况。

## 一、全国新闻宣传网的形成

伴随着全国解放的进程,由北向南,由东向西,各地以中国共产党党报为骨干的新闻宣传机构逐一建立,形成了一个由中国共产党领导的全国新闻宣传网。

中国地域辽阔,解放全国的人民解放战争实际上历时三年多(还不算到1951年4月西藏和平解放)。如果以1949年10月1日为节点,此前一年多,人民解放军解放了东北、华北、华东、华中一部分地区,西北部分地区。中华人民共和国成立以后,解放战争后期作战还在进行,直至1950年年底,解放了华中全部、华南、华东沿海诸岛,西南以及新疆。1951年5月,西藏和平解放。中国共产党领导的新闻宣传机构追随着人民解放战争的步伐,伴随着新政权的建立,逐步在各地建立起来。由于战争推进得很快,各地的情况不同,所以建立新的新闻宣传机构的过程,在各地呈现不同的形态。

在老解放区,报刊随着行政区划的变动不断撤并调整,建立起省地级新闻宣传网。这以东北解放区和晋冀鲁豫解放区为典型。早在1947年底1948年初,东北解放区已联成一片,1948年11月辽沈战役结束,东北全境解放。在东北老解放区,党领导的新闻事业已呈现出一派蓬勃的现象。从1948年7月至1954年8月,东北行政区划前后经过三次变动,从10个省变为5个省,最终变成3个省(即今天的黑龙江省、吉林省、辽宁省)。原居各省的省委机关报也经过多次撤并调整迁建,最终形成《黑龙江日报》《吉林日报》和《辽宁日报》,有些则保留为地级市机关报。同样的情况也出现在晋察冀鲁豫解放区,这里办的报纸已有些年份。随着解放战争的过程,《晋察冀日报》《人民日报》(晋冀鲁豫)、《冀中导报》等解放区报纸经过多次变组、进城、调整,最终形成了《人民日报》(党中央机关报)、《河北日报》《天津日报》《山西日报》等。由老解放区报刊演变而来的省市委机关报,都很好地继承了革命报刊的传统,那就是紧密围绕着党的中心任务进行新闻报道,和基层群众、部队保持着密切联系,通过通讯员、群众来信等方式开展群众通

# 第九章　社会主义新闻事业的奠基时期(1949.10—1957.春)

讯工作。这些报刊的人员变动很大,办报骨干不断被组织起来,到新解放的城市接收国民党报刊,创建新的省市党的机关报。这亦是这些报刊对全国新闻事业作出的贡献。

人民解放战争以摧枯拉朽之势席卷全国。党在新解放的中心城市,包括上海、天津、南京这样的大城市,迅速创建了省市党报和省一级广播电台,接收了国民党报刊,停办了外国人报刊、通讯社,接管并改造了私营报刊。这是中国共产党从农村办报到进城办报的巨大转变。迎接这个转变,中国共产党并不是没有准备的,而是有指导思想、有方针政策和有组织干部准备的。早在1948年11月8日,全国战略反攻开始之后,辽沈战役告捷,天津战役尚未开始之时,中国共产党中央就作出了《关于新解放城市中外报刊通讯社处理办法的决定》①。决定明确指出,报刊通讯社是"进行阶级斗争的一种工具",因此对私营既有报刊通讯社,既不能采取对私营工商业同样的鼓励政策,也不能采取不分青红皂白一律取消的政策。党的原则是"保护人民的言论出版自由""剥夺反人民的言论出版自由"。决定颁布了对不同性质的报刊通讯社的不同政策,这就是:没收国民党报刊通讯社;保护反对美帝国主义、反对国民党的民主党派和人民团体的报刊通讯社,对私营报刊通讯社区别对待。外国人办的通讯社未经同意不得发稿,外国人报刊未经批准不得出版。这是一个非常重要的决定,此后新解放城市的新闻政策,基本上都严格循此执行。对于通讯社和广播电台,则执行比此决定更严格的政策,1949年1月中共中央颁布的《对处理帝国主义通讯社办法的规定》,规定各种新闻机构不能擅自接受、采用各帝国主义国家通讯社的稿件②。以后对私营电台播报新闻也作了限制。除了法令、政策上的准备而外,组织和干部队伍上也作了准备。从各解放区抽调了一批有办报经验的得力干部,稍加训练,就奔赴新解放的城市,接收旧报纸,创办新报纸。以上海为例,早在人民解放军渡江前,就在山东济南办了一所新闻专科学校,为接管作干部

---

① 《中共中央关于新解放城市中中外报刊通讯社处理办法的决定》(1948年11月8日),《中国共产党新闻工作文件汇编》,新华出版社1980年版,第189页。
② 《中共中央对处理帝国主义通讯社电讯办法的规定》(1949年1月18日),《中国共产党新闻工作文件汇编》(上),新华出版社1980年版,第265页。

准备。南京解放后,范长江、恽逸群、魏克明、王中等有丰富办报经验的骨干,兼程南下,抵达丹阳,在那里和地下党的同志会合,为接管上海新闻界作准备①。

　　进城接管旧的新闻界,重要的难题是如何对待有一定社会影响的私营报刊。在旧中国,有一些私营报刊历史悠久,长期形成了读者群,有相当的社会影响。如天津的《大公报》《益世报》,上海的《申报》《新闻报》等。解放之际,如何对待处理这些报刊?虽然中央早有区别对待的政策,可是在实际执行中还是出现了偏差,好在中央发现早,及时作了纠正。偏差首先在天津出现。1949年1月14日,天津解放,军管会命令一切报刊一律停刊,并将《益世报》没收。五天以后中央发现这情况,连续发二电给天津市委、华北局等,指出"先停刊后登记是使自己陷于被动的办法"。要求对《益世报》先调查,再决定是否停刊。对《大公报》则"以待杨刚等前来由该报内部解决实行革命,然后重新登记"②。经过纠正,《大公报》得以保全,继续出版。类似的事也发生在南京解放以后。1949年5月9日,中央给南京市委、华东局、中原局发电,明确指示"大城市中,除党报外视情况需要再办一两家或若干家非党进步的报纸,以联系更广泛的社会阶层,根据平津经验是有利的"③。这些纠偏行为明显是坚持了"一一·八"决定中的基本政策。在大军南下,千头万绪之际还发电纠正,表明中央已在考虑全国解放后新闻事业满足人民需要的布局。遗憾的是,上海《申报》停刊未得到纠正。《申报》被认定为敌产而加以没收,这家旧中国历史最悠久的报纸寿终正寝。据说,上海刚解放时,毛泽东来到上海,问起《申报》哪里去了,得悉已停办接收,也感到可惜④。

　　中华人民共和国成立之后,解放大军开进大西北、大西南,在广袤贫瘠落后的大地上开辟了新闻事业新天地。我国的大西北、大西南,原高沟深,

---

① 马光仁主编:《上海新闻史》,复旦大学出版社1996年版,第1085页。
② 《中共中央关于不要命令旧有报纸一律停刊给平津两市委的指示》,《中国共产党新闻工作文件汇编》(上),新华出版社1980年版,第267、268页。
③ 《中共中央关于不要命令旧有报纸一律停刊给平津两市委的指示》,《中国共产党新闻工作文件汇编》(上),新华出版社1980年版,第280页。
④ 宋军:《申报的兴衰》,上海社会科学院出版社1996年版,第2页。

## 第九章　社会主义新闻事业的奠基时期(1949.10—1957.春)

地域辽阔,占全国差不多50%的土地。由于地形复杂,交通不便,未经开发,属于贫瘠落后的地区。和经济社会发展状况一样,新闻事业也十分落后。除了四川、云南在抗日战争中许多报刊通讯社西迁,一度有所发展外,其余地区如新疆、甘肃、青海、宁夏、贵州、西藏创办的报刊都是凤毛麟角,形态也很落后。人民解放军进入这些省份以后,接管了国民党和当地军阀留下的报刊,创建了各省省委机关报和其他报刊,充实了新闻干部力量,特别是创办了民族报刊(下面将提到)和群众报刊,使当地新闻史揭开了新的一页,逐步跟上全国新闻宣传发展的步伐。1956年4月,在西藏和平解放五年之后,中共西藏工委领导下的西藏自治区筹委会机关报《西藏日报》在拉萨创刊。至此,大西北、大西南完成了省报布局。

这是一个重要的标志。迄此,党在各省、市、自治区建立的三级党报(大行政区、省市、地市)覆盖了除台湾、香港、澳门以外的中国大陆。中国共产党领导的、以党报为骨干的全国新闻宣传网正式形成。这种大一统的情况不用说在旧军阀混战、四分五裂的时期不可能发生,就是在一党专制、首脑独裁的国民党时期也做不到。只有挟人民解放战争的强大威力,得到人民拥护的中国共产党正式成为新中国的执政党,才能创造这样一个新的时代的新局面。

中共中央对于新解放城市中通讯社和广播电台的接管政策,则比报刊要严厉得多。对外国通讯社,除塔斯社外一般都称之为"帝国主义通讯社",1949年1月,中共中央明文规定,各地所有公私报刊,"一律不得登载各帝国主义国家通讯社(如合众社、美联社、美新闻处、路透社、英新闻处、法新社、协同社等)的电讯","各地所有私营报社及通讯社,一律不得擅自设立收报台抄收各外国通讯社电讯"①。在解放战争大踏步前进的形势下,严格控制敌对势力利用空中电波造谣惑众,扰乱人心,以免影响战局,采取这样的措施是完全应该的,可以理解的。随着形势发展,中共中央对未来新闻事业格局中广播事业和通讯社的地位,也在逐渐明确。在新解放城市,对敌方广

---

① 《中共中央对处理帝国主义通讯社电讯办法的规定》,《中国共产党新闻工作文件汇编》(上),新华出版社1980年版,第265页。

播电台,解放军予以全部接收,并利用旧有设备,开始自己的播音。对旧有人员则分别录用,"旧广播员一般不用","旧编辑人员,一般亦不能任用","旧技术人员,则分别加以甄别后录用"。对私人广播电台以商业、娱乐为业的,暂时准其营业。同时明确未来的方向是,"新中国之广播事业,应归国家经营,禁止私人经营"①。至于未来的通讯社,"原则上应归国营"②。与报刊相比,广播电台、通讯社主要靠电波传播,具有迅速、成本低的特点,中共中央为了加强对新闻、舆论的管控,所以就采取了与报刊出版不同,更加严厉的政策。这为日后兴建全国广播网、国家通讯社打下了基础。

## 二、人民日报、新华社、中央人民广播电台等中央媒体的兴办

1949年8月1日,《人民日报》正式成为中共中央机关报。《人民日报》原为中共中央华北局机关报,在河北平山出版。北平解放以后,范长江等率部于2月初进城创办《人民日报》北平版,3月中与平山迁来的《人民日报》汇合。经过几个月的筹备之后,升格为中央机关报。华北局和北京市委三年后另创《北京日报》为机关报③。为加强《人民日报》的骨干力量,中央从各地调集了精兵强将。第一次是1949年2、3月以后,三支队伍会师人民日报。一支是从老解放区入城的原人民日报骨干,一支是原先北平地下党的新闻、文化骨干,解放前夕撤回解放区,此时又重返北平,一支是北平解放后新招收的进步青年、年轻党员。第二次是1952年、1953年之交,行政大区建制撤消,中央局撤消之后,各中央局机关报一批办报骨干被抽调至人民日报。两次"会师"使人民日报人才云集,记者、编辑队伍之强大超过国内任何一家报纸。更为重要的是,党中央和中央人民政府正式授予《人民日报》有代表中央的发言权。在解放战争后期,凡遇国内外重要问题,特别是战局的

---

① 《中共中央对新解放城市的原广播电台及其人员的政策的决定》(1948年11月20日),《中国共产党新闻工作文件汇编》(上),新华出版社1980年版,第194页。
② 《中共中央关于大城市报纸问题复南京市委电》(1949年5月9日),《中国共产党新闻工作文件汇编》(上),新华出版社1980年版,第280页。
③ 王迪:《解放时的北京新闻界》,《新闻研究资料》总第29辑,中国新闻出版社1985年版,第133页。

## 第九章 社会主义新闻事业的奠基时期(1949.10—1957.春)

进展,主要通过新华社发表评论,代表中央说话。1949年10月以后,所有重要评论都由《人民日报》承担,有些重要的社论、评论,由中央分管宣传的负责人起草,甚至个别的重要社论由中央领导同志亲自动手。《人民日报》成为党中央名副其实的喉舌。为了适应这一变化和要求,《人民日报》编辑部人员经历了从农村到城市,从熟悉战争到熟悉经济建设、熟悉各条战线,从较为粗糙的操作到按新闻规律要求的专业运作的深刻转变。由于全体工作人员的积极性非常高,深入实际、深入群众的优良办报传统得到发扬,解放以后几年的《人民日报》是办得有生气的,在全国的威望不断提高。《人民日报》的发行量从1949年底的9万份,上升到1952年的48万份,成为全国发行量最大的日报[①]。远超过解放前《申报》一度达到的20万份。《人民日报》的出版,不仅接续了中共中央机关报的历史(此前有革命战争时期的《红色中华》《新中华报》《解放日报》),而且标志着第一次在一个统一的中国有了执政党的中央机关报,代表执政党发布政见、政策、号令,在全国各级党报中起着示范、标杆的作用。各地党报不仅转载《人民日报》的重要社论,而且处理重大新闻也要和《人民日报》"对对表"。在全国以党报为主干的新闻宣传网中,《人民日报》是排头兵。无论正确与错误,在其后的若干年里,《人民日报》对各地都产生着重要的影响。

与《人民日报》差不多同时,1949年3月至8月,新华通讯社也从农村迁到了北平。新华社在中国人民的革命斗争中有着特殊的地位。新华社在解放战争开始后,经过三次大转移,来到党中央毛主席身边,成为党开辟的军事战场之外的另一条战线——新闻报道和宣传战线的重要工具,有力地配合了人民解放战争。由于直接接受党中央指挥,有些重要的新闻和评论由毛泽东等领导人亲自撰写、审阅,新华社率先示范,在战争的烈火中锤炼成为党得心应手的耳目与喉舌,为转变为国家通讯社打下了基础。新华社从党的通讯社转变为国家通讯社,实际上从1949年10月以后就开始了。在战争年代,各地新华分社、支社和当地党报的记者大都是一班人马,他们既要为新华社供稿,又要办报。1949年10月以后,新华总社向各地分社明

---

[①] 方汉奇主编:《中国新闻事业通史》第三卷,中国人民大学出版社1999年版,第3页。

确发布指令,要求各总分社、分社需迅速与报社分开①。1950年是新华社的重要转变之年。中共中央于3月28日发布"关于改新华社为统一集中的国家通讯社的指示",指出:"使新华社成为统一的集中的国家通讯社的条件,现已成熟。"指示明确要求各总分社、分社、支社不再单独对外发稿,由总社统一发稿,所有人员归总社调动与指挥②。为执行中央指示,政务院新闻总署4月25日作出了"关于统一新华通讯社组织和工作的决定",更加具体地规定了各项措施。将新华社建设成为国家通讯社是新中国成立以后中央采取的一项战略性措施。时任新闻总署署长的胡乔木指出:"新华社需要集中全副力量当作一个统一的国家的通讯社,代表我们中国的人民,代表我们整个的国家,向全中国全世界发表消息。"③

为实现向国家通讯社的转变,克服分散性的弊病,新华社在中央的支持下,采取了一系列措施。首先是组织上的统一。各地新华社总分社、分社、支社,以及设置在军队中的分社,都是适应解放战争的需要逐步设立的,受地方和军队领导。全国解放以后必须结束这种情况,建立组织上统一的新华社。根据新闻总署的规定,各地总分社、分社,在工作上、组织上与财务上统一受新华总社指挥与管理。各地党委和地方政府对新华分社仅仅是政治上的领导。在1950年11月和1951年12月,新华社开了两次重要的全国社务会议,内部机构进行了调整,为建立统一的新华社决定了工作方针和各种规范。截至1952年,新华社在国内设置了6个总分社、28个分社,在国外设置了6个分社,人员达2 000多人④。作为国家通讯社,很重要的是新闻发布权的集中。早在1949年11月新华总社内部就发布指令要"避免发布新闻中的混乱现象","新华社是一个整体,一切向国内外发布的新闻,应统一于总社广播"⑤。中央政府则支持新华社集中新闻发布权的做法,并对各地报纸采用新华社电讯稿作出具体规定:对新华社电讯稿"一律不得增

---

① 《新华社文件资料选编》第二辑,新华社新闻研究所编,第22页。
② 同上书,第36页。
③ 同上书,第41页。
④ 方汉奇主编:《中国新闻事业通史》第三卷,中国人民大学出版社1999年版,第30页。
⑤ 《新华社文件资料选编》第二辑,新华社新闻研究所编,第26页。

改",普通电讯稿"可以节删",须加上"据新华社×日电讯"字样;特别重要的稿件"不得节删"①。这实际上是政府通过法令维护新华社发稿的权威性。比组织上的统一、新闻发布权的集中更深刻的转变,是新华社工作人员思想观念上的转变。要从习惯于采访地方新闻,满足地方需要,转变到新闻报道具有全国的视野,满足全国各方面的需要,树立面向全国报道的观点。这是一个带有根本性的很高的要求。新华社记者编辑不仅要通过学习,提高分析问题的水平和政策水平,而且要"联系全国的实际,联系全国的群众"。这一转变是十分困难的,各分社所发稿件的采用率一度很低,许多记者编辑感到不适应,很苦闷。经过全社上下几年的努力,才实现根本性转变。在此同时,新华社注意培养自己的人员朝着职业化的方向发展。成为国家通讯社之后的第一任新华社社长陈克寒曾经指出,"通讯社的基础,在于广大的通讯组织。这个通讯组织应由专门的职业记者组成。这些职业记者是以新闻工作为专门职业的人,有着丰富的政治经验,具备采访写作的专门知识,到处与各方面建立联系,善于发现社会生活中的新事物、新问题,以适当的文字形式迅速表达出来,引起读者的注意和关切"②。为做到这一点,新华社精简内部机构的层次,减少行政工作事务,把各地分社视作总社派出的外勤组织,分社以记者活动为主要工作方式,而分社负责人则是一地记者中的骨干。要求分社负责人写出模范稿件来带动帮助其他记者。新华社的这些转变,使它逐渐成为真正的国家通讯社。据统计,1952年,新华社通讯每日发稿国内已达3.7万字,国外1.3万字(包括8 000字英文),新闻照片全年达75万张③。新华社转变成为国家通讯社的实质意义在于集中了重要新闻、权威新闻的发布权,真正成为"消息总汇"。它打破了过去外国通讯社的新闻垄断,是各地报纸最重要的新闻供给机构。

1949年12月5日,中央人民广播电台在北京正式成立。它的前身是北京新华广播电台(此前是北平新华广播电台)。

---

① 《新华社文件资料选编》第二辑,新华社新闻研究所编,第35页。
② 陈克寒在新华社第一次全国社务会议上的讲话,《新华社文件资料选编》第二辑,新华社新闻研究所编,第115页。
③ 方汉奇主编:《中国新闻事业通史》第三卷,中国人民大学出版社1999年版,第31页。

1949年3月,在解放战争中发挥了巨大作用的陕北新华广播电台从河北平山迁入北平,更名为北平新华广播电台。在迎接全国解放、报道开国大典的过程中实际上发挥着中央台的作用。1949年6月,中央发出关于成立中央广播事业管理处的通知,正式将对广播事业的管理从新华社分离出来,后该处又升格为中央广播事业管理局,直接领导着中央人民广播电台的工作。新中国成立以后,中央对于广播事业十分重视。这主要是因为广播这种媒介能够将声音通过空中电波传遍广袤的地区,传到文化程度不高的群众耳中。对于各类广播电台的管理也比报纸通讯社更严格更集中。至1953年,私营广播电台经过公私合营等改造基本不存在了。而且为了扩大中央人民广播电台的影响,在全国建立起由地方广播电台、收音台、有线广播站等构成的全国广播网,规定了收听、播放中央人民广播电台重要节目的时段。党中央、中央政府的声音便捷地传到广大城市、乡村。这是过去从来没有过的。为了加强对国外的广播,中央台从1950年4月起,在已办英语、日语广播的基础上又开办了越南、缅甸、泰、印度尼西亚、朝鲜五种语言广播[①]。

　　一个执政党的中央机关报、一个国家通讯社、一个中央广播电台都集中办在一个城市——北京,这就大大改变了北京在全国新闻事业格局的地位。北京历史上第一次成为全国的新闻中心和舆论中心。毫无疑义,这是和北京成为新中国成立后的政治中心联系在一起的。近代100多年中国外患内乱不断,全国如一盘散沙。北京在明清都是首都,但首都却不一定是新闻中心。中华人民共和国成立以后,结束了分裂的状态,出现了全国统一的局面,而在革命战争中成长起来的执政党又是强有力的,首都成为政治中心,也一定是新闻中心。北京将在舆论上影响全国。没有一个城市能够替代它。这一局面将继续下去。

## 三、各种报刊新的发展

　　党报以外的其他各种报刊进入了一个新的发展时期。群众团体报刊、

---

[①] 赵玉明主编:《中国广播电视通史》,北京广播学院出版社2004年版,第201页。

## 第九章　社会主义新闻事业的奠基时期(1949.10—1957.春)

专业报刊在各地遍地开花。民主党派报刊,以上海为代表的私营报刊经历了一个曲折的发展过程。众多少数民族文字报刊的创办成为边远省份的亮点。

中国共产党自创建初期起,就有举办面向工农大众的群众报刊的传统,借此唤起工农的觉悟,动员和组织他们投入革命斗争。解放以后,这一传统得到全面继承发展,又由于中央对新创报刊有统一布局和规划要求,面向特定对象的工人报刊、农民报刊、青年报刊在全国各省区如雨后春笋般创建。据统计,这一时期创办的工会报纸有 17 家,农民报纸有 23 家,青少年报纸有 17 家[①]。实际上远不止这些数字,除西藏外,凡有条件的省区都创办了工人报刊、农民报刊和青年报刊。不过,这里还是有些地区差别和特点的。工矿业相对发达、有大型企业的省份,工人报刊较多,如黑龙江有《齐铁工人报》《林业工人报》《前进列车》《红旗报》等;湖北有《中南工人日报》《冶钢报》《桥梁工人报》《武钢工人报》等。而以农业见长的省份,则农民报纸比较整齐,如山东除省会的农民报外,离省城较远的临沂、沂水、文登、莱阳专区又各出一份农民报;江苏有《江苏农民报》《农民画报》等;江西有《新农村报》《大众报》《袁州报》等。这些以工人、农民为特定对象的群众报纸,在当地党的宣传部门领导下,围绕中心工作,结合工矿、农村实际作了许多生动的宣传报道。这种新的报纸门类自成一个系列,在过去的历史时期是未曾出现过的。它们围绕在党报周围,形成了以党报为骨干的全国新闻宣传网。

这个时期各地还出现了一种新的类型的报纸——专业报。据不完全统计,全国至少有二三十种。专业报的出现和新中国度过经济恢复期之后,全面进入建设期有关。首先出现的一批专业报大都是国民经济的条线、部门创办的。如铁道战线的报纸遍布全国,有《人民铁道报》《铁道部》《北京铁道报》《上海铁道》《人民铁路》(郑州)、《兰州铁道报》《昆明铁道报》《内蒙古铁道报》等,邮电、航运、石油、商业等系统的报纸也是如此。专业报面向行业职工,为推动行业建设服务,有些类似但又不同于解放前的行业报纸。

值得注意的是,工人、农民、青年等群众报和专业报的领头报纸都办在

---

① 方汉奇主编:《中国新闻事业通史》第三卷,中国人民大学出版社1999年版,第13页。

北京。如《工人日报》《中国邮电工人报》《中国海员报》《公路和运输工人报》《电业工人报》《中国铁道建筑报》《中国青年报》《中国少年报》《中国儿童报》《人民铁道报》《中国体育报》《健康报》《冶金报》《国际贸易消息》等,有一二十种。这些报纸与各地的同类型报纸虽然没有上下属关系,但对各地报纸仍有影响。因为创办这些报纸的主管部门是政务院的一些部门,或是人民团体的中央机关。《工人日报》是中华全国总工会机关报,《中国青年报》是中国新民主主义青年团(后改各为中国共产主义青年团)中央机关报,《人民铁道报》是铁道部所办,《健康报》是卫生部所办。对各地报纸来说,这些报纸的报道和言论,显示出主管部门的意见和动向。这些报纸集中在北京办,面向全国发行,壮大了北京新闻业的力量,扩大了北京新闻界的影响。

民主党派报刊和私营报刊在这个时期也得到了一定的发展。

我国的各民主党派是中国共产党长期的同盟军。新中国成立以后作为参政党,通过全国政治协商会议参与新中国的政权建设。新中国成立前夕民主党派积极筹建自己的报刊,并得到了中共的支持。1949年6月16日,中国民主同盟中央机关报《光明日报》在北平创刊,毛泽东亲自为《光明日报》题词。一批民主革命时期有影响的报人,如胡愈之、萨空了等参与其事。以中上层知识分子为对象的《光明日报》联系着文化、学术界许多知名学者,聘请他们编了许多高质量的专刊。由于质量高,办得成功,最多发行量达到十多万份,并在上海、重庆发行航空版。《光明日报》成为继《人民日报》之后又一家全国性大报。1953年2月,经过各党派多次协商之后,《光明日报》改为各民主党派联合主办的统一战线性质的报纸。中国共产党对办好《光明日报》一直很重视,先后于1953年1月、1955年1月两次发出党内通知,要求各地党组织重视运用《光明日报》,支持《光明日报》在各地的通讯工作。由于坚决执行了"百花齐放,百家争鸣"的办刊方针,《光明日报》思想活跃,争鸣不断,各种专刊邀集各家大家撰文,一度办得很有特色。

保留一部分进步的私营报刊,一直是党和政府的既定政策。截至1950年3月,全国的私营报纸尚有58家,占全国报纸的17.3%[①]。但大多数发

---

[①] 方汉奇主编:《中国新闻事业通史》第三卷,中国人民大学出版社,1999年版,第37页。

# 第九章 社会主义新闻事业的奠基时期(1949.10—1957.春)

行量都很小,影响甚微。真正在全国有影响的,还是在上海、天津的《大公报》《文汇报》《新闻日报》《新民报(晚刊)》等几家。它们在新中国成立后发展的曲折过程,是私营报纸经历的缩影。《大公报》经历了复刊、合并、迁北京后,走上了公私合营的道路。《大公报》是一家在全国有重要影响的大报,总馆在上海,天津、重庆、香港都有分馆,各自出版分版。解放初,天津《大公馆》被停刊,后改名《进步日报》出版,重庆《大公报》先公私合营,后停刊,资产清理后为新创刊的《重庆日报》所用。上海《大公报》根据中央的精神登记后复刊,得以保留,社长王芸生因此发表"大公报新生宣言"。复刊后的《大公报》发行量下降,经营出现困难。王芸生向中央提出要迁到北京,经中央批准,上海《大公报》和天津《进步日报》合并,仍名《大公报》,迁址北京出版(因筹建需要,先行在天津出版)。迁址建馆运作了3年,《大公报》发行量直线上升,达到28万份,经营上扭亏为赢[①]。与《大公报》不同,《文汇报》经历了另一种变动过程。《文汇报》是一家有着爱国、进步、传统的民间报纸,解放前先后遭到日伪、国民党反动派迫害,两次停刊。上海一解放,就作为进步报纸被批准出版,1949年6月21日复刊。复刊最初几年,发行、广告遇到很大困难,新闻报道、评论也遇到很多不适应问题,一度负债50多万元。在上海市政府支持下勉强维持出版,1953年实行公私合营。《文汇报》在教育界寻找自己的读者群,开始向专业报方向发展。1955年决定和教育部合作,改办教师报。1956年5月《文汇报》停刊,筹备迁址北京事宜。仅过5个月,接中央指示仍回上海出版《文汇报》。1956年10月1日,再次复刊。复刊后的《文汇报》明确定位,面向知识分子,大量发表知名知识分子的文章和访问记,改革副刊,办出了特色。发行量上升到13万份[②]。

《大公报》《文汇报》的曲折发展过程,反映了私营报刊在新中国成立后遇到的各类问题。首先是发展环境问题。以党报为主干的新闻宣传系统已经建立,党报在解放初有很高的威信,而新华社又被授予重要新闻的发布权。知名私营大报的读者群不明晰,办报定位不明确,社会影响大大减弱,

---

[①] 方汉奇等:《大公报百年史》,中国人民大学出版社2004年版,第345页。
[②] 《文汇报》报史研究室编:《文汇报史略》,文汇出版社1997年版,第126页。

加上少数政府部门的误解,正常采访都遇到了困难。其次是经营困难,发行量下降,广告因全国经济尚未复元而不景气,资不抵债。最深层的问题是办报人的不适应,从旧社会到新社会是巨大的历史变革,许多事物的变化都是翻天覆地的。老眼光看不懂了,老经验不管用了,真可谓"老报人遇到新问题"①,需要转变观念适应才行。对私营报纸所遇到的困难,党和政府是关心的、尽能力帮助解决的。财政上拨款,银行借贷,帮助私营报纸渡过难关。最终公私合营,其实也是一条必经之路。党对老报人也采取了团结的态度,主持宣传文化系统的一些官员和老报人在民主革命时期就有良好的关系,依靠长期的联系与友谊做了不少思想工作。《大公报》迁京、《文汇报》不办教师报都是在中央直接关心下实现的。如果没有后来"左"的错误和反右斗争,这些公私合营后的著名报纸会办得更有特色,使我国报坛上更加多彩纷呈。

这一时期,许多少数民族文字的报纸问世是边远省份的一大特色。新中国成立以后,我国成为统一的多民族的大家庭。实现民族平等,加强民族团结,促进民族发展,是党和政府的既定方针。1952年8月9日,政务院正式颁布《中华人民共和国民族区域自治实施纲要》,截至1953年3月,全国建立了相当于县级及县级以上的民族区域自治47个②。民族区域自治纲要的实施直接推动了各地少数民族文字报纸的创办。1954年7月《中共中央关于改进报纸工作的决议》指出:"各少数民族地区,凡有条件的就应创办民族文字报纸。"③事实上,早在新中国成立前夕,党就支持创办少数民族文字报纸。此时一加号召,就促进了办报热潮。少数民族文字报纸全国办得最早的是内蒙古自治区。早在1947年9月1日,蒙文的中共内蒙古党委机关报《内蒙自治报》就在乌兰浩特创刊,1948年元旦更名为《内蒙古日报》。它是第一份少数民族文字的省级党报。内蒙古的蒙文报办得很普及,盟

---

① 《文汇报》报史研究室编:《文汇报史略》,文汇出版社1997年版,第20页。
② 中共中央党史研究室编:《中国共产党历史》第二卷(1949—1978)上册,中共党史出版社2011年版,第145页。
③ 《中共中央关于改进报纸工作的决议》,《中国共产党新闻工作汇编》(中),新华出版社1980年版,第326页。

(市)级的有《牧民报》(锡林郭盟)、《呼伦贝尔日报》、《察哈尔报》。《阜新蒙古族自治县报》是新中国第一家县级蒙文报。新疆维吾尔自治区则是全国少数民族文字报纸办得最多的地方。因为新疆又是多民族地区,所以出版了多种文字的报纸。1949年12月6日,中共中央新疆分局机关报《新疆日报》创刊,至1950年元旦便出版了维吾尔文版和哈萨克文版,同年8月1日又增加蒙文版。在新疆各州、地、市、县都出版了当地民族文字报纸。伊犁有《新路报》和《伊犁日报》(哈文版、维文版),喀什有《天南日报》和《喀什日报》(维文版),哈密有《哈密报》(维文版),和田有《和田报》(维文版),阿克苏有《阿克苏报》(维文版)。莎本县的《莎本报》(维文)是维吾尔文的唯一县报,巴里坤县的《巴里坤报》(哈文)是哈萨克文的唯一县报,在察布查尔锡伯族自治县还出版了锡伯文的《新生活报》。如果说,新疆是多种少数民族文字报纸在同一地区出版的话,那么,藏文报纸则在多个省、区出版,因为除西藏自治区外,在四川、青海、甘肃也有藏族同胞聚居。新中国成立后创办的第一张藏文报纸是1951年1月16日创刊的《青海藏文报》,四川则有《阿坝报》《甘孜报》,甘肃有《甘南报》。1956年4月22日,西藏自治区筹委会机关报《西藏日报》(藏文版)在拉萨创刊,这是世界上发行量最大的藏文报。云南是少数民族种类最多的省份,在云南也创办了多民族文字的报纸。1955年元旦创刊的中共德宏傣族景颇族自治州机关报《团结报》就有傣、景颇、傈僳多种文字。在东北边境延边,有朝鲜文的《延边日报》和其他报纸出版。在西南边陲广西,还有全国唯一的壮文报纸《壮文报》。如此众多的少数民族文字报纸的出版,在我国新闻史上是从未有过的。它对于体现民族平等,实现民族大团结,提高少数民族的政治、文化水平,起着重要的作用。它也是新中国成立后我国地方新闻事业一道亮丽的风景线。

## 四、党加强对新闻工作的领导

党和政府加强了对新闻宣传工作的领导,通过几年实践,逐渐形成了一套政策和规则,总的趋势是更加统一与集中。这对于各地报刊的发展影响很大,差异正在缩小,个性逐步消失。

通过全国性会议和中共中央决议统一步调。1950年3月,新成立的中央人民政府新闻总署在北京召开全国新闻工作会议。署长胡乔木的报告谈了"改进报纸工作问题",提出要从"联系实际""联系群众"和"批评与自我批评"三个方面去改进报纸工作①。1951年5月,中国共产党召开第一次全国宣传工作会议,刘少奇代表党中央讲话,他指出:"我们的宣传工作是不能离开当前的中心工作的,并且是为了保证各项中心工作的完成的。"②1954年5月,中国共产党召开第二次全国宣传工作会议,宣传部长习仲勋就"深入宣传党的总路线","为贯彻党的七届四中全会决议而斗争","有领导地正确地开展批评和自我批评"等问题作了报告。如果说,这些会议的报告还是在谈整个宣传工作时提到新闻工作的话,那么,1954年7月17日中央政治局通过决议,专就改进报纸工作提出批评和要求。决议批评许多报纸存在党性和思想性不强,联系实际和联系群众不够密切,批评和自我批评还没有经常的充分的展开三大问题,要求报纸加强理论宣传、党的生活的宣传、经济宣传等,使新闻报道充分发挥"以事实进行政治鼓动"的作用。决议还在报纸上开展批评与自我批评、有计划办好各种报纸、责成马列学院设立新闻班、加强党委对机关报的领导等方面作出指示。新中国成立初,中央的威信很高。这些会议、决议都起到了统一全国办报要求、步伐的作用。

颁布一系列政策、法令加强了对报纸的统一管理。1950年,中央人民政府政务院发布文件规定,"凡属中央人民政府及其所属各机关的一切公告及公告性新闻,均应交由新华通讯社发布,并由《人民日报》负责刊载;如各种报刊所发表的文字有出入时,应以新华通讯社发布,《人民日报》刊载的文字为准"③。这一规定实际上把有关中央政府的重要新闻发布权交给了新华社、《人民日报》,其他报刊都没有发布权,转载这些新闻必须以新华社、

---

① 《胡乔木在全国新闻工作会议上的报告》,《中国共产党新闻工作汇编》(中),新华出版社1980年版,第42页。
② 刘少奇:《党在宣传战线上的任务》,《刘少奇选集》(下卷),人民出版社1985年版,第86页。
③ 《中央人民政府政务院关于中央人民政府所属各机关在〈人民日报〉上发表公告及公告性的文件的办法》,《中国共产党新闻工作汇编》(中),新华出版社1980年版,第9页。

## 第九章　社会主义新闻事业的奠基时期(1949.10—1957.春)

《人民日报》为准。而在任何国家,有关中央政府的新闻都是重要的政治新闻。早在新中国成立之际,党和政府就决定把新华社建成国家通讯社,代表国家对内对外发言(如前所述)。1950年1月新闻总署又发文重申,各地报纸采用新华社电讯"可以节删"(重大新闻不能节删),"斟酌取舍",但"一律不得增改"[①]。此举旨在维护新华社的权威性。除了发布重要新闻的统一管理,统一报纸的发行(邮发)也大力推行。1950年2月,邮电部和新闻总署联合发文要求"全国各地邮电局应将报纸发行工作作为主要业务之一",通过邮局发行的报纸,"原有发行工作人员一般应全部(或一部)调归邮电局领导,列入邮电局编制"。这个决定没有强制要求各地报纸都通过邮局发行,但对各地报纸具有吸引力。新中国成立之初,各地交通落后,报纸自办发行都有困难,成本不低。邮局有一个相对健全的交通网络。通过邮局发行比薄弱的自办发行是一个进步,对扩大报纸的影响有利。但采用邮发,也就把发行权交出去了,在发行的时效、成本的控制上也造成被动,这是后话。通过邮发,政府对各地报纸的发行有了统一的管理权。

党和政府对具体的宣传报道也加强了指导。这种指导往往是通过对下属报告、总结乃至具体的报道的各种批示实现的。批示通过内部文件传到各地,各地也就相对统一了宣传报道口径。例如关于黄逸峰事件的批示。1950年10月,中共中央作出了在报纸上开展批评与自我批评的决定,体现了中共在执政初期,重视加强与群众的联系,防止自身蜕变。因为种种原因,各地报纸开展批评与自我批评推行不力。1953年1月,中共中央批转华东局处分华东交通部部长黄逸峰压制批评,打击群众的报告[②]。《人民日报》配发社论,推动了各地报纸开展批评与自我批评。同年3月,中共中央宣传部又就《宜山农民报》在报上批评宜山地委一事,批示给广西省委宣传部,强调"党报是党委会的机关报,党报编辑部无权以报纸与党委会对立","不经请示不能擅自在报纸上批评党委会,或利用报纸来进行自己与党委会

---

[①]《中央人民政府新闻总署关于报纸采用新华社电讯的规定》,《中国共产党新闻工作汇编》(中),新华出版社1980年版,第31页。
[②]《中共中央批转华东局关于公布黄逸峰事件的通知》,《中国共产党新闻工作汇编》(中),新华出版社1980年版,第246页。

的争论"①。此件一批,传至各地,成为各地党报开展批评与自我批评必须遵守的一个规定、一条界线。1954年2月,中央宣传部就报纸上刊载"毛泽东思想"一词特发出通知,说"毛泽东同志曾指示今后不要再用'毛泽东思想'这个提法,以免引起误解","在写文章做演讲遇到需要提毛泽东同志的时候,可用'毛泽东的著作'等字样"。这个通知传达了毛泽东的批示。这是在党中央提出反对个人崇拜时,毛泽东坚持的主张②。中宣部的通知发出之后,有的地方还不理解,发电询问,中宣部又作了复示。中央类似上述的批示是多方面的、经常性的,对各地报纸的宣传报道有着直接的影响,报道的内容趋向雷同,宣传的口径趋向一致。

撤消各大行政区中央局机关报,加强中央对报刊的集中统一领导。1954年4月,中央政治局扩大会议决定撤消大区一级党政机构,使中央直接领导各省市。与此相应的,各中央局和分局办的党的机关报也撤消。华北局机关报《人民日报》早在进城初就改为中央机关报已不存在。东北局机关报《东北日报》1954年9月1日终刊,人员另创刊辽宁省委机关报《辽宁日报》;华东局机关报《解放日报》、山东分局机关报《大众日报》、华南分局机关报《南方日报》,早已兼作所在省市委机关报,终止的只是中央局、分局机关报的职能。西北局机关报《群众日报》于1954年10月16日停刊,人员改出陕西省委机关报《陕西日报》。西南局机关报《新华日报》于1954年8月31日终刊,厂房和设备交重庆市委机关报《重庆日报》使用。中南局机关报《长江日报》早在1952年12月31日就停刊,由武汉市委机关报《新武汉报》来办,《新武汉报》又更名为《长江日报》(新的)。中央局机关报被撤消以后,一部分骨干调入《人民日报》,大大充实了《人民日报》的力量。各省市党委机关报的职责和任务更重了。

客观地考察,越来越趋向于统一集中的报道宣传,使各地报刊形成一股

---

① 《中宣部关于党报不得批评同级党委问题给广西省委宣传部的复示》,《中国共产党新闻工作汇编》(中),新华出版社1980年版,第279页。
② 早在1953年4月10日,毛泽东给彭真的批示上就指出,"凡有'毛泽东思想'字样的地方,均应将这些字删去"。1953年5月24日,毛泽东在给萧克的批示中又提出:"凡'毛泽东思想'字样的地方均改为'毛泽东同志的著作'字样",给1954年12月5日中宣部通知的批示是第三次。以上均据《建国以来毛泽东文稿》第四册,中央文献出版社1990年版,第192、238、623页。

强大的舆论力量,对于团结动员广大群众,响应党和政府的号召,完成全国的中心任务,投入中心运动,起着巨大的作用。这在新中国成立以后恢复生产、抗美援朝、土地改革、镇压反革命、思想改造、"三反"、"五反"、增产节约、宣传过渡时期总路线、农业合作化、工商业社会主义改造等历次运动中,都可以看得很清楚。历史上任何时期做不到的,只有在中国共产党的统一领导下才能做到——形成一个以党报为骨干的新闻网,建立一个强大的新闻舆论中心,形成一套便于管理的法令、政策。集中统一固然是新中国成立初期克服分散、各行其是所必须的,也和党认定报刊、通讯社是党和人民的耳目喉舌,是中心工作的指导机关的指导思想有关,还与受到苏联的影响有关。从另一个角度看,过于强调集中与统一,就抹杀了多样性,扼杀了生动活泼。正如习仲勋在第二次宣传工作会议上批评的,新闻报道宣传普遍存在的"一般化、抽象化、空喊政治口号,不着实际,不能解决群众中的具体思想问题"[①]。比这更值得注意的是,由于强调集中与统一,所以当工作指导上出现错误倾向时,各地报纸就不会有不同声音,就会"一窝蜂""一面倒",放大和助长错误倾向。这我们将会在下文论述到。

## 五、新中国成立以后的第一次新闻改革

1956年,迎来了新闻改革的春天。改革的动因来自党的知识分子政策的确定与执行。是年1月,中共中央召开了关于知识分子问题的会议,周恩来代表中共中央在会上作了报告,指出知识分子中间的绝大多数"已经是工人阶段的一部分"。同年5月,毛泽东在最高国务会议上正式提出"百花齐放、百家争鸣"。这极大地鼓舞了知识界,也推动新闻界解放思想,改进工作。改革的动因还来自社会各界对报纸,尤其是党报办得死气沉沉、不生动的不满意,来自对一个阶段以来盲目学习苏联《真理报》的经验不满意。改进的要求在新闻界内外涌动。

---

[①]《习仲勋同志在中国共产党第二次全国宣传工作会议上的总结(提纲)》,《中国共产党新闻工作汇编》(中),新华出版社1980年版,第304页。

改革的苗头早已在全国各地出现,而《人民日报》改版则是改革的排头兵,带动了各地报纸的改革。《人民日报》改版是在胡乔木代表中央指导下进行的①。从酝酿、启动到正式改版,历时半年多。报社内成立了7人领导小组,分成8个专题进行研究,既广泛听取了社会各界人士的意见,也比较了国内外几十种报纸,最后形成报告报党中央。中央对《人民日报》改版作了两次批示(内容后述)。1956年7月1日,《人民日报》正式改版,由对开四版改为八版。发表社论《致读者》说:"我们的报纸名字叫作《人民日报》,意思就是说它是人民的公共的武器,公共的财产。人民群众是它的主人,只有依靠人民群众,我们才能把报纸办好。"②改版以后的《人民日报》面貌焕然一新,新闻的数量增加了一倍多,许多名家、大家如茅盾、马寅初、黎锦熙、朱光潜等纷纷为《人民日报》撰文,版面上的批评稿件、读者来信大大增加。版面的可读性增强,文风也鲜明、泼辣起来。报纸内记者、编辑、员工情绪高涨。《人民日报》的改版得到了中央的肯定,8月1日中央向各省市自治区党委批转《人民日报》的改版报告,说"人民日报改进工作的办法是可行的","希望各地党委对所属的报纸也能够进行同样的检查,以改进报纸的工作"③。这样就引起了全国各地报纸纷纷改版、改进工作。

有良好办报传统的上海新闻界响应最迅速,改革力度最大,成效也最显著。"双百"方针提出后,《新民报》反应十分敏捷。解放后的私营报纸(后为公私合营)怎样办?《新民报》几年来一直彷徨、犹豫,走了不少弯路。从1956年上半年就开始酝酿、启动改革。总编辑、著名报人赵超构先后提出了改进报纸的三个口号:"短些,短些,再短些""广些,广些,再广些""软些,软些,再软些"。核心是"软些,软些,再软些"。于此,赵超构解释说,"不是不择手段的软,也不是片面追求趣味的软,只是反对老是板起面孔教训读者的作风"。他提出报纸要办得"从少先队到文史馆老前辈,从家庭保姆到大学教授,都可以看得下去"④,雅俗共赏,有趣有味。经过改进之后,《新民

---

① 李庄:《〈人民日报〉风雨四十年》,人民日报出版社1993年版,第193页。
② 《人民日报》1956年7月1日头版。
③ 转引自李庄:《〈人民日报〉风雨四十年》,人民日报出版社1993年版,第196页。
④ 张林岚:《我们的探索——解放后的上海〈新民报〉》,《新民晚报史》,重庆出版社1987年版,第415页。

## 第九章 社会主义新闻事业的奠基时期(1949.10—1957.春)

报》继承并发扬了自己的传统特色,更加符合市民广泛的口味,头版署名"林放"(即赵超构)的随笔,副刊"夜光杯"尤其深受欢迎,发行量很快突破20万份,傍晚,市民排队竞相购买。1956年10月,复刊后的《文汇报》以崭新的面貌出现在读者面前。由于受到中央的鼓励,又倾听了社会各界人士的意见,《文汇报》读者定位更加明确。它在复刊社论《敬告读者》中说,《文汇报》"作为一张社会主义人民的报纸,知识分子的报纸,主要应该以事实说话,以每天发生的新闻反映现实,宣扬真理"①。复刊后的《文汇报》着重报道文化、科学、教育方面的新闻,重视独家新闻,突出专电专讯;评论别具一格;大量发表知识分子的文章和访问记,成为"百家争鸣"的一个论坛;笔会等副刊办得精彩纷呈;编辑上也大胆改革,创新探索。《文汇报》得到了知识界的广泛欢迎和大力支持,复刊一炮打响,站稳了脚跟。在兄弟报纸改革的压力下,党报《解放日报》也厉行改革。1956年3月总编辑杨永直提出要"改变报纸的枯燥无味的状态",随即进行编辑部内部机构改革,加强了新闻采访部门的力量。经过几个月准备,同年10月编委会提出了"解放日报改进方案"。这是一个讲性格、讲规律、讲质量的方案,十分全面地部署了党报各方面的改革②。经过实施,面貌大变。新闻信息量大大增加,报上出现了不同意见的批评和争论,副刊《朝花》也在此时创刊。改革使《解放日报》变得生动活泼,更受基层干部的欢迎,发行量不断上升。

《人民日报》的改革带动了各地党报的改进。《黑龙江日报》提出,要办一张突出地方特色,有个性的党报,"比上级党报更具体更灵活,比地方报纸更及时更有思想性,比专业报纸更广泛更有指导性"。《湖北日报》的改革得到了各级党委的支持,各地党委普遍成立写作组,为报纸提供文章,省委第一书记王任重亲自担任省委写作组组长,笔名"龚同文"。《河南日报》《新湖南报》《广西日报》等省级党报,都实施了各种改革举措。

以《人民日报》为代表的这一场新闻改革,意义深远。这实际上是对如何正确继承解放区优良办报传统的一次反思。发动全党办报、广泛联系群

---

① 《文汇报》报史研究室编:《文汇报史略》,文汇出版社1997年版,第70页。
② 冯岗:《解放日报改进方案(提纲)》,解放日报报史办公室编:《解放日报报史资料》,1996年版,第122—137页。

众、联系实际这些传统淡薄了,需要加强。指导具体工作,甚至代表政府发指令这种战争年代需要的办报方式应当改变。这场改革实际上也是对盲目学习苏联经验的一次反思。盲目照搬他人经验,实际上也是教条主义。这场改革还是对党报功能正确定位、遵循新闻规律的认识上的进步。中共中央1956年8月1日批转《人民日报》改版报告的文中说:"各地党委也要强调地方党报是地方党委的机关报又是人民的报纸。我们党的各种报纸,都是人民群众的报纸,它们应该发表党的指示,同时尽量反映人民群众的意见;如果片面强调它们是党的机关报,反而容易在宣传上处于被动的地位。"[1]这样的认识十分可贵。循着这一思路,改革还可以取得更大成绩。很可惜,由于1957年春夏之交那场风暴的来临,新闻改革夭折了。

在新闻改革的同时,1956年至1958年,各地还出现了一股"办县报热"。办县报先从条件好的省份如黑龙江、江苏、浙江等省开始,而后普及到条件差的省,到1958年,"县县办报纸,户户通喇叭"也成为一句大跃进的口号。据不完全的统计,创办50家县报以上的省有黑龙江、河北、河南、山东、安徽、浙江、江西、湖北、湖南、陕西、云南等10多省,最多的是河南(104家),山东(近百家)、云南(89家)。超出常规,不合乎实际需求、条件的事物总是会被自然法则纠正的。许多县报缺乏办报人员,缺少设备,有的甚至是石印、油印的,发行量也很小。到1958年由于纸张普遍匮乏、经费困难,县报纷纷下马,全国仅存少数几种。"县报热"昙花一现。

(本章撰稿人:姚福申、秦绍德)

---

[1] 李庄:《〈人民日报〉风雨四十年》,人民日报出版社1993年版,第196页。

# 第十章

# 探索社会主义道路的曲折时期
# （1957—1978）

对生产资料私有制的社会主义改造基本完成后，我国开始探索一条建设社会主义的道路。中国共产党"八大"的召开，标志着探索有了良好的开端。但以正确处理人民内部矛盾为主题的党的整风，因反右斗争而实际中断。反右派斗争的严重扩大化，改变了"八大"对于我国社会主要矛盾的论断和党的指导思想。总路线、"大跃进"、人民公社的提出，反映决策违背客观规律而出现了偏差，使经济建设遭受挫折。阶级斗争扩大化的"左"倾错误，长期压倒正确趋向，导致"文化大革命"十年内乱。中国共产党依靠人民的力量，拨乱反正，使社会主义探索又回到正确的道路。

在这个阶段，我国新闻事业也经历着曲折的发展阶段。整风和反右斗争中，新闻界大起大落，反右的严重扩大化使新闻事业遭到重创。"大跃进"中的过热报道带来深刻的教训。各地广播、电视获得发展。各项新闻业务在调整中呈现多样化态势，但总的趋势并未放开，报刊同质化现象严重。"文化大革命"的爆发使新闻事业陷入十年浩劫。新闻界被卷入"文革"的漩涡，成为"批判"的工具，自身也成为重灾区，发展停滞。

## 一、处于漩涡中心的京沪新闻界

1957年,中国有两件大事:整风和反右斗争。以正确处理人民内部矛盾为主题的整风运动,是中国共产党内反对官僚主义、宗派主义和主观主义的一次自我教育运动,向社会开放,征求党外意见。开展这样一次整风运动,是基于对1956年发生的波兰事件、匈牙利事件的警觉,基于对国内已经出现的工人罢工、学生罢课、农民退社请愿等群众闹事的深入思考。整风的任务在"八大"报告中已提出,1957年春毛泽东所做的《关于正确处理人民内部矛盾的问题》和《在全国宣传工作会议上的讲话》两个报告,实质上是整风的理论准备和动员。在5月1日整风运动正式启动之前,知识界、文化界响应"双百"方针的鸣放实际上已经开始。

在鸣放、整风运动中,京沪新闻界最活跃。其中几家历史上有影响的民主党派报刊、私营报刊(此时已公私合营)又更为活跃。复刊不久的《文汇报》,改革的势头正盛,它以独特的版面、新鲜的内容、活跃的争鸣面世。《文汇报》充分报道了各地知识界学习"两个讲话"的热烈状况,发表了《多听不同的意见》《心心相印 无话不谈》等社论,特别是发表了独家采访中共中央宣传部副部长周扬的《答本报记者问》,周扬在专访中详细阐述了"双百方针",回答了知识界、文艺界一些人的疑问。这篇专访影响很大,全国各地报纸纷纷转载。抱着积极参加争鸣的热情,《文汇报》上相继展开了尊师重道问题、麻雀患害问题、电影问题、人口问题、出版工作问题、高等教育问题、高中分科问题、繁荣话剧问题、汉字改革问题等十几个问题的讨论,意见纷呈,思想十分活跃[①]。中共中央号召开始整风以后,《文汇报》也以积极的姿态投入,从5月1日到6月8日39天时间内,发表整风鸣放的大小报道213篇,通讯文章44篇,社论8篇(包括转发人民日报3篇)。详细报道了中央统战部召开的民主党派13次座谈会,报道了上海文化、教育、新闻、出版各界的整风座谈会。在此期间,《文汇报》转发了储安平的《向毛主席和周总理

---

[①] 《文汇报》报史研究室编:《文汇报史略》,文汇出版社1997年版,第38页。

提些意见》一文,驻北京记者详细报道了北京大学整风中的学生情况,发表通讯《北京大学"民主墙"》。《文汇报》在争鸣中的表现多次得到毛泽东的表扬。在全国宣传工作会议期间毛泽东对徐铸成(总编辑)说:"你们的报纸放得好,琴棋书画、花鸟虫鱼,应有尽有,我也爱看。"毛泽东肯定了关于麻雀问题、电影问题的讨论。周扬亲访《文汇报》编辑部,并答记者问,似也与毛泽东和中央的肯定有关①。

《光明日报》作为民主党派面向全国发行的报纸,在争鸣、整风中也是很活跃的。新上任的总编辑储安平亲自抓鸣放、整风的报道,四个版的报纸,几乎二分之一是这方面的内容。派记者分赴九个城市召开民主党派和高级知识分子座谈会,发表座谈记录11次,有关通讯10多篇。有些报道,特别是编排和标题,确是相当大胆,如《推倒墙填平沟改善党群关系》《四顾无知己,比邻若天涯》等。6月1日,储安平将自己在中央统战部召开的座谈会上的发言稿《向毛主席周总理提些意见》刊出在《光明日报》上,并专电发给上海《文汇报》同日刊出②。该文认为,"党天下"是一切宗派主义现象的最终根源,是党与非党之间矛盾的基本所在。"党领导国家并不等于这个国家即为党所有。"言语之犀利,令人咋舌。

相比较而言,京沪的党报在争鸣、整风中反不及《文汇报》《光明日报》等活跃。毛泽东两篇重要讲话发表以后,《人民日报》反应迟钝,很久几乎没有宣传,对各地鸣放的报道不力,各种讨论也组织得不起劲。这种状况引起毛泽东不满,4月10日召见《人民日报》正副总编,严厉批评说:"过去说你们是书生办报,不对,应当说是死人办报。"③《人民日报》内部传达了批评意见,上下讨论反思,立即改进报道和言论。类似思想观念受过去传统束缚,跟不上迅速变化形势的情况,也出现在上海《解放日报》。对于争鸣和科学文化界一些问题的讨论,《解放日报》组织不力,报道言论始终处在常规性状态之中,报社领导层都感到要改变报纸枯燥无味的状态。3月10日,毛泽

---

① 《文汇报》报史研究室编:《文汇报史略》,文汇出版社1997年版,第151页。
② 陈建云:《自由主义者的悲歌——储安平与〈观察〉》,《大变局中的民间报人与报刊》,福建教育出版社2008年版,第234页。
③ 李庄:《〈人民日报〉风雨40年》,人民日报出版社1993年版,第199页。

东和新闻界代表座谈时表扬了《文汇报》,却批评了《解放日报》,说"解放日报我很少看,也不大爱看"。此事刺激了《解放日报》,编委会经过传达讨论后,即起草了《解放日报改进方案(提纲)》,总结了一年多改革的经验,对改进报纸内容、版面分配、部组工作等提出了具体规划。

除了报纸、广播的宣传报道以外,新闻界自身的鸣放、整风也很活跃。引人注目的是5月16日至18日在北京召开的新闻工作座谈会。座谈会由中华全国新闻工作者协会研究部、北大新闻专业、人大新闻系联合举办,出席的有各地新闻业界、学界200余人。会议对新闻界在理论和实践中遇到的问题进行了讨论,对新闻事业的性质任务、新闻体制和新闻自由、新闻工作者的地位、待遇等作了有益的探讨,各种意见分歧也是明显的。

京沪新闻界的鸣放、活跃没能持续很久,整风运动仅展开50天左右,便吹响了反击资产阶级右派的号角。在鸣放、整风中活跃的报纸和新闻界人士,被卷到反右斗争的风口浪尖。1957年的反右斗争是从新闻界开始的,新闻界是反右斗争的重点领域,而京沪新闻界又是重中之重。

6月8日,《人民日报》发表社论《这是为什么?》,从一封匿名恐吓信谈起,指出存在少数右派分子借整风之机,要把共产党和工人阶级打翻,号召要对右派分子进行反击。一般认为,这标志着反右斗争的开始。在整个反右斗争中,《人民日报》履行机关报职能,是党中央的喉舌和直接指导斗争的舆论工具。中央通过《人民日报》不断发表社论,引导斗争逐步深入。有些特别重要的社论和文章甚至由毛泽东亲自撰写。众所周知,6月14日发表的《人民日报》编辑部文章《文汇报在一个时间内的资产阶级方向》和7月1日的社论《文汇报的资产阶级方向应当批判》,就是其中最重要的两篇。前一篇给《文汇报》等媒体在整风运动中的表现定性,后一篇则是给反右斗争升级,将右派言论上升到"反党反人民反社会主义"的性质。由于《人民日报》这一特殊的地位,它的报道,特别是社论全国关注,变得十分敏感。各地党报纷纷和《人民日报》"对表",重要社论都进行转载。在这次政治运动中《人民日报》的权威性、指导性这么强,这在新中国成立后是第一次。这和党中央的直接指挥是紧密关联的。此后,这就成为历次政治运动的常态。在整个反右斗争中,《人民日报》忠实地执行了党中央的决策部署,每一阶段的

## 第十章 探索社会主义道路的曲折时期(1957—1978)

社论成为运动的时间表,推动了反右斗争的深入,同时也就推动了反右派扩大化。为了指导运动,《人民日报》在原有评论部之外,专门挑选精兵强将成立了一个评论小组,实际上由中央书记处书记胡乔木指挥①。报社工作人员在整个大氛围下极其严肃认真地投入报道和社内运动,有时甚至还有点亢奋。令人意外的是,就是在这样一个中央喉舌的报社内,最后还有32人被定为"右派分子"。

而《文汇报》则完全被作为资产阶级右派的代言人而受到批判。《人民日报》6月14日社论向《文汇报》打响了第一枪,实质上也是正式公开向"资产阶级右派开火"。这篇社论评论《文汇报》还只是"在一个时间内"有资产阶级报纸的方向,即"利用'百家争鸣'这个口号和共产党的整风运动,发表了大量表现资产阶级观点而并不准备批判的文章和带煽动性的报道"。对于《人民日报》的批评,《文汇报》马上以自我检查的社论作回应,先是发了《明确方向,继续前进》(6月14日),后又发《欢迎督促和帮助》(6月16日)。实在是晴天霹雳,《文汇报》上下毫无思想准备。匆忙的应对是无奈的、被动的。不料仅过半月,《人民日报》7月1日社论又给《文汇报》升了级,给《文汇报》找到了一条坚持"资产阶级方向"的组织路线,这就是从罗隆基—浦熙修—《文汇报》编辑部的民盟右派系统。《文汇报》在春季里执行民盟中央反共反人民反社会主义的方针","资产阶级方向"也上升到"反共反人民反社会主义"。当然,7月1日社论不只是批了《文汇报》,还批了民盟和农工民主党两个民主党派,认为他们在"百家争鸣和整风过程中所起的作用极为恶劣。有组织、有计划、有纲领、有路线,都是自外于人民的,是反共反社会主义的"。如果说前一篇社论是惊雷,那么对《文汇报》而言,后一篇就是雷暴雨了。从7月2日发社论《向人民请罪》开始,《文汇报》忙不迭地在报上公开检查,先后发了11篇社论,1篇长文《我们的初步检查》,还组织了大量报道和文章,连篇累牍批评自己。客观地看,在鸣放、整风中《文汇报》的表现总体上是好的,得到了中央的肯定(前已叙述),但也发了一些倾向错误的报道和文章,没有进行正面引导。由此得出"一个时间内的资产阶级方向",以

---

① 李庄:《〈人民日报〉风雨40年》,人民日报出版社1993年版,第211页。

及找出一条右派的黑线是缺乏根据的,已为历史证明是错误的。但在当时的疾风暴雨之下,《文汇报》的自我检查完全违背实事求是的精神,给自己无限上纲,以争取尽快"过关"。经过三个月严重扩大化的反右斗争,《文汇报》有21人被错划为"右派分子",其中包括总编辑徐铸成,副总编辑兼北京办事处主任浦熙修。

类似《文汇报》的情况也出现在北京的《光明日报》。《人民日报》6月8日社论发表当天,总编辑储安平就提出辞职。6月15、16日《光明日报》召开社务委员会会议,检讨报纸"一个时间内的资产阶级方向"。此后,在民盟和九三学社的中央常务会议上,在第一届全国人大四次会议上,对章伯钧、罗隆基和储安平的言行展开了指责。章伯钧先后多次在《光明日报》上发表文章检讨自己,储安平7月13日在人代会上作了"向人民投降"的发言,系统检查自己在《光明日报》的错误言行。7月15日,《光明日报》刊出编辑部文章《〈光明日报〉在章伯钧、储安平篡改政治方向期间所犯错误的检查》。批判斗争持续了四五个月,《光明日报》亦有多人被错划为"右派"。

6月24日至8月中旬,第二次新闻工作座谈会在北京举行。参加的有各地新闻工作者400多人。这次座谈会的内容和第一次完全不同,不再总结探讨新闻工作实践中遇到的问题,而是集中批判新闻界的"右派分子"。在前一次座谈会上大胆"鸣放"的一些人都被划为右派,在这次会上受到批判。复旦大学新闻系主任王中成了批判的重点,他的关于报纸具有两重性(即工具性和商品性)的见解、从读者需要出发的办报理念以及《新闻学原理教学大纲》等在会上遭到批判。王中成了"资产阶级新闻学"的代表性人物[①]。

## 二、反右斗争对新闻界的重创及其深远影响

由京沪新闻界发轫的反右斗争席卷全国。由于这场斗争是中央部署并不断发出党内指示的,因而斗争不限于新闻界。但毫无疑义,新闻界是反右

---

[①] 马光仁主编:《上海当代新闻史》,复旦大学出版社2001年版,第107页。

重点领域,京沪新闻界的反右斗争具有标杆意义。

《文汇报》和《光明日报》的被批判和自我检讨,引起各地媒体一片检讨。在当地组织领导下,开展了新闻界反对资产阶级右派分子的斗争,一批在前一两年锐意改革的积极分子,被错当右派分子打击。反右的严重扩大化是十分明显的。据不完全统计,从6月至9月,被《人民日报》点名批判的新闻界"右派分子"达104人,上海市新闻界揭发出来的有72人[①]。有的地方十分严重,《新湖南报》编辑部一共只有150人左右,竟有54人被划为"右派分子",占1/3。《河南日报》也有27人被划为"右派"。新闻界的反右斗争延伸到新闻教育界,有悠久历史的复旦大学新闻学系也成为反右的重灾区。除了系主任王中遭重点批判外,34名教职工有7人被划为"右派",7人被宣告右倾,23名学生被划为"右派"[②]。

反右派斗争的严重扩大化给新中国成立后的新闻界留下严重的创伤,很久不能愈合。

首先是阻断了在报刊上展开对党和政府的工作进行批评的舆论监督渠道。新中国成立以后,中国共产党最初十分警惕执政以后容易脱离群众发生蜕变。所以在1950年4月就作出《关于在报纸刊物上展开批评和自我批评的决定》。决定明确规定,"如被批评者拒绝表示态度,或对批评者加以打击,即由党的纪律检查委员会予以处理"。此后为了落实执行决定,几次发文督促,并处理了"黄逸峰事件"。在鸣放和整风运动初期,党和政府征求各界批评意见是真心诚意的,各界批评意见也是真心诚意的。所以报刊一度十分有生气且好看。可是,一旦对少数错误意见采用暴风骤雨式批判,并视为右派言论以后,就破坏了整个舆论环境。正确的意见也不敢提了,报刊上的批评意见销声匿迹。自反右之后,我们报刊上只有正面歌颂的报道,罕见批评意见,盖源于此。报刊一旦丧失了批评和舆论监督的功能,它的影响力就十分有限。而一个缺乏正常舆论监督的社会是十分危险的。

其次是破坏了"百花齐放,百家争鸣"的环境。"百花齐放,百家争鸣"不

---

① 方汉奇编:《中国新闻事业通史》第三卷,中国人民大学出版社1999年版,第215页。
② 马光仁主编:《上海当代新闻史》,复旦大学出版社2001年版,第204页。

仅是繁荣文艺和学术的重要方针,而且也是新闻媒体办得思想活跃、生动活泼的重要条件。媒体是百花的盛坛,争鸣的舞台。1957年春天出现在报刊上的那种活跃情景,都是响应、贯彻"双百"方针的结果。可是,反右的扩大化混淆了政治是非和艺术、学术标准的界线,将一些本属于艺术、学术范围的可以争论、长期探讨的问题,也划入政治范畴,随意上纲上线,以势压人。这样就破坏了争鸣的氛围,变得"万马齐喑"了。这种运动式创伤在文艺、理论界恢复得很慢,而我们的报刊也就变得枯燥无味,十分难看了。其中直接影响的是对新闻理论探索的粗暴批判。社会主义条件下的新闻事业该怎么办?这是一个刚开始探索并可以长期探索的问题。既可以继承和发扬革命报刊的传统,也可以探索符合新闻事业发展规律的各种问题。《人民日报》改版标志探索的开始,而新闻座谈会则是一次初步的鸣放。可是反右一开始就以政治标准压倒其他一切标准,以阶级斗争工具论代替其他一切有益的探讨。此口一开,正常的理性的讨论便无法进行。此后,"新闻学即政治学","新闻无学"的看法盛行,亦盖源于此。

再次,混淆两类矛盾,"以言问罪",打击了一批新闻骨干,挫伤了要求改革的积极性。分清两类矛盾,正确处理人民内部矛盾,本来是整风的主题,也是党在新的历史时期要探索实践的问题。而反右扩大化恰恰背离了整风的本意。由于将形势估计得过于严重,因此将整风中出现的问题看作敌我斗争,将过激意见当作向党和社会主义进攻,这样就完全将敌我矛盾和人民内部矛盾混淆起来,用对敌斗争的方式来处理大量的实际上属于人民内部的不同意见。影响特别不好的是,反右斗争开启了"以言问罪"的先例,采用了"大鸣""大放"的群众斗争方式。此后历次政治运动(包括"文革")都循着这条道路。这种方式使得言路遭到堵塞,法治缺乏清晰的边界。知识分子成了反右斗争的主要对象,使得一批党在历史上的同盟军、一批本来跟党走同时要求改革的知识分子受到严重伤害,他们和党产生了隔阂。这也是党的知识分子政策的挫折。

中华人民共和国成立以后至1957年,社会主义新闻事业奠定了基础。本来是可以继续在探索中发展,出现生动活泼、百花齐放的局面的。可是,一场反右斗争中止了探索发展的进程。从各地新闻事业的角度观察,集中统一代替了多样化发展,共性代替了个性,报刊、电台同质化的现象十分严重。如果没有强有力的因素干涉,各地新闻事业应该是当地经济社会基础的反映,满足当地受众的需求,充分反映当地历史、文化的特色,表现出各自的个性的。可是,一场政治风雨的洗刷使得新闻工作者小心谨慎,思想束缚,缺乏探索的勇气。地方党报向中央党报看齐,其他报刊向党报看齐,本来具有个性、风格的报纸,抹平了个性。从内容到编排,乃至语言,都追求一致,转载中央报刊的现象也十分普遍。这种"千报一面"的情况不仅广大群众不满意,就连新闻工作者自己也不满意。集中统一的趋向比上一个时期更为严重,号令倒是统一了,但一面倒而无人纠正的危险却也在增长。这将在下一阶段看到。

## 三、新闻界为"大跃进"推波助澜和自身受到的伤害

自1958年初至1959年中出现的"大跃进"运动,是中国共产党探索中国自己的建设社会主义道路的一次严重失误①。其表现是经济计划上的高指标,为了完成高指标而出现的浮夸风,以及生产活动过程中的瞎指挥和动辄随意发动的群众运动(所谓"以钢为纲",全民大炼钢铁等)。人民公社化也可以看作是改变农村生产关系上的一种"大跃进"。发生"大跃进"运动,从主观上看是全党和群众中存在着加快建设社会主义的愿望和急躁情绪,而党的领导层头脑发热,急于求成。客观上,"大跃进"运动违背了经济发展规律和自然规律,给社会经济生活带来破坏性后果。由于"大跃进"的提出源于对前几年反冒进的批判,更深层的危害是,执政党内因此滋长了不实事求是的作风,党内生活开始不正常,家长制、一言堂盛行。党觉察了"大跃进"中存在的问题,从1958年11月开始自我调整。由于指导思想未得到纠正,以及发生庐山会议的事件,自我调整的过程曲折艰难,直至迎来更加困难的三年,不得不作出大调整的抉择。

在北京,乃至全国各地,报刊都被卷入了"大跃进"运动,而且为"大跃

---

① 胡绳主编:《中国共产党的七十年》,中共党史出版社1991年版,第307页。

进"推波助澜,在新闻史上写下不能忘却的一页。不过,由于所处地点、重要性不同,不同报刊所起的作用也有大小不同。

作为党中央机关报,《人民日报》是中国共产党发动"大跃进"的重要舆论工具。"大跃进"是以大搞群众运动的方式推动经济建设超常规发展的一个过程,而发动"大跃进"是从批判"反冒进"开始的。1956年11月,党的八届二中全会上,党中央领导集体针对"一五"计划末期出现的经济建设"冒进"的势头进行了批评(毛泽东持不同意见),据此调整了"二五"计划的指标。1957年9、10月间的八届三中全会,对"反冒进"开始进行反批评。批判"反冒进"实质上酝酿着要发动"大跃进"。此后经过南宁会议、成都会议等对"反冒进"进行了持续半年的批评,为"大跃进"运动的发动作好了思想舆论准备。在此过程中,《人民日报》吸取先前的教训[①],紧跟毛泽东党中央的部署,为动员经济建设"大跃进"鼓与呼。1957年10月27日,《人民日报》为公布八届三中全会通过的《1956年到1967年全国发展纲要修正案》配发社论《建设社会主义农村的伟大纲领》。社论批评了"生产到底论",指出纲要"要求有关农业和农村的各方面工作在十二年内都按照必要和可能,实现一个巨大的跃进"。据查,这是第一次在中央机关报上提出要"跃进"。11月23日,《人民日报》发表社论《发动全民,讨论四十条纲要,掀起农业生产的新高潮》。文章写道:"有些人害了右倾保守的毛病,像蜗牛一样爬行得很慢,他们不了解在农业合作化以后,我们就有条件也有必要在生产战线上来一个大的跃进""他们认为农业发展纲要真的是'冒进了'。他们把正确的'跃进'看成了'冒进'。"这就把在八届三中全会上对"反冒进"的党内批评公开化了[②],同时进一步提出了"大跃进"的口号。1957年12月12日,《人民日报》发表重要社论《必须坚持多快好省的建设方针》,这是一篇全面阐述总路线的文章,批评想把"多快好省"刮掉的一股歪风,发出了"把一九五八年

---

① 在1956年6月20日,《人民日报》曾发表社论《要反对保守主义,也要反对急躁主义》,侧重于批评急躁冒进。这篇社论是根据中央的意图,由刘少奇、周恩来组织,中宣部起草,几位负责同志审定的。社论发表引起毛泽东的不满,在南宁会议上被作为反面材料来批判,毛泽东还批注:"庸俗辩证法""庸俗马克思主义"。关于这段史实,参见薄一波《若干重大决策与事件的回顾》、李庄《〈人民日报〉风雨四十年》。

② 薄一波:《若干重大决策与事件的回顾》(下),中共中央党校出版社1993年版,第636页。

的各项计划指标订得尽可能先进化"的号召。这篇社论是由毛泽东主持起草,政治局讨论通过的①。1958年元旦,《人民日报》发表社论《乘风破浪》,正式提出钢铁在15年左右赶上和超过英国,农业争取大跃进的任务,并用了"鼓足干劲,力争上游"等词句,后来这引起了毛泽东注意,被写进党的总路线。从1957年底至1958年上半年,《人民日报》在多次社论中批判了"自然条件限制论""生产到底论",所谓的"庸俗的平衡论""均衡论",这都是为贯彻中央反保守反浪费的方针而作。随着跃进气氛的加重,《人民日报》的社论也日益升温,更加浪漫而不清醒②。4月5日,《人民日报》发了一篇题为《十分指标、十二分措施、二十四分干劲》的社论。指出"先进的规划必须有先进的指标",开始提倡"高指标"。4月14日的社论《千方百计实现增产指标》中说:"正像革命战争时期有许多人不相信国内外强大的敌人能够被打倒一样,1956年以来有许多人不大相信农业增产指标能够迅速提高。但是铁一般的事实教育了人们,使人们相信,改变了的生产关系,能够使生产力的发展加快好多倍。过去必须十几年、几十年、几百年才能做到的事情,现在能够在几年内甚至一两年内做到。"到了5月份,激情更是冲昏了头,5月4日的社论《又红又专,后来居上》说:"全民大跃进给我们带来的胜利,使人更清楚地看到社会主义不但可以建成,而且可以提早建成。既然社会主义可以提早建成,那么建设共产主义的日子也就不是很远的了。"按照社论的描绘,仿佛共产主义明天就可以来到。事情就是这样,党中央机关报必须忠实地宣传党中央对于"反冒进"的批判,发动大跃进的主张,所以发表上述言论毫不奇怪。但另一方面,当时作为国内最有影响力的报纸,《人民日报》的言论又加重了全民跃进的氛围,点燃了人们心中的火焰,鼓动人们投入"大跃进"。各地干部群众都将《人民日报》的声音看作是中央号召,坚信不疑,趋之若鹜。媒体的舆论动员作用显而易见。

中央通过报纸发动群众投入"大跃进",也是有意为之。1958年1月12日,毛泽东给刘建勋、韦国清写了一封信,信中说:"省报问题是一个极重要

---

① 中共中央党史研究室:《中国共产党历史》(第二卷上册),中共党史出版社2011年版,第464页。
② 《毛泽东新闻工作文选》,新华出版社2014年版,第254页。

的问题,值得认真研究……一张省报,对全省工作,全体人民,有极大的组织、鼓舞、激励、批判推动作用。请你们想一想这个问题,以为如何?"重视报纸、通讯社的鼓动群众和组织群众的作用,是中国共产党在革命战争时期的成功经验和一贯传统。在建设时期是否适用呢?毛泽东在"大跃进"发动期提醒各省省委书记,并希望一把手亲自抓。过了三天,即1月15日,毛泽东又对《人民日报》总编辑吴冷西指示:"人民日报是中央的一个部门,同中央组织部、宣传部一样,都应该向地方学习。人民日报有一个重要任务,就是转载地方报纸的好东西,把这件事当作一个政治任务来做。这样,对地方报纸是鼓励,使他们非看人民日报不可。"①毛泽东历来主张群众运动要注意发掘来自底层的新鲜经验,这就提出了《人民日报》在"大跃进"中和地方报纸相互呼应的问题,后来这的确成为促进"跃进"形势形成的重要手段。利弊得失当然另当别论。

"大跃进"运动首先是从农业开始的。农业"大跃进"的主要特征是高指标、高估产的严重浮夸。而在这一股浮夸风中,各地报纸(特别是《人民日报》)起到了添薪加油、助长火势的作用。由于中央提出要争取提前三到五年实现农业发展12年纲要,各地纷纷订出不切实际的高产指标。在高产指标的压力下,1958年的夏收、秋收中,各地普遍高估产量,吹起了一股浮夸风。报纸适应这种形势,不遗余力地对高产纪录进行宣传,这就是所谓在报上不断"放卫星"。报纸成了"卫星"公告牌,纪录天天疯长,令人难以置信。1958年6月8日,《人民日报》头版头条报道,河南遂平县卫星农业社5亩小麦,平均亩产2 105斤,标题是《卫星社坐上了卫星》。仅过了4天,《人民日报》头版头条又刊消息:"卫星社发出第二颗'卫星',2亩9分小麦亩产3 530斤",同时还配发社论,题为《向创造奇迹的农民兄弟致敬》。据查,"大跃进"时期把农产品高产称之为"放卫星",就从这两则报道开始。从此开始,小麦高产的"卫星"天天见报,在一个多月内,亩产直冲到7 320斤(《人民日报》7月12日载,河南西平县城关镇和平社),以下是"公告牌"的大致情况:

---

① 《毛泽东新闻工作文选》,新华出版社2014年版,第255页。

6月9日,湖北谷城县乐民社,亩产达2 357斤,

6月11日,河北魏县北皋乡六度楼村,亩产2 394斤,

6月16日,湖北后城县星光社,亩产达4 353斤,

6月18日,河南商丘双楼社,亩产达4 412斤,

6月21日,河南辉县南田庄社,亩产达4 535斤,

6月23日,湖北谷城沆湾乡先锋社,亩产达4 689斤,

6月30日,河北安国县南娄底乡卓头村,亩产达5 103斤,

7月12日,河南西平县城关镇和平社,亩产达7 320斤。

冠军属于青海省,9月22日《人民日报》载:"小麦冠军驾临,青海出现亩产8 585斤纪录",创纪录的是青海海西赛什克农场。

放"卫星"的不仅是小麦,还有早稻、中稻、花生、棉花。早稻亩产纪录,从7月中收割开始报道的福建闽侯城门乡的3 275斤,不过20天便突破万斤纪录,湖北麻城新中国成立社达36 956斤,安徽繁昌峨山乡东方红社一亩中稻达43 000斤,广东穷山区连县星子乡一亩达60 437万斤,最高的纪录出现在9月18日,《人民日报》载广西环江县红旗人民公社,亩产达到130 434斤,简直不可思议。

为了说明粮食高产报道的真实性,《人民日报》还配发了照片和现场报道。8月15日,在报道湖北麻城"一颗早稻大卫星"时,配发了新华社记者于澄建摄的一组图片,其中有一张是4个孩子站在未收割的稻田上,说明是:"这块高产田里的早稻长得密密层层,孩子站在上面就像在沙发上似的。"9月5日,在刊载广东连县星子乡田北社的中稻亩产6万多斤的消息时,配发了新华社记者李子昭摄的图片,说明是:"这块中稻田里的稻谷像金黄色的地毯一样,13个人站在上面压也压不倒。"9月18日在报道广西环江中稻天一般的纪录时,有一段生动的现场描写。报道说:"这块高产中稻田,从9月9日上午10点钟开镰,共有400多人参加收割。在一条广阔的公路上,30部打谷机终日隆隆作响。新装上滚珠轴承的42辆车子,59个肩挑社员络绎不绝地运往晒谷坪,经过11个多小时的苦战,直到当地下午9时30分才全部收割完毕。"我们不知道当年的读者看了这些照片和报道有何感想,在今天看来其真实性疑问很大,不知是记者缺乏科学常识受浮夸风蒙

骗,还是记者也参与了弄虚作假的报道。

高指标、高估产的浮夸报道往往是中央媒体和地方报纸、地方政府互动形成的。如河南遂平的放卫星报道,《人民日报》和《河南日报》联手进行,同日刊出,《河南日报》同天还专门发行了号外。紧接着,《人民日报》就报道了中共河南省委第一书记吴芝圃的谈话《农业生产进入大跃进时代》。《人民日报》在刊登安徽繁昌中稻放卫星的消息时,《安徽日报》《芜湖日报》同天配合报道,刊登照片。《人民日报》还因此配发社论《向安徽人民致敬》。从当时报道的情况看,往往是农业社估产或收割后拿着喜报向当地政府报喜,政府领导贺信,新闻媒体加以报道,报道又鼓舞了群众,就在这样的互动中,浮夸报道逐步升温的。

比浮夸报道影响更大的是,《人民日报》等党报在"大跃进"中宣传了一些名为"解放思想",实为违背科学的指导思想。在批判"条件论"的时候,将一些人提醒的"农业生产受自然条件和当前技术水平的限制,只能渐进,不能跃进",当作错误思想猛批,竟然说"人有多大的胆,地有多大的产"[1]。在批判"平衡论"时,将一些同志担心制订高指标会"破坏国民经济的平衡",作为消极的庸俗的平衡论、均衡论猛批,认为"不平衡是经常的绝对的,平衡则是暂时的相对的"[2]。在强调精神对于物质的反作用时讲了许多过头的话,喊了许多唯心主义的口号。如"没有低产作物,只有低产思想"[3]"只怕想不到,不怕做不到"[4]"马列主义是能出粮食的"[5]。在"大跃进"的热浪中,这些貌似正确、实质错误的言论,很能鼓舞人的信心,激励人的精神,使人处于亢奋、不清醒之中。而且言论来自《人民日报》,能征服多数干部群众。

"大跃进"运动在工业上的表现,是全民大炼钢铁运动。鉴于过去的大半年时间里钢铁生产形势不妙,无法完成年初制定的生产1 070万吨钢的任务,经8月中央北戴河工作会议部署,9月以后集中全党力量狠抓钢铁生

---

[1]《祝早稻花生双星高照》,《人民日报》社论,1958年8月13日。
[2]《打破旧的平衡,建立新的平衡》,《人民日报》社论,1958年2月28日。
[3]《人民日报》1958年8月11日头版。
[4]《人民日报》1958年8月27日头版。
[5] 谭震林在华东农业协作会议上的讲话,刊《人民日报》1958年6月28日。

产。《人民日报》为代表的各级党报,集中宣传了"以钢为纲、全面跃进""一马当先,万马奔腾""全民大办,土洋并举""元帅升帐,其他让路"等主张与口号。高产农作物"公告牌"变成了日产钢铁"公告牌",天天放"卫星",天天见涨。与大炼钢铁同时推进的是人民公社化运动,人民公社化实际上也是一次"大跃进",是改变农业生产关系的"大跃进"。各地党报敲锣打鼓地报道了全国合作社迅速人民公社化的过程,传播了各地公社化的经验,宣传了当时并不成熟、后来也被证明是错误的经验,如"一大二公"[①],政社合一,实行供给制,推行"组织军事化、行动战斗化、生活集体化"等,宣传了公社办食堂,吃饭不要钱的"典型"。人民公社化运动中刮起的一股"共产风",和报纸宣传有莫大的关系。

报纸等媒体在"大跃进"运动中的表现,留下一些可资总结的教训和值得思考的问题。

由于浮夸的宣传严重违背了新闻的真实性,使党报的公信力受到重创。粮食生产的高指标、高估产出现的时候,报纸为什么相信并加以报道呢?或者是因为迫于批判"反冒进"的压力,不敢质疑违背科学常态的现象,或者是因为缺乏农业的科学知识和实际经验,或者是因为同处于"跃进"的亢奋状态,头脑不清醒,等等。从专业的角度看,报纸、记者缺乏第一线的采访调查(参与造假的除外),就无法保证新闻的真实。事实再次证明,真实是新闻的生命。保证真实性对党报公信力极为重要,报道虚假新闻对党报危害极大。"大跃进"之后,人们对于党报的正面宣传(即使是完全正确的)总是将信将疑,也是从这时开始的。

报纸作为舆论工具,威力巨大。从战争年代开始,党报不仅有宣传动员功能,还有组织功能。"大跃进"是一次自上而下推动的群众运动,报纸等媒体是动员、组织这场运动,并作出引导的重要工具。许多政策的发布、竞赛的组织、典型的宣传、经验的推广,都借助报纸。"大跃进"运动之所以这么快席卷全国,又有如此雷霆万钧之力,与中央、地方两级党报的作用密切相

---

[①] 所谓"大",就是规模大;所谓"公",就是生产资料公有化程度高。《中国共产党历史》第二卷上册,中共党史出版社 2011 年版,第 497 页。

关。诚然,"大跃进"的失误,也有报纸等媒体的一份"贡献"。后来,人们在批评"大跃进"时,总也归咎于当时的报纸宣传,是十分自然的。既然如此,媒体的工作指导作用还有必要和日益复杂的经济建设结合得这么紧吗?

各级党报在"大跃进"中忠实地履行了党的耳目喉舌的职责。党的指导方针的正确与否,决定了报纸报道、宣传的方向。在"大跃进"的发动、升温过程中,报纸添柴加薪(前已评述),当领导开始清醒时,报纸开始降温。1958年10月中旬开始,毛泽东最先冷静下来,开始出外亲自作调查研究,并召开了第一次郑州会议、武昌会议和八届三中全会,提出要"压缩空气","破除迷信,不要把科学破除"了,并调整1959年经济计划和人民公社若干政策。在此期间,他也告诫"记者头脑要冷静","记者到下面去,不能人家说什么,你就反映什么,要有冷静的头脑,要作比较"[①]。他还告诫,"假话一定不可讲","有许多假话是上面压出来的。上面'一吹二压三许愿',使下面很难办"[②]。由于中央有此精神,报纸上的温度也逐渐降下来。党报作为党的一个机关,和党的指导紧紧相连。党报的威望也和党的威望相连。"一荣俱荣,一损俱损",党报难以评判、批评党的大政方针,更毋庸说抵制错误的决策和纠错了。

由于"大跃进"是全国统一发动的运动,所以在这一时期,各地报纸报道、宣传更加划一,同质化程度又有提高,而差异性越来越小。如果说要有差异,或许与运动重心不一有关,如农业大跃进的宣传报道集中在农业大省和产粮大省河南、湖北、安徽、广东等。而大炼钢铁的群众运动的报道宣传则集中在上海、鞍山、武汉和其他中等城市。或许与许多经济发展水平的差异有关,报纸发达、报道活跃的还是集中在东部和中部,西部贫瘠省份仍然比较沉寂。或许还与当地一把手对新闻事业的重视程度有关,河南、湖北、湖南、广东、山西等省的省委书记吴芝圃、王任重、周小舟、陶铸、陶鲁笳比较重视发挥省委机关报在运动中的鼓动作用,他们对报纸的关心、干预就比较多,甚至亲自写社论、抓典型,当地报纸的特色也就鲜明一些。

---

[①] 《毛泽东新闻工作文选》,新华出版社2014年版,第263页。
[②] 同上书,第269页。

## 四、调整中前进和遭受"文化大革命"十年浩劫

1958年至1959年岁末年初,党中央纠正"大跃进"、人民公社化中出现"左"倾错误的正确部署,不久受到庐山会议事件中断。但紧接出现的三年自然灾害和经济困难,迫使经济和其他工作作出进一步调整。在此大背景下,全国各地新闻事业得到曲折的发展。

调查研究和反思,是调整中发展的前提。1960年来,毛泽东觉察到人民公社化运动中存在的问题,在党的八届九中全会上号召全党大兴调查研究之风,要求1961年成为实事求是年、调查研究年。他和刘少奇等领导人身体力行,带动了全党调查研究。各地新闻界贯彻这一精神,也展开调查研究,对前几年工作加以总结。实际上,就是自觉地对"大跃进"中的浮夸风等作了反思。早在1959年6月,安徽省委候补书记兼宣传部长陆学斌曾主持起草《省委宣传部对当前报纸宣传的意见》,提出"报纸宣传的方针是鼓足干劲,实事求是,克服虚夸现象",代表着新闻界的醒悟。1961年冬,《河南日报》经过一年的讨论,制定了一个改进工作的纲要,论及正确处理报纸工作各种关系中的十个问题,如:"坚持革命精神与科学精神的统一,切实把报纸宣传建立在调查研究的基础上""把思想性与指导性结合起来,努力提高报纸的思想水平"等。错误是最好的教员,及时反思总结就能将错误变成成果。

经过总结、调整,这一时期的报刊在思想性、知识性、趣味性方面有很大进步。许多报刊展开了很有思想意义的话题讨论,报纸的副刊、专刊办得多样活泼,深受读者欢迎。尤其是一些杂文专栏办得很出色,如《北京晚报》的《燕山夜话》,北京市委理论刊物《前线》的《三家村札记》,《人民日报》的《长短录》,《新民晚报》的《随笔》等。一时报纸杂文蔚然成风,成为继20世纪30年代以后杂文的一个高潮。风貌通讯也散出芬芳,特别是随行记者在领导干部调查研究过程中写的散文类通讯,一时脍炙人口。如广东省委书记陶铸在观察粤西和海南时写的《西行纪谈》,湖北省委第一书记王任重访问江汉平原时写的《江汉纪行》。

人物典型报道在这个时期获得突破性成就,一批闪烁着道德精神光辉、代表着时代风貌的人物通讯问世。其中有1960年2月《中国青年报》《山西日报》报道的《为了六十一个阶级兄弟》(山西平陆筑路民工中毒获救的故事);1963年初起《辽宁日报》《中国青年报》《人民日报》《解放军报》关于解放军战士雷锋的一系列报道;1964年1月《山西日报》、新华社关于山西昔阳大寨大队自力更生建设山区的报道;1964年《人民日报》报道《大庆精神大庆人》;1966年前后,《河南日报》、新华社、《人民日报》关于河南兰考县县委书记焦裕禄的连续报道。此外还有《河北日报》关于知识青年邢燕子的报道,《大众日报》关于劳动模范郝建秀的报道,《解放军报》关于"南京路上好八连"的报道,等等。这批典型报道当时对于激发自力更生、奋发图强的精神,弘扬大公无私、团结互助的社会风气,树立先进干部、党员、集体的典型起到了巨大作用,至今给人们留下深刻的印象。从业务上说,这一批典型报道也使通讯,特别是人物通讯达到了较高的水平。在宣传先进典型的时候,在北京的中央一级的报刊和各地报纸呼应,也是一大特点。往往先由地方报纸发掘了典型,中央媒体又进一步深入报道,并配以言论,阐述典型的精神及其广大的意义,然后各地报刊转载,这样在全国造成了很大的声势。这种做法在以往是不多见的。

进入经济困难时期以后,各地的报刊许多停刊,进行缩减。可是另一种新的媒体却得到了发展,这就是电视。继1958年9月2日北京电视台正式播出后,各地电视台纷纷建成播出。1958年10月、12月有上海电视台、哈尔滨电视台,1959年至1961年前后,天津、广东、吉林、陕西、辽宁、山西、江苏、浙江、安徽、山东、湖北、四川、云南等地也相继建立电视台[①]。与此同时,地方广播电台和农村有线广播也迅速发展,新建广播电台每年以30%的速度递增,而全国1 700多个县,1 600多个建起了有线广播站。广播电视的发展使得各地新闻事业的构成发生了变化,新闻信息传播的速度更快,渠道更多。

报刊调整中还出现一种现象,就是各省首府的党委机关报纷纷改为晚

---

[①] 赵玉明主编:《中国广播电视通史》,北京广播学院出版社2004年版,第249页。

## 第十章 探索社会主义道路的曲折时期(1957—1978)

报,使我国的晚报系列一下子增加许多新成员。如:《长沙日报》改为《长沙晚报》,《南宁日报》改为《南宁晚报》,《长江日报》改为《武汉晚报》,《郑州日报》改为《郑州晚报》,《西安日报》改为《西安晚报》,《沈阳日报》改为《沈阳晚报》,《成都日报》改为《成都晚报》,《合肥日报》改为《合肥晚报》,《南昌日报》改为《南昌晚报》等[①]。这一做法可以改变在同一城市办两张党委机关报的重复现象。虽然这些晚报仍然是所在城市市委机关报,要担负机关报的任务,但毕竟改为晚报,要面向广大市民,根据他们的需求,增加了许多知识性、文化娱乐性的内容,文风也活泼多了。

经过错误与教训,各地新闻事业在曲折中又向前发展。正当发展的势头全面向好的时候,一场更大的冲击和挫折又来临了。这就是"文化大革命"。

"'文化大革命'是一场由领导者错误发动,被反革命集团利用,给党、国家和各族人民带来严重灾难的内乱。"[②]"文化大革命"是毛泽东发动和领导的。鉴于对我国阶级斗争形势和党和国家政治状态的错误估计,在理论和政策上混淆了是非,混淆了敌我,这场斗争变成了以党内"走资本主义道路当权派"为主要对象的政治大革命,同时席卷了经济、文化、外交、军事等各个领域。由于采取的是自上而下发动的疾风骤雨式的群众运动,因而造成了各地、各个领域的混乱,无政府主义泛滥。林彪、"四人帮"等野心家集团趁机兴风作浪,造成更大的混乱。内乱久久不能结束,竟延绵了十年之久。

"文化大革命"对党和国家、对干部群众危害极大,不仅拖延了中国社会主义建设的进程,破坏了中国的政治生态,损害了执政党的肌体,耽误了一代青年的成长,而且在社会文化、道德上的破坏难以量化计算,对子孙后代的负面影响现在越来越显现。

全国各地新闻事业也不能幸免。一方面新闻界被裹挟至"文化大革命"中,发挥着不好的作用,另一方面新闻事业又受到新中国成立以来最大的一次打击。大体可分为几个阶段。

"文化大革命"爆发前夕,在报刊上频频展开的对一些文艺作品、学术观

---

[①] 方汉奇主编:《中国新闻事业通史》第三卷,中国人民大学出版社1999年版,第259页。
[②] 见《关于建国以来党的若干历史问题的决议》。

点的批判,实际上是"文化大革命"的先声。1962年9月,在八届十中全会上毛泽东发出"千万不要忘记阶级斗争"的号召以后,在农村、城市开展"四清""五反"的同时,在意识形态领域也展开了过火的、错误的批判和斗争。而报刊,就是批判斗争的主要阵地。首先是在八届十中全会上对小说《刘志丹》(作者李建彤)的批判。这部小说被批为反党小说,为高岗翻案。策划鼓动批判的是康生。接着是1963年5月6、7日起在《文汇报》展开的对于昆剧《李慧娘》和繁星(廖沫沙)写的《有鬼无害论》一文的指责,这是江青一手策划,柯庆施组织人写文章所进行的一场斗争。紧接着,同月20日在《文汇报》上,姚文元又撰文展开了对法国印象派音乐家德彪西一评论集的批判,由于捕风捉影,又不懂音乐,姚的粗暴挞伐令人啼笑皆非,引起贺绿汀等音乐家的批评。姚等批判矛头又指向贺绿汀等。这次批判也是在柯庆施、张春桥等支持下进行的。1964年8月至1965年6月,《人民日报》组织了对电影《北国江南》《早春二月》《林家铺子》《不夜城》等的批判,批判的背景是毛泽东1963年12月对文艺界作过一个严厉的批示,认为戏剧、曲艺、音乐、美术、舞蹈、电影、诗和文学等,问题不少。于是批判闻风而动。理论界的批判也从1963年就开始,1964年夏达到一个小高潮。期间有《人民日报》《光明日报》联手进行,《文汇报》响应的对周谷城的《时代精神汇合论》的批判,对杨献珍的"合二而一"哲学思想的批判,对太平天国忠王李秀成自述的批判而又延伸至对罗尔纲等人的批判,对孙冶方经济思想的批判,对翦伯赞论述"让步政策"的批判,等等。虽然,这些批判尽量限制在报纸的学术研究专版上,但文章之密集,有些文章突破规格,已让人感到不同寻常。所有这些,犹如暴风雨前夜,风声鹤唳,预示着一场风暴的到来。

"文化大革命"的导火线是在京外报纸——《文汇报》上引燃的。1965年11月10日,《文汇报》以罕见的篇幅发表姚文元署名文章《评新编历史剧海瑞罢官》,在全国引起不小的震动。后来知道,这篇文章是经毛泽东同意,江青到上海组织张春桥参与策划,由姚文元执笔撰写的①,发表前经过毛泽

---

① 毛泽东后来透露,"最后文章写好了,我看了三遍,认为基本可以,让江青同志拿回去发表",引自《毛泽东年谱》第六卷,中央文献出版社2013年版,第88页。

东审阅同意,而《文汇报》则是奉命发表。何以对一部历史剧要大动干戈进行政治上的批判?毛泽东原先是称赞明朝著名清官海瑞刚正不阿、冒死上谏的精神的,并对原北京市副市长、历史学家吴晗撰写,马连良主演的京剧《海瑞罢官》大加赞扬。经江青不断建议批判《海瑞罢官》,并经康生点明《海瑞罢官》与"庐山会议"、与彭德怀问题有关后,毛泽东最终同意批判《海瑞罢官》。由于中宣部、文化部婉拒江青的主张,江青遂跑到上海,找到张春桥、姚文元组织写批判文章。何以挑选《文汇报》而不是通过《解放日报》发表姚文元的文章? 据说,供毛主席审读的姚文元文章的大字本本来也是《解放日报》秘密排印的,之所以改由《文汇报》发表,一种解释是,《文汇报》同知识界保持着紧密联系,是"百家争鸣"的园地,通过《文汇报》发表,可以便于高层施放"政治气球"①。果然,姚文元的发表,引出了京沪新闻界的不同反应。学术界对姚文元文章牵强附会、无限上纲非常不满,这些意见在上海报纸上当然不可能发表(即使张春桥同意发表一二篇,也是为了"引蛇出洞")。而北京新闻界连续19天对姚文默不作声,不予转载。直至中央书记处弄清了姚文的背景后,《北京日报》《人民日报》才于11月29日、30日被迫转载姚文,转载时的"编者按"说:"对海瑞和《海瑞罢官》的评价实际上牵涉到如何对待历史人物和历史剧的问题,用什么样的观点来研究历史和怎样用艺术形式来反映历史人物和历史事件的问题。我们的方针是,既容许批评的自由,也容许反批评的自由;对于错误的意见,我们也采取说理的方法,实事求是,以理服人。"显然,"编者按"(包括审定者)希望将问题讨论限定在学术范围内。在北京只有一家报纸转载姚文时说《海瑞罢官》是"一株大毒草",这就是《解放军报》。对历史剧《海瑞罢官》的批判,引出了中央文化革命五人小组(以彭真为组长)起草向中央政治局常委汇报的《文化革命五人小组关于当前学术讨论的汇报提纲》(后称"二月提纲"),以及后来对它的批判,引出了毛泽东对北京市委、中宣部、文化部的不满和怀疑,以至彭(真)、罗(瑞卿)、陆(定一)、杨(尚昆)受批判和停职,严重的斗争从意识形态领域蔓延到政治领域和党的领导层,一根导火线引燃了一场社会政治斗争,这是许多人

---

① 方汉奇主编:《文汇报史略》,文汇出版社1997年版,第319页。

都没有想到的。

从《文汇报》批判历史剧《海瑞罢官》开始,到1966年4、5月间对所谓思想、文艺黑线的猛烈批判,以及对《北京日报》《前线》杂志的《三家村札记》《燕山夜话》的批判,人们可以看到报刊是如何成为批判的武器、政治斗争的工具的。促使敏感的人不断捕捉着报刊上字里行间所传达的信息,以适应政治环境。国内新闻界出现北京、上海的不同乃至对立,也是新中国成立以来所没有的,它暗示着党政高层的分裂。当然这样的状况不可能维持很久,很快就被"文化大革命"压倒一切的局势所代替。

1966年5月的中央政治局扩大会议和8月的八届十一中全会,是毛泽东不断发动"文化大革命"的重要步骤。前一个会议批判了"二月提纲",发出了"五一六通知",成立了新的中央文化革命小组(简称中央文革)。后一个会议通过了指导"文化大革命"的纲领性文件——《中国共产党中央委员会关于无产阶级文化大革命的决定》(简称"十六条"),改组了中央领导机构。攫取了"文化大革命"领导大权的"中央文革",深知只有掌握全国舆论工具,才能发动"文革"。夺权首先从《人民日报》开始。在他们看来,自批判《海瑞罢官》以来,《人民日报》是很不得力,步步被动的,就是因为背后有人支持。5月31日下午,康生在怀仁堂召开首都各新闻单位负责人会议,以《人民日报》5月5日转载《解放军报》社论《千万不要忘记阶级斗争》作了删节为借口,进行严厉的批判,并声称要追查原因①。当天晚上,陈伯达带领工作组进驻《人民日报》,夺了吴冷西和编委会的权。当然,这一切都有备而来,第二天即6月1日,《人民日报》发表社论《横扫一切牛鬼蛇神》。新华社同天全文播发了毛泽东批示的北大聂元梓等七人批判北大党委、北京市委的大字报,《人民日报》6月2日全文刊载。自此日起,《人民日报》接连发表社论《触及人们灵魂的大革命》《毛泽东思想的新胜利》《做无产阶级革命派,还是做资产阶级保皇派》《我们是旧世界的批判者》等。显然,这都是有计划、有准备的。《人民日报》这一把火在全国引起了强烈反响,短短几天,全国大、中学校都有学生起而响应,起来造反,许多学校自然陷入停课状态。

---

① 《〈解放日报〉五十年大事记》,解放日报社1999年版,第341页。

一场史无前例的群众运动由此开始,十年难以平息。与此同时,舆论中心也逐渐在北京形成。人们关注的就是"中央文革"和林彪等人掌控的《人民日报》《解放军报》和《红旗》杂志(人们俗称"两报一刊")。"两报一刊"完全成为指导"文化大革命"的舆论工具,而各地党报,由于当地党委和报社领导班子的瘫痪,不可能"得风气之先",只能转载、追随、呼应"两报一刊"。通过控制"两报一刊"号令天下,转而控制全国舆论,"四人帮"和林彪这一手是很有效、很厉害的。而各地报刊却在这样的环境气氛下,逐渐失去了自主性,失去了个性。"千报一面"的状况就是这样进一步形成的。

  按照"文化大革命"的发展逻辑,经过半年多的发动、集结力量以后,所谓造反派必定会向"走资派"夺权。而全国性的夺权斗争,竟也是首先在上海,率先从新闻界开始的。1967年元旦,《人民日报》《红旗》杂志发表社论《把无产阶级文化大革命进行到底》,提出将向党内一小撮走资本主义道路的当权派"展开总攻击"。1月4日凌晨,《文汇报》内造反组织"反到底"战斗队贴出"六个为什么"的大字报,紧接着造反组织"星火燎原造反司令部"宣布夺取报社党政大权,总编辑陈虞孙和领导班子全部靠边。第二天《文汇报》发表夺权公告。《解放日报》社内造反派组织"革命造反联合司令部"闻讯紧急商议,在外地来沪、社外造反组织的支援下,也于1月5日夜召开全社职工大会宣布夺权,总编辑马达和部分领导班子成员被驱赶到车间劳动。由于印刷工厂工人的坚决抵制,联合司令部夺权的《告读者书》直至7日清晨才见报[①]。《解放日报》被夺权开创了党报被群众组织夺权的先例。两报的夺权行动得到了毛泽东的高度赞扬,他说:"这是一个大革命,是一个阶级推翻一个阶级的大革命。这件大事对于整个华东,对于全国各省市的无产阶级文化大革命运动的发展,必将起着巨大的推动作用。"肯定,无疑就是号召。《文汇报》《解放日报》成为夺权的样板。稍后一些时候,上海工人造反总司令部等造反组织,在张春桥、姚文元的支持下,联合批斗陈丕显、曹荻秋等人,从上海市委、市政府手中夺权,成立革命委员会。这就是所谓的"一月革命"。自此至后,各省市都开始了夺权斗争,直至最后一个省份的革命委

---

① 转引自《人民日报》1967年1月19日社论。

员会成立,延续了整整二十个月之久。国民经济全面瘫痪,社会秩序十分混乱,有些地方发生了武斗,发生了若干重大事件。夺权的要害,在于要不要党的领导,以及如何评价各级党的组织。夺权的直接后果,就是造成了全国长时间的全面内乱。以致后来采取了很多非常措施,如工人毛泽东思想宣传队进驻大学、军训等,但仍难以控制局面。一两家报纸内部的夺权,竟然会引起全国如此大范围的震荡,这是许多人未曾想到的。这再次证明,新闻媒体处于社会枢纽地位、舆论中心,牵一发而动全身。

  在"文化大革命"中,新闻媒体不单单是舆论工具,服务于"文化大革命"的准备、发动、指挥,而且它自身也成为"文化大革命"的对象,深受其害。全面夺权开始之后,各地很多报纸不能正常出版,有的每天只是编发新华社稿件,很少或没有自采自编稿件,有的干脆停刊,只代印《人民日报》《解放军报》航空版。据统计,1965年全国邮发报纸共413种,1966年降为390种,1967年降为334种;1965年邮发杂志767种,1966年降为248种,1967年降为102种①。比这更严重的是,各地新闻工作者队伍受到打击、摧残。一批从革命战争年代起党直接培养的新闻工作骨干(许多人在领导岗位上),遭到残酷打击,硬是被打成"走资派"。一批在新闻工作岗位几十年、与党同心同德的有才华的记者编辑,被打成"叛徒""特务",资产阶级代言人。一批解放后成长起来的有才能的年轻的记者编辑也不能幸免于难。他们都被扫地出门,或被立专案,或去农场、工厂、干校劳动。对新闻界的如此打击摧残,都是建立在一种荒谬的形势判断和理论指导上的。1968年9月1日,《人民日报》《红旗》杂志、《解放军报》以罕见的篇幅发表一篇长文,题为《把新闻战线的大革命进行到底——批判中国赫鲁晓夫反革命修正主义的新闻路线》。文章几乎等于点名地批判了刘少奇同志解放战争以来有关新闻工作的几次讲话,说他代表的"走资派","疯狂推行反革命的资产阶级新闻路线,把叛徒、特务、走资派安插到各个新闻单位中,妄图使新闻事业变成颠覆无产阶级专政、复辟资本主义的工具"。并宣布"认真清理阶级队伍,清理一小撮死不改悔的走资派、叛徒、特务、反动文人和地、富、反、坏、右分子,是当

---

① 方汉奇主编:《中国新闻事业通史》第三卷,中国人民大学出版社1999年版,第335页。

前新闻界的一项重要的工作"①。这等于下达了清洗新闻队伍的动员令。此后,新闻界遭折腾,遭摧残,盖源于此。

"文化大革命"给我国新闻事业带来的危害是深重的。如同党的威望受到损害一样,党的新闻事业在人民群众中的公信力和威望也受到极大的损害。当党内"左"倾思想和路线占上风时,新闻事业也随之犯"左"的错误,实事求是的作风不复存在,特别是当林彪、"四人帮"窃取了中央主要媒体的领导权之后,这些媒体就堕落成为他们篡党夺权的工具,逐渐失去人民的信托,甚至到最后为人民所唾弃,群众不再相信党报的报道,不再信服党报的言论。"文化大革命"中出现过一种"小报现象"——群众组织、个人油印、手抄或铅印的小报满天飞。小报的总数没有人精确统计过,至少是成千上万种。小报的内容庞杂,背景复杂。出现这种小报的根本原因是群众中分裂为各派别及其斗争所致。但小报中传播了大量的"小道消息",表达着各种意见民情,却是对新闻事业的有限补充。以至于毛泽东有时都叫人搜集一些小报来看看。"小报现象"是新闻事业受损萎缩的有力证明。"文革"以后,新闻事业正常运行,小报就绝迹了。"文化大革命"对新闻事业更深刻的损害体现在新闻队伍上。经过几十年培育的新闻骨干丧失了黄金岁月,队伍需要清理,出现了严重的青黄不接。"文革"给队伍带来的思想影响需要肃清。总之,需要重建一代新的合格的新闻工作者队伍。

在这种情况下,各地新闻事业有如一片荒芜的田地。各地的发展特色与个性更无从谈起。人们期望着下一个恢复和发展的时期到来。诚然,在最困难的时候,新闻工作者也没有泯灭过振兴的希望,没有放弃过应当坚守的正直新闻工作者的立场和原则。

(本章撰稿人:姚福申、秦绍德)

---

① 《人民日报》1968年9月1日第1版。

# 第十一章

# 改革开放时期(1978—2000)

这个时期是我国各地区新闻事业历史上发展最快、变化最大的时期。结束了"文革"十年浩劫以后,进入改革开放新时期,各地新闻事业"井喷式"发展,报刊、通讯社、广播电视全面进步。市场经济的引入给各地新闻业注入强劲的动力,通过竞争,地区新闻业市场格局形成。科技进步给新闻业插上飞翔的翅膀,新的传播技术的普及,新媒体的涌现,缩短了各地新闻事业的差距。可以说,从此,我国的新闻事业真正成为现代新闻事业。

## 一、各地新闻事业"井喷式"发展

"文革"十年,我国新闻事业受到了沉重的打击。机构萎缩,新中国成立后积累起来的骨干队伍被打散,新闻报道和言论受到禁锢。好在浩劫终于结束了。打倒"四人帮"以后,虽然头两年新闻战线仍比较沉闷,但已是蓄势待发,准备迎接新的发展时期。

1978年关于"实践是检验真理的唯一标准"的讨论,以及稍后召开的党的十一届三中全会,开启了改革开放的大门。如同各条战线破除迷信、解放思想、奋力前进一样,新闻战线也迈出了改革、开放、发展的第一步。

改革是从新闻报道突破"禁区"开始的。从"文革"前"左"的思想路线开始,到"文革"中所谓"无产阶级专政下继续革命"理论的桎梏,新闻领域形成

# 第十一章 改革开放时期(1978—2000)

许多不成文的"禁区",如重视经济报道成了反对"政治挂帅",社会新闻是低俗的资产阶级新闻报道,等等,政治上的划线、条规更成了新闻工作者头上无形的枷锁。随着思想解放,拨乱反正,新闻"禁区"逐渐被冲破,迎来新闻工作的春天。

首先是社会新闻的破冰。1979年8月12日上海《解放日报》破例在头版刊登了一条社会新闻"一辆26路无轨电车翻车"。短短一条社会新闻上了市委机关报的头版,其意义远超出新闻本身,分明是有意试水。两个星期以后,《解放日报》发表评论员文章《社会主义报纸应该有社会新闻》,说:"我们社会生活的各个领域每日每时都在产生许多新闻的事情,发生着各种各样值得人们思索的矛盾和问题。在社会主义报纸上及时反映这些,正是社会新闻所应该担当的任务。"①这是《解放日报》在召开了关于社会新闻的座谈会以后公开正式发表的观点,反映着新闻价值观发生了变化,逐渐回归新闻采写的本来要求。一次突破打开了一个领域。此后,《解放日报》接连发表了若干有重大反响的社会新闻。如1981年7月的《杜芸芸将十万遗产献给国家》,1982年5月的《陈燕飞怀孕五个月下水救人》,1986年11月持枪抢劫银行等的报道,1988年1月甲肝在上海流行的报道等②。差不多同时,各地报纸、广播、电视在报道社会新闻方面都有突破,使得新闻报道更加丰富起来,社会新闻在反映、警示、教育等多方面的作用开始为大家所认识。

经济报道比重扩大,走到新闻报道舞台中央。随着国家工作重心由阶级斗争转移到经济建设,各地党报也将新闻报道重心转移到经济报道上来。1980年《南方日报》改版,除第一版为要闻版外,第二版即为经济新闻版。《北京日报》1981年的要闻版稿件中,经济新闻占47%以上。《解放日报》1979年10月起开辟"上海市场"专栏,提供商品市场信息,指导消费。1988年扩版时又创办"上海经济透视""上海乡镇企业"等7个经济系列专刊。各地报刊都重视对经济大潮中的典型经验和先进人物的报道,如1979年对四

---

① 《解放日报》,1979年8月12日。
② 邓绫周:《改革开放以来党报的发展轨迹》,复旦大学博士论文,第14页。

川省扩大企业自主权试点的报道,1981年对安徽凤阳小岗村实行联产承包责任制的报道,1984年对"温州模式"和苏南乡镇企业的报道,以及此后对沿海14个开放城市改革的报道等,搞得有声有色,产生了广泛的社会影响[①]。自然,正如市场经济和政府调控正在摸索之中一样,如何报道经济建设,如何报道市场,各地媒体也在探索。不少媒体习惯于用先进典型报道的传统方式,不善于用过程延续的方式报道矛盾,提出问题,在当时是难以避免、十分自然的。

报刊的各种副刊、专刊,广播电视的各种节目专栏,纷纷恢复和创办,百花齐放,精彩纷呈。如《解放日报》副刊《朝花》,《文汇报》副刊《笔会》,《新民晚报》副刊《夜光杯》等,都是出版了几十年,有广泛影响的副刊,一朝恢复,新老作家的力作纷纷涌来,读者群不断扩大。新的副刊专刊接连涌现,《新华日报》文艺副刊《钟山》1982年改为每周三期,《湖北日报》副刊《东湖》改为《文化之友》,设置了10个栏目,《四川日报》创办《思想、知识、生活》综合性专版,设置了17个栏目。众多副刊、专刊的恢复和创办,反映了群众中蕴藏着对文化精神生活的多方面需求。

新闻报道"禁区"的被突破,以及媒体内容的多样化,只是新闻事业改革开放的第一步。社会公众对信息日益增长的需求,以及对文化、生活多方面的追求,已经对现有新闻事业的供给感到不满足,只有增加新的新闻机构才能满足这种需求。巨大的社会力量推动各地新闻事业积极发展。

这种发展是"井喷式"的。据统计,报纸种数和发行量大大增加。1978年,全国有邮发报纸253家[②],到了2000年,全国的报纸种数达到2 007种[③]。虽然在1997、1998年,新闻出版署对全国报业进行整顿、治散和治乱的工作,但是报纸的绝对数量还是增长到1 821种;在报纸种数大幅度增加的情况下,报纸的发行量也相应大幅度增长,1978年全国邮发报纸的每期发行总数为5 542.5万份,到了2000年,全国报纸的每期发行总数为

---

① 邓绪周:《改革开放以来党报的发展轨迹》,复旦大学博士论文,第15页。
② 方汉奇主编:《中国新闻事业通史》第三卷,中国人民大学出版社1999年版,第499页。
③ 《2001年中国新闻年鉴》,中国新闻年鉴出版社2001年版。

## 第十一章 改革开放时期(1978—2000)

17 913.52万份[1]。广播人口覆盖率从1980年的53%,提高到2000年的92.74%[2];电视人口覆盖率则从1980年的45%,提高到2000年的93.65%[3];期刊在2000年共有8 725家,发行量达到294 182万册[4]。12年间报纸种数增长了700%,期发行量增长220%,广播人口覆盖率增长了75%,电视人口覆盖率增长108.1%。当然,增长不是均衡的。报纸创办的高峰有3次,即1980年、1985年、1987年,特别集中在1980—1985年间,全国新创办报纸有1 008家,平均不到两天就有一家新的报纸问世[5]。称之为"井喷式"是一点不过分的。

从分省来看,增长得较快的是沿海、报业基础较好的省份。以2000年和1982年的统计相比,北京新增报纸198种(包括中央部委办的和北京市办的),增长471%,天津新增报纸22种,增长550%;上海新增报纸59种,增长453%;浙江新增报纸71种,增长440%;江苏新增报纸63种,增长217%,福建新增报纸40种,增长571%;广东新增报纸91种,增长910%。原来基础薄弱的省份增长得也很快,如河南新增报纸67种,增长479%;青海新增报纸15种,增长500%;西藏新增报纸14种,增长700%。增长相对较慢的省份,主要因为原有一些大型国有企业的企业报、县级报或是少数民族文字报纸都保留下来了,如东北三省,内蒙,山西等,即便如此,增长最慢的省份,新办报纸也增长了50%(数据来源于《2001年中国新闻年鉴》)。

不仅报纸的数量有巨大的增长,而且不同品种的报纸也大大发展。这反映各类报纸正在寻找自己的稳定的读者群,办出适合他们口味、有特点的报纸,报纸的分众化现象日益明显。

首先发展的是经济类报纸,这是我国新闻史上过去没有的一个专业品种,完全是适应人们对经济信息的日益增长的需求而诞生的,是各报经济新闻的延伸。从全国报刊市场来看,经济越发达的地区经济类报纸越繁荣。

---

[1]《2001年中国新闻年鉴》,中国新闻年鉴出版社2001年版。
[2]《2001中国广播电视年鉴》,中国广播电视年鉴社2001年版。
[3] 同上书。
[4]《2001年中国新闻年鉴》,中国新闻年鉴出版社2001年版。
[5] 方汉奇主编:《中国新闻事业通史》第三卷,中国人民大学出版社1999年版,第504页。

北京、上海和广东三地的经济类报纸明显比其他省市自治区活跃。而北京的经济类报纸相对全国其他地区来说,更加活跃。1983年,国内首家综合经济类大报《经济日报》在北京创刊。除了这份中央直属党报外,1985年以后,《中华工商时报》《中国经营报》《金融时报》等一批有全国性影响的经济类报纸由北京走向了全国。另外,随着1992年中国股市开盘以来,证券报[1]这一经济类报纸的新品种也应运而生,北京的《中国证券报》与上海的《上海证券报》和深圳的《证券时报》成为中国最有影响的证券类报纸。北京报刊市场上经济类报纸种类繁多,各种经济类报纸由于各种原因发展状况不一,整个经济类报刊市场呈现"你方唱罢我登场"的局面。20世纪90年代随着社会主义市场经济的繁荣,经济类报刊竞争更加激烈。北京报刊市场先后创刊的经济类报刊有《中国经济时报》《中国信息报》《中国市场报》《国际金融报》《北京经济报》《北京现代商报》《经济观察报》等,由于北京的大部分经济类报纸都是和国务院直属的部委合办,北京虽然不是经济、金融中心,但却是信息中心,因此在北京报纸市场上全国性经济类报纸居多。

全国其他地区在改革开放以后,都纷纷创办了各种各样的经济类报纸。几乎每个省、市、区都有经济报,且都由当地的经济主管部门,如经委主管主办,深圳办的《深圳晚报》则为深圳市政府之机关报。但是由于所在地区的经济地位,在北京、上海和广州之外的地区,经济类报纸虽然在一段时间、某些地区产生过一定程度的影响,但最终没有产生过有全国影响的经济类报纸。

而拓展数量最大的却是晚报。以面向市民、刊载社会新闻为主的晚报在我国已有近百年的历史,曾经有几次辉煌期[2]。"文革"前报纸以党报为主干,晚报仅有几家有悠久历史与影响的报纸出版。

晚报的发展也是先从发达城市开始。20世纪80年代中后期,晚报开

---

[1] 中国目前的证券类报纸,一般是指那些由中国证券监管会以及出版总署专门指定的披露上市公司信息的报纸,通常指七报一刊。它们分别是《中国证券报》《上海证券报》《证券时报》《金融时报》《经济日报》《中国改革报》《中国日报》和《证券市场周刊》。

[2] 据考证,我国第一家中文晚报《夜报》诞生于1895年5月10日的上海,中国人自办的第一家晚报《上海晚报》则于1898年8月17日上海创刊。从那里起算到80年代中,一百年不到。见《中国晚报学》,上海辞书出版社2001年版,第27、28页。

始兴盛。80年代初,《新民晚报》《羊城晚报》和《北京晚报》等老牌晚报复刊。其中,以上海的《新民晚报》和《羊城晚报》影响最大。与《新民晚报》相比,《羊城晚报》专刊副刊相对较弱①,但更注重精品报道和深度报道,另外,还增辟了港澳版,这在全国晚报中属首家。《羊城晚报》发行量曾一度达到130—140万份,在全国产生了巨大的影响。在北京地区,1980年复刊的《北京晚报》到了20世纪80年代中期发行量就达到113万份②。1984年创刊的天津《今晚报》,在天津成了发行量最大的报纸。创刊于1987年的《钱江晚报》是浙江省唯一的省级晚报,隶属于浙江日报报业集团,是全省发行量最大、广告收入最高的报纸。1986年创刊的《扬子晚报》到了1995年发行量超过了100万份③。100版之多的《扬子晚报》把重点放在生活服务类信息上,将更多的精力投放到南京以外的发行,短短9年内迅速崛起为长江三角洲区域有重要影响的晚报,并进入上海与《新民晚报》争夺市场。由于江浙两省经济的快速发展、市民文化的发达带来了地市级晚报的繁荣,1993年的元旦,《金陵时报》(1994年元旦更名为《金陵晚报》)的创刊,标志着江苏省地市级晚报创办的高潮到来。在其后不到两年的时间内,《盐城晚报》《江南晚报》《淮海晚报》《姑苏晚报》《常州晚报》《彭城晚报》等报如雨后春笋般先后创刊。到2002年,江苏所有的地级市都拥有了自己的晚报。在版式和内容上,它们大多仿效《新民晚报》的模式,版面犬牙交错,主打市井新闻。除省城南京的《金陵晚报》之外,地市级晚报基本在二十版左右,这样小的"灶台",要使国际、国内、省内、市内、副刊、广告六道大餐品种丰富、花色多样,确实勉为其难。1996年以后,面对新兴都市报的竞争,《成都晚报》在全国晚报中首次提早出版时间。在江苏,是《金陵晚报》率先打出"晚报早出,新闻不晚"的口号,《姑苏晚报》也一度变成"午后报"。2000年左右,徐州的《彭城晚报》、淮安的《淮海日报》和《扬州晚报》也将上摊时间大大提前。随着晚报的不断发展,一地、一城只有一家晚报的格局已经被打破,特别是在缺乏老牌晚报的地区,如长春市有《长春晚报》和《城市晚报》并立,南京市有

---

① 崔巍:《京沪粤三地晚报风格探析》,《当代传播》2000年第1期。
② 北京日报社社委会:《改革开放中的北京日报社》,同心出版社2002年版,第199页。
③ 陆宏德、方仕同、祝晓虎:《扬子晚报:崛起及启示》,《新闻战线》1995年第10期。

《金陵晚报》和《扬子晚报》争雄,内蒙古自治区和河南省分别有各级各类晚报12家,河北省的晚报也已达9家①。由于晚报以贴近市民生活为其特色,所以晚报体现了浓郁的区域文化和区域特色。

1990年全国有46家晚报,1992年为58家,1994年为128家,而到了1997年已达144家。如果以晚报的创办者来划分,则全国的晚报可以划分为三类:一是"身兼双职"的,既是晚报又是机关报,如《成都晚报》《合肥晚报》《乌鲁木齐晚报》《长沙晚报》《海口晚报》等;二是独立建制的晚报,如《新民晚报》《羊城晚报》《今晚报》《武汉晚报》等。三是作为省市机关报的子报创办的,如《北京晚报》《扬子晚报》《钱江晚报》《齐鲁晚报》《新安晚报》《春城晚报》以及众多省辖市机关报创办的晚报②。到了后来,随着报业市场竞争越来越激烈,不少晚报成为上午出版、发行的"早报""日报"。

贴近群众生活,为群众休闲生活服务的报纸周末版和由此而发展成的周末报,以及生活服务类报刊开始崭露头角,形成气候。这也是报刊史上过去不多见的品种。早在1982年《中国青年报》就推出了《星期刊》;同年,南京创办了全国首家周末报纸《周末报》;1983年,广东筹备创办了《南方周末》。到了20世纪80年代末和90年代初,全国从中央党报到地市级报纸多掀起了办周末刊或周末报的热潮。周末报(或周末刊)刚刚问世时以贴近市民生活、注重社会、文化等"软新闻"著称,例如《经济日报》1985年创办《星期刊》,着重把握了"反映经济生活中的文化现象,在经济与文化的结合部出题目、做文章";《工人日报》的星期刊提出了"紧紧贴近工人";《健康报》周末版提出了"你追星时,我抓健康"的办报方针;《中国消费者报》周末版则打出了"维护消费者合法权益,引导消费者合理消费"的旗帜来作为自己的办报宗旨③。但到了90年代,周末报(或周末刊)渐渐关注政治、经济、社会、文化等重大新闻事件,突出新闻性,并在全国产生了巨大的影响。例如《北京青年报》1991年依靠《青年周末》成为北京报业市场的黑马,并继而在1992年推出了《新闻周刊》,在北京和北京周边的地区产生了重大的影响;

---

① 《2001年中国新闻年鉴》,中国新闻年鉴出版社2001年版,第195页。
② 杨步才:《新时期中国晚报发展趋势初探》,《新闻战线》1999年第2期。
③ 郑兴东主编:《新闻冲击波——北京青年报现象扫描》,中国人民大学出版社,第285页。

广东的《南方周末》在 80 年代一度以刊登社会、娱乐新闻为主,到了 90 年代,《南方周末》开始关注于政治、经济新闻,关注重大新闻和加强舆论监督,成为有全国性影响的新闻周报。

1993 年,中国首家购物休闲类报纸《精品购物指南》在北京创办,引领了本地和全国生活服务类报纸市场的开拓。1998 年 1 月 1 日,《申江服务导报》在上海由《解放日报》创办。这家融新闻性和生活服务性为一体的周报,以新颖的视角报道新闻,服务于生活消费和文化消费,深受青年读者喜爱,一年内发行量便飚升到 30 多万份。以此为榜样,全国出现了一批生活类周报。

除了上述几类报纸而外,政法类报纸、科技专业类报纸等也大大发展。

报刊数量"井喷式"增长,报刊种类丰富多样,这就完全冲破了二三十年来形成的单一党报充当新闻事业主干的局面。这件事具有重要的历史意义。多少年来,党报承担了传播新闻、宣传教育等多重功能,各地的党报区别不大,"千报一面"的情形不能令读者满意。改革开放后,这一局面的冲破带来新闻事业的大发展,极大地满足了群众吸纳信息、丰富文化生活、接受教育、享受服务等方面日益增长的需求。新闻媒体同时回归本源,履行多方面的社会功能。各地新闻界出现丰富多彩、生动活泼的局面。

各地广播、电视的发展,表现形态与报纸不同,但总的趋势是一样的。和报刊的改革先从破"禁区",拓宽报道面一样,广播电视新时期的发展也以"新闻改革为突破口"[①]。首先提高新闻信息传播的时效,充分发挥广播电视能传播现场声音、图像的优势,尽可能采用现场直播等方法,实现"零秒差"。1987 年 10 月 25 日中央电视台在第一套节目中,现场直播中国共产党第十三次代表大会开幕式,这在党代会的报道上尚属首次。这一突破意味着广播电视报道观念的进步。其次是增加新闻节目的次数。上海电台从 1983 年元旦起,率先在 990 千赫开办整点新闻,即从清晨 5 点到午夜零点,每逢整点播出一次新闻节目。1984 年 5 月,广东电台的新闻节目达到 45

---

① 1983 年 3 月召开的第 11 次全国广播电视工作会议研究提出,转引自徐光春主编:《中华人民共和国广播电视简史》,中国广播电视出版社 2003 年版,第 215 页。

次,基本上实现了每逢整点、半点都有新闻。新闻节目的密度如此之高,在全国的广播电台中首屈一指。1988年1月1日,中央电台在第一套节目中的整点新闻开播。北京、浙江、天津、辽宁等许多省级电台在此前后也都推出了整点新闻。中央电台和各省级电台、各大城市电台的整点(半点)新闻,不仅满足了收听习惯不同的听众的要求,而且为对时效性强的重要新闻进行跟踪提供了固定的阵地①。电视也是如此。1982年1月,上海电视台打破了中国电视新闻一天一次的格局,在每天21点开办《晚间新闻》,1986年10月,上海电视台又在全国第一个开办了英语新闻节目。到1987年年底,广东电视台每天从早晨到晚上11点30分,自办新闻节目的次数已经增加到12次。1984年元月,中央电视台开办了《午间新闻》,1985年3月开办了《晚间新闻》,1986、1987、1989年又先后开办了《午间新闻》《经济新闻》《体育新闻》《早间新闻》。其他各电视台也纷纷开办新的新闻节目,增加新闻品种和播出次数,电视新闻的播出量成倍增加。20世纪80年代初,中央电视台每年只播出三四千条国内新闻;到80年代末,上升到2万条左右,国际新闻也增加近50%。90年代初,国内、国际新闻年播出量达到4万条左右。山东电视台1980年播出的新闻只有360条,1985年突破5 000条,到90年代初已超过1万条②。其他地区的省级电视台每年新闻播出量同山东电视台不相上下。

在新闻节目有所突破的同时,广播电视的经济报道也得到加强。中央电视台与1985年1月1日开办经济报道栏目《经济生活》(后更名为《经济半小时》),其他地方电视台也纷纷创办经济类节目,如上海电视台的《经济信息总汇》,辽宁电视台的《经济博览》,贵州电视台的《经济之窗》等。令人注目的是广东创办"珠江经济广播电台"开启了专业电台之先河,先后有10多个省市创办了经济台。以后演化成地方广播电台专业台系列化布局,如教育台、文艺台、音乐台、交通台、英语台、少儿台、金融台、股市台等。文艺节目则形成栏目化热潮,特别是综艺节目的兴起。1990年3、4月中央电视台推出的《综艺大观》和《正大综艺》办得非常成功,收视率很高,引起各地电

---

① 徐光春主编:《中华人民共和国广播电视简史》,中国广播电视出版社2003年版,第224页。
② 同上书,第225页。

视台仿效,如上海电视台的《今夜星辰》、河北电视台的《万花丛》、浙江电视台的《调色板》等[①]。广播电视新闻改革和节目内容的拓展,证明在广大群众中蕴藏着巨大的需求。

对各地广播电视事业改革发展起关键性作用的,是1983年3月31日至4月10日召开的第十一次全国广播电视工作会议,这是一个"里程碑"[②]。这次会议提出了"四级办广播、四级办电视、四级混合覆盖"的广播电视事业发展方针。具体来说,"除了中央和省(自治区、直辖市)办广播电台和电视台外,凡是具备条件的省辖市(地、州、盟)和县(旗),都可以根据当地的需要和可能开办广播台和电视台[③]。在我国,广播电视管理体制有特殊性。几十年来,广播电视被视作机密程度高的传播媒介,一直采用集中统一的领导体制,垂直领导,自成系统。这很大地抑制了各地办广播电视的积极性。直至1978年5月1日,北京电视台改名为中央电视台,此后西安、哈尔滨、成都、太原、武汉、兰州、长春、广州、南京、沈阳、昆明、西宁等电视台改成以省名称命名,仍在强化广播电台电视台从中央到地方的行政归属。可是,集中统一的管理却带来另一种效应,就是一旦政策放开,会带来全局性变化。闸门打开,就会"井喷"。第十一次广电会议提出三个"四级"以后,极大地调动了全国各地办广播电视的积极性,形成了办台热潮。以1987年同1982年相比,全国广播电台从118家增加到386家,增近2.3倍;电视台从47座增加到366座,增加近6.8倍。广播人口覆盖率从57%提高到70.5%,电视人口覆盖率从57.3%提高到73%[④]。短短五年,真是超常增长!自然,促成这增长的,还有采用新技术的原因,这将在以后谈到。

## 二、地区新闻中心和新闻业市场的形成

改革开放以后,我国的经济体制逐步由计划经济转向市场经济。新闻

---

[①] 徐光春主编:《中华人民共和国广播电视简史》,中国广播电视出版社2003年版,第268页。
[②] 同上书,第213页。
[③] 同上书,第215页。
[④] 同上书,第327页。

事业通过自身的改革逐步走向市场,成为社会主义市场经济的组成部分。从引入广告,到自办发行;从创办子报、子刊、子台到组建报业集团、广播电视集团;从多元经营到资本运作,经过体制机制创新,新闻机构由事业单位演变成市场主体。市场经济给新闻事业的发展提供了巨大的动力,新闻机构普遍壮大了。有市场,必然有竞争。竞争初步打破了几十年一贯制形成的行政区划分割,在全国若干城市形成了地区新闻中心和新闻业市场。这是中国地区新闻事业在新的时代条件下出现的新情况。

广告是新闻业进入市场的入口。新闻媒体引进的第一个市场机制,便是刊登广告。1979年1月4日,《天津日报》第三版下方刊登了一则牙膏广告,通栏,高20行。这是"文革"以后中国内地媒体上的第一则广告。因为刊登在不显眼的地方,篇幅不大,没引起太多注意①。同月14日,上海《文汇报》在显著位置刊登了《为广告正名》一文,批判所谓"广告是资本主义生意经"的错误言论。此文实际上是为冲破广告这一禁区作了舆论准备。9天以后,即1月23日,《文汇报》刊出了第一条外商广告。同月28日,《解放日报》在二、三版下部以六分五栏的位置刊登了两家公司8种产品的广告。由于是市委机关报刊载广告,社会反响超出了大家的预料,批评争论不断。三个多月后,中共中央宣传部给上海市委宣传部发文,肯定了新闻媒体恢复广告的做法。

毕竟,广告是市场经济的伴生物,一定会越来越发达。大家都认清了这一趋势,报纸广告率先起步,电视广告后来居上。市场经济基础好的地区领先,其他地区亦紧紧跟上。

上海是报纸广告最早起步的城市,20世纪80年代是一个发动的阶段,但增长已很可观。据上海市工商局统计,1983年报纸兼营广告业务的单位共12家,占全市广告经(兼)营单位148家的8.1%,到1991年已发展到54家,占全市517家的9.8%,比例增长不多,绝对增长数字却不低,增加了42家报纸。报纸广告营业额1982年至1991年计3.4387亿元,占全市广告总

---

① 李雅民:《追潮一段历史的起点——天津日报发"文革"后第一条商业广告的回顾》,《中国报业》2009年第1期。

额 24%,年增长率为 31.9%。到 1994 年全市 84 家报纸的广告总收入已达 6 亿元以上。广告收入成为报社的重要经济来源,大大增加了报纸的经济实力,经营广告的地位也随之提高[①]。

北京报纸广告发展得也很快。1979 年《人民日报》子报《市场报》创刊,创刊号上即刊登了 29 幅广告,领风气之先。由于北京报刊的数量在全国是最多的,所以其广告总额一直居全国之首,而且报刊在北京广告业中占比也是全国最高[②]。

广东报纸广告起步比上海、北京略晚一点,但发展势头很猛,后来居上,从单个报纸看《广州日报》《羊城晚报》《南方日报》《深圳特区报》等报纸的广告营业额火箭般上升,20 世纪 90 年代以后纷纷进入全国报纸广告排名前十强、前三甲直至占据榜首[③]。

其他地区发展也不慢。在四川,从 1979 年二季度开始,四川报纸的广告版面已不能满足客户要求,出现了客户排队等待版面的局面。到 90 年代初,随着广告客户的不断增多,广告版面进一步扩大,除开辟"报眼"广告、中缝广告外,一些报纸在一版下部也开始刊登广告,有的大报在出八版时,广告版面仍占近一半篇幅。1989 年,《成都晚报》的广告收入达 600 余万元,较 1983 年的 56 万元增长了近 11 倍;到 1992 年,《四川日报》《成都晚报》《重庆日报》的广告收入都突破了 1 000 万元[④]。在湖北,由于开展了广告经营,武汉市 21 家公开发行的报纸,13 家已结束了主管部门和单位的长期补贴,自负盈亏。《湖北日报》《长江日报》1985 年已盈余 2 000 万元以上,《长江日报》1989 年纯利润达 430 万元。

广告业务的迅速展开,得益于改革开放以后经济快速增长,同时与各地报纸广告经营的体制机制创新也有关。1992 年 9 月,中央允许媒体自办广

---

[①] 贾树枚主编:《上海新闻志》,上海社会科学院出版社 2000 年版,第 663 页。
[②] 北京媒体广告收入占整个广告收入的比例约比全国高出 21.97 个百分点。参见陈秀修:《试析北京广告业的发展》,《经济与管理研究》2002 年第 3 期。
[③] 按报纸广告营业额排序,1991 年全国排名为《羊城晚报》《广州日报》《人民日报》《解放日报》《深圳日报》《深圳特区报》;1995 年为《广州日报》《羊城晚报》《新民晚报》《北京晚报》《深圳特区报》;2000 年为《广州日报》、文汇新民报业集团、《羊城晚报》《深圳特区报》《北京青年报》。引自范鲁彬编:《中国广告全数据》,中国市场出版社 2009 年版,第 284—299 页。
[④] 四川省地方志编纂委员会:《四川省志·报业志》,四川科学技术出版社 1996 年版,第 317 页。

告公司的政策出台后,当年的9月18日,《南方日报》率先在全国办起了第一家媒体广告公司——南方广告有限公司。它与《南方日报》广告部实行"两个招牌,一套班子"的灵活运作方式。在北京,《北京青年报》是很早就把广告经营剥离出去的报社,即广告与报纸和采编完全脱钩,成立北京青年报业总公司、北京青年传媒总公司。20世纪90年代中期,广告代理制在全国各家报社得到普及,1995年《解放日报》试行广告代理制以后,报社广告部与上海具有广告代理权的130多家媒介公司先后签订了代理合约,扩大了广告来源。由于报纸开辟了不少新栏目,1995年该报广告收入为2.015亿元,突破广告年收入2亿元的大关。上海多家报纸为了开拓国外广告业务,还和日、美以及港澳等国家和地区数百家广告媒介和广告客户建立了长期稳定的合作关系。1997—1998年全国成立多家报业集团后,广告经营开始以集团统一规划来进行。1998年底,文汇新民报业集团广告中心正式运转,在第一次大型洽谈会上,就有56家广告公司与集团广告中心签订了《广告代理协议书》,签约总额达4.68亿元[①]。

从80年代后半期开始,各地报纸发生过几次"扩版潮"。报纸扩版,固然是为了满足读者对新闻和其他内容的多方面需求,但实质上扩版的第一动力乃是拓宽广告版面,增加经济收入。在我国报纸审批登记制度下,每种报纸每期出版多少版面是固定的,一般不允许随意改变,扩版、缩版、出增刊都要申报批准。因此,在限定的版面内用于刊载广告的版面也是有限的。随着广告业务的增长,版面不敷应用,扩版是必然的选择。1987年1月1日,《广州日报》在全国省、市报纸中,率先由对开四版改为对开八版。90年代初期,全国报业市场迎来了"扩版大战":《北京晚报》从1990年7月1日开始由四开四版扩为四开八版,1994年1月1日又由四开八版扩为四开十六版。在上海,《新民晚报》在1993年就扩为四开十六版;《解放日报》1993年由对开八版扩为对开十二版,1994年起逢周三免费赠送对开四版《每周球讯》;《文汇报》1992年扩为八版,1995年扩为对开十二版。1998年是上

---

① 方汉奇、陈昌凤主编:《正在发生的历史:中国当代新闻事业》(下),福建人民出版社2007年版,第569页。

海报纸扩版的"大年"。87家公开发行的报纸中,有近20家报纸扩版或增刊,一些主要报纸几乎都扩了版;《解放日报》从对开十六版扩大到二十版,而且天天出彩报;《新民晚报》从四开二十四版扩到三十二版;《新闻报》从对开八版扩到十二版;《劳动报》和《青年报》均从八版扩为十六版。《文汇报》虽不扩版,但是在宣传内容上作了调整,以进一步提高报道质量。经过这次扩版,上海报纸几乎增加了40%的版面。陕西报业"黑马"《华商报》由1997年改版初期的对开八版周报,先后改为日报二十四版、三十六版,至2001年被批准出版对开四十版。陕西省委机关报《陕西日报》由对开四版扩至对开八版,西安市委机关报《西安晚报》扩至对开二十版,陕西省第一份都市报《三秦都市报》由对开四版扩至十六版。在武汉,1995年,《长江日报》由对开四版扩为八版,1997年,又扩至对开上下午十二版。地市级报纸也纷纷扩版。在江苏,自从1985年《无锡日报》改为对开大报后,《常州日报》《南通日报》《扬州日报》《徐州日报》等都改成对开大报。其后,各报几经扩版,现大致维持在对开八至十二版的规模。

在日益增多的广告压力下,扩版依然不能避免广告版与新闻版的矛盾。但很有意思的是,出于报纸整体经济效益的考虑,"无论是经济部、印刷厂,还是编辑部,无论是社一级领导,还是一般干部和工人,都很关心和支持广告部门的工作。当新闻报道版面同广告版面发生矛盾的时候,编辑部总是想法调剂,腾出版面刊登广告"[①]。

与报纸一样,电台电视台的广告业务在80年代也发展得十分迅猛,而首先也是从经济比较发达的地区起步的。1979年1月28日下午,上海电视台播出了中国电视史上第一条电视商业广告,即1分30秒的"参桂补酒"广告,这是我国电视历史上具有重要意义的经营性广告;3月15日,上海电视台又播出了中国内地第一条由外商提供的"瑞士雷达表"广告;1979年4月13日,广东电视台播出第一条收费的商业广告。广东电视台当年制作、播出中外广告30多条,收入人民币12万元,港币120万元。9月30日中央

---

① 解放日报经理部:《好的经济效益从何而来》,《新闻战线》1990年9月。

电视台播出第一条广告①。同年 10 月和 11 月间,北京电视台和电台分别开始播出商业广告。自此,商业广告在地方性电台、电视台开始播出。

自从电视台和电台"自主经营、自负盈亏"后,广告成了电台、电视台收入的主要来源。广告经营在 20 年来的发展过程中经历了不同模式。20 世纪 80 年代初,北京电视台由广播局下属的北京音像公司承办,广告收入绝大部分归音像公司,1984 年 8 月,北京市广播电视局决定,从 8 月 15 日起北京音像公司电视广告业务划给北京电视台,成立广告部,正式开办广告业务。80 年代初期和中期,全国各地的电视台和电台都成立了广告部来经营电视台和电台的广告。到了 90 年代,各地的广播电视广告经营中出现广告代理制。1992 年,广东人民广播电台给系列台以法人身份参与市场竞争,实行以广告部、信息部为主体的代理机制。1996 年 6 月间,中央电视台决定实行"栏目带广告,广告养栏目"的运作机制。1997 年陕西电视台对广告经理部进行改革实行个人承包制,划分四大广告区域。

由于电视、电台具有图像和声音的优势,受众数量比报刊更多、更广泛,广告投放的效益更高,因此尤其是电视,广告业务扶摇直上,营业额成倍增长。整个 80 年代,报纸还是我国广告业的霸主,至 90 年代初电视很快取而代之,成了广告业的主角。1995 年,全国电视广告的营业额达到 64.98 亿元,首次超过报纸,全国报纸的广告营业额为 64.68 亿元。之后,差距逐步扩大。2000 年,电视广告总额 168.91 亿元,而报纸广告总额为 146.47 亿元②。

必须指出的是,虽然改革开放以来,各地区传媒的广告都发展很快,但由于经济基础、市场发育程度不同,不同地区、不同城市的传媒广告总额差距巨大,这也就直接影响了当地传媒的发展。广告首先是从上海、北京、广州、重庆、天津、沈阳、武汉等中心城市与沿海经济发展地区起步的。四川、辽宁等地区一度排在前列,但由于北京、上海、广东所处的独特地位,很快跃居广告业的前列。2000 年,广告营业额超过 100 亿的仅 3 家,即北京

---

① 徐光春主编:《中华人民共和国广播电视简史》,中国广播电视出版社 2003 年版,第 515 页。
② 范鲁彬编:《中国广告全数据》,中国市场出版社 2009 年版,第 22 页。

## 第十一章 改革开放时期(1978—2000)

147.566 8亿,上海111.832 4亿,广东101.776 8亿。而16个省(区)的总额未达到单位为亿的两位数。甚至《广州日报》一家报社的广告营业额就与河南省全省的广告额相当,是贵州、甘肃、内蒙古、海南、宁夏、青海、西藏六省(区)的总和[①]。地区间的差别与不平衡如此严重,是我们比较地区新闻事业必须要注意到的。

推动报业进入市场经济的另一只手就是发行。广告和发行是互相依存、互相促进的,发行是广告的基础。报纸的发行量直接影响到广告的投放,广告商在广告市场上首先依据发行量来选择所要投放的媒体。要增长广告营业额,首先要把发行量搞上去。反过来,广告额的增长增强了报纸的经济实力,又能在促进发行上增加投入。以市场的眼光看,发行就是销售——报纸这种新闻文化产品的销售方式。销售上不去,再好的产品也进不了市场。报纸的发行改革是从体制着手的。新中国成立以来,我国报纸发行一直实行"邮发合一"的制度,报社全权委托邮局投送给读者、用户。这种体制的优点是形成了一个覆盖面广,通达穷乡僻壤、边疆海防的完整的网络。弊病是邮局垄断,长期形成费率高、回款迟、投递环节时效差等弊病,报纸无可奈何。1985年,《洛阳日报》开启了"自办发行"的先河。告别邮局,组建了自己的发行网络。该报的改革取得了实实在在的效果,发行量大大增长。前5年每年增长超过10%,发行费率下降到18%左右(邮发至少要30%以上),又增加了自有流动资金[②]。

许多报纸闻风而动,1986年,《太原日报》等6家报刊自办发行;1987年,《武汉晚报》等11家报社自办发行;1988年,《天津日报》等16家报社自办发行;1989年,《长江日报》等68家报社加入了自办发行的大潮;1990年,又有《广州日报》等26家报社选择了自办发行。据统计,"截至2001年,全国实行自办发行的报纸800多家,占全国报纸总数的40%,全国自办发行的报社已经拥有固定资产和流动资金总计约20亿元,年流转额70多亿元,自办发行职工总数17万多人,发行费率从邮发时的40%以上,平均降低到

---

[①] 范鲁彬编:《中国广告全数据》,中国市场出版社2009年版,第185、299页。
[②] 洛阳日报社:《路在脚下延伸》,《报纸经营管理经验之花》。

20%左右,根据中国报协抽样调查,自办发行的报纸送到读者手里的时间平均早于邮发报纸1小时零10分钟"[1]。在"自办发行"的大潮中,地市一级报纸走在前头。以江苏省为例,《无锡日报》于1987年1月首次尝试自办发行,《连云港日报》1988年起自办发行,在区县设立发行站,在乡镇设立发行点,有发行员160余人,形成市、县(区)、乡(镇)三级发行网络。《南京日报》1989年起尝试自办发行。江苏全省自办发行的报纸,1989年12种(全国108种),数量居全国第一,1991年32家。到1991年,全国计划单列市以及宁夏、西藏、云南之外的所有省会城市的党委机关报都实行了自办发行[2]。而省级党报发行改革相对缓慢的主要原因是,"自办发行"投入效率比并不高。省级党报要面向全省发行,具有"面广、点散、线长"的特点。既要面向城市读者,也要面向农村读者。以《南方日报》为例,读者遍布广东全省17.8万平方公里范围内的21个地级市、122个县(市、区),1586个乡镇和346个街道办事处。有些地域广阔、地形复杂的省(区),读者分散,报纸发行覆盖密度很小。如《宁夏日报》发行6万份,读者散在全区6.64万平方公里内,平均每平方公里不到一份报纸。有的读者甚至在崇山峻岭、人迹罕至的僻壤。邮局为了把党报送到每一位读者手中,投递线路辛苦经营了几十年。省级党报如弃用邮局网络,另起炉灶,势必要面对建网投入大、征订收费难、投递时效难保证等难题。省级党报发行改革没有简单搬用"自办发行",是实事求是,从实际出发的。

从另一方面看,报社"自办发行"又促进了邮局发行工作的改进和改革,几十年难以改变的规则有所松动。1991年,《河北日报》《河南日报》《山西日报》三家省委机关报分别经省委批准,也拟于1992年退出邮发体系,自办发行。邮政部门得知这一消息,立即派出负责人与三家党报协商,修改发行合同,挽留三家省报继续交邮局发行。邮电部门保证《河南日报》在1991年58万份的发行基础上,1992年增加到61万份;《河北日报》在1991年30万

---

[1] 《全国省级党报现状与改革途径新探索》课题组:《党报改革途径新探索》,南方日报出版社2001年版,第331页。

[2] 方汉奇、陈昌凤主编:《正在发生的历史:中国当代新闻事业》(下),福建人民出版社2007年版,第494—495页。

份的发行基础上,1992年增加到40万份;《山西日报》农村版的发行量,保证在1991年的基础上稳步增长。力争省报25%的发行费率不动,但邮局每年支付报社业务活动费,《河南日报》30万元,《河北日报》15万元(按此数换算,实际上降低发行费率2%左右,三家报社所办的子报,发行费率由原来的38%和36%,降至30%和26%)。《河北日报》的读者订报款邮局全年分一月和八月两次付清,《河南日报》的读者订报款,邮局全年分一月、七月、十月三次付清。这是数十年来邮电部门首次向报社让利和让步,震动了报界,也标志着邮局从垄断时代走出,将报社视为平等的商业伙伴[①]。邮局在提早日报投递时间、增加投递班次等方面亦有改进。

  随着邮发和自办发行的竞争,自办发行也暴露出若干缺陷,如末端投递、订阅比较差,而且难以跨省域,甚至全国发行。经过探索,许多报纸采取"自主发行",即在保证自主权的前提下,采用多渠道发行,包括委托邮局、自办发行或者其他方式结合起来。"自主发行"表明报社是发行的市场主体,"自主"和"自办"一字之差,反映在发行方式上更灵活。在自主发行上,各报社不断有创新举措。《解放日报》先后在北京、苏州、无锡、常州、崇明等地用卫星传送版样,在当地和上海同步开印,同时向国内外发行。《新民晚报》在全国建立了13个卫星接收站,使这些城市能和上海同步印刷、发行。而在当地,则委托邮局投递。1999年10月,解放日报社和上海广播电影电视局共同投资1 200万元组建全日送公司,在全市建立起5家分公司和100多个站点,承担了上海市多家报纸的投递工作。解放日报报业集团、文汇新民联合报业集团、上海市邮政局和上海市新闻出版局1998年11月共同投资组建上海东方书报刊有限公司,"由1 012个书报亭组成了全国最大的书报刊零售体系,供应120多种报纸,500多种期刊图书"[②]。在北京,1996年,《北京青年报》成立了小红帽发行服务公司,使发行不再仅仅是依附于报社的一个附属机构,而是自立的发行公司。小红帽下设2个子公司、13个分公司、100余个服务网点,服务半径辐射京城18个区县,在北京形成了四通八达

---

[①] 武志勇:《中国报刊发行体制变迁研究》,中华书局2013年版,第247页。
[②] 《东方书报亭,探索中发展》,《解放日报》2000年3月20日。

的发行配送网络,并在全国30多个省市、自治区设有85个代理发行点,不仅全面代理《北京青年报》的发行工作,而且先后有包括《南方日报》《中国经营报》等百余家报刊社与小红帽签订了北京地区的代理发行协议,同时承接牛奶、饮用水、可口可乐等商品的直投配送业务,图书、音像、票卡、假日商品的直接营销业务,并提供消费行为的分析、调研等信息服务。1998年创刊的《北京晨报》不仅后来居上首先抢占了北京的早报市场,在发行上也独辟蹊径,依托北京工会共同组建了"小黄帽"发行服务队伍,并力求使之公司化。《天津日报》发行改革走的是股份制的道路,上海复星也是股东之一。四川的《华西都市报》倡导"敲门发行",《精品购物指南》首创"订报送报箱"制度,沈阳《辽沈晚报》与保险公司合作实施"捆绑式发行",南京的《服务导报》利用全市980个奶站发行报纸。有些地区的报纸联合起来组成发行网络:1991年,《重庆日报》《成都晚报》《自贡日报》《南充日报》《涪陵日报》5家报社经过协商后,决定实行联网发行,加快报纸投递和扩大发行量。浙江的《钱江晚报》从2000年7月起整合晚报发行力量,重组成立了"浙江省钱江报刊发行有限公司",坚持自主多渠道发行。在杭州市按照建立"人网、车网、店网、机网"的思路,实行自办发行,初步建成规范高效的发行网络。总之是"八仙过海,各显神通",创造了报纸市场营销的许多新鲜方式。

在广播电视领域,营销就是提高收视率。广播电视广告的市场占有率与收听收视率有直接关系,所以节目制作人员和广告主共同喊出"收听收视率就是广告"的口号[①]。由于收视率统计缺少有效透明的技术手段,以及公认的规则和权威发布机构,全凭各电台、电视台的估计和诚信,一度也出现虚报作假行为。为提高收视率,各地电台、电视台除改进新闻报道外,还开拓了节目制作和节目经营,各地的节目市场逐渐形成。尤其是电视剧制作、发行迅猛发展,到1997年,电视剧产量超过1万部(集),电视节实际上成为电视剧交易会。1986年创办的上海电视节和1991年创办的四川电视节,成为每年交替进行的节目交易盛会[②]。

---

① 徐光春主编:《中华人民共和国广播电视简史》,中国广播电视出版社2003年版,第517页。
② 同上书,第520页。

## 第十一章 改革开放时期(1978—2000)

比恢复广告和发行改革稍晚一些展开的,是报纸的多种经营。开展多种经营的呼吁来自一些中央级大报。据1987年的一项调查,《人民日报》等首都七家主要报纸亏损。这些报纸希望政府网开一面[1]。1988年3月新闻出版总署和国家工商管理局联合颁布了《关于报社、期刊、出版开展有偿服务和经营活动的暂行办法》。多种经营的闸门打开了,报纸多种经营和主营业务究竟是什么关系,人们的认识随实践而逐步深化。在90年代初的"经商热、公司热"大潮中,各地报社怀着"以实业养报业""堤内损失堤外补"的良好愿望,办了各种各样大大小小的经济实体。有的对外承揽印刷业务,有的开办照相冲印,有的开办饭店宾馆,有的提供信息咨询,甚至还有的开办化工厂、养猪场,少数报社涉足商业、房地产、期货。蜂拥而上的结果是,脱离报纸主业搞多种经营,失败的比成功的多,亏损的比赚钱的多。而围绕主业开展的容易成功,如广州日报社创办的连锁公司,主营报纸发行,兼营其他,取得了成功。具有中国特点的是,这一时期报业介入房地产的都获得成功。如南方日报社20世纪80年代就在深圳办事处建了七层大楼,出租做写字楼、酒家,自办招待所。广州日报社创办了大洋房地产开发公司,四川日报社到1996年就已开发房产面积6 000多平方米[2],山西日报社20世纪90年代中期投资500万元在报社临街地带建设酒店,当年就获利100万元[3]。

随着盈利增多,资产壮大,为了更快地扩张,有些新闻单位开始尝试资本运作。这方面广播电视系统走在前面。早在1987年,上海广播电视局就成立了"上海广播电视发展中心",统一管理局所属的除广告外的多种经营所有单位,并作为投资主体,对各单位进行成本核算。在此基础上,1992年上海广播电视局组建了东方明珠股份有限公司,作为A股在上海证券市场上市,向社会发行400万股,募集资金2.04亿元;组建了39个二级公司,开展各种经营活动,上马一批重大工程[4]。至1998年,"东方明珠"以4.08亿

---

[1] 张平:《人民日报等首都七家报社亏损日趋严重》,《新闻出版报》1988年1月30日。
[2] 许中田等:《面向21世纪的中国报业经济》,人民日报出版社1998年版,第182页。
[3] 同上书,第191页。
[4] 徐光春主编:《中华人民共和国广播电视简史》,中国广播电视出版社2003年版,第529页。

元认购上海电视广告公司股份,持股90%。1997年6月16日由中央电视台所属的中国国际电视总公司控股的中视基地集团股份公司正式以中视传媒股份有限公司(简称中视股份)挂牌上市。1999年3月25日,湖南电广实业股份有限公司(后改名电广传媒)在深圳上市,向社会公开发行4 500万股,募集资金4.43亿元[①]。报纸的资本运作略谨慎一些。1994年1月1日创刊的《成都商报》是个"吃螃蟹"者。《成都商报》在投资体制上的创新首先是将报业的编辑业务和经营业务分开,然后将经营权交给民营公司,将报社全部经营业务(包括发行业务和广告业务)交给民营公司操作。当《成都商报》成为年广告收入为1.8亿元的成都报业霸主时,它也同时成为了那家民营公司,即博瑞投资有限公司的控股方。1997年《成都商报》用博瑞公司出面收购上市公司四川电器,进而成为四川电器的大股东,从而成为中国第一家借壳上市的报纸。现在博瑞公司已涉足传媒、地产、酒店、药店连锁经营等多个领域,总资产20亿。但总的来看,在新闻业界资本运作的步伐并不大。因为新闻业生产的新闻文化产品同时具有意识形态属性,而新闻机构内部管理体制尚未将内容管理和经济、资产管理分开。改革有待进一步深化。

引进市场经济必然会形成报业和广电业的市场,会产生市场竞争。在我国,区域经济的特征很明显,而新闻传媒的管理又完全按行政区划管理,因此报业、广电业的市场及其竞争也具有区域的特点,而这种特点恰恰又造成了地区间新闻事业新时期的差别。下面简要描述几个报业和广电业的区域市场。

上海是我国最发达的工商业城市,在历史上很长时期(半个多世纪)都是我国的新闻中心。改革开放以后,这里的新闻业首先崛起,报业和广电业市场发育得较快、较规范,较少受行政掣肘。20世纪80年代,《解放日报》和《文汇报》领风气之先,首先在媒介内容、广告发行、子报子刊、技术更新等方面不断创新、拓展。作为市委机关报的《解放日报》和作为文化教育界根深叶茂的《文汇报》,可以说是双雄并起,各方面你追我赶。80年代中期,1978年复刊后趋于稳定的《新民晚报》异军突起。这份以市民发行为对象,

---

[①] 徐光春主编:《中华人民共和国广播电视简史》,中国广播电视出版社2003年版,第529页。

社会新闻有特色、副刊有传统的晚报,继续发扬"短、广、软"的特色,以"飞进千万家"为口号,硬是通过每日午后零售,把自己的发行量搞了上去。1992年7月1日首次扩版至四开十六版,发行量不降反升,达到168万份,仅次于《人民日报》[①]。从此逐渐进入鼎盛期,发行量和广告收入始终排在全国前三位。1995年,《新民晚报》还发行了美国版,成为我国大陆率先打入北美市场的报纸。这样,上海报界形成三足鼎立。此外,20世纪80年代中期起,上海相继创办了一大批经济类报纸,如《上海经济信息报》《上海工业报》《世界经济导报》《文汇经济信息报》《经济新闻报》《上海商报》《上海金融报》《新闻报》《上海证券报》和《上海经济报》等,但与北京的大部分经济类报纸不同的是,这些经济类报纸是地区性的,对经济新闻的报道大都局限在上海和长江三角洲地区。特定对象报刊,如《青年报》《劳动报》《少年报》等已形成了历史传统,有些有特色的报纸如《报刊文摘》《广播电视节目报》深受群众欢迎,发行量超过大报。上海报刊市场总的是错位竞争,良性竞争。90年代来,以《申江服务导报》为代表的生活类报刊找到市场空隙,也发展起来。《新闻晨报》《东方早报》则开拓早报市场。

上海电视台在地方电视台中较为活跃。1986年5月上海电视台增设26频道,经过两个月试播于7月正式启用,该频道主要用于电视教育。1986年12月1日又主办了"上海友好城市电视节",这在全国尚属首次。1987年,上海电视台分别成立第一编辑室、第二编辑室,对外呼号为上海电视一台、二台,形成上海本地电视媒体的"双台格局"(并以同样方式成立上海人民广播电台新闻教育台、文艺台、经济台)。1989年还成立电视台新闻中心。同时,成立局发展中心,负责全局事业发展,形成技术中心、服务中心、发展中心"三中心"。

在南方,广州则是另一个报刊市场。自引进广告机制后,媒体间竞争日益激烈,基本上是《南方日报》报系、《羊城晚报》报系和《广州日报》报系三分天下。前两家有悠久的历史传统,根基较深。一是省委机关报,队伍实力强;一是国内知名晚报,在全国有影响。《广州日报》则是新军突起。在竞争

---

① 丁法章:《我的新闻人生》,复旦大学出版社2015年版,第159页。

中各自形成自己的优势。《广州日报》走的是"党报+都市报"的路子,在广州的发行量第一,还拓展到珠三角。《南方日报》走母报子报——报系的路子,所创办的《南方周末》《南方都市报》《21世纪经济导报》等逐步在广东乃至全国形成品牌优势。《羊城晚报》坚定地走晚报的路子,由于其历史文化传统特色的影响大,牢固占据着晚报市场。20世纪80年代中期,广东曾出现一批经济类报刊,如《信息时报》《粤港信息日报》《亚太经济时报》《投资导报》等,一度红火,后被兼并或改名①。离广州报业市场不远的深圳又有一报崛起,这就是《深圳特区报》。这家1992年因率先报道邓小平南方巡视讲话而闻名全国的报纸,在市场道路上迅速壮大,通过多种经营,报业资产进入全国前列。同城的《深圳商报》虽然与之形成竞争关系,似未能撼动它的地位。广东的报刊市场十分活跃,在全国率先扩版竞争,率先创办子报,多种经营也放得很开,或开酒店、书店,或搞房地产,即使在报纸版面上也搞得很活,个人署名专栏和自由撰稿人的稿件也很多。如同改革开放的许多领域走在全国前列一样,报业也走在前列。广州的电视发展得不如报业景气,主要原因是毗邻香港,晚间电视节目被香港抢去许多观众。

成都形成了西南地区十分典型的报业市场。20世纪80年代以来,成都的报业市场不断繁荣,并且还辐射到整个西南区。特别是进入90年代,晚报、都市报竞争越来越激烈,主导整个周边的报业市场,《华西都市报》崛起,《成都晚报》进入黄金时代。《华西都市报》市场定位非常明确:加强舆论监督、注重市民新闻的报道,新闻报道角度独特。从创办后的短短几年间,改变了成都以及四川报业市场的原有格局,构架了都市报在报业市场举足轻重的地位。与此同时,《成都商报》由原来的定位精英型报纸变为市民报,以和《华西都市报》相近的风格取得成功。从1995年到1996年,《成都晚报》在成都的发行量高达36万份,广告收入反超《四川日报》一倍,其广告收入突破亿元大关,高达1.37亿元,比《四川日报》当年的3 000多万元高出一大截。1998年秋,《蜀报》与《商务早报》等两家市民报也加入了成都报业市场竞争的圈子。1999年夏,《天府早报》和《四川青年报》又奋不顾身地

---

① 《粤港信息日报》被《羊城晚报》兼并;《投资导报》被《深圳特区报》兼并,后改名为《晶报》。

## 第十一章 改革开放时期(1978—2000)

跳入了这个报业竞争圈。成都是一个有几百万人口的大都市,一度存在定位基本相同的7家报纸,由此可见成都报业竞争的激烈程度。报纸竞争首先反映在价格上:一般十二至二十版的彩印报纸一度只卖5角钱,到后来《商务早报》则用每份2角钱的低价打入市场。其次是发行:《华西都市报》给订户赠送"购物金卡"和BP机;《成都商报》则打出"购物订商报"的口号;《蜀报》则推出"天天看《蜀报》,日日中大奖"活动,每份资金高达数千元。最后是人才:各报之间的人才流动加剧,各报"互挖墙角"现象时有发生。就广播电视而言,四川省的广播电视网络南联云南,北联陕西,东联重庆,四环一线,是中国西部国家广播电视网络的枢纽,也是四川省信息化建设的重要基础设施之一。到该年底,全省广播人口覆盖率达到93.66%,电视人口覆盖率达到94.46%,广播和电视的村级通播率分别达到92%和95%。全省有线电视用户达到729.72万户[1]。在卫星电视接收方面,随着人民生活水平的提高,越来越多的家庭安装了小型卫星接收设备,到2001年底全省共建成卫星地面接收站53 927座,其中属于广电系统外的有34 445座[2]。

武汉作为华中地区的中心城市,拥有超过800万的人口,这为武汉新闻事业的生存发展提供了必要的市场环境。武汉存在着两家党报和五家都市报,另外,还有数十家报纸同时在市场竞争,报纸的数量在省会城市中位居前列。《湖北日报》和《长江日报》分属湖北省委和武汉市委,两党报同在武汉,都在探索一条党报发展的新路。另外,武汉还有《楚天都市报》《武汉晚报》《武汉晨报》等都市报,互相竞争相当激烈,影响力也辐射到了华中地区。武汉报业激烈竞争的序幕是由《楚天都市报》的创办拉起的。《楚天都市报》1997年元旦创刊,经过两年多时间发行量就突破了70万份,1998年广告收入达4 800万元,盈利1 600万元[3]。面对《楚天都市报》的冲击,1999年,长江日报社创办《武汉晨报》,武汉晚报社创办《今日快报》,一时之间,武汉报业市场上《湖北日报》《长江日报》《武汉晚报》《楚天都市报》《武汉晨报》《今

---

[1] 《中国广播电视年鉴》,中国广播电视出版社2002年版,第105页。
[2] 根据四川省广播电视厅计财处2002年5月数据。
[3] 方汉奇、陈昌凤主编:《正在发生的历史:中国当代新闻事业》(下),福建人民出版社2007年版,第526页。

日快报》《市场指南报》7张综合性日报并存，报业市场都定位于武汉市民，都是对开二十四版左右的报纸，内容大同小异，所设专版也差不多，相互间可替代性较强。2002年1月5日，《武汉晨报》推出贺岁价1角钱，《武汉晚报》也将报价降到了3角钱，并提出了"最便宜的报纸，最精彩的内容"的口号。该报1月8日称，降价以来已经是两日居武汉地区销售量第一，降价第一天内总销量就飙升到62.6万份，刷新了发行记录。这一次价格战从1月5日开始，到1月9日湖北省新闻出版局的干预而结束，一共只持续了5天。经过报纸大战后，《楚天都市报》在武汉市场上零售量第一的地位并未被改变，2002年发展达到130多万份①。

在西北重镇西安，也出现了报业市场竞争，1997年《华商报》改版后，西安掀起了市民综合类报纸的办报热潮，由此西安报业竞争进入全新阶段。发行量最大的3家报纸——《华商报》《西安晚报》《三秦都市报》2002年的日发行量总和接近87万份，占陕西省报纸发行总量的28％，其中，《华商报》占17％左右。西安报业市场的总体特征是：《华商报》《西安晚报》《三秦都市报》三足鼎立，《华商报》更为突出。《华商报》是侨办系统的报纸，创办人是《陕西日报》的几位骨干编辑、记者，在西安站住脚后，又去吉林、辽宁异地办报。《华商报》在东北还办有《华商晨报》和《新文化报》两份报纸，通过异地办报，扩大影响力。西安的报业市场不大，竞争也不算激烈，但这毕竟是市场竞争，在计划经济下是不可能出现的。沿海城市和内陆城市的区别只是市场大小，发育程度完善与否。

有市场竞争，一定会发展到企业兼并和垄断。因为这有利于企业扩大规模、占据更多市场份额和降低竞争成本。但这是一个自然发展过程。在西方发达国家，这个过程至少有几十年乃至上百年。在中国新闻传媒领域，这个过程被大大缩短了。从进入市场接受市场机制，到发育市场形成自由竞争，再到出现兼并，形成传媒集团化，竟只有短短十多年！到90年代中期，这种情况就出现了。

1996年1月15日，《广州日报》成立我国第一家正式挂牌的报业集团，

---

① 邱沛篁：《努力开创都市报发展的新局面》，《新闻界》2002年第6期。

标志着中国报业开始进入集团化时代。1998年5月18日,广州的《南方日报》与《羊城晚报》同时分别挂牌宣布成立南方日报报业集团和羊城晚报报业集团。至此,广州集中了我国最先出现的三个报业集团,领全国报业改革之先。同年6月8日,北京的中央级报纸《光明日报》与《经济日报》也宣布成立光明日报报业集团和经济日报报业集团。

以上五家报业集团都是由一张大报和几家或十几家子报再加上出版社组建而成。但是,1998年7月25日,《新民晚报》与《文汇报》合并成立了文汇新民联合报业集团,这是国内首家强强联合的报业集团,也是中国最大的报业集团,旗下还拥有《文汇电影时报》《文汇读书周报》《新民体育报》《新民围棋》《萌芽》等8个子报子刊。

1999年以后,在北京、上海和广东以及全国其他地区纷纷成立了报业集团。如1999年11月1日,深圳特区报报业集团成立。这是在广东成立的第四家报业集团。2000年10月9日,解放日报报业集团也宣告成立,集团拥有大型综合日报《解放日报》,都市报《新闻晨报》《新闻晚报》,文摘类报纸《报刊文摘》,服务性周报《申江服务导报》,外文报纸《上海学生英文报》,还有新加盟的《人才市场报》《上海计算机报》《房地产时报》等报纸,同文汇新民报业集团在上海报业市场展开了竞争。

2000年3月28日北京日报报业集团正式揭牌成立,作为北京唯一的地方性综合性报业集团,包括七报、两刊、一出版社、四海外版、五记者站和一网站。至此,北京的报业市场同时存在地方报业集团和中央报业集团。

2000年9月12日,我国西部第一家报业集团——四川日报报业集团在成都正式挂牌成立。该集团以《四川日报》为核心,同时拥有《华西都市报》《天府早报》《四川农村日报》《文摘周报》等11种子报,是那时西部拥有报刊种类和发行量最多的党报报业集团。截至2000年10月中旬,全国已经有了16个报业集团,遍布东西南北中。在东北有哈尔滨报业集团、沈阳日报报业集团;在中部有河南日报报业集团与大众日报报业集团[①]。

---

① 方汉奇、陈昌凤主编:《正在发生的历史:中国当代新闻事业》(下),福建人民出版社2007年版,第584页。

从 1996 年 1 月批准试点成立广州日报报业集团开始,中国报业集团化进程呈现加速度态势。到了 2002 年以后,地市级报纸也纷纷加入了报业集团的阵营。特别是江浙一带的地市级报纸,由于经济基础比较雄厚,因此具备了成立报业集团的实力。2002 年 9 月 28 日,苏州日报报业集团成立,《张家港日报》《常熟日报》《太仓日报》《吴江日报》正式加盟苏州日报报业集团。2002 年 12 月 17 日,南京日报报业集团成立。南京日报报业集团以《南京日报》社为核心,所属媒体包括《南京日报》《金陵晚报》《周末报》《今日商报》《江苏商报》《东方卫报》《金陵瞭望》杂志等六报一刊和《南京日报》江宁版、溧水版、高淳版、六合版,报刊期发量超过 115 万份。

目前,全国的报业集团已超过 40 家。在一些报业竞争较激烈的城市,都出现了不同级别报业集团之间的竞争。如北京表现为中央级报业集团和北京市级报业集团的竞争;在广州表现为南方日报报业集团和广州日报报业集团、羊城晚报报业集团的竞争;在湖北表现为湖北日报报业集团和长江日报报业集团的竞争;在杭州基本上是浙江日报报业集团和杭州日报报业集团二分天下;而在南京,则是新华日报报业集团和南京日报报业集团之间的竞争。

广播电视领域也掀起集团化大潮,不过与报业集团不同的是,广电集团多数只是将广电局下属的经营单位组成集团,而非多种报刊组成集团,在广电集团内部有将新闻宣传与经营资产分离的趋势。1999 年 6 月无锡广播电视集团首先揭牌;2000 年 12 月第一家省级广播影视媒体集团——湖南广播影视集团成立。在 2001 年里,山东广播电视总台、上海文化广播影视集团、北京广播影视集团、江苏广播电视总台纷纷成立。2001 年 12 月 6 日,全国最大的媒体集团——中国广播影视集团挂牌。这样,开始于湖南、上海等地,而后扩大到全国各地的广电集团化趋势,终于形成了。这标志着我国广播影视业管理体制和运行机制重大改革的全面展开,广播影视产业化、集团化运作进入了全新的阶段。它们在优化资源配置,结构合理重组,事业单位性质企业化管理,宣传与经营分离等原则方面是一致的。

中国广播影视集团由国家广电总局下属的中央人民广播电台、中国国际广播电台、中央电视台、中国电影集团公司、中国广播电视传输网络有限

## 第十一章 改革开放时期(1978—2000)

责任公司等单位组成。它依靠国家广电总局、下属各单位的垄断性资源和综合实力,以固定资产214亿元人民币,年收入近百亿元的实力成为中国最大的广播电视集团。

除了中国广播电视集团这个中央级航母外,其他各地都纷纷挂牌成立了地方性的广电集团。2002年,副省级城市广播电视集团也纷纷成立,如杭州广播电视集团和南京广播电视集团。江浙两省的地级市也成立了广播电视集团,如扬州广电集团、苏州广电集团等。各地的模式几近类似,都是依靠当时的政府广播电视管理部门,整合当地所有的广播电视、电影、文化等单位,组成一个拥有多种媒体,兼营相关产业的综合性大型传媒集团。在集团化的过程中,政府在其中扮演了重要的角色,从北广集团整合歌华有线,到上海文广控股东方明珠,再到深圳广电入主天威视讯,都带有行政干预色彩。

从报业市场的发育来看,很大程度上受到行政区划的限制。所形成的报业市场基本上是区域内的市场。报刊间的竞争基本上也是本区域,或是本地同城的竞争。除了《人民日报》《光明日报》等几家全国性的报纸,以及历史传统上发行到各地的报纸外,鲜有异地办报、跨界去参与外地市场竞争。南京《扬子晚报》创刊以后发行量大增,越过百万份,一度发动打入大上海的攻势,由于《新民晚报》在上海根基很深,《扬子晚报》的异地文化难以适合上海读者口味,还是未能打开局面。有几家在全国颇有影响的报纸,如《南方周末》《二十一世纪经济导报》等,主要以内容取胜,赢得读者,但也撼动不了各地已有的报业市场。尽管如此,我们高兴地看到,市场经济给全国报刊带来巨大活力和发展动力,除了沿海几个大城市以外,在内地、西南、西北都已形成了自己的报刊市场,而且发育得很快。这种情况是历史上所没有的。

广播电视和报刊有很大不同。除了有区域和本地市场竞争外,全国竞争的局面已经逐步在形成。这主要得益于传输技术的进步。如果说微波的运用已经将全国联成一个网络,那么卫星转播已经完全打破了区域的分割。从1993年7月,中星5号卫星使用,有些地方节目开始上星传送,到2000年底,中央和省级电视台全都有节目上了卫星,有约50套节目落地,使电视覆盖方式发生了质的变化,即省台节目由区域性覆盖跃进为交叉性覆盖,带来了整个电视行业的竞争[①]。竞争使广大受众得益,打开中国的电视机,同时有几十个电视台的节目可供选择。竞争促进了节目创新,促进了地方电视台的迅速发展。湖南卫视的崛起就是一个范例。

## 三、北京——全国新闻中心和舆论中心

在全国地区新闻事业的比较中,有一个城市很特殊,具有其他地区的不可比性,这就是北京。所以我们要专门来阐述这个问题。

历史上的北平,曾经是华北重要的新闻中心,是我国新闻事业较发达的城市。1949年10月,中华人民共和国定都北京,这就从根本上改变了北京在我国新闻事业地区格局中的地位。北京不再是地区新闻中心,而是全国的新闻中心和舆论中心。

北京是我国的政治中心,中共中央、国务院和各个部委的办公所在地,国有中央企业和部分跨国大公司的总部也设在北京,因此是新闻媒体最大的消息来源;北京也是我国的文化中心,集中了众多的高校和研究机构,学术文化市场又是全国最发达的,因此也是新闻媒体最大的意见来源。

北京报刊市场之大、竞争之激烈是全国其他报刊市场不可比拟的。

这里是中央一级报刊的出版地,不仅党中央、全国人大、国务院、全国政协有自己的出版物,各部委、民主党派中央、人民团体总部也有出版物,再加上北京本地的报刊,以及进京发行的外地报刊,种类繁多,印量巨大,是全国最大的报刊市场。据统计,2000年在北京出版的报纸有240种(其中中央一级206种,北京本地34种),占全国报纸总数的11.96%,光是日报就有30种。2000年在北京出版的期刊有2 352种(中央一级2 194种,北京本地158种),占全国期刊总数的26.96%,其中科技类期刊有1 286种,哲学社会科学类期刊有571种,文艺类期刊有109种,文化教育类期刊有200种(数据来源于《2001年中国新闻年鉴》)。对如此庞大的报刊规模和市场,全

---

[①] 徐光春主编:《中华人民共和国广播电视简史》,中国广播电视出版社2003年版,第495页。

## 第十一章 改革开放时期(1978—2000)

国各地只能望其项背,包括上海、广州。

不仅是规模大,更重要的是对全国各地影响大。这种影响已远远超越地域性,是全国性的影响。北京的每一新闻事件全国关注,每一新闻与言论动向全国敏感。造成这种重大影响的主要和重要原因在于,全国最重要的中央三大媒体——党中央机关报《人民日报》、世界级通讯社新华社和全天候的中央电视台集中在北京。在中央的直接关心、支持下,三大媒体在市场经济中已成长为"巨人"。这是我国新闻史上所没有的,也是各国不多见的。

《人民日报》这份从解放战争中走来的党中央机关报,经过半个多世纪的发展,特别是改革开放以后的迅速发展,已成为"巨型报业"。它的发行量稳定在 230 万份左右,高居我国综合性日报之首。在国内设分社 33 个,有国外分社 39 个,国内承印点 43 处,卫星地面接收站 130 个。在 30 个省(区、直辖市)首府及许多大中城市,基本上能和北京同步印刷发行,是一份名符其实的全国性报纸。《人民日报》还拥有《环球时报》《京华时报》《证券时报》等 25 家子报。在数字化、网络化发展中,《人民日报》也领风气之先积极发展,自 1997 年创办新闻网站《人民网》以来,已形成法人微博、微信公众号、客户端三位一体的移动传播布局。今日之《人民日报》,实质已是一个矩形阵的现代化全媒体。联合国教科文组织从 1992 年起就将《人民日报》列为"世界十大报纸之一"。《人民日报》发表的社论、评论员文章以及各种评论意见,具有很大的权威性和公信力。

创办了 78 年的新华社,在"文革"前就完成了国家通讯社的建设,改革开放以后加快了世界性通讯社的建设。新华社在国内设有 33 个分社,12 个支社,8 个记者站和驻我国台湾记者,在国外有 140 余个分支机构,不间断地采集文字、图片、图表、音频和视频,海内外签约摄影师超过 8 000 人,每天更新图片、图表 2 000 多张,成为名符其实的"消息总汇"。与此同时,新华社向国内外用户提供的信息产品多得眼花缭乱。新华社通过包括通稿新闻线路、体育新闻专线等 6 条发稿线路,每天 24 小时不间断地用中、英、法、俄、西班牙、葡萄牙、日等八种语言发稿 600 多条;通过全球卫星广播网、互联网,每天 24 小时实时播发新闻图片 700 余幅,全年发稿 20 多万底。近十多年新华社又增加了音视频产品。视频《新华纵横》每天一期,时长 10 分钟。现场录音报道每天 20 条,时长 30 分钟。2003 年起发送新华短信。2005 年 1 月 1 日开始发送手机视频。此外,运用自己的信息优势,新华社还主办了 20 多种报刊,如《新华每日电讯》《参考消息》《经济参考报》《中国证券报》《上海证券报》《瞭望》《半月谈》等,其中《半月谈》发行量高达 360 万份,高居我国时政报刊之首。新华社还创办了"中国新华新闻电视网"(CNC),这是一个跨国新闻电视台,日采 800 分钟新闻,覆盖 200 多国家。如果把新华社形容为"信息航空母舰"是一点不为过的。新华社基本上垄断了国内通讯社的发稿权①。国内报纸(尤其是日报)采用新华社稿的比例很高,尤其是重大、权威稿件必须依赖新华社稿。因为多年来,新华社也是国家授权的重大新闻发布机构。在国际上,也已承认新华社为世界五大通讯社之一(另四家为路透社、美联社、塔斯社、共同社)。

由于转播技术的突破和电视机生产发展,我国各地电视业发展突飞猛进,而中央电视台一马当先,在新闻宣传报道、节目制作、产业发展方面都引领全国电视业的发展。在新闻改革中,中央电视台得天独厚。1990 年起,按中央领导人的意见,一些重大新闻先在央视"新闻联播"中发布,而后再见报②。这大大提高了央视新闻发布的权威性。这个创办于 80 年代的新闻栏目成为全国最受重视的新闻栏目。据统计,2000 年全国经常收看(平均一周看三次以上)"新闻联播"的人数有 6.73 亿。每天晚上 19:00—19:30,全国各省市电视台都在一套节目里转播。此外,央视还先后创办了新闻杂志栏目《东方时空》(1993 年 5 月 1 日)、新闻评论性节目《焦点访谈》(1994 年 4 月 1 日)、新闻谈话类节目《实话实说》(1996 年 3 月)等。这些节目贴近实际生活,关心社会热点,反映舆论民意,深受观众欢迎。与此同时,还培养并诞生了一批观众喜爱的节目主持人。在其他经济、文艺等方面,央视也办出一些很好的栏目、节目。每年的春节晚会成为众望所归、万众瞩目的全国人民的"大餐"。央视的广告等经营更是在电视界雄风不减,地方电视台难以与之竞争。1996 年 6 月,央视提出"栏目带广告、广告养栏目"的

---

① 解放以来,私人通讯社已被取消,外国通讯社也停办。除新华社外,中国新闻社是专司对海外华侨宣传报道任务的,对内不是主业,有时也有一些独特视角的拾遗补缺的报道。
② 徐光春主编:《中华人民共和国广播电视简史》,中国广播电视出版社 2003 年版,第 389 页。

政策后,全台上下积极性大增。2000年广告总额53.5亿元,排在第2—6位的5个地方电视台的总额只及央视的1/2①。

三大中央媒体对全国各地的媒体的影响是多方位的,在新闻报道上是权威信息的来源和依据,在宣传上是方向引领和示范标杆,在经营发展上是榜样。

在进入市场经济以后,北京的传媒市场不仅不保守,相反很活跃,很多方面开风气之先。在报纸新品种的创办上,北京往往领先。如经济类报刊,北京是数量、品种最多的,这与我国履行经济管理职能的部委集中在北京有很大关系。贴近群众的周末刊、晚报如《北京青年报》的《青年周末》和1980年复刊的《北京晚报》,办得红红火火,发行量很大。我国首家购物类休闲报纸《精品购物指南》1993年在北京问世后,成为各地同类报纸创办的楷模。报业经济发展以后,北京的传媒广告总额一直高居全国之首。如前所述,北京的报业集团也是全国最多的。《人民日报》、新华社、中央电视台其实也都是巨大的集团。北京一城存在着如此多的巨大传媒集团,可见其市场容量足够大,更重要的是,这表明其市场边界其实已不限于一城,而是拓展至全国的大市场。只有这样理解,方能说明北京的特殊性。在新闻传媒的全国格局中,北京的分量之重、影响之大,不同于其他很多国家的首都。这是中国的特殊国情,值得深入研究。

## 四、新技术的迅速普及,缩小了地区差距

对新闻媒体地区差异产生影响的不仅有市场经济,还有技术进步。

先说报纸排版印刷技术的进步。长期以来,全国报纸一直采用铅排铅印技术。各报纸为了方便,自办铅排车间和印刷厂,每天只印一二种报刊,没什么压力。改革开放以后,报纸扩版,子报子刊兴办,多种经营发展,排版难、印刷能力弱成为突出问题。因此,必须运用新技术,把排印能力搞上去。

一般而言,报纸印刷技术进步有四个主要环节:一是由铅印向胶印转

---

① 范鲁彬编:《中国广告全数据》,中国市场出版社2009年版,第282页。

变;二是用汉字激光照排技术代替手工检字、排版;三是报纸生产流程数字化;四是印刷设备的规模扩张。新闻界将这一技术革命俗称为"告别铅与火"与"告别纸与笔"。这一技术革命过程,都是发达地区首先引进新的技术,然后落后地区跟进,时间差并不大。

作为新中国新闻出版中心的北京,一直处在技术革新的领先地位。80年代初,人民日报印刷厂引进了超高速胶印轮转机,为北京实现报纸胶印化提供了经验。1981年5月创刊的《中国日报》引进美国全套照排系统印刷,成为我国第一张采用"冷排"方式出版的报纸。1985年7月创刊的《人民日报·海外版》引用日本的照排系统,用繁体字印刷,成为我国第一张用"冷排"技术出版的中文报纸。1987年5月22日,《经济日报》采用"华光Ⅲ"型出版了第一张计算机激光编辑照排、整页输出的中文报纸[1]。《经济日报》成为全国第一家探索走进光与电的报纸,并且率先在中央各报中实现全国各分印点卫星传版,加快了出版时效。20世纪80年代初,北京还出现了彩印报纸,人民日报社出版的四开小报《市场报》是国内首家彩色印刷的报纸。到80年代末期,北京报社印刷厂全部采用了激光照排,实现了由热排到冷排、由铅印到胶印的转变[2]。

广东、江浙沪以及湖北、四川等经济发达地区的报纸也都紧随其后。从1981年起,《湖北日报》《长江日报》先后购进大小双色胶印轮转机,增添胶印制版成套设备。1982年,《浙江日报》添置国产胶印轮机2台[3],1983年《南方日报》进口瑞典彩色胶印轮转机,同年10月投入生产[4]。1984年5月16日,《长江日报》胶印版问世。《湖北日报》还试行彩印。《湖北日报》《长江日报》积极进行改革,分别加强编排校印环节协作,促进出早报,出好报。地市报也是如此。1984年《无锡日报》就买回电脑,引进计算机专业工程师,开始微机应用阶段。

到1993年,从中央到地市,全国报纸全面普及了胶印和激光照排系统,

---

[1] 丁淦林等:《中国新闻事业史新编》,四川人民出版社1998年版,第519页。
[2] 《发展中的北京印刷业》,http://www.keyin.cn/plvs/view.php?eid=60528。
[3] 《与时代同行——浙江日报创刊60周年大事记》(内部资料),2009年发行,第44页。
[4] 杨兴锋:《南方报业之路》,南方日报出版社2009年版,第234页。

全行业淘汰了铅作业。仅仅用了六七年时间就走完了西方几十年才完成的技术改造道路[①]。在用计算机改造传统产业方面,其速度之快,普及面之广,是其他行业少见的,这也为日后报业的飞速发展奠定了基础。

报纸印刷新技术的普遍运用,为什么如此迅速?根本的原因是政府的推动。特别是自主研发核心技术,并进行推广。如,汉字激光照排是个世界难题,因为市场大,国外厂商都跃跃欲试。作为汉字的母国,当然应该自己研制出核心技术。从1974年起,国家计委、科委和电子工业部就立项予以支持。80年代中期,自主研发的华光Ⅱ型、Ⅲ型机通过了国家鉴定,经实践胜过美、英、日的照排系统,很快在全国普及。自748工程立项到1994年为止的20年里,国家共为这项工程投入科研开发费6 000万元,技术改造费3亿元。换来了汉字激光照排系统的国产化。事实证明,在市场化的技术改造、应用中,不能缺少政府的作用。

在新技术普及的前提下,各地区报纸运用的快慢和发展规模还是有差异的。这主要取决于所在地区的经济、技术发展水平和报社的经济实力。技术革命的本质是扩大再生产的过程。据统计,在"七五"计划期间,全国报业的技术改造、更新设备需投入5.7亿资金,国家财政仅能补贴5 000万,不到9%,这就需要报纸自筹资金加以解决。进入市场快、广告收入高的地区和报社,技术改造自然就走在前头。1996年12月,广州报业集团启动了《广州日报》印务中心的建设,建筑面积为52 000平方米,总投资10亿元。1998年11月一期工程建成并投产使用,即成为中国印刷能力最大的报纸印刷厂。2001年12月二期工程投入使用,印刷能力达每小时470万对开张,也就是说,2.5小时内可印报200万份。1993年底,《解放日报》跨行业兼并了上海申达纺织服装股份有限公司所属上海三十六织布厂,用于建设现代化印务中心。总投资2.4亿元,总面积10 200平方米,印刷能力每小时392万对开报纸。1996年4月,新民晚报社继1995年现代印刷中心竣工投产后,建成又一印务中心——浦东印务中心,印刷能力为上海报业之冠。1999年,北京日报报业集团投资8亿元新建的彩印中心落成,印刷能力在

---

[①]《中国报纸出版印刷技术的发展》,http://www.cpp114.com/news show-108924.htm。

日产1 200万对开张。

  铅排和铅印的问题解决之后,数字传输和编辑网络化的运用又提到改造日程上。北京日报社在90年代初就引进了计算机排版系统。实现了计算机排版后,1990年8月《经济日报》第一次实现了北京至广州的卫星传版,至上海的电话传版也同时开通。到1992年《人民日报》、《解放军报》、新华社先后建立起自己的卫星传输系统,中央各报在外地的代印点全部实现了卫星、光缆和电话的远程传输。1994年《深圳日报》是全国首家告别"纸与笔"的报社。《光明日报》1995年5月建成世界一流水平的大型中文采编平台,实现了编采和信息传递的电子化网络化,在中央各大新闻传媒中率先告别了纸与笔[①]。在上海,《解放日报》1997年创建电脑中心,计算机网络基本建成,采编软件也投入运行。这样,新闻采编人员写稿、传稿基本做到"无纸化"。广告管理软件也在网络上开始使用。《文汇报》差不多同时实现"无纸化"采编。在武汉,《长江日报》计算机新闻综合业务网正式运行,实现了稿件编写、签发、组版修改、激光照排、信息存储检索功能一体化,并与卫星版面传输,国际互联网联网。

  广播电视新技术的运用,速率比报刊出版更快。而且其特点是在全国的统一规划下,中央和地方一起上,发达地区和贫困地区一起上,几乎消除了地区差异。现在需要继续消除的是中心城市和基层(少数偏远山区、农村)的差别,解决"最后一公里"的问题,实现广播电视全覆盖。

  改革开放以后,广播电视技术革新的重点是解决节目传输问题。随着先进技术的突破,逐步实现了"星网结合"的格局,大大提高了覆盖率和传输质量。从地面传输方式看,从中波、调频发展到微波,最后形成有线广播电视网。有线电视技术从80年代就开始应用,在北京、上海、江苏、山东的一些大型企业建立有线电视系统。到1988年8月,有48个县办起有线电视台。1992年12月上海有线电视台正式开播。几年内,北京、上海的有线电视台用户达到250万户。江苏在同一年批准建有线台25座。到1994年,陕西新建有线台78个。在各地蓬勃建设的基础上,1995年,国家广电部制

---

① 光明日报报业集团,http://www.people.com.cn/GB/jinji/222/9023/9025/20020920/827635.htm/。

## 第十一章 改革开放时期(1978—2000)

订出全国联网总体规划,1996年正式启动。这次联网全国统一采用光纤宽带,可同时传输几十、上百套节目,具有双向传输功能,可提供多种服务[①]。至2000年底,全国有线广播电视网络基本形成,总长271.7万公里,有线电视用户达8 476万户,居世界首位[②]。

从卫星传输看,从1984年我国自行研制的第一颗试验通讯卫星发射成功起,电视台已经开始运用卫星传输节目,使许多边远地区也得到信息覆盖。1989年全国已有卫星地面站12 658座,1991年达20 000余座,增长得很快[③]。随着传输技术的进步,从C波段发展到KU波段,从模拟转向数字,以及我国接连发射亚洲1号、2号卫星,卫星转播大大发展。1992年10月,央视第四套节目上天,成为中国第一个国际卫星电视频道,覆盖80多个国家和地区。1994年,山东、浙江、四川三省节目首先上星,至1998年,所有省市节目都已上星,从卫星转发向卫星直播发展。

至此,形成了"天地一体、星网结合"的广播电视节目覆盖新格局,卫星电视节目进入了地面有线电视网,地面有线电视网将卫星电视传送节目输送到亿万家庭。这一格局带来的影响是深远的。新闻传播在不同地区几乎没有时间差,而且覆盖到全国。各地节目的制作积极性被调动,通过卫星观众(听众)可以观看不同电视台各具特色的节目。各地具有差异的文化随之交流,融合。广告的竞争在电视上变成全国性的竞争,地区藩篱难以阻挡。

比广播电视更直接消融地区差别的是互联网传媒的登场。中国报刊中第一家上网的是1995年1月开始进入网络发行的《神州学人》。而1995年10月20日《中国贸易报》的正式上网,不仅标志着中国国内第一家日报上网发行,也揭开了国内媒体大批上网的序幕。北京的媒体在1996年以后纷纷上网,其中《人民日报》网络版于1997年7月1日开通,并推出"香港回归""历次党代会""中共十五大"等重大新闻专辑和背景资料库。中国新闻社的《华声报》电子版于1997年7月全国首家以电子邮件方式向用户免费提供新闻服务。中央电视台的部分著名栏目如《东方之子》《实话实说》

---

① 徐光春主编:《中华人民共和国广播电视简史》,中国广播电视出版社2003年版,第497页。
② 同上书,第498页。
③ 郭镇之:《中国电视史》,文化艺术出版社1997年版,第60页。

《3·15特别节目》等建立了网页。新华社也于1997年11月7日开通网站,其数据库分为中文和外文两类,包括28个库和100多个子库,数量达80亿汉字,并以日均150万汉字增长。新华社还投资建设商业信息网络国中网(China Wide Web),开辟了国内新闻网站收费服务的先河。北京地区的本地媒体如《北京日报》《北京晚报》《北京青年报》也都在这一时期推出电子版。

发达城市的媒体由于在经济技术上处于领先地位,所以上网较早。上海作为国内网络业较为发达的城市之一,各大新闻媒体也纷纷投入大量人力财力,在网上开辟出新的传播领域。《解放日报》电子版1998年初开始筹建,7月28日正式对外发布,《新民晚报》电子版于1998年12月1日正式开通。

这一时期较大的新闻网站基本完成了由传统媒体电子版向专业新闻网站的转变,并在版面和信息服务上有了新的进步。各大网站加大投入,纷纷改版。如2000年10月人民日报网络版更名为人民网,自采新闻占到了所有内容的1/3,已不再是单纯的报纸内容的加工和摘抄。另外,2000年3月新华通讯社网站改名为"新华网",2000年12月中央电视台网站改名为"央视国际网络",中国新闻社网站改名"中国新闻网",中国青年报网站改名为"中青在线"等。名称的改变意味着新闻网站经营理念的提升,反映出这些有实力的媒体网站已将目标设定为以新闻为主打的大型新闻网站,而不仅仅是"网络版""电子版"的概念。

同时,国内的一些商业门户网站也开始做新闻业务。比较著名的商业网站如新浪、搜狐、网易、FM365等总部都设在北京。新浪和搜狐在2000年12月27日首先获得了国务院新闻办公室批准的首批商业网站登载新闻业务资格。其他一些商业网站也在2001年陆续获得这一许可。从此商业网站可以名正言顺地进行新闻的加工、处理和发布。

2000年以后,各地开始整合地方媒体的新闻资源,建立具有地方特色的综合性网站。2000年5月8日,北京千龙网正式开通。它是《北京晨报》、《北京日报》、《北京晚报》、《北京青年报》、《北京经济报》、北京人民广播电台、北京电视台、北京有线广播电视台和《北京广播电视报》9家北京市属新闻媒体与北京四海华仁国际文化传播中心、北京实华开信息技术公司共同发起和创办,把9家传媒的新闻资源进行整合发布,内容更丰富,表现手段也更多样化。

2000年5月28日,上海东方网正式开通,注册资金为6亿人民币。东方网由上海主要新闻媒体——解放日报社、文汇新民联合报业集团、上海人民广播电台、东方广播电台、上海电视台、东方电视台、上海有线电视台、《青年报》、《劳动报》、上海教育电视台等,联合上海东方明珠股份有限公司、上海市信息投资股份有限公司,共同发起建立。6月28日上海东方网股份有限公司正式成立,直属市委宣传部领导。

其他各地都开通了自己的综合性网站。如陕西省的古城热线,辽宁省的北国网、东北新闻网,沈阳市的北方热线,大连市的天健网,武汉市的汉网等。

新媒体的登场是一次颠覆性的革命,它以即时、全覆盖、超大容量、互动为特征向传统媒体挑战。从地区新闻事业比较的角度看,它已超越了行政限制、地区市场、地域文化,在新媒体上很难寻觅区域特点和文化的痕迹。科技进步是消除地区新闻事业差异和不平衡的巨大力量。

(本章撰稿人:秦绍德、沈国麟,邓续周提供部分材料)

# 第二部分

# 东北地区

# 第一章

## 东北地区新闻事业评述

### 一、东北报业在侵略与反侵略斗争中产生与发展(1899—1911)

东北地处边陲,是清皇朝的"龙兴之地",自 17 世纪中叶起清政府对该地区实行封禁政策,严重阻碍其经济与文化的发展。第二次鸦片战争期间,沙俄趁英法联军进攻天津威胁北京之机,用武力胁迫清朝政府割让黑龙江以北、外兴安岭以南 60 多万平方公里的中国领土。俄国的殖民势力由此进一步向我国东北地区渗透。中日甲午战争后签订的《马关条约》,规定将辽东半岛割让给日本,直接影响沙俄在华的利益。于是俄国联合英、法两国进行干涉,迫使日本退还辽东半岛,中国补偿日本"赎辽"费 3 000 万两。三国干涉还辽成功,使清廷对沙俄产生幻想,决定以联俄拒日为外交方针。1896年与俄国订立密约,允许俄国修建一条横跨黑龙江、吉林直达海参崴的铁路,这就是由道胜银行筹款修筑并经营的中东铁路。1897 年,沙俄又趁德国强占胶东湾之机,派舰队侵占旅顺、大连。翌年,清政府被迫签订《旅大租地条约》。至此,沙俄已成了东北地区最大的外国入侵势力。

由甲午战争失败而引发的席卷全国的维新变法运动,激起了中国爱国知识分子自办报刊的热潮,使原本局限于东南沿海地区的办报活动深入到中原腹地,进而发展到西北和西南地区。然而东北地区却仍然没有报刊活动的迹象,东北地区报刊的出现不仅迟于经济发达的东南地区近半个世纪,而且迟于它周边地区朝鲜和俄国的远东。

东北的报业不是随地方经济、文化的发展而自然产生的,它是帝国主义军事、经济入侵不断深化的结果。东北三省中人口最密集的是当时号称奉天的辽宁,据1911年统计,全省人口为1 069万余人,而吉林、黑龙江分别只有373万和145万余人,两省人口相加不及辽宁的一半。沈阳号称盛京,为辽宁省会,是东北经济、文化最发达的首府。然而,东北最早的报纸却不在沈阳出版,而是在沙俄太平洋舰队驻扎的军港旅顺。1899年,东北最早的报纸《新境报》创刊,这是由沙俄太平洋舰队检查长阿尔特耶夫创办的一份俄文报纸,原以军中简报形式出版,1900年才成为每周发行三期的正式报纸,该报又译作《新边疆报》或《远东报》,本文采用的《新境报》系当时上海《东方杂志》的译名,从报名中也反映了沙俄企图将东北变为其新疆域的野心。

1900年俄国趁八国联军入侵中国之机,沙皇亲率18万大军侵占东三省,辽宁、吉林、黑龙江全部落入沙俄军事控制之下。出于经济和政治上的需要,俄国人洛文斯基于1901年在哈尔滨创办了俄文《哈尔滨日报》。哈尔滨原来只有一些分散的村落,因修筑中东铁路,这一地区集中了许多俄国人成为工程的指挥中心,进而发展为初具规模的工商业城市。1904年日俄战争之前,东北地区就只有这三家俄文报纸和一家日本军部于1903年在营口出版的日文《营口新闻》。这一事实说明东北地区最早的报刊纯粹是帝国主义侵略势力的产物,也从侧面显示了东北地区主要是沙俄与日本的势力范围,而沙俄的势力尤为强大。

外报的盛衰直接反映出东北地区帝国主义势力的消长。日俄战争以俄国失败而告终。1905年的《朴茨茅斯条约》重新划分了日俄两国在东北的势力范围。沙俄保留了长春以北的东清铁路,长春以南的铁路转给日本,旅顺也成了日本的军港。日本在辽东半岛设立"关东州",成立"总督府",直接控制南满铁路及其附属地区。阿尔特耶夫的《新境报》只好从旅顺迁往哈尔滨。1905年日本军部在大连出版日文《辽东新报》,该报兼出中文版。从1905至1907年三年间,日本在大连、安东、沈阳等地创办了8家日文报纸,影响较大的除《辽东新报》外,还有日本关东厅和南满的铁路局办的《满洲日报》,该报同时出英文版和中文版。为了更直接地在中国民众中造成影响,替日本军国主义制造舆论,1906年在日本外务省的赞助下,由南满铁路株式会社出资,以"联络中日邦交,开通民智"为借口,在沈阳创办了中文《盛京时报》。该报依仗帝国主义的特权,不受中国政府和军阀势力的干涉,对中国时政高谈阔论肆意臧否。中国的老百姓也很想了解揭露出来的官场黑幕,听听对仗势欺人的官僚们的批评和指责,因此该报的销路很好。《盛京时报》连续出版38年,最高时日销18万份。

日俄战争后,俄国势力退缩到东北地区的北部,以哈尔滨为中心,继续经营其殖民事业。1906年沙俄控制的中东铁路公司也投资创办了一家以中国居民为对象的中文报纸《远东报》,该报直属铁路管理局与新闻出版处,由曾任"铁路交涉代办"的史弼臣担任总经理,公司每年拨款17万卢布,以"开发北满之文明,沟通中俄之感情"为幌子直接受俄国政府指挥,为其侵华政策作宣传。从1905年至1907年,俄国在东北也出版了8家俄文报刊,但却集中于哈尔滨一地,而且以民办的报刊居多,规模很小,持续出版时间也很短暂。

日、俄侵略势力的迅速扩张和各自拥有强有力的宣传工具,使一些爱国之心未泯的地方官绅深感忧虑。有些中下层官员也曾自发地集资出版中文报刊,借此宣传中国方面的主张,如1905年奉天教育厅谢荫昌办的沈阳最早报刊,也是国人在东北自办的第一份报刊《东三省公报》和1906年吉林候补县丞刘德和与候补盐大使董召棠创办的吉林最早报刊《吉林报》等。然而,当时东北的经济、文化很不发达,报纸的销路有限,尚不具备经济上自给的办报条件,而个人财力有限,又缺乏政治力量的有力支持,这些报刊很快宣告停刊,社会影响不大。东北的新闻舆论界仍然处于日、俄殖民势力的控制之下。

据目前掌握的资料统计:从1899年至1906年8年间,日、俄两国在东北创办的报纸有13家,而中国人自办的仅有5家,且出版时间很短,几乎没有什么社会影响;1907年至1911年5年间,中国人办的报刊逐年增多,国人在东北自办的中文报刊在45家以上,而日、俄两国所办的报刊包括中文版在内,也只有 29 种。值得注意的是,这 50 来种国人自办的中文报刊中,有相当一部分是官绅合办和官办的,其余也就是商会、自治会和咨议局办的,真正民办的极少,纯粹商业性的报纸是不存在的。这是因为没有官方支持,真正民办的报纸很难得到批准,而且当时办报不是一种可以盈利的事业。国人自办的报纸明显地带有抵制帝国主义舆论渗透的目的,少数报纸因有同盟会员的参加而具有宣传民主共和的倾向。

地方官绅为抵制帝国主义舆论渗透而赔钱办报,这在吉林西路道台颜世清《关于请求处理〈吉林日报〉垫款问题呈》中表述得十分清楚:

> 查俄人于哈尔滨设有《远东报》,日人于大连设有《泰东报》,各为其国机关。每遇东三省交涉事件,各该报无不强辞夺理,冀为彼邦后援,我国外交深受其害。亟应于三省交涉管辖之区,自办一报,借收抵制之效。①

事实上,国人自办报刊,无论是官办、官绅合办、机构所办或民办,都是出于抵制帝国主义侵略的目的,这是东北早期报业的一大特色。又因为东北地区侵略与反侵略的矛盾十分尖锐,在敌我实力悬殊的情况下,国人自办报刊既要受到外国侵略势力的压迫,又会遭到被帝国主义收买的内奸的暗算,处境十分艰难,一些爱国报人为坚持报纸的出版,艰苦奋斗,呕心沥血,鞠躬尽瘁,可歌可泣。

由于帝国主义在东北各有其势力范围,因此各省报界的斗争目标也不尽相同。黑龙江处于帝俄势力控制之下,国人在哈尔滨创办的第一家报纸《东方晓报》便是以拒俄为主导方针。该报因经营困难、内部矛盾等种种原因,几经改组,一变为《滨江日报》,再变为《东陲公报》,而始终不改其拒俄初衷。该报长期对《远东报》作针锋相对的斗争,为抵制沙俄侵略树立了一个典范。由于及时揭露"俄人之种种阴谋毒计及违背公法之蛮情",沙俄驻哈总领事先后曾 7 次照会中国当局,要求下令干涉《东陲公报》。由于道台于

---

① 吉林省新闻(报业)志编纂办公室编:《吉林报业史料》1992 年第 6 期。

驷兴支持《东陲公报》的爱国立场,侵略者未能如愿。最后由俄国驻北京公使出面要挟清政府外务部,将忠于职守的于驷兴撤职,由媚外的郭宗熙出任道台。郭转而讨好俄国人,对《东陲公报》横加干涉。在遭到爱国报人坚决抵制后,郭勾结报社内部被俄国收买的经理姚岫云,于1911年3月将该报查封。《东陲公报》为抵制沙俄侵略被反动当局扼杀的经过,在上海《申报》和《民立报》上披露后,激起全国新闻界对帝俄的声讨。辛亥革命前国人在东北创办的报刊有50家以上,而据《东北新闻史》作者的统计,黑龙江国人自办的报刊不足10家,且出版时间都不长,主要是遭沙俄殖民主义势力的破坏所致。

日本对辽宁的控制并不亚于俄国在黑龙江的影响,但中国人的势力也相对较大。因此,沈阳商务会办的《东三省日报》,回民张兆麟办的《醒时报》和以天主教势力为背景、由同盟会员沈肝若为主笔的《大中公报》,仍敢于揭露日本帝国主义的侵略行为,鼓吹抵制日货。尤其是《大中公报》,经常以辛辣的笔调揭露帝国主义的侵略行径,鞭挞军阀和土匪。《盛京时报》在所刊《二十年来沈阳之报界》一文中涉及《大中公报》时说:"东省自有报纸以来,言论之自由无过于该报者。"由于辽宁在东北三省中人口最多,经济也最为发达,辛亥革命前国人创办的报刊有25家,超过吉林与黑龙江。

日、俄势力以长春为分界线,因此吉林省成为双方争夺的焦点。由当地开明士绅领导的运动和地方自治活动十分活跃,一些革命党人和进步报人往往到吉林来开展活动或办报。吉林的经济、文化较辽宁、黑龙江更显得落后,销数超过1 000份的报纸很少,办报是注定要亏本的。办报如果得不到官方的津贴,很难长期坚持下去;而清政府为抑制日、俄觊觎东北领土的野心,抵制外报的舆论影响,也不得不资助地方官绅办报,这便是吉林出现一大批官报和官督商办报刊的原因。这从吉林度支司、民政司向东三省总督和吉林巡抚申请追加预算,补助《吉长日报》经费的呈文中可以看出。

吉省当日、俄两大之争点,外交极为重要。各国外交大都收功于舆论,如安奉自由行动之先,日报先载觉书译布各国,尤近事之显见者。查哈尔滨一阜,俄人发行报纸四五种;南海一带,日报发行亦四五种;乃至延吉一隅,去年以来,亦有所谓《间岛时报》矣,探其内容,大半由彼政府资助成立。故一事之始末,国内报界方瞠空踏虚,而外人已如数家珍,论知已知彼之常例,安得不遇事失败哉!……该报(指《吉长日报》——编者注)发行以来,于外交尚知注意记载,已颇详实。近推行渐广,京沪各报转载益多,不至为外论混淆,无形之功正未可没,此对外之亟宜维持者也。①

由地方士绅掌握的报纸办起来之后,在揭露帝国主义侵略野心的同时,也必然会抨击一些官场时弊,甚至发表一些激进的主张,于是又经常会遭到官方的封禁甚至被军警捣毁。在更多的情况下,则是因外国势力的干预而被迫查封。报纸虽被查封,而办报人并未散伙,过了一段时间,这个编辑班子又在新的地方以新的面貌出现。哈尔滨更改三次报纸名称的《东方晓报》《滨江日报》《边陲公报》是这样,吉林的《公民日报》《吉林日报》《吉长日报》也是这样。

东北报业是在帝国主义侵略逐步深化的情况下产生的,并在中国人民反侵略斗争中进一步发展起来的。东北地区中国民众与帝国主义的矛盾较之其他地区更直接、更尖锐,尽管清朝政府官员、开明士绅与爱国知识分子、广大民众之间也存在着种种矛盾,但在亡我之心不死的外国侵略者面前,这种矛盾往往降至次要地位,而民族矛盾则上升为主要矛盾。东北地区一大批带有爱国主义色彩的官商合办和地方机关、团体所办的报纸的出现,深刻地反映了晚清东北报业的特色。

## 二、军阀割据时期的东北报业(1912—1931)

从中华民国成立到"九一八事变"发生的 20 年间,东北始终处于军阀割据的状态中。在 1916 年袁世凯暴卒之前,东北三省分别由不同的北洋系军阀控制,而后不久,张作霖借助日本帝国主义的势力统一了整个东北。1918

---

① 吉林省新闻(报业)志编纂办公室编:《吉林报业史料》,1991 年第 4 期。

年以后奉系军阀张作霖的势力便渗入关内,直接参与逐鹿中原的军阀混战,一度控制了北京的政权。即使在张学良宣布易帜之后,南京国民党政府仍对东北地区鞭长莫及,当时在东北地区创办报刊,只需向省城警察厅(或警备处)提出申请即可,不必得到中央政府内政部的批准。只要警察所认为符合规定的要求,即可发给报刊发行执照,否则即使内政部允许,也不许出版。在易帜之后,批准发行的报纸由警察厅直接向南京政府内政部备案,也毋需内政部批发执照。根据《黑龙江省志·报业志》《辽宁省地方志资料丛刊》第十二辑《辽宁省新闻事业发展概要》《吉林报业史料》第1期《吉林省报纸简表》所提供的资料统计,在1912年至1931年间,东北三省至少有336种报纸问世,其中有18种是清末创刊,民国以后仍在继续出版发行的。值得注意的是,在336种报纸中,外国人所办的竟达147种之多,占这一时期报纸总数的44%。外报数量如此之多,所占比例又如此之高,在全国是绝无仅有的。东北报业的这一特点,深刻反映了这一地区的政治特色:中央政权对东北地区控制力的薄弱和外国殖民势力的强大,隐含着深刻而沉重的民族危机。

在东北地区办报的外国人有俄国人、日本人、波兰人、乌克兰人,也有英国人和美国人,尤以俄、日两国侨民居多,充分显示了东北处于日、俄两大殖民势力的夹击之下。在外国人创办的147种报纸中,俄国人办的最多,占109种,其中108种是俄文报,中文报只有1种,即中东铁路公司出资创办的《远东报》。由于该报支持白俄西伯利亚政权,随着中国收回中东铁路主权和国际列强干涉西伯利亚军事行动失败,于1921年春停刊。此后,俄国人便不再办有华文报纸。俄国人所办的报纸几乎都集中于哈尔滨一地,仅在满洲里、绥芬河出过个别俄文报,所以对东北的实际社会影响远不如日本人办的新闻事业。而且这108种俄文报有46家是1920—1923年间出版的,那时大批白俄随国际列强的干涉军的大撤退涌入东北,白俄在哈尔滨的人数占全市人口的一半,达15.5万余人,出版了大量反对苏维埃新政权的报纸。拥护苏联政府的"红党"报纸常遭奉系当局的查禁,一般不以俄共党团名义出版,或以职工联合会的名义发行,或以俄侨身份申请出版,而且被查禁后又另换主编以新的名称出版发行,办报宗旨则保持不变。所以这

108 种俄文报纸大都只有几个月的寿命,持续出版超过 2 年的只有 14 家。这一情况表明,虽然俄文报种数很多,大都属于其内部"红白之争"的产物,对中国社会的实际影响不大。

日本人办报的情况与俄国人完全不同。从报纸的种数来看,虽然只有 30 来家,但分布于辽宁、吉林、黑龙江三省的 10 多个主要都市和县城。除了日文报、英文报、俄文报,还有相当数量的华文报,大连、哈尔滨各有 3 家,沈阳、吉林也各有 1 家。日本人办的中文报《盛京时报》《泰东日报》发行量在全东北是数一数二的。日本人办的报纸大都由政府直接掌握,因此经济实力雄厚,持续出版时间都很长,超过 5 年以上的就有 16 家之多。所办的 8 家华文报纸,有 7 家持续出版时间超过 5 年以上。可见,日本人办报明显地带有政治企图,有目的地将报纸分布于东北主要城市以形成完整的宣传网络,主要着眼于对中国民众长期施加舆论影响。就持续出版达 38 年之久的《盛京时报》而言,这家日本军国主义的主要喉舌其影响已远远超越东北三省,遍及整个北中国。日本官方和私人在大连、沈阳、抚顺、长春、吉林、哈尔滨等地还设立了许多通讯社和大通讯社的分社,总数至少有 20 多个。因为"取费甚廉",一些业绩较好的通讯社每日发行新闻稿多达 400 份,比当时不少报纸的期发数还要多。这些日本通讯社,在东北"实可左右一切政治潮汐的消长"①。

东北地区内部的报业发展也是不平衡的,从地域分布来看,这一历史时期国人自办的报纸共计 189 种:黑龙江有 116 种,吉林有 38 种,辽宁只有 35 种。其实,报业发达的程度是不能光从出版报纸的种数这一指标来衡量的,因为绝大多数报纸只出版几个月甚至几天就夭折了,而有些报纸却五年、十年甚至几十年持续出版下去,越是经济、文化发达,办报环境好的地方,持续出版时间长的报纸也就越多。在 189 家中国人自办的报纸中,持续出版 2 年以上的只有 26 家,占总数的 13.8%,其分布情况为:辽宁 13 家、黑龙江 11 家、吉林 2 家。衡量报业发达的另一个重要因素是报纸的发行量。吉林的报纸一般发行量只有几百份,发行量最多的也不过 2 000 份左

---

① 李震瀛:《东三省实情分析》,载《向导》周报第 52—54 期。

右。黑龙江的报纸其发行量也很少达到千份,像《东陲商报》那样著名的商业性报纸才刚刚达到期发1 000份。辽宁的报纸一般都在千份左右,著名的如《醒时报》《东三省分报》均在七八千份以上,后期由张学良扶植的《新民晚报》,最高时达5万份,由爱国知识分子陈言创办的《东北民众报》也有1.5万多份。

  国人自办的189家报纸中,民办的报纸(包括商会和各类民间组织办的报纸)有148种,占总数的78%。遗憾的是,这些民办报纸绝大多数都是短命的,有的只存在一两个月,只有14家持续出版时间超过5年,还不足民办报纸总数的1/10。而且这14家报纸中大部分接受官方津贴,属于半官方报纸,真正实行企业化经营,一般不靠官署按月津贴能维持长期出版的报纸,也只有沈阳《醒时报》、长春《大东日报》、吉林《新共和报》、齐齐哈尔《黑龙江报》、哈尔滨《东陲商报》和《国际协报》等数家。民办报纸寿命短暂这一特点,反映了当时军阀政权对民间舆论的肆意蹂躏,也显示了民办报纸财力上的不足和编辑业务水平的低下。官办的报纸有22家,占国人自办报纸总数的11.6%,绝对数字虽不高,但持续出版时间都比较长,超过5年以上的就有7家,占官办报纸的1/3。国民党报纸在东北的政治影响很小。民国初年全国政党报纸大发展时期,东北地区同盟会会员虽然也办过几张报纸,但没有出现过较有影响的政党报纸。这是因为民国宣告成立的第一个月,张作霖血洗奉天,枪杀《国民报》社长张榕、主编田亚宾。哈尔滨革命党人在"下旗改历"前夕武装起义,惨遭镇压,成员星散,元气大伤。1912年2月18日清朝东三省总督摇身一变为民国东三省都督,"下旗改历"接受大总统袁世凯领导,公开宣布革命党人继续进行革命活动者,"均认为马贼,即行弹压勿贷"。"二次革命"失败后,连自由党办的《民生报》也被取缔。在张学良易帜之前,整个东北没有一张国民党报纸,直到1931年7月1日才出版了唯一的《国民公报》。这张国民党哈尔滨市党部的机关报只出了几个月,就因哈尔滨被日寇占领而终刊。

  中国共产党在东北地区秘密发行报纸是从1925年开始的,到1931年底为止,至少已出版过18种报刊,其中17种是由中共哈尔滨地下组织发行,有1种在延吉发行。《东北》是中共地下组织在东北创办的第一家公开发行的报纸,坚持抵制日本侵略和反对奉系军阀的立场,最后因不顾禁令连续刊载郭松龄起兵反奉的消息被查封,任国桢等共产党员被捕,主要编辑陈晦生惨死于狱中。1926年创办的《哈尔滨日报》是中共北满地委根据中共中央要求,用国民党哈尔滨市党部名义出版的报纸,出版4个月后,警察厅发现该报副刊有"宣传赤化性质",即将报社查封。由于政治环境险恶,这18家报刊只有1家周刊持续出版时间超过2年。在旧中国办报本来就是一个十分困难的事,于奉系军阀统治下的东北办报尤觉艰险。

这一时期,东北开始出现国人自办的通讯社和无线电台。最早国人自办通讯社是1913年秋在哈尔滨创立的东亚通讯社,到20年代中期,光哈尔滨一地已有官办、私营和多家报社合办的通讯社五六家之多。日本殖民机构关东递信局办有大连放送局,于1925年8月7日首次公开播音,这便是东北地区最早的广播活动。中国人自办的哈尔滨广播无线电台也于1926年10月1日正式播音,这不仅是东北第一家,也是全国第一家中国人自办的广播电台。

根据黑龙江报社新闻志编辑室编著的《东北新闻史》统计,1931年9月"九一八事变"前夕,中国人在东三省自办的报纸共30多家、通讯社及分社10家、广播电台2座(哈尔滨与沈阳),此外还有各类期刊30多家(多系官办)。这30多家报纸的地区分布情况是:辽宁15家、吉林7家、黑龙江10家。这一数据大致反映了东北三省新闻事业发展的实际水平。此时,俄国人办的报纸仅有8家,影响已日趋式微。日本人在东北新闻界的势力正蒸蒸日上,据1933年伪满政府的《满洲国年报》统计,日本在东北各地出版各类报刊共260家,其中日报57家、各类期刊203家,报纸期发数为257 179份,远远超过东北国人自办的报刊。"九一八事变"之前,东三省的新闻事业已经处于日本舆论势力的压制之下,这些掌握在日本军国主义手中的传播媒介,成为鼓吹武力侵华的舆论工具。

## 三、伪满时期新闻统制和三次新闻整顿(1932—1945.8)

1931年9月18日,日本驻东北的关东军突然炮击沈阳,同时在吉林、黑龙江发动进攻。蒋介石为了继续其"剿共"的军事活动,向东北军张学良部下达"绝对不得抵抗"的命令,致使日军于9月19日侵占沈阳。很快日寇侵占了全东北,使东北沦为日本的殖民地达13年之久。

日本关东军每侵占一地,立即摧残中国人办的报纸,扶植日本人办的报纸,编造事实为侵略者作宣传。沈阳原有9家报纸为国人所办,沦陷后有2家被关东军武力查封,4家不愿作违心宣传被迫自行停刊,有1家被强行接管更名出版,只有2家被允许继续出版。哈尔滨原有国人自办的报纸13家,沦陷后只剩下5家。长春、吉林、齐齐哈尔、安东等地所有中国人办的报纸已全部消失。与此同时,新办的日伪报纸却多如牛毛,从"九一八事变"到1936年初,日伪就新办了中文报纸14家、日文报纸8家、俄文和朝鲜文报纸各1家。加上日本人原来办的报纸,在东北各地光是综合性报纸就有51家,此外还办有大量的各种专业性报纸和各种期刊百余种。这些报纸遍及沈阳、长春、吉林、哈尔滨、齐齐哈尔、佳木斯、安东、锦州、辽阳、北安、抚顺、鞍山、铁岭、延吉、承德、山海关、富锦、黑河、大连、四平、本溪、开原等地。上述51家综合性报纸中,中文报纸23家,日文报纸25家,英文、俄文和朝鲜文报纸各1家。足见日本军阀主义的舆论势力已笼罩整个东北地区。

1932年3月1日伪满洲国成立,溥仪粉墨登场充当傀儡"执政",将长春改为"新京",作为伪满首都。尽管国人报纸越来越少,日伪报纸越来越多,仍制订严格的新闻统制手段。所有中国人办的报纸在出版前,每天必须把大样送日本特务机关审阅,没有"检阅济"(审阅完毕)的图章,不准付印。日伪垄断新闻来源,实行"一国一通讯社"制度。伪满洲国通讯社(简称"国通社")实际上是日本新闻联合社、电报通讯社在东北的分支机构,东北各报的新闻必须完全采用"国通社"的电讯稿,并规定某条新闻必须登载,某条新闻应如何标题。自1933年起,各报每日须派记者到日本特务机关抄录日伪公布的新闻,而且必须按照原文一字不动地刊出。如果有所改动,或规定必须刊登而不登,甚至不刊载在显眼的位置,编辑人员立即会被传讯,或以"巧妙编排、反满抗日"的罪名给予惩处。伪满政府除了以法西斯手段垄断新闻来源,严格检查新闻,还于1932年10月抛出《出版法》对报刊内容进行种种限制,伪国务总理大臣随时可以用有碍外交、军事、财政的名义,或以"维持治安"的需要,来禁止与限制新闻报道,达到控制舆论的目的。

伪满的新闻统制手段固然可以让中国人办的报纸噤若寒蝉,但对日本人办的报纸却难以控制,而日本侵略者内部却也存在着派系斗争。为了谋求舆论一律,伪满洲国在日本主子的指挥下进行了第一次新闻整顿,于1936年成立报业垄断机构——伪满"弘报协会"。这一次整顿,正是日本军国主义筹划扩大在华的侵略战争时期。该协会吸收沈阳、大连、长春、哈尔滨四个中心城市的11家日伪报刊为加盟社,进行集中统一管理,目的就是在发动全面侵华战争时通过这个报业大托拉斯——伪满"弘报协会"控制舆论,在宣传口径上保持高度一致。

1934年,日本财阀西片朝在大连和沈阳办了《满洲报》和《民声晚报》,企图借助新闻事业在东北发展其个人势力。为了争取中国读者扩大其报纸的影响力,敢于发表日本战败消息和较有新意的版面。"七七事变"发生后,又与《盛京时报》开展号外竞争,抢先发布最新消息,两家日本人主办的报纸矛盾公开化了。《民声晚报》甚至利用"国通社"的一时疏忽,发布中国政府《告全国人民书》。当警察局电令撤销时,文章已到了读者手中。这类现象使日伪当局决心进一步加强新闻统制。第二次新闻整顿从1937年8月起到1940年8月,兼并和关闭了19家报纸,收买和保留了8家报纸,新办了5家报纸,使伪满弘报协会直接控制的加盟社报纸由原11家增加到29家。这29家报纸中,中文报15家、日文报11家、俄文报1家、英文报1家、朝鲜文报1家。在伪满基本上达到了日、中文报纸"一省一报"。同时还保留了10余家非加盟的综合性日报和40余家不在这次新闻整顿之内的专业性报纸。这些报纸绝大多数为日本人经营,极少数为汉奸经营的"民间报纸"。1940年末,日本军国主义为了配合日德意军事同盟,发动太平洋战争,相应地在东北地区强化新闻统制政策。1940年11月,伪满国务院总务厅弘报处接管了原属治安部、民生部、交通部对电影、新闻、出版物、广播、通讯、图书唱片等检查工作和外务部对外宣传业务,扩大了弘报处的权限,并于同年12月解散了伪满弘报协会。这一措施称为"建立弘报新体制",并于1941年8月25日公布了"弘报三法",即《满洲国通讯社法》《新闻社法》和《记者法》。"弘报三法"规定,只有"满通社"才可在伪满洲国内搜集信息情报,并向国内新闻社和国外通讯社和新闻社提供信息情报;伪满政府认为必要时可合并、解散新闻社,并指定某条新闻刊登或不刊登在新闻纸上;记者必须经过严格的登记和审查,如报道不利于日本侵略者的新闻则予以严惩。

太平洋战争爆发后,又进行了第三次新闻整顿。1942年1月通过成立《康德新闻》《满洲日日新闻》《满洲新闻》三大新闻社,统管伪满的中文和日文报纸。康德新闻社将原大同报社、盛京时报社、大北新报社等11家中文报社,全部改名为康德新闻在各地的支社,但报纸仍以原名出版。康德新闻社在统辖各地中文报社的同时,还在没有报纸的偏远地区新设立许多支社,创办8种中文报纸,扩大对中国人民的舆论影响和精神奴役。这一时期是日伪中文报纸覆盖面最广的时期。满洲日日新闻社设在沈阳,统辖南满的4家日文新闻社;满州新闻社设在长春,统辖北满的5家日文新闻社。

1941年底,日美太平洋战争爆发前夕,伪满在东北各城市新建了13家"放送局"。加上原有的4家,日伪政权已拥有17家广播电台,听众已达45万户,伪满的"新京中央放送局"拥有20千瓦短波发射台,能对远东、欧洲、北美西部、南洋、马六甲、澳大利亚等地进行广播。该台用汉、英、日、俄、蒙古语进行广播,每周还用德语、法语广播数次,宣传"大东亚王道乐土"、"圣战必胜"。苏德战争爆发后,增加俄文和德文广播的次数和时间,进行"反苏反共"的舆论宣传。太平洋战争爆发以后,为强化广播内容的统制,规定由"新京中央放送局"统一编排节目并播出,各地方"放送局"一律用于转播,不允许自办广播节目。日语广播则全部转播日本东京中央放送局的节目。为强化宣传,控制民众思想,从1942年起,伪满又新建了8个"放送局",使广播电台总数增加到25座,达到日伪时期广播覆盖率的最高峰。

在东北三省中,原来新闻事业最落后的吉林,由于伪满洲国建都新京(长春)的关系,一些主要新闻监控机构和新闻总社、通讯总社都集中在那里,报社的数量已大体上与其他两省持平,而长春的日文报纸之多又远远超过其他城市,几乎是当地中文报纸的3倍。伪满新闻事业最明显的特点是,几乎所有报社和其他新闻机构的一把手都是日本人。这一点与汪伪报业由中国人主编中文报的情况有所不同,反映了伪满政权殖民地化的程度更深。报纸、电台、通讯社在伪满统治时期还流行一种为讨好日寇采用日本语法的非驴非马的"协和语",这一现象也显示了伪满新闻事业的高度殖民地化。

1944年日本军队在太洋战争中战败,为了节约物力,支撑败局,苟延残喘,于同年3月将满州日日新闻社与满洲新闻社合并,在长春成立满洲日报社,所有日文报的报名一律改为《满洲日报》,仅在报头下注明所在地名。同年9月,康德新闻社也将各地出版的中文报纸一律改为《康德新闻》,仅在报名下注明出版地名,作为该报的地方版。唯一不属于康德新闻社系统的是大汉奸王维周"民办"的《滨江日报》。据目前掌握的资料,到日本投资前夕,日伪办的中文报纸只剩下13家,日文报纸也只有十来家,伪满报业已显得十分萧条了。

　　1945年8月15日中午12日,所有广播电台同时广播日本天皇的《终战诏书》,宣告日本无条件投降。第二天,《康德新闻》一版头条题为《大东亚战争停止,满洲帝国事业至此结束》。《康德新闻》《满洲日报》和它们在各地的地方版,汉奸办的"民间报纸"和各类专业报刊全部停刊。伪满放送总局和各地方的放送局也全部停播。伪满洲国通讯社也停止活动。仅有隶属于日本"关东州"的大连,其出版的《泰东日报》和《大连日日新闻》持续到10月初苏军进驻后停刊。至此,日伪政权在东北的新闻事业完全解体。

## 四、解放战争时期随军进退的东北报业(1945.9—1948.11)

　　从抗战胜利到东北全境解放,总共只有三年多一点时间,但新创办的新闻传播机构和报纸、期刊却比任何时期都多。根据《黑龙江省志·报业志》《辽宁省新闻事业发展概要》和《吉林省报纸简表》等统计资料的不完全统计,解放战争时期东北解放区创办的报纸至少有130种左右。各地区分布情况为:黑龙江约70多种,吉林有近30种,辽宁有30多种,其中外文报纸有5种。如果加上国民党占领区内创办的报纸,绝不会少于280种。据《东北新闻史》的统计:在国统区与解放区,先后曾出版过两三百家报刊,建立广播电台共计二三十家、通讯社和分社二三十家,解放区内还首创新闻学校、摄制新闻纪录电影。

　　1945年8月15日,日本宣布无条件投降,东北地区即陆续为苏联红军接管。由于东北地区不仅有丰富的物产和发达的重工业,而且战略地位极为重要,一时成为国共两党争夺的焦点。自1945年8月底到11月,在中共中央的战略部署下,有10万大军挺进东北,还有来自延安、河北、山东各解放地区的2万名干部进入东北地区,领导当地民众,消灭日寇和伪满的残余武装力量,剿除土匪,建立起民主政权。

苏军进驻东三省后,并无长期占领的打算,既不拨款出版正式报纸,也没有花很多功夫去经营广播电台。他们仅在1945年9月间在长春和哈尔滨出版一种名为《情报》的不定期中文小报,在沈阳用中文印刷塔斯社电讯稿,在街头张贴和散发。他们接收日伪的无线广播电台,主要用于为飞机导航,也播送一些塔斯社电讯和本地新闻。

在日伪报纸停刊、通讯社停止发稿之后,最早出现的便是一些伪满报人利用其所在日伪报社的设备和资源,肉麻地吹捧国民党中央的"新报"和"民报"。接着又有一批伪满官绅拼凑出地方治安维持会,有的打出国民党的招牌,利用伪满报社出版"机关报"。这些办报者都自诩为"身在曹营心在汉"的"爱国志士",为取悦国民党政府,积极"反苏反共",以掩盖其伪满时期腼颜事敌的罪行。这些报纸寿命都很短,有的因制造反苏舆论被苏军查封或解散,有的随着中共民主政权的建立被接收,有的感到日暮途穷自动停办,销声匿迹。这时中国共产党人却创办了许多地方党报,如中共中央东北局在沈阳出版的机关报《东北日报》、黑龙江省工委《黑龙江日报》(原名《时事新闻》)、合江省工委《人民日报》、滨江省工委《松江新报》、安东省工委《安东日报》、长春市委《长春新报》、哈尔滨市委《哈尔滨日报》、大连市委《人民呼声》、旅顺市委《民众报》、吉林特别支部《人民日报》、辽西地委《民声报》、通化地委《通化日报》(原名《辽吉日报》)、牡丹江地委《牡丹江日报》,还有中苏友好协会系统的《光明日报》《文化导报》《北光日报》和军队系统的《先锋报》等。

因为国民党政府与苏联政府签订过条约,苏联承认国民党政府为中国合法政府,所以苏联驻军受到外交上的约束,不准中共党政机关在沈阳等大城市公开出版报纸,于是《东北日报》只能借托在山海关出版。在国民党接收大员即将到来之际,苏联驻军要求中共党政机关和部队撤出哈尔滨、长春、沈阳等大城市。军队和机关撤离后,这些党委机关报大部分易地出版,也有一些停刊。以中苏友好协会名义出版的进步报纸,在苏军撤离后,也立即遭到国民党政府的破坏。1945年11月11日,国民党军队由美国舰队运送在秦皇岛登陆,揭开了全面进攻东北地区的序幕。国民党军队猛攻山海关,全力向锦州、沈阳推进,共产党军队大踏步北撤,《东北日报》随中共中央东北局向北迁移,由沈阳而本溪,由本溪而吉林,最后冒着炮火撤到哈尔滨,其他党报停刊的停刊,合并的合并,转辗播迁,历尽艰辛。

国民党报纸与打着"武装接收"旗号的国民党军队同步进入东北。据《东北新闻史》统计,自1945年11月末到1948年11月初,国统区先后出版各种报纸约150家、期刊杂志近200种,开设新闻通讯社与广播电台各有10余家。国民党进入东北后,以杜聿明为司令长官的东北保安司令部于1945年11月27日出版了第一家报纸《新生命报》。在国民党军事形势看好的1946年,据《新闻学季刊》1947年第三卷第二期中的金敏之《东北报业概况》一文的记载,当时国民党的报纸"像雨后春笋一般",先后在沈阳出版了30余种报纸,在长春先后有50余种报纸出版,四平、吉林、鞍山、营口、抚顺、辽阳等地也有大量报纸出版。军队在接收日伪财产方面比国民党接收大员更具优势,他们先下手为强,将日伪报社印刷设备和物资接收过来在各地办起二三十家报纸,连工作人员也都是日伪报社的留用人员。以至1946年8月国民党中央日报沈阳分社筹备时,一时竟找不到印报的机器。

但是好景不长,随着国民党军队在东北战场上由盛到衰,许多报纸只出版了个把月便销声匿迹,成了报坛上的匆匆过客。国民党在东北的政治重心沈阳,在正常情况下也只有十三四种报纸出版,每天总发行量不足7万份。长春由于争夺激烈,多次易手,报纸变动更大,虽然出版过的报纸很多,但报纸的寿命极短,有许多报纸仅出版一周甚至一天便夭折。在正常情况下,长春出版的报纸虽也有十来种,但每日总发行量却不足2万份。解放战争时期,国民党在东北占领区内曾先后出版过100多种报纸,能维持正常出版的不过30余种,每日总销数不超过12万份。

由于东北长期处于激烈的战争环境中,东北的报业也就形成了壁垒森严的两大系统,或是国民党系统的报纸,或是共产党系统的报纸,民间报纸不仅无利可图,也几乎无法生存,所以不存在中间类型的报纸。国民党军队

# 第一章 东北地区新闻事业评述

所到的地方,马上就有国民党系统的报纸进行鼓动宣传,国民党军队撤退了,报纸也随之撤退。共产党方面的情况也一样。从报业随军进退这一特点来看,双方报纸都具有强烈的政治宣传色彩。国民党报纸的新闻来源都是出自官方新闻处的一份油印公报,长期处于军事管制状态下的东北新闻事业,无新闻自由可言。

造成东北新闻事业萧条的原因,主要是长期处于战乱的环境之中。每当战争接近城区,纸张、煤炭、电力供应都会出现问题。许多报纸就只能出联合版,也总有许多报纸在这种情况下停办。民穷财尽,百业凋零也是东北报业萧条的另一个重要原因。东北地区经日寇和伪满14年的榨取,物资已十分匮乏,接着又是惨烈的内战,弄得生产停顿,百姓贫困,经济凋敝。社会购买力差,商业不景气,断绝了报纸的广告来源。报社收入既少,读者又买不起报,办报亏本已是不可避免的事。所以东北的报纸几乎都是国民党政府的机关报和部队军报,商业报纸难以生存。由于报纸无从赢利,报人待遇菲薄,编辑记者的薪金只及普通公务员的一半,因此许多报人为生活糊口只好身兼数职,新闻工作只能成为兼职。据1947年沈阳记者公会的统计,参加该公会的412名记者中,大学毕业者仅61人,占14.8%,其中新闻学校毕业者仅五六人。新闻工作待遇低,使许多学有专长的人离开了新闻工作岗位,新闻人才缺乏更使国民党占领区的报业雪上加霜。

1948年3月国民党弃守吉林市,东北仅剩下长春、沈阳、锦州三座由国民党军队困守的孤城。大多数报刊和电台都已经停业,长春的8家报社在无可奈何的情况下只能出版"联合版",沈阳报纸则靠政府配给平价纸,倒卖牟利,苟延残喘。

中共的东北报业情况正好相反。1946年下半年,由于战局动荡,同南满交通隔绝,《东北日报》的每天发行量只有4万多份。随着共产党军队于1947年夏季转入反攻,国统区日益缩小,解放区则逐渐连成一片,《东北日报》的发行量迅速增加,到1948年初,发行量已接近8万份。吉林省委(原特别支委)的《人民日报》,初创时仅1500份,1947年3月改为《吉林日报》后,随着解放区的扩大,由吉东8个县市扩展到吉南和吉北,每日发行量上升至万份左右,1948年3月迁回吉林市,发行量由1.5万份逐渐增加到4万

· 273 ·

份左右。战争环境最艰苦的辽宁地区,随着解放战争形势的好转,原本停刊的报纸如《辽东日报》《安东日报》等纷纷在新收复的城市内复刊。东北解放区的新闻事业呈现出一片兴旺景象,它在宣传中国共产党的政治主张,组织东北人民反对内战、分化瓦解敌军和巩固政权中发挥了极为重要的作用。

东北广播事业的情况也与报业类似。1945年11月,沈阳台和长春台的中共工作人员奉命撤出,其余各台也大都经历了撤退、转移、恢复和重建的艰难历程,然而即使在最艰难的时刻,广播电台的工作人员始终坚持并积极开展广播宣传工作,在东北地区战火纷飞、政局动荡的形势下,只有大连地区因由苏军军管情况特殊,当地的报业和广播事业没有受到战争的影响。大连台(1947年5月改称关东台)自1946年1月开播后一直没有停播,是东北解放区未间断播音的为数极少的电台之一。1946年下半年,在国民党军队全面进攻的压力下,东北局决定将哈尔滨广播电台的整套设备迁往佳木斯,建立东北新华广播电台。直到1948年春,东北99%的地区已经解放,才迁回中心城市哈尔滨,成为东北地区广播电台的总台。据1949年初的统计,东北解放区原有、收复和新建的广播电台共有18座,由东北总台对各地方台进行统一领导、统一管理。东北新华广播电台设在东北局所在地,直属东北局宣传部领导。各地方台只设中波专门转播陕北新华广播电台和东北新华广播电台节目,地方台只能播送经过市委审查后的本市新闻。各省新闻统一由东北新华广播电台播送。这一措施改变了"广播宣传""各自为战"的松散状态,使东北的广播宣传更具威力。

## 五、解放后东北新闻事业的发展及其特色(1948.11—2000)

1948年11月,东北全境解放,东北地区的新闻事业从此步入了一个新的历史发展阶段。

中华人民共和国成立前后,由于东北各省在建制上的重大变动和全国各大区的裁撤,影响到一大批省级报纸的撤销与合并,形成了新闻工作者的大流动。这种情况在全国其他地区极为少见,是解放初期东北报业的一大特色。

1949年7月,东北省区在建制上作第一次变动,牡丹江省建制撤销,并入松江省,原省委机关报《牡丹江日报》于翌年3月停刊。辽吉省建制也在此次变动中撤销,并入辽北省,原省委机关报《胜利报》于翌年1月改名《辽北新报》,为辽北省委机关报。

1949年5月又进行第二次省区建制改变,辽北省又与重建不久的辽西省合并,《辽北新报》与辽西省委机关报《人民报》合并改为《辽西日报》。与此同时,安东省与辽东省合并,《安东日报》《辽东日报》和《辽南日报》合并为辽东省委机关报《辽东大众》。在第二次省区改变建制中,嫩江省与黑龙江省合并,在齐齐哈尔成立黑龙江新省委,原《新黑龙江报》与《嫩江新报》和齐齐哈尔市委机关报《齐市新闻》合并,于同年6月在齐齐哈尔市出版黑龙江省委机关报《黑龙江日报》。与此同时,合江省建制也被撤销,并入松江省,原省委机关报《合江日报》、市委机关报《哈尔滨日报》并入《松江日报》。热河省建制撤销,并入河北省,热河省委机关报《群众日报》停办,该报工作人员南下创办《天津日报》《承德日报》和《北平解放报》。

新中国成立时,东北地区由中共中央东北局领导,北部有黑龙江省和松江省,南部有辽东省与辽西省,中部为吉林省,这五个省都有以地区命名的省委机关报。1954年8月,中共中央决定撤销全国大区一级的行政机构,设在沈阳的东北局机关报《东北日报》于同年8年31日停刊,与此同时,东北省区又进行第三次变动,黑龙江、松江两省合并为黑龙江省,省会设在哈尔滨,《黑龙江日报》迁到哈尔滨,与《松江日报》合并出版省委机关报《黑龙江日报》。辽东、辽西也在此次变动中合并为辽宁省,省会设在沈阳,1954年9月1日在原《东北日报》的基础上出版省委机关报《辽宁日报》。在省级建制中,吉林省的省域有所扩大,拥有4个市、3个专区和44个县,省会定在长春。《吉林日报》由吉林市迁往长春,和《长春新报》合并为省委机关报《吉林日报》。《吉林日报》的版面也随之由四开四版扩为对开四版。

东北几家省级报社的新闻从业人员都来自四面八方,虽说在办报经验上可以取长补短、相互借鉴,但毕竟在工作和生活习惯上总有些差别,需要有一段时间的磨合。所以刚开始合并时,工作秩序往往有点混乱,矛盾也难免多一些,随着报社各项工作制度的建立,也逐渐走向正规化。

1956年4月,毛泽东同志在成都召开的中央政治局扩大会议上发表了《论十大关系》的讲话,提出了"破除迷信,解放思想"的口号。讲话传达以后,各报社都开展了民主检查活动。在这次活动中,报社内部的思想很活跃,表现出东北的新闻工作者对新闻改革的极大热情。例如由《辽东日报》易名的《安东日报》,该报社的采编人员就曾在1956年下半年对报纸如何满足读者需要、如何增强报道的知识性、趣味性等问题进行过认真的探讨。《吉林日报》的新闻工作者也曾大胆提出,报纸没办好,是不是报社领导听省委的话多了一些,等等。在1956年《人民日报》改革的影响下,黑龙江日报社也曾着手对报纸进行改革,1957年初曾派出3个调查组到各地作读者意见调查,并写出了调查报告,起草了报纸改革方案。这种对报纸改革的酝酿虽然全国都存在,但对东北新闻界而言有其普遍性。可是,由于反右派斗争的严重扩大化,这次报纸改革活动被迫中断。一些思想活跃,在报纸改革中表现出巨大热忱的优秀新闻工作者被错划为右派,饱受打击和摧残,从此东北新闻事业也像中国的其他地区一样,走上了一段曲折而艰辛的弯路。

从1956年到1958年大跃进时期,出于政治鼓动的需要,县级报纸有了超常规的发展。东北三省一下子冒出了近120家县级机关报,其中吉林有40家,黑龙江有近60家,这两个省90%以上的县都办起了报纸。辽宁县级报办得不多,只有16家,但维持的时间稍长些。黑龙江、吉林的全部县报和辽宁的大部分县报都在1962年12月之前停刊,主要原因是经济上维持不下去,余下的少数辽宁县报也在"文化大革命"开始不久,全部停刊。

1966年开始的"文化大革命"使新闻事业遭到严重的破坏。除少数几家报纸被林彪"四人帮"反革命集团控制利用外,多数党委机关报遭到停刊的厄运,连《黑龙江日报》也曾停刊6天。东北地区的各种报纸都先后被"造反派"夺了权,出版过一些《红色造反报》《造反有理报》等派性十足的政治宣传品,进行了长达十年的极"左"宣传和欺骗民众的假、大、空报道。中国人民称这段痛苦的岁月为"十年浩劫"。

东北地区自清末以来长期处于军阀割据和帝国主义殖民势力的控制之下,政治上与内地处于隔裂状态,因而东北的新闻事业表现出极大的独立性,甚至国民党南京政府在统计全国报纸各项数据时都不把东北报业和广播业统计在内。解放以后,由于政治、经济的高度统一,使东北新闻事业的发展进步和曲折受挫的过程与全国其他地区完全同步。例如1958年对"大跃进"运动和人民公社运动的浮夸宣传,1960年以后大抓阶级斗争的极"左"宣传,乃至1966年开始的十年动乱中出于政治需要而采取的派性宣传和反动宣传,东北地区报纸、广播所犯的错误无不与中国其他地区类同。这一现象表明:新闻事业的地域差异已经完全被政治、经济上的高度集中与统一所掩盖;地区经济发展上的不平衡,也为政治上的高度一致所冲淡。如果我们把东北新闻事业的发展历史作分阶段剖析和概括的话,这一阶段东北新闻事业的最大特点,便是已充分融入整个中国的新闻事业之中,自身的特色正日益淡化。

粉碎"四人帮"后,东北地区的新闻工作者在拨乱反正的工作上起步较早。《沈阳日报》于1977年11月起,便开始彻底批判"新闻黑线专政"论,强调恢复和发扬党报实事求是的优良传统,反对讲假话、大话、空话,为过去的名牌副刊正名,恢复"文革"前有特色的专版、专栏,提出全面改革报纸的主张。在经营管理改革方面,东北新闻事业的起步也是较早的,如《吉林日报》从1983年起便开始进行这方面的改革,由原来靠财政补贴变为自负盈亏,不断更新设备和办报条件,增加了职工收入。后来又进一步引入竞争机制,对一些创收部门试行招标承包,推动了其他新闻单位的改革进程。《哈尔滨日报》管理体制的改革也为全国所瞩目。

新中国成立初期,东北地区的党委机关报只有22家,加上其他性质的报纸也不过30家左右,全部职工不足1 300人。到1994年底,东北地区有公开发行的正式报纸211家,从业人员已超过3.2万余人,相当于新中国成立初年的24.6倍。据2001年新闻年鉴提供的数据,东北地区有正式出版的报纸约297家,其中辽宁129家,吉林92家,黑龙江76家,仅辽宁省一省新闻单位从业人员已达3万人左右。

广播电视方面的发展较报业更为迅速。新中国成立初,东北的广播电台只有13座,1979年已增至20余座。自1954年12月开始,东北地区有了第一座电视台——哈尔滨电视台,到1978年,整个东北已有6座电视台。到1994年底,东北地区已有电视台80余座,广播电台近100座,有线电视台站1 000余座,微波发射、转播台1 000余座,卫星地面站2 000余座,并实现了东北三省广播电视微波电路联通。广播电视战线人数已超过2万人。2000年底,东北地区的广播电台和电视台已增至224座,其中辽宁90座,吉林61座,黑龙江73座。在224座电台和电视台中,县级台为142座,占63.4%。

(本章撰稿人:姚福申)

# 第二章

# 黑龙江新闻事业发展概要

## 一、黑龙江古代的新闻传播

黑龙江省[①]地处祖国东北边疆,自古以来就是中国的一个组成部分。在漫长的历史演变过程中,黑龙江各族人民一直同中原地区保持着密切的联系。早在4 000多年前,黑龙江古老的肃慎族人民,就到中原地区"朝贡弓矢"(今本《竹书纪年》)。此后历代都臣服中原,其中鲜卑、契丹、女真、蒙古和满族,还先后入主中原,建立了北魏、辽、金、清等王朝,对于推动我国多民族国家的形成、融合和发展,促进社会进步和经济、文化科学的交流等,都作了重要贡献。

黑龙江地区曾经通用汉文、契丹文、女真文、蒙古文和满文。古代的文化事业也曾几度兴旺繁荣。新闻传播也在中原文化的浸濡和影响下,随着社会的发展而变化。据史籍记载[②],在晚唐、宋、金和清代,黑龙江曾出现过具有新闻性质的诏书、手写报纸和铅印报刊。

公元8至10世纪,在黑龙江东部区建立的以粟末靺鞨部族为主体的

---

① 黑龙江省的行政区划多有变更,本文以1954年8月开始实行至今的区划为准。为了叙述的方便,此前通称"黑龙江地区",或简称"黑龙江"。
② 本节记述的3个阶段的史实,分别据《渤海国志长编》《金史》《清实录》和馆藏清末档案,不一一注明出处。

"渤海国",以处处仿唐为国策,从公元714年起,就陆续派"诸生"到唐代的京师太学"习识古今制度"。但是,在公元926年渤海国被契丹灭国时,典籍俱毁,难以查考。仅知仿唐中书省而设的中台省,时有不少"诏诰舍人",专门负责草拟诏书,及时将国家大事诏示中外。这种具有新闻因素的官方文牍,可能是黑龙江最早的新闻传播工具。

公元1115年,女真族在今哈尔滨的阿城宣告建立金朝时,并没有自己民族的文字,国书仍沿用辽朝的契丹文。1119年,金太祖下令模仿汉字楷书,参照契丹文造字法,制出便于书写女真语的文字,即女真大字;1138年又制女真小字。金朝除了经常用诏书及时将朝廷大事诏告中外,还有布告向老百姓宣传政策。如在伐辽时有不少契丹人逃匿山林不归,金太祖曾多次派将士"驰驿布告":"罪无轻重,咸为矜免""率众附归者,授之世官"等。

金军在攻打宋朝时可能看到了"露布"之类古代的手写报纸,如宋京开封街头传贴的报道战况的"榜"。后来,金兵元帅府也将攻宋捷报在街市"以露布颁中外",同时还附有被杀宋将的画像。这种手写报纸的社会影响很大,为金主所赏识,在迁都燕京(今北京)后,举行"宏词科试"中特设"露布"一门,以便广招此种人才。

金亡后,由于民族、邻族之间的不断征战迁徙,黑龙江地区遭到了严重破坏,到处"无市井城廓,逐水草为居,以射猎为业"(据《清太祖武皇帝实录》)。1668年(康熙七年)清王朝开始对东北实行封禁,禁止汉人流入,从而使黑龙江重新沦为蛮荒之地。

在此期间,黑龙江的新闻传播与出版业几乎是一片空白。人们可以经常看到的具有新闻因素的东西,不过是宁古塔和黑龙江两个将军衙门当街高挂的"朱标告示"。直到19世纪末,我国内地出版的报刊才开始传入黑龙江,但是能够看到的仅有将军衙门中的少数人。而广大城乡人民,直到20世纪初,仍"不知报纸为何物"(据奚廷黻1907年上书黑龙江巡抚程德全中语)。

1907年(光绪三十三年),黑龙江巡抚程德全为推行清王朝"新政",下令设立官报局,仿《北洋官报》出版《黑龙江公报》,专门刊载"黑龙江文牍及各项要政,敬体谕旨,廉政公诸舆论"。为此任命状元出身的省提学使张建勋为总办,内阁中书张国淦任专办,并选调 10 多名"候选"官员兼差编辑。1908 年 1 月先出版册式的旬刊《黑龙江公报》,后又附出单张双日刊《白话报》。1909 年 3 月,程德全因病辞职,该报在此前停办。

继任巡抚周树模,1910 年仿照清政府《政治官报》出版《黑龙江官报》,"以开通全省官民知识,鼓吹宪政之进行,并提倡实业、开拓利源为宗旨"。与《黑龙江公报》一样,仍为册式旬刊,期发 500 份,继续由官署下令派销,辛亥革命爆发后终刊。

黑龙江古代的新闻传播事业发展颇为缓慢。渤海国、金朝、清朝 3 个阶段的新闻传播活动时现时断,没有承继关系。造成这种情况的原因很多,但尤为令人瞩目的是:每当实行开放政策,密切与中原地区联系时,新闻传播活动则兴旺发达;而每当发生战乱,及由此引起民族大迁徙时,则以往的文化成果便毁于一旦。

## 二、黑龙江早期的外文报刊

黑龙江的近代报刊是随着中东铁路的建造而发展起来的,始于 1901 年(光绪二十六年),大约晚于我国内地半个多世纪。但与沿海地区一样,最初的报刊也是外国人所办,而且集中于哈尔滨。据统计,从 1901 年到 1917 年俄国十月革命前,俄日两国先后在哈尔滨出版了报刊约 50 家(其中俄文报 27 家、期刊 20 家,日文报 1 家,中文报 1 家),总数多于同期我国人自办报刊。这些外报几乎都是沙皇俄国的远东扩张政策和日本"大陆政策"的舆论工具。

早在中日甲午战争后,沙皇俄国以"共同防日"为名,与清朝政府签订《中俄密约》等不平等条约,从而取得了我国东北地区建造和经营中东铁路的特权。由沙俄控制的中东铁路公司为了远避我国官署所在地,选定渔村哈尔滨为铁路中心枢纽站。1889 年将铁路建设局从海参崴迁到哈尔滨,开始南北相向施工。为了印刷公文报表等,铁路局当年从俄国购进一台大石印机,并成立印刷所。第二年又在哈尔滨设立邮局,加上为筑路而设的电话电报等,为报刊出版准备了物质条件。铁路商业处还曾编印俄文"商业通讯"等。

1900 年,沙俄乘八国联军进入北京之机,派兵 17 万大举入侵我国东北。1901 年中东铁路与西、南三线相继接轨,部分路段先后临时通车,哈尔滨成为初具规模的国际城市。哈尔滨除有俄国筑路机构、驻军以及工厂、商店、学校、医院、教堂等之外,还有日、英、德和希腊等国侨民及其开办的工商企业、侨民会和佛寺与教堂等。就在这年 8 月 14 日(俄历 8 月 1 日),俄国人罗文斯基创办了《哈尔滨每日电讯广告报》(*Харбинский Листокь Ехедневных Телеграммь и Обьявлений*)。这是继旅顺俄文《新境报》(亦译《新边疆报》,1899 年 8 月创刊,为俄国关东都督府机关报,1905 年日俄战争后迁哈尔滨)之后,在我国东北出版的第二家近代报纸。

中东铁路于 1903 年 7 月 14 日全线正式通车后,取代建设局而成立的铁路管理局,控制了铁路沿线及附属地的所有权力,俨然成为独立于我国主权之外的最高殖民机关。6 月 24 日出版了俄文机关报《哈尔滨日报》(*Харбинский Вьстникь*)。第二年,铁路局印刷所从德国购入铅印机 4 台等设备。从此,哈尔滨开始出版铅印报刊。

在日俄战争中失败的沙皇俄国,被迫把它在长春以南的南满地区的特权转让给日本,即着意经营北满。曾为俄军后方基地的北满中心哈尔滨,工商业急剧发展,人口骤然增加到 25 万,于是在数年之间,出现了第一个俄报高潮。

首先是沙俄官方机构出版了各种机关报刊。主要有:

铁路报刊:俄文《哈尔滨日报》于 1906 年改为日报,3 月又新办中文机关报《远东报》(详见下节);1908 年创办俄文《远东铁路生活》周刊等。

俄军报刊:1905 年护路部队创办《外阿穆尔人消闲报》;1906 年远东部队后方司令部出版《军事生活报》。

其他报刊:由俄人非法组成的哈尔滨市自治公议会,1908 年创办《市公议会公报》;其下属抗鼠局于 1910 年出版《防鼠疫通报》;俄国商会开办的哈尔滨交易所,同年出版《哈尔滨工商周报》;哈尔滨俄国东方学者协会,于 1909 年出版《亚细亚时报》等。

其次,俄国工商业者及其他侨民也出版了不少私营报刊。这类报刊虽然总数较多,但出版时间长,社会影响大的仅有《哈尔滨报》和《新生活报》等。前者为一个林业资本家主办,后者为3个犹太人出版的两份报纸合并而成。1912年创刊的《哈尔滨广告报》是哈尔滨第一家免费报纸。

第三是政党报刊。1905年成立的俄国社会民主工党哈尔滨支部在领导铁路工人反对沙皇10月宣言的大罢工中,曾以《新生活报》为罢工委员会机关报。当时从梯比利斯逃到哈尔滨的加拉罕,在《新境报》工作中"与革命党人关系益密",所写报道因触怒当局而被捕(据上海《东方杂志》)。俄国社会革命党人当时在哈尔滨出版的《满洲报》和《年轻的俄罗斯》也很快就被封禁,主办人也被捕。在此期间,罢工工人多次焚烧铁路管理局大楼,设在楼内的《哈尔滨日报》编辑部也同时遭焚。

为了控制报刊发行,中东铁路民政部专门设立了报刊发行科。俄国人新办报刊只在俄国殖民机构立案,从不经我国地方当局批准。这种做法后来为日本人所仿效。

日本人在哈尔滨出版的第一家报刊是1908年10月5日创刊的日文《北满洲》报。早在中东铁路建造之前,日本的一些神秘人物就陆续潜入黑龙江地区进行秘密活动。20世纪初,日本人就在黑龙江两岸建立了一个情报网。第一个进入黑龙江的日本记者,是北京《顺天时报》编辑井深仲乡(井深彦三郎)。1902年夏,他伙同日军中尉服部贤吉和特务横川省三穿越蒙古草原,于10月5日到达海拉尔,搜集中俄边境地区情报时,被俄国军警逮捕后押到哈尔滨,但旋即被保释。

日俄战争后,日本"得陇望蜀",进一步向北满渗透,与沙俄逐鹿。1907年,日本在哈尔滨的侨民增至677人(其中女子335人),设立了日本领事馆。三井、正舍、熊泽等银行、商社先后在哈尔滨开设支店。当时,日本在哈尔滨设立的情报机关北辰社,公开宣扬日本的"北国锁钥重镇"不是北海道,而是哈尔滨,并提出研究哈尔滨是研究满洲的"捷径"。《北满洲》报就是适应这种需要而创办的。

《北满洲》初为四开八版的旬刊,社长布施胜治毕业于东京俄语专科学校。《发刊词》明确提出"北满土地肥沃,物产丰富,有待于我们日本人来开发",并表示该报要"成为在满日本人的指南针"。第二年又附出俄文版,声言致力于"日俄亲善睦邻"。其实,这是在签订《日俄协定》和《日俄密约》之后,两国由对抗转为联合侵华的形势下,《北满洲》采取的新举措。此举曾为该报争得俄国国内一些读者。

辛亥革命后,东三省一些中日人士曾主张"中日同盟",报上时有"两国亲善之论"。于是,在吉林出版的两国报纸,于1912年发起成立"东三省中日新闻记者大会",哈尔滨报界也在邀请之列。但在1914年第3次大会之后,因举国反对袁世凯与日本签定"二十一条"而作罢。

第一次世界大战期间,俄国因忙于欧战,无力东顾,哈尔滨俄文报刊的发展处于停滞状态,很少有新报创刊,仅有中东铁路的两个机关报,以及《新生活报》《哈尔滨工商报》等继续出版。由于日本侨民的增加,日文《北满洲》报于1914年8月扩大为对开大报。

俄国二月革命后,《北满洲》由周刊改为日报,乘机抨击沙皇俄国昏庸无能,造成哈尔滨混乱无主,鼓吹日本在北满取代俄国。哈尔滨俄国报纸对二月革命的态度虽然有所不同,但一致反对《北满洲》报,与之展开了激烈的论战。在俄国十月革命后,外文报刊的竞争进入了一个更加复杂的新阶段。

总之,哈尔滨早期的外文报刊的出现和发展从一个侧面反映了俄日两国对黑龙江的争夺。与后来的俄文报刊相比,这个时期俄国官办报刊的种类和总数均比较多,而且更直接地表达了沙俄妄图变黑龙江为"黄俄罗斯"的侵略野心。随着中、俄、日三国关系的不断变化,如所谓"共同防日""联合侵华""中日亲善"等,报刊上的舆论也时有变化。因此,尽管这些报刊并非以我国读者为对象,但是对经济、文化的交流曾经发挥了一定的促进作用。尤其是对黑龙江近代报业的发展,也曾有过一定的借鉴价值。

## 三、黑龙江的近代新闻事业

近代黑龙江的第一家中文报,即1906年3月14日(俄历3月1日)在哈尔滨创刊的《远东报》。到"五四运动"前的14年间,黑龙江先后出版各种中文报刊共45家。其中出版时间最长、社会影响最大的就是《远东报》。

《远东报》是沙皇俄国在黑龙江唯一的一家中文报,中东铁路公司每年拨给巨额办报经费(一说17万卢布,一说5万两白银)。总经理亚历山大·瓦西里耶维奇·史弼臣(А. В. Саппаbих),毕业于海参崴俄国东方学院,主持该报16年。俄国首相斯托雷平很赏识他所撰言论,曾召他入俄都面谈远东问题。中东铁路管理局长霍尔瓦特也委他兼任"铁路交涉代办"。当时他不仅是推行沙俄远东与扩张政策的吹鼓手,而且是一个有影响的俄籍中国学学者。

《远东报》聘请中国人担任主笔,最初的两任主笔顾植(永一)和连梦青,都来自上海。该报版面的编排仿效上海《时报》,每日对开八版或十二版,广告居半数,全部采用华人口吻。馆内设账房、编辑部和发行部等,还自办印刷所和编译所,承揽印刷和翻译等业务;并且在东北各城镇、京津沪等地以及俄国远东地区,先后广招代理人开设分馆或代派处,推销本报、招揽广告等。创办伊始,即令中外瞩目。北京《顺天时报》社长中岛真雄,在日本外务省的资助下,同年11月就在奉天(今沈阳市)创办《盛京时报》,"与之抗衡"。

《远东报·发刊词》虽然宣布该报"以开发北满之文明,沟通华俄之感情"为宗旨,但事涉中俄关系,均为俄国代言。对清政府和地方官员,更经常指名道姓地嘲讽和抨击。是年8月,曾任哈尔滨吉林铁路交涉局经历的奚廷黻,上书哈尔滨关道时指出:

> 哈尔滨为吉江省之中心点,近来俄文报馆已有三处,而铁路公司又特设远东华文报馆,独我中国报馆阙如,亦无筹及于此者。彼之报纸每于我政治权限隐相干涉手段,颠倒是非,混淆黑白,则我自不可以人之耳目为我之耳目,自当速设报馆以期抵制。

奚廷黻字少卿,原籍安徽黟县,1900年到哈尔滨任职,后因丁忧而候选。数年之间,他目击俄人极意经营哈尔滨,为其推行与扩张政策之中心点,"又为各国耽视之俎肉",并且洞察《远东报》"实发起于俄国当道之人,欲以文字之力扩张远东之势力范围"。他怆怀时局,杖策公门,征得吉黑两省官署与哈尔滨商会的支持,组成了董事会,招集股金12 456卢布。经过将近一年的筹备,终于在1907年7月19日(光绪三十三年六月初十),"专门为抵制《远东报》而设"的《东方晓报》"勉强出版"。每日对开四版,期发千余份。

奚廷黻兼任总经理和总主笔,他白手起家,惨淡经营,同时严格要求同仁摒弃报界流弊。但是仅及半年,即因哈尔滨道尹插手把持财务,声称累赔而停刊。第二年,幸得新任滨江同知拨款 4 000 卢布,12 月 23 日更名《滨江日报》,继续与《远东报》对峙。奚一边奔走筹资,一边调整组织,并增加两个版面,扩大报道内容,使新报大为改观,受到各界的好评。

1910 年 9 月初,《滨江日报》派人赴南京参加中国报界俱进会成立大会。正当力谋奋进之时,《远东报》唆使曾吞款上万而受过其庇护的商会坐办姚岫云,蒙骗股东取代了奚廷黻,10 月 3 日更名《东陲公报》(戈公振著《中国报学史》误为《东陲新报》)。但主笔周浩仍继续持原报的拒俄方针,创刊不久,即派记者跟踪采访俄国边防军化装潜入蒙古招兵,接着又揭露沙俄殖民机构侵夺滨江厅疫病防检权及残害我国居民的罪行。为此与《远东报》笔战数月,曾引起俄国首相的不安。我国当局屈从沙俄的要挟,1911 年 3 月 12 日深夜派军警围住东陲公报社,禁止出入,并迫使周浩离境,从而开黑龙江官署查封国人报馆之先例。当时上海《神州日报》和《申报》曾刊文抗议。

《东方晓报》等三报的遭遇,是黑龙江报业在半殖民地时代屡遭劫难的预兆,但是从此形成的反对帝国主义侵略的光荣传统却为后来者所继承。民国初年接续出版的《新东陲报》和《东陲商报》等,仍继续与《远东报》不断笔战,直到《远东报》于 1921 年终刊。

辛亥革命后,黑龙江仍为清王朝残余势力所控制,原有文武官员只改了官名,照旧供职。但是,新的社会变革促使了报业勃兴。在人口仅两三万的省城齐齐哈尔,数年之内就有 15 家报刊先后问世;商埠哈尔滨因在第一次世界大战期间民族经济有所发展,有 10 余家新报相继创刊,还创办了东亚、东陲、边陲和哈尔滨 4 家通讯社;在俄军入侵后一度荒凉的边城黑河,曾出版 3 种报刊(其中两份为同盟会和国民党支部负责人周天麟主办)。这些报刊和通讯社均由我国人自办,报刊的分布也不限于哈尔滨。因此,黑龙江的新闻事业开始出现了一个新局面。

上述报刊虽有官办、民办和政党办之分,又有对开、四开日报和册式周刊、月刊之别,但它们有不少相同之处。首先是办报宗旨大致略同,纷纷表示要"鼓吹共和""辅助政府""开通民智""提倡实业""促进民生"等。就连曾压制革命的末任巡抚、民国首任都督宋小濂倡办并资助6 000两银子的《黑龙江时报》,也以"鼓吹共和,开通民智"为宗旨,因而销路大开,为各界极力欢迎。第二,报人大都来自京、津、沪等内地城市,有些主笔还曾任《远东报》《滨江日报》等报编辑,因此各报纸面编排、新闻文体及广告等,也多大同小异。仅因主笔水平的不同而呈不同特色。在省城民办的《砭俗》《民生》《启民》《谭风》《龙沙》和《宏远》等报,虽颇多声称以"改良社会"为己任,实则"言娼优者居其半";有的"轻描淡写",有的"小而有趣"。民办《黑龙江报》总理兼总编辑魏毓兰,兼顾办报与著述,成为黑龙江报界著作最多的报人。1919年3月为纪念该报千号而出的增刊《龙城旧闻》,颇具文史价值,多次再版。第三,各报经费都不充裕,一般期发仅三五百份,而且"发报尚易,收费颇难",加上广告难招,所以大都入不敷出,难以为继。能够延至五四运动后继续出版的,仅有按月得到官署津贴的省城官办《通俗教育报》《黑龙江报》和哈尔滨的民办大报《东陲商报》等少数几家。

然而,当时特别影响报业发展的仍是官署的限制和军阀的镇压。新报创刊前,须先向警察机关申请立案,然后还要经地方主管批准。清末曾任上海《新闻报》驻东三省主任记者的周天麟,在辛亥革命时因参加同盟会而被迫亡命俄国,民国成立后回到齐齐哈尔,曾一再申请创办报纸和通讯社,均遭到省巡按使拒不批准。

1915年,袁世凯颁发"报纸条例"后,黑龙江报业与国内各地一样受到摧残。《新东陲报》即因反对袁称帝而被查禁,其主笔王目空继而因代销上海讨袁的《中华民报》而被捕。1917年,哈尔滨《白话画报》在报道张勋复辟时,插图"兔子登基"和"龟鳖谢恩",当局以"有辱团体"为由将其查封。有的报纸甚至因批评了某地官方机构,也受到严厉追究。因此各报地方新闻版很少有批评官署的稿件,而指名抨击我国官员的《远东报》则受到读者欢迎(这种现象在20年代尤盛,只是报纸改为日本人在哈尔滨出版的《大北新报》)。

1918年11月,日本人斋藤竹藏在哈尔滨出版了第一家中文报《极东新报》,也聘中国人任主笔,以"中日亲善"为名,鼓吹"二十一条"。但他异想天开,玩弄"无米之炊"的把戏。报纸出版一个多月,即欠印刷费甚巨,代印厂家停印而作罢。

综观近代黑龙江中文报刊,起步虽晚于内地不少省份,但起点比较高。最初的报纸既不是册式期刊,也不是消闲性小报,而是对开综合性日报,版面编排和栏目设置比较完备。尤其是《东方晓报》《滨江日报》和3家"东陲"报,前赴后继,坚持拒俄,表现了可贵的爱国主义精神,为久遭俄日入侵之害的黑龙江报人树立了榜样。就报纸业务而言,《远东报》对黑龙江近代报业的发展曾起到了重要作用。

## 四、"五四运动"后的黑龙江新闻事业

1919年"五四运动"爆发的消息,5月6日开始见诸黑龙江报端。省城齐齐哈尔与哈尔滨的学生和各界群众,不顾禁令集会演讲,散发传单,通电声援,抵制日货与日报。但是,两市的国人报纸却未能成为代表民意的舆论机关。直到翌年10月,瞿秋白途经哈尔滨时仍在说,这里的"中文报纸内容都不大高明","只有《国际协报》好些"。《国际协报》是1919年11月从长春迁到哈尔滨的。

就在1920年,我国开始收回中东铁路附属地的市政、驻军、警察、司法等主权,改组了中东铁路公司理事会。中东铁路公司下令《远东报》于1921年3月1日终刊(俄文机关报此前已终刊),从而结束了沙俄对哈尔滨报业的垄断地位。

与此同时,随着协约国干涉军从西伯利亚大撤退,大批白俄人员涌入黑龙江,于是哈尔滨的外文报刊陡然增加(详见下节),为此国人报刊也再现了前所未有的繁荣局面。据统计,自1921至1924年,黑龙江新办报刊达40多家(其中期刊9家)。1922年新办报刊17家,连同原有报刊共计27家,是黑龙江在1946年解放之前出版中文报刊最多的一年。二三十年代一些较有影响的报纸,如标榜"提倡实业"的《滨江时报》,旨在提倡国际贸易的《东

三省商报》,专载本埠社会新闻的通俗小报《午报》,以"发扬民意"为宗旨的《哈尔滨晨光》报(简称晨光报),以及日本人主办的《大北新报》等,都是这几年在哈尔滨创刊的。

上述新办期刊多是省城官署出版的专业性刊物,如市政、警察、工商、教育和文物等,主要内容仍是官方文牍。而新办报纸则多在哈尔滨,为适应社会发展,特别是民族经济的需要而由私人创办的。这些报纸的版面仍没有大的变化,有的编辑与印刷水平甚至不及已停刊的《远东报》。但因在华盛顿九国会议期间,各报及时反映群众坚决反对"瓜分中国"的决议等,颇受读者欢迎。当哈尔滨各界联合成立"滨江救国唤醒团"时,擅长国际评论的《国际协报》社长兼主笔张复生等报人,被推选担当团长等领导职务。

1923年春,由8家报馆发起成立了哈尔滨记者联欢会,同时还筹办了华东通讯社。报界的社会影响和地位更加扩大与提高,当时许多全市性群众活动常由报界倡导并主持进行。尤其引人瞩目的是,2月21日创刊的《晨光报》,社长韩铁声等7人均为兼职办报的爱国青年。他们是由共产党员马骏(马天安)指导最先成立的救国唤醒团成员。3月,曾参与领导"二七大罢工"的共产党员李震瀛和陈为人,根据中共北京区委的指示到哈尔滨,参加了《晨光报》的编采工作。

这年6月,陈为人赴广州出席中共三大。大会《劳动运动议决案》要求哈尔滨,"更宜作与苏俄工人联合之宣传,现时反对苏俄之趋向极宜纠正"。《晨光报》在突击揭露"无赖日人"和日本领事馆非法活动的同时,撰文主张中苏"必须提携合作"。其副刊《艺林》率先刊载白话文和新文艺作品,在《寸铁》专栏中刊载新诗《马克思的呼声》,并特设《公开讨论》专栏,公开地宣传反帝反封建的革命思想。该报期发千余份,销量居全市各报首位。

9月16日,李震瀛与陈为人联合韩铁声,以及哈尔滨无线电台副台长刘瀚等人,成立了哈尔滨通讯社。哈通社利用当时最先进的通讯手段无线电台收发稿件,打破了外国通讯社的新闻垄断,团结了哈尔滨报、学、商界一批爱国青年,并先后建立了社会主义青年团哈尔滨支部和中共哈尔滨组织。年底,李陈二人因地下党身份泄露被迫西下大连,但哈尔滨党团组织坚持斗争,哈通社仍继续发稿,直到1925年,在"五卅运动"中,创办了党在哈尔滨的第一家公开报纸《东北早报》。20年代中期，哈尔滨报业命运多舛。两次直奉战争后，东北经济残破，民不聊生，哈尔滨"如久病之人"元气大伤(据1923年7月25日《滨江时报》)，因此不少报纸出版不久即自行停刊，而少有新报问世(1924和1925年仅各有两家新报)。野心勃勃想争霸中原的奉系军阀为了稳定后方，接连颁布如"取保连坐"等报业管理规定，严密控制报刊。郭松龄倒戈反奉时，当局严禁各报报道这一震惊中外的事件。1925年底，张作霖在"防范赤化党人"的通令中，指责哈尔滨"宣传赤化最甚"，为此开始实行新闻检查，派军警"核阅报稿"。当时《东北早报》编辑，共产党员陈晦生和任国桢等被捕。郭松龄之弟郭大鸣在哈尔滨主办的《松江日报》也同时被迫停刊。

1926年，进入北京的奉系军阀更加疯狂地"反赤"，在枪杀著名报人邵飘萍、林白水之后，在哈尔滨通令捕拿"宣传赤化者"。《午报》等5家民办报纸为了维护报业权益，发起成立了哈尔滨报界公会。但是《国际协报》等仍因刊文"赞成"国民革命，版面经常"开天窗"。中共北满地委于6月8日创办的《哈尔滨日报》曾一再撰文反对"禁赤化宣传"。10月24日，滨江警察厅以"副刊有宣传赤化性质"为由，查封了该报，并通缉社长、编辑等共产党员和进步人士。12月14日，警察厅又以《晨光报》副刊载文《女权运动和人权运动》、新诗《暴烈的呼声》"似有鼓吹赤化之旨趣"，传唤并拘押《晨光报》的负责人与编辑陈颖秋，迫使期发已达5 000多份的《晨光报》停刊。

白色恐怖严重地破坏了黑龙江新闻事业的发展。1927年，哈尔滨没有一家新报创刊。而在此前后新办的报刊、期刊仍多为官办。报纸则除了再三要求"为官府宣传政令"的《哈尔滨公报》外，或以所谓"培养道德、挽救风俗"为宗旨，或专门刊载"秦楼楚馆、剧场梨园"之类花事，或编造"反共"文章混淆视听，成为充满低级下流趣味的小报。但是，这种由投机的末路文人主办的小报，期发数都不多，寿命也很短，只有《哈尔滨公报》办了10多年。

20年代中期的哈尔滨新闻界，尤其应该提及的是1926年10月1日，我国人自办的第一家广播电台——哈尔滨广播电台正式播音。同期的报纸有两种副刊，也开黑龙江报业的先河。一类为《东北早报》和《哈尔滨日报》副刊，这类副刊在致力于新文艺运动的同时，经常转载《向导》等中共党刊及共产国际远东局在伯力出版的华文报《工人之路》的文章，宣传马列主义和国民革命理论；另一类是《晨光报》副刊，其主编赵惜梦，创办了黑龙江第一个专门刊载新文化作品的报纸《绿意》和《文学》周刊，团结了东北各地一批青年作者，为新文艺运动的发展作出重大贡献。他从来稿中发现因逃婚而走投无路的陈会新，陈即从《晨光报》起步，后来成为当代著名歌词作家塞克（又名陈凝秋）。

东北易帜后，黑龙江的新闻事业进入了稳定发展的新阶段，在此后三年的多事之秋，经受了时代风雨的洗礼。

易帜前夕，停刊两年的哈尔滨《晨光报》即解除了禁令，重新复刊。1929年元旦，著名的《黑龙江民报》在多年来报业不振的齐齐哈尔创刊；省立一中与两个师范学校相继创办了校刊；有的县城也开始出版了县报。与此同时，由《黑龙江报》改组成立了政闻社，国人在哈尔滨新设了光华社，侧重报道苏联与世界各地革命运动的英吉利亚细亚电讯社（简称英亚社），也于1929年2月在哈尔滨开始发稿。它们与瞿绍伊创办的华东社一起为各报提供国内外新闻，有效地抵制了日本在哈尔滨的各通讯社。同年5月，由著名报人戈公振等率领的上海记者团一行20人到哈尔滨采访参观。各报热情接待，并邀请戈公振等举行报告会传授经验。《申报》《新闻报》两报还聘请哈尔滨报人为驻哈特派员。此行加强了两市新闻界的联系和友情，同时促进了黑龙江报纸的改革。

报纸编排改变较大的是《国际协报》等报，版面由分栏固定模式改为破栏制题排文，还增加了新闻图片和漫画等，报纸外貌大为改观。新闻报道增加了重大事件的独家采访。在反对日本"满蒙新五路"的运动和"中东铁路事件"中，该报从强烈的民族观念出发，维护我国主权。社长张复生每日的社评"文笔畅达，立论卓拔……甚为中外当局所注目"。"九一八事变"后，他以《日本军队能如此侵占东北？》为总题目，连载社评50篇，揭露日寇侵华罪行，抨击"不抵抗"政策，支持马占山率部抗敌，在读者中引起强烈反响，期发数增加到1万多份。

《国际协报》的副刊也后来居上。主编赵惜梦在《晨光报》停刊后进入该报，并兼任国闻通讯社和天津《大公报》驻哈特派员。1928年，他率先组织成立了绿野文艺社,并在《国际协报》新设专门刊载该社成员作品的《绿野》周刊。1929 年,他又先后吸收灿星、蓓蕾、蔷薇、塞上、五分钟等文艺社,为该报编辑以社为名的文艺周刊,每周轮流见报。其中《灿星》由中共党员楚图南指导成立的黑龙江第一个左翼文艺团体灿星社主编,《蔷薇》是上海艺术大学等为"产生革命之花"而组织的蔷薇社主办,《蓓蕾》则是赵惜梦指导邮局练习生孔罗荪、陈纪滢等人成立的蓓蕾社编辑。这些文艺周刊虽然背景和风格不同,但赵惜梦都热情支持。其中有许多作者,如楚图南、柯仲平、谢仲五(尚钺)、穆木天、杨定一、孔罗荪、陈纪滢、金剑啸、陈凝秋、张铁弦等人,后来都成为著名的作家、诗人及其他方面的专家学者。赵惜梦被誉为"哈尔滨文艺界的保姆"。

中共哈尔滨地下组织按照满洲省委书记刘少奇的指示,1929 年 10 月编印《白话报》。中共中央曾对这份"哈尔滨工人群众最欢迎的小报"赞勉有加。为此,刘少奇要求哈尔滨的各级党和工会组织"建立小报社,出版小报"。从 1930 年起,哈尔滨党团工会以及反帝大同盟等组织,曾出版《现在》旬刊以及《北满工人》《北满红旗》《工人事情》等铅印、油印和石印报刊。1931 年 8 月 15 日,中共北满特委还公开发行《哈尔滨新报》。这些报刊虽然曾不同程度受到左倾错误路线的影响,但是它们在极其困难的条件下,不断向人民传播了革命思想,其中《哈尔滨新报》和《工人事情》报,在"九一八事变"后黑云压城的哈尔滨,曾与《国际协报》等民办报纸和通讯社一起,同仇敌忾,揭露日军侵华罪行,反对不抵抗政策,动员和组织各界群众支援江桥抗敌战和哈尔滨保卫战,为抗日救亡运动作出了贡献。

比较而言,黑龙江新闻事业在"五四运动",特别是中国共产党成立之后的十余年间,曲折前进,不断发展,逐渐走向成熟,在这个时期,除国人自办的广播电台和通讯社(共 7 家)外,新办报刊先后共达 150 多家(其中报纸近 90 家,期刊 60 多家)。不仅报刊种数增加较多,而且报纸编排有了显著改进。尤其是进步报纸《国际协报》《晨光报》和《哈尔滨日报》等影响远及国内不少省市,使黑龙江报业提高到了一个新水平。

## 五、20 世纪 20 年代黑龙江的外文报刊

俄国十月革命胜利的消息,当天就传到了哈尔滨。俄共布尔什维克领导的哈尔滨工兵代表苏维埃,也一度夺了沙皇俄国在哈尔滨的一切权力,但很快就遭到镇压。1918 年,当国际列强出兵西伯利亚武装干涉俄国苏维埃时,哈尔滨成为国际争夺的战略要地,野心家和冒险家纷至沓来,加上大批白俄的涌入,全市人口增至三四十万(其中外侨最多时曾有 27 个国籍,陆续设有 19 个国家的领事馆),中外工商业千余家。因此,一度发展趋缓的外文报刊出现了前所未有的新高潮,报刊文种与总数均陡然增加。

首先是日文报刊迅速猛增。当捷足先登的日本干涉军借口假道北满而进入哈尔滨后,不少日本工商企业跟踪而来,日侨增至 1 万多人。两年之内,日本人就在哈尔滨新办了 6 家报刊,其中有《西伯利亚新闻》和《哈尔滨新闻》两家日文报;《极东》《露亚时报》和《商品陈列馆报》(后更名《俄亚时报》),3 家日文月刊,以及中文《极东新报》。这些报刊的命名就表明了其办报动机与宗旨,它们与《北满洲》一起,组成了日本侵略者入主黑龙江、进军西伯利亚的大合唱。

但是好景不长,日本在 20 世纪 20 年代初的经济危机波及哈尔滨,其不少企业陷入困境。当日本干涉军从西伯利亚大撤退时,内外交困的《北满洲》等 3 家日文报刊于 1922 年 11 月合三为一,出版《哈尔滨日日新闻》。同时,日本报纸掮客中岛真雄取得日本外务省和南满洲铁道株式会社(简称"满铁")的资助,在他"早就瞩望"的"要地"哈尔滨,创办了沈阳中文《盛京时报》的北满版《大北新报》。这两家报纸实际上是不甘心失败的日本干涉军留在哈尔滨的两支别动队,在 20 世纪 20 年代和"九一八事变"中,充当了日本关东军的内应和先锋。

20 世纪 20 年代,日本人还在哈尔滨开办了北满、哈尔滨、露西亚和商业通讯社,出版了两种经济性期刊;同时,东京《时事新闻》《报知新闻》,大阪《每日新闻》《朝日新闻》和《福冈日日新闻》等报,日本东方和帝国通讯以及日本人在大连、沈阳和长春等地的报纸,先后都在哈尔滨设立了支社或驻有

特派记者。这些日文报刊和通讯社都无视我国主权,既不向我国当局立案,也不遵守我国法令。它们采用各种合法与非法手段搜集情报,编印公开或内部资料,对黑龙江各方面的情况做到了洞察秋毫之末。有的通讯社还私设无线电台,当我国地方当局依法查禁时,仍多方狡辩甚至抗议。凡此种种,为黑龙江新闻史留下了令人愤慨和痛心的一页。

其次,俄文报刊新增最多,总数居各报之首。据哈尔滨东省文物研究会1927年统计,从1917年到1926年,哈尔滨新办俄文报刊共187家(其中报72、刊117家),约为哈尔滨历史上俄文报刊总数(报140、刊250多家)的一半。这10年间俄文报刊出版情况见表1。

表1　1917—1926年哈尔滨俄文报刊出版情况

| 年份 | 1917 | 1918 | 1919 | 1920 | 1921 | 1922 | 1923 | 1924 | 1925 | 1926 |
| --- | --- | --- | --- | --- | --- | --- | --- | --- | --- | --- |
| 当年新办报纸 | 6 | 6 | 3 | 11 | 12 | 13 | 10 | 6 | 8 | 3 |
| 当年报纸总数 | 9 | 9 | 7 | 15 | 22 | 25 | 21 | 18 | 21 | 13 |
| 当年新办期刊 | 5 | 2 | 5 | 14 | 20 | 17 | 15 | 11 | 23 | 10 |
| 当年期刊总数 | 9 | 5 | 9 | 17 | 28 | 35 | 32 | 23 | 32 | 24 |
| 当年新办报刊总数 | 11 | 8 | 8 | 25 | 32 | 30 | 25 | 17 | 31 | 13 |
| 当年报刊总数 | 18 | 14 | 16 | 32 | 50 | 60 | 53 | 41 | 53 | 37 |

如表所列,俄文报刊于1920年突然增加,缘于这年大批白俄人随干涉军撤退涌入哈尔滨,全市俄人增至131 073人,比1918年(60 200人)增加一倍多。1922年又增至155 402人,几乎达到全市人口的半数。这年新办俄文报刊60家,是哈尔滨历史上最多的一年。1924年,中苏两国建交,部分在哈尔滨的俄人加入苏联国籍,不少白俄人则南下或去美澳等地,报刊总数有所下降。1926年,我国取消了由俄国人长期控制的哈尔滨市自治会,俄文报刊从此由盛而衰。

哈尔滨俄文报纸70%以上是政治性日报和周报,而期刊则多是经济、文化、青年和宗教等读物。与日文报刊比较,除文种外最大的不同是,日文报刊都是日本"大陆政策"和"满蒙政策"的产物,政治目标一致,得到日本侵华势力的支持,出版时间一般都较长。而俄文报刊则分属新旧两党,政治上尖锐对立,时常进行激烈的论战。由于受到我国当局的限制,加上多为私人经营,所以大约有半数的报刊出版不到一年,有的只几个月甚至一两期即停。

瞿秋白于1920年赴俄途经哈尔滨时,曾走访了多家俄文报馆,目睹了新旧两党(俗称红党和白党)机关报《前进》和《光明》"差不多天天打笔墨官司"(引瞿秋白著《俄乡纪程》)。就在这一年,我国开始收回中东铁路附属地主权,新成立的东省特别行政区警察总管理处(简称特警)取消了俄文报刊不受检查的特权。不久即以宣传"过激主义"为罪名,逮捕了"红党"报纸《前进报》主编,迫使该报停刊。从1924年起,特警处接连发布报刊管理规定,其中的《限制各俄报登载之条例》《限制派销报办法》等,主要是为了禁止"红党"报纸宣传所谓"赤化"和"过激主义"而制订的。

但是,在《前进报》停刊后,"红党"仍以中东铁路俄国职工工联合会等名义,相继出版了《俄罗斯报》(Россия)、《论坛报》、《回声报》、《风闻报》等,宣传马列主义、十月革命,一度被禁,另出新报。同时,有些原来属于旧党报纸(戈公振著《中国报学史》称白党报纸),如《新生活报》和《今日报》等,也先后转变政治方向,成为"红党"报纸。直到1929年"中东铁路事件"时,《新生活报》等被查封,"红党"报纸才一度中断。

比较起来,白俄报刊受到我国当局的优容和偏袒,因此其总数比"红党"报刊要多许多倍。白俄报刊的报人成分很复杂,有原沙俄议员、白俄军官和大臣、专家教授、神职人员、报刊总编、随军记者等。报纸内容主要是反对十月革命,企图恢复其丧失的权利。为此经常制造谣言,挑拨中苏关系,但期发数一般仅数百份。较有影响的《霞光报》,每日出《朝霞》《晚霞》两刊,并在上海设有分馆。该报淡化政治色彩,同时因"消息灵通,议论精辟,故仍为俄人所爱读"(引戈公振:《中国报学史》)。1925年期发7 500份,当时在俄报中居先。

我国当局为向俄侨宣传政策,曾资助三家国人报馆附出俄文版,但其中仅《哈尔滨公报》为时较长。"九一八事变"后,日本侵华势力网罗白俄强行出版了《哈尔滨时报》,以扩大宣传其侵略政策,期发万余份,是哈尔滨俄文报刊中发行量最多的。

其三,其他外文报刊也竞相涌现。据现有史料统计,从俄国十月革命到哈尔滨沦陷这十四五年间,哈尔滨先后曾有英、德、波兰、瑞典、乌克兰、爱沙尼亚、格鲁吉亚、希伯来文和世界语等文字的报刊出版,总数多达四五十家。报刊文种之多,在我国各大城市中是较为罕见的。这些外文报刊分别代表着不同国家、民族、阶级、团体、宗教等的利益,情况极其复杂,有些互相之间的竞争也比较激烈。

第一家英文报纸《俄国每日新闻》是美国人在鼓噪出兵西伯利亚时创刊的,哈尔滨沦陷后停刊。日本人主办英文《东方报》是为了参与"国际共管"中东铁路,因抨击奉系当局对中东铁路的政策,1925年被特警处查封。1924年创刊的英文《哈尔滨先驱报》,后更名《哈尔滨观察家》(亦译《大光报》),主办者哈同·弗利特原是英国《晨邮报》特派记者。1929年他在办报的同时还开设了"英吉利——亚细亚电讯社"(简称英亚社)。这是共产国际的一个秘密机关,利用英国享有的"治外法权"传播苏联和世界各地的革命消息。哈尔滨地方当局曾下令不许刊用该社稿件,但仍广为进步报纸采用。

波兰文报刊共20家,其中报纸4家,分别为军队(《远东晚报》)、毕苏茨基党(《波兰快报》)、非党(《观察家》)和宗教(《波兰周报》)报纸。这家天主教主办的四开周报,一直出版到1949年大批波兰人归国时才停刊。

哈尔滨的犹太人除出版俄文报刊外,还有用犹太语(希伯来文)反映远东犹太人生活、探讨犹太人权益的报刊,以及犹太复国主义者协会的机关报等。

哈尔滨出版的德国、瑞典、乌克兰、爱沙尼亚、格鲁吉亚和世界语等文字的报刊,由于原报均已失存,现在仅知其报刊名称、创刊年代及主办者等。

上述外文报刊当时在我国广大人民群众中的影响程度不一,但与国人报刊曾有较为密切的联系。1926年3月12日,"红党"《回声报》《新生活报》和《风闻报》三报主编,联合邀请《国际协报》《晨光报》和《东陲商报》的负责人举行联欢宴会,并提议成立哈尔滨中俄记者联欢会,我国报人当即响应,从而增进了两国进步报人的友谊。但是,更为常见的是白俄报纸不少别有用心的流言蜚语,时为我国一些报纸所译载,使流毒得以广为传布。

## 六、黑龙江沦陷时期的报刊

"九一八事变"后,日本关东军继续北犯。1931年11月19日,黑龙江省城齐齐哈尔陷落,关东军即将《黑龙江民报》"作为敌产没收",并派日人桂五郎任社长于13月17日复刊,极力为关东军的侵略行径辩解和张目,连篇累牍地宣传其侵华罪行是"日军的正当行动",并为其阴谋炮制的伪满洲国制造舆论。期发3 000份,免费散发。

哈尔滨于1932年2月5日被关东军攻占后,中外报纸大多被迫停刊,只有《大北新报》《哈尔滨日日新闻》和《哈尔滨时报》等日人报刊,以战胜者的姿态招摇于市。3月1日,伪满洲国正式出笼,关东军为给这个傀儡"国家"涂抹"日满协合"的假象,准许《滨江时报》《哈尔滨公报》《午报》和《国际协报》等先后复刊。当时,除日人报刊外,哈尔滨有国人报刊8家、俄文报7家、英文报3家,以及德文、波兰文等报刊和中外通讯社多家,仍是一个较有国际影响的新闻中心。各报的新闻来源最初也是多渠道的,国人报纸仍继续刊载中外通讯社提供的国内各地反日运动,以及国际上不同反映等报道。7月,因关东军强行接管而停播6个月的哈尔滨广播电台也重新播音。但是,日本占领者很快就加紧了对新闻的控制。10月24日,关东军司令部以伪满国务院的名义颁布《出版法》,对报纸、书刊及广播下达了种种禁令,并要求各报必须在两个月内重新登记,迫使一些报刊不能继续出版。12月1日,关东军按照日本"一国一个通讯社"的方针,在伪满"新京"长春成立伪满洲国通讯社。不久,满通社就在哈尔滨设立支社(首任社长为日人相原敏治),并陆续在齐齐哈尔、牡丹江、佳木斯、北安、孙吴和东安(密山)等市县设立支局,在黑河、虎林和绥芬河等城镇派驻特派员,在同江、抚远和饶河等县城派有通讯员。从而在黑龙江建立了一个多层次的新闻情报网。

为了控制报纸版面,满通社与各地报纸订立所谓"新闻通讯契约关系"。与哈尔滨报纸订立这种契约关系的共15家,其中日文报2家、俄文报7家、中文报6家。契约规定各报每日必须刊载满通社发送的新闻稿件,同时各报向满通社提供地方新闻稿。在满通社成立后,国人在哈尔滨自办的华东通讯社(沦陷后被迫更名哈尔滨通讯社)、光华通讯社,齐齐哈尔政闻通讯社,以及其他中外通讯社在黑龙江的分社,于1933年关闭。仅有受英国领事馆保护的英亚电讯社和苏联塔斯社哈尔滨分社一时得以幸免。但在日伪收买中东铁路后,塔斯社分社撤走,1936年5月,英亚社也停止在哈尔滨的业务活动。

1933年底,当黑龙江地区各县城均陷于关东军铁蹄之下时,日本占领者即不再准许我国人新办公开报纸,而是积极发展日本人报刊,同时扶植卖身投靠的白俄报刊。据统计,从1931年齐齐哈尔沦陷到日本于1945年投降,日本人在黑龙江曾先后出版报刊80多家,1934年单独成立了哈尔滨白俄新闻记者联盟,举行"排共讲演""慰劳皇军"等活动。

由日本人主办的俄文《哈尔滨时报》及白俄报纸,均由"关东军哈尔滨特务机关"(简称哈特谋)所操纵。《哈尔滨时报》是日伪唯一的官办俄文报,自诩为日伪"对苏联政策的前卫"。20世纪20年代创刊的《俄语报》和《声报》,分别成为法西斯组织俄罗斯军人联合会与哈尔滨犹太人复兴会的机关报。"哈特谋"在哈尔滨筹建的白俄事务管理总局,1933年10月创办"全俄法西斯党"哈尔滨支部机关报《我们的路》,期发3 000份。该局后来还出版了俄文《民族报》《战友报》和《侨民之声报》等,后者一直出版到1945年8月日本投降。

与此同时,日伪当局严禁国内各地报刊流入东北,查禁进步报刊并疯狂迫害反满抗日的报人。1933年5月,曾以"宣传共产主义"为罪名查封英文《大光报》,驱逐该报主编。苏联在哈尔滨唯一的俄文《远东新闻》报,1935年被迫停刊。在此期间,中共满洲省委在哈尔滨秘密出版的《东北红旗》和《战斗》月刊等,也曾遭到日伪警察机关破坏。为此,《国际协报》总编辑王研石,副刊编辑孔罗荪、白朗等进步报人被迫流亡到关内。萧军、萧红、罗烽、舒群、姜椿芳、陈凝秋、金人、杨朔、唐景阳等进步作家,也被迫逃亡南下。留在黑龙江继续办报的中共党员金剑啸,先后主编《大北新报画刊》和《黑龙江民报》副刊,继续利用报纸进行反满抗日宣传,1936年,在日伪警察头目东条英机制造的"黑龙江民报事件"中,他与该报社长王甄海(即中共党员王复生)等7人一起,惨遭枪杀,该报工作人员与作者等26人被判各种徒刑。这是黑龙江历史上骇人听闻的枪杀报人的大血案。

从"黑龙江民报事件"起,日伪当局对黑龙江新闻界开始实行高度集中、垄断的法西斯"管制统治",仿照日本国内"一县一报"的方针,在伪满各省出版中日文报纸各一份。为此曾接连进行3次"新闻整顿"。

第一次为1936年9月,哈尔滨3家日本人报纸《大北新报》《哈尔滨日日新闻》和《哈尔滨时报》,奉命加入关东军策划成立的伪满洲国弘报协会。弘报协会是关东军1935年秋针对中共地下组织及其领导的抗日部队而提出的"思想对策"的产物,以关东军报道班为核心,第一批加盟社为日本人及"满铁"在长春、沈阳、大连和哈尔滨出版的11家中、日、俄、英、朝鲜文报纸及满通社,实行新闻言论、通讯报道和经营管理三统一。按照弘报协会的安排,《大北新报》和《哈尔滨日日新闻》,在齐齐哈尔、牡丹江、佳木斯和北安等地,分别出版地方版,为后来在各地创办新报准备条件。

第二次在"七七事变"前,弘报协会制定报刊整顿方案。半年之内迫使各地非加盟社报纸约30家停刊,其中哈尔滨9家。4家俄文报都被《哈尔滨时报》吞并。沦陷后创办的日人民营日文《哈尔滨新闻》,被弘报协会收买后迁牡丹江筹办新报,当时仅有的4家国人报纸,《午报》于8月15日被《大北新报》强行收买为子报;《国际协报》《滨江时报》和《哈尔滨公报》,由哈特机关长导演,软硬兼施,于11月1日合并出版名为"北满唯一民间报纸",实为汉奸报的《滨江日报》。经过这次整顿,除俄文《霞光报》外,黑龙江私营民办报纸全部停刊,而弘报协会大为加强。1938年,日文《齐齐哈尔新闻》和中文《黑龙江民报》《三江报》奉命加盟。1940年又在牡丹江新办了《东满日日新闻》等。至此,黑龙江地区的伪满4省(即松江、黑龙江、三江和牡丹江省)实现了"一省两报"(中日文报各一)。与此同时,日伪当局"七七事变"后开始执行广播事业五年计划,把哈尔滨广播电台升格为"中央放送局",并先后在佳木斯、黑龙江等边境城市建立小型广播电台。

第三次于日德意三国军事同盟条约签订后,日本扩大侵略战争,进一步强化对伪满的新闻垄断。1941年初,日本在关东宪兵队"扶助"下,实行"弘报新体制",即以伪满新闻协会取代弘报协会;在苏德战争爆发后又公布"弘报三法":《满通社法》《新闻社法》和《记者法》,把报社置于伪满"国务总理大臣"直接掌握之中,为此而大肆合并同类报纸。太平洋战争爆发后,黑龙江各地报纸奉命分别成为"新京"长春伪满机关报中文《康德新闻》和北满日文《满洲新闻》的支社。1942年8至10月,日本又在3个边远省内设立康德新闻支社,分别新办《北安新报》《东安新报》和《黑龙江新报》。但是,随着侵略战争的节节失败,报纸一再减张或缩小版面。1944年4月,伪满政府决定再次"统合"报纸,仅在长春出版中文《康德新闻》和日文《满洲日报》,黑龙江地区的7家中文、4家日文报纸,与各地报纸一样,都分别更名为《康德新闻》和《满洲日报》地方版,各在报头下标明所在地名。这种荒唐的法西斯新闻统制,直到1945年8月15日日本无条件投降时才结束。

总之,沦陷14年是黑龙江新闻发展史上最黑暗的时期。尽管报纸布局突破了原来的少数城市,有不少报纸还采用了当时最现代的印刷手段,版面编排也曾一度做到了花样翻新、图文并茂。但是,与日本侵略者的愿望相反,这些逆历史潮流而动,与人民需要相悖的报纸,只能是日本法西斯走向失败与灭亡的可耻记录。

## 七、抗日联军在黑龙江的报刊

在黑龙江沦陷时期,中国共产党领导的东北抗日联军,以鲜血和生命坚持进行艰苦卓绝的武装斗争;同时,在"火烤胸前暖,风吹背后寒"的秘密营地,还先后出版了不少报刊。它们如同长征中的红军报刊,可以说是我国报界的奇迹,为黑龙江新闻史写下了光辉而壮丽的一页。"九一八事变"后,中共满洲省委即发表宣言,号召东北人民和各级党组织武装起来,发动游击战争,驱逐日寇出满洲。1931年底,满洲省委从沈阳迁到哈尔滨后,陆续指派大批党员进入原东北军、义勇军和自卫救国军中,开展反日宣传鼓动和组织工作。当时,满洲省委编印的《满洲红旗》报,经常由交通员分送到各抗日游击队和基层党组织。

《满洲红旗》于1930年9月15日在沈阳创刊。《发刊辞》号召"全满洲的工农兵及一切劳苦群众们团结起来,在赤光普照的《满洲红旗》之下,夺得我们的土地、面包、自由和政权"!满洲省委迁到哈尔滨后,决定由省委书记罗登贤主编,在1932年1月15日前出版第一期。省委秘书长聂树先(即历史学家尚钺)参加了编辑工作。现存第3期于3月14日出版,首刊社论《论上海事变》,猛烈抨击日本帝国主义发动的"一·二八"侵华新罪行,歌颂十九路军英勇抗敌的事迹。这期所刊17条新闻,如《义勇军袭击奉天》《反日便衣队扰乱长春》《哈尔滨反日情绪高涨》《黑河大暴动》《中东路东线到处兵变》等,突出报道义勇军的斗争,打破了日伪当局的新闻封锁。

《满洲红旗》报用彩色油墨套印,八开二版,编排规整美观,多为后来抗联报纸所仿效。翌年更名《东北红旗》,不久为了扩大统一战线而更名《东北民众报》,金剑啸、萧红曾为它刻制刊头和插图。1934年初,省委举办"拥护人民革命游击队及义勇军的新年募捐运动",该报曾连载捐款人姓名以及南满、东满人民军和珠河游击队的感谢信,很受读者欢迎,纷纷询问下期报纸何时出版,表示"还能多捐款"。为此,该报曾套色期发达2 000多份,直到1935年满洲省委停止工作后才终刊。

在此期间,满洲省委及其领导的团省委、总工会、反日总会等党群组织,还先后编印了《战斗》月刊、《满洲青年》(主编姜椿芳)、《东北青年》、《东北列宁青年》、《工人事情》、《反日青年》、《反日民众报》等多种报刊。其中《工人事情》报,是哈尔滨总工会党团书记赵一曼主持复刊的,她曾为这份油印小报撰写文章和诗歌,如七律:"誓志为人不为家,涉江渡海走天涯。男儿岂是全都好,女儿缘何分外差?未惜头颅新故国,甘将热血沃中华。白山黑水除敌寇,笑看旌旗红似花",表现了这位抗日女英雄以身报国的崇高品质和无私无畏的革命精神。

1934年2月,哈尔滨总工会被日伪破坏,赵一曼等人进入珠河游击根据地,《工人事情》报停刊。1935年春,《东北民众报》和《战斗》等也被迫停刊后,随着人员的转移,党所办的报刊也走出了哈尔滨,陆续出现在各抗日游击根据地。

早在1933年5月,中共满洲省委根据党中央"一·二六"指示信的精神,就以抗日游击队为基础,团结各地残留的义勇军和山林游击队等,相继建立了东北人民革命军第一至五军。1936年,按照《八一宣言》的要求,正式改编为东北抗日联军,其中在黑龙江战斗的总兵力达2万人,游击区扩大到40多个县。"七七事变"后,新成立的吉东省委和北满省委,在长期与党中央失去直接联系的情况下,主动出击,牵制了大批日军,为抗战最后胜利作出重要贡献。

抗联在黑龙江出版的报刊,由于战乱多已散失,现据馆藏实物,依出版时间列表,见表2。

**表2 黑龙江沦陷时期抗联出版的报刊**

| 报刊名称 | 创刊时间 | 出版者 | 出版地 |
| --- | --- | --- | --- |
| 人民革命报 | 1935.4 | 哈东人民革命报社 | 珠河县(今尚志市) |
| 吉东青年救国画报 | 1935.12.31 | 吉东青年反日救国会 | 依兰县 |
| 救国报 | 1937.6.1 | 吉东反日救国总会 | 依兰县四道河子 |
| 前哨 | 1938.2 | 中共吉东省委秘书处 | 依兰县四道河子 |
| 新战线 | 1939.1 | 北满抗联总政治部 | 海伦县八道林子 |
| 统一 | 1936.6 | 中共北满省委秘书处 | 海伦县 |
| 北满救国报 | 1940.2 | 北满反日救国总会 | 海伦县 |
| 东北红星壁报 | 1940.5 | 抗联第二路军总部 | 宝清县兰棒山 |

注:《人民革命报》现存哈尔滨东北革命烈士纪念馆,其余均存北京中央档案馆。

首先应该说明的是,这些报刊虽然以各种名义出版,但多是抗联领导人主持创办,甚至亲自主编的。抗日民族英雄赵尚志就曾任《东北红星壁报》主编。这是抗联处于最困难时期出版的一份小报,但内容很丰富。赵尚志以"向之"为笔名为该报写了多篇文章和诗歌。

抗联名将周保中(吉东省委书记兼抗联第五军军长,抗联第二路军总指挥),先后指导创办了《救国报》《前哨》月刊和《东北红星壁报》等多种报刊,并为这些报刊写了不少社论和文章。1937年底,他赴饶河参加会议时,从苏联搜集到我国内地抗日斗争的不少消息,就一一摘抄下来,派人送给《救国报》。他为《东北红星壁报》创刊号写的《宣传问题概论》一文,明确提出抗联要以毛泽东在党的六届六中全会上的报告为"宣传中心",表达了长期与党中央失去直接联系而处于逆境中的抗联官兵一心向党的必胜信念。

北满省委兼抗联第三路军负责人李兆麟和冯仲云等,也曾分工主编党刊《新战线》《统一》和《北满救国报》等。

第二,为了出版这些报刊,有不少办报人献出了宝贵的生命。《救国报》和《前哨》主编姚新一(唐瑶圃)与编辑胥杰(孙礼),在转移印刷设备和文件途中被敌人包围,英勇牺牲。《东北红星壁报》编辑王春发,为了掩护部队突围以身殉国,他随身携带的办报资料等,被日寇掠去。为《北满救国报》写了不少稿件的高禹民,在他悼念姚新一等四烈士的诗歌见报不久,在与日伪军的战斗中为国捐躯。因此可以说,抗联的报刊实际上都是用烈士们的鲜血和生命编印而成。

第三,这些报刊的办报条件极为简陋,人员都很少,而且随时准备转移。但报刊分工明确,三份党刊突出了党内斗争,限定军师以上干部阅读。报纸却以广大军民为对象,版面多仿铅印报纸分新闻和副刊版,并设了不少栏目,有评论、国内外新闻、小说、散文、诗歌、翻译等多种文体,有的还刊有漫画和插图。在第三军(军长赵尚志)驻地出版的哈东《人民革命报》曾附出《画报》。《东北红星壁报》利用电台接收中外消息,并刊新编谜语,有奖征答,寓教于乐。《救国报》还套色出版纪念"九一八"专刊和号外,并刊起义伪军的通电、教导团招生广告等,报纸内容可谓应有尽有。特别是编辑胥杰的钢版字,整洁划一,备受周保中赞赏:"堪与宋版石印或铅字相比美。"

第四,尤其令人惊奇的是,《救国报》于1937年8月1日起,连载著名美国记者斯诺名著《红星照耀中国》的译文。当时抗联已与党中央失去联系,该报设法辗转得到上海英文《密勒氏评论》报后,由曾就读于北京大学精通英语的姚新一翻译。见报时间早于这部名著第一个中译本《西行漫记》约半年。

1940年6月13日第7期《统一》,特设专栏转载中共领袖毛泽东、周恩来、朱德、王稼祥等在抗战两周年发表的文章(毛泽东的文章是《当前时局最大的危险》,即《毛泽东选集》第二卷《反对投降活动》)。这是黑龙江报刊第一次全文刊载毛泽东等中共中央领导同志的文章。当时曾发给各支部组织党员学习,极大地鼓舞了处于逆境中的抗联官兵的斗志。

最后,抗联报刊曾使日本侵略者"殊堪忧虑"。据日本关东军司令部编印的《满洲共产抗日运动概况》记载,日伪军队在1940年曾获得北满和吉东

"省委宣传机关报、宣传文件",总计近百件。为此惊呼:抗联的宣传工作和武装斗争"猖獗相呼应,最为活跃之极";并诬说由于抗联在北满广大地区,"采用利用民心叛离巧妙宣传战术",使"一部分群众动摇、投匪(按:系日寇对抗联的诬称)或入党者、组织外围团体者于各地陆续出现。情况急速恶化,而陷于殊堪忧虑之状态"。由此可见抗联报刊当时社会影响之大。

1941年,抗联各部队陆续进入苏联远东地区进行野营训练时,仍继续编印"壁报"。同时还不断派小分队在黑龙江各地开展游击活动,散发传单和报纸,其中还有专门以日军官兵为对象的日文报纸。据上述《概况》中记载,在1941年日伪曾获抗联"书面宣传"品41件,绝望地称,"北满党匪仍然顽强地进行宣传,值得注目"。遗憾的是,此时抗联的报刊已经失存。

## 八、解放战争时期的黑龙江新闻事业

抗日战争胜利后,黑龙江地区不久即成为东北解放战争的巩固根据地,新闻事业以新的面貌走向繁荣兴旺,形成了以中共党报为核心的多种类、多层次的新闻传播系统,为解放全东北、迎接新中国的诞生作出了应有的贡献。

1945年8月,当日本宣告无条件投降时,不甘失败的日本法西斯分子疯狂破坏哈尔滨等地的报刊、电台等新闻设施。进入牡丹江市的苏联红军,乘机把伪《东满报》的轮转印刷机等抢运回国。8月20日,随苏军进驻哈尔滨的中共抗日将领刘亚楼率部接收日伪哈尔滨中央放送局,并更名哈尔滨广播电台,重新开始播音。同年9月至11月,一些原伪满报人,利用国民党政府与苏联签订的两国友好条约,相继出版了哈尔滨《东北民报》、齐齐哈尔《黑龙江民报》等;由10多个县的伪满官绅匆忙拼凑的国民党县党部,也争相编印各种小报。一时沉渣泛起,沆瀣一气,制造所谓"想中央,盼中央"的舆论,用以扩充势力,向国民党政府献媚争宠。但是,这些报纸多因先天条件不足,新编的滥调难以遮掩主办者在沦陷期间腆颜事敌的劣迹,所以不能持久,有的报纸仅数期即告终。

从1945年10月起,中共中央从关内派到东北的大批干部陆续进入黑龙江地区,他们与原抗日联军的官兵一起,建立了松江、嫩江、牡丹江、合江、黑龙江和哈尔滨五省一市民主政府,并分别创办了《松江新报》《哈尔滨日报》《黑龙江日报》、合江《人民日报》和《牡丹江日报》等中共省市工委机关报。由抗日民族英雄李兆麟将军领导成立的哈尔滨中苏友好协会,12月12日出版了《北光日报》。各地中共党报均以"做人民的喉舌""为东北人民服务"等为办报宗旨,宣传中国共产党的政治主张和各项政策,令广大群众耳目一新。尽管各报设备与纸张等奇缺,版面都很小(四开或八开),印刷也比较粗糙,但是创刊伊始即受到各地读者的热烈欢迎。这批党报的出版开创了黑龙江新闻事业的新纪元。

在此期间,曾被日伪勒令停刊的民营《哈尔滨公报》等,重新复刊;牡丹江市朝鲜民族大同盟,率先创办了朝鲜文《人民新报》;哈尔滨苏联侨民会也出版了俄文《保卫祖国》报,波兰文《天主教星期日报》仍继续出刊。正当黑龙江地区报业复苏、迅速发展之时,1945年12月国民党接收大员从重庆飞抵东北,1946年初在哈尔滨和齐齐哈尔匆忙成立松江、嫩江省市政府,并网罗伪满报人出版报刊。曾因反苏宣传而被苏军取缔的《黑龙江民报》,重组为嫩江省署机关报《嫩江日报》。哈尔滨市文化指导委员会主任陈纪滢向苏军要到了办报设备,并招原日伪《大北新报》人员,出版了《市民生活》半月刊。

中共党政机关和民主联军应苏军的要求,在国民党接收大员进入哈齐两市前撤出,但《哈尔滨日报》和《北光日报》仿效重庆《新华日报》,坚持在哈尔滨继续出版,哈尔滨广播电台也拒绝国民党大员接收。他们坚决抵制国民党当局的新闻检查,并不断揭露国民党政府破坏停战协定,挑动内战的阴谋和欺骗宣传,以及杀害李兆麟将军的特务罪行,从而进一步赢得了广大群众的支持,同时团结了民办报纸的同行。1946年初,在哈尔滨和牡丹江等市先后成立了以中共党报人员为主的记者协会,中共党报和进步报刊在斗争中不断发展壮大。4月下旬,当苏军全部撤退回国时,国民党接收大员及少数报人仓惶南逃,其报刊在此前全部停刊,从而宣告黑龙江旧的新闻体系寿终正寝。

1946年5月底,新华社东北总分社和中共中央东北局机关报《东北日报》及《东北画报》等,随同东北局迁到哈尔滨。这个有50万人口的大城市成为东北根据地的政治、军事、经济和文化的中心,新闻事业更加繁荣兴旺。由四开小报刚刚改为对开大报的《东北日报》,由于《哈尔滨日报》和《北光日报》并入而坚持每日出版。新华社东北总分社6月1日还公开发行日报《英语新闻》。除重新复刊的《哈尔滨公报》《午报》外,新创办的有高崇民主办的东北民主政治协会机关报《民主新报》,东北民主联军主办的《自卫报》《健康》报,东北民主青年联盟的《学生导报》,哈尔滨总工会的《工人报》,以及民办报纸《大众白话报》《民声日报》《松江商报》和《工商日报》等,此外还有朝鲜文《民主日报》和外国侨民主办的俄、日、波兰文报。为适应报业发展的需要,哈尔滨记协8月1日改选理事会,出版会刊《东北记者》,设立新闻奖金,并开展新闻业务研究活动。

再度解放的齐齐哈尔,于1946年5月1日创办中共嫩江省工委机关报《新嫩江报》;随东北局西满分局迁到该市的新华社西满分社,也办起了齐齐哈尔新华广播电台,并于5月1日开始播音。同年11月,东北局西满分局出版机关报《西满日报》,该报附设西满新闻干部学校,为黑龙江新闻教育之嚆矢。1947年元旦创刊的《西铁消息》是我国人民铁路第一家报纸。

未遭国民党接受大员插足的牡丹江、合江和北安等广大地区,新闻事业稳步发展,新的报刊不断问世。1947年,合江和松江等省十数县,为配合土改、支前等中心工作,先后创办了县报;鹤岗、双鸭山和鸡西煤矿总工会,相继出版矿工报。佳木斯市邮局以送销报纸下乡的行动支援前线,创造了沿用至今"邮发合一"的发行方式,翌年在黑龙江地区普及,新中国成立后推广到全国。特别是1946年6月从哈尔滨迁到佳木斯的东北新华广播电台,收听范围远及香港、日本及东南亚地区,1948年5月增加了英、日和粤语播音。其《对蒋军广播》节目,在东北解放战争中影响尤其大,有不少起义和投诚的蒋军官兵曾是它的听众。

由于解放战争中节节胜利和根据地建设巩固发展,黑龙江新闻事业克服了纸张和设备异常缺乏等困难,创造了令人瞩目的成就。据统计,从1946年5月到1948年11月东北全境解放的两年半里,黑龙江地区曾出版各类报刊130多家(其中报纸80多家,期刊杂志50多家),形成了以中共党报为核心的新闻传播系统,新闻从业人员达到1 000多人。报刊期发数量因实行"邮发合一"的发行方式而猛增,《东北日报》期发8万多份,超过黑龙江历史上各类报刊日期发量的总和。

报纸的社会影响更是前所未有,特别是《东北日报》《西满日报》和黑龙江日报》等10家省市机关报和20多家党政机关主办的刊物,在群众中享有极高威信。人们常以"报上这样说的"作为评判日常是非的标准,把报纸看作上级文件。此外,出版时间不长的28家县报,以及社会团体主办的7家工人报、3家农民报、3家青少年报以及8家军队报纸,也颇受读者重视。

东北局和省市党委非常重视报纸,为加强对党刊的领导,曾分别成立了党报委员会。时任合江省委书记的张闻天、西满分局宣传部长陈沂等领导人,经常为报纸撰写社论。许多县、区和基层单位都建立了通讯组,有不少县委、区委书记和基层干部,经常向报纸供稿。各省市党报从实际出发,尤其重视通俗化宣传,提出把党报办成群众性报纸。为此,各报大力发展工农通讯员,对读者来信有问必答,件件有着落,从而极大地密切了党报与群众的关系,使报纸在土地改革、剿匪反霸、民主建政、发展生产和支援前线等中心工作中,发挥了重大作用;同时,为私营民办报刊提供了新的办报经验,促进了全地区新闻事业的发展。

对此做出了重要贡献的,首推当时从延安等老解放区到黑龙江的数十位新闻工作者。如《东北日报》社长李长青、廖井丹和总编辑李荒,《西满日报》社长王阑西等,他们艰苦创业,言传身教,培养了一大批年轻的新闻工作者,使党报的优良传统在黑龙江开花、结果。在此期间,还有不少知名人士和作家主编报刊,如白朗的《文展》、舒群的《知识》、草明的《青年知识》、吕骥和张庚的《东北文艺》、塞克的《人民戏剧》、罗烽和金人的《苏联介绍》等月刊或半月刊;周立波在主编《松江农民》报时,创作了长篇小说《暴风骤雨》。由严文井、白朗、陈学昭等人主编的《东北日报》文艺副刊,为当时在黑龙江的许多著名作家和文艺新秀提供版面。报业的兴旺促进了文艺繁荣。但在1948年5月开始的《生活报》和《文化报》论争,由于"左"的思想导致了对《文化报》主编、作家萧军开展错误的思想批判,并使该报被迫停刊,助长了"左"的办报思想的滋生蔓延。

东北全境解放后,《东北日报》和新华社东北总分社等新闻机构相继迁回沈阳。1949年春,为了支援全国的解放战争,将革命进行到底,黑龙江大批报人和一些报刊奉命南下。《牡丹江日报》人员赴吉林创办《长春日报》;哈尔滨唯一的朝鲜文报《民主日报》迁到延边,合并出版了《东北朝鲜人民报》。许多新闻工作者随东北野战军和南下工作队,进入北京和中原地区。同年6月,原来的各省合并为黑龙江和松江两省,省报也合并为《黑龙江日报》和《松江日报》,分别在齐齐哈尔和哈尔滨市出版。为加强省报和南下办报队伍,所有县报停办。合并为松江、黑龙江两省后,广播电台也得到充实。在此前后还新办了《黑龙江青年》《林业工人报》《儿童报》等10家小报和19家机关刊物。比较起来,黑龙江地区新闻事业的规模有所缩小,但是经过调整充实后的报刊和广播却更加精悍,满怀豪情地迎接中华人民共和国的诞生。

## 九、新中国建立后黑龙江的新闻事业

黑龙江新闻事业在新中国成立后最初30年的发展,可分为以下三个阶段。

第一阶段,新中国成立初期稳步前进的五年。黑龙江新闻事业在解放战争期间开创的基础上,随着国民经济的恢复而稳步发展。《黑龙江日报》和《松江日报》分别在齐齐哈尔和哈尔滨继续出版,并先后换用毛泽东主席为它们题写的报头。两报不断扩大报道面,提高时效性,进一步发挥了党和人民的耳目喉舌作用。两省人民广播电台也有所加强,1950年两省听众共拥有收音机57 143台。

新中国成立后唯一继续出版的边城黑河地委机关报更名《新黑河报》。曾并入《东北日报》的《哈尔滨日报》,1953年利用《新工人报》的基础复刊,两报为后来黑龙江地市报纸的兴办积累了经验。

1950年初创刊的牡丹江桦林橡胶厂《红旗报》和哈尔滨医科大学校刊,开新中国成立后黑龙江企业报、校刊的先河。继而有《九三(农场)报》《齐铁工人》哈尔滨《前进列车》报,以及《哈尔滨工大》等专业报、企业报先后出版;

两省省报的有关专刊也相继单独改出农民、青年、文艺报。此外,还新办了几家期刊杂志,从而使百业勃兴的黑龙江地区出现了社会主义报业多样性发展的可喜局面。

由于外国侨民在新中国成立前后陆续回国,俄、日、波兰文报刊先后停办。在哈尔滨的最后一家《俄语报》,延至 1956 年终刊。新中国成立后仅有的两家民办报纸曾得到人民政府的格外扶持。《午报》更名《建设日报》后,因连续发生严重差错而终刊。《哈尔滨公报》主办者于 1954 年 2 月病逝,遂使黑龙江最后一家民办报纸消失。

在此期间的两省报刊,特别是党报,坚持实行解放战争时创造的通俗化编写的办报经验,重视发展工农通讯员。各报根据党中央和省委指示,及时宣传报道了镇反肃反、"三反"、"五反"、抗美援朝、社会主义改造等运动,但始终围绕恢复和发展国民经济,把经济建设的宣传作为中心任务。经常刊载反映工农业建设和科技成就,以及弘扬广大群众社会主义积极性和创造精神的典型报道。根据中共中央《关于在报纸刊物上开展批评和自我批评的决定》,各报都加强了批评报道。所发表的点名批评官僚主义、命令主义和违法乱纪的典型报道,反映了广大民众的心声,进一步提高了党和党报在群众中的威信。由于"邮发合一"发行方式的推广,黑龙江的报刊也很快进入全国各地。

第二阶段,合省后曲折发展的十二年。1954 年 8 月 1 日,在两省合并为新黑龙江省这天,原两省委机关报在省城哈尔滨合并出版新《黑龙江日报》,版面由四开小报扩大为对开大报,并刊载社论宣告新报为省委"教育群众,指导工作的重要思想武器"。

为发展新闻事业,省委决定在办好省报和哈齐两市委机关报的同时,陆续筹办牡丹江、佳木斯等地市委机关报,并"试办县报"。为此,在省委党校开办为期一年的新闻干部训练班,首批学员 100 人,于 1956 年初毕业。这年,随着对农业、手工业和资本主义工商业社会主义改造基本完成,全省开展以提前一年完成第一个以五年计划为内容的劳动竞赛。经济建设开始的跃进形势促进了办报热潮,各地市县委等竞相筹办机关报。据统计,从 1956 年 3 月至 1957 年 1 月,全省新办县报 31 家,大大超过省委试办县报

10家的计划。1958年底，县报增至52家，除边境四县外，全省县县有报，而且铅印出版，大多交邮局发行，不少县报期发万份以上。最多的《五常报》曾高达91 020份，全县平均5人一报。全省县报期发总数曾达到50万份，超过同期《黑龙江日报》期发量两倍多。

在"大跃进"期间，其他报刊，特别是省内历史上少有的企业报也纷纷出版。1959年，全省共有各类报刊130多家(内含期刊杂志40多家)，其中工矿交通等企业自办的报纸增至30多家。

在新报不断增多和《人民日报》改版的影响下，《黑龙江日报》于1957年初提出"上有中央报刊，下有地市县报，省报如何办"？积极进行报纸改革。为此派出三个调查组分赴各地广泛征求读者意见，最后制订改革方案，提出要办一张突出地方特色、有个性的党报。明确提出要"比上级党报更具体更灵活，比地方报纸更及时更有思想性，比专业报纸更广泛更有指导性"。但是这个方案不久被作为"反党纲领"而受到错误批判，方案起草人员和不少采编人员，在"反右派"斗争中被打成"反党集团"。同时，省市主要报刊有一批热爱党的新闻事业的办报骨干，也在"反右"扩大化中被错划为反党反社会主义的"右派分子"，报纸改革遂告中断。此后，办报思想的左倾错误得以泛滥。在1958年的"大跃进"和人民公社运动中，各报虽然重视对全省人民建设社会主义的积极性和创造精神的宣传报道，但是由于"左"的思想的指导影响，加之缺乏调查研究，新闻的真实性原则往往被"大跃进"的豪言壮语取代，报纸经常把实际工作中的浮夸风、瞎指挥风和共产风等，作为正确的革命行动和革命精神进行盲目地宣传，版面上时常采用移动报头，通栏标题、套红印刷等编排手段，鼓吹高指标、高产量、放"卫星"等，为"大跃进"运动推波助澜。

"大跃进"的失误使一哄而起的"县报热"从1959年下半年开始降温，在三年经济困难期间一哄而下，仅有郭沫若题写报头的《巴彦日报》等三报继续出版。1960年，全省新闻界开展学习社会主义经济建设理论、大兴调查研究之风的活动，总结"大跃进"期间办报的经验教训。同年5月，合省后成立的全省新闻工作者协会举行第二次代表大会，会后出版《新闻尖兵》月刊，交流办报经验。《黑龙江日报》总编辑白汝瑗提出的"新、全、高、快、短、活"

六字要诀,在全省推广后有效地提高了报纸质量。各省市党报为丰富读者的精神生活,还新办了一些知识性和学术性的副刊;同时,《哈尔滨日报》改为《哈尔滨晚报》,进一步提高了报纸的可读性。

当经济在调整中开始好转时,又有农村报、朝鲜文报、林业报和农垦报等应需而生。报上也出现了一批被广为传颂的典型报道。但是,1962年提出阶级斗争必须天天讲的要求,助长了尚未得到纠正的"左"的办报思想,全省各报争相"突出政治",捕风捉影地抓阶级斗争的报道,努力使之成为"阶级斗争的工具"。

第三阶段,"文革"浩劫的十年。在1966年5月至1976年10月的"文化大革命"中,黑龙江新闻事业遭到极其严重的破坏,成为全省十年浩劫的重灾区。大批报刊在"文革"初期即被迫停刊。据1968年底统计,全省邮发报刊期发数下降到99.7万份,不及历史最高年份的1/3。同时,数以百计的新闻工作者,特别是各新闻单位的领导干部和采编人员,被加上"走资派""叛徒""特务"等各种莫须有的罪名,受到迫害。仅《黑龙江日报》就有120多人,占全社职工总数1/4(后经查证,均已平反)。省、地、市委机关报等十数家于1967年初全部被"造反派"夺权。为表示与新中国成立17年所谓的"黑线"划清界限,有的晚报改称"战报",有的更名《新XX报》或《红色XX报》等,并将期号改为"新1号"。在各级革命委员会成立后,分别成为省地市革委会机关报。各报在革委会主持下,以林彪、江青等人直接控制的宣传工具为样板,肆意践踏党的新闻工作优良传统,狂热地鼓吹个人崇拜,经常按照"事实为政治斗争服务"的原则,刊载不少假、大、空的典型报道。并且根据主管上级的指示,组织报道了许多迫害党的干部和镇压广大群众的冤假错案。这些宣传报道加剧了"文革"悲剧造成的心理创伤,后果极为严重。

在夺权前后,全省许多城市的群众组织擅自编印了各种"造反小报",以"最高指示""北京来电"等形式传播小道消息,为夺权和派性斗争制造舆论,总数之多,难以胜计。其中哈尔滨《造反有理》和《红色造反者》等报,流传全国各地,为害尤甚,1968年才逐渐停刊。

由于林彪、江青反革命集团极左路线的干扰和破坏,各报均以紧跟不过夜、照办不走样为能事,甚少追求地方特色和本报特色。自采稿件每每找文件与报刊"对口径",做到句句有出处。对新华社重要电讯稿的处理,往往一再打长途电话请示见报位置、标题字号与图片大小等,力争与《人民日报》的版面一模一样。十年中仅有的一大"创举",是《黑龙江日报》1966年8月27日报道红卫兵《"炮打司令部"进军大会》时,发表短评《向"司令部"开炮》,开"文革"中省报批判省委的先声。

上述种种,使报纸在读者中的威信不断降低,但是全省各报的期发数却不断上升。《黑龙江日报》在"文革"十年间期发量翻了一番多(1966年为15万多份,1976年增到31万多份)。主要原因是订阅各机关报的多少被视为一个单位是否"突出政治""紧跟照办"的表现。公费订报逐年增加,约占各报订户的80%—90%。另一原因是大批报刊停刊,除各机关报外无报可订(十年中,全省曾先后创办学术性技术期刊杂志等四五十家,期发数很少)。

1976年10月粉碎"四人帮"后,报纸重新赢得了广大读者的信任,而自觉地纠正"文革"期间极为严重的错误,则是从1978年开展真理标准讨论时才开始进行。

## 十、新时期的黑龙江新闻事业

建设有中国特色社会主义的历史新时期,是黑龙江新闻事业空前发展的最好时期。从1978年中共十一届三中全会至今,全省各种新闻媒介、新闻团体、新闻研究和新闻教育机构等,在改革开放的大潮中扬帆竞渡,蔚为壮观。

最先是广播网覆盖了全省,电视迅速进入千家万户,省内摄制的新闻电影纪录片一度曾走出国门;"文革"中被迫停止活动的全省记协和新闻学会,在80年代初重建后,年年组织评选好新闻,多次推选奖励优秀采编人员,还出版了《新闻传播》《黑龙江报人》等多种新闻刊物,以及一批新闻作品选与新闻史、新闻理论专著,并与20多个国家和地区的新闻机构进行交流与互访。黑龙江大学新设的新闻专业和省委党校的新闻干部培训班,为全省新闻界培养了数以百计的新生力量。在新华社黑龙江分社不断扩展业务的同时,有数十家省外新闻单位在哈尔滨等地设立了各自的记者站。

这段时间发展变化之大,尤为瞩目。首先是办报观念的根本转变。全省新闻界大胆解放思想,拨乱反正,认真清除林彪、"四人帮"极左路线的流毒与影响,从而使党的新闻工作优良传统重新得到恢复与发扬。

在三中全会精神指导下,全省报纸特别是各级机关报在办报思想上实现了第一次大转变,即报纸不应再作为"阶级斗争工具",而应随着全党工作的重点转移到经济建设的轨道上来。根据党解放思想、实事求是的思想路线,各报认真反思"文革"期间的严重教训,比较果断地纠正时时"突出政治""以阶级斗争为纲"的错误倾向,坚持从实际出发,按客观规律办事,把宣传报道的重点改变为改革开放和为经济建设服务,以宏扬社会主义精神文明为报纸主旋律。从此,各报的面貌和导向开始改观。十一届三中全会后,全省各报争相改革新闻写作和报纸版面编排,如提倡短新闻,扩大报道范围,改革人物报道,增加和更新专栏专刊,丰富副刊的知识性趣味性,开展热点问题讨论,举办各种征文活动等,努力提高报纸质量。从80年代初开始,还增加了社会新闻,恢复各种商业性广告,使各报由过去的单一宣传功能,逐渐变为具有传播、宣传、知识、娱乐、服务等多种功能,从而使报纸多姿多彩,更加有可读性。

与此同时,各报的内部组织机构也在不断改革。1979年秋,《黑龙江日报》率先撤消了报社党委并改善了革委会对编辑部的领导,恢复由总编辑领导的编委会,1983年9月,又将按社会行业分工的采编机构,改组为按报纸版面设立的采编通联等"六合一"的编辑室。从1984年起,多次充实和提升广告发行和财务机构,并试行目标管理和经营承包责任制等。就在这年,该报开始扭亏为盈,不再需要政府的财政补贴。1987年改行社长制后,纠正了长期以来重办报、轻经营的偏向,办报和经营两个轮子一起转,报纸质量不断提高,经济效益逐年增长。

《哈尔滨日报》和《齐齐哈尔日报》等地市报纸也相继作了类似改革,因报制宜地实行各种责任制。《哈尔滨日报》1989年在省内率先改邮发为自办发行,1991年全省有15家报纸采用这种发行方式,期发数超过150万份。

这个时期全省各类报刊都有序地迅速增长,稳定发展,改变了历史上多次出现的大起大落等无序状态。1978年后,各地市在首先办好党报的同时,纷纷创办科技报、致富信息报、法制报和文教卫生报等专业报,不少工矿交通企业也先后恢复或新办企业报。20世纪80年代中期,消失了多年的晚报陆续在各城市出现。到1994年底,全省共有各类报纸167家,其中地方党委机关报19家,特定对象性报纸12家,晚报型报纸8家,专业报54家,企业报50家,大专院校报24家。截至1999年底,黑龙江省除高校报纸以外,公开发行的报纸有从业人员7 532人,其中采编人员2 000余人。党的十届三中全会以后,省和市(地)、县相继建起了广播电视中心,装备了具有国内外先进水平的音响加工设备、彩色摄录设备、特技和播控设备,还配备了电视转播车。到1999年底,全省有无线广播电台14座,其中省级台1座,市地级台13座。还有县(市)级广播电视台59座。全省有中短波发射台、转播台45座,发射机总功率181.655千瓦,广播人口综合覆盖率达95%,有无线电视发射台、转播台780座,发射总功率487.927千瓦,电视人口综合覆盖率达97%,广播电视系统的从业人员超过1.4万人,其中专业技术人员6 000多人。

黑龙江省广播电视塔——龙塔,于2000年10月28日建成对外开放。这是一座集广播电视发射、旅游观光等功能于一体的综合性多功能广播电视塔,塔高336米,是亚洲第一、世界第二的高塔。黑龙江人民广播电台和黑龙江电视台已完成了数字化改造,其广播电视制作质量达到了全国先进水平。

(本章撰稿人:林怡)

# 第三章

# 吉林新闻事业发展概要

## 一、清末吉林报业的产生与发展

吉林省的新闻事业起点是 20 世纪开端的清末。从 1907 年 8 月第一种报纸《吉林白话报》创刊到 1911 年底,吉林省(按现行区划计算)先后有 20 多种报纸问世。其中官办和团体办的报纸 15 种,民办报纸 5 种。随着日本帝国主义对中国东北地区侵略的逐步深入,日本人在长春、吉林和延边的龙井三地各创办了一种日文报纸。

吉林省地处祖国东北边疆,历来是清王朝的封禁之地。鸦片战争后,随着沙俄的入侵,清政府不得不对吉林省加强军事防御。1880 年,清政府又委派官吏在吉林省设立招垦局,组织关内流民垦荒,加强对吉林省的开发与管理。随着经济的发展,文化事业也有了缓慢的进步。但同关内开发较早的地方相比,吉林省仍是人烟稀少、信息闭塞的省份,人们尚不知报纸为何物。

1906 年,清政府在东北推行"新政",开展"预备立宪"活动。其内容之一,即是废科举,设学堂和办报纸。尽管"预备立宪"是清政府为了反对革命运动、保持半封建半殖民地的统治而玩弄的骗局,但客观上却为吉林省新闻事业的起步提供了发展机遇。一些爱国士绅,进步官吏和知识分子以高度的热情积极办报,认为只有办报纸才能启迪民智,开通社会风气,社会风气

"开通"了,"预备立宪"才能收到效果。吉林将军达桂以"吉省风气固陋,人民智识全赖报纸以输入文明"①为由,于1907年2月间拨银一万两,委派内阁中书徐崇立,候选县丞殷辂赴天津北洋官报局学习办报纸经验,同时采购印刷报纸的机器和铅字工料,准备创办报纸②。同时,达桂也批准候选县丞刘德在吉林省城私人创办《吉林报》。

1907年5月,达桂责成徐崇立在吉林省城东关外旧机器局院内成立吉林将军公署官报局,拟办《吉林官报》和附张"白话报"。随着"预备立宪"活动的开展,官府急需创刊的是白话报,因为白话报"为粗通文理之人而设",况且"预备立宪"又需要对民众"剀切劝谕,取便宣讲,官长文告宜编入白话,使民易解"③。因此,白话报创刊自然应早于《吉林官报》了。1907年8月4日,《吉林白话报》出版了第1号,它是一份高25厘米、宽14厘米的书册式报纸。该报宗旨是"宣上德,通民隐,开通风气,改良社会,俾一般人民咸具普通之知识,以预备立宪国民之资格"。设栏目有:电传、宫门抄、上谕、本城新闻、各省新闻、京师新闻、各国新闻、演说、专件和来函照登等。如有重大事件的访稿,则另设紧要新闻栏。此外,该报偶尔还刊登文苑栏目,其内容是文人或地方官吏即兴写作的诗词,这是吉林省报纸最早开辟的文艺副刊栏目。《吉林白话报》为铅印,每期三张,每张六版,单面印刷,满月可检齐装订成册;主笔为顺天府宛平县贡生安铭(镜泉),时为吉林调查局宣讲员。

1908年1月30日,东三省总督徐世昌、吉林巡抚朱家宝颁发公文,取消吉林官报局,《吉林白话报》由吉林官书局编辑出版。同年5月14日,《吉林白话报》由书册式改为对开四页八版,报名改为《吉林白话日报》。同年11月,《吉林白话日报》改归吉林省咨议局自治筹办处所属,归并到新成立的吉林日报社出版,报纸印刷形式也由对开四页八版改为书册式,出版至1909年9月停刊。

《吉林白话报》和《吉林白话日报》的特点是面向社会大众,以其通俗易懂,阅读朗朗上口的优点,赢得了识字不多的读者的欢迎。1907年8月创

---

① 《盛京时报》1907年2月26日。
② 吉林省档案:《官报局述要事略》。
③ 吉林省档案:《上达军帅请开办吉林官报呈》。

## 第三章 吉林新闻事业发展概要

刊初期,该报即发行 500 份,到 1908 年 8 月已发行 850 份,到停刊前 1 个月,即 1908 年 8 月,发行量已增长到 1 000 份。在经济落后,文化起步较晚的吉林省,一份通俗性报纸发行量如此增长,实是难能可贵的了。

清末吉林省报业初创时期正值中国官报发展的高潮阶段。因此,也可以说,吉林省新闻事业始于中国官报创办的高潮时期。从 1907 年 8 月 17 日创刊《吉林官报》到 1911 年底,吉林省共有 5 种官报出版。除省署部院办的综合性官报——《吉林官报》外,各衙署也办了专业官报,如吉林提学司创办了《吉林教育官报》,吉林提法司有《吉林司法官报》,吉林民政司先后办了《吉林警务官报》和《吉林民政官报》。《吉林官报》于 1907 年 8 月 17 日继《吉林白话报》后创刊,逢阴历单日出版,铅印,每期 20 多页,版面相当于大三十二开本,总理为徐崇立(剑石),主笔李洵武,新闻报道和官府信息占内容的 60% 以上。1908 年 3 月 1 日,东三省总督和吉林巡抚颁发公文将官报局裁撤,《吉林官报》由吉林官书刷印局编辑。同年 11 月,新任巡抚陈昭常决定《吉林官报》由新设立的吉林省公署官报局编辑,编辑人员由公署办公人员兼职,设总纂、分纂三人。官报由隔日刊改为旬刊,对内容体例进行了大幅度的改革①,于 1909 年 2 月出版第一期。改革后的《吉林官报》言论内容大大增加,新闻报道比以前减少了。《吉林官报》出版至 1911 年 10 月,又改出隔日刊,内容侧重于文牍。1912 年 3 月 1 日,东北已"下旗改历"接受民国政府领导,《吉林官报》更名为《吉林公报》,成为名副其实的政府公报。至此,《吉林官报》结束了综合性官报的历史使命。

《吉林教育官报》于 1908 年 2 月 16 日创刊,为大三十二开本,正文铅印,扉页石印,每期 100 多页。同年 11 月 18 日,新任吉林提学司使曹广桢以该报"体裁未能尽善","栏目多而杂"为由,决定改革该报的编纂体例。1909 年 2 月,该报改为对开两大张十六版,五日刊,折叠可装订成册。内容侧重谕旨、札文、教育研究和教学安排。1910 年,该报又恢复半月刊书册式的官报体例。新闻内容减少,直至民国初年停刊。

其他三种官报,即《吉林司法官报》《吉林警务官报》和《吉林民政官报》

---
① 吉林省档案:《官报局述要事略》。

均为 1911 年创刊,其内容同这个时期的《吉林官报》相仿,政府公告、文牍占据大量篇幅,新闻报道都是有关本行业的信息,至 1911 年 12 月停刊。这些官报的办报目的除了面向社会,"宣上德通下情"外,更主要的是通过官报传递政府公文信息,充当政府的喉舌。《吉林官报》和其他几种吉林省创办的专业类官报,并不完全是为着"启迪社会,开通风气"而设,主要是为了强化政权职能,沟通官场信息。《吉林白话报》于 1909 年 8 月 4 日创刊后,在吉林省,团体办、官办和民办的以报道社会新闻为主的报纸陆续创刊。其中,办得最好的、较有影响的是《公民日报》《吉林日报》《长春日报》和《吉长日报》。由于吉林省在清末一直是帝国主义侵略的直接目标,所以,这些报纸在报道和言论方面有一个共同的特点,即揭露沙俄、日本等帝国主义者侵略阴谋和活动,呼吁中国人民团结起来,保卫国家的利权,同帝国主义进行针锋相对的斗争。

《公民日报》是吉林自治会的机关报。它创刊于 1908 年 6 月 29 日,其"宗旨意在代表舆论,对于上下社会略尽献替之忱。而特别注意尤在本省及奉黑两省"[①]。主笔顾植是东北地区的著名报人,曾主持过《远东报》和《东方晓报》的笔政。《公民日报》除了报道省内自治活动和推行"新政"取得的成果外,爱国反帝内容的报道占据主要版面。1907 年至 1909 年,日本帝国主义攫取吉长铁路借款权,妄图通过借款侵占吉长铁路。吉林省工商业者、士绅和学生派代表赴奉天(今沈阳)向东三省总督请愿,要求集股自筑铁路,收回路权,并成立吉林公民保路会。《公民日报》对此进行了详细报道,并发表了言词恳切的吉林省城绅商请愿书。请愿书中写到:日本借款修筑吉长铁路,"此中得失,重关主权。我满洲铁道,东清、南满纵贯全境,反主为客。所谓聚九州之铁铸成大错,以视割地赔款丧失更多,良可痛惜!吉长二百四十里,扼满洲之中心,为交通之要点,倘此路遂为日有,则主权尽失,民命随之"。

《公民日报》办至 1908 年 10 月中旬,因吉林自治会解散停刊。《公民日报》收归官办,改名为《吉林日报》。1908 年 10 月 13 日,吉林巡抚陈昭常委

---

[①]《公民日报》1908 年 7 月 26 日一版。

任省署三等秘书官、候选县丞周维桢为《吉林日报》总纂。周维桢为同盟会会员,回国后,曾赴湖南、四川等地"联络同志,力谋光复"。1909年夏,周维桢作为著名革命党人吴禄贞的得力助手,赴吉林省的延吉考察边务。待吉林日报社一切工作就绪,报纸正常出版后,因延吉边务迫切需要人,周维桢又被派往延吉。此后,《吉林日报》经理、主笔均为顾植一人担任。

1909年7月9日,《吉林日报》因连续报道并刊发中日关于东三省交涉事件及中方妥协退让的消息和双方签订的条约,尤其是刊登东三省督抚联名致电清政府军机处,要求谕令外务部采取办法挽回利权的电文,被北京《中央大同日报》转载,在全国产生了重大影响。清政府外务部发现后,经追查,该文来源于《吉林日报》。外务部请旨转饬东三省总督锡良,禁止《吉林日报》继续出版,于是《吉林日报》停刊[①]。

《吉林日报》停刊后,省城吉林办起了旨在宣传"预备立宪"和"地方自治"的《吉林地方自治日报》,《吉林日报》,人员和机器设备迁至长春,改名为《吉长日报》,于1909年11月27日创刊。《吉长日报》是旧中国吉林报纸出版时间最长、在历史上最有影响的一家报纸。清末期间,该报大量报道了沙俄、日本侵略东三省的罪恶活动,大量报道了革命党人在吉林省开展活动的事迹。在东北三省、在全国产生了深远的影响。

除这几家团体办和官办的报纸外,另一有影响的报纸是《长春日报》。1908年末,同盟会革命党人蒋大同来长春开展革命活动。他"借贩书为由,向东三省各地推销各种革命救国之书报",广泛宣传民主革命思想。他看到清政府推行"预备立宪"活动允许设报馆,认为这是宣传革命思想的有利时机,和徐竹平、齐希武等人组织士绅,拟集股开办报馆。他们首先向吉林西路道道员陈希贤申请办报,经过几次申请,方被批准。1909年4月3日,他们组织的《长春日报》创刊。该报声称以"鼓吹文明,发皇商务"为宗旨。1909年4月17日,《长春日报》发表社论《俄人之经营哈尔滨》一文,深刻而具体地揭露了沙俄侵略中国的罪行。4月19日,沙俄驻长春副领事官拉夫罗甫对此发出抗议照会给长春吉林两路道道员陈希贤,指责《长春日报》的

---

[①] 1909年10月16日《申报》第二版。

言论"颇有反对俄人之处","于邻邦睦谊颇有妨碍"①。该报还热情地宣传同盟会革命党人的活动。在同日三版的消息《革命党人近情》中称孙中山为"清国革命党领袖孙文",在报道革命党活动时颇有鼓动性,称:"孙文及其徒属欲于清国内地大起革命军。"因蒋大同、熊成基和商震等人以《长春日报》社为活动基地,在群众中开展革命活动,引起清地方政权的注意,尤其是无赖藏贯三出卖熊成基后,吉林省地方官衙严密捉拿革命党人,蒋大同离开长春日报社北去黑河。长春日报社内部因派性斗争激烈,无法坚持正常出版,1909年5月19日晚该报自行停刊。

清末,吉林省各家报馆因规模狭小,编辑发行人员也较少,尤其是专职人员。以最初创办的吉林官报局为例,《吉林白话报》编辑人员和《吉林官报》编辑人员在一起办公,白话报二人,官报三人。而衙门办的专业类官报编纂人员为兼职时,人员数量略多些。以《吉林司法官报》为例,编辑部设审定员、编辑员、校勘员、译述员和调查通信员,共由25人组成。

官报局设总纂(相当于总编辑)、分纂(相当于责任编辑)、书记员、校对员。普通以报道社会新闻为主的报纸如《吉林日报》《吉林自治日报》《吉长日报》等,通常设主笔一人,编辑二人,校对一人。

这个时期的报馆很少设专职记者,稿件均由各地访员提供。主笔、编辑遇有特殊的报道线索有时亲自采访写稿。这时,报馆的编辑人员对外均称"本报记者"。

官方报纸的发行均采用派报方式,本城由报差送报或零售;外地多由邮局邮寄发行或文报局送报。民营报纸发行也采取邮局发行或由各发行点代派。清朝政府为了宣传"预备立宪",设了许多宣讲所和阅报社,革命党人也利用清政府广泛宣传"预备立宪"这一有利时机,借助报纸开展革命宣传活动。革命党人李敬修在省城吉林创办"牖民阅报社",组织民众,通过阅报宣传革命道理和展开革命活动。

在偏远的少数民族地区,如哲里木盟和前郭尔罗斯等地,从1908年开始,地方官衙组织懂中文和蒙文的知识分子当宣讲员,吉林调查局创办的

---

① 长春市档案:《俄国驻长副领事官为〈长春日报〉刊登社论〈俄人之经营哈尔滨〉吉林西路道的照会》。

《吉林蒙话报》即为其主要宣讲材料,以此来疏导融洽蒙汉民族关系,提高少数民族成员的思想觉悟和文化知识水平。

## 二、民国初年吉林省的报纸

1912年1月,孙中山领导的革命力量推翻了清政府的反动政权,建立了中华民国。这时,在吉林省继续出版的中文报纸有《吉长日报》、《吉林官报》、《吉林自治日报》、《吉林教育官报》、《吉林民政官报》、《吉林蒙话报》(中、蒙文合璧)、《国民新报》等;日本侵略者在吉林省继续出版的日文报纸有《长春日报》《吉林时报》和《间岛时报》。

从1912年初到1913年上半年,孙中山领导的资产阶级民主革命给吉林省的报纸舆论带来了很大影响。为适应"共和""民主"思想宣传的需要,统一共和党吉林支部于1912年1月16日在吉林市创办了机关报《新吉林报》,这是一份旨在"阐扬共和,指导舆论"的报纸,该报为对开两张,主要栏目有论说、国内新闻、东省新闻、本省新闻、外国新闻等。由于积极鼓吹共和民主,揭露吉林省军政界的腐败黑暗,吉林省地方官僚对其恨之入骨。"二次革命"失败后,吉林督军孟恩远以"奉北京政府命令,查封乱党机关报"的名义,于1913年8月查封了该报。

《新吉林报》出版后,一批拥护"共和民主"的报纸相继创刊。如共和党人李启琳在吉林创办的《少年吉林报》、长春群进会创办的《一声雷晨报》等。《新吉林报》被查封后,《少年吉林报》也被扣上"乱党机关报"的帽子被封。长春《国民新报》因鼓吹共和,被吉林西南路道道员扣掉3 300吊办报津贴,并被勒令停刊。《一声雷晨报》等也先后被迫停刊。

地方官僚和封建势力对报纸揭露官场的腐败恨之入骨,横加摧残。省城吉林市的《吉铎日报》因揭露了省高等法院审判厅书记官浚明阿克扣工作人员薪饷,中饱私囊的丑闻后,浚明阿状告该报"毁人名誉",利用职权之便,票传《吉铎日报》主笔金德畤,并予以收审。此案未结,地方警察署在高等法院的串通下,以"《吉铎日报》刊登同盟会章程有违报律"为由,强令该报停刊。《吉铎日报》同仁义愤填膺,状告吉林省高等法院和警察署到北京大理院。最后,此案不了了之。《吉铎日报》在警察署和其他政权机构的联合打击下,被迫于 1915 年初停刊。

1917 年 7 月 1 日,张勋率"辫子军"进入北京,拥溥仪复辟。谕令传到吉林后,吉林督军孟恩远认为复辟时机到来,强令吉林新创刊的《新共和报》和《民报》更名,理由是这两家报纸的名称与"新国体抵触"。派警察到报馆传达其"一律更改报名的"命令,两报馆同仁不服,以"停版"抗议这种独裁专制行为,事隔不久,复辟的闹剧结束后报纸才复刊。

1919 年"五四运动"前后,反帝爱国思潮和新文化运动给吉林省的新闻界带来了新的气象。"五四运动"前,从小在吉林省长大的韩梓飔、李光汉和张云泽在天津南开中学读书,他们积极接受新思想、新文化。1916 年他们三人回到吉林省后,于 1917 年在吉林市创办了私立吉林毓文中学。这时,他们仍与天津南开中学的老师、同学保持密切的联系,把天津南开中学的新思想、新文化带到毓文中学。任教务主任的张云泽于 1919 年 5 月 5 日创办了校报《毓文》周刊,该报四开四版,以批判封建的旧礼数、旧思想、旧道德,宣传新思想、新文化为己任,积极宣传民主科学。在发刊词中,强调该报的宗旨:"一是扶导社会,呼吁大家要有进取心,周刊愿作扶导社会的一种利器;二是研究真理;三是报告本校的内容给外界人。"该报出版后,在学校内外产生了很大影响,一些受新文化运动影响的师生积极为它撰稿。

为了扩大宣传新思想、新文化的阵地,张云泽还利用《毓文》周刊的社会影响创办了《春鸟秋虫》周刊。其宗旨在于"鸟鸣嘤嘤,求其友声",团结、吸引更多具有新思想、新文化的知识分子。由于毓文中学创办的校报影响越来越大,引起吉林省地方反动政权的不安。1920 年初,省警察厅不但下令查封报纸,还要驱逐主编张云泽离开吉林省。最后,经过多方融通,张云泽个人承担了报纸宣传新思想、新文化的责任,接受罚款处分,使《毓文》周刊和《春鸟秋虫》得以继续出版。

在《毓文》周刊的影响下,这个时期,吉林省城相继有一批宣传新思想、新文化的报纸出现。如《吉林一中周刊》《探美》和《长春二师周刊》等进步的校报。

"五四运动"后,吉林省的报纸还受到了马列主义传播的影响。1915 年创刊,一直在困境中坚持出版的长春《大东日报》在1920年后,由张云泽主持办报业务。1921年,张云泽任该报主笔,1923年任总编辑。1925年"五卅运动"爆发后,吉林省在中国共产党的领导下,各地先后开展了声援活动,《大东日报》不仅报道了这一事件的真相,而且报社同仁积极参加了"沪案声援"活动。

列宁逝世的消息传到吉林省后,张云泽不畏社会上反动势力的恐吓,出版纪念列宁专刊,写下了纪念文章《列宁之死》发表于《大东日报》,痛悼列宁。

1927年初,张云泽投笔从戎,到张学良处任事。中共党员萧丹峰到该报任总编辑。报纸不仅宣传革命的进步舆论,而且报道宣传中国共产党领导的罢工运动,使当地的反动当局感到震惊。

在这个历史时期,中国共产党先后派党员打入一些报社,以编辑、记者身份积极、公开地开展工作,并秘密地发展党组织。1928年2月12日,延边龙井创办了中文、朝鲜文版报纸《民声报》,中共满洲省委先后派党员周东郊、苏子元到报社工作。《民声报》在他们的影响下,积极宣传反帝及反封建思想,介绍马列主义。由于地方反动政权和日本帝国主义侵略势力相互勾结,联合围攻《民声报》,到1930年,《民声报》的共产党员和进步编辑人员先后离去,该报逐渐趋向反动。

30年代初,中国共产党在吉林省先后建立了各级组织机构,秘密或偶尔公开地开展革命工作。为适应需要,一些地方的党组织办了油印小报,如延边支部创办的《汽笛》(只出一期),1913年4月,中共磐石县委领导下的农民协会创办了《磐石农报》,同年10月,中共东满特委在延边创办了油印的《火花报》。这些报纸成为中国共产党宣传革命思想的有力武器。

## 三、沦陷时期吉林省的报纸

日本帝国主义经过长期的思想准备和军事准备,于1931年9月18日在沈阳柳条湖制造了骇人听闻的"九一八事变",正式对中国发动军事进攻。在短短的两三天里,日本侵略军迅速占领了东北大部分地区。据记载,事变的第二天,长春《大东报》因出版报道事变消息的号外,被日军封闭。在吉林市,中国人办的过去一直坚持抗日立场的报纸如《吉长日报》《新共和报》《东北实业日报》在日本侵略军的刺刀下被迫停刊。而日文报纸则在日军的保护下继续大量出版,报道和言论均为宣扬日军侵华的"丰功伟绩"。

日本帝国主义对东北三省的侵占,使吉林省国人的报业受到了毁灭性的打击。自此,吉林省沦陷区的报业出现了受殖民主义奴役的悲惨局面。下面将抗日游击区的报纸和沦陷区的报纸分别予以记述。

### (一) 中国共产党在游击区的办报活动

在中国共产党领导下的抗日游击区,抗日的党报、军报、青年报在不断发展。1939 年后由于日寇"讨伐"抗日游击区的力度加大,抗日的油印报纸趋于消失。

1932 年 11 月,中共磐石中心县委和中国工农红军第 32 军南满游击队在印发传单的基础上创办了报纸《红军消息》和《人民革命画报》。1933 年春,《红军消息》改名《红军捷报》。1933 年末,又改为较为正规的《人民革命报》。在革命力量不断发展的大好形势下,共青团组织也先后办起了《青年义勇军》《革命青年》等报纸,吉海铁路工人工会也办起了《吉海工人报》。

1933 年末,红军游击队向南部的金川、蒙江一带进军。报纸仍在磐石继续出版。中共南满临时特委成立后,于 1934 年 12 月 5 日出版了机关报《东边道反日报》和画报《东边道反日画报》,由临时特委宣传部编辑出版。1935 年 1 月,共青团南满特委创办了机关报《东边道青年先锋》,同年 8 月 10 日,又出版了以抗日游击区广大青年为读者对象的《青年民众》报,1936 年 5 月 25 日,该报改名为《救国青年》。

1936 年 7 月,中共南满省委于金川县河里地区惠家沟成立。南满省委创办了机关报《南满抗日联合报》,1938 年,又出版周刊《中国报》。

中国共产党在长春以南的南满山区坚持抗日的游击战争期间,出版报纸长达 7 年多时间,先后创办了 20 多种中文、朝鲜文报纸。由于党领导的抗日联军、地方党团组织和工会组织要经常同敌伪反动势力作战,流动性较强,不具备用铅字排版、印刷的出版条件,只能油印,而且,纸张和油墨也不能保证供应。这些油印报纸通常为八开二版,单面油印,一版通常发表社论、消息,二版为消息、通讯、公告。报纸经常配有宣传画,副刊较少。这些报纸在部队取得重大胜利或逢重大节日、纪念日时,经常刊出"纪念号"或"号外"。

### (二)沦陷区敌伪反动势力办的各种报纸

日本帝国主义操纵下的伪满洲国成立后,为了欺骗中国关内人民和世界各国人民,镇压抗日力量,泯灭东北人民的民族意识,向他们灌输其殖民统治思想,日本帝国主义及其傀儡政权急需通过报纸来达到这个目的。他们积极扶持日本人与汉奸报人办报。1932年3月1日,由日本关东军精心策划,指使日本文化特务都甲文雄操纵实权,让中国文化汉奸王希哲当挂名社长,表面上是中国文化人办报,实际是伪满洲国政府机关报的《大同报》创刊。自此,先后有一批中文汉奸报纸在日本帝国主义侵略势力的策划下出笼,如洮南的《大同日报》、延边的《延边晨报》、吉林的《吉林日报》等。

与此同时,供日本人阅读的日文报纸经日本关东军的策划,以欺骗、愚弄在伪满的日本人为其政治目的。如长春的《大新京日报》《新京实业新闻》,吉林的《松江新闻》,延边的《间岛时报》等均属此类。

1933年6月,中共满洲省委针对日伪反动势力忽略对报纸文艺副刊检查的情况,指示哈尔滨市委,通过进步作家萧军集稿,为伪新京出版的《大同报》副刊提供隐晦宣传反满抗日的文学作品稿件。萧军利用《大同报》编辑陈华,把这些稿件刊登在该报"大同俱乐部"专版上。同年8月6日,该报又创办一个副刊《夜哨》,这个刊名是由女作家萧红起的,该刊每逢星期日出版,集中发表萧军、萧红、舒群、白朗、金剑啸、李文光、梁山丁等作家、诗人的作品。这些小说、诗歌、独幕剧、散文、小品,均具有反满抗日思想。

1933年末,日伪反动势力开始注意对文艺副刊的检查,由于李文光的以抗日斗争为题材的长篇连载小说《路》锋芒太露,引起敌人注意。迫于这种严峻局势,这些作品就不能继续发表了。编者陈华在《夜哨》第21期发表了《夜哨的绝响》一文,宣告了《夜哨》副刊的结束。于是,《夜哨》这个被人们称作是"抗战文艺先锋"的报纸副刊在沦陷区报纸历史上留下了不朽的一页。

1936年9月,日本关东军为加强对报纸舆论的控制,成立了"统制"全伪满报社的"满洲弘报协会",该会的理事会、理事均由关东军司令部指定。在伪满洲国,由"弘报协会"统一实施整理所有的中文、日文和朝鲜文报纸。能合并的合并,能收买的收买,从1936年10月至1937年末,仅吉林省就有中文、日文报纸被收买、合并。继续出版的只有中文《大同报》、日文《大新京日报》、朝鲜文《满蒙日报》(后改名《满朝日报》)等七八家报纸。

"满洲弘报协会"在此基础上把所有报纸归并"国有",设立"加盟社",指定哪些报纸为"加盟纸",哪些为"准加盟纸",这些报社的社长、主笔及一般的编辑记者,均由"弘报协会"控制调动。在经营管理方面,报纸的开版大小,纸张的调拨等,甚至广告的刊发,均由弘报协会统一控制。

1941年,为适应日本帝国主义扩大侵华战争和侵略亚洲的战争需要,日伪反动势力加紧对报纸的"统制",日本关东军司令部决定解散"满洲弘报协会",修订更加严酷新闻法令,严密控制新闻事业。并于1941年8月25日抛出了《新闻社法》《记者法》等一系列法令。在行政管理方面,加强对伪满洲国政府弘报处的权限,进一步加紧对伪满各报反满抗日人员的打击。1941年12月30日,伪满的军警发动了一次有组织的逮捕反满抗日报人的骇人听闻的血腥镇压活动,史称"12·30"事件。在伪新京(长春),《大同报》编辑李季风,记者王德林、张景浩,校对员王觉被伪新京警察厅特高课人员逮捕,李季风三次从日本特务手中逃脱,其余几人被日伪反动势力杀害。

"弘报协会"解散后,伪满的报纸均实行所谓的"股份公司制"管理办法,以"特殊法人"身份出现。实际上,一切权力紧紧控制在日本关东军司令部手里。从1943年开始,由于战争形势的紧张,日本帝国主义实行报纸的"减页""归并"政策。中文报纸归并一起,成立"康德新闻社",长春以东以北的日文报纸归并于满洲新闻社,奉天(沈阳)以南的日文报纸归并于满洲日日新闻社。报纸出版朝刊、夕刊的,只出日报;大报改小报;对开十二版的改为对开四版。

1944年5月1日,《满洲新闻》和《满洲日日新闻》合并,成立《满洲日报》社。除大连继续出版当地的《满洲日日新闻》外,各地日文报纸均为《满洲日报》地方版。这时,报纸版面从中央到地方均为一个模式,报道内容相同,报业已步入垂死的边缘。到 1945 年 8 月中旬日本宣布投降,伪满洲国的报业全部崩溃。

## 四、解放战争时期的吉林报业

1945 年 9 月,中国共产党在抗日战争胜利后,组织大批干部奔赴东北,遵循毛泽东主席"建立巩固的东北根据地"的批示,来吉林省开辟党的工作。在此之前,冀热辽军区蒋亚泉部于 1945 年 8 月末到达通化。8 月 29 日,我党工作人员接收了伪通化新报社和伪通化电台,同时创办了《辽吉日报》。这是我党于抗日战争胜利后最早在吉林省公开出版的报纸。同年 10 月 10 日,中共吉林特委于吉林市创办了《人民日报》。在长春,面对国民党反动派的干扰破坏,以中苏友好协会的名义创办了《光明日报》,中共党员萧谦之(萧林)任主笔。在吉林市,由我党领导的吉林市民主促进会主办的《民主报》也由中共党员担任主笔。在延吉,由我党领导的延边民主大同盟主办的《延边日报》创刊。接着中共长春市委机关报《长春新报》也于 1945 年 11 月 15 日创刊。从 1945 年 8 月至 12 月短短四五个月时间里,我党在吉林省创办的各种报纸达 11 家之多。

1946 年初,国民党对东北的"行政接收"计划失败后,蒋介石组织大批军队疯狂地向东北进犯。为了实行战略转移,中共中央东北局机关报《东北日报》于 1946 年 2 月 7 日转移到吉林省海龙县海龙镇出版。这时的《东北日报》因办报物资的匮乏和动荡不安,只能断断续续地出版。刚到海龙时,只出版四开四版,其内容主要报道我党我军与国民党反动派战斗的消息,不到一周,即扩大版面。同年 4 月 25 日,该报随东北局转移到长春出版。

与此同时,1946 年 1 月 1 日在郑家屯创刊的《胜利报》也于 5 月 27 日转移到洮南出版。在吉林市出版的《人民日报》也在 1946 年 5 月 28 日转移到延吉出版。《东北日报》于 4 月 28 日在长春复刊后,仅出版到 5 月 23 日就转移到哈尔滨出版。此外,迁往哈尔滨的还有东北民主联军政治部主办的军报和 1946 年 4 月 25 日在梨树创刊的《自卫》报。

1946 年 5 月末,国民党军队侵占了松花江南岸和中长铁路两侧,东到桦甸、西至双辽的吉林省广大地区。国民党占领四平、长春、吉林等城市后,先后着手办报。在长春,最大的报纸是国民党《中央日报》的长春版,其次是国民党的一系列军报。军报在四平、长春和吉林三市占报纸总数的 70%。在长春办的第一种国民党军报是廖耀湘部出资,于 1946 年 5 月 28 日创刊的《前进报》。之后,随着军队人数的增加,先后有新一军的《中报》,新一军 50 师的《华声报》,国民党东北保安司令部办的《新生报》,71 军 88 师在吉林市办的《大众日报》等。这些军报实际上不具备军报特点,主要是靠副刊刊登些无聊的文字,供其军队的官兵消遣而已。

国民党在吉林省办的地方报纸有党部办的报纸和地方政府办的报纸两类,国民党吉林省党部办的报纸有《长白日报》,吉林省政府办的为《吉林日报》。该报实为国民党吉林省政府主席梁华盛的"起居录",由其秘书施白任社长,凡是梁华盛的起居行动和言论都要登报,可见该报的谄媚之态。在长春,地方政府办的报纸有《长春日报》。《长春日报》创刊于 1946 年初,由长春当地的党棍和地痞经营。国民党长春市政府成立后,另组织一报纸出版,由国民党长春市政府出资主办。

民办报纸也是吉林省国民党占领区报业的一个重要组成部分,办报者的背景较为复杂。一种是国民党军政要员为了给自己制造有利舆论,秘密出资办的报纸,如杜聿明出资办的《新生报》、梁华盛办的《中正日报》等;二是国民党政客为了捞取政治资本而办的报纸,如吉林市的《建设报》《工商报》和长春霍战一的《大东报》(此报刚创刊即停刊);第三种民报是一些文化人为寻求生存之路的选择,他们在一无资金二无设备的条件下勉强维持出版,是一些供人娱乐、消闲的小报,其中也不乏黄色小报。

随着中国人民解放军的不断胜利,国民党统治区的物资极度紧张,报纸均不能正常出版,长春报业公会便组织各家报纸出版了《联合版》,多至十几家参加,少至二家合办,直至 1948 年 10 月国民党溃败时停刊。

随着中国人民解放军不断胜利,解放区的报业发展蒸蒸日上。南部有在通化出版的中共辽东分局机关报《辽东日报》,其前身为《通化日报》和《安东日报》。通常为对开四版,一版为要闻版,主要采用新华社稿;二版、三版刊登东北地方新闻;四版是各种专版和副刊。这种版面安排成为解放区报纸的基本模式。

《辽东日报》在陈云同志的领导下,非常重视报纸言论,经常转发新华社社论和《东北日报》社论,有时陈云同志在繁忙的工作中也抽出时间为报纸撰写一些具有实际指导意义的社论。此外,《辽东日报》还发表过在全国较有影响的报道,如华山写的通讯《踏破运河千里雪》等。《辽东日报》出版至1948年6月7日终刊。

在辽北解放区,有中共辽北省委机关报《胜利报》出版。《胜利报》于1946年5月由郑家屯转移洮南后,较有影响的专栏有"老百姓""新青年",有影响的文章是长篇章回体时事小说《国事痛》。1946年11月初,该报转移到白城子出版。该报社还曾单独出版过《老百姓》报,八开四版,主要面向翻身农民。1948年8月17日,《胜利报》由白城子转移到郑家屯。12月1日,该报社转移到解放后的四平市,直至1949年1月2日改名《辽北新报》为止。《胜利报》还出版过《路东版》和《四平版》,主要是配合土地改革和针对国民党作战而出版的。

在吉东的延边,中共吉林省委机关报《人民日报》于1946年9月1日同《吉东日报》合并后,仍以《人民日报》的名义出版,主要在吉东解放区发行。1947年3月1日,改名为《吉林日报》。该报为四开四版,出中文版、朝鲜文版两种。随着解放战争的节节胜利,该报于1948年3月1日重回吉林市出版。

长春解放后,中共长春市委机关报《长春新报》复刊,复刊时间是1948年10月23日。

到中华人民共和国成立前夕,吉林省继续出版的报纸有:中共吉林省委机关报《吉林日报》、中共延边地委机关报《延边日报》、中共长春市委机关报《长春新报》、共青团吉林市委办的《吉林青年》;工矿企业报有:通化矿务局办的《职工生活》、夹皮沟金矿办的《矿工生活》、辽源矿务局办的《西安工人》报等。

## 五、中华人民共和国成立后吉林的新闻事业

新中国成立时,吉林只有5家党委机关报和4家其他性质的报纸。5家党报是省委机关报《吉林工农报》(1950年2月改为《吉林日报》)、长春市委机关报《长春新报》(后改为《长春日报》)、朝鲜文《延边日报》和两家县(市)报。其他性质的四家报纸中,两家为汉文,两家为朝鲜文。1952年春,在抗美援朝运动中为粉碎美帝国主义的细菌战,吉林出版了第一张专业报《吉林爱国卫生通讯》(后称《吉林卫生报》)。

新中国成立之初,吉林只有3家广播电台,吉林人民广播电台(1954年之前吉林省台兼市台)、长春人民广播电台和延吉(1951年4月改延边)人民广播电台。这一时期,吉林省收音机只有5万台左右,广播的人口覆盖率仅为全省人口的7.2%。然而,有线广播却得到较快的发展,到1952年底,全省已有1 120个村、屯接通了有线广播,广播喇叭达3 500只。

吉林报业在50年代有了较快的发展,《吉林农民报》、《中国朝鲜族少年报》、《长春科技报》、《一周节目预告》(后改为《视听导报》)以及全省第一张企业报《汽车工人报》,均在这一时期创刊。随着"大跃进"运动的开展,吉林也和全国一样大办县报。到1960年初,吉林省先后创办了四十来家县(市)报,几乎85%以上的县(市)都办起了县委机关报。由于报纸的迅猛发展超过了生产力的发展水平,经过1959年7月与1961年2月两次整顿,吉林省的报纸由76种减为11种。到1962年底,40多家县(市)报全部停刊。随着经济形势的好转,吉林新闻事业在60年代也稍有发展,少数停刊的报纸复刊了,也创办了一些新的报纸,但发展还是有限的。这一时期广播事业发展较快,到1965年底,全省有7座广播电台,1座转播台。有线广播发展更快,到1965年末,全省有广播放大站508座,入户广播喇叭达65.4万只。

吉林的电视事业也是在这一时期起步的,1959年10月和1960年7月,长春实验电视台(后为吉林电视台)和吉林市电视台先后被创建;1960年5月1日,长春实验电视台改为长春电视台正式播放。同年吉林省广播电视局创办了吉林省广播电视学校,专门负责培训全省广播电视系统职工。

## 第三章 吉林新闻事业发展概要

"文化大革命"期间,吉林也像全国一样,新闻事业遭到严重的摧残。在十年动乱中,吉林的许多报纸被迫停刊,连党委机关报也不能幸免。幸存的数家报纸如《吉林日报》《延边日报》《江城日报》等,也被林彪、"四人帮"反党集团所控制,为极左路线摇旗呐喊,完全失去了自己的特色。广播电视事业在"文革"中同样受到严重摧残。1967 年 1 月,全省各级广播电台一律停止自办节目,只转播中央电台的节目。电视台停止播出。1968 年 3 月以后,各级广播电台才陆续恢复自办节目。到 1976 年底,全省有 7 座广播电台,19 转播台,8 座调频台,电视台 2 座,电视转播台 11 座。这一时期,农村有线广播网得到空前的发展。到 1976 年末,全省有 98% 的公社有了广播放大站,94% 的生产队通了广播,全省广播喇叭发展到 255.7 万只,喇叭入户率为 82.3%。

十一届三中全会以后,吉林省新闻事业进入了前所未有的健康发展时期。随着经济的稳步发展,1984 年吉林省第一张以经济信息为主的《北方信息》报创刊。1987 年 3 月由吉林省政协主办的《协商新报》是吉林第一张政协机关报。1989 年 7 月《长春晚报》的创刊,标志着全省 9 个市(州)党委均有了机关报。这一时期少数民族文学(朝鲜文)的报纸,也从"文革"时的 2 家发展到 8 家。《吉林日报》在 20 世纪 80 年代中期也开始向国外发行。截至 2000 年,吉林省省报纸有 92 种,期刊 232 种。这段时期,吉林报业在经营管理、印刷、发行等方面也有了历史性的变化。从 1983 年起,原来靠国家财政补贴的《吉林日报》改为自负盈亏,通过经营管理方面的改革,提高了效率,更新了设备,也改善了报社的工作条件和职工的生活条件。1988 年《吉林日报》又将竞争机制引入报社内部,对全省各新闻单位的体制改革产生了较大的影响。不久报社纷纷办起系列报纸,已成为吉林新闻界的一个特色,报业正在向规模化和集团化方向发展,吉林日报报业集团与长春日报报业集团已于 1999 年相继成立。先进的印刷技术在吉林也发展很快。自 1989 年《白城日报》《吉林日报》率先采用激光照排和胶印技术以后,至 90 年代全省报纸已全部采用激光照排技术。自办发行也是报界的一种新的措施,《长春日报》早在 1988 年之前就开始了自办发行的尝试,取得了可喜的成绩。吉林日报社也于 1990 年起对自己所办的 3 张报纸实行自办发行,此举也是对新发行模式的一种新尝试。2000年省委宣传部进一步加强了对报纸的管理,完成了全省报刊结构调整工作。

广播电视事业在新的历史时期也有了很大的发展。到1994年10月,吉林省广播电台已达到26座,广播覆盖率达85%;全省电视台已达到40座,电视覆盖率达81.5%。不仅广播、电视的设施不断增加,广播电视节目更加丰富多彩。为了适应经济发展的需要,先后成立了经济电视台、经济信息台、有线电视台,并增加了双向电视、图文电视、加密电视等。微波站已建成67座,微波电路总长2 500公里,并实现东北三省广播电视微波电路联通。截至2000年全省有省市级电视台10座,广播电台10座,县级广播电视台41座,还有有线广播电视台10座。

吉林省的新闻教育始于1960年,这一年吉林大学中文系开设了新闻专业。办了两年,于1962年停办。"文革"期间,所有新闻教育单位全部停办。1984年吉林大学重新组建了中文系新闻专业,恢复招生。1988年开始招收新闻学硕士研究生。吉林省广播电视学校也于1978年12月恢复,1983年在该校基础上又成立吉林省广播电视职工中等专业学校,对全省广播电视系统职工进行系统培训,对提高广电系统职工素质有明显好处。在十一届三中全会以后,1979年3月和5月,吉林省新闻研究所成立,新闻工作者协会也相继恢复活动。1980年吉林省新闻研究所主办的内部刊物《新闻业务研究》面世。1987年1月《新闻研究》创刊(1991年改为《新闻学苑》)。从1990年起,吉林省新闻学会(1988年成立)与新闻研究所每年都举行一次新闻理论专题研讨会,对新闻理论与新闻实践进行总结和交流。

(本章撰稿人:张贵)

# 第四章

# 辽宁新闻事业发展概要

## 一、辛亥革命前的辽宁报业

辽宁省古称辽阳或辽东,地处我国东北边陲,辽、金、清三朝都曾以此为根据地,发展成为与宋、元、明相抗衡的独立政权。后金政权于天命十年(1625年)3月定都沈阳,九年以后改名盛京,辽宁地区也改称奉天省。清政权入关之前已大量搜罗明代邸报作为情报资料,入关之后,建立起自己的邸报制度。据史料记载,邸报从北京送达沈阳的期限为七天。

清朝建都北京后,政治中心已由奉天转移到了北京,辽宁地区的经济、文化水平虽在东北三省中仍居于领先地位,但已越来越落后于河北地区和后来居上的东南沿海各省。在清朝末期,沙皇俄国的侵略势力不断向东北地区渗透,第二次鸦片战争后期,俄以"斡旋有功"为借口,威胁清政府"兵端不难屡兴",轻而易举地将乌苏里江以东约40万平方公里的土地割去。1896年沙俄又乘甲午战争中国战败之机,以共同防止日本侵略为由,订立《御敌互相援助条约》。规定战争期间,中国所有口岸对俄国军舰开放;允许俄国在黑龙江、吉林境内修筑铁路直达海参崴。1897年在德国强占胶州湾之际,沙俄舰队于同年12月侵入旅顺海湾,强占旅顺、大连,迫使清政府承认既成事实。以致使我国东北地区最早出现的现代化报纸,竟是由沙俄远东舰队在旅顺出版的俄文报纸。该报由俄国远东总督府于1899年8月创办,沙俄远东舰队检察长陆军中校阿尔泰米耶夫担任主编,名为《新境报》,(又译作《新边疆报》或《远东报》)。从此报的报名中就不难看出沙俄有将东三省纳入其版图的野心。该报主要在俄国军队中发行,每周 3 刊,期发 1 200 份,刊载总督府及各官署文告和本地与"邻国"的新闻。

1900 年沙俄乘八国联军进攻北京之机,以武力占领我国东北的大片领土,扩张其势力范围。这样就与日本在东北的侵略势力发生了冲突,终于导致了 1904 年在我国境内的日俄战争。1905 年俄国战败,让出东北南部的辽宁地区作为日本侵略者的势力范围,旅顺、大连便成了日本的军港,整个辽东半岛就成为日本侵略中国最重要的基地。为了巩固和发展这块侵略基地,从 1905—1908 年短短三年间,日本在辽宁地区创办了 17 种报纸,其中日文报 10 种,中文报 4 种,英文报 2 种,日文、英文、中文合刊的报纸 1 种。这 17 种报纸分别由 13 家报社出版,出版地点在沈阳的有 5 家,大连 4 家,营口 2 家,安东、辽阳各 1 家。大连的 4 家报社分别出中文版与日文版的报纸各 3 种,英文版报纸 2 种。日本人创办的报纸,或隶属于日本军部,或隶避于日本外务省,或隶属于日本关东厅,都是由政府机构创办,其规模和发行范围都远比俄国人创办的报纸大。如 1907 年 11 月创办的《满洲日日新闻》,由日本关东厅南满洲铁路株式会社(简称"满铁")出资在大连出版,有日文、中文、英文 3 种报纸,这 3 种报纸都是日刊,每天出八至十二版,一直出版到 1945 年 8 月才停刊,后期改名为《满洲日报》。又如日本外务省办的《盛京时报》,从 1906 年 10 月创刊,一直出版到 1944 年 9 月,最高发行量一度达到 18 万份之多,对中国舆论界曾产生很大影响,可以说是外国人办的中文报纸中最具影响力的大报之一。实际上,这一阶段日本政府机构垄断了辽宁地区的报业,其政治宣传和文化侵略的意图十分明显。

辽宁省有据可查的最早国人自办的中文报纸,据辽宁新闻志(报纸部分)编写组《辽宁新闻志资料选编》的记载,是 1905 年创刊于沈阳的《大同报》。该书称:"主办人为谢荫苍,地址在沈阳鼓楼南翰墨轩胡同,因办报时间不长,只在《盛京日报》上有记载。"[①] 由于缺乏实物资料,我们很难断言

---

① 《辽宁新闻志资料选编》第一册,1990 年版,第 1 页。

《大同报》创办的真实意图。但在 1906 年初谢荫苍主编的《东三省公报》中就可明显地觉察到他办报是带有抵制日本文化侵略的目的的。该报声称："以唤醒民族之迷梦,振起社会之精神"为宗旨,得到时任盛京将军赵尔巽的支持,招募商股八千两银子创办。《东三省公报》由奉天学务处官员谢荫苍主持编辑,仿照《四川官报》兼销云贵的成例,盛京将军咨行吉林将军、黑龙江将军,札饬东北三省各厅州县派销,完全是官报性质。黑龙江日报社新闻志编辑室编著的《东北新闻史》认为,《东三省公报》才是辽宁乃至东北地区第一家中文报纸[①]。兹将两种不同说法均录以备考。《东三省公报》的实物也已荡然无存,但在 1906 年 4 月 18 日出版的《东方杂志》第三卷第三期《各省报界杂志》栏中,已有关于该报的简要介绍,可见沈阳出版的《东三省公报》其影响已远及上海。从国人创办中文报纸的时序来看,尽管辽宁在东北三省中居首位,然而就全国范围而言,却已相当滞后了,仅略早于云南、贵州、西藏和新疆。由此可见,从总体上看,东北的新闻事业起步较迟,这显然与清皇朝在东北地区采取对外封闭政策有关。

稍后,沈阳商务会和营口商务会也各自办起了《东三省日报》(1907)和《营商日报》(1908)。这类报纸强调"以商务为宗旨",而以报道"各省新闻,本埠商情"为主要内容,其目的是"交流商业情报"。商业性报纸的出现,显示了辽宁的经济发展已经达到了一定的发展水平,反映了社会对经济信息的需求。《东三省日报》原为官督商办,辛亥革命前夕改为完全商办,在辛亥革命时期起过很积极的作用。

辽宁地区最早的白话报是海城县知事(县长)管凤和主办的《海城白话演说报》。管凤和任海城知县才一年,便建立了 370 所小学,并率先成立县咨议局,其目的是"结公众之团体,通官民之隔阂,谋地方之公益,求人民之幸福"。《海城白话演说报》的内容是要东北人民别忘了日俄两国入侵东三省的罪行,探讨关系人民生活的各种新政的热门话题。《海城白话演说报》于 1907 年创刊两年后,管凤和晋升奉天知府,该报继续在海城出版,直到 1911 年 3 月,海城城厢自治会在防治鼠疫时,仍免费分送给城乡居民。

---

① 黑龙江日报社新闻志编辑室:《东北新闻史》,黑龙江人民出版社 2001 年版,第 9 页。

1909年2月，辽宁地区最早的民办报纸之一《醒时白话报》创刊。这是一家办得最成功的私人报纸。《醒时白话报》为回民张兆麟(子岐)所办，它仿照当时《北京白话报》的体例，内容丰富，价格低廉，深受读者欢迎。该报创刊时为一张四开小报，因私人办报资金缺乏，设备简陋，无后台支撑，经营相当艰难，张兆麟便动员家庭成员一起创办此报。原主笔张兆龄是他的弟弟，在奉天法政大学求学的大儿子张友兰，课余时间也来协理报务，小儿子张友竹在小学读书，每天放学后到街头巷尾去卖报。后来张兆龄去世，大儿媳王代耕(锡禄，又名维祺)于奉天女子师范肄业后，继任该报主笔。此后，小儿媳杨宪英也担任过该报编辑。可见《醒时白话报》实际上是一种家庭型企业的媒体，而王代耕也应算是辽宁最早的女报人了。由于该报爱国立场明显，敢于揭露帝国主义分子污辱、损害中国公民的行动，鼓吹抵制日货，热心公益事业，越来越受到社会欢迎，报社的经济情况逐渐好转，影响也日益扩大。发行范围先是沈阳、营口、铁岭、开原、大连等辽宁省境内城市，后来扩展到黑龙江、吉林，甚至远销北京。

辽宁最早的革命派报纸，首推1906年末奉天文汇书院一些青年师生朱霁青、钱公来等所办的《刍报》。该报实际是在沈阳编辑出版，为迷惑当局，假称出版地在日本东京，使人们误认为是日本留学生刊物。该报公然指斥东三省总督徐世昌出卖国家主权向日本借款，徐下令通缉8名办报的师生，因而仅办两期，被迫停刊。

1908年前后出版的《东三省民报》为同盟会在东北的公开出版物，主编兼发行人为同盟会会员赵中鹄，他在辽宁教育界颇有影响。该报在沈阳创刊后不久便自动停刊。1910年7月，沈阳又一张革命派报纸《大中公报》问世，创办人为信奉天主教的袁昆齐(伯扬)，主笔是同盟会会员沈毅(肝若)，每期出版两大张。该报大量刊登时事报道和政治新闻，敢于为民请命，深受社会欢迎。其发行范围遍及东北三省，并扩展到北京，期发行量约4 000份，这在当时是不小的数字。沈毅曾留学日本，有激进的民主主义思想，很早就剪去发辫，身穿西服。他撰写的新闻报道热情宣传革命思想，杂文、短评直指时弊，毫不忌讳。清朝宣布预备立宪后，东北人民强烈要求政府从速立宪，《奉天商报》编辑张进治当场断指血书"请开国会"的请愿大旗，使群众情绪更加激烈。社会各界纷纷推派代表,持民众断指血书的大旗赴京请愿。《大中公报》曾因揭露奉天巡警总局防疫所真相,批评巡警无理干涉妇女乘车,被警方派四五十人将报馆捣毁,并拘押袁昆齐。沈毅撰文怒斥奉天当局,通电东北报界和全国的报界共同抗议。中国报界俱进会向奉天当局强烈抗议,上海报界为此著文猛烈抨击。在舆论支持下,《大中公报》终于复刊,复刊后言论更加激烈。《盛京时报》刊载的《二十年来沈阳之报界》一文,就曾这样评述《大中公报》:"东省自有报纸以来,言论之自由无有过于该报者。"当地政府部门之所以容忍《大中公报》,其原因之一,是因为该报以教会为后盾,而教会又以外国人为背景,清朝官员不敢轻易得罪洋人;原因之二,是因为《大中公报》有全国影响,查封该报可能引起全国报界的抗议,奉天当局害怕成为众矢之的。

据目前掌握的资料统计,辽宁地区在晚清时期至少出版过43种报纸,其中中文报纸占26种,日文报纸13种,英文报纸2种,日文、英文、中文合刊的报纸一种。从办报者的国籍来看,国人自办的只有19种,而且规模较小,许多报纸持续出版时间很短,而日本人(几乎都是政府机构)所办的竟多达21种,大多出版时间很长,俄国人办的也有3种。日本人办的中文报纸不仅规模大,而且影响深远。如《盛京时报》和大连《泰东日报》都是当地首屈一指的大报,尤其是《盛京日报》,更具全国影响。由此可见,当时日本在辽东地区不仅有强大的经济实力,还驻有关东军,而且其侵略势力已渗透到深层次的文化领域。

从晚清报纸分布的地域来看,辽宁报业主要集中在政治中心沈阳地区,沈阳一地就有报纸22种,占全省报纸一半以上。其次是日方军事重镇大连,有报纸8种,而这8种报纸全部都是日本人所办。此外,营口有报纸6种,旅顺有报纸2种,辽阳、安东、海城、铁岭、延边各有2种。报纸的地域分布情况与当地经济和文化的发展水平相应,也与政权的实际控制状况适应。

晚清沈阳出版的22种报纸中,中文报纸占18种,其中16种为国人自己所办,另2种分别为日本人和俄国人所办,日本人办的即《盛京时报》。另有4家日文报纸,全都是日方所办。营口的6家报纸,仅有2家中文报纸系中国人自办,2家是日文报纸和1家日文、英文、中文合刊的《满洲日报》,均为日本人所办。另一家中文报《亚东白话报》(1909)原来也是由华人集资创办,可是清朝政府对中国人办报却处处予以刁难,迟迟不予批准。股东中有一名俄国领事馆翻译,借托中俄合办名义,由俄国领事馆出面照会道台衙门立案,道台慑于洋人威权立即照准。由于与俄方关系密切,该报虽在营口发行,印刷都在哈尔滨,其主笔也由《远东报》聘来,好端端的一家民办报纸,最终却为俄国人所控制,其言论与《远东报》一个鼻孔出气,完全沦为沙俄的喉舌。大连的8种报纸,计中文报3种,日文报3种,英文报2种,与大连地区外国侨民较多的情况相适应,没有一种为中国人自办,令人扼腕叹息。安东、辽阳、铁岭、延边的情况也与此类似,这几个地方所有的报纸都是日文报,也都由日本人所办。可见自1905年日本占领大连后,除大连已完全殖民地化,其邻近地区也已被日本侵略势力所渗透,潜在势力之大,令人咋舌。旅顺的2种报纸,一为沙俄军人最早所办的《新境报》,另一为由俄国人控制的中文报《关东报》,这两家报纸在日俄战争后已销声匿迹,《新境报》迁哈尔滨出版。海城的1种,即国人自办的《海城白话演说报》。

晚清沈阳出版的22种报纸虽非同时出版,且不断地在新旧更替,但在清末的最后几年,沈阳一地同时有十余家中外报社在营业,也足见其新闻事业的繁荣。1910年8月,由上海《时报》《神州日报》组织的中国报界俱进会在召开成立大会时,沈阳、大连各有多家报社派人参加,这标志着辽宁新闻界参与全国报业活动的开端,也反映了东北报人愿与全国报界同人团结一致,争取言论自由的决心。这次带有政治色彩的报界活动对东北新闻事业的发展无疑是一次有力的推动。

## 二、奉系军阀统治的二十年

从1911年辛亥革命到1931年"九一八事变",是辽宁新闻界在尖锐的民族矛盾和阶级矛盾下艰苦奋斗的二十年。为了陈述的方便,分为前后两个十年来叙述。

清朝末年,驻沈阳的盛京将军有两支军事力量,一为督练公所的新军,一为旧有的巡防营地方部队。1911年武昌起义后,新军将领倾向革命,打算策动奉天独立。革命党人张榕在沈阳接办原由满族进步人士广铁生创办的《国民报》，改为奉天联合急进会机关报，由张榕担任社长，田亚宾(笔名田又横)、杨大实、赵元寿等主持编务，鼓吹联合满汉，共建共和政体。因为当时革命势力很大，奉天地方政府只能隐忍不发。1911年11月26日沈阳的新军起义，成立军政府。时任东三省总督的赵尔巽为装点门面，附和起义新军，不再称总督，改称"奉天国民保安会"会长，暗中却与反动士绅勾结，密调清军巡防队统领张作霖带兵入卫。赵依靠张作霖的实力剥夺了革命党人蓝天蔚的军权，赶走了新军总参议蒋方震。1912年初，赵又指使张作霖诱杀奉天都督兼总司令张榕，接着又捕杀新军将领、革命志士和进步新闻工作者田亚宾等百余人，《国民报》因主持人被杀而停刊。反革命政变后，赵、张等人联名向清廷发出效忠电。不料没过几天，清廷逊位，袁世凯上台执政，赵、张等又转而投靠袁世凯。1912年2月18日东三省"下旗改历"，即降下大清黄龙旗，挂上共和五色旗，改用民国纪元。"下旗改历"后的奉天政权，名义上称民国政府，实际上为旧官僚、旧军阀所窃取，使张作霖的势力得以迅速扩张。

从1912年到1913年初，辽宁地区也和全国各地一样掀起一阵办报热，沈阳新办了《民国新闻报》《共和报》《醒狮报》《大中华报》等8家报纸，营口与丹东也各办了1家。这些报纸大多拥护共和、赞成革命，希望尽快改变山河破碎、民不聊生的现状，其办报旨趣从上述报名中便不难看出。然而由于奉天地方当局一开始便镇压革命党，查禁进步报刊，使这些新办的报纸难以立足。除少数报纸，如省议会利用《东三省日报》旧址改出的半官方报纸《东三省公报》，因主张稳健办报，维持东三省治安为目的，深受地方当局青睐，得到官方扶持，能长期持续出版外，绝大多数新办报纸均因经费不足而停刊。有的还受到反动当局的限制、摧残和镇压，如《大中公报》《微言报》和《民声报》等都先后被奉系军阀收买的暴徒捣毁。发行时间最长的《大中公报》是1913年初被捣毁的，此时已没有公开出版的革命派报纸了。当袁世凯在各地制造"癸丑报灾"大肆镇压革命派报纸时，辽宁已经找不到镇压的对象。据统计民国元年(1912)全国新创办的报纸约500家，辽宁则仅有7家(沈阳6家，营口1家；沈阳另有2家、安东1家系1913年创办)，不足全国总数的2%,由此也可看出当时辽宁地区的政治环境。

张作霖很清楚,他想攫取奉天大权,必须靠拢袁世凯,并且借助日本人的势力,所以他在拜会日本关东都督福岛时,直截了当地表示:"愿按日本的指示行动。"当袁世凯委派亲信段芝贵为奉天督军时,张作霖则曲意奉承。直到袁世凯因复辟帝制而众叛亲离、四面楚歌时,他审时度势毫不客气地将段芝贵赶走。袁世凯病死后,北洋政府为利用张作霖与南方作战,正式任命他为奉天督军、东北三省巡阅使。张作霖并未因此而满足,利用1920年直皖战争之机,暗中勾结直系军阀,率军入关,迫使皖系段祺瑞政府垮台,与直系军阀共同把持北京政局。此时奉系军阀的势力已伸展到东三省和热河、察哈尔地区。在长达十年的时间里,奉系军阀为维护地方政权的稳定和自身利益,以官方或半官方名义出版了一批报纸,大肆宣传自己的政绩。如边防长官署秘书厅出版的《亚洲日报》、奉天省议会出版的《东三省公报》、奉天市政公所出版的《奉天市报》以及安东警察厅出版的《警察公报》等,这些报纸大都以"开通民智"为名,强调"维护社会治安",企图使奉系军阀的统治长治久安,起着张作霖政府喉舌的作用。

在奉系军阀统治东北的前十年里,由于政治上的高压政策,新创办的民办报纸很少。除了张兆麟的《醒时白话报》(民国后改名《醒时报》)继续出版外,还有一家以刊登黄色新闻招徕读者的《谭风报》辛亥革命后仍继续出版,其主笔宋文林竟蒙张作霖赏识,被聘为私人秘书,"九一八事变"后落水成了汉奸。从"癸丑报灾"以后直到1919年"五四运动"前夕,辽宁地区仅见《新亚日报》《健报》等数家规模不大的报纸创办,远不如吉林、哈尔滨两省。

在这十年中,日本人办的报纸,除《辽东新报》日文版与中文版、《满洲日日新》日文版、英文版与中文版、《盛京时报》《泰东日报》等中文报和《安东新报》《奉天每日新闻》《奉天日日新闻》等中文报继续出版外,还增添了一些新的成员,如沈阳出版的日文报《奉天新闻》、大连出版的中文报《关东报》等。在辽宁新闻界,日本人办的报纸无论从数量上还是规模上都占有明显的优势。

1919年"五四运动"中,张作霖在辽宁采取严格防范和坚决镇压的措施,制止新文化运动在境内蔓延。沈阳的《东三省公报》《醒时报》大多无本报北京专电,只是转抄外国通讯社及京津沪报上消息,虽也抨击北京北洋政府镇压学生运动的暴行,对奉天当局的类似举措却视若无睹,不发一言。张作霖军阀政府对人民群众的反日活动采取极为残酷的镇压手段,博得日本帝国主义的赞赏。事后,日本关东厅长官林权助嘱咐驻奉总领事专门为此向张作霖面谢。

对"五四运动",《盛京时报》与《泰东日报》态度并不一样。《盛京时报》指责爱国学生,要求北洋政府勿因循姑息,应严加镇压,《泰东日报》则首先肯定学生的爱国热情,并说日本军阀政客中心存侵华野心者固不乏人,此事"咎在日本",但不可过信英美列强,以免"黄种人兄弟阋墙",渔人得利。虽然同样站在日本的立场上说话,但较之咄咄逼人的《盛京时报》较易为中国民众所接受。

大连的《泰东日报》为日本人金子平吉(字雪斋)所办,1913年起聘傅立鱼为总编辑。傅立鱼是一位具有革命思想的爱国知识分子,一度曾离开《泰东日报》参加中华革命党发动的武装反袁斗争,袁世凯垮台后重回《泰东日报》。他与金子平吉私交甚好,得以在报上发表一些其他报纸不敢发表的进步文章,如1919年10月发表的《匈国劳农政府经过实况》一文,首次将俄国十月革命和匈牙利劳农政府建立的经过介绍给中国读者,并正面颂扬俄匈两国人民的革命精神。同年11月又发表《六个月的李(列)宁》,宣传列宁的革命理论和卓越功勋。在傅立鱼主持笔政期间,报纸对纪念"双十节"、"五卅惨案"、福纺(大连纺织厂)罢工等爱国反帝运动都作了正面报道,并对反动当局进行抨击。因此,《泰东日报》在很长一段时期内博得了读者的好评,为报纸赢得了声誉。1925年8月,以反对用武力侵略中国著称的金子平吉因病去世,傅立鱼也于1928年被大连日本殖民当局驱逐出境。

张作霖成为东北三省的实际统治者后,越来越感受到日本侵略势力加紧攫取东北政权的沉重压力。1922年奉军在第一次直奉战争中失败后,张作霖宣布东三省"联省自治",成立东三省民治俱进会,试图在不与日本撕破脸皮的情况下,利用民众的反日情况,抑制一下日本的侵略阴谋。该会的宗旨是"促进民主,唤醒民众,团结东三省爱国志士,共同为反日救国而奋斗",并于1922年10月23日在沈阳创办了民治俱进会的机关报《东三省民报》,

该报的社长初为宋大章,后由张作霖的秘书罗廷栋(志超)担任,可见该报与张作霖有着一定的关系。东三省民治俱进会的总会长是高崇民,他又是1920年创立的奉天商会机关报《东北商工日报》(原名《奉天商报》)的实际主持人。于是这两家报纸也就成了反对日本侵华舆论斗争的重要阵地。日本侵略者将《东三省民报》视为"排日"报纸,处处加以刁难。日本领事曾因该报刊载日本皇室消息,认为对日皇"不敬"提出抗议,张作霖政府便勒令该报停刊一周,复刊后该报又刊文支持奉天教育局收回我国在"满铁"属地教育权的倡议,并严词抨击日本对中国的经济与文化侵略,在读者中影响越来越大。

《醒时报》在言论上一贯热心维护公众利益,宣传民主思想和传播社会文化,1920年后经济上已渐趋稳定,经常刊登抵制日货等具有爱国主义思想的文章。日本政府机构在关于东北报纸的调查中曾对《醒时报》作出这样的评价:"沈阳唯一的白话报,在以回教徒为中心的下层群众中颇有实力,是排日的先锋。"①

1924年爆发了第二次直奉战争,由于奉军得到日本提供的大量军火和情报,加上冯玉祥突然发动"北京政变",直军溃败,热河、河北、山东等省均被奉军控制,张作霖自然趾高气昂起来。可是作为日本政府的宣传工具,《盛京日报》却并不把他放在眼里,依然戏弄调侃这八面威风的张大帅。1924年11月9日张作霖在第二次直奉战争胜利后赴天津时,该报刊出大字标题:"张总司令入关矣",其副题为:

"择青龙出洞之吉时,

夤夜出发,仪表亦庄严,

大厨师及理发师无一不俱,

豫戒'妈拉巴子'亦雅度也。"

这一标题将封建愚昧、骄横跋扈的张大帅刻画得淋漓尽致,令读者哑然失笑。然而此时的张作霖已非昔日的一介武夫,他已是权倾一时的人物,对日本主子的嘲笑挖苦,嘴里不说,心里是怀有忌恨的。尤其是日本对满蒙利

---

① 《辽宁新闻志资料选编》第一册,1990年版,第26页。

益的过分要求,损害了奉系军阀的根本利益,使羽翼已经丰满的张作霖不再像以往那样惟命是从了。

1925年11月奉系将领郭松龄倒戈,张作霖下令严禁各地报纸报道这一事件,加强了对报刊的控制。然而日本报纸却逐日详细报道反奉战况,吸引了大批中国读者,《盛京时报》销数大增。虽然张作霖依靠日本的帮助,很快平定了郭松龄的倒戈事件,但对日本报纸却始终耿耿于怀。以张作霖为首的奉系军阀原是受日本帝国主义的扶植而起家的,然而在修筑铁路等问题上与日本的经济利益发生了矛盾。日本日益加剧对东北地区的掠夺严重损害了中国的主权,引起东三省民众的愤怒抗议,使张作霖也不敢轻易允诺日方的各种无理要求。日本侵略者对自己豢养多年的爪牙居然拒听使唤,十分恼怒。正好张作霖在与国民党新军阀的交战中失利,于1928年6月3日由北京返回沈阳,4日早晨在皇姑屯车站被日本关东军埋下的炸弹炸死。

中国共产党成立也是使奉系军阀统治下的后十年辽宁新闻界打破前十年沉寂状态的重要因素。共产党人打入辽宁新闻界后,利用奉张与蒋介石的矛盾,与报纸主办人合作,及时将根据地红色政权不断冲破白色恐怖围困的消息传递给东北民众。在《新亚日报》《东北商工日报》《东北民众报》上经常可以发现这方面的信息。1928年张作霖被炸之后,东北统治者与日本帝国主义的矛盾更加尖锐化,报上反帝、反封建、反军阀、反内战,揭露日本帝国主义的罪恶行径,号召人民与侵略者及其走狗作斗争的文章逐渐多起来。

《东北商工日报》是一份代表民族资产阶级利益的报纸。在日本的经济侵略下,民族资产阶级是直接受害者。1927年9月,奉天商工总会和该报领导人发动沈阳几万市民反对日本在临江县设置领事馆的示威游行,首次举起反抗日本侵略的旗帜。1928年张学良执政后,该报态度更加激进,除刊登经济信息外,不断揭露日本侵略东北的罪行。共产党员苏子元担任副刊编辑,经常发表进步的文艺作品。1929年2月,他把共产国际第六次代表大会决议文件全文刊登在报纸上,引起日本驻沈领事馆的注意,当局要求查究稿件来源。苏子元在《东北民众报》总编辑陈言的掩护下,安全地转移到吉林《民声报》工作。

1928年9月20日创办的《新民晚报》是张学良为对抗日本舆论宣传而

创建的报纸,主编王乙之(益知)是张学良的秘书。该报一改日报新闻前一天编好的老传统,重要新闻当天编写,傍晚即可与读者见面,消息迅速,深受社会欢迎。该报曾多次与《盛京时报》争论,1931年8月,《盛京时报》造谣说张学良病故,《新民晚报》立即派人去北京核实,并将张学良近照在报上刊出,指责《盛京时报》制造谣言,别有用心。

《东北民众报》是由爱国知识分子陈言集资创办的进步报纸,1929年10月起在沈阳出版,该报以爱国爱乡为宗旨,不断揭露日本侵华暴行。日本驻奉天领事一再要求地方当局立即予以取缔,但当地政府始终未采取行动。日方只得命令"满铁"拒绝邮递,使报社蒙受重大损失。报社抗议日方违反国际法,限制新闻自由,并提出赔偿经济损失。"满铁"则改变方法,每天由日本人强行检查,将抗日文章剪去后再行投递。这样做反而使《东北民众报》更受民众欢迎。1930年,汪精卫、冯玉祥、阎锡山酝酿反蒋,打算联合张学良一起对付蒋介石。蒋介石也派出吴铁城、张群等到沈阳,拉拢张学良。《东北民众报》发表《论保境安民》的社论,指出:"……东北地处边陲,为中国北方之屏藩,现强邻虎视眈眈,觊觎已久,大有防不胜防之势。一旦东北健儿挥戈入关,逐鹿中原,给强邻以可乘之机,后患不堪设想。如失之东北,必危及整个中国。"然而张学良在吴铁城的游说下,没有接受报社的忠告,同意率东北军主力进关。由于主力进关,地方武装力量薄弱,日本侵略者更加有恃无恐,翌年终于发生了震惊中外的"九一八事变",被《东北民众报》不幸言中。

东北地区长期受日、俄帝国主义的侵略,尤其是辽宁地区,实际上已成了日本帝国主义侵华的大本营,民族矛盾正日益激化。张作霖在皇姑屯被炸,终于使民族矛盾上升到了主导地位,张学良在国恨家仇面前淡化了新旧军阀间的政治矛盾,率奉军旧部归顺了南京国民政府。东北易帜对日本侵略者无疑是个沉重的打击,利令智昏的日本军国主义者终于置国际公理于不顾,悍然发动"九一八事变"。20世纪30年代之后,中日矛盾更日益激化,东北民众已深深感到中华民族到了生死存亡的危急关头。为了更有效地抵制日本侵略,辽宁的新闻界不得不走上联合斗争的道路。就在"九一八事变"前一年,1930年8月23日,辽宁省报界联合会在沈阳成立。这是辽宁地区最早的报界联合组织,大会"宣言"明确表示:"本会所负之使命,首在团结新闻固有之精神,企图发展社会之文化,促进民众之觉悟,抵御外人之侵略。"联合会强调,本会是由辽宁省中国人办的各报社的联合组织,凡在地方官府立案,有两名会员介绍,经委员会审查合格才可参加。该会声称其使命为"增加报纸的效能,抵御外部侵略,使国人晓然报纸之价值地位,增加其信赖与认识"。

同年9月21日,抚顺记者联合会成立,在"宣言"中郑重声明:"本会同人,处此同与帝国主义侵略者之人士为邻,在此钳制压迫周旋之下,假设不团结自振,共同奋斗,若使一切气焰乘隙而入,不仅是新闻界之耻辱,亦为文化上之污点。"

从辽宁省报界联合会与抚顺记者联合会的成立,我们不难看出东北新闻界的爱国热情和民众同仇敌忾的高昂民气。如果当时国民党中央政府和东北地区当局能以果敢手段正确处置,借助高昂的爱国民众的士气抵制日本侵略者的武装入侵,这些抗日报纸不至于在事变中或停刊或被封,爱国的民间新闻界组织也不至于在"九一八"一夜之间消散于无形。

## 三、伪满时期的辽宁新闻界

"九一八事变"前二日《新民晚报》即自动停刊,《东北商工日报》与《东北民众报》均于事变后被查封。有些报纸则仍在坚持出版,如《东三省民报》等。《东三省民报》公开号召东北民众"沉着、冷静、不屈服",体现了中华民族不畏强暴的民族精神。在如此险恶环境下挺身抗争,实属难能可贵。然而日本侵略者是不能容忍被奴役者稍有反抗的,不久大汉奸赵欣伯秉承日本主子的旨意,以私人名义侵占了《东三省民报》,改组编辑部,出版的《民报》终于成为一张地地道道的汉奸报纸。在日本军国主义的新闻统制下,多数报纸被迫停刊,只有王光烈主编的《东三省公报》因为从不刊登反帝反侵略的消息,被允许继续出版。还有一家回民张兆麟办的《醒世报》,虽然以前曾有过抗日报道却被允许继续出版,其实这是日本侵略者笼络少数民族的狡诈手段。在日本侵略者的严密控制下,只允许《醒时报》为日本殖民政策歌功颂德,不允许有任何反抗的表示,加上《醒时报》的接班人张友兰被收买,该报已办得与汉奸报毫无区别。由于得不到读者欢迎,销量日益萎缩,为了迎合部分读者的低级趣味,后期的《醒时报》增加了有黄色倾向的社会新闻和猎奇性的琐闻趣事,格调越来越低,终于在1944年9月停刊。

《盛京时报》在"九一八事变"后得到很大的发展,在日军侵占哈尔滨后,《盛京时报》在哈尔滨创建了一家子报《大北新报》,《大北新报》的社长大石智郎便是《盛京日报》原编辑局长(总编)。

日本帝国主义在1931年底完全占领了东北三省后,于翌年成立了"满洲国"。此时日本内部的派系斗争明显地在新闻工作中反映了出来。日本财阀西片朝三企图借助其在新闻界的力量发展在东北的势力,先于1934年在大连创办《满洲报》,聘名士金念曾担任主笔,日出两大张,声势很大。为了取悦中国读者,他敢于发表日军战败的消息,扩大报纸的影响,其发行量仅次于《盛京时报》。为了直接与《盛京时报》竞争,他又于1934年秋在沈阳创办《民声晚报》。他所聘用的编辑人员绝大多数为青年,使晚报的版面颇有朝气。"七七事变"后,《民声晚报》打破惯例,通宵有人工作,天一亮就把最新消息印成号外散发到全市。有一次伪国通社一时疏忽,将中国政府《告全国人民书》全书发表,《民声晚报》立即译出刊登,这张刊有号召全民投入抗战文章的晚报一时成了抢手货。当警察局电令撤销时,这篇文章早就在读者中传播开了。由于《盛京时报》常常不是《民声晚报》的对手,两家同为日本人主办的报纸竟形同水火,矛盾越来越公开化了。

从"九一八事变"到"七七事变",是日本侵略者控制东北新闻事业的第一阶段。这一阶段规定,所有政治新闻一律采用"满洲国通信社"的消息,报纸大样编定后必须先送警察局审阅,审阅后盖上"检阅济"的大印才准许付印。尽管这种新闻检查制度下已没有新闻自由可言,但比起以后的"弘报"制度,却又显得小巫见大巫了。

第二阶段是"七七事变"之后一直持续到1944年9月。由于时局日趋紧张,日本帝国主义进一步加强新闻统制力度,在伪满国务院总务厅成立"弘报处",下设"弘报协会",采取"一地一报"的垄断经营办法,将东北全境划分为十个省,每省只留一个报社,以加强管制。

1938年7月，《盛京时报》刊出实行第二次新闻统制，"整理"各地报纸的命令，宣告伪满十省一省一报体制的正式启动。奉天只留下《盛京时报》，除《醒时报》被特许保留下来外，所有各报一律限于8月1日起停刊。这条命令公布后，《大亚公报》《奉天公报》等即停刊。《民声晚报》与《满洲报》以日本财阀为靠山，自恃后台强硬，拒不停刊。然而只出到8月3日，报社负责人被日本宪兵队传去，迫不得已，只好关门大吉。此时《盛京时报》一家独存，气势更大。将《民声晚报》《大亚公报》的部分采编人员收罗过去，每日出版十四个版面，发行量高达十七八万份，另外还增出四开版的《小时报》，专门刊登一些社会新闻。

"弘报协会"早在1936年9月28日就已经成立，初创时只有8个基本社，资金200万元。随着垄断势力的不断扩张，1939年2月，资金总额增加到500万元，基本社扩大到十七八个。"弘报协会"的下属机构有中文报社、日文报社，还包括"满洲国通信社"。建立如此庞大的垄断组织，其根本目的便是严格控制报纸，掌握报社的经济命脉，统一伪满的政治舆论，实施法西斯的愚民政策。伪满弘报处与"弘报协会"的领导人乃至部门的主要负责人都是日本人，所以这些伪满最高宣传机关和情报机关以及重要的舆论机构，实际上都是由日本军部一手操纵的。

第三阶段为第二次世界大战后期。由于日军在太平洋战争中处于颓势，所有物资，包括新闻纸在内都异常紧缺，从1944年9月起，东北各报便全部紧缩为《康德新闻》。《康德新闻》总社设在长春，其他各地均为支社，独家经营东北报业，沈阳的《盛京时报》也改名为《康德新闻·奉天版》，从而结束了它长达38年的历史。

据《东北》杂志第一卷第六期统计，伪满统治期间，全境有报社30多家，发行报纸40多种，除俄文报纸2种，英文、朝鲜文报纸各1种外，均为日文和中文报纸。辽宁省档案馆保存的《满洲、朝鲜新闻现势》《满洲内发行新闻通信一览表》记载，辽宁共有中文和日文报纸29种，其中中文报纸14种，日文报纸15种。日文报纸中有8家是日军占领东北全境后新创办的，中文报纸则有10家是新办的，其中包括被汉奸掠夺后改名出版的。以地区划分，沈阳有10家报纸，日文报3家，中文报7家，除2家中文报为"九一八事变"

前就存在外,其余 5 家为伪满时期新办的。大连有 5 家报纸,中文报 3 家,日文报 2 家,其中各有 1 家中文报与日文报系伪满时期创办。安东改名为丹东,共有 3 家报纸,日文报 2 家均成立于伪满之前,1 家中文报系新办。营口有中文报与日文报各 1 家,均为伪满时新办。抚顺、辽阳均有中、日文报各 1 家,除辽阳 1 家日文报为伪满前创办外,其余均为新办。除此之外,铁岭还有日文报 2 家,本溪有日文报 1 家,均为伪满时期所办。由此可见,伪满时期辽宁出版的报纸超过吉林与黑龙江两省,这与地区经济的发展水平有关。奇怪的是在中国辽宁境内,日文报纸的数量和覆盖地域反而超过中文报纸,这是一种典型的殖民地现象。在日本侵略者的控制下,中文报纸的消息和言论必须秉承日本人的意志,有的更是由日文报纸和通讯社文稿中直接翻译过来,连版式、语言、内容组织机构都一一仿效日本模式。这种精神奴役竟长达 14 年之久,不仅是辽宁新闻史上的一段畸形时期,也是中国新闻史上不堪回首的一页。

## 四、从抗战胜利到新建辽宁省

1945 年 8 月 15 日,日本侵略者宣布无条件投降,当天溥仪宣布"退位",伪满政权就此覆灭了。早在日本投降前数天,八路军总司令朱德已连续发布七道命令,命令各解放区人民军队迅速前进,收缴敌伪武装,接受日军投降。在中共中央部署下,从 8 月底到 11 月共有 10 万大军和 2 万名干部从延安、河北、山东向东北挺进,建立了东北解放区。

日本宣告投降后,东北地区随即陆续为苏联红军所接管。8 月 20 日,苏军首先接管沈阳广播电台(原为日伪奉天中央放送局),仅用于军事联络和为军用飞机导航,并不播放新闻。在沈阳的苏军卫戍司令部,经常用中文印刷苏联塔斯社电讯稿,在街头张贴与散发,但直到其奉命撤退回国,始终未在沈阳出版过报纸。苏军仅在旅大地区出版过一家中苏合办的中文大报《实话报》。

抗日战争胜利后,中共组织在辽宁地区创办的第一家报纸,是中共辽西地委与辽西专署主办、1945 年 9 月 11 日在锦州创刊的《民声报》。这是一

## 第四章 辽宁新闻事业发展概要

张四开四版的小报,隔日出版,期发数最高时达到5万份。当时环境复杂,日伪残余分子和国民党特务曾一再企图破坏该报。同年11月25日,国民党军队进占锦州前夕该报撤离该市,经北票转移到热河赤峰。

1945年11月1日,东北局机关报《东北日报》在沈阳创刊,最初由东北局第一书记彭真直接领导。由于进驻沈阳的苏军和国民党政府有协议,不允许共产党在沈阳公开出版报纸,所以该报创刊号上的出版地址注明为"山海关"。11月中旬,国民党军队在美国飞机的掩护下,纠集伪军猛攻山海关,守关共军被迫转移,此后《东北日报》上"社址:山海关"字样随即消失。此后该报注明"社址:沈阳市",但为防止国民党特务破坏,《东北日报》编辑部与印刷厂当时是对外保密的。11月23日,《东北日报》在沈阳出了最后一期,全社人员携带机器、纸张分两路向本溪转移。随着战局的变化,该报转辗播迁,先后在本溪、海龙、长春等地出版,最后撤退到哈尔滨。1948年沈阳解放,重又迁回沈阳出版。

《东北日报》撤离沈阳的第二天,1945年11月24日《文化导报》出版。这是中共中央东北局委派鲁企风(本名王继尧)等同志以中苏友协名义出版的报纸。该报在十分困难的环境下,坚持了三个月零十九天,在苏军从沈阳撤走后的第三天被国民党军警查封,鲁企风及时转移,幸免于难,行政负责人于丹民被逮捕,在狱中光荣牺牲。1946年1月,中共地下组织沈阳市委城工部曾创办了《东北公报》,在白色恐怖下与敌人周旋了半年之久,最后被迫停刊。

国民党报纸也是随国民党军队共进退的。1945年11月,国民党军队占领锦州后,东北保安司令部便在锦州创办了《新生命报》,这是国民党在其占领的东北土地上出版的第一张报纸。此后又有国民党锦州市党部办的《辽西民报》出版。国民党军队进入沈阳后,东北保安司令部于1946年3月5日办了《中苏日报》,由政治部主任(后任国民党中宣部东北特派员)余纪忠主持。余纪忠后来在台湾创办《中国时报》,长期担任董事长、发行人,取得了很大的成功,成为台湾的著名报人。此时,沈阳市内先后出现过30多种报纸,这些报纸大都是没收了日伪的产业和印刷设备办起来的,甚至许多工作人员也是由敌伪时期办报人员留任的。各报依仗各自靠山的势力相互争夺资产,查封的封条不知换过多少回,以至到 1946 年 8 月间,《中央日报》沈阳分社筹备出报时,一时竟连机器也找不到。

沈阳不仅是辽宁的省会,也是当时东北最大的城市,人口有 140 万,为国民党政权在东北的政治中心。由于长期处于动荡的战争环境中,不断有报纸停刊,也经常有报纸随国民党军队转移到其他地区出版,变化很大。据 1947 年 11 月的统计,沈阳有报纸 14 家,总发行量不是 7 万份。1947 年 10 月,国民党中宣部长李惟果亲自飞抵沈阳调整党报,将原来的《中央日报》与《和平日报》合并为《和平日报》,隶属于国民党东北长官司令部。又将《中苏日报》改为《中央日报》沈阳版,隶属于国民党中宣部。《中央日报》设备较完善,在平、津、沪、宁派有记者,日销 2.5 万份左右。《和平日报》销行限于军界,日销 1 万份左右,仅次于《中央日报》。其余各报销数在 1 000 到 8 000 之间。据当时在沈阳实地调查者说,列名于 14 家报社的《新新日报》和《光华日报》,"虽在沈阳记者会还有他们的记者参加","我在沈阳两月却未见过一张"①。

由于东北经历日寇 14 年的搜刮,民生凋零,商业冷落,民众无财力购买报纸,商家更无财力刊登广告,办报者难以挽回蚀本的厄运,只能仰仗军政机构的财政补贴。由于报社经济困难,新闻界人才奇缺。参加沈阳记者公会的新闻工作者共 412 人,大学毕业的仅 61 人,不到 15%;新闻学校出身的仅五六人,仅占 1%。由于报人待遇菲薄,许多人不能不身兼数职,结果使新闻工作本身成了副业,其办报质量可想而知。

随着国民党军队向辽南地区进犯,鞍山、抚顺、营口、辽阳等地都曾出现过一些国民党报纸,但这些报纸发行量很少,寿命也很短,随国民党军队的溃败很快烟消云散。

在解放战争时期,辽宁各解放区的机关报也是聚散无常。当时辽宁地区分为安东省与辽西省,中共安东省委于 1945 年 11 月 22 日出版《安东日报》,中共辽西省委则在省委所在地法库县出版《胜利报》。在战争中,安东省地域逐渐扩大,中共东北局决定成立辽东省委,安东地区改由省分委管

---

① 金敏之:《东北报业概况》,《新闻学季刊》1947 年第 3 期。

辖,《安东日报》则改为安东省分委机关报,另在本溪出版省委机关报《辽东日报》。由于国民党军队的猖狂进攻,辽东解放区地域紧缩,辽东省委又撤回安东,《安东日报》与《辽东日报》合并为《辽东日报》。辽东解放区又向南扩张,省委派人在辽南办了《千山日报》,后改为《辽南日报》,成了辽南分委机关报。1946年夏又在通化创刊《辽宁日报》,1946年冬,该报撤退至临江。1947年春,该报与从安东撤退到临江的《辽东日报》合并,仍称《辽东日报》。1947年8月,安东第二次解放,《安东日报》又在新解放的安东市复刊。《辽东日报》又与《辽南日报》合并为《辽东日报》,同在安东出版,1948年6月6日《辽东日报》终刊。此时沈阳即将解放,原《辽东日报》社长陈楚奉命带一部分新闻工作者准备进入解放后的沈阳办报。1949年5月20日,《安东日报》改为辽东省委机关报《辽东大众》。

辽西省委的《胜利报》于1946年6月改为新组建的辽吉省委机关报,至1949年1月1日终刊。1949年1月22日辽西省委又重新建立,省委设在锦州。原锦州出版的《人民报》遂改为《辽南日报》。锦州的《人民报》原为中共热东地委机关报《新热辽报》,于1947年元旦创刊。后因解放区的不断扩大,该报名已不适应新的情况,于同年7月1日改称《人民报》,随锦州解放而进入该市。

1948年11月东北全境解放,《东北日报》由哈尔滨迁回沈阳。陈楚等人于沈阳解放后创办了《沈阳日报》,新创刊还不到两月即奉命并入《东北日报》。《东北日报》为中共中央东北局机关报,1954年8月,中央人民政府下令撤销大区一级行政机构,中共中央东北局撤销,《东北日报》于1954年8月31日终刊。同时,辽东、辽西两省合并为辽宁省,原《东北日报》改为中共辽宁省委机关报《辽宁日报》,《辽宁日报》于1954年9月1日创刊。

## 五、辽宁新闻事业在曲折中前进

辽宁省内的各市委机关报,除大连的《大连日报》(创刊时名《人民呼声》,次年6月改名《大连日报》)外,沈阳、丹东、鞍山、阜新、营口、锦州、抚顺、本溪、辽阳等市报都于当地解放时或新中国成立初期先后创办。朝阳、铁岭市的市委机关报创建于20世纪60年代,盘锦、葫芦岛的市报分别于20世纪80年代中期与90年代初期创刊。

早在1925年,大连已有日本人设立的广播电台,称大连放送局,这是辽宁地区最早的广播电台。解放战争期间,辽宁的广播事业统一由东北新华广播电台领导。中华人民共和国成立前夕,在东北新华广播电台之下,先后于辽宁地区建立了沈阳、本溪、安东、鞍山、营口、大连、旅顺、锦州等8座市级广播电台。1954年9月1日,随着东北大区一级机构的撤销,原东北新华广播电台也撤销,改为辽宁人民广播电台正式播音,同时负责领导上述8个市级电台和新建的阜新市台。解放战争期间,电台设备陈旧,发射功率最大的电台也只有1千瓦,而1954年时,辽宁各市台的发射总功率已达40.5千瓦。1958年7月,开始筹建辽宁电视台(最初称沈阳电视台),到1960年4月正式开播。

1955—1957年间,辽宁有16个县创办过县级机关报,这些报纸随国家政治、经济形势的变化而时办时停。"文革"期间,所有县报全部停办,粉碎"四人帮"后又陆续有数家县报出版。1957年底,辽宁全省有43个县建立了广播站,广播喇叭发展到6.8万只,为全面普及广播网奠定了基础。

由于我国长期处于高度集中的计划经济体制下,报社完全依靠国家预算拨款支撑,所以无论是新闻事业的经营模式还是宣传内容,辽宁与全国其他各省都十分类似,缺乏应有的地方特色。在反右派斗争、"大跃进"运动和"文化大革命"期间,辽宁新闻界也和全国各地一样,都受到极左思潮和派性的影响,给国家和人民造成很大的损失和不该有的伤害。然而在这段时间里,辽宁新闻界也有过一些震动全国的成功典型和正确的舆论导向,如1963年1月,《辽宁日报》上发表关于雷锋的长篇通讯《永生的战士》和雷锋日记摘编,树立了一代青年的楷模,有力地推动了全国人民学习雷锋的热潮。在拨乱反正期间,宣传了思想解放的先驱人物张志新烈士的英勇事迹,为全国共产党员树立了无私无畏为正义而献身的标兵榜样。为了正确落实农村经济的政策,《辽宁日报》敢于摆脱"左"的思潮的干扰,发表记者述评《莫把开头当过头》,在全国思想界产生积极而深远的影响。

随着新闻事业的蓬勃发展,全省新闻单位和新闻从业人员的数量不断增多,从业者的素质也在不断提高。据统计,新中国成立初,全省只有9家报纸,从业人员不过四五百人;到了2000年底,全省有公开发行的报纸129家,期刊332家,新闻从业人员约3万人。十一届三中全会前,全省仅有10座广播电台,3座电视台,到1995年初,全省广播电台发展到51座,电视台发展到28座。1978年前,广电系统的从业人员共7 918人,到了1995年初,已发展到了21 834人(含有线电视),其中具有高级职称的有393人,中级职称的1 931人,初级职称5 930人。

  1949年全省报纸总印数为2 575.6万份,平均每25.8人才有1份报纸;1994年全省报纸总印数上升为1.98亿份,平均每4.9人就有1份报纸。1978年前,全省仅有16座中波转播台,8座调频转播台,电视转播台和差转台22座,广播覆盖率和电视覆盖率只达到42%与30%;到了1995年初,全省已建成66座微波站,微波干线达3 403公里,中波发射台、转播台34座,电视发射台、转播台587座,卫星地面接收站1 039座,广播覆盖率和电视覆盖率已分别达到75%和74%。有线电视台发展到658座,终端入户数已达200余万户。1978年前,全省人民拥有收音机623万台,电视机15万台;到1994年底,全省人民已拥有电视机1 270.5万台,至于收音机,已多得无法统计。辽宁新闻事业在改革开放形势下正以前所未有的速度向前发展。

(本章撰稿人:《辽宁新闻志》编写小组、姚福申)

# 第三部分

# 华北地区

# 第一章

# 华北地区新闻事业评述

华北地区草原广袤,沃野千里,水网交错,交通便利,是我国长江以北经济最繁荣的地区,也是中原文化的发祥地。明清际,晋商富甲天下,票号散布全国;近代,自天津开埠后,便成为北方工商业首富之区。华北地区长期是我国的政治中心所在地,北京不仅是元、明、清三代的都城和民国时期北洋政府的京师,还是新中国的首都。华北独特的政治、经济地位,使其文化事业,特别是新闻事业的发展,在不同历史时期呈现出不同的特色。

## 一、初创时期(1900年之前)

就新闻事业的发展而言,报业的盛衰理应与当地的经济水平与政治地位相应。然而在1872年之前,华北地区竟然还没有出现过一份近代报刊,比起华南、华东乃至华中地区,明显落后了。这是因为近代新闻纸是西方殖民势力带来的资本主义文明的产物,虽然鸦片战争打开了中国的大门,但在清廷严格控制的京津及华北地区,统治者对西方文化和殖民势力仍采取"深闭固拒"的传统国策,不允许外国人在通商口岸之外的其他地区传教和办报。直到英法联军发动第二次鸦片战争以后,1860年10月,清政府与英法代表签订了丧权辱国的中英、中法《北京条约》和批准中英、中法《天津条约》,这才开天津为商埠,允许传教士在内地自由传教。也就是说,任何外国侨民在天津都可以自由办报,而只有西方传教士才可以在天津之外的地区自由印刷宗教宣传品,包括以教会名义出版书籍和报刊。所以华北地区最早的报刊,如北京的《中西闻见录》《华北新闻》《华北日报》《尚贤堂月报》《新学月报》等都是教会出版物,而天津的《时报》《直报》则是一般外国人所办的世俗性报纸。

封建王朝也有自己的新闻传播工具,那就是被称为"古代报纸"的《京报》。在近代报纸出现之后,《京报》不但继续发行至全国以适应各地官绅的需要,而且成为当时近代报纸中的一个组成部分,扩大了它的影响范围,为社会各界人士所注意,起到了它前所未有的独特作用。

北京出版的《京报》和当时主要由外国人办的近代报业之间,出现了一种互动关系,尤为引人注目。那些来华报人,尽管他们对《京报》的落后状态有颇多非议,可是对它却又十分重视,因为《京报》是获取清廷信息的主要来源。清廷一度有"邸报不至海外"的禁令,但《京报》毕竟是公开的出版物,很容易传播出去,再说其中明发谕旨和准许抄传的大臣奏章乃至公布于外的宫门抄,都不是什么秘密的文书,《京报》外传也就不予追究了。

在华外报之重视并利用《京报》,早在鸦片战争前就已经开始。表现得最为积极的是1832年创刊的广州英文报刊《中国丛报》(*Chinese Repository*)。它不仅在工作中广泛利用《京报》中的信息,还对其进行系统的考察和研究,写成专稿发表。在1833年4月出版的《中国丛报》上曾提出,"在中国,出版物对宫廷事务完全保持沉默,可是《京报》的内容却含有很多重要的珍贵信息",一语道出了重视《京报》的原因。另一家1835年创刊的英文报纸《广州周报》(*Canton Press*),因致力于中国报道而闻名,其关注《京报》自不待言。这里特别要提一下的是一次利用《京报》材料进行的宣传活动,颇具独创性。当时外报关注的热点之一是中英鸦片贸易问题,在1836年7月24日的《京报》上,载有清太常寺少卿许乃济主张弛禁鸦片的奏章。《广州周报》敏锐地抓住这一机会,迅速发出一份号外,大肆宣扬。这是该报所发的第一份号外,是利用《京报》为其宣传服务的一大创举,从而载入中国新闻史的史册。1833年在广州创办的《东西洋考每月统记传》,是外国传教士首次在中国国内创办的中文报刊,该报也特别关注《京报》。当其于 1837 年 2 月迁往新加坡出版后,在 1837 年的 4、5、6 三期中,继续依据《京报》材料,分别摘登许乃济、朱嶟和许球三位大臣有关鸦片贸易的奏折,并发表评论。可见华北地区出版的《京报》影响之深远。

在鸦片战争后到 1871 年之际,虽然华北地区未见近代报刊,但《京报》却随着外国人办的近代报刊在东南沿海城市中的发展而进一步扩大了活动空间。外国人办报的基地主要是香港与上海。香港第一家中文报刊是创刊于 1853 年的《遐迩贯珍》。在创刊号上,曾以近代报纸的要求批评了《京报》的落后性,然而这恰恰反衬出当时报界对《京报》的重视。随着在华殖民势力的深入,西方殖民主义者对《京报》的期望度大大地提高了,这种不满正好表明了对《京报》的关注。《遐迩贯珍》不仅时常在新闻栏中选用该报材料进行评介,还常设"京报"栏,大量选载该报原稿,有一次篇幅竟长达 14 页。1857 年创刊的中国第一张中文日报《香港船头货价纸》,虽然以报道船期货价为主要任务,但对《京报》也颇为重视,不时设有"京报"栏,偶尔还见"上谕"专栏。

上海的情况大致类似,只是时间略迟一些。上海最早的中文日报是 1860 年创办的《上海新报》,起初也曾批评《京报》,说它的新闻"不可信",但却自创刊号起即在头版设有"京报"栏,一直到 1870 年仍保持未变,可见其对《京报》的重视。沪上的其他报刊均设有"京报"专栏,或随报附送《京报》专版。《京报》信息的重要性由此可见一斑。

从鸦片战争到 1871 年 30 年间,北京乃至华北虽然没有出版过近代报刊,但是该地区所出的古代报纸《京报》,却依附于我国新起的近代报刊流传到更遥远的城市,影响也更加深广。古老的《京报》和近代报刊的结合,把以北京为中心的华北地区与东南沿海城市更紧密地连接了起来,这不能不说是报业地区之际联动发展的一大奇观。

第二次鸦片战争以后,华北形势出现了重要变化。一是北京、直隶、山西、内蒙都先后出现了外国传教士,清朝首府的北京也出现了传教士办的报刊;二是开天津为商埠,成为外国人办报的重镇。

进入北京办报是西方殖民势力最关注的问题,1871 年冬,旅居北京的外国人曾聚会讨论在京办报事宜。由于封建势力的抵制,筹办工作举步维艰,至1872年8月,由美国传教士丁韪良等编辑的《中西闻见录》终于创刊。这是北京,也是华北地区的第一份近代报刊。由于受到政治、思想等诸多方面的约束,这份刊物与香港、上海、广州等地的报刊有所不同,虽然自称"依照西国新闻纸而作",但避免谈论政治乃至宗教,虽有新闻、近事等栏目,也以外地与海外信息居多,主要内容为科技与实用知识,尤以介绍适应本地实际需要的电报、铁工业、照相术、蒸汽机及预防水灾方法等方面的文章为多。即使如此,仍难长期持续出版,三年后终刊,迁往上海出版,改名为《格致汇编》。九年后,美国传教士梅子明再在北京创办《华北新闻》,不久停刊。又隔三年,教会又办了《华北日报》,也很快停刊。这两张报纸没有产生什么影响,在新闻史上只留下了报名,可见在北京办报的艰难。

天津的办报环境比北京好得多,1886年办的《时报》是天津第一份近代报纸,虽然比北京晚了14年,但发展迅速,其报业基础、规模和影响,远非北京的报纸可比。《时报》设有中英文版,设备先进,纸张精良,体制完善,被外国人称为"远东最好的报纸"。《时报》每天出20个版面,持续出版47年,直到1941年因太平洋战争爆发而停刊。在维新运动发生前9年间,天津的报纸已增至3家,另2家为英文《京津泰晤士报》和中文《直报》。《直报》为德国人汉纳根所办,曾发表严复的5篇政论文章,名噪一时。1917年停刊,出版了22年。

特别值得注意的是,这些报纸虽然在天津出版,其立足点却并不局限于天津,通常把京津视为统一体,在北京办报环境恶劣的情况下,这一意识尤为强烈。例如《时报》的"京津新闻"为该报的主要栏目。原在北京办报的外国传教士丁韪良等人,此时聚集于该报,成为言论的主要撰稿人。直隶总督李鸿章的北洋大臣衙门设在天津,对《时报》倍加关注,他是清廷重臣,经常往返于京津之间,更衬托出该报与京津关系之密切。至于《京津泰晤士报》,其报名已揭示了京津一体的意识,该报在京津两地发行。此外,天津属于直隶省(民国后改称河北省),天津的报纸也就是直隶的报纸,所以《时报》出的汇编性刊物称为《直报》,而德人汉纳根办的报纸就以《直报》命名了。

天津不仅是华北地区的办报重镇,而且是全国的重要办报基地之一。

当时的著名学者郑观应在维新运动前夕出版的《盛世危言》一书中说:"中国通商各口,如上海、天津、汉口、香港等处,开设报馆,主之者皆西人。"他已把天津列入我国四大办报名埠之一了。不过他所说的"主之者皆西人"并不十分贴切,除天津外,其他三处均已有中国人自办的报纸了。

中国人之在京津地区办近代报刊是在维新运动推动下开始的。运动的发动者康有为、梁启超是办报的倡导者。康有为说,"变法本源非自京师始、非自王公大臣始不可",而欲实行变法,又非自开报馆始不可。1895年6月27日创刊的《万国公报》(后改名《中外纪闻》),是全国第一份宣传变法维新的刊物,也是北京第一份中国人自办的报刊,然而在京城中强大封建顽固势力的压力下,只及半载便被迫停刊。此后不久,由清政府官书局出版的《官书局报》和《官书局汇报》于1986年春创办,开清廷维新改革之先声。两报"其形式与《京报》相似,内容除谕折外,尚有若干关于新事新艺之译文"。近查悉,该报在1898年百日维新期间,曾直接刊登《华字新闻》和评论(如张之洞的《劝学篇》)。可以说,中国的近代型官报正是由此起步。

中国人在天津自办近代民营报纸也是在维新运动中开始的。这就是严复等人于1897年10月间创办的《国闻报》和《国闻汇报》。该报首先提出新闻报道的地区分工意识,声称"东南各省的新闻","本报一概不述",它着意报道的是以京津、保定、山东、山西等地为重点,实即华北地区的新闻。在各省市宣传维新变法的报刊中,《国闻报》是创办较晚的,可是它的影响却很大。特别是其他报刊在清廷顽固势力的压力下纷纷陷入困境时,《国闻报》则假托日本人名义继续出版,担负起维新派最后阶段的宣传重任。

在1900年之前,华北地区仅有京津两地出现过报纸。但在维新运动期间,华北地区报纸的影响,不仅为西南、西北地区所不及,且超过了新闻事业历史悠久、繁荣发达的华南地区,这与华北作为全国政治中心的特点有关。自1895年到1899年间,京津另办有几种报刊,加上以前所办的合计有19种,超过了西南地区(5种)、西北地区(5种)、东北地区(无),在全国各地区中名列第四。

## 二、20 世纪初的大发展(1900—1911)

19 世纪末,由于帝国主义加紧对中国内地的掠夺,中国北方爆发了义和团运动。帝国主义为了镇压这场反帝爱国斗争,扩大对华的侵略势力,借口清政府"排外",于 1900 年 5 月底发动了英、德、俄、法、美、日、意、奥八国联军侵略中国的战争。从 6 月 10 日八国联军 2 000 多人由天津向北京进攻开始,一直激战到 7 月 14 日,万余联军大沽口登陆再度攻占天津,京津地区遭到战争的严重破坏,军民死伤数以万计,战火殃及河北、山西、内蒙等地。沙皇俄国乘机结集大军 17.7 万人,分六路侵入中国,制造"海兰泡惨案",血洗"江东六十四屯"。仅瑷珲一城,数千房屋被纵火焚毁,5 万居民被杀近万。8 月 14 日,八国联军攻占北京,慈禧太后挟光绪帝出德胜门逃往西安。16 至 18 日,八国联军特许官兵公开抢掠三天,圆明园等地被劫掠后纵火焚烧,毁为废墟。最后清政府委曲求全签订《辛丑和约》,赔款 4.5 亿两,分 39 年还清,本息合计超过 9.8 亿两,以关税作抵押,同时外国军队长驻北京及北京到山海关沿线的 12 个重要地区。天朝上国的颜面已荡然无存,清朝政府完全变为帝国主义俯首贴耳的看家狗。

八国联军的入侵在全国造成了巨大的影响,对经历这次事变的华北地区影响尤其大。反映在新闻事业上,出现了两个极为明显的变化:一是封建统治者对西方殖民势力惟命是从,帝国主义在北京办报不再存在障碍,天津与北京的办报环境已经毫无区别。于是北京报业迅猛发展,其数量很快超过天津,仅次于上海。二是帝国主义的侵略惊醒了国人,一些爱国者以办报为宣传手段,唤起华夏子孙救亡图存的决心,也促使报纸的数量迅速上升。

以北京的报纸为例,据福建人民出版社《中国近代报刊名录》一书的统计,1872 年至 1900 年,28 年间,北京共出版过 8 种报刊(凡报纸改换名称者,仅称作一种,不重复计算,下同),而从 1900 年至 1911 年,12 年间,竟出版了 156 种报纸,后 12 年竟是前 28 年出版报纸数量的近 20 倍。而天津在 1900 年之前的 14 年间也出版过 8 种报刊,1900 年至 1911 年的 12 年间,出版的报纸有 49 种,是前 14 年的 6 倍。这一现象说明,八国联军之役后,随着北京办报限禁的消除,由于其全国统治中心的独特地位,为办报者所瞩目,因而新办报纸的数量激增,品种之多也远远超过天津。天津为华北经济重镇,虽然报纸在数量上远不如北京,但与华北其他城市相比,却又显得鹤立鸡群。此时河北仅保定出版过报纸,在 1911 年之前也只办过 6 种;山西在 1911 年之前出版过 12 种报刊,几乎都在太原出版;内蒙古也出版过 2 种报纸。由于天津经济较为发达,报业因有市场支撑,一些办得较好的大报已形成经营上的良性循环,如《时报》《直报》《大公报》《天津商报》等都曾持续出版了很长一段时期。北京虽然报纸很多,但倏起倏落,寿命都很短。

华北地区的报业在 1900 年前后呈突飞猛进的发展状态。如果仅仅是封建统治者向西方殖民势力让步,允许外国人自由办报,而没有更多的中国办报者的积极参与,还是不可能达到近 20 倍的增长态势的。八国联军之役,不仅使华北亿万民众身受国破家亡的惨痛,也使封建统治者懂得,中国积贫积弱的现状实无力与列强抗衡,日俄的侵略魔爪已伸向龙兴之地的东北和统治中心的华北,国亡已迫眉睫。清廷为了自救不得不于 1901 年 1 月在西安发布"变法上谕",开放报禁。于是彭翼仲、英敛之等爱国志士纷纷挺身而出,为开发民智、御侮图强、争取民众的话语权而办报。

由于当时的许多办报者以"启迪民智"为宗旨,所以大多采用白话,以浅显的文笔阐述朴实的救亡图存的道理,报道关系国计民生的重要新闻。按宣统二年修正后的大清《钦定报律》规定,"专以开通民智为目的"的白话报可以"全免保押金",于是 20 世纪初的华北地区出现了大量白话报。据《中国近代报刊名录》的记载,从 1900 年至 1911 年华北地区出版的报纸中,仅报名冠有"白话"字样的报刊就达 32 种之多,占据了同一时期全国"白话"报总数的一半以上。而且,这种白话报遍布华北地区的各个省市。其中,北京从 1900 年最先创办《白话爱国报》开始,至 1911 年,共创办白话报 21 种;天津自 1905 年《大公报》的白话附刊《敝帚千金》开始,也陆续创办了 5 种白话报;河北保定在晚清期间一共仅出版过 6 种报纸,白话报就有 2 种,占了全部报刊的 1/3;山西从 1903 年创办《山西白话报》开始,陆续出现了 3 种白话报,在山西的 12 种晚清报刊中也占了 1/4;内蒙古虽然仅出现过 2 种报刊,其中便有《蒙古白话报》。事实上有些报纸虽然报名上并未冠以"白话"，叙事却仍然采用妇孺皆知的白话。例如内蒙古出版的另一种报纸《婴报》，为喀喇沁右旗札萨克郡王贡桑诺尔布在旗内建立的崇正学堂所创办，该报于1905年冬出版，是蒙汉合璧的石印报纸，主要是报道国内外要闻和各盟旗动态。蒙语本来就是白话，向盟旗内的汉民报道动态性要闻也不可能用深奥的文言，所以这一种报纸仍然属于白话报一类。又如《启蒙画报》《北京女报》等都是白话撰文的报纸，现在均未列在统计数字之内，可见实际上白话报在报纸总数上所占的比例还要更高一些。

民办报纸的大量出版，虽然绝大部分报纸是以改良派的面貌出现，仍使清政府有舆论失控的感觉，于是便有制订出版专律和官报的大量出现。慈禧太后亡命西安在宣布"庶政公诸舆论"，放松报禁的时候，便将制订"集会言论出版之律"提到了议事日程上，并作为其"新政"的内容之一。在法律一时还难以出台的情况下，为了标榜提倡新政，更为了抵制民间舆论，便开始鼓励创办官报，于是华北地区便成了晚清新式官报的发源地。

这里所说的新式官报是指晚清政府部门所办的报纸。它与过去只刊登上谕、奏章的《京报》有所不同，除刊布谕旨和官厅文牍外，报刊自身有撰稿权，可刊载各类新闻、言论以及各类新知识的稿件，已成为近代报刊的一个特殊品种。在维新运动中，《官书局报》和《官书局汇报》曾作为官报的雏形出现于19世纪末，真正的新式官报则出现于20世纪初。惯于以趋新自饰的直隶总督兼署北洋大臣的袁世凯，于1902年12月率先在天津创办了《北洋官报》。他创办官报的目的在《北洋官报》序中说得十分清楚："夫私家之报，识议宏通，足以觉悟愚蒙者，诚亦不少。独其间不无诡激失中之论，及或陷惑愚民，使之莫之所守。然则求其所以交通上下之志，使人人知新政新学为今日立国必不可缓之务，而勿以狃习旧故之见，疑阻上法，固不能无赖于官报也。"显然，办官报是为了控制舆论导向，纠民办报纸之"偏"，为"新政"保驾护航。《北洋官报》为中国近代官报的体制及其运作模式起了示范作用，此后在天津陆续创办了一系列官报，诸如《北洋学报》《北洋政学旬刊》《北洋官话报》《直隶教育官报》《北洋兵事杂志》《直隶警察杂志》《天津警务官报》等，使天津成为近代官报最为集中的城市。《北洋官报》的示范效应引发了全国的办官报热,1903年南洋大臣在南京仿《北洋官报》体例办起了《南洋官报》。在此前后,《江西官报》《湖南官报》《四川官报》《秦中官报》《安徽官报》《豫省中外官报》《湖北官报》等相继问世。北京从1906年起陆续创办了《学部官报》《商务官报》《警务通告》《政治官报》(后改为《内阁官报》)等中央级官报,于是全国十余个省市都先后办起了官报。华北地区除京津两地出版了大量官报外,河北保定有《直隶农务官报》,山西太原有《晋报》及《并州官报》。值得注意的是,《晋报》虽无官报之名,却有官报之实,其印刷经费每年由藩库支付,到年底各州县衙门将一年报费缴付给藩库。该报由地方官沈仲礼和李提摩太主持下创办,其出版日期为1902年8月4日,还略早于《北洋官报》,可谓初办新式官报时的试验品。内蒙古的《婴报》为喀喇沁右旗最高统治者札萨克郡王所创办,其性质也属于报官。内蒙与新疆、西藏创办近代报刊的情况有所不同,新疆与西藏都是外地人前去创办,而内蒙则是在八国联军之役的影响下,沙俄诱使一部分蒙古族上层分子制造分裂局面,而倾向于中央的喀喇沁右旗札萨克郡王则自主创办了这份带有爱国色彩的《婴报》作为其舆论宣传工具。喀喇沁亲王还在北京亲王府内办了一份《蒙文报》,主要内容为汇选各报资料,将其译为蒙文出版,目的是"开通蒙人风气,以期自强"。该报总馆虽设在北京,在内外蒙古及东北三省境内都设有分馆,可见北京新闻界与整个华北地区乃至华北以外地区均有着广泛的联系。虽然各地都有官报,但华北地区的官报实力特别雄厚,是全国官报的中坚力量,这与华北作为全国政治中心的地位是相应的。

  受到八国联军之役的刺激,国人正酝酿着一次政治改革,革命党人鼓吹"排满"革命,立宪派拥护保皇立宪,20世纪初的中国政坛正是这两种思潮相互激荡的年代,各派政治力量都企图通过自己掌握的报纸宣传各自的政治主张,从而导致各种政治派系报纸的繁荣。立宪派的报刊在北京实力强大,有《京报》《刍言报》《北京日报》《宪法白话报》《北京时报》《中央大同日报》和《宪法新闻》等。革命派在华北的势力也不弱,他们伺机而动,酝酿着中央革命。北京及直隶地区是清皇朝统治的核心地带,革命派报刊韬光养晦并不轻举妄动。如炸伤出洋考察宪政的五大臣而身殉革命事业的吴樾烈士,他所办的《直隶白话报》却并没有过于激烈的革命言辞,目的还是避免不必要的牺牲。鼓吹革命思潮的报刊主要集中在深处华北腹地的山西地区。山西较华北相对闭塞,洋务大臣张之洞任山西巡抚时,曾发出"三晋表里山河,风气未开,洋务罕至"的喟叹。可是到了20世纪初,在革命思潮的冲击下,山西省于1906年率先出版了同盟会领导的革命派报纸《晋阳白话报》。该报不仅进行革命宣传,还直接领导山西人民从洋商公司手中夺回铁矿产权的斗争。1908年山西省又创办了《晋阳公报》,积极宣传革命,并且成为山西革命党人同海内外革命势力联络的总机关。山西的革命派报人还与日本东京以山西同乡会名义创办的《第一晋话报》和《晋乘》等革命宣传刊物保持着密切的联系,成为这些报刊的国内发行机关。革命党人在山西的办报活动成了晚清华北报业的一个亮点。

在封建统治势力控制严密的天津,革命党人也曾于1908年尝试创办过倡言革命的《新世纪报》,结果刚一出版即遭查禁。北京革命党人办的《帝国日报》《国风日报》《国光新闻》与天津革命派办的《民国报》《醒狮报》等,便只好表面上以"倡导立宪,排斥官僚政治"相号召,实则在这种保护色下推进"中央革命"。武昌起义前夕,对革命形势高度敏感的革命党人已从天津、山西等地潜入北京,《民国报》也由天津迁入北京,加强宣传力度。直到武昌起义的枪声打响以后,同盟会天津支部创办了《民意报》,公然以"传布民党意见,铸成共和为宗旨",清政府此时也已无可奈何了。北京控制较为严格,曾对民党言论机关进行打击,但《国风日报》刚被查封,《帝国大同报》(《帝国日报》与《大同日报》合并而成)还未及查禁,清帝已宣布退位,民国宣告成立了。

## 三、在北洋军阀的统治下(1912—1928)

随着辛亥革命推翻了封建皇朝,整个中国民主主义的氛围十分浓烈。不仅是革命党人,连那些在革命潮流裹挟下,表示"赞成共和"的立宪派人士、旧官僚,乃至袁世凯控制下的北京政府,在民初的一段短时期内,也表现出一种对言论自由和报界新闻记者的尊重。北洋政府的国务院为便于新闻界的采访特设记者接待室,每天由国务院秘书长亲自出面接待。1912年5

月,北京政府邮传部还下令减免新闻邮电费,以示对新闻界的优待。中央政府优礼报界和报人给全国起了很好的示范作用。上海都督府经常邀请各报开会座谈,"共同讨论,商榷政策之进行"①。四川都督府政务处每次开会都特设女记者旁听席,并围以红布表示尊重。省内外往来电报,可以公开发表的,都油印得清清楚楚分送报馆。

  由于言论与出版自由得到刚成立的民国政府的政策保护,除清廷官报和少数宗社党报刊销声匿迹外,清末出版的绝大部分报刊照常出版,因支持民党而被迫停刊或主动休刊的报纸也纷纷恢复出版,还涌现出一大批新创办的报刊。因为北京是全国的政治中心,各政治派系报刊林立,主要有两大系统:属于同盟会的有《国风日报》《国光日报》《民国日报》,新从天津迁入的《民国报》和新创办的《亚东新报》《民主报》《民立报》《中央新闻》等;拥护袁世凯的有共和党、民主党(后合并为进步党)的《国民公报》和新创办的《天民报》《新纪元》《北京时报》《京津时报》《国权报》等。天津是华北的经济中心、直隶的省会(1928年才改特别市),民国成立后的数月内报刊数目也大为增多,著名的有《民意报》《国风报》《中华日报》《庸言》等。据1912年北京政府内务部公布的报告,从1912年2月12日清帝退位到10月22日,8个月内,在内务部注册立案的北京报纸就有89家。因此,1912年10月,梁启超《在北京报界欢迎会之演说词》中提到,当时北京的报纸已逾百家。据戈公振《中国报学史》的统计,武昌起义后的半年内,全国的报纸由10年前的100多种,陡增至近500种,总销数达4 200万份,突破了历史上的最高纪录。对这一时期报纸的分布情况,方汉奇《中国近代报刊史》上有过统计和比较:"新创办的报纸多数集中在北京、天津、上海、广州、武汉等地。其中,在北京出版的有50多种,占1/9,最多;在上海出版的有40多种,次之;以下为天津35种,广州30种,浙江20余种,湖南11种,武汉9种。"②虽然这些统计数字并不十分精确,在内务部注册立案的也未必一定出版,但有一个客观事实是清楚的,即民国成立之后,在全国曾掀起一个办报高潮,其中华北

---

① 《申报》1912年6月14日。
② 方汉奇:《中国近代报刊史》,山西人民出版社1981年版,第677页。

地区新创办的报纸最多,接近全国新创办报纸的 1/5;就城市而言,北京首次超过上海,名列第一,其次为广东。由此可见民初华北新闻界在全国报业中的重要地位了。

民初华北地区一下子出现了许多报纸,无非是借助全国政治统治中心的有利地位,利用政府宽松的新闻政策,为自己牟利。办报的目的,主要有两种:一是为了各自政党的利益,在政治上宣传自己的主张,打击竞争对手,等而下之则为个人在政治上谋出路,求得一官半职;另一种则纯粹以营利为目的,唯利是图。京津两地的一些主要报纸大都是政党报纸,往往相互攻讦,不遗余力,有时甚至大打出手,为民众所诟病。那些以赢利为目的的报纸占有相当的比重,拼凑新闻,敷衍成篇,比比皆是,更有甚者以揭露隐私相威胁,诈取钱财。报界互相丑诋和唯利是图的行径,大大降低了报纸在人民群众中的威信,很快新闻界不再受到社会的尊重,更得不到政府的优待。

1913 年 3 月 20 日,宋教仁被袁世凯雇凶暗杀,国民党报纸以大量篇幅揭露袁政府指使部属刺宋的内幕。为了压制各报报道宋案真相,5 月 1 日,袁世凯发布总统令,规定凡罪案未经审判前,报纸不得登载。6 月 17 日,内务部两次通令全国各报,不得就"宋案"和善后大借款事件进行揭露,否则就是"泄露机密"罪,要按"报律"严惩。原来已经废止的《大清报律》,此时又重新被搬了出来。1913 年 5 月,"二次革命"爆发前夕,华北地区已不断发生封报、捕人和报人被杀事件。如北京《国风日报》主管吴鼐因进行反袁宣传被军警逮捕,最后惨遭杀害;天津的《新春秋报》《民意报》,山西的《国风日报》,均在这段时间内被查封,或是因社长、经理、主编被逮捕而自行停刊。同年 6 月,"二次革命"爆发,京津地区密探四布,袁世凯对报界大肆镇压。当时有人这样描述北京的报界现状:"新闻团分子逃亡者半,遭显戮者半,京中言论界稍带国民党色彩之报纸,从此无片影之留。"[①]在此期间,有一些政治上相当保守的报纸也被殃及,如北京的《正宗爱国报》,因时评中有"军人为国家卖命,非为个人卖命。若为个人,可谋生之处甚多,何必从军"等语,被诬为"迹近通匪",该报社长丁宝臣竟未经审讯被枪毙于宣武门外。有军

---

① 《北京新闻界之因果录》,《民国日报》1919 年 9 月。

阀背景的《超然报》和政治上并不进步的《新社会日报》,也都因时评中披露地方政府的阴暗面而被内务部查封。华北地区的封报、捕人乃至杀害报人的行为,在全国也产生了"带头"效应,袁世凯在各地的爪牙也纷纷仿效。据方汉奇主编的《中国新闻事业通史》的统计,1912年4月至1916年6月袁世凯当权期间,全国报纸至少有71家被封,49家被讯,9家被军警捣毁;新闻记者60人被捕,24人被杀。1913年全国报纸只剩下139家,北京报纸只剩下20余家,被史学家称为"癸丑报灾"。

同为华北地区,各省市情况也有所不同。北京是重灾区,也是首发地区,接着殃及天津、河北和山西。内蒙古较为闭塞,在"二次革命"被镇压之后,老同盟会员、国会议员王定圻还接办了内蒙古出版的一家报纸《归绥日报》,该报不久停刊,于1914年改组为《一报》继续出版。那时,北京御用报纸《亚细亚日报》操纵北京新闻团体——"报界同志会",联合右翼报纸声讨革命党人,公然提出复辟帝制的反动主张,内蒙古一批王公贵族联名上书拥戴袁世凯称帝。王定圻在《一报》上公然撰文反对,并暗中联络各方人士策划反袁,终遭袁世凯在内蒙的爪牙杀害,《一报》也随之停办。由此可见,在执行中央政府新闻政策的时效和力度上,华北的核心地区和边缘地区明显地存在着差异。

袁世凯对新闻界采取两手政策,一方面对反袁报刊进行血腥镇压,另一方面扶植御用报刊,用金钱收买报纸和报人,为己所用。首先在京城收买《国华报》《黄钟日报》《新社会报》《国权报》《京津时报》《大自由报》等报纸,为复辟帝制摇旗呐喊。接着派出御用报人,将这种笼络和收买的手段扩大到华北、华东与华南各大城市。全国直接与间接接受袁世凯政府津贴的报纸总数达125家以上。虽然袁世凯最终在众叛亲离中死去,复辟帝制成为一场黄粱梦,但对新闻界采取的两手政策,一直成为北洋军阀政府控制新闻事业的重要手段。

由于复辟帝制不得人心,袁世凯被迫宣布取消帝制,不久在内外交困中死去。北洋军阀政府迫于形势,不得不于1916年7月由内务部两次通咨各省区:"现在时局正宜宣达民意,提携舆论",前所查禁各报,"应即准予解禁","一律自可行销"。北京等地被捕报人获释。黎元洪发布大总统令,废止 1915 年修订的《报纸条例》,到 1916 年底,全国报纸总数达到 289 种,比 1915 年增加了 85%。

然而华北地区由于军阀统治的政治状况并未改变,对出版自由的放松只是权宜之计,当段祺瑞政府感到政局初步稳定后,立即加紧对新闻舆论的控制。1917 年 5 月,恢复邮电检查制度。1917 年 7 月,张勋复辟,在短短 12 天内就查封了北京的 14 家报社。段祺瑞重新上台后,因报纸披露了段政府向日本大借款的消息,于 1918 年 9 月,一下子就查封了北京的《晨钟报》《国民公报》《中华新报》《经世报》等 8 家报纸和通讯社(北京新闻交通社),这些报社、通讯社的经理、编辑被捕入狱。1918 年 10 月,内容更加苛细的《出版法》出台。到 1918 年底,全国报纸总数降到 221 种。虽然西南军阀控制区内,报纸和报人同样也会遭受到迫害,但封报捕人之多,尤以北洋军阀统治的华北地区为最。因为当时北京正处于反帝爱国运动的中心。"五四运动"爆发后,军阀政府就以违犯《出版法》为口实,先后查封了北京的《五七日刊》《平民周刊》《爱国周报》《新社会》《每周评论》等大批进步报刊。

1919 年初,北京和上海的报纸就已不断地报道巴黎和会的进展情况。同年 5 月 2 日,北京的研究系报纸《晨报》《国民公报》同时刊出国民外交协会组织人林长民投寄的稿件《外交警报敬告国民》,揭露美、英、法、意、日等帝国主义国家在巴黎和会上将中国山东的主权转交给日本,而北洋军阀政府竟准备在和约上签字,大呼:"国将不国!愿合我四万万众誓死图之。"5 月 3 日,北京大学《国民》杂志社、《新潮》社、平民教育讲演团等参与召集北京 13 院校学生代表开紧急会议,决议次日在天安门广场举行学界示威游行,抗议屈辱的外交政策。5 月 4 日,北京三千学生在天安门广场集会,高呼"拒绝和约签字""取消二十一条""外争国权,内惩国贼"的口号,并举行示威游行。军阀政府出动军警弹压,逮捕学生 30 余人。北京学生立即实行总罢课,通电全国表示抗议。北京《晨报》《每周评论》详尽地报道了集会和游行情况,引起全国各界人士的爱国义愤,于是一场轰轰烈烈的反帝爱国运动在各地展开。

北京是"五四运动"的策源地,京津新闻界对这场爱国运动起着积极的作用,但是与支持学生运动的《晨报》《国民公报》《每周评论》《益世报》《大公报》等站在敌对立场的报纸也是有的,如日本人办的《顺天时报》、北洋军阀的喉舌《公言报》,则对"五四运动"进行攻击。然而反帝爱国运动毕竟是人心所向,原来销路不错的《顺天时报》,因暴露了日本政府代言人的立场,随即为国人所唾弃,销数一落千丈。京津和河北地区在"五四"时期出版过许多爱国的学生刊物,可是同在华北的山西,因阎锡山一心投靠段祺瑞,对五四运动持抵制态度,由其一手控制的报界反应迟钝,学生刊物虽也有出版,但品种很少。内蒙地区尽管学生运动开展得很热烈,可是由于地区文化水平很低,未见学生刊物出版,只有两种内蒙古旅京学生在北京办的杂志。

中国共产党成立后,由于华北地区,特别是河北与京津地区,深受"五四运动"中进步思潮的影响,出现了许多共产党人办的报刊,如北京共产主义小组办的《劳动音》、中共北京区委的《政治生活》、社会主义青年团北方区委的《北方青年》等,还有一些党组织办的公开出版的报纸。北京是中共报刊四大出版基地之一,建有党组织的秘密印刷厂。天津也有一些共产党人办的报刊,虽然不如北京的多,但颇有影响,如刘清扬办的《妇女日报》、赵世炎办的《工人小报》等。特别值得一提的是,党办的报刊已不局限于京津,保定、张家口、唐山等中等城市也有,还有一些报刊直接办在隆平、磁县、孟村、津南等小城镇。山西虽然处于阎锡山封闭式的军阀统治之下,但仍然出现如《山西平民周刊》《新共和》《铁血周刊》《雪耻周刊》等党组织办的报刊。内蒙尽管没有党的报刊,但冯玉祥在包头办的《西北民报》报社的社长、总编辑都是共产党人。由此可见,西北地区虽然控制在北洋军阀手中,而共产党人的思想却已深入到各个角落。然而总的来看,共产党人的新闻宣传工作主要还是集中在华东和华南地区,在中共四大报刊基地中,北京的地位远不如上海、广州和武汉,这主要是因为北京毕竟还是北洋军阀的统治中心,而且北京产业工人的力量不够强大,不可能成为无产阶级新闻事业最主要的根据地。

## 四、南京政府控制时期(1928—1937)

北洋军阀统治华北的最后几年发生了二次直奉战争,最后段祺瑞政府垮台,张作霖入关占领京津,控制了河北与山东大部分地区。随着北伐战争的节节胜利,蒋介石发动"四一二"政变,掌握了军政大权。自辛亥革命后便牢固地盘踞在山西一隅的阎锡山,审时度势选择了投靠国民党蒋介石集团,与号称"中华民国陆海军大元帅"的张作霖抗衡。1928年4月,蒋、冯、阎、桂等国民党新军阀联兵向奉军和直鲁联军展开攻势,阎锡山在蒋介石的支持下,抢在冯玉祥之前占领了天津和北京,当上了京津卫戍总司令。同年8月,东北易帜,国民党政府形式上完成了统一中国的大业。国民党蒋介石政府依靠江浙财阀起家,他们的主要实力在华东地区,所以决定将首都定在南京。南京政府改北京为北平,改直隶省为河北省,将原设在天津的河北省党部和省政府迁入北平。天津不再是河北省的省会,它与北平一起被改为特别市。

经过了这场政治大变革,北平已不再是中华民国的首都,失去了全国政治中心的地位,使北平的新闻事业遭到了沉重打击。诚如时人所描述的,"由于国都南迁,市面萧条",所剩"几十家报纸通讯社也不过勉强维持",往日争奇斗胜的报坛,如今已风光不再。不过,北平的报纸却又出现了一个矛盾现象,即报纸的数目却较北伐战争胜利前增多。据公安局的调查,此时尚有54家之多,较北洋军阀执政时期约增加1/3。按理讲,新闻事业的繁荣与商业的发达、交通的便利和政治中心地位有明显的关系。而今因政治中心南迁,商业凋敝,人口减少,交通也因各铁路缺乏车辆而运输迟滞,北平报纸数量增多,又当作何解释呢?

大家很清楚,虽然北平不再是中华民国的首都,但它在整个华北地区中仍占有举足较重的地位,对全国依然有着重大影响。北洋军阀被赶下台以后,对新闻自由的控制尺度较为宽松,这也是新闻事业发展的一个极重要的因素。此外,在军阀统治时代,华北地区的报纸除一些小报尚能经济独立之外,所有大报几乎都是靠北洋政府的津贴过活,更有一些挂空招牌领津贴的报纸。北洋军阀垮台以后,许多为军阀政府所豢养和靠津贴维持的报纸纷纷垮台,如北平的《黄报》、天津的《东方时报》等;而受新军阀锡山扶植,充当其喉舌的报纸却应运而生,替代了旧军阀的报纸,如接收原《晨报》的房产和机器而创办的《新晨报》和《民言报》等。中原大战后,阎锡山被逐出北平,张学良于 1930 年 12 月入主北平后,又将《新晨报》改为《北平晨报》,成为东北军的喉舌。国民党办的党报在数量上有一定增加,如河北省党部的宣传机关《河北民国日报》随省党部从天津迁入北平。北平党报中除了成立较早的《民国日报》外,还有 1939 年元旦新创办的中共直属宣传机关《华北日报》。又如被段祺瑞政府查封的《京报》,由邵飘萍夫人汤修慧女士继承丈夫遗志,再次复刊。该报实行"精编主义",印刷编排之精美,冠于华北。成舍我办的《世界日报》以社会新闻吸引广大市民,有《国际》《农学》《艺术》《落叶》《骆驼》《蔷薇》《谷声》《春蕾》8 种周刊,逐日出版,对北平读者也颇有吸引力。除了资格最老的《益世报》(北京分版)、《北京日报》等稍显老气横秋外,此时还有《朝报》《民言日报》《全民报》《交通日报》等后起之秀,争雄斗奇。此时,《顺天时报》为日人舆论机关,造谣生事,已为世人所共知。由于受到报贩组织的共同抵制,此时销数骤落,街上已难觅其踪迹了。平津报界取消了北洋军阀政府的津贴以后,新闻界踏上了自由竞争之路,报业市场上的正当竞争恰恰成为北平新闻事业新的发展契机,报纸数量的增长和新闻事业的相对繁荣,并非不可理解的事。

  国都南迁之后,天津报业发展迅速,营业蒸蒸日上,有超过北平之势。这是因为天津是华北最大的商业中心,过去受政治中心北京的抑制,而今这一因素已不再存在,自然形成了这一发展机会。

  当时天津地区销路最大的为天津《益世报》,虽然它与北平《益世报》均带有宗教色彩,但因牌子老、广告多、销路超过《大公报》。天津的《大公报》自吴鼎昌、张季鸾、胡政之等三人合办以后,言论客观,内容改进,锐意经营,并与国闻通讯社合作,各地重要消息都能得到详尽和及时的报道。虽然该报广告不多,在天津销路不如《益世报》,但盛销于北平及全国其他地区,总销量后来居上,占华北第一,超过北平的《京报》。天津《庸报》与上海《申报》合作,消息之灵通、材料之丰富,已不亚于《大公报》,其广告收入甚至超过《大公报》。天津四大报之一的《商报》创刊于 1928 年夏,较《益世》《大公》《庸报》为后出,但内容也颇丰富,特别是老板吴秋生亲自主编的副刊"杂货店",琳琅满目,确实引起了不少读者的兴趣。这一时期,天津还出现了同一报社一日三刊的情况,著名报人刘髥公办的新天津报社,每天出版《新天津报》《新天津晚报》和《新天津晓报》,还出版了《新天津画报》。我国一日三刊的现象首次在天津出现,既反映了天津报业的繁荣,也显示了当地市场经济的发达。足见北洋政府垮台以后,虽然华北不再是政治中心,但平津报业在打破了军阀的垄断以后,却得到了健康的发展。

这一时期,平津地区的小报、晚报和画报都取得了长足的发展,也是新闻事业繁荣的一个标志。北平的小报有《群强》《小小》《实事白话》《北京白话》等,天津以《霄报》销量最大。这些小报的销路之广,非大报所能及,然而其新闻均抄自昨日大报,实无可观,而戏曲、小说等则为文化水平较低的读者所喜爱,售价便宜是畅销的一大原因。值得一提的是管贤翼所办的《实报》,他提倡"小报大办""精编主义",重视新闻报道,并且把新闻编得简明扼要、重点突出,同时也重视小说等群众喜爱的文字,编辑和印刷也比较讲究,为北平小报界的一大进步。晚报鼎立于北平者有《世界》《北平》《社会》三家,天津则有《华北晚报》和《泰晤士晚报》,这些晚报背后都有大报支撑,也均有相当长的历史。而其他晚报如《平津日报》《时代晚报》等则如昙花一现,无甚可观。"平津画报"此时盛极一时,《京报》有《图画周刊》,《新晨报》有《日曜画报》,《世界日报》有《世界画报》,《华北日报》有《华北画刊》,《北平晚报》有《霞光画报》,《时代晚报》有《时代画报》,天津还有历史最长的《北洋画板》,曾称雄津沪,华北地区可与之匹敌者只有北平的《北京画报》一家。各家画报在取材上均各有偏重,有的重新闻,有的重书画,有的具有综合性,这也是在激烈竞争中得以生存的一种方法。

这一时期华北新闻事业最明显的特点是,国民党党政报刊得到了空前的大发展。国民党政党报刊的扩张在新闻事业已得到很大发展的京津地区表现得并不明显,而在新闻与文化事业相对落后地区,则表现得特别突出。如河北地区,据1936年国民党内政部警察总署的统计,全省有注册登记的报纸64种,而国民党政党系统的官方报纸约有近40种,占58%。内蒙地区有国民党政党报刊近30种,而民办报刊约十四五家,政党报刊的比例在60%以上。唯独山西地区是个例外,由于阎锡山集团的严格控制,在山西24种报刊中,国民党党报只有2家,仅占7%。当时除贵州仅有一家国民党党报外,山西便要算倒数第二名了。由此可见,北伐战争胜利后,特别是中原大战以后,国民党在军政方面已控制了华北地区,而在山西,阎锡山仍然实施着地方军阀的封建统治,国民党政府的势力很难渗透进去。此时,实际控制内蒙军政大权的是傅作义,他曾经是阎锡山的部属,虽然归顺了南京国民党政府,但与阎锡山还有一定的联系。因此,国民党政府实际上并未完全控制华北地区,华北新闻事业的特殊表现恰恰反映了当时政治形势的特点。

由于大革命失败后,党的领导权掌握在"左"倾盲动主义者手中,党在白区的组织遭到严重破坏。1935年后,王明的"左"倾冒险主义的路线得到了纠正。平津地区党的地下组织通过对"一二·九"学生运动的领导创办了《华北烽火》《长城》《国防》等刊物,进行反帝爱国斗争。此时北平的学生运动高涨,救亡报刊纷纷出版,中国共产党在这些爱国的学生刊物中起着积极的领导作用。共产党人还积极参加公开出版的报刊,见缝插针地宣传党的政策。即使在控制极为严格的山西地区,中共山西省委和太原市委也曾分别出版过《山西红旗》《山西省委通讯》和《太原市委通讯》《士兵之友》《工农兵小报》等。河北省是华北地区中共革命报刊出版最多、影响最大的区域。出版有中共顺直省委的《北方红旗》、中共河北省委的《火线》、中共张家口特委的《抗日阵线》等。据《河北省新闻志》的统计,这一时期在党领导下的报纸有45种,其中24种为党组织机关报,21种为共产党员以学校、社会团体、民众教育馆乃至私人名义办的革命报刊。内蒙地区虽然中共地下党组织所办的报刊不多,但仍有"绥远反帝大同盟"的《血腥》(后改名《血星》)等刊物出版,还有一些由中共地下党人控制的报纸副刊和专刊曾刊出毛泽东的抗日文章,引起国民党中央的震惊。随着抗日运动的日益高涨,中共报刊在华北地区的影响也日益扩大,但就全国范围而言,中共报刊的主要活动地区并非在华北,前期主要在华东,后转移到西北。

## 五、全面抗战八年间(1937—1945)

1931年,日本侵略者悍然发动"九一八事变",由于国民党政府采取不抵抗政策,东北三省很快陷入敌手。翌年3月,在日本政府的一手操纵下,东北建立了伪满洲国傀儡政权。当伪满局势初步稳定后,日本帝国主义的魔爪便迫不及待地伸进关内,首当其冲的便是华北地区。1935 年 5 月,日本政府向南京国民党政府提出了对华北统治权的要求。7 月,国民党政府为了委曲求全与日本签订了丧权辱国的《何梅协定》,使河北、察哈尔两省的主权大部丧失。同年 11 月,日本帝国主义策动汉奸暴动,建立"冀东防共自治政府",该汉奸政权于 12 月在河北通县出版了华北地区第一家通敌卖国的汉奸报纸——《冀东日报》。"七七事变"后,该报迁入唐山出版。

1937 年"七七事变"爆发,装备精良的日寇疯狂发动进攻,华北大片国土沦丧。在侵华日军卵翼下,各地纷纷成立地区性伪政权,如"北平地方维持会""天津治安维持会""察南自治政府""晋北自治政府"等,连少数民族聚居的地区也出现蒙奸组织"蒙古联盟自治政府"。1937 年 12 月,北平成立了"中央级"伪政权,即"中华民国临时政府"。其辖境包括河北、山东、山西、河南四个"省公署",北平、天津、青岛三个"特别市"和威海卫,以及以徐州为中心的"苏北行政专员公署"。察南、晋北和内蒙地区则另行成立伪蒙疆联合自治政府。今天的华北地区便在当年两个伪政权的辖区之内。

日本的侵华战争使相当繁荣的华北报业遭到严重摧残,而日伪政权的新闻统制政策更使沦陷区的新闻传播事业日趋萧条。华北陷落后,《大公报》《益世报》《商报》等具有重大影响的大报自动停业,迁往异地出版。《庸报》《实报》等变节投敌。《世界日报》《世界晚报》《华北日报》被劫夺,日本军部盗用原报名继续出版。此时经日本特务机关审查登记后,由日本特务、汉奸报人、投机变节分子编辑出版的报纸仍为数不少。据 1937 年 8 月的统计,北京有 30 来家,天津有 26 家。经过 1938 年 8 月与 1939 年 5 月对报业的两次"整理",北京剩下的、合并的与新办的报纸总共只有 8 家,内蒙古只有 1 家,当时整个华北地区(指今天的北京、天津、河北、山西、内蒙古,不包括当时划为华北的山东和河南)持续出版的华文报纸仅有 20 家。

1944 年 1 月,由于纸张供应极度困难,大量华文报纸停办。自元旦起,北京仅存《新民报》《实报》《民众报》3 家,天津只有《庸报》《新天津报》2 家,山西仅留太原《山西新民报》1 家,河北也只剩下保定《河北日报》1 家。由于太平洋战争接连失利,战火已燔近日本本土,日伪物资极端匮乏,于 1944 年 5 月,下令停办华北各地所有华文报纸,仅在北京出版由伪华北政务委员会情报局文化汉奸管贤翼主持的《华北新报》一家,于天津、保定、太原各设分社。直到抗战胜利,敌伪政权垮台,整个华北地区就只此一家华文报纸。

日伪时期报业萧条是与战争的非正义性、不得人心、经济困难和资源匮乏相应的。报纸的销路不佳,又是和披露的信息不真实、言论颠倒黑白相关联的。汉奸报纸无耻地为杀人不眨眼的日本侵略者唱赞歌,当然得不到民众的信任。所以当时日伪报纸发行只有三条路可走,一是指定所属各伪政府机关公费订阅;二是由伪政权向各村镇居民硬性摊派;三是免费赠阅。有些乡镇虽然因强制摊派付了报费,但并不将报纸拿到乡里去,而是就地当废纸卖了。因为即使背回去也没有人愿意看,最后还得再背回来当废纸卖,岂非多此一举。抗战初期,日军特务机构驻各地的"宣抚班",一面向民众散发汉奸报,一面煞有介事地作反动宣传,以抵制抗日报纸的影响。但事实胜于雄辩,侵略战争的是非曲直岂是花言巧语所能让人轻信的。日寇最后只能以"扫荡"来代替"宣抚"了。

1940年3月以汪精卫为首的傀儡政权在南京成立,"华北临时政府"和"蒙疆联合自治政府"分别改为"华北政务委员会"和"蒙疆政务委员会",名义上承认汪伪中央政府。实际上华北和蒙疆的军政大权仍直接属日本军部控制,其新闻事业也是由侵华日军直接管理,不受汪伪政府宣传部管辖。日本政府对伪满、华北和汪伪的新闻事业各有一套不同的管理体制和监控手段。

伪满的新闻事业由伪满国务院总务厅弘报处管理。该总务厅的厅长和各处处长都是由与军部关系密切的日本官员担任,伪满国务院实际上控制在总务厅手中。弘报处处长长期由司法官员武藤富男担任,所以伪满的新闻、广播、通讯事业全都直接控制在日本官员手中。华北地区的报业则与伪满的管理体制稍有区别,居于领导地位的北平《新民报》、天津《庸报》、太原《山西新民报》、北平《民众报》等,均由日本军部直接掌管;其余大多数报纸,特别是一些小报,则采取"以华制华"的策略,借手汉奸来办。然而广播事业则完全置于日本华北派遣军的监督、指挥之下,根据明确规定由日本放送协会统一经营。平时实施日语与华语双重语言广播,规定中文广播内容,必须以北平播出的内容为标准,新闻来源方面也完全置于日本官方的控制之下。1938年4月,日本同盟社华北总社成立华文部,由该部将日文电讯译为中文,供各沦陷区汉奸报采用。在此之前,经日方批准在沦陷区继续营业的通讯社,此时一律停止营业,同盟社华北总社华文部成为所有沦陷区报纸的唯一电讯来源。1940年2月,同盟社华北总社华文部名义上改为独立的"中华通讯社",但社长依旧是华文部部长佐佐木健儿,其他主要负责人也都是华文部的日本原班人马,新闻电讯的来源仍完全处于日本官方的直接控制之下。汪伪政权下的新闻事业体制,与华北、伪满有所区别,华东及华南沦陷区的中文报纸几乎都是由汉奸主持。该地区的广播事业原先也是由日本军方设置的广播无线电监督处直接管理。1941年2月,广播事业管理权"交还"给汪伪政府下属的广播无线电管理处管辖。汪伪政府的中央通讯社,名义上也属于汪伪政府行政院宣传部管理,其理事长常务理事、理事、社长、副社长均由汉奸担任,但保留有日本人的名誉理事和交换理事。这些日本理事在必要时自有其举足轻重的地位,可见日本政府对汪伪中央电讯社仍拥有变相的领导权。日本军方对伪满、华北和汪伪政权的新闻事业采取不同的监控方式,完全是根据不同的社会情况采取相应的策略而已,但也反映了日本人对华北地区的监控比华东与华南地区更加严格,显示了华北地区新闻事业的特殊性。

抗日战争时期,中国共产党人在全国建立了19个抗日根据地,华北地区就有晋察冀、晋绥、冀鲁豫、太行、太岳等5个根据地,此外,山东抗日根据地中包括今天河北地区的一部分。中共中央曾于1939年3月明确指示各局、各省委、各特委,"必须用一切力量出版公开的地方报,最好购置铅印,如万一无法购置铅印,亦须出石印、油印报纸"①。在中央的号召下,各抗日根据地出版了大量革命报刊。华北抗日根据地地域辽阔,再加上该地区文化水平相对较高,抗日报刊的数量要超过西北、华中等革命根据地,据王晓岚《喉舌之战——抗战中的新闻对垒》一书的统计:"仅晋察冀根据地1938年春,就有各种抗日小报90多种。后来又不断发展,根据杜敬先生不完全统计,抗战时期仅冀中地区(晋察冀根据地的三个分区之一)就有193种报刊。其他地方,根据有关资料,笔者粗略估计:晋冀鲁豫根据地(1941年由

---

① 中共中央档案馆编:《中共中央文件选集》(12),中共中央党校出版社1990年版,第44页。

冀鲁豫、太行、太岳、冀南四个区合并而成)不下80种,晋绥根据地不下70种,山东解放区不下40种。"① 与华北抗日根据地可作对照的是,"陕甘宁边区约有60余种报刊","华中解放区有日报27种,周刊、月刊和半月刊40余种"②。综上所述,各根据地都有大量抗日报刊出版,但就报刊数量而言,尤以华北地区为多。

抗战初期,日寇占领华北地区的大中城市后,曾试图以机器印刷的大量汉奸报来控制华北新闻事业,达到其征服国人的目的。然而根据地的抗日报刊却有力地粉碎了他们的欺骗宣传。日本侵略者对此十分恼恨,在每次"扫荡"中,总要千方百计地设法摧毁报社,并把摧毁中共中央北方局机关报《新华日报》华北版作为敌人"扫荡"的主要目标之一。1942年10月,日本华北派遣军参谋长安达十三得意地宣称:"华北碉堡已新筑成7 700余个,遮断壕也修成11 860公里之长,实为起自山海关经张家口至宁夏的万里长城的6倍,地球外围的1/4。"华北解放区此时确实面临严重困难,根据地面积曾经缩小了1/6,人口减少了1/3。《新华日报》华北分馆在1942年"夏季扫荡"中印刷厂遭到毁坏,四五十位同志壮烈牺牲,其中包括社长何云、经理部秘书主任黄君珏、编辑缪乙平、黄中坚,记者齐秋远、高咏、《华北文艺》主编蒋弼等。然而就在被毁房舍余烬未熄之际,《新华日报》华北版又继续出版了。

《晋察冀日报》是华北解放区创办最久的报纸之一,原名《抗敌报》,1938年4月改为中共晋察冀省委机关报,负责人为邓拓。在日寇发动疯狂"扫荡"的时候,《晋察冀日报》仍坚持出版。为了便于转移,该报印刷工人创造小型铅印机,使原本2 000多斤重的机器缩减成400斤。在激烈的反扫荡战争中,经过进一步改革,采用木料制作,印刷机器只有80斤重,可以由两三个人轮流地替换背着打游击。在中心地区敌情严重的情况下,曾一度转移到五台山"无人区"继续出版。

国际新闻社特约通讯员沈育曾经给国民党统治区的读者写过一篇通

---

① 王晓岚:《喉舌之战——抗战中的新闻对垒》,广西师范大学出版社2001年版,第98—99页。
② 陈毅:《四年抗战与新四军现状》,《八路军军政杂志》1941年第3期。

讯,报道当时在华北抗日根据地的办报生涯:"当敌情紧张的时候,编辑和报务员便跑到另外的山村中去,在灌木丛中架上天线,坚持电台联络工作;编辑也就以膝头代替桌子,编写收来的新闻;除非特殊的长途转移,报纸总是坚持三天一期按日子照常出版。当时《挺进报》(在平西出版)的每个工作者都是自己背着所有的工具,克服种种物质困难。……当敌人搜山的时候,他们就都准备好手榴弹,监视着险要路口;大家的战斗情绪,总是异常旺盛。"①

冀南平原无险可守,斗争就更加残酷。《冀南日报》的印刷厂就设在很深的地下,敌人也知道报馆的印刷厂就在地下,却始终找不到它的踪迹。敌人吊打孩子,用刺刀戳刺老人,都没能逼他们讲出隐藏的地方。敌人伪装成我方人员想骗出报社的地址,但没有介绍信和特殊的联系办法,谁也不会告诉他报馆的所在。可见广大群众的热情支持才是华北抗日新闻工作者浴血奋战、克敌制胜的真正基础。在八年抗战中,新闻战线作出了重要贡献,而华北抗日报人的斗争显得尤其惨烈。

## 六、为全国解放作贡献(1945—1949)

抗战胜利后,蒋介石集团立即发出命令,要求国民党军队"积极推进",接受日伪军投降,而要求解放区的人民军队"就地驻防待命",不准接受日伪投降。解放区军民不顾蒋介石集团的阻挠,迅速收复大片国土,开辟新解放区。据1946年1月的统计,解放区面积已达239.1万平方公里,约占全国面积的1/4;解放区人口已达14 900万,约占全国人口的1/3。在这种情况下,解放区报刊出现了新的发展,许多报纸复刊,有的从油印变为铅印,有的从多日刊改为日报,有的从农村进入城市,发行量也有所扩大。

华北地区在1942年"大扫荡"中停刊的《冀中导报》于1945年6月在饶阳复刊,同年8月起由石印改为铅印。同年9月,《冀南日报》也在威县复刊,复刊后改为铅印。中共晋绥分局的机关报《抗战日报》,于1946年1月

---

① 穆青:《抗日烽火中的中国报业》,重庆出版社1992年版,第111—112页。

改为《晋绥日报》,继续在兴县出版。1945年8月中旬起,延安新华广播电台恢复播音,8月23日解放军收复张家口市,张家口也办起了广播电台,同时还创刊《张垣日报》。

中共中央晋察冀分局机关报《晋察冀日报》于1945年9月迁入张家口市,《张垣日报》随即停刊,这是晋察冀解放区的第一张大报。由于晋冀鲁豫各分区已联结成一个大区了,出版大型报纸的条件已经成熟,于是1946年5月,中共晋冀鲁豫边区中央局机关报《人民日报》在邯郸创刊。此时华北解放区出版的主要报纸还有张家口出版的《晋察冀画报》(由阜平迁入)、《工人报》、《子弟兵》、《张市学联》、《张家口日报》,承德出版的《冀热辽日报》,阜平出版的《晋冀日报》,遵化出版的《冀东日报》,赤峰出版的《民声日报》,阳城出版的《新华日报》(太岳版),长治出版的《新华日报》(太行版),菏泽出版的《冀鲁豫日报》,兴县出版的《晋西大众报》(后改名《晋绥大众报》)、《战斗报》和丰镇出版的《绥蒙日报》等。在内蒙地区还出版了蒙文报纸。

1946年6月,蒋介石集团发动全面内战,解放区新闻事业被迫收缩。中共中央冀热分局撤出承德时,《冀热辽日报》也随同撤出;解放军撤出张家口时,《晋察冀日报》也迁回阜平,版面也随之紧缩。晋冀鲁豫《人民日报》撤离邯郸后,先后迁武安、涉县出版。1947年3月,蒋介石集团集中16个旅23万人分两路进攻延安,《解放日报》、新华社按照预定部署撤出延安,在子长县(瓦窑堡)史家畔继续工作。撤离史家畔后,新华社和原《解放日报》工作人员组成两支队伍。大部分人员由社长廖承志率领,东渡黄河,进入华北解放区工作;一部分由副总编辑范长江率领,用"四大队"番号,跟随毛泽东、周恩来、任弼时为首的中央纵队,转战陕北。

1947年7月起,中国人民解放军由防御转为反攻,随着解放区的日益扩大,中国共产党的新闻事业出现了新的发展势头。1948年3月,西北战场上的胜利已成定局。同年4月下旬,毛泽东、周恩来等率领的中央纵队由陕北到达河北省平山县西柏坡村,与刘少奇、朱德等组成的中央工作委员会会合。在太行地区的新华总社也奉命向平山县转移。1948年6月,晋冀鲁豫《人民日报》与《晋察冀日报》合并,改组为华北《人民日报》。此时《人民日报》为中共中央华北局机关报,在河北省平山县创刊。与此同时,廖承志率新华总社大队人马到达平山县,中共中央恢复和加强了对新华社的直接领导。1948年秋,中共中央为了加强对新华社的领导,对新华社的干部进行训练,先后抽调一批新闻工作者从陈家峪搬到党中央驻地西柏坡,在胡乔木领导下的总编辑室工作。他们根据分社来稿编写新闻、评论,并就近接受党中央领导同志的指导。每天晚上由胡乔木主持,传达中央指示精神,对当天所发稿件进行评析,并观摩毛泽东等中央领导同志为新华社撰写和修改的稿件。在中国人民解放战争即将取得全面胜利的形势下,中共中央为培养独当一面的新闻干部所采取的重要措施,具有重大的现实意义和前瞻性,为全国胜利后新闻事业的大发展奠定了坚实的基础。

从1947年6月到1948年10月,华北解放区开展过三次新闻界的重要学习活动,这三次理论学习,为中国的新闻事业指明了马克思主义的办报方向。《晋绥日报》于1947年6月首先开展反对"客里空"运动,这次活动对中国共产党新闻事业的理论建设具有重要的历史意义。经过了半年多的学习,周扬作了《反对"客里空"作风,建立革命的实事求是的新闻作风》的总结报告。报告指出:新闻工作者必须认识自己作为党的喉舌、人民的喉舌的责任之重大。客里空就是对党对人民不负责、不忠实;就是没有党性,没有无产阶级起码的道德。这一报告首次将新闻真实性原则提到了党性的高度,重新肯定了这一马克思主义新闻理论的基本原则。毛泽东又于1948年4月,作了《对晋绥日报编辑人员的谈话》。这次谈话重申了群众办报、全党办报的思想,明确指出:我们的报纸要靠大家来办,靠全体人民群众来办,靠全党来办,而不能只靠少数人关起门来办。强调"马克思列宁主义的基本原则,就是要使群众认识自己的利益,并且团结起来,为自己的利益而奋斗。报纸的作用和力量,就是它能使党的纲领路线、方针政策、工作任务和工作方法,最迅速、最广泛地同群众见面"。在这里毛泽东向党报工作人员指明了新闻工作最基本的任务,同时也明确了新闻舆论的正确导向,对新中国的新闻事业来说,具有极其重要的指导意义。同年10月2日,刘少奇会见华北记者团时发表了重要讲话。他在讲话中阐明了新华社和报纸对于党的事业的重要作用,指出了记者应该具备的素质和努力方向。这些讲话为新中国的新闻事业确立了新闻理论基础的核心内容,解放战争时期华北地区党的新闻

## 第一章 华北地区新闻事业评述

工作的理论与实践,对新中国成立后的新闻事业具有极其重要的开创意义。

随着解放战争的发展,华北地区成了党中央的所在地,也是全国新闻人才最集中的地区。在发动平津战役的同时,中共中央于1948年11月8日和11月20日,分别发布了《中共关于新解放城市中中外报刊通讯社处理办法的决定》和《中共中央关于新解放城市的原广播电台及其人员的决定》。北平和天津解放后,中共中央特别委派新华总社组织实施对平津两市新闻业的接收和改造。中共北平市委在中央的具体指导下,及时制定了报纸、杂志、通讯社登记暂行办法,将中央两个决定的有关政策进一步具体化、完善化。华北地区对旧新闻业的改造成为新解放城市的借鉴和试点,其经验在全国范围内推广。

集中于华北地区的党的新闻干部积极投入到华北各省市乃至全国的新闻机构组建中去。《河北日报》原由《冀中导报》改名,称冀中《河北日报》,解放区扩大融为一体后,冀中《河北日报》与《冀南日报》《冀东日报》合并,仍名为《河北日报》,在保定重新创刊,后迁至石家庄出版。《天津日报》和《山西日报》的主要干部也都来自《冀中导报》。华北《人民日报》于1949年3月迁入北平,改为中共中央机关报。作为党在关内的三大广播电台之一的邯郸台,主要负责组建天津市台和山西省台的工作,北平市台则由随中央赴华北地区的陕西新华广播电台的干部创办;河北台由河北省委派遣的新闻干部创办。内蒙古台则由绥远省台改名,这已是新中国成立初期绥远省建制撤销后的事了。华北地区的新闻干部还遵循党中央的指令,随军南下,积极投入新解放区的新闻机构组建工作。《冀鲁豫日报》的南下干部创办了《江西日报》;北平《解放报》和《冀中导报》的南下干部成为创建云南、贵州省报和省台的主要骨干;《晋绥日报》的南下干部接管了成都国民党新闻机构,并创办了《川西日报》和成都人民广播电台;随军入湘的《人民日报》和《天津日报》部分干部创建了湖南人民广播电台(原名长沙人民广播电台)和《湖南日报》(原名《新湖南报》)。众多的华北地区新闻工作者奔赴大西南,为筹建新中国的人民新闻事业作出重大贡献,这是十分罕见的文化现象。解放战争时期的华北新闻界成为新中国新闻人才的摇篮,在中国新闻史上留下了绚丽的篇章。

## 七、新中国成立以后(1949—1999)

中华人民共和国成立后,以北京为核心的华北新闻界在我国社会主义革命和社会主义建设过程中,积极发挥了宣传、组织和舆论引导功能。它在全国新闻宣传中所处的主导地位,是其他地区所难以企及的。

新中国成立初期,中央新闻机构在新中国的成立、剿匪反霸、土地改革、镇压反革命、抗美援朝、民主改革以及"三反""五反"等运动中,严格执行党的新闻纪律,配合中央的具体部署,通过社论和典型报道等多种新闻手段,进行了一系列宣传报道,及时引导全国的新闻舆论,为夺取斗争的胜利起到了至关重要的作用。其中,最令人难忘的是,1952年春天在全国开展"三反"(反浪费,反贪污,反官僚主义)运动期间,中央新闻机构报道了刘青山、张子善特大贪污案。刘青山时任中共天津地委书记,张子善为天津专署专员,担任着重要的领导职务,因在任职期间大肆贪污纳贿,被判处极刑,公开执行枪决。这一报道清楚地表明了中国共产党整顿经济领域犯罪的决心,使许多犯罪分子在此案的震撼下纷纷坦白自首,在全国产生强烈的反响。

在重大的国事活动宣传报道中,有关中共"八大"的报道是对中央新闻机构宣传工作的一次检验。1956年党的"八大"是新中国成立后第一次公开举行的规模最大的会议,具有里程碑的意义。为了宣传好"八大",大会成立了由新华社社长吴冷西为处长的新闻报道处,大会的新闻报道归新华社负责逐日统一发布。在短短的十二天会议期间,新华社向国内报纸、电台发稿85.7万字,发对外宣传英文稿23万字,向国内外媒体发布新闻图片300张。中央人民广播电台关于"八大"的新闻节目共有65小时15分钟,中国国际广播电台关于"八大"的新闻节目时间占该台全部广播时间的80%以上。对中共"八大"的报道,充分显示了新中国初创时期首都新闻界宣传报道的综合实力。

在经济建设的宣传报道中,北京的中央报刊以自己的独特条件,积极充当了全国新闻界的"排头兵"。他们在出色完成国家重点工程宣传报道的同时,还发现和树立了一大批在经济建设战线上的先进人物和先进典型,如郝建秀、孟泰、徐建春、王崇伦等人的先进事迹,都是首先由《人民日报》《工人日报》《中国青年报》和新华社报道出去的。应该指出的是,新中国成立初期由中央报刊推向全国的先进典型,不少都是华北地区的省级报纸率先发现的。例如,河北省饶阳县劳模耿长锁创办农业生产合作社的经验,河北省遵化县王国藩勤俭办社的典型事迹都是最初由《河北日报》发现并报道的。这些互助合作的先进典型在全国农业合作化运动中和中国农村的社会主义高潮中,都起到了很好的示范作用。特别是报道靠三条驴腿起家的王国藩"穷棒子社"经验的《河北日报》文章《书记动手,全党办社》,被编入《中国农村的社会主义高潮》一书,毛泽东为该文加上按语后,王国藩勤俭办社的经验立即在全国广为传播。山西省是中国农业合作化最早起步的地方,《山西日报》早在1950年春便介绍劳模张志全从1944年开始组建互助组的事迹,在全国开了"逐步引导农民走向集体化道路"的先河;同年4月,又转载了《山西农民报》介绍劳模李顺达和其他老区翻身农民组织起来,使西沟村由穷变富的经验,很快成为全国农民学习的榜样。《山西日报》在这段时间里,还介绍过郭玉恩农业社实行包工包产的经验,曲耀离、吴吉昌等人科学种田的经验。在介绍联产计酬和科学种田方面,《山西日报》处于全国领先地位,而且影响深远。直到1978年3月,新华社穆青等还写出《为了周总理的嘱托——记农民科学家吴吉昌》,使这位典型人物在新的历史时期仍然焕发出鲜明的时代感。《山西日报》在20世纪五六十年代宣传的许多典型中,大寨大队更是闻名遐迩。1963年11月,《山西日报》刊登昔阳县大寨大队自力更生、奋发图强,战胜特大洪灾,重建家园,夺得丰收的事迹,同时配发了社论和山西省委发布的向大寨人民学习的通知。1964年1月7日至8日,连续刊登长篇通讯《大寨——自力更生奋发图强建设山区的旗帜》,以朴实的文字全面真实地介绍了大寨大队的经验。李顺达的事迹证明了毛泽东说的"组织起来是由穷变富的必由之路"这一论断,诚然,这一阶段对推进农业合作化的报道存在着要求过急、改变过快等缺点,以致在长期间遗留了一些问题[①]。

---

[①] 参见《关于建国以来党的若干历史问题的决议》。

"文革"十年，华北新闻事业由于其特殊地位成为实难深重的典型地区。在"文革"的舆论准备时期，毛泽东引导报刊对文化领域进行了一系列的批判，以北京为中心的华北新闻媒介理所当然地成为大批判的重要工具。1963年，繁星（廖沫沙）在《北京日报》上发表的戏评《有鬼无害论》受到批判，认为剧作者和鬼戏推崇者鼓吹向共产党复仇。1964年，《人民日报》发表文章，点名批判正在上映的两部影片《北国江南》和《早春二月》，指责它表现中间人物，调和阶级矛盾，鼓吹修正主义。接着批判小说《刘志丹》为"反党大毒草"，批判翦伯赞的"让步政策"、杨献珍的"合二而一论"和孙冶方的重视价值规律经济思想。一系列的批判逐步形成舆论强势，并通过中央报刊辐射到全国，造成了"文化大革命"的舆论氛围。至1965年底，批判矛头指向北京市副市长吴晗。1965年11月，姚文元在江青、张春桥授意下，于《文汇报》上发表《评新编历史剧〈海瑞罢官〉》，将海瑞罢官与现实政治斗争联系起来，随即全国各报纷纷转载。毛泽东指出："《海瑞罢官》的要害是罢官。嘉靖皇帝罢了海瑞的官，1959年我们罢了彭德怀的官，彭德怀也是'海瑞'。"于是开始追查北京市委与《海瑞罢官》的关系，终于拉开了"文化大革命"的序幕。

《北京日报》在举国上下对吴晗的声讨中保持沉默，大批判的矛头指向了北京市委。1966年5月，《解放日报》《光明日报》《红旗》杂志和《解放军报》《文汇报》先后发表江青（高炬）、关锋（何明）、戚本禹、姚文元的文章，批判《燕山夜话》《三家村札记》以及《北京日报》和《前线》杂志，公开攻击北京市委。这是新中国成立以来第一次由中央党报党刊率领全国各级党报围剿一家地方党报的舆论斗争，其火力之猛、声势之大，为中外新闻史上所罕见。在这场政治大批判中，邓拓被迫自杀，吴晗死于狱中，"三家村"中仅廖沫沙侥幸熬过十年冤狱。

1966年5月16日，中央政治局扩大会议通过了毛泽东主持的发动"文化大革命"的纲领性文件《中共中央通知》，即"五一六通知"，成立了以陈伯达、康生、江青为核心的"中央文化革命小组"。从此，"中央文革小组"利用《人民日报》的权威提倡大字报运动，煽风点火，鼓动北京红卫兵冲击外省市的大专院校和领导机关，为全国范围内的造反派"夺权"创造条件。在夺权风暴中,新闻机构首当其冲,由于新闻媒介在舆论宣传中的特殊作用,从中央到地方的造反派组织无不把它视作夺权的首要目标。在北京,新华社、《人民日报》、中央人民广播电台等直属中央的新闻机构也未能免除夺权的骚扰。1967年1月,首都大专院校的造反派组织进驻人民日报社监督。中央人民广播电台也涌进了一批造反派,由于中央台的重要性和特殊性,大权未被造反组织夺走。新华社被夺了权,许多总社领导的家被抄,造反派抢走了不少机密文件。实际上述新闻单位的大权已被"中央文革小组"夺走。于是"文革小组"宣布:新华社是党中央直属的宣传机构,不得夺权和接管。

与中央新闻单位相比,华北的省市新闻媒介所受的灾难更加深重。尤其是《山西日报》自1966年12月底起,多次遭造反派勒令停刊。从1966年12月28日到1967年1月23日,《山西日报》停止出版,只允许代印《人民日报》。省级机关报被造反派勒令停刊近一月之久,在全国十分罕见。造反派办的《山西日报》仅出了24期,随后改由实行军管的军队干部为主与报社内部造反派联合办报。在造反派内部斗争的过程中,一个名为"太原工人"的群众组织于1968年12月23日夜间查封了山西日报社,直到1969年4月22日,整整四个月,《山西日报》完全停刊。后虽经省革委会批恢复出版,仍然是只登载新华社的电讯稿,直到1969年12月8日,才恢复刊登本省及地方新闻稿。更有甚者,《山西农民报》自1969年12月28日起被勒令停刊,一停就是13年。《河北日报》也难逃多次停刊的命运,第一次停刊是1967年1月5日,天津、保定的红卫兵查封了河北日报社。之后,报名改为《新闻电讯》,不久改为《电讯新闻》,再改为《河北日报》,又恢复《新闻电讯》,最后变为《河北日报(新华社电讯)》。直到1968年2月,河北省革命委员会在石家庄成立,才恢复出版革委会机关报《河北日报》。同年10月11日,《河北日报》再次停刊,原因是9月30日《河北日报》在刊登国家领导人接待外宾的消息时,于副标题中漏掉了时任解放军总参谋长黄永胜的名字。此事被定为"九三〇"反革命事件,并当场逮捕批斗了若干人。《河北日报》直到1969年4月2日才正式复刊,前后停刊长达半年之久。"文化大革命"期间,内蒙古的新闻媒介也成为推行极左路线的舆论工具,成为各派造反组织争夺的阵地。不少报刊,尤其是蒙文报纸被迫停刊,一批新培养出来的蒙、汉各族新闻工作者遭到迫害。京、津两地所有晚报于1966年底全部被迫停刊,办报人员都被迫离开工作岗位,强制地送往工厂、农村或"五七干校"接受再教育。粉碎"四人帮"后,特别是党的十一届三中全会以后,随着全国改革开放的逐步深入,华北地区的新闻事业进入了一个新的发展时期,出现了一派繁荣景象。

在新闻宣传方面,华北新闻界,特别是中央新闻机构,坚决执行党的正确路线,排除干扰,卓越地进行了拨乱反正工作,为我国的改革开放政策鸣锣开道。在"四人帮"被粉碎后的一段时间内,"两个凡是"的错误观点阻碍了我国改革大业的进展,《光明日报》于1978年5月11日率先在头版显著位置发表了题为《实践是检验真理的唯一标准》的特约评论员文章。新华社和《人民日报》都转载了这篇文章,全国大部分日报都陆续刊登,在国内引起了一场历时将近半年的关于真理标准问题的大讨论。这是一个重大的政治问题,关系到党和国家的命运和前途,经过全国大讨论,在真理标准问题上逐步达成共识,认识到"两个凡是"的观点是错误的。在这场思想交锋中,首都的新闻界顶住了压力,为全党和全国的思想解放作出了贡献。

华北的新闻媒体还在新闻指导思想上实现了拨乱反正。《山西日报》在新闻实践中认真总结经验,于1980年7月连续发表文章,认真总结用行政命令的方式强制人们学大寨的错误,公开承认宣传大寨经验和学大寨运动中错误的严重性,并且提出了应当认真汲取的几点教训。省级党报敢于正视并公开向读者检讨自己的错误,认真总结教训,充分体现了党所倡导的实事求是精神。

华北新闻事业的发展还表现在新闻媒体于市场经济大潮中,加强经营管理,取得自身综合实力的发展壮大。在这方面,《天津日报》在全国省市报纸中最具影响力。早在"文革"结束后不久,《天津日报》便着手管理方面的大胆改革:率先在报纸版面上恢复工商广告,刊登外商广告,在报眼上刊登广告,为报社开拓了重要的经济来源,使报社收入连年猛增,为报业的经营改革提供了坚实的经济基础。1987年7月,《天津日报》在全国省市级党报中第一个实现了扩版,由四版扩为八版。这一步非同寻常,因为当时的新闻纸尚处于计划经济下统一调配阶段,要争取计划外的纸张翻一番难度极大;

而且报纸发行又掌握在邮政部门手中,报纸张数和分量增加一倍,给邮递部门增加了压力。然而《天津日报》齐心协力,打通了各个关节,顺利地实行了扩版。扩版成功带来了经营上的良性循环:报纸内容丰富了,信息量增加了,可读性提高了,广告收入增多了,采编人员积极性更高了,报纸办得更吸引人了。《天津日报》的成功扩版在全国引起连锁反应,形成了全国报纸的扩版热。1988年元旦,《天津日报》在全国省市级报纸中率先实现自办发行,又创造了一个全国第一。这一步更是艰难,既要打破邮政部门垄断报刊发行的传统办法,又要筹建相应的发行网络,殊非易事,但均被天津日报社一一化解。自办发行后,城乡读者看报的时间提早了,报纸的发行渠道拓宽了,发行费用明显减少了。自办发行的成功,更刺激了《天津日报》扩版的愿望,由八版扩为十二版,1998年又进一步扩为十六版(周一、三、五),使报纸内容更加丰富多彩,更加为读者所喜爱。

在党的十一届三中全会以后,华北地区的新闻事业可谓盛况空前。据1997年的统计,在新闻事业不算发达的山西省,全省有全国刊号的报纸59种,其中38种是"文革"以后新创办的,占了总数的六成以上。地处华北最西北的内蒙古自治区,在党的十一届三中全会以后,也迎来新闻事业蓬勃发展的新时期。截至1999年底,有正式发行的报纸59种,其中蒙文报14种,汉文报45种,比"文革"前增长了4倍多。内蒙古新闻事业在新时期取得如此迅猛的发展,在全国范围内也属罕见。

20世纪90年代,我国曾出现新闻媒体向集团化发展的热潮。虽然最早进行试点的是广州日报报业集团,但华北新闻事业在向集团化方向发展中却有领先于全国的趋势。1998年,新闻出版署正式批准成立的5家报业集团中,华北占了2家,即光明日报报业集团与经济日报报业集团,这两家新闻媒体的集团化为中央一级传媒成立报业集团开了先河。《北京日报》则继深圳特区报业集团和大众报业集团之后,成立了北京日报报业集团,是全国第9家报业集团,在省市机关报中也处于领先地位。

(本章撰稿人:丁凤麟,宁树藩、姚福申改写)

# 第二章

# 北京新闻事业发展概要

## 一、北京近代报刊姗姗来迟

近代报刊在北京的出现较之沿海的一些城市要晚得多,比澳门迟了整整半个世纪,比广州也迟了45年。在19世纪70年代初(1817年),上海和香港的报坛已呈现一片繁荣的景象(上海已先后出版了百余种报刊),宁波、福州以至汉口纷纷进入办报城市行列,而这时的北京却还没有一份报刊问世。

不过,明清数百年以来,北京一直是古代报纸的传播中心,特别是清代的"京报",它具有较为完备的形态,并凭借其相当发达的发行系统,自北京传到全国各省及其府、县,这是任何出有近代报刊的城市所不能与之比拟的。

尤为重要的是,当时所出版的近代报刊差不多都以《京报》作为自己的重要信息来源。洋人不惜以重金辗转购得,一些英文报刊还以优厚的酬金聘人翻译,有些中文报刊开辟"京报"专栏(始于《东西洋考每月统记传》)。刊载《京报》内容之风,愈演愈烈,有时报刊的国内新闻全部选自《京报》[①]。这就是说,北京当时虽然没有出版近代报刊,可是它所出的《京报》,其内容

---

[①] 如1856年第5号香港《遐迩贯珍》所刊33条国内新闻,都选自北京《京报》。

却成为近代报刊的重要组成部分,伴随着这些报刊流传到国内广大地区和欧、美、东南亚很多国家。这一现象,不仅国内各地不可能出现,在世界各国也是罕见的。

当时我国各地报刊全是外国人办的,出于对外来势力的戒备,清廷对外国人进入北京是严加限制的,外国使节也不容进驻,在这里出版报刊当然不会被允许。近代报刊所以迟迟未在北京出现,其直接原因在此。第二次鸦片战争冲破了这一限制。1860年《北京条约》签订后,英美传教士相继前来,设教堂,办医院,1871年11月他们更为出版一中文报刊进行讨论。1872年8月,美国传教士丁韪良、英国传教士艾约瑟(Joseph Edkins)、包尔腾(John Shaw Burdon)创办了北京第一份近代报刊——《中西闻见录》月刊。一旦这份刊物在北京出版,那就表明在整个中国土地上外国人办报已不再有禁区了。

在这封建势力特别强大的天朝首府办报,毕竟是一种艰难的事业。《中西闻见录》是一份地处全国政治中心由传教士出版的报刊,可是却竭力讳谈政治与宗教,而以主要篇幅用以"杂条各国新闻近事并讲天文、地理、格物之学"[1],所谓新闻近事,大多也还是关于西方科技发展的新情况。就是说,办刊人旨在通过介绍科学技术等实用知识以发挥他们的影响。可以看出,他们避免触及当局敏感的问题,工作是小心谨慎的,在这样的条件下办报,自然难以坚持,只及3年,便告停刊。16年之后,美国传教士梅子明于1891年创办《华北新闻》,再次在北京作办报尝试,未久也停。

## 二、维新派报刊在北京昙花一现

时代在变化,维新运动一下把北京推至报刊发展的最前列。这个运动是凭借统治者权力发起的自上而下的改良主义变法运动,因此这种变法"非自京师始,非自王公大臣始不可"[2]。而打动这些王公大臣的主要手段就是

---

[1] 1872年8月《中西闻见录》第1号。
[2]《南海先生自编年谱》,《康南海先生遗著汇刊(22)》,台北宏业书局1987年版,第33页。

办报,"报馆之议论既浸渍于人心,则风气之成不远矣"①。正是基于这种认识,维新运动刚一兴起,维新志士们就想着要办报,并把北京作为办报的首选地区。1895年8月17日(光绪二十一年六月二十七日),康梁维新派在北京创办了《万国公报》(后改名《中外纪闻》)。这是中国人在北京所出版的第一份近代报刊,也是中国资产阶级维新派所创办的第一份报刊,维新运动中所出现的中国人第一次办报高潮,就是从这里起步的。

北京的办报条件是落后的,缺乏现代印刷设备,就用古老的方式木板雕印(《中外纪闻》用木活字印刷),版式也一如《京报》,并随《京报》"分送朝士"。其内容大多采录国内外报刊新闻报道与论说,间有自撰稿件,介绍"西洋诸国所以勃兴之本原",表达变法自强思想。这些看来甚是平常的陈述,却在这被封建思想严重禁锢着的朝士大夫之间,引起巨大震动。不少人"乃日闻所不闻,识议一变焉"②,而那些顽固派则恐慌万状,初则谣诼四起,随后不断大肆攻击,要求封禁。1896年1月20日,《中外纪闻》终于被迫停刊,连其前身《万国公报》算起,这份第一家维新派报刊只存活了5个月零3天。北京的封建顽固势力确实太强大了。

继之而起的是由官书局(强学书局被封后改由官办此局)出版的《官书局报》和《官书局汇报》,由原支持强学会的官员孙家鼐主持。形式与《京报》相似,内容除谕旨外,只登有关新事新艺的译文。遵总理衙门奏定章程,"不准议论时政,不准臧否人物,专译外国之事,俾阅者略知各国情形"③,较之《万国公报》和《中外纪闻》,显然是后退了,环顾正在全国各地兴起的维新派办报热潮,北京显得过于冷寂。但是,从两报的情况看,它们已呈现出一种向近代型官报演化的趋向,下世纪初出现的一种官报新潮流,就是从这里萌发的。就这样两种对政局并无什么影响的报刊,也不容许存在,随着戊戌政变的爆发而告终结。北京再度成为没有一份近代报刊的首都。当时欧美国家首都的情况且不去说它了,我国紧邻日本东京,1899年就拥有日销1.6万份以上的报纸8家(期刊未计),其中一家日销近10万份。

---

① 梁启超:《致夏穗卿书》,《饮冰室合集》,中华书局1989年版。
② 参见《南海先生自编年谱》,《康南海先生遗者汇刊(22)》,台北宏业书局1987年版,第33页。
③ 光绪二十四年六月孙家鼐奏稿,转引自戈公振:《中国报学史》,三联书店1955年版,第44页。

## 三、各派政治力量纷纷在首都办报

自 20 世纪初起,一个报业发展高潮在北京兴起了。

八国联军之役给北京以巨大震动,朝野各界为救亡大业呼号奔走。清廷统治者也不能按老样子治理下去了,提出实行新政以图挽救危机。长期受到冷遇的报刊一下成为社会的迫切需要。官厅、政党、文化教育界、工商界都纷纷起而办报。在清政府被迫放松对言论出版的控制以后,北京报界遂出现一片繁盛景象。自 1822 年至 1899 年的 27 年间,北京共出版 9 种报刊,而在 1900 年至 1911 年的 11 年间却出版 160 多种报刊,约为前者的 18 倍。这时期北京所创办的报刊数量已超过广州和香港,仅次于上海而居全国各城的第二位。

北京的报业是由以下几种不同类型的报刊汇集起来的。

一是官报。这是在清廷推行新政时出现的,这种官报不同于古代型的《京报》,也有别于只登谕旨和译稿的《官书局报》,它的重要变革是,除大量刊布上谕、奏章和官厅文牍外,还登载言论、新闻和介绍近代知识的文章,表明已向近代型报刊转化了。可是这种官报却发端于外地,北京直到 1906 年才出现,先是《学部官报》《商务官报》和北京警厅的《警务通告》等。1907 年清廷"与绅民明悉国政预备立宪之意",创办影响较大的《政治官报》,两年后改为《内阁官报》。这份官报为清朝中央政府公布法律命令的机关,报道之日起,"即生一体遵守之效力",言论、新闻等栏又取消了。它的政治权威性有了很大提高,可是在体例方面则出现了倒退。在官报向近代型报刊转化进程中,北京落后于外地。这里要特别提及的是官办英文报纸的创办。1909 年颜惠庆任职清廷外务部时,"用总理各国事务衙门的钱"创办了英文《北京日报》(*Peking Daily News*)。这可说是中国人自办的第一张外文报纸[①]。

再就是政治派系与政党报刊。最为活跃的是维新派和立宪派,在清廷

---

① 董显光:《在中国发行之英文报纸》,台北《报学》1960 年 4 月二卷六期。

宣布施行"新政"和预备立宪以后,他们积极活跃起来,纷集北京开展办报活动。原维新派骨干汪康年离开经营多年的上海报业基地赶来北京创办《京报》(系不同于清政府办的官报《京报》的近代报纸)。他认为"报馆与政府距离既近","而遇有应匡正应警告之事,报纸甫经刊登易一时即闻于政府"①。就是说,在这期间办报的功效,北京已超过上海了。远在日本的梁启超,这时也通过徐佛苏主编的《国民公报》(国会请愿同志会机关报),把他们的舆论势力伸向北京来了。立宪分子和组织、团体出版了一批报刊,如《北京日报》《宪法白话报》《北京时报》《中央大同日报》《宪法新闻》《国报》《帝京新闻》《宪志日刊》《宪报》《资政院公报》等,一时形成热潮,和维新时期容不下一张薄薄的《中外纪闻》情况相比,实有天壤之别。在革命风云弥漫全国之际,革命党人潜入北京,创办了《帝国日报》《国风日报》和《国光新闻》等报纸,在"倡导立宪""扩张国权"等旗号掩护下,以曲折的手法宣传革命思想,报馆成为同盟会在华北地区策划革命的场所。

以开启民智、普及文化教育为主旨的知识界所办报刊得以大量出版,其数量约占北京当时所出报刊总数的60%以上。庚子之役以后,"志者为之愤慨,人人发愤图强,深识者咸以振兴教育、启发民智为转弱图强之根本"②,办报由此一时成风。和维新时期《中外纪闻》以王公士大夫为对象的情况不同,这些报刊是办给普通市民大众看的,白话报盛行。仅以"白话"、"京话"、"官话"(北京话)命名的报刊,如《通俗白话报》《白话国民报》《京话日报》《北京官话报》等,至少有37种之多,全国一时无两(同期上海只出16种)。其内容则广登中外各类新闻,通俗地讲解时事形势,进行爱国主义和改革教育。同时登载历史、地理、天文、博物、格致(物理、化学)、算学等科学基础知识,开展广泛的现代科学知识启蒙教育,这在全国也居于领先地位③。对长期与现代思潮和科学知识疏隔的北京,这是一次有深远意义的

---

① 汪诒年:《汪穰卿先生传记》卷四,中华书局2007年版,第2页。
② 长白山人:《北京报纸小史》,载管翼贤:《新闻学集成》"各国新闻概况篇",北平中华新闻学院1943年版,转引自《民国丛书》,上海书店影印版,第282页。
③ 这只是就启蒙教育而言,至于专门性的科学技术报刊,北京当时还未出现,而上海已办有多种了,如《亚泉杂志》《中外算报》《科学讲义》《医学世界》《数理化学会杂志》等。

补课活动。和北京市民社会生活关系最为密切的就是这类报刊,其中影响最大的是彭翼仲创办的《启蒙画报》和《京话日报》,市民对报纸的观念出现了重大变化,"不看报的北京人,几乎变得家家看报,而且发展到四乡了"[①]。北京的报业地位一下上升为全国第二位(只就数量言)也主要是因为这类报刊。

此外还有商业报刊。北京是全国的政治中心、文化古都,而商业的发展则很缓慢。进入20世纪后,随着京汉铁路、京奉铁路的修建,电报通信事业的开辟,北京和外地的联系有了显著的加强,工商业也渐趋活跃。清政府设立了户部银行(1905年后改名大清银行),成立商部,颁布公司注册章程,予以推动,也就在这时开始出现了商业报刊。除上面所述官办的《商务官报》外,还有由民间集资创办的《商报》和官商合办的《商务报》等。若干以营利为宗旨的报刊也先后兴办。不过这类报刊在北京举步维艰,难以发展。不仅数量少,生存期也短,是北京各类报刊中影响最小的一种,在全国也居落后地位。

外报也在八国联军侵华之乱中纷纷闯进北京了。首先是日本,1900年8月,日本官方乘京都为侵略军占据的时机,办起了中文的《北京公报》。次年10月,日本人又创办了《顺天时报》,这是外国人在北京出版的第一份大型中文报纸,被认为是"空前的创举"。在日俄战争之际,沙俄为对抗《顺天时报》的宣传,也于1904年在北京办起了中文《燕都报》。为加强帝国主义的宣传竞争力度,一向以南方和长江流域为报业基地的英美两国,开始把新闻活动扩展到北京来了。1901年1月英国人在这里出版了第1份英文报纸《益闻西报》(*The China Times*)[②]。美国记者柯林斯(Robert Moore Collins)1900年随侵略军进入北京,随即任美联社、路透社驻京通讯员。稍早前来的英国著名记者莫里逊(George Ernest Morrison)这时以《泰晤士报》驻京记者身份大显身手。乘八国联军之乱来办报的还有德国人,1901年1月出版了"德皇当局在京官方公报"《北京德文报》(*Pekinger Deutsche*

---

① 梁漱溟:《忆往谈旧录》,中国文史出版社1987年版,第10页。
② 次年迁天津,但每日在京津两地发行。

Zeitung)。法国则在 1905 年和 1910 年先后兴办了法文《北京回声报》(L'Echo de Pekin)、《北京新闻》(Le Journal de Pekin)和英文《北京晚报》(Peking Post)。北京一下成为国际新闻活动的重要据点,除上海外,其地位驾于全国各地之上。外国人在这个森严莫测的天朝首府办报,其始是探头探脑、小心谨慎的,现在则是大摇大摆、趾高气扬、无所顾忌了。过去讳谈政治,现在政治却成为最热门的主题。它们露骨为侵略政策辩护,放肆干涉中国内政,《顺天时报》的表现尤为突出。列强之间出现矛盾冲突时,北京又成为它们舆论斗争的战场。在这里,北京的半殖民地性质充分地显露出来。

五股报流汇成北京报业空前大发展的形势。不过,对中国人的报业来说,这种大发展的基础是异常薄弱的。一是受清廷专制政策的压制,清政府迫于形势,虽然宣布"庶政公诸舆论",放松了报禁,但中国民办报刊仍然在其严密管制之下,稍有触犯,便遭恣意摧残。在辛亥革命爆发前五年间,一些有较大影响的报纸大多被封被禁,如《京话日报》《中华报》《京报》《京华报》《国报》《中央大同日报》《公言报》《神京白话报》《公论实报》和同盟会报纸等。著名报人彭翼仲被发配新疆,杭辛斋被捕入狱,沈荩则被慈禧杖毙。一是受经济条件的严重制约,当时北京的工商业虽然有所发展,但仍然软弱,不足与一些商业大埠匹敌。市场发育不好,经济实力不强,使得报纸创办虽多,能持久者甚少(多数只出两三年)。北京很多报纸是文人出版的,它们的经济困难尤甚。著名的《京话日报》,虽然日销已达 8 000 至 1 万份,可是直至终刊,债务不断①。二者相比,政治上的障碍是主要的,影响最为直接。全国如此,北京尤然。

## 四、民初北京新闻业的斗争与发展

民国成立至"五四运动"前夕是北京新闻事业空前发展时期,变动至为剧烈。武昌首义后,中国人所办各报,除同盟会的《国风日报》外,广泛表现

---

① 关于《京话日报》经济困难情况,可参阅梁漱溟:《忆往谈旧录》,中国文史出版社 1987 年版,第 65—66 页。

出反对革命、抵制共和的政治倾向,和外地(特别是南方)报界所兴起的革命浪潮与热烈的反响形成鲜明的对照。至1912年2月清室宣布退位,论调开始大变,转而支持共和,咸与维新了①。接着出现了报刊(主要是报纸)大发展局面,至1912年10月,报馆已逾百家②,其发展数字首次超过上海而居全国第一位。

  北京很快又成为全国最大的新闻信息源。八国联军之役以后,北京开始打破封闭状态,外地和外国的新闻界在这里加强了活动,本文在前面已经作了一些反映。不过,当时的北京尚未出现重大政治变动,喧嚣一时的所谓新政,并没有成为新闻热点。而现在,这里是全国政治最敏感的地区,风云多变的政局吸引着中外新闻界的广泛关注,记者纷纷在这里聚集。在此以前,国内派有驻京记者的主要是上海几家大报,如今已扩及其他不少大中城市,如天津、武汉、重庆、成都、长沙、芜湖等市的报馆。就上海论,原也只有《申报》《新闻报》《同文沪报》《神州日报》等几家,这时已增至十数家之多,而且还有不少报馆加聘北京特约通讯员,其中有黄远生、邵飘萍、张季鸾、胡政之等报界名流,十分活跃。国外新闻机构原派驻北京记者的,只有英国的路透社、《泰晤士报》和美国的美联社,据目前所知,已增至英、美、日、澳等国十几家报馆和通讯社了。知名记者有莫里逊、辛博森(B. L. Simpson)、端纳(M. H. Donald)等,他们三人都被任命为袁世凯、黎元洪等国家首脑的政治顾问。

  这期间,也开始出现了中国人自办的通信社,第一家为1913年创立的北京通信社,随后有邵飘萍的新闻编译社、张秋白的东大陆通信社等若干家。

  在大发展的新闻事业中,数量最多最为活跃的是政党报纸。涌现于1912—1913年,名目繁多。经过分化、组合,基本形成两大派系:一是同盟会——国民党系统的报纸。除原有报纸外,新办的有《亚东新报》《中央新

---

① 清室宣布退位后,北京的报纸停刊的只《帝国大同报》《宪报》等数种;也有更名继续出版的,如《京师公报》更名《新民报》。封报现象尚未见。
② 据梁启超1912年10月22日在北京的演说词《鄙人对于言论界之过去及将来》。戈公振《中国报学史》第五章(《民国成立以后》)对当时北京出版报纸数字估计,与梁启超略同。

闻》《民主报》《民立报》《商报》等,对袁世凯持批评与反对态度;另一派为共和党、民主党、统一党系统的报纸,除清末创办的《国民公报》等报外,新出的有《新纪元》《天民报》《北京时报》《京津时报》《黄钟报》等,持亲袁、拥袁态度。它们都是在所谓的议会政治、政党政治的鼓励下活跃起来的,为争夺政治权力,两派展开了殊死战斗,北京一下成了政党报纸斗争的主战场。斗争方式已不像当年《民报》《新民丛报》论战那样重理性、讲道理,而是党同伐异、人身攻击甚至大打出手了①。

　　袁世凯信奉的是权力政治,而不是议会政治;所追求的是个人独裁,而不是多党共治;他不甘做舆论之仆,而要当舆论的主宰。从根本上说,他把政党报刊看成是必须严加压制的异己力量。首先打击的是国民党系统的报纸,在"二次革命"后,它们在北京就被完全消除了。接着,矛头指向那些一贯依附于袁但并不完全听话的非国民党系统的报纸。到了筹备帝制时期,北京报界成了御用报纸的天下。那些"非民党之报纸……其不肯入彀者,则又封报捕人,一如前此对待民党"②。政党报刊总体上在这里崩溃了。一些尚存的或已丧失原有特性,或蜕变为御用报纸(如进步党的《京津时报》),可谓名存实亡,实已异化。我们看到,虚幻的议会政治、政党政治,把大批政党报纸召唤出来在北京汇集;而现实的权力政治、军阀政治,却又将它们在这里一一击溃,北京的这段经历生动地反映出中国政党报纸的历史命运。

　　北京还出有政府部门报刊,其性质类似清廷官报。在清帝退位次日,清政府的《内阁官报》就改组为袁政府的《临时公报》(后改名为《政府公报》)。其他下属机构也分别出版官报,组成政府报刊系统。袁世凯比清廷高明之处,就是他并不看重这类能量很有限的官报,而要经营具有强大宣传影响的近代型报纸。1917年他创办了自己的大型《亚细亚日报》,它和《民视报》《国华报》等报一起,组成相当庞大的御用报纸系统。这样,北京的华人报界就紧紧处于袁的主宰之下,这是当年清朝政府未能做到的。

　　北京成为全国舆论专制最严重的地区。这就为外国人在北京的新闻活

---

① 1912年7月6日,北京《国民公报》发表时评,攻击同盟会祸国殃民,北京同盟会系统的报纸《国光新闻》《民主报》《国风日报》等报负责人赴国民公报馆,捣毁机器家具,并将该报经理徐佛苏扭送警厅。
② 熊少豪:《五十年来北方报纸之事略》,载1922年《申报》编印《最近之五十年》。

动提供了有利条件。袁政府虽然对内专制,可是对于外国记者却采取放任政策。外报的言论和新闻报道往往成为人们了解北京政局的信息源。日本人的《顺天时报》一下成了北京最畅销的报纸。而当时一些重要新闻,如日本对华提出"二十一条"等,是由外国记者利用特权进行采访,外国报纸首先发布出来的。

继袁世凯而起的北洋军阀政府,其专制性质与袁政府并无差异,但迫于形势,对北京的言论出版控制暂时有所放松,通告前此查禁各报,"应即准予解禁",这里的报业遂又出现一些复苏现象。1912 年末,北京报纸曾逾百家,几经袁世凯摧残只剩 20 余家,现在则又上升至 70 多家。我们看到了一个重要变化,即这时兴起报纸的主要种类,已不是民元时代形形色色的党报,而是各种民办报纸了。其中广为人知的有邵飘萍的《京报》、章士钊的《甲寅日报》、张秋白的《东大陆民报》和再次复刊的《京话日报》等。而《群强报》则是以适应下层市民情趣为宗旨的非政治性小报,它一纸风行,显示出北京报纸发展的新动向。

另外也出现几家新办的党派报纸,主要有研究系的北京《晨报》(初名《晨钟报》)、政学会的北京《中华新报》。这里,两个最大政党国民党——中华革命党和进步党的名字没有了。这正如有人所说,"军阀势力高于一切,只能从其时政治上人事彼此分合之间见出种种派系,无政党组织可言,过去两党卒不再见"。报纸的政党色彩淡化了,像过去政党报纸之间火热斗争那样的现象消失了。

效法袁世凯,段祺瑞也积极掌握舆论手段,上台后以巨资出版了自己的喉舌《公言报》,并网罗当年袁的御用报(如《国华报》,后改名《新民报》),结成他的嫡系报纸系统供其驱使。他还广行贿赂,大肆收买报纸,当其认为统治地位已趋稳固,便对报界的控制愈益严厉,动辄封报捕人,一如昔日袁世凯政府。1918 年 9 月 24 日,只因报道段祺瑞向日本借款的事实,一下就查封了北京八家报纸、一家通讯社,经理、编辑多人被捕,举国愤慨。

北京再次成为全国新闻专制最严重的城市。但和过去比,情况也有变化。那时的袁世凯政府对地方军阀政府尚能施行中央集权的统治。而今军阀分裂了,他们分掌各省政权,把持中央政府的段祺瑞其实只是皖系军阀势力的代表,"中央对地方指挥不灵,各省之中,督军能力也不尽能驾驭"①。段政府在北京所实施的新闻政策并不能照样在全国推行。北京报界的政治处境反映出全国总时势,也显现出北京的地区性。

北京报刊日渐成为全国新旧文化斗争的主要阵地,这是引人注目的新现象,首先活跃起来的是中国传统文化。1912年冬,出版了以"保存国粹""倡导国学"为己任的《中国学报》。接着,孔教会(会长康有为)由上海迁到北京,创办了机关报《经世报》(在沪时其机关报为《孔教会杂志》),并在一些军阀政府控制的报纸鼓噪下,尊孔复古的思潮泛滥一时,为袁世凯颠覆共和、复辟帝制活动制造舆论。

民初,北京报刊宣传西方文化也还是比较早的,《言治》《学艺》等刊是其主要阵地,其性质实为清末同类宣传的继续。1917年初,《新青年》由上海迁来北京,和汇集于北京大学的新派知识分子相结合②,这就使新文化宣传在这里发展起来,并扩大了它的影响。继之而起的有《每周评论》《新潮》等报刊,和某些报纸副刊一起,组成强大的力量,使北京成为新文化的宣传中心。封建顽固势力也积极活动起来,纷起攻击(《公言报》是他们的主要喉舌),至"五四运动"前夕,形成了新旧思潮的大激战。影响深远的新文化运动,从这里起步了。

新文化宣传也推动了报刊业务、报纸副刊之革新,以及白话文在报刊中的运用等,在这些方面,北京报刊作出了特殊贡献。新闻报道与时事评论交融、思想宣传与政治配合的四开小报《每周评论》在"五四运动"中成为广为仿效的流行报式,连报名也广为仿用,如《湘江评论》《星期评论》《钱江评论》《双周评论》等。

科学技术性、学术性刊物则冷寂得多,比起上海相差甚远。但也出现了重要变化,这期间出版了著名的《清华学报》《北京大学月刊》和专业性的《中华工程师学报》《观象丛报》《故宫周刊》等报刊,这是以前未曾有过的新气象。

---

① 丁文江、赵丰田:《梁启超年谱长编》,上海人民出版社1983年版,第817页。
② 《新青年》迁北京不久,即改为同人刊物,由北京大学的教授陈独秀、钱玄同、高一涵、胡适、李大钊(图书馆长)、沈尹默等六人轮流编辑。

这期间新闻界出现一重大变化,即言论出版虽然受到严厉的控制,而在采访自由方面却有了历史性突破。记者可以直接采访政府官员(包括总统、总理),可以旁听国会会议(英美等国记者经过长期斗争才取得这项权利),国务院还经常举行发布新闻的记者招待会。这在清代,即使普通官吏也是不容许记者访问的。这一突破并非自北京始,可是北京具有典型性,其意义和影响都特别大。记者所以能取得这重大突破,一是当时革命共和大形势的推动,这是容易理解的;更主要的是,在当道者看来,容许记者采访并非新闻自由的要害,讲什么,如何讲之权利在我,何况政府掌握有对报纸出版的控制权,作为对他们的最后保障。

这就为记者提供了比过去更为广阔的活动空间,风云多变的政治中心北京,则是他们奋力驰骋的大好场所。如果说,以往我们的新闻写作队伍中,驰名于世的只有报刊政论家,而现在,我国第一批著名的新闻记者①在这里成长起来了。他们是黄远生、邵飘萍、张季鸾、胡政之、徐凌霄、刘少少等人。过去,新闻记者是受到社会鄙视的一种职业,现在记者的社会地位大大提高了。当时曾有记者深夜驾车直奔总理衙门采访段祺瑞,这在以往是不可想象的事。

这期间,北京在我国新闻教育、新闻学研究的历史上也写了新的一页。1918年10月,由校长蔡元培亲自发起在北京大学成立新闻学研究会,并为该校四年级学生开设"新闻学"课程,由美国学成回国的徐宝璜和《京报》社长邵飘萍"分任演讲",我国的新闻教育历史由此开端。同时,这也是我国新闻学研究的一大转折。蔡元培认为,大学不仅是给学生讲课的场所,"实以是为共同研究学术之机关"②。自由研究一时风靡全校,在这样的氛围下,向来倍受冷遇的新闻学研究一下登上了高等学府的科学殿堂。我国对新闻的探讨与论述早就开始了,但多为应时性的零散之作,像徐宝璜那样把新闻学作为一独立学科,进行系统的学术研究,这还是第一次。他的讲稿兼研究成果《新闻学大意》具有重要意义,不久后出版的中国人所写的第一本新闻

---

① 新闻记者原是一广泛的概念,包括报纸编辑和评论员等,这里专指从事新闻报道的新闻工作者,当时也称访员。
② 蔡元培:《北京大学月刊发刊词》,1918年12月10日。

学著作《新闻学》①,就是由该稿修改而成的。邵飘萍讲授和研究的是"应用新闻学",他将新闻的应用问题作为新闻学科的一个组成部分加以系统研讨,这在国内也属首创。他的这项成果,后经几次加工写成《应用新闻学》一书,和徐宝璜的《新闻学》珠联璧合,成为我国新闻学新时代的开创性代表作。近八年来,北京新闻事业的巨大变化反映出我国社会转型期矛盾的碰撞,生动地表现出时代的特征。从全国看,它在政治上、文化思想上不平凡的经历,又鲜明地呈现出北京的地区特性。北京新闻界对全国的影响达到了前所未有的高峰。

## 五、新闻事业在"五四"至北伐时期的变化

自1919年"五四运动"至1928年6月北洋政府被推翻这9年间,北京在全国新闻事业的地位虽有所下降,但仍是中外瞩目的重要报业基地,新闻事业继续有较显著的发展。其总体数量一时难以精确统计,有人估计,1924年在北京出版的报纸,再加上各类通讯社,共有200多家②,如包括短暂出现的群众性报刊,数字就更大了。

时代在急剧变化,多种社会矛盾(人民大众与封建统治的矛盾、军阀之间的矛盾等)在这里汇集、激烈碰撞。在这样的形势下,北京的新闻事业出现了一系列新的重大变动。

具有重要意义的是政党报刊所出现的革命变化。共产党报刊破土而出,标志着北京新闻事业新时代的开始。在极其困难的条件下,中共北京的党组织建立起具有相当规模的报刊系统。最早兴办的是北京共产主义小组的《劳动者》,中共北京区委(1925年改称北方区委)出版了区委机关报《政

---

① 《新闻学大意》在1918年曾在《东方杂志》《新中国》等刊连载,经修改加工,于1919年12月改名《新闻学》成书出版。任白涛的《应用新闻学》于1916年在日本完稿,虽早于徐宝璜的上述论著,但出版时间是1922年11月,比《新闻学》晚了三年。
② 张伍:《忆父亲张恨水先生》,北京十月文艺出版社1995年版,第96页。又据台北出版的曾虚白主编的《中国新闻史》,1926年北京出有报纸125家。

治生活》、社会主义青年团北方区委的《北方青年》①、指导工人运动的《工人周刊》和劳动通讯社。北京党组织还创办了以合法面孔出现的两家晚报：《新声晚报》和《国民晚报》②。此外，党组织还建立了自己的秘密印刷所，曾大量翻印中共中央政治机关报《向导》。北京和上海、广州、武汉一起，成为中共报刊出版的四大城市。就报刊数量和活跃情况而言，北京比起其他三市略感不及；可是，这里的报刊却联系长江流域以北与北洋军阀所统治的广大地区，其中有些报刊更通过北方区委所领导的铁路工人组织，传向铁路沿线各地。北京党报有着自己独特的重要贡献。

国民党报刊在北京的重建工作是在该党改组实行国共合作的进程中展开的。最早出现的是 1923 年 11 月创办的《新民国》杂志。报业有较大发展的是 1925 年，一年间共出版了三份公开报纸（和当时共产党只限于创办地下期刊有别）。1925 年 3 月初在孙中山于北京病危时，发刊了北京国民党组织的机关报《国民日报》。不久被段祺瑞政府查封后，再在冯玉祥的帮助下，先后出版北京《民报》和《国民新报》，后者和北京进步文化界有着广泛的联系。1926 年国民党北京特别市党部创办了《党声》周刊。这里的国民党报刊了较好地体现了国共合作关系，很多优秀共产党员积极参加工作，起了骨干作用。在革命斗争中，国共两党报刊也能很好配合。这里也曾出现国民党右派报刊（如《民生周刊》），但不成气候，比起上海、广州两地，其影响小多了。

进步党研究系在京的最后两张报纸《国民公报》和《晨报》，前者早已于"五四运动"之后不久被封，后者逐步淡化党报特性，1928 年也告停刊。这样，民初以来在北京活跃一时的老式政党报刊最终消逝了，以共产党报刊和经改组的国民党报刊为标志，开辟了北京政党报刊的新时代。

军阀政府对北京报业的操纵出现了新的情况。政治上一大变化是，由一个军阀派系控制政局的状况打破了，现在这里成为皖系、奉系、直系角逐的场所。这样，从军阀报系看，原由皖系报刊独步报坛的现象消失了，奉系

---

① 社会主义青年团北京团组织曾在 1922 年出版日刊《先驱》，出三期后因被查禁迁上海，成为社会主义青年团中央机关刊物。
② 张友渔：《报人生涯三十年》，重庆出版社 1982 年版，第 25 页。

势力打进来了。张宗昌资助薛大可在北京和天津办起了《黄报》,张作霖更出新招,聘请英国人辛博森创办兼有中文版和英文版的《东方时报》,其影响有驾皖系势力而上之势。军阀内部的新闻斗争也就开始了,在直皖战争失败后,皖系的《公言报》被直系军队捣毁而停刊。《东方时报》在直奉军阀共同把持北京政府期间,就曾采用多种手段抵制新闻检查,进行揭露直系的活动,后因奉系在直奉战争中失败被迫一度停出,这是北京报界的新景象。北京政治上又一大变动,就是原来军阀政府相对稳定的局面不存在了,它已处于日益发展起来的革命群众运动和战争的压力之下,形势空前严峻。这样,军阀政府对待北京报界,虽仍然是硬和软的两手,但有发展。就硬的一手而言,军阀政府封报捕人比以往毫无逊色,令人吃惊的是,在1926年4月26日至8月7日的103天内,悍然杀害了著名记者邵飘萍、林白水,并拘捕《世界日报》社长成舍我,其疯狂性为北京新闻史上所首见。就软的一手言,以津贴方式收买报纸早已有之,不过像段祺瑞政府那样,其津贴对象几乎遍及北京稍有影响的大小报馆,甚至"有些报社、记者讨津贴"①,"还有的报社、通讯社因没有领到'津贴',登报质问"②。像这样的情况,可说闻所未闻,这正表现出军阀政府急欲摆脱舆论极端孤立状况不择手段的窘态。

  大量发展起来的是民办报纸,据有关材料估计,最多时北京有百种上下(1926年),这个数字在全国各大成市中处于领先地位,不过这只是一种畸形"繁荣"。它们大多靠津贴维持,既无印刷设备,又无专职记者,有些更在"别家已经排成的报纸的大样上,照样的套印一下,不过改写一个报头"③,就算出版了一份报纸。它们也大多各有政治背景,接受津贴,报格不高,但和过去那样卖身投靠,完全为军阀张目的报纸已少见了④。不同凡响的是邵飘萍的《京报》(1920年9月复刊),它坚定地和人民群众一起,进行反军阀反帝国主义的斗争,走在时代的最前列。有重要影响的还有林白水的《社会日报》,当年林所主持的《公言报》是军阀政府的喉舌,而现在《社会日报》

---

① 徐铸成:《李思浩生前谈从政始末》,《文史资料选辑》第二辑,1978年。
② 贺逸文等:《北平〈世界日报〉史稿》,《世界日报兴衰史》,重庆出版社1982年版,第45页。
③ 张静庐:《中国的新闻记者与新闻纸》,上海现代书局1930年版,第48页。
④ 参见邵飘萍:《通讯社有可以操纵言论之能力否乎?》,《京报》1921年1月7日。

已转为反军阀统治的舆论工具了。成舍我作为一名知识分子，连续创办《世界晚报》《世界日报》和《世界画报》，随后发展为具有全国影响的报系，这是北京新闻界的新现象。出版这些政治性较强的大报同时，北京兴起一种适合下层市民情趣和知识水平的小型报纸的潮流。北京被认为是"中国小型报最早也最流行的地区"[①]。崭露头角的是创办于1917年的《群众报》，其销数超过当时各家大报，居北京之首。这类报纸在"五四"以后获得新的发展，竞争渐趋激烈。注重改革的《实事白话报》《时言报》等报击败了保守的《群强报》，风行全市[②]。

这期间，晚报也活跃起来，北京第一家晚报是创刊于1920年4月5日的《北京晚报》，比上海要迟得多。可是，"晚报的销行上海比不上北平"[③]，发展的势头也较上海迅速。1923年起步伐加快，至1924年4月，常见的晚报已有18家，超过了上海。较为重要的有《世界晚报》《北方晚报》《大同晚报》和《国民晚报》等。这里的晚报，当时一方面要适应广大市民的兴趣爱好，另一方面也要满足京中众多官僚政客的需求。这就使得它不仅要广登富有兴味的社会新闻，同时也需刊载各种背景的政治新闻，有些重要的时事消息是由晚报首先透露出来的。在北洋军阀专制统治下，当时的晚报还起有一种特别作用，就是革命政党把晚报作为合法斗争的方便手段。正是基于这样的考虑，北京的中国国民党和中国共产党，都曾先后主办《国民晚报》进行反军阀斗争，中共还一度出版过《新声晚报》。

据《北洋政府国务院档案》材料，1919年5月至1928年5月9年间，在北洋政府立案的报刊计有376种，其中晚报38种，实际出版的数字当然会大大超过此数[④]（当时北京市人口约100万人）。

随着报纸数量的增加，通讯社也日渐多起来。当时业内人士估计，1921

---

① 成舍我：《由小型报谈到〈立报〉的创刊》，《报学》（台北）一卷七期，1955年4月。
② 同上。
③ 张静庐：《中国的新闻记者与新闻纸》，上海现代书局1930年版，第60页。
④ 一批处于秘密或半秘密状态的报刊当然不计入，即属普通报刊，仅就手头材料略予查核，发现未收入该档案统计表的已有20多种，如《民和报》《日知小报》《北京新报》《民治报》《亚东报》《中报》《京兆民报》《京津民报》《京津晚报》《大陆晚报》《国际晚报》《华报晚刊》《国耻日报》等。

年初有十数家,1924年则增至20家以上①,随后还继续加多。当时北京报纸虽多,但条件大多很差,缺乏新闻采访力量,其新闻材料主要靠通讯社提供。正是这种情况推动了通讯社纷纷兴办。这些通讯社也同样简陋落后,可是北京社会上一些引人关注的消息和政府要闻却是通过它们传播出来的,功不可没。正如邵飘萍所称,这些通讯社,"虽多数仍属幼稚可哂,而政府中重要新闻,殆无始终能藏其秘密者:是又北京新闻界可纪之历史也"②。邵飘萍于1916年创办的新闻编译社继续发挥重要作用,北京其他通讯社"其纪载新闻之格式,一仿新闻编译社,至今而未改"③。此外较有影响的通讯社有国闻通讯社北京分社、中美通讯社、神州通讯社、民立通讯社、民治通讯社(被封)等。尤有历史意义的是毛泽东曾于1919年12月在北京创办平民通讯社,进行反对湖南军阀张敬尧的斗争。中国共产党于1923年在北京创办劳动通讯社,成为中共在地方最有影响的通讯社,1926年4月在奉系军阀专制政策下被迫终止活动。

中国的广播电台首先是由外国人在上海创办起来的,设于大来洋行的"大陆报——中国无线电公司广播电台"于1923年1月23日晚首次播音。北京的北洋政府交通部于1924年制定无线电广播法令,对开始兴起的广播事业进行管理,同时着手在北京、天津筹建官办广播电台。由于北京政局动荡,至1927年9月1日,北京广播无线电台开始播音。同年年底,北京出现了第一座民办燕声广播电台,一种新型的新闻事业由此在北京开端。

这期间,北京的平民大学、燕京大学、民国大学相继成立报学系,与上海诸大学设立的报学系南北辉映,这是中国新闻事业步入现代化的一个重要标志。京沪相比,北京的大学新闻教育略居于领先地位。

## 六、政治中心南移后的北平新闻事业

1928年起,北京的政治形势出现了历史性变化。一个重要表现,就是

---

① 邵飘萍:《我国新闻学进步之趋势》,《东方杂志》1924年3月第21卷第6号。
② 同上。
③ 同上。

## 第二章　北京新闻事业发展概要

近17年的北洋军阀统治宣告结束,蒋介石国民党的新政权由此开始,新军阀代替了旧军阀。这一局势给北平新闻事业发展带来了深刻的影响。

国民党新闻事业系统首次在这里建立。1929年元旦,直属国民党中央宣传部的《华北日报》在北平创刊,是国民党最早三个直属中央的党报之一,日出三大张,并附出多种专刊和学术月刊。1930年1月,北平还出版了直属国民党中央的唯一外文报纸——英文《北平导报》(*Peiping Leader*)。在北伐军进城不久的1928年夏,又创办了北平市党部的《北平民国日报》,日出两大张。通讯事业方面,1928年8月迅即成立了中央通讯社北平分社。广播事业创建较迟,国民党的北平广播台约在1935年前后开始播音,同时还在北平设置了河北广播电台。这样,国民党在北平建立起完整的新闻事业系统,并和蒋介石国民党以南京为中心,伸向全国的新闻事业网络相衔接,成为其一个重要组成部分。北京自民国以来原是政党报业中心,党报林立,喧嚣一时,随着时势的转移,渐趋衰落。现在,那种杂乱、松散、依附于北洋军阀的旧式政党报业终告消逝,而由蒋介石国民党所兴办的现代型政党新闻业代之而起,反映了时代的变化。

北平这种新起的国民党新闻业看起来很是强盛,可是实际上矛盾重重,脆弱不堪。从全国看,当时的北平正处于新军阀之间矛盾冲突和日本帝国主义侵略势力深入华北而造成尖锐民族矛盾的时刻。严重的政局动荡给北平国民党新闻事业带来强大的压力。1930年春,反蒋势力控制北平,这里的蒋介石国民党新闻机构被迫停止活动,《华北日报》等被接收,另办报纸和通讯社(不久恢复原状)。1932年2月,国民党的英文报纸《北平导报》因刊载高丽独立党宣言,社论涉及日本天皇,日方要求华北当局勒令永久停刊,该报遂被绥靖公署查封,并于这年6月改名为《北平英文时事日报》(*Peiping Chronicle*)复刊。为逃避日方注意,特请英国人李治为总编辑,这实为后来上海"孤岛"时期大量出现洋旗报的预演。待到1935年冬,冀察政务委员会成立,北平地位特殊化以后,北平国民党新闻机构所处环境就更为艰难了。

由于政治形势严峻,国民党虽然在这里建立报社、通讯社、广播电台整套的新闻事业系统,但是其发展是受到限制的。以报刊言,品类较少,党报与非党报的比率也是全国最小的(就蒋介石所控制的地区言),南京最高,占23％,蒋系党报在上海尚不发达,仅占6％,而北平则占4％(数据来源为许晚成所编《全国报馆刊社调查录》)。

　　作为宣传机构(非政府机关报)政府系统也出版了报纸。北洋政府倒台,阎锡山进驻北京后,先后创办了《新晨报》(利用原《晨报》机器设备所办)和《民言报》。1930年12月,张学良入主北平时,又将《新晨报》改名《北平晨报》,作为政府的宣传工具。这类报纸(如《北平晨报》)和北平国民党新闻机构保持着合作关系,但态度并不完全一致,有时还表现出严重分歧。

　　北京政治形势另一历史性变化,就是南京取代北京成为中国的首都(北京改名北平),全国政治中心南移。这样,北京(北平)在全国新闻界所处的地位明显下降,首先从外国在北平的新闻机构表现出来。当然,北平仍然是中国一个重镇和政治风云多变的要地,外国(主要是美、英、法、日等国)在这里的新闻媒介还是很活跃的。不过,现在外界已不像过去那样把它作为全国最主要的政治新闻中心来看待了,设在这里的新闻机构和人员渐渐减少了。据相关资料记载,自1928年至1932年,离开北平的外国原驻京记者就有美国合众社的高尔德、《纽约时报》的哈·阿本德、英国《曼彻斯特卫报》的埃尔士顿、美国《芝加哥论坛报》的戴莱等人(其中有的转至上海任职)。原由美国人柯乐文所办英文报纸《北京导报》于1929年宣告停刊(由国民党中央宣传部收购,改名《北平导报》)。苏联塔斯社北平分社于1934年底停止活动,并入该社上海分社。令人关注的是日本的动向,日本人于1901年在北京创办有重要影响的中文《顺天时报》和1919年在这里创办的英文《华北正报》(North China Standard),在1930年3月同时停刊,半年以后,创办于1922年1月的日文《北京周报》也宣告停办。此外,日本满铁会社调查部于1924年所办日文《北京满铁月报》,也在1929年迁上海改名《满铁支那月志》。至此,日本于20世纪初起在北京建立起来的相当强大的报刊宣传网点,几乎完全瓦解。对于这一现象之出现,尚需作进一步分析,但中国政治外交中心的南移,当是重要原因之一。显然,对于外国新闻界,和上海、南京相比,北平已退居次要地位了。

　　对于中国新闻界来说,情况也非常相似。以往这里曾是各方人士前来办报的热点，争奇斗胜，热闹非凡，而今已是形势大异。"由于国都南迁，市面萧条"，所剩"几十家报纸通讯社也不过勉强维持"①。那些昔日曾逞雄报坛的报纸，现在也已风光不再。活跃一时的《北京日报》终于宣布停刊；驰名南北的《北平晨报》被接管改组；享有盛名的《京报》已是困难重重，难以为继；当年销行甚广的《益世报》，日见消沉，未有起色。这期间，也出现过多种新办的报纸，可惜除了个别报纸外，堪称后起之秀的却未之见。当年很多外地报纸派著名记者纷集北京的盛况也不存在了。

可是这个时候，北平报界却有异军崛起，开创出一番新的业绩。一是《世界日报》，它几经波折，到了1930年前后，顺应潮流，厉行改革。除增置先进设施，扩大规模，实行科学管理，以推进报纸现代化外，尤为重要的是，它一改前阶段对国家政事谨小慎微的低沉态度，在民族危机日趋严重之机，不顾艰难压抑，奋起疾呼抗日救亡，影响激增。同时针对北平传统的社会条件，着重面向教育、学术、文化界和广大市民层，在言论、新闻、副刊、专刊和编辑工作等方面进行了一系列业务变革，令人耳目一新。销数由突破万份升至1.5万份，最高达两万份，为北平各大报销数之冠②。一是《实报》，1928年为管翼贤所创办的四开小报。该报的优异之处就在于，这张小报和大报一样重视时事政治，广登新闻，讲究文化品位，即所谓"小报大办"。它又根据版面小的特点，编辑上注重精编精写，言短意长，体裁多样，编排醒目，即所谓"精编主义"。这种不同于当时流行的小报，被称为"小型报"，开我国小报改革之先河。该报还广招进步报人参加工作，在抗日救亡运动中积极开展爱国主义宣传。这份小型报风靡全市，销数为各报首位③。但无论是《世界日报》还是《实报》，就其影响范围论，还不能算是全国性报纸。

在新的形势下，顺应潮流的改革，是北平报纸发展的主要动力。

期刊中，发行量最广的是胡适在1932年创办的《独立评论》。该刊长期以

---

① 贺逸文、夏方雅、左笑鸿：《北平〈世界日报〉史稿》，张友鸾：《世界日报兴衰史》，重庆出版社1982年版，第71页。
② 张友鸾：《世界日报兴衰史》，重庆出版社1982年版，第139页。
③ 关于《实报》销行最高数额，一说是12万份，一说是7万份（曾虚白），但其销数居当时北平各报之首则为共识。

来对抗日爱国运动持消极态度,对国民党的"安内攘外"政策则时相附和。可是,它所鼓吹的自由主义和独立精神(并拥有一批学术名流撰稿人)使其在全国知识界具有广泛的影响。1935年发行7 000份,1936年因载文反对"华北特殊化"一度被责令停刊,其时发行数已激增至1.3万份,遍销全国51个大中城镇。

1932年5月,张东荪、张君劢所主持的再生社(总部设北平)创办《再生》周刊,1934年国家社会党成立后成为该党机关报,这是北平新出现的一家政党报刊。

中国共产党的报刊宣传在国民党的专制政策和中共左倾路线下,遭到严重困难,原有报刊都已被迫停刊,难以复出。党只有通过供职于公开报纸的党员,特别是北平左翼文化界所出版的一批报刊(如《大众文化》《文学季刊》等),发挥可能的作用,这种影响是有限的,当时革命文化中心和发展高潮都在上海,而不是北平。1935年"一二·九运动"前后,中国共产党(这时摆脱了左倾路线的干扰)的报刊活动转趋活跃。党加强了北平文化界上层活动,出版了公开刊物《时代文化》。更为重要的是,这里的中共地下组织为推动猛烈发展的抗日形势,创办了《华北烽火》《长城》《国防》等刊物。北平的学生救亡报刊一时纷起,其中有北平学联的《学联日报》、北京大学的《北大周刊》、清华大学的《觉民报》、燕京大学的《燕大周刊》等,中国共产党在这些报刊中起着积极影响和领导作用。《燕大周刊》当时就是由中共地下党员主办并在中共燕大党支部积极支持下出版的①。中国共产党领导下的中华民族解放先锋队(以平津学生为基础成员),也创办了《民族解放》《我们的生活》《活路》等刊物。发源于北平的学生救亡报刊很快风行全国,成为中国报刊史上一个重要时代标志。而北京,在"五四"时期所开创的学生报刊传统,至此进入一个新的阶段。

这期间,北平的新闻教育有新的发展,燕京大学新闻系1927年因经费困难停办,1929年恢复后在教学设施、教学工作和师资条件方面都有很大改善。1932年由于和美国密苏里大学新闻学院有交流教授与研究生的关系②,新闻

---

① 赵荣声:《燕大周刊在"一二·九"》,《新闻研究资料》总第14期,中国展望出版社1982年版。
② 1932年,美国密苏里大学新闻学院院长马丁(Frank J. Martin)来燕京大学新闻系任教。与此同时,原燕京大学新闻系主任聂士芬(Vernon Nash),则前往密苏里大学新闻学院授课。

系成为燕京大学最受欢迎的专业之一,驰名全国。成舍我的世界日报社于 1933 年 2 月创办新闻专科学校,先后附设初、高级职业班。强调新闻学校目的在"改进中国之新闻事业,及训练手脑并用之人才",新闻学校之兴办,实为成舍我规划他办报宏图的一个组成部分。

新闻学著作有多种问世,以燕京大学新闻系所编写的居多,如《新闻学研究》(1932 年,论文集)《新闻事业与国难》(1935 年,燕京大学新闻讨论会论文集)、《战时的舆论及其统制》(1936 年,梁士纯)、《新闻学概观》(1935 年,梁士纯辑)等。尤有价值的是原燕大新闻系系主任白瑞华(R. S. Britton)用英文写的《中国报刊》(*The Chinese Periodical Press*)一书,1933 年出版,迄今仍被公认为中国新闻史的权威著作。此外,还出有吴晓芝的《新闻学之理论与应用》(1933 年)等书。

1933 年由《世界日报》发刊的《新闻学周刊》(成舍我主编)是当时较有影响的新闻学刊物,张友渔经常为该刊撰稿,文中他提出报纸是阶级斗争的工具的观点,这在我国还是第一次。

北京在新闻教育和新闻学研究方面,取得了较大的进展,和上海并峙,成为南北两大基地。

据统计,至 1936 年 6 月,北平出有报纸 62 种,期刊 168 种;同期,上海出有报纸 69 种,期刊 360 种;南京出有报纸 75 种,期刊 245 种[①]。这期间,北平出版有三家外国人所办外文报纸,即日本的日文《北平新闻》《新支那》和法国的《法文日报》。

## 七、北平沦陷时期的新闻界概况

抗战期间,北平的新闻界处于最黑暗年代。北平沦陷后,在日军策划下,迅即由汉奸组织"北平地方维持会"。1937 年 12 月 14 日,由日军扶植在北平成立伪"中华民国临时政府"(下简称"临时政府"),辖区为华北的河北、山东、山西、河南四省和北平(伪华北临时政府成立后,又改名为"北

---

① 许晚成:《全国报馆刊社调查表》,上海龙文书店 1936 年版。

京")、天津、青岛三个特别市。在这个华北沦陷区内,日伪建立起以北平、天津为重点的新闻机构网络,而北平就是这个网络的中心。

日军入侵后,北平原有新闻机构出现全面变动。这有几种情况:一是内迁,成舍我的《世界日报》《世界晚报》迁重庆,天主教系统的北平《益世报》先后迁重庆和西安,这类数量甚少。一是停办,国民党的新闻机构都是走这条路,像《华北日报》这样有影响的大报也没有迁地续办,而是干脆停掉(这和南京《中央日报》、广州《中山日报》、武汉的《武汉日报》这些同类性质报纸,情况大异)。邵飘萍夫人汤修慧的《京报》因无力迁移,只得宣告终刊。胡适的《独立评论》也停刊。三是继续出版,沦为汉奸报刊。有较大影响的为原曾持积极抗日态度的管翼贤的《实报》和《北平晨报》("七七事变"前报社主持人变动后已转向)。其他投敌的还有《时言报》《实事白话报》《新北京》《北京白话报》《平报》《大义报》等一批小报。

和上海不同,这里没有租界可资庇护,美英等西方国家势力的影响也小。在北平,要想像太平洋战争前的上海那样,用外国人名义办中国人的报纸(即所谓"洋旗报")以进行抗日宣传,是不大可能的。在日军入城之初,国民党以英国人李治为总编辑的《北平英文时事日报》曾继续维持出版,但只及三个月,就因不堪种种压迫被迫停刊。

北平一下成了由日伪新闻传媒与新闻机构所统治的魑魅世界。报纸方面,在其初期主要有四家:(1)《新民报》。为日伪在北平成立的施行奴化教育团体新民会的机关报,劫取成舍我的《世界日报》而办,1938年元旦创刊,由日本人武田南阳任社长,日出两大张。同年8月,伪北平市政府的《全民报》和《进报》并入,成为华北沦陷地区影响较大的报纸。(2)《武德报》。由日本军方"北支派遣军报道部"所创办(劫收国民党《华北日报》器材所办),同时也隶属伪治安总署,由日本人龟谷利一任社长,管翼贤为编辑局长。四开二张,免费分送给华北有关机关,成为日本军政当局对华北施行政治思想统制的工具。(3)《实报》。1928年创刊,管翼贤附敌后继续出版。(4)《晨报》。原名《北平晨报》,北平沦陷后因北平被改名为北京,该报也遂于1937年去掉"北平"二字,恢复初创时《晨报》原名,成为华北临时政府的报纸。还有一批小报,其中不少着重刊登社会新闻和娱乐性材料,但都渗透着奴化思想,也成为日伪报刊系统中一个有机组成部分。此外,还有日本人出版的日文报纸《新支那》和《北平新闻》,二报均创刊于战前,发行数量很少,如《新支那》只日销 200 份左右,此时则发展为重要日文报纸。

这些中文报纸情况不尽相同。处于核心地位的《新民报》《武德报》由日本华北派遣军直接掌握(有中国人供职);《晨报》则由在日本羽翼下的伪政府经营;居于多数的小报,包括《实报》,多由私人经营。但不管怎样,它们全在日本统治者统一管制之下。在出版、发行、内容刊登等方面,实行至为严密的控制。各报奉行"舆论一律"的政策,反共、反抗战,为日本侵华歌功颂德,成为各报宣传的主旋律。报纸销路不畅,通常一两千份,发行量最大的为《新民报》,最高可达几万份,这是在发行上采取"公费订阅""硬行派销"和"免费送阅"等途径达到的。为控制舆论,临时政府还对报纸进行整顿压缩。至 1939 年夏,北平的报纸只存 8 家,这仍然是临时政府所辖华北沦陷区各城数量最多的,占华北全部 24 家报纸的 1/3。天津为 4 家,仅及北平之半。北平的 8 家报纸中,《新民日报》《晨报》居前列,其他 6 家为小报,其中《民众报》为日军报道部所办;《实报》虽属私营小报,但因其极致的媚日宣传及该主人和日伪上层不同寻常的关系,受到特别器重。

北平期刊的数量比报纸多些,但也有压缩,至 1940 年 3 月,共约 82 种,比 1936 年北平所出期刊数量减少一半多。其中一部分是由日本侵略军北支派遣军报道部所直接掌握的新闻机构(如《武德报》《新民报》)出版的,有较大影响的为临时政府机关刊物《中国公论》,其他有《京警半月刊》《反共战线月刊》《剿共军》《防共》《皇协军》《新秩序》《新中国》《北平月刊》《中国文艺》《艺术与生活》《华北银线》《北京漫画》《妇女新都会画报》等,这些期刊的销数一般都很少。

通讯社方面,日伪在北平的通讯社一度有 20 家之多。随后日本统治者逐步整顿,加强统制。1938 年 4 月,日本的同盟社华北总局成立华文部,搜集北平的各种消息供各报采用。1940 年 2 月,以这个华文部为基础,成立了一独立通讯机构——中华通讯社,名义上属临时政府,实际上仍由日本控制。社长即由原华文部部长佐佐木健儿担任。总社设在北平,在华北沦陷区和东京设立十个分社。中华通讯社是日伪对华北沦陷区进行新闻统制的重要工具。

广播方面,1937年底,在日本广播协会操纵下,成立了"北京(北平)广播电台",作为伪"中华民国临时政府"的中央广播电台。1938年元旦开始播音,用中、日两种语言播送。与此同时,在临时政府所辖地区,设置了天津、济南、青岛、唐山、石家庄、太原等七座电台和两个特殊电台。按照日本的统一经营华北广播的方针,各市电台的中文广播皆以北平电台所播内容为基调。北平电台处于领导地位,而北平和华北沦陷区各电台,又都在日本占领军监督和指挥下活动的。可以看出,日本侵略者对广播事业的控制更为严厉。

就这样,在北平形成了一整套日伪新闻事业体系,并以此为中心,和临时政府所辖城市的新闻事业结成一个严密的网络。这网络是依照日本侵略者的意志,并以一种强力手段自上而下实现的。这是法西斯政治与殖民地社会相结合而产生的新闻事业怪胎。

1940年3月,在日本的扶植下,汪精卫在南京成立了伪中央政府——"国民政府",以图实现除伪满洲国外的沦陷区的统一。华北的伪中华民国临时政府改名为"华北政务委员会",名义上成为汪伪国民政府属下的地方政权,实际上仍具有较大的独立性,不过,北平的新闻宣传工作还是要受到这一变动的影响。

汪伪国民政府在其行政院下设置宣传部,以指导和统制整个沦陷区的新闻宣传工作,这样,作为伪国民政府的北京特别市,其新闻宣传工作就受到汪伪宣传部和本市军警的双重统制。1940年8月,设立了"北京新闻检查所"进行专门监督。这个检查所名义上属伪宣传部,实则归"北京特别市警察局"管辖,受日本占领军直接掌握,较南京、上海等其他城市更为严厉。

汪伪书报发行实行统制政策。1940年8月设立中央书报发行所,垄断沦陷区报刊的发行权,华北沦陷区报刊发行工作受到严重限制。按规定,该区报刊向其他地区发行须经中央书报发行所寄发。这样,北平的报纸发行至华中的只有《新民报》(天津只有《庸报》);杂志只有《中国公论》《国民杂志》《慈伦妇女》三种。同样,地区外的报刊,也须经过设在北平的华北文化书局才得以在北平等市发行,非经这一渠道输送的报刊,军警宪兵均可一律检扣。

汪伪国民政府在日本操纵下,于 1940 年 5 月 1 日在上海成立垄断性的"中央电讯社",以期统一全沦陷区的通讯事业。该社属伪宣传部,在所辖地区成立十个分社和五个通讯处。可是整个华北只在北平设置该社通讯员,在这一地区处于主导地位的通讯社,仍然是原"临时政府"所建立现隶属于"华北政务委员会"的中华通讯社(由日本直接控制),而不是汪伪的中央电讯社。在广播方面,汪伪在 1941 年 2 月于日本宣布交还所谓中国广播事业权后,建立了名义上属于伪国民政府的"中国广播事业建设协会"和"广播无线电台管理处",以期统制全沦陷区的广播事业。不过北平和华北情况不全一样。"华北政务委员会"成立后,曾于 1940 年 7 月在北平建立"华北广播协会",以统一经营华北沦陷区的广播事业。在汪伪的"中国广播事业建设协会"等"中央"级机构成立后,"华北广播协会"依然直接受日占领军控制并发挥原有作用。1941 年,以北平为中心建立了 12 座广播电台。可以看出,沦陷区新闻事业,华北有其特殊性;就城市论,北平有别于南京、上海。

自太平洋战争爆发,特别在汪伪国民政府对英美宣战以后,北平的新闻事业受到了进一步的统制,英美通讯社的稿子全被禁用,燕京大学新闻系被迫停办(该校校长司徒雷登被日本监禁)。1944 年 2 月,还在北平增设北戴河电台,作为中继站转发中文广播,并在附近电台增设日语广播以适应战时需要。

这期间,日伪实行所谓战时新闻体制,推向整个沦陷区。北平新闻界也随之响应,除通讯广播事业外,在报刊方面也采取了一些调整。临时政府时期,北平有小报 20 余种,至 1942 年底,有的合并有的停办,只剩下 5 种;至 1944 年 5 月只剩下两三种了。期刊也呈逐步紧缩趋势,1940 年 3 月为 82 种,1942 年减至约 70 种,至 1943 年底,只剩下 58 种了。这个数字在全沦陷区城市中还是最多的,上海也只有 43 种,南京 19 种,汉口 7 种,天津、广州各只有 4 种①。北平 58 种期刊中,有较大影响的为《中国公论》《国民杂志》《新民月刊》三刊,周作人主办的文艺期刊《艺文杂志》受到较广泛的注意。

---

① 材料来源见《申报年鉴》(1944 年)。

报纸方面,根据日伪"使华北宣传报道一元化"的方针,"华北政务委员会"将华北报社合并改组,北平的《新民报》《实报》《民众报》和天津的《庸报》《新天津报》于1944年4月末全部停刊,组建华北新报社股份有限公司,以经营新建的北平《华北新报》、天津《华北新报》和随后设立的石门、太原、保定等市的《华北新报》。华北新报社股份有限公司和华北新报社总社地址设在北平,由"华北政务委员会"情报局局长管翼贤任公司董事长和总社社长①。这种为应付日益险恶的战时局势而推行的新闻宣传一元化方针,使北平实际上只剩下一张报纸,而且步履维艰,摇摇欲坠,预示着日伪新闻事业的末日即将来临。

1940年7月,北平成立中华新闻学校(两年后改名中华新闻学院),它和差不多同时创立的南京的"中央宣传讲习所"一起,成为沦陷区两大新闻教育机关,南北并峙,影响一时。不同的是,后者为汪伪国民政府所办,是所谓中央级的,面向全沦陷区;而前者为"华北政务委员会"所办,是华北地区性的。再者,后者着重培养宣传指导干部,面广类多(除新闻外,还包括艺术、电影、戏剧等),学制半年,系短期培训性质;而前者则按院校体制,分设新闻、管理(主要为报业管理)、宣传三系,学制虽也只一年,但课程设置较为完备(从新闻系看),教学的专业性、系统性较强。尤有一重要区别,即它们的最高决策者虽都是日本人,但表现却不尽相同。中华新闻学校(院)公开地以日本同盟社华北总局华文部部长兼中华通讯社社长佐佐木健儿任校(院)长,而"中央宣传讲习所"则摆出由华人"自主""自理"的姿态,由汪伪国民政府宣传部部长林柏生兼任,所中要员多为华人。在政治教学方面,虽都强化媚日的奴化教育,可是中华新闻学校(院)所致力的是阐扬日本主子的思想和政策,而"中央宣传讲习所"除此外,积极进行汪记的三民主义和国民党的党化教育。中华新闻学校(院)的报考资格为"大学或专科学校毕业及修业两年期满之学员"("中央宣传讲习所"的报考条件类似),毕业后分派到"华北各报通讯机关服务"。管翼贤任这个学校的教务主任,也是主要教授,讲授新闻学。所编教材《新闻学集成》(共8册),内容广博,有一定的资料价值。

如前所述,北平沦陷后燕京大学新闻系曾继续兴办,该系新闻学会在

---

① 黄士芳:《汪伪的新闻事业与新闻宣传》第二章,未刊稿。

1941年5月1日创办《报学》杂志,原已创办的《燕京新闻》仍在出版。这是当时北平新闻界唯一一块不受日伪控制的小天地。在1941年末太平洋战争爆发后,它也就被日本侵略势力吞噬了。直到日本投降前,北平再没有出现过新闻杂志。

## 八、从胜利到解放北平时期新闻界的剧变

1945年8月日本投降,北平原有新闻机构全被接管,新的新闻事业在这一片废墟上重新建立起来,如此彻底的变易在北平并不是首见。

国民党的新闻机构依仗其特有的中央政权优势,首先在北平抢占阵地。1945年10月1日,国民党宣传部直属《华北日报》和英文《时事日报》同时恢复出版,并创办了国民党北平市委机关报《北平日报》。国民党中央通讯社北平分社也在这个月重新建立。国民党北平广播台的重建工作,更早在8月末就开始进行,9月开始播音。不久,国民党军事部门的《阵中日报》北平版和军事新闻通讯社(简称"军闻社")北平分社也相继创立。这期间创刊的,还有国民党军事委员会北平行营(后改称北平行辕)机关报《经世日报》、国民党华北"剿总"的报纸《平明日报》。此外,一时涌现于北平街头的,还有一批仰仗国民党津贴生存的报刊和通讯社。这样,国民党不仅完全恢复了原在北平的新闻阵地,而且建立起一种以宣传部直接控制的报纸、通讯社、电台为核心,党政军相统一,具有多层次的庞大新闻宣传系统,这是国民党过去从未达到的。当然,对当时北平新闻界来说,它是带有独占性的。

引人注目的是,中国共产党报刊活动也在北平积极开展。在日本投降不久,中共地下党北平市委文化工作委员会于1945年9月中旬创办了《国光日报》,一个月后被封,再出《人民世纪》,至1946年3月也告停刊。为期虽然短暂,但争得了时间,赶在国民党的《华北日报》出版前,向北平人民传递了中国共产党的声音。1946年2月22日,中国共产党的机关报《解放》三日刊在北平创刊,新华通讯社北平分社也同时建立,这是中共在华北唯一的公开新闻机构。以往,中共地下党虽然也曾在北平出版过报刊,但像这样性质的公开报纸和通讯社,还不曾有过,这是重大的历史性突破。

抗战时内迁的著名大报《世界日报》《世界晚报》和北平《益世报》，都在1945年年底前迁返北平复刊。创刊于1929年的南京《新民报》，抗战期间迁重庆，日本投降后发展为五社八刊，1946年4月出版《新民报》北平版（日刊）。在这前后还有新创办的大小日晚报和通讯社各有数十种之多。大约自1946年初起，全国各大城市报纸纷纷派出驻平记者或约聘通讯员，报界名流纷集。不同政治倾向的政治时事性期刊也发展起来，较有影响的有中国民主同盟的《民主周刊》（北平版）、《民主青年》、《世界知识》（华北版）和由胡适主办的《独立时论》等。

外国新闻机构也恢复了在北平的活动。1946年1月军事调处执行部成立在北平的办事处后，渐趋活跃，美国的合众社、联合社、《芝加哥日报》《基督教科学箴言报》《巴尔的摩太阳报》，英国的路透社、《泰晤士报》《伦敦每日邮报》均派有驻北平记者，法国、加拿大、瑞士、瑞典、荷兰等国新闻机构也有记者来北平采访。苏联的塔斯社北平分社曾在1934年底撤销，这时重新建立。特别要提起的是，美国官方新闻机构美国新闻处，在1945年底设立了北平分处（总处在上海），广泛开展新闻报道与文化工作，很多中国知识分子（其中有不少进步人士和中共党员）在该处供职。首任分处处长是福斯特（John Burt Foster）。

北平，重新成为中外新闻活动的热点。这是国民党政权第二次（也是最后一次）统治北平新闻界，和上次相比有一共同点，即北平都是处于全国性激烈政治斗争的前沿，新闻界的形势十分严峻。但有一根本性的区别，即当年正处于中华民族与日本侵略者生死斗争的时刻，而现在则是以国共为代表的中国两大政治势力进行大决战的关头。

报界的政治关系发生了重大变化。原由中日民族矛盾所制约的联系中断了，国共两党的对立关系差不多支配着整个北平新闻界，大批处于中间状态的新闻机构不断出现变动。复刊后的北平《世界日报》《世界晚报》和北平《益世报》转向拥蒋反共的立场。胡适主持的《独立时论》比起上一阶段的《独立评论》，其拥蒋反共立场更明显了。而另一些报刊，如《新民报》等，则在民主进步道路上迅速成长。至于国民党统治者，过去对其主要对手日本侵略者一味采取妥协政策，控制北平的新闻宣传，以迎合敌方要求。可是现在,对于以共产党为代表的进步势力,则采取蛮横的压制政策,北平新闻界成了它淫威之下的恐怖世界。日本投降后,国民党政府在国统区新闻界斗争之下,被迫于1945年10月1日宣布停止实行新闻检查制度,可是收复区(原沦陷区)不包括在内。北平战后的新闻检查,从报纸重建之日起就严厉施行。一开始就每日检查报纸清样,不断任意扣压稿件。1945年11月中旬,"双十协定"签订不久,《国光日报》即遭封禁。1946年夏起,对新闻界的压迫变本加厉,这年的5月29日,北平市警察局一次就查封了70家报纸、杂志、通讯社[①],而在一个月内被国民党军警绑走29人的《解放》杂志社和新华社北平分社也同时被封,这在北平新闻史上是创纪录的。接着内战全面爆发,国民党对新闻界的压制更带有疯狂性质,特务横行,打手四出,1947年2月中旬,几天之内就捕去包括新闻界在内的各界人士2 000多人。这样,从表面上看整个北平新闻界成了国民党的天下。

可是,另一方面,以中国共产党为首的进步力量在北平新闻界的活动,从来没有像现在这样活跃过,并且影响越来越大。日本投降后,大批富有战斗经验的中共新闻骨干迅即从各地聚集北平,其中有钱俊瑞、姜君辰、于光远、杨赓、马健民、萧殷、李炳泉、王汉斌、彭子冈、刘时平等人。开始时他们集中力量经营《解放》三日刊和新华社北平分社,为时虽然短暂(只三个月多),但在当时为全国所关注的舆论斗争关键时刻,所取得的卓越宣传成就,意义非同一般。《解放》最高曾发行5万份,和《新民报》日刊并列居北平各报销数之首。党的政策精神和政治主张如此深入地传播于北平各界群众,实属首见,也是一次历史性的胜利。

中共经常而广泛的新闻活动是通过地下党进行的,自北平收复至解放从未停止过。上面说过,1945年9月就创办了《国光日报》。在1945年11月至1947年9月间,地下党又运用各种社会关系,采用多种方式,建立了中外出版社。它经售的进步书籍与报刊前后有七八百种(其中包括中共出版的书刊,有的用伪装封面);每月出版的书刊有七八种。它还建立了一个遍布北平全市和扩及华北很多城市的发行网,在北平设立了近百个代售点,并

---

① 钱江:《北平〈解放〉三日刊记事》,《新闻研究资料》总第三十六辑,中国社会科学出版社1986年版。

在北大、清华、北师大、燕京、辅仁、中法、中国等大学聘有义务发行员①。这期间,中共地下党所领导的新闻出版机构成了北平和华北的新闻文化出版中心。1947年在反饥饿、反内战、反迫害和抗议美军暴行的斗争中,学生运动不断高涨。中共地下党积极领导了北平的学生运动,广泛开展了宣传鼓动工作,各大学编印的墙报、传单、油印和铅印的报刊十分活跃,《燕京新闻》《辅仁通讯》《抗联新闻》等学生报刊流传北平全市。尤令人注目的是《燕京新闻》,它自1946年在北平复刊后,积极迈向社会,在反对美蒋的斗争中,作出了一系列的出色宣传,成为学生运动的号角,直至北平解放才自动停刊。这期间,还有相当数量的共产党员供职于包括国民党系统和亲蒋系统的新闻机构。例如,进入"华北剿总"所办《平明日报》的党员前后有20多人(约占该报全体职工的1/4),分任采访部主任、国内要闻编辑、国际新闻主编、各类记者、广告室主任、电务员等职。北平《益世报》内,采访部和编辑部内的地下党员均占优势,著名记者刘时平是该报颇有影响的成员。甚至在国民党的中央通讯社北平分社内,也有若干地下党员任职。此外,还有一批共产党员在美国新闻处北平分处任职,前后有十数人之多(分处处长福斯特较为开明,后被解职)。这些地下党员身处险境,但利用各种可能的条件为新闻宣传和革命文化做了大量有益的工作,沉重打击了蒋政权的封锁政策。

纵观全局,在国民党对进步新闻事业镇压之后,该党所控制的新闻媒介有所增加。接着,战争急转直下向不利国民党政权方向发展,这就造成一种局势——共产党活动于地下,解放军包围于城外,北平新闻界的情况迅速变化。

在1946年春,北平的报纸、杂志、通讯社有一百数十家,至1948年1月,增加为大小报纸176家,通讯社65家,达到了战后新闻事业发展高峰。到了1948年8月,报纸只剩26家,通讯社剩21家,广播电台变化不大,至1948年底共有9家,基本上为国民党官办②。这就是北平解放时该市所留下的新闻机构。

---

① 李越:《记北京地下党领导的部分新闻出版工作》,《新闻研究资料》总第十三期,中国展望出版社1982年版。
② 王迪:《解放时的北京新闻界》,《新闻研究资料》总第二十九辑,中国社会科学出版社1985年版。

北平和平解放后,1949年2月间,北平市军管会文管会接管和查封了旧有新闻机构,《世界日报》续出一个多月后也被接管。旧有新闻机关继续开业的只有一家《新民报》日刊。

1949年2月2日,北平新华广播电台开始播音,标志崭新的人民新闻事业在北平(北京)的开始,我们看到的将是日新月盛的新闻新世界。

## 九、新中国成立后北京新闻业再度辉煌

中国人民政治协商会议第一届全体会议于1949年9月27日通过决议,确定中华人民共和国的国都定于北平,自即日起改名为北京。同年10月1日,毛泽东主席就在北京天安门城楼上向全世界庄严宣告中华人民共和国成立,中华人民共和国中央人民政府成立。北京集中了中共中央、中央人民政府、中央军委及政务院各部、委、院、署等全国党政军领导部门,理所当然地成了全国的政治中心。由于新中国实行高度集中的计划经济体制,政务院的财政、贸易、工矿、交通、农业等部门直接指挥全国财政金融、工矿企业、农工商、动力运输等经济命脉的运转,自然也就成了全国的经济中心。北京设有领导全国文教事业的政务院、文化教育委员会及文化部、教育部等领导机关,集中了数量众多的著名高等院校、出版社和各种文化机构,毫无疑问它又是全国的文化中心。正因为如此,中华人民共和国的新闻总署、国家通讯社新华社总社、中共中央机关报《人民日报》、国家级的中央人民广播电台、总政治部的《解放军报》、全国总工会的《工人日报》、共青团中央的机关报《中国青年报》等重要新闻机关和主要新闻媒介都集中在这里,北京也就顺理成章地成为新中国的新闻中心。由于政局稳定,这一格局半个多世纪来并未发生变化。

北京的许多重要新闻机构成立于新中国成立之前,主要有成立于1931年11月7日的新华社,原名红中社。在革命战争年代,新华社的总分社、分社和支社带有浓厚的地方性,新中国成立后的1950年4月,新闻总署发布《关于统一新华通讯社组织和工作的决定》,确立新华通讯社为国家通讯社,是国家集中统一的新闻发布机关。它受权代表中央人民政府发布公告性新

闻和外交性新闻,并负责给全国的报纸、广播电台提供稿件。1953年3月明确提出:"新华社是国家通讯社。应该成为消息总汇。"也就是说,要"在全国和全世界采集和发布有关中国和外国的政治、经济、文化和其他一切重要的,引起共同兴趣的新闻(包括文字的和照片的)"。"在全国和全世界采集一切重要的,不宜于公开报道的情况(包括文字的和照片的),提供中央和各有关方面参考"①。由此可以想见,新华社在中国新闻事业中所承担的重要任务。到1956年,新华社有国内分社31个,国外分社19个,设在布拉格、莫斯科、平壤、新德里、柏林、河内、雅加达、华沙、仰光、卡拉奇、伦敦、乌兰巴托、布达佩斯、金边、索非亚、喀布尔、开罗、布加勒斯特、地拉那。当时的社长为陈克寒,总编辑吴冷西。

《人民日报》,1948年6月15日创刊于河北平山,时为中共中央华北局机关报,1949年8月改组为中国共产党中央委员会机关报,在北平出版。该报的任务是向全国、全世界传播党和政府的方针、政策、主张,报道中国人民的声音和国内外发生的重要新闻,交流经济、文化、科学、教育等方面的工作经验和建设成就,介绍涌现的新生事物,阐述和探讨思想理论上的问题。从1955年1月起,除在北京印刷外,还在上海、武汉、西安、广州、成都、昆明、哈尔滨、乌鲁木齐、南昌等地出版航空版。《人民日报》初创时发行数为9万份,1955年增至71万份,其影响之大可想而知。胡乔木、范长江先后担任过该报社长,邓拓长期担任该报总编辑。

1957年10月,新华社、人民日报社曾就加强合作问题给中央写了报告,得到党中央的肯定。全面合作的目的是充分发挥新华社的潜力,加强《人民日报》的宣传工作。为了加强统一领导和宣传力度,新华社和《人民日报》编委会定期举行联席会议,制定统一的宣传报道计划,从而增强新闻宣传功能。

中央人民广播电台成立于1940年12月30日,原为延安新华广播电台。解放战争时期,随党中央迁至平山,称陕北新华广播电台。1949年3月25日,中共中央由西柏坡迁进北平,同一天陕北台也由平山迁入北平,改

---

① 方汉奇、陈业劭主编:《中国当代新闻事业史》(1949—1988),北京新华出版社1992年版,第70页。

## 第二章 北京新闻事业发展概要

名北平新华广播电台,1949 年 12 月 5 日,改称中央人民广播电台,成为名副其实的中共中央和中央人民政府的喉舌、人民的喉舌。原北平新华广播电台二台改称北京人民广播电台。1950 年 4 月,中央台专门组建国际广播编辑部,以"北京广播电台"(Radio Peking)的呼号,正式开办对外广播。当时使用英、日、朝鲜、越南、缅甸、泰、印度尼西亚 7 种语言对外国听众广播,宣传新中国的对外睦邻友好政策,报道新中国的建设成就,产生了越来越大的国际影响。

除了上述新闻单位外,新中国成立前就已成立的新闻机构还有《光明日报》《工人日报》《中国儿童报》《人民铁道》《中国青年》《北京青年报》《战友报》《首都公安报》等。新中国成立后创办的更多,居于军队系统的有《解放军报》《人民海军队》;居于政府系统的有《中国体育报》《冶金报》《国际贸易消息》《北京铁道报》等;居于国企系统的有《中国铁道建筑报》《首钢报》等;居于北京市委系统和共青团系统的有《北京日报》《北京晚报》《支部生活杂志》、北京人民广播电台和《中国青年报》《中国少年报》等。由此可见,北京新闻事业的特点是新闻单位数量多、级别高、层面广、覆盖面大、发行量多,对全国乃至世界都有深远影响,这些特点是其他省市和地区都无法与之相比的。

正因为如此,历次政治运动和重大事件,都是先由北京新闻界发动或发布,随后很快传播至全国。1950 年 6 月 25 日,朝鲜战争爆发,中国人民出于保家卫国的正义立场而奋起抗美援朝。《人民日报》除及时报道这一消息外,特辟《抗美援朝》专刊,从 1950 年 12 月到 1954 年 9 月止共出 190 期。《光明日报》同时刊出这一专刊,还编成 16 开刊物单独印刷发行。中央人民广播电台为配合抗美援朝运动,开办了《美国真相》《美帝侵华史》等讲座节目,极大地鼓舞了群众的斗志和军队的士气,终于迫使美国和南朝鲜集团在停战协定上签字。

在 1950 年 6 月到 1952 年底,中国人民在中国共产党的领导下曾先后开展过土地改革运动、镇压反革命运动和"三反""五反"运动。每次都是《人民日报》率先刊登《中华人民共和国土地法》《中华人民共和国惩治反革命条例》《关于实行精兵简政、增产节约、反对贪污、反对浪费和反对官僚主义的决定》等重要政策文献,发表社论《为实现全中国土地改革而奋斗》《为什么必须坚决镇压反革命》《评"星四聚餐会"》,并配合运动集中报道了一些重大事件,如关于天津地委书记刘青山、天津专署专员张子善盗窃国家资财被判死刑的案件,报道重庆不法资本家组织"星四聚餐会"进行盗骗国家资财等"五毒"行为,判决美国特务间谍李安东等武装暴动案件,刊出照片等罪证揭露外国特务阴谋炮击天安门的罪行等。北京地区的人民广播电台率先组织群众收听镇反广播大会的作法,收到显著效果,很快为其他省市广播电台所仿效。

这种从中央到地方,通讯社、电台、报刊协同作战的新闻宣传模式,在上述历次运动中,以及在恢复国民经济工作、婚姻法宣传、新宪法草案修订等重大事件中,都取得很大的成功,北京的中央级传媒成为全国新闻界的风向标。

然而,1955年夏秋以后,党中央的主要领导人思想上操之过急,导致农业合作化运动上再现了急躁冒进的偏差,《人民日报》在报道全国农业合作化迅速发展的同时,于1956年6月发表《要反对保守主义,也要反对急躁情绪》的社论,指出:"急躁情绪所以成为严重问题,是因为它不但存在在下面的干部中,而且首先存在在上面各系统的领导干部中,下面的急躁情绪有很多就是上面逼出来的。"[1]这一发人深省的精辟见解却遭到毛泽东极为严厉的指责,从而使极"左"思潮长期泛滥,成为一个久治不愈的顽症。

从1955年的批判"胡风反革命集团"、1957年的反右派斗争、1958年的"大跃进"运动到1966年的"文化大革命",每次运动也都是由中央级报刊在北京首先发难。如1955年5月13日开始,《人民日报》登出经过分类整理并加注的胡风给舒芜的信件《关于胡风反党集团的一些材料》,以后又陆续登载第二、第三批材料,胡风的"反党集团"升级为"反革命集团"。各地报刊、电台、通讯社立即响应,大张旗鼓地声讨和点名批判,使一些文艺工作者受到了不同程度的伤害。1956年上半年党中央提出"百花齐放、百家争鸣"的方针,中央的报刊、电台立即广泛宣传,《人民日报》还特辟《笔谈"百花齐

---

[1]《要反对保守主义,也要反对急躁情绪》,《人民日报》1956年6月20日。

放、百家争鸣"》专栏。《文汇报》《光明日报》等非党机关报也进一步"大鸣大放"起来,向党领导的各方面工作提出许多批评意见。毛泽东主席认为这是资产阶级右派猖狂向党进攻,采取"引蛇出洞"手段,暂时不予回击。到了1957年6月8日,《人民日报》发表社论《这是为什么?》,标志着反右斗争的开始,于是全国新闻传媒一呼百应,一场大规模、疾风暴雨式的群众性政治斗争全面铺开。一大批正直的知识分子横遭摧残,其人数之多竟达50多万,受伤害时间之长超过20年。

1958年5月,中共八大二次会议提出"鼓足干劲,力争上游,多快好省地建设社会主义"的总路线。6月21日《人民日报》发表社论《力争高速度》,提出"速度是总路线的灵魂","快,这是多快好省的中心环节"。于是各地报刊推波助澜,宣传到处大放农业高产"卫星",到处大炼钢铁,到处宣传人民公社"吃饭不要钱"。浮夸风、共产风、瞎指挥风闹得民穷财尽。

唯有拉开"文化大革命"序幕的发难文章《评新编历史剧〈海瑞罢官〉》一文,是最先在上海《文汇报》上发表的。这主要是因为《海瑞罢官》作者吴晗是北京市的副市长,市长彭真又是"彭、罗、陆、杨""反党集团"的"首领",北京市委文教书记邓拓更是"三家村"的"黑掌柜",在北京发表这篇有明显政治目的的文章有诸多不便。上海是"四人帮"的老窝,在上海发表由"四人帮"一手炮制的文章自然得心应手。不过,要造成全国影响,还得借助首都的新闻界。林彪一伙控制的《解放军报》在"全国学习解放军"的热潮中享有很高威信,于是由《解放军报》发表社论《高举毛泽东思想伟大红旗,积极参加社会主义文化大革命》,公开号召开展"文化大革命",明白指出有一条"反党反社会主义的黑线专了我们的政"。1966年5月《人民日报》刊登了毛泽东主持制定的《中共中央通知》(即《五一六通知》),指出要彻底批判学术界、教育界、新闻界、文艺界、出版界的"资产阶级反动思想"和"反动学术权威";更为严重的是,《通知》指出,有一批混进党、政府、军队和文化领域里的"资产阶级代表人物",一旦时机成熟,"就会要夺取政权,由无产阶级专政变为资产阶级专政",因此必须发动一次"文化大革命"将他们彻底批判和清除掉。从此一场长达十年的浩劫开始了。

北京新闻界的重要作用是由我国高度集中的政治体制所决定的。在中央政策方针正确的时候,这种新闻宣传体制能起到一呼百应、立竿见影的作用,如"文革"结束后对"真理标准"的讨论,很快在全国形成共识,对全国人民的思想解放起着不容低估的作用。要是这篇文章不是在《光明日报》而是在某一省报上发表,要是不在《人民日报》上带头转载,其影响就必然大为逊色。然而,如果中央政策失误,这一宣传格局则必然会对错误决策起着推波助澜的作用,使后果更加严重。北京的新闻舆论工具一旦被林彪、"四人帮"等反党集团所利用,其后果更是不堪设想。这样一种民主集中制的政治体制,除了有中央高度集中的统一领导之外,还需要一个有效的民主监督机制权力的制约。改革开放以来,新的党中央领导机构正在逐步建立和改善这方面的监督机制和制约机制,然而最关键的问题是如何确保这一机制的有效性。

"文革"期间,中国共产党和人民的新闻事业受到严重破坏和摧残,北京的新闻事业也和全国各地一样,声誉受到极大的损害。北京新闻事业的重新崛起,是在1978年中国共产党第十一届三中全会之后。从1978年到1985年,北京地区的新闻界经过拨乱反正之后,思想得到进一步解放,舆论渐趋活跃,信息也日益丰富。在"文革"中被迫停刊的报纸基本上都已复刊,出现了复刊和创办新报的热潮。不仅报纸的总发行量年年攀升,而且单一报纸的平均期发数也呈上升趋势,北京的报业呈现出前所未有的欣欣向荣的局面。1986年以后,社会经济得到了进一步的发展,人民生活水平明显提高,从而对新闻事业有了更高的要求。要求报纸提供政治、经济、文化、生活等领域更丰富、更及时的信息,要求增加新的品种,满足读者更专业化的要求,要求报纸加快新闻改革步伐,进一步贴近读者,反映读者的心声。另一方面,学校图书馆、政府机构和企业经费紧缩,经费增长低于报价上涨水平,中央对新闻出版业采取治理整顿方针,进行宏观调控,控制了发展速度。因而这一时期的报纸更加多姿多彩,但竞争渐趋激烈,在报价上调的情况下,报纸的总发行量呈饱和状态,尽管报纸品种仍在增加,但单一报纸的平均期发数却呈明显下降趋势。在新增加的报纸中,经济类报纸占相当大的比重,这反映了国家工作重心转移后新的发展态势。随着人民文化生活水平的普遍提高和法制意识的加强,消闲类报纸和法制类报纸明显增多,报纸的专业化、趣味化倾向也越来越显著。为扩大市场份额而展开的激烈竞争，使新闻工作者不能不加强读者意识。这些变化实质上反映了当代中国报业的共同特征，但因北京地区的报纸量多面广，更具代表性，所以上述特征在北京新闻事业中显得更加清晰。

据北京地区1995年初的统计，中央新闻单位有通讯社2家、报刊116家（其中报纸103家、新闻类期刊13家）、广播电台与电视台3家。属于北京市的新闻单位有报刊31家（其中报纸30家、新闻类期刊1家）、广播电台和电视台3家。据1998年的统计，北京市的市级与区县级广播电台共有13座，电视台和有线电视台15座，乡镇广播电视台站266座。整个北京市广电系统总人数近5 000人，固定资产12亿元[①]。

中央电视台初名为北京电视台，于1958年5月1日试播，同年9月2日正式播出，截至2000年底共办有12套节目，12套节目都已送上卫星覆盖全国。全台共有职工3 000余人。北京电视台创建于1979年5月，截至1999年，该台拥有4个频道，用9种语言播出。第一套节目于1998年元旦正式通过卫星转发全国各地播出。

1998年，《北京日报》《北京晚报》与《北京青年报》共同创办了《北京晨报》，填补了首都没有晨报的空白。2000年10月，《北京工人报》更名为《劳动午报》并出版试刊，2001年元旦正式创刊，使北京报界在时段上形成晨报、日报、午报、晚报兼有的新格局。截至2000年底，北京市所属的具有全国统一刊号的报纸已增至36家，这36家报纸的平均期发总数达到508万份。

2000年3月28日，北京日报报业集团正式揭牌成立，集团成员计有《北京日报》《北京晚报》《京郊日报》《北京晨报》《北京经济报》《宣传手册》《新闻与写作》和同心出版社。同年7月8日，又有《民政之声报》《北京建设报》加入集团。至此，北京日报报业集团已拥有7报2刊1社，并在美国《侨报》、澳大利亚《澳华日报》、加拿大《今日中国报》、法国《欧洲时报》上开辟了"北京新闻"专版。由此可见，北京的新闻事业已经发展到一个新的水平。

---

[①]《北京市新闻事业概况》，《中国新闻年鉴》(1998年)。

北京的中央电视台为中华人民共和国国家电视台,1958年5月1日试播,同年9月2日正式播出。在我国广播电视事业基础薄弱、经验不足、经费有限的情况下,国家广电事业经费的使用要重点保证中央台的发展。1982年5月,成立广播电视部,加强广播电视工作的改革力度。1985年的抽样调查结果显示,每天晚上收看中央电视台新闻联播节目的国内观众约1亿人。截至2000年底,中央电视台的12套节目都已送上卫星覆盖全国。北京电视台创建于1979年5月。截至1998年底,北京市的市级与区县级广播电台共有13座,电视台和有线电视台15座,乡镇广播电视台226座。北京电视台的第一套节目已于1998年元旦正式通过卫星转发到全国各地播出。

在完成广播电视"村村通"工程方面,北京在2000年春节前已完成了全市最后66个行政村的"村村通"任务,成为全国第一批完成任务并经验收完全合格的9个省市之一,受到国家广电总局的表彰。

北京现有新闻教育单位6家,即1955年成立的中国人民大学新闻系、1954年3月成立的北京广播学院、1983年成立的中国新闻学院、1984年成立的国际关系学院新闻系、中央民族大学中文系新闻专业和1987年成立的清华大学中文系科技与文化传播专业。原燕京大学新闻系,解放后并入北京大学中文系新闻专业,1958年北大新闻专业并入中国人民大学新闻系,1988年6月中国人民大学成立新闻学院。北京最主要的新闻科研机构有中国社会科学院新闻研究所,该所成立于1978年6月15日。

(本章撰稿人:宁树藩,姚福申补充)

# 第三章

# 天津新闻事业发展概要

## 一、天津近代报刊的初创时期

天津在雍正九年(1731年)由直隶州升格为直隶的一个府。府治东南距海仅120里,境内又有南北大运河通过,海运与河运均十分方便,专管盐务运输的长芦盐运司便长驻天津。咸丰十年(1860年)在为结束第二次鸦片战争而签订的不平等条约——中英、中法《北京条约》上,天津被增开为商埠。此后,在天津设置津海关道和三口通商大臣,管理天津关税和天津、营口、烟台三埠的通商事务。同治、光绪年间,铁路、轮船、邮电先后兴办,天津地近京畿,更成了中国北部的交通枢纽。铁路有京津、津榆、津保、津浦诸线,海轮可直达营口、芝罘、上海、朝鲜的仁川和日本的长崎。光绪六年(1880年)又在天津设立电报总局,并于紫竹林、大沽、济宁、清江浦、镇江、苏州、上海等地设立分局。天津在全国的经济地位显得越来越重要。天津又是京师的海防门户,设有大沽炮台和新城炮台,彼此互为声势,唇齿相依。天津道总兵、通永镇总兵和海防同知均驻在天津,赫然一军事重镇。鉴于天津在经济和军事上的重要地位,直隶总督在天津设有总督行辕,规定直隶总督要在保定(省会)和天津两地各驻节半年。李鸿章任直隶总督兼北洋钦差大臣后,在天津设北洋大臣衙门,将本府放在天津,凡是北方各省的一般政务都在此处理,于是天津就成了仅次于北京的中国北部第二个政治中心和最大的商业城市。李鸿章担任直隶总督兼北洋大臣长达 28 年之久,他所经营的兵工厂北洋机器制造局、中国铁路公司、武备学堂、水师学堂、北洋大学都集中在天津,于是天津又成了北洋大臣的大本营。

天津辟为通商口岸后,西方传教士和商人陆续来到天津,近代报刊也随之在天津出现。与殖民势力入侵较早的东南沿海城市相比,天津近代报刊的出现显得稍迟。它是继澳门、广州、香港、上海、宁波、福州、北京、汉口、台湾、厦门之后,第 11 个创办近代报刊的城市,仅仅稍早于汕头、九江和杭州。

据说在 1880 年与 1881 年的冬季,天津曾出版过一种名为《北方邮报》的印刷品,但其内容为海关贸易统计之类的材料,并非时事新闻类报纸。天津最早出版的报纸应是 1886 年 11 月 6 日由天津海关税务司、英籍德人德璀琳,怡和洋行经理、英国商人笳臣出资创办的中文日报《时报》和英文日报《中国时报》(China Times)。

如果从 1886 年天津创办第一份近代报刊算起,截至 1899 年底,根据我们目前掌握的有可靠依据的资料进行统计,天津在 19 世纪共出现过 6 家报社,出版过 9 种报刊。这 9 种报刊是:英商时报馆出版的中文日报《时报》(1886.11—1891.6)、英文日报《中国时报》(1886.11—1891.3)、中文周刊《直报》(1890),英商天津印刷公司出版的英文周报《京津泰晤士报》(1894.3—1938.9),德国人汉纳根创办的中文日报《直报》(1895.1—1904.2),王修植、严复等人办的中文日报《国闻报》(1897.10—1900)和中文旬刊《国闻汇编》,商业性中文报刊《类类报》(1898),日本人西村博所办的中文日报《咸报》(1899.12—1900)。而上海在 19 世纪创办的中外文各类报刊却多达 130 种,广州、香港、北京、福州同一时期出版的报刊在数量上均超过天津。

19 世纪的天津报业有如下一些特点:

(1) 报刊绝大多数为外国人所办,中国人创办报刊非常困难,办报环境十分恶劣。上述 9 种报刊中有 6 种为外国人所办。《国闻报》虽为国人自办,但办报人却不敢出面,甚至都不敢承认自己是主管,推出一个不知名的福建人充当馆主。馆址选在天津租界,托庇于洋人。创刊不到半年,便请日本人西村博当挂名经理,改用日本年号,对外宣称已将报馆卖给日本人。最后迫于政治形势和经济困难,不得不真正转让给日本人。《类类报》仅见于

1905年5月《大公报》所载《报界最近调查录》,从名称上看像是一种小报,但是否为国人所办,情况并不清楚。唯一可以肯定由国人自办直到停刊的是《国闻汇编》,这个旬刊仅仅出过6册,持续出版时间只有两个月。足见中国人,哪怕是像严复、王修植那样道台一级的官员,想在北洋大臣眼皮底下办一张真正的民间报纸也是十分困难的。办报的困难还不仅是政治环境,更有恶劣的社会环境。在国闻报馆真正卖给日本人后,前来接办的是"宁波某君",原《国闻报》主编夏曾佑在给表兄汪康年的信中说:"某君为此以后,不以报之优劣与销数之多寡为报馆之政策,而其政策专主讦人、纳贿。于是苞苴盈庭,有赌场数处,每处每日送20元,其他称是,于是大发其财。而我辈昔日之地狱,一转移间而为天堂,俯而思之,不觉大笑。从此有一公理可知,盖支那者无教化之国,在不开化之地者决不可行开化之事,强而行之,不受大祸,亦有大累。惟相与为不开化之事,则实福可得,而恶名亦可免焉。"[①]

(2)天津的外国殖民势力相对薄弱,在新闻宣传领域,封建统治者与西方侵略者相互勾结、相互利用。尽管当时天津的报刊绝大多数为外国人所办,但出版的外文报刊却只有2种,可见在天津的洋人为数不多,他们不得不把主要的读者对象定位为中国人。1891年3月英文《中国时报》在陈述停刊原因时,也证实了这一点:"目前驻津之西人落落无多,而华人之能西文、关心时势、欲扩闻见者,更不多见。用是西报销行,终难畅旺,不得不暂行停刊。"[②]不仅当时天津的洋人不多,而且他们办报的种数也远远少于上海、广州等南方城市,这从另一个侧面反映了天津外国人的实力与入侵较早的东南沿海城市相比要相对弱一些。有资料表明,英商《时报》创办时曾得到李鸿章的经济资助。1890年7月李提摩太主持笔政后,曾用大量篇幅鼓吹李鸿章等提倡的洋务运动。这些都充分反映了封建势力与殖民势力在共同利益下相互勾结、相互利用的实际情况。

(3)天津报纸的版式和编辑业务长期因循守旧,缺乏创新。《时报》初

---

[①] 《汪康年师友手札》第二册,上海古籍出版社1986年版,第1338页。
[②] 转引自董效舒:《天津最早的中文报纸——〈时报〉》,刊天津日报新闻研究所编的内部刊物《新闻史料》。

创时借鉴上海报纸的编排形式,内容分为谕旨、抄报、论说、京津新闻、外省新闻、外国新闻等栏目,新闻大多采用四字标题。这在当时是报纸流行的格式,而其纸张印刷还优于上海《申报》。后来德国人办的《直报》则仿照《时报》的式样。《国闻报》的版式也与19世纪80年代初的《申报》十分相似,栏目也与《时报》大同小异。而此时上海的报纸很多已采用白报纸双面印刷了,如《时务日报》的版面与今天四开报纸的形式已经十分相似了。相比之下,天津报纸的版式和编辑业务进展不快,格式都非常相像。这种状态一直持续到20世纪初,如1902年创办的《大公报》,其版式完全模仿上海19世纪70年代末创刊的《益闻录》,纯粹是一种书册的形式。

(4)天津由于与全国封建统治中心北京近在咫尺,办报的压力很大,然而也因为与北京距离很近,天津的报纸往往具有全国影响。如德国人办的《直报》,早期曾发表严复的《论世变之亟》《原强》《辟韩》《原强续篇》《救亡决论》和陈炽为郑观应《盛世危言》写的序。这些文章当时曾震动全国,各地报纸纷纷转载。固然这与文章本身具有振聋发聩的价值有关,但也是天津这一大都会有辐射全国的影响力所致。《国闻报》问世时,全国已有不少于20家的维新派报刊,但京津地区却一家也没有。由于天津与戊戌变法的决策中心北京邻近,而北京又没有维新派报刊可以发布消息,况且办报人与维新派人士有往来,又有不少外国朋友,所以北京的重大变法消息和政治新闻总是由《国闻报》最先刊登,它起着其他报刊所无法替代的重要作用,被西方人士评为最佳的中国报纸。

## 二、殖民势力的深入与近代报业的发展

19世纪末20世纪初,中国人民不堪外国侵略势力的欺压,在中国北方爆发了义和团反帝爱国运动。1900年5月,义和团运动在京津地区蓬勃发展。帝国主义列强见清政府镇压无效,便以保护使馆为名,先后调动侵略军四百多人强行进入东交民巷,构筑工事,打击义和团。6月初,各国纷纷调兵前来中国保护其既得利益,并借此扩大对华的侵略活动。6月11日,英海军中将西摩尔率英、德、俄、法、美、日、意、奥八国联军两千人,从天津方向

朝北京进发,侵略军在廊坊车站受到义和团的阻击。为了夺取大举进攻中国的滩头阵地,17日联军进攻并夺得大沽炮台,天津军民开始抗击侵略者。19日西摩尔率败军退回天津租界。21日清廷宣布对各国宣战。7月14日,八国联军攻陷天津城,随后在天津成立临时政府,由英、俄、日、法、美、德军官各一名组成委员会,号称"天津都统衙门",实施军事统治。8月4日,联军以天津为巢穴,集结兵力二万沿运河两岸分两路进犯北京。8月14日,北京失陷。慈禧太后在西逃途中派奕劻和李鸿章向侵略者乞和。12月,清政府全盘接受各国共同提出的"议和大纲"。次年签订空前屈辱的《辛丑条约》。侵略军为了便于控制京津,天津城墙全被拆毁,由天津至大沽口及山海关要塞的17座炮台、兵营被削平。直到1902年8月15日,侵略者以清军只能在距天津20里处驻兵等为条件,将天津政权交还给直隶总督袁世凯,停止了对天津的殖民统治。

经过这次事变后,清朝政府在北中国的势力遭到了极大的削弱,西方殖民势力进一步深入我国内地,也改变了天津近代报刊固有的发展进程,从而使之进入了一个新的发展阶段。

从1900年至1911年清末最后的12年中,天津所创办的报刊总数量是前15年的6.4倍,共有57种。从报刊出版的种数而言,仅次于上海、北京和广州,如果就增长的速度而言,仅次于北京。在57种报刊中,外国人办的有16种,中外合办的3种,中国人自办的38种。

外国人所办的16种报刊中,中文报刊6种,外文报刊10种(英文4种,日文3种,法文2种,德文1种)。外国人办的报纸大多在1905年前创办(在联军占领期间1901年创刊过4种),1905年以后办的只有3种,随着时间的推进呈递减趋势。在1905年之前,每年洋人办的报纸要多于国人所办,而1905年以后,中国人办的报纸则大大超过洋人所办,呈与时递增的态势。

国人自办的38种报刊,其中官办的9种、民办的29种,全部是中文报刊。中外合资的3种报纸也全都是中文。官办的9种报刊都是1902年以后创办,北洋官报局办的就占4种。民办的革命派报刊和进步报刊均在1910年以后出现,约有6—7种,在此之前出版的大都为立宪派报刊和商业性报纸。从中我们不难看出天津地区社会意识形态的变化。

　　需要说明的是,我们统计时凡仅仅改名、改组或改变刊期的,无论改名多少次,也无论改周刊为日刊,均视为一种报刊。如《醒俗画报》旬刊,后改为《醒华》三日刊,又改为《醒华日报》二日刊,最后改为《醒华报日刊》,在统计时视为一种报刊。又如日文《华北新报》周刊,改为《北洋日报》,又改名《华北时报》,统计时仍视为一种报刊。而当日文报纸《华北每日新闻》与另一家日文报纸《北清时报》合并为日文《天津日报》后,则将《天津日报》视为不同于《华北每日新闻》的另一种报纸。

　　天津外国人办的报刊在义和团活动期间全部停刊。八国联军侵占天津后,德国人办的《直报》开始恢复出版。被日本领事郑永昌和西村博收购的《国闻报》,在1901年复刊时改由日本人津村宜光主办,聘亲日派文人方若雨任社长兼主笔,名称改为《天津日日新闻》。于1901年创刊的还有英人高文主办的英文《中国时报》、日人西村博办的日文周报《华北新报》和教会办的中文期刊《青年会报》。1902年6月,英敛之主编的著名民办报纸《大公报》创刊,该报得到法国主教的支持,由中国教友集资创办。《大公报》鼓吹保皇立宪,以资本主义学术思想对读者进行启蒙教育,敢于批评地方大员、揭露时弊,有"敢言"美名。因为与法国教会和法国使馆有特殊关系,清朝政府奈何他不得。

　　鉴于外报的迅猛发展和中国人在租界办报的合法性,直隶总督袁世凯决定利用政府的优势,创办自己的机关报,以争夺舆论阵地。筹备期间,天津尚处于西方列强的占领之下,只能选择在保定出版。1902年8月结束了天津的交接工作,便决定在天津出版《北洋官报》。同年12月《北洋官报》(二日刊)创刊,这就是中国官报的开端。在《北洋官报》序中说:"夫私家之报,识议宏通,足以觉悟愚蒙者,诚亦不少。独其间不无诡激失中之论,及或陷惑愚民,使之莫知所守。然则求其所以交通上下之志,使人人知新政新学为今日立国必不可缓之务,而勿以狃习旧故之见,疑阻上法,固不能无赖于官报也。"显然办官报的目的是想与民报一争舆论阵地,然而它在广见闻和政务公开方面还是有积极意义的。

　　属于北洋官报局系统和政府其他机关办的官报还有:《直隶教育官报》

(原名《教育杂志》,直隶学务公所发行)、《北洋学报》(北洋官报局主办)、《北洋官话报》(北洋官报局出版的白话附刊)、《北洋法政学报》(原名《法政杂志》,北洋官报局主办)、《直隶警察杂志》(直隶警务公所办)、《兵事杂志》(北洋陆军主办)、《天津警务官报》和《警察报》等。从官报种数来讲,天津在全国可谓首屈一指。袁世凯在创办官报上真是不惜工本,多次向日本购买机器,招聘日本技师,光是《北洋官报》每月就拨给经费2 500两之多。

晚清天津的报纸,发行量最大的是《大公报》,在国内大中城市和国外南洋、日本、美洲等地设有代销点和代派处,共60多个。最初日印3 800份,三个月后增至5 000份。《天津日日新闻》的发行量稍逊于《大公报》,据日本人自称日销约3 000—4 000份之间。第二流的报纸有《中外实报》(《直报》于1904年被袁世凯勒令停止发行后,改办《商务日报》,不久自动停刊,再办的报纸即《中外实报》)、《商报》(总督府商务局所办)、《津报》(商务局官吏朱淇主编)等,每日发行量不超过400—500份。《多闻报》、《朝野报》、《爱国报》、《青龙报》(日资)、《北方日报》(中日合资)等发行量更少,每天发行约200—300份。为什么发行量如此之少,尚能维持出版?除了雇用工人和记者数量极少、工薪低微外,夏曾佑所说的敲诈勒索,以及吹捧要员所得的津贴等,都是办报者的生财之道。据日本驻中国屯军司令部于1909年9月日本出版的《天津志》所作的调查,天津报纸的购读地区"十分之八是在天津,向北京、保定两地投递的占十分之一二,而向其他地方递送的则占极少数"。

辛亥革命前,天津经常出版的中文报纸有十余种,外文报纸近十种。十余种中文报纸中,有七八种是大报(日刊),其余为小报,这些小报多数为1908年以后陆续兴办。近10种外文报纸里,日报有四五种。外文报刊分亲日、亲俄两种倾向,日俄战争后,亲日势力占上风。

根据现有资料统计,晚清天津出版的报刊总数有65种,仅次于上海、北京、广州、香港和武汉,居全国第六位。据不完全统计,发行时间超过三年的报刊至少有27家,占总数的41.5%。这一比例相当高,超过其他大城市。27种报刊中,外国人办的占13种,官报占4种,民办或团体办的仅有10种。这一统计数字表明,虽然天津在晚清时期创办的报刊不算多,但办报者相对较有实力;也可以这样认为,由于办报的政治压力较大,报业的门槛很高,没有一定实力的人不敢轻易办报。

## 三、北洋军阀统治下的天津报业

据方汉奇《中国近代报刊史》记载:"武昌起义后的半年内,全国的报纸由十年前的一百多种,陡增至五百种,总销数达四千三百万份。……新创办的报纸多数集中在北京、天津、上海、广州、武汉等地。其中北京出版的约有五十种,占九分之一,最多;在上海出版的有四十多种,次之;以下为天津三十五种,广州三十种,浙江二十余种,湖南十一种,武汉九种。连僻处西南一隅之地的四川省,也一下子出版了二十三种报纸。"①这一时期天津报刊出现短暂繁荣的原因:1)受民国成立后西方言论自由思潮的影响,旧的《大清报律》已经废弛,新成立的北洋政府还不敢公然破坏"临时约法",社会上和政府机构都还比较尊重新闻记者;2)民国伊始,政党蜂起,各党派为了宣传各自的政治主张、争取议席,便纷纷办起报纸相互攻讦;3)天津租界的统治权操在洋人手中,中国政局的变动对租界居民影响较小,天津的报馆大都设在租界内,租界便成了办报者较为理想的庇护所;4)军阀与政客无论在台上还是台下都需要吹鼓手为他们制造舆论,天津毗邻政治中心北京,在天津办报可以直接对北京产生政治影响;5)天津是华北地区最大的商埠,随着殖民势力的不断深入,经济上也出现一种畸形的繁荣,从而催生了一批商业性报纸;6)清朝覆灭后,一些遗老遗少失却政治靠山,纷纷到天津租界来做寓公,他们需要一些消闲性的读物,而天津又正好有不少文人墨客,于是一些小报就应运而生。因此,这一时期的报纸虽然名目繁多,但真正办得好、有特色的却不多,而且持续出版的时间很短,有的只有几个月的寿命,便因经济困难无法维持或政治变化后台垮台而停办。

天津在民国元年出版的 35 种报纸中,值得一提的是《白话晚报》(又称《天津晚报》)和《民意报》。《白话晚报》为 1912 年 4 月 8 日创刊,是天津最早的中文晚报。创办人刘孟扬是一位热心提倡白话文的知识分子,他认为

---

① 方汉奇:《中国近代报刊史》,山西人民出版社 1981 年版,第 676—677 页。

国家之所以积贫积弱,是"由于愚民太多,而愚民之多,实由于教育之不普及,而教育之不能普及,则由于识字太难"。他因此积极倡导白话文,并创造一种类似注音字母的"中国音标新字"。刘孟扬在同年10月10日又创办了《白话晨报》,到1916年9月15日再创办《午报》,三报简称晨、午、晚报。在中国一家报社出版晨、午、晚三刊,刘孟扬办的这家报社应是第一家了。据1931年9月出版的《天津志略》一书中"新闻事业编"记载,上述三报均由天津午报社出版,社长刘仲赓(孟扬),经理白幼卿。营业方面分广告、发行二部;编辑方面分编辑、采访、照相三部。有分社8处,工人60名。晚报日售3 000份,每份一小张;晨报日售5 000份,每份一小张;午报日售20 000份,每份二小张半。

《民意报》是京津同盟会机关报,1911年12月20日创刊,由京津同盟会副会长李石曾任主编。该报是京津革命党人的秘密联络点,也是天津最有影响的革命派报纸。1912年8月,该报因抗议袁世凯、黎元洪枪杀革命党人张振武、方维,发表题为《讨袁、黎两民贼》的文章。袁世凯的总统府通过法国驻津领事迫令限期该报迁出天津租界。全国革命派报纸和一些进步报刊纷纷起来抗议,爆发了"《民意报》事件"。《民意报》此时尚未被查封,1912年12月20日,孙中山曾特地为该报周年纪念撰写了祝词,表彰它在宣传上的业绩。

1913年"二次革命"爆发,天津的国民党系统报纸《民意报》《国风报》等遭到查封,失意官僚李镇桐办的《赤县新闻》因有反袁言论,也被封禁。国民党人傅立鱼办的《新春秋报》因锋芒不太外露,一时未被查禁,但终究逃不过这一劫,于1915年被封。"二次革命"失败后,孙中山于1914年7月在日本召集一部分国民党员改组为中华革命党,中华革命党人刘揆一、张静庐等在天津日租界筹建言论机关。1915年9、10月间创办了《公民日报》,这是中华革命党在华北地区唯一的宣传机关和通讯联络机关,从事反袁宣传。因为受到袁世凯政府的查禁,在租界以外地区发行十分困难,所以影响也有限。

根据刘永泽《解放前天津报纸一览》的资料统计,从1913—1918年6年中,天津仅创刊6种报刊,与1912年创刊的数字差距极大。而且1913年唯一创刊的《赤县新闻》很快就被查封;1914年仅有南开学校创刊的一份周刊;1915年创刊的是天主教会办的《益世报》,由华籍比利时人雷鸣远神甫主持出版;1916年也仅有上面介绍过的营业性《午报》创刊;1917年算是有二种报纸问世,一种是英国人办的《京津泰晤士报》的中文版,另一种是国人自办的《国强报》;1918年则未见有一种新报纸问世。上述统计资料可能并不完全,但至少说明在北洋军阀控制下的天津,"五四运动"之前是新闻界的一段黑暗时期。

在袁世凯企图复辟帝制、疯狂镇压革命时,天津报业中为虎作伥而且具有一定影响力的是《庸言》杂志。该杂志创办于1912年12月,初为半月刊,1914年改为月刊。它是梁启超在袁世凯授意下创办的,表面上摆出一副不偏不倚的姿态,实际上反映亲袁世凯的进步党人的意见。高唱"有政府终胜于无政府",鼓吹建立袁世凯的"强有力的政府"。1913年暗杀宋教仁事件发生,《庸言》发表消息为袁世凯开脱罪责;黄兴等发动"二次革命",该刊诬称"南京倡乱",发布《黄、陈诸逆罪状》,刊登袁政府缉拿"逆首"的通告。借助梁启超的声望,《庸言》最高发行量曾达到1.5万份,在舆论界有较大的影响。

"五四运动"冲破了"二次革命"以来新闻界万马齐喑的沉闷局面。曾经是天津第一大报的《大公报》,由于辛亥革命后主张"保皇立宪"的英敛之意志消沉,退出报业。股东之一的王郅隆在安福系的支持下,于1916年9月收购了《大公报》的全部股权,该报在"五四"时期成了段祺瑞的喉舌。在"五四运动"中,支持爱国学生的倒是新出版的《益世报》和《京津泰晤士报》中文版。

《益世报》创刊之初,正值天津法租界当局侵占老西开,遭天津市民反对,全市商民爆发了反法斗争。《益世报》积极支持天津人民反对法人侵占老西开的爱国运动,因此受到天津人民的欢迎,销数日增。另外,该报在发行上另辟新路,以发彩票办法招徕读者,凡订阅一年者,皆有中彩千元之希望,一时订阅者甚多。接着"五四运动"爆发,《益世报》支持学生立场,攻击安福系,又一次争取了天津读者。这张由天津天主教徒集资办的报纸博得了读者的拥护,从而奠定了它的事业基础。在"五四运动"的报道上,《益世报》颇受周恩来的重视。后来,周恩来写的旅欧通讯,多在《益世报》上连载,影响很大。

《京津泰晤士报》中文版于1917年创刊时,竭力宣传鸦片的流毒,深受天津市民的欢迎。"五四运动"爆发后,该报支持学生的爱国行动,发行量蒸蒸日上。由于汉文《京津泰晤士报》对反动的天津警察厅厅长杨以德持批评态度,北洋军阀政府也曾企图取缔该报,但因《京津泰晤士报》中文版在天津英国领事馆注册,受到英国法律保护,对殖民主义者畏之如虎的北洋政府自然也无可奈何。

在"五四运动"中,天津也出现过许多学生刊物,如《觉悟》《醒世周刊》《南开日刊》《北洋日刊》《师范日刊》等,其中最著名的是《天津学生联合会报》。《天津学生联合会报》创刊于1919年7月21日,9、10月间曾被迫停刊半个月,后继续出版,至1920年初停刊。周恩来曾主持该报的编辑工作。该报是"五四"时期天津学生联合会的机关刊物,在组织、教育广大天津学生,宣传爱国思想和领导天津学生反帝反封建斗争方面起过很重要的作用。该报以"本革新同革心的精神立为主旨,本民主主义的精神发表一切主张"。周恩来在《天津学生联合会报》发刊旨趣中说:"我们学生联合会在求社会同情的时候,不能不有两个利器:一个是演讲,一个是报纸。'演讲、报纸'全是表演我们学生思潮的结晶。现在学生的演讲,已经实行两个多月,报纸还没有组织,求社会同情的利器不算完全。所以,联合会本着自动精神,宣言下列主要条件,起首组织,预备定日发刊。"该报内容分"主张""要闻""时评""评论""讨论""来件""演说""外论"等十余栏,而以"主张"和"评论"两栏为重点。《天津学生联合会报》是对开四版一张,每期销行在4 000份以上,在第100期曾出过一期"奋斗号"。

"五四"时期,天津还曾出版过一种进步报纸《新民意报》。该报创刊于1920年9月15日。创办人马千里,1914年5月曾主持南开学校出版的《白话报》周刊。在《新民意报》发刊词上,他提出报纸的五项内容:1)介绍世界新潮;2)改进社会习惯;3)主张国民有民主国的参政权及自由权;4)提倡男女教育之普及;5)奖励爱国之执政者。在报社门口的报牌旁边贴着两句话:"主张全民政治,讨论社会问题。"

马千里曾与周恩来一起参加"五四运动",同被北洋军阀政府逮捕,羁押狱中。所以,周恩来对《新民意报》特别关注。《新民意报》的报牌是周恩来题写的。《新民意报》还刊载过周恩来编写的《警厅拘留记》《检厂日录》两篇记事文章,并印成单行本出版。《新民意报》1923年1月起,出版了《明日》增刊,由马氏学会主编,实际上是社会主义青年团主办的。在宣言中就明确申明:"我们相信马克思主义是改造社会的良剂,所以我们打算本着马克思的精神来解决社会问题,先组织这个《明日》作我们发表言论的机关。"在第一号上还刊载了"马氏通讯图书馆"的通知,规定工人可以通信借书,书目中有大量的马、恩、列著作。《明日》除在报上发表外,还单独发行。在《新民意报》上发表了三期。在1923年4月间,又发刊了《觉邮》专刊——"觉悟社"社员通信。这是由邓颖超等主编的,主要发表周恩来等人的国外来信。

在中国共产党成立前后,天津曾出版过几种由党领导创办的工人报刊和妇女报刊,如《来报》《津报》《工人生活》与中国妇女界的第一张日报——《妇女日报》。尽管在北洋军阀的白色恐怖下出版时间并不很长,但已产生了震聋发聩的影响。

《来报》,1920年出版,由张太雷主办,天津最早的工人报纸。当时,北洋大学学生张太雷发起成立天津第一个社会主义青年团小组,并出版这份报纸,读者对象主要是工人。不久遭查封,改出《津报》。《工人生活》,1925年7月下旬创刊,是六十四开本,不定期,页数也不定。这是中共在天津建立组织后创办的第一个工人运动刊物。该刊发表的稿件都用通俗易懂的粗浅文字,采用讲话、问答、歌曲等多种体裁,向工人进行阶级斗争和爱国主义教育。"五卅运动"期间,在《工人生活》的基础上,天津总工会创办了《工人小报》,这是天津总工会的机关报,是中共领导下的第一张工人日报,于1926年1月25日创刊,主编赵世炎。

《妇女日报》1924年1月1日在天津创刊,被向警予誉为"中国沉沉女界报晓的第一声"。《妇女日报》由当时中共党员刘清扬任总经理,李峙山(社会主义青年团员)任总编辑,邓颖超和周仲铮任编辑。她们创办《妇女日报》是为中国妇女生存权利而奋笔呐喊。并庄严宣告:压迫妇女的旧制度必将被推翻,一个代之以平等自由的新社会必将要出现。《妇女日报》以马克思主义理论为指导,以抨击封建思想,提高妇女的社会政治经济地位为宗旨。该报分言论、妇女世界、自由论坛、中外要闻、各地消息、通信、特载、专载、小说连载、天津新闻、特讯、恋爱杂谈、讨论、零星感片、肺腑语、儿童花园、诗和随便谈谈等三十多个专栏,记载翔实,内容丰富,题目新颖,观点鲜明,向在封建礼教桎梏下的广大妇女宣传妇女解放与实践,阐述对时政的看法。该报为四开四版,发行量为一千几百份。后来直奉战争爆发,《妇女日报》因为刊登反对直系军阀的新闻,于1924年9月30日被迫停刊。

根据刘永泽《解放前天津报纸一览》提供的统计资料,从1913年至1927年15年间,在北洋军阀统治下的天津,仅有23种新的报纸创刊。经过"癸丑报灾"的天津新闻事业,其繁荣程度远不如晚清最后10年。

## 四、新闻事业在国民党统治时期的发展

1927年4月蒋介石叛变革命,7月"宁汉合流",国共合作最后破裂。同年8月,在中共前委领导下举行南昌起义,打响了武装反抗国民党的第一枪。1928年4月,蒋、冯、阎、桂等国民党新军阀联合向奉军和直鲁军进攻。6月张作霖在从北京退回沈阳途中被日本关东军炸死,接着阎锡山部队进入京津。同年8月,东北易帜,国民党政府在形式上统一了全国。

北洋军阀垮台后,1928年天津出现了一个小小的办报高潮,有《大中时报》《新天津晚报》《商报》《新报》《建设日报》《正报》《平津快报》《消闲新闻》8家报"纸创刊。1929年与1930年也分别有5家和6家新的报纸问世。这些报纸在激烈的市场竞争中能生存二年以上的不足半数,即使如此,天津的报业比起北洋军阀统治时期要繁荣得多。据1931年10月天津市社会局调查统计股的调查结果,全市有中国人办的报纸32家;另据同年9月《天津志略》一书记载,天津有外国人办的报纸8家,其中德文1家、俄文1家、英文3家、日文2家、中文1家。值得一提的是,那时天津除了刘孟扬的午报社出版《天津午报》《白话晨报》《白话晚报》及小报《新报》外,刘髯公的新天津报社也出版一日三报的《新天津报》《新天津晚报》《新天津晓报》。一日三报的出现充分显示天津市场经济的繁荣程度,报业在一个时期内的迅速发展,也

反映了天津人民在刚刚脱离军阀统治后对国民党政权充满着幻想和期待。

1928年以后,天津新闻界虽然有16家大报和20余家小报和画报,但真正有影响的并不多,实际上也就是《大公报》《益世报》《庸报》《商报》这四家报纸在竞争。

《大公报》是天津历史最悠久的报纸,自被王郅隆收购后,事实上已是安福系的机关报。直皖战争后,安福系主力被打垮,段祺瑞下野,王郅隆逃往日本。由于《大公报》亲日色彩浓,销数递减,连年亏损,加上王郅隆在日本大地震中死去,1925年1月27日停刊。1926年由吴鼎昌、胡政之、张季鸾三人合作购得,组成新记公司《大公报》,于1926年9月1日在原址续刊。社长吴鼎昌,总经理胡政之,总编辑张季鸾。由于重视言论,消息快新,广揽人才,经营得当,很快打开销路,一年后即有盈余,是办得最有特色的一张报纸。当时曾有"南有《申报》,北有《大公报》"之说。

《益世报》在"五四"时因支持学生运动表现得很坚决,获得了一定的群众基础,有很大的影响力。社长刘浚卿在直系得势时曾做了一任天津电报局长。奉系当权时,刘浚卿被捕,《益世报》被奉系军阀控制,报纸办得毫无生气。奉系垮台后,刘浚卿再任社长,聘本家兄弟刘豁轩为总编辑,请罗隆基主持笔政,撰写评论,由马彦祥接编副刊。其社论、副刊态度明确,坚持抗战,反对投降妥协,新闻报道上倾向性也是鲜明的。在"九一八"前,《益世报》接连发了几篇东北通讯,详尽地报道了万宝山惨案、中村失踪事件,激起了中国人民的民族义愤。"九一八事变"发生后,《益世报》从一开始就主张抵抗。1931年9月24日的社论就有"国人……断不可依恃国联怀抱侥幸之心,希望不牺牲可恢复被人强占之土地"。在新闻报道方面,对学生请愿事件、马占山抗日消息,《益世报》给以支持,热情歌颂,刊登消息早,报道详尽。这一时期的副刊刊登了许多讽刺性杂文,矛头直接指向国民党政府,指向不抵抗主义,嬉笑怒骂,皆成文章。因为报纸主张抗日,反对妥协,所以报纸营业大有起色,日销四五万份。

"一二·九运动"期间,《益世报》公开支持学生爱国运动。该报连续发表《爱国无罪》《学潮消息应求公正》《关于天津学生罢课》等几篇社论,态度鲜明地坚决站在学生运动一边。后来西安事变时,该报又发表了《以国家为前提》《一个解决陕变的建议》等社论,主张"算外账不算内账","召开救亡大会,邀请中共、地方、国内各党派领袖参加"。总之,这一时期,《益世报》的社论和副刊与当时学生运动息息相关,爱国救亡求存之情,形于言表。

《庸报》,1926年8月4日创刊,创办人是叶庸芳,经理人是王镂冰。后转让给董显光、蒋光堂。董显光任社长,蒋光堂任经理,总编辑是张维周。编辑主力为邰光典、张琴南、姜希节等人。这张报纸的评论及星期评论立论比较严正,得到读者欢迎。尤其这张报纸的新闻报道注重天津本地新闻,趋于趣味性,所以本地社会新闻较多,更以体育为其特色。这在当时我国新闻报纸中别具风格,受到读者的喜爱。其副刊也专门刊登短小精悍的作品,后来副刊改为《天籁》,还保持原来的风格。但时间不长,几个得力编辑相继离去,《庸报》失去原来的风采。1935年终于为日本特务机关所收买。

《商报》,1928年6月27日创刊,总经理王镂冰,总编辑王芸生。当时王芸生年龄不到三十,集编辑、社论撰述、翻译外电于一身,实为新闻界的后起之秀。该报又罗致了王小隐、唐兰、张厚载、吴秋尘等当时在天津报界有名的人才,所以报纸也很有特色。这张报纸虽然取名《商报》,实际上是一张综合性报纸。它的评论比较通俗,立论也比较严正,中外政治消息不少,社会新闻也多,从而接近天津市民读者。同时,这张报纸的经济商情是很有特点的,它一方面迅速、翔实,信息也比较可靠,另一方面内容丰富,比其他报纸用的版面也大,从而受到天津商界的注目,并影响河北等地。《商报》的副刊是吴秋尘所办的《杂货店》,刊登一些伶人照片和有关的文章,办得比较活泼,也受到读者欢迎。可惜,不久,王芸生等一批办报人才先后离去,《商报》失去了原来的色彩,不再受人注意了。

这四家报纸竞争的结果是,《庸报》和《商报》由于经济实力不足,人才留不住,首先败下阵来。《大公报》因为能从南京政府那儿得到比较及时的情报,张季鸾又是写言论的高手,他那充分说理的态度和质朴、犀利的文风,为世人所称道。与生气勃勃的《大公报》相比,《益世报》便相形见绌了。特别是《益世报》在各报纷纷采用新五号字时,仍坚持用老五号字排版,不仅文字容量少,版面形式也显得老气横秋,不能不影响销路。

"五四"前后,天津已先后办起十几家通讯社。这些通讯社大多设备简陋,甚至只有一两个人就称为通讯社了。设备也只是一块钢板、一支刻字笔、一架油印机,租一间旅馆房舍即告开业。各通讯社的稿件也极不一致,有的注重国内及本市政治消息,但更多的是一些民间琐碎情事,有的通讯社专发一些民间淫盗趣闻的稿件。除个别通讯社把稿件分送外省外,大部分是分送本市各报社。每天出版最多的是十张,一般是在五六张之间。

这些通讯社寿命都不长,据《天津志略》(1931年9月)的统计,当时有通讯社18家,成立于1926年的仅有1家,其余的都成立于1928年以后,其中成立于1930年以后的有10家。到1934年10月,据当时编纂的《天津市概要》记载,中国人办的通讯社已减少到11家,1931年以前创办的只剩下3家。路透社、哈瓦斯社、日本电报通信社、日本新闻联合社和日本经济新闻社在天津均设有分支机构。

天津第一座广播电台是由日商义昌洋行于1925年在日租界旭街四面钟(今和平路)该行楼下设立的,目的是为了扩大影响,推销无线电零件。因此,天津广播事业从一诞生就带着浓厚的商业性质。这个广播电台1927年以后就结束。接着1927年5月1日,北洋政府在天津建立天津广播无线电台(简称天津广播电台)办事处,设在烟台道、四川路交口处的电话局(现为电话三分局)院内,电台功率为500瓦,于5月15日开始播音。主要播送戏曲、舞曲,并播送新闻、行情等。1933年底,这家官办的天津广播电台由于营业不振、资金困难等原因,长期暂停了。

1934年1月起,天津广播事业进入一个发展时期,先后出现了仁昌、中华、青年会、东方四家私营的商业广播电台。仁昌广播电台是仁昌绸缎庄所办,1934年初开始播音。地址在现在的和平路长春道口该绸缎庄的楼上,功率先后为7.5瓦、50瓦、200瓦。中华广播电台是上海中华广播无线电研究社天津分社所办,1934年夏开始播音,地址在建国道四经路口的美最时洋行货栈楼上,功率先后为50瓦、100瓦。青年会广播电台是基督教青年会所办,1934年11月开始播音,地址在东马路青年会二楼,功率先后为50瓦、150瓦。东方广播电台,1935年春开始播音,地址在哈尔滨道大陆银行货栈的楼上。以上四个广播电台是以广告收入为主要经济来源的商业电台。各台均以曲艺节目为主要节目,以招徕广告。还播一些音乐、戏曲、广播剧等节目,仅青年会广播电台播很少一点新闻节目。四台均在 1937 年 7 月底,日本侵占天津后陆续停播。这一时期,由于广播的作用渐为人们所认识,天津还有一些单位设立了一些小型广播电台。如 1934 年春,南开大学在校内设立了一个广播电台,功率仅有 15 瓦,是供学生实验所用,也可供学校开展活动所用。1934 年 10 月,第 18 届华北运动会在天津举行,在北站体育场也设立了一座广播电台,为转播运动会实况所用。1935 年秋,中原公司(现百货大楼)也在五楼设立了一个小型广播电台,播送舞曲。另外,这时期还有一些单位,如西沽工业学院(现河北工业大学)、北宁铁路局、《益世报》、社会局、教育局等,也先后筹设无线电台,但由于各种原因,均没有正式播音。

随着广播事业的发展,1935 年 9 月,天津出版了专门报道广播界消息的《广播日报》,这是我国北方第一家专门报道广播界消息的报纸。社址在河北区中山公园内,社长是袁无为,编辑李然犀。后来在 1936 年 4 月又有《无线电日报》开始发行,地址在东马路袜子胡同,社长是翁一清,编辑为王子庵、陆泪魂等人。两报无大区别,都是四开四版小报。1936 年 3 月起,《广播日报》又增发一份八开四版的《广播日报三日画刊》,以吸引更多读者。1937 年 8 月日本侵占天津后,两报先后停刊。

## 五、敌伪时期的天津新闻事业

1937 年"七七事变"爆发后,日军于 7 月 28 日入侵天津,30 日天津沦陷。在日本侵略军的支持下,由汉奸出面主持的"天津治安维持会"成立。1937 年 12 月 14 日,伪中华民国临时政府在北平成立。伪华北临时政府的辖区包括河北、山东、山西、河南四个"省公署","北京"、天津、青岛三个"特别市公署"和威海卫以及代管的"苏北行政专员公署"所控制的地域。伪临时政府以新闻统制方式摧残原有的新闻事业,只剩下日本侵略军的喉舌和歌颂沦陷区为"王道乐土"的汉奸报纸。

天津陷落前,全市有中文报纸近 30 家(其中大报 6 家),外文报纸 7 家,画报 5 家。天津沦陷后,原有大报停止发行,《大公报》《益世报》迁往内地出版,《商报》停刊。1937年8月,日本特务机关命令所有在天津出版的报纸及通讯社重新登记,同时派日本特务竹内以顾问名义监管伪天津新闻管理所对各报进行审查。该所每晚将不准许刊登的新闻,预先用函件通知各报刊。夜间各版编排就绪,必须印出拼好的大样送检,经审查,确认没有问题,才准许开印。即使如此,仍有许多小报被查封。日伪时期的天津报纸,主要为日本北支派遣军机关报《庸报》,这是当时最有影响的一张大报,其次为汉奸办的经济类大报《东亚晨报》和汉奸办的小报《新天津报》和《天声报》。

《庸报》于1935年末为日本特务机关收买。天津沦陷后,《庸报》则成为日本在津的宣传工具。《庸报》的宣传报道一贯采取欺骗和威胁两种手段,但随着战事、政局的变化,也采用不同方式。在日军侵华初期,它主要宣传日军的战绩,鼓吹日军威力不可抗拒;鼓吹"中日亲善""日本文明"。太平洋战争爆发后,《庸报》的宣传侧重于巩固华北这块兵站基地,以便日本大肆掠夺华北物资。在报上大肆吹嘘华北人民"安居乐业",以稳定天津人心。在侵华战争末期,《庸报》还在吹嘘日本武器如何精良,日本人民士气如何旺盛等虚假宣传,麻痹天津人民抗战到底的意志。《庸报》为了贯彻日军的宣传方针,对稿件控制极严,除副刊外,一概不采用投稿。各种稿件均来自同盟社。后来为了进一步欺骗读者,汉奸管翼贤在北平成立了中华新闻通讯社,简称"中华社",但中华社稿件主要是同盟社的译稿,从此,《庸报》即主要采用"中华社"稿件。《庸报》在侵华期间,开始为对开八版,太平洋战争后,又改出对开四版。到了1944年抗争胜利前夕,《庸报》改成《华北新报》直至日本投降。

《新天津报》是1924年创刊的一份通俗小报,报上刊载的评述深受天津市民的喜爱,创办人刘髯公在新闻界也是一位著名人物。《新天津报》新闻来源甚广,在南京、北京均设有记者站或特派记者,在各小城镇区县也有通讯员,除通讯社稿外,还有各地的通讯或电讯。因此该报的基础订户实际在各县。天津报纸在河北各县的销数以《益世报》与《新天津报》为最多。"九一八事变"后,刘髯公宣传抗日不遗余力,这一点使读者比较满意。1937年8月,日军占领天津,馆址在意租界的《新天津报》不肯发表日方提供的稿件,坚持中国人民的立场。刘髯公深居简出,拒绝与日伪方面的人接触。在一次为天津郊区难民筹款外出时,被日军劫持到日本宪兵队。日本人企图说服他投降,并许为维持会负责人。刘髯公坚决不从,破口大骂,日本人恼怒之余用毒刑折磨,将他的腿打断。刘家无奈,以报纸附逆为条件换取刘髯公生还,另外回教方面也出面营救,刘回家时,已奄奄一息,仍坚持将报社迁到法租界,至死骂日方不绝口。然而《新天津报》在其弟主持下终于附逆。到1944年因将配给的白报纸私自出售,该报被查封。

日本侵占天津时期,除了《庸报》及一些附逆报纸外,还有天津地下党秘密出版的一些小报,如《抗日小报》《新闻报》《时代周刊》《风雨同舟》《塔灯》《妇女》等。这些刊物大都是油印,秘密传播,宣传抗日救国思想,传递抗日胜利消息,但是出版时间都不长。另外,留在天津的一些进步记者、工人、学生、妇女还办了一些小报出版。据查,当时有《高仲明纪事》《炼铁工》(为工人所办,主要传播于大小工厂)、《前哨月刊》(学生所办)、《妇女》等30多种抗日报刊。其中的《高仲明纪事》,简称《纪事报》,是几个记者办的。他们开始时从朋友处借用一部收音机,收听中央社广播,买了一些白报纸和油墨,并找到了旧钢板、铁笔和一个油滚子,就这样,秘密出版了《纪事报》,专门传递抗战胜利信息。通过秘密传送,开始只印30份,后来受到读者欢迎,发行量逐渐增多。他们又买了自动油印机,可以加大印刷量。这张报纸在敌后天津坚持了两年,一直在租界地区出版,到1939年旧历8月16日,被迫停刊。

天津沦陷后,许多通讯社纷纷停办,仅有5家通讯社被批准继续营业。但是仅剩的几家通讯社也经过日伪的"整理"而先后予以撤消。为了向各报提供信息,1938年4月1日开始,日本在华北的同盟社华北总局成立华文部,由该部负责把日文电报翻译成中文,提供给各报采用。1940年2月16日,日本侵略者提出统制伪临时政府辖区内新闻通讯的要求,下令把同盟社华北总局的华文部改组扩大为一个独立机构,成立名义上属于伪临时政府统辖的唯一新闻通讯机关——"中华通讯社"。社长就是原同盟社华北总局华文部部长佐佐木健儿。实际上该社仍是日本人直接控制的通讯机关。伪中华社在北平设总社,在天津、保定、济南、青岛、太原、石门(石家庄)、徐州、海州、开封及日本东京等地设立了10个分社。由总社每日向各分社发稿4

次,分一般消息、经济消息、资料稿3类。

日本侵占天津期间,天津各私营电台先后关闭。日本侵略者建设的天津广播电台,1938年1月开始播音,在"七七事变"前,日本侵略者就在日租界福岛街(今多伦道)的日本居留民团驻地设立了一座广播电台,转播东京电台的日语广播,也播送一些华语节目。日本侵占天津后,便用这座电台广播它的"安民告示"。以后即改称天津广播电台,从1939年起,迁至南市华安街。自1942年2月起,天津广播电台开办了一个"特殊电台",该台实际上是一套节目,专门广播商业广告。另外,天津广播电台还有一套专门转播东京日语广播的节目。

## 六、解放战争时期的天津新闻事业

1945年抗战胜利后,天津一些报刊陆续迁回来了,同时又办了不少新的报纸。当时国民党市党部办了《天津民国日报》《天津民国晚报》《天津民国日报画刊》3种报刊,社长为卜青茂。1947年7月1日在国民党内政部警察总署登记的天津报纸共计47种,通讯社有12家。《大公报》《益世报》也相继迁回天津,复员后的《大公报》总馆设在上海,天津《大公报》作为分馆。报纸则称《大公报》天津版,于1945年12月1日复刊,用平板机印刷,最初出版对开一张,1946年8月1日增到一张半,销量最高时也只有两万多份。编辑部设在今哈尔滨道,经理部则在和平路四面钟。《大公报》天津版最初没有任命总编辑,1947年秋,张琴南作为总馆副总编来津主持笔政,掌管言论和报道。天津版主要社论来自上海,津版的一些社论短评则出自张琴南之手。到了1948年秋天,解放战争已逼近天津,11月16日,《大公报》由一张半减为一大张。到了12月18日,平津间有线电话中断,一大张也维持不了,从19日起只出半张,维持到1949年1月15日,天津解放,《大公报》天津版即行停刊。

1945年日本投降后,中共冀中区党委成立了中共天津工作委员会,对外的公开名称是天津市解放委员会。中共天津工作委员会成立后,认为宣传群众、教育群众、组织群众是我党的重大任务,而抓报纸又是我党的光荣

## 第三章　天津新闻事业发展概要

传统。经过反复酝酿和组织上的具体筹划,于1945年9月20日,委员会做出了"关于出版《天津导报》及建立通讯发行工作的决定"。决定指出:"为加强对外宣传,及时指导工作经验,根据本会'关于目前天津形势及任务'的决议,特决定出版公开报纸,定名为《天津导报》,暂用石印,三日刊(争取于最近改为二日刊)。该报公开为天津市解放委员会的机关报,实际也是一个党报。因此,今后本会一般性的号召指示,将通过该报往下传达。"《天津导报》于1945年9月30日正式出版,社长兼总编为娄凝先,董东及杨循为编辑。它的社址设在天津附近的胜芳,是八开两版的一张小报,石印,三天一期。报纸的运送和发行,是通过秘密交通员伪装携带、定点送交市内,再由市内地下各点负责同志逐级分发和销售。《天津导报》在发刊词中明确宣布它的任务是:"怪现象必须要消灭,敌伪、汉奸的统治必须要推翻,蒙蔽阴谋必须要揭穿,真理和正义要得到伸张,庄严的斗争一定要很好的发扬。一切侵略主义的、法西斯主义的、封建落后的种种反动文化,一定要全部扫荡净尽!人民的呼声要极大地被尊重。一句话,为建设一个民主、自由、繁荣的新天津而斗争。这是全天津市人民的希望,也是本报所竭力以赴的奋斗目标。"但是,由于形势变化,国民党多方干扰,报纸传递越来越困难。《天津导报》于1945年12月上旬停刊,共出25期。

《天津导报》停刊后,1946年4月18日,中共又派人在天津出版了一张《中国新闻》,这是一张四开四版的日报,铅印,公开出售,是党领导下的报纸。但出版不久,于1946年8月被查封。

由于国民党的接收大员远在重庆,天津的广播事业在相当长的一段时间里处于无人管理状态,这在中国新闻史上实属罕见现象。

1945年8月15日,日本投降后,国民党政府没有能立即接管天津广播电台,这时天津广播电台只是每天转播几次中央社的新闻广播节目,还播放一些西乐、军乐唱片。到1945年10月下旬,国民党政府才派员接管天津广播电台,开始了称之为第一广播的正常广播和业务。不久,天津广播电台的第二广播、第三广播的商业广告节目也恢复了。至1946年初,又开设了第四广播节目。此时,天津广播电台的正式名称是"中央广播事业处天津广播电台",台长为孙国珍。在天津广播电台刚恢复广播的一段时间内,绝大部分是转播北平广播电台的节目。至1946年6月才逐步将大部分节目改为天津自编节目。第一套广播不播广告,仅播新闻及各类综合节目,功率为500瓦。第二套广播与第三套广播的功率为100瓦、500瓦。第四套广播为短波广播,没有专门的节目,只是一定时期与广播联播,还用来与各地电台联系。从1946年起,天津又出现了一个开办商业广播电台的高潮。开办这些电台固然是为了获取利润,但这时的商业电台与30年代的商业电台有很大的不同。这时的商业电台一般都有一定的政治背景,有的是军统、中统特务组织直接经营,有的则是与国民党政权中某些人拉上关系的。这时期正式得到批准,领有执照、呼号的仅有三家。中国广播电台,1945年11月12日开始播音,地址在和平路四面钟,由警备司令部要员严商浩任董事长,功率为500瓦。华声广播电台1946年11月10日播音,地址在和平路(现在的东方饭店),该台为军统人员经营,舒季衡任董事长兼经理,功率为500瓦。中行广播电台于1946年12月15日开始播音,地址在大沽路149号,台长陈树铭,功率也是500瓦。除以上三台外,还有世界新闻广播社、友声广播电台、宇宙广播电台、青联广播电台、天声广播电台、青年广播电台、资源电台、钟镜广播公司电台。这些电台除世界新闻广播社时间较长外,其余都因没有领到营业执照很快就停播。在解放前夕,国民党警备司令部还成立了军友广播电台、军声广播电台及阵中广播电台3个电台,为国民党军队服务。其中阵中电台仅广播一天,即因机器零件损坏而停播了。这一时期,天津广播电台出版了《广播半月刊》,1946年7月创刊,出了5期。

1946年6月底国民党政府悍然撕毁停战协定,向解放区发动全面进攻。1947年6月中国人民解放军转入反攻。1948年11月辽沈战役结束后,解放军发动平津战役,天津解放指日可待。当时中国共产党对新解放的城市中私人经营的报刊、通讯社和广播电台,既不采取放任政策,也不采取简单的一律取消的办法,而是根据不同情况,区别对待,以防止反动势力危害人民政权。对国民党所办或与国民党有密切关系的反动报刊、通讯社和广播电台,在解放前夕已作了充分调查,解放后一律由军管会接收。对长期坚持进步立场的报社、通讯社,则予以保护,准其向人民政府登记后继续营业。那些持中间立场的不禁止其依靠自己力量继续营业,但需要依法登记。

民营广播电台因直接向人民群众播出,可能被敌人利用为通讯联系工具,一律由军管会统一管理,在军管会批准和管理下准其继续营业。1949年1月15日天津解放时,由于缺乏在大城市接管报社的经验,中共天津市委决定将该市各报一律停刊。为此,中共中央致电天津市委,批评了这一做法。根据中央关于私营报社区别对待的政策精神,天津市委相应采取"对停刊各报除已可确定封闭者外,即以秩序恢复为理由,先令出版,待审查后再发许可证"的办法,以作补救。天津《大公报》是旧中国很有影响力的大报,但政治面目相当复杂,天津市委和市政府采取没收其中官僚资本的股份,派杨刚、宦乡、孟秋江三人以原《大公报》同仁身份进入报馆,与《大公报》的地下党员和进步新闻工作者一起成立《大公报》改革计划委员会,将其改组为《进步日报》继续出版。《博陵报》等小报于1949年2月后相继复刊,1951年初《博陵报》《汉英报》等私营报纸先后停刊,《益闻报》等则在天津解放时停刊。

## 七、新闻事业在新中国成立后的发展

1949年1月15日天津解放。当晚20时10分,津沽大地上空传出了"天津新华广播电台,现在开始播音……"的声音。时隔一日,1949年1月17日,中共天津市委机关报《天津日报》创刊。毛泽东主席曾两次为其题写报头,报社人员是由原华北《人民日报》、《冀中导报》、冀察热辽《群众日报》、《新保定日报》及一部分华北城工部的学生组成。除勤杂人员外,共有155名干部,其中编辑24人,助理编辑7人,记者13人,见习记者21人。印刷设备和部分工人是由《民国日报》及《益世报》接管后留用的。《天津日报》为综合性地方报,对开四版,1949年日发行量为5万份,至1979年开始向国外发行。

1949年2月27日创刊的《进步日报》是新中国第一张民营报纸,对开四版。在1949年底,党中央有关部门把已在解放区,曾在《大公报》工作过的杨刚、宦乡、孟秋江等同志邀请到河北省平山开会,在毛泽东、周恩来的主持下,研究了天津《大公报》的问题。当时决定的方针概括起来有以下几点:1)按私营企业对待,党和政府不予接管;2)发动《大公报》天津馆全体职工对其拥蒋反共的反动政治立场和"小骂大捧"的手法进行揭露和批判;3)在原天津《大公报》的基础上进行改组易名,继续出版;4)按巴黎公社原则由全社职工推选成立临时管理委员会,实行民主管理;5)在揭发批判《大公报》的基础上,以全社职工名义发表宣言,代发刊词,公诸社会,借以肃清《大公报》在广大读者中的思想影响。就连《进步日报》的报名也是毛泽东起的,他说,办报的自我检讨,自我批判,就是进步,看报的也要进步。解放了,大家都要进步嘛!《进步日报》创刊后,内部实行民主管理,建有党的组织,经营上自主经营,经济上自负盈亏。《进步日报》的办报方针是:"立足天津,背靠三北,面向全国。"它虽在天津出版,但又是一张全国性的报纸。出版至1400号,于1952年12月31日停刊,与上海《大公报》合并,于1953年1月1日改称《大公报》在天津出版,成为一张以财经、国际宣传为主要内容的全国性综合报纸。1956年10月1日起,迁往北京继续出版。

与《进步日报》前后被批准出版的还有《新生晚报》,这是新中国第一张晚报。四开四版,日刊。1952年改名为《新晚报》,增加了人力和设备,加强了党的领导,贺照为总编辑。1960年,中共天津市委为了进一步办好晚报,将当时出版的《天津工人日报》《天津青年报》与《新晚报》合并,改名为《天津晚报》。1961年天津晚报社并入天津日报社,由天津日报社编委会领导继续出版《天津晚报》。

1958年天津市划归河北省领导,中共河北省委机关报《河北日报》迁津出版,1967年《河北日报》迁回石家庄市出版。与天津划归河北的同时,沧州地区并入天津地区,由天津市领导,原《沧州日报》与天津地区出版的《渤海报》合并成为《渤海日报》,在天津出版发行,1960年停刊,并入《天津日报》。1962年,为了指导农村工作,天津日报社又办《天津农民报》,1964年停刊。另外,在此期间天津市还出版了一些专业报与企业报,还有一本宣传党建的政治刊物《支部生活》。新华社天津分社解放初期隶属于天津日报社,于1949年11月7日脱离报社独立,并向全国发了第一份电稿。天津师范大学中文系新闻专业于1960年设立,是天津最早创办的正规新闻教育机构,为天津新闻事业培养出一批专业人才。天津市新闻工作者协会1957年成立。在"文革"期间,师大中文系新闻专业与天津市新闻工作者协会均被

## 第三章 天津新闻事业发展概要

迫停办和停止工作。

综上所述,从新中国成立到"文革"前在天津市公开创刊和出版过的报纸先后有16家。经过调整,到1960年后,只有《天津日报》《天津晚报》两家。《天津晚报》在1966年底被迫停刊后,全市公开出版的报纸只有《天津日报》一家。

粉碎"四人帮",特别是党的十一届三中全会以后,随着全国改革开放逐步深入,天津市新闻事业也是一派繁荣景象。

天津报纸印刷技术改革进展顺利,采用激光照排、胶版印刷技术,并可印彩色报纸,印刷工人们告别了铅与火。另外,天津新闻教育事业与新闻研究事业开始发展。天津师范大学中文系新闻专业1980年恢复,已为天津新闻事业发展培养了一批专业人才。天津日报新闻研究室在1979年成立后,着手天津新闻史料搜集整理工作,15年的时间内出版了30辑《新闻史料》。天津市新闻工作者协会于1980年10月11日恢复工作,并同时成立了天津市新闻学会,每年评选天津市好新闻,开展新闻业务交流及研讨活动,在组织本地新闻界联谊活动、与外地新闻界交流及对国外新闻界联络等方面做了大量的工作。

《天津日报》在全国省市报纸中率先实行自办发行,遵循读者至上,服务第一,以优质服务总揽全局,认真执行开放型、多渠道、少环节的发行方针。从1988年1月1日自办发行起,效果是明显的。首先是城乡读者看报时间早了,报纸发行量基本上保持平稳,在其他报纸发行滑坡的情况下,《天津日报》没有降下来。其次是减少了发行费用,为报社减少了开支。另外,天津日报社在经营管理上进行了大胆改革,"文革"后在全国率先恢复工商广告、刊登外商广告、在报眼刊登广告。几年来,增加副业,锐意创收,使报社年年有盈余。天津日报社不但出版《天津日报》,还出版《天津农民报》《采风》《球迷》《北方市场导报》《世界乒乓》及《新闻探索》,共6报1刊。

1998年,天津各报纷纷调整版面、扩版,如《天津青年报》《天津工人报》分别由周二、周五刊改出日刊;《天津日报》由对开十二版扩为对开十六版(周一、三、五),《北方市场导报》由四开八版,扩为十六版,并出了多种形式的专刊,以吸引读者。《今晚报》由对开八版扩为对开十二版,还经常不定期扩张。各报扩版一方面努力扩大信息量,另一方面更注重经济效益,扩大广告篇幅,增加广告收入。

截至1998年底,天津新闻从业人员(包括广播电视,下同)3 001人,其中编辑记者1 421人,有高级记者(编辑)57人,主任级记者(编辑)287人。中央及外地驻津记者站已达85家。

国内公开发行的报纸,1998年由30家降为28家。内部报纸原有141家,天津市新闻出版管理局发出通知,1998年年底内部报刊全部停办。凡是因工作需要继续出版的,经新闻出版管理局准允后,1999年作为内部资料在限定范围内交流,不得在社会上征订发行,不得收取任何费用。《天津日报》及其主办的系列报纸《今晚报》《天津老年时报》于四季度相继上网。

天津解放当晚即开播的天津新华广播电台,是在接管国民党政府的天津广播电台后立即播音的,它在建制上归天津日报社社委会领导。同年4月,电台由报社分出,5月18日,天津新华广播电台改名为天津人民广播电台。电台刚成立时,只有从旧电台接收过来的500瓦发射机1台,100瓦发射机2台及相应的播出设备。到1952年,通过调整私营商业电台,天津人民广播电台的总发射功率为1 300瓦,频率增加到5个。在5个频率中,专门设立了一个职工台,用以突出工商业宣传,加强对全市职工的思想政治教育。这个台从1949年6月开办,是全国最早设立的职工专台。1957年总发射功率增加到6 500瓦。1958年,天津市划归河北省领导,河北人民广播电台于同年5月迁天津,与天津人民广播电台合并,名称为"河北、天津人民广播电台"(播音时,两台分别呼号)。1967年,河北台从天津迁出。"文革"期间,天津人民广播电台有一年多时间停止了自办节目,只转播中央人民广播电台节目。

天津电视台于1958年10月开始筹建,1960年3月20日正式播出。当时,只用一个5频道,每周播出3次,共六七个小时,发射功率为1 000瓦。1965年,京津之间微波线路建成,天津电视台在全国地方电视台中首先转播中央电视台节目。1973年,天津电视台增加一个12频道,开始播出彩色电视节目,发射功率为7 500瓦。

党的十一届三中全会以后,天津广播电视事业得到蓬勃发展。1971年

7月,成立了天津广播事业局,1984年3月3日,天津广播事业局改名为天津广播电视局。

20世纪90年代初,天津市广播和电视,无线和有线,已经形成了一个相互配合的网络,遍布城乡各地。在900多万人口的天津,城乡人民已拥有364万台收(录)音机,327万台电视机,分别比1978年增长89％和4076％。到20世纪90年代末,天津人民广播电台每天用7套频率播出120小时,连京、冀、辽、鲁等地区也能接收天津电台的广播;调频广播的覆盖半径由原来的60千米扩展到90千米,整个津沽大地都能听到音质优美的立体声广播节目。天津电视台自办转播,各有3套节目,每天播出自办节目32小时。天津有线电视拥有3套播送台,每天传送20多套节目,入网用户已经达到90万。1998年12月28日,天津卫视正式开播。天津卫视设44个栏目,通过新建的地球卫星站被送上亚洲2号卫星与海内外观众见面,全天播出20小时。

截至2000年,天津市共有报纸29家,各级各类广播电视播出机构28家(市级3家,其他25家),驻津新闻单位近90家,新闻从业人员达到了6 000余人。

(本章撰稿人:邹仆、姚福申)

# 第四章

## 河北新闻事业发展概要

### 一. 河北新闻事业的起源与清代"京报"

河北地区古代为冀兖二州之域,自辽以后,元、明、清各代均建都在此。明初置北平布政司,永乐元年(公元1403年)改北平为北京。明代京师(北直隶)辖8个府,37个州,136个县,相当于一个行省。

据《河北省志·新闻志》称:"河北省新闻事业的滥觞始于元代。据挖掘考证,当时在河北这块土地上,曾出现过'报条''小本'这类有明显新闻特征的出版物。"明代各省均设报房于京师,由各省派驻的提塘官将《邸报》抄送给各省的军政大员。各府、州地方官员也需要获知《邸报》消息,便雇佣在京抄报的人从提塘处抄录《邸报》,由塘兵派送至各地,所以明代的河北地区最早出现民间的抄报行业。抄报行业是个本小利薄的行业,据万历《保定府志》卷二十六"嘉靖四十二年保定府"《计处驿传事宜》一文记载:抄一份邸报,每月仅给抄报费七钱。明代《邸报》每五日一次由驿站快马递送保定府,府一级公费订阅邸报很少,保定府在嘉靖四十二年(公元1563年)之前为10本,经改革后减为4本,送报费每月1两。保定府官员因公外出,邸报由书吏送所在地区,县衙的邸报也是由书吏抄送的。

明代末年,"邸报"与"京报"两种名称已经混用,但指的仍是"邸报"。李自成起义军在进攻明代的统治中心河北地区时,曾使用过"牌报"和"旗报",

这是一种将鼓动性信息书写于牌或旗上向群众展示,带有新闻传播性质的宣传工具。

清代初期沿用明代邸报体制,由各省提塘官员向地方军政首长总督与巡抚抄送邸报,各州府官员则雇佣在京抄报人抄报。此时,"京报"已作为"邸报"的同义词出现,民间的"刷写文报者",又称为"京报人"。从发展的脉络来看,清初的"京报人",无疑是后来民间京报房工作人员的前身。

雍正年间公元1730年前后已出现民间胥役、市贩合凑几家买阅《邸报》的情况,但遭到政府部门的禁止。乾隆二十年(公元1755年)为防止讹传、私抄、泄漏等弊病,由直隶提塘负责管理公报房,统一向全国各地发布《京报》(即邸报)。以前分散雇佣京报人刷写文报,此时统一由民营企业荣禄堂承印《京报》。乾隆三十年(公元1765年)起,规定刊入《京报》的奏章抄件,要盖上承办衙门印信,才可由负责公报房的直隶提塘交付刊行。最后,还需要将《京报》底本和盖有印章的抄本一起,每十天一次送兵部验证存档。经过如此严格审定的《京报》,已没有任何秘密可言,承印《京报》的民营企业也发展为多家,承印人联合起来在正阳门外,另办一所民办京报房,直接供应私人订户。这样就完成了官场上参考消息性质的《邸报》向民营《京报》的嬗变。

外省政府机关的京报由塘兵递传,由于官员侵吞饷银,塘务废弛,京报递送十分缓慢。道光、咸丰年间才又另辟一条邮路,《京报》可以通过良乡信局寄递,邮传速度快得多了,但邮费也很贵。各省大员为争取信息时效性,便订阅由良乡信局递送的《京报》,俗称《良乡报》。

民间订阅的《京报》主要在京城内,京外送报仅局限于河北省境内。据齐如山《清末京报琐谈》记载:"近州县如通州、良乡等县,则可以两天送一次。如保定府等处,则大约须十天一次,最远的每月一次。"[①]

晚清河北地区还出现过一种印刷出版的新闻图片,当时人们称之为"图儿"。在庙会和其他热闹地区,小贩往往拿着它沿街兜售。"图儿"所绘的都是些骇人听闻的社会新闻,诸如逆伦、盗案、奸情、凶杀、拐逃之类。图上还

---

① 《报学》第一卷第三期,台北1952年版。

附有文字说明,报道事件的真相。有时家庭或邻里间发生争吵,劝架的人常会这么说:"别闹啦,快上'图儿'了!"可见这种新闻传播媒介在民间颇有影响。光绪年有个叫连仲三的人就是画"图儿"出了名的①。盛行于河北大城市中的单页"图儿",可以视为我国新闻画报的嚆矢。

## 二、晚清近代报刊在河北的发展

河北地区清代为直隶省,省会设在保定。天津原为直隶省的一个府,1860年英法联军发动第二次鸦片战争,占领天津,攻入北京,清政府被迫签订中英、中法《北京条约》,增开天津为商埠。天津地处交通要冲,经济地位与军事地位都显得越来越重要。直隶总督李鸿章及其后任袁世凯均兼领北洋钦差大臣的职位,除保定设有总督府外,在天津也设有北洋大臣衙门,规定在保定与天津各轮驻半年。民国初年,天津还一度成为河北的省会,后省会改设在保定。直到1928年6月,南京政府改直隶为河北省,天津设特别市,开始在行政上与河北省分开。因此,在1928年之前,我们在对河北省的报刊进行统计时,包括天津在内,1928年以后,天津的报刊数字不再计入河北省。

河北地区近代报刊的出现时间较广东、浙江、江苏(包括上海)、福建、湖北及台、港、澳地区为迟,也稍迟于北京,但远远早于广西、四川、贵州、云南、湖南、河南、江西、安徽、山东、山西、内蒙、陕西、甘肃、辽宁、吉林、黑龙江、新疆、西藏等省。这显然与地区在政治上的重要性和经济发展水平以及城市化程度有关。

根据现有资料的不完全统计:自从1886年河北地区出现近代报刊开始到1911年底,整个晚清时期河北地区共出版过51种报刊,其中外国人办的有16种,中国人自办的34种。外国人办的报刊前期比例较高,如19世纪80年代与90年代共有9种报刊问世,而其中6种为外国人所办,20世纪的最初十年(1901—1911年)共有42种报刊创办,而外国人办的仅占10种。外国人办的16种报刊中,英国人办的6种,德国人办的3种,日本人办的有7种。早期大多为英国人与德国人所办,后期则大多为日人所办,如

---

① 管翼贤:《北京报纸小史》,《新闻学集成》第五辑,中华新闻学院1943年版。

1905年以后外国人办的6种报纸,有5种为日人所办,甚至如英文报纸《华北每日邮报》也长期受日本军方秘密控制。这也可以从另一个侧面看出外国侵略势力在河北地区的消长情况。

中国人自办的34种报刊中,民办的占24种,官办的10种。官办的报刊始于1902年12月25日创刊的《北洋官报》。民办的报刊始于1889年吴闻青创刊的《立言小报》,该报于张家口编辑,在北京印刷,主要记载张垣动态、历史风物和名人轶事,办了5年,共出了200期。吴闻青为光化知府的儿子,是在历史上留下姓名的河北地区最早的近代报人。河北的民办报纸大多为商业性质,最早出现的颇有影响的政治性报纸为1897年严复、王修植、夏曾佑等人创办的《国闻报》;最早的革命派报刊为1905年2月吴樾在保定创办的《直隶白话报》,该报为半月刊,曾出版过14期,后因吴樾为革命殉难而停刊。

晚清出版的51种报刊中,英文报刊的分布情况主要集中在天津,有43种,占84.3%;省会保定仅有7种,占13.7%;张家口只有1种。

清末天津出版的报刊参见《天津新闻事业发展概要》,这里不再论述。保定出版的7种报刊,其实都是月刊或半月刊,并不是真正意义上的新闻报纸。其中3种为农业期刊,即《农务学报》(1904年)、《北直农话报》(1905年)和《直隶农务官报》(1909年);3种为白话报,《拼音字母官话报》(1904年)、《直隶白话报》(1905年)和《地方白话报》(1906年);另一种为《武备杂志》(1904年)。这7种刊物有5种为学校所办,3种农业期刊均为保定高等农业寺堂所办,《武备杂志》为北洋速成武备学堂所办,《拼音字母官话报》为王小航主持的学堂所办。其余两种白话报也带有启蒙教育性质。张家口发行的《立言小报》是一种文艺性质报刊,从5年出版200期来看,也显然是一种属于周刊或旬刊性质的出版物。综上所述,河北地区除天津以外,其他城市的近代新闻事业尚处于萌芽状态。

## 三、民国成立到北伐时期的河北报业

1912年民国成立后,中国的政权已由封建专制的清朝政府转移给共和体制的中华民国政府,然而直隶省军政大权却丝毫没有变化,依旧牢牢地控制在以袁世凯为首的北洋军阀手中,可谓"换汤不换药"。然而民国元年全国民主自由的气氛很浓,刚当上大总统的袁世凯也不能不用言论自由点缀一下门面,因而河北地区的报业也曾出现过短暂的繁荣。据不完全统计,仅天津一地民国元年就曾新办了7家至今仍有据可查的报纸,有日报、晨报、晚报和妇女报。然而好景不长,在袁世凯倒行逆施的高压统治下,此后数年直隶报业即呈现万马齐喑的局面。许多进步报纸,如黄兴创办的《民意报》、国民党直隶支部的机关报《国风报》、关天增等革命党人办的《新闻津报》等遭到查封,《大公报》等著名民办报纸则被安福系军阀所收购,直隶报业成了袁世凯复辟洪宪王朝的吹鼓手。

袁世凯死后,报禁稍有缓解。1919年"五四运动"爆发,天津爱国学生率先响应,出现了许多爱国学生办的进步报刊,如《天津学生联合会会报》《南开日刊》《觉悟》《平民》《醒世周刊》《新生命月刊》《又新周刊》《导言半月刊》《新生》《南开特刊》等。特别是周恩来主编的《天津学生联合会会报》曾日销达3万份以上,在社会上产生很大影响。在"五四运动"的推动下,也出现了一批颇有知名度的新型民办报纸,如马千里主办的《新民意报》、刘霁岚主编的《平报》、钱芥尘主持的《华北新闻》等。这些报纸都很重视社论、新闻、社会新闻和副刊,重视商业性的广告和图片,并开始采用白话文撰稿,逐渐向现代化的报纸发展。

"五四"前后,天津为直隶的省会,也是河北地区的最大商埠,因而在1912年至1927年这段时间里,直隶省的报纸仍主要集中在天津地区。直隶报业的发展是不平衡的,据目前掌握的资料统计,在上述16年间,直隶省有近40种报纸(包括小报,但不包含期刊),而在天津一地出版中占30种,占总数75%以上。如果不包含小报,天津所占的比例超过90%。要是仅统计商业性的现代化报纸,则天津的比例为100%,其他城市报纸均属政治性或启蒙教育出版物。

受"五四"新思潮和俄国十月革命的影响,1920年以后,河北省出现了一批进步报刊。最早出现的有张太雷创办的天津第一家工人报纸《来报》,该报于1920年创刊,因鼓吹革命不久被查封,1921年1月该报易地出版,改名《津报》。中国共产党成立后,共产党人刘清扬、赵世炎分别在天津创办《妇女日报》(1924年1月创刊)和《工人小报》(1926年1月创办),积极传播马克思主义并宣传党的方针政策。受新思潮和共产主义的思想影响,在保定地区的进步报刊取得了同步的发展。在李大钊、邓中夏等革命家影响下的进步学生报纸《青年之友》也于1920年9月在保定创刊。该报宣传科学、民主新思潮,传播马克思的基本原理和观点,介绍十月革命的情况,在社会上引起了很大的反响。中国共产党成立后,保定社会主义青年团和保定青年学生联合会主办了《津保青年》周刊(1924年创办),中共保定支部机关报《微声》也于1925年创刊,由中国社会主义青年团保定地方执行委员会以"社会问题研究会"名义创办。这三种刊物虽然出版时间不长,前者不到一年,后者也只有一年左右,但在工人和青年学生中已产生了不可磨灭的思想影响。

  1924年9月,冯玉祥在第二次直奉战争中发动北京政变,率师回京,直系军阀被击败。次年2月初,冯到张家口任西北边防督办,不久便创办了四开四版的《西北日报》。同年9月,中共北方局派萧三到张家口组成中共张家口地委,同时又派大批党员进入冯玉祥的政权机关和宣传部门工作,该报社长蒋挺松和总编马吉良都是共产党员。由于进步势力在张家口取得了一定的发展,于是1925年有一批革命报刊在该地出版,如京绥铁路总工会于5月间创办的《工人三日刊》,张家口地委于10月间创办的《西北向导》,西北农工兵大同盟中央执行委员会于11月创办的机关刊物《农工兵》和内蒙古人民革命党中央机关刊物《内蒙国民旬刊》(11月创刊)等。《内蒙国民旬刊》是蒙文刊物,用石印出版,它是我国少数民族革命斗争史上最早用民族文字宣传马克思主义的革命刊物。这些革命报刊持续出版时间都不长,于1926年8月冯玉祥国民军撤离张家口时先后停刊。

  值得一提的是,这一阶段的报刊出版已不局限于天津、保定、张家口等大中型城市,河北省的一些县级城市也出版了报刊。这些报刊的出现并不是出于经济发展的需要,而是由于政治宣传和启蒙教育的需要,也可以说是中国共产党人革命斗争深入发展的结果。这一时期唐山出现了在开滦煤矿大罢工影响下产生的宣传刊物《唐山潮声》,该刊创刊于1922年11月,由上海印刷好后,运回唐山发行。隆平有中共隆平县委办的石印刊物《隆雷快报》(1926年7月创办),赵县有中共地下党员胡培云借用赵县民众教育馆名义办的《时事通讯简报》(1926年创办),磁县有农民会办的《晨光报》(1927年创办),孟村回族自治县有中共津南特委办的机关刊《红线》(1927年2月),昌黎县也有民众教育馆办的《昌黎周报》。相比较而言,《昌黎周报》是一种文艺性质的周刊,政治倾向性不明显,持续出版了5年之久。《时事通讯简报》则是主要报道时事新闻及新文化运动的8开小报,每逢四、九集市日出版,无偿散发,先后出版了100多期,至1935年停刊,坚持了9年之久,办报者的毅力和爱国精神令人敬佩。《红线》为中共津南特委书记刘格平所办,经常分析全国革命形势,报道外地革命斗争动态,其消息主要来自天津地委、顺直省委,他们用白矾水写在《益世报》《大公报》的报缝里,寄到刘格平的药铺,然后用五倍子水显影,印发在小报上。地方的党团员以贩卖食盐为掩护,将《红线》送达津南所辖的5个县和二三十个党支部。虽然1928年6月,中共津南特委遭国民党政府破坏,刘格平被捕,《红线》停刊,但毕竟为白区党报工作积累了丰富的实践经验。

## 四、河北新闻事业在十年内战中的发展

1927年蒋介石、汪精卫相继叛变革命,大肆屠杀共产党人和革命群众,第一次国共合作破裂。同年9月,南京国民政府成立。1928年6月,在日本军的阴谋策划下,奉系军阀张作霖在皇姑屯被炸死,国民党政府任命阎锡山为京津卫戍总司令进入北京。随即改直隶省为河北省,北京改称北平,北平和天津同为特别市,确定保定为河北省省会。同年12月,张学良宣布"东北易职",国民党政府实现形式上统一。

为了对抗蒋介石的反动统治,中国共产党确定了实行武装起义的方针,在江西建立了中央革命根据地和其他许多根据地,并在国民党统治下的白区展开了革命宣传活动和群众革命斗争。因此,河北地区在十年内战时期不仅有国民党办的报刊,还有共产党办的许多革命报刊。除此之外,由于河北地区经济的发展,办报已成为可以获利的事业,这一时期还出现了一批以

营利为目的的民办报纸。

现今的河北地区包括当时的河北省、察哈尔省(1928年建省,省会张家口)和热河省(省会承德)的部分地区。1931年"九一八事变"发生后,日本帝国主义于翌年成立"满洲国",并进一步在华北扩展其地盘。1933年3月日寇侵占承德,热河省沦陷。因此,在当年的河北省地区,于1933年以后还出现过一些日伪办的报纸。十年内战时期河北的新闻事业可谓错综复杂,按新闻事业政治属性,分为国民党官方报纸,共产党领导下的报纸,民办报纸和伪报纸四个方面。下文分别进行介绍。

(1) 国民党系统的官方报纸。据蔡铭泽所著《中国国民党党报历史研究》一书中《中国国民党主要地方党报一览》的统计,到1936年6月为止,在今天的河北地区有省级党报两家,县级党报20余家。这两家省级党报是保定出版的《河北民声日报》,日发行数5 000份;张家口出版的《国民新报》,日销5 700份。《国民新报》原为1929年初公开出版的《察省政报》,1930年改为对开四版的大报《察省日报》,中原大战后阎锡山势力退出,宋哲元以国民党中央特派员身份来主持党务,改为《国民新报》。县级党报大多为周刊,也有半月刊、旬刊、三日刊、日刊。发行量也相差悬殊,如《井陉党声》为井陉县党部所办,期发行数为9 300份,而怀来县党部所办的《怀来民报》,每期只发行700份。

除此之外,还有党员主持的报纸,如张家口出版的《商业日报》和国民党政府机构办的报纸,如保定行营机关报《振民日报》等,发行量均在4 000份左右,影响较大,出版时间也较长。河北地区某些县的文化教育馆也出版过一些报刊,大多是半月刊或者周刊,如衡水县民众教育馆创办的《新衡水报》,深县民众教育馆办的《时间简报》等,这些报刊是由政府出资为国民党作政治宣传,发行量一般在400份左右,持续出版时间较长。

根据我们目前掌握的资料统计,河北地区(包括当时的河北省、察哈尔省,不含天津市)在1936年经国民党内政部警察总督注册的报纸共有64种,国民党系统的官方报纸有近40种,占58%左右。可见除北平、天津等大城市国民党系统的官方报纸占比例较小(约6%左右)外,在河北的中小城市中,官方报业占有新闻的垄断地位。

(2) 共产党领导下的报纸。《河北省志·新闻志》编辑部曾对当时共产党领导下的报纸做了大量资料收集工作,根据该新闻志的记载,有据可查的在党领导下的报纸有 45 种。在这 45 种报纸中有 24 种为中共党组织的机关报,另外 21 种为共产党人以学校、社会团体、民众教育馆乃至私人名义办的革命报刊。

出版时间较长,影响较大的党委机关报有 1929 年中共顺直省委主办的《北方红旗》,中国张家口特委 1933 年办的《抗日阵线》等。1930 年 12 月河北省委建立,接办《北方红旗》,并于 1932 年 6 设立《北方红旗》党报委员会。同年 9 月,因省委印刷机关遭国民党政府破坏停刊。中共河北省委于 1933 年 3 月又创办机关报《火线》,宣传抗日救亡,推动和支持冯玉祥抗日。原《北方红旗》的党报委员会负责人胡奎继任该报主编,《火线》一直办到 1938 年以后,后期的负责人为时任河北省委秘书长兼宣传部长的姚依林。《抗日阵线》是四开四版的日报,为中共张家口特委机关报,由冯玉祥每月提供经费 500 元。1933 年,中共河北省委派柯庆施任河北省委前线工作委员会书记,替代原中共张家口特委,《抗日阵线》随即改名《老百姓报》,为河北前委机关报,由陈尚友(陈伯达)担任主编。抗日同盟军失败后,该报终刊。

地下党借托国民党民众教育馆办的革命报刊中,最具特色、影响最大和出版时间最长的是景县民众教育馆创办的《旬刊》。该报刊创办于 1931 年,至 1937 年 7 月停刊,历时 7 年。《旬刊》的主编是地下党员刘六清(刘石生),每期发行 500 份,为石印出版。1935 年 5 月,基于各种政治原因,《旬刊》一度暂停出版,1937 年 7 月,《民报》被国民党勒令停刊。

由于共产党领导下的报纸是在白色恐怖下坚持出版,所以条件十分艰苦,绝大部分为油印报刊,而且持续出版时间都不长,不少地下党员为此牺牲自己的生命。

(3) 民办报纸。据 1936 年的统计数字,河北地区(包括当时的河北省、察哈尔省,不含天津市及北平市)有民办报纸 25 种左右。由于政治、经济等原因,民办报纸條起條灭,出版时间都不是很长,因此从 1928—1937 年间问世的民办报纸当远远不止此数。在《河北省志·新闻志》著录的这一阶段中,民办报纸也有 20 余种,主要集中在石家庄、保定、张家口、唐山等地,冀县和昌黎县也有日报出现。值得注意的是，自1928年以后，石家庄新出版的民办报纸已远远多于省会保定，这反映了新闻事业是与经济发展同步的，石家庄经济发展的速度已大大超过保定。

石家庄的民办报纸始于1928年基督教徒李亚夫创办的《石门日报》，同年又有任国忠主办的《实业公报》出版。虽然这两家报纸不久即停止，但后继者却接踵而至。1933年元旦赵润身等创办的《石门日报》又开张营业，而且发行量达到了2 000份。1934年以后，《救国日报》《商报》《正言报》《小石报》《燕风报》《石市晓报》《当天报》《华北晚报》等相继问世，石家庄成了河北省新闻事业最繁荣的城市。

保定是河北省的政治中心，张家口是当时察哈尔省的政治中心，除各有一家省级党报《河北民声日报》与《国民新闻》外，还有一些民办报纸如《竞进日刊》(保定)、《保定小日报》、《小小日报》(张家口)等。在这两个省会城市，民办报纸始终只是配角。

"九一八事变"后，日本帝国主义的侵略行径激起了中国人民的极大义愤，《燕东日报》(昌黎县出版)、《救国日报》(石门各界抗日救国会办)便是一些爱国知识分子集资创办的抗日报纸，后者还得到国民党获鹿县党部的支持。

(4) 日伪报纸。伪满洲国成立后，日本帝国主义已将热河纳入伪满的版图。在伪满中央情报处成立"讨热宣抚队"，并于1932年7月在伪满首都(今长春市)出版《热河新报》，"讨热宣抚队"队长日本人阿部国太郎便是该社社长。1933年3月4日日寇占领承德，热河省沦陷。同年7月18日《热河新报》迁入热河省会承德。该报表面上是伪满热河省公署的机关报，实际上是日本关东军西南地区防卫司令部的宣传工具。这类日伪报纸完全靠机关公款订报和向统治区店铺摊派维持生存。日文《热河日日新闻》也于1933年7月18日出版，其办报目的是向在热河的日本人进行政治宣传和提供信息，以坚定日本军国主义者的侵华信念。在1935年4月，山海关地区曾出版过日本人大祯主办的《山海关日报》，这也是一张为日本侵华作宣传的中文报纸，办了一年多便停刊了。

早在1935年5月，日本帝国主义就已向国民党政府提出华北特殊化的要求,实质上是要求在华北的统治权。同年7月6日,国民党政府代表何应钦函复日本华北驻屯军司令梅津美治郎,接受了这个要求,这便是丧权辱国的《何梅协定》。按照这个协定,中国在河北和察哈尔两省的主权已大部分丧失。同年11月,日本侵略势力策动汉奸制造"华北五省自治运动",并成立"冀东防共自治政府"。1936年7月5日该汉奸政权出版四开四版《新唐山》报,这是抗战爆发前当时河北省辖区内最先出现的日伪报纸。

由于日伪报纸的侵略宣传违背民意,遭到中国民众发自内心的抵制,只能在日军占领区内强行推销,政治宣传收效甚微。

十年内战时期,河北地区已开始出现新闻广播活动。1927年3月,当时尚处于奉系军阀控制下的北京、天津已着手筹建广播电台。同年5月15日,天津广播无线电台率先开始播音,这是河北地区第一座无线广播台,发射功率500瓦,呼号COTN。除每天广播新闻、商情外,还有音乐、讲座及戏曲节目。天津台经常通过长途电话线转播当日北京正在上演的京剧,深受听众喜爱。不久北京无线广播台也开始播音,内容与天津相仿。

1932年夏,国民党政府成立中央广播无线电台管理处,对全国国营电台进行管理。该管理处始属中央宣传部管,后来直属国民党中央执行委员会管辖。抗战爆发前,国民党省级地方政府还建立了一批由地方政府管辖的广播电台,如河北广播电台,该台设在北平。1935年秋,中共红军长征胜利到达陕北,国民党政府为加强在西北的反共宣传,于同年8月下令将设在北平的河北广播电台设备拆迁到西安,建立西安广播电台。据1937年6月的统计,国民党统治区内有官办的电台23座,民营电台55座,共78座。河北省(包括北平、天津在内)有广播电台7座,仅次于江苏(包括南京、上海在内)和浙江两省,位居全国第二。

## 五、抗战时期河北新闻事业的艰难历程

1937年7月7日卢沟桥事变发生,中国军队奋起应战。7月17日,蒋介石在庐山发表谈话:"从这次事变的经过,知道人家处心积虑的谋我之亟。和平已非轻易可以求得……如果战端一开,那就地无分南北,年无分老幼,

无论何人,皆有守土抗战之责任,皆应抱定牺牲一切之决心。"中国共产党表示:"坚决拥护蒋介石先生的宣言,愿意全国同胞一道为保卫国土流最后一滴血。"1937年10月,八路军第一一五师主力南下,1938年1月建立晋察冀抗日根据地。1938年5月一一五师一部进入冀南,建立冀南根据地。1939年初一一五师进入冀鲁豫地区,并于1941年夏建立了晋冀鲁豫抗日根据地。八路军挺进到华北敌后,放手发动群众,开展抗日游击战争,牵制了大量日寇兵力,为反法西斯战争作出了重要贡献。

为了适应革命斗争形势的需要,抗战初期各级党组织和党领导下的爱国团体,纷纷办起了各种不同类型的报纸,出现了全党办报、群众办报的崭新局面。据不完全统计,地委级以上报纸有30余种,县级及县级以下的小型报纸有130多种。这些报纸对于提高群众觉悟,发动群众,鼓舞敌后抗日武装的斗争,推动抗日民主根据地的建设发挥了很大的作用。但是,由于这些报纸都是仓促上马,办报力量不足,报纸的政治质量和宣传水平参差不齐。根据这种情况,从1939年下半年起到1941年上半年,党对各地小型报刊进行整顿,停办或合并了许多小型报刊,集中力量建立和加强各级党委机关报,使敌后抗日的新闻宣传工作趋于规范并适应游击战争的实际情况。

河北地区中国共产党领导的抗日武装创办的最重要的报纸是《晋察冀日报》。该报最初为《抗战报》,由晋察冀军区政治部于1937年12月创办,出版地点是河北省阜平县城内,1938年4月,划归中共晋察冀省,为省委机关报。为了对日益扩大的晋察冀边区加强领导,中共中央北方局决定设立北方分局(1941年改称晋察冀分局),《抗战报》便由北方分局直接领导。邓拓长期担任该报的主要领导人。1938年8月,报纸由石印改为铅印,发行量2700份。1940年11月7日将《抗日报》改为《晋察冀日报》,毛泽东同志亲自为它题写报头,发行量由原先的1万份上升为2.1万份。到1940年底,报社出版书籍达71.6万册。

1941年9月,日寇的反"扫荡"斗争日趋激烈和残酷,报社采取战时体制,将工作人员分为两个梯队:第一梯队由青壮年组成,是负责放哨、侦察和保卫的武装梯队;第二梯队是精干的办报工作队,铅印设备已无法携带,便由牛步峰等将石印机改装成轻便的印刷机,确保在艰苦条件下报纸能继续出版,这便是有名的"八匹骡子办报"的故事。此时报纸的发行量为5 500份。1943年9月下旬以后的三个月是晋察冀边区反"扫荡"斗争最艰苦的阶段,报社队伍在灵寿县北营村与日伪军相遇,战斗中多名工作人员牺牲,邓拓骑的骡子也被打死。同年12月9日,在阜平县小水崞沟突围时,编辑组长、电务队台长等4人不幸牺牲。

1945年8月日本投降后,邓拓率报社部分人员随八路军向北平进发。由于日伪拒绝向八路军投降,便转赴刚解放的华北重镇张家口出版。直到解放战争即将取得全面胜利的时候,《晋察冀日报》于1948年6月14日终刊,与晋冀鲁豫的《人民日报》合并。该报在10年6个月零3天的时间里,出版2 854期,出版数以百万计的马列著作、毛泽东著作和大批政治理论书籍。72人在战斗中牺牲,31人积劳成疾病故,为中国革命事业做出了不可磨灭的贡献。

这一时期河北敌后抗日根据地的重要报纸还有:中共冀中区委的机关报《冀中导报》(原名《导报》)、冀中军区机关报《前线报》(原名《前线上》)、中共太行区委机关报《新华日报·太行版》、中共冀南区委机关报《冀南日报》、中共冀热察区委机关报《跃进报》、中共冀鲁边区特委机关报《冀鲁日报》、冀晋军区机关报《冀晋子弟兵》等。在区委之下还有各地委出版的报纸如《黎明报》(原名《战斗报》)、《胜利报》(原名《群声报》)、《新民主报》、《团结报》、《祖国报》等。

《导报》是区委级机关报中最有影响的报纸,创刊于1938年夏,由冀中军区政治部主办的《抗战报》停刊后,将人员和铅印设备调拨给《导报》办起来的。由于日本侵略军于1938年冬对冀中根据地展开大规模进攻,铅印设备携带不便,区党委决定暂时秘密隐藏起来,《导报》改为油印,不定期出版。在战斗十分激烈时,一度停刊。1939年12月底,在武强县北代村正式复刊,改名《冀中导报》,仍为油印,后改为石印,直到日本投降前夕才又改为铅印。在抗日战争中该报的通联科长、副刊编辑、报务主任等报社工作人员,与敌搏斗壮烈牺牲。

由于抗日战争物资匮乏、条件困难、战斗残酷,而且居无定所,随时可能与敌人遭遇,因而几乎所有报纸都只能采取油印和石印出版。在反"围剿"

斗争最激烈的时候,每个报社也都像《晋察冀日报》和《冀中导报》一样有报社工作人员英勇捐躯。这些报纸的发行工作完全靠秘密交通员冒险递送,有许多交通员就在送报时被敌人发现壮烈牺牲,交通员的死亡人数远远超过报社工作人员。

值得一提的是,晋察冀军区政治部还于1942年7月7日在平山县碾盘沟出版过一种印刷精美的《晋察冀画报》。画报用瑞典木浆纸印刷,十六开本,用中英两种文字出版,每期印数为1 000本。聂荣臻司令员曾为该画报题辞:"五年的抗战,晋察冀的人民究竟做了些什么?一切活生生的事实都显露在这小小的画刊里。它告诉全国同胞,他们在敌后是如何的坚决英勇保卫着自己的祖国;同时也告诉了全世界的正义人士,他们在东方如何的艰难困苦中抵抗着日本强盗!"画报通过地下交通员,冲破重重封锁,送到延安、重庆、敌占区和国外,引起各方面的强烈反映。日寇看到画报十分震惊,认为这样精美的画报不可能在根据地出版,动员军警在北平、天津的出版行业中侦察、搜索,自然一无所获。后来在"扫荡"中又以摧毁画报作为主要作战目标之一,但仍然未能达到目的。而画报社却日益壮大,除了出版《晋察冀画报》外,还出版季刊、月刊、增刊、解放画刊、时事专刊等30余期。1944年6月又成立冀热辽分社(后独立为冀热辽画报社),1945年1月出版了《冀热辽画报》。

河北敌后抗日根据地的新闻宣传活动给了我们两点启示:一是中国共产党十分重视群众的政治工作,由于同心同德、众志成城,得以在环境和装备都极其恶劣的情况下,战胜了武装到牙齿的日本帝国主义的庞大正规军和为虎作伥的伪军。后来以"小米加步枪"的装备战胜美式配备的三百万国民党正规军,取得解放战争的彻底胜利,重视新闻宣传工作也是制胜法宝之一。二是根据地内新闻事业的盛衰、消长与根据地的形势息息相关,根据地的革命斗争取得了胜利和发展,新闻事业也就相应地繁荣起来,反之亦然。这显示了新闻事业与政治形势存在着内在的相关性。

与中共游击区的新闻宣传工作相比,国民党游击区的新闻宣传活动实在是不可同日而语了。根据我们目前掌握的材料,河北抗日游击区中国民党报纸只有两种,一种是国民党冀察战区津浦游击第三纵队办的国民党军报《前进报》,另一种是国民党河北民军第二路办的军报《全民报》。《前进报》原为石印的不定期刊,后改为油印的周报,从1938年办刊到1939年即停刊。《全民报》为油印日报,不久改为不定期刊,从1938年6月办刊到1940年底便烟消云散。即使在国民党军报中也有中共地下党员在做编辑工作,可见中国共产党对意识形态工作的重视。

抗日战争时期河北日伪的报纸主要集中在承德、石门、保定、唐山四个城市,县级报纸极为少见。承德的《热河新闻》和《热河日报》均为抗日战争全面爆发前创办,一直持续到日本投降为止。石门市(即今天的石家庄市)有三家报纸,一家为伪石门市政府办的由日本顾问控制的机关报《石门新报》,另两家为汉奸报纸《正报》和《建设报》。两家汉奸报出版时间都不长,《正报》出了两年到1939年11月停刊,《建设报》1942年出版,不到一年便停刊。《石门新报》曾易名为《华北新报·石门版》从1939年出至日本投降。日本投降后,改名《石门华北日报》苟延残喘一个月,被国民党大员"劫收"。保定有伪河北省公署办的《河北日报》,后改为《华北新报·保定版》,由1939年8月出到日本投降停刊。唐山伪冀东防共自治政府的《新唐山》在伪唐山市政府成立后改为《唐山新报》,以后又改为《华北新报·唐山版》,于日本投降后停刊。此外还有汉奸报《冀东日报》《新民小学报》和《冀东儿童周刊》。除由日本人直接控制的《冀东日报》出版时间较长,由1937年办到1945年外,另外两张报纸均为周报,出版时间均不到一年或一年左右。

与抗日战争前相比,日本占领的城市如保定、石门、承德、唐山等新闻事业均比以前萧条得多。尽管汉奸报人也拼命作卖国宣传,但真正接受这种反动宣传的人少而又少。县级报纸曾见伪昌黎县政府办的《县政公报》,半月出版一期。总之,日伪的反动宣传不得人心,人们慑于日寇暴力敢怒而不敢言罢了。

"七七事变"后,北平、天津等地的广播电台相继陷入敌手。1938年1月1日,日本帝国主义的傀儡政府伪临时政府举行"就职典礼",北平、天津广播电台在日本广播协会控制下恢复播音,开始用日语、汉语广播新闻。1940年3月,南京汪精卫伪中央政府成立,北平伪临时政府改称"华北政务委员会"。同年7月,日本广播协会名义上把华北地区的广播电台交给"华北政务委员会"下属的"华北广播协会",实际上掌握实权的仍是日本人。在该会管辖下的河北地区广播电台有北平、天津、石家庄、唐山4座。另外张家口也有一座广播电台,因为张家口当时是伪"蒙疆自治政府"的"首府",由"蒙疆广播协会"所控制。

为了配合日寇的军事、政治攻势,日伪广播电台不遗余力地宣传所谓"东亚圣战",鼓吹"建立东亚新秩序",极力贩卖法西斯主义的所谓"大和精神",并请汉奸头目出面为开展"治安强化运动"作广播演讲。日本侵略军在沦陷区内强行推销廉价收音机,据统计,仅北平一地就销售了4万架。他们还下令登记收音机用户,强制剪去收听短波广播的设备,迫使听众只能收到当地的日伪广播,发现收听非日伪广播者一律以"国事犯"论处。在沦陷区的大街上到处可以听到《支那之夜》《满洲姑娘》等靡靡之音。

## 六、解放战争时期河北的新闻事业

从抗战胜利到全国解放,河北省的新闻事业经历了一个发展、收缩、再发展的演变过程。日本投降以后,八路军总司令朱德连续发布七道命令,命令各解放区人民军队迅速前进,收缴日伪武装,接受敌军投降。人民军队在各前线向日伪军全面大反攻。随着解放区的迅速扩展,解放区的新闻事业无论在规模上还是在设备方面都有所扩大和改良。然而,蒋介石在美帝国主义的支持下,为了抢夺抗战的胜利果实,立即下达三道"命令",阻止人民军队受降。麦克阿瑟也以远东盟军总司令的名义对日本政府和中国战区的日军下达命令,命令要求他们只能向蒋介石政府及其军队投降,不得向中国人民军队投降。虽然解放区的扩展和解放区新闻事业的发展受到了一定的阻力,但人民军队并未因此而裹足不前。

1945年8月23日张家口获得解放,这是河北地区第一个被解放的城市。8月26日中共张家口市委主办《张垣日报》创刊。该报虽然只出版了16期,但对稳定社会秩序,安定民心,宣传党的政策和主张,发挥了很大的作用。同年9月1日,中共冀晋区委机关报《冀晋日报》在河北阜平县创刊。接着9月11日中共冀南区委机关报《冀南日报》复刊,开始为石印,1946年元旦起改为铅印。1945年11月3日,中共冀热辽区委机关报唐山《冀热辽日报》创刊,该报是冀东地区第一张铅印党报,同年12月19日冀热辽区委改为冀东区委,《冀热辽日报》也于1946年1月12日改为《长城日报》,同年5月,新创办的《冀东日报》取代《长城日报》。1945年11月至12月间,中共热河省委机关报《大众日报》与察哈尔省政府机关报《新察哈尔报》也先后问世。1945年创刊的还有中共冀热辽特区第三地委的《滦东大众报》,中共冀东区委热河分委在承德创办的《中苏新报》,晋察冀边区总工会主办的《工人报》等。这些报纸的规模和技术设备比起抗战时期敌后报纸都有明显的进步。在抗日战争中坚持下来的《晋察冀日报》于1945年9月12日迁至张家口出版,期发行量增至5万份,版面也从四开四版,扩大为对开四版(有时六版)。在张家口出版的一年左右时间里,晋察冀日报社编辑出版图书、期刊95种,59万多册,还编辑出版了6卷本《毛泽东选集》。抗战结束后,《冀中导报》从地委、县委调集了一批有实际工作经验的宣传干部,并吸收了一些从北平、天津、保定等大城市来解放区的青年知识分子,充实编辑部的工作班子。其版面也由两版扩大为四版,并增加《经济副刊》和《老百姓》专栏,内容较以前丰富多了。这一阶段,解放区的新闻出版工作得到了迅速的发展。

正当党领导的新闻事业发展壮大之时,国民党反动派不顾全国人民的反对,于1946年6月下旬悍然挑起全面内战,疯狂地进攻解放区。1946年9月,国民党13军和国民党热河省党部在占领承德之后,联合主办了《长城日报》,宣传"戡乱救国"的"国策"。同年10月,国民党傅作义部侵占了张家口,随即出版了《奋斗日报》(张垣版),这张报纸是国民党张垣绥靖公署和察哈尔省政府的机关报。国民党占领张家口时期出版的报纸还有国民党张垣市政府的机关报《民生报》,张垣市商会办的《商业日报》,代表当地地主、资本家讲话的《察哈尔报》等。这一时期,国民党统治下的唐山市也出现了许多为反动派张目的报纸,如唐山《民国日报》,这是国民党河北省党部的机关报,1946年6月改为《唐山日报》。还有《唐山工商日报》《民众晚报》及工贼们创办的《劳动周报》《老工友》等。这些为国民党独裁统治当吹鼓手的报纸,除《奋斗日报》的期发数为1万多份、《民生报》为3 000份外,其他报刊的发行量均不超过1 000份,由此可知国民党新闻宣传在人民群众中的影响了。

在国民党向华北解放区的大举进攻下,有些党报被迫停刊,也有些党报在极其严峻的形势下坚持出版,如《冀中导报》和《前线报》的同志们,一手拿笔,一手拿枪与国民党反动派周旋。前线报社的工作人员有9人牺牲在前线。原在承德出版的《冀热辽日报》随军转移,奔波一千多公里,坚持继续出版,最后迁移到热河省林西县城,经受了艰苦战斗的考验,受到新华社通电表扬。《晋察冀日报》在国民党军队狂攻和战机轮番轰炸张家口市的情况下,坚持印完最后一期,才在社长邓拓的带领下,连夜徒步撤出张家口。4天后便又在阜平老根据地出版。后又转移到平山出版,在战斗中有3位新闻战士壮烈牺牲。

1947年4月,解放军晋察冀野战第二、第四纵队及地方武装,由河北安国、定县南下发动正太战役。到5月4日攻克阳泉工矿区、平定、寿阳、盂县等7座县城,切断了太原与石家庄的联系。同年7月,刘邓大军挺进大别山,人民解放军的战略反攻全面展开。同年10月,中国人民解放军发表宣言,号召全国人民解放军在聂荣臻、萧克、杨得志、罗瑞卿等指挥下,解放了石家庄市。11月18日创办了《新石门日报》,1948年元旦改名《石家庄日报》。同年11月22日解放了保定,11月25日出版了《新保定日报》。

由于战争的原因被分割为几块的河北省,因全省获得解放而得以恢复建制,毛泽东主席给《冀中导报》题写了新的报头《河北日报》。中共冀中区党委决定《冀中导报》停刊,于1949年元旦,冀中《河北日报》创刊。1949年7月31日,华北人民政府通过决议确定变更华北行政区划,分别建立河北、山西、平原省政府。冀中《河北日报》与《冀南日报》《冀东日报》合并,出版省委机关报《河北日报》。1948年5月,中共中央决定:晋冀鲁豫局和晋察冀局合并,成立中共中央华北局,晋察冀边区的《晋察冀日报》与晋冀鲁豫区的《人民日报》合并,统一出版中共中央华北局的机关报《人民日报》。1949年初,北平和平解放,同年3月15日《人民日报》移到北平出版。同年8月,中共中央决定,《人民日报》改为党中央直接领导,从此《人民日报》成为党中央机关报。

人民广播事业在解放战争中也有快速的发展。1945年8月23日,晋察冀军区所属的人民武装解放了张家口市,并接管了设在张家口的伪蒙疆放送局(即广播电台)和东南郊的宁远发射台。8月24日,根据晋察冀区领导的决定,伪蒙疆放送局改为张家口新华广播电台,于当晚开始播音。张家口台是继延安台之后,在山海关内解放区建起的第二座人民广播电台。根据新华总社的决定,张家口台除广播本地区新闻、政策法令和摘播报纸文章外,每天晚上必须转播延安台节目,这在一定程度上弥补了延安台广播功率的不足,使中共中央的声音迅速、广泛地传向全国以至海外,起了很积极的作用。据1945年9月15日《晋察冀日报》报道:"张家口市收听该台广播者,为数日增,广播收音机恢复与新增者已达5 000部以上,仍有继续增长之势。"1946年10月,国民党军队进犯张家口,解放军暂时撤离张家口,张家口台也转移到河北省阜平县栗园庄,1947年元旦恢复播音,改名晋察冀新华广播电台。

1947年夏,人民解放军转入大反攻,相继在中原、西北、华北、华东和东北取得一系列重大胜利,中共中央离开陕北到达晋察冀解放区平山县西柏坡村。按照中央指示,陕北新华广播电台和新华总社迁至西柏坡附近。为了加强陕北台的广播宣传力量,中央决定,晋察冀新华广播电台并入陕北新华广播电台。

1949年1月31日,北平宣告和平解放,当晚人民解放军北平市军事管制委员会接管小组进驻国民党北平广播电台。2月2日,北平新华广播电台开始播音,除广播人民解放军平津前线司令部布告和北平市军管会公告及法令外,还转播陕北台的节目。3月25日,陕北台迁入北平,定名为北平新华广播电台,原北平新华广播电台改为北平人民广播电台,后又改称北平新华广播电台二台。1949年12月5日,北京新华广播电台改名为中央人民广播电台,北京新华广播电台二台改为北京市人民广播电台。

## 七、河北新闻事业在新中国成立后的发展

新中国成立前,中共河北省委机关报《河北日报》、中共石家庄市委机关报《新石门报》(现为《石家庄日报》)、中共张家口市委机关报《张家口日报》

均已创刊。新中国建立之初,河北省有关部门和市、专区也先后办了一些报纸,如《河北体育报》、《河北广播》、《开滦矿工报》(现为《开滦日报》)、《农民报》、《峰峰报》(现为《邯郸日报》)、《先进报》(现为《邢台日报》)、《保定农民报》(现为《保定日报》)、《勃海报》(现为《廊房日报》)、《衡水群众报》(现为《衡水日报》)、《沧州报》(后与《天津农民报》合并为《渤海日报》)、《建设日报》、《承德群众报》等。

随着河北省地方行政区划的变迁,原察哈尔省与热河省于50年代撤销,中共察哈尔省委机关报《察哈尔日报》和中共热河省委机关报《群众日报》随之停办。1958年"大跃进"前后,像全国各地一样,河北也创办了许多县报,总数达55种之多。随着运动降温,这些县报也都很快停办。

新中国成立初,河北全省有4座广播电台。一座是设在保定的河北人民广播电台,一座是唐山人民广播电台,另外还有设在张家口的察哈省台和设在承德的热河省台。两省建制撤销后,分别改为河北人民广播电台张家口转播台和承德转播台。在1950年至1961年间,河北广播事业有了很大的发展,先后在石家庄、承德、张家口、保定、沧州、邯郸、秦皇岛、邢台建成了8座市级广播电台,各县都普遍建起了有线广播站。

在解放初期的新闻宣传中,河北省也出现过不少名闻全国的新闻人物,如王国藩"三条驴腿"办社、青年人的榜样邢燕子等。但是,也和全国一样,受极"左"思潮的影响,一些正直的新闻工作者在"反右"斗争中受到不公正的对待,在"大跃进"中传播了一些"假大空"的虚假报道。更为严重的是,在史无前例的"文化大革命"中,新闻工具长期被林彪、"四人帮"反党集团所控制,为篡党夺权制造舆论,造成极其恶劣的影响。

20世纪60年代出现了新的传播媒介电视,曾先后在唐凤山和满眺山建成转播台,转播中央电视台的节目。到1969年2月,石家庄电视台建成并正式开播,该台后改名为河北电视台。

粉碎"四人帮"后,一场长达十年的浩劫结束了,河北新闻事业有了长足的进展。《秦皇岛日报》《河北农民报》《开滦煤矿报》等先后复刊。新创刊的报纸则更多,特别是一些专业报,如:《河北工人报》《河北工商报》《河北政法报》《河北商报》《北方市场报》《中原经济信息报》《实用技术信息报》《少年智力开发报》等。各地晚报也纷纷问世,如石家庄的《燕赵晚报》、邢台的《牛城晚报》、邯郸的《平原晚报》、承德的《热河晚报》等。到80年代末,河北省报界的主要报纸已由激光照排、胶版印刷替代了铅字排版、轮转机印刷。全省正式播出的广播电台也从1978年的4座增至85座,正式播出的电视台也已增至39座。

1997年经过对报刊的治理整顿,停办了7种不合格的公开报纸,内部报纸除申办全国统一刊号转为公开报纸或转为内部资料外,从1998年1月1日起停刊。据《中国新闻年鉴》对2000年河北省新闻事业概况统计,截至2000年底,河北省有国家统一刊号的报纸103家,其中党委机关报12家,省政府机关报1家,高校报33家,行业报、晚报类报纸31家,报业从业人员5 380人。1999年全省报业广告收入总额为2.8亿元。

河北日报社已经形成了以《河北日报》为核心,拥有9家报纸、3家期刊和1个网站的集团化报业格局,期发总数达到100多万份,可以满足读者多层次、多方面的需求。在编采技术革新上,《河北日报》《邯郸晚报》《保定日报》等率先实行了采编业务微机处理,大大提高了新闻采写编辑的速度和效率。到1999年底,《河北日报》《河北经济日报》《燕赵都市报》《河北农民报》《杂文报》《书刊报》等率先上网,开通了电子版,使河北传媒的信息网络化和数字化传输有了一个很好的开始。

2000年河北全省共有省市级广播电台12座,电视台12座,有线广播电视台9座,县级广播电视台127座。拥有广播发射台、转播台154座,电视发射台、转播台593座,微波站26座,卫星地面接收站3 827座。全省广播、电视人口覆盖率分别达到95.34%与94.02%。"村村通广播电视"工程已如期完成,全省广播电视系统共有干部职工20 912人。1999年全省广播电视广告收入总额为4.4亿元。河北电视台和河北电台也已建立了新闻网站。到2000年底,全省146个县(市)已有2/3通过光缆或微波与所在市联网,唐山、保定等5市已开通运行,广电总局依托河北省主干线实现了全国14个省(市)有线广播电视联网。

在建立和完善新闻舆论的引导和新闻信息的协调方面,河北省也加强了有效的监察和约束机制,如确定各级宣传部应负责对本级新闻单位领导班子成员的监督,记协负责对采编队伍的监督,新闻评议组负责对宣传质量的监督,新闻单位的党委、纪检人事部门负责对本单位采编人员的作风、纪律方面的督察等,使各级管理职能明确,任务落到实处。新闻单位设立了举报电话,有举必查,查必有果。同时严格制定各项规章制度,把宣传报道的质量与人员考核、奖惩紧密结合起来。这些措施有效地避免了舆论导向上和业务技术上的差错,为河北新闻事业的健康发展奠定了坚实的基础。

(本章撰稿人:张松之、姚福申)

# 第五章

# 山西新闻事业发展概要

## 一、山西报业蹒跚起步

山西古称并州之域,周代为三晋之地,故山西又简称为晋。山西地处华北腹地,东接河北井陉,西邻陕西吴堡,南连河南济源,北临内蒙古,太行山脉纵贯南北,黄河蜿蜒东西,各自绵延数千里。

清代晋商曾富甲天下,辉煌一时。清朝中叶出现专营汇兑业务的山西票号,票号在各地均设有联号(分店),可为商人办理各商埠间汇兑业务。咸丰、同治年间,由于太平天国和捻军起义,现银运输不便,各省输送中央以及中央下拨给各省的款项都通过票号来汇兑,营业兴旺发达。一些官员贪污受贿所得也都存入票号,利息虽少,但票号能严守秘密,甚至代为开脱。一些著名山西票号在其极盛时期每年盈利都在自有资本3倍以上。此时全国排名前十几位的百万富翁都是山西商人,这些晋商一年的收入相当于整个清政府全年财政收入的1/6。直到新式银行于20世纪初问世,山西票号才盛况不再,业务急剧减少,终于纷纷倒闭[①]。

19世纪80年代初,由于山西地处内陆,存在"三晋表里山河,风气未

---

[①] 刘枫:《什么是"票号"、"钱庄"》,《中国文化史三百题》,中国古籍出版社1987年版;李清影:《山西从我眼前流过》,《中国青年报》2000年7月25日第八版。

开,洋务罕至"的状况,清政府曾派干练大臣张之洞出任山西巡抚。他设立洋务局,招纳"习知西事,通体达用"的洋务人才,办起桑棉局、铁绢局等实业机构,并且向朝廷条陈"治晋要务"。然而未及施行,张之洞便调离山西,出任两广总督去了。19世纪90年代,帝国主义的势力就开始入侵山西,1998年山西商务局将盂平、泽潞、平阳煤铁各矿的开采权出让给英商福公司,福公司垄断开采权后,干涉当地民众开采矿藏,引起全晋人民的强烈反对,坚持废约斗争。持续数年之久,以白银270万两赎回[①]。

由此可见,在近代报刊出现之前,山西的经济发展已过了它的辉煌时期,殖民主义势力也在不断渗入,甚至出现地方官员与帝国主义分子相互勾结的情况,民族矛盾表现得十分尖锐和复杂。

相对而言,山西报业的起步还是比较早的,不仅领先于云贵、青藏、新甘宁,而且还略早于河南。在华北三省两市中,虽然迟于平津地区,却先于河北与内蒙。然而山西的报业似乎是在当地经济条件尚未完全成熟的情况下起步的,因而不免带有人为催熟的痕迹,不仅显得步履踉跄,而且有着早产儿般的孱弱。

《晋报》是山西地区的第一家报纸,1902年8月4日创刊于太原。该报五天才出版一期,每期只有一小张,全年仅72期,而订阅一年的报费竟高达纹银三两。《晋报》可称是全国印刷质量最差,售价却最高的一家报纸。《晋报》售价之所以高,是因为印数少,该报销量最高时也还不足500份,要不是得到官府的支持和洋大人的呵护,这样的报纸只怕一天也难以生存。

《晋报》名义上是由私人集股经办,而其印刷费用每年却先由藩库垫付,到了年底,各州县衙门将一年报费缴付时,再还给藩库。《晋报》的发行主要是依靠抚宪札饬州县分上中下三等派报,每县多至五六十份,少的二三十份,最少也得一二十份。由于采取先阅后付的办法,加之报价奇贵,各县拖欠报款的事件时有发生。光绪三十年十月初一日(1904年11月17日)的《晋报》曾刊登《催收报费广告》,声称"所欠报金尚有数千金之巨",拖欠报款

---

[①] 参见《清史稿·食货志五》。

的有榆次、孝义、朔州、灵石等20个县。后因"经费支绌",不得不停刊半年。复刊后,采取"先付资,后阅报"的办法,然而拖欠报款的现象却仍然难以改变。显而易见,这实际上是一家挂着"民办"招牌的官报。由于该报得到官府和洋人的双重庇护,自然完全站在清朝政府和帝国主义的立场上说话,其内容显然不得人心。因此,绝大部分《晋报》靠巡抚发文给下属衙门用公费订阅,另一部分则由州县强行摊派于民间,在这样的发行体制下《晋报》才得以苟延残喘。

《晋报》的创办人和主持者是该报的主笔程淯。程淯字伯嘉,别署白葭、伯葭、皎嘉,江苏阳湖人。19世纪末叶曾担任英国著名传教士李提摩太的中文秘书,在上海协助办理广学会。1898年随李提摩太去北京,恰逢戊戌政变,曾参与李提摩太和上海英国领事在吴淞口外截走康有为的密谋,深得洋主子的信任。他与清朝大吏沈仲礼又有点裙带关系,1900年沈仲礼奉命到山西主持洋务事宜,程淯随同前往,附名于洋务局。1901年,李提摩太重回山西,用地方的庚子赔款设立山西大学堂。在李提摩太和沈仲礼的协力提携下,程淯集资创办了《晋报》,并担任该报主笔,有了官府和洋人的多方关照,这份"民办"报纸便顺理成章地得到"官报"的待遇了。

《晋报》声称"以速开民智"为宗旨,主要栏目有:上谕、中外交涉、京师及各省新闻、本省新闻、各国新闻、《京报》选录、专件、西学辑存等。该报并无专职担任采访工作的记者,新闻大都摘自京沪各报,其消息的闭塞和新闻时效性之差可想而知了。西学辑存的内容都是从"教科书中掇拾而得",其学术价值自然也不可能很高。

## 二、晚清时期的并州报界

由于山西地处内陆经济并不发达,自1902年第一家报纸《晋报》问世以来,直到1911年爆发辛亥革命,在这段晚清时期,总共仅创办过十来家报刊。晚清山西报业全部集中在太原(别称并州)地区,所以这里所说的"并州报界"实际上也就是整个山西的新闻界。

尽管辛亥革命之前山西创办的报刊很少,而且有一些报刊与政治活动

## 第五章　山西新闻事业发展概要

关系不大,如农工局办的专门研究农业、工艺制造方面的《实业报》(月刊)和以弘扬国学、阐述儒家学理为主旨的《明义学报》等。然而山西新闻界所反映出来的新旧两派政治势力的矛盾和斗争,却是十分激烈的。1905年前后,一些山西籍的留日学生接受了民主主义思想,在东京参加了同盟会,于是形成了最早的革命势力。他们先在东京筹备出版《第一晋话报》《晋乘》等革命刊物,随后潜回山西,在同盟会山西支部的领导下,筹建晋学报馆,创办《晋阳学报》和《晋阳白话报》。

1906年10月,《晋阳白话报》创刊。在该报第一年第二期上曾刊登《晋阳学报并白话报集股的章程》,其中讲到:"本报为的是兴本省的学务,所以编这个学报;又为的是开本省的风气,所以编这个白话报。"显而易见,《晋阳学报》和《晋阳白话报》当时都曾存在过,只是《晋阳学报》未见实物留存,《晋阳白话报》也只是看到1906年10月12日(光绪三十二年八月二十五日)出版的第一年第二期。因此也有人认为《晋阳学报》未及出版,仅在晋学报馆附印《晋阳白话报》,待考。

《晋阳白话报》为三日刊,用有光纸单面印刷,以四号宋体字排印。版面很特别,编成十二开六个版面,展开来阅读,折叠起来保存。当时山西人民正积极开展向殖民主义者争回矿权的斗争,《晋阳白话报》以极其通俗的语言向群众进行宣传鼓动:"这山西的铁矿,原是山西老百姓的产业,与山西老百姓的身家性命有大大的关系,这是人人都知道了的。福公司是个外国商,若是夺了山西的矿,岂不是夺了老百姓的命吗?"这种通俗易懂的宣传对广大民众夺回矿权的斗争,必然会产生积极的作用。该报主编为革命党人王用宾,编辑郭可阶、梁颂光,同盟会主要骨干景定成、刘绵训、景耀月等都曾为该报撰写过稿件。《晋阳白话报》创刊后曾多次与《晋报》展开过针锋相对的斗争,终因言论激烈,1907年被地方当局查封[①]。

早在1905年程淯也曾打算出版白话报,为了出版白话演说报他还专门向山西巡抚提呈过简章和说明,《东方杂志》第八期(1905年9月出版)也曾

---

① 参见《晋阳白话报》,史和、姚福申、叶翠娣编:《中国近代报刊名录》,福建人民出版社1991年版,第282页。

刊出程淯的呈文和巡抚的批复。然而这个白话报却迟迟未能创办,估计这与晋报馆经费支绌有关。1907年《晋报》却将《山西白话演说报》办了起来,很可能是为了应对《晋阳白话报》的舆论攻势。

1907年程淯曾游学日本,当时留日学生大多倾向革命,见程淯在言谈中处处袒护清朝卖国政府,便群起而攻之。山西留日学生景定成、景耀月、谷思慎、荣炳、荣福桐等更是深悉他的为人,在革命派留学生刊物《晋乘》中,对他的批评尤为激烈,程淯原来乘兴而来,此时不得不狼狈而归。这是一场山西革命派与守旧势力之间的政治较量,最后以革命派胜利,程淯离开山西,以《晋报》《山西白语演说报》相继停刊而告终。

1908年2月(光绪三十四年正月)《晋阳公报》创刊,这是同盟会山西支部继《晋阳白话报》之后创办的一份大型报纸。据担任《晋阳公报》总编辑的王用宾在《记山西辛亥革命前后的几件事》中回忆:"山西留日本之学生,自王用宾、谷思慎、何澄于前清乙巳年(1905年)加入同盟会后,先后介绍入盟者百余人,并组成同盟会山西支部。为在省内开展革命宣传,遂编《晋话报》(即《第一晋话报》),由王用宾、景定成、刘绵训、景耀月诸同志分负撰稿之责。旋因言论激烈,为晋当局禁止发行,乃复议创办《晋阳公报》日刊,此报倡议于东京,设立于山西省垣,以便推销各州县。推武镔绪、仇元瑃主其事,并推王用宾担任总编辑,于丁未十月(1907年11月)发刊。当时除官报外,民办日报,此为第一家,行销甚广。"自此同志间互通声气,结纳豪俊,皆以晋阳报馆为总机关,而山西锢蔽空气之开通,亦以此报为嚆矢。"①可见《晋阳公报》是山西同盟会员在东京商定后,回到太原来创办的,属于同盟会山西支部机关报性质。需要说明的是,《晋阳公报》为三日刊,逢阴历三、六、九出版,月出9期。王用宾所说的"日报",系指现代大报形式,不是指日刊。由于现存《晋阳公报》最早期数为第43期,据此上推创刊日期应为1908年2月,而王用宾回忆为"丁未十月",即1907年11月创刊,可能最初几期并不按时出版,很难说一定是他的记忆有误,只能录以备考。

《晋阳公报》初期有六个版面,第一版为电传谕旨、言论、辕门钞等;第二

---

① 转引自《山西通志·新闻出版志·报业篇》,第8页。

版为本馆专电、本省纪闻、省垣新闻;第三版为本省要件、专件、选件;第四版为紧要新闻、国事要闻;第五版为"白话汇栏",刊载白话文章和文艺作品;第六版是广告专版。扩为八版后,一、二版成为广告专版,第三版开始刊载新闻。该报以发展教育、兴办实业、集资筹建铁路、禁种罂粟、破除迷信、提倡科学为主要宣传内容,深受读者欢迎。《晋阳公报》每期有两个版面以上的广告发布,不仅说明它有广泛的社会影响力,而且足以表明在太原当时的经济、文化条件下,办报已经可以成为营利的事业了。

《晋阳公报》之所以取得成功是因为它有三个鲜明特色:一是十分重视言论工作,对一些重大的社会问题,是非分明,立场坚定,积极宣传新思想;二是新闻简明扼要,信息量大,传播及时;三是重点突出白话版面,文字生动,通俗易懂,受到广大群众的欢迎。

1910年春,山西巡抚丁宝铨派兵至交城、文水两县,动用武力铲除罂粟。群众迫于生计,起而反抗,遭到清军残酷镇压,当场击毙民众四五十人。《晋阳公报》派记者现场采访,作了连续报道,并发表评论,指责政府草菅人命,进行革命宣传。山西地方当局立即将报道屠杀事件的记者张树帜、蒋虎臣逮捕入狱,经理刘锦若"交地方官严加管束",与报社有往来的十余名社会人士遭放逐和监督。总编辑王用宾因事先得到风声,连夜逃到北京,转赴日本。临行前王用宾赶写一篇政论《正告山西咨议局》,对山西咨议局在交、文事件上袒官虐民行为提出尖锐批评。这期报纸出版后,《晋阳公报》被迫停刊达三个月之久。尽管革命宣传活动一时遭到挫折,但这一事件激起民愤,使更多的青年走上了革命道路。邹鲁所著《中国国民党史稿》在回顾这场斗争时认为:山西"辛亥起义,遂胚胎于此"。

这一时期官方出版的报纸有山西巡抚衙门出版的《并州官报》和山西提学使署出版的《山西教育官报》,这两种官报分别于1908年5月与6月间创刊。《并州官报》为五日刊,每期一册计32页,内容以政府文牍为主,栏目有"上谕""圣谟""宫门钞""政治""教育""商务""实业""农林""本省文牍""中外文牍""奏折""选论""撰论""电报""译书""辕门钞""告白""新闻"等。该报为山西巡抚衙门的机关报,由太原浚文书局印行,每期发行4 000份左右,主要由地方政府机关派销,也有一部分向民间零售,在群众中影响不大。

该报于 1911 年 10 月辛亥太原起义前夕停刊。

《晋阳公报》遭到地方当局迫害后,部分革命报人,如山西同盟会员景定成等便到北京去办报。他们与在京的革命党人田桐、白逾桓、程家柽、续西峰等创办《国风日报》《国光日报》《爱国日报》《京华旬记》等报刊,并与山西革命党人声气相求,加强联络,以"拔丁"(倒丁宝铨)为目的,连续发表了许多揭露山西官场黑暗的文章,扩大了革命宣传的范围和影响。孙中山先生在评价报刊对辛亥革命的积极贡献时指出:"此次推翻清政府,固有赖军人的力量,但海内外人心一致,则是各报馆宣传之功。"这一精辟的论断,使我们更加清楚地看到山西革命报刊对辛亥太原起义的影响。

## 三、阎锡山统治时期的山西新闻事业

### (一)从辛亥革命到"五四运动"

辛亥武昌起义后,同盟会山西支部积极策划响应。驻防于太原城外的新军八十五标二营的同盟会员杨彭龄等率先于 10 月 29 日宣布起义,公推管带姚以价为总司令,率起义军由南门攻入太原,占领巡抚衙门,巡抚陆钟琦被击毙。当时驻防城内的八十六标标统阎锡山率部起义,当日中午即被举为都督。阎锡山在山西武备学堂读书期间被清政府选送日本留学,在日本受革命思想影响,结识了孙中山,并于 1905 年 10 月参加同盟会,在担任标统期间也秘密参加同盟会的反清活动。太原起义成功后,新成立的山西军政府随即指派郭润轩、景定成等筹办出版机关报《山西民报》,《晋阳公报》也由三日刊改为两日刊继续出版。为了加强宣传,在 11 月间又创办了《并州日报》。

1911 年 11 月 4 日,清政府派第六镇统制吴禄贞为山西巡抚,命令他带兵入晋镇压革命。其实吴禄贞早已秘密参加革命,到了石家庄后,秘密邀请阎锡山在娘子关会晤,商定成立"燕晋革命联军",吴任大都督兼总司令,阎任副都督兼副总司令,共图直捣北京,推翻清皇朝。然而,吴禄贞很快被袁世凯收买的部属所暗杀,"燕晋革命联军"计划遂告失败。同年 11 月 15 日,清政府改派张锡銮为山西巡抚,率第三镇曹锟的部队进攻山西。12 月 12

日,清军攻占娘子关,阎锡山率部北走,12月20日太原被清军占领,《并州日报》《山西民报》停刊。在南北议和期间,山西的河东军政府在运城出版了《河东日报》,这是山西第一次在太原以外地区出版报纸。

南北议和时,袁世凯原不承认山西为起义省份,在民军代表伍廷芳的交涉下,袁世凯于1912年3月15日任命阎锡山为山西都督,于是阎锡山才得以重返太原。此时太原有一批革命派的报刊问世,如山西临时省议会的机关报《共和白话报》、山西军政府的《中华革命日报》、张毅庵主办的《公意日报》、薛子良主办的《政法经济日报》、刘苏佛主办的《大声报》等。由于袁世凯在北方地区的势力很大,阎锡山为了自保,逐渐向袁世凯靠拢,一面拉拢袁世凯的亲信,一面送父亲长住北京作质,消除袁对他的疑虑。这些行为自然瞒不过新闻界的眼睛,《政法经济日报》就因为揭露阎锡山与袁世凯相勾结的行为,被捣毁停刊。阎锡山投靠袁世凯后积极执行袁的命令,袁世凯下令解散国民党,阎立即声明脱离国民党,在三日内将山西的国民党党部全部解散,上述革命派报纸也一律查封。

1914年1月梁硕光等以《晋阳公报》的名义改名《晋阳日报》复刊,其实《晋阳日报》已不再具有进步意义,而是一家明哲保身的商业性报纸了。阎锡山镇压革命党人手段残酷,一些辛亥起义时与他并肩战斗过的战友,如李鸣鹤、景蔚文、张汉卿、孙占标、宋士杰等惨遭杀害,王用宾、景定成等革命报人被迫旅居省外。这一时期山西的主要报纸除《晋阳公报》外,还有1916年8月创刊的《并州新报》和1918年6月创刊的《山西日报》。

《并州新报》日出两张,以刊登言情小说风行一时,并且由此而引起当时的太原报刊以刊登言情小说作为吸引读者购买的手段。这也反映了在反动统治的高压下,山西报人的无奈和悲哀。该报的发行量在3 000份左右。

《山西日报》是阎锡山担任督军兼省长时山西军政两署的机关报,每周有两个周刊随报附送,一为星期附刊,另一为司法周刊。该报为阎锡山直接控制的舆论工具,积极宣传阎锡山的政治主张。它的出版时间很长,一直出版到1937年10月太原沦陷前夕停刊。

"五四运动"发生后,虽然山西与北京相去不远,但在阎锡山控制下的山西却显得十分沉闷。1919年8月,北京大学学生领袖之一的高君宇回到太原,与山西学联的负责人及运动中的积极分子座谈,商讨如何发扬"五四"精神,组织青年学生进行革命宣传,并决定创办《山西平民周刊》,"将世界思潮输入娘子关内,供晋民以奋斗有效的途径",提出"以山西实况报告世人,代人民呼号"。该刊由王振翼主编,姚锛负责印刷、发行。在山西进步青年的努力下,人民革命运动蓬勃兴起。阎锡山为了对付日益高涨的革命思潮,在太原军署内的进山"邃密深沉之馆"召开"进山会议",研究对付策略。他声称共产主义是"人人为圣人始可办到"的制度,强调以村为政治本位对民众进行控制,并对青壮年实施军事训练。1921年5月1日,太原社会主义青年团成立,王振翼当选为团的负责人,同月15日,太原社会主义青年团召开第二次会议,决议将《山西平民周刊》作为团的机关报,仍由王振翼主编。阎锡山政府对《山西平民周刊》多次进行阻挠和破坏,该报好几次被"勒令停邮",1922年5月出至78期后被迫停刊。经高君宇、贺昌等筹划,1923年1月迁至北京复刊。

这一时期与《山西平民周刊》并肩战斗的,还有1920年4月山西大学学生组织新共和学会办的《新共和》杂志,同年夏季创刊的太原进步人士邓初民、马鹤天等创办的《新觉悟》半月刊,太原省立一中进步学生贺昌等于1921年10月创办的《青年报》,临汾等地出版的《新声周刊》《新镜》《新生报》和《新妇女》等。与这些进步报刊站在对立面上的除《山西日报》等军政当局机关报外,还有阎锡山创立并亲自担任社长的洗心社和洗心社机关刊物《来复》周刊等。《来复》周刊以封建卫道士的姿态出现,推崇儒术,提倡封建制度下的纲常伦理,抵制日益高涨的新思潮的传播。这一时期除太原为新闻传播中心外,平定、太谷、临汾等地也均有报刊出现。

### (二)从大革命到"一二·九"救亡运动

1924年1月,孙中山在中国共产党的帮助下,于广州召开国民党第一次全国代表大会,确定了联俄、联共、扶助农工的三大政策,改组了国民党,实现了第一次国共合作。1925年5月30日,上海发生"五卅惨案",中共太原支部和共青团太原地委于6月初广泛联络省城各界人士,成立了以太原学生联合会为核心的太原市民沪案后援会,组织声势浩大的反帝爱国运动,声援上海人民的反帝斗争。6月30日,中共太原支部张叔平、纪廷梓负责编辑的《铁血周刊》问世,该刊通过晋华书社向全省发行。《铁血周刊》大义凛然地宣称:"本刊出世的原因,就是要本着天良来发表正论,拉破帝国主义的黑幕,唤醒全国民众,大家准备实力,向侵略压迫我们的帝国主义宣战。"①7月下旬,太原市民沪案后援会改组为山西各界为帝国主义惨杀同胞雪耻大会(简称山西雪耻会),《铁血周刊》作为雪耻会的特刊,改名为《雪耻周报》继续向全省发行。8月1日出版的《雪耻周报》发表了《太原市民沪案后援会改组宣言》,宣言明确提出山西雪耻会的任务就是:"领导民众,促成全国工农商大联合,打倒列强帝国主义及媚外军阀,组织民众,集合在本会旗帜下,废除一切不平等条约,积极募捐,抵制劣货。"太原人民的反帝斗争推动了全省的反帝爱国运动,各地纷纷组织社团,出版宣传刊物,太谷地区有铭贤中学创办的《锐锋》杂志,汾阳地区有《闪光》杂志,五寨县也出版了《夜光》杂志,与太原的反帝爱国运动彼此呼应,相互支持。

在北洋军阀混战时期,阎锡山进行政治投机,在短短几年时间里,将晋军从4个旅扩充为12个旅,建成了可以制造枪炮弹药的小型军火工业,还在战争中占据了绥远(现属内蒙古自治区),实力进一步扩大。因此北伐战争开始前,国民党方面极力争取阎锡山,而阎锡山也深深感受到人民革命运动迅速高涨对军阀统治的威胁,双方关系遂开始改善。"四一二"反革命政变后,阎锡山积极支持蒋介石的"清党"运动,与国民党山西省党部密切配合,杀害共产党员,迫害革命人士。1927年6月6日,阎锡山自任北方革命军总司令,通电服从三民主义,开始易帜,悬挂青天白日旗,国民党中央追认了这一职务,并推选他为政治会议委员。与此同时,国民党山西党部、国民党山西省清党委员会于1927年6月在太原创刊了《山西党报》和《清党日报》,阎锡山任总司令的国民党第三集团军总部也在太原办起了《革命军人日报》,仅1927年一年就先后在太原创办了4家报纸和2家画报,是山西有史以来新创办报刊最多的一年。不过这些报刊都是阎家国民党的机关报,国民党中央宣传部对它鞭长莫及。

---

① 《铁血周刊》1925年6月30日创刊号"发刊词"。

中共山西省委领导机关及基层党组织遭到阎锡山军阀政府的严重摧残后,于1928年5月重新登记党员,重组中共太原市临时市委,并先后出版《太原市委通讯》和《山西省委通讯》。经过一段时期的艰难发展,中共山西省委与太原市委于1930年前后在太原地区分别出版了《山西红旗》《士兵之友》和《工农兵小报》等秘密发行的革命报刊。

阎锡山就任国民革命军第三集团军总司令后迅速扩张实力,将军队扩编为8个军17个师,把势力扩展到晋、冀、察、绥四省和平、津两市,从而达到了他的鼎盛时期。阎锡山进驻北京后,为了加强舆论控制,派出亲信创办了《新晨报》和《民言报》两家御用报纸,充当自己的吹鼓手,企图稳定其统治。由于权力之争,阎锡山与蒋介石的矛盾日益激化,终于演变为一场中原大战。1930年9月底,阎锡山失败下野,逃往大连,托庇于日本人的保护之下。因为山西军政要员都是他的亲信,阎身在大连仍能遥控着山西的军政大权。1931年"九一八事变"后,阎锡山利用国民党山西省党部蒋系负责人在抗日示威游行时枪杀学生事件,密令太原清乡督办杨爱源逮捕省党部负责人,解散山西省党部,实际上掌握了山西军政大权。为了缓和与国民党中央的矛盾,又以易地审判为名,将该负责人解往郑州释放。1932年3月,在行政院长汪精卫等人的支持下,阎锡山被任命为太原绥靖公署主任,重新公开执掌山西的军政大权,并当选为国民党中央执行委员。

在这段时间里,山西出现了最早的晚报,即郭景行于1930年在太原创办的《民众晚报》。就在阎锡山下野后,亲蒋的国民党人梁伯弘、牛青庵也在太原办起了《太原晚报》,该报于1930年12月1日正式创刊。原来国民党山西省党部发刊的《山西党报》后改为《民国日报》,在省党部枪杀请愿学生事件中被捣毁而停刊。阎锡山出任太原绥靖公署主任后,为了缓和与国民党中央的关系,建立国民党山西党员通讯处,于1932年11月创办了日报性质的《山西党员通讯》,又称《山西党讯》,成为国民党山西省党部的机关报。在1937年"七七事变"之前,山西的国民党党报仅有2家,便是作为省党报的《山西党讯》与党员主持的《太原晚报》。山西是除贵州以外,全国国民党党报最少的一个省份。就党报与报刊总数的比例而言,贵州全省仅有1家报纸,这家报纸便是省党报《民众日报》;而山西有报刊24家,党报只有2

家,比例仅占 7%,是全国党报比例最低的省份。由此也可以看出山西的统治者阎锡山与国民党中央貌合神离的态度。

1931 年与 1932 年是抗战前山西报刊创刊最多的两年,可能与"九一八事变"发生后险恶的政治环境和阎锡山忽沉忽浮的政治局势有关。据《山西通志·新闻出版志·报业篇》提供的资料统计,这两年时间便有近 20 家报刊创办。然而阎锡山政权对报纸言论的控制极严,许多新创刊的报刊就因揭露阎锡山的黑暗统治和登载抗日言论而被查封或被迫停刊,如《太原时报》、《平报》(晚刊)、《民报》、《一报》、《抗日半月刊》、《中报》等都在创刊不久被扼杀,有的出版仅 3 天即被查封。有一家太原出版的四开小报《乡村小学周报》,因报道红军东征的事件被查封,主编冀云程于 1936 年春夏间遭阎锡山反动当局杀害。

1935 年华北事变后,日军进窥绥东,阎锡山出于自身利益考虑,提出"守土抗战"的口号。在严重的民族危机面前,爆发了"一二·九"抗日救亡运动。1936 年 6 月阎锡山把他的御用社会团体合并成立"自强救国同志会",自任会长。中共中央提出:停止内战,枪口对外,一致抗日。中国共产党派张友渔、温健功、邢西萍(即徐冰)等以北平左派教授身份到太原争取阎锡山合作抗日,又派彭雪枫到太原与阎共商抗日救亡大计,促使他初步接受了中国共产党的抗日民族统一战线政策,采取"拥蒋联共抗日"的路线。山西一时成为抗日前哨,各地进步青年纷纷涌入山西。

## 四、抗战时期的山西报业

### (一)统一战线政策下抗日报刊遍地开花

早在 1936 年 9 月,"自强救国同志会"内的共产党员和进步人士就发起成立了"山西牺牲救国同盟会"(简称"牺盟会"),由阎锡山出任会长,而实际上系薄一波等共产党人掌握了领导权,是中国共产党领导下的统一战线性质的抗日群众组织。该组织还办了山西军政训练班、山西民众干部训练团、国民兵军官教导团等。1937 年初在太原创办了铅印的机关报《牺牲救国》周刊,同年 10 月太原沦陷前夕停刊,1939 年在陕西宜川复刊。牺盟各中心区也都办有报纸,如太原中心区的《太原战旗》、长治中心区的《黄河日报》、夏县中心区的《中条战报》、临县中心区的《临县战号》、岢岚中心区的《黄河日报》、洪赵中心区的《大众抗日报》等。不少中心区下辖的县牺盟分会也办有自己的报刊,如翼城县牺盟会就先后创办过《抗日新文字拼音报》《老百姓报》《河山战报》《突击》四种报刊。

"七七事变"后,在阎锡山的同意下,"牺盟会"组建了山西"青年抗敌决死队"4个纵队、1个工卫旅、3个政卫旅和续范亭领导的战地总动员委员会组建的暂一师,统称为新军,兵力约40个团,阎锡山为这些部队提供了装备。山西新军方面也办有报纸,如决死一纵队的《新军日报》,决死二纵队的《铁军报》,决死四纵队的《前线报》,暂编第一师的《萌芽》和山西工人武装自卫队的《战地快报》等。

战动总会是中共中央代表周恩来和国民党各方代表商谈后成立的统一战线组织,为发动群众参加抗战的领导机关,由国民党左派爱国将领续范亭担任主任委员,共产党方面的代表有邓小平、彭雪枫、程子华、南汉宸。1937年9月在太原成立,主要活动地区在晋西北、雁北、绥远、察南等59县。总会驻太原时,在《山西党员通讯》上创办三日一期的《总动员》副刊。太原陷落后,于当年12月在离石县创办油印的《战地通讯》日报。总会移驻岢岚后,曾与驻地五单位的报纸合并起来出版《西北战线》间日刊。战动总会还创办过两个通俗报纸:《老百姓周报》和《战动画报》。各县动委会也都编印了很多油印报刊,如临县的《战旗》,五寨的《动员》,岢岚的《岚动》、《抗战建国》、《战斗》,宁武的《汾旗怒吼》,神池的《火花》,河曲的《血耻》,兴县的《抗战》,忻县的《战声》,静乐的《战潮》,保德的《自卫》、《黄河》,偏关的《怒吼》,右玉的《抗日先锋》和雁北办事处的《炸弹》等。这些报纸有的是日刊,也有间日刊、三日刊、五日刊或周刊,对激发民众的抗日热情,增强群众的组织力和战斗力起着不可替代的积极作用。

山西抗战时期还有一批由各地行政督察专员公署办的报纸,如山西省第一督察专员公署办的《战斗报》(五日刊),第二督察专员公署办的《抗救日报》《抗敌》(三日刊),第三督察专员公署办的《战讯日报》,第四督察专员公署办的《政治日报》《西北大众》,第六督察专员公署办的《东战线报》《战斗三

## 第五章 山西新闻事业发展概要

日报》,第八督察专员公署办的《抗救》(周报)、《抗日战讯》,抗战初期第一督察专员公署还出版过石印的《战斗画报》。这些报刊大都是在1938年创办的四开油印出版物,对全民抗战起着积极的鼓动作用。

在这些行政督察专员公署所办的报纸中,影响较大的是山西省第六行政督察专员公署办的《战斗三日报》。该报于1938年6月7日创刊于晋西南吕梁山抗日根据地汾西县暖泉头村,由穆欣主编。创刊时为周报,同年9月改为三日刊,1939年4月27日由油印改为石印,出版间日刊,改称《战斗日报》。最高发行量达到3 000份,相当于抗战前省党报《山西党员通讯》的销量。在1939年1月范长江执笔的中国青年新闻记者学会的决议中,曾摘引了一段来自山西汾西敌后办报的穆欣同志的报告,十分形象地叙述了当时办报的艰辛,也处处透露出抗日战士欢快的战斗激情。兹将原文摘录如下:

> 我们为了更多的供给各地消息的报道,9月1日(1938年)起,改出《战斗三日报》,开头的销数只二三百,但在一个月以后,十个县里的销数便增加到1 300份,目前销数仍在增加着。我们自己也深深地感到报纸有许多缺点,印刷不美,内容不充实,消息不大灵通,但是同志们,你知道客观条件是限制着我们啊!第一,人总是我一个,编辑写稿及所有刊物,特别是报,每一个字都是我写出来的。第二,印刷,这里只是借用人家一架旧而且坏的油印机,人家还用以印很多公文之类(如果超过2 000份以上就很难再充分借用了)。第三,新闻纸的来源,是在敌人的汉奸报纸在太原"重价收买报纸"的情形下,我们的同志从敌人占据着的城市里运出来的。第四,消息来源,我们自己借的一架收音机坏啦,我们的工作同志每天跑到十几里以外友军驻在地去抄录广播消息……①

---

① 摘自范长江执笔的中国青年新闻记者学会1939年1月4日桂林总会决议,《新阶段新闻工作与新闻从业员团结运动》单行本。

穆欣同志的这段文字为我们留下了一段山西敌后办报的珍贵实录,使我们清楚地认识到,抗战时期的新闻事业已经不再是战前用以营利的事业,而是为民族解放运动浴血奋斗的宣传事业。遍地开花的抗日报刊恰恰显示了中华儿女救亡图存的决心和面对日寇同仇敌忾的不屈意志。据许晚成编的《全国报馆刊社调查录》的统计,1936年11月重庆举办的全国报刊展览会上,山西有300余种报刊参展。这一鲜明的数字对比,充分反映了抗战前后山西报业的格局发生了根本的变化,也说明了报纸的性质和功能发生了质的变化。

### (二) 战火纷飞中的抗日根据地报业

1937年9月中旬,日寇由广灵侵入山西境内,八路军一一五师在平型关附近伏击日军,取得抗战以来中国军队的第一次大胜利。1937年10月八路军一一五师的主力南下,留下部队以五台山为中心建立了北岳根据地。另外八路军一二九师进入山西太岳和太行山区,建立了太岳根据地和太行根据地。与此同时,八路军一二〇师进入山西西北部,建立了晋西北根据地。

这些根据地分属于晋察冀边区、晋冀鲁豫边区和晋绥边区。1937年12月晋察冀军区政治部在河北阜平创办了《抗敌报》,1938年3月初日寇进攻阜平,报社转移到山西五台山中的大甘河村继续出版。1939年1月中共中央北方分局成立,该报成为北方分局的机关报,改名为《晋察冀日报》。1938年5月1日,太行根据地屯留县寺底村与和顺县园街村同时创办了《中国人报》与《胜利报》,1939年12月底又都合并到《新华日报》华北版。《新华日报》华北版又称华北《新华日报》,1939年1月1日在太行根据地沁县出版,是中共中央北方局的机关报,铅印出版,社长兼总编辑何云,陈克寒为副社长兼副总编辑。重庆《新华日报》专为《新华日报》华北版的创办发表社论,指出:"本报华北版的出版,是全国各大报纸在敌人后方发行地方版的创举。""对于坚持华北抗战有很重要的意义和作用。"太岳根据地的主要报纸为《太岳日报》,1940年6月创刊于沁源县正沟村,为中共太岳区委机关报。1944年4月改名为《新华日报》太岳版。晋西区委的机关报为《抗战日报》,1940年9月创刊于山西兴县石楞子村。1942年中共中央晋绥分局成立,该

## 第五章　山西新闻事业发展概要

报成为晋绥分局的机关报,在抗战胜利后改名为《晋绥日报》。

上面介绍的仅仅是山西各抗日根据地的几家最主要的报纸,如果要一个个都介绍的话,实在不胜枚举。据《山西通志·新闻出版志·报业篇》的统计,"抗日战争期间,山西编印的各类抗日报纸有240种之多,刊物100余种"①。足见其数量的庞大和影响面之广。

平型关一战胜利后,为阻止日军继续南下,阎锡山曾组织忻口会战,激战二十余日,战况十分惨烈,双方都有重大伤亡。抗日部队军长郝梦龄、师长刘家骐、旅长姜玉贞、郑延珍英勇牺牲。后因日军从娘子关攻入山西,阎锡山遂放弃忻口,退守太原。1937年11月太原陷落。阎锡山从太原退守临汾后,抗日信心开始动摇,竟然发出"不能抬上棺材抗战"的谬论。看到八路军等抗日武装的迅速发展,心怀疑惧,企图瓦解新军和"牺盟会",接着就解散了续范亭领导的第二战区战地总动员委员会。为了配合蒋介石发动的第一次反共高潮,阎锡山于1939年12月初悍然下令山西晋军讨伐共产党领导组建的山西青年抗战决死纵队,制造"晋西事变"。

在"晋西事变"中,晋西南吕梁山区抗日根据地《战斗日报》(其前身为〈战斗三日报〉)及《大众抗日报》等40余种抗日报纸被摧残。12月4日,中国青年新闻记者学会会员、"牺盟会"特派员金戈(陈祖辰)在山西临汾被阎军六十一师陈长捷部惨杀,身中7弹,壮烈牺牲。同一天,阎部山西第三行署主任孙楚也在晋东南阳城动手,指派三青团骨干上官凌云带领一批特务,捣毁阳城"牺盟会"主办的《新生报》,抢去机器物资,劫走编辑王良。同月23日,《黄河日报》上党版在沁水遭到阎军"独八旅"的摧残,奉命通知该报转移的决死纵队政治宣传科长阎弘铬、《黄河日报》宣传干事史晏林被活埋,决死纵队政治指导员杜智愚、《黄河日报》编辑张宗周惨遭杀害。1940年1月,阎部又在山西汾西杀害了中国青年记者学会会员王君玮。

1940年1月,中共中央派萧劲光和王若飞与阎锡山进行谈判,迫使他答应不再进攻新军(即决死纵队),并确定与同蒲路以西以汾(阳)离(石)公路为

---

① 山西省地方志编纂委员会:《山西通志·新闻出版志·报业篇》第四十三卷,中华书局1999年版,第17页。

界,晋西南为阎军活动区域,晋西北为新军和八路军活动区域。从此,阎锡山在山西所能控制的地盘只有晋西南十几个县,此后他再也没敢轻举妄动。

与阎锡山的进攻相比,日寇"扫荡"对根据地抗日报纸的破坏更加惨烈。1940年日寇对晋东南抗日根据地的扫荡,把摧毁《新华日报》华北分馆作为主要的企图之一。当时东京《朝日新闻》、北平《新民报》、天津《庸报》等敌伪报纸大肆吹嘘说《新华日报》华北分馆在扫荡中已被"摧毁",并把它列为"扫荡"的"第二大战绩"。事实上,该报经受了残酷的战争考验,在极端困难的条件下,坚持出版。

革命根据地报业在反扫荡中损失最大的一次,是1942年夏季扫荡中《新华日报》华北分馆所遭到的破坏。这一年的5月19日,日寇开始扫荡太行山北侧地区,《新华日报》华北分馆驻在辽县麻田镇,因为要坚持出版,没有转移。24日拂晓,日寇以昼夜急行军150里的速度奔袭该报。《新华日报》华北分馆在一小时前得到情报,避开了奔袭,转移到敌人的侧翼。然而这次日军出动扫荡的兵力总数达3万余人,形成直径25里的重重包围,同时有数架飞机配合侦察、轰炸,致使该报陷入敌人重围。26日晨,报社同志开始突围,由于日军部署兵力雄厚,未能冲出。情况危急,决定将全体人员分散,有的继续突围,有的隐蔽山崖,结果许多人壮烈牺牲。《新华日报》华北版社长何云、经理部秘书主任黄君珏、国际版编辑黄中坚、该报记者兼国际新闻社特派员乔秋远、国际新闻社特派员高咏、《华北文艺》主编蒋弼等在事变中殉难,全社或死或伤,被俘与失踪的各级干部、员工共50余人。

1943年10月,在太岳区反扫荡战役中,《太岳日报》被敌人包围,社长魏奉璋、《新华日报》华北版记者刘韵波及该报工作人员张萼、王剑萍,于阳城南山的战斗中英勇牺牲。抗日战争中先后殉国的山西著名新闻工作者还有《抗战日报》记者高锡嘏、特约通讯员高锡吉与温清源,《胜利报》记者陈宗平,《晋察冀日报》特约通讯员刘希咸,晋察冀《抗敌报》新闻台台长解振东,《战斗报》记者丁基、崔朝昆,八路军总政前线记者团晋察冀组组长雷烨等。

山西抗日根据地的新闻工作者不仅要面对险恶的战争环境,还要长期在艰苦的物质条件下高强度地工作,致使一些优秀的报人英年早逝。如原孝义县县长兼《孝义人报》主编、中国青年新闻记者学会吕梁山区分会常务理事傅立民(傅孤侣),积劳成疾,英年早逝。晋绥《抗战日报》总编辑赵石宾忘我工作,精力长期透支,病逝时年仅28岁。青年诗人、中国青年新闻记者学会吕梁山区分会理事石玉淦(磊生)在沁县病逝时,终年仅24岁。《晋西大众报》编辑李愈胜在兴县病逝,终年23岁。这些革命英烈为民族解放事业献出宝贵的生命,永远值得我们缅怀和敬仰。

### (三)国统区和敌伪的新闻事业

抗战开始时,山西主要的大报有民办的《晋阳日报》,官办的《山西日报》《太原日报》和国民党系统的《山西党员通讯》《太原晚报》等,这些报纸的发行量大致在3 000—10 000份之间。1937年11月太原陷敌前夕,这些报纸全部停办。阎锡山军队从太原撤至运城时,《山西日报》与《太原日报》一度合并,在运城出版《太原日报》运城版,在运城陷落前停刊。

抗战前期,国民党第38军曾一度在平陆出版过《新军人报》,但很快停办。抗日战争时期在阎锡山统治区内唯一的一种报纸便是《阵中日报》,该报为第二战区的军报,1938年1月1日创刊于临汾县土门镇西涧北村,为第二战区司令长官司令部主办,阎锡山自任社长,主要内容为报道第二战区乃至全国的军事新闻。由于国民党中央与阎锡山之间存在着难以克服的矛盾,国民党山西省党部于1939年春恢复出版省党部机关报时,竟不将省党报《国民日报》放在由阎锡山控制的山西国统区内,而设在陕西的秋林,直到抗战胜利后才随省党部迁回太原。

山西国统区的新闻事业十分萧条,无法与欣欣向荣的抗日根据地的报业相比。直到1941年冬才出现国民党塔山行政公署办的油印小报《塔光报》,为国民党的反动观点作宣传。国民党中宣部从1942年开始到1943年底在全国各地创设实验简报40家,小型简报400种,其中山西吉县有实验简报1种,孝义有小型简报1种,这种小报均为油印或石印①。

值得一提的是山西广播事业。早在1926年,山西省督军府投资银元6万元筹建报话机通讯系统,于1927年建成。1930年通讯改用短波,于1931

---

① 王晓岚:《喉舌之战——抗战中的新闻对垒》,广西师范大学出版社2001年版,第88页。

年 6 月正式成立太原无线电广播电台。1937 年 9 月,由于日军逼近太原,阎锡山当局撤离太原,太原广播电台停播。电台技术人员随同阎锡山撤退到吉县克难坡,用原有设备在吉县、乡宁、大宁、蒲县、隰县、交口、孝义等县通过已有的电话线路进行有线广播,每天早上播半个小时左右,内容大多是阎锡山的训话。

日军侵占太原后,于 1938 年设立伪太原放送局,呼号仍为"太原广播电台"。1939 年又建立了伪运城广播电台,1942 年又成立伪大同广播电台。由于这三个电台的功率很小,开办的节目也很少,主要为侵华日军服务。

抗战初期山西出版的日伪报纸,太原有《新山西报》《山西新民报》、日文的《太原新闻》和临汾出版的日本侵略军临汾报道班主办的日文《临汾小报》。1939 年 4 月,日军临汾特务机关与华北伪政权冀宁道公署在临汾出版铅印四开的报纸《晋南晨报》。经过日伪对华北地区报纸杂志的"整理",1939 年 5 月以后,山西的中文报纸只剩下两家,一家是由日本报道部直接控制的太原《山西新民报》,另一家是由日军报道部对华班拨给开办费和每月津贴,汉奸林朝晖、曹见微分任社长、总编辑的《晋南晨报》。《晋南晨报》的机器和人员均由北京《晨报》拨过来,新闻稿来源于日本驻军参谋部的日文小报《阵中新闻》,并由日军参谋部报道班长指定刊登范围。1940 年 6 月,该报在运城设河东分社。日军发动太平洋战争后,形势日益被动,物资越来越紧缺,1942 年 8 月将《山西新民报》与《晋南晨报》合并,原晋南晨报社改为山西新民报临汾支社。《山西新民报》也是四开铅印的小报,其内容除发布日军特务机关命令、华北伪政权的通告外,所有电讯均来自日本军国主义喉舌同盟通讯社的稿件,鼓吹对抗日军民实行封锁和扫荡,美化日本的侵华行径。1944 年 5 月,经济形势进一步恶化,日本军部命令所有华北报纸一律停刊,合并改组为《华北新报》,《山西新民报》遂改为《太原华北新报》。随着 1945 年 8 月日本无条件投降,日暮途穷的日伪新闻事业彻底寿终正寝。

## 五、山西新闻事业迎来沧桑巨变

早在抗战中期,阎锡山就曾派赵承绶为代表在汾阳城内与日本"华北派遣军"参谋长田边盛武和楠山秀吉商谈降日条件,仅仅因国际局势改变和中共的多次警告,投降活动暂时搁置。1945年8月9日,阎锡山得到日本即将无条件投降的消息后,便于次日派代表与日本军方商谈,经日方同意,悄悄派兵向太原进军。8月17日,阎锡山的代表赵承绶与日本"山西派遣军"司令官澄田睐四郎商定:日军在原地堵击八路军,听候阎锡山受降;八路军如强行接管太原,日阎双方将共同阻击。当日晋军楚溪春部先行进驻太原,8月30日,阎锡山在日军保护下回到太原,窃取了人民浴血奋战换来的胜利果实。为了积极准备反共反人民的内战,他胸有成竹地将四万伪军收编为省防军,留用日本战俘3 000余人。

1945年9月3日驻太原日军投降后,第二战区绥靖公署接管了伪太原广播电台,10月14日恢复广播,成了军阀阎锡山的喉舌。1947年2月太原广播电台奉中央广播事业管理局通知,改为山西广播电台。据统计,当时太原市内及近郊收音机的总数为4 900多台,在榆次、太谷、祁县、平遥、临汾、阳泉、崞县等地方的收音机总数为250多台。

1945年日军投降撤出运城之前,命令将所有机器拆卸搬走,在电台工作的中国人出于爱国之心秘密藏下部分设备。日军发现器材缺少,立即搜查,因早有准备,搜查一无所获。被藏设备完整无损地交给前来接管的阎锡山部队,可是前来接管的三十四军电台台长王家骏却发现所有财产均已一一造册登记,无法中饱私囊,便向上级谎称,原电台工作人员大都是共产党人,应严加镇压。于是将两名爱国的技术人员逮捕入狱,乘其他人员惶惶不安之际,王家骏乘机将留声机、收音机、毛毯、唱片等洗劫一空。日军留下的设备因无技术力量修复,无法进行无线电广播。伪大同广播电台于1945年10月30日由国民党大同接收组接收。1946年4月因无法维持,由中央广播事业管理局天津区接收专员办事处接收管理。因此,解放战争时期真正由阎锡山控制的无线广播电台仅太原的山西广播电台一家。

1945年9月,国民党山西省党部机关报《国民日报》由陕西秋林迁入太原。为了控制舆论,阎锡山于1946年在太原创办政府机关报《复兴日报》,社长由省政府社会处长梁延武兼任,日出对开一张,其规模和设备在阎锡山辖区内均占首位。接着阎锡山控制的民族革命同志会创办了《民众日报》,

该报为太原市仅次于《复兴日报》的第二大报。同年民族革命同志会太原分会又出版了以青年学生为宣传对象的《青年导报》（3日刊），该报于1937年秋改组为《平民日报》。

1946年在太原创刊或复刊的报纸还有《太原晚报》《民众晚报》《力行报》，1947年创刊的有民营的《晋强报》和《山西工商日报》。据国民党内政部1947年9月30日的登记资料,令人费解的是《国民日报》注册地仍在陕西宜川,山西的太原以外地区仅有运城出版的《河东日报》与《民声报》（日刊），平遥、榆次、猗氏、河曲、清源等地只有少量期刊在出版,这里所介绍的情况是抗战胜利以后阎锡山统治鼎盛时期新闻界的概貌。1947年中国人民解放军发动晋南攻势和正太战役以后,山西大部分地区均告解放,阎锡山只能控制铁路两侧的少数县市,经济处于崩溃边缘,民办报纸难以维持,《晋强报》等于1948年自动停办,其他报纸也在太原解放前夕纷纷停刊。国民党系统报纸解放后被太原市军事管制委员会新闻接管组接管。

与日薄西山的国民党新闻事业相反,解放区的报纸随着解放战争的节节胜利迅猛发展。以晋绥分局的机关报《抗战日报》为例,该报于抗战胜利后迁至兴县高家村,1946年7月1日改名《晋绥日报》,随着晋绥解放区的扩大,该报发行量也从原来的2 000—3 000份迅速攀升,至1949年5月1日完成历史使命终刊时,已达到日销1.5万份。

1947年6、7月间,《晋绥日报》曾发动过一次对解放区新闻界有重大影响的反"客里空"运动。"客里空"是苏联戏剧《前线》中一个惯于吹牛拍马和弄虚作假的记者名字,反"客里空"运动是中国新闻史上一次反对不真实新闻的批评教育运动。1947年由于土地改革的逐步深入开展,《晋绥日报》不断收到读者来信,揭露有的记者报道失实,个别甚至涉及到政治立场问题。《晋绥日报》编辑部把这些来信公开发表,以教育记者,并号召广大读者监督报纸。1947年6月《晋绥日报》编辑部和新华社晋绥总分社联名多次刊出"不真实之新闻与'客里空'之揭露"专栏,刊出来信数十件,以后又刊出记者的检讨。新华社全文播发,各地解放区报纸均连续转载,并相继开展类似的批评。这一运动前后持续了四个月之久,最后新华总社发表社论《学习〈晋绥日报〉的自我批评》,充分肯定《晋绥日报》坚持和捍卫新闻必须真实的原则,对失实的新闻报道进行公开的批评和自我批评是一次有益的尝试。然而这次反"客里空"运动是在当时土改和整党工作已出现"左"的错误倾向的情况下提出来的,这次运动扩大了"左"倾错误,把思想作风问题、新闻写作问题当作阶级立场问题,与政治运动联系起来,夸大事实,无限上纲。对一些读者来信未经核实就点名,公开发表,致使批判"客里空"的文章本身出现了"客里空"的问题。这种"左"的错误对一些新闻工作者造成伤害,有的记者因此被开除出党,造成了冤案。1948年9月1日至3日,《晋绥日报》发表了《我们的检查》,对反"客里空"运动中的错误公开向广大读者和被伤害的当事人作了检讨。1948年4月,毛泽东同志接见了《晋绥日报》总编辑和编辑、记者20余人,发表了著名的《对晋绥日报编辑人员的谈话》。他总结了《晋绥日报》反"左"反右的经验教训,深刻地阐明了贯彻党的路线、方针、政策,必须依靠广大人民群众的思想,对党报工作的性质、任务和作用、风格作了精辟的概括,鲜明地体现了无产阶级新闻事业的党性原则。这篇谈话成为中国共产党人办报的指导方针,在此后的新闻实践中被普遍应用。

除《晋绥日报》外,山西解放区的主要报纸还有《新华日报》太行版、《新华日报》太岳版和《晋绥大众报》等。《新华日报》太行版是由华北《新华日报》于1943年4月1日改版而成,为中共太行区委的机关报,该报的社长兼总编辑史纪言后来就成为山西的省委宣传部长和《山西日报》的第一任社长兼总编辑。《新华日报》太岳版由原来的《太岳日报》于1944年4月1日改名,在人民解放军胜利进军时两次组织记者团深入战地采访,采写了多篇振奋人心的战地通讯,如报道人民解放军全歼胡宗南精锐部队的军事通讯《"天下第一军"的毁灭》,形象地反映了陈赓将军诱敌深入,"瓮中捉鳖"的指挥艺术。《晋绥大众报》原名《晋西大众报》,该报是一张通俗化的著名报纸,其读者对象为识字数量在800上下的区村干部和农民,《吕梁山英雄传》便是在《晋绥大众报》上连载的优秀长篇小说。

山西解放区报纸的特点是以群众喜闻乐见的形式,用各种办法宣传和贯彻党和政府的各项政策、措施。报社既办报也办杂志,还出版大量的社会科学书籍和马列著作,必要时也印发传单、布告与各种宣传品。如《太岳日报》改为铅印的《新华日报》太岳版后,办了《工农兵》月刊,还成立丛书编辑部,到1949年8月,共出版图书、杂志、课本444种,仅1949年上半年就出版图书696 628册。《晋绥大众报》和《晋绥日报》的图书编辑出版部门后来分离出来成立了吕梁文化教育出版社。集书报刊印刷出版于一体是华北和东北解放区报纸的一大特色,在世界各国新闻史上亦属罕见。

山西解放区的报纸还为新中国的新闻事业培养了一大批新闻人才,如《山西日报》的前社长、总编辑史纪言、毛联珏、吴象、刘山、陈墨章,《山西农民报》原社长兼总编辑徐一贯等,都是解放区报社培养出来的优秀新闻工作者,例如陈墨章担任《山西日报》总编辑一直到1987年6月。这些老报人不仅长期为山西报业的开创与发展作出重要贡献,而且身体力行保持和发扬中共党报优良的办报传统。

## 六、解放后山西新闻事业的发展

1948年5月至7月,临汾和晋中相继解放,阎锡山只剩下太原和大同两座孤城。10月初,太原战役第一阶段刚开始就取得外围歼敌一万余人的胜利。当时准备在最短期间内攻克太原,中共中央华北局已做好接管太原的一切准备工作,包括由史纪言负责的《山西日报》筹建事宜。中央军委从全局考虑,电示太原前委:估计到太原过早攻克有可能使平津守敌感到孤立,自动放弃平、津、张、唐南撤或分别向西向南撤退,增加尔后歼敌的困难,要求太原前线部队再打一两个星期,将太原外围据点攻占若干,即停止攻击,进行政治攻势,固守已得阵地,就地休整。待发动平津战役时再攻太原。这样就推迟了攻占太原的时间,直到平津战役结束后,华北野战军集中优势兵力于1949年4月20日向太原发起总攻。22日太原周围阎军据点全部肃清,24日攻破城垣,仅4个多小时全歼守敌。5月1日大同和平解放,阎锡山在山西长达38年之久的统治彻底覆灭。

太原解放的当天,《山西日报》筹备组全体人员从榆次出发,乘坐刚刚开通的火车进入太原。当即由史纪言领导的新闻接管组首先接管《复兴日报》及其印刷厂,利用未及破坏的印刷设备出版《山西日报》。4月26日,太原解放的第三天,中共太原市委机关报《山西日报》便和广大读者见面了。同年9月1日,中共山西省委成立,《山西日报》便成为中共山西省委机关报。新闻接管组顺利地接管了国民党的山西广播电台,4月25日即以"太原新华广播电台"的名称开始广播。同年6月1日,太原新华广播电台更名为"太原人民广播电台",6月25日该台领导机构编辑委员会成立,常振玉任台长。

新闻接管工作从太原解放之日开始到6月底结束,总共接管了《复兴日报》及其印刷厂、《国民日报》及其印刷厂、《民众日报》及其印刷厂、中央通讯社太原分社、山西广播电台、华北通讯社、青年通讯社太原分社、民族革命通讯社、西北通讯社、黄河通讯社、黄河书店、《平民晚报》等26个单位。原印刷厂工人大部分仍留在山西日报印刷厂工作。抗日战争和解放战争期间创办的报纸,如《新华日报》太行版、《太岳日报》(《新华日报》太岳版后又改为原名)、《晋绥日报》、《晋绥大众报》、《临汾日报》、《晋中日报》等,大都在1949年5—8月间终刊,有的并入《山西日报》,有的报社工作人员赴新解放区工作。

1950年元旦,太原人民广播电台第一台用频率1 270千赫兹向全省广播,用新修复好的中波发射机向太原地区广播称,太原人民广播电台第二台。12月20日,太原人民广播电台第一台更名为"山西人民广播电台",第二台为"太原人民广播电台"。为了集中力量办好广播节目,1953年1月25日,撤销了太原人民广播电台,山西人民广播电台成了当时全省唯一的一座广播电台。

解放后,随着社会主义革命和社会主义建设的蓬勃发展,新闻事业也茁壮成长。据1959年10月的统计,全省公开发行的报纸达111种,是解放前夕报纸总数的10倍。当时除《山西日报》《山西青年报》《山西农民报》《太原日报》等省市级报纸外,还有大量地市级和县级报纸,一些大中型企业也办起了报纸。从发行量来看,到1958年10月已增长到期发375万份,是解放初1950年的45.7倍(当时期发数仅8.2万份)。

山西新闻事业的特点是紧密配合党的中心工作,善于抓典型,努力提高新闻的指导性、思想性和战斗性,及时宣传党的方针政策。山西人民广播电台(1950年12月由太原新华广播电台改名)曾首创"省政讲座"节目,经常请省及各厅、局负责人,通过电台通俗地向全省民众讲解各方面的政策与工作。还开办"理论学习讲座""农业技术讲座""自然科学讲座"等,多次在全国节目评比中获奖。《山西日报》在典型报道和时政评论方面也做得十分出色,1958年曾得到毛泽东同志的表扬和推荐。《人民日报》也曾突出地介绍《山西日报》的报道工作和内部工作的经验,被誉为"红旗报",引起全国新闻界的重视,来报社参观访问者络绎不绝。

在1958年宣传"大跃进"和人民公社化运动中,由于政策上的急躁冒进,思想上又过于夸大人的主观意志的作用,造成一些地方干部为迎合上级意图而报喜不报忧,报纸上浮夸、失实的报道比比皆是。在虚报粮食亩产量的"放卫星"比赛中,山西算不上名列前茅,但是山西日报社的"大跃进"经验却在当时影响很大。1958年8月14日,《人民日报》表扬"山西日报干劲大进步快"。中国记协办的《新闻战线》第8期编有《山西日报大跃进经验特辑》,对当时山西日报社的经验作了详细介绍。《山西日报》的文章《不断地组织高潮》总结经验道:"只有以不断革命的精神,紧紧依靠省委的领导,不断地发动群众、依靠群众,不断地组织鸣放,进行评比检查总结,并不断地提出新的任务,组织新的高潮,鼓干劲再鼓干劲,争上游再争上游,才能使报纸赶上一天等于二十年的伟大时代,在跃进再跃进的巨浪中当好促进派,成为党委手里强有力的武器。"基于这样一种观点,山西日报社组织新高潮的办法是:第一个高潮是制订跃进指标,向全国兄弟省报挑战;第二个高潮是进一步解决跃进措施问题,开展献计献策运动;第三个高潮是搞"一级品"运动,主要解决报道质量问题。同时组织报社工人也积极投入"大跃进"高潮,制版工人大大缩短了制版的时间,印刷工人创造了从浇版到开印的新纪录。《山西日报》向全国省报挑战见报后,很快在全国新闻战线进一步掀起"大跃进"高潮。从1958年8月到1960年4月,全国有110个报社共390多人次到山西日报社参观、访问。

新闻宣传工作的"大跃进"对极"左"路线起着推波助澜的作用。山西地处塞北,稻、麦产量显然比不上人家,但"红薯亩产量超百万斤"的虚假报道却出自山西。浮夸风泛滥的结果是粮食产量大面积减产,却还在讲大话、空话。1960年10月21日,陈毅在军委扩大会议上说:"今年已经有几个省缺粮,秋收以后就缺粮,明年会更缺了,有个怎样度过的问题。一个山东、一个河南、一个辽宁、一个河北,是最难过的,其次是山西,还有几个省。"河南、山东、辽宁、河北恰恰是浮夸风、共产风刮得最厉害的地方;山西则仅次于上述数省。

20世纪60年代初,国民经济调整期间,全省90多个县办和企业办的报纸大都停办。"文化大革命"期间,山西继黑龙江、山东、上海、贵州之后,于1967年3月18日建立了革委会新政权。绝大部分报刊被迫停刊,新闻工作者队伍基本瓦解,山西新闻事业倍受摧残。在很长一段时间内《山西日报》不发地方稿。当报纸和广播、电视恢复刊登地方稿后,又是连篇累牍地登载和播放宣传过头的"农业学大寨"的新闻和评论。粉碎"四人帮"后,《山西日报》发表了《我们在"农业学大寨"报道中的严重错误与教训》的编辑部文章,公开作了自我批评。严格来说,这种现象全国普遍存在,不应该由地方报社来承担责任,而应从更深层面的体制角度来反思。

十一届三中全会制定了新的正确路线之后,山西省乃至全国的新闻事业开始呈现出一派欣欣向荣的景象。《太原日报》《大同日报》《阳泉日报》《长治日报》等相继复刊;《山西经济日报》《山西工人报》《太原晚报》《市场信息报》《临汾日报》等相继创刊。新创刊的报纸除了一部分地市级与县级党报外,大都属于适应当时四化建设需要的经济信息类报纸和科技文化类报纸。使报刊品种更加丰富、版式更加新颖,充分满足读者的多方面需要,基本形成以党报为核心,多层次、多样化的报刊格局。据2000年的统计,山西全省共有国内统一刊号的报纸80种,内部资料性散页报纸134种。在80种具有全国统一刊号的报纸中,高校系统的报纸22种;内部刊号的报纸中,厂矿企业类报纸占75种。

山西的电视台从1958年开始筹建,1960年5月25日太原电视台正式试验播出。因为此时全国正处于三年困难时期,延至1965年7月1日才改名为太原电视台正式播出。1978年8月1日太原电视台又改称山西电视台。1983年起,根据中央四级办广播、四级办电视、四级混合覆盖的方针,山西各地市相继建起了电视台,左云县也于1984年办起了全国第一座县级电视台。截至2000年12月,山西全省有省级广播电台4座,地方级电台13

座,县级电台108座,中波发射台和转播台30座,总功率410千瓦,调频发射台74座,总功率92千瓦,中波广播人口覆盖率达到92%,调频广播人口覆盖率达到60%。全省有电视台140座,电视发射台、转播台474座(其中千瓦以上的发射台42座),总功率达284.26千瓦。全省有线广播电视台169座,总共建成了微波线路4 000余公里,微波站66个,卫星地面接收站近2 000个,电视人口覆盖率达到91.28%。

山西是全国的老工业基地,经济结构落后,企业包袱沉重,国企体制改革的任务显得十分艰巨。在改革开放和世界科技日新月异的形势下,加快国有企业产业结构的战略性调整和现代化企业体制的建立,已是摆在山西人民面前势在必行的迫切任务。在这样的国情、省情之下,山西新闻工作者把省政府推进国企改革的有关精神,国企改革中的典型事例和事关国企改革的重点、要点与难点问题,作为当前报道和评述的重中之重,并以此推动山西企业改革和产业结构调整的顺利进行。为此,山西电视台在《山西卫视新闻》中增设"国企探新路"栏目,山西人民广播电台、《山西日报》《太原日报》等新闻单位也纷纷开辟"探索国企改革新路"等专栏,对国企改革、结构调整进行集中、深入的报道,受到中宣部及有关领导的重视和表彰。

(本章撰稿人:王永寿、丁凤麟,姚福申改写)

# 第六章

# 内蒙古新闻事业发展概要

内蒙古分东蒙和西蒙两大部分,横跨东北、华北、西北三大地区,接邻八个省区。1947年5月1日,内蒙古自治区宣告成立,辖呼纳、兴安、哲里东、昭乌达、锡林郭勒、察哈尔六个盟,面积60余万平方公里,人口230余万。1954—1956年,旧绥远、宁夏两省部分地区及甘肃所辖阿拉善和额济纳两旗,先后并入本地区。面积118.3万平方公里,人口2 029万(1986年数据)。居民除蒙古族外,还有汉、回、满、朝鲜、达斡尔、鄂温克、鄂伦春等族,与黑龙江、吉林、辽宁、河北、山西、陕西、宁夏、甘肃等八省接壤,行政属华北地区。

## 一、清末民初

在内蒙,近代报纸是在20世纪社会大变动的形势下开始兴办的。当时发生在周边地区的八国联军之役,给这个地区以空前震动,激发了长期处于闭塞状态的人们对时局的广泛关注。而当时清廷方兴未艾的"新政"潮流对这里更起着直接的影响。引人注目的是,内蒙的某些上层人士卷到这潮流之中。其代表人物为喀喇沁右旗札萨克郡王贡桑诺尔布。他积极倡行社会改革,早在1902—1903年间,在本旗内,一批新型学堂——崇正学堂、守正武学堂和毓正女学堂先后建立。这些学堂设置新课程,蒙、汉文并学,还派出男女学生到北京、上海、保定等地学习,到日本留学。文化教育界出现生气。1903年,贡桑诺尔布还应邀去日本访问,开拓了视野,增强了改革意识。这期间,清廷放松了报禁,为办报提供了有利条件。这样,1905年冬,在昭乌达盟喀喇沁右旗,内蒙古第一张近代报纸《婴报》诞生了。它也是第一家蒙汉文合刊的报纸和我国最早的少数民族文字报纸。

近代报纸在内蒙古的兴办是较为滞后的,但在排名榜上仍位于新疆、西藏、吉林、黑龙江、贵州、甘肃之前,居全国省、自治区和直辖市的倒数第7位。这里有一点似应说明,即一些少数民族地区报业的开创者常为来自外地的人士,他们或为清政府官员(如西藏),或为政党派系力量(如新疆),而内蒙古则不同,《婴报》的创办者生长于本地区,且为蒙古族人,值得注意。

《婴报》社址设在贡桑诺尔布王府崇正学堂院内。每期石印一张,双日刊,用蒙、汉两种文字印刷。该报以开发民智,宣扬新政为宗旨,刊载国内外重要新闻、内蒙各盟旗政治动态和科学知识,也登针对时局和社会改革的短评,免费送阅。

报纸创刊以后,内蒙古的铁路交通、商贸、工矿、学堂等事业都有较显著的发展,该报刊创办人贡桑诺尔布发表"敬陈管见八条",提出设银行、修铁路、开矿山、普及教育等主张。《婴报》宣传适应了当时社会改革的要求,坚持出版达六七年之久,辛亥革命爆发后停刊。这时,贡桑诺尔布已离开内蒙去北京任职。

这期间,周边地区政党报刊颇为活跃。而内蒙古在整个清末时期却未办过这类报刊。1905年同盟会在东京成立后,即在国内建立北部支部,在东北和华北开展活动,曾有同盟会员先后来到归化城、萨拉齐、包头、后套等地发展组织,吸收了一批汉、蒙族人士为会员,但是人数不多,较为分散,工作乏力,当时还没有条件办报。

辛亥革命推翻清王朝后,办报热潮澎湃于全国各地,而内蒙古直到1913年才出现一家报纸,这就是来自成都的知识分子周颂尧所办《归绥日报》。很快,该报改组,转为国民党人的报纸。

内蒙古的同盟会员积极参加反清起义的斗争,扩大了社会影响。1913年春,孙中山派童尧山来到归绥(即今天的呼和浩特)发展国民党组织。在老同盟会员王定圻(新当选的国会议员、归绥中学校长)的大力协助下,成立了国民党归绥支部,王定圻任主任干事。是年冬,王定圻接办了《归绥日报》,其时正值"二次革命"被镇压之后,全国革命形势十分险恶。革命党人的报刊,除少数托庇于租界尚能保存外,都被摧残殆尽。《归绥日报》的接办是在袁世凯专制势力的包围下,作为国民党人建立的一块可贵的报刊阵地,意义自非一般[①]。这是一份四开的日报,原为石印,接办后改为铅印,这是内蒙古地区第一份铅印报纸,大约未及一年便停。后改出《一报》,仍由王定圻主办,李正乐、李笑天分任社长和总编辑。报纸宣传共和,批评时政,态度愈益鲜明。这时袁世凯加紧进行复辟帝制的活动,内蒙古一批王公联名上书拥戴,而王定圻公然在《一报》上撰文反对,并在暗中联络各方人士,策划反袁,终遭绥远都统潘矩楹拘捕,于1916年1月13日被杀(据李原:《王定圻捐躯〈一报〉》)。王定圻是内蒙古第一个遭反动统治杀害的革命报人。《一报》遂即停刊,出版时间约一年。

在这期间,在归绥办的报纸还有《归绥画报》,原为《归绥日报》附出的石印画报,《归绥日报》停刊后单独印行。未几终刊,是内蒙古第一份画报。

政党报刊没落了,代之而起的是一批民办报纸,它们是贾康侯等创办的《绥报》(1916),张燧亭创刊办的《青山报》(1917),李某创办的《商报》(1916)和孙雅臣等主办的《西北实业报》(1918)等。前两种为时只数月,无足称道。《商报》是四开一张的铅印小报,是这里最早出现的以低俗情趣文字取媚时俗的报纸。具重要的是,《西北实业报》由绥远总商会主办(这个总商会初名归绥商务总会,1912年8月成立,入会商号1 800余家),为适应商业发展需要而创办,这是内蒙报界新出现的重要趋向。报社设施较为完备,是这里首家对开大报。出版八年,被认为是当时内蒙历史最悠久的报纸。

据目前所知,民初到"五四"以前,内蒙先后出版七种报纸,品类虽然还不完全,但已开始呈现多元化倾向。报纸的出版地点由东蒙转到了西蒙,而归绥则自此成为内蒙古的报业重镇。

---

[①] 在袁世凯统辖的归绥,"二次革命"失败后,之所以能够出版国民党人的《归绥日报》,主要是因为内蒙地处偏荒,民族关系复杂,是袁政府统治势力薄弱的地区,而当时担任绥远将军的张绍曾和袁政权存在严重矛盾,对中央的支持不甚有力。此外,和该报的宣传态度较为含蓄也有关系。

这期间,引人注意的是,一些内蒙上层人士在北京办报。《婴报》的创始人贡桑诺尔布在1912年7月就任北京内务部所属蒙藏事务局总裁。接着,在他的推动下,《蒙文大同报》和《蒙文白话报》于1912年9月和次年1月先后创刊。除时事新闻外,广载政府法令、法规,兼登蒙藏事务局文件材料。《蒙文大同报》曾提出"大同于中华民国,乃是我们五族的共同幸福"。《蒙文白话报》曾报道,蒙藏事务局在一次有357位蒙古王公和其他蒙族客人出席的茶话会上,"贡桑(诺尔布)总裁亲临本局大堂,演说共和真像"①。可以看出,两报实际上是贡桑诺尔布主持下蒙藏事务局联系内蒙古上层人士的宣传工具。两报当时的独特作用,值得重视。

## 二、在"五四"和大革命潮流中

1919—1923年五年间,据目前所知,本地区还没有新出过一种报刊,当时办报新潮澎湃于全国,而整个内蒙古报界,却仍然是《西北实业报》的独家天下。

自1924年始,包头开始出现《国民日报》《新民日报》等石印小报。可是"主其事者为不通之流氓,大登妓女广告,以妓女为后台老板"②。为社会所鄙视,不久便停。

当时全国的进步潮流在内蒙古是得到积极反应的。"五四运动"消息传来,归绥、兴和、赤峰、喀喇沁、通辽等地的学生纷起响应,组织归绥学联和绥远特别行政区学生联合会开展热烈的爱国斗争,不但进行口头宣传,也散发传单。其所以未像其他省、市一样出版报刊,主要是因为文化教育条件还比较落后,"五四"期间,这里的最高学府是归绥中学,其他学校多属于小学性质(不少是初小),升高等学校的人都去北京等地了。内蒙学生未能在本地办报,而在北京的"绥远旅京同学会""绥远旅京学会"则出版了宣传新文化的《周刊》和《绥远旅京学会会刊》。

---

① 蔡乐苏:《清末民初的一百七十余种白话报》,《辛亥革命时期期刊介绍》第五集,人民出版社1987年版。
② 杨令德:《归绥报业简史》,杨光辉等编:《中国近代报刊发展概况》,新华出版社1986年版。

同样,这里的工人也积极参加了中共领导工人运动的第一次高潮。京绥铁路工人1922年大小罢工五次,煤矿工人罢工也曾多次发动。内蒙古之所以没有创办工人报刊,实因这里邻近北京,工人运动直接受设在北京(及附近)的中共组织领导,党出版的《工人周刊》可以非常方便地发行到内蒙地区,经常是本地工人组织学习的材料,另行创办报刊似无必要。

内蒙古报业的重大发展始于1925年。这年1月,冯玉祥被任命为西北边防督办,驻节包头。内蒙古大部分地区成了国民军的势力范围。冯拥护孙中山,支持国民党,和共产党人保持着良好的关系。这时,中国国民党在包头成立了内蒙古党部,其主要负责人为中共党员李裕智、吉雅泰。中共绥远特别区工作委员会、中共包头工作委员会也在这年先后建立。冯胸怀壮志,励精图治。他治理军政,非常重视政治思想工作。1925年10月,他主持下的西北边防督公署在包头创办了有重要影响的《西北民报》。

这份报纸是在国共合作的情况下出版的,报社的成员都是共产党员、国民党员和共青团员,社长蒋听松、总编辑胡英初是中共党员,同时也是国民党员,该报的公开身份是西北边防督办公署的机关报,实为中共的喉舌(中共《西北民报》支部于1925年底成立),同时也是中国国民党的报纸[1]。在北洋军阀严密统治下的北方地区创建这一革命宣传阵地,确实是内蒙报史上耀眼的一页。

《西北民报》是四开一张的铅印(最初为石印)日报。广载新闻,重视言论,设有副刊和多种专栏。积极开展反帝、反军阀、反封建礼教的宣传,也常介绍共产党人的活动,不时转载《向导》等中共报刊上的文章。该报文章用白话文写作,文笔锐利。出版后,内蒙读者的耳目为之一新,反响强烈。1926年冯军西退时停刊,为时只约一年。冯五原誓师后,一度回到包头,恢复出版,改名《中山日报》(由郭伯瑞主持),旋也停出。

在《西北民报》创办之后,包头还出版了一种文艺期刊《火坑》。《火坑》原是《西北民报》的附刊,杨令德作为编辑,后由他单独出版,"成为内蒙西部

---

[1] 毛泽东主编:《政治周报》第14期,刊有《中国国民党最近党部组织概况》(1926年6月止)调查表,在"内蒙古"栏内写明"省党部在包头正式成立甚早,党报一"。其中所说的"党报",当指《西北民报》。

(绥远地区)"五四"以来的新文学刊物"。①

在这期间,内蒙古革命组织"内蒙古人民革命党"和"内蒙古农工兵大同盟",相继开展办报活动。

"内蒙古人民革命党"是中共影响下的革命统一战线性质的组织。1925年10月12日,该党在李大钊的关怀下,在张家口举行第一次代表大会,中国共产党和共产国际均派代表参加。会后不久,1925年11月16日,创办了该党中央机关刊物《内蒙国民旬刊》(蒙文)。12月1日,随该党总部迁包头出版。

"内蒙古农工兵大同盟"是中国共产党为团结蒙汉各族劳动人民共同斗争而建立的革命组织。"五卅运动"爆发后不久,李大钊等共产党人就来到张家口,深入到工农(牧)劳动群众中,进行访问、调查和细致的组织工作。1925年冬,在张家口举行了农工兵大同盟成立大会。出席大会的有来自绥远、热河、察哈尔等地的工、农、牧和士兵代表二百余人。李大钊、赵世炎被选为大同盟的正副书记。会后不久,创办了大同盟的机关报《内蒙古农民报》和《农工兵》刊物②。

这些革命报刊群众基础深广,与"五卅运动"后全国革命潮流紧密相连,一时成为内蒙古报刊发展的主流。有意义的是,它们都是在中国共产党主持或影响下出版的,这是中共北方党组织和领导人李大钊的杰出成就。

1926年秋,政治形势急剧变化。晋系军阀打败国民军,于9月间相继攻占归绥和包头。被阎锡山任命为特别行政区都统的商震,在归绥创办了《绥远日报》。该报为铅印,日出对开一大张。当时《西北民报》《西北实业报》均已停刊,它的出版引人注意。《绥远日报》是阎系军阀的宣传工具,是军事较量的产物。随后出现的内蒙古报坛各种政治军事势力纷争的局势,由此开端。

和过去一样,这期间内蒙古人士继续在北京办报,除上述"五四"时期两种报刊外,自1924年至1926年还先后有3种期刊出版。

---

① 杨令德:《关于包头〈西北民报〉》,《新闻研究资料》总第29辑,中国新闻出版社1985年版。
② 参见李大钊传编写组:《李大钊传》,人民出版社1979年版;内蒙古自治区地方志编纂委员会编:《内蒙古自治区志·大事记》,内蒙古人民出版社1997年版。

1924年4月1日,东北政务委员会蒙族处创办了它的机关报《蒙族旬刊》。宣称以开启蒙民知识,促进蒙族文化,推动蒙古民族与政府合作,共同奋斗为宗旨,张学良为该刊封面题字。该报以蒙、汉文印刷,免费分送各有关机关、学校和各旗县机构。出至1931年停刊。

1925年4月28日,就读于北京蒙藏学校的中共党员创办了《蒙古农民》周刊,由多松年、奎壁、云泽(乌兰夫)等主持,受到李大钊的关怀,这是内蒙古的党员所出版的第一份党报,该刊提出"蒙古农民的仇人是军阀、帝国主义、王公",它结合实际问题,教育蒙古农民早日醒悟,进行自求解放的斗争,还批判大汉族主义和封建习俗。该报文字通俗,图文并茂,1926年被迫停刊[①]。

1926年,于北京政法大学学习的蒙古族青年卜和赫希格等,创设蒙文学会,出版蒙文月刊《丙寅》,以继承、发扬蒙古族文化和振兴蒙古民族为宗旨,刊物几经变动,忽停忽办,其后出版地点迁出北京。

先后出版的报刊共有5种,大大超过前一时期。而主办者则由原来内蒙上层政治人士转向在京的蒙族学生了。

综观所述情况,这一时期兴办了约10种报刊(北京所出不计),比前一时期略有增加。从报刊类别看,原来开始显露的多元化趋势转向衰落,而各类政治机关报却应时而起,主导了内蒙古报界。这些政治报刊,除了《绥远日报》外,又都是在中国共产党强大影响下创办的,内蒙报界出现一片新的风姿。

这期间,报刊出版地的一个重要变化就是包头的崛起。该地原不曾办过报刊,现一下出现六七种之多,占内蒙地区报刊2/3以上。归绥依然是报刊重镇,所办数量虽然很少,但先后出版的《西北实业报》和《绥远日报》,基础较为雄厚,都是大报,影响较大。而张家口对推动这一地区的报业发展起了重要作用。北京和这里报刊活动的联系则比以前更为密切了。

---

① 北京中央档案馆藏有《蒙古农民》第一、二期,其他各期散失难寻。又,时下有些书刊,认为《蒙古农民》是内蒙古"农工兵大同盟"的机关刊物,但据《李大钊传》和《内蒙古自治区志·大事记》,大同盟成立于1925年冬,而《蒙古农民》早在1925年4月28日创刊,时间不合,疑有差误,待考。

## 三、十年内战时期

经过北伐战争、中原大战,国民党政权在本地区建立了相对稳定的统治,建设事业有所发展。日寇在侵占东北后,其侵略势力不断向华北进逼,这里又成为抗敌斗争的前沿地带,阶级矛盾和民族矛盾内外交织,这十年间,内蒙的报业就是在这样的形势下发展变化的。

最为重要的一个发展变化,就是国民党的党政报刊系统的创建。

首要的是国民党绥远省党部机关报的建立。1928 年 6 月,国民党中央通过了《设置党报条例草案》《指导党报条例》等文件,是年秋,国民党绥远党务整理委员会(省党部前身)积极活动,把当时属于政府系统的《革命日报》[①]改组为《绥远党报》,这是建立全国政权后国民党在绥远出版党报的开端。次年 11 月,国民党为统一全国党报之名,将《绥远党报》改名为《绥远民国日报》。1930 年 4 月,随着阎锡山、冯玉祥反对蒋介石政权的中原大战爆发,国民党绥远省党部被查封,该报也被迫停刊。在蒋介石系统的国民党部队取得战争胜利后,国民党绥远省党部即告恢复,《绥远民国日报》随之复刊。

国民党的党报在本地区的起步还是比较早的,可是时局动荡,几经折腾,直到此时才建立起较为稳定的基础。创刊时的《绥远党报》只有三四人,这时增为十数人;其篇幅由原四开小报发展为对开大报;报纸体例也较前完备,成为本地区国民党的主要喉舌和报业核心。1931 年,国民党绥远执行委员还出版机关刊《新绥远》半月刊。

自 1930 年起,内蒙还出版县级党报三种,它们是萨拉齐县的《民生周刊》(1930)、丰镇县的《醒民周刊》(1932 年)和兴和县的《兴和周报》(1932 年)。按国民党党中央指示应建立的区级党报迄未兴办。

此外,还出有国民党党员主持的党报两种。一种是由国民党绥远省党

---

[①] 《革命日报》的前身是 1926 年 9 月由晋系军阀在归绥创办的《绥远日报》。1927 年夏,阎锡山接受南京国民党政府的领导,改回本名。同年 11 月,奉军改占归绥,恢复《绥远日报》报名。1928 年 5 月,奉军败退,晋系商震回任绥远都统,又复名《革命日报》。

部秘书长郝秉让主办的《绥远朝报》。1933年10月创刊于归绥,日出一大张,发行900份。另一种是由国民党绥远省党部委员和宣传部长陈国英主办的《蒙文周报》,1933年7月创刊于归绥,由《绥远民国日报》经理张登魁兼任主笔,每周印500册,赠阅。拟改为日刊,未果。

还有,国民党专门机构——国民党绥蒙党务特派员办事处,于1929年7月创办了《民众日报》,蒙汉文合刊,是石印四开二版小报,出版地点可能在归绥,详情不悉。

这些报刊组成了国民党内蒙古地区的党报系统,成为国民党全国党报网络的一个组成部分,这是前所未见的新现象。不过,比起大多数省份,数量较少,日报只有两种。发行量《绥远民国日报》通常也只1500份,三种县党部机关报合起来仅及千份,且系赠阅,内蒙古党报系统处于相对滞后的状态。

在这期间,政府系统的报刊也发展起来。1928年,内蒙古绥远特别行政区正式建省,省会设在归绥。1930年7月,绥远省政府机关报《绥远日报》(与1926年创刊的《绥远日报》无关)在归绥问世,铅印,对开四版,发行两千份,成为与《绥远民国日报》并峙的绥远两大报纸之一。

随后,省政府所辖多个部门、机构也纷纷出版报刊,诸如省政府秘书处的《绥远省政府公报》、建设厅的《绥远建设月刊》、财政厅的《绥远财政年刊》、民政厅的《绥远民政刊要》、公安局的《绥远省会公安局季刊》、绥区垦务督办办事处的边闻通讯社也出有油印的《边闻通讯》。

还有,由政府部门主持、倡设的一些社会组织和团体也兴办了一批报刊。其中有绥远省农会的《西北新农月刊》、绥远农学会的会刊、绥远政府乡村建设委员会的《乡村工作》。为响应蒋介石新生活运动而成立的"绥远省新生活运动促进会"(省政府主席傅作义任指导员),也于1934年4月创办了自己的会刊。较有社会影响的是教育厅所属绥远省教育所办的《绥远社会日报》(原名《绥远通俗日报》),是四开四版的铅印小报,活跃一时。据不完全统计,这些报刊合计有二三十种之多,占本地区报刊的大多数,居于主导地位。

这种党政(包括在其统辖下的社会组织)报刊是在国民党领导下以党报

为核心的统一体,是国民党以党治政原则的体现,是国民党报刊体制在本地区的延伸,这一党政报刊系统之所以在本地区出现,原因非只一端,但国民党中央政府对内蒙的统治取代了北洋政府的统治,是最根本的一条。

这种党政报刊蕴含着中央统治势力与地方势力的复杂矛盾。不过要看到,统辖这里的晋系军阀,自中原大战惨败后力小势微,不得不依附于国民党中央政府以求生存。这样,这些党政报刊在总体上都受制于中央政府,和中央保持着较为协调的关系(和有些省份的情况不尽相同)。随着东北沦陷,日本侵略势力不断向华北进逼,情况才有所变化。

民办报刊经历了艰难、曲折的道路,也有较大的发展。粗略统计,新出版的至少有十四五种,约占全区报刊总数的1/3。这是以前不曾有过的。

最早的兴办地点是包头,1928年出现了民办的《包头日报》和《包头周报》。但直到抗战前夕,该地一共只出了4种。民办报刊聚集地是归绥,除包头4种、赤峰1种外,全都是在归绥出版的。从时间讲,除1928年出了两种,其他都创办于"九一八事变"以后,1932年以后的尤居多数。从报刊体式看,多为期刊,报纸约有四五种,全是小报,发行量不大。1931年末创刊的《包头日报》日出900份,也许是最高发行量了。报纸多为汉文报刊,蒙汉文合刊的,大概只《蒙古新闻》《蒙古向导》两种。这些民办新闻事业中,有内蒙古第一家新闻通信社"绥远新闻社"(1933),第一家晚报《绥闻晚报》(约1934年后),以及第一个由学术团体主办的学术期刊《世界语半月刊》(1931年12月)。

商业性、经贸性报刊很难发展,曾出有一种四开的《实业报》,比起先前的《西北实业报》已大为逊色。

"九一八事变"后的民族危机对这里的抗日救亡宣传固然是一大推动,但是这里的政治形势压抑,限制很多,那种积极反映群众团结抗敌呼声的报刊难以出现。

1932年6月,抗日救亡群众性组织"绥远反帝大同盟",在中共地下党的积极活动下,在归绥成立。中共地下党员杜如新任书记,创办了大同盟的机关报《血腥》(后改名《血星》),引起强烈反响,沉寂一时的中共报刊活动出现复活新机。可是,1933年4月,"绥远反帝大同盟"与"中共归绥中心县委"同时被破坏,《血星》随之停刊。

这期间,在绥远民众教育馆(陈志仁任馆长)及其所办《绥远社会日报》的周围结集了一批青年知识分子,开展爱国宣传活动。其中袁尘影、武佩莹、章叶颖等人组织文艺团体"塞原社",在《绥远社会日报》上出版《塞原》文艺旬刊。1936年又创办《塞北诗草》,开展新诗歌运动。刊物深受"左联"的影响,《塞原》被誉为"绥远文坛上的巨星"(参见乡君:《〈塞原〉绥远新诗歌运动》)。1936年3月,章叶颖又创办指导妇女运动的专刊《新女性》。是年9月,"中华人民解放先锋队"绥远队部成立,参加青年百余人,《新女性》主编章叶颖任队长。办报和中共领导的抗日救亡运动结合起来了。

1935年7月《何梅协定》签订后,包括绥远在内的华北五省国民党的党部撤退。绥远国民党机关报《绥远民国日报》被迫改名《西北日报》,其性质表面上也改为民办,实际未变,人事依旧。不过,宣传上也有变动。约在1936年秋冬之际,该报的《边防文垒》专刊发表了一篇出自上海《密勒氏评论报》的关于毛泽东论抗日的文章,这是以前不可能出现的事,刊出后绥运方面并未引起风波。可是至1939年1月,南京国民党中宣部却来电追查责任,当事人杨令德被撤职[①],《塞原》《塞北诗草》也受牵连被迫停刊。在这里,可以看到国民党中央对这里的报界仍然保持着相当强的控制力,但内蒙与内地的差异也渐显露出来了。

封闭性的内蒙,日益受到新闻界的注意,《大公报》《申报》《时事新报》《大晚报》等报社相继设驻绥远记者,各地新闻机构纷纷派记者前来采访,写出不少感人的名篇。范长江、陆诒、孟秋江等反映塞上风云的通讯,传诵一时。报道绥远实况的新闻摄影作品被全国各报刊广为刊载,有的还出版专刊。1936年,电影导演杨小仲还前往百灵庙战域,拍摄了《绥远前线新闻》这一珍贵的新闻纪录片。

美、欧、俄海外记者也相继来绥远活动。值得一提的是两个美国人,一是斯诺(Edgar Snow),1928年来华后不久就去内蒙古报道了当地灾情严重、人民困苦的状况。一是拉铁摩尔(Owen Lattimore),他关注中国边疆问

---

① 杨令德:《我和绥远民国日报》,《新闻研究资料》总第31辑,中国新闻出版社1985年版。

题,学会蒙古语,在"九一八事变"前后多次来内蒙古调查、采访(有时协同各国记者),写稿多篇,在中外报刊上发表。这时身任军方间谍任务的日本记者,在内蒙地区异常活跃。日本军方在 1935 年 8 月还利用土匪对在百灵庙采访的两名外国记者施行绑架(在返回张家口途中),其中英国记者琼斯遭杀害。

1930 年至 1934 年间,在南京和北平还出版了一批与蒙古有关的报刊。南京出有二种,它们是内蒙古各盟旗联合驻京办事处创办的蒙汉文合刊《蒙古旬刊》(1930 年 10 月)、南京中央政治学校附设蒙藏学校蒙古学生创办的《蒙古前途》(1934 年)。北平出有三种,它们是蒙古文化改进会会刊《蒙古月刊》(1930 年元旦)、蒙古青年励志会会刊《励志月刊》(1931 年)、北京大学绥远籍学生创办的《绥远农学会会刊》(1932 年,后改名《寒圃》)。

1936 年,陕西的中共三边(陕西省安边、定边、靖边)地委创办《蒙古报》,这是一张四开油印小报,向内蒙古伊克昭盟的蒙汉族群众宣传党的民族政策和抗日统一战线政策。该报的出版标志着中共在内蒙古报刊活动进入新阶段的开始。

这十年间,内蒙古新闻事业有了较大的发展。从数量看,前一时期新出版的报刊约十种左右(外地未计,下同),而这一时期则增为四十余种。从类别看,以前较为单一,现在新出现了晚报和文艺、妇女、学术等专刊了,还办起了通讯社(已知有三家)。从和中外新闻界联系看,以前基本上处于闭塞状态,现在则大大扩大了。从本地区报业布局看,前一时期重心在包头,归绥次之;而现在,归绥迅速上升为本地区最大的出版基地(出版的报刊数占总数 75% 左右),包头次之;出版地域则由绥远、包头扩大到赤峰、萨拉齐、兴和、丰镇和巴彦浩特。

## 四、抗战前后

内蒙地区原包括哲里木、卓索图、昭乌达、锡林郭勒、乌兰察布、伊克昭等六盟,盟下设旗。盟有盟长、副盟长各一人,旗设旗长称札萨克,为该旗世袭的封建领主。如札萨克犯有严重罪错,可以削其爵位,另择有功绩的王公贵族继承。盟长、副盟长之职由政府择各旗札萨克的贤明能干者任命。内蒙札萨克的爵位分为六等,最高为亲王,第二为郡主,依次为贝勒、贝子、镇国公、辅国公。除哲里木盟原属东三省外,其余各盟自1927年起,卓索图、昭乌达两盟划入热河境内,锡林郭勒盟划至察哈尔境内,乌兰察布、伊克昭两盟划归绥远境内。自改省以后,靠近南边土地肥沃、人口较多的盟旗区域已直接改为县治,剩下极北荒漠、人烟稀少的地方仍以盟旗形式存在,并为安定蒙族上层分子起见,依旧保留盟旗王公、贝勒、贝子的称号。南京国民党政府的设省设县使90%的汉族居民不受其管辖,对蒙族人则尚有部分统治权。因为王公势力受到沉重打击,于是在日本人的幕后指使下,由锡林郭勒盟的副盟长德王(德穆楚克栋鲁普)为首的王公贵族,要求成立"内蒙高度自治"的"蒙古自治政府"。国民党政府在日本和蒙族上层分裂分子的压力下,于1934年4月同意成立"蒙古地方自治政务委员会"。

德王向日本提出建立蒙古国的要求,日本关东军方面的答复是:日本愿意帮助蒙古独立建国,但东部蒙古是"满洲国"的领土,日本可以尽快在内蒙西部地区搞个"独立"局面[①]。1936年4月,德王在日本帝国主义的指使下,召开伪蒙古大会,5月成立"蒙古军政府",德王自任总裁,将伪蒙古军扩编为两个军,分9个师和炮兵团、宪兵队等,军费、武器由关东军供给。1937年4月,伪蒙政权的机关报《蒙古新报》创刊,这是一份对开四版的报纸,用蒙文出版。标志着伪蒙政权与日本军国主义在政治和军事上进一步勾结,并随时准备配合日本发动对中国的进一步侵略行为。

1937年7月,"卢沟桥事变"后,日本集中优势兵力进攻平、津等华北重要地区,无暇顾及伪蒙。时任绥远省政府主席、第七集团军总司令的傅作义乘虚进攻伪蒙古军政府,董其武率军进占商都及伪政府所在地化德,德王放弃化德,撤往多伦,《蒙古新报》随即停办。1937年8月,关东军精锐部队攻占当时的察哈尔省首府张家口,成立伪察南自治政府,劫夺国民党二十九军机关报《察省新报》(原名《新民日报》)的设备并出版伪政权的机关报《察南

---

① 参见德穆楚克栋鲁普:《百灵庙蒙古自治运动回忆》稿及《伪蒙疆联合自治政府成立与瓦解》(回忆录稿)。参见李新、孙思白主编:《民国人物传》第二卷,卢明辉《德穆楚克栋鲁普》一文。

新报》，版式仍与《察省新报》一样，为对开四版的大报。1937年10月，日军攻占大同，成立"晋北自治政府"，又出版晋北伪政权的机关报《蒙疆晋北报》，该报也是用汉文出版，不过是四开四版的小报。同月，日寇又攻占归绥（呼和浩特），成立了由德王实际主持的伪蒙古联盟自治政府。创办了该伪政府的机关报《蒙古日报》，该报用蒙文出版，四开四版。同年11月，上述三个伪政权合并为"蒙疆联合委员会"。

1938年4月，伊克昭盟各王公在联席会议上决定办一种蒙汉文合刊的《民众报》，该报为四开四版的小报，内容侧重蒙古问题，在"厚和"（即绥远省会归化）出版。日军为了进一步控制内蒙地区的新闻事业，先后于1938年成立蒙疆通讯社和蒙疆新闻社。蒙疆通讯社是从同盟社分出来的，表面上是"察南自治政府"下的社团法人之一，实际上其新闻完全由同盟社供给，毫无独立性可言。蒙疆新闻社成立后，于1938年6月接收《察南新报》，改名为《蒙疆新报》，仍为汉文对开四版的日刊。同时又出版日文对开四版的日刊《蒙疆新闻》和蒙文对开四版的周报《蒙古新闻》。同时又将《蒙疆晋北报》《民众报》接管，纳入蒙疆新闻社的直接管辖之下，《蒙古日报》停办。此时，蒙疆新闻社已成为伪蒙独一无二的新闻机构。该机构总社设在张家口，大同、"厚和"有分社，总社在日本顾问的控制之下，下设华文部、日文部、蒙文部、取材部、整理部、文化部、贩卖部、广告部等，文化部专门编辑出版《新民半月刊》和一年一期的《蒙疆年鉴》。日文《蒙疆新闻》和蒙文《蒙古新闻》每期各销一两千份，《蒙疆新报》在察南、察北最多可销两三万份，《蒙疆晋北报》在大同一带，《民众报》在绥远一带也可各销万份以上。伪蒙政权于1938年9月改名为"蒙古联合自治政府"，下辖"晋北""察南"两行政厅和蒙古五盟（哲里木盟归伪满管辖，除外）。1942年后，《蒙疆晋北报》和《民众报》因太平洋战争爆发后纸源困难而停刊①。

这一时期，除上述报纸外，伪蒙和伪满政权在内蒙地区出版的报刊还有《蒙疆通讯》（1938年5月20日创办，日报，汉文版）、《儿童新闻》（1938年8

---

① 参见1944年9月15日汪伪政府出版的《上海记者》第三卷第一期，沐华《蒙疆文化界鸟瞰》提供的史实，整理而成。

月创刊,四开四版,汉文版)、《和平报》(日本人菊竹主办,1941年元旦创刊,对开四版,汉文版)、《绥西日报》(1940年2月创刊,四开石印版)等数种。日本对伪满、伪蒙政权实施较之汪伪政府更为严格的控制,在伪政权各部门派有日本顾问,那些日本顾问不仅控制伪蒙、伪满各级政权和财权,也独揽新闻宣传大权,实际上成了伪政权的"太上皇"。这些日伪报纸都在鼓吹"皇军威武神勇""所向无敌",销蚀内蒙各族人民的抗日意志。同时宣传"蒙日合作""共建大东西共荣图""共存共荣",实施奴化教育。日伪报纸虚伪和拙劣的宣传伎俩使内蒙各族人民早已一眼识破他们的侵略野心,因而影响甚微,被广大人民所唾弃。

抗战初期,傅作义领导的第七集团军曾于1938年7月1日在驻地归绥出版对开四版的军报《奋斗日报》。除刊载录自中央社广播的抗日战报和国内外大事外,还办有副刊《战友园地》,提倡士兵写稿、投稿,让广大读者更多地了解战地士兵的生活。1939年初,傅作义率部进入五原,该报便在五原继续出版。战局相对稳定后,1939年8月1日改用铅印出版,先为十六开,后改为八开,期发量也达到1 200余份。因为傅作义既是第八战区的司令长官,又是绥远省、察哈尔省的政府主席,该报逐步正规化后自然就进一步演变为绥远及察哈尔国民党的军政机关报,成为官方的喉舌。1945年8月日本投降后,该报随军东进,先后出版过陕坝版、归绥版和张家口版,据说还出过蒙文版。

傅作义驻军五原时期,五原地区曾出现过一家民办报纸,为《强民日报》。该报创刊于1938年春,内容偏重于社会新闻,用石印出版。在抗日战争时期,民办报纸生存十分困难,在经济落后、交通闭塞的五原地区竟然能持续出版一段时间的民办报纸,实在也称得上是凤毛麟角了。

由于内蒙古地区在汉族官商、蒙古贵族和日本帝国主义多重压迫之下,经济凋零、民不聊生。共产党人想要在内蒙地区办报比在游击区办报更加困难,但是仍有人不避艰难困苦,还是办起了报纸。例如归化城土默特旗蒙古族的共产党员巴图,后改名勇夫,在接到党组织办报的任务后,在一无社址、二无设备、三无采编人员和印刷工人的情况下,白手起家办起了小报。勇夫精通蒙、汉文字,能写出一手好文章,担任起蒙、汉文版《内蒙古周报》报社的社长。按照他的话说,在内蒙办报"连在游击区办油印小报的那点设备都没有",更何况他们出版的是蒙、汉两种文字对照的铅印报纸,其困难程度可想而知。当他们得知日伪政府《蒙疆日报》的印刷机器、蒙文字模和其他设备已被我军缴获后,不顾路途遥远、翻山越岭的艰险,赶到张北储藏这批设备的仓库里,将这套机械设备完好无损地运到张家口,办起了铅印的蒙、汉文版《内蒙古周报》。

《内蒙古周报》是内蒙古地区第一张党领导下的统一战线组织——内蒙古自治运动联合会的机关报。1946年3月17日正式创刊,该报为十六开本,书册状,每期20余页,由蒙汉两种文字上下并排对照印刷出版,社址设在张家口。该报是在乌兰夫领导下,由勇夫、石琳、丁任一、应坚等具体编印出版。封面以蒙文题写刊名,内容以新闻、时事为主,虽然形如期刊,但仍属新闻报纸性质。发行量很快由数百份增至2 000份,发行范围也逐步扩大到锡林郭勒盟和察哈尔盟所在的大部分地区。

《群众报》是内蒙古自治运动联合会东蒙总分会的机关报,1946年7月1日在王爷庙创刊。王爷庙(今乌兰浩特)为伪满兴安总署所在地,解放军从苏联红军手中接管过来后,成为内蒙自治运动的政治中心。最初蒙族爱国青年特古斯在日本投降后,以蒙族青年学生为核心、组成内蒙古人民革命青年团,号召青年到前线去,制止国民党政府挑起的内战阴谋。为此创办了油印小报《黎明报》,后改名为《群众报》,作为内蒙古青年团的机关报。1946年4月,接受中共西满分局办事处和东蒙工委领导人的建议,把《群众报》改为内蒙古自治运动联合会东蒙总分会的机关报,把油印改为铅印出版,并筹建报社。任命东蒙总分会宣传部长蒙古族人色彦为社长,特古斯为副社长兼总编辑,该报分汉、蒙两种文字出版。《群众报》的办报方针是发动东蒙劳苦群众,实现民族平等、民主自治,粉碎国民党的进攻,保卫和平,争取蒙古民族的彻底解放。该报及时报道人民解放军采取运动战和集中优势兵力等方法大量歼灭国民党军队有生力量的辉煌战果,呼吁尽快结束内蒙古东西部地区长期被分割的局面,把民族解放运动置于党的统一领导之下。

当时,内蒙古地区分为东、西两部,东部属于伪满洲国,西部属于伪蒙疆政府,内蒙人民实际上处于被分割的局面。为了内蒙的统一和解放,自

1947年元旦起,《群众报》改名为《内蒙自治报》,并于同年3月邀请内蒙古自治运动联合会与东蒙古人民自治政府在承德市商讨自治运动统一问题。经过协商讨论,确定内蒙古自治运动联合会为内蒙自治运动的统一领导机关,结束了内蒙古东西两部分长期被分割的局面。《内蒙古周报》也与《内蒙自治报》成功地合并了。1947年9月1日起,《内蒙自治报》也正式成为中共内蒙古的党委机关报,它是第一张蒙文的省级党报。

《内蒙自治报》对开四版,初为双日刊,1947年11月15日起改为日报。该报由统一战线性质的报纸演变为党委机关报,其间经历了一个逐步转化的过程。先是广泛宣传党的路线方针政策,配合党的各项中心任务进行工作,在取得积极效果后,赢得了广大蒙汉同胞的信任。接着配合成立联合政府的宣传,提出"大家办报"的方针,既要求各方面支援报纸,又要求各方面监督报纸,让报纸既成为人民的喉舌,又成为党的喉舌。这其实是无产阶级新闻事业的基本方向,体现了毛泽东主席提出的"群众办报""全党办报"的重要方针。该报还开辟了一个新闻业务专刊《新闻工作》,发表了诸如《大家给报纸写稿》《写什么?》《目前报道要点》《什么是好新闻》等文章,并制订了奖励通讯员写稿的具体办法。正如该专刊所说,办这个专刊的目的"在于和本报通讯员及爱好新闻工作的人共同研究一些新闻业务上的问题,借以推进新闻工作的发展"[①]。为了办好《内蒙自治报》,该报的主持者可谓呕心沥血,用心良苦。

《内蒙自治报》发行量逐日上升,开始为数百份,以后增至3 000余份,1948年元旦,该报改名为《内蒙古日报》,用蒙、汉两种文字每天出版,蒙文版隔日出版。社址设在乌兰浩特市,因为当时内蒙古自治政府和中共内蒙古党委均驻在乌兰浩特,所以作为内蒙古党委机关报自然也应在此出版。《内蒙古日报》在乌兰浩特出版的三年,恰恰就是三年解放战争时期,所以又称"乌兰浩特时期"。1948年12月29日,《内蒙古日报》终刊。

抗战胜利后,归绥市内也曾一度出现过民办的报纸《绥蒙新闻日报》。该报原为抗战末期陕坝出版的《绥蒙新闻》杂志,胜利后迁来归绥,出版八开

---

① 参见《新闻工作》专刊《创刊的话》,《内蒙自治报》1947年9月1日第四版。

小报。该报社长刘映元于 1947 年建成青山印刷厂后,便出版四开四版的《绥蒙新闻日报》,每天出版,铅字排印。《绥蒙新闻日报》刚刚有所起色,1948 年因报道归绥中学的学生恋爱事件,得罪了国民党中央立法委员赵元义之子赵恒秋,他立即带领流氓打手借托学生名义将报社捣毁,机器设备损失惨重,难以恢复,不得不停刊。从中不难看出在国民党统治时期,没有政府背景的民办报纸的艰辛。

在内蒙古地区,苏联红军也曾办过少数民族文字的报刊。如《蒙古人民》就是红军办的蒙文不定期报纸。该报创刊于 1945 年 10 月,四开二版,铅印出版。由德列科夫·桑杰少校主持,塔钦负责编辑事宜。主要是宣传和歌颂苏联红军打垮法西斯军队,解放被压迫民众的丰功伟绩,介绍蒙古人民共和国的现状。稿件主要译自俄文报纸和长春《光明日报》等进步出版物。该报出版时间不长,因苏联红军撤回国内而停刊,但却给内蒙人民开辟了新的视野。

## 五、新中国成立以后

内蒙古自治区成立于 1947 年 5 月 1 日,它是以蒙古族为主体,汉族居民占多数的多民族聚居区。以乌兰夫为主席的内蒙古自治区人民政府是我国最早成立的民族自治区政府。内蒙古自治区新闻事业的特色是"两种文字(汉蒙两种语言)形式,三大媒介(报刊、广播、电视)系统,四级(自治区、盟市、旗县、乡苏木)传播网络"。新中国成立后,内蒙古自治区的新闻事业出现了前所未有的繁荣局面。为了便于叙述,可将新中国成立以后新闻事业的发展历程分为三个历史阶段来陈述。

### (一)从自治区成立到"文革"开始

这一阶段是内蒙古新闻事业逐渐发展,不断壮大的艰苦创业阶段。从 1947 年 5 月到 1966 年 6 月"文革"开始,共出版报纸 23 种,其中蒙文报 8 种,汉文报 15 种。除《内蒙古日报》(蒙、汉文版)、《呼伦贝尔报》(蒙、汉文版)、《锡林郭勒日报》、《包头时报》和《鄂尔多斯报》为新中国成立前创办的之外,其他 17 种报纸都是在新中国成立以后创办的。1957 年至 1958 年新增报纸 8 种,成为新中国成立后第一个办报高潮。

《内蒙古日报》(蒙汉文版)在《内蒙自治报》的基础上并入《内蒙古周报》(蒙文报),而后又把《呼伦贝尔报》和《昭乌达报》的编采力量并入。该报随自治区党政机关从乌兰浩特迁往张家口市以后,中共内蒙古分局东部区党委在乌兰浩特继续出版《内蒙古日报》东部版。1950 年夏,原内蒙古日报社的全体工作人员才全部到达张家口,开始了《内蒙古日报》的张家口时期。张家口《内蒙古日报》(蒙、汉文版)于 1950 年 7 月 15 日正式复刊,为中共中央内蒙古分局和内蒙古自治区人民政府的机关报。在《关于改进内蒙古日报的指示》中明确指出"《内蒙古日报》发表的社论、短评,都代表了分局、内蒙古人民政府的言论,或经过其审查同意的,各地应十分重视"[①]。毛泽东同志为张家口时期的《内蒙古日报》题写了报头,并一直沿用至今。乌兰浩特时期的报名由乌兰夫同志题写。

《内蒙古日报》东部版(蒙、汉文版)于 1950 年元旦创刊,对开二版。东部区党委和政府辖呼纳、兴安、哲里木、昭乌达 4 盟 30 旗、县、市,该报主要任务是根据东部区党委的意图,指导本地区工作。

这一时期,内蒙古新闻界招致多方人才,使编辑部阵营充实、人才济济。例如,有一位编纂过蒙文字典的留日学者令河,在旧社会生活没有着落,只能流落在张家口街头以贩纸烟为生,被发现后礼聘到内蒙古日报编辑部任职,充分发挥其专长。

1954 年 3 月 6 日,内蒙古与绥远合并后,社址迁往归绥市,即今天的内蒙古自治区首府呼和浩特市。合并后的《内蒙古日报》为中共内蒙古自治区委员会机关报。汉文版改竖排为横排,增加了各种字体和字号,重视了图片和美术作品和各类花边装饰,使报纸显得更加美观。同时在报道方面扩大了报道面,加强民族工作的报道内容,增加对群众活动的新闻报道。蒙文版充实编辑力量,派副总编路布桑分管蒙文版。自 1954 年 4 月 1 日起由间日版改为周六刊。1964 年区党委作出《关于加强〈内蒙古日报〉的决定》,进一步加强编辑部的力量,从 1966 年元旦起,由周六刊改为日刊,进一步在牧民、农民、

---

[①] 内蒙古报社内蒙古新闻研究所编:《内蒙古新闻资料选编》第一集,第 166 页。

工人、教师、战士、干部和领导干部中发展蒙文通讯员,提高报纸的质量。

这一时期创办的报纸还有《呼和浩特晚报》(1958 年 5 月)、《呼伦贝尔报》(汉文版 1955 年 8 月,蒙文版 1946 年 9 月)、《哲里木报》(汉文版 1956 年 7 月,蒙文版 1957 年 1 月),《锡林郭勒日报》(汉文版 1947 年 7 月,蒙文版 1958 年 10 月)、《乌兰察布日报》(1958 年 8 月)、《包头日报》(1952 年 7 月)、《鄂尔多斯报》(汉文版 1956 年 7 月,蒙文版 1957 年 4 月)、《赤峰日报》(汉文版 1956 年 10 月,蒙文版 1957 年 8 月)、《内蒙古大兴安岭日报》(1953 年 11 月)、《包钢报》(1954 年 10 月)、《内蒙古铁道报》(1958 年 10 月)、《二机工人报》(1958 年 5 月)、《工人报》(1956 年 7 月)、《平庄矿工报》(1959 年 5 月)等。这些报大多是四开四版的市党委和厂矿企业党委机关报,有的周六刊,也有的为周三刊、周二刊。

1950 年 11 月 1 日内蒙古乌兰浩特人民广播电台建立并正式播音,这是我国少数民族第一个省级广播电台。使用蒙汉两种语言播音。1954 年 3 月 6 日改名为内蒙古人民广播电台。1957 年初,内蒙古自治区已有 7 盟 2 市创建了广播电台,形成了以内蒙古广播电台为中心的无线电广播系统。农村和牧区也相继建立了有线广播站,全区的广播覆盖率大为提高,在辽阔的内蒙古大地上,广播起到了其他媒体无法替代的新闻宣传功能。

据统计,20 世纪 50 年代内蒙古自治区新闻战线的职工总人数为 1 264 人,其中采编人员 395 人,管理人员 178 人,工人及其他辅助人员 691 人。新闻工作者中,大学毕业生仅 30 人,中专及高中毕业生 34 人,其余则为初中毕业生或初中以下文化程度者。到了 60 年代,不少学有专长的知识分子加入新闻工作者的队伍,总人数已达 2 146 人,采编人员已达 1 000 人左右,大学毕业生也有 300 多人,中专和高中毕业生达 800 多人。尤为重要的是,培养了一批少数民族的新闻工作者,并且造就了一些有全国影响的优秀少数民族新闻从业人员,如内蒙古日报社党委书记兼内蒙古区记协副主席宝祥,《内蒙古日报》总编辑德札格尔,内蒙古广播事业局副局长、全国记协理事古尔格勒等。

**(二)"文化大革命"时期**

由于受极"左"路线影响,在十年动乱时期,内蒙古自治区的新闻事业也和全国其他地区一样,成为鼓吹和推行"文革"路线的舆论工具。在林彪、"四人帮"反党集团的蛊惑下,政治运动频繁,新闻事业成为各派政治势力篡党夺权的重要手段。不少报刊,尤其是蒙文报纸被迫停刊,优秀的蒙、汉新闻工作者遭到残酷迫害。党的新闻工作优良传统和正确的新闻理念遭到粗暴践踏,许多有效的宣传方法和办报经验被作为"修正主义黑货"横遭批判,全盘否定。内蒙古新闻事业遭到严重破坏,处于停滞状态,严重损害了党的形象和党的新闻事业在人民群众中的声誉。

由于不可阻挡的社会科技的进步,这一时期内蒙古地区也像全国其他地区一样,出现了新的传播媒介——电视。1970年5月1日,自治区首府成立呼和浩特电视台,并正式向全区播出,后改称内蒙古电视台。1979年5月1日,内蒙古电视台第一次用磁带录像机播放彩色电视节目。

**(三)党的十一届三中全会之后**

"文革"后,内蒙古自治区的新闻事业迎来了蓬勃发展的新时期。从1979年到1988年的10年间,除《内蒙古日报》(蒙、汉文版)继续出版外,《乌海日报》(乌海市委机关报)、《阿拉善报》(阿拉善盟委机关报,蒙、汉文版)等相继创刊,全区21个盟、市党委都有了自己的机关报。随着改革开放的不断深入,各类专业报、科技报纷纷创刊,到90年代中期,内蒙古地区恢复出版和新创办的报纸已达50多种,科技类和经济类的报纸有《内蒙古科技报》(蒙、汉文版)、《内蒙古经济报》、《内蒙古工商报》、《内蒙古商报》等;企业报、专业报有《包钢报》《内蒙古大兴安岭日报》《平庄矿工报》《二机工人报》《内蒙古电力报》等,充分展示了内蒙古地区"东林、西铁、南粮、北牧、遍地是煤"的丰富资源和各类大型企业。此外,内蒙古自治区和各盟、市还出版许多为群众所喜闻乐见的各种晚报、周末报和广播电视报,使自治区的报纸更加丰富多彩,受到各族人民的喜爱。

党的十一届三中全会后,内蒙古的广播和电视事业取得了突飞猛进的发展。1984年起,内蒙古电视台开始自制彩色电视节目,各盟、市相继建起电视台。1997年起内蒙古广播电视厅全面开展了对本行业的治理工作,重点解决擅自建台设网、重复建设、乱播滥放等问题。

全自治区70%的旗县级电台、电视台、有线台开始实施"三台合一"或"局台合一"体制,使广电部门的整体优势和内部活力有所增强。截至2000年底,内蒙古自治区有各级广播电台50座、电视台347座、有线台16座,拥有广播电视卫星地面站4299座。经过两年的努力完成了全区2017个广播电视盲点村的"村村通"工程建设任务,基本实现了行政村一级的广播电视"村村通"目标。据1999年底的统计,广播电视新闻从业人员11583人,其中采编播人员4257人,有正高职称的17人,副高职称248人。在全区新闻队伍中,少数民族新闻工作者占40%左右。截至2000年底,内蒙古汉语卫视节目已在全国30个省市自治区的253家有线网落地入户,蒙语卫视节目在全自治区、新疆、青海、甘肃、辽宁、黑龙江、吉林等省的蒙古族聚居区和蒙古、俄罗斯布利亚特、图瓦等使用蒙古语的地区以及澳大利亚墨尔本市等地落地。内蒙古蒙语电视节目已实现全天播出。

自1997年起,内蒙古新闻出版局按照"加强管理、调整结构、提高质量"的中央指示精神,对全区报业进行了一次整顿。整顿中压缩、合并了一批正式发行的报纸,同时转化、停办内部报刊,到1998年底,内蒙古已不再有内部报刊出版发行。截至2000年,内蒙自治区有全国正式刊号的报纸为64种,其中蒙文报有13种。全区蒙汉文报中各级党报分别为蒙文10种和汉文15种。蒙文报基本上是单一的党报结构和"一级一报""一地一报"的报业格局,仅有3种专业报和生活类报,而且均为周刊,发行量也不大。其中《内蒙古生活周报》是2000年新创办的全国首家蒙文生活类报纸。全区有晚报5种,均为汉文。内蒙古自治区有报业从业人员3472人,其中采编通译人员为1915人,其中有正高职称的13人,副高职称的222人。

从内蒙新闻事业的情况来看,改革开放以来虽然有了较快的发展,但由于原来的基础较差,而且地处西北边陲,经济和文化还有待进一步开发,新闻事业建设的任务可谓任重而道远。

(本章撰稿人:白润生、宁树藩、姚福申)

# 中国地区比较新闻史

下卷

主　编　宁树藩

副主编　姚福申　秦绍德

复旦大学出版社

# 目 录

## 第六部分　华南地区

**第一章** 华南地区新闻事业评述 …………………………… 967
 一、岭南地区的历史背景和文化特色 ………………… 967
 二、晚清华南报业的兴衰沉浮及其原因 ……………… 969
 三、民国成立后华南报业随政治形势的变化而变化 … 972
 四、经济因素对华南新闻事业的影响 ………………… 975
 五、岭南文化形成华南新闻事业的特色 ……………… 978

**第二章** 广东新闻事业发展概要 …………………………… 984
 一、广东新闻事业的开端 ……………………………… 984
 二、中国人在广东的早期办报活动 …………………… 987
 三、戊戌变法前后的广东报坛 ………………………… 989
 四、辛亥革命时期的广东新闻事业 …………………… 991
 五、民国初期的广东新闻事业 ………………………… 997
 六、"五四运动"和国共合作时期的广东新闻事业 … 999
 七、十年内战至广东沦陷前的广东新闻事业 ………… 1002
 八、广州沦陷时期的广东新闻事业 …………………… 1004
 九、解放战争时期的广东新闻事业 …………………… 1006

十、新中国成立后的广东新闻事业 …………………………………… 1010

**第三章 广西新闻事业发展概要** ………………………………………… 1015
    一、广西报业的肇始与在晚清的发展 …………………………… 1015
    二、民初八年广西报业的变化 …………………………………… 1020
    三、大革命前后广西新闻事业的兴衰 …………………………… 1022
    四、新桂系对地方新闻事业的垄断 ……………………………… 1025
    五、广西新闻事业在抗战时期的演变 …………………………… 1028
    六、从抗战胜利到全省解放广西报界的变迁 …………………… 1032
    七、新中国成立后广西新闻事业的发展历程 …………………… 1034
    八、广西新闻事业在新时期的快速成长 ………………………… 1040

**第四章 香港新闻事业发展概要** ………………………………………… 1046
    一、在英国殖民统治下迅速起步 ………………………………… 1046
    二、英文报纸的变化和中国人办报活动的兴起 ………………… 1049
    三、在维新和革命大潮中的香港报业 …………………………… 1052
    四、民国之初至香港沦陷前后的新闻事业 ……………………… 1055
    五、新中国成立后的香港新闻事业 ……………………………… 1058

**第五章 澳门新闻事业发展概要** ………………………………………… 1064
    一、澳门新闻事业的开端 ………………………………………… 1065
    二、戊戌变法和辛亥革命时期的澳门报业 ……………………… 1070
    三、民国时期的澳门报业 ………………………………………… 1075
    四、新中国成立后的澳门报业 …………………………………… 1079
    五、澳门的广播电台、电视台和通讯社 ………………………… 1083

# 第七部分 西北地区

**第一章 西北地区新闻事业评述** ………………………………………… 1089
    一、西北:我国古代报纸的发祥地 ……………………………… 1089
    二、近代报业在西北起步维艰(1896—1911) ………………… 1091
    三、民初军阀混战中的西北报业(1912—1926) ……………… 1092

四、大革命失败后的西北报业(1927—1936) ……………… 1095

　　五、全面抗日战争时期的西北新闻事业(1937—1945) …… 1099

　　六、西北新闻界在解放战争时期的沧桑巨变
　　　　(1946—1949) …………………………………………… 1102

　　七、新中国成立后西北新闻事业概况(1949—2000) ……… 1105

　　八、西北新闻事业特点试析 …………………………………… 1106

第二章　陕西新闻事业发展概要 …………………………………… 1110

　　一、概述 ………………………………………………………… 1110

　　二、辛亥革命前后报刊勃兴 …………………………………… 1111

　　三、"五四运动"时期报刊的进一步发展 ……………………… 1115

　　四、国统区新闻事业呈现复杂情况 …………………………… 1118

　　五、延安新闻事业的崭新面貌 ………………………………… 1122

　　六、新中国成立后新闻事业在曲折中发展壮大 ……………… 1126

第三章　甘肃新闻事业发展概要 …………………………………… 1131

　　一、近代甘肃新闻事业 ………………………………………… 1131

　　二、"五四"时期和第一次国内革命战争时期的甘肃
　　　　新闻事业 …………………………………………………… 1137

　　三、十年内战时期的甘肃新闻事业 …………………………… 1141

　　四、抗日战争时期的甘肃新闻事业 …………………………… 1147

　　五、解放战争时期的甘肃新闻事业 …………………………… 1154

　　六、解放后的甘肃新闻事业 …………………………………… 1158

第四章　青海新闻事业发展概要 …………………………………… 1166

　　一、青海建省概况 ……………………………………………… 1166

　　二、新中国成立前青海地区的新闻传播业 …………………… 1167

　　三、新中国成立至"文革"时期青海的新闻事业 ……………… 1172

　　四、改革开放以来的青海新闻事业 …………………………… 1174

第五章　宁夏新闻事业发展概要 …………………………………… 1179

　　一、宁夏报业的出现与艰难发展 ……………………………… 1180

　　二、抗战时期国民党党报在宁夏的战略扩张 ………………… 1182

三、抗战胜利后宁夏新闻事业的变化 …………………………… 1185
四、解放初期的宁夏新闻事业 …………………………………… 1186
五、从自治区成立到"文革"结束的二十年间 ………………… 1190
六、宁夏新闻事业在新时期快速成长 …………………………… 1192

第六章 新疆新闻事业发展概要 ………………………………………… 1196
一、新疆近代报业的萌芽 ………………………………………… 1197
二、杨增新统治时期的愚民政策 ………………………………… 1198
三、盛世才统治时期的新闻宣传活动 …………………………… 1202
四、解放初期新疆的新闻事业 …………………………………… 1206
五、"文化大革命"时期新闻事业的衰落 ……………………… 1209
六、新闻事业在新时期的蓬勃发展 ……………………………… 1210

# 第八部分 西南地区

第一章 西南地区新闻事业评述 ………………………………………… 1221
一、开创时期(1898—1911) …………………………………… 1221
二、民国初建八年间(1911—1919) …………………………… 1227
三、从"五四"到大革命(1919—1927) ……………………… 1235
四、内战十年(1927—1937) …………………………………… 1244
五、全面抗战时期(1937—1945) ……………………………… 1251
六、从抗战胜利到解放(1945—1949) ………………………… 1258

第二章 四川新闻事业发展概述 ………………………………………… 1267
一、西蜀早期的信息传播与四川近代报刊的产生 ……………… 1267
二、晚清最后十年的四川报业 …………………………………… 1271
三、大起大落的民初新闻事业 …………………………………… 1274
四、新文化运动与马克思主义的传播 …………………………… 1277
五、国内革命战争时期的新闻宣传活动 ………………………… 1280
六、抗战时期四川新闻事业 ……………………………………… 1284
七、解放战争时期剑拔弩张的四川新闻界 ……………………… 1289

八、新中国成立后的四川新闻事业 …………………………… 1292

第三章　云南新闻事业发展概要 ………………………………………… 1296
　　一、初创时期 ……………………………………………………… 1296
　　二、民初八年 ……………………………………………………… 1299
　　三、在"五四运动"和大革命潮流中 …………………………… 1303
　　四、抗日战争时期 ………………………………………………… 1307
　　五、解放战争时期 ………………………………………………… 1312
　　六、新中国成立初期 ……………………………………………… 1315
　　七、"文革"时期 …………………………………………………… 1319
　　八、改革开放时期 ………………………………………………… 1320

第四章　贵州新闻事业发展概要 ………………………………………… 1323
　　一、贵州新闻事业的开端 ………………………………………… 1323
　　二、军阀统治时期贵州的新闻事业 ……………………………… 1326
　　三、国民党统治时期的贵州新闻事业 …………………………… 1334
　　四、新中国成立后贵州的新闻事业 ……………………………… 1345

第五章　西藏新闻事业发展概要 ………………………………………… 1349
　　一、近代报刊出现前 ……………………………………………… 1350
　　二、从首份近代报刊创办到西藏和平解放 ……………………… 1353
　　三、西藏报业在解放后平稳起步 ………………………………… 1358
　　四、《西藏日报》经历的平叛洗礼 ………………………………… 1362
　　五、新时期西藏新闻事业的发展 ………………………………… 1364
　　六、广播电视与新闻教育事业 …………………………………… 1366

# 第九部分　附录

附录一　各省、自治区、直辖市首家期刊调查表 ……………………… 1374
附录二　各省、自治区、直辖市首家报纸调查表 ……………………… 1378
附录三　各省、自治区、直辖市首家通讯社调查表 …………………… 1382
附录四　各省、自治区、直辖市首家广播电台调查表 ………………… 1386

| 附录五 | 各省、自治区、直辖市首家新闻团体调查表 | 1390 |
|---|---|---|
| 附录六 | 各省、自治区、直辖市首家新闻教育机构调查表 | 1394 |
| 附录七 | 各省、自治区、直辖市首家晚报调查表 | 1398 |
| 附录八 | 新中国成立前各省、自治区、直辖市出版时间最长报纸调查表 | 1403 |
| 附录九 | 1911年10月辛亥革命前各地报刊 | 1407 |
| 附录十 | 1937年6月抗战前各地报刊名录 | 1411 |
| 附录十一 | 1942年底汪伪沦陷区报纸名录 | 1427 |
| 附录十二 | 1947年9月各地报纸名录(解放区不计在内) | 1430 |
| 附录十三 | 各革命根据地报刊调查表(1931—1949) | 1448 |
| 附录十四 | 1981年各地报纸名录 | 1488 |
| 附录十五 | 2000年各地报纸分类统计表 | 1501 |

**主要参考书目** …… 1504

**后记** …… 1514

# 第六部分

# 华南地区

# 第一章

# 华南地区新闻事业评述

## 一、岭南地区的历史背景和文化特色

华南地区是指我国五岭以南的地区,包括广东、广西、海南、香港和澳门。这里古称岭南,又称岭表、岭外。

岭南地区北依逶迤的五岭,与闽、赣、湘、黔四省相接;西与云南省和越南国相邻;南临浩瀚的海洋。这里气候温和(属热带、亚热带季风气候型),夏长冬短,雨量充沛,土地肥沃,全年都适合于农作物生长,大部分地区盛产水稻、桑蚕、水果、糖蔗和其他经济作物,是祖国的一块宝地。

早在旧石器时代中期,就有"马坝人"在广东北部生息。秦朝以前,生活在岭南的百越族的先民,就同吴、越、楚等国有了经济、文化上的交往。秦始皇统一中国后,在岭南设置了南海、象、桂林三个郡(包括现在的广东、广西和越南北部)。汉承秦制,又将岭南划分为南海、苍梧、郁林、合浦、交趾、九真、日南、儋耳、珠崖等9个郡。唐太宗即位后,将全国分为10道,岭南道是其中之一。宋初在岭南置广南路,后又分为广南东路和广南西路。到了明代,被命名为广东省和广西省。

由于五岭阻隔,陆路交通不便,加上山多平原少,地广人稀,故岭南地区的总体开发较中原地区晚得多。直至明朝中叶,两广的农业、手工业和商业才有了规模性的发展。然而,由于两广江河纵横,水上运输很方便,加上面临海洋,故海上对外贸易有一定的优势。这里古代就是海上丝绸之路的出发点,明代广州已成为我国对外贸易的重要口岸。

岭南地区的人口结构比较复杂。秦代以前这里居住的是百越族的先民,秦始皇统一岭南后,强迫许多"谪徙之民"南迁"与越杂处",成为我国历史上的第一次民族大迁移。以后,中原汉族人民又有几次大规模的南迁,而原来的土著人则形成了大分散、小聚居的格局,散居于粤北、粤西、广西和海南岛。主要的少数民族有壮族、瑶族、黎族、苗族、畲族、回族和满族。他们和汉族人民一起,为开发岭南贡献了力量。

华侨众多,是岭南地区的一大特色。岭南人出国定居始于唐朝,到了明、清两代,侨居东南亚各国的人数大增。有的人因为从事海外贸易,有的人因为逃避战乱,而更多人则是出国谋生的破产农民和渔民。鸦片战争后,西方掠夺华工的活动加剧,大批岭南人被作为"猪仔"卖到外国。据国民政府1940年的统计,粤侨在海外的人数约为600万,分布于五大洲,绝大部分则在东南亚和北美。广大华侨的爱国热情世代相传,对促进岭南地区的经济发展、革命运动和文化(包括新闻)交流,都起到了巨大的作用。

岭南地区的文化结构也比较复杂。由于广东、广西地处沿海,接近南洋,华侨众多,又是西方列强入侵中国的桥头堡,对外交往频繁,因而逐渐形成了有别于中原文化的岭南文化。岭南文化受三个方面的影响,或者说由三个因素组成。第一,受中原文化即汉民族文化的影响,这主要表现在尊孔崇儒上:三纲五常、忠君报国等纲常伦理观念在人们头脑中仍然占居主导地位。第二,受"土著文化",即少数民族文化的影响。聚居于岭南的各民族文化互相渗透、互相交融,因而逐渐形成了不同于中原地区的许多文化特色。第三,受外来文化,即西方资本主义文化的影响,这种影响比起中原地区要大得多。直到今天,人们仍能处处感觉到这种影响的存在,比如广州话中含有较多的外来语成分,饮食习惯中的吃饭先饮汤等。

由于岭南地处祖国边陲,故在中国古代史上未曾出现过具有全国影响的重大政治事件,也没有出现过具有全国影响的历史人物(只有一位在唐玄宗朝做过尚书右丞的张九龄)。然而从明朝中叶以后,特别是鸦片战争以来,具有全国影响的事件不断发生,如三元里抗英、太平天国运动、辛亥革命、北伐战争,一直到现在的改革开放;具有全国影响的人物不断涌现,如洪秀全、康有为、梁启超、孙中山等,他们都是中国近代史上的重要人物。

以上所述华南地区的地理环境、历史沿革、自然条件、经济发展、文化背景、政治演变等,都对华南地区新闻事业的诞生和发展产生影响,其中影响最大的自然是政治、经济和文化因素。下文就从这三个方面去考察华南地区新闻事业发展的轨迹。

## 二、晚清华南报业的兴衰沉浮及其原因

众所周知,我国近代新闻事业是从外国传教士的办报活动开始的,而外国传教士的办报活动又是从华南地区发端的。这难道是偶然的吗?当然不是。

早在我国明朝中叶,也就是 15 世纪,西方资本主义经济开始发展,并逐渐向外扩张。1553 年,葡萄牙以晾晒货物为借口强行租占澳门。1624 年和 1626 年,荷兰、西班牙分别侵入台湾(1662 年被郑成功收回)。到了 18 世纪 50 年代,英国压倒西班牙、葡萄牙、荷兰等国家成为头等海上强国,竭力向东方扩展其势力。继侵占印度、缅甸和印支半岛之后,地大物博的中国成了英国侵略的目标。岭南地处中国南部沿海,自然成为他们侵略中国的桥头堡。于是,以传教士办报为先导,以鸦片贸易为后继,以武装进犯为手段,以变中国为其殖民地为目的的文化、经济和武装侵略活动,便首先在华南地区拉开了序幕。鸦片战争后,在华南地区的近代史上演出了一幕幕悲壮的历史剧。新闻是从属于政治的,因此华南地区的新闻事业,随着侵略反侵略和国内政治斗争形势的发展变化而发展变化。

外国人在中国本土的办报活动是从澳门和广州开始的。早在鸦片战争之前,澳门就出现过 7 种葡文报刊,4 种英文报刊(有 3 种是 1939 年从广州迁去的)和 1 种中英文合刊。其中创办于 1822 年的葡文《蜜蜂华报》是在中国境内出版的第一份近代外文报刊。广州在鸦片战争前出版了 7 种英文报刊和 2 种中文报刊。其中,创办于 1827 年的《广州纪录报》是在中国境内出版的第一份英文报刊,创办于 1832 年的《中国丛报》是鸦片战争前后出版时

间最长、影响最大的英文报刊,创办于1833年的《东西洋考每月统记传》是在我国境内出版的第一份近代中文报刊。由此可见,广东作为我国近代报刊发祥地的地位是不容置疑的,也是我国其他省份和地区无可比拟的。因为在鸦片战争前,我国其他省份还没有出现过一份近代报刊。

鸦片战争后,香港逐渐成为外国人办报的中心,而澳门、广州相对冷落下来。这是因为:第一,香港割让给英国后,航运事业迅速发展,对外贸易十分活跃,很快就成为全国最大的进出口岸和最重要的中外贸易基地,加上港英当局实行言论自由政策,这就为报刊的生存、发展提供了良好的条件。于是,原来在澳门和广州出版的报刊纷纷迁至香港出版,香港自身又新创办了一些报刊。到1860年,香港涌现出11种英文报刊,4种中文报刊和2种葡文报刊,在全国独领风骚。第二,澳门乃弹丸之地,无论经济实力还是办报力量都无法与香港相比。它之所以一度成为办报的活跃地区,完全是一种"借靠"性质的短暂现象。一旦由广州迁来的几家英文报纸迁到香港,它的这种特殊作用就消失了,剩下的只有3种主要报道葡国事务的葡文报刊,对澳门以外的地区无甚影响。第三,广州外报衰落的原因是多方面的:一是在两次鸦片战争中,广州人受害严重,对外国人的抵触情绪很大,故外国人在此办报不得不有所顾忌;二是广州毗邻香港,主要供外国人阅览的报纸完全可以由香港解决,不必另起炉灶;三是鸦片战争后,广州已经不再是对外贸易的唯一口岸,外国人的办报活动已循东南沿海的福州、宁波、上海逐渐北移。尤其是上海,以其得天独厚地理位置和物质基础,逐渐成为中国大陆的第一大商埠,吸引了许多外国人去那里办报,形成了与香港南北对峙的另一个办报中心。而广州到了1859年,一份报刊也没有了。

然而,广州毕竟是华南地区最大的对外贸易商埠,又是广东省的政治、经济、文化中心,外国商人和传教士在这里也有一定基础。因此,在1865年以后,一度衰落的广州报业又逐渐活跃起来。到1894年,这里一共创办了5种英文报刊和9种中文报刊,报刊总数仅次上海(中外文报刊达76种)和香港(中外文报刊达25种),居全国第三位。这里要特别一提的是,从19世纪80年代开始,广州有了中国人自己办的日报,那就是颇有名气的《述报》和《广报》。它们都是在1884—1885年中法战争前后创办的。国难当头,它们高举爱国反帝旗帜,继承了林则徐在广东办报的传统,由此可见政治因素对广州报业的影响。

进入维新运动时期,中国报坛出现了两大变化:一是中国人掀起第一次办报高潮,所办报刊占全部报刊的70%左右,大大超过了外国人所办报刊,成了报业发展的主流;二是办报地区逐渐向内地转移,一些从未办过报刊的地方也办起了报刊。这一时期华南地区的报刊比不上华东、华中和华北。在1896—1898年间,华东地区的办报中心上海出版了47种中文报刊,占全国所出报刊的40%以上,其中包括对维新运动有巨大影响的《时务报》,华中地区的办报中心长沙创办的《湘学新报》和《湘报》,华北地区的北京创办的《中外纪闻》,天津创办的《国闻报》,也都对维新运动有广泛影响。而华南地区的报刊则相形见绌,在香港,新创刊的报纸只有一家《香港新报》,而原有的《中外新报》《循环日报》和《维新日报》等老牌报纸对维新运动的反映都很平淡,未能引起人们的注意。在广州,虽然创办了《博闻报》《岭学报》和《岭海报》,但影响也不如前面提及的上海、长沙、天津的几种报刊大。在澳门,康有为亲自去创办了《知新报》,作为维新派在华南的重要舆论阵地,它起到了一种特殊的作用,但毕竟澳门离维新运动的中心太远,信息不是很灵通,发挥的作用也不如前面提到的几种报刊大。值得一提的倒是此时在广西桂林出版的《广仁报》,它是康有为在广西省创办的第一家近代报刊,从而填补了华南地区留下的这个空白。

华南地区报刊地位的下降是同维新运动的性质密切相关的。因为维新运动是一场自上而下的改良运动,聚焦点必然集中在全国的政治中心北京和长江流域人文荟萃的上海,天高皇帝远的华南地区自然就相形见绌了。

进入辛亥革命时期,情况又发生了很大变化。由于辛亥革命是一场自下而上的民主革命运动,天高皇帝远的华南地区正好为革命派的办报活动提供了良好的土壤和条件,因而报刊活动非常活跃,无论是政党报刊、商业报刊、官办报刊还是科技文化报刊,都有大幅度的增长,而外文报刊则呈萎缩状态(只有香港办起了两家英文报纸和一家日文报纸,广州办了一家日文报纸)。

在诸多品种的报刊中,最活跃的是政党报纸和政治性报刊。自从 1900 年兴中会在香港创办《中国日报》,1904 年保皇会在香港创办《商报》以后,华南地区的政治性报刊有了很大发展。据不完全统计,在 1900—1911 年间,广东先后出版的政治性报刊有 70 家,其中革命派报刊 50 家,保皇立宪派报刊 20 家;广西先后出版的政治性报刊有 14 家,其中革命派报刊 13 家,保皇立宪派报刊 1 家;香港先后出版政治性报刊 33 家,其中革命派报刊 24 家,保皇立宪派报刊 9 家;澳门只出版过 1 家无政府主义报刊。华南地区在辛亥革命时期总共出版的政治性报刊达 118 家(据姚福申、叶翠娣《中国近代报刊名录》),仅次于华东地区,居全国第二位,而在 1906 年以前,则稳居各大区之首。

这一时期华南地区政治性报刊兴起的原因是多方面的。首先,是因为我国的资产阶级民主革命在这一时期掀起高潮,香港成为辛亥革命的策划和指挥中心,两广又是革命派发动武装起义选择的突破口,他们必然要聚集力量在华南地区大造革命舆论;其次,资产阶级立宪派为了实现他们的主张,也不甘示弱,必然会创办多种报刊来与革命派报刊抗衡;第三,清朝官府为了维持其在华南地区统治,也必然会创办报刊来蛊惑群众;第四,是因为有香港、澳门这两个帝国主义的殖民地可以作为两广报人的避风港。广州的革命报纸被清政府查封,便迁去香港继续出版,形势缓和了又迁回来,像著名的《时事画报》就是这样的,两广的报人受到迫害,往香港、澳门一跑就万事大吉,风头过去又杀个回马枪,换个名称另出一张报纸。正所谓"野火烧不尽,春风吹又生"。这一特殊情况,是其他地区所没有的。正是以上原因,促成了辛亥革命时期华南地区政治性报刊的兴旺。

## 三、民国成立后华南报业随政治形势的变化而变化

民国成立以后,华南地区新闻事业呈现出复杂多变的状况。香港的政治性报刊衰落下去,商业报纸便成为主流。两广的政治性报纸则经历了一段短暂的繁荣,主要是受到新政权的法律保护和形形色色资产阶级政党的成立这两大因素的影响。然而在二次革命失败后袁世凯制造的"癸丑报灾"

中,广东成了重灾区,国民党系统的报纸和所有反袁报纸均被查封,广西的报业也遭到同样的命运,就连香港的个别报纸也被袁世凯在广东的代理人龙济光收买。袁死后,龙济光虽然退出政坛,然而桂系军阀、滇系军阀相继统治两广。政治上的混乱造成报界的堕落,以至于出现了报馆变成大烟馆,出版"套版报"和"鬼报",黄色报刊泛滥等怪现象,在华南新闻史上书写了可耻的一页。

"五四运动"在北方兴起以后,对华南学界有较大影响,但对新闻界的影响不大。当时广东、广西一些地方虽然出现过一些学生刊物或小报,但都旋起旋灭,整个新闻界对"五四运动"的宣传是很冷淡的,只有几家报纸报道过学生运动的消息。

1920年陈独秀应陈炯明之邀南下广州,带来了参加过"五四运动"的北大学生谭平山、谭植霖、陈公博等人。他们在广州成立共产主义小组,相继创办了《劳动者》《广东群报》等第一批无产阶级报刊,华南的新闻事业掀开了新的一页。1923年,中共中央的机关刊物《新青年》《向导》迁到广州出版。1924年春,中国国民党在广州召开了第一次全国代表大会,国共合作正式形成。从此,无论是共产党报刊还是国民党报刊都有很大发展。其中比较知名的有共产党办的《工人之路特刊》《犁头》和《人民周刊》,国民党办的《政治周报》《中国农民》《革命工人》《中国军人》和《广州民国日报》等。而国民党办的报刊大都是共产党人在其中主持编务。然而,在蒋介石发动清党运动后,两广地区的政治性报刊沉寂下来,香港又成了政党必争的办报基地。国民党、共产党、国家社会党等都在香港办起了报刊。

随着北伐战争的胜利,全国基本上得到统一,社会经济得到发展,人民生活得到改善,华南人民对政治已失去兴趣,发展经济、改善生活成为人们追求的目标。因此无论是广东、广西还是香港、澳门,商业性报纸都大量出现。

在1927年至1937年的十年内战期间,尽管国共两党争斗的焦点就在靠近广东的赣南,但对华南地区的新闻事业影响不大。在这十年中,广东各地出版的报纸有127家,比此前十年出版的报纸增加了一倍。香港和广西的报纸也有较大发展。这是因为人心思定,人们的政治意识淡化,商业意识增强的缘故。所以这一时期华南地区出版的报纸大多是商业报纸,即使是政党报纸也力求向商业化经营转变。

"九一八事变"和"一二·九运动"后,在全国范围内掀起了抗日救亡热潮,华南地区的政治性报刊才又多了起来。在广州,先后创办了《南方青年》《存亡旬刊》《新光》等救亡报刊。1937年1月,国民党中央宣传部接管《广州民国日报》,改组为《中山日报》继续出版。1938年1月,中共领导的《救亡日报》由上海迁来广州出版,为广东报坛增添了生气。在香港,这一时期的政治报坛更呈现出一派兴旺景象。1934年,陈铭枢创办《大众日报》;1935年,邹韬奋创办《生活日报》;1936年,第五路军在香港创办《珠江日报》;1938年国民党政府在香港创办《国民日报》,上海《申报》《立报》和《星报》迁来香港出版;《大公报》香港版也在此时创刊,胡文虎又在香港创办《星岛日报》;1939年,中共领导的《华商报》和民主党派创办的《光明报》在香港创刊。在广西,1936年6月,由国民党桂系创办的《广西日报》在桂林创刊,胡愈之等共产党人曾在其中工作,使该报成为广西重要的抗日宣传阵地;1938年底广州沦陷后,《救亡日报》又迁到桂林出版。所以,在1931年至1938年的这几年中,华南地区的政治性报刊是十分活跃的。

然而好景不长,到抗日战争的中后期,随着广州、香港、桂林相继沦陷,华南地区无论是国民党报刊、共产党报刊还是香港的中英文报刊都遭到厄运,整个报业一落千丈。香港只有日本人办的《香港日报》,汪精卫办的《南华日报》和少数几家追随日伪的报纸;广州只有日本军方办的《广东迅报》和汪伪办的《中山日报》,国民党办的报纸大多迁去粤北韶关继续出版;桂林的《广西日报》也迁到韶平、百色等地出版。

抗日战争胜利后,华南地区的新闻事业迅速恢复和发展。香港沦陷前出版的《华侨日报》《工商日报》《南华早报》《德臣报》等十几家中、英文报纸重新复刊。同时,由于解放战争随即爆发,国共两党又都把香港作为重要的舆论阵地,在这里办起了自己的报纸。这样,到1949年9月,香港出版的报纸达到37家。广东报坛也出现了畸形的繁荣,各地创办的官方报纸、半官方报纸、民办报纸、方形小报和共产党领导的进步报纸在100家以上。然而这种局面没有维持多久,到广州解放时,旧报刊已所剩无几了。

新中国成立后,由于两广和港澳实行不同的社会政治制度,华南地区的新闻事业呈现出不同的局面。两广实行社会主义制度,只允许各级党组织和人民团体办报,不允许私人办报,因而报纸数量大为减少,到"文化大革命"时期甚至只剩下省一级的党委机关报,这种情况一直到改革开放以后才有所改变。而在香港、澳门,由于实行资本主义制度,受大陆政治运动的影响较小,因此两地的新闻事业,特别是香港的新闻事业,获得了稳定的发展。在大陆解放、国民党政权转移到台湾以后,香港以其特殊的地理位置、雄厚的经济实力和微妙的政治背景,充当了海峡两岸之间的中介。中共也将香港视为当仁不让的宣传阵地,台湾当局将香港视为从事政治活动不可或缺的地方,西方国家也把香港作为收集大陆情报的桥头堡。大家都在香港经营自己的报刊。这样香港报业长期以来形成左、中、右三派报纸鼎足而立的局面。尽管三派报纸都以民办的姿态出现,都采取资本主义的方式经营,但其政治倾向是有目共睹的。然而,自从1984年12月中英两国政府签署了关于香港问题的联合声明以后,香港的中间派报纸纷纷转变政治姿态,国民党报纸如《香港时报》《万人日报》等相继倒闭。目前香港报界三足鼎立的局面已不复存在。

从以上概述可以看出,一百多年来,政治因素始终是影响华南新闻事业此消彼长的决定性因素。

## 四、经济因素对华南新闻事业的影响

除政治因素外,经济发展也是影响华南地区新闻事业发展的重要因素。

前面提到,华南地区比起中原地区来虽然开发较晚,但是由于气候温和,物产丰富,地处沿海,拥有香港、澳门、广州等对外贸易口岸,以及华侨、投资者众多等中原地区所缺乏的条件,因此,自近代以来,珠江三角洲成为我国仅次于长江三角洲的经济发达地区。这就为新闻事业的发展提供了雄厚的物质基础,尤其是为商业报纸的发展创造了直接的条件。

香港割让给英国后被规定为自由港,实行贸易自由政策,使其成为远东地区的货物交易中心。因此香港的商业报纸出现得比较早。19世纪四五十年代就出版了著名的英文报纸《德臣报》《孖剌报》和中文报纸《中外新报》(原名《香港船头货价纸》);到了六七十年代,《近事编录》《香港华字日报》等中文报纸相继诞生,香港报坛已经成为商业报纸的一统天下。

在广东,尽管商业报纸的出现比香港要早20多年(1927年已经有鸦片烟商人马地臣创办的《广州纪录报》),但由于清政府对外国人的办报活动实行压制政策,它们难以在广东立足,不得不迁往澳门。鸦片战争以后,广东进入多事之秋,政治报刊成为报坛主导,商业报刊难成气候。一直到20世纪初,即1903年前后,广东才出现几家有影响的纯商业报纸,如《广州总商会报》《七十二行商报》和《粤东公报》。

至于广西,鸦片战争前和鸦片战争后的经济几乎没有什么变化,因此那里的商业报纸出现得更晚,到1907年才出现第一份商业报纸《广西报》。这充分说明,一个地区的经济发达程度如何,对于商业报刊的生存和发展影响巨大。

我们还可以从商业报纸的寿命来证实上述观点。新中国成立前,广东出版的商业报纸寿命在30年以上的只有一家,那就是《七十二行商报》(1906—1937);香港的商业报纸寿命在30年以上的则有8家,其中60年以上的就有6家,它们是:《德臣报》96年(1845—1949),《孖剌报》84年(1857—1941),《南华早报》81年(1868—1949),《循环日报》73年(1874—1947),《华字日报》69年(1872—1941),《中外新报》60年(1858—1918);而在广西,30年以上的报纸一家也没有。新中国成立后,两广30年以上的党报倒是有几家,但都是党委机关报,商业报纸则一家也没有;而香港出版的商业报纸《工商日报》《工商晚报》《华侨日报》《华侨晚报》《星岛日报》《星岛晚报》《成报》《明报》《新报》《天天日报》《晶报》《快报》等,寿命都早已超过30年。

商业报纸寿命的长短取决于报社的经济实力,而报社的经济实力又是同该报所在地区的总体经济发展水平相一致的。广东的经济发展比起内地来固然比较快,但同香港和上海比较,则大为逊色。解放前,广东的工商业大都是小打小闹,没有什么大工厂,也没有什么大企业,更没有全国著名的大企业家。因此,广东的商业报纸无论从规模上还是寿命上都无法与香港、上海的商业报纸相提并论。辛亥革命前,广州的商业报纸本来就很少,而真正形成规模,寿命比较长的只有一家《七十二行商报》。它的报龄之所以比较长,并不是自身的经济实力有多雄厚,而是靠总商会的集体力量在那里支撑。所以,它同香港的《德臣报》《孖刺报》和上海的《申报》《新闻报》比较起来,简直是小巫见大巫。

到了20世纪二三十年代,广东的商业报纸才逐渐多了起来,报业内部互相竞争,形成了以李抗希为首的远东公司和以王泽民为首的惠民公司两个拥有多家报纸的企业。远东公司属下办了《新报》《快报》《真共和报》和《新国华报》,惠民公司属下办了《国华报》《越华报》和接办了《现象报》。看起来挺热闹,但这两家公司的资产与上海《申报》《新闻报》和天津《大公报》资产根本不在同一个水平线上。譬如,《新闻报》的资产到1928年底已发展到70万元,而远东、惠民两公司的资产加起来还不到10万元。《申报》老板史量才到30年代已发展成为中国的报业大王,《大公报》有大财阀吴鼎昌作为强大的经济后盾,而远东公司的老板李希抗只拥有一间酒楼和一间药房,东拉西扯地给报社填补亏空。这样的报纸企业当然成不了什么大气候。勉强维持到1934年,远东公司属下四家报纸的招牌不得不在同一天除下。此后,广东再也没有出现过稍具实力和影响的报业公司。

新中国成立以后,广东、广西实行的是社会主义计划经济体制,报纸规模的大小,实力的强弱,寿命的长短,不取决于报社自身经营的好坏,而取决于报纸所属机关的大小,财政拨款的多少以及国内的政治形势和政策。这种状况一直到改革开放,尤其是在确立社会主义市场经济体制以后,才有所改变。即以广州出版的三家大报为例:《南方日报》是广东省委的机关报,《广州日报》是广州市委的机关报,《羊城晚报》是广东省委领导下的报纸,但它们都不再领取国家津贴,而是自负盈亏。三家报社都办了几家子报和几家公司,率先成立了报业集团;《广州日报》更是被国家新闻出版局正式确认为我国第一家报业集团。三家报纸的发行都不局限于本地,而是面向全国和海外发行;《南方日报》的发行量在省级机关报中名列前茅;《羊城晚报》的发行量连续多年超过100万份,在全国地方报纸中居第二位;《广州日报》主要面向珠江三角洲自办发行,发行量也达到70万份。三家报纸每年的广告收入都在数亿元以上,不但可以应付报社的一切开支,还向国家交纳一定的税款。三家报社都靠自己的积累建起了现代化的办公、印刷大楼,购置了先进的印刷设备。这些巨大变化完全是改革开放,实行社会主义市场经济体制的结果。当然,广州三家大报的经济实力同香港的《东方日报》集团和《明报》集团比较起来还有差距。然而可以预期,随着社会主义市场经济体制的日益完善和岭南经济的稳步发展,整个华南地区的新闻事业都将会有更大的发展。

## 五、岭南文化形成华南新闻事业的特色

政治风云的变幻和经济发展的状况是一个地区新闻事业发展的决定性因素,而文化传统的影响则是形成一个地区新闻事业特色的重要因素。由于岭南地区的文化同时受到汉族文化、少数民族文化和外来文化的影响,因而形成了不同于中原地区的岭南文化特色。

从微观的角度看,岭南地区的文学、美术、音乐、戏剧、饮食、衣着、居所乃至民间习俗等都各有其特色,不必赘述。这里要说的,是从宏观角度,即从总的意识形态的角度看,岭南文化培育了岭南人的三种文化品质。

第一,奋发独立的品质。这种品质在岭南人身上古已有之,而在近代反帝反封建斗争中得到发扬光大,从而培育了岭南人自强不息、坚韧不拔的性格和气质。敢于拼死苦谏的海瑞,敢于蔑视皇权的洪秀全,敢于推翻封建王朝的孙中山,就是具有这种品质的代表人物。

第二,务实求是的品质。岭南人讲求实际,不尚空谈;注重行动,不重宣言。所以,在岭南地区的历史上,没有出现过朱熹、王阳明那样的理学家,却出现过朱次琦、康有为那样的以"经世济人"为目的的今文经学家。此外,岭南文学艺术一以贯之的通俗化、大众化倾向,也从另一侧面体现了岭南人务实求是的这一文化品质。

第三,开拓进取的品质。岭南人有较多的开放意识、民主意识和创新意识,敢为天下先,喜赶潮流早,因而使岭南在近代成为一个朝气蓬勃的地区,也使岭南文化放出异彩。像黄遵宪倡导的"诗界革命",高奇峰等创立的"岭

## 第一章 华南地区新闻事业评述

南画派",陈少白等首创的"戏曲革新"等,都能独树一帜,产生了全国影响。以上三种文化品质,或曰三种精神,使岭南地区既赢得了昔日的繁荣,又创造了今天的辉煌。事实证明党中央选择广东作为改革开放的试验区是选对了地方。

在这三种文化品质的熏陶下,岭南传媒呈现出一些不同于中原地区的特色。

从历史上看,在戊戌变法和辛亥革命时期,岭南传媒主要有以下几点特色。

首先,从办报方式来看,岭南地区的许多报刊采取了办报刊,办学会(书局),办学堂,"三位一体"的组织形式。像广州的《安雅报》之与安雅书局和明强学堂,《时敏报》之与时敏书局和时敏学堂,《羊城日报》之与开新书局和新少年学堂,桂林的《广仁报》之与圣学会和广仁学堂都是如此。报刊的编辑同时又是学会骨干和学堂教员,报刊为学会的活动作宣传,学会(书局)为报刊出版提供条件,学堂为报刊和学会(书局)培养人才。这种"三位一体"的组织形式是从外国传教士那里学来的。1815年英国传教士马礼逊、米怜在马六甲创办《察世俗每月统记传》的时候,就同时创办了英华书院和印刷所。由此可见外国文化对岭南报业的影响。

其次,从办报人员来看,在戊戌变法和辛亥革命时期,岭南地区涌现出许多具有全国影响的报人,像康有为、梁启超、容闳、邝其照、陈少白、胡汉民等,尽管他们办报的地点不一定在广东,但他们那种顺应时代潮流,敢于开拓进取的精神,影响了一代代岭南报人。像辛亥革命时期岭南著名报人钟荣光、谢英伯、卢博浪、郭唯灭等人也是如此。坐牢、流放反而使他们的办报意志更加坚定,这种不屈不挠的精神,既体现了中国民族资产级革命性的一面,又体现了岭南人自强不息、坚忍不拔的文化特征。

第三,从报纸内容和发行上看,由于广州、香港、澳门从鸦片战争后成为我国对外贸易的重要口岸和对外文化交流的聚汇点,加上岭南人在海外经商、打工者众,因此岭南报刊均以大量篇幅报道有关财政金融、内外贸易、商品信息、货物行情、轮船班期以及侨乡新闻等,这些内容所占的版面比在内地报纸要大得多。另外,无论是省一级的报纸、县一级的报纸,乃至乡一级报纸,都不仅在本地发行,还发行到海外。像郑岸父在广东香山(今中山市)创办的《香山旬报》,陈少白晚年回到故乡广东新会外海乡创办的《外海杂志》等,都发行到檀香山、旧金山、温哥华、菲律宾、新加坡等地。这更是内地报刊少有的。

第四,从报纸风格来看,无论是港澳报刊还是两广报刊,都明确划分为庄、谐二部。庄部刊登新闻、论说,谐部刊登文艺、娱乐性的东西。谐部内容力求丰富多彩,文章力求通俗易懂,语言力求诙谐有趣,从而起到了"寓言讽时,讴歌变俗"的作用。陈少白主持的《中国日报》首先推出"鼓吹录"文艺副刊,利用粤讴、南音、班本、木鱼等粤港民间喜闻乐见的说唱形式来宣传革命思想,激发群众的爱国热情。岭南著名革命报人郑贯公明确提出了"讴歌不能不多撰也","文字不能不浅白也"的办报主张,而他主持的《有所谓报》更是力求做到"老妪而能解"。这种通俗化、大众化的特点一直延续至今。显而易见,岭南报刊的这种风格正是同岭南文化通俗化、大众化特色一脉相承的。

总之,在戊戌变法和辛亥革命时期,岭南传媒确实办出了一些特色,有的特色延续到民国时期。然而,自从新中国成立后,由于政治上实行的是无产阶级专政,经济上实行的是计划经济体制,意识形态、新闻出版被置于党的绝对控制之下,加上政治运动不断,在这种状况下,岭南地区(香港、澳门除外)的新闻传媒要想办出自己的特色,难矣哉!《羊城晚报》贯彻执行"寓共产主义于谈天说地之中"的办报方针,稍微办出了一些特色,在"文革"中即被迫停刊。这种状况到党的十一届三中全会后才有所松动。

从1981年起,广东被选定为改革开放的综合试验区,市场经济体制较早地在这里建立起来,粤、港、澳之间的经济合作加强,从而促进了广东经济的迅速发展。广东率先发生的地域性经济基础的变化,必然引起上层建筑,包括意识形态、文化领域、新闻观念等方面的变化。因此,在改革开放以后,尤其是社会主义市场经济体制确立以后,广东新闻媒介在坚持党性原则,坚持正确舆论导向的前提下,逐渐形成了一些不同于内地传媒的特色,被人们称为岭南新闻特色。

首先是开放性特色。前面提到,岭南人本来就具有较强的开放意识,改

# 第一章　华南地区新闻事业评述

革开放后广东又先行一步,市场经济发育较早,与港澳之间的文化交流比较频繁,因而开放性成了广东新闻传媒的一大特色。这种开放性特色主要表现在两个方面:一是立足广东,面向全国,放眼世界,突破了地域界限。无论是报纸、广播、电视,不仅有大量的本地信息,还有较多的全国信息和海外信息。二是新闻报道与内地比较起来有较高的透明度。这是因为广东毗邻港澳,与境外的新闻竞争比较激烈,许多新闻,你不报道,境外的传媒就抢先报道,容易造成被动。因此,广东新闻传媒对于一些突发事件,如风灾、空难、劫案等一般都是在第一时间即作现场报道,而不是像内地那样,往往要在事件有了处理以后才加以报道。

其次是开创性特色。前面提到,敢为天下先,喜赶潮流早,是岭南人的重要文化品质。这种文化品质在港澳新闻界早已形成,也在改革开放后的广东传媒中体现出来。例如,《南方日报》首创周末增刊——《南方周末》;《羊城晚报》率先开辟个人署名新闻评论专栏——微音的《街谈巷议》;《广州日报》带头扩版,又第一个成立报业集团;深圳创办第一家地方政府机关报——《深圳商报》;广州创办第一家专业电台——珠江经济台等。此外,各家新闻传媒从宣传报道到经营管理,从广告发行到人事制度改革,也都走在全国前列。凡此种种,都是岭南文化和人文环境培育的广东人的开拓进取精神所使然。

第三点是务实性特色。前面提到,岭南文化品质的另一特征是务实求是。在这种文化品质的熏陶下,岭南(包括港澳)传媒无论过去和现在,都注重宣传实效,而不崇尚空谈。有人评论说,岭南报纸宣传有"两个有余"和"三个不足",那就是:活泼有余,分量不足;广度有余,深度不足;缺乏振聋发聩的言论,权威性不足。其实,这"两个有余"和"三个不足"恰恰说明了岭南新闻的务实性特色。活泼有余,分量不足——说明岭南传媒在贴近群众、贴近社会、贴近生活方面做得比较好,不像内地一些传媒还在那里板着面孔教训人;广度有余,深度不足——说明岭南传媒报道面比较广,注意到了新闻报道的传播功能、沟通功能、娱乐功能和服务功能,不像内地一些传媒还在单纯强调指导功能和教育功能;缺乏振聋发聩的言论,权威性不足——说明岭南传媒不尚空谈,注重实效,这正是岭南传媒的传统。试看,在中国新闻史上,辛亥革命时期保皇与革命之争,不是出在广东;"五四"时期问题与主义之争,新文化与旧文化之争也不是出在广东;解放战争时期要不要走第三条道路之争还不是出在广东,改革开放以后"姓资"还是"姓社"之争更不是出在广东。然而,广东却成为辛亥革命的策源地,北伐战争的大本营,改革开放的排头兵。这一切,都不是"论"出来的,而是"干"出来的。这正是岭南文化务实求是品质使然。

第四点是兼容性特色。前面提到,岭南文化是由汉族文化、少数民族文化和外来文化互相兼容、发展而成的。这种兼容性的特点,香港传媒体现得最为突出。因为香港既是著名的国际大都会,又是中西文化的交汇点,所以香港文化牢牢地植根于中华文明的沃土之上,又长期受到欧风美雨的熏陶。在这里,讲汉语、英语均可交流,不同立场观点的政党、派别和平共处;佛教、道教、天主教、基督教、伊斯兰教并举;港人既过中国传统的端午节、重阳节、中秋节和春节,又过西方的复活节、愚人节、父亲节、母亲节和圣诞节;"麦当劳"早餐风行一时,"饮早茶"习惯长盛不衰。五彩缤纷、多元的文化现象必然在香港传媒有所反映,因此兼容性就成了香港传媒的特点。改革开放后的广东新闻界由于受到香港传媒的影响,多样性、兼容性的特色也在逐渐形成之中。

第五点是消闲性特色。现代生活节奏非常紧张,人们在工作之余渴望得到休息。因此,消闲性的内容,便成为大众传媒的重要内容。这一点也以香港传媒尤为突出。在香港的报刊上,我们可以读到大量的"八卦新闻"和名人生活琐事,也可以读到大量的赌博、赛马、服饰、食肆、物业、旅游、娱乐等方面的消息。香港传媒的这种消闲性特色,已逐渐"传染"给广东传媒。即以《羊城晚报》为例,星期一至星期五出版六大张二十四版,除了《花地》《晚会》等传统副刊外,又开辟了小说连载、书趣、文摘、视听、摄影、漫画、家庭广角、医药保健、置业安居、娱乐世界、美食、美容、旅游、闲情、收藏、集邮、车友等20多个专版。除《羊城晚报》外,广东的许多报刊、电台、电视台都增加了消闲性的内容。看来,消闲性特色已不仅是港澳传媒所独有,正在逐渐成为岭南传媒共有的特色。

可以预期,随着我国市场经济体制的完善、精神文明建设的深入发展和人民生活水平的提高,特别是香港、澳门回归以后粤、桂、港、澳之间更加密切的经济文化交流和渗透,岭南地区新闻界将会出现更多更为突出的新闻特色。

(本章撰稿人:孙文铄)

# 第二章

# 广东新闻事业发展概要

广东的新闻事业是从清代嘉庆年间(1796—1820)开始逐渐形成的。

19世纪初,广东成为外国传教士和商人到中国传播西方文明和进行贸易的首选之地。鸦片战争期间,外国军舰首先从这里冲开中国的大门。在以后的太平天国运动、维新运动、辛亥革命、北伐战争中,广东都是这些重大历史事件的策源地。现在,它又成为我国改革开放的窗口。由于处处占地利之便,时时得风气之先,因此广东的新闻事业,无论在近代、现代和当代的新闻史上,都占有重要地位。

## 一、广东新闻事业的开端

广东新闻事业的开端有两条线索:一条是在广东各级衙门中发行邸报,另一条是外国传教士在广东办的中外文报刊。

在外国人来华办报之前,广东发行的古代形态的报纸,大致开始于清朝嘉庆年间,延续至清末。分为两类:一类是朝廷传发的提塘报和民间报房翻印的《京报》,另一类是广东督抚衙门发行的"辕门抄"和民间报房据此印售的《辕门报》。关于《提塘报》和《京报》的情况,因与京、沪等地的情况相似,故不赘述。这里介绍的是后者——"辕门抄"和《辕门报》。

"辕门抄"是广东督抚衙门发布的手抄新闻稿,内容是督抚衙门近期的重要活动。《辕门报》是民间报房根据辕门抄印刷、发行的一种原始形态的报纸。广东"辕门抄"和《辕门报》的原件已荡然无存,现在只能从早期来华传教士所办报刊和他们的著作中获知一些概况。1832年(清道光三年)以前,广东已经有了由民间报房独立出版的《辕门报》。《辕门报》的消息来源主要是督抚衙门发布的"辕门抄",有时也登一些其他消息,有的用木活字印刷,有的用蜡版雕印,说明当时广东的民间报房不止一家;《辕门抄》每天出版一张,单面印刷,没有报名,没有标题,是一种简陋的印刷品。《辕门报》除随《京报》分送固定订户,可以街上叫卖,每张一文或二文。

至于早期外国传教士在广东创办和发行的报刊,有中文和外文两种。鸦片战争前外国人办的最早的中文报刊是《东西洋考每月统记传》,1833年在广州创刊,由德国传教士郭士立主持,是外国人在中国本土创办和发行的报刊。接着是创刊于1838年的《各国消息》,由英国传教士麦都思和奚里尔主持。鸦片战争前外国传教士在广东办的外文报刊有5家。最早是《广州纪录报》(Canton Register),1827年在广州创刊,是外国人在广东办的第一家英文周刊。接着出版的有英文周刊《华人差报与广东抄报》(Chinese Courier and Canton Gazette,1831);英文月刊《广州杂志》(The Canton Miscellany,1831);英文月刊《中国丛报》(Chinese Repository,1832);英文周刊《广州新闻》(Canton Press,1835)。总之,在鸦片战争前,外国传教士在广东一共办了2家中文报刊和5家英文报刊。

由外国传教士办报开始的中国近代新闻事业从广东发端不是偶然的。早在16世纪,随着西方资本主义国家的兴起,欧洲一些海盗式的冒险家、殖民主义者和商人,就已选择广东作为侵略中国的桥头堡。1561年,葡萄牙强占澳门。1637年,英国舰队曾经撞入珠江口。以后,英国集中力量经营印度,而以贸易和文化传播作为觊觎中国的侵略手段。这就是外国人在中国办报的历史背景,也就是广东的外报早于其他地区的原因。从现有资料看,外国人在广东办的第一份外文报纸《广州纪录报》(1827年)只比澳门的《蜜蜂华报》(1822年)晚5年,却比香港最早的《香港公报》早14年,比上海最早的《北华捷报》(1850年)早23年,比福建最早的《福州信使报》(1858年)早31年,比湖北最早的《汉口时报》(1866年)早39年,比北京最早的

《中西闻见录》(1872年)早45年,比天津最早的《中国时报》(1886年)早57年。至于中文报刊,在鸦片战争前,广东已经出版了《东西洋考每月统记传》和《各国消息》,而其他地区的近代中文报刊则都是在鸦片战争后才出现的。所以,说广东是我国近代报刊的发祥地,是名副其实的。

鸦片战争前外国人在广东的办报活动有以下几个特点:第一,报刊主笔大都是传教士,他们都是中国通。如主编《广州纪录报》的马礼逊,他25岁来到广州,52岁死于澳门。他一生大部分时间学习于斯,办报于斯,娶妻于斯,生子于斯。曾经将《圣经》新旧约全书翻译成汉文出版,又根据《康熙字典》提供的汉字编撰了一部《华英字典》,为沟通中外文化付出了艰巨劳动。英国国王乔治第四曾经传旨,"对这位绅士的卓越的和有用的工作表示高度嘉奖"(见《马礼逊回忆录》)。第二,办报的外国人都直接或间接地参加过对中国的经济侵略、文化侵略乃至武装侵略活动。其中最典型的是主编《东西洋考每月统记传》的郭士立。他于1831年来到广东后曾经三次乘船,由广东经福建、浙江、江苏、山东直到天津,多次对中国沿海进行侦察,搜集了大量的政治、经济、军事、文化、宗教乃至风土人情等方面的情报,提供给英国政府和东印度公司。鸦片战争爆发后,他充当了英国侵略司令的翻译和向导,并且曾担任被英军占领后的定海、宁波、镇江等地的民政长官。在《南京条约》的谈判过程中,他又充当翻译,直接参与了这一不平等条约的起草工作。第三,这些外国人办的报刊实际上是为帝国主义侵略中国摇旗呐喊,鸣锣开道。《东西洋考每月统记传》就明确宣布,其办刊宗旨是"为在广州和澳门的外国公众的权益进行辩护",鼓吹用"智力的炮弹"征服中国。《中国丛报》则明目张胆地宣称:"我们是主张采用有力的和果断措施的鼓吹者。"第四,外国人所办的中文报刊尽量迎合中国读者的口味,从形式到内容都力求中国化。《东西洋考每月统记传》就采用书册式装订成册,封面上印有孔子语录,文字力求通俗化。这些做法被鸦片战争后外国人在各地办的报刊所继承。

鸦片战争后,香港割让给英国,开放五口通商。因此,外国人在中国的办报中心随之向南边的香港和北边的上海转移,广东的外报相对减少。据统计,从1841年至1865年的25年间,外国人在广东所办中外文报刊只有

《广州新报》和《中外新闻七日录》两家。而在同一时期,香港出版的中外文报刊有 24 家,上海出版的中外文报刊有 21 家。这说明,外国人已将办报重点转移到了香港和上海。作为近代报刊发祥地的广东,似乎已经完成它的历史使命。至于 1865 年以后的广东报业,那就更无法与上海抗衡了。

## 二、中国人在广东的早期办报活动

外国人在广东的办报活动,把西方资产阶级的新闻观念、办报模式及宣传方法带到了中国,使许多中国的有识之士认识了报刊的巨大作用,因而产生了自办报刊的强烈愿望。

第一位在广东办报的中国人是林则徐。1839 年林则徐以钦差大臣的身份到广东查禁鸦片。为了"探访夷情,知其虚实",以制定"控制之方",他在衙门中设立翻译馆,收集在澳门出版的外文报刊,选择其中有关鸦片贸易、英国政府动态等消息和评论翻译成中文,抄写数份,提供给广东督抚衙门和朝廷作为禁烟、备战决策的参考。这种被后人称为《澳门新闻纸》的抄件成了我国最早的译报,林则徐成了第一位"放眼看世界的中国人"。林则徐被罢官后,魏源将《澳门新闻纸》按其内容分为论中国、论茶叶、论禁烟、论兵事、论各国夷情五类,编为《澳门月报》,收入《海国图志》一书中。

鸦片战争后,随着办报重心的南迁北移,广东报坛沉寂了很长一段时间。一直到 1872 年,广州才出现了一份中国人办的报刊《羊城采新实录》,但该报详情已不可考。真正称得上中国人在广东创办的第一家报纸,是 1884 年 4 月 28 日(清光绪十年三月二十三日)在广州创刊的《述报》。它比香港的《中外新报》(1858)晚 26 年,比汉口的《昭文新报》(1873)晚 11 年,比上海的《汇报》(1874)晚 10 年。本来,鸦片战争后广州是"五口通商"的口岸之一。民族工商业和对外贸易发展都很快,加上广东人才荟萃,报业理应得到相应发展。然而,为什么广东报坛会沉寂二十多年呢?这为因为:第一,自从 1841 年香港割让给英国后,外国人将办报中心移到香港。穗港两地紧邻,传送十分方便,因而香港出版的报刊大多以广州地区的读者为对象,在广州创办报纸的迫切性相对减弱;第二,鸦片战争后,广东不再是殖民主义者觊觎的主要目标,他们已将侵略魔爪逐渐向北延伸,先福建,再浙江,后上海,办报中心逐渐北移,广东报业便相对冷落下来;第三,广东虽然不乏办报人才,但大多去了香港和上海办报,像主持香港《中外新报》《华字日报》的伍廷芳、黄平甫和陈蔼亭,主持上海《汇报》的容闳、邝其照等,都是广东人。以后广东的一流办报人才,如康有为、梁启超、黄遵宪、徐勤、麦孟华、欧榘甲等人,亦多在京、沪等地办报,广东反而显得冷清了。直到中法战争爆发后,广东的办报活动才又复苏起来,其中较有影响的是《述报》和《广报》。

创刊于1884年的《述报》是一份书册式的石印报纸,由海墨楼石印书局印刷发行。该报创刊之日正值中法战争紧张进行之时,故70%的版面用来刊登这场战争的消息和评论,同时又拨出篇幅"译录西国一切图式书籍"。《述报》存在仅仅一年,但它在广东乃至全国新闻史上却颇有价值。第一,它是我国最早的石印日报。石印技术传入我国以后,最早用于报刊印刷是于1838年广州出版的《各国消息》,但它是月报而不是日报;上海的《点石斋画报》是石印的,但它是一份以图画为主的旬刊。采用石印印刷,以刊布新闻和评论为主的日报,当以《述报》为最早。第二,《述报》是我国最早注重以新闻图像进行宣传的报纸之一。它从创刊之日起,即配合文字报道每天绘制一幅或两幅图画插于新闻和评论之间,并将黑旗军首领刘永福的照片和越南地图复制以后随报刊附送,这在当时报界是个创举。第三,《述报》特别重视译载中外报刊文稿。它选录的消息,评论多来自香港《循环日报》《华字日报》《维新日报》和上海《申报》《字林西报》《晋源报》《文汇西报》,还有英国的《泰晤士报》,法国的《花加罗报》《斯马颠报》《波洛美路报》,以及日、美、德、印度、越南、澳大利亚等国的报纸。此外,《述报》在台湾设立办事处,骋请通讯员,这在我国报界亦属首创。

《述报》停刊一年以后,即1886年6月24日(清光绪十二年五月二十三日),广州出版了国人办的第二份日报——《广报》,创办人是曾经在上海主编过《汇报》的邝其照。当时,洋务派大臣张之洞调任两广总督,邝其照随其南下任他的秘书,所以这份报纸是在张之洞的支持和庇护下创办的。邝网罗广东著名近代报人吴大猷、罗佩琼、劳保胜、朱鹤、熊长卿等人担任主笔和编辑,仿效上海《申报》版式排印,成为广东第一份单页式中文报纸。1891

年《广报》因刊登某大员被参的奏折而触怒新任两广总督李翰章,李遂以"辩言乱政、淆乱是非"的罪名将其查封。邝其照等人便将报馆迁到租界沙面改名为《中西日报》继续出版。由于挂名于洋人,托庇于租界,该报"渐肆言论,指摘政治,官无如何"。1900年《中西日报》因刊登八国联军战败的消息,英美帝国主义迫使广东当局查禁。邝其照等人仍不死心,又于是年终将《中西日报》改名为《越峤纪闻》继续出版。另外,劳保胜等人又另创《岭南日报》,与《中西日报》互相响应,成为戊戌变法前广州报坛的"双璧"。

除广州外,这一时期广东其他地方出版的报刊很少,只有一家《潮惠会报》。这是一份用潮汕方言出版的基督教月刊,1889年创刊于汕头。它是潮汕地区最早的报刊,也是我国最早用地方方言撰稿的报刊。

## 三、戊戌变法前后的广东报坛

1894年中日甲午战争以后,中国向日本割地赔款,面临着被列强瓜分的危机。严重的事态使每一个爱国者都感到忧虑。为了救亡图存,以孙中山为首的资产阶级革命派在檀香山成立了兴中会,积极筹划反清武装起义;以康有为为首的资产阶级革命派也于次年在北京、上海成立强学会,并且创办《中外纪闻》和《强学报》,开始了维新变法的宣传活动。广东作为孙中山和康有为的故乡,理所当然地成为武装起义的首选地区和维新变法的重要宣传阵地。

1896年初,京、沪两地的强学会及其所办报刊遭到查禁,康有为留在广州一面办学和著书立说,一面暗中同各地的强学会员和参加过"公车上书"的举人联系,策划在全国各地创办几家维新派的报纸。最早起来响应康有为倡议的是曾经参加过"公车上书"的广东举人钟荣光。他于1896年11月在广州创办了《博闻报》,以介绍西学、传播维新思想为宗旨,成为广东最早宣传维新变法的中文报纸。

继《博闻报》之后出版的维新派报刊是《岭学报》和《岭海报》。《岭学报》创刊于1898年2月10日,由广东名宿潘衍桐、黎国廉倡办,朱淇、谭汝俭等人主笔。该报自称"凡有西学西政,皆考其源流,详其得失",故效法林则徐聘请翻译人员译载德、英、日文书报文章,"凡所论著,皆泛涉西方政治及技艺"。《岭学报》的出版得到广东督抚衙门的称许和支持,广东学政司曾通饬所属生童购阅。《岭海报》是《岭学报》附设的日报,1898 年 4 月创刊,日出八开八版,初由陈庆材、区宝庆、王笙闲等主笔。这是一份以报道和评论政治为主的报纸,政治倾向主要是附和康梁鼓吹维新。该报在这一时期有两件事情值得一提:一是戊戌变法失败后,该报曾刊《原效》一文为康梁辩护,受到督府警告,令其将康党逐出报馆。后为避免麻烦,该报托以外商之名继续出版,更名为《德商岭海报》。二是该报 1898 年 2 月与香港出版的《香港通报》合并发行,即每天报纸由《岭海报》印刷羊城新闻、辕抄牌示、货物行情,由省寄港;由《香港通报》印刷上谕、奏稿、论说、专件、京都各省各国新闻、船期货价等,由港寄穗,合称《省港通报》,在两地合派,均不另取值。这是省港两地报纸合作出版之始,这一特点是内地各报所没有的。

除以上三家报纸外,1900 年前广州出版的还有《纪南报》(1895)、《广州报》(1897)、《光报》(1897)、《广州白话报》(1898)、《广智报》(1898)、《嘻笑报》(1898)等六家报纸。其中,《纪南报》是英商办的一份中文日报,1891 年停刊;《广州白话报》是广东最早的白话报刊;《广智报》是由《博闻报》附印的一份宣传维新思想的刊物,1899 年改组为《中外大事报》出版,《嘻笑报》是一份以嘻笑怒骂的文笔和粤讴、弹词等形式评论时事,讥讽人物的报纸,1900 年被粤督以"对上不敬"的罪名令南海县查禁。

戊戌变法前后的广东报刊,与京、沪、湘、汉、渝等地的报刊比较,其共性是:这一时期的报刊就其内容和性质而论,介绍新知新学、鼓吹维新变法的报刊占主导地位,商业报刊还未蓬勃兴起;其个性是:首先,由于广东省地处中国最南部,而办报人员虽有维新思想却并非康梁嫡系,故所办报刊具有全国影响的不多,其次,由于广州在鸦片战争前后都是对外通商的重要口岸,而且广东人侨居海外者甚众,故这一时期所办报刊虽以政治论说为主干,但仍有相当篇幅用于刊登商品广告、货物行情、轮船班期、侨乡新闻之类的信息,并且发行到海外;最后,由于广东毗邻香港,而穗、港两地的政治、经济、文化及人员交往均比较频繁,因而两地报界关系紧密,或者以对方为发行对象,或两地报刊联合出版发行,或两地互为政治避难所,这些特点都是内地报刊所不具备的。到了辛亥革命时期,这一特点更加突出。

## 四、辛亥革命时期的广东新闻事业

1900年1月兴中会在香港创办机关报《中国日报》以后,打破了资产阶级改良派独霸海内外华文报坛的局面。从此,广东的新闻事业呈现出蓬勃发展、异彩纷呈的景象。

首先,从办报地区来看,已经不限于广州一隅,汕头、潮州、梅县、香山、番禺、佛山、顺德、大埔、台山、海丰等地,也出现了中国人办的报刊。

其次,从报刊品种来看,据不完全统计,这一时期广东各地相继出版的报刊有140多家,比此前28年广东中文报刊的总数增加10倍以上。

第三,从报刊品种来看,这一时期出版的有综合性报刊,也有专业性报刊;有政论性报刊,也有游艺性报刊;有以普通读者为对象的报刊,也有以青年、妇女、儿童为专门对象的报刊;有文言文报刊,也有白话文报刊;有文字报刊,并出现了画报。

第四,从报刊性质来看,可分为四类:一是有政党背景的报刊,主要是兴中会、同盟会会员办的鼓吹革命的报刊和保皇派及其追随者办的鼓吹君主立宪的报刊;二是商业报刊,这一时期商业性报刊异军突起,大有与政党性报刊一争高低之势;三是群众团体所办报刊大大增加;四是政府官报,它们大多出现在清廷宣布预备仿行立宪以后,但其影响不大。

第五,这一时期广东出现了新闻通讯社和新闻团体。

所以,从严格的意义上讲,广东的近代新闻事业是在辛亥革命时期才正式形成的。

### (一) 兴中会阶段(1900—1905)

这个阶段广东出版的报刊总共有26家,主要集中在广州和潮汕两地。其中宣传保皇立宪的报刊有12家,宣传民主革命的报刊有5家,商业性报刊有3家,教会及其他团体的报刊有5家,官办报刊只有一家。

广东是康有为、梁启超最早办学和从事政治活动的地方,所以戊戌政变后他们在广东的影响仍然很大,加上广东毗邻港、澳,康门弟子徐勤等人经常在穗、港之间穿梭活动,因此在这段时间内,改良派报刊仍然在广东报坛占居主导地位,革命派报刊才开始兴起,商业性报刊也刚刚露头,所以均不能与之抗衡。

改良派所办报刊有12家:《岭海报》、《中西日报》、《越峤纪闻》、《安雅书局世说编》(后改名《安雅报》)、《商务日报》、《羊城日报》、《时敏报》、《醒报》、《谐铃报》(以上广州),《汉潮报》、《江句报》(以上汕头)和《潮州白话报》。其中出版时间较长,影响较大的是《岭海报》《安雅书局世说编》《羊城日报》和《时敏报》。

《岭海报》早期的情况前节已述,它在这一时期,值得一提的有两件事:一是1900年因刊登义和团打败八国联军的消息,与《中西日报》《博闻报》一起被查封;二是不久苏域寰将该报买进继续出版,聘胡汉民(衍鸿)为主笔,鼓吹新学。1902年胡汉民赴广西任教,由其兄胡衍鹗担任主笔,立场渐趋保守。1903年洪全福等在广州策划起义失败,该报撰文诋毁革命,香港《中国日报》予以驳斥,双方论战月余,是为君主立宪派报纸与革命派报纸论战之始。

《安雅书局世说编》(后更名《安雅报》)创刊于1900年冬,是安雅书局附设的日报,由梁伯伊购得《博闻报》旧址创办,聘黎佩诗、朱鹤、谭汝俭、詹菊隐同主笔政,以提倡新学为主旨,言论"稳健中略为敢言,锋锐里而带含蓄"。所以它既受读者欢迎,又不得罪当局,一直办到1918年才自动停刊。

《时敏报》创刊于1903年,是时敏书局附设的日报,由邓君寿、孔希伯等人主持。该报首先在版面上辟"谐部",后扩充为《醒睡副刊》,刊登小说、粤讴、杂谈、漫画等,颇受读者欢迎。1905年该报被君宪派掌握,1909年更名《时敏新报》,为清廷预备彷行立宪作鼓吹。辛亥革命后被袁世凯收买,成为帝制派在广州的喉舌。

《羊城日报》创刊于1903年2月12日,主办人钟宰荃,得到保皇党人和富商大贾的支持,资金雄厚。在宣传上,该报积极配合粤督岑春煊"整顿吏治"等措施,打击贪官污吏,博得"敢言"的名声,故创刊不久便一纸风行,发行代理遍及京、沪和日本、菲律宾、美国、马来亚、越南等地,成为这一时期华南地区最有影响的报纸之一。该报一直出到1923年才停刊。

以上几家君宪派报纸有以下两个特点：首先，它们的主要发行人和编撰人员虽然不是康有为的入门弟子，但同康梁有很深的渊源，在戊戌时期都是热衷于维新变法的新党；其次，这些报纸的出版，不少采用了办报、办会（书局）、办学"三位一体"的组织形式。像《安雅报》《时敏报》《羊城日报》等。它们的老板都是一个人，报纸的编辑既编报又编书，还兼任学堂教员。这种组织形式的首创者是外国教士，可见西方资产阶级的办报模式对广东报业影响之深。

兴中会时期资产阶级革命派在广东出版的报刊有5家，它们是：广州的《亚洲日报》《开智日报》《觉报》，汕头的《岭东日报》《鮀江公理报》。其中较有影响的是《亚洲日报》和《岭东日报》。

《亚洲日报》创刊于1902年，是资产阶级革命派在广州创办的第一家报纸，总编辑是辛亥革命时期广东著名革命党人和报人谢英伯。该报创刊之初，即以"论自由党"为题征集文章。在1906年粤汉铁路官督商办的风波中坚持反帝斗争，揭露官府黑幕，颇受读者欢迎，却因得罪两广总督岑春煊，于1906年被查封。

《岭东日报》创刊于1902年5月18日，著论倾向民主革命，曾刊登《论今日改革当以大赦党人为首义》等政论文章，在粤东地区有较大影响，一直办到1908年才停刊。

总之，在兴中会时期，广东报业仍然是改良派报刊占主导地位，革命派报刊尚处于萌芽阶段。值得一提的是，在这一时期，广东出现了除报刊以外的另一种新闻传播媒介——通讯社。1904年1月17日，老报人骆侠挺在广州创办了中兴通讯社，向广州和香港的一些报纸发稿。这是广东的第一家通讯社，也是中国人办的第一家通讯社。

### （二）同盟会阶段(1905—1911)

到了同盟会阶段，广东的新闻事业开始蓬勃发展。据不完全统计，全省各地共出版各种报刊已超过130家，仅次于上海，与北京相伯仲，处于全国亚军的地位。从报刊数量来看，政党性质的报刊居首位，商业报刊、社团报刊和官报也有了较大的发展。

政党报刊在这一阶段发生了很大变化：资产阶级革命派报刊如雨后春笋般出现，压倒了改良派报刊而占居主导地位。在1905—1911年的6年内，广东各地创办的革命派报刊有47家，而改良派报刊只有14家。

革命派报刊主要的有《拒约报》《时事画报》《群报》《国民报》《二十世纪报》《南越报》《平民日报》《人权报》《中原报》《公言报》《可报》等。《拒约报》创刊于1905年8月21日，是同盟会成立后广东最早出现的报纸，总编辑黄晦闻，撰述有钟荣光、陈树人等，他们都是同盟会员。紧接着是同年9月出版《时事画报》，由同盟会员、岭南派画家潘达微、高剑父、高奇峰、陈垣等人主编。这两家报刊都是在反美华工禁约运动的高潮中诞生的，对于增强读者的反帝意识，提高思想觉悟起到了很大作用。《群报》《国民报》《二十世纪报》《南越报》《平民日报》《人权报》《中原报》等，都是一些同盟会员自由组合而创办的。这些报纸以鼓吹三民主义、宣传民主革命为宗旨，成为当时广州报界的中坚力量。《公言报》的创办人陈听香同时在广州创办《佗城日日新闻》《舆论报》《广东报》等几家报纸，由于陈是包揽诉讼出身的，所以他办的这几份报纸都以报道警务、审判见长，被人们戏称为"讼报"。《可报》是在1911年广东咨议局讨论可否在广东禁赌的风潮中诞生的。当时陈炯明等议员认为禁赌可行，遂与朱执信等人创办《可报》加以宣传，其实是借机创办报纸以鼓吹革命。

除广州的报纸外，值得介绍的革命报纸还有汕头的《新中华报》和香山（今中山市）的《香山旬报》。《新中华报》创刊于1907年，由同盟会员陈去病、叶楚伧等人主编。数月后因鼓吹民主革命被当局查封，他们又于1908年4月在汕头创办《中华新报》。1911年该报因报道广州将军孚琦被刺事件而被查封，他们又在潮州以美商名义恢复出版《新中华报》，这种不屈不挠的精神是值得称赞的。《香山旬报》1908年9月16日在石岐镇创刊，是我国比较早的县报，创办人郑岸父是同盟会员。该报抨击贪官污吏、土豪劣绅颇为有力，在当地很受欢迎，并远销新加坡、菲律宾、澳洲及北美一些大城市。1911年2月7日起改名为《香山循报》（周刊），1911年11月香山光复后，改名为《香山新报》（日报），不久又改名为《香山日报》。

同盟会阶段广东的革命派报纸有以下几个特点：第一，这些报纸虽然有浓厚的党派色彩，但并不是同盟会的机关报。它们大多是由一些志同道合的同盟会员自由结合、集资创办的。在大方向一致的前提下，有的比较激进，有的比较温和，各抒己见，有时还在一些小问题上闹点矛盾。这一点与必须听从康有为统一指挥的改良派报刊是不同的。第二，这一阶段广东虽然创办了几十家革命派报刊，但却没有出现像上海《民立报》、汉口《大江报》那样具有全国性影响的大报，这是与作为革命策源地的广东地位不相称的。第三，这一阶段广东的革命派报纸虽然发表了许多鼓吹革命的言论，但却缺乏像《大乱者救中国之妙药也》那样振聋发聩、惊世骇俗的评论，当然也就没有涌现出像章太炎、于右任那样具有全国影响的报人。第四，这一阶段广东出版的革命报纸虽然不少，但是大多数寿命都很短，像《天民报》，头一天创刊，第二天就被查封了，当然不可能有所作为。

这一阶段广东的改良派报纸更是可怜，属于康有为嫡系的只有《国事报》一家，由康党第三号人物徐勤主持，鼓吹君主立宪不遗余力。跟着《国事报》摇旗呐喊的有《羊城日报》《时敏新报》《安雅报》等几家老牌报纸，但不成气候。到1911年辛亥革命爆发，广东宣布独立时，《国事报》在门前贴出字招两张："广东现已独立，快看国事报投降"，公开表示投降，成为报界笑谈。

这一阶段广东的商业性报刊大量涌现。据不完全统计，从1905年至1911年，广东各地出版的商业报刊有26家。这些报刊大致可以分为三类：一类是综合性商业报刊，一类是游艺性商业报刊，一类是专业性实业报刊。

综合性商业报刊著名的有《广州总商会报》《七十二行商报》《粤东公报》等。《广州总商会报》是广州总商会的机关报，以联络商会会员，交流商务信息为宗旨。《七十二行商报》是在《广州总商会报》停刊后由商人重新集资开办的，以"注意商善两界之机关，以坚持现在之办路主义"为宗旨，成为总商会的喉舌，一直办到1937年才停刊，是广东寿命最长的商业报纸。《粤东公报》由大赌商苏秉枢出资创办，却聘请革命派报人李大醒等为主笔，支持民主革命，反对袁世凯独裁，1911年被龙济光查封。

游艺性商业报刊有《天趣报》《游艺报》《粤东小说报》《中外小说报》《广东戒烟新小说》《滑稽魂》《仁声报》7种。《天趣报》"专谈花事，为粤省花界小报之嚆矢",曾被革命派报刊痛斥为"不知人间有羞耻事"。《游艺报》及其他三种小报则利用小说、诗歌、灯迷及粤讴、班本、南音等民间戏曲形式劝人为善。《滑稽魂》是一份画报,"全主诙谐,以极嬉笑形容为宗旨"。《仁声报》名为"仁声",实际上是一份臭名昭著的赌报。广州在这一时期涌现出这么多游艺性报刊不是偶然的,既同岭南文化的通俗化、大众化倾向有关,又同当时人们对时局不满而又无可奈何的情绪有关。

专业性实业报刊在广东出现晚于上海14年。1907年创刊的《铁路公言报》和1911年创刊的《铁路丛报》是比较早的铁路实业报刊。1909年创刊的《砭群丛报》(半月刊)和1911年创刊的《砭群日报》,都是广州阜成实业研究所办的以"鼓吹学术,提倡实业"为宗旨的报刊。其他属于学术团体的报刊有《蚕学报》《国权挽救报》《广粹旬报》《孔圣会旬报》《孔圣会星期报》《保国粹》《经锋》等;属于宗教团体的有《震旦日报》《祖国文明报》《真光报》《广州青年报》等;属于其他社会团体的有《法政丛刊》《初等教育》《协群社报》《自理月刊》《妇孺报》《改良婚嫁会月报》《女界学灯报》等刊。在这些报刊中,值得一提的是《真光报》和《震旦日报》。《真光报》的前身是《真光月报》,1917年又改名《真光杂志》,1926年迁上海,一直办到1942年。该报取名"真光",意为"发扬基督真理之光"的意思,在广东宗教界有较大影响。《震旦日报》为法国天主教神父魏昌茂独资创办,以宣传天主教义和传播西方文化为宗旨,但由于聘请革命志士梁慎余、陈援庵(陈垣)、廖平子、杨匏安等人主持报务,使该报成为宣传民主革命思想的阵地。民国成立后继续出版,1911年"二次革命"失败,龙济光入粤,发行人康仲荦被杀,该报才停刊。

这一阶段广东出版的官报有《广东上方自治研究录》、《粤东公报》、《农工商报》(后改名《广东劝业报》)、《广东教育官报》、《广东警务官报》(后改名《广东警务杂志》)、《两广官报》6家。数量虽比前一阶段多了,但却远远落于北京、上海、天津、湖北、江苏、浙江、四川等省市之后。这大概是因为广东天高皇帝远的缘故罢。

除报纸外,这一阶段创办的通讯社只有一家——展民通讯社,却出现了广东省的第一个新闻团体——广州报界公会。该会成立于1908年,最初的会员报只有《安雅报》《羊城日报》《时敏报》《岭海报》《七十二行商报》

等 10 家报纸。其任务是：由公会每日汇集新闻稿件供各会员报馆刊登；收集全省报纸设立阅报处供会员报参考；遇有重大政治事件,由公会决定采访方针,统一采访策略。经过一段时间的努力,报界公会成了当时广东最有力的社团之一,凡遇重大问题,当局皆向其咨询。民国以后该会继续存在。

## 五、民国初期的广东新闻事业

民国初期是指从 1911 年 11 月广东宣布独立到 1919 年"五四运动"的这段时期。在这七年多的时间里,广东各地出版的报纸(不含期刊)共有 68 家,其中具有政党背景和政治倾向的 47 家,纯商业报纸 16 家,官报 3 家,专业报纸 2 家。这段时期广东的新闻事业同全国大多数省市一样,先是有过一段短暂的、虚假的繁荣,接着就受到无情的摧残,然后有点小小的复苏。

1911 年 10 月 10 日武昌起义和 11 月广东宣布独立后,广东人民欢欣鼓舞,以为从此结束了封建专制统治,获得了民主自由。特别是 1912 年 3 月 31 日颁布的《中华民国临时约法》中规定了"人民有言论著作刊行之自由"以后,各种报刊纷纷出现,形成了继戊戌变法、辛亥革命之后的又一次办报高潮。从表面上看报坛是一派繁荣景象,然而这种繁荣是虚假和短暂的。

说它是虚假的,是因为民国成立后,广东和全国一样,出现了形形色色的资产阶级政党,如国民党、共和党、统一党、进步党等,他们办报的目的是为自己拉选票;一些官僚政客、文人办报,是为了提高自己的声望,在中央和地方的议会中分到一杯羹。另外,办一份报纸用不了多少人力和经费,只要有一台印刷机、几副铅字、一两个编辑、三五个工人就可以了,何乐而不为呢。所以当时这样的现象屡见不鲜:某人得了一个要职,便办一份报纸来为自己作宣传,某人下台了,报纸也就停刊了;或者根本不用任何印刷设备,花点钱,请个人,一把剪刀、一瓶浆糊就办起一份报纸。说它是短暂的,是因为随着孙中山把临时大总统的职位让给袁世凯以后,报界的厄运也就随之而来。首先是在封建顽固势力比较强大的省市,查封报馆、迫害报人的事件屡有发生。令人不解的是,由同盟会员陈炯明任代理都督的广东,也发生了封报、杀人事件。接踵而来的"癸丑报灾"更使广东报业一蹶不振。所以说民国初年广东报业的虚假繁荣是短暂的。

在"癸丑报灾"中广东是重灾区,袁世凯在广东的代理人龙济光在一天之内就查封了国民党系统的《中国日报》《平民日报》《讨袁日报》《中原报》《觉魂报》《民生报》6家报纸,并枪杀了反袁报纸《震旦日报》的发行人康仲荦。接着,袁世凯为了钳制舆论,先后颁布了《报纸条例》和《出版法》,对报刊言论实行新闻检查,封报、抓人的事件更是层出不穷,报纸、报人噤若寒蝉,广东报业陷入低潮。1916年袁世凯死后,龙济光退出广州,旧桂系、滇系军阀打着"护法"的幌子相继入据广东。在封建军阀统治下,广东新闻界出现了形形色色的怪现象:一是军阀、官僚聘请报人担任顾问、咨议,并授以官衔;或是给某些报馆以财力支持;或是以发放津贴的方式来收买报人;总之是要收买报纸成为自己的喉舌。而办报人则把办报视为当官发财的终南捷径,人格、报格大为堕落。据不完全统计,当时接受各种贿赂的报纸有30多家。二是许多报馆为了赚钱,挤出一部分房间来开鸦片烟馆,毒害人民。当时干这种勾当的报馆仅广州一地就有26家。三是出现了"套版报""搭版报"和"鬼报"。所谓"套版报",就是一家母报办有一二份子报,母报排版印成后,内容大致不变,再换成子报的名称印刷出版;所谓"搭版报",就是一家报纸印成后,新闻和部分著述保留,再换上另一家报纸的名称出版;所谓"鬼报"就是一家报纸印成后,内容一字不变,只是换上另一个报名即行出版。这种"鬼报"一般只印两三份,一份呈警察局备案,一份贴在报馆门前,一份送老板交差。当时广州的《南方报》《商权报》就是这样的"鬼报"。四是黄色报刊泛滥。当时的广州除老牌黄色报纸《天趣报》《游艺报》十分畅销外,其他报刊也争相以黄色内容去迎合读者。这种情况出现的原因,是由于在反动军阀统治下,言论受到钳制,文人办报有诸多风险,于是部分报人渐入颓唐,乐得以黄色内容讨好读者来赚钱糊口。

总之,在袁世凯和反动军阀统治的时期,是中国近代新闻史上最黑暗的时期,广东报业概莫能外。

## 六、"五四运动"和国共合作时期的广东新闻事业

1919年发生的"五四运动"对广东学界有一定影响,但对广东新闻界的影响不大。一是天高皇帝远,民主之风吹到广东来已成强弩之末;二是因为当时的广东处于桂系军阀的反动统治之下。所以,当参加火烧赵家楼的粤籍学生郭钦光死难的消息传到广东以后,广州、佛山、潮汕、梅县、东莞、海口等地的学生举行过声援大会和示威游行,但很快就被桂系军阀镇压下去了。新闻界只有几家报纸报道了学生运动,其余报刊基本上按兵不动,所以没有造成很大声势。

广东革命民主主义报刊的发展是从1920年孙中山率粤军回粤驱逐桂系军阀以后才开始的。1920年,粤军首领陈炯明邀请《新青年》杂志主编陈独秀南下广东。北京大学毕业,参加过"五四运动"的粤籍学生谭平山、谭植棠、陈公博等随之而来。他们在陈独秀的支持下成立了广东共产主义小组,并且创办了《劳动者》周刊。该刊前四期由无政府主义者梁冰弦和刘石心主持,鼓吹"由农夫劳动者组合,把一切政治机关推翻,把一切金钱组织推倒"。不久陈独秀改组广东共产主义小组,梁、刘二人退出,这个刊物才走上正确的轨道。同年10月,由谭平山等人主办的《广东群报》在广州创刊。1921年2月广东共产主义小组又创办了《劳动与妇女》杂志,其目的是将劳动妇女发动和组织起来去争取自身的解放。以上三份报刊就是广东省出版的第一批无产阶级报刊。从此,广东的新闻事业掀开了新的一页。

1921年7月1日中国共产党成立后,掀起了波澜壮阔的新民主主义革命运动,作为革命运动的策源地的广东,革命报刊也得到蓬勃发展。

1923年6月,中共第三次代表大会在广州召开。会议决定将《新青年》杂志和《向导》周报由上海迁来广州出版。前者作为中共中央的理论机关刊物着重介绍马克思主义的经典著作,从理论上阐述党的纲领和路线;后者作为中共中央的政治机关刊物则着重宣传国共合作和指导党的工作。《向导》在广州出版的时间虽然只有两月,但对广东的革命报刊仍有一定影响。

除中共中央主办的刊物外,广东的共青团组织于1923年3月创办了

《青年周刊》,7月创办了《新学生》月刊,1926年9月又创办了《少年先锋》;党领导的中华全国总工会于1925年5月在广州创办了机关报《工人之路》,在省港大罢工的高潮中又出《工人之路特号》(日报),及时指导了这场罢工斗争;党领导的广东农民协会1926年1月创办了《犁头》月刊;中共广东区委则于1926年2月7日创办《人民周刊》。这些报刊在反对国民党右派和巩固广东革命根据地的斗争中起到了一定作用。

1924年春,中国国民党在广州召开了第一次全国代表大会,国共合作正式形成。有共产党人参加的国民党逐渐建立起自己的报刊宣传系统,国民党中央宣传部主办的有《政治周报》,工人部主办的有《革命工人》,农民部主办的有《中国农民》和《农民运动》,军事委员会政治训练部主办的有《政治工作日报》和《军人日报》,北伐军总政治部主办的有《革命军日报》,而最为活跃的则是黄埔军校。当时,周恩来担任军校政治部主任,一批共产党员被派往军校做政治工作。在他们的支持下,各派观点的学员创办了许多报刊,比较知名的有:《中国军人》《陆军军官学校壁报日刊》《黄埔武力日刊》《军人日报》《黄埔生活周刊》《黄埔潮周刊》《黄埔旬刊》《黄埔日刊》《突击》等。它们是我国第一批革命军人报刊。此外,国民党广州市党部也办了自己的机关报《广州民国日报》。

以上就是这一时期国共两党报刊的大致情况。这一时期的党派报刊具有以下几个特点:一是国民党的报业开创了新局面,中央一级报刊和工、农、军、学报刊都有了很大发展;二是在国民党报刊中有许多共产党员参加编辑工作,有的还担任主要职务,如国民党中央宣传部的机关刊物《政治周报》,就是由共产党员毛泽东、沈雁冰、张秋人先后担任主编;三是共产党的报刊同国民党的报刊结成统一战线,拥护国共合作,拥护国民革命,拥护孙中山的联俄、联共、扶助农工的三大政策,同国民党右派所办的报刊进行了针锋相对的斗争。

国共合作和北伐战争给广东带来了高涨的革命热情和宽松的政治氛围,因而这一时期广东的商业报刊也得到很大发展。据不完全统计,从1971年至1927年初,广东各地涌现出来的报纸(不计期刊)有58家,大部分集中在广州。值得一提的是,这一时期的商业报纸开始走企业化的道路,逐渐形成报业集团化经营的模式,进行着激烈的竞争。其中担任主角的是远东公司和惠民公司。远东公司老板李抗希于1914年在广州创办《新报》,颇受读者欢迎。在以后的十年中,他又相继创办《快报》《真共和报》和《新国华报》,一时四报并存,远东公司遂成为广东最大的报业公司。惠民公司老板王泽民先是经营印刷业,于1915年开始创办《国华报》,以后又派生出《越华报》等报纸,形成另一个报业公司。两家公司在报业竞争中各出奇谋,不择手段,此消彼长,闹得沸沸扬扬,其中最有趣的是真假《共和报》和新旧《国华报》的竞争。

《共和报》是一家1912年创刊的老牌黄色报纸,原来销售近万份,但在"五四运动"以后销量大减,濒临倒闭。远东公司便乘人之危创办《真共和报》,企图将《共和报》挤垮。但因该报内容一本正经,不受读者欢迎,且报费高于《共和报》,故创刊后不但不能动摇《共和报》的基础,反而拉走了远东公司所办《新报》的读者,使《新报》一蹶不振。惠民公司的《国华报》力求适应各阶层读者的需要,又不流于黄色,发行量达1.5万份以上。《国华报》的成功使许多人眼红,于是便有《真国华报》《国华时报》《国华早报》等以"国华"命名的报纸出版。远东公司也不甘寂寞,便创办一份《快报》(晚报)与《国华报》竞争,结果反而大亏其本。但远东公司仍不甘心,又采取鱼目混珠的办法,创办一份《新国华报》作最后一搏,结果也是失败。后来,远东公司属下的四家报纸虽然几经改组,仍然难以维持,到1914年四家报纸的招牌同时从远东公司除下,老板李抗希弃报经商,最后客死高州。而惠民公司除《国华报》外,又于1926年创办《越华报》,主持人陈柱廷锐意经营,采取了延聘知名人物参与办报,自办发行,实行股份制等措施,使报纸业务蒸蒸日上,成为二三十年代广东经营管理最好的一家报纸,一直办到1950年才停刊。

在报业大发展的同时,广东的通讯社也有增长。据不完全统计。从1920年至1926年,广东的新闻通讯社有21家,其中最重要的一家是中央通讯社。该社成立于1924年4月1日,由国民党中央宣传部主办,是我国第一家政党通讯社。1927年该社随北伐军迁至武汉,1928年迁至南京,成为国家新闻垄断组织。

为了适应新闻事业发展的需要,广州新闻记者联合会于1926年10月

10日成立。它是一家由进步记者组织的新闻团体,其"筹备缘起"中明确宣称:"我们老实不客气地说,要废除不平等条约,要打倒媚外卖国的军阀官僚……要宣传我们的革命真谛,所以要集合革命先导的同人";它号召"广州的记者们,有同情奋斗于革命战线上,不肯作军阀官僚豢养下的工具么,请集中在这个革命大本营的记者团内"。该会举行成立典礼时,鲍罗廷、何香凝、邓中夏、苏兆征等人都前往参加。

## 七、十年内战至广州沦陷前的广东新闻事业

由于这一时期全国相对统一(只有少数地区存在军事对抗),社会比较稳定,经济、文化得到较大发展,人民生活有也较大改善,因而两广各地的新闻事业进入了一个稳定发展的时期。

1927年蒋介石发动"四一二"政变后,广东各地进行"清党"。在白色恐怖下,中共报刊转入地下。1927年11月中共广东省委出版《红旗》半周刊;1927年12月12日广州起义当天,又出版《红旗日报》,印刷了25万份。起义失败后,中共广东省委相继出版过《红旗周刊》、《红旗特刊》、《南方红旗》、《学习》半月刊、《红五月》、《两广实话》、《半周大事记》、《觉悟特刊》等地下刊物,借以联系群众、教育党员、指导斗争。但客观地说,十年内战时期中共在广东所办的报刊就其规模和影响力来说都与国共合作时期不可同日而语。

与此相反的是,由于国民党在广东确立了统治地位,省、市、县三级党政机关都办起了自己的机关报。除老牌的《广州民国日报》外,全省许多地方都办起了《民国日报》,形成强大的国民党系统的新闻宣传网络。

在国民党报纸的带动下,商业报纸在这一时期也得到一定发展。据吴霸陵所著《广东之新闻事业》记载,从1927年至1937的十年间,广东各地相继出版的报纸(不含刊物)有127家(其中1932年出版的就有92家)。这个数字比1917年至1927年十年间出版的报纸66家多了将近两倍(见《广东文物》)。但这个数字比起当时的上海来差得很远,这是因为国民政府在南京成立后,全国政治、经济中心北移的缘故。

这一时期的广东报业有这样三个特点:一是政治意识淡化,商业意识

增强。由于全国相对统一后我国进入了一个新的发展时期,大家的注意力有所转移,不再像过去那样总是在一些意识形态问题上争来争去。尽管广东靠近国共内战的赣南地区,但对广东新闻界的影响并不大。因为国民党在清除了反蒋的地方势力之后,巩固了中央对广东的控制,自然要力求稳定。即使是国民党系统的报刊,也尽量向商业化方向靠近,以各种方式去迎合读者。二是报纸管理企业化日趋成熟,采编业务有了较大改进。三是各地、县出版的报纸从数量上第一次超过广州。据不完全统计,这一时期广东各地出版的报纸有97家,其中办报最活跃的是潮汕地区和珠江三角洲各县。当时,汕头、潮州、珠江先后出版报纸37家,佛山、台山、中山、江门、新会、惠州、宝安等县出版报纸31家,就连比较贫穷的韶关、南雄、曲江、广宁、揭阳、肇庆、四会、兴宁、高州、阳江、开平、合浦(今属广西)、海口等县,也都办起了报纸。

"九一八""一·二八""一二·九"和"双十二"事件以后,全国人民抗日爱国情绪高涨,广东相继出现了一些救亡报刊,像《存亡旬刊》《南方青年》《新光》等,揭露日本人的侵华罪行和国民党的卖国政策,宣传中国共产党的抗日主张和群众的抗日斗争。1917年1月,国民党中央宣传部接管《广州民国日报》,改组为《中山日报》继续出版;主持粤政的余汉谋在广州创办《民族日报》。1930年1月1日,由中共领导的《救亡日报》从上海迁到广州出版,为广东报坛增添了生气。

在这一时期,广东的通讯社事业和广播事业有较大发展。"四一二"后,通讯社只剩2家;1928年增至5家;1929年至1930年,在广州履行登记手续的有21家;1931年至1934年新成立的通讯社有43家;到广州沦陷前的1938年的4月2日,经内政部登记的通讯社仍有29家。其中比较像样的只有中央通讯社广东分社和《中央日报》办的广州通讯社。

在这一时期,广东开始有了无线电广播电台。第一座是广州市播音台,1927年冬开始筹建,1929年5月6日开始播音,呼号为CMB,由广州市政府直接管理。这是全国第十座广播电台。它比外国人1923年在上海建立的奥斯邦电台晚了7年,比中国人1926年在哈尔滨建立的广播电台晚3年,比北京、天津最早的广播电台晚2年,比香港的广播电台晚1年。1934

年前,广州还有一座由军队办的中波播音台。1935 年,"广东王"陈济棠为了和蒋介石对抗,在广州石牌筹建一座大功率的广播电台,部分设备已安装好,旋因陈下台而停建。除官办电台外,30 年代中期出现了许多座私营广播电台,其中有资料可查的有两家:一家为广用学术广播电台,另一家为现代无线电广播电台。为什么香港、广州广播电台的出现会比上海、哈尔滨、北京、天津晚几年?按说香港、广州的物质、技术条件并不比上述几个地方差,原因恐怕只能从政治方面去找了。

## 八、广州沦陷时期的广东新闻事业

全面抗战初期,北平、上海等大城市相继沦陷,一些报纸纷纷南迁,使广州一时成为华南抗日宣传中心。广州沦陷前,广东各地出版的报纸有 37 家,其中广州 12 家。它们是:国民党中央宣传部办的《中山日报》,第四路军办的《民族日报》,国民党广州市委办的《广州日报》,国共两党办的《救亡日报》,还有商办的《越华报》《国华报》《现象报》《公平报》《七十二行商报》《环球报》;另外还有两家晚报:《中山夜报》和《国华报午刊》。

1938 年 10 月 20 日,日军占领广州。除《中山日报》迁至韶关,《民族日报》迁至肇庆,《救亡日报》迁至桂林外,其余报纸全部被迫停刊。

广州沦陷期间,广东省政府迁往韶关,使韶关成为粤北的政治、文化中心,与广州的敌伪势力形成对峙之势。因此,这一阶段广东的新闻事业分成了互相敌对的两个部分:一部分是国共第二次合作状况下的抗日新闻事业;另一部分是日本侵略者和汪伪政权的敌伪新闻事业。

《中山日报》随省政府迁往韶关后,1939 年 5 月 1 日开始发行。半年后,以省政府为背景的《大光报》在曲江创刊;一年后,第七战区司令部主办的《阵中日报》(后改名《建国日报》)在韶关创刊。这样,在粤北地区就形成了这三家大报鼎足而立之势。它们之间互相竞争,在新闻报道和印刷技术方面都有所改进。与此同时,在粤北地区还出版了《采风报》《粤报》《华报》等十多家四开小报。

1944 年 6 月,日军发动了新的攻势,韶关腹背受敌,在这里出版的报纸不得不进行疏散和转移。《中山日报》先后在梅县和梧州设置了分版。《大光报》和《建国日报》先后在坪石、连县、兴宁设置了分版。1945年2月韶关沦陷后,中山日报社员工迁至粤东的老隆,还未来得及出报,日本投降;大光报总社迁至老隆继续出版;建国日报总社则并入兴宁版。至于迁到肇庆去的《民族日报》,1944年9月16日肇庆被日军占领后,又迁到新兴县的洞口圩继续出版。日本投降后,这几家报纸都迁回广州。

除了上述几家国民党系统的报纸外,中共广东省委在抗战时期与抗日救亡工作者合作,先后在广州、韶关等地创办过《抗战大学》《救亡呼声》《新华南》等70多种报刊,并在东江、粤中、珠江、琼崖等抗日游击根据地创办了《前进报》《人民报》《抗日旬报》《正义报》《抗日新闻》等报纸。这些报刊因游击区条件很差,大都是用蜡纸刻印的,但却对抗日军民起到了很大的宣传鼓舞作用。与此同时,广东各地的抗日民众在党的影响下也办起了一些抗日报刊,如韶关的《晨报》、罗定的《三罗日报》、梅县的《民报》、老隆的《龙川日报》等。据统计,1939年广东各地出版的报纸共有25家,它们大多能够站在爱国抗日的立场上宣传抗战,宣传团结,宣传进步,对于巩固抗日民族统一战线起到了一定作用。

与抗日民族统一战线相对立的是敌伪的新闻事业。广州沦陷后,侵华日军为了宣传所谓"东亚共荣",先后在广州创办了中文报纸《广东迅报》和日文报纸《南支日报》。这两家报纸都由日本南支派遣军报道部领导,由日本特务唐泽信夫主持。1941年底《广东迅报》又增出《广东迅报晚刊》,是为广州沦陷时期的第一份晚报。这三份报纸虽然采取强制性办法发行,但由于内容反动,为人民所不齿。

与此同时,汪精卫汉奸政权的伪广东省政府于1939年11月1日在广州创办伪《中山日报》,与在韶关出版的国民党《中山日报》唱对台戏。同年12月,伪"广州治安维持会"创办《民声报》,后维持会改称广州市政府,该报遂成为伪市政府的机关报。这两份报纸名为汪伪政府所办,实际受日本南支派遣军控制,两报所发消息大多来自日本同盟社和汪伪中央通讯社的电讯稿。

广州沦陷期间,也出现了几家所谓的"商办"报纸。一家叫《中兴报》,由原《公评报》股东钟某出资开办;另一家叫《公正报》,由贾讷夫主持;还有一家是叫《群声报》,由欧阳伯川主持。这三家报纸名为"商办",实际上也受南支派遣军控制。1944年底,广州又出版了两家晚报:《民声晚报》和《新越晚报》。上述报纸,到1945年8月15日日本投降时都先后停刊。

这一时期广东的通讯社不多。一是国民党的中央通讯社广东分社,广州沦陷后迁到韶关;二是日本同盟通讯社广东分社;三是汪伪政权的中央通讯社广东分社;四是太平洋战争爆发前夕日本海军在广州开设的南华通讯社。

这一时期广东的广播电台也不多。广州沦陷后,省会北迁。1940年省政府在韶关建立广东广播电台,每天播音8小时,分别用国语、粤语、客家语、日语和英语播出,对宣传抗战起到过一定作用。与此同时,日军在广州利用原广州播音台的设备,办起一座敌伪广播电台,对中国人民进行奴化教育。至于私营电台,广州沦陷后已荡然无存。

广州沦陷期间,日军为了更好地控制新闻界,由《广东迅报》发起成立了一个新闻团体——"广州报界联合会",最早只有日伪的几家报纸参加,完全由日军报道部控制。后又吸收了几家"商办"报纸,改名为"广东新闻记者协会",交由伪省政府管理。

这一时期的广东新闻事业有两个特点:一是在广东沦陷省会北迁韶关后,形成了相对稳定的南北对峙的报业格局。以韶关为中心的抗日报纸与以广州为中心的敌伪报纸互相对抗。最典型的是在韶关有国民党的《中山日报》和中央通讯社,在广州也有汪伪政权的《中山日报》和中央通讯社,双方互争正统。这是其他省份所没有的。二是广东与香港的爱国报纸、报人互相交流、互相支持。1938年10月广州沦陷后,许多广州的报人逃往香港,在那里继续办报;1941年底太平洋战争爆发后香港沦陷,又有许多香港报人转移到韶关办报:有人是另起炉灶办新报,有人则参加当地的报纸工作。他们把香港的办报经验和方法带到了韶关,促进了当地的报业发展。这一点更是其他省份所没有的。

## 九、解放战争时期的广东新闻事业

1945年8月15日日本投降后,广东的新闻事业发生了很大变化。一方面,敌伪报刊、通讯社及其他广州沦陷后出版的报纸陆续停办;另一方面,在战时省会韶关的报刊、电台和通讯社陆续迁回广州,一些战前在广州出版的报刊也纷纷宣布复刊,同时又出现了一些新报刊。

战后的广东同全国各地原敌占区的情况一样,首先围绕着争夺敌伪报业资产问题,各派"劫收"大员斗争激烈,引起报坛混乱。1945年10月国民党中央宣传部派员赴穗加以"整治",将主要敌伪报业资产收归己有,报业秩序才渐趋稳定,形成了新的报坛格局。

1945年8月至1947年8月,广东的报刊、通讯社畸形发展,呈现出一派"繁荣"景象。据统计,广东各地出版的报纸在百家以上。国民党的党政机关报、军队政工报、各派政治势力的半官方报、民营商报、方型小报(一种方型的小报的变种,因形式奇特,很畅销),以及共产党领导的民主进步报刊,一应俱全。此外还有相当数量的香港报刊和美英新闻处出版的报刊在穗发行。这两年成立的通讯社也有近百家。造成这种畸形繁荣的原因,主要是战后各个政治势力和利益集团都想拥有自己的言论机关,以便在未来的"民主建国"过程中争得一定的地位和权力,何况那些"劫收"大员不用花自己一分钱就能办一份报刊或通讯社,又何乐而不为呢。可惜这种畸形繁荣的局面没有维持多久,到1947年后金融市场动荡,全国物价飞涨,许多报纸纷纷停刊,有的则进行合并改组,广东报坛日渐萧条。到广州解放时,旧报刊已所剩无几了。

这一时期在广东报坛占主导地位的当然是国民党党、政、军系统的官报和半官报。最早在广州出版的是从韶关迁回广州的《中山日报》,接踵而来的是《中正日报》和《和平日报》。1945年8月,国民党广州市党部主办的《广州日报》复刊。1946年6月1日,广东省政府主办的《华南日报》出版。1947年元旦,国民党广东省党部主办的《岭南日报》出版。1948年春,宋子文出任广东省政府主席,他将《中山日报》《岭南日报》《和平日报》和广州市政府的《广州日报》四家报纸合并改组成《广东日报》,于5月1日出版。1949年春,国民党中央和国民政府南迁广州,又将《广东日报》改组更名为《中央日报》(广州版)进行反共宣传。到广州即将解放时,该报人员逃走,遂自动停刊。以上几家国民党报纸,虽然财大气粗,多半由机关订阅,但因其逆历史潮流而动,靠造谣过日子,故读者很少,影响不大。除广州外,广东一些县的国民党党部也办起了自己的报纸,如博罗县的《博罗日报》,增城县的《浩然报》,郁南县的《南风报》等。这些报纸大都规模很小,内容除少量"县闻"外,大多采用国民党通讯社的稿件,故影响不大。

办得较好的是几家半官方报纸和商报。1911年创办于香港的《大光报》,太平洋战争后迁至韶关,受广东省政府的支持。日本投降后迁来广州,其高潮期广州版日、晚刊合计日出14版,并同时出韶关版、汕头版、湛江版和海南版,还控制着几家小报。该报社长陈锡余仿效上海《大公报》,注重言论,派出记者到东北、华北战区采写消息,在公务人员和知识分子中有一定影响,在经营管理上也有一套办法,算得上是一家比较成功的报纸。与它同性质的半官方报《建国日报》和《西南日报》,在言论上对国民党"小骂大帮忙",消息多采用外国通讯社稿件,也比较受读者欢迎。然而,销量在万份以上的还是几家老牌商报,即《越华报》《国华报》《现象报》和《公评报》。这几家报纸都创办于一二十年代,广州沦陷后被迫停刊,日本投降后复刊。他们凭着雄厚的物质力量和原有的读者基础重新杀回广州报坛,对言论和政治新闻不感兴趣,在社会新闻、四乡新闻和商业行情上下功夫,营造自己的"王牌版面",并充分利用毗邻港澳的地理环境与香港的报纸互通有无,交换信息,所以销量执报坛之牛耳。

值得一提的是这一时期盛行的方型小报,它们在形式上仿照同期的上海小报,但在内容上则有所不同:不是以黄色内容为主,而是热衷于揭发内幕和互相攻击。最早出版并受到广东行营主任张发奎暗中支持的是《原子能报》。该报标榜"敢于攻击权贵,大胆揭露黑幕",每期预先将下期文章要目在广告栏中公布,以引起哄动效应,吸引读者,故在广州报坛异军突起。但由于纠纷较多,办到8月即告夭折。此后,方型小报即大量出笼,但都被充作争权夺利的工具而旋起旋灭。至于一些同样性质的讽刺性画报,如《乌龙王》等,其命运也是如此。

这一时期的民主报刊则经历了艰苦曲折的过程。战后最早复刊的《广州晨报》到1945年12月即被查封。1946年4月,在香港出版的进步报纸《华商报》和《正报》在广州设立了办事处,发行这两家报纸,但不久又被国民党查封。同时遭查封的还有一家由香港迁来才两月的《人民报》,这是由中国农工民主党创办的报纸,1946年3月创刊于香港,同年4月迁来广州,只出了30期即遭查封。1946年10月10日,由中山大学教授、归国华侨章导等人创办的《每日论坛报》在广州创刊。该报大力支持反内战、争民主的学生运动,1947年5月31日被国民党当局强行查封,并逮捕章导等报社记者、编辑、职工47人。除这几家公开发行的进步报纸外,当时广州还有几家秘密发行的油印刊物,如中共广州市委主办的《学习知识》,广州市学生联合会主办的《广州学生》等,但发行时间都不长。出版时间比较长的是中共领导下的几个游击区发行的报刊,如《前进报》《北江报》《粤桂边人报》《团结报》《星星报》《大众报》《粤赣报》《进军报》《人民报》等。其中人员较多、影响较大的是东江纵队发行的《前进报》和中共潮汕地委主办的《团结报》。

通讯社事业在日本投降后的一段时间里盲目发展,仅广州成立的通讯社就有近百家,分为官办、半官办和民办三类。官办通讯社以国民党中央通讯社广东分社为主,另外广东省政府办的华南通讯社亦有一定规模。至于民办通讯社,一般规模很小,设备简陋,有的只有一二人,没有编辑部或办公室,只是设在私人住宅内。有的通讯社很少发稿,甚至根本不发稿,只不过借通讯社之名招摇撞骗而已。

广播事业在这段时期有较大发展。日本投降后,国民党中央广播事业管理处即派员接收了日伪电台的器材,并留用6名日籍技术人员,于1945年9月27日建立广州广播电台,由中央广播事业管理处直接管理,播音除国语、粤语、客家语外,还增加了潮州语。1948年12月,迫于解放战争的节节胜利,南京国民党政府打算迁都广州,蒋介石亲自下令将广州广播电台改建为大型电台,已经在石牌开始筹建,但尚未建成广州解放,购买的大型发射机只好运去台湾。除广州广播电台外,这一时期广东各地还有11座电台播音。其中署名公立的电台有军中、市府、警声、新闻、胜利、新生6家,署名私营的有时代、革新、风行、华电4家,还有一家华南广播电台,属公属私不明。

这一时期成立的新闻团体有两个:一个是成立于1946年4月的广州市新闻记者公会,一个是成立于1949年8月的广州市新闻通讯业协会。前者成员包括报社、通讯社的负责人和工作人员,后者只是通讯社的团体,成员不多,成立不久广州解放便自动停止活动。

这一时期的新闻系也有两个:一个是私立广东国民大学新闻系,一个是广州文化大学新闻系。前者创办于1941年,广州沦陷后迁往开平,抗战胜利后迁回广州,解放后合并于华南联合大学;后者创办于1945年春,先在粤北砰石镇,日本投降后迁到广州,系主任是彭芳草,教员有章导、陈朗等。

## 十、新中国成立后的广东新闻事业

1949年10月14日广州解放后,21日广州军事管制委员会成立,随即着手清理旧社会留下来的新闻宣传阵地。先是对国民党中央和地方党、政、军系统所办的报纸、通讯社、广播电台进行接管,接着又颁布了报纸杂志通讯社登记暂行办法、新闻记者登记办法、反动书报色情刊物淫秽画片取缔办法、禁止反动报刊入境和禁止无外交关系的外国记者在广州活动的办法等。清理工作到1949年底基本完成,接着又对私营报刊进行整顿。老牌大报《国华报》《越华报》《现象报》等或因解放前接受过国民党的津贴,或因屡屡发生报道差错,于1950年被勒令停刊,一些申请复刊和申请登记的报纸未获批准。在整顿私营报纸的过程中,军管会对因停刊而失业的报社职工作了安置。1950年,广州市人民政府又颁布救济失业新闻工作者办法,介绍他们就业,生活困难者发给救济金。广州以外各市县的做法也大致相同。

在清理、整顿旧报刊市场的同时,党领导下的新型人民报刊相继出版。1949年10月23日,中共华南分局机关报《南方日报》在广州创刊。《南方日报》的前身是在香港出版的《华商报》。早在这年7月,中共香港工委就向《华商报》负责人传达任务,要他们了解广州报界情况,提交一份关于广州解放后创办一份华南分局机关报的报告。9月,接南方分局指示,一旦广州解放,《华商报》立即停刊,全部人员转移到广州创办《南方日报》。在《华商报》员工的努力下,广州解放不到10天,《南方日报》就同读者见面了。以后,《南方日报》长期作为中共广东省委的机关报,一直出版到今天。

1950年,由致公党人主办的《新商晚报》,由广州市总工会主办的《广州工人》,由广州电信局主办的《电信工人》,由广州市公安局主办的《广州公安》,由广州粮食局主办的《粮工导报》,由广州市学生联合会主办的《广州学生》等报刊相继出版。它们作为《南方日报》的补充,担负起指导广州地区各项工作的任务。1952年12月1日,中共广州市委的机关报《广州日报》创刊。1957年10月1日,《羊城晚报》创刊。该报创刊之初,由广东省委领导,但又有别于机关报。在陶铸同志提出的"寓共产主义教育于谈天说地之中"、"移风易俗,指导生活"的办报方针指导下,《羊城晚报》在新闻、副刊两个方面下功夫,很受读者欢迎,逐渐成为具有全国影响的大报。1961年,由于纸张缺乏,与《广州日报》合并,成为中共广州市委机关报,《广州日报》停刊。

除广州外,广东各地的党、群组织也相继创办了自己的机关报。据不完全统计,从1950年到"文化大革命"前的1966年,广东各地相继创办的报刊有近百家,在全省范围内形成了一个比较完整的党报网络,在宣传党在各个时期的中心工作方面发挥了积极作用,同时又受到"左"的思想的影响,在宣传报道上出现过诸如浮夸风这样的错误。

从新中国成立到"文革"前这段时间,广东的通讯社只有新华社广东分社和中国新闻社广东分社两家,而广播事业则得到很大发展,并开始有了电视。1949年10月20日广州军管会派人接收国民党广州广播电台和其他公营电台,建立了广州人民广播电台。1950年6月,又建立了广东人民广播电台,并在全省范围内建立收音网,开办《纪录新闻》节目。1951年3月,广州电台增办了第二台(工商台)。1954年,全省102个收音站改为广播站,开始采播自己的节目。1959年9月30日,广东第一座电视台——广州电视台开始试播。1960年11月,广东台第二台和广州台第三台(教育台)正式播音。到1965年,广东(含广州)已有5个系列广播电台,发射功率达159.3千瓦,比1950年增加18.2倍,在全国处于前列。

十年浩劫期间,广东新闻事业受到严重摧残。除《南方日报》外,包括《羊城晚报》在内的几乎所有报纸都被迫停刊;广播电台也主要是转播中央人民广播电台的节目;广州电视台停播。这段时间广东的新闻事业同全国一样,比中国近代史上任何一个历史时期都惨,各地情况也大致类似。

党的十一届三中全会拨乱反正后,改革开放的春风吹遍神州大地,广东新闻事业才又呈现出蓬勃生机,并得到很大发展。具体体现在以下几个方面。

(1) 报刊数量大增。改革开放之初的1979年,广东全省公开发行的报纸只有8家。随着广东经济的迅猛发展,人民群众对各种信息和精神食粮需求的增强,到1997年底,广东省有国家统一刊号的报纸达18家,有省内刊号的110家,全省总共有228家报纸,新闻从业人员3.8万人。

(2) 报纸品种繁多。"文革"前,广东各地的报纸都是各级党、群组织的机关报。改革开放后,除机关报外,晚报、经济报、企业报、科技报、政法报、文化报、娱乐报、教育报、体育报、旅游报、侨乡报、青年报、少年报、妇女报、老人报等不同类型的报纸大量涌现。这一情况充分反映了广东的地理特征和时代特点。像停刊多年的《侨乡报》的恢复,像经济企业类、政法类、文化娱乐类、旅游休闲类、教育体育类报纸的创办,都是适应广东毗邻港澳、华侨众多和改革开放、经济腾飞需要的产物。其中企业报兴起最具时代特色。据不完全统计,至90年代末,广东各工厂、企业出版的报纸在1 000家以上(许多并未登记),成为教育职工,加强管理,推销商品,树立企业形象的有力工具,这同市场经济的发展是分不开的。

(3) 各报争相扩大版面,增加信息量。改革开放前的报纸,大多是对开四版,很少刊登广告。1987年1月1日,《广州日报》率先在全国省市级报纸中由对开四版改为对开八版。接着,扩版之风在南粤大地兴起。到2000年《广州日报》已扩充到对开五大张二十版以上;《羊城晚报》《深圳特区报》扩充到四大张十六版以上;《南方日报》《珠海特区报》扩充到三大张十二版以上,其他报纸的版面也有所扩充。版面多了,信息量自然有所增加,而增加得最多的还是广告。1997年全国广告收入超过亿元的报社,有15家,广东就有5家,占1/3。1999年《广州日报》广告收入达9.72亿元,《深圳特区报》广告收入也有4.8亿元。

(4) 争办系列报,率先成立报业集团。南方日报社出版的系列报有《南方周末》《广东农民报》《海外市场报》《南方都市报》《花鸟世界报》和《广东画报》;羊城晚报社出版的系列报有《羊城晚报港澳海外版》《粤港信息报》《羊城体育报》和《象棋报》；广州日报社出版的有《广州青年报》《岭南少年报》《广州文摘报》《信息时报》《交通旅游报》《老人报》《足球报》和《广州日报海外港澳版》；其他一些大报，像《深圳特区报》《珠海特区报》《汕头日报》《湛江日报》等，也办起了自己的系列报。在这些报纸当中，有的子报创出了名牌，在发行量和全国性影响方面反而超过了母报。像《南方周末》和《足球报》就是如此。除创办系列报外，广东报界的多种经营搞得十分活跃。他们或者创办广告公司，或者经营房地产，或者开宾馆，或者开书店，或者从事其他事业，走以副养报的道路，逐渐形成一个个报业集团。1996年广州日报社被国家新闻出版署批准为全国第一家报业集团公司。接着《羊城晚报》《南方日报》《深圳特区报》也先后成立报业集团。广东地区的报业集团化为社会主义市场经济条件下党报发展闯出了一条新路子。

（5）新闻竞争日益激烈，报纸的可读性大大增强。改革开放后报纸名正言顺地以商品的身份进入市场参与角逐，而报纸的数量越来越多，仅广州一地就有150家左右，竞争自然日趋热烈。各报以争夺读者和争夺广告为两大目标，以增加信息量和可读性为主要手段，各出奇招，并且越出越奇。就连向来是"皇帝女儿不愁嫁"的《南方日报》，也不得不放下省委机关报的架子，在报道内容上尽量贴近生活，贴近社会，贴近读者，因而发行量超过80万份，截至2000年，在全国省级机关报中连续14年占第一位。而在"三贴近"方面做得比较好的，还是《羊城晚报》。这张以自费订阅和零售为主的报纸，连续15年发行量超过100万份，仅次于《人民日报》和《新民晚报》，成为全国第三大报。

（6）个人署名专栏和自由撰稿人增多。早在1980年《羊城晚报》创刊初期，就开辟了微音的个人署名专栏"街谈巷议"，这个专栏一直饮誉不衰。近年来，广东报纸的个人署名专栏不断增加，其中比较知名的有《南方日报》的"章氏七日谈"，《广东农民报》的"南方观察哨"，《深圳特区报》的"一周话题"和《粤港信息日报》的个人署名专栏。后者是一个写作群体，共六个人，包括报社负责人、记者和大学教授，他们每周6天轮流在报纸头版的固定位置，就某一方面的问题发表专栏文章。这种个人署名专栏已经成为该报的"招牌菜"，《新闻战线》曾撰文加以评述。另外，广东的自由撰稿人（俗称"流浪记者")越来越多。他们大多来自省外各地,没有固定的新闻单位,也没有固定的居所,靠投寄新闻稿和报告文学稿谋生,有的收入颇丰。个人署名专栏和自由撰稿人的出现,是改革开放政策和市场经济发展的产物。可以相信,随着改革开放的深入和市场经济的发展,广东新闻界还会出现更多的新事物。

(7) 广播、电视事业得到空前发展。党的十一届三中全会以后,广东的广播电视事业进入了大开放、大改革、大发展的新时期,走在全国改革开放的最前列,呈现出繁花似锦、万紫千红的局面,涌现出许多"全国之最"。1979年广东人民广播电台率先进行改革:新闻自采率达70%以上;首家举办主持人大板块节目获得成功;首家开办立体声台;首家创办经济台;到1985年该广播台已拥有六套独立播出的节目。广州电视台奋起直追,几乎是一年上一个新台阶。1979年更名为广东电视台,扩大经济、文化报道;1982年7月在全国地方台中率先在白天播放综合节目;1983年率先开办两套节目(岭南台和珠江台),分别用普通话和广州话播出;1984年开办立体声台和教育台;1985年开办聋人手语节目;成立电视剧制作中心,开始生产电视剧;1987年扩大为四套节目,并开始发展有线电视网。

截至1999年底,广东省拥有省级广播电台1座(10套节目)、市级台21座;省级无线电视台2座、市级台21座;省级有线广播电视台1座、市台21座、县级台80座。到2000年,"村村通广播电视"工程已经基本完成,正在做扫尾工作。

(本章撰稿人:孙文铄)

# 第三章

# 广西新闻事业发展概要

## 一、广西报业的肇始与在晚清的发展

中国古代报纸①开始出现于唐代,它的主要作用是在沟通中央政府与不断发展起来的地方藩镇之间的联系。重要藩镇设节度使(总管),其在京城所设办事机构称进奏院。古代报纸就是通过进奏院传递到各方的。现在广西地区,唐代属岭南道桂州总管府管辖。据《两京城坊考》记载,同属岭南道的广州总管府与桂州总管府在当时长安的崇仁坊内设有广桂进奏院。桂州总管府的行政首长为桂管观察使,其地位稍逊于节度使,但仍有进奏院报状专门向他提供京师的信息。唐代著名文人柳宗元因参与王叔文为首的政治改革运动失败,贬为永州司马,元和十年改为柳州刺史。柳州为桂管十五州之一,因此他经常为桂管观察使裴行立代拟文稿。在《河东先生集》中就载有他为裴行立代写的《贺诛淄青逆贼李师道状》,其中有:"右今月(元和十四年四月)三日,得知进奏官某报前件,贼以前月九日,克就枭戮者。"可见从李师道被诛,到上报朝廷,再由进奏官通报广西裴行立,前后不到一个月,就当时交通条件而言,这一新闻信息的传播也可称是相当迅速的了。裴行立

---

① 古代报纸是和近代报纸相对应的称谓。其中官报部分通常概称"邸报",具体称谓有多种。民办部分有"小报"等。

得知这一信息后,再向下属官员发布观察使牒,刺史一级官员便是从观察使牒中得知李师道被诛的消息的。柳宗元以自己名义写的《柳州贺破东平表》中称:"即日被观察传牒,李师道以月日克就枭戮者。"到了宋代,进奏院由中央政府设置,古代报纸在广西传递已直接送到州一级官府了,边报传送尤见频繁。在明代,值得一提的是,南明桂王小朝廷偏安广西期间,仍然致力于在其有限的统治区域内发行"邸报"以沟通信息。这是史称"南明邸报"中的一种,它是古代报纸在广西活动中的一种特殊现象。

广西的近代报刊开始出现于维新运动期间。1892年4月在省会桂林创办了广西第一份近代报刊《广仁报》,次年8月该省商业重镇梧州又出版了《梧报》。以全国报刊出版排名榜计,桂林是我国第20个出版近代报刊的城市,而广西则是我国第11个拥有两个(含两个以上)办报城市的省份。可以看出,广西近代报刊的起步是滞后的,但就全国状况论,它仍然处于中游地位。

在这里,是中国人发动的政治改革运动把报刊推上历史舞台的(这和沿海沿江一些城市报刊发展的经历大不相同),首要人物是康有为。早在1895年刚值维新运动起始之际,他就来桂林讲学,宣传变革。1897年初在运动正向全国扩展的进程中,他再次前来桂林,除讲学外,组织学会,成立广仁学堂,并致力创办《广仁报》,把学会、学堂和报纸三者统一起来。他说,"桂林僻远,尚无报馆,何以开耳目而增见识"。可见,《广仁报》是康有为在广西为推行他的改革主张而兴办的,该报主笔和主持编务的都是康的门人:赵廷扬、曹硕武、况仕应、龙应中、龙朝辅等人。这可说是全国维新派报刊中的一个显著特点。

《广仁报》之所以能够出版,是和当地显要人物唐景崧[①]、岑春煊[②]、广西巡抚史念祖、臬台蔡希邠等人的支持分不开的。康有为两次来桂林的活动和改革主张,都得到他们的积极赞许,对其办报筹划也多方促进,经济上,广

---

[①] 唐景崧:字维卿,广西灌阳人。曾由翰林历任官职到台湾巡抚。中日战争以后,被台湾人民推为总统,宣告台湾独立。在与日本决战中,将卒不用命,未能先溃,遂归隐桂林。
[②] 岑春煊:字云阶,广西西林人,为云贵总督岑毓英之子。以举人累迁至四川总督。中日战争事起,率众到山东省抗击。在《马关条约》签订后辞职南下,暂隐桂林。

## 第三章　广西新闻事业发展概要

西巡抚拨款万金,其他大员也各捐巨款相助。正是由于有这样优越的条件,才使《广仁报》的出版发行得以顺利实现。康有为和梁启超都是广东人,之所以不在广东而要在广西出版报刊,和能否获得该省当道支持密切相关。1896年秋,梁启超曾对广东政界要员仇视新学的态度进行了严厉的抨击①,他们不在广东办报,这当是重要原因。

《广仁报》为木刻线装,刊期不定,内容有论说、中外新闻、地方新闻、中西译述、杂谈等,"多以外患日急,非变法维新不能挽救为中心问题,意在唤起国人发愤图强,开通风气"②。该报的体例和方针与当时维新派报刊具有共性,但它强调"专以讲明孔道,表彰实学"为主旨,却又表现出康有为托孔改制的特性。

《广仁报》为康梁系的维新派提供了一个新的报刊据点。一个相当长的时期内,在宣传上它和同系的上海《时务报》、澳门《知新报》联成一气。比起《时务报》,《知新报》在这里受到更大的重视。在康有为的影响下,广西当局行文要求全省各府、州、县一律订阅《知新报》。

随着维新运动的失败,两种报刊都告停刊,广西遂又成为无报的世界。

沉寂了长达7年之后,1905年报刊又再次在广西出现,最大推动力是新发展起来的政治斗争。新出现的报刊,其性质与规模都有很大变化,更出现了多元化倾向。至1911年不到7年间,所出报刊不下18种,是维新时期的9倍。出版地点仍是桂林、梧州二市,桂林最多,约13种。

这些报刊从政治上可分三类,即清政府官报、革命派报刊和立宪派报刊。

先说官报。这里指的是清政府所办近代报刊,它是庚子之役后清政府实行所谓新政中发展起来的。第一份是1902年末创始于天津的《北洋官报》,后扩及除新疆以外的各个行省。在1907年官报发展高潮中,《广西官报》在省府桂林问世。该报为综合性刊物,除"上谕""奏章""文牍"外,还有

---

① 1896年秋,梁启超曾返广东,对当时广东政界保守情况十分不满。在写给汪康年、汪诒年的信中说,在粤省,"但知督、抚、藩、臬、学五台皆视西学如仇耳。度风气之闭塞,未有甚于此间者也"。这和广西情况形成明显差异。
② 龚寿昌:《康有为桂林讲学记》,刊《广西文史资料》第一辑。

"本省要政""京外要政""本省学务""杂报"等栏目,其体例是显然比原古代型官报先进了,刊期不定。由于政治上和经济上有官府支持,一直出到广西易帜才终刊。该报由官厅派销,发行到全省各州县。与此同时,桂林还出有官办的《桂林白话报》,为广西白话报的最早一种。这类报纸,旨在维护清廷风雨飘摇的统治,不为读者所重视,实际影响是很有限的。

最为活跃的是革命派报刊。自1907年至1911年短短5年间,兴办的报刊至少有9种之多,除少数省市外,这在全国也是少见的。中国同盟会成立不久就大力开展国内斗争,云南、广西、广东是革命党人发动起义的重点地区,不断高涨的广西革命形势是革命报刊发展的强大推动力。这期间,广西(和一些外省)在日本留学的同盟会员纷纷来省参加革命活动,这又为出版报刊提供了非常有利的条件。

出版集中地点是省会桂林。最早出现的,是广西留日学生马君武、蒙经、卢汝翼、万武等于1907—1908年创办的《漓江潮》和《独秀峰》①,以及刘震寰的《民铎日报》,为时都很短暂,前两种合计只出三期。

1910年是重要的一年。5月出有由同盟会会员主持编务的《军国指南》月刊,出三期后因主持人革命身份暴露被迫停刊。接着在9月,同盟会广西支部机关报《南报》出版(创刊于广西支部成立之次月),支部秘书长赵正平(侯声)任主编和发行人。该报的问世是广西革命报刊的重要发展,出三期后也以"宣传革命"触忌,不准注册而终止,遂改名《南风报》于1911年2月出版,发行国内外,影响愈益增大。该报称:"发行以来,才及十期,不翼而飞于海内外者已逾万。北起幽燕,南暨越棠,西至川滇,东迄扶桑,莫不为灌输之范围。"②所说虽有夸张成分,但影响广泛,应是事实。该报一直坚持到辛亥革命爆发,广西光复后才停。

在梧州,革命报刊也有重要影响。首要的一种,是同盟会员甘绍相、杨立光、区笠翁等在1908年(一说1907年)创办的《广西日报》。它是革命派

---

① 蒙起鹏:《辛亥革命时期广西的报刊》,《辛亥革命在广西》(上集),广西僮族自治区人民出版社1961年版。
② 彭继良:《广西近代报史稿》(三),广西新闻史志编辑室编:《广西新闻史料》第二十一辑,1990年11月。

在广西出版的最早的日报,体例完备,内容丰实,孙中山曾派陈少白、柳亚子前来指导该报。武昌首义后,它为梧州的独立起过积极作用。在1908年革命派还创办过《梧州日报》。

此外,广西留日学生,同盟会会员刘崛等,还曾于1907年11月在东京出版《粤西》杂志,进行革命宣传,发行于京、沪、川、粤和广西的11个县市。

广西的革命报刊,呈现出积极发展的形势。这些革命报刊是在极其困难与复杂的政治条件下出版的。一些办报人是当时地方官府大员的下属(由巡抚张鸣岐为兴办新军罗致而来),有的是现役军官(如赵正平),他们的整个活动都是在官方注视之下,而桂林和梧州又无租界可作庇护。这就迫使他们在坚持革命的同时,对保护报刊的生存与安全问题作出多方的考虑。在宣传上着力采用曲折、隐晦等手法,甚至作出一些违心表白,如《南风报》公开宣称:"本报内容,自问不敢主排满革命……不敢诽谤朝廷"[1]等。正是这些斗争策略,使得革命报刊得以生存、发展、坚持到清廷覆没。不过,从另一方面看,这又不可避免地降低了报刊的战斗性,削弱对人民群众的思想教育作用。

广西资产阶级立宪派的办报活动是在1909年各省成立咨议局浪潮中开始的,其主要报纸是1909年4月创刊于梧州的《广西新报》,由合股经营的有限公司承办,发起招股人有广西咨议局议长陈树勋和副议长、议员多人。它是广西第一份日出对开四至六版并有附张的大型报纸,标志着广西报业开始步入现代型行列。它有20多个栏目,新闻来源广泛,在国内一些重要城市设有分销处。该报持维护现行统治的基本态度,但对社会弊端时有披露,还就北京《京话日报》遭封禁事撰文抨击,要求"详订报律,明降谕旨,实力保护报馆"[2]。该报在广西光复后继续出版。

此前1908年夏,广西学界同人在桂林发刊《桂报》,"以振兴本省路矿,提倡地方自治为宗旨",是在当时立宪运动影响下出版的,和正在全国猛烈发展收回路矿权的斗争相呼应。1909年广西旅京人士创办《广西杂志》,报

---

[1]《本社布告书》,《南风报》第四期,1911年2月。
[2]《伟哉某侍御之封奏》,《广西新报》1909年10月22日

道广西立宪运动和施行"新政"情况,在本省各州县都设有调查员。在桂林、梧州设代售处,并由各地中学堂、劝学所销售,在全省具有较大影响。

和海外革命派报刊与立宪派报刊势不两立、针锋相对的情况不同,在广西两派报刊却常和平相处,相互合作。如立宪派的《广西新报》,有同盟会会员参加工作,革命派的《广西日报》,却由立宪派报纸载文宣扬,劝人阅读。由于形势不同,在国内两派报刊之间论战的现象实已不多,但像广西两派报刊积极合作的情况,实属首见,值得注意。

## 二、民初八年广西报业的变化

自民国成立至"五四运动"前夕,广西报业有了进一步发展,并出现一些深刻的变化。

清廷覆没,民气大张,政党顿趋活跃,言论出版获得空前的自由。和全国一样,在民初近两年的时间内,广西报刊数量有较大增长,全省约出有12种,而且大多为日报,这是过去所没有的。

一个重要变化是,清廷官报《广西官报》在广西光复后随即消失了,代之而起的是1912年2月创刊的《广西公报》,它是新成立的广西都督府机关报。该报宣称:"本报为广西官厅所设立,专以宣布中央、本省法令及发表各地政事,俾全省人民知所遵守为宗旨。"

广泛兴起的是政党报刊。其中同盟会—国民党系统所办居多数,合计约有6种。影响较大的有《广西日报》《梧江日报》(对开四版)、《民风报》等,此外,还有由邕宁县自治会拨款兴办,由同盟会员编辑的《西江报》。而共和党-进步党系统也拥有4家报纸,即共和党的《广西新报》《良知日报》和进步党的《指南报》《公言报》。

这种两派报刊出版状况似乎是光复前同盟会与立宪派报刊并峙形势的延续和再现,而实际情况已经大变。于今,同盟会(国民党)报刊地位变了,革命派身份已从隐蔽走向公开,宣传上也已摆脱了原来压抑状态转而大大发挥其革命功能了。两派报刊以往那种和平共存,相互支持的关系消逝了,于今的同盟会—国民党报刊和共和党-进步报刊经常处于对立状态,至

1913年更趋尖锐。特别是梧州《良知日报》,它对革命党人的《广西日报》《梧江日报》一再大肆攻击。

民初的政党报刊是在实行所谓议会政治、政党政治的鼓噪下活跃起来的,政治家们天真地把办报和进入议会、掌握政权密切联系起来。和全国一样,广西的现实政治粉碎了这一虚幻认识。

广西光复后,原清廷的巡抚当上了新政府的都督,不久地方实力派陆荣廷(原广西提督)登上这一宝座,成为袁世凯的忠实代理人。繁盛一时的政党报刊,并没有能够使它们的政党掌握政权,而把持中央和广西政权的军阀,却掌握着这些报刊的命运,摧残报纸事件接踵而来。

同盟会—国民党报刊自然是遭受迫害的主要对象,"二次革命"期间,军阀政府秘密枪杀了《广西日报》的负责人,老同盟会员甘绍相,这是广西报史上第一起杀害报人的事件,报纸被迫停刊。在这种险恶的形势下,另一家著名的革命报纸《梧江日报》,其工作人员(老同盟会员区笠翁等)为躲避迫害,逃匿他方,报纸也告停歇。在"二次革命"失败,袁世凯宣布解散国民党后,国民党报刊遂在广西绝迹。

这期间,整个广西报界都在严重的压抑环境之下,在1916年之前没有出现新创办的报刊,唯一的例外是官方出版的《广西教育公报》。它创刊于1915年,月刊,由广西省长公署教育科编发,这是本省第一份文化教育性的专刊。在外地,维新运动以来这类报刊盛行于很多省市,而在广西却是首见,况且还是官办的。从这一侧面,反映出本省报业的滞后性。

1916年起,由于广西参加了讨袁的护国运动,这里的政治形势发生了重要变化,报业又有了新的发展。和民初相比情况已有不同,首先报纸数量减少了,自1916年至1919年"五四"前夕,据目前所知新出版的报纸只有4家。更重要的是报纸的性质改变了,原来差不多是政党报刊的一统天下,而现在新的四报,能够确定政党人士主持报务的,只有《岭表报》一种。该报创刊于1916年4月,由老同盟会(此时改组为中华革命党)成员周仲武、梁六度负责,是当时对广西革命影响较大的报纸。该报由广西省议会名义出版,仍不能称为正规的党报。此外,和该报同时创刊的《民治报》是广西第一家私营性质的以报道社会新闻为主的报纸。这些变化反映了全国报业发展的新动向。

在这期间,南北一些重要省市广泛兴起以报刊为主要阵地,以反封建传统思想为主要内容的新旧思想斗争,在广西虽然未引发重大事件,可是,有些报纸(如《岭表日报》)的副刊却经常刊登"批判'吃人'的封建思想,束缚人灵魂的旧礼教"[①],表明了对新文化运动的响应。

本时期共出版报刊17种,其中官报2种,同盟会-国民党报刊7种,共和党-进步党报刊4种,其他4种。除官报两种为期刊外,其他都为报纸,且大多是日报,不再有线装书式(如清末《南报》《南风报》),现代化水平提高了。

1912年,省会由桂林改为南宁,报刊城市分布形势随之发生变化。出版报刊的城市由两座增为3座。南宁从无到有,一下出有7家报刊,居第一位;梧州有6家,居第二;桂林降为4家,居末座。

## 三、大革命前后广西新闻事业的兴衰

"五四"至第一次国内革命战争时期,广西报刊的发展大致可分为1925年新桂系成立前和成立后两个阶段。

陆荣廷在广西的统治结束于1921年,在这期间,从数量说,报刊仍有所发展。据统计,1921年广西出有报刊27种[②],虽远落后于京、沪、穗、江苏、浙江等省市,却超过甘肃、陕西、河南、云南、安徽、江西等省(新疆、西藏、贵州等省区未列入统计)。这些报刊中,较为知名的有《桂林学生联合会报》《救国晨报》《西江日报》等。革命报刊遭受迫害,著名的革命报纸南宁《岭表报》1920年被迫停刊。与此同时,顽固和反动报纸也受到革命群众的惩罚。原由共和党在梧州创办的《良知报》在"五四运动"中被学校纠察队捣毁而停办。

在1921年陆荣廷宣布下野至1925年初新桂系统一全省期间,广西战

---

① 周孝先:《周仲武烈士和〈岭表日报〉》,载《广西新闻史料》第十辑。
② 蒋国珍:《中国新闻发达史》,上海世界书局1927年版。

## 第三章 广西新闻事业发展概要

事频仍,政局多变,报刊出版艰难,少有发展。值得提起的是,云南军阀唐继尧盘踞南宁时,曾创办《民意报》为喉舌,肆意鼓吹。1925年7月新桂系黄绍竑收复南宁时即予查封,社长被枪决。

报刊的大发展,是在新桂系统一广西,并参加正在积极进行的国民革命以后开始的。广泛涌现的是政党报刊。据不完全统计,自1925年夏起约一年半多些的时间内,国共两党合作情况下出版的报刊至少有25种。清末民初,政党报刊在这里盛行一时,可是在随后几年越趋衰落,经过短暂沉寂,如今,它又以新的姿态崛起于广西报界。

这里的党报差不多都是中国国民党(以下简称国民党)系统的报刊,这些党报是在中国共产党帮助下经过整顿后出现的,所建立起来的新体制远比以往先进,大大增强了战斗力。还应注意,广西是国民政府的重要基地,这就使它和广东一起,成为全国最早创建这种新型国民党报刊的省份。

首先发展起来的是梧州、南宁、桂林、柳州等市的《民国日报》,这是国民党报纸中的基本部分。其中《南宁民国日报》为国民党广西省党部所办,由黄绍竑任社长,是党报的主干。《梧州民国日报》创办最早(1925年6月),广受欢迎,日销万份以上。四报之外,南宁还出版了由国民党广西省党部主办的《三民日报》,宣传出色,为社会重视。国民党组织在一省之内拥有这么多的省市级大型日报,为他省所罕见。

在1926年北伐战争发动前后和1929年初,一大批国民党群众组织和政府部门主办的工、农、商、学、妇女等方面的报刊广泛兴起。其中有《广西农民报》《工商日报》《农工日报》《农商日报》《学生日报》《妇女之光》等。这些报刊和上述国民党省市组织的报刊结合在一起,造成了相当大的宣传声势。在广西报业史上,可说是盛况空前。

广西的国民党报刊是在国共合作情况下出版的。当时在广西,中国共产党并没有致力兴办自己的机关报(以广西、广东两省为工作对象的广东区委机关报《人民周刊》,出版地点在广州),而是把工作重点放在办好国民党报刊(尤其是省市级报纸)上面。在一个时期内,很多重要的国民党报刊的主持者实为共产党人,如《南宁民国日报》和《三民日报》的总编辑都是中共党员;而《桂林民国日报》《梧州民国日报》,不仅总编辑,其社长也全为中共党员,后一报社还建立了中共支部,成为广西的第一个共产党支部。此外,国民党的《岭表日报》《革命之花》《革命周刊》等报刊也都由中共党员主持编务。特别值得一提的是,杰出的中共党员韦拔群,在领导东兰农民运动中,创办了广西第一家反映农民革命要求的《火花报》。

在共产党员和一些国民党员合作下,这些报刊广泛宣传了反帝反封建思想和孙中山的三大革命政策,有的还积极传播了马克思主义的思想和学说,这是30年来报刊宣传鼓动作用发挥得最好的时期。

这期间,报刊发展的地区格局也出现了重要变化。一是,原来报刊的地区分布只及南宁、梧州、桂林三市,现在却增加了柳州、龙州二市,而且东兰、苍梧、北流三县也开始办报;再则,原来三市报刊数量上彼此相差甚近,地位也无大别,呈鼎立之势,而现在南宁的地位崛起,当时全省报纸约34种,它拥有14种,占总数41%以上,而且党、政、军、工、农、商、妇各条战线俱全,主干报纸《南宁民国日报》也设于此。这样,就形成了以南宁为中心的五市三县相连结的全省报刊网络,广西报业遂又在现代型方向迈进重要一步。

广西报业在其积极发展之际就已潜伏着严重危机。当时国共合作下的报刊,其内部实包含着多种矛盾:除国共这对主要矛盾外,还有国民党左、中、右派的矛盾,新桂系与其他各种政治势力之间的矛盾。在前一段时期合作关系较好,报界呈现欣欣向荣的局面。后来随着革命的深入,特别在北伐战争胜利前进的时候,矛盾渐趋激化。

1926年夏,《南宁民国日报》原中共党员总编辑被撤换,改由黄绍竑的亲信继任,该报的政治态度随之转向,中共中央机关报《向导》称之为国民党右派报纸。与此相呼应,一些报刊如《农商报》《通俗教育报》等,发出反共鼓噪。1926年11月25日,中共党员主持下的《梧州民国日报》被查封,社长与编辑被捕[①]。1927年4月2日,国民党蒋介石集团发动反革命政变,桂系军阀积极配合,各报共产党员多人被捕被杀。由老同盟会员、国民党左派主

---

① 《梧州民国日报》是国民党梧州市党部机关报,社长谭寿林是中共梧州地委书记、特委书记和广西省委筹备小组成员之一,后被捕,于1931年5月就义于南京雨花台。该报总编辑是龙启炎,任中共梧州地委委员。报社地近广州,经常得到中共中央的关怀,1925年11月,时任两广党委常委的周恩来曾到报社进行指导。

办的《岭表日报》也被查封,社长周仲武被捕,后遭杀害。整个广西报界成了桂系的一统天下。

## 四、新桂系对地方新闻事业的垄断

在国民党反革命政变后,桂系报业迅速发展,显现出称霸一方,争雄天下的气势。这是一新的现象。民国以来广西的统治者,无论是张鸣岐或是陆荣廷(旧桂系),虽然都重视对报纸的控制,但都不着意出版自己的报纸。而现在,李宗仁、白崇禧等的新桂系,则把创建本系报业体系作为自己的工作目标了。

在政变后至1931年夏,桂系报业在整顿的基础上获得初步发展。当时的整顿主要是清除国共合作期间共产党对报刊的影响,并兼及蒋桂战争后俞作柏、李明瑞对广西的统治产生的影响。新成立的广西党务整理委员会宣传部起有重要作用。

报馆人事方面,起初主要是清除中共党员,一大批共产党人被捕、被杀、被通缉。随后,桂系内部争夺报社权力之争转而凸现,李宗仁的影响上升,如《南宁民国日报》在清共以后,就为黄绍竑势力完全把持(黄的亲信黄同仇长期任社长)。至1931年,李宗仁的心腹韦永成出任该报社长,此后该报成为李氏势力的主要舆论工具。对于被封或其他原因停刊的报纸,如《南宁民国日报》《柳州民国日报》《龙州日报》等,整顿中都相继复刊。期间,党、政、军系统还新创办了一批报刊。就主要言,党的系统增加了百色、玉林、镇南三地《民国日报》,这就使省市级《民国日报》合有7家。党务整理委员会还在南宁办有《党声》和《时事评论》,成立了广西第一家通讯社——广西通讯社(1930年)。政府系统有《广西公报》《新广西旬刊》《梧州市政公报》《广西教育公报》等。军事系统则有国民革命军第七军的《剑声》,龙州驻军的《镇南周刊》等,桂系部队还曾在湖北武汉办有报刊多种。此外,宜山县还出有《民众周报》《宜山民众简报》《宜山日报》等。可以看出,李宗仁、白崇禧等新桂系报刊系统,至此可说是大致形成了。

这期间,有重要意义的是,受到严重压制的中国共产党的报刊活动又重新活跃起来。这始于蒋桂战争俞作柏统治年代。先是1929年8月,中共广西特委委员张第杰出任南宁《广西农民》(广西农民协会办)的主编。这年9月邓小平(化名邓斌)受中共中央派遣来广西开展工作,开创了党报活动的新局面。9月10日召开的中共广西第一次代表大会,通过了《宣传鼓动工作》文件,出版了党内刊物。在进入左右江地区后,积极在部队和群众中宣传党的政策主张。11月在百色创办了《右江日报》,这年的12月1日和次年2月,先后举行了百色起义和龙州起义,成立了工农红军第七军和第八军,《右江日报》遂成为第七军机关报①。此外,该军还出有《红色右江》和《红旗报》等。第八军则办有《工农兵》(周刊)②、《左江红旗》《群众报》等。这些报刊着重宣传发展人民武装,深入土地革命,保卫和巩固苏维埃政权等内容,《工农兵》报还发表了《告全国民众书》,就法国驻龙州领事馆对龙州起义进行诬蔑和恐吓,发出严正抗议。这也许是广西报界首次对帝国主义进行面对面的斗争。广西是全国最早出现工农红军报刊的地区之一。

大约自1932年前后起,广西报业开始了又一轮新的发展,就是李宗仁等桂系报业系统的强化。"从1932年到1936年,李宗仁在广西整军经武,励精图治,提出'建设广西,复兴全国'的口号"③,运用报刊以推进广西的建设一时成为迫切需要。桂系领导发现,目前报业状况是不能适应这一新要求的。比起当时各地军阀,桂系对报刊的作用更为重视。只是因为战事连年、政局动荡,不能以很大精力办报,现在相对说来,广西局势比较稳定,有条件着重考虑报刊宣传问题了。

一项首要工作,是加强《南宁广西日报》,使它真正成为广西报业的支柱。所采取的措施主要有:扩大篇幅与规模,每天出报由二大张增为三大张,分出日报与晚刊,每月出《南宁画报》一至二期,并出副刊单行本。扩充新闻来源,接收来自广州、北平、上海、南京、香港等地电讯。增设省内通讯员20人,特约通讯员数十人(派驻北平、上海、长沙等地),增拨经费,由原

---

① 《右江日报》现仅见1929年12月18日出版的第44期(铅印),出版于百色起义后第七天,按日出一期推算,创刊日期应是1929年11月5日。当时党的武装力量已经控制了右江地区。
② 《工农兵》现仅见1930年2月12日出版的第5期。
③ 程思远:《李宗仁办报纪要》,张鸿慰主编:《桂系报业史》,广西日报新闻史志编辑室1997年版。

2 300元增至4 000元。报社的实力和地位大大增强,销数也由2 000份升至3 600份,增加了55％。

1932年10月,国民党广西省党部在南宁召开广西全省各《民国日报》联席会议,南宁、梧州、桂林、柳州、百色、玉林、镇南七家《民国日报》的负责人出席。会议明确《南宁民国日报》在全省的主要地位,它"以全省为目标,负有对外宣传任务",而"其余各地报馆,亦应以其所在地为目的,而负有特殊之任务"[①]。会议还制订了《全省各民国日报组织条例》《全省各民国日报办事通则》。这就加强了桂系当局对本省党政报纸的统一领导,使原来较为散乱的各地报纸形成一股组织得较好的力量,宣传作用显著提高。

同时各地还兴办了一批县级报纸,如《梧州日报》《灵山日报》等,以与省市报纸相配合。1936年初成立了民众通讯社,由《南宁民国日报》社长兼任通讯社社长。

由于新闻事业的发展,1935年成立了广西省新闻记者公会,这是广西省的第一个新闻记者组织。

新闻事业的发展促进了对新闻人才的需求。广西地区偏僻,文化较为落后,办报人才奇缺。这和浙江报刊由浙人办,广东报刊由粤人办不同。广西报刊,自《广仁报》《南风报》起,一向有借用外力来省服务的传统。1932年以来,李宗仁、白崇禧等积极从省外延揽办报人才,先后有多人从广东、从湖南前来。1934年,李、白驻沪代表张定璠一次就介绍了六位笔杆子,都是一流角色,被称六君子,桂系办报力量由此大大充实。

这期间,桂系报刊宣传的一个新动向,即对外(省外)宣传之强调,也就是要求大力向省外宣传广西的建设成就,宣传桂系新政下各项事业的进步。他们建设广西,旨在逐鹿中原,所谓对外宣传实际即适应这一需要。

桂系当局感到《南宁民国日报》等省内报刊尚不能满足这一宣传重任,因此又多方设法,利用省外、海外报刊。1936年10月,还在香港创办《珠江日报》作为桂系境外宣传喉舌,后并附设秘密电台。广西人过去也曾在省外出版报刊,如1907年在东京创办的《粤西》和1909年在北京创办的《广西杂

---

① 据中国国民党广西省党部宣传部1932年10月召开的广西全省民国日报联席会议记录。

志》。不过当时它们旨在揭露广西的社会矛盾，以推动革命和改革运动，而现在，《珠江日报》则以美化广西社会进步，宣扬桂系政绩为任务，出现了巨大的变化。

桂系报刊的政治倾向是反共抗蒋，西安事变以后逐步趋向联合抗日，宣传虽作了些调整，但以桂系利益为依归，则是始终坚持的。

这10年间，广西先后出版了63种报刊，其中桂系党、政、军等部门出版的共有52种，包括县级报刊20种；其他非桂系性质的只有11种。一个政治派别对广西报刊的垄断这时达到了高峰，这样的情况在全国并不多见。

## 五、广西新闻事业在抗战时期的演变

抗日战争打破了桂系集团对广西新闻事业的垄断局面，全省对外开放，各种政治势力和社会力量都纷纷来这里开展报刊活动了，朝气蓬勃，日新月异。新闻界这种繁荣活跃局面，不但广西前所未有，在全国也光彩照人，为中外所瞩目。这一盛况开始出现于武汉、广州、长沙失守以后，至皖南事变前达到高潮。广西时局相对稳定，它是连结西南大后方和东南战区的要冲，在这里办报具有地理上的优越条件。政治上这里是桂系传统的统治地区，基础深厚，保留着与蒋介石政权相抗衡的强大实力（在地方实力派中，军队数量仅次于川军，战斗力则过之），当时桂系领导层的政治态度比较开明，这是造成广西报业繁盛一时的更为重要的条件。

蒋介石国民党政府势力打进了这里的新闻界。1938年11月，国民党中央直属党报《中山日报》(后改为广西《中央日报》)由广州迁来梧州，次月国民党中央军委机关报，以反共著称的《扫荡报》由汉口迁桂林，出桂林版。与此同时，中央通讯社在桂林设立分社。1939年7月，国民党军委战时新闻检查局，在桂林设立广西新闻检查所（后又在梧州设立）。这样，蒋介石政府中央一级主要的新闻机构都来到这里安营扎寨，实现了多年未能实现的愿望。这些机构不只是蒋介石国民党的忠实喉舌，也是监视广西新闻舆论界（主要对象是中共和其他进步势力）的重要机关。

中国共产党也重视在这里开展新闻活动，当然，它不能像蒋介石国民党

## 第三章 广西新闻事业发展概要

那样出版自己的机关报和建立自己的新闻宣传机构,只好采取多样的灵活方式以适应当时的条件。1938年12月,重庆《新华日报》在桂林设立分馆,发行该报航空版,使中国共产党的声音直接传播于广西地区,国民党的封锁终被打破。尤有广泛意义的是,当时具有重大影响的中共领导下的三大新闻机构、团体,在武汉失守后相继前来建立据点。1938年11月,国际新闻社在桂林成立总社(另有重庆、香港分社);1939年1月,《救亡日报》桂林版创刊,这期间,中国青年新闻记者学会在桂林设立南方办事处。这里拥有一大批非常优秀的新闻文化人才,其中包括全国第一流的报人胡愈之、夏衍、范长江、刘尊棋、孟秋江、陈同生、端木蕻良等人,为国民党党报系统所不可及。在此之外,还有很多中共党员和在党影响下的进步人士,积极参加其他包括桂系的新闻机关。更有一批年轻中共党员,深入群众,深入基层,在蓬勃兴起的学生军报刊和县镇报刊中积极工作,大大扩大了党的影响。

省外人士经营的各类民办报刊也竞相来这里落户。久负盛名的《大公报》,于1941年3月创办了桂林版,销数最高突破6万份,超过桂市各报日销之总和。被认为在广西仅次于《救亡日报》的左翼报纸《力报》,于1940年3月在桂林创刊。一时纷起的期刊杂志就更多了,政治、经济、新闻、艺术、学术、文化各类都有,热闹非凡。一批饮誉文坛的期刊流传省内外,其中有《国民公论》《中国农村》《文化杂志》《新闻记者》《文艺生活》《野草》等。一向为政党报刊所统治的广西报界显得空前活跃。

至于桂系报业,它在广西的独占局面被完全打破了,唯我独尊的地位不复存在了,而与外省报刊相比,其落后性顿时显现出来。桂林《广西日报》的销数又跌回至2 000份。可是桂系凭借其种种地方优势和长期经营的深厚基础,奉行较为开明的政策,励行整治,其报业很快取得了重要发展。主要是将首府桂林(1937年4月迁来)建设为全省报业中心,着力强化的是全省党政机关报《广西日报》,除建设新址,改进设备外,关键性措施是广揽人才,对报纸进行广泛改革。副刊方面尤为显著,艾青和陈芦荻先后主编的《南方》和《漓水》,名噪一时。言论方面,常约胡愈之、张志让、范长江、李四光、金仲华、张锡昌等进步文化名人撰稿;新闻采访方面,招聘陈子涛(后为中共烈士)、严杰人为记者。整个报纸,令人耳目一新,销数最高突破万份,仅次于《大公报》,居全省第二。该报还先后创办《桂林晚报》和《广西晚报》,报社内还设置西南新闻社。与此同时,三青团广西分部、广西绥靖公署、第五路军总政训处、广西建设研究会等机构也均在桂林出版报刊。广西广播电台这时也移设桂林,其输出电力原1 000瓦特,后增为10 000瓦特。桂林之为桂系新闻事业全省的中心地位基本形成。省府之外,又在一些重要州、市设立报纸据点,较为重要的有《南宁民国日报》、《桂南日报》(南宁)、《柳州日报》、《龙州日报》、《钦州日报》、《百色日报》等。此外,一个重要举措就是在一些较为偏远的地区广办县报,活跃于崇山僻地,宣传抗日,为数有50多种。其数量与作用均超过以往,很多中共党员参加了县报工作,作出了宝贵贡献。由桂系当局组建的广西学生军,在1938年—1941年间曾出报刊87种(绝大多数为油印小报),遍布桂东、桂南25县。这些报刊大多是在中共党员工作下开展活动的,但桂系也保有自己的影响,而学生军司令部的《广西学生军旬刊》(铅印)更是桂系的忠实喉舌。此时桂系在广西的报业进入鼎盛时期[①]。

广西一下成了群雄竞起,百家争鸣的新闻世界。最有典型性的城市则为桂林,它不止是本省诸市之冠,更成为全国耀眼的文化名城。各类有代表性享有盛名的报纸、期刊约二十种,通讯社在这里汇集,报纸多时有七八种,期刊有二十余种,通讯社约五六家。全国新闻界、新闻界人士也是群贤毕至,在这种形势推动下,全市报界表现出巨大活力,自强不息。本地报纸努力克服自己的落后面,迎头赶上。像《救亡日报》这样著名的报纸也感到了压力,意识到若在这里各报间"取得一个站住脚的地位",也须致力改正在沪、粤时期书生气的弱点,遵循新闻规律办报,使报纸在体例、版面、发行、管理方面都得到改进。经过不断努力,销数激增[②]。全市报纸在言论、新闻报道和副刊等方面都出现了新气象。以期刊杂志为阵地,在团结抗日的大方向下,各具见解的政治评论、时事分析、学术探讨等文章活跃一时,吸引着广大读者;而文学艺术作品也精彩纷呈,风靡市内外。以前一向不受重视的新

---

① 桂系当时在湖北、安徽两地出有多种报刊,在香港出有《新生晚报》,均未计入。
② 夏衍:《懒寻旧梦录》,三联书店1985年版,第437—439页。

## 第三章 广西新闻事业发展概要

闻学的讲习和研究活动也积极开展起来。中国青年记者学会南方办事处举办"战时新闻工作讲习班"(某次毕业生达90多人),成舍我原北平新闻专科学校停办后,于1942年移桂林复校。"青记"除恢复出版《新闻记者》外,还在《扫荡报》桂林版和《广西日报》上分别主办《新闻记者》专刊。在1939—1943年间,这里至少出版了10种新闻学专著,作者有萨空了、陆诒、程其恒、容又铭等人。报刊上还经常发表研讨新闻工作的论文,范长江在《建设研究》上所撰《怎样推进广西新闻工作》一文具有重要价值,不少意见为广西当局所采纳。

桂林和整个广西是在蒋介石国民党直接管辖之下,其势力已源源进入,影响不可忽视,这是和抗战前情况不同之处。但是,广西是桂系的老巢,实力雄厚,这里的一些重要行动如得不到桂系当局首肯是不行的,蒋政府特务并不能在这里任意横行。由于当时桂系领袖李(宗仁)、白(崇禧)、黄(旭初)采取较为开明的政策,而在桂林担任军委会西南办事处主任的李济深对进步人士颇多庇护,这就使得广西特别是桂林的政治气氛较为宽松,享有较多的新闻言论自由,前面所述桂林新闻界呈现出的繁盛和生机勃勃的景况,相当程度上是这种政治条件造成的。

蒋、桂和以中共为代表的进步势力之间的矛盾是客观存在的,它随着全国大形势的发展而不断变化。蒋桂对广西新闻的控制呈现日益强化的趋势。1941年以前是各报团结抗日的最好时期,在第一次反共高潮期间,《新华日报》桂林航空版虽被禁止发行,但影响不严重,报界基本上仍保持着融和气氛。皖南事变以后,情况出现严重变化,《救亡日报》和国际新闻社桂林总社被迫停业,人员纷纷离桂。1942年秋,进步刊物《野草》又被勒令停刊。第三次反共高潮前后,迫害更为加剧。1943年初,《曙光报》和《柳州日报》社内中共地下党组织遭到破坏,大批中共党员被捕,《曙光报》被改组转向。同年8、9月间,大举封禁进步期刊,只8月23日一天,就查封《中国农村》等刊物十数种之多。不过,从总体看,由于蒋桂矛盾不可调和,两系的新闻政策不会完全一致,在省府桂林尤其如此。关于揭露蒋介石政府腐朽统治方面,桂林的报纸比起重庆要自由得多,重庆《大公报》发不出的稿子就常转到该报桂林版刊登。美国的费正清1943年访问桂林时就敏锐地看到,说桂林

"是一个地方对重庆采取超然态度的典型地区"[1]。

1944年秋,在日军发动的豫湘桂战役中,桂林、南宁、柳州相继失陷,广西新闻事业步入低潮。桂林的《大公报》《扫荡报》《力报》等大报,或停或迁省外,桂系报纸也仓皇出走,多年建立起来的以桂林为中心,以南宁、柳州等市为拱卫的新闻事业地域布局全被破坏。随着首府向西部百色迁移,蒋介石国民党系统的《中央日报》、中央通讯社和新闻检查机构,全都迁来此地,桂系《南宁民国日报》也前来此落脚。这里还有原有的《百色日报》和新出的《广西导报》,百色可说已成了广西新的报业中心。宜山一度成为临时省府,《广西日报》在这里出宜山版(1945年7月《广西日报》在百色复刊),另外还出有《光报》。昭平也成为报业据点,《广西日报》兴办昭平版和《新闻摘录》,另外《扫荡报》的疏散人员在此出有《昭平民众日报》。一些县的党政机关纷纷出版小型报纸,如《田西民众简报》《隆安民众简报》《罗城民众简报》等。在这期间,中国共产党在广西的报刊活动重趋活跃。《广西日报》昭平版在中共地下党强有力的影响下,成为统一战线性质的进步报纸。而《柳州日报》在其迁往桂北期间,在中共地下党组织桂北工委的领导下,报社不仅成了党的宣传机关(社长是中共党员罗培元),而且实际也是党组织抗日武装力量的据点。有些县的小报,如阳朔的《黎明报》,横县的《晓报》,是在地下中共党员主持下出版的。

自1937年7月至1945年9月,广西共出版了100多种报纸(学生军小报未计入),其中桂系所办约60种,专署、县级党政报纸约50种,设有9家通讯社,其中桂系3家,蒋介石国民党系统和中共领导的各1家。

## 六、从抗战胜利到全省解放广西报界的变迁

抗日战争结束后,原由战乱而迁来的新闻机构逐步回返原处。此后,特别是起初两年间,大批新的报纸纷纷兴办,其数量超过抗战时期。桂林仍然是报业中心,它虽不复有当年文化城那样的光辉,但聚集在这里的报纸也有

---

[1] 费正清:《对华回忆录》,陆惠勤等译,知识出版社1991年版,第304页。

## 第三章 广西新闻事业发展概要

十数种之多,一时称盛。而南宁、梧州、柳州三市新闻界,顿趋活跃,各拥有报纸约七八种之多,和桂林一起,成为广西报业四大基地。此外,桂系发扬重视基层办报的传统,各县合计有93种,其中74种为县办"民众简报",超过了以往规模。此外,还在香港办有《新生晚报》,继续在美国刊行《纽约新报》。

抗战结束后,省政府迅即成立新闻指导委员会,加强对全省新闻事业的统一领导,以克服前一阶段的散乱现象。进一步树立《广西日报》的主干地位,在首府桂林建立总社,并在柳州、南宁设立分社,由总社统一指挥。此外,结合政府报纸(如《广西省政府公报》《桂林市政府公报》等)、三民主义青年团报纸(如桂林的《人人新闻》、南宁的《力行报》、柳州的《西南日报》等),再加上上述众多的县报,组成相当规模的从首府到基层的党、政、团报业系统,以加强对全省新闻事业的统制。

和抗战时期相比,那种群雄竞起的生动局面消失了。当年活跃在这里饮誉报坛的外省报纸,或停或迁,再也没有回来了。唯一的例外,是蒋介石国民党系统的新闻机构。它们一经进驻,就生根落地,并有在此大展宏图之势。《中央日报》广西版很快迁来桂林,并建立广西总社,另在南宁成立分社。嗣后扩大规模,总社和分社分别增出《中央晚刊》和《中央日报南宁版晚刊》。中央通讯社也相继在桂林和南宁设立办事机构,中央社特派员还创办了《桂林晚报》。依附CC系的《小春秋》复刊后分别在桂林、南宁出版。军统和中统特务还在柳州创办了《民声晚报》和《大华报》。

整个广西新闻界成了蒋系、桂系国民党联合控制的一统天下。1946年1月,广西一度出现了非国民党系统的公开的政党报刊,即广西民盟支部机关报《民主》星期刊桂林版。同年9月即被广西省政府查封。这一时期,广西过去少见的商报陆续兴办,目前所知有《桂林工商日报》《南宁商报》梧州《商报》等。它们(尤其是《南宁商报》)对经济宣传做了不少工作,可是当时的社会条件和政治形势,并未给这类报纸以自由发展的空间,难以振作有为,而《桂林工商日报》却因拒绝桂林市长的收买,横遭压制,未及三月便被迫夭折。

在反共问题上,蒋桂已渐合流,但是两派之间矛盾不可调和。在新闻战线上,两派斗争不断,在李宗仁参加竞选副总统以后更趋激化。就广西地区论,桂系在新闻界的总体势力超过蒋系,但在首府桂林,其势力却不及后者而居下风,在这里桂系较有实力的报纸实只《广西日报》一家,而由于该报不断清除进步分子,实力已大为减弱。这样,在李宗仁竞选副总统之际,《广西日报》遭到汇集于桂林的蒋系《中央日报》《中央晚报》《桂林晚报》《小春秋》等报围攻下,招架乏力。桂系当局乃授意《广西日报》,增办《南风报》,以张声势。

桂系在抗战结束后就追随蒋介石积极反共了。起初中共地下党员还能在桂系报纸如《广西日报》《柳州日报》内,以合法身份开展一些活动,以巧妙方式传递党的声音。在1942年国民党颁布"戡乱动员令"以后,这些做法就不大可能了,差不多也就在这时,中国共产党在广西边境地区开始组织自己的游击队伍(黔桂边、粤桂边、滇桂黔边等),为人民的解放事业进行武装斗争。这些游击队伍纷纷出版报纸(多为油印小报),进行宣传鼓动。自1947年秋至1949年,约有十数种。最早一份是1947年9月由中共粤桂边纵队创办的《大众报》,其他尚有《翻身简报》《左江报》《游击报》《群众报》《人民报》《解放战讯》等。它们随着广西全省的解放而陆续停刊。1950年5月终刊的《大众报》,也许是这些报刊中坚持最后的一份,同时也是东南大陆最后一张游击队报纸。

1949年11月,解放大军由湘西南和黔南挺进广西。在此前不久,桂林的《广西日报》、中央通讯社桂林分社随广西省府迁往南宁(中央社后又迁出)。《中央日报》桂林版原也拟迁南宁,并计划与《中央日报》南宁版合并再迁百色。可是革命形势发展迅速,11月22日和12月4日,桂林、南宁相继解放,接着不到一个月全省解放,蒋家王朝和桂系军阀对广西新闻事业的统治宣告结束。从此,在中国共产党的领导下,广西新闻事业进入新的历史时期。

## 七、新中国成立后广西新闻事业的发展历程

中华人民共和国成立以来,广西的新闻事业有了飞跃的发展。地处边

陲南疆的广西是解放较迟的省份之一,所以中共省委机关报《广西日报》的创刊也较其他省、市为晚。1949年9月,中共广西省委在武汉成立时即着手筹组《广西日报》的办报班子,并随军南下。报社领导干部史乃展、刘毅生、廖经天、钟纪民等都是从北方调来,具有多年的老区新闻工作经验。史乃展、钟纪民两位且曾在重庆《新华日报》时期即参加办报。同时调来的还有一批经过《新湖南报》和华东新闻学院培训的青年干部。11月22日解放桂林后,吸收了一批由地下党推荐的青年知识分子,并接收新桂系广西日报社,留用了部分人员,以其旧址和机器设备创办中共省委机关报《广西日报》。首任社长史乃展于当年12月3日创刊的同时,组建新华社广西分社并兼任首任分社社长。1950年1月初,中共广西省委迁至省会南宁,《广西日报》于1月22日随迁南宁出版,部分人员留在桂林创办中共桂林区委机关报《桂北日报》。新华社广西分社亦迁至南宁。中央社广西分社在南宁解放时被军管会接收。广西各地原国民党党政机关报也先后被接管。各地民办报纸共20多家,在解放前夕和解放初期先后停刊。中共地下组织所办报纸和各游击队办报纸,也先后由地、市委机关报所代替。

解放初期开始至50年代中期,是广西各地、市、县报纸和对象报、企业报等各类报纸欣欣向荣的时期。1949年11月22日桂林市解放,中共桂林市委组织一批青年学生随即出版《解放快报》,到12月3日《广西日报》创刊后停刊。1951年5月1日,《桂北日报》停刊后即创办中共桂林市委和桂林地委联合机关报《桂林日报》。柳州市1949年11月25日解放后,即由军管会接管桂系《广西日报》柳州版,出版《新华电讯》,12月8日创办中共柳州市委机关报《柳州日报》。1950年1月1日,梧州市在接管国民党苍梧县党部机关报《梧州日报》的基础上创办《建设日报》,同年6月停刊。1951年1月1日创办中共梧州市委机关报《梧州报》,9月1日改名《梧州日报》。1951年8月1日创办了《梧玉大众报》,一个多月后改名《大众报》。1949年12月初百色解放,解放军接管国民党政府百色专署办的《西南日报》,改出《百色电讯》。1952年1月1日创办中共百色地委机关报《右江农民》报。这期间,宾阳、宜山、桂林等地委均出版农民报,1956年9月南宁市委创刊《南宁人民报》。同年《玉林报》《灵山报》《贵县报》等县委机关报也先后创刊。面向工、青、妇、少年、兵、侨等的对象报《广西工人报》(1958年5月1日)、《广西青年报》(1954年9月)、《广西妇女》报(1953年3月5日)、《广西少年报》(1955年10月)、《人民战士报》(1950年11月)、《广西侨报》(1956年6月5日)等陆续出版。此外,广西第一家企业报《广西铁路工人》报也于1953年2月7日创刊。1955年3月,中央新闻纪录电影制片厂驻广西记者站在南宁成立,并开始了新闻纪录片的采摄工作。1957年7月1日,全国唯一的壮文报纸《壮文报》创刊。这个时期,全省共有40多种报纸。

这一时期的报纸继承和发扬无产阶级报纸的优良传统,贯彻执行"全党办报,群众办报"的方针,配合党的各项政治运动开展宣传,使人民提高觉悟,积极参加社会主义改造和建设。1950年春到1951年底,《广西日报》和《桂北日报》的剿匪报道较为突出,记者携带电台设备随军行动,及时发回重大稿件配合对敌斗争,推动剿匪工作的开展。但是,由于在办报经验方面仍然不足,存在一些缺点。如1951年10月11日,《人民日报》对国内包括《广西日报》在内的20家报纸提出公开批评,指出在处理毛泽东和斯大林关于"九·三"抗日战争胜利纪念日互致贺电的发稿时序上发生错误。1952年1月17日《人民日报》上刊出《广西日报》社长廖经天代表《广西日报》编辑部作的自我批评。由省报负责人在中央党报上公开检讨,在解放后的新闻史上还是首次。又如《宜山农民报》在报纸上曾批评宜山地委个别委员的错误,为此中共中央宣传部于1953年3月给中共广西省委宣传部复示,明确指出党委机关报编辑部无权以报纸与同级党委会对立,不得批评同级党委。这一复示成为此后全国各级党报必须遵行的原则。1956年,《广西日报》学习和推广《人民日报》改版经验,克服教条主义和"党八股"的缺点,报纸内容和形式均有改进。但是,1957年随着在全国范围内开展"反右派"斗争,《广西日报》以大量篇幅宣传报道省内外的斗争情况,报社内百余名干部中就有15名编辑、记者被错划为"右派",其他报社也有一些领导干部和编辑、记者当时被错划为"右派",直到中共十一届三中全会后才得以平反。

这个时期的报社体制和机构设置仍沿袭我国报馆的体制,并吸取了解放区党报重视群众办报和集体领导的优良传统,设有社长、经理、总编辑、编辑主任、采访主任、编辑、记者、校对等职。《广西日报》1950年改社务委员会为编辑委员会,分设编辑部、经理部和社长办公室,编辑部下分农村、工矿、财经、文教、政法、党的生活、时事、读者来信、通联、美术摄影、资料、检查、组版等组,各专业组实行"编采通合一"。1951年并在各地、市分设通讯站,1956年改为记者站。经理部下设工务、总务、会计、广告发行等科,附设印刷厂。社长办公室下设人事、秘书、电务等科。1955年3月,《广西日报》在全国报纸学习苏联经验的形势下,改社长负责制为总编辑负责制,不设社长职务,由总编辑全面领导报社各项工作,社长办公室改为总编办公室。其他各报也参照这个办法,只是机构规模较小,人员较少,组织分工不太细致。1956年11月,《广西日报》编辑部若干专业组改为部,其他各报编辑部下仍设组。

1957年到1965年是广西报业发展大起大落的时期。1957年至1958年间,全国范围内开展整风"反右"和"大跃进"等政治运动,广西各县一哄而起办了县报,据不完全统计,全省77个县、市就有49个县、市办了报,以至省内各类报纸总数达到70种。新办县报一般是四开或八开,两至四个版面,每周1—3期,多为内部发行,铅印或油印、石印,印数较少。由于不顾条件盲目"上马",办报人员素质差,报纸质量差。1961年,中共广西壮族自治区委员会鉴于国家经济困难,纸张供应缺乏,决定县报一律停办。此后,桂林等4个地委报纸和《广西工人报》《广西妇女》《广西青年报》等相继停办。1963年1月,《广西日报》增出四开四版的《广西日报农村版》,面向自治区内广大农村干部和农民,自治区政府还在订阅该报的报费上实行财政补贴,因而深受读者欢迎。到1966年"文革"前夕,全自治区报纸仅有11种。

1958年1月12日,毛泽东主席在南宁会议期间写信给中共广西省委负责同志,对办好《广西日报》作了重要指示,要求把《广西日报》同"各省报纸比较又比较","找出一条道路"。中共广西省委(后改为自治区党委)和《广西日报》编辑部经过一年的努力,在版面、新闻、社论、理论、文艺等方面都有了较大改进,曾在1959年北京出版的《新闻战线》刊物上发表了一组经验文章向全国介绍。但是,由于1958年"大跃进"期间全国出现浮夸风,《广西日报》及省内其他报纸都先后发表过不少"假、大、空"的宣传报道,鼓吹"人有多大胆,地有多大产"的唯心主义论调。《广西日报》为早传"捷报",有段时间曾每天分出上午版、下午版,特殊情况还出版"号外"。1959年9月至10月间,广西先后放出了环江县一亩多中稻田亩产13万斤,忻城县19小时产煤67万吨,鹿寨县日产20万吨铁的一批"卫星","创造"了在这些生产领域虚假的"全国纪录"。各报在"政治挂帅"的口号下报道这些"卫星"时出现了假报道。《人民日报》误信为实,曾为庆贺这些"卫星"问世,竟于10月间连续发表《祝广西大捷》《再祝广西大捷》两篇社论。1960年,《广西日报》认真检查了这段时间的报道失误,并实事求是地突出报道了柳州电厂、柳州钢铁厂等重点建设项目的进程,改进了经济、文化建设的宣传。

20世纪60年代初,《广西日报》在总结经验教训的基础上,学习《北京晚报》等报社的办报路子,从改进副刊入手,研究制订出"七性"(思想性、艺术性、学术性、知识性、趣味性、多样性、群众性)办报方针,使宣传报道和副刊版面大有起色,较好地体现广西民族特点和地方特点。仅副刊就开辟近百个栏目,如"江雨集""园边杂话""言路""桂岭风云""广西历史百题"等。经济宣传和理论宣传注意反对形而上学,提倡从实际出发,实事求是,随后又抓了一批工农先进人物的典型。《广西日报农村版》在通俗化方面下功夫,采取诗歌、说唱等形式对农民进行社会主义教育,给读者提供健康的精神食粮。但是,1962年以后,由于中共中央强调抓意识形态领域的阶级斗争,广西各报宣传报道的"左"倾错误又有了发展。

"文革"十年是广西报业肃杀凋零的时期。广西报业受到严重摧残和破坏,报纸成为林彪、"四人帮"对广大人民实行精神毒害和思想意识形态方面专政的工具。1966年"文革"开始,《广西日报》在中共广西壮族自治区委员会领导下,公开连篇累牍地批判报社总编辑钟林,执行"修正主义路线",以"七性"方针对抗"毛主席的无产阶级新闻路线"。钟林被免职,被诬为"三反分子"(1968年11月含冤辞世,"文革"后获平反),编委会被改组。1967年1月,《广西日报》及其农村版在动乱中被迫停刊。同年3月,《广西日报》实行军事管制,恢复出版,5月又因动乱再次被迫停刊,直到1968年3月才恢复出版。其他各报先后停刊,到1970年下半年全广西只剩下《广西日报》《铁路工人》两种报继续出版。这一年,大批老新闻工作者被下放劳动或调离报社,大大削弱了新闻队伍。由于《广西日报》已是全广西唯一的党报,同时自治区革委会又对农村人民公社生产队订阅实行地方财政专项补贴,因而1977年度发行量达67万份,创广西自有报纸以来一家报纸发行量的历史最高纪录。

1966—1968年间,在极左路线和无政府主义思潮的影响下,广西各地派性报纸如洪水泛滥,不须登记批准即可任意印发,在社会上制造动乱,挑动武斗。1968年7月以后,《广西日报》为配合"七三"布告,在一个半月内发表一系列社论和22个专版,以"雷霆万钧,疾风暴雨"之势,鼓吹"群众专政",后果很严重。1975年7—9月,在全广西"大打批修批资总体战"和"学大寨"运动中,《广西日报》又大批"野马副业",鼓吹"割资本主义尾巴",流毒甚广。

这个时期的报社体制和机构设置多变。《广西日报》1967年由军管小组统管一切,直到1973年撤销军管。1971年成立报社革委会,以军管小组长、副组长为主任、副主任,同"革命领导干部和群众代表"组成"三结合"的领导班子,下设政工、编辑、办事三个组(各分若干小组)和印刷厂,各地、市设群工联络站。1973年撤销军管,改设总编室和处级业务机构。1976年,广西新闻图片社和广西画报社划归广西日报社领导。《右江日报》等地、市报纸在停刊前也实行军管,大致与《广西日报》相同。

1976—1978年,报纸宣传仍受"左"的思想影响。1978年5月11日《光明日报》发表特约评论员文章《实践是检验真理的唯一标准》以后,全国各报纷纷转载,《广西日报》却迟迟未予回应,直到8月9日才补行刊登,成为全国最后转载的省(自治区)报。自治区党委后来对此作了自我批评。

广西解放前夕,《广西日报》在武汉筹备之时,即请当时任中南地区党政军领导人林彪题写了报名,1949年12月3日启用作报头。"九一三事件"以后,1971年11月2日报头改用粗黑体印刷字。1976年12月26日,毛泽东诞辰纪念日,改用毛泽东1958年1月12日致广西省委负责人关于办好《广西日报》指示信中的铅笔手书"广西日报"四字作报头,这是全国使用铅笔字报头的唯一实例。1978年12月11日,改用华国锋题字作报头,套红刊用,当天一版套红头条消息《华主席为本报题名》标题下又围框放大刊登这个报头,成为我国新闻史上版面处理罕见的"双报头"现象,受到自治区内外新闻界的指责。1981年1月1日,再改用集鲁迅手迹拼字的报头,沿袭至今。1978年12月8日,广西日报社为永久纪念毛泽东关于办好《广西日报》的指示信,在大楼门前建立一座大理石纪念碑,石刻毛泽东手书(放大)指示信全文。这是全国唯一的一座有关毛泽东新闻论述的纪念碑。许多年来,每逢1月12日,广西首府南宁市新闻界代表集会于广西日报社纪念毛泽东的指示信。

## 八、广西新闻事业在新时期的快速成长

中共十一届三中全会以来,广西报业逐步深化新闻改革,出现了许多可喜的变化,呈现出空前繁荣的景象。各类报纸相继复刊或创刊,到1997年年底,全自治区公开发行的报纸达到78种,其中省(自治区)级报纸3种,地、市级报纸18种,县(市)级报纸6种,专业报23种,企业报2种,对象报5种,广播电视报9种,侨报12种。此外还有内部发行的县报、专业报、企业报、校报等数十种。2000年,广西加大了报刊的治散治滥工作力度,停办了9家报刊和12家侨刊乡讯类出版物,划转或变更了18家报纸的主管主办单位,在一定程度上解决了行政与出版行为不分,结构重复,公款消费,强迫征订等不良现象。

广西各报宣传报道的重点已经全面地转移到经济建设上来。报纸在搞好两个文明建设的宣传方面做出显著成绩,在坚持党性原则的前提下增强可读性,更加贴近生活。新闻报道和副刊(专栏、专刊)具有更加浓郁的民族特色和地方特色,充分反映各族人民的生产情况和生活风貌,为群众喜见乐闻。报纸与读者增加双向沟通,专栏、专刊增多,日报与专业报向晚报看齐,纷纷出版"周末版""星期天版""月末版"等。《广西日报》在恢复贯彻执行"七性"方针的同时,勇于创新,不断探索。20世纪90年代初又提出在保持指导性、权威性的基础上,加强服务性、科学性、知识性、趣味性。在坚持办好《广西日报》和1994年起扩版为八版之外,80年代末、90年代初曾先后增出《广西老年报》、《广西经济报》、《大西南经济导报》(彩印,中英文对照版,向国内外发行)。1991年第四届全国少数民族传统体育运动会期间还增出

《民运新闻》。到1997年底止,广西日报社同时出版3种报纸:《广西日报》《南国早报》(彩印都市报)、《当代生活报》(彩印周报)。

这些年来,《广西日报》紧密围绕广西"老、少、边、山、穷"的实际,组织了一系列专题报道。1991年起,突出宣传左右江革命老区、少数民族地区、边境地区、山区、贫困地区和沿海沿江沿边地区的经济发展。又宣传"共建大通道,服务大西南",连续报道修筑南宁昆明铁路和建设北海、防城、钦州等港口金三角地区的进程,带动其他各报使之成为一个时期的报道热点。《广西日报》还先后抓了一些典型人物和典型事件,如揭露暴徒凌辱女青年事件与表扬灵山陆屋公社妇联主任刘朝娟,宣传探矿功臣李正海和好军嫂韩素云,在全国产生巨大影响。

其他各报也根据本地的具体情况和地区优势,突出宣传改革开放中的新事物,办出自己的特色。《桂林日报》抓住桂林市是风景旅游城市和历史文化名城的特点,办出了以旅游、经济、文化宣传为主的特色。《柳州日报》一个时期中连续报道柳州市经济体制改革的经验和存在的问题,在全国中型工业城市报纸的宣传报道中引人瞩目。曾经出版的《桂林旅游报》和梧州出版的《计量报》,在全国具有一定影响,后者是全国计量战线第一家专业报纸,受到各省计量工作者的欢迎和支持,在国内建立百余个记者站,拥有千余名特约记者和通讯员,在广西行业报纸中独树一帜。

广西报业由"文革"中《广西日报》的单一型构架,恢复和发展为以一报为龙头,各级机关报为主体,门类比较齐全的各行业系统专业报、企业报和对象报为辅体的新闻宣传网络。全区形成了以首府南宁市为报业中心,各市、地和部分县(县级市)报为框架支点的合理布局。南宁市一地就出版自治区、市、地三种机关报。《南宁晚报》除保持自身首府晚报的特色外,又增出《读者周末报》和《南方侨报》。南宁地委出版了《南宁日报》。《柳州日报》《北海日报》也增出《柳州晚报》《北海晚报》。玉林地委、玉林市委各出版《玉林日报》《玉林晚报》。百色地委和百色市委各出版《右江日报》和《百色市报》。桂林、柳州、梧州三市都同时分别出版市委机关报。这样,作为地委所在地的若干中心城市,都各有两种以上至五六种报纸。为满足城市人民的需要,除南宁有广西日报社主办的都市报《南国早报》外,全自治区就已有5

个城市出版晚报。一些经济、文化条件较好,报业历史较久的县城,也出版县报,如《宾阳报》《横县报》《鹿寨报》《灵山报》等。各类专业报也应运而生,各行业报纸专业化程度提高,分工越来越细,读者有更多的选择余地。同类报纸之间在报道内容、时效、编排和广告、发行等多方面展开激烈的竞争。经济、科技、政法、文化等报纸,成为人们的精神食粮、致富参谋、生活良友。各地的广播电视报纸已飞入千万百姓家庭。各地乡情报、侨报则成为海外同胞了解家乡变化的信息来源。

在经营管理方面,报社成为企业管理自负盈亏的事业单位,经济实力增强,不再依靠国家财政补贴,而且每年可上缴可观的税利。广西日报社是当代广西影响最大、实力最雄厚、历史最悠久的大型综合报业机构,1994年度国有资产总额达到 5 221 万元。1997 年底拥有编采业务人员、经营管理人员和印刷厂职工 580 多人,在自治区内外派出众多记者,编辑出版《广西日报》《南国早报》《当代生活报导》,并主管《广西画报》和新闻图片的编发,还设置了广西南国广告公司。一般市、地报纸和专业报亦有数十人乃至百余人。少数专业报人力较少,《广西老年报》仅有 3 名行政管理和经营管理人员,而以聘用若干名外单位人员兼任编辑的办法来维持出报。许多报纸版面增加,开张扩大,刊期缩短,加大新闻信息量,增强报纸服务功能。同时广告在报纸版面中比重逐渐上升,广告收入成了报业经营管理的重要收入来源和增强自身活力的主要支柱。据 1997 年底的统计,全自治区报业广告户数为 78 户,从业人员 718 人,广告额达到 13 770.6 万元。只有少数报纸仅靠财政补贴和发行来维持,原因是广告极少。

报纸发行也是报业发展的一个重要方面。进入 80 年代以后,邮局发行报纸的费用逐步提高,最高达到 37%,加大了报纸成本,加重了报社亏损。城市报纸由于读者比较集中,多数改为自办发行。《柳州日报》1986 年在广西率先实行自办发行,取得较好的效益。《南宁晚报》也建立自办发行的网络,并在市内各街道旁设置售报亭,并代办订阅。自办发行的报纸不但让读者提早看到报纸,而且降低了发行费用,增加了收入,发行份数也有上升。《南国早报》1995 年 10 月创刊,采用邮局订阅和自办零售相结合的办法,销售份数逐步上升,到 1998 年 10 月底已达到期发 15.5 万份,成为全广西期发数最高的晚(早)报。其发行地区范围不限于南宁市,几乎遍及全广西,在广大农村也拥有读者。一般报纸仍采用邮局发行的方式。《广西日报》和各级党报在征订下一年度报刊前,采取报社发行人员、邮局和各级党委宣传部门三方面相结合进行推广宣传的办法,力争下年度发行量稳中有升。至1997年底止,全自治区公开发行的有78种报纸,其中40种已自办发行。78种有全国统一刊号的报纸中,《广西日报》期发行数为19.8万份。一般报纸发行量在1万份至10万份之间。《广西广播晚报》(周报)期发超过100万份。

广西各报的出版印刷、通讯摄影等技术设备和部分报社房屋建筑都有了更新。全自治区除2种报纸外,均已实现激光照排和胶印。广西日报社电台1986年实现自收新华社传真照片,1987年开通微机中文收稿系统接收新华社电稿。其印刷厂1990年采用激光照排系统,从此告别"铅"与"火",1992年采用卫星版面数据传输系统接收代印《人民日报》版面。还利用其技术改造的优越条件,为《中国青年报》《参考消息》《羊城晚报》《足球》《中国证券报》等京穗报纸代印,并为自治区数十种报刊排印。外地报纸版面由纸型航空传送、胶片传真到卫星传版,大大缩短了报纸与广西读者见面的时间。

在报社体制和机构设置方面,《广西日报》1978年9月恢复总编辑负责制,设编委会。1985年7月恢复解放初期社长负责制,仍设总编辑、副总编辑等职,社委会与编委会并存。其他报社有的采用社长制,有的采用总编制,有的同时实行社委会领导下的编委会分工负责制。有的报社又设若干名社长助理或总编助理。报社根据人员多少,在机构设置上分工有粗有细,分设采编业务若干部、组,经营管理若干处、科,行政管理若干处、室,并有党委、工会等组织。多数报社自办印刷厂,《广西日报》还在自治区内各地、市派驻记者站。全自治区各报社已实行新闻等系列专业人员的职称评聘。

近20年来,报业从业人员的构成也有了较大变化。解放初至"文革"前,各报社人员主要由各级党委机关干部抽调配备,从北方各报社调来的具有办报经验的人员并不多。20世纪50年代中期和60年代,曾由北京、上海、广州等高等院校新闻专业全国统一分配来一些毕业生充实报社新闻队伍。经过"文革"的动乱,新闻从业人员调动减员,加以人员逐步老化,自1990年以后陆续调进年轻的大专毕业生,队伍次第更新。到1997年底止,绝大多数"文革"前参加工作的编辑、记者均已离、退休。经过广西各高等院校自身培养的新闻、中文、经济、历史等系科的毕业生进入报社。1972年广西大学设立新闻专业,1987年3月改为新闻系,1997年改称文化与传播学院新闻系。多年来该系为各报社、电台、电视台培养了大批新闻专业干部,90年代各报骨干力量多出于此。《广西日报》还采取选送青年采编人员到高等院校进修,与高校联办培训班等多种办法,提高从业人员素质。1985年4月广西农垦大学设立新闻专业,聘请广西大学新闻系教师和《广西日报》等新闻机构的资深编辑、记者任教,为广西和国内各省的农垦系统培养了一些新闻专业人员。据1994年底统计,广西报纸编采人员平均年龄35.39岁,具有研究生以上学历者29人,副高以上职称的194人。为加强新闻阅评工作,1999年聘请8名新闻阅评员,每月编发《新闻阅评信息》,指导全区新闻宣传工作。

至1999年底统计,中央新闻机构和全国性报刊在南宁建立的派出机构,除原有的新华社广西分社、中国新闻社广西分社外,外地新闻单位和报刊驻广西记者站已达78个。南宁的新华社广西分社在桂林又设立了分社。《人民日报》在南宁设有驻广西记者站之外,1995年又设立广西新闻中心,两者共有员工18人,其中90%以上受过高等教育。《广西日报》等自治区内各报社共在各地建立记者站86个。新华社出版的《参考消息》在南宁设立广告部广西分部,1998年在广西地区每周出版发行《参考消息》广西信息广告版,随《参考消息》印行。《人民日报》1997年在广州设华南分社,每周5期编辑出版《人民日报华南版》,随《人民日报》在南宁代印发行。这两例是中央级报纸在广西出版发行分版的开端。

跨省区报纸在广西也开始出现。1992年5月北海市政府主办《沿海时报》,1995年发展为全国14个沿海城市联办,成为跨区域经济类报纸,每周5期。1993年9月18日至1997年底止,由广西区党委对外宣传小组领导,由《广西日报》社主办,曾编辑出版彩色印刷的中英文对照周报《大西南经济导报》得到西南各省、自治区政府的支持与协助,面向国内外发行。

新闻团体的恢复和建立是广西新闻事业发展的重要标志。1959年初，中华全国新闻工作者协会广西分会成立，曾接待越南等外国新闻工作者代表团和来访者，"文革"中停止活动。1981年11月26日，广西新闻工作者协会（简称"广西记协"）、广西新闻学会同时成立，其后桂林、柳州、梧州、北海等市和玉林地区记协分会相继成立。广西新闻摄影、新闻漫画、专业报、企业报、高校校报、报纸文艺副刊等分支学会或研究会也相继成立。这些新闻团体举办了学术研讨、好稿评选、编印书刊、区际交流、文体活动、创作征文和旅行游览等活动，促进了广大新闻工作者提高业务水平和增强体质，推动了报业发展。一些地、市报设立新闻研究室，《广西日报》成立广西新闻史志编辑室，开展业务研究和编写新闻史志资料，取得丰硕成果。广西日报社新闻研究咨询室和广西新闻史志编辑室先后编印了一些具有地方特色的报业史料书籍：《救亡日报的风雨岁月》《国际新闻社回忆》《当代广西的新闻事业》《八桂报史文存》《桂系报业史》等，其影响在各省、市、自治区新闻史研究中居于前列。

除了新闻团体开展区际交流活动外，各报社亦广泛开展交流活动。《广西日报》与中南、西南各省、自治区党报之间，与其他4个自治区党报之间，都定期进行业务交流，并参与全国各省、市、自治区党报和"东、西、南、北、中"党报的经常性交流，以及全国性各报一些单项业务，诸如时事、版面、校对、通联、内参等的研讨和交流。地市报纸、晚报和经济、法制等专业报皆与全国同类报纸建立了横向联系。20世纪90年代以来，广西新闻界加强与国外同行之间的交流与互访，外国驻京记者也曾多次应邀来广西采访。

（本章撰稿人：彭继良、张鸿慰，宁树藩部分改写）

# 第四章

# 香港新闻事业发展概要

在中国新闻事业的发展过程中,香港占有独特的地位。

香港新闻事业是在英国殖民统治下成长起来的,致使它成为了一个小型的资本主义社会,资本主义市场经济发育良好,西方的新闻、出版自由被移植过来,市民的文化水平较高,西方的文化思想在这里有较大影响。这些都给香港新闻事业的发展提供了非常有利的条件,为内地不少地区所不及。

香港虽然处于英国人的统治之下,但在这里办报的,大多数还是中国人,报刊发行对象更是如此。由于地理上贴近大陆,粤港两地之间的联系非常密切,中华文化传统在这里有很大影响。另外,中外各国的商品在这里交流,中西文化在这里碰撞,海峡两岸各种政治势力和文化人士在这里聚集,香港的新闻事业就是在这样的环境下开展自己的活动,塑造自己的形象的。

香港回归前虽然是中国统治势力不能达到的地区,香港的新闻事业也受到英国法规的制约,但是,中国的政治风云却始终牵动着香港新闻界。

## 一、在英国殖民统治下迅速起步

香港的第一家英文报纸《香港公报》(*Hong Kong Gazette*),是为适应英军侵华的需要而诞生的。1841年5月1日,当鸦片战争还没有结束的时候,这家报纸便出版了。它的创办人是积极为侵华战争效力的马儒翰

## 第四章 香港新闻事业发展概要

(J. R. Morrison)。这张报纸以刊登英国政府和港英当局的公告、命令和调查资料为主,是官方的传声筒,直接为侵华战争服务,所以不同于此前外国人在中国所办的宗教、商业性质的报纸。

接着,一批商业性质的英文报纸在这里涌现。1842年3月,《中国之友》(The Friend of China)创刊;次年,《广州纪录报》由澳门迁来,改名为《香港纪录报》(HongKong Register)出版;同年创刊的还有《东半球与商业广告》(Eastern Globe and Commercial Advertiser)和《自由通讯员》(The Free Correspondent)。1845年2月20日,著名的《德臣报》(The China Mail)出版。至1849年,香港陆续出版的报纸有9种之多,这是不寻常的。请看比较:澳门鸦片战争后只出版过两家葡文报纸,而原来由广州迁来的一些报纸则无一留存,1839年开始的那种报业繁荣景象消失了;曾经是外国人办报基地的广州,这时只剩下一家由澳门迁回的《中国丛报》,显得更为凄凉;至于上海和大陆其他地方,在1849年时还没有一家近代报纸出现过。在19世纪40年代,香港报业在中国报坛上独领风骚,格外引人注目。

进入19世纪50年代,香港报业继续保持强劲的发展势头,至1860年共创办了13家报刊。其中8家为英文,包括著名的《孖剌报》(Daily Press),两家为葡文,还有两家为中文,即1853年创办的《遐迩贯珍》和1857年创办的《香港船头货价纸》。与过去不同的是,香港在中国报界的垄断地位被打破了,上海、广州、福州、宁波等沿海城市也有了近代报刊,不过香港的报刊数量仍然超过其他城市报刊的总和。

香港之所以在短时间内成为全国办报最活跃的地区,是与其特殊条件和地位相关的。1843年《南京条约》签订不到一年,英国在这里的官、商、文化机构纷纷建立,仅英国设立的大小商行就有20多家,占外国在华商行的一半;航运事业也日益发展,1843年1—3月,进入香港的货轮有80艘,而同年上海平均每3个月进入的货轮只有14艘。这说明香港很快就发展成为全国最大的进出口岸和最重要的中英贸易基地。正是这些条件促进了香港报业的迅速兴起。而同期上海的优势还没有展现出来,广州虽然早已是我国的外贸中心,但办报的政治条件不如香港,澳门更没有这些条件。

鸦片战争前在广州办报的外国人,一是传教士,一是商人;战后在香港办报的则几乎都是商人。虽然香港早就有了传教士和从马六甲迁来的印刷所,但直到1853年才办起一家教会的中文期刊《遐迩贯珍》,而且只办了三年便停刊了,香港报坛遂成了商业报纸的一统天下。这一点是与广州不同的。

战前的广州,一家报馆只办一种报纸,内容除新闻、言论外还有广告、货物行情、航运消息等。而战后的香港,一馆数报成为常见的事,并且随着对经济信息需求的急剧增长,各种独立发行的"广告报""行情报""航运录"流行一时,它们大多是一些大报发行的海外版。这一现象,是战后欧美各国的资本家需要了解香港行情,以便大举向中国推销商品的情况造成的。

和当年广州报界一样,香港的各大报之间也存在激烈的斗争。不同的是,前者主要反映自由贸易派和垄断派之间的矛盾,而后者则源于各报对港英当局政策的分歧和对香港政府的不同态度引起的争吵。从总的倾向看,《德臣报》持政府立场,《中国之友》开始支持政府,后变为激烈反对政府,以至于其主持者被香港法院判刑入狱。此外各报之间的新闻业务竞争也相当激烈。《中国之友》建立了相当规模的通讯员网,以加强关于中国的新闻报道;《香港纪录报》则与新加坡《海峡时报》协作,抢先发表来自欧洲消息;《德臣报》为了获得航运消息,特派小艇到港口调查船只往来情况,以便早点出报运往广州和澳门。这种新闻业务上的竞争,过去在广州报界很少见。

这一时期香港的中文报纸虽然出现得迟,办得也少,但就其发展水平而论,却标志着一个新阶段的开始。《遐迩贯珍》已经摆脱战前报纸的幼稚状态,无论是体例、形式和内容都有新的突破:原来报纸以国际新闻为主,条数少,报道面窄,而《遐迩贯珍》的新闻条数多,报道面广,并转而以香港和国内新闻为报道重点;原来中文报纸上的消息大多译自外国报纸,《遐迩贯珍》则开始了自己的采访报道活动;原来的中文报纸上对新闻、文学、言论不加区别,现在这种现象消失了,文风也有较大改进。此外,《遐迩贯珍》还首次使用铅字印刷,首次刊登商业广告,首次发表图片等,这些都是具有历史意义的。《香港船头货价纸》则被认为是我国第一张中文商业报纸而载入近代新闻史册。

## 第四章　香港新闻事业发展概要

## 二、英文报纸的变化和中国人办报活动的兴起

自19世纪60年代到1894年中日甲午战争爆发,香港报业跨入了一个新的发展阶段。但就其发展势头来看,则落后于上海而退居全国第二位。据初步统计,1860年至1895年间,香港出版的英文报刊约为11家,而上海约为32家,为前者的3倍;香港出版的中文报刊约8家,而上海约为36家,为前者的4倍。然而,香港报纸的管理经验、业务水平、人员素质,则为上海所不及。

这一时期香港的外文报刊续有发展。除前述英文报刊外,还有约5家葡文报刊,但大多旋办旋停。英文大报之间的竞争依然存在,不过格局变了。1857年以前,《香港纪录报》《中国之友》报和《德臣报》三足鼎立互相竞争;到60年代,前两家报纸或停或迁,《德臣报》和《孖剌报》转而成对峙态势。1881年著名的《香港电讯报》(一译《士蔑西报》,The HongKong Telegraph)创刊,它与上述两报在相当长的时间内成为香港外文报坛的主要支柱。

原来报纸与政府之间、报纸与报纸之间的矛盾斗争也依然存在,不过引起争吵的原因已不再是对港府政策的分歧,而是对市政措施和政府官员品德的不同看法和态度。《香港电讯报》创始人士蔑(R. Frazer Smith)在报纸创刊一年后,便因诽谤罪被判入狱。后来港英政府采取了一些严厉的法律措施,报纸与政府之间的关系才得以控制。

日报的兴起是这一时期香港报业出现的新现象。过去的英文报纸通常为周刊或双周刊。随着经济的发展,市场信息的需求大增,于是日报应运而生。第一张日报是1857年创刊的《孖剌报》,接着是《德臣报》《香港纪录报》。在中国新闻史上,日报成为主流由此开端。与此同时,报业竞争也推动了晚报的出现。1862年《德臣报》馆创办了我国第一家晚报《晚邮报和香港航运录》(Evening Mail and HongKong Shopping List)。香港日报和晚报的创办均早于上海和全国其他地区,从而使香港报业继续保持强劲的活力。

1878年,我国第一家英文天主教报纸《香港天主教纪录报》(*The HongKong Gatholic Register*)创刊,这是香港和全国的首创。

具有特别意义的是这一时期香港中文报纸的崛起。鸦片战争前,香港是一个只有两千多人的渔村。战后人口发展很快,1865年增至12.1万多人,1881年再增至15万余人,其中商人占很大比例。一些实力雄厚的贸易公司,如永安公司、先施公司、大新公司等相继在港设立,香港与中国沿海城市之间的航运和贸易关系也迅速发展起来。与此同时,海外淘金热兴起,大批华工经由香港前往美洲、澳洲各地,从而促进了香港航运业的兴隆。这些因素大大密切了香港与中国内地之间、外商与华人社会之间的联系。原来以外商为发行对象的外文报纸显然已不能满足香港社会的需要,于是中文报纸便应运而生。

首先发行中文报纸的是英文报馆。第一家中文报纸是由孖剌报馆在1857年创刊的《香港船头货价纸》(大约在1864年改名为《香港中外新报》)。1864年,罗郎(Noronha)创办了《近事编录》(一说为德臣报馆所办)。1871年3月,《德臣报》创办了中文版《中外新闻七日报》,次年4月改名为《香港华字日报》,独立发行。

在外文报馆的推动下,中国人的办报活动也活跃起来。先是一些中国人在外国人办的报馆中工作,获得了办报经验。像黄胜、王韬曾分别担任过《香港中外新报》和《近事编录》的主编,陈蔼亭先后成为《中外新闻七日报》和《香港华字日报》的主持人,伍廷芳曾任《孖剌报》的翻译等。中国人成批进入报界并担负起编报重任,为中国人自办报纸创造了条件;而外国人所办报纸由于有中国人参加,又提高了外报的中文水平,增强了报纸的政治倾向和言论影响。如果说以往的中文报纸在中英关系上总是坚持英国殖民主义立场,那么上述几家有中国人参与的报纸,则不同程度地表现出对华人利益和中国富强的关注。

至19世纪70年代中期,中国人自办报刊的时代开始了。1874年2月4日《循环日报》创刊,这标志着中国人自办报纸在香港正式诞生。该报在王韬的主持下,遵循"扬中抑外,诹远师长"的宗旨,评论时政,鼓吹变法,振聋发聩,名扬遐迩。充分重视言论是《循环日报》的最大特色。由此,《循环日报》成为我国第一家政论报纸,王韬成为我国第一位报刊政论家,收录该报政论的《弢园文录外编》成为我国第一本报刊政论文集。

到了19世纪80年代,中文报坛出现了新变化:由外国人创办的《华字日报》和《中外新报》先后转为中国人所有;由陆骥纯创办的《维新日报》于1883年创刊;两年后,由汇丰银行买办罗鹤明所办的《粤报》出版。这样,香港中文报坛就成了中国人的一统天下。这种情况在全国是独一无二的。广州在80年代曾出现过几家中国人办的报纸,但在清政府的高压政策下,只有《岭南日报》勉强支撑到1897年;而在上海,中国人办的报纸曾在70年代中叶一度勃兴,但多数只出了一两年,到80年代初已荡然无存。当时的上海报坛全被外商所办报纸控制,这种状况与香港形成鲜明对照。

在中日甲午战争前的一段时间内,香港成了中国人办报的重要基地,他们所办的报纸在外报的包围之中发出了中国人自己的声音,令人神往。可惜的是它们未能与时俱进。《循环日报》因王韬离去后便逐渐失去了往日的生气。中法战争后,中国社会矛盾加剧,要求变革的思潮在全国兴起,这些报纸又未能担负起引导舆论的任务。

到19世纪末,上海报业迅速兴起,超越香港而成为全国的新闻中心,并且显示出它全国性和国际性的特色。比较一下港、沪两地的某些新闻现象是很有意思的。在香港,办中文报纸的几乎全是广东人,办外文报纸的又几乎都是英国人(少数葡文报纸除外)。而在上海则不同,办中文报纸的有本地人,也有外地人,办外文报纸的除英国人外,还有美、法、德、日、葡等国人。这从一个侧面反映了两地报纸的不同特点。

据不甚精确的统计,1894年全国报刊共50种,其中中文报刊27种,外文报刊23种。从地区分布看,上海28种(其中中文报刊18种,外文报刊10种),居全国第一位;香港10种(其中中文4种,外文6种),居第二位。但香港报刊的报龄在30年以上的英文报刊有5种,而上海只有2种,中文报刊的情况也大致如此。由此可见香港报纸在全国报业中仍然占有非常重要的地位。

### 三、在维新和革命大潮中的香港报业

中日甲午战争以后,香港的各项事业都获得大发展。1898年又从清政府手中获得新界大片土地,因而人口激增,至辛亥革命前已达50万人,其中九成以上是华人。洋商的财富大量聚集,一批华人富商也成长起来,居民的文化水平显著提高,报纸的读者群日益增长。

这期间,香港报业发展的一个显著特点就是商业报纸奠定了坚实的基础。原先出版的中英文报纸除《粤报》外,均继续发行,形成稳定的格局,影响日大,这同内地一些城市的报刊旋办旋停的情况很不相同。在这里,报业企业化广泛进行,许多报馆成立股份有限公司,财力加强了,机器设备更新,排版、印刷有了改进。《循环日报》从1904年开始改人力印报为电力印报,每小时能印500张;1907年又购得新印机,每台每小时能印1 000余张。报纸也由每日出两张改为出四张,每张字数大量增加,内容更为丰富。广九铁路通车后,许多报纸都在广东各县设通讯员,充实了大陆新闻报道内容,报纸的可读性增强,发行量也由以前的数百份增至万余份。

1903年11月《南华早报》(*South China Morning Post*)的发行是香港英文报业发展史上的里程碑。与原来的《德臣报》《孖剌报》等以英国上层人士为主要读者对象的报纸不同,它更注重适应普通读者的需要,而且在报馆的资金、人员方面打破了以往由英国人垄断的局面。该报的创办人是英国人克银汉(Alfred Cunningham),可是在该报的股份公司中,华人占有不少股份,华人谢缵泰还当上了报纸的编辑,美国人诺布尔于1906年也成为董事会主要成员。这些都显示出香港英文报纸的变化。

1895年中日《马关条约》签订后,救亡图存、维新变法的呼声伴随着办报的浪潮席卷中华大地。首先在清政府严密控制的北京,康有为、梁启超在那里办起了《中外纪闻》;接着在华东重镇上海,4年间先后涌现出中文报刊50家;邻近香港的澳门和广州也办起了鼓吹维新变法的《知新报》和《岭学报》;就连从未办过报纸的杭州、苏州、温州、无锡、芜湖、长沙、萍乡、桂林、梧州、重庆、成都、西安等地,也纷纷出版了报刊。然而一直走在报刊发展前列

的香港,这时却停滞不前,4年中没有出过一家有影响的报刊。原已出版的报刊在救亡、维新浪潮的推动下虽然显著露出一些积极的政治倾向,内容上有所改进,但声微气弱,内地读者很少听到来自香港的声音。上海《时务报》摘译的中外文报刊有数十家之多,也见不到香港报刊的影子。

这种状况到1898年戊戌政变以后才发生了变化。维新运动失败后,全国陷于专制恐怖之中。维新党人和以兴中会为核心的革命党人,都把香港作为联络中国大陆和海外的活动据点,两派报刊随之在这里活跃起来。对于政治流亡者来说,在香港办报比在内地任何地方(包括租界)办报都更安全和方便。因此,在内地办报热潮被镇压下去以后,作为政治庇护所的香港的办报热潮却在这时兴盛起来,与前一阶段的冷漠现象恰成鲜明的对照。这种"冷""热"易位,是颇为有趣的新闻现象。

政党报刊兴起给香港报坛带来了复杂的矛盾和斗争,也给香港报坛增添了生气。兴中会于1900年1月在香港创办的第一张纸报《中国日报》被称为"革命机关报之元祖",它的出版改变了革命党人只靠演说、印刷小册子进行宣传的落后状态,开始扭转改良派报刊独占海外华文报坛的局面。《中国日报》的主编是革命党的骨干陈少白、冯自由、谢英伯,影响遍及华南和东南亚地区。值得一提的是,这家报馆不仅是革命党宣传部门,而且是联络海内外革命党人和策划武装起义的机关,这在香港是前所未有的。保皇党在香港的办报活动开始于1902年,但其重要报纸则是1904年创刊的《商报》。该报被视为保皇党的"宣传总机关",由保皇会副会长徐勤主持,经常与革命派报纸闹矛盾、打官司。这两家报纸在各自的党派中都有很高的地位,但都未能发挥正常机关报应有的宣传作用。这是因为,当时两派报刊的宣传中心都在日本而不在香港,尤其是1905年同盟会机关报《民报》创刊以后,更是如此。人们发现一个颇具意味的现象,当时两派在香港办的报纸,其主编和主要撰稿人都是广东人,而两派在日本办报刊人员则要广泛得多。这从一个侧面反映了香港报纸的地区性色彩。

1903年以后,随着革命形势的发展,香港的革命派报纸异军突起,《世界公益报》《广东日报》《有所谓报》相继创刊,编撰人员鼎盛,革命色彩鲜明,从气势上压倒了保皇党报纸。这期间,保皇党的《商报》《实报》同广州的《岭海报》等串连一气,同《中国日报》等革命报纸展开了激烈的笔战,拉开了为时数年、遍及世界许多城市的两派报刊大论战的序幕。

1905年前后,香港的革命报纸加强了反清、反帝的宣传,其中以郑贯公主持过的几家报纸尤为活跃,而《有所谓报》最为突出。该报注意同普通读者相结合,思想新颖,笔锋犀利,语言生动,庄谐并重,销量曾超过《中国日报》,成为最受读者欢迎的报纸。另外,这一时期的革命报纸都很注意利用文艺形式进行宣传。《中国日报》的副刊《鼓吹录》,《广东日报》的副张《无所谓》等,将群众喜闻乐见的文艺形式与革命内容相结合,开创了我国报纸副刊改革的先声,受到新闻史学界的重视。

随之而来的是,革命派报刊受到清政府和港英当局的双重压制。1906年,广东当局严禁革命报纸入境;1907年,港英政府颁布法令,禁止中文报刊刊登煽动反清的文字和图片。受此影响,革命派报刊不得不改变策略,提高斗争艺术,其他中文报刊也尽量不露出自己的政治倾向。然而,香港的一些英文报纸却出现了令人瞩目的现象。在四家英文大报中,有三家与革命党人联系频繁,并参与了一些反清活动。早在1895年,《德臣报》主编黎德(Thomas H. Reid)和《香港电讯报》主编邓肯(Chesney Duncan)就为孙中山起草过对外宣言,以后两报并提供版面报道起义军纪律严明、受到群众欢迎的消息。起义失败后,《南华早报》主编克银汉又大力营救革命党人。这是香港英文报纸在特殊情况下不同寻常的表现。

据初步统计,自香港开埠以来,共出版中文报纸52家,其中政党报纸22家,商业报纸13家,政府报纸1家,宗教团体报纸3家,其他报纸13家。报龄在10年以上的9家,其中政党报纸3家,商业报纸5家,政府报纸1家。报龄在20年以上的6家,其中商业报纸5家,政府报纸1家。这期间,共出版外文报纸43家,其中英文报纸30家,葡文报纸13家。英文报纸中商业报纸27家,宗教报纸2家,政府报纸1家,葡文报纸性质不明。报龄在10年以上的14家,其中英文报纸10家,葡文报纸4家;报龄在20年以上的只有7家英文报纸,其中《德臣报》至1911年已出版66年,成为香港,乃至全国历史最久的报纸。

## 四、民国之初至香港沦陷前后的新闻事业

经过维新运动和辛亥革命的洗礼,香港的报业发生了很大变化。保皇党的《维新日报》影响日落,不得不易主改名,1912年终告停刊;《商报》的处境本来就十分困迫,辛亥革命后虽然改名为《共和报》,但旋即停刊。革命党的《中国日报》为了及时指导大陆的革命斗争,于1911年广东宣布独立后迁到广州出版;《世界公益报》《新汉报》等也在民国成立不久相继停刊。无党派背景的《中外新报》曾因反对龙济光督粤而声名大振,但不久即被龙收买,受人唾弃,不久停刊。总之,辛亥革命后,原来在香港盛极一时的政党报纸突然衰落,这种状况同大陆形形色色的政党纷起办报的热闹场面形成强烈的反差。"二次革命"失败后,中华革命党人又在香港创办《香港晨报》和《现象日报》进行反袁斗争,但已是势单力薄,不成气候了。于是,商业报纸成了香港报业的主流。继续加强商业化的《循环日报》和《华字日报》,业务有很大发展,建立起雄厚的经济基础,成为香港两家最大的中文报纸。1913年由基督教人士创刊的《大光报》和1919年由香港华商总会创办的《华商总会报》,则标志着香港中文报纸的又一新的发展。

1924年以后,国共两党实现了第一次合作,随即进行了北伐,中国大陆相对统一,经济得到发展,人民生活有所改善,新闻事业蓬勃发展。在此期间,香港的经济同样得到很大发展,人口激增,报业也随之兴旺起来。到1934年,香港出版的中文报纸有17家,其中日报14家,晚报3家。值得一提的是《华侨日报》《工商日报》的创办,为香港新闻事业增添了活力;同时政治性报纸又有所复苏,为香港报坛增添了几分热闹。

《华侨日报》创刊于1925年6月5日,其前身是香港华商总会的《华商总会报》,后由岑维休承购,改现名。该报创刊伊始即采取不少改革措施,如星期日不停刊,注重新闻时效,稳定内部工作人员等,以崭新的姿态同历史悠久的《华字日报》和《循环日报》展开角逐,营业蒸蒸日上,很快发展成为香港的大报,一直办到1994年才停刊。

《工商日报》创刊于1925年7月8日,时值省港大罢工期间,香港各报

多因排字工人罢工而停刊。商人洪兴锦、黄德光等人乘机创办此报,日出三大张。1929年冬由何东接办,迁新址,购置德国轮转印刷机,积极扩充业务,增加新闻专电,改进副刊内容,迅速畅销港穗。同年11月增创《工商晚刊》,很受本埠读者欢迎。1933年又创办《天光报》,初步形成一个现代化的报业企业,曾被南京中山文化教育馆选定为中国十大日报之一。

这期间,政治性报纸又重新活跃起来。1928年,《新中国日报》创刊。它自称是孙中山创办的《中国日报》的继承者,实际上该报由广东省政府主席陈铭枢控制。1927年,香港又有两家政治性报纸问世,一家是国家社会党创办的《香港时报》(不同于以后国民党办的《香港时报》),宣传国家社会主义,抨击国内政治不遗余力,但因销路不畅,五年后停刊;另一家是中共办的《香港小日报》,介绍马克思经济学说和苏联现行制度,也因销路不畅,数月后停刊。1930年,以汪精卫为背景的《南华日报》创刊,多以体育新闻来吸引读者。1938年12月汪逆叛国后,该报与日本人办的《香港日报》相呼应,为人所不齿。1934年,陈铭枢又在香港创办《大众日报》,借以拉拢桂系军阀与南京政府唱对台戏。1935年,邹韬奋、胡愈之在香港创办《生活日报》,宣传抗日救国,但时间不长。1936年,第五路军机关报《珠江报》在香港创刊,后又收购《大众日报》器材谋求发展,但因抗战爆发,内地报纸南迁而受到制约未能如愿。

1938年,是香港报业史上多姿多彩的一年。这时,全面抗战已经开始,京、沪失守后,一些重要的报纸迁来香港出版。这些报纸各具特色,为香港报坛注入新风,同时本地又创办了一些新的报纸。主客报纸各具特色,互相学习,精益求精,使香港报业上了一个台阶。

1938年3月,上海的《申报》和《星报》迁来香港,仍然保持其原来的特色;4月,成舍我的《立报》迁来,主编新闻和副刊的人员都是第一流的好手,很受青年读者的欢迎;5月,由来港的内地报人创办的《中国晚报》创刊,该报与美联社订立专约,故其快捷准确的新闻和根据新闻写的"今日评论"专栏引人注目;8月,胡文虎在香港创办《星岛日报》,《大公报》香港版也在这时创刊。《星岛日报》将国内外电讯截稿时间由每晚零点延长至二三点,并将报纸版面横切12栏以方便阅读,新闻图片与新闻地图也别具特色;《大公报》所刊张季鸾的社论很受欢迎；11月，星系集团创办的《星岛晚报》和《大公晚刊》出版，它们的文艺副刊和娱乐版图文并茂，印刷精美，受到读者青睐。1939年，由中国共产党领导下创办的《华商报》，由民主党派创办的《光明报》相继创刊。这两家报纸集合了内地新闻和文化界的精英，大力宣传团结抗战，同国民党主办的《国民日报》奉行的消极妥协路线进行了针锋相对的斗争。

总之，从抗战爆发到香港沦陷的一年多时间内，香港由于其特殊的政治环境和地理环境，成为中国最大的新闻宣传中心和新闻工作者施展拳脚的舞台，为团结抗战的宣传作出了重大贡献。这一点，是当时处于战乱之中的内地新闻界无可比拟的。

可惜好景不长。1941年12月太平洋战争爆发，香港被日军侵占，几乎所有的中、英文报纸都被迫停刊，只剩下日本人办的《香港日报》，汪精卫办的《南华日报》和极少数追随日伪的报纸。香港报业一落千丈，没有什么好说的了。

日本投降后，港英当局恢复统治，香港的新闻事业迅速恢复和发展。首先是香港沦陷时期被迫停刊的报纸陆续复刊，计有英文《南华早报》《德臣报》和《士蔑西报》，中文《华侨日报》《工商日报》《星岛日报》《成报》《国民日报》《华商报》《光明报》等。接着新的报纸陆续创刊，其中主要的有中共领导的《正报》，中国农工民主党主办的《人民报》，由上海迁港的《文汇报》，由国民党办的《香港时报》，由胡文虎星系报业集团办的英文报纸《虎报》(*Hong Kong Standard*)等。到1949年9月，香港出版的大大小小的报纸有37家。

日本投降后，内战爆发，于是国共两党都把香港作为对外宣传的重要阵地，各自在这里办起了自己的报纸，进行针锋相对的斗争。首先是中共中央指示广东区党委迅速派人赴港筹办报刊。到1945年11月13日，中共在香港公开发行的报纸《正报》创刊。1946年1月4日，中共领导的《华商报》在香港复刊。1946年3月1日，中国农工民主党主办的《人民报》创刊(4月迁广州出版)，同年创办的还有一些民主人士办的《愿望》杂志和《明朗》周刊。1947年中共主办的《群众》杂志迁港出版，民主同盟机关刊物《光明报》半月刊创刊。1948年香港《大公报》恢复出版，上海《文汇报》发行香港版，刘思慕主编的《世界展望》杂志,刘尊祺主编的《远东通讯》,范长江主持的国际通讯社也在这时创办。以上这些进步报刊彼此配合,互相呼应,在团结群众,认清形势,反独裁反内战,争取民主自由等方面起了重要作用。与此同时,国民党也积极在香港抢占新闻阵地。《国民日报》在抗战胜利后复刊,1949年8月4日,又创办《香港时报》,一直办到1993年2月才停刊。

香港的通讯社事业起步是比较早的。由于香港是国际新闻中心之一,世界各大通讯社都在这里设立分社,如路透社、美联社、合众社、共同社、法新社、时事社、安培拉通讯社等。抗日战争时期,邹韬奋等人创办的国际通讯社也在香港设立了分社。抗战以后,中共在香港创办了新华南通讯社,国民党中央通讯社也在这里设立了分社。

香港的广播电台始创于1928年6月,比上海晚5年,比广州早一年,至2000年已有70余年的历史。

总之,由于港英当局对国共的斗争采取中立立场,又奉行新闻出版自由的政策,因此,在抗战胜利到中华人民共和国成立的这段时间里,香港成了文化界、新闻界进步人士的避难所和民主运动的摇篮。香港的特殊环境保障了进步报刊、通讯社的生存和发展,而进步报刊、通讯社的发展又促进了香港新闻事业的繁荣。这就是这一时期香港新闻事业不同于内地新闻事业的最大的特点。

## 五、新中国成立后的香港新闻事业

1949年10月1日中华人民共和国成立,对香港新闻事业有很大影响。由于内地大城市一些大资本家将资金转移香港,一些对共产党有误解的人流亡香港,从而为香港提供了大量的资金和劳动力,促进了香港经济的进一步繁荣;而经济的繁荣,人口的迅速增长,又带动了香港新闻事业的发展。一是依附于国民党的文人、报人纷纷来港创办报刊,从事政治、文化活动;二是西方国家也把香港作为收集大陆情报的桥头堡;三是中共也将香港视为不可或缺的宣传阵地,因而香港报界长期以来形成左、中、右三派报刊"鼎足而立"的态势。尽管它们都以商业性民办报刊的姿态出现,采取资本主义方式经营，但其政治倾向是显而易见的。三派报刊互相竞争，此消彼长，促进了香港报业的发展。

这一时期的香港报业发展很快，变化也很大。中文日报除了一些财大气粗的和有政治背景的报纸外，许多小报旋起旋灭，很不稳定。1949年香港的中文报纸有33家，英文报纸4家；到1958年一直坚持出版的中文报纸16家，新出版的中文报纸有17家，总数仍是33家，这就意味着8年中有17家报纸停刊。到1976年中文报纸猛增至107家，然而到1988年则降为44家。比较稳定的是英文报纸，1988年由4家增为5家。

由于香港报纸都是商业性质的报纸。我们只能根据它们的内容和政治倾向大致分为以下几种类型。

旗帜鲜明地拥护中华人民共和国的报纸有：《大公报》《文汇报》《新晚报》《商报》和《晶报》（已停刊）。

接受台湾津贴的反共报纸有：《香港时报》《万人日报》（均已停刊）；1995年又多了一家虽未接受台湾津贴却持反共立场的《苹果日报》。

持中间立场的综合性报纸有：《星岛日报》、《星岛晚报》、《工商日报》、《工商晚报》、《华侨日报》和《华侨晚报》（均已停刊）、《明报》、《明报晚刊》、《快报》、《新报》和《天天日报》。这些报纸，有的是中间偏左，有的是中间偏右。

以刊登财经新闻为主的报纸有：《信报》、《财经日报》（已停刊）、《经济日报》（已停刊）；以刊登影视新闻为主的娱乐性报纸有：《电视日报》《新星日报》《姐妹日报》《新灯日报》《娱乐新闻》《银色日报》等20余家；以刊登黄色新闻、小说为主的报纸有：《天下日报》《今夜报》《星夜报》《早报》《胜报》等10余家；以刊登赌马新闻为主的报纸有：《赛马日报》《田丰马经》《骑师马经》等七八家。

近年来香港又兴起以刊登市郊本地新闻为主的地区性小报，如《东区报》《北区报》《湾仔报》等，总共有30多家。

此外，香港定期出版的刊物更是多如牛毛。据1987年出版的《香港年报》统计，全港发行的中、英文杂志有549家，除10余种是英文杂志外，其余的全是中文杂志。其中比较知名的有《中国评论》《争鸣》《广角镜》《百姓》

《九十年代》《镜报》《新闻天地》《香港文学》《读者文摘》《经济导报》《良友画报》《妇女生活》《儿童之友》《圣经报》等数十种。

这一时期香港的通讯社有所增加。据香港政府统计,世界上的40余家通讯社在这里设立了分支机构。中国大陆的新华通讯社、中国新闻社和台北的"中央通讯社"也在这里设立了分社。1956年,香港中国通讯社注册成立,一起注册的还有一些私营通讯社。新华社香港分社成立于1947年5月,现在发展成为地区总分社,下辖巴基斯坦、印度、孟加拉、尼泊尔、斯里兰卡、缅甸、澳大利亚、新西兰、菲律宾、泰国10个分社。除接收这些国家的新华分社所发的新闻转报北京总社外,香港分社负责将这些新闻编辑转发给上述国家和地区的用户而不必经过北京总社。中国新闻社香港分社成立于1954年,以港澳同胞和海外侨胞为主要读者对象,1986年起使用独立电传系统向东南亚、澳洲发稿。香港中国通讯社主要向港澳地区及海外华文报刊提供通讯稿和副刊稿,用户有50家。

香港目前有广播电台10家,属于香港管理的有5家,其中3家是商业台,两家是军用台。

香港的电视始于1957年5月29日,比北京早一年,比广州早两年。最初是附设于香港电台的有线电视部,由英国财团丽的呼声有线公司经营,称为"丽的映声",播出黑白中英文两套有线电视节目。1963年9月,正式增办中文台。1973年4月,丽的电视广播公司在香港注册成立,改播彩色电视节目。但在以后的一段时间里,由于该公司长期亏损,股权几度变更,到1982年9月,因为英国"丽的呼声"财团不再拥有丽的电视广播公司的股份,遂将公司名称改为亚洲电视有限公司,经营"亚视英文台"和"亚视中文台"两套节目。另一家颇具实力的是始创于1967年的香港无线电视台(简称TVB),创办初期即分为翡翠台和明珠台,分别用中、英文播出黑白电视节目,1971年开办彩色电视。1983年8月改组为香港电视广播有限公司。

亚洲无线两家电视公司长期以来成为香港电视事业的两大支柱。它们从每天清晨开播,一直到次日凌晨三四点钟,采用卫星发射系统,从1991年起两台又全面采用数码式立体声多声道播出,其制作水平在亚洲仅次于日本。1975年7月,香港商业电视有限公司经营的"佳艺电视台"开播,但到

1978年8月即因经营困难而停业。1988年,香港政府批准设立第二电视网络,次年香港有线传播有限公司开始提供家庭有线电视服务。1990年,在香港注册的亚洲卫星有限公司成功发射一枚地区性电视卫星——"亚洲卫星一号",覆盖面含亚洲的38个国家和地区,使香港制作的电视节目打入了国际市场。香港电视正在朝着国际化、多元化的方向发展。

由于香港是市场经济高度发达的港口和国际金融贸易中心之一,实行的又是资本主义制度,因此香港的新闻传播事业有许多不同于内地新闻事业的特点。

第一,自由化程度比较高。港英当局对于新闻出版,一般只要不触犯当地的法律都允许注册出版。只要有四五个人,筹集少量资金,无须任何印刷设备,即可创办一份报刊,因此香港的报刊多如牛毛。据统计,香港人均拥有的报刊量为千人800份,在亚洲仅次于日本,而新闻传播的密度则居世界之冠。

第二,商品化成分很重。报纸、杂志、电台、电视台绝大多数是私营企业,经营的主要目的是赚钱,赚钱的主要手段是拉广告,而广告的多少取决于传媒发行量和收听、收视率的多少。因此,各个媒体都千百计迎合受众口味,争相以一些低级趣味的内容去吸引受众。不少报纸最重要的第一版往往被广告占满,电台、电视台最严肃的新闻节目中间亦插广告。

第三,竞争激烈。香港新闻传播界的竞争是多方面的:在内容上,争相以快捷的独家新闻吸引受众;在版面和画面上,争相以新闻多变、色彩鲜艳吸引受众;在价格上,争相以廉价吸引受众;在技术上,争相以最新科技手段和先进设备来武装自己。激烈的竞争促进了香港新闻传播事业的突飞猛进,从而跃居世界传媒的先进行列;激烈的竞争也造成大鱼吃小鱼的局面,一些中、小型传播媒体在竞争中失败而不得不停业。像前面提到的佳艺电视台成立不到三年,就被实力雄厚的亚视台和无线台挤掉了。1995年《东方日报》集团为了挤垮创刊不久的《苹果日报》,带头让自己所属的报纸零售价由5元降为2元,许多报纸为了生存,纷纷降价出售,结果有好几家中小型报刊在降价大战中成了牺牲品。

第四,经营多元化。报纸、杂志、电台、电视台都从事多种经营。例如胡仙主持的"星系报业有限公司",除办有《星岛日报》、《星岛晚报》、《快报》、《虎报》(英文)外,还经营印刷、影片冲晒、房地产、制药、旅游、唱片录音、餐馆和豪华礼品店。几家大报如《东方日报》《明报》以及电台、电视台等,无不成立集团公司从事多种经营。看来,随着激烈的竞争,集团化已成为香港新闻传播业不可逆转的走向。

第五,广泛的报贩发行网。这一点与大陆报刊主要由邮局集中发行的办法有很大不同。香港的报贩行业十分发达,无论是在本地和外地发行报刊,均由报贩发行网进行。究其原因,主要是一个字"快"。因为香港人的工作十分紧张,在办公时间不可能看报,许多人都利用上班时买份报刊边走边看,或在下班后买份报刊带回家去看,所以无论大街小巷、车站、码头,随处都有报摊出售各种报刊,十分方便。长期订户很少,因为报贩将报刊送到订户家中时主人已上班,要下班回来才能看到,反而不便。另外,香港的报刊往往早晚价格不同,每到傍晚,报贩一看报刊卖不动了,便自行降价出售。他们将几份报纸卷在一起廉价推销,叫做"卷鱿鱼"。这种现象是大陆报刊市场见不到的。

第六,高科技的广泛应用。前面提到的香港电视台率先采用立体声多声道播出和采用卫星发射等先进传播手段不再赘述。即使是报纸也早就采用激光照排、卫星传送的办法传送到欧洲和北美。最先利用卫星传送的报纸有《大公报》《文汇报》《星岛日报》《明报》《成报》和《新报》等。

第七,政治态度转向。1984年9月中英两国关于在1997年7月1日香港主权回归中国的联合公报发表以后,香港传媒反应强烈。左派报纸热烈拥护,并拨出大量版面对中英联合公报和基本法进行宣传,自不待言。许多过去依附于国民党的文人、报人也看到香港回归是大势所趋,因而改变了立场,在报纸上取消了反共专栏,报道新闻采取了比较客观的态度。一些本来就持中立态度的报刊、电台和电视台,此时也派更多的记者赴大陆采访,用更多的篇幅和节目来报道大陆新闻和介绍大陆各方面的情况。台湾当局控制的《香港时报》和极少数持反共立场的报纸则销路大减,日子很不好过,只好关门大吉。1984年停刊的报纸有《工商日报》、《工商晚报》、中文《星报》和英文《星报》;回归前两三年停刊的报纸有《华侨日报》和《香港时报》。这些历史悠久的报纸的停刊,说明历史潮流是不可抗拒的,人心向背是不可逆转的。

1996年香港注册的报纸有59种,其中中文日报36种,英文日报5种,非日刊中文报5种,英文报6种,双语文报2种,其他语种报5种。在香港印刷出版的国际报刊有《亚洲华尔街日报》《国际先驱论坛报》《新闻周报》《亚洲周刊》《远东经济评论》等。截至1996年底,香港超过44.7万个家庭可利用卫星电视收看节目。香港卫星电视的节目有53个国家的2.2亿人在收看,其范围远达日本、土耳其、印度和蒙古。

香港长期受西方影响,1997年7月1日回归后,中共中央一再强调"一国两制""港人治港",香港新闻界的思维模式仍大都倾向西方的一套,和内地新闻界截然不同。由于传媒大多属于私营,背景相当复杂,有纯商业性的,也有不同政治立场的,因此言论各异。香港新闻界在回归以后,对一些政治敏感问题的处理仍不时会出现一些起争议,如"台湾大选"后,香港传媒访问吕秀莲,并作了报道,受到徐四民等人的批评,认为不应将台独、两国论等分裂国家的言论进行鼓吹,要求特区政府就基本法二十三条立法,以界定"报道"与"鼓吹"的区别等。此番言论迅即引起新闻界强烈反应,甚至引起海外传媒的关注。

由于新闻及传播业的激烈竞争,不少媒体为经济效益而做了许多有违职业操守的"出格行为"。如2000年《苹果日报》记者涉嫌贿赂警察、通讯员收购新闻一案,受贿警察被判入狱,为舆论所诟病。《Cyber日报》在网上播放记者召妓的整个过程,引起社会舆论大哗,也引起社会对网站色情及暴力内容泛滥的关注。为了挽救报业的公信危机,以及避免由行外人来监管,新闻业界努力寻求自律机制,如成立报业评议会,拟订《新闻从业人员专业操守守则》等,以寻求新闻自由与社会责任的平衡,可惜最终未能取得共识。销量最高的报纸如《苹果日报》只对守则支持,不响应评议,而《东方日报》及《太阳报》则对守则和评议均不支持,因而使自律机制的功能大大削弱。看来香港传媒在自律问题上尚有一段艰难的路程要走。

(本章撰稿人:宁树藩、孙文铄)

# 第五章

# 澳门新闻事业发展概要

澳门地处我国珠江口西侧,北与广东省珠海市毗邻,东与香港隔海相望,陆地面积 32.8 平方公里,总人口 65.31 万,其中 97% 是华人,葡萄牙籍及菲律宾籍居民占 3% 左右。

澳门自古以来就是我国领土,原属广东省香山县。1553 年,葡萄牙殖民者借口晾晒水渍货物而强行租用。鸦片战争后不断扩大其范围,1887 年正式进行强占,成为葡萄牙殖民地。1987 年签署的《中葡联合声明》规定,中国政府将于 1999 年 12 月 20 日对澳门恢复行使主权。

澳门相对于我国广阔的疆土来说可谓"弹丸之地",但由于其优越的地理位置和特殊的历史背景,从十六世纪以来就成为东西方贸易和文化交流的重要口岸,在其他许多方面也十分引人注目。

澳门的新闻事业已有 160 多年的历史,在中国新闻史上占有不可忽视的地位。这主要表现在以下三个方面:第一,澳门是我国近代报刊的发祥地。我国历史上出版的第一份外文报纸——《蜜蜂华报》,就诞生在澳门。第二,澳门在鸦片战争前后充当了外国人在华办报活动的回旋地。1839 年,中英两国由于在鸦片贸易问题上的分歧,关系闹得很紧张,外国人在广州创办的几份报刊在那里办不下去了,就迁往澳门继续出版。这些报刊在香港割让给英国后,又迁往香港出版,成为香港早期的重要报刊。第三,澳门是中国人办报的前哨阵地和避风港。1839 年,林则徐到广东禁烟,为了掌握敌情,派人到澳门收集和翻译外报刊登的消息、文章,编辑成《澳门新闻报》作为拟定"制夷之方"的参考;1897年康有为在澳门创办《知新报》宣传维新变法,戊戌政变发生后,《知新报》成为唯一幸存的维新派报刊;19世纪末,孙中山在澳门报刊上发表文章,宣传民主革命,这种情况在内地是办不到的。

由此可见,澳门在中国新闻史上的地位是不容忽视的。但澳门毕竟地方太小,工商业不发达,人力、财力有限,因此澳门的新闻事业规模不大,对全国的影响很小。

## 一、澳门新闻事业的开端

16世纪中叶葡萄牙租占澳门以后,葡萄牙当局逐渐将澳门经营成为远东重要的商品集散地,成为我国早期对外贸易的窗口和国际贸易的商埠,并一度垄断了中国与西方的海上贸易。

东西方贸易日益发展,人员往来日益频繁,使澳门成为中西文化的交汇点。19世纪初澳门就办起了印刷所,出版了我国最早的《汉葡字典》和《华英字典》,并建立了澳门图书馆。随后,由耶稣会创办的神学院开始兼收中、葡两国学生,教授葡萄牙语、拉丁语、神学、哲学、算术、修辞等课程。

经济贸易的发展,文化事业的兴起,居民文化程度的提高,为澳门报刊的出版创造了条件。

### (一)最早的葡文报刊

澳门的新闻事业是从葡萄牙人办报开始的。

从19世纪初开始,澳门成了英国商人对我国进行鸦片贸易的桥头堡和转运站。1820年,清朝政府采取了禁烟措施,使澳门的鸦片贸易受到很大打击,当地的葡萄牙人面临严重的经济危机。恰好在这时,葡萄牙国内的资产阶级民主革命进入高潮,资产阶级与封建贵族之间日益激化的矛盾和斗争,对澳门造成很大影响。当地的葡萄牙人也分成立宪派与保守派两个对立的派别。

1822年,澳门立宪派首领巴波沙夺得了政权。为了更好地鼓吹立宪派的主张,以打击保守派的势力,便于1828年9月12日在澳门创办了葡文周刊——《蜜蜂华报》。该报由当时澳门教会领袖、立宪派领导成员安东尼奥(Frey Antonio)担任主编,并附出增刊数种。

《蜜蜂华报》是澳门历史上第一份报纸,也是在我国境内出版的第一份外文报纸。它比广州出版的第一份英文报纸《广州纪录报》(1827)早5年,比香港出版的第一份英文报纸《香港公报》(1841)早19年,比上海出版的第一份英文报纸《北华捷报》(1850)早28年。

1823年,葡萄牙国内立宪派政府被推翻,澳门的保守派也乘机夺回政权,巴波沙被捕,安东尼奥逃往广州,后又逃去印度加尔各答,《蜜蜂华报》随即被查封。

1824年,执政的保守派首领阿利加认识到报纸的宣传鼓舞作用,遂利用《蜜蜂华报》的印刷设备,办起了葡文报纸《澳门报》(Gazatade Macao)用它来充当澳门政府的喉舌。然而只办了两年,即因经费困难而停刊。

1834年至1836年间,澳门又有两家较有影响的报纸问世。一家叫《澳门钞报》(Chronica de Macao),创刊于1834年10月12日,初为周刊,后改双周刊。该报除刊登新闻外,还摘录一些社会、政治方面的材料,办到1837年(一说1836年)停刊。另一家叫《帝国澳门人报》(Macaista Imparcial),创刊于1836年6月9日,每逢星期一、四出版,发行人兼主编是菲力西诺(Felis Felicano da Cruz)。该报本来是作为《澳门钞报》的竞争对手而创办的,但有鉴于此前党派斗争给澳门报业带来的负面影响,该报创刊伊始即公开宣布"不与任何政党联系","只献身于公众利益"。即使如此,亦摆脱不了政治上压力。1838年7月24日,终因刊文批评澳门总督而被查封。

1838年9月5日,澳门政府创办了一份官方报纸《澳门政府公报》(Boletin official do Governa de Macao)。以后,该报曾两度改名,先是更名为《澳门公报》,至1839年又更名为《中国葡人报》(O portuguez na China)。该报主要关心澳门本地发生的政治事件,同时又是澳门官方对鸦片战争发表意见的场所。

在鸦片战争前后,澳门又创办了4家报纸,它们是:《澳门邮报》(O

*Corrcio Macaense*，1839)、《商报》(*O Commercial*，1839)、《真爱国者》(*O Verfadciro Patriota*，1840)和《澳门灯塔报》(*O Pharol Macusense*，1841)。然而这几家报纸到1842年均已停刊。

总之，从1822年澳门第一家报纸创刊到1842年鸦片战争结束的20年中，澳门一共出版过10家葡萄牙文报刊，平均两年就有一家报纸创刊，这种情况是同一时期中国任何地方所没有的。所以说，澳门报业在我国早期的新闻事业中占有重要的地位。

这一时期澳门出版的葡文报刊与广州、香港出版的英文报刊比较，有许多不同之处。

第一，办报的目的不同。这一时期出版的葡文报刊大多是在葡国和澳门激烈的政治斗争中诞生的，办报的目的只是为了充当澳门当权派的喉舌，为巩固自己的政权服务，对中英之间的纠葛采取中立态度。而当时广州、香港出版的英文报刊，则主要是为对中国进行文化侵略、经济侵略和武装侵略的目的创办的。如广州出版的英文报纸《广州纪录报》和《中国丛报》，竭力为鸦片贸易辩护，主张西方政府对中国采取强硬政策，甚至公开鼓吹武装侵华。《香港公报》的主办人马儒翰曾积极为英军侵华效力，故该报得到英军和香港当局的大力支持，自然全力为侵华战争服务。

第二，报刊的内容不同。这一时期出版的澳门报刊以刊登本国和澳门的消息、评论为主，对中国的事务很少涉及。而广州和香港出版的英文报刊则用大量篇幅刊登有关中国的朝廷动态、政府体制、经济政策、对外关系、军事设施、兵力配置乃至沿海地区的地理情况和风土人情等，其用意是显而易见的。

第三，澳门早期出版的报刊与广州和香港的报刊比较，寿命都比较短。这是因为澳门的报刊大多是带有党派性质政治类报刊，而当时葡国和澳门政治风云变幻，因而报刊也随着政治风云而时生时灭。同时，澳门政府从不像香港政府那样实行新闻自由政策，而是对报刊进行许多干涉，像《帝国澳门人》，尽管它公开宣称"不与任何党派发生关系"，但终因言论触犯澳葡当局而难逃厄运。再则，由于澳门地方实在太小，人口不多，读者更少，加上财力物力有限，想要报刊长寿是很困难的。所以，早期的澳门报刊寿命最长不超过 5 年,最短的不到 1 年,因而对澳门以外地区影响微乎其微。

### (二) 其他文字的报刊

在葡文报刊开始发展的同时,鸦片战争前的澳门还出现过中、英文报刊《澳门杂文编》(*The Evangelist and Misellanea Sinica*)。

《澳门杂文编》,又称《福音传道师》,1833 年 5 月 1 日创刊,创办人是马礼逊。这是一份周刊,每期 4 页,发行对象是在华的基督教传教士。马礼逊于 1807 年来华后,早就有在澳门建立基督教出版中心的打算,但因澳门葡萄牙人信奉天主教,对基督教持敌对态度,他的设想未能实现。后来,马礼逊以东印度公司职员(而不是传教士)的身份来到澳门并居住了一段时间,于 1832 年前后在澳门建立了一间英文印刷厂,称为亚本印刷厂 (Albion Press),遂在此基础上创办了《澳门杂文编》。该刊是一份教会刊物,宣称要"走向全世界,将福音传播给每一个人"。其内容主要刊登有关基督教义和传教士的任务、职责等方面的文章,也有一些有关中国及邻近国家的政治、经济和文化状况的介绍。此外,该刊还开设了一个"中英文对照"专栏,将中国名著片段的原文及其英文翻译稿刊登在上面。为此,有人断定《澳门杂文编》是一份中英文合璧的刊物,这是不妥当的,因为它的中英文对照专栏只占很少的篇幅。同年 6 月,《澳门杂文编》出至第 4 期时,澳门主教要求葡萄牙当局查封亚本印刷厂,理由有两条:一是该厂所印书刊有违背天主教教义的内容;二是该厂的建立违反了葡萄牙政府有关在其领土上设立印刷厂须经葡澳当局批准的规定。当时在广州出版的英文《中国丛报》曾撰文对这两条理由加以驳斥,认为亚本印刷厂所出书刊并无涉及天主教的内容,而澳门属于中国领土,故不适用于葡国政府的规定。但抗议无济于事,亚本印刷厂还是被封,《澳门杂文编》也随之停刊。

到了 1839 年,中英之间的关系由于中国禁止鸦片贸易而趋于紧张,英国人在广州办的报刊不得不迁往澳门出版。这些报刊是:《广州纪录报》、《广州周报》(*Canton Press*,又称《澳门新闻录》)、《中国丛报》、《商业行情报》(*The Commercial Price Current*)。此外,在这一时期,英国人还直接在澳门创办了一些英文报刊,如马礼逊的长子马约翰于 1841 年创办的

《香港公报》、英国商人奥斯威尔德于1842年创办的《中国之友》。上述几家报刊在香港正式割让给英国后,即迁往香港出版,成为香港早期的重要报刊。

总之,在鸦片战争前后,澳门的报业曾经一度繁荣,以"只此一家,别无分店"的姿态傲视神州大地。然而好景不长,在香港开埠以后,优势就消失了。

### (三)关于"澳门新闻纸"

1839年,林则徐以钦差大臣的身份来到广东禁烟。当时,昏庸自大的清廷对外国事务毫不了解,对发生在中国南方的事态一无所知。林则徐到达广州后,为了掌握"夷情"虚实,以利于"制取准备之方",他派人去澳门搜集"夷人刊印之新闻纸",精选翻译人员,将外报刊登的有关鸦片贸易,西方各国对中国禁烟的反应以及其他方面的消息、评论等资料,秘密翻译成中文,提供给广东督抚衙门,作为备战的参考。这种随译随送的译报材料,被后人称为"澳门新闻纸"。从保存下来的六册"澳门新闻纸"看,所译材料主要取自由广州迁到澳门出版的两家英文周报:一家是逢星期六出版的《广州周报》,另一家是逢星期二出版的《广州纪录报》。此外,还有个别文章译自伦敦、新加坡、孟买、孟加拉的报纸,估计这些外报是当时在外华人带进澳门来的。

后来,魏源在编辑《海国图志》的时候,将"澳门新闻纸"收入,并将其内容加以整理,取名叫《澳门月报》,署名"林则徐译"。《澳门月报》按内容的性质归为五类,即《论中国》《论茶叶》《论禁烟》《论用兵》和《论各国夷务》。由于《海国图志》要呈送道光皇帝阅览,故在文字上作了加工。

"澳门新闻纸"从严格的意义讲并不是一份报纸,只是一些译报材料,它也不是在澳门译编的,只是因为内容来源于澳门发行的外文报纸,所以称它为"澳门新闻纸"。

林则徐主持翻译的"澳门新闻纸"为广东督抚衙门提供了许多有价值的信息,对当时的禁烟、备战活动起到了积极作用;同时它也开了我国译报的先河。

综上所述可以看到,澳门是我国近代新闻事业的发祥地之一,早期的澳门报业对近代中国的政治斗争和中国新闻事业的发展作出了重大贡献。这一历史地位是其他地方无法取代的。

外国人的办报活动,总是同西方殖民主义入侵中国的进程联系在一起的。鸦片战争以后,香港割让给英国,国内开放五口通商,殖民主义势力向香港和内地转移,外国人的办报活动中心也随之转移到了香港和上海,澳门报业的发展势头大大减弱。从1843年至1894年50多年内,澳门只断断续续地出版过17种葡文报刊,其他文字的报刊则几乎断绝。

## 二、戊戌变法和辛亥革命时期的澳门报业

1894年中日甲午之战后,中国面临被帝国主义列强瓜分的危险。大批爱国志士强烈要求清廷进行改革。1895年震惊中外的"公车上书",标志着中国资产阶级登上政治舞台,变法维新成为一股历史潮流;变法失败后,资产阶级革命派的活动在海内外蓬勃兴起。于是,具有特殊地位的澳门又成为维新派和革命派创办报刊,进行宣传活动的摇篮。两派势力都在澳门创办了一些报刊,宣传自己的主张。

### (一)《澳报》和《镜海丛报》

《澳报》是在澳门出版的第一份中文日报。但因为报纸失传,创办人和创刊日期不详,我们只能从有关资料知道该报的一些简况。《孙中山全集》第一卷收入的第一篇文章《致郑藻和书》,据注释介绍,就发表在1892年的《澳报》上。由此可见,澳门发行的第一份中文日报即成为资产阶级革命派用来作为宣传革命的舆论工具。

目前可以查证的最早的中文报纸是《镜海丛报》,它是葡萄牙印刷商人飞南第(Francisico Hermenegildo Fernandes)与当时正在澳门行医的孙中山合作创办的。该报创刊于1893年7月18日,是一份周报,每期6页,逢星期三出版。这是一份颇具规模的报纸,辟有"上谕""京抄奏稿""文武升迁""本埠新闻""粤港新闻""国内新闻""国际新闻"等栏目,曾刊登过孙中山

撰写的《农学会序》等文章,报道过革命党人的活动情况。飞南第在孙中山的影响下也发表过一些抨击清政府的论说。所以,《镜海丛报》是一份与中国资产阶级革命派有密切关系的报刊。

《镜海丛报》发行面比较广,除本埠外,还发行到广州、福州、厦门、上海、北京以及新加坡、横滨、旧金山、吕宋、帝汶和里斯本等地。该报在促进反清革命思想的传播上起到了不可磨灭的作用。可惜只维持了两年零五个月,到 1895 年 12 月 25 日因经费困难不得不停刊。

### (二)《知新报》与《濠镜报》

1895 年甲午战争失败后,清政府被迫签订了丧权辱国的《马关条约》。全国各地救亡图存的呼声日益高涨,鼓吹变法维新的报刊如雨后春笋般涌现出来。维新运动领袖康有为在上海筹办的《强学报》创刊后即南下广东,利用澳门的特殊地位,与爱国商人何穗田一起创办了澳门近代史上影响最大的中文报刊——《知新报》。

《知新报》创刊于 1897 年 2 月 22 日,是维新派在华南地区的重要舆论阵地。康有为之所以选择澳门作为维新派的办报基地,一是因为澳门是葡萄牙的殖民地,清朝政府鞭长莫及。二是因为澳门的富商巨贾十分支持变法维新运动。《知新报》创办号称集资万元,"至其股东,则皆为葡之世爵,澳之议员,拥数十万者也"。而其中最为热心、出资最多的,是爱国巨商何穗田。他在此前曾资助过孙中山在澳门行医,以后又独力创办过一份宣传保皇立宪的《濠镜报》。三是康有为想在华南办一份报刊,与上海出版的《时务报》南北呼应,共同担负起宣传维新变法的任务。所以,《知新报》创刊之初取名叫《广时务报》,即广东的时务报和推广时务报之意。所以,《知新报》虽然是铅印报,但在封面、版式上都模仿《时务报》。

《知新报》由何穗田和康有为的弟弟康广仁任总理,何主持行政事务,康则主持编务。梁启超曾赴澳门为《知新报》进行策划,制订章程和安排编辑事宜,并列名为撰述。其他担任撰述的还有徐勤、何树龄、韩文举、吴恒炜、刘桢麟、王觉任、陈继俨等康门精英。另外,该报还聘请了英文、葡文、德文、日文翻译。这样强大的编辑阵容,在当时我国报界是少见的。

《知新报》创刊之初为五日刊,第 19 册起改为旬刊,第 112 册起又改为半月刊。该报设有"论说""上谕""京都近事""各省新闻""各国情况""农事""工事""商事""矿事""中外交涉"等栏目,内容丰富,言论大胆,颇受读者欢迎。广西、贵州、杭州等地的大吏都曾饬令下属订阅《知新报》。其发行除港澳、广东由该报自行办理外,其他各省的发行工作由上海《时务报》代办,由此可见两报关系之密切。另外,该报还远销日本、越南、新加坡、美国、加拿大等国,这种情况是当时其他地区的报刊所不及的。

《知新报》与当时上海、北京、天津、长沙出版的维新派报刊比较,颇具特色。梁启超为《知新报》规定的两大内容:一是"多译格致各书各报以续《格致汇编》";二是"多载京师各省近事,为《时务报》所不敢言者"。这两点正是《知新报》不同于其他维新派报刊的两大特色。

多译格致各书各报以开启民智,是维新派的一贯思想。康广仁说:"夫学校未兴,虽海舰倍于英,铁路多于美,陆军强于德,亦将以穷其民而败其国而已……今日之报,将以启其智识,亦学校之一端乎。"正是基于这种思想,《知新报》除宣传维新变法外,将沟通中外信息、传播科技知识作为重要内容。这一点虽然是当时维新派报刊的共性,然而《知新报》与上海《时务报》、天津《国闻报》、长沙《湘学报》所不同的是:后三者在介绍西方科技时多从理论上加以阐述,且多长篇大论,而《知新报》则注重于知识本身的介绍,篇幅较短,有时还附有插图。1884 年广州出版的《述报》也是这样做的。这种通俗化的倾向,正是岭南文化传统所使然。

至于"敢言《时务报》所不敢言"这一特色,则是由澳门的特殊地位所决定的。梁启超在筹办《知新报》之初,就已考虑到充分利用清政府对澳门鞭长莫及的有利条件,对该报提出了这一要求。所以,在《知新报》上可以读到许多内地报刊不敢刊登的消息和评论。譬如该报第 2 期上,就刊发了一条揭露清廷派侍郎洪钧使俄拟签订《中俄密约》的消息。文中抨击说:"此次中俄密约,引虎入室,认贼作子,祸未有艾,人人寒心。识者谓洪侍郎误国之罪不能掩也。"这样大胆的言论在内地出版的维新派报刊上是很难看到的。

澳门政府对《知新报》的态度是比较宽容的。1897 年 6 月 18 日,清政府曾照会澳葡当局,企图对《知新报》的言论进行干涉。照会说《知新报》"所记各事,语极悖诞,要求"照会彼此译官,并著斟酌办理"。尽管如此,澳葡当局并没有理睬,《知新报》得以照常出版。

1898年9月21日,慈禧太后发动政变,光绪皇帝被囚,"六君子"喋血都门,变法失败。国内维新派报刊大多数被冠以"辩言乱政""惑世欺民"等罪名而被迫停刊,个别转手于外国人的报刊如《国闻报》也名存实亡,噤若寒蝉。这时候,只有《知新报》和在新加坡出版的《天南新报》敢于公开指斥政变。《知新报》从第69册起即取消了"上谕恭录"栏目,并在"北京要事汇闻"栏中如实报道政变经过。以后,又发表《气节说》《论中国变政并无过激》《八月六日朝变十大可痛说》等文章为康梁变法辩护,向死难烈士致敬,指名道姓地痛骂慈禧、荣禄是"逆后""贼臣",支持光绪皇帝复辟。在这段时间内,《知新报》成了坚决站在维新派立场上同后党政权作针锋相对斗争的独一无二的报刊。这是《知新报》的光荣,也是澳门新闻界的光荣。

1898年12月23日《清议报》在日本横滨创刊后,《知新报》与《清议报》一起被指定为保皇会最早的机关报和接受海外捐款的机构,共同担负起反对后党、拥护光绪的任务。到1901年1月20日,《知新报》在出了第133册后自动停刊。至于停刊的原因,不像是因为经济困难,也不像是受到葡方干涉,可能是由于以下两条:一是该报所坚持的保皇立场逐渐失去人心;二是该报的大部分骨干,如徐勤、何树龄、陈继俨等人被派往海外其他地方从事保皇活动去了。

《知新报》从1897年2月22日创刊到1901年1月20日停刊,坚持出版了三年时间,是戊戌变法时期出版时间最长的维新派报刊。它以"敢言《时务报》所不敢言"而著称于世,又以政变后独立支撑局面而功垂史册。然而,《知新报》在戊戌变法期间没有上海《时务报》、天津《国闻报》和长沙《湘报》那样大的影响,以后又没有像横滨《清议报》和《新民丛报》那样成为改良派最重要的机关报。这恐怕是由于澳门偏处一隅,离全国政治中心太远,消息传递迟缓的缘故吧。

戊戌政变后,在《知新报》继续出版的同时,澳门还出版过两份中文报刊。一份是保皇会澳门分会的机关报《濠镜报》;另一份是具有保皇倾向的报纸《澳报》。《濠镜报》是在康有为的鼓励和支持下,由何穗田出资于1898

年(澳门大学澳门研究中心编写的《澳门总览》认为是1901年)创办的,相继由卢雨川、黄式如、陈子韶担任主编,出版至1899年9月停刊。《澳报》创刊于1899年,由李应庚、吴瑞华担任主笔。要说明的是,它与前节提到的澳门第一份中文报纸《澳报》同名,两者之间有无承袭关系待考,但并非同一报纸则是肯定的。《濠镜报》与《澳报》存在的时间都比较长,成为辛亥革命时期澳门报业的主角。

**(三)辛亥革命时期的澳门报刊**

自从1900年香港《中国日报》创刊后,资产阶级革命派报刊逐渐成为中国报坛的主角。尤其是在1905年同盟会成立后,革命派报刊与改良派报刊竞相发展,掀起了国人办报的第二次高潮。即以华南地区来说,辛亥革命时期,广东出版了100多家报纸,香港也出版了近100家报纸,相比之下,澳门这一时期的报业却黯然失色。除了老牌报纸《濠镜报》和《澳报》出版外,只出版过两份可以说是毫无影响的报刊。一份是在1903年由葡萄牙商人创办的《文言报》,另一份是1905年创刊的《岭南学术界》。后者先在澳门出版,后来迁往广州刊行,由岭南学校(后来的岭南大学)老师和学生主持,是一份中英文合璧的刊物。

为什么在辛亥革命时期澳门的中文报业会如此冷落呢?原因不外乎三条:第一,澳门以其特殊地位在中国新闻史上所充当的"开路先锋"的角色,早已完成其历史使命;第二,澳门当权者信奉天主教,政治态度一贯比较保守。为了避免与清政府发生冲突,他们宁愿持保皇立场的报刊在澳门生存,而不愿持革命立场的报刊在澳门出现;第三,保皇会在澳门群众中保持着比较大的影响力,所以持保皇立场的《濠镜报》和《澳报》得以生存;第四,澳门与香港隔江相望,水路交通十分方便,澳门居民养成阅读香港报刊的习惯,本地有一两份报纸也就够了。所以,在整个辛亥革命时期,澳门的中文报业一直处于低潮。

在这一时期,澳门的葡文报业相对于中文报业来说还是比较活跃的。先后出版的葡文报刊有:《澳门邮报》、《直报》、《镜湖新报》、《宪报》、《澳门之声》(《镜海丛报》的葡文报)和《战斗报》。这些葡文报纸全部都是周报。

## 三、民国时期的澳门报业

从1912年中华民国成立到1949年新中国成立的37年间,中华大地经历了袁世凯复辟、军阀混战、北伐战争、"五四运动"、国共合作、十年内战、抗日战争、解放战争等一系列重大事件。澳门虽然偏处一隅,但澳门同胞毕竟与大陆同胞血肉相连,他们时刻都在关注着祖国的前途和澳门的命运,这就为澳门报业的发展提供了大好时机。另一方面,由于澳门的工商业不发达,政府的财政收入主要靠赌博业和娱乐行业的税收来维持,澳门逐渐发展成为以赌博、娱乐业为支柱产业的国际化城市。受此影响,这一时期的澳门出版报纸争相以博彩、色情新闻来吸引读者,扩大销路,招揽广告,维持生存。这成为当时澳门报业的一大特色,也成了澳门新闻事业的一种传统。

### (一) 民国成立至抗战前夕的澳门报刊

在1912年民国成立至1937年抗战爆发的25年中,澳门相继出版了9份中文报纸。它们是:《澳门通报》、《濠镜日报》、《濠镜晚报》、《澳门时报》、《澳门日报》(与现时出版的《澳门日报》同名,但并无承袭关系)、《民生报》、《新声报》、《朝阳日报》和《大众报》。

《澳门通报》创刊于1903年6月3日,是一份完整的中文日报,比较注重新闻和言论,设有"港澳新闻""粤省新闻""京沪新闻"和"评论"等栏目,创办人是澳门赌商卢廉若。卢氏在本世纪初主要从事山票、铺票生意。为了扩大影响,他试图将"山铺票名"推向香港,却受到香港有关法律的制约。于是他便在《澳门通报》上开辟"山铺票经""博彩纪录"等栏目,运往香港销售,报纸十分抢手,他的赌业也随之进一步扩展。所以,《澳门通报》便成为港澳"狗马经"报纸的鼻祖。

《濠镜日报》和《濠镜晚报》这两份以"章台艳事""花国新闻"来吸引读者的报纸都创办于1914年。《濠镜日报》由邓羽公主持,除刊登"花国新闻"外,注重报道本埠的社会新闻,如火警、窃案和商店开业之类,外地及国际新闻则靠转载粤、港报纸维持。该报还刊登文学作品,后因发表小说《仙女散花记》,被一富商控以诽谤罪而被迫停刊。《濠镜晚报》则大量报道娼寮妓寨的消息,开澳门黄色报刊的先河。

《澳门时报》创刊于1916年,《澳门日报》创刊于1917年,《民生报》创刊于1924年。这三家报纸属于同一老板,由同一家印刷工场印刷,号称"三位一体"。三报维持到抗战前夕停刊。

《新声报》创刊于1928年,由陈仲霭主持,资金比较雄厚,并拥有自己的印刷工场。该报曾发起组织一个"文友会",负责征集言情小说和奇趣散文在报上刊登,在文友中有较大影响。

《朝阳日报》创刊于1932年11月,社长是陈少伟。开办初期,每月入不敷出,经营甚感困难。后获澳门体育界人士和曾枝西女士的支持,才得以继续维持。

《大众报》创刊于1933年7月15日,创办人是陈天心。开办初期,为了节省经费,该报与《朝阳日报》采取"两位一体"的方式印刷发行。

以上六家报纸,发行量都只有二三百份,其消息来源大多靠剪辑香港和广州的报纸。于是,"六报三馆一来源"成了当时澳门报界流传的佳话。

总之,在民国成立到抗战爆发的25年中,澳门报业虽然比辛亥革命时期有所复苏,但并没有出现过比较像样的报纸,澳门居民仍然主要靠阅读香港报纸获得信息,这种状况一直到《华侨报》创刊后才有所改变。

### (二)抗日战争时期的澳门报刊

1937年7月7日发生的卢沟桥事变,标志着抗日战争全面爆发。在1937—1945年的八年中,澳门报业呈现出前所未有的复杂局面。一方面,澳门同胞以极大的爱国热情积极投身于抗日救亡运动,澳门报人当仁不让,创办爱国报刊,与原来幸存下来的报刊一道,担负起救亡图存的宣传任务;另一方面,日本特务伸手澳门,扶持汉奸创办报刊,宣传所谓的"东亚共荣"。

在新创办的爱国报纸中,出版时间最长、影响最大的是《华侨报》。该报创刊于1937年11月20日,最初是作为香港《华侨日报》的澳门版,由《华侨日报》派出赵斑斓、雷渭灵主持,办报方针与香港《华侨日报》同。《华侨报》甫创,便率先采用收报机接收大陆中央通讯社的电讯,逐渐摆脱了靠剪辑港穗报纸新闻的局面,因而该报刊登的国内外消息比澳门其他报纸快;又最早购置轮转印刷机印刷,出报时间比澳门其他报纸早,当天下午便可运至中山、新会、江门等地销售。因此,《华侨报》大受读者欢迎,销量达到1万多份,创澳门报纸发行量的历史最高纪录。抗日战争爆发后,《华侨报》积极宣传抗日救国,同汉奸报纸作坚决斗争,在澳门报界充当了带头羊的角色,为宣传抗战立下了汗马功劳。

卢沟桥事变后,澳门同胞抗日情绪高涨。当地原来出版的一些灰色报纸也纷纷转态,积极投向于抗日宣传的行列中来。其中比较突出的是《朝阳日报》《大众报》和《新声报》。

《朝阳日报》在抗日战争爆发后观点鲜明地宣传抗战,内容充实,副刊和连环画也颇有特色。后来该报又与《大众报》共同发起组织"澳门学术界音乐界体育界戏剧界救灾会",筹款支援抗战。1947年该报因经费困难曾一度停刊,1948年由香港《果然报》老板接办,以后由蔡凌霄、蔡克铭父子主持,一直维持到现在,成为澳门出版时间最长的中文报纸。

《新声报》和前面两家报纸一起,每星期都出版一期"救灾特刊",每逢"九一八""七七""八一三"和"双十节"等日子,都举行纪念会和出版专刊,在读者中颇获好评。

在《朝阳日报》等报纸转变为爱国报纸的同时,澳门还出版了一家受国民党影响的报纸,那就是由何曼公主持的《市民日报》。这家报纸创刊于1944年8月15日,初为周刊,后改为日报。客观地说,它在抗日战争后期也旗帜鲜明地宣传了抗战,并同敌伪报纸进行了斗争,抗战后仍继续出版。

通过这些报纸的宣传,澳门同胞的爱国热情空前高涨。无论是上层名流绅商,还是一般平民百姓,乃至"花街"女郎和舞厅伴娘都奋起行动,有钱出钱,有力出力,为抗日救国作出贡献。不少热血少年更毅然投身华南抗日前线,或深入敌后与敌周旋,直至献出宝贵的生命。

1941年底太平洋战争爆发后,澳门虽然没有受到日军铁蹄的践踏,但日本的特务机关早已渗透澳门,加紧对澳门各界的控制。为此,他们网罗一些汉奸文人,在澳门创办了一份报纸——《西南日报》。该报充当日本侵略者的喉舌,大唱"东亚共荣"和日军"圣战"的陈词滥调。稍后,又有亲日报纸

《民报》和《世界夜报》相继出版,与《西南日报》一起为虎作伥。与此同时,日本特务机关还迫使澳门当局设立华务科,对澳门出版的中文报纸进行严格的新闻检查,于是中文报纸上经常出现"开天窗"的现象,加上当时澳门经济很不景气,物价飞涨,白报纸缺乏,因此报业经营维艰。到1942年下半年,《澳门时报》《平民报》《新声报》《民生报》《大众报》《朝阳日报》等被迫相继停刊。1945年8月,日军投降,澳门的亲日报纸才销声匿迹,正常的中文报业才又开始复兴。

### (三)解放战争时期的澳门报刊

抗日战争胜利后,澳门百业待兴,也使澳门的中文报业重获生机。在1945—1949年的4年间,澳门出版的中文报纸一共有6家。其中3家是新创刊的,即《世界日报》《复兴日报》和《精华报》;2家是从抗战时期留存下来的,那就是《华侨报》和《市民日报》;还有一家是原已停刊而在1948年又重新复刊的,那就是《大众报》。1945年8月抗日战争刚刚结束,国民党势力便趁机抢滩澳门。因此,在这一时期澳门出版的报纸几乎清一色地持反共立场,其中唱主角的则是《世界日报》和《精华报》。

《世界日报》创刊于1946年,由国民党特派员李秉硕创办,是国民党在澳门的喉舌。为了达到反共宣传的目的,该报经常杜撰一些子虚乌有的"大陆新闻"来蛊惑澳门同胞。正因为其反共立场过于露骨,逐渐失去读者,不久即停刊。

《世界日报》停刊后,国民党又于1949年创办《精华报》,继续充当国民党的喉舌。该报最初取名叫《中华日报》,由黄浩然主持,不久转售给陈式锐独资接办,更名为《精华报》。该报除在澳门发行外,还销往香港,发行量曾达到1万多份,是当时澳门出版的影响较大的报纸。新中国成立后该报仍继续出版,但不久被迫停刊。

在《世界日报》和《精华报》掀起反共浪潮的同时,一些老牌报纸,如《华侨报》《市民日报》和《大众报》等,亦持亲国民党立场,所以在这一时期澳门的中文报业几乎成了国民党的天下。

## 四、新中国成立后的澳门报业

新中国成立后,澳门的爱国进步力量明显增强,一些进步报刊相继在澳门出版。然而在 20 世纪 50 年代初期,国民党在澳门仍然保持着相当强的舆论力量。这样,在澳门报界就形成了左右两派报纸对峙的局面。双方互不相让,各自为宣传自己的主张不遗余力。可是,随着历史车轮的转动,澳门不少原来亲台的报刊逐渐向中间立场和亲共立场转变。1987 年,中葡两国政府签署联合声明,规定到 1999 年澳门回归祖国。从此,澳门进入了过渡时期。在《中葡联合声明》和《澳门基本法》的感召下,爱国进步已成为不可抗拒的历史潮流,澳门报业也呈现出崭新的景象。

### (一) 爱国进步报刊的创办

新中国的成立使澳门同胞受到极大鼓舞,也给澳门的经济发展带来契机。于是一些爱国进步报刊在这里创刊,其中影响较大的是《新园地》周报和《澳门日报》。

《新园地》周报创刊于 1950 年 3 月 3 日,是澳门爱国进步团体新民主协会的会刊,由陈满任社长,张阳任主编。最初为旬刊,1955 年改为周报,每期出版四开一张。该报的宗旨是"做人民喉舌,为同胞服务",设有"十月谈""新闻演义""新中国所见所闻""百粤搜秘录""医事奇趣录"等栏目,版面生动活泼,文章短小精悍,并善于用嬉笑怒骂的笔法揭露社会黑暗,又有内幕新闻揭露亲台报刊的反共丑行,因而颇受读者欢迎,特别是在工人群众中拥有众多读者。1958 年 6 月,《澳门日报》筹备创刊,《新园地》遂自动停刊,大部分职员转入《澳门日报》工作,所以,《新园地》可以说是《澳门日报》的前身。为了纪念这份敢于坚持真理、做人民喉舌的周刊,《澳门日报》的综合性副刊至今仍以《新园地》命名。

《澳门日报》创刊于 1958 年 8 月 15 日,这是澳门有史以来出版的第一份大型爱国报纸,初创时期的总编辑是王家桢,现任社长是李成俊。该报在发刊词中说:"我们将竭尽所能,宣传爱国主义,宣扬社会主义真理,宣扬一切真正引人向善的科学思想,并且用人们最喜闻乐见的方式,报道一切澳门同胞所需要的知识。我们极愿意在开展澳门同胞的爱国运动,促进全澳门同胞的大团结,发展福利事业与丰富文化生活等方面,全心全意为澳门同胞真诚服务。"该报是这样说的,也的确是这样做的,因而大受澳门爱国同胞的欢迎,发行量直线上升。然而在"文化大革命"期间,该报受内地极左思潮的影响,取消了小说版,减少了软性新闻和娱乐消息,大量转载内地报纸那些长篇大论的"革命"文章,严重脱离实际,脱离群众,因而销量急剧下滑。"文革"以后,该报认真总结经验教训,锐意进行改革。首先,他们根据澳门社会的实际情况和读者的接受水平,改进报道内容和调整版面。举例来说,《澳门日报》刊登的国内新闻一贯采用新华社和中国新闻社的电讯稿,然而他们不是原文照登,而是将电讯稿的文字加以改写,使其适合澳门读者的口味,这样本地读者就容易接受。其次,恢复原来受读者欢迎的版面,并根据新形势的发展开辟新的版面,扩大报道面,增加信息量。现在,每天发行的《澳门日报》达十大张四十个版,发行量达5万份以上,这是澳门新闻史上前所未有的。第三,增添新设备,改进印刷技术,使报纸成为一份五彩缤纷的报纸,与香港出版的报纸比较并不逊色。现在,《澳门日报》除在本地发行外,还发行至香港、广东、北京、上海和海外一些地方。澳门自1999年12月20日回归祖国后,借中国加入世贸组织带来的机遇,与祖国大陆关系进一步密切,《澳门日报》的每日发行量已达8万多份,成为澳门第一大报。

### (二)中立商业报纸的创办

在爱国进步报刊相继创刊的同时,澳门也出现了一些持中间立场的报刊,其中比较知名的是《星报》和《正报》。

《星报》创刊于1963年10月5日,是在澳门娱乐公司支持下出版的一份纯商业性报纸。首任社长李威廉原是该公司的会计主任,一些股东也是该公司的高级职员。1980年李威廉病逝后,由总编辑郭金城接任社长。《星报》每日出版一张半,内容以娱乐新闻和本地社会新闻为主,广告甚少,发行约1 000份,一直出版至今。

《正报》创刊于1978年,原名《体育报》,初为周刊,后改为周双刊,内容全部是澳门体育新闻。1982年2月更名为《正报》，成为一张综合性日报，每日出版一大张，内容以本地新闻为主，言论持中立态度。由于销量较少（只有数百份），难以招揽广告，不久停刊。

由于这些商业报纸并无《澳门日报》在珠海、中山、顺德等沿海城市发行的特许，也无与香港大报竞争的实力，只能日销数千份，靠微薄广告收入惨淡经营。

### （三）亲台湾国民党报刊及其立场的转变

20世纪50年代初，随着澳门爱国力量的壮大和爱国进步报刊的出版，国民党在澳门反共宣传的嚣张气焰受到抑制，但仍然保持着相当的舆论影响力。

这一时期的亲台湾国民党报刊除了原有的《精华报》外，又创办了《锋声》周刊(原名《锋声日报》)和《群与力》周刊。这两份刊物与《精华报》沆瀣一气，掀起反共大合唱。然而到了50年代中期，新中国日益强盛，澳门同胞的向心力大大增强，亲台报刊逐渐失去读者。坚持反共立场的《群与力》周刊和《锋声》周刊很快就因经费不支而停办，曾经显赫一时的《精华报》亦于1956年11月被迫停刊。

与此同时，一些原来持亲台湾国民党态度的报纸，从20世纪50年代中期开始，立场有所转变。这主要是《华侨报》《大众报》和《市民日报》。

新中国成立后，《华侨报》主持人赵斑斓受到进步报刊的影响，思想有了较大转变，该报的态度也逐渐由亲台湾国民党转变为爱国主义立场。到了1966年，赵斑斓独家买下《华侨报》的全部股份，遂与香港《华侨日报》脱离关系。1967年冬，赵斑斓又与《大众报》社长蔡凌霜、《澳门日报》社长王家祯共同发起成立澳门新闻工作者协会。从此，《华侨报》在赵氏父子的经营下，锐意革新，在改进印刷技术、美化版面、增强报纸的可读性等方面均有较大作为，遂使该报成为仅次于《澳门日报》的第二大报。

《大众报》在20世纪50年代初期曾因经费紧张而陷入困境，后来得到澳门文化委员会的资助，因而转变立场，致力于爱国宣传。该报日出两大张，其中有一个版为葡文版。1973年社长蔡凌霜死后，由其子蔡克铭接任社长至今。

《市民日报》在20世纪50年代和60年代初期,报眉上采用"中华民国"纪年。然而从60年代中期起,由于澳门的爱国力量日益壮大,该报的政治态度亦由亲台湾国民党转变为中立,并开始采用新华社和中国新闻社的电讯稿,对澳门举行的一些爱国活动也做了比较客观的报道。

至此,亲台湾国民党的报刊在澳门扫地以尽,澳门报界遂成为爱国进步势力的天下。

### (四)过渡时期的澳门报刊

1987年4月,中葡两国领导人在北京签署了关于澳门问题的联合声明,宣布我国将于1999年12月20日对澳门恢复行使主权。1988年1月15日,中葡联合声明正式生效,标志着澳门进入过渡时期。1993年3月31日,全国人大通过《澳门基本法》,为澳门的顺利回归提供了保证,也为澳门报业的发展创造了条件。

在过渡时期,澳门的报业呈现出前所未有的繁荣局面。《澳门日报》《华侨报》《大众报》《市民日报》《星报》和《正报》都有较大发展。与此同时,澳门又有一家新的报纸创刊,那就是《现代澳门日报》。这样,澳门就形成了同时有7家中文日报出版的新格局。

除中文日报迅速增加外,澳门的中文周报亦大量涌现。80年代初,澳门只有两份周报,即中《中西报》和《至尊周刊》(不久均停刊)。然而进入过渡时期的短短几年中,就有《时事新闻》、《澳门人周报》、《现代澳门》、《澳门论坛周报》(中文报)、《讯报》、《华澳邮报》、《澳门脉搏》、《濠海报》、《东望洋报》、《濠景邮报》、《象人周报》、《文娱报》、《葡华导报》、《澳门地产报》14家周报相继创刊。

过渡时期也是澳门葡文报纸蓬勃发展的时期。首先,澳门各个葡人政治团体纷纷办起了自己的报刊。如公民协会的《澳门晚报》,民主联盟的《澳门论坛周报》,自由协会的《澳门人报》等。其次,澳门的执政者也通过其代理人创办了为自己宣传的报纸,如《澳门邮讯报》《东方周报》等。此外,澳门天主教教区也创办了自己的机关报《号角报》。

## 五、澳门的广播电台、电视台和通讯社

### （一）澳门广播电台的历史和现状

澳门的广播事业已有60多年历史。现在的广播电台有两个：一个是由澳门广播电视公司经营的澳门电台，另一个是私营的绿村商业电台。

澳门最早的广播电台于1933年8月26日开播，这个时间比上海最早的广播电台晚11年，比香港最早的广播电台晚5年，比广州最早的广播电台晚4年。

澳门电台最初是由一些葡籍业余无线电爱好者搞起来的，呼号为Con-Macau，每天只播两小时，用葡萄牙语播送新闻和音乐。1937年因经费困难停办。1938年复办，规模一直很小，并多次改变呼号。到了1948年，澳葡当局下令将该电台改为官办，正式命名为澳门广播电台，隶属于政府的新闻旅游处。1962年改由澳门政府邮电厅管理，1980年又交葡萄牙国家电视台管理，1982年转归澳门政府社会事务司领导的澳门广播电视公司经营，并对电台进行改组，增添设备，扩充节目，延长播出时间。至此，澳门广播电台才初具规模。现在，澳门电台分为中文台和葡文台两部分。中文台用粤语广播，每天由早上6时至晚上12时，广播覆盖面包括香港和广东省大部分地区。葡文台用葡萄牙语广播，覆盖面可及整个亚洲地区。

澳门绿村商业电台创办于1950年，创办人是曾任澳门经济厅长的土生葡人保罗。最初，该台规模很小，只为听众播放音乐。1964年后，该台不断扩大规模，改为全部用粤语广播，并开始承接广告。1981年，绿村电台由香港星岛报业公司董事长胡仙和广告商郑航合组的澳门商业广播（香港）有限公司经营，每天广播时间由早上7时至晚上12时，主要内容有新闻、音乐、粤曲、广播剧、儿童故事、点唱等，每逢星期六和星期日则加播赛狗节目，播音时间延长至凌晨1时。近年来，该台由于人事变动较大，节目水平有所下降，收视率不如澳门电台。

### (二)澳门电视台的起步及现状

澳门电视台起步很晚,一直到 1984 年 5 月 13 日才开播。这个时间比香港的电视台晚了 27 年,比广东的电视台晚了 25 年。在此之前,澳门人主要看香港电视,直到现在,这种状况也没有多大改变。

澳门电视台属官办台,创建之初每周只播出节目 40 小时,覆盖面仅及澳门本地。该台在播出节目时,为了照顾中、葡居民的需要,往往采用粤语配以葡文字幕或葡萄牙语配以中文字幕的办法,由于收视率太低,难以接到广告,所以开办第一年就亏损 3 500 万澳元。

到了 1989 年,澳门电视台进行改革:一是接受私人股份,因而广告收入有所增加;二是延长播放时间,每天由上午 7 时至晚上 12 时;三是粤语节目与葡语节目在不同时段播出;四是推出一些新节目,如晨早新闻、连续剧、纪录片精选和周末音乐特辑等;五是现场直播在澳门举办的一些大型活动,如澳门小姐竞选、澳门国际音乐节、澳门国际汽车大赛等。即使如此,仍然未能扭转亏损局面。

从 1990 年 6 月 8 日起,澳门电视台开始分频,粤语节目与葡语节目分别用不同的频率播出。新的电视发射塔亦于当年 9 月启用,覆盖面可达到香港和珠海。

总之,澳门电视台无论是设备、技术、节目质量等都无法与香港电视台和广东电视台媲美,因此澳门人主要还是收看香港电视。

澳门回归前,中、葡、澳三方共投资 4.5 亿筹建澳门有线电视台,终于在 2000 年 7 月 8 日正式启播,到 2000 年年底约有用户 1 万户。但收费的澳门有线电视与澳门电视一样面对着"越境"的香港电视的激烈竞争。

### (三)澳门通讯社状况

澳门是世界闻名的赌城,素有东方"蒙特卡洛"之称,因此,不少世界知名的新闻通讯社都在这里设立分社或派驻记者。目前在澳门注册的新闻通讯社有 4 家,那就是:新华通讯社、中国新闻社、葡萄牙新闻社和葡华通讯社。另外,美联社、法新社、路透社都在澳门派有常驻记者或聘请了特约记者。

在这些驻澳门通讯社中,历史最久,也最具规模的是葡新社澳门分社(也称亚太分社)。它除了向葡新社总社提供有关澳门的新闻稿和向澳门的中文报刊译发总社的葡文电讯稿外,还负责指导葡新社派驻北京、香港、台北、东京记者的工作。新华社原来只在澳门设常驻记者。中葡联合声明签订后,于1987年9月21日正式成立新华社澳门分社,该社设新闻部,有专职记者向新华总社提供有关澳门的新闻。

除外来通讯社外,澳门本地的通讯社也有5家,即澳门新闻社、时事新闻社、宇宙新闻社、金星通讯社和澳门时代新闻社。这些通讯社的规模都很小,主要是向香港报刊提供澳门的"狗经""马经"及社会新闻。

另外,澳门还有一家官方的新闻发布机关,那就是澳门政府新闻处。它随时用中、葡两种文字向澳门的新闻媒介提供有关澳门政府的新闻和图片,还经常就一些专门问题发表分析评论和举办图片展览。

概而言之,澳门的新闻事业是在葡萄牙殖民统治下产生和发展起来的。由于受到地小、人少、工商业不发达等诸多因素的限制,澳门的新闻媒介难以在全国造成很大影响。但是,在特定的历史时期,澳门的新闻事业以其特殊的地理位置和历史背景,在中国新闻史上留下了光辉的一页。

(本章撰稿人:陈树荣)

# 第七部分

# 西北地区

# 第一章

# 西北地区新闻事业评述

## 一、西北：我国古代报纸的发祥地

西北地区包括陕西、甘肃、宁夏、青海、新疆五省，总面积为304.7万平方公里，占全国土地面积的近1/3，人口7 492万（1990年我国第四次人口普查数据），仅为全国总人口的1/16。

西北地区古称雍、梁两州之域；还包括雍州域外西戎之地，旧时称为西域，即今天的新疆地区。西北地区是中华民族的发祥地，早在六七千年之前，这里就已孕育着黄河流域的仰韶文化。周朝兴起于渭河之滨，渭水源于甘肃，由潼关流入黄河，两岸土地肥沃，史称八百里秦川。陕西的西安即当年地域上秦代的咸阳、汉代的长安。西周、秦、汉、新莽、隋、唐六个封建王朝都曾建都于此，历时1056年。前赵、前秦、后秦、西魏、北周等割据政权也都在这里建都，东汉、西晋两个王朝也曾一度迁都于此。可见陕西的西安地区长期是中国古代的政治、经济中心。

汉代是个疆域庞大的帝国，中央政权为了进行政治宣传，往往通过设在京都长安的皇帝秘书机构御史府，以诏书形式向各郡国发布官方新闻。这种诏书形式的官方新闻由邮驿递送到郡国，随后由府、县逐级抄传或摘要抄传，直到乡、亭等基层行政单位，使全国各地都知道。这种以手抄简牍方式传播的诏书抄件或摘要抄件，可视为中国古代报纸的雏型，因为公开发布的皇帝谕旨历来是我国封建官报的主要内容。

在新莽时代,甘肃玉门关地区曾出现过地方军政长官抄发给烽燧哨所戍卒的奏记抄件,目的是以此通报与西域有关的军事消息,以加强士兵的战备意识。这种由地方军政首长发布的官方新闻,也仅见于西北边陲地区。

隋朝建国后,在汉代长安故城东南二十里建新都,即隋唐时代的京师长安。唐代的长安不仅是全国政治中心,也是中外文化交流中心。据沈福伟《中西文化交流史》一书介绍:"在长安城一百万总人口中,各国侨民和外籍居民大约占到总数的百分之二左右,加上突厥后裔,其数当在百分之五左右。长安成为各族人民聚居、各国侨民往来的熙熙攘攘的一座国际都市。"我国最早的古代报纸便肇始于唐代的长安。唐代孙可之《经纬集》中有《读"开元杂报"》一文,详细记载了他所收集到的开元时代政府公报的抄件和他亲眼目睹的当时政府公报。他在文章中说:"樵曩于襄汉间得数十幅书,系日条事,不立首末。其略曰:某日皇帝亲耕籍田,行九推礼;某日百僚行大射礼于安福楼南;某日安北奏诸番君长请扈从封禅;某日皇帝自东封还,赏赐有差;某日宣政门宰相与百僚廷争一刻罢。如此,凡数十百条。樵当时未知何等书,徒以为朝廷近所行事……有知书者自外来,曰:'此皆开元政事,盖当时条布于外者。'樵后得《开元录》验之,条条可复。然尚以为前朝所行不当尽为坠典。及来长安,日见条报朝廷事者,徒曰:今日除某官,明日授某官,今日幸于某,明日畋于某。诚不类数十幅书。"虽然开元时代的朝报比孙可之看到的唐僖宗时代的朝报内容丰富得多,但两者渊源一脉相承,已持续公开发布了一百多年。足见西北地区是我国古代报纸的发祥地,应是确定无疑的事实。

除了朝廷公开向外发布的政府公报——朝报外,唐代大历年间还曾出现过一种由地方政权驻长安的进奏官向地方军政长官抄发的进奏院报状,通报京师信息。到了宋代,进奏官改由中央政府委派,这种新闻传播工具成为官场上公开传播的"参考消息"——《邸报》。

中国的古代报纸之所以始创于长安,那是因为唐代的长安是全国的政治、经济、文化中心,同时也是中国乃至世界的信息总汇。宋代以后,京都东移汴梁,信息发布中心也随之迁移,西北地区逐渐失去往昔政治、经济上的重要地位。

## 二、近代报业在西北起步维艰(1896—1911)

清代西北地区仅有陕西、甘肃、新疆三省,现在的宁夏、青海两省尚未从甘肃中区划出来。汉代在现在的新疆地区设有西域都护府,清朝乾隆年间平定了准噶尔贵族和大小和卓尔的叛乱,设立伊犁将军,管辖天山南北和巴尔喀什湖以东、以南地区。光绪九年(1883)才正式建立新疆省。

虽然西北地区的黄河流域、关中平原是华夏文明的发祥地,但是到了宋、元以后,政治、文化中心逐渐东移,许多繁华地区由于生态环境恶化,水土流失严重,甚至成了无人居住的沙漠。西北广大地区传统的农业生产、畜牧业和手工业经济发展缓慢。黄河水土淤塞,航运不便,交通受高山阻隔,货物流通不畅,使西北的经济发展受到严重制约。时至近代,西北经济已大大落后于东南沿海地区,由于交通不便,该地区已成了相对落后闭塞的区域。据1908年东京创办的留学生刊物《关陇》的统计,由于陕西、甘肃僻处西北一隅,交通困难,文化落后,越洋求学者远不及东南各省之多,当时东南沿海及两湖诸省留学者数千,而陕西仅有八九十人,甘肃官费出国求学者仅四名。在这种情况下,西北的新闻事业起步较迟,报业经济相对落后是完全可以理解的。

西北的近代报业始于维新变法运动时期,最早的报刊是1896年著名教育家刘古愚先生在陕西西安出版的木刻线装本季刊《时务斋随录》。其主要内容是提倡新学,推广洋务运动。接着是1897年民办的半月刊《广通报》和官办的《秦中书局汇报》。从西北地区出现近代报刊的时序来看,虽然迟于华南地区和华东地区近半个世纪,迟于华北地区和华中地区二十多年,却还略早于西南地区和东北地区。这是因为尽管西北的总体经济发展水平不及西南和东北,但其精华地区陕西西安仍有着深厚的传统文化积淀,并不亚于四川的成、渝和辽宁的盛京。然而对新闻事业而言,地域的经济基础毕竟是经常起作用的因素,因此在以后的发展过程中,西北地区的报业远远落后于西南地区和东北地区。有一个统计数字可以清楚地看出这三个地区报业经济实力上的差异。据不完全统计,西北地区在民国成立之前仅出版过25种报刊,而西南地区同一时期出版的报刊多达91种;东北地区则高达57种,如果加上外文报刊,东北地区在民国成立之前出版的报刊有 90 种之多。至于华东地区、华南地区、华北地区和华中地区,同一时期出版的报刊更是远远多于西南地区和东北地区。可见,报业发展水平是与当地的经济发展水平相应的,西北新闻事业基础薄弱,经营困难,发展缓慢,是受经济、文化等因素的制约所致。

就西北地区陕西、甘肃、新疆三省而言,地域差异也十分明显。据陕西省新闻出版局 1993 年 3 月的统计,陕西省在晚清(1896—1912)时期出版的报纸和刊物合计有 48 种①,而同一时期甘肃出版的报刊仅有 5 种,加上甘肃留日学生在日本东京出版的刊物,也只有 7 种,新疆则仅有 1 种。甘肃的第一份报刊《群报辑要》,出版于戊戌政变前夕的 1898 年 7 月下旬,迟于陕西两年。当维新变法运动在甘肃掀起波澜时,实际上已接近尾声,可见该地区的落后与闭塞。新疆地区则与外界交往更少,泛滥于全国的维新运动对新疆知识界几乎毫无影响。受民主革命思想影响的冯特民是随新军从外地进入新疆的进步知识分子,他在惠远城创办的《伊犁白话报》竟成了新疆地区最早的报刊,也是民国成立之前唯一的一种报刊。此时已是 1910 年了,与陕西最早的报刊相比竟迟了 14 年。新疆是清代各行省中出现近代报刊最迟的省份,甚至还迟于西藏 3 年。在清末预备立宪活动中,创办官报的热潮遍及全国,各省都先后出版了官报、教育官报,唯独新疆没有。清代对西藏的管理与他处不同,中央派驻藏办事大臣,而新疆则于光绪十年(1884 年)起派有巡抚,直属中央政府管辖,两者与朝廷的关系并不一样。可见新疆之所以没有办起官报,并不能仅仅归结于朝廷鞭长莫及,更主要的原因还在于当地为经济、文化水平所限,信息需求低下,尚未形成一定数量的读者群。

### 三、民初军阀混战中的西北报业(1912—1926)

这里的"民初",特指民国成立后北洋军阀统治时期。为了叙述的方便,这一时期以 1919 年"五四运动"为界,分为前后两个阶段。前阶段为

---

① 陕西省报刊志编纂委员会:《本省几个历史时期出版的报刊统计数字》,《报刊史料》第八期,第 15 页。

# 第一章　西北地区新闻事业评述

1912—1918 年,后阶段为 1919—1926 年,西北报业在这两个阶段各有其特色。

民国成立之前,西北三省的报业已初露发展不平衡的端倪,然而在民国成立之初,出于各党派政治宣传的需要,西北报业曾出现过短暂的繁荣局面,使发展不平衡的现象一时被掩盖了。1912—1918 年间,陕西出版的报刊有 16 种以上,其中代表进步势力的报纸有《秦风日报》、《秦镜日报》、《关陇民报》(日刊)等,代表北洋军阀官方势力的有《秦中公报》、《公意日报》、《秦省警察汇报》、《陕西教育行政》(月刊)等。甘肃在这段时间也曾出版了不少于 9 种报刊,如代表共和党势力的《兰州日报》,代表北洋军阀势力的《边声日报》《甘肃公报》《陇右公报》,代表国民党人和进步势力的《大河日报》《甘肃民报》等。新疆在这一时期也出版过多种报纸,如官方办的《新疆公报》《天山报》,民办的《新报》《解放报》《自由论坛》等,不少于 6 种。这一时期,西北三省虽然在报业发展上仍有些差异,但差距并不悬殊,这主要是因为在特定时段政治因素起着决定性的作用,报业的短暂繁荣是民主势力抬头,与反动、保守势力抗衡的结果。

然而军政大权毕竟掌握在北洋军阀势力手中,反动统治者最后以血腥镇压赢得了新闻界斗争的胜利。在"二次革命"失败后,陕西的《秦镜日报》,甘肃的《大河日报》等被查封,社长、总编辑均遭逮捕,《秦镜日报》的创办人南南轩、柯松亭等先后被杀,与南南轩同时就义的就有 18 人之多。

1919 年"五四运动"之后,西北新闻事业的形势起了极为明显的变化。甘肃、新疆显得十分沉寂,陕西却颇为兴盛,报业的发展变得极不平衡。据不完全统计,从 1919—1926 年间,陕西创刊的日报至少有 14 种,而甘肃则只有两种周报,新疆报业几乎一片空白。

在"五四运动"期间,兰州中等学校的爱国师生也曾开展演讲宣传和游行示威活动,但很快被甘肃督军兼省长皖系军阀张广建镇压下去。由于省内反动势力强大,爱国的进步学生只能到北京去出版《新陇》杂志,将甘肃省内的黑暗情况向外界揭露,同时将新思想通过杂志传送给甘肃的知识分子。

陕西的情况则与甘肃、新疆有明显的不同。1918 年于右任、胡景翼等已在三原成立靖国军,响应孙中山的"护法运动",公开声讨陕西督军陈树藩。靖国军还创办了《战事日报》《捷音报》和《启明日报》。"五四运动"期间,不仅在省内由陕西学生联合会出版《白话报》指导运动的开展,还通过旅居京、津、沪的爱国学生创办了十余种学生刊物,将陕西皖系军阀陈树藩的反动统治公诸全国人民之前。由于陕西的进步力量与军阀势力处于对峙状态,还出现了大量民办的进步报纸,如《鼓昕日报》《救国日报》《正义日报》《新秦日报》等。这些报纸的创办人往往受到反动派摧残,有的如杨憾尘、李椿堂等竟惨遭杀害,可见斗争的尖锐。随着陕西新闻事业的发展,1923年在西安成立了陕西报界公会,这是西北地区最早成立的新闻界团体,也标志着陕西新闻事业发展到了一定的水平。从陕西报界公会所推选的人选来看,会长是《新秦日报》的俞嗣如,理事为《陕西日报》《民生报》和《实业杂志》的主持人,陈树藩的机关报《西北日报》并无理事入选,足见这一公会完全属于民间组织性质,是报界为维护自身权益而成立的机构。

西北报业之所以会出现如此不平衡的局面,主要还是由于政治上的原因。五四运动爆发后,以段祺瑞为首的皖系军阀受到沉重打击,1920年皖系又在直皖战争中失利,甘肃回族军阀乘机打出"甘人治甘"的旗号,掀起"驱张风潮"。1920年底张广建被迫离开甘肃。为了不让回族军阀控制甘肃,北洋政府委任汉族军阀陆洪涛为甘肃督军。此时甘肃八镇中回族马姓军阀占了四镇,他们自然采取不合作态度;另外四镇汉族军阀也各有打算,内讧严重。陆洪涛既缺乏军事实力,更没有足够的经济财力,处于内忧外患的形势下,无力创办自己的机关报。政府自己不办报,又不许民间办报,甘肃在1920至1925年陆洪涛统治的六年间只出版过一份周刊,而且持续出版时间不长。1925年3月陆洪涛突然瘫痪,甘肃汉族小军阀李长清逼陆交出印信,取得甘督的军权。同年10月冯玉祥部将刘郁芬率部进入兰州,肃清李长清等人势力,甘肃回族军阀表示臣服。此后因冯玉祥联合郭松龄倒奉失败,遭奉直联军围攻,退出北京。南口之役失利后,冯军退处西北一隅。刘郁芬在甘肃忙于扩军筹饷,本来就不富庶的关陇地区被搜括得民穷财尽,据统计当时甘肃的税收多达40余种。在这种情况下,民间无力办报,当政者也不肯拿出钱来办报,报业的沉寂也就可想而知了。

新疆的情况与陕西、甘肃又有很大的差别。袁世凯执政后,老官僚杨增新出任都督。杨增新是清朝的进士,颇有心计,又有治理少数民族地区的经验。他在清除了新疆地区的革命党人势力和异己势力后,政权逐渐巩固。他清楚自己的兵力有限,对内采取羁縻上层地方势力,使各派势力相互牵制;对外不参与军阀混战,实行闭关自守。为了巩固其独裁统治,实行愚民政策。他在新疆建立入关护照制度,即无论任何人,没有新疆最高当局批准,不能离开新疆,也不能进入新疆。新疆自己不办报,也不许各地报纸进入新疆。新疆与内地和国外的书信往来,封封必检,除经杨增新本人特许外,外地寄入的书报杂志一律不准投递。新疆境内没有新闻机构,没有报纸,没有剧院,没有文化馆。1923年为应付对苏联的外交才办了一所俄文法政学校,招收上层分子子弟入学。他不发展文化事业自有其一套理论:"学堂毕业之人,日多一日,仕途竞争之风亦日甚一日,天下大乱,必由于此。"(杨增新:《补过斋日记》卷十六,第17页)在杨增新的公署大堂上挂着他自己撰写的一幅对联:

共和实草昧初开,羞称五霸七雄,纷争莫问中原事;

边庭有桃源胜境,狃率南回北准,浑噩长为太古民。

他不想问鼎中原,只是力图把新疆与内地隔绝开来,做他的土皇帝。希望治下都是浑浑噩噩的愚民。在这种统治思想支配下,新疆没有一份报纸也是完全可以理解的了。这种局面一直维持到1928年杨增新的政权被推翻。

由此可见,1919—1926年间西北报业发展的极度不平衡主要是经济发展的不平衡和政治上不同类型军阀统治的必然结果。

## 四、大革命失败后的西北报业(1927—1936)

1926年9月,当北伐军攻抵武汉时,冯玉祥在绥远五原宣布脱离北洋军阀,加入中国国民党,誓师北伐。这一政局变化使陕西、甘肃两省的报业顿时出现新的面貌。其特点之一,是短时期内出现了许多军队办的报纸。如冯玉祥第二集团军总司令部办的《国民军政报》(日刊)、《国民军画报》、《国民军周报》、《奋斗生活》,第二集团军驻陕总司令部办的《新国民军报》

《中山画报》等,甘肃平凉也出版了以国民军名义办的《新陇民报》。这一时期新办报刊的第二个特点是共产党人活跃在西北的新闻战线上,如于右任系统的《新国民军报》《中山画报》,甘肃的《新陇民报》,陕西国民党省党部的《国民日报》,甘肃督军政治处办的《民声》周刊和甘肃省立一中办的《醒狮周刊》,实际的主持人都是共产党人。《国民日报》事实上已是中共陕西省组织的机关报了。这一阶段的第三个特点是中共党委机关报已在西北地区公开出版。1927年5月日,中共陕甘区党委机关报《西北人民》(旬刊)正式出版,由陕甘区党委宣传部部长魏野畴主编。该刊公开以党委名义对西北许多地方问题提出建议,并转载党中央的言论和文件。

然而好景不长,1927年"四一二"反革命政变后不久,冯玉祥、汪精卫与蒋介石联合反共,西北地区形势逆转。由共产党人主持和参与的报刊有的被勒令停办,有的由清党委员会接管并改组,办报的共产党人和进步人士纷纷被捕入狱,中共党委机关报只好转入地下继续出版。

1928年秋,冯玉祥为巩固其在西北的统治,通过国民政府内部的冯系人物提出了甘肃分治的方案。理由是宁夏道与西宁道离甘肃省治太远,交通不便,不易发展,建议新设宁夏、青海两个行省。同年9、10月间,国民党中央政治会议先后决定将宁夏道旧属8县及宁夏护军使所辖2旗合并建为宁夏省;西宁道所属7县及宁海镇守使辖地建为青海省。于是西北地区原来的三省遂变为五省。在西北五省中,除新疆地区外,其余四省均为冯玉祥国民军所控制的地盘。

冯玉祥国民军所控制的陕西、甘肃、宁夏、青海四省,尽管经济发展水平不一,报业发展程度也有差别,但报业格局基本一致。冯玉祥联蒋反共后,除原《陕西国民日报》改组为《陕西中山日报》外,将以前的军政报刊全部停办,重起炉灶。新办的报纸大致可分为三大系列:第一种是,国民军系列的报刊,如《革命军人朝报》(由河南开封迁来)、《革命军人周报》、《革命军人画报》、《陕西民报》等;第二种是,政府机关报系列,如《真理实情报》、《陕西省政府公报》及建设厅、财政厅出版的一些刊物;第三种是,国民党系统的报刊,如《中山日报》《陕西党务通讯》(周刊)及《唤起》《生路》等月刊。这些党报党刊实权仍控制在冯玉祥的手中,冯玉祥联合阎锡山发动中原战争前夕,

## 第一章 西北地区新闻事业评述

这些报刊便纷纷反蒋,否则只能落得停刊的命运。除陕西一地尚有少量民办报刊外,其余甘肃、宁夏、青海三省几乎都是清一色的官办报纸。

甘肃、宁夏、青海三省的报业结构十分相似:各有一份省政府的机关报,甘肃为《甘肃日报》,宁夏为《宁夏民国日报》,青海为《青海省政府公报》;还各有一份直接受冯玉祥系统国民军控制的报纸,甘肃为国民军驻甘肃总司令部的《国民日报》,宁夏为国民军第十军军长吉鸿昌办的《宁夏醒报》,青海为国民军第九方面军总指挥孙连仲任青海省主席时办的《新青海》。由于甘肃较之宁夏、青海在经济与文化方面稍有基础,国民党在甘肃已建有省党部,所以还有一份省党部的机关报《甘肃民国日报》。这份省党的机关报,其经费仰仗国民军拨给,所以在冯玉祥与蒋介石产生矛盾时,该报内部也出现了两派倾轧现象。1930年3月中原大战爆发时,这些报纸全部成了冯玉祥的喉舌。

1930年9月冯玉祥在中原大战中失败,杨虎城进入西安,出任陕西省政府主席,接收了冯系军阀的报纸,创办绥靖公署的机关报《西北文化日报》和省政府机关报《西安日报》。1931年8月,冯玉祥旧部雷中田发动军事政变,拘留了国民党政府任命的甘肃省主席马鸿宾,蒋介石命令杨虎城派陕军入甘,同年12月占领兰州。为了限制陕军在甘肃的发展,国民党政府先后派邵力子、朱绍良为甘肃省政府主席,笼络西北回族军阀势力牵制杨虎城。雷中田部队被消灭后,《甘肃民国日报》被地方实力派所掌握,后又转入国民党中央宣传部的控制中,以拥护国民党中央,反共,反非蒋介石嫡系部队为宣传主调。1936年"西安事变"后被勒令停刊。

陕西地区由于杨虎城势力较大,1920年11月仅见国民党党员主办的《民意日报》出版,直到1933年3月,国民党中央宣传部才在西安出版由中央直辖的省党部机关报《西京日报》。该报原为天津《民国日报》,为加强西北的宣传力量而迁来陕西,是第一份由中央直辖的地方党报。当时的社长兼发行人为邱元武,迁陕不久即被暗杀,可见当时国民党内部派系斗争的尖锐。1936年12月"西安事变"时被接管,改名《解放日报》。

这一时期,《新青海》改名为《青海日报》,其性质为省政府机关报。1931年又创办了省党部机关报《青海民国日报》。省政府机关报操纵在青海回族军阀马麟家族手中,省党部机关报则完全在国民党中央的控制之下,由于马氏家庭对国民党政府表示臣服,双方相安无事。马氏家族并不十分看重舆论宣传,《青海日报》因经费困难曾多次停办。《宁夏民国日报》原是省政府机关报,马鸿逵任宁夏省政府主席后改为宁夏省党部机关报。因为马鸿逵集十五路军总指挥、省政府主席、省党部主任于一身,实际上是独掌军权、政权、党权的土皇帝,所以将省政府机关报改为省党部机关报对他来说是一回事,改成省党部机关报后,可以名正言顺地得到国民党中央宣传部的津贴又何乐而不为呢!

新疆的情况与上述三省颇有区别,自1928年7月杨增新被刺殒命后,金树仁因定乱有功继任省政府主席。中原大战时,金树仁虽然接受国党政府任命为第十八路军总指挥,但并未组织成立军队。金树仁政治上效仿杨增新老办法,仍严格执行邮电检查,不允许任何人任意进出新疆,对南京国民党政府阳奉阴违。但是对军事实力十分重视,将三个师的军队扩编为八个师,并且于1930年在迪化创办了省政府机关报《天山日报》,宣传新疆地方政府的政绩。金树仁统治新疆时期还出版以发布中央法规、政令和地方政令、会议记录的《新疆省政府公报》(双月刊),后因政权岌岌可危而停刊。

1933年4月,金树仁在军事政变中下台,盛世才乘机接任了新疆边防督办的位置。南京国民党政府企图利用新疆地方实力派张培元与甘肃窜入新疆的回族军阀马仲英部合击盛世才,改变新疆的"独立王国"状态。盛世才在危急的情势下,伪装进步,利用苏联红军的帮助解除了省城之围,巩固了政权。1934年盛世才委派其岳父邱宗浚为伊犁屯垦使出版《伊江报》,后改为《伊犁新疆日报》。1935年将《天山日报》改组为《新疆日报》,由于萨空了等人的努力,购置了先进的机器设备,成为具有国内先进水平的报纸。《新疆日报》名义上是省政府的机关报,言论上则直接受制于盛世才。与此同时,新疆反帝联合会在迪化创刊了汉文和维文版的《反帝战线》,在阿勒泰地区出版了哈萨克文的报纸《新疆阿勒泰》,这些报刊宣传反帝、亲苏、民族平等、和平、建设、清廉等"六大政策",得到了新疆人民的拥护,在陈潭秋、毛泽民、林基路、杜重远等共产党员和进步人士的努力下,使新疆的政治局面逐渐稳定下来。

冯玉祥与蒋介石反共后,中共不得不转入地下,但从未停止过斗争。中共陕西省委立即出版《政治通讯》、《西北红旗》(日刊、月刊、周刊)、《西北真理》、《真理》(周刊)等。陕甘边区苏维埃政权于1934年10月在荔园堡成立后,即着手创办苏维埃政府机关报《红色西北》和边区特委的机关报《布什维克的生活》。1935年9月红十二军到达陕甘革命根据地,10月中共中央和中央红军到达陕北。中共中央迁到保安后,《红色中华》便天天在保安出版。1936年12月12日,张学良、杨虎城武装扣留蒋介石逼蒋联共抗日,当日接管国民党陕西省党部机关报《西京日报》,创刊西安《解放日报》。陕、甘两省的所有报刊全都宣传党的抗日民族统一战线的主张,要求停止内战,一致抗日。为了向国内外报道"西安事变"真相,在这一时期还新创办了许多通讯社,如解放通讯社、华西通讯社、西京通讯社、长安通讯社等,驳斥亲日派的谣言,宣传中国共产党的抗日主张,发挥了极大的影响。虽然西安事变和平解决后,国民党统治区报社和电台仍被国民党政府所接管,但停止内战、一致抗日已成为全国人民的共同意愿,终于逼迫蒋介石政府走上联共抗日的道路,揭开了抗日战争的新篇章。

## 五、全面抗日战争时期的西北新闻事业(1937—1945)

中国的新闻事业在抗日战争中遭到极大的摧残,据国民党中央宣传部和南京政府内政部的统计,战前全国共有1 014家报纸,全面抗战爆发一年后,有600多家被摧毁[①]。这些报纸大都集中在上海、南京、北平、天津等大都市,大多为商业性民办报纸。地处大后方的西北地区,报刊业却得到了空前的发展。

据陕西省报刊志编纂委员会编的《陕西报刊大事记》所载资料的初步统计,陕西国民党统治区内在抗战时期至少新创刊36种报纸,280多种杂志。甘肃的新闻事业在抗战时期也取得了长足的进展,据《科学·经济·社会》1996年第一期所载李文《抗日战争时期的甘肃新闻事业》的统计资料,以及

---

① 曾虚白:《中国新闻史》,台北政治大学研究所1977年版,第407页。

他以后的补充数字,甘肃地区在抗战时期至少有 61 种报纸出版。要是加上抗日战争时期陕甘宁边区出版的 60 余种报刊①,西北地区在抗战时期出版的报刊总数在 450 种以上。

抗日战争,由于日寇的疯狂侵略和战争的残酷破坏,民生凋敝,经济萧条,民营报业遭到空前的浩劫,而国民党的党报产业却得到了极为有利的发展机会。抗日战争使地处边陲的宁夏、青海两省的地位也显得重要起来,《青海民国日报》于 1942 年 8 月改为国民党中央宣传部的直辖党报,《宁夏民国日报》也于 1943 年 6 月改组为国民党中宣部的直辖党报。据国民党中央宣传部的档案记载,国民党中央 1943 年对《青海民国日报》全年拨款为 19.2 万元,对《宁夏民国日报》全年拨款则增至 32.4 万元。另外还规定,青海省政府和宁夏省政府分别对《青海民国日报》和《宁夏民国日报》每月资助 588 元和 280 元。

陕西、甘肃的国民党党报产业也得到了空前的发展。抗日战争前夕,陕西全省仅有 3 家党报,抗战时期陕西的直辖党报就有《西京日报》和《南郑西京日报》两家,省级党报就有榆林《陕北日报》《西安晚报》等,县级党报不下 10 家。国民党党报在甘肃地区的发展最为典型,抗战前夕甘肃全省有报刊 17 家,其中党报 15 家。除省级党报《甘肃民国日报》外,还有党员主持的《西北日报》及 10 余家县级党报。抗战时期,甘肃省的党报增至 34 家,增加了一倍以上。

国民党中央宣传部为了加强其对西北地区的宣传工作,于 1942 年开始,在从未办过报刊的偏僻县城创设实验简报和小型简报。甘肃的酒泉、安西、岷县、武都、敦煌、平凉,宁夏的阿拉善旗、定远营、黄渠桥,青海的玉树,陕西的黄龙山、朝邑、宁陕,这些从未办过报刊的地方,在抗战时期均出现过国民党报的各种简报。

虽然抗战时期报刊的种数有明显的增加,但增加的大都是县级刊物,而且大多属于石印或油印的报刊。以甘肃为例,铅印的日刊全省仅有 3 种,铅印的三日刊 6 种,周刊 25 种。而石印的刊物占 19 种,油印的有 12 种,从上

---

① 王晓岚:《喉舌之战——抗战中的新闻对垒》,广西师范大学出版社 2001 年版,第 96 页。

## 第一章 西北地区新闻事业评述

述数据中不难看出抗日战争时期报刊工作者的艰辛。

抗日战争时期，东南沦陷区的报纸纷纷沿长江撤退，转辗到重庆、成都、桂林等地复刊，这种现象在西南大后方可谓比比皆是。那么是不是也有从沦陷区撤退到西北大后方复刊的报纸呢？由于当时的中央政府驻在陪都重庆，而且西南地区的经济、文化程度远较西北地区发达，有利于报纸经营和发展，所以在西南地区复刊的报纸远比西北为多，但是由华北、华中地区就近向西北迁移的报刊也还是有的。最早在西北复刊的是原北平出版的《西北论衡》，1937年12月从第3期起在西安复刊。这是专门研究西北历史、文化的刊物，为国民党CC系所控制，在西安复刊的目的是为了扩大国民党在西北的影响，抑制共产党的文化宣传。《华北新闻》原是山东济南出版的一家民营报纸，当时山东属华北地区因而命名。1937年12月济南沦陷时停刊，1942年12月移至西安复刊。这家报纸虽是民办报纸，但与国民党政府还是有着较深的关系，1948年10月停刊，迁往台湾。原在河南洛阳出版的《行都日报》，在洛阳陷敌时撤退到西北，1944年9月迁至宝鸡复刊。在宝鸡仅出版年余，1945年下半年抗战胜利后即迁回洛阳出版。在西北复刊的最有影响的报纸是天津的《益世报》，1945年5月在西安复刊，初为三日刊，同年7月起改为日刊，抗战胜利后，改为《益世报》（西安版）继续在西安出版。该报支持国民党的反动政策，为胡宗南作宣传。1949年5月西安解放时停刊。

抗战时期，陕甘宁边区是中共中央的所在地。中共中央对报刊的宣传工作十分重视，1939年3月曾向各局、各省委、各特委发出指示："必须用一切力量出版公开的地方报，最好购置铅印，如万一无法购置铅印亦须出石印、油印报纸。"[①]从陕甘宁边区出版的60余种报刊来看，铅印的有15种，少数为石印，绝大部分为油印的小型报。中共中央还批示：从中央起至县委止一律设立发行部，要把运输文化食粮看得比运输被服弹药还重要。从抗日战争胜利后中国共产党在政治宣传上取得巨大成功的客观事实来看，中共中央对报刊工作的重视是完全正确的。

---

① 中央档案馆编：《中共中央文件选集(12)》，中共中央党校，1990年版，第44页。

除陕甘宁边区外,甘肃、宁夏、青海的报业情况比较类似,几乎是国民党官方报刊一统天下。陕西情况稍显复杂,既有国民党党政军系统的报刊,又有国民党人自办的反动报刊,也有少量的民办报刊和中共地下党主持的进步报刊。新疆的情况则非常特殊,可以说是盛世才的"独立王国"。

盛世才伪装进步,在共产党人的支持下稳定了他的统治地位。盛世才及其亲信十分重视报纸舆论宣传工作,据《新疆日报》(伊犁版)的发行量统计,1942年时在伊宁市汉文版发行111 240份,维文版148 100份,哈文版21 310份;在外埠汉文版发行21 310份,维文版21 310份,哈文版53 394份。蒙文版1937年的统计为200份。《新疆日报》(伊犁版)的发行显然带有某种强制性,如伊犁屯垦使、盛世才的岳丈邱宗浚就要求每个千户长必须订阅一份《新疆日报》(伊犁版)。对部属好坏的评价标准之一,便是看是否重视报纸,然而达到如此高的发行量,实在令人惊讶。

1941年底在苏德战争紧张之际,盛世才以为苏联已朝不保夕,决定制造冤狱,杀害在新疆的共产党人,投入国民党的怀抱。1942年夏,蒋介石派第八战区司令长官朱绍良携带蒋介石的函件到迪化,与盛世才进行初步会谈。同年8、9月间,特派宋美龄为全权代表与盛世才谈判。1943年1月,国民党新疆省党部成立。国民党在新疆的第一步就是控制新疆最大的宣传工具——《新疆日报》,大规模宣传三民主义,竭力清除苏联在新疆的影响。国民党大量翻印《三民主义》《中国之命运》等书籍,又出版《新新疆》《新疆妇女》等杂志进行反共宣传。国民党势力在新疆的迅速发展使盛世才深感不安。1944年夏,苏军在苏德战场上胜利反攻,反复无常的盛世才又企图制造冤狱,对国民党人大肆逮捕,妄想以此投靠苏联。后因斯大林未予理睬,国民党重兵压境,盛世才不得不被迫离开新疆,去接任有名无实的农村部长闲职。

## 六、西北新闻界在解放战争时期的沧桑巨变(1946—1949)

1946年6月,国民党政府在美国的支持下撕毁了政治协商会议决定和

## 第一章　西北地区新闻事业评述

停战协议,向解放区发动了全面进攻,以大军包围中共中央所在地陕甘宁边区。在1946年末到1947年下半年,陕西地区,特别是政治、经济、军事中心的西安市,新闻界呈现出畸形的"繁荣"景象。

为了制造反共舆论,除原属国民党党报系统的《西京日报》等各级党报外,还新创办了一批各县党、政、军、团背景的反动报纸,如《青年日报》(后改名《建国日报》)、《自由晚报》、《北方夜报》、《民言晚报》、《新国民日报》、《黎明日报》、《同仁日报》、《时代新闻》、《大风晚报》等。据国民党政府内政部1947年9月30日《全国报社、通讯社、杂志社一览》的统计,陕西全省有报纸23家,西安占了19家,其中日报17家,五日刊与周刊各1家。外地与西安相互呼应的有韩城《革命导报》、南郑《汉中日报》和青年军在南郑出版的《昆仑日报》等。为了加强"剿共"军事报道,除原有的中央社、军闻社、文化社、力行社等通讯社外,还新成立了华夏社、大陆社、独立社等。在这段时期里,国民党反共气焰十分嚣张,认为只要几个月就能消灭共产党的军事力量。国民党军队占领延安后,为了扩大影响,曾邀请美国合众社、美联社记者和西北新闻界人士到延安采访。胡宗南、祝绍周大宴中外记者于新城大楼,吹嘘国民党军队的赫赫"战绩",反动气焰甚嚣尘上。

这一时期甘肃地区国民党党、政、军系统创办的报纸也多如牛毛,以种数而言,大大超过陕西地区。据《全国报社、通讯社、杂志社一览》的统计,在1947年9月底,甘肃省有报纸49家,其中日刊18家,三日刊4家,五日刊2家,周刊21家,旬刊2家,半月刊2家。甘肃报纸的分布情况与陕西不同,陕西82%的报社集中在西安市内,甘肃在兰州的报纸只有15家,不到1/3。49家中有34家分散在各县城中,仅西吉、礼县有2家,其余各县均只有1家。

宁夏在解放战争期间也出现了大量国民党党、政、军系统所办的报刊,据不完全统计,至少有10种以上,超过了宁夏历史上各时期出版报刊的总数之和。但宁夏出版的报刊,主要是期刊,新出版的日刊,仅《固原日报》和马鸿逵第十七集团军总部办的《每日新闻电讯》。从这一点即可看出,宁夏在经济、文化的发展水平上较之陕西、甘肃存在着不小的差距。

青海省除《青海民国日报》外,据《全国报社、通讯社、杂志社一览》上的记载,仅有西宁的《乐家湾周报》和亹源县党部出版的三日刊《亹源简报》两种。

1946年时,陇东解放区的报刊已发展到15种,由于国民党军队的疯狂进攻,陇东解放区的报刊大大紧缩,到1948年,该地区只有《陇东报》仍在坚持出版。1947年3月,国民党军队对延安发动突然袭击,《解放日报》于1947年3月13日在延安出版最后一期后撤退到史家畔继续出版,版面缩小。同年3月27日,国民党军队逼近史家畔,《解放日报》出版最后一期后停刊。解放日报社与新华社的工作人员有秩序地分两路安全转移,中共中央西北局的机关报《边区群众报》经多次转移,仍坚持在陕北出版。由于战争环境恶劣,《边区群众报》由日刊改为三日刊,又改为周刊,有时用铅印,有时只能用油印出版。延安广播电台在3月14日中午在延安播音完毕后,当晚在子长县好坪沟村继续播音,3月21日改名为"陕北新华广播电台"。3月29日晚,陕北台开始在太行山地区继续播音,一直坚持到1948年5月,在胜利声中北上平山继续播出。

由于国民党政府的穷兵黩武政策,使国统区的经济形势急剧恶化。为了暂时缓解政府的经济压力,蒋介石政府不惜饮鸩止渴,不断发行大面额钞票。由于通货膨胀,闹得物价飞涨,民不聊生,西北乃至全国经济面临崩溃局面。滥发钞票实际上是对人民财产的疯狂掠夺,造成民怨沸腾,社会动荡不安。国民党在人心丧尽的情况下,军事形势迅速逆转,蒋家王朝的统治摇摇欲坠。由于纸价飞涨,私营报纸亏损严重,西安市《国风日报》《民众导报》等15家私营报纸组织请愿团,赴南京向行政院、国民党中宣部、新闻局请愿,要求增加平价白报纸的配给额。实际上反映了国民党统治之下,新闻事业已经到了难以维持生存的地步。

1948年3月,人民解放军在陕北宜川大捷,改变了西北战场的形势。1949年6月,第一野战军与华北野战军联合作战,歼灭胡宗南主力,解放了广大西北地区。同年8月,马步芳精锐部队被全部歼灭,陕西、甘肃、青海全部解放,宁夏和新疆也通过和平起义的方式得到解放。由于西北地区国民党政权的彻底垮台,旧制度下的新闻事业也失去了存在的基础,西北地区的新闻事业随之揭开了新的一页。

## 七、新中国成立后西北新闻事业概况(1949—2000)

### (一)报业发展概述

1950年,陕西省仅有报纸4家:《群众日报》(1954年更名《陕西日报》)、《榆林报》、《陕南日报》、《延安报》。1950—1951年又创办6家。1958年在"大跃进"的极左思潮引导下,一哄而上,全省75个县都办了县报,这批县报一两年后陆续停办。至"文革"开始后的三年里,陕西几乎只剩一家《陕西日报》。1978年,全省公开发行报纸11种。1978年后,陕西报业又恢复了生机,至2000年,有国家统一刊号的报纸70多家,全省新闻从业人员约3万人。

1952年,甘肃有10份报纸,经极左思潮的冲击,1978年甘肃仅存3份报纸:《甘肃日报》《甘肃农民报》《甘南报》。这段时期还有些企业报在发行,如《石油工人报》(玉门1950年创刊)等。2000年甘肃有公开发行报纸57家,新闻从业人员约2万人。

1949年至1978年宁夏与青海出版的报纸各有一家,《宁夏日报》和《青海日报》。2000年,宁夏有公开发行报纸14家。1994年,青海有公开发行报纸15种(其中汉语10种,藏语4种,蒙古语15种),2000年增至21种。两地报业出现前所未有的繁荣。

新疆报业在新中国成立后有较快发展。1951年,新疆有6种报纸:《新疆日报》,1949创办,用汉文、维吾尔文、哈萨克文、蒙古文四种文字出版;《伊犁日报》,1950年创办,用汉文、维吾尔文、哈萨克文出版;《哈密报》,1951年创刊,用维吾尔文、汉文出版;《新疆工人报》1951年创刊;《阿勒泰报》,1950年创办,用哈文、汉文出版;《察布查尔报》1946年出版,锡伯文报纸。

1955年,新疆维吾尔自治区成立,报业发展加快,创刊出版11种报纸:《莎车报》《新疆石油报》《新疆少年报》《新疆商业报》《和田报》《喀什报》《阿克苏报》《塔城报》《博尔塔拉报》《昌吉报》《克孜勒苏报》,上述报纸目前大多数都在出版。

1994年,新疆公开发行的报刊有84种,其中汉文42种,维文27种,哈文10种,蒙文3种,柯尔克孜文1种,锡伯文1种。2000年增至120种,其中汉文68种,维文35种,哈文12种,蒙文3种,柯文与锡文各1种。

### (二)广播、电视业发展概述

陕西:西安广播电台1936年8月1日开播。延安新华广播电台1940年开播。西北新华广播电台1949年1月5日开播。1953年,陕西人民广播电台正式开播。1960年7月陕西电视台试播。

新疆:1935年,迪化城开办广播。1949年出现维语广播,1955年开办哈萨克语广播,1958年设蒙古语广播,1952年全疆各个县市都建立了收音站。1970年10月1日新疆电视台正式开播。

甘肃:1941年,国民党的甘肃广播电台开始试播。1949年,兰州人民广播电台正式成立,后改名为甘肃人民广播电台。甘肃电视台1970年10月1日试播。

宁夏:1948年9月,国民党在宁夏开办广播。宁夏人民广播电台于1951年7月1日正式播音。宁夏电视台1970年成立,同年10月1日试播。

青海:1948年5月国民党在西宁筹建广播电台,1949年8月1日正式开播。1949年9月14日青海人民广播电台建立。青海电视台于1971年元旦试播。

目前广播与电视的人口覆盖率,陕西已圆满完成"村村通"工程,甘肃广播与电视覆盖率分别为85.63%与86.14%,宁夏为85.2%与86%,新疆为87.91%与90.28%,青海为59%与85%。除青海为1999年统计数字外,其余均为2000年的统计数字。

## 八、西北新闻事业特点试析

其一,周秦以来,陕西始终是当时的政治、经济、文化中心,到了唐代,我国的古代报纸便在京都长安开始出现,西北地区成了中国古代新闻事业的发祥之地。我国的近代报业是受西方殖民主义者的影响而兴起,肇始于东南沿海地区,西北地区的报业显得相对落后。西北各省的报业发展受各地区经济发展的影响显得很不平衡,陕西报业出现较早,也得到了一定程度的发展,甘肃、新疆、宁夏、青海则相对滞后。宁夏、青海因建省很迟,报业显得更不发达。

其二,在西北五省中,宁夏、青海、新疆解放前几乎没有民办报刊,这与三地的社会背景密切相关,三地的经济发展水平相当,在薄弱的民营经济基础上难以产生民营报刊。加之辛亥革命以后,这些地方在政治上屡屡出现地方军阀割据一方垄断党政军权,控制地方经济命脉的局面。民营经济步履维艰,宁夏的情况有一定的代表性。

陕西在西北五省中,经济发展较快,但较全国而言,与发达省份亦有差距。1933年陕西有纺织、造纸、制瓷、制革、酿酒等手工业工厂339个,工人4 994人,平均每厂不过12人。1933—1937年是陕西现代机器工业萌芽发展时期,先后建立了一批工厂。其中较大的有:大华纺织厂,1936年建,工人1 000多人,资本300万。中国机器打包公司,1936年建,工人3 000多人,资本50万,其余工厂资本均在几十万、十几万、几万之间。工业水平如此,经济发展水平较低,民办报刊生存必然受到限制。

其三,西北报业发展经历了三次大的发展契机和三次大的波折。辛亥革命以后,西北报业一度出现短暂的繁荣景象,西北结束了无报历史。可惜好景不长,辛亥革命成果被大大小小的军阀攫取,报业受摧残在所难免。抗日战争爆发后,大片国土沦丧,西北变成抗战大后方。当时,政治文化中心迁移,抗日民族统一战线形成,都刺激了西北报业发展。然而,西北毕竟经济基础薄弱,加之国民党新闻控制,内战摧残,这次报业发展的成果也难巩固。新中国建立后,西北落后地区报业受到一定程度扶持,尤其是边疆少数民族地区,中央政府派人资助发展。宁夏人民广播电台就在组建中得到上海台支持,当时工作人员有2/3来自上海。新疆在自治区成立后,各主要县市都办起了报刊,且多是少数民族语言文字报刊。"文革"期间,西北报业与全国一样受到严重摧残。1978年改革开放后,西北报业有了前所未有的大发展。

其四,西北报业民族特色突出鲜明。西北有少数民族人口1 000多万。主要分布在新疆、青海、宁夏、甘肃。这些地区有少数民族语言文字报刊或突出民族特色的报刊。新疆有用维文、哈文、蒙文、锡伯文、柯尔克孜文出版的报刊。青海也有藏文、蒙古文出版的报刊。宁夏和甘肃南部报刊回族、穆斯林特色鲜明。

其五,在经济不发达的西北地区,影响报刊业发展的主要因素是政治因素。第一,存在时间最长的报刊都是官报。1949年前,宁夏、青海、甘肃三地的报纸,出版时间最长,影响最大的报刊是三省的《民国日报》,而这三省的《民国日报》都是国民党省党部所办。实际上,三省党部并无钱办报,纸张等物资来源、经费来源、消息来源主要是靠国民党中宣部,有了这个后台老板,这三张报纸才成为三省出版时间最长的报纸。地方党政机关也办过报刊,大多由于经济困难,难以维持较长时间。宁夏曾有《贺兰日报》(1942—1944),省政府创办,也只出版了两年时间就关门了。马步芳上台后,1936年恢复出版《青海日报》,至1938年也停办了。第二,报刊的开办和倒闭多是由于政治因素。1927年,清党后的冯玉祥创办了《甘肃日报》《国民日报》,后又将两报合并为《新陇日报》,1931年,"雷马事变"后,马文车将该报改名为《西北新闻日报》,后马文车兵败逃往天津,该报维持一段后停刊。朱绍良到甘主政,在该报基础上筹办《西北日报》。你方唱罢我登场,报刊随着主政军阀沉浮而开办、关门,这种情形在西北很普遍。第三,当局促进报业发展都是由于政治需要,民间办报也多缘于政治要求。陕西、甘肃、新疆最早的报刊是出于政治考虑创办的。1896年陕西《时务斋随录》,1898甘肃的《群报辑要》,1910年新疆《伊犁白话报》均是因戊戌变法和辛亥革命宣传需要创办的。陕西第一张民办报《广通报》也是为"评论时政、开启民智、宣传改良维新、废除八股旧习"而办。西北五省出现大量的官报是为政治服务自不待言。

其六,文化落后是西北报业难以发展的一个社会因素。新中国成立前,宁夏、青海没有高等院校。中等学校宁夏有过四所,青海建过八所,后都因经费等原因又停办了一些。临近1949年,数量又减少半数,文盲占全省人口90%以上。陕西、甘肃教育较宁、青两省较好些,但文盲占人口的比例也较高,能读懂报纸并订得起报纸的为数有限。所以,落后地区的报刊订户大

# 第一章　西北地区新闻事业评述

多是党政机关或学校等公费订阅户。此外,只有极少数工商业者有能力订报买报。对于普通百姓来讲,读报几乎是一种奢侈行为,买报实在是力所不及。所以,时至抗战时期,国民党中央社驻宁夏分社仍采用古老的方式发布新闻,每有新闻则张贴于门口,供人阅览。

其七,中共报刊在西北壮大成长,为新中国新闻事业积蓄了力量,规划了方略。中共政权领导下的报刊诞生于江西瑞金(1931—1934),长征后,中共在陕甘宁边区建立了较稳固的政权,发行了从《红色中华》《新中华报》到《解放日报》为主的大量报刊。至1947年中共中央撤离延安,中共的主要报刊在陕北出版了14年。在此期间,这些报刊探索了无产阶级的办报思想、新闻理论,并将其用于指导新闻工作实践,形成了一整套工作办法、办报经验和新闻观点,对以后新中国新闻事业发展有巨大影响。

其八,西北新闻事业并不发达,然而,西北却是产生重大新闻、成就著名记者的大舞台。西北幅员辽阔、历史悠久,少数民族聚集,地域特点鲜明,然而信息闭塞,这里的新闻鲜为人知,它似一块未开发的处女地吸引着内地乃至世界各国记者。尤其是抗战爆发前,中共作为一支中国独立的政治力量在西北立足,更吸引了海内外记者前来造访。在外国记者中,以采访西北闻名全世界的埃德加·斯诺,1936年在陕甘宁边区采访三个多月,写成了《西行漫记》。此书的出版,向全世界介绍了中国西北和这里的一支抗日力量,为反法西斯统一战线各国人民了解中国战场和中共的抗战主张,以及中共领导下的人民和军队情况,起了非常积极的作用。由于迎合了读者需要,此书成为畅销书,斯诺成为名记者及美国总统罗斯福的上宾。

早于斯诺,《大公报》记者范长江,1935年7月开始了他的西北地区考察旅行,经川西、走陇东、越祁连山、沿河西走廊、绕贺兰山、跨内蒙草原,历经十个月,写出一批通讯报道,通过报纸发往全国。他记述了这些地区的自然地理、风土人情、历史沿革,描述了这里人民的苦难、军阀的残酷。出自他笔端的各种各样的人物,无不生动感人。这组通讯以其风格与内容的独特、新颖、深刻、丰富而风靡中国,范长江也一举成为名记者。

(本章撰稿人:姚福申、程旭兰)

# 第二章

# 陕西新闻事业发展概要

## 一、概述

陕西省地处内陆,近代以来新闻事业没有沿海地区发达。但是,陕西新闻事业也有自己的优势和特点。

一是有悠久历史。陕西是中华民族古老文化发祥地之一,从公元前11世纪起到公元10世纪中叶,先后有西周、秦、西汉、前赵、前秦、后秦、西魏、北周、隋、唐十个朝代在此建都,作为全国政治、经济、文化中心的时间达1062年。世界上第一张报纸——"邸报",就诞生在陕西,时间是唐代开元年间(公元713—741)。最早的"邸报"应是《开元杂报》,唐代著名学者孙樵在他的著作《经纬集》中所写的有关读《开元杂报》的文章,就作了较为详细的记载。1982年在英国伦敦不列颠博物馆发现的一份唐朝《进奏院状》,是现存的中国最古老的报纸。它抄传于唐僖宗光启三年(公元887年),距今1 100多年。原件为一张长97公分、宽28.5公分的白宣纸,质地坚韧。从所报道的内容看,这是光启三年由当时归义军节度使派驻朝廷的进奏官张义则从僖宗所在地凤翔发往沙州(现敦煌)的一份状报。有人曾列举中国新闻事业之"最"的头三项:中国最早的报纸"邸报",中国有据可查的最早的报纸《开元杂报》,现存最古老的报纸中国唐朝末年的"进奏院状",都产生在陕西。(见郭斌、王澄:《陕西省报刊简史》)。

二是革命传统。明朝末年,陕西农民领袖李自成、张献忠领导的起义军,曾用"旗报""牌报"这种与封建官报截然不同的原始形态的报纸,进行革命宣传。李自成领导的农民起义军,于1644年正月初一在西安建立大顺政权,年号为永昌。不久,挥师攻入北京。《明末农民起义史料》就多处提到农民起义军的"旗报"和"牌报"。"旗报"为写在布旗上的鼓动口号,"牌报"多为战报和安民告示。

近代以来,陕西虽为内陆地区,但地处祖国的中心,联结着西北和西南,交通较为便利,文化较为发达。从辛亥革命到"五四运动",陕西知识分子都积极响应,群众运动规模较大。抗日战争前,震惊中外、影响深远的西安事变,也发生在陕西。在这些革命活动期间,新闻事业得到了相应的发展,大量报刊被创办,造就了一大批新闻工作者,于右仁、张季鸾、魏野畴、刘天章、雷晋生、李敷仁、成柏仁等,便是他们当中的杰出代表。

1935年红军长征到达陕北地区以后,直到1948年,党中央、毛主席在延安领导全国军民战斗了十三年,取得了抗日战争和解放战争的胜利,办起了许多报刊、通讯社和广播电台。这些新闻媒介都以崭新的面目出现,有力地配合了党、政、军的各项斗争,奠定了我国无产阶级新闻事业的基础,丰富了马列主义新闻理论。这十三年的新闻实践经验和形成的新闻理论,指导着解放后全国的新闻事业的发展和新闻工作的进步;这十三年培养的大批新闻工作者,为全国解放储备了新闻人材,许多省市的新闻骨干都来自延安。

## 二、辛亥革命前后报刊勃兴

清朝末年,政治腐败,丧权辱国,尤其是在鸦片战争以后,具有资产阶级民主意识的知识分子,为了宣传进步思想,揭露封建统治的黑暗,开始学习西方,纷纷办起了报刊。陕西虽处祖国腹地,新闻事业的发展不能与沿海大城市相提并论,但历史悠久,文化发达,具有革命传统。所以,每有新生事物,每逢革命活动,从不后于人。陕西是最早响应武昌起义的两个省份之一。创办进步报刊也起步较早,数量可观。

陕西第一张近代报刊的出现,是在1894年甲午战争后有了第一台印刷机器开始的。1896年(清光绪二十二年),著名教育家刘古愚先生(名光,字焕唐,号古愚,陕西咸阳人)就首创了《时务斋随录》。这是一种木刻的小十六开线装本季刊,每期百余页,主要内容有"海防条议""商务条陈"和"扩充商务十条"等,刊有《推广学校以励人才》《选子弟出洋学艺》与《购机器雇洋匠试造轮船》等文章。

1897年(清光绪二十三年)初,"三秦才子"阎甘园先生(名培棠,字甘园,陕西蓝田人)等,也私人集资办起了第一张民报《广通报》。该报的宗旨是"评论时政,开启民智,宣传改良维新,废除八股旧习"。阎甘园自任社长兼总编辑,毛昌杰为主笔;陕西藩台樊增祥为该报题写了报头。内容主要为转载上海《时务报》《万国公报》和《申报》等时论文章和新闻报道,宣传废八股,兴学校,倡商务,举工艺,主维新等改良主义主张。《广通报》半月一期,每期一册,约20页,采用木刻印刷,发行数百份。由于戊戌变法失败,加之经济困难,遂于1904年停刊。

1897年11月1日,由陕西布政司李有芬主持,秦中书局编行的《秦中书局汇报》在西安创刊。这是陕西第一次出版书册式的官办报纸,内容以政论为主,宣扬"三条大路走中间"的洋务派观点,鼓吹"中学为体,西学为用",铅印,每月出一期,1898年秋停刊。

据1904年(清光绪三十年)由陕西课吏馆姚才波等人主办的《秦中官报》第一期序言记载:"……吾秦之有官报,始自光绪丙申,迨戊戌秋而止。庚子以后,朝廷讲求新法,开通民智,于是湖北商报、北洋官报以及浙报、晋报相继而起。京沪诸报,贫者不购,愚者不观,其购而观者,又或少年浮动,习其非圣无法之言,而略其智创巧述之事,则不惟无益而有害矣!癸卯之春,于省城设课吏馆,乃附官报于内,而以馆员司选校刊事,月得三册,分发各州县学堂,俾资观览,竟癸卯一冬,报凡八出……"这一段发刊词的文字,记述了陕西报刊(至少是官报)先有刊而后有报的这个史实是可信的。以1904至1907年的《秦中官报》为例,它是一本宽14厘米、高24厘米的长方形线装书册报纸,起初月出三期,每期30余页,后改为五日刊,每册10余页,乃至不定期。主要栏目有"谕旨恭录""省直文牍""艺文存略""秦事类编""外报汇抄"和"路透电音"等六个方面。特别是后期该报由书册型改为单张形式,长7寸、宽2.3寸折叠型黄纸条折,已开始具有后来报纸的雏形。其中"路透电音"是陕西第一次在报刊上发布电讯,"外报汇抄"也是第一次与外省交流信息,而"秦事类编"则几乎占整个篇幅的一半,颇符合突出地方新闻为主的原则。随着陕西课吏馆官员的变动,《秦中官报》也曾改名为《官报》或《秦报》,内容栏目也更换为"枢廷政要""关辅政编""省直政略""外交政闻""时事日抄"和"瀛寰新录"等,直至1907年秋终刊。1908年(清光绪三十四年)4月,由陕西省学务公所编印出刊的《陕西官报》也于1911年(宣统二年)休刊。

由于帝国主义发动八国联军侵华战争,北京沦陷,1900年(光绪二十六年)慈禧太后和光绪皇帝逃到当时的长安(西安),清朝的"邸钞"曾因此一度中断。不久在清廷设立"行在"(皇帝行宫)之后,便恢复了这种特殊情况下具有临时中央政府公报性的"行在邸钞",报馆设在长安城内粮道巷。这种"行在邸钞"的发布,与慈禧的宠臣吴永的奏请有着密切的关联。1900年(光绪二十六年)7月30日,吴永上奏折条陈十事,其中之一就是"请刊行在朝报"。这说明清王朝最高统治者十分重视作为维护封建专政的工具——"邸报",在当时逃亡中的清政权,正是通过这种"行在邸钞"来传报朝廷政事,发挥着政治影响的。这从当时北京报房出版的"谕折汇存"广告中也可以看出。该广告说:"敝馆前印'谕折汇存'……自客夏都城变乱,遂暂停工。至九月间,始得行在谕旨,赶即排印,奈断续无常,阅者不无遗憾。"这充分说明了"行在邸钞"在广大非沦陷地区为各级封建官吏所争阅,供他们从中了解所谓"乘舆行在"的情况。说它始见于光绪二十六年九月,还可从北平图书馆收藏的《庚子拳乱上谕宫门钞汇订》中取得佐证。该书共4册,前3册即系辑录于长安。"行在邸钞"起自庚子(光绪二十六年)九月十二日,迄于辛丑(光绪二十七年)四月初一日,每期一小册,约十余页,用木版活字印刷,末尾附有关于陕西政务的"辕门抄"。

实际上1896年到1898年间,中国民族资产阶级开始登上历史舞台,维新运动风行全国,各地纷纷创立学会,兴办报纸。北京办起《中外纪闻》,随后上海创办《强学报》和《时务报》,宣传变法维新,以求强兵兴国,在中国报刊新闻史上揭开了新的一页。陕西省办报传播新思想也紧随其后,随即便有了《三原白话报》《西乡劝学报》《关中学报》和泾阳会馆王淡如、郭希仁创办的《丽泽随笔》,以及张瑞玑等创办的《兴平星期天》与《暾社学谭》等。

与此同时,陕西辛亥革命武装起义的主要领导人井勿幕,在日本以陕西留学生同盟会为核心,创办了著名的《夏声》月刊;高宪祖等陕、甘人士也创办了《秦陇报》和《关陇》月刊。在国内则有辛亥革命元老,陕西籍于右任先生接连创办的《神州日报》《民呼日报》《民吁日报》和《民立报》等资产阶级革命报刊。另一方面,西安岳觐唐等人创办的《关中日报》,张瑞玑等办的《龙门报》,以及《帝州报》《国民新闻》《昆仑日报》《太华日报》《秦镜日报》和《秦风日报》等,都在此前后相继出版,以"普益群智,改良风俗",为辛亥革命作了思想和政治上的启蒙和准备。

1911年(宣统二年,阴历辛亥年)是中国历史上大转折的一年。辛亥革命成功,共和大业告成,报刊进一步勃兴。

是年12月10日,由同盟会成员党晴梵等编印的《国民新闻》在西安创刊,日出一大张,已初具现代报纸形式,虽为单面印刷,篇幅窄狭,但内容记载、撰述卓识精详,议论透辟,深受广大读者的欢迎。这个时期由南南轩、张瑞玑、杨西堂等人发起创办了《昆仑日报》,郭林亭任经理,张凤九任主笔。自此以后,陕西省大规模创办日报的活动开始兴起。接着由吴搏山、聂小泉等人主办的《太华日报》也在西安五味十字出版。陕西真正的新闻事业可以说是在辛亥革命前后萌芽和成长的。因为在这之前,虽然也有官办和民办的报刊,但内容极为简单。官报仅发布北京皇帝的谕旨及各部、省的重要奏折。民国元年,陕西省都督公署出刊了《秦中公报》,由督署印铸处主编,与以前《秦中官报》的编排式样大同小异,后由民政长、巡按使和省长等一系的行政公署次第接办。至1917年(民国六年)李印泉任省长时,对《秦中公报》才加以整顿,加强了机构,充实了内容。以后省政府的公报形式不断演变,成为行政官署的内部刊物。

辛亥革命后,陕西的革命派报纸首先是《兴平报》,迁来长安改为《兴平星期天》报,由旬刊改为周刊,后来又更名为《帝州报》。同时还有《三原白话报》在一个时期作为陕西的民众喉舌,为革命宣传作出了贡献。随后,由宋伯鲁、胡舜琴和徐宝荃等人联合集股购买印刷机器,创刊了《秦风日报》。这是西安当时正式出刊大型日报的开始。该报以"合群建国,力图富强"为宗旨,在版面的栏目上有"论说""公牍""新闻""专件""杂俎"和"广告"等,编辑撰文,立意革新,一度颇受读者欢迎,至军阀陆建章到陕才被迫停刊。以后柯松亭所办的《秦镜日报》,因揭发军阀陈树藩的隐私,柯松亭惨遭杀害遂停办,时间大约在1917年。

## 三、"五四运动"时期报刊的进一步发展

震惊中外的"五四运动"揭开了新闻报刊历史的新篇章。陕西的于右任、胡笠僧积极响应孙中山的"护法运动",在三原成立了讨伐陕西军阀陈树藩的靖国军,创办了《启明日报》《战事日刊》和《捷音日报》等。当时正值第一次世界大战结束,中国军阀仍在连年混战,全国人民正处在水深火热之中,陕西更是灾荒不断,兵匪遍地,尤为黑暗。也正在这个时期,世界上出现了第一个社会主义国家——苏联。我国学生爱国运动的风潮从首都北京波及全国,《启明日报》的组织者在陕西渭北一带也敲起了黎明的晓钟,成为靖国军的机关报。正如当时一读者在该报的祝辞中说的:"社会黑暗,启明出现,正义人道,光明灿烂;贵报出版,笔直敢言,识高论正,人民是胆。"于右任先生在对该报社开幕的贺词中,也称它是"黑沉沉东方一颗明星,启文化之先声,与日月并明"。该报有一个名为"新潮"的专版,曾连载罗素演讲的《布尔什维克的理想》和《布尔什维克与世界政治》,还在1919年(民国八年)12月14日的《新潮》专刊上登载了马克思画像和克鲁泡特金的《告少年》。这个报社利用三原县群众聚会最多的城隍庙作场所,进行学术演讲;同时也在社内不定期地邀请军、政、学各界和社会人士开座谈会,讨论国内外革命形势、人民群众思想动态、文化与学术思想等问题。这些活动对靖国军当时所辖区域内的社会进步和革命思想的传播起了一定作用。此外,还有《救国日报》《正义日报》和《明明日报》等,多阐发革命理论,介绍中外学说,对社会主义尤多宣传。陕西靖国军当时的地盘只有渭北十几个县,又因敌方重重封锁,查禁甚严,报纸发行范围限于一隅,势难广泛流传,但各报皆能想尽办

法,辗转寄至上海等处,使得西北方面的护法军事行动得以传播各方。

1920年7月15日省议会议员田瑞轩主办的《鼓昕日报》,最早把马列主义和社会主义思想介绍给了陕西读者。这个报支持新思想,批判旧观念,伸张正义,反对邪恶,揭露了当时军阀混战的社会黑暗面,在人民群众中影响极大。后因环境的影响,于第二年4月便停刊了。另一方面,由芦蔼堂、陈鲁斋所办的《公意报》,虽有陈树藩的武力作后盾,也因后来政局变化而瓦解。当时还有《西北日报》和《长安日报》也都因时局演变而随之停刊。这个时期,三原有《启明日报》,凤翔有《捷音日报》,西安有宁益轩继吴宝珊任社长的《陕西日报》和1921年10月5日由俞嗣如等创办的《新秦日报》,接着有杨杰丞出版的《民生日报》,韩城也出现了石印的《韩城民报》,汉中地区也接着出了与韩城形式相同的《醒民周报》。1923年大军阀曹锟贿选总统,各报皆登载其丑闻。军阀刘镇华下令省警察厅检查新闻,公开限制舆论自由,不断对新闻界施行种种干涉。于是新闻界同业开会研究应付方法,决定组织起来,互相帮助,以阻止无理摧残。随之成立了"陕西报业公会",公推俞嗣如为会长,宁益轩、杨杰丞、王授金等为理事,王淡如为总文书,吴雨亭为会计,其他各报均参加为会员,这是陕西最早的一个新闻界报人公开的群众性组织。其时,苏果斋办的《北陇民报》也在西安得以复刊,孙仲涛又创刊了《西安市日报》,以后安康出了《民知时报》,榆林出了《上群日报》(后改名《陕北日报》),南郑出了《博报》,后来方韵樵又出了一份《平报》。1924年陕西省议会分为"建新"和"正谊"两派,随之相继出刊了《大西北报》《正言日报》《建新日报》和《旭报》代表各方观点相互攻讦。直到1925年4月,由杨虎城倡办,魏野畴等任编辑的《青天白日报》创刊,传播革命思想,报道军政消息,于1926年停刊;接着在1925年8月魏野畴又创办了影响最大、最受读者欢迎的《西安评论》。在出版的36期中,魏野畴就先后撰写了《西安学校的大写真》《农民的痛苦》和《敬告西安工友》等30多篇文章,观点鲜明,笔锋犀利,被读者誉为"古城号角"。随后由西安教育界人士何镜清、黄宪之等创办的《新社会报》以"提倡新文化"为宗旨,并宣称将执行促进生产事业;宣传新民主主义,介绍马克思的社会主义,使一般人了解新制度;提倡职业代议制。以上各报出刊时间都不长,至1926年西安围城,各报相继停办,仅俞嗣如等办的《新秦日报》坚持照常出版。其时刘镇华在城外围攻,杨虎城、李虎臣率领官兵誓师与古城共存亡,历史上称为"二虎守长安"。当时该报在宣传正义、安定人心方面起了很大作用,从主编到访员,每天到总部采访消息,并深入街巷访问人民情况,撰稿鼓舞斗志。然而四个月后,困难更甚,有一天报社竟绝了粮,大家则以大麦、油渣充饥;在围城到最后紧张阶段,报纸已运不出城,每日除在城内发行外,其他都堆放在社内待解围后付邮。怎奈工人做饭燃料无着,不得已将存报作薪炭烧用。幸在当年10月24日解围,结束围城8个月的艰苦斗争,剩下的报纸才被保留下来。这家办报历史较长的民营报纸,在办报的25年过程中,持论比较公允,与西安民众共同历尽艰辛。抗战时期还因代印过《新华日报》,曾被国民党反动派没收了部分机器。后来又因遭火灾,损失甚大,遂改出四开四版的《新秦晚报》,直至1948年3月20日被改为《黎明日报》,在西安东大街端履门口出版。

1921年中国共产党的诞生给陕西人民带来了光明和希望,革命报刊也应运而生。早在1920年时,正在北平高等师范学校就读的陕籍学生魏野畴便撰写文章,大声疾呼要陕人重视"潼关外之新思潮"。此时旅外学生创办的以陕西群众为主要发行对象的刊物日益增多,如1920年1月20日,陕西旅京学生联合会出刊了《秦钟》月刊,由杨钟健、刘天章和魏野畴等发起组织,李子洲负责发行工作,宗旨是唤起陕西人民自觉,介绍新知识于陕西,宣传陕西社会状况于外界。同时,也发表一些揭露军阀统治下陕西人民痛苦生活的文章,比原来油印刻版的《秦劫痛话》前进了一步。但是这两个刊物出版的时间都比较短,仅出至第6期,就因为内部意见分歧、经费不足和陕西军阀的阻挠等原因而告停刊。

1921年10月10日,刘天章、李子洲、杨钟健和杨晓初等人发起在北京大学附近三眼井创办了《共进》期刊,这是"五四"后期持续时间最长的刊物之一。它曾对当时陕西人民反帝反封建的革命斗争起过重大的推动作用,并在全国范围内发挥过积极的影响。出到1926年9月前后,坚持5年,共出刊105期,发行遍及京、津、沪、汉、穗、汴、南通等大、中城市和陕西的西安、三原、渭南、华县、榆林、绥德、延安和南郑等地。《共进》期刊在当时条件下确实启迪了人们的思想,吸引了人们的注意,遵循了"提倡桑梓文化,改造陕西社会"的宗旨,对大革命时期陕西人民革命运动的高涨起了有力的推动作用。同时,由在天津南开中学的屈武、武止戈、崔孟博和刘尚达等创办的《贡献》月刊,以及由在上海读书的陕籍学生吉国桢、杨明轩、曹趾仁、雷晋笙、严信民和李子健等创办的《新群》《新潮》《新时代》《秦铎》和《南针》等刊物,也向陕西传播了新文化、新思想和马克思主义学说。当时,还有魏野畴等在西安创办的《青年文学》和《青年生活》,以及后来与关中哲、张性初、高克林和任致远等5人创办的著名的《西安评论》,由雷晋笙、吕佑乾、崔孟博和黎光霁等在西安创办的《西北晨钟》,蒲克敏、张仲实、亢心哉和李子健等主编的《渭北青年》《渭潮》等刊物,都曾发挥了积极作用。另外,这个时期,由《长安日报》改版的陕西地方报纸《西北日报》和《鼓昕日报》等也发表了不少宣传马克思主义的文章,如先后发表的《俄国工联会之实力》《列宁的演说》《布尔什维克主义论》《民主主义论》《劳动与休息》和《反对婚姻专制》等,最早把马列主义和社会主义思想介绍给陕西读者。1921年3月间,又连续刊登了李大钊的《各国妇女参政运动》的讲演词,对陕西妇女思想解放有很大影响。"五四"前后,西安新旧两派思想斗争极为激烈,教育界进步人士王授金公开批评孔教信徒,激怒了教育厅长,撤去他女师教务长职务。《鼓昕日报》不畏强权,连续发表评论支持王授金的主张,博得社会上不少人的赞扬。

## 四、国统区新闻事业呈现复杂情况

民国以来,陕西新闻事业的发展经历了两个大的历史阶段,其初创阶段在民国初年,发展阶段在抗日战争爆发和陇海铁路通车之后。这个时期国民党统治区的报刊大体上又可分为两种性质不同的体系。一种类型是国民党派系、国民党政府或特务机关在西安办的《西京日报》《西京平报》《建国日报》《黎明日报》《战斗日报》和《正报》;一种类型是爱国人士、进步青年或团体、商会在国民党统治区办的民间报纸,如《秦风日报·工商日报联合版》《老百姓》《经济快报》和《民众导报》等。可喜的是,近年还发现了一份1933年由张学良将军题字,原北平东北伊斯兰学友会编印的《伊斯兰青年》半月刊,该刊倾向进步,在西安大学习巷出版。

在第一种类型的报刊中也是"你中有我",情况复杂。1927年1月21日,国民党陕西省第一次代表大会在西安召开,正式成立了国民党陕西省党部,共产党员史可轩、张性初、刘含初、李子洲、魏野畴和杨明轩等被选为国民党省党部执行委员。当时,许多省、县党部基本上是由共产党人组建、担任领导职务的。为了更好地宣传我党的方针、政策,便创办了《陕西国民日报》,社长、总编辑、编辑先后均由共产党员雷晋笙、刘天章、杨慰祖、白超然等担任,王尚德任印刷厂长。这个报纸名义上是国民党陕西省党部创办,实际是中共陕西党组织的机关报,是中共在西安第一次出版工人阶级自己的报纸。曾发表过《工人与蒋介石》一文,转载了郭沫若写的《请看今日之蒋介石》,发表过《中国共产党对时局宣言》,吴玉章的讲话和《马克思传》等,一直受到广大读者的支持和拥护,每日发行达2 000多份,供不应求。

1928年由于宁汉两派合作,西北军也实行了清党。《陕西国民日报》遂行解体,代之者为西北军中党务人员主办的《陕西中山日报》。后来陕军旧部联合倒冯,虽均归失败,然西北军首领始感后方宣传的重要,乃将在河南开封发行的《革命军人朝报》迁来西安。同时萧振瀛任西安市市长,又恢复发行《西安市日报》,并购置印刷机器,成立西安印刷局,以供该报使用。1929年西北军被调返南京后,宋哲元主陕,其时为扩大宣传,派宫廷璋筹办《真理实情报》。陕西籍张之穆任民众联合处处长时也创办了《陕西民报》。1930年,西北军失败,杨虎城主陕后,即委派蒋听松接收《革命军人朝报》改组为《西安日报》,经费完全由省政府津贴。初出一小张半,继改一大张,议论较透彻,编辑也新颖,但因后来迭更社长,终于1933年宣告停刊。同时《西北朝报》《青门日报》和《民众晓报》等相继创刊。

蒋介石发动了"四一二"反革命政变后,中共陕西省委成立,在白色恐怖统治下,共产党被迫转入地下斗争。先后创办了《西北红旗》月刊、星期刊、日报,以及《西北真报》《西北人民》和《政治通讯》等地下报刊。1936年12月12日"西安事变"发生,宋绮云主持下的《西北文化日报》13日便详细报道了事变的起因,报道说:"自上月暴日驱使匪伪汉奸侵入绥远以来,举国愤慨,万众齐起。前方将士,既浴血而抗战,后方民众,更毁家而纾难。如此阵线,实为救亡图存的唯一办法……"明确指出了抗战是全民的事业,是民族解放的根本途径。14日张学良、杨虎城即下令撤消了"西北剿匪总司令部",成立"抗日联军临时西北军事委员会",接收了省党部办的《西京日报》,改为《解放日报》。从此,《西北文化日报》与《解放日报》互相配合,成为整个西安事变期间坚强的舆论阵地。

当时的古城西安充满了一片抗日救亡的呼声,很快涌现出一大批以宣传团结御侮为宗旨的进步报刊。这些报刊在向国内外报道事件真相,澄清事实,驳斥谣言,呼吁停止内战,一致对外等方面发挥了很大的作用,使西安成为全国抗日救亡运动的中心。《解放日报》及时发表了张学良、杨虎城两将军的"八项主张",宣传中共的抗日民族统一战线政策,揭露和批判国民党反动派多年奉行的"攘外必先安内"的反动主张。《工商日报》也发表了《反对内战,拥护抗日》的社论,紧密配合《解放日报》,每天在报上报道有关事件发展的重要新闻。该报总编辑张性初每晚回到报社撰写社论,并经常在夜间与在指挥部担任重要职务的王炳南、田一明等用电话联系,了解情况,因而消息比较灵通,一些重大消息都能及时见报。同时,报纸还经常报道"八路军英勇作战"的消息,转载《新华日报》的战地通讯。《秦风日报》则着重刊载陕西革命史料,宣传坚持全民合作,停止内战,团结抗日,揭发蒋介石的独裁专制及国民党政府官员的贪污腐败。该报由杜斌丞任董事长,成柏仁任社长,李子健、耿炳光、李敷仁、梁益堂等任编辑,经常发表"要团结、要和平、要民主,反对内战"等大义凛然的文章。此外,这时期出版的主要进步报刊还有《文化周报》《民众前卫》《学生呼声》和《老百姓》报等,发表了《中国共产党对"双十二"事件的表示》《市民大会以后的中心任务——组织民众,训练民众,武装民众》《打回老家去》《法西斯主义与文化毁灭》和《怒吼了西北》等文章。不仅在西北,而且在全国也都发生过巨大影响。特别应提出的是,民盟西北支部领导人接受周恩来同志提议创刊的《秦风日报·工商日报联合版》,经常转载《解放日报》和《新华日报》的重要社论,报道国内和陕西爱国民主运动和抗日战争的真实情况。当时李敷仁主编的《民众导报》,武伯纶主编的《经世》等,以及后来创办的《新妇女》《儿童旬刊》和《孩子报》等报刊,通过宣传壮大了爱国民主运动的声势,在当时陕西国统区的思想舆论阵地占了上风,给国民党反动派当局造成了强大的压力。

国民党政府采取威胁利诱、寻衅闹事乃至捏造罪名等手段来扼杀民主呼声。继捣毁《秦风日报·工商日报联合版》后,又警告《国风日报》《益世报》《书报精华》《儿童旬刊》;勒令停刊了《孩子报》《新妇女》和《文林》等,接着又成立了"陕西新闻处",曾一度取消的新闻检查制度又被恢复了。

抗战期间,国民党陕西当局设有"图书杂志审查处",地址在西安书院门,是控制陕西文化出版事业的专门机构。还在西安小湘子庙街设有"新闻检查处",各报每天的"大样"都要先送审后才能开印。"天窗"一词就是从此时产生的。报社排好"大样"送审后,经常有被扣压、划掉的新闻或文章,作为当时抗议的一种形式,就只好让版面空白起来,谓之"开天窗",寓意讽刺国民党的新闻控制。1945年,"西北王"胡宗南又在大湘子庙街成立了一个"新中国出版公司",企图垄断和控制西北的文化出版权,后因其总经理吴启诚被告发贪污而自杀,该公司随即流产。1946年春,胡宗南又授意图书杂志审查处处长陈建中筹组"西北文化公司",再次想垄断控制西北的文化出版权,后因CC系、中统与胡宗南在人事等问题上有分歧,才未能得逞。当年由段明灿筹备成立的西北新闻专科学校,也因受各方面的阻挠而未能开办。国民党当局为了通过通讯社来控制与垄断新闻,公然下令各报电稿均由中央通讯社供给。以致除标题略有不同外,内容皆千篇一律,使报纸销路大受影响,只好在登广告上做文章,以增加报社一些收入。

国民党反动派在残酷压制进步报刊的同时,利用自己当权的优势,先后创办、接管了《西京日报》《西北文化日报》《建国日报》《正报》《西安晚报》等报纸,分别属于国民党、三青团和CC系所有。《西京日报》原为天津《民国日报》,1932年国民党中央宣传部派邱元武将该报移到西安,更换报名,是国民党中宣部在西安出版的机关报。《西北文化日报》原为进步报纸,在西安事变中发挥了重要作用,1938年夏,国民党陕西省党部强行接管后变了性质。《建国日报》的前身是1941年5月4日创刊的《青年日报》,1948年元旦更名为《建国日报》,是三青团陕西支团部机关报。1937年12月创刊的《西京平报》,名义上为私人报纸(国民党立法委员、CC系分子李芝亭任社长),实为CC系报纸。

陕西受到政治、经济、科技、社会诸多因素的制约,广播事业起步较晚,发展缓慢。1935年6月,国民党中央根据丧权辱国的《何梅协定》中的有关规定,下令将直属国民党中央广播电台管理处设在国民党河北省党部内的河北广播电台的主要设备拆迁至西安,成立西安广播电台,是当时国民党中央广播事业管理处直接管理的五个直属台之一。这个电台于1936年8月1日开播。功率小、播音时间短、收音机少,作用有限。1938年3月,风陵渡失守,潼关告急,日寇飞机频繁轰炸西安,西安广播电台奉命迁至南郑(今汉中市),于1939年8月在南郑东关磨子桥一座庙里播音,更名为陕西广播电台。它在西安留守的两名工作人员,利用没有撤走的设备器材,自己装配了一个功率40瓦的发射机,仍以"西安军中之声广播电台"的名义维持广播,覆盖面仅限于市区。1949年春,解放前夕,国民党陕西广播电台和另一"西安军中之声广播电台",先后拆装运出陕西。

自1923年后,新闻界在西安办起了一些通讯社,但规模不大,只发当地消息,没有电稿。1930年起南京势力伸入陕西,国民党的中央通讯社在西安设立分社,发电讯稿。其他尚有大陆通讯社、西北通讯社、陕西通讯社、西安通讯社、中华通讯社、新生通讯社、中国通讯社、西京通讯社等,共33家。这些通讯社一般工作人员少,设备简陋,维持时间不长。

## 五、延安新闻事业的崭新面貌

现代陕西新闻事业的突出特点,是革命圣地延安的新闻实践及其所积累的丰富经验。

1935年10月,党中央、毛泽东率领中央红军到达陕北后,经过调整,1937年9月6日成立了陕甘宁边区政府,边区便成为中国革命的立足点和出发点。这里是全国抗日中心和敌后抗日根据地的总后方,也是中国人民解放斗争的灯塔和总后方,延安被称为"革命圣地"、"民主摇篮",在中国新民主主义革命史上有着极为重要的地位和作用,可以说,延安是我国无产阶级新闻事业的发祥地。

陕甘宁边区的新闻报刊,根据现有资料统计,自1927年至1949年,共出版各类报刊 271 种,这些报刊中,2/3 以上为油印。其中报纸分为中共中央、陕甘宁边区、共产党地下及部队等几大类,计 67 种。期刊分政治、军事、经济、文化教育、语言文字、文学艺术、医药卫生、工业技术及综合九大类,计 204 种。这些报刊的共同特色是大力宣传新民主主义,反对内战和宣传大生产运动。

中共中央报纸有《红色中华》《新中华报》。《红色中华》1931 年 12 月 11 日在江西瑞金创刊。1934 年 10 月 3 日,中国工农红军开始举世瞩目的二万五千里长征,在艰苦的长征途中还曾出过数期的油印版。1935 年 10 月中央红军到达陕北后,于当年 11 月 25 日在陕北瓦窑堡(今子长县)复刊。1936 年 7 月 3 日中共中央机关迁到保安(今志丹县)后,在两孔红石窑洞里,中断二十多天的《红色中华》报又继续出版了。这年 12 月 8 日该报第 314 期的报头,就是毛泽东同志亲笔题写的。"西安事变"后,为适应第二次国共合作的新形势,1937 年 1 月 29 日《红色中华》报从 325 期起改名《新中华报》,为陕甘宁边区(特区)政府机关报。该报于 1939 年 2 月 7 日确定为中共中央的机关报,仍在延安出版。它是四开四版三日刊(逢周四、日出刊)的小型报纸,1941 年 5 月 15 日终刊,共出版 230 期。为了更多地反映国内外的消息,适应全国抗战形势发展的需要,与油印的《今日新闻》(原名《参考消息》)合并,出版了中国共产党在延安革命根据地第一张大型的机关报《解放日报》。

抗日战争爆发后,《新中华报》和《解放日报》对宣传进一步巩固国内和平,争取民主和坚持抗战等方面起了主导作用,曾充分反映各抗日根据地,特别是陕甘宁边区军民对敌斗争的胜利和各方面取得的伟大成就,同时也尖锐地揭发了国民党顽固派的投降、妥协路线以及反共反人民的各种阴谋,特别是在打退国民党反动派 1939 年和 1941 年所发动的两次反共高潮中起了重要的作用。陕甘宁边区是个地广人稀、人民贫困、物资缺乏的地方,一切物资靠从外地运进。1939 年至 1940 年这段时间里,黄河东岸的日军蠢蠢欲动,另外三面均受国民党反动派重兵包围,军事上的摩擦日益频繁,经济上被严密封锁,印刷报刊用的原材料来源完全断绝了,直接影响报刊的出版,时有停刊之虞。边区人民自己动手利用废油渣、燃烧烟灰和桐油混合制成土油墨,保证了党报党刊的正常出版。

这些革命报刊,由于长期艰苦的革命战争环境,难以携带和保存,加之国民党反动派的破坏以及岁月流逝造成的自然损毁,留存至今的已经不多了。在日寇疯狂进攻和国民党制造摩擦的艰苦岁月里,1943年9月1日,《解放日报》发表题为《反对国民党的反动新闻政策——为纪念第十届"九一"记者节而作》的社论,有力地揭露了国民党反动派推行"一个党、一个领袖、一个报纸"法西斯新闻统治政策的罪行,并报道在过去的一年中,被查封的国民党统治区进步报刊竟达500多种。1946年5月1日,《解放日报》发表题为《抗议西安新闻界血案》的短评,揭露了国民党特务捣毁西安《秦风日报·工商日报联合版》报馆和对该报律师王任的杀害事件,以及对记者李敷仁的暗杀未遂等流血事件,有力地反击了敌人的嚣张气焰。

1940年至1949年,还先后创刊出版了陕甘宁边区、分区、地区和县党委机关报175种,如《边区群众报》《关中报》《陇东报》《大众报》《抗战报》和《三边报》等。这些报纸办报的共同特点是贴近群众,宣传抗日,反对内战,深受群众的欢迎。《边区群众报》是在毛泽东同志的倡议下,由中共陕甘宁边区委员会领导的"大众读物社"主持,于1940年3月25日在延安创刊,毛泽东同志题写了报头。原中共中央西北局书记习仲勋同志在该报创刊六周年时,曾撰文称赞:"这个报纸是边区群众公认的好报纸……它不但容易懂,并且说出了边区群众要说的话,讲出了边区群众要知道的事情。这就是为群众服务,当得起'群众报'这个光荣称号……六年以来,这个报对边区人民是尽了最大的组织和指导作用的……日本打败了,边区较前巩固了,《边区群众报》是有很大功劳的。"再如《关中报》,不但重点报道前方战况,还大力刊登了地方消息。《三边报》最早发表了著名诗人李季的长诗《王贵与李香香》,都为群众所喜闻乐见。

另外,在西北地区,中共陕西省委、边区苏维埃和川陕苏区,还先后创办了不少地下报刊。如《西北红旗》、《共产党》(原名《川北穷人》)、《苏维埃》、《战场日报》和《失业日报》等地下油印报刊。这些报刊着重宣传劳苦大众要有出路,只有团结抗日同反革命势力进行不懈的斗争,并号召饥寒交迫的工农群众团结起来,为生存、为自由而奋斗。据1944年11月陕甘宁边区文教委员会统计,边区部队报纸共有 25 种,除其中 4 种是铅印的外,其余均为油印小报,当时印刷总数近万份。陕甘宁边区留守兵团政治部办的《部队生活》积极配合时局,坚持抗战,反对内战,号召军民一致粉碎胡宗南军队对边区的进犯,揭露国民党军队将领投敌卖国真相,同时也出色地报道了留守部队当时的生产与"拥政爱民"两大中心任务。还有《战火报》《边区战士》和《塞锋报》等旅团小报,以及中共中央和边区党委办的《解放》《共产党人》《边区政报》和《干部必读》等 55 种期刊,都为我们今天研究革命根据地历史,研究党领导的新闻事业和对人民进行革命传统教育,提供了极其珍贵的材料。

党中央在陕北战斗的 13 年,是党的新闻事业发展和成熟的 13 年。1942 年更是党的新闻工作的一个重要发展时期,从春天开始的全党整风运动中,陕北新闻界的同志们结合自己的工作,以党中央机关报《解放日报》为突破口,开始了改革和整顿。3 月 31 日,毛泽东同志出席了《解放日报》改版座谈会,并发表讲话。在这之前,中共中央政治局曾于 1 月 24 日决议:"今日《解放日报》应从社论、专论、新闻及广播等方面贯彻党的路线与党的政策,文字须坚决废除党八股。"3 月 16 日,中共中央又为改造党报发出通知。3 月 8 日,毛泽东同志为《解放日报》题词:"深入群众,不尚空谈"。

毛泽东同志的讲话,中央的指示和中宣部的通知,批评了"同仁办报"和"记者办报"等错误倾向,提出了依靠全党、依靠群众办报的方针。4 月 1 日,《解放日报》发表社论《致读者》,提出改版的基本内容,是把少数人办报的方针转变为群众办报,全党办报。到 1944 年,《解放日报》改版已取得了明显的成绩。社论《本报创刊一千期》总结近两年的成绩时指出:"我们的重要经验,一言以蔽之,就是'全党办报'四个字。由于实行了这个方针,报纸的脉搏就能与党的脉搏呼吸相关了,报纸就起了集体宣传者与集体组织者的作用。"从此,"全党办报"就以明确的语言,成为各根据地党报的办报方针了。这个方针至今还指导着我们党的新闻工作。由此可见《解放日报》改版的深远意义。

党中央在延安期间,广播事业也从无到有,得到初步的发展。1940 年 12 月 30 日,延安新华广播电台首次播音,这个广播电台的主要设备(短波广播发射机)是周恩来同志于 1940 年 3 月从苏联治病回国时带回的。接着开始了以周恩来为主任的广播委员会领导的筹建工作,军委三局专门组建了有30多人的九分队,具体承担建台任务。台址在距延安九公里处的王皮湾村,延安新华广播电台的广播稿件由新华通讯社广播科编发。解放战争时期军队从延安撤退后,改名陕北新华广播电台。该广播电台于1949年春从陕北迁到北京,以北京新华广播电台的名义(即中央人民广播电台前身)向全国、全世界广播。1949年1月5日,延安另行组建了西北新华广播电台,后迁西安,同时使用一个短波、一个中波,向西北、西南地区播音。

在红色中华通讯社的基础上,陕北的通讯事业也有了较大的发展。红中社是1931年中华苏维埃共和国临时中央政府在江西省中央苏区瑞金创立的,1935年10月随党中央长征到达陕北。1937年1月在延安改名为新华通讯社。新华总社直属党中央领导,在全国各解放区建有总分社。地方和部队还有分、支社,实际上因战争环境,一般由地方报社和部队报纸的通采部门担任分、支社的报道任务。

## 六、新中国成立后新闻事业在曲折中发展壮大

陕西的新闻事业在中华人民共和国成立之后,为适应社会主义建设的需要,发展非常迅速。这中间虽然几起几落,不少报纸走过办了又停、停了又办的曲折道路,但总的趋势仍是数量不断增加,品种不断完善。到现在,全省已形成一个以党报为核心的多层次、多功能的报业体系,在传达党和国家的方针、政策,传播信息,反映人民群众的要求和发挥舆论监督作用等方面,作出了十分显著的贡献。在这个基础上,新闻教育研究事业也有一定的发展。

新中国成立初期,我省仅有中共中央西北局机关报《群众日报》(西安版)、《榆林报》《陕南日报》(《汉中日报》前身)等少数几家报纸;1954年10月16日《群众日报》改为中共陕西省委的机关报,更名为《陕西日报》。其后,《延安报》(1950年)、《陕西农民报》(1953年)、《陕西工人报》(1956年)、《合阳报》(1956)、《富平报》(1956年)也相继创刊。

1957年至1958年,在"左"的指导思想影响下,曾提出"县县办报纸,户

户通喇叭"的口号,全省当时75个县办了县报。由于条件不具备,这批县报在一两年后大都陆续停办。在1958年宣传总路线、"大跃进"、人民公社"三面红旗"的运动中,报纸在反映人民革命热情,反映人民的社会主义积极性和创造性等方面,虽然做了有益的工作,但由于总的指导思想急躁冒进,给报纸宣传带来了头脑不冷静,办事凭热情,不讲科学,不实事求是等不良倾向,以至盲目鼓吹高指标、高产量,夸大了主观意志的作用。当时的《陕西日报》曾经在报纸上提出了"给我一锥地,包产全省粮"等荒谬口号。新闻工作中实事求是,从实际出发的思想作风屡受挫折,直到1960年中共中央再次提出"大兴调查研究之风"后,大家才逐渐认识到"大跃进"过程中的错误。陕西报界也开始总结经验教训,加强调查研究,提倡科学求实精神。1961年陕西日报社还外聘了190多名评报员,重点建立了14个评报组,便于群众对报纸进行监督,编委会还作出《关于大兴调查研究之风的决定》。

20世纪60年代初,在国民经济严重困难时期,由于纸张供应紧张,中央曾批示压缩报刊用纸,《西安日报》改为《西安晚报》,一些报刊合并,有的因此终刊。"文革"十年内乱中,陕西省报纸一度几乎全部停办,粉碎"四人帮"后,到1978年底,全省公开发行的报纸仅有11种。

党的十一届三中全会以来,经过拨乱反正,陕西省和全国一样,新闻事业在改革开往过程中得到了恢复和发展,报刊数量不断上升,截至2000年,有国家统一刊号的各类报纸70多家,全省新闻从业人员约3万人。全省十个地(市)党委系统和各厅、委、局、办以及各大企业、厂矿与高等院校等都办有自己的报纸。另外还有部分县(区)也办了县(区)报,如《长安报》《合阳报》《富平报》《三原报》《澄城报》《耀县报》和《阎良报》等。特别是为适应经济改革的需要,还办起了一大批专业性报纸。如《法制周报》《西北信息导报》《军工报》《教师报》《陕西政协报》《城市金融报》《区县经济报》《现代保健报》和《集邮会刊》等。这批报纸中有不少办得相当出色,它们立足陕西,面向全国,报道面和发行范围均摆脱了行政区划的局限,在全国有较大影响。如《教师报》《西北信息导报》《城市金融报》《现代保健报》等在全国范围内均有较大的发行量。

陕西省是革命圣地延安的所在地,老一辈的新闻工作者在延安办报时期所培育的密切联系群众,反映群众呼声和开展批评监督等光荣传统,在新的历史时期有了进一步的发展。《延安报》记者杨捷写的《一位获博士学位的法国留学生,回国一年后还未分配工作》内参稿,经《人民日报》在1983年11月10日第590期《情况汇编》(内部刊物)登出后,邓小平同志等作了重要批示:"请国务院检查。天天讲缺人,有人不能、不会用,为什么?是谁的责任?"后来使这位同志的工作分配得到了迅速落实,在读者中引起了强烈的反响。

特别值得一提的是,除"文化大革命"期间外,陕西省不少报纸都十分注意抓典型报道,用正反两方面的典型事例来鼓励先进,鞭策落后,推动各项建设事业的发展。在这方面做得最为突出的是《陕西日报》(包括前身《群众日报》)。这家报纸对本省经济建设中的一些重要项目和先进人物,几乎全都做过系统性报道。其中如对宝成、天兰、兰新铁路的建设报道都很重视,仅对宝成铁路就先后发表了120多篇报道。在先进人物的报道上,更是坚持连续报道。如对延安时期劳动英雄郝树才,全国农业劳动模范、植棉能手张秋香,先进工人的典范赵梦桃,陕北说唱艺人韩起祥,农民诗人王老九,爱国艺人常香玉等,均做了系统而又深入的报道。为了搞好典型报道,报社不是临时派记者前去采写,而是派记者常驻采访,甚至由总编一级的干部带领一批记者、编辑与报道对象长期生活在一起,既使记者、编辑经受了锻炼,又能从丰富的现实生活中提炼出颇有深度的报道主题,并摸索出了"点上摸问题,面上去分析;面上出题目,点上做文章"的经验。正因为这样,这些典型报道在全省,甚至在全国都给读者留下了比较深刻的印象。进入改革开放的新历史时期以后,《陕西日报》仍然坚持突出对科技和教育界知识分子中先进人物的报道,如对龚祖同、孟庆集、周尧、罗健夫和张华等事迹的宣传。

《陕西日报》在新闻改革中,从"短"入手,狠刹长风领先于全国,也坚持得比较好。在1981年11月纪念新华社成立五十周年时,中共中央书记处对新闻报道提出"真、短、快、活、强"的要求。陕西日报社编委会认为延安时期新闻力求"短些再短些"的好传统不能丢掉,在稿件篇幅上规定一般情况下,消息不得超过1 000字。在报纸编排上,规定每版每天一般应容纳20条以上的稿件,否则不能签字付印,并把短小精炼作为评好稿的标准之一,十多年来坚持得也比较好。

全省报纸的报道中心转移到以经济建设为中心后,在改革开放的大好形势下,从中共党委机关报的单一格局,发展为以中共党委机关报为中心的多层次、多类型、多风格的纵横交叉的新格局。各报刊在内容、专业和地域上仍大致有分工,但它们互相配合、补充和竞争,以千姿百态的生动形式,五彩缤纷地展现着社会生活的新风貌。近年来围绕西部大开发,全省各报社根据《陕西省实施大开发新闻宣传规划》,制定了短、中、长期的报道计划,积极拓宽宣传领域,进行不间断的报道,取得了很好的效果。

陕西新闻报业社会团体发展迅速,新闻学术空前活跃。1984年前,仅有陕西记协一个团体,学术活动比较少。从1985年起,先后成立了陕西省新闻学会、陕西省新闻摄影学会、陕西省高等学校校报研究会、陕西省新闻漫画研究会、陕西省企业报新闻工作者协会、陕西省专业报新闻工作者协会,以及西安、延安、安康等地(市)的记协和新闻学会。这些新闻学术团体经常举办专业学术讨论会,组织撰写学术论文,举办各种新闻业务短期培训班。新闻研究机构仅陕西省新闻研究所一家,先办有《新闻研究》季刊一种,1984年停刊后,便与《陕西日报》合办《新闻知识》月刊,期发行量最高时达8万份,为全国十家新闻核心学期刊之一。

陕西的新闻教育事业也有一定的发展。1960年至1964年间,西北政法学院曾开设过新闻系,培养了一届两班本科毕业生80多人。这些毕业生现在多成为新闻单位的业务骨干或领导。1985年西北大学中文系又开设了新闻专业,许多毕业生也都分配到各新闻单位工作。除这两家正规科班教育外,中共陕西省委宣传部还曾于1981年至1983年先后举办了3期新闻干部培训班,结业学员多在新闻与宣传单位发挥业务骨干作用。1986年9月,中国人民大学函授学院西安分院新闻专业成立。陕西日报社也开办了一期"西北新闻刊授学院",曾有1.6万人坚持学习两年,经过考试有6 500人合格结业,不少成了业务骨干。1994年起,西北大学将中文系新闻专业改建为新闻传播系,陕西师范大学和西安武警技术学院也正式成立新闻专业,每年毕业学生近200人。

陕西的广播电视事业解放后也经历了曲折的发展。解放初期由西北区代管,从1952年3月,西北区台每天以20分钟举办"陕西节目"。1953年2月14日,陕西人民广播电台利用西北人民广播电台的技术设备开始正式播音,每天播2小时35分。1954年9月10日,随着西北区行政建制的撤销,西北人民广播电台宣告停止播音,其人员、设备与陕西人民广播电台合并。

为了适应革命和建设形势的需要,陕西境内各级广播电台的各种广播节目时间,每年都有显著增加。1949年6月1日西北新华广播电台正式迁到西安播出时,每天只播音1次4小时,其中1小时为转播北平新华广播电台节目时间。到1950年9月1日,西北电台和西安电台每天共播音5次15小时20分钟。到1953年7月1日,由于陕西台和西安工人台的成立,4个台以3个频率每天共播音12次25小时30分钟。后来,在"大跃进"中迅速增长,到"文化大革命"中又急骤回落,几经折腾,损失很大。1978年以后,陕西的广播事业进入平稳发展时期。1978年有电台3座,1991年增至19座;播出节目也由1978年的4套增至1991年的21套。有线广播也有了发展。

电视事业发端于1960年7月1日西安实验电视台的成立,1965年7月1日改为西安电视台,1978年5月5日改为陕西电视台。到1991年,西安、汉中、宝鸡、延安、安康、榆林、咸阳、渭南、铜川、商洛以及神木电视台相继建成开播,省、地两级电视传播系统基本建成。2000年陕西全省有省、地广播电台8座,电视台11座,有线电视台5座,县级广播电视台68座。全省广播电视传输网支、干线总长度已达1.39万公里,光缆、数字微波干、支线1.61万公里,有线电视用户达210万户,广播电视"村村通"工程已圆满完成。

(本章撰搞人:江华、姚文华)

# 第三章

# 甘肃新闻事业发展概要

## 一、近代甘肃新闻事业

甘肃的新闻事业起源于唐代中期。现藏于英国伦敦不列颠图书馆,编号为S1156的"进奏院状"和现藏在法国巴黎国立图书馆,编号为P·3547的"进奏院状",都是甘肃沙州归义军节度使张淮深派驻京都的进奏官南公和张义则分别发回的。这两份有别于一般行政公文的新闻传播媒介,是由甘肃驻京官员独立撰写和抄发的,可算作是甘肃最早的古代报纸。但是,从宋代开始,历代封建政府建立中央报刊发行机构,剥夺了地方政府独立传播新闻报状的权力。甘肃的地方新闻事业也失去了进一步发展的条件。

直到光绪九年(1883年),甘肃才出现了以翻印"京报"为主要经营内容的印刷机构,即务本堂京报局。在此之后还陆续出现过翻印京报的"甘肃新报局""甘肃官报局"等印刷机构。这些机构的出现,不仅扩大了京报的传播范围,为开通甘肃风气起到了积极的作用,更重要的是为甘肃近代报刊的出现提供了必要的物质条件和可资借鉴的经验。

### (一)甘肃近代新闻事业落后的原因

鸦片战争以后,地处西北边陲的甘肃,由于交通不便等方面的原因,还没有处于帝国主义的侵扰之下,因此,甘肃社会的主要矛盾是回、汉民族同清政府之间的矛盾,而且这种矛盾表现得异常激烈。1862年马化龙以金积堡为中心,领导了长达10年之久的西北回民反清大起义,起义的烽火遍及陕、甘等四省的许多地区,甘肃是起义活动的中心。清政府为了镇压起义,一方面派出军队伺机镇压,另一方面为了保证军事指挥和后勤供应,又加强了省城兰州的戒备,并关闭城门达10年之久。直到1872年7月左宗棠率兵抵达兰州,戒严令才被取消。作为政治、经济、文化中心的兰州,在长达10年的时间里与外界完全隔绝,在这样的环境下,甘肃自然丧失了创办近代化报刊的条件。

中国近代新闻事业的出现与西方传教士进入中国有着极为密切的关系,东南沿海的绝大部分近代化报刊首先是由传教士和外国商人创办起来的。但是,地处西北的甘肃,由于交通不便,土地贫瘠,文化落后,西方传教士们起初并没有把注意力放到甘肃。直到1878年罗马教皇才派比利时籍的主教韩默理进入甘肃凉州,建立了最早的教堂和教会学校。到1900年,在甘肃的外籍教士总共只有20人。由于甘肃民众文化水平低下,这些传教士将全部精力放在了设教堂和办学校上,并没有像在东南沿海那样大规模地创办报刊。统治甘肃的以左宗棠为首的洋务派,在平息多次回、汉民众起义之后,将主要精力放在了办企业,发展教育上,并没有把创办报刊提到议事日程上来。

从19世纪90年代后期起,改良派报刊逐渐成为我国新闻事业的主流。然而,闭塞落后的甘肃没有涌现出一批立志于改良救国的有志之士,因此,在甘肃也没能像东南沿海那样涌现出大量的改良派报刊。只在戊戌政变发生的前夕,才出现了《群报辑要》这样一份改良派报刊。

《群报辑要》是甘肃创办的第一份近代化报刊,也是甘肃的第一份改良派报刊。该报创办于光绪二十四年(1898)7月下旬,到8月上旬出了第二期后,便由于戊戌变法的失败而夭折了。该报是一份大三十二开本的旬刊,每期30页左右,木活字印刷。栏目有"朝旨""奏牍""通论""时事""告白"五个部分。该报是一个以文摘为主的报刊,"本地新闻有则书,无则阙"[①],转

---

① 见《群报辑要·例言》。

载的新闻和文章主要来自北京的"邸报"《官书局汇报》,外省的《湘学报》《时务报》《知新报》《国闻报》《苏报》《申报》《万国公报》等报刊。

《群报辑要》在两期中只刊登了上谕22条,登载了光绪皇帝从4月23日至5月28日所发布的各项政令。其中涉及了学习西方人才的培养方法,命令设立京师大学堂;开设矿务学堂;改变科举取士制度;用西法操练士兵;振兴农政;鼓励全国士民著新书、制新器等许多关系到国计民生的大事。在"秦牍"一栏中刊登了湖广总督张之洞奏请试办工艺、蚕桑局,开设湖北炼铁厂的奏折;山东道杨深秀请求改变科举取士制度的奏折。"通论"一栏刊载了梁启超的《论报馆有益于国事》《变法通议序》及《江建霞学使湘学报序》等论及改良变法的重要文章。

《群报辑要》出版的时间虽短,但它却将改良变法的时代最强音传遍了陇原大地,对西北社会产生了深远的影响。同时,《群报辑要》的创办也为其他近代报刊的创办积累了经验。

甘肃近代新闻事业落后的具体原因很多,但最主要的原因,还在于封闭落后的封建经济造成了甘肃民众整体文化水平的低下和对种种信息需求的漠视。这是近代甘肃新闻事业发展严重落后的关键所在。

**(二)甘肃近代报刊的基本状况**

甘肃最主要的几份近代报刊都出现在20世纪初清政府即将灭亡的时候。1901年清政府为了缓和国内矛盾,维护其统治,颁布谕旨,实施新政。从1901年到1912年历经陕甘总督崧蕃、升允、长庚,不遗余力地推行新政。特别是升允在任职期间起用了颇有才干的彭英甲任兰州道台。彭英甲是一个受洋务运动影响较深、思想比较开明,有才干、有建树的人,他主张发展实业,开发甘肃。在他提出的开发甘肃的八条措施中就有一条是"办商报通新闻"①。这项措施的出台对甘肃近代新闻事业的发展产生了较大的推动作用。

甘肃近代化报刊最早出现于1898年,比东南沿海要晚几十年。晚清时

---

① 金其贵:《甘肃近现代史话》,甘肃人民出版社1995年版,第120页。

期甘肃近代化报刊的数量也极少,总共只有《群报辑要》、《陇右报》(1906年)、《甘肃官报》(1907年)、《甘肃教育官报》(1909年)、《劝业公报》(1911年)5份报刊。此外,甘肃留日学生还在日本东京参与创办和创办了《秦陇报》(1906年)、《关陇》(1908年)2份报刊。

甘肃近代报刊虽然数量不多,但种类较全,有政治性报刊《群报辑要》,政府机关报《陇右报》和《甘肃官报》,有文化教育类的专业性报刊《甘肃教育官报》和实业类报刊《劝业公报》以及资产阶级革命派报刊《秦陇报》《关陇》。

《群众辑要》夭折以后,甘肃新闻事业一度出现了一蹶不振的局面。1903年商约大臣吕海寰、伍廷芳奏请清政府创办《南洋官报》,发出了创办地方报纸的呼声,清政府明确批示:"南洋官报如能畅行,各省亦可逐渐推广。"①在这种形势下,以彭英甲为首的开明官员才陆续创办了《陇右报》《甘肃官报》《甘肃教育官报》《劝业公报》等以推行新政为主要宣传内容的官方报刊。

《陇右报》创刊于光绪丙午年(1906年)正月,5日刊。设有"谕旨""吏政""学务""外务""财务""商务""工政""刑政""兵政""杂录""陇事汇录""路电"等十几个栏目。除"路电"基本上是国际简讯外,其余栏目多登载有关新政的谕旨、奏章等方面的公文。这些公文大多为清政府各职能部门的奏章及各省官员向清政府提出的建议,有关甘肃的政事、新闻则极少登载。由此可知该报的采访力量之薄弱。

《甘肃官报》是甘肃近代史上出版时间最长、质量最高的近代报刊。该报创办于1907年(光绪丁未年)正月二十日,停刊于辛亥革命前夕,前后出版约4年的时间。该报是一份政治时事性报刊。共设有"谕旨""邸抄""陇政汇编""奏议辑要""直牍选记""专件""外报摘抄""新政杂志""省抄附录""广告"等十余个栏目。宣传内容中既有最高统治者的谕旨、臣僚的章奏、甘肃官员的行政命令,也有基层官员的请示报告,体现了政府官报的鲜明特征。在业务方面与《群报辑要》和《陇右报》不同的是,《甘肃官报》更加成熟,其新闻性更强,也更具地方特色。该报的新闻报道触及的方面十分广阔,既

---

① 金其贵:《甘肃近现代史话》,甘肃人民出版社1995年版,第120页。

有涉及全国的政事动态,又有涉及"交涉要案"的国际新闻,尤其注重对甘肃新闻的报道,还有介绍新思想、新技术的文章。"陇政汇编""省抄附录""外报摘抄""专件"等栏目充分体现了上述特色。

1906 年,清政府宣布"预备立宪"后,全国各地的教育官报、政法官报、实业官报大增,但是甘肃的步伐远远慢于内地省市。直到 1909 年 7 月,甘肃才出版了《甘肃教育官报》。内容不外"谕旨奏议""行政公文",能够反映甘肃情况的仅有"报告"一栏中发表的甘肃教育状况调查。该报既无自己采写的新闻,也难以见到摘自其他报刊的新闻。《劝业公报》的出版则是在 1911 年,辛亥革命后即告停刊,几乎没有在甘肃近代史上留下什么痕迹。

20 世纪初是资产阶级革命派积极创办报刊,进行反满反清的时代,但地处西北的甘肃风气未开,加之时任陕甘总督的长庚是个封建顽固派,对甘肃严加统治,因此,甘肃的新闻界就像甘肃的政局一样,呈现出一片死寂的状态。但此时留学于日本的甘肃留学生则作出了应有的贡献。1906 年,陕甘两省的留日学生在日本成立了陕甘同盟会支部,甘肃留日学生张赞元被任命为支部事务。1907 年,甘肃留日学生阎士璘、范振绪与陕西留日学生党松平在东京共同创办了《秦陇报》(该报 1908 年正月改名为《关陇》报)。他们在这个刊物上大声疾呼救国救亡,反对立宪,指斥地方政治弊病,号召人们为推翻清政府,建立民主共和国而进行斗争。这份报刊成为辛亥革命前甘肃资产阶级革命派参与的唯一一份革命派报刊。

### (三)民国初年甘肃的新闻事业

辛亥革命胜利后,封闭落后的甘肃成了封建余孽负隅顽抗的地区。从辛亥革命胜利直到 1919 年的"五四运动",甘肃的政坛基本上处于新旧政治势力的生死较量和旧的封建官僚赵惟熙、北洋军阀张广建,地方军阀陆洪涛的明争暗斗之中。各派力量为了争夺权利,除了拼命扩充军队、笼络各地军阀之外,也相继创办了自己的报刊,以图制造于已有利的舆论环境。这一时期,甘肃先后创办的报刊有:共和党甘肃支部于 1912 年 8 月创办的《兰州日报》,国民党甘肃支部于 1913 年 5 月创办的《大河日报》,倾向于资产阶级革命派的开明人士李镜清创办的《甘肃民报》,甘肃国民党人于 1916 年创办的《河声日报》，北洋军阀张广建于1919年12月创办的《边声周报》，以及政府部门和民间创办的《通俗日报》等，共计七八份报刊。出现了甘肃新闻事业史上有史以来的第一次繁荣局面。

民国初年，以《大河日报》和《兰州日报》为首的政党报刊构成了甘肃新闻事业的主流。1912年5月成立的共和党发展十分迅速，远处于西北的甘肃也于同年8月成立了共和党甘肃支部，该支部以前清顽固官僚为主。共和党甘肃支部一成立就于8月底创办了共和党甘肃支部的机关报《兰州日报》，该报是甘肃的第一份大型日报。该报每日出一大张，双面石印。整个版面分为上下两版，上为一版，下为二版；背面上为三版，下为第四版。从9月25日（第27号）起，为便于读者装订，特改为正面上为第一版，下为第三版背面上为第二版，下为第四版。该报设有"论说""中央新闻""本省新闻""各省新闻""专件""时评""公电""公牍""文丛"等栏目。《兰州日报》主张"联络新旧，改良政治"。1912年9月，早已亏空的甘肃财政发生了严重困难，甘肃都督赵惟熙的亲信、代理布政使何奏簧巧立名目，勒令各州县捐助。此时的《兰州日报》于9月17日发表了长篇论说《为国民捐事忠告甘肃同胞》，随后又连续不断以消息、广告等形式，为反动政府摇旗呐喊，起到了助纣为虐的作用。

1912年10月13日国民党甘肃支部在兰州成立，次年5月，国民党甘肃支部在兰州创办报机关报《大河日报》。该报由国民党甘肃支部部长、提督马安良任社长，郑濬为总编辑，聂守仁为主笔。《大河日报》出版期间，正是赵惟熙的亲信张炳华担任甘肃护督兼民政长的时期。为了报答赵惟熙的知遇之恩，张炳华不仅滥用权力与国民党势力进行政治斗争，而且任用私人，广收贿赂，仇视民主和正义。为此，富有正义感的国民党党员《大河日报》主笔聂守仁经常在《大河日报》上发表文章揭露和讽刺张炳华。正是由于《大河日报》敢于主持正义，便埋下了被查封的祸根。1913年11月4日，张炳华借"二次革命"失败，袁世凯下令解散国民党的机会，封闭了《大河日报》，逮捕了主笔聂守仁，通缉总编辑郑濬。一张主持正义的进步报纸就此被反动势力所扼杀。

## 二、"五四"时期和第一次国内革命战争时期的甘肃新闻事业

从1919年到1927年是甘肃新闻史上比较寂寞的一个时期。在此期间,甘肃出版发行的报刊仅有《金城周报》(1923年12月)、《民声周刊》(1926年3月)及甘肃旅京学生创办的进步刊物《新陇》。

### (一)"五四"时期的进步刊物《新陇》

封闭落后的甘肃同外界的信息沟通甚少,由巴黎和会上外交失败而引发的"五四运动"是由甘肃旅京学生首先通过书信报道给甘肃民众的。不久,兰州中等学校的爱国学生便在校内外进行讲演宣传和游行示威活动,要求北洋政府收回山东权利,废除"二十一条",拒签《巴黎和约》。但这次讲演和游行示威被皖系军阀、甘肃督军兼省长张广建镇压下去了。由于在甘肃缺乏先进分子的领导,甘肃的新文化运动很难形成规模,在"五四运动"期间,对甘肃的新文化运动和反帝反封建运动起了一定推动作用的是甘肃旅京学生创办的《新陇》杂志。

《新陇》杂志创刊于1920年5月20日,终刊于1930年9月,初为月刊,后为不定期刊。该刊最初的宣传宗旨是"输入适用之知识于本省,传播本省之状况于外界",1928年改为"宣传三民主义,革新陇上文化",随后又改为"阐扬三民主义,探讨社会科学"。实际上《新陇》自1928年以后所宣传的是冯玉祥和阎锡山的三民主义,成了军阀的喉舌。

由于《新陇》杂志是在"五四运动"的影响下创办的,因此,该杂志的首要任务就是宣传新文化,向甘肃"输入适用之知识及学理,俾陇人有所比较而采择焉"[1]。为了向省内介绍新文化,《新陇》杂志兼收并蓄地刊登了"五四"以后出现的各种思潮的代表作:刊载了陈独秀、蔡元培、胡适、蒋梦麟等人的文章;连载了杜威关于教育问题的讲演记录和译文;发表了周冕的《读罗素"思想论"的感言》;发表了《迷信与科学》《科学在中国的奋斗时期》《新式

---

[1] 发刊词,《新陇》第1卷第1期。

标点符号之用法》等。虽然这些文章中良莠并存,但它毕竟是比封建文化更先进的资本主义文化,给沉闷的甘肃思想界吹进了一丝清新的风,为甘肃开辟了一个了解中国、了解世界的窗口。

同"五四"时期的许多进步报刊一样,反对封建礼教也是《新陇》杂志宣传的一个重要内容。不同的是该杂志反对封建礼教的重要文章大都发表在1923年"高张结婚事件"期间。毕业于江苏南通师范学校,担任甘肃省立第三师范教员,兼授狄道第一女子小学图画课的教员高抱诚,因原配翟氏病故,经女校校长赵希士介绍,与该校毕业生张从贞订婚。但未及结婚,张又病故。张母坚决以次女临洮师范学生张审琴续配高抱诚为妻。高张于1923年正月正式结婚,此事引起了省立第一师范校长杨汉公和狄道视学牛应星为代表的封建卫道士和政客们的激烈反对。他们认为,师生之间是有"严格辈行"的,在"严格辈行中不应发生肉体关系",师生结婚是违背"伦理道德"和人道主义的。他们组织了一个"纲常名教团",对高抱诚大加挞伐,进行恶毒的人身攻击,一时间闹得满城风雨。对此,《新陇》指出,这些卫道士们所维护的"纲常名教"是封建残余,是吃人的"礼教"。杨汉公的举动是粗暴干涉他人婚姻自由的行为,是文明社会所不能容忍的横暴行为,号召社会对杨汉公群起而声讨之。在《新陇》为首的舆论的谴责下,杨汉公等人显得势单力薄,最后不得不偃旗息鼓,销声匿迹。由于"高张结婚事件"是五四运动后一件在甘肃有较大影响的事件,故而,《新陇》对封建礼教的鞭挞和对婚姻自由的支持在甘肃产生了重大的反响。

"五四运动"的重要内容之一,是妇女解放问题。这一问题也是《新陇》杂志着力探讨的主要问题之一。1919年5月19日,甘肃女学生邓春兰上书北京大学校长蔡元培,要求开放女禁,招收女生。6月3日和8日,北京《晨报》和上海《民国日报》分别以《邓春兰女士来书请大学解除女禁》《邓春兰女士男女同校书》为题做了报道。1920年春,蔡元培正式招收邓春兰进入北京大学学习,邓春兰成为甘肃历史上第一位女大学生,也是北大首批女学生之一。这位妇女解放的先锋不仅争取自己的解放,也关注着甘肃妇女的解放。1921年《新陇》杂志在第一卷第四期上发表了邓春兰女士的文章《妇女解放声中之阻碍及补救方法》。文章指出,妇女解放运动的阻碍主要在这样几个方面：妇女没有同男子一样接受平等教育的机会；妇女在婚姻家庭中的不自由和地位低下；妇女的生活异常艰辛。要解决这些问题，只有争取男女平等教育，改革婚姻制度，发展实业，实现女子在经济上的独立。这篇文章多方面地剖析了妇女解放运动的障碍，发表了争取男女平等、实现妇女解放的主张。因此，这篇观点新颖的文章在偏僻的甘肃产生了强烈的反响。

在第一次国内革命战争时期，反对封建军阀的压迫是许多进步报刊宣传的重要内容之一。《新陇》杂志对此也有一定程度的宣传报道。1926年北京发生"三一八惨案"后，该刊即在第55期上发表了《悼三月十八国务院门前的死者》和《三一八屠杀》两篇时评，并转载了苏联人拉狄民《对"三一八惨案"的评论》及陈翰笙的《三月十八惨案目击记》，揭露了"三一八惨案"的真相，并对"三一八惨案"的制造者进行了猛烈的抨击。《新陇》杂志曾以较大的精力揭露了军阀为害甘肃人民的罪恶措施，影响较大的报道就有两次。1922年冬，陇东镇守使张兆钾开设陇东银号，向陇东各县人民派款筹集资金，准备借此发行纸币，中饱私囊。这一丑恶勾当遭到了旅京学生的群起反对，《新陇》杂志立即刊登了这些学生的《告陇东各县人民书》，从而使反动军阀张兆钾受到沉重的打击。1926年冯玉祥的国民军在甘肃征兵，以扩充内战实力；又以播种鸦片来筹措军费。对此，《新陇》杂志又发表了《甘肃种烟以后》和《两件失望事》两篇短评，揭露了军阀扩军内战，聚宝敛财的斑斑劣迹。

《新陇》杂志虽然在北京出版，但是其编采人员全部都由甘肃旅京学生组成，并且在甘肃还设有特约记者2人。这就保证了该刊对甘肃各种事件的及时宣传报道。《新陇》杂志的发行也是以甘肃民众为主要读者对象的。该刊在兰州、平凉、西宁、凉州、宁夏、天水、陇西、狄道、肃州等地及各地的师范学校都设有代派处，从而保证了各种新知识、新思想向甘肃全省的输入。

《新陇》杂志在"五四"时期与传入甘肃的《新青年》《每周评论》《时事新报》《晨报》《新闻报》《东方杂志》《小说月报》《新教育》等刊物[1]，共同吹散了

---

[1] 丁焕章：《甘肃近现代史》，甘肃人民出版社1989年版，第244页。

封建专制主义统治甘肃的沉闷空气,给甘肃带来了新文化、新思想和民主之风。作为一个带有一定民主色彩的进步报刊,出版发行达 10 年之久,也在一定程度上填补了"五四"时期甘肃进步报刊的空白。

### (二)国共合作时期的甘肃新闻事业

1925 年 10 月,中共北方区委通过国民党北京执行部,派宣侠父、钱靖泉、邱纪民、贾宗周等人随刘郁芬率领的国民军进入甘肃,从事统一战线和政治宣传工作,揭开了甘肃国共合作的新局面。1925 年 12 月,宣侠父、钱靖泉与甘肃最早的共产党员张一悟取得联系,建立中共甘肃特别支部从而使共产党在甘肃的活动成了有组织的活动。

中共甘肃特别支部成立后,及时帮助国民党发展党务,组建省、市、县各级党部;坚持了统一战线的正确方针,同国民党右派的分裂活动进行了坚决的斗争;培养了各类干部,并且组织社团和群众团体开展各种革命活动。在此基础上,共产党人先后帮助国民党创办了一些报刊,自己也创办了少量报刊,这些报刊共同进行了广泛的革命宣传。1926 年 3 月,为了配合打倒军阀,铲除污吏,扶助工农和对学生进行马克思主义教育,共产党人帮助督署政治处创办了《民声》周刊。在省立一中,由市党部资助成立了醒狮周刊社,创办了《醒狮》周刊。同年 11 月,共产党员吴天长、冀明信奉国民军政治总部副主任、共产党员刘伯坚之命,以国民军名义在平凉创办了《新陇民报》,试图打破平凉风气闭塞落后的状况,提高人民群众的革命觉悟,清除反动军阀张兆钾在陇东根深蒂固的影响。到 1927 年 4 月中共甘肃特支的活动进一步加强,并组织成立了兰州青年社。兰州青年社以兰州女师为活动中心,以省立一中《民声》周刊为阵地,宣传共产主义,讲述革命道理。与此同时,又在兰州邱家庄创办了《妇女之声》旬刊,宣传妇女解放的新思想。

在共产党帮助下,国民军创办的报刊以及学生报刊,在第一次国内革命战争的后期,对宣传革命发展形势,宣传孙中山的三大政策、新三民主义以及马克思主义,鼓舞广大军民的革命热情,指导群众运动,推动各项工作的开展,配合以共产党员为代表的国民党左派同国民党右派的斗争等方面,都发挥了极为有力的作用。但是,1927 年 6 月,国民联军和武汉北伐军会师中原以后,冯玉祥与汪精卫集团和蒋介石分别召开了郑州会议和徐州会议,达成了反苏、反共、反对工农的反革命协议,背叛了孙中山。从此,冯玉祥迅速右转,在甘肃成立了"清党委员会"。在共产党帮助下创办的报刊,也同国共合作的大好局面一样,因反革命政变而遭到了厄运。10月19日,刘郁芬以省立一中《民声》周刊宣传共产主义为由,下令停刊,并严令惩办编辑人员。第一次国内革命战争时期创办的进步报刊,在国民党背叛革命的情况下丧失殆尽。

## 三、十年内战时期的甘肃新闻事业

1926年6月到10月,与蒋介石合流的冯玉祥完成了对甘肃党、政、军中共产党员的"清除"工作。以刘郁芬为代表的国民联军开始实施其对甘肃的黑暗统治。在实行"清党"、反共,重建国民党省党部,强化政权组织,扩充军事实力,建立基层反动统治的同时,又创办了《甘肃日报》《甘肃民国日报》等重要报刊,加强对新闻舆论的控制。"四一二"反革命政变后,甘肃共产党的活动被迫转入地下,此后,武装暴动和建立农村革命根据地成了共产党人的主要任务。经过几年的努力,终于在1934年春天,共产党人创建了陕甘边区根据地,并建立了苏维埃政权。在建立革命政权的同时,也开始着手创建西北地区人民政权下的新闻事业。

在第二次国内革命战争时期,甘肃的新闻事业大致由三部分组成:一是国民党的新闻事业,它包括国民党甘肃省政府的《甘肃日报》(1927年10月创刊),国民军驻甘肃总司令部的《国民日报》(1927年10月创刊),国民党甘肃省政府的机关报《西北日报》(1933年7月18日创刊),国民党甘肃省党部机关报《甘肃民国日报》(1928年5月9日创刊)。此外还有1937年在兰州设立的国民党中央通讯社兰州分社,省党委宣传部曾三省创办的新陇通讯社,新一军政训处俞墉等创办的边声通讯社,以及由王维墉创办,接受官方津贴的民间通讯社和刘直哉1937年创办,接受政府津贴的西北通讯社。这一部分新闻事业是国民党的党、政、军系统在第二次国内革命战争时期创办的新闻事业。第二部分是私营新闻事业,只有张慎微于1934年创办的《中心报》(三日刊),以及三陇通讯社、航电通讯社。第三部分则是中国共产党的新闻事业。

## (一)国民党新闻事业的建立

国民军联蒋、反共的同时开始创建自己的新闻事业。1927年10月,刘郁芬创办了省政府机关报《甘肃日报》和国民军驻甘肃总司令部机关报《国民日报》,开始了对甘肃新闻舆论的控制。为了配合"清党"、反共,国民党甘肃省党部于1928年创办了油印刊物《党务简报》,从事反共宣传。到1928年10月在国民党甘肃省党部指导委员会常务委员兼宣传部长曾三省的提议下,又创办了国民党甘肃省党部的机关报《甘肃民国日报》。

《甘肃民国日报》自1928年10月创办一直出版到1949年8月才停刊,一共出版了21年,是解放前甘肃出版时间最长的报纸。曾三省在创办该报时提出的创刊宗旨是:配合国民党甘肃省党部指导委员会的工作,宣传"清党"、反共和三民主义。但是,该报又是由兼任国民军第二集团军第七方面军政治处处长骆力学和曾三省共同负责筹办的,骆力学从国民军方面争取到了经费,因此,该报创刊之初,在宣传内容上出现了矛盾现象。骆力学强调要拥护冯(玉祥)总司令,凡国民军要人的讲演稿,以及国民军"剿赤"(即镇压共产党)、"剿匪"(即镇压鲁大昌、黄得贵等反冯地方武装)的消息,都要占据头条位置。但曾三省认为该报既然是党报,就应该宣传三民主义,在清党的基础上,消除"联俄、联共、扶助农工"三大政策在国民党党员中的影响,强调拥护蒋介石的言论应占主要位置。由于双方势均力敌,因而在报纸的宣传内容上就出现了相互矛盾的现象。从1928年底到1929年8月,《甘肃民国日报》上国民党中央与国民军的矛盾表现得尤为突出。1928年底,国民党甘肃省第二届执行委员会成立,苏振甲当选为报社社长。由于苏振甲在政治上倾向于国民党中央,因此,为了争取青年和群众,报上除了替蒋、冯吹捧和刊登反共、反苏言论之外,对国民军的丑行也时有揭露,这就导致骆力学的仇恨。1929年8月,《甘肃民国日报》刊登了苏振甲在廖仲恺逝世纪念会上的讲话。骆力学以该文有共产党嫌疑为由,在国民党执行委员会紧急会议上作出了将苏开除党籍、逮捕"讯办"的决议,苏振甲连夜逃出兰州。

此后一直到1930年国民军在中原大战中失败,该报的宣传都是以拥冯反蒋为基本内容。在此期间,每天都以巨大篇幅登载拥护扩大会议的言论和汪精卫、冯玉祥、阎锡山等人的反蒋演说及有关消息。可以说《甘肃民国日报》从创刊到1930年6月国民军东撤,几乎一直是以冯玉祥为首的国民军的喉舌。虽然这一时期内报上不乏反蒋言论,但它仅仅表现了国民党中央同地方军阀之间的矛盾,并不能说明该报在政治上存在着进步倾向。

《甘肃民国日报》自1931年复刊到1936年"西安事变"发生,在五六年间,人事变更频繁,宣传内容多变,在一定程度上反映了国民党中央同地方军阀之间的矛盾和甘肃地方党政要员与外来势力之间的矛盾。1931年8月25日,雷中田发动军事政变,拘留了省政府主席马鸿宾。雷中田利用马文车一手操纵的《甘肃民国日报》,一方面积极揭露马鸿宾"庇匪殃民,招收土匪,把持财政,扰乱金融"等罪行;另一方面又对雷中田、马文车极力进行吹捧。10月蛰居四川的直系军阀吴佩孚为了利用甘肃的混乱局面,拉拢各方势力,东山再起,由川入甘,调解雷马事变。受到蒋介石压制的雷中田、马文车对吴佩孚表示热烈欢迎,一时间《甘肃民国日报》便连篇累牍地登载吴佩孚的谈话、讲演和各方面的拥吴函电,还另辟专栏,登载吴所著的《大丈夫论》《国民务本息争歌》,几乎成了吴佩孚在西北的喉舌。吴佩孚的入甘活动引起了蒋介石的极大震惊,即令陕西督军杨虎城派陕军入甘,接收甘肃省政权,驱逐吴佩孚。早已觊觎甘肃的陕军急忙调兵遣将,进军甘肃。终于在1931年12月1日,陕军进入兰州。1932年1月,南京政府任命陕军入甘首领孙蔚如为甘肃宣慰使。孙蔚如成立了甘肃临时维持会,自任委员长,在宣告省政府成立之前代行省政府职权。陕军入甘后引起了甘肃地方实力派的极大恐慌,于是《甘肃民国日报》便采用加强报道的方法,罗列有关电文、谈话及其他材料,连篇累牍地大肆呼吁陕军回陕,以减轻甘肃人民的负担。陕军入甘之后通过各种方式来扩大自己在甘肃的势力,这就使得蒋介石深感不安,于是从党政两个方面加强了对甘肃的统治,以限制陕军在甘肃的发展。在这种背景下,1932年4月,曾留学美国的赵宗晋以新任党务整理委员会委员的资格兼任《甘肃民国日报》社长,控制了该报。经过整顿后,该报恢复了国民党党报的面目。于是,拥护国民党中央,反对共产党,反对蒋介石非嫡系部队的种种言论成了该报的宣传主调。由此开始,直到 1936 年西安事变后该报被东北军勒令停刊,都一直为国民党中央所控制。在此期间,该报将主要力量集中在新闻报道方面,报道的中心内容是江西和陇东的"剿匪新闻"。

《甘肃民国日报》的第二次停刊与西安事变有着非常直接的关系。西安事变的当晚,《甘肃民国日报》总编辑杨力雄(代社长)接到驻甘五十一军军部的通知,要求审查报纸大样,同时将张、杨提出的"八项主张"以头条新闻刊出。这样,《甘肃民国日报》便成了全国最早刊出张、杨"八项主张"的为数不多的大报之一。西安事变结束后,蒋介石发表了《对张、杨的训词》,杨力雄在甘肃省党部委员凌子惟的指使下,欺骗东北军,在《甘肃民国日报》上强行发表了蒋介石的《对张、杨的训词》。为此,东北军勒令《甘肃国民日报》于次日停刊。

尽管《甘肃民国日报》创刊初期日发行总数不过 600 份左右,"所有资料系取东南各大报端,消息迟缓,不免有昨日黄花之感",但它毕竟是甘肃最大的一份报纸。因此,便成了各种政治势力争夺的对象和用来攻击对方的主要舆论工具。这是十年内战时期,甘肃政局在新闻事业上的反映,也可以视为这一时期甘肃新闻事业的主要特征之一。

第二次国内革命战争时期,国民党甘肃省政府机关报始创于"四一二"政变之后。由于政局变动,几经周折才创办了大型的机关报《西北日报》。1927 年 6 月 25 日,实施"清党"、反共的冯玉祥,决定成立甘肃省政府。为了进行反共宣传,甘肃省政府宣传处于 1927 年 10 月创办了《甘肃日报》,由该处宣传股主任张大鸿编辑,由处长吴考之任社长。用对开连史纸单面印刷,内容十分简单。与此同时,国民军驻甘总司令部也于 1927 年 10 月在兰州创办了机关报《国民日报》,成为国民军在西北的一个重要喉舌。1928 年 6 月甘肃省政府民众联合处,为了同国民党省党部的《甘肃民国日报》竞争,将《甘肃日报》和《国民日报》合并,创办了规模较大的《新陇日报》。该报两面印刷,共分四版,每日发行 400 余份。1931 年 8 月,"雷马事变"后的临时省政府代理主席马文车将《新陇日报》改名为《西北新闻日报》,以便进一步控制这一舆论工具。后来由于"雷马事变"在陕军的镇压下失败,马文车逃往天津,《西北新闻日报》勉强维持到 1932 年冬停刊。

为了加强对甘肃的统治,1933 年 7 月,国民党中央派朱绍良来甘主政。朱绍良指派视察员张文郁在原《西北新闻日报》的基础上筹办《西北日报》。该报于 1933 年 9 月 1 日试版,同月 10 日正式发刊。这是解放前甘肃省出版历史最长、规模最大的政府机关报。该报一直出版到 1949 年兰州解放前夕才停刊。

与《甘肃民国日报》不同的是,该报从 1933 年到 1934 年间曾聚集了一批共产党员和进步记者,在一定程度上反映了一些民众所关注的社会问题。1933 年秋天,共产党员江致远来到甘肃,利用与省政府主席朱绍良福建同乡的关系,担任了西北日报社社长。江致远又召集了远在山东的共产党员刘贯一、彭桂林以及共产党员林远村到报社担任编辑和记者,并于 1934 年夏天,在报社建立了党的特别小组。此外还有大革命时期加入共产党,后在革命低潮时脱党的潘若清以及进步记者赵亚夫等。这些人构成了江致远时期《西北日报》的主要骨干力量。正因为如此,该报在这一时期成为一份基本倾向较为进步的报纸。尤其是在 1934 年甘肃省行政会议以前,该报曾提出了废除苛捐杂税,整顿田赋陋规的建议。生动报道了兰州一个女学生被人诱骗失身卖淫的悲惨遭遇,发出了肃清兰州暗娼、改良社会风气的呼吁,在社会上产生了一定影响。江致远之后的《西北日报》同《甘肃民国日报》一样,成为一张以拥蒋反共为基本格调的国民党政府机关报了。

第二次国内革命战争时期,甘肃的国民党政府和各地军阀为了巩固自身统治地位的需要,开始在地县一级创办规模大小不一的报纸,这些报纸大部分分布于陇东、陇南、武威三个地区。

其中陇东是创办报刊较早的一个地区。1926 年冬,国民联军"五原誓师"后途经平凉,在平凉创办了《新陇民报》。该报为石印小报。报纸以宣传反帝爱国运动和反对军阀以及宣传孙中山的三民主义为主要内容,但到年底由于国共第一次合作破裂,该报被封。

平凉的军阀报刊始创于 1931 年。1931 年陇东镇守使陈珪璋创办了《陇东日报》,1932 年,杨子恒任陇东绥靖司令后,将该报改名为《新陇日报》。1936 年 12 月,西安事变后,红军三十二军驻平凉,派共产党员王岐三接办《新陇日报》,改名为《人民日报》。该报报道了西安事变及平凉各界庆祝大会等消息,以及工人救国会、学生救国会等组织的活动情况。1937年3月东北军被迫撤出潼关,《人民日报》停办。陇东的县级报纸创办于1936年,是年春天,为了配合对陕甘边区根据地的"围剿",国民党正宁县政府在山河城创办了机关报《正宁周刊》。

国民党在甘肃陇南创办报刊是从国民党"围剿"红军开始的。1933年春胡宗南率国民党第一师进驻天水后创办了《陇南民声报》。该报为八开四版的周二小报,所刊登的主要内容是蒋介石的反共言论和反映国民党军队生活的报道,因此,该报一直是胡宗南军队的政治教材。1935年,胡宗南调防西安后,该报即自行停刊。

《陇南日报》是陇南行署的机关报,也是解放前天水最大的一份报纸。该报创刊于30年代,到1949年6月天水解放停刊。该报发行陇南10余县,每期发行500余份。该报的新闻稿件主要来自国民党中央通讯社。

武威是地方军阀马步青的根据地,也是河西国民党新闻事业最集中的一个地区。1932年国民党武威县党部创办了《五凉之声》石印周报,该报除刊登一些吹捧马步青的文章之外,还刊登一些兰州和本地的消息。除该报之外,还有国民党暂编骑二师政训处创办的《河西周报》。该报是马步青的喉舌,整个报纸所刊登的都是为马步青歌功颂德的文章,所以总销数只能维持在200多份。这样的小报无法满足马步青自吹自擂的欲望,因此,1936年8月,马步青添置设备,将该报扩大,开始出版《河西日报》。《河西日报》主要刊登马步青个人和骑五师的消息;此外还发表抄自国民党中央广播电台的新闻,转载《甘肃民国日报》《西北日报》的要闻,以及国民党骑五师师部参谋处交发的消息和社长亲自采访的地方新闻。由于该报创刊初期增加了新闻内容,因此销量一度达到1000份左右。该报于1936年12月13日因迫于形势,发表了张学良、杨虎城的抗日救国"八项主张"。

### (二)革命新闻事业的创办和新闻工作者的斗争

1927年大革命失败后,甘肃的共产党人被迫转入地下。此时的共产党人将斗争的主要目标转移到了建立自己的武装和创建革命根据地上来。终于在1934年10月7日在荔园堡建立了陕甘边区苏维埃政府,创建了中国共产党的西北根据地。为了加强陕甘边区根据地党的建设,加强对党员进行马列主义教育和向边区群众宣传党的方针政策,反映边区各方面的建设情况,陕甘边区特委于1935年1月20日创办了自己的机关刊物《布尔什维克的生活》。边区苏维埃政府于1934年11月创办了机关报《红色西北》。这两份报刊的创办不仅在当时起到了教育党员和群众,鼓舞群众革命斗志的作用,而且这两份报刊也成为陕甘宁边区革命根据地最早的两份报刊。

在国民党政权统治下的兰州,以共产党员为首的进步新闻工作者也通过各种方式进行革命宣传。1934夏,共产党员江致远、刘贯一等人利用关系,先后到《西北日报》社任社长和编辑,尽最大的努力减少该报辱骂、敌视共产党和红军的新闻、文章,以比较隐晦的方式宣传共产党的主张。他们还在报社建立了党的特别小组,积极从事地下工作,从而使《西北日报》在1934年夏到1935年秋的一年多时间里发挥了一定的进步作用。

第二次国内革命战争时期的进步新闻事业尽管在甘肃产生了一定的影响,但是要长期存在和发展仍然十分困难。甘肃国民党当局在建立自己的新闻事业的同时,加强了对进步新闻事业和进步书刊的控制。从1932年到1935年,国民党当局就曾多次查禁进步书刊。如1932年5月25日,国民党甘肃省党务整理委员会函请甘肃省政府查禁《新国民》等进步刊物。同年9月,国民党政府内务部及甘肃省学务整理委员会先后查禁《心声》《两个策略》《锻炼》《红旗报》《机关会刊》《铁流》《新创造》《中日评论》《怎样干》等多种书刊。1933年3月,国民党甘肃省党务整理委员会又查禁了《前路》《真报》《青年书信》《红旗》《新中国》等刊物。1935年秋,《西北日报》中的共产党特别小组遭到破坏,抓捕了共产党员刘贯一。这样,国民党甘肃当局便完全掌握了全省中心城市的新闻宣传工具,完成了对新闻事业的全面控制。

## 四、抗日战争时期的甘肃新闻事业

1937年,抗日战争的全面爆发和抗日民族统一战线的形成为甘肃新闻事业的发展创造了新的契机。尽管在抗日战争时期甘肃国民党政府不断制造事端,阻碍以共产党的新闻事业为核心的进步新闻事业的发展,但是,抗战是民心所向,因此,甘肃的新闻事业在数量上仍然得到了较快的发展。据不完全统计,从1937年抗日战争爆发到1945年抗日战争取得最后胜利的8年中,甘肃先后出版的报刊有61种之多。其中,以共产党报刊为核心的进步报刊达44种,国民党新闻系统的报刊有17种,在数量上达到了甘肃新闻事业有史以来的最高峰。

抗战时期甘肃的新闻事业从总体上可以划分为三个部分。一部分是以《妇女旬刊》为代表的群众团体创办的新闻事业,1938年秋天以后,这部分新闻事业相继被国民党当局查禁。第二部分是以庆阳为中心,在人民政权下出版的抗日报刊。第三部分是以《西北日报》《甘肃民国日报》为代表的国民党系统党、政机关报。

### (一)中国共产党领导下的抗日团体报刊

甘肃的抗日团体及其创办的报刊是中国共产党抗日民族统一战线政策的结晶。1937年5月,中共中央就在兰州设立了办事机构。"七七事变"爆发后的第十天,中共中央又派出与国民党甘肃省政府主席贺耀祖有同乡、朋友之谊的谢觉哉前往兰州,以加强对甘肃各界的统战工作,作为"第十八集团军驻甘办事处"的负责人。中共中央的代表谢觉哉,一到兰州就抓紧了对贺耀祖的争取工作。一方面,谢觉哉利用与贺耀祖接触的机会,对其害怕群众运动,轻视民众的观点进行批评帮助;另一方面,又通过书信和在报刊上发表文章的方式向国民党当局提出建议:保障人民抗日的议论、出版、集会、结社自由,废除苛捐杂税,惩治贪污,训练民运工作的人才,改组政府,改革新闻界的工作方法,多做实事,少说空话等。在谢觉哉等同志的共同努力下,贺耀祖及省政府秘书长丁宜中等国民党上层人物,终于在一定程度上接受了中国共产党提出的意见和建议,公开号召大家一致对外,并修改了一些不合时宜的政策,制定了一些有关促进全民抗战的措施。同年10月25日,中共兰州工委成立,并与"八办"共同领导了甘肃的群众救亡运动。甘肃省沉寂的抗日救亡局面终于被打破了。群众抗日团体的出现为抗战时期甘肃进步抗日报刊的创办奠定了基础。

为了发动群众,宣传抗战,八路军办事处把"创办刊物,改造舆论"列为自己的工作方针。在八路军办事处和兰州工委的领导下,各群众抗日团体先后创办了以下报刊:《妇女旬刊》,甘肃工委的《西北青年》,国民教育促进会的《回声》,省赴外留学生抗战团的《热血》,甘肃抗敌后援会的《抗敌》,河西青年抗战团的《抗敌周刊》,兰州市工业合作社的《工合社友》,以及以个人名义创办的《号角》《老百姓》《甘院学生》《现代评论》《苦干》《战号》等十几种报刊。这些群众报刊大多创办于 1937 年下半年,1938 年 9 月以后相继被国民党当局查封。这些报刊具有如下特点:一是大部分报刊都有共产党人参与编辑出版。《西北青年》的主编刘日修(刘南生),发行人樊大畏,《回声》的编辑杨静仁、解雅俊等人都是共产党员,这些人都对报刊的编辑方针、宣传内容作出了重要影响。二是即使没有共产党员参与编辑出版的报刊,也常常大量刊登谢觉哉、罗云鹏、罗扬实等共产党人的文章,积极宣传抗日救国。三是强有力地宣传了共产党的抗日救亡主张,鼓励各阶层群众为抗日救亡贡献力量。仅谢觉哉在兰州的一年多时间里他就在这些报刊上发表了 350 多篇文章。其中重要的文章有:《民众运动与汉奸活动》《苟安即自杀》《征兵与造匪》《抗战的光荣》《怎样才能产生贤明政府》等。这些文章猛烈地抨击了国民党的腐败政治,对各种不利于团结抗日的因素进行了深刻的剖析,同时,在文中也常常把共产党对时局的看法以及党的方针政策明确地向群众阐述,从而促使更多的人加入到抗日队伍中来。

甘肃省在抗日救亡中所兴起的轰轰烈烈的运动使南京国民党政府极为恐慌。1937 年 12 月 10 日,南京国民党中央调贺耀祖到南京,由国民党第八战区司令长官朱绍良接任国民党甘肃省政府主席职务。在朱绍良接任后的三四个月里,兰州的抗战形势急剧恶化,他公开压制群众抗日救亡运动,破坏国共合作,并于 1938 年 4 月成立了甘肃省新闻刊物审查委员会,开始实施原稿审查制度。到同年秋,即以各种名义解散了大部分群众抗日团体,并查禁了这些团体创办的报刊 12 种。轰轰烈烈的甘肃群众抗日救亡运动在朱绍良压制下陷入了低潮时期,群众抗日报刊也几乎被扼杀殆尽。

在群众团体创办的为数众多的通讯社中,民众通讯社是坚持时间最长,在抗日救亡宣传中影响最大的一个。该通讯社创办于 1938 年 2 月 27 日,

1940年夏,在国民党第一次反共高潮中被"注销登记",停止发稿。该社主编丛德滋和记者于千都是中共党员。民众通讯社是在谢觉哉同志的积极支持下创办起来的,谢觉哉和伍修权同志常常以送稿为名到通讯社了解情况和指导工作。民众通讯社的办社宗旨是:坚持团结抗战,反对分裂投降,为推动救亡运动,提倡民权,改善民生而斗争。

在两年多的宣传报道中,民众通讯社以合法身份,热情宣传了中国共产党的抗日救国十大纲领,宣传了孙中山先生制定的联俄、联共、扶助农工的三大政策,及时报道甘肃的抗日救亡活动,揭露国民党的黑暗统治,反映广大群众的苦难生活。民众通讯社曾突出地介绍了八路军平型关大捷的消息,以鼓舞甘肃民众的抗日士气。记者于千在新闻报道和评论中巧妙地将《抗日救国十大纲领》的宣传内容报道出来。《马军长昨日对记者畅谈东行感想》《关于"凤凰城"》等文章,都充分体现了只有各党各派坚持团结才能取得抗战最终胜利的观点。

民众通讯社在丛德滋、于千的努力下,编发了大量的甘肃群众抗日救亡消息,反映了下层民众的悲惨处境,要求改善民众生活,动员全体民众共同奋斗,以取得抗战胜利。同时对达官显贵在国家、民族处于危机之时的醉生梦死腐朽生活,给予猛烈抨击。

### (二)生机勃勃的陇东新闻事业

与国民党统治下的甘肃省其他地区不同,由于中国共产党在陇东建立了抗日民主政权,因此,陇东群众享有充分的出版、结社等方面的自由,所以新闻事业得到了长足的发展,在整个抗日战争时期,陇东抗日根据地境内共创办各类新闻报刊达31种之多,在这些报刊中有:《陇东报》《救亡报》《三边报》《新宁报》4份党报,《民众先锋》《大生产战斗快报》《部队通讯》《边防战士》《战旗》《战士导报》《冲锋报》《火焰报》8份军队报刊,《救亡导报》《陇报简讯》2份群众团体报刊,《金融贸易旬刊》《新教育》《抗大》《陇东金融通讯》4份专业性报刊,形成了门类齐全、规模较大的新闻事业。陇东地区在抗日战争时期专业采编人员虽然只有23人,但业余通讯员在"全党办报"思想的指导下,由分区发展到了区、乡及乡村小学,形成了反应灵敏的新闻通讯网络,据不完全统计,《解放日报》《边区群众报》年采用陇东分区通讯稿的数量从200篇逐年递增到400余篇。

在中国共产党领导的抗日报刊迅速增长的情况下,为了同中国共产党的新闻宣传相对抗,整个抗战时期,国民党在陇东也先后创办了6种报刊。在这些报刊中,《正宁周刊》在1939年以前曾开辟了"抗日救国"专栏,对日益高涨的抗日救亡民众运动及募捐、支前等活动给予了积极报道。以《新陇日报》为首的其他报刊则以反共宣传为主。但总体说来,在陇东,中国共产党领导下的人民新闻事业始终占据着主导地位,抗日救国,建立稳固的抗日民主政权,始终是陇东新闻事业宣传报道的中心。

### (三)甘肃两大报——《甘肃民国日报》和《西北日报》

抗日战争时期在甘肃出版的61种报刊中,无论从创办的历史、设备、经济实力,还是从人力诸方面来看,雄踞群报之首的当推《甘肃民国日报》和《西北日报》。在整个抗日战争时期,强烈的爱国心驱使广大读者不仅要求了解本地信息、国内信息,也需要了解国际信息;大批来自东南沿海及沦陷区的知识分子和一般流亡者,既要了解家乡的信息,也要求了解全国各地的政治、经济及其他方面的信息。因此这种特殊的条件为甘肃省国民党党政喉舌的《甘肃民国日报》和《西北日报》提供了迅速发展的机会。《甘肃民国日报》这一时期在言论、新闻报道、国际述评及新闻队伍等方面都得到了长足的发展。《西北日报》在这一时期则改善了印刷条件,更新了设备,并发行了临洮版、洮岷版、平凉版等地方版,发行量达到2 000余份。

与《西北日报》相比,《甘肃民国日报》对抗日战争的宣传显得更加积极活跃,有一定的深度。"七七事变"爆发的第三天,《甘肃民国日报》就对此事进行了全面报道。其标题是:"中日调整邦交声中(引题),卢沟桥日军异动(主题),宋哲元电庐山报告,外交部提出口头抗议,王外长定今飞京(副题)",并配有插题:"日军异动平津安谧"、"事件之原因及经过"、"日方所传本案情报"、"进行交涉日无诚意"、"外部向日使馆抗议"。在同版上该报还配发了《日决定加紧进行华北经济侵略》的文章。可以说,该报对卢沟桥事变的报道及时而详细,给予了足够的重视。到7月底,该报发表的有关抗战的消息和评论文章达 23 篇以上,充分反映了全国民众同仇敌忾,誓与日寇血战到底的民心和士气。

在全国民众抗日救亡形势的推动下,《甘肃民国日报》对抗战的宣传报道具有一定的深度。该报从 1938 年到 1939 年曾大量采用民众通讯社的稿件,反映了人民的生活和愿望,对兰州各行业的民众生活都有一定程度的报道,其中涉及到了人力车夫、担贩、屠宰业、筏夫、轿夫等,既反映了下层民众的苦难生活,又表达了全民抗战的愿望。该报在言论中也发表了一些鼓舞民心士气和揭露时弊的文章,如在社论《西北救亡工作的现阶段》中就强调:"弱小民族争生存的反侵略战争,没有民众的救亡工作,绝对得不到胜利,这已是铁的原则。反之,发展普遍的民众力量,使敌人到处都是荆棘,都是陷阱,一定能打败敌人的。"这种观点足以对当时的全民抗战产生积极的影响。

从一定意义上讲,抗日战争不单纯是中日之间的军事对抗,而是与整个第二次世界大战紧密联系在一起的一场反法西斯战争。反侵略战争打破了以往甘肃民众平静而艰苦的生活程序,促使读者密切注视着自己周围乃至世界各地每天发生的一切。总之,战争使人们对信息的要求急剧增加。因此,《甘肃民国日报》的报道领域较之战争以前更为广阔,更加深远了。1938 年上半年该报不仅增加了报道的数量,而且内容上也涉及到了抗战中的军事、政治、经济、社会生活等极为广阔的领域。更为可贵的是,该报发表的一些国际新闻评论具有一定的预见性。1939 年 8 月底,该报接连发表了《欧局的风云》《德苏协定与远东大局》两篇文章,指出苏德协定的暂时性和不稳定性。1941 年 6 月 22 日德国进攻苏联的事实,说明了这种预见的正确性。此外,《太平洋上的九一八》《展望一九四一年》等都预测了日美之间将要在太平洋上展开战争。

《甘肃民国日报》之所以能在一定程度上广泛而深刻地对抗战时期的各方面进行新闻报道,这是由于它有一支广泛的作者队伍,从政治背景方面看,它有谢觉哉、丛德滋、于右任、蒋经国等极有政治洞察力的作者,从专业上看,它拥有梁实秋、闻一多、郭沫若等教授和杨杰、羊枣等著名军事评论家,还有斯诺、史沫特莱等国际友人;从地域上来讲,这批达 200 多人的作者队伍又分布在沦陷区、国统区、游击区、共产党领导下的抗日根据地,触角遍及各个领域。该报还在省内建立了遍及各县的通讯网络。

抗战时期的《甘肃国民日报》同国民党的其他省级报纸一样,有关国民党军队的军事消息都来自中央通讯社。其基本的报道原则就是:胜则大事宣扬,败则隐而不报。从报纸上看到的都是处处胜利的信息,仿佛战胜日寇指日可待。久而久之,这种与事实大相径庭的新闻报道便失去了读者的信任。文告、训词连篇累牍,比比皆是,影响了读者的阅读兴趣。

抗日战争时期,在实力上与《甘肃民国日报》不相上下的《西北日报》,对抗战的宣传报道远不如前者,在业务上给人的感觉似乎是19世纪末20世纪初的报纸。

从1940年到1941年底,在两年的时间里,《西北日报》几乎都是以封建官报的姿态出现的。其具体内容如下:一是省政府官员的活动、命令、指示、措施、办法,军事要员的训话、讲话、报告、文章,连篇累牍,几乎与政府公文相同。而其他消息除了抗战战报外几乎是空白。二是阿谀奉承的陈词滥调比比皆是,不讲报格,不讲人格,如1940年11月,朱绍良辞去甘肃省主席职务时,该报就发表了社论《朱绍良先生两度主甘之伟大建树》,声称:"朱公以儒将风度,外严而内慈,先后在甘六年之久,道德文章,仁施义举,虽妇人孺子,莫不口碑载道。其律已也严,待下也宽,风行草偃,人心丕转,经时无几,民生昭苏,群情爱戴,视如父母……回忆朱公之德泽,正如婴儿失乳,不胜依恋。"文章言辞肉麻之至。三是,《西北日报》几乎等同于封建"邸报",登载了不少军政委员的私人动态。如1940年1月29日,该报就发表了《朱张结婚纪略》,报道了朱绍良长女岫兰与张家琦长男宣泽结婚的盛况。

此外,虚假的抗战军事报道也是该报存在的严重问题之一。这种只报喜不报忧的作法,不仅不能激发民众的抗日热情,反而会使读者麻木、消沉、厌恶。

《西北日报》之所以出现上述状况,其基本原因大致有以下几个方面:其一是1939年冬该报社曾遭日寇飞机两次轰炸,该报被迫迁到城外出版简报,因此大大缩小了报纸的信息容量。其二是采编力量薄弱。1941年,该报编辑部只有曹萄成、康天衢、张化民三人,没有专职记者。三是编辑人员思想观念陈旧,基本素质差。1940年正处于欧洲大陆战争初期,标志着第二次世界大战已经爆发,而该报编辑人员没有充分认识到这一点,对欧战极少反映,有时甚至没有反映。正是由于上述原因致使《西北日报》只能获取少量的信息,也只好以现成的官方文告、训词来充塞版面。

　　1942年以后,《西北日报》的状况有了改善。1941年底,该报恢复出版一大张。1942年起,编采人员逐渐增多,并在全国许多大中城市及本省各地聘请了特约记者和通讯员。从1943年到1944年,该报陆续发表了一系列通讯,如1943年11月15日起陆续发表的乔廷斌的河西通讯,1944年元月起陆续发表的苗孟华写的《北平归来》的系列报道,都曾在记者中引起了较大的反响。

　　抗日战争时期,甘肃的新闻事业出现了前所未有的繁荣局面,这种局面的出现,应当归功于全省人民及外省来兰人员,同仇敌忾,团结一致,共同反日的民族精神。可以说,没有全民抗战局面的出现,就没有抗战时期甘肃新闻事业的繁荣。同时,抗战时期甘肃新闻事业的繁荣与中国共产党的积极努力是分不开的,没有中国共产党的统一战线工作,就没有抗战初期浓厚的民主氛围和众多的群众团体报刊。

## 五、解放战争时期的甘肃新闻事业

　　早在抗日战争进入到相持阶段的时候,甘肃国民党政府就加强了对中国共产党的排挤。抗日战争胜利后,为了进一步加强对甘肃的控制,国民党当局集中力量将国民党、三青团等组织渗透到甘肃地县,从而控制了甘肃的各级政府。在巩固各级政权的基础上,从1947年开始,甘肃当局开始实施"国防与民生并重"的施政方针,集中力量加强扩军备战,从而导致了甘肃经济的崩溃,给甘肃人民带来了沉重的灾难。

　　在中国共产党领导下的陇东解放区,自1947年开始,由于国民党向陕甘宁边区发动了重点进攻,各个方面都遭到了极大的破坏。

　　在上述背景下,甘肃国民党的新闻事业走完了从扩充、反共到崩溃、灭亡的全过程,中国共产党的新闻事业开始取代国民党新闻事业的主流地位,成为甘肃地区党和人民的喉舌。

## 第三章　甘肃新闻事业发展概要

### （一）国统区的新闻事业

抗日战争结束以后,国民党当局对处于反共前沿的甘肃极为重视。在集中力量紧抓各级基层政权建设的同时,又加强对舆论工具的建设和控制。从1946年开始到1948年,国民党党、政、军创办的报刊达17种之多。其中基层政权的报刊有：肃州县参议会的机关报《肃州日报》(1946年3月),国民党庆阳县党部的机关报《庆阳周报》(1947年10月)；三青团甘肃省团部的机关报《兰州日报》(1946年2月)；国民党军队机关报《和平日报》(1946年11月)及驻武威部队创办的《武威旬刊》(1948年12月)。此外,1946年夏,胡宗南部创办的西北通讯社又在兰州设立了分社,并于同年6月创办4开小报《大陆新闻》周刊。为了加强对工人的宣传,国民党油矿特别党部还创办了《工友乐园》(1948年8月)。西北军政长官公署于1947年8月也创办了《新光》。在这一段时间内,甘肃国统区新创办的报刊还有《西北经济日报》《星期导报》《钟报》《公意》《河声报》等报刊。这些新创办的报刊,同国民党甘肃党部及政府以往创办的《甘肃民国日报》《西北日报》等报刊共同构成了国民党反共宣传的新闻事业。

抗日战争中被国民党破坏的中共甘肃地下党组织也从1945年开始恢复。为了有效地组织国统区群众反抗国民党的统治,中共兰州地下党于1948年先后在兰大附中创办了《春雷》,在兰州一中创办了《朔风》,在公路局创办了《春苗》等刊物。这些刊物对于发动群众展开反饥饿、反内战斗争发挥了积极作用。

以《甘肃民国日报》《西北日报》为代表的报刊,在解放战争即将爆发的时候成了国民党当局制造发动内战的重要舆论工具。1945年8月22日《甘肃民国日报》发表言论,诬蔑和攻击中国共产党"假抗日之名,而在沦陷区浑水摸鱼,扩充兵马,抢老百姓的枪,缴抗日军队的械,当中央军正与敌人作殊死拼斗之际,正八路军与日寇携手之时",企图煽动群众仇视共产党。《西北日报》也于9月3日发表国民党甘肃省党部委员朱绍良的反共言论,叫嚣"要铲除战后内乱","凡有危害民国或别具心肠故意制造内乱者,惟有群起铲除而决不后人"。从而在舆论上为国民党挑动内战做了必要的准备。

从 1945 年抗日战争胜利到 1949 年四年时间里,无论是省政府的《西北日报》,还是国民党省党部的《甘肃民国日报》,以及西北行辕(西北长官公署)的《和平日报》,对农民问题和农民的土地问题都发表过一些激烈的言论,这在同时期国民党的省级报刊上是一个十分特殊的现象。1945 年 9 月 23 日的《西北日报》刊登了金惠在省政府联合纪念周的讲演,认为要建设甘肃,"首先必须解放农民,使他们早日脱离地主土劣羁绊,敲破他们经济生活上的枷锁,然后意志乃得自由,真正的民意始能表现"。24 日又发表黄石华的文章《中国农民需要新政》,批评了抗战时期国民党的农民政策:"中国农民在这次民族圣战中表现出无比英勇,他们贡献出赖以生存的物资,并贡献出了他们的生命。这次抗战,农民对国家的贡献最大。可是中国农民除了负担抗战严重任务外,又深受着地主土劣的剥削和榨取。而政府数年来对土地的不当利益并没有实行制裁。这实应加以检讨的。"10 月 1 日《甘肃民国日报》也发表了萧铮的专论《是实行土地政策的时候了!》,该文认为,辛亥革命后,中华民国临时政府成立是实行"平均地权"的第一个绝好的机会。1927 年北伐完成,是第二个绝好的机会。这两次机会都被国民党丧失掉了。抗日战争的胜利是第三次绝好的机会,应及时实行"耕者有其田"。《和平日报》也在《论当前生产》的社论中发出"要增加农产,光靠改良农业技术及农贷之类的办法是不行的,必须改革土地,以实现国父平均地权"的呼声。这些言论的发表,一方面表明了甘肃国民党中的一部分开明人士已经认识到了土地政策在巩固国民党的政权中的重要性,另一方面,客观上也代表了甘肃农民的利益。但是,这些关于土地政策的言论与同时期中国共产党在解放区实施的土改有着本质的区别,极易使农民将二者混同起来,在一定程度上干扰了共产党所实施的土地改革。

1947 年 7 月 9 日,《西北日报》在社论中明确提出:甘肃的省政是,"以国防思想为中心","生产建设,为了国防,安定人民生活,加强自卫力量,也是为了国防。种种方面都向着国防的目标做去"。这种一切为了军事,一切为了内战的大政方针导致了甘肃国民党统治区经济的迅速崩溃。甘肃的经济崩溃主要表现在严重的财政危机和根本丧失了对物价的控制,进而导致甘肃全省的工农业生产破产和人民生活的极端贫困。作为甘肃省大报的

《西北日报》《甘肃民国日报》以及《和平日报》等,在一定程度上较为真实的反映了甘肃的经济状况。据1949年2月26日《西北日报》的报道,1948年2月地广人稀,经济极为落后的甘肃,流通的法币有82 300多亿元,这样的经济状况造成了甘肃物价的直线上升。1949年5月5日《和平日报》对兰州的工业现状进行了报道:"工业界危机严重,已临破产边缘。"从1948年8月3日始,《西北日报》连载的《河西十日》则给读者描绘了一幅惨绝人寰的河西农业图:武威农民胡长根在物价一天多次飞涨的情况下,买到70斤面粉,返家途中又被强盗抢去一半,悲愤之下,全家五口饮毒自尽;在张掖,一个女孩子的身价只值10斤面粉。这种对现实生活的真实报道在客观上可以促使甘肃民众加深对国民党当局的认识,有利于甘肃人民的觉醒。

## (二)陇东新闻事业的变化

陇东解放区的新闻事业在抗日战争时期得到了长足的发展。至1946年,陇东解放区的报刊已经发展到了15种。1947年春,国民党向陇东解放区大举进攻,在战争环境下,陇东解放区的报刊被迫减少到只有《陇东报》《工作参考》及从陕西关中迁到新正、新宁境内的《关中报》。到1948年,陇东解放区的报刊只有《陇东报》在坚持出版。陇东解放区的报刊在解放战争中被迫减少到了最低限度,但是,陇东的新闻工作者并没有停止工作。西北新闻社陇东支社、边区群众报陇东记者组、新华社西北总分社陇东支社和陇东报社等新闻机构的10余名专业采编人员,仍然战斗在新闻战线,为《群众日报》、新华社等单位采写了大量的新闻。

陇东解放区的新闻事业在甘肃新闻史上具有极其重要的地位。这不仅在于它在抗日战争和解放战争时期作为党的新闻事业宣传了中国共产党的各项方针政策,组织和动员了陇东人民参加革命斗争,更重要的是,陇东新闻事业为新中国成立以后的甘肃新闻事业培养了一大批新闻干部,为甘肃新闻事业的发展作出了重要贡献。其中叶滨、马谦卿、张继成、薛芝荣、宋新民等都成为解放后甘肃省委机关报《甘肃日报》的创办者。

1949年7月,中国人民解放军第一野战军在解放陕西全境后,挥师西向,直扑甘肃,气数已尽的甘肃国民党政府各部门都在准备溃逃。8月15

日,国民党甘肃省党部机关报《甘肃民国日报》和《西北经济日报》停刊。8月20日,解放军从东、南、西三面包围了兰州,21日,国民党军队机关报《和平日报》和甘肃省政府机关报《西北日报》同时停刊。这些报刊的最终停刊标志着甘肃国民党新闻事业的终结,预示着共产党领导的人民新闻事业将在甘肃大地上迅速成长。

### 六、解放后的甘肃新闻事业

#### (一)新中国成立初期甘肃的新闻事业

1949年8月26日,中国人民解放军占领兰州并成立了以张宗逊为主任的兰州军事管制委员会。该委员会进城后发布的第二号通告就明确指出:为确保人民的言论出版自由,凡属反帝反封建反官僚资本主义的民主党派、人民团体所办的报纸刊物及通讯社,经向该会登记申请后,即保护其继续出版发行工作。查封反动党派及其军政特务各系统所创办的反人民的报刊和通讯社,并接收其一切设备与资财。已出版或未出版的出版物由该会发给临时登记证,方能继续出版或创刊。11月1日,兰州市军事管制委员会主任张宗逊在全市各界代表大会上宣布,人民政府已接收了国民党政府所办的4个报社,1个新闻通讯社,1个广播电台,6个印刷厂和2个书店,并立即用以进行革命的宣传。至此,甘肃人民政府完成了对旧甘肃新闻事业的接收工作。

在对旧的新闻事业进行清理和接收的同时,新的党和人民的新闻事业也在以飞快的速度建立。创办《甘肃日报》是甘肃解放后新闻界的头等大事。早在人民解放军进军甘肃时,中共西北局在组建甘肃省委的同时就决定创办省委机关报《甘肃日报》。于是从1949年7月开始,西北局就分别从《群众日报》《陇东报》抽调了一部分编辑记者,并从西北大学、华北人民革命大学招收了部分学生组成了一个50人的办报队伍随军西进。这支队伍于8月26日进入被接管的国民党《西北日报》,27日清晨就出版了第一份《新闻简报》,发表解放军在全国各战场的胜利消息,这是甘肃在人民政权下出版的第一份报纸。在出版《新闻简报》的同时,报社的领导又有选择地从原

《西北日报》人员中录用了354人,终于在1949年9月1日正式出版了甘肃省委机关报《甘肃日报》。从此以后,甘肃新闻事业进入了一个高速发展阶段：9月7日,兰州人民广播电台开始广播,呼号为兰州人民广播电台,转播西安人民广播电台及北平新华广播电台的节目。1951年4月1日,该台正式改名为甘肃人民广播电台。1949年9月29日,成立了中华全国新闻工作者协会兰州分会筹备会。12月14日,《新经济报》创刊。1950年2月4日《新民主报》创刊。1951年3月15日《甘肃农民报》创刊。据1953年2月19日西北行政委员会新闻出版局公布的消息,1952年甘肃出版的报纸有：《甘肃日报》《甘肃农民报》《新平凉报》《夏河报》《陇东报》《武都报》《新酒泉报》《临夏团结报》《石油工人报》,以及《兰州工人报》,共10种报纸,初步建成了省地两级报刊宣传网。随后,1954年11月创办了《甘肃广播节目报》,1955年1月底创办了《甘肃青年报》,1956年5月创办了《兰州铁道报》等行业报纸和青年报纸。1956年7月1日创办的《成县报》是甘肃的第一个县级报,到1956年底,甘肃共创办各级各类新闻机构18个,出现了自抗日战争以来甘肃新闻史上的第二个办报高潮。

同全国各省市一样,解放初期的甘肃也面临着一个稳定社会秩序,恢复经济,发展生产和对各行业进行社会主义改造的问题。面对这种情况,以《甘肃日报》为核心的甘肃新闻事业对以下问题进行了重点宣传报道,即宣传党的七届二中全会的方针、政策,以回击反动派的造谣诬蔑,安定社会秩序,宣传劳资团结、减租减息、剿匪反霸。对镇压反革命运动、抗美援朝运动、土地改革运动、"三反"、"五反"运动也都进行了大量的宣传报道。此后对国民经济的恢复,过渡时期的总路线和社会主义工业化、农业的社会主义改造、手工业和工商业的社会主义改造都进行了全面的宣传报道。

甘肃的新闻事业在新中国成立初期,配合党的中心工作,进行了全面宣传,促进了国民经济的恢复和发展,稳定了社会秩序。这些成绩是在不断的艰难探索中取得的。在取得了一定成绩的基础上,也发现了一些问题,1951年4月18日,中共甘肃省委作出了关于改进《甘肃日报》工作的决定：1)增加地方新闻;2)再办一个大众化的《甘肃农民》周报;3)加强报纸的言论,努力提高言论质量;4)加强民族团结的报道;5)加强时事宣传教育。1952年5

月,甘肃省人民政府又对新中国成立以来各机关出版的 18 种刊物(包括内部刊物)进行了清理。1957 年 4 月至 11 月,又对平凉、武都、临夏、固原、吴忠、甘南等专区所属地、县报刊进行了整顿,并根据各地、县办报条件以及已办报刊优劣等情况,分别作了处理。到 20 世纪 50 年代末,在甘肃形成了一个以《甘肃日报》为龙头,以党报为中心,专业报刊为补充的,强而有力的三级报刊宣传网络,形成了甘肃报刊的基本格局。

甘肃的广播事业起始于 1941 年。1941 年 11 月,甘肃国民党政府在兰州中山林创建了甘肃广播电台筹备处,安装了 3 部 100 千瓦中波发射机,并开始试播,每天播音 5 小时。1945 年 7 月 9 日,该台正式成立,同时增加 10 千瓦中波发射机 1 部,1 000 千瓦短波发射机 1 部,每天播音 7 小时。1947 年 8 月,甘肃广播电台改名兰州广播电台。1949 年 8 月 26 日下午,兰州军事管制委员会接管了国民党兰州广播电台。随后在省新闻系统负责人阮迪民及军代表普金的领导下,开始了兰州人民广播电台的筹建工作。1949 年 9 月 7 日,兰州人民广播电台正式成立。此时的兰州人民广播电台与甘肃日报社是报台合一的新闻机构。建台初期的兰州人民广播电台,为了配合政府安定社会秩序,主要播送本市新闻及军管会重要文告,并转播西安人民广播电台及北平新华广播电台的重要新闻节目。1950 年 6 月,按照全国新闻会议精神,兰州人民广播电台进行调整,在组织、财务等方面脱离甘肃日报社,成为独立的新闻机构,并健全了内部机构。10 月甘肃省委宣传部确定,将兰州人民广播电台作为甘肃省台兼兰州市台。省台以发布新闻,传达政令为主;市台以社会教育为主,并配合安排好文艺节目。1951 年 1 月,该台接连开办了两期广播收音员训练班,并开始建立各县市收音站,为面向全省广播创造条件。同年 4 月 1 日,按照中央广播事业局规定,兰州人民广播电台改名为甘肃人民广播电台,阮迪民兼台长。从此,甘肃人民广播电台作为一个省台,走上了迅速发展的道路。甘肃人民广播电台积极配合甘肃省的各项中心工作进行了卓有成效的宣传,为安定社会秩序,恢复国民经济作出了贡献。

### (二)曲折发展的甘肃新闻事业

1957 年到 1965 年,在我国的政治、经济生活中,发生了反右斗争、"大跃进"运动,整个中国走了一段极为曲折的道路,甘肃也没能幸免。甘肃的新闻事业在这一阶段的政治斗争和经济建设过程中,也走过了一段曲折发展的道路。

1957年7月开始的反右斗争对甘肃新闻界来说,是新中国成立以后遇到的第一次大劫难。1957年5月1日,《人民日报》公开发表了中共中央《关于整风运动的指示》,并广泛开展了整风运动的宣传动员,甘肃各新闻媒体积极响应。各新闻媒体除及时刊登、转载中央和中央报刊的重要决定、政策、文章外,《甘肃日报》又从5月8日起,发表了全省开始进行分批整风的消息,并在一版头条位置刊登了本报社论《引人深思的两件事》。社论披露了省文化局局长马济川和兰州市委财贸部长田广润的打人事件,批评了党员干部中骄傲自满和严重脱离群众的官僚主义作风。于是,轰轰烈烈的整风运动在全省逐步开展起来。随后,各新闻媒体相继报道了全省各级党组织及各行业向党提出的批评建议;指出了企业领导与工人群众之间的矛盾。新闻单位的许多同志也以诚恳的态度积极参加整风运动,提出批评和建议。但是,由于全国反右斗争的严重扩大化,新闻界的一些同志也蒙受了冤屈和打击,被错定为"右派分子"。1958年冬至1959年初,在甘肃日报社内部又进行了一场"红专辩论",就吴月同志的杂文《面子问题》及孙淑文的通讯《咆哮的山谷》两篇文章,开展辩论。这场辩论一开始就发生了"左"的错误,把问题上升到了"道路斗争"上来。把一些钻研业务的新闻工作者和党员说成是"白萝卜",又把于维民、贾明玉、李怀仁、王明庸等人打成了"反党小集团"。反右斗争和"红专辩论"的结果是错误地将11位同志划为"右派",使这些人在政治、精神上受到严重打击,致使1人自杀,2人在劳动改造中不幸死亡。1958年5月,甘肃人民广播电台贯彻省三届二次党代会精神,连续召开电台台委扩大会议,开展整风运动。此次整风致使近1/3的领导骨干受到错误批判和党纪处分。在整党团中又有一批党团员受到错误批判和处理。发生在甘肃新闻界的这几次事件不仅造成了个别新闻工作者的死亡,而且对一批为人正直、工作能力强、积极肯干的同志做了错误的处理。这种极左作法严重地挫伤了广大新闻工作者的积极性,使甘肃新闻事业遭到了一次沉重的打击,人才受到了一次严重的摧残。

1958年的"大跃进"运动不仅对工农业生产造成了严重的破坏,而且也给新闻事业的发展造成了一定的损失。在人民公社化的浪潮中,甘肃省委指示,要省级各新闻单位于1958年9月25日成立"新闻公社"。10月23日,省广播局与省电台由东岗西路迁到民主西路甘肃日报院内办公。台内除保留总编室外,其他部门与甘肃报社、新华分社、人民日报记者站、甘肃人民出版社等合并,成立了新闻公社,并取名为"真理公社"。这种违背科学规律,单凭主观意志办事的作法,严重干扰了甘肃新闻事业的发展。"真理公社"直到1961年11月才宣布解散,各新闻机构才得以不受干扰地进入正常发展状态中。

1961年2月党的八届九中全会通过的"调整、巩固、充实、提高"的八字方针,纠正了"左"的错误,使全国的各项工作基本走上了正常发展的道路。在这一方针的指导下,甘肃省的新闻事业也对以往的错误进行了较为全面的纠正。1962年春,各新闻单位经过甄别工作,对1957年以来在各次运动中受到批判打击的同志的错案,作了改正或部分改正,同时对1958年以后参加工作的人员进行了精简。经过这次整顿,在一定程度上纠正了甘肃新闻事业发展中的"左"的倾向,使甘肃的新闻事业基本走上了健康发展的道路。

尽管1957年到1966年,甘肃的新闻事业由于受"左"的思想的影响,走过了一段曲折发展的道路,但是,甘肃省的新闻事业规模仍然在一定程度上获得了发展。这一时期报业发展的基本特征是,比较成功地创办了一些企业报刊,失败之处在于不尊重科学规律,在条件不成熟的情况下创办基层报刊、电台,结果造成了财力、物力的巨大浪费。

"文化大革命"时期,甘肃同全国其他省市一样,遭到了一场浩劫,各行各业都遭到了严重的破坏。甘肃的新闻事业也同其他行业一样遭到了严重的破坏。

1966年5月"文化大革命"开始,甘肃的新闻事业,一方面刊播中央各新闻媒介关于发动"文化大革命"的重要文章,另一方面开始了各单位内部的政治斗争,一批业务较好的新闻工作者遭到了揪斗,从而揭开了甘肃新闻界"文化大革命"的序幕。

1967年元月开始,甘肃新闻界出现了规模空前的夺权运动。1月6日《甘肃日报》《甘肃农民报》被迫停刊,从1月7日起改出《红色电讯》,直至1月17日,《甘肃日报》才重新出刊,但报社正常的工作已被打乱。1月18日军管小组进驻甘肃人民广播电台,同时,按中央规定,自18起,停止播出甘肃台的一切自办节目,一律转播中央人民广播电台的节目。22日,一些群众组织夺取了甘肃人民广播电台的领导权,并播出了夺权声明。从此,甘肃新闻事业的秩序被完全打乱。在"文革"期间,本来就为数不多的报刊,有相当一部分被迫停刊,尤其是企业报,几乎全部停刊,整个甘肃新闻事业遭到了严重破坏。

1968年,甘肃新闻界开始了一场"清理阶级队伍"的斗争。在这场斗争中甘肃人民广播电台的三个副台长、雪凡、王作易、陆寰安被批斗后关进"牛棚",随后又有14人被关进"牛棚"。甘肃日报社则有48人被作为阶级敌人而遭到揪斗并被立案审查,被迫害的人数占到该报社职工总人数的17%。在这次人为制造的冤假错案中,大批新闻工作者在政治上、精神上、肉体上受到了迫害和摧残,有的被关进了监狱,有的含冤死去。这次斗争使得甘肃省新中国成立以来经过多年辛勤培育的新闻队伍遭到了严重的破坏。

"文化大革命"不仅破坏了甘肃的新闻机构,摧残了新闻人才,而且全盘否定了新中国成立以来甘肃新闻事业17年的建设成就和工作成就。"四人帮"的代表认为17年的甘肃新闻事业,尤其是《甘肃日报》,是"站在地主阶级、资产阶级立场上,贯彻了一条反革命修正主义办报路线,为党内一小撮走资本主义道路的当权派效劳,为资本主义复辟充当先锋,鸣锣开道,大造舆论,是一个地地道道的资产阶级专政工具"[①]。

由于"文化大革命"的破坏,甘肃新闻事业的规模在不断缩小,《甘肃农民报》《兰石机械报》等一大批专业报、企业报被迫停刊。从1966年到1976年的10年间,新创办的新闻事业仅有兰州电视台(1970年10月3日正式试播,1972年6月1日正式播出,1978年9月8日改名为"甘肃电视台")、《长庆石油报》(1970年)两家。这与"文革"前和"文革"后甘肃新闻事业的发展

---

[①] 蓝云夫:《甘肃日报史略》,甘肃新闻研究所1989年版,第130页。

形成了鲜明的对比。

由于"文革"时期的甘肃新闻事业长期被林彪、"四人帮"在甘肃的代理人所控制,因此,甘肃新闻事业在相当程度上宣传了林彪、"四人帮"的极左路线。

"文化大革命"时期,甘肃的新闻事业严重地削弱了经济宣传,而且有关经济建设方面的宣传也绝大多数是为帮派政治目的服务的。这一时期经济宣传的内容,大多围绕"抓革命,促生产""工业学大庆""农业学大寨"这几个口号而开展,中心主题就是"突出政治""阶级斗争一抓就灵",根本实质就是所谓巩固和加强无产阶级对资产阶级的专政。

### (三) 现代化建设时期的甘肃新闻事业

粉碎"四人帮"以后,甘肃新闻界的拨乱反正工作进行得较为缓慢。1976年10月"四人帮"垮台,但"四人帮"在甘肃的代理人设置重重障碍,阻碍中央方针的落实。直到1977年6月中央解决了甘肃省委领导班子问题,甘肃省的拨乱反正工作才得以轰轰烈烈地开展起来。在1976年10月至1977年6月这8个月期间,甘肃新闻事业一直是"四人帮"在甘肃的代理人用来压制群众,制造揭批"四人帮"运动取得"很大胜利"的假象的工具。1977年6月以后,甘肃新闻事业的拨乱反正工作是从三个方面进行的。一是有计划地调整了一些单位的领导班子,让一些思想坚定,有很强业务能力的老同志重新担任新闻单位的领导工作。如调解放前曾在《陇东报》工作的叶滨担任省广播局局长兼省广播电台台长。二是在宣传上协助甘肃省委搞好拨乱反正工作。首先报道全省各地深入开展揭批查活动的情况、经验及典型,系统揭批"四人帮"及其代理人的罪行。其次是宣传落实政策,平反冤、假、错案。再次是从各方面肃清"四人帮"极左路线的流毒。三是在新闻界全面开展落实政策和平反冤、假、错案的工作,给所有受委屈的新闻工作者进行了平反纠错。

经过拨乱反正,全省各项工作都走向了正规,各方面都呈现出一片勃勃生机。在这种状况下,甘肃的新闻事业也进入了一个全面发展的时期。尤其是80年代中期,甘肃的报刊、电台、电视台如雨后春笋一样纷纷出现。

1978年至1979年,是甘肃新闻事业的恢复时期,两年中先后恢复出版了在"文革"时期停刊的《甘肃农民报》《铁道设计报》《兰石机械报》以及《兰州铁道报》等报刊。1980年到1989年,甘肃省新闻事业进入了"文革"以后的第一次高速发展时期。在这10年之中,甘肃省先后创办的各类报刊达41家。1989年到1992年,甘肃新闻事业进入了第二次高速发展时期,3年中增加了5种报纸。据2000年统计,甘肃省有国家统一刊号的报纸57家,其中党委机关报16家。这57家报纸中,平均期发行量超过10万份的有8家,5万份至10万份的14家,其余35家在5万份以下。报纸广告年收入在8 900万元。这57家报纸构成了一个以党报为中心,专业报纸、企业报纸和民主党派、群众团体报纸为补充的新闻传播网络,形成了甘肃省有史以来规模最大的报业。

　　甘肃新闻事业的另一个构成部分——广播电视业,在改革开放以后也获得了高速发展,形成了前所未有的规模。1983年春,广播电视部召开了全国第十一次广播电视工作会议,这次会议提出了中央、省、地、县四级办广播、办电视,四级混合覆盖的政策。这一政策的出台,对甘肃广播电视业的发展起了很大的推动作用。从1984年开始,甘肃广播电视业进入了高速发展时期。1984年至1988年为甘肃广播电视业的第一个高速发展时期,这一时期共创建地、县级广播电台13座,地级电视台5座。1990年到2000年为甘肃广播电视业的又一个高速发展时期。全省共有广播电台地级以上的7座,县级以上的26座,电视台14座,有线电视台20座,基本上实现了四级混合覆盖的目的。全省新闻从业人员有2万人。

(本章撰稿人:李文)

# 第四章

## 青海新闻事业发展概要

### 一、青海建省概况

青海原属甘肃地区的宁海镇守使辖地,宁海镇守使的治所却在甘肃省西宁道所属的西宁县内。1928 年 9 月国民党政府中央政治会议在讨论成立青海行省时,内务部长薛笃弼提出,根据历史上形成的习俗,青海的蒙藏人民既已认定西宁为该地区的都会所在,自应将甘肃的旧西宁道属各县划归青海,作为青海的省治。此时青海省的境域大体确定,全境有 30 余旗,总面积为 72.12 万平方公里。现青海省辖 1 个地区,6 个自治州,1 个地级市,2 个县级市,30 个县,7 个自治县。青海省的面积在全国各行省中位居第 4,1990 年时人口为 445.69 万。

当年设立青海省的目的,表面上的理由是开发西北的丰富资源,实际上是当时担任行政院副院长兼军政部长的冯玉祥,为巩固自己的实力所采取的一项措施。1928 年 9 月 20 日,中央政治会议任命冯玉祥的部将,时任第二集团军第二方面军总指挥孙连仲为青海省主席。同时任命的省政府委员还有原宁海镇守使马麒、时任西宁道道尹林竞、郭立志和郑道儒,分别担任建设厅厅长、民政厅厅长、财政厅厅长、教育厅厅长。同年 10 月,中政会又任命班禅额尔德尼为青海省政府委员。1928 年 12 月,孙连仲在兰州先行就任青海省政府主席,1929 年 1 月 1 日青海省才正式宣告成立。

## 二、新中国成立前青海地区的新闻传播业

### （一）青海建省之前

在青海省成立之前,该地区长期为甘肃回族军阀马麒、马麟势力所盘踞。他们对孙连仲的入主青海,明迎暗拒。马麒次子马步芳与旅长马子乾的军事实力最强,对孙连仲构成威胁也最大。为了使孙连仲顺利进入西宁,冯玉祥采取釜底抽薪的办法,电调马步芳旅开往潼关,委以潼关警备司令的职务,又调马子乾旅驻湟源,马步芳的第四混成旅则令驻循化、巴戎一带。1929年2月,孙连仲到青海履任,以其第九十一旅驻乐都,第九十二旅和第九十三旅及其直属部队移驻西宁附近,确立对青海的统治。

青海正式建省之前,1926年国民党西宁县党部曾出过每周一期的《党报》。该报系用毛笔手写五六份,张贴于西宁街头,实际上为墙报性质的传播媒介。同年,在《党报》问世之后,又有《中山周报》出版。这是一种石印的出版物,转载外地报纸刊登的新闻,每期印数仅为60份,略具新闻纸的雏形。1927年《妇女月刊》创刊,这是青海地区最早的妇女刊物,反映当地妇女的言论,每月仅出版一小张,印刷150份,可惜出版了几期便自动停刊了。

### （二）中原大战前后

1929年2月,孙连仲履任后,为了在青海地区巩固和发展国民军的根据地,也打算在开发和建设方面干些实事,决定于省政府秘书处成立公报局。1929年2月10日编印出版《青海省政府公报》。《青海省政府公报》为月刊,以刊登省务会议记录、公文和人事任免的公告为主要内容,并非真正意义上的新闻纸。公报采用石印,十六开平装一册。公报局下设业务股、编辑股和印刷股。

与此同时,青海省政府于1929年2月10日又创办了《新青海》日报。这是青海省有正式报纸的开始。该报用赛连纸石印,每天出版两张。一张刊载国内外及本省的各种新闻,另一张为副刊《海潮》,专门发表言论、文艺作品等文章。该报宣称其宗旨为"建设新的青海,打破西宁的闭关封锁阵

线,沟通文化军政交流,当好舆论喉舌,掀起前进高潮"。该报为拉拢当地少数民族上层人士,还每周出版一版藏文版,将政令和新闻译成藏文刊登在第四版上,以便利藏族民众阅读。

1929年2月,驻湟源的马子乾部受人挑唆,发动讨伐孙连仲的军事行动,进攻西宁。因为马子乾为马麟家族成员,孙连仲为避免引起更大事端,在命令部队进剿时,特别强调要活捉马子乾,不要将他击毙。不到半月,马子乾被俘。但士兵未执行上级命令,将马打死。为安定马麒家族,避免汉、回民族之间对立情绪的滋生,孙亲自迎接马子乾的灵柩于西宁城外,并主持了追悼会。此举得到了马麒的谅解,双方矛盾并未进一步激化。同年8月,原甘肃省主席刘郁芬调任陕西省主席,孙连仲接任甘肃省主席,由孙连仲的部将高树勋代理青海省主席。冯玉祥为了与蒋介石在中原展开决战,调动孙连仲部东移,高树勋于1929年10月间由西宁启行时,将其代理青海省主席一职交马麒暂理,从此青海大权落入马麒、马步芳父子手中。1930年初,马麒得到正式任命为青海省主席。马麒继任主席后,仍继续出版《青海省政府公报》和《新青海》日报。

1930年4月冯玉祥联合阎锡山率部与蒋介石在中原地区展开决战。在中原大战期间,马麒、马步芳一面暗中活动,加强自身实力,一面积极搜集交战双方的情报,准备看风使舵。中原大战初期,局势尚不明朗,胜负难定,西北地区又在冯玉祥国民军控制之下,马麒父子表示拥冯倒蒋,派马步芳率骑兵一旅随冯军进兵陕西。暗地里却派人与蒋介石方面联络,以便在时局变化时有转圜的余地。1930年9月,冯、阎反蒋失败,马麒父子立即易帜拥蒋反冯,公开致电蒋介石:"麒倾心向南,唯冯部来甘,遂致倾向之诚、无由上达。冯且蓄意剪除异己,只得曲意周全而已。"蒋介石因西北鞭长莫及,承认了马氏父子在青海的统治地位。随着政局的变更,马麒将《新青海》日报编辑部改组,易名为《青海日报》继续出版,成为马氏青海省政府的机关报。

(三)马氏家族控制时期

1931年夏,马麒病故,马步芳企图继续承其父青海省主席的职位,但遭到青海上层官僚人物黎丹等人的反对,推马麒之弟马麟出任省主席。蒋介

## 第四章 青海新闻事业发展概要

石本拟接受于右任的建议,让青海民政厅厅长王玉堂暂代省主席。马步芳当即表示:"先人创立的基业,岂能拱手让人!"遂与黎丹等以青海省政府委员联名推荐的方式要求任命马麟为省主席,并贿赂权要眷属,力求达到目的。蒋介石终于改变初衷,明令马麟为省主席,马步芳为省政府委员。

1931年8月1日,由国民党青海省党务特派员办事处主办的《青海民国日报》创刊。这一报纸的创办,意味着国民党政治势力也已进一步渗透进了青海地区。该报初创时为油光纸石印,日出对开一张。1933年夏,国民党中央政府拨给青海铅印机一架,成立国民印刷局,《青海民国日报》遂由石印改为铅印,用连史纸单面印刷。该报的版面大小与字数仅相当于北京一般报纸的一半,消息约占3/4版面,其来源几乎完全仰仗无线电台接收的电讯。每日印刷200份左右,因广告及订户寥寥无几,所以报纸无法依靠自身的经营来维持日常开支,完全依赖中央及省党部拨款。

《青海日报》也于1933年夏改为铅印,由省党部国民印刷局承印。同年8月3日因欠印刷局费用已达六七百元,遭到印刷局拒印,因而于8月4日起停刊。由此可知,《青海日报》属马氏喉舌,并非国民党系统的舆论工具。1936年4月,因红军长征到达川、康,与川青边界甚近,局势骤然紧张,《青海日报》又恢复出版,该报直属省政府秘书处,由省政府拨给经费维持,每日印刷200份左右。1938年底再次停办。

马氏家族深知利用报纸作为舆论工具的重要意义,在易帜拥蒋后,马步芳于西宁组成青海暂编第一师作为政治资本,自任师长。1931年即以青海暂编第一师特别党部的名义编印出版《党务周刊》为自己作宣传。这一时期马氏家族的宣传工具还有以省政府民众联合处名义创办的《大众周报》,该报由处长马永安主持。1937年夏,蒋介石为了进一步利用马步芳抵制红军势力的扩张,将其部队扩编为第八十二军,下辖第一百师和三个骑兵旅,任命马步芳为军长兼第一百师师长。马步芳又以第一百师政治部的名义编辑出版《一零零周刊》,扩大自己的势力和影响。1938年3月,国民党政府正式任命马步芳为青海省主席,取代了原主席马麟。

20世纪30年代在青海出版的还有国民党系统的一些周刊,如大通县党部编印的《大通周报》,互助县党部出版的《互助周报》等。这时期通讯社也在青海出现,1929年湟中通讯社曾一度发稿。1932年冬北平正闻通讯社设青海分社,1933年2月10日成立,2月23日开始发稿,至12月停办。1934年1月20日青海电讯社成立,1月28日开始发稿。该社系私营通讯社,社长为陈秉渊。

《青海民国日报》有专职的编辑人员,因而稿件及版面编排在青海报界占有明显优势。据1936年调查,此时已采用四开新闻纸双面印刷,每日出版一张,副刊有4种,销数已达1 000份。报费每月9角,广告收费每方寸2角,特别广告4角。社长为原春晖,曾任开封市党部秘书,河南省党部及青海省党部的组织干事。

直到抗战前夕,《青海政府公报》周刊、《一师周刊》(由《党务周刊》改名)仍在出版。

### (四)抗日战争时期

抗日战争时期,坐稳了"青海王"交椅的马步芳力避与日寇正面交锋,以保存实力,积极配合蒋介石反共策略,竭力抵制共产主义在青海传播。抗战初期,马步芳采取观望态度,曾派人去北平参加投敌后汪精卫召开的扩大会议,还利用青海商号与日伪方面做生意,以换取枪支。在蒋介石敦促之下,马步芳才组成武器残缺不全的骑兵暂编第一师参加抗日战争。

东南半壁沦陷后,国民党开始注意在农村地区和边远地区发展报业,加强舆论宣传。此时在西北许多从未办过报刊的偏僻城镇办起了实验简报和小型简报,青海的玉树也出版了这种简报。1941年太平洋战争爆发,日本增兵中国战场,面对严峻的形势,为加强对西北的控制,蒋介石在兰州召开军事会议,对马步芳优礼有加。1942年8月,蒋介石飞抵西宁视察,马步芳以隆重礼节迎接,并亲自为蒋介石当警卫,以一副憨态对蒋表示倾心敬服,赢得蒋的好感。为了进一步笼络马步芳和控制青海舆论宣传,国民党中宣部决定自1942的8月起将《青海民国日报》升格为中央直辖党报,由中宣部每月资助4 500元,青海省政府每月资助588元。这是一家日出一小张,销数只有400份的小报,1943年全年拨给各项经费高达19.2万元,与日销9 000份的《贵阳中央日报》大致相当。1944年的拨款又在1943年的基础上增加50%,由此可见蒋介石对青海的笼络策略。青海骑兵暂编第一师在驻防陕西、河南、安徽时,屡与新四军制造摩擦,内耗了抗日的力量。抗战胜利后,配合蒋介石内战部署,进攻陕甘宁边区。据1947年9月30日国民党政府的登记资料,当时青海有三家报纸,在西宁出版的有两家:《青海民国日报》和《乐家湾周报》;在西宁以外地区出版的仅有亹源县党部编印的《亹源简报》(三日刊)。1947年10月31日又有《昆仑报》周刊在西宁出版,这是马步芳兼任青海回教教育促进会会长时创办的。该报为铅印八开四版的小报,以推动青海地区回族文化教育活动为名,笼络人心,骗取回族群众信任,实施马步芳的"军事治标,政治治本"策略。

### (五)解放战争时期

1948年7月,解放军华北野战军取得晋中战役的胜利,第一野战军第一军青海军区出版了一张油印小报《前线生活》。这是一张八开二版的油印小报,不定期出版,以连队的干部、战士为读者对象。该报配合时事进行政治宣传工作,树立先进典型,宣扬革命英雄主义精神,对部队战士作正面的政治思想教育。1949年7月,解放军第一野战军主力分两路向兰州、西宁进军。人民解放军在扶(风)郿(县)战役中,歼灭胡宗南主力4万余人,西北战场形势改观。国民党政府为了挽回颓势,正式任命马步芳为西北军政长官。马步芳将主力集结兰州,妄图凭借坚固的防御工事和毗邻西宁接济便利的条件,负隅顽抗。同年8月,在兰州战役中马步芳主力被歼,马步芳逃往重庆。1949年9月5日西宁解放,青海的国民党官员和残余部队作鸟兽散。最具讽刺意义的是,青海省第一个广播电台是国民党于1949年8月7日建立的青海广播电台,开播只有20天,即因国民党政权垮台而宣告结束。

人民解放军进驻西宁后,《前线生活》利用西宁的印刷条件于同年9月13日起改为铅印,对象以连以上干部为主,主要内容为交流全军范围内的经验,指导部队工作,宣传英雄模范事迹。1952年2月停刊。

### (六)解放前青海报业的特点

解放前青海的新闻事业有一个十分明显的特点,那就是几乎所有的传播都是新老军阀的舆论宣传工具,任何政局的变化和政权的更迭都立即在报业组织中非常直接地反映出来。这是因为青海地区经济十分落后,读者很少,广告来源更少,无法维持商业性报纸的正常运转,所以青海新闻事业的政治依赖性特别强。马氏家族统治青海20年,已然是当地的"土皇帝",在封建专制的统治下更不允许反映民意的报刊出现,所以解放前的青海报业自始至终只能是国民党新老军阀的喉舌。

## 三、新中国成立至"文革"时期青海的新闻事业

1949年5月,西宁市宣告解放。解放青海的人民解放军为了及时向群众宣传党的主张和各项政策,于9月10日创办了一份日报——《新闻》。《新闻》于10月19日终刊。这份报纸虽然只出版40天,但它是共产党在青海省创办的第一份报纸,因而在群众中影响很深。

青海刚刚解放,中共青海省委立即筹办自己的机关报,积极调配新闻工作干部,整修印刷设备,克服办报中的种种困难,于1949年10月20日创刊了省委机关报——四开四版的《青海日报》。当时,省委指示报社,首先要宣传做好各民族工作,有系统地揭露军阀马步芳的罪行,启发各民族人民的阶级觉悟,照顾各民族特点与各民族人民共同利益,一致为建设新青海而奋斗。青海省委通过这张报纸向青海汉、回、藏、土等各民族传达自己的主张,团结各民族人民,交流各地工作经验,推动与指导工作。《青海日报》的诞生,开创了青海省报纸事业的新纪元,1 500份报头套红的创刊号一送到各族干部、群众手里,就受到了欢迎和喜爱,报纸的发行量不断增加。

根据青海省委的指示精神,青海日报社于1951年1月16日创办了《青海藏文报》(汉藏文对照),初为四开四版,旬报。它是新中国成立后创办最早的藏文报纸,为广大藏族干部、群众更好地了解党的路线、方针、政策,发挥了积极作用。1952年以来,先后改为周报、三日刊、双日刊,全部为藏文,并扩大为对开四版,主要发行到省内藏族地区,西藏、甘肃、新疆、四川、内蒙古等省区亦有订阅。青海日报社为加强时事宣传,补充报纸版面的不足,于1950年7月1日创办了《新华社电讯稿》,八开二版二日刊,1951年1月5

日停刊。1951年1月5日创刊《新华社新闻稿》,八开二版日刊;1951年8月1日改名为《今日新闻》,增加少量本省新闻,扩为四开四版,日刊(该报在1952年下半年或1953年停刊)。1952年9月1日,青海日报社又创办了《青海群众》。这是专为本省农村记者创办的通俗报纸,主要读者对象为青海各族农民群众、乡村干部,适当照顾工人和牧民。该报初为八开二版,五日刊,发行1 000余份;1955年8月扩为四开四版,仍为五日刊,期发行量不断增加,1958年曾一度发行4.9万余份。到1952年9月,青海日报社不仅出版发行省委机关报《青海日报》,同时出版发行《青海藏文报》《今日新闻》《青海群众报》,成为青海省报业的龙头。

在新中国成立初期,几种报纸无论是在创建各级人民政府和建设党的地方组织、基层组织的工作中,还是在剿匪反霸、土地改革、抗美援朝、"三反"、"五反"、"三大改造"运动中,都积极宣传了党和人民政府的各项方针、政策,突出宣传了党的民族、宗教、统战政策,为加强各民族人民的团结,巩固人民民主专政,建设社会主义新青海作出了重要贡献。与此同时,报业队伍也随之扩充,并在实际工作中得到了锻炼、改造、提高,培养出一批新闻工作的骨干人员,成为党委、政府和人民在新闻战线上的有力助手。

1956年至1966年,是青海省报业曲折前进的时期。这一时期,尤其是1958年前后的"大跃进"期间,全省相继创办了一批州、县委及人民团体机关报和行业报,有40多种,这些报纸大多在1960年经济困难时期陆续停刊。其中《西宁日报》于1958年8月11日创刊,是中共西宁市委机关报,四开四版,日平均发行5 000份,1961年1月16日停刊。《青海青年报》是共青团青海省委机关报,1957年1月15日创刊,初为周报,1957年改为5日刊,1959年改八开四版为对开四版,周二刊。1960年8月30日停刊。

青海报业这一阶段在宣传党的各项方针政策,宣传社会主义建设成就方面做了大量卓有成效的工作,造就了一大批新闻工作者,但由于党在指导思想上的"左"倾错误,新闻工作相应出现失误,有些是很严重的失误。特别是在"文化大革命"中,青海报业宣传以"无产阶级专政下继续革命"的错误理论作指导,转载和刊登了大量偏离正确方向的报道,这既给全省的社会主义建设事业和全省人民造成了重大危害,也使新闻业自身遭到严重损害。

1949年8月7日,在省会西宁市建立了第一座无线广播电台——青海广播电台,安装有1千瓦短波发射机1部,用9 900千赫频率播出汉语广播。全台有职工15人。当时,全市只有20台收音机。电台开播20天后停播。

1949年9月14日,青海人民广播电台的前身——西宁人民广播电台正式开播。安装有2千瓦中波发射机1部,用1 150千赫频率播音。1950年末在全省开始开展收音网工作。1952年7月创办《藏语广播》节目,使青海人民广播电台成为全国第一个开办藏语广播的省台。1956年开始在全省农牧业区乡镇发展有线广播网,建设州县有线广播台站。到1957年,已建成州县广播站12个,收音站327个,拥有广播喇叭2 500只。1958年11月29日,成立青海广播事业管理局,与青海人民广播电台合署办公。

至此,青海人民广播电台已建成560座发射台,汉语广播用7.5千瓦中波发射机、1 250千赫频率和7.5千瓦短波发射机、6 500千赫频率播出。州、县市级广播站22个,喇叭总数达7 800只。

1970年7月1日建立西宁电视台,1980年5月更名为青海电视台。初期每周播出3次自办节目。播出的节目有新闻、电视讲话及电影纪录片、录音剪辑。1975年北京至西宁微波线路开通,中央电视台节目得以转播。1981年1月,青海电视台实现了彩色电视节目播出。以4频道每周播出节目3次,合计9小时15分钟。

## 四、改革开放以来的青海新闻事业

粉碎"四人帮"后,特别是党的十一届三中全会后,青海省报业进入了空前繁荣和健康发展的新时期。至1994年,全省有报纸共63种,其中省、州市(地)出版的综合性报纸12种,专业报18种,行业报12种,企业报21种,总发行数45.85万份。报纸从业人员1 050余人。全省公开发行报纸15种,其中藏文报纸4种,蒙古文报纸1种。如果按综合性报纸和专业性报纸分,则综合性报纸有7种,专业性报纸8种,详见表7。

## 第四章 青海新闻事业发展概要

**表7 改革开放后青海省公开发行的报纸情况一览**

| 报纸名称 | 创刊时期 | 主管部门 | 类别 | 文字 | 开张及版数 | 刊期 |
| --- | --- | --- | --- | --- | --- | --- |
| 《青海日报》 | 1949.10.20 | 青海日报社编委会 | 综合 | 汉 | 对开四版周末八版 | 日刊 |
| 《青海藏文报》 | 1951.1.16 | 青海日报社编委会 | 综合 | 藏 | 对开四版 | 双日刊 |
| 《青海经济报》 | 1985.9 | 青海省财经委 | 专业 | 汉 | 对开四版 | 周二刊 |
| 《青海青年报》 | 1906.1 | 共青团青海省委 | 综合 | 汉 | 四开四版 | 周刊 |
| 《青海科技报》 | 1979.5.8 | 青海省科协 | 专业 | 汉 | 四开四版 | 半月刊 |
| 《青海藏文科技报》 | 1984.7.21 | 青海省科协 | 专业 | 藏 | 四开四版 | 周刊 |
| 《青海广播电视报》 | 1982.12.9 | 青海省广播电视厅 | 专业 | 汉 | 四开四版 | 周刊 |
| 《刚坚少年报》 | 1989.6.1 | 青海人民出版社 | 综合 | 藏 | 四开四版 | 半月刊 |
| 《青海法制报》 | 1981.6.26 | 青海省司法厅 | 专业 | 汉 | 四开四版 | 周刊 |
| 《青海藏文法制报》 | 1983.1.15 | 青海省司法厅 | 专业 | 藏 | 四开四版 | 旬刊 |
| 《西宁晚报》 | 1984.7.1 | 中共西宁市委 | 综合 | 汉 | 四开四版 | 周六刊 |
| 《海东报》 | 1985.1 | 中共海东地委 | 综合 | 汉 | 四开四版 | 周刊 |
| 《柴达木报》 | 1984.12.6 | 中共海西州委 | 综合 | 蒙古 | 四开四版 | 周刊 |
| 《青海石油报》 | 1959.1 | 青海石油管理局 | 专业 | 汉 | 四开四版 | 周二刊 |
| 《青海工商报》 | 1989.4.1 | 青海省工商局 | 专业 | 汉 | 四开四版 | 周刊 |

在新的历史时期,青海省党的报业大力恢复和发扬无产阶级新闻工作的优良传统和作风,按照一切从实际出发、实事求是的思想路线办事,积极就拨乱反正,正本清源,落实党的各项政策和进行关于真理标准问题的讨论等开展宣传报道。围绕党的基本路线,从各个方面宣传报道改革开放、现代化建设中涌现出的新事物、新经验、新矛盾,重视典型人物、典型事件的宣传报道,突出宣传了"特别能吃苦、特别能忍耐、特别能战斗"的奉献精神,坚持以建设有中国特色社会主义理论为指针,按照社会主义市场经济的新要求,

注意更新观念,增强服务意识和参与意识,从本地实际出发,加大改革开放和资源开发的宣传力度,重视民族特色和地区特色,认真宣传党的民族宗教政策和团结、稳定、发展的方针。

1987年6月13日,《青海日报》为适应改革开放的形势,开设了不定期栏目"观察与思考",针对实际工作中读者关心的难点、热点问题加以考察、剖析和思辨,从小到大、以实带虚地启发读者思考,引导舆论。该栏目开办以来,由于角度新颖、分析透彻、篇幅短小、形式多样、文字活泼等特点,博得一致好评。此外,该报还在1988年举办"民族地区改革新貌"征文活动,抓住多民族聚居的特色,宣传新时期改革开放的新面貌。在精神文明的建设中,青海的新闻媒介突出立足高原、艰苦奋斗、无私奉献的主题,为开拓、建设新青海发挥了重要作用。

《青海科技报》是"文化大革命"结束后率先创办的群众性科普报纸。该报的编辑人员坚持从高原特点出发,在实际应用上下功夫。他们从读者来信中选择有实用意义的科技题目,组织专业作者进行科普知识介绍和用浅显的文字做深入浅出的报道。由于受到广大读者的欢迎,1983年时该报的发行量已达到5万份,在青海省平均108人便有一份,这一比例在全国57家科技报中也名列前茅。1984年7月,该报又出版了藏文版,积极在藏族同胞中普及科技知识,班禅额尔德尼亲笔为其题写了刊头。

1989年6月,全国第一张藏文少年报《刚坚少年报》由青海民族出版社出版。该报采用彩色胶印,期期套红,精心编排,印刷精美,在少数民族文字报刊中颇为少见。同年11月15日邓小平同志亲笔题字:"培养有理想、有道德、有文化、有纪律的无产阶级革命事业接班人"。

根据中共中央办公厅、国务院办公厅《关于调整中央国家机关和省、自治区、直辖市厅局报刊结构的通知》和新闻出版署《关于落实中央"两办"30号文件,调整报刊结构的意见》,青海省新闻出版局对省内厅局报刊进行了调整,并按照新闻出版署《关于妥善安排1999年度报刊核验工作的通知》,于2000年8月14日至9月30日进行了全省报刊核验工作。青海省有报纸17家22种。其中,3种报纸变更了主管主办单位:停办《青海经济报》;《青海法制报》改由青海省政法委主管主办;《青海广播电视报》由青海省广

## 第四章 青海新闻事业发展概要

播电视局改为青海电视台、青海人民广播电台、青海有线电视台联合主管主办;《青海工商报》更名为《青海消费市场报》,主管主办单位由青海省工商行政管理局变更为青海消费者协会。青海省目前继续出版的 21 种报纸是:《青海日报》、《青海藏文报》、《西海都市报》、《西宁晚报》、《青海青年报》、《青海广播电视报》、《海东报》、《青海法制报》、《青海法制报》(藏文版)、《刚坚少年报》、《柴达木报》、《青海科技报》、《青海科技报》(藏文版)、《青海消费市场报》、《青海石油报》、《西宁广播电视报》、《格尔木电视报》、《油城电视报》、《黄南报》、《格尔木报》、《党校教育》。

1991 年以来,多家报纸采用了现代的先进印刷技术,继《西宁晚报》率先实现激光照排和胶印后,《青海日报》等报纸也先后实现了激光照排、胶版印刷,结束了报纸印刷中"铅与火"的历史,报社办公、通讯、交通条件也得到了进一步改善。与此同时,报业以广告为主的多种经营也有了较大发展,1994 年总收入近千万元。

青海报业内部改革也取得也一定成效。各报在普遍加强领导力量的同时,不断扩大编采人员队伍,建立了各种形式的工作责任制和考核、奖罚制度,评定了新闻业务职称,并实行专业技术聘任制,加之经常性的政治、业务学习培训,编采人员的政治、业务素质明显提高。

1983 年 5 月,成立青海省广播电视厅。全省建有州、县级广播站 45 个,乡放大站 224 个,广播喇叭数达 24.4 万余只,喇叭入户率达 51.7%。中波广播覆盖率达 40.6%。青海人民广播电台平均每天播音 22 小时 5 分钟,其中自办节目 18 小时 45 分钟,占全天播出时间的 84.9%。设有汉藏语新闻、社教、文艺、服务性节目等 20 多个。

据 2001 年《中国新闻年鉴》所载《2000 年青海省新闻事业概部况》介绍,青海省目前正式批准的广播电台有 4 家,它们是青海人民广播电台、西宁人民广播电台、海西人民广播电台、玉树人民广播电台。青海省目前正式批准的电视台(包括有线电视台)有 8 家,它们是青海电视台、青海有线电视台、西宁电视台、西宁有线电视台、格尔木电视台、海西电视台、海南有线电视台、海南州电视台。

截至 2000 年底,青海省新闻从业人员(包括编采、印刷、广告、发行、经营、工程技术人员等)近5 000人,广告收入总额约3 000万元。全省广播电视系统的职工约占其中一半。

青海省广播电视宣传工作,坚持"以正面宣传为主"和"团结、稳定、鼓劲"的方针,强调精编新闻稿件,发挥青海自然、人文景观独特的优势,多拍具有时代特色、地方特色、民族特色的专题片,进一步提高广播电视节目的制作能力。

由青海广播电视厅主办的《青海广播电视报》为四开八版周报,每期发行近20万份,西宁广播电视局主办的《西宁广播电视报》为四开四版周报,每期发行2万多份。省广播电视学会还办有学刊《昆仑声屏》和《青海广播电视技术》,每期分别发行3 000册和300册。于1988年建立的省昆仑音像出版社,坚持社会效益第一,以地方特色取胜,先后出版盒式原声带磁带50种,仅藏语安多方言带就占24种,总计已发行约76万盒。还出版发行录像带13部,发行总量近2万盒。

青海的广播电视目前已经发展成为以省广播电台、电视台为主体,同调频广播、有线广播、有线电视、广播电视报刊及音像制品相结合的多层次、多种类、多功能的传播网,成为青海各族人民政治、经济、文化生活中不可分割的一部分。


(本章撰稿人:白润生、颉亚珍,姚福申改写)

# 第五章

# 宁夏新闻事业发展概要

宁夏地区报纸的出现始于1926年,在全国省、自治区中仅早于青海省。由于宁夏情况较为特殊,先介绍一些背景知识。

清置宁夏道,辖宁夏一府,府城在宁夏县(今银川市),隶属甘肃省。民国二年(1913年)废府存道,仍隶甘肃省,辖8县,全道人口40万。民国十八年(1929年)1月,宁夏建省,辖区除原宁夏8县外,又将套西二旗(阿拉善旗、额济纳旗)和新设置的磴口县一并划入。这样,新建的宁夏省领九县二旗,总面积274 910平方公里,总人口60余万。其后情况续有变化,解放后情形另述。

宁夏地处边陲,交通不便,30年代才开始修筑省际公路,1935年前后修通了银川至包头、银川至兰州、银川至平凉的三条公路。1915年宁夏到包头的电报线才开通。然而电报常出毛病,人称"宁夏真奇怪,电报没有平信快"。民国时期,统治宁夏达17年之久的省主席马鸿逵大肆抓壮丁,抓去了大批农村劳力,使水利失修,农业遭到严重破坏,连手工业也不景气。最早的工业企业为官商合办的宁夏电灯公司,成立于1935年10月。印刷工业十分薄弱,原只有规模很小的石印局,1929年建省以后才以3 000银元从兰州买来手摇脚踏式平版对开印刷机一台,园盘印刷机两台,嗣后再从南京买来铅字和排版工具,成立了宁夏印刷局,当时只有20多名工人,条件虽然简陋,但为宁夏出版铅印报纸提供了条件。宁夏文化教育事业发展缓慢,建省之初,只有一所中学和一所师范学校,中学只设初中班,直到 1932 年始有高中班,以后虽办了一些新的学校,但到 1949 年,全省只有中学 12 所,小学 468 所,适龄儿童入学率只达 10%,文盲占总人口的 95%。

## 一、宁夏报业的出现与艰难发展

宁夏的第一份报纸是由冯玉祥部国民革命军从外部移植过来的。1926 年 9 月 17 日,刚由苏联归国的冯玉祥率领驻五原的官兵举行誓师授旗大会,宣布所部集体加入中国国民党,"遵奉孙中山的遗嘱,进行国民革命,实行三民主义"。冯就任国民联军总司令,嗣即采纳李大钊的建议,决定入甘援陕,与北伐军会师中原。于 1926 年 11 月 28 日到达宁夏城(今银川),西北军原有机关报《西北民报》,五原誓师后改名《中山日报》,由国民军联军总政治部主办(共产党人刘伯坚为政治部主任)。部队到宁夏城后继续出版,宁夏历史上第一张报纸由此出现。报社社长是中共党员贾午(贾丽南),编采人员中还有中共党员马云、刘贯一、郭伯瑞等。该报四开四版石印,公开宣传共产主义思想和孙中山的联俄、联共、扶助工农的三大政策,它和驻军政治机关相互配合,宣传群众,组织群众,使宁夏一度出现革命热潮。宁夏的报纸一开始是以革命宣传登上历史舞台的,为报业历史写下光辉的一页。惜未及一年,形势骤变,在国民党"清党"反共之际(当时冯玉祥已加入蒋、汪反共阵营),1927 年 9 月《中山日报》终遭查封停刊。宁夏遂又成为一无报世界。

历史进入一个新的时期,即蒋介石对全国进行反动统治和十年内战时期。宁夏在经过一段动乱之后,1929 年 7 月,革命军人吉鸿昌取代门致中,出任宁夏省主席。他忧国爱民,励精图治,提出反对内战,安定民生;实行兵工政策,开发西北;枪口决不对内等三项主张。为宣传他的政治主张,他迅即在宁夏城创办了《宁夏醒报》。这是由宁夏省创办的第一张本省报纸,四开四版铅印,它又成为宁夏第一张铅印报纸,冯晓渔任总编辑。该报除登政府文告外,还辟有"读者来函"专栏,发表群众对地方行政措施提出的批评建议,具有较强烈的民主色彩。这年 10 月中旬,吉鸿昌奉调离职前往陕西,

《宁夏醒报》随之停刊。

继《宁夏醒报》而起的是《宁夏民国日报》,这是宁夏出版时间最长(解放前)的报纸。由于史料佚失,这份报纸创刊时的情况已不甚了解。根据多方面判断,它大约创刊于1929年11月或12月,四开一张,铅印。1932年8月,马鸿逵受蒋介石任命当了宁夏省主席,从此集党权、军权、政权于一身,使宁夏在此后17年间成为独裁专制的马家天下。也在这一年,《宁夏民国日报》归刚成立的国民党宁夏省党部主办。从此,该报进入了遍布全国的国民党党报网络。首任社长为陈光中,次年马鸿逵派其十五路军政治部的张荣绥担任社长(任职十二年)。直到1949年,这份报纸一直是宁夏报刊的主干。

《宁夏民国日报》是国民党在30年代初开始,着意将党报向中西部发展之际出现的。据许晚成编的《全国报刊社调查录》统计,至1936年一共出版党报三种,期发数共2 400份。除这三种党报外,当时宁夏别无其他报刊。1935年创办的《贺兰》半月刊是宁夏出现的第一份期刊,它也应是三家党报之一。另一家党报是1932年创刊的《宁夏省政府公报》,办刊宗旨是:"颁法令,宣达政情"。初为周刊,后改旬刊,再改月刊,十六开铅印。《全国期刊联合目录》存目中,已见到1932年5日出版的第6期,1941年4月30日出版的第131期。当时的宁夏虽然是国民党党报的一统天下,但其出版数量不仅落后于发达地区,也比不上邻近的偏远省份,如甘肃有党报15份,青海也有5份。这些国民党党报政治上效忠于蒋介石国民党政府,宣传上制造舆论一律。

宁夏本就闭塞,信息难通,外地的报刊甚少流入,马鸿逵的新闻专制政策使这一情况更趋严重,只是天津《大公报》在1930年以后曾在银川设立分销馆,在市面上可以买到这份报纸。可是在一些县里想及时阅读《大公报》还是不易,如中卫县"县党部民众书报阅览室中,仅有厚厚灰尘蒙盖下的几本旧书,除宁夏、甘肃两省党部办的民国日报各有一份外,只有一年前的天津大公报两张"(范长江:《中国的西北角》)。《大公报》的新闻已变成旧闻了。外地记者也很少来这里采访,1935年起,由于红军长征到达陕北和西安事变的发生,包括宁夏在内的西北地区受到新闻界的关注,著名记者范长江曾两次来宁夏采访,所写报道,传向全国。

自《宁夏醒报》停刊,马鸿逵主宰宁夏以后,报刊的革命宣传在这里遂告中断。1935年红军西征解放了宁夏的盐池、豫旺两县及当时属于甘肃的海原、固原两县部分地区,建立了四个县级的红色政权。红军当时是否在这里办过小报,苦无材料查明,不过这里的人民已能看到从陕北传过来的《红色中华》等革命报刊了;盐池县还可以看到1937年以后出版的《新中华报》和陕甘宁边区三边地委机关报《三边报》。这为宁夏的报业史写下了不平凡的一页。

由于多种原因,这里一向只有党、政、军办报,尚没有民办报刊,马鸿逵实行全面专制后,这一趋向就更为严重了。宁夏的民办报刊是由就学外地的本省爱国青年开始出版的,最为活跃的是宁夏就学北平的进步学生,他们人数众多,1928年8月成立了"宁夏留平学生会",组织"读书会",学习马列主义,在抗日救亡运动中,他们于1931年2月在北平创办了油印的《银光》月刊,自筹经费,并获得省内人士捐助。刊物强调"唤起全宁睡民,改造阴恶环境"(见雷启霖执笔的《刊头语》),宣传抗日救亡,揭露军阀、官僚的恶政。"九一八事变"后主持刊物的"学生会",参加了"反帝大同盟",刊物的爱国宣传作用进一步发挥。宁夏的青年学生和进步人士纷纷致函、投稿表示主持,但却引起反动统治的仇视,马鸿逵声称"宁夏留平学生会"是共产组织,《银光》是赤色刊物,明令禁止在宁夏发行,该刊遂于1933年改名《宁夏曙光》。马鸿逵又勾结国民党北平市党部,于1935年1月将"学生会"二十余人逮捕。1936年刊物再改名《塞北》,其时环境日益险恶,只出一期便于年底被迫停刊。

## 二、抗战时期国民党党报在宁夏的战略扩张

宁夏的新闻事业在抗日战争时期有了较大的发展。抗战时期,西南、西北地区成了重要抗日基地和国民党统治区的大后方,宁夏的地位有了显著的提高,原来报业的那种严重落后况状已与当时的形势不大适应了。而蒋介石国民党政府在抢占大后方新闻阵地,重建新闻业的网络中,宁夏成为被

关注的地区。报业之强化,势所必然,大约自 1939 年起采取了一系列强化措施,1939 年末,国民党军事委员会集团军系统的《扫荡简报》在银川创刊,它是由马鸿逵任总司令的国民党第十七集团军的报纸,是由重庆派来军官贾福康创办的,为小型日报,初为油印,次年 9 月改为铅印,报社配有收发报机,日发千份左右。1940 年前后,首次设立了通讯社,起初的西夏通讯社和贺兰通讯社,为期很短,无大影响。有重要意义的是国民党的中央通讯社于 1941 年建立的宁夏分社,编制 28 人(初创时),每天抄收总社的新闻电稿供宁夏各报使用,同时向总社传送有关宁夏的新闻。此外,分社还每天将新闻稿张贴在分社门外的墙上,供群众自由阅读。1942 年下半年,宁夏省政府机关报《贺兰日报》创刊,对开四版,一、二、三版分别为国内、国际、地方新闻,第四版为副刊或专刊。除由政府强行推销外,报社还自行推销,销数最高达 2 300 份,属当地各报之首,期刊杂志也有较大的发展。抗战前,一共只出过一种期刊,即《贺兰》半月刊,1937 年就停了。而抗战时期,新出期刊至少有 7 种之多,如《塞上党声》《抗日周刊》《时事通讯》《宁夏教育》等,其中还有宁夏第一份画报——《宁夏画报》。这些报刊均为党政机关所办,《塞上党声》则是国民党宁夏执委会的喉舌。

  这样,可以看出,宁夏新闻业第一次出现党、政、军各类报刊齐全,报纸、期刊、通讯社诸机构具备的新气象。这是在抗日战争形势的推动下,国民党中央强化大后方各省党报政策造成的。国民党还有要求各省建立省、区、县三级党报系统的指示,然则宁夏条件落后,难以完全执行。但国民党固原县党部在 1938 年曾创办《固原三日刊》,由县党部书记长兼任编辑主任,八开单面石印,1941 年和 1942 年后改为《固原间日刊》《固原周报》。该报影响甚微,不过宁夏之有县报却由此开端。1945 年 11 月 12 日又创办了由国民党县党部书记长兼发行人的《固原日报》。1947 年三青团固原支部创办了文艺性小报《固原青年》。

  抗战后期,报界的一大举措就是《宁夏民国日报》的改建。大约自 1943 年前后起,国民党中央为应付日益严峻的宣传形势,进一步加强对各省党报的直接统制,以张扬其宣传效能。它先后对一批省级党报进行了改建工作,新建了 9 个国民党中央直辖党报,至 1944 年使直辖党报增为 18 个。《宁夏民国日报》成为新增的直辖党报之一种,时间在 1943 年 6 月。自此,报纸在各方面起了重大变化,机器设备有了更新(1944 年),报纸版面扩大了,由原来的四开一小张,改为对开一大张,内容也随之丰富起来,除国际新闻(为主)、国内新闻、地方新闻(少量)和广告(约占版面 1/3)外,还有副刊和各种专刊,经费方面大有改善,1943 年每月由国民党中央补助 1.8 万元(另外本省补助 280 元),1944 年增为每月 2.7 万元,补助数额在 18 家直辖党报居第八位。抗战后期,国统区通货膨胀,当时很多报纸因经费困难缩小规模,甚至停刊(如《贺兰日报》于 1944 年停刊),而《宁夏民国日报》却能从容应付,1943 年尚能盈余 6 551 元(以上关于报纸经费数据,均根据《国民党中央宣传部档案》,藏南京中国第二历史档案馆)。可是该报的发行量并无多大增加,日销、派 1 200 份,在 18 家直辖党报中居倒数第二位。该报在抗战初期抗日宣传比较积极,后来愈益成为替蒋介石国民党政策辩护的工具了。

抗日战争时期,整个宁夏处于国民党中央和马鸿逵军阀政府专制统治之下,新闻言论界继续受到严重压制。一位编辑仅在报上揭露地政局长女儿的丑闻,便被抓坐牢;来自津、沪等地参加《宁夏民国日报》工作的爱国青年,只因在报上宣传了一些新思想、新知识,与地方当局意见相左,便遭受各种制裁先后离去,有的被控为"共党嫌疑"被捕,病死狱中。

仍和过去一样,开展进步宣传,揭露马鸿逵专制统治的活动只能在省外进行。抗战爆发后,在陕西的宁籍进步学生司以忠、梁飞彪等组织"宁夏旅陕同学会",出版刊物《奴隶》。在甘肃兰州的宁籍进步青年雷启霖、马寿桃等组织"建宁学会",出版刊物《夏声》。这些刊物以宣传抗日和抨击马鸿逵的黑暗统治为主要任务。值得一提的是,美国著名记者埃德加·斯诺于 1936 年 7 月上旬至 10 月下旬曾到陕甘宁边区采访,其中一个月的采访活动是在宁夏的预旺回族自治县进行的。这里是红军西征前线,刚建立红色政权不久。斯诺在此访问了红军首长彭德怀、徐海东等和红军战士,以及当地干部和农民群众,在《西行漫记》中有 1/4 的内容是在这里的采访纪实。

## 三、抗战胜利后宁夏新闻事业的变化

抗日战争胜利后,宁夏新闻界的情况发生了一些变化。一个重要发展,就是在 1945 年 11 月至 1947 年间一批新创办的期刊相继出现,就目前所知至少有 10 种,超过过去所出期刊的总和。高峰期是在 1946 年,都为官方或半官方所办。新办报纸只见一张,即 1945 年 11 月由国民党固原县党部创办的《固原日报》,是一种八开一版单面石印的小报,主要刊登中央社电讯。

这 10 种期刊中,有十七集团军总部秘书处 1946 年创办的《每日新闻电讯》,马鸿逵的幕僚于 1946 年创办以宣扬孔学和制造"戡乱"反共舆论为主要内容的《舆论》,还有着重刊载"教育法令""教育消息""教师论坛"的《国教通讯》《国教指导月刊》《宁夏文教》等和专门从事研究宁夏的历史、地理、社会、政治、经济、文化的《新宁夏》月刊,以及《宁夏建设月刊》《宁工季刊》《文化动态》《文筏月刊》等。此外,还有宁夏旅渝同学会(纳长麒为负责人)1946 年 3 月在重庆创办的《宁夏青年》。

一个令人注目的举措,就是国民党宁夏省政府于 1948 年初决定成立宁夏广播电台,9 月开始试播,广播频率为 1 130 千周,呼号为 XGBA,专职兼职人员共 6 名。设有自办节目,每天晚上试播两小时,除转播国民党中央台新闻外还放一些唱片。

方方面面,林林总总,看似繁盛一时,实则基础十分薄弱,处境日见艰难。内容老套,舆论一律,了无生气。有些只出一两期便停,刊物《舆论》出不下去便并入《宁夏民国日报》,成为它的一个专刊——《戡乱专刊》。各刊印数虽有几百份,多为派销和赠阅,订者廖廖。宁夏广播电台开办只几个月,便将设备封存,停止试播。

宁夏报业在国民党全国报纸网络系统中地位下降了。国民党中央军事委员所属宁夏《扫荡简报》在抗战胜利后随即停刊。原为国民党中央直辖党报的《宁夏民国日报》,在战后重新设置的 23 名直辖党报名单中,已不见该报的名字。

不过,《宁夏民国日报》仍然是宁夏报刊的主干力量,继续效忠蒋介石,积极进行"戡乱"、反共宣传,并为马家父子歌功颂德。当时在南京的宁夏进步人士出版《贺兰风》,大肆抨击马鸿逵对宁夏的横暴统治,《宁夏民国日报》连篇累牍地发表文章为马辩护。1949年8月26日,中国人民解放军解放了兰州,9月1日马鸿逵奉蒋介石电召赴渝,行前将宁夏的军政大权交给其子马敦静。马敦静改组《宁夏民国日报》,撤换原社长和总编辑,改委其亲信徐静和陈叔平继任。9月19日,解放军向金积、灵武马部主力发起总攻,马敦静仓皇乘机逃往重庆。次日,马部高级将领、省府高级官员宣布起义,马家军统治宁夏的历史宣告结束,《宁夏民国日报》等报刊也随之停刊,宁夏新闻事业跨入一个新的时代。

纵观解放前宁夏新闻事业,据目前所知共出版报纸8种,期刊约26种,设立通讯社3家和1座广播电台。此外,宁夏籍学生和青年还在省外创办了4种期刊。这些报刊历时最长的为《宁夏民国日报》,计20年;其次为《扫荡简报》,历时6年,以下两三年历史的不少,约有半数报刊出版时间只有一年左右或几个月,发行数最多的报刊为《贺兰日报》,最高2 300份,平均1 800份;其次为《宁夏民国日报》,通常为1 200份,再其次为《每日新闻电讯》,印数700份,分发给十七集团军所属部队。

这里还有一重大特点,即宁夏的报刊都是由官方或半官方所办,民办报刊难以出现。在外省颇为流行的商业报纸,这里半份也没有。曾有几份文教类期刊,其实也为官方统制文教工作的工具。此外,还有《宁夏省政府工作报告》《宁夏省政府行政报告》《宁夏省水利专刊》《宁夏省财政年刊》等政府部门编印的为行政工作直接服务的期刊。再者,马鸿逵统治宁夏17年间,他对这里实行最严酷的军阀专制的新闻政策,早期革命报刊宣传的传统即告中断,所有进步的、抨击马鸿逵黑暗统治的报刊活动只能在省外进行,这就推动一批由宁夏籍学生和进步人士主持的进步报刊,在北平、汉中(陕西)、兰州、南京、重庆等地发展起来。

解放前,宁夏新闻事业的落后状况,在全国也是少见的,原因多样,是政治专制,经济、文化严重落后诸因素相结合的结果。

## 四、解放初期的宁夏新闻事业

1949年9月23日,宁夏全省解放,当时沿用民国时期的宁夏省原称和辖区版图,面积同前,总人口71.56万人。1954年9月,宁夏省建制撤销,全部并入甘肃省,原宁夏省辖区分别改为甘肃省的银川专区、河东回族自治区(1955年改变为吴忠回族自治州)、额济纳自治旗、巴彦浩特蒙古族自治区。1958年10月25日宁夏回族自治区成立,它是全国五个省级少数民族自治区之一。辖区除原宁夏省的2市(银川、吴忠)、12县(永宁、宁朔、中宁、中卫、贺兰、平罗、惠农、陶乐、金积、灵武、盐池、同心)外,将原属甘肃省的固原回族自治州(辖固原、西吉、海原三县)和隆德、泾源2县划入。总面积6.64万平方公里,在全国31个省、市、自治区中居倒数第6位。1958年末,总人口193.5万人,1988年末为445万(据国家统计局公布的1988年各地人口状况),仅多于西藏自治区和青海省,在全国省、市、自治区中居倒数第三位。

宁夏原有的新闻单位到1948年已所剩无几,因为全是官办的,解放前夕随着旧政权的垮台和主要官员的溃逃而先后关闭,解放后无一家继续存在。1949年9月26日,银川市军事管制委员会成立,军代表张源等带领工作组,接收了国民党统治时期的宁夏民国日报社、中央社宁夏分社和早已停止试播的宁夏广播电台的设备以及省印刷局。当时战乱刚停,百废待兴,共产党急需宣传自己的政治主张。因此,创办报纸等舆论工具就成为当务之急。宁夏省解放后诞生的第一张报纸——《新闻简报》,9月28日,即全省解放后的第六天,银川市军管会成立的第三天就和读者见面了。该报报道解放战争胜利的消息,宣传党的城市政策,为建立新的社会秩序大造革命舆论。该报(4开4版,日报)共出42期,于11月8日终刊。

同年11月11日,中共宁夏工委(后为省委)机关报《宁夏日报》(对开四版)创刊。张源为创始人,任副社长兼总编辑,社长由省委宣传部长贾怀济兼。

新华通讯社宁夏分社也同时成立,分社主编兼宁夏日报社通采室主任,分社人员同时也是报社通采室人员,既负责向新华社西北总分社发稿,又负责为《宁夏日报》采写地方新闻,实际上是与宁夏日报社通采室合署办公。到1950年6月才与宁夏日报社分开,由总分社任命冯森龄为宁夏分社第一任社长。

同时,宁夏人民广播电台也开始筹建,1951年7月1日正式播音,省委宣传部长梁大钧兼任台长。同月,中卫县文化馆创办了石印小报《中卫简讯》(周报),这是解放后宁夏第一家县办的报纸。同年,银川市有线广播站也应运而生,成为全省第一家。此后,宁朔、灵武两县也分别于1952年、1953年建立了有线广播站。

这一阶段,各新闻单位所担负的宣传报道任务十分艰巨。当时经济文化落后,文盲占人口90%以上,《宁夏日报》稿源奇缺,读者甚少,发行量上不去。为了改变这种状况,不仅需要发展通讯员队伍,扩大稿源,而且要建立读报组,以发挥报纸的作用。这种报社既管办报又管读报的情况,在内地大概是很少见的。1950年初,宁夏日报社在各县设立了通讯干事,同年6月又开始普遍组建读报组6 900多个,有超过19万人参加读报组活动,占全省总人口的24%。为适应农民群众文化程度低的实际情况,宁夏日报社还于1953年11月1日创办了一种通俗的报纸《宁夏农民》(周报)。

宁夏人民广播电台正式播音后也是步履维艰。当时,全省普遍缺少收听工具,政务院得知这一情况,全力扶持,发给各市、县、旗5042型干电池收音机各一部,各市、县、旗党委宣传部专门设一名收音员,抄收中央人民广播电台和宁夏人民广播电台的记录新闻,供当地领导参阅,并出油印小报和黑板报加以传播。另外,收音员还要巡回下乡,背着或用驴驮着收音机,送广播到农村。农民对无线广播深感神奇,收音员每到一村,周围农民便来看稀罕,有的甚至从十几里外赶来,自发地形成了听广播的集会。

虽然条件差、担子重,宁夏日报社、宁夏人民广播电台等新闻单位发扬艰苦奋斗精神,还是很好地完成了宣传报道任务。它们紧紧围绕党的中心工作,积极宣传党的方针政策,不仅正面报道了剿匪反霸、土地改革、"三反"、"五反"、农业合作化运动、生产建设、民族团结等各项工作的成绩和经验,还对国家机关工作人员中的某些官僚主义、违法乱纪等行为进行了批评报道,取得了良好的宣传效果,在提高群众觉悟,安定人心,建立新的社会秩序,发展生产等方面作出了贡献。

1954年9月,宁夏省建制撤销后,新华通讯社宁夏分社并入甘肃分社;宁夏人民广播电台停播;《宁夏日报》于1954年8月31日终刊,共出报1 368期。

1954年9月1日,中共银川地委机关报《银川报》创刊,四开四版,三日刊,每期发行8 000份左右。宁夏人民广播电台停播时曾改为银川人民广播电台,不久又奉命改为转播台,后转播台也停播了。

　　这一时期,银川专区和吴忠回族自治州的农业和手工业生产发展较快,引黄灌区连年丰收,农民生活显著改善。经济的好转促进了群众对文化教育的需求。为适应这一形势,继银川市和宁朔、灵武两县之后,永宁、贺兰、平罗、吴忠、中卫、同心、中宁、盐池等县也相继于1956年、1957年建立了有线广播站。这两年,银川专区所属8县,吴忠回族自治州所属4县,除陶乐县外,其余都创办了县报,有的油印,有的石印,有的由银川报社印刷厂承印,大多为八开,少数为十六开,篇幅二到八版不定,一般为周报。后来因物质条件较差,人财不济,历经一年,这些县报均先后停办,有的报纸出版时间还不到半年。关于县报短命的具体原因,1956年9月25日中共银川地委关于停办贺兰等4县县报向甘肃省委的请示报告中列举了以下几点:第一,银川地区一马平川,交通便利,村庄较集中,地委的《银川报》发行量大,每个农业社平均约60份,出报后的一两天内即可送到农村各个角落;第二,县报办报人员编制是三四个人,多为初次做新闻工作,水平低,报纸质量不高,作用不大,尤其是稿件来源困难,有的一天只能收到一两篇稿子;第三,经费和纸张困难。此外,西吉、海原、固原三县也在同一时期办了县报(当时这三县属甘肃省固原回族自治州),均为周报,四开两版,均于1957年7月停刊。三县报停刊后,州委机关报《固原州报》于1957年8月1日创刊。四开四版,五日刊,1958年7月1日改为周二刊。州委很重视报纸工作,州委领导下乡常约州报记者同行。州报创刊的当月,期发1 100份,至1958年5月,期发行量增至5 260份,全州平均127人有一份州报。

　　这期间,上述各报和广播站突出经济建设的宣传,着重报道了第一个五年计划期间农业生产的成就和先进人物的事迹,特别报道了农业生产中涌现出来的劳动模范,对总结推广农业合作化的经验,指导农业合作化健康发展起了积极作用;还倡导了移风易俗的新人新事新思想新风尚。但在政治思想领域里的宣传方面,"左倾"教条主义已露苗头,在"反右"斗争等政治运动的报道中,往往无限上纲,混淆了两类不同性质的矛盾,打击了一批有胆识有才华的知识分子。

## 五、从自治区成立到"文革"结束的二十年间

1957年11月5日,中共宁夏回族自治区工作委员会在北京成立,1958年3月迁至银川办公,进行成立自治区的筹备工作。为适应这一新的情况,《银川报》于3月28日终刊。在此基础上,于4月1日改出《银川日报》,作为中共宁夏回族自治区工委的临时机关报,仍为四开四版。同时,积极筹备《宁夏日报》等传媒的重建工作。同年8月1日,中共宁夏工委机关报(后为中共宁夏回族自治区委员会机关报)《宁夏日报》创刊,对开四版,张源任第一副总编辑,主持工作;新华社宁夏分社同时成立,关君放任副社长,主持工作。新组建的宁夏人民广播电台也于10月1日试播,10月15日正式播音,10月25日成功地转播了宁夏回族自治区成立大会的实况。第一任台长叶诚,次年9月到职。

《宁夏日报》第二次创刊和宁夏人民广播电台的再度成立,离不开四面八方人力、物力的巨大支援。特别是上海解放日报社给宁夏日报社抽调了一批编校人员和技术工人,上海电台从采、编、录、增音、发射到行政管理,几乎给宁夏电台配备了一整套工作人员。1962年5月,成立了宁夏广播事业局,全区广播台站有了统一的领导机关。

宁夏回族自治区成立时,在固原回族自治州和隆德、泾源两县设立了固原专区,《固原州报》作为地委机关报继续出版。1959年10月1日,改名为《固原报》。1961年4月27日出了最后一期,因纸张短缺而停刊。

在自治区成立至"文化大革命"前创办的报纸还有:《宁夏地质》(1959年8月1日)、《科学普及》(1962年7月)、《宁夏卫生》(1964年5月)、《石嘴山矿工报》(1965年6月),这些报纸四开、八开不等,有的是周刊,有的是旬刊,还有不定期的。"文革"开始后陆续停刊。

随着自治区的成立,加强了民族政策和民族团结的宣传报道。报纸、广播都把宣传党的民族政策作为经常性的任务,常抓不懈。宁夏日报社、宁夏电台采写了大量各民族平等互助、和睦相处、共同发展的好典型,促进了回

汉等各民族的团结。不过,在"反地方民族主义"的报道中,也打击伤害了一些优秀的少数民族干部。

自治区成立至"文化大革命"开始前这一阶段,《宁夏日报》、宁夏电台积极报道了包兰铁路和青铜峡水电站等重点工程建设和"工业学大庆""农业学大寨"以及工农业生产的成就、各条战线的先进人物与先进经验,对全区人民和全区工作起了一定的鼓舞和推动作用。同时,也受极左思想的影响,在1958年下半年至1959年上半年,报纸、电台一度存在着"浮夸风",放了不少虚假的"高产卫星",最高的是中卫县东方红农业社一块小麦地亩产高达5810斤(1958年8月6日《宁夏日报》一版报道);其次是中卫县先声人民公社的水稻亩产6035斤(1958年9月29日报道)。同年8月8日,《宁夏日报》发表了题为《共产主义的萌芽,伟大的开端》的社论,鼓吹人民公社大办食堂。此外,还散布了"人有多大胆,地有多大产"等唯心主义思想,以及平调社队财物的"共产风"。这些都对当时实际工作中的错误起了推波助澜的作用。

"文化大革命"开始后,除《宁夏日报》、宁夏人民广播电台外,自治区内的其他大众传媒均已先后停办,剩下来的这两家也不能正常工作了。《宁夏日报》从1967年1月14日开始,先后出了以《宁夏日报》新一号、《红色电讯》第一号、《宁夏日报电讯》第1号、《宁夏日报》革字第1号等为始号的四种序列的报纸,中间有一段时间(1967年2月11日—1968年2月10日)不准采编刊登地方稿。直到1971年10月15日《宁夏日报》才恢复使用第二次创刊后的总编号。宁夏人民广播电台也于1967年1月27日停办了一切自办节目,全部转播中央人民广播电台的一套节目,达一年之久。1968年2月,经自治区革命委员会批准,才办起了"无产阶级文化大革命"节目,此后又逐步恢复了"对农村广播"等自办节目。"文化大革命"时期,除大字报和传单铺天盖地之外,红卫兵组织和其他群众组织还编印了一些小报,广为散发。在宁夏创办最早的是宁夏大学毛泽东思想红卫兵各战斗团联合指挥部办的《东方红》(四开四版,铅印),从现存的部分报纸推测,该报大约创刊于1967年2月;其次是宁夏无产阶级革命派大联合筹办,约于同年5月上旬创办的《六盘水》报,宁夏无产阶级革命派总指挥部约于同年7月上旬创办的《挺进报》；此外，1967年秋、冬季创办的还有《毛泽东思想红卫兵》《工人战报》《红色文教》《红峡战报》等。这些小报的内容大体相同或相近，都是自我标榜最热爱毛主席，最坚决地捍卫毛主席的无产阶级革命路线；同时，捕风捉影，大批"走资派"，并攻击对立的群众组织等。

这10年中，和全国一样，宁夏的新闻事业也受到了严重挫折。党的知识分子政策横遭践踏，"知识越多越反动"的谬论甚嚣尘上，很多正直的知识分子受到迫害。宁夏日报社和宁夏人民广播电台实行军管后，在"清理阶级队伍"中，有二三百名经验丰富的领导干部和老新闻工作者被送到农场，约占这两个单位职工总数的80%。

"文革"时期，宁夏的新闻事业在挫折中也有发展。1970年5月1日，中共石炭井矿务局委员会创办了《石炭井矿工报》；1966年8月15日停刊的宁夏《科学普及》报，1971年10月1日复刊，1975年1月公开发行；1967年2月停刊的《石嘴山矿工报》，1974年10月1日复刊改名为《石嘴山矿报》。特别值得一提的是，1970年5月开始筹建宁夏电视台，当年10月1日试播成功。最初自办节目的能力不足，只能转播中央台的节目。尽管如此，它仍标志着宁夏新闻事业掀开了新的一页。1971年修建了六盘山转播台，扩大覆盖面。1976年9月，银川至北京的微波线路开通后，宁夏电视台开始编排自办节目。

## 六、宁夏新闻事业在新时期快速成长

1976年10月，粉碎了"四人帮"，结束了"文化大革命"，我国进入了新的历史发展时期。特别是1978年12月召开的中共十一届三中全会，制定了正确的路线、方针、政策，给全国新闻事业开创了一个蓬勃发展的新阶段。此后的十多年来，宁夏的新闻事业突飞猛进。除原有的报纸恢复和发扬新闻工作的优良传统，越办越好外，一些新报如雨后春笋般地相继问世。公开发行的有：《宁夏法制报》(1982年3月25日试刊，1985年1月5日创刊)、《宁夏青年报》(1984年5月16日试刊，1985年1月4日创刊)、《宁夏广播电视报》(1984年7月1日创刊)、原《科学普及》报1984年7月1日更名为

《宁夏科技报》、《信息与生活》报(1985年1月2日创刊)、《石嘴山报》(1987年5月15日试刊,1988年1月1日创刊)、《银川晚报》(1990年12月5日创刊)、《宁夏政协报》(1988年1月1日创刊)、《固原报》(1984年12月1日试刊,1985年4月5日创刊);内部发行的有:《银川科普报》《交通报》《宁夏地震报》《青铝厂报》《宁夏工商银行报》《宁夏大学报》等。全区面积最小人口最少的陶乐县也创办了《陶乐月报》。这些报纸全部为四开四版,大多数为周报。2000年底,全自治区共有公开发行的报纸14家,内部发行的报纸近400家,形成了以《宁夏日报》为龙头,由机关报、专业报、企业报、大专院校报等组成的报业结构。

为发展广播电视事业,1980年以来,自治区政府除拨给正常的经费外,还多次投资更新广播电视设备,先后完成了一些较大的建设项目,改善了发射、传输、转播设施,进一步扩大了覆盖面。据1995年初的统计,全省广播电台已由1家增加到10家,除宁夏电台外,银川、石嘴山、吴忠、青铜峡、贺兰、中卫、永宁、固原等市县的广播电台相继建成。截至2000年,全区有电视台5座,有线电视台2座,县级广播台7座。

宁夏电视台自1970年成立后的头十年基本上处于试播阶段,80年代随着彩色电视的兴起,才逐步做到每周七天正式播出。在改革开放的大环境里,宁夏的电视事业迅速发展,已初步形成了电视新闻、电视专题、电视教育、电视文艺、广告、对外宣传、电视剧、译制片八大类节目的制作能力,自办节目的数量、质量和对国内外的发稿量,都有很大发展。办好电视新闻是宁夏电视台的工作重点,他们在"宁夏新闻"、"新闻一刻钟"(后改为"特别报道")节目中,开拓报道面,增加信息量,多报道群众关心的问题,密切与群众的联系。在报道中,尽量运用同期声,增强现场感和表现力。

各地、市、县广播电视台不仅普遍增加了自办节目的栏目和时间,节目的内容、形式和采写录制的质量都有明显提高。各台站充分发挥自己处在基层更贴近群众的优势,及时捕捉当地发生的新鲜事,用最快的速度报道出来,时效性较强。

各新闻单位在提高宣传报道质量的同时,还不断更新设备,加速技术改造,增强了印刷和播出的物质基础。宁夏日报社1987年底实现了电讯微机传真收稿,1988年4月引进的东德书报两用四色轮转胶印机安装试车成功,5月6日印出了第一张彩报。同年6月又购进北大方正激光照排系统,经过一年多的人员培训,1990年6月1日正式使用,《宁夏日报》从此告别了"铅与火"跨入了"光与电"的时代。由于微机储存的字体丰富,可随意变化,为版面设计提供了有利条件,编排速度和印刷质量空前提高,印出的报纸字迹和照片清晰,赏心悦目,1990年、1991年两次在西北五省区党报印刷质量评比中夺魁。《固原报》在创刊之初就购置了胶印机、照排机等设备,在全区各报中最早使用照排胶印技术。在新闻改革中,宁夏人民广播电台积极改善广播的物质条件,于1985年就筹办调频广播,接着又于同年8月筹办调频立体声广播。经过努力,10月1日调频广播正式开播,12月调频立体声广播非正式播出。调频立体声广播,除播新闻节目外,主要用于播音乐戏曲节目,音色清晰,深受听众的青睐。

宁夏报纸在前进中也有不足之处,如对"实践是检验真理的唯一标准"的宣传,行动就比较慢。《光明日报》1978年5月11日刊登出这篇文章后,《宁夏日报》是半个月后(当月27日)转载的。此后,又陆续转载了《人民日报》《光明日报》、《解放军报》等5篇有关文章,直到同年8月25日,才在本报理论版中发表了两篇文章:《是实践第一还是理论第一》《过硬的检验在于实践的力量》。

截至2000年底,全区新闻单位由20多个增加到现在的100多个(其中含中央新闻单位驻宁记者站44家),全区新闻单位队伍空前壮大,新闻从业人员已达3 095人,具有新闻高级职称172人,中级职称385人。报纸广告收入3 009.3万元,广播电视广告收入5 209.4万元。

宁夏的新闻研究工作也日益活跃,由自发的研究逐渐形成了有组织有计划的研究。1980年3月,宁夏日报社率先成立了新闻研究部;1982年8月7日宁夏新闻工作者协会、宁夏新闻学会同时成立,1984年至1989年间,宁夏新闻摄影学会、宁夏广播电视学会、宁夏漫画创作研究会先后成立。这些组织发动群众开展新闻研究,经常拟定专题召开各种形式的研讨会,交流研究心得。全区的新闻研究刊物,原来只有1953年创办的《宁夏日报通讯》,坚持出版了二十多年,1980年改为《宁夏报人》,1981年又改为《新闻业务研究》,1982年仍然恢复出版《宁夏日报通讯》。1979年10月《宁夏广播》创刊,1983年2月1日《宁夏新闻工作通讯》创刊,1989年6月15日《宁夏广播电视》创刊,这些刊物成为新闻研究的舞台。在"盛世修志"的推动下,《宁夏广播电视史料》《宁夏报业资料汇编》等应运而生,并出版了《当代中国的宁夏》《当代中国的新闻事业》两书。1990年8月宁夏日报社主办了全国报纸总编辑摄影研讨会,与会代表形成了"图文并重,两翼齐飞"的共识,推动了各报采用新闻照片的改革创新。

伴随着宁夏新闻专业的发展,新闻教育也开始起步。1983年初,经自治区人民政府批复,"同意在宁夏大学中文系设新闻专业班",9月开始招生,10月成立了新闻教研室。新闻专业的毕业生充实到了全区各新闻单位,成为宁夏新闻队伍中的新生力量。此外,通过函授站、电大新闻班、学习班或到区外进修等形式,也提高了部分在职新闻工作者的政治和业务素质,培养出了一批年轻的新闻人才。

(本章撰稿人:宁树藩、程旭兰)

# 第六章

# 新疆新闻事业发展概要

新疆古属雍州外西戎之地,因此汉代称之谓西域。魏晋时,北部为乌孙、鲜卑,南部为于阗、龟兹;五代时并于吐番、回鹘;明代称为四卫之地。清乾隆二十年(1755)平定准噶尔部,设总统伊犁等处将军,管辖新疆的军政事务,二十四年平定南疆,新疆地区完全纳入清朝版图。

早在汉、唐中国大一统时期,就已开辟通往新疆的驿道,与内地时有书翰往来。唐代大诗人李白就出生于巴尔喀什湖南的碎叶城,幼年又随父迁往四川江油的青莲乡,可见当时新疆与内地的关系还是相当密切的。直到清代中叶以后,驿递制度废弛,清廷对俄罗斯入侵新疆竟然一无所知。例如,1871年7月4日,俄国侵占新疆重镇伊犁,清朝政府竟毫不知情。8月28日俄使馆通知总理衙门,清朝官员仍将信将疑,直到10月12日清廷才得到确切消息,但此时距沙俄侵占伊犁事件的发生已接近一百天[①]。由于沙俄拒不交还伊犁,清政府派左宗棠率部西征,经过数年的奋战,相继攻克乌鲁木齐、达坂城、鲁克沁、吐鲁番。1876年5月统治新疆的阿古柏兵败自杀,除和阗、伊犁外新疆全境克复。1881年与俄国签订《伊犁条约》,虽然收回了伊犁,但仍失去了七万多平方公里的领土并赔偿兵费九百万卢布。1883年设新疆为行省,以迪化(今乌鲁木齐)为省会,置巡抚及布政司。清

---

① 邮电史编辑室编:《中国近代邮电史》,人民邮电出版社1984年版,第123页。

代新疆省下设迪化、伊犁、温宿、焉耆、疏勒、莎车六府,吐鲁番、哈密、库车、和阗等八个直隶州。据宣统三年(1911年)统计,全省有206.9万人①。

## 一、新疆近代报业的萌芽

清朝末年国力衰微,新疆处于沙俄虎视眈眈的窥视之下,当时伊犁将军长庚对编练新军十分热心,分别从北洋和南洋各营中招募入疆新军。1908年初,革命党人杨缵绪升任标统,奉命率新军官佐643名西上伊犁,革命党人冯特民等数十人也随军进入新疆。冯特民(1883—1913),原名超,又名一,字远村,又字惕庵,笔名鲜民,湖北江夏人。曾游学国外,1905年参加日知会,被选为评议员。同年夏接办《楚报》,因揭露湖广总督张之洞与英国秘密签订粤汉铁路借款合同,被军警追捕。后秘密赴日,于1906年2月加入同盟会,归国后组织湖北同盟会支部,任主盟人。因参与萍浏醴起义,失败后被清军追捕,在武汉难以存身,适逢杨缵绪奉命率队出关,驻防伊犁,遂改名为冯特民,联络革命党人多名随军西出阳关。

1908年7月冯特民抵达伊犁后,任混成协书记官,建立伊犁同盟会,担任该组织的领导人。他发展了伊犁将军署文案黄心斋、绥定知府贺家栋、管库黄立中、参谋处李梦彪、教习张维直等多人加入同盟会。1910年3月25日(宣统二年二月二十五日),冯创办了新疆出版的第一份近代报纸《伊犁白话报》。报馆设在惠远城(今霍城县)北大街。冯特民担任主笔,革命党人郑方鲁(湖南长沙人)、李梦彪(陕西洵阳人)和张维直(陕西临潼人)等为协助编辑。当地汉族知识分子吴光荣,回族知识分子韩玉书等充任访员,提供当地新闻。冯特民也常到伊犁交涉局长李钟麟处,了解和转抄国内外新闻。由于该报内容相当丰富,文字也通俗易懂,深受群众欢迎。

《伊犁白话报》先出版汉文版,后又出版满、蒙、维文版,均为日报。汉文报是四开小报,用铅字排版印刷,其他文字报纸采用油印。由此可见,《伊犁白话报》是冯特民团结了五湖四海的汉、满、蒙、回、维吾尔等各族进步知识

---

① 参见《清史稿·地理志·新疆》。

分子共同创办的。该报资金同人自筹,也常常有人为报馆捐助经费,甚至一位不识字的老人祁存元也订了一份《伊犁白话报》,交给宁远城关帝庙门前的说书人,请他每天向群众说讲。《伊犁白话报》的发行范围也很广,它的派报处和代派处在新疆境内的,有惠远、宁远(今伊宁)、绥定、霍尔果斯(老霍城)、迪化、塔城等地,在全国各地的有北京爱国报馆、天津大公报馆、上海时报馆、汉口中西报馆等。

《伊犁白话报》虽是革命党人所办,但考虑到当时新疆的形势和驻防军人的处境,不便公然提倡革命,主要是通过揭露时弊和帝国主义侵华的历史事实,激发人们的爱国情绪和要求变革的决心,以合法的内容和形式,暗中传播革命的思想。《伊犁白话报》给消息闭塞的新疆地区带来时代的活力,也给沉闷的封建专制体制带来民主和文明的曙光。当时人们评述《伊犁白话报》道:"关于国计民弊,公益公害之事,语言痛切。实足以振聩起聋,开通民智","鼓吹地方文明,开导边氓智识,联络上下声气,化除种族界限,种种利益,真是指不胜指。"①在《伊犁白话报》的宣传鼓动下,新军中不少人加入同盟会,少数民族中的先进分子,也积极支持革命,伊犁在新疆地区率先光复,与冯特民等革命志士倡办《伊犁白话报》的出色贡献是分不开的。

正当伊犁的革命气氛日益浓郁之际,清廷调志锐任伊犁将军。在此之前,武昌起义爆发,消息传至伊犁,人心浮动。志锐为了稳定阵脚,于1911年11月15日履任之后,即勒令停办《伊犁白话报》。该报自创办至被迫停刊,持续出版了一年零七八个月。

## 二、杨增新统治时期的愚民政策

在武昌起义及各省革命洪流的冲击之下,时任陕甘总督长庚、东三省总督赵尔巽、新疆巡抚袁大化、伊犁将军志锐等密谋拥宣统西迁,企图据西北和东北地区与革命军对抗。1912年1月7日,杨缵绪、冯特民等发动起义。经过一宵血战,占领了伊犁将军署所在地——惠远城。因为清代以迪化为

---

① 《新疆文史资料精选》(第一辑),新疆人民出版社1998年版,第51—52页。

中心的新疆和伊犁是分治的,所以伊犁军政府的首领称为"新伊大都督"。1月8日,冯特民等人抓获志锐,押赴官钱局前枪决。2月22日,《新报》开始以新伊大都督府机关报名义创刊,自称是《伊犁白话报》的继续,但不接受私人捐款。《新报》在惠远城原《伊犁白话报》社址出版,冯惕广任经理,郑醉彝为编辑。《新报》第一版主要是南京临时政府、各省革命政权、伊犁政府机关与群众团体和各方面来往的"公电",揭露英、美、俄、德、日等帝国主义国家干涉破坏中国革命,乘机扩大对华侵略的"译电",以及各种署名的"社论"和"评论"。此外,还有专门记载各省、区宣布共和情况的"共和政体成立史",后改为专门记述各界要人谈话和政见的"中央新闻"。第二版主要是"本省新闻",此外还有"译报""文告""杂记""时评"及副刊性文字。《新报》的编辑方针十分明确,认为报纸"可以输出新智识、新思想、新道德,以贡献于社会","不因势力为转移,不挟党私而立论",强调"为舆论之代表,为政府之监督,是报纸之天职也"[①]。

《新报》创刊时,伊犁革命军正与新疆巡抚袁大化的清军激战于精河、乌苏一线,对民军固尔图之役的被围、溃败并不讳言"伤亡甚多",对沙泉子之胜做详细报道,也能实事求是地披露"亡亦不少"。1912年2月12日宣统帝下退位诏书,授权袁世凯组织临时共和政府,袁世凯于3月10日在北京就任临时大总统,随即电令新疆巡抚袁大化宣布共和,与革命军进行和谈。3月17日迫于省内外形势袁大化宣布共和。4月25日袁大化被迫辞职,推荐喀什道尹袁鸿佑继任都督,5月7日喀什哥老会势力袭杀即将赴任都督的袁鸿佑,5月18日,镇迪道兼提法使杨增新被任命为新疆都督。

杨增新以重金高官收买冯特民,冯不为所动。杨增新便运用政治手腕,先任命杨缵绪为喀什提督,随后对其多方掣肘,杨缵绪便于1913年8月中旬借奔父丧为名,改装易服回到湖北故乡。杨增新又收买叛徒匪时,勾结陕甘军人和回族军官发动兵变。1913年10月26日,时任代理伊犁镇边使的冯特民与20多名革命党人在兵变中遇害。政变后,《新报》随即停刊,改组为《伊江报》出版,杨增新政权稳固后,《伊江报》也停办。

---

[①] 《新疆文史资料精选》(第一辑),新疆人民出版社1998年版,第53页。

杨增新字鼎臣,云南蒙自人,出身于官僚家庭,1889年考中进士,曾先后担任过甘肃中卫县知县、河州知州和甘肃武备学堂总办。他对旧学颇有根基,熟悉历代封建帝王驭人之道。在陇右少数民族地区从政近20年,有丰富的统治边陲落后地区的经验。他自奉俭约,不讲求排场,不追求声色享受,不受馈赠,不纳贿赂,但自有其生财之道,在天津、大连均有他的别墅、洋楼。杨增新平时风趣健谈,平易近人,没有官僚架子,城府很深,善于随机应变,手段果敢阴狠。他常说"西出阳关无好人",意思是,新疆远在塞外,汉人千里迢迢来这儿当官,无非是来搜刮民脂民膏,到时候一走了之。汉人肯出来当兵只有游民,而游民是最难驾驭的,他们大多参加帮会,一旦受到特殊人物的鼓动,这局面就难以收拾。他认为新疆90%以上的居民信奉伊斯兰教,招募回族当兵足以弹压汉人,汉人制服了,还可以帮助制服其他少数民族。他的经验是运用地方人羁縻地方人,不能单纯依靠武力镇压。最令他头疼的是哥老会的势力,因为这些人是亡命之徒,但这些人没有文化、没有理想,他便采取金钱利禄来笼络、收买、离间,最终加以消灭。

民国初年,十月革命成功,帝国主义企图煽动新疆政权协助沙俄出击红军,借机进行干涉。杨增新对此也有自己独到的见解。他认为俄国革命情况复杂,俄国革命起于贫富不均,不是武力所能遏止的或消灭的,俄新党有大多数人拥护,胜利也将是必然的。新疆最好置身局外,免得引火烧身,外国怂恿新疆出兵,别具肺腑,不可上当。由于坚决采取不干涉主义,新疆的政局得以长期保持稳定。杨增新当时有这样的认识也确实不容易,但他毕竟是北洋军阀系统的封建统治者,他只希望人民同统治者的矛盾缓和到不至于发生激变的程度。他深深知道在当时那种专制社会里,要禁绝贪污腐化,要禁绝上层人物不鱼肉人民是不可能的,把局面控制在一定的范围内避免出乱子就是了。他把羁縻和牵制少数民族的封建上层人物作为治理新疆的核心政策。他常说,羁縻了头目人也就是羁縻了老百姓。羁縻和牵制是杨增新统治新疆的两种相辅相成的手段,即不触动这些上层人物的既得利益,但限制他们继续扩张,并以其他上层人物的势力来牵制过度的扩张和发展。

杨增新明知新疆的实力不足以问鼎中原,但也不愿内地军阀势力插足新疆,因此坚持采取闭关自守的政策。他一直拒绝北京政府往新疆分派官吏,也拒绝向新疆派送学生和遣送垦民、罪犯。1915 年后建立出入关的护照制度,即无论何人没有新疆最高当局的批准,不能离开新疆,也不允许进入新疆。新疆同内地和国外书信往来,每封都得检查,各地报纸寄入新疆,除杨增新本人特许外,一律不准投递。新疆没有新闻报道机关,没有报纸,更没有剧院、文化馆。在杨增新的愚民政策统治下,新疆全年教育经费仅 10 余万元。他创办的蒙哈学校,招收的是蒙、哈上层分子的子弟,培养一批忠于自己的蒙、哈干部,以应付民族解放的时代潮流,防止共产主义思想对少数民族的影响。他创办的一所俄文法政学校,也是为培养一批本地出身、家有恒产的外交干部,以避免在同苏联的外交接触中,接受共产主义思想的影响。杨增新将自己统治新疆的权术与经验,总结为一副对联,贴在省长公署的大堂上。这副对联是:"共和实草昧初开,羞称五霸七雄,纷争莫问中原事;边庭有桃源胜境,狃率南回北准,浑噩长为太古民"。这副楹联形象地反映了一位老于世故的政客甘心落后,闭关自守维护其封建统治的心态。据目前掌握的资料,在杨增新统治的 17 年中,新疆仅于 1915 出版过一份纯属政府公报性质的《新疆公报》,1918 年出版过不定期的刊物《天山报》。此外,在新疆斜米出版过一种名为《自由论坛》的杂志。杨增新不曾办过真正的新闻传媒,民间自办报刊是非法的,即使是具有一定政治地位的政府官员也不允许私办刊物。包尔汉在《杨增新统治时期》一文中有这样一段记载,"我平素也认为杨增新施行的是愚民政策,利用民族间矛盾来巩固他一己的统治。他对待我个人固然不错,但是新疆的黑暗现象,我认为必须革命。为此,1922 年,我曾与好友米尔扎江秘密出版刊物《新生活》",提倡"不抽烟、不喝酒、多读书"。我常以"昆托厄德"(日出)的笔名撰写文章。《新生活》每期 100 份,每份 10 余页。印好后,米尔扎江委托他的店员秘密散发。但刚出了两期,即被米尔扎江的妻兄发现,以此要挟,《新生活》只好停刊[①]。

在靠近新疆的苏联边境城市塔什干曾出版过华侨们自办的维吾尔文《解放报》,该报经常刊登新疆的消息,特别是有关新疆地方官吏贪污腐化和

---

[①] 《新疆文史资料精选》(第一辑),新疆人民出版社 1979 年版,第 169 页。

欺压当地居民的报道。杨增新也曾命令他的属员将译文抄送给地方官员们阅览,目的是警告地方官员,如对自己的贪污行为不加以收敛,将会给予严惩①。

在杨增新闭关政策和愚民政策的控制下,新疆的经济形势十分严峻,财政赤字完全靠发行纸币弥补。从1912年到1927年,16年间新疆财政赤字已高达4 960余万元,这笔巨款全部由发行纸币来弥补,实际上是把亏损转嫁给平民,势必引起通货膨胀。他明知滥发纸币"使人民增加无穷之负累",但作为反动的封建统治者他无法放弃这种掠夺劳动人民财富的手段。据杜恂诚《民族资本主义与旧中国政府》一书对1927年前全国商办、官办、官督商办、官商合办及中外合办企业的统计,资金在1万元以上的企业和资金在5万元以上的金融机构全国约有3 600家以上,而新疆只有3家,即官商合办的伊犁制革厂、商办的迪化乾和制革厂和新疆地方政府办的兴殖银行。由此可见新疆经济发展水平的低下。

1928年7月7日,杨增新被部下军务厅厅长兼交涉署署长樊耀南刺死,结束了他在新疆的17年统治。

## 三、盛世才统治时期的新闻宣传活动

1928年7月7日,杨增新被樊耀南等枪杀于俄文法政学堂,时任政务厅厅长的金树仁联合杨增新的旧部捕杀了樊耀南等,接任新疆省主席兼边防督办。金树仁在政治措施上仿效杨增新的一套,照样执行邮电检查,非经特许任何人不准随意进出新疆。但是金树仁认为杨增新治军不严,原有军械太旧,为巩固其在新疆的地盘,满足自己对甘肃的觊觎之心,他通过英国驻喀什总领事购置快枪、子弹,努力扩充军备。又以新疆军事人才缺乏,派其亲信赴内地聘盛世才来新,担任督署军务厅参谋。为了向南京政府显示金树仁治新的政绩,于1928年8月在迪化创刊《新疆省政府公报》。该公报为双月刊,内设"中央法规""中央政令""本省政令""要电纪录""会议记录"

---

① 《新疆文史资料精选》(第一辑),新疆人民出版社1979年版,第135页。

等栏目,刊登行政文件及政府各级机关的往来函电等内容。1932年11月在金树仁下台后停办。1930年又创办了新疆省政府的机关报《天山日报》,该报仍在迪化出版,为了表明与原《天山报》的继承关系,期数与《天山报》连续计算。该报的主要内容仍是宣传南京中央政府与新疆地方政府的政绩,报道党政军领导人的活动。虽然时效较差,但毕竟以新闻为主,在本地有专职记者,外地也聘有通讯员,已初具近代报纸的模式。

金树仁上台不到3年,1931年初爆发了哈密维吾尔族农民反抗官府的事变,导致全疆混乱。继而回族军阀马仲英率部入新,连年战火不断。1933年4月12日原来用于镇压农民起义的白俄"归化军"发动政变,盛世才利用其军事实力,乘机夺取政权,金树仁才被迫通电下野。

盛世才字晋庸,1892年生于辽宁开源的一个地主家庭,1917年赴日留学,毕业后任职于东北军郭松龄部下,与郭的义女邱毓芳结婚。1923年进日本陆军大学学习,1927年回国在国民党军官贺耀祖部下任参谋。1930年秋到新疆。1931年为镇压哈密民变始受到金树仁重用。在1933年新疆的"四一二"政变后一举爬上全省最高统治者——督办的宝座。

盛世才上台之初有意投靠南京政府,借以号令全疆,但南京政府企图利用新疆局面不稳的机会直接统治新疆,这使他深感不安。如果投靠日本,眼下还听他指挥的东北义勇军必然调转枪口,政局将更加不稳。盛世才权衡利弊结果,决定打起"亲苏、反帝"的旗号,争取苏联方面支援。盛世才伪装进步,对苏联派驻迪化的公使衔总领事百依百顺,逐渐取得苏联的信任。1935年向苏联贷款500万卢布,除100万用于公路建设,其余均用于买武器,办工厂。在苏联的帮助下,盛世才击败了张培元、马仲英等敌对势力,确立了他在新疆的统治地位。1935年12月3日,《天山日报》更名为《新疆日报》,成为盛世才新疆边防督办公署和省政府的机关报。社长宫振翰原是东北义勇军的军官,精通俄语,曾任盛世才的翻译,因参与过盛氏的机密,不久就借故逮捕、拘押,最终被杀害。

盛世才当新疆督办后,伊犁于1933年曾出版过汉、维两种文字的《伊江报》,共出版200多期。1934年盛世才的岳父邱宗浚任伊犁屯垦使后,于同年10月10日将《伊江报》改组为《伊犁新疆日报》,后改名为《新疆日报》伊犁版。《新疆日报》伊犁版为周六刊,星期一休刊,对开四版,正面两版为汉文,背面两版为维文,这种编排形式实属罕见。

应盛世才的邀请,1935年苏联派出各族联共党员25人到新疆工作。帮助盛世才宣传"反帝、亲苏、民主、清廉、和平、建设"六大政策,报上公开吹捧盛世才是"我们的伟大领袖"。"七七事变"前,盛世才与中国共产党建立抗日民族战线,应盛氏要求,中共中央先后派遣8名共产党员到新疆日报社工作,如担任编辑长的李啸平、萨空了等。从1938年2月到1942年6月,《新疆日报》在共产党人的领导下,坚持团结抗日,反对投降分裂,在抗日民族统一战线允许的范围内积极宣传中国共产党的方针政策。抗日战争的情况报道,每期都占有相当大的比重。《新疆日报》用汉、维吾尔、哈萨克及俄罗斯文出版。消息来源除国民党中央社的电讯外,也采用新华社电讯和《新华日报》消息以及塔斯社电讯。伊犁版《新疆日报》还从当地发行的英文报和俄文报上译编,一般外省消息三天内即可见报。

盛世才对宣传工作十分重视。他为铲除政治上的异己力量曾多次制造阴谋暴动案,替他创业的"四一二"功勋人物、东北义勇军将领、杜重运等进步爱国人士,陈潭秋、毛泽民、林基路等共产党人都惨遭杀害,俞秀松(化名王寿成)等联共党员被诬为"托派"赶回苏联,俞最后惨死狱中。报纸成为他一手遮天、欺蒙天下人耳目的舆论宣传工具。邱宗浚对盛世才的愚民政策可谓心领神会,他评价部属好坏的标准之一,便是对报纸是否重视。他说:"对政府政策要切实研究明了,然后你的脑筋才能对政府真正的信仰。"他对扣压报纸不下发的地方官吏严加斥责,认为他们"不忠实于政府"①。当时塔城、喀什、阿山、伊犁均有新疆日报分社,分别出版塔城版、喀什版、阿山版、伊犁版,这些地区的教育局局长均兼任社长。据《新疆日报》伊犁版1942年年发行量统计:在伊宁市汉文版111 240份,维文版(1940年起独立出版)148 100份,哈文版21 310份;在外埠,汉文版21 310份,维文版21 310份,哈文版53 394份。据1937年统计,蒙文报期发行量约200份②。

---

① 据原《伊犁日报》党委书记、总编辑周仁寿同志提供的伊犁日报社编印的内部材料。
② 同上。

## 第六章　新疆新闻事业发展概要

1935年12月27日,新疆阿勒泰地区曾出版哈萨克文报纸《新疆阿勒泰》,由哈萨克、柯尔克孜文化促进会创办,是我国最早的哈文报刊。同年9月,迪化还创刊了由新疆反帝联合会主办的《反帝战线》,该刊有汉文版和维文版,由共产党人主编。设"专载""时评""专论""学术研究""苏联研究""特约讲座""评述""文艺创作与理论""检讨与批评""地方特写与通讯""漫画特辑"等栏目,为宣传马列主义的综合性理论刊物。

盛世才执政后,从苏联买进4部汽车式无线电发报机,分别安装在迪化、喀什、伊犁、和田,建立无线电台,收发和传送官方电讯稿。1935年,在迪化城西北路建立了"大电台",安装了一部有1 000瓦功力的无线电收发报机,不仅收发官方的电讯稿,还对外播发时事新闻和戏曲唱片,虽然播音的时间很短,但毕竟是新疆最早的广播节目。由于当时无线电收音机极少,迪化市内便采取有线喇叭播放无线电台的节目。开始时有线喇叭只有30多只,到1937年,安装在政府机关内的广播喇叭已有100多只。1938年,新疆交通处建立了一座广播电台,开始在迪化市及以外地区进行广播。在迪化商店、街头和居民住宅区内已安装广播喇叭200多只。但是这一时期的广播只有汉语节目,直到1941年底才出现少数民族音乐节目和社会团体的文艺节目。

1942年6月,苏德战争进行得十分激烈,莫斯科被围,盛世才感到苏联卫国战争胜利无望,而中共又不可能打败蒋介石政府,便决定公开抛弃"亲苏"政策,投靠国民党政府。《新疆日报》的中共党员被告知送回延安,次日,接这些共产党人的卡车竟直接将他们送往监狱。《反帝战线》则早在1942年4月被迫停刊。

1927年国民党定都南京后,新疆即设有国民党省党部,盛世才执政后,将省党部撤销。1943年,新疆省党部重新成立。省党部委员中,有国民党指派的黄如今、张志智等人,也有盛世才亲信宋念慈(新疆日报社长)、李英奇(新疆警务处长)等。国民党在新疆首先控制了新疆最大的宣传机构——新疆日报社,由李尚友出任编辑长,大量宣传三民主义,经常转发《中央日报》专论,变为纯粹的国民党党报。省党部又利用新疆日报社的印刷条件,大量翻印《三民主义》《中国之命运》等,并译成维吾尔文出版。又创刊《新新疆》《新疆妇女》等杂志。国民党陆续派遣干部来新疆工作,又就地培养干部,但为了避免与盛世才发生冲突,决定暂不设立特务机构,全疆的情报网仍控制在盛世才手中。国民党借口防止苏联侵略和平定乌斯满在北疆变乱,自1944年起,陆续派军队西进。盛世才深感不安,1944年4月又制造"程东白案",先逮捕教育厅厅长程东白、新疆日报社长宋念慈、副社长郎道衡等,同年8月将国民党派往新疆的省委书记长黄如今、省委委员张志智、《新疆日报》编辑长等大员一网打尽。盛世才电告蒋介石,黄如今等人系共产党,勾结苏联,阴谋暴动,夺取新疆政权。蒋介石当然不相信黄如今等人是共产党,知道盛的目的是将国民党势力排挤出新疆,便决定借此机会将盛世才调离新疆。他一面自河西抽调大批部队源源不断西进,一面派朱绍良去新疆与盛世才谈判,准备调盛到中央任农林部部长。盛世才对此大出意外,派人带他的亲笔信与苏联驻迪化总领事馆联系,希望得到苏联军事和政治上的援助,不惜与国民党兵戎相见。可是苏联拒绝了他的要求。面对大军压境的局面,盛世才只好接受农林部部长的任命,由吴忠信继任新疆省主席。盛世才对新疆的血腥统治到此结束,他到重庆后即遭到黄如今等国民党人的猛烈攻击,无法在农林部立足,又时时担心为仇家所暗杀,终日提心吊胆,成了精神病人。

## 四、解放初期新疆的新闻事业

1949年8月中旬,解放大军向西北挺进直指兰州,在迪化的国民党权势人物眼看大势已去,通过各种渠道抛出金元券在市面上抢购商品,准备席卷财富,一走了之。地下革命组织看到物价飞涨,民怨沸腾,便策动工商界开展拒用金元券的斗争。时任新疆省主席的包尔汉向地下革命组织表示支持这一斗争,以市商会名义发布公告拒用金元券。8月26日兰州解放,这一消息第二天就以传单形式在迪化市内散发。9月上旬,国民党军政上层开始酝酿和平起义。中旬,军政头目中的顽固分子感到日暮途穷,纷纷经南疆外逃。9月28日,《新疆日报》发表新疆军政人员宣告和平起义的通电。但是,解放军进驻新疆尚需时日,作为国民党省委机关报的《新疆日报》处于

## 第六章 新疆新闻事业发展概要

难以维持的局面之中。此时一个称作"民主先锋"的地下组织派人接管了《新疆日报》，一向用油印出版的秘密刊物《战斗》也改为铅印公开发行。为了安定人心，《战斗》和《新疆日报》同时发布"解放军先遣部队不日进入迪化"的消息。10月20日第一野战军战车团正式进入迪化。

1949年12月6日，中共中央新疆分局机关报《新疆日报》汉文版创刊。接着于1950年元旦又创办了维吾尔和哈萨克文版。同年8月1日，又创办了蒙文版。1955年新疆维吾尔自治区成立，《新疆日报》就成为自治区党委机关报，4种文版的期发数从创刊初期的1.6万余份上升到3.6万多份。

新疆是个多民族地区，它的许多州、地、市、县都创办了许多地区性党报和各种专业报和对象报，而且不少报纸又出了多种文版，这是其他地区所罕见的。新中国成立初期创刊的地区性党报，主要有1950年1月伊犁专署创办的机关报《新路报》，该报为对开的周三刊。1951年改名为《伊犁日报》，成为伊犁地委机关报，是对开的日报。《新路报》和《伊犁日报》均有哈文版和维文版，1955年10月1日，《新疆日报》哈文版与《伊犁日报》哈文版合并，成为伊犁哈萨克自治州的党委机关报。《伊犁日报》维文版改为《伊犁农民报》，每三日出版四开一张。1956年1月1日，伊犁区党委决定出版汉文周报《新闻简报》，为出版汉文版《伊犁日报》作准备，1957年10月1日《伊犁日报》维、汉两种文版正式创办。另一家重要的地区性党报是1950年5月1日中共南疆区委和南疆行署在维吾尔族聚居的喀什地区创办的《天南日报》，该报初创时为维文版，1953年9月1日又创办了汉文版。1958年6月更名为《喀什日报》。该报自1951年起即实行编、采、通合一的工作制度。编辑部将全区分为8个地域，每个地域设一个通讯组，每组负责通讯员的培训工作和当地的通讯报道工作，并以此建立起喀什全区的通讯网络。新中国成立初期创办的地区性党报还有哈密地委于1951年创刊的《哈密报》，该报于1954年停刊。1958年10月1日，经中共哈密地委批准复刊，并以铅字印刷出版，分为维文版和汉文版两种。《莎车报》是莎车县委主办的维吾尔文报纸，创刊于1956年11月1日，原名《莎车农民》，是当时唯一的一家维文县级党报。1958年曾出过汉文版，至1960年停办。

新中国成立初期，新疆地区还出版过不少专业报和对象性报纸，如

1951年10月创刊的《迪化工人》,1953年并入《新疆日报》,成为该报的《新疆工人》专刊,该刊用维、汉两种文字出版,每周一期。又如新疆自治区石油管理局党委和克拉玛依市委主办的企业报《新疆石油报》,该报创刊于1956年1月1日,在乌鲁木齐市以维、汉两种文字出版。此外,还有新疆商业厅、医药局、烟草局、新疆生产建设兵团商业厅联合主办的《新疆商业报》(1954—1958),共青团新疆维吾尔自治区团委主办的《新疆少年报》(1956—1967),共青团新疆伊犁哈萨克自治州州委办的《伊犁少年报》(1957—1967)和《伊犁青年》(1957—1968)。到1965年,新疆的报纸已有29种,其中少数民族文字的报纸就有19种。在阿克苏地区和哈密地区分别有维文和汉文出版的《阿克苏报》与《哈密报》;在察布查尔锡伯自治县有锡伯文出版的《新生活报》。其他各专区、自治州和一部分县也都办起了一种或两种文字的铅印报纸。新疆军区部队和新疆生产建设兵团及所属各师,乃至自治区的一些专业系统,也办起了铅印报纸。新疆的新闻事业朝气蓬勃,出现了前所未有的繁荣景象。

解放军进入新疆后,立即接管了国民党的广播电台,1949年12月12日,迪化人民广播电台成立,随即开始以汉语和维吾尔语播音。次年改名为新疆人民广播电台。1955年2月21日,开始用哈萨克语播出。1958年1月3日又推出用蒙古语播音。为了使更广大的地区都能听到人民广播电台的新闻和文艺节目,1950年起喀什、莎车、和阗、阿克苏、焉耆、哈密等地都建立了广播收音站。1952年起,全疆各县和大部分地区都设置了收音站,广播接收网络基本建成。据1965年的统计,新疆84个县市中已有81个县市建起了广播站,在一些边远地区也建立了170多个半导体收音机的收音站,广播发射功力比解放前增加了140多倍。为广播电台工作的通讯员已达4 000余人,电台的记者、编辑、播音员、翻译人员比解放前增加了11倍,而且一半以上为少数民族职工。

电台的广播时间由解放初期的每天3小时增加到25小时左右,广播节目比解放初增加了10多倍。报纸的发行量也从1955年每天发行4万多份,增加到1965年的10余万份。新疆的新闻事业真可谓欣欣向荣、蒸蒸日上,报刊与广播齐头并进,取得了空前的发展。

## 五、"文化大革命"时期新闻事业的衰落

1966年由毛泽东亲自发动和领导的"无产阶级文化大革命"被林彪、江青反革命集团利用之后,酿成了一场史无前例的大动乱,使党和人民遭受了巨大的劫难和损失。我国的新闻事业成为这场运动中的重灾区,处于蓬勃发展阶段的新疆新闻事业也在劫难逃,陷入空前的低谷。

许多报刊处于被查封或被迫停刊的情况下,新疆历史最悠久、最有影响的《新疆日报》侥幸得以留存,但却命途多舛,遭到了极大的破坏。

1967年1月12日,新疆日报社被造反派组织夺权,报纸改为"造字号",煽动造反夺权,对新疆的动乱局面起了推波助澜的作用。3月3日,人民解放军新疆军区奉命对报社实行军管,成立了报社军事管制委员会,报纸又改出"军字号"。5月7日,造反派查封了军管报社,出版刊物《新疆日报·红色电讯》;不久,又在新疆大学复刊"造字号"《新疆日报》,与"军字号"《新疆日报》相对抗,一时出现了两张《新疆日报》长期并存的全国罕见的局面。1968年8月9日,军事管制委员会撤出报社。9月5日,自治区革命委员会成立,报社出版"革字号"《新疆日报》,定为自治区革命委员会机关报,"军字号"和"造字号"《新疆日报》同时停刊。1969年1月和1970年10月,自治区革命委员会第一、二批工宣队和军宣队先后进驻报社,直到1972年才撤销。动乱期间,报社许多工作人员以莫须有的罪名遭到迫害,各种专业技术人员锐减。报社在极左路线的控制下,为"文化大革命"大造舆论。

《哈密报》是"文革"期间继续出版的另一份报纸。"文革"之始,哈密地区社会秩序与内地相比还算稳定,地委机关报《哈密报》还能正常出版。但是,随着各种名目的造反组织陆续建立,极左思潮泛滥,哈密地区的形势也开始动荡起来。

1966年9月3日,哈密地委机关遭到造反派的冲击并被夺了权。1967年1月27日,《哈密报》改出周三版的"造字号",主要刊发"造反派夺权声明"和有关报道,为"打砸抢有理"大造舆论。1967年3月20日,报社实行军管,改出"军字号"。哈密地区革命委员会成立后,从1969年3月15日开

始,报纸作为革命委员会的机关报改出"革字号",成为极左路线的吹鼓手。1974年1月报纸作为地委机关报复刊,主要以新华社通稿和地区的典型报道来填满版面,舆论宣传仍然是错误的。1974年11月1日《哈密报》停刊,这次停刊长达12年之久,直到1986年,《哈密报》才重获新生。

十年浩劫中,新疆的广播事业与报刊业一样在狂风骤雨中飘摇。自办节目一度被取消,只能转播中央人民广播电台的节目。电台被剥夺新闻采访权,广播成了报纸的有声版。但与此同时,电视这一新生儿却呱呱坠地。1970年,新疆电视台在乌鲁木齐建成,开始试验播出。1972年正式播出黑白电视节目。从此,新疆新闻事业又增加了一支生力军。

十年动乱中,新疆新闻事业遭到了极其严重的摧残,但却并未被破坏殆尽,仍保存了一定的力量。一些报纸继续出版,县、市有线广播站有所增加,电视事业的兴起更成为黑暗年代中的一丝曙光。新疆新闻事业就如冰天雪地中的一株小花,虽临寒冬犹顶冰破土,显示出强大的生命力,等待、召唤着祖国的春天。

## 六、新闻事业在新时期的蓬勃发展

从1976年10月开始,我国人民又获得了第二次解放,社会主义革命和建设事业进入了一个新的历史时期。近20年来,随着改革开放的深入和社会经济的巨大发展,新疆的新闻事业也有很大的发展,其速度超过了以往任何时期。进入80年代以后,改革开放为新时期新疆的新闻事业带来了巨大的生机和活力,出现了新疆历史上前所未有的繁荣景象,形成了以党报为中心的,多层次、多渠道、多形式的新闻体系。改变了以往以报纸为主体的格局,出现了报纸、广播、电视等多种新闻媒介相互共存、相互促进的繁荣局面。

### (一)报业的结构和发展

改革开放近20年来,随着新疆社会主义各项事业的蓬勃发展,人民群众的物质生活水平提高,文化生活需要不断增长,新疆的报业得到了巨大的发展。到1994年底,全疆正式出版的报纸已经从1978年的5家发展到84家,多数报纸都是1978年以来恢复或创办的,仅新创办的报纸就达40家之多。自治区各级各类报纸中,除汉文版外,多数都有1—2种少数民族文字版。1994年,面向全国公开发行的84种各民族文字报纸中,有汉文报42种,维吾尔文报27种,哈萨克文报10种,蒙文报3种,柯尔克孜文报1种,锡伯文报1种。少数民族文字的报纸占到了全区公开发行报纸的50%,总期发数40多万份,是我国少数民族文字报纸最多的省区。在自治区的各级各类报纸中,既有党的机关报,也有政府部门主办的报纸,还有工会、共青团等群众团体主办的报纸,以及满足各行各业或某些专门兴趣的读者需要的报纸。新疆报纸已由比较单一的党报,发展为以党报为主,兼有经济、文化、生活等各方面内容的多层次、多品种相辅相成的报业结构。

新疆的报纸大致可分为6类。第一类是机关报,包括省(区)、地(州)、县(市)三级党、政机关报,共40多家,占全区报纸总数的一半以上。这类报纸的特点是有较强的宣传教育和指导工作的功能,对全疆的政治和经济有着重要的影响。第二类是综合性报纸,即除机关报外在新疆有影响的报纸,如《生活导报》《亚洲中心时报》《参考消息》等近10种。第三类是行业专业报,包括经济、法制、科技、教育、文化等各行业和专业的报纸。这一类报纸主要是国家实行改革开放以后,随着经济建设的巨大发展及政府部门职能加强而发展起来的,这类报纸发展很快,到1994年底,全疆共有各类专业报18家,总期发量约50多万份。此外还有对象性报纸6家,晚报5家,军队报1家。

自治区党委机关报《新疆日报》每天仍用维、汉、哈、蒙四种文字出版发行,是全国文种最多的一份报纸。党的十一届三全会以来,新疆日报社各编辑部门进行了新闻改革,从调整组织机构入手,加强采访和编报的业务水平和实力;以版面为中心进行改革,花大力气抓新闻、抓言论、抓典型、抓特点。经过改革,《新疆日报》与自治区的经济建设和人民生活更接近了,增强了新闻的指导性和可读性。目前,四种文字的《新疆日报》全年实际平均期发数17.21万份。新疆日报社还编译出版维吾尔、哈萨克两种文版的《参考消息》,内容从汉文《参考消息》上摘译;代印《人民日报》《中国少年报》等多种全国性报纸;承印近 30 种本地区的小报、杂志和其他印件。全社现在共有职工 1 100 多人,其中编采 336 人,经营管理 385 人,印制 401 人。编采人员中,维文报 115 人,汉文报 119 人,哈文报 53 人,蒙文报 49 人。

《乌鲁木齐晚报》(维、汉文版)由中共乌鲁木齐市委主办,是我国第一家少数民族文字晚报。创刊于 1984 年 1 月 1 日,汉文版为日刊,四开八版;维文版为周六刊,对开四版。该报突出民族风格和地方特色,使读者喜闻乐见是该报的宗旨。该报以生动活泼的形式,向读者介绍边城风貌,天山风光,各族人民开发建设新疆的多姿多彩的生活,以丰富版面。该报还重视批评报道,以推动各项工作的顺利开展,增强报纸的吸引力。晚报创办 10 余年来,曾多次被评为全国晚报系统的优秀晚报和全疆的优秀报纸,发行量逐年扩大。目前,《乌鲁木齐晚报》已成为全疆最受读者欢迎的报纸之一。

《新疆广播电视报》(汉、维文版)由新疆广播电视厅主办,新疆人民广播电台、新疆电视台编辑出版。创刊于 1981 年 4 月,现为周刊,汉文版四开十六版,维文版四开八版,有采编 30 人。该报宗旨是扬广播电视之长,补广播电视之短,为广播电视宣传服务,为广大受众服务。主要读者对象是维吾尔、哈萨克族广播听众、电视观众。这张报纸是我国少数民族文字报纸中创刊最早的一张广播电视专业报纸。

《人民军队》报(维文版)是由兰州军区政治部主办,是我国唯一的一张少数民族文字的军队报纸,创刊于 1957 年 8 月 1 日。该报现为周三刊,对开四版,有采编 20 人。《人民军队》报只出维文版,面向生活、战斗在地处西北边疆的广大少数民族指战员,介绍全国各地的建设成就和少数民族历史。该报与党中央在政治思想上保持高度一致,以正面宣传为主,向广大民族指战员宣传马列主义、毛泽东思想,宣传党的民族理论和民族政策,褒扬民族团结的先进集体和个人。新疆广大少数民族指战员称该报为"我们的政治指导员"。

《克孜勒苏报》(柯文版)和《察布查尔报》分别是全国唯一的柯尔克孜文报纸和锡伯文报纸。《克孜勒苏报》由中共克孜勒苏柯尔克孜自治州主办,创刊于 1957 年。柯文版现为周二刊,对开四版。柯尔克孜文报不仅在州内发行,而且还发行到喀什、阿克苏、伊犁等地,其他省市自治区也有少数订户。《察布查尔报》由中共察布查尔锡伯自治县县委主办,其前身为《新生活报》。四开四版。在宣传报道方面,除及时宣传党的各项方针、政策,特别是党的民族政策、民族团结和各项事业建设成就以及各民族先进人物外,还十分注重在锡伯族群众中普及科学文化知识,服务生产,指导生活,并定期刊登广播电视节目,为听众提供方便。锡伯文《察布查尔报》的作用和意义,还在于它为培养锡伯族人才,提高锡伯族群众的文化素质,发扬和继承锡伯族文化遗产等诸方面,都有其重要的作用和意义,是中华民族灿烂文化宝库中的一份珍品。

在整个报业结构中处于核心地位的是新疆各级党的机关报。它们在继续发挥党联系群众的桥梁和纽带作用的同时,不断改革,强调报纸要从读者的需要出发,以新闻为主体,注意新闻的时效性,并要求不断开拓新闻报道面,增强可读性。党的机关报还在新闻的真实性方面作了严格的规定和要求,以维护党的新闻事业的信誉。在新的历史时期特别是近几年来,各家报纸在更新设备方面获得了巨大发展。1994年,全自治区公开发行的报纸有93%已实行激光照排,胶版印刷。另外,在社会主义市场经济思想指导下,各报社还积极承揽广告业务,搞创收,抓经济效益,以促进自身更大的发展。

## (二) 广播电视事业的迅猛发展

党的十一届三中全会以来,新疆的广播电视事业突飞猛进,呈现出兴盛繁荣的景象,形成了一个对内和对外、城市和农村、无线和有线协调发展的广播电视宣传网络。在"四级办广播、四级办电视、四级混和覆盖"建设方针指导下,新疆的广播事业取得了长足的发展。到1994年底,全疆已建成各种类型的广播电台24座,有广播节目46套,全区广播电台平均每天播音时间合计329小时,其中自办节目250小时。同时还建成广播发射台38座,发射总功率比1978年增加了54%,比解放初增加了3000多倍。基层广播网的建设也出现了新的局面,全疆85个县(市)都有了广播台(站),并在70个县(市)建立了调频广播。全区848个乡镇中,有721个乡镇通了广播,广播人口覆盖率达到70.5%。20世纪末,新疆人民广播电台办有维吾尔、汉、哈萨克、蒙古、柯尔克孜五种语言的广播节目,每天播音近50小时,是解放初期的 16 倍,在五种语言广播中,每天转播(含译播)中央人民广播电台新闻性节目 20 余次,新疆地方新闻性节目近 30 次,此外,还办有多种教育性节目、文艺性节目和服务性节目。它已成为新疆维吾尔自治区主要的新闻舆论中心之一。

新疆的电视事业虽起步晚,但发展快。1977 年 2 月,新疆电视台开始使用黑白录像、摄像设备播出中央电视台的《新闻联播》和其他节目,改变了以往用摄影机摄制节目和主要播放电影片的状况。1979 年 2 月 5 日,新疆电视台增加了八频道彩色电视,每周播出两次汉语节目,开始了新疆彩色电视的光辉进程。十一届三中全会以来,新疆的电视事业出现了突飞猛进的局面。1982 年 6 月 1 日,新疆电视台用维吾尔、汉语分频道播出彩色电视节目,成为全国第一个用专用频道开办少数民族语言电视节目的省级电视台,并全部完成了黑白电视向彩色电视的过渡。1982 年 9 月 1 日起,新疆电视台利用邮电部租用的国际通讯卫星,收转了中共第 12 次代表大会的实况和其他重要报道,这是新疆第一次收转到当天中央电视台的节目。1984 年 8 月开始,新疆电视台通过卫星传送每天按时录播中央电视台的《新闻联播》(因时差迟一小时半播出)。1989 年 2 月,新疆电视台开始利用卫星传输技术,向新疆各地播送部分电视节目。1993 年 8 月 1 日起,新疆电视台维吾尔、汉、哈萨克语节目实现全天卫星传输。

为了使新疆广大地区的各族人民群众都能及时收看中央电视台的节目,1985 年,中共中央、国务院决定赠送自治区 5 个卫星地面接收站,分别建在乌鲁木齐、伊宁、阿勒泰、喀什、和田 5 市。自治区和各地也自筹资金发展电视卫星地面接收站。20 世纪末,全疆已有电视台 27 座,使用维吾尔、汉、哈萨克、蒙古四种语言播出,每周播出 1 858 小时,电视人口覆盖率达 72%;有录像转播台和电视差转台 348 座;卫星地面接收站 471 座。有线电视近年来也开始起步,发展势头很猛。到 1994 年底,全疆依法审批设立行政区域性有线电视台 5 座,企业有线电视台 6 座,有线电视站 440 座,总传输用户超过 110 万。

随着广播电视事业的发展,广播电视行政管理机构也逐步建立健全。1959 年,自治区人民政府成立了广播事业管理局(现改为广播电视厅)。从

1976年开始,各地、州、市陆续建立了广播事业管理局(现改为广播电视局)。到1986年全疆各县(市)都建立了广播电视局。从"七五"开始,新疆广播电视厅一方面加强厅本部的基础建设,完成各种土建工程56 300多平方米,其中广播播控中心5 000平方米,彩电制作、播出、译制中心2万平方米。另一方面,加强了基层广播电视事业建设,使各地、州、市、县广播电视宣传网逐步趋于完善。

## (三) 新闻教育与新闻研究的发展

新闻事业的改革和发展,除了技术设备方面的革新之外,在新闻队伍的建设,新闻事业和新闻工作的指导思想、工作方法以及管理体制方面都面临着迫切而艰巨的改革任务。可见,加强新闻教育和重视新闻研究是新闻事业得以全面健康发展的根本保证。在新的历史时期,由于党和政府的关心,广大新闻工作者的齐心努力,新疆的新闻教育和新闻研究取得了很大的发展。

自治区新闻事业的蓬勃发展使新闻人才发生了短缺,加上全疆新创办的报刊和新成立的电台、电视台更需要大批新闻人才。为了满足自治区新闻事业对新闻人才的迫切需要,新闻教育事业提上议事日程并开始实施。十多年来,自治区有关部门和新闻单位先后通过开办中国人民大学新闻函授专业班、业余大学新闻专业班、电大新闻专业班以及大学代培等形式,使40岁以下的新闻专业人员绝大多数都有了大学本科或专科学历。1983年9月,新疆大学中文系开办了自治区第一个正规的高等教育新闻专业,用汉语、维语两种语言授课。其中汉语本科生为4年制,少数民族大专生为3年制。到1994年,新疆大学中文系新闻专业已招收各族学生740人,其中少数民族学生占65%。有教师21人,其中副教授4人,讲师14人,助教3人。1985年自治区广播电视学校正式成立,有计划地培训新闻采编和技术人员。通过以上各种形式培养的大批新闻人才,现已不断充实到自治区新闻界的各条战线,成为发展和繁荣自治区新闻事业的一支新生力量。

在新的历史时期,自治区广大新闻工作者已认识到加强学术研究,提高理论水平,促进新闻改革的重要性,于是自治区的新闻研究在这个时期兴起。1985年4月13日到17日,在乌鲁木齐市联合召开了自治区新闻工作会暨新闻工作者代表大会。会议围绕如何当好党的耳目喉舌,搞好新闻改革,把报纸、广播、电视办得丰富多彩等总问题进行了讨论。会议通过选举,正式成立了新疆新闻工作者协会和新疆新闻学会。会议决定由新疆新闻工作者协会和新闻学会创办自治区第一个公开发行的新闻专业刊物《新疆新闻界》。1987年4月又成立了新疆广播电视学会,并创办了广播电视学术刊物《视听天地》。1993年3月16日和3月26日,哈密地区新闻工作者协会和哈密地区新闻学术研究会也先后成立。这些新闻工作者协会和新闻学会的成立,大大推动了自治区新闻研究活动的发展。

《新疆新闻界》杂志是新疆新闻工作者协会和新闻学会联合主办的新闻专业刊物,1985年5月创刊,由新疆日报社《新疆新闻界》编辑室编辑,十六开本,双月刊。《新闻新闻界》的主要任务是宣传党对新闻工作的方针政策,研究新闻理论,交流采访和写作经验,传播新闻知识,沟通新闻信息。它以发现和培养新闻写作人才,帮助专业新闻工作者、业余通讯员、新闻写作爱好者提高理论和业务素质,搞好党的新闻工作为宗旨。实行理论与实践结合,学术与业务并重,兼顾普及与提高,以普及为主的编辑方针,立足新疆,面向全国,推动自治区新闻事业的发展。《新闻新闻界》设有近40个栏目,主要有"理论探讨""业务研究""稿件评介""采写体会""新闻知识专题讲座""新闻论坛""写作探胜""地州市报台园地""通讯员园地""广播与电视""新闻摄影""新疆报刊史话""天山纵横"等。

### (四)新闻从业人员队伍的发展和壮大

随着多民族文字新闻事业的发展和繁荣,新疆多民族成分的新闻工作者队伍迅速成长起来。到1994年,全疆已有新闻记者、编辑4 000人,其中,维吾尔、哈萨克、蒙古、柯尔克孜等少数民族的新闻工作者近50%,许多少数民族新闻工作者成为各级各类新闻媒介机构的业务骨干和领导骨干,首届自治区新闻工作者协会主席就是维吾尔族人。在全疆的各级各类新闻工作者中,具有高级、副高级专业职称的新闻采编人员达400多人,中级职称的新闻采编人员有1 000多人,初级职称的采编人员约2 000人。他们分

# 第六章　新疆新闻事业发展概要

别从业于天山南北的84家报纸,100多个广播台、站和27个电视台。这样一支新闻队伍在新疆各项事业的建设中很好地发挥了服务、联络、协调、监督的作用,为新疆新闻事业的发展和繁荣作出了卓越的贡献。

据2000年的统计数据,新疆有正式刊号公开出版的报纸84家。因为新疆有不少报纸是同一个刊号出版多种文版,84家报纸实际上出了120种不同文版的报纸,其中汉文68种,维吾尔文35种,哈萨克文12种,蒙古文3种,柯尔克孜文1种,锡伯文1种。汉文报纸占总数的56.3%,其余为少数民族文字报纸。在这84家报纸工作的新闻从业人员已达到4 400余人。

到2000年底,新疆有省级广播电台1座,省级电视台3座;地州级广播电台5座,地州级电视台29座;县级广播电视台88座,乡镇、团场、企业广播电台908座;广播及电视卫星上行站各1座。广播和电视人口覆盖率已分别达到87.91%和90.28%。到2000年8月底,新疆已基本完成"村村通"设备安装、调试和开通的任务[①]。

（本章撰稿人：白润生、胡钟坚,姚福申部分改写）

---

① 《2001年中国新闻年鉴》,中国新闻年鉴社2001年版,第135页。

# 第八部分

# 西南地区

# 第一章

# 西南地区新闻事业评述

## 一、开创时期(1898—1911)

本区由四川、云南、贵州三省和西藏自治区组成,面积共 200 余万平方公里,超过全国总面积 1/5。地处西南边陲,远离海域,境内大部属高原地带,西藏高原、云贵高原相接。经济开发困难,交通极为不便。四川与云贵、西藏虽有区别,但"蜀道难"之叹,在漫长的岁月里并无显著改变。这种地理条件对本地区报业的发展带来严重影响,早期尤为显著。

一开始本地区就呈现出一明显特点,即在我国沿海沿长江的一些地区,近代报刊是在外国侵略势力入侵下出现的,外报是其开路先锋,随后出现中国人自办报刊,但在一个相当长的时期内,外报仍占主导地位。本地区则不然,这里的报刊是随中国自己政治运动的推动开始登台的。所办的多是本国报刊;而外报,就目前所知,至"五四"以前只在四川有 3 种,外文报刊一份也没有。从全国看,与这种情况相类似的只有西北地区。不过,在这期间,西北地区还未见有外报出现。

就本地区内部论,情况也很不一样。条件最好的是四川,它具全区最佳的地理环境,同时人口众多,清末达 6 870 万之多(而全区总人口为 8 860 余万),占全区人口的 77.45%。经济方面,就"本国民用工矿、航运及近代金融企业"看,至 1919 年,四川已有万元以上企业约 90 家,资金共约 1 500 万元,而云南只 25 家,资金共约 650 万元;贵州就更少了,此类企业共 10 家,资金约 1 000 万元①。文化方面,四川居民的平均水平也较高,特别自 19 世纪 70 年代尊经书院设置以后,这里的青年知识分子逐步兴起一种关心国事、议论时政的风气。1906 年统计的有关 20 世纪初叶三省留学生数字显示,四川是 373 人,贵州 136 人,云南 45 人②。就是说,四川留学生人数超出黔、滇二省留学生总和的一倍还多。

### (一) 西南报业始于四川

本地区近代报刊的历史是以四川开始的,当维新运动掀起第一次国人自办报刊高潮时,本地区起而响应的是四川。1897 年,宋育仁在重庆创办《渝报》,成为本地区第一家近代报刊。接着宋又出版了《蜀学报》和《渝州新闻》。四川随之成为全国维新派报刊的一个据点。维新运动在滇黔知识界中也曾引起重要反响,滇籍旅京人士成立了"保滇会",贵州知识精英吴雁舟、杨虚绍发起成立了宣传维新思想的"仁学会"。两省还有很多人士参加"保国会"和列名康有为发动的"公车上书",可就是没有兴办过一种报刊。

要了解造成这种差异的原因,自然要追溯其社会历史根源,而当时维新运动中川中一些杰出人士的影响尤当引起重视。比如,戊戌殉难六君子中,杨锐、刘光第二人就是四川人,他们与四川的维新活动都有重要联系。而经学大师廖平,他的学术思想被认为是康有为托古改制变法理论的宗源,他更积极参加了川省的维新活动。《渝报》的创办人宋育仁,早在 1897 年就写出提倡变法自强的《时务论》一文,后出任英、法、意、比四国公使参赞,甲午战争失败后返国。曾参加北京的强学会,并经过康梁办报的熏陶,于 1896 年返回四川。可是,滇、黔两省,都没有这样的条件。

《渝报》《蜀学报》《渝州新闻》是在四川出版的,但它对西南地区都很关注,和滇、黔两省的联系尤为密切。宋育仁在致汪康年、梁启超的信中称,他

---

① 杜恂诚:《民族资本主义与旧中国政府》一书所附《历年所设本国民用工矿、航运及新式金融企业一览表》,上海社会科学院出版社 1991 年版。
② 《留学日本各省学生人数表》,《自六月十九日至九月十七日送学人数》,《四川学报》1907 年第 1 期。另据材料,1905 年末云南留日学生达二百多人,确数待考。

在四川所办的报,"诚不如《时务报》之美,但西南仅此发端。拟祈鼎力为助,以广边隅风气"①。显然,他是把西南地区作为自己报纸活动范围的。《蜀学报》也称,该报系为"蜀中开风气而设",而"意在昌明蜀学,开通邻省"②。所说"邻省",实主要指云南、贵州。可以看出,该报和宋育仁信中的思想是一致的。《蜀学报》章程还特别写明该局"采访云、贵、川东新闻汇寄省局"③,以供成都的《蜀学报》和重庆的《渝州新闻》刊发。这些报刊还在云、贵设立派报处,以扩大影响。

这一时期,云、贵两省都还没有出版报刊,但它们处在四川报刊的影响之下。四川在西南地区报刊发展上的龙头地位,一开始就显露出来了。

这时的西藏不但出不了报刊,就是四川出版的报刊也未能在那里发行。西藏仍然是一无报世界。

### (二) 滇、黔、藏办刊从官报起步

云南、贵州、西藏办报是在 20 世纪初叶国人办报的第二次高潮中开始的。这次办报高潮兴起于民族危机空前严重,各种社会矛盾冲突急剧发展之际,因此,比起上次高潮,参加的社会力量要广泛得多,声势要浩大得多,地域当然也更广阔得多,全国已没有不办报的省、区了。

具体说来,云、贵、藏之报业是直接在新近涌现的官报潮流和政党(政治派系)报刊潮流推动下起步的。这就决定了当时所办报刊,其主体都为官报和政党(政治派系)报刊。

三地的社会发展状况和条件不同,报刊的实际表现也就不全一样。

关于云、贵两省,先谈官报。贵州所出为《贵州官报》《贵州教育官报》,云南主要也为《云南官报》《云南教育官报》。性质、类别都相同,但有三大差别。一是时间上,云南的官报始于 1903 年,而贵州则始于 1909 年。清末官报的历史一共不过 10 年上下,时间差距可说很大,这表明贵

---

① 参考宋育仁致汪康年(穰卿)、梁启超(卓如)的信,《汪康年师友书札》(一),上海古籍出版社 1989 年版,第 543 页。
② 王绿萍、程祺编著:《四川报刊集览》上册,成都科技大学出版社 1993 年版,第 2—4 页。
③ 同上书。

州官报出版的滞后性。二是《云南官报》的前身《滇南钞报》,在推行官报近代化方面曾作了不少尝试,体例和形式都有重要突破,最后虽不得不回到旧路线上去,但那富有生气的改革努力却是贵州官报所不曾有的。三是在云南,省内地方官员也办报。如丽江知府彭友兰创办的《丽江白话报》,聘用南社文人赵式铭为主编;在彭调任永昌知府以后,又创办《永昌白话报》。这种报纸并不属于清廷官报系统,但和官府又有密切联系,把官报的功能和民报的功能结合起来作出某种调节。这一现象,不仅贵州所无,全国也属罕见。

至于政党(政治派系)报刊,这时它们都成为云、贵报坛的主角,都同样在革命与立宪的矛盾中开始活动。这里有一很大区别,即在云南,省内的一些重要政治斗争差不多都和留日学生的活动密切相连。以报刊的革命宣传论,起初一段时间,基本上是由在日本出版的留学生刊物(《云南》杂志等)来承担的;革命党人在省内出版的报刊,如《云南旬报》《国民话报》等,也是在云南留日同盟会员纷纷回国后创办的,办报时间因而迟至1909年才起步,《国民话报》的问世更晚,时间在1911年5月。立宪派在云南报坛的影响不大,办报(《云南自治白话报》)的时间也迟至1910年。他们和革命派尚无严重对立关系,报坛和平相处。而在贵州,革命与立宪两派活动主要是在省内进行的,办报基地始终都在本省。开办报刊的时间也就早于云南,在1907年两派都开始办报了。双方在现实政治生活中尖锐对立,立宪派的《黔报》和革命派的《西南日报》之间不断开展激烈的斗争,和云南报坛的平静状态形成鲜明对照。

西藏办的是官报,即1907年创刊的《西藏白话报》。没有像滇、黔两省那样出版政党报刊,因为那是不可能的。试想想,那时有哪个政党会跑到这里进行报刊活动呢!就是官报,像《西藏白话报》《云南官报》和《贵州官报》那样的官报,其创办背景也不一样。滇、黔的官报是在当时全国创办官报(新型官报)的大潮中发展起来的,其办报思想和体例根本上是一致的。而西藏官报的创办,是在具有爱国和改革思想的豫联、张荫棠受命治藏以后,在推行革新西藏的设计中提出来的。《西藏白话报》之出版,固然和内地的官报潮流有关(从大背景看),但并无直接联系。该报的指导思想和体例和通常的官报很不一致。可以说它已是一种近代报刊了。

### （三）各省间报业结构的差异

云南、贵州、西藏都办报了，几乎赶上或超过维新时期的四川了。可是这时，四川在报业发展的道路上又在大步前进，远把它们抛在后面了。就数量看，云南约11种，贵州7种，西藏1种，合计约19种。而四川一省就出了约45种，是它们的总和的两倍还要多。更为重要的是，报刊的种类结构彼此差异很大，云、贵两省（西藏暂不置论）所出报刊多为官报、政党（政治派系）报刊，品类单一。在四川，这类报刊仍占相当比重（约30%），但同时各类民办报刊纷然并起，一下打破了以往的单一结构，呈现出报刊发展多元化趋向，粗略算来，有商业性的，如《重庆商会公报》《成都商会公报》等；思想启蒙性的，如《启蒙通俗报》《开智白话报》等；学术性的，如《九经楼学报》《算学报》《中医杂志》等；提倡实业的，如《四川实业杂志》《农桑汇报》等；文艺性的，如《游艺报》等；还开始出现画报、工会报等。

报刊多元化是报业现代化发展进程的一个重要标志，是社会多种条件综合作用的结果。维新时期，四川开始办报，而云、贵两省则没有，这种差别固然引人注目，但植根于不同土壤上的报业，其发展不平衡的状况到了这时才比较清楚地呈现出来。

关于官报和政党（政治派系）报刊，四川比起云、贵两省，也有自己的特点。在四川，官报方面除出有和两省同类型的《四川官报》《四川教育官报》而外，还出版巡警部门所办《四川警务官报》，税务部门的《经征成案汇报》。更值得一提的是1904年创办的《成都日报》。它和《四川官报》都属同一系统的地方官报，但《四川官报》面向四川全省，而《成都日报》系为满足"省城（指成都）绅商阅读者要求"而办。就是说四川一省拥有两级地方性官报，以上现象都是云、贵两省没有的，四川官报的发展步伐要快得多。关于政党报刊，四川和云、贵一样，革命派与立宪派报刊是主角，其主要区别大体表现在两个方面：一是，在云南，革命派报刊居优势；在贵州，两派旗鼓相当；在四川，立宪派的影响超过革命派。二是，在贵州，两派报刊短兵相接，斗争激烈；在云南，两派和平共处；在四川，两派则相互配合反清（特别表现在保路运动中)。

从维新时期到 20 世纪初叶,时间并不长,四川的报业所以出现如此重大的发展变化,这自然有其经济、文化因素,如四川万元以上的工矿企业,1900 年以前只有 4 家,而在 1900—1910 年间就办有 40 余家。这期间有大批青年东渡留学,所读各科广及政、法、工、商、农、医、格致。省内各类新型学堂也广泛设立。京、沪、汉等各地书刊、报纸也盛销于省内各城镇。这都为办报提供了良好的条件。但是,直接给四川报业以重大推动的,是八国联军之役后,国家民族危亡局势的震撼力量。当时发动办报的,已不是维新时期的少数精英分子,而是遍及政、文化、学、商等各界人士了。最为活跃的是政治派系活动,而反映不同倾向的救世主张也同时纷起,这就是四川报界新景象之由来。同是在这政治形势的大背景下,云、贵两省的报界为什么没有出现像四川那样的发展状况,这又只能从两省内在的社会条件之制约关系寻求答案了。前面大致涉及,这里暂不细论。

这期间,四川还出有西方教会的刊物《崇实报》《华西教会报》,是本地区最早出版的外报。

### (四) 川、滇、黔、藏之间的信息联系

川、滇、黔、藏的地理联系和相互影响,在当时各自的报界反映甚微,但也开始呈现。例如,上面已经提及的维新时期的四川报界,对尚未出报的滇、黔等省表现出不少关注。八国联军之役以后,由于帝国主义意图瓜分中国,本地区报界兴起了一种唇亡齿寒、相互依存的思想,因此把本区各省、区从政治上连结起来。《云南》杂志痛陈由于法、英帝国主义侵滇造成了西南边祸蔓延的局势,指出"滇亡则黔、蜀首当其祸",特别强调"滇亡,川也随之而亡",疾呼"我云南同胞,我四川同胞,我中国同胞,快快快、醒醒醒、起起起、走走走……以众志成城卫一片净土,使西南半壁之河山不沦于异种"[①]。在报刊宣传方面也相互呼应。例如,《云南》杂志,为向滇、川人民警示帝国主义侵略阴谋,特于 1907 年末译载法帝国主义者所著《吞灭四川策》一稿,

---

① 丁守和主编:《辛亥革命时期期刊介绍》第 2 集,人民出版社 1982 年版,第 382 页。

次年一月《四川》杂志立即予以转载①。四川的《鹃声》也载文揭露帝国主义入侵滇、川的局势。

由于与外地报界阻塞难通,西藏地区情况较为特殊,进入 20 世纪后情况有了改变。尤其是《西藏白话报》的创办,开辟了一条藏区至四川,以至整个内地新闻信息传递的通道,意义很大。前已述及,此处从略。四川的报刊在维新运动以后,继续对西藏形势给以多方面的关注。1901 年在成都创刊《启蒙通俗报》,特设"西藏丛刊"专栏,以加强与藏区的联系。在该刊于 1906 年改为《通俗日报》以后,仍然宣称把蒙藏的读者作为自己所关怀的重要对象。《四川》杂志在 1908 年初,揭露了英、俄帝国主义伙同侵略西藏的阴谋,并披露了俄与清政府在光绪二十七年签订的关于西藏的密约。在 1911 年辛亥革命爆发前夕,当四川掀起震动全国的保路运动的消息传到拉萨时,引了西藏政局的动荡。为此,川中人士谢无量等特在成都创办《川藏报》,以唤起川人对藏局的关心。该报称,由于"交通不便,文报迟阻,藏卫情事川人因不具知,遂亦漠然废置"②,说明了办报的原由。

## 二、民国初建八年间(1911—1919)

清王朝覆亡了,逐步发展起来的是在全国建立起来的军阀统治。西南地区在清代不曾有过的那种地方性开始出现了。西南军阀有别于掌握中央政权的北洋军阀,它和后者没有传统的密切关系,表现出一种较强的自求发展的趋向。它力量弱小,不得不依仰后者;但它地处边陲,交通梗阻,北洋政府鞭长莫及。因此,在其活动中,和中央政权总是若即若离,时合时分,变动不居,一切以是否有利于发展本军阀的权势为依归。还要看到,本地区各省军阀间,也存在相互依存与排斥的矛盾,对于北洋政府的态度,它们时异时同,或联手抗争,或在北京操纵下,互相残杀。这两种矛盾的结合,成为报业(特别是政治报纸)存亡起落的大背景。西南各军阀对这个地区(西藏除外)

---

① 丁守和主编:《辛亥革命时期期刊介绍》第 2 集,人民出版社 1982 年版,第 615 页。
② 王绿萍、程祺编著:《四川报刊集览》上册,成都科技大学出版社 1993 年版,第 31 页。

的统治状况,相当程度上决定了这一地区报业发展的现状。

**(一)地方实力派控制当地报业**

随着清政权的倾覆,本地区和全国一样,报界首先出现的一大变化,就是清政府各类官报都停办了,代之兴起的是新政权出版的政府报刊。三省情况也不一样,在云南,军政府的《大汉滇报》《云南政治公报》是在革命派、立宪派合作情况下出版的(立宪派实居优势);在贵州,革命派所建立的军政府还来不及出版报纸就被立宪派颠覆,该派控制的政府也没有另办报纸,就让原立宪派的《贵州公报》担负政府机关报的任务。四川的形势则较复杂,光复之初,出现了由革命派主办的蜀军政府的《皇汉大事记》和由立宪派主办的四川军政府的《四川军政府官报》同时并存的现象。在上面我们也曾谈到清末三省官报的区别,但这种区别实源于三省社会基本条件发展的差异,而现在,三省政府报纸之不同则是由于支撑这些政府报纸的军事实力的不同造成的,性质变了。

民国初年,正常报刊蜂起,成为我国报坛一大特色。这里,三省差别再次呈现。当时的贵州,政党报刊不但没有蜂起,原创办于清末在起义后留存下的三张政党报纸,现在只剩下立宪派的《贵州公报》一家了。原因非止一端,其关键的一点,就是这里的新政权是由地方保守势力用武力击溃革命派以后建立起来的,它所崇奉的是军阀政治,而不理会那种热衷于办报的所谓政党政治。这就表明,这里没有为政党报刊的发展提供适宜的政治条件。

在云南,政党报刊则很活跃,1912年达到高峰,仍和清末那样分成革命与立宪两派。几经改组合并,至1913年,形成了国民党系统报纸(《天南新报》)和进步党系统报纸(《共和滇报》)的对峙。这两派报纸经常相互攻击,和清末时彼此和平共处的情况大不一样。云南基本上是立宪派的基地,其军政府和立宪派关系密切。可是与贵州相比,这里政治上有较大的自由。对于两派报纸的斗争,政府大体是采取听任的态度。云南都督蔡锷还为国民党的报纸《天南日报》题了祝词"青天霹雳"。

在四川,政党报刊则呈迅猛发展势头。推翻清政权后,四川各种政治力量纷起组党办报,未及两年,所办报刊有20余种,办报地点主要集中于成都、重庆二市,泸县、宜宾、康定各有一种。办报的政党,计有同盟会——国民党、统一党、共和党、共济会、演进党、民主党、进步党和中国社会党等,其报刊数量之众多,参加办报党派之广泛,在全国各省区中也很突出,更非滇、黔两省可比。川省政党报刊出现一种引人注目的现象,即同属一个政党的两家报纸,却相互激烈攻击;同一家政党报纸,在省内出版的和所属总部党报,其政治态度时不一致。这里的党报和川省政权关系较为复杂,宣传多变,这种情况是滇、黔两省不大见到的。这里军阀统治势力多头,各类政治人物纷然杂处,斗争不断,这当是产生这种现象的总根源。

### (二) 反袁斗争中西南报界的变化

在民初动荡的政局中,西南地区占有显眼的地位,三次震动全国的战争,它都卷入其中。政治势力的激烈碰撞给报界带来广泛的影响,不过这种影响在黔、滇、川三省之间有着很大差异。

变动最小的是贵州。在1913年"癸丑报灾"中,全国大批报刊遭袁世凯封禁,民初全国有500余家报纸,至是年底只剩139家,锐减300多家[①]。可是,这期间贵州一份也没减少,还增加两家民办报纸。原因是,贵州军阀的专制统治竭力拥袁。这里没有反袁报纸,自然无报可封,在护国战争和护法战争中,贵州军阀转向,起而响应,报纸随之由拥护袁世凯和段祺瑞转变为反对袁、段。这也是一场宣传上的斗争,但除此而外别无其他可足称道的举措。军事战场是在四川,黔系军队在四川打仗之外还在那里办报、封报,而贵州的报坛却静悄悄,沉寂如故。

云南在1913年的报灾中,原10家报纸少了5家,还没有材料说明是被封的。云南统治者和袁世凯政权,一方面存有依附关系,但彼此又有严重矛盾。省都督蔡锷虽受命出兵讨伐四川的熊克武,但并未参战,报刊在云南仍有比较宽松的生存空间。不久,蔡和袁的矛盾急剧发展,这里一下成了全国反袁基地。报界形势出现了重大变化,无论是立宪派的、国民党办的、民办

---

① 方汉奇主编:《中国新闻事业通史》第1卷,中国人民大学出版社1992年版,第1048页。

的,还是原来拥袁的报纸,都纷纷起来反袁了。原来进步党和国民党两党报纸相互攻击的现象,也一下消失了。一批新的反袁报纸兴办起来(《义声报》等),各种反袁专刊、专栏活跃一时。在反袁的大旗下,整个报界呈现出生机勃勃的协调统一景象。护国战争结束后,唐继尧加强了云南的专制统治,报界的局势有了改变。不过,这里仍是报刊活动比较宽松的地区,各报尚能相安于一时。

四川是动乱最为严重的地区。和滇、黔情况不一样,川省地广人众,军阀势力分散,没有建立起全省较为统一的稳定统治。北洋军阀在这里有较大影响,但一直未能将其纳入自己的范围。西南军阀与北洋军阀之间,西南军阀内部之间的矛盾在这里聚集,各种政治军事力量把这里作为较量的战场,兵连祸结,混战不停。北洋军阀川省代理人竭力控制报坛。胡景伊1913年7月出任都督不到一个月,便一下查封了五家报刊,9月又封一家,前后被封逾十家。他们也办报,可是情况各异。胡景伊的《崇正日报》,开办未及半年便随他的离职而寿终;周骏的《评论新报》,因周被护国军赶出成都被迫停刊;袁世凯的心腹陈宦,忽转而宣布四川独立,办起了《蜀报》。在这期间,滇、黔军队不断进入川省,给这里的报界带来新的更为复杂的动乱。他们在这里大展军威,既封报又办报,可是他们自己所办报纸也因受压夭折。例如,1916年川省军阀刘存厚为反对滇、黔势力对四川的控制,创办《四川新闻》进行舆论斗争,未几就被滇系部队查封。1917年,滇系军队为张扬自己的势力而出版《公言报》,也随川、滇两军冲突中滇军失败而消失。至于四川军阀内部不同派系的报刊斗争,这时还没有发展起来,但已初露端倪。

现在再考察民初政党报刊性质、功能演化现象在本区三省展现问题。民初的政党报刊是为推行议会政治、政党政治而兴起的。可是在实际斗争中,它却为军阀政治所支配,军阀政治压倒了政党政治,政党报刊沦为军阀的"侍女",其发展也由旺盛而衰落。这一过程三省大不一样。

在贵州,这一过程很简单,在地方实力派建立省的政权实行专制统治后,革命派的报纸消失了,立宪派的《贵州公报》成为唯一的政党报纸,并担负政府机关报的任务。表面看来党报的地位提升了,它似乎是在管理政府了,但实际情况恰恰相反,决定这张党报方针政策的是军阀政府,而不是所属政党。上述政党报刊性质、功能之演化,这里早已实现。

云南的情况要复杂些。如前所述,这里的政权对政党报刊有较大的宽容性,各派报纸并存,相互攻击,政府未加干预。但是掌握这里政权的是云南地方实力派而不是某一政党。政府的方针政策,归根结底,取决于该省军事统治势力的利益,而非党派利益。就是说,支配这里报坛的依然是军阀政治,而非政党政治。护国战争中,是这里的军事政权的反袁态度导致了这里政党报纸(包括原拥袁报纸)反袁的一致性。这期间,随着云南军阀统治的加强,政党报纸在1913年后,除了短暂的《中华民报》外,没有再创办其他报纸了。

四川政党报刊的演化过程很具典型性,非常清晰地展现出其由盛到衰的轨迹。民国成立后,这里的政界在议会政治、政党政治思潮驱动下,组党办报一时风行全省,仅1912年一年间,涌现的政党报纸达十数种之多。在1913年初国会和省议会选举期间,川省党报异常活跃,民主党、共和党、国民党还特别创办报刊为本党鼓吹,党报之间相互攻击,表现出对议会政治、政党政治的巨大热情。"二次革命"后情况大变,军阀向党报开刀了。胡景伊所封的政党报纸,不只是国民党的,还有共和党的、进步党的。胡自己是共和党员,却下令封了共和党的报纸。国民党四川支部的《天民报》却去拥护北洋军阀大头目袁世凯。在军阀权势前面,党报的党性失落了,实已不再为党报了,其发展也就由盛而衰,成为过眼云烟。1913年以后,那些劫后余生幸存的党报,或停、或改组、或杳无声息不知所终,同时也未再出现新的报刊。可是代之而起的,却是一大批依附于北洋军阀的都督、军队头目和各系军事实力派所办报刊,其中也包括进入四川的护国军、靖国军首领所办报刊。报界这种历史转折现象是带有全国性的,不过四川所经历的轨迹特别醒目,给人以深刻的印象。

### (三)民初川、滇、黔报业的多元化发展

民初八年,不仅像上面所说的政治报刊活跃一时,各色各类的民办报刊更是广泛发展起来,经济文化发达地区尤其如此。

贵州、云南两省都突破了清末那种官报、政党报刊的单一模式,报刊开始出现多元化发展。贵州不只有政府、政党报刊,还出现民办的商业、实业和文化类报刊,两所中学也分别出版了《南明杂志》和《达德周刊》,报刊出版的数字也略有增加,由清末的 8 种增为 11 种。在云南,也出现了实业、农业、教育、文化思想等类报刊,报刊出版数字则由清末的 12 种左右,增为约 24 种。这些报纸中,政府和政党报刊约居一半,加上一些政治活动家所办,政治报刊仍占总数很大比例。但重要的是,报刊发展的多元化发展在这里已经出现。

当黔、滇两省报刊步履艰难地向四川靠近的时候,四川的报刊又在阔步迈进了,再次把两省远远抛在后面。川省军阀混乱的局势,受震荡最严重的是政治报刊,它并不能从根本上阻遏植根于良好经济文化土壤上的报刊的发展。民初八年,四川新创办的报达 180 种左右[①],是两省报刊总和的 5 倍以上。在多元化方面又有新的进展,新增加的有女报、文艺报、晚报、译报、文摘报、国学杂志、大学报等种类,还首次创立了通讯社,其报业盛况远非黔、滇可以比拟。比这更为重要的是,川省在这些众多的报刊中,还出现报业基础好,影响超越本省,出版达 30 多年之久的报纸——《商务日报》《国民公报》,这是省市报业发展现代化的一个重要标志。贵州没有这样的报纸,云南的《义声报》报业条件较好,但无论在社会影响还是在出版年限方面,和川省两报相比都有较大差距。

民初思想文化教育方面的潮流,黔、滇、川三省报坛也有不同的反映。

贵州的一大特点就是教育领域出现了中学的办报活动。1914 年 12 月和 1917 年 4 月,贵阳的南阳中学和达德学校先后创办了《南明杂志》和《达德周刊》。这是我国报刊发展的新现象。中学办报是本地区所未有,全国也罕见。清末以来,贵州在教育改革方面作出较好的成绩,南明和达德是黔省两所文化思想较为活跃的学校,特别是达德学校影响更为突出(黄齐生曾任校长,王若飞就读该校),《达德周刊》积极响应新文化运动,该校还出有《白

---

① 《四川省报纸一览表》(1897—1993),《四川省志·报业志》,四川人民出版社 1996 年版。

话文成绩周刊》①,以推动白话文运动在贵州的开展。

　　云南报坛很大程度上是政治报刊的世界,对当时思想文化潮流的反映,没有可足称道的表现。这一状况在1917年冬由就读北京大学回省的云南籍学生打破。他们于1917年11月在昆创办《尚志》杂志,积极传播北京新文化运动信息;广载北京作者蔡元培、钱玄同、傅斯年、朱希祖等人的文章,刊登十月革命胜利的报道,还转载《新青年》的稿件,其中有影响深远的李大钊的《Bolshevism的胜利》。此外,"五四"前夕由云南籍留日学生返省创办的《救国日报》,对传播新文化也作出积极贡献。

　　四川的思想文化教育报刊有很大增长,有20多种,大大超过前一阶段,这比云南报刊的总和还略多。四川向来有宏厚的传统文化基础,学界称誉"蜀学比于齐鲁"。特别在19世纪70年代,经张之洞整顿川省书院积弊,创建尊经书院后,通经尊孔更是日益成为士林风气。可是,在新的思想影响下,一种反对孔学、反封建伦理道德的思想,也相伴萌发。民初袁世凯登台大倡孔学后,川省的拥孔与反孔的斗争激烈展开了,报刊成为重要宣传阵地。尊孔势力先后出版一批尊孔报刊,经学大师廖平主编的《四川国学杂志》和《尊孔报》是其主干,一些政府系统的报刊,军队、师范的报纸,也参加读经尊孔宣传。至1916年达到高潮。批孔方面的主将是吴虞,他在他任主笔和有关报纸上,发表猛烈批判孔子和封建伦理道德的文章,有的报纸因此被军阀政府封禁。引人注目的是,他还在《新青年》撰稿批孔,与京、沪新文化运动相联系,影响全国。在这期间,四川报坛环绕女权问题展开激烈斗争,女报的创办达5种之多,为全国所首见。最早出版的(1912年6月)是吴虞的妻子曾兰任主笔的《女界》,它以"光复神圣之女权"为任务,对压迫妇女的封建礼教进行抨击,成为川省批孔运动的组成部分。它的宣传活动获得京沪妇女报刊的积极支持。反对女权运动的代表则是《妇女鉴》,其影响较前者要小得多②。

---

① 关于当时贵州的中等学校出版报刊情况,均据《贵州省志·出版志》和熊绍儒的《解放前贵州教育见闻》,载《贵州文史资料选辑》第十三辑。《贵州省志·出版志》载有资料:全国学生会贵州支会于1918年7月出有期刊《贵州学生联合》,因没有考订清楚,暂未引用。

② 关于民国初年四川妇女报刊出版情况,均据王绿萍、程祺编著《四川报刊集览》。

### (四)战乱对川、藏、滇、黔信息传播的影响

辛亥革命爆发后,本地区报界发生变化最大的是西藏。当时西藏统治层是亲英分子,在英帝国主义唆使下发动叛乱,将清政府驻藏官员和一些爱国人士赶出藏区。《西藏白话报》自然也随之停刊,在一个很长的时期内,这里成为无报世界。从全国看,这是本地区独有的现象。

清末川藏间逐步开辟的信息传播的联系严重受阻。1911 年在武昌首义前,中国政府在拉萨正式设立邮政管理局,并开辟了从成都经打箭炉、巴塘、察木多到拉萨的邮路。这样,从成都到拉萨的邮程为 29 天,从北京到拉萨的邮程为 55 天左右①。宣统年间清政府的《内阁官报》,规定自北京至拉萨的驿递期限为 165 天。官报的驿递和新体制下邮件的邮递,所需时日差距如此之大,似别有原因。不过,这一现代性邮路之开辟,对促进西藏与四川以至整个内地信息的沟通,起有重大作用则是无可怀疑的。而如今,除昌都邮局外,西藏邮局全被封闭,至 1918 年,这所邮局也关闭了。由《西藏白话报》所形成的川藏之间的新闻传播的联系也消失了。可是,在四川都督尹昌衡受命率军平定西藏的武装叛乱后,他曾于 1912 年 6 月在成都创办《西方报》,作为自己的舆论工具。次年初,四川的共和党人,针对英帝国主义挑拨离间,侵吞西藏的阴谋,特在川藏边界打箭炉(康定)创办《川边通信社》杂志。该刊宣称,其宗旨为"俾海内人民知藏中事迹,则蚕食鲸吞之辈,或可稍戢其雄心"②,可见四川报界从另一侧面建立起和西藏的联系。

至于云、贵、川三省,这期间的报界联系出现了重大变动。在清末,这种联系主要表现为某些报刊发行网的连接和某些内容的相互应照,特别是在帝国主义侵略前唇齿相依、共同对敌思想的抒发。而现在不同了,在战乱中出现了全新的关系,一个省的军事实力派,可以用武力将报纸的影响带到另一个省份,在那里封报、办报,参加那里的报界斗争,如滇、黔之于四川。这种现象是清末之未有也不会有,这是地区军阀政治的产物。这样的矛盾冲

---

① 邮电史编辑室编:《中国近代邮电史》,人民邮电出版社 1984 年版,第 121—122 页。
② 王绿萍、程祺编著:《四川报刊集览》,匡珊吉:《妇女览》,《辛亥革命时期期刊介绍》第 4 集,人民出版社 1983 年版,第 563—565 页。

突也推动了另一类报刊的出现,有代表性的如原创办于东京,停刊七年后又于1913年在上海复刊的《云南》杂志。它对西南战乱局势忧心忡忡,把消融川、滇、黔之间的矛盾作为办刊主要任务。它强调"川、黔与滇,唇齿也,手足也,当相爱,不当相仇;当相助,不当相害",应该"调和省见。共保边疆"。它称该刊"为川、黔、滇人之警钟"①,该刊把军人的武力统治作为西南地区的战乱根源,这实际上已把军阀政治作为主要打击对象了。

## 三、从"五四"到大革命(1919—1927)

从"五四运动"到大革命时期,西南地区的川、滇、黔三省完全处于此起彼伏的军阀混战之中。为了叙述的方便,下文将就"五四运动"、共产党成立与马克思主义传播、北伐战争三个重大事件对西南各省新闻事业的影响,来分析、比较川、滇、黔三省的各自特点。

### (一)军阀割据下的西南学运

从1919年2月开始,南方军阀在排挤掉孙中山之后,开始与北洋军阀议和。通过南北和议,直系军阀吴佩孚与西南各系军阀的勾结进一步加紧,双方签订了军事密约。直系军阀的真正目的是缓和与南方军阀的矛盾,以便集中力量打垮皖系军阀段祺瑞的势力,控制北京政权。而西南军阀"联直制皖"的真实意图,是想与直系"平分天下"。但是,弱肉强食、贪婪成性的军阀在外部压力减轻以后,必然引起内部争权夺利的火拼,原本南北对垒、剑拔弩张的形势,很快就变成西南各系军阀势力的内讧。

云南军阀唐继尧的军事实力相对雄厚,1919年在镇压了红河地区多沙阿波领导的持续三年之久的各族人民起义之后,加强了对云南地区的控制,使昆明学生响应"五四运动"的群众活动受到了一定程度的抑制。尽管如此,云南学生和各界群众在"五四运动"中,仍然展开反帝爱国的群众活动。云南学生联合会创办了《云南学生联合会周刊》,同时还编印《爱国日报》,将

---

① 吴根樑:《云南杂志》,《辛亥革命时期期刊介绍》第4集,第474—476页。

北京和其他各地学生运动的信息报道给云南的民众。在"五四"时期出版的进步学生刊物中,还有省一中师生创办的《滇潮》等,但与经济、文化相对落后的贵州比较,云南学生的反帝爱国运动显然沉闷得多。

护国战争以后,贵州军阀刘显世与少壮派军人王文华之间矛盾、冲突正越来越尖锐。1919年由"渝柳铁路借款案"事件导致的"民八事变",使刘显世被架空,"新派"得势。"渝柳铁路借款案"的发生就在"五四运动"前后,"新派"军人王文华等,"自命维新,日以德谟克拉西主义为口头禅"①,主张取法西方,改革贵州政治。他们在"五四运动"的影响下,发表演说、通电,支持学生运动,矛头直指刘显世等人。在这种形势下,贵州人民掀起了空前规模的反帝爱国运动。"五四"时期在北京、上海等地读书的贵州学生,更是不断地向省内寄回《新青年》《新潮》等进步刊物,启发和影响贵州的爱国青年。贵州学生也成立全国学生联合会贵州支会,出版《贵州学生联合》三日刊。贵阳著名的达德学校办有《达德周刊》,"五四"时期还创办《白话文成绩周刊》,开讲演会、演话剧等,发挥了积极的影响,也得到了社会的好评。

四川原属北洋军阀控制的地盘,1917年唐继尧以"靖国"的名义,将滇军势力向四川扩张。当时贵州是云南的附庸,滇黔联军与属于国民党系统的川军熊克武部联手将北洋军阀势力逐出四川。1918年2月唐继尧以"联军总司令"名义直接任命熊克武为四川督军兼省长,实际上四川完全处于滇、黔、川各系大小军阀的割据之下。因为各派军阀的实际控制力量相对薄弱,四川有长江之利便于与外界联系,与云南、贵州相比也较为便利,"五四运动"在四川得以蓬勃开展。学生运动由成都、重庆而波及全省,著名的进步刊物如《新青年》《每周评论》《湘江评论》《星期评论》等均广为流传。"五四运动"中四川的思想界十分活跃,涌现出一大批主要由青年学生和进步知识分子创办的报刊,如《四川教育新潮》《四川学生潮》《直觉》《半月》《綦评》《新社会旬刊》《成都旬刊》《新空气》《新四川》《川东学生联合会周刊》《巴声》《渝江评论》《平平》《友声》《商学半月刊》《星期日》《警群》《星光》《荣钟》《萼

---

① 中国第二历史档案馆档案,1023宗,133卷。

山钟》等。这些刊物的宗旨,大都以"改良社会""养成健全个人,促进社会进化"①为号召,这充分反映了广大青年知识分子关心国家命运和改造社会的意愿。在西南各省中,"五四运动"在四川的发展更显得朝气蓬勃、波澜壮阔,而与此匹配的进步学生刊物也犹如雨后春笋,繁花似锦。

### (二)马克思主义开始在西南地区传播

马克思主义在西南地区的传播可以追溯到"五四运动"之前,最初是通过北京出版的《新青年》《每周评论》等刊物在青年知识分子中传播。西南地区最早刊登宣传和介绍马克思主义文章的是成都出版的《国民公报》。《国民公报》是一张以及时反映时事政事,消息多、快、新见长的民办报纸。1919年4月23日和27日连续刊载署名为"渊泉"的《近世社会主义鼻祖马克思之奋斗生涯》一文。"五四运动"爆发后,该报介绍马克思主义文章的篇幅增多,如《俄国布尔什维克主义之解释》《俄国过激派之研究》《马克思小传》《马克思唯物史观》等。渊泉的文章《近世社会主义鼻祖马克思之奋斗生涯》是转载自北京《晨报副刊》的,可见马克思主义在西南大城市成都、重庆等地的传播几乎是与北京同步的。与四川相比,马克思主义在云南、贵州等地的流传,就要迟缓得多了。这也说明了新闻事业的发展毕竟以地区经济水平为基础。

虽然早期著名的共产党人中有许多贵州籍人士,如参加中国共产党第一次全国代表大会的代表邓恩铭,1922年就成为中共旅欧总支部负责人之一的王若飞,1924年在上海入党的周逸群等。他们也曾在山东办过《励新》半月刊,在法国办过《少年》《赤光》,在上海办过《贵州青年》,但是这些宣传马克思主义的刊物都不是在贵州出版的。对贵州影响较大的是周逸群、李侠公等于1924年5月在上海出版的《贵州青年》旬刊和1925年北京大学新贵州学会出版的《黔人之声》。《贵州青年》与《黔人之声》编辑部与贵州的进步人士保持着密切的联系,对贵州军阀倒行逆施的行为和投靠北洋军阀的举措了如指掌。周逸群在《贵州青年》上对贵州军阀袁祖铭反复无常的行径

---

① 《四川学生潮》第10号。

揭露道:"对于实质附北的袁祖铭,由种种地方证明,实在是绝望。对袁个人,虽然绝望,对黔军全体,仍抱着无穷希望。但是在他们未驱逐实质附北的袁祖铭,与西南民主派合作移师声讨曹、吴及服从革命领袖孙中山先生之命令之前,我们仍然是毫无疑义地攻击他们附北行为。"①文章发表后,贵州军阀极为恼火,给《贵州青年》写了一封信,信中画了一支手枪。由此可见,不仅贵州军阀对共产党人办的进步刊物十分仇恨,以暗杀进行威胁,更说明《贵州青年》《黔人之声》等报刊之所以只能在上海、北京出版的真正原因,嗜杀成性的贵州军阀是绝不允许革命刊物在其统治区域内出版的。由此可见,在报业发展中,政治是比经济更直接的影响因素。

这一时期是云南军阀唐继尧的独裁统治由盛到衰的转折关头。1920年唐继尧指使驻川的滇军和黔军联合川军吕超、刘湘攻击熊克武,把熊克武赶出成都。同年冬,熊克武以驱逐客军为号召联合川军各部将滇军和黔军逐出四川。驻川滇军回师驱逐唐继尧,唐被迫通电辞职,流落香港。1921年孙中山在广州就任非常大总统,为团结更多的人,欢迎唐继尧来粤。唐破坏北伐,策动滇军回滇,采取金钱收买和封官许愿的办法,击败对手,重掌云南大权。当时"废督裁兵""联省自治"的呼声甚高,唐继尧二次回滇后煞有介事地成立了云南民治实进会。一批受"五四"新思潮影响的军官创办《民觉日报》,发表了要求偃武修文、厉行禁烟、兴办实业、休养生息的言论,对当时的专制统治有所批评。唐继尧极为恼怒,派人将主编毒打一顿,将其双手和右脚打断。倡办该报的人或被撤职,或遭申斥,报纸出版不到两旬即被勒令停刊。即使如此,云南仍有许多报纸敢于和军阀势力作斗争,如《滇声报》《义声报》《大声日报》《均报》《云南日报》《痛报》《危言日报》等,有些报纸在"五四"时期还刊登过介绍马克思主义和科学社会主义的文章。省一中学生创办的《滇潮》周刊,1928年以后得到共产党人的指导,开始介绍马克思主义的基础知识,并联系实际进行反帝反封建的宣传工作。在北京的云南籍共产党人也时刻关注着云南的实际斗争情况,于1924年出版《革新》《铁花》《云南旬刊》《教育声》等杂志,直接向云南的父老乡亲做打倒军阀唐继尧的

---

① 《精神附北与实质附北》,《贵州青年》第六期。

鼓动工作。这些宣传鼓动工作为1927年唐继尧的下台奠定了舆论基础。

"五四运动"前后是四川民主主义报刊的大发展时期,如创办于成都的《星期日》就曾发表《俄国革命后的觉悟》《波尔雪勿克的教育计划》《社会主义的劳动问题》等一连串宣传共产主义思想的文章,为马克思主义在四川的传播开辟了道路。1921年中国共产党成立不久,恽代英即被党派到四川开展工作,翌年,萧楚女也由党派来四川,在万县建立社会主义青年团组织。四川地方党组织领导人吴玉章、王右木、杨闇公等,早在1920年就创立了"马克思主义读书会"。1922年2月,四川最早的党员王右木创办了西南地区第一个无产阶级报纸——《人声》。《人声》是一份四开四版的小报,在其创刊号《本社宣言》中公开提出:"直接以马克思的基本要义,解释社会上的一切问题","注重世界各地的社会运动状况和已有的成绩,以资我辈的讨论,或加入第三国际团体,作一致的行动。"足见四川共产党人办的报刊,一开始就旗帜鲜明地表明了自己的革命立场。

四川在1919年以后即形成多头的军人掌握的防区制统治,即以熊克武、刘湘、杨森、刘存厚、刘文辉、邓锡侯、田颂尧等四川实力派,乃至滇、黔实力派各霸一方的防区统治。每一个防区犹如一个独立王国,不同时期,全川防区的数目略有不同。军阀们受利益的驱使,党同伐异,时合时离,仇友不定,防区范围的大小也完全根据实力的消长而定。在这种情况下,对辖区的控制能力就不可能像滇、黔军阀那样有力了。加上四川共产党人的势力又强于西南其他地区,因而马克思主义的传播和共产党人办的报刊在"五四运动"以后,可谓风起云涌、盛行一时。据我们今天掌握的资料,1922年出版的除王右木创办的《人声》外,还有陈毅、黎纯一等旅法四川勤工俭学学生会办的《工学月刊》,恽代英在泸州办的《半周刊》和《课余》;1923年恽代英在成都创办的《励进周刊》,杨闇公等人办的《自由路》;1924年杨闇公又创办《微波》和中国社会主义青年团机关报《赤心评论》。1925年以后,由四川共产党人主持的报刊就更多了,如萧楚女、杨闇公、罗世文在重庆创办的《爝光》,原由杨森秘书周敌凉立案创办的《四川日报》和被杨森接管的《万县日报》,此时也均由共产党人主持编辑工作。需要一提的是,与马克思主义处于敌对地位的除了军阀政府的机关报和为军阀当吹鼓手的民办报纸外,还有不少无政府主义和国家主义的宣传刊物,这种现象在西南各省中是绝无仅有的,在全国各地也极为少见。这一现象从另一角度看,也说明"五四运动"以后的四川思想界是相当活跃的。

### (三)北伐时期的西南军阀和西南报业

西南地方实力派在护国战争和护法运动中发挥过积极作用,在与北洋军阀对峙中,广大人民群众都倾向于孙中山和广州政府,愿意与粤、桂保持政治上的一致。但是,军阀们为利害关系所驱动,往往依违于广州政府与北洋政府之间,有时为了减少阻力和争取支持,表面上不得不装扮出一副仍然坚持护法,赞成北伐和拥护孙中山暨广州政府的样子。例如袁祖铭借助直系军阀吴佩孚于饷款和枪械上的支持,取得定黔战争的胜利,将被其暗杀的王文华余部逐出贵阳后,仍在报上通电表示:"谓北伐为国家先务之急,而定黔又为北伐根本的计划。"同时还派代表联络两广、川、滇当局,郑重表明,"袁祖铭个人前此与北边周旋,实系一种手段",要求孙中山正式委任其为北伐黔军总司令。可见当时西南军阀的两面派性质,而其政府机关报见诸报端的言论,并不真正代表军阀们的真实意愿。

黔系军阀袁祖铭在进入贵州后,立即停办兴义系"新派"的机关报《贵州少年日报》,以定黔军机关报《黔声》(日报)取而代之。而同样以吴佩孚为靠山的杨森、刘湘攻占重庆、成都,将熊克武逐出四川后,重庆和成都的报界并未发生激烈的动荡。重庆的《商务日报》《渝州日报》《新蜀报》,成都的《川报》《民视日报》等仍继续出版,只有少数报刊因资助人离开经费无着而自动停刊。《川报》后来也为杨森所封,但并非因为政权更替的关系。之所以川、黔两省出现如此明显的差异,归根结底还是经济发展上的差异。贵州经济落后,办报得不到经济上的资助,难以自立,因此这一时期贵州的报纸都是政府机关报和军队机关报,政权更迭势必引起旧报社的查封和新报社的建立。四川经济较为发达,特别是重庆、成都等大城市,办报是可以赢利的事业,所以几家有影响的大报都是商业性报纸。四川的一些实力派,除杨森等少数几个喜欢自己办报刊宣传外,大都采取赞助的方式收买民办报纸为他们当吹鼓手。因此,政权的更迭与新闻界并无很大关系。

# 第一章 西南地区新闻事业评述

1922年唐继尧二次回滇后,为笼络民心,对抗广州政府,鼓吹"联省自治",提倡"民治",煞有介事地创立了云南民治实进会,办起为军阀政权歌功颂德的《民治日报》等报纸。在大革命时期,云南大致上存在两大类报纸,一类是为唐继尧当吹鼓手的报纸,如《民治日报》《西南日报》《复旦报》等;另一类是宣传实业救国的民办报纸,如《民听报》《滇声新报》《民鸣报》《民意日报》《民权日报》《民生日报》《云南商报》等,这类报纸有时也探讨一些社会问题。云南旅京学生也分成两派,办起性质截然不同的两类刊物,一种是反对军阀唐继尧的,如《革新》《铁花》等周刊;另一种以民治主义同志会为骨干,打算回云南升官发财的拥唐派,也办起反对孙中山三大政策的《云南周刊》。

1925年3月孙中山在北京病逝,原来与广州政府作梗的唐继尧声明加入国民党,欲取孙中山地位而代之,受到广州政府的谴责。同年8月,滇军在滇桂战争中失败,全部撤回云南。1926年中共云南省委特别委员会成立,联合国民党左派势力,积极开展工运、农运、学运和妇女解放运动,出版《日光报》《云南学生》《女声》《云南省教育周刊》等多种报刊。唐继尧则以国家主义来抵制孙中山国共合作的新三民主义,出版宣传国家主义的《滇事旬刊》,组织"民治党",编写《国家主义十讲》。为配合北伐战争,1926年底,中共云南省特支组织了云南政治斗争委员会,策划"倒唐活动"。1927年1月,云南政治斗争委员会印发了唐继尧祸滇十大罪状的材料,发动群众。在云南人民反唐斗争一浪高过一浪的情况下,龙云等四名镇守使发动"二六政变",将统治云南长达14年的唐继尧赶下台。1927年3月8日,原唐继尧政府的机关报《西南日报》,针对唐继尧爪牙破坏妇女解放协会游艺晚会事件发表侮辱性新闻《灯熄裙破哭三八》。报纸出版不到两小时,广大群众在共产党员带领下,一举捣毁了西南日报社。就在同一天,共产党人办的《日光报》正式出版,积极宣传孙中山的新三民主义和共产党的革命纲领。

"四一二"反革命政变后,由于云南共产党和国民党左派力量相对较强,在其他地区和四川省已笼罩在一片白色恐怖中时,云南进步势力仍在与国民党右派进行激烈的斗争。国民党右派势力曾在昆明先后办起《青天白日报》和《大无畏报》,攻击新三民主义和共产党主义,破坏爱国学生运动,都先后被革命群众捣毁。原为昆明镇守使的彝族军阀龙云以武力打败其他三名镇守使后控制了云南政局,他采取投靠南京国民党政府积极拥蒋反共的策略,大肆镇压共产党人,使云南地下党组织遭到严重破坏,各种群众团体相继解散,许多革命报刊也被迫停刊。

黔系军阀袁祖铭部下的一部分军人倾向广州政府,被编为国民革命军出师北伐,袁祖铭则被吴佩孚委任为援川前敌各军总司令。直到北伐军胜利进入湖南,袁祖铭才被迫接受北伐军左翼军总指挥之职。即使如此,袁仍采取观望态度,迟迟不肯向前推进。1927年1月,蒋介石授意唐生智将他捕杀。此时贵州政权在袁祖铭的儿女亲家桐梓系军阀周西成手中,周采用封建时代的一套专制集权的办法进行统治,不仅不允许共产党人在贵州发展组织,也严格限制国民党进行活动。贵州虽然表面上服从蒋介石的南京国民党政府,但对国民党中央派到贵州来的党务人员处处设防。在周西成控制贵州时期,全省只有唯一的一份政府机关报《贵州改进日报》,充当周西成军阀集团的吹鼓手。蒋介石对周西成十分不满,但鞭长莫及,而且当时阎、冯、李、白均有问鼎中原的野心,对贵州疥癣之疾也只能听之任之了。

四川地区在军阀混战中并未形成一个足以控制全川的政治人物。1923—1925年间,杨森以成都为据点,刘湘以重庆为中心,联合川滇其他军阀势力互相攻伐。1925年刘湘联合刘成勋、刘文辉、邓锡侯、袁祖铭等川黔军阀将杨森逐出四川。北伐战争的胜利和工农群众运动的高涨,威胁着军阀、豪绅的统治,四川革命与反革命的斗争显得尤为激烈。1926年,重庆一地就有两个国民党省党部,一个设在总土地,为国民党右派组织,另一个设在莲花池,为国民党左派机构,由共产党人杨闇公任书记。当时受共产党人影响的进步报纸主要有《四川日报》(重庆)、《西陲日报》(成都)、《万县日报》(万县)、《公益晚报》(重庆)、《新涪陵报》(涪陵)等,还有不少学生和青年知识分子办的进步刊物,如《蒲江潮》《梓光》《鹃血》《涪陵评论》《火星旬刊》《导报》《四川国民》等,影响的范围很广。坚持反共立场的报纸也有不少,主要有刘文辉出资的《新四川日刊》,邓锡侯出资的《成都快报》,泸县商会和团练局办的《泸县民报》等。新旧思想的斗争在军队中也有尖锐的反映,有朱德、陈毅等人办的《壁报》,也有反共军人办的与之针锋相对的《快刀报》;有中共成都特支书记刘愿庵办的《武力与民众》,也有刘湘办的《武德月刊》。新旧

## 第一章　西南地区新闻事业评述

势力的斗争几乎达到了剑拔弩张的程度。

蒋介石为了拉拢刘湘,多次派人入川策动刘湘反共。刘湘派王陵基、蓝文彬及黄埔生中的反动分子对工人、学生们在打枪坝举行的各界反英大会进行袭击,制造"三三一惨案",并乘机捣毁莲花池省党部,查封四川日报社。在这次惨案中,中共四川地方委员会书记杨闇公、国民党左派陈达三、重庆《新蜀报》主笔漆南薰、中共四川地方委员会组织部长冉钧等惨遭杀害,革命群众被杀害和受伤者近千人。刘湘制造的"三三一惨案"在蒋介石发动"四一二"反革命政变之前,深得蒋介石的欢心。刘湘虽然控制了以重庆为中心的那一带富庶之地,但实力还不够强,不得不进一步投靠蒋介石政府。尽管如此,四川军阀毕竟与蒋介石貌合神离,1927年6月,南京政府任命了一个"清党委员会",打算在四川重建国民党,但是"这个组织从一开始就仰承四川军人的鼻息……还分别请求这些将军们保护党的工作人员"①,"清党委员会得不到军人的支持,遂以失败告终。计划中要召开的全省党员代表大会也未能实现。"②

这一时期西南地区与西北地区有颇多类似之处,西南地区这一时期有唐继尧、刘显世、袁祖铭、刘湘、杨森等地方军阀势力依违于北洋政府与广州政府之间,在北伐胜利的形势裹胁之下,最后与蒋介石集团结成反共联盟,但毕竟貌合神离,南京国民党政府难以插手地方军政大权;西北地区则有冯玉祥、阎锡山、杨增新、马麒等地方势力,在北伐胜利的形势下,脱离北洋军阀集团投靠广州政府,最终与蒋介石结盟联合反共。但因地方军阀势力与蒋介石新军阀集团毕竟存在着难以克服的利益冲突,终于爆发了中原大战。西藏与新疆也有颇多相似之处,这一时期也都不曾发现有报刊问世。西藏与内地的隔阂更甚于新疆,1918年后,英帝国主义控制了西藏的邮路,连西藏境内最后一个邮局——昌都邮局也被关闭,在北洋政府和国民党政府统治时期,通往西藏的邮路始终没有恢复。国内对西藏地区的情况只能通过驻川藏边境的记者作一些侧面的了解。

---

① [美]罗伯特·A.柯白:《四川军阀与国民政府》,四川人民出版社1985年版,第93页。
② 卢师谛:《第一次纪念周党务报告》,第96页。

## 四、内战十年(1927—1937)

在十年内战期间,西南与西北的地方实力派一样,大致经历了拥蒋反共,拒蒋自保,最后被蒋介石新军阀集团逐步控制的过程。只是西北地区的这场斗争,双方实力比较接近,最后爆发为中原大战,到 1930 年底蒋介石集团已奠定胜局。西南地区的军阀势力薄弱,各自为政,只能形成割据局面,不足以动摇国民党的中央统治,所以蒋介石没有撕破面皮以武力解决西南军阀的割据势力。直到 1934 年,蒋介石利用追堵红军的机会,一举瓦解了贵州和四川的军阀势力,云南地方势力应对得宜才苟安于一时,但双方已产生了裂痕,抗战开始后这一矛盾就越来越显得尖锐和复杂。

西南地区新闻事业的发展是受当时政治形势制约的,为了叙述的方便,我们以 1933 年为界,分前后两个历史时期来陈述。

### (一)大革命失败后西南新闻界的明争暗斗

1927 年"四一二"反革命政变后,云南的共产党人和国民党左派势力与国民党右派力量进行了十分激烈的斗争,国民党右派创办的《青天白日报》和《大无畏报》均先后被爱国学生和进步群众所捣毁。在中共地下党的帮助下,利用北伐胜利的形势和人民群众反对唐继尧独裁统治的情绪上台的云南地方实力派龙云,在控制了云南局势后,决定归顺南京国民党政府,采取拥蒋反共的方针。1928 年 1 月,龙云被蒋介石正式任命为云南省政府主席,与此同时成立"清共委员会",大规模镇压云南地下党组织,中共云南省委书记王德三、代理书记吴澄、省委宣传部长张经辰、共青团云南省委书记李国柱等大批共产党人先后被杀害。许多革命报刊被迫停刊,云南进步的新闻事业遭到严重摧残。余下的《云南省政府公报》《义声报》《复旦报》《云南新报》《云南社会新报》《均报》《西南日报》《大无畏报》等,其总经理或是滇军司令部一等咨谋、师政治部主任、市党部监察委员、县长,或是商会委员、银行经理、商会常委公断处长,无一不与军、政、党、商各界有直接关系。

1928 年冬以实力派财政厅长卢汉为背景的《云南民生日报》创刊,由于共产党人主持编辑工作,敢于透露一些苏区消息和揭露国民党政府的反动统治,但出版仅一年即告停刊。1930年4月,国民党云南省党部机关报《云南民国日报》创刊,这是一份日出两大张的大报,有副刊八种,发行量达到1万份。由于当时龙云竭诚拥蒋,直到1934年底,蒋介石嫡系部队尾随中共主力红军长征进入西南之前,龙云与蒋介石的利益是一致的,没有必要办一张属于云南省政府的机关报。《云南民国日报》在党、政、军的支持下成为全省发行量最大的主要报纸,在1935年《新滇报》创办之前,它是云南唯一可以利用电讯设备的报纸。因为云南是地方实力派龙云和卢汉集团的一统天下,内部显得比较一致,所以对新闻传媒控制甚严,一般的商报、民报不敢发表言论,有一家民办的《云南晚报》在"九一八事变"后宣传抗日救亡,深得民众的拥护,发行量曾达到7 000份,但发行不到一个月即遭当局查禁。

  贵州军阀周西成采用封建时代的一套专制办法统治全省,重要的军、政职务全由他亲自委派。为了收买民心,他取消了一些苛捐杂税,但庞大的军费开支和政府费用使他不得不另辟生财之道,那就是用大量良田沃土种植鸦片烟,向各县提取"禁烟罚金"和"通关税"。周西成竭力抵制国民党势力对贵州的渗透,1927年国民党中央派到贵州来整理党务的人员,因为不肯交出电本密码,周西成竟严刑拷问张道藩,甚至枪杀李益之。1928年国民党中央第二次派来党务指导委员,也被秘密派人到其住所搜查。为了共同抵御国民党势力的侵入,周西成拉拢桂系军阀共同反蒋。蒋介石对周西成十分不满,挑起贵州军阀自相火并。1928年周西成在与李燊的激战中被击毙,由周西成的表弟兼妹夫的毛光翔接任贵州省政府主席。毛光翔是一个缺乏政治野心的平庸之辈,自知在部属中威信不高,便极力向南京政府靠拢,竭诚欢迎国民党来黔发展。他将《贵州改进日报》改名为《三民日报》以表示对三民主义的拥戴。1929年6月,国民党贵州省党报《民众日报》也在贵阳创刊。同时还出版了许多政务和党务方面的刊物,以示政务公开,依法办事。这一时期新创刊的报刊有《贵州临时政务委员会公报》(1929年7月)、《贵州财政月刊》(1929年11月)、《贵州农矿公报》(1930年4月)、《贵州党务旬报》(1930年5月)、《贵州建设公报》(1930年7月)以及国民党贵阳市党部的《贵州国民通讯》等。一个省一下子出现那么多党政刊物实属少见,这是毛光翔执政时期的一大特色。

毛光翔这种靠拢南京政府的态度并未得到蒋介石的青睐,蒋介石利用另一贵州地方实力派王家烈卖力堵截红军的机缘,极力加以拉拢。1932年春,王家烈在蒋介石的怂恿下,兵临贵阳城下,胁迫毛光翔交出政权。王家烈虽然取得了贵州的政权,但引起同僚们的反感,原属毛光翔的几个师长不听指挥,各霸一方,各自为政。王家烈的政权仅能控制贵阳及黔南十几个县和黔东几个县。由于贵州政权的四分五裂,控制能力薄弱,在1931年"九一八事变"后,贵州出现了许多由共产党人领导的宣传刊物,如贵州学生抗日救国团办的《救国旬报》,中共赤水合江特支办的《少年大众》和《寒夜之华》,新赤水书店办的《流波》和《新青月刊》,贵州妇女抗日救国团办的《心坪》,中共贵州省工作委员会办的《安顺文艺》等。这与云南地区对抗日救亡活动噤若寒蝉的情况,形成鲜明的对照。

四川刘湘于1928年12月击败杨森,1931年又联合杨森、田颂尧、邓锡侯击败刘文辉,独占四川80余县,嫡系军队扩至10万,登上了四川霸主的宝座。虽然刘湘表面上听命于蒋介石,但对国民党在四川的发展横加阻挠。到1929年末,全国国民党员的总数为27万,而四川这个全国人口最多的省份,仅有77个国民党员。1928年南京档案馆《情党实录》中记录着当时国民党人的一段话:"我们的重庆党部不是直接被共产党摧毁,而是直接被刘湘摧毁……莫名其妙的是,一支革命军竟会摧毁一个地方党部。"① 直到1936年6月,国民党在四川没有省党部机关报,只有成都的市级党报《新新新闻》和重庆的市级党报《大江日报》。《新新新闻》的创办也与军阀势力有关,社长马秀峰是川军邓锡侯第七师师长马毓智最小的弟弟,是个不学无术的纨绔子弟,靠其兄每月拨给报社350元补助维持出版。该报的实际主持人是陈斯孝,是国民党外围组织"健中社"的成员,当上总经理后为国民党拉拢,成为国民党市党部常委。总编辑刘启明也是"健中社"成员,后担任国民党四川省党务指导委员会宣传部编审科主任,该报遂成为市党报。重庆的

---

① 《清党实录》([南京]1928年),转引自《四川军阀与国民政府》,四川人民出版社1985年版,第342、346页。

## 第一章 西南地区新闻事业评述

《大江日报》为1932年12月创刊,比《新新新闻》迟出版3年多,总经理为省政府财政厅会计主任,总编辑也是国民党四川省党务指导委员会编审科主任。

当时四川的一些商业报纸也无不与军阀政府有一定的关系,否则很难立足,如重庆的《国民公报》,这是一张有20多年历史的民营报纸,其总编辑就担任过法院的书记官和首席检察官。重庆的《商务日报》也是一张历史悠久的民办报纸,其总编辑为重庆市政府社会科科长。四川巴县出版的《嘉陵江日报》是爱国实业家卢作孚创办的大众化报纸,以提倡乡村建设为宗旨,由其弟卢子英担任社长。卢子英毕业于黄埔军校,担任过峡防局督练长。卢作孚本人也是靠着四川军阀势力的支持,从1931年到1935年他在重庆创办的民生轮船公司兼并了15家轮船公司,接收轮船42只,基本上战胜了帝国主义航运势力在长江上游的竞争。没有这些政治与经济的实力,要想长期出版民营报纸也是不可能的。

四川共产党人在新闻战线上的斗争也是可歌可泣的。"三三一惨案"后,地下党组织成立中共四川临时省委,1927年10月在重庆出版临时省委机关刊物《四川通讯》。为了开展对外宣传,又于同年11月创办省委机关刊物《川潮》旬刊,及时揭露新旧军阀和帝国主义的丑恶嘴脸。1928年10月,临时省委遭破坏,中共四川省委迁往成都。成都当时是刘文辉、邓锡侯、田颂尧三军阀共管之地,共产党人利用这一有利形势创办了《锦江日报》,出版了两个月即被查封,又改组为《成都新闻》出版。地下党组织还利用田颂尧二十九军的机关报《西南日报》宣传进步思想,不到一年,该报即被勒令停刊。在成都还出版了省委机关报《四川红旗》《转变》《四川晓报》等,与反动军阀展开针锋相对的斗争,为四川的新闻事业谱写了惊心动魄的一章。坚持在重庆的中共川东特委也曾公开出版过《新社会日报》,虽然仅出版两个多月,其革命舆论的影响力不容低估。另一份革命报刊《国民快报》也在《新社会日报》被查封后一星期遭封禁。自1929年夏季开始,刘湘遵奉蒋介石的指令,加紧镇压反帝爱国运动,强化新闻界的法西斯统治,继续在重庆公开出版报刊已不可能。从1930年起,新闻出版的工作重心移到了成都,中共在成都出版的《四川晓报》从1931年一直出版到1934年,坚持了近三年时间。

刘文辉被刘湘赶往川康边境后,在雅安创办《川康新闻》,《川康新闻》的社长,正、副总编辑均为共产党人,他们充分利用这个舆论阵地宣传革命思想。在渝、蓉两地外,由共产党人领导的报刊有川北的《灯笼火把报》《岳池泪》《嘉陵江》等,在川东有《红军日报》《国难周刊》等,在川南有《反日会刊》《川南新闻》等,在川西有《广汉学生》《晨曦》半月刊等。1932年底,红四方面军进入川北,建立了川陕革命根据地。中共川陕省委、川陕省苏维埃政府和西北革命军事委员会等党、政、军领导部门,都相继创办了自己的机关报,如《川北穷人》《共产党》《苏维埃》《战场日报》《红军》《不胜不休》《少年先锋》和《经济建设》等。

与云南、贵州相比,这一时期的四川新闻事业有其自身的显明特色,即报刊性质的复杂性,品种的多样性和舆论斗争的尖锐性。这些特色与四川地区存在着多种政治势力的明争暗斗有关。

### (二)在内战中国民党逐步控制西南报业

蒋介石支持刘湘,决定采取"先安川,后剿共"的策略,于1933年8月刘湘一举击垮刘文辉。为顾念叔侄情分,让刘文辉在川康边区雅安地区立足,不再追击。同年10月,刘湘在成都宣誓就任蒋介石委任的四川"剿共"总司令一职,并立即将川军编为六路,阻截红军西进。到1934年春,六路总指挥中已有二人因战败被撤职。同年8月,川军在南充一带失利,伤亡官兵8 000余人。10月中旬,中央红军突围北上,刘湘在南京与蒋介石约定,刘湘仍担任四川"剿匪"总司令、四川省政府主席,南京国民党政府尽量补助饷款弹药,组成南昌行营驻川参谋团,任命贺国光、杨吉辉为该团正副主任。国民党政府为了便于控制四川军政大权,将四川划为"剿匪"省份,受南昌行营直接指挥,各军将领将防区内一切政权交给省政府,各军原委的县长、局长分批调换,于是持续近20年的四川防区制宣告结束。从1935年1月至1936年春,刘湘所部与红军对峙期间,虽然拒绝了蒋介石派遣的中央军10个师入川,但随着参谋团入川的康泽别动队,却起着控制川军,分化、拉拢川军将领的作用,从新闻事业的发展上也反映了国民党势力不断扩张的趋势。

据蔡铭泽《中国国民党党报历史研究》一书所列的至 1936 年 6 月为止的《中国国民党全国党报统计表》数据显示:四川共有报刊 83 种,党报总数为 38 种,占报刊总数的 45.8%。从发行量上来看,党报期发总数为 4.8 万份,占报刊期发总数 21 万份的 22.9%。虽然国民党党报的发行量不是很大,但它的发行面很广,各县都订有党报,有 20 多个县还自办党报。还有一些原来是军阀及商会办的机关报,也已逐步为国民党特务组织所控制,如成都的《成都快报》,重庆的《商务日报》等。《成都快报》创刊于 1925 年,是日销 6 400 多份的有影响的大报。1927 年以后为邓锡侯 28 军的机关报,每月津贴 1 000 元。1935 年后为蓝衣社所控制,以维护国民党的统治为第一要旨。重庆的《商务日报》创刊于 1914 年,为日销 9 000 份的四川第一大报。该报为重庆商会机关报,因首先报道五四运动而闻名,1935 年后为康泽别动队所控制,成为瓦解刘湘势力的舆论机构。

刘湘等地方实力派也有自己的舆论机关,如重庆的《重庆晚报》。《重庆晚报》的社长赖健君是刘湘二十一军政闻编审委员会委员,其舅父为邓锡侯二十八军的参谋长、驻渝代表,赖又被委为二十八军的少校秘书长,与各军驻渝代表均有联系。《重庆晚报》则由刘湘二十一军、邓锡侯二十八军、田颂尧二十九军按月发给津贴,经费充足,该报便为这些地方军阀歌功颂德。抗战初期刘湘病逝,邓、田等也因受排挤而失去实力,该报于 1939 年 5 月在日机狂炸中被毁,无力恢复出版而停刊。

1936 年春,随着红四方面军撤离川陕革命根据地,国民党政权在全川范围内掀起一场大规模的反共浪潮,在严酷的形势下,共产党所领导的四川革命报刊全部停止了出版。与此同时,在"一二·九"爱国学生运动的推动下,宣传抗日救亡的进步报刊却在四川各地蓬勃发展起来。成都是四川抗日救亡报刊最集中的地方,主要有利用四川地方势力潘文华为背景的原《建设晚报》重新改组的《建设晚报》,有车耀先主办的《大声周报》和《四川日报》,有以成都各界救国联合会出面创办的《新时代》旬刊以及《力文》半月刊、《MS》周报、《活路旬刊》等。重庆新创办的抗日救亡报刊有《齐报》、《四川日报》、《春云》月刊、《人力》周刊等,《新蜀报》和《商务日报》的副刊也曾积极开展抗日救亡的宣传。川东、川北也有进步爱国人士创办的《邻水民众》

《梁山复兴日报》《新南充日报》等,在这些报社内部也有许多共产党员为团结抗日发挥了积极的作用。

与四川复杂的政治形势相比,云南与贵州就显得简单多了。1934 年 8 月,中央红军长征进入贵州境内,王家烈奉蒋介石之命围追堵截。王自知力量单薄,无法与红军对抗,为图自保,与广东陈济棠、广西李宗仁订立三省互助联盟,暗中反蒋。后来这一密约为陈济棠部属余汉谋盗出,向蒋告密,蒋介石决定利用中央军乘追剿红军的机会,衔尾进入贵州。1935 年 1 月薛岳率七个师进入贵州,半个月后,薛岳派部下接管贵阳城防,中央军反客为主,连王家烈本人进出城垣也要经过盘查。同年 2 月,王家烈离开贵阳防守遵义,被红军打得溃不成军,遵义为红军占领。蒋介石对王家烈丧师失地予以严厉训斥,派薛岳部队以武力控制贵阳,吞并了王家烈亲信所控制的部队,先逼他交出省主席一职,再派自己的亲信吴忠信接任贵州省主席。接着煽动王部官兵闹饷,反对王家烈。在内外逼迫下,王家烈要求免去军长一职,蒋假意稍作挽留后接受他的辞呈。1935 年 5 月王家烈搭乘张学良的飞机离开贵州。

随着王家烈的垮台,他的政府机关报《新黔日报》便因经费无着停刊。薛岳二路军总部机关报《革命日报》遂填补了贵州官方报纸的空白,不久便由省政府接办。国民党中央政府的势力控制贵州后,曾先后创办了 9 家日报和晚报,并建立了中央通讯社贵阳分社,对贵州的舆论宣传阵地也实施了控制。据我们掌握的资料,直接控制在国民党手中的报纸就有《民众日报》《贵阳晨报》和《革命日报》三家,《黔风报》和《商务日报》两家民营报纸到 1937 年仍在出版(许晚成《全国报馆刊社调查录》在"贵州之部"仅注录《民众日报》一家,显然是有疏漏的)。

蒋介石借"追剿"红军的机会控制了贵州,将势力渗入四川,唯有云南得以自保,维持原状。主要是因为龙云采取以防"中央军"为主,防红军次之,防堵红军于滇省之外的策略,使蒋介石无从下手。1934 年底,中央主力红军长征进入西南,为避免"中央军"跟踪而来,出兵贵州进行防堵。当红军进入云南时,龙云将滇军集中在昆明及附近大城市,防止"中央军"进城,也避免被红军逐个击破,为红军让开大路。龙云立即派人向薛岳提出,不许部队进入昆明,因入滇"中央军"不多,薛岳也不敢贸然行事。当龙云看到贵州王家烈的前车之鉴后,更是寝食难安,直到1936年初红军渡过金沙江,离开滇境,驻滇西的"中央军"东调两广,龙云才感到如释重负。

国民党政治势力在滇、黔、川三省的消长情况,同样可以在新闻事业上看出一些端倪。贵州除国民党省级党报《民众日报》是1929年创刊外,其余日报都是1935年王家烈失势以后创办的。王家烈时期的政府机关报《新黔日报》也随之垮台,被薛岳二路军机关报《革命日报》所取代。贵州新闻事业几乎成了国民党的一统天下。四川在1936年6月成都、重庆两地有日报37种,于许晚成《全国报馆刊社调查录》中可以查到创刊年月的有21种,其中有1/3是在1935年南昌行营驻川参谋团进入四川后创办的,这些新创办的报纸大都与国民党势力有着千丝万缕的联系。那些1935年前创办的报纸也有相当一部分为国民党特务势力所收买或控制。在成都、重庆之外,国民党还拥有20多家县级党报,影响不小。云南仅有国民党县级党报5家,在昆明的14家日报中属于国民党系统的不过4家,1935年以后创刊的有2家,一家是《新滇报》为国民党云南省级党报,另一家是《云南日报》为龙云的省政府机关报。这一现象说明,云南的新闻事业在防堵红军长征前后并无太大的区别。容忍龙云割据云南,蒋介石自有他的一套理由,他认为:"龙云好比南越王赵陀,自帝其国,非敢有害于天下。龙云只想独霸云南,称臣纳贡,既无问鼎中原之心,也乏窥窃神器之力,不同于阎、冯、李、白,对龙云要容忍,只要服从中央,即使在云南另搞一套,最后为我所用,无伤大局。"[①]话虽如此,中央政权与地方势力之间毕竟存在着难以克服的矛盾,统一西南是蒋介石的心愿,而龙云在堵红军、防蒋军的险境中,早与蒋介石产生了裂痕,在以后的抗日战争中这种矛盾势必愈演愈烈,越来越尖锐。

## 五、全面抗战时期(1937—1945)

在1937年抗日战争全面爆发之前,中国的主要报纸大都集中在沿海、

---

① 赵振銮:《龙云与蒋介石的合分之我见》,《云南历史研究集刊》1983年第2期,第50页。

沿江的大都市里,如北平的《晨报》《世界日报》,天津的《大公报》《益世报》,上海的《申报》《新闻报》《时事新报》,南京的《中央日报》,武汉的《武汉日报》《扫荡报》,杭州的《东南日报》等。特别是西方资本主义势力最强大的上海地区,执中国新闻事业的牛耳。抗日战争爆发以后,这些地区先后遭日本帝国主义铁蹄的蹂躏,新闻事业遭到严重的破坏。据 1939 年的统计,战前全国有报纸 1 014 家,抗战一年多后,有 600 家左右的报纸已经不存在了,损失极为惨重。由于国民党中央政府迁往重庆,西南地区成了抗日战争的大后方,大批进步的文化人士也随之向西南地区迁移,西南地区的新闻事业竟然空前繁荣起来,陪都重庆成了抗战时期的全国新闻中心。

为了阐述的方便,我们将从以下三个方面进行论述:第一,抗日战争时期西南报业的主要特色;第二,各派政治势力在新闻事业上的联合与斗争;第三,国民党政府对大后方新闻宣传的控制。

### (一) 抗战时期西南报业的主要特色

抗日战争时期,东北、华北、华东、华南、中南的大部分地区已陷于日本帝国主义之手,这些地区的新闻事业一落千丈。西北和西南地区处于抗日战争的大后方,原来的报业未受太大的冲击。西北地区也有少量报业,但影响不大。中共领导的抗日民主根据地也出版了许多报刊,在当地也产生了很大的宣传作用,但根据地被日寇和国民党势力分割包围,其传播功能不免带有地方局限性。因此,西北地区的新闻事业与战前相比虽有一定程度的发展,但抗战时期新闻事业发展最快和称得上空前繁荣的地区,应是西南地区。抗日战争中的西南新闻事业有以下几个特色。

(1) 西南报业在抗战时期得到了史无前例的发展。西南地区长期处于军阀割据状态,各地方实力派为了进行自我宣传,在自己势力范围内和有影响的大城市中都办有报刊,作为自己的喉舌,如成都的《华西日报》《成都快报》《光中日报》《建国日报》,重庆的《济川公报》《新蜀报》《华西日报》,昆明的《云南日报》《义声报》,贵阳的《贵州日报》等,都有地方实力派作为其背景,这些报纸都具有浓郁的地方色彩。从沦陷区先后迁来西南的都是一些有影响、有声誉的大报,如迁来重庆的有武汉的《新华日报》、南京的《中央日报》、南昌的《扫荡报》(后更名《和平日报》)、天津的《大公报》、北平的《世界日报》,南京的《新民报》则分为重庆版与成都版,天津的《益世报》则分为重庆版和昆明版;迁入成都的有南京的《南京晚报》(后改名《成都晚报》)、汉口的《新中国日报》;迁入昆明的除天津《益世报》外,还有汉口的《武汉日报》(改名为《中央日报·昆明版》)和汉口的《大汉晚报》(不久停刊)。这些从外省迁来的大报,不仅壮大了西南地区新闻事业的阵容,而且将先进的编排技术和新闻的时效性带给了当地的从业人员,提高了新闻工作者的业务水平。此外,西南地区在抗日战争时期还新创办了许多报刊,如四川的《自强日报》、《时代日报》、《金融导报》、《中国评论报》等,云南的《遥华日报》(后改名《侨光报》)、《正义报》、《扫荡报》、《观察报》、《中国工商导报》等,贵州的《力行日报》《贵州商报》《大华晚报》等。原有的、外来的和新办的三大类报纸构成了抗战时期西南报业的基本阵容。抗日战争后期,日本帝国主义为挽救其在太平洋战场上的失败,企图打通大陆交通线,缩短在南洋日军的海上补给线,向国民党军队发起猛烈进攻,郑州、洛阳等38座城市相继陷落,于是又有一批报纸如《大刚报》《力报》《小春秋报》等迁到西南地区,使西南新闻事业得到空前的发展。但是,也应该看到这种报纸的拥挤现象,是战争环境造成的病态繁荣,是难以持续发展的。

(2) 报纸的物质设备后退,报纸的数量激增。迁入西南地区的北平《世界日报》,天津《大公报》,武汉的《扫荡报》《武汉日报》《新华日报》都是第一流的大报,每天至少出版两大张。迁到大后方后,重庆《大公报》、昆明《益世报》等已从轮转机改为平版机印刷,重庆《大公报》《扫荡报》《中央日报》《时事新报》,昆明《益世报》,贵阳《中央日报》(即原《武汉日报》)都只能出版一大张,报内的从业人员已不到战前的一半。由于战争的关系,白报纸也无法从国外进口,大部分报纸只能改用土纸印刷,因此抗战时期西南地区同一种报纸根据用纸的不同有多种定价。虽然抗战时期办报的物质条件和技术设备较战前明显的落后,但是各县各市镇人民为了关心抗战的需要,还是出版了大量小型地方报纸。在西南的广大军队中,为鼓舞士气,争取抗日战争的最后胜利,也出版了许多小型的《阵中日报》《阵中简报》和《扫荡简报》。据统计,四川一地在抗战时期铅印、石印、油印的报刊出现过 2 000 余种,其数量十分惊人,远远超过战前。

(3) 新闻事业向边陲地区发展。1939年1月当时属四川的康定、宁远、雅州地区划为西康省,并成立西康省政府,康定为西康的省会。西康位于四川与西藏交界处,文化十分落后,有"寺庙以外无学校,喇嘛以外无教师"之说。1937年《西康新闻》出版,开始是三天出版一中张,后来因为与内地的联系日益频繁,三日刊满足不了读者的需要,便改为每天出版一中张了。据当时的文化人士介绍:"这张仅有的日报,在编排上相当活泼;在内容上除国内外与地方新闻外,另有《星期专论》。有西陲矿学会主编的副刊,曾热烈的讨论过西康需要新五四运动的问题。有西康农村合作委员会主编的《合作旬刊》;有西康妇女战时教育推进委员会主编的《西康妇女半月刊》;有西康省动员委员会主编的《西康动员周刊》。一遇有纪念节日,该报另出特刊。从以上这些看来,这是一张反映西康建设相当够味的地方报纸……可是此报有个特点,就是经常附有藏文版,完全是因为康藏同胞的语言文字隔阂而刊印的,同时又估计到康藏同胞一般文化水准的落后,翻译在上面的文章,力求简单明了,如名词解释之类。"①

康定在1939年10月10日又出版了一张《国民日报》,强调"要把国内外的局势演变,诚实的报道给西康同胞"。在宁远地区的西昌,除已经出版的《怒吼旬刊》《抗敌十日刊》《保安周刊》《新宁月刊》《西昌周报》《民锋报》《抗战周刊》外,1939年还出版了用嘉乐纸铅印的《建宁日报》。雅安地区有军事当局壁报室编辑的,油印《壁报》一种,用蝇头小字书写,刻写和印刷技术都很不错,有时还穿插几幅漫画。虽然我们仅就西康一地进行观察,但足以说明抗日战争的大环境促使新闻事业向边远落后地区发展的客观事实。

据《战时记者》第二卷第2期(1939年10月1日出版)《蒙藏报业现状及其前途》一文记载,当时西藏地区有《西藏新闻》出版,"《西藏新闻》是喇嘛境域与外间沟通消息的唯一中介物,再也没有第二种报纸与之竞争。泰清巴菩(巴菩就是老爷的意思)可以说是一位大主笔,也可以说不是。该报不是日刊、周刊、双周刊、月刊,也不是双日刊,要看泰清什么时候有空,他高兴就

---

① 趣涛:《西康的新闻事业》,重庆《新闻记者》第二卷第2期,1939年12月25日出版。

出版,这张早报会任意在某一个早晨出版。在康定(打箭炉)有许多人阅读普通中国报纸之外,也还订一份《西藏新闻》看,在康藏内地,除去看《西藏新闻》以外,别无其他方法可以知道世界的今日。"

当然,就抗战时期西南新闻事业的特色而言,还可以说出很多,诸如国民党中央西迁重庆后,得到英美在广播设备上的多次援助,西南广播事业得到很大的发展;西南地区新闻记者的培养工作和新闻学的研究工作得到社会各方面的重视等。因为这些内容在各省的概要中均有论及,这里就不再重复了。

### (二)各派政治势力在新闻事业上的联合与斗争

抗日战争时期,沿海沿江经济发达的大城市已先后落入日本帝国主义的魔掌之中,在经济困难、文化落后、交通不便的西南地区办报,实际上已经很难成为赢利的事业。之所以在极端艰难的条件下坚持办报,主要还是为了进行政治宣传和鼓动工作。可以说纯粹出于牟利目的而办的报纸已经很少,甚至是没有了,绝大部分报纸均有其政治背景和政治目的。抗战时期西南地区的政治势力大致有三个方面:国民党势力、共产党势力和地方实力派。当时有影响的主要报刊其背后均有某一方面的政治势力在支撑。

国民党的党政军势力是当时西南地区最主要的政治势力,它控制了新闻媒介中的大部分,如直隶国民党中央宣传部的重庆《中央日报》《中央日报·成都版》《中央日报·昆明版》《中央日报·贵阳版》,中央通讯社及各地分支机构,直属军委会政治部的《扫荡报》、中央军校的《党军日报》,三青团系统的《西南日报》《力行日报》,中统军统特务机构办的《新华时报》《民主日报》,中华新闻社等。

共产党是新兴的政治力量,虽然与国民党势力相比相对弱小得多,但得到社会上进步人士的支持,其潜能也不容低估。代表这一方面势力的报刊有:中国共产党机关报《新华日报》,四川的《大声》周刊、《国难三日刊》、《时事新刊》、《华西晚报》,云南的《曙光日报》《昭通周报》,贵州的《烽火》等。

属于地方势力的报刊也有不少,如属于刘湘系统的《济川公报》《新蜀报》《华西日报》,属于邓锡侯、刘文辉系统的《成都快报》《建国日报》《西南新闻》,川康通讯社,属于龙云系统的《云南日报》《云南日报·昭通版》《滇南日报》等。

当然也有一些其他党派办和民办性质的报纸,其实它们也都有明显的政治倾向性。如民盟办的《民众时报》《民主报》《民主星期刊》便明显倾向于中共的立场,青年党机关报《新中国日报》则与国民党站在同一立场。民办报纸《新民报》站在中间偏左的立场上倾向于进步,《大公报》为蒋介石所笼络,貌似中立,实则偏右,《商务日报》在相当长的一段时间里被中统分子所篡夺。

由于抗战时期西南地区的新闻战线存在着三大政治势力的较量,斗争显得相当复杂。最为明显的是《华西日报》,该报原是刘湘统一四川后创办的舆论工具,由刘湘的秘密组织武德学友会幕后掌握,为四川省政府机关报。1938年1月刘湘病死汉口,继任的省主席王缵绪曾企图接管该报,武德学友会则动用刘湘旧部武力保护报社,使王缵绪未能遂愿。王又对《华西日报》社长施加压力,迫其辞职,旋派复兴社分子继任社长。王缵绪下台后,该报又被刘湘旧部武装收回。1939年10月,蒋介石兼任四川省主席,《华西日报》处境困难,武德学友会决定该报脱离省政府,自组董事会,由实力派潘文华为董事长。由于该报倾向进步势力,蒋介石面谕潘文华:《华西日报》被共党利用,言论反动,影响大局,你身为董事长,是有责任的。把这个报纸停下来。在潘的坚持下,该报虽未停刊,但新社长已被国民党中宣部收买,变成一张反共反民主的国民党党报。地方实力派的许多报纸如《成都快报》《新蜀报》《新新新闻》《成都晚报》都是采用拉拢负责人的办法,落入国民党的掌握之中。

蒋介石利用抗日名义,将其政治、军事、经济实力大肆渗入云南,引起国民党中央政府与龙云政权的一场激烈的控制与反控制斗争。云南省政府机关报《云南日报》曾不断刊登新华社的消息,转载《新华日报》的文章,甚至还刊登毛泽东的著作《论新阶段》等。《新华日报》《群众周刊》《民主周刊》等中共报刊在云南都公开发行,当时的昆明被人们誉为"民主的堡垒"。抗战后期,龙云还秘密加入了民盟。

## （三）国民党政府对大后方新闻事业的控制

抗战时期西南新闻界的斗争还表现在国民党政府对大后方新闻舆论的控制上。1938年底，国民党政府提出国共两党的合并问题，遭到中共的坚决拒绝。1939年1月，在国民党五届五中全会上，蒋介石说："现在要溶共，不是容共，它如能取消共产党主义我们就容纳它。"[①]这次大会确定了"防共、限共、溶共、反共"的方针，并成立"防共委员会"。1939年4月，国民党秘密下达《防制异党活动办法》，不久又秘密发布《共党问题处置方法》。随之于同年6月，根据蒋介石手令，国民党正式成立战时新闻检查局，并在此前后颁布了一系列的新闻法规：《战时新闻检查办法》《战时新闻违检惩罚办法》《抗战时期报纸通讯社申请及变更登记暂行办法》等，主要目标针对共产党及民主人士主办的新闻传播媒介。

首当其冲的便是重庆出版的《新华日报》和《群众》周刊。检查人员常常到报馆里检查第二天要出版的报纸大样，肆意删改，文章常常被弄得字不成句，语不成章，甚至被强行"铲版"，一个版面上有二三个天窗也是常事。潘梓年曾就报纸屡遭新闻检查机关刁难写信给中宣部："惟三年以来，本报所遭受编排、发行之障碍，均非法律、政治所能容忍……言论方面，检扣删改，超出检政，日必数起。"[②]从1940年12月至1941年5月半年间，《新华日报》原稿有260件被免登，有150次被删节，仅1月8日送检的15篇稿件就有11篇被扣[③]。中统特务头子徐恩曾仍不解恨，亲自找新闻检查处长李中襄商议刁难《新华日报》的办法。历届新闻检查处长对《新华日报》的检扣莫不竭尽心智，然而有的却因不能遂上级的意愿而被撤职。中国共产党对国民党在新闻检查上的种种刁难，采取合法斗争与"非法"斗争相结合的办法进行还击。一方面利用《新华日报》的合法地位对国民党的反共事实进行强烈的抨击，对国民党的纸张配给、扣留邮件、特务捣乱、新闻检查提出抗议；另

---

① 张宪文：《中华民国史纲》，河南人民出版社1985年版，第543页，转引自王晓岚：《喉舌之战——抗战中的新闻对垒》，广西师范大学出版社2001年版，第201页。
② 石西民、范剑涯编：《新华日报回忆录（续集）》，四川人民出版社1983年版，第489页。
③ 韩辛茹：《新华日报史》，重庆出版社1990年版，第201页。

一方面则公开抗检、违检,毛泽东与中央社、《扫荡报》、《新民报》记者的谈话,周恩来为皖南事变死难烈士题词,都是在未经新闻检查的情况下抢先刊登出来的,它向广大民众揭露了国民党消极抗日、积极反共的反动面目。此外,《新华日报》还秘密印行了延安《解放日报选刊》和《海外呼声》进行抗日民主运动的宣传工作。在重庆、成都等国民党统治中心,地方实力派比不上国民党嫡系的势力大,而在边远地区有地方势力撑腰,国民党也奈何不得。如刘文辉系统的《新康报》,有刘文辉的侄子刘远瑄作靠山,宣传抗日、团结,要求民主、进步,反对独裁、倒退,言论十分大胆,拒不接受新闻检查处的检查,西昌行辕也无可奈何。

国民党的新闻检查制度和对共产党报刊的迫害,虽然在所有国民党统治区内部存在,但在西南地区——抗战时期国民党统治的核心地区尤为尖锐和激烈,其手段更是无所不用其极。例如特务机关为了抵制《新华日报》,故意办一张名称类似的《新华时报》和《新华晚报》,卖报时高喊:"看《新华报》!"人们买到手后才知道是冒牌货,大呼上当。有时《新华时报》还偷偷地贴在《新华日报》贴报栏内,蒙骗读者。中统、军统、三青团的头头戴笠、徐恩曾、洪友兰曾亲自召见重庆派报公会的把头邓发清,对邓封官许愿,重金收买,要他为抵制《新华日报》的发行工作而出力。1941年1月10日重庆市党部决定为派报公会建筑宿舍,中央日报社、扫荡报社为该会会员制发号衣,并每月增发给派报公会300元和200元,允诺为该公会办福利事业。同年1月19日,该会突然宣称拒绝为《新华日报》送报,并无耻地声称:"本会会员本爱国之良知,深痛其目无政府,目无统帅之荒谬行动,自即日起,对该报一致拒绝派送,藉以促其觉悟。"[①]邓发清因破坏《新华日报》的发行工作有功,居然提升为国民党中央委员。由此可见,抗战时期西南地区新闻舆论宣传上斗争的激烈。

## 六、从抗战胜利到解放(1945—1949)

抗日战争胜利以后,西南地区成了新闻舆论界争取民主自由、反对国民

---

① 中国第二历史档案馆档案:718宗,249卷。

# 第一章 西南地区新闻事业评述

党独裁统治的主战场。在1945年8月中旬到1949年底的四年半时间里，西南地区的新闻舆论战线上，先是由重庆、成都、昆明等地的新闻文化工作者发动的"拒检"运动，接着发生《新华日报》与《大公报》的论战，重庆报界揭露国民党特务制造的"较场口事件"和李公朴、闻一多被暗杀事件，以及国民党对进步学生和重庆新闻界的"六一"大逮捕。西南地区是国民党政府在大陆作垂死挣扎的最后堡垒，此时中国共产党取得解放战争的胜利已成定局，进步的新闻工作者面对国民党的残酷镇压充满着必胜信心，斗争显得十分尖锐和惨烈，这是解放战争时期西南新闻事业最明显的特点。

## （一）轰轰烈烈的拒检运动

1945年8月日本帝国主义投降，抗日战争取得了胜利，与此同时，重庆的杂志界率先发起了拒检运动。黄炎培应重庆国讯书店之请，将他7月间访问延安时的所见所闻写成《延安归来》一书。因为该书真实地记载了中国共产党的各项政策和成功实施的情况，显然为国民党书刊检查官所不容，便决定不送检而自行出版。《延安归来》于1945年8月7日出版后，进步人士张志让、杨卫玉、傅彬然三人起草了重庆杂志界宣布"拒检"的联合声明。在这一声明上签名的有《宪政》月刊、《国讯》杂志、《中华论坛》《民主世界》《再生》《民宪》半月刊《民主与科学》《中学生》《新中华》《东方杂志》《文汇周报》《中苏文化》《现代妇女》《战时教育》《国论》《学生杂志》16家杂志社。这16家杂志宣布自9月1日起不再送检，并正式函告国民党中宣部、宪政实施协会和国民参政会，并由其中10家杂志出版一份不向国民党政府登记和全部稿件拒检的《联合增刊》。同年8月27日，在拒检声明上签字的杂志增至33家。接着重庆的19家出版社宣布坚决支持重庆杂志界的拒检声明。9月1日，《新华日报》发表了《为笔的解放而斗争》的社评，抨击国民党长期执行的原稿审查办法是反民主的制度，提出废除新闻检查，给人民以新闻、出版与言论自由。9月8日与10日，成都39家报社、通讯社、杂志社响应拒检运动。成都《新中国日报》等6个新闻文化单位发表了《致重庆杂志界联谊会公开信》，指出："八年来以战时为借口的检查制度，严重地糟蹋了中国人民的言论自由，损害了中国文化新闻界的尊严和信誉。现在战争已经结束，一切钳制言论自由的战时法令完全失去了存在的根据,政府既不能采取及时的措施,我们为了保卫中国人民的言论自由,当然有理由自动宣布检查制度的死亡!"昆明文化出版界也于 9 月 15 日集会,宣布成立昆明杂志界出版界联谊会,一致响应立即拒检。接着桂林、西安等城市也纷纷成立联谊会,响应拒检。

声势浩大的拒检运动迫使国民党政府作出让步,在 1945 年 9 月 22 日举行的第十次中常会上,通过决议,宣布从 10 月 1 日起,撤销对新闻和图书、杂志的检查。《新华日报》于 10 月 1 日发表了《言论自由初步收获》的社论,在欢呼拒检运动胜利之后,进一步指出:"检查制度的废止,是言论自由的开始;但还不是言论自由的真正实现。首先,检查制度在大后方是废止了,收复区还在继续;其次,报刊杂志的创刊,须经登记核准这一制度还没有废止;再其次,这是很重要很迫切的,邮检制度也没有废止。"尽管如此,拒检运动的胜利使进步的新闻界与出版界更加团结起来,并极大地鼓舞了争取舆论与出版自由的新闻工作者。

### (二)内迁后西南地区的新闻事业

抗战胜利后,内迁各报立即提出复员要求。1945 年 8 月 25 日,全国抗敌报业复员联合会在重庆成立,并通过决议,向国民党中央宣传部和国民政府提出要求:对抗敌牺牲之报纸,应准予优先复刊;注意保护原被敌方掠夺的报馆产业;向主管部门登记报馆产业所受之损失,要求敌方赔偿并惩办附逆的汉奸报人;准予请购外汇,俾受损害的报业能向国外采购机器、纸张。国民党中央和国民政府强调:"凡自收复区因战事内移继续出版之报纸、通讯社应以各返原地恢复出版为原则,非经政府特许不得迁地出版";"收复区报纸通讯社自政府正式接收日起一律重新登记。"[①]这两条规定使国民党党报和军报可以"经政府特许"到各地出版,同时又可以不批准"重新登记"为名,取消共产党报刊的出版,如夏衍、龚澎主办的《建国日报》和《新华三日刊》便是以此为借口被封闭的。

---

① 参见上海市档案馆:全宗号 6,卷号 163:《管理收复区报纸通讯社杂志电影广播事业暂行办法》。

重庆的《中央日报》由渝返宁,复刊为南京《中央日报》,《重庆中央日报》继续出版,于 1946 年 5 月改名为《陪都中央日报》。重庆的《大公报》《新民报》《世界日报》等民办报纸则分别在上海、南京、北平复刊。迁至贵阳的《扫荡报》,在 1945 年 11 月改名《和平日报》在汉口复刊,并分设南京版与上海版,翌年总社由重庆迁往南京。贵阳的《大刚报》也分出汉口版与南京版,贵阳《大刚报》因出版反内战增刊于 1946 年元旦被国民党查封。迁往昆明的《益世报》,后迁重庆出版,抗战胜利后返天津复刊,并分设上海版与南京版。《时事新报》也迁返上海复刊,重庆的《时事新报》遂于 1946 年 3 月底停刊。中国的新闻事业也仍然恢复到以上海、南京两地为中心的战前格局,但西南的新闻事业经过抗日战争时期的飞跃发展,与战前相比也已有很大的进步。兹将 1936 年与 1948 年的西南报业作一比较。

从《抗战前后西南报业情况对照表》中可以看出,抗战胜利以后,尽管全国新闻事业中心已转移到沿海地区,但西南报业还是有很大的发展。解放战争后期,国民党大势已去,然而仍企图在西南负隅顽抗,对当地报业横加摧残。重庆的《商务日报》《国民公报》《新民报》《大公报》《世界日报》,成都的《华西日报》都有不少记者被捕,甚至牺牲于渣滓洞中。昆明的《学生报》《民主周刊》,成都的《边声报》《西方日报》,重庆的《世界日报》,贵阳的《力报》都先后被封。由于解放军的胜利进军和西南地方实力派的亲共反蒋,到 1949 年底,西南地区已全部解放,腥风血雨中的新闻界才得以化险为夷。

## 七、解放以来(1949—2000)

1949 年 11 月,贵州省全境解放。1949 年 12 月,云南、四川、西康次第解放。1951 年西藏和平解放。1955 年西康与四川合并为四川省。

解放后中国新闻事业是以中国共产党的机关报刊、国家通讯社、国家广播电视台为主体的宣传事业。解放初期有少量民营报纸继续出版,如重庆的《国民公报》《大公报》《重庆新民报日刊》《重庆新民报晚刊》,成都的《新民报》《工商导报》,昆明的《平民日报》和《正义报》。这些报纸办到 1952 年绝大部分已停刊,仅《工商导报》办到 1956 年才停刊。

## 表8 抗战前后西南报业（含期刊、通讯社）情况对照表

| 时地刊期 | 1936年6月统计数字 ||||||||||| 1947年9月统计数字 |||||||||||||||
|---|---|---|---|---|---|---|---|---|---|---|---|---|---|---|---|---|---|---|---|---|---|---|---|---|---|
| | 四川 ||| | 云南 || | 贵州 ||| 合计 | 四川 ||| | 云南 ||| 贵州 ||| 西康 ||| 合计 |
| | 重庆 | 成都 | 其他地方 | 小计 | 昆明 | 其他地方 | 小计 | 贵阳 | 其他地方 | 小计 | | 重庆 | 成都 | 其他地方 | 小计 | 昆明 | 其他地方 | 小计 | 贵阳 | 其他地方 | 小计 | 西昌 | 其他地方 | 小计 | |
| 日报 | 21 | 16 | 12 | 49 | 14 | 2 | | | | 1 | 66 | 39 | 15 | 19 | 73 | 12 | 1 | 13 | 7 | 1 | 8 | 3 | 1 | 4 | 98 |
| 通讯社日刊 | | | | | | | | | | | | 11 | 28 | 8 | 47 | 2 | | 2 | 1 | 1 | 2 | | | | 51 |
| 二日刊 | | | 2 | 2 | | | | | | | 2 | | | 1 | 1 | | | | | | | | 2 | 2 | 3 |
| 三日刊 | 1 | | 5 | 6 | | | | | | | 6 | | 2 | 4 | 9 | 4 | | 4 | 6 | 1 | 7 | | | | 20 |
| 五日刊 | | | | | | | | | | | | | | 3 | 4 | | | | | | | | | | 4 |
| 周刊 | | 1 | 16 | 17 | 1 | 1 | 2 | | | | 19 | 39 | 17 | 8 | 64 | 36 | 1 | 37 | 9 | 1 | 10 | 1 | | 1 | 112 |
| 旬刊 | | 1 | 10 | 11 | | | | | | | 11 | 2 | 3 | 2 | 7 | 7 | 3 | 10 | 5 | 5 | 10 | | | | 27 |
| 半月刊 | 1 | 1 | 4 | 6 | 1 | 1 | 2 | | | | 9 | 3 | 2 | | 5 | 8 | 1 | 9 | 3 | | 3 | | 1 | 1 | 18 |
| 月刊 | 1 | 1 | 2 | | | 2 | 2 | | | | | 20 | 17 | 1 | 38 | 10 | | 10 | 10 | 2 | 12 | 1 | 3 | 4 | 64 |
| 不明刊期 | 2 | 2 | 9 | 13 | 4 | | 4 | | | | 17 | | | | | | | | | | | | | | |
| 二月刊 | | | | | | | | | | | | 1 | | | 1 | | | | | 1 | 1 | | 1 | 1 | 2 |
| 季刊 | | | | | | | | | | | | 2 | | 2 | 4 | 1 | | 1 | | 1 | 1 | | 1 | 1 | 7 |
| 总计 | | | | | | | | | | | | | | | | | | | | | | | | | |

注：本表根据1936年6月许晚成《全国报馆刊社调查录》及1947年9月国民党内政部统计的《全国报社通讯社杂志社一览》编成。

# 第一章 西南地区新闻事业评述

解放初期,中共中央西南局管辖川西、川南、川北、川东、云南、贵州、西康7个行政区,分别出版中共中央西南局机关报《新华日报》及《川西日报》《川南日报》《川北日报》《川东日报》《云南人民日报》《新黔日报》《西康日报》。1952年川西、川南、川北、川东4个行政区合并为四川省,1954年西南大区撤销,《新华日报》改为《四川日报》,4个行政区的机关报并入省委机关报《四川日报》。1955年《西康日报》也并入《四川日报》。在此前后,《云南人民日报》改为省委机关报《云南日报》,《新黔日报》也改为《贵州日报》。

由于新中国实施计划经济体制,党的各级机构对党报实行严格的管理,因此我国各地区的新闻事业趋同现象明显。例如1957年"反右"斗争严重扩大化,各地均伤害了不少正直的知识分子,致使新闻事业的发展也受到了一定的影响。1958年的"大跃进"促使各地的报纸数量骤然增加,贵州省从原来的近10家报纸猛增至64种报纸,云南省从原来的20来家报纸增至100余家,四川省1950年时仅有30多家报纸,到1958年已超过200家。同样,在"大跃进"运动中,报纸上发表了不少虚伪、夸大的报道,为浮夸风和"共产风"推波助澜。从1960年开始,西南地区也和全国一样进入国民经济的调整时期,报纸大量压缩。1960年时四川一省有347家报纸,经调整后,1961年继续出版的不足50家。云南省继续出版的仅10种;贵州省在"大跃进"后仅留下《贵州日报》一家。此后随着经济形势的好转,又有一些地市报、专业报和科技报创刊。但是到了1966年"文化大革命"一开始,新闻事业又受到严重的摧残。四川省除《四川日报》及成都几家党报继续存在外,其他各报都被迫停刊。云南和贵州仅留下《云南日报》和《贵州日报》。在造反派组织的控制下,各种非法小报大肆泛滥,据重庆市档案馆的统计,在重庆市编发和流传的派性小报共有1639种之多。1967年1月中下旬,四川还曾出现两派造反组织各办一张《四川日报》的咄咄怪事。

西藏自治区在这段时间内始终只有《西藏日报》一种,《西藏日报》创刊于1956年4月22日,分汉文版与藏文版两种。由于西藏自治区情况特殊,内地的各种政治运动对西藏的影响较小。西藏现有各类报纸20来种,大都分为汉文版与藏文版,除《西藏法制报》为1979年创办外,其余各报均为1985年以后创办。

1976年10月粉碎"四人帮"之后,特别是中共十一届三中全会以来,我国的新闻事业得以健康发展,西南报业也进入了改革、发展的新时期,不仅报纸的数量不断增加,质量普遍提高,而且随着新闻改革的逐步深化,报纸对读者的亲和力、印刷手段和经营管理能力也都有不同程度的进步。据1994年统计,四川省有各类报纸700多家,其中公开发行的报纸有122家;云南省有公开发行的报纸50家;贵州省有公开发行的报纸37家,内部发行的报纸158家。

1997年起,重庆设为直辖市,由原四川省重庆市,以及四川省万县市、四川省涪陵市、四川省黔江地区合并组成,是四个直辖市中人口最多(3 002万人)、面积最大(8.24万平方公里)的一个。设立直辖市的第一年有公开发行的报纸30家,内部发行的报纸234家,在公开发行的报纸中,日报8家。截至2000年,重庆市有全国统一刊号的报纸53家(其中校报23家),市级电台、电视台7座。到2000年7月底,已基本实现全市"村村通广播电视"的工程建设任务。

到2000年底,经过报刊结构调整工作的全面展开和紧张有序的工作,四川省停办了12种厅局级报纸和9种期刊,划转了32种报纸和9种期刊,优化了报业的结构。调整后,四川省有全国统一刊号的报纸86家,因为甘孜、阿坝、凉山的党报一个刊号分别出汉文版和少数民族文字版,广播电视报一个刊号分别出11个地方版,所以实际出版的公开报纸有99种,高校校报41家。贵州省在调整中停办了2家报纸,7家报纸划转主办单位,使政府机关退出具体出版业务。调整后,贵州省有正式发行的报纸34家,新闻性期刊7家。云南省除高校报外,有全国统一刊号的报纸41家47种(其中少数民族文字版6种)。西藏自治区有全国统一刊号的报纸11家,22种(全区公开发行的报纸都有汉、藏两种文字版)。

解放初期,重庆是西南地区的广播中心,重庆人民广播电台于1950年1月5日开始播音。西南行政区的西南人民广播电台也于1950年5月1日在重庆开始播音,该台同时负责管理本地区范围内的广播事业。1951年9月重庆人民广播电台第二台成立,该台后改名为工人台,与重庆人民广播电台实行一套班子、两块牌子的做法。重庆刚解放时,还有陪都、谷声、万国3

家私营商业广播电台,至 1952 年已全部撤销。1950 年 2 月解放军接管了国民党的昆明广播电台,同年 3 月昆明人民广播电台开播,1951 年 3 月改名为云南人民广播电台。1949 年 11 月贵阳人民广播电台正式开播,1950 年元旦改名为贵州人民广播电台。1952 年 9 月 4 个行政区合并为四川省,四川人民广播电台由原川西人民广播电台(刚解放时称成都人民广播电台)为基础,合并川东、川南、川北人民广播电台组建而成,于同年 10 月 1 日正式播音。1954 年 9 月和 1955 年 10 月,西南大区撤销,西康省并入四川省,西南人民广播电台和西康人民广播电台相继撤销,两台的部分人员充实到四川台。1956 年在拉萨有线广播站的基础上筹建西藏人民广播电台,1959 年元旦,西藏人民广播电台开始用汉语与藏语播出。

四川电视台原名成都电视台于 1958 年开始筹建,1960 年 5 月 1 日试播黑白电视节目,中间有一段时间停播,1969 年 10 月恢复播出,1973 年开始播出彩色电视节目,1978 年 8 月改为四川电视台。云南电视台原名昆明电视台,1961 年 12 月试播黑白电视节目,1962 年 3 月起停播,1969 年 10 月恢复播出,1979 年 10 月播出彩色节目并改为云南电视台。贵州电视台 1968 年 7 月 1 日起试播,称贵阳电视实验台,1973 年 3 月改现名,1974 年播出彩色节目。西藏电视台于 1978 年 5 月起在拉萨试播黑白电视节目,1979 年开始试播彩色节目,1982 年 1 月起正式播出。从广播电视发展的简单过程来看,既反映了西南各地区经济发展的不平衡,也从电视台的停播和停建中看出政治运动对经济和文化的影响。

中共十一届三中全会后,广播电视事业进入了一个大发展时期,西南地区已形成大、中、小功率相结合的广播覆盖网和分布于各地的卫星电视地面接收站,形成广播电视并举,有线无线结合,遍及城乡的广播电视宣传网络,广播、电视的人口覆盖率逐年上升。截至 2000 年,根据中共中央办公厅、国务院办公厅《关于加强新闻出版广播电视管理的通知》精神,对各省广播电台、电视台、有线广播电视台进行重新核准登记,贵州省经重新核准登记的广播电台、电视台、有线广播电视台 30 家,基本实现了"村村通广播电视"的任务。云南省有省地(市)级广播电台 12 座,电视台 14 座,有线电视台 4 座,全省广播电视覆盖率分别达到 86% 和 88%,比 1999 年增长了 1.4 和

1.2个百分点。据四川省1999年的统计,全省有广播电台17座,电视台23座,有线广播电视台7座,县级广播电视台45座。从2000年起,四川电视台开始进行人事制度改革,对经济频道实行在党组、台长领导下的总监负责制,并实行全员招聘,以进一步调动编采人员的工作积极性。西藏自治区截至2000年已建成有线电视站31座、单收站1 242座、收转站1 061座,广播电视人口覆盖率分别达77.7%和76.1%。

(本章撰稿人:宁树藩、姚福申)

# 第二章

# 四川新闻事业发展概述

## 一、西蜀早期的信息传播与四川近代报刊的产生

唐代裴庭裕所撰的《东观奏记》中,已有"报状至蜀"的记载。说明早在一千多年前的唐宣宗时代(公元846—859年),地方政府与驻京都的两川(当时四川分西川与东川)进奏院之间已有信息传播工具"报状"存在。在现存明代《万历邸钞》的抄本中,也有着不少关于四川的报道,说明当时中央与地方之间经常通过邸报进行信息交流。清代设有提塘官负责文书传递和邸报的抄发工作,全国各省驻京都的提塘官共16人,其中就有四川提塘1人;清朝中央政府派往各省的提塘官也有16人,其中就有1人驻在四川。

由提塘传递邸钞也存在一些走漏消息的问题,雍正六年(公元1728年)二月四川就发生过一件部文中的信息被提塘先期漏泄的事。据《东华录》载,雍正六年二月"丙午,四川巡抚宪德奏:参革按察使程如丝,奉旨正法,于部文未到之前五六日,自缢身死,显系提塘先期漏泄,应将各省提塘通行裁革。得旨:提塘管理京报,设立久矣,岂能禁革不用。但伊等借邮传之名,作奸滋弊,习以为常。如奉旨正法之人,可以预通信息,亦可将奉旨宽宥之人,先期设词吓诈,此等弊端,不可不加防范。应如何定例……着九卿确议。"这位四川巡抚在奏疏中还曾说到:"若小抄,则川省之文武大小各衙门皆有,一齐俱到,一看皆知。"其中所说的小抄便是邸钞,邸钞在四川各大小

衙门中都有,因为四川离开京都很远,中央发出的六部文书要好多天才能到达四川,而出于人为因素,邸钞可以比部文早到五六天,这样见于邸钞的公文书便无从保密。程如丝事件便是利用邸钞与部文传递的时间差,将正式公文中奉旨正法的信息泄漏出来。因为中央与地方之间信息传递十分重要,皇帝明知提塘邮传中存在种种弊端,却不能将邸报制度废除,只能采取加强管理的措施。

关于晚清四川京报的发行情况,1919年孙少荆在《成都报界回想录》中有过介绍,在清代嘉庆年间(公元1796—1820年),成都"就有所谓'京报''纶音捷报'等。内中所载的不过是那个时候的上谕、奏折、宫门抄和制台衙门的辕门抄这些东西。做这些东西的机关,叫做京报房或是驻省处,做这个事业的人,不过是省中官吏的听差,或是各道府州县驻省的听差。"这种情况各省都差不多,四川也不例外。

在官文书与邸报的传递时间上,《明会典》记载:"四川都司,陆路五千一百八十五里,计八十六站,限一百七十二日。"按这样的速度,一份邸报从京都发到四川要半年时间。根据周询《蜀海丛谈》①中说,清代规定,"驿站递程限分三等,最速日驰六百里,次则四百里,寻常则二百里"。可见清代速度要比明代快得多,但清代中叶以后,塘兵制度越来越松弛,吃空饷的越来越多,一般情况下邸报投递的速度不可能达到每天200里的要求。

四川地处祖国西南边陲,三面被高山峻岭环抱,交通困难,长期以来只有通过长江与外界沟通。这样独特的地理条件造成四川的封闭性。中国的近代报纸实际上是外国传教士引进来的,所以最早出现在与西洋人接触频繁的南方沿海城市,随后再扩展到东南沿海城市。四川属于内陆省份,近代报纸出现较迟,与最早出现于广州的报刊相比,则晚了60多年。四川的近代报刊出现于戊戌变法时期,与陕西、湖南、广西几乎同时,略早于安徽、江西。

中国在甲午战争中失败,被迫于1895年签订了《马关条约》,《马关条约》中有一条规定,开放沙市、重庆为商埠,还规定日本人可以在通商口岸任

---

① 李东阳等:《大明会典》,申时行等重修,广陵书社2007年版,第2084页。

## 第二章　四川新闻事业发展概述

设立领事馆和工厂及输入各种机器,允许他们开厂剥削工人。其他帝国主义也凭借"利益均沾"原则,将侵略魔爪伸进了重庆。四川原是天府之国,重庆是四川物资的主要集散地,随着重庆这一大城市的日益半殖民地化,西南地区自然经济结构开始瓦解。生活在重庆、成都等经济发达城市的知识阶层,最先感觉到国家与民族陷入危机之中,在爱国自强的思想指导下,酝酿着变法维新的探索。四川经学家廖平"托古改制"的思想被康有为所汲取,写出《新学伪经考》《孔子改制考》等著名文章,奠定了维新变法的理论基础。为戊戌变法而抛头颅洒热血的六君子中,就有刘光第和杨锐是四川知识分子。

在四川维新志士中,富顺人宋育仁也是出类拔萃的一个。他在中法战争后,于 1887 年写出了《时务论》,系统阐述了维新主张。陈炽读了这篇文章后,称他是"管子天下才,诸葛真王佐"。1894 年宋育仁以参赞名义随公使龚照瑗出使英、法、比、意四国,对西方的政治制度、经济体制、科学技术、社会风俗进行了考察,坚定了他学习西方、改变中国现实的愿望。1896 年宋育仁被任命为四川省矿务、商务监督,他一到重庆便树立起维新的大旗,设立商务局,兴办各种实业公司,大大推动了四川民族资本主义工商业的发展。与此同时,他还联合在渝的维新派人士,于 1897 年 10 月底至 11 月初(光绪二十三年十月上旬)在重庆创办并出版了四川新闻史上第一家近代报刊——《渝报》,使四川维新运动走向了一个新的高潮。

《渝报》以《时务报》为样板,由志同道合者捐资襄助。创办人宋育仁首先捐银千两,共集资 4 650 两,由宋育仁担任总理。《渝报》是旬刊,每期有 20 余页,木活字印刷,线装书形式。除京报中的谕旨、宫门钞、折奏摘要外,还有外国报译录、本局新论、川省及渝市物价表、各种章程、中西政务各书连载等。该报强调"为广见闻、开风气而设",宋育仁强调除学习西方先进的科学技术外,其他方面则"必参考于经训"。该报的特点是发行范围极广,省内有成都、嘉定、叙州、夔州、绥定、顺庆、保宁、潼川、龙安、雅江、宁远、资州、绵州、邛州、眉州、泸州、酉阳、忠州、富顺、涪州、合州、江津、永川、长寿、万县、梁山等 26 处派报处。省外也有京城、天津、南京、上海、苏州、山东、山西、河南、陕西、甘肃、安庆、江西、饶州、杭州、福建、武昌、汉口、沙市、宜昌、长沙、广东、桂林、梧州、云南、贵州、遵义等26处派报处。发行量高达2 000份。《渝报》馆还代发《官书局汇报》《时务报》《万国公报》等刊物,代售各种书籍,因而影响很大。

1898年宋育仁调任四川尊经书院山长,离开重庆到成都任职,《渝报》出至1898年4月中旬(光绪二十四年三月下旬)第16册后停刊。《渝报》停刊后,改出《渝州新闻》,由原《渝报》主笔潘清荫主持。宋育仁到成都后,发起组织《蜀学会》,并在各州县设分会。蜀学会团结了一大批拥护变法图强的人士,成为在四川有一定声势的社会力量。1898年5月5日,又以蜀学会名义出版《蜀学报》,宋育仁仍任总理。

《蜀学报》实际上是《渝报》的改名,从形式到内容均与《渝报》相同,在"本馆告白"中说:"本馆移设成都,更名蜀学报,即续《渝报》,若先已阅《渝报》,即按期以《蜀学报》续送。"除一至三册为半月刊外,第四册起,"仍复《渝报》旧例,每月出版三册"。《蜀学报》的信息量比《渝报》增大,在宣传上更加注重务实,为倡导新事物不遗余力。《蜀学报》内容丰富,让人阅后感到维新派提出的"变法图强"是实实在在的,而不只是口头上的叫喊,这就更能引导人们去思考,并乐意接受他们的主张。如果说《渝报》为维新派鸣锣开道,那么《蜀学报》则是告诉人们应该怎样去做,会带来什么好处,这不能不算是《蜀学报》在宣传方面的进步。

《渝报》和《蜀学报》从近30种外报和外文书籍中,摘译大量对维新变法有帮助的文章和新闻,又从16种省外报刊上采摘消息,不断把国内外新鲜事物介绍到四川来,对开启民智确实大有好处。《蜀学报》在省内也有20处代派处,省外有22处代派处,发行近2 000份,该报与国内主要维新派报刊都有业务往来。新办的《渝州新闻》提供云贵及川东新闻,两报相互配合,形成一个庞大的信息网,不仅拓宽了川人的视野,还把四川与全国的维新运动连结起来。

不久,发生戊戌变法,蜀学会被禁,《蜀学报》出至1898年9月上旬第13册后停刊。宋育仁、廖平等维新派人士也因此而受到迫害。维新运动在四川很快兴起也很快失败,四川重新处于万马齐喑的局面之中,但是在沉寂中人们正在酝酿着新的、更大的、更彻底的社会变革,那就是最终埋葬清皇朝的保路运动和辛亥革命。

## 二、晚清最后十年的四川报业

戊戌政变以后,"四川人又来做八股,没得人敢说报字了"。这是四川早期报人傅樵村对当时社会实际情况的描述。然而正是这位不甘寂寞的傅樵村,企图在不涉及时事的情况下专门研究数学,于1900年办起了成都书局,出版《算学报》。这是四川最早的自然科学刊物。但是,非常遗憾,出了2期,一共才卖出去不到20本,不得不停刊了。尽管如此,他并不气馁,以后还办了《启蒙通俗报》《通俗日报》《通俗画报》,被后人称为成都报界的"祖师爷"。

为了缓和社会矛盾,清政府于1901年下诏推行"新政",并且企图通过办官报,把舆论工具掌握在自己手中,在中央和地方掀起一股"办官报热"。1904年3月7日《四川官报》在成都出版。同年11月又一家地方政府所办的《成都日报》相继出版。

由于《四川官报》主要靠各县署强制摊派,发行量也曾高达万余份。该报主要发布谕旨和官方文件,也选录一些省内外新闻和国外新闻,其言论无非是为清朝政府辩护,宣传"预备立宪"之类,也有一些带有社会改良性质的宣传,如禁烟、兴学、反对妇女缠足之类,以迎合民众的意愿。

传教士在四川办报是从1904年在重庆创办《崇实报》开始的,该报是天主教川东教区的机关报,由法国传教士古洛东(Gourdon)与雷龙山(Lonis)主办。他们在"为社会忠实服务"的招牌下,支持中国的反动势力,经常干涉中国内政,目的是维护帝国主义在华的既得利益。在长达29年的时间里,对中国及四川发生的大事指手画脚,妄加评论。虽然对西学也作了一些介绍,但内容非常肤浅,没有多少实用价值。

与这些报纸站在对立面上的,则是一些具有民主主义思想的知识分子办的报纸,如1903年4月在重庆出版的《广益丛报》(旬刊)和1904年卞鼒(小吾)在重庆创刊的《重庆日报》。

《广益丛报》是具有民主主义思想,后来成为革命党人的朱蕴章、杨庶堪等人所办,这是一份以政论为主的综合性刊物。因为是在清政府眼皮底下出版,它不可能像国外出版的留学生刊物那样锋芒毕露。初期各种思想兼收并蓄,既有改良主义的,也有民主主义的,随着革命运动的发展,言论也相应进步。

《重庆日报》是在"苏报案"直接影响下出版的。"苏报案"发生时,卞鼒正在上海。他三次到狱中探望章太炎和邹容,并密商革命大计。回川后与革命党人商量,拟先办报纸进行宣传。因经费困难,他效法陈范接办《苏报》之举,毅然将江津祖遗田产变卖,获银6 000余两,于1904年9月创办《重庆日报》,聘日人竹川藤太郎出任社长,作为护身符,卞鼒以记者身份进行革命宣传。《重庆日报》鼓吹革命不遗余力,敢于揭露官吏的腐败,号召人民起来革命,深受民众欢迎。发行量由创刊时的500余份,很快增至3 000多份。四川官员对此如芒刺在背,非要除掉卞鼒不可。他们串通日驻渝领事,以日俄战争为由,通知竹藤太郎回国服役。竹川一走,便立即将卞鼒秘密逮捕,《重庆日报》亦被查封。1908年5月15日,当局收买同狱犯用匕首将卞杀死。卞身受70余处刀伤,奔走呼号一个多小时,狱方竟不予过问。事发后行凶同狱犯又被毒死。清朝官吏对卞鼒的残酷手段,恰恰反映了《重庆日报》对反动官绅揭露的深刻,触及了他们的痛处。

辛亥革命前,四川留日学生达千余人。他们中有许多人加入了同盟会,成为四川革命派的核心力量。他们著书立说,创办刊物,进行民主革命的宣传。其中影响最大的是邹容的《革命军》,他也为此献出了自己年轻的生命。四川留日学生第一种革命刊物是1906年东京出版的《鹃声》杂志,以"子规夜半犹啼血,不信东风唤不回"的决心,欲唤起四川民众和全国同胞救亡图存的坚定意志。

《鹃声》出版两期后,又出了《鹃声》再兴第一号。1907年12月5日改出《四川》月刊,编辑兼发行人为吴永珊(玉章),原来《鹃声》的编辑雷铁崖、邓絜也参加编辑工作。《四川》在宣传上比《鹃声》更进了一步,以大量触目惊心的事实说明了中国"危如朝露"的局势,激发人们反帝爱国的热情。《四川》发行面广,在省内30余个州县设代派所,成都、重庆设支行。在国内各重要城市及国外河内、巴黎、新加坡、缅甸等处都有代派所。发行量达四五千份,是当时在国内有重大影响的革命刊物。

这些革命报刊不仅为四川的新闻事业作出了重大贡献,还为四川的民主革命运动奠定了坚实的思想基础,只要一旦出现了火种,在四川大地上就将燃起革命的熊熊烈火。1911年导火线终于点燃了,那就是在川、湘、鄂、粤四省发生的保路运动,这次保路运动中斗争最激烈的地区便是四川。

1911年5月20日由清政府邮传部大臣盛宣怀与英、法、德、美四国银行团代表在北京签订《粤汉川汉铁路借款合同》,借款600万英镑。四国银行团享有粤汉、川汉铁路的修筑权。清政府以铁路国有政策为名,出卖路权。川、鄂、湘、粤四省因已集股兴工,清政府的这种做法涉及千家万户的利益,所以对"铁路国有"的政策川人要誓死抗争。这次抗争首先在湘、鄂、粤开始,四川继起,但四川表现得尤为激烈。1911年6月17日立宪派在成都铁路公司召开股东和各团体大会。会上群情激昂,当场成立"四川保路同志会",推立宪党人蒲殿俊、罗纶为正副会长,各县保路同志会也次第成立。

保路同志会成立后,"暂由路公司指借银四万两"作为经费,使宣传工作有了经济后盾。同年6月26日在成都创办该会机关报《四川保路同志会报告》。该报每日出两张四版,单面印刷,由邓孝可编辑。在报纸边沿用黑体字反复刊登鼓动性极强的口号:"夺路国民,送诸外人,是谓国有,是谓政策";"既夺我路,又夺我款,夺路夺款,又不修路"等。在"纪事"栏中大量报道来自群众的真人真事,如《义夫义妇之爱国热》《捐庙产者之爱国热》等,激励人心。该报第1号印出3000张,仅两小时便售罄。各地接到《四川保路同志会报告》后,到处传阅、张贴,"观者如堵,读之有声泪俱下者"。该报"日出万张,尚不敷分布远甚",不到半月,发出的印刷品已超过16万份。由于该报发行量大,印刷厂日夜不停加紧排印,用纸将罄,只好"隔日一出,即从二十七日(即7月22日),逢单日停版,双日照常发行"(以上引文均见《四川保路同志会报告》)。由于报纸销路过好而不得不将日刊改为双日刊,这在中国新闻史上还是首次。

保路同志会向川汉铁路公司建议,增出白话报和杂志进一步深入宣传。于是铁路公司又拨银二万四千两,由邓孝可、朱山办《蜀风杂志》,池汝谦办《西顾报》,江三乘办《白话报》,田乃砚办《启智画报》。

立宪派在这场斗争中运用各种宣传手法大造舆论,动员、激励、组织群众,规模之大,影响之深,为维新派所未见,革命派所不及,在全国引起震动。他们希望清政府迫于群众压力,收回成命,仍准商办。可是当清廷夺路谕令步步紧逼,立宪派的恳请一再碰壁后,1911 年 8 月 24 日保路运动出现突变,成都开始罢市、罢课,突破了"文明争路"的框架。在罢市罢课斗争中,立宪派提出"勿聚众,勿暴动,勿打教堂"等防范性《公启》。但是群众已经发动起来,便不会再受约束。在如火如荼的群众运动推动下,《西顾报》又公开鼓吹抗捐抗粮,号召与政府断绝关系。这时立宪派在清政府明确表示铁路国有政策无可更改的情况下,也作出不纳粮税的决议,并通告全省。四川人民与清政府的矛盾日趋白热化。《西顾报》公开号召"揭竿头","持刀梃",已自觉或不自觉地在为武装起义作舆论准备了。1911 年 9 月 7 日,川督赵尔丰诱捕同志会和股东会领导人蒲殿俊等,成都全城震动,请愿群众拥入督署衙门,赵尔丰竟下令开枪,制造了骇人听闻的"成都血案"。保路同志会的所有出版物被查封,印刷报纸的昌福公司被捣毁,经历四个月急风暴雨般斗争的保路运动遭到镇压,促使四川形成了带有全民性的大起义。1911 年 9 月 25 日,吴玉章在荣县宣布独立,成立荣县军政府,这是孙中山领导的同盟会建立的全国第一个县级革命政权。清政府下令督办粤汉、川汉铁路大臣端方带兵入川镇压,促成了 10 月 10 日武昌起义爆发。不久大汉四川军政府、重庆蜀军政府相继成立,宣告四川清朝政权的覆灭。

　　回过头来看看这场斗争,立宪派是主角,他们把报纸在政治斗争中的作用推到了前所未有的高度。孙少荆在《成都报界回忆录》中说得好:"四川人知道报纸势力,就在这争路时代。"而四川保路运动则直接推动了武昌起义的爆发。孙中山有句名言,"若没有四川保路同志会的起义,武昌革命或者还要推迟一年半载。"

## 三、大起大落的民初新闻事业

　　辛亥革命胜利后,新闻事业出现了前所未有的繁荣景象。从新政权建立到五四运动前夕,全省新创办的报刊有 170 余家,比民国成立前(约 70

家)增加两倍多。不过此段时期政局多变,党派林立,报纸也时存时灭,报章便成为各派自吹自擂和相互攻讦的工具,新闻界表现出杂乱无章的局面,在繁荣的背后也隐藏着危机。

新政权建立后,先后出版了自己的机关报。重庆蜀军政府出版《皇汉大事记》,后改名《国民报》。大汉四川军政府将前清官报《成都日报》改办为《四川军政府官报》。不久成都兵变,大汉四川军政府解体,又重新成立四川军政府,出版《四川独立新报》。1912年2月,成、渝两军政府合并,四川统一,出版《四川都督府政报》,后改名《四川政报》,每日出版。新政权所属各部门也办有自己的报纸。可是这些报纸并没有因新政权的诞生出现新面貌,仍像以前官报那样,发布命令,刊登政事,既没有机关报的权威性,更不可能形成舆论中心。

新政权也颁布了若干新闻法规,表现出资产阶级民主共和的新气象。都督府曾制订《大汉四川军政府报律》37条,这是四川光复后第一部新闻律法。都督府还发布了《严禁殴辱报馆示》《都督府招待新闻记者简章》《警厅优待报馆之通告》,专门制作了特别徽章送给各报记者,便于出入。都督府往来电报、文件在指定范围内可供记者阅抄。除重要会议邀请记者参加外,都督府还特设新闻记者堂,并指派专员,随时接受记者采访,又规定"凡行政官厅不得任意逮捕主笔,封闭报馆"。对女记者尤为优待。1912年6月,四川第一份妇女报刊《女界》出版后,都督府总政务处开会,邀请《女界》的女记者列席。在7月召开的四川临时省议会期间,还在会场用红布另辟一室,用来招待女记者。由于新闻传播受到社会尊重,新闻事业有较大发展,到1913年8月初讨袁、讨胡战争爆发前一年多时间里,就新创办报刊79种,其中各党派办的报纸最多,并以"发扬民气,拥护共和","输言论自由,革专制恶习"为标志。这些形形色色的政党报纸也反映了辛亥革命后四川复杂的政局。

这时还出版了一些专业性刊物,介绍国外先进科学技术,推动学术研究的开展。1912年5月创刊的《报选》是四川最早的文摘性刊物,专门采录中外报章,分类刊登,以扩大读者见闻,是川人了解外界的一个窗口。在加强与外界信息交流方面,成都的《公论日报》表现突出。除在上海、北京派驻特派员外,并与路透社建立联系,增强国际新闻内容。该报还领到交通部的电报执照,使报纸消息既多且快,在四川属首例,深受读者欢迎。

在新闻事业大发展的基础上,四川出现了最早的新闻团体。1912年成都报界发起成立了"报界联合自治会",同年七八月间,樊孔周发起组织成都"报界公会"。1913年9月以前又出现了"成都通信社",这是四川最早的通讯社。这些都反映了辛亥革命后四川新闻事业的迅速发展,也是社会进步的标志。但是好景不长,随着反袁斗争的失败,四川新闻界重又回到了更黑暗、更反动的年代。

早在袁世凯专政之前,捣毁、查封之事已屡有发生,如1911年11月大汉四川军政府成立,巡防军兵变,杀人抢劫,《蜀醒报》被捣毁。1912年3月,川督尹昌衡查封《四川公报》。同年11月,原《蜀报》半月刊总编辑朱山,以莫须有的罪名被斩首于成都致公堂外摩诃池畔。1913年宋教仁被刺案发生后,袁世凯在四川的亲信、集军政大权于一身的胡景伊,立即封闭国民党党部,杀害党人,查封国民党报纸《四川民报》《宪演报》《人权报》等。同年8月,袁世凯以川、滇、黔、陕四省兵力夹袭四川讨袁军,"二次革命"失败,重庆《国民报》,泸县《川南报》,宜宾《日新报》,成都《晨钟报》等都因反袁或主张共和先后被封。其他国民党人办的报纸和反袁报刊都统统被封。《醒群报》也因发表吴虞反孔文章被内务部饬令四川行政公署查封,并扬言要缉拿吴虞。

1915年3月胡景伊奉调入京,由陈宧率北洋官入川接任,就在此时,《四川公报》被宪兵司令部以"擅造谣言,摇惑军心"为名查封。陈一到四川即在各地大肆"清乡",弄得民不聊生。成都总商会总理,四川早期报人樊孔周于1915年双十节将对联贴在《四川商会公报》门上:"庆祝在戒严期间,半是欢欣,半是恐惧;言论非自由时代,一面下笔,一面留神。"这副对联真实地刻画了一名无党派记者的心态。

1916年6月袁世凯死去,樊孔周主持的《四川群报》用红纸印刷号外,发行数万份。次年樊孔周遭暗杀,身中8弹。樊死后,《四川群报》由孙少荆主持,不久亦被警察厅查封。在袁世凯去世前后,查封报馆之事时有所闻,如《正论日报》先被川军捣毁,复被重庆总执法处查封,发行人张树楠和经理陈锡之被判刑9年。成都《警华报》被滇军查封,主笔叶树声,记者辛丹书、吴秉栓、石某等被捕,受杖刑。凡此种种,不胜枚举。

这一时期出版的《蜀风报》《世界观》《尊孔报》等,公开宣传尊孔、读经,迎合袁世凯复辟帝制的需要。另一些报纸如《正俗杂志》《崇正日报》(被胡景伊劫夺之后)等,都是些格调低下、内容靡烂的报刊。

1918年初,滇黔军会合熊克武川军占领重庆,赶走北洋军阀。在这种形势下,一部分国民党人于同年5月15日在成都创办《戊午》周刊,大力宣传新思想,鼓吹反帝爱国,为"五四运动"在四川的开展作好了思想准备。同年7月,由李劼人等在成都创办《川报》,该报十分注意省外消息和国家大事,后来成为五四运动的最早传播者。另外,陈育安办的"华阳书报流通处",在沟通四川与外地文化交往,传播新思潮和推动四川新文化运动方面,发挥了极为重要的作用。

## 四、新文化运动与马克思主义的传播

四川最先报道"五四运动"消息的是《川报》。该报驻北京的特派记者王光祈,亲身参加了1919年5月4日那一天的群众运动,并且当天便发回电报予以报道。消息在5月7日"简要新闻"栏内登出时,并未受到读者的重视。5月16日《川报》又收到王光祈写的长篇通讯,主编李劼人加上按语,于次日见报。当报纸送到成都高等师范学堂时,全校学生愤怒了,立即联络各校,支持北京学生的爱国行动。在重庆,5月中旬《商务日报》也报道了"五四运动"消息。自5月20日起,各校学生以集会、游行、通电、成立爱国团体等形式,支持北京学生。运动从成都、重庆扩展到各城镇。当时四川督军熊克武、省长杨庶堪都是老同盟会员,他们尊重民意,支持学生运动,使"五四运动"在四川得以较顺利地发展。从1919年5月到1921年底两年多时间里,四川大约新出版了105种报刊,显示了四川人的爱国热忱和进取精神。

在这段时间里,最有进步意义的报刊是少年中国学会成都分会创办的《星期日》和少年中国学会发起人之一陈愚生集资筹办的《新蜀报》。《星期日》是四开四版的小报,由李劼人主编。它揭露和批判封建礼仪道德,反对宗法制度和男尊女卑、三从四德之类的封建伦理。《星期日》的宣传,面对社会,面对现实,针对人人关心的问题。吴虞、陈独秀、李大钊都在刊物上发表文章,毛泽东在《湘江评论》上的文章《民众的大联合》也曾在《星期日》上转载。由于该报的思想新颖,说理深入人心,发行量很快从1 000份增至5 000份,对新思潮在四川的广泛传播起了明显的促进作用。《新蜀报》积极传播新思潮,支持学生的爱国行动,自觉地承担起改造社会的责任。1923年夏,萧楚女担任《新蜀报》主笔后,在一年多时间里写了近百万字的文章,揭露社会黑幕,引导青年走上革命的道路。

  当时四川出现了一批由青年学生和学生团体所办的进步刊物,以宣传新文化、新思潮,改造社会为目的。其中较有影响的有成都的《新空气》《四川学生潮》《半月》《劳动》《新四川旬刊》等,重庆的《川东学生周刊》《渝江评论》《友声》《人生》等,江津的《场期白话报》,泸县的《零星》等。因为新文化是个广义且带有模糊性的概念,只要不是封建思想,大家都感到很新鲜,因而在这些学生刊物中不乏宣传无政府主义和自由主义的报刊。这些刊物在反封建和革新社会的大方向上是一致的,但在以后对待马克思主义的态度上就分道扬镳了。在新的时代潮流面前,人们不进则退,像当年宋育仁那样变法图强的革新者,此时却成了封建主义的卫道士,他们肆意诬蔑婚姻自由、男女同校,成为被人嘲笑的落伍者。

  值得一提的是四川旅欧学生的报刊宣传活动,因为他们代表着最先进的新思潮。留法勤工俭学始于1918年,由吴玉章倡导,四川有492人先后出国,在全国名列前茅。他们中许多人接受了马克思主义,并出版各种刊物广为宣传。1919年11月巴黎出版了《旅欧周刊》,1920年出版了《华工旬刊》,1922年出版了《少年》《赤光》,其主要编辑人和撰稿人都是四川留学生。邓希贤(邓小平)因精于为刊物刻腊纸、油印,被冠以"油印博士"的雅号。到德国勤工俭学的朱玉阶(朱德),1923年曾主编共产党的刊物《政治邮报》。他们中的许多人如朱德、赵世炎、邓小平等后来都成了中国共产党的重要领导人。

  马克思主义在四川的传播早在20世纪初已开始。1906年10月7日的

《广益丛报》上,有一篇文章《民生主义与中国革命前途》就谈到了马克思主义。1908年12月4日在该报的《论近世经济之趋势》中,又第一次提到了马克思(当时译为"玛克士")的名字,并对什么是社会主义进行了解释。"五四"前夕,1919年4月23日和27日,《国民公报》连载了署名渊泉的《近世社会主义鼻祖马克思奋斗之生涯》,介绍了马克思的一生,并称赞《资本论》是"空前绝后的名著"。"五四运动"后,马克思主义的理论主要还是靠外省的出版物进行传播,如《少年中国》《新青年》《湘江评论》《星期评论》《每周评论》《共产党宣言》《社会主义从空想到科学的发展》等,其中《新青年》对四川的影响最大。四川的刊物上也有大量介绍马克思主义和十月革命的文章,如《星期日》先后发表过《俄国革命后的觉悟》《波尔雪匆克的教育计划》《社会主义的劳动问题》等文章。甚至连成都出版的态度保守的《国民公报》,从1919年5月13日至12月24日约半年时间里,也发表过《何为过激Bolsheviki》《布尔什维主义之解释》《俄国过激党之研究》《马克思小传》等。由于这个时期介绍马克思学说的人成分很复杂,动机也不尽相同,因而不可能对马克思主义作深入的研究和准确、全面的阐述与传播。

"五四运动"以后,重庆、成都、自贡的码头工人、商店职工、长轿班工人、盐业工人等都曾多次举行罢工、集会游行和抵制日货活动,还成立了工会、劳动互助团、劳动自治会等组织,体现了四川工人阶级群体意识的增长和政治意识的觉醒。此时四川最早的共产党员王右木也在成都成立马克思主义读书会,并在读书会基础上成立社会主义青年团成都地方团执行委员会。与此同时,恽代英、刘砚声、张秀熟也分别在泸县、重庆、南充建立社会主义青年团。在水到渠成的条件下,1922年2月7日,四川第一个无产阶级的报纸《人声》在成都诞生,该报为王右木创办,是四开四版的铅印小报,目前仅存第1期。该报明确宣告,把马克思主义作为自己的指导思想,教育工人阶级掌握这一斗争武器,并在实际斗争中研究和学习马克思主义的理论。这充分显示了《人声》的高度思想性和鲜明的无产阶级报纸特色。虽然该报因经济困难和当局压迫于同年7月停刊,前后共存在了5个月,但却标志着中国共产党人领导的四川新闻事业的开始。

20世纪20年代马克思主义在四川的传播中,遇到的主要对手是无政府主义思潮和国家主义派。无政府主义先于马克思主义传入四川,其影响主要在青年学生中。他们憎恨旧世界,向往新社会,无政府主义则为他们勾画了一个理想中的社会,从而为他们所信仰。其代表人物有吕渺崖、张拾遗、吴先忧、李芾甘(巴金)、刘砚僧等,就连后来成为无产阶级先锋战士的袁诗荛,当时也曾信奉无政府主义。他们在五四运动后,开始组织团体,出版《半月》《星光》《警群》《成都》《福音》《惊蛰》《适社年刊》《人生》《零星》等,声势不小。无政府主义者有着强烈的爱国热情,所以经过团结、引导和批判,很多人改变了态度,走上了马克思主义的革命道路,也有一些人加入了国家主义派。

少年中国学会后来分为两大派,李大钊、恽代英、杨贤江等人成为马克思主义者,而曾琦、李璜、左舜生等则成为国家主义派。在反对封建主义时原本是同志,此时却成为敌人。由于国家主义派的主要创始人曾琦是四川人,所以在四川也有一定的影响。据曾琦的手订年谱记载:"时中国共产党已成立,得俄之援助,大肆活动于国内外,而国民党孙中山又有联俄容共之议。予深知大乱将作,国命或为之斩,因决意另组新革命党,于是中国青年党乃于是年(1923年)十二月二日成立于巴黎郊外玫瑰城共和街。"曾琦的国家主义派提出的口号是"内除国贼,外抗强权","国贼"指的是共产党而不是旧军阀,"强权"也不是指帝国主义,而是苏联。他们于1925年初在重庆成立国家主义团体"起午社",发行《救国青年》。后来又先后成立"易社""自民社""惕社",出版《振华》《华魂》《荣钟》等,迷惑了不少青年学生,甚至鼓动他们闯入《新蜀报》报社,挟持总编辑周钦岳,制造"六二事件",气焰十分嚣张。萧楚女、张闻天、杨闇公、罗世文、童庸生等在《南鸿》《爝火》《新蜀报》上发表大量文章,对国家主义派进行揭露和批判。特别是萧楚女写的《显微镜下的醒狮派》一书,针对他们的主要刊物上海出版的《醒狮》周报上的荒谬论点,进行全面而深刻的剖析,大大打击了他们的反动影响。

## 五、国内革命战争时期的新闻宣传活动

1924年孙中山改组国民党,实现了国共第一次合作。这时四川党团组

织普遍建立,对新闻事业十分重视,革命运动也有了长足的发展。由于经费不足,除了以党团组织名义办报刊外,还让一些党团员在组织支持和领导下,团结进步人士共同创办报刊,这类出版物较多,如成都《西陲日报》,重庆《四川国民》,涪陵《新涪陵报》等。有些党团员利用在国民党军队与政府部门工作之便,以政府或民间团体的名义办报,掌握报纸的政治方向和正确的舆论导向,如《新蜀报》等。也有的通过各种社会关系让军阀出钱,由党团员办报,成为革命的舆论阵地,如《甲子日刊》。此外还出版了一批工农报刊,如《工农之声》(后改名《四川工人》)、《工友》、《鸣鸿》、《夜光新闻》等。由于采取了灵活的办报方式,加强了党和群众的联系,宣传了党的政策,也使革命与进步的报刊取得了很大的发展。

从 1924 年 1 月孙中山联俄、联共、扶助农工三大政策的出台,到大革命失败的 1927 年年底止,据现有资料统计,四川新创办的报纸、杂志约 392 种,其中日报 76 种,通讯社约 89 家,主要集中在成都与重庆。在这段时间里,四川新闻事业的发展还是比较健康的。在这四年间,四川发生过重庆"德阳丸案",声援上海"五卅运动",声讨段祺瑞执政府枪杀学生的"三一八惨案"和万县"九五惨案"以及 1927 年重庆"三三一惨案",新闻界在这些事件的报道中还是比较积极的,显示出爱国的正义立场和反帝反封建的勇气。

四川的右派势力于 1927 年 3 月 31 日对革命党人采取了突然袭击,制造了"三三一惨案"。中共重庆地委书记、国民党省党部领导人杨闇公和《新蜀报》主笔漆南薰惨遭杀害,《四川日报》被捣毁。时隔 12 天,蒋介石发动反革命政变,国共合作破裂,大革命夭折,四川在新军阀统治下处于白色恐怖之中。共产党人和国民党左派人士不得不转入地下。当时成都《民力日报》有一篇文章这样描述政变后的新闻界情况:"至于舆论,尤为滑稽。往往以一己之私,或承官厅之意,不惜昧着天良,谣言大造,无从得其真相。今日如此,明日如彼,吾人日常读报,不啻坠入五里雾中。"

从护国战争开始,滇、黔军便以援助革命为名进入四川,并乘机扩张实力。1918 年熊克武虽然名义上是四川督军、靖国军总司令,但无法驾驭靖国军各部的地方势力。为了限制各地方势力的兼并和扩张,1919 年熊克武公布《四川靖国军驻防区域表》,却因此而使四川军阀割据局面得以合法化。

1924年熊任四川讨曹(锟)、吴(佩孚)军总司令,被刘湘、刘文辉等联军击败,退入广东,使四川成各派军阀割据的天下。军阀间长期火拼的结果是最后形成了以刘湘、刘文辉、田颂尧、邓锡侯为代表的四大军阀势力。他们都在1926—1927年间靠拢蒋介石,被蒋介石委任为国民革命军第二十一、二十四、二十八、二十九军军长。刘文辉和刘湘都曾先后做过四川省主席。进入30年代后,刘文辉势力最雄厚,据80余县,拥兵10余万;刘湘次之,长期坐镇重庆,据川东20余县和鄂西部分县区,兵力与刘文辉相去不远;邓锡侯、田颂尧分据川西和川北,各拥兵数万。

这些军阀也很重视新闻宣传工作。刘文辉掌握的新闻机关最多,经费也最宽裕,主要有成都的《四川日报》《新四川日刊》《新川报》。在重庆也办有《川康日报》,该报是当时经费最充足的报纸,1932年冬停刊后,随即于翌年夏创刊《西南日报》。通讯社有成都新闻社、华西电讯社、协进通讯社、事实通讯社等,并在上海、武汉、南京、广州也办有通讯社。此外还办了《军人周报》《前线周刊》等多种刊物。刘湘的舆论机关有重庆的《大中华日报》《济川公报》《平民晚报》《革命画报》《新生活旬刊》《革命周刊》《建设月刊》等,还办有新生命通讯社、新川康通讯社、努力通讯社等。邓锡侯二十八军军部设在成都,所以主要新闻机关也在成都,有《成都快报》《日邮新闻》《新新新闻》。通讯社则有西陲电讯社、益民通信社、中流电讯社。田颂尧驻地在川西北潼川(今三台),其机关报有《川西北商务日报》《新川西北日报》。由于刘文辉与邓、田同属"保定系",1925年后同驻成都,并成立"三军联合办事处",共管成都,所以田在成都还办有《成都国民日报》《时事周刊》和新兴通信社等。在办报刊吹捧自己的政绩方面,一些小军阀也不甘落后,许多师长、旅长、政训部主任也都办有地方性报刊,便于他们培植亲信,结党营私。

从军阀报业的发展趋势来看,也有规模化发展的趋向,如刘文辉于1931年10月将《四川日报》《新四川日刊》《新川报》与《成都晚报》合并为《川报》。把华西电讯社改组为隶属于《川报》之下的成都电讯社,以加强宣传力度。其他军阀如田颂尧、邓锡侯、杨森等也都有类似的合并活动。

在军阀控制新闻业的不公平竞争下,民营报纸难以生存,不少报社不得不接受军阀的津贴,以此苟延残喘。但接受了津贴的报纸则不可能顾及民众的利益,只能充当军阀们的吹鼓手。新闻事业在大小军阀控制之下,查封报馆,迫害报人事件层出不穷。最典型的是1929年查封重庆《新社会日报》《国民快报》和成都《民视日报》《九五日报》《白日新闻》的事件。这些报纸都是在这一年6月26日至7月6日短短十来天时间内被封的,成都的三家报纸更是在7月6日同一天被封。成都报界联合会通电全国,公开谴责蒋介石"师袁氏之故智,摧残民意",形成四川新闻界一次规模巨大的争言论自由的斗争。除了上述数家外,在这一年中被查封的四川报纸还有十余家之多。

1930年9月,《重庆民报》在"蓄意反动"的罪名下被封,10天后,改名《重庆新民报》出版,刊号从1001号开始。该报以《一千零一号》为题说:"本报发刊伊始,不曰第一号,而必曰一千零一号何?曰:报社之环境万分恶劣,新闻记者之左右遍植荆棘。凡一报社能由一号以至于百号千号者寥寥无几。即如本市《重庆民报》已届949号,突然因'反动宣传'致被查封……记者认为由一至千乃不祥之数,故本报自一千零一号起。"这种言论在讽刺挖苦中带有凄凉之感,也反衬出四川报人不畏强暴勇往直前的精神。

军阀不仅查封报馆,还指使暴徒砸毁报社,枪杀报人。这一时期死于军阀之手的,除《新蜀报》主笔漆南薰外,还有民国初期的革命报人孙少荆、重庆《公益晚报》记者黄少文、《重庆晚报》编辑刘淑丹等数人。

四川新闻界虽然长期被军阀霸持,但由于一些新闻机构中仍有共产党人和进步人士,他们利用军阀间的矛盾,在某一段时间或某一些问题上,还是能代表人民利益发表议论,揭露黑暗,抨击时弊,一吐民众的心声。

1932年12月,红四方面军进入川北后,建立了川陕革命根据地。这个革命根据地曾扩大到23个县和1个市,粉碎四川军阀的多次围剿。当时川陕省苏维埃政府设有文化教育委员会领导的国家出版局,负责出版各种书报和宣传品。根据地最早出版的报纸是1933年1月创刊的《川北穷人》,后更名为《苏维埃》,是川陕省苏维埃政府的机关报。同年8月川陕省委机关报《共产党》创刊。这一年出版的还有西北革命军事委员会的《干部必读》,省军区与西北军区政治部的《战场日报》(后改名《红军》),省总工会的《斧头》,省财政经济委员会的《经济建设》等。据统计川陕根据地大约出版过20种报纸,由于拥有大量通讯员和灵活的发行网,这些报纸能发行到根据地的每个角落。各县苏维埃还组织有贴报队和专人讲解员,使各级党报能及时与读者见面,并为不识字的群众讲解,充分发挥党报的宣传功能和组织功能。

由于国民党军队发动进攻,张国焘擅自决定放弃川陕根据地,向川康边境转移,于1935年4月,红四方面军撤出该地区,历时两年多的新闻事业随红军西撤而解体。

## 六、抗战时期四川新闻事业

大革命失败后遭到严重破坏的党组织在30年代初逐渐得了恢复,中共四川省委在重庆、成都等地先后出版了《红旗》《转变》《四川晓报》等机关报。其他各地党组织也创办了诸如《灯笼火把报》(川北)、《红军日报》(川东)、《川南新闻》(川南)、《广汉学生》(川西)等革命报刊。1935年"一二•九运动"后,四川进入了抗日救亡运动的高潮,到抗日战争全面开始前,四川已出版救亡报刊有80余种,其著名的有《文力》半月刊、《活路》旬刊、《大声周报》、《建设晚报》等。共产党在抗日救亡运动中起着最积极的引导作用。

由于以刘湘为代表的地方实力派与蒋介石中央统治集团矛盾重重,在开展救亡活动中一反常态,由反共而转向"联共、反蒋、抗日",一些共产党人和进步人士成了他的高级顾问。1937年5月,在新闻界的推动下,成立了重庆市文化界救国联合会,其成员90%为各报社记者、编辑及报刊作者。许多报纸都辟出专栏宣传抗日,对不利于抗日的言论往往会一致予以挞伐。

在国民党中央政府迁都重庆后,国家重心西移,四川新闻事业出现了空前壮观的局面。整个抗战时期,铅印、石印、油印的报刊出现过2 000余种,这些报刊主要集中在重庆和成都。拿重庆来说,抗战前出版的报纸有近20种仍在继续出版;新创刊的有《自强日报》《时代日报》《新民报晚刊》《西南日报》《金融导报》《中国评论报》等120余种;从上海、北平、南京、天津、武汉等地搬迁来的著名报纸约15种,如《时事新报》《世界日报》《中央日报》《益世报》《大公报》《新华日报》等。在重庆出版的刊物有1 000种之多。成都是仅次于重庆的第二大新闻中心,报刊总数约为重庆的一半,也存在原有的、新办的、外地迁蓉的三种情况,同样存在新创办的报刊较多,原有及外地迁来的报刊较少的现象。

四川各地县城、集镇由于抗日救亡运动的广泛开展,多的一地有10余种,就连经济落后、交通困难的原西康少数民族地区也曾大量出版报刊。这一时期的救亡报刊,若按每县平均2种计算,也该有300种以上。这些县级报刊大多为石印或油印小报,尽管断断续续,但就宣传抗日而言,其深入人心的鼓动作用却是难以衡量的。

值得一提的是遍布全川琳琅满目的壁报。仅以内迁重庆的上海复旦大学为例,据1941年的统计,有社团200多个,出壁报50余种。由此可以窥全川出现于学校、街头的壁报之多。正因为如此,国民党政府要求各地对壁报如同报纸一样严加控制。文件称,"此种通俗宣传利器,力能深入民众,影响思想意识颇大",所以,"不严加统制,危害堪虞"。1940年2月国民党四川省党部还公布了《壁报暂行规则》14条,对壁报的出版、内容、张贴、审查、惩处等作了明确规定,由此也可想见壁报的宣传威力。

如果从政治立场来分,这众多的报刊可以分为三类:一种是国民党系统的党报和准党报;另一种是以《日报》为代表的中共党报及其外围的进步报刊;再一种是广大的民间报刊和民主党派报刊。国民党报刊在政治、经济上有其得天独厚的优势,但它是执政党的代言机关,处处为专制独裁的国民党政府辩护,因而越来越不得人心。《新华日报》是中共在国统区的机关报,代表政治上的一种新生力量,由于它地位独特,处处为老百姓讲话,自然得到民众的重视。民主党派报纸和广大民间报纸,其立场介乎两者之间,在重大问题上往往是倾向进步的,与进步力量结成统一战线。这种新闻战线上的三足鼎立局面一直维持了10年之久,从抗日战争时期一直到解放战争初期,其中风云变幻、纵横捭阖,真可谓错综复杂,是四川新闻史上,乃至中国新闻史上前所未有的特殊现象。

四川的广播事业起步较晚,始于1932年设立重庆无线广播电台之时。这个电台也是中国西部最早的无线广播电台。"九一八事变"后,国民党政府把四川视为"民族复兴的根据地",着意发展四川的广播事业。1934年饬令交通部筹建成都广播电台和国际电台成都支台,于1936年9月建成播音。抗战全面爆发后,半壁江山很快沦陷,国民党广播电台除搬迁一部分外,大部分落入敌手,损失惨重。此时中央广播事业管理处搬到重庆,指导和管理全国广播事业,重庆成为全国的广播中心。

为了开展国际宣传,国民党政府利用英国援助设备营建中央短波广播电台。1939年2月在重庆建成开播,1940年初改称国际广播电台,呼号XGOY,每天定时用10多种语言对国外播音,对中国的抗日战争和世界反法西斯斗争起了积极的推动作用。

此外,国民党政府还在西昌建立广播电台,1943年5月开播,面向川、康、藏和亚洲西部地区。抗战进入决战阶段,为适应盟军战斗需要,1944年与1945年分别在重庆、成都和泸县各设电台一座,专供美军使用。

1943年,重庆地区先后出现复亚、华记行、行功三座私营广播电台,但收听工具极少,到1949年时统计,成都仅有1万部左右收音机,大都掌握在官僚和工商业者手中,重庆拥有的收音机略多于成都,但当时收音机配件质差量少,收音机坏了难以修复,大大影响了信息的传播。

1940年12月30日,延安新华广播电台开始播音,四川能直接收听到延安的声音。《新华日报》经常组织专人抄收延安新闻及党中央的文告、命令、领导人讲话,及时在报上刊发。

重庆是抗战时期中国的首都,驻有各国使节、盟军总部,外事活动频繁。各国驻华使馆一般都向新闻界提供新闻资料,有的还设有新闻处,直接向外发布新闻电讯。外国的一些主要通讯社在重庆均设有分支机构,如英国路透社,美国美联社、合众社,法国的法新社,苏联的塔斯社,德国的海通社都设有分支机构。太平洋战争爆发后,东南亚国家相继被日本占领,原驻各国的国际新闻工作人员,很大一部分转往重庆,这座山城成了获取亚洲战场信息的唯一来源。当时聚集在重庆的外国记者,长期或短期居住的有70人左右。为了对外宣传,国民党政府设立国际新闻处专门采写新闻,编发电讯稿,拍摄新闻图片和纪录电影,满足外国记者、驻华使节、国际团体和友邦人士的需要。该处定时组织对日广播和国际广播,同时经常举行新闻发布会,接待、安排外国记者活动,还要检查外国记者拍发的电讯稿。国际新闻处在宣传抗战,揭露日寇暴行,促进中外文化交流,加强中国与各国新闻界的联

## 第二章 四川新闻事业发展概述

系,使各国人民了解中国的抗战等方面作出了重大的贡献,这是应该实事求是地予以肯定的。

但是它作为国民党的政府机构,也有其一定的局限性。例如对外国记者的采访延安的要求迟迟难以批复。1944年5月,在外国记者的一再申请下,当局不得不同意组团赴延安及西北战场访问。国际新闻处事先作了精心设计,安排了中央社、《中央日报》《扫荡报》和其他报社记者共21人,其中外国记者6人,组成"中外记者西北参观团"。这些做法是为了便于控制,尽量避免让外国记者受"共党宣传之诱惑",从而使他们"尽量揭露共党措施的弱点"。还规定从西北发来的电讯须由何应钦、王世杰、陈布雷等审定,决定是否扣发。可是这种做法的效果却适得其反,反而扩大了共产党领导下边区政府的影响。

延安当时被视为禁区,由于国民党的歪曲宣传,国统区人民对边区政府了解甚少,而且大都是不正确的印象。中外记者访问延安本身就具有轰动效应,引起社会的普遍关注。这些来访的记者,除《中央日报》张文伯写了一篇攻击边区的《陕北之行》报道外,大都比较客观地写出自己亲眼目睹的事实。《新民报》主笔赵超构写了《延安一月》,在报上连载月余,引起很大的社会反响。如果仅仅让外国记者去参观访问,其宣传效果就不可能这样大,在这件事上,国际新闻处给国民党政府帮了倒忙。

国民党政府对新闻事业的控制是非常严格的,从1938年以来,在新闻出版方面制订了许多限制性法令和法规,如《战时图书杂志原稿审查办法》《危害民国紧急治罪法》《战时新闻检查办法》《抗战期间图书杂志审查标准》《战时新闻违检惩罚办法》《国民政府新闻记者法》《战时新闻禁载标准》等。国民党中宣部还有一些秘密的法规,如《禁止或减少共党书籍邮运办法》《取缔新知、互助及生活等书店办法》《各党派言论研究办法》《谬误反动言论研究办法》《新闻、报刊、通讯社登记办法》《抗战时期宣传名词正误表》等,至于一些临时性的规定就更多了。1938年由国民党中央党部、中央宣传部、三青团中央团部组成"中央图书审查委员会",该会后改属行政院,拥有300人的庞大队伍,由潘公展任主任委员。各省、市、县均设有"审查处"和"审查分处"。1939年6月又成立"国民政府军事委员会战时新闻检查局""重庆特级新闻检查处""重庆新闻邮电检查所"等检查机构,凡新闻、社论、专文、副刊乃至广告,都要一一送审,常被任意删改、扣发。查封报馆、逮捕甚至杀害报人的事也屡有发生,如《大声周刊》于 1937 年 7 月 9 日创刊后,一年之内,四次被封,四次改名,主编车耀先被捕,囚于重庆中美特种技术合作所内,后被秘密杀害。1940 年《时事新刊》《捷报》同时被封,《时事新刊》编辑朱亚凡、《新华日报》成都分馆经理洪希宋被杀害。进步报刊被封、报馆被捣毁的事更是不胜枚举。

国民党对新闻事业的控制和对报人的迫害主要是针对共产党的《新华日报》和一些进步报刊。1940 年 1 月 6 日,重庆新闻检查处毫无理由地将《新华日报》送审的社论稿扣压了,报纸便在一版上半版社论的位置印出"抗战第一,胜利第一"八个大字。这是《新华日报》第一次采用"开天窗"的办法抗议国民党扼杀进步言论的行为。1941 年 1 月,皖南事变发生,《新华日报》所写关于事件真相的报道和社论,均被新闻检查机关扣发,周恩来愤怒地写下:"为江南死国难者志哀:千古奇冤,江南一叶;同室操戈,相煎何急。"刊登在扣发稿件的位置上,并将这天的报纸亲手分送到山城人民的手中。《新华日报》在错综复杂的环境中,采取"有理、有利、有节"的斗争策略与国民党政府作针锋相对的斗争。1941 年 2 月 1 日,《新华日报》因稿件被扣压过多,不得不将对开改为四开。殴打分送《新华日报》的报童,勒令停售、停发《新华日报》的事也时有发生,甚至强索订户名单,企图对《新华日报》读者进行审查和迫害。当局还胁迫商家不准在《新华日报》和进步报刊上刊登广告,削减或不再对进步报刊配售平价纸,使这些报刊在经济上被拖垮。在抗战时期,国民党政府对四川报界进步报刊的打击手段可谓是五花八门,无所不用其极。

国民党对在华的外国记者和报纸也采取新闻封锁政策,对外国进步记者也是处处刁难。他们严密封锁中共领导在敌后战场和抗日民主根据地的消息,外国记者的一些客观、真实的报道,则被认为是"与八路军关系密切"、"与国府不利",加上"左翼记者"的帽子而被扣发。一些正直的记者受到不公正的待遇,如太平洋国际学会驻渝记者斯坦因,被停止使用国际宣传处的免费电台,《纽约时报》记者爱泼斯坦被拒发返美护照,美国《新闻周刊》记者因拍发未检新闻被取消应享的外国记者权利。1941年6月和1943年4月,外籍记者曾二次联名致函蒋介石,认为中国的新闻检查"过于苛严,且失公允"。由上海迁渝的《大美晚报》于1945年6月24日停刊时,在告别读者辞中也批评了国民党的新闻检查制度。连国民党中宣部部长在一次外国记者招待会上也不得不承认:"过去数年于检查办法,有若干不适宜之处,致使报界感受许多烦懑。"由此可见,在抗战时期四川报业的繁荣背后,隐藏着许多不公和遗憾,这都是中国专制的政治体制下,必然会出现的现象。

抗日时期的四川新闻界尽管有许多遗憾,但新闻教育的兴旺和新闻研究的丰硕成果还是差强人意的。这一时期中国的许多著名高校新闻院系迁到抗日大后方的四川,如上海复旦大学新闻系、民治新闻专科学校、南京政治学校新闻系迁到重庆,燕京大学新闻系迁到成都。中央政治学校又新办了新闻学院,专门培养国际新闻方面的宣传人才。在这些新闻院系中师资力量充沛,谢六逸、陈沧波、陈望道、顾执中、董显光、曾虚白等都曾担任过新闻院系的领导人,授课的教师也多为新闻界的名流。新闻教育的兴旺也推动了新闻研究的发展,一批新闻学著作和新闻学术刊物也在抗战困难的物质条件下出版,如赵超构《战时各国宣传方案》,王新常《抗战与新闻事业》,中国青年记者协会编写的《战时新闻工作入门》,陶涤亚《出版检查制度研究》,郭沫若《战时宣传工作》,余戾林《中国的报纸》,谢崇周《新闻标题之理论与技术》,田振玉《新闻学新论》等。中央政治学校创办的《新闻学季刊》和一些报社的周年纪念刊上也有许多质量较高的学术论文。抗战时期四川的新闻科研成果还是相当丰硕的。

## 七、解放战争时期剑拔弩张的四川新闻界

抗日战争胜利后,重庆一度仍然是全国政治、舆论的中心。全国人民非常珍惜八年抗战取得的胜利,希望从此开创和平、民主的新时代。国民党虽然视共产党如眼中钉,但为了准备内战争取时间,表面上作出和平的姿态,许下"还政于民""实施民主"的诺言,并邀请毛泽东赴重庆谈判,召开政协会议,一时民主自由的气氛十分活跃。

既然战争结束,一切有碍新闻出版自由的战时法令应该取消。但国民党政府无意取消新闻检查制度,引起了重庆出版界为争取言论、出版自由的大规模民主运动。1945年8月,国民参政员黄炎培将《延安归来》一书用国讯书店名义出版,书稿没有送审,这是国统区第一本拒检出版的书。同月的17日,重庆《宪政》《国讯》等16家杂志社声明稿件不再送审。27日,又有33家杂志社宣布拒绝送审。9月1日,《新华日报》发表《为笔的解放而斗争》号召新闻界为新闻自由而斗争。重庆杂志界的正义行动得到成都新闻出版界的响应,9月17日响应拒检的单位增加到27个,成立成都文化新闻杂志界联谊会,出版《自由言论》双周刊。在强大压力下,国民党中宣部被迫宣布于1945年10月1日起,废除新闻检查制度。

在全国人民一致的和平呼声中,政治协商会议通过了《和平建国纲领》,国共双方宣布停战令于1946年1月13日午夜生效。可是这一纲领未能使国民党决策层满意,在2月10日重庆市民庆祝政协成功的大会上,特务人员制造了"较场口事件",郭沫若、李公朴等人被打伤,同时在场的《新民报》记者邓蜀生、姚江屏,《大公报》记者高学逵,《商务日报》记者梁柯平及许多群众都受了伤。事后,以《中央日报》为首的国民党新闻机构颠倒黑白,发布混淆是非的报道。《新民报晚刊》《国民公报》《商务日报》等在头版刊登新闻稿,揭露事实真相。《新华日报》从2月11日至4月底,就"较场口事件"发表社论、报道、公开信、政论、杂文等120余篇。重庆市的17家报纸中,有11家对血案的真实情况做了报道。重庆9家报纸,42名记者两次联名发表《保障人权,忠实报道》的意见书。成都的新闻界由于当局的压制,大多不敢正视现实,只有《华西晚报》敢于伸张正义,披露事实真相,《自由画报》刊登了给郭沫若等人的慰问信,号召人民"向法西斯残余作最无情的决战",这一期《自由画报》也就成了它的最后一期。

这一阶段的《新华日报》着重揭露蒋介石集团的内战阴谋及其反共反人民的实质。《大公报》却站在国民党政府的立场上发表《质中共》的社论,要中共向国民党交出军队和解放区,以求军令、政令的统一。《新华日报》立即发表《与大公报论国是》的社论,指出《大公报》言论不公,维护当局与权贵的利益。1946年4月,《大公报》又发表《可耻的长春之战》,攻击人民的自卫还击为"可耻"。《新华日报》以《可耻的大公报社论》予以还击,批判《大公报》某些人的别有用心和所谓"不偏态度"。重庆新闻界的这次论战让广大群众看清楚了是谁在挑起内战。

在反内战、争民主的群众运动中,民主同盟的机关报《民主报》,中国人民救国会的机关报《民主生活》周刊,中国民主建国会的《平民》周刊以及成都出版的《华西晚报》《民众时报》等完全站到了人民一边,与《新华日报》协同作战,形成了巨大的宣传攻势,促使国民党众叛亲离、土崩瓦解,发挥了不可替代的作用。

1946年5月,国民政府还都南京,政治中心东移,原来内迁的报社大部分返回原址,新闻界又恢复了以上海、南京为主要核心的形势。但是,由于抗战而形成的四川的特殊地位,仍然受到全国各界的重视,尤其在西南地区,仍有举足轻重的作用。

1947年春,国民党在大举进攻延安前夕,封闭了重庆的新华日报报馆,拘禁报馆人员,《新华日报》被迫停刊。国民党政府勒令新华日报社全部人员撤离重庆,宣布共产党为非法。6月1日,重庆当局镇压爱国学生,逮捕200余人,其中新闻记者29人,整个山城乃至四川笼罩在白色恐怖之中。

《新华日报》停刊后,重庆市委秘密出版了油印《挺进报》。《挺进报》的主要内容为中共中央文件、解放战争的情况和各地人民斗争的信息,遇有重要事件还出版增刊。每期印刷800—1 000份,按组织系统秘密传递,也曾送到国民党大小头目手中,进行心理攻势。1948年4月,由于叛徒告密,主要领导人陈然被捕,报纸随即停刊。同年7月,川东特委恢复出版《挺进报》,1949年1月又因主持人程谦谋被捕,其他人员转移,再度停刊。不久,川东特委重新组织人员,《挺进报》第三次出版,由重庆社会大学支部书记朱镜领导,到7月17日朱镜被捕,才最后终刊。《挺进报》在极端恶劣的环境中,坚持了两年的地下斗争,工作人员陈然、成善谋、胡承铄、程谦谋、朱镜等都先后英勇就义。他们用鲜血为四川新闻史写下了争民主、争自由的壮烈史篇。与《挺进报》同时出版的地下报刊,还有《反攻》《XNCR》《火炬报》等多种。《反攻》与《火炬报》分别由重庆市委和川西边临时工委领导。《XNCR》是以延安新华广播电台的呼号为报名,由川康特委副书记马识途等人创办的。

重庆出版的《商务日报》《国民公报》《新民报》《大公报》《世界日报》和成都出版的《华西日报》等大报中,都有共产党人参与其间,因而报上时常出现代表民众的呼声,也经常会有腥风血雨的较量。各报在这段时间里都有人被捕,也有不少记者、编辑牺牲于渣滓洞。这些报纸都遭到过国民党的政治迫害,甚至面临被查封,除《世界日报》于1949年7月被查封外,其他各报都能通过各种关系,以改组等办法,化险为夷地保存了下来。

时任西康省主席的地方实力派刘文辉,此时也审时度势,转向亲共反蒋。以他为政治背景的《边声报》和成都出版的《西方日报》也能以"中间偏左"的面貌出现,抨击国民党的独裁专制,客观反映解放军的辉煌战果。《边声报》最后被迫停刊,《西方日报》在总经理许成章被捕后,干脆在最后一期以《中共下总攻击令》为题,全文登载毛泽东主席、朱德总司令的渡江进军令,日、晚报自动停刊。

四川新闻界终于在风雨如晦的艰难岁月中迎来了黎明,1949年的11月30日和12月27日,重庆、成都先后解放,四川新闻史上新的一页被揭开了。

## 八、新中国成立后的四川新闻事业

1949年7月,刘伯承与邓小平率第二野战军进军西南。在进军队伍中,有一支由老区各报社、新华社的干部和南京新闻训练班的学员组成的西南服务团新闻大队。在重庆和成都相继解放后,以新闻大队为骨干,吸收了一批原新闻界的地下党员,选用了些旧报社的从业人员,又招收了若干知识青年,组成了新中国建立后四川省最初的新闻队伍。正是这支队伍,于1949年12月10日创刊了中共中央西南局机关报《新华日报》,接管了《中央日报》的成都版与重庆版,《扫荡报》《新蜀报》等,代管了《华西日报》《新新新闻》《建设日报》的资产。民营报纸则根据中央政策,允许继续出版,重庆《国民公报》,成都《新民报》办到1950年春,重庆《新民报》日刊与晚刊办到1951年,重庆《大公报》办到1952年,成都《工商导报》办到1956年。当时

# 第二章 四川新闻事业发展概述

四川设川东、川西、川南、川北四个行政区,又分别在重庆、成都、自贡、南充出版各区党委机关报。

新华通讯社西南总分社在重庆解放时诞生,于12月4日正式发稿。重庆人民广播电台与西南人民广播电台分别于1950年的1月4日与5月5日正式开播。成都人民广播电台和川西人民广播电台,也于1950年1月5日与1951年2月1日先后开播。这一时期还建有川南、川北和西康人民广播电台。

1952年9月,中央决定撤销四川的四个行政区,成立四川省人民政府。1954年9月,中央又决定取消全国的大区建制,并将西康省并入四川省。与此相应的是《新华日报》《西康日报》及原四个行政区的机关报停办,改出四川省委机关报《四川日报》。新华社西南总分社也改为新华社四川分社。西南人民广播电台与西康人民广播电台撤销,成立四川人民广播电台。

据统计,1950年时全省出版的报纸有30多家;到1956年,全省有70多家报纸;1958年时全省各类报纸超过200家。

1956年5月,"双百"方针提出后,四川知识界与新闻界的思想开始活跃。同年8月,《人民日报》的改版计划对四川新闻界有了更大的推动。《四川日报》很快草拟了《改进工作的初步意见》,提出了如何改进内容单调、形式枯燥;消息迟缓、文字冗长;言论少而质低;脱离实际、没有鲜明地方特色等问题。决定先从报纸二、三版着手改进。《四川工人日报》编辑部大胆提出了"干预生活"的口号,加强报纸的舆论监督作用。《南充报》的改革意见是把报纸从面向干部指导工作,转移到面向群众与干部,充分反映群众意见和要求,指导思想、工作、生产和生活,多登短新闻。各报的改革是有成绩的,读者也是欢迎的,但接踵而来的反右斗争使改革中断,严重伤害了大批同志和朋友。当时《四川日报》上批判"右派言论"的稿件,每天至少有一个多版面,有时达三个版。被《四川日报》点名批判的"右派分子"达89人,许多优秀新闻工作者被错划为"右派",仅《重庆日报》就有18人。报纸又回到了改革以前的状态。

1958年开始的"大跃进"运动,在"左"的思想指导下,把坚持实事求是精神的同志视为"右倾保守",高指标、浮夸风、瞎指挥和"共产风",完全置自然规律与客观条件于不顾,强调人的精神因素决定一切,于是报上出现了许多虚假、不真实的报道。1959年反右倾运动以后,更是将这种"左"的错误发展到了狂热的程度,给国民经济的发展造成严重损失。

从1960年开始,中央对国民经济采取了调整的政策,四川省委正确贯彻党中央"整顿、巩固、充实、提高"的方针,新闻业也进入调整阶段。为了节约纸张,提高质量,压缩了报纸的数量。当时省委规定,凡当天能看到《四川日报》的地区,停办地区报纸。从1960年到1961年,全省报纸从347家锐减到50家。1960年5月1日四川电视台开始播出,1961年元旦重庆小型实验性电视台也筹建成立,进行不定期试播,不久终因经费困难而停办,直到1981年10月1日才正式开播。1961年1月,毛泽东在八届九中全会上号召大兴调查研究之风,以纠正工作中的浮夸风、瞎指挥和片面性。报社要求编辑、记者建立自己的调查基地,并写出调查报告。从1962—1963年,《四川日报》共刊登调查报告59篇。报纸加强了可读性,力求办好副刊,多设栏目,扩充知识性、趣味性的内容,丰富群众精神生活。可是好景不长,"文化大革命"不仅将"左"倾错误思潮推到了骇人听闻的极端高度,而且在党内一小撮野心家的指挥下,使这场运动变成了"十年动乱"。在"十年动乱"中,新闻界充当了林彪、"四人帮"反革命集团的工具,党性原则、优良传统被破坏殆尽,新闻工作者的思想也被搅乱。从1966—1976年十年浩劫中,四川正规报纸数量锐减,除《四川日报》及成都等几家党报继续出版外,其他各报都被迫停刊,即使被允许出版的报纸,其性质也完全变了,成了林彪、"四人帮"的宣传工具和专政武器。《四川日报》曾于1966年12月18日被"造反派"封闭,月底恢复出版,先后出过《红色电讯》《四川日报》及《四川日报(电讯版)》。之所以在1967年1月中下旬同时出版《四川日报》及《四川日报(电讯版)》,是因为两派对立的群众组织各不相让,才有各办一张《四川日报》的咄咄怪事。据重庆市档案馆对重庆地区编发和流传的"文革"小报的统计,现存的尚有1639种,属于重庆造反组织的有508种。这些造反派小报根本无需在任何机关登记或批准,其内容完全是为自己的派别服务。

1976年10月,"四人帮"被粉碎后,新闻界开始了任务艰巨的拨乱反正工作,对"四人帮"散布的各种谬论进行批判,澄清是非。1978年5月开展的"真理标准"问题大讨论,实际上是人们思想的一次大解放。党的十一届三中全会以后,四川报业步入了改革开放新的发展时期。随着从计划经济逐步向市场经济过渡,报纸的内容、版面、读者意识等方面都有了明显的进步;报社的经营管理越来越受到重视,并且日益加强这方面的科学研究工作;在报纸印刷技术和电子技术方面也有了长足的进展,改变了过去"铅与火"的落后面貌。省报和成渝两家党报还创办了多种报刊,开展了多种经营,四川日报报业集团也已经成立。据1994年统计,全省有各类报纸700多家,其中公开发行的报纸122家。

重庆于1997年成为直辖市,该市由原四川的重庆市、万县市、涪陵市、黔江地区合并组成。设立直辖市后,重庆主要报纸纷纷改版和扩版,有公开发行的报纸30家(其中日报8家),内部发行的报纸234家,市一级广播电台、电视台7座,还有40个区县建有广播电台和电视台。经过区域调整和多次报刊结构整顿,2000年四川省有公开发行的报纸86家,99种,因为有几家报纸一个刊号出汉文版和藏文版两种报纸,有的出多种地方版。全省有广播电台17座,电视台33座,有线广播电视台7座,县级广播电视台45座。

随着报业的蓬勃发展,1979年四川日报社建立新闻研究所,其他报社也纷纷建立研究机构。1993年,四川日报社与四川省社科院联合创办四川省新闻传播研究所,该所还联合培养硕士研究生。1985年9月四川大学(现为四川联合大学)正式设立新闻系,有新闻、广告、广播电视3个专业方向。1993年10月被国务院学位委员会批准为新闻学硕士授权点。

四川省新闻工作者协会组建于1957年,但开展活动很少,"文革"中无形解散。1981年3月重新组建四川省新闻工作者协会,1985年3月,四川省新闻学会成立。之后,各市、地、州新闻工作者协会、新闻学会纷纷成立。四川省各专业新闻工作者协会、四川省报纸行业经营管理协会、重庆市志新闻工作者协会也都成立,并积极开展工作。特别值得一提的是《新华日报》《群众》周刊史学会的成立,出版了一批科研成果;四川地方新闻志的编写工作,收集、整理了许多珍贵史料,都对四川新闻史的研究作出了重大贡献。

(本章撰稿人:王绿萍,姚福申改写)

# 第三章

# 云南新闻事业发展概要

## 一、初创时期

　　云南地处祖国西南边疆,经济文化落后,报纸的出现,不仅大大落后于沿海商埠,也晚于内陆一些省份。在这里,近代报刊是在八国联军之役后,澎湃于全国的政治变革大潮推动下,登上历史舞台的。

　　当时陷于严重统治危机的清政府,为了缓解矛盾,被迫实行所谓新政,对新闻控制政策有所放松,它自己也开始重视运用报刊为统治服务了。从1902年的《北洋官报》起,出版新型官报的活动遍及全国。云南的反应是迅速的,1903年10月,云南督抚衙门创办了《滇南钞报》这样一种地方官报。该报铅印,日出四开四版四张,除刊登皇帝谕旨、奏折、本省辕门抄外,还大量转录外地报纸《时报》《申报》《新闻报》《农学报》《外交报》等报刊的新闻和论说,还设"省城市价"栏目,报道商品的行情市价。可见该报已大大突破了原来邸报型官报模式,而成为近代型报纸了。

　　《滇南钞报》的出版,标志着云南近代报业的开端。云南报业起步是滞后的,但列于贵州、内蒙、吉林、辽宁、黑龙江、新疆、西藏之前,而处于中下游地位。就全国出版近代报刊的城市论,昆明约排至三十一二位。

　　《滇南钞报》属官报性质,其为清廷统治服务是很自然的。但随着形势的发展,在逐渐加强"新政"宣传的过程中,该报也发表一些主张社会改革

(虽然是枝节性的),揭露若干官场劣迹和租界当局欺压中国百姓的罪行,还传播一些国内外的新情况、新知识。这对于生活在严重闭塞状况下的云南人民,客观上也会有一些积极作用。

1908年3月,《滇南钞报》改名《云南政治官报》,成为云南督署机关报,归云南宪政调查局编发。宣传清廷伪立宪成为主要方针,其内容则着重刊载上谕、奏章、政府的政策法令和云南省府的有关文件,日出十六开四张八版,订成书本式,至1910年底停刊。次年2月,再改名《云南官报》,成为旬刊,新闻报道很少了,原来比较多样的栏目萎缩了,内容更加单调贫乏。如果说《滇南钞报》在突破旧式官报方面迈开了较大的步伐,而《云南政治官报》《云南官报》,无论在内容、体例和形式上,都出现了倒退现象,这是清末新型官报发展局限性的反映。

此外,云南省教育厅还于1907年6月在昆明创办《云南教育官报》,月刊,这是一种专业性官报。全国很多省份都有出版,已知的有15种之多。

在所谓立宪、新政潮流中,约在1910年,昆明办有《云南自治白话报》。和全国一样,这类报纸多为官绅所把持,对群众影响不大。

在1907年,还出一种由政府官员丽江知府彭友兰出资创办,聘用爱国文人赵式铭任主编的《丽江白话报》(月刊)。赵是南社中云南籍成员,他利用这个刊物宣传了发愤图强的爱国思想,批判了社会上存在的各种陋习,并用文艺形式教育群众警惕法帝国主义侵略的危险。这是云南第一份白话报,1908年彭友兰调任永昌知府,赵式铭又随彭来永昌,主编《永昌白话报》。这样,云南出版报纸的城市增为三个:昆明、丽江、永昌。

1909年,云南教育界人士钱用中联络省教育总会和省商会、省自治局等方面士绅,于旧历10月15日创办《云南日报》。日出四版四张,刊有上谕、社说和省内外及国内外新闻稿,栏目多样。钱用中任总编辑,方树梅、赵式铭任编辑。该报虽不反对清廷现行统治,但对政府进行假立宪、吏治腐败和对外妥协现象,进行了辛辣的揭露与讽刺,对英军入侵片马事件做了大量报道,热情支持人民群众反英的斗争。报纸受到群众的欢迎,发行量由几百份上升到1 800份。

这几份报纸都和官厅有不同的联系,但都没有成为为政府反动政策辩护的工具,而常致力于宣传社会进步思想和爱国主义。这反映出在云南报界,清政府陷于愈来愈孤立的境地。

活跃一时的是报刊的革命宣传,这是和同盟会的活动分不开的。孙中山在发动边界起义的行动中,云南成为关注的重点地区,宣传工具受到重视。更有直接联系的,是留日学生中云南籍同盟会员为本省的革命宣传作出了巨大努力。同盟会在东京成立时,云南籍留日学生有200多人,大多倾向革命,不少人参加了同盟会,随即在东京成立同盟会云南分会(吕志伊为会长)。1906年2月,孙中山、黄兴约云南籍的同盟会会员李根源、杨振鸿、罗佩金、赵伸、吕志伊五人谈话,嘱办革命刊物称:"云南最近有两个导致革命之因素。一件是官吏贪污,如丁振铎、兴禄之贪污行为,已引起全省人民之愤慨;另一件是外侮日亟,英占缅甸,法占越南,皆以云南为其侵略之目标。滇省人民在官吏压榨与外侮侵凌之下,易于鼓动奋起,故筹办云南地方刊物为刻不容缓之任务。"(李根源:《辛亥前后十年杂记》)。这年5月,云南杂志社成立,10月15日《云南》杂志创刊,张耀曾任总编辑。该刊遵照孙、黄谈话精神,大力揭发清廷内政外交所暴露出的尖锐矛盾(通常联系云南本省实际),激励人民群众奋起斗争。不过为了便于刊物向云南传递,言词比起《民报》较为含蓄,并以云南同乡会的名义出版。《云南》杂志每期都寄回云南,广受欢迎。发行数由3 000份增至1万份,共出23期。直至1911年武昌起义始停。该刊在全国39个城市设有发行机构。

1908年1月,云南留学生又在日本东京创办了《滇话》月刊。这是《云南》杂志的姊妹刊物,编辑刘钟华。全国各大城市、云南各大州县均有支社及代派所。该刊纯用白话编成。《滇话》并不鼓吹革命,但它大力宣传爱国救亡,尖锐揭露清政府的黑暗腐败,对于资产阶级民主革命运动的发展起了推动作用。

云南的革命报刊首先是从海外兴起的,从日本东京打开一条通向云南的革命宣传渠道,这是特殊历史条件下所出现的特殊现象,值得注意。

在高涨的革命形势影响下,大批留学生中的云南籍同盟会员、革命人士纷纷回省,云南省内革命报刊也随之发展起来。最早出现的是由同盟会云南分会骨干成员徐濂主办的《云南旬报》。该报于1909年7月在昆明创刊,开始了紧张的革命宣传活动。由于云南籍留日学生中有多人学习军事,返省后又多在军事机构任职,该刊将挽救国家民族危亡的重任特别寄托于曾留学于国外的军人。刊物对官界、军警界的黑暗时有揭露,并反对封建婚姻,提倡妇女解放。刊物广受欢迎,可惜因经费困难经常脱期,至同年10月底被迫停刊。

1911年4月,黄花岗起义、七十二烈士壮烈牺牲的消息传至云南,群情激愤。留日归来的同盟会会员黄嘉梁、王湘、李瑾、孙天霖等和省立师范学校学生张仲良组织国民会,同年5月创办了《国民话报》(周报),个旧锡商李文山捐银200两予以支持,随后国民会并入同盟会,该报遂成为同盟会云南支部的机关报。这是革命报刊在云南的重要发展。

在同盟会要员李根源(时任云南讲武学堂总办)和李烈钧(时任云南陆军小学堂总办)的支持下,曾任《云南日报》总编辑的进步人士孙璞,于1911年7月26日在昆明创办《滇南公报》。这是一份由私人集资经营的民办报纸,具有很强的革命倾向,出版后即广泛反映日渐高涨的人民群众斗争运动。武昌首义后采用另印传单随报附送的方式,将起义消息电文传至千家万户。总编辑孙璞参加云南的"重九起义"斗争,写成《重九战记》一文,影响一时。该报经费困难,斗争不息,坚持到1912年停刊。

云南地方的革命报纸主要就是1909年开始兴起的以上三种,它们的情况各不相同:《云南旬报》是由同盟会员出版的。《国民话报》是同盟会云南支部机关报,而《滇南公报》则是在同盟会员支持下的民办报纸,它们都对革命宣传作出了很大贡献。但为时短促,力量分散,条件困难,其实际影响不能不受到限制。

有材料称,在清末云南尚出有《民意报》《星期报》《云南公报》等革命报纸,可惜情况不明,难以评判。

## 二、民初八年

在武昌起义的推动下,云南昆明在蔡锷、李根源等领导下,于10月30日(农历九月初九日)发动了起义,全省很快光复,组成了"大汉云南军都督府",蔡锷任军都督。同盟会员也在军都督府中任要职。云南报界形势出现了重要变化。

原清政府的《云南官报》《云南教育官报》,随着"重九起义"的胜利而终刊。代之的是云南军政府的报纸,先有《大汉滇报》,它除刊载文告、规章、法令外,还广登本省新闻和各地光复的消息,1912年3月停刊。接着于这年的2月再办《云南政治公报》,登载命令、规章、要电、文告、杂录等内容,新闻性显然削弱了,这年的6月1日,军都督府的政务会议议决如下:

> 自反正以来,关于行政上之一切筹备进行,未经发布,故外间每多疑议,而各省于云南之事尤多隔膜。拟将政治公报改为日报,日出两张。一张载重要公文,一张杂载政治上、社会上事件。由法制局会同军政部等拟办法。又设通信社以本省重要事务介绍于各省。

这里可以看出,报纸的新闻性又被重视起来了,《云南政治公报》由旬刊改为日刊。不过从总的情况看,这类政府公报主要担负刊载公文的任务,后来的变化大致如此,全国趋向略同。

其后,云南省政府有关部门还办有《云南教育杂志》《云南省教育会周刊》《云南警务杂志》《云南实业杂志》《云南农业丛报》《云南盐政报》等。云南的政府报刊发展已超过清末了。筹办通信社之决议,似没有实现。

活跃起来的是政党、政治派系报刊,1912年达到了高峰。在清末已出版的同盟会的《国民话报》亮出了自己的政治身份,大张义旗,投入新的宣传活动,这年8月改名《天南日报》,蔡锷为该报作"青天霹雳"的题词。1912年2月,新成立的政党云南政学社创办《华南新报》。4月该党并入统一共和党,该报成为统一共和党云南支部的机关报,5月改名《新云南报》。随后同盟会与统一共和党及其他几个新起的政党合并为国民党,原同盟会的《天南日报》和《新云南报》合并为《天南新报》,成为国民党云南支部的机关报,于1912年10月19日开始发行。总的来说,这些报纸坚持革命精神,宣传民主共和思想,和袁世凯的专制政策进行了不断的斗争。

与此同时,另一派系的政党报纸也发展起来。最早出现的是1912年初在昆明创办的云南统一党机关报《滇南民报》。它一出版就和同盟会的报纸在建设什么样的共和国问题上展开了论战。这年9月,统一党改名共和党,10月起,《滇南民报》改名《共和滇报》。1913年6月,共和党、统一党、民主党合并,组成进步党,该报遂成为进步党云南支部的报纸。《共和滇报》为袁世凯政策辩护,诋毁革命党,和国民党的报纸相对抗。

这样,和全国很多省市一样,在云南昆明也出现了同盟会—国民党报纸和共和党—进步党报纸相对峙的局面,这是清末云南还不曾有过的现象。

民办报纸《滇南公报》继续刊行,宣传上更为活跃,经常运用漫画对新官僚的腐败和社会黑暗现象进行辛辣的讽刺,揭露袁世凯假共和真专制面目。对于报坛的两派斗争,该报站在同盟会—国民党报纸一边。

当时报禁开放,报纸享有较高程度的自由。也曾出现政府干预报纸的事件。如1912年6月8日,《云南民报》因刊不实消息被勒令停刊,不过改名后仍继续刊行。这年的5月4日,云南军都督府政务会议关于报馆事曾议决:凡关于军事不宜登报,由卫戍司令部通告。这也是一种劝导性质,和强制性命令是不同的。

民初报纸的繁荣为时短暂,1912年云南昆明出现的报纸约达10家,至1913年只剩5家,这一年没有新的报纸创办。只是旅沪的一批革命志士,于1913年4月,在上海恢复出版了原创刊于日本东京的《云南》杂志。就全国论,1912年共出版报纸约500家,1913年底只剩下139家,其平均减少数超过云南。

云南毕竟是袁世凯统治势力比较薄弱地区,讨袁之役失败后,袁世凯加强了对全国报业的压制,革命党人的报刊更难有立身之地。可是,这期间,老同盟会员杜韩甫、马幼伯继续在云南开展活动,1914年5月在昆明创办《滇声报》,狠击袁世凯,捍卫共和制度,全国瞩目。报纸虽曾遭压制,但终能坚持出版到1921年初。在1914年—1915年间,昆明还出现民办的反袁报纸《国是日报》《觉报》及《金鸣报》,开护国之役前云南报界讨袁之先声。

护国运动期间,全国报界掀起反对袁世凯的热潮,运动策源地云南一下成为全国瞩目的焦点,国内外大报、通讯社广泛报道运动发展的状况。而云南本省报界出现一种前所未有的活跃局面。原已出版的所有报纸,包括拥袁的《共和滇报》都一致加入了反袁斗争。原曾存在的两派报纸相互攻击的对立现象消失了。在运动之前就已进行反袁的一批报纸,更加积极起来,《滇声报》成为护国军的重要宣传机关,发表护国军政府的通电和讨袁檄文,还设置"讨袁声"专栏,及时反映各地反袁斗争情况,销数最高达 8 000 份,为以前所未见。《国是日报》则增出《国是报附张》,以张宣传声势。一批新创办的报纸应时而起,如《义声报》《中华民报》等,昆明报纸出现生机勃勃的景象。新办报纸中最为重要的是《义声报》,它是护国军政府的机关报,创刊于袁世凯帝制自为举行登基大典的 1916 年 1 月 1 日。他主要刊登军政府的文告、电文、文牍,宣传军政府的各项政策措施,开辟"滇义军蜀战通讯""义军忠勇战士战绩录"等栏目,报道战争实况,分析战争必胜的道理,鼓舞民军的斗志,销行省内外及南洋群岛。《中华民报》是国民党系统的报纸,和《义声报》同时创刊,积极支持护国运动,色彩鲜明,是反袁报纸中最坚决的一种。昆明各类、各派系的报纸都投入到护国运动的宣传鼓动中来了,表现出从未有过的协作精神,为云南的报刊历史写下了光辉的一页。

袁世凯死去,黎元洪继位,段祺瑞当权,北洋军阀的统治分裂得更加严重了。形成了南北对峙,大小军阀据地为王,各霸一方的局面。以唐继尧为首的滇系军阀也在这时登场了。唐大肆扩张自己的势力,实行封建割据,对护法运动和北伐战争阳奉阴违,对人民则采取横征暴敛,加强压制的政策。不过也应该看到在当时,云南报刊的出版环境还是比较宽松的。护国之役以后,昆明的报刊更趋活跃,除已有的《滇声报》《义声报》《共和滇报》《国是日报》等报继续刊行外,又创刊了一大批新的报刊,如《云南日报》(1916 年 9 月创办)、《中华新报》(昆明版)、《大声日报》、《救国日刊》、《尚志》杂志等。云南报界再次呈现繁盛景象。

其中重要代表仍然为当年已有辉煌战绩的《滇声报》和《义声报》,它们为维护民主共和而继续战斗,支持孙中山领导的护法战争,抨击段祺瑞的对内专制对外妥协的政策,对唐继尧的一些表现进行批评指责。这是很不容易的,受到广泛欢迎。《中华新报》是国民党系统的报纸,和上海(总社)、北京、广州的《中华新报》在一段时间内构成一个强大的宣传网,宣称以"发挥共和之真理","促进国家于民治之实"为主要职责。该报消息灵通,内容新颖,影响也是很大的。但广为宣扬唐继尧的历史地位与功绩是其缺陷。"五四"前夕,由留日回国的滇籍青年张天放创办的《救国日刊》,则着重宣传排日救国,反对北洋政府的卖国外交,并积极转载京津沪各地进步报刊的文稿作品,以传播新思想、新文化,深受知识界,特别是广大学生的欢迎,对云南的学生爱国运动也起了一定的推动作用。在《新青年》发动的新文化运动影响下,原在北京大学学习的云南籍学生龚自知、袁丕钧等人回昆明,于1917年创办《尚志》杂志,遥相响应,转载李大钊的《布尔什维克的胜利》(原题《Bolshevism 的胜利》),首次向云南人民介绍了马克思、列宁和俄国十月革命。

总的说来,这一时期的云南报刊是在比较平稳的状况下发展的,这期间为唐继尧军阀统治初期,为他所控制的军阀报刊系统当时还未出现。

## 三、在"五四运动"和大革命潮流中

在"五四运动"和大革命潮流中,云南的进步报刊和中共云南地方组织领导的各种群众团体报刊同帝国主义、北洋军阀和云南地方军阀势力进行了激烈斗争。从 1918 年到 1925 年,省城昆明先后出现了 52 种报纸。

《义声报》和《滇声报》仍是滇省的两张大报,对波及全国的"五四运动"及本省各界响应"五四运动"的情况有较多的报道和反映。由于对唐继尧军阀统治的不满,《义声报》在护国运动以后脱离了官方立场,开始反映民众呼声和疾苦,并在云南首次利用"开天窗"方式同警察厅扣压新闻的行为作斗争。《义声报》还在政治上逐步趋向进步,其副刊《余声》曾刊登鲁迅小说《白光》,夏丏尊的《幸福的船》,恽代英的《民治运动》等作品和文章。"五四运动"期间刊登过有关马克思学说、科学社会主义的文章。《滇声报》在"五四运动"期间也发表多篇文章,反对日本帝国主义侵略,反对军阀割据,反对穷兵黩武,表现了爱国知识分子的革命性,对唐继尧投靠帝国主义出卖民族利益的行为进行多次抨击。它是当时云南最有影响的报纸之一,日发行量达 8 000 多份。

"五四运动"以后,一批滇军军官受新思潮的影响,联络教育界人士创办

《民觉日报》，发表要求偃武修文、厉行禁烟、兴办实业、休养生息等方面的社论、时评，对唐继尧的军阀统治有所批评，并指出唐的联省自治的实质是分裂国家的军阀割据行为。该报因发表批评唐的《打破现状与民治》一文，激怒了唐，他派人将主编龚自知痛打一顿，并下令封闭了《民觉日报》。

敢于同军阀统治进行斗争的报纸还有《大声日报》、《均报》、《云南日报》（1916年创办）、《痛报》、《星期三》、《危言日报》等。

这一时期出现了为军阀唐继尧所控制，为军阀统治歌功颂德的报纸。创办于1920年的《民治日报》是军阀统治的喉舌。1922年8月30日《民治日报》刊登"枪毙谋叛有据的要犯六名的布告"。公布了唐继尧为巩固自己的专制统治，公然枪杀了同盟会员和进步人士马骧、鄢仕周等六人的消息。《民治日报》还大肆吹捧各省军阀。该报办得不得人心，读者很少。1927年"二六政变"唐继尧倒台后，报纸停办。为唐继尧和军阀统治歌功颂德的报纸还有《西南日报》《复旦报》。

从1918年到1925年这一段时间，还有不少宣传实业救国，探讨社会问题的报纸，如《民听报》、《滇声新报》、《民鸣报》、《平报》、《通俗周刊》（昆明版）、《中华日报》、《民意日报》、《民权日报》、《社会日报》、《微言报》、《星期周报》、《云南民光日报》、《民生日报》、《滇市新报》等。

这一时期出现了商业报纸，有《云南商报》《信谊商报》两家。

"五四运动"中，云南学生和各界群众也掀起了反帝爱国群众运动。早期的共产党员、省一中学生杨青田发起成立云南学生联合会，并创办了《云南学生联合会周刊》，同时编印《爱国日报》介绍北京学运情况，刊载新诗、小说，转载《新青年》《时事新报》《学生杂志》上的评论和文章。1920年省一中师生还创办了《滇潮》周刊，作为一中学生自治会的宣传喉舌。1923年以后，《滇潮》得到楚图南等人的指导，找到了正确方向，在继续反帝反封建的主旨下，开始介绍马克思主义基础知识。进步学生李生萱（艾思奇）、诗人柯仲平等也都参加过该刊的编辑工作。

最早加入中国共产党的云南籍人士王复生、王德三等人于1924年组织云南旅京进步学生先后出版《革新》《铁花》周刊，向云南广大群众进行反帝反封建和打倒军阀唐继尧的宣传鼓动工作。他们还办有《云南旬报》《教育声》杂志,留日学生张天放等人在东京办有《曙滇》杂志。云南旅京学生中的国民党右派,以民治主义同志会为骨干,出版《云南周刊》,反对中国共产党,反对孙中山的三大政策,反对统一战线,作封建军阀的应声虫,以捞取政治资本,从而达到升官发财的目的。

1926年国共合作期间,中共云南省委特别委员会成立,他们联合云南国民党左派力量,领导农运、工运和学生斗争。于1927年3月8日出版《日光报》,宣传孙中山的新三民主义,宣传共产党的革命纲领,帮助国民党推动国民革命。党领导的各种群众组织也都创办了自己的报刊。云南学生联合会创办《云南学生》,云南妇女解放协会创办《女声》杂志,教师联合会创办《云南省教育周刊》等。

1927年"四一二"反革命政变以后,以共产党员为骨干的云南国民党左派力量与云南国民党右派力量进行了激烈斗争。国民党右派在昆明创办《青天白日报》,攻击共产党员王德三等及国民党左派,破坏学生的爱国运动,引起学生公愤,群众曾奋起将该报捣毁。后来,国民党右派又创办《大无畏报》,被群众称为"太无味报",为了迎头痛击国民党右派的反动宣传,数百名群众再次奋起将其捣毁。

"五四运动"到1927年大革命失败,唐继尧倒台,这一时期见于记载的报刊还有《湖光》(半月刊)、《翠湖之友》(半月小报)、《昆明教育周刊》、《中山演讲》、《政法学报周刊》等。

龙云在1927年打败了自己的对手胡若愚、张汝骥以后,控制了云南政权。1928年初,龙云投靠蒋介石,镇压了初创时期的中共云南地方组织,残酷地杀害了云南党组织的领导人王德三、李鑫等人。党领导的各种群众团体相继解散,许多革命进步报刊停刊,云南进步新闻事业遭到严重摧残。1928年到1937年抗日战争爆发前夕,云南的报纸仅剩10家。除了1930年创办,代表南京国民党政府的《云南民国日报》和1935年龙云官办的《云南日报》以外,其他几家民办、商办报纸受到国民党新闻检查的种种限制,出版极不正常,影响也不大。

当时能够坚持进步的只有《云南民众日报》一家。它是1928年冬由省财政厅长卢汉支持创办的,有中共云南地下党员参与编辑的报纸。主编李生庄(地下党员、艾思奇之兄),还有杨正邦、徐嘉瑞、刘尧民、王有元等党内外人士参加编辑工作。每天出版对开一大张,四版。在采用中央社的电讯时,敢于在报端透露一些红军和苏区胜利发展的消息。该报对1929年7月11日昆明发生的严重的火药大爆炸一案做了详细报道,对封建军阀不顾人民死活,造成"云南亘古未闻之惨劫,进行了谴责,对死伤的数千群众、受灾的上万人给予了同情和支持"。艾思奇回昆明养病期间曾参与了《云南民众日报》的副刊《象牙塔》《杂货店》《银光》等栏目的编辑工作,发表了不少优秀文艺创作和尖锐讽刺国民党统治的杂文,对封建买办文化及军阀统治进行了严肃批判。这些报道和文章引起了国民党反动派的敌视,报纸于1929年底停刊。

《云南民国日报》是中国国民党云南省党部主办的机关报,1930年4月6日在昆明创刊。发行时间延续至抗日战争胜利以后的1946年。该报由国民党省党部执行委员、省政府社会处处长陈廷璧任社长,省政府财政厅厅长陆崇仁任总经理,李济五任总编辑,后期杨秀峰(进步人士)任社长。该报日出对开两大张共八版,报名为龙云所题。该报总体内容反动,充满反共反人民的宣传,特别是宣传了不少蒋介石反共打内战,围剿红军及内部派系斗争的新闻。由于有国民党省党部的经费支持,又能够利用党部接收电讯的设备,因而消息报道比其他报纸快,又有少数记者采访本省新闻,也发表一定的言论,因而内容比较丰富,能够长期坚持。

20世纪30年代初,云南的半官方和民办、商办报纸还有《西南日报》《均报》《社会新报》《义声报》《大无畏报》《复旦报》《民生报》《云南新报》以及昆明市商会办的《新商报》,昆明市政府机关报《新滇报》等10家。这些报纸的内容多由灵犀社(代销外报的商办组织)订港、沪两地报纸剪贴改编使用,自采稿子很少。只有《云南民国日报》《新滇报》可利用电讯设备,《新商报》《民生报》利用私人收音机收听广播发表的一些新消息,其他报纸的新闻报道多有"昨日黄花"之感。本省新闻各报大都采用《云南日报》和云南通讯社的稿子。副刊和小品文一般商报多剪裁外报材料充数,很少有自己的作品,内容十分贫乏。言论一项,各商报、民报有话不敢说,更不敢发表什么言论,人们称它们为"哑巴"报。只有《新商报》《新滇报》有少量言论发表,但也限于立场背景关系,多阿谀奉承之词,且报喜不报忧。这些报纸发行量都不大,一般 200 份到 500 份不等。

1931 年"九一八事变"之后,昆明曾出现一张由省一中几位教师开办的《云南晚报》,由于宣传抗日救亡,日发行量曾达 7 000 份。由于当局的迫害,发行不到一个月就被迫停刊。

1935 年 5 月 4 日,为了自身统治的需要,龙云创办了云南省政府机关报《云南日报》。由龙云任董事长,教育厅长龚自知主办。龙云办报的目的是要《云南日报》作为自己的宣传工具,以便与蒋介石的南京中央政府相抗衡。该报初期每日出版对开两大张八版。自 1935 年创办到 1937 年抗日战争爆发,这一段时间,蒋介石和龙云的矛盾不算突出,龙云对蒋介石表示忠诚,但也反映出龙云对蒋介石的疑惧和不安。比如 1935 年 5 月蒋介石在追剿红军途中第一次来云南,受到龙云的隆重接待,报纸发表多篇社论吹捧蒋介石,后来又报道了龙云对张学良、杨虎城发动西安事变的谴责等。《云南日报》宣传内容多,报道迅速,很受读者欢迎,发行量高达 1.3 万份,打破当时云南新闻界发行量最高纪录。

1930 年建立了云南通讯社,《云南日报》和云南通讯社共同承担向报纸提供本省新闻的任务。

30 年代,云南广播事业诞生。1929 年云南省政府鉴于"滇地边陲,交通梗塞,宣传党政,灌输文化,以启迪民智,苦乏利器",决定办一座无线广播电台。筹建工作由云南无线电局(电报局)负责。他们从上海购买了美国开洛公司的 250 瓦中波发射机一部,途经越南运回昆明。1932 年 3 月在昆明市五谷庙内开始装机调试,架设了 150 米的发射天线,于 10 月份试播,1933 年 3 月 15 日正式播音。

## 四、抗日战争时期

全面抗日战争爆发前夕,云南的新闻事业到了奄奄一息的境地,原来的几家民办和商办报纸,都因经费拮据而相继停刊。当时剩下的只有国民党省党部的《云南民国日报》和云南省政府主办的《云南日报》,这两张报纸因有强硬的靠山才得以坚持下来。

抗日战争促进了云南新闻事业的繁荣。抗日战争中,云南是西南大后方,国内一些著名大学,如北大、清华、南开、同济等都迁来昆明,国内大批学者、教授、专家和文化界知名人士云集昆明,极大地活跃了云南的文化生活。内地的许多大报也都纷纷迁来昆明出版,本省也新增了不少报刊,特别是那些从未办过报的区县也出现了报刊。在抗日高潮的推动下,云南的新闻事业又一次出现了空前的繁荣局面,各地报刊如雨后春笋般纷纷创立。从1937年7月到1945年8月抗日战争胜利,云南先后出现各种报刊达68种之多,存在时间较长,影响较大的有10家。

全面抗日战争爆发前夕,中共云南地下组织恢复重建,在中共中央南方局领导下,积极领导各族人民进行抗日救亡的工作。在新闻战线上,曾先后派出党员打入昆明主要报社,团结新闻文化界人士一起工作,同国民党顽固派"消极抗日,积极反共"的政策进行斗争。他们主要采取合法斗争方式,利用各报,尽可能宣传党的政治主张和抗日救国纲领。并且利用蒋介石与龙云的矛盾,努力争取云南地方实力派和各界爱国人士,为坚持抗战,坚持抗日民族统一战线,做了大量有成效的工作。

抗日战争中,外地迁入昆明的报纸有:1938年10月由南京迁来的《朝报》;1938年12月由天津迁来的天主教报纸《益世报》,1939年1月又发行《益世晚报》;1939年5月在昆明复刊的《中央日报》,1945年2月又增出《中央晚报》;1945年2月由柳州迁来的《中正日报》。昆明地区新创办的报纸有:1939年12月由泰国归国华侨创办的《暹华日报》(后改为《侨光报》);1943年10月10日由云南地方人士创办的商业报纸《正义报》;1943年11月驻守昆明的国民党第五军创办的《扫荡报》;1944年12月由龙云之子龙绳武创办的《观察报》(云南民革机关报);1944年7月,云南日报社新增《云南晚报》。

这一时期昆明出版的有影响报纸刊物还有:著名历史学家吴晗主编的《文化周报》,地方人士方树梅主办的《新民画报》,龙云夫人顾映秋主办的《真报》以及《西南周报》《昆明周报》《生活导报》《文林半月刊》《商友》《中国工商导报》《群意》《云南教育周报》《戏友》《金碧旬刊》《黎明半月刊》《评论报》《新真导报》等。著名教授、学者、专家、文化界名人费孝通、郭沫若、茅

第三章 云南新闻事业发展概要

盾、曹禺、范长江、潘光旦、闻一多、吴晗、楚图南、李广田、尚钺、冯至、沙汀、胡风、曾昭伦等都曾分别在上述报刊及一些大报副刊上发表文章。

中共云南地下党组织及进步群众团体创办的报刊有《南方》《前哨》《战时知识》《救亡》《文化新闻》等。

各区县创办的报纸有：国民党昭通县党部机关报《滇东日报》、《云南日报》(昭通版)，中共地下党领导的个旧《曙光日报》，中共昭通地下党创办的《昭通周报》，建水县的《泸江小报》，丽江的《丽江周报》，国民党景东县党部机关报《景东周报》，弥度县的《滇缅日报》，国民党军人宋希濂、李根源在大理创办的《滇西日报》，腾冲县的《腾越日报》，富民县的《新民报》，景东县的《民峰旬刊》，姚安县政府的《姚安简报》，国民党保山县支部的《保山日报》等。

抗日战争时期的《云南日报》作为龙云为首的云南省政府的宣传工具，总体表现上是反动的，是反映国民党反动派立场的。但是由于地下党员和新闻界进步人士在报社内的工作和影响，又使它具有明显的进步倾向，在抗日战争中起到一定的进步作用。

中共云南地下党组织先后派李立贤(陈方)、杨亚宁、刘浩、欧根等打入《云南日报》，争取和团结该报进步新闻工作者，促使该报及其副刊《南风》刊载了一些进步的时论、杂文和揭露黑暗宣传抗日救亡的文章。《云南日报》曾先后三次刊载毛泽东的抗日言论。1937年11月25日，《云南日报》在一版显著位置刊登大公报记者陆诒写的《毛泽东谈抗战前途》一文。同日在第四版还刊登了林彪的《抗日战争的经验》一文。1938年7月12日，在三版显著位置刊登毛泽东《致参政会电》和毛泽东的照片。1942年11月地下党员发起组织外勤记者联谊会，通过几个报纸记者的联合采访，揭露国民党中央系统贪官污吏的罪行。如对滇西盐务舞弊案、云南高等法院院长胡觉贪赃枉法案的揭发。并利用矛盾，采访国民党云南监察使李根源，请他发表讲话，痛斥国民党中央驻滇机关中的贪污腐败行为。1941年3月，南洋华侨领袖陈嘉庚率华侨代表回国慰问抗战将士，还访问了延安。途经昆明回南洋时，昆明新闻界的地下党员联合各报记者，采访发表了陈对国民党反动派不顾国家民族危亡，推行消极抗日，积极反共政策深表愤慨的谈话。1940年秋，昆明出现公开宣扬法西斯主义，适应国际上敌人诱降和国内反共需要的"战国策派"。他们出版《战国策》半月刊,其成员陈诠的话剧《野玫瑰》,鼓吹特务哲学,曲线救国。该剧在昆明上演,受到国民党当局赏识。地下党员和文化界人士在《南方》月刊,《云南日报》副刊《南风》及其他一些报刊上发表文章,公开批判。

抗日战争中,中共中央南方局和云南地下党通过多种渠道对龙云作了大量的争取和团结的工作,使龙云的立场和态度有很大转变。他对共产党和进步势力从消极的中立态度转变为暗地里给予保护和支持,国民党反动派几次企图镇压昆明的学生运动和消灭云南地下党的阴谋未能得逞,使昆明的民主运动蓬勃发展,有"民主堡垒"的称号。到了抗战后期,龙云甚至利用《云南日报》同蒋介石公开对抗。在《云南日报》昭通版和昭通的《滇东日报》上详细报道了龙云1943年秋天回昭通老家发表的对蒋介石不满的言论。这些当然也引起了蒋介石对龙云的不满。

1944年11月初,《云南日报》因刊登记者淮冰的《西南暴风雨》和《湘桂撤退记》两个长篇通讯,揭穿了蒋介石消极抗日的黑幕,延安的中共中央根据上述报道播发了新华社广播,对蒋予以谴责。蒋派兰衣社头子刘建群来昆查办,实行整肃,报社被迫在人事上做了变动,宣传内容转向右倾。

《云南日报》毕竟是国民党的龙云政府的机关报,对蒋介石消极抗日积极反共的政策不能不进行一定的宣传和敷衍。所以在正版上有不少反共反人民的宣传。另外还有不少为龙云制造舆论,树碑立传,歌功颂德的新闻、言论和特写。值得一提的是,龚自知写的《随节入京记》详细记述了龙云1937年8月南京之行的"重要言动、旅次居行",同时也详细记述了龙云与中央领导人周恩来、朱德、叶剑英接触的情况。他们在西安相遇,同乘一架飞机到南京。在机上龙与朱德、叶剑英亲切交谈,议论抗日大计,并从此与中共领导人建立了联系,也成了龙云政治态度转变的契机。龚自知同机前往,对中共中央领导人的宽阔胸怀也产生了深深敬佩之情,在文章中发出"真英杰之士也"的赞叹。

《云南日报》消息报道较为迅速。电讯方面,中央通讯社昆明分社成立之前,报社自设电讯室,接收中央社的电报,为国际国内新闻的主要来源。抗战初期,在上海、香港、武汉等地,后来在成都、重庆、西安和华北、华中、华南各个战场,在南洋各地都有通讯和专电。还派出多名战地记者随军采访,他们写了不少优秀的战地通讯和访问记。白麦浪写的《初战惠通桥》,邵红叶写的《叶剑英将军访问记》都很出色。有些来电比中央社的消息更快。

《云南日报》的有些言论敢于揭发丑恶,主持公道,并有深刻独特的见解,重庆《新华日报》曾转载过它的某些社论。为《云南日报》写社论的地下党员有杨青田、徐绳祖等人。有一篇评论预见日美开战的不可避免,17天之后,即发生珍珠港事件。1944年发表的《今天的云南老百姓》,揭露了云南物价高涨,灾荒严重,军队扰害老百姓的严重问题。

《云南日报》的副刊内容丰富,进步倾向比正版突出。《南风》栏中刊载不少犀利文章,击中社会弊端。大多数文章是组织各大学的教授和进步文化人士写的,有较高的学术价值和教育作用。

担任《扫荡报》总编辑的高天是与共产党有着政治联系的进步新闻工作者。他陆续接受中共地下党多个党员到《扫荡报》工作。抗日战争中,《扫荡报》虽然是军统的报纸,但政治态度日益明显地倾向进步。它发表不少反法西斯的国际评论和国际报道,较多地报道了西南联大的学生民主运动。曾利用外电报道了朱总司令的谈话。日本投降前夕被国民党清查,在地下党同志帮助下,高天及时离开了昆明,才免遭迫害。

打入《云南民国日报》的地下党员和进步人士也利用该报发表了一些有利于团结抗日的新闻、评论。抗战后期,该报进步倾向加强,深受读者欢迎。国民党省党部两次改组编辑部成员,但都不能阻止其进步倾向。

1943年10月10日开办的《正义报》是一张商业报纸,也有不少地下党员和进步新闻工作者在该报工作,他们组织进步教授和进步人士写了大量要求民主,反对独裁,反对限制言论自由的社论、专论,使《正义报》表现出更明显的进步倾向。

1944年,日本帝国主义大举向国民党统治区进攻,国民党军队一溃千里,危及西南大后方。国民党腐败无能,独裁统治的弊端充分暴露,昆明的民主运动空前高涨。这一民主浪潮在报刊上得到充分反映,《云南日报》、《云南日报》昭通版、《扫荡报》、《正义报》都发表社论支持民众要求民主,废除一党专政,建立联合政府的呼声。各报副刊也都发表了不少要求实行民主政治的文章。

中国民主同盟云南支部于 1944 年 12 月创办《民主周刊》,作为支部机关报。1945 年春,重庆《新华日报》在昆明建立营业处,发售《新华日报》和《群众》半月刊。进步报刊的影响进一步扩大。

1937 年春天,国民党中央计划筹建全国广播网。由于昆明地处西南边陲,和缅甸、越南、泰国、印度以及南洋各地接近,决定在昆明设置大功率广播电台。7 月间,抗日战争爆发,上海、南京相继沦陷,国民党政府迁到重庆,原南京中央广播电台也迁到重庆播音,为了扩大对国外的宣传,在昆明建台更为迫切。经过 1938 年、1939 年的安装调试,试播,建成了当时亚洲最大的 50 千瓦的广播电台,于 1940 年 8 月 1 日正式播音。昆明广播电台面对全国和南洋华侨广播。除用普通话播音外,还使用粤、闽、厦门话广播,对外广播使用英、日、法、韩、越、缅、泰、印、马来等语言播音。除转播重庆中央广播电台和中国国际广播电台的广播外,有时也转播美国之音广播电台、联合国广播电台和旧金山广播电台的广播。

抗日战争时期,昆明广播电台的爱国抗日宣传占有较大比重。当时国内迁昆的一些著名大学的教授、学者及知名人士都曾为昆明台写稿,或到电台发表广播演讲。昆明台在宣传抗日,鼓励民气,慰勉侨胞,唤起国际友情等方面起到了积极作用,在国内和各沦陷区广大爱国同胞以及海外爱国侨胞中产生了一定影响。但昆明台毕竟是国民党中央控制的宣传工具,必然有它反动的一面。它对共产党领导的八路军在抗日战争中的英雄业绩很少宣传,对共产党、八路军更有不少污蔑、造谣之词,并有许多虚伪和欺骗性宣传。

抗日战争后期,美军大量进入中国境内,参加对日作战。1944 年 10 月驻云南美军分别在昆明、云南驻地设立了无线广播电台各一座。1945 年 3 月,驻陆良、羊街、沾益等地的美军也设立过电台。抗日战争胜利以后,这些电台均因美军撤离而停播。

## 五、解放战争时期

抗日战争中云南民主运动蓬勃发展,人民的文化水平和思想觉悟大大提高,广大群众对抗日胜利后的时局也特别关注,加之云南经济有了新的发展,电讯事业也更发达。因而,除了迁昆出版的报纸陆续返回原地以外,昆明地区有更多的报纸出现,各地县区的报纸也比抗战时期有所增加。昆明地区除了《云南日报》(后又改名《平民日报》)、《和平日报》(前身为《扫荡报》)、《正义报》、《民意日报》、《观察报》、《中兴日报》等大报以外,还有先后新创办的《社会周刊》《群意》《朝报副刊》《昆明新报》《学生报》《龙门周刊》《复兴晚报》《小时报》《新云南周报》《中兴报》《大观晚报》等约80种,其中多为商办民办报纸,有些存在时间不长。据比较确切的统计,云南1948年有报纸56家,杂志68种(据民国政府行政院新闻局编印的《全国报社通讯社杂志社一览》所载资料增补)。各地区县的小报达38种,其中云南地下党及其领导的滇桂黔边游击队在各地创办的报纸有7种,国民党县党部创办的有11种,其他为县政府或民办报纸。

在昆明地区影响较大,具有鲜明进步倾向的报纸是《正义报》。抗战胜利后,该报能够不顾国民党的种种限制,反映1945年的"一二·一运动",报道1946年7月的"李闻惨案"。它能够抓住抗战胜利后人们急于了解时局动向的心理,向国内各大城市派出记者,发表大量专电、专稿和独家新闻,并从多种渠道获得消息,使报道更迅速及时。该报以"经济新闻见长,除报道昆明地区市场行情外,还着重报道了上海、香港、广州、重庆等地的市场行情"。在政治上,《正义报》敢于表示对蒋介石解除龙云职务不满,发表了省参议会副议长李一平对代理省长李宗黄吹捧蒋介石进行驳斥的文章。它还以"救济布,一尺五,喝牛奶,大泻肚"为标题,揭穿美国救济的实质,被市民传为笑谈。1946年12月,两名驻南京的记者采访了被软禁的龙云,写成《龙云将军访问记》在报上发表,引起云南人的兴趣。在解放战争节节胜利之中,《正义报》发表了中国共产党宣布的"战犯名单",并发表了毛泽东的《论人民民主专政》的新闻记录稿,还根据新华社的电讯不断报道解放区的消息。它的报道产生较大影响,其发行量居昆明地区报纸发行量的首位,高达1.6万份。这些进步表现当然引起蒋介石的强烈不满,1949年9月9日"整肃"中,该报被封,人员几乎全部被捕。12月9日,云南宣布和平起义,《正义报》才恢复出版。1950年由中共昆明市委接管以后,报纸在宣传党的国民经济恢复时期的财政政策,"镇反""三反""五反"工作及抗美援朝方面作出一定贡献,于 1953 年 7 月 31 日宣布停刊。

卢汉主政云南期间,《云南日报》受命以国民党中央的政策为指针,宣传内容趋向反动,接连不断发表反共、反人民、反对民主运动的文章,因此声望大跌,销量锐减。到了 1947 年 9 月,因通货膨胀,物价飞涨,报纸难以维持,不得不于 9 月 30 日停刊。后来由省政府新闻处接管改名《平民日报》继续出版,卢汉起义以后,报社组成临时服务管理委员会,坚持出版至 1950 年 3 月停刊。

历时长久的《云南民国日报》于 1946 年 4 月 1 日改名为《民意日报》出版,仍是国民党省党部的机关报。报纸标榜以反映民意为宗旨,着重报道中央和省县民意机关(议会)的消息,发表文章偏重于地方性、杂志性和趣味性。该报还同时发行《民意日报副刊》,是一种纯学术性的副刊。

"一二·一运动"中,学生罢课联合委员会出版会刊《罢委会通讯》。《罢委会通讯》冲破国民党反动派对新闻舆论的封锁,批驳了国民党反动派报纸的造谣污蔑,真实地报道了当时昆明学生反内战争民主运动的真实情况。1945 年 12 月 27 日宣布复课后,学生联合会出版《学生报》,继续坚持反内战争民主的斗争。该报由学生王汉斌、李凌等人编辑,每周一期,从 1946 年 1 月 19 日到 1946 年 8 月共出 28 期。《学生报》在极端困难的条件下,详细报道了李公朴、闻一多被蒋介石特务暗杀的情况,以及全国各界对"李闻惨案"的反映和对蒋介石集团罪恶行径的愤慨。最后被政府查封而被迫停刊。

抗日战争后期出版的《民主周刊》作为中国民主同盟云南支部的机关刊,在抗战中大力宣传团结抗日、民主进步的思想。在抗战胜利以后,又积极呼吁和平民主,反对内战独裁。刊登了大量民盟领导人、社会活动家和知识界名人评论政局,抨击时弊和批评国民党政府反动政策的文章。因此,在知识界、青年学生和中上层资产阶级中拥有众多的读者,被称为"大后方民运的纪程碑"。罗隆基曾任该刊主编,吴晗、闻一多先后任社长。该刊拥护共产党的主张,对"一二·一运动"给予支持和高度评价。1946 年 7 月,发表《中国民主同盟云南省支部为闻一多同志复遭特务暗杀的紧急声明》向云南地方当局提出严重抗议。不久,《民主周刊》就被国民党特务查封了。

解放战争期间,国民党加强了对昆明广播电台的控制,反共反人民的宣传更加露骨,经常转播国民党中央广播电台的反共宣传节目。1949年,因经费困难,电台发射功率改为500瓦播出,云南和平解放以后,被云南人民临时军政委员会接管。1950年2月20日,中国人民解放军进驻昆明,将昆明广播电台改编为昆明人民广播电台,于3月4日正式播音。

1948年10月,云南教育厅社会教育科和电教辅导处筹办建立云南省教育广播电台。1949年3月开始试播,8月27日正式播音。云南和平起义,该台担负起义的宣传任务。中国人民解放军进驻昆明,电台进行了大会实况转播。1950年3月停播,设备和部分工作人员并入昆明人民广播电台。

1945年抗日战争胜利以后,昆明市先后出现10多家私营商业性广播电台。这些电台有的被国民党查封,有的后来被人民解放军接管,都先后停播。

1946年全面内战爆发以后,为使云南的共产党组织和进步人士能及时了解中共中央的指示精神,在中共云南省工委领导下,于1946年3月出版油印内部刊物《新华社电讯》。刊登从收音机中抄收下来的延安台新闻广播,在党内和进步人士中传阅。中共云南省工委地方组织和中国人民解放军滇桂黔边纵队各支队还创办了《新时代文丛》《战斗报》《人民快报》《滇西北日报》《丽江人民日报》《盘江报》《胜利报》《战斗新闻》《红河报》《消息报》《滇中报》《滇中解放报》《红星报》等小报。

## 六、新中国成立初期

1949年12月9日,云南宣布和平解放,在中国人民解放军接管前这一段时间,云南地下党派人接管了国民党的《中央日报》和《民意日报》,并利用这两个报纸的设备和部分人员创办了《云南人民日报》。1950年2月党中央派来云南办报的南下人员从北京、南京长途跋涉随军来到昆明。他们带来了毛主席亲笔题写的《云南日报》刊头,与地下党同志一起于1950年3月4日正式出版了中共云南省委机关报《云南日报》。

《云南日报》创刊号,第一版在"云南人民团结起来为建设新云南而奋斗"的通栏大标题下刊登了毛主席的照片,并发表社论《加强团结建设新云南一代发刊词》。袁勃为第一任社长兼总编辑。

云南和平解放以后,临时军政委员会派中共地下党员接管了在"九九"整肃时已停刊的《观察报》和《和平日报》。1950年4月,中共云南省委指示,将《平民日报》并入《云南日报》。《正义报》停刊以后,《云南日报》遂成为云南省独一无二的大报了。

20世纪50年代,《云南日报》在宣传报道工作中,坚持从多民族、边疆省和解放较晚的实际出发,向各族人民宣传党的方针政策,宣传人民解放军的功绩,宣传党和政府的民族团结平等政策,报道各民族在党的干部和人民解放军支持帮助下,完成民主改革、恢复发展生产的事迹。这一时期的《云南日报》辟有"边疆通讯""生活在友爱合作的大家庭里"等栏目。这些宣传报道对于疏通民族关系,加强民族团结,稳定边疆,巩固国防作出积极贡献。

1957年以后,报纸受党的指道思想上"左"的错误影响,宣传上出现严重失误。如"反右派"扩大化,报纸起到了推波助澜的作用;在"大跃进"、人民公社化运动中违背实事求是的原则,鼓吹高指标,"一大二公",搞了不少虚假、浮夸的报道。搞强迫命令,使边疆民族地区的工作蒙受了重大损失。这些都是宣传报道工作上的沉痛教训。

1960年以后,报社编辑部响应党中央大兴调查研究之风的号召,从总编辑到一般编辑、记者,都轮流深入群众开展调查研究,加强了山区、民族地区生产建设的报道。1964年1月31日发表题为《全面发展生产,繁荣山区经济》的社论,阐明开发山区的紧迫性,提出了冲破自然经济的束缚,大力发展商品经济是开发、振兴山区的必由之路。1965年4月6日发表《到山区去》的社论,要求各级领导干部到山区去积极领导各族人民改变贫困落后面貌,建设社会主义新山区,要求改变重坝区、轻山区的旧观念。1965年7月,报纸就云南各地,特别是山区发展畜牧业的关键——"合理杀卖吃"问题,连续发表了10多个典型报道和10篇评论员文章,系统地宣传发展畜牧业与发展农业的辩证关系,发展牲畜与流通消费的辩证关系,强调养畜要树立商品经济观念,讲求经济效益。这一时期的宣传指导思想无疑是正确的,至今仍有现实意义。

《云南农民报》是20世纪50年代初创办的专以农民为对象的报纸,它是中共云南省委决定由《云南日报》主办的一张面向全省各族农民的通俗化、大众化的四开四版报纸。从50年代初到70年代末三度出版,三度停刊。农民报最初的办报方针是"字大图多文章短,活人活事活道理,初识文字的农民看得懂,不识文字的农民听得懂"。最初主要宣传土地改革,之后,以宣传农业合作化、农业生产政策为主,同时注重农村文化、科学知识的宣传和普及。并注意对农民进行社会主义、集体主义、爱国主义、国际主义以及工农联盟等方面的教育。做到了文章短小,形式多样,图文并茂,多花齐放,文字通俗,有说有唱,联系实际,针对思想,使老少咸宣,农民喜欢。1959年发行量高达20万份。

1955年1月,在云南日报社直接领导下,创办了《云南工人报》。这是一张为全省各族工人群众办的报纸,四开四版,周三刊。报纸坚持通俗化,把指导性与群众性结合起来;自始至终坚持群众办报的方针,通俗易懂地宣传党的方针政策;积极反映工人呼声,热情为工人服务。深受工人群众欢喜,1959年3月停刊。

解放初期新创办的报纸还有:《国防战士》(军内报纸)、《云南邮电工人》、《昆明铁道》、《云南青年报》、《广播节目》、《云南科技报》、《卫生防疫》报等。1958年8月1日中共云南省委出版理论月刊《创造》。各区州创办的党报有:《大理报》《保山报》《昭通报》《文山报》《昆明日报》《西双版纳报》《丽江报》《玉溪报》《曲靖报》《红河报》《东川报》《思茅报》等。

1952年云南全省土地改革基本结束,开始贯彻"一化三改造"的总路线。为了进一步在农村宣传党的方针政策,交流互助合作的经验,提高农民的科学文化水平,云南的绝大多数县创办了县级油印小报,发行对象主要是农民和基层干部。仅1953年7月份统计,全省有75个县创办了县报。这些小报出版时间短暂,绝大多数都先后停办。1956年为了适应农业合作化高潮的需要,进一步推动农业生产的发展,绝大多数县又一次创办了县级小报。多数小报是油印,少数是石印或铅印。1956年9月份统计,全省有89个县创办了县级小报。到了三年困难时期,县级小报又一次相继停办。

云南人民广播电台是在接管国民党昆明广播电台基础上建立的,在1949年8月就已组成了接管昆明广播电台建立云南人民广播电台的干部队伍,他们在1950年2月从北京、南京等地随人民解放军西南服务团来到昆明,与地下党干部会合,组成了以黎韦为首的临时管理委员会,接管了昆明广播电台及云南省教育广播电台、国民党中央日报广播电台。1950年3月4日,昆明市军事管制委员会发布公告宣布:"原昆明广播电台遵照中央人民政府新闻总署广播事业局统一系统,改编为昆明人民广播电台。"当天昆明人民广播电台正式播音。

昆明人民广播电台建台初期,担负着转播中央人民广播电台对东南亚广播和省市宣传两大任务。同年4月10日,遵照国家统一调度,昆明人民广播电台将50千瓦功率发射机交中央人民广播电台国际转播台使用,自办节目改用2千瓦发射机播出。1950年4月15日,昆明市工商广播电台成立并开始播音。1951年3月23日,遵照中央广播事业局的决定,昆明人民广播电台改名为云南人民广播电台,昆明市工商广播电台改称昆明人民广播电台,另外又成立昆明人民广播电台广告台,三台合署办公。1953年1月昆明人民广播电台和广告台合并,改为云南人民广播电台第二台,该台于同年11月29日撤消。

1964年10月12日,云南人民广播电台增设第二套节目。"对云南境外国民党军残部广播"和对民族地区使用民族语言的广播,均在第二套节目中播出。

云南人民广播电台在新中国成立初期的宣传中十分重视《对农村广播》节目,并根据云南多民族省份的特点,从20世纪50年代初就着手筹办少数民族语言广播。1953年初成立民族组,着手开办民族语言广播。1955年6月正式开办"德宏傣语广播"和"西双版纳傣语广播"。1957年10月,增办了"傈僳语广播"。1969年和1970年先后开办景颇语、拉祜语广播。

20世纪50年代至60年代初,在昆设立派出机构的新闻单位有新华社、人民日报社和中国新闻社以及中央人民广播电台、工人日报社、中国青年报社、健康报社等。

## 七、"文革"时期

"文化大革命"开始,地州市一级的党报和许多专业报纸相继停刊。《云南日报》作为中共云南省委的机关报,几乎是云南唯一的报纸了。而《云南日报》和云南人民广播电台等主要新闻单位,在"文革"期间也几经磨难,历尽曲折,走过了一条坎坷而复杂的道路。报纸被多次封闭,造成多次停刊。电台被冲击、夺权。领导班子多次被改组,使党在云南的新闻事业遭受严重摧残。

1966年6月初,"文革"开始,中共云南省委派工作组进驻报社,在报纸上对报社总编辑李孟北及由他主持的《滇云漫谭》展开革命大批判,把《滇云漫谭》说成是北京"三家村"设在云南的分店,把三位作者打成"反革命黑帮",受到残酷迫害。1967年1月造反派夺了报社大权。3月昆明军区派军队干部对云南日报实行军管。1968年5月20日报社被外界造反派封闭。以后又因两派武斗,报纸几度停刊,出版极不正常。1968年8月,成立省革命委员会,报纸出版才趋于正常。在整个"文革"期间,报纸宣传贯穿了一条所谓"继续革命"的极左路线,把一些马克思主义的原理和党的正确方针政策当作"修正主义""资本主义"批判,颠倒是非,混淆黑白,搞乱了人们的思想,也搞乱了社会。在边疆民族地区批判"边疆特殊""民族落后",搞什么"政治边防",破坏了民族团结,加剧了边疆的不稳定。

1975年邓小平主持中央工作期间,《云南日报》根据省委精神,重点宣传了消除资产阶级派性,增强无产阶级党性的问题。半年时间内,围绕消除派性问题,发表各种言论35篇,及时地批评了各种形形色色的错误论调。这一宣传对消除派性,增强党性,落实政策,促进安定团结起了积极作用。后来,在所谓"反击右倾翻案风"运动中,批判资产阶级派性却成了"否定'文化大革命'的反动思潮",受到"四人帮"一伙的批判。

云南人民广播电台在"文革"一开始也被夺权,原来的领导干部都被作为"走资本主义道路的当权派",受到批斗和残酷迫害。广播电视的宣传贯彻一条极左的思想路线,鼓吹广播电台是"无产阶级专政的工具"的谬论,一度成为林彪、"四人帮"反革命集团篡党夺权的工具。在极左路线干扰下,全省农村广播网受到严重破坏,几乎全部停播、停建。

"文革"期间,广播事业也有新的发展。1969年8月,根据云南省革命委员会关于"由省人民广播电台担负昆明市无线广播任务"的决定,云南人民广播电台重新筹办昆明人民广播电台,于10月1日正式播音,采编播业务由云南人民广播电台承担。1979年5月7日,经中共云南省委宣传部批准,昆明人民广播电台停办。当天,云南人民广播电台增设第三套节目,面向昆明市区广播。建成了省一级电视台——昆明电视台(1969年10月1日开始播出,1979年10月改名为云南电视台),全省农村广播网逐步恢复并有新的发展。

## 八、改革开放时期

粉碎"四人帮"以后,云南的新闻事业在宣传报道上通过揭露和批判林彪、"四人帮"及其云南代理人的罪行,反对资产阶级派性,平反冤假错案,纠正和肃清"四人帮"在各个领域散布的流毒等方面作了大量工作。新闻单位贯彻党的正确办报方针,批判"四人帮"的新闻路线,使云南的新闻事业在改革中获得新的发展,出现欣欣向荣的大好局面。在进入改革开放社会主义建设新历史时期以后,报纸、广播、电视事业获得空前的发展。

党的十一届三中全会以后,《云南日报》宣传了"解放思想,实事求是,团结一致向前看"的思想,宣传了科学技术是第一生产力的观点。报纸宣传转到以经济建设为中心的轨道上来,宣传"一个中心""两个基本点",围绕发展社会主义商品经济,宣传改革开放,宣传经济改革中的先进人物和先进事迹,作出了一定成绩。同时在宣传实践中进行新闻改革,在宣传内容与宣传形式上都有不少创新,出现了新的面貌,报纸质量有很大提高。

1978年到1980年各报组织了拨乱反正、平反冤假错案、落实政策的宣传报道。对林彪、江青反革命集团在云南制造划线站队,打击广大干部的罪行进行了批判。1979年6月和7月,在报纸上发表了关于"实践是检验真理的唯一标准"的文章、言论。文章中尖锐地指出,思想解放首先是省委常委要解放思想;第一把手思想的解放,思想路线的端正对全局关系十分重大。这些言论对促进云南干部思想解放起了重要作用。

针对本省经济发展基础落后,人们商品经济意识极为薄弱的实际,《云南日报》先后发表文章多篇,阐述发展商品经济是社会经济发展不可逾越的阶段,强调树立商品经济观念的重要性。同时报道了在党的政策指引下,许多农村个体商业户的出现,各地农民企业家、农村专业户的事迹。并开展了《怎样对待"王十万"的富?》的讨论,鼓励农民发家致富。

在精神文明建设方面,报纸比较集中地报道了各条战线的先进人物和劳动模范,围绕培养社会主义新人,先后报道了110多个先进人物的事迹。

在新闻改革方面,报纸采取的措施有:首先,变单向流动为双向流动。加强了下情上达,读者来信的处理工作。其次,变单功能为全功能。在宣传党和政府的方针政策的同时,增加了经济、科技、文化等多方面信息的传播。最后,在新闻报道中抓了"新、短、快、活、广"几方面,扩大了信息量,增加了报道面。

1980年1月1日,《春城晚报》创刊,作为《云南日报》的晚刊,这是改革开放以后国内首家创办的晚报。编辑部遵照"面向城镇,面向基层,面向群众,面向生活"和"寓思想性于知识性趣味性之中"的要求,把报纸办得生动活泼,受到广大群众的欢迎,发行量达24万多份。

"文革"期间停刊的各地州市党报,在新的历史时期都恢复出版,并办出了自己的特色。

截至2000年底,全省除高校报外,有公开发行报纸41家,47种(其中少数民族文版6种)。全省新闻从业人员约1.5万人,报纸、广播、电视广告收入近4亿元。

在新的历史时期,云南台进行了节目调整,恢复了某些过去受欢迎的节目,如"对农村广播""全省新闻联播"等节目。新办了一批节目,"经济信息""云岭风采""金口哨""民族天地"等。新闻节目增强了时效并增加了播出时间和播出次数。

从1983年起,云南台将"对云南境外国民党军残部广播"改名为"对云南境外侨胞广播"。1981年8月,恢复和重建了驻各地州市记者站。

云南电视台在新的历史时期,除了办好重点新闻节目"云南新闻"以外,又增办了"云南民族风采""电视与观众""文化生活""科技与卫生""体育节目"等,并与四川、贵州、西藏、重庆电视台共同开办"西南窗口"节目。

1986年10月1日,新建的省级对外广播电台——云南广播电台开始播音。它以越南听众为对象,使用越南语广播,宣传业务由云南人民广播电台领导,日常编播翻译工作由云南人民广播电台对外部负责。

1988年4月17日,为进一步改进广播宣传,方便听众按不同需要收听广播,云南人民广播电台对外分为综合台、民族台、文艺台和教育台。

1990年7月1日,经过多年试播的调频立体声广播正式播音。至此,云南人民广播电台文艺台全部节目实现了立体声广播。1989年云南卫星广播电视地球站建成投入使用。10月1日起,每周逢一、三、五日4天,民族台的5个民族语言节目通过卫星地面站接受转播。1990年10月1日起,综合台的大部分节目在这4天中也同时通过卫星传送,进一步扩大了云南人民广播电台广播在全省的覆盖面。

从1987年以后,云南省各专州市陆续开办广播电台,截至2000年年底共建成省地(市)级广播电台12座,电视台14座,有线广播电视台4座。全省广播电视覆盖率分别达到86%和88%。

截至1992年年底,全省还开办了县级广播电台14座。

电视事业方面,除了云南电视台以外,各地州市从1985年开始也陆续开办电视台。这一时期先后开办的电视台有:大理电视台、玉溪电视台、昆明电视台、个旧电视台、楚雄电视台、丽江电视台、西双版纳电视台、红河电视台、文山电视台、曲靖电视台、德宏电视台,共11座电视台。

这一时期各地还开办了少量县(市)电视台、教育电视台和有线电视台。

(本章撰稿人:王作舟)

# 第四章

# 贵州新闻事业发展概要

贵州古称徼外之域,明代始与湖广、四川、云南分开,独立设贵州布政使司。清代成立贵州省,设巡抚,以贵阳为省会。贵州多山,土地贫瘠,经济与文化相对都比较落后,因而近代报刊的出现也较其他各省为迟。在清代建制的28个省级行政区中,贵州的近代报刊迟到1906年才出现,仅早于新疆、吉林、西藏。

## 一、贵州新闻事业的开端

在贵州出现报刊之前,上海出版的《申报》已辗转传到贵阳。在青年知识分子中间,《时务报》《民报》等进步报刊也在秘密传阅。1906年9月清廷颁布了预备立宪的上谕,声称:"国势不振,实由上下相睽、内外隔阂",唯有"使绅民明悉国政,以预备立宪基础"。贵州的第一家报纸《白话报》便是为响应清政府的预备立宪政治措施,于1906年在遵义知府袁玉锡倡导下创办的,但影响不大。《黔报》于1907年7月17日(光绪三十三年六月初八日)在贵阳创刊。《黔报》为日报,版面模仿初创期的《申报》,用本地土纸单面印刷,以四号铅字排印,由贵阳后新街的通志书局出版,馆址即设在书局内。《黔报》创刊时明确提出办报的四大宗旨:"研究宪政之预备,赞助教育之发达,调查商务之状况,鼓吹实业之组织。"可见《黔报》一开始便是立宪派"开通民智"的刊物。

《黔报》的创办是由贵州知识界的名流周培艺(素园)等积极倡议,得到绅士于德楷、唐尔镛等的支持,筹集股金 8 000 两银子创办。该报的发行人为周培棻,编辑人为周培艺,主笔王谟、杨清源,当时他们都是君主立宪的拥护者,贵州知识界的著名人士。《黔报》的国际和国内新闻大多剪自上海、北京出版的大报,本地消息则由各衙门、商会、劝学所提供。经常撰稿人有杨文清、徐家驹、张百麟、任可澄、陈廷棻、鲁时俊等。该报的发行量日销 700 余份,最高发行量也未达到 1 000 份,尽管周培艺等克己奉公、竭尽全力,仍然入不敷出,到第一年的年底已亏损 600 两银子,曾一度被迫停刊。

与此同时,留日学生创办的革命派刊物在贵州知识界也在广泛传播,贵州革命派领袖张百麟便是在《民报》《复报》《洞庭波》《鹃声》《云南》等刊物的影响下走上革命道路的。1907 年在张百麟的组织下,成立了一个名为"自治学社"的爱国团体。他们企图以政团形式开展革命活动,于 1907 年冬创刊《自治学社杂志》。该杂志为月刊,在贵阳出版,由于只在自治学社内部发行,印数不多,社会影响也不大,出数期旋即停刊。

1909 年贵州宪政预备会成立,立宪派人物唐尔镛为建立舆论机关,允诺筹资资助《黔报》,《黔报》得以复刊。由于周培艺趋向革命,《黔报》立场也有所转变,对贪官污吏时有揭露,言论也较为激进,引起唐尔镛的不满。唐尔镛以老板身份干涉编辑业务,周培艺受到排挤,愤而退出报社,《黔报》遂被立宪派首领任可澄、唐尔镛等人所把持,成为宪政预备会的机关报。

自治学社有了办《自治学社杂志》的经验后,于 1908 年(光绪三十四年)决定筹办自己的机关报《西南日报》。该报的筹建工作由黄泽霖(莳卿)负责进行。他花了 3 000 多银元从上海购来印刷机,1909 年 4 月运抵贵阳,办起了印刷厂。1909 年 6 月《西南日报》创刊,每日出版一张,日销约 400 份,报馆就设在贵阳的福建会馆内。《西南日报》由张百麟任社长,发行人为陈守廉,主笔先后由周培艺、杨寿篯、许阁书担任。

自治学社在知识界和政法、师范、警察等学校中发展组织,取得很大的进展,全省各府、州、县都有自治学社的分社,黔中名士陈永锡、钟昌祚、谭西庚、黄泽霖、周培艺等都成了自治学会的重要骨干。自治学社还派人到东京同盟会总部联系,同盟会总部开会通过决议,承认自治学社的社员为同志,合力推进贵州的革命活动。《西南日报》创刊不久,即与立宪派的《黔报》展开激烈的笔战。

1909年可称是贵州新闻史上第一次办报高潮。继《西南日报》之后,于这一年下半年创刊的还有贵州宪政预备会主办的《贵州公报》和贵州的第一家官报《贵州官报》。《贵州官报》为月刊,由贵州官报局主办,在贵阳出版。《贵州公报》为日刊,用油光纸单面铅印,日销约900份,由贵州最大的印刷出版机构文通书局承印。社长为曹兴镛,先后担任总编辑的有陈廷棻、王漱荪、吴南屏。创刊不久,即与《黔报》站在同一条阵线上,与革命派报纸《西南日报》展开笔战。

由于《西南日报》在"自治"口号下态度激进,敢于揭露官场黑暗,为官吏与豪绅所忌。一次云贵总督李经羲路过贵阳,曾与贵州巡抚庞鸿书密议逮捕张百麟。庞鸿书认为证据不足,不肯骤兴大狱,这件事便暂时搁置下来。庞鸿书于1909年9月创办《贵州官报》后,又于1911年4月创办《贵州教育官报》(月刊),由贵州学务公所印行。同年贵州商务总会也创办了《商报》,这是一张四开小报,日销仅100多份,初为三日刊,后改为日刊,先后由张静波、陈廷棻任总主笔,也是一家由立宪派控制的报纸。不久庞鸿书即因老病被免去巡抚一职,由沈瑜庆继承贵州巡抚。沈瑜庆上任才二三个月,四川便爆发了轰轰烈烈的保路运动。川督赵尔丰急电贵州派兵"助剿",沈瑜庆命驻贵阳的巡防军入川,造成贵阳城防空虚。接着,武昌起义成功,云南光复。11月3日晚,自治学社发动新军官兵、军校学生和哥老会会党起义,翌日占领贵阳,成立了贵州军政府,一举推翻了清朝政权。

根据现有资料统计,晚清贵州创办的报刊共有8种,全部在贵阳出版。其中官办的报刊2种,均为月刊,影响不大;民办的报刊6种,3种为日刊,1种为三日刊(后改为日刊),1种为月刊,另一种期刊不明。在民办报刊中,倾向于革命派的4种,倾向于立宪派的3种。应该看到,这些报刊无论是革命派报纸还是立宪派报纸,乃至官报,在政治立场上虽有激进与保守之分,但要求改变贵州落后的现状,批判旧的不合理现象则有其一致性。在提倡"实业救国""教育救国"方面,还是有一定的进步意义。

## 二、军阀统治时期贵州的新闻事业

贵州于 1911 年 11 月初光复,由同盟会支持的自治学社革命党人取得了政权,组成贵州军政府。此时,汉阳失守,武昌危急,消息传来,军政府决议派都督杨荩诚亲率新军援鄂,致使贵阳城防空虚。佯称拥护共和的旧军官刘显世,乘机勾结立宪党人任可澄、熊范舆及旧官僚郭重光等策动政变,贿买黄泽霖的部下唐灿章聚众作乱,袭杀握有军权的革命党人黄泽霖,接着围攻革命党首领张百麟住所。张事先得到风声,走避得免。刘显世、任可澄等便制造贵州几成"匪国"的舆论,乘蔡锷的亲信戴戡回籍奔父丧,滞留贵阳之机,请戴回滇后,以贵州父老名义,向蔡锷乞师。一方面刘显世等函电交驰,请滇军代为戡乱。蔡锷与任可澄、戴戡等同为梁启超门生,听信他们对革命派的中伤,于 1912 年 2 月 27 日派唐继尧以假道北伐为由,率 3 000 多名"北伐军"抵达贵阳,于 3 月 3 日武装颠覆了贵州革命政权,并屠杀大批革命党人。《西南日报》因张百麟等人逃离贵州,自治学社革命政权瓦解,无人主持而停办。主笔许阁书被反动势力追杀于开州(今开阳县)。此时,《黔报》与《商报》均由陈廷棻主持笔政,而陈系会党领袖,怕被滇军加害,政变后逃往广顺避难,《黔报》与《商报》也于 3 月初同时停刊。《贵州官报》与《贵州教育官报》已随清朝政权的瓦解而先期停刊,经过滇军袭占贵阳的这场变故,贵州报界只剩下由政变中得势的立宪派人士所办的《贵州公报》一家了。贵州政局也从此进入派系纷争、动荡不安,长达 23 年的军阀统治时期。

### (一) 兴义系军阀主黔时期

1912 年 4 月,贵州兴义籍地方实力派刘世显便与任可澄、戴戡、郭重光、周沆等拼凑了统一党贵州支部,极力排斥同盟会和国民党在贵州建党。同年 8 月,国民党总部派黔籍党员、内务部参事于德坤和胡德明回贵州建立支部,刘世显即伙同滇军将领将他们残酷杀害。为了加强统一党的舆论宣传,于 1912 年 6 月 5 日创办了《黔风》(日报),每日出版两张,售 24 文。编辑人刘光旭,发行人张士安,实际上是由戴戡等人所控制,馆址在贵阳王家巷。

1913年2月,贵阳同时有两张报纸创刊,一种是由贵阳商会主办、同志印刷厂承印的《群报》,另一种是文通书局承印的《黔铎报》。《群报》为每日出版四开一张的小报,销数只有300多份,办了一年半便停刊了,影响不大。《黔铎报》是每日出版对开一张的大报,内容较为新颖,曾极力介绍省内外的新思潮,日销700多份,在贵州舆论界有较大影响。王伯群曾一度出任该报的理事长,张仲明任该报主笔。王伯群是兴义系军阀头子刘显世的外甥,兴义系少壮派军人首领王文华的胞兄,属于贵州实力派中的"新派"人物。可见该报也是有军阀势力作为其政治背景的。

刘显世在唐继尧的卵翼下羽毛丰盛以后,感到8 000滇军驻黔,全年费用几占贵州财政收入的2/3,而且滇军将领趾高气扬,自己不得不仰人鼻息,便与戴戡、任可澄、张协陆等人联合致电蔡锷,要求调走唐继尧及滇军。恰逢袁世凯不放心蔡锷任云南都督,调蔡锷入京,唐继尧被袁任命为云南都督兼民政长。1913年11月1日,袁世凯任命刘显世为贵州护军使,戴戡为贵州民政长(后改巡按使)。贵州政权顺利地从唐继尧转移到刘显世手中,兴义系军阀对贵州的统治从此确立。

戴戡当上了巡按使后,在事权上与刘显世发生冲突。刘显世利用"二次革命"被镇压之机,进一步靠拢袁世凯,又将贵州财政拮据、民众抗租抗捐透过于戴戡执政无方。袁世凯乘机调戴戡入京,另委亲信龙建章为贵州巡抚使。《黔风》(日报)因戴戡已走,经费困难停刊。

王伯群于1914年作为刘显世的代表赴京参加政治会议,已看出袁世凯有称帝野心,回贵州后即与王文华作反袁准备。1915年8月"筹安会"出笼,袁世凯复辟帝制活动日益公开化。8月中旬,梁启超、蔡锷主持召开天津密会,策划于袁氏称帝后云南即宣告独立,贵州则越一月后响应。王伯群即天津密会的七人之一,他的主要任务是策动王文华反袁。此时刘显世对复辟帝制正顶礼膜拜,王伯群为了不参与拥戴袁世凯称帝的大合唱,也为了不使反袁意图外泄,将所办的《黔铎报》于1915年10月停刊。此时,整个贵州又只剩下《贵州公报》一种了。

《贵州公报》之所以能长期存在,是因为该报完全秉承贵州军阀刘显世的意志,对袁世凯的每一倒行逆施之举,如解散国会、废除约法、镇压革命党人都表示衷心拥护。甚至详细报道由刘显世、龙建章一起导演的贵州"国民代表大会","恭戴"袁世凯为"中华帝国皇帝"的丑剧,向袁世凯递呈"拥戴书",为复辟帝制献媚邀宠。

1915年12月21日,袁世凯封刘显世一等子爵,刘受宠若惊,感激涕零,忙派专使押送贡物晋京谢恩。12月25日云南起义爆发,王文华要刘显世响应,一批青年军官连日环辕泣请,刘显世不为所动。最后,王文华愤然调动部队开赴湘黔边境,刘显世电告北京:"文华辜负天恩,自外生存。臣统驭无方,罪合万死。"实际是向袁世凯告密。1916年1月24日,戴戡冲破刘显世的军事阻挠,率纵队抵达贵阳,刘世显被迫通电独立。贵阳学术界所办的民间报纸《铎报》就在1916年1月创刊,这是一张日出四版的报纸,在护国运动中极力反对袁世凯称帝,在舆论界产生一定影响,一直出版到1919年12月停刊。

刘显世为了保持自己的权势转而反袁,在倒袁之后也捞到了一笔政治资本,当上了贵州督军兼省长,但是此时黔省军权已为外甥兼侄女婿的王文华所掌握。兴义系军阀内部刘显世与王文华新旧两派之争,使政治矛盾越演越烈,为培植新派势力和制造有利于自己的舆论,由王文华的妹夫何应钦出面组织少年贵州学会,并担任会长。1919年3月通过少年贵州学会创办了一家由王文华及其部将何应钦资助的《少年贵州日报》。该报在发刊辞中声称其主旨为"砥砺品节,阐扬正义,振作朝气,警醒夜郎,审辨政潮,灌输新智,监督官吏,通达民隐"。由于得到黔军军方的支持,在军政界和教育界都有一定影响,但其发行量并不大,只有300多份。1920年5月创刊的《震东报》也属于军方所办,但发行量更小,出版数月后停刊。同年9月又有《新贵州》日报创刊,这是一家发行量只有200多份的小报,由贵阳商会关系密切的曾介甫、曹继斌等人所办。

1919年3月在刘显世授权王伯群与华侨实业公司签署承筑渝柳铁路草约之后,新旧两派为借款筑路问题进行了激烈的相互攻讦。贵州省财政厅长张协陆上书刘显世,反对借款筑路,该意见书在《贵州公报》上刊出。随着意见书的散发,旧派在省内外掀起一场反对王氏兄弟"卖省营私"的轩然大波。新派也大造舆论将贵州捐税苛重、民不聊生归咎于省长昏聩、财政腐败。1920年夏,刘显世企图以王文华的部将袁祖铭等为内应,积极开展"倒王活动",却加速了新派的全面夺权活动。同年11月10日夜何应钦、谷正伦等发动"民九事变"将刘显世驱逐下台。随后杀了刘显世的亲信熊范舆、郭重光,夺了刘显世的权,一贯拥刘的《贵州公报》也在1920年11月停刊。

1921年3月,王文华在上海被其部将袁祖铭派人暗杀,袁祖铭投靠北洋军阀,在内阁总理靳云鹏、两湖巡阅使吴佩孚的支持下,与刘显世联手,策动在黔的余部内应,率"定黔军"回驻。由于王文华死后群龙无首,5个新派旅长在角逐贵州省长的人选问题上明争暗斗,无法一致对外,拥袁祖铭最力的王天培、彭汉章两部乘虚而入,轻取贵阳。1922年4月下旬,袁祖铭进驻贵阳。《少年贵州日报》遂于是年4月间停刊。

袁祖铭也是兴义籍军阀,土豪家庭出身,入主贵阳后,于1922年4月18日创刊《黔声》日报,该报为袁祖铭主黔时的黔军机关报,日出对开两大张,是贵州1906年有了近代报纸以来版面最多的日报。因为这一时期整个贵州只有这一家报纸,每天发行量约在800—900份之间。李锡祺任总编辑,谌石僧任经理。

不久滇、黔两省军阀发生矛盾,刘显世因袁祖铭不履行约定,袁自己当了贵州省长,便投靠唐继尧。1932年2月,唐继尧依仗优势兵力派其弟唐继虞偕刘显世拥兵入黔,赶走了袁祖铭。1923年2月《黔声》报因袁氏垮台而停刊,存在时间不足一年。

此后,刘显世虽然重新当上贵州省长,但实际上已是滇军扶植的傀儡,连办一份机关报充当自己喉舌的经济实力也没有了。以国民党为政治背景的孙文学会于1923年4月28日在贵阳创刊了《平民》日报,日出两张四版,单面印刷,以民办报纸面貌出现。由程仲权、贺梓侨、傅肇文、彭右箴、贾如东分别轮流担任总经理及总编辑。创刊辞中宣称:"报以平民名,以民为资料,恶民之所恶,好民之所好。民隐务求宣达,纪事期其扼要……是青年书生以文章报国之心,办理此报。"该报持续出版了三年半,到1926年年底,被周西成主黔时的省政府勒令停刊。同年8月16日另有一家《民意》日报也在贵阳创刊,《民意》每日出版两张四版,单面印刷。《平民》日报日销200—300份,《民意》日报销数尚不及《平民》,出版时间也不长。

滇军第二次侵黔,变本加厉敲诈百姓,横行无忌,激起了贵州人民的怨愤。1924年7月间,北京大学新贵州学会出版《黔人之声》半月刊,声讨滇唐政权。在11月1日出版的第八期中说:"吾黔自去岁沦亡以来,近万之滇军骚扰不休。昔在刘、王、袁治下,劫掠重兵镇守的府县及最繁盛的市场的事却很少,而今分不出哪是匪哪是兵。最近周西成的军队占了桐梓,把祸桐梓匪首廖月江杀了。唐继虞开来若干土匪将周派去的人击走,在城内大抢三日,杀无辜至60余人之多。"

袁祖铭离黔后,率余部进入四川,在吴佩孚直系势力的支持下,伙同杨森、刘湘打败熊克武,势力大增。唐继尧怕袁回师南下于己不利,主动与袁修好,自请交还贵州,以与袁军合力进攻鄂西为条件。此时正好直系将领冯玉祥发动北京政变,吴佩孚的直系势力受到严重打击,袁祖铭表示愿意与南方合作。1925年1月,唐继尧发表一则冠冕堂皇的通电,声称:"黔省内政,概由黔人自理",命令唐继虞部队撤出贵州。袁祖铭则公开宣布"尊戴"唐继尧,与吴佩孚公开翻颜相向,落井下石。袁祖铭派部将彭汉章回黔接收政权。刘显世既无兵权又无财权,不得不引退回家。1925年1月23日,彭汉章进驻贵阳,顺理成章地当上了贵州省长。这一年的2、3月间,一下子在贵阳冒出了好几家新创刊的报纸,如民间报纸性质的《黔灵》日报、《教育日报》《觉报》和彭汉章主黔时的省政府机关报《兴黔日报》。《兴黔日报》为单面印刷,日出两张四版,发行量只有数百份。其他报纸发行量更少,《教育日报》等只发行100多份。除《黔灵》日报于1926年下半年被周西成省政府勒令停刊外,其余几家持续出版时间均不足一年。《兴黔日报》也于1926年6月周西成入黔主政后停办。

## (二)桐梓系军阀主黔时期

周西成是在军阀混战中逐步发展壮大的贵州桐梓籍军阀的首领,前期投靠四川军阀石青阳,后期投靠袁祖铭。1926年3月,周西成被袁祖铭委任贵州军务会办。由于连续两年(1924和1925年)贵州遭到特大的自然灾害,总共700多万人的贵州,灾民却多至三四百万,饿殍载道,村舍为墟。彭汉章救灾乏术,袁祖铭便将他与"治匪安民,著有成绩"驻兵赤水的周西成对调。1926年6月，周西成被任命为贵州省省长兼第二十五军军长，掌握了贵州的军政大权。1926年9月，周西成主黔时的政府机关报《贵州改进日报》在贵阳白沙井创刊。周西成是个非常有政治头脑的军阀，十分重视舆论宣传工作，省政府每月拨给报社经费2 000元，由原《黔声》日报总编辑李锡祺担任社长，以拉拢与袁祖铭的关系。该报为单面印刷，每日出版二大张，有时也出三大张，日销千余份，这是贵州有史以来发行量最大的报纸。该报一版为言论与国内要闻；二版为世界要闻、时评、本省新闻（大多为周西成、袁祖铭的政绩宣传以及贵阳、都匀等地消息）；第三版为杂组、来件、转载、广告（上海的广告居多，如商务、中华的书籍广告，上海的医药广告等）。中缝也刊有广告。

周西成还办有贵州通讯社，出版《贵州通讯》周刊（逢星期日出版）。《贵州通讯》创刊于1926年10月初，大多为军方消息，在推崇袁祖铭治军有方之外，大力宣扬周西成买谷存仓，筹办贵阳电灯公司，公务员加薪一成，视察学校，免除民众讼累等种种政绩。

袁祖铭虽然参加北伐军，就任北伐左翼军总指挥，但徘徊观望，进展迟缓。1927年1月30日在常德被蒋介石与唐生智合谋捕杀。至此兴义系军阀势力已彻底消灭。

为了吞并周西成这股割据势力，蒋介石曾屡次挑起贵州内部和滇黔两省的战争。1928年冬，蒋介石指使第四十三军军长李燊回黔倒周。周西成委派桐梓籍部将王家烈为第九路军前敌总指挥与李军激战于龙潭、铜仁等地。云南龙云派大军入黔援李燊作战。1929年5月，周西成亲临前线指挥作战，在激战中阵亡，王家烈也身负重伤。第二十五军溃退遵义，《贵州改进日报》一度停刊。

周西成死后，担任二十五军副军长的周西成姑表兄弟毛光翔被国民党中央政府任命为贵州省政府主席兼第二十五军军长。毛光翔由遵义进驻贵阳后，即将《贵州改进日报》复刊，但为时不久该报便不再出版。

毛光翔1929年曾在遵义创刊二十五军的机关报《革命日报》，入主贵阳后，于1929年9月1日改组《革命日报》，出版《三民日报》，该报成了毛光翔主黔时的政府机关报，社长为二十五军政治训练部主任杜叔机。

《平民》日报以国民党为背景，由贵州省孙文学会主办，1926年年底被周西成的省政府勒令停刊后,此时利用有利形势,于1929年6月9日创刊《贵州民众日报》。该报的成员大多系《平民》日报的老班底,实际上是《平民》的改名。该报初创时仍沿用《平民》的老办法,由文通书局代印,后自行购手摇印刷机印报。《贵州民众日报》实际上是国民党贵州省党部的机关报,由贺梓侪等主持,发行量逐步上升至1 000份,但表面上仍然作为民间性质的报纸出现。这种情况足以说明贵州桐梓系军阀势力的强悍,极力抵制国民党中央政府势力的发展。

由于贵州军阀势力的相对削弱,毛光翔于1930年6月停刊《三民日报》,改组为《贵州民国日报》,作为贵州省党、政、军合办的报纸。该报于1930年7月正式出版,由贵阳黔南印刷工厂代印。报纸辟有"时事要闻""委任录""本省新闻""本市新闻""来件"等栏目,还办有《贵州民国日报副刊》《贵州妇女》专刊等。该报于1932年初毛光翔下台时停刊。

桐梓系军阀与兴义军阀一样,彼此间存在着盘根错节的亲缘关系,如周西成与毛光翔是姑表兄弟,毛光翔与王家烈又是妹夫郎舅的关系,但在政治上争权夺利时却完全撕破了温情脉脉的面纱。由于毛光翔对国民党中央采取若即若离的态度,蒋介石便极力拉拢王家烈与毛光翔对抗。1932年春,王家烈在蒋介石的怂恿下,率其精锐部队由洪江直趋贵阳。对贵阳采取包围态势,胁迫毛光翔交印让权。毛光翔接受母亲(周西成的姑母)的劝阻,自动交出政权,国民党中央立即任命王家烈为二十五军军长兼贵州省主席。王家烈主黔后,即将《贵州民国日报》改组为《新黔日报》,成为王家烈政府的机关报,于1932年4月21日创刊。该报的栏目与《贵州民国日报》大致相同,初期日出一张,后增至两张,还办有《扶风》《党务》《社会》《劲草》《惊蛰》等各种副刊和专刊。1935年4月,王家烈被蒋介石逼迫自动提出下野后,该报随之停刊。

贵州自1912年起经历了长达23年的军阀统治时期,这一时期先后约有30种报纸出版,但同时存在的不超过三四种。由于贵州经济落后,发行量很少,商业广告也不多,民营报纸很难经营赢利,因此民间办的乃至商会办的报纸都很难长期生存下去。一些能长期出版下去的报纸,几乎都依靠军阀政权的保护和政府的津贴,如刘显世的喉舌《贵州公报》,袁祖铭的喉舌

《黔声》日报,彭汉章喉舌《兴黔日报》,周西成的喉舌《贵州改进日报》,毛光翔的喉舌《三民日报》和《贵州民国日报》,王家烈的喉舌《新黔日报》。这些报纸都是随着主子的崛起而兴盛,随着主子的垮台而消亡。还有一些报纸看似民办,实际上都有其党、政、军方面的政治背景,并不是真正的民办报纸,如《黔风》日报是得到政客戴戡等人支持的,一旦戴戡从贵州巡按使任上下野,该报便立即停刊。又如《黔铎报》《铎报》《少年贵州日报》等,名为民间团体所办,实际上是兴义系少壮派军人领袖王文华兄弟的舆论工具,随着新派势力的兴衰而兴衰。至于《平民》日报、《贵州民众日报》等,则是以国民党势力为政治背景,虽然名义上为民办报纸,实际上国民党中央宣传部已将《贵州民众日报》视为省级党报。所以在贵州军阀统治时期,凡是能持续出版两年以上的,都是有政治背景的报纸,都不是真正商业性的民办报纸。

这一时期的报业集中在贵阳地区,其他地区出版的报刊很少。1928年12月31日,上海寰球中国学生会曾对各省报刊做过一些调查,贵州地区的报刊一览见表9。

表9 1928年贵州地区报刊一览

| 报刊名 | 出版地 | 主办人 | 刊期 |
| --- | --- | --- | --- |
| 《贵州改进日报》 | 贵阳 | 李维伯 | 日刊 |
| 《指导日刊》 | 贵阳 | 陈昭令、赵民生 | 日刊 |
| 《黔民通信》 | 贵阳 | 邓文波 | 日刊 |
| 《路政周刊》 | 贵阳 | 史之源 | 周刊 |
| 《贵州省立师范学校旬刊》 | 贵阳 | 省政府政务科 | 旬刊 |
| 《卫生半月刊》 | 贵阳 | 赵廖夫 | 半月 |
| 《蚕业浅说》 | 贵阳 | 李维伯 | 半月 |
| 《新黔北报》 | 赤水 | 华峻西 | 周刊 |
| 《大定中学校刊》 | 大定 | 周维安 | 半月 |
| 《四中旬刊》 | 安顺 | 傅梦秋 | 旬刊 |
| 《省立第三中学校半月刊》 | 遵义 | 赵毓祥 | 半月 |
| 《盘江中学安龙小学联合旬刊》 | 盘江 | 邵正祥 | 旬刊 |

说明:本表引自黄天鹏《现代新闻学》,1930年。

贵州报业的印刷技术与其他各省相比显得比较落后,整个20年代与30年代前期出版的报纸都还是单面印刷的,印报用纸均系土纸,其纸张质量甚至还不如清末出版的《西南日报》。

当时报纸上所用的语言,前期是浅近的文言,后期是半文半白过渡时期的白话文。报纸的发行量一般只有200—300份,很少有超过1 000份的。

1927年后,贵阳设立了无线电台,开始使用收音机,报纸也加强了采访,报上刊登的省内消息逐渐增多。据目前掌握的资料来看,最早的通讯社应是1926年10月初创办的贵州通讯社。该社应是袁祖铭与周西成控制的官方通讯社,主要报道军政方面的消息。1927年后,贵阳陆续出现地方自办的通讯社,如黔民通讯社、黔闻通讯社等。国民通讯社是国民党贵州省党部所办,成立于1931年秋,到1932年4月即停办。军阀统治时期,贵州的通讯社也和该省报社一样,只有在得到政府和政治集团的财力支持下才得以较长时期的办下去,否则即使能苟延残喘几个月,其影响也不会很大。以上种种现象显然与贵州的军阀统治和当地经济文化落后的现实有直接的关系。

## 三、国民党统治时期的贵州新闻事业

1934年8月中央红军长征进入贵州境地,蒋介石电令王家烈堵截红军。王自觉力量单薄,无法与红军对抗,又感蒋介石不可能容忍贵州的割据状态,便与陈济棠、李宗仁订立三省互助联盟。不久这一密约被陈济棠的部属余汉谋出卖给蒋介石,蒋介石则乘追剿红军的机会,派薛岳为"剿匪"第二路军前敌总指挥率军进入贵州。1935年1月红军强渡乌江,占领遵义。中共中央在遵义召开了政治局扩大会议,结束了王明"左"倾冒险主义在中共中央的统治。同时薛岳进入贵阳,派部将接管贵阳城防,连王家烈本人出入城垣也要受到盘问。从是年1月至3月间,红军四渡赤水,歼敌20个团,其中就有王家烈的两个师。接着又出敌不意,南渡乌江,直逼贵阳。王家烈自知贵阳难以立足,率军进入遵义地区,派黄道彬代理省主席留守贵阳。薛岳乘机攫取贵州军政大权,断绝了王家烈集团的财政收入。国民党二路军总

## 第四章 贵州新闻事业发展概要

部于1935年2月14日在贵阳创刊《革命日报》,该报一大半系送赠各部队阅读,日出四开一张,销数达千份。此时黄道彬则穷途末路捉襟见肘,不得不在报上公开宣告,"查军事紧张期间,库款万分奇窘",决定自1935年3月起省政府机关报《新黔日报》"暂时停刊"。实际上随着王家烈军阀势力的垮台,贵州省政府的改组,该报永无复刊的可能。蒋介石政府早就想扫灭川、桂、黔、滇军阀割据势力,乘重兵驻筑之机,迫使王家烈让出省主席一职,由蒋介石亲信吴忠信担任。不久又以不给食饷为名,鼓动部下"倒王",又逼王家烈辞去军长职务,交出军权。蒋介石给了王家烈一个军事参议院中将参议的空衔,于1935年5月3日逼着王家烈带着爱妾梁氏离开贵阳飞往汉口,彻底结束了桐梓系军阀在贵州的统治。

《革命日报》在红军离黔北上后由绥靖公署接办。1936年8月,绥靖公署改组,由省政府接办,黄晋珩出任社长。该报初期为一中张,后扩为一大张,再扩为两大张,销售量曾达到2 800份,成为吴忠信的省政府机关报。

军阀政权垮台后,贵州新闻事业曾一度出现蓬勃发展的新景象。从1935年5月到1936年7月的一年零两个月的时间里,贵阳地区新创办了9家日报和晚报。1935年8月15日创刊的《贵州晨报》是国民党省党部主办的报纸,由国民党中央宣传部特派员萧蔚民任社长。1935年10月10日起,增发《每周画刊》,刊登用铜版纸印刷的新闻图片,这是贵州省最早的新闻画报。可惜画报只发行四个月即停办。该报最初为两中张,后改为一中张一大张,旋又改为两大张。发行量日销1 000多份,最高时曾达到2 400份。

除了《贵州晨报》外,先后创刊的有《黔风报》日刊(1935年5月)、《黔阳晚报》(1935年6月)、《新新报》(1936年2月)、《铮报》(1936年2月)、《民声日报》(1936年6月)、《商务日报》(1936年6月)、《妇女报》(1936年7月)和《坦报夕刊》(1936年7月)。这8家报纸除《黔风报》和《商务日报》在1937年尚在出版外,其余6家报纸的持续出版时间都不足一年,《新新报》《铮报》《民声日报》《妇女报》和《坦报夕刊》的寿命不到半年。其中《黔阳晚报》《铮报》和《坦报夕报》因刊登的新闻为当局所不满,被勒令停刊,其余各报均因经费不继而停办。这一方面反映了贵州经济萧条,无法容纳那么多的商业性报纸，另一方面也反映了国民党反动统治对新闻事业的压制。

随着国民党军政势力的进入贵州，1935年4月南京中央通讯社派萧蔚民为贵阳特派员，进驻贵阳。同年5月初，萧蔚民与梁汉耀等组织贵州通讯社开始发稿。此时中央通讯社贵阳分社尚未成立，各报的省市消息大都由该社提供，在当时颇有影响。此时，中央通讯社总社决定，筹设分社于贵阳，至6月初开始发稿，贵州通讯社于6月中旬停办。同年9月1日，贵阳分社正式成立，每天抄收总社电讯约一万字；发省市稿平均每天两三千字。从此贵州报上的重要新闻信息均来自中央社电讯。

在1935—1936年间，贵州曾出现4个民办通讯社。其中平民通讯社为《贵州民众日报》同人所办，黔光通讯社为《黔风报》同人所办，南明通讯社为《黔阳晚报》同人所办，唯有大黔通讯社与报社并无组织上的瓜葛。平民、黔光、南明三家通讯社所发的稿件实际上都是该报的外勤访稿，办通讯社的记者无非想以此牟利。大黔通讯社创办不到半年被贵州省政府查封，南明通讯社也因《黔阳晚报》被勒令停刊而无形中解散。中央通讯社贵阳分社成立后，民办通讯社的处境更加艰难，不是因无利可图而自动停业，便是被政府借故查封，其命运与民营报业十分相似。

据1937年6月统计，国民党统治区内共有官办和民营的广播电台78座，其中西南地区四川两座，广西、云南各一座，唯独贵州一座也没有。直到抗日战争进入相持阶段后，为适应战时广播宣传的需要，国民党当局才在贵阳办起了广播电台。贵阳的贵州广播电台筹建于1938年，到1939年1月1日开始正式播音。建台初期，设备简陋，主要有10千瓦短波发射机和5千瓦中波发射机各一台，中波机经常有毛病，平时开动的前级功率只有500瓦。贵阳当时民用收音机也不多，整个抗日战争时期，民间使用的多数是不用电源的矿石收音机。

《贵州民众日报》于1937年停刊，抗战初期，贵州只有省政府机关报《革命日报》和省党部主办的《贵州晨报》两家。不仅报纸的内容、编排、印刷质量都比较差，而且连每天出版的时间也很迟，甚至要到每天下午三四点钟才能看到报纸。群众对新闻也不关心，看报的人很少。在抗日战争前夕，《黔风报》的编辑曾在报上发出这样的感叹："我们这里不只有不看报的学生，而且有不看报的老师!"1939年9月1日出版的《战时记者》上,翊汉所撰的《西南的新闻事业》一文中说:"(贵州)报纸的销路也比从前大得多了。从前不仅交通不便,而且有读报习惯的人也不多……到了三年以后的今天,不看报的老师当然有的,不过他们多住在偏僻的地方。至于城市里的教师学生以及商民们,却都养成看报的习惯了。"(《战时记者》二卷一期)贵阳的《革命日报》在1938年吴鼎昌出任贵州省主席后也曾加以改良,相继聘原《大公报》骨干金诚夫、严慎予为社长,在1939年时最高发行量曾达到近5 000份。

随着日寇侵略战争的扩大,北京、上海、武汉相继陷落,许多政府机关、学校、报社和大批文化界人士向大后方播迁,促进了西南文化事业的发展。抗战时期贵阳新闻事业的繁荣与此有直接关系。1938年10月24日武汉陷敌前一天,《武汉日报》宣告停刊,该报人员西撤至贵阳,于同年12月1日出版《中央日报》(贵阳版),报名旁仍保留《武汉日报》创刊的日期,并持续《武汉日报》的编号。贵阳版《中央日报》自租郊外荒地营建草屋为社址,工作与生活条件极为艰辛,然而仍广为搜罗人才,以求发展。复刊第一号出版后,很快售罄,竟至再印。该报自设电台,直接可抄收中央社电讯,边收边编,其出版时间比贵阳出版的其他报纸都早。该报日出对开四版一大张,每周加一中张。一版为要闻、社论,二版为副刊、广告,三版为国际消息及省市新闻,四版为综合版。《前路》为该报综合性副刊,占半版篇幅,每周出版四期。主要专刊有《国际》《西南》《大众卫生》《妇女工作》《革命青年》《文艺周刊》《星期天》等,均为周刊,一度曾增出晚刊。迁筑的第二年成立新闻研究部,曾聘大夏大学文学院院长谢六逸主持研究工作。由于内容及编排都较精当,1942年时,销数曾达到6 000余份,1944年达到9 000余份,在贵阳报纸中稳居首位。从汉口迁来的还有《大汉晚报》,该报8开版面,副刊名《黔风》,因印刷及消息供应均存在问题,不久便停刊。

《贵州晨报》日出对开一大张,蹇先艾曾为该报主编过《每周文艺》专刊,颇受读者喜爱。1939年2月4日日寇对贵阳大肆轰炸,《贵州晨报》在大轰炸中社址被毁,印刷厂已无法印报,宣告停刊。贵州版《中央日报》社址也遭到轰炸破坏,迁到环城北路新址继续出版。

贵阳版《中央日报》的问世,势必将与贵阳当地报纸展开激烈的竞争,

《革命日报》也深感有进一步改革的必要，于1939年12月31日宣告停刊，1940年1月1日更名为《贵州日报》，以新的面貌问世。

《贵州日报》是吴鼎昌、杨森、谷正伦任贵州省主席时的机关报，曾与大夏大学社会研究部、文史研究室合作出版《社会研究》《文史》等专刊，谢六逸也曾为《贵州日报》主编过《文协》专刊。该报日出对开一大张，一版为广告，二、三版为新闻，副刊在第四版。该报的优势是经常刊登省政府的临时公报，并规定与正式送达的公文有同等效率。省市新闻和贵阳商情占了整个篇幅的一半左右，所载专论也多半属于对贵州的介绍和研究，特约通讯稿也具有明显的地方特色。该报每周有星期座谈《天下事》和《一周一人》人物专访，星期日出版附张《时事漫画》。经过改进的省政府机关报《贵州日报》凭广告和发行两项收入已足够维持开支而有盈余，初创时发行量已达5 000余份。

在"二四"大轰炸中炸毁而停刊的《贵州晨报》，经国民党贵州省党部和三青团贵州支团的联合筹办，于1941年12月25日创刊《力行日报》，以代替《贵州晨报》。取名"力行"，是为了响应蒋介石"力行哲学"而定。社长是三青团贵州支团部书记兼省党部宣传处长张景行，该报为贵州国民党、三青团的党团机关报。1942年5月因发行量锐减，资金周转不灵，加上国民党与三青团内部矛盾重重，不得不宣告停刊整顿。经过两个月的整顿，改名为《时事导报》，向各县、市三青团硬性摊派约2 000份，发行量一时曾达到4 000份左右。但在贵阳的报业竞争中终因力不从心，于1943年3月停刊。

1940年12月贵阳商会主办的《贵州商报》创刊，该报原为周报，直到抗日战争胜利之后才改为日刊。虽然是商报，但商情材料并不丰富，发行量很少。

1942年10月10日与11月5日，贵阳曾先后出版过两种晚报《民报晚刊》和《大华晚报》。《民报晚刊》是中央通讯社同人业余所办，而且出版较迟，由于贵阳没有夜市，外县又没有销路，每日仅发行1 000余份，无法长久维持而停刊。《大华晚报》日出一张，发行人为舒名世，坚持到1946年才停刊。

1944年3月，日本帝国主义为挽救其在太平洋战场上的失败，对国民党军队发动进攻,企图打通大陆交通——平汉(今京广线北段)、粤汉(今京广线南段)线。国民党军一触即溃,从4月中旬到5月间,郑州、洛阳等38座城市相继沦陷。接着日寇向湖南发动进攻,岳阳、长沙相继陷落。在长沙沦陷前夕,原在湖南衡阳、长沙等地出版的《大刚报》《力报》《小春秋报》等纷纷迁来贵阳。《大刚报》于1944年年底复刊,该报由贵州省政府社会处主办,由国民党CC系控制,社长先后由文传声、毛健吾担任,于1947年9月停刊。《力报》于1944年春迁来贵阳,1945年由刘熙乙兄弟买下发行权,李思齐出面担任社长,作为一家民办报纸在贵阳出版。《小春秋报》1944年5月底由长沙迁至贵阳,到1946年初才复刊。与此同时贵阳本地又创刊了两家报纸,一家是1944年6月创办的商业性民营报纸《南明晚报》,一家是1944年9月创刊的《民报》日报与晚报各一张。

《南明晚报》由川帮商人集资创办,由达德中学校长曾俊侯任董事长,日出对开一张四版,最初发行量仅三四千份,后来文化界的著名文人熊佛西、欧阳予倩、端木蕻良、吕叔湘、于伶等都曾在该报副刊上发表文章,一时洛阳纸贵,最高发行量竟达1.5万份。由于报上经常发表进步作家的作品,引起国民党特务机构的注意,同年11月初被贵阳警备司令部查封,总编辑赵展被判刑一年零两个月。《民报》名义上是民营报纸,实际上由贵阳特务机构所控制,其发行人为贵州省政府情报处处长周养浩,社长刘先识为贵阳市政府的科长,记者编辑中有很多人与军统有关系或本身就是军统特务。此报后因内部斗争触犯了贵州省建设厅厅长何辑正,何通过时任国防部长的胞兄何应钦下令查封,于1948年6月停刊。

据《中国现代出版史料》丙编《中国后方的报纸》一文统计,1945年抗战胜利前后,贵州地区的报纸已不再局限于贵阳一地,全省有报纸11种,贵阳占7种。但是该统计资料所谓的报纸,含义较泛,既包括铅印报纸,也包括一部分油印报纸,既包括日报、晚报、二日刊、三日刊,也包括新闻周刊。在大后方有报纸的城市中,就报纸种数而言,贵阳仅次于重庆、昆明、成都和西安。抗战时期由于大城市报纸内迁的影响和许多文化界著名人士参加编撰,无论内容、编排还是印刷技术都有明显的改进,贵阳的几家大报,如《中央日报》(贵阳版)、《贵州日报》其内容与形式都并不亚于以前上海、武汉出版的报纸。只是因为太平洋战争的影响,洋纸来源断绝,只能用土纸印刷,印刷质量就明显下降了,而版面则紧缩为一大张。

据南京中国第二历史档案馆收藏的国民党中央宣传部档案(全宗号711[5],卷号259)显示,1943—1944年国民党中央拨给贵阳版《中央日报》的经费,分别为19.81万元和29.72万元,较重庆版《中央日报》少了将近10倍,比成都版与昆明版的《中央日报》《西京日报》《武汉日报》,安徽版《中央日报》与宁夏《民国日报》都少,但其盈利却超重庆版《中央日报》和其他报纸,仅次于昆明版《中央日报》,可见贵阳版《中央日报》还是办得相当成功的。据1992年11月贵州人民出版社出版的《贵阳市志·文化新闻志》记载:《中央日报》(贵阳版)的发行量一直保持在1.8万至1.9万份,最高销售额为2.2万份。这一统计数字当然是抗日战争胜利以后的发行量,即使如此,在经济文化落后的贵州地区有这样的发行量,还是很不错的。1945年8月日本宣布无条件投降后,经过八年颠沛流离的内迁各报,胜利后纷纷提出复员要求。根据国民党中央宣传部拟订的规定,随政府内移,继续出版,致力抗战宣传者可优先复员,但《中央日报》(贵阳版)却继续在贵阳出版,未受复员影响,这在内迁各报中实属罕见。

抗战胜利后,国民党党报实施企业化经营管理,1947年7月25日《中央日报》(贵阳版)也改组为公司,由张廷休为董事长,王亚明继续担任社长。在《武汉日报》改为《中央日报》(贵阳版)后,仍辖有恩施版《武汉日报》和芷江版《中央日报》,1940年恩施版《武汉日报》不再存在隶属关系,但由于历史原因,两报仍保持密切的伙伴关系,在《武汉日报》改组为公司时,贵阳版《中央日报》社长王亚明又兼任《武汉日报》的董事长。这种微妙关系在国民党党报中也属少见。

1945年11月,蒋介石在重庆举行军事会议,决定对解放区用兵。11月11日,美国军舰运送国民党军队在秦皇岛登陆,准备进攻解放区。12月初,西南地区饱受战争之苦的大学生开展要求和平、反内战、反美国干涉中国内政的学生运动。四川军阀杨森于1945年5月调任贵州省主席后,与前任主席吴鼎昌的态度迥然不同,支持特务破坏学生运动,拘捕贵大学生,在贵阳城内设立"保安司令部招待所",专门关押共产党人和进步人士。全国闻名的息烽集中营也是杨森的杰作。在学生运动遭到国民党政府的军警、特务残酷镇压后,斗争愈演愈烈。1946年元旦,贵阳《大刚报》因刊出两版反内战增刊被国民党省党部下令没收,编辑部人员被拘留,该报于2月28日被勒令停刊。

在1946年至1947年间,贵州也新创刊了许多报纸。光贵阳市内就有《幸福报》(1946)、《西南风报》(1946)、《新黔报》(1946)、《时代周报》(1946)、《贵州工报》(1946)、《大路报》(1946)、《明道报》(1947)、《人报》(1947)、《新世界晚报》(1947)、《建教报》(1947)、《小天地报》(1947)等。这些报纸大致有三种类型:一种是以国民党各派政治势力为靠山,进行反动宣传,为主办人升官发财攫取政治资本,如以三青团贵州省支部为靠山的《大路报》,以贵州省党部主任委员周伯敏为靠山的《幸福报》,以杨森省政府秘书长李寰为靠山的《西南风报》,由贵州省民政厅科长李炳侨任社长的《新黔报》,由贵州省教育厅督学中统特务邓雪中为社长的《建教报》等。这种有反动政治背景的报纸占了一半以上,尽管有些报纸能得到省党部指定各县党部订阅,但毕竟不得人心,发行份数很少,有的主办人达到了当官的目的,便无心再办报,往往办不到二年就停刊。第二种类型是有进步意义的报纸,如《贵州工报》。该报是中国劳动协会贵州分会筹委会主办的报纸,曾发表文章揭露贵州工人所受的重重剥削与压迫,呼吁改善贵州工人的生活,触怒了国民党当局。社长程刚还曾在蒋介石来筑的招待会上发言揭露国民党反动派压榨贵州工人和工人生活的疾苦。在国民党特务软硬兼施不为所动的情况下,1947年6月将程刚秘密逮捕,该报被勒令停刊。程刚于贵阳市解放前夕被国民党反动派杀害。《时代周报》也属于进步报纸,由贵州大学、贵州师范学院和清华中学部分教师主办。作家艾芜、蹇先艾均为该报写过稿。报上经常有抨击国民党贪污腐化和官僚主义的文章,要求统一、团结、和平、民主,反对法西斯的言论。因国民党当局始终不准登记出版,出版17期后只好停刊。第三种类型是新闻界人士办的同仁报,如《人报》《新世界晚报》《小天地报》等。这些报纸文化气息较浓,文字加工、版面安排都比较讲究,能做到图文并茂。报上关于贵州文史典故和风土人情的文章很多,地方色彩较浓。由于报社内部人间关系比较复杂,很难合作,后期往往由他人接办,报纸的品位大不如前,其政治态度也渐趋反动。这类报纸常持续出版到贵阳解散。

解放战争时期贵州的报纸虽然不少,但上述新创办的报纸并不是主流报纸,真正有影响的主要报纸还是《中央日报》(贵阳版)、《贵州日报》《贵州商报》和《力报》。贵阳版《中央日报》和《贵州日报》此时已毫无起色,头条新闻都是中央社发的电讯稿,讳败为胜,天天吹嘘国军胜利进军。国内新闻主要是南京与上海的消息,除国际新闻外,有少量的本市新闻与商情。报纸分土纸与白纸两种,白纸的价格比土纸的高50%左右。《贵州商报》由贵阳《中央日报》印刷厂承印,1947年4月《贵州商报》由四开周报改为对开大报,印刷改由邹永福印刷厂承印。设立电台一座,自行收抄外埠电讯,扩大了新闻来源。第一版为广告;第二版为国内新闻,因为当时新闻检查极严,只能以中央社电讯为主;第三版是贵阳商情及本省新闻,以本报驻沪宁及重庆等地记者的电讯和通讯为主;第四版上半版为副刊,下半版为广告,有时整版为广告。该报国际新闻不多,但经济新闻较多,有时第二版有沪、黔经济新闻及国际贸易的文章,如《沪市物价惨跌》《国内资金逃港,数逾二亿港元》等,从侧面反映了当时国民党统治区的真实情况。后因物价暴涨,一日数易,于1948年仲夏无法支撑而停刊。不久得到"贵州商报董事会"的支持和商界人士的捐助得以复刊。贵阳解放前夕,各报相继停刊,《贵州商报》缩小版面为4开小报,坚持出版,向市民报道最新消息。贵阳解放后,《贵州商报》负责人已不知去向,报纸停办。1950年6月,军管会新闻出版接管处正式通知商报工作人员:由于商报属于民营报刊,按规定,不予接管,并不再出版发行,关于报社人员与生产设备可自行处理。《力报》于1945年2月迁贵阳出版,抗战胜利后《力报》又一分为二,原社长雷锡龄不愿留在贵阳,回湖南去办《力报》,新社长李思齐则继续办贵阳《力报》,聘省参议会议长平刚为发行人。平刚当时曾指示"不做官报尾巴和应声虫,要有正义感,要敢于说话,要独树一帜"。1947年3月《力报》因政治方向不明确,陷入内部派系斗争,发行量越来越小,不得不改为四开两版。同年7月《力报》改组,聘请中共地下党员、苗族知识分子顾希均为总编辑,李思齐也决心与国民党决裂,投向共产党。在《告读者书》中公开提出:"《力报》作为追求真理的园地,望读者来共同发掘真理……为了追求真理,就要揭露丑恶的现实,让黑暗与丑恶在我们面前发抖吧!"连续发表《米价涨,人心危》《快救人民于水火中》等社论,抨击国民党政府发动内战、祸害百姓的事实。8月21日还发表国共两军战况的专题报道《战场七月如流火》,揭露国民党在战场上的彻底失败。《力报》公开提出:"半面向左转,向前一步走"的口号,以"抨击时政,增强不满;宣传解放区军民奋战和反攻的胜利消息"为办报方针。《力报》与国民党的《中央日报》不同,始终不用"匪党""匪军",而用"共党""共军",表明自己民间报纸的客观立场。改组后的《力报》发行量由1 000余份增至3 000余份,最高达到5 000余份,成为当时贵阳民办报纸发行量最高的一家。《战场七月如流火》一文发表后,激怒了国民党当局,省党部对李思齐提出警告,李并未屈服。9月6日发表《从京沪各报看最近战局情形》附题为《战争南移到中原,形势严重》的社论。9月9日《力报》主要人员李思齐、顾希均、张凤鸣等遭逮捕,李、顾、张于贵阳解放前夕被杀害,解放后被追认为烈士。

据国民党内政部1947年9月30日的统计,贵州省共有日报8种(贵阳7种,遵义1种);三日刊5种(贵阳4种,惠水1种);周刊2种(贵阳1种,修文1种);旬刊4种(贵阳1种,三都1种,织金1种,江口1种);半月刊3种(惠水、黄平、鳛水各1种)。在贵阳、遵义以外出版的报纸全都是各地县党部或三青团所办。贵州的通讯社,除陈虎生在贵阳所办的贵州通讯社外,还有安顺县党部所办的潮声通讯社。此外贵州还出版杂志32种,其中贵阳出版的26种,安顺2种,黎平2种,镇宁、水城各1种。从这一统计数字中可以看出,虽然报纸与杂志的出版地仍集中在贵阳,但在解放战争时期贵州的新闻出版业已有向边缘地区扩展的趋势。

国民党统治后期,贵阳物价飞涨,报纸的零售价和每月订费则时时变动。据刘庆田《解放前夕报价日日变》一文介绍:"《明道报》1948年5月的订费为每月法币15万元,7月6日即涨为45万元,8月2日增加到90万元。后来,当局实行'币制改革',用'金元券'代替法币,300万元法币折1元金元券。当年9月22日,每月订费为1.5元,11月1日为3元,11月11日为9元。1949年1月22日为60元,2月5日为150元,2月12日为300元,算下来,报纸每月订费半年涨了6 000倍。"从中不难看出由于战争失利,国民党统治区的经济已面临崩溃的局面,也足以想见当时报业的艰难。

在这兵荒马乱之际,贵阳居然也还有新办的报纸出现。1948 年 6 月,贵阳宪兵特高科的机关报《青年新闻晚报》问世,在省内各专署或较大的县城都设有该报的办事处,其人员之多超过一般大报的编制。特高科办这一报纸的目的,是否有侦缉功能大于政治宣传功能的含意在内,值得进一步研究。另有一张小报《晶报》也在 1948 年 7 月问世,该报原为四开周报,1949 年 5 月改出节约版,变为 8 开版面,时出时停,景况凄凉。

国民党中央广播管理处于 1939 年拨款于小团坡修建新贵阳广播电台,以供战时宣传之用。中波发射功率从未超过 500 瓦,无线铁塔高度仅 40 米,加上地网铺设质量不高,根本不能承担省内和省外的节目发射任务。对省内的覆盖也只限于夜间,白天播音仅能覆盖贵阳市城区和近郊。据 1945 年上半年统计,全省仅有收音机 305 架,一半以上在贵阳市,因此贵阳台的中波传播功能非常有限。

贵阳台的短波发射机功能较大,其短波传送可达数千公里以外。抗战期间,该台短波覆盖范围除全国大部分城市外,可达美国东部、新西兰、印度及南洋。国民党对贵阳台的国际宣传非常重视,从 1944 年底中央广播管理处财务统计表中可以看出,贵阳台的财产总值仅次于中央台、国际台、昆明台,在中央广播管理处所辖的 8 个电台中,排名第 4。抗战结束后,贵阳台失去了对外宣传的作用,到 1945 年底,短波机停播。此后直到解放,贵阳台一直只维持 500 瓦的中波机播出。

贵阳台播出节目分为宣传、教育、娱乐三大类。抗战时期设有《抗战纵谈》《演讲》等宣传抗日的节目;抗战胜利以后,基于反共宣传的需要,增辟《时事漫谈》《戡乱讲话》等节目,直至国民党政府的贵州政权垮台。娱乐节目在抗战胜利之后有明显增加,天天有戏曲节目、曲艺节目和音乐节目播出。贵阳市拥有电子管收音机的人家不多,但抗战胜利后,矿石收音机非常普及,居民住宅的屋顶上随处可见矿石收音机的天线,扩大了贵阳台广播的有效覆盖面。

国民党统治时期主要的通讯社是中央通讯社贵阳分社和 1945 年贵阳市临时参议会议长陈虎生创办的贵州通讯社。中央社贵阳分社每天抄发油印电讯稿 15—20 张,1946 年后增设印刷厂,铅印出版。除收抄总社及国内外各通讯社电讯外,还通过分社记者收编一些内部新闻,不定期地用"参考电"发给总社,转送国民党中央。贵阳分社政治立场十分明确,始终站在国民党的立场上,发布过许多歪曲事实的不真实报道。

贵州通讯社是陈虎生吹捧贵阳市市长何辑五,为自己捞取政治资本的舆论宣传工具。由于办报在人力、物力上都有困难,便选择较为省事的办通讯社这种手段。他利用参议会的条件和参议会的关系,聘请全省及各县参议会中的有关人员为特约记者和通讯员,只要有少量的记者、编辑在市参议会中以贵州通讯社的名义办公就行了。当然贵州通讯社新闻稿的质量也是不可能高的。

## 四、新中国成立后贵州的新闻事业

1949年7月,刘伯承、邓小平统率的第二野战军主力共50万人,取道湘西、鄂西进入黔北地区。10月21日至27日,新建立的中共贵州省委在湖南邵阳举行会议,确定入黔工作方针,并决定筹办《新黔日报》作为贵州省委机关报。11月上旬,人民解放军突破"黔东防线",直插贵州首府贵阳。

贵阳电台的设备原拟向重庆方向转移,因电台职工的故意拖延,眼看无法运走,台长黄天如于11月10日向贵阳保安司令部发出密信,企图炸毁设备。信被护台人员截获,阴谋未能得逞。11月11日,贵阳国民党政府官员已走光,而解放军尚未入城,政权处于真空状态。护台人员与地下报《解放快报》取得联系,为迎接解放作好准备。15日上午10时,电台播送《义勇军进行曲》《中国人民解放军布告》和《解放快报》上的胜利消息,直至军代表前来接管。

由于报社的职工积极护厂,中国人民解放军贵阳军事管制委员会接管《贵州日报》、贵阳版《中央日报》时,机器设备基本完好。因为准备办报的人员还在路上,临时在《贵州日报》社出版八开两版的《电讯》,刊登新华社报道解放军胜利的消息,以安定人心,并进一步宣传共产党的政策。

经过两天的紧张筹备,1949年11月17日贵阳人民广播电台开始对外播音。同月28日,中共贵州省委机关报《新黔日报》创刊。同年12月15

日,遵义创刊了双日刊《新遵义报》。1950年元旦,贵州人民广播电台宣告正式成立。从1950年开始,贵州地、县各级逐步建立收音站和有线广播网络。到了1956年,全省已有《新黔日报》、《新遵义报》(二日刊)、《毕节大众》(三日刊)、《贵州农民》、《贵州民兵》、《贵州青年》、《贵州体育报》等多种报纸,全省地方报纸总发行量达2 525万份。足见解放以后,贵州的新闻事业面向广大民众,取得了空前的发展。

1957年1月1日《新黔日报》改名为《贵州日报》。1958年8月1日,中共贵阳市委创刊了市委机关报《贵阳日报》。"大跃进"期间,贵州的新闻事业发展得过快过热,全省各地、州(市)和绝大多数县都办起了报纸,据1959年6月的调查统计,全省公开发行的地方报纸有64种之多,总发行量达7 160万份,大大超越了经济发展的实际水平。有线广播在"大跃进"期间也有了空前的发展,据1960年年底的统计,全省不仅每个县都建立了有线广播站,还建立了301个公社广播站,大队放大站600多个,安装扩音喇叭8万多只。

中央提出"调整、巩固、充实、提高"八字方针后,除《贵州日报》外,《贵阳日报》等地、州(市)报和县报以及《贵州农民》等专业报均先后停刊。随着国民经济形势逐步好转,《贵州农民》和《贵州科技小报》等陆续复刊,到了"文化大革命"期间又再度停刊。有线广播站也经过1961年的调整,保留了64个县广播站,在国民经济恢复后又有了新的发展。到1965年底,县广播站增加到80个,喇叭发展到7万只。"文化大革命"期间,农村有线广播又有了迅速的发展。为了深入宣传,1972年由省财政拨款250万元建设农村广播网,到年底,入户喇叭陡增至185万只,入户比例为农户总数的46%。但由于发展过快,点线过多过长,人力、物力、财力不足,难以很好维护管理,几年之后,大量区、乡的广播站垮掉。至1985年,入户喇叭仅占全省农户总数的1.9%。无线广播也有一定的发展,1964年由省投资建成150千瓦的中波发射台,从而使全省各县均可通过中短波收听到贵州人民广播电台的节目。

在"文化大革命"的十年动乱期间,贵州新闻事业也和全国一样,由于林彪、江青反革命集团把握舆论大权,遭到了严重的破坏。幸存下来的少数报纸也言不由衷地宣传了大量极左的东西,严重损害了党报在人民群众中的威信。1976年10月一举粉碎"四人帮"之后,特别是中共十一届三中全会以后,经过拨乱反正,贵州新闻事业进入了一个新的发展时期。1980年以后,《贵阳晚报》《黔西南报》《六盘水报》《铜仁报》相继创刊;1984年以后,《黔东南风》《黔南报》《遵义报》《毕节报》又先后复刊。到1986年元旦,贵州9个地、州(市)都有了自己的地方报。花溪、思南、兴义、水城等县(区)也陆续复刊或创刊了一些报纸;遵义、安顺等城市分别于1987年与1988年创办了《遵义晚报》和《安顺晚报》。随着贵州地区经济建设的发展,一大批专业报和企业报也陆续问世。据贵州省新闻出版局报刊处1994年的统计,全省有公开发行的正式报纸37家,非正式出版的内部发行报纸158家;37家正式报纸的总发行量为18 099.29万份。其中,《贵州日报》日销14万份,《贵阳晚报》日销7万份,贵州《广播电视报》期发行量为23万份,《文摘》《少年时代报》期发均为12万份,其他各报的发行量均在5万份以下。虽然与全国其他各省市相比贵州地区的报纸发行量并不算高,但与贵州历史上任何时代比较,改革开放以来的贵州报业取得了空前的发展,达到了前所未有的新高峰。

2000年,贵州省根据中共中央、国务院《关于加强新闻出版广播电视管理的通知》精神和新闻出版署有关报业治理工作的要求进行全面整顿,经过整顿,全省正式发行的报纸为34家,新闻性期刊7家。

贵州的电视业发展较迟,1959年中共贵州省委批准贵州人民广播电台筹建贵阳电视台。经过一年多的努力,科研室的电视波发射取得成功。根据1962年党中央提出的调整精神,该台的筹建工作暂停。1966年5月重新提出筹建电视台,1968年7月1日建成开播,称为贵阳电视实验台,1975年定名为贵州电视台。至1977年才实现天天有播出节目。中央微波干线开通贵州后,贵阳、遵义、都匀、安顺、六枝、水城等地建立了收转台,可以看到中央电视台的节目。但是,贵州岭高山多,能收看到中央和贵州电视节目的地区仍然不多。为了使全省人民都能看到电视节目,从1982年至1990年,贵州全境先后建立了21个电视转播台和821座差转台,使全省电视人口覆盖率达到60%。1994年底,全省电视台发展到了8座,其中省级台1

座,地级台 5 座,县级台 2 座,电视发射台、转播台 1 614 座,卫星地面站有 2 548 座,电视覆盖率达 68.42%。

贵州省的无线广播现已形成中波、短波、调频相结合的覆盖网。到 1994 年底,全省广播电台发展到 8 座,其中省级台 1 座,地级台 2 座,县级台 5 座。中波发射台、转播台 11 座,调频广播发射台、转播台 14 座。为了恢复和发展农村有线广播网,中共贵州省委和省人民政府于 1989 年 12 月确定了农村广播网分级管理原则,对广播器材设备实行分级负担的办法。到 1994 年底,全省有市、县级广播站 78 个,乡广播站 868 个,通广播的村达 4 858 个。

经过 2000 年对全省广播电台、电视台、有线广播电视台的治理整顿和重新核准登记,贵州省核准登记的广播电台、电视台、有线广播电视台有 30 家。全省采编、节目主持人共 2 523 人,广告收入 31 721.15 万元。广播覆盖率为 76.24%,电视覆盖率为 85.34%,比前几年有明显增长。

贵州的正式新闻教育始于贵阳金筑大学于 1984 年开办的新闻班,首批培养出了具有大专学历的毕业生 95 名。1985 年起,贵州广播电视大学开设新闻专业。1987 年 9 月,贵州大学中文系开设新闻专业。到 1994 年,贵州省高等学校培养的本科生和大专生 500 余人,已毕业的近 500 人。广播电视学校也为本省培养了中专生 450 人,已有近 350 人毕业后成为初、中级采编人员。

(本章撰稿人:姚福申)

# 第五章

# 西藏新闻事业发展概要

西藏自治区位于我国西南边陲,东与四川、云南毗邻,南与印度、尼泊尔、不丹、缅甸等接壤,西邻克什米尔地区,北界青海、新疆维吾尔自治区,全区面积120多万平方公里,为喜马拉雅山脉、昆仑山脉和唐古拉山脉所环抱,平均海拔4 000米以上。全区共有212万人口,其中藏族占95%以上,还有汉族、回族、门巴族、珞巴族和纳西族等民族。自治区首府拉萨市。据记载,西藏高原早在两万年前就有人类居住。公元前2世纪中叶,西藏历史上出现了第一个赞普[①]——聂赤赞普。公元7世纪初叶,伟大的民族英雄松赞干布完成了统一西藏的大业,建立了吐蕃王朝,并与内地在政治、经济、文化等方面频繁往来。文成公主进藏与松赞干布联姻,更促进了藏、汉民族之间友好合作关系的发展。在元朝,西藏正式成为中国的一个行政区域,"政教合一"的统治自此开始。明代以后,西藏历代法王继位时,均由北京中央政府正式加封。到了清代达赖喇嘛和班禅额尔德尼的封号正式确立,也是得到中央政府的加封。由于藏、汉人民的共同努力,西藏的政治、经济、文化得到了很大的发展。1951年,中华人民共和国中央人民政府和西藏地方政府签订了关于和平解放西藏办法的协议,西藏实现了和平解放。1956年成立了自治区筹备委员会。1965年,西藏自治区宣告成立,从此,西藏的历

---

[①] 赞普也作"赞府"。藏语音译,意为"雄强的男子"。

史翻开了崭新的一页。

## 一、近代报刊出现前

西藏新闻事业,较之其他省、市、自治区,起步是滞后的。不过,社会上的新闻传播活动在这里很早就已开始。关于这方面的情况,过去未见有人专门考察,近年来却受到有些学者关注,取得了不少研究成果。

据史书记载,大约从公元前 10 世纪起,青藏高原上曾住有蕃(雅隆)、苏毗(孙波)、羊同、党项、白兰、附国、突厥、吐谷浑等大部落,这些大部落又各控制着许多部族或氏族。生活在恶劣环境下的藏族先民们,在生产劳动和自然斗争中,在部落之间矛盾冲突和战争中,信息沟通与新闻传播活动成为迫切需要,于是信息传播在藏族地区活跃起来。当时没有文字,传播手段带有原始性。他们"刻木结绳为约",以通联系。打仗时,则举烽燧,发出寇至警告;吹长角,以示敌情危急;射金箭、鼓簧,以动员战士出征。有的还把歌唱作为通信息的手段。随着农牧业的分工,农、畜产品交换的进行,信息传播活动开始向贸易领域扩展。这不仅密切了青藏高原部落间的联系,而且还促使这里的藏族人民与祖国内地某些毗邻地区居民建立起新闻信息沟通关系。

7 世纪初,松赞干布结束了西藏延续上千年的列国小邦割据局面,建立了统一的吐蕃王朝(定都拉萨)。社会发展迅速,内外交流扩大,藏文字也已出现了。西藏的信息流通与新闻传播进入了一个新的阶段。这时,非文字手段仍然经常继续使用,并且有了重大进步。如在当时至为重要的军事活动方面,据《新唐书》卷二百一十六上称:"其举兵,以七寸金箭为契。百里一驿,有急兵,驿人臆前加银鹘,甚急,鹘益多。"这里我们看到,军方对于敌情的发布已能根据紧急情况的差异而在胸前使用不同的符号标志,这就比过去精细多了。而"百里一驿"的驿站设置,更使军情传递在一种稳定、有序的条件下运作,其效率之提高是很明显的。另外,据《旧唐书》卷一百六十九上记载:"临阵败北者,悬狐尾于其首",即以悬置狐尾于头部的方法,将战事失利的消息公之于众,这表明信息的内容更加丰富了。尤有重要意义的是文字(藏文)手段的应用,这方面的情况,现在所知不多。近经人研究,了解到吐蕃王朝的朝政大事,不时被用文字记述刻在石碑上,"令上下臣民一体周知"。文字成了发布新闻的一种手段,这是重大的历史性突破。这一文字手段又扩大到书信传递方面,推进了驿站建设。因为能用文字写信了,通信驿站设置了专职送书面信件的驿人(另有捎口信的驿人),其中送政府公文急件的,"以羽毛为标志,铃声叮当,换马不换人,一直送达收信者"[①]。这就大大密切和改进了王朝政府与小邦之间、小邦与小邦之间以至吐蕃王朝和外地的信息联系。藏区的新闻传播出现了飞跃的发展。

公元869年,奴隶起义,吐蕃王朝灭亡,从此藏区处于政治分裂、战乱频仍、群雄割据状态,历时400余年。这期间,藏区的经济、文化仍在继续发展,藏文有了革新并广泛使用,造纸业开始发展,这就使得信息流通与新闻传播又获得很大的进步。其最为重要的表现,就是文字手段跃居统治地位并和纸的应用相结合,摆脱了那种原始落后方式的束缚而走进广阔的天地。这时书面的诏谕、疏表、公告、布告等已成为君臣上下间信息沟通的通常方式。军事方面和小邦之间出现了书面文告与某种新闻布告等。对此,我们所知极其有限,但其进步之大还是显而易见的。这里要认识一个问题,即从一般的信息与新闻传播,发展到报纸、期刊(即使像古老的"邸报")的出现,是要经历非常艰难的过程的。有学者估量,这期间类似唐朝"邸报"的那种传播媒体在藏区可能已经出现,对这一看法我们持怀疑态度。起源于唐代的"邸报",从根本说来,是治域辽阔的中央皇朝政府为联系地区官吏的政治需要而兴办的。吐蕃王朝崩溃后,藏区分裂为许多互不隶属的地方实力集团,兴办某类"邸报"的可能性实不存在。至于那些分散、独立的小邦,是否会办自己的"邸报",从所接触到的一些材料看,也难能实现。因为既非当时迫切需要,政治、人文诸条件也不适应[②]。元代西藏纳入了祖国版图,形成大一统的局面,藏族成为多民族祖国大家庭中重要的一员。信息与新闻传播方面的一大发展,就是藏区与内地的联系密切起来了。元世祖即位后即

---

① 益西加措:《元朝以前藏族的新闻与新闻传播》,1998年《西藏研究》。
② 关于当时西藏地区是否出现过类似唐朝"邸报"问题,最终还要在史实的调查研究中寻求答案。文章中所作推断,虽经反复思考,仍属待证之论,仅供参考。

派员入藏设驿站,其主要意旨在"通达边情,布宣号令"(《续文献通考》卷一百三十三《兵考·马政》)。藏区共设有大站28处,加上小站有40余处。元朝在全国共设大小驿站1 383处。在藏区至京师的驿道上,人员来往频繁,其中"持有诏书、驿卷及官司文牒乘驿往来于驿道上很多"①。这种信息传递新路线的开辟,意义重大。驿站还将内地的印刷术和纸、墨等用具带入藏区,创建了刻书坊,这无疑是对西藏传播事业的有力推进。不过当时兴旺起来的主要为书本业,刊刻经书之风顿开,经久不衰。但对新闻传播媒体的革新并无多大突破。整个元代和以后一个很长时期,还未见类似内地邸报的兴办,这也可能因调查研究工作未深入而漏见②。

在19世纪,外国侵略者用炮火把近代报刊移植到中国沿海各省市时,西藏地区也是很不平静的,西方殖民主义者以各种名义不断闯入藏区。他们虽然未能在这里兴办报刊,却在20世纪初,用战争带来一阵不同寻常的新闻活动。1903年,英国乘清廷刚败于八国联军之机发动了入侵西藏的战争。令新闻界瞩目的是,随军来了三名英国著名大报的记者,他们是《泰晤士报》(The Times)的兰登(P. Landan)、沃德尔(L. A. Wadell)和《每日邮报》(Daily Mail)的埃德蒙·坎德勒。他们十分活跃,报道了这次战争从备战活动、古鲁大屠杀、攻占江孜、侵入拉萨和在布达拉宫签约的全部过程。不但写了大量文字稿件,还拍摄了很多新闻照片③。就目前所知,在西藏地区,像他们那样以记者身份从事现场采访,进行新闻报道,这还是第一次。我们还看到,入藏英侵略军为沟通信息,在江孜架设了通往亚东、噶伦堡的电报线,并将由印度引来的电线架到拉萨④。这一将西藏和世界联系起来的通信线路也是首次出现。英侵略军就是通过这一线路和伦敦政府往返交流侵藏信息的。

---

① 傅崇兰主编:《拉萨史》,中国社会科学出版社1994年版,第117页。
② 元以前信息与新闻传播部分,主要参照益西加措《元朝以前藏族的新闻与新闻传播》一文,元代部分主要参照傅崇兰主编的《拉萨史》。
③ 文中所述三名记者回英国后,都于1905年在伦敦分别将他们在西藏的经过著书出版,计有兰登的《拉萨》,沃德尔的《拉萨及其秘密》,沃德勒的《拉萨真面貌》。另有大量新闻报道发表于英国报纸。
④ 傅崇兰主编:《拉萨史》,中国社会科学出版社1994年版,第190页。

## 二、从首份近代报刊创办到西藏和平解放

在西藏,首份近代报刊是 1907 年 5 月前后在拉萨创刊的《西藏白话报》,是 20 世纪初叶清廷实行新政,官报盛行全国这一大背景下的产物。创办人是清廷的驻藏人员联豫和张荫棠。

联豫,满洲正黄旗人(一说正白旗人),初任四川雅州府(今雅安)知府,曾随薛福成出使欧洲。1905 年由清政府派往西藏,次年被授驻藏大臣[①]。张荫棠,广东南海人,1896 年随伍廷芳赴美,任三等参赞,嗣任驻旧金山总领事,驻西班牙代办,1905 年赴印度,与英国谈判修改《拉萨条约》事宜。1906 年 4 月 29 日以钦差查办大臣头衔进藏"查办藏事"。

他们两人都曾出使欧美,通达时务,具有较强的爱国主义思想,支持甲午战争后兴起的维新变法、实行新政的潮流。他们入藏后,励精图治,大胆整顿,在政权、军事、经济等体制和文化教育事业等方面,提出了一系列的改革方案和措施。在这里,引人注目的是,他们把办报作为推动改革的一项重要举措,加以特别强调。联豫深刻地看到,西藏"与其开导以唇舌,实难家喻而户晓,不如启发以俗话,自可默化于无形"[②]。所谓"不如启发以俗话",意即开设白话报馆。张荫棠也有类似思想,他在变法图强,推行改革的一整套设计中,同样把"设立报馆,发行报纸"作为重要手段。在这两位封疆大吏的积极倡导下,《西藏白话报》应运而出。它是西藏第一家近代报刊,也是我国最早的藏文报纸。

从全国省、自治区创办报刊的时间排名看,近代报刊在西藏的出版是很晚的,但仍早于新疆三年,早吉林省几个月,在排名榜上处倒数第三名。

《西藏白话报》宣称以"爱国尚武,开通民智"为宗旨,是旬刊,每期发行约三四百份,以汉藏两种文字印刷。主要分送藏区头面人物,也有读者"自来购阅"。该报第一期是张荫棠由内地带去的一部石印机印刷出版的。为

---

[①] 驻藏大臣,全称"钦差驻藏办事大臣"或"钦命总理西藏事务大臣",为清廷派驻西藏地方的最高行政官员,雍正五年(1727 年)开始设置。
[②] 吴丰培主编:《联豫驻藏奏稿·开设白话报及汉文藏文传习所片》,西藏人民出版社 1979 年版。

了长期出版这张报纸,联豫等人派专人到嘎里嘎达(今加尔各达)购买机器,以便把它办得更好。

从现存于西藏自治区文管会里的一本宣统二年(1910年)8月印刷的《西藏白话报》可以知道,这份报纸用进口白色优质机制纸装订而成,长方形,长34.5厘米,宽21.5厘米,共7页。首页为封面,正中划一长方形框,框内用红蓝两色套印。上部自左至右印有蓝色的汉藏两种文字的"西藏白话报"几个字。下部正中印有红色团龙一条,四角饰云纹,方框右边为墨书汉文"宣统二年八月下旬第二十期"字样。最后一页是汉藏两种文字的说明,蓝色,字迹已有些模糊,尚依稀可辨。文字说明是,"本报系每十日出版一本,每本收藏圆一枚,每月三本,每年三十本,全年投资合藏圆三十圆,本□日零买之价也。若定阅一年及半年者,每本减二分……"①

中间五页为正文,似用钢版刻写,黑墨油印,全部为藏文行书,其内容有西藏新闻、内地新闻、国外新闻以及科技报道等15篇。主要内容如下。

(1) 开办警察学校。由于江孜已辟为商埠,故而钦差大臣命令,拟从驻藏每一陆军中挑选两名识字的军人到警察学校学习一个月,然后充当江孜的警察。该校定于8月20日开学。

(2) 黑龙江、江西两省的局部地区发生火灾和虫灾,清政府拨出2万两白银赈济灾民。

(3) 据四川总督赵尔丰报告:四川某县有一位热心教育事业的陈老师,于去冬逝世。生前他个人出资1 000多两银子,创办了女子师范学堂和两所小学。为表彰其办学功绩,赵请求政府在其家乡建立牌坊。

(4) 广东当局贴告示:北京将开办一所公安学校,中学生即可报名。

此外,还介绍了开垦荒地,开辟商埠和中国手工业品参加南洋博览会以及怎样饲养牲畜,如何发展农业生产等消息和科学知识。②

从本期《西藏白话报》看,该报新闻报道的地域视野是开阔的,对适合本地区的实用科技知识很是重视。新闻报道中对教育新闻,尤其是警察、公安

---

① 傅崇兰主编:《拉萨史》,中国社会科学出版社1994年版,第194页。
② 有关宣统二年八月印刷的《西藏白话报》材料,见1985年10月日的《西藏日报》。

## 第五章 西藏新闻事业发展概要

学校新闻特别关注。稿中关于江孜辟为商埠后,该埠警察要从陆军中挑选识字军人,到警察学习一个月后才能充当的报道,给人启发。可惜的是,目前所能看到的该报仅此一份,对其实际表现,难以充分认识,但从这些很有限的材料中,也能感觉到该报为体现"变法图强,开发民智"思想所作的某些努力。

在《西藏白话报》出版期间,清廷的官报正进入它发展的高潮期。1907年,清廷创设《政治官报》,向全国发行。1911年夏,该报改名《内阁官报》,成为清政府公布法令之机关,并规定一切新法令,以该报到达之日起生效。清廷并由此在全国建立起限期到达的官报发行网。驻藏办事大臣的驻地(拉萨)正式成为发行网点。这样,北京和拉萨从体制上建立起官方信息沟通关系,这是很有意义的。官报送达的限期很长,规定与165日。在这期间,清政府建立了自北京经成都、巴塘至拉萨的邮路。在拉萨设了邮政管理局,在昌都、索班多、江达、亚东、帕克里、江孜和日喀则设立了二等邮局。从北京到拉萨的邮程为50至55天①。

自1907年至1911年,是20世纪50年代前西藏新闻与传播业的旺盛时期。辛亥革命后,西藏地方政府在英帝国主义唆使下,乘机驱逐清政府驻藏大臣和其他官员,阻止民国政府派官员入藏,并一度挑起内战。《西藏白话报》停刊了,官报对西藏的传送被迫中断。西藏邮局也告关闭,只留下昌都邮局改归四川邮界管辖。一时间,在前一时期所发展起来的新闻与传播业绩荡然无存,并在一个相当长时期内藏区没有报刊出版。

新成立的中华民国对包括藏族在内的各少数民族采取团结统一政策。孙中山就任临时大总统时宣布"合汉、满、蒙、回、藏诸族为一体,是曰民族之统一","合汉、满、蒙、回、藏诸地为一国,是谓领土之统一"。1912年5月民国政府内各部设置蒙藏事务处(同年7月改称蒙藏事务局),管理蒙藏事务。1913年1月,在其策划下在北京创办了《藏文白话报》(同时创办的还有《蒙文白话报》)。该报是民国政府为联络西藏人士(主要为上层人士)而办,月

---

① 据邮电史编辑室编:《中国近代邮电史》,人民邮电出版社1984年版。文稿中所说"从北京到拉萨的邮程为50至55天",而清政府规定《内阁官报》自北京送达拉萨的期限为165日,同在1911年,二者所需时日之差异为何如此之大,一时难明,有待查考。

刊,汉、藏文合刊,至1914年共出16期。何时停刊以及其他情况均不悉。

1912年5月,民国政府的内阁印铸局仿照清廷《内阁官报》条例、章程,编发《政府公报》,并在全国重建政府报刊发行网络。西藏也同样被列为发行网点,规定送达该地之日期为120天,较之《内阁官报》减少45天。可是,由于当时藏区的特殊情况,这一网点可能形同虚设。

辛亥革命爆发前后,在四川也出现了为关心西藏政局而出版的若干种报刊。早在武昌首义前,在英帝国主义挑唆下,西藏局势出现动荡,信息滞塞,情况难明。四川爱国知识分子谢无量等,特于1911年9月在成都发刊《川藏报》。该报宣称,由于"交通不便,文报迟阻,藏卫情事川人因不具知,遂亦漠然废置"①,因办此报。

辛亥革命爆发后,西藏地方政府一些亲英分子发动武装叛乱。四川总督尹昌衡被任为征藏军总司令,率军平叛。在其出发前一个月,即1912年6月,在成都创办了《西方报》(日刊)。该报并非专为藏事而发,但把西藏问题置于所关注的西部问题的首位,特别在其西征期间,它对西藏局势的报道自然成为紧要的任务了。

1913年初,共和党人在靠近西藏的川边重镇打箭炉(康定)创办《川边通信社》(杂志),旨在"疏通锢蔽","俾海内人民知藏中事迹,则蚕食鲸吞之辈,或可稍戢其雄心"。内容分川边军事之详情,川边善后之办法,川边实业之整兴,川边财政之清理,川边行政之规划等项②。它的出版地点最靠近藏区,其所发表的藏事消息更令人注意,当时它也是最有可能进入藏区的内地报刊。

此后,在整个北洋政府统治期间,藏区和内地在新闻传播活动方面均陷沉寂状态。值得一提的是,1925年拉萨成立了邮政局,办理西藏境内邮政。同年还成立了拉萨电报局,架设了拉萨至江孜的电线③,这对改进西藏信息的沟通是很有意义的。

国民政府在南京成立后,情况有了新的发展。九世班禅(辛亥革命爆发

---

① 王绿萍、程祺编:《四川报刊集览》(上册),成都科技大学出版社1993年版。
② 关于《西方报》和《川边通信社》的材料,均据王绿萍,程祺编:《四川报刊集览》(上集)。
③ 傅崇兰主编:《拉萨史》,中国社会科学出版社1994年版,第200页。

后,被西藏上层亲英分子赶出藏区)率先于1928年在南京和成都建立办事处。1928年12月,其驻川办事处在成都创办了《藏民泪声》月刊,该刊的任务"系宣传英帝国主义者对西藏同胞之种种恶迹。并促成政府早日出兵西征,救藏民于水火,完成国民革命"[①]。这份反帝爱国的刊物虽然不在藏区出版,但由西藏政教领袖出面主办,这还是首例,是西藏报刊发展史上值得一书的新现象。

1929年9月,担任川康边防总指挥的刘文辉以总指挥部的名义,在西昌编辑出版《边政》月刊。刘在《发刊词》中宣称,兴办该刊旨在"以为国民留心康藏之先导"。内容有康藏民族、风俗、教育、交通、宗教和历史等方面,很是丰富。1932年停刊,1943年9月复刊(主办机构变更)。该刊是当时提供西藏情事信息的重要传播媒介。

在九世班禅在京、川设立办事处后,十三世达赖连续派员与中央政府联系,声明"不亲英人,不背中央"。1930年,西藏地方派出代表,设立西藏驻京办事处。具有反帝爱国思想的上层喇嘛热力活佛,因十三世达赖逝世后(1933年底)代摄西藏政务,积极改善与中央政府的关系,彼此联系日益密切。正是在这样的气氛下,促使西藏新闻事业出现了一大突破。约在1934年间,民国政府交通部在拉萨建立起无线电台,使西藏开始跃入现代化新闻传播世界。

可是,自西藏第一份报纸《西藏白话报》停刊后20余年,这里未见有新的报刊创办。抗日战争爆发后,这一状况得到改变。约在1938年前后,西藏一位被称为泰清巴菩("巴菩"即老爷的意思)的上层人士主办了一份不定期刊《西藏新闻》。他的办报主旨是"努力使喇嘛境域与世界情事接触","使红袍的喇嘛们通晓世界动态"[②]。该报重视言论,有社论栏,每期泰清还要写一篇领衔文字,表述自己的观点。泰清是信奉基督教的,但尊重喇嘛境内藏人的历史传统和俗习。新闻报道面也很广阔,除藏区与国内外,对风云多变的国际消息也颇多关注,经常印载一些头面人物的画像。消息来源,一是

---

① 王绿萍编著:《四川报刊五十年集成》,四川大学出版社2011年版,第191页。
② 胡道静:《西藏新闻》,《报坛逸话》,世界书局1940年版。

取自无线电台的广播,一是摘自各地的报纸,至于藏区新闻如何获得,尚无材料说明。为了迎合喇嘛们的喜爱,每期编进一些谜语,还开展猜谜竞赛,报上还有不少经文内容。其发行很广,藏区一些很偏远的喇嘛寺庙都有它的读者,在四川的打箭炉(康定)也有它的订户,订费是每年5个卢比。拉萨虽然在1925年设了邮政局办理藏区内邮政,但管理不善,条件很差,交通困难。这份报纸如何发行到各地仍尚不可知。办报人属藏族高层人士,但该报却为私办性质,这是藏区出版的迄今所见的唯一私营报刊[①]。

有材料称,在印度的噶伦堡,被英国豢养的塔肯帕布创办了一份小型藏文报纸《镜报》(石印),以西藏地区为主要发行对象,在拉萨市内流传,何时创刊、停刊均不详,是英帝国主义侵藏的舆论工具。

在和平解放以前的漫长岁月里,西藏的新闻与传播事业发展道路曲折,步履维艰,但还是在一步步前进的。可是其滞缓落后程度却是异常严重,在这整个历史时期,一共只出过《西藏白话报》和《西藏新闻》两种报刊,长期处于无报的境况。

原因错综复杂,是多方面的。诸如,地处平均海拔4 000米之上,交通险阻,解放前藏区无一条公路,和外界也无公路可通;地广人稀,人口密度平均每平方公里只有0.76人[②],是全国各省区中人口密度最低的,居地至为分散;经济方面,以农牧业为基础,手工业处于附属地位,生产水平非常低下,商业不振;教育方面,只有寺院教育、官办教育和私塾教育,且都为贵族奴隶主服务,文盲率95%以上;等等。种种问题都是阻碍西藏新闻事业发展的重要因素,但是,最为关键的一条,则是政教合一的封建农奴制的制约。

## 三、西藏报业在解放后平稳起步

1951年依据中央人民政府与西藏地方政府签订的《关于和平解放西藏

---

[①] 关于《西藏新闻》的材料均依据胡道静《西藏新闻》一稿,因无其他文稿参照,原报也未见,难作进一步评述。
[②] 参见杨华军、陈昌文:《西藏人口统计的历史和分析》(百度文库),解放前夕,西藏人口(含昌都地区)估计为130万人。

# 第五章 西藏新闻事业发展概要

办法的协议》,西藏宣告解放。这年秋天,解放军到达拉萨不久即办起油印小报《新华电讯》。根据曾在这个报社工作过的惠婉玉回忆,"进藏部队由西南、西北两路到达拉萨之后不久,西南进军途中办的《新华电讯》和西北进军途中办的《草原新闻》两股力量便合在一起,在工委宣传部的领导下组成报社单位。当时报社共有20多人,起初由霍春禄负责,他调走后,由张成治负责。因为在合并之前张成治、倪潜、常克诚等同志就已办起了《新华电讯》,主要刊登新华社的电讯稿,帮助进藏人民及时了解国内外形势"。名为《新华电讯》的油印小报是自《西藏白话报》和《西藏新闻》之后在西藏地区出版的一张报纸。

1952年11月1日在《新华电讯》的基础上创办了汉藏两种文版的《新闻简讯》,始为油印月刊,半月刊,后改为石印五日刊,三日刊。自1955年改为四开铅印日报,发行数百份。该报主要宣传对象是上层人士和寺庙喇嘛,并以宣传《关于和平解放西藏办法的协议》和团结反帝、爱国为其主要任务,同时向广大藏族同胞进行社会主义的启蒙教育。《新闻简讯》创办以来,历经抗美援朝、第一次全国人民代表大会的召开和第一部《中华人民共和国宪法》的公布,以及解放军进藏后,为西藏修筑康藏、青藏公路、拉萨河堤,一直到组成西藏自治区筹备小组等大事。该报在此期间不仅对这些重大的政治事件进行宣传报道,而且还对解放军及其他进藏人员为西藏人民做的许多为老百姓交口称赞的好事,如发放无息贷款,免费为藏胞治病防病等,进行广泛的宣传报道,对消除藏胞的恐惧心理,加强民族团结,巩固统一战线,贯彻宗教信仰自由等民族政策起到良好、积极的作用。

承担《新闻简讯》(藏文版)翻译、油印和发行工作的是成立于1952年初的西藏军区委员会,这个委员会是在中国共产党的热情关怀和指导下开展工作的,从这一意义上说,它是《西藏日报》藏文编辑部的前身。由平措旺阶任主任。西藏著名学者、诗人擦珠·阿旺洛桑活佛[①],祖上被清朝政府封为世袭辅国公的西藏文化界著名人士江金·索朗杰布,精通藏文的佛学博士

---

[①] 擦珠·阿旺洛桑是西藏著名学者,曾担任西藏军区编审委员会常务委员、《西藏日报》副总编。因坚持祖国统一的爱国立场,于1957年9月底被分裂分子击伤,于1957年12月1日因医治无效逝世。

格西·曲托为常务委员。随着编审委员会的逐步扩大,工作人员也逐渐增加,到与西藏日报社合并时已发展到近 50 人。

1954 年第一届人代会在北京隆重召开,达赖、班禅和藏族各阶层人民一道参加了这次盛会。会后,国务院召集西藏地方政府、班禅堪布委员会会议厅和昌都地区人民解放委员会三方代表,经过酝酿、协商,组成西藏自治区筹备小姐。筹备小组成立后,中共西藏工委认为《新闻简讯》已不适应形势发展,应办一张省(自治区)报。最初打算效法《青海藏文报》,以藏汉合璧形式出版。1955 年 10 月 25 日毛泽东指示中共西藏工委:"在少数民族地区办报,首先应办少数民族文字的报","西藏与青海不同,不要藏汉两文合版,要办藏文报。报纸用什么名字怎么办好,应同西藏地方商量,由他们决定,我们不要包办。"并指示报纸名字不一定用"西藏"二字。根据毛泽东的意见,曾酝酿十多个报名,如《西藏日报》《太阳报》《雪域报》《西藏镜报》等。年底的一天,达赖喇嘛·丹增嘉措在罗布尔卡剑色颇章①,最后决定把这张报纸命名为《西藏日报》。达赖说:"既然大部分省报和该省、市、自治区名称统一,我们也叫《西藏日报》吧!可以吗?"并且他为藏文版的《西藏日报》题写了报头,这个报头一直沿用到 1959 年平叛改革之后才换掉的,而汉文版的报头是从鲁迅手稿中拼凑起来的。1965 年,也就是该报创刊 9 周年时,才由毛泽东同志亲自题写报头,一直用到现在。

报名确定后,首先遇到的问题是,在藏文中没有"新闻"和"报纸"一词,藏文的《西藏日报》该如何写呢?英文的新闻(news)和报纸(newspaer)是有区别的,因而一部分人主张把《西藏日报》写成《西藏每日新闻》(*Tibetandily News*)但这种译法一部分人不太满意。后来,江金·索南杰布创造了一个新的"报纸"一词,他解释说,第一个字取其印刷之声"嚓"(tsags 原意为点儿),第二字是藏文中原有的,意为"印刷品",古写"tbar",采用现代写法"bar",从此藏文中诞生了"新闻"一词,并为群众所接受。

在《新华电讯》和《新闻简讯》的基础上,汉藏两种文版的《西藏日报》开始筹建。根据 1955 年 3 月 4 日《中央对西藏日报工作的指示》中确定:"关

---

① 颇章为藏语音译,意为宫殿,剑色颇章即金色的宫殿。

于对报社的领导,应按照中央关于改进报纸工作决议的规定,即由工委书记之一直接领导,并委托宣传部协助管理日常业务。同时,不采取社长制,而采取总编制,设总编辑和副总编辑,所需干部由中央宣传部负责配备……工委亦尽可能从当地选拔报社工作人员。"当时编委会也吸收若干上层人士参加,有西藏地方政府派来的五品贵族官员,有班禅堪布方面派来的青年僧官,有昌都方面的,也有西藏文化界著名人士以及回族学者、蒙古族学者,与中央政府派来的严蒙等人,组成一种统一战线性质的编辑委员会。原来《新闻简讯》藏文编辑部便成为新报社编辑部里的一个科室——翻译科。于是汉藏两种文版的《西藏日报》终于问世了。

《西藏日报》1956年4月22日创刊于拉萨,最初是中共西藏工委领导下的报纸,是西藏自治区筹委会的机关报,兼有统战性质,现在是西藏自治区党委的机关报。它的藏文版是西藏历史上第一张无产阶级性质的少数民族文字的党报,也是"世界上最大的藏文报"。它的创刊出版是西藏人民政治生活中的一件大事,说明我国少数民族文字报刊发展已进入一个新的历史时期。

《西藏日报》创刊词明确阐述了报纸的性质和任务:"在西藏自治区筹备委员会,达赖喇嘛、班禅额尔德尼和中共西藏工委的领导下,宣传中国共产党、中央人民政府和毛主席的民族平等团结政策,宗教信仰自由政策和民族区域自治政策,更进一步的加强祖国各民族之间的团结和西藏内部的团结;宣传马列主义和爱国主义思想,教育干部和各阶层人民,提高政治觉悟;阐明西藏自治区筹委会各项工作方针、政策和措施,指导西藏各项工作的进展和进行;反映西藏政治、经济、文化的发展情况;交流和传播各种工作经验和生产经验;介绍祖国社会主义建设的各项伟大成就和世界和平民主运动的发展情况;介绍西藏的历史、文化和艺术,介绍现代的科学知识和理论。"其方针是:"将按照联系实际,联系群众的方针,采用西藏人民喜闻乐见的民族形式,使它能够真正成为西藏各阶层广大人民的好朋友。"

从1956年4月直到1979年10月,整个西藏地方就只有一家汉藏两种文字版的报纸《西藏日报》,这在全国是绝无仅有的,从而也显示了它在西藏自治区新闻事业发展中所起的作用和重大贡献。

## 四、《西藏日报》经历的平叛洗礼

初创阶段的《西藏日报》虽属党报性质,但实际上报社的编审委员会具有统战性质。由于旧的社会制度依然存在,群众工作开展不起来,报社从采编到发行都遇到了许多难以想象的困难。这一阶段不仅条件艰苦,工作困难很多,而且政治斗争错综复杂,既有西藏社会上的阶级斗争,又有西藏地区的党内斗争。在这种情况下,报社克服重重困难,坚持出版,受到极大的锻炼。为了使读者正确认识共产党,了解党的民族政策和宗教政策,也为了提高报纸在群众中的威信,1957年9月《西藏日报》公开披露江孜头人本根却珠毒打兽医培训队学员旺杰平措事件,为其鸣不平。广大读者投书报社,批评农奴主及其代理人的罪行。对此事进行长达4个月之久的连续报道,使藏族同胞亲身体会到党对各族人民的关心和对基本人权的维护,也深深感受到舆论监督的巨大威力。

1959年3月10日,西藏上层反动集团以反对达赖去西藏军区看戏为借口在拉萨发动了旨在分裂祖国,维护农奴制度的叛乱,公开撕毁《十七条协议》,提出"西藏独立"的口号,杀害爱国人士,进攻自治区党政军机关,西藏日报社也受到严重威胁。人民解放军奉命全面反击,平息叛乱。3月28日,新华社发布了平息西藏叛乱的决定之后,报纸宣传内容与以往大不相同了。先是平叛战报,群众声讨和对当年"谁种谁收"政策的宣传,接着是对民主改革政策的宣传报道。在版面内容上,既突出了揭露了敌人罪行和平叛的意义,又继续坚持宣传爱国主义、民族团结,保护宗教和信仰自由政策方针,揭露帝国主义、扩张主义野心,以及叛乱分子打着民族、宗教的旗帜进行反革命活动的险恶用心。声讨与支前并重,发动百万被压迫的农奴自己起来砸烂封建枷锁,激发人民自觉革命的要求。为了满足藏族同胞需求和适应广大翻身农奴识字极少情况,由摄影记者陈宗烈一个人编发了几期藏汉文对照的《西藏日报画刊》(四开四版),全部刊登有关平叛和民主改革,以及介绍祖国新面貌的宣传民族团结、军民团结和保护宗教自由的图片,获得读者的好评。

## 第五章  西藏新闻事业发展概要

这个时期,西藏日报社的人手最少,困难最大,但是报纸办得很出色。在平叛斗争中,报社职工经受了激烈的战火考验。他们白天出版,坚持生产,夜间站岗放哨,荷枪实弹武装起来,排字房里有地道,排字架上有枪支。女同志组成战地救护组。编出的报纸不能发行,就通过广播向全市宣传党的政策,揭露敌人的罪行。

3月20日晚上和下午,报社机关民兵连还两次击退企图放火和炸毁编辑部主楼的叛乱分子,并肃清了主楼北边民房中的敌人,缴获几箱炸药。在如此紧张的情况下,还增加版面,由日出对开两版(1957年后报社人员锐减,在一段时间内只有一名编委主持日常工作,编辑部只剩一个编辑组,十四五个编辑、记者负责藏汉文稿件和版面的编辑工作。当时藏汉文报日出对开两大张)恢复日出对开四版,扩大地方新闻容量,并撤换下达赖写的藏文报头。

在平叛中,报社不忘党的民族团结和统战政策。武装叛乱爆发前,报社就把编辑部内的上层人士接到报社内暂住,他们在敌人的威胁下,坚持译审藏文稿件。噶雪·顿珠、扎门·赤列旺杰以及回族翻译马俊明等人坚持站在党和人民一边,反对分裂祖国,反对所谓的"西藏独立"。该报对以代主任班禅额尔德尼为首的西藏自治区筹委会通过的许多权威性决议、决定和有关政策都进行了充分报道,维护筹委会的权威,使之影响不断扩大。

1959年4月平息西藏反动集团发动的武装叛乱后,报社进入了一个新的发展阶段,在党中央的统一安排下,从人民日报社和内地兄弟报社抽调了一批业务素质好的骨干支援报社加强力量。从内容到形式都注重从实际出发,注意民族特色和地方特点,充分发挥报纸的宣传作用。平定叛乱后,报社对如何办好藏文报越来越重视。报社培养了一批藏族业务骨干,包括记者、编辑、业务组长、编辑部主任、副总编辑等。藏族职工已占全社1/3以上,在全区建立藏文通讯报道组70多个,发展通讯员500多名。报社从内地调来一大批业务骨干,加强领导力量和业务力量,组织建设、思想建设、业务建设呈现出一片崭新景象,宣传质量明显提高。在宣传内容上,比较充分地反映了平叛改革的伟大胜利和西藏地区的翻天覆地的变化。同时大力宣传"稳定发展"方针,以及农区"二十六条"、牧区"三十条"等具体政策,用大量版面报道翻身农奴互助合作,发展生产的好形势,并注意抓问题,抓典型,指导当前工作。曾先后组织了许多战役性的报道和"百万翻身农奴的榜样"一系列典型报道。时事报道和文艺副刊也搞得丰富多彩,被人们称为"西藏日报的黄金时期"。

"文革"十年,《西藏日报》同样经受了浩劫和灾难。在极左思潮的支配下,勉强出版报纸,其效果不言而喻。粉碎"四人帮"之后,《西藏日报》进入了新时期。这阶段主要特点是拨乱反正,开拓前进,在正确路线指引下,逐步走上了健康发展的道路。

## 五、新时期西藏新闻事业的发展

《西藏日报》在进入新时期之前,是西藏地区唯一的一家报纸,尽管它为西藏的新闻事业作出了突出贡献,但毕竟在辽远的高原地区显得有点孤寂[①]。

党的十一届三中全会之后,西藏的报业进入了空前繁荣时期。自1979年以来,先后创办的报纸有《西藏科技报》(藏、汉文报)、《西藏司法报》(藏、汉文版)、《西藏公安报》(藏汉文版,内部发行,后改为《西藏公安》杂志)、《日喀则报》(藏、汉文版)、《知识集锦》杂志(藏汉文版)、《西藏画刊》(藏、汉文对照)、《主人》杂志(系十六开本藏汉文版综合性杂志)和《探险家》(体育画报,(英汉文对照)、《雪域文化》杂志(藏汉文版)、《拉萨卫生报》等。另外,还有一批内部发行的专业性杂志,平均每3.5人一份报纸,这其中既有党报,也有对象性报纸,既有科技报也有法制报,还有青少年报。不仅有日报,也有晚报,品种增多,读者面广,呈现出丰富多彩的报业格局。

《西藏科技报》汉文版于1979年10月创刊,藏文版为1980年8月创刊于拉萨,是自治区第一张以少数民族为读者对象的科技报。主要面向广大科技工作者、农牧民群众、厂矿企业事业单位、党政机关干部和大、中专学

---

① 新时期之前,除《西藏日报》外,西藏地区还出过两种报纸,《西藏交通报》和《高原战士报》,但出版时间极短,在"文革"中都停刊了。

生,是一张综合性的科普读物。20多年来,报纸为普及科学技术知识,推动农牧林业生产的发展,起到积极作用,被誉为"西藏科技报春花",多次受到上级表彰。《人民日报》曾以《西藏科技报受到藏族群众喜爱》为题,赞扬了这张报纸的办报成果。

该报订户不仅遍及西藏各地(市)及县437个行政局所属区乡,在四川、青海、内蒙古、云南等省(区)的藏族地区也拥有不少读者。期发量汉文版初创时为5 000份,目前藏、汉文版分别达到2.5万与2.8万份左右。

《拉萨晚报》(藏、汉文版)系中共拉萨市委机关报。1985年7月1日创刊于拉萨,四开四版,初为双周刊,后改为周二刊。该报是西藏第一张晚报,是全国第二家少数民族文字晚报。该报代发刊词《当好党和政府的喉舌》阐明了该报的编辑方针和主要任务:"当好党和政府的喉舌,成为党和政府指导工作,交流经验,动员和鼓舞拉萨各族人民团结一致,尽快把拉萨建设成为民族团结、文明整洁、繁荣富裕和具有历史文明名城特色的现代化城市,为建设团结、富裕、文明的社会主义新西藏而奋斗的重要宣传工具。"该报内容丰富,色彩斑斓,融新闻性、知识性、趣味性、文艺性于一体。它以拉萨市干部、市民为主要读者对象,兼顾西藏和内地各界读者。

《日喀则报》(藏、汉文版)系中共日喀则地委机关报,1987年10月1日(藏历兔年8月9日)创刊于西藏自治区日喀则市。该报是西藏第一张地区性的综合性报纸。其宗旨是宣传改革开放的方针和中央对西藏工作的一系列指示,以及活跃经济,发展生产,满足人民对传递信息、传播知识和改善文化生活的需要。"以日喀则地区为重点,真实介绍在社会主义精神文明和物质文明建设中的成就,介绍在经济体制改革中的经验,介绍国内外先进的生产管理科学技术知识,挖掘继承当地的优秀文化遗产,着力迅速地传递经济信息提供咨询服务。同时,旗帜鲜明地坚决捍卫党和人民的利益,勇于同一切反对党的领导、反对社会主义、搞资产阶级自由化、破坏改革、危害人民利益、破坏民族团结、破坏统战和宗教政策的坏人坏事作斗争,同一切不正之风作斗争。"(《日喀则报》的《致读者——创刊的话》)

1987年9月以来,拉萨发生过几起骚乱,一批民族分裂主义分子,制造民族矛盾,妄图分裂祖国。该报与《西藏日报》及其他新闻媒介一起,在

1987年、1988年两年内,在一版显著位置及时刊登拉萨市人民政府的通告,指明骚乱的背景、根源、性质、责任和危害,团结教育群众,揭露和谴责少数分裂分子倒行逆施,对分清敌我、稳定人心,发挥了舆论监督作用。该报保持和发扬艰苦奋斗的优良传统,充分发挥了地委、行署机关报的功能。

截至2000年底,西藏自治区共有公开发行的报纸11家,其中《西藏日报》《西藏商报》(1999年创办)和《拉萨晚报》为日刊,其余《西藏科技报》《西藏青年报》《西藏法制报》《西藏文化报》《西藏广播电影电视报》《日喀则报》《昌都报》及2000年新创办的《西藏山南报》均分别为周三刊、周刊和半月刊。西藏的所有报纸都是用藏、汉两种文字出版。这些报纸在宣传西藏自治区党委、政府的大政方针,加强民族团结,反对分裂,稳定西藏局势等方面发挥了重要的作用。

## 六、广播电视与新闻教育事业

大约在1935年,西藏开始有藏语广播。和平解放前夕,有一位叫福克斯的英国人在拉萨办过三家电台,主要是用英语对外宣传,竭力鼓吹西藏独立。据说,这位英国人从1935年就来到了西藏,并娶了一位藏族姑娘为妻,他是英国石屋区人①。建立的三家电台播音时间不长,影响不大,未曾引起更多人的注意。

西藏广播事业始于20世纪50年代。1959年1月1日,西藏人民广播电台开始无线电播音,并使用了"西藏人民广播电台"的呼号。从建台之日起,就以办好藏语节目为主,在机构设置、干部配备、频率分配、节目时间等方面优先考虑藏语广播的需要。藏语广播的主要服务对象是区乡干部和农牧民;汉语广播的主要服务对象是干部、职工及其家属,还有驻藏部队的指战员。对内宣传和对外宣传并重。

西藏人民广播电台的前身是拉萨有线广播站。西藏自治区筹备委员会成立之前,中共西藏工委宣传部着手筹建拉萨有线广播站。大约在1957年

---

① 刘贯一:《帝国主义侵略西藏简史》,世界知识出版社1951年版,第58页。

# 第五章 西藏新闻事业发展概要

或1958年广播站迁址后,线路、喇叭增多,由不定期改为每天定时播音3次。后与拉萨市邮电局商定,由他们抽出一部3.5千瓦发射机每天进行几小时无线广播。从此广播站既有有线广播,又有无线广播。

西藏人民广播电台创立后,每天用藏、汉两种语言播音8小时,除转播中央台的"新闻与报纸摘要""各地人民广播电台联播节目""国际生活"等节目外,还自办有"国际国内新闻""地方新闻""科学常识"及文艺节目。当西藏上层反动集团发动叛乱时,广播电台的职工冒着枪林弹雨坚持播音,宣传党的方针政策,积极配合平叛斗争,发挥了战斗作用。1960年11月,广播电台启用第一部15千瓦短波发射机正式播音。50部500瓦的有线广播扩大机也分别发到了各地区和部分人口稠密的县,并在各地区建立记者站。电台职工由初创时的10余人,增至140多人。

1961年底西藏人民广播电台在全区建立了包括拉萨、日喀则、昌都、那曲在内的8个市县广播站。1963年3月,正式启用150千瓦的中波发射机进行广播。1964年2月,开办对国外藏胞的广播节目。1965年9月,西藏广播事业局正式成立。1966年1月开始转播中央台的印度语节目。1973年9月中旬,把原来藏、汉语交叉播音的一套节目改为藏、汉两套节目分开播音。藏语广播每天3次,12个小时。1975年8月至9月,分别举办了藏、汉语"庆祝自治区成立十周年专题节目",进行了一次规模较大的宣传活动。

党的十一届三中全会之后,西藏广播事业进入了一个新的发展时期。尤其是1980年贯彻执行中央对西藏工作的重要指示和第二次全区广播工作会议以来,西藏人民广播电台的发展出现了前所未有的好形势。

西藏电视台成立于1985年8月20日,电视台筹建于1976年10月。1978年在拉萨试播黑白电视成功。第二年国庆节试播彩色电视成功,色彩鲜明。

西藏电视台设有新闻部、节目部、译制部、技术部、灯光部、调度部、行政科等业务行政部门。除转播中央电视台的节目外,以办好藏语节目为主。既办好藏语的新闻节目,又要满足藏族同胞(包括懂藏语的其他民族同胞)多方面的需要,提高节目的思想性、知识性和艺术性。节目的制作十分注意观众的心理、生活习惯和接受程度,多以他们喜闻乐见的民族形式进行宣传。建台以来,他们拍摄的节目受到了观众的欢迎,有的电视纪录片、电视剧和藏语译制片曾荣获中央电视台和全国优秀电视剧的特别奖、荣誉奖,有的还受到自治区党委、中央宣传部、统战部国家民委和国内外观众的好评。为庆祝自治区成立20周年译制的巴西电视连续剧《女奴》受到观众的高度赞扬。1986年电视台与香港新海华影片发行公司合作摄制的大型彩色故事片《松赞干布》,配以藏语和英语在国内外发行,这是西藏自治区摄制的第一部影片。电视事业与广播相比较,其发展速度和规模大有后来者居上之势。

目前,西藏地区广播电视人口覆盖率分别已达到77.7%和76.1%。如果按"通电"的标准衡量,西藏自治区已完成"村村通"任务。到2000年底,全区已建单收站1 242座,有线电视站31座,收转站1 061座。

西藏新闻教育始于1956年,当时在拉萨木汝林卡(今拉萨一中)办起了200多名藏回族学员参加的新闻训练班(分3个教学班);1965年办过一期新闻训练班,由中央民族学院代培,于1966年春天开学。这个班共47名学员,是西藏日报社从拉萨中学、西藏民院、西南民院、中央民院选拔的,并由报社选派两名干部担任教师。1974年冬天,西藏日报社同西藏人民广播电台联合举办西藏自治区新闻干部训练班,采取单位推荐、审查考核的办法,在全区招收56名学员。校址设在拉萨色拉寺内。学制一年,半年学新闻理论,半年实习采访写作。由有经验的编辑、记者讲授新闻理论课等50多个专题;还讲授了党的方针政策和西藏历史知识等课程,在主办训练班的两家新闻单位实习,参加了自治区成立十周年专题报道活动,取得了较好的成绩。现在这部分学生已成为西藏新闻单位的骨干。1982年2月,西藏日报社又举办了一期新闻训练班,招收高中毕业生30名,学制一年。开设了《新闻学概论》《新闻采访》《新闻写作》《报纸编辑学》等专业课,还学习了党的方针政策、西藏概况、藏语文、阅读与欣赏等课程。共讲授专题100多个,使学员对新闻学有了较全面的了解,扩大了视野,增长了知识。一年后,经过考核,绝大多数学员达到培训要求,分配到报社编辑部工作,为建设与发展西藏日报社发挥了很大作用。

1983年5月,西藏自治区新闻工作者协会、西藏自治区新闻学会成立。

新闻工作者协会和新闻学会十多年来,通过各种渠道培训新闻干部,提高全区新闻工作者的政治素质和业务素质,接待中国记协组织的国内外新闻采访团和选派记者参加中国记协组织的易地采访和出国访问,加强了西藏与国内外同行之间的业务交流和友好往来。

(本章撰稿人:白润生,宁树藩部分改写)

# 第九部分

# 附录

# 附录部分目次

附录一　各省、自治区、直辖市首家期刊调查表
附录二　各省、自治区、直辖市首家报纸调查表
附录三　各省、自治区、直辖市首家通讯社调查表
附录四　各省、自治区、直辖市首家广播电台调查表
附录五　各省、自治区、直辖市首家新闻团体调查表
附录六　各省、自治区、直辖市首家新闻教育机构调查表
附录七　各省、自治区、直辖市首家晚报调查表
附录八　新中国成立前各省、自治区、直辖市出版时间最长报纸调查表
附录九　1911年10月辛亥革命前夕各地报刊名录
附录十　1937年6月抗战前夕各地报刊名录
附录十一　1942年底汪伪沦陷区报纸名录
附录十二　1947年9月各地报纸名录(解放区不计在内)
附录十三　各革命根据地报刊调查表(1931—1949)
附录十四　1981年各地报纸名录
附录十五　2000年各地报纸分类统计

(附录部分由叶翠娣辑集)

# 附录一

## 各省、自治区、直辖市首家期刊调查表

| 省市 | 报名 | 出版地 | 创刊日期 | 停刊日期 | 主办人 | 资料来源 |
|---|---|---|---|---|---|---|
| 北京 | 《中西闻见录》 | 北京 | 1872年8月 | 1875年8月 | 丁韪良等主编 | 黄河:《辛亥革命时期的北京报刊》,《新闻战线》1959年第21期。 |
| 天津 | 《时报》 | 天津 | 1886年11月6日 | 1891年6月 | 德璀琳、笳臣创办,李提摩太任主笔 | 姚福申、史和、叶翠娣:《晚清天津报刊录》,《新闻史料》1982年第2辑。 |
| 河北 | 《立言小报》 | 张家口 | 1886年 | 1894年 | 吴国青创办 | 《河北省志·新闻志》(初稿)1992年河北省社会科学院新闻研究所。 |
| 山西 | 《晋报》 | 太原 | 1902年8月4日 | 1907年下半年 | 程淯创办 | 王永寿:《建国前山西报纸简介》(初稿),《新闻研究》(山西)1987年第1期。 |
| 内蒙古 | 《婴报》 | 昭乌达盟 | 1905年冬 | | 贡桑诺尔布创办 | 白润生:《建国前内蒙报业概述》,《新闻大学》1995年秋季号。 |
| 辽宁 | 《大同报》 | 沈阳 | 1905年 | 1907年 | 谢荫苍创办 | 《辽宁地方志资料丛刊》第12辑。 |
| 吉林 | 《吉林白话报》 | 吉林 | 1907年8月4日 | 1908年5月4日 | 安镜全任主笔 | 史和、姚福申、叶翠娣:《晚清吉林报刊录》,《新闻研究》(吉林)1982年第5期。 |

· 1374 ·

附录一 各省、自治区、直辖市首家期刊调查表

(续表)

| 省市 | 报名 | 出版地 | 创刊日期 | 停刊日期 | 主办人 | 资料来源 |
|---|---|---|---|---|---|---|
| 黑龙江 | 《远东报》 | 哈尔滨 | 1906年3月14日 | 1921年3月1日 | 连梦青任主笔 | 《黑龙江省志·报业志》,黑龙江人民出版社1993年版。 |
| 上海 | 《六合丛谈》 | 上海 | 1857年1月26日 | 1860年 | 伟烈亚力、韦廉臣执编 | 马光仁主编:《上海新闻史》,复旦大学出版社1996年版。 |
| 江苏 | 《无锡白话报》 | 无锡 | 1898年5月11日 | 1898年10月6日 | 裘廷梁创办、主编 | 《江苏省志·报业志》,江苏古籍出版社1999年版。 |
| 浙江 | 《中外新报》 | 宁波 | 1854年5月 | 1861年 | 玛高温主持 | 何宁先主编:《宁波新闻纵横》,宁波人民出版社1997年版。 |
| 安徽 | 《皖报》 | 芜湖 | 1898年3月 | 1898年9月21日 | | 戈公振:《中国报学史》,中国新闻出版社1985年版。 |
| 福建 | 《中国读者》 | 福州 | 1868年 | | | 方汉奇:《中国近代报刊史》,山西人民出版社1981年版。 |
| 江西 | 《菁华报》 | 萍乡 | 1898年 | | 顾燮光主办 | 龚小京:《旧中国江西报刊概述》,《新闻研究资料》第49期。 |
| 山东 | 《胶州报》 | 青岛 | 1898年 | | 朱淇创办 | 孙文铄、谢国明编:《中国新闻界之最》,社会科学文献出版社1994年版。 |
| 河南 | 《汇报辑要》 | 开封 | 1898年5月 | 约1899年 | 刘树堂选辑 | 肖凤桂:《辛亥革命前后开封出版的报纸》,《河南文史资料》1981年9月第6辑。 |

· 1375 ·

(续表)

| 省市 | 报名 | 出版地 | 创刊日期 | 停刊日期 | 主办人 | 资料来源 |
|---|---|---|---|---|---|---|
| 湖北 | 《谈道新编》 | 汉口 | 1872年 | 1876 | 沈子星、杨鉴堂主编 | 叶翠娥、姚福申、史和：《晚清湖北报刊录》，《湖北省、武汉市新闻志参考史料》1982年第3辑。 |
| 湖南 | 《湘学报》 | 长沙 | 1897年4月22日 | 1898年7月3日 | 唐才常主编 | 《新闻志·报业》湖南省志第20卷，湖南出版社1993年版。 |
| 广东 | 《东西洋考每月统记传》 | 广州 | 1833年8月1日 | 1838年4月 | 郭士立主编 | 刘圣清：《中国新闻纪录大全》，广州出版社1998年版。 |
| 广西 | 《广仁报》 | 桂林 | 1897年4月中旬 | 1898年10月 | 况仁应、龙应中主编 | 张静庐：《中国近代出版史料》（初编），群联出版社1953年版。 |
| 四川 | 《渝报》 | 重庆 | 1897年10月26日 | 1898年4月中旬 | 宋育仁任总理 | 何承朴：《四川近代报刊三十家》，四川人民出版社1989年版。 |
| 贵州 | 《白话报》 | 遵义 | 1906年 | 1912年3月 | 袁玉锡开办 | 《贵州省志·报纸志》，贵州人民出版社2003年版。 |
| 云南 | 《滇南钞报》 | 昆明 | 1903年10月9日 | 1908年3月改名为《云南政治官报》 | 云南督抚衙门 | 云南省新闻工作者协会编：《云南省志·报业志》，云南人民出版社1997年版。 |
| 西藏 | 《西藏白话报》 | 拉萨 | 1907年间 | 1930年9月易名为《青海日报》 | 清廷驻藏大臣联豫创办 | 《东方杂志》光绪三十三年九月二十五日发行，第9期。 |
| 陕西 | 《时务斋随录》 | 西安 | 1896年 | | 刘古愚 | 江华、姚文华：《陕西新闻事业概要》（初稿）。 |

附录一 各省、自治区、直辖市首家期刊调查表

（续表）

| 省市 | 报名 | 出版地 | 创刊日期 | 停刊日期 | 主办人 | 资料来源 |
|---|---|---|---|---|---|---|
| 甘肃 | 《群报辑要》 | 兰州 | 1897年7月中旬 | 同年8月上旬 | | 李文:《近代甘肃的新闻事业》,《新闻大学》1997年秋季号。 |
| 青海 | 《新青海》 | 西宁 | 1929年2月10日 | | 青海省政府 | 陈秉渊:《马步芳家族统治青海四十年》,青海人民出版社1986年版。 |
| 宁夏 | 《中山日报》 | 银川 | 1926年9月11日 | 1927年9月遭查封 | 贾午任社长 | 李萌等:《建国前宁夏报业》,《新闻大学》1995年夏季号。 |
| 新疆 | 《伊犁白话报》 | 伊犁 | 1919年3月15日 | 1911年11月15日被勒令停刊 | 冯特民主编 | 周仁寿:《新疆第一张报纸——〈伊犁白话报〉》,《新闻大学》1994年春季号。 |
| 香港 | 《遐迩贯珍》 | 香港 | 1853年8月1日 | 1856年5月1日 | 麦都思主编 | 戈公振:《中国报学史》,中国新闻出版社1985年版。 |
| 台湾 | 《台湾府教会报》 | 台北 | 1885年7月12日 | | 托马斯·马塞来主编 | 尹韵公译:《台湾新闻事业发展概论》,《新闻研究资料》第37辑。 |

## 附录二

## 各省、自治区、直辖市首家报纸调查表

| 省市 | 报名 | 出版地 | 创刊日期 | 停刊日期 | 主办人 | 资料来源 |
|---|---|---|---|---|---|---|
| 北京 | 《华北日报》 | 北京 | 1896年 | | 教会所办 | 《报界最近调查表》,《大公报》,1905年5月。 |
| 河北(天津) | 《时报》 | 天津(时属河北省) | 1886年11月6日 | 1891年6月 | 德璀琳、茹臣创办,李提摩太任主编 | 姚福申、史和、叶翠娣:《晚清天津报刊录》,《新闻史料》1982年第2辑。 |
| 山西 | 《晋阳公报》 | 太原 | 1908年2月 | 袁世凯统治时期停刊,1914年复刊,改名《晋阳日报》,1937年10月,日寇进占太原前夕停刊。 | 王用宾任总编,武绍先、郜可阶等任编辑 | 《山西省志·报业志》,山西人民出版社。 |
| 内蒙古 | 《归绥日报》 | 归绥 | 1913年 | 1915年 | 周颂尧、王定圻主办 | 杨令德:《各地新闻事业之沿革与现状》,《报学季刊》1934年第2期。 |
| 辽宁 | 《东三省日报》 | 沈阳 | 1907年 | 1911年 | 汪洋创办,房秩五主编 | 《辽宁省地方志资料丛刊》,第12辑。 |

附录二 各省、自治区、直辖市首家报纸调查表

(续表)

| 省市 | 报名 | 出版地 | 创刊日期 | 停刊日期 | 主办人 | 资料来源 |
|---|---|---|---|---|---|---|
| 吉林 | 《吉林白话报》 | 吉林 | 1907年8月4日 | 1909年下半年勒令停刊 | 安镜全主笔 | 史和、姚福申、叶翠娣:《晚清吉林报刊录》,《新闻研究》1982年第5辑。 |
| 黑龙江 | 《东方晓报》 | 哈尔滨 | 1907年7月19日 | 1908年1月 | 奚廷黻创办 | 《黑龙江省志·报业志》,黑龙江人民出版社1993年版。 |
| 上海 | 《上海新报》 | 上海 | 1861年11月下旬 | 1872年12月31日 | 华美德、傅兰雅、林乐知等相继担任主编 | 史和、姚福申、叶翠娣:《中国近代报刊名录》,福建人民出版1991年版。 |
| 江苏 | 《南洋日日官报》 | 南京 | 1905年8月1日 | 1906年11月 | 南洋官报局出版 | 史和、姚福申、叶翠娣:《中国近代报刊名录》,福建人民出版1991年版。 |
| 浙江 | 《宁波日报》 | 宁波 | 1870年 | 不久即停刊 | 福莱特尔创办 | 《上海宁波日报》1933年9月24、25日《宁波报史》 |
| 安徽 | 《皖报》 | 芜湖 | 1898年夏 | | 湘报中人员任编辑 | 史和、姚福申、叶翠娣:《中国近代报刊名录》,福建人民出版1991年版。 |
| 福建 | 《博物报》 | 厦门 | 1895年 | 出版仅三天 | 陈金芳创办 | 苏眇公:《厦门报界变迁概述》,《厦门指南》1931年。 |
| 江西 | 《博闻报》 | 南昌 | 1901年 | | 英商投资创办 | 陈泫:《江西新闻事业发展概要》初稿 |
| 山东 | 《简报》 | 济南 | 1903年下半年 | 1929年7月 | 李士可负责 | 《山东省志·报业志》,山东人民出版社1993年版。 |

· 1379 ·

(续表)

| 省市 | 报名 | 出版地 | 创刊日期 | 停刊日期 | 主办人 | 资料来源 |
|---|---|---|---|---|---|---|
| 河南 | 《开封简报》 | 开封 | 1906年 | 1911年7月10日改名《中州日报》 | 河南学务公所主办 | 陈承铮:《河南新闻事业(简)史》,河南人民出版社1994年版。 |
| 湖北 | 《昭文新报》 | 武汉 | 1873年8月 | 不久即停刊 | 艾小梅主编 | 《湖北省·武汉市新闻志参考史料》,1982年第3辑。 |
| 湖南 | 《湘报》 | 长沙 | 1898年3月7日 | 1898年7月19日 | 谭嗣同、唐才常等等办 | 《湖南省出版志·报业》第20卷,湖南人民出版社1993年版。 |
| 广东 | 《述报》 | 广州 | 1884年3月27日 | | | 广东省革命博物院藏有部分原件 |
| 广西 | 《广西新报》 | 梧州 | 1908年 | 1911年后停刊 | 创办人甘德潘、蒙经等,总编辑陈太龙 | 《广西通志·报业志》,广西人民出版社2000年版。 |
| 四川 | 《通俗日报》 | 重庆 | 1898年3月 | 政变失败后停刊 | 潘清荫、宋育仁创办 | 何承朴:《四川近代报刊三十家》,四川人民出版社1989年版。 |
| 贵州 | 《黔报》 | 贵阳 | 1907年7月17日 | 1912年3月 | 主笔王谟、杨清源,编辑周培艺 | 史和、姚福申、叶翠娣:《中国近代报刊名录》,福建人民出版1991年版。 |
| 云南 | 《云南日报》 | 昆明 | 1909年11月27日 | | 钱用中主持 | 王作舟:《云南新闻史》初稿 |
| 西藏 | 《西藏日报》(汉、藏文) | 拉萨 | 1956年4月2日 | | 张成治等 | 白润生:《西藏日报与我国的藏文报纸》,《新闻大学》1993年春季号。 |

附录二 各省、自治区、直辖市首家报纸调查表

(续表)

| 省市 | 报名 | 出版地 | 创刊日期 | 停刊日期 | 主办人 | 资料来源 |
|---|---|---|---|---|---|---|
| 陕西 | 《国民新闻》 | 西安 | 1911年12月10日 | | 党晴梵等编印 | 汇华、姚文华:《陕西新闻事业发展概要》初稿。 |
| 甘肃 | 《兰州日报》 | 兰州 | 1912年8月底 | | 共和党甘肃支部创办 | 李文:《近代甘肃新闻事业》,《新闻大学》1997年秋季号。 |
| 青海 | 《新青海》 | 西宁 | 1929年2月10日 | 1930年改名《青海日报》 | 省政府公报局主编 | 陈秉渊:《马步芳家统治青海四十年》,青海人民出版社1986年版。 |
| 宁夏 | 《中山日报》 | 银川 | 1926年11月 | 1927年9月 | 贾午为社长 | 李萌等:《建国前的宁夏报业》,《新闻大学》1995年夏。 |
| 新疆 | 《伊犁白话报》 | 伊犁 | 1909年3月15日 | 1911年11月1日 | 冯特民主编 | 周仁寿:《新疆第一张报纸——伊犁白话报》,《新闻大学》1994年春季号。 |
| 香港 | 《中外新报》 | 香港 | 1858年11月15日 | 1919年 | 伍廷芳创办 | 史和、姚福申、叶翠娣:《中国近代报刊名录》,福建人民出版1991年版。 |
| 台湾 | 《台湾日报》 | 台北 | 1897年3月8日 | | 川村隆实主持经营,内藤湖南博士任主笔 | 史和、姚福申、叶翠娣:《中国近代报刊名录》,福建人民出版1991年版。 |
| 澳门 | 《澳报》 | 澳门 | 1892年 | | | 闻朔:《澳门新闻事业发展概述》,《新闻学探索与争鸣》1999年秋季号。 |

## 附录三

### 各省、自治区、直辖市首家通讯社调查表

| 省市 | 通讯社 | 地点 | 创办日期 | 停办日期 | 主办人 | 资料来源 |
|---|---|---|---|---|---|---|
| 北京 | 北京通讯社 | 北京 | 1913年 | | 张珍创办 | 方汉奇主编：《中国新闻通史》（第一卷），中国人民大学出版社1992年版。 |
| 天津 | 民益通讯社 | 天津 | 1926年 | | 社长王质仁 | 刘永泽：《天津新闻史之最》，天津《新闻史料》第13期。 |
| 河北 | 西北通讯社 | 张家口 | 1929年前 | | 社长刘金池 | 黄天鹏：《中国新闻事业》"附录"，上海联合书店1930年版。 |
| 山西 | 太原通讯社 | 太原 | 1922年 | 不久即停办 | 孙省伯创办 | 《山西新闻史》，山西人民出版社2001年版。 |
| 内蒙古 | 绥远通讯社 | 归绥 | 1926—1931年 | | 杨令德 | 《各地新闻事业沿革与现状》，《报学季刊》1935年第1卷第2期。 |
| 辽宁 | 日本电报通讯社 | 大连 | 1920年9月 | | 日本人主办 | 《东北新闻史》，黑龙江人民出版社2001年版。 |

附录三 各省、自治区、直辖市首家通讯社调查表

（续表）

| 省市 | 通讯社 | 地点 | 创办日期 | 停办日期 | 主办人 | 资料来源 |
|---|---|---|---|---|---|---|
| 吉林 | 日满通讯社吉林分社 | 吉林 | 1921年5月以后 | | 日本人主办 | 《东北新闻史》，黑龙江人民出版社2001年版。 |
| 黑龙江 | 东亚通讯社 | 哈尔滨 | 1913年9月 | | | 《黑龙江省志·报业志》，黑龙江人民出版社1993年版。 |
| 上海 | 镇闻通讯社 | 上海 | 1909年6月18日 | | | 方汉奇主编：《中国新闻事业编年史》，福建人民出版社2000年版。 |
| 江苏 | 中国时事通讯社 | 镇江 | 1916年1月 | | 张润深主办 | 《江苏报业史志》，1993年第4期。 |
| 浙江 | 民国通讯社 | 杭州 | 1912年10月 | | 陶铸任社长 | 《平民日报》，1912年10月10日。 |
| 安徽 | 安徽通讯社 | 安庆 | 1913年1月13日 | | 朱剑荣创办 | 蒋含平：《安徽新闻事业发展概要》（初稿）。 |
| 福建 | 福建通讯社 | 福州 | 1930年夏 | 1933年6月 | 国民党福建党务指导委员会主办 | 方汉奇主编：《中国新闻事业编年史》，福建人民出版社2000年版。 |
| 江西 | 三自大同社 | 南昌 | 1926年 | 不到一年即停 | 欧阳幼济、余精一创办 | 程沄：《江西新闻事业发展概要》（初稿）。 |
| 山东 | 大众通讯社 | 济南 | 1939年9月16日 | 同年12月 | 新华社山东分社 | 方汉奇主编：《中国新闻事业编年史》，福建人民出版社2000年版。 |
| 河南 | 实纪通讯社、环球通讯社 | 开封 | 1913年2月 | | | 《河南实业日报》，1913年2月26日。 |

· 1383 ·

(续表)

| 省市 | 通讯社 | 地点 | 创办日期 | 停办日期 | 主办人 | 资料来源 |
|---|---|---|---|---|---|---|
| 湖北 | 湖北通讯社 | 武汉 | 1912年 | | 冉剑虹主办 | 《中国人自办通讯社之始》,《新闻大学》。 |
| 湖南 | 湖南通讯社 | 长沙 | 1912年10月 | 次年被封 | 李景怀主持 | 《湖南省志》第20卷,湖南人民出版1993年版。 |
| 广东 | 中兴通讯社 | 广州 | 1904年1月17日 | | 路侠挺主办 | 《广州年鉴》,1934年。 |
| 广西 | 广西通讯社 | 南宁 | 1930年冬 | | 陆宗琪主办 | 赵宁:《解放前广西的通讯社》,《广西新闻史料》第22期。 |
| 四川 | 成都通讯社 | 成都 | 1913年9月前 | | | 四川地方志编纂委员会编:《四川省志·报业志》,四川人民出版社1996年版。 |
| 云南 | 云南通讯社 | 昆明 | 1930年 | | | 王作舟:《云南新闻史》初稿。 |
| 贵州 | 国民通讯社 | 贵阳 | 1931年秋 | 1932年4月 | 蒋谔如任总编辑 | 《贵州省志·报业志》,贵州人民出版社2003年版。 |
| 西藏 | 新华社西藏分社 | 拉萨 | | | | |
| 陕西 | 关陇通讯社 | 西安 | 1913年 | | | 《陕西省志·报业志》,陕西人民出版社2000年版。 |
| 甘肃 | 民众通讯社 | 兰州 | 1938年2月27日 | 1940年夏 | 丛德滋主编 | 李文:《甘肃新闻事业发展概要》(初稿)。 |

附录三 各省、自治区、直辖市首家通讯社调查表

(续表)

| 省市 | 通讯社 | 地点 | 创办日期 | 停办日期 | 主办人 | 资料来源 |
|---|---|---|---|---|---|---|
| 青海 | 湟中通讯社 | 西宁 | 1929年前后 | | | 姚福申：《青海新闻事业发展概要》（初稿）。 |
| 宁夏 | 西夏通讯社、贺兰通讯社 | 银川 | 1940年前后 | 为期很短 | | 宁树藩：《宁夏新闻事业发展概要》（初稿）。 |
| 新疆 | 新华社新疆分社 | 乌鲁木齐 | | | | |
| 香港 | 民族革命通讯社、香港分社 | 香港 | 1938年8月 | 1941年12月 | 林焕平 | 方汉奇主编：《中国新闻事业编年史》，福建人民出版社2000年版。 |
| 台湾 | 新闻通讯社 | 台北 | 1915年 | 不久即停 | | 丁淦林主编：《中国新闻事业史》，武汉大学出版社2000年版。 |
| 澳门 | 新华社澳门分社 | 澳门 | 1987年9月21日 | 1987年9月21日 | | 陈树荣：《澳门新闻事业发展概要》（初稿）。 |

·1385·

# 附录四

## 各省、自治区、直辖市首家广播电台调查表

| 省市 | 创办地点 | 台名 | 创办时间 | 停办时间 | 创办人 | 资料来源 |
|---|---|---|---|---|---|---|
| 北京 | 北京 | 北京广播无线电台 | 1927年9月1日 | | | 赵玉明：《中国现代广播简史》，中国广播出版社1987年版。 |
| 天津 | 天津 | 天津广播无线电台 | 1927年5月15日 | 1933年底 | 耿勋负责 | 吴永泽：《天津新闻之最》，天津《新闻史料》第13辑。 |
| 河北 | 北平（时属河北） | 河北广播电台 | 1934年13月1日 | 1936年6月 | 国民党政府 | 《河北省志·新闻志》（初稿） |
| 山西 | 太原 | 太原广播电台 | 1931年6月 | 1937年 | 省政府 | 赵玉明：《中国现代广播简史》，中国广播电视出版社1987年版。 |
| 内蒙古 | "厚和"（今呼和浩特） | 厚和放送局 | 1938年秋 | 1945年抗战胜利后被国民党接管 | 日本人佐佐木 | 《旧中国广播电台名录》（三），《中国广播电视年鉴》，北京广播学院出版社1996年版。 |
| 辽宁 | 大连 | 大连放送局 | 1925年7月 | 1945年8月 | 日本人 | 韦冰：《辽宁省新闻事业发展概况》，《中国新闻年鉴》1995年。 |

## 附录四 各省、自治区、直辖市首家广播电台调查表

(续表)

| 省市 | 创办地点 | 台名 | 创办时间 | 停办时间 | 创办人 | 资料来源 |
|---|---|---|---|---|---|---|
| 吉林 | 长春 | 新京放送局 | 1932 年 10 月 | 1945 年 8 月 | 日本关东军 | 赵玉明：《中国现代广播简史》，中国广播电视出版社 1987 年版。 |
| 黑龙江 | 哈尔滨 | 哈尔滨广播无线电台 | 1926 年 10 月 1 日 | 1932 年 2 月 5 日 | 刘瀚主持 | 赵玉明：《中国现代广播简史》，中国广播电视出版社 1987 年版。 |
| 上海 | 上海 | 大陆报—中国无线电公司广播电台 | 1923 年 1 月 | 1923 年 4 月中旬 | 中国无线电公司、大陆报联合创办 | 郭镇之：《中国民营广播大事年表》，《新闻研究资料》第 55 辑。 |
| 江苏 | 南京 | 中央广播电台 | 1928 年 8 月 1 日 | | | |
| 浙江 | 杭州 | 浙江省广播电台 | 1928 年 10 月 | | 国民党政府 | 赵玉明：《中国现代广播简史》，中国广播电视出版社 1987 年版。 |
| 安徽 | 蚌埠 | 蚌埠广播电台 | 1941 年 3 月 | | 汪伪中国广播事业建设协会 | 蒋含平：《安徽新闻事业发展概要》(初稿)。 |
| 福建 | 福州 | 福州广播电台 | 1933 年 10 月 16 日 | | 国民党福建省政府 | 方汉奇主编：《中国新闻事业编年史》，福建人民出版社 2000 年版。 |
| 江西 | 南昌 | 南昌行营电台 | 1933 年 | | 负责人顾厚堂 | 《江西省广播电视志》，方志出版社 1999 年版。 |
| 山东 | 济南 | 山东省会广播电台 | 1933 年 5 月 1 日 | | 韩复榘创办 | 杨源恺，匡有斌：《山东省新闻年鉴》，1995 年《中国新闻年鉴》。 |

1387

（续表）

| 省市 | 创办地点 | 台名 | 创办时间 | 停办时间 | 创办人 | 资料来源 |
| --- | --- | --- | --- | --- | --- | --- |
| 河南 | 开封 | 河南广播电台 | 1934年10月10日 | | 河南省政府创办 | 杨承铮：《河南新闻事业简史》，河南人民出版社1994年版。 |
| 湖北 | 汉口 | 汉口市广播无线电台 | 1935年2月 | | 汉口市政府创建 | 王放：《湖北新闻事业发展概要》（初稿）。 |
| 湖南 | 长沙 | 湖南省广播无线电台 | 1934年 | | | 赵玉明：《中国现代广播简史》，中国广播电视出版社1987年版。 |
| 广东 | 广州 | 广州市广播音台 | 1929年5月6日 | | | 赵玉明：《中国现代广播简史》，中国广播电视出版社1987年版。 |
| 广西 | 南宁 | 南宁广播电台 | 1934年1月1日 | | | 周中仁主编：《当代广西新闻事业》，广西教育出版社1989年版。 |
| 四川 | 重庆 | 重庆无线广播电台 | 1932年12月 | | 四川善后督办公署 | 赵玉明：《中国现代广播简史》，中国广播电视出版社1987年版。 |
| 云南 | 昆明 | 云南无线广播电台 | 1933年3月15日 | | | 王作舟：《云南新闻事业发展概要》（初稿）。 |
| 贵州 | 贵阳 | 贵州广播电台 | 1939年1月1日 | | | 姚福申：《贵州新闻事业发展概要》（初稿）。 |
| 西藏 | 拉萨 | 无线电台 | 1948年 | | 英国人福特创办 | 立明：《西藏新闻事业发展现状及其思考》，《中国新闻出版报》2001年5月11日。 |

附录四　各省、自治区、直辖市首家广播电台调查表

(续表)

| 省市 | 创办地点 | 台名 | 创办时间 | 停办时间 | 创办人 | 资料来源 |
|---|---|---|---|---|---|---|
| 陕西 | 西安 | 西安广播电台 | 1936年8月1日 | 1939年8月1日更名为陕西人民电台 | | 江华、姚文华：《陕西新闻事业发展概要》(初稿)。 |
| 甘肃 | 兰州 | 甘肃广播电台 | 1941年11月试试播 | 1947年8月改名兰州广播电台 | 兰州国民党政府创建 | 李文：《甘肃新闻事业发展概要》(初稿)。 |
| 青海 | 西宁 | 西宁人民广播电台 | 1949年8月7日 | 1949年9月14日改名为青海人民广播电台 | | 刘宁和、钟振业、辛光武：《青海省新闻事业发展概况》,《中国新闻年鉴》1995年。 |
| 宁夏 | 宁夏 | 宁夏广播电台 | 1948年9月 | 几个月后停播 | 马鸿逵创办 | 李萌等：《建国前宁夏报业》《新闻大学》1995年夏季号 |
| 新疆 | 迪化 | 迪化有线广播电台 | 1935年 | 1949年9月 | 新疆边防督办公署交通处 | 《新疆通志·广播电视志》,新疆人民出版社1995年版。 |
| 香港 | 香港 | 香港无线广播社 | 1928年 | | 广播署管辖 | 《港澳传播媒介概况》(内部版),中国新闻社香港分社编印1986年版。 |
| 台湾 | 台北 | 台北广播电台 | 1928年12月22日 | | | 方汉奇：《中国新闻事业编年史》,福建人民出版社2000年版。 |
| 澳门 | 澳门 | 澳门无线电广播电台 | 1933年8月26日 | 1937年停办 | | 闻朔：《澳门新闻事业发展概述》,《新闻探讨与争鸣》1999年秋季号。 |

1389

# 附录五

## 各省、自治区、直辖市首家新闻团体调查表

| 省市 | 团体名称 | 地点 | 成立日期 | 创办人 | 停办日期 | 资料来源 |
|---|---|---|---|---|---|---|
| 北京 | 北京报业公会（又称北京报馆公会） | 北京 | 约1908年 | 朱淇为会长 | | 方汉奇主编：《中国新闻事业编年史》，福建人民出版社2000年版。 |
| 河北（天津） | 报界俱乐部 | 天津（时属河北省） | 1906年7月1日 | | | 马光仁：《中国早期的新闻团体》，《新闻研究资料》第41辑。 |
| 山西 | 山西报界协会 | 太原 | 1919年5月7日 | | | 《山西新闻志》，山西人民出版社2001年版。 |
| 内蒙古 | 绥远新闻记者联合会 | | 1933年11月 | | | 马光仁：《中国早期的新闻团体》，《新闻研究资料》第41辑。 |
| 辽宁 | 大连记者协会 | 大连 | 1922年6月 | | | 辽宁地方志办公室编：《辽宁地方志资料丛刊》第12辑。 |
| 吉林 | 吉林省报界联合会 | | 1930年9月 | 杨卿山为主席 | | 黑龙江日报社新闻志编辑室编：《东北新闻史》，黑龙江人民出版社2001年版。 |

· 1390 ·

附录五　各省、自治区、直辖市首家新闻团体调查表

（续表）

| 省市 | 团体名称 | 地点 | 成立日期 | 创办人 | 停办日期 | 资料来源 |
|---|---|---|---|---|---|---|
| 黑龙江 | 哈尔滨中国记者联欢会（又称哈尔滨记者联合会） | 哈尔滨 | 1923年3月11日 | 周祉民为会长 | 被1926年6月1日成立的哈尔滨报界公会报取代 | 《黑龙江省志·报业志》，黑龙江人民出版社1993年版。 |
| 上海 | 上海日报公会 | 上海 | 1909年3月28日 | 上海各报联合成立 | 1937年8月 | 姚福申、叶翠娣：《上海日报公会》，《新闻大学》第4期。 |
| 江苏 | 中国报界俱进会 | 南京 | 1910年9月4日 | 郭定森为主席 | 1912年6月4日改名中华民国报馆俱进会 | 潘觉民：《我国新闻界协作运动的回顾和前瞻》，《报学季刊》1934年创刊号。 |
| 浙江 | 杭州报界公会 | 杭州 | 1913年 | 邵振青为干事长 | | 徐运嘉、杨萍萍：《杭州报刊史概述》，浙江大学出版社1989年版。 |
| 安徽 | 芜湖记者公会 | 芜湖 | 1945年冬 | 柏毓文、王远江发起 | | 蒋含平：《安徽新闻事业发展概要》（初稿）。 |
| 福建 | 福建省新闻工作者协会 | 福州 | 1979年11月 | | | 《新闻团体》，《中国新闻年鉴》1990年。 |
| 江西 | 南昌市新闻业协会 | 南昌 | 1927年初 | 《民国日报》、《贯彻日报》等新闻单位 | | 方汉奇主编：《中国新闻事业通史》第2卷，中国人民大学出版社1992年版。 |
| 山东 | 青岛新闻记者联欢会 | 青岛 | 1929年 | 王子云发起 | | 《山东省志·报业志》（评议稿）1992年。 |

· 1391 ·

(续表)

| 省市 | 团体名称 | 地点 | 成立日期 | 创办人 | 停办日期 | 资料来源 |
|---|---|---|---|---|---|---|
| 河南 | 开封记者联合会 | 开封 | 1931年3月 | | | 陈承铮：《河南新闻事业简史》，河南人民出版社1996年版。 |
| 湖北 | 汉口报界总发行所 | 汉口 | 1906年10月 | 王华轩、郑江灏主持 | | 方汉奇主编：《中国新闻事业编年史》，福建人民出版社2000年版。 |
| 湖南 | 湖南报界联合会 | 长沙 | 1912年6月 | 贝元、唐支夏 | 1913年10月 | 《新闻出版志·报业》湖南省志第20卷，湖南出版社1993年版。 |
| 广东 | 广州报界公会 | 广州 | 1908年 | 广东各报联合组成 | | 方汉奇主编：《中国新闻事业编年史》，福建人民出版社2000年版。 |
| 广西 | 广西省新闻记者公会 | 南宁 | 1935年2月 | | | 张鸿慰：《八桂报史文存》，广西民族出版社1995年版。 |
| 四川 | 四川报界公会 | 成都 | 1912年夏 | 樊孔周 | 1913年 | 何承朴：《四川近代报刊三十家》，四川人民出版社1989年版。 |
| 云南 | 滇省报界公会 | 昆明 | 1912年4月8日 | | | 《云南省志·报业志》，云南人民出版社1997年版。 |
| 贵州 | 贵州报界同盟会 | 贵阳 | 1912年1月14日 | | | 《贵州省志·报业志》，贵州人民出版社2003年版。 |
| 西藏 | 西藏自治区新闻工作者协会 | 拉萨 | 1983年5月 | 尹锐任主席 | | 《新闻团体》《中国新闻年鉴》1990年。 |

附录五 各省、自治区、直辖市首家新闻团体调查表

(续表)

| 省市 | 团体名称 | 地点 | 成立日期 | 创办人 | 停办日期 | 资料来源 |
|---|---|---|---|---|---|---|
| 陕西 | 陕西报界公会 | 西安 | 1923年秋 | 俞嗣如为会长 | | 江华、姚文华:《陕西新闻事业发展概要》(草稿)。 |
| 甘肃 | 甘肃省新闻工作者协会 | 兰州 | 五十年代成立 | | "文革"中停止活动，1981年6月18日恢复活动 | 《新闻团体》,《中国新闻年鉴》1990年。 |
| 青海 | 青海省新闻工作者协会 | 西宁 | 1983年 | | | 《新闻团体》,《中国新闻年鉴》1990年。 |
| 宁夏 | 宁夏自治区新闻工作者协会 | 银川 | | | | 《新闻团体》,《中国新闻年鉴》1990年。 |
| 新疆 | 新疆自治区新闻工作者协会 | 乌鲁木齐 | | | | 《新闻团体》,《中国新闻年鉴》1990年。 |
| 香港 | 报界公会 | 香港 | 1905年 | | | |
| 台湾 | 台北市报业公会 | 台北 | 1950年1月25日 | | | 方汉奇主编:《中国新闻事业编年史》,福建人民出版社2000年版。 |
| 澳门 | 澳门记者联合会 | 澳门 | 1937年9月 | 陆翼南为主席 | | 方汉奇主编:《中国新闻事业编年史》,福建人民出版社2000年版。 |

# 附录六

## 各省、自治区、直辖市首家新闻教育机构调查表

| 省市 | 名称 | 创办地点 | 创办时间 | 创办人 | 停办时间 | 资料来源 |
|---|---|---|---|---|---|---|
| 北京 | 北京大学新闻学研究会 | 北京 | 1918年10月18日 | 蔡元培为会长 | 1920年12月 | 黄瑚：《中国新闻事业发展史》，复旦大学出版社2001年版。 |
| 天津 | 天津师范大学中文系新闻专业 | 天津 | 1960年 | | "文革"期间停办，1980年恢复招生 | 《中国新闻年鉴》1995年。 |
| 河北 | 华北联合大学新闻系 | 张家口 | 1946年 | 罗夫、杨觉 | | 李建新：《中国新闻教育史论》，新华出版社2003年版。 |
| 山西 | 山西大学中文系新闻专业 | 太原 | 1980年 | | | |
| 内蒙古 | 内蒙古大学汉语系新闻专业 | 呼和浩特 | 1987年9月 | | | 《中国新闻年鉴》1995年。 |
| 辽宁 | 辽东(安东)新闻工作学校 | 安东 | 1946年7月29日 | 陈楚为校长 | 1947年7月6日 | 《辽宁地方志资料选辑》第13辑。 |

· 1394 ·

## 附录六  各省、自治区、直辖市首家新闻教育机构调查表

(续表)

| 省市 | 名称 | 创办地点 | 创办时间 | 创办人 | 停办时间 | 资料来源 |
|---|---|---|---|---|---|---|
| 吉林 | 吉林大学文学院新闻专业 | 长春 | 1960年 | | 1962年停办，1984年恢复招生 | 田秀忠：《吉林省新闻事业发展概要》，《中国新闻年鉴》1995年。 |
| 黑龙江 | 西满新闻干部学校 | 齐齐哈尔 | 1946年11月 | 西满日报社主办社长王阑西 | | |
| 上海 | 上海圣约翰大学新闻系 | 上海 | 1920年9月 | 柏德生任系主任 | 1952年并入复旦大学新闻系 | 徐培汀：《我国早期的新闻教育》，《新闻大学》第1期。 |
| 江苏 | 中央政治大学新闻系 | 南京 | 1935年秋 | 马星野主持 | 1949年国民党迁往台湾而停办 | 刘圣清：《中国新闻大全》。 |
| 浙江 | 杭州新闻学校 | 杭州 | 1949年4月 | 浙江日报、新华社浙江分社等联合创办 | | 姚福申：《浙江省新闻事业发展概要》。 |
| 安徽 | 安徽大学中文系新闻专业 | 合肥 | 1980年 | | | |
| 福建 | 厦门大学报学科 | 厦门 | 1921年 | 陈嘉庚创办 | 1923年 | 黄珊：《中国新闻事业发展史》，复旦大学出版社2001年版。 |
| 江西 | 江西省立新闻学校 | 南昌 | 1949年7月 | 江西日报社 | | 江西省记协：《江西省新闻事业发展概要》、《中国新闻年鉴》1995年。 |

(续表)

| 省市 | 名称 | 创办地点 | 创办时间 | 创办人 | 停办时间 | 资料来源 |
|---|---|---|---|---|---|---|
| 山东 | 济南新闻函授学校 | 济南 | 1931 年 | 王笑凡 | | 李建新：《中国新闻教育史论》，新华出版社 2003 年版。 |
| 河南 | 郑州大学中文系新闻专业 | 郑州 | 1983 年 4 月 1 日 | | 1984 年 4 月 23 日改为郑州大学新闻系 | 《河南省新闻事业发展概况》1995 年。 |
| 湖北 | 武汉大学留日归国训练班新闻组 | 武汉 | 1938 年 | 谢然之 | | 李建新：《中国新闻教育史论》，新华出版社 2003 年版。 |
| 湖南 | 湖南自修大学新闻学科 | 长沙 | 1921 年 | 毛泽东 | | 李建新：《中国新闻教育史论》，新华出版社 2003 年版。 |
| 广东 | 中国新闻专门学校 | 广州 | 1928 年 8 月 | 谢英伯创办 | | 徐培汀：《中国早期新闻教育》大学》第 1 期。 |
| 广西 | 战时新闻工作讲习班 | 桂林 | 1938 年 | 陈纯粹 | | 李建新：《中国新闻教育史论》，新华出版社 2003 年版。 |
| 四川 | 新闻函授部 | 成都 | 1930 年 4 月 | 黎明社、中华通信社合办 | | 方汉奇：《中国新闻事业编年史》，福建人民出版社 2000 年版。 |
| 云南 | 云南大学中文系汉语文学专业中设"新闻学"专科 | 昆明 | 1960 年 5 月 | | 1961 年 10 月停办，1971 年恢复新闻专业，1978 年又停办，1985 年 9 月又恢复招生。 | 贺世熙、管万英：《云南省新闻事业发展概要》，《中国新闻年鉴》1995 年。 |

## 附录六　各省、自治区、直辖市首家新闻教育机构调查表

(续表)

| 省市 | 名称 | 创办地点 | 创办时间 | 创办人 | 停办时间 | 资料来源 |
|---|---|---|---|---|---|---|
| 贵州 | 新闻从业人员训练班 | 贵阳 | 1951年3月 | 省政府新闻出版处 | | 贵州省地方志编纂委员会编：《贵州省志·报纸志》，贵州人民出版社2003年版。 |
| 西藏 | 新闻训练班 | 拉萨 | 1956年 | | | 李建新：《中国新闻教育史论》，新华出版社2003年版。 |
| 陕西 | 中国女子大学新闻班 | 延安 | 1939年 | | | 华群生：《甘肃省新闻事业发展概况》，《中国新闻年鉴》1995年版。 |
| 甘肃 | 兰州大学中文系新闻专业 | 兰州 | 1959年 | | 后停办，1984年9月，创办了新闻与传播学系 | |
| 宁夏 | 宁夏大学中文系新闻专业 | 银川 | 1983年9月 | | | 李萌、崇师礼：《宁夏回族自治区新闻事业概况》，《中国新闻年鉴》1995年。 |
| 新疆 | 新疆大学中文系新闻专业 | 乌鲁木齐 | 1983年 | | | 《新疆维吾尔自治区新闻事业发展概要》，《中国新闻年鉴》1995年版。 |
| 香港 | 香港新闻学校 | 香港 | 1927年 | | 1931年 | 刘圣清：《中国新闻纪录大全》。 |
| 台湾 | 政工干部学校新闻系 | | 1951年 | 台湾军队领导机关创办 | | |
| 澳门 | 澳门大学应用中文与中文传播系 | 澳门 | 1991年 | | | 李建新：《中国新闻教育史论》，新华出版社2003年版。 |

· 1397 ·

# 附录七

## 各省、自治区、直辖市首家晚报调查表

| 省市 | 报名 | 出版地 | 创刊日期 | 停刊日期 | 主办人 | 资料来源 |
|---|---|---|---|---|---|---|
| 北京 | 《商业晚报》 | | 1918年6月1日 | | 经理杨训登、总编苏章铄 | 北洋政府内务部档案：《北京地区报刊注册统计表》（1912.5—1928.5）。 |
| 天津 | 《白话晚报》（又称《天津晚报》） | | 1912年4月 | | 刘孟杨 | 董效舒、贺照：《天津的晚报》，天津《新闻史料》总第七期。 |
| 河北 | 《华北晚报》 | 石家庄 | 1936年 | | | 1992年9月编《河北省志·新闻志》（初稿） |
| 山西 | 《民众晚报》 | 太原 | 1930年 | | | 王永寿：《建国前山西报纸简介》，山西《新闻研究》1987年第一期。 |
| 内蒙古 | 《红山晚报》 | 赤峰 | 1988年5月1日 | | | 《中国新闻年鉴》1995年。 |
| 辽宁 | 《新民晚报》 | 沈阳 | 1928年9月20日 | 1931年9月16日 | 社长钱芥尘、总编王乙之 | 《辽宁地方志资料丛刊》第十二辑。 |

附录七　各省、自治区、直辖市首家晚报调查表

(续表)

| 省市 | 报名 | 出版地 | 创刊日期 | 停刊日期 | 主办人 | 资料来源 |
|---|---|---|---|---|---|---|
| 吉林 | 《新声晚报》 | 长春 | 1947年1月 | 1947年3月 | 民办 | 《吉林报业史料》第一期（1990年11月）。 |
| 黑龙江 | 晚报（俄文） | 哈尔滨 | 1921年9月 | | 科尔帕克奇 | 《黑龙江省志·报业志》，黑龙江人民出版社1993年版。 |
| | 《滨江晚报》（中文） | | | | 发行人王王麟，总编李新吾 | |
| 上海 | 《上海晚差报》（英文） | | 1867年10月1日 | | 琼斯 | 方汉奇主编：《中国新闻事业通史》第一卷，中国人民大学出版社1992年版。 |
| | 《夜报》（中文） | | 1895年5月10日 | | | 《沪报》，1895年5月10日。 |
| 江苏 | 《南方晚报》 | 南京 | 1929年5月16日 | | 张友鸾 | 肖凡：《江苏新闻事业概要》。 |
| 浙江 | 《杭州晚报》 | 杭州 | 1924年5月 | 1924年9月 | 罗霞天 | 徐运嘉、杨萍萍：《杭州报刊史概述》，浙江大学出版社1989年版。 |
| 安徽 | 《安庆晚报》 | 安庆 | 1927年 | | 总理李鹏，总编唐少澜 | 《安徽新闻史料》 |
| 福建 | 《厦门晚报》 | 厦门 | 1925年 | | 经理吴锡煌，主笔陈沙仑 | 《厦门指南》（1931年），载苏郁文：《十四年来厦门报界调查表》。 |
| 江西 | 《江西晚报》 | 南昌 | 1927年9月 | | 总理杨绳福，主笔杨世兴 | 彭作雨、吴世祥：《报业》，《南昌市志·新闻志》。 |

· 1399 ·

(续表)

| 省市 | 报名 | 出版地 | 创刊日期 | 停刊日期 | 主办人 | 资料来源 |
|---|---|---|---|---|---|---|
| 山东 | 《青岛晚报》 | 青岛 | 1923年10月12日 | | | 杨源恺等：《山东省志·报业志》，1992年5月编。 |
| 河南 | 《中州晚报》 | 开封 | 1916年10月 | | 河南省议会会组办 | 《河南省志·新闻篇》（试写稿） |
| 湖北 | 《中西晚报》 | 武汉 | 1913年5月15日 | 1916年 | 王华轩创办，王幻庵主编 | 长江日报新闻研究室编：《武汉新闻史》第一辑，1983年6月。 |
| 湖南 | 《晚报》 | 长沙 | 1921年 | | | 《湖南省志·新闻出版志·报业》，湖南出版社1993年版。 |
| 广东 | 《明日国华报》 | 广州 | 1915年 | | 王泽民 | 暨南大学孙文铄教授提供。 |
| 广西 | 《新闻晚报》 | 南宁 | 1937年 | | 陈干钧 | 张鸿慰：《八桂报史文存》，广西民族出版社1995年版。 |
| 海南 | 《海口晚报》 | 海口 | 1988年10月18日 | | | 《中国新闻年鉴》1995年。 |
| 四川 | 《蓉城晚报》 | 成都 | 1913年春 | 1913年11月19日改《蓉城时报》 | 樊孔周 | 王绿萍，程洪：《四川报刊史》上册，成都科技大学出版社1993年版。 |
| 贵州 | 《黔风报》 | 贵阳 | 1935年6月 | 1936年5月 | 杜梓封 | 《贵州新闻协会通讯》 |
| 云南 | 《云南晚报》 | 昆明 | 1932年1月 | 1932年7月12日 | 赵生白，王襄臣 | 《云南省志·报业志》，云南人民出版社1997年版。 |

附录七 各省、自治区、直辖市首家晚报调查表

(续表)

| 省市 | 报名 | 出版地 | 创刊日期 | 停刊日期 | 主办人 | 资料来源 |
|---|---|---|---|---|---|---|
| 西藏 | 《拉萨晚报》（藏文） | 拉萨 | 1985年7月1日 | | | 白润生：《中国少数民族文字报刊史纲》，中央民族大学出版社1994年版。 |
| 重庆 | 《公益晚报》 | | 1924年11月 | 1927年初 | 民办 | 王绿萍，程洪：《四川报刊集览》上册，成都科技大学出版社1993年版。 |
| 陕西 | 《新秦晚报》 | 西安 | 1937年 | | 俞嗣如 | 《报刊史料》《陕西报刊大事记》专辑。 |
| 甘肃 | 《兰州晚报》 | 兰州 | 1980年7月1日 | | 黄应寿 | 《中国新闻年鉴》1995年。 |
| 宁夏 | 《银川晚报》 | 银川 | 1988年7月1日 | | 杨红兵 | 《宁夏报业资料汇编》 |
| 新疆 | 《乌鲁木齐晚报》（维、汉文版） | 乌鲁木齐 | 1984年1月1日 | | | 白润生：《中国少数民族文字报刊史纲》。 |
| 香港 | 《晚邮报》和《香港航运录》(英文) | | 1863年 | | | 方汉奇主编：《中国新闻事业通史》第一卷，中国人民大学出版社1992年版。 |
| | 《小说晚报》（文艺性） | | 1916年 | | | |
| | 《香港晚报》（综合性） | | 1921年 | | 黄燕青 | 《循环日报60周年纪念特刊》 |

(续表)

| 省市 | 报名 | 出版地 | 创刊日期 | 停刊日期 | 主办人 | 资料来源 |
|---|---|---|---|---|---|---|
| 澳门 | 《濠境晚报》 | | 1916年 | | | 钟紫：《澳门的新闻传播事业》。 |
| 台湾 | 《台湾日日新报晚刊》 | | 1914年 | | | 《光复以前台湾之新闻事业》 |

附录八　新中国成立前各省、自治区、直辖市出版时间最长报纸调查表

# 新中国成立前各省、自治区、直辖市出版时间最长报纸调查表

| 省市 | 报名 | 出版地点 | 出版时间 | 停刊时间 | 创办人 | 资料来源 |
|---|---|---|---|---|---|---|
| 北京 | 《北京报》 | 北京 | 1904年8月 | | 朱淇任社长 | 方汉奇主编：《中国新闻事业编年史》，福建人民出版社2000年版。 |
| 河北（天津） | 《大公报》 | 天津（属河北省府） | 1902年6月17日 | 1949年2月27日改为《进步日报》 | 英敛之创办 | 史和、姚福申、叶翠娣编：《中国近代报刊名录》福建人民出版社1991年版。 |
| 山西 | 《晋阳日报》 | 太原 | 1908年2月 | 原名《晋阳公报》，袁世凯统治时期曾一度停刊，1914年复刊，改名《晋阳日报》，1937年10月停刊。 | 王用宾等创办 | 《山西省志·报业志》，山西人民出版社出版。 |
| 辽宁 | 《盛京时报》 | 沈阳 | 1906年10月18日 | 1944年9月14日 | 中岛真雄创办 | 《辽宁地方志资料丛刊》第12辑。 |

(续表)

| 省市 | 报名 | 出版地点 | 出版时间 | 停刊时间 | 创办人 | 资料来源 |
|---|---|---|---|---|---|---|
| 吉林 | 《吉长日报》 | 长春 | 1909年11月27日 | 1931年9月18日后 | 社长顾植 | 《东北新闻史》,黑龙江人民出版社2001年版。 |
| 黑龙江 | 《远东报》 | 哈尔滨 | 1906年3月14日 | 1921年3月1日 | 顾植,连梦青主笔 | 林怡:《黑龙江省近代新闻事业》,《新闻大学》1994年春季号。 |
| 上海 | 《申报》 | 上海 | 1872年4月30日 | 1949年5月 | 美查创办 | 马光仁主编:《上海新闻史》,复旦大学出版社1996年版。 |
| 江苏 | 《锡报》 | 无锡 | 1912年10月10日 | 1949年4月24日 |  | 《江苏省志报业志》,江苏古籍出版社1999年版。 |
| 浙江 | 《时事公报》 | 宁波 | 1920年6月 | 1948年10月24日 | 乌一蝶为主笔 | 何宁先主编:《宁波新闻纵横》,宁波出版社1997年版。 |
| 安徽 | 《皖江日报》 | 芜湖 | 1910年11月20日 | 1937年12月 | 谭明卿,张九皋创办 | 蒋合平:《安徽新闻事业发展概要》。 |
| 福建 | 《奋兴报》 | 莆田 | 1908年 | 1949年8月 |  | 方汉奇主编:《中国新闻事业编年史》,福建人民出版社2000年版。 |
| 江西 | 《南昌民国日报》 | 南昌 | 1926年11月间 | 1949年5月12日 |  | 程沄:《江西新闻事业发展概要》(初稿)。 |
| 山东 | 《芝罘日报》 | 烟台 | 1907年 | 1937年7月 | 社长孙凌铣 | 《五四运动在山东资料选辑》,山东人民出版社1986年版。 |

## 附录八 新中国成立前各省、自治区、直辖市出版时间最长报纸调查表

(续表)

| 省市 | 报名 | 出版地点 | 出版时间 | 停刊时间 | 创办人 | 资料来源 |
|---|---|---|---|---|---|---|
| 河南 | 《新中州报》 | 开封 | 1917年1月 | 1927年6月 | 马和庚主笔 | 陈承铮：《河南新闻事业发展概要》（初稿）。 |
| 湖北 | 《中西报》 | 汉口 | 1914年9月 | 1937年12月 | | 方汉奇主编：《中国新闻事业编年史》，福建人民出版社出版。 |
| 湖南 | 《大公报》 | 长沙 | 1915年9月1日 | 1947年底 | 刘人熙、李抱一等创办 | 《湖南省志·新闻出版志》，湖南人民出版社1993年版。 |
| 广东 | 《越华报》 | 广州 | 1926年 | 1950年 | 陈柱廷主持 | 孙文烁：《广东新闻事业发展概要》。 |
| 四川 | 《广益丛报》 | 重庆 | 1903年4月16日 | 1912年1月 | 杨庶堪、朱蕴章等编辑 | 何承朴：《四川近代报刊三十家》，四川人民出版社1989年版。 |
| 贵州 | 《民众日报》 | 贵阳 | 1929年6月9日 | 1939年3月9日 | 贾如东、贺梓修等 | 《贵州省志·报纸志》，贵州人民出版社2003年版。 |
| 云南 | 《云南民国日报》 | 昆明 | 1930年4月6日 | 1946年4月1日改名《民意日报》 | 李济五任总编辑 | 王作礽：《云南新闻事业发展概要》（初稿）。 |
| 陕西 | 《国风日报》 | 西安 | 1910年 | 1949年 | 景梅九 | |
| 甘肃 | 《甘肃民国日报》 | 兰州 | 1928年10月 | 1949年8月 | 苏振甲为社长 | 李文：《近代甘肃新闻事业》，《新闻大学》1997年秋季号。 |
| 青海 | 《青海民国日报》 | 西宁 | 1931年8月1日 | 1949年 | | 程旭兰：《西北地区新闻事业概要》（初稿）。 |

(续表)

| 省市 | 报名 | 出版地点 | 出版时间 | 停刊时间 | 创办人 | 资料来源 |
|---|---|---|---|---|---|---|
| 宁夏 | 《宁夏民国日报》 | | 1929年11月 | 1949年9月20日 | 陈克中任首任社长 | 李萌：《建国前的宁夏报业》,《新闻大学》1995年夏季号。 |
| 香港 | 《循环日报》 | 香港 | 1874年1月5日 | 1951年 | 王韬 | 丁淦林主编：《中国新闻事业史》(自学教材),武汉大学出版社2000年版。 |
| 台湾 | 《台湾新生报》 | 台北 | 1945年10月25日 | 现仍在出版 | 李万居任社长 | 丁淦林主编：《中国新闻事业史》(自学教材),武汉大学出版社2000年版。 |
| 澳门 | 《大众报》 | 澳门 | 1933年7月15日 | 中间有过停刊,现仍在出版 | 陈天心 | 刘圣清主编：《中国新闻纪录大全》,广州出版社1998年版。 |

# 附录九　1911年10月辛亥革命前各地报刊

| 省市 | 种数 | 报刊名称 |
|---|---|---|
| 北京 | 15 | 《中国国民禁烟总会杂志》(1911)、《内阁官报》(1911.8)、《北京法政学杂志》(1911.9)、《北京官报》(1911年间)、《白话午报》(1911)、《军华》(1911.7)、《国民公报》(1910.8)、《国光新闻》(1911.8)、《国学丛刊》(1911.2)、《京都日报》(1908)、《法学会杂志》(1911.6)、《法政浅说报》(1911)、《顺天时报》(1901)、《帝国日报》(1909.12)、《资政院公报》(1911) |
| 天津（当时天津属河北省） | 18 | 《大公报》(1902.6)、《天津日日新闻》(1900)、《天津白话报》(1910)、《中个实报》(1904.9)、《北洋报》(1901)、《北洋旬日画报》(1911.3)、《北洋官报》(1902.11)、《北洋政学旬报》(1910.12)、《民心报》(1909.3)、《民兴报》(1909)、《民辛画报》(1911.4)、《民国报》(1911.9)、《地学杂志》(1910.2)、《直隶教育杂志》(1905)、《直隶警察杂志》(1910.9)、《经纬报》(1904)、《醒华》(1908.4)、《醒报》(1911.7) |
| 山西 | 1 | 《晋阳日报》(1906.1) |
| 内蒙古 | 1 | 《婴报》(1905年冬) |
| 辽宁 | 6 | 《大中公报》(1910.7)、《民声报》(1911.7)、《奉天官报》(1911.7)、《奉天教育杂志》(1911)、《盛京时报》(1906)、《醒时报》(1908) |
| 吉林 | 7 | 《大中日报》(1911.6)、《长春日报》(1909)、《吉长日报》(1909.11)、《吉林农报》(1908)、《吉林官报》(1907)、《吉林司法官报》(1910.3)、《奉天官报》(1911) |

(续表)

| 省市 | 种数 | 报刊名称 |
|---|---|---|
| 黑龙江 | 4 | 《北报》(1911)、《白话日报》(1911.4)、《远东报》(1906.3)、《醒民报》(1911.9) |
| 上海 | 63 | 《大同报》(1904.3)、《上海日报》(1905.3)、《上海白话报》(1910.11)、《上海青年》(1901)、《女学生杂志》(1910.4)、《女铎报》(1911年夏)、《小上海》(1911.8)、《小说时报》(1910.8)、《小孩月报》(1875,1881后改名《月报》)、《天铎报》(1910.8)、《少年杂志》(1911.3)、《中外报》(1911)、《中外晚报》(1911.8)、《中西医学报》(1910.4)、《中西教会报》(1891.2)、《中国革命记》(1911)、《中国商务日报》(1909)、《中国商业研究会月报》(1910.3)、《东方杂志》(1904.3)、《申报》(1872.4)、《圣公会报》(1908.1)、《民立报》(1910.10)、《民主报》(1910年秋)、《花图新报》(1880)、《克复学报》(1910.1)、《兴华报》(1910)、《阳秋报》(1911.1)、《妇女时报》(1911.6)、《图画新报》(1911.5)、《社会星》(1911.4)、《报海》(1910)、《医学世界》(1908.7)、《医学新报》(1911.6)、《时报》(1904.6)、《尚贤堂纪事》(1910.9)、《明报》(1911)、《明星画报》(1911)、《启民爱国报》(1911.5)、《青年》(1897)、《青浦新报》(1911.2)、《图画报》(1910.7)、《南社》(1911)、《图画汇民报》(1911.8)、《国风报》(1910.2)、《国华报》(1910.11)、《国画汇报》(1910.7)、《法政杂志》(1911.3)、《春申报》(1911)、《笑林报》(1910.2)、《图画次民报》(1911.8)、《采风报》(1898)、《金融日报》(1904)、《留美学生年报》(1901.7)、《浦东》(1907.5)、《震旦学院辽刊》(1910.4)、《神州日报》(1910.4)、《通问报》(1899.2)、《爱国报》(1909.2)、《新闻报》(1909)、《海上日报》(1901)、《瞵报》(1909)、《教育杂志》(1902.6) |
| 江苏(除上海外) | 10 | 《江阴杂志》(1911)、《江苏日报》(1911.4)、《苏州新闻》(1910.11)、《吴门杂志》(1911.5)、《吴声》(1911.6)、《沧沧杂志》(1910.10)、《南洋官报》(1904)、《通州师范校友会杂志》(1911)、《通海新报》(1911)、《新民日报》(1911.9) |
| 浙江 | 13 | 《四明日报》(1910)、《白话省钟报》(1911.8)、《全浙公报》(1909.1)、《赤霞报》(1911)、《武风鼓吹》(1911)、《绍兴公报》(1908.4)、《绍兴白话报》(1910.3)、《浙江日报》(1908)、《浙江官报》(1909.8)、《浙江教育官报》(1908.8)、《越报》(1909.11)、《新佛教》(1911)、《醒狮潮》(1911) |
| 安徽 | 3 | 《中江日报》(1909.11)、《安徽日报》(1911)、《安徽官报》(1905.4) |
| 福建 | 5 | 《左海公道报》(1911.3)、《民心》(1911.3)、《建言报》(1911)、《闽报》(1898.1)、《福建商业公报》(1911年初) |

附录九 1911年10月辛亥革命前各地报刊

（续表）

| 省市 | 种数 | 报刊名称 |
| --- | --- | --- |
| 江西 | 2 | 《自治日报》(1910)、《江西官报》(1902) |
| 山东 | 8 | 《山东日日官报》(1908)、《山东官报》(1905.8)、《芝罘日报》(1907)、《齐鲁公报》(1911)、《官话日报》(1906)、《晨星报》(1910)、《简报》(1903)、《德华日报》1906) |
| 河南 | 3 | 《中州日报》(1911.7)、《国事日报》(1911年秋)、《河南官报》(1904) |
| 湖北 | 11 | 《工商日报》(1906)、《中西报》(1906)、《白话新报》(1911)、《公论新报》(1906)、《夏报》(1911.2)、《鄂报》(1907.1)、《湖北农会报》(1910.5)、《湖北商务报》(1899.4)、《趣报》(1911)、《新汉报》(1909年春)、《繁华报》(1911.8) |
| 湖南 | 4 | 《长沙日报》(1905.4)、《宁乡地方自治白话报》(1910)、《军事报》(1911)、《湖南通俗报》(1911) |
| 广东 | 20 | 《七十二行商报》(1906.9)、《人权报》(1911.3)、《广东警务杂志》(1911)、《天趣报》(1905)、《平民画报》(1911.7)、《光华医事卫生杂志》(1910年秋)、《齐民报》(1911.8)、《两广官报》(1903.2)、《羊民日报》(1911.5)、《国民报》(1906)、《国事日报》(1906.9)、《顺德公报》(1911.6)、《南越报》(1909)、《南山循报》(1911.2)、《真报》(1902)、《真光报》(1906)、《新中华报》(1911.7)、《粤路丛报》(1909)、《粤东公报》(1911)、《晨日日报》(1911) |
| 广西 | 4 | 《广西官报》(1907.6)、《南风报》(1911)、《女界报》(1911)、《梧州日报》(1911.4) |
| 四川 | 17 | 《广益丛报》(1903)、《女界报》(1911)、《四川公报》(1911)、《四川官报》(1911)、《四川教育官报》(1907.10)、《四川警务官报》(1911.2)、《成都日报》(1904.11)、《成都商报》(1909)、《军事报》(1911)、《国民报》(1911)、《崇实报》(1911.8)、《通俗新报》(1911)、《晚报》(1911)、《游艺》(1911)、《谐铎报》(1911.9)、《蜀醒报》(1911) |
| 贵州 | 5 | 《黔报》(1907)、《西南日报》(1909.8)、《南兴报》(1910年间)、《贵州公报》(1909)、《贵州教育官报》(1911.4) |
| 云南 | 5 | 《大汉滇报》(1911)、《云南日报》(1911.7)、《云南政治公报》(1911.2)、《国民话报》(1911.5)、《滇南公报》(1911.7) |

· 1409 ·

(续表)

| 省市 | 种数 | 报刊名称 |
|---|---|---|
| 西藏 | 0 | |
| 陕西 | 5 | 《丽泽随笔》(1908)、《陕西教育官报》(1910.12)、《帝州报》(1910)、《秦中官报》(1908)、《啖社学谈》(1911.3) |
| 甘肃 | 0 | |
| 青海 | 0 | |
| 宁夏 | 0 | |
| 新疆 | 1 | 《伊犁白话报》(1910.3) |
| 台湾 | 1 | 《台湾日日新报》(1898.5) |
| 香港 | 9 | 《中外新报》(1858.5)、《中国日报》(1900)、《华字日报》(1872)、《国民新报》(1909)、《真报》(1907)、《香港商报》(1904)、《维新日报》(1879)、《循环日报》(1874)、《新汉报》(1911) |
| 澳门 | 14 | 《蜜蜂华报》(1822)、《澳门报》(1824)、《澳门杂文编》(1833)、《澳门钞报》(1834)、《帝国澳门人报》(1836)、《大西洋国》(1836)、《知新报》(1839)、《澳门政府公报》(1839)、《商报》(1839)、《真爱国者》(1840)、《澳门灯塔报》(1841)、《镜海丛报》(1893)、《知新报》(1897)、《濠镜报》(1898)、《衡报》(1907) |

# 附录十

# 1937年6月抗战前各地报刊名录

| 省市 | 报刊类别 | | | | | 合计总数 |
|---|---|---|---|---|---|---|
| | 日报 | 间日报 | 三日刊 | 五日刊 | 周刊 | |
| 北京 | 45 | | | | 19 | 64 |
| 天津 | 36 | 1 | 1 | | 17 | 55 |
| 河北 | 17 | 1 | 2 | 3 | 23 | 46 |
| 山西 | 10 | | | | 13 | 23 |
| 内蒙古 | 7 | | | | 4 | 11 |
| 辽宁 | 5 | | | | | 5 |
| 上海 | 68 | | 8 | | 43 | 119 |
| 江苏 | 216 | 2 | 16 | 2 | 66 | 302 |
| 浙江 | 68 | 2 | 11 | 2 | 22 | 105 |
| 安徽 | 47 | 2 | 5 | | 13 | 67 |
| 福建 | 20 | 1 | 1 | | 11 | 33 |
| 江西 | 35 | 3 | | | 10 | 48 |
| 山东 | 50 | | 3 | 2 | 69 | 124 |
| 河南 | 27 | | 1 | 1 | 9 | 38 |
| 湖北 | 54 | | 1 | | 15 | 70 |

(续表)

| 省市 | 报刊类别 | | | | | 合计总数 |
|---|---|---|---|---|---|---|
| | 日报 | 间日报 | 三日刊 | 五日刊 | 周刊 | |
| 湖南 | 33 | 7 | 17 | 5(其中四日刊1种) | 14 | 76 |
| 广东 | 61 | | | 1 | 21 | 83 |
| 广西 | 11 | | | | | 11 |
| 四川 | 49 | 2 | 6 | | 16 | 73 |
| 云南 | 16 | | | | 3 | 19 |
| 贵州 | 1 | | | | | 1 |
| 陕西 | 8 | | | | 1 | 9 |
| 甘肃 | 5 | | | | 10 | 15 |
| 青海 | 2 | | | | 3 | 5 |
| 宁夏 | 2 | 1 | | | | 3 |
| 香港 | 22 | | 3 | | 4 | 29 |
| 澳门 | 1 | | | | | 1 |

# 1937年6月抗战前各地报刊名录

## 北京市

日报：《北平益世报》《北平民国日报》《北平晨报》《北京日报》《北京新闻》《卍字日日新闻》《世界日报》《世界晚报》《新北平》《华北日报》《东方快报》《老百姓报》《天津报》《华北民强报》《实报》《北平新报》《平报》《立言报》《北平报》《民声报》《时言报》《北平白话报》《中和报》《北平晚报》《平民小日报》《小小日报》《华文京报》《公报》《健报》《汇报》《真报》《全民报》《新支那》《觉今日报》《英文北平时事日报》《导报》《小公报》《实权日报》《燕京报》《矿业新闻》《中国大学日刊》《群强报》《救世报》《中华新闻画报》《北京新报》

周报：《国语周刊》《北平市政府市政公报》《法律评论》《燕京新闻》《东北青年周刊》《北平中华新闻》《故宫周刊》《清华大学校刊》《教育行政周报》《寒露画报》《汇文学艺》《蒙文周刊》《平绥画报》《民众周刊》《国立北平大学校刊》《鞭策周刊》《北京政闻报》《英文中国时事周报》《外交周报》

## 天津市

日报：《大公报》《益世报》《中华新闻报》《大中时报》《天津晨报》《天津时报》《天津商报》《天津午报》《治新日报》《新天津报》《天津平报》《俄文霞报》《德华日报》《英文京津泰晤士报》《新天津晚报》《天津晚报》《津报》《庸报》《天风报》《国强报》《快报》《天津品报》《民国日报》《中南报》《民报》《启明报》《白话午报》《世界晨报》《新报》《中华报》《天津大报》《华北新闻》《天津日

报》《华北英文日报》《华北晚报》《河北省政公报》

间日刊：《天津商报画刊》

三日刊：《风月画报》

周刊：《广智星期报》《导光周刊》《北洋周刊》《益世主日报》《法商周刊》《家庭周刊》《女师学院周刊》《天津经济时报》《国闻周报》《华北星期报》《民众教育实验学校周刊》《南开大学副刊》《芦盐周报》《新天津画报》《市民周报》《津中周刊》《河北博物院画报》

## 河北省

日报：《振民日报》《河北民声日报》《献县日报》《山海关日报》《山海关公报》《三笠报》《玉田县时闻简报》《时事简报》《唐山工商日报》《新唐山报》《公报》《石门日报》《正太日刊》《晓报》《国民新报》《商业日报》《热河日报》

间日刊：《醒民报》

三日刊：《深县三日报》《大名三日报》

五日刊：《大城时事简报》《唐县时事简报》《清河五日刊》

周刊：《民众周刊》《保中周刊》《时闻周报》《肃宁县周报》《任丘周刊》《卢龙周刊》《昌黎县周报》《农民周刊》《安新周刊》《井陉党声》《行唐周刊》《平山周刊》《平山县时闻简报》《新元周刊》《新十一中》《河北六中周刊》《成安周报》《磁县周报》《民众周刊》《南宫周报》《赵县周报》《交大唐院周刊》《商业周刊》

## 山西省

日报：《太原日报》《并州新报》《山西日报》《晋阳日报》《太原晚报》《华闻晚报》《山西党讯》《明星文艺日报》《法令公刊》《明报》

周刊：《商校周刊》《明星报》《富强周报》《小孩报》《好友周报》《监政周刊》《乡村小学周刊》《乡镇白话周报》《童报周刊》《山西省立太原中学校周刊》《太谷星期报》《铭贤周刊》《明报》

## 内蒙古自治区

日报：《绥远民国日报》《绥远社会日报》《绥远朝报》《绥远日报》《包头日报》《归绥通俗日报》《绥远西北日报》

周刊：《蒙文周报》《民生周报》《绥远丰镇县醒民周刊》《兴和周报》

## 辽宁省

日报：《关东日报》《满洲日报》《英文满报》《满洲日日新闻报》《泰东日报》

## 上海市

日报：《申报》《新闻报》《时事新报》《时报》《中华日报》《民报》《上海商报》《立报》《时代报》《报报》《上海广东报》《上海市民报》《市民日报》《东方日报》《晶报》《上海报》《大陆报》《泰晤士日报》《法文上海日报》《德文日报》《大美晚报》《大晚报》《俄文日报沃罗斯》《上海每日新闻》《上海日日新闻》《大日报》《中华晚报》《社会晚报》《早报》《上海宁波日报》《明星日报》《上海金融日报》《新新日报》《复活报》《金刚钻》《虹报》《琼报》《罗宾汉日报》《大世界报》《大晶报》《福尔摩斯报》《小日报》《儿童日报》《物资救国报》《通问报》《戏世界》《京沪沪杭甬铁路日刊》《佛教日报》《大公报》《商业日报》《工商新闻》《俄文柴拉晚报》《犹太日报》《铁报》《上海罗宾汉》《东南晚报》《大言日报》《大光报》《大松江日报》《茸报》《南汇民报》《青浦民众日报》《奉贤民众日报》《嘉定民众报》《宝山日报》《新崇报》《崇明报》《新崇明评论》

三日刊：《民治报》《新春秋》《正气报》《沪报三日刊》《商业导报》《松江大光明报》《松江民众报》《浦海导报三日刊》

周刊：《星报》《浦东星报》《新浦东》《礼拜六周刊》《民国周刊》《汗血周刊》《华年周刊》《人言周刊》《电声电影周刊》《长寿周刊》《康庄周刊》《新力周

刊》《银行周刊》《中国口琴界》《电音播音周刊》《乒乓世界周刊》《中国学生》《小学生》《小朋友》《摄影画报》《联益周刊》《大夏周刊》《慈航周刊》《英语周刊》《进步英华周刊》《中国评论周刊》《染织纺周刊》《大中华周刊》《泰晤士星期刊》《金融商业报》《巨轮周刊》《兴华周刊》《家庭星期》《儿童问题讲座周刊》《工程周刊》《评论与通讯》《法律评论》《法令周刊》《英文周刊》《通问报》《大地周刊》《英文大青年周刊》《金山区政周报》

## 江苏省

日报：《中央日报》《新中华报》《新南京报》《南京日报》《南京早报》《朝报》《首都新民报》《远东报》《救国日报》《中国日报》《边事日报》《宁报》《新报》《大京报》《新京日报》《南京晚报》《大华晚报》《扶轮日报》《财政日刊》《青白报》《华报》《人民晚报》《中央大学日刊》《中央军校党军日报》《大江日报》《国民政府公报》《中央妇女日报》《南京晨报》《大道日报》《社会晨报》《呐喊报》《大道晚报》《南京人报》《江苏日报》《民生报》《新中国报》《新时日报》《江苏省报》《苏报》《新江苏报》《市报》《快报》《正报》《自强日报》《江苏民政》《新省日报》《三山日报》《扬子江日报》《江苏晚报》《大江南晚报》《醒报》《镇江晨报》《区镇导报》《平报》《江苏省政府公报》《平报》《松风报》《新句容报》《江浦县消息日报》《六合日报》《民鸣报》《中山日报》《丹阳日报》《苏民日报》《民声日报》《新生日报》《金坛日报》《溧阳报》《太仓日报》《平民日报》《太嘉宝报》《启民报》《新启东报》《大公日报》《新海门日报》《江海日报》《师山日报》《苏州日报》《吴县日报》《苏州大公报》《早报》《苏声日报》《吴县晶报》《大吴语》《吴县市乡公报》《每日电报》《新苏导报》《吴江工商日报》《大风报》《中报》《苏州时报》《新生报》《大江夜报》《每日新闻》《琴报》《常熟电报日刊》《新常熟日报》《虞阳报》《自由日报》《商报》《大钟日报》《新昆日报》《昆山民报》《吴江晨报》《吴江日报》《武进商报》《武进中山日报》《武进晨报》《武进夜报》《常州钢报》《新民日报》《兰言日报》《快报》《锡报》《新无锡报》《人报》《新民报》《国民导报》《民报》《明报》《风报》《正报》《复兴报》《大公报》《宜兴民报》《宜兴训报》《日报》《义报》《苏宜报》《江阴正气报》《大声日报》《澄清日报》《靖江

日报》《新靖江报》《南通民报》《南通报》《通通日报》《新南通日报》《新江北日报》《大江北商报》《五山日报》《如皋导报》《如皋报》《泰兴日报》《泰兴民报》《泰兴辰报》《淮北日报》《苏北日报》《清江浦江淮日报》《新商报》《江北日报》《淮安日报》《明报》《泗阳民众日报》《淮滨日报》《泗水电波日报》《盐城时报》《民声日报》《新公报》《盐城民报》《盐城日报》《新盐日报》《中华日报》《新江都日报》《大江北日报》《新扬日报》《淮阳日报》《民意日报》《淮蹉日报》《民声报》《江都正气日报》《正言报》《江都民报》《东台报》《东台竞报》《兴化民报》《朝报》《平报》《安声报》《泰报》《江泰日报》《新泰日报》《江东日报》《高邮民国日报》《大众报》《高邮晚报》《新声报》《淮海日报》《晓报》《南强报》《高邮商报》《珠湖报》《淮南导报》《徐州民报》《新徐日报》《徐报》《民众晚报》《晚报》《徐州公言报》《徐州日报》《宝应民众报》《宝光报》《丰报》《沛报》《宿迁日报》《宿迁民报》《睢宁日报》《新海报》《连云报》《大华报》《津浦日刊》《民声日报》《丹阳时报》《新丹阳报》《丹阳商报》《丹阳晓报》

间日刊：《游戏报》《民声》《扬州日报》《江北商务报》《江淮新报》《扬州启新报》《新民报》《东台民声报》《姜声报》《民众日报》

三日刊：《青报》《首都晨钟报》《呱呱报》《军政公报》《铁道公报》《镇江画报》《淳报》《民众报》《扬中民报》《轰报》《唐闸报》《民声报》《民铎报》《泰县晚报》《海报》《砀山民报》

五日刊：《兴化公报》《兴报》

周刊：《中央时事周报》《社会周报》《首都国货周报》《民众周报》《良心报》《矿业周报》《大侠魂周刊》《内政公报》《内政消息》《民鸣周刊》《励志周刊》《政治评论》《中央国术馆国术周刊》《金陵大学校刊》《西北问题》《广播周报》《蒙藏周报》《西北周报》《正论》《现代周报》《新生活》《交通研究院院刊》《政治周报》《法治周报》《党旗周刊》《民立周刊》《实业公报》《铁路职工周报》《扫荡画报》《司法消息周刊》《革命的海军》《司法公报》《教育公报》《中央政治学校校刊》《法律评论》《中央党务周刊》《读书周报》《每日要闻》《新溧水报》《徽州新闻》《民众周刊》《新声》《武进县政府公报》《无锡教育周刊》《儿童新闻》《民众周刊》《无锡画报》《宜兴周报》《民众周刊》《新余周刊》《民众画报》《儿童报》《新民周刊》《泗民周报》《江北公论报》《通俗报》《兴化兴声报》

《民众周报》《新兴报》《泰县党报》《民众画报》《晓彭市周报》《铜山教育周报》《沭阳教育周报》《民众周报》《浦声周刊》

## 浙江省

日报：《浙江日报》《东南日报》《浙江商报》《浙民日报》《浙江新闻报》《杭州青年》《杭州报》《杭报》《之江日报》《中国医药日报》《浙江省政府公报》《浙江民政日刊》《新海宁报》《海宁民报》《嘉兴商报》《嘉兴民报》《嘉兴民国日报》《硖石商报》《硖石报》《平民日报》《平湖日报》《平湖商报》《平湖民报》《新商日报》《湖报》《湖州公报》《宁波民国日报》《时事公报》《宁波商报》《宁波商情日报》《市情日刊》《宁波大晚报》《宁波大报》《奉化新闻》《镇海报》《舟报》《绍兴民国日报》《绍兴商报》《绍兴新闻》《绍兴晚报》《萧山民国日报》《诸暨国民日报》《余姚民国日报》《余姚快报》《舜江日报》《台州导报》《台州民报》《台州国民新闻》《椒江民报》《澄江报》《潞河报》《民众报》《温岭日报》《温岭新闻报》《横湖民报》《衢县国民日报》《龙游民报》《常山日报》《浙东民报》《新民报》《东阳民报》《淳安民报》《瓯海民报》《温州艺报》《温州新报》《新瓯潮报》《民众日报》《浙瓯日报》

间日刊：《黄岩商报》《黄岩民报》

三日刊：《杭州人报》《中国儿童时报》《浙江潮报》《海盐民报》《海盐县政公报》《新崇德报》《崇德教育三日刊》《蛟川新闻公报》《上虞报》《江声报》《警卫新闻》

五日刊：《余杭民报》《於潜公报》

周刊：《建设周刊》《杭州民众》《杭州市政府教育周刊》《晨光周刊》《读书之声》《艺专校刊》《空军周刊》《警光周刊》《国立艺术学院周刊》《国立浙江大学校刊》《浙江地政周刊》《桐乡民报》《吴兴教育行政周刊》《德清新闻》《鄞县教育周刊》《慈溪公报》《绍兴县政府公报》《余姚县政公报》《宁海民报》《新永康周刊》《严州民报》《泰顺周刊》

## 安徽省

日报：《皖报》《国事快闻报》《安庆新报》《安庆民国日报》《新皖铎报》《民报》《安徽商报》《安庆晚报》《皖江晚报》《安徽民众导报》《民礨报》《玲珑小报》《望江新闻》《皖中日报》《新民报》《民生日报》《舒城导报》《巢县日报》《南巢导报》《皖西日报》《皋声日报》《民国日报》《皖江日报》《安徽旭报》《民国日报》《芜湖时报》《芜湖导报》《芜湖中江报》《芜湖新报》《大江日报》《当涂日报》《当涂民报》《广德日报》《徽声日报》《徽州日报》《宜城日报》《新民日报》《皖北时报》《皖北日报》《新蚌埠日报》《大淮报》《宿县民国日报》《亳民导报》《新大通报》《民众晚报》《晚涛日报》《青阳日报》

间日刊：《泗县泗报》《天长导报》

三日刊：《桐城三日刊》《庐江三日刊》《淮声报》《寿光报》《太和通俗报》

周刊：《安徽大学周刊》《建设消息》《安徽教育行政周刊》《内政部警高学校安徽同学会周刊》《法政周刊》《秋浦周刊》《安徽大学法学周刊》《淮西中学男生部周刊》《行政周刊》《民众周刊》《滁县周报》《滁县民众周刊》《教育会周刊》

## 福建省

日报：《福建民报》《闽报》《现代日报》《华侨商报》《闽潮报》《求是日报》《思明商学日报》《厦门商报》《厦门星光日报》《民钟日报》《全闽新日报》《华侨日报》《厦门儿童日报》《江声报》《莆田日报》《泉州日报》《国民日报》《崇道报》《复兴日报》《人言晚报》

间日刊：《北闽导报》

三日刊：《华报》

周刊：《道报》《厦门妇女报》《厦大周刊》《集美周刊》《福清周报》《莆阳醒报》《奋兴报》《荡平周报》《建瓯教育周刊》《建瓯民众》《建瓯儿童周刊》

## 江西省

日报：《江西新闻日报》《江西民国日报》《司法日报》《南昌商报》《江西正报》《江西民报》《南昌商务日报》《江西晚报》《江西商民日报》《江西工商报》《丰城剑锋报》《南城竞进日报》《玉山新报》《民声报》《民国日报》《国民日报》《吉安商报》《安福民报》《赣西民报》《赣西日报》《高安民报》《赣南民国日报》《新赣南日报》《民间日报》《九江日报》《九江新闻日报》《九江晨报》《九江时事日报》《赣北民国日报》《民国日报》《饶州民报》《景德镇市民日报》《陶业日报》《互信报》《党政日报》

三日刊：《公路三日刊》《广丰三日刊》《民声报》

周刊：《市光报》《每周情报》《拂晓周报》《东乡周报》《贵溪周刊》《七中周刊》《泰和周报》《新淦周报》《峡江周报》《干报》

## 山东省

日报：《青岛日报》《青岛快报》《泰晤士报》《新青岛报》《光华日报》《正报》《胶济日刊》《胶济日报》《青岛平民报》《青岛民报》《大中日报》《青岛公报》《工商新报》《大青岛报》《青岛晨报》《青岛胶澳日报》《青岛新报》《胶东晚报》《山东兴信日报》《胶东日报》《烟台英文日报》《钟声报》《东海日报》《烟台民声晚报》《芝罘日报》《明星报》《山东日报》《济南日报》《山东民国日报》《济南晚报》《济南大晚报》《平民日报》《山东通俗日报》《山东民报》《诚报》《华北新闻》《气象日报》《山东新报》《山东经济午报》《新亚日报》《历下新闻》《惠民日报》《鲁南日报》《堂邑日报》《引临清民报》《引临清日报》《民众快报》《胶州日报》《新生日报》《黄海潮报》

三日刊：《临沂党声》《荷泽党声》《莱阳民报》

五日刊：《泗水民声》《武城党声》

周刊：《自治周报》《市政周刊》《国立山东大学周刊》《光华报》《小学与社会》《章邱党声》《邹平周报》《溜川民众周报》《齐河党声》《齐东党声》《党政

周报》《泰安党声》《莱芜党政周报》《莱芜党声》《新轮周刊》《四中校刊》《滨县党声》《霜化党声》《商河党声》《民声周报》《乐陵县党声》《博山周报》《济宁周报》《滋阳党声》《曲阜县党部党声报》《宁阳党政周刊》《邹县党声》《民众周刊》《滕县党政周报》《滕县党声》《泗水党政周报》《峄阳周报》《金乡党声》《鱼台周刊》《郯城党声》《民众周刊》《县立一小周刊》《沂水县立民众教育馆民众周报》《新曹县报》《新聊城周报》《省立三师附小周刊》《堂邑党政周报》《新堂邑周报》《党政周刊》《茌平县党政周报》《清平党声》《莘县党声》《武城县党政周报》《国民周报》《新临清周报》《邱县党报》《德县党声》《德平党声》《陵县周报》《临邑党政周报》《禹城党声》《东平周刊》《濮县党声》《观城周报》《黄县民友》《山东省招远县党政周报》《平度党政周报》《民众周刊》《昌邑党声》《荣城党政周刊》《先锋》《临朐县党声》《新日照周报》《民众周刊》

## 河南省

日报:《河南民国日报》《河南民报》《新河南报》《河南晚报》《大河晚报》《民权报》《河南民众白话报》《新郑日报》《郑州日报》《郑州华北日报》《郑州大东商报》《大华晨报》《陇海日刊》《汜水民报》《安阳新民日报》《安阳民声日报》《洹声日报》《豫北日报》《孟县收音日报》《河洛日报》《豫南民报》《宛南民报》《汝南民报》《西平县收音日报》《河南杜魂日报》《豫南日报》《焦作日报》

三日刊:《新西平报》

五日刊:《新孟报》

周刊:《市民周刊》《杞县周刊》《县民众周刊》《博爱县民众周报》《修武自治周报》《醒灵周刊》《湍声报》《柏茄周刊》《遂平县民众周刊》

## 湖北省

日报:《扫荡报》《武汉日报》《汉口大同日报》《武汉时报》《汉口大中日报》《国民晚报》《新汉口报》《汉口新中华日报》《汉口中西报》《导报》《汉口华中日报》《震旦民报》《大光报》《工商日报》《时代日报》《新快报》《新民报》《湖

北地方日报》《汉口日日新闻》《汉报》《汉口新闻报》《新汉报》《汉口自由日报》《舆论报》《今日报》《汉口国货日报》《汉口铿报》《正义报》《武汉时事白话报》《壮报》《楚报》《汉口劲报》《汉口为公日报》《日需指南》《进化日报》《平汉日刊》《锦文日报》《全民日报》《武汉夜报》《湖北水灾日刊》《蕲春日报》《广济中山报》《鄂北中山日报》《宜昌国民日报》《宜昌工商日报》《鄂西中山日报》《宜昌公报》《宜昌快报》《长江商务报》《荆沙日报》《新沙市日报》《荆报》《枝江民众报》《武穴日报》

三日刊：《新妇女报》

周刊：《新大陆周报》《正信周刊》《信义报》《中华周刊》《湖北民政公报》《民众周刊》《湖北省政公报》《鄂城中山周刊》《莼报》《黄坡中山周刊》《麻城周报》《安陆周刊》《安陆中山周报》《当阳中山周刊》《南漳中山周刊》

## 湖南省

日报：《湖南民国日报》《湖南国民日报》《湖南大公报》《长沙市民日报》《全民日报》《大晚报》《湖南通俗日报》《长沙市晚报》《长沙湘声晚报》《霹雳日报》《晨光》《长沙小报》《成报》《小小报》《浏阳日报》《湘潭民报》《湖南湘乡民报》《邵阳日报》《常德大公报》《建设日报》《常德民报》《华容民报》《南县民报》《南县通俗报》《衡阳民国日报》《衡山通俗日报》《耒阳民报》《零陵民报》《祁阳日报》《道县民报》《沅陵民报》《桃源国民日报》《桃源通俗报》

间日刊：《湖南妇女报》《攸县通俗报》《岳阳民报》《澧县民报》《芷江民报》《溆浦民报》《湘西新报》

三日刊：《湖南工人报》《新闻夜报》《湖南晚报》《剿匪三日刊》《晚晚报》《前锋报》《卡麦斯报》《江星报》《宁都民报》《益阳民报》《安化民报》《平江民报》《东安民报》《江华民报》《桂阳民报》《黔阳民报》《石门民报》

四日刊：《安仁民报》

五日刊：《醴陵民报》《沅江民报》《安乡民报》《宁远民报》

周刊：《湘阴民报》《龙师》《时事壁报》《新宁民报》《临澧民报》《衡山周报》《酃县民报》《永兴县通俗周报》《宜章民报》《蓝山民报》《永顺民报》《绥宁

民报》《会同民众教育报》《晃县周报》

## 广东省

日报：《广州市民日报》《广州日报》《广州民国日报》《国民新闻》《持平日报》《环球报》《现象报》《国华报》《公评报》《经济报》《英文日报》《民生报》《司法日刊》《新国华报》《公道报》《大华晚报》《七十二行商报》《越华报》《广州共和报》《愚公报》《广州宏道日报》《广州市政日报》《广东晨报》《群声报》《岭东民国日报》《汕报》《兴宁时事日报》《汕头民声日报》《汕头国闻报》《新岭东日报》《汕头市侨声日报》《星华日报》《商民新闻报》《诚报晚刊》《汕头正报》《中山仁言日报》《中山大公日报》《澳门时报》《南海民国日报》《台山民国日报》《台山南华日报》《台城舆论报》《五邑民权日报》《民众日报》《四邑民国日报》《清远日报》《民意日报》《开平民国日报》《开平日报》《恩平日报》《曲江民国日报》《惠州民国日报》《大光日报》《商报》《新建设报》《潮安日报》《中华晚报》《揭阳县民国日报》《高州民国日报》《两阳新报》《琼崖民国日报》

五日刊：《雷州民国日报》

周刊：《广州青年周刊》《两广浸会周刊》《文化评论》《正义英文周报》《女中周刊》《大众医刊》《正义周报》《翠亨报》《东莞周报》《莞中周刊》《华侨工作报告周刊》《四邑新商报》《万善坛周刊》《三水周刊》《宝安壁报》《开平明报》《三师周刊》《岭南民国周报》《连县民国周报》《电白县党部周刊》《琼山壁报》

## 广西省

日报：《南宁民国日报》《梧州日报》《梧州民国日报》《大公报》《桂林日报》《民国日报》《桂林教育日报》《贺县民众日报》《柳江民国日报》《百色日报》《镇南日报》

## 四川省

日报：《新新新闻报》《复兴日报》《华西日报》《四川建设日报》《成都快报》《国民公报》《新四川日报》《西方夜报》《新成都晚报》《川报》《醒民日报》《四川新报》《成都工商日报》《霹雳日报》《成都市政日刊》《成都新闻》《重庆晚报》《商务日报》《人民日报》《新报》《四川时报》《嘉陵江日报》《济川公报》《新蜀报》《工商日报》《工商夜报》《渝江晚报》《快报》《四川晚报》《巴蜀日报》《四川晨报》《四川权兴日报》《大中华日报》《新中华晚报》《渝江日报》《渝江新报》《大江日报》《合川日报》《商报》《市民日报》《万州日报》《鄂都日报》《民报》《川康新闻》《泸县民报》《新川南日报》《釜溪日报》《南充日报》《新川南日报》

间日刊：《涪陵民报》《梁山时报》

三日刊：《绵阳三日刊》《工商三日刊》《奉节三日刊》《云阳政务半周刊》《开县公报》《渠县三日刊》

周刊：《互助周刊》《简阳周报》《县政周刊》《永川周刊》《教育周刊》《建设周刊》《大竹行政周刊》《宣汉县周刊》《鄂都周刊》《垫江周刊》《西阳党政周刊》《仁寿党政周刊》《新古蔺周刊》《全民周刊》《县政周刊》《潼南周刊》

## 云南省

日报：《云南日报》《云南社会新报》《云南民国日报》《新滇报》《复旦日报》《新商报》《云南新报》《义声报》《大无畏报》《均报》《西南日报》《民生日报》《昆华民众》《云南省政府公报》《武定民声》《个旧曙光报》

周刊：《公路周刊》《边声周刊》《开元国民周报》

## 贵州省

日报：《民众日报》

## 陕西省

日报：《西京日报》《民意日报》《文化日报》《新秦日报》《西北晨报》《长安晚报》《陕西汉中博报》《上郡日报》

周刊：《警政周刊》

## 甘肃省

日报：《甘肃民国日报》《西北日报》《陇南民声日报》《新陇日报》《五凉之声》

周刊：《甘肃省政府公报》《教育周刊》《兰州市政周刊》《甘肃教育周刊》《党务周报》《新秦安周报》《徽光周报》《陇报》《河西周报》《峪关周报》

## 青海省

日报：《青海民国日报》《青海日报》

周刊：《省政府公报》《一师周刊》《互助周报》

## 宁夏省

日报：《宁夏民国日报》《宁夏民报》

间日刊：《新宁报》

## 香港

日报：《天光报》《平民日报》《大众日报》《大光报》《东方日报》《香港工商日报》《香港中兴报》《新中日报》《华侨日报》《广东英文新报》《循环日报》《香江午报》《香港时报》《南华早报》《南强日报》《南中报》《逸闲报》《超然报》

《华字日报》《民兴报》《捷报》《香港日报》

　　三日刊:《探海灯半周刊》《金星》《温柔乡三日刊》

　　周刊:《广州实事周刊》《胡椒报》《南华星期报》《华星》

## 澳门

　　日报:

《民生日报》


（据许晚成 1936 年 6 月《全国报馆刊社调查录》统计）

# 附录十一

## 1942年底汪伪沦陷区报纸名录

| 省市 | 种数 | 报　名 |
|---|---|---|
| 南京 | 17 | 《民国日报》(1938，前身为南京新报)、《中报》(1940)、《京报》(1940)、《时代晚报》(1939，创办于上海，1940年9月迁南京)、《南京晚报》(1939)、《礼拜六报》、《中心日报》、《昌报》、《民报》、《戏剧报》、《艺报》、《南京人报》、《大晶报》、《新民报》、《壁报》、《军事情报汇报》、《东亚儿童新闻》。 |
| 上海 | 52 | 《中华日报》(1939复刊)、《国民新闻》、《国报》、《新中国晚报》、《申报》、《罗宾汉》、《力报》、《平报》(1940)、《新申报》(1940)、《新中国报》(1940)、《新申报》(1937)、《中国商报》、《吉报》、《万吉报》、《党务旬刊》、《浙东日报》、《光明日报》、《淮报》、《上海民报》、《社会日报》、《经济日报》、《华股日报》、《海报》、《大报》、《大众影讯》、《影剧人》、《海风半月刊》、《宁波公报》、《上海日报》、《商业千秋》、《锡报》、《翔报》、《上海影讯》、《大东亚经济新闻》、《申曲日报》、《社会晨报》、《东方日报》、《影舞日报》、《上海越剧报》、《越剧日报》、《行情日报》、《万象日报》、《越剧周公报》、《品报》、《中国儿童新闻》、《珍报》、《上海时报》、《沪江东报》、《沪江西报》、《沪江北报》。 |
| 江苏 | 34 | 《江苏日报》(苏州)、《清乡新报》(苏州)、《新锡日报》(无锡)、《新丹阳报》(镇江)、《新金坛日报》、《太仓新报》、《新崇明报》、《徐州日报》、《苏北新闻》、《江北新报》(南通)、《靖江新报》、《海门新报》、《如皋日报》、《新泰兴报》、《淮报》(东台)、《江阴日报》、《高邮新报》、《扬州中新报》、《新启东报》、《苏北日报》(泰县)、《六合新报》、《新吴江报》、《宝应新报》、《新兴日报》(兴化)、《兴盐日报》(盐城)、《宁报》(江宁)、《新溧水报》、《新昆山报》、《宜兴新报》 |

(续表)

| 省市 | 种数 | 报　　名 |
|---|---|---|
| 浙江 | 8 | 《浙江日报》(杭州)、《嘉兴新报》、《绍兴日报》、《湖州新报》、《余杭新报》、《时事公报》(宁波)、《海宁新报》、《儿童时报》(杭州) |
| 安徽 | 7 | 《安徽日报》(蚌埠)、《新皖日报》(合肥)、《嘉山日报》、《淮南报》(巢县)、《当涂新报》(太平)、《芜湖新报》、《安庆新报》 |
| 江西 | 1 | 《江西民报》(南昌) |
| 湖北 | 7 | 《大楚报》(汉口)、《武汉报》、《江汉日报》(汉口)、《湖鄂报》、《汉阳民报》、《应城民报》、《武汉金融行情日报》 |
| 北京 | 9 | 《新民报》(1938)、《晨报》(1939改组)、《新北京报》、《时言报》(1928)、《实报》、《民众报》、《戏剧报》、《电影报》、《北京时政旬刊》 |
| 河北 | 4 | 《冀东日报》(唐山)、《石门新报》(石家庄)、《河北日报》(保定)、《蒙疆新闻》(张家口) |
| 天津 | 12 | 《庸报》(1926)、《东亚晨报》(1937)、《新天津报》、《津市警察日刊》、《银线》、《天声报》、《海员导报》、《天津时报》、《平报》、《京津日报》、《妇女日报》、《新天津画报》 |
| 山东 | 4 | 《山东新民报》(济南)、《青岛大新民报》、《威海卫新民报》、《鲁东新民报》(烟台) |
| 山西 | 3 | 《山西新民报》(太原)、《潞安山西新民日报》、《太原日报》 |
| 河南 | 2 | 《新声报》(新乡)、《新河南日报》(开封) |
| 广东 | 16 | 《中山日报》(1939)、《民声日报》(1939)、《粤声》、《粤声报》、《新军人》、《民声院报》、《广东迅报》、《珠江日报》(以上八报均在广州出版)、《中山民报》(中山)、《海南迅报》(海口)、《南粤民报》(佛山)、《新民日报》(新会)、《粤南报》(汕头)、《时事日报》(佛山)、《潮汕新报》(汕头)、《琼州日报》(海口) |
| 福建 | 3 | 《华南新日报》(1940,厦门)、《华南新日报夕刊》(1941)、《全闽新日报》(厦门) |
| 内蒙古 | 1 | 《蒙古日报》(呼和浩特) |

附录十一　1942年底汪伪沦陷区报纸名录

（续表）

| 省市 | 种数 | 报　名 |
|---|---|---|
| 香港 | 9 | 《南华日报》(1930)、《香岛日报》、《大光报》、《天演日报》、《自由日报》、《新晚报》、《东亚晚报》、《华侨日报》、《香港日报》 |

（据汪伪《中国国民党中央执行委员会宣传工作报告》（民国三十一年度），《申报年鉴》(1944年出版)《宣传部工作报告》统计。以1942年底出版发行为准，不包括伪满报纸、外文报纸。）

# 附录十二

## 1947年9月各地报纸名录（解放区不计在内）

| 省市 | 报纸类别 | | | | | | | | | | | 合计种数 |
|---|---|---|---|---|---|---|---|---|---|---|---|---|
| | 日报 | 间日报 | 三日刊 | 五日刊 | 六日刊 | 半周刊 | 周刊 | 半旬刊 | 旬刊 | 间旬刊 | 半月刊 | 不定刊 | 刊期不详 | |
| 北京 | 42 | | 6 | 2 | | | 2 | | 1 | | 1 | | | 54 |
| 天津 | 61 | | | | | | 2 | | | | | | | 63 |
| 河北 | 3 | | | | | | 1 | | | | | | | 4 |
| 山西 | 10 | | 1 | | | | | | | | | | | 11 |
| 内蒙古 | 2 | | | | | | | | | | | | | 2 |
| 辽宁 | 5 | | | | | | | | | | | | | 5 |
| 吉林 | 19 | | | | | | | | | | | | | 19 |
| 上海 | 80 | 1 | 2 | 1 | | | 5 | | | | | | | 89 |
| 江苏 | 131 | 2 | 9 | 1 | 1 | | 17 | | 1 | 1 | 1 | | | 164 |
| 浙江 | 53 | 5 | 12 | 3 | | | 13 | | 2 | | 2 | | 1 | 91 |

# 附录十二 1947年9月各地报纸名录(解放区不计在内)

(续表)

| 省市 | 日报 | 间日报 | 三日刊 | 五日刊 | 六日刊 | 半周刊 | 周刊 | 半旬刊 | 旬刊 | 间旬刊 | 半月刊 | 不定刊 | 刊期不详 | 合计种数 |
|---|---|---|---|---|---|---|---|---|---|---|---|---|---|---|
| 安徽 | 33 |   | 2 |   |   |   | 3 |   | 1 |   |   |   |   | 39 |
| 福建 | 47 | 3 | 33 | 10 | 1 | 4 | 4 |   |   |   |   |   |   | 102 |
| 江西 | 47 |   | 12 | 4 |   |   | 9 |   |   |   |   |   |   | 72 |
| 山东 | 35 | 1 | 4 |   |   |   | 4 |   |   |   |   |   |   | 44 |
| 河南 | 50 | 2 | 6 |   |   |   | 7 |   |   |   |   |   |   | 65 |
| 湖北 | 49 | 1 | 7 |   |   |   | 33 |   | 6 |   | 1 |   |   | 97 |
| 湖南 | 78 | 6 | 16 |   |   |   | 13 |   |   |   |   |   | 1 | 114 |
| 广东 | 98 | 1 | 12 | 2 |   | 4 | 7 |   | 2 |   | 1 |   |   | 127 |
| 广西 | 25 |   | 10 | 16 |   |   | 14 | 1 | 4 |   | 3 |   | 3 | 75 |
| 四川 | 77 |   | 8 | 3 |   |   | 19 |   | 3 |   | 1 |   |   | 112 |
| 云南 | 13 |   | 3 |   |   |   | 7 |   | 3 |   |   |   |   | 26 |
| 贵州 | 8 |   | 5 | 2 |   |   | 2 |   | 4 |   | 3 |   |   | 22 |
| 陕西 | 21 |   |   |   |   |   | 19 |   |   |   |   |   |   | 23 |
| 甘肃 | 18 |   | 4 | 2 |   |   | 19 |   | 2 |   | 2 |   | 2 | 49 |
| 青海 | 1 |   | 1 |   |   |   | 1 |   |   |   |   |   |   | 3 |
| 新疆 | 1 |   |   |   |   |   |   |   |   |   |   |   |   | 1 |

(续表)

| 省市 | 报纸类别 | | | | | | | | | | | | 合计种数 |
|---|---|---|---|---|---|---|---|---|---|---|---|---|---|
| | 日报 | 间日报 | 三日刊 | 五日刊 | 六日刊 | 半周刊 | 周刊 | 半旬刊 | 旬刊 | 间旬刊 | 半月刊 | 不定刊 | 刊期不详 | |
| 台湾 | 13 | | 2 | 1 | | | 1 | | 1 | | | 1 | 1 | 20 |
| 军办 | 5 | | 4 | | | | 4 | | 3 | | | | | 16 |

# 1947年9月各地报纸名录

## 北京市

日报：《建国日报》《新中国报》《国民日报》《大同新闻》《北平日报》《华北日报》《新生日报》《民强报》《北平大华报》《国民新报》《北平时报》《经济时报》《北平新民报》《道报》《北平市民日报》《北平全民报》《北方日报》《民语报》《工人报》《平明日报》《北平小报》《儿童报》《国民新报晚刊》《国民日报》《民权日报》《新实报》《大北日报》《新生活日报》《经世日报》《晓报》《中报》《影剧午报》《民生报》《世界日报》《纪事报》《英文北平时事日报》《北方日报晚刊》《北平新报》《北平世界晚报》《大众报》《阵中日报》《国语千字报》

三日刊：《一四七画报》《戏世界三日刊》《我的报三日刊》《北平华报》《晴雨画报》《国语小报》

五日刊：《大陆画报》《教育报》

周刊：《燕京新闻》《民声周报》

旬刊：《新东方画报》

半月刊：《宪声半月刊》

## 天津市

日报：《天津民国日报》《大中时报》《民生导报》《三津报》《中南报》《华北汉英报》《自由晚报》《时代晚报》《天津午报》《大中华商报》《中华晚报》《天津新生晚报》《我们话报》《俄文日报》《天津英文晚报》《新世界日报》《天津民

国日报晚刊》《天津民国日报画刊》《大华晚报》《服务报》《建国日报》《天津工商日报》《中国人报》《大陆新闻报》《社会日报》《真善美画报》《商务日报》《新星报》《天津画报》《世界时报》《真报》《游艺新闻》《天津时事日报》《诚毅报》《天津广播新闻报》《博陵日报》《天津新时报》《大公报》《国风报》《中华日报》《英文北平时事日报天津分版》《益世报》《天津日报》《天津老百姓报》《天津卫日报》《天津广播日报》《商情日报》《光华新闻画报》《大伟报》《中报》《天津晚报》《复中日报》《光明报》《大天津》《人民晚报》《经济日报》《天津夜报》《洪钟日报》《中庸报》《津华报》《大众晚报》

周刊：《学生生活周报》《商联周报》

## 河北省

日报：《石门日报》《长城日报》（原属热河省）
周报：《井陉民声》

## 山西省

日报：《太原晚报》《民众晚报》《力行报》《河东日报》《民声报》《国民日报》《晋强报》《复兴日报》《民众日报》《山西工商日报》
三日刊：《青年导报》

## 内蒙古（原属绥远省）

日报：《绥远蒙旗民众日报》《绥闻晚报》

## 辽宁省

日报：《大连时报》《抚顺建设日报》《中苏日报》《辽滨晨报》《民报》

## 吉林省

日报：《吉林日报》《长白日报》《老百姓日报》《商工日报》《吉林省商报》《京北导报长春社》《大东报》《长春华声报》《忠勇晚报》《新生报》《中报》《公民话报》《长春日报》《正大日报》《中正日报》《新报》《觉报》《民声报》《晓事报》

## 上海市

日报：《东南日报》《今报》《诚报》《新闻报》《英文大陆报》《铁报》《市民日报》《华美晚报》《大英晚报》《申报》《民国日报》《产报》《影剧日报》《中美日报》《上海自由西报》《大公报》《新闻夜报》《金融导报》《沪报》《罗宾汉》《民权新闻上海版》《上海夜报》《民报》《侨声报》《上海商报》《世界晨报》《字林西报》《中法日报》《新夜报》《英文大美晚报》《工商新闻报》《联合日报》《联合日报晚刊》《新民报》《文汇报》《益世报》《戏报》《南京日报上海版》《小声报》《正言报》《循环报》《上海晚报》《商务报》《俄文日报》《飞报》《甦报日刊》《学生日报》《济世日报》《活报》《国民午报》《儿童日报》《粤侨报》《强报》《大风报》《辛报》《上海力报》《风报》《上海人报》《钢报》《新生活报》《和平日报》《中华时报》《真报》《金融日报》《和平晚报》《中美晚报》《建设日报》《小日报》《东方日报》《新时日报》《时代日报》《星报》《中央日报》《前线日报》《时事新报晚刊》《群报》《大众夜报》《中国民主俄文日报》《中国晚报》《太平洋晚报》

两日刊：《韩报》

三日刊：《国际新闻画报》《粤侨报》

五日刊：《民立报》

周报：《儿童世纪报》《新浦东周报》《联合周报》《英文密勒士评论报》《淞涛》

## 江苏省

日报：《南京早报》《南京新民报晚刊》《南京晚报》《中国日报》《观察报》《首都晚报》《大中日报》《大刚报》《南京人报》《中华理报》《救国日报》《新中华日报》《南京朝报》《大道报》《益世报》《社会日报》《新民日报》《华报》《济世日报》《中国评论日报》《南京工商日报》《和平日报》(南京版)《建设日报》《中央日报》《论坛报》《大华日报》《风报》《英文导报》《大夏晚报》《南京日报》《群报》《国光报》《新革命报》《民报》《新闻分析报》《中国时报》《远东时报》《中国法政公报》《星报》《京华晚报》《中国新闻日报》《华夏日报》《民言报》《南京英文日报》《法声新闻社》《士兵日报》《民选快报》《社会报》《精诚报》《民主导报》《幸福报》《大声报》《新南京报》《民间报》《正义日报》《金坛日报》《东台民报》《新淳报》《青年日报》《苏南日报》《新靖江报》《民声日报》《丹阳中山日报》《丹报》《武进新闻日报》《快报》《崇报》《新常熟报》《金山青年报》《娄江日报》《瀛报》《太仓明报》《旦报》《宝山报》《泰县日报》《砀报》《靖报》《浦东报》《锡报》《茸报》《大光明日报》《庸言报》《扬中民报》《嘉定民报》《人报》《大锡报》《无锡晚报》《新苏日报》《江苏民报》《徐州民报》《青浦民众报》《正气日报》《民众日报》《江都日报》《徐报》《中报》《崇光报》《江苏正报》《丹阳正报》《武进正报》《兴姜报》《大江报》《新海门日报》《扬子江报》《大中报》《松江民报》《苏报海州分社》《江苏省报》《市报》《靖江日报》《民声报》《溧阳民报》《青年日报》《中华报》《苏州日报》《南通五山日报》《高邮民国日报》《苏北民报》《昭报》《江苏建报》《新江苏报》《宁淮报》

间日刊：《睢报》《正报》

三日刊：《理教报》《新时报三日刊》《正谊报》《南京市商会会刊》《国艺报》《金陵导报》《紫金山》《浦联报》《进报》

五日刊：《农商报》

六日刊：《沪闵商报》

周刊：《工商新闻周刊》《中国军人周刊》《大言报》《劳工报》《晨光周刊》《民众导报》《小天使报》《学生新闻》《旅行周刊》《大学周报》《新徐周报》《儿

童新闻周刊》《新报周刊》《宁声》《六合民报》《青年新闻》《进步周刊》

旬刊：《上海民众》

半月刊：《商标公报》

间旬刊：《沛报》

## 浙江省

日报：《中国邮报》《乐清新报》《上虞报》《导报》《正义日报》《大明报》《海宁明报》《缙云报》《平湖日报》《新光日报》《东南日报》《浙江日报》《浙江日报》《浙西日报》《富新日报》《镇海日报》《浙江商报》《民生日报》《华东晚报》《民报》《越报》《大同日报》《定海日报》《建国日报》《温州日报》《宁波日报》《宁绍台日报》《钢报》《工商日报》《慈溪报》《西湖夜报》《综合日报》《正谊日报》《乡声报》《婺江日报》《处州日报》《象报》《湖州商报》《当代晚报》《诸暨国民新闻》《青锋报》《浙东日报》《平报》《三门湾日报》《宁波晨报》《国民日报》《绍兴商业日报》《绍兴新闻》《平湖晶报》《江声报》《青年时报》《嘉善日报》《地方新闻》《嘉善商报》

二日刊：《天行报》《澄江报》《黄岩商报》《海盐商报》《东阳民报》

三日刊：《中国儿童时报》《众报》《海盐民报》《民声报》《民权报》《生报》《新洲泉报》《建设导报》《缙云民报》《磐安简报》《宁波民报》《温玉新报》

五日刊：《越声报》《菱湖日报》《立言报》

周刊：《新永康周报》《新力报》《新民周报》《健康医报》《亚西亚图画新闻》《政治周报》《遂安简报》《群报》《武义民报》《四明周报》《寿昌报》《儿童周报》《鉴报》

旬刊：《新乐清旬刊》《大道报》

半月刊：《明州》《桥西青年半月刊》

刊期不明：《浦江简报》

## 安徽省

日报：《怀宁建国日报》《皖报》《贵池商报》《中华日报》《泾县日报》《新皖铎报》《新生日报》《嘉音日报》《安徽新报》《民报》《国事快报》《工商报》《新民日报》《巢县日报》《大众报》《复兴日报》《大江日报》《火炬日报》《正风报》《太湖日报》《安徽民报》《皖北日报》《徽州日报》《幸福报》《六安日报》《公正报》《江声新闻》《无为日报》《合肥日报》《盱眙日报》《立煌话报》《宿松日报》

三日刊：《颖上新干部》《和县简报》

周刊：《皖商周报》《贵池导报》《和县青年周报》

旬刊：《逍遥津》

## 福建省

日报：《拓荣日报》《中央日报晚刊》《建国报》《虹声报》《新闻东日报》《中国新闻》《正义日报》《厦门星光日报》《济世报》《民光日报》《现代日报》《铁城报》《星光晚报》《东方晚报》《太平洋晚报》《立人日报》《福建商讯日报》《星闽日报》《正报》《南报》《燕江日报》《江声报》《中央日报》《福建时报》《民光报》《全民报》《福州商情》《建阳民报》《福州民报》《南侨日报》《邵武民报》《新闻报》《海澄民报》《粹报》《籁报》《闽中新报》《力报》《建报》《闽江日报》《三民日报》《天闻报》《闽光新闻社》《闽中日报》《福建日报》《永声报》《学报》《民光报》

二日刊：《尤溪民报》《精诚报》《顺昌民报》

三日刊：《三山声报》《气象台》《真理报》《导报》《浦城民报》《青年导报》《永泰声报》《大田民报》《南安民报》《青年朝报》《南声》《正风报》《劲报》《凡报》《杏林报》《闽都报》《大江报》《罗源青年》《漳平简报》《民声报》《云声报》《新报》《南天报》《福建新闻》《晨报》《民声新闻社》《大众报》《九龙江报》《民声报》《平和民报》《时光报》《侨报》《锐报》

半周刊：《榕报》《至公报》《正人报》《芗波报》

五日刊：《青果报》《浦城青年报》《疾风报》《宁德青年报》《建宁民报》《浩然报》《崇安民报》《周宁民报》《连江青年报》《德化民报》

六日刊：《大学时报》

周刊：《连城青年报》《霞浦民报》《霞浦导报》《新水吉》

## 江西省

日报：《中国新报》《民治日报》《型报》《九江新报》《胜利日报》《庐山晚报》《南丰简报》《分宜简报》《清江日报》《文化新闻》《湖口简报》《江西新商报》《吉水青年报》《江西群报》《新江日报》《力行报宁都版》《正义新闻》《宁都简报》《民力报》《正义日报》《都昌实验简报》《金溪简报》《东南晚报》《长江日报》《安福民报》《法治报》《江西建设报》《正义报》《青年报》《江西民国日报》《赣声日报》《正谊报》《南华日报》《捷报》《民锋日报》《瑞金日报》《平民日报》《赣北日报》《前方日报》《新社会报》《新报》《民声日报》《凯报》《新干报》《民主日报》《东方日报》《宪政日报》

三日刊：《泰和青年报》《东乡简报》《劲风报》《万安民报》《奉新民报》《奉新民声报》《江西民声报》《诚报》《民情报》《叠山报》《民力报》《江西宪光日报》

五日刊：《新资报》《宁都新闻报》《玉山报》《前导报》

周刊：《修江报》《铅山报》《正报》《文峰报》《中华报》《青年简报》《太阳周报》《太阳报》《工建报》

## 山东省

日报：《民言报晚刊》《民言报英文版》《青岛晚报》《公言报》《军民日报》《青岛时报》《民众日报》《青岛公报》《民声报》《青报》《平民报》《光华日报》《民报》《民言报》《大民报》《中兴日报》《力报》《青岛报晚刊》《青岛军民日报晚刊》《先声日报》《健报》《华光日报》《正报》《大华日报》《国民晚报》《国民日报》《济南中报》《山东新报》《诚报》《平民日报》《济南大晚报》《鲁报》《平民晚

报》《民众报》《华北新闻》

间日刊：《沂水新闻》

三日刊：《民治报》《渤海潮三日刊》《青岛大中报》《青岛大华报》

周刊：《民众画报》《淄风周报》《风行周报》《力行周刊》

## 河南省

日报：《民权新闻》《洛阳日报》《建国新闻》《民间日报》《泌阳民报》《大华日报》《正报》《中原报》《罗山日报》《东周晚报》《社会日报》《民生报》《实言报》《中国晚报》《大众新闻》《工商日报》《许都日报》《河南民国日报》《知由民报》《北强日报》《建国日报》《力行日报》《大中日报》《长葛日报》《工商导报》《春秋时报》《正义报》《中国时报》《正阳日报》《密县民报》《郑州日报》《商邱日报》《民言新闻》《中国时报前峰报联合版》《大河日报》《新生日报》《郑州新闻》《大众日报》《民声日报》《国沙晚报》《西华实验简报》《经济时报》《民声报》《新民日报》《中州晚报》《诚报》《新时代日报》《山河日报》《民权晚报》《中原日报》

间日刊：《太行导报》《太行通讯》

三日刊：《太康民报》《邓县民报》《淮阳实验简报》《洧川民报》《永报》《新西平报》

周刊：《淮西青年周报》《登封新报》《学校新闻》《民众周报》《南召周报》《阌乡民报》《新郑民报》

## 湖北省

日报：《武汉日报晚刊》《大同日报》《新快报日刊》《新快报晚刊》《武汉时报》《时代日报》《大刚报》(汉口分社)《正义报》《华中日报》《汉口报》《和平日报汉口版》《罗宾汉》《宣报》《星期日报》《自由晨报》《武汉商报》《金钢钻报》《复兴报》《星报晚刊》《中华人报》《大中晚报》《工人报》《舆论报》《群声日报》《唯力晚报》《中原日报》《武汉新闻摄影通讯》《民权日报》《武汉日报》《正

报》《汉口市民日报》《小春秋报》(总社)《民族日报》《民乐日报》《民间日报》《中国晚报》《汉口楚声日报》《工商时报》《正谊晚报汉口版》《诚报》《新闻晚报》《黎明报》《汉口白话报》《百活报》《汉口建国晚报》《实言报》《读者日报》《沙市江汉日报》《新黄岗日报》

二日刊：《新南漳报》

三日刊：《民风报》《影剧论坛报》《正风报》《新公安报》《阳新日报》《武穴报》《广济三日刊》

周刊：《大华工商新闻周报》《汉口人周报》《新闻周报》《正潮报》《雷达周报》《民声周报》《正声周报》《中山报》《中南报》《良报》《鸣报》《汉口兴趣周报》《支梦周报》《汉声周报》《长阳报》《安陆周报》《新兴山报》《民生周报》《钟祥周报》《郢声报》《新鄂城周报》《青年周报》《枝江周报》《麻城中山周报》《枝江青年》《涓潮周报》《武训周报》《力行报》《大冶周报》《县政周刊》《武昌周报》《潜江周报》《青年周报》

旬刊：《宪政报》《广汉旬刊》《西陵报》《通城民意旬刊》《通城青年报》《兴山民报》

半月刊：《新闻世界》

刊期不明：《长阳青年报》《新天门报》

## 湖南省

日报：《光报》《大庸民报》《中兴日报》《铁报》《上报》《新潮日报》《黔阳民报安江版》《小春秋晚报》《湘江晚报》《大公报》《青年报》《东方日报》《长沙市民日报》《湖南日报》《力报》《桃源民报》《大晚报》《城步民报》《正义日报》《长沙日报》《中央日报》《长沙健行日报》《资江晚报》《湖南工商夜报》《民生日报》《神州报》《工商日报》《锋报》《民治日报》《纯报》《长沙商情导报》《小阳春晚报》《湖南建设日报》《湖南星报》《湖南晚报》《衡山民报》《湖南光华日报》《法报》《晨报》《梅城导报》《楚湘晚报》《晚晚报》《国民日报》《建报》《交通日报》《民族日报》《长沙金融》《益阳商报》《长沙民报》《大华日报》《大中日报》《新中日报》《湘潭民报》《欣报》《建设报晚刊》《青年晚报》《建报晚刊》《大

声报》《自由报》《湖南晚报》《正义日报》《常德商情报》《熊湘日报》《大道报》《湘乡民报》《常德迅雷报》《宁乡民报》《益阳工余报》《开云报》《儿童导报》《耒阳民报》《常德民锋报》《弘报》《衡阳市民日报》《湖南震旦报》《益阳青年日报》《常德朗江晚报》《湖南民风报》

二日刊：《安乡民声晚报》《醴陵民报》《攸县民报》《零陵民报》《安乡青年晚日报》《安乡民报》

三日刊：《怀化民报》《常宁民报》《时事商报》《临武大道报》《古文民报》《鄜县民报》《湘声晚报》《桂东民报》《凤凰新报》《楚风报》《临湘民报》《嘉禾县民报》《凤凰民报》《东安民报》《慈利民报》《南天报》

周刊：《湖南周报》《靖县青年简报》《八区周报》《民风周报》《蓝山青年周报》《湖南学生周报》《永顺正风》《消防报》《生命周刊》《民众周报》《龙山青年》《岳麓周刊》《舆论导报》

刊期不明：《零陵青年报》

## 广东省

日报：《中山日报》《西南日报》《新生报》《中国报》《凯旋晚报》《世界日报》《日新日报》《中华报》《粤华报》《平报》《展报》《民众日报》《凯旋日报》《每日论坛》《先粤报》《前锋报晚刊》《民族日报》《中正日报》《力行报》《时事晚报》《前锋日报》《正言报》《和平日报》《民意日报》《凤凰》《交通经济日报》《华南日报》《星报晚刊》《环球报》《兴报》《公评报》《青年日报》《国华报》《天行报》《大华日报》《岭南日报》《新春秋》《现象报》《越华报》《经济报》《建国日报》《大同报》《劳工新闻报》《大光报》《晨报》《娱乐报》《广州日报》《东方日报》《广东时报》《越华报晚刊》《群声报》《时事日报》《广州商报》《天下报》《大光晚报》《报摘》《朝报》《大地日报》《粤商报》《华声报》《连州日报》《北江日报》《普宁民报》《建国日报》（汕头分社）《民权报》《南声报》《大光报》《汕报》《潮安商报》《大光报》《阳春民报》《罗定民报》《光明日报》《商报》《阳江民报》《钦廉民国日报》《星华日报》《华侨日报》《光华报》《榕报》《夜光报》《人言报》《服务导报》《汕头天行报》《新声报》《正义日报》《建中日报》《大同日报》

《新潮安报》《中山侨报》《湛江报》《前锋日报》《公言日报》《两阳日报》《复兴日报》《大同日报》《灵山日报》《和平日报》

两日刊：《阳春春光报》

三日刊：《小春秋广州分社》《控海灯》《劲报》《主力报》《广东省国风报》《至正报》《方报》《原子能报》《浩然报》《平报》《始兴众报》《华南报》

半周刊：《大风报》《捷报》《正报》《诚报》

五日刊：《法裁报》《宇宙报》

周刊：《民声报》《时报》《少年周报》《南风报》《群力报》《宇宙光报》《文江报》

旬刊：《鹤山沙坪报》《南海公报》

半月刊：《连县青年报》

## 广西省

日报：《胜利晚报》《民众报》《百寿民众简报》《宣武民众简报》《扶南民众简报》《桂林晚报》《民声报》《大时代报》《民锋午报》《南方报》《广西日报南宁版》《桂西日报》《邕江晚报》《大中报》《桂林小春秋日报》《钟声报》《广西日报》《西江日报》《自由日报》《新中报》《中央日报》《中央日报南宁版》《光华报》《桂平日报》《梧州民报》

三日刊：《榴江民众简报》《临桂简报》《南针报》《上林简报》《天河民众简报》《柳江民众报》《潮报》《平乐民众简报》《镇边民众简报》《民声三日刊》

五日刊：《绥缘民众简报》《上金民众简报》《果德民众简报》《邕宁导报》《左县民众简报》《来宾民众简报》《田西民众简日报》《龙津民众简报》《义宁民众简报》《田阳民众简报》《天峨民众简报》《柳城民众简报》《兴安民众简报》《上思民众简报》《靖西民众简报》《象县民众简报》

周刊：《大道报》《华报》《田东民众简报》《星报》《武鸣报》《新声周报》《凭祥民众简报》《敬德民众简报》《永淳民众简报》《正道报》《平南民众简报》《天公报》《向都民众简报》《昭平民众简报》

旬刊：《万承民众简报》《岑籁旬报》《力行报》《百色民众简报》

半月刊：《县政商报》《新万中》《昭潭半月刊》

刊期不明：《南宁商报》《工商报》《隆山民众简报》

## 四川省

日报：《陪都晚报》《重庆立报》《大中日报》《中国午报》《新闻快报》《醒华报》《工商导报》《国民公报晚刊》《大公报》《大公晚报》《义声报》《民治晚报》《劳声报晚刊》《新华时报》《文化新报》《万方日报》《民主日报》《中央晚报》《民主报》《西南日报》《重庆人报晚刊》《全力日报》《新蜀报》《重庆夜报》《凯旋报》《中央日报》《时事新报》《国民公报》《中国学生导报》《新华晚报》《大中日报》《正风报》《大同报晚刊》《说文报》《天下日报》《全民日报》《中国夜报》《生活晚报》《南京晚报重庆版》《隆昌新闻简报》《民声日报》《古宋公报》《民言日报》《宏渠日报》《民意报》《川南时报》《春秋新闻社》《白沙日报》《川中晨报》《立言报》《东方夜报》《正义报》《儿童日报》《新新新闻》《中央军官学校黄埔日报》《蜀南晚报》《川中晚报》《立言报》《时代日报》《民风报》《民铎报》《中国新闻》《蜀东报》《富顺日报》《立言报》《前锋午报》《社会日报》《民友报》《工商导报》《时言日报》《成都新闻报》《成都晚报》《内江日报》《新中国日报》《高县新刊》《新康报》（原属西康省）《西康日报》（原属西康省）

三日刊：《三民时报三日刊》《大众报》《正声报》《永川民报》《蒲声报》《永川新声报》《时代新报》《新闻县报》

半旬刊：《宣汉民报》

五日刊：《新儿童报》《青年报》《开江平报》

周刊：《新快报周刊》《纵横报》《保民报》《自由时报》《新闻导报》《小刚报》《童军周报》《强者报》《东亚周报》《镜报周刊》《自治周刊》《云阳周报》《剑阁县政务周报》《阆中民声报》《江安周报》《邛崃导报》《周报》《雅江周刊》《康南周报》（原属西康省）

半月刊：《连锁导报》（原属西康省）

旬刊：《十日新闻》《高县青年旬刊》《阳安新闻》

## 云南省

日报:《复兴晚报》《民意日报》《观察报》《昆明中央晚报》《腾越日报》《民言日报》《昆明中央日报》《复兴日报》《金陵晚报》《现代日报》《朝报》《朝报晚报》《平民日报》

三日刊:《经济时报》《新光报》《镇雄简报》

周刊:《昆明正论周报》《监津简报》《边疆周报》《教育导报》《真报周刊》《剧影春秋》《昆明县民周报》

旬刊:《昆明学生导报》《西南边疆旬报》《正气旬刊》

## 贵州省

日报:《工商新闻报》《民锋日报》《贵阳力报》《大刚报贵阳版》《贵阳民报》《民权日报》《贵阳中央日报下午版》《民立报》

三日刊:《幸福报》《新黔报》《立人报》《大路报》《纵横三日刊》

周刊:《新修文简报》《人报》

旬刊:《西风报旬刊》《新三都旬刊》《织金报》《新江口旬刊》

半月刊:《惠民报》《新黄平》《民声报》

## 陕西省

日报:《经济快报》《陕西宝鸡西北晨报》《今事报》《世界日报》《兴安日报》《西安晚报》《大华晚报》《大学晚报》《青年日报》《民众导报》《华北新闻》《新国民日报》《西京新新晚报》《新秦日报》《西京日报》《北方夜报》《国风日报》《时代新闻日报》《西北新闻》《实业日报》《大风晚报》

五日刊:《长安新报》《工商新闻报》

## 甘肃省

日报：《临夏日报》《民勤导报》《新泾川报》《平凉民报》《兰州快报》《西吉青年报》《西北经济日报》《兰州日报》《时报》《岷县日报》《河西新报》《肃州日报》《和平日报》(兰州社)《陇南日报》《陇东日报》《新礼县报》《河声报》《立民晚报》

三日刊：《民声报三日刊》《西吉民报》《庄浪民报》《华亭民报》

五日刊：《崇信简报》《新清水报》

周刊：《宁县周报》《民乐周报》《临潭简报》《大陆新闻周报》《平民报》《正宁简报》《会宁周报》《劲报》《中孚周刊》《两当周报》《兰州觉醒报》《阿阳民声》《文县周报》《成县周报》《通渭先锋》《灵台简报》《武山周报》《诚报》《礼县民报》

旬刊：《海原民报》《临泽青年》

半月刊：《战斗半月刊》《中国导报》

刊期不明：《高台民报》《新西和报》

## 青海省

日报：《青海民国日报》

三日刊：《亹源简报》

周刊：《乐家湾周报》

## 新疆

日报：《新疆日报》

## 台湾省

日报：《台湾新生报》《民报》《人民导报》《台湾日报》《东台日报》《大同日报》《大明报》《国是日报》《台湾工商日报》《国声报》《重建日报》《台湾工商经济新报》《和平日报》（台版）

三日刊：《兴台新报》《国民新报》

五日刊：《鲲声报》

周刊：《中国时报》

旬刊：《东宁新报》

不定期报：《自强晚报》

刊期不限：《光复新报》

## 军办

日报：《统一日报》《扫荡简报附属第九十八班》《扫荡简报》

三日刊：《扫荡简报第二十一班》《知节报》《扫荡简报附属六十八班》《太阳报》

周刊：《扫荡周报》《正风报》《新战士》《民间报》

旬刊：《阵中简报》《宪一报》《阵中导报》

（据 1947 年 9 月 30 日国民党内政部编印的《全国报社通讯社杂志一览》统计，杂志和解放区报纸不计在内）

# 附录十三 各革命根据地报刊调查表（1931—1949）

陕甘宁根据地：

| 报刊名 | 出版地 | 创办人 | 创刊时间 | 停刊时间 | 性质 |
|---|---|---|---|---|---|
| 《红色中华》 | 江西瑞金，后迁陕西瓦窑堡 | 负责人项英，主编王观澜 | 1931年12月11日 | 出版三个多月后停刊，红军到达陕北后复刊，1937年1月28日停刊 | 原为中华苏维埃共和国临时中央政府机关报，后为陕甘宁边区政府机关报 |
| 《新中华报》 | 延安 | 社长向仲华，总编辑李初梨 | 1937年1月29日 | 1941年5月16日改为《解放日报》 | 原为陕甘宁边区政府机关报，1939年2月7日改为中共中央机关报 |
| 《解放日报》 | 延安 | 社长博古，总编辑杨松 | 1941年5月16日 | 1949年3月27日 | 中共中央机关报 |
| 《边区群众报》 | 延安 | 主编胡绩伟 | 1940年3月25日 | 1948年1月10日改为《群众日报》 | 中共中央西北局领导的出版社出版的通俗化大众读物报纸 |
| 《群众日报》 | 延安 | 社长杜䅟生，总编辑胡绩伟 | 1948年1月10日由《边区群众报》改名 | 1948年迁西安出版 | 中共中央西北局机关报 |

附录十三　各革命根据地报刊调查表(1931—1949)

(续表)

| 报刊名 | 出版地 | 创办人 | 创刊时间 | 停刊时间 | 性质 |
|---|---|---|---|---|---|
| 《群众》 | 延安 | 总编辑徐冰 | 1948年7月16日 | | |
| 《三边报》 | 靖边 | 负责人李季 | 1947年 | | |
| 《抗战报》 | 绥德 | 主编黄植 | 1939年7月 | 1945年 | 陕甘宁边区绥德警备区司令部主办,1940年5月改为中共绥德地委机关报 |
| 《绥德大众报》 | 绥德 | 主编欧阳正(杨述)、韦君宜 | 1945年 | | 中共绥德地委机关报 |
| 《救亡报》 | 甘肃庆阳 | | 1938年春 | 1945年 | 中共陇东特委机关报 |
| 《陇东报》 | 甘肃庆阳 | | 1945年 | | 中共陇东特委机关报 |
| 《关中报》 | 陕西旬邑县马栏镇 | | 1940年4月12日 | | 中共关中分委机关报 |
| 《进步报》 | 甘肃甘泉地区 | | 1940年1月 | | 甘肃县甘泉地区警备区机关报 |
| 《民光报》 | 甘肃庆阳 | | 1940年4月 | | 八路军三五九旅机关报 |
| 《边区群众》 | | | 1947年 | | |
| 《共产党人》 | 延安 | 负责人洛甫 | 1939年10月10日 | 1941年8月 | 中共中央主办 |
| 《解放》 | 延安 | 负责人洛甫 | 1939年4月24日 | 1941年冬 | 中共中央机关刊物 |
| 《中国工人》 | 延安 | 中共中央职工运动委员会主办 | 1940年2月7日 | 1941年3月26日 | |

· 1449 ·

(续表)

| 报刊名 | 出版地 | 创办人 | 创刊时间 | 停刊时间 | 性质 |
| --- | --- | --- | --- | --- | --- |
| 《中国妇女》 | 延安 | 中共中央妇女运动委员会主办 | 1939年6月1日 | 1941年3月26日 | |
| 《中国文化》 | 延安 | 负责人艾思奇 | 1940年2月15日 | 1941年8月 | 陕甘宁边区文化协会机关刊物 |
| 《八路军军政杂志》 | 延安 | 八路军总政治部主办 | 1939年1月15日 | | |
| 《团结》 | 延安 | | 1938年2月1日 | | 中共陕甘宁边区委员会机关刊物 |
| 《群众文艺》 | 延安 | 陕甘宁边区文化协会群众文艺社主办 | | | |
| 《大众文艺》 | 延安 | | 1940年4月 | | 陕甘宁边区文化协会机关刊物 |
| 《连队生活》 | 延安 | 八路军后方留守处政治部主办 | 1940年8月 | | |
| 《新文字报》 | 延安 | 陕甘宁边区新文字协会主办 | 1940年12月 | | |
| 《中国青年》 | 延安 | 全国青年联合会主办 | 1923年10月20日在上海创刊,后停刊,1939年4月16日复刊 | | |

## 附录十三 各革命根据地报刊调查表(1931—1949)

晋察冀根据地：

| 报刊名 | 出版地 | 创办人 | 创刊时间 | 停刊时间 | 性质 |
|---|---|---|---|---|---|
| 《抗敌报》 | 河北阜平、山西五台 | 负责人沙飞，后为洪水；1938年4月以后，邓拓任社长兼总编 | 1937年12月11日 | 1940年11月6日 | 晋察冀军区政治部主办，1938年4月改为中共晋察冀边区委员会机关报 |
| 《晋察冀日报》 | 河北阜平、平山、张家口等 | 社长兼总编辑邓拓 | 1940年11月7日由《抗敌报》改名 | 1948年6月14日与晋冀鲁豫《人民日报》合并，15日以《人民日报》名出版 | 中共晋察冀边区委员会机关报 |
| 《抗敌副刊》 | 河北阜平 | 主编沙飞、丘岗 | 1938年1月24日 | 1941年7月8日更名为《抗敌三日刊》 | 晋察冀军区政治部主办 |
| 《抗敌三日刊》 | 河北阜平 | 主编沙飞、丘岗 | 1941年7月8日由《抗敌副刊》改名 | 1942年6月5日更名《子弟兵报》 | 晋察冀军区政治部主办 |
| 《子弟兵报》 | 河北阜平 | 社长丘岗 | 1941年6月5日由《抗敌三日刊》改名 | 1948年5月 | 晋察冀军区政治部主办 |
| 《抗敌周报》 | 河北阜平 | 负责人邓拓 | 1939年7月7日 | | 晋察冀军区政治部主办 |
| 《实话报》 | 河北阜平、平山 | 编辑陈春森、仓夷 | 1941年12月20日 | | |
| 《救国报》 | 河北阜平 | 负责人李宗美 | 1939年1月15日 | 1941年2月 | 晋察冀边区政府机关报 |

· 1451 ·

(续表)

| 报刊名 | 出版地 | 创办人 | 创刊时间 | 停刊时间 | 性质 |
|---|---|---|---|---|---|
| 《挺进报》 | 河北涞水、高堂、延庆一带 | 负责人先后为张致祥、赵明 | 1939年9月1日 | 1945年夏与《群众报》合并而终刊 | 晋察冀挺进军司令部主办,后改为中共冀热察区委、平北地委机关报 |
| 《冀中导报》 | 河北河间、饶阳、任丘、霸县 | 社长张路一、范瑾;总编辑朱子强、范瑾等 | 1938年9月10日 | 1948年10月31日 | 中共冀中区委机关报 |
| 《大众生活报》 | 河北藁城 | 负责人杨明、赵光 | 1939年3月 | 1940年春夏之交改名《建国日报》 | 中共冀南区第一地委主办,不久改为冀中六地委主办 |
| 《七七报》 | 河北藁城 | 编辑武淼、王云山、李麦 | 1939年5月 | 1941年底 | 冀中藁无县政府机关报 |
| 《建国报》 | 河北藁城、无极 | 社长贾克斌 | 1940年春夏之交 | 1941年底 | 中共冀中区藁无县委机关报 |
| 《洪流报》 | 河北束鹿一带 | 社长李犁 | 1939年1月 | 1940年底 | 中共冀中区第六地委机关报,后改为十一地委机关报 |
| 《黎明报》 | 河北深泽、定县、安国、安平一带 | 负责人王亢之 | 1942年9月下旬 | 1945年5月 | 中共冀中区第七地区机关报 |
| 《新民主报》 | 河北定县、深泽一带 | 社长王亢之 | 1940年10月 | 1945年5月 | 中共冀中区第七地委机关报 |
| 《庄稼报》 | 河北深县 | 负责人刘咨周,后为董万茂 | 1940年夏 | 1941年底 | 中共冀中区深县县委主办 |

附录十三　各革命根据地报刊调查表(1931—1949)

(续表)

| 报刊名 | 出版地 | 创办人 | 创刊时间 | 停刊时间 | 性质 |
|---|---|---|---|---|---|
| 《前哨报》 | 河北安平一带 | 负责人王亢之、陈树 | 1940年夏 | 1941年底 | 中共冀中区安平县委主办 |
| 《号角报》 | 河北深泽一带 | 负责人王亢之、陈树 | 1940年4月 | | 中共冀中区深泽县委机关报 |
| 《胜利报》 | 河北饶阳、献县一带 | 负责人肖竹 | 1941年10月 | 1945年夏 | 中共冀中区第八地委机关报 |
| 《群声报》 | 河北献县、武强一带 | 负责人肖竹 | 1940年8月由《奋斗报》《大众报》合并创刊 | 1941年底 | 中共冀中区第八地委机关报 |
| 《新生报》 | 河北饶阳、献县、武强一带 | 中共冀中区饶阳县委主办 | 1940年 | 1940年 | |
| 《烽焰报》 | 河北博野、任丘 | 负责人董东 | 1939年8月 | 1945年夏 | 中共冀中区博野县委主办 |
| 《团结报》 | 河北高阳县、任丘一带 | 负责人周景陵 | 1942年10月 | 1941年底 | 中共冀中区第九地委机关报 |
| 《新建设报》 | 河北霸县 | 负责人刘希庚 | 1940年春由《救亡报》《新生报》合并创刊 | 1940年春 | 中共冀中区第九地委机关报 |
| 《救亡报》 | 河北霸县 | 中共冀中区第九地委主办 | 1939年8月 | | |

· 1453 ·

(续表)

| 报刊名 | 出版地 | 创办人 | 创刊时间 | 停刊时间 | 性质 |
|---|---|---|---|---|---|
| 《黎明报》 | 河北大清河两岸一带 | 负责人黄应 | 1942年10月 | 1945年夏 | 中共冀中区第十地委机关报 |
| 《团结报》 | 河北束鹿一带 | 负责人陈述 | 1942年10月 | 1945年春 | 中共冀中区第十一地委机关报 |
| 《冀晋日报》 | 河北阜平一带 | 社长兼总编辑陈冷（兼） | 1945年9月1日 | 1947年10月 | 中共冀晋区委机关报 |
| 《天津导报》 | 河北胜芳镇，通过地下交通在天津市内发行 | 负责人娄凝先、董东、杨循（兼） | 1945年9月30日 | 同年12月 | 中共冀中区天津工作委员会机关 |
| 《冀中群众报》 | 河北饶阳河间一带 | 主编陈述 | 1948年1月1日 | 1948年7月31日 | 冀中导报社主办的通俗性报纸 |
| 《新察哈尔报》 | 河北宣化 | 社长丁原 | 1945年12月1日 | 1947年1月终刊，2月1日改名《察哈尔日报》 | 中共察哈尔省委机关报 |
| 《察哈尔日报》 | 河北宣化 | 社长兼总编辑丁原 | 1947年2月1日由《新察哈尔报》改名 | 1948年8月31日停刊，9月1日更名为《北岳日报》 | 中共察哈尔省委机关报 |
| 《北岳日报》 | 河北宣化 | 社长丁原，总编辑何辛 | 1948年9月1日由《察哈尔日报》改名 | 1949年1月12日终刊，13日更名《察哈尔日报》 | 中共北岳党委机关报 |
| 《张家口日报》 | 张家口 | 社长丁原 | 1948年12月26日 | 1949年1月12日与《北岳日报》合并，13日更名《察哈尔日报》 | 中共张家口市委机关报 |

附录十三 各革命根据地报刊调查表(1931—1949)

(续表)

| 报刊名 | 出版地 | 创办人 | 创刊时间 | 停刊时间 | 性质 |
|---|---|---|---|---|---|
| 《新保定日报》 | 河北保定 | 负责人崔祖,杜敬,邵红叶,林间 | 1948年10月 | 1949年1月 | 中共保定市委机关报 |
| 《张垣日报》 | 张家口 | 社长杨舜琴,总编辑丁原 | 1945年8月25日 | 1945年9月12日 | 中共张家口市委机关报 |
| 《新张家口日报》 | 张家口 | 社长兼总编辑沈重 | 1946年7月1日 | 1946年10月9日 | 中共张家口市委机关报 |
| 《新唐山日报》 | 唐山 |  | 1948年12月14日 |  | 中共唐山市委机关报 |
| 《晋察冀群众报》 | 河北平山,1946年迁阜平 | 主编张文芳 | 1942年9月3日由《晋察冀群众》改名 | 1947年3月28日 | 晋察冀边区抗救会主办 |
| 《人民日报》 | 河北平山,1949年3月15日迁北平 | 社长张磐石,总编辑杨放之《晋冀鲁豫日报》与《晋察冀日报》合并 | 1948年6月15日 |  | 中共中央华北局机关报 |
| 《救国报》 | 河北遵化,丰润一带 | 社长李彬,1942年秋社长兼总编辑吕光 | 1940年1月1日 | 1945年11月终刊,更名《冀热辽日报》 | 中共冀东区委机关报 |
| 《冀热辽日报》 | 河北承德,遵化,丰润一带 |  | 1945年11月3日由《救国报》改名 | 1946年1月9日易名《长城日报》 | 中共冀东区委机关报 |

· 1455 ·

(续表)

| 报刊名 | 出版地 | 创办人 | 创刊时间 | 停刊时间 | 性质 |
|---|---|---|---|---|---|
| 《长城日报》 | 河北新华、丰润、玉田一带 |  | 1946年1月9日由《冀热辽日报》更名 | 1946年5月14日停刊,15日改名《冀东日报》 | 中共冀东区委机关报 |
| 《冀东日报》 | 河北遵化、丰润一带 | 总编辑孔祥均 | 1946年5月15日由《长城日报》改现名 | 1949年7月31日停刊,后改名《唐山劳动日报》 | 中共冀东区委机关报 |
| 《老百姓》 | 河北遵化 | 负责人布子 | 1941年 | 1942年4月 | 中共冀东区委领导 |
| 《冀东子弟兵》 | 河北遵化 |  | 1946年1月 | 1949年5月26日 | 中共冀东军区政治部机关报 |
| 《新石门日报》 | 河北石家庄 | 社长兼总编辑张春桥、李希庚 | 1947年11月18日 | 1948年初 | 中共石家庄市委机关报 |
| 《石家庄日报》 | 河北石家庄 | 社长兼总编辑张春桥 | 1948年初由《新石门报》改名 |  | 中共石家庄市委机关报 |
| 《黎明报》 | 北平以西一带 | 社长先后为何辛、丁原 | 1943年1月 | 1944年秋 | 中共晋察冀区委平西地委机关报 |
| 《工人报》 | 河北阜平,1945年迁张家口 |  | 1945年1月1日 | 因证移停刊,1945年10月11日复刊 | 晋察冀边区职工会主办 |
| 《冀察群众报》 | 平西一带 | 负责人丁原 | 1944年秋 | 1954年秋 | 中共冀察区党委机关报 |

附录十三　各革命根据地报刊调查表(1931—1949)

(续表)

| 报刊名 | 出版地 | 创办人 | 创刊时间 | 停刊时间 | 性质 |
|---|---|---|---|---|---|
| 《冀热察导报》 | 察东地区,四海、丰宁一带 | 社长钱丹辉,副社长兼总编辑沈重 | 1947年5月1日 | 1949年1月4日 | 中共冀热察区委机关报 |
| 《天津日报》 | 报社在河北胜芳镇,报纸在天津出版 | 社长黄松龄(兼),总编辑朱九思 | 1949年1月17日 | | 中共天津市委机关报 |
| 《解放》 | 北平 | 社长钱俊瑞 | 1946年2月22日 | 同年5月29日被查封 | 晋察冀中共中央局机关报 |
| 《边政导报》 | 河北阜平 | | 1938年6月13日 | 1947年6月1日 | 晋察冀边区行政委员会机关报 |
| 《战线》 | 河北阜平 | | 1939年2月7日 | | 中共晋察冀边区主办的党内机关刊物 |
| 《群众》 | 河北阜平 | | 1939年10月31日 | 1942年9月3日改为《晋察冀群众报》 | 晋察冀边区工农青妇抗援会主办 |
| 《新长城》 | 河北阜平 | 负责人邓拓、李友春、姚依林、胡锡奎 | 1939年7月31日 | | 中共晋察冀边区党委机关刊物 |
| 《边区文化》 | | | 1939年4月 | | 晋察冀边区文化界抗日救国会主办 |
| 《抗敌画报》 | 河北阜平 | | 1938年8月1日 | 后并入《晋察冀画报》 | 晋察冀军区政治部主办 |

· 1457 ·

(续表)

| 报刊名 | 出版地 | 创办人 | 创刊时间 | 停刊时间 | 性质 |
|---|---|---|---|---|---|
| 《晋察冀画报》 | 河北平山 | 主任沙飞 | 1942年9月 | 1948年6月 | 晋察冀军区政治部主办 |
| 《救国时报》 | 冀东地区 | 社长吕光，主编顾宁 | 1944年4月12日 | 1945年 | 中共冀东区党委领导 |
| 《冀热辽画报》 | 河北遵化、丰润一带 | 主任罗光达 | 1944年4月初 | 1945年10月 | 冀热辽军区政治部主办 |
| 《北方文化》 | 张家口 | 编辑会成员有成仿吾、邓拓、周扬、丁玲、沙可夫、肖军 | 1946年3月 | | |
| 《诗的建设》 | 河北阜平 | 主编田间、邵子南 | 1939年初 | 1945年 | 冀察晋边区文联主办 |
| 《华北画报》 | 河北平山 | 主任沙飞 | 1948年10月 | 1953年 | 华北军区政治部主办 |

晋冀鲁豫根据地：

| 报刊名 | 出版地 | 创办人 | 创刊时间 | 停刊时间 | 性质 |
|---|---|---|---|---|---|
| 《新华日报》（华北版） | 山西沁县、武乡 | 社长兼总编辑何云 | 1939年1月1日 | 1943年9月30日 | 中共中央北方局机关报 |
| 《中国人》 | 山西辽县 | 负责人孟秋江、王春 | 1940年11月 | 1941年冬 | |

· 1458 ·

附录十三 各革命根据地报刊调查表(1931—1949)

(续表)

| 报刊名 | 出版地 | 创办人 | 创刊时间 | 停刊时间 | 性质 |
|---|---|---|---|---|---|
| 《人民的军队》 | 河北邯郸 | | 1946年3月 | 1948年10月2日,10月3日改名《人民子弟兵》 | 晋冀鲁豫军区政治部机关报 |
| 《人民子弟兵》 | 河北邯郸 | | 1948年10月3日 | 1950年1月31日 | 晋冀鲁豫军区政治部机关报 |
| 《胜利报》 | 山西和顺、辽县 | 社长张大英,总编辑安岗 | 1938年5月1日 | 1941年7月6日,7月7日改名《晋冀豫日报》 | 中共晋冀特委机关报,1940年秋改为中共太行区党委机关报 |
| 《晋冀豫日报》 | 山西和顺 | 社长高文,总编辑安岗 | 1941年7月7日由《胜利报》改名 | 1941年12月停刊,同《新华日报》(华北版)合并 | 中共太行委机关报 |
| 《大众报》 | 山西沁水 | 主编赵培心 | 1938年 | | 中共晋冀豫特委领导 |
| 《牺牲救国》 | | 编辑赵石宾 | 1938年 | | 山西牺牲救国同盟会主办 |
| 《新华日报》(太行版) | 山西壶关 | 负责人刘祖春 | 1939年7月20日 | 同年11月停刊,改为《大南日报》 | 中共中央北方局机关报 |
| 《大南日报》 | 山西壶关 | 负责人陈沂,张磐石,总编辑王探骊 | 1939年11月15日由《新华日报》(大南版)改名 | | 中共太南地委机关报 |
| 《黄河日报》 | 山西长治、壶关 | 总编辑先后为高冰鸿、魏克明、史纪言 | 1939年秋 | 1940年6月6日停刊,7日改名《太岳日报》 | 山西牺牲救国同盟会长治中心机关报 |
| 《黄河日报》(路东版) | 山西壶关 | 主编王春 | 1939年秋 | | 山西牺牲救国同盟会长治中心机关报 |

· 1459 ·

(续表)

| 报刊名 | 出版地 | 创办人 | 创刊时间 | 停刊时间 | 性质 |
|---|---|---|---|---|---|
| 《民革导报》 | 山西晋城 | 社长兼总编辑徐一贯 | 1939年 | | 山西中共翼城县委主办 |
| 《河山战报》 | 山西翼城 | 主编韩军 | 1939年 | | 山西中共翼城县委主办 |
| 《新生报》 | 山西阳城 | 主编王良 | 1939年 | | 中共山西阳城县委主办 |
| 《抗战导报》 | 山西高平 | 社长薄怀奇 | 1939年 | | 中共高平县委主办 |
| 《晋中导报》 | | | 1940年7月 | | 晋中专署机关报 |
| 《人民报》 | 山西平顺 | 社长张向毅，代总编辑徐一贯 | 1940年5月1日，由《太南日报》《黄河日报》合并而成 | 1941年春停刊，改名《人民周报》 | 中共太南区党委机关报 |
| 《人民周报》 | 山西平顺 | 主编徐一贯 | 1941年春 | 不久更名《光明报》 | 中共太行区党委领导 |
| 《光明报》 | 山西平顺 | 社长兼主编刘峰，后为徐一贯 | 1941年 | 1942年夏 | 中共太南地委领导 |
| 《太南导报》 | 山西平顺 | 社长何微 | 1941年11月7日 | | 中共太南地委机关报 |
| 《大众日报》 | 山西沁水县 | 社长兼总编辑徐一贯 | 1941年11月7日 | | 中共晋豫地委领导 |
| 《晋豫日报》 | 山西阳城 | 社长何微 | 1942年3月 | 1943年5月停刊与《太岳日报》合并 | 中共晋豫区委机关报，1943年改为太岳四地委机关报 |

## 附录十三 各革命根据地报刊调查表(1931—1949)

(续表)

| 报刊名 | 出版地 | 创办人 | 创刊时间 | 停刊时间 | 性质 |
|---|---|---|---|---|---|
| 《战场周报》 | 山西涉县 | | 1942年5月9日 | | 八路军129师政治部主办 |
| 《新华日报》(太行版) | 山西辽县(左权县) | 总编辑史纪言 | 1943年10月1日由《新华日报》(华北版)改名 | 1949年8月20日 | 中共太行区委机关报 |
| 《工人报》 | 山西辽县 | | 1945年7月 | | 晋冀鲁豫边区职工总会主办 |
| 《太岳日报》 | 山西沁源县 | 社长兼总编辑魏奉璋 | 1940年6月7日由《黄河日报》易名 | 1944年3月31日停刊,同年4月1日易名《新华日报》(太行版) | 中共太岳区委机关报 |
| 《新华日报》(太岳版) | 山西沁水 | 社长兼总编辑魏克明 | 1944年4月1日由《太岳日报》改名 | 1949年3月29日 | 中共太岳区委机关报 |
| 《平原日报》 | 河北南宫 | 负责人朱介子 | 1938年 | | 中共冀南区委领导 |
| 《冀南日报》 | 河北南宫、临清、威县一带 | 社长先后为丈大炎、莫循等,总编辑先后为莫循、陈沂、张磐石等 | 1939 | 1949年7月30日终刊,与《冀中导报》《冀东日报》合并,于8月1日出版《河北日报》 | 中共冀南区委机关报 |
| 《黎明报》 | 河北大名一带 | 社长李平子 | | | 中共冀南区一地委机关报 |
| 《滏阳报》 | 河北新河、南宫一带 | 社长马乎平,总编辑邓聪 | 1942年 | | 中共冀南区二地委机关报 |

· 1461 ·

(续表)

| 报刊名 | 出版地 | 创办人 | 创刊时间 | 停刊时间 | 性质 |
|---|---|---|---|---|---|
| 《人山报》 | 河北曲周、馆陶、广平 | 社长胡林昀,总编辑翟向东 | 1941年3月 | 1945年8月 | 中共冀南区三地委机关报 |
| 《群众报》 | 河北南宫、威县一带 | 社长兼总编辑先后为胡青坡、黄敬吾 | 1942年8月1日 | 1943年停刊,改为《群众旬刊》 | 中共冀南区四地委机关报 |
| 《滏运报》 | | | 1937年7月 | | 中共冀南区五地委机关报 |
| 《运河报》 | 河北衡水以南一带 | | 1945年8月 | | 中共冀南区六地委机关报 |
| 《中国人报》 | 山西屯留县 | 社长兼总编辑李竹如,杜毓云 | 1938年5月1日 | 同年12月29日停刊,并入《新华日报》(华北版) | 中共晋冀豫区委机关报 |
| 《冀鲁豫日报》 | 山东菏泽、梁山、冠县一带 | 社长先后有莫循、陈沂、巩固、申云浦、罗定枫 | 1941年8月1日 | 1949年8月21日 | 中共鲁西区委机关报,1941年改为中共冀鲁豫区委机关报 |
| 《人民日报》(晋冀鲁豫) | 河北邯郸 | 社长张磐石,总编辑袁勃 | 1945年5月15日 | 1948年6月14日停刊,15日与《晋察冀日报》合并,名《人民日报》 | 中共晋冀鲁豫区委机关报,后改为中共中央华北局机关报 |
| 《新大众》 | 河北平山 | | 1948年1月7日 | | |
| 《邯郸日报》 | 河北邯郸 | | 1949年 | | |

附录十三　各革命根据地报刊调查表(1931—1949)

(续表)

| 报刊名 | 出版地 | 创办人 | 创刊时间 | 停刊时间 | 性质 |
|---|---|---|---|---|---|
| 《华北妇女》 | | | 1941年6月15日 | | |
| 《战斗日报》 | 山西长治一带 | 主编秦文川 | | | 山西牺牲救国同盟会长治中心主办 |
| 《临汾人民报》 | | | 1948年9月10日 | 1949年1月1日改名《晋南日报》 | |
| 《晋南日报》 | | | | | |
| 《太行邮报》 | | | 1946年8月1日 | 1948年 | |
| 《太岳邮报》 | 太岳区 | | 1946年12月12日 | | 太岳区邮政管理局机关报 |
| 《太岳政报》 | 太岳区中条山一带 | | 1946年 | 1948年1月7日 | |
| 《团结报》 | 河北南宫一带 | | 1946年1月12日 | 1947年8月31日 | 冀南军区政治部主办 |
| 《支援前线报》 | 河北南宫一带 | 总编辑陈讯息 | 1947年9月6日 | 1948年 | 冀南军区政治部主办 |
| 《晋中日报》 | 山西榆次 | | 1948年1月1日 | 1949年5月30日与《山西日报》合并 | |
| 《晋南日报》 | 山西临汾 | | 1949年1月1日由《临汾人民报》改名 | 1949年7月1日 | 中共太原工委机关报 |
| 《立功报》 | | | 1947年5月26日 | | |

· 1463 ·

(续表)

| 报刊名 | 出版地 | 创办人 | 创刊时间 | 停刊时间 | 性质 |
|---|---|---|---|---|---|
| 《泰西大众》 | | | 1947年2月5日 | | 冀鲁豫区中共一地委主办 |
| 《消息》 | | | 1947年7月5日 | | 冀鲁豫区中共泰西阳县委主办 |
| 《运西时报》 | | | 1947年5月16日 | | 冀鲁豫区中共二地委主办 |
| 《新运西》 | | | 1946年6月 | | 冀鲁豫区中共二地委宣传部主办 |
| 《新寿张》 | | | 1947年6月13日 | | 冀鲁豫区中共寿张县委主办 |
| 《新钜野》 | | | 1947年2月4日 | | 冀鲁豫区中共钜野县委主办 |
| 《新郓北》 | | | 1947年7月13日 | | 冀鲁豫区中共郓北县委主办 |
| 《临泽通报》 | | | 1947年2月5日 | | 冀鲁豫区中共临泽县委主办 |
| 《郓城通报》 | | | 1947年2月1日 | | 冀鲁豫区中共郓城县委主办 |
| 《豫北人民》 | | | 1947年5月16日 | | 冀鲁豫区中共四地委宣传部主办 |
| 《群众报》 | | | 1947年5月5日 | | 冀鲁豫区中共高陵县委主办 |
| 《立功报》 | | | 1947年4月1日 | | 冀鲁豫区中共昆如县委主办 |
| 《群声报》 | | | 1947年6月25日 | | 冀鲁豫区中共长垣县委宣传部主办 |
| 《翻身报》 | | | 1947年5月25日 | | 冀鲁豫区中共濮阳县委宣传部主办 |
| 《定陶人民》 | | | 1947年8月17日 | | 冀鲁豫区中共定陶县委主办 |

附录十三　各革命根据地报刊调查表(1931—1949)

(续表)

| 报刊名 | 出版地 | 创办人 | 创刊时间 | 停刊时间 | 性质 |
|---|---|---|---|---|---|
| 《农村生活》 | | | 1947年3月21日 | | 冀鲁豫区七支社主办 |
| 《运河通讯》 | | | 1947年6月 | | 冀鲁豫区中共昆山县委主办 |
| 《昆山报》 | | | 1947年6月12日 | | 冀鲁豫区中共八地委主办 |
| 《直南大众》 | | | 1947年3月25日 | | 冀鲁豫区中共清丰县委会编 |
| 《民主报》 | | | 1947年6月15日 | | 冀鲁豫区中共濮县委会编 |
| 《濮县导报》 | | | 1947年3月22日 | | 冀鲁豫区中共南岭县委主办 |
| 《农民快报》 | | | 1947年5月 | | 冀鲁豫区中共南岭县委主办 |
| 《翻身报》 | | | 1947年2月1日 | | 冀鲁豫区中共观城县委宣传部主办 |
| 《新时代》 | 山西平顺县 | 总编辑张向毅 | 1940年秋 | | 中共太南区领导 |
| 《新文艺》 | 河北企之县 | 主编王博习 | 1941年 | | 冀南文化总联合会主办 |
| 《苍鹰》 | 河北企之县、威县 | 主编胡青坡 | 1942年8月 | 1944年5月 | 冀南四分区文化救国会主办 |
| 《群众旬刊》 | 河北企之县 | 主编胡青坡 | 1943年 | 1944年1月23日与《铁流电讯》合并为《群众报》 | 中共冀南四地委机关刊物 |
| 《工农兵》 | 太岳根据地 | 总编辑何微(兼) | 1943年 | 1944年 | 太岳区文化委员会领导 |
| 《平原文艺》 | | | 1947年1月1日 | | 冀鲁豫区文联主办 |

· 1465 ·

(续表)

| 报刊名 | 出版地 | 创办人 | 创刊时间 | 停刊时间 | 性质 |
|---|---|---|---|---|---|
| 《冀鲁豫画报》 | | | 1947年2月 | | 冀鲁豫区文联主办 |
| 《通讯工作》 | | | 1947年5月1日 | | 冀鲁豫日报社主办 |
| 《新地》 | | | 1946年 | | 冀鲁豫区文联主办 |
| 《新郓北画报》 | | | 1947年7月16日 | | 冀鲁豫区中共郓北县委主办 |
| 《农村画报》 | | | 1947年7月5日 | | |

**晋绥根据地：**

| 报刊名 | 出版地 | 创办人 | 创刊时间 | 停刊时间 | 性质 |
|---|---|---|---|---|---|
| 《五日时事报》 | 晋西南 | 主编王修、金默生 | 1938年5月 | 1940年9月 | 中共晋西区委主办 |
| 《洪涛报》 | 雁北 | 负责人金默生 | 1939年12月 | 1941年1月 | 中共晋绥根据地雁北地委主办 |
| 《新西北报》 | 山西苛岚县 | | 1939年1月25日 | 1940年9月 | 牺牲救国同盟会西北办事处主办 |
| 《抗战日报》 | 山西兴县 | 社长廖井丹，总编赵石宾 | 1940年9月18日 | 1946年7月1日改为《晋绥日报》 | 中共晋西区党机关报1942年改为晋绥分局机关报 |

## 附录十三 各革命根据地报刊调查表(1931—1949)

(续表)

| 报刊名 | 出版地 | 创办人 | 创刊时间 | 停刊时间 | 性质 |
|---|---|---|---|---|---|
| 《晋绥日报》 | 山西兴县 | 社长周文、郝德青,后为常芝青 | 1946年7月1日由《抗战日报》改名 | 1949年5月1日 | 中共中央晋绥分局机关报 |
| 《晋西大众报》 | 山西兴县 | 社长王修 | 1940年10月26日 | 1945年6月5日改为《晋绥大众报》 | 晋西抗联机关报 |
| 《战争报》 | 山西兴县 | | 1941年6月 | | 晋绥军区政治部主办的军队报纸 |
| 《正义报》 | 山西兴县 | 主编颂秋 | 1942年春 | 1943年停刊,改名《祖国呼声》 | 中共中央晋绥分局主办 |
| 《祖国呼声》 | 山西兴县 | 主编颂秋 | 1943年由《正义报》改名 | 1945年 | 中共中央晋绥分局主办 |
| 《晋绥大众报》 | 山西兴县 | 社长王修 | 1945年6月5日由《晋西大众报》改名 | 1949年7月24日更名《大众报》 | 中共中央晋绥分局宣传部领导 |

**华中根据地:**

| 报刊名 | 出版地 | 创办人 | 创刊时间 | 停刊时间 | 性质 |
|---|---|---|---|---|---|
| 《拂晓报》 | 河南确山、永城,江苏泗洪、安徽涡阳、宿县等 | 社长彭雪枫,王子光、王少庸、冯定、邓岗、欧远方等 | 1938年9月30日 | 因在战争环境中,曾多次停刊与复刊,全国解放后,作为安徽省宿县地委机关报复刊,1972年停刊 | 新四军游击支队政治部机关报,1943年1月1日和《人民报》合并,改为中共淮北区党委机关报,1946年改为中共华中分局七地委机关报 |

· 1467 ·

(续表)

| 报刊名 | 出版地 | 创办人 | 创刊时间 | 停刊时间 | 性质 |
|---|---|---|---|---|---|
| 《拂晓报》（部队版） | 安徽天长、来安，江苏六合 | | 1941年9月16日 | | 新四军第四师政治部主办，军队内部发行 |
| 《拂晓报》（路西版） | | 社长陈阵 | 1944年秋 | 1947年8月3日易名《雪枫报》，1949年5月停刊 | 中共淮北区委机关报 |
| 《前锋报》 | 江苏海安 | 创办及主编包之静 | 1939年秋 | | 新四军五支队机关报 |
| 《联抗报》 | 苏南苏（州）常（熟）太（仓）地区 | 领导人黄逸峰，社长李俊民 | 1940年11月 | 1944年10月 | 新四军苏北指挥部领导下的统一战线部队联合抗日司令部主办 |
| 《大众报》 | 江苏东台、海安一带 | | 1939年 | 1941年5月日寇扫荡暂停刊，并入《东进报》 | 中共苏南东路特委领导 |
| 《抗敌报》 | 皖东北泗县 | 负责人张崇文 | 1940年10月 | 1941年8月 | 新四军苏北指挥部机关报 |
| 《人民报》 | 苏北沭阳 | 负责人贺汝仪，李文涛、杨巩等 | 1940年3月24日 | 1941年11月改名《淮海》 | 中共苏皖区委领导 |
| 《淮海报》 | | 社长贺汝仪，后为李超然，总编辑杨巩 | 1941年11月由《人民报》改名 | 1945年8月23日改名《苏北报》（淮海版） | 中共淮海区委机关报 |

## 附录十三 各革命根据地报刊调查表(1931—1949)

(续表)

| 报刊名 | 出版地 | 创办人 | 创刊时间 | 停刊时间 | 性质 |
|---|---|---|---|---|---|
| 《前进报》 | 江苏盐城 | 负责人童红之 | 1939年夏 | | 中共江苏武(进)丹(阳)地区地下党领导 |
| 《江淮日报》 | 江苏盐城 | 社长刘少奇,副社长兼总编辑王阑西 | 1940年12月2日 | 1941年7月20日 | 中共中央华中局机关报 |
| 《团结报》 | 江苏邳县、睢宁,安徽灵璧 | 负责人梁浩,吴献贤,主编欧远方 | 1940年1月28日 | 1945年9月 | 中共苏皖边区三地委机关报 |
| 《新民主报》 | 安徽淮南、定远 | | 1940年7月7日 | | |
| 《东南晨报》 | 江苏如东县 | 负责人江树峰,徐铭延 | 1940年11月 | 1941年11月 | 中共苏中区四地委领导 |
| 《熔炉》 | 江苏黄桥 | 社长冯定(兼) | 1940年 | | 华中抗日大学五分校校刊 |
| 《战士报》 | | 负责人张茜 | 1940年9月 | 1940年12月 | |
| 《新华报》 | 江苏阜宁 | 总编辑陈修良,社长范长江 | 1942年7月1日 | 1942年12月 | 中共中央华中局宣传部和新四军政治部宣传部主办 |
| 《如西报》 | 江苏如西、泰兴一带 | | | 1941年6月 | 中共苏中区三地委机关报 |

(续表)

| 报刊名 | 出版地 | 创办人 | 创刊时间 | 停刊时间 | 性质 |
|---|---|---|---|---|---|
| 《江潮报》 | 江苏泰兴、靖江一带 | 社长徐进，周警宇、徐仲尼 | 1941年7月1日由《如西报》改名 | 1945年11月22日与《江海导报》合并为《江海报》 | 中共苏中区三地委机关报 |
| 《江海报》 | 江苏南通、海门一带 | 负责人邵宇、樊发源、洪枣奇 | 1941年1月1日 | 1945年11月与《江潮报》合并改名《江海导报》，1950年4月6日终刊 | 中共苏中区南通地委机关报 |
| 《江海大众报》 | 江苏如皋、海门一带 | 负责人洪枣奇、樊发源 | 1941年冬 | 1942年秋 | 中共苏中区四地委主办 |
| 《新路东报》 | 安徽天长一带 | 社长兼总编辑包之静 | 1941年初 | 1942年冬 | 1942年为中共淮南区委机关报 |
| 《海启大众》 | 江苏海门、启东一带 | 负责人马力 | 1941年 | 1945年 | 江苏海启县委机关报 |
| 《无线电讯》 | 江苏阜宁 | 负责人刘述之，陈修良、黄发源，范长江等 | 1941年8月26日 | 1942年7月底 | 中共中央华中局宣传部和新四军政治部主办 |
| 《淮南日报》 | 安徽来安 | 社长包之静、章南舍 | 1942年冬 | 1945年8月 | 抗日战争时期为中共淮南区机关报 |
| 《盐阜报》 | 江苏阜宁 | 负责人王阑西 | 1942年1月1日 | 1946年 | 先为中共盐阜地委，后为区党委机关报 |

附录十三　各革命根据地报刊调查表(1931—1949)

(续表)

| 报刊名 | 出版地 | 创办人 | 创刊时间 | 停刊时间 | 性质 |
|---|---|---|---|---|---|
| 《先进报》 | 江苏如皋、南通、海门地区 | 社长姬鹏飞，主编蒋新生 | 1942年春 | 1942年秋与《江海报》合并 | 新四军一师三旅机关报 |
| 《人民报》 | 苏皖地区 | | 1942年3月15日 | | |
| 《苏中报》 | 江苏东台、宝应一带 | 社长粟裕，俞铭璜，总编黄则民、林淡秋 | 1943年12月1日由《滨海报》改名 | 1945年9月20日 | 中共苏中区委机关报 |
| 《滨海报》 | 江苏东台 | 负责人林淡秋，高扬，史乃展 | | 1943年12月1日 | 中共苏中区二地委机关报 |
| 《盐阜大众》 | 江苏阜宁，后迁淮安 | 社长王阑西，主编黄则民、秦加林等 | 1943年4月25日 | | 中共盐阜地委主办 |
| 《南通报》 | 江苏南通县"清乡"区 | 社长周一峰，梁灵光，主编鞠盛、宋军 | 1943年4月 | 1943年冬 | 中共南通县委机关报 |
| 《人民报》 | 江苏东台 | | 1946年6月12月 | 1949年11月14日 | 中共华中区一地委机关报 |
| 《人民报》 | 江苏高邮 | | 解放战争初期 | 不久停刊，1948年12月16日复刊 | 中共华中区二地委机关报 |

· 1471 ·

(续表)

| 报刊名 | 出版地 | 创办人 | 创刊时间 | 停刊时间 | 性质 |
|---|---|---|---|---|---|
| 《前哨报》 | 江苏高邮、宝应一带 | 负责人肖湘 | 抗日战争后期 | | 中共苏中区一地委机关报 |
| 《战鼓报》 | 安徽巢湖无山区 | 负责人朱士俊 | 1940年冬 | 1941年底 | 新四军江北游击队司令部政治处主办 |
| 《战斗报》 | 安徽无为一带 | 负责人殷及夫，总编辑舒文 | 1941年5月 | 1942年停刊，改为《大江报》 | 新四军七师政治部宣教处主办 |
| 《大江报》 | 安徽（县）、无（为）地区 | 社长周新武、蒙合，总编辑舒文 | 1942年 | 1946年 | 中共皖鄂赣区党委机关报 |
| 《新华日报》（华中版） | 江苏淮阴 | 社长范长江、恽逸群 | 1945年12月9日 | 1946年秋 | 中共华中分局机关报 |
| 《江海导报》 | 江苏如皋 | 社长李俊民，徐进，总编辑徐仲尼 | 1945年11月22日由《江潮报》和《江海报》合并 | 1949年2月 | 中共华中区一地委机关报 |
| 《战士生活》 | 江苏南通、如皋一带 | 社长卢胜，主编卞庸中、鞠盛 | | | 新四军一师三旅政治部主办 |
| 《武装报》 | 安徽（县）、无（为）地区 | 负责人陈明、朱士俊 | 1942年 | 1946年 | 新四军七师政治部主办 |

附录十三　各革命根据地报刊调查表(1931—1949)

(续表)

| 报刊名 | 出版地 | 创办人 | 创刊时间 | 停刊时间 | 性质 |
|---|---|---|---|---|---|
| 《新宝应》 | 江苏宝应 | | 1945年9月13日 | | 中共宝应县委主办 |
| 《盐阜日报》 | 江苏盐阜地区 | 社长高峰 | 1946年10月10日 | 1947年4月11日 | 中共盐阜地委机关报 |
| 《消息》 | 江苏南通地区 | 负责人李俊民,樊发源,洪秉奇 | 1946年12月4日 | 1949年3月16日与《江海报》合并 | 中共华中区九地委主办 |
| 《苏北日报》 | 江苏淮安一带 | 社长周一萍 | 1947年4月11日 | 同年10月31日 | 中共苏北区委机关报 |
| 《苏北大众》 | 江苏淮安一带 | | 1947年4月11日 | 同年10月31日 | 中共苏北区党委机关报 |
| 《黄海日报》 | 江苏射阳一带 | 主编李方隋 | 1947年3月1日 | 1947年8月7日 | 中共苏北区十一地委机关报 |
| 《黄海大众》 | 江苏射阳一带 | 主编李方隋 | 1947年3月1日 | 1947年8月7日 | 中共苏北区十一地委主办 |
| 《雪枫报》 | 河南界首、淮阳一带 | 社长草蕴 | 1947年8月3日由《拂晓报》(路西版)改名 | 1949年 | 中共淮北区党委领导(1948年改为中共豫皖苏分局机关报) |
| 《火线报》 | 安徽郎溪、浙江长兴 | 负责人谷力虹 | 1944年秋 | 1944年秋改出《苏南报》 | 江南抗日游击队主办,后改为新四军六师主办 |
| 《苏南报》 | 浙江长兴、安徽郎溪一带 | 社长、总编辑欧阳惠林 | 1944年初 | 1945年初 | 中共苏皖区委机关报 |
| 《苏浙日报》 | 安徽郎溪、浙江长兴一带 | 负责人储非白 | 1945年3月由《苏南报》改名 | 1945年10月 | 中共苏浙区委机关报 |

· 1473 ·

(续表)

| 报刊名 | 出版地 | 创办人 | 创刊时间 | 停刊时间 | 性质 |
|---|---|---|---|---|---|
| 《淮海大众》 | 苏北沭阳一带 | 社长贺汝仪，总编辑杨巩 | 1945年由《淮海报》出版 | 1946年10月 | 中共淮海区委（后改为华中六地委）机关报 |
| 《淮南大众》 | 安徽天长一带 | 主编江平秋 | | | |
| 《淮南画报》 | 江苏沭阳 | 主编周占熊 | | | |
| 《东进报》 | 初在苏南，后迁苏北 | 社长谭震林 | | | 江南抗日游击队司令部主办，后改为新四军六师机关报 |
| 《前线报》 | 江苏盐城，阜宁 | 社长黄克诚，主编傅东华 | | | 新四军三师机关报 |
| 《斗争报》 | | 社长王必成 | | | 新四军一师二旅机关报 |
| 《江淮文化》 | 江苏南通 | 负责人江树峰 | 1941年春 | 1941年秋 | 苏中四地委领导 |
| 《江淮杂志》 | 江苏盐城 | 主办人王澜西 | 1941年上半年 | 1941年6月与《淮北文化》合并 | 中共中央华中局宣传部领导 |
| 《淮北大众》 | 淮北区 | 主办人陈建平 | 1942年 | | 新四军政治部主办 |
| 《江淮文化》 | 盐阜地区 | | 1941年 | | |
| 《大江杂志》 | 安徽巢（县）无（为）地区 | 社长周新武，总编辑舒文，袁牧华 | 1944年 | 1945年 | 中共皖鄂赣区委机关报 |
| 《江南杂志》 | 苏南苏（州）常（熟）太（仓）地区 | | 1939年 | 1941年日寇扫荡时停刊 | 中共路东特委 |

## 附录十三　各革命根据地报刊调查表(1931—1949)

山东根据地：

| 报刊名 | 出版地 | 创办人 | 创刊时间 | 停刊时间 | 性质 |
|---|---|---|---|---|---|
| 《抗日新闻》 | 山东济宁 | 社长秋庆楼，主笔金默生 | 1937年9月 | 1937年12月 | 中华民族解放先锋队创办 |
| 《后援报》 | 山东济宁 | 社长秋庆楼，李诠、李光谊 | 1937年7月 | 同年12月 | 济宁学生抗敌将士后援会创办 |
| 《抗战日报》 | 山东聊城 | 社长申仲铭，总编辑齐燕铭 | 1937年11月 | 1938年11月15日 | 1938年5月1日改为中共鲁西特委机关报 |
| 《大众报》 | 山东莱阳、掖县一带 | 社长阮志刚 | 1938年8月13日 | 1948年11月30日 | 中共胶东特委机关报 |
| 《烽火报》 | 冀鲁边区肃宁一带 | 总编辑张铺 | 1938年 | 1942年底改为《冀鲁日报》 | 中共冀鲁边区特委机关报 |
| 《前锋报》 | 山东清河一带 | | 1938年底 | 1940年与《群众报》合并 | 中共临淄县委创办 |
| 《群众报》 | 山东清河一带 | 社长刘洪轩，总编辑张逢之，戴夫 | 1939年8月1日 | 1944年6月30日与《冀鲁日报》合并 | 中共渤海区委主办 |
| 《大众日报》 | 山东沂水 | 社长先后由刘导生、匡亚明、陈沂担任 | 1939年1月1日 | | 中共中央山东分局机关报 |
| 《泰山时报》 | 山东莱芜 | 社长兼总编辑李力众，宫达非 | 1939年9月18日 | 1944年11月 | 中共泰西地委机关报 |

(续表)

| 报刊名 | 出版地 | 创办人 | 创刊时间 | 停刊时间 | 性质 |
| --- | --- | --- | --- | --- | --- |
| 《动员周报》 | 山东莱芜 | 社长李力修 | 1939年 | 1940年 | 莱芜民众动员委员会创办 |
| 《青年报》 | 山东沂水 | 社长李戴 | 1938年6月 | 1938年12月 | |
| 《民生报》 | 鲁西南地区 | 社长刘济滨 | 1939年6月 | 同年10月 | 中共鲁西南地委机关报 |
| 《燎原报》 | 鲁西南地区 | 社长李一黎、王瑞亭 | 1939年12月 | 1940年12月 | 中共鲁西南地委创办 |
| 《时事通讯》 | 鲁南地区 | 社长赖可可 | 1939年 | 1940年 | 115师政治部宣传部主办 |
| 《卫东日报》 | 清平一带 | | 1939年 | 1941年5月并入《冀鲁豫日报》 | 中共鲁西四地委机关报 |
| 《卫河日报》 | 清丰、南乐、沙区一带 | 社长刘祖春 | 1940年初 | 1941年5月停刊，并入《冀鲁豫日报》 | 中共直南地委机关报 |
| 《鲁西日报》 | 山东梁山、东平湖一带 | 负责人王大刚 | 1940年8月 | 1941年5月并入《冀鲁豫日报》 | 中共鲁西区委机关报 |
| 《鲁南时报》 | 山东抱犊崮山区 | 社长林平加，总编辑白刃、黄华 | 1940年7月1日 | 1948年春 | 中共鲁南区委机关报 |
| 《滨海时报》 | 山东滨海区 | 社长李均，总编辑李乃方 | 1940年10月 | 1942年1月 | 中共滨海区五地委创办 |
| 《新群众报》 | 鲁南区 | 社长周南，总编辑乔彬 | 1940年春 | 1943年春 | 中共南区委创办 |

附录十三　各革命根据地报刊调查表(1931—1949)

(续表)

| 报刊名 | 出版地 | 创办人 | 创刊时间 | 停刊时间 | 性质 |
|---|---|---|---|---|---|
| 《昆嵛报》 | 山东胶东地区 | 社长孙川，刘思，总编刘令凯 | 1940年春 | 1940年10月 | 中共东海抗委会创办 |
| 《曙光报》 | 河北沧县 | 总编辑文又生，陈复 | 1940年 | 1941年冬 | 沧县青年救国会主办 |
| 《反扫荡报》 | 山东沂蒙山区 | | 1941年 | 1942年2月 | 中共鲁中区二地委主办 |
| 《民主报》 | 鲁西南地区 | 社长王瑞亭 | 1941年1月 | 同年5月易名《新民主报》 | 中共鲁西南地委创办 |
| 《新民主报》 | 鲁西南地区 | 社长王瑞亭 | 1941年5月由《民主报》改名 | 1943年 | 中共鲁西南地委创办 |
| 《运西日报》 | 鲁西地区 | | 1941年 | 1942年 | 中共运西地委机关报 |
| 《北海时报》 | 山东胶东地区 | 社长兼总编辑陈晓东 | 1941年1月 | 1942年7月 | 中共胶东区北海地委机关报 |
| 《西海导报》 | 山东胶东地区 | 社长兼总编辑郑本清 | 1941年4月4日 | 1942年 | 中共胶东区西海地委机关报 |
| 《南海时报》 | 山东胶东地区 | | 1941年 | 1942年秋 | 中共胶东区南海地委机关报 |
| 《湖西日报》 | 湖西地区 | | 1941年 | 1942年 | 中共湖西地委机关报 |
| 《清西日报》 | 清河地区 | 总编辑郑干、吴政 | 1941年9月2日 | 同年停刊 | 中共清西区委创办 |

· 1477 ·

(续表)

| 报刊名 | 出版地 | 创办人 | 创刊时间 | 停刊时间 | 性质 |
|---|---|---|---|---|---|
| 《前进报》 | 山东莱芜 | 总编辑李力修 | 1941年7月 | 1942年2月 | 中共莱芜县委机关报 |
| 《前哨报》 | 鲁西南地区 | 总编辑李剑秋、李梦光 | 1941年5月 | 1942年5月 | |
| 《前卫报》 | 鲁中地区 | | 1941年 | 1948年7月15日 | 鲁中军区机关报 |
| 《正道报》 | 山东渤海区 | 总编辑韩道仁 | 1941年 | | |
| 《泰西日报》 | 泰安以西地区 | 社长王树成，总编辑马冰山 | 1941年 | 不久并入《鲁西日报》 | 中共泰西地委机关报 |
| 《冀鲁日报》 | 冀鲁地区 | 社长于寄愚，总编辑张镛、戴夫 | 1942年底 | 1944年6月30日 | 中共冀鲁边区委创办 |
| 《沂蒙导报》 | 鲁中地区 | 社长徐仲林，主管姜丕之 | 1942年2月25日 | 1942年7月易名《鲁中日报》 | 中共鲁中区二地委（后改为鲁中区党委）机关报 |
| 《鲁中日报》 | 鲁中地区 | 社长徐仲林，总编辑姜丕之、王中 | 1942年7月 | 1945年秋与《鲁中大众》合并后停刊 | 中共鲁中区委机关报 |
| 《鲁西北日报》 | 鲁西北一带 | 社长丹彤，总编辑吕冰、丹彤 | 1944年初 | 1946年初 | 中共鲁西北地委机关报，后改为中共冀南区一地委机关报 |

## 附录十三 各革命根据地报刊调查表(1931—1949)

(续表)

| 报刊名 | 出版地 | 创办人 | 创刊时间 | 停刊时间 | 性质 |
|---|---|---|---|---|---|
| 《渤海日报》 | 山东惠民 | 社长陈东,张永迹,总编辑戴夫,张镕 | 1944年7月1日由《冀鲁日报》《群众报》合并 | 1950年4月25日 | 中共渤海区委机关报 |
| 《鲁中大众报》 | 鲁中地区 | 社长王夷黎,总编辑陈先,王伯萍 | 1944年 | | 中共鲁中区委创办 |
| 《群力报》 | 胶东地区 | 社长赵铎 | 1945年2月 | 1949年12月1日并入《胶东日报》 | 胶东各界抗日救国会创办 |
| 《农民报》 | 山东滨海区 | | 1942年 | 1945年6月易名《滨海农村》 | 中共滨海区委机关报 |
| 《滨海农村》 | 山东滨海区 | 社长兼总编辑吴健 | 1945年6月 | 1948年1月 | 中共渤海区委机关报 |
| 《沂水群众报》 | 山东沂水 | 社长吴健 | 1945年 | 1947年7月 | 中共沂水地委创办 |
| 《大众日报》(淄博版) | 山东淄博 | 社长陈冰 | 1945年8月 | 不久即停刊 | 济南前线指挥部创办 |
| 《烟台日报》 | 山东烟台 | 社长兼总编辑于大申 | 1945年9月18日 | | 中共烟台市委机关报 |
| 《新威日报》 | 山东威海卫 | 社长于子洲 | 1945年10月1日 | 1947年12月20日 | 中共威海卫市委机关报 |

· 1479 ·

(续表)

| 报刊名 | 出版地 | 创办人 | 创刊时间 | 停刊时间 | 性质 |
|---|---|---|---|---|---|
| 《和平民主报》 | 山东博山 | 总编辑鲁宝瑢 | 1946年 | | 中共鲁中区委创办 |
| 《渤海大众》 | 山东渤海区 | 总编辑陈叔俊 | 1946年6月1日 | 1950年4月 | 中共渤海区委创办 |
| 《工商报》 | 山东 | | 1947年2月15日 | | 山东工商总局 |
| 《滨北日报》 | 山东滨海区 | 社长许革夫，总编辑辛纯 | 1947年8月 | 1948年2月 | 中共滨海区滨北地委创办 |
| 《新潍坊报》 | 山东潍坊 | 社长赵扬 | 1948年5月1日 | 1949年2月16日停刊与《大众日报》合并 | 中共潍坊市委机关报 |
| 《鲁中商报》 | 鲁中南地区 | 总编辑宫达非 | 1948年9月26日 | 1950年4月20日 | 中共鲁中区委创办 |
| 《新民主报》 | 山东济南地区 | 社长兼总编辑恽逸群 | 1948年10月1日 | 1949年3月31日停刊与《大众日报》合并 | 中共济南特委创办 |
| 《前卫报》 | 鲁中南区 | 社长王人山 | 1948年10月10日 | 1952年5月 | 鲁中南军区主办的军队报纸 |
| 《胶东日报》 | 山东莱阳 | 社长王人山，陆平，总编辑李维光，张映吾 | 1948年12月1日由《大众报》改名 | 1950年4月20日 | 中共胶东区委主办 |
| 《伊斯兰报》 | 山东渤海区 | 社长夏戎 | 1946年11月 | 1947年 | |
| 《济宁日报》 | 济宁 | | 1946年5月1日 | 1946年10月 | |

附录十三 各革命根据地报刊调查表(1931—1949)

(续表)

| 报刊名 | 出版地 | 创办人 | 创刊时间 | 停刊时间 | 性质 |
|---|---|---|---|---|---|
| 《德州日报》 | 德州 | | 1946年7月1日 | 同年10月31日并入《渤海日报》 | |
| 《大众报》 | 山东滨北区 | | 1947年10月10日 | 1947年底改名《滨北日报》 | |

**东北解放区：**

| 报刊名 | 出版地 | 创办人 | 创刊时间 | 停刊时间 | 性质 |
|---|---|---|---|---|---|
| 《东北日报》 | 先后在抚顺、海龙、长春、哈尔滨、沈阳等地 | 社长李常青，总编辑先后有李荒、王揖 | 1945年11月1日 | 1954年8月31日终刊，改名为中共辽宁省委机关报《辽宁日报》 | 中共中央东北局机关报 |
| 《人民呼声》 | 大连 | 负责人白学光 | 1945年11月1日 | 1946年 | |
| 《大连日报》 | 大连 | 负责人段洛夫 | 1946年由《人民呼声》改名 | 1949年4月1日与《关东日报》合并,改名《旅大人民日报》 | 大连职业总会主办 |
| 《关东日报》 | 大连市 | | 1945年 | 1951年 | |
| 《实话报》 | 大连市 | | 1945年 | 1947年 | 苏军司令部主办(中文) |
| 《辽宁日报》 | 瓦房店 | | 1947年1月1日 | 1949年1月16日 | |

· 1481 ·

(续表)

| 报刊名 | 出版地 | 创办人 | 创刊时间 | 停刊时间 | 性质 |
|---|---|---|---|---|---|
| 《辽宁日报》 | 安东 | 社长陈楚,总编辑白汝瑗 | 1945年11月22日 | 1948年6月7日 | 中共辽东省委(后改辽东分局)机关报 |
| 《胜利报》 | 法库,后辽源 | 总编辑先后有王名衡、吴宏毅 | 1946年1月1日由《民主日报》改名 | 1949年1月1日改名为《辽北日报》 | 中共辽西省委机关报 |
| 《辽北新报》 | 四平 | 社长兰干亭 | 1949年1月1日由《胜利报》改名 | 1949年5月与《人民报》合并,易名《辽西日报》 | 中共辽宁省领导 |
| 《辽西日报》 | 四平 |  | 1949年5月由《人民报》《辽北新报》合并,改名《辽西日报》 |  | 中共辽宁省领导 |
| 《人民报》 | 锦州 | 总编辑章欣潮、杨文元 | 1948年10月28日 | 1949年5月14日停刊,与《辽北新报》合并,易名《辽西日报》 |  |
| 《长春新报》 | 长春 | 社长兼总编辑李之白 | 1945年11月15日 |  | 中共长春市委领导 |
| 《人民日报》 | 吉林 | 社长俞平若,总编辑章欣潮 | 1945年10月10日 | 1947年2月28日 | 中共吉林省特别支部领导 |
| 《吉林日报》 | 吉林 |  | 1947年3月1日由《人民日报》改名 |  | 中共吉林省委领导 |

附录十三 各革命根据地报刊调查表(1931—1949)

(续表)

| 报刊名 | 出版地 | 创办人 | 创刊时间 | 停刊时间 | 性质 |
|---|---|---|---|---|---|
| 《通化日报》 | 通化 | 社长丁新 | 1945年11月15日由《辽吉日报》改名 | | |
| 《辽吉日报》 | 通化 | 社长丁新 | 1945年9月29日 | 同年11月15日改名《通化日报》 | |
| 《民主日报》 | 辽源 | 社长李树森 | | 1946年1月停刊,改名《胜利报》 | 中共西满分局机关报 |
| 《延边日报》(朝文) | 延边 | 由党报委员会领导 | 1948年4月1日 | 1949年《延边日报》和哈尔滨的《民主报》《团结报》三家合并为《东北朝鲜人民报》 | 中共延边地委主办 |
| 《光明日报》 | 长春 | 社长兼总编辑肖谦之 | 1945年9月 | 1946年5月23日 | 长春中苏友好协会主办 |
| 《延边民报》(朝鲜文) | 延吉 | 主笔姜东柱 | 1945年11月5日 | | 延边民主同盟专员公署机关报 |
| 《团结报》(朝鲜文) | 通化 | 社长伊林 | 1946年5月4日 | | |
| 《农民报》 | 吉林市 | | 1949年1月1日 | 1949年5月25日 | |
| 《工人报》 | 吉林 | | 1949年3月15日 | 1949年5月 | |

· 1483 ·

(续表)

| 报刊名 | 出版地 | 创办人 | 创刊时间 | 停刊时间 | 性质 |
|---|---|---|---|---|---|
| 《吉林工农报》 | 吉林 | | 1949年6月1日创刊,由《农民报》《工人报》合并,易名《吉林工农报》 | 1950年1月30日 | |
| 《哈尔滨日报》 | 哈尔滨 | 社长唐景阳 | 1945年11月25日 | 1946年6月并入《东北日报》 | 中共哈尔滨市委机关报 |
| 《松江日报》 | 哈尔滨 | 社长杨永平、卢延年 | 1946年1月 | | 中共松江省委机关报 |
| 《北光日报》 | 哈尔滨 | 负责人李兆麟、马英林(社长) | | | 哈尔滨市中苏友好协会机关报 |
| 《文化报》 | 哈尔滨 | 肖军 | 1946年冬 | 1947年春 | |
| 《松江日报》 | 哈尔滨 | 社长陈非 | 1945年9月 | 11月停刊改《松花江报》 | 中共松江省委机关报 |
| 《民主日报》(朝鲜文) | 哈尔滨 | | 1948年3月《人民新报》与《团结报》合并,改名《民主日报》 | 1949年4月又改名《东北朝鲜人民报》,后并入《延边日报》 | |
| 《民主新报》(私营报纸) | 哈尔滨 | 主办人高崇民 | 1946年8月 | 同年10月停刊 | |

附录十三　各革命根据地报刊调查表(1931—1949)

(续表)

| 报刊名 | 出版地 | 创办人 | 创刊时间 | 停刊时间 | 性质 |
|---|---|---|---|---|---|
| 《哈尔滨午报》(私营报纸) | 哈尔滨 | 主办人赵展鹏 | 1946年7月27日 | 1949年12月31日 | |
| 《生活报》 | 哈尔滨 | | 1948年5月1日 | 1948年12月6日 | |
| 《工商日报》 | 哈尔滨 | | 1947年 | | |
| 《哈尔滨公报》(私营报纸) | 哈尔滨 | 主办人关玉珂 | 1945年下半年 | 1947年 | |
| 《社会新闻》(私营报纸) | 哈尔滨 | 主办人李子言 | 1945年下半年 | 1947年 | |
| 《大化日报》(私营报纸) | 哈尔滨 | | 1945年 | 1947年 | |
| 《西满日报》 | 齐齐哈尔 | 社长兼总编辑王阑西 | 1946年11月1日 | 1947年9月19日 | 中共西满分局机关报 |
| 《新嫩江报》 | 齐齐哈尔 | 社长吴宏毅 | 1946年4月24日 | 1947年8月停刊，易名《嫩江新报》 | 中共嫩江省委机关报 |
| 《嫩江新报》 | 齐齐哈尔 | 社长李林，总编辑方言 | 1947年10月10日 | 后与《新黑龙江报》合并，改名《黑龙江日报》 | 中共嫩江省委机关报 |

· 1485 ·

(续表)

| 报刊名 | 出版地 | 创办人 | 创刊时间 | 停刊时间 | 性质 |
|---|---|---|---|---|---|
| 《齐市新闻》 | 齐齐哈尔 | 社长鲁果 | 1947年5月10日 | 1949年5月并入《黑龙江日报》 | 中共齐齐哈尔市委机关报 |
| 《西铁消息报》 | 齐齐哈尔 | 负责人王世珍、梁甫、任宏 | 1947年1月1日 | 1949年6月7日 | 中共西满铁路分局委员会领导 |
| 《黑龙江日报》 | 齐齐哈尔，1954年迁至哈尔滨 | 社长殷参，总编辑童大林、赵健、王遵陀 | 1949年5月27日由《嫩江新报》与《新黑龙江报》合并 | | 中共黑龙江省委机关报 |
| 《新黑龙江报》 | 北安 | 社长王堃骋，副社长兼总编辑殷参 | 1947年10月与《嫩江新报》合并 | 1949年改名《黑龙江报》 | 中共黑龙江省北安地委机关报 |
| 《东安日报》 | 密山县 | 社长郑堃 | 1947年7月 | 同年9月 | 中共合江省东安地委机关报 |
| 《黑河报》 | 黑河 | | 1946年8月1日 | 1948年4月易名《新黑龙江报》 | 中共黑龙江省黑河地委机关报 |
| 《新黑河报》 | 黑河 | | 1948年4月由《黑河报》改名 | | 中共黑龙江省黑河地委机关报 |
| 《合江日报》 | 佳木斯 | 社长陈元直，总编辑毛星 | 1946年7月1日 | 1949年6月15日 | 中共合江省委机关报 |
| 《庄稼人》 | 佳木斯 | | 1948年 | | 中共合江省委领导 |

附录十三 各革命根据地报刊调查表(1931—1949)

(续表)

| 报刊名 | 出版地 | 创办人 | 创刊时间 | 停刊时间 | 性质 |
| --- | --- | --- | --- | --- | --- |
| 《嫩江农民报》 | 嫩江 | | 1948年5月1日 | 1949年5月28日 | 中共嫩江省委领导 |
| 《人民新报》(朝鲜文) | 牡丹江市 | 主办人李鸿烈,赵庆洪,许津 | 1945年12月 | 1948年迁至哈尔滨与《团结报》合并 | |
| 《松江农民》 | | | 1947年11月 | 1949年1月 | 中共松江省委领导 |
| 《牡丹江日报》 | 牡丹江市 | 社长陈浚 | 1945年12月9日 | | 中共绥宁省委机关报 |

(据1984年《中国新闻年鉴》)

· 1487 ·

# 附录十四  1981年各地报纸名录

| 省市 | | 日报 | 双日刊 | 三日刊 | 五日刊 | 周二刊 | 周三刊 | 周四刊 | 周五刊 | 周六刊 | 六日刊 | 周刊 | 旬刊 | 半月刊 | 月刊 | 种类合计 |
|---|---|---|---|---|---|---|---|---|---|---|---|---|---|---|---|---|
| 北京 | 中央 | 3 | 1 | | | 5 | 3 | 1 | 1 | 2 | | 15 | 2 | 2 | | 35 |
| | 北京市 | 2 | | | | 2 | | | | | | 1 | | 1 | | 6 |
| | 天津 | 1 | | | | | | | | | | 1 | | 1 | | 3 |
| | 河北 | 1 | | | | 1 | | | | 13 | | 2 | | 2 | 1 | 20 |
| | 山西 | 2 | 1 | | | 2 | 5 | | | | 2 | 3 | | | | 15 |
| | 内蒙古 | 1 | | | 1 | 1 | 3 | | | 7 | | | 1 | | | 14 |
| | 辽宁 | 3 | | | | 5 | | | | 10 | | 3 | 1 | | | 22 |
| | 吉林 | 1 | | | | 2 | 1 | | | 3 | | 3 | | 1 | 1 | 12 |
| | 黑龙江 | 1 | | 1 | | | 3 | | | 10 | | 1 | | | | 16 |
| | 上海 | 3 | | | | | | | | | | 4 | 1 | | | 8 |

# 附录十四 1981年各地报纸名录

(续表)

| 省市 | 日报 | 双日刊 | 三日刊 | 五日刊 | 周二刊 | 周三刊 | 周四刊 | 周五刊 | 周六刊 | 六日刊 | 周刊 | 旬刊 | 半月刊 | 月刊 | 种类合计 |
|---|---|---|---|---|---|---|---|---|---|---|---|---|---|---|---|
| 江苏 | 2 | | | 2 | 5 | 4 | 3 | | 1 | | 1 | 1 | | | 19 |
| 浙江 | 5 | | | | 4 | 1 | | | | | 5 | 1 | 2(双周) | | 18 |
| 安徽 | 1 | | 1 | | 2 | 8 | | | 1 | | 3 | | | | 16 |
| 福建 | 2 | | | | | | | | 1 | | 3 | | 1 | | 7 |
| 江西 | 1 | 1 | | 1 | 7 | 1 | | | 1 | | 5 | | | | 17 |
| 山东 | 1 | | | | 1 | | | | 5 | | 10 | | 2 | 1 | 20 |
| 河南 | 1 | | | | 1 | | | | 4 | | 2 | | | | 8 |
| 湖北 | 2 | 7 | 1 | 1 | 3 | 1 | | | 1 | | 10 | | | | 25 |
| 湖南 | 3 | | | | 2 | | | | 3 | | 1 | | | 1 | 11 |
| 广东 | 3 | | | | 2 | 1 | | | 3 | | 2 | 1 | | | 11 |
| 广西 | 1 | | | | 3 | | | | 5 | | 2 | | | | 12 |
| 四川 | 3 | | 1 | | 3 | 5 | | | 5 | | 5 | | 2 | 1 | 25 |
| 云南 | 2 | | | | 3 | 2 | | | 1 | | 6 | 1 | 1 | | 16 |
| 贵州 | 1 | | | | | | | | 1 | | 1 | 1 | | | 4 |
| 西藏 | 1 | | | | | | | | | | | | 1 | | 2 |

（续表）

| 省市 | 日报 | 双日刊 | 三日刊 | 五日刊 | 周二刊 | 周三刊 | 周四刊 | 周五刊 | 周六刊 | 六日刊 | 周刊 | 旬刊 | 半月刊 | 月刊 | 种类合计 |
|---|---|---|---|---|---|---|---|---|---|---|---|---|---|---|---|
| 陕西 | 2 | | | | 1 | | | | 2 | | 1 | | 1 | | 9 |
| 甘肃 | 1 | | | | 2 | 1 | | | | | 2 | 1 | | | 7 |
| 青海 | 1 | | | | | | | | | | 2 | | | | 3 |
| 宁夏 | 1 | | | | | | | | | | 1 | | | | 2 |
| 新疆 | 1 | | | | 4 | 7 | 1 | | 1 | | 2 | | 2（双周） | 1（不定期） | 19 |

# 1981年各地报纸名录

## 中央及其所属部委、机构：

日报：《人民日报》《解放军报》《光明日报》
双日刊：《经济参考》
周二刊：《中国农民报》《健康报》《人民铁道》《人民邮电》《地质报》
周三刊：《中国财贸报》《体育报》《中国少年报》
周四刊：《中国青年报》
周五刊：《中国日报》（英文）
周六刊：《工人日报》《经济日报》
周刊：《团结报》《中国法制报》《北京周报》《冶金报》《机械周报》《农机商情》《中国社队企业报》《旅游报》《戏剧电影报》《文摘报》《电子市场》《华声报》《电视周报》《中国电力报》《中国煤炭报》
旬刊：《市场报》《中国民航》
半月刊：《计算机世界》《物资商情》

## 北京市：

日报：《北京日报》《北京晚报》
周二刊：《北京青年报》《北京科技报》
周刊：《北京科技报中学版》
半月刊：《北京音乐报》

## 天津市：

日报：《天津日报》
周刊：《科学园地报》
半月刊：《技术市场报》

## 河北省：

日报：《河北日报》
周二刊：《河北科技报》
周六刊：《石家庄日报》《建设日报》《邯郸市日报》《邯郸日报》《邢台日报》《保定日报》《张家口日报》《承德群众报》《唐山劳动日报》《唐山日报》《廊坊日报》《沧州日报》《衡水日报》
周刊：《河北市场报》《农家乐》
半月刊：《邯郸科技报》《学科学报》
月刊：《承德科技报》

## 山西省：

日报：《山西日报》《太原日报》
双日刊：《大同报》
周二刊：《运城报》《临汾报》
周三刊：《山西农民》《阳泉报》《长治报》《雁北报》《晋东南日报》
六日刊：《太谷报》《吕梁报》
周刊：《忻县报》《榆次市报》《山西科技报》

## 内蒙古自治区：

日报：《内蒙古日报》

周二刊：《阿拉善报》

周三刊：《呼和浩特晚报》《兴安日报》《巴彦淖尔报》

五日刊：《乌海报》

周六刊：《呼伦贝尔报》《哲里木报》《昭乌达报》《锡林郭勒日报》《包头日报》《乌兰察布日报》《鄂尔多斯报》

旬刊：《内蒙古科技报》

## 辽宁省：

日报：《辽宁日报》《沈阳日报》《大连日报》

周二刊：《海城县报》《喀左县报》《兴城县报》《辽宁科技报》《鞍山科技报》

周六刊：《鞍山日报》《抚顺日报》《本溪日报》《锦州日报》《丹东日报》《阜新日报》《营口日报》《辽阳日报》《铁岭日报》《朝阳日报》

周刊：《小学生报》《东沟县报》《沈阳科技报》

半月刊：《抚顺少年科普报》

## 吉林省：

日报：《吉林日报》

周二刊：《白城农民报》《怀德报》

周三刊：《红色社员报》

周六刊：《长春日报》《江城日报》《延边日报》

周刊：《延边少年报》《桦甸报》《吉林科技报》

半月刊：《长春科技报》

月刊：《江城科技报》

## 黑龙江省：

日报：《黑龙江日报》
周三刊：《黑龙江农村版》《大庆报》《农垦报》
三日刊：《海伦报》
周六刊：《哈尔滨日报》《齐齐哈尔日报》《双鸭山日报》《牡丹江日报》《伊春日报》《嫩江日报》《大兴安岭报》《黑河日报》《鸡西日报》《合江日报》
周刊：《九三报》

## 上海市：

日报：《解放日报》《文汇报》《新民晚报》
周刊：《青年报》《少年报》《上海科技报》《上海农垦报》
旬刊：《上海工运》

## 江苏省：

日报：《新华日报》《南京日报》
周二刊：《南通大众》《兴化报》《淮安报》《无锡县报》《铜山报》
周三刊：《常州报》《连云港报》《徐州报》《盐阜大众报》
周四刊：《苏州报》《南通市报》《镇江市报》
五日刊：《吴县报》《宜兴报》
周六刊：《无锡日报》
周刊：《济宁市报》
旬刊：《江苏农业科技报》

## 浙江省：

日报：《浙江日报》《杭州日报》《宁波报》《浙南日报》《舟山日报》

周二刊：《湖州报》《诸暨报》《江山报》《浙江科技报》

周三刊：《金华报》

周刊：《平阳报》《浙江交通报》《广播电视周报》《衡化报》《水电工人报》

旬刊：《杭钢报》

双周刊：《北仑战报》

半月刊：《中学语文报》《生活与健康》

## 安徽省：

日报：《安徽日报》

周二刊：《安徽青年报》《淮北报》

周三刊：《蚌埠报》《淮南报》《芜湖报》《安庆报》《安庆新闻报》《拂晓报》《滁州报》《徽州报》

三日刊：《阜阳报》

周六刊：《合肥晚报》

周刊：《马鞍山报》《安徽科技报》《贵池报》

## 福建省：

日报：《福建日报》《厦门日报》

周六刊：《福州晚报》

周刊：《霞浦报》《莆田报》《福建科技报》

半月刊：《福建卫生报》

## 江西省：

日报：《江西日报》
双日刊：《景德镇报》
周二刊：《赣东北报》《赣中报》《井冈山报》《赣南报》《修水报》《拖拉机报》
周三刊：《九江报》
五日刊：《波阳报》
周六刊：《南昌晚报》
周刊：《江西青年报》《江西科技报》《临川报》《江西广播电视》《江西法制报》

## 山东省：

日报：《大众日报》
周二刊：《德州市报》
周六刊：《济南日报》《青岛日报》《枣庄日报》《烟台日报》《淄博日报》
周刊：《平度大众》《泰安县报》《邹县大众》《兖州县报》《临沂县报》《日照县报》《菏泽县报》《济宁市报》《山东市场报》《山东科技报》
半月刊：《山东法制报》《山东计划生育报》
月刊：《山东体育报》

## 河南省：

日报：《河南日报》
周二刊：《河南农民报》
周六刊：《洛阳日报》《开封日报》《郑州晚报》《平顶山日报》
周刊：《安钢工人》《河南科技报》

## 湖北省：

日报：《湖北日报》《长江日报》

隔日刊：《孝感报》《郧阳报》《恩施报》《荆州报》《宜昌报》《襄阳报》《黄冈报》

周二刊：《沙市报》《襄樊报》《西陵报》

周三刊：《咸宁报》

五日刊：《郧县报》

周六刊：《黄石日报》

周刊：《武汉青年报》《襄阳农民报》《武昌报》《洪湖报》《宜昌科普》《经济信息报》《冶钢报》《湖北科技报》《武汉科技报》《湖北广播电视报》

## 湖南省：

日报：《湖南日报》《株洲日报》《湘潭日报》

周二刊：《澧县报》《耒阳报》

三日刊：《常德县报》

周六刊：《长沙晚报》《衡阳日报》《团结报》

周刊：《湖南科技报》

月刊：《长沙科普报》

## 广东省：

日报：《南方日报》《羊城日报》《广州日报》

周二刊：《广东农民报》《湛江农垦报》

周三刊：《梅江报》

周六刊：《海南日报》《汕头日报》《湛江日报》

周刊：《广东科技报》《番禺报》

## 广西壮族自治区：

日报：《广西日报》
周二刊：《宾阳报》《灵山报》《鹿寨报》
周六刊：《桂林日报》《柳州日报》《梧州日报》《右江日报》《南宁晚报》
周刊：《广西农垦报》《广西科技报》
旬刊：《壮文报》

## 四川省：

日报：《四川日报》《成都日报》《重庆日报》
三日刊：《自贡日报》
周二刊：《合川报》《西阳报》《富顺报》
周三刊：《四川农民报》《凉山报》《阿坝报》《甘孜报》《四川工人报》
周六刊：《渡口日报》《万县日报》《南充报》《通川日报》《群众报》
周刊：《乐山报》《县周报》《四川科技报》《川物商情》《四川建筑报》
半月刊：《成都科技报》《红岩少年》
月刊：《交通安全报》

## 云南省：

日报：《云南日报》《春城晚报》
周二刊：《思茅报》《红河报》《团结报》
周三刊：《楚雄报》《西双版纳报》
周六刊：《春城晚报》
周刊：《蜜蜂报》《大理报》《宜良报》《保山报》《云南科技报》《昆明铁道》
旬刊：《良报》
半月刊：《云南法制报》

## 贵州省：

日报：《贵州日报》
周六刊：《贵阳晚报》
周刊：《贵州农民报》
旬刊：《贵州科技报》

## 西藏自治区：

日报：《西藏日报》
半月刊：《西藏科技报》

## 陕西省：

日报：《陕西日报》《西安晚报》
周二刊：《陕西农民报》
周三刊：《延安报》《榆林报》
周六刊：《汉中日报》《安康日报》
周刊：《陕西科技报》
半月刊：《西安科技报》

## 甘肃省：

日报：《甘肃日报》
周二刊：《甘肃农民报》《甘南报》
周三刊：《兰州报》
周刊：《兰州青年报》《甘肃科技报》
旬刊：《甘肃工人报》

周双刊:《甘肃财贸报》

## 青海省:

日报:《青海日报》
周刊:《青海青年报》《青海科技报》

## 宁夏回族自治区:

日报:《宁夏日报》
周刊:《科学普及》

## 新疆维吾尔自治区:

日报:《新疆日报》
周二刊:《新疆少年报》、《莎车报》(维吾尔文)、《察布查尔报》(锡伯文)、《石河子报》
周三刊:《喀什日报》《阿克苏报》《阿勒泰报》《塔城报》《博尔塔拉报》《昌吉报》《克孜勒苏报》
周四刊:《和田报》
周六刊:《伊犁日报》
周刊:《南疆石油报》《新疆科技报》
双周刊:《新疆建筑报》
半月刊:《哈密科技报》
不定期:《新疆工人报》

(据1982年《中国新闻年鉴》)

# 附录十五 2000年各地报纸分类统计表

| | 种数(种) | 全国各级出版的报纸 | | | 各级综合报纸 | | | | 各级专业报纸 | | |
|---|---|---|---|---|---|---|---|---|---|---|---|
| | | 中央及省、自治区、直辖市级 | 地、市级 | 县级 | 种数(种) | 中央及省、自治区、直辖市级 | 地、市级 | 县级 | 种数(种) | 中央及省、自治区、直辖市级 | 地、市级 | 县级 |
| 中央 | 206 | 206 | | | 38 | 38 | | | 168 | 168 | | |
| 地方 | 1 801 | 798 | 841 | 162 | 1 009 | 284 | 571 | 154 | 792 | 514 | 270 | 8 |
| 北京 | 34 | 34 | | | 13 | 13 | | | 21 | 21 | | |
| 天津 | 26 | 24 | 2 | | 10 | 9 | 1 | | 16 | 15 | 1 | |
| 河北 | 66 | 23 | 41 | 2 | 32 | 6 | 24 | 2 | 34 | 17 | 17 | |
| 山西 | 59 | 34 | 25 | | 26 | 10 | 16 | | 33 | 24 | 9 | |
| 内蒙古 | 63 | 17 | 39 | 7 | 37 | 4 | 30 | 3 | 26 | 13 | 9 | 4 |
| 辽宁 | 87 | 19 | 60 | 8 | 49 | 12 | 30 | 7 | 38 | 7 | 30 | 1 |
| 吉林 | 55 | 27 | 23 | 5 | 28 | 7 | 16 | 5 | 27 | 20 | 7 | |

· 1501 ·

(续表)

| | 种数（种） | 全国各级出版的报纸 | | | 各级综合报纸 | | | | 各级专业报纸 | | | |
|---|---|---|---|---|---|---|---|---|---|---|---|---|
| | | 中央及省、自治区、直辖市级 | 地、市级 | 县级 | 种数（种） | 中央及省、自治区、直辖市级 | 地、市级 | 县级 | 种数（种） | 中央及省、自治区、直辖市级 | 地、市级 | 县级 |
| 黑龙江 | 75 | 31 | 41 | 3 | 38 | 8 | 27 | 3 | 37 | 23 | 14 | |
| 上海 | 72 | 72 | | | 18 | 18 | | | 54 | 54 | | |
| 江苏 | 92 | 32 | 39 | 21 | 60 | 10 | 29 | 21 | 32 | 22 | 10 | |
| 浙江 | 87 | 30 | 27 | 30 | 58 | 7 | 22 | 29 | 29 | 23 | 5 | 1 |
| 安徽 | 50 | 23 | 26 | 1 | 26 | 7 | 18 | 1 | 24 | 16 | 8 | |
| 福建 | 47 | 23 | 18 | 6 | 25 | 7 | 12 | 6 | 22 | 16 | 6 | |
| 江西 | 40 | 19 | 12 | 9 | 30 | 11 | 10 | 9 | 10 | 8 | 2 | |
| 山东 | 97 | 33 | 51 | 13 | 50 | 10 | 27 | 13 | 47 | 23 | 24 | |
| 河南 | 81 | 34 | 45 | 2 | 37 | 10 | 25 | 2 | 44 | 24 | 20 | |
| 湖北 | 98 | 27 | 54 | 17 | 57 | 7 | 34 | 16 | 41 | 20 | 20 | 1 |
| 湖南 | 54 | 24 | 23 | 7 | 32 | 7 | 18 | 7 | 22 | 17 | 5 | |
| 广东 | 101 | 36 | 65 | | 63 | 14 | 49 | | 38 | 22 | 16 | |
| 广西 | 60 | 24 | 32 | 4 | 31 | 6 | 21 | 4 | 29 | 18 | 11 | |
| 海南 | 19 | 15 | 2 | 2 | 15 | 11 | 2 | 2 | 4 | 4 | | |

# 附录十五 2000年各地报纸分类统计表

(续表)

| | 种数(种) | 全国各级出版的报纸 中央及省、自治区、直辖市级 | 全国各级出版的报纸 地、市级 | 全国各级出版的报纸 县级 | 各级综合报纸 种数(种) | 各级综合报纸 中央及省、自治区、直辖市级 | 各级综合报纸 地、市级 | 各级综合报纸 县级 | 各级专业报纸 种数(种) | 各级专业报纸 中央及省、自治区、直辖市级 | 各级专业报纸 地、市级 | 各级专业报纸 县级 |
|---|---|---|---|---|---|---|---|---|---|---|---|---|
| 重庆 | 31 | 22 | 6 | 3 | 17 | 10 | 4 | 3 | 14 | 12 | 2 | |
| 四川 | 81 | 38 | 39 | 4 | 41 | 12 | 26 | 3 | 40 | 26 | 13 | 1 |
| 贵州 | 35 | 15 | 13 | 7 | 27 | 9 | 11 | 7 | 8 | 6 | 2 | |
| 云南 | 47 | 24 | 23 | | 34 | 11 | 23 | | 13 | 13 | | |
| 西藏 | 16 | 10 | 6 | | 11 | 5 | 6 | | 5 | 5 | | |
| 陕西 | 48 | 29 | 15 | 4 | 25 | 9 | 12 | 4 | 23 | 20 | 3 | |
| 甘肃 | 52 | 17 | 30 | 5 | 34 | 8 | 21 | 5 | 18 | 9 | 9 | |
| 青海 | 18 | 11 | 7 | | 10 | 4 | 6 | | 8 | 7 | 1 | |
| 宁夏 | 16 | 12 | 4 | | 11 | 8 | 3 | | 5 | 4 | 1 | |
| 新疆 | 94 | 19 | 73 | 2 | 64 | 14 | 48 | 2 | 30 | 5 | 25 | |
| 台湾 | | | | | | | | | | | | |
| 全国总计 | 2 007 | 1 004 | 841 | 162 | 1 047 | 322 | 471 | 154 | 960 | 682 | 270 | 8 |

# 主要参考书目

[1] 姚公鹤:《上海报纸小史》,上海:商务印书馆1917年版。
[2] 申报馆:《申报馆纪念册》,上海:申报馆1918年版。
[3] 陈冷:《时报馆纪念册》,上海:时报馆1921年版。
[4] 蒋国珍:《中国新闻发达史》,上海:世界书局1927年版。
[5] 戈公振:《中国报学史》,上海:商务印书馆1927年版。
[6] 上海日报公会:《上海之报界》,上海:中华书局1927年版。
[7] 黄汝翼:《新闻事业进化小史》,上海:中央日报社1928年版。
[8] 陈冷:《申报二万号纪念册》,上海:申报馆1928年版。
[9] 张静庐:《中国新闻记者与新闻纸》,上海:光华书局1930年版。
[10] 黄天鹏:《中国新闻事业》,上海:联合书店1930年版。
[11] 黄天鹏:《新闻学刊全集》,上海:光华书局1930年版。
[12] 徐宝璜:《新闻学纲要》,上海:现代书局1930年版。
[13] 项士元:《浙江新闻史》,杭州:之江出版社1930年版。
[14] 黄天鹏:《新闻记者外史》,上海:光华书局1931年版。
[15] 黄梁梦:《新闻记者的故事》,上海:联合书店1931年版。
[16] 赵敏恒:《外人在华新闻事业》,上海:中国太平洋国际学会1932年版。
[17] 吴定九:《新闻事业经营法》,上海:现代书局1932年版。
[18] 燕京大学新闻系:《中国报界交通录(新闻研究第二号)》,北京:燕京大学新闻系1932年。
[19] 长沙市新闻记者联合会:《长沙市新闻记者联合会年刊》,长沙:长沙市新闻记者联合会1933年。
[20] 河南省教育厅编辑处:《河南教育日报复活周年纪念特刊》,郑州:河南省教育厅1933年。
[21] 胡道静:《上海新闻事业之史的发展》,上海:上海通志馆期刊1935年。
[22] 胡道静:《上海的日报》,上海:上海通志馆期刊1935年。
[23] 胡道静:《上海的定期刊物》,上海:上海通志馆期刊1935年。

[24] 许晚成：《全国报馆刊社调查录》，上海：龙文书局1936年版。
[25] 吴成：《非常时期的报纸》，北京：中华书局1936年版。
[26] 郭步陶：《本国新闻事业：申报新闻函授学校讲义十一》，上海：申报馆1936年版。
[27] 世界报纸展览筹备会：《报展纪念刊：上海复旦大学三十周年纪念世界报纸展览纪念刊》，上海：复旦大学新闻学会1936年。
[28] 上海通社：《上海研究资料（正、续集）》，上海：中华书局1936年版、1939年版。
[29] 邵介：《中国报史述略》，福州：中央日报社1937年版。
[30] 马荫良：《中国报纸简史》，上海：申报馆1937年版。
[31] 赵君豪：《中国近代之报业》，上海：申报馆1938年版。
[32] 新民会中央指导部调查科：《京津新闻事业之调查》（调查资料第二号），北京：新民会（日伪组织）1938年。
[33] 王新常：《抗战与新闻事业》，长沙：商务印书馆1938年版。
[34] 中央宣传部新闻事业处：《全国报社通讯社一览》，1938年。
[35] 赵超构：《战时各国宣传方策》，重庆：独立出版社1938年版。
[36] 中央宣传部指导处征审科：《最近登记全国杂志社一览》，1939年。
[37] 储玉坤：《现代新闻学概论》，上海：世界书局1940年版。
[38] 中美日报社：《中美日报苦斗记》，上海：中美日报社1940年版。
[39] 余庚林：《中国近代新闻界大事记》，成都：新新新闻报馆1941年版。
[40] 中央宣传部新闻事业处：《全国报社通讯社一览》，1941年。
[41] 江西建国通讯社编辑部：《江西建国通讯社周年纪念特刊》，江西：建国通讯社1941年。
[42] 军事委员会战时新闻检查局：《全国报社通讯社动态一览》，1941年。
[43] 章丹枫：《近百年来中国报纸之发展及其趋势》，上海：开明书店1942年版。
[44] 中央宣传部新闻事业处编：《全国报社通讯社一览》，重庆：（国民党）中央宣传部新闻事业处1942年。
[45] 民国日报社：《民国日报社概况》，（日伪）民国日报社1942年版。
[46] 宣传部直属报社苏州区改进委员会：《苏州区报社调查报告书》，苏州：（日伪）宣传部直属报社苏州区改进委员会1942年。
[47] 中国新闻学会：《中国新闻学会年刊》（1），重庆：中国新闻学会1942年。
[48] 管翼贤：《新闻学集成》（第一至八册），北平：中华新闻学院1943年版。
[49] 赵君豪：《上海报人的奋斗》，重庆：尔雅书店1943年版。
[50] 赵敏恒：《采访十五年》，重庆：天地出版社1944年版。
[51] 张季鸾：《季鸾文存》（两册），天津：大公报社1944年版。
[52] 中央宣传部新闻事业处：《全国报社通讯社一览》，（国民党）中央宣传部新闻事业处1944年。
[53] 程其恒：《战时中国报业》，桂林：铭真出版社1944年版。
[54] 吴宪增：《中国新闻教育史》，石门：（日伪）石门新报社1944年版。
[55] 史梅岑：《新闻学纲要》，洛阳：河洛日报社1945年版。
[56] 刘豁轩：《报学论丛》，天津：益世报社1945年版。

[57] 詹文浒:《报业经营与管理》,上海:正中书局1946年版。
[58] 杨寿清:《中国出版界简史》,上海:永祥印书馆1946年版。
[59] 胡道静:《新闻史上的新时代》,上海:世界书局1946年版。
[60] 张帆:《华声社六周年纪念刊》,漳州:华声社1947年版。
[61] 恽逸群:《新闻学讲话》,武汉:华中新华书店1947年版。
[62] 蒋介石:《蒋主席新闻工作语录》,南京:新中国出版社1947年版。
[63] 行政院新闻局:《全国报社通讯社一览》,南京:行政院新闻局1947年。
[64] 中央宣传部第三处:《全国报社通讯社一览》,南京:国民党中央宣传部第三处1947年。
[65] 内政部警察总署:《全国报社通讯社杂志社一览》,南京:内政部警察总署1947年。
[66] 天津民国日报:《天津民国日报业务报告》,天津:民国日报社1947年。
[67] 晋冀鲁豫中共中央局宣传部:《晋冀鲁豫统一出版条例》,晋冀鲁豫中央局宣传部1947年。
[68] 马星野:《新闻自由论》,南京:中央日报社1948年版。
[69] 陈布雷:《陈布雷回忆录》,上海:新世纪出版社1948年版。
[70] 华中新华日报、新华社华中分社:《新闻工作文选》,武汉:华中新华书店1949年版。
[71] 胡乔木等:《改进今后报纸工作,开展批评与自我批评》,北京:人民铁道报社1950年版。
[72] 方汉奇:《上海各图书馆藏报调查录》,上海:新闻图书馆1951年版。
[73] 中南人民出版社:《报纸工作文选》,武汉:中南人民出版社1952年版。
[74] 成舍我:《报学杂著》,台北:中央文物供应社1956年版。
[75] 陈纪滢:《报人张季鸾》,台北:文友出版社1957年版。
[76] 安岗等:《捍卫社会主义新闻路线》,沈阳:辽宁人民出版社1957年版。
[77] 邓拓:《新闻战线上的社会主义革命——1958年3月4日在中共中央直属机关俱乐部的报告》,北京:中国青年出版社1958年版。
[78] 中共浙江省委宣传部:《彻底批判资产阶级的新闻路线》,杭州:浙江人民出版社1958年版。
[79] 中国人民大学新闻系1959年毕业班:《学习省报跃进经验》,北京:中国人民大学出版社1959年版。
[80] 政协广西文史资料研究委员会:《辛亥革命在广西》,南宁:广西僮族自治区人民出版社1961年版。
[81] 上海图书馆:《中国近代期刊篇目汇录》(第一卷),上海:上海人民出版社1965年版。
[82] 曾虚白:《中国新闻史》,台北:三民书店1966年版。
[83] 朱传誉:《报人·报史·报学》,台北:商务印书馆1967年版。
[84] 赖光临:《梁启超与近代报业》,台北:商务印书馆1968年版。
[85] 林慰君:《林白水传》,台北:传记文学出版社1969年版。
[86] 李瞻:《我国报业制度》,台北:幼师月刊社1972年版。
[87] 朱传誉:《中国民意与新闻自由发展史》,台北:正中书局1974年版。

[88] 解放军报编辑部:《新闻工作文集》,北京:解放军报社1979年版(内部发行)。
[89] 方汉奇:《报刊史话》,北京:中华书局1979年版。
[90] 中国人民大学新闻系新闻史教研室:《中国近代报刊史参考资料》,北京:中国人民大学出版社1979年版。
[91] 李泽厚:《中国近代思想史论》,北京:人民出版社1979年版。
[92] 赖光临:《中国近代报人与报业》,台北:商务印书馆1980年版。
[93] 中国社会科学院新闻研究所:《中国共产党新闻工作文件汇编》,北京:新华出版社1980年版。
[94] 徐铸成:《报海旧闻》,上海:上海人民出版社1981年版。
[95] 方汉奇:《中国近代报刊史》,太原:山西人民出版社1981年版。
[96] 北京图书馆报纸期刊编目组:《北京图书馆馆藏报纸目录》,北京:书目文献出版社1981年版。
[97] 谢志光:《香港广播事业概论》,香港:商务印书馆1981年版。
[98] 冯自由:《革命逸史》(1—6集),北京:中华书局1981年—1987年版。
[99] 贺逸文:《北平〈世界日报〉史稿》,重庆:重庆出版社1982年版。
[100] 复旦大学新闻系研究室:《邹韬奋年谱》,上海:复旦大学出版社1982年版。
[101] 丁守和:《辛亥革命时期期刊介绍》(1—5集),北京:人民出版社1982年—1983年版。
[102] 张友渔:《报人生涯三十年》,重庆:重庆出版社1982年版。
[103] 司徒雷登:《在华五十年》,程宗家译,北京:北京出版社1982年版(内部发行)。
[104] 黄卓明:《中国古代报刊探源》,北京:人民出版社1983年版。
[105] 郑逸梅:《书报话旧》,上海:学林出版社1983年版。
[106] 丁文江、赵丰田:《梁启超年谱长编》,上海:上海人民出版社1983年版。
[107] 中共中央文献研究室:《毛泽东新闻工作文献》,北京:新华出版社1983年版。
[108] 中国新闻年鉴编辑委员会:《中国新闻年鉴》(1983年—2001年),北京:中国社会科学院出版社1983年—2001年版。
[109] 陶菊隐:《记者生活三十年》,北京:中华书局1984年版。
[110] 邮电史编辑室:《中国近代邮电史》,北京:人民邮电出版社1984年版。
[111] 伍素心:《中国摄影史话》,沈阳:辽宁美术出版社1984年版。
[112] 李龙牧:《中国新闻事业史稿》,上海:上海人民出版社1985年版。
[113] 中共鄂西土家族苗族自治州委党史资料征集编纂委员会:《奋笔战山城——战争时期新闻工作者回忆录》,恩施:鄂西报社1985年版。
[114] 顾长声:《从马礼逊到司徒雷登》,上海:上海人民出版社1985年版。
[115] 金春明:《"文化大革命"论析》,上海:上海人民出版社1985年版。
[116] 山西日报新闻研究所:《战斗的号角——从〈抗战日报〉到〈晋绥日报〉的回忆》,太原:山西人民出版社1985年版。
[117] 张之华:《中国人民军队报刊史》,北京:解放军出版社1986年版。
[118] 杨兆麟、赵玉明:《人民大众的号角——延安(陕北)广播史话》,北京:中国广播电视出版社1986年版。

[119] 尚丁：《四十年编余忆往》，重庆：重庆出版社1986年版。
[120] 复旦大学新闻系新闻史教研室：《简明中国新闻史》，福州：福建人民出版社1986年版。
[121] 黄河、杨光辉等：《中国近代报刊发展概况》，北京：新华出版社1986年版。
[122] 四州省志编纂委员会：《四川省志·报业志》，成都：四川人民出版社1986年版。
[123] 汪穰卿等：《汪康年师友书札》，上海：上海古籍出版社1986年版。
[124] 王阑西主编：《中原抗日战争时期的新闻工作》，安徽出版工作者协会1986年（内部出版）。
[125] 谷长岭、俞家庆：《中国新闻事业史参考资料》，北京：中央广播电视大学出版社1987年版。
[126] 胡太春：《中国近代新闻思想史》，太原：山西人民出版社1987年版。
[127] 陈国祥、祝萍：《台湾报业演进四十年》，台北：自立晚报社文化出版部1987年版。
[128] 复旦大学新闻系新闻史研究室：《中国新闻史文集》，上海：上海人民出版社1987年版。
[129] 余家宏等：《新闻文存》，北京：中国新闻出版社1987年版。
[130] 梁漱溟：《忆往谈旧录》，北京：中国文史出版社1987年版。
[131] 赵玉明：《中国现代广播简史（1923—1949）》，北京：中国广播电视出版社1987年版。
[132] 杨居人：《拂晓报史话》，北京：新华出版社1987年版。
[133] 南方日报社、广东《华商报》史学会：《白头记者话华商——香港〈华商报〉创刊四十五周年纪念文集》，广州：广东人民出版社1987年版。
[134] 吴颂平：《国际新闻社回忆录》，长沙：湖南人民出版社1987年版。
[135] 新华社新闻研究部编：《新华社文件资料选编》（1—3册），1987年（内部资料）。
[136] 吴颂平：《救亡日报的风雨岁月》，北京：新华出版社1987年版。
[137] 刘云莱：《新华社史话》，北京：新华出版社1988年版。
[138] 甘惜分：《新闻论争三十年》，北京：新华出版社1988年版。
[139] 文汇报史研究室：《文汇报史略》（1—3册），上海：文汇出版社1988年—1997年版。
[140] 丁焕章：《甘肃近现代史》，兰州：甘肃人民出版社1989年版。
[141] 蒋齐生：《新闻摄影一百四十年》，北京：新华出版社1989年版。
[142] 徐运嘉、杨萍萍：《杭州报业史概要》，杭州：浙江大学出版社1989年版。
[143] 林德海：《中国新闻学书目大全》，北京：新华出版社1989年版。
[144] 蓝云夫等：《甘肃日报史略》，兰州：甘肃新闻研究所1989年版。
[145] 周仲仁：《当代广西新闻事业》，南宁：广西教育出版社1989年版。
[146] 中国社会科学院新闻研究所：《新闻学研究十年（1978—1988）》，北京：人民出版社1989年版。
[147] 姚福申：《中国编辑史》，上海：复旦大学出版社1990年版。
[148] 郭斌、王澄：《陕西省报刊简史》，西安：陕西人民出版社1990年版。
[149] 吴廷俊：《中国新闻事业历史纲要》，武汉：华中理工大学出版社1990年版。

[150] 尹韵公:《中国明代新闻传播史》,重庆:重庆出版社1990年版。
[151] 中国大百科全书出版社编辑部:《中国大百科全书·新闻出版卷》,北京:中国大百科全书出版社1990年版。
[152] 韩辛茹:《新华日报史》,重庆:重庆出版社1990年版。
[153] 李庄:《我在〈人民日报〉四十年》,北京:人民日报出版社1990年版。
[154] 方积根:《台湾新闻事业概况》,北京:新华出版社1990年版。
[155] 丁淦林:《中国新闻事业史》,武汉:武汉大学出版社1990年版。
[156] 马树勋:《中国少数民族文字报纸概略》,呼和浩特:内蒙古大学出版社1990年版。
[157] 费成康:《中国租界史》,上海:上海社会科学院出版社1991年版。
[158] 史和、姚福申、叶翠娣:《中国近代报刊名录》,福州:福建人民出版社1991年版。
[159] 刘望龄:《黑血·金鼓》,武汉:湖北教育出版社1991年版。
[160] 费正清:《对华回忆录》,陆惠勤等译,上海:新知识出版社1991年版。
[161] 严帆:《中央革命根据地新闻出版史》,南昌:江西高校出版社1991年版。
[162] 周雨:《大公报人忆旧》,北京:中国文史出版社1991年版。
[163] 钟紫:《香港报业春秋》,广州:广东人民出版社1991年版。
[164] 姜念东、伊文成等:《伪满洲国史》,大连出版社1991年版。
[165] 杜恂诚:《民族资本主义与旧中国政府(1840—1937)》,上海:上海社会科学院出版社1991年版。
[166] 方汉奇:《报史与报人》,北京:新华出版社1991年版。
[167] 孔昭恺:《旧大公报坐科记》,北京:中国文史出版社1991年版。
[168] 杨兆麟:《寒暑四十年的追求——关于广播学的探讨》,北京:中国国际广播出版社1991年版。
[169] 郭镇之:《中国电视史》,北京:中国人民大学出版社1991年版。
[170] 中共文献研究室编辑组编译:《国外研究毛泽东思想资料选辑》,北京:中央文献出版社1991年版。
[171] 解放日报报史办公室编:《解放日报新闻日报报史资料》(1—3册),上海:解放日报社1991年—1997年(内部发行)。
[172] 新愚:《声屏史志文集》,北京:中国广播电视出版社1992年版。
[173] 梁群球:《广州报业(1827—1990)》,广州:中山大学出版社1992年版。
[174] 四川日报史编写组:《四川日报四十年(1952—1992)》,成都:四川日报社1992年版。
[175] 赵玉明:《中国解放区广播史》,北京:中国广播电视出版社1992年版。
[176] 穆青:《抗日烽火中的中国报业》,重庆:重庆出版社1992年版。
[177] 方汉奇主编:《中国新闻事业通史》(1—3卷),北京:中国人民大学出版社1992年—1999年版。
[178] 楼宇烈编:《康南海自编年谱(外二种)》,北京:中华书局1992年版。
[179] 郭绪印:《国民党派系斗争史》,上海:上海人民出版社1992年版。
[180] 方汉奇、陈业劭:《当代中国新闻事业史(1948—1988)》,北京:新华出版社1992年版。

[181] 林白、周益林等：《温州报刊史存》，上海：学林出版社1993年版。
[182] 文聿：《中国"左"祸》北京：朝华出版社1993年版。
[183] 湖北省地方志编纂委员会：《湖北省志·新闻出版》（上、下两册），武汉：湖北人民出版社1993年版。
[184] 马光仁主编：《继往开来——纪念〈向导〉创刊七十周年论文集》，上海：上海社会科学院新闻研究所1993年版。
[185] 湖南省地方志编纂委员会：《湖南省志·新闻出版志·报业》，长沙：湖南出版社1993年版。
[186] 甘惜分：《新闻大辞典》，郑州：河南人民出版社1993年版。
[187] 薄一波：《若干重大决策和事件的回顾》（上、下两卷），北京：中央党校出版社1991年—1993年版。
[188] 秦绍德：《上海近代报刊史论》，上海：复旦大学出版社1993年版。
[189] 楚序平、刘剑等：《当代中国重大事件实录》，北京：华龄出版社1993年版。
[190] 王绿萍、程淇：《四川报刊集览（1897—1930）》，成都：成都科技大学出版社1993年版。
[191] 山东省地方志编纂委员会：《山东省志·报业志》，济南：山东人民出版社1993年版。
[192] 黑龙江省地方志编纂委员会：《黑龙江省志·报业志》，哈尔滨：黑龙江人民出版社1993年版。
[193] 方蒙：《〈大公报〉与现代中国——1926—1949大事记实录》，重庆出版社1993年版。
[194] 吉林省地方志编纂委员会：《吉林省志·报业志》，长春：吉林人民出版社1993年版。
[195] 程沄：《江西苏区新闻史》，南昌：江西人民出版社1994年版。
[196] 徐培汀、裘正义：《中国新闻传播学说史》，重庆：重庆出版社1994年版。
[197] 傅崇兰：《拉萨史》，北京：中国社会科学院出版社1994年版。
[198] 白润生、新闻出版署政策法规司：《中国新闻出版法规简明手册》，北京：中国书籍出版社1994年版。
[199] 白润生编：《中国少数民族文字报刊史纲》，北京：中央民族大学出版社1994年版。
[200] 吴廷俊：《新记〈大公报〉史稿》，武汉：武汉出版社1994年版。
[201] 陈承铮：《河南新闻事业简史》，郑州：河南人民出版社1994年版。
[202] 白润生、龚文灏：《新闻界趣闻录》，上海：复旦大学出版社1995年版。
[203] 陈华鲁：《〈大众日报〉史话：1939—1949》，济南：山东人民出版社1995年版。
[204] 张鸿慰：《八桂报史文存》，南宁：广西民族出版社1995年版。
[205] 金其贵：《甘肃近现代史话》，兰州：甘肃人民出版社1995年版。
[206] 张伍：《忆父亲张恨水先生》，北京：十月文艺出版社1995年版。
[207] 《〈黑龙江日报〉史》编纂委员会：《〈黑龙江日报〉史（1945—1995）》，哈尔滨：黑龙江日报社1995年版。
[208] 绍兴新闻工作者协会、邵梦龙主编：《绍兴新闻事业九十年》，深圳：海天出版社

1995 年版。
- [209] 桑兵：《晚清学堂学生与社会变迁》，上海：学林出版社 1995 年版。
- [210] 《湖北省报业志》编辑委员会：《湖北省报业志》，北京：新华出版社 1996 年版。
- [211] 宋军：《〈申报〉的兴衰》，上海：上海社会科学院出版社 1996 年版。
- [212] 曾建雄：《中国新闻评论发展史》，济南：山东人民出版社 1996 年版。
- [213] 四川省报业志编辑部：《〈四川报业〉大事记(1897—1995)》，成都：四川人民出版社 1996 年版。
- [214] 王文彬编：《中国现代报史资料汇辑》，重庆：重庆出版社 1996 年版。
- [215] 马光仁主编：《上海新闻史(1850—1949)》，上海：复旦大学出版社 1996 年版。
- [216] 倪墨炎：《现代文坛灾祸录》，上海：上海书店出版社 1996 年版。
- [217] 何守先、吴庆棠：《新加坡华文报业与中国》，上海：上海社会科学院出版社 1997 年版。
- [218] 云南省地方志编纂委员会：《云南省志·报业志》，昆明：云南人民出版社 1997 年版。
- [219] 何守先主编：《宁波新闻纵横》，宁波：宁波出版社 1997 年版。
- [220] 浙江省政协文史资料委员会编：《老报人忆〈东南日报〉》，杭州：浙江人民出版社 1997 年版。
- [221] 肖东生主编：《中国记协六十年(1937—1997)》，北京：学习出版社 1997 年版。
- [222] 张鸿慰：《桂系报业史》，南宁：广西新闻史志编辑部 1997 年版(内部发行)。
- [223] 彭继良：《广西新闻事业史(1897—1949)》，南宁：广西人民出版社 1998 年版。
- [224] 安徽省地方志编纂委员会：《安徽省志·新闻志》《安徽省志·出版志》，北京：方志出版社 1998 年版。
- [225] 徐松荣：《维新派和近代报刊》，太原：山西古籍出版社 1998 年版。
- [226] 许中田等：《面向 21 世纪的中国报业经济》，北京：人民出版社 1998 年版。
- [227] 丁淦林等：《中国新闻事业史新编》，成都：四川人民出版社 1998 年版。
- [228] 卓南生：《中国近代报业发展史》，台北：正中书局 1998 年版。
- [229] 徐铸成：《徐铸成回忆录》，北京：生活·读书·新知三联出版社 1998 年版。
- [230] 徐安伦、杨旭东：《宁夏经济史》，银川：宁夏人民出版社 1998 年版。
- [231] 白润生：《中国新闻事业通史纲要》，北京：新华出版社 1998 年版。
- [232] 蔡铭泽：《中国国民党党报历史研究》，北京：团结出版社 1998 年版。
- [233] 郭汾阳、丁东：《报馆旧踪》，南昌：江西教育出版社 1999 年版。
- [234] 江苏省地方志编纂委员会：《江苏省志·报业志》，南京：江苏古籍出版社 1999 年版。
- [235] 中共广东省委党史研究室编：《华南抗战号角〈新华南〉》，广州：广东人民出版社 1999 年版。
- [236] 《解放日报》报史办公室编：《〈解放日报〉五十年大事记(1949—1999)》，上海：解放日报社 1999 年版。
- [237] 李彬：《唐代文明与新闻传播》，北京：新华出版社 1999 年版。
- [238] 丁贤才等：《探索——新民晚报研究文集》，上海：文汇出版社 1999 年版。

[239] 陈昌凤、蜂飞蝶舞：《旧中国著名报纸副刊》，福州：福建人民出版社 1999 年版。

[240] 宇文茹、张敏：《满城风雨：旧中国轰动的社会新闻》，福州：福建人民出版社 1999 年版。

[241]《安徽省志·新闻志》编委会：《新闻史地方报：安徽新闻百年大事(1898—1998)》，合肥：黄山书社 1999 年版。

[242] 山西省新闻出版局：《山西通志·新闻出版志》《山西通志·广播电视志》，北京：中华书局 1999 年版。

[243] 青海省地方志编纂委员会：《青海省志·报业志》，西宁：青海民族出版社 1999 年版。

[244] 蔡元培等：《未能忘记的纪念》，上海：上海古籍出版社 1999 年版。

[245] 高宗文、刘学洙：《贵州日报五十年》，贵阳：贵州人民出版社 1999 年版。

[246] 梁刚建、喻国英：《光明日报新闻内情》，北京：光明日报出版社 1999 年版。

[247]《〈光明日报〉四十年》编写小组：《光明日报四十年(1949—1989)》，北京：光明日报出版社 1999 年版。

[248] 中国新闻年鉴社、中国新闻学院编：《新中国传媒 50 年》，北京：中国新闻年鉴社 2000 年版。

[249] 方汉奇：《新闻史的奇情壮彩》，北京：华文出版社 2000 年版。

[250] 林青：《中国少数民族广播电视发展》，北京：北京广播学院出版社 2000 年版。

[251] 盛沛林：《军事新闻学概论》，北京：解放军出版社 2000 年版。

[252] 方汉奇：《中国新闻事业编年史》(上、中、下三册)，福州：福建人民出版社 2000 年版。

[253] 贾树枚、陈迟、张煦堂、张林岚、宋军等：《上海新闻志》，上海：上海社会科学院出版社 2000 年版。

[254] 辛广伟：《台湾出版史》，石家庄：河北教育出版社 2000 年版。

[255] 重庆老新闻工作者协会：《新闻忆旧》，重庆：重庆出版社 2000 年版。

[256] 刘富、张未民：《晚报新闻学》，北京：中国广播电视出版社 2000 年版。

[257] 王晓岚：《喉舌之战——抗战中的新闻对垒》，南宁：广西师范大学出版社 2001 年版。

[258] 北京市老新闻工作者协会：《一次难忘的采访：88 位资深记者亲历记》，北京：同心出版社 2001 年版。

[259] 黄瑚：《中国新闻事业发展史》，上海：复旦大学出版社 2001 年版。

[260] 刘光磊、周行芬：《宁波近代报刊史论》，北京：当代中国出版社 2001 年版。

[261] 姚福申：《学海泛舟二十年——对新闻学和编辑学的探索》，香港：语丝出版社 2001 年版。

[262] 文汇新民联合报业集团新闻研究所：《文汇报六十年大事记(1938—1998)》，上海：文汇报社 2001 年版。

[263] 曾文经：《传媒的魔力：领袖人物运用传媒力量纪实》，北京：时事出版社 2001 年版。

[264] 胡伟力：《中国报纸创刊号》(全三卷)，北京：人民日报出版社 2001 年版。

[265] 何东君主编：《历史的足迹：新华社 70 周年回忆文选》，北京：新华出版社 2001 年版。

[266] 徐培汀：《20 世纪中国的新闻学与传播学·新闻史学史卷》，上海：复旦大学出版社 2001 年版。

[267] 马光仁主编：《上海当代新闻史》，上海：复旦大学出版社 2001 年版。

[268] 叶文益：《广东革命报刊史》，北京：中共党史出版社 2001 年版。

[269] 黑龙江日报社新闻志编辑室：《东北新闻史》，哈尔滨：黑龙江人民出版社 2001 年版。

[270] 张育仁：《自由的历险：中国自由主义新闻思想史》，昆明：云南人民出版社 2002 年版。

[271] 杨代春：《〈万国公报〉与晚清中西文化交流》，长沙：湖南人民出版社 2002 年版。

[272] 陆扬明等：《台湾新闻事业史》，北京：中国财政经济出版社 2002 年版。

[273] 《大公报》一百周年报庆丛书编委会：《我与大公报》，上海：复旦大学出版社 2002 年版。

[274] 方汉奇：《中国新闻传播史》，北京：中国人民大学出版 2002 年版。

[275] 丁淦林：《中国新闻事业史》，北京：高等教育出版社 2002 年版。

[276] 张鸿慰：《蕻蔚集——报业史志稿》，南宁：广西新闻史志编辑室 2003 年版。

[277] 徐光春主编：《中华人民共和国广播电视简史》，北京：中国广播电视出版社 2003 年版。

[278] 周宝荣：《宋代出版史研究》，郑州：中州古籍出版社 2003 年版。

[279] 宁树藩：《宁树藩文集》，汕头：汕头大学出版社 2003 年版。

[280] 章诒和：《往事并不如烟》，北京：人民文学出版社 2004 年版。

[281] 中国报业协会、中国期刊协会编：《中华百年报刊大系》（上、下两册），北京：华夏出版社 2004 年版。

[282] 方汉奇：《〈大公报〉百年史》，北京：中国人民大学出版社 2004 年版。

[283] 辽宁省地方志编纂委员会：《辽宁省志·报业志》，沈阳：辽宁民族出版社 2005 年版。

[284] 傅白芦：《老眼》，香港：文汇出版社 2005 年版。

[285] 徐培汀：《中国新闻传播学说史（1949—2005）》，重庆：重庆出版社 2006 年版。

[286] 方汉奇、陈昌凤：《正在发生的历史：中国当代新闻事业》，福州：福建人民出版社 2007 年版。

[287] 周伟明：《中国新闻传播学图书精介》，上海：复旦大学出版社 2008 年版。

[288] 范鲁彬：《中国广告全数据》，北京：中国市场出版社 2009 年版。

[289] 武志勇：《中国报刊发行体制变迁研究》，北京：中华书局 2013 年版。

# 后 记

本书是"八五"期间国家社科重大项目"中国地区比较新闻史"的成果。1992年立项开展研究,想不到延续了整整26年,今年终告完成。

根据项目的设计,这是一个浩大的工程。时间跨度达170—180年,研究对象覆盖全国29个省、市、自治区和台湾、香港、澳门地区。参与研究、撰写报告的人员达40多人。

在中国新闻史领域进行比较研究,这是一项开创性的工作。先前的成果罕见,研究的经验几乎没有。一切都在探索中前进。经过大家的实践,本项研究大致有以下体会:一是要以时空统一的视角去考察各地新闻事业的发展。以往的新闻史研究,较多地注意了新闻事业在时间上的演进,而忽视了不同地区(空间)的差异。本书则尽可能将时空结合起来考察。例如解放战争时期的各地新闻事业与战争的进程、国共双方军事力量的进退变化有莫大的关系。如果不联系战争乃至战役的进程,不谙熟军事力量的进退据止,是无法写出各地区新闻事业的差异的。二是要把握共性和个性的统一。以往的研究较多地注意到了共性,但忽视了个性。本书十分注意"同中求异",揭示出"异"的个性。例如军阀割据下的各省新闻界,都具有军阀统治所造成的共性,但表现却不一样,四川军阀统治下的新闻界和桂系军阀统治下的新闻界,是有很大差异的,我们揭示的就是这种"异"。三是要把握政治、经济、文化诸因素的综合影响。对新闻事业来说,这些因素各有独特的作用,但在不同时空下凸显出来的作用是不一样的。只有把握其综合影响,才能深刻认识我们的研究对象。例如在政治体制不变的正常情况下,新闻事业的发展程度与地区的经济文化水平是相应的,但在战争环境或政治体制变化的情况下,两者可能出现错位现象。以抗战时期浙江为例,经济与文化发展水平最高的杭州地区,沦陷后的新闻事业发展水平竟不如金华,而经济文化水平最落后的丽水地区由于政治重心的迁入,其新闻事业发展程度竟超过宁绍地区。又如"五四运动"前后北京新闻界新文化报刊崛起,文化因素凸显了,但只有联系政治、经济因素作综合考察,才能深刻理解新文化报刊的内涵。四是将比较研究置于战略地位,而不只是战术地位。"比较"本是一种常用方法,并无特别之处。不过,我们将它运用于研究的全过程和各个层次,只要有可比较之处,尽量进行比较性思考。比较,成为我们研究的支柱。前三种方法只有和"比较"结合,其特有作用方能充分发挥。

由于不满足前人已有成果,坚持探索性研究,本项研究在创新性、全面性方面取得了初步成果,开拓了中国新闻史研究的新的领域,填补了若干空白,更加全面地描述了中国近现代新闻事业发展的图景。我们自己看得更重的是,在新闻史研究上打开了视野,在方法论上有所探索。

当然,本项研究的缺陷也是明显的。本项研究面广,时间跨度大,可资研究的资料严重匮乏,特别缺少第一手资料。进行比较、评述的时候,常有"巧妇难为无米之炊"之感。本项研究成于众手。这既是集体研究的优势,没有那么多作者参与,靠少数人是完不成全国范围的研究的;然而又形成成果参差不齐的特点,由于参与研究者的背景不同(有高校教师、老新闻工作者,还有治地方史志作者),大家对新闻史的理解不同,因此导致内容详略不一,叙事方法各异。修改、编辑做得十分吃力。经过多次修改、编辑之后,这种痕迹仍隐约可见。本项研究的时代局限性也是明显的。从立项研究开始,到最终告成,历时 26 年。期间研究的大背景发生巨大变化,以向市场体制转型为特征的中国经济超高速发展,新闻事业在市场经济、传播技术进步的双轮驱动下亦发生翻天覆地的变化。在此种情况下,研究者的观念与时俱进,由此打开了研究视野。不过,思想往往滞后于实践,旧观念不免在 26 年形成的成果中仍有体现。这就是历史的局限性。

这项研究实际上是一场接力赛。最早参加研究的一批资深教授、记者、史学工作者跑了第一棒,此后年轻一些的接过第二棒、第三棒。可告慰的是,接力跑终于跑到了终点。我们不可忘记的是,这项研究的发起者和主持人宁树藩教授。早在20世纪90年代初,鉴于多年从事中国新闻史教学和科研的体会,他痛感"从横向上,从地区比较角度来考察中国新闻事业的发展变化,迄今尚无人系统进行",遂领头向教育部申请科研立项。立项之后,凭着他在新闻学界的声望人脉,邀集了40多位同仁共同研究。从撰写研究设想、提纲开始,到向研究者说明要求,统一思想,他都亲力亲为。初稿甫成,他并不满意,和姚福申教授一起花了几年功夫逐章修改,有的几乎重写,无人涉及的省份他亲自操刀。分量最重的"总论述",他领头撰稿,写得最多,并与其他撰稿者反复讨论,提出修改意见。令人感动的是,这个项目起步时他已是70多岁的老人。真是老骥伏枥,志在千里。他连续研究、写作二十多年,从不间断。在病危住进医院前,还审阅了总论的部分稿子,并写下片言只语意见。没有宁先生始终不渝的领跑,这场接力赛是很难跑到终点的。2016年3月6日,宁先生仙逝。他生前念念不忘的项目还未完成,我们是感到疚愧的,应该抓紧啊,我们为什么没有抓紧呢!现在,我们终于可以告慰宁先生了。我们还不能忘记参与此项研究的各省市的所有同志,特别是已故的同志。当年撰写的时候,资料匮乏,缺乏经验,各地的新闻志(报刊志)才开始筹备编写,无法参考。可以说是筚路蓝缕,从头开始。没有大家的共同努力,此项研究是不可能覆盖到全国所有地区和省份的。

接力赛并未结束。我们期望各地新闻事业史的研究更加蓬勃地开展起来,形成更多成果,使得新闻史学宝库更加充实。

在此,还要感谢为本书的出版作出贡献的许多同志,没有他们的帮助,这本书也是出版不了的。其中复旦大学新闻学院的同事有,叶翠娣同志辑编了本书的附录,周伟明、邓续周同志承担了琐碎的行政事务。复旦大学出版社总编辑王卫东在百忙中亲自审阅了全部书稿,并提出了重要的修改意见,责任编辑刘畅为本书的编辑、审阅、装帧、印刷等事务来回奔波、协调沟通,出版社的史立丽、黄文杰、顾潜等同志也为本书作了贡献。还要感谢关心帮助出版的几位领导,如上海市新闻出版局局长徐炯、原上海市外事办公

# 后 记

室副主任张伊兴。还要感谢帮助审阅部分稿件的原香港中联办教育部主任、上海交通大学教授潘永华,复旦大学历史系教授邹振环。应当特别感谢的是宁先生的夫人查爱真、女儿宁晨云,她们为本书作了无可替代的贡献。

姚福申、秦绍德

2018 年 6 月 16 日

图书在版编目(CIP)数据

中国地区比较新闻史:全3册/宁树藩主编.—上海:复旦大学出版社,2018.9
ISBN 978-7-309-13630-2

Ⅰ.①中… Ⅱ.①宁… Ⅲ.①新闻事业史-研究-中国 Ⅳ.①G219.29

中国版本图书馆CIP数据核字(2018)第076719号

中国地区比较新闻史:全3册
宁树藩 主编
责任编辑/刘 畅 章永宏

复旦大学出版社有限公司出版发行
上海市国权路579号 邮编:200433
网址:fupnet@fudanpress.com  http://www.fudanpress.com
门市零售:86-21-65642857    团体订购:86-21-65118853
外埠邮购:86-21-65109143    出版部电话:86-21-65642845
浙江新华数码印务有限公司

开本 787×1092  1/16  印张96.25  字数1357千
2018年9月第1版第1次印刷

ISBN 978-7-309-13630-2/G·1831
定价:360.00元

如有印装质量问题,请向复旦大学出版社有限公司出版部调换。
版权所有  侵权必究

# 中国地区比较新闻史

中卷

主　编　宁树藩
副主编　姚福申　秦绍德

复旦大学出版社

# 目 录

## 第四部分 华东地区

**第一章** 华东地区新闻事业评述······529
  一、华东报业的萌芽时期(1850—1895)······529
  二、中国人自办报刊的兴起与发展(1896—1920)······532
  三、内战硝烟中的华东新闻事业(1921—1937)······537
  四、抗战时期错综复杂的新闻战线(1938—1945)······541
  五、华东新闻事业新格局的建立(1946—1956)······549
  六、新闻事业在曲折中前进(1957—1978)······553
  七、改革开放形势下新闻事业的腾飞(1979—2000)······557

**第二章** 上海新闻事业发展概要······562
  一、外报垄断时期······563
  二、中国人办报开始成为报业发展主流······566
  三、在"五四运动"和大革命潮流中······571
  四、十年相对稳定时期······576
  五、上海新闻事业的灾难与变革······584
  六、上海新闻事业的新纪元······591
  七、新闻事业的黄金时代······596

### 第三章　江苏新闻事业发展概要 …… 603
一、清末江苏民报、官报的诞生 …… 603
二、民初《临时政府公报》的出版和暂行报律风波 …… 607
三、"五四运动"至第一次国内革命战争时期 …… 608
四、十年内战时期江苏新闻事业的格局 …… 611
五、抗日战争时期江苏报纸在逆境中发展 …… 618
六、解放战争时期的江苏新闻界 …… 623
七、当代江苏新闻事业 …… 631

### 第四章　浙江新闻事业发展概要 …… 640
一、浙江新闻事业的起源 …… 640
二、中国人在浙办报的开始 …… 643
三、浙江新闻事业的形成 …… 646
四、民初浙省报业的兴衰 …… 650
五、从"五四"到北伐时期的浙江报业 …… 653
六、在国民党统治全浙的十年里 …… 656
七、抗战时期的浙江新闻事业 …… 662
八、胜利后报业的虚假繁荣到总崩溃 …… 666
九、解放后新闻事业的整顿与发展 …… 670

### 第五章　安徽新闻事业发展概要 …… 676
一、初创时期 …… 676
二、民初八年 …… 680
三、"五四"至大革命时期 …… 684
四、十年内战时期的安徽新闻事业 …… 690
五、抗战时期三个不同地区的新闻业 …… 699
六、解放战争时期的安徽新闻事业 …… 708
七、新中国成立以后安徽新闻事业的新发展 …… 713

### 第六章　福建新闻事业发展概要 …… 720
一、初创时期 …… 720
二、甲午战争后的发展 …… 721

三、民国初年的变化 ················································· 724
　　四、在"五四"和大革命运动中 ···································· 726
　　五、十年内战时期 ················································· 730
　　六、从抗战到解放 ················································· 734
　　七、从福建解放到"文化大革命" ·································· 740
　　八、中共十一届三中全会后的黄金时期 ···························· 742

第七章　江西新闻事业发展概要 ············································ 746
　　一、晚清江西报刊(1890—1912) ····································· 746
　　二、民初的江西报业 ··············································· 750
　　三、从"五四运动"到大革命时期的江西新闻事业 ················· 753
　　四、十年内战时期江西新闻事业 ···································· 755
　　五、抗日战争时期江西新闻事业 ···································· 757
　　六、解放战争时期江西新闻事业 ···································· 761
　　七、从解放初到"文化大革命"前江西报刊和广播事业 ············· 764
　　八、"文化大革命"时期江西的新闻事业 ···························· 769
　　九、新时期的江西新闻事业 ········································ 771

第八章　山东新闻事业发展概要 ············································ 775
　　一、晚清时期山东报业的演变 ······································ 775
　　二、民初斗争激烈的山东新闻界 ···································· 779
　　三、新军阀统治下的山东新闻事业 ·································· 783
　　四、全面抗战时期革命报刊的大发展 ································ 786
　　五、解放战争时期新旧报业的交替 ·································· 790
　　六、新中国成立后新闻事业的发展变化 ······························ 794

第九章　台湾新闻事业发展概要 ············································ 798
　　一、新闻事业的起源与日人对报业的垄断 ···························· 798
　　二、国人自办报刊的兴起与新闻事业的由盛转衰 ······················ 803
　　三、台湾光复后新闻事业的开放与禁锢 ······························ 811
　　四、"报禁"解除后新闻事业的大发展 ································ 823

# 第五部分　华中地区

**第一章　华中地区新闻事业评述** ······················································ 833
　　一、清末时期(1866—1911) ······················································ 834
　　二、民初七年(1912—1918) ······················································ 840
　　三、在"五四运动"期间(1919—1921) ······································ 842
　　四、大革命时期(1922—1925) ·················································· 846
　　五、十年内战(1927—1937) ······················································ 850
　　六、全面抗战时期(1937—1945) ·············································· 854
　　七、解放战争时期(1946—1949) ·············································· 856
　　八、新中国成立以来(1949—2000) ········································· 859

**第二章　河南新闻事业发展概要** ·················································· 863
　　一、清末的河南报刊 ···································································· 863
　　二、民初政党报刊的兴起 ···························································· 866
　　三、军阀肆虐时期步履维艰的河南报业 ···································· 869
　　四、国民党统治下新闻事业的发展 ············································ 871
　　五、抗日烽火中的新闻事业 ························································ 878
　　六、解放战争时期新闻事业的革故鼎新 ···································· 885
　　七、谱写河南新闻事业新篇章 ···················································· 889

**第三章　湖北新闻事业发展概要** ·················································· 898
　　一、初兴时期 ················································································ 898
　　二、庚子前后至1911年 ································································ 903
　　三、民初征程 ················································································ 908
　　四、在"五四运动"的洪流中 ························································ 911
　　五、大革命前后 ············································································ 915
　　六、十年内战时期 ········································································ 921
　　七、全面抗战岁月 ········································································ 925
　　八、从胜利到解放 ········································································ 928

九、新中国成立之后 …………………………………… 930
第四章 湖南新闻事业发展概要 …………………………… 936
　　一、晚清时期的湖南报业 …………………………………… 937
　　二、民初湖南报坛的兴衰 …………………………………… 940
　　三、国民党统治时期的湖南新闻界 ………………………… 942
　　四、新中国成立前湖南新闻界情况的一些补充 …………… 955
　　五、湖南新闻事业在新中国成立后的发展 ………………… 959

# 第四部分

# 华东地区

# 第一章

## 华东地区新闻事业评述

### 一、华东报业的萌芽时期(1850—1895)

为了结束鸦片战争,清朝政府被迫在英国军舰皋华丽号的炮塔之下签署了割地赔款的《南京条约》。《南京条约》是中国近代史上第一个不平等条约,主要内容为:赔款 2 100 万两银元;割让香港岛;开放广州、福州、厦门、宁波、上海五处为通商口岸。除了香港、广州早已在英国侵略势力控制之下外,尚待开放的福州、厦门、宁波、上海四个沿海城市全部属于华东地区,这说明外国殖民势力正由华南向华东沿海地区渗入。恰恰是这四个首遭西方殖民势力侵入的华东沿海城市,成了该地区报业的萌发之地。

上海、宁波、福州、厦门分属江苏、浙江、福建三省,上海当时是江苏松江府下的一个属县,市区仅 12 万人,远逊于广州、香港,也不及福州与宁波,地位与厦门相仿。但上海已是长江口新兴的贸易港口,由于有长江流域广阔的腹地,附近又是盛产绿茶的杭嘉湖地区,每年上海对各埠贸易额已达3 000余万两白银,约占全国贸易额的 1/10 左右。上海在经济上的优势地位,很快引起外国殖民者的重视。开埠仅仅数年,上海的进出口贸易额迅速超过作为府级建制的宁波、福州乃至广州,达到全国贸易总额的 50% 以上,一跃而为全国进出口贸易的经济中心。经济的发展与金融事业、交通运输、信息交流的发展都是分不开的,所以上海在经济起飞之后,相应地成为全国的金融中心、交通运输中心和信息中心。因此上海作为华东地区首先出现报纸的城市也就不足为怪了。

上海报业的出现首先考虑的是商业的需要,这与其他地区往往最早出版传教士刊物稍有不同。上海的首家报纸为1850年8月3日英国商人亨利·希尔曼(Henry Shearman)创办的《北华捷报》。这是一张英文的新闻周刊,主要为一百多位旅沪经商的侨民服务,报道英国本土和海外各埠的消息,刊登上海的航运信息与商情。后来航运与商情的内容日益增多,甚至一度改名为《北华捷报与市场报道》。

华东地区最早的中文报刊出现于浙江宁波,为1854年5月创刊的《中外新报》。它由从香港经福州第一个进入宁波的美国基督教浸礼会传教士玛高温(Daniel Jerome Macgowan)所办。该报原名 Chinese and Foreign Gazette,为不定期刊,声称"以圣经之要旨为宗旨","广见闻、寓劝戒","序事必求实际,持论务期公平",是一种站在传教士立场上以国内外新闻为主要内容的宣传刊物。这一中文报刊的出现,意味着西方殖民主义者已经开始通过新闻传媒直接向华东地区的中国人民施加影响。从日本国会图书馆至今仍藏有《中外新报》五册翻印本来看,其影响已波及国外。

1857年1月26日上海最早的中文期刊《六合丛谈》出版,它由英国传教士伟烈亚力(Alexander Wylie)主编,墨海书馆铅印,也是一种以宗教、新闻为主要内容的综合性月刊。但是它与《中外新报》有两点区别:一是有商业货价专栏,反映了上海作为经济中心的特色;二是已由石印的不定期刊演变为铅印的月刊,显示了传媒更为广泛的影响力。《六合丛谈》同样在日本有翻印本,其影响也已超越了国界。

在华东地区最早接受西方文化影响的江苏、浙江、福建三省中,新闻传媒的出现以福建为最迟,估计与经济文化的总体发展水平有关。福州于1858年10月12日创刊了当地第一家报纸 The Foochow Courier,即英文的《福州府差报》(又译作《福州信使报》)。1860年又出版了用拉丁文拼音的福建方言教会刊物 Church Messenger(刊名译意《教会使者》)。由于发行量很少,这两种刊物已无实物存世。在上海、宁波、福州、厦门四个通商口岸中,近代报刊出现最迟的是厦门,直到1872年才有英文《厦门航运报道》

(*Amoy Shipping Report*)问世。即使如此,厦门仍然是继澳门、广州、香港、上海、宁波、福州之后,与北京、汉口同一年出现早期新闻传媒的城市。

1858年至1860年第二次鸦片战争期间,清朝政府与英、美、法、俄等国又陆续签订了天津条约与北京条约。这些不平等条约规定,增开台南、琼州、汕头、营口、烟台、淡水、汉口、九江、南京、镇江、天津等处为通商口岸,允许各国公使长驻北京,并允许传教士深入内地自由传教,于是北京、汉口、天津等地也陆续出现了外国人办的报刊。与此同时,一些尚未出现新闻传媒的华东各省也先后创办了报刊,如1885年继福州 *Church Messenger*(《教会使者》)之后,又一份拉丁文拼音的台湾方言教会杂志 *Church News*(《教会新闻》)在台南创刊;1890年江西九江出现了教会办的文言与官话合刊的杂志 *Church Advocate*(《护教者》)月刊;1894年山东烟台也创刊了由英商沙泰(H. Sietan)公司主办的英文报纸《芝罘快邮》(*Chefoo Express*)。到1895年中日甲午战争结束前,华东七省中仅安徽尚无报刊问世,安徽最早的报刊是1898年芜湖出版的《皖报》,与江苏最早的报刊上海《北华捷报》相比,同属华东地区,而报刊出现的时间差距竟达48年。

根据目前掌握的资料统计,在1850—1895年这45年间,江苏省共出版报刊89种,其中外文报刊45种(英文占35种),中文报刊44种;福建省共出版报刊21种,其中外文报刊10种,中文报刊9种,拉丁文拼音的方言刊物2种;浙江省出版报刊6种,全都是中文报刊;台湾、山东、江西三省都只有一种报刊。江苏省的所有报刊全部集中在上海一地,这是由于经济的迅猛发展,上海地区的总人口在1866年已将近70万,外国传教士早在1860年已将当时规模最大的印刷所美华书馆由宁波迁来上海,到1895年,在沪的外国侨民已超过4 500人,这些条件都促成上海成为华东乃至全国的新闻出版中心。因为上海报刊的发行范围覆盖了邻近的江浙地区,以至于甲午战争之前江苏省会南京不曾出版过报刊,浙江地区在这一时期出版的报刊也很少,仅宁波、杭州两地出版过6种供当地居民阅读的中文报刊。原在广州的西方传教士和外国商人在19世纪的五六十年代进入福州寻求发展的很多,因此在福州也创办了不少报刊。但是由于福建省交通不便,新闻传媒的影响难与广东、湖北相比,更加无法与上海相提并论了。由此可见,华东地区早期报业的出现虽与西方殖民势力的渗透有关,但其自身的发展则有赖于当地经济、文化水平的提高,而优越的地理条件又是经济发展的基础,上海则具有这种得天独厚的优势。这一时期的报业还有一个显著的特点,便是几乎所有的报刊均为外国人所办,因此戈公振《中国报学史》称这一时期为"外报独占时期"。据上述的统计数据,甲午战争前华东地区出版的报刊约为119种,其中仅有9种为中国人自办,且均为中文报刊,外国人所办的报刊竟占92%以上。

## 二、中国人自办报刊的兴起与发展(1896—1920)

这一时期虽然只有短短25年,却包含着中华民族的三次民族自救运动:维新变法、辛亥革命和"五四运动"。与这三次爱国运动相应的是国人自办报刊的兴起与发展。华东地区报业的发展深刻地反映了在这三次民族救亡运动影响下,民众觉醒的深度与广度。

1895年,中国在中日甲午战争中的失败刺激了统治阶级内部的一些开明士绅和上层爱国知识分子,使他们认识到腐朽的封建专制体制已到了非改变不可的时候。他们要求清朝政府接受西方文明,变法图强,采取君主立宪的体制,改变积贫积弱的现状。1895年8月17日由康有为、陈炽等人集资在北京创办的《万国公报》(后改名《中外纪闻》)便是维新运动最早的宣传刊物。在尔后的三年时间里,江苏、浙江、福建、江西、安徽等省都曾出现过宣传变法图强、介绍西方科技知识的改良派报刊。相比较而言维新派的势力在江苏和浙江两省更大一些,出版的刊物也更多一些。

应该看到,从1895年8月到1898年9月戊戌政变维新运动失败这短短三年时间里,虽然在全国范围内掀起了中国人办报的第一次高潮,但从华东地区来看,占统治地位的仍然是外国人办的报刊。作为新闻传播中心的上海,占主导地位并辐射全国的《申报》《新闻报》《沪报》都掌握在洋人手中;新创办的《苏报》,受日本军阀主义组织黑龙会的控制。与此同时,日商在杭州创办《杭报》,德商在宁波创办《甬报》,福州的《闽报》、烟台的《山东时报》均为日本人所办,青岛的《德国亚细亚报》则为德国政府的宣传工具。尤其是日本帝国主义侵占台湾以后,短短两年时间里出版了十来种报刊,全部为日本人所办,西方殖民主义者对华东地区新闻事业的控制在维新变法运动期间,只有加强,并未削弱。然而也应看到,在这段时间里中国人所办报刊的比例相应增多。江苏地区新办的 52 种报刊,有 40 种为中国人自办,浙江地区新办的 10 种报刊,属国人自办的占 8 家,福建新创办的 2 家报纸,有 1 家为中国人所办;江西、安徽两省仅各有一家报刊问世,均为国人自办。除被日本侵占的台湾省和胶州湾事件后受德日帝国主义控制的山东省外,华东地区的其余各省都已看到中国人自办的报刊。据目前掌握的资料统计,从 1895 年到 1898 年三年中,华东地区新出版的报刊至少在 80 种以上,中国人自办的有 50 种,约占 62%;维新派的报刊有 33 种,约占 41%。

尽管国人自办的报刊所占的比例不小,维新派报刊的比例也相当可观,但这些报刊在清政府的干预下处处受到压制,自身的经济实力也相当脆弱,因而除少数几种,如《时务报》等持续时间稍长、发行量较大外,其余各报持续出版时间很短,影响也局限于上层知识分子之中。值得一提的是一些原来不曾有过报刊的城市,首次出现的却是维新派的报刊,如无锡的《官音白话报》、苏州的《日新报》、温州的《利济堂学报》、芜湖的《皖报》、萍乡的《菁华报》等。深入到中小城市办报,这也许正是中国人自办报刊的优势所在。

戊戌政变宣告维新变法运动彻底失败,清政府公然颁布查禁各省报馆、严拿各报主笔的命令,使华东各省报坛一度沉寂。此时,台湾已沦为日本的殖民地,不受清朝政府管辖。上海租界在殖民主义者的控制下,成为国中之国,清廷鞭长莫及。因此上海地区在这两年中仍有 20 余种新报刊问世。除此两地外,整个华东地区只见 6 种新出版的报刊,其中福州的《中西闻见录》与青岛的《胶澳官报》还是外国人所办,真正由中国人自办的仅有杭州的《医学报》《觉民报》,温州的《史学报》和南昌的《通学汇编》。这些刊物之所以不受查禁,是由于它们大都以学艺性杂志的面貌问世的缘故。

清朝政府企图利用义和团抵制西方殖民势力向京畿地区渗入,却遭到八国联军攻入北京的沉重打击。在签订了丧权辱国的《辛丑条约》后,不得不于 1901 年 1 月 29 日在西安再度宣布预备立宪、变法图强。尽管这对清廷而言仅仅是缓和国内矛盾的权宜之计,中国人民也早已对腐朽没落的清朝政府失去了信心,但这一政治上的让步使华东报坛再度焕发了生机,也给爱国民众提供了舆论宣传的机会。

华东地区自1850年出现第一份报刊以来,到1900年这半个世纪里,共出现中外报刊约230种;而从1901年至1911年清朝政府统治中国的最后11年里,华东地区新创办的报刊竟达560种以上(不计台湾)。其分布情况大致如下:上海(作为全国新闻传播中心,独立统计)约有343种,江苏65种,浙江61种,福建29种,山东26种,江西20种,安徽16种。虽然这一统计数字并不很精确,但大致可以反映辛亥革命前华东报业的实际状况。台湾在被日本帝国主义侵占以后,到1911年底,新出版的报刊已在20种以上,然而全部都是日本人所办。

民国成立后,在全国范围内出现了又一次新的办报高潮。华东是革命势力较强的地区之一,许多著名的革命派报纸均在这里出版。上海除《民立报》《天铎报》等在民国成立后继续出版外,新创刊的有《民权报》《太平洋报》《中华民报》《民国新报》等;江苏有《民声报》《中华报》《锡报》《公言报》等;浙江有《汉民日报》《绍兴公报》《东瓯日报》等;安徽有《安徽船》《皖江日报》等;江西有《江西民报》《新闻迅报》等;福建有《建言报》等。与此同时,在建设民主政治和实行议会制度的诱人口号下,一些官僚政客纷纷成立五花八门的政党社团,出版各自的政党报刊,如上海出版的中华民国联合会和统一党的机关报《大共和日报》,后来改组为进步党的机关报,安福系的民生共济会在福州出版的《福建日报》,浙江自由党人办的《自由日报》等,都是在当地有一定影响的报纸。但是这些报刊大都是政客们进入政界的敲门砖,往往相互攻讦,制造一场场闹剧,一旦目的达到,也就烟消云散。所以,民初的办报高潮虽然来势很猛,但因新出版的报刊大都缺乏足够的人力与物力,持续出版的时间都很短暂。尤其是袁世凯镇压了国民党人的"二次革命"后,华东报业也像全国各地一样,遭到了反动势力的蹂躏。除了托庇于上海租界的个别国民党人办的报刊外,几乎所有进步报刊都遭到了被查封的厄运,连一些商业性的报纸也难以幸免,这便是新闻史上的所谓"癸丑报灾"。如果我们把1912—1920年分为三个历史阶段的话,1912年至1913年年初便是民初办报高潮时期,1913年下半年至1916年上半年,则属于新闻界的黑暗时期,许多报纸被封,很多报人被关、被杀,而新出版的报刊寥若晨星。直到1916年6月袁世凯在四面楚歌中病死之后,华东报业才稍稍有了转机。1916年以后报业逐渐有所恢复,"五四运动"爆发后又出现新一轮办报高潮,但此时风起云涌的却是学生们办的进步刊物。

根据目前掌握的资料对1912—1919年底的报刊出版情况作一初步估计:江苏新出版的报刊约70家(不包括上海),浙江同一时期出版的报刊(不包括周刊与杂志)也有70家之多,山东46家,江西有36家,福建约70家,安徽也有30来家。上海缺乏这方面的统计数据,据马光仁主编的《上海新闻史》介绍,"从1911年辛亥革命爆发到1912年底,就先后出版了60多种报刊"。虽然这一时期上海出版的新报刊不算很多,但对全国影响的深远是其他各省所难以比拟的。值得注意的是,1909年已有人在上海创办中国时事通讯社,1912年8月国民第一通讯社创立,一度设总部于上海。这些通讯社存在时间都不长,影响也不大,通讯社真正发挥作用还是在"五四运动"爆发之后。

1919年爆发的"五四运动"是在俄国十月革命影响下,中国人民反帝反封建的爱国民主运动,也是一场波澜壮阔的民族自救运动。它的起因是中国人民要求巴黎和会取消帝国主义在山东的特权,取消"二十一条"。当中国留法学生组织的巴黎通讯社将和会迁就美国代表团意见,决定不将青岛归还中国,而将德国在胶州湾的特权转让给日本,军阀政府的代表准备在和约上签字的消息公开发布后,北京学生愤怒了。他们在天安门前集会,高呼"外争国权,内惩国贼""取消二十一条""拒绝和约签字"的口号,上街游行,要求惩办与签订"二十一条"卖国秘约有关的交通总长曹汝霖、币制局总裁陆宗舆和订约时的驻日公使章宗祥。示威群众包围了曹汝霖的住宅,痛打了躲藏在曹宅内的章宗祥。军阀政府派军警镇压,逮捕学生30多人,于是北京学生实行总罢课,并通电全国表示抗议。

华东地区最早声援北京学生正义爱国运动的是上海《民国日报》。5月6日起,《民国日报》开辟了3个专栏:"北京学生爱国运动""山东问题大警告""黑暗势力与教育界全体搏战",连续报道"五四运动"的进展。上海的《申报》《新闻报》《时事新报》也一改常态,以大量篇幅及时报道学生运动,坚持爱国主场。浙江地区民众在"五四运动"前夕已与带军队入浙的段系军人杨善德、齐耀珊产生矛盾,台州《时事日报》,杭州的《之江日报》《良言报》均因批评此事被查封或停刊,省会杭州的新闻界受到严格控制。浙江学生呼应五四运动的热潮首先在绍兴掀起。5月8日绍兴第五中学的学生率先响应北京学生的爱国运动,一贯比较进步的《越州公报》立即发表社论:《可敬我第五中学学生也,可爱我第五中学学生也》。该报同时宣告当天(5月9日)在绍兴大善寺发起召开国耻纪念会。学生爱国运动迅速在全浙展开,5月中旬浙江学生联合会成立并创办了《浙江学生联合会周刊》。"五四运动"对江西的影响稍迟了几天,5月12日南昌才出现支援学生爱国运动的示威游行。与此同时,学生们印刷出版宣传刊物《警告》,广为散发。很快学生运动影响到九江、赣州等地,这些地方也出现了学生编印的油印小报。接着"五四运动"影响到安徽,安庆与芜湖的学生首先发动起来,并成立了安徽学生联合会,进步学生所办的《黎明》周刊便是在1919年6月创刊的。山东和福建地区是日本人势力最强的华东两省,尽管北洋军阀与日本领事馆对当地学生的爱国运动进行镇压,甚至造成流血惨案,但压力越大反抗力也就越强。1919年5月至年底,福州、漳州、仙游就创办了17种报纸,爱国反日成为这一时期报纸的基调。山东报界除声援学生运动外,还揭露抨击山东镇守使马良等地方军阀镇压群众爱国运动的暴行。当时的许多报刊、通讯社在反帝反军阀方面表现出空前的一致,正是由于进步新闻界的公正报道和宣传鼓动,才使这场爱国运动成为波澜壮阔的群众运动。据福建新闻史研究者介绍,1919年初国民党员办的《福建日报》初期每日只发行四五百份;"五四运动"中,因爱国言论激昂,报道迅速,发行量逐日增加,达到两三千份,成为当时福建发行最多的报纸。而日本人办的历史悠久的《闽报》,本因敢于登载中国官场的内幕新闻,每日发行量在三四千份,此时则降至四五百份。充分显示了人心向背对新闻事业的重大影响。虽然1920年前后的华东报业仍有一些颇具影响力的报纸控制在外国人手中,如上海的《新闻报》、福州的《闽报》,但中国人自办的报纸此时已无疑成为举足轻重的主导力量。

## 三、内战硝烟中的华东新闻事业(1921—1937)

北洋政府为了进一步镇压北京的学生运动,于1919年6月3日起连续两天出动军警逮捕学生近千人,激起了全国人民的同仇敌忾。上海工人发动了六七万人的大罢工。接着罢工浪潮席卷全国,上海等各重要城市的商人也举行罢市。至此,"五四运动"已越出了学生运动的范围,成为以工人阶级为主力军,由各阶层人士一起参加的民族救亡运动。在运动中涌现出一批具有初步共产主义思想武装的革命知识分子和进步宣传刊物,正是这些人为促成马克思主义与中国工人运动相结合,于1921年成立了中国共产党,使中国革命走上了新的历史时期——新民主主义革命时期。

1921年除广州、云南及广西、贵州、四川、湖南部分地区在护法军政府控制之下外,全国大部分地区均在北洋军阀政府控制之下,因此当时国共两党团结合作对付强敌成为必然的趋势。

由于上海地区的特殊性,国共两党将对抗北洋军阀的政治宣传中心选定在上海。国民党的一些主要宣传报刊,如国民党上海执行部的机关报《民国日报》《新建设》《评论之评论》《党务》《新国民》都是在上海出版。共产党中央机关刊《新青年》《向导》《前锋》《劳动周刊》也都在上海出版,团中央机关刊《先驱》原在北京出版,1922年1月也迁来上海。中国共产党创办的第一家通讯社华俄通讯社,以及稍后创办的第一家日报《热血日报》也都设在上海。上海不仅是华东地区,而且是全国革命党人的宣传中心。

华东地区虽然是在直系军阀和皖系军阀的控制之下,但国共两党的革命势力也是不小的,因此各省都有一些宣传共产主义的刊物和国共两党合作出版的进步报刊。由共产党人创办的主要刊物有:江苏徐州的《赤湖月刊》,无锡的《血泪湖》;浙江杭州的《浙江新潮》、诸暨的《诸暨民报》;福建福州的《冲决》周报,厦门的《星火周报》,龙岩的《岩声》;山东济南的《山东劳动周报》、《十月》旬刊、《工人周刊》、《晨钟报》等;江西安源有《安源旬刊》,南昌《江西青年》等;安徽怀宁有《新生活》《血花》等。在北伐军进入华东地区前后,华东各地还出现了许多共产党人与左派国民党人合作出版的报纸,这些报纸能较好地宣传孙中山先生的三大政策,为革命事业作出重要贡献。影响较大的有《福建民国日报》、江西《民治日报》、安徽《长江晚报》、浙江《杭州民国日报》、《宁波民国日报》等。1927年初,华东地区是全国革命形势最佳的地区之一,进步报刊一度蓬勃发展。可惜这种大好形势并没有持续多久,"四一二"反革命政变后,形势急转直下。许多优秀的共产党人和进步新闻工作者被迫害、监禁、追捕,甚至被杀害。光是浙江和福建两省就有宣中华、龙作、何赤华、陈士鼎、林梧凤、朱铭庄等进步新闻工作者死于蒋介石集团的反动屠刀之下。

从1924年至1934年十年间,华东地区的战事不断。先是军阀之间争夺地盘的战争,1924年盘踞江苏的直系军阀齐燮元为夺取被浙江皖系军阀卢永祥控制的上海,发生战争。盘踞福建的直系军阀乘虚入浙,将卢永祥打败。1925年奉系军阀攫取了江苏地盘,直系军阀在英美帝国主义的支持下起兵攻奉。奉系军阀受到北方冯玉祥所部国民军的威胁退出江苏。1926年北伐军进攻江西、福建、浙江消灭了孙传芳的主力。为了阻挡中国革命的进一步发展,帝国主义增兵上海,炮击南京,从革命阵营中找到了国民革命军总司令蒋介石为新的代理人,进而发动"四一二"政变叛变革命。于是又演变为国民党新军阀之间的内战,1927年的宁汉战争,1929年的蒋桂战争和1930年的蒋冯阎大战。最后得到江浙财阀支持的蒋介石集团在新军阀内战中取得胜利。共产党人在清算了原领导人的右倾投降主义路线之后,发动了南昌起义和秋收起义,建立了江西中央革命根据地,并利用新军阀混战的机会扩大了实力。这样华东地区又经历了1930年至1934年连续五年的"围剿"与反"围剿"的武装斗争。在这五年中,华东地区的新闻事业实际上存在着两个中心,一个是以南京为首都的国民党的新闻事业中心,一个是以瑞金为中心的共产党的新闻事业中心。两个新闻宣传中心意味着两种政治力量的较量,它不仅仅是两支武装力量的对抗。

国民党在成为全国执政党之前已出版过许多党报,也建立了通讯社,但这些报纸分属国民党内不同派系,通讯社的规模也很小。南京国民党政府成立后,于1927年7月12日重新改组成立了中央通讯社,确立了对全国发布新闻的垄断地位。1928年6月和9月国民党中央宣传部发布了《设置党报条例草案》《指导党报条例》和《设置党报办法》,规定:"凡中央及各级宣传部直辖之日报杂志,其主管人员及总编辑由中央或所属之党部委派之",实际上是将各级党报的人事权牢牢掌握在蒋介石自己手中。1929年2月上海《中央日报》迁到南京出版,确立为国民党的中央党报。国民党的党报系统很庞杂,除中央党报外,有省党报、市党报、区党报、县党报、军报、政报(省级政府所办)和党员主持的报纸。据1936年6月的统计数字,全国有各类党报480多家,其中县级党报占400余家。华东六省加上南京、上海两市,有260多家,占全国国民党报的54%。国民党党报发行量在1万份以上的只有9家,其中7家在华东地区,另外2家在香港。1928年8月,国民党中央广播电台在南京开始播音。这是继中央通讯社、《中央日报》之后,国民党创办的第三个全国性中央宣传机构。中央广播电台是当时亚洲发射功率最强的广播电台。1936年时全国有11家省级广播电台,华东占4家;9家市级广播电台,华东占3家;2家县级广播电台(武进台与嘉兴台),全在江浙境内。在国民党地方党部办的广播电台中,建台最早的是1928年10月开播的浙江省广播电台。由此可见,十年内战期间,华东新闻事业在国民党政治宣传中所占的重要地位。一方面因为南京是国民党的政治中心,江浙是蒋介石政府的经济命脉,另一方面华东地区还存在着另一个敌对的政治中心——中央苏区。

中共领导的江西革命根据地最早出版的报刊是赣东北苏区党组织创办的刊物《红旗》,1929年3月创刊于弋阳,它是信江特委的机关刊物。同年9月,红五军创立湘鄂赣边区,边区革命委员会宣传部在万载创刊了《工农兵》报。随着江西苏区的日益扩大,报刊也迅速发展。江西苏区曾先后成立7个省:江西省、湘赣省、湘鄂赣省、闽浙赣省、闽赣省、粤赣省和赣南省,面积有11.8万平方公里,人口913万余人。如果按江西现在的行政建制,全省属老区的县有78个。江西苏区的报刊有五大系统:一为中央报刊系统,有中央工农民主政府机关报《红色中华》,中共苏区中央局创办的中央党刊《斗争》,中华苏维埃共和国中央革命委员会的机关报《红星》,中国共产青年团苏区中央局机关报刊《青年实话》等;二为省级报刊系统,如中共湘赣苏区省委机关报《湘赣红旗》,湘赣省苏维埃政府机关报《红色湘赣》,中国共产青年团湘赣苏区省委机关刊《列宁青年》,湘鄂赣省苏维埃政府机关报《战斗报》,闽浙赣省苏维埃政府机关报《工农报》,中共闽浙赣省委、省军区政治部、省政府、省总工会的联合机关报《红色东北》,中共江西省委机关刊物《省委通讯》等;三为县级报刊系统,如中共瑞金县委的《瑞金红旗》,兴国县苏维埃政府机关报《剑锋》,万载县苏维埃政府的《红色万载》等;四为特委报刊系统,包括中共各特委机关出版的报刊和中国共产青年团各特委机关出版的报刊;五为中心县委报刊系统,即中共各中心县委与中国共产青年团各中心县委机关出版的报刊。1931年11月中华苏维埃共和国临时中央政府成立,以瑞金为中心的中央革命根据地形成,在中华苏维埃第一次全国代表大会举行期间成立了通讯社"红中社"。"红中社"与《红色中华》是报社合一的机构,具有出版报纸和开展通讯业务的双重职能。虽然江西苏区的报刊除少数铅印出版物外,大多是比较原始的油印小报。而且其种数和发行地域远远无法与国民党报刊相比,但是其发行量却不容小视。《红色中华》在1933年和1934年间曾发行四五万份,而当时著名的《大公报》《时报》在全国范围内发行也不过3.5万份。其他如《青年实话》《斗争》《红星》,1933至1934年间曾分别发行到3万份、2.7万多份和1.7万多份。据统计,江西苏区报刊合计203种,其中,中央一级报刊66种,省级报刊84种,特委一级报刊26种,中心县委一级报刊7种,县级报刊20种。显而易见,苏区报刊的数量相当惊人,也反映了中国共产党历来重视新闻宣传工作。遗憾的是,由于当时"左"倾错误在全党占统治地位,苏区报刊也宣传了过"左"的土地政策、过"左"的工商业政策、过"左"的肃反政策和第五次反"围剿"中军事上的"左"倾冒险主义主张。这些苏区报刊前后有6年多的历史,最后全都在第五次反"围剿"斗争失败后停刊,现在发现的《红色中华》报最后一期是1935年1月21日出版的第264期。

在1921—1937年间,华东地区的民营报业也得到了迅速的发展。全国报业以华东为最盛,华东报业主要集中在沪宁杭地区。南京是国民党政府的政治中心,1928年时有报社31家,1935年增至122家,除去《中央日报》《党军日报》、国民党员龚德柏办的《救国日报》和国民党员陈铭德办的《新民报》,民营的商业性报纸也应有110余家。上海的民营报社到1935年虽然也只有 100 家左右,但发行量很高,《申报》《新闻报》的发行量都在 15 万份左右,《时报》《时事新报》发行量都在 3.5 万份。到 1935 年共出现民营报社 52 家,著名的《浙江商报》《中国儿童时报》都是这一时期创办的。华东的民营报业实际上已经形成了不容低估的舆论力量,其经济实力也日益强大。《申报》馆主史量才收购《新闻报》的大量股份,张竹平"四社"(《时事新报》《大晚报》《大陆报》和申时电讯社联合经营)的创立,都标志着民营报业正在向集团化方向发展。如果在新闻政策上坚持一党垄断的国民党不以政府行为予以抵制的话,民间的报业集团很快就会出现。"九一八事变"后,史量才对蒋介石集团"攘外必先安内"坚持"剿共"的反动国策和对言论自由的压制越来越感到不满,他积极向进步势力靠拢,并在《申报》上公开批评国民党的"剿匪"政策,让反动的国民党政府感到十分棘手,终于使蒋介石动了杀机,1934 年 11 月国民党特务将史量才暗杀在沪杭公路上。这一方面固然反映了蒋介石政府的独裁和残忍,另一方面也显示了民营报业有不容忽视的舆论宣传力量。

综上所述,1921—1937 年间的华东新闻事业,无论是报业、广播业还是通讯业诸方面,都有着前所未有的长足发展。尤其是报业,华东报业不仅执全国报业之牛耳,并且实力超群,而当时的新闻事业主要也就是报业。

## 四、抗战时期错综复杂的新闻战线(1938—1945)

"九一八事变"后,日本帝国主义的侵略步步深入。国民党政府坚持不抵抗政策,使民族危机日趋深重。1932 年上海发生"一·二八事变",全市民众同仇敌忾积极支持英勇抗敌的十九路军,终于挫败了日寇侵占上海的阴谋。1937 年 7 月卢沟桥事变后,日本又悍然在上海发动侵略战争,同年 8 月 13 日日军发动大规模军事进攻,驻守上海的第九集团军奋起抵抗,从此全国进入全面抗战阶段。1937 年 11 月,国民党政府弃守上海、无锡、苏州;12 月,南京、杭州、镇江、芜湖、济南、青岛先后沦陷,华东最繁华的地区在短短两个月之内全部陷于敌手。

在八年全面抗战中,华东地区的报业以江苏与山东两省损失最为惨重。在抗日战争全面爆发后不久,江苏与山东的绝大部分地区均已沦陷,仅上海的租界地区一直坚持到太平洋战争爆发。国民党政府在山东靠近江苏的地区还辟有鲁苏战区进行游击活动。鲁苏战区以东阿为中心,据有昌邑、桓台、莱阳、沂南、安丘、曹县数县之地。他们也办过一些报刊,抗战期间办过20种左右的报刊,但发行量及发行范围都很小,影响不大。国民党政府在鲁苏战区派有山东省政府主席,1939年沈鸿烈任山东省政府主席时,就曾制造过博山惨案,袭杀八路军山东纵队的南下干部。国民党鲁苏战区的主要报纸是1938年6月东阿创刊的《山东公报》,胜利后随着省政府主席何思源进入济南,成为省政府机关报。

抗战时期浙江报人最为艰辛,1938—1941年间,继杭州之后,嘉兴、湖州、绍兴、宁波相继陷落,各地报社纷纷向内地播迁,历尽磨难。那时国民党政府犹能以金华为战时省会,据浙南半壁与日寇抗衡。金华此时成为浙江地区的政治、经济中心,也是新闻出版中心。据统计,抗战时期金华曾出版过9种报纸和53种杂志。1941年4月以后,战争在浙江中部呈拉锯状态,其间温州曾三次陷于敌手。1942年之后,金华也曾二度沦陷,省政府撤退到浙西山区丽水、云和一带,以云和为临时省会与敌周旋。浙江报人不仅受播迁之苦,还长期处在敌机轰炸的威胁之下。此时,浙江的几家重要报纸在强敌压境的情况下分散各地,已无法形成新闻出版中心了。

福建与安徽的情况颇多类似之处。抗战一开始,两省的重要城市福州、厦门、安庆、芜湖均相继沦陷,两省国民党军队退守闽西、闽北的山区和安徽的大别山区,利用天然屏障与日军对抗。福建的战时省会就设在山城永安,安徽的战时省会则在皖西大别山区的立煌(今安徽金寨)。由于政治中心的转移,文化重心也相应有了变化,福建的文化人和文教机关都集中到永安。由于抗战初期国共合作的内在矛盾尚未充分暴露,永安的进步文化事业呈现出前所未有的繁荣景象,曾出现近30家出版社、12种报纸、129种期刊,这是福建有史以来不曾有过的。永安成了重庆、桂林之后的又一个全国文化中心,有诸多永安出版的刊物不仅在东南各省有影响,而且在全国也有一定的影响。可是随着国民党掀起的几次反共高潮,文化事业日益萧条。抗战胜利前夕竟发生对文化界进步人士的大逮捕,其中有 11 名新闻工作者落入特务之手,史称"永安大狱",著名的进步报人羊枣就是在这次大逮捕中被迫害致死的。安徽省在抗战初期受桂系势力控制,由于与蒋介石集团有矛盾,在团结抗日方面的爱国宣传做得很好,形成了立煌与屯溪两个文化中心。在立煌境内抗战初期有新办的报刊数十种,大别山国民党军驻地也办了好多种军报。屯溪设有国民党皖南行署,有一些外省迁来的报刊和本地的报刊,也颇有影响。1940 年李品仙任安徽省主席后,查封了几家进步报刊,使大别山的报业一蹶不振。

日寇在江西的侵略势力相对较弱,南昌是直到 1939 年 3 月才被日寇侵占的。此后赣县成了江西的政治中心,当地原有 6 种报纸和几种期刊,蒋经国来赣县任江西省第四行政区督察专员之后,十分重视宣传工作,主办了多种报刊,并亲自担任社长,形成了江西的新闻出版中心。吉安由于商业繁荣,原来已有 5 种报纸,南昌陷落后又有 4 家报纸迁来吉安,于是吉安又成了江西的又一个新闻出版中心。据程其恒《江西新闻事业概览》一文的统计,1939—1940 年间,江西有报纸 61 种,刊物 105 种。对江西新闻事业研究有素的程沄教授认为"实际当不止此数",可见抗战时期华东各省中,江西国统区的报业相对而言是最为繁荣的,也许只有退守云和之前的浙江国统区报业和永安鼎盛时期的福建国统区报业可以与之相匹。

抗战时期华东国统区的报业有两大特点:一是抗战初期华东军事形势急转直下,许多重要城市沦陷,报业受到重大打击,但新的抗日救亡的报刊却如雨后春笋发展很快,文化事业反而显得很繁荣,新的文化中心不断出现,国民党内部的派系矛盾正好促进了进步报业的发展。战争进入到相持阶段后,国民党对文化事业控制的力度加强,随着一次又一次反共高潮的掀起,国统区的新闻事业和文化事业受到越来越严酷的政治压力,显得萧条和沉寂了。二是抗日战争使华东大城市的报业受到了重大摧残,丧失了大量人力和物力。但是报社不断向内地山区播迁的结果,是使原来落后的山区城镇改变了过去的文化沙漠状态,促成了小区小城报业的繁荣。许多从来就没有出版过报刊的城镇出现了报刊,一些原来不可能成为文化中心的县城,由于战争的关系也成了新闻出版中心,而且一度成为全国有影响的文化重镇。

抗战时期的华东新闻事业,呈现出三方势力并存,犬牙交错的复杂态势。除国民党的新闻事业外,还有日伪控制的新闻业和中共的新闻宣传机构及其宣传活动。日本帝国主义在蚕食中国的过程中,不断建立互不统属的傀儡政权,东北有溥仪的伪满洲国,华北有王克敏、王揖唐等汉奸组织的伪华北临时政府,华中有梁鸿志、温宗尧等汉奸组成的伪维新政府。华东的山东地区属华北临时政府管辖,江苏、浙江、安徽及沪、宁两市则由华中维新政府管辖。早期的汉奸报刊由日本军部直接控制,如《新崇明报》的报头上印有"上海特务机关崇明班特许登记",《新昆山日报》则印有"军特务部昆山班发行许可"。后来则采取"华人治华"的策略,日本军部退居幕后,由汉奸主持报社的日常工作,这与伪满洲国绝大部分报社均由日本人主持工作有明显区别。

1940年3月30日汪伪政权在南京成立,华中维新政府取消,合并于汪精卫的伪中央政府,华北临时政府改为华北政务委员会,成为汪伪政府下的一个相对独立的地方政权。蒙疆联合自治政府作为高度自治的另一个地方政权也得以确立,这样,汪伪政府的实际统治区域仅为江、浙、皖三省及上海、南京两市,汪伪政府名义下的汉奸报业,实际上分四大块:第一块是伪中央宣传部管辖下的直属报社;第二块是由伪华北政务委员会和蒙疆联合自治政府所属的各级地方政府机关报,汪伪中央政府对这一块是无法插手的;第三块名为"和平"报纸,它虽有私属性质,却绝非商业报纸,如周佛海系统的《中报》《平报》,李士群系统的《国民新闻》,与日本军部有直接关系的《新中国报》和后来的《申报》《新闻报》;第四块是小报,虽属民办性质,多为无聊文人所办的黄色地摊报。对直属报社实行分级管理制度,即根据所在地的重要性,发行量的多少,确定报纸篇幅的大小和补助经费的多寡,分为甲、乙、丙三级。甲级报仅有4家,为上海的《中华日报》《南京新报》《苏州新报》《杭州新报》;乙级报在1941年6月时为21家,丙级报13家。后期沦陷区的报纸总数有上升趋势,据现有资料统计,伪政权在鼎盛时期,上海有报社52家,其中小报39家;南京有报社17家,其中小报13家;江苏有34家报社;浙江有5家报社;安徽有7家报社;江西有2家报社;福建有4家报社;山东属华北政务委员会管辖,有报社4家。以上统计不包括日文报纸和其他外文报纸。由于日军在太平洋战争中失利,物资供应困难,1941年2月制定《文化用纸配给办法》,各报社用纸数量需宣传部核准。小报大量合并,各报均裁减篇幅。1945年敌伪报业已到了山穷水尽的地步,一年内报价飞涨100倍。

由于汉奸报不受群众欢迎,所以发行量特别低。发行量最高的《中华日报》为2.2万份左右,绝大部分为单位公费订阅;次一档的《新中国报》《中报》和《平报》,仅为3 000余份、4 500余份和2 700余份。日本军国主义故意将沦陷区的报纸分属各傀儡政权控制,以便分而治之。同属汪伪政权下的报社,有的直接受日本军部控制,如《申报》《新闻报》,它可以代表日本主子发言,公然在报纸上,对汉奸加以指责。文化汉奸们同床异梦,在《平报》社长金雄白化名"朱子家"所著《汪政权的开场与收场》一书中有具体记载:"汪政权中对陈彬和(《申报》社长)最感头痛的是周佛海。因为陈不属于汪政权管辖,而且他又与日本陆海外三方面都有交往,外人甚至摸不清他的真正背景……于是周加给了我一项任务,要我与陈建立密切的联系,凡是他所参加的社团,我也必须参加在内,发现他有反对汪政权或妨碍周佛海的行动,事前必须阻止他,弄清他的底细,查明他对每一件事情的作用。总之,周佛海的真意,是要我秘密监视他。从此,我与陈形迹上显得突然亲密,每天报纸上我与他的名字,一直连在一起。"①

汉奸报纸早期的电讯全部使用日本同盟社的稿件,汪伪政权成立后,于1940年5月1日在南京设立中央电讯社,这是除伪满外中国沦陷区"唯一全国性"通讯社。这个通讯社由汪伪国民党中央宣传部设在上海的中华通讯社和伪维新政府所办的中华联合通讯社合并改组而成,有10个分社,5个通讯处,并在25个城镇设立通讯员,以汉奸报为主要供稿对象。汪伪的中央电讯社虽说与日本同盟社为"平等互助"关系,实际上主要依赖于同盟社供稿,只有同盟社认为不太重要的新闻才由汪伪中央电讯社的名义发布。

---

① 何卓改编:《汪精卫集团沉浮记》,四川人民出版社1989年版,第161页。

沦陷区的广播电台一直由日本军方控制,直到1941年2月才将"广播事权"交汪伪政府管辖。当时仅有6家广播电台,除汉口外,其余5家为南京(后改中央)、上海、杭州、苏州、蚌埠广播电台,均在华东境内,属于伪华北政务委员会管辖,而在华东地区的还有济南、青岛两家。1941年以后在新占领的宁波、金华两地设立广播电台,进占上海租界后,又增加3个电台作为上海台的辅助设施。为了加强宣传"大东亚战争",在南京也增设了第二广播台。日本军方对广播台较报社更为重视,除经费上加以控制外,还规定聘请日本人为监理事。从理事会成员看,汪伪政府与日本方面各占一半。在广播电台的技术人员方面,一概由日本人负责,汪伪电台人员无法过问。伪政权下的电台实行华语与日语双语广播,显示了广播宣传的殖民地特征。为了扩大宣传效果,汪伪政权一方面推行所谓的"收音机普及",一方面又实行对收音机的严格监控,禁止在居民中留有短波收音机。

1945年5月30日,汪伪最高国防会议宣布撤消新闻检查所,实际上汪伪的新闻体制已开始全面崩溃。日本宣布无条件投降后,新闻宣传机构立即倒闭,伪职人员纷纷外逃,维系五年多的汉奸新闻业顷刻瓦解。

中国共产党抗日战争时期的游击活动,处于日寇、伪军、国民党顽固派及当地恶霸、土匪的围攻夹击之中,形势十分险恶,战斗也十分频繁,部队流动性极大。因此,抗日根据地的建立,完全根据实际的可能与形势的需要,打破了省界的限制。以抗日根据地为依托的中共新闻宣传活动,实际是处于中共中央各分局领导下独立作战的状态。山东抗日根据地属中共中央华北局领导,是华东地区最早开辟的敌后根据地。抗战初期,中共山东省委发动多次武装起义,建立了八路军山东纵队,1938年12月成立了中共中央山东分局。山东抗日根据地中最重要的报纸是1939年1月1日创办的中共中央山东分局机关报《大众日报》。该报平均期发数有8 000多份。1939年9月该报社创办大众通讯社,同月16日起播发新闻,每日两次,每次一小时。后因敌寇发动"大扫荡",为避免招摇,撤销新闻广播。后来就在大众通讯社的基础上成立新华社山东分社。1943年山东解放区成立战时邮政总局,《大众日报》便由邮局发行,充分发挥了新闻宣传的威力。这可能就是我国邮办发行的开始。为了将革命报刊送递给沦陷区的民众,不得不冒险穿梭于各根据地之间,在抗战期间有 340 多人为报刊的发行工作献出了宝贵的生命。

1939 年春,八路军 115 师主力进入鲁西与山东纵队会合,开辟了鲁中、鲁南、胶东、渤海等分区。这些根据地联系着华中与华北的根据地,是重要的交通枢纽,由于战略地位极为重要,敌军多次展开"扫荡",斗争十分惨烈。各分区党委办有 7 种报纸,其中中共胶东特委于 1938 年 8 月在黄县办的《大众报》为最早,由一开始几百份,到几个月以后竟发行 1.3 万多份,日本宣布无条件投降那天达到 10 万余份。在残酷的敌我斗争中,这一报社有 49 人为国捐躯。此外,八路军山东军分区也办有 4 种报纸和一些刊物,省文化协会和大众报社也都办过不少期刊,还出版了不少革命宣传读物。

抗日战争时期华东地区的武装斗争主要由中共中央华中局领导。华中局于 1941 年 5 月在盐城成立,由原中原局与东南局合并而成。华中地区的主要报纸是 1940 年 12 月创刊于盐城的《江淮日报》,发行量达 1 万份。由于敌寇开展灭绝人性的"扫荡",环境极其险恶,1941 年夏暂停出版,改出《无线电讯》报。1942 年 7 月在阜宁出《新华报》,该报为中共中央华中局与新四军军部的机关报,实际上是《江淮日报》的继续,为五日刊,1942 年底又因抗敌形势紧张而改出《无线电讯》。

华中抗日根据地建有苏南、苏中、苏北、皖中、淮南、淮北、浙东等分区,各分区均有自己的党报。苏南地区有《苏南报》,前期为苏皖区党委的机关报,后来又改为《苏浙日报》,为苏浙区党委的机关报。苏中地区有《苏中报》。苏北地区有区党委办的《盐阜报》和地委机关报《盐阜大众》。《盐阜大众》于 1943 年 4 月创刊后一直出版到今天。该地区还出版过多种期刊,皖中区有新四军七师创办的《战斗报》,后与地方出版的《新无为报》合并为皖江区党委机关报《大江报》。淮南地区有新四军江北指挥部的《抗战报》(江北版),《抗敌报》原是皖南新四军的报纸,铅印,五日刊。1941 年在皖南事变中被迫停刊。于是北上的新四军在皖中恢复《抗敌报》的出版。淮南区党委是由津浦路东省委改组而成,原路东省委的机关报《新路东》报改为《淮南日报》,成了淮南区党委的机关报。淮北地区最有名的报纸是《拂晓报》,为新四军游击支队(后改为四师)司令员彭雪枫于 1938 年 9 月在河南竹沟出发东征的前夕所创办。进入淮北后与津浦路西党委机关报《人民报》合并,仍名《拂晓报》。此时《拂晓报》发行量已突破4 000份,并出版《拂晓每日电讯》《拂晓增刊》《拂晓画报》《拂晓文化》杂志等。由于缺乏印刷条件,《拂晓报》只能用白报纸双面油印,但其印刷质量不亚于铅印,编排也相当精美。有一位美国牧师曾将报纸寄给美国与加拿大的友人,1943年还拿到巴黎参加国际展览。浙东地区的中共区党委为粉碎敌人新闻封锁,及时听到党中央、毛主席的声音,先建立新闻电台收录新华社电讯,后又成立《时事简讯》社,出版八开四版的油印小报。1942年秋在对敌斗争取得胜利后修复了一家停工已久的土纸厂,用来印刷《时事简讯》和试办《浙东报》。1944年4月,原《时事简报》编辑部改为《新浙东报》报社,出版区党委机关报《新浙东报》。

  华东抗日根据地的新闻事业经历了如此复杂的变化和艰难的战斗历程,既反映了党对新闻宣传工作的重视,也从另一侧面显示了当时抗日斗争环境的艰辛和民族自卫战争的残酷。当时视死如归的革命新闻工作者不仅为民族解放事业谱写了一曲英雄的凯歌,也给中国的新闻事业留下了宝贵的优良传统。

  抗战时期华东地区日伪、国民党和中共三方新闻事业的兴衰,深刻地反映了三方政治势力的消长。日伪虽然称霸一时,半年之间鲸吞了江南地区的主要都会名城,然而他们不得人心,报纸上的新闻无人相信,广播电台也没人收听,在城市的报纸发行量此时落到了最低点。随着日本主子在战场上失利,汪伪报业在一夜之间灰飞烟灭。国民党的新闻事业经营多年,基础深厚,虽然退居闽、浙、皖、赣山区半壁,犹能与日寇旗鼓相当地对抗。它之所以能困兽犹斗,得力于人民群众的同仇敌忾。虽然最后抗战胜利了,但国民党的新闻事业已损失惨重,人们称之为"惨胜"。如果国民党能居安思危,励精图治,与民更始,当不难恢复旧观。然而接收大员借机渔利,滥发纸币搜刮民脂民膏,造成物价飞涨、人心丧尽,新闻事业面临崩溃边缘,可谓自毁长城。中共新闻事业在艰难卓绝的困苦环境中日益壮大发展,它是三方新闻事业中唯一得益的一方。许许多多中共新闻工作者和发行工作者在日伪与敌顽的夹击中壮烈牺牲,但他们为革命的视死如归、无怨无悔,显示了人心所向、众望所归。在惨烈牺牲的人群中还不乏一些国际主义战士和日本的反战士兵,这又说明了中共新闻传媒宣传是代表着人类正义的事业。并不是所有的星星之火都能燎原,正是得到了全国人民的普遍支持,中国共产党的新闻事业才能由小到大,由强变弱,很快取得全国范围的胜利。

## 五、华东新闻事业新格局的建立(1946—1956)

从 1946 年至 1956 年是中国社会翻天覆地变化的十年。抗战胜利后,原在华东地区出版的新闻单位纷纷由大后方迁回原地出版。国民党新闻机构利用实权在握的有利条件,抢先接收原沦陷区日伪新闻机构的机器设备,独占了全民抗战的胜利果实,迅速重建和扩张国民党的新闻事业网络,其规模较之战前更加庞大。据曾虚白 1977 年在台湾出版的《中国新闻史》上的统计数字,国民党中央宣传部主办的中央直辖党报共 23 家,总发行数约 45 万份,省党部主办的报纸共 27 家,总发行数约 14 万份,国民党要人主办的准党报,总发行数约 40 万份,此外还有数量巨大的国民党县党部办的地方党报和国民党军方办的各级军报。战后国民党的主要党报,实际上已经通过党报企业化计划发展为一个个报团组织,以中央日报社为例,它已发展为一个拥有 12 家分社的报团组织,在南京、上海、重庆、贵阳、昆明、桂林、长沙、福州、厦门、海口、沈阳、长春等 12 个城市同时出报。国民党军报《和平日报》(原《扫荡报》)也扩展成拥有 9 个分社的全国性报团组织。一些地方党报,如《武汉日报》《中山日报》《东南日报》也已突破了原来所在的城市,在附近地区出版分版,形成较小的报团。

国民党当局还接收了日伪广播电台 21 座,大小广播发射设备 41 部,总发射功率为 274 千瓦。在华东地区,国民党接收了南京、上海、苏州、徐州、杭州、厦门和台湾等地的日伪广播电台,其中除上海的黄浦台、东亚台原系美商所办,转交原主处理外,其余大都改建为国民党官办的广播电台。除东北与华北少数地方的广播台为八路军接收外,绝大多数广播电台都被国民党当局所攫取。可见国民党的新闻事业在抗战胜利后实际上取得了绝对的统治地位,而其中心则在华东地区的南京与上海。

面对国民党大肆扩张新闻阵地,中共领导层也意识到在当时经济中心上海与政治中心南京开展新闻宣传活动的重要性,毛泽东与周恩来都曾发出过尽快去上海等地办报的指示。尽管在国民党的重重阻挠下,原本打算在南京、上海两地出版《新华日报》的计划未能实现,但还是出版了一些由中共领导的报刊,如《时代日报》、《联合日报》(后改为《联合晚报》)、《建国日报》、《文萃》周刊、《群众》周刊等。

抗战胜利后,华东地区的民营报纸和其他党派团体办的报刊也有一定程度的发展。1947年初,国民党官方曾作过统计,南京有报刊49家,通讯社23家;上海有报刊80家,通讯社37家;杭州有报刊30家,通讯社26家。虽然从数字统计上看尚未达到1935年的水平,但比起当时的北平、天津、汉口、广州等城市来,还是要多一些。1947年初是战后国民党统治区内报业发展的最高峰,然而也是国民党报业全面崩溃的开始。

1946年6月,国民党政府依仗军事上的优势,悍然发动全面内战。1947年2月为配合军事行动,发出取缔进步报刊的密令,到同年4月中旬以各种理由被查禁或勒令停刊的报刊至少100种以上(据1947年4月22日重庆《世界日报》披露的信息)。1947年6月,人民解放军由防御转入进攻,国民党政府不仅在军事上遭到重创,经济上也显露败象,物价飞涨和物资短缺使报业经营发生严重危机。由于闹纸荒,国民党政府实行白报纸配给制度,采取配给制的目的原本是扶植国民党党报,限制民办报纸的发展。但是腐败的官僚体制,却让一些官僚政客钻了空子,他们借办报为名领取配给白报纸,转手以黑市价格出售,牟取暴利。据国民党《中央日报》主办的《报学杂志》1948年10月第一卷第三期《如何解决纸荒问题》一文揭露,南京每月配纸120吨至130吨,"顶多有一半够用,真正在经营的只有两三家,其余则大多以出卖白报纸过活"。连《中央日报》也不得不向黑市购纸,可见其腐败现象的严重。国民党政府的大量军费开支,使1947年的财政赤字为27万亿元,为了弥补巨额财政赤字,不得不滥发纸币,造成恶性通货膨胀。仅1948年11月一月之内,各地报价平均涨了三倍多。不仅纸价上涨,邮电和运输费用也不断上涨,由于工商业不景气,广告业务受到沉重打击,使报社最主要的经济来源渐趋枯竭,全国报业集中地的华东地区,受打击最为惨重,国民党统治区的报业已经到了山穷水尽的地步。

在万般无奈之中,华东国民党统治区的报业,只好采取以下几种应急手段苟延残喘:1)出版联合版。无锡、杭州、南昌、青岛、金山、绍兴、嘉兴、海盐、昆山等地均出过联合版,或为节约纸张、开支,或为应付罢工,不得不采取这种办法。2)缩小篇幅。解放前夕,所有大报均改为四开一张,有的已改为八开一张。3)采用小号字。由于缩减纸张、减少成本亏损,华东各报在紧缩篇幅的同时,采取小五号字与六号字,上海《大公报》从1948年10月19日起改用七号字排印"商情表",这是我国报纸第一次使用七号字。

1948年底,辽沈战役、平津战役已经结束,淮海战役也已进入围歼残敌阶段,国民党败局已定。华东地区的国民党报纸纷纷准备迁地出版。上海《中央日报》准备迁广州,南京《中央日报》准备迁台北,中央通讯社总社打算迁广州,人员器材向广州、重庆、台湾三地疏散,京沪两地《和平日报》分迁衡阳、台湾,《益世报》与《东南日报》迁往台湾。《大公报》与《新民报》则留在上海,准备迎接解放。1949年8月,华东地区全部解放,华东新闻事业进入新的历史阶段。

山东、江苏、安徽三省在抗日战争时期就建有中国共产党领导的抗日革命根据地,并办有各种类型的党报和军报。在解放战争时期,这些地区也就成了老解放区。随着解放战争形势的变化,这些地区的报纸曾经有过紧缩、合并的过程,随后由于军事上的节节胜利又迅速发展、扩大。这三个省的行政建制也由于战争的原因不断改变,直到新中国成立初年才最后确定为现有的行省建制,报业的格局也因此而作相应的调整。山东地区原有胶东、渤海、鲁中南三个行政区,并办有《胶东日报》《渤海日报》和《鲁中南日报》,1950年这三个行政区建制撤销后,中共中央山东分局、山东省人民政府决定调整全省报纸,将上述三家报纸和《新徐州日报》停刊,集中人力、物力和财力办好《大众日报》和《青岛日报》。在济南、徐州、烟台三个城市和淄博工矿区各办一家工人报纸,并在距离省城较远的临沂、沂水、文登、莱阳四个专区,各办一家农民报纸。江苏地区在新中国成立初分设苏南、苏北两个行政区和南京中央直辖市,并相应办有《苏南日报》《苏北日报》和南京市委的《新华日报》。1952年撤销苏南、苏北两大行政区后,合并成立中共江苏省委兼南京市委的机关报《新华日报》。安徽地区也曾以长江为界分别建立皖南和皖北两行政区,并相应办有《皖南日报》和《皖北日报》。1951年12月皖南与皖北两行政区党委在合肥合署办公,这两家报纸于12月26日出版联合版。1952年1月,中共安徽省委成立,同年6月1日省委机关报《安徽日报》创刊,联合版停办。在此前后,芜湖、安庆、六安、徽州地委和合肥、芜湖、蚌埠、淮南市委均分别出版了报纸。

浙江、江西、福建和中央直辖市上海,因系新解放区,不存在行政区及所属报纸的合并问题,而是要面对如何处置旧报业和建立新的新闻宣传机构的问题。对新解放的大中城市,中共中央统一制订了处理中外报刊通讯社的办法。对国民党办的党报和通讯社,解放后立即由军管会接管,旧报业中绝大部分名为私人所办,实际上与国民党官方有密切关系,这类报刊和通讯社在解放前夕已由地下党调查清楚,解放后即由军管会勒令停办。对少数以商业经营为主的持中间立场的报刊、通讯社,通知他们向军管会登记,未获准前不得出版或营业。各大城市对私营报业控制甚严,仅批准一两家非党进步报纸出版,以联系更广泛的社会阶层。通讯社则统一归新华社发稿,不考虑批准私营通讯社。

华东解放区的第一座广播电台——华东新华广播电台,于1948年5月起在山东五莲县农村开始筹建,同年9月12日起试播,12月20日起正式播音,开办时有对华东战场国民党军、华东人民解放军以及对上海、南京、杭州、台湾等地播放的广播节目。随着人民解放军的胜利进军,济南特别市新华广播电台在接管国民党原山东广播电台设备的基础上建立起来。1949年2月,华东台迁到济南继续播音。

徐州新华广播电台是江苏境内第一座人民广播电台,于1949年2月1日开始播音。1949年4月下旬,人民解放军渡江南下,随行有华东台的三套干部班子,准备接管上海、南京、杭州三地的国民党广播电台。到6月下旬,华东全境解放,接管和新建的电台有:南京人民广播电台、南通新华广播电台、无锡广播电台、常州人民广播电台、苏州新华广播电台、上海人民广播电台、浙江新华广播电台、南昌新华广播电台、福州人民广播电台。上海人民广播电台于上海解放的当天晚上即开始播音,与此同时,设在济南的华东新华广播电台停止播音。同年9月1日起,上海人民广播电台开始承担向华东地区广播的任务。1949 年的下半年,所有广播电台均先后改称为人民广播电台。淮南煤矿职工广播电台是安徽省解放后第一座人民广播电台,于 1950 年 5 月 1 日正式播音,1951 年 4 月改名为淮南人民广播电台。同年 6 月 13 日,合肥人民广播电台作为皖北行政区的电台正式播音。1952 年 5 月,皖北人民广播电台改为安徽人民广播电台正式播音。

由于国民党统治区严重的经济危机,物价飞涨、工商业破产、民生凋敝,使民营广播电台也像报社一样大不景气。上海解放前夕,尚有 20 余家民营电台,除一家受国民党反动派裹胁迁往台湾外,其余都留在上海迎接解放。军管会在完成对反动广播电台的接管之后,即开始对私营广播电台的改造工作。中国共产党对广播事业的基本方针是一切广播事业均应归国家经营,禁止私人经营。但鉴于旧有私营广播台的实际存在,采取以下措施:一是重新申请登记,经审查批准后,可恢复播音。考虑到社会稳定和团结教育私营电台的职工与听众,允许一部分私营台恢复活动。二是组织上海广播界座谈会,阐明人民政府的立场、政策和态度,并充分听取与会者的意见。三是建立公私合营广播电台。保留私人股份,保持大多数私营电台职工的职业,使社会安定。直到 1953 年 9 月私方股东纷纷提出申请,要求把私方股权全部转让,以便把资金投入到利润更大的行业中去。经市政府审查批准,出资收购,但仍以原电台名义继续播音,直到 1954 年底。

在华东六省中,浙江省是最早建立有线广播站和县报的省份。1951 年底,黄岩县城关镇建立了全省第一个有线广播站,1956 年底已基本上县县有农村广播站,共有广播喇叭 2.7 万只。1954 年 12 月萧山县出版了第一张县报《萧山报》,到 1956 年全省共有 75 家县报。江苏省于 1956 年开始出现县报,但种数远不如浙江省多。山东、福建两省于 1955 年开始建立有线广播站,而江西、安徽两省的有线广播站则到 1956 年才开始兴建,到 1958 年华东地区已县县建有线广播网。

## 六、新闻事业在曲折中前进(1957—1978)

1956 年 9 月中国共产党第八次全国代表大会,是在我国已基本上完成了生产资料所有制的社会主义改造和即将提前完成建设社会主义的第一个五年计划的形势下召开的。周恩来在所作关于发展国民经济第二个五年计划建设的报告中,总结了按计划执行经济建设的经验。这次大会标志着高度集中统一的计划经济时代的开始。

由于政治、经济上高度集中统一,一切都严格按照中央统一的规范和步骤行动,使华东新闻事业各省市的自身特点逐渐消失。尽管各省市在经济文化发展水平上仍有历史遗留下来的明显差异,但反映在新闻事业上,也仅仅是报刊和电台数量多少、受众多寡而已。中央政策方针的变化带给新闻事业的影响,各省之间也几乎没有区别,仅仅表现为程度上的不同而已。

中共八大的政治报告正确地指出:当前党和人民的主要任务是集中力量发展社会生产力,实现国家工业化,逐步满足人民日益增长的物质和文化的需要;虽然还有阶级斗争,还要加强人民民主专政,但其根本已经是在新的生产关系下面保护和发展生产力。这种对形势的正确判断,使中国新闻界乃至文化界在1957年初出现了轻松活泼、欣欣向荣的态势,新闻界还积极地探索社会主义时期的办报规律,以求更好地为满足人民日益增长的文化需要服务。在新的形势下,报纸上的"鸣放"开始多了起来,自由讨论也趋于活跃。"大鸣大放"很快达到了巅峰,自然也出现了与党中央不同的政见,毛泽东认为中国"有出现'匈牙利事件'的某种危险",于是迅速将正确处理人民内部矛盾为主题的整风运动变为一场"反击右派猖狂进攻"的"对敌斗争"。从此,党的"八大"关于我国社会主要矛盾的正确结论被轻易地否定了,认为当前我国社会的主要矛盾仍然是无产阶级同资产阶级、社会主义道路与资本主义道路的斗争,这就为阶级斗争扩大化提供了理论依据。

反右斗争使55万余人蒙受了不白之冤,被错划为"右派分子"。有相当一部分正直的新闻工作者在反右斗争中受到不应有的打击,相比较而言,经济文化水平发展较高的地区受到的打击更严重一些。浙江地区由于县报发展较普及,因此像上虞、新昌、嵊县、绍兴、诸暨等县报的新闻工作者,也有被错划为"右派分子"的。上海的新闻界和新闻教育界更是反右斗争的重灾区。毛泽东于1957年6月14日与7月1日连续在《人民日报》上发表了两篇重要文章《文汇报在一个时间内的资产阶级方向》和《文汇报的资产阶级方向应当批判》,断言《文汇报》存在"罗隆基—浦熙修—《文汇报》编辑部"这样一个民盟右派系统,一下子将《文汇报》押上了审判台。在这场严重扩大化的反右斗争中,文汇报社共有 21 人被错划为右派分子,其中有社长兼总编辑徐铸成、副总编辑兼北京办事处主任浦熙修。在《文汇报》聘请的 15 名特约记者中,有 11 名受到了牵连,被错划为"右派分子"。社外编委中,沈志远、傅雷、王中、袁翰青、徐盈、彭子冈等都厄运难逃。后来的事实证明,不仅《文汇报》在组织上并不存在这样的"民盟右派系统",而且整个《文汇报》编辑部并不存在"右派分子",上述社外编委中的"右派"也都一一得到了昭雪。

由于当时认为整风反右斗争在政治战线和思想战线上取得了决定性胜利,以毛泽东为首的党中央产生了急于求成的心理,过高地估计了人的能动作用,于 1958 年轻率地发动了"大跃进"运动和人民公社化运动。1958 年 5 月中共八大二次会议提出"鼓足干劲,力争上游,多快好省地建设社会主义"的总路线。这条总路线既反映了广大人民群众急于改变落后现状的欲望,却也忽视了经济发展的客观规律。华东新闻单位也和全国新闻单位一样,在大张旗鼓地宣传总路线时,片面地强调了一个"快"字,忽视了应把革命干劲和科学精神结合起来的问题。"大跃进"主要是党的领导上的决策错误,作为党的新闻工作者必须遵守党的纪律,当然不能宣传"大跃进"出了错误,但也要敢于向党委、党中央反映实际存在的问题,提出自己的意见。然而在当时"左"的政治气氛下,许多新闻工作者也热情高涨,头脑发热,但也有清醒者,不敢如实反映情况,不敢支持真理,于是虚假报道满天飞。华东地区的新闻工作者也曾出现过许多失误,留下了极为深刻的教训。

浙江地区的 70 余家县报,在"大跃进"时期一般都改为日报出版。"大跃进"和"反右倾"的错误造成了我国严重的经济困难,1961 年不仅这些县报全部相继停办,连《浙江工人报》《浙江青年报》和《农民大众报》也都停刊。华东其他各省的县报和大部分对象报与专业报也都在 1960 年间停刊。由于国家经济困难,广播电台也采取压缩规模、精简人员等措施,农村有线广播站几乎减少了一半。1960 年 10 月 1 日,浙江、江苏、安徽、福建、山东五省开始试播电视节目,但均因国家经济困难暂时下马,直到 1970 年前后才恢复播出。

在1958年至1960年间,华东地区的新闻教育事业也得到了一定程度的发展。除了有悠久历史的上海复旦大学新闻系外,还新办了江西大学新闻系、杭州大学新闻系、南京大学中文系新闻专业、安徽大学中文系新闻专业、山东大学中文系新闻专修科、江苏省新闻专科学校等。然而在三年"自然灾害"期间却纷纷停办,能坚持办下去的可谓凤毛麟角,连复旦大学新闻系在"文革"中也一度停办。

"文革"之前的华东新闻事业,虽然一度在"左"的错误思想指导下,在反右斗争和"大跃进"运动中犯过不少错误,但在宣传社会主义革命和社会主义建设方面仍有不少成绩。如发表在《解放日报》上的《南京路上好八连》,《安徽日报》记者、安徽人民广播电台记者与新华社记者联合采写的《人民的好医生李月华》等,都曾在全国产生一定的影响,教育和鼓励了一代人。

1965年11月10日上海《文汇报》发表江青、张春桥、姚文元合伙炮制,姚文元署名的《评新编历史剧〈海瑞罢官〉》一文,这篇攻击吴晗,向全党、全国发难文章的发表,揭开了"文化大革命"的序幕。1966年4月18日《解放军报》发表社论《高举毛泽东思想伟大红旗,积极参加社会主义文化大革命》,全面否定新中国成立以来文艺界的工作,诬称有一条"反党反社会主义的黑线专了我们的政",公开号召开展"文化大革命"。同年5月,党中央在毛泽东主持下发出了《五一六通知》,要求彻底批判学术界、教育界、新闻界、文艺界、出版界的"资产阶级反动学术权威",批判和清除混进党里、政府里、军队里的"资产阶级代表人物"。于是历经十年的"文化大革命"正式开始。

"文化大革命"开始后,在林彪、江青等人的指挥下,新闻宣传工具以各种手段鼓吹"造反",掀起了对毛泽东个人崇拜的狂潮。各地报纸在发排稿件时总要与中央报纸"对版面",即重要新闻排在什么位置,做什么标题,用多大字号,照片尺寸多大,都要按中央报纸的"样板"编排,否则就有可能被扣上莫须有的罪名勒令停刊。因此,"文革"时期的报纸几乎都是千报一面。

1967年1月,张春桥、姚文元率先在上海刮起"夺权"斗争的"一月风暴"。"一月风暴"首先是从上海《文汇报》和《解放日报》先后被造反派夺权开始,这一夺权行动被《人民日报》1月19日社论《让毛泽东思想占领报纸阵地》称之为我国无产阶级新闻事业发展史上的"一个创举",号召全国新闻工作者"向他们学习"。于是全国各省、市、自治区的党委机关报不断受到冲击,很多正直的新闻工作者遭到不同程度的迫害,许多报纸为了表示与旧传统决裂改了名称重新编号出版,还有很多报纸被停止出版。以安徽省为例,1966年底全省有15种报纸,到1972年,全省只剩下《安徽日报》一种。福建省的情况也大同小异,"文革"中全省8个地市委机关报和《福建侨乡报》被迫先后停刊,全省唯一的报纸《福建日报》也处于造反派间的争夺之中。

在报社被夺权后,电台也先后被夺权。华东地区的有些省台曾一度奉命停办自办节目,上海电视台每天自办节目的播音时间也被限制在3.5小时之内。"文革"时期在电视技术的发展上还是有所进步的,华东各省的电视台在1970年恢复播出黑白电视节目,1973—1976年间开始向彩色电视过渡,并在一些地市级城区建起了电视差转台。

"文革"十年是中国人民的一场浩劫,而且对教育、科学、文化事业造成了空前的大破坏,但不等于这十年的历史没有光明面和积极进步的地方。历史的发展总是由许多力量在起作用,"文革"最终的结果是党和人民的健康力量战胜了林彪、江青反革命集团的力量。然而对中国新闻界而言,也确实有许多深刻的教训需要认真总结。

## 七、改革开放形势下新闻事业的腾飞(1979—2000)

1978年底召开的中共十一届三中全会作出了划时代的决定:把全党工作重心转移到社会主义现代化建设上来。为了适应这一历史性的转变,1979年3月中共中央宣传部召开了全国新闻工作座谈会,讨论如何将新闻宣传工作的中心转移到社会主义经济建设方面来。通过讨论,大家认识到,在新的历史时期,一方面要坚持新闻工作的党性原则,另一方面,要充分开发它固有的沟通信息、传播知识、反映民情、引导舆论的多种功能,以便更好地为"四化"建设服务。

在新时期的新闻工作中,一个重要的变化是,关于经济方面的宣传报道数量明显地增多了,社会新闻也开始登上了党报的版面。1980年以后,报上推广"家庭联产承包责任制"的典型经验。安徽滁县地区是全国最早推行农业生产责任制的地区,特别受到新闻媒介的关注。当地许多地市县的领导机构纷纷把原来的内部工作简报扩大版面,公开发行,经过一段时间试办和调整,逐步转为地市县委的机关报,使安徽的新闻事业跃上了一个新的台阶。为了适应现代化经济建设的需要和传播知识的需要,江西省首创全国第一家以传递经济信息为主的综合性日报《信息日报》和全国第一家儿童文学报《摇篮》。上海《解放日报》在头版报道了一辆无轨电车翻车的消息,突破了灾难性事故的社会新闻不能上党报的不成文规定,扩大了报纸的信息量和报道面。

随着改革开放的逐步深入,不断拓宽国际新闻与港澳台新闻的信息渠道,并对改革开放中的典型事件,进行了较有深度的报道。福建地区与海外侨胞和港澳台同胞有着天然的密切联系,以海外侨胞和港澳台同胞为对象的报纸在新形势下急剧增加,"文革"中一度停刊的《福建侨乡报》改名《福建侨报》复刊,并在菲律宾马尼拉设立代印发行点,还办起了以刊登港澳台消息为主的《港台信息报》。一些著名侨区的乡镇地纷纷办起了以海外华人为读者对象的乡讯,至 1994 年底已达 49 家之多。为了引导群众深刻理解党中央关于改革的基本方针政策,一方面用大量生动的事例介绍改革所取得的物质成果与精神成果,另一方面针对改革中出现的不同思想认识,通过生产第一线的领导人物的经历和见闻,谈改革的意义和体会。《浙江日报》等新闻单位对海盐衬衫总厂厂长步鑫生的宣传就产生过较大的影响。

1984 年中共第十二届三中全会提出加快以城市为重点的整个经济体制改革以后,华东地区的一些城市开始发展商品经济、培育市场。从 1979 年开始,深圳、珠海、汕头、厦门、海南相继建立了 5 个经济特区,1984 年又进一步扩大开放包括华东的烟台、青岛、连云港、南通、上海、宁波、温州、福州等在内的 14 个沿海港口城市。1985 年又开辟长江三角洲为沿海经济开放区,接着又将开放区扩大到辽东半岛和胶东半岛。1990 年又开放和开发上海浦东新区,其目的是以浦东为龙头,进一步开放长江沿岸城市,带动长江三角洲乃至整个长江沿岸地区经济的新飞跃,尽快把上海建设成为国际经济和贸易中心之一。这一战略决策使华东地区一跃而成为我国改革开放的前沿阵地,大大地促进了地区经济的飞速发展,从而也使新闻事业得到了空前的发展。市场经济下的新闻事业主要依靠广告收入来支撑,由于工商业的繁荣,华东新闻媒介的广告收入逐年大幅度增加,这也为华东新闻事业扩大规模和进行新闻传播技术改革奠定了坚实的物质基础。90年代初,华东各省市的主要报社已陆续完成了排字制版印刷技术改造,引进了卫星传版系统,实现了通讯现代化。华东一些大城市的电视台、电台通过不断设备更新,也已达到世界先进水平。从20世纪80年代中期开始,随着华东新闻事业在市场经济条件下的稳步发展,与经济相对落后的中西部地区逐步拉大了差距。

1991年2至4月,《解放日报》根据党的十三届七中全会和1991年初邓小平同志在上海的谈话精神,连续发表了《改革开放要有新思路》等四篇署名"皇甫平"的评论文章,最早传达了在计划经济与市场关系上的马克思主义新观点。1992年邓小平发表南方讲话,华东各省市加快了从计划经济向市场经济转变的步伐。随着社会主义市场经济的确立,报业不可避免地要参与到市场的竞争机制中去,这种竞争在报业经济的各个环节全面展开,如发行、广告、印刷等各方面充分开展竞争,而且将随着市场经济的不断发展而逐渐深化。特别是在原本经济就相对发达的华东地区成为改革开放的前沿地带之后,这种竞争已表现得越来越突出,新闻传媒已开始向报业集团乃至新闻集团方向发展了。近年来华东新闻事业与中西部地区新闻事业之间的差距已越来越大,在华东各省之间,由于经济发展的不平衡,也存在着十分明显的差距。这里以1997年华东各省市报纸统计数字为例,反映出各省报业的不平衡。

**表3　1997年华东各省市报纸统计**

|  | 报纸种数 | 其中日刊数 | 平均期印数(万份) | 总印张(千印张) |
|---|---|---|---|---|
| 上海 | 87 | 7 | 1 397.00 | 4 318 636 |
| 江苏 | 102 | 22 | 118.97 | 2 404 518 |
| 浙江 | 86 | 20 | 723.78 | 2 120 273 |
| 安徽 | 60 | 15 | 398.84 | 544 802 |
| 福建 | 48 | 11 | 395.45 | 698 021 |

(续表)

|  | 报纸种数 | 其中日刊数 | 平均期印数(万份) | 总印张(千印张) |
| --- | --- | --- | --- | --- |
| 江西 | 40 | 11 | 208.89 | 381 800 |
| 山东 | 100 | 16 | 892.62 | 1 782 328 |
| 总计 | 523 | 102 | 5 200.55 | 12 250 378 |

从报纸及日刊的种数来看,华东六省一市之间的差距并不很大,如果从平均每期发行数来看,江西仅为江苏的1/6左右,而拿全年总印张来比,江西还不足上海的1/10。这充分说明上海和江苏地区报社的规模、效益均比江西等落后地区大、高,反映了经济发达与新闻事业进步存在着相辅相成的关系。华东地区的报纸种数占全国的24.43%,日报种数占全国的33.55%,总印张占全国的38.65%,同样反映了华东地区报业的发达。从广告营业收入来看,华东地区与中西部省区相比差距更大。河南全省1996年共有国内统一刊号的报纸88家,与上海报纸的种数几乎相等,但全省报业的广告总收入仅有1.63亿元,还不及同年度上海《解放日报》一家广告收入2.3亿多元。如果与1996年《新民晚报》的广告收入5.2亿元相比,连它的1/3还不到。贵州省1996年全省40家报纸的广告营业总额为6 000万元,还抵不上《杭州日报》同一年的广告营业额7 500万元。可见地区的经济发展水平是制约新闻事业发展最关键的因素,特别在市场经济条件下,这一特征表现得尤为明显。华东地区中同样存在这种差异,以江苏、浙江与福建、安徽为例:截至1999年底的统计,江苏1999年全年新闻单位的广告经营总额约15亿元;浙江同年的广告经营总额达28.32亿元(其中报纸广告收入8.26亿元,广播电视广告收入20.06亿元)。而福建1999年全年新闻单位的广告经营总额仅7.4亿多元(其中报纸广告收入3.4亿元,广播电视广告收入4亿多元);安徽同年的广告经营总额则更少,为6.370 1亿元(其中报纸广告收入2.355 5亿元,电视台广告收入3.734 2亿元,广播电台及有线广播2 804万元)。上海仅文新报业集团一家1999年的广告收入就有8.366亿元,已远远超过福建全省一年所有新闻单位的广告收入。在华东六省一市中,江西的经济显得最为落后,因而新闻事业的发展也显得更为艰

难,由于找不到1999年的统计数字,只能拿1998年的新闻单位广告收入来比较。江西1998年新闻单位的全年广告经营总额仅为3.370 2亿元(其中报纸广告收入为1.356 9亿元,广播电视2.013 3亿元),不到浙江的1/9。各地新闻事业的这种不平衡情况,不是新闻工作者主观意志和努力在短时期所能解决的,关键还是受地区经济发展水平和总体文化水平的制约。

(本章撰稿人:程沄,姚福申改写)

# 第二章

# 上海新闻事业发展概要

在中国新闻事业发展史上,上海始终处于十分重要的地位。解放前,上海长期是中国乃至远东的新闻中心。据上海图书馆徐家汇藏书楼所藏报刊的统计,该馆所藏解放前报纸有4 000多种,其中在上海出版的有1 700多种,所出的杂志也占有很大的比重。有人把上海称之为中国新闻事业的半壁河山,诚非虚言。解放后,新闻中心移向北京,上海新闻事业仍占重要地位。

上海新闻事业的重要地位和影响力更表现在中国新闻事业发展过程中,它常常走在全国的前面,起着领头的作用。诸多新闻事业的新品种、新举措,往往首创于上海。作为国际大都市的上海,其新闻活动的对外交流、对内辐射都起着特殊作用。

解放前,上海是帝国主义、封建王朝、各地军阀、官僚买办等新闻事业的大本营,典型地代表了中国新闻事业的半封建半殖民地的性质,同时上海又是各类进步、爱国和革命报刊最活跃的地区,集中反映了中国民主报刊的传统。解放后,中国共产党的办报传统、办报原则和方针,在此也有充分的体现。

上海新闻事业既反映了中国新闻事业发展的共同规律,更有许多自身的特点,与兄弟地区新闻事业相比较,也有不少相同和不相同的地方,认真研究这些差异,对于加深认识中国新闻事业发展的特点和规律,是十分有意义的。由于篇幅所限,本文只能对上海新闻事业的发展作粗线条、大跨度的叙述。

## 一、外报垄断时期

古代上海是一个沿海的小渔村,没有条件办报,新闻传播只能沿用古老的口头传播、民谣、揭贴、传单等方式。酒店、茶馆、书场等是各类新闻信息的集散地。在明清时代,出现过邻近地区传来的"邸抄"、小报等类的传抄本。直到上海开埠以后,才出现近代新闻纸,开始了近代意义的新闻传播活动。

上海的近代报刊同样是舶来品,是由外国人创办的,最初,不论报刊创办的时间或数量,与同处于沿海地区的香港相比,是明显落后的。上海第一家近代报刊是 1850 年 8 月由英商创办的英文《北华捷报》(1864 年改名为《字林西报》),长期孤军奋战,没有竞争对手。又过了七年,即 1857 年才出版了中文期刊《六合丛谈》,一直到 1860 年基本保持这一格局。然而,香港则不同,近代报刊出版早、数量多。早在 1841 年就出版了《香港钞报》,该报是年 5 月创刊于澳门,不久迁香港出版。之后又陆续创办了《中国之友》(1842)、《香港纪录报》(1843)、《德臣报》(1845)、《孖剌报》(1861)、《遐迩贯珍》(1853)等中英文报刊。据统计:1841—1850 年间,上海只出版有 1 种英文报刊,而香港则先后出版有 9 种;1851—1860 年,上海出版有英文报刊 3 种,而香港新出版的有 8 种。中文报刊两地都少,在 60 年代以前,上海只有 1 种,香港有 3 种,上海也落后于香港。

19 世纪 60 年代以后,情况就发生了很大变化。上海近代报业进入发展的快车道,迅速成为全国洋人的办报中心,远远超过香港。以外文报刊为例,上海不论数量、品种或语种都超过了香港,如英文报刊,自 1861 年《上海每日时报》创刊之后,又陆续出版了《上海汇报》(1867)、《晚差报》(1867)、《远东释疑》(1867)、《上海差报》(1868)、《共和政报》(1869)、《循环》(1870)、《华深新闻》(1874)、《文汇报》(1879)、《华英会通》(1895)等。据初步统计。在 1861—1895 年间,上海新出版英文报刊有 31 种,而香港只出版了 8 种。

还有两家英文报刊值得注意,一是 1864 年《北华捷报》改名为《字林西报》后,由周刊改为日刊,影响扩大;二是,在香港出版的英文《中国之友》也先迁广州,后迁上海出版。除英文报刊外,其他语种的报刊也先后出版。如法文报刊,1869 年《上海法租界公董局年报》出版后,又有《法国七日报》(1870)、《进步》(1871)、《上海信使报》(1873)、《上海回声报》(1886)等。此外还有德文报刊《德文新报》(1886),葡文报刊《前进报》(1888),日文报刊《上海新报》(1890)、《上海时报》(1892)、《上海周报》(1894)等。

上海的宗教报刊也有了迅速发展。继《六合丛谈》之后,从 19 世纪 60 年代起,基督教传教士在上海的办报活动进入了一个扩展时期,先后创办的报刊有《中外杂志》(1862)、《中国教会新报》(1868)、《教务杂志》(英文、1871)、《圣书新报》(1871)《福音新报》(1874)、《小孩月报》(1875)、《益智新录》(1876)、《格致汇编》(1876)、《花图新报》(1880)、《基督徒新报》(1884)等。上海成为我国基督教报刊出版中心已日益明显。1868 年在福州出版的《教务杂志》(英文)也于 1874 年迁到上海出版,更加强了上海在基督教出版事业中的地位。为推进传教活动,1877 年 5 月,在上海召开了在华基督教传教士代表大会,有 142 名传教士代表各国在华的 19 个差会出席。如何进一步开展办报活动,成为会议的重要内容,并据此展开了热烈讨论。除基督教报刊外,天主教也重视在上海的办报活动,1879 年 3 月,天主教在华的最大教派耶稣教(基督教新派)在上海徐家汇创办了《益闻录》,以后又出版了《圣心报》等。上海出版的宗教报刊日益增多,真正成为宗教报的出版中心。在 1890 年 5 月,第二次在华传教士大会召开前,《花图新报》主编范约翰作了一次中文报刊调查,发表了《中文报刊目录》,共收入 75 份报刊的刊名。其出版地以及数量是:上海 23 种①,香港 5 种,广州 3 种,福州 3 种,北京 2 种,其他还有汉口、宁波及海外等。

上海的商业报纸迅速崛起,后来居上。上海第一家中文商业报纸《上海新报》,创刊于 1861 年,比香港的商业报纸晚了整整 20 年。该报由英商字林洋行创办,主要刊载商业信息和广告,一般新闻甚少,且主要选自香港的

---

① 所收中文报刊目录不全,实际有 26 种。

报刊,因此销路不佳。1872年美查在上海创办《申报》时,特地派人去香港学习办报经验。《申报》创刊后,美查明确提出以营利为宗旨的办报方针,把销售视为报纸的生命线。如何适应读者的需要,增强读者观念,就成为报纸首先要考虑的问题。为此,他不依靠西人办报,而聘请中国人主持笔政和经营服务活动,适应了中国读者的需求,为报纸发展创造了有利条件,申报馆事业蒸蒸日上。《申报》的发展给上海的外国商人以很大的吸引力。1882年字林洋行又创办了《字林沪报》,1893年英国商人丹福士、斐礼文等人创办了《新闻报》。两报都借鉴了《申报》经验,发展十分迅速,形成了"申""新""沪"三大日报鼎立的局面,把商业报纸的发展推向高潮,这是全国其他地区无法相比的。其他种类的报刊也出版不少,据统计从1861年至1894年,上海共出版报刊76种,同期香港仅25种。

  从上述情况可以清楚地看出,19世纪60年代以后,上海的外报(指外国人办的报纸)不仅占有数量上的优势,而且有较大影响。当时的外报,无论是外文的还是中文的,不论是宗教的还是商业的,凡是有全国影响的,大多集中在上海,这种趋势还日益增强。在上海出版报刊的不仅有英国人、美国人,而且还有日本人、德国人、法国人、葡萄牙人等,用多种文字出版。到19世纪末,上海已发展成为国际性报刊出版的一个中心。1872年英国人在上海成立了路透通讯社远东分社,它立足上海,面向远东各国,为远东与欧美沟通新闻信息架起了一座桥梁。这样更增强了上海的全国新闻中心地位。

  上海报业的迅速发展,后来居上,这与上海优越的地理位置有很大关系。西方殖民主义势力向中国扩张是经印度而香港。但香港地处我国南方沿海一隅,在当时的交通条件下与内地联系十分不便。而上海则处中国沿海航线的中端,南北交通便利,东临太平洋与海外交往十分方便。特别是它地处长江入海处,有富饶的长江流域作为腹地,有长江航运可直通中国内地,上海无疑是全国最好的贸易港口。第二次鸦片战争后,外商把上海作为商品的倾销基地。据统计,1855年7月至1856年6月,一年内驶离上海港的外国货船有472艘,1859年增至939艘,1863年又增到3 547艘,不到10年增长了近9倍。上海的进出口额,长期占全国总额的50%以上。贸易的增长必然刺激上海商业的繁荣,贸易与商业的发达需要大量信息,这又促进了上海新闻事业的发展,同时为报刊广告来源创造了有利的发展条件。

西方殖民主义势力伸向中国,其最终目的是把中国变成他们的殖民地或半殖民地。上海被辟为五口通商口岸之一后,西方侵略势力把上海作为向内地入侵的最好基地,以政治、经济、军事、文化等多种方式向内地扩张,也便于同清朝政府打交道。这一切也为上海报刊的新闻信息来源创造了条件。

上海经济的发展必然带来人口的骤增,除外国侨民大量增加外,国内各地来上海从事商业活动和出卖劳动力的人也与日俱增。上海租界区和县城人口成倍增长,到19世纪80年代末人口已近百万。各类杂色人等聚居,造成了复杂的社会关系,加速了人际交往和各类事件的发生,推动了信息交流,为报刊提供了信息来源。随着经济的发展,文化教育事业也发达起来,上海人口的素质也在发生变化,有文化素养和需求信息的人数大大增加,为报业发展创造了读者市场。

上海的种种变化对外报主办人员产生了极大吸引力,促使他们把在华报刊活动重心从南方沿海移向上海,不断创办新的报刊便成为顺理成章的事情了。

## 二、中国人办报开始成为报业发展主流

19世纪50年代,中国人开始作创办近代报刊的尝试。70年代初正式实施办报活动,在香港、汉口、广州、上海等地相继出现了国人创办的报刊,其中影响最大的是王韬于1874年2月在香港创办的《循环日报》。上海最早由国人创办的报刊是1873年4月,由江南制造局出版的《西国近事》,主要译载西报的有关资料。具有比较完整意义的国人自办的新闻纸,是次年6月由容闳等人创办的《汇报》,该报出版不久,因受官方非议,聘英人葛理成为名义的报馆主人兼主笔,改名为《彙报》继续出版,是中国最早的"洋旗报"。未及一年,经行改组,改名《益报》,至1875年12月停刊。1876年11月又有人在上海出版了《新报》,名义上为商报,实际是由上海道台控制的官

商合办的报纸,出至1882年停。从上述情况看出,上海虽已迈出国人办报的第一步,但由于数量少、寿命短、力单势薄,难以与外报相抗衡。直到维新变法时期,上海兴起以康有为、梁启超为代表的国人办报高潮,才冲破外报的垄断地位。

1894年,清朝政府在中日甲午战争中遭到惨败,次年被迫同日本政府签订了丧权辱国的《马关条约》,给中国人民,特别是爱国知识分子以极大震动。以康有为、梁启超为代表的爱国知识分子发动了变法图强的维新运动,组织学会、创办学堂、出版报刊是他们推行维新变法的主要措施。

康、梁最早的报刊活动始于北京,1895年8月创办了《万国公报》,12月改名为《中外纪闻》,作为强学会机关报继续出版。但由于北京的政治环境不利于民间办报活动,他们便移至上海,于1896年1月,在上海创办了第一份刊物《强学报》。该刊几经周折,不久停刊。他们又于同年8月创办了《时务报》,为维新派的重要机关报。汪康年任总理,负责馆内事务,"兼外间酬应";梁启超任总主笔,主持"报中文字"[①]。每10日出1期,每期32页,约3万字,书本式,连史纸石印。每期卷首发政论一两篇,下设恭录谕旨、奏折录要、京外近事、域外译报等栏目。宣传变法图存,力图改变国家的贫穷落后面貌是《时务报》的中心内容和宗旨。梁启超是宣传这一思想的代表人物。据统计,《时务报》共发表政论、文章133篇,他一个人就写了60余篇。其中《变法通议》长文就是一篇代表当时维新派变法思想和政治主张的纲领性文献。其他政论的作者还有汪康年、麦孟华、徐勤、欧榘甲、章太炎、郑孝胥、陈炽等。此外还发表了大量来稿和译稿,从不同侧面宣传维新派的变法思想和政治主张。《时务报》的政论文章不仅充满了爱国激情,而且把一切事物都必然发展变化的观点和变法维新运动的实际结合起来,具有更大的说服力。与早期香港《循环日报》只发表改良变法见解大不相同,他们还注意改变以往把宣传对象仅局限于上层的方针,进而面向中下层官吏和众多士大夫群体,因此《时务报》在读者中产生更大的影响,人们争相购阅,发行量不断上升,创刊时约4 000份,半年后增加到7 000份,一年后增加到1.2万

---

[①] 梁启超:《创办〈时务报〉原委》,转引自戈公振:《中国报学史》,中国新闻出版社1985年版,第114页。

份,最高时达1.7万份,销售网点达全国18个省市139处。读者不仅遍及全国各地,而且对海外的纽约、华盛顿、檀香山、东京、伦敦、柏林、槟榔屿等地都有影响。这是维新派在其他地区出版的报刊所不能相比的。许多读者还纷纷要求补购以前出版的旧报,为此1897年9月,报馆决定把以前出版的30期《时务报》重新编印,合订出售。这是我国新闻史上最早的报刊再版缩印本。

在维新变法时期,上海始终处于报刊宣传的中心地位。一是,报刊数量多。在《时务报》的影响推动下,全国形成了国人办报的第一次高潮。据统计,1895—1898年间,在全国出版了近120种中文报刊,80%为国人所创办,其中上海有51家,湖南8家,天津4家。在这批国人创办的刊物中还有一些提倡科教兴国的刊物。二是,报刊宣传影响大,第一次超过外报,其中,《时务报》处于领先地位。《时务报》宣传立足于上海,面向全国。它的读者遍布全国,不仅有广大的中下层官吏和广大士大夫,而且受到清朝政府上层官吏的欢迎,其中有学政、按察使、布政使、督抚将军、总理衙门大臣等。不少省的高级官员札饬推广《时务报》,有的公文规定可用公帑支付报费,成为中国新闻史上公费订阅报刊的最早记录。1897年2月,维新派在澳门创办《知新报》,原定名《时务报》,梁启超回广东新会省亲被邀请协助筹办,拟订了章程体例和筹措出版事宜,足见《时务报》影响之大。其他地区的维新派报刊,如湖南的《湘学新报》《湘报》等,主要面向本省读者,《国闻报》主要针对北方,均有地域局限性。三是,倡导文风革新之先河,创立"时务文体"。梁启超主持《时务报》笔政期间,他的政论文骈散合一,笔端常带感情,倾吐忧国忧民的悲愤心情,表达变法思想和政治主张。文章纪事达情,自抒胸臆,平易畅达,条理分明,热情洋溢,气势磅礴,具有较强的逻辑性的感染力,极富煽动性,吸引了成千万的读者,真是一纸风行,"举国趋之,如饮狂泉"①,开文坛一代新风。因此,以《时务报》政论为代表的报章文体被誉为"时务文体"。这是其他地区维新派报刊无法比拟的。四是,对新闻学研究有较大推动。梁启超在《时务报》首期发表的《论报馆有益于国事》是一篇代

---

① 梁启超:《本馆第一百册祝辞并论报馆之责任及本馆之经历》,《清议报》第100期。

表作,该文对报纸的功能及作用进行了理论上的探讨。集中概括为"去塞求通"和"耳目""喉舌"的功能。这一理论为当时维新派报人所认同。但《时务报》与天津《国闻报》求"通"的侧重点不同。《时务报》强调通上下之情,使"上有所措置",而能"喻之民","下有所苦患"而能"告之君"①。而《国闻报》则侧重通中外之事,认为报纸的任务是"通上下之情"与"通中外之故",而"以通外情为要务"。

变法维新运动是我国近代史上第一次思想启蒙运动,报刊发挥了特殊作用,而上海的维新报刊又是这场思想运动的发源地和推动者。可惜,百日维新失败后,维新派报刊遭到严重摧残,报人大都逃往海外。之后,随之而起的则是资产阶级革命派的报刊活动,以往不少新闻论著对1899—1903年"苏报案"期间上海的报刊活动视为低潮,略而不记。其实,维新派报刊的沉寂并不等于上海整个报业进入低谷。这不仅因外报未受影响,而且国人创办的报刊仍呈发展态势。据统计,从1899年至1903年5月,上海出版或复刊的报刊有198种,其中1900年至1902年3年中就有51种,超过了维新运动期间上海出版报刊的总和。一些重要报刊是在这时出版的,如1900年的《亚泉杂志》,1901年的《商务日报》,1902年的《大陆》《外交报》,1903年上半年的《女学报》《童子世界》等。

1902年12月,《大陆》在上海创刊,它是资产阶级革命派在国内创办的第一个革命报刊。继之1903年4月,爱国学社创办了《童子世界》,同时逐步接办《苏报》。这样,革命派在上海建立了国内第一个舆论基地。"苏报案"发生,革命派的报刊宣传受到一次严重打击,但他们在上海的报刊活动并没有被禁绝,不久相继创办了《俄事警闻》(1903)、《中国白话报》(1903)、《国民日日报》(1903)、《二十世纪大舞台》(1904)等报。此外还大量翻印宣传革命的小册,这样上海便成为革命派国内革命舆论宣传中心。其间,清朝政府采取各种措施妄图制止革命报刊的发展,对上海租界以外的革命报刊下令禁阅和没收等,革命派的报刊活动暂时转向海外,事隔两年,革命派在上海的报刊活动又重新发展起来。从1905年至1911年间,革命派在上海

---

① 《论报馆有益于国事》,《时务报》第一册(1896年)。

先后出版了十五六家报刊,如《国粹学报》《民立报》《中国公报》《民声丛报》《光复学报》等。特别要指出的是,1910年《民立报》出版的时候,正是上海和长江流域各省民主革命运动重新恢复和发展的时候,革命派领导人云集上海,《民立报》实际成为革命党人在上海的重要联络机关。1911年7月,领导长江流域革命运动的中国同盟会中部总会在上海成立,决定《民立报》为机关报。此时《民报》已经停刊,《民立报》实际起到同盟会中央机关报的作用,《民立报》宣传不限于上海及其附近地区,而是面向全国。香港、武汉也是革命派报刊的活跃地区,如香港有出版时间较长的《中国日报》及其他报刊,武汉出版有《大江报》《楚报》《湖北日报》等,不过,这些地区的报刊数量少,宣传主要面向本地区,其影响无法同上海地区报刊宣传相比。

此间,维新派人物在上海的报刊活动也有所恢复,不过宣传的不是变法维新,而是君主立宪。较早的是1904年,在康有为、梁启超支持下,由狄楚青等人创办的一份大型综合性日报《时报》,创刊初期成为康、梁在国内宣传政治主张的主要阵地。尽管政治影响并不很大,但它对新闻业务方面的改革有较大的影响。君主立宪派以后又在上海创办了《宪政杂志》(1906)、《政论》(1907)、《时事报》(1907)、《舆论日报》(1908)、《国风报》(1910)等。上海也成为君主立宪派的宣传中心。所以,上海也就成了革命派与君主立宪派报刊斗争最激烈的地区。

上海报业向多层次、全方位发展,影响全国。这可分以下数种情况。一是出版大型综合性杂志,如《亚泉杂志》(1900)、《教育世界》(1901)、《东方杂志》(1904)、《国粹学报》(1905)、《少年杂志》(1911)、《法政杂志》(1911)等,以《东方杂志》在全国的影响最大。二是小报的创办与发展。1897年李伯元在上海创刊的《游戏报》被视为小报的始祖,它以"讽喻人世"为宗旨,为读者所欢迎,不少人纷纷仿效,至辛亥革命前,上海出版的小报达40多种。三是专业报、对象报不断问世,不少为中国最早。如1875年由福州迁来的《小孩月报》为我国最早的儿童刊物;1887年出的英文《博医会报》,为我国最早的医学专业刊物;1898年出版的《青年月刊》为我国最早的青年刊物;同年出的《女学报》为我国最早的妇女刊物。1901年的《教育世界》,1906年的《音乐小杂志》《图书月刊》,1909年的《体育界》等,都开创了我国同类专业刊物之先河。四是新闻学研究的开展为全国最早。1903年上海商务市书馆翻译出版的日本人松本君平所著的《新闻学》，1908年上海出版的章士钊著的《苏报案纪实》，1913年上海广学会翻译出版的美国记者休曼的《实用新闻学》，1913年《申报》连载的朱世溱编著的《欧西报业举要》等，都是我国最早出版的新闻学著作。五是国人在沪较早地兴办通讯社。1909年有人在上海创办了中国时事通讯社，1912年8月又有人创办了国民第一通讯社，曾一度设总部于上海。

综上所述，上海国人报业的兴起进一步显示了当时上海的新闻中心地位，1909年《申报》产权转为国人所有更确立了上海成为国人办报的中心，彻底打破外报的垄断地位。

## 三、在"五四运动"和大革命潮流中

辛亥革命后，胜利果实被袁世凯所篡夺，表现为复辟帝制，残酷镇压不同政见的报刊，中国新闻事业进入最黑暗时期。在白色恐怖下，上海报刊在数量上虽有所减少，但在更深层面上却悄悄发生变化，对中国新闻事业的发展产生了深刻影响。

（1）一批知名记者初露头角。辛亥革命前，我国尚没有出现真正意义上的新闻记者，名记者更谈不上。辛亥革命后，在袁世凯高压政策下，上海的报刊渐渐从政论宣传向传播新闻信息方向转变，逐渐确立"新闻"在报纸上的中心地位。如何向读者提供更多更快的报闻信息，成为报业间竞争的焦点。各报除大量采用通讯社电讯稿外，还大量招聘各地特约通讯员，派出驻外记者。北京的政治信息最为读者所关注，所以各大报都派最得力的记者长驻北京。另外有的大报，如《申报》，还聘请了旅行记者和海外访员。该报多次出现"游欧特约通讯员""留东记者"等署名通讯。1915年6月，中国派出中华实业考察团赴美考察，《申报》派记者抱一随团采访，发回一系列通讯。在当时的条件下，新闻记者采访活动自然会遇到巨大困难，但艰苦环境使他们得到锻炼，增长才干，一批初露头角的记者涌现出来。当时对上海新闻事业作出突出贡献的有黄远生、邵飘萍、林白水、徐凌霄、胡政之、张季鸾等。如此众多的名记者出现,是当时无论广州、武汉,还是北京、天津都不可相比的。名记者的出现推动了新闻业务的发展,新闻通讯尤为突出,黄远生的"北京通讯"最有代表性。此外还有"旅行通讯"、"海外通讯"等。

(2) 上海报刊发动的我国第二次思想启蒙运动悄然兴起,进而推动报业的发展和变化。辛亥革命失败后,中国进入内忧外患交织的最黑暗的时期,这促使人们从更深层次探求中国的出路问题,广大爱国仁人志士向西方寻求救国救民的真理。1915年9月,陈独秀在上海创办的《青年杂志》就是在这种背景下出版的,他也成为中国新思潮启蒙运动的发动者。《青年杂志》创刊的环境与第一次思想启蒙运动中的《时务报》不同,当时广大爱国知识分子人心思变,维新变法已经开始,报刊宣传随着运动轰轰烈烈开展而进行。《青年杂志》则不同,当时社会黑暗,思想沉闷,冷冷清清,毫无生气。可是,《青年报》创刊后不以批判时局为宗旨,而是高举科学与民主的两大旗帜,进行艰难的思想启蒙教育。经过艰苦努力,一场更为深刻的启蒙运动从上海扩展到全国。1916年9月《青年杂志》改名为《新青年》。1917年初,陈独秀应聘去北京大学任教,《新青年》随之迁往北京。从此,团结了李大钊、鲁迅、钱玄同、刘半农、胡适等一大批知名人士,把新文化运动推向高潮,为"五四运动"准备了思想条件。"五四运动"爆发后,由于北洋军阀政府的迫害,陈独秀等一批进步知识分子南下上海,《新青年》迁回上海。这时《新青年》的宣传内容已由提倡民主主义,批判封建主义,转变为宣传马克思主义,批判资产阶级思潮,新文化运动上升到一个新阶段。

新文化运动的兴起推动了我国新闻事业的深刻变化,但各地的情况有所不同。以北京、上海为例,首先,北京、上海都创办了一批学生报刊,但上海的学生刊物不如北京的学生刊物,如《新潮》《国民》等影响大;其次,新文化运动促进了两地大型日报副刊的变化,北京有《京报》《晨报》,上海有《时事新报》《民国日报》,而上海的《时事新报》副刊《学灯》变化最早,《民国日报》副刊《觉悟》水平高、影响大,超过北京;再次,报刊宣传促进了马克思主义与中国工人运动相结合,两地都创办了以马克思主义为指导的共产主义小组主办的新型报刊,不过,上海比北京的创办早、数量多、水平高,成为我国共产主义小组报刊的中心,处于指导地位。

(3) 上海成为政党报刊活动中心。二次革命失败后,同盟会在上海创办的报刊大都因受袁世凯迫害而停刊,孙中山等革命党人移向国外。1913年4月,革命党人在日本东京创办了《国民杂志》月刊,该刊"在东京编辑,在上海发行"①,同时上海出版有《国民》月刊,这两个为姐妹刊物。1914年7月,中华革命党成立,1915年10月中华革命党员在上海创办了《中华新报》,1916年1月,又创办了《民国日报》,在条件十分困难的情况下坚持出版进行反袁斗争。1919年6月,沈玄庐、戴季陶等创办了《星期评论》,同年9月,在孙中山直接指导下,胡汉民、汪兆铭等创办了大型综合理论性杂志《建设》月刊,为革命党机关刊物,就在这一年,中华革命党改组为中国国民党,中央领导机关设宣传部,《建设》杂志归宣传部直接领导。该刊集中了同盟会以来革命党人的宣传精英,成为革命党最有权威的理论刊物。1920年停刊后,国民党又于1923年11月创办了《新建设》杂志,在北京、天津、广州、香港、巴黎等国内外设立了二十余处代销处。国民党"一大"后,《民国日报》改组为国民党上海执行部机关报,不久又创办了理论刊物《评论之评论》,内部刊物《党务》月刊。部分国民党人士还于1923年创办了《新国民》杂志等,上海成为国内国民党报刊最集中地区。国共合作后,国民党报刊宣传中心转向广州,一方面国民党中央各部都创办了机关刊物,如《政治周报》《中国农民》《农民运动》《革命工人》《革命军人》《革命青年》《黄浦日刊》以及国民党中央通讯社等;另一方面,上海《民国日报》被西山会议派篡夺,失去进步意义。北伐军攻占武汉后,国民党宣传中心转向武汉,其影响也远远超过上海。

1921年,中国共产党在上海成立后,上海便成了党的报刊宣传中心。党的"一大"后,《新青年》成为党中央机关刊物。1922年9月,中共中央第一个政治机关报《向导》创刊,曾一再停刊的《新青年》也于1923年6月复刊,改为季刊,集中宣传马克思列宁主义理论。7月又创办了《前锋》月刊。这三个刊物宣传上各有侧重,而又相互配合,使党的宣传工作形成了一个整体。此外,中国共产党创办的第一个通讯社——华俄通讯社,于1920年6

---

① 方汉奇:《中国近代报刊史》,山西人民出版社1981年版,第711页。

月在上海成立。中国社会主义青年团的中央机关刊物相继创办,第一个团中央刊物《先驱》原系北京地方团组织创办,于 1922 年 1 月迁往上海,改组为团中央刊物。停刊后又创办了《中国青年》。党领导的第一个具有全国性质的工人报刊《劳动周刊》也于 1921 年 8 月在上海创刊,它是中国劳动组合书记部的机关报。全国第一次工人运动高潮兴起之后,上海是全国工人运动的中心,党又在上海创办了《上海工人》《中国工人》《青年工人》等。1925 年 6 月,在"五卅"爱国反帝运动的高潮中,中共中央宣传部创办了《热血日报》和国民通讯社,与党的其他报刊相互配合,及时报道和总结群众斗争情况和经验,帮助教育群众提高认识,指明了斗争方向,取得了反帝斗争胜利。

当时,党在全国各地都出版了自己的报刊,如北京的《政治生活》、湖南的《战士》、广州的《人民周刊》、河南的《中州评论》、四川的《赤心评论》、江西的《红灯周报》《革命先锋》等。在党的领导下又出版了众多群众性报刊,工人报刊广泛发展,北京有《工人周刊》,湖南有《湖南工人》,河北有《工人导报》,天津有《工人小报》,广东有《粤汉工人》,东北有《满江工人》等。农民报刊猛烈兴起,广东有《海丰半月刊》《犁头》,湖北有《湖北农民》《农民运动》,江西有《江西农民》,山东有《山东农民》等。团的刊物也纷纷创办,广州有《少年先锋》,北京有《烈火》,湖南有《湖南青年》等。此外,各地党领导下还创办了一批学生、妇女报刊,形成了初具规模的全国宣传网。然而各地出版的报刊都难以与上海相比,因为党在上海出版的报刊,党、团、工会领导人,包括党中央的负责同志都亲自指导和编辑、撰稿。当时党的宣传精英大都集中在上海,所以党在上海出版的报刊,无论数量、水平和影响都大大超过其他各地。

(4) 上海在我国新闻界对外交流的作用日益显著。从广义上讲,外国人在中国办报,记者来华采访,国人出国学习新闻、采访及至出版报刊,都属于新闻界的交流活动。不过各地情况目前尚无精确统计数字,难以具体比较,但上海对外交流活动的人数较多,是无可怀疑的。我国有计划、有目的地组织新闻界出国访问,也始于上海。1917 年 11 月,由上海日报公会组织了《申报》《新闻报》《时事新报》《时报》《神州日报》《民国日报》《中华新报》等 8 家大报的主要负责人,张竹平、伍特公、汪汉溪、包天笑、张群、余谷民、薛德树等 10 余人赴日本考察,历时近 1 个月,遍访日本各地新闻单位。回国后包天笑出版了《考察日本新闻纪略》,这是我国第一个新闻界大型出国访问团的对外交流活动。1921 年 10 月,第二次世界报界大会在美国的檀香山召开,中国新闻界应邀组团参加,成员有:上海日报公会及《大陆报》代表许建屏,《密勒氏评论报》代表董显光,《申报》代表王伯衡、王天木,天津《益世报》代表钱伯涵,广州《明星报》代表黄宪昭等,6 人中上海有 4 人,团长为董显光。足见上海新闻界在对外交流中的影响。此后上海新闻界以个人或组团出国访问考察和学习者日益增多,1927 年初,戈公振出国考察就具有一定的代表性。

外国新闻界人士来华访问,上海是他们活动的重点。美国著名新闻教育家密苏里大学新闻学院院长威廉博士四次来上海访问,英国报业大王北岩勋爵、美国报界联合会会长格特博士、美国联合通讯社社长诺斯、英国路透社总经理琼明爵士,以及日本、法国、德国等国家著名新闻界人士,这期间都来上海访问过。新闻记者个人或组团来沪访问的更多。

(5) 在沪外国人办的新闻事业继续发展,仍处领先地位。一是创办新的报刊。主要有,美国人 1917 年办的《密勒氏评论报》,日本人 1914 年创办的《上海日日新闻》和 1918 年办的《上海经济日报》,法国人 1915 年办的《上海法商公报》和《上海新闻》,俄国人 1921—1922 年间办的《上海生活日报》《自由的俄国思潮》,德国 1922 年办的《德华新闻周刊》等。其中《密勒氏评论报》是美国在华出版时间最长、影响最大的报刊。二是成立新的通讯社。如 1914 年日本在上海成立了东方通讯社。1921 年 6 月,苏俄国家通讯社在上海设立分社,1925 年改名塔斯社上海分社。1922 年美国联合通讯社把中国的总社设在上海。这是上述国家在中国最早设立的通讯社。以后其他国家的通讯社也相继派出记者,或设分社于上海。三是在上海创办了最早的广播电台。1922 年 12 月,美国人奥斯邦成立中国无线电公司,次年 1 月与《大陆报》联合创办"大陆报——中国无线电公司广播电台",这是外商在中国境内创办的第一座广播台。1924 年 5 月,外商又创办了开洛广播电台,与《申报》合作,坚持播音 5 年多,是早期外商办的广播电台中绝无仅有的一座。四是创办了我国最早的新闻教育机构。1918 年北京大学新闻学研究会被人称之为中国新闻教育之始,其实它是个群众性的学术团体,既没有列入学校专业设置,也没有完整的教学计划和学生的入学、毕业管理制度。真正完整意义的新闻教育是始于1920年上海圣约翰大学设立的报学系,该系由美国人创办。

此外,上海新闻事业还在很多方面有较快的发展。如,这一时期上海各大报经济实力猛增,纷纷更新设备,建造报馆大楼,为报业向现代化发展打下物质基础。1916年《申报》建造报馆大楼,1922年《新闻报》内设无线电报台都是国内首创。上海是新闻团体特别活跃的地区,1912年成立的全国报界俱进会,1919年成立的全国报界联合会,其活动中心均在上海。1921年成立上海新闻记者联欢会(后改名为联合会),1925年成立上海新闻学会,1927年成立上海日报记者公会、通讯社记者公会、上海小报协会等,使上海的新闻工作者成为不容忽视的社会力量。上海的私营通讯社发展迅速,1921年成立的国闻通讯社,1924年成立的申时电讯社和远东通讯社,都初步具有全国性规模。上海的小报、晚报和报刊的新闻业务此时都有长足的发展。

上述情况表明,这一时期上海新闻事业发展比北京快,究其原因,除上海优越的地理环境和发达的资本主义经济外,上海比北京有较宽松的政治环境,如上海是中国民主运动发达地区,两次思想启蒙运动发源地,同盟会、国民党和中国共产党从事革命活动的中心。上海租界当局与北京军阀政府对新闻事业管理的观念和措施不同,如两地的报刊因介绍十月革命和宣传马克思主义,同样遭到当局的反对和禁止,但北京军阀政府处罚特别严厉,邵飘萍、林白水因此遭到杀害,在上海陈独秀、邵力子虽也因此被捕,结果是罚款释放。上海租界的多元化控制手段使进步报刊可利用管理上的差异,以求生存。

## 四、十年相对稳定时期

1928—1937年,这一阶段上海经济发展迅速,成为全国的工业、贸易、金融中心。社会也相对稳定,新旧军阀混战,国民党对革命根据地的军事围剿等都远离上海,对上海工商业的发展影响不大。于是各地资金、人才、技术等,向上海的流动呈现上升趋势,这一切为上海新闻文化的发展创造了有利条件。新闻事业的发展虽然有过困难和曲折,但总体上是呈现出繁荣向上的气象,初步形成了报业现代化的格局,进一步增强了上海新闻中心的地位。这时期,上海新闻事业的发展体现在,不仅报刊数量多、品种齐全,而且在诸多方面都走在全国的前头,是其他地区难以与之相比拟的。

(1) 全国最早出现私营大报向集团化发展的态势。大报企业化并进一步向集团化方向发展,是报业现代化的一个重要标志。当时全国有影响的私营大报几乎全集中在上海,除原有的《申报》《新闻报》《时报》《时事新报》等外,天津《大公报》也于1936年创办了上海版,其活动重心南移。这些大报善于学习外国先进经验,建立科学的管理体制,千方百计占有读者消费市场,扩大广告客户,建立竞争机制,最大限度地调动各个部门和职工的积极性,可谓有独特的手段。在经营方式上,都是以报纸为主,多种经营。在编辑方针上,都坚持提高报纸质量,取信于读者,增设各类副刊和专刊,扩大读者面,提高发行量,以吸收更多广告客户等,从而使利润成倍增长。如《申报》,1922年日发行量为5万份,到1925年上升到10万份,1935年猛增到15万份以上,资金积累成倍上升。1912年史量才等以12万元购得《申报》馆,1918年以70万元建造了《申报》大厦,到1938年仅有形资产就达150万元。《新闻报》1921年日发行量5万份,到1926年猛增到14万多份,1937年也超过15万份,盈利成倍增长。优胜劣汰是市场经济的基本规律,在激烈竞争中出现资本相对集中是经济发展的基本特点和趋势,报业的发展同样也受这一规律的制约。到20世纪30年代,上海一些报纸完成了企业化后,也向集团化方向发展。1929年《申报》主人史量才在控制了《时事新报》大部分股份以后,还收购了福开森占有《新闻报》60%的股权[①]。1932年,张竹平把《时事新报》《大陆报》《大晚报》和申时电讯社等四个新闻机构组成四社联合办事处。这是国内最早出现的报业向集团化发展的典型事例。其他新闻事业比较发达的地区,如天津、北平、汉口、广州及国民党统治中心南

---

① 后在国民党干涉下,史量才仅收购了《新闻报》50%的股权。

京,当时都没有出现这种现象。然而由于报业集团化影响了国民党政治宣传上的垄断地位,遭到国民党当局的干扰和破坏,上海报业集团化趋向刚刚起步就夭折了。

  上海的私营大报不仅在编辑业务、经营活动方面有了较大的发展,而且政治上也逐步从保守向追求民主爱国方向转变。特别 1931 年"九一八事变"爆发后,在民族危亡日益严重的形势下,进步新闻工作者和民族报业资本家的爱国热情大大提高,邹韬奋、范长江、戈公振、史量才等就是杰出的代表,他们主持下的报刊为抗日救亡呼吁呐喊,抨击国民党蒋介石的不抵抗政策。1935 年"一二·九运动"爆发后,北平成为政治运动的中心,而上海成为抗日救亡舆论的中心,南京则成为爱国运动、救亡舆论冲击批判的中心。在上海抗日救亡舆论宣传中,邹韬奋主编的《生活周刊》《大众生活》,史量才主持的《申报》在私营报刊中发挥了先导作用,与当时天津的《大公报》形成了鲜明对比。不过在全民族抗日救亡运动的推动下,《大公报》也逐渐向进步方面转变,1937 年上海"八一三"抗战失败后,日本侵略者提出对租界内中国人出版的报刊实行新闻检查时,《大公报》就断然拒绝,迁内地出版。

  (2) 上海成了国共两党争夺新闻舆论阵地的重心。国民党蒋介石背叛国民革命后,中国共产党革命活动转入地下,上海仍是斗争的中心。党中央长期留在上海,党在上海的报刊活动逐渐恢复,从 1927 年 10 月起,陆续创办了《布尔什维克》《红旗》《红旗日报》《上海报》《红旗周报》《党的建设》《宣传者》《列宁青年》《无产青年》《中国工人》《工人宝鉴》《全总通讯》《上海工人》《劳动青年》《工人之路》等一大批报刊。党领导和支持的进步报刊也相继出版。如"左联"先后创办的有《萌芽月刊》《拓荒者》《前哨》《北斗》《巴尔底山》《文学月报》《文艺新闻》《十字街头》等。鲁迅先生在这时期也先后主编了十余种刊物,有《语丝》《奔流》《朝花周刊》《十字街头》《译文》等。进步文化团体创造社、太阳社也创办了《文化批判》《思想》月刊、《新思潮》《太阳月刊》等。此外还有邹韬奋主办的《生活周刊》《大众生活》,胡愈之主持期间的《东方杂志》等,都坚持了民主、进步、爱国的宣传方针。这样上海便成了以中国共产党报刊为核心的进步新闻舆论中心。

  国民党蒋介石背叛革命后也十分重视上海的新闻舆论阵地的建设。他首先控制《民国日报》，又创办了《中央日报》《新生命》《前驱》周刊、《革命妇女》《革命青年》《党魂》周刊、《警钟》周刊、《三民画刊》等。还创办了国民通讯社、国民新闻社、中央通讯社上海分社、上海广播电台等。国民党南京政府成立后，《中央日报》迁宁，其他新闻机构仍留在上海，并得到了加强。另外，国民党的各派系也先后创办了《革命评论》《前进》《中华晚报》《民众日报》《中华日报》《晨报》《社会主义月刊》等报刊。这样，上海也成为国民党传播反革命舆论的中心。与南京相比较，南京重要作用在于政治统治，上海的重要作用除经济外，在于舆论控制，所以国民党文化围剿重点就放在上海。

国民党蒋介石政府对上海新闻舆论的摧残是十分惨烈和残酷的。除了国民党制定的管理新闻出版业法规和措施都在上海实施外，还采取了更加严厉的其他措施，如最早设立专司新闻统制的机构。上海地区除宣传部、社会局、公安局、教育局等担负管理新闻宣传活动外，还特别设立中国国民党中央执行委员会宣传部上海办事处、上海新闻检查委员会、小报审查委员会、新闻检查所等对新闻传播进行监控。此外，还最早制定国民党地方新闻法规，如1927年10月制定了《小报取缔条例》，1930年制定了《广播新闻电讯收发规则》《取缔报纸违禁广告规则》等，率先实施新闻检查制度。1927年8月，国民党中宣部驻上海办事处就担负新闻、邮政电报检查之类的审核工作。1934年为强化新闻检查制度，国民党制定了《图书杂志审查办法》，成立了国民党中央宣传委员会图书杂志审查委员会，首先在上海试行。这一措施的严重恶果，就是1935年制造的闻名中外的"新生事件"。国民党摧残进步新闻文化，最残酷的手段就是暴力，1934年11月，震惊全国的史量才被害，以及1931年2月，"左联"五烈士牺牲等，都是典型案件。共产党的地下报刊虽经过种种努力，但在国民党的白色恐怖下，也相继被迫停刊，转移到苏区或其他地区。

(3) 通讯社、广播事业的发展走在全国前头。上海是我国创办通讯社最早的地区之一，20世纪20年代我国私营通讯社在上海逐渐兴起，到30年代有了蓬勃发展，在国内居于领先地位[①]。

---

[①] 转引自《中国新闻事业通史》第二卷，中国人民大学出版社1996年版，第416页。

表4　1934—1937年全国几大城市民营通讯社申请登记统计表

| 市别 \ 登记日通讯数 | 1934 | 1935 | 1936 | 1937 |
|---|---|---|---|---|
| 南京 | 53 | 47 | 30 | 34 |
| 上海 | 26 | 34 | 30 | 31 |
| 汉口 | 38 | 39 | 35 | 34 |
| 北平 | 38 | 39 | 44 | 40 |
| 天津 | 13 | 16 | 23 | 20 |

仅从统计数字上看,上海的民营通讯社排在五大城市的第四位。但是当时民营通讯社绝大多数专业人员少、规模小、设备落后,自生自灭者多,存在的时间甚短。真正存在时间较长,有一定规模,影响较大的都在上海。如国闻通讯社从1921年创办,到1936年停办;申时电讯社1924年创办,到1935年停办;新声通讯社,1932年创办,到1935年9月转到《立报》。有较大影响的通讯社还有远东通讯社、中华电讯社等。其他地区的民营通讯社能与之相比的甚少。

上海的通讯社优势还表现在外国通讯社的地位和作用。1872年英国路透社在上海成立分社后,发展为远东总分社,分管中国及东亚各国的新闻采集和发布任务。1914年日本在上海创办的东方通讯社,1926年与日本的国际通讯社合并,改组为日本联合新闻社,仍用东方通讯名义发稿。1918年美国人在上海创办中美新闻社,1919年在北京设分社。1921年苏俄塔斯社在上海设分社。1921年德国海通社在北京设立远东分社和上海分社。1929年美国合众通讯社在上海设分社,不久将设在日本东京的远东总分社也迁往上海。1931年,法国哈瓦斯通讯社在上海设分社。1936年日本同盟通讯社在上海设立同盟社华中总社。这样,上海不仅成为外国通讯社在中国的活动中心,也成为它在远东的新闻信息传播中心。

上海继外商创办广播电台之后,于1927年3月,新新公司又设立了新新广播电台,完全由中国人创办,是我国第一座民营广播电台。之后创办有亚美、大中华、国华、美灵登、天灵、友联、建华、华美、中西、华东、亚广、鹤鸣、全沪、东陆、永生、恒森、新生等广播电台。1934年1月,据国民政府交通部设立在上海的国际电信局统计,到该局登记的广播电台已达51家,为全国之冠。其中亚美广播电台坚持播音到1937年12月,成为上海民营电台中历史最长、影响较大的一个电台。1935年1月,国民党设立上海广播电台,是上海出现的第一家官办广播电台。由于广播事业的发展,1927年12月,在上海成立了中国播音会,会员以外国人为主。1928年1月,又成立了中国人组织的中国播音协会。这两家都是国内最早的广播界团体。1934年11月,又成立了上海市民营无线电播音业同业公会。

(4)上海成为新闻教育与新闻学研究的中心。中国早期的新闻教育事业主要集中在上海、北京两地。根据《中国新闻事业通史》第二卷介绍,在北京继北京大学新闻学研究会之后,有1923年的北京平民大学报学系、1924年的燕京大学新闻系、北京民国大学报学系等三所。上海继圣约翰大学报学系之后,有1925年的上海南方大学的报学系、国民大学的报学系,1926年的沪江大学、大夏大学、光华大学报学系,同年秋复旦大学中国文学科内设新闻学组,1929年成立新闻系,以及上海大学开设新闻学课程等。其实上海的新闻教育还不止这些。如1925年2月,上海新闻界创办了上海新闻大学,9月办上海新闻专修函授学校。1928年顾执中等创办了民治新闻学院(后改名为民治新闻专科学校),1929年上海文化学院设新闻专修科速成班夜校,1930年国立劳动大学社会科学院设立了新闻科,1932年上海新世纪函授社设立了新闻函授科;1933年《申报》创办了申报新闻函授学校,史量才自任校长,成为国内最有影响的新闻函授学校。上海的新闻教育不仅发展快、数量多,而且办学方式灵活多样,有正规教育、函授、全日制,也有夜校、训练班,学制有长有短,充分显示了上海处于我国新闻教育的中心地位。

在新闻事业蓬勃发展推动下,上海的新闻学研究进展迅速,成绩斐然。"五四"前后,上海的新闻学研究已比较活跃,到20世纪二三十年代形成研究高潮,有以下的新发展。1)新闻学著作出版数量多、影响大。据《中国新闻年鉴》新中国成立前出版的新闻书刊名录统计,如从1927年至抗战全面爆发前计算,上海出版的新闻学著作近80种,同期北京有9种,天津4种,其他地区一般只有一两种。在这些著作中,研究的方面也较广泛,除新闻理论、新闻史、新闻业务外,还有广告、报业经营、新闻改革、新闻管理、法规等。有的著作水平高、影响大,如戈公振的《中国报学史》、赵敏恒的《外人在华新闻事业》、刘觉民的《报业管理概论》等,都是国内同一领域研究水平最高的。2)创办新闻学期刊。1927 年 1 月,由黄天鹏主编的北京新闻学会刊物《新闻学刊》1928 年 11 月迁上海出版,1929 年 5 月改名为《报学月刊》继续出版。为满足一些读者要求,曾从第 1 期至第 8 期中精选部分作品,出版了《报学从刊》。1930 年 5 月,上海新闻记者联合会创办了《记者周刊》。同年复旦大学新闻系创办了《明日好新闻》周刊。1934 年 10 月,申时电讯社创办了《报学季刊》。1931 年出版了关于研究新闻广播的期刊《播音周刊》,以后又有《无线电问答汇刊》《中国无线电》等。一些非新闻专业刊物也开展了新闻学讨论,如《青年界》《上海周报》《读书生活》《出版周刊》《前途杂志》《东方杂志》《国闻周报》等,有的设有专栏,有的经常发表文章,对推动上海新闻学研究起到一定的积极作用。3)成立新闻学研究团体。1925 年 7 月,上海远东通讯社为普及新闻知识,举办了定期的"新闻学讲演会",在此基础上成立了上海新闻学会。11 月,由戈公振等发起成立了上海报学会,1929 年 8 月创办了《言论自由》杂志。1927 年 5 月成立的上海报界工会,于 8 月创办了《上海报界工会会刊》等。4)无产阶级新闻学研究的开始。大革命失败后,党在国统区出版的报刊面临的形势十分严峻。如何运用马克思主义考察新闻现象,促进马克思主义与党报工作不断相结合,是党报发展的关键,因此加强无产阶级新闻学的研究是党报工作者的一项新任务。当时党在上海的报刊除刊载马克思、列宁等有关论述外,党的领导人比以前更加重视党报理论的研究,先后发表了《提高我们党报的作用》《怎样建立健全的党报》《关于我们的报纸》等文章。另外,在党的指导下,上海成立了我国第一个研究无产阶级新闻学的群众团体——中国新闻学研究会,在《文艺新闻》上辟一专业副刊《集纳》,作为研究的基地。这些研究标志着中国无产阶级新闻学研究的起步,对促进党报观念的变革,清除资产阶级办报思想起着重要积极的影响,但由于受党内"左"倾思想干扰,研究中也存在着不少缺点和问题。

(5) 小报、晚报以上海为大本营,上海是我国小报、晚报出版最早的地区之一。到 20 世纪二三十年代,小报、晚报发展十分迅速,上海成为我国小报、晚报出版的集中地和大本营。1919年《晶报》创刊后引起了小报热,仅20年代前期,模仿《晶报》的三日刊小报达60多种,到中后期各类小报大批出版。据统计从20世纪20年代末到30年代初,五六年内先后出版的各类小报达700多种,其中党派团体的小报有120多种。其数量之多,可为全国之冠。晚报虽也以下层市民为主要对象,但与小报有所不同,它们多数由大报主持人创办或参与,是为开拓报纸业务而兴办的,如《民国日报》出版《民国晚报》,《新闻报》出版《新闻夜报》等。还有些是在重大政治事件发生后,为满足群众及时了解事件进程而创办的,如《大晚报》等。20世纪二三十年代也是上海晚报发展的鼎盛时期,但就数量而言,则比小报出版少得多,从20年代末到抗战爆发,上海出版的晚报约60家。

(6)上海报业对外交流和对内辐射作用进一步加强。1927年,上海新闻界的对外交流因蒋介石发动"四一二"反革命政变曾一度中断,不久恢复,并日益频繁。许多国家的报业家、新闻记者、新闻教育家及学者纷纷来华访问,上海成为活动的重点,如美国《太阳报》主人白拉克3年内来沪2次,1928年8月,威廉博士再次来沪。进入30年代来沪访问者更多,如1930年5月,美国派出18人访华记者团,在上海活动了数天。美国新闻界巨富何飞,美国报界巨子柏莱纳,美国报界名人好德莱夫妇,德国报学教授台斯博士,暹罗报界巨子陈署三,马来西亚南洋华侨新闻社社长胡文虎,新加坡《星洲日报》总经理林霭民等都来沪访问过。外国新闻界来华访问促进了人们了解世界、认识世界、走出国门,学习先进经验和技术的热情。不少人出国考察,继戈公振之后,又有邹韬奋、胡愈之、顾执中等。还有不少人出国攻读新闻专业,继董显光之后,又有汪英宾、马星野、程沧波、张似旭、赵敏恒、张继英、汪筱孟等,并出现我国第一批攻读新闻硕士的研究生。这对提高上海新闻队伍的素质,按照新闻事业规律办报,推动上海新闻事业的繁荣与发展,起到了积极作用。

上海新闻界在加强对外交流的同时,对内地的辐射作用也日益明显,体现在以下几个方面。1)向内地提供新闻信息,特别是国际电讯。上海是外国各大通讯社在远东活动的中心,他们所采集的重要新闻除向本市报刊提供外,还向其他城市地区提供。另外上海的一些大报将自己得到的新闻电讯的部分内容简编后发向内地报社。国闻社、申时电讯社、远东社、新声社等向外地新闻机构提供了更多的新闻稿件。2)在外地设置分支机构或派驻记者,加强上海与各地的联系。如国闻社先后在北京、汉口、天津、长沙、广州、重庆、贵阳、哈尔滨等地设分社,派出记者或聘特约通讯员的地区更多。《申报》《新闻报》除设置分馆外,也派出特派记者,从1927年到1937年,各报派出的记者有三四十名,聘请的通讯员更多。邹韬奋创办的生活书店在许多地方设立分店,到抗日战争初期共有54个。戈公振等成立的上海报学社不仅吸收外地会员,还在杭州、南京、辽宁地区筹建分社。3)上海报业企业化管理的先进经验对外地报社也产生了影响。所谓报业企业化管理,是在报业发展壮大过程中逐渐吸收外国先进经验,建立一整套科学的管理体制和管理制度,以便最大限度地调动职工积极性,推动报业向更高层次发展。上海大报企业化管理,特别是《申报》《新闻报》的先进管理经验,引起外地报界广泛注意,不仅许多民营报业仿效,连国民党官方报纸也确立了向企业化发展原则,如南京的《中央日报》、中央通讯社、浙江的《东南日报》等。4)上海新闻专业的毕业生有相当一部分赴各地从事新闻工作,沟通上海与外地信息联系,也加强了上海与各地新闻界的交流。

## 五、上海新闻事业的灾难与变革

从1937年全面抗日战争爆发到1949年全国解放,上海新闻事业经历了两段性质不同,但同样十分艰难困苦的时期。前者是深受日伪的严酷摧残,爱国报刊几乎全部停刊;后者在国民党反动统治下,进步报刊也难以生存。然而由于人民革命斗争的胜利,中国共产党对上海旧新闻事业的改造顺利完成。上海新闻事业在这艰难的历程中,出现了许多与其他地区不同的情况和特点。

(1)新闻界率先组成抗日民族统一战线与战略大转移。抗日战争爆发后,中共中央加强对上海新闻界抗日宣传的领导,周恩来也多次给予指导。在党的领导下,具有抗日民族统一战线性质的上海文化界救亡协会于1937年7月28日成立。8月24日协会机关报《救亡日报》创刊,由刚回国的郭沫若任社长,国共双方各出一位总编辑和编辑主任。中共方面由夏衍任总编辑,钱杏邨任编辑主任;国民党方面由樊仲云任总编辑,汪馥泉任编辑主任。经费双方负担,由数十位上海新闻文化界知名人士组成一个阵营强大的编辑委员会,成为一个共产党、国民党和无党派爱国人士代表参加的抗日救亡团体。这在全国新闻界是最早的具有一定规模的统一战线组织。1935年9月,新闻文化界人士创办了《立报》,该报由萨空了任总编辑,恽逸群任主笔,成为国共两党报人和无党派爱国人士共同主持、坚持抗日宣传的进步报纸。同年8月,邹韬奋在上海创办了《抗战》三日刊。在党的抗日民族统一战线的号召下,上海的许多私营报刊,如《申报》《大公报》《世界知识》《文化战线》《战时日报》等都向爱国抗战方面转移,抗日立场更加坚定,上海官办或民办的通讯社和广播电台大多数都积极投入了爱国抗日宣传。这样,上海新闻界形成了强大的,以《救亡日报》为核心的抗日民族统一战线,在"八一三"抗战中发挥了积极作用。这种情况,无论在当时的北京、天津或其他地区都是少见的。

"八一三"抗战失败,国军西撤,上海除租界外全被日军侵占,形成孤岛。国民党设在公共租界的新闻检查所为日寇夺占,并宣布对租界内中国人出版的报刊实行新闻检查。一大批爱国抗日报刊为保持国格、报格,抗议日寇的非法检查,有的自动停刊,有的迁往内地或香港,如《救亡日报》迁往广州,《申报》《大公报》迁汉口或香港,《立报》迁香港,《抗战》三日刊迁武汉等。据1937年版《上海公共租界工商局年报》称,"自11月华军退出上海后,出版物停刊者,共30种,通讯社停闭者共4家"。显然上海的爱国抗战新闻舆论力量受到严重损失。

(2) 在特殊环境,采用特殊手段,使"孤岛"时期新闻界发挥特殊作用。"八一三"抗战失败后,爱国抗日舆论受到严重削弱,而敌伪反动新闻舆论进一步加强,这对于处在"孤岛"上的几百万上海人民十分不利。然而,"孤岛"上以"中立"地位出版的外商报刊可以不受日寇的新闻检查,中共地下党决定出版一份纯翻译的报纸——《译报》,以坚持抗战宣传。不久,被日寇勾结租界当局扼杀,但他们发现租界内的《华美晚报》《大美晚报》两份美商中文报纸可以拒绝日人新闻检查,特别是看到爱国工商业者蔡晓堤通过与《华美晚报》经理朱祝同的关系,于 1937 年 11 月出版了第一张挂洋旗的爱国日报《华美晚报晨刊》(取得执照后改名《华美晨报》),于是他们把报纸改名为《每日译报》以英商名义出版。这是在特殊环境下采用的一种特殊宣传手段。在《华美晨报》和《每日译报》的影响下,"孤岛"陆续出版了《导报》《文汇报》《国际夜报》《循环日报》《通报》等一大批以外商名义创办的报刊。已迁外地的《申报》也于 1938 年 10 月迁回上海,挂外商招牌复刊。在敌伪压迫下的《新闻报》《新闻夜报》《大晚报》等难以生存,也挂外商招牌逃避日寇的新闻检查。用同样的手法,国民党报人也先后创办了《中美日报》《大英夜报》等。截至 1939 年 4 月,上海租界内以抗日宣传为基本主旨的"洋旗报",已达 17 种之多,总销量约 20 万份,形成了抗战时期上海抗日宣传的第二次高潮。

当时,"孤岛"上英、美等国人士出版有《字林西报》《密勒氏评论报》《大美晚报》《上海泰晤士报》《中国纪事报》《俄文日报》《柴拉早晚报》等。犹太难民在上海出版了《上海犹太人纪事报》《黄报》等。各国的通讯社、广播电台继续活动。羁留在上海的美国人还成立了"美国报道委员会",专门负责向美国国内报道和评论中国政局的抗战形势,上述各新闻传媒对中国抗战的态度不完全一致,但基本上采取同情与支持态度。这样与中国抗日报刊一起,形成了一个具有相当影响的国际新闻界反法西斯统一战线,为中国抗战宣传作出了特殊贡献。当时,中国国土大片沦陷,日本侵略者千方百计封锁中国的抗战消息,而中国与外国沟通新闻信息的主要是重庆、香港和上海。重庆地处内地与国外联系有一定困难,香港地处南国一隅,与内地联系也很不便,因此上海"孤岛"新闻界加强与国际和内地的联系显得特别重要。

"孤岛"新闻界在环境异常复杂和困难重重情况下,确实做出了不平凡的贡献。首先,揭露日本侵略者的残暴手段与罪行,批驳侵略谬论。中外各报和通讯社等都有大量报道。其次,报道和评论日军面临的种种难以克服的困难,指出战争前途:中国必胜,日本必败。如《字林西报》派记者深入华北、内蒙古等地,发来大量报道,为中外报刊所转载。第三,呼吁国际社会援助中国的抗战,是国际反法西斯斗争取得最后胜利的需要。如英文《大美晚报》,1939 年 11 月发表美国经济学家巴勃逊的《中国抗日实为美国而战》的文章,呼吁"美国应以全力援助中国","如再容忍,必后悔莫及"。第四,报道和评论抗日民主根据地军民,特别是中国共产党、八路军、新四军抗日政策和英勇事迹。如1938年5月,英文《大美晚报》全文刊载了毛泽东的《论持久战》,并为许多抗日报刊译载。美联社特派记者杰克·贝尔登两次赴皖南新四军根据地采访当地军民抗日事迹和根据地生产建设情况,在中外报刊上发表。美国记者斯诺、史沫特莱,德国记者汉斯·希伯等,都通过上海"孤岛"的报刊发表了大量报道中国抗战的消息和评论,并为中国报刊所转载。《译报周刊》也出过"新四军特刊"等。上述报道通过各种渠道传递到国内各地和国际社会。当时在美国旧金山设立专以报道中国抗战消息为主要内容的广播电台,其电讯主要是由上海"孤岛"新闻界提供的。1938年,胡愈之、郑振铎、许广平等人以复社名义翻译出版斯诺的《红星照耀着中国》一书。后来斯诺作了修改,并增加不少新内容,为避开国民党和日寇耳目,取名《西行漫记》。出版后在内地和海外大量发行,介绍了中国抗战情况。

(3) 爱国报人斗争策略的转变与敌伪报业的覆灭。1941年太平洋战争爆发后,上海"孤岛"沦陷,上海全部变为日本帝国主义的殖民地,上海新闻事业从此进入最黑暗的时期。大批抗日新闻媒体有的被迫停刊,有的被劫夺,有的新闻工作者投靠敌人甘作汉奸报人。敌伪一方面大肆扩大自己的新闻舆论阵地,另一方面极为残酷地加强对新闻舆论的控制。在如此险恶的环境下,留在上海的爱国报人并未停止同敌人的斗争,只是采取新的斗争策略而已。首先,打入敌人内部,利用一切可能开展抗日宣传。当时恽逸群、袁殊、关露、鲁风、邱韵铎等,他们潜伏在敌伪的《新中国报》《政治月刊》《中国周报》《女声》《光明》等报刊内,运用隐蔽手段开展斗争。有的用"曲笔艺术",揭露蒋介石投敌真面目,有的搜集资料和情报及时提供给中共地下组织。其次,利用苏商报刊的特殊作用。1941年4月,苏联与日本签订了《苏日中立条约》,在太平洋战争爆发后,苏联以"中立"国身份可在上海活动,苏联塔斯社远东分社用苏商名义出版中文《时代》杂志,实际由姜椿芳负责。以后又出版了《每日战讯》《苏联文艺》等,同时还创办了"苏联呼声"广播电台,以"中立"国身份报道了世界各国反法西斯斗争情况。第三,利用敌伪报刊,发表一些有社会意义以及知识性、文艺性的文章,以占领宣传阵地,冲淡敌伪毒素。当时中共地下党员利用敌伪杂志、副刊、文学刊物,发表小说、诗歌、散文、报告文学等,如1944年恽逸群等创办了《锻炼》杂志,辟有修养、论文、健康指导、生活与科学、写作往来、作家与作品、书的世界、世界地理、历史讲话等栏目,给青年传授健康知识以抵制反动思想和黄色下流的东西。

"孤岛"沦陷后,敌伪控制整个上海新闻界,并加强敌伪新闻舆论的力量,自以为得计,其实这正是敌伪新闻事业走向灭亡的开始。首先,纸张供应困难是致命伤。因为日本发动的侵略战争使本国及被侵略国生产遭到严重破坏,纸张无法满足需要,尽管采取配给制,开展纸张节约运动等,但也无济于事。其次,发行量急剧下降,难以维持。日本侵略者实行严格的新闻检查制度,报刊除刊载造谣新闻外,全是黄色下流的东西,自然遭到广大富有正义感读者的唾弃。第三,随着日寇在军事上的节节失利,使日伪新闻界失去信心,敌伪报刊工作人员更是忧心忡忡,有的不辞而别,有的停刊另谋出路,那些罪恶严重者,则隐姓埋名,逃之夭夭。在抗战胜利前夕,敌伪在上海出版的报刊已所剩无几。

(4)战后新闻事业的虚假繁荣。战后,随着政治中心的东移,抗战期间大批迁往内地的新闻机构也纷纷迁回原地,在国民党统治区形成了以南京为政治中心,上海为新闻文化中心的格局。首先是国民党抢占新闻舆论阵地,形成新闻机构数量上恶性膨胀的局面。战前国民党及其派系在上海的新闻机构数量不多,影响有限。战后为发动内战作准备,加强新闻舆论网络建设,上海是实施这一政策的重点。国民党派接收大员最先进入上海,接收敌伪新闻机构,创办自己的新闻机构,如中央通讯社上海分社、上海《中央日报》、国民党上海市政府的上海广播电台、上海通讯社等。接着各派系创办了大批新闻机构,如军队有《和平日报》、《前线日报》、《改造日报》、军闻通讯社上海分社、华东通讯社、新沪通讯社、建军广播电台、胜利广播电台等。军方在上海创办新闻机构,不仅为战前所未有,而且其数量之多也为外地所少见。三青团有《正言报》,外交部有《自由论坛》(英文),财政部有《金融日报》,CC派有《中美日报》《新夜报》,孔祥熙系统有《时事新报》、《大晚报》、申时电讯社等。国民党浙江省党部机关报《东南日报》也在上海出有上海版,并且管理中心也移至上海。国民党还借接收敌伪新闻机构之名,实际完全控制着《申报》《新闻报》。停刊多年的上海《民国日报》也予以恢复。所以国民党在上海形成了一个庞大的新闻舆论垄断网络,是国民党统治下其他大城市,如天津、北京、武汉、广州所无法相比拟的。其次,外地私营报业看重上海,或迁往上海,或创办分社,如《大公报》《新民报》《益世报》《观察报》等,特别是《大公报》,把总馆也迁至上海。第三,私营报刊的恢复和创办。复刊的有《文汇报》、《展望》、《立报》、大中通讯社等。新创办的新闻机构更多,据粗略统计,上海新创办的小报、通讯社、广播电台各有一百多家。第四,中国共产党直接和间接领导的报刊和其他传媒也一度在上海出现。如《时代日报》、《文萃》、《群众》、《联合日报》、《联合晚报》、中联广播电台、《学生报》、《中学时代》、中联通讯社等,不久便因内战爆发而停办。

从表面上看上海的新闻事业战后十分发达,但实际上是一种非常脆弱和虚假的繁荣。因为,首先,国民党蒋介石政府反动统治,从根本上动摇了新闻事业生存和发展的基础。他们政治上实行法西斯独裁,对一切批评或反对它的新闻机构,实施高压政策,大加砍杀,1947年非法查封《文汇报》《联合晚报》《新民报晚刊》便是典型事例。连同国民党系统的报刊也不放过,《正言报》因发表《不要再制造王孝和了》的社论便被勒令停刊三天。其次是国民党蒋介石发动的内战造成生产被严重破坏,纸张供应极其困难,物价飞涨,入不敷出,难以维持。国民党著名大报《民国日报》出版仅一年多便停刊了,其他私营报纸更难逃倒闭的命运。战后创办的小报、通讯社、广播电台大量关闭,至上海解放前夕,通讯社只剩三四十家,报刊更少。第三,新闻事业的无序发展使其难以长期维持,在新闻市场竞争十分激烈情况下,新闻机构的恶性膨胀,数量远远超过社会需求,必然造成混乱,不得不大批关门。第四,行业腐败之风日盛。国统区国民党的腐败影响到新闻界,更何况不少人创办新闻机构的动机就是为了谋取不义之财,或带有其他不可告人之目的,这就注定这些新闻机构必然垮台。

(5) 共产党报刊的艰苦斗争与大变革的完成。战后,在中国走向光明还是走向黑暗的斗争中,新闻宣传起着重要作用。所以,中国共产党十分重视在国统区创办报刊的工作。党在解放区以外的新闻舆论活动中心有三个,即重庆、上海和香港,前两个在国统区,且以上海更为重要。抗战胜利,党中央就派一大批干部到上海创办报刊,原计划在上海出版《新华日报》,由于国民党的阻挠未能实现,又把《群众》周刊迁上海出版。另外加强上海地下党创办各类报刊的领导,先后出版了《文萃》《时代日报》《建国日报》《联合晚报》等,还团结和支持民主报刊的出版活动,形成了以党的报刊为核心的进步报刊宣传网,成为国统区革命舆论的宣传中心。其报刊的数量和影响大大超过重庆,特别重庆《新华日报》被迫停刊后,尤其如此。香港也是党的报刊活动中心,但由于离内地较远,其影响远不及上海。由于党在上海的报刊宣传具有特殊的意义和作用,所以国民党千方百计进行迫害。在国民党破坏了《新华日报》出版计划后,又于 1947 年 3 月查封了《文萃》《群众》,5 月又查封了《联合晚报》《文汇报》和《新民报晚刊》。由于国民党的迫害,党在国统区的报刊工作者逐渐转移至香港,先后出版了《正报》《华商报》《愿望》《人民报》《光明报》等,《群众》周刊也迁往香港出版。在全国解放前夕,香港成为根据地以外最重要的新闻宣传阵地,其影响超过上海。

上海地下党报刊工作者面对国民党的白色恐怖,毫不畏惧,坚守斗争阵地。《联合日报》不能出,便出《联合晚报》。《建国日报》被查封以后,把接收到的新华社电讯编译成中、英文的《新华通讯稿》,油印向上海各新闻单位和进步团体发送。同时加强以"苏商"名义出版的《时代日报》的宣传力度,加强对民主进步报刊的领导,还秘密创办通讯社、广播电台等,1949 年 4 月还创办了《上海人民》报。党在上海的新闻舆论宣传从未停止过。上海地下党在坚守宣传阵地的同时,也加紧对旧新闻事业改造的准备工作,调查情况,搜集资料,向解放军提供。上海一解放,军管会根据党的政策,对旧上海的新闻事业分别采取了接管、军管和管制等不同措施。对国民党、政、军、宪、特等反动报刊加以接管,没收其财产,共接管了《中央日报》《和平日报》《东南日报》《前线日报》《大晚报》等 14 家报纸,还接收了国民党官办通讯社和广播电台。对以私人名义主办、由官方控制的报纸,如《申报》《新闻报》等,实施军管,先令其停止出版,没收官僚资本,保留私人股份,视其情况作不同处理。由原申报馆出版《解放日报》,《新闻报》改组出版《新闻日报》。对其他私营新闻机构实行申请登记,经批准后方可恢复活动的政策。经过三年多的时间,党对旧上海的新闻事业改造基本完成,为建立新型的人民新闻事业创造了条件。

## 六、上海新闻事业的新纪元

党对新闻事业的建设十分重视,上海一解放,在清理旧新闻事业的同时,也加强人民新闻事业的建设工作,很快建成新闻宣传网。随着我国政治、经济、文化的进一步发展,上海的新闻事业也发生了很大变化。

(1) 人民新闻事业的初步建立与新闻中心的北移。党在改造上海旧新闻事业的基础上,将人民新闻事业迅速建设起来。从1949年5月30日至8月15日,向军管会领取申请登记表格的报纸、杂志和通讯社共431家,其中报纸72家,杂志340家,通讯社19家。而将申请表送来者仅286家,其中报纸52家,杂志224家,通讯社10家。经审核发给登记证者共46家,其中报纸13家,杂志31家,通讯社2家。上海的私营广播电台到解放前夕尚有40余家。解放后申请登记,审核批准者22家,军管会设立2家,共24家。上述新闻机构大致可分为三类。一是党和政府的新闻机构。主要有《解放日报》、新华社上海分社、上海人民广播电台、华东人民广播电台等。党领导的群众团体机关报有《青年报》《劳动报》等。二是公私合营的新闻机构。上海最早的公私合营的新闻机构是《新闻日报》。军管会考虑到上海是我国最大的工商业城市,有众多读者,为迅速恢复和促进工商业的发展,满足各方面读者需求,把没收的《新闻报》官僚资本作为公股与原私人资本合股出版了《新闻日报》。《文汇报》复刊时遇到困难,军管会从《解放日报》调出大量纸张、油墨供《文汇报》使用,以后便作为公股。允许开播的私营广播电台合作和新声两家电台中,原有的官僚资本没收后作为公股,合作与新声两电台成为上海最早的公私合营广播电台,其他私营广播电台也较早实行了公私合营。三是上海的私营新闻机构,其数量是全国最多的。据1950年3月统计,全国共有私营报纸58家,其中上海有14家,如《大公报》《文汇报》《新民报晚刊》《大报》《亦报》等。北京仅有《新民报》1家。私营广播电台,全国共有34座,其中上海有22家。当时的期刊大都是私营性质的。

上海解放初期,还有一批外国人出版的报刊,是其他地区不多见的。主要有英文《字林西报》《密勒氏评论报》《大美晚报》,俄文有《新生活报》《苏联公民日报》等。《字林西报》因刊登造谣新闻受到军管会警告,1951年3月31日停刊。《大美晚报》因内部发生罢工潮而停刊。《密勒氏评论报》因批评美国侵朝政策受到美国政府禁售被迫停刊。俄文报纸也因销售下降,难以维持而自动停刊。

新中国成立初期,上海的新闻机构从数量上与解放前相比是大大地减少了,但品种上还是比较齐全的,形成了比较完备的新闻宣传网。随着形势的发展,上海的全国新闻中心地位已不复存在,而转向北京。首先是面向全国性的大报都集中在北京,如《人民日报》《光明日报》《解放军报》《中国青年报》《工人日报》等。特别是《人民日报》,先后在全国各大城市设立航空版,发行由1949年的9万份猛增到1956年的90万份,并向国外发行。而上海仅有《文汇报》1家面向全国发行,且发行量很低。其他均为地方性报纸。其次是有一批报刊迁往北京。如《世界知识》,由《观察》改组的《新观察》等。《文汇报》也一度迁北京。曾出版过多种期刊的商务印书馆迁北京后,其出版的杂志有的迁京,有的停刊。另外,曾长期在上海从事报刊活动的知名人士,如夏衍、梅益、胡愈之、姜椿芳、姚溱、储安平等,也先后调至北京。同时,上海现有新闻机构的数量日益减少。如《时代》杂志不久停刊。《大报》《亦报》合并,不久又并入《新民报晚刊》。《新闻日报》并入《解放日报》。《大公报》迁往天津。上海原有22家私营广播电台,经过社会主义改造后并入上海人民广播电台。这样北京既是政治中心,也成为新闻中心。政治对新闻事业发展产生重大影响,这大概是社会主义新闻事业的一个基本特点。解放后,上海的工业发达,商业繁荣,经济中心地位并无多大变化,而新闻传媒数量日益减少,影响越来越小。新闻事业的发展显然与经济发达、人口众多的状况并不相应。

(2)探索中前进。新中国成立后,全国新闻界都在积极探索如何建设社会主义新闻事业,上海也不例外,在方法与步调上全国是一致的。如新闻宣传如何为党的路线、方针、政策及中心工作服务,上海的各种传播媒介都积极投入了抗美援朝、镇压反革命、"三反""五反"运动的宣传活动。如何在新形势下继承发扬党报的优良传统,以及如何开展向苏联学习和如何进行新闻改革等等,上海新闻界也作过认真的探索,而且在这些探索中,上海在某些方面也作出了自己的特殊贡献。又如1955年5月批判胡风时,《新闻日报》没有转载《人民日报》《关于胡风反党集团的一些材料》的"编者按",而用了金仲华口授的"编者按",对胡风并没有用"反革命""罪行"等字眼。1956年,复旦大学新闻系主任王中教授,从报业发展规律的深层次进行探讨,在理论上提出一些与传统办报观念不同的看法,引起全国新闻学术界的广泛注意,应当说这是一次党报理论的革新。历史证明他的理论观点是完全正确的。当然,他在当时提出的理论有待完善,也应进行深入讨论,但他那种为追求真理不怕风险,勇于献身的精神,为上海新闻界作出了表率,这在全国并不多见,值得学习。

探索的道路是曲折的,所付出的代价是沉重的。1957年的反右派斗争,1958年至1959年的"大跃进"宣传,1960年起宣传"千万不要忘记阶级斗争"等,都是最典型的事例,全国皆然。然而上海所付出的代价更为沉重。《文汇报》在整风运动中的积极作为被定为资产阶级方向,王中被划为右派,震动全国,影响深远。

(3) 新闻机构的再调整与新闻改革的再启动。在50年代初,上海部分报刊在北迁和停刊的同时,也创办了一些新报刊,如1950年4月,《儿童时报》创刊,1953年有《上海文学》,1954年有《电影故事》《支部生活》,1955年有《每周广播》,1956年有《萌芽》《上海戏剧》,1957年有《上海画报》《收获》《学术月刊》等创办。与此同时,一些高校也出版了自己的校刊。上述报刊对新闻界影响不大,一是数量少,一般一年只有一两种。二是新闻类少,大都为文学艺术类。从1958年起,上海新闻界则发生了较大变化,新闻机构调整的步子较大,影响深远。如1958年上海创办电视台,成为国内最早的电视台之一,经上海市委正式批准筹建,10月1日开始试播,次年10月1日正式对外播出。中央电视台1958年5月1日试播,9月2日正式播出。1958年10月,上海市郊县有线广播网建成。1959年7月,中国新闻社上海分社成立,成为中国新闻社国内成立最早、规模最大的分社之一。1958年以来,上海一些重要新闻机构作了调整,如《新闻日报》并入《解放日报》,《劳动报》停刊,《新民报晚刊》改名为《新民晚报》,《沪郊农民报》停刊,《解放》杂志创刊,各报都调整了版面等。

1956年的新闻改革取得了一定成绩,但它的发展被1957年的反右斗争打断了,接着是"大跃进"宣传,新闻改革也无法进行。1960年,党中央为尽快扭转"大跃进"和三年自然灾害带来的困难,采取了一系列措施。上海新闻界也与全国同行一样,冷静下来总结经验教训,采取切实措施改进工作。除在加强马克思主义理论宣传、贯彻党的"双百"方针,开展自由讨论、大兴调查研究之风等方面都取得了很好的成绩外,有两点特别突出。一是1960年11月,《文汇报》创办了学术版。他们邀请学术界、文化界、教育界等专家学者为之撰稿,积极开展各类学术讨论,活跃了学术气氛,推动了科学文化事业建设的发展,受到了党中央的表扬。1961年1月,党中央把《文汇报的学术版很受上海学术界欢迎》一文加以批示,发给中央局、各省市区党委,并要他们转发给所属各报刊编辑部。党中央用正式文件向全国发通报表扬一张报纸,这在党的历史和我国新闻史上都是鲜见的。二是《解放日报》发起了《我和祖国》征文,反映新中国成立13年成就,坚定群众信心,引起领导和读者广泛注意。两个多月内收到来自上海和全国23个省市自治区3 600多件稿件。其中有的文章被上海其他报纸转载。1963年该栏目改名为《回忆对比》,来稿更加踊跃。据1964年5月统计,一年来《回忆对比》专栏的应征稿件共有6 300多篇,平均每天来稿16篇以上,共发表280余篇。1963年1月,《解放日报》又增辟了《新道德新风尚》专栏,同样深受读者欢迎,以后又设《大家谈》栏目。在60年代初,这是对群众进行爱国主义、社会主义、集体主义教育和提倡新道德、新风尚,加强社会主义精神文明建设十分有效的形式。为此受到毛泽东主席的表扬,他说:"解放日报比较注重抓思想,抓思想工作,值得一看。"①

(4)十年动乱的重灾区。在十年"文革"中,上海新闻界一方面首当其冲,遭到严重摧残,另一方面在张春桥、姚文元等的指使下,又成为篡党夺

---

① 周瑞金:《毛主席表扬了解放日报》,《跨入"不惑"之年》,解放日报社1989年版。

权,实行法西斯专政的舆论工具,所起的恶劣作用,在全国是很典型的。首先是制造舆论,成为"文化大革命"的导火线。党的八届十中全会以后,对全国政治形势作出"左"倾错误估量的同时,在意识形态领域中也进行了错误的批判。1965年11月,《文汇报》发表的由江青、张春桥策划,姚文元执笔的《评新编历史剧〈海瑞罢官〉》一文,为"文化大革命"作舆论先导,并成为导火线。姚在文中篡改历史,歪曲事实,捕风捉影地把《海瑞罢官》中的"退田""平冤狱"两件事,硬要同1961年所谓的"单干风""翻案风"联系起来,说这是配合"帝、修、反"和"地、富、反、坏、右"向党向社会主义进攻,是大毒草。姚文发表后,在全国激起了强烈反响,出现了大量不同意见,各地报刊拒绝转载。后根据毛泽东指示,上海将该文出版小册子,向全国发行。之后江青勾结林彪在上海召开部队文艺工作座谈会,利用《解放军报》《光明日报》发起批判"三家村"运动。这样,上海、北京南北呼应,为发动全国性的"文化大革命"运动造足了舆论。其次,上海新闻界成为全国夺权运动的先声,"四人帮"利用"文化大革命",篡夺党和国家的领导权是他们的根本目的,上海成为他们阴谋活动的重点。在他们导演上海"一月革命"风暴的阴谋活动中,最先指使《文汇报》的造反派组织夺了报社的领导权,接管了报社。接着《解放日报》造反派组织也实行夺权,两报成为全国最早的夺权单位。在毛泽东的支持下,上海乃至全国进入了全面夺权的阶段,使国家进一步陷入无限灾难之中。"四人帮"在阴谋篡党夺权的过程中,认为最大的障碍是总理周恩来,在上海,他们利用控制下的《文汇报》《解放日报》《学习与批判》等,发表了一系列把矛头指向周恩来的文章。1974年1月,"四人帮"策划的"风庆轮"事件就是典型事例之一,其恶劣作用影响全国。

十年动乱中,上海新闻界在"四人帮"及其在上海代理人的控制下,所遭到的破坏和摧残是全国最严重的。一方面,《青年报》《新民晚报》《学术月刊》等一批有影响的报刊被勒令停刊,广大新闻工作者下放劳动改造,许多人遭到批判,被定为"敌人";另一方面,仅存的新闻媒体在"四人帮"的牢牢控制下成为他们篡党夺权的舆论工具,使反革命舆论流毒全国。其恶劣影响大大超过其他地区。

## 七、新闻事业的黄金时代

粉碎"四人帮"以后,经过拨乱反正,上海的新闻事业进入了健康快速发展的黄金时代。这 20 年来,以邓小平南方谈话为界限,大致可分为两个阶段。

党的十一届三中全会以后,党的路线从"以阶级斗争为纲"转向以经济建设为中心,在经济迅速恢复与发展的推动下,上海的新闻事业也得到了恢复与发展。"文革"末期,上海仅有《解放日报》《文汇报》两家大报和几家小报,发行数量也少得可怜。粉碎"四人帮"后,上海的新闻事业恢复与发展十分迅速。仅以报刊为例,据 1987 年《中国报刊大全》统计,上海公开发行的报刊居全国第二位。几个主要地区报刊情况见表 5。

**表 5　十一届三中全会后全国主要地区报刊情况一览**

| 品种\地区 | 北京 | 上海 | 天津 | 江苏 | 广东 | 四川 |
|---|---|---|---|---|---|---|
| 报纸 | 114 | 55① | 18 | 55 | 56 | 48 |
| 期刊 | 730 | 256 | 94 | 125 | 84 | 79 |

据 1986 年统计,上海报纸期发行总量达到 1 929 万份,在全国各省市中仅次于北京,也居全国第二。上海新闻事业发展,呈现以下特点。

(1) 建立了以《解放日报》为主体,具有机关报性质的报刊系列。粉碎"四人帮"以后,在中共上海市委机关报《解放日报》回到正确路线的同时,团市委、总工会的机关报《青年报》《劳动报》相继复刊。1984 年 7 月,上海市政协创办了《上海政协报》(后改名为《联合时报》),是全国地方政协第一家公开发行的报纸。1985 年,上海市妇联创办了《现代家庭》,同年团市委又创办了《生活周刊》《讲演与社交》等。此外,上海市的一些委、办、局也出版了自己的刊物。如市经委有《上海工业经济报》(1985)、市卫生局有《大众卫

---

① 《上海新闻志》编纂委员会统计,1986 年上海公开发行报纸共 58 家。

生报》(1978)、市政法委和市法制局联合出版有《上海法制报》、市财贸委员会和市财政局合办的《上海商报》(1985)、市科委与华东六省科委合办有《华东科技管理》、市人事局办有《组织人事信息报》、市老龄委与老干部局合办有《上海老年报》、市文化局办有《上海文化艺术报》、市教育局办有《少年报》等。

(2) 经济类报刊异军突起。由于党的工作重心转到社会主义现代化建设上来,经济信息在新闻传播中的地位日益突出,原有的新闻媒体已不适应形势需要,因此经济报刊迅速发展。除上述提到的经济类报刊外,陆续出版的有《上海经济信息》(1984)、《东南行情》(1989)、《上海供销经济报》(1984)、《消费报》(1985)、《上海郊区报》(1988)、《建筑时报》(1988)、《上海企业》(1981)、《上海会计》(1979)、《上海金融》(1980)、《上海经济研究》(1980)、《上海城市导报》(1985)、《沪港经济》(1985)、《国际广告》(1985)、《新闻报》(1985)等。它们的宣传具有从一般经济信息报道转向高科技传播的特点,并逐步进入科技兴国的战略轨道上来。

(3) 广播电台向多功能发展。改革开放以后,上海的广播电视发展十分迅速。原来广播电视主要为受众传播新闻信息、文化娱乐和科学文化知识等,改革开放以后,则向多功能、全方位服务发展。到1985年,上海广播电台先后成立了新闻、经济、文艺、交通、浦江之声(对台广播)等系列台,办有7套频率,其中中波5套,调频立体声广播2套,共办73个节目,为全国地方广播电台拥有频率、节目套数和节目品种最多的台。1988年3月,又设立了英语调频广播,向在沪外国听众提供服务和娱乐信息,以适应上海作为国际大都市对外开放的需要。上海电视台也有较大的发展变化,如1980年率先播出了我国第一部电视连续剧《海啸》,以后又第一个开出评述性的国际时政栏目《国际瞭望》,第一个设立新闻评论性栏目《新闻透视》,第一次运用多辆转播车对重大体育赛事作现场直播等。上海电视台到1987年由原来的8频道增加14频道,前者以综合内容为主,后者以经济、体育为主,节目内容更加丰富。

(4) 新闻媒体综合性与专业性并举,全方位发展。上海以往的新闻媒体多以综合性为主,如《解放日报》《文汇报》《新民晚报》等,现今在综合性日报保持着新闻传媒主体地位的同时,上海又出现了大批专业性、对象性报刊,如《文学报》《法制报》《少年报》《体育导报》《上海环境报》《上海医药》《上海会计》《上海航运》等。广播电视台也设立了交通、文艺、教育等专业台。上海的新闻教育也向多样化方向发展。复旦大学新闻系改建为学院后,也突破原定仅为省市以上报纸培养编辑记者任务的局限,先后设立了国际新闻、广播电视、报业管理、新闻摄影、公共关系等专业。学生层次有本科、硕士研究生、博士研究生等,有正规学制,也有进修生、培训班、自学考试等,以适应社会的不同需要。此外,上海还相继创办了上海外国语大学国际新闻系,上海大学科技新闻专业、上海体育学院新闻专业、上海市新闻广播电视职业学校等。上海的新闻教育已进入蓬勃发展的新时期。

(5)上海新闻界善于学习,勇于创新,敢为天下先。上海的新闻媒体在数量上不及北京,居全国第二,但锐意革新,在诸多方面却走在全国新闻界的前头。如1980年1月,《解放日报》创办了《报刊文摘》,为新中国成立后全国第一家文摘报。1981年4月创办的《文学报》,是全国首家文学专业性报纸。1983年7月创办的《小主人报》,是在辅导员指导下,由14岁以下的少年儿童自采、自编、自办的报纸,为全国第一家。1984年7月,上海市政协创办的《上海政协报》,是全国地方政协首家公开发行的报纸。广播电台创办外语台、交通台、浦江之声(对台广播)等,也早于其他省市。

审时度势,适应社会需要,锐意革新新闻业务,上海新闻界也开全国风气之先。1985年,《解放日报》设"家庭与社会"版,是全国党报中最早出现的一个社会性副刊。1987年,上海电视台的新闻节目的编排视新闻价值之大小排列播出顺序,打破以往先国内,后国际的不成文规矩。《解放日报》也打破国际新闻不上头版头条的做法,并结束了国际新闻不配发评论的历史。1986年,《青年报》主办的《生活周刊》,首次辟"大特写"专版,成为上海新闻界的"特产"。1983年以后,上海广播电台、上海电视台推出的"正点新闻""热线电话""市民与社会"等节目,在国内也属首创。

勇于打破思想禁区,开拓新闻宣传新领域,是上海新闻界锐意革新业务的又一体现。过去,人们把报刊刊登营业性广告视为资本主义的经营作风,1979年1月14日,《文汇报》发表了《为广告正名》的文章,从思想上打破了这一禁区。同月28日,《解放日报》报道了一辆26路电车翻车事故,突破了党报不报道灾害性社会新闻的禁区。勇于冲破禁区的革新精神,更表现在敢于为党的改革开放政策鸣锣开道。如1981年报道安徽凤阳农村实行联产承包责任制的经验,1984年报道温州城市经济改革、苏南乡镇企业的发展,1988年报道中国大陆首块外商批租土地等,上海新闻界都走在全国同行的前头。更值得一提的是,1991年1月至4月间,为宣传邓小平同志南方谈话精神,《解放日报》连续发表了《改革开放要有新思路》《做改革开放的带头人》等4篇署名皇甫平的评论文章,其认识之深刻,反应之及时,影响之广泛,为其他省市报刊所不及。

1991年邓小平南方谈话后,我国从计划经济逐步转向社会主义市场经济,为我国报业发展提供了新的机遇。上海同全国各省市的报刊都有了较大发展,北京仍为全国之首。以1995年为例,几个主要地区报纸发展情况是:北京240家,上海86家,天津28家,江苏98家,广东131家,四川126家[①]。1996年略有增长,变化不大。

上海的报业在数量上与全国各省市比,并不占明显优势,更远不及北京。然而在社会主义市场经济推动下,上海新闻界锐意革新,不少方面走在全国的前头。

(1)上海进一步调整媒体结构,形成以综合性日报为主体,多品种,多层次,适应不同社会需要,门类比较齐全,分工比较合理的报业结构。在80年代末报业结构调整的基础上,又填补了薄弱环节。如1993年,上海证券交易所同新华社上海分社联合创办了《上海证券报》,同年,中国人民银行上海分行创办了《上海金融报》,1992年,上海对外宣传领导小组和中国日报社共同创办了《英文星报》,1994年,《人民日报》在上海创办了《人民日报》华东版,为国内第一家。原有各报都纷纷扩容,增大报纸报道容量。《解放日报》《文汇报》《新民晚报》等扩版。《劳动报》《新闻报》《消费报》等改出日报等。不少报纸增出彩色周末版,如《解放日报》为了适应双休制的新情况,于1996年创刊了"双休特刊"。《文汇报》也于同年增出彩色的"文汇特刊"。

---

[①] 此数字来自1996年《中国新闻年鉴》的统计。

《新民晚报》的"七彩周末"也别具特色,很受读者欢迎。

2000年根据中共中央办公厅和国务院办公厅关于调整报刊结构的精神,上海列入调整的报刊共41种。对这些报刊分别实行停办、划办等措施。经过调整,上海党报、报业集团拥有20种报纸,占上海报纸73种的27.4%,上海报刊结构明显优化,能更好地适应读者需要。

在新闻媒体扩容和调整中,上海广播电视的扩展更引人注目。1991年上海人民广播电台设立全国第一家交通信息台之后,又于1992年设东方广播电台和新闻教育台,1993年设市场经济台,1994年开设"今日行情",同英国路透社联网,播报全球金融、证券、期货信息和最新财经新闻。同年11月,还同中央人民广播电台联手创办联播新闻节目。1995年,在浦东开放五周年之际,上海人民广播电台同时用汉、英、法、日4种语言播报新闻,并通过国际通讯电路,先后同加拿大国际广播电台、法国欧洲二台等8个外国广播电台联播。上海的电视台除对频道不断革新外,1992年以后接连创办了东方电视台、有线电视台,1998年10月又开播上海卫视。每个电视台又内设多种频道,节目丰富,为国内地方新闻媒体所仅见。2000年5月,由上海主要媒体共同发起建立的东方网正式开通,立即获得国务院新闻办刊载新闻内容的授权,并被中宣部确定为全国十大新闻宣传网络之一。

(2) 适应社会主义市场经济要求,新闻媒体向集团化发展。上海新闻媒体在20世纪80年代末已呈现向集团化发展的趋势,出现主要新闻媒体附属多个新闻媒体以及多种产业等。到90年代有了较大发展,如解放日报社陆续创办了《报刊文摘》《支部生活》《新闻报》《连载小说》《上海学生英文报》《申江服务导报》等,还创办了广告、房产、出租车等公司,于2000年10月正式成立解放日报报业集团。《文汇报》先后创办了《文汇读书周刊》、《文汇电影时报》、《文汇月刊》(后停刊),文汇出版社、广告公司及其他第三产业。《新民晚报》所属的新闻媒体有《漫画世界》、《体育导报》、《新民体育报》、《新闻记者》(与上海社会科学院新闻研究所合办)、《上海滩》(与上海市地方志办公室合办)以及广告公司、房产、汽车出租公司等。上海广播电视台系统除上海广播电台、电视台,还有多种附属单位,如东方明珠股份公司、上海译制片厂、上海广播交响乐团、上海电影资料馆、上海影城、上海广播电视国际新闻交流中心、每周广播电视报社、上海大剧院、上海国际会议中心等。1998年7月《文汇报》与《新民晚报》联合,成立了文汇新民联合报业集团,固定资产总值达17.4亿元。这种强强联合类型的报业集团在国内尚属首家。

(3) 上海新闻界加强境内与境外的横向联系,为新中国成立以来最活跃、最开放的时期。在计划经济体制下的新闻工作受行政条块的严格限制,具有纵向的、封闭的、单一的特征。随着改革开放,特别是社会主义市场经济逐渐建立,上海新闻界也加速了走向全国、走向世界的步伐,以适应社会主义市场经济发展形势的要求。不仅努力加大对国内、国际各类信息的报道,提高时效性,而且还加强了与国内及境外同行的联系,互相访问,交流合作十分活跃。在让世界了解中国与上海,中国走向世界,上海向国际大都市迈进的过程中发挥了重要作用。上海新闻界在这方面的活动有些影响很深远。如1994年4月,《解放日报》与香港《星岛日报》在香港联合发行《解放日报·中国经济版》,为国内新闻媒体对外"联姻"第一家。《新民晚报》先在美国设立记者站,继而成立股份有限公司,1996年11月在美国洛杉矶正式出版了《新民晚报》美国版,也为国内新闻界首创。1997年7月又成功地把《新民晚报》美国版扩大发行到加拿大。上海广播电影电视局举办的上海国际电影节、上海电视节和上海广播音乐节,成为三大国际交流活动,其规模越来越大,影响越来越深远,为国内所少见。国内外新闻媒体在上海派驻记者,设立派驻机构,上海新闻媒体向国内外派出记者或设立分支机构,在国内各省市中也是最多的,他们的活动加强了上海新闻界同国内外同行的联系。

(4) 新闻学研究进展迅速,成绩斐然,在不少方面走在全国各省市的前头。首先是新闻学研究机构比较健全,除各大学新闻与传播院系,在教学的同时积极开展研究外,还陆续设立了专门研究机构,如复旦大学新闻学院新闻研究所、上海社会科学院新闻研究所、上海经济新闻研究所。上海主要新闻单位,如《解放日报》、《文汇报》、《新民晚报》、上海广播电影电视局等都设有专门的研究机构。其次,新闻学研究阵地也较健全,既有理论研究的大型学术刊物,如《新闻大学》,在国内也不多见,也有较为通俗的《新闻记者》,在同类刊物中影响较广泛。另外还有更加专业性的刊物,如上海电影电视局办的《广播电视研究》《解放日报》的《办报参考》,《新民晚报》的《新民探索》等。第三,新闻学研究成果丰硕,质量较高。上海新闻学研究者除参加《中国新闻年鉴》、《中国大百科全书·新闻出版卷》、《新闻学大辞典》、《中国新闻事业通史》(三卷本)等重大科研项目外,还出版了大批著作,截至1998年的粗略统计,公开出版的著作已有80多种,有的在国内外都产生了较大影响,如《中国新闻事业史稿》《中国编辑史》《中国报纸的理论与实践》《新闻学基础》《中国新闻传播学说史》《上海近代报刊史论》《上海新闻史》《上海摄影史》《新加坡华文报与中国》等,都得到学术界好评,有的还获得不同规格的奖项。还有一批有较高学术价值或史料价值的内部出版物,如《〈解放日报〉〈新闻日报〉报史资料》(1、2、3册)、《舆论监督与新闻任务》、《继往开来》等。发表的新闻学论文更是数以千计,对中国新闻事业的发展作出了不可磨灭的贡献。

(本章撰稿人:马光仁、汪幼海)

# 第三章

# 江苏新闻事业发展概要

江苏近代新闻事业发端于19世纪末,1898年出版的《无锡白话报》是现江苏境内最早问世的报纸。虽然起步时间不算很早,但由于江苏地理位置和人文条件较好,其后出版的报纸数量仍很可观。据《江苏文献》载,1935年国民政府内政部统计,江苏共有报社339家,占全国的19.3%。据现在收集到的资料统计,百年来江苏各地出版的报纸约2 000种。其中出版20年以上的有近30种,10年以上的80余种,5年以上的90余种。又据《江苏月报》(新闻事业专号)记载,20世纪30年代江苏(不含南京市)新闻从业人员约1 700人,截至1995年初统计,省新闻工作人员已达3万人。

## 一、清末江苏民报、官报的诞生

### (一)明清的新闻传播和清末倡办报纸的呼声

明清两代,京报、邸报等新闻传播媒介的发展已相当兴盛。因为自明代中叶以后,江苏农业、手工业的发展水平有了较大的提高,社会分工更加显著,商品经济繁荣兴旺,达到了史家所称"资本主义萌芽"阶段。江苏城市的繁荣和市镇的兴起(明代南京人口最多时达47万人,吴江盛泽镇明末时已是5万人口的大镇),加上教育事业、造纸业和印刷出版业的发展,促进了当时新闻传播事业发展的进程。可惜其后就停滞不前了。

直到清末,在西方思潮和洋报的影响下,江苏才出现倡办近代报纸的呼声,这和上海"麦家圈"①墨海书馆有关。苏人王韬,当时参加过上海第一张报纸《六合丛谈》的撰述,其后又发表过《论日报渐行于中土》《论各省会城宜设新报馆》等文章,鼓吹国人办报。他认为,报纸的功能有二,一是"达彼此之情意",二是"通中外之消息"。当时一度寄居"麦家圈"的太平天国干王洪仁玕,也因受到"麦家圈"的启迪形成了他的新闻思想。太平天国己未九年(1859),他向天王洪秀全呈递的《资政新篇》中,提出过兴办新闻馆和新闻篇(报纸)的主张,"以报时事常变,物价低昂"。可惜洪秀全因顾虑其副作用过大,未予采纳。近代报纸于是错失了这一诞生的时机。

## (二)江苏第一张报纸的诞生和其他早期民报

江苏是我国近代资本主义的发源地之一。晚清年间,清政府南洋通商大臣和两江总督衙门驻南京,是我国东南的政治经济中心,政治和经济的交互作用促成了江苏报纸的萌生和勃兴。

1898年百日维新期间,受这一思潮的影响,江苏第一张民间报纸《无锡白话报》在同年5月创刊,为书册式。创办人裘廷梁,一面和北方的康有为、梁启超相呼应,一面和上海《时报》馆主狄楚青商讨办报之道。他认为,要宣传变法维新,必先创办报纸,而要收到启迪民智之效,又必须以白话为本。裘廷梁为了推行文字革命,还组织白话学会,举办学堂,并和国学大师钱基博等展开了一场激烈的"文""白"之争,是我国早期白话文运动的先驱。

当时全国开始兴起办白话报的热潮,《无锡白话报》的出版得风气之先,仅迟于上海出版的《演义白话报》(1897)。其后,江苏续有十余种白话报出版,如包天笑主办的《苏州白话报》(1901),王薇伯等主办的《吴郡白话报》(1904),杜课园主办的《扬子江白话报》(1904),以及琴南学社主办的《江苏白话报》(1904,常熟),孙鸣仙创办的《锡金白话报》(1908)和《太仓白话报》(1908)等。这些报纸的政治倾向有所不同,《扬子江白话报》反对帝国主义侵略,不满清政府的腐败统治,对下层民众表示同情,但不赞成革命,主张君

---

① 麦家圈,今福州路和广东路之间的山东中路西侧。

主立宪,倾向于改良主义;《吴郡白话报》则鼓吹革命反清,措词激烈,倾向于资产阶级革命派,后被清政府查抄;《苏州白话报》介于两者之间,发表了《国家同百姓的直接关系》《论女学》《论妇女缠足之大害》等文章。但从江苏早期报纸的发展来说,白话报无疑起了先导作用。

这一时期创办的其他民间报纸中,以《无锡新闻》(1898)、《独立报》(1900)、《锡金日报》(1909)、《星报》(1907)等较为著名。《无锡新闻》创办人不详,报纸敢于仗义执言,有正义感,并倡议读报,认为"书以温故,报以知新",主张"为师者朝讲书,晚讲报,或单日讲书,双日讲报"。《独立报》由黄摩西为总编辑,庞独笑任经理,报纸有明显反清倾向,出版6个月后,满人彦秀到苏州当太守,认为《独立报》是破坏满清统治的"犯上"工具,下令封刊。《锡金日报》由原江苏旅日学生在东京创办的期刊《江苏》总编辑秦毓鎏等创办,文章和评论贯穿民主革命尖锐有力。张謇创办的《星报》则为倡导立宪运动和地方自治的报纸,反映了南通新派封建士绅观点。

这是江苏民间报纸发展的第一个浪潮。到1911年止,已有20多种报纸出版,分布于无锡、苏州、常熟、如皋、吴江、太仓、南通、扬州、镇江、江阴等地,都属于江苏南部或苏北沿江地带,江苏北端还几乎是一片处女地。

### (三) 晚清官报的出现

民间报纸的勃兴促使晚清官报的出现。戊戌政变后,清政府曾下令各地查禁进步报纸,但禁不胜禁,进步报纸日见增多。清廷鉴于这些报纸"挟清议以訾时局"。深深感到"听之不能,阻之不可,惟有由公家自设官报,诚使持论通而记事确,自足以收开通之效而广闻见之途",于是遂有创设和推广官报之举。在《北洋官报》创办之后,《南洋官报》依例于1904年2月在南京创刊。这张由南洋通商大臣和两江总督衙门主办的地方官报,在南洋官报局会办刘世珩主持下,在出版的8年中,先后为两日报、日报、旬报、五日报(书册式),发行3 700余份,覆盖江西全省、安徽全省、宁属各州县、苏属各州县等地区,是江苏晚清官报中出版时间最长、影响最大的一种。1905年继起的《南洋日日官报》,同为南洋官报局出版,舍弃书册式,为对开大报形式,但为时较短,出版仅年余。此外还有《南洋商务报》《劝业会旬报》《劝业日报》《江苏咨议局会期日刊》等报出版。这些报纸各有特点:《南洋官报》对当时地方乃至全国的军、政、学和工商界等的官方大事都有记述,遗留历史资料比较丰富,1935年出版的由叶楚伧、柳诒徵主编的《首都志》曾大量引用《南洋官报》上的资料。《南洋日日官报》虽也以反映官场上层人物的活动为主,官报色彩鲜明,但该报刊登商业性广告之多,为当时各报所罕见。《南洋商务报》《劝业会旬报》《劝业日报》是江苏最早的经济类报纸,前者除侧重报道商界动态和商业信息外,大量刊登有关商务的官方行文,后两者由南洋通商大臣端方发起的南洋劝业会(我国历史上第一个官商合办的大型产品博览会)主办,着重宣传劝业会的性质任务,报道与劝业会有关的来往公文,以及对各地经济发展的调查报告。《江苏咨议局会期日刊》则是在清政府预备立宪期间,专门报道以张謇为议长的江苏咨议局的会务活动和议案。存在时间最长的《南洋官报》出至1911年末停刊,从此晚清官报也就偃旗息鼓了。

### (四)早期报纸版式的嬗变

早期报纸由于出版传统和印刷条件所限,大都为书册式,报刊不分。如《无锡白话报》《苏州白话报》《吴郡白话报》《江苏白话报》《锡金白话报》《无锡新闻》《女子世界》《南洋官报》《南洋商务报》等都是如此。《女子世界》虽为书册式,但已见变化,彩色封面,色泽鲜艳,印刷精良。因为当时常熟还没有印刷所,故印刷发行均由上海大同印务局承担。《江苏白话报》由上海四马路大成印刷所承印,后期改出半月刊时改为铅印。但此时已初现报纸形式,如《星报》略小于四开,采用五号字体;《锡金白话报》为四开八版;《大汉报》是一种版型独特的六开报(后改铅印)。完全摆脱书册式印痕的报纸,唯有南洋官报局出版的《南洋日日官报》,为对开大报。而《江苏咨议局会期日刊》这张半官方报纸,在出版期间每天一张,四开四版。从"报"与"刊"的分流,到近代报纸的成型,是一个历史过程,早期报纸还不可能完全改变过来。

## 二、民初《临时政府公报》的出版和暂行报律风波

### （一）《临时政府公报》的出版和暂行报律风波

1912年元旦孙中山就任临时大总统后，临时政府公报局在南京出版了《临时政府公报》。《公报》刊登了临时政府的政策法令和重要函电，其中最重要的是35号(1912年3月11日)刊登的《中华民国临时约法》，是临时政府法制建设的最重要的成果。《公报》还刊登了各项除旧布新的政令，以及财经政策和教育改革等方面的法令法规。

《公报》第30号(3月6日)公布了内务部制订的《暂行报律》。《暂行报律》对报界约法三章："一、新闻杂志已出版及今后出版者，其发行人及编辑人姓名须向本部呈明注册，或就近高级官厅呈明注册，否则不准其发行；二、流言煽惑关于共和国国体，有破坏弊害者，除禁止其出版外，其发行人、编辑人应坐以应得之罪；三、调查失实，污毁个人名誉者，被污毁人得要求更正，要求更正而不履行者，经污毁人提起诉讼，讯明，得酌量科罚。"这一新闻政策公布后，引起了一场风波，新闻界强烈反对。孙中山也在《公报》33号指出："言论自由，各国所重，善从恶改，古人以为常师"，"该部所布《暂行报律》，虽出补偏纠弊之苦心，实昧先后缓急之要序，使议者疑满清钳制舆论之恶政，复见于今，甚无谓也。"这一报律于是被饬令取消。

### （二）一波三折的民间报纸

临时政府的大开报禁，从积极方面来说，是鼓励了民间报纸的发展。在1912—1913年两年中，有一批新创刊的民间报纸出现。如《民苏报》(1912)、《苏州日报》(1912)、《锡报》(1912)、《扬州日报》(1913)、《通海新报》(1913)、《新无锡报》(1913)等。江苏北部原来无报的处女地上也出现了《东台日报》(戈公振在1912年曾任该报图画编辑)、《醒徐日报》(徐州)等报纸。党派报纸这一时期也有发展，当时苏州一地就有党派报纸5种。其中国民党有《江苏新闻》(主办孙润宇、蓝公武)、《民信报》(主办庞栋材)，共和党有《江苏公报》(主笔张东荪)，进步党有《大声报》(主办李公弼、吴韶鸣)，统一

党有《民苏报》。这些报纸多半是为议会选举服务的,由于党争公开,两派报纸之间笔战不断。武进《公言报》和《新兰陵》之间的笔战尤为激烈,水火不相容。《公言报》负责人吕叔元、戴笠耕,过去都曾参加秘密反清组织,后参加国民党,故对袁世凯的阴谋窃国十分愤慨,该报曾发表一系列评论予以反击。《新兰陵》是钱以振等共和党人为对抗同盟会而创办的报纸,对《公言报》持敌对政见,两报笔战不绝。1913年"二次革命"失败后,袁世凯解散议会,《公言报》被地方审判厅以"附和乱党"罪封闭(1913年9月10日),《新兰陵》因有依附袁世凯之嫌,共和党员纷纷退党,不久该党即宣布解散,此报在《公言报》被封后不久也宣告停刊。

报纸的发展势头迅即逆转。"二次革命"失败后,袁世凯大肆讨伐异己,江苏民间报纸深受其害。一些报纸被封闭,报人遭通缉。直到1916年袁世凯死后,军阀混战方酣,报禁稍弛,江苏民间报纸才开始复苏。到"五四运动"前,江苏又出现了一批报纸,如苏州有《吴县市乡公报》(1916)、《吴语》(1916)等8种;无锡有《繁华新报》(1916)、《新锡报》(1916)、《新国民报》(1917)、《梁溪新报》(1917)、《新梁溪报》(1917)等9种;常州有《詹詹日报》(1916)、《晨钟》(1916)、《新时事》(1916)、《兰言日报》(1918)、《新报》(1918)、《警铎日报》(1919)等10种;扬州有《邗江周刊》(1916)、《十里春风报》(1916)、《大江北日报》(1917—1937)、《淮扬日报》(1918—1937)、《大声报》(1918)等6种;南京有《立言报》(1916)、《政闻日报》(1917)等6种;常熟有《常熟日报》(1916)、《虞阳日报》(1917)、《自由日报》(1918)等4种;南通有《南通新报》(1919)1种。这一时期开始有商业性报纸和消闲性的民间报纸出版,商业性报纸有《无锡商务日报》和扬州《江北商务报》,消闲性报纸有无锡《蓉湖风月报》和《西神日报》等。此外,江苏还出现了最早的通讯社,如张润琛在镇江创办的镇闻通讯社(1916),吴品山在扬州成立的江北通讯社(1917)等。

## 三、"五四运动"至第一次国内革命战争时期

### (一)革命社团报纸风起云涌

在1919年"五四运动"的影响下,各种社团报纸风起云涌。"五四"当年

创刊的《南京学生联合会日刊》是一张引人注目的报纸,阮真任主任编辑,张闻天等为主要撰稿人。张闻天在该报发表的《论社会问题》一文,开始以马克思主义的观点观察和分析中国社会,提出革命主张,是江苏乃至全国早期宣传马克思主义的文章(其时《新青年》马克思主义研究专号和陈望道翻译的《共产党宣言》第一个译本尚未问世)。"五四"时期主要社团少年中国学会南京分会会刊《少年世界》,张闻天、沈泽民等参加工作,注重理论与实际的结合,是一份有影响的刊物。徐州共产主义小组成立的公开组织——赤潮社,出版《赤潮月刊》,宣传共产主义理论和反帝反封建思想,提倡科学与民主。在1925年的"五卅运动"中,由锡社编印的《血泪潮》是一张富有战斗性的报纸,秦邦宪、孙冶方等积极为之撰稿。该报第一期《我们的宣言》一文,斥责了《字林西报》所谓"中国人过激"的谬论,热情澎湃地提出"拼洒热血,一洗此人类史上的奇耻污迹"。孤星社(安剑平、严朴参加)编印的《孤星旬刊》、锡社编印的《无锡评论》(秦邦宪曾任主编)、青城导社主办的《青城》、如皋平民社和潮桥青年学友会(吴亚鲁主持)主办的《民声》和《潮桥青年》,以及南通海潮社等创办的《血潮》《滴血》等报刊,也积极进行反帝爱国宣传。

### (二)民间报纸在不同程度上倾向进步

镇江教育界为响应"五四运动"创办的《新镇江周报》,表示愿作新文化运动的先导,并大声疾呼"去唤醒睡在被窝里的人,同到改造的路上"。武进《新武进》《商报》大力提倡白话文,传播新思潮,受到各界人士,特别是青年的欢迎。"五四运动"和"五卅惨案"发生后,邻近上海的南通报纸《通海新报》立即作出强烈反响:热情报道"五四"学生运动的消息,支持学生爱国行动,为学生焚毁曹汝霖住宅、痛打章宗祥叫好,并刊登劝告商民抵制日货的青年学生的来信,报纸本身也表示停登日商日货广告;"五卅惨案"发生后,该报立即作详细报道,又连续报道南通学生成立后援会支援上海斗争的情况,前后发表专文27次。该报后在1928年冬被国民党江苏省党部以"言行荒谬,蓄意反动"为由,下令封刊。《江声日报》(1924)是镇江较有生气、较有影响的大报,经理兼总编辑为刘煜生。刘为人正直,同情劳动人民,有正义感,敢说敢写,曾多次揭发国民党官员违法行为和吸毒恶习,因而触怒了当局。1932年7月25日,江苏省政府主席顾祝同借口《江声日报》副刊"铁犁"内容"显有激动阶级斗争的用意",密令省公安局长逮捕了刘煜生,并于次日封闭《江声日报》。一时舆论大哗,但顾祝同不顾各方的强烈抗议,悍然用军法枪毙了刘煜生。这一冤案震惊全国,南京首都新闻记者协会通电全国新闻机构及各社团一致声援,中国民权保障同盟执委会就此案举行大会,上海239名记者签名发表联合宣言。迫于全国的舆论压力,国民政府于是年9月1日向内政部、军政部发出保护新闻事业的训令,顾祝同因此被弹劾而调离任所。还有一些民间报纸,虽不如上述报纸那样激进,但也办得较有生气和特色。《吴江报》(1922)是范烟桥主编的一份乡镇报(吴江同里),办报宗旨是倡导"广开言路,活跃思想,针砭时弊,改革社会"。该报敢于编发揭露社会黑暗面的新闻通讯,还采取设置专栏的办法,让读者发表各种意见,在报上公开讨论。有些来稿经过范烟桥的精心编辑,配上一个富有韵味的标题,使文采大增。《无锡新报》(1922)是无锡工商界人士创办的报纸,属股份有限公司性质,钱孙卿为董事长,李伯森任社长兼主笔。该报兼收并蓄,既有钱基博主编的提倡国粹文学的文学月刊,又有宣传新文化运动的星期增刊,由沈佩弦、潘梓年等为主要撰稿人。此外每天还随大报附送一张专登金融物价、市场行情和广告的《市价日刊》。《轰报》(1923)人称是无锡小报霸王,连续出版14年之久。编辑记者大都是报界名人,其中曹君穆、曹涵美、曹血侠有"三曹"之称;包天笑、华微笑、庞独笑有"三笑"之称;朱涤秋、张涤俗、崔涤袭有"三涤"之称。该报篇幅虽小,但报人荟萃办得很有特色,以小品文为主,幽默成趣,对时局亦有评论,短小精悍。《苏民报》(1923)亦为无锡工商界人士创办,经济实力雄厚,报纸为对开八版,编辑人员有包天笑、毕倚虹、江红蕉、宋痴萍、范烟桥等知名人士,消息来源较广,内容较多,国内外电讯、江苏各地通讯、无锡城乡通讯以及学术文章都有,在无锡报界是空前的。报界人士认为,该报办得"不输于沪上二三流大报"。

这一时期江苏出版的报纸,据对一些主要城市的不完全统计,有一百数十种。分布地区亦有较大的扩展,如泰县出版了《通扬日报》(1919),高邮出版了《高邮日报》(1918),江阴出版了《江阴日报》(1919),兴化出版了《兴化公报》(1921),出版报纸的县城从1911年的10个增加到17个。

## （三）第一次国共合作期间出版的报纸

1927年大革命前,因南京尚是军阀孙传芳的地盘,故未闻有国民党蒋介石派系的报纸出版。仅知在第一次国共合作期间,在革命高潮之际,无锡、武进、江阴、苏州等地出现过一些有共产党员参加的国民党地方党部出版的报纸,但为时极短。在革命统一战线的国民党江苏省党部遭到彻底破坏(共产党员侯绍裘被害)和蒋介石发动"四一二"反革命政变后,尽遭摧残。有的虽以同名出版,但为右派所掌握,迅速转向反动。

这几张国共合作出版的报纸有《苏州民国日报》、《江阴民国日报》、武进《常州日报》、《无锡民国日报》。苏州、江阴两地的《民国日报》情况不详。武进《常州日报》是在1927年3月下旬中共常州独立支部以国民党县党部名义创办的;社长王听楼,编辑薛迪功,陈一梦负责对外。日出四开一张,宣传孙中山联俄、联共、扶助农工三大政策,4月下旬被迫停刊。《无锡民国日报》是中共无锡独立支部以国民党名义出版的。1926年冬,中共独立支部为加强革命宣传,激励民众投入轰轰烈烈的大革命,向有共产党员参加的国民党无锡县党部和市党部建议,以两个党部名义筹办一张日报。1927年1月,两个党部联席会议接受了这一建议,按月拨付办报费用,并委派冯耕庸负责筹备。3月22日出版的创刊号,一至四版均为套红,详细报道了无锡各界市民在火车站广场举行军民联欢会欢迎北伐军的盛况,并报道北伐军已光复上海,北伐军已占领雨花台开始进攻南京,以及无锡县农民协会、教育协会、妇女解放协会、学生联合会活动的消息。"四一二"政变后两日,无锡国民党"清党委员会"在血洗总工会杀害总工会负责人秦起之后,又武装袭击了《无锡民国日报》,设备被毁。这张在大革命风暴中诞生,以国民党名义创办,实为共产党领导的报纸,从此被迫停刊。

## 四、十年内战时期江苏新闻事业的格局

### （一）国民党中央新闻机构的建立

宁汉分裂期间,武汉《中央日报》为汪精卫派系控制。1927年3月蒋介

石到上海就自行出版了上海《中央日报》。1927年4月,国民党定都南京后,上海《中央日报》就由沪迁宁出版。开始由国民党宣传委员会主任叶楚伧主持工作,总编辑严慎予,总经理曾集熙。后由程沧波任社长兼总主笔,总编辑先后有张客公等。《中央日报》创刊的宗旨,据其宣称为"以三民主义驱除共产主义,以三民主义鼓吹建设",叶楚伧主张《中央日报》要"照着一个党报去办,要摆开堂堂之阵,竖起振振之旗,不必伪装,不必虚饰"。这一时期的《中央日报》秉承蒋介石的旨意,接连发表了《论攘外必先安内》《再论攘外必先安内》等社论,为蒋介石的不抵抗主义和"剿共"反革命行动辩解。对"一二·九"学生运动,一些民间报纸称之为"学生运动的复兴",《中央日报》则指责学生被人利用,并刊载与事实不符的新闻报道,致学生捣毁报馆(珍珠桥旧址)。由于国民党内部派系林立,《中央日报》也开罪了党内的有些人士,如1924年因刊登了监察院弹劾铁道部长顾孟余及其答辩的文稿,行政院长汪精卫因此在中常会上拍桌大骂,后国民党中央政治会议作出决议,该案"非经中政会核,不能向外发表",程沧波因而称病告假。西安事变后,何应钦一派力主讨伐,《中央日报》也发表社论,主张武力解决,招致了宋美龄、宋子文等的不满。在程沧波任内,中央日报社还先后出版过《中央时事周刊》、《中央月刊》(刘光炎主编)和《中央日报庐山版》(1937年夏,主任朱虚白)。

中央通讯社是第一次国共合作时期,在孙中山的关怀下,创办于广州,直属国民党中央党部。1924年迁往武汉,1927年7月汪蒋合流后由武汉迁来南京,与蒋派通讯社合并成中央社。开始时设备较简陋,由胡汉民任主任。1932年国民党中央决定改组中央社,由萧同兹任社长,南京设总社,在汉口、上海设分社,之后又逐步在北平、天津、西安、香港设立分社。1936年时,中央社已在全国建立了11个分社,并在全国各地派遣了大量随军小组、特派员和特派记者,全社人员共有1000余人。中央社还与外国通讯社洽谈新闻交换购买办法,相继与路透、哈瓦斯、海通、合众、国际等社订约。还先后在日内瓦、巴黎、华盛顿、莫斯科、新加坡、新德里、加尔各答、伦敦、纽约等地设驻外特派员或分社、办事处等机构和人员。中央社既有庞大的通讯网垄断国内新闻,又成了国外消息的总汇。

中央广播电台在1928年建立,配备西门子的发射设备,在30年代号称"世界第三,远东第一"。与中央日报社、中央通讯社三位一体,构成了国民党中央相当强大和完备的新闻网络。

### (二)国民党江苏省党部对省、县两级党报的规划和建设

1927年江苏省政府由南京迁至镇江后,根据国民党中央通过的《省县两级党部工作条例及其细则》等指示和规定,国民党江苏省党部先后出版了《苏报》《徐报》《淮报》《海报》4种省直属党报。1933年,国民党江苏省执行委员会所属的"推行社会事业委员会"和"新闻事业委员会",对省内国民党党报的建立作了新的布局:将全省划分为6个报区,即苏报区(15县)、吴报区(16县)、通报区(9县)、淮报区(7县)、海报区(6县)、徐报区(8县);规划每个报区设省直属党报1种,各县办县级党报1种,但实际上省直属党报仅出上述4种。县级党报到1933年底有44个县出版,其中主要的有《国民导报》《武进中山日报》《皋报》《靖江日报》等。

有的国民党报纸在一段时间里实际为共产党控制。20世纪二三十年代国民党如皋县党部党报《皋报》先后有共产党员徐家瑾、叶胥朝任编辑主任。叶胥朝和进步青年俞铭璜等组织"春泥社",先后在该报开辟《谷雨》《炮火》副刊,发表了不少进步文章。30年代的《金陵日报》是由国民党元老林森等出资创办的,号称国民政府机关报。1937年共产党人陈同生进入该报任社长兼总编辑,党组织派何云、朱穆之担任编辑,使《金陵日报》一度成为共产党宣传团结、抗日、民主的舆论阵地。1938年创刊的《新通报》是以国民党南通县党部名义创办的,实际为中共江北特委控制,由李俊民任主编,报纸摒弃反共文章,坚持抗日宣传。这种特殊现象,是在当时当地的具体历史条件下形成的。

### (三)国民党新闻教育的起步

国民党党报的发展推动了国民党新闻教育的起步。在20世纪30年代,国民党中央政治学校大学部设有新闻系,系主任由教导主任刘振东兼任,教育内容在办学过程中有所发展。初期课程有国文(王易、王粹伯讲)、

政治学(萨孟武讲)、经济学(赵兰坪、寿勉成讲)、中国近代史(左舜生讲)、西洋史(陈石孚讲)、法律学(梅祖芳讲)。还邀请冯友兰讲新儒学,詹文浒讲现代思潮,陶希圣讲中国思想史,萧孝嵘讲心理学,罗根泽讲中国文学批评史,贺麟讲哲学,陈铨讲戏剧,张恨水讲小说,孙伏园讲报纸文艺副刊,成舍我讲办报经验等。当时招收学生较少,每班10余人。

### (四)国民党对新闻事业的控制

为进一步控制新闻事业,国民党在这一时期制订了一系列的法规、条例,如1928年出台的《检查新闻条例》《出版条例》,1929年的《宣传品审查条例》,1930年的《出版条例施行细则》,1932年的《宣传品审查标准》,1933年的《重要城市新闻检查办法》《新闻禁载标准》,1935年的《审查取缔大小日报标准》《取缔刊登军事新闻及广告暂行办法》《敦睦邦交令》《修正出版法》。这一时期国民党对报纸的新闻检查不分党内党外,都在检查之列。

除了上述一系列反动法规和法令外,国民党还有常设的新闻检查机构。在中央有中央新闻检查处,由宣传部长叶楚伧兼任处长。在江苏有省新闻检查所,各省市亦成立新闻检查所,各重要城市则成立新闻检查室,从上而下形成了全国性的新闻检查网。对国民党强行进行的新闻检查,江苏报纸作了各种形式的斗争。如中共江苏省委主办的报刊采取不断改名、伪装封面等办法来避开国民党的新闻检查;《吴县市乡公报》《大光明报》《苏州日报》《吴县日报》《苏州明报》采取集体停刊的办法,使苏州市几乎变成无报的世界,后官方被迫取消"联合新闻检查处"。

### (五)中共党报在国统区坚持斗争

在国民党的白色恐怖下,1927年中共江苏省委在上海成立后,省委及其所属系统创办的报纸,主要有《上海工人》《上海报》(谢觉哉主编,省委指导工人运动的报纸)、《大中报》(应修人主编)、《真话报》(潘梓年主编)、《少年真理报》(共青团江苏省委机关报)等。《红旗日报》(李求实编辑),原是中共中央机关报,后为中共中央和江苏省委共同的机关报。这些报纸热情地宣传鼓动和指导工作,与国民党进行了不屈的斗争,但也受到当时党内"左"倾错误的干扰。由于白色恐怖严重,不得不采取伪装,如一度以消闲性小报形式出现,并不断改变报纸名称。随着党组织的历遭破坏,党的新闻宣传工作一度陷于停顿。此外,江苏各地党组织在国统区创办过一些报纸,如溧阳特支的《溧阳日报》(狄超白主编)、盐城县委以综流文艺社名义出版的《海霞》半月刊和《文艺青年》报(因胡乔木不能公开出面,故由乔冠华任主编)等多种,但为时较短。

### (六)民间新闻事业发展的数量和质量

这一时期国民党报纸居统治地位,但在品种和数量上,仍是民间报纸占多数。随着国民政府建都南京,工商业有所发展,城市人口迅速增长(南京人口 1928 年为 49.65 万人,1936 年达 100.7 万人),因此在 1927—1936 年期间江苏各地出版的民间报纸为数较多,并一度出现高潮。据许晚成《全国报馆刊社调查录》(1936)载,南京其时共出 280 种报刊,其中日报 37 种。江苏各县市共有 365 种,其中日报 180 种。出版数列前八位者为:镇江(共出 51 种,其中日报 18 种)、苏州(共 31 种,其中日报 14 种)、无锡(共 29 种,其中日报 11 种)、江都(共 22 种,其中日报 11 种)、常熟(共 16 种,其中日报 10 种)、南通(共 16 种,其中日报 7 种)、高邮(共 11 种,其中日报 10 种)、武进(共 11 种,其中日报 8 种)。民间通讯社也在 1931 年至 1937 年抗战全面爆发前进入繁荣期。据不完全统计,在南京多达 36 家(其中严家淦侄严复周所办新声通讯社,通讯稿篇幅最大,内容最丰富,消息亦较新颖),镇江有 16 家,南通、扬州各有 6 家,徐州、无锡、苏州分别有 3—5 家。此外,民间自娱性、商业性的广播电台为数也不少,但未形成较大规模。这一时期毕竟是民间新闻事业发展的一个重要阶段,江苏各地都出现了一些办得较好、影响较大的报纸。主要有:成舍我 1927 年在南京创办的《民生报》,以消息迅速、短小精悍、通俗易懂、编排新颖著称,是后来在上海出版的著名小型报纸《立报》的前身。1929 年陈铭德创办的南京《新民报》和其后由张恨水、张友鸾创办的《南京人报》,王公弢创办的《朝报》(主要编辑人员张慧剑、赵超构、施白芜),以及无锡的

《人报》、苏州的《吴县日报》和镇江的《新江苏报》等，都办得卓有声望。这一时期的民间报纸在经营上也开始从混乱走向正轨。在此以前，一些文人办报几乎不懂经营，经济上往往陷于难以为继的境地。从20世纪二三十年代起，一些报纸注意版面更新，努力改善经营。当时沪宁线苏锡镇等地报纸的日发行量有的已能达到5 000—8 000份，南京《新民报》《扶轮日报》《中国日报》《新京日报》《救国日报》等日销1万余份，《朝报》更高达9万份，远远超过了日销3万份的《中央日报》。经营上的起色使一些报纸有能力于改进新闻报道和印刷质量。过去，民间报纸主要报道地方新闻，此时开始通过购买通讯社电讯稿和派出记者等方式，扩大新闻的报道面，使本地读者更多地知道外部世界。"一·二八"淞沪抗战时，《吴县日报》率先派出战地随军记者，发回报道，并拍摄和收集了大量战地实况图片。报纸的新闻摄影工作也在这时开始建立。在印刷手段方面，《新民报》等已使用轮转机，《吴县日报》主办人吴觉民继包天笑之后访日，观摩日本新闻界的运作，并购置了彩色轮转机，把报纸办得有声有色。

### （七）报纸分布格局的重要变化

这一时期，国民党官方报纸及民间报纸出版数量大增，报纸的分布格局亦有重要变化。据国民党江苏省党部新闻事业委员调查(1934)，当时江苏除邳县、赣榆、灌云三县外，其余各县都有报纸出版。一县出版日报10种以上的有镇江一地；一县出版日报5—10种的有丹阳、宜兴、常熟、江都、泰县、淮阴、武进、无锡、吴县、松江、南通、铜山等12个县；出版2—4种的有句容、江阴、太仓、金山、海门、启东、泰兴、六合、昆山、崇明、如皋、靖江、东台、高邮、淮安、盐城、泗阳17个县；出版1种的有金坛、吴江、南汇、奉贤、涟水、丰县、宿迁、沭阳、江宁、嘉定、青浦、江浦、沛县、睢宁14个县；高淳、上海、兴化、宝应、阜宁、萧县、溧水、溧阳、扬中、宝山、川沙、仪征、锡山13个县，虽有间日、三日或周刊出版，但还没有日报。可见，这一时期报纸的发展，在消除旧有的地区分布不平衡之后，又出现了某些新的不平衡，它主要表现在各地出版报纸的种数和刊期上见表6。

表6　江苏各地报纸分布情况(1934年)

| 县名 | 报社数 日报 | 报社数 间日、三日或周刊 | 县名 | 报社数 日报 | 报社数 间日、三日或周刊 | 县名 | 报社数 日报 | 报社数 间日、三日或周刊 |
|---|---|---|---|---|---|---|---|---|
| 镇江 | 14 | 1 | 宝应 | | 2 | 崇明 | 2 | 3 |
| 句容 | 2 | | 淮阴 | 7 | | 南通 | 8 | 3 |
| 高淳 | | 1 | 阜宁 | | 1 | 如皋 | 3 | 2 |
| 金坛 | 1 | | 涟水 | 1 | | 靖江 | 2 | |
| 丹阳 | 5 | | 丰县 | 1 | | 仪征 | | 1 |
| 宜兴 | 6 | | 萧县 | | 1 | 江浦 | 1 | |
| 江阴 | 3 | 4 | 宿迁 | 1 | | 东台 | 2 | |
| 常熟 | 7 | 2 | 沭阳 | 1 | 1 | 高邮 | 4 | 5 |
| 吴江 | 1 | 2 | 江宁 | 1 | | 盐城 | 4 | |
| 太仓 | 2 | 2 | 溧水 | | 1 | 淮安 | 4 | 2 |
| 上海 | | 1 | 溧阳 | | 2 | 泗阳 | 2 | |
| 南汇 | 1 | 2 | 扬中 | | 1 | 铜山 | 6 | 8 |
| 奉贤 | 1 | 1 | 武进 | 8 | 7 | 沛县 | 1 | |
| 金山 | 2 | | 无锡 | 7 | 3 | 锡山 | | 1 |
| 海门 | 4 | | 吴县 | 10 | 7 | 睢宁 | 1 | |
| 启东 | 2 | | 昆山 | 2 | 2 | 江浦 | 1 | |
| 泰兴 | 2 | 1 | 嘉定 | 1 | 1 | 邳县 | / | / |
| 江都 | 6 | 13 | 宝山 | | 2 | 赣榆 | / | / |
| 六合 | 2 | 1 | 松江 | 6 | 1 | 灌云 | / | / |
| 泰县 | 6 | 1 | 川沙 | | 1 | | | |
| 兴化 | | 7 | 青浦 | 1 | 2 | 总计 | 155 | 97 |

## （八）处于沪宁大报的包围中

江苏报纸的发展已进入相对稳定时期,但一些报人却感受到所处的困境和所受的压力,慨叹江苏报纸处在沪宁大报的包围中。包天笑在发表于上海《万象》杂志的《我与新闻界》一文中谈到,无锡薛君拟在锡办一报,以为无锡是苏南中心区域,又是工商荟萃之地,颇有发展希望,然而结果是失败了。那时的无锡,下午一点钟的时候,上海各报就全到了,有的大报还往往是四五张,一个地方报纸怎能与之竞争呢?因之这个报不到一年就夭折了。曾任《苏报》社长的王振先在《苏报之过去与现在》一文中也谈到这点,认为:江苏报纸处在上海、南京各大报的包围中,欲谋长足之进展,实非易事。今后地方报纸若墨守旧时规模,不加扩充,将来必有没落之一日。但也有报纸主持人并不作如是观。如镇江《新江苏报》发行工作有一特点,即把重心放在苏北而不是苏南,报道也注意采写、刊登苏北的新闻,因此在全盛时期日出对开两大张半(十版),日销达2万份。

## 五、抗日战争时期江苏报纸在逆境中发展

### (一)抗战爆发后江苏报纸的转移和停办

1937年抗日战争全面爆发后,在南京的《中央日报》、中央通讯社、中央广播电台等国民党中央新闻机构西迁重庆(《中央日报》在重庆设总社,桂林、邵阳设分社)。江苏省党部主办的《苏报》,先是转移到苏北兴化出版,不久便停刊。民间报纸中,南京《朝报》迁往昆明;《新民报》迁往重庆;《中国日报》曾迁往皖南屯溪出版;《武进新闻》部分人员流亡到湖南湘潭出版《武进新闻》(湘潭版);镇江《新江苏报》三次流亡,第一次是从镇江撤往扬州,第二次是扬州失守前转移到泰州,第三次是泰州沦陷时转移至沪,最后转移到宜兴张渚镇办报。转移到外地继续出版的报纸是少数,大部分报纸都是在当地沦陷时停刊。

### (二)半壁江山下的国民党报纸

日军侵占江苏后,尚有苏南、苏北一些地区未曾失陷,在半壁江山下,仍有若干国民党党政军报纸出版。其中有《动员日报》《战报》《江南日报》《新群报》《苏报》等几种。《动员日报》是李宗仁的第五战区司令部在徐州成立后,李部"动员委员会"所创办,以报道战区新闻为主,对动员抗日起了一定

的作用。台儿庄战役后随战区司令部撤离,迁至湘鄂交界的老河口,报纸更名《振中日报》。《新群报》是苏皖边区游击总指挥部所属第四纵队主办的报纸,主张抗日,反对顽军,坚持民族气节,在社长陈中柱中弹牺牲后停办。《战报》《江南日报》分别是韩德勤的江苏省政府和冷欣的江南行署的报纸。这些报纸除《战报》为对开,发行六七千份外,其余均为小型报纸,发行范围不大。此外还有一种《苏报》,系国民党江苏省政府的机关报,办报地点已不在江苏境内,而是在皖北阜阳。

### (三) 抗日根据地中共党报大发展

江苏国民党报纸在战时大大萎缩。另一方面抗日根据地中共党报却获得了空前的大发展。这些报纸是随着苏南、苏中、苏北、淮南、淮北抗日根据地的开辟而涌现的。1938年春天,陈毅领导的新四军第一支队和张鼎丞领导的第二支队建立了以茅山为中心的苏南抗日根据地,二支队政治部首先创办了《火线报》,随后建立了新华社苏南支(分)社。相继出版的报纸有:管文蔚、叶飞领导的新四军挺进纵队的《群众导报》、江南东路特委的《大众报》和《江南》半月刊、江南救国军("江抗")东路指挥部在谭震林领导下创办的《东进报》、丹北特委的《前进报》以及太工委的《突击报》等。

1940年7月,陈毅、粟裕率部北渡长江,开辟了苏中根据地,先后建立了4个行政区和1个特区。各专区都办起了自己的机关报。其中有:四分区的《江海报》、一分区的《前哨报》、三分区的《江潮报》、二分区的《滨海报》和《群众报》。1941年5月,根据刘少奇的提议,新四军一师《抗敌报》转到地方出版,成为苏中区党委的机关报(俞铭璜主编),新华社苏中分社也开始建立。苏中《抗敌报》停刊后,苏中区党委又创办《苏中报》(林淡秋主编)。《联抗报》则是"联抗"政治部和泰东兴特委(后改地委,宣传部长彭柏山)领导的统一战线性质的报纸。此外苏中地区出版过一批部队报纸、地方县委报纸和向敌占区发行的特种类型的报纸,如《新报》、《申报》(苏北版)、《斗争生活》、《战斗报》、《苏中画报》、《战旗报》、《靖江报》、《江都导报》、《东台快报》、《泰东人民》、《大众新闻》、《启海导报》、《南通报》等。

1940年苏皖区党委、八路军南进支队开辟淮海根据地和南下八路军、北上新四军会师开辟盐阜根据地后,相继创办的党报有淮海地区的《淮海报》、盐阜地区的《盐阜报》和《盐阜大众》,盐阜通讯社(后改新华社苏北分社)也于此时建立。以后两地区合并组成苏北区党委,又出版过《苏北报》。此外还有《老百姓报》《先锋报》《前线报》《战斗报》《奋斗报》《战旗报》《前锋画报》《火花报》和三师的《师直小报》等部队报和地方报。

在新四军开辟苏南根据地的同时,1938年新四军游击支队(四师)进入豫皖苏地区,开辟了淮北根据地。原在河南确山创刊的《拂晓报》也随之来到淮北出版,与豫皖苏区党委的《人民报》(社长曹荻秋,副社长庄重,编辑主任邓岗)同时并存。继之出版的有苏鲁豫区党委的《团结日报》、淮北区党委的《淮北大众》,以及《铁流报》《长淮报》《宿风报》《淮上导报》《路东报》《夏声报》《淮宝报》等部队和地方报纸。

1939年,活动于苏皖边境的新四军第二支队(二师)开辟了淮南根据地。津浦路东创办的报纸有路东区党委的《新路东报》(包子静主持)、淮南区党委的《淮南日报》和《淮南大众》。此外还有二师五旅的《前锋报》和仪征县委的《新仪征报》等。

在抗日战争时期,除上述各区党委、地委、县委报纸外,作为华中全区性党报有《江淮日报》《新华报》。《江淮日报》1940年创刊于盐城,是中共中央中原局(后改华中局)的机关报,是当时中国共产党继延安《解放日报》、重庆《新华日报》之后出版的第三种大型日报。《新华报》是华中局和新四军军部在陈毅提议下创办的新的机关报。这两张报纸对指导江淮河汉之间的政治、军事、经济斗争起了重要作用,是党报创造性地贯彻党的统一战线、武装斗争、党的建设的范例。由于党报的凝聚力,著名进步文化人冯定、杨帆、吕振羽、钱俊瑞、孙冶方、阿英、薛暮桥、骆耕漠、夏征农、丘东平、许幸之等荟萃其间,给党报很大的支持。同时带动了苏北地区新文化运动的发展,相继成立了江淮通讯社、江淮出版社、苏北文协、"青记"华中分会,先后出版了《江淮杂志》《江淮文化》《江淮艺术》《江淮画刊》等刊物,使盐阜地区一度成为敌后的新闻文化中心。

华中局及各级党委领导对党报工作极为重视。华中局书记刘少奇亲自兼任《江淮日报》社长(副社长王阑西),陈毅兼任《新华报》社长(总编辑陈修良),粟裕兼任《苏中报》社长(总编辑林淡秋)。陈毅还认为,党报有"笔扫千军"的巨大作用,并且说:"宁愿减少一个旅的经费也要办这张报(指《新华报》)。"领导同志还亲自为报纸撰写社论等重要文章,及时审阅稿件,给编辑部具体指导。刘少奇、陈毅、粟裕亲自起草和修改定稿的《江淮日报》《新华报》《苏中报》的发刊词,多方面地论述了党报工作,是中国共产党新闻学基本观点的重要组成部分,具有广泛的指导意义。正因为有党的坚强领导,解放区报纸得以根据形势的变化,实现发展—调整—再发展并日益壮大的总趋势。这些调整有纵向的也有横向的,纵横交织蔚为大观。苏南根据地最早出版的《火线报》原为新四军二支队的军报,其后成为六师十六旅的军报,1944年由于实行一元化领导,又改为苏南区党委的机关报《苏南报》,1945年粟裕、叶飞率部南下浙江后,《苏南报》再改为《苏浙日报》。创刊于苏(州)常(熟)太(仓)地区的《东进报》,后改为六师十八旅的军报,1945年北撤至江(都)高(邮)宝(应)地区改名《前哨报》,先后为一地委和军分区的机关报,1944年萧湘率《前哨报》一部分工作人员东进,创办了二地委的《群众报》。二分区创办的《滨海报》后来成为《苏中报》的主干;《苏中报》又成为《新华日报》(华中版)的重要组成部分。几乎每一张报纸都有它发展的源和流,分流和合流是解放区报纸发展调整的主要形式。1941年江苏省委撤销秘密建制后,文委和《每日译报》等报刊的党的新闻工作者和进步文化人林淡秋等来苏北,壮大了解放区报纸的办报队伍,促进了解放区报纸的发展。国统区党报和解放区党报的合流也是一个重要的调整。

### (四)中共江苏省委报纸在上海"租界"的斗争

共产党在江苏各抗日根据地大力创办各级党报的同时,又坚持在国统区领导进步新闻界坚持抗日救亡斗争。中共江苏省委1937年在上海重建后,利用"孤岛"的特殊环境,协同八路军上海办事处,冲破黑暗,创办了纯翻译性报纸《译报》以及其他一些报纸。《译报》被迫停刊后,又利用租界当局与日本侵略者的矛盾,以洋商名义改名《每日译报》出版,并影响到一些抗日报纸以同样方法坚持在租界办报。省委推动和领导的上海新闻界的抗日救亡斗争,一直坚持到1941年太平洋战争发生和1942年奉命撤销秘密省委建制时为止。

### （五）日伪报纸从登场到覆灭

1937年日本帝国主义全面发动侵华战争后,在占领区内建立了一些傀儡政权。在南京,1938年成立了梁鸿志为首的日伪维新政府,伪维新政府解体后,又于1940年成立了以汪精卫为首的汪伪国民政府。这两个傀儡政权在南京和江苏都创办了一批报纸,前者10余种,后者20余种。

维新政府的报纸主要有《南京新报》《苏州新报》《新锡日报》和《常州新闻》等。汪伪政权登场后,对以前维新政府创办的报纸加以整顿,撤换了一些报纸的负责人,更改报名,并新办了一些报纸,主要有《民国日报》《中报》《江苏日报》等。《民国日报》是汪伪宣传部的直属机关报,由秦墨哂任社长,关企予为总编辑;《中报》是周佛海为谋求自我宣传创办的报纸,周佛海兼董事长,社长由罗君强兼任,总编辑倪蝶苏;《江苏日报》是汪伪江苏省政府主办,由冯节任社长,总编辑冯子光。汪伪政权还将原设上海的汪派中华通讯社和原维新政府的中华联合通讯社合并,建立了汪伪统治区全区性的通讯社中央电讯社,由汪伪中宣部长林柏生兼任社长。此外还建立了汪伪的中央广播电台,由此构成了汪伪政权的新闻网。

日伪新闻机构虽同样进行媚日卖国宣传,但表现不一。由于维新政府的主体是原北洋政府的一些政客、军阀所组成,政治资本贫乏,故其宣传也显得陈腐拙劣。《大民周报》,鼓吹"民德主义"。《江南日报》提倡"宣扬宗教,导正世道人心",借佛教之名来麻痹人民仇恨日伪的情绪。而汪伪政权的首要人物则是从国民党分裂出来的亲日派大资产阶级,装扮成三民主义的忠实信徒,具有较大欺骗性。《民国日报》鼓吹日中合作和东亚和平,曲解孙中山当年提出的大亚洲主义,为日本帝国主义的侵略战争作辩解。《江苏日报》常以多种形式为日军的侵略行径摇旗呐喊,太平洋事变后连日以显著版面刊登日本海陆军"辉煌战果"的照片,并称之为"大东亚划时代的圣战"。为了吸引读者,一些汪伪报纸对版面编排比较重视,周佛海系统的《中报》即以"编排精彩"著称于汉奸报中。

汪伪政权对新闻事业的统制极严。1941年,汪伪宣传部公布《宣传部直属报社分区改进委员会通则》,目的是通过这一机构监督各区直属报社的经营和宣传,并决定将《南京新报》《苏州新报》分别更名为《民国日报》《江苏日报》,直属汪伪宣传部管理。1942年,汪伪最高国防会议通过的《战时文化宣传政策基本纲要》又提出推行"一地一报,一事一刊"的政策,"主要地方有设一报以上之必要者,应分别确定其性质"。所以当时除汪伪政治中心南京和江苏省会苏州有数种报纸出版外,各县只限于出版一种,分别属于汪伪宣传部划分的南京、苏州、扬州、上海等几个报区管理。民间报纸根本无法立足,即使是日伪创办的报纸,也要经过日本军方和汪伪宣传部的严格检查,一经发现"不妥之处"就提出警告和处分。汪伪政权禁止当时上海租界发行的华文报纸入境,故开始时报纸尚有一定销数。《中报》初出对开一张半,后扩大为两张,并增出《中报译丛》《中报周刊》。到日本战败前夕,这些报纸处境日益狼狈,许多报纸缩减篇幅,有的被迫停刊。日本宣布无条件投降后,日伪报纸先后被国民党各级党政机关接收,改出自己的机关报。

## 六、解放战争时期的江苏新闻界

### (一)国民党报纸的恢复和重建

抗战胜利后,国民党中央和江苏省党部鼓励和推动战前出版的党报的恢复和重建。江苏省政府、省党部回到苏州接收日伪《江苏日报》后,在1945年9月出版《苏报》(苏州版)。各地县级党报部分恢复,并在接收敌产后新办了一些国民党、三青团的报纸。《中央日报》和国民党军方报纸《和平日报》(原《扫荡报》)先后于1945年9月和11月由渝迁宁出版。为了适应"戡乱建国"的需要,还建立了第二个全国性的通讯社军事新闻社。由于这时南京又成为全国的政治中心,商业渐盛,人口回升(日伪时期南京人口锐减,还都南京后,人口回升至100万以上,1948年达到135.7万人),《中央日报》日出对开三大张,销数号称9万份,收支月有盈余。《苏报》日出一大张半,发行1.8万份,《徐报》也日出一大张半,销数5 000份。因此,在1946—1947年间,形成了国民党新闻事业的又一个发展时期。

与战前相比,此一时期国民党中央新闻机构加强了对全国的辐射,同时又有不少中外记者来宁采访。各地报社此时先后在宁设驻京办事处,总数有62家,分属于上海、北平、杭州、天津、重庆、昆明、汉口、南昌、长沙、太原、广州、桂林、青岛、沈阳、苏州、常州、无锡、九江、台湾(《新生报》)、香港(《星岛日报》)、纽约(《美洲日报》)。其中以上海为最多,共17家,包括:《上海中央日报》《申报》《新闻报》《正言报》《东南日报》(主任穆逸群,特派员赵浩生等)、《前线日报》《立报》《商报》、上海《大公报》《和平日报》《时事新报》《通讯论坛》《益世报》《金融日报》《粮食日报》《新夜报》《大众夜报》。此外,据称当时国民党当局还在中央通讯社对面新建了一座多层大楼,准备专供各外国通讯社使用。可见当时国民党中央为使政治中心南京在抗战胜利之后再度成为全国的新闻中心的营造是相当着力的。

这一时期的国民党党报,在版面组织、报纸经营方面有若干新的变化。其一是刷新版面,以《中央日报》为例,该报在社长马星野主持下,力求革新,提出了"现代化、杂志化、大众化、世界化"的发展目标。在"报纸杂志化"的方针下,当时《中央日报》有专刊副刊10余种(《和平日报》有20种),期望把不同层次不同年龄的读者吸引过来。其二是向企业化方向发展,在经济上实行自给自足。《中央日报》在陈立夫的支持下,于1947年将《中央日报》改组为股份有限公司,第一届董事会选举陈立夫为董事长,陈诚为常驻监察人,马星野为常务董事兼社长,使该社经营上较有起色。其三是一些地方党报出于政治和经济上的原因,和群众团体或社会人士合办,向半官方或民间报纸转变。南通《国民日报》原为中统县一级负责人主持,1947年成立股份有限公司,由地方知名人士参加董事会。《武进中山日报》也表白:"经费努力自给自足,绝不受任何机关团体补助或个人的津贴。"

但是这些变化并没有改变国民党党报的性质。在《中央日报复刊三周年纪念特刊》上,总编辑李荆荪称,将"不犹豫地拥护戡乱决策";总经理黎世芬说,要"站在本党主义和国家决策的立场上,发挥坚强的个性"。这一时期的《中央日报》,以"戡乱建国"为中心,以显著篇幅报道了国民大会召开、蒋中正当选首届总统和国军占领延安等消息。在淮海战役后的1949年初,《中央日报》还连续发表了《下决心打到底》《不言和,不迁都》《坚定就是力量》《捍卫江淮,安定京沪》等社论。《和平日报》则配合国民党的军事行动作报道。1948年国民党当局对内战作出新部署后,《和平日报》连续发表了《加强华中剿匪力量》《国军为统一、民主、建设而战》等多篇社论;在战局失利时,又发表了《检讨开封之战》《念将士看后方》《后方必须配合前线争取胜利》《彻底总动员加强戡乱力量》等社论。《徐报》则穷极无聊地不断散布政治谣言。由于解放战争形势的急转直下,一些国民党报纸被迫缩减篇幅,《中央日报》的日发行量由9万份惨跌至不足1万份。随着国民党在大陆统治的终结,南京这个新闻中心的地位,也就很快成为过眼烟云。

### (二)国统区新闻教育的进展

这一时期国民党政权的新闻教育也有所进展。抗战胜利后,内迁重庆的中央政治学校大学部新闻系迁回南京,更名为国立政治大学新闻系。1946年秋改隶国民政府教育部,系主任由《中央日报》社长马星野兼任。此时政大新闻系的课程除基础课外,有新闻学概论、中国报业史、外国报刊史、新闻的理论和实践、外国通讯社概况、新闻采访、新闻写作、报告文学写作、新闻标题的理论与技术、新闻摄影、广告与发行、报业经营和管理、新闻道德、新闻政策、报纸与社会服务等业务性课程,专业性较抗战前更强化。该系将外语放在重要位置,以英语写作、会话为主,每一学生还要选修一门第二外语(法语、德语、西班牙语、日语)。为帮助大学生掌握新闻业务,成立了新闻研究会,并出版《政大学生报》和《新闻学季刊》。该系的教育特点是:理论知识与专业知识相结合,理论与新闻实践相结合。与此同时,战时在四川壁山建立的国立社会教育学院迁至苏州办学。新闻系主任为俞颂华,俞逝世后由马荫良继任。该系在解放前共招生四届,每届约30人,除有许杰、曹聚仁等担任教职外,还聘请知名报人作专题讲座。教育内容除公共课外,专业课有新闻学概论、新闻事业史、社论、新闻写作、采访编辑、新闻文艺、英文文选选读、报业经营与管理、摄影等课。该系办有实习报《新社会报》,部分学生在《大江南报》办了"新闻知识"专栏。还举办过全国报纸展览会,展出报纸1650种,其中部分报纸为学生方汉奇所收集,扩展了学生的视野。1946—1947年间,《中央日报》出《报学》双周刊,前后共出44期。1948年9月1日,《中央日报》正式创刊综合性新闻学期刊《报学杂志》,主编马星野。

撰述委员 61 人,大多是国统区新闻界知名人士,其中有俞剑虹、成舍我、张友鸾、曾虚白、胡道静、顾执中、蒋荫恩、曹聚仁等。主要栏目有"报坛请议""座谈会""报学论著""新闻界新闻""报人传记""记者经历""新闻教育"等,1949 年 1 月停刊,共出 11 期。此外,还有国防部新闻局主持的新闻工作人员训练班。1946 年军事新闻通讯社初创时期,军闻社工作人员中除社长杨先凯(后任副社长兼总编辑)系复旦大学新闻系毕业生外,其余人员主要从原军委会政工人员和从军知识青年中选调来的,真正学新闻的人很少,不能完全胜任工作,故在国防部新闻局主持下举办此训练班,班主任由政工局长邓文仪兼任。设有专修系和研究系两个系,每期 3 个月,主要课程均使用自编的速成教材,如《新闻学大纲》《新闻学概要》《新闻写作技巧》等。从 1946 年下半年到 1947 年期间,先后举办了 36 期训练班,培训了 1 000 多名学员,为军闻社总社和各分社录用。各地分支机构由于充实了力量,得以迅速建立并开展业务。

### (三)解放区中共党报持续发展

抗日战争胜利后,华中中央局和山东分局合并,在山东组成中共中央华东局,另在淮阴成立华中分局、苏皖边区政府和华中军区。历史的转折使华中和江苏解放区报纸进入了新的发展时期。一些报纸从农村转到城市出版,扩大版面,销数激增。

《新华日报》(华中版)是抗日战争胜利初期华中分局、苏皖边区政府、华中军区的机关报,由范长江任社长,恽逸群、包子静任副社长,谢冰岩任秘书长。由于当时中共中央有从延安迁到苏北淮阴的设想,范长江在主持华中《新华日报》时极有远见,创办了华中新华社(新华社华中总分社),创建了华中新闻专科学校,为搞好新闻报道和培养解放区党报发展的后备力量作出了巨大的努力。《新华日报》(华中版)适时发表富有思想性和战斗性的评论,帮助解放区人民较好地解决了"和与战""胜与负"这两个带有全局性战略问题的认识。全面内战爆发后,报纸大量刊登反映解放战争的战地通讯,记载了华中解放军取得的七战七捷的辉煌战绩,讴歌了一大批英勇顽强、不怕牺牲的英雄人物和他们的感人事迹。华中《新华日报》北撤途中停刊后,华中工委在1947年秋复刊华中《新华日报》,此时由俞铭璜任社长,徐进任副社长,总编辑为周擎宇(后为秦加林),副总编辑有王维、冯岗、徐中尼。报纸继承了前期华中《新华日报》的传统,坚持不懈地宣传时事形势,宣传党的一系列方针政策,有力地指导了当时的土改复查运动和生产救灾、民兵支前等活动,及时报道了野战军在全国各地以及华中地方武装在本地区的作战业绩。尤其是在宣传淮海战役的伟大胜利和发动华中军民迎接渡江战役两大历史事件上倾注了全力,充分发挥了党报的组织和宣传鼓动作用。

以华中全区性报纸为主导,多层次的各级党报分别根据当时当地的具体情况,在军事斗争和解放区建设中站在斗争的最前沿,充分发挥了解放区报纸的网络作用。解放战争时期新出的报纸有一分区的《江海导报》(一度为苏中区党委机关报)、《前线报》、苏北区党委的《苏北日报》以及《盐阜日报》等,还有《新宝应报》《兴化新报》《靖江大众》《泰兴报》《泰兴大众》《溱潼导报》《新高邮报》等县报。后期有《新徐日报》和《两淮报》在淮海战役后创刊。各报大力开展了工农通讯员活动,以图更好地贯彻"全党办报"和"群众办报"的方针。淮海和盐阜地区的工农通讯员运动发展得尤为迅速。1948年4月,《淮海报》有通讯员14 605名(内工农通讯员7 437名),写稿25 895篇,成为报纸极为丰富的源泉,密切了与群众的联系,起了更好的指导作用。

### (四)解放区新闻教育的起步

解放区的新闻教育起步于20世纪40年代,先后举办过华中建设大学新闻队、华中新闻干部训练班、华中新闻专科学校、苏南新闻专科学校、新华日报新华社南京分社新闻工作人员训练班。建设大学是新四军军部在淮南举办的学校,原拟设新闻系,因招生人数不足,故成立新闻队,附属于文教系。新闻队由陈同生、李文如主持。学员在建大学习共同的政治课后,转入新华社华中总分社主办的华中新闻干部训练班学习新闻业务,主要课程是范长江以《人民的无产阶级的新闻事业》为总题目的系列报告,以及姚溱、梅益等讲的有关课程。华中新专是解放区举办的第一所新闻专科学校,1946年创建于淮阴,校长由范长江兼,长江离任后由恽逸群兼,副校长为包子静,教育长为谢冰岩,设编(辑)通(讯)、电务、经理三个科。第一届结业后本拟续办,因国民党军队进攻苏北解放区而中辍。1948年6月,华中新专在大反攻形势下复校,新华总社特电致贺:希望在总结党的新闻工作的基础上,努力培养大批新型的新闻干部,以适应华中及其他解放区走向全面胜利的需要。此时的校长由中共华中工委宣传部长俞铭璜兼,俞因病休养后由汪海粟兼,副校长徐进,教务长罗列。共招生两期,约220名。新专的共同课有恽逸群的《新闻学概论》和范长江的《人民的报纸》;编通科的专业课有包子静的《国内外新闻事业概观》、黄源的《文艺政策》以及编辑工作、通讯工作、采访工作、校对等。办学的指导思想是:为人民服务。复校后华中新专的教育内容与前期基本相同。复校前两期开学时,俞铭璜作了《怎样做一个新闻工作者》的报告,徐进也作了《人生观的革命与革命的人生观》的讲话。两者对学生提高和转变思想,树立为人民的新闻事业观,影响甚大。此外,华中《新华日报》总编辑秦加林和各版主编也分别讲授了报纸的大众化、报纸的副刊工作等课程。复校后新专的办学思想是:不尚空谈,注重理论和实际的联系。

1949年4月,华中新专渡江南下,更名苏南新专,在无锡继续招生。领导班子与后期华中新专同。苏南新专开学时,中共苏南区党委书记陈丕显在讲话中称这所学校是"没有围墙的大学",鼓励学员理论联系实际,确立革命人生观,做一个好新闻工作者。学校安排的入学第一课是参加苏南农村工作团,下农村参加土改的前期工作,一边锻炼,一边学习写稿。返校后进行专业课学习,课程有罗列的《新闻学概论》、秦加林的《报纸的通俗化和大众化》、蔡修本的《国家通讯社》,罗列还讲《组版学》和《报纸的经营和管理》。校部还组织学员创办实习报《新记者》,使学员们较快地掌握新闻理论和业务知识,具有一定的实际工作能力。南京新华日报、新华社南京分社新闻工作人员训练班是刘邓大军进军大西南前夕,石西民受刘伯承、邓小平委托举办的短训班,目的是为解放大西南准备一批新闻骨干,石西民兼班主任。录取学员244人。"新训班"的教育内容,第一阶段主要是听大报告,由宋任穷讲《革命人生观》、石西民讲《国际形势和国内形势》、徐平羽讲《知识分子和知识分子的改造》、张霖之讲《革命工作作风》、张际春讲《共产党的总任务和总政策》以及其他一些报告;第二阶段新闻业务学习,由报社负责人主讲,有石西民的《新闻工作者的立场、观点、方法》、杨永直的《人民新闻学和资产阶级新闻学的原则区别》、李力众的《新闻采访》、萧波的《新闻编辑》、邓岗的《军事宣传与部队新闻工作》、李扬的《军队采访工作》等。听报告与课堂讨论相结合,并安排去报社和广播电台参观实习,使学员在短期内提高政治水平,并从理论和实际上了解新闻业务的基础知识。

### (五)民间报纸的中兴和遭受的摧残

抗战胜利后,国统区的民间报纸开始步向中兴之途,部分报纸复刊,又新创办了一些报纸,在1946—1947年间形成新的高潮。据国民党政府统计,1947年南京有日报55家,晚报5家,通讯社有44家。但这些报纸良莠不齐,有的是从国民党报纸改头换面而来,有的是为竞选"国大代表""立法委员"而设,有的是交际花为领取配给白报纸而申办。有些报纸有名无实,只是一个空架子,甚至还出现用别家报纸的版面,换个报头出版的"盗版报"。一些报界的有识之士,不久即苦于国民党政府的淫威和白报纸价格的飞涨,处境日艰,中兴之愿逐渐成为泡影。

但是,仍有一些民间报纸不顾国民党的高压,排除困难,坚持出版。初期的南京《大刚报》《新民报》《南京人报》《中国日报》和《联合晚报》等,是其中有代表性的几家。《南京人报》不遗余力地呼吁和平、民主,反对内战、独裁。在长春之战、中原军事纠纷等一系列问题上,常以"本报讯"的形式发表来自南京中共代表团(主要是访问周恩来)和新华社南京分社的消息,与《中央日报》和中央社相对抗,以澄清事实真相。当国共和谈破裂,中共代表团被迫撤离南京时,《南京人报》《新民报》突破国民党的新闻封锁,刊登了中国共产党代表董必武的告别启事,揭露了国民党当局破坏和谈的真相,在南京引起震动。1947年5月20日南京学生举行"反饥饿、反内战、反迫害"示威游行,国民党政府派出大批军警特务殴打镇压。《南京人报》第二天详加报道,并配发军警行凶的新闻照片。《救国日报》龚德柏攻击《南京人报》为"学潮贩子",应予最严厉的处理。《南京人报》给予回击,连续发表文章,揭露龚德柏劫收敌产,要求彻查这一大贪污案,使此人难于招架。因此国民党当局视《南京人报》为眼中钉,《南京人报》在受到国民党中宣部的多次警告后,终于在 1949 年 2 月 1 日遭特务捣毁,而后被封门。《新民报》在"九一八事变"后积极宣传抗日,反对国民党的不抵抗政策,支持学生爱国行动。在"一·二八"淞沪抗战爆发后,发表《请对日绝交》等社论。在"一二·九运动"中,声援北平学生的爱国壮举,并揭露国民党当局暗害学生代表的罪恶行径。虽然一再"开天窗"和受到停刊处分,仍不改初衷。1946 年 6 月,国民党特务殴打上海民众代表团呼吁和平的人士,《新民报》记者浦熙修在采访时被打伤,周恩来、郭沫若曾亲往医院慰问。由于在国民党高压下,军事政治报道受到极大限制,《新民报》就常采用隐讳的方法,反映丑恶的社会现实,启发读者去思考。当时国统区政治腐败,社会一片混乱,凶杀、盗窃、抢劫、械斗、诱骗等犯罪案件层出不穷。南京《新民报》的社会新闻有相当一部分以此为内容。社论《社会伦理的崩溃》针对当时南京乱伦事件不断发生的情况,剖析它的社会根源,认为这是社会的动乱和正常秩序的破坏促使伦理崩溃的结果。社论《首都凶杀案》《乱伦·厌世·毁灭》等也指出,凶杀案、乱伦案是"疯狂的,悲剧时代的产物","时代的大悲剧不结束,个人的小悲剧也不容易化解"。《新民报》终于在 1948 年 7 月 8 日被蒋介石以"为匪宣传"的罪名下令永远停刊,通讯版主编蒋文杰被迫出走香港,采访主任浦熙修、记者钱少舫等相继被捕。《联合晚报》则从不同角度捕捉社会新闻。1949 年 3 月,该报连续报道"总统府"屋脊坍塌一事,先是报道事情的发生,三天后报道"已有人在修理",继之又报道"经连日赶修,今日大雨,尚有泥水匠两人撑伞工作"。在人民解放军即将渡江,国民党政府穷途末路的日子里,这样的社会新闻颇有深意,它预示着国民党政权的大厦将倾。南京《大刚报》出版初期,由于采编负责人都是湖南时期的班底,基本上保持原《大刚报》的特色,倾向进步。但是由于大刚报股份有限公司的成立,官僚资本和民间资本各半,就变成了半官方报纸。虽然《大刚报》的进步报人开展了反控制斗争,竭力想保持报纸的原貌,但大权旁落,要想主持正义是越做越困难了。1946 年 5 月,在进步记者唐海、方蒙被解聘,一批老骨干被架空后,报纸的各部门基本上为国民党 CC 系统所掌控。由于魔爪的一步步进逼,斗争力量悬殊,《大刚报》终于被彻底改组,完全变成了官方报纸。《大刚报》的进步人士后来只得另组《联合晚报》,继续这一斗争。这些都表明,坚持进步是解放战争时期江苏民间报纸的主流。

## 七、当代江苏新闻事业

### （一）解放初期江苏报纸的布局

解放初期,江苏尚未建省。当时南京是中央直辖市,苏南、苏北为两个行政区。在中共中央和南京市委、苏南区党委、苏北区党委的领导下,分别创办了南京《新华日报》《苏南日报》《苏北日报》,并成立了新华社南京分社、苏南分社、苏北分社和南京、苏南、苏北人民广播电台。苏南、苏北的各地(市)委创办了《新苏州报》、《常州日报》、镇江《前进日报》、扬州《人民报》等报纸,并在这些地区建立了新华社的分支机构和若干地方广播电台。为了适应新解放区工农大众的需要,《苏南日报》还创办了苏南《工人生活》报、苏南《农民画报》,《苏北日报》创办了《苏北大众》,形成了三个地区新闻事业的新格局。

领导机关在事先对这一布局作了周密的部署。淮海战役后,在合肥组成了宋任穷为首的、负责渡江后接管南京的金陵支队,其中包括一支专门到南京办报的队伍,他们由陈阵为首的原豫皖苏解放区《雪枫报》的原班人马,济南《新民主报》《潍坊报》和华东新闻干校的一部分南下人员,以及苏鲁豫解放区南下办报的同志组成。南京解放后,这支队伍和中共南京地下党文委新闻分委的同志会合,并吸收了一些进步报人,三野总分社和八兵团分社也派出人员协助办报,形成了一支既有解放区办报经验又有国统区办报经验的办报队伍。当时中共中央决定,上海的党报命名为《解放日报》,南京的党报命名《新华日报》,特派石西民为南京《新华日报》首任社长赶赴南京。1949年4月29日,办报队伍进入中央日报社大楼开始办公,在4月30日印出了第一张《新华日报》。新华社南京分社同时建立。此时南京《新华日报》人才济济,先后担任领导工作的有社长石西民(原延安《解放日报》和新华总社副总编辑),副社长陈阵(原《雪枫报》社长),副社长兼总编辑杨永直(原延安《解放日报》编辑主任),副社长邓岗(原新华社三野总分社社长),副社长兼总编辑吴镇等。

《苏南日报》的前身是华中解放区的《新华日报》(华中版)。1949年1月淮海战役即将取得全面胜利的时候,华中《新华日报》从阜宁迁到运河畔的淮安。中共七届二中全会精神传达后,陈丕显为书记的华中工委决定华中《新华日报》工作人员全部南下,工作班子迅速组成。徐进任社长的原华中《新华日报》编辑部、经理部的大部分同志,补充了华中新专的部分学员,组成了一支南下办报的队伍。3月下旬,又东移到更接近渡江前沿的泰州,并于渡江战役前夕派出了两个梯队,一是负责接管无锡原有各报,一是在渡江后先行出版《新华电讯》,并确定了到苏州、常州、镇江办报的领导骨干。渡江进入无锡后,在中共地下党员和进步青年的配合下接管了四家报纸,为出版苏南区党委机关报作好了准备。关于报纸的命名,曾有出版《新华日报》(苏南版)的设想,后因中央决定《新华日报》在南京出报,故定名为《苏南日报》,并于5月6日起正式创刊。新华社华中分社更名为苏南分社。《苏南日报》创刊初期的领导人员有:社长徐进(后任江苏《新华日报》首任社长,江苏省委宣传部副部长),副社长兼总编辑秦加林(后任上海《劳动报》社长、外交部新闻司司长和驻外大使),副社长何若人(后南下任福建省委宣传部长),副总编辑凌建华、杨巩。之后由凌建华任副社长兼总编辑(后任上海《解放日报》副总编辑、《人民日报》编委),副总编辑马达(后任上海《文汇报》社长兼总编辑)、高斯(后任江苏《新华日报》总编辑)。

《苏北日报》是1949年3月中共苏北区党委成立后决定出版的,并于5月1日正式创刊。创刊初期的社长是李超然,副社长兼总编辑樊发源(后任江苏《新华日报》总编辑、省委宣传部副部长)。办报队伍主要从原华中《新华日报》、华中新闻专科学校、《淮海报》、《江海报》、《盐阜大众》、《人民报》抽调,以后又从上海华东新闻学院挑选了部分学员和招聘了一些人员。

### (二)旧有新闻机构的接收和改造

上述党报布局既定,同时又面临着对旧有新闻事业的接收和改造任务。南京解放前是国民党首都,派系林立,其触角纷纷伸向新闻界,故报纸数量颇多。1949年4月南京解放时,原有国民党新闻机构和反共报纸主要有《中央日报》、《和平日报》、《益世报》、《救国日报》、《南京日报》、中央通讯社、中央广播电台。这些报纸、通讯社和广播电台,解放后都由人民解放军军管会接收,其资财和机器设备用于人民的新闻事业。《大刚报》因系官僚资本和私人资本合营性质,其资产一分为二,官僚资本部分接管,私人资本部分发还原主。

江苏各市县的情况因限于资料难以概括,仅知解放时常熟有《新生报》《常熟青年日报》《新常熟报》等 9 种,连云港有《海报》《新海报》《连云报》等 5 种,镇江有《苏报》《江苏省报》《东南晨报》等 9 种,南通有《苏报》《东南日报》《扫荡简报》《绥靖日报》等 28 种,徐州有《徐报》《正义日报》《新生日报》等 4 种,淮阴有《淮报》《江北日报》《苏北日报》等 10 种,无锡有《锡报》《大锡报》《江苏民报》《人报》4 种。这些报社中属于国民党党政军和三青团系统的都由人民解放军军管会接收,其他报纸一般都自动停刊或由军管会下令停刊。

解放后获准继续出版的报纸有《南京人报》《新民报》和《中国日报》。《南京人报》于 1949 年 7 月 7 日复刊,1950 年改为公营,改出晚刊,1952 年 4 月停刊;《新民报》于 1949 年 6 月 5 日复刊,1950 年 4 月停刊;《中国日报》复刊后,因经费困难在同年 7 月停刊,部分人员转入《新华日报》工作。50 年代初期,苏南有无锡《晓报》《常州民报》和镇江《大众日报》3 家私营报纸出版,徐州有 1 家《工商日报》出版。这些报纸出版时间都不长,建省前已全部停刊。

### (三)新中国成立初期的报纸

新中国成立初期的报纸结构较为单一,但报纸具有很高的权威性,内容也比较丰富多彩,把报纸真正办成了党和人民的喉舌。对新政协开幕、中华人民共和国成立、恢复生产、土地改革、镇压反革命、反对美帝武装日本、抗美援朝、"三反"、"五反"等大事,各报都比较正确地宣传了党的方针政策,鼓舞人民为摧毁旧制度、建设新生活而努力。中共中央《关于在报纸上开展批评和自我批评的决定》公布后,各报发表了大量的读者来信和批评稿件,对各项工作中的缺点和干部作风提出建设性的意见,使报纸充满了群众的声音。南京《新华日报》《苏南日报》《苏北日报》均根据各自的特点,形成了个性,办出了特色。石西民领导南京《新华日报》工作中,把解放区党报的优良传统和国统区党报的优良传统,在新的历史时期创造性地结合起来,逐步形成了自己的特色。报纸的政策宣传不仅有自上而下的宣传贯彻,而且有群众参与政策宣传、拥护各项政策的自下而上的报道。在时事宣传中注重新闻的时效性和广泛性,时事漫画很有特色。在开展批评和自我批评中,既反对无原则的一团和气,又反对把批评和自我批评庸俗化。群众工作除了通讯员网的建立外,还开展社会服务工作,曾根据读者的建议成立"新华之友"会,会员发展到3 000多人。这一组织有一个遍布全市各个角落的读报网络,最多时有读报组2 684个,参加者45 709人,成为报纸联系群众的重要纽带。《苏南日报》继承了华中《新华日报》的传统和特色,同时根据新区和城市特点办报。报纸认真贯彻"非专业的新闻工作者和专业的新闻工作者相结合"的办报路线,既重视通讯员和读报组的发展,又重视记者的培养提高,在老记者的传帮带下,一批新记者很快就初露才华,写出了质量较高、影响较大的稿件。对重要报道,既集中、连续,又形式多样,活泼生动。特别是实行了以加强报纸的思想性和通俗化为主要内容的改版后,文字更通俗,思想性更高。由于吸取了解放前报纸的一些长处,各种栏目和专刊、副刊比较多,吸引了各个方面的读者。《苏北日报》特色是,在新中国成立初期政治运动频繁的情况下,注意抓生产建设的报道,并且重视对典型事件和模范人物的宣传,充分反映了苏北大水利工程中群众创造性的劳动。由于《苏北日报》的领导成员和采编骨干大多来自老解放区,作风朴实,通讯工作比较扎实,创刊第一年就有通讯员1.1万人,写稿8 812篇。

1952年10月,中央人民政府决定撤销苏南、苏北两个行政区,合并成立江苏省,省会为南京市。南京《新华日报》《苏南日报》《苏北日报》也随之合并,出版江苏省委机关报,仍名《新华日报》。并先后办有《江苏工人报》和《江苏农民报》两种群众性报纸。苏南、苏北、南京三地的新华分社合建为江苏分社,三地的广播电合建为江苏台。江苏《新华日报》此时的领导成员有社长徐进,副社长吴镇(后为社长),总编辑樊发源,副总编辑高斯(后为总编辑)、卢敬。报纸开始面向全省人民,对建省后各项工作的开展,过渡时期总路线宣传,农业、手工业和资本主义工商业的社会主义改造,整风反右,"大跃进"的报道倾注了全力。"大跃进"时期,虽然不乏好的报道,但由于"左"的思想影响,有些稿件曾一度出现背离新闻真实性的倾向。

县级党报的起步是在1956—1958年间,当时全省先后有40余种县报创刊。60年代初国民经济调整时,这些报纸先后下马。"文革"期间,江苏省革命委员会以"集中力量办好省报"为由,下令各地(市)委报纸一律停刊。其时社会上虽充斥"造反派"办的各种小报,但全省正式出版的报纸只有《新华日报》一家。

**(四)新时期报纸的结构、布局和改革**

中国共产党十一届三中全会后,江苏新闻事业进入了新的发展时期。在1979—1986年期间发展尤为迅速,共恢复和新办58种报纸。经过了1987—1990年的整顿巩固和1991—1992年的稳步发展,压缩了一些结构不合理或办得不理想的报刊,合理布局,提高质量,报刊又有进一步的发展。到1992年年底为止,全省持有全国统一刊号的报纸86种,期刊330种;持江苏省内刊准印证的报纸286种(企业报、高校报居多),期刊474种。1997年,根据中宣部、新闻出版署要求,江苏省对报刊结构作了再一次整顿,减少了报刊数量,截至1997年底,全省公开发行的报纸由原来490种减少到215种,基本上适应了江苏社会生活的发展,形成了多层次、多品种、布局较为合理的报刊结构。

这些报纸社会分工明确特色比较鲜明,以江苏《新华日报》为龙头的近30家省、市、县委机关报是这一报刊体系的主体,在江苏实行改革开放、加快经济建设步伐的各个层面上发挥着越来越大的作用。在《江苏青年报》《江苏市场报》《致富报》等几种报纸先后停刊后,现江苏《新华日报》办有两种子报——《扬子晚报》和《服务导报》,作为省报的补充。为了加强业务研究,还有江苏新闻研究所主办的新闻期刊《新闻通讯》。"三报一刊"滚动式发展,形成了报业集团的格局。1993年扩版后,报纸充分发挥党报的权威性、导向性的功能,在实施正确的舆论导向的同时,扩展认识、服务、经济、消遣的功能,全方位地反映多彩的世界。1989年新建10层大楼落成后,配备有3台联邦德国进口大胶印机的印报车间也正式投入使用,并全部采用激光照排。印刷质量在华东九报评比中连续5年名列第一,在中央、省市自治区报纸印刷质量评比中,连续2年名列第三,发行数在全国省报中居第三位。

省报的发展带动了各级党报的发展。1983年实行市管县体制后,原来的地委报纸一律改为市委报纸,计有《南京日报》《镇江日报》《常州日报》《无锡日报》《苏州日报》《南通日报》《扬州日报》《淮阴日报》《盐阜大众报》《徐州日报》《连云港日报》11种。20世纪60年代初国民经济调整时期停刊的各种县报,在城乡经济日益繁荣的基础上,纷纷复刊,有《宜兴报》《常熟市报》《无锡县报》等20余种县市级报纸复刊。在采编业务和经营管理上,市、县党报也正发生着日新月异的变化,并且充分发挥这些报纸贴近生活、贴近实际的优势,立足本地,放眼世界,对促进本地区的精神文明和物质文明建设起了重要的作用。改革开放和经济的日益繁荣为江苏各类报纸的充分发展提供了良好的基础,新华日报社主办的《扬子晚报》,1984年元旦初创时期发5万多份,1994年已突破80万份,2000年发行量突破168万份,成为全国发行量最大的晚报。全省各媒体的经济效益也在不断提高,2000年各媒体的经营广告总额(不含期刊)约为23.5亿元。

在江苏各类报纸发展的同时,通讯社、广播、电视等新闻媒介也同步发展。建立于1952年11月的新华社江苏分社经历了曲折的发展阶段,在三中全会后获得了迅猛的发展,一批年轻记者迅速成长,经营事业从小到大,通讯设备实现了现代化。特别是1991年,成为分社历史上宣传报道工作最辉煌的一年,全年发文字稿2 000多篇,图片505张,其中,获新华社社级好稿2篇,二等好稿21篇,三等好稿105篇,用稿量和好稿数创历史最高纪录。

江苏的无线电广播事业解放前就有建台早、数量多、功率大的特点。1928年建立的国民党中央广播电台,在20世纪30年代号称"世界第三,远东第一"。解放后接收此台,建立了当时功率最大的南京人民广播电台,是现江苏台的前身。经过几十年的变化,江苏台已发展成技术先进,拥有综合台、经济台、文艺台、音乐台等节目多样的广播电台,此外还有金陵之声台(对台广播)。全省各地还有市级台和县级台。60年代初起步的江苏电视台,经过60年代到70年代中期的调整和恢复,在十一届三中全会后也获得了迅速的发展,由黑白电视进入彩色电视时代,由单一的综合台发展到既有综合台又有经济台等专业台组成的多套节目,并多次改版。新建的江苏南京广播电视塔已于1995年建成投入使用,塔高318.5米,高度位于上海、天津、北京之后,居第四位。市县电视台也迅速发展,江苏有线电视台在南京、无锡、苏州、常州等市县有线电视台先行开播和试播的基础上于1994建成并联网开播,已有百余万户入网。截至2000年,江苏已成为全国第一批实现"村村通"广播电视的省份。广播电视发展势头咄咄逼人,正日益成为江苏新闻事业的重要组成部分。

### (五) 新闻教育、新闻团体和对外交流

新中国成立以来,特别是在改革开放的历史时期中,由于新闻事业发展的要求,进一步推动了江苏新闻教育的发展。自1961年江苏新闻专科学校开办起,江苏的新闻教育开始由抗大式的革命学校,迈向正规的过程。江苏现有全日制高校的新闻院系两所,其中南京大学新闻专业已发展成新闻传播系,南京师范大学的新闻专业亦正朝这一方向发展。除招收本科生外,两校均开始招收硕士研究生。课程内容也有较大的更新。如南大新闻传播系重视开阔学生视野,注意到新闻学和社会学、心理学、美学等交叉学科的结合。除22门专业必修课外,有31门选修课程,包括:名记者与名作品研究、报告文学研究、社会学概论、中国当代经济、晚报研究、受众研究、影视美学、西方广告业概况、舆论调查与统计、市场学、国际关系、西方哲学流派、传播学方法论、港台新闻事业、外国新闻流派研究、新闻文化学、比较新闻学、管理学概论等。众多的新闻媒介也要求有相应的新闻团体,现江苏除有省记协、省新闻学会外,还有各种协会、学会、研究会等16个组织,成为江苏自办新闻团体以来最兴盛的时期。随着改革开放的发展,对外交流也日益增长。江苏新闻界积极与境外、海外媒体合作,出版不定期的专栏、专版、专访和系列报道,如与美国《侨报》、法国《欧洲时报》、香港《商报》出版江苏专版,1998年又与加拿大华文报纸《今日中国》创办江苏专版,在欧洲东方卫视开辟了"看江苏"专栏,大大加强了江苏对外宣传的力度。

江苏报纸的发展,有以下几个特点。

江苏报纸分布面较广,民国时期各地都有报纸创办,南京、苏州、无锡等城市且有日报、晚报同时出版,少的六七种,多的数十种。报纸还向乡镇扩展,吴江县各乡镇在历史上有80余种报刊出版,其中柳亚子在他家乡黎里镇创办的《新黎里》报,就具有较大影响。

但江苏报纸的发展是不平衡的。据不完全统计,百年来各地出版报纸的数量,南京市242种,镇江市51种,苏州市365种,无锡市337种,扬州市210种,南通市186种,常州市150种,盐城市123种,徐州市90种,淮阴市42种,连云港市24种(均包括市属县在内,尚缺部分县数字),反映出江苏各地报纸数量大体上是由南而北呈递减的趋势。出现这一现象的原因,主要是苏南、苏中、苏北各地所处地理位置的差异和政治经济发展的不平衡。20世纪80年代以来,由于苏南、苏北的经济差距逐渐缩小,报刊布局日趋合理,这种局面已有较大改观。

江苏报纸结构的变化经历了漫长的历史过程。在近代和现代报纸中,综合性报纸占主导地位,商报和侧重商业报道的综合性报纸有一定程度的发展,教育报、医药卫生报、妇女儿童报、宗教报等相继出现。但由于社会发展程度和分工还不发达,不可能从综合性报纸中分离出更多的专业性报纸和对象性报纸。另一方面,由于国民党政府箝制进步舆论,政治、军事报道受到种种限制,一些报纸转而成为读者的消闲性读物,庸俗低级的报纸数度泛滥。这种发育尚不充分的情况,有时会导致畸形的报纸结构,是旧中国江苏政治、经济情况的反映。新中国成立以后,特别是改革开放的十多年来,江苏已逐步形成社会主义的报纸体系。这一结构以党报为主体,各种专业报、行业报、企业报,各种文化娱乐和服务性报纸,纵横交织,具有地方特色,有力地促进了江苏物质文明和精神文明的建设。

江苏新闻事业的发展不是一种孤立的现象,它与周边各省特别是上海市有着密切的关系。1927年上海特别市政府成立前,上海隶属于江苏。上海报纸在19世纪中叶开始向江苏发行,设立分销处。江苏苏州无锡一带的早期报纸,在当地铅印条件尚不具备时,往往将稿件送到上海排印,有的运回本地销售,有的径直在沪发行。上海报纸的发展,刺激、催化和促进了江苏报纸的发展,同时沪报、苏报之间又存在着较为激烈的竞争。其次是,苏锡等地的一些报纸在20世纪30年代起开始在沪设立办事处或派驻记者,上海报纸驻江苏的记者则更多。1946年时全国各地派驻南京的62个新闻机构中有27%属于上海,两地双向新闻传播相当活跃。再次是报人交流,从清末民初起,就有一批苏籍报人在沪办报,对上海报纸的发展有颇多建树。在抗日战争和解放战争时期,来自上海的一些进步报人和文化人抵达苏北,有力地支援了解放区报纸的发展。新中国建立以后,又有一些原在江苏解放区的新闻工作者参加上海报纸的领导工作。这些都显示了上海和江苏新闻界悠久的历史联系及其业务相长的影响。

(本章撰稿人:肖凡)

# 第四章

# 浙江新闻事业发展概要

## 一、浙江新闻事业的起源

近代报刊产生之前,浙江地区已经有了当地翻印的古代新闻传播媒介,如《谕旨录》《宫门钞》《京报》和《辕门钞》等。只是这类传播媒介所传递的信息范围十分狭窄,都是些朝廷和当地官府公开发布的官场动态和官方文书,而且读者也很有限。即使是这种为巩固封建统治秩序作宣传的古代报纸,也还是清朝中叶以后才允许在民间合法传播的。

雍正初年,浙江发生过查嗣庭、汪景祺因"讪谤朝廷"而引起的两起文字狱,使皇帝很不放心,特派王国栋为浙江观风整俗使前去巡视。雍正五年(1727年)二月,王国栋奏:"臣到浙江时,访闻民间有胥役、市贩合凑几家买阅《邸报》者。臣思小民无知,不宜与闻国事。虽皇上所行率皆化民成俗、仁育义正之事,无不可使人知者;但此辈一阅邸钞,每多讹传以惑众听。诸如此类,亦风俗人心所关,臣已严行戒饬,倘有犯者,立拿重惩。"(《朱批谕旨》第十七册)。王国栋办事称旨,受到雍正帝温谕嘉奖。可见至少在清代雍正朝之前,浙江地区是禁止民间买阅《邸报》的,当然是不会允许将《邸报》中宫门钞、谕旨、大臣奏章等内容翻印出版了。

近代报刊原是资本主义发展的产物,本身反映了一定程度的民主意识,它是随着西方基督教文化、科学技术和殖民势力一起输入中国的。澳门、香

## 第四章 浙江新闻事业发展概要

港是西方殖民者进入中国大陆的跳板,广州则是他们踏入大陆的第一个港口大城市,所以近代报刊首先在港、澳、穗三地出现。宁波也曾是英国东印度公司和西方传教士进入中国的前哨据点,但清朝政府对税收主要来源的江南地区控制甚严,使他们的宣传活动和出版工作受到限制。1844年1月1日,宁波作为五个通商口岸之一正式对外开放,引起西方教士、商人的浓厚兴趣,法国和美国分别在此设立领事和副领事。1845年,当时中国规模最大、设备最全的活字印刷机构花华圣经书房从澳门迁到宁波,改名美华书馆,反映了西方殖民主义者对宁波的重视,所以,宁波成为浙江近代报刊的发祥地也是情理之中的事。

早在咸丰四年(1854年)宁波已有《中外新报》出版,它仅迟于香港最早的中文报刊《遐迩贯珍》一年,却比上海第一个中文报刊《六合丛谈》早出三年,是鸦片战争后在清朝政府统治区内最早出版的中文报刊。《中外新报》每期四页,是以新闻为主的综合性半月刊,声称以"广见闻、寓劝戒"为宗旨,"序事必求实际,持论务期公平"。除新闻外,还有宗教、科学、文学等内容。由美国浸礼会教士玛高温主编,后来玛高温去日本,改由美国长老会教士应思理接编。以后又改为月刊,出版到1861年才停刊。《中外新报》曾在日本翻印出版,浙江地区报刊具有国际影响的极少,它是在国外影响最大的一种。

从1854年到1894年这40年间,浙江地区总共只出过3种报刊,除《中外新报》外,还有1870年创刊的《宁波日报》和1881年2月出版的《甬报》。这一时期浙江地区的办报活动实际上处于萌芽状态,有如下几个明显的特点:1)浙江地区的报刊只集中于宁波一地;2)所出版的报刊都是外国传教士所办;3)外国传教士办的全部是中文报刊;4)宁波报刊活动起步虽早却步履艰难,发展缓慢。

《宁波日报》是浙江地区最早的日报,每天出版八开一张,为基督教传教士福特蒙尔所办,不久即停刊。该报仅见于史料记载,尚无实物佐证。《甬报》由英国牧师阚斐迪创办,邀请当地开明官绅李小池观察参与发起。李小池曾作为随员于1876年带中国产品去美国参展,他是我国新闻史上以"环游地球客"的笔名第一个写连续海外通讯的新闻工作者。后来还曾资助过维新志士的《经世报》和革命党人的《浙江潮》。《甬报》还聘请当地名士慈溪人徐漪园主持笔政，报馆开设在宁波北岸钰记钱庄内。《甬报》用铅字印刷，版式仍如线装书，是以新闻为主的综合性月刊。《甬报》上已出现了广告，宗教色彩比较淡薄，言论方面明显倾向于英国政府。它虽是外国传教士所办，但已有很多中国人在不同程度上参与，实际上已经联合了宁波政界、学界、商界中部分头面人物一起来办报，实力不能说不强。然而，宁波形成新闻事业的客观条件尚未成熟，终因销路不佳，于1882年停刊。

宁波报刊活动起步虽早却步履蹒跚，主要原因是宁波僻处东南沿海，虽有海运之利，但陆上交通并不方便，内河甬江很短，没有广阔的腹地，无法形成大都市。浙江最繁华的杭嘉湖地区盛产湖丝、杭茶，由上海出口比通过宁波出口方便得多。从1845年到1852年初开埠的7年间，通过上海出口的湖丝和茶叶分别增加了6.4倍和16倍，而宁波外贸活动不仅未随浙江对外贸易额的扩大而扩大，反而日趋萎缩。宁波开埠第一年，贸易额高达50万元，5年后竟下降到1/10以下。在宁波这种小城市办报，影响不大，读者也少，又拉不到多少广告，所以《宁波日报》与《甬报》都因销路不佳而不得不停刊。上海地理条件优越，很快成为西方殖民势力在华的活动中心。在上海办报不仅拥有众多读者，影响很大，还有大量广告作为经济支柱，在租界办报更可借洋人势力以自保，于是自然而然地成为中国近代新闻出版事业的中心。据统计，长住宁波的外籍男子，1850年为19人，1855年为22人，人数极少，无法与上海相比，当然也无法形成外文报刊。上海的飞速发展使宁波相形见绌，1860年美华书馆迁沪，标志着宁波的新闻出版活动已无法与上海竞争。

浙江省城杭州，虽然经济、文化的发展水平超过宁波，但政治条件却远远不能与之相比。清朝政府对出版物控制严格，稍一不慎，便可构成文字狱，在这种情况下，近代报刊是无法生存的。浙江是文人荟萃之地，不乏杰出的办报人才，他们既然无法在本地发展，就只好到上海去寻求出路。19世纪70年代到90年代正是上海报业形成和发展的阶段，浙江文人从中发挥了很大作用。当时上海有四大报人，名声卓著，即《申报》的钱昕伯、何桂笙，《新闻报》的袁翔甫，《字林沪报》的蔡尔康。雾里看花客钱昕伯是王韬的女婿,浙江吴兴人;仓山旧主袁翔甫是袁枚的嫡孙,浙江钱塘人;高昌寒食生何桂笙曾师事冯桂芬,浙江绍兴人;仅缕馨仙史蔡尔康祖籍江苏嘉定,不是浙江人。可见我国最早的一批报人中,浙江籍的不少。当年左宗棠有句名言:"江浙无赖文人,以报馆主笔为之末路。"虽然骂得有点刻薄,却也道出了江浙多报人的客观事实,只是他们办报活动的舞台却多在上海租界。

## 二、中国人在浙办报的开始

浙江地区第一个创办报刊的中国人,竟是 16 岁的杭州少年陈蝶仙。1895 年,他在杭州办了一个刊物《大观报》,主要是刊登陈蝶仙个人的作品,如《桃花梦传奇》(戏剧)、《潇湘影弹词》、《泪珠缘》(白话章回小说)等。就其性质而论,《大观报》只是一种文艺性杂志,并不是新闻传播工具。

中国人在浙江自行创办综合性新闻报刊是维新运动时期开始的,深重的民族危机使爱国知识分子团结起来,掀起波澜壮阔的维新运动,也驱使维新志士去作办报的尝试,以唤起更多知识分子的关注。维新运动得到了光绪帝和部分官员的支持,一度出现了封建统治时代少有的较为宽松的政治氛围,使民间自办新闻报刊的条件初步形成,于是在浙江境内也陆续产生了一批国人自办的报刊。1897 年 1 月 20 日创刊于温州的《利济学堂报》便是浙江最早的维新派报刊,也是该省第一个由中国人自办的以新闻为主的报刊。

维新派报刊首先在温州出现也并非偶然,主要原因是浙江几位维新派的主要代表人物大都去京沪等地活动,如汤寿潜、张元济、蔡元培在北京,汪康年、罗振玉在上海,王修植、夏曾佑在天津,此时温州的陈虬、陈黼宸便成了浙江维新运动的台柱人物。《利济学堂报》为半月刊,由瑞安利济医院学堂主办。利济医院为浙南维新派的重要据点,院长是乐清人陈虬,该报便是由他领衔主编。参加编撰的还有院董陈黻宸、何迪启,他们都是瑞安本地人。该报有相当一部分医学方面的内容,如"文录""院录""书录"等栏目以刊登医论、医学教材为主,但新闻性的内容更多,辟有"洋务掇闻""艺事稗乘""近政备考""商务丛谈""见闻近录"等专栏。

维新运动期间,出现了全国性的办报高潮,浙江维新派的报刊活动虽然比北京、上海开展得迟些,但要早于全国其他地区。从全省范围看,作为浙江政治、经济、文化中心的杭州,近代新闻传播媒介的出现反较温州为迟,杭州第一个综合性新闻报刊《经世报》旬刊还是到了1897年8月维新运动在全国普遍开展以后才创办的。此时,上海《时务报》已创办经年,《利济学堂报》也出版了将近半年。《经世报例言》中强调维新派要"自固气类""同舟共济",似乎从侧面反映了一个信息:他们所面对的顽固势力相当强大。维新运动时期浙江地区的办报活动有一个明显的特点,那就是浙人办浙报。《经世报》的创办人胡道南、童学琦,主编宋恕,主要撰稿人章炳麟、陈虬全部都是浙江人,其他维新派报刊也莫不如此。

从1895至1900年这19世纪的最后五六年间,浙江共创办了十二三种报刊,是以前40年报刊总数的4倍多。1897年与1898年又是这一阶段办报的高峰期,占总数3/4的报刊是在这两年中创办的。按报刊的性质来分,维新派报刊和在"开民智""育人材"等维新思想影响下的报刊要占一半左右,文艺性与消闲性报刊占1/4,其余1/4为商业性报纸。这一阶段的报刊几乎都是中国人自办,洋商创办或与洋商多少有点瓜葛的报刊总共只有两家,约占总数的1/6。

维新派报刊和在维新思想影响下的知识性报刊,值得一提的还有杭城开明官绅林迪臣主编的《实学斋文编》(季刊)和温州爱国知识分子黄庆澄主编的《算学报》和《史学报》,这两个刊物还是我国最早的数学专刊和史学专刊。《史学报》第三期起改为综合性的《瓯学报》。在整个维新运动中,浙江省的维新派报刊谈不上有全国性影响,但在本省范围内,却也搞得颇为热闹。正因为浙人办浙报,他们特别重视对浙江现状的研究,所提出的政治、经济方面的改良主张也大多与浙江实际问题相联系。维新派报刊也比较重视西方文化的引进,翻译文字在报刊中占有不小的比例。然而主要办报者几乎都是秀才和举人,他们对中国的传统文化虽有深厚的造诣,对西方文化却比较陌生。翻译的资料大多来自外文报纸上的常识性介绍,所引进的西方知识,无论是自然科学还是社会科学,都明显地令人感到浅薄。

这一时期浙江地区也出现了商业性报纸,《杭报》便是相当典型的商报。

《杭报》有两家，一家是由程小瀛、孔尊三等中国人自办的《杭报》，创刊于1897年8月16日，经"禀奉抚宪行司核准"后，在杭州荐桥严衙弄设馆开业。该报的形式与当时《申报》《苏报》的版面相仿，《杭报》中的浙江消息和其他方面内容多次被上海出版的《萃报》和《集成报》转载。这家《杭报》存在时间很短，在日商《杭报》创刊前个把月就停刊了。另一家为日商《杭报》，创刊于1897年11月26日，日出八开大小两张，用铅字单面印刷。该报虽倡言改革社会，但言论并不激烈，一半篇幅用于广告和刊登杭州与上海的货价行情，商业色彩很浓。该报由日商加藤能言出面，向杭州日本领事馆登记立案。经理马绩甫，主笔秦瑾生也都是浙江人。据徐运嘉、杨萍萍《杭州报刊史概述》介绍，日商《杭报》"既无日人投资，也无日籍员工，报纸言论亦不代表日本人的利益"。如此看来，《杭报》是浙江最早的"洋旗报"了。日商《杭报》馆设杭垣三元坊，出版不到一年，于1898年秋停刊。这两家《杭报》创刊前就不断在《申报》上刊登告白，打笔墨官司，相互指责对方是冒牌货，可见是完全不相干的两家同名报纸。就在日商《杭报》停办前后，宁波也创刊了类似的商业性新闻纸《甬报》，由德商德丰洋行创办，聘慈溪王永年主持编辑工作，日出四开一张，出版不到半年便停刊了。

与前一阶段相比，这个时期的浙江报刊虽然有了明显的增加，但寿命却十分短暂，能坚持出版一年以上的极少，而且又几乎全部因销路不佳而停刊。可见浙江地区新闻事业发展的条件尚未完全成熟，虽然一时出现了较为宽松的政治环境，由于整个社会的商品经济不够发达，报纸缺乏大量广告作为经济支柱，也就很难成为一种有利可图的事业。人民群众总体文化水平过低，报纸找不到足够数量的读者，也影响到报纸的销路。宁波与杭州相比，经济和文化的发展水平更要低些，所以《甬报》比《杭报》更难生存。

商业性报纸在浙江地区尽管只是昙花一现，在新闻业务上却有其促进作用。这一时期维新派报刊几乎都是木版雕印，而商业报纸则采用先进的铅印技术；维新派报刊都是旬刊、半月刊、月刊，商业性报纸则是日刊；《杭报》初创时没有标题，不久便仿照沪上新闻纸的体例，采用四字一句的标题。上海地区相对先进的编辑技术，通过商报的渠道，对浙江的新闻业务产生积极的影响。

戊戌政变以后,政治上出现大倒退,清政府公然颁布查禁各省报馆,严拿各报主笔的命令,更使处于萌芽状态的浙江报刊活动陷于停顿。从戊戌变法失败到清朝政府再度宣布预备变法的两三年间(1898年9月至1901年1月),整个浙江省只出现过两种为时短暂的消闲性小报,即秦瑾生在《杭报》停刊以后所办的《笑林报》和1900年创刊的《觉民报》。这两种报纸都已见不到实物了,据老报人回忆,《笑林报》"专刊诗酒酬酢,风花雪月的文章",而《觉民报》,陈蝶仙的《瓜山新咏》中曾取笑它:"零卖双张六七文,十年前事当新闻,申苏以外添奇报,俗语连篇号觉民。"可见也是一种时效性不强的通俗小报。在清朝政府的高压政策下,大概也只有此类消闲性报刊得以苟延残喘了。

## 三、浙江新闻事业的形成

报刊活动形成一种事业,意味着一批人以办报为职业,报刊已具备一定的系统和规模,对社会发展和人民生活产生了不容忽视的影响。基于这样的认识,浙江地区新闻事业的形成便是在清廷统治的最后十年里。

清朝政府在遭到八国联军攻占北京的沉重打击后,沙俄又乘人之危侵占了龙兴之地——东北。面临如此严峻的形势,清皇朝不得不向民众表示某种让步,1901年1月29日在西安避难的慈禧太后再度宣布预备立宪。这样,在政治上也不能不表示出一定程度的宽松,于是沉寂已久的浙江报刊活动才逐渐有些回升。

浙江地区在清朝统治期间先后出版了约80种报刊,在1901年到1911年这10年里,创刊的报刊超过60种,约占总数的4/5。在这段时间里,浙江新闻事业有了较快的发展,主要有以下几个原因:1)清末中央控制能力明显削弱,对民办报纸只要内容不太过分,地方官员一般都采取通融和放任的态度;2)以上海为中心的江浙一带商品经济发展较快,也刺激了含有商业信息交流功能的新闻事业的发展;3)西方天赋人权、言论出版自由等思想,广泛地为中国知识分子所接受,沿海地区更是开风气之先,使民间办报热情越来越高;4)浙江地区在维新运动期间已经积累了办报经验,上海新闻事业的发展,又为毗邻的浙江提供新闻来源和借鉴,促进了浙省报业的发展。

这一时期的报刊较多,按刊期来分,日报有17种,约占总数的1/4,5日刊3种,其余40多种均属于周刊、旬刊、半月刊、月刊和不定期刊。按报刊性质看,政治性报刊、商业性报刊和学艺性报刊在数量上大体相当,各占总数的1/3左右。同一种报纸,其性质也往往随着环境的变化而变化。例如《杭州白话报》,前期是典型的政治性报纸,后期成了商业性报纸。即使是商业性报刊,仍带有一定政治倾向,只是政治色彩比较淡薄而已。

政治性报刊一般不以营利为目的,资金依靠组织或同志资助,编撰者大都有自己本职工作,编报纯属义务或仅是兼职。这类报刊有明显政治倾向,以论说为主,文章较长,刊期也较长,一般旬刊、半月刊居多。政治性报刊又可分为改革倾向与保皇倾向两大类,这一阶段持改革倾向的报刊占政治性报刊总数的3/4,保皇倾向的只占1/4。改革倾向的报刊,比较著名的有1901年创刊的《杭州白话报》,1903年创刊的《绍兴白话报》旬刊,1904年金华出版的《萃新报》半月刊,1911年宁波出版的《武风鼓吹》旬刊等。为了与改革倾向的报刊相抗拮,1908年以后陆续出现一些保皇倾向和直接代表清皇朝意志的报刊,如由驻防杭州的满族军官创办的《浙江日报》和官府出版的《浙江教育官报》《浙江禁烟官报》和《浙江官报》等。

《杭州白话报》是当时影响最大、历时最长的一种白话报刊。它经历了由改良到革命,最后又变为对革命持同情态度的商业报纸这样的演化过程。创办人为项藻馨(兰生),历任主编为钟寅、汪嵚、钟璞岑、童学琦、孙翼中、胡子安、魏深吾,他们全都是浙江人。创刊号上有一篇代发刊词性质的文章《论看报的好处》,是林白水(署名宣樊子)的作品。这篇文章主张启迪民智、教育救国,影响很大,连上海《游戏报》也将它摘要刊登了,这种影响在浙江新闻史上也是少见的。林白水当时在杭州任教,于《杭州白话报》前期活动中发挥很大作用,但他不是主编,很可能与他籍贯福建有关。1903年孙翼中接任该报经理兼主编后,逐渐成为革命派的舆论工具,报纸的发行量也从七八百份增至2 000余份。该报原是旬刊,1904年改为周刊,1905年又改为三日刊,1906年再改为日刊,每天出版两大张。同年孙翼中被反动势力逼走,离开杭州,该报革命色彩渐趋淡薄,成为一份持进步倾向的商业性报纸。

浙江几个主要地区的最早报刊也是在这十年中出现,而且都持改革倾向。嘉兴地区最早出版的是《善报》,1901年在嘉善创刊,为石印不定期刊,带有改良主义色彩。绍兴地区最早的报刊是《绍兴白话报》,1903年7月创刊,创办人王子余(世裕)是光复会会员,创办时徐锡麟曾资助大洋一百元。在徐锡麟、秋瑾案件发生后,清政府通令缉拿秋、徐"同党",该报曾撰文斥责。金华地区最早的报刊,有些书籍认为是1904年6月27日创刊的《萃新报》,但据《全国中文期刊联合目录》著录,《东浙杂志》曾于1904年4—6月出版过1—4期,则《东浙杂志》的创刊应早于《萃新报》。《东浙杂志》是一种带有改良主义色彩的刊物,后改名《浙源汇报》。《萃新报》名声很大,为革命党人张恭、刘琨、盛俊等创办,浙江巡抚以讥刺时政、语言激烈下令查禁,反而扩大了该报的影响。《平湖白话报》是湖州地区最早的报刊,创刊于1904年,也是一张鼓吹革命的报刊,遭到清朝政府的忌恨,勾结地方反动势力将报馆捣毁。

此时站在保皇立场的代表性报刊为《浙江官报》和《浙江日报》。《浙江官报》主要为官方文件的汇编,群众对它不感兴趣,影响较大的是《浙江日报》。该报为满族军官贵林(翰香)私人所办,他中过举,是满族官员中的佼佼者,一般官吏都不敢得罪他。该报虽反对孙中山的民族革命,支持清皇朝,但敢于揭露地方官吏的贪污腐化行为,受到相当一部分读者的欢迎。副刊文字也比较严肃,不刊黄色作品。贵林在杭州光复后组织叛乱,为民军所杀,该报因无人主持停办。

商业性报纸以营利为目的,虽有一定政治倾向,却没有明显的政治企图。这类报纸又可分为小报和大报两种。小报出现较早,1904年已有许祖谦的《西湖报》问世,大报最早面世的是《杭州白话报》(1906年改为对开),其次是《浙江白话报》(1908年改为对开),至于《白话新报》《全浙公报》《危言报》《全浙新报》《天目报》《四明日报》等均于1909—1910年间创刊。这些商业性报纸几乎都是日报,除《四明日报》为宁波地区唯一的商业性大报外,几乎全部集中在杭州。这主要是因为杭州是浙江政治、经济、文化的中心,商业报纸既有销售市场又有信息来源。

## 第四章 浙江新闻事业发展概要

商业性报纸中具有典型意义的是《浙江白话新报》,它由许祖谦所办的《浙江白话报》与杭辛斋、穆诗樵所办的《白话新报》合组而成。许祖谦在办《浙江白话报》时得到贵林的支持,可见该报在政治上不会倾向革命,而杭辛斋此时已接受民主革命思想的影响,加入了同盟会。他们之间的合作是通过中间人物穆诗樵的介绍。很明显,他们的合作纯属商业性质。武昌起义后,新闻激增,日出三大张,该报革命倾向逐渐明显。可见商业报纸的政治倾向既有办报人主观的意愿,同时更多地受环境条件和迎合读者爱好等诸多客观因素的制约。

商业性报纸以商业上的收入维持报纸的生存和发展,必须对报纸的内容和形式以及销售渠道不断开拓和改进,才能扩大自身竞争能力,所以商业报纸的发展必然带来新闻业务上的进步。这一时期浙江报纸在业务上的进步,主要表现在版面编排上的近代化、销售网络的扩大和报纸副刊的产生,这三大进步恰恰都反映在商业性报纸上。版面编排上的近代化是向上海报纸学习的结果,清末杭州的几家商报在版面编排上与上海报纸已经没有什么区别。销售网络的扩大,以改成日刊后的《杭州白话报》为例,最远可达湖北、福建、江西,在上海、苏州、无锡、武昌、宜昌、南昌、福州、绍兴、上虞、嘉兴、湖州、南浔、海宁、新昌、诸暨、嵊县等地,都设有代售点或分销处。其他商业性报纸的销售范围也大致相仿。虽然看上去这些报纸销售范围很广,但跨省的销售量微乎其微,不过对邻近县镇的影响却也不能低估。浙江报纸副刊的出现,不仅时间早,而且有其独创性。1909年12月2日《危言报》创刊,日出对开两张半,其中半张便是副刊《潮报》,由费有容(恕皆)主编。《潮报》随《危言报》附送,不另取费,也单独另卖。这种出版与销售方法在当时是首创的,直到十年后的"五四"时期,四大副刊的出版和经营办法才与它雷同。《危言报》副刊《潮报》比《申报》副刊《自由谈》早出两年,是浙江地区最早的报纸副刊。

学艺性刊物就数量而言这一时期也出版了不少,而且大都集中在杭州,如《译林》(1901)、《群学社编》(1901)、《钱塘高等小学报纸》(1907)、《课余学报》(1907)、《惠兴女学报》(1908)、《英语学杂志》(1908)、《农工杂志》(1909)、《杭州商业杂志》(1909)、《法政讲义录》(1910)等。绍兴与宁波等城市也有几种,如《绍兴医学报》(1908)、《商业杂志》(1909)和《宁波小说七日报》(1908)、《新佛教》(1911)等。这些刊物中只有林琴南、林长民、魏易主编的《译林》在国内稍有影响,这是因为出版年代较早,翻译及印刷质量较好,主编者又都是名家的缘故。其他的学艺性报刊都没有全国性影响。由于这些刊物对浙江新闻事业没有多少关系,这里不再赘述。

这一时期还出现过一种很奇特的报学现象,一批浙江地方性报刊却在国外出版。1903年2月浙江留日学生在东京创办的著名革命期刊《浙江潮》,这是大家都熟知的,其实在东京出版的还有1903年3月创刊的《浙江月刊》和1910年12月创刊的《浙湖工业同志会杂志》。《浙江潮》是内容很丰富的大型综合性杂志,每期有220多页,由叶澜(清漪)、董鸿祎(恂士)、蒋方震(百里)、蒋尊簋(百器)、孙翼中等主持。该刊宣传民族革命思想,对浙江社会情况也作了一些调查,在同类刊物中出版时间也较长,因而在国内尤其对浙江影响很大。后来很多浙江报刊都以《浙江潮》《浙江新潮》《新浙江潮》命名。其他两种杂志与革命宣传无关,似不必在日本出版,可能因为编辑人在日本,而东京印刷技术又远远超过国内的缘故。

晚清最后十年的浙江报业,不仅具备了一定的规模和系统,而且逐渐突破浙人办浙报的框架。一些著名浙籍报人既在本地办报也到外地甚至国外去办报,如孙翼中、杭辛斋、张恭等,一些外地报人也在浙江新闻事业中发挥重要作用,如林白水、贵林、林琴南等。维新运动时期的浙江报人几乎都是些只精通中国传统文化的举人和秀才,这一时期的报人也是秀才、举人,甚至进士,他们不仅精通中国传统文化,而且其中大多数人出过洋、留过学,有较为厚实的西学基础,又热衷于民主政体。这些特点不仅影响到他们所主持的新闻传播媒介,而且通过新闻舆论的影响,对社会进步起着不容忽视的积极作用。

## 四、民初浙省报业的兴衰

1911年11月浙江宣告独立,它是辛亥革命中第一个宣布独立的省份。1912年中华民国成立,人民群众扬眉吐气,沉浸在革命胜利的喜悦之中,以为专制统治今后将不复存在,于是一批代表民众舆论的报刊应运而生。与此同时,一些混入革命队伍的官僚、政客打着拥护共和政体的旗号,以办报为手段,网罗党羽,扩张势力,捞取政治资本。于是一批以官僚政客、地方豪绅为背景的报刊也纷纷出笼,这样便形成了自维新运动以来的又一次办报高潮。浙江的革命力量主要是光复会的势力,虽屡遭破坏却仍有相当实力。然而,浙江潜在的反动势力也相当强大,反映在报界的斗争便显得十分尖锐。如果我们把浙江光复到"五四"前夕看作是一个历史阶段,那么这个历史阶段以 1913 年 7 月"二次革命"为界,可分前后两个时期。前期(1911 年 11 月—1913 年 7 月)为新旧势力斗争时期,后期(1913 年 7 月—1919 年 4 月)为北洋军阀统治相对稳定时期。我们对这一历史阶段的浙江报纸作了比较全面的统计,在这 8 年中,光是报纸(主要指日报,包括为数不多的双日刊和三日刊,不包括周刊和杂志,下同)就出版了 70 多种。但前后两期相差明显,前期只一年零九个月时间,出版报纸 40 多种,占总数 3/5,光是民国元年就有 25 种报纸问世;后期五年多时间,仅有 30 来家报纸创刊,只占总数的 2/5。关于这一时期的杂志,缺乏全面完整的资料,据目前掌握的 40 来种期刊分析,前期占 4/9,后期占 5/9。

  从晚清最后 10 年开始,杭州已成了浙江报业的中心,民国初年报业集中的趋势就更加明显,尤其是 1912 年,全省半数以上的报纸集中在杭州。前期虽然也出现过个别依附于政客、豪绅的报纸,但全省革命派报纸毕竟占绝对优势。这些进步报纸对社会丑恶现象无情揭露,对袁世凯帝制自为的野心口诛笔伐,对革命党人纵容反动官僚和任人唯亲的做法也作善意的批评。然而在政治环境日益恶化的情况下,却不断遭到反动势力的打击和摧残。尤其是浙江都督朱瑞公开投靠袁世凯后,对进步报纸的镇压不遗余力,没等到"二次革命"失败,浙江的进步报纸已被消灭殆尽。在这场新旧势力的斗争中,杭州《汉民日报》是个很有代表性的典型事例。

  《汉民日报》创刊于 1911 年 11 月 18 日,是杭州光复后创办的第一张报纸。主持人杭辛斋,是应首任浙江都督汤寿潜之请而创办的,社址最初就设在都督府印铸局内,起着浙江军政府机关报的作用。主笔邵振青(飘萍)善写时评,尖锐泼辣,深入人心。曾揭露省检事长范贤方有受贿嫌疑,且有狎妓丑闻,范控告《汉民日报》损害名誉,邵振青出庭对质,因事实确凿,法院不得不宣布"原告不能成立"。由于杭辛斋、邵振青始终拥护共和,坚持反袁立场,刚正不阿,秉笔直书,为官府所忌。1913年杭辛斋去北京任众议会议员,该报由邵振青主持。同年8月朱瑞指使民政长屈映光以"言论悖谬,扰害治安"为由,将《汉民日报》封禁,邵振青被捕入狱。绍兴第一家日报《绍兴公报》、温州第一家日报《东瓯日报》都遭到同样命运。甚至连没有任何政治背景,"兢兢焉以诚字自守",从不作偏激之语的商业性报纸《之江日报》也因主笔曾又僧(士瀛)持反对帝制的态度而险遭封禁。最后曾又僧被迫离开报界,该报才得以苟延残喘。

反动派对付进步报刊的手段可谓软硬兼施,除查禁报纸、逮捕主笔外,经常采用的手法是收买、篡夺和压制进步报刊,迫使它变质、就范或自动停刊。例如影响之大和创刊之早仅次于《汉民日报》的《浙江潮日报》,本来也是一份拥护孙中山革命纲领的报纸,由同盟会员王荤担任经理兼主笔。1913年王荤被袁世凯收买,成了拥袁的公民党成员,报纸立场也随之转向。绍兴的《越铎日报》原是在周豫才(鲁迅)等人的积极支持下创办的,对新生的革命政权给予热情的支持。总编辑是资历很深的革命党人陈去病,经理为越社的主要干部宋紫佩。创刊不久,报社内部的孙德卿、王文灏、陈瘦崖等与社会上反动势力相勾结,利用春节休假陈去病、宋紫佩不在的时机搞突然袭击,排挤了陈、宋,把持了报纸的领导权。《越铎日报》领导权被篡夺后,失去了革命色彩,与孙中山领导的革命政权相对立,成了复辟帝制的应声虫。除了相当一部分报纸被查封外,大部分进步报纸都是在政治环境恶化、反动势力压迫下难以支持,自动停刊的。有压迫就有反抗,在1916—1917年间,也曾出现过一些革命党人办的报纸,如台州《时事日刊》、宁波《浙东公报》、杭州《新浙江报》等,由于环境险恶,出版时间都不长。

这一时期的浙江报纸大都很短命。斗争尖锐、文网森严固然是个原因,但是一些得到军阀、政客支持的报纸寿命也不长。这些报纸不受读者欢迎,销路不佳,在资助人失势或达到政治目的后,也就不愿再做赔本生意了。出版时间较长的是商业报纸,1913年4月间创刊的《之江日报》和《浙江民报》,分别到1937年与1932年才停刊。只是这两家报纸尽管看风使舵,明哲保身,在军阀统治的十余年间,仍多次停版或被查封。由此可见,报业的繁荣除了经济、文化的发展水平外,更与政治开明的程度休戚相关。

1912—1913年间,浙江地区曾筹建成立浙江报界公会,联络处设在汉民日报社内,邵振青被推选为干事长。后因浙江政局未稳,成立全省新闻团体的条件尚未成熟,遂于1913年先成立杭州报界公会,这是浙江地区最早的新闻界组织。但因进步报界接连遭到军阀政府迫害,各报社立场不一,邵振青又曾三次入狱,报界公会无法开展工作,便自动解散。

## 五、从"五四"到北伐时期的浙江报业

袁世凯死后,大权落入段祺瑞手中。为了加强对浙江地区的控制,1917年免去浙江督军吕公望和民政长王文庆的职务,派亲信杨善德、齐耀珊带军队进入浙江,由杨善德担任浙督,齐耀珊任省长。这一行动引起浙省民众的反对,以陆翰文为社长、项士元任主笔的台州《时事日刊》首先发难,对段系军人倪嗣冲督皖、杨善德督浙予以指责,认为军阀不除,共和断难实现,该报旋即被封。杭州《之江日报》为顺应民情,对这件事也时有评论,军署传出消息要查封该报,主持人为免受摧残,自动停刊。杭州另一家报纸《良言报》的停刊也与反对齐耀珊掌浙有关。可见"五四"前夕,浙江舆论界已与飞扬跋扈的段系军阀有过一番较量,而且斗争一直延续到"五四"以后没有停息。

北京"五四"学生运动爆发的消息传到浙江,对段系军阀统治深恶痛绝的浙江人民而言无异于火上加油。首府杭州受北洋军阀严格控制,浙江学生响应"五四运动"的热潮首先在绍兴掀起。在这次学运中,新闻传播媒介实际上是起了煽风点火、推波助澜的作用。当绍兴第五中学的学生率先响应北京学生运动时,一贯比较进步的《越州公报》立即发表社论《可敬我第五中学学生也,可爱我第五中学学生也》。该报同时宣告当天(5月9日)在绍城大善寺发起召开国耻纪念会,并组织了有1700多人参加的国耻纪念大游行。这次游行的参加者大都是各校学生,5月12日选派代表参加浙江学生联合会成立大会,分头组织"国耻图雪会""提倡国货会""救国演讲团""抵制日货会"等,积极开展活动。"五四"前夕,何赤华等绍兴进步青年已出版

过鼓吹新思潮的刊物《绍兴第五师范校友会会刊》、上虞《管溪声》等,此时又陆续有《上虞教育杂志》、诸暨《谊社月刊》等进步刊物出版。鉴于绍兴学生运动走在全省前列,浙江省学生联合会委托绍兴学生联合会创办《浙江学生联合会周刊》。

杭州虽然处于北洋军阀的高压之下,但风起云涌的学生运动如狂澜奔泻无法遏制,1919年5月12日杭州学生也走上街头,公开声援北京学生的爱国运动。6月25日《杭州学生联合会报》诞生,揭开了省城学生利用报刊批判旧制度、宣传新思潮的序幕。此后进步学生刊物如雨后春笋不断涌现,如《浙一师校友会十日刊》《双十》《浙江新潮》《浙江学联周刊》《钱江评论》《浙一中自治会半月刊》《晨钟》《进修团团刊》《浙人》等。其中影响最大的是《浙江新潮》,该刊由5所学校的25位学生俞秀松、宣中华、施存统、夏衍等联合创办。他们公开批判《之江日报》《浙江民报》《全浙公报》,只敢反对迷信鬼神、揭露几个贪暴的小官吏,根本没有想到要改造社会。声称:"现在,须得挂起'赤'色的旗子,去改造那不适合时代的社会。"《浙江新潮》的言论使顽固分子惶惶不安,他们指使个别反动学生创办《独见》杂志与之对抗,并借手反动政府扼杀这一新思潮的萌芽。省长齐耀珊下令查封《浙江新潮》,北洋政府居然为此事通电全国:"此种书报,宗旨背谬,是为人心世道之忧。……毋俾滋蔓,以遏乱萌。"《浙江新潮》虽然只出了四期(包括前身《双十》),但影响波及全国。

受"五四运动"影响,浙江其他地区也都有爱国和进步青年主持的刊物出版,如温州地区的《救国讲演周刊》《新学报》《励进月刊》《瓯海新闻》《浙江十中周刊》《十中期刊》,宁波地区的《救国》《良心》《火花》《天鸣》等。这类刊物虽如雨后春笋,但此起彼伏大都不能持久,因为人力财力均感不足。根据现有资料作最保守的估计,浙江全省从1919年5月到1920年5月出版的学生刊物约四五十种。这些刊物大都是四开或八开的报纸版式,但内容近似政治性杂志,其主要内容不是报道学生的校园生活,而是批判旧思想、旧文化,传播新思潮,对社会进步起着积极的推动作用。

"五四运动"的深入开展,也推动了新闻事业的进步。一贯持保守立场的绍兴《越铎日报》和宁波《四明日报》在舆论的影响下,也撰文支持学生,甚至也让进步青年在报上发表自己的见解。然而这种进步倾向并不持久,只维持半年左右,一些受排挤的进步青年记者离开《四明日报》,利用宁波救国十人团联合会的力量,自行创办了《时事公报》。社长金臻庠、主笔乌一蝶都是十人团联合会主要成员。该报不仅经常发表进步青年作品和读者来信,还开风气之先,大量采用白话文撰写的稿件。他们还团结十人团组织中的民族资产阶级,大量刊登国货广告,使这家报纸连续办了30年(沦陷时期一度被日伪劫夺),直到宁波解放前夕被国民党政府查封,社长与主笔始终没有更换。"五四"时期创办的《诸暨民报》也是由一些具有进步思想的诸暨中区学校教职工组建而成,他们以"保障共和政体,发扬民生主义""革新社会"为目标,在以后数年内,始终坚持进步的舆论导向。

  1919年以后浙江成了皖系军阀卢永祥的地盘,不久皖系军阀在直皖战争中失势,卢永祥为稳定局面故意作出开明的姿态,拉拢一批省议员,准备制订浙江省的宪法,主张"废督自治",以争取舆论的支持。于是1922年前后浙江新出了一批以各地议员势力为背景的报纸,如《两浙日报》《嘉言报》《杭州报》《新浙江》《浙民日报》《一鸣日报》《暨阳日报》等,其中除少数代表地方实力派浙江警务处长夏超的势力反对制宪外,大部分报纸倾向于卢永祥。1924年为争夺对上海的控制权,卢永祥与盘踞江苏的直系军阀齐燮元兵戎相见。另一直系军阀孙传芳乘机率兵由闽入浙,夏超叛变投孙,卢永祥腹背受敌被迫下野,浙江落入孙传芳手中。《杭州报》《浙报》等因反对孙传芳同情卢永祥被封。孙传芳为控制舆论,出资创办自己的喉舌《大浙江报》,已晋升为浙江省长的夏超与浙军师长周凤岐等也投资《浙江日报》《虎林报》《杭州晚报》等,与直系势力对抗。结果《杭州晚报》《浙江日报》先后被孙传芳部下浙江守备司令孟昭月封禁。1926年10月夏超反对孙传芳,宣布杭州独立,便将大浙江报社捣毁。几天后,孙传芳部队进入杭州,夏超被杀,《大浙江报》复刊。由此可见,当时的许多报纸都是各派军阀势力的代言机构,谈不上有自己的政治见解,更谈不上表达民意。有着较长历史的商业性报纸《之江日报》和《浙江民报》有时还能反映一些真实情况,如报道全浙学生大联合,报道发生在北京的"三一八惨案",揭露浙江垦放局长压迫农民等,可是这两次仗义执言却都遭到停版或封禁的处分。在夏超掌浙时期,不仅动辄查封浙报,连上海报纸的杭州分馆也屡被封闭,如《时事新报》和上海《商报》曾刊有"浙省长夏超行将更动"的北京电讯,《新申报》曾刊载《一人五反》小评,夏超以为揭载失实、有意讥笑,立即派军警查封这些报纸的杭州分馆。所以,项士元《浙江新闻史》称这一时期为"军阀暴力压迫时期"。

从"五四"到北伐军入浙的八年间,浙江出版的报纸(不包括周刊和杂志,下同)约90种,其中新创刊的在80种左右。新创刊的报纸大多缺乏生命力,能持续出版一年以上的不足1/4。在新闻事业有一定基础的杭州、宁波、绍兴、温州等地区,这八年间均有十三四种报纸创刊,湖州、嘉兴、台州、金华等地区新创刊的报纸,就数量而言与杭州地区不相上下,然而持续出版时间很短,且大都为1922年前后创刊。宁波地区出版的报纸,约有1/3持续出版时间较长。1925—1926年这两年是浙江报纸遭受军阀暴力压迫最严酷的时期,宁波知识界曾发起重农运动,出版了《中华农报》《农林报》《农趣》《农国周报》《农林品种报》《归农运动》《绿化消息》等有关农业方面杂志十多种,这是当时恶劣政治环境在报刊出版上的曲折反映。在"五四"以后的八年里,浙江的一些经济、文化相对发达的县城,如余杭、萧山、诸暨、海盐、永嘉、海宁、金华、义乌、象山等地,都已出现了报纸,一些比较偏僻的小县,如东阳、奉化、龙游、温岭等地也已有了期刊。

## 六、在国民党统治全浙的十年里

1927年春北伐军入浙之前,国民党在浙江新闻界的势力并不大。从1924年开始,一些秘密参加国民党的新闻从业人员,单枪匹马地在浙江报刊上作些革命宣传,如《杭州报》的沈玄庐、《浙江民报》的宋云彬、《之江日报》的项士元、《诸暨民报》的徐白民等,他们或是跨党的中共党员,或是国民党左派。有些地方小报一度也在国民党人的掌握之中,如台州临海《赤城日报》、温州《温处民国日报》,可是不久便在反动政府的压迫下停刊。直到1926年春夏之交,属于国民党右派的浙江省执行委员会和属于国民党左派的浙江省党部宣传部各自在杭州设立舆论机关——《浙江潮》月刊和《每周评论》,然而这两个刊物在群众中都没有很大的影响。

## 第四章 浙江新闻事业发展概要

北伐军击溃了孙传芳的五省联军后,势如破竹,很快占领浙江全境。一些明显依附于军阀势力的反动报纸《大浙江报》、《浙江民报》、平湖《民声报》和当地土豪劣绅办的《嘉兴日报》《四明日报》等,先后被查封。杭州《浙江商报》也因明目张胆地袒护资本家,损害工人利益,被新成立的革命政权封禁。刚建立的国民党浙江省党部宣传部和主要几家国民党机关报,实际上都由共产党人在领导,如宣传部长宣中华、《杭州民国日报》总编辑杨贤江、主笔唐公宪、《杭州国民新闻》社长郑炳庚、总编辑龙作,接收《越铎日报》创建《绍兴民国日报》的国民党绍兴县党部执委宋德刚,《宁波民国日报》总编辑王任叔等都是共产党员。可是不到两个月,蒋介石集团发动"四一二"政变,接着在浙江展开全面清党,逮捕和屠杀大批共产党员和国民党左派,宣中华、龙作和曾任《诸暨民报》主笔的何赤华,《杭州民国日报》记者陈士鼎,都在这次事变中牺牲。浙江新闻界的领导权完全落入国民党右派手中。

蒋介石运用纵横捭阖的政治手腕,在历次新军阀战争中击败对手。东北易帜后,中国取得了表面上的统一。浙江是蒋介石集团的心腹地区,自然要倾注全力,在政治上严格控制,在经济发展上为全国作出榜样。从1927—1937年十年中,虽然外有日本帝国主义军事侵略的步步进逼,内有共产党领导的全国范围的革命战争,浙江省除了少许边缘地区受到红军活动影响外,基本上是处于相对安定的环境中。当时全国农村在长期军阀混战和帝国主义经济侵略下,濒临破产境地,浙江也不例外。然而由于较长时期的社会稳定,使浙江经济有了一定程度的发展,生产力也有了缓慢的提高,以新建的杭州发电厂为例,其发电规模为全国第二。杭州、宁波等城市商品经济繁荣,出现资金过剩现象。这十年间,国民党政府在浙江建设的重点,第一是交通,第二是电讯。交通主要是修筑公路,其次是铺设铁路;电讯主要是发展有线电话与无线电台。国民党政府并不讳言这两项基本建设的主要目的是对付活跃在浙江毗邻地区的工农红军,但却在客观上为新闻事业的发展提供了条件。

1928年10月10日浙江杭州电台开始播音,翌年电台完全竣工,这是中国第一座省市级地方性国营电台。该台广播的内容侧重于省政府决议案及通告、通令等。1935年秋为适应浙西山区收听,由成立时的250瓦电力一再扩大,增至 1 000 瓦。杭州电台建成后,全省 75 个县均配备了无线电收音机,这一套现代化通讯设备成为当年全国之最。1933 年后,浙江公营与私营电台纷纷出现,战前已有 8 家,即杭州的亚洲电台、敬亭电台,宁波的四明电台、黄金电台,嘉兴的县党部电台、容德堂电台,绍兴的越声电台和湖州的湖声电台。这些电台以招徕广告为第一目的,也广播新闻。电讯的发展对各县信息闭塞状态有所改善,使偏僻的县城出版报刊成为可能。据 1934 年 10 月《报学季刊》统计,浙江全省共有 114 家报纸,城市报纸(指杭州)占 10%,县镇报纸占 90%。浙江已有 41 个县出版报刊,其中 32 个县有日报(最多的是台州,有 7 家,宁波、嘉兴各有 6 家),奉化等 3 个县只有间日报、三日报或五日报,慈溪等 6 个县仅有期刊,此外还有 2 个县属镇有日报。从目前我们已经掌握的资料来看,这一统计数字还是很不完全的,例如当时正在出版的象山《石浦公报》、新昌《沃声报》等均未统计在内,显然当时实际出版报刊的县还多一些。据现有资料统计,浙江地区在 1927—1937 年十年间,创刊的报纸(不包括周刊和杂志,下同)已超过 310 种,其中有 129 种持续出版期超过一年,占总数的 1/3 以上。报纸在省内各地区的分布并不均衡,杭州地区 67 种,嘉兴地区 95 种,宁波地区 51 种,温州地区 33 种,金华地区 24 种,台州地区 20 种,绍兴地区 19 种,丽水地区 1 种。全省有 53 个县和 3 个县属镇出版过报纸。根据上述统计应可得出这样的结论:在 1927—1937 年十年间,浙江新闻事业已深入到县镇,除浙西山区外,绝大部分的县和一些著名的县属镇都曾出版过报刊。

由于工业生产和商品经济的发展,报上经济新闻、市场行情、商品广告所占的比重越来越大,报纸的种数和销数也逐年上升。1927 年之前,浙江销数最多的报纸不超过 3 000 份,1932 年浙江销数最大的《杭州民国日报》日销在 9 800 份以上,1934 年该报改名《东南日报》已日销 1 万余份,1937 年经过各方面的改革,该报日销 4 万余份(对外号称 5 万份)。从销数的递增中,既反映了办报者在业务改革上的劳绩,也从侧面显示了社会经济和文化的发展。工业方面的进步关系到报纸的印刷质量,也为报纸业务方面的改进提供的物质基础。这一时期的县报,大都是四开一张的铅印小报,石印、油印小报已不多见。各报社自备印刷所的只有杭州、宁波、嘉兴等地为数不多的几家,一般均由民办印刷机构承印。除僻远小县外,印刷都还清晰。在这七年间,浙江报纸的版面逐渐打破横栏夹铅条的呆板格式,出现套花边、插题花、做大字标题等办法,美化版面,吸引读者。报纸版面的逐渐现代化很难说是浙江报业自身的创造,主要还是向上海报纸学习的结果。但是浙江的某些报社在新闻业务上的改进却是卓有成效的。《杭州民国日报》自胡健中担任社长后,首先添聘外勤记者,增加本报专访新闻,以优厚稿酬征购独家新闻,充实报纸内容;其次充分发挥副刊的优势,吸引读者,他亲自主编《周末》,聘请陈大慈、许廑父等著名报人编《沙发》《吴越春秋》,还增出画刊《金石书画》,选材、印刷都十分精良。该报又将广告承包办法改为广告自办,减少中间环节,增加收入。此外还不断增配印刷设备,购置德国轮转机印报,可彩色套印,印刷质量能与沪上大报媲美。该报的业务改革对其他浙报也有促进作用,据当时调查的结果,杭州、余杭、海宁、嘉善、平湖、萧山、台州、永嘉等地报纸的编印技术,进步最为明显。

浙江新闻事业的发展加剧了与省外报纸,特别是上海报纸的竞争。上海《申报》《新闻报》《时报》《时事新报》,天津《益世报》和南京《京报》等在杭州均设有分馆或办事处,《申》《新》两报更把触角伸向县镇。1932年秋在杭州举办全国运动会时,《时报》为了与杭报和其他沪报竞争,与航空公司订约,包飞机一架,每晨专运《时报》。另外又包车厢一节,车内设暗房及编辑室。每天赛程结束,记者立即赶上车厢工作,同时登上列车启程回沪。车到嘉兴,稿件、照片都已处理完毕,连夜送上海赶印,记者则改乘下行列车返杭,准备第二天工作。翌日清晨,《时报》已空运抵杭,在会场上就被抢购一空,连杭州本地报纸也赶不上这样的速度。为增强竞争力量,《申》《新》两报商定在杭州合办《申报新闻报杭州附刊》,自备收报机,并且每晚与上海通话交流信息,日出对开二至三张。附刊于清晨送到读者手中,沪版报下午抵杭后再行分送。订一份《申报》或《新闻报》,每天可看到两次报纸,一时订者踊跃,大有超过《杭州民国日报》的势头。胡健中等援引国民党法律条文:"各报附刊只许附同本报发行,不许单独发行。如查出附刊单独发行,准由地方同业提出损害赔偿。"浙江省宣传部据此限令该附刊停办。由于浙赣铁路西拓,杭州报纸向浙西、赣南地区发刊,可以比上海报纸早到一天。于是《杭州民国日报》改名《东南日报》,意在越出省界与上海报纸争夺东南读者。浙省大报不多,日出对开两大张的只有九家,《东南日报》经胡健中多年擘划经营,由每天出版对开三大张扩展为四大张,不仅在浙省鹤立鸡群,即使与国内著名报纸相比,无论内容还是编印技术均毫不逊色。仅仅四年时间从销数不足万份上升到近5万份,就全国范围来说,也属罕见。在与省外报纸的竞争中,浙江本地报纸占有明显的优势。

这一时期的浙江报业虽然有所发展,但真正能以广告收入作为经济支柱的并不多,能够以办报营利的就更少了。据1934年《浙江省新闻杂志登记一览》所载,当时全省共有报社113家,日销1万余份的仅《东南日报》1家,销3 000余份的也只杭州《浙江新闻》1家,销1 000余份的有《杭报》等21家。可见几乎有80%的报纸销数均不足1 000份,这些报纸就很难靠办报赚钱了。就以销数在1 000份以上的《宁波民国日报》为例,它是"宁属七县之党报",自称"本报经济,亦由省方及各县党部加以相当补助"(《宁波民国日报六周年纪念刊》第2页)。属于地区性的党报尚且经济上难以自立,县办小报和商业报纸其艰难就可想而知了。这种现象,一方面反映了国民党政府专制统治下,报纸缺乏对读者的吸引力,另一方面也说明浙省报业仍然缺乏厚实的经济基础。

国民党政府正好利用办报艰难这一点,大力发展各级机关报,抑制民办报纸的发展。浙江各地的党报都是当地规模最大、设备最齐全的报纸,如名为几个"忠于新闻事业的国民党党员集资创办",实为直属浙江省党部的《东南日报》,以及《宁波民国日报》《嘉区民国日报》《绍兴民国日报》《海宁民报》等,都是当地首屈一指的大报。各级党报分别由省执行委员会、各县党部、各区党部按月拨给津贴,连年年有盈余的《东南日报》购置轮转机和压纸型机时,省党部仍拨款6.7万元给予资助,对于商业性报纸则处处掣肘、刁难。《之江日报》是历史悠久的民办报纸,偶然有一次在新闻中无意地冒犯了宣传部长许绍棣的家属,竟以停寄省党部办的国民通讯社新闻稿相要挟。《浙江商报》1927年初被封后一直未准启封,结果只好以省党部科长邱不易担任社长五年为条件换取复刊。商业性报纸动辄得咎,如《民声报》因刊登《笑煞日本小学生》一文,语带滑稽、意含讽谏,竟遭查封,记者联合会出面调停也无济于事。在国民党统治全浙的十年里,浙江商业性报纸只能维持门面,根本谈不上发展。

浙江省党部设有指导委员会,实际上起着检查新闻的作用。早在1930年8月,国民党中央尚无余力对全国新闻实施严格控制时,浙江省党部就发布了《中国国民党浙江省执行委员会宣传部指导本省报馆通讯社办法》,规定必须按期送检全份刊物,以绝对遵照党部指示的宣传方针作为言论取材的标准。1934年8月,国民党政府制订《检查新闻办法大纲》,对报刊言论的统制就更严格了。在十年内战时期,浙江地区成立的通讯社不下200家,可是真正起作用的只有省党部办的国民通讯社。当时中央社几乎垄断了国内外要闻的电讯稿,国民通讯社则垄断了省党部党政消息的发布,有些消息指定必刊,各报不能拒登。那些多如牛毛的民办通讯社只能发些本地消息,大多是诲淫诲盗的社会新闻,有的实际上只是敲诈勒索的机构。30年代,国民党政府实际上已经垄断了新闻,控制了报纸的言论,连鲁迅逝世举行纪念会的消息都不让登载。项士元《浙江新闻史》在谈及这一阶段报业概况时,感慨地说:"新闻权威,操于通讯社,各报所载,多蹈雷同。""生气奄奄,毫无精采,视之往昔各报,兢张言论,则反瞠乎后矣。"

浙江是蒋介石的老家,国民党拥蒋势力的大本营,重要报纸和新闻检查大权都牢牢掌握在国民党CC系手中,连一度执掌过省政府大权的国民党元老派也很难在新闻界插上一足。自"四一二"政变后,中国共产党的革命刊物更是无法在这块土地上立足,即使有过几种如上虞《石榴报》、宁波《火曜》、富阳《晨钟》等共产党领导的进步杂志,也很快被查封或被迫停刊。直到"七七事变"后,一些由共产党人和进步人士创办的抗日民主报刊才得以公开问世,如杭州《战时生活》、《抗战导报》,绍兴《战旗》,温州《平报》和萧山《萧山日报》等。

由于浙省经济基础并不厚实,报业竞争激烈,国民党对新闻事业的统制又十分严厉,新创办的报纸能站住脚的不多,纯粹民营的就更少了。但总的看来,这十年间浙江报业还是呈稳步上升的趋势。据国民党政府对1934—1937年浙江日报数量的统计:1934年89种(12月底统计),1935年98种(7月底统计),1936年114种(11月8日统计),1937年105种(4月26日统计)。这组数字虽然不包括间日报、三日报和未经登记批准已经出版的报纸,但大体上报业发展的轨迹已经很清楚地显示了。

随着浙省报业的缓慢发展,30年代也曾出现过一些新闻教育和新闻学研究活动。同时浙江报人也在全国新闻界的社会活动中发挥积极影响,如1930年杭州成立了新闻学研究社、暑期报学讲习所。1931年成立上海报学会杭州分会、杭州报学讲习所,戈公振被聘为讲习所所长,曾通过他邀请上海新闻界专家20余人去杭州讲学。这一年的8月8日至10日,该所举办了我国第一次报展——中外报纸展览会,许多新闻学著作同时展出。1934年8月杭州市新闻记者公会通电全国,建议把9月1日定为记者节,得到新闻界的广泛响应,后来又得到国民党政府的认可,成为旧中国进步新闻工作者争取新闻自由的节日。

## 七、抗战时期的浙江新闻事业

1937年8月13日,日本帝国主义在上海挑起战火,浙江成了抗战的前哨。同年11月,日寇在金山卫登陆,杭州危急,省政府迁往浙江中部城市金华。为了使省级党报顺利西迁,胡健中提请省党部批准,调《东南日报》编辑严芝芳去金华,接任"金衢丽"三府合办的党报《浙东民报》社长,作西迁准备。11月19日,《浙东民报》宣告停刊,《东南日报》同日在金华出版,杭州改出号外,一直出到12月下旬杭州沦陷。杭州陷敌前夕,所有商业性报纸全部停刊,只有极少数得到国民党津贴的党报如《正报》等,才有条件随省府内迁。这次省垣报社的撤退还算比较顺利。

1942年5月之前,虽然浙江北部繁华地区,先是杭州、嘉兴、湖州,后来宁波、绍兴陆续沦陷,但国民党政府犹能以金华为战时省会,据浙南半壁与日寇周旋,金华仍不失为浙省政治、经济、文化的中心。这一时期在金华出版的有省级大报《东南日报》和以小报大办著称的《正报》,这两家报纸同属CC系,但竞争激烈,《正报》在金华的销数几乎可以与《东南日报》匹敌。本地原有的《金声日报》仍继续出版,新创刊的有《天行周报》《浙江潮》周刊等。据统计,抗战时期金华发行过9家报纸(其中本地5家,由杭迁来4家)、53

家杂志(外地迁入的有45家,其中有汉口、南昌等地迁来的)。这些报刊并非同时出版,此起彼伏,经常有四五家报纸和20来家杂志出版。那时,上海、杭州等地的文化界人士沿着浙赣线撤退下来,金华成了中转站。王闻识主持的《民族日报》便是在金华组织好编辑班子,配备好干部和印刷器材,徒步走到抗日前线于潜去出版的。严北溟创办《浙江日报》时,金华已很吃紧,也是在金华筹备就绪后,到靠近江西的永康去出版发行的。

1942年5月,在日寇进攻下,国民党军队全线溃退,金华陷落。省政府撤退到浙南丽水、云和一带,以云和为临时省会,在那儿建立指挥浙江残省的政治中心。但云和是偏僻小县,又长期处于日寇铁蹄威胁之下,还曾两度沦陷,难以形成经济、文化中心。这次从金华撤退十分仓促,报社损失惨重。《东南日报》于金华失陷后一分为二,一支颠沛流连于丽水、云和之间,屡遭炮火之劫,出版时断时续;另一支撤往江山,江山失守,进退失据,只得越过仙霞岭进入福建,在南平复刊。《正报》在金华陷落时损失最大,追随省府播迁,辗转于龙泉、云和、永嘉、瑞安等地。《民族日报》为躲避日寇凶焰,从於潜迁往西天目、昌化、淳安等处。《浙江日报》也因战事屡次搬迁,由永康一迁碧湖,再迁龙泉。《中国儿童时报》于杭州陷敌后迁金华复刊,金华沦陷撤至福建永安。总之,浙江的几家重要报纸,在强敌压境的情况下,虽然分散各地,仍在各自为战。

沦陷区内,汪伪政权为了欺骗民众,宣传投降有理,也办起了几家汉奸报纸。杭州城内原有维新政府时期的《新浙江日报》,后改名《杭州新报》,由日本驻杭派遣军报道部冈崎圕光控制。汪伪政府成立后改称《浙江日报》。该报社另出《之江晚报》,鼓吹"日中提携",传播色情文化。此外还有一些县级报纸,如《海宁新报》《嘉兴新报》《绍兴新报》《湖州新报》《新温州报》等。《浙江日报》属于直属报社,汪伪政府宣传部《直属报社管理规则》规定,"直属报社在新闻编辑上,应以中央电讯社稿件为主体",根据宣传部颁布的宣传方针逐日撰写社论,"对本部发交之文字,须即行刊载,不得延迟或遗漏"。非直属报社是否多一点新闻自主权呢?《绍兴日报》便是非直属报社,该报总编辑陈瘦崖于1942年4月杭州各报社联席座谈会上介绍《绍兴日报》时说:"绍兴尚处于最前线的地位,概由绍兴特务机关指导,以宣扬和运为主体。"原来非直属报社是直接由日本特务机关控制。汪伪中央报业经理处也经常派专员去指导浙江报纸,但多半针对编排形式,如"四行题目,中间空铅太阔,似太松懈"之类。偶而也涉及内容,如一家汉奸报把日本当选的461名议员名单全部登了出来,指导者认为,"日本的国会议员名单在中国本没有重要性,不要以为这是日本的消息非登不可的"。这一事例也足以反映汉奸报人仰承日寇鼻息的丑态。浙江沦陷区的报纸没有一家是商业性的,也没有一家是民办的,更没有一家能代表民意,完完全全是日伪的宣传品。

最初在浙东打游击的只有共产党领导的四明山三五支队。为了扩大政治影响,团结、争取和教育浙东敌后各阶层人民,及时反映党的工作与群众要求,曾于1943年初油印出版《时事简讯》。1944年4月又将《时事简讯》改为区党委机关报《新浙东报》,由谭启龙任党报委员会主任。部队另有《战斗报》出版,主要任务是指导部队工作和教育部队战士。在宁波、绍兴相继沦陷后,一部分国民党残部也在宁海、天台和上虞、平水一带打起游击来。他们办了一些小报,如《锦报》《天良报》《越报》《宁波报》等。1943年春,国民党鄞县县长俞济民的部队从沦陷区搞到一台印刷机,便将《宁波报》改为对开大报《宁波日报》。该报主编倪凡夫是位爱国进步报人,俞济民也不大过问报事,而国民党新闻检查机关又远在浙江西南的龙泉,鞭长莫及。这张报纸的言论还比较自由,文艺副刊办得有声有色。经过两次反共高潮,一些内地报刊不便刊登的进步稿件,往往转寄到《宁波日报》来发表,像许杰、于伶、艾芜、冯雪峰等人的作品,经常可以在《宁波日报》上看到。金华陷落后,中共金(华)义(乌)浦(江)地区党组织在游击战争的环境下创办了《抗日报》,着重宣传党的抗日政策和国际反法西斯斗争的形势,一直坚持出版到抗战胜利。

据现有资料统计,抗战八年间浙江创办的报纸至少有183家,其中日伪报纸21家,周刊及杂志至少有604家。报刊在各地区分布情况如下:

杭州地区创刊报纸23家(其中伪报8家),期刊71种。

绍兴地区创刊报纸14家(其中伪报1家),期刊53种。

宁波地区创刊报纸19家(其中伪报1家),期刊84种。

嘉兴地区创刊报纸57家(其中伪报8家),期刊50种。

温州地区创刊报纸 11 家(其中伪报 1 家),期刊 77 种。

金华地区创刊报纸 29 家(其中伪报 2 家),期刊 120 种。

台州地区创刊报纸 12 家,期刊 53 种。

丽水地区创刊报纸 18 家,期刊 96 种。

抗战时期浙江新闻事业有如下几个明显的特点。

(1) 抗战八年是浙江报业物质条件和报人生活最艰苦的时期,没有白报纸只能用土纸替代,没有油墨只能用松油自制。新闻从业人员过着军事化的生活,不仅生活极端艰苦,还时时受敌机轰炸和敌军扫荡的威胁。一旦日寇进攻,就得肩挑背扛把笨重的印刷器材转移。光是《东南日报》从金华迁到南平的一部分工作人员,在迁移途中就死亡了 63 个,几近报社全部人员的 10%。

(2) 这一时期浙江新闻界已经没有商业性报纸的立足之地。由于战争影响,报纸上广告锐减,以广告为主要收入的商业性报纸已不大可能生存。《中国儿童时报》是抗战时期浙江仅有的一份儿童报刊,在国外也有些影响,由于战时儿童读物紧缺,在局势较稳定时销路很不错,他们还自办了印刷厂。可是金华陷落后,转到福建临时省会永安复刊,发行区缩小,销数剧减,几乎难以维持,不得不请大资本家盛澄世担任社长,以便在经济上有所挹注。

(3) 战争使报业格局发生变化。正规化的大报减少,抗日油印小报增多。浙东沦陷后,全省大小报纸达 185 家,遍布每一县份,记者活动也从城市移到乡村和前线。这一变化既是战争形势的逼迫,又是读者的需要。与之相应的是记载抗日战争的通讯日益增多,无价值的社会新闻减少,特别是副刊的作用和地位明显提高。国民党的战时新闻检查对新闻和评论控制极严,对副刊则相对比较放松,进步编辑往往利用这一特点,以文艺作品针砭时弊,激发群众的抗战热情。

(4) 新闻控制与反控制的斗争日益激烈。抗战开始后桂系主要人物黄绍竑出任浙江省主席,在一定程度上能坚持抗日民族统一战线,抵制国民党的反共行径。浙江地区是蒋介石集团的根据地,黄绍竑的《浙江省战时政治纲领》一开始就受 CC 系控制的新闻宣传机构的抵制,迫使他下决心建立自己的舆论机构。王闻识、严北溟等人在黄绍竑支持下,创办了由共产党人掌握的《民族日报》《浙江日报》《浙江潮》等报刊,宣传党的抗日救国主张,在群众中产生很大影响。为了加强对新闻舆论的控制,国民党政府先后设立由军统和中统领导的浙江省新闻检查处和浙江省图书杂志审查委员会,对进步报刊采取拉拢、警告、查封等手段。甚至通过强令原领导人离职逼迫报社改组,《民族日报》和《浙江日报》的变质,都是采取这种办法。到抗战结束时,浙江地区公开出版的报纸已全部控制在国民党政府手中。

## 八、胜利后报业的虚假繁荣到总崩溃

1945年8月,日本天皇宣布无条件投降,此时撤退到浙西和浙南的国民党报社,纷纷委派得力干部,日夜兼程赶到杭州,接收日伪报社的机器和设备。杭州的汉奸报《浙江日报》和《之江晚报》,原是一家报社两块牌子,所以从水陆两路赶来的接收大员,全都拥进了浙江日报社。争夺结果是,娄子匡的《民族正气报》捷足先得,与大有来头的《东南日报》平分秋色,其他报社未能染指。这两家报纸利用接收来的印刷器材出了几天联合版。瓜分完毕,《东南日报》单独复刊,《民族正气报》两个月后改称《民报》出版。《民族正气报》虽是名不见经传的报纸,但主持人娄子匡却是浙江报界的地头蛇。早在1939年底,军委会战时新闻检查局浙江新闻检查处与原浙江新闻检查所合并时,他已是实权在握的浙江新闻检查处副处长。1945年晋升为处长,风头正健,其他报社自然得让他三分。胡健中雄心勃勃,辞去《中央日报》社长的职位,亲自赴沪筹备《东南日报》上海版。在国民党CC系的大力支持下,1946年6月上海版顺利出版,这是浙江报纸第一次也是唯一一次向上海扩展。

抗战胜利,新闻界的形势被看好。抗战中发行的报纸无一例外地向城市集中,一些抗战时停刊的报纸,在"复刊""复业"的名义下复苏,有的报纸则借胎降生,还有一些新的报纸创刊。据1946年8月官方统计:浙江省有77种报纸出版,这些报纸都是经省政府批准正式出版的。浙江报纸的总数仅次于广东(109种)、上海(82种)、江苏(78种),与福建并列第四。全国当时共有报纸1 157种,浙江约占6.66%。1946年8月还不是战后报纸出版的最高峰,这一时期的最高峰是1947年上半年。据此时国民党政府统计:浙江全省有92种报纸在出版,已经超过江苏(91种)、上海(85种),仅次于湖南(114种)和福建(105种)。但与战前全盛时期相比,浙江报纸总数尚未恢复到原来的80%。

1947年以后虽然也新创办过一些报刊,但许多抗战中发行的报纸均因经营不佳而停刊或合并。新创办的报纸大多寿命不长,此起彼伏,始终不可能恢复到战前的水平。根据现有资料统计,从1945年8月抗战胜利到1949年5月全浙解放的三年零九个月时间里,全省创刊报纸135种,周刊和杂志271种。从各地分布情况来看:杭州地区报35种刊101种;宁波地区报19种刊56种;嘉兴地区报29种刊24种;绍兴地区报18种刊26种;温州地区报9种刊22种;台州地区报13种刊14种;金华地区报8种刊24种;丽水地区报4种刊4种。新创办的报刊集中在杭州、宁波、嘉兴、绍兴四个地区,该四个地区新创办的报纸占全浙总数的75%,刊物占76%。

浙江报业之所以在胜利后未能恢复旧观,主要是国民党政府内战军费浩大,通货膨胀无法遏止造成的。抗战前物价比较稳定,1930年平均物价指数为100,1937年为112.7,涨幅不大,不足以影响新闻事业的发展。抗战胜利后,物价急剧上涨,可是报纸价格却不可能一日数变,只能处于相对静止状态,靠报纸发行所得到的实际收入明显减少。报社的另一重要收入是广告费,广告费与黄金、大米的价格形成比价关系,它不能像报价那样静止不动。以1945年11月1日到12月1日的《东南日报》为例,报价在这一个月中始终未变,每份报售价20元,可是广告费从每行(76字)收费300元,涨至1 200元,翻了4倍。这意味着在一个月中物价上涨4倍,而报费无法跟着变动,此种状态无疑会阻碍新闻事业的发展。如果广告费能支付报社的大部分开支,那么问题也还不大。可是,像《东南日报》那样在复刊后日销2万多份的大报,如果广告实足收费的话,也还不足以支付纸费的90%(一般情况下纸费约占报社总开支的一半)。由于同行竞争,各报只能以折扣优惠的办法拉广告,不可能实足收费。《东南日报》的销数超过杭州出版的其他十多家报纸的总和,尚且捉襟见肘,其他报纸的窘况便可想而知了。

上述统计数字还只是通货膨胀并不十分严重的 1945 年年底的情况。全国性内战爆发以后,国民党统治区的通货膨胀一发不可收拾,从 1945 年底到 1948 年 7 月,总共两年半时间,物价上涨了 1 765 倍,尤其是纸价上涨更为剧烈。杭州市报社商业同业公会与杭州市记者公会于 1948 年 8 月联合向当时浙江省政府主席陈仪呈递的请愿书中说:"据正确统计,白报纸已涨到战前 2 000 万倍,其他字铅、油墨等原料亦涨达 1 000 万倍,报价涨了 780 万倍,广告费涨了 190 万倍,与纸价相差悬殊。"在这样严峻的经济形势下,报业是个注定要亏本的行当。国民党的党报还可以依靠政府津贴,并可从报业公会与党报直辖机构两个渠道得到平价纸配给,维持正常出版。商业性报纸则几乎无法生存,这些报纸不得不挂靠一个愿意出钱的机构或大老板,由他们来填补亏空。如温州《中国民报》曾一度与普华电气公司总经理合作办报;杭州《工商报》曾成立工商委托部,想利用多种经营的收入弥补亏损,但收效甚微,想挂靠杭州市商会,商会却不肯接收这一赔钱摊子。

经济环境如此恶劣,办报的人除赔钱外别无出路,可是仍有一些愿意赔钱办报的人,不过他们创办的报纸都带有某种功利的目的。一种最常见的情况是利用报纸作为自己混迹官场的舆论工具。例如曾担任国民党杭州市党部书记长的许焘,为了重返政坛,他于 1949 年 2 月下旬办了一张《大杭报》晚刊,主张国共两党划江而治,希望自己的政见能得到党国元首的赞赏。他办这张报纸时,国共和谈正在进行中,不久大军渡江,他的政治梦呓也随之破产。省参议员郑邦琨创办《当代晚报》,其原意是为自己所属的 CC 系温州派政客制造舆论声势。由于没有自己的编辑班子,只得向社会招聘,聘进的编辑、记者很多是中共党员和进步人士,他们通过合法手段,揭露黑暗、针砭时弊,巧妙地反映人民解放军胜利进军的消息,成为一张具有进步倾向的报纸,这是郑邦琨等人始料所未及的。

另一种情况是一些小政党为扩大影响、网罗党羽而创办的机关报。有些失意政客不甘寂寞,利用国民党政权摇摇欲坠之际,组织小政党打出旗号,希望在未来联合政府中占有一席之地。例如辛亥革命时参加过光复会,后来继朱瑞任浙军师长,在北洋军阀时期一度担任过浙江督军兼省长,时任浙江省参议会副会长的吕公望等人,以光复会名义在杭州办了一张《公平报》,宣传走第三条路线,他们为了重上政治舞台,自然也不惜赔本办报。

还有一种情况,那就是由国民党军方出钱,进行反共宣传,替溃散的残部打一支强心针。国民党政府在平津、淮海两次战役失败以后还想守住东南半壁,于是汤恩伯在绥靖公署所在地衢州办起了《新风日报》。这份报纸以国民党士兵为主要对象,以"剿匪"为中心任务,其实是一张军报,但为了扩大和强化宣传,尽量淡化军报形象,办得像一份民营报纸,同时也向广大市民发行。其目的是鼓吹"反共救国""清奸防谍",力图稳住已散乱了的阵脚。

总之,在国民党统治后期,浙江已经没有纯粹商业性的民办报纸创刊,愿意做赔本生意的都是些怀有不同企图的国民党官僚和政客。

国民党政府在发动全面内战后,对新闻舆论的控制越加严格。1947年10月,浙江省警保处声称:"各县市新闻纸杂志之申请登记者,分子复杂,良莠不齐,是否另有政治作用,其思想言论及背景究竟如何,是否共产党化名或其他反动性之活动分子所组织,本处得直接派员调查或委托警察机关密查。"可见中国共产党想通过合法途径在国民党统治的浙江地区办报,实际上是不可能的。但是中共还是加强了宣传活动,除了通过报社的地下党员在报上进行巧妙的合法斗争外,主要是出版学生刊物和地下党办的油印小报进行宣传。学生刊物在大中城市公开发行,从不向政府登记,如浙江大学学生出版的《求是周报》《浙大周刊》《快讯》《每日新闻》等。《求是周报》被查禁后改名《浙大周报》再行出版。学生刊物有时还发展到偏僻县城,如浙江大学象山同学会就编印过《象山评论》。中共地下党组织还直接出版许多油印报刊,如中共浙南特委的《浙南周报》、中共括苍中心县委的《工农报》、中共金萧工委的《金萧报》等。这些报刊虽然都是油印,但印数却不少,最多时可达2 000份(如《浙南周报》),并不亚于一般铅印大报的发行量。这些报刊在揭露国民党欺骗宣传,把事实真相告诉群众方面,起了很大的作用。

1948年下半年起,国民党败局已定,一般持中间立场的报纸如《工商报》等,已悄悄把中央社新闻稿中的"匪军""匪党"改为"共军""共党"。《当代报》则把新华社电讯稿经过改写,冠以"本报收听旧金山广播""本报南京专电"等电头在报上刊载,其他报纸也纷纷效仿。到1949年初,连《东南日报》也采取这种办法了。可见在国民党政府崩溃前夕,宣传阵地早已阵脚大乱了。

根据我们目前掌握的资料,浙江地区在新中国成立前至少已出版过 765 种报纸(包括日报、二日刊、三日刊和五日刊),这些报纸今天都还能查到报名,实际出版数当然更要多一些。如果我们把报纸与期刊(指周刊以上的定期出版物)合在一起计算,总数在 2 300 种左右,报与刊的比例大致是 1∶2。出版历史长达 5 年以上的报刊,根据我们现在掌握的材料已有 104 种之多,其中报纸 88 种,期刊 16 种。出版历史在 10 年以上的报刊有 42 种,其中报纸 37 种,期刊 5 种。这些持续出版时间长达 10 年以上的报刊,绝大部分集中在杭州、宁波、绍兴三个城市里,少数个别的出现在平湖、嘉兴、海宁、温州等经济较发达地区和抗战中未遭日寇蹂躏的浙西地区。出版历史在 20 年以上的报纸,全省仅有 4 家,即杭州的《之江日报》《东南日报》(含《杭州民国日报》),宁波的《时事公报》和绍兴的《绍兴新闻》。出版持续 20 年的杂志至今尚未发现。

## 九、解放后新闻事业的整顿与发展

中国共产党一贯重视新闻舆论的宣传作用,把新闻事业视为党宣传机构的重要组成部分。随着大中城市的纷纷解放,面临着对旧报业的处置问题,中共中央及时制订了《关于新解放城市中中外报刊通讯社处理办法》,指出:这些报刊和通讯社"绝大部分是反动派所掌握,少数是中间性的,只有极少数是进步的"。浙江旧报业中有一部分是国民党政府办的党报和官方通讯社,虽然数量不多,但设备健全,规模较大,解放后立即由军管会接管。旧报业中的大部分都是以私人名义创办并与国民党官方有密切关系的,对这类报刊和通讯社,则由军管会勒令停办。对少数以商业经营为主,持中间立场的报刊和通讯社,要他们向军管会登记,未获准的不得出版或营业。所有私营通讯社和绝大部分报刊均未能获准,仅有少数几家报刊允许出版。例如,1949 年 5 月 3 日杭州解放时尚有 15 家报纸在出版,其中国民党党报 4 家,以民营报纸面目出现的有 11 家。4 家国民党党报解放后立即被军管会接管,并以《东南日报》资产为基础,于5月9日创办了中共浙江省委机关报《浙江日报》。这是浙江新闻史上第一份公开发行的党报,创刊号的发行量为8 900份,到当年年底发行量上升为3.7万份。11家所谓民营报纸政治背景复杂,杭州市军管会文教部区别情况进行整顿,有的以国民党势力为背景的被接管,有的不予登记,促其自动停刊,有的予以保留。获准登记的有《新儿童报》《工商报》和《当代报》(晚刊)。《新儿童报》因经费短绌,1951年6月由省教育厅接办,后并入上海《新少年报》。《工商报》因长期陷入经济困境,于1949年11月底自动停刊。《当代报》晚刊内部有共产党员5人,曾联名给杭州市军管会文教部写信,提出为适应杭州市民的觉悟水平,需要有一张"实际上由党控制而表面上不是以党报姿态出现的民营报纸,《当代报》可以担当这个任务"。1949年6月1日,以《当代日报》为新报名出版创刊号。

解放初期,杭州的《当代日报》是一份以民营报纸姿态出现,由杭州市委直接领导的报纸,该报负责人可以列席市委有关会议。直到1955年11月,市委机关报《杭州日报》创刊,《当代日报》的大部分器材和部分人员转入《杭州日报》,《当代日报》宣告停刊。至此,浙江连名义上的私营报刊也已不再存在,对旧报业的整顿改造工作全部结束。

为了取代旧报业和旧报人,适应解放后新闻事业的发展,急需培养一批新闻干部。早在1949年4月,中共浙东临委曾于诸暨枫桥和余姚城南两地举办新闻培训班与学习班。杭州解放后,中共浙江省委又委托浙江日报社、新华分社、省台等单位联合创办杭州新闻学校,招收青年学员240多人,培养了浙江解放后第一批新闻干部。

1949年5月8日,新华通讯社浙江分社成立,分社与中共浙江省委机关报《浙江日报》均设在原东南日报社旧址。这两个单位实际上是一个机构,《浙江日报》的社长兼总编辑,又是新华社浙江分社社长。直到1950年1月根据中共中央指示,才将通讯社与报社完全分开。中共温州地委机关报《浙南日报》是解放后浙江最早的地区级党报,1949年5月12日在接收国民党《浙瓯日报》的基础上,由原《浙南周报》的工作人员创办。浙江第一座人民广播电台为1949年5月25日在杭州正式开播的浙江新华广播电台,该台系接收国民党浙江广播电台而创办,有效覆盖范围仅及杭州市区。同年6月改称杭州人民广播电台。1950年迁入新址,发射功率扩大一倍。次年该台一分为二,改称省台浙江人民广播电台和市台杭州人民广播电台。

随着人民政权的相继建立、巩固与不断完善,各级党委机关报和各类报刊先后诞生,各地人民广播电台和县广播站也逐步建立。1951年夏,省委宣传部召开全省报纸工作会议,提出"专区报纸要以广大农民为读者对象,要贯彻通俗化、大众化的编写方针"。为了贯彻这一精神,各地委机关报除了面向农村,文字力求通俗化之外,还纷纷改名,如《浙南日报》改为《浙南大众》,《宁波时报》也改为《宁波大众》。新创办的地委机关报也几乎清一色以"大众"命名,如《衢州大众》《台州大众》《金华大众》《嘉兴大众》《建德大众》。

1955年农业合作化运动迅猛发展,为了指导农村出现的新形势,各县纷纷出版县级机关报,而且报名一律以县名命名,如《萧山报》《慈溪报》《杭县报》《富阳报》《诸暨报》《海宁报》《吴兴报》《绍兴报》《永康报》《嵊县报》《平阳报》《武义报》等,一共有54种县报先后创刊。这些县报几乎都经历了"大跃进"时代,进行过对人民公社的狂热的宣传,于1961年2月之前全部寿终正寝。在各地县报相继创办的前后,各县也纷纷建立有线广播站。浙江第一个县级广播站是1954年7月建成的新登县广播站。浙江是有线广播网发展得较早较快的地区,毛泽东主席于1955年视察浙江时,肯定了农村有线广播网这一新事物,并将发展有线广播网列入《全国农业发展纲要》中去。1958年1月,全省已建立了43个县级有线广播站。据1978年统计,浙江的有线广播喇叭共有548万只。浙江电视台于1958年开始筹建,1960年10月1日正式试播,在全国也是起步较早的。但电视覆盖范围仅为省电视台周围数公里,当时整个杭州只有电视机43台。1970年8月在北高峰建立电视发射塔,1973年建立彩色电视转播台,但直到1978年浙江电视事业仍处于初创阶段。

1966—1976十年浩劫,新闻事业遭到极大的摧残。党的机关报被劫夺、改组,甚至停刊,许多报刊被扼杀,各种造反组织的小报却大肆泛滥。名目繁多的造反组织大都有一些油印或铅印的不定期小报,如《云水怒》《风雷激》《红烂漫》《从头越》之类,有的则在报名上冠以"红"或"红色"字样,以表示革命。这些小报多如牛毛,难以统计,往往只出一两期就停刊了,连续出版一年以上的为数甚少,全省也不过20种。少数出版时间较长的"文革"小报,至迟到1972年10月,均奉浙江省委命令停刊。

1978年12月中国共产党十一届三中全会后,对十年动乱作了反思,果敢地采取拨乱反正的措施,全国新闻事业逐步走上了康庄大道,浙江地区也呈现出生气勃勃的繁荣景象。浙江在十年动乱时期向全国公开发行的报纸只有4种。1979年到1982年浙江地市一级党委机关报陆续复刊,此后又出现一些新创办的地市级党报,到1985年,全省11个地区,全都有了地委机关报。1980年起县一级报纸也开始复刊,还新创刊了不少农科报和经济报。但是直到20世纪80年代末,全省县级党报也只有《江山报》《诸暨报》《永康报》三家。80年代初,省新闻出版局希望最早撤县设市的萧山带个头,率先办起市级党报。当时萧山的工农业总产值只有二三十亿元,市委领导婉言谢绝了这一要求。进入90年代以后,萧山经济以每年百分之三四十的幅度增长,工农业产值已达到二三百亿元,名列全国"百强县"的前茅,经济发展促使社会产生及时沟通信息的需要,然而萧山市委想要办一份有国家批准的有统一刊号的报纸却不是那样容易,只能将一份由《农科报》旬刊易名的《经济报》改为《萧山报》,并争取出版日报。浙东沿海一些经济发达县市的情况,也无一不是如此。进入90年代以后,随着浙江地区经济的快速增长,信息成了致富的重要因素,县市报的兴办犹如雨后春笋般冒了出来。经济发达的杭州、绍兴、金华地区如今已县县有报,全省87个县市,县市级党报已不下60家。在60来家县市级党报中有国家统一刊号的约30家,经省新闻出版局批准发给内部刊号的也只有10多家,其余10来家没有刊号,是地市主管部门越权审批的。这一现象,既反映了当前浙江地方报业的繁荣,也显露了报纸管理上不够规范的地方。

20世纪90年代浙江报业与解放初期的报业相比,有许多明显的不同。首先是报纸的功能有所不同,解放初的报纸以宣传党的政策指导工作为唯一功能,因此所有报纸都是党委机关报,报纸的创办或停刊完全根据政治需要。90年代的报纸则是把传递信息功能与宣传功能并重,既要重视报纸的舆论导向,又要通过传播信息为读者服务,此外还要兼顾知识传播功能和娱乐功能。因此,进入 90 年代之后,除了省、地、县三级党报外,还有科技类报纸 13 家、省级专业报 20 家、广播电视节目报和晚报 9 家。全省共有正式报纸 77 种,非正式报纸 308 种。正式报纸的发行量最少也有 2 万份,多的可达到 40 万份左右。

其次,在新闻工作者的队伍建设上也有明显提高。解放初期办报人员大都是中学生,极少经过新闻专业训练。90 年代的采编人员大多是大专院校毕业分配或公开招考进入报社的,虽然新闻专业毕业的仍然较少,但队伍基本素质还是很好。此时一般县市报社都有二三十名采编人员,是解放初的三四倍;地市报社的采编人员少的有六七十名,多的有一百四五十人,是解放初的四五倍。

再次,技术装备越来越先进,报社的经济实力普遍增强。进入 90 年代以后,电脑激光照排已普遍淘汰了铅字排版,现代化通讯、传版手段被广泛运用,《浙江日报》《宁波日报》等省、地级报社已从国外引进彩色胶印轮转机进行印刷。各报广告和多种经营收入,每年少则几百万,多则几千万,许多省、地级报社已经或正在建造十几层、二十几层的办公大楼。为了提高新闻的时效性和利用率,《杭州日报》于 1993 年推出下午版,1994 年 12 月又推出"电子报纸",成为领先于全国新闻传媒的重大举措。

解放以后浙江的广播电视事业取得了突飞猛进的发展。1949 年 5 月 25 日,浙江人民广播电台(初创时称新华广播电台)正式开播。此后,温州、宁波、舟山人民广播电台相继成立。在解放初期交通不便、报纸少的情况下,浙江地区大力发展农村有线广播网,及时宣传党的政策,推动各项工作的开展。到 1956 年底,农村有线广播网遍及全省各县,广播喇叭发展到 2.7 万只。到 1978 年,全省有线广播喇叭入户率达到 71.7%。

1958 年浙江省台开始筹建电视播送工作,台号为"浙江人民广播电台电视台"。最初发射功率 40 瓦,电视覆盖范围仅电视台周围数公里。每周只播出 2 次,每次 2 小时左右。60 年代初因国民经济陷入困境而下马,直到 1970 年 8 月,浙江电视事业才正式启动,同年 12 月脱离省电台正式成立浙江电视台。1973 年建成彩色电视转播台。1984 年以后,杭州、宁波、温州、嘉兴、湖州、绍兴陆续新建电视台,江山、武义、余杭、上虞、海宁等 10 个县也建起了县电视台。随着地区经济的发展和文化水平和提高,1990年以后浙江经济广播电台、浙江文艺广播电台、浙江金融广播电台、浙江经济电视台、钱江电视台先后开播。据1995年的统计资料,全省有73家电视台,占国内电视台总数1/10以上,是国内建台最多的省份之一。全省各级广播台、站已多达86家,从业人员也有近4 000人。全省有线广播喇叭总数近700万只,村通播率居全国第一,入户率和音响率在全国均名列前茅。1995年元旦,浙江人民广播台二套广播节目、浙江电视台一套电视节目上了卫星,向世界发送,周边41个国家和地区的20亿人民都可以看到浙江地区的风土人情。2000年春节,浙江全省行政村"村村通"广播电视工程已全部完成,正启动全省自然村"村村通"广播电视的工程建设。截至2000年底,全省广电人口覆盖率已达到93.66%和95.79%。

根据中央对新闻单位开展治散治滥的精神,浙江省经过治理整顿,截至1999年底,有国家统一刊号的报纸76家,广播电视播出机构99家,共195套节目。全省新闻从业人员为1.4万余人。使非法报刊、内部报刊一度泛滥的情况得到抑制,全省新闻事业的结构更趋合理。

由于新闻事业的健康发展,浙江地区自1984年以来,体育记者、卫生记者、农村记者、财贸记者、工业记者、军事记者、女记者都已成立省一级协会,另外还有省新闻摄影协会、广播电视协会、企业报协会和青年记者俱乐部。宁波、金华、绍兴、杭州、衢州等地也先后成立新闻工作者协会。新闻工作者的多渠道交流,不仅进一步开拓了信息来源,而且有利于研究活动的积极开展。

(本章撰稿人:姚福申)

# 第五章

# 安徽新闻事业发展概要

安徽位于长江下游,东连江苏,西接湖北,南邻浙赣,北至山东,处华东地区腹地,是沿海与内陆的过渡带。面积13.96万平方公里,约占全国总面积的1.3%。人口在1842年为3 659万人,1892年减为2 059万(当时号称3 000万人),1990年为5 618万人(据第四次全国人口普查)。工商业方面,在繁华的华东地区处落后地位,但略胜于江西。安徽具有较深厚的中国文化传统,然而自1876年《中英烟台条约》后,外国侵略势力不断进入本省,引起多方面变化。帝国主义与中国反动统治者相结合,加深了对本省人民的压制,同时也激发起人民救亡图存、追求独立富强的革命意志,为民族解放事业浴血奋战。安徽近代新闻业就是在这样的大背景下展开自己的历史的。

## 一、初创时期

本省近代报业是在维新运动推动下中国人第一次办报高潮中起步的。第一份报纸是清光绪二十四年(1898)在芜湖创办的《皖报》。安徽报业虽晚于沿海诸省市多年,但仍在山西、内蒙、辽宁、吉林、黑龙江、甘肃、新疆、江西、河南、贵州、云南、西藏之前,处中游地位。

据《芜湖皖报馆章程》,《皖报》宗旨为"开风气、广见闻、联官民、达中外",是"务实维新之报,一切诬谤秽亵之词概摒不录,论说亦只取发明义理,直言得失,详究泰西近政新学,期有补于施行,不徒以怪字奇文,私逞臆说"。足见该报和当时的维新报刊是声气相通的。不同的是,《皖报》系由招股而办,其任务重在宣传,而当时主流维新报刊,多由同派志士结成的"学会"或其他集体主持,其任务是重在通过宣传推动运动的发展,是运动的喉舌。其时,芜湖还没有这种政治条件。1898年9月21日戊戌政变后,全国查禁报馆,《皖报》自也在停刊之列(具体情况不明),出版时间不过半年。

引人注目的是,次年(1899年)芜湖又出现了由桐城人汪熔创办的《白话报》,这显得很不平常。因为这一年,是清政压制报界最严厉的一年。整个中国大陆除租界外,中国人自办的报刊很少见,首都北京更成了无报世界。该年中国人新办的官报和学术性期刊,目前所知合计不过四五种。芜湖《白话报》的创办,可以说是黑暗的中国报界升起一颗闪亮的新星。可惜的是第二年(1900)汪去湖南参加策划自立军起义失败,在狱中自杀殉难,报纸自然也就消失了。

安徽的报业有了很好的源头,但是这两份报纸出版的时间很短,活动的能量也有限,在省内未造成较大影响,未能形成气候。

安徽的第一个办报高潮是20世纪的最初十年出现的,至武昌首义前共出版了约17种报刊。在华东,安徽与江西相仿,这次办报高潮主要是由三种类型的报刊汇集而成的。

其一是官报。1900年八国联军之役以后,清廷统治危机加剧,被迫推行所谓"新政"。这时,报禁有所放松,政府自己也大力办报,这种报即我们所说的新型官报。1902年《北洋官报》创始于天津,1904年《南洋官报》随之开办,渐次在全国各省建立起庞大的官报网。安徽的官报就是在这股潮流中兴办的,出版地点都在当时安徽省府所在地安庆。省内第一份官报是由安徽省抚署主办的《安徽官报》,创刊于1905年4月。创办得不算太迟,早于它的在全国只有八省。1908年1月和1909年9月,又先后创办了专业性的《安徽学务杂志》和《安徽实业报》。对于专门领域的关注,各省官报不尽相同,但其趋向并无太大的差异。值得提出的是,在本省官报创办前的1902年,舒城知县万祖恕受当时新政影响,在六安地区率先出版了《农务报册》(前一年他还设立舒城县斌农学校)。一个县官起而办报,是这次官报潮流中所仅见。

其二是革命派报刊。这是安徽报界当时最为活跃、政治影响最大的一股力量,是和全国政治形势和政党报刊的发展相适应的。不过,风行于全国很多省份的立宪党人的报刊在本省却未出现。革命派的报刊活动和留日学生有着密切的联系。安徽省青年东渡日本留学,在20世纪初即已开始,至1906年有190人①。他们在那里受到革命熏陶,很多人参加了革命政党,随后纷纷回国投身革命。此外,自清廷废除科举制度之后,一批具有重要影响的新式学堂在安徽广泛设立,其中有芜湖的安徽公学,安庆的尚志学堂等,成为革命志士活动的据点。这都为革命报刊的出版提供了直接的、良好的条件。

最早出现的是1904年3月创刊的《安徽俗话报》,由陈独秀、房秩五(均留学日本)、吴汝澄等筹办于安庆,随即在芜湖出版,由陈独秀主编。该报评述中外时事,介绍科学知识,批判道德习俗。它以浅近学问、通俗语言进行爱国救亡宣传,反对列强侵华政策和清廷专制统治,鼓舞人民起而斗争,引起广泛反响,销行由1 000份增为3 000份。在省内各府州县设销售处,在上海、南京、镇江、扬州、武昌、长沙、南昌等地设有代派所。至1905年8月,因陈独秀忙于革命工作无暇编报,加之该报在新闻中得罪英帝受到外交干涉,遂告停刊。

时隔三年,1908年11月,另一份革命报纸《安徽通俗公报》在安庆创刊。创办人是同盟会员韩衍,陈白虚、孙养癯、高语罕等任编辑。该报是1907年徐锡麟和1908年熊成基连续在安庆起义失败后出版的,政治环境十分严峻,宣传活动受到多方面限制,但该报仍把鼓动安徽人民坚持革命斗争作为自己的根本任务。报社成为革命党人的联络机关,因揭露地方政府出卖铜官山矿权等劣迹,遭到恶势力的忌恨,报社被捣,韩衍遇刺受伤。该报因经济困难至1910年10月末停刊。

在本省之外,安徽的革命党人于1908年9月还在上海创办了《安徽白话报》,发起人是李警众、李辛白、范鸿仙、陈仲衍等。名为白话报,实为白话

---

① 匡珊吉:《〈四川学报〉和四川教育官报》,《辛亥革命时期期刊介绍》,人民出版社1982年版。

## 第五章　安徽新闻事业发展概要

与浅近文言合刊。它差不多是与《安徽通俗公报》同时出版的,起省沪相互配合作用,特别在针对路矿权的斗争方面,汇成具有较大影响的宣传声势。该报继续开展《安徽俗话报》所倡导的国民启蒙教育和反对封建思想文化传统的宣传,而这方面是《安徽通俗公报》所不足的。在中外反动势力压制下,出至1910年初停刊。

在安徽,革命报刊虽然比较活跃,在社会上也有较大的影响,但是,也存在明显的弱点,主要是进步报界的革命党人还缺乏强有力的组织活动。《安徽俗话报》实际上是同人报性质,另外两份报纸都主要为同盟会成员所办,但均非同盟会的机关报,力量分散,出版难以坚持。1904年《安徽俗话报》出版之后,直到1908年才又出现新的革命报刊,而至1910年又都夭折。

从1909年至1910年,在芜湖、安庆还出现民办的《中江日报》《安徽通俗报》和《滨江日报》。这些报纸曾反映铁路风潮,揭露社会黑暗,至1911年武昌起义前均先后停刊。

其三是商业报纸。这一时期商业报纸显现出强劲的发展势头,出版地点集中于芜湖,该市向为安徽商业重镇,我国四大米市之一。自第二次鸦片战争至武昌首义前,全省共有近代工矿企业29家(资本万元以上),芜湖占了18家。就本省而言,工商业之发达当居首位[①]。这为商业报纸的发展提供了基本条件。

这期间,芜湖一共出了6种商业报纸,在3类报纸中数量居先。我们一方面看到了出版商业报纸的艰难经历,首家商报《鸠江日报》创办于1905年,出刊之次日即因印刷条件障碍而停刊。随后由晋康煤矿公司(1898年成立)总经理吴少斋投资,在上海购得印刷机及铅字继续出版,未久(一说只一个多月)终因经济困难停刊。而投资该报的吴少斋利用报纸的机器设备办《商务日报》,未及一年也告停。原《鸠江日报》创办人(王活天等)则又租用停刊后《商务日报》机器再创刊《芜湖日报》,约在1908年也因经费短缺闭馆。继起的《风月谭》《芜湖新报》,也都办到1910年便歇业了。发展道路的崎岖曲折,由此可窥见一斑。

---

① 杜恂诚:《民族资本主义与旧中国政府(1840—1937)》,上海社会科学院出版社1991年版。

可是,另一方面,芜湖也存在孕育商业报纸的良好土壤。自 1905 年起,随办随停,停了又办,岁岁年年,一步步向前推进。1910 年 12 月 21 日(清宣统二年十一月二十日)《皖江日报》的创办,标志着安徽商业报纸发展步入新的阶段。该报由芜湖报界名流、上海《申报》驻芜访员谭明卿与上海《南方日报》和《中外日报》驻芜访员张九皋合作兴办。该报着意扩展报业,网罗人才,改进业务。一方面密切与商界的联系,广登工商广告和工商行情讯息;另一方面也注意刊载各类新闻、改进副刊,适应各方面需要。更为难得的是,它还摆脱某些商业报纸一味追求庸俗趣味的旧习,宣传救国,批评时政,担任主笔的同盟会员陈子范还时而发表倡导革命的文稿。武昌首义期间,该报成为安徽唯一响应革命的报纸,深受读者欢迎,出至 1937 年 12 月芜湖沦陷前夕停刊,历时 27 年。中国人自办的商业报纸,创刊时间早于 1911 年,出版时间超过 27 年的,只有香港、上海、广州、武汉、宁波等城市(目前所知),芜湖居全国第 6 位。不过从实际影响看,《皖江日报》和其他省的商报相比,尚有较大差距。

上述三类主要报刊在安徽都有相当的发展,出版基地则为芜湖、安庆。不同的是官报全在省会安庆,商报聚集于芜湖,革命报刊则两地平分秋色。

## 二、民初八年

武昌起义后,安徽一些地区起而响应。1911 年 11 月 8 日,皖省革命党人与省咨议局联合,逼迫巡抚朱家宝宣布安徽独立。芜湖和皖北、皖南的广大地区纷纷响应,至 11 月 26 日,全省除亳州外,均告光复。

革命形势的迅速发展为报刊的发展提供了更广阔的空间。11 月 8 日皖省宣布独立的当日,革命党人李公寀、夏印农即在省会安庆创办《安庆日报》作为省报。革命党人还同时在合肥创办了《安徽日报》。两报创办时间、创办人身份、创办宗旨均相同,都是根据同盟会纲领进行宣传。随后,以安庆、芜湖为中心,再次出现了报刊热潮,并波及歙县、滁县、全椒等较广大的地区。至1918年前,省内有记载的报刊达到40余种①。

本阶段报刊发展除在地域上仍以安庆、芜湖两地为中心以外,时间上也相对集中,主要创刊于1911年至1913年三年中。1914年至1918年间创刊的仅有6种。

在安庆,本阶段仍以革命派报刊活动为主流。《安庆日报》创刊后,韩衍先后创办了《青年军报》(1911年12月创刊)、《安徽船》(1912年2月28日),与高语罕、易月村合办《血报》(1912年春)。韩衍是辛亥革命时期省内著名的激进民主主义者,武昌起义前在安庆组织过"读书会",创办过《安徽通俗公报》。安庆独立后,朱家宝逃走,安庆局势混乱,韩衍联络同志组织皖省维持统一机关处,自任秘书长,稳定局势,并于辛亥冬与易月村、管鹏等创立青年军,任总监,维持地方局势。《青年军报》即为青年军之舆论工具(《血报》疑为该报后改名)。韩随后又在安庆怀宁创办并主持大型日报《安徽船》,以扩大新政权的政治影响。该报对开八版,体现了主持者的民主激进思想与对现实的深刻洞察,其反对袁世凯就任临时大总统的呼吁在当时尤为引人注目。该报的革命宣传以及不妥协的革命精神再次引来杀身之祸,1912年夏,韩衍遇刺身亡。《安徽船》也于1913年与《民极报》合并。

同一时期,革命派创办的报刊还有:安徽革命党领导人史沛然创办的《霹雳白话报》(1912年8月16日创刊,1913年3月18日改名为《通俗教育报》);起义于寿县的"淮上军"的副总司令袁家声创办的《民极报》(1912年)、《均报》(1913年6月1日,为《安徽船》与《民极报》合并而成)。另有革命党人创办的反对南北议和、主张推进革命的《共和急进报》(1912年元月,具体创办人不详)等。

值得注意的是,革命党人创办的报刊虽然数量不少,但由于当时革命形势的险恶及地方革命组织力量的薄弱,这些报刊寿命多不长。《安徽船》《血报》《霹雳白话报》《均报》等均出版一年不到,故难以形成较大影响。

这一时期安庆出现的有较大较持久影响的报纸当数《民岩报》与《皖铎报》。

---

① 据《安徽省志·新闻志》《芜湖市志·报刊志》《安徽新闻百年大事》所载资料统计。

1912年6月1日,自由党人程滨遗、韦格六创办《民岩报》。该报取"民言可畏"之意,以人民喉舌自诩,发行之初还附赠以"伶界""花界"新闻为主的《皖江画报》一张,以投市民所好。但1913年,袁世凯解散自由党,军阀倪嗣冲军队入皖。程、韦二人为避祸计,把报纸交由吴霭航接办。吴在清末曾任北京《燕京日报》主笔,颇富办报经验,该报因此得以延续,直到1938年秋被日本侵略者掠夺,历时27年。

《皖铎报》1914年创刊(具体日期不详),日报,对开八版,创办人晋恒履,为辛亥革命后首届省议会议长。聘同乡张跃宣任主笔,以"无政治色彩"自诩。该报出至1938年4月停刊,历时24年。

此外,安庆还出版有安徽都督府官报《安徽公报》,以及民间经营的黄色小报《唤花魂》。《安徽公报》先后由安徽都督府、巡按公署、省长公署编印,安徽印刷总局发刊,十六开本,以刊登总统、院部、司法及本省法令公牍为主,日出一册,于1937年11月13日停刊,共出6 000余期。

在芜湖,报刊发展呈现另外一种气象,首先是党派报纸出现。1912年,由同盟会改组的国民党在芜湖设立党部,创办《安徽民报》,后改名《安徽日报》。同年,共和党芜湖支部负责人黄卓如与李辛白、于逊臣在芜创办《共和日报》,但该党在推荐了崔法当选芜湖地方第一届议员后,《共和日报》随之停刊,仅出版半年左右。社会党领袖江亢虎也于该年由上海来芜建立社会党芜湖支部,并创办机关报《讽报》。该报为日报,赵誉船主编。1913年3月,社会党芜湖支部五人被害,该报停刊。

其次是民营报业进一步发展。除前期创办的大型商业报纸《皖江日报》以外,此时新创办的报纸数量不少,品类也丰富。1912年,王艺轩在芜湖组织"农业促进会",主张"与乡区农民联系,灌输农业新知识,改良种植方法,以共同增加生产",创办《农业日报》,宣传其宗旨。该报四开二版,由王伯琴任编辑,《皖江日报》印刷部代印,发行5个月左右,因经济无力支持而停刊。1913年,一批小型报出现,据记载有《鸠江潮》《演说白话报》《皖江潮》《金钟白话报》《现世报》《醒报》《闲谭》《皖江新春秋》《繁华新语》《芜湖花报》《直言报》《灿花日报》等十几种之多。这批小报内容较杂,时出时停,一般均不能自筹印刷。虽然具体情况失于记载,但一年之间出现如此之多的小报,也确实是芜湖这一商业城市特有的景观。同安庆一样,芜湖本阶段报刊也集中在1913年之前。至1914年,除《皖江日报》《直言报》《闲谭》继续出版以外,其余均停刊。

报刊的旋生旋灭,既反映出皖省安庆、芜湖两地分别为政治文化中心、商业航运中心的特殊地位,也折射出当时皖省政局的动荡。1913年皖省讨袁革命军由兴而败,商民人人自危,报人的处境也十分险恶。以芜湖为例,1913年3月,社会党芜湖支部邢荡湖等5人被驻芜军阀龚振鹏密捕杀害,《讽报》因而被迫停刊;同年,农业促进会发起人王艺轩被军阀倪嗣冲以"乱党"罪名逮捕,备受酷刑,半年后获保释,终因伤重致死。报刊在这样动荡恶劣的环境中生存是十分困难的。

此后,1915年10月12日芜湖另一家有影响的民营报纸《工商日报》创刊。创办人张九皋店员出身,时任上海《南方日报》《中外日报》驻芜访员,芜湖《皖江日报》总编。《工商日报》初为周六刊,版面稍大于四开。内容最初受当时"报律"所限,仅刊载工商新闻、商业行情、广告启事等。至民国六年(1917年),始有较大发展。主要是袁世凯倒台后,"报律"随之取消,报纸内容丰富起来,开始刊登电讯、本埠新闻、副刊等;同时改出对开大报,每日出版,该报一直出至1949年4月28日,前后出版26年,是芜湖历史最长的报纸之一。

除安庆、芜湖两地之外,本阶段安徽的其他地区也开始出现报纸。

在六安,1911年农历九月,六安州光复,六安军政分府即创办了《六安白话报》,编辑为张仲舒等(一说由张创办,张当时是同盟会员)。主要报道武昌起义后皖西各地光复的消息和施行新政的情况,宣传辛亥革命。报纸为四开一张,翌年张仲舒去世后停办,该报是六安开办最早的一家报纸。

在歙县,1913年2月省立第五师范学校出版年刊《黄山钟》(前7期以校名为刊名)。同年还有吴愚父创办《徽州新闻》。

在屯溪,1911年12月16日出现了该地区最早的一家招股经营的报纸《新安报》。该报为文言文,四开铅印,隔日一期。从现存的创刊初期的几期看,该报以报道国内外、省内外的新闻为主,同时以较多的篇幅宣传了共和党的政治主张及党务活动。

在全椒,1916年出现了县基督教堂创办的不定期刊物《改良浅语》,目的是传播基督教义,每期十六开本油印一册。1919 年,该刊由全椒县教育会接办,副会长金作砺任主编。受新文化运动影响,开始提倡白话文,号召移风易俗、破除迷信等。1921 年,因金病故停刊。

在滁县,1916 年,旅外学生章友三等在民主革命运动的影响下,寒暑假回到家乡,以开会、演说、贴传单等多种形式开展反帝反封建宣传,同时自筹经费创办《清流声》报,四开二版油印,只出了两期。

此外,省内本阶段还出现了一些教育类(包括学校办)期刊。率先出现的是安庆省立第一师范学校同学会于 1913 年 5 月创办的《安徽教育报》。之后有前面提到的《黄山钟》。1916 年夏安徽省教育会还创办《安徽教育季报》。1918 年 1 月安徽省教育厅创办了《安徽教育》月刊。这些报刊可以看作是下一阶段大量出现的学校报刊的先声。

## 三、"五四"至大革命时期

"五四"时期,在新文化运动的影响下,国内新闻界再度繁荣。安徽也不例外,从 1919 年至 1926 年,皖人新创报刊见于记载的有 60 种左右,报刊活动十分活跃,报刊活动区域也十分广泛。其中,又以学生报刊与进步人士所办报刊最为活跃。

安徽近代教育在全国省份中起步不晚,发展速度也较快。以 1898 年求是学堂的创办为标志,在此后不到十年的时间,全省拥有了高等学堂、中等师范学堂、实业学堂、中学堂、小学堂等各层次的学校。全省的学堂 1903 年有 13 所,至 1909 年达 723 所,发展势头十分迅猛。

教育的发达对于开通省内风气无疑起着十分重要的作用。尤为值得注意的是,辛亥革命时期省内的激进人士,如刘希平、李光炯、朱蕴山、高语罕等,在军阀祸皖期间大多蛰伏于学校,他们与外界保持着密切联系。陈独秀在离开安徽时曾说:"我去搞全国性的运动,你们在安徽搞反军阀活动。"[1]所以一旦运动起来,他们便积极推动,把安徽的学生运动搞得轰轰烈烈。他

---

[1] 朱蕴山:《回忆五四运动前后在安徽的活动》,安徽《文史资料选辑》1980 年第一辑。

们与学生们在积极参与反帝爱国运动的同时,也创办了一批报刊,作为宣传新文化、新思想的阵地。

"五四"事起,芜湖、安庆两地学生首先起而响应,并于5月25日成立了安徽省学联,同时出版《安徽全省学生联合会周刊》(1919年5月创刊于安庆)。随后,各地学生组织与学校陆续出版了一批报刊,如芜湖学生会出版《芜湖学生会旬刊》,芜湖学社出版《芜湖》半月刊,安徽省立第六师范学校出版《安徽第六师范周刊》,宿县学生联合会出版《宿县日报》,和县与含山两县在芜湖读书学生成立"和含学会"并创办《和含学人会刊》,秋浦县旅外学会创办《新秋浦》周刊,省高等学堂同学会出版《友声》周刊,芜湖省立五中学生会出版《赫山》半月刊等。加上此时继续出版的前期报刊,如《黄山钟》,省立第五中学1919年3月在凤阳出版的《安徽省立第五中学学校杂志》(年刊)等,这一时期省内学生、学校报刊显得琳琅满目。

这批学生报刊总体看有以下几个特点:1)它们大多依托学生会组织或学校出版,有的报刊有进步人士与教师参与。如《芜湖学生会旬刊》由芜湖五中教师高语罕主办;《芜湖》半月刊的出版机构"芜湖学社"是一个进步中学教员和学生的组织,有进步人士沈泽民、高语罕、李宗邺等参与其中;2)这批报刊以四开四版的周报、半月刊居多,但也有年刊,甚至出现了日报。如《宿县日报》,该报前身为《学联报》《宿县周报》,出版第二年改为日报,四开八版,发行量800余份。据有关记载看,这是学生报刊中少见的出版发行、报刊业务均较出色的报纸。1918年,该报由国民党宿县党部接管,改出国民党县党部机关报《宿县导报》;3)在宣传内容上,这批报刊表现出的总体倾向是支持"五四运动"、反帝反封建的。有的刊物表现出主持者较高的政治敏感与进步的政治主张。如《芜湖》半月刊,从现存的四期看,它揭露教育界的腐败,讨论教育改造问题与社会问题,声援安庆学潮,谴责军阀政府的罪行,探讨"五四运动"的意义等,有较高的思想深度。与此同时,一些刊物也表现出了对于"五四"以后纷至沓来的新思潮的理性思考。如《芜湖学生会旬刊》在"本刊宣言"中就表示,对于旧礼教、旧思想、旧制度固然不愿意盲目服从,"就是对于现在所谓新的思潮,如德谟克拉西主义、布尔什维克主义、安那其主义……也不愿盲目的信仰"。而《芜湖》半月刊则在声称"改造社会,先要改造青年底思想"的同时,宣称"对于政治,是没有兴趣的,也不相信用政治手腕和方法,可以把社会根本改造的";4)在时间上,这批学生报刊陆续出版,不绝如缕,贯穿着整个"五四"至大革命时期,表现了本阶段安徽青年关心国家与皖省前途命运的积极的生存状态。

本阶段还出现了一批皖人在外省创办的以本省为主要研究、宣传对象的报刊,其中有几份为学生报刊。见于记载的有《古黟新语》《阜阳青年》《太和之光》。

《古黟新语》为黟县在京高校学生组织"黟麓学社"主办。该学社1920年由北京大学等高校的黟籍学生舒跃宗、王同甲、欧阳道达等发起,1923年8月20日出版《古黟新语》月刊,三十二开本,每期2万字左右。社址在北京,发行对象是家乡的学校。目的是在家乡传播"五四"精神,介绍民主思想,抨击封建迷信,传播科学知识,推进家乡的发展。对于如何在家乡发展经济、振兴教育都有探讨。据记载,当时每年暑假,黟麓学社都有部分青年回家乡做社会调查。该刊于1927年停刊。

《阜阳青年》1926年4月15日创刊于上海,由"四维社"出版,主要负责人为周传业。周当时年仅19岁,1922年与其兄周传鼎在南京东吴大学读书时加入中国社会主义青年团,1924年在上海读大学时转为中国共产党党员。1926年,周传业联络吴鼎才等三青年组成"四维社",创办《阜阳青年》。四人白天上课,课余编稿,每人每月从生活费中拿出10元大洋支付印刷费,印好寄回阜阳赠送家乡几所中学的学生或旅外同乡。该刊为半月刊,十六开本,每期约8页,1.2万字,出版至1927年初停刊,共十多期。由于主要负责人周传业当时已是中共党员,该刊表现出明显的革命倾向。如在"本刊启事"中明确表示其办刊目的为"扫除社会黑幕,改革人民思想,完整地方自治,为民众自决之先声!"从现存的前5期看,该刊以大量篇幅揭露社会黑暗,特别是阜阳地方当局的黑暗,向阜阳青年宣传只有打倒帝国主义才有国家和自己的前途的思想。该刊是阜阳地区最早的革命刊物。1930年,周传业、周传鼎兄弟两人参加阜阳"四九"起义,失败后被捕就义。

《太和之光》为太和旅宁同学创办的不定期刊物,1925年于南京编印,在太和发行。主要目的是对太和青年进行启蒙教育,宣传科学民主。1926

年因主编张东果等主要成员参加北伐而停刊。

除学生报刊以外,一些省内进步人士也积极从事报刊活动。

1919年6月,蔡晓舟与王步文在安庆创办《黎明周报》。蔡早年留日,回国后结识李大钊、陈独秀,受到很大影响。在《黎明周报》上,蔡晓舟坚持反帝反封建,主张人身自由、言论自由,宣传民主主义思想,受到安徽青年的欢迎。1923年,该报被封停刊(一说是因王步文等被通缉而被迫停刊)。

1921年7月(一说1920年),《评议报》创刊,该报为四开四版日报,由省内知名进步人士朱蕴山、刘希平、李光炯、光明甫等发起,宋仁荪任经理,朱蕴山主笔,蔡晓舟、刘希平编辑,评论安徽弊政,宣传革命思想,积极推动皖省反帝反封建的爱国主义运动。曾于1922年5月1日出版《劳动纪念特刊》,刊登《中国社会主义青年团敬告工人》等文章,是省内较早公开宣传马克思主义的报纸。

1925年"五卅运动"后,芜湖成立了群众性的反帝组织——芜湖外交后援会。1926年5月,该组织创办了《苍茫》半月刊,主办人有钱杏邨、张慕陶、高语罕等。该刊为文艺性刊物,十六开四版铅印,有强烈的反帝反封建色彩。

国民党左派人士的报刊活动此时也较活跃。1918年6月,安徽省教育会在安庆创办四开四版的《安徽通俗教育报》,周六刊。1921年,国民党人孙希文任经理,黄梦飞任总编辑。该报以"评斥军阀,评论时政,勇陈是非,扶持教育"为宗旨,提倡"科学与民主"。1923年起公开宣传马列主义,发表李大钊《由平民政治到工人政治》一文。省内进步人士王步文、蔡晓舟、朱蕴山等都在该报发表文章,1926年底被查封。

1921年,国民党人管鹏在安庆创办《民治报》。该报为四开四版日报,出版48期后停刊。1922年聘国民党左派人士黄梦飞为主笔,于11月6日复刊。复刊的头一天曾转载过中共机关报《向导》上的文章,此后揭露军阀黑暗统治,报道各地革命动态,介绍孙中山的三民主义,宣传苏联十月革命等。出至1925年,因管鹏等国民党元老与国民党左派分裂,黄梦飞退出该报而停刊。另外,1926年,黄梦飞还曾与共产党人在安庆共同主办八开四版小型日报《寸铁》,宣传孙中山的三民主义,反对西山会议派。

1923年3月,《新建设日报》创刊,该报为四开四版的铅印日报。柏文蔚、袁家声主持。当时柯庆施受中共中央委派到安庆建立地方团组织,公开身份即是该报编辑。1925年前后该报停刊。

学生报刊、进步人士所办报刊的不断涌现,形成本阶段皖省报刊活动的主流。它们对于打破省内陈腐的旧思想,活跃省内的思想政治空气,传播"五四"所倡导的新思想新文化,都起到了重要作用。本阶段皖省新闻事业发展中还有一个特殊现象,即出现了一批皖人在外省创办的以本省为主要研究宣传对象的报刊。除了上面提到的《古黟新语》《阜阳青年》《太和之光》以外,还有旅京皖事改进会1920年9月北京创办的《安徽》旬刊,旅沪安徽人1920年12月在上海创办的《新安徽》,黟县青年励志会1922年在上海创办的季刊《黟山青年》,贵池旅京学会1923年2月在北京创办的《安徽池州旅京学会会刊》,旅沪皖事改进会1923年7月在上海创办的《皖民》月刊等。这些刊物多为皖人在外地组织的学会所办。以《黟山青年》为例,该刊发表一些有益于改进家乡教育事业、推广农桑生产的文章,也向家乡传播了外地的进步思想和文化,体现了旅居外省市皖人关心家乡的赤子情怀。学生报刊与进步人士所办报刊奠定了这一时期皖省报刊的主基调。与此同时,安庆、芜湖两大城市商业报纸也获得了较好的发展空间,成为本阶段皖省新闻事业的又一抹亮色。

在芜湖,受"五四"新文化运动影响,老牌民营报纸《皖江日报》在主笔郝耕仁支持下,开辟《皖江新潮》副刊,提倡白话文,公开声明不登旧体诗文,批判封建礼教,主张婚姻自由,反映社会生活。进步知识分子高语罕、钱杏邨、蒋光慈等纷纷为其撰稿。《工商日报》也改革文风,刷新内容,在报纸副刊上连载张恨水撰写的反映安徽学生运动的长篇小说《皖江潮》,并于1919年5月16日起,停登日本商业广告及日本船舶航期公告,与亲日的芜湖商会斗争。1919年和1920年,两报老板谭明卿、张九皋代表芜湖报界赴上海、北京参加全国报界第一、二届联合会。

本阶段芜湖新出版的民营报纸有1926年4月27日芜湖人伍馨独资创办,以研究文艺针砭末俗为主的《星报》,同年11月24日胡白沙自备印刷机创办《芜湖日报》。但两报出版时间、影响都有限,《芜湖日报》只出版了三个多月就被国民党芜湖县党部接收了。

在安庆,前期创办的民营报纸继续发挥着影响。《民岩报》虽屡遭军阀迫害,但仍坚持出版,并且日趋成熟。1927年6月1日,该报为纪念创刊15周年发行《纪念特刊》,以"资格最老、材料丰富、言论正确、消息敏捷"自诩,明确提出"不偏不党""纯客观"的新闻理念,宣称自己是"完全代表平民的喉舌"。当时不少报纸已减至四开四版,而该报仍是对开八版。该报自设印刷厂,日销量最高至5 000份。《皖铎报》在1920年由原主笔张跃宣接办,改名《新皖铎》,仍为对开8版,期数另起。其社论、时评的锋芒略逊于《民岩报》,但该报除自设印刷厂外,还自备收报机和译电员,日夜收报,故消息更为快捷、丰富。而张本人主持的副刊《小合罗》更以幽默谐趣而受到欢迎,发行量最高在4 000份左右。1919年,安庆又新出版一家民营大型日报《安徽商报》(具体出版日期不详)。该报为铅印对开四至八版,由苏绍贤发行,吴传绮主笔,以安庆商业界为主要发行对象,最高发行量达3 000份。抗战时因安庆沦陷停刊,前后出版15年。

以上三报与芜湖的《皖江日报》《工商日报》在历史上被并称为"皖省五大日报"。

此外,安庆1927年登记在案的还有《三五特刊》《中山日报》《民众日报》《国民日报》《建设日报》《公正半月刊》等一批报刊;芜湖市该年也有《六点钟晚报》《皖江民报》《商协周报》等数种报纸,但具体情况失于记载。

芜湖、安庆以外,蚌埠成为本阶段皖省商业报纸的另一个出版中心。1912年津浦铁路通车后,该市成为铁路沿线与淮河流域物产的重要集散地,商业日趋繁荣,渐渐成为皖北的商业重镇,商业报纸随之出现,但总体看尚不能形成气候。1923年苏华英、杨焕臣创办蚌埠历史上第一份报纸《皖淮报》,为石印四开小报,以刊登国内要闻和广告为主,日销约2 000份,不到一年停刊。1924年春,商人张劲哉创办《商务日报》,主要目的是宣传他经营的印刷生意,维持时间不到一年。该报1925年由记者汪华九接手,改为《蚌埠日报》,出至1927年。此外,1927年春,蚌埠还出现了鼓吹资产阶级民主革命,反对军阀势力的报纸《蚌埠民报》,四开一张,由杨叔和与他人合办,数月后亦告停刊。

本阶段皖省新闻事业发展还有几个值得注意的方面。

一是报刊品类更为丰富。本阶段国内新兴的工农报刊省内也开始出现：1922年12月，休宁县出现《休宁农会杂志》；1927年7月国民党安徽省党部改组委员会农人部在安庆创办《安徽农民》周刊；1927年3月安庆总工会出版《安徽工人导报》。另外，1923年3月，石埭县教育局出版《石埭儿童》月刊，这是见于记载的省内最早的儿童报刊；1923年9月，濉溪邮电局出版《皖邮之光》，是见于记载的省内最早的邮电行业报刊。1926年8月，绩溪县霞水村小学出版《朝阳》半月刊，是省内较早的小学教师组织出版的报刊。

二是通讯社开始出现。皖省见于记载的最早的通讯社是1913年1月13日在安庆创建的安徽通讯社，创办人朱剑荣。从1919年至1927年前又有五家通讯社出现，分别是安徽国民通讯社、全皖新闻通讯社、安徽正谊通讯社、安徽时新通讯社、政闻通讯社。其中以正谊通讯社影响较大，该社自办日刊《正谊通讯》，1921年被编入《全国报刊一览表》。

## 四、十年内战时期的安徽新闻事业

十年内战期间，安徽省报业发展进入一个高峰期。全省大部分地市均出现了报纸。据粗略统计，从1927年至1936年底，全省新创刊的各类报纸、期刊总数达300种以上，超过前3个时期的总和。特别是1928年至1935年7年间，年均出版新报刊30种以上[①]。

本阶段为数众多的报刊中十分突出的有两类，一是国民党系统的报刊，一是共产党的报刊。

### （一）国民党报业体系的建立

国民党系统报刊可分两类。一是国民党党报。1927年以前，安徽省内个别县已有国民党党报，如1924年国民党潜山县党部创办的《潜报》，1925

---

① 以上数字根据《安徽省志·新闻志》《安徽省志·出版志》所登报刊名录统计。

年8月国民党合肥县党部创办的《合肥日报》等。但是,大量的县市国民党党报的建立还是在国民党南京政权建立以后。南京国民党政府在获得政权的同时就开始建立自己的新闻宣传网,加之安徽又是南京政府直接控制的地区,有关规划更容易推行,故而对于新闻舆论的控制表现得更为突出。

皖省国民党系统报刊主要有两个层次,一是省级党报。国民党省党部在省内直辖党报五家:安庆《皖报》、芜湖《大江日报》、蚌埠《皖北日报》、六安《皖西日报》、合肥《皖中日报》,控制了皖省的主要地区。

《皖报》1928年作为国民党省党部机关报在安庆创刊,初名《民国日报》,对开十版,宗旨是"宣传党义、指导舆论",由省党部宣传部长熊文煦任社长。1937年10月改名《皖报》。初创时发行5 000份,后减至2 000—1 500份,版面也减少。抗战时期,先后迁金寨、合肥。1949年元月停刊。

1929年,蚌埠《皖北日报》在没收《淮民导报》设备的基础上创刊,最初直属国民党中宣部,后由省党部接办,1938年蚌埠沦陷时停刊。抗战胜利后复刊,仍为国民党省党部机关报。1948年终刊。

《大江日报》1930年在芜湖出版,初名《大江报》,为国民党芜湖市党部所办。1935年2月改为《大江日报》,由国民党安徽省党部委员方宏孝、国民党芜湖市党委书记水泽柯分别任正、副社长。该报是芜湖大报之一,日出对开四版。1937年芜湖沦陷时停刊,抗战胜利后恢复出版。1949年4月芜湖解放后终刊。

《皖中日报》原即合肥县党部机关报《合肥日报》,1928年创刊时称《民国日报》,1933年10月改名。1935年秋,国民党省党部命该报改为《皖中日报》,直属省党部。1938年合肥沦陷时停刊。1939年5月复刊后仍名《合肥日报》,合肥解放前夕停刊。

《皖西日报》1933年12月1日于六安创刊,社长李觉人由国民党省党部任命。据1991年《六安市志》记载,1931年6月国民党六安县党部曾办《六安民国日报》,1933年10月停刊。联系到两报停刊创刊时间相继,且社址均在今六安棚场巷内,疑《皖西日报》即为《六安民国日报》改名。

五大日报以外,国民党安徽省党务委员会、党务整理委员会、党务指导委员会、党务特派员办事处这时期还在安庆出版过《民众》月刊、《安徽》半月刊、《安徽妇女》季刊、《出路》月刊、《皖光》月刊等一批期刊。

第二个层次,也是为数众多的一个层次,即县级党报。从 1927 年至 1936 年,安徽大部分地区都出现了国民党县级党报。如安庆地区的《望江新闻》《桐城三日刊》《潜山三日刊》《熙报》《力报》,六安地区的《六安民国日报》《舒城导报》《立煌导报》《霍山导报》,宣城地区的《宣城日报》《泾县新生》《泾报》《溃溪周报》《绩溪导报》《广德日报》等,总计约 37 种。这些报纸均由各县党部主办,多为小报,版面四开、八开不等,以石印居多;少数日报铅印,如《涡阳日报》《池州日报》。发行量少则百余份,如《天长导报》;多则上千份,如《含山导报》,在战乱时期外埠各报停刊后,发行数增至 4 000 多份,发行范围扩至邻县。经费有的由省党部拨开办费和常年经费,不足部分由地方财政补贴,如《涡阳日报》;有的由地方财政拨付,如《六安民国日报》;有的则摊派,如《霍山导报》,据该县县志记载,该报由县党部、县城各机关团体每月认捐银洋 40 元作为办报经费。

除了国民党党报以外,国统区政府机构和有关职能部门、文化部门在本阶段也创办了不少报刊,主要云集在省会安庆。从 1927 年 8 月《安徽省政府公报》创办开始,至 1937 年,陆续有 20 余种报刊问世,其中以期刊居多。除了安徽省政府出版的《安徽省政府公报》三日刊、《安徽政务研究》旬刊、《安徽政务月刊》,安庆市政府出版的《市政月刊》以外,当时的省建设厅、民政厅司法厅、卫生厅、公安局、农林局、省地方银行、省立图书馆等部门都办有自己的刊物,如《安徽建设》月刊、《安徽民政公报》月刊、《大众健康》周刊、《公安特刊》月刊、《安徽农业》月刊、《安徽地方银行旬刊》、《学风》月刊等。特别是教育部门,办刊现象十分突出。1928 年至 1932 年,省教育厅分别出版了《安徽省教育行政》周刊、《安徽教育》半月刊、《安徽学生》月刊、《安徽省教育辅导》旬刊 4 种期刊。此外,在国民党加强民众党化教育的背景下,各地出现一批民众教育类机构,并出版一些刊物,如安徽省立通俗教育馆、省立第一民众教育馆、安庆第一民众教育馆分别创办了《安徽省立通俗教育馆》月刊、《民教辅导》月刊、《民众》半月刊等。安庆以外地区也以这类期刊居多,如芜湖省立第二民众教育馆创办的《民众》旬刊、蚌埠省立第三民众教育馆的《民众教育》月刊、滁县民众教育馆的《民众旬刊》、萧县民众教育馆的

## 第五章 安徽新闻事业发展概要

《民众画报》半月刊等。其他县级政府机构出版物也有，但少见，如全椒县财政局出版的《全椒旬报》。另外，国民党军统外围组织复兴社（后称蓝衣社）1932年8月也曾在贵池创办过四开四版铅印的《新民日报》。

可见20世纪30年代中期，国民党已在安徽建立起了完备的报业体系。

### （二）共产党报刊的创建与发展

"五四"以后，省内一些进步书社，如芜湖科学图书社等始终不断发行传播马克思主义的书刊和党的早期报刊，如《新青年》《中国青年》《向导》等。但当时省内的党报活动仅限于党员个人，如周传业创办《阜阳青年》等。共产党有组织的报刊活动在皖省真正出现是在十年内战时期。

1923年开始，安徽的中共组织在团组织的基础上逐步建立。但早期的党组织成员相当多的是外地回乡建党的，所以党的组织关系错综复杂，同时斗争的环境也很艰苦。如1926年5月，在安庆曾建立中共安徽地方执行委员会，但是当年夏天即因安徽军阀的疯狂镇压被迫停止活动，这在一定程度上影响了地方党组织的报刊活动。

在1927年5月武汉召开的中共第五次全国代表大会上，中央决定成立安徽省临时委员会。8月初，省临委从武汉秘密返回芜湖，开始恢复和健全党的组织工作。此后省临委会两度被取消，但党的组织工作在省内一直受到重视，报刊宣传工作也因此有了发展。

1927年8月，以柯庆施为书记的中共安徽省临委迁至芜湖，9月即创办《每周通讯》。这是目前所知省内党组织出版最早的刊物。该刊由省临委王心皋负责，主要内容是宣传贯彻共产党的"八七"会议精神，宣传土地改革，交流工作情况。此外，省临委还创办过《红旗》《工作生活》。

地方党组织此后也陆续开始出版报刊，主要有《新生活》(中共怀宁县临委)、《血光报》(中共怀宁县委)、《工作通讯》(皖北特委)、《宿县周报》、《新闻周报》、《红旗报》、《工农报》(均为芜湖中心县委)、《沙漠周刊》(芜湖共青团)、《布报红旗》(阜阳中心县委)、《火花》三日刊(桐城县委)、《工农小报》(含山县委)、《无为周报》、《赤光报》(芜湖中心县委)、《士兵的话》、《红旗报》(中共长淮特委)等。1931年2月，中共安徽省委成立，随即出版《安徽红旗》周刊。是年,无为、太和等县也出版了《红旗》、《红旗报》等刊物。这些报刊多为油印,印数少(如《新生活》,每期只印三四十份),刊期难以固定。由于党内"左"倾冒进路线的影响,1931—1932年间,国统区地方党组织遭到极大破坏,报刊纷纷停刊。

1932年以后在国统区出版的报刊已经不多,主要集中在中共力量较强的皖北地区,如寿县县委出版的《皖北布尔什维克》《皖北真理报》《皖北红星》,凤台县委出版的《皖北红星》,涡蒙县委出版的《涡蒙布尔什维克》等,但到1934年均停刊。

中共安徽省临委在加强组织建设的同时,还秘密组织武装起义。从1929年至1930年,安徽出现了历史上著名的六霍起义。随后,安庆中心县委、英山县委等也领导农民起义。在此基础上,皖西革命根据地建立,报刊随之发展起来。1930年,负责皖西根据地工作的中共六安中心县委组建了党报委员会,同时创办了中心县委的机关报《红旗报》。随后,县一级的中共党报在根据地纷纷创刊。1931年,霍山县委创办了机关报《怒吼报》《雪花报》,同年,霍邱县委创办《红光日报》,商城县县委创办了《红日报》和《咆哮》旬刊。其他还有黄安县委的《群众》、麻城县委的《战斗》、孝感县委的《火红》等。

1931年春,随着根据地的扩大,党中央指示鄂豫皖边区成立党的中央分局,皖西则成立中共皖西北特区委员会,辖19个县。皖西北特委随即组建了特委党报委员会。同年5月,特委编发了机关报《皖西北日报》和《红旗周报》《火花》半月刊。此后,皖西北特区苏维埃政府又创办了《苏维埃周报》,皖西北特委组织部创办《党的建设初步》半月刊,皖西北少共特委创办了《赤色先锋》和《团的建设ABC》,皖西北妇委创办了《卢森堡》等。

除了皖西根据地自己创办的报刊以外,当时在皖西北根据地发行的报刊还有鄂豫皖边区党委创办的《鄂豫皖日报》《列宁周报》《工农兵》《党内生活》和《赤色儿童》,鄂豫皖边区苏维埃政府创办的《苏维埃》三日刊,鄂豫皖革命军事委员会办的《红色战士报》《消息总汇》以及红四军政治部办的《红军生活》等二十余种报刊。

初创时期,根据地的物质条件十分艰苦,纸张供应紧张,所以报刊的印数很少,印刷也多为油印,如《火花》第一期只印了 270 份。报纸发行实行指标分配,一般发送到乡或连队,然后组织读报。1931 年春,纸张供应稍有改善。6 月,根据地执行特委加强发行工作,采取建立发行科,建立连结全苏区以及苏区与非苏区的发行网,指定工农通讯员等措施,使报刊发行量进一步扩大。当时的《火花》半月刊发行达 1 590 份,《红旗》达 3 880 份。

1934 年 10 月,主力红军在敌人的第五次"围剿"中失利,不得不采取战略转移,撤离根据地,报刊活动随之结束。

此外,中国共产党还积极引导和支持国统区的进步报刊活动。1928 年第二季度,凤阳省立第五中学学生在中共地下党领导下创办四开四版《怒潮》半月刊,出版 4 期后改名《五中学生》。次年学校党组织遭破坏,该刊停刊。1929 年 3 月 1 日在安庆创办的《长江晚报》是中共领导下公开发行的报纸,其社长为左派进步人士许习庸,总编辑刘文若为中共党员。同年秋,因配合爱国将领张振武进行反蒋宣传,报馆被查封,刘文若英勇就义。1931年,中共党员曹祥华在王步文领导下,利用安庆《皖报》副刊编发《教育新刊》两期,后又以书册形式出版 10 期,揭露教育界黑暗,鼓动学生运动。次年曹因发表文章被当局通辑而东渡日本,该刊停办。

据记载,1930 年底,芜湖《皖江日报》突然刊出"共产党万岁"标语,被国民党勒令停刊,并捕去一名排字工友及校对谭绪栋,解往安庆审讯。后谭被保释,排字工人下落不明。《皖江日报》停至次年冬始复刊。

### (三) 民营报业的发展

除了党报、政府系统的报刊以外,本阶段民营报业发展仍呈上升趋势。首先是几个老的报业中心民营报业发展的势头不减,安庆、芜湖两地的"五大日报"继续发展。此外,安庆 1927 年至 1937 年记录在案的个人主办的报纸有《安庆小报》《快报》《国事快闻》《安徽琐闻汇刊》《大同报》《鸣报》《安徽商业日报》《皖国春秋》等约 20 种。在芜湖本阶段有记录的报刊约 16 种,大部分出版不久旋停,有的刊物数度更名。已知为个人主办的有《芜湖镜报》《芜湖大公通讯》《芜湖新闻》《芜湖新报》《芜湖大风周刊》等数种。值得注意的是,两市虽新报频出,却没有能维持下去并产生影响的。特别是在芜湖,

1930年《皖江日报》因刊出"共产党万岁"标语被勒令停刊以后,一度只有《工商日报》和《大江日报》两家报纸。这种现象反映了民营报业欲求发展的热望与时局艰难之间的矛盾。

在蚌埠,从1928年开始,陆续出有《蚌埠日报》《新蚌埠日报》《淮民导报》《蚌埠快报》《蚌埠商报》《皖北时报》《大淮报》《绿牡丹》《振华日报》《振淮报》等十多种私营报纸,其中《淮民导报》经济实力较强。该报由安徽旅沪同乡会等捐资,于1928年12月出版,日出对开一大张。由于鼓吹刷新皖政,革除时弊,颇能吸引读者,销数日升。但次年该报被国民党省党部勒令停刊,机器铅字等设备被没收转给国民党省党部机关报《皖北日报》。发行量较大、出版时间较长的是《皖北时报》,该报1932年1月创刊,日出四开一张。初创时日销仅120份,及至是年秋季即增至1 300份。但该报人员较为复杂,主要创办人戴九峰本人是国民党蚌埠市党部委员、《皖北日报》社长。该报一直出至1937年底蚌埠沦陷停刊,后于1945年10月10日复刊,不久改名《大中日报》。《绿牡丹》为蚌埠出现较早的消闲性小报,创刊于1934年春,主办人为当地的知名报人杨叔和。该报日出八开一张,专载歌女趣闻、诗词文艺,每日更换纸张颜色,照片用铜板印刷,版面编排亦新颖活泼,颇受部分读者欢迎,后因经费不足停刊。

除此之外,以上三市本阶段还出现了一批晚报,以及早报、午报。晚报较早出现在芜湖,1927年,该地出现《六点钟晚报》,不久即停刊。其后,安庆出现了《长江晚报》《民众晚报》《国民晚报》《皖江晚报》4种,均为每日出版。其中《民众晚报》出版时间较长,至1938年停刊,前后出版八年。1930年春,蚌埠也出现了《蚌埠晚报》,由《申报》驻蚌埠记者刘福祥等邀当地报人杨叔和共同创办,日出四开一张,出版半年后因经济困难停刊。在晚报出现的同时,安庆还出现了《安庆早报》和《安庆午报》。1932年3月,芜湖《工商日报》为及时报道有关淞沪抗战的消息,增出了晨报和晚刊。晚报、早报、午报的出现,使报业的发展呈现出多元化的格局。

其次,是三市以外的县区民营报纸不断涌现,并出现了有影响的民营报纸。位于江淮之间的合肥,报业起步于20世纪20年代。1924年第一张报纸《新合肥报》创刊,为四开四版铅印日报。从1926年至1936年,该地先后

## 第五章 安徽新闻事业发展概要

创办有《民声报》《皖商周刊》《新民报》《民国日报》《淝津报》《庐州日报》等8种报纸。其中已知《民声报》《新民报》《淝津报》为民营报纸，《皖商周刊》为商会办的报纸。

在另一个沿江城市铜陵，本阶段出现了《新大通报》《鹊江日报》《大通日报》三份日报，均为民营。其中，《新大通报》有相当影响，该报创刊于1929年4月1日，是铜陵历史上最早的报纸。创办经费由"池阳帮"经商的同乡集股筹资，当地文坛名人赵克强与其女绿波（笔名）主办。该报四开铅印，报馆设收音设备，并自设"大通市印刷社"。每日刊登收听来的国内外大事、经济动态、商业行情等，同时采写地方新闻，兼营广告业务。该报的出版打破了当地消息闭塞的局面，各行业争相订阅，并发行到附近的青阳、石台、太平等县。1938年5月与6月间，因遭日军两度轰炸，报社全部设备被毁，报纸停刊。

此外，在全椒有县商界人士创办的《野声周报》，广德有民间合股投资的《广德日报》，贵池有商会主办的《贵池商报》，宣城甚至出现了以刊登本埠新闻与小品文为主的《宣城晚报》。

尤为值得注意的是，在经济较为发达的徽州地区，本阶段出现了有影响的民营大报《徽州日报》。该报由沪、杭、苏、宁等地旅外徽商集股，1932年10月10日在屯溪创办，首任董事长为在沪徽商章锡骐，首任社长为当地富商曹霆声。该报还在上海《申报》等大报聘请名誉指导，聘上海《新闻报》余空我任名誉总编辑。该报以"宣扬文化，促进地方建设，沟通地方消息，冀国内外徽州人士，共同努力创建新徽州"为宗旨，主张"为民众喉舌，声讨土豪劣绅"。其社论、副刊多由名家执笔，创刊后即向国内外发行，在省内安庆、芜湖等地及国内上海、北平等22个大中城市设立分馆或代派处，并由报馆发行部门直接发往欧美及日本。当年在伦敦举办的世界报纸展览会上就陈列有《徽州日报》。1936年，屯溪青帮头目马民导任社长，报纸宣传逐渐背离初期宗旨，后倾向国民党。该报出至1949年4月终刊，历时17年有余，是解放前徽州地方报纸中历时最长、发行面最广的一家。

1934年，歙县富商许伯棠集资开办紫阳书局，自设印刷厂，并于同年7月9日创刊《徽声日报》，发行徽属各县及有徽人旅居的外省市。该报重视本地新闻,同时设有"苏地徽声"等栏目,反映徽州旅外同乡的活动。副刊种类繁多,其中文艺性副刊《九龙瀑》后曾改为十六开单页单独发行,日销量5 000份左右。1937年底歙县遭日军空袭,该报停刊。无论是铜陵的《新大通报》,还是徽州地区的两份大报,其共同特点都是有相当的经济实力,远离政治中心。这是皖省本阶段有影响的民营大报向中心城市以外地区转移的重要特征。

### (四)学校报刊的发展

学校报刊仍是本阶段非常活跃的一类。一方面是校办刊物大量出现:有大学办的,如《安徽大学》(月刊)、《安大季刊》和《江南九华山佛学院院刊》等;有中学办的如省立第四女子中学在屯溪出版的《徽音》;省立第一女子中学在安庆出版的《女钟》半月刊以及《安庆女中月刊》等;也有小学办的,如安庆市中心实验小学的《中心月刊》,安徽私立崇实初级中学实验小学在石埭出版的《儿童生活》等。另一方面,是学校的各类学会、学社出版的刊物,如安徽大学化学会办的《安大化学》季刊,安徽省立第二中学抗日救国会在徽州出版的《抗日半月刊》,石埭县立第一小学年级联合会的《一小校刊》月刊等,其中较多的是文学期刊,仅安大一校,在1931—1932年两年间,就有绿洲周刊社出版的《绿洲》周刊,晓风文学社出版的《沙漠》月刊,文学青年社出版的《文学青年》月刊,嘤嘤文学社出版的《嘤嘤月刊》等。两类报刊总数约近30种,其中期刊居多,主要集中在安庆。

### (五)通讯社的涌现与广播电台的诞生

报刊的大量出现带来皖省新闻事业发展的一个新现象,即通讯社大量涌现。从1927年至1936年不到10年的时间,皖省登记在案的通讯社竟达70家,后因国民党政府严加限制才逐渐减少。

这70家通讯社以安庆最多,有案可查的有37家,其余在芜湖、蚌埠、贵池、休宁、祁门、歙县等地。报业中心之一的芜湖本阶段仅有芜湖大江通讯社(1933年2月)和芜湖新闻社(1933年9月)两家。不少通讯社还出版有自己的刊物,其中一些规模较大、发行正常的,也曾被人当作报馆看(据记载黄天鹏在1932年所著《中国新闻事业》一书中,即将当时安庆的11家通讯社视为报馆,将它们的出版物看作报刊)。当然,众多通讯社中也有鱼目混珠的,有的只是空挂一张招牌,以此向各机关要津贴;也有的专门探人隐私作为敲竹杠的资本,影响甚坏。但总体上看来,通讯社的大量出现反映了20年代以后安徽新闻事业的发展。

广播电台也在这新闻事业一片繁荣的背景下出现。20世纪30年代初,芜湖出现了"大有丰广播电台",民国二十三年(1934年)冬,又有"亨大利广播电台",这是本省最早的广播电台,均为私人经营。大有丰广播电台发射功率为10瓦,仅有两名工作人员,所播节目以文艺性为主。1936年开始增加一些教育性节目,同时增播芜湖新闻。抗战开始后芜湖沦陷,两台停止播音。

## 五、抗战时期三个不同地区的新闻业

抗战时期,安徽的报刊出版中心发生了很大变化。传统出版中心安庆、芜湖及新兴的报业中心蚌埠、合肥均先后沦陷,报刊遭受毁灭性的打击,只有几家汪伪政权的报刊出版。但此消彼长,在中心城市以外的县区,报刊发展却因抗日宣传的需要而激增。无论在国民党统治区,还是在中共领导的抗日根据地,报刊的发展均颇为壮观。本阶段新创报刊总数在300种以上,是省内报刊发展的又一个高峰期。

### (一)国统区新闻事业

抗战初期,在各省民众动员委员会的组织下,国统区曾出现过一次全省范围的抗日宣传热潮。抗战伊始,国民党新桂系控制安徽省政府。在以国共合作为基础的抗日民族统一战线的推动下,尚未站稳脚跟的新桂系接受共产党员和国民党进步人士的建议,于1938年2月建立安徽省民众动员委员会。其后又指导各县成立动员委员会40余个,还派出各种工作团。工作团在各地先后建有青年、农民、工人、商民、妇女、文化等各界抗敌协会。1939年1月,安徽省动委会又增设战时文化事业委员会和妇女工作委员会,将经过训练的青年大批充实到各级工作团。抗日宣传在这种背景下一度开展得轰轰烈烈,报刊也大量出现。

首先是省一级的动委会组织出版的报刊,主要有省动委会主办的《大别山日报》(立煌)、《动员月刊》(立煌),省战时文化动委会主办的《团结旬刊》(屯溪)、《动员通讯》(屯溪),省妇女运动委员会、妇女战时教育推行会分别主办的《安徽妇女》月刊(立煌)和《妇女教育》月刊(立煌),省动委皖南办事处创办的《皖南政工》半月刊(屯溪)等。其次是县一级动委会、抗敌协会创办的报刊为数甚多,集中出版于1938年到1941年间,如绩溪动委会的《屏钟》、休宁的《战友》、舒城的《舒城战报》和《突击周报》、涡阳的《动员三日刊》、亳州的《亳州动员导报》、含山的《含山动员报》、祁门的《动员旬刊》、霍邱的《霍邱日报》、泾县的《动员旬刊》、望江的《前线》、太和的《太和动员导报》、天长的《动员旬报》、无为的《铁流》、庐江的《救亡半月刊》等。此外还有舒城抗委会妇女组的《舒城妇女》、蒙城青抗会的《前锋报》、贵池文化界抗敌协会的《长风旬刊》等。报刊活动之盛况由此可见。

皖北的阜阳,在国共合作的形势下,成为面向津浦日伪的抗战基地,在本次报刊热潮中表现最为突出。不但县动委会办有《动员报》,民众抗委会办有《怒潮》周刊,阜阳抗战艺术社、阜阳青年抗敌协会在1939年还分别创办有《淮上青年》月刊、《抗战画报》周刊和《青年前锋》周刊。此外,在阜阳的皖省青年抗敌协会皖北办事处和第五战区政治工作一队也在1939年分别出版了《抗战艺术》月刊和《淮流》月刊。

值得注意的是,省动员委成立以后,中共各级党组织利用这一合法组织形式,积极团结国民党左派和爱国民主人士开展抗日活动,使动委会的工作得以在中共的指导下进行。在共产党人的影响下,这批报刊大都宣传抗日,批判投降。其中最为突出的是立煌县的《大别山日报》。

《大别山日报》是安徽"战时文化事业委员会"创办的机关报,该委员会由北大教授张百川任主任,当时10名委员中有3名是共产党员。报纸于1939年5月16日创刊,初为四开六版,10月10日改为对开四版。主要内容是宣传抗日,反对妥协。

因为宣传的需要,该报具有特刊、专刊多的特点。在出版不到一年的时间里,该报出版过"七七""双十节""一二·九"等诸多特刊及《新青年》《国际问题》《新女性》等 8 种专刊。专刊多由其他专门机构负责编辑,如《新青年》由省青年抗敌协会编。总之,该报利用一切可以利用的机会,大力宣传抗日,对指导省内的抗日工作与文化活动起到重要作用。

至 1940 年初,国民党反共步骤日紧,新任省主席李品仙积极推行反共政策,于 2 月 1 日改组动委会,动委会名存实亡。大批共产党人、进步青年被迫撤离,这批刊物也纷纷停刊。《大别山日报》在 1940 年 1 月 7 日被勒令停刊。有的报纸则变为国民党反动分子的舆论工具,如《霍邱日报》,1940 年以后大肆进行反共宣传。1942 年,动委会被正式撤消。

全面抗战爆发后,安徽沿江、沿铁路市县被日伪政权控制,国民党安徽省会西迁立煌(1938—1945 年),省政府各机关也陆续迁此,立煌遂成为本省政治、文化中心,报刊也因此繁荣。1938 年 9 月,国民党省党部机关报《皖报》迁至立煌,在此前后,省政府机关报《安徽政府公报》(三月刊)也迁此出版。同时,迁立煌的各机构,如省党部、教育厅、建设厅等及新成立的各种战时委员会、干部训练团等部门均纷纷出版刊物。从 1938 年到 1945 年,在立煌新登记出版的各类由各单位、部门主办的报刊总数达 54 种[①]。

这一时期,除《大别山日报》外,立煌另一份较有影响的日报是《安徽日报》。1943 年 10 月 1 日,安徽省政府民政厅厅长韦永诚在立煌创办了对开四版的《安徽日报》。韦是李宗仁至亲,与当时的省长李品仙有矛盾,因而省党部的《皖报》竟不报道民政工作开展情况。为此,韦永诚召集他在任第五战区政治部主任时的旧属创办该报,报头由李宗仁题写。韦曾口嘱第一任总编辑詹永清:"不要党报,不要官腔官调,不登省政府公报。要办进步些,编排要好看些,使青年人喜欢。"[②]因此立煌时期的《安徽日报》倾向较为进步。《安徽日报》的副刊《红叶》,曾由地下党员、进步作家丛文主编,臧克家、姚雪垠、赵景深等为其撰文,很受读者喜爱。1945 年报社随政府迁至合肥。1947 年 5 月停刊。

---

① 据《安徽省志·出版志》《安徽省志·新闻志》所载报刊统计。
② 郑希侨:《合肥报业寻踪》,《安徽新闻史料》第六期。

在苏、浙、皖、赣各省的大都市被日寇侵占以后,安徽的小市镇屯溪立即成为联系东南国统区的重要据点,被划入蒋介石嫡系顾祝同所辖之第三战区。安徽省会西迁立煌的同时,在屯溪设立了国民党省党部皖南办事处和省政府皖南行署。1944 年,国民党中宣部也在屯溪设立中宣部东南办事处。屯溪人口骤增,机关林立,新闻事业在这里也得以发展。1938 年 10 月 1 日,国民党第三战区长官司令部在屯溪出版四开四版《前线日报》,自设电台,收译中央社电讯。报纸上常有国内大都市专电与各战区随军记者专稿,著名国际问题专家宦乡曾是该报主笔。该报在战区驻军内部发行,同时也对外销售,销数据传达万份以上。翌年 4 月,该报奉令迁江西上饶,屯溪版于 4 月 6 日停。

1938 年 12 月,国民党省党部发行《皖报》屯溪版,对开 4 版,至 1944 年 6 月停。1940 年原改组派失意政客王远江创办了四开四版的《火炬周刊》,该报后改名《火炬报》《火炬日报》。1942 年,国民党中宣部在屯溪设立中宣部东南办事处,该处于 7 月 18 日出版《中央日报》安徽版,其人力、财力、设备均远胜于当地报纸。1944 年 9 月,省党部皖南办事处主任张一寒在他创办的皖南通讯社的基础上创办四开四版报纸《中国日报》,由皖南办事处秘书陈晓钟兼经理。国民党皖南行署主任张宗良也在该署皖南新闻社的基础上,于 1946 年 9 月筹备出版了对开报纸《复兴日报》,由秘书吴博全任社长。这一时期,屯溪还有《徽州晚报》《正义报》与《中国民报》等报纸以及原有的《徽州日报》。

报纸以外,屯溪本阶段还有国民党中宣部东南战地宣传处、安徽省三民主义青年团、中国文化服务部等部门、机构出版的期刊 10 余种,成为有史以来报刊最多的时期。中央通讯社上海分社也于 1943 年迁到此地。

抗战胜利后,这些报刊大多随机构外迁。《中央日报》迁上海,《中国日报》迁南京,《复兴日报》、《火炬周刊》(后改为《火炬日报》)则迁芜湖。屯溪一度仅有《徽州日报》一家报纸。

除了立煌、屯溪报业相对集中,发展较快以外,国民党县党部报刊本阶段仍陆续出版,从 1937 年至 1943 年,先后出版有歙县的《徽州报》《徽州导报》,祁门的《祁门旬刊》,太平县的《民众日报》,六安县的《六安日报》,宿松

## 第五章 安徽新闻事业发展概要

的《宿松日报》,至德县的《至德白话报》等。

此外,国民党安徽省第五区行政督察专署与第六区行政督察专署分别在全椒、泗县创办过机关报《皖东日报》与《皖东北日报》。《皖东日报》1939年4月1日创刊,是四开四版铅印日报,每期发行1万份。1945年8月日本投降后停刊。《皖东北日报》创办于1939年2月17日,是由当时在第六区行政督察专署工作的中共六区特支书记江上青(时任专员盛子瑾秘书)和特支委员廖量之(时任第五游击区政治部副主任)建议创办的。社长由第六游击区宣传科长贺汝仪担任,贺不久也加入中国共产党。该报创刊后以促进国共合作、团结抗日为宗旨,着重宣传中国共产党的抗日主张。日出石印八开二版,后改为三日刊四版。每期发表一篇社论,并请专人撰写有关抗战文章连续发表,许多重要文章出自江上青之手。1940年3月,盛子瑾受排挤被逼走,该报出至3月21日停止,24日改为苏皖区委机关报《人民报》出版。1939年10月10日,驻界首的东北系国民党将领骑二军军长何柱国还主持创办了《颍川日报》,该报为八开二版铅印小报,以传达正确消息,加强民众抗战必胜、新中国成立必成的信念为宗旨,发行量最高至5 000份。日本投降后该报被界首商会买下,至1947年停办。

国统区报刊中,还有一份特殊的报纸《芜湖晚报》宜宾版。芜湖《工商日报》编辑张衡山在抗战开始前夕,曾欲办一晚报,并已领到国民党中宣部的登记证。但不久芜湖沦陷,张撤到四川宜宾。中共宜宾中心县委了解情况后,派地下党员协同张出版该报,目的是利用报纸掩护、安置一些地下党员,同时进行一些宣传教育工作。1940年8月13日(一说9月1日),该报便作为内迁报纸,以复刊形式在宜宾出版,该报为四开四版日报,最初日销几百份,约半年左右,增至一千五六百份。出版年余后停刊。

### (二) 根据地新闻事业

抗战爆发后,遵照中共中央的指示,新四军深入江淮敌后地区,发动群众与敌斗争,创建了皖江、淮南、淮北三块根据地。报刊在根据地大量出现。

抗战之初,新四军军部驻皖南泾县,军政治部办有《抗敌报》、《抗敌》杂志、《抗敌画报》、《战地青年》、《抗敌五日刊》、《救亡报》,战地服务团等部门办有《老百姓画报》《文艺》《建军》《抗战艺术》《理论与实践》《学习》，此外中国青年记者协会江南分会办有《敌后记者》，共计 13 种报刊。其中，《抗敌报》是军政治部主要报纸，为四开四版铅印三日刊，1938 年 5 月 1 日创办。编委成员由新四军政治部宣传部长朱镜我等人组成。1939 年 2 月周恩来在云岭视察时为该报题写报名。《抗敌》杂志是新四军政治部的指导性刊物，半月刊，十六开本铅印（最初为二十五开本），编委由朱镜我等人组成。这批报刊在皖南事变前后停刊。

根据地党委、政府机构与新四军部队在各根据地都办有报刊。淮南地区：已知报刊总数达 46 种，分属于新四军二师、地方党政机构与群众团体。1939 年 11 月 20 日，中共中央中原局以新四军江北指挥部的名义在定远创办《抗敌报》（江北版），该报为四开四版油印（曾铅印），最高发行到四五千份。1940 年 10 月中原局向苏北转移时停刊。皖南事变后，新四军江北指挥部改编为第二师，该报恢复出版。抗战胜利后停刊。1940 年 12 月，中共淮南津浦路东区委机关报，《新路东》报创刊，初为油印三日刊，后曾改为铅印四开四版双日刊，一度还出过日报。1940 年 7 月 1 日，中共淮南津浦路西区委机关报《新民主报》创刊，四开四版油印，报头由陈毅题写，后曾铅印，发行量达 4 000 份。1943 年为淮南路西地委机关报。1943 年中共中央撤销路东、路西两个区委，统一成立中共淮南区委，《新路东》报改名《淮南日报》，作为区委机关报，于 1944 年 4 月 1 日创刊，出至 1946 年 8 月停刊。此外，在 1941 年淮南根据地还出版有新四军二师政治部的《抗敌通讯》《抗敌画报》《建军月刊》《新华导报》等一批期刊，以及中共津浦路东委员会的《新路东》月刊、路东行署教育处的《新语文月刊》、路东苏皖边区文化界抗敌协会的《路东大众》月刊等。

淮北地区：已知报刊总数在 54 种以上，分属新四军四师与地方党政机构、群众团体。影响最大的是《拂晓报》，于 1938 年 9 月 29 日在河南省确山县竹沟镇创刊，三个月后进入淮北，是当时新四军游击支队（后为四师）机关报。司令员兼政治委员彭雪枫亲自为该报定名、题写报头、撰写发刊词。初创时条件极其简陋，创刊号用土产麻纸印了 60 份。两年后，发行量突破 4 000 份，并出版《拂晓每日电讯》《拂晓增刊》《拂晓画报》《拂晓文化》等杂志,在根据地很有影响。1943年该报还在巴黎参加过国际展览。1943年1月,根据党中央的指示,《拂晓报》成为中共淮北区党委机关报,原区党委《人民报》与《拂晓报》合并。1940年10月,中共苏皖一地委机关报《团结报》也并入《拂晓报》。此外,淮北根据地还有中共豫皖苏边区委员会出版的《党的生活》月刊,淮北苏皖边区行政公署文教处出版的《教育通讯》月刊,淮北文化工作委员会出版的《大众》半月刊等一批报刊。

皖江地区:已知报刊总数约13种,分属新四军七师、地方党政机构与群众团体。1941年5月,新四军七师政治部创办《战斗报》,为四开四版三日刊。同年,中共舒无地委机关报《新无为报》创刊。1942年3月,中共皖中区委(后改为皖江区委)将《新无为报》与《战斗报》合并出版。《大江报》作为区委机关报,报头由陈毅题写。初为双日刊,后改日刊,油印四开四版,每期3 000份。1944年改为铅印,发行范围不断扩大,最高发行量达5 000份。抗战胜利后于1945年10月停刊。此外,皖江根据地还出有区委党刊《真理》、和(县)含(山)地委的《和含党刊》、七师政治部的《武装报》、《武装画刊》、和含支队的《山猴子报》、七师沿江支队和沿江支委机关报《前线报》等一批报刊。

以上四组报刊总数达128种[①],成为抗战时期安徽报刊的一支洪流。可以看出,无论是军队还是党委、地方政府部门,都十分重视报刊宣传工作。但受物质条件所限,这批出版物总体而言日报少、大报少,而以期刊居多(不少期刊不定期出版),油印小报多。除新四军皖南军部设备较好外,几个根据地出版机构多是以油印、石印开始,条件好时出铅印,环境紧张、印刷厂转移时又改油印。以出版报刊最多的淮北抗日民主根据地为例,该地最初出版的报刊绝大多数是油印,只有一家石印,到后期逐渐有铅印。油印技术因此成为根据地报刊的一项特长,其中最为有名的是《拂晓报》,其油印质量可与铅印媲美。安徽抗日民主根据地新闻事业的发展,充分体现了党报的艰苦奋斗、依靠群众、全党办报等优良传统,在党报发展史上抒写了精彩的

---

① 以上数据来自《安徽省志·出版志》、《安徽省志·新闻志》、《抗战时期安徽根据地刊物》(载《安徽新闻史料》第七期),及王克:《安徽抗日民主根据地刊物校补》(载《安徽新闻史料》第九期)所载报刊统计。

一页。

### (三) 沦陷区新闻事业

全面抗战时期,安庆、芜湖、蚌埠、合肥等中心县市先后沦陷,报刊大多停刊,仅有几份汪伪报刊出版。已知最早的一份汉奸报纸是 1938 年 7 月安庆维持会成立后创办的《振兴报》,该报为四开小报,三日刊,主要转载上海《新申报》消息,期销二三百份。

1938 年 2 月日军占领蚌埠后,军阀倪道烺就开始指挥亲信成立蚌埠维持会,策划组织伪省政权。1938 年 3 月,"中华民国维新政府"在南京成立。10 月 28 日,伪安徽省维新政府也在蚌埠正式成立。在此前后,出版了一批报纸,目前所知共 7 家。

1938 年 5 月(一说 11 月),伪省政府在蚌埠出版机关报《蚌埠新报》。日出对开一张,向全省沦陷区发行。1940 年下半年改名《安徽日报》,日本投降时停刊。

1939 年 1 月,安庆伪怀宁县政府成立后,将《振兴报》改为《安庆新报》出版。1938 年 7 月,伪芜湖县政府占用《皖江日报》厂房机器出版《芜湖新报》,日出对开一张半,发行 2 000 余份。1938 年 8 月,伪政府在合肥创办《新皖日报》,四开二版。1940 年 6 月,日本特务机关在明光组织出版《嘉山日报》,四开二版石印。此外,还有《淮南报》和《当涂新报》。

南京维新政府为加强宣传控制,制订了《维新政府出版法》,并在行政院下设立宣传局,原属维持会的报纸改为直属宣传局。宣传局又在华中沦陷区设立省、县、区宣传委员会。至 1940 年初,维新政府宣传局设有省宣传委员会 3 处,其中一处即在安徽;县宣传委员会 53 处,安徽有 19 处;区、乡宣传委员会 159 处,安徽 30 处。

维新政府成立不久,即成立新闻通讯机关——中华联合通讯社,负责华中一带占领区的新闻信息供应。该通讯社在蚌埠设立分社(设分社的还有苏州、杭州等市),发稿内容限于伪政府的消息和当地新闻,军事消息均由日本的同盟社分社统发。

1940 年 3 月 30 日,汪伪国民政府在南京成立,维新政府并入。1940 年

5月,中华联合通讯社解散,由伪中央电讯社接办。

汪伪国民政府成立后,在行政院设置宣传部,接管了以前伪政府的宣传机构并进行调整。至1941年末,建立起较为严密的宣传统制体制。安徽的新闻宣传活动完全纳入这一法西斯体制之内。

汪伪报纸管理制度的一个重大措施,就是对宣传部的直属报社实行分区分级管理。华中共分南京、苏州、杭州、上海四个分区,报社共分甲、乙、丙三级,安徽有直属报纸6家,全在南京分区,其中《蚌埠新报》为甲级,《芜湖新报》《安庆新报》为乙级,《当涂新报》《新皖日报》《淮南报》为丙级。

为了加强对沦陷区书报发行的控制,汪伪政府在宣传部下设立中央书报发行所,下设9个分所,其中有蚌埠分所;分所下设11个支所,其中有安庆、芜湖两支所;支所下设分销处,其中有当涂、滁县、采石、宿县、和县、巢县、明光等分销处。中央书报所发行及经销的报纸有19种,《蚌埠新报》是其中一种。

1941年10月10日,汪伪政府将直属报社《南京新报》《苏州新报》《杭州新报》《蚌埠新报》依次改名为《民国日报》(南京)、《江苏日报》、《浙江日报》、《安徽日报》。

安徽沦陷区所出期刊不多,仅见《皖锋》(伪安徽省政府宣传委员会主办)、《安徽教育半月刊》、《怀宁青年》等数种。

1940年5月1日,汪伪政府在南京成立沦陷区所谓"唯一全国性"通讯机关中央通讯社(原维新政府的中华联合通讯社并入),名为汪伪政府所办,实权均控制在日本人手中。下设10个分社(包括东京分社),安徽有蚌埠分社(负责人尤华狅)、芜湖分社(负责人孙梦花)。还在25个城镇设有通讯员,安徽设通讯员的有庐州、明光、大通、巢县、安庆等处[①]。

在1941年2月以前,沦陷区各地电台均由日本人直接管理。1941年2月,日本将所谓"广播事权"交给汪伪政府,由伪宣传部内新设的中国广播事业建设协会经管。同年3月,该协会在安徽成立了蚌埠广播电台(其他还有中央、上海、汉口、杭州、苏州等台)。这些电台名为中国人所办,实际在多方

---

① 参见1944年《申报年鉴》,申报馆出版。

面仍受日本人控制。

## 六、解放战争时期的安徽新闻事业

抗战胜利以后,皖省主要县、市新闻事业得以恢复,新创报刊总数约200种。同时,由于解放战争中国共两党政治力量对比的急剧变化,安徽新闻事业也发生着巨大变化。国统区占统治地位的国民党新闻事业由短期兴旺走向灭亡;解放区的新闻事业则由解放战争初期的缩减最终取代国统区旧有新闻事业。历史结束了一个旧的时期,同时为新时期的到来奠定了基础。

### (一)国统区的新闻事业

抗战胜利后,安徽省政府由立煌迁至合肥。合肥的新闻机构明显增多,新闻事业较前期有一定发展。省政府迁至合肥后,国民党省党部机关报《皖报》随之迁入。1946年上半年,该省党部秘书长王枞兼任社长后,报社的设备有了改进,规模也有了扩大。随即国民党县党部机关报《合肥日报》恢复出版。韦永诚创办的《安徽日报》也迁入合肥。不久,韦调往南京,该报属于省参议会。但合肥本地新出版的报纸却为数不多,公开出版的仅有两家。1946年6月,《公正报》出版,公开标榜以宣传三民主义为宗旨。1946年7月,国民党安徽省政府秘书处编辑室主任吴广略和他的两名股长,创办《逍遥津》,声称以揭露社会黑暗为宗旨,实际上是以刊登黄色新闻为主的报纸。这两家报纸均在解放前夕停刊。另外还有两家内部发行的报纸《合肥新干部》《巴东简报》。作为一个新省会,合肥的文化、经济的积淀在当时远不如芜湖、安庆,报业不可能骤然之间兴旺起来。但是,抗战胜利后合肥的通讯社却一涌而起,这大约与办通讯社对人力、物力要求较低有关。有记载的就有13家之多,分别为民本、健行、健益、华中、政闻、警光、民铎、建中、超然、黎明、客观、康乐、大雷等通讯社。这些通讯社政治背景不同,成员也非常复杂。有的通讯社除向报社供稿外,也将文稿编辑油印出来供人订阅。其中较大的通讯社仅有民本、健行两家。抗战胜利后的芜湖作为"中江巨埠",仍

## 第五章　安徽新闻事业发展概要

是商旅人文荟萃之地,为各派政治势力瞩目,因而新闻事业在抗战胜利后迅速发展。从1945年9月至1949年4月三年多时间里,新出版各类报刊达27种,有名可查的通讯社也有20余家,规模颇是可观。

抗战胜利后,创办于1930年的国民党芜湖市党部机关报《大江日报》于1945年10月复刊。原在屯溪出版的《复兴日报》、《火炬周刊》(迁芜湖后改名《火炬日报》)以及1932年2月在安庆创办的以国民党党部为背景的日报《国事快闻》相继迁芜湖,这些报纸均为对开大报。

新创办的报刊成分也很复杂。不少属党、政、军组织机构的报纸,如国民党中宣部的上海《中央日报(安徽增刊)》,国民党芜湖县党部的《芜湖报》《革新周刊》《芜湖日报》,国民党军统的《荡寇报》(附晚刊),新桂系官僚资本扶植创办的《民声日报》,芜湖县商会主办的《长江日报》,全国粮食联合会机关报上海《粮食日报》发行的《粮食日报(芜湖版)》等。此外还有芜湖帮会势力扶持的《行报》,地方耆绅资助创办的《幸福报晚刊》,青年学生创办的《安徽新闻》,中共地下党员协助创办的《基督教青年团契报》等。本阶段芜湖还出版过《中江晚报》和《中国晚报》两种晚报。

抗战期间,由于芜湖沦陷,芜湖两家老牌民营大报《皖江日报》《工商日报》相继停刊。在避走湖南沅陵期间,《皖江日报》社长谭明卿病故。抗战胜利后,《工商日报》社长张九皋回芜湖,邀请谭明卿之子谭邦杰于1946年2月合办《皖江工商报联合版》,出版约一年。1947年,《工商报》单独发行,1948年发行量达4 000份。芜湖1945年以前见于记载的通讯社只有两家,即1933年创刊的芜湖大公通讯社、芜湖新闻社。从1945年至1948年出现的通讯社,有记载的却达22家。但只有警光、大雷、前锋等少数几家通讯社经常发稿,其他则很少发稿,旋生旋灭。

这一时期芜湖还出现了报人团体组织。1945年冬,《工商报》经理柏毓文、《火炬日报》社社长王远江发起,由当地报社和部分通讯社联合成立芜湖记者公会。1947年3月,警光、前锋两家通讯社发起成立了芜湖新闻通讯联合会。此外,抗战胜利后芜湖报贩和送报人组织了芜湖派报业工会,属芜湖县总工会领导。

抗战胜利后蚌埠于1947年设市,国民党内部各派力量也在此插足,报业因此获得机会重新发展。1945 年 10 月,蚌埠市政府机关报《安徽新报》创刊。首任市长李品仙为扩大桂系影响,决定创办此报。最初由他本人亲自挂名社长,日出对开一张,发行 800 至 1 000 份之间,后改名《新报》,出版晚刊。1945 年 12 月,国民党省党部机关报《皖北日报》在接收汪伪《安徽日报》的基础上复刊。1946 年 1 月 1 日创刊的《大中国报》和 1948 年秋创刊的《商报》,表面为私人集股的民营报纸,实则由军统特务把持,两报的社长李洛九、王可分别是蚌埠肃奸专员办事处秘书、军统蚌埠情报组长。驻蚌第八绥靖区也办有《军声》周报、《绥靖导报》。此外,蚌埠本阶段还出有《淮滨周报》《长城晚报》《正道报》《新儿童报》等。1947 年 6 月还建有民声通讯社,负责人为后任《商报》社长的王可。

相比较而言,安庆由于省会的外迁,报业发展规模比抗战之前的几个阶段逊色,发行的报纸仅十余种,其中官办 4 种。1945 年秋,《皖报》安庆版创刊,社长是国民党省党部委员范春阳。但范春阳长住合肥,实际由总编杨思震负责。该报为四开四版,发行 1 000—2 000 份。三青团皖支部 1946 年 5 月创办《江淮日报》对开四版,发行千份左右,此外,还有省卫生机构主办的《大众健康》周刊及省邮务工会主办的《安徽邮工》。民营报纸中,多数有一定背景。1946 年 2 月 27 日创办的《新生日报》,发行人丘国珍、张庆城,一为广西将领,一为怀宁县前党部书记。同年创办的《皖民日报》,以皖南师管区司令陈瑞沙为后盾。1948 年 10 月创办的《日日新闻》,其主办人乃《皖报》总编杨思震。此外,老牌民营报纸《新皖锋》于 1946 年复刊,版面缩至四开四版。此时的《新皖锋》主笔仍为张跃宣,但社长由其女婿、安庆青帮头面人物杨孝农担任。报纸坚持出至安庆解放。

但是,安徽大学学生报刊在这一时期却十分活跃。从 1947 年至 1948 年两年间,先后出有《滨江旬报》《湖滨旬刊》《学刊》《唯明学报》《北星学校》《安大新闻》《公仆》7 种。已知《北星学校》《安大新闻》为进步学生所办。

位居皖中的巢湖地区,这一时期也出现了《皖中日报》《新庐江报》《民声报》《青峰报》等十多种报纸。特别是巢县,抗战胜利后至国民党政权覆灭前,先后约有 7 家报纸问世,这些报纸多数是有政治背景的。值得一提的是爱国将领张治中将军支持创办的《黄麓导报》,该报纸于 1946 年 8 月 27 日正式出版,张治中为名誉社长。创刊伊始,张治中明确嘱咐,报纸主要应宣传和报道家乡建设,尤其应以文化教育为主,少登时政大事。基于此,该报声称它"为教育界而服务,为教育而努力",是"超党派、纯中立的地位"。在三年左右的时间中,由于张治中的支持,报纸敢于揭露地方政府的腐败黑暗,勇于陈言,在当时有一定的影响。1948年冬巢县解放,报社器材交县人民政府,报纸停刊。

就安徽国统区而言,本阶段一个值得注意的现象是,出现了一批国民党三青团的报刊。除了三青团皖支部在安庆的《江淮月报》,三青团省会分团部在立煌县创办的《青年报》之外,三青团在一些县的分团部也陆续办有报刊,如祁门县分部的《祁门青年》、休宁县分部的《青年周刊》、巢县分部的《新庐江报》、六安县分部的《六安青年》、和县分部的《和县青年周报》等十多种。这批刊物以周报、旬报为多,少见日报。

1949年随着省内各地解放,国民党的报刊、通讯社陆续停止活动。

## (二)解放区的新闻事业

解放战争时期,安徽各解放区的出版事业随着政治、军事形势的变化,经历了由收缩到发展的过程。抗战胜利后,皖江解放区根据《双十协定》北撤,新闻出版机构全部转移。不久淮南淮北与苏中苏北联成一片,成立统一的中共中央华中分局,下辖8个地委。淮南淮北合并成立江淮军区和江淮区党委。报刊进行了调整。

1948年6月10日,中共江淮区委机关报《江淮日报》在泗县大王庄创办,为四开四版隔日刊(同年11月改为对开日刊)。社长王维,副社长欧远方。报社成立党报委员会,由区委书记曹荻秋兼书记。该报1949年1月24日在蚌埠出版,成为中共安徽党组织从农村进入城市后出版的第一家报纸。同年4月21日该报再迁合肥,与《新合肥报》合并出版《皖北日报》。

1948年7月21日,江淮一地委恢复出版《淮南日报》作为地委机关报,并建立新华社江淮一支社作为机关通讯社,章南舍任社长,陈雨田为书记。至1949年1月淮海战役胜利后,江淮一地委改为皖北滁县地委进驻滁城,《淮南日报》终刊。

拂晓报社于 1946 年 1 月迁入泗县城内。此时《拂晓报》除出刊本版（时为七地委机关报）外，还出版《拂晓报路西版》（八地委机关报）、《拂晓报部队版》（华中野战军第九纵队随军出版的报纸）。10 月，原淮北三地委机关报《团结报》与《拂晓报》合并，由邓岗任报社社长兼新华社华中分社七支社社长。《拂晓报路西版》1946 年以后除出二日刊报纸外，还出版《拂晓每日电讯》《拂晓丛刊》《汇刊》。出至第一百期，为纪念在路西牺牲的彭雪枫师长，中央决定《拂晓报路西版》改名为《雪枫报》。

1946 年夏，解放战争开始，国民党军队对解放区发动全面进攻，《拂晓报》经受了严峻的考验。路东路西两个印刷厂组织了工人游击队，在战斗中牺牲了 8 位同志。主力撤离淮北后，报社人员与一批干部被围困在洪泽湖上，历尽了千辛万苦，仍坚持出报 58 天，成为当时安徽全境内仅有的一张人民报纸。1948 年 6 月，淮南淮北党委合并组成中共江淮区党委后，原淮北地区划分为江淮二地委，《拂晓报》为地委机关报。

此外，江淮地区还出有《江淮通讯》《民主建设》《反攻报》《江淮前线》《战斗生活》《拂晓》等一批报刊，但抗战时期大量出版的期刊此时大部分撤销。

1947 年 8 月，刘邓大军挺进大别山，在皖西建立了大片解放区。1948 年 5 月，皖西区党委出版根据新华社电讯稿编发的油印小报《每日新闻》。同年 10 月，《每日新闻》改名《皖西日报》正式出版，由林采、方德任正、副社长兼新华社皖西分社正、副社长。淮海战役胜利后，报社迁至六安县城，1949 年 3 月，报纸出满 60 期后停刊。报社人员奉命去安庆接管旧报社，出版《安庆新闻》。

在皖南游击区，中共皖南地委于 1947 年 9 月创办了《黄山报》，其前身是地委宣教科编印的《黄山电讯》。这是当时苏浙皖赣边区敌后游击根据地唯一一份正式出版的党的报纸，由皖南地委书记胡明直接领导。约五六天出一期，每期印 300 份左右。1949 年 5 月 5 日，该报停刊。报社部分人员不久去屯溪与创办《新华电讯》的南下干部会师，创办《皖南日报》。

安徽革命根据地报刊的发展，不仅为中国革命在安徽的胜利做出了重要贡献，也培养了大批优秀的新闻工作者，为新中国成立以后省内新闻事业的发展奠定了重要基础。1949 年初全省解放后，除在安庆、芜湖、蚌埠、合肥等少数城市接收了几家国民党系统的报纸外,省内主要的办报人员、设备均来源于根据地。

## 七、新中国成立以后安徽新闻事业的新发展

新中国成立以后,安徽新闻事业有了新的发展,建立了以中国共产党的机关报刊为核心,报纸广播电视多种媒体,省市县多个层次,面对各种读者群的新闻网络,新闻事业在社会政治文化经济建设和人们的日常生活中起着越来越重要的作用。

1952年以前,安徽以长江为界,分别成立了皖北、皖南行政区。1949年5月1日,中共皖北区党委将原江淮区党委机关报《江淮日报》和中共合肥市委机关报《新合肥报》合并,在合肥出版机关报《皖北日报》。同年9月22日,芜湖新华社皖南分社主编的《新华电讯》和中共芜湖市委主办的《芜湖日报》合并,在芜湖出版皖南区党委机关报《皖南日报》。1951年12月,皖南皖北党委、行署在合肥合署办公,26日,《皖南日报》《皖北日报》联合版在合肥出版。1952年1月中共安徽省委成立。同年6月1日,省委机关报《安徽日报》创刊,联合版停刊。此后,各地、市委相继办起了自己的机关报。

地市一级的党报,建于1949年之前的只有宿县地委的《拂晓报》(1938年9月29日创刊)。1949年建有三家:分别是安庆市委的《安庆日报》、芜湖市委的《芜湖日报》、阜阳地委的《阜阳日报》。至1958年之前,《淮南日报》《皖西日报》(初名《六安报》)、《黄山日报》(初名《徽州报》)、《铜陵日报》(初为《铜矿工人》)、《蚌埠日报》(初名《蚌埠报》)、《合肥晚报》(最初为《合肥日报》)、《马鞍山日报》、《巢湖日报》先后创刊。安徽县级党报的建立主要集中在1955年至1958年这几年间,有"大跃进"的痕迹。1955年以前创建的县党报只有《金寨日报》《霍邱日报》《六安报》《南陵大众》几家,至1958年,一哄而上,共创办56家,1959年又调整增加了3家,可谓县县有报。至此,省内一个完整的党报系统建立起来。

在此前后,省内一些部门创办了新中国成立以后最早的一批行业报、专业报。主要有《淮南矿工报》《安徽农民报》《安徽省邮电报》《安徽民兵报》

《安徽广播电视报》《安徽青年报》《文化周报》《体育信使报》等。其中,《安徽民兵报》由省军区政治部主办,1954年停刊。

此时,本阶段省内还有一份私营报纸《新工商报》。新中国成立以后不久,中共中央华东局批准创办一张私营报纸,芜湖前《工商日报》因此在芜湖工商联合会的支持下复刊①。《新工商报》1950年7月开始筹备,由黄梦飞(时为中国民主新中国成立会成员、市工商联合会主任委员)等主持成立"新工商报股份有限公司"董事会,下设《新工商报》社。采取认股办法集资,由原《工商日报》财产所有人柏毓文、张步青以设备折价投资,市内70余家私营工商户认股,集资旧人民币5000万元出版,于1950年10月1日正式出版。《新工商报》日出四开四版,中心任务是宣传新民主主义的工商业政策,以求达到发展生产、繁荣经济的目的,同时不忘一般报纸的宣传任务。最初发行量为2000份,后增至4000余份。1952年5月31日终刊,出版599期,是新中国成立初期芜湖,同时也是安徽的唯一一家民营报纸。

由于"大跃进"时期报纸增加过多过快,地县财政难以承担,1961年2月9日,中共安徽省委同意《安徽日报》发行份数在上年基础上压缩10%,地委报纸发行要求比上年压缩20%,市报除《合肥日报》外一律停刊。大部分县级报纸在此前后停刊。后随经济状况的好转,停办的报纸有的逐渐恢复。

安徽境内解放以后建立的第一座广播电台是"淮南煤矿职工广播电台",于1950年5月1日建成开播。1951年4月,该台改为淮南人民广播电台。1950年6月13日,合肥人民广播电台作为皖北行政区电台正式播音。次年5月15日,皖南人民广播电台在芜湖建成开播。1952年1月至5月,两地广播电台以"皖北、皖南人民广播电台"的台号在合肥联合播音,同年5月,该台号停用。1952年6月1日,安徽人民广播电台成立并正式播音。

1955年11月,安徽第一座县有线广播站——滁县人民广播站建立。

---

① 1950年7月20日,华东局宣传部就"关于前芜湖《工商报》复刊问题"复函皖南区委宣传部,认为"前《工商报》器材确系私人所有,目前筹备尚未发现有任(何)政治背景,且芜湖工商联合会积极支持……故可允许其在遵守共同纲领之下,以另外名义创办一私营报纸,其内部人员及经费均应自行解决"。见《安徽省志·出版志》。

## 第五章　安徽新闻事业发展概要

该台的创立带动了全省建立农村有线广播网高潮的到来。1957年秋,安徽广播事业管理局成立,加强了对安徽广播事业的领导与管理。至1965年底,全省有县市广播站75个,安装广播喇叭17万余只,其中半数以上是在农民家中。

1958年6月30日,安徽省新闻工作者协会成立。

1959年,安徽电视台作为中华人民共和国建国后第一批建立的地方电视台初步筹建,1960年9月30日试播,这也是我国第一座以省名为台号的电视台。1962年因经济困难停办,1969年国庆20周年时又恢复播出。

经过十年左右的时间,安徽省建立起以党报为核心,拥有广播、电视等现代传播工具的良好的新闻系统。虽然部分报刊(如县报)在"大跃进"的背景下发展过急,但总的趋势是好的,为省内新闻事业今后的发展奠定了坚实的基础。

新中国成立以后,安徽新闻事业随着国家政治、经济、文化的发展而发展,同时,当社会经济文化生活出现问题时,作为意识形态领域的新闻事业必然要受到影响,做出反应,有时则为错误决策推波助澜。

1957年国内开始反右派斗争。该年3月,《安徽日报》发表林洛里的文章《是什么思想在领导〈江淮文学〉编辑部?》,后来的反右派斗争即以该文为发端。当时省委文教部部长魏心一及副部长戴岳因对该文持有不同意见,被指为"魏心一、戴岳右派反党集团",仅省文联机关40多名干部中就有16人被划为"右派"。

在1958年的"大跃进"中,安徽新闻机构不但本身"大跃进",同时也在媒体上做了一些弄虚作假、不切实际的报道,对省内出现的浮夸风起到推波助澜的不良影响。1958年8月2日《安徽日报》一版用套红标题报道"舒城千人桥公社早稻亩产创全省最高纪录,放出万斤以上大卫星"的消息,省委领导曾希圣等前往祝贺。繁昌县东方红三社将70多亩即将成熟的早稻移栽到一亩田里,放了亩产4.3万斤的特大"卫星",《芜湖报》记者陪同《安徽日报》记者前去采访,并拍摄了一张十七八岁的姑娘坐在稻子上的照片,于8月22日在两家报纸同时见报,第二天《解放日报》刊在头条,第三天《人民日报》将安徽省早稻亩产到农业发展《纲要》的消息发表在头条,并配以《向安徽人民致敬》的短评。

1959年6月,省委候补书记兼省委宣传部长陆学斌针对媒体的浮夸宣传问题,主持起草了《省委宣传部对当前报纸宣传的几点意见》,明确提出"报纸宣传的方针是鼓足干劲,实事求是,克服虚夸现象"。但在同年8月反右倾斗争中,陆因此受到冲击,到1962年才恢复名誉和职务。

"文化大革命"开始后,安徽新闻单位备受冲击。1967年1月10日,安徽日报社被"造反派"夺了权,1月11日《安徽日报》更名为《新安徽报》。随即地、市机关也相继被各地"造反派"夺权。1967年1月15日,安徽省人民广播电台由中国人民解放军实行军管,停止自办节目,全部转播中央人民广播电台节目。至7月底部分自办节目恢复。新闻单位中受害最重的是《合肥晚报》。该报被评为"黑晚报",在"文革"初期就有13人被打成"牛鬼蛇神"而关进"牛棚",总编辑吴仁两次被《安徽日报》点名批判;在"清理阶级队伍"阶段,90%的人被下放到农村干校劳动,4人被批斗审查;在"斗批改"阶段又有近20人下放农村劳动。1967年1月3日,报社被造反派彻底查封,报纸停刊。

1966年7月,安徽省委曾发出通知,决定除《安徽日报》《党员生活》外,其余报刊暂时停刊,但当时这个通知未完全贯彻。1972年3月安徽省革命委员会又以集中力量办好《安徽日报》为由,决定除《拂晓报》《徽州报》外,其余报刊一律停刊。实际上这两报不久也停刊,全省一度仅存《安徽日报》。

十一届三中全会以后,中国新闻事业得以迅速发展。安徽的新闻事业如同全国新闻界一样,表现出前所未有的生命力,开始其新的里程。

报业方面,首先是报刊数量稳步上升。1979年底,各地党报先后恢复出版。随后,新创办的报刊逐年增加。许多地市县的领导机构纷纷把原来的内部工作简报扩大版面,公开发行,转为地市县委领导的机关报。一些部门、企业也创办自己的报刊。1980年全省有报纸13种,期刊40种,到2000年底,全省报纸总数达101家(含大学校报32家,地市一级共用一个刊号的广播电视报16家),形成一个以党报为龙头,面向都市与农村等不同区域,适应各个不同行业、读者群的报业体系。期刊167家,其中社科类84家,科技类 83 家①。

值得注意的是,20 世纪 90 年代以后,一些报纸还陆续出版子报。如安徽日报社,到 2000 年为止,已拥有《新安晚报》《安徽商报》《文摘周报》《现代农村报》新闻业务刊物《新闻世界》及"安徽在线"新闻网站,形成"五报一刊一网站"的格局。

其次为报纸版面扩大。随着改革的深入,报纸由原来单一的政治宣传工具,变成目前的既引导舆论,当好喉舌,又具有舆论监督、信息传播、咨询服务、文化娱乐等多种功能的传播工具,由此带来报纸版面的扩大。《安徽日报》从 1994 年起扩为八个版。一些地市报纸也相继扩版,《合肥晚报》于 1984 年 7 月出版星期刊《逍遥津》。至 90 年代,许多地市报也创办周末版。版面扩大后,报纸出现了内容丰富、报道面扩大、报道更为深入的良好趋势。2000 年 9 月 1 日,《安徽日报》又改出 AB 版,力图使党报在加强服务于党的中心工作的同时,更加贴近普通群众。

第三,技术设备更为先进,多种经营逐步展开。80 年代后,随着报刊发行量的增长和印刷技术的进步,省内各家报社都想方设法添置较先进的印刷设备,使得报刊印刷技术上了一个新台阶。至 1991 年底,安徽公开发行的报纸全部实现了激光照排、胶版印刷②。至 1994 年,已有《安徽日报》《合肥晚报》《马鞍山日报》《安徽广播电视报》等几家报纸实现了彩色胶印。办报条件也不断改善,如《芜湖日报》社 80 年代后新建了 1 500 平方米的五层报社大楼,添置电讯、照相、录音、印刷等机器设备,组建报社印刷厂等。1998 年 3 月,新闻出版署、国家工商行政管理局出台"关于报社、期刊社、出版社开展有偿服务和经营活动的暂行办法",随后,省内新闻单位多种经营活动全面展开。其主要业务范围包括开办代印业务、经营广告代理业务、开展自办发行、开办第三产业等。

广播电视事业也出现了飞跃的发展。20 世纪 80 年代以后,省内打破了长期以来中央和省两级办广播电视的格局,贯彻"四级办广播、四级办电

---

① 参见 2001 年《安徽年鉴》,安徽省政府主办。
② 参见《安徽省志·新闻志》,黄山书社 1999 年版。

视、四级混合覆盖"的方针，充分调动地市县自筹资金发展广播电视的积极性，到目前为止，全省建立起分布合理、设施配套的节目采集、制作、传输、覆盖体系。至 2000 年底，全省有电台 15 座、电视台 17 座、县级广播电视台 50 座。全省有 200 万户有线电视用户，广播电视人口综合覆盖率超过全国平均水平①。其中省广播电视局直属机构有安徽人民广播电台、安徽电视台、安徽有线电视台三台。影响最大的是安徽电视台，至 2000 年，该台播出两套自办节目，其中第一套节目卫星频道通过"亚洲二号"卫星覆盖欧、亚、非和大洋洲在内的 54 个国家和地区，每天播出 24 小时。据调查显示，安徽卫视国内落地入网城市 600 多个，其中省会和中央直辖市 28 个。随着新闻工作者队伍的壮大，全省新闻战线的群众组织和学术团体不断出现。1980 年 3 月，安徽省新闻学会成立。1986 年该会并入安徽省新闻工作者协会，形成一个机构、两块牌子。此后，陆续成立了安徽省老新闻工作者协会、安徽省广播电视新闻学会、安徽省报业协会等约十个专业性、对象性群众团体。地市县的新闻业群众团体也在 80 年代以后大量出现。

新闻教育也取得长足发展。省内最早的新闻专业学校是 1960 年创办的中等专业技术学校安徽省广播学校，当时归安徽人民广播电台领导。1983 年 6 月，该校更名为安徽广播电视学校，由对系统内在职职工的培训转向面对社会招生。

1980 年，安徽大学中文系设立了新闻专业。这是省内首次出现的新闻本科专业，标志着改革开放以后省内的新闻教育上了一个新台阶。该专业于 1984 年开始正式招生，90 年代以后招生人数逐年增加。1998 年，该专业独立，成立安徽大学新闻学系，规模不断壮大，至 2001 年，已有新闻学、编辑出版、广播电视三个专业，年招生百余人。2001 年，新闻学系新闻学专业建立了硕士点，于 2002 年正式招收硕士生，这是目前省内唯一一家新闻学硕士点。1993 年，安徽师范大学新闻系(初为中文系新闻专业)也开始招收本科生，1994 年初经国家教委批准为非师范性本科常设专业。

此外，合肥联合大学、中国科学技术大学、安徽电视大学等学校在 80 年

---

① 参见 2001 年《安徽年鉴》。

代以后都办过新闻大专班。除正规学校教育以外,安徽大学等学校还积极开展新闻函授教育与新闻自学考试。省内新闻教育的发展为培养新闻人才,提高新闻从业人员素质,推动安徽新闻事业的发展作出重要贡献。

(本章撰稿人:蒋含平)

# 第六章

# 福建新闻事业发展概要

## 一、初创时期

福建近代新闻事业产生于半殖民地半封建社会形成的过程中,它是随着外国侵略势力进来的。最早出现的是报刊,最早办报的是外国商人和传教士。

早在鸦片战争前夕,这些商人和传教士就垂涎福建沿海地区,曾多次乘船到福州和厦门。他们多方了解当地的风土人情,学习福建方言,为今后活动做准备。第一次鸦片战争失败,清政府和英国签订了丧权辱国的《南京条约》,福州、厦门被迫辟为对外通商口岸,外国(以英美为主)商人和传教士便纷纷进入福建。首先活跃起来的是中外贸易,航运事业顿趋繁盛,商情的传递一时成为迫切需求,商业报纸应时而起。于是,第一张报纸——英文《福州府差报》于清咸丰八年(1858)在福州创刊。福州也就成为1822年以来,继澳门、广州、香港、上海、宁波之后我国第6座办报的城市。其后,该市继续出版英文报纸,1873年就出版了《福州捷报》(Foochow Herald)、《福州广告报》(Foochow Daily Advertiser)和《福州每日回声报》(The Foochow Daily Echo)3种。厦门也于同治十一年(1872)创办英文《厦门航运报》。据统计,在甲午中日战争前,外商在福厦两地先后办英文报纸约8家,超过当时的广东。

福州、厦门更是外国(主要英美)传教士早期在华的重要传教基地。在起初的一段时间内,传教士们忙于成立教会,兴办各类学校,创建印刷出版机构,为传教事业奠定基础。至清咸丰十年(1860),他们在福州出版了用福建方言罗马字拼音的《教会使者》,这是传教士在福建出版的第一份报刊,也是当时一度流行的方言罗马字杂志的鼻祖。八年后,福建第一份中文报刊《中国读者》在福州创办。据不完全统计,在甲午战争前,英美传教士在福州、厦门两地共出版约9种中文报刊、2种方言罗马字报刊和1种英文报刊。其中美国传教士于1867年在福州创办的英文《教务杂志》(*The Chinese Recorder*),是历史悠久、影响广泛的著名宗教杂志;中文《闽省会报》(前身为《郇山使者》)也是基督教报刊中较为重要的一种,它的文稿曾被上海《万国公报》不断转载。

综合以上材料,福建在中日甲午战争前共出版各类报刊约21种。以数量论,除上海、香港外,居鸦片战争后全国各省之首。但由于缺乏权威性大报作主干,而且当时福建对外交往仅靠海上航班很少而又不定期的轮船,通往省外既无公路更无铁路,交通极为不便,所办报纸的实际影响难与广东、湖北等省相提并论。

这是福建由外国人办的报纸全面垄断的时期。在这里,虽然中国人已经参加了若干报刊的工作,但却没有出版一种自己办的报刊。不过,多种情况显示,中国人办报的时代临近了。

## 二、甲午战争后的发展

中国人自己办的报纸出现在福建,大约在中日甲午战争之后。甲午战争失败,《马关条约》签订,帝国主义列强争相瓜分我国领土,民族危机空前严重。有变法维新思想,参加"公车上书",曾在美国人办的《郇山使者》报任编辑的黄乃裳,于光绪二十二年三月十六日(1896年4月28日)在福州创办《福报》,并自任主笔,《福报》一向被视为中国人在八闽大地上创办的第一张报纸。但1931年出版的《厦门指南》上刊载了报人苏眇公写的《厦门报界变迁述概》,其中称,"厦门最初之日报,不算《鹭江》,当推《博物》。《博物报》

为陈君金芳及修君所组织,出版仅三日,其时期则在距今四十六年前,纸用油光,字则石印"。以此推算,《博物报》应在《福报》之前。目前因无更多的资料,难以断定。《福报》每期刊载一篇2 000来字的论说,鼓吹变法维新,学习西方,发展民族工商业,富国强兵,广设学堂,培养人才,整顿吏治,求通民情,反对迷信,禁止陋俗,是相当突出的。该报创刊时间比维新派的著名报纸,如上海《时务报》、天津《国闻报》、长沙《湘学报》都早一些,在上海、台湾及新加坡、马来亚设有售报点,是八闽大地上中国人办的一张颇有影响的报纸。创刊号及第二期发表的《福州宜设报馆说》上下篇,论说报纸的作用,"报馆益多则闻见益广,闻见益广则变通益速,变通益速则国势益强"。"广设报馆,收摭新闻,俾政令沿革借为刍荛之采,上达枢府,下及节镇,人人广进言之路,人人获进言之益"。此文可视为福建新闻学研究的第一篇论文。该报每星期二、五出版,期发数百份。办到1897年5月,因经费不支而停刊。

自《福报》以后,中国人在福建逐渐登上办报的舞台,对报刊这一舆论工具的重要作用开始有所认识。尤其是同盟会成立前后,反对帝国主义侵略、反对帝制的报刊不断出现。虽然这些报刊屡遭帝国主义和清政府的压制迫害,办的时间均不长,但报人前仆后继,斗争不已。维新变法失败后转向革命的黄乃裳,1904年在厦门和连横合办《福建日日新闻》,因抨击美国虐待华工和限制华工入境,在美国领事馆的压力下被清政府处以大笔罚款,不得不在1905年改名《福建日报》继续出版,并成为同盟会机关报,不久又因揭露清政府官吏贪污而被勒令停刊。据统计,至1911年11月清朝在福建统治垮台,以同盟会员为主的革命党人创办的报刊前后达11种之多。在福州,有同盟会福建支会的《建言报》《警醒报》及《民心》;在厦门,除《福建日日新闻》《福建日报》外,还有《厦门日报》和《南声日报》;在漳州,有同盟会员办的有《录各报要闻》《漳报》。《录各报要闻》主要摘登外地报纸上的起义消息,可算作福建首家文摘性质报纸。这些报刊,在武昌首义前揭露帝国主义列强的侵略和清政府的腐败,鼓吹民主共和,以唤醒民众;武昌起义后,大量刊登各地纷起响应,反动统治土崩瓦解的消息,鼓舞人民起来斗争。报纸与资产阶级民主革命运动相结合,在推翻清王朝统治中显示了巨大威力。

在革命党人的报刊发展的同时,搞所谓立宪的清王朝政府,1908年到

1910年先后在福建办了三家官报。在此之前,立宪党人曾在福州办起《左海日报》。

这个时间,外国人在福建断断续续办了一些报纸。有所变化的是,英美传教士办的报纸不再像初期那样宗教色彩较浓,而是日益显露其政治性,有的为帝国主义殖民政策服务的立场十分鲜明。典型的是身兼总主笔、总经理的英国牧师山雅各于1902年在厦门创办的《鹭江报》。据前后81期《鹭江报》统计,共发论说216篇,其中政论占95.4%,宗教方面的仅占4.6%。这个洋牧师署名的"论说"为英国侵占香港辩护,为英军攻占拉萨呐喊,其帝国主义立场昭然若揭。如他署名的《论中西合办一切事宜实为交益道》社论中说,"数十年前,英人与中国有军旅之事,揣其意,岂有他哉,为商务而已。即以商务而论,天下各国皆通商以互得利益,岂特英人为然。而英人之必与中国力争者,非觊觎中国之土地也,所得者,香港而已。此则欲与中国合办事宜之萌芽也"。在《论日本助华》中,公然为日本占领台湾、侵略中国大唱赞歌。"日本常以赞助华人为己任。甲午之战,日本所以警中国也。以为中国遭此挫折,必豁然醒悟……必然奋起以西法之可师。而乃忽忽至今,已九阅寒暑,华人之旧态犹是也。于是日本之心冷……遂迫而为英日联盟之举……日人之心亦良苦矣!然其爱中国,望中国者,犹未有艾也……日人治理全台,业已就绪。华人但能以实心相与,体其惠爱,与之合办,与之共襄,则利益甚大,非益日人也,华人自受其益,而日人亦在受益之中耳。"

外报这一时期另一重大变化,是日本人在福建办起报纸,其影响有超过美英之势。甲午战争后,日本攫取我国台湾、澎湖,并视福建为其势力范围,不断渗透扩张。清光绪二十三年(1897),日本人收购《福报》的设备,在福州出版《闽报》。1907年又在厦门办《全闽新日报》。这个东方帝国主义办的报纸,经费由台湾总督府或领事馆拨给,主要人员由日本派遣,有的就是日本特务。许多消息由领事馆提供,办报也不向当地政府登记,有些社论转载自《顺天时报》。报纸宣扬日本,指责我国军民反对和抵抗侵略的爱国行动,颠倒黑白地进行报道,肆意攻击丑化我国,气焰嚣张,俨然以日本政府喉舌自居。1904年日俄战争,《闽报》以大字刊登的战讯,都来自"日本外务大臣公电""日本外务大臣致福州日公署公电",大肆宣扬"天帝假手日本惩办俄人""俄军腐朽",日军"英勇千秋",并连续印发"附张"(即号外),广为散发。《闽报》前期报头公开标明"日商闽报馆发售"。为了更有利于欺骗宣传,后来去掉"日商"两字,"论说"的口吻也改成好像中国人办的报纸,但其帝国主义立场依然如故。上海"五卅惨案"发生,全国人民奋起抗议,罢工罢市罢课,抵制日货英货。《闽报》接连发表"论说"进行攻击,在《国人努力之方向》一文中,说什么"沪案根本解决,赖诸国民有彻底的觉悟,不是罢工罢市罢课能得完满的结果。如若这样便得到了,却反是不幸"。在另一篇"论说"中,指责"罢工与我所倡的生众寡食四个字相背戾","是养成国民寄食的恶习",抵制外货"害多利少",攻击国人的爱国热情和行动"趋于感情的运动,很像下药不对症,总是无益有害"。《闽报》仗帝国主义之势,常揭示各级官吏之丑态,披露其他报纸不敢发的消息,发行量曾达到三四千份,当时在全省是最高的。"五四运动"时,福建人民掀起轰轰烈烈的抵制日货运动,也相约不看日本人办的报,《闽报》发行跌到四五百份。美国驻福州领事馆见机于1919年创办《公道报》,"对于官厅颇为敢言,对于日本攻击尤力,一时很受阅者欢迎"。《闽报》《全闽新日报》办到全面抗战爆发才被饬令停刊,历时三四十年。此外,日本还在福州、厦门先后办了4家日文报纸。

## 三、民国初年的变化

辛亥武昌首义后,福州、厦门于11月上中旬先后起义成功,12月全省光复。革命高潮带来了办报高潮,从1911年11月至1912年底的14个月中,据不完全统计,福厦漳三地新办报纸16家。当全国革命政权落入以袁世凯为头子的北洋军阀手里之后,福建也很快沦为北洋军阀的地盘,前后达13年之久。其间虽有皖系和直系之别,实乃一丘之貉。在这一时期,由于政局动荡,斗争错综复杂,各种政治势力争相办报,宣扬自己的政治主张,打击对手;也由于北洋军阀的野蛮统治,对报刊动辄停刊查封,逮捕杀害报人,同政治斗争关联密切的报纸随着政局的变化而生生灭灭,变动颇为频繁。国家第二档案馆保存的一份北洋政府内务部档案《福建省城报刊注册统计表》,从中可以看出当时福建报业兴衰的轨迹。从1911年11月到1919年4

月8年多时间里,福州注册的报纸有70家,其中1914年新办2家,1915年没有1家,袁世凯称帝垮台的1916年新办12家,1917年又办18家,1919年最多,为22家。这些数字说明,当北洋军阀统治动摇,革命力量活跃之际,报纸办得就多;当军阀统治较为稳定,不仅新办的报纸少,而且倾向革命的报纸也难逃被迫害的命运。

这些报纸中,有北洋军阀都督府及其军队办的,有处于不合法地位的国民党组织和国民党员办的,有热爱祖国的华侨办的,也有图官营利的政治掮客和堕落文人办的。

福建光复后,同盟会涣散,包括部分领导骨干在内的不少同盟会员认为满清已经推翻,革命成功,应该引退,以明当年干革命非求利禄的初衷。于是,辛亥时期曾为创办报纸冲锋陷阵的一些同盟会员退出报界,福州同盟会的《建言报》、漳州同盟会的《录各报要闻》等,相继易人改名。一部分老同盟会员继承革命传统,先后创办多家报纸。如福州的《福建民报》《群报》《福建新报》《福建时报》,厦门的《闽南日报》,漳州的《漳州日报》,泉州的《新民周报》等。但因福建的国民党人参加二次革命、护国战争和护法运动,均被北洋军阀镇压下去,国民党在福建基本上处于不合法地位,这些报纸均未逃脱被北洋军阀查封的命运,存在的时间都很短。如1913年由《南声日报》易名而来的厦门《闽南日报》,因反对日本侵略于1914年被封,主笔苏郁文被捕入狱,受尽酷刑左眼失明,乃改名苏眇公。袁世凯垮台后该报于1916年复刊,继续抨击日本侵略,1917年又被封。

除国民党报纸外,进步党在福州有《健报》,安福系的民生共济会有《福建日报》,自由党在莆田有《兴化报》。前两家是当时的主要报纸。

福建的北洋军阀为控制舆论,除自己办报外,还拨钱津贴部分报社,政府部门也有拿钱给一些报社的。而且当时风行报社向机关单位和商店等募捐,办报既可图官又可营利,于是某些政治掮客和堕落文人纷起办报。有两人合办一报的;有一人独办一报,身兼主笔、校对、发行和听差;还有一人同时办两报的,或买架油印机自印,或到街上油印所印刷,每次用八开纸印上百把份,送予津贴的官厅,这也是那一时期报纸数量多的原因之一。

热爱祖国、热心社会进步事业的华侨,积极在家乡办报办通讯社,是福建新闻事业发展中的一个显著的特点。清末民初,华侨办报已初露端倪。袁世凯称帝垮台的 1916 年,华侨在福、厦创办《伸报》《民钟日报》《江声报》。它们拥护共和,拥护孙中山先生,反对北洋军阀统治,对帝国主义尤其是日本帝国主义的侵略,反对尤烈。前者办了一年即被查封,《民钟日报》曾两度被勒令停刊。《江声报》是福建第一家自设记者(时称外勤访员),并在福州、漳州、泉州设特约记者的报纸。1931 年又自置无线电收报台。

这一时期开始出现以刊登经济信息为主的报纸,在福州就有《商报》《财政经济周报》《商务日报》等。

## 四、在"五四"和大革命运动中

"五四运动"在福建遭北洋军阀压制,日本领事馆更在福州制造流血惨案,但是运动仍然在斗争中蓬勃发展,又一次出现了创办报刊的高潮。1919 年 5 月至年底,福州、漳州、仙游就新办报纸 18 种。反对帝国主义,特别是反对日本帝国主义和宣扬新文化是这一时期报纸的一大特色。凡是爱国立场鲜明,同日本帝国主义斗争坚决的报纸,普遍得到大众的支持;反之,则为人民所唾弃。最能说明问题的是福州几家报纸:1919 年初国民党员办的《福建时报》,初期每日只发行四五百份,"五四运动"中,因爱国言论激昂,报道迅速,发行量逐日增加,达到两三千份,成为当时福建发行最多的报纸。可惜数月后即遭北洋军阀封闭,主办者被捕入狱。接近安福系的《福建日报》,过去在政治和教育方面的消息灵通,发行量达二千来份。在抵制日货的斗争中,因庇护贩卖日货的奸商,份数减少过半。"五四"前日本人办的因登各报所不敢登之消息的《闽报》,发行量则从三四千份降至四五百份。

进步青年,尤其是青年学生办刊的热潮,在"五四"后持续高涨,以时事评论性刊物为多。福州学生联合会在爱国运动中创办《学术周刊》,福州、漳州的省立第一、第二师范学校分别出版《师范校刊》和《自治》,宣传新文化,提倡民主与科学。从不完全的统计数字看,1923—1926 年这段时间,办得最多,仅福州、厦门及闽西三地就有 43 种。福州那时所办的 18 种刊物,其中就有 14 种是青年学生办的或青年学生参与办的,其余 4 种也是离校不久的青年所办。办刊物是斗争的需要,是为了宣传新思潮新文化,反对帝国主义侵略和军阀统治,所以,刊物总是在每次反帝反封建斗争中出现,跟斗争密切结合,如声讨"五卅惨案",办《血钟》周刊;为反对帝国列强利用教会在福建创办千余所学校推行殖民奴化教育,《收回教育权运动》《闽潮》《反基》等就出现了。许多刊物的创办,与进步社团的成立和阅读《新青年》《响导》等进步书刊的活动相结合。福建在京、沪、穗学习的学生和福建各地县在厦门、福州学习的学生创办的报刊,在众多报刊中颇有特色。据统计,这一时期此类报刊达11种之多。这些学生生活在革命氛围相对浓郁的地区,接受新思潮快。他们将学到的理论结合自己家乡的实际,在刊物中提出改造旧社会、改变家乡面貌的意见,把斗争矛头指向当地军阀统治。旅外学生刊物跟家乡的进步报刊遥相呼应,对当地革命运动的发展产生了积极的影响,青年学生们在办刊实践中也得到锻炼,成长为革命斗争的骨干。古属汀州府的闽西八县,20世纪20年代初有一大批青年去广州求学,在革命思想熏陶和革命形势的鼓舞下,30多名闽西学生在广州成立汀雷社,1926年3月在广东大学内创办《汀雷》杂志,"引导吾汀人一齐站在革命联合战线上,和一切军阀及帝国主义者奋斗"。刊物揭露反动军阀对汀州八县的黑暗统治,鼓动民众响应北伐,推翻反动统治。《汀雷》办到第9期,时值北伐军出征入闽,汀雷社成员欢欣鼓舞,相继返闽投身革命斗争,《汀雷》也完成了历史使命而停刊。

　　从宣传新文化新思想为主要内容到介绍马克思主义和十月革命,是这一时期报刊发展中具有重大意义的发展。1919年,一度支持孙中山的援闽粤军总司令陈炯明,在朱执信、廖仲凯等革命党人具体帮助下,建立了以漳州为中心,20多个县构成的闽南护法区,1919年底创办《闽星》半周刊,后又办日刊。《闽星》宣传马克思主义阶级斗争学说介绍俄国十月革命和社会主义,刊登俄罗斯苏维埃共和国宪法,是福建最早介绍马克思主义和十月革命的刊物。《闽星》也刊登一些宣传无政府主义的文章,主办者陈炯明后来又叛变革命,但这两份报刊当时在传播新思想新文化中所起的积极作用,仍应予以肯定。英国大使馆参赞1920年4月12日致函北洋政府外交部,说《闽星》"专载过激主义论说,引起一般青年之华人、韩人均信"。北洋政府内务部曾令各省省长严密查禁,足见当时影响之大。继《闽星》之后,在"五四运动"中接受马克思主义的左翼知识分子,从1922年起,先后在福建创办多种报刊,如社会主义青年团员陈任民等在福州创办《冲决》周报,李觉民、罗明在厦门出版《星火周报》,邓子恢等在龙岩办起《岩声》报,都刊登过宣传马克思主义观点的文章。共产主义青年团福州支部1925年四五月间也曾创办福建第一份团的刊物《福建青年》。这些报纸虽然发行不算多,除《岩声》报外,办的时间也不长,但这支队伍的崛起在福建新闻史上占有重要的地位。它们旗帜鲜明地抨击军阀的黑暗统治,传播新文化,宣传马克思主义,宣传共产党的民主革命纲领,探索救国救民的革命真理,为福建大革命运动的兴起,也为共产党共青团组织在福建的建立作了组织上、舆论上的准备。

1926年冬,国民革命军入闽,统治福建达十多年之久的北洋军阀垮台。分别成立于1925年和1926年的中国社会主义青年团和中国共产党福建组织,在国共合作的条件下,大批党员和团员参加国民党。他们以突出的政治才干和高度的政治热情,几乎主持了国民党全部报刊的出版工作,构成了这个时期报刊活动的特点。最早出现的是1926年3月中共厦门党团组织与国民党左派合办的《党声》周刊。1926年冬和1927年春那几个月,以国民党组织和政权名义创办,而编辑骨干全部或相当部分是共产党员的报刊,曾有10多种,如福州的《先锋》、长汀的《汀潮日报》等。共产党、青年团基层组织也有单独创办报刊的,如上杭、永春党组织创办的《上杭评论》《春桃》等,但并非主要。较有影响的国共合作报纸,如1927年2月国民党福建省党部筹备处办的《福建民国日报》,社长马式材就是共产党员,主笔潘谷公为国民党左派人士。创刊初期的报纸贯彻孙中山的新三民主义原则,报道全省各地工农群众运动和进步民众团体进行反帝反封建革命斗争,揭露和批判国民党右派破坏国民革命统一战线的言行,办得颇有生气。国民党右派曾出版《福建晨报》与之对抗。国民党省党部筹备处农民运动委员会主办的《福建新农民》,掌权的是共产党员林梧凤、朱铭庄等。他们积极宣传中国共产党在北伐战争中的主张,动员农民支援北伐战争,引导农民运动向前发展。可惜的是,这种国共合作创办报刊的局面,因国民党右派1927年4月3日在福州发动反革命政变而结束。《福建民国日报》为右派接管,社长、主笔被追捕。《福建新农民》出到第5期也夭折,共产党员林梧凤、朱铭庄被杀害。

当时的报社物质条件还相当落后,外埠新闻及国际新闻多转载沪宁各报电讯。重大国内新闻往往找京沪的闽籍人士及京沪的同派系报纸帮助发稿。如北京5月4日示威游行的消息,福建的报纸6日才见报。国民党人办的《福建时报》是旅沪同乡会所发行,研究系的《健报》则靠北京研究系的《晨报》提供稿件,教育界人士办的《福建日报》系在京的闽籍教育人士帮助发稿。在福州只有日本人办的《闽报》、美国人办的《公道报》及督军署卫队团办的《新闻报》有自己的印刷设备,其他多数报纸都是市场上的印刷所承印。上午编辑,下午排印,次日上午发行。福州的主要报纸在重大事件发生时日发行量可达3 000多份,平时只一二千份,厦门据称"无有能超一千五百份者"。这与福建报纸因资金所限无法常刊沪粤专电,以致不少人不得不订阅沪报有关。进入20年代初,福建报纸有两点明显的变化,一是报纸上宣传新文化的副刊增加,促使一些报纸扩大版面,厦门的《江声报》《厦声报》皆出版两大张半至三大张。二是,使用五号字以增加新闻数量,最早的是厦门《民钟日报》,1921年刊登的新闻即全部采用五号字,福州报纸当时处在五号、三号字合用阶段。

1922年厦门大学设立报学科,首届招5名学生。虽然它晚于美国教会办的上海圣约翰大学报学系两年,而且于1926年停办,但毕竟是中国人自己办的大学中第一个开设高等新闻教育专业的学校。

从19世纪50年代到20世纪20年代,福建的报刊已从福州、厦门两个城市向沿海一些县城发展,进而向内地山区的县城发展。就全省范围来说,报刊主要集中在福建与厦门及这两个城市之间的漳州、泉州、仙游、莆田等地,对多山的福建来说,这一带是平原,经济文化较发达,交通相对便利,人口集中。从1922—1926年,内地山区有8个县相继出现7种报纸与14种刊物。最早的是1922年3月浦城县学生联合会办的《浦城新闻》。浦城毗邻浙江,是福建北方的陆上通道,又是福建的粮仓,这些条件也许是浦城成为内地山区第一个办报县的重要原因。闽西山区在此期间有4个县,办过1种报纸14种刊物,而且都是倾向进步的报刊。这种现象的产生固然同闽西山区人民受大大小小军阀重重压榨有关,也跟陈嘉庚创办的厦门集美侨办学校减免学费向闽西招生,吸引闽西大批有志青年前往那里学习,接受新思想,组织进步社团有关。这一时期,沿海连同内陆山区仅有14个县市办报办刊,不及全省县市总数的1/5。

## 五、十年内战期间

1927年4月上旬,国民党右派在福州、厦门发动反革命事变,镇压共产党和工农运动。共产党人和国民党左派办的报刊,或被接管改变了政治方向,或被封闭停刊,工作人员遭追捕、杀害。从那以后,除"闽变"的两个月外,福建新闻事业基本上是国民党党政军的一统天下。有国民党省党部的《福建民国日报》("闽变"后更名《福建民报》,直属国民党中央宣传部),也有县党部办的,至1937年,连同厦门在内,共有7个县党部办了报纸。国民党省党部先后还组建"福建通讯社""国民通讯社"。国民党军队系统从省保安处到驻各地的师、旅,几乎都办了报纸,驻县的营、连也有办报的,共有军队报纸12家。《南方日报》是军队报纸中在全省占重要地位的一家,它是黄埔军校毕业生(其中有省保安处处长)策划办的。抗日战争期间,《南方日报》在闽中、闽东、闽北等地创办四个分版。师一级办的面向地方的就有《漳州日报》《复兴日报》《闽西日报》《闽北日报》。后来部队转移,这些报纸分别为所在地国民党党派机构续办。政府系统除省政府的《新福建日报》外,还有两个专员公署和两个县政府办报。国民党福建省政府还于1933年10月建成一座功率为250瓦的中波台,是福建省第一座广播电台。那时省内收音机极少,省会福州也只数十架,而且电台初期"仅播唱片,间有演讲者"。

国民党为加强对舆论的控制对报刊实行严格的检查。1936年10月,蒋介石以国民政府军事委员会委员长的身份,令福建省政府主席陈仪在一个月内,由省保安处负责从速组织福州新闻检查所。在此之前,陈仪曾呈文南京政府,要求不设新闻检查所,而由郁达夫为主任的省政府秘书处公报室兼办,这一建议为南京方面拒绝。到抗战期间,除福建新闻检查所、福建邮电检查所、福建省图书杂志审查处外,全省有18个县成立新闻检查室。

被迫转入秘密工作和武装斗争的共产党福建各级组织,在此期间办起许多报刊,揭露敌人,指导斗争。隐蔽在厦门的中共福建临时省委1927年冬就办起机关报《红旗》,不久,省委领导机关被破坏,《红旗》被迫停刊。如同共产党组织高举的革命红旗在福建大地上前仆后继,始终不倒,党组织创办的报刊也是前仆后继,坚持斗争,在这里被敌人破坏了,在那里又办起来。尤其是毛泽东、朱德率领红四军入闽后,福建革命运动迅猛发展,苏维埃政权在闽西及闽北、闽东相继建立,报刊发展得很快。中共福建省委、闽浙赣省委、闽赣省委都办起自己的机关报《福建红旗》《红色东北》《红色闽赣》。特委、中心县委以及部分县委也有自己的报纸。苏维埃政府、青年团和红军也有办报的。这些报纸分布在全省16个市县,其中10个是山区县,以闽西苏区最多,就有报刊30多种。陆定一曾在这里主编先为共青团闽粤赣特委、后为共青团闽粤赣省委机关报的《列宁青年》。主力红军长征后,大片根据地为国民党占领并遭反复摧残,福建共产党人及其武装力量转入极其艰苦的三年游击战争,先后仍创办过《红色福建》《捷报》等5种报刊。不论在苏区、游击区办报,或在国民党统治区办报,均处于敌人封锁包围之中和白色恐怖之下,条件极为恶劣,许多报纸系油印,刊期较长而且常不能定期。但是,这些新型的报纸富有指导性、战斗性、鼓动性,党委主要领导同志常为报纸撰写文章,而且办得通俗易懂,十分重视群众工作和发行工作。有的党委还为此作出决议,对所属组织做好机关报的群众工作和发行工作提出具体要求。报纸不仅有力地支持和配合了革命斗争,也为福建报纸的建设积累了经验。

十年内战期间福建党的报刊活动的另一条战线,是一些共产党员通过各种关系,或进入国民党统治区公开发行的报刊,掌握一定的编辑权力,或成为这些报刊的经常撰稿人。连国民党省党部的福建《民国日报》副刊,共产党人在一段时间里也曾争得一角。虽然这些刊物多属文艺性质,报纸副刊也为文艺及理论、妇女之类专刊,但以此为阵地,也能隐晦地宣传党的思想和有关方面的方针。这是内战时期中国共产党报刊活动的一种特殊方式。

在这一时期,华侨又在福建创办6家报纸。星系报纸创办人、著名华侨胡文虎在厦门办的《星光日报》就是1935年创刊的。他以20万银元从德国进口每小时印 4 000 份的轮转机,为当时福建最先进的印刷设备,还自备汽车,把每天的报纸送到漳州、泉州等沿海发行点。它是福建唯一派记者赴台儿庄前线采访的报纸。厦门被日寇占领前,这家每天出三大张的报纸发行量达到 2 万份,在当时的福建是空前的,可见影响之大。华侨办的报纸几乎都有这样几个特点:第一,积极揭露日本帝国主义的侵略,报道我军民高涨的爱国热情、抗日热情和抗日的英勇事迹,抨击国民党政府对日的不抵抗和妥协。"我们的政府,先'不抵抗',继'长期抵抗',后来'攘外必先安内',外皮尽管变换,骨子毫不两样。"(《华侨日报》编者言)。厦门成立"各界抗敌后援会",星光日报社长胡资周任会长,报社派出记者赴前线作战地报道。第二,对国民党统治区的黑暗腐败和人民遭受的苦难多有触及。第三,注意报道海外侨居国政策法令、华侨境遇及国内侨区情况,不时发表评论,反映华侨侨眷的呼声,维护侨胞的利益。第四,办报经费主要来自海外侨胞,有的报纸在国内有董事会,在海外也设董事会。第五,报纸发行人、总编辑、总经理有的本身就是归侨,在海外办过报纸。第六,几家主要侨报印刷设备较好,发行量较多,相当一部分发往海外,尤其是东南亚地区。

国民党当局对言论较公正的侨办报纸也多方进行压制。两度被北洋军阀停刊后得以复刊的厦门《民钟日报》,1930 年终因"常有过激言论"而被国民党当局查封。厦门《江声报》总编辑在十九路军被迫撤离上海后撰写社论,痛斥国民党当局不支持爱国军民抗日,"十九路军不败于强敌,乃败于内奸。蒋介石之肉岂足食乎!"当局下令逮捕总编辑,厦门警备司令部慑于民愤鼎沸,不敢执行,当局终以解除总编辑职务了事。

晚报及小报的不断出现,可说是这一时期报业发展的一个特点。自福建第一家晚报于 1925 年于厦门出现算起,至全面抗战爆发前,全省先后办过 12 家晚报,其中 7 家在厦门,3 家在福州。这些晚报存在时间大多是数月甚至一个月,最长的也就是一两年,均系几家大报办的晚报,如《江声报》主办的《厦门晚报》,《星光日报》的《星星晚报》,《华侨日报》的《夕刊》,《福建民报》的《小民报》。与晚报同时发展的是休闲性小报,1928—1929 两年厦门就有 6 家,然而出版未有超过一年的。1930 年在福州问世的《华报》是一张休闲性、知识性的四开四版小报,发行量达到 3 000 份以上,在当时知识阶层中颇受欢迎。抗战爆发不久停刊。

因淞沪抗战和发动"闽变"而名播海内外的十九路军,20世纪30年代初在闽创办新闻事业的情况,在福建新闻史上是不能不记载的。1932年中,蒋介石令十九路军入闽进剿红军。驻闽前期,他们在漳州、福州先后创办《国光日报》《震中日报》等4家报纸。1933年,十九路军领导人在中国共产党的"停止内战,一致对外"政策的影响下,走上联共反蒋抗日的道路,于1933年11月20日成立"中华共和国人民革命政府",史称"闽变"。"闽变"的第二天,即基本上利用国民党省党部《福建民国日报》的人员及设备,出版《人民日报》和《人民晚报》,胡秋原、王亚南先后任社长。《福建民国日报》停刊时,《人民日报》在创刊号刊登启事称:"过去民国日报一切手续诸与本社接洽,报价与民国日报相同,民国日报订户,本报仍照常寄送。"厦门也出版《人民日报》,而国民党的《民国日报》停刊。福建人民革命政府还接管国民党省政府的广播电台进行播音,并将先声通讯社改组为人民通讯社。"闽变"在蒋介石优势兵力进攻和政治分化下,于1934年1月失败,《人民日报》仅办到1月12日不得不停刊。

到十年内战期间,外国人在福建办的报纸,只剩下日本在福厦的《闽报》《全闽新日报》和美国教会在莆田的《奋兴报》。日本这两家报纸,连同20年代在厦门设立的台湾日日新闻社、台湾新闻社、日本同盟通讯社的支局及《朝日新闻》《读卖新闻》等报的通讯部,为日本侵略者在福建以至东南沿海构筑了强大的舆论阵地,有的还直接以报道为掩护进行情报活动。查到的《闽报》1931年3、4两月的部分报纸,就发表"论说"5篇,为国民党剿共出谋献策。《奋兴报》为周刊四开小报,还载宗教方面的内容,影响远不及日本的报纸。但抗日战争开始,日本报纸被查封后,《奋兴报》成为外国人在福建国民党统治区的唯一报纸,一直办到1949年8月莆田解放,是福建报纸中办的时间最长的。

需要提及的是1931年5月,由福建通讯社和《福建民国日报》合办的《新闻学周刊》,是我们目前查到的福建最早的新闻学刊物。第一期上的《开场白》称,本刊的内容"注重实际应用的问题,如新闻的采访、新闻的编辑、新闻的通讯、新闻的印刷、新闻的营业等;同时也兼顾到理论的方面"。从最初几期看内容还是比较好的,反对帝国主义的新闻侵略,态度尤为鲜明。

## 六、从抗战到解放

抗日战争期间,福建报纸的地区布局起了很大变化,即由过去集中在沿海经济文化较发述的市县向内陆山区县城扩展。从19世纪50年代到抗战前,福建全省459家报纸,362家分布在沿海9个市县,内陆县只87家,分布在16个县。对内陆这87家报纸再加以分析,其中46家是中国共产党、苏维埃政府及其军队在苏区根据地和游击区的10个县办的,时间都不长。国民党统治区11个内陆县只办41家报纸。全省大部分县无报。抗战开始不久,厦门就被日军占领,福州两度沦陷。国民党党政军机关及厦门大学等纷纷迁往闽西、闽北山区。《福建民报》(1941年4月21日改为《中央日报》)、《南方日报》等主要报纸除在福州设分社继续出版外,总社分别撤到山城永安、南平。省外的《东南日报》《前线日报》等及暨南大学、东南联合大学也因浙赣线军事失利而迁来闽北。众多知识分子相继来到山区县城。国民党当局也要求无报纸杂志的县政府,应与国民党县党部合办时事周报,经费由省政府列入预算。这就改变了内地绝大部分县城没有一份报纸的状况。据统计,全省64个县,35个县抗战期间办起了报纸。抗战胜利后,虽然几家主要报纸,如《中央日报》《南方日报》《民主报》等从山区迁回福州,但抗日战争对内地山区新闻事业的发展毕竟是一次有力的推动。抗战胜利后,全省又有7个原本没有报纸的县办起了报纸,至解放前,只有4个县没有办报。

抗战期间永安进步报刊事业的兴起及遭国民党顽固派的残酷镇压,是福建报刊史上一件大事。随着京沪沦陷,武汉失守,浙赣线吃紧,一大批文化人先后来到福建省战时省会永安。他们中有坚强的无产阶级战士,有著名作家学者,有富有正义感的爱国民主人士,有支持抗日、追求进步的国民党官员。在中国共产党的抗日民族统一战线旗帜的引导下,共产党人和进步文化人利用先后任省主席的陈仪、刘建绪在某些方面有别于蒋介石的态度,以官方半官方名义先后办起几家颇有影响的出版社和报刊。如羊枣主编的《国际时事研究》,是省政府编译室和福建省研究院社会科学研究所发行的。又如由羊枣任主笔,一批进步文化人为其撰写评论的《民主报》,社长和发行人是支持抗日的国民党省党部执行委员朱宛邻。《建设导报》是省主席刘建绪赞助办起来的,社长是他的随从秘书,一位追求进步的青年,总编辑为共产党员,他们组成了一个以共产党人和进步人士为主的"同人编辑部"。当时的永安有近30家出版社,12种报纸,129种期刊。不仅有综合性、政治性、文艺性的报刊,还出现了学术理论、军事评论和国际问题研究的专门刊物。这在福建是前所未有的,即使在抗战时期的中国也是少见的。郭沫若、马寅初、朱自清、巴金、邵荃麟、冯雪峰、臧克家、胡愈之、金仲华、胡风、老舍、萧乾等全国百余名著名作家学者为这些报刊写过稿。《改进》《现代文艺》等好几种报刊成为东南各省,甚至全国有影响的读物。《国际时事研究》是当时国内一流的国际时事刊物,羊枣写的文章,有的被设在永安的美国新闻处东南分处发往海外。永安山城成为中国东南半壁的一个进步文化据点,与重庆、桂林等地的进步新闻出版活动遥相呼应,有力地推动了后方救亡运动的发展,为民族解放,民主事业,作出了积极贡献。

  国民党顽固派当然不会容许永安这个进步文化据点的存在,以各种手段进行镇压摧残。最早被勒令停刊的是《老百姓》报,这份由进步人士为发行人、共产党员为主编的报纸,以通俗的文字,喜闻乐见的形式,面向大众宣传抗战,发行量达到四五千份。国民党顽固派早就视为眼中钉,在1939年11月12日《老百姓》报为纪念孙中山先生诞辰发表《拥护孙中山先生的三大政策》社论之机,以宣传共产党言论的罪名令其停刊。1945年,永安出版的《中央日报》发表社论,称反革命及假革命"蒙蔽地方首长","深入文化机关团体,盗用公私报纸杂志发布谬论……","要拿出大刀阔斧的手段,彻底对付"。7月7日,又在《中央日报》上抛出一个130人署名的"闽省文化界"通电,大肆反共。终于在7月12日,以美国新闻处东南分处派改进出版社的助理编辑去浙东游击区联系而被特务逮捕为导火线,顽固派在永安开始大逮捕,30多天中,落入特务之手的达31人,其中新闻工作者11人。这是福建历史上,也是中国历史上对新闻出版界的一次大迫害,史称"永安大狱"。羊枣这位著名的新闻工作者就是在这次迫害中被虐死在狱中。

  三民主义青年团在福建创办报刊较为普遍,全省约2/3的县有团报或团刊。最早一家是三青团龙溪分团 1940 年 3 月在漳州办的《青年报》。之后,各地分团纷纷办报,报名多数冠以"青年"字样,如晋江《青年导报》、诏安《青年正报》、古田《青年新报》以及《漳平青年》《将乐青年》等。由台湾同胞组成的台湾义勇队 1941 年由浙江转移到福建龙岩,三青团中央直属义勇队分团,于次年出版四开四版的《台湾青年》报,可能是台湾同胞在大陆办的唯一抗日报纸。也有报名不标"青年"字样的,如上杭的《精诚报》、邵武的《铁城报》。抗战胜利前三青团报纸均为县市分团所办。1947 年,三青团福建支团干事长出任《南方日报》发行人,三青团福州区主任为社长,实为军方人士掌握的《南方日报》遂成为三青团福建支团的机关报。

全面抗战期间,金门、厦门及福州先后被日军占领,日本侵略者及日伪组织在这三个地方办过 4 家报纸、2 家通讯社和 1 座广播电台,以推行其侵略政策和进行奴化宣传。1937 年冬,金门沦陷,两个月前在厦门被勒令停刊的日本《全闽新日报》即在金门复刊。次年 5 月,厦门陷落,该报搬到厦门,出中文、日文两种版本。日伪厦门汉奸政府也出了一张报纸。直属所谓台湾总督府的广播电台于 1938 年 8 月在厦门建成播音。1941 和 1944 年两度沦陷的福州,日伪汉奸组织先后出版了两种报纸。

抗战胜利,国内面临和平民主和内战独裁的选择,民主空气一度活跃,全省新办了不少报纸。据统计,在国民党统治区,1946 年一年就新办 54 家,1947 年又办 61 家,两年合计 115 家,占自 1858 年至 1949 年福州解放的 92 年内全省报纸总数的 14% 多。这些新办的报纸,55 家集中在福州、厦门、泉州、漳州,60 家分布在各县。福州、泉州新办 4 家以经济信息为主的报纸,3 家晚报和 3 家儿童报纸分别出现在福、厦、泉三个城市。这一情况,反映了人民大众民主意识的进一步觉醒,对文化需求的增加,也反映了市场经济对新闻事业的需求和推动。但是,新办报纸、通讯社之所以如此多,还有其他方面的原因:第一,国民党当局搞所谓"国代""立法委员"选举,一些地方实力人物纷纷办报,为自己竞选拉票。情况表明,派系斗争复杂的地方,报纸办得也多。第二,国民党和三民主义青年团之间,军统、中统之间,摩擦加剧,争相办报。福建的中央日报社曾筹划在漳州设分社,出《中央日报》漳州版。他们通过中统组织在闽南各县广为宣传,并已预收部分报费,试刊两期。军统闽南头头认为此举是为中统方面的人物在闽南竞选"国大代表"作宣传,于是通过军统系统煽动已交报费的人退订索钱,并围攻到漳州的福建中央日报社社长,把中央日报漳州分社的招牌丢在福建中央日报社长住的旅馆门口的大街上,泼上大小便。《中央日报》漳州版终于流产。这既反映了中统和军统的斗争,也夹杂着中央和地方的矛盾。第三,也有人为了能领到比市价较低的"配给米""配给纸"而办报的。

当时的报纸中,有倾向进步或比较客观的;也有某些报纸的某一部分(如副刊)或某一段时间内容倾向进步。就多数报纸来说,仍控制在国民党党政军手里。在永安出版时曾聘羊枣为主笔的《民主报》,抗战胜利后迁到福州出版。虽然该报在解放战争前期发表的一些文章既指责共产党,也抨击国民党,但总的来说,仍倾向进步。1947年初该报在国民党福建省代表会和国民党中央全会召开前夕,发表社论《我们的诤言——贡献于省党代会和三中全会》,说国民党北伐以后,"不经选择地吸收党员,把没有被武力推翻的家族社会封建残余的反动阶层大大小小一起吸收过来","变成为与这一阶层的结合物,殊不知这一阶层正是三民主义的革命对象,何能望其执行三民主义"。"国民党已有形无形的成为旧制度关系的维护者、反动统治者阶层拥护的集团……这二十年来的执政,几乎失尽了民心"。社论希望"国民党能够自省自觉,对数十年来的统治彻底研讨一下,然后再来一次彻底改组"。这篇社论发表之后引起很大震动,福州的《中央日报》两周后发表题为《驳〈我们的诤言〉》,对《民主报》进行猛烈攻击。任发行人的国民党省党部执行委员朱宛邻在党代会上遭围攻,被迫宣布辞职,由原来为该报董事长的国民党中央委员、福建省临时参议会议长丁超五兼发行人。两个多月后,该报副刊上发表一篇杂文嘲讽热衷于打内战的"希特勒之类的黩武军人",即被一批所谓复员的军官大队学员捣毁而停刊。当时上海《文汇报》《大公报》都做了详细报道,而社址跟《民主报》仅几步之遥的《中央日报》和国民党省党部机关报《正义日报》连一条简讯都未登。

华侨办报办通讯社在抗日战争后继续发展。至此,从20世纪初开始,华侨在福建先后创办报纸19家,通讯社3家。最引人注目的是,胡文虎在厦门光复后复刊《星光日报》,1947年又在福州创办《星闽日报》。这两家报纸报道国民党统治区的爱国民主运动，揭露国民党统治区的黑暗。1949年初国共和谈开始，《星光日报》接连发表社论支持和平谈判，支持北京和平解放，批评国民党当局"反对局部和平实际上就是不要和平"，以"古都充满和祥气氛共军开始接管"等标题，透露解放区的新气象。在侨办报纸努力搞好海外发行工作的时候，国内侨区一些报纸也注意搞好海外的发行工作。侨区永春县的《永春日报》抗战胜利后办起《永春日报》海外版，是开创福建报纸刊发专供海外侨胞阅读的海外版之先河。这张报为四开二版，双日刊，注意反映闽南侨区的情况及东南亚各地侨胞的处境，介绍侨胞关心的一些问题。

随着第三次国内革命战争的发展，中共福建组织领导的农村根据地和游击区不断扩大，城市爱国民主运动持续高涨，共产党组织在根据地和游击区公开在城市秘密地创办了许多报刊，如中共闽粤赣边区工委的《新民主》《大众报》，闽南地委的《前哨报》，闽西地委的《汀潮》，福州市委的《人民报》，闽浙赣省委城市工作部各级组织就出版过报刊几十种。在革命战争节节胜利的形势下，根据地办报的物质条件得到了改善，有的改油印为铅印，有的添置收音机及电台，收听延安的广播和抄收新华社消息。报纸把解放战争的胜利形势，把共产党的主张和方针政策，传递给广大群众，揭露国民党的腐败和罪恶，鼓舞人民起来推翻反动统治，迎接解放。战斗在福州市的中共各级组织，1949年上半年就创办了7家报纸，其中两家是支部办的。在国民党统治区秘密创办的这些报纸，虽然发行量不大，但一传十、十传百，产生的影响相当之广。

共产党组织还让共产党员进入国民党统治区公开发行的报纸编辑部工作，如《星闽日报》总编辑郑书祥，是位跟党失去联系的老共产党员；厦门的主要报纸《江声报》《星光日报》和泉州等地一些报纸的人员中，都有共产党员。民主同盟在福建的组织虽然没有办报，但一些盟员或进入国民党官方的报纸，或与他人联合办报。他们以曲折隐晦的方式揭露社会的黑暗和国民党官场的腐败，宣传解放战争的形势，报道爱国民主运动的发展。如民盟成员一度担任总编辑、社长的国民党省政府机关报《福建时报》，曾利用战争消息在标题上做文章。1949年2月17日刊登的一条消息，标题是"共军陈兵江边蓄锐,将发动两个大会战,共军希望渡江一战可奠定大局"。3月18日,又一则标题是"共军百万饮马长江,京汉局势空前紧张"。有的还利用报社的电讯设备收听、记录新华社消息和广播,供中共秘密出版的报纸利用。他们成为国民党统治时期共产党领导的新闻事业的另一条战线。

据档案资料统计,福建通讯社的数量在解放战争期间达到高峰。自北洋政府时期有通讯社始(第一家通讯社何名,何年创办,至今未查清),到福州解放,福建设有通讯社124家,而1946年至1949年上半年这三年多时间里,就新办77家,占总数62%。福州市1948年就成立25家。当然,有影响的还是三四十年代成立的中央社福州、厦门分社和国民党福建省党部主办的国民通讯社。1946年由华侨集资创办于福州的南侨通讯社,是闽省当时一家重要通讯社,在南京、上海、台北及菲律宾、新加坡设有办事处。中国经济通讯社福州、厦门分社在报道经济信息方面有一定影响。不少新办的通讯社为报社编辑、记者所为,有一人一社的,也有一人参与两社的,一把铁笔,一块钢板,编几条消息刻印散发,即可领到平价米平价纸,无异是增加收入,维持生计之道。抗战胜利后,美国新闻处南平永安分处撤销,在福厦两地仍设特派员。

在抗日战争和解放战争期间,国民党曾两次企图组织全省性的新闻团体,均未搞成。1947年3月,国民党省党部在连城县召开全省报社通讯社负责人会议,发表宣言,声称尽速筹设新闻学会福建分会,推《中央日报》、省党部机关报《大成日报》、国民通讯社负责人为筹备委员,但未见下文。在此之前,不论北洋军阀统治时期,还是国民党时期,只有福州等少数几个地方有新闻团体活动。福州最早的新闻团体为中外新闻记者俱乐部。"闽变"中福州曾建新的新闻团体——新闻同志会。抗战胜利后,国民党当局又一次酝酿组织福建省记者分会,指定筹备人员,后因闽南军统系统的报人跟福州中统系统的《中央日报》社长等对理事人选争持不下,半年后遂告流产。福州、厦门等地有多个新闻团体同时存在,名称也各异,有的彼此争斗不已。

从1858年福建出现第一家报纸到1949年国民党统治在福建垮台这92年间,据目前收集到的资料统计,福建共办过855种报纸,包括中国共产党在福建革命根据地、游击区和国民党统治区办的报纸116种。这些报纸中,经济类的 17 种(未包括 19 世纪末外国人办的英文广告航运报之类)，晚报 15 种，儿童报纸 9 种，还有以医药卫生、妇女内容为主的报纸。期刊 1 390 种。通讯社 121 家。

## 七、从福建解放到"文化大革命"

1949 年 8 月 17 日福州解放，标志着福建进入中国共产党领导的新时代，也标志着福建新闻事业新时代的来到。1949 年 8 月 25 日，中共福建省委机关报《福建日报》创刊。在此前一天 8 月 24 日，福建人民广播电台开始播音。新华社福建分社、新华社解放军第十兵团前线分社也在解放了的福建大地上开始对全国发稿。《福建农民报》《福建工人》《福建青年》不久也相继创刊。随着全省的解放，除福州市及闽侯专区外，中共厦门市委及八个地委都办起机关报，厦门人民广播电台也开始播音。国民党党政军的报纸和广播电台被人民政府接管。侨办的福州《星闽日报》和厦门《江声报》继续出版。前者易名《新闻日报》办到 1950 年 10 月，后者 1952 年和中共厦门市委机关报《厦门日报》合并，另出一张向海外发行的《江声报》周刊，一直出版到 50 年代后期。

解放初期的福建新闻事业继承了中国共产党办报纸、办广播的光荣传统，组成了以老解放区新闻工作者为骨干，有福建革命老根据地和游击区新闻工作者、进步知识分子、国民党统治区进步新闻工作者参加的新闻队伍。报纸和电台真实地报道解放战争胜利发展的形势，宣传共产党和人民政府的路线、方针、政策，报道广大人民为推翻旧制度、建设新社会而进行的斗争，反映群众的呼声要求，并迅速组织起一支有广泛群众基础的通讯报道队伍。报纸和电台成为共产党、政府的喉舌，人民群众的喉舌。

面向广大农村和基层干部、农民群众，注意他们的需要，是 50 年代福建新闻事业一个显著的特点。1952 年，8 个专区先后办起以农村基层干部和农民为主要读者对象的报纸，50 年代中期又创办以沿海渔民、盐民为主要读者的《渔盐民报》(为福建日报社第一家子报)，13 个县还办起县报。这些报纸围绕党的中心工作，通过报道先进典型，组织专题讨论，以通俗易懂的文字和生动活泼的形式向农民讲解党的方针政策,进行社会主义、爱国主义教育。当时福安地委办的《新农村报》(后改名《闽东报》),深入浅出地宣传党的路线、方针、政策,文章短小精悍,内容丰富多彩,语言通俗易懂,版面图文并茂,努力做到初识字的能看懂,不识字的能听懂。该报曾被评为全省、全国先进的通俗农民报纸。福建人民广播电台1951年10月开办农民节目。由于50年代初农村收音机极少,他们先是在一些点上建立收音站、收音网,继之帮助县级办有线广播。顺昌县1953年第一个在全省率先建成农村有线广播。到1956年,全省66个县市37%的村和26%的农业合作社都通了有线广播,农民在家里就可以听到广播。

福建面对台澎金马,在海外华侨华人众多,这一特点在福建新闻事业的发展中也表现出来。从1950年8月10日开始,由中共福建省台湾工作委员会、福建人民广播电台联合举办对台广播节目,分别用普通话、闽南话播出。1958年8月,专门对台湾广播的中国人民解放军福建前线广播电台在厦门建立。向海外首先是东南亚及港澳发稿的侨乡报道组1953年在福建成立,接着,中国新闻社在福建设立办事处,向海外发消息。面向海外侨胞及国内侨眷的《福建侨乡报》也于1956年创刊。在此前后,一些侨胞多的专区和县市区,创办以传乡音、报乡情、增进海外乡亲对故乡、祖籍国的了解和情谊为宗旨的报纸——《乡讯》,发往国外及港澳台地区。据1962年统计,全省有乡讯13家,华侨、华人和港澳台同胞称之为"最好的家书"。

1958年,福建新闻事业发展很快,中共福州市委办起《福州日报》,原来不是日刊的地委机关报纷纷改为日刊,有的还将四开四版扩为对开四版。所有县都办起报纸,许多还出日报,不到一年的时间,就新办报纸数十家。福州、漳州人民广播电台相继建成并开始播出,厦门人民广播电台恢复建制,有线广播也迅速发展。但是,新闻事业的发展存在两个突出的问题,一是报道中刮了浮夸风、共产风,形式主义的东西不少。这显然是实际工作存在的浮夸风、共产风、形式主义在报道中的反映,然而新闻报道对此起了推波助澜的作用。二是新闻事业发展中只讲速度、数量,忽视质量,忽视客观条件。当国民经济进入暂时困难时期,除3个县外,各县报先后停刊,地委报也缩小篇幅,改日刊为周二、周三刊。经过调整后的报纸与电台,动员人民群众艰苦奋斗,战胜困难,对迅速恢复和发展生产起了积极的作用。应当特别提及的,是在经济暂时困难时期,由福建人民广播电台编委会筹建的福建第一家电视台,经过两个多月试播,于 1960 年 10 月 1 日正式播出黑白电视节目,每周两晚,每晚两个半小时。因收看范围仅限于福州市区,故名福州电视台,虽然播到 1961 年 8 月 1 日就停办,但在福建新闻事业史上毕竟留下了重要一笔。

"文化大革命"中,福建新闻事业同样遭受严重摧残。8 个地市委机关报和《福建侨乡报》被迫停刊;全省唯一的一张报纸《福建日报》也处于造反派争夺中,一段时间只登电讯稿件;福建人民广播电台奉命一度停办自办节目;中国新闻社福建分社撤消;大批新闻战线领导同志和骨干被打成"走资派"和"牛鬼蛇神",大部分新闻干部下放农村或调离新闻岗位;经多年经营添置的设备和积累的资料散失了;而街头巷尾所见的是派性十足、造谣生事的造反小报。在江青反革命集团控制舆论大权的情况下,《福建日报》、福建人民广播电台的报道也跳不出林彪、"四人帮"那一套,"假大空"泛滥成灾。在此期间值得一提的是,1970 年 12 月 26 日,福州电视台恢复了黑白电视节目的播出,1973、1974 两年,先后在闽南、闽中、闽西、闽北建起了电视差转台。1976 年 9 月,北京至福州的邮电微波干线接通,福州电视台开始转播中央电视台彩色电视节目,从此,福建省电视从黑白开始向彩色过渡。同年 10 月 30 日,福州电视台改名福建电视台。

## 八、中共十一届三中全会后的黄金时期

中共十一届三中全会后,福建新闻战线清算林彪、"四人帮"反革命集团的罪行及其推行的极左路线,拨乱反正,新闻事业在改革开放中开始蓬勃地发展,进入了一个黄金时期。

首先是报纸数量大大增加。《福建日报》从对开四版扩大为对开八版,发行量最高的年份达到日发 30 多万份,一家报纸的发行量超过解放前全省报纸的发行量。全省九家中共地市委机关报相继复刊,七家为晨刊,福州、泉州为晚报。刊期从初期的周二、周三缩短为日刊,版面从四开四版扩大至

## 第六章 福建新闻事业发展概要

对开四版以至八版。十多个县已办起县报。经济、科技、文化、教育、法制、卫生、人口、人事、少年、老年等各类报纸纷纷复刊和创刊。大企业、大学也创办报纸。新办的报纸中,最多的是经济类,有经济领导部门办的,有较大的企业办的。随着开放的扩大和对外交往的增加,以海外福建籍侨胞和港澳台同胞为对象的报纸急剧增加。《福建侨乡报》复刊,改名《福建侨报》,并在菲律宾马尼拉设代印发行点。地市县区以至一些著名侨区的乡镇,纷纷办起以海外侨胞、港澳台同胞和福建籍华人为读者的乡讯,至1996年底,已达48家,为60年代初期数量的3倍多。这些乡讯报道本地的改革开放和建设的情况,介绍优惠政策和投资环境,开辟寻找亲人等服务栏目,叙述风土人情,具有浓烈的乡土味和人情味,颇受海外乡亲欢迎。以刊登港澳台消息为主的《港台信息报》也于80年代创刊。为了适应人们在尽可能短的时间内获得尽可能多的信息和知识,福建日报社主办的《每周文摘》1981年1月应运而生,它是在中共十一届三中全会后福建的第一家子报。这张报纸发行100多万份,居全省报刊期发数之冠。随着广播电视的发展,福建广播电视报和一些地市的广播电视报相继问世。1996年底,全省有报纸308家(国内统一刊的47家,向海外发行的乡讯48家),其中日刊12家,形成了以党报为主体,各类报纸共同发展繁荣的格局。据2000年底的统计,福建省有国家统一刊号的报纸为48家,从业人员8 000多人,其中有高级职称的近190人。

  广播电视的发展同样非常迅速。1996年底,全省已建成广播电台48座,调频发射(转播)台106座。1964年迁来福州的福建前线广播电台根据台湾海峡形势的变化,1984年元旦改名海峡之声广播电台。为台湾同胞和海外侨胞提供服务的中国华艺广播公司1991年11月在福州开播。有线广播在巩固中发展,至1996年,全省有县市广播站64座,乡镇广播站949个。电视更是突飞猛进,建成电视发射(转播)台1 733座,地球卫星上行站1座,卫星地面站5 125座,微波站236座,微波线路6 624公里。9个地市及漳平、永定、永安等县市都建立了无线电视台。有线电视开始崛起,在多山的地形复杂的福建,到1996年底,广播人口覆盖率达到89.8%,电视为91.1%。截至2000年底,全省广播电视从业人员为13 506人,其中210人具有高级职称。

新华通讯社、中国新闻社除在省会福州设分社外,还在厦门建立支社。全国40多家新闻单位在福建设立记者站。

报纸广播电视的巨大变化,还表现在报道内容和节目内容从以阶级斗争为纲转移到以经济建设为中心方面来,为改革开放和建设有中国特色的社会主义服务。不论何种媒体,都注意以正确舆论引导人,高扬主旋律,努力贴近实际、贴近群众、贴近生活。在新闻改革中,普遍增加信息量,增强指导性,扩大服务面,讲究新闻时效,内容越来越丰富多彩。作为新闻改革的一种尝试,许多报纸办起周末版、月末版,电台、电视台推出以主持人为中心的综合板块节目,开辟听众、观众的热线直播。新闻改革的推进,使新闻媒体更好地承担起党、政府和人民喉舌的作用,满足人民群众多方面的需要,受到读者和听众、观众的欢迎。在省委主要领导同志关心下,《福建日报》1984年组织了55位厂长、经理,作了要求"松绑"放权的系列报道,提出了经济体制改革的重大问题,在全省以至全国产生了很大影响,在全国好新闻评比中获特等奖。为了推动新闻改革,主要新闻单位都成立新闻研究机构,出版新闻业务刊物。当然,就全省新闻单位来说,都有一个继续提高质量的问题。

在改革开放中,福建新闻单位对外交往和合作大大地增加。香港《大公报》《文汇报》《香港商报》在福建设立办事处。国外及港澳台记者不断来福建采访,福建也陆续派出记者赴境外采访。尤其是跟血缘相同、语言相通的我台湾地区,近几年来往频繁。福建新闻界多次组团赴台,有的还建立了发稿等业务合作关系。福建电视台成立海外专栏编辑部,他们摄制的介绍福建风貌和文化的片子,以"今日福建""八闽剧场"为固定栏目,在美国中文电视台等北美地区的华语电视台播出。《福建日报》编辑部分别于1991年和1993年开始为《香港商报》和美国《侨报》编辑专版,介绍福建。

随着计划经济向市场经济过渡,新闻单位普遍加强经营管理,开展多种经营。刊登、播放广告是增加收入的重要一环。1979年3月24日,《福建日报》刊登的厦门瓷厂推销他们的产品远红外辐射器,是"文革"后福建报纸第一则工商广告。1990年,全省报纸广告收入仅1 800万元,1996年达到

2.3亿元,2000年增至3.6亿元。电视广告发展更快,2000年广告收入达4.3亿多元。全省国内统一刊号的报纸,有3家自办发行。一些新闻单位还兼营印刷出版、信息咨询、房地产等。经营管理的加强增加了单位收入,不仅改善了新闻从业人员的生活,更为新闻单位更新技术设备创造了条件。报纸印刷普遍告别了铅与火的时代,采用激光照排和胶印。1996年全省有5家报社已具备印刷彩报的能力。

新闻教育事业随着新闻事业的发展而发展,教育形式多种多样。厦门大学1984年创设新闻传播系,现已有国际新闻、广告学、广播电视新闻三个专业。福建广播电视大学、闽江大学都办过新闻专业。一些新闻单位与大专院校联合办学或单独办学,培养新闻干部。省广播电视厅创办福建省广播电视干部学校,并和福建师范大学、北京广播学院合办新闻班。省委宣传部和省委党校合办新闻班,培训各地市报和专业报的业务骨干。福建省新闻工作协会、新闻学会和各新闻单位举办以报道组通讯员和编辑记者为对象的学习班,更是常事。福建日报社等还有计划地输送非新闻专业的年轻记者编辑到新闻院校补修新闻业务课,或选送年轻编辑记者到企业和农村乡镇挂职,熟悉实际情况,锻炼工作能力。

全省如今已形成以各级共产党机关报为主体,各类别、多层次报纸共同发展的格局;一个广播与电视、无线与有线相结合,多种传输手段并用的现代广播电视网遍布全省城乡。新闻队伍空前壮大,截至2000年底的统计,已发展成为逾两万人的大军。新闻事业的发展,有力地推动福建社会主义革命的完成和社会主义现代化建设的突飞猛进。新闻事业成为福建社会主义事业中的重要组成部分。

(本章撰稿人:徐明新、倩白)

# 第七章

# 江西新闻事业发展概要

## 一、晚清江西报刊(1890—1912)

同治十二年(1873年),即江西近代报刊创始的17年前,北京报房"京报"已在江西销行,为江西士绅了解朝廷动态的重要渠道。北京报房"京报"是比较接近近代报刊形态的古代报刊,主要刊登谕旨章奏等,没有自撰的新闻和评论。当时上海已有刊载新闻报道和评论文章的近代化报刊,不过发行到江西的上海近代化报刊估计还没有。因为《申报》于1872年创刊后,起初也只在当地销售,直到1881年2月,才在北京、天津、南昌等17个地点设立外埠分销处。从19世纪80年代起,在江西发行的外省近代化报刊增多,逐渐取代北京报房"京报"的地位,成为江西省新闻传播的重要渠道。

1890年,江西出版近代化报刊。据英国浸礼会差会传教士李提摩太发表于1891年6月天津《时报》上的《中国各报馆始末》一文中说,从1815年到1890年,除北京"京报"外,计有教会报与教外报76种,其中有九江报1种。自从1858年中英《天津条约》签订以后,九江即辟为通商口岸。外商与外国传教士蜂拥而至,外国传教士除修造礼拜堂外,又于1881年开办同文书院。他们为扩大传教范围而办报,这是可信的,但是,李提摩太并未说明九江这一报纸的名称和创刊时间,人们至今也没有发现实物佐证。1991年,福建人民出版社出版的《中国近代报刊名录》一书记述晚清九江有一份杂志 The Church Advocate(中文译意为《护教者》)。该报采用官话和文言,月刊,1890年创刊,这份杂志也许就是李提摩太所说的"九江报"。无论如何,最晚在1890年,九江便出版了近代化报刊。当时,除了上海、香港、粤东、汕头、台湾、厦门、福州、宁波、汉口、天津、北京,以及九江这少数几处各有数量不等的报刊出版以外,多数省市还没有出版近代化报刊。

中国人自己在江西的办报活动开始于百日维新时期,一些抱有维新思想的士大夫知识分子用报刊宣传新政。中国人创办的第一家江西报刊是萍乡《菁华报》半月刊。1898年9月16日(光绪二十四年八月朔日)创刊。萍乡在1898年采用机器开采安源煤矿,于1889年筑株萍铁路,工商业及文教事业比较发达。它靠近湖南,而湖南在赣人巡抚陈宝箴倡导下,乃是维新运动蓬勃发展的一个中心。萍乡得风气之先,因有《菁华报》的发刊,创办人顾家相系萍乡知县。顾氏次子燮光就读于萍乡书院,担任主编。为创办该报,县署拨款200元,购买外省各种书报,其余费用靠同志者16人资助。该报系采辑其他报刊上有关时事、实学信息,并选近人著述与论说,以及萍乡书院诸生文章、课艺汇编而成。它多取材于国内维新派进步报刊,如香港《循环日报》、澳门《知新报》、上海《时务报》与《苏报》、天津《国闻报》、长沙《湘报》、西安《秦中书局汇报》。其章程规定采辑稿件以持论明通,关系中外交涉及新政、新学、新艺为标准。戊戌政变后,维新运动失败,全部新政被废除,《菁华报》亦被迫停刊。次年3月,时局稍有松动,萍乡名士文兔仲、胡玉汝联名发起,改出《时术丛谭》半月刊,仍由顾燮光编辑。在湖南醴陵、湘潭亦设有代销处。所载中外时事选自外省报刊,另有自编的萍乡新闻。该刊实为《菁华报》的继续,约出版两期后停刊。在《时术丛谭》出版之前,南昌《通学汇编》于1899年1月或2月(光绪二十四年十二月)创刊,旬刊,致知书局印行。它广采中外书报有关材料,辑成通学书考、掌故汇编、章程汇编、卫生汇编、格致答问、事物汇表等栏,一般不注明选材的来源。这个杂志选载不少游记,如三洲游记、日本纪行、游观水雷记、美国费城商务博物会记等,介绍外国风貌,惟不登消息电讯。以上三家率先出版的报刊都是选报即文摘性报刊。中国人在江西办报以创办选报开始,这是因为江西是南方比较闭塞的地区,开通较迟,维新运动时期,维新派的重要报刊《时务报》《知新报》等虽在江西发行,但供不应求,一般文人寒士想了解时事而购外地出版的报刊不易,而在本地出版选报则能适应人们的这种需求。选报不仅选载外地报刊上的中外新闻,而且转载时务文章和实学著作,这尤其受到当地知识分子的欢迎。因为他们要了解时务和实学,会做策论,才能对付考试,所以选报成了他们的学习参考书。创办选报也较易筹措,延聘若干编辑,订购几份外地出版的书报,做好印刷发行事宜,便可出报。无需设置采访记者,因为选报没有自己采写的消息报道,也无需物色主笔人选,因为选报不发表自撰的言论文章。开办选报又较安全,百日维新期间,清廷准许官民办报,但江西当局言禁仍严,办选报不必发表自己的政治意见,不至于以言论贾祸。当地国人报业以选报为起点,江西省的这种现象与广州、上海、汉口、天津、成都、长沙等地情形不同,那些地方出版报纸比较早。到了清朝统治的最后五六年间,外省报纸与刊物在江西发行增多,读者对选报需求量大减,选报遂消失。

江西省第一家日报为英商投资的南昌《博闻报》,创刊晚于英商在1900年办的上海《博闻报》,大约在1901年间创刊,1902年南昌《博闻报》已停办。

从1902年到1912年是江西省的国人报业形成时期。庚子事变后,为了挽救封建统治危机,清政府在政治经济文化各领域采取一些革新措施,又在1906年宣布预备立宪。这时江西省经济与文教事业发展速度加快,报刊也相应地开始繁荣。

据不完全的统计,在这十年间,先后出版的民营报刊有12种。其中商业性报刊3种,学艺性报刊2种,政治性报刊7种。商业性的《日新汇报》五日刊在1902年(光绪二十八年)创刊于毗连广东的赣县(今赣州市),为江西省的国人报业中首家铅印的对开大报。该报由日新公司印行,以提倡物质文明与讲求经济学问为宗旨,创办人为著名实业家刘树堂。该报出至1905年停刊。1908年,吉(安)南(安)赣(县)宁(都)巡道俞明震将其复刊,自任主持人,至1910年改报名为《又新汇报》,仍为五日刊(戈公振《中国报学史》记作《又新日报》,此处有误)。当时江西以发表政见为办报宗旨的民营报刊中,影响较大的是1910年5月(宣统二年四月)创刊的南昌《自治日报》。该报创办人是铅印界巨子邹叔澄，先后担任主笔的是江西知名人士姜颛、周九龄和曾是上海《民呼日报》编辑的吴宗慈。该报起初鼓吹地方自治，对江西官场腐败时有批评。曾刊登通信《美女献花记》，揭露铅山县河口镇分防同知柳诒春“庇护花丛”，对流娼土妓违禁开征“花捐”，又招群妓到署，各拍小照一张，“择优鉴赏，借快私囊”。此文轰动一时，《申报》改题为《十万金铃好护持》特予转载。1911 年，邹氏病故，《自治日报》归姜颛所有，吴宗慈任主编，在武昌发难后，将报名改为《江西民报》，成为革命派报纸，大力报道江西及其他地区光复消息。民初，周九龄、吴宗慈当选国会议员赴京，该报在姜颛主持下出版到 1915 年。

在民营报刊初步发展的同时，江西当局也出版一系列官报。首先创办的是《江西官报》，初为半月刊，后改旬刊。它创刊于 1903 年 8 月 23 日(光绪二十九年七月朔日)，是在清廷下令各省推广官报之后。比它创刊早的有《北洋官报》《晋报》《湖南官报》，与它同年创刊的有《秦中官报》《四川官报》，而多数省份官报出版则晚于《江西官报》。《江西官报》声称其宗旨在“宣上德而达下情”“尤以励官民才识、斥官吏贪残、端学生趋向”为要义。1911 年 10 月 11 日(宣统三年八月二十日)，《江西官报》仍在出版发行。它的主要栏目为“上谕”“文牍”“财政”“军政”“学务”“司法”“警务”“实业”“咨议局议案”“杂录”等。除《江西官报》外，还有专门指导学务的官报三种，专门指导农务的官报一种，即《江西农报》。《江西农报》在 1907 年 5 月 12 日(光绪三十三年四月一日)创刊，初为半月刊，1908 年 2 月以后改为月刊。发刊初由省农务总局所属农务总会主办，后由江西农工商矿总局所属江西农事试验场编辑出版，在上海商务印书馆设有代售处。该报辟有论说、公牍、调查报告、试验报告、学术、专件、农事新闻等专栏，内容丰富，介绍了不少西方先进的农业科学技术知识。1908 年该报受到北京农工商部表彰，农工商部饬令各省发行农报，其一切章程均仿《江西农报》办理。《江西农报》也是国内早期大约五六家主要的农学期刊之一。清末江西当局创办报刊六种，其中唯一的报纸是 1907 年创刊的《江西日日官报》，对开四版，两面铅印。该报前身是李之鼎私营的九江《江报》，改为官报后，迁至省城出版。在洋务局监督下，仍由李之鼎担任经理，即所谓官商合办。《江西日日官报》与《江西官报》

有所不同,《江西官报》多登官文牍,少有广告,而《江西日日官报》第一、四版全为广告,第二、三版多登新闻,辟有京都要闻、各省新闻、本省要闻、本省新闻、钱市行情等专栏,所载官方文牍仅为新闻篇幅的 1/5。该报曾于上海报章上刊登广告,企图推销。从 1909 年到 1911 年,在上海租界先后出版的资产阶级革命派主要报纸《民呼日报》《民立报》上都曾刊载新闻通讯或发表短评,对《江西日日官报》进行尖锐抨击。《民呼日报》斥之为"江西劣绅所主持之江西日日殃民报"。由于该报亏空日甚,江西当局于 1911 年谕令停版。清末从 1902 年到 1911 年,官方创办的对开两面印刷的日报,全国不到 10 种,而《江西日日官报》是其中的一种。

清代江西报刊共计 23 种(另有 5 种待考),主要是政治性报刊。因江西商品经济不够发达,商业性报刊仅 6 种。那种庸俗无聊、专捧妓女的"花报"还未出现。学艺性报刊约有 4 种。

报刊出版中心是省城南昌、通商口岸九江和赣南重镇赣县,这三处也是革命党人活动中心。向外地发行的江西报刊至少有 6 种,约占清代江西报刊总数的 1/3,发行最远处为香港。

上海报馆在南昌设有分馆或分销处的有《申报》《神州日报》《舆论时事报》,后两报分馆在 1910 年开设。

清末在江西实行派销的报刊多为官报,其中由京师各署派送者为《政治官报》《学部官报》《商务官报》;由两江总督衙门饬派的为《南洋官报》《泰晤士报》;本省派发者为《江西学务民报》《蒙学报》《江西农报》《江西日日官报》。共计 9 种。

## 二、民初的江西报业

清朝君主专制既倒,钳制报刊的《大清报律》被废除。1912 年公布的《中华民国临时约法》第二章第六条第四项规定:"人民有言论、著作、刊行之自由",《江西临时约法》也列入了保障言论出版自由的条款,因此推动了报刊迅速发展。从 1912 年南京临时政府成立到 1919 年五四运动爆发以前的 7 年里,江西报刊有 36 种,除两三家报刊外,都是在民国成立后创刊的,而辛亥革命以前的20年中,江西总共出版的报刊不过23种。

民初江西报刊出版集中于南昌,有报刊27种,赣县出版报刊5种,九江出版报刊3种,修水县出版报刊1种。

全省36种报刊当中,政治性报纸19种,商业性报纸6种,还有1种专捧娼妓的小报,即南昌出版的《章贡潮》。民初南昌虽趋于繁华,但究非十里洋场,因而该报颇为社会所诟病,全城开展驱娼运动后,它改成以刊登社会新闻和娱乐文字为主的消闲性报纸。至于期刊,新闻周刊有《进化民报》,1913年2月创刊于义宁县(今修水县);农学刊物有《江西省农会报》,1916年创刊于南昌,初为月刊,后改季刊;政府公报则有6种。政府公报多刊登法律、命令等官方文件和各地政事的政府机关刊物。民初江西有一般性的政府公报2种,专门性的政府公报4种。有2种公报出版时间较长:创刊于1913年的《江西公报》三日刊,到1921年出版至第1100期;创刊于1914年的《江西财政公报》月刊,大约出版了16年。

民初江西报业的兴衰,大致以"二次革命"为界,分为前后两个阶段。

在"二次革命"前,江西在革命派控制之下,赣督李烈钧大力扶持报业,大多数报刊都是在这个时期创办的。清末创刊的《江西民报》《大江报》《赣州商会公报》等也在这个时期内继续出版。《江西民报》积极拥护孙中山的政治主张。1912年10月,孙中山视察南昌,《江西民报》对孙中山此行作了大量报道,并发表孙中山的言论。当时,进步的江西报刊占压倒优势,然而由国民党主办的江西报刊并不多。赣县有国民党出版的机关报《民宗报》和附出的临时白话报。"宋案"发生后,《民宗报》发表声讨袁世凯的时评,并同拥袁的《赣州商务会公报》展开论战。"宋案"激起南昌报界的愤怒。《晨钟报》刊登漫画,揭露袁氏控制宪法起草委员的行径。以新闻多而快著称的《新闻迅报》连续报道"宋案"详情,带头揭露袁世凯排除异己,在江西等省培植势力,为"家天下"做准备的阴谋。它们的宣传对江西兴师讨袁起了有力的动员作用。

1913年8月,江西讨袁军溃散,"二次革命"失败,以袁世凯为首的北洋军阀政府控制江西。"二次革命"失败后,《晨钟报》《新闻迅报》《民宗报》被查封,承印《民宗报》的一家民营印刷所也被封禁。在军警四处封闭报社、迫害报人的风声中,连一些非政治性报纸,如南昌《豫章日报》也难以生存,不得不停刊。江西报业被袁世凯政府扫荡殆尽。赣县只有《赣州商务会公报》继续出版,南昌报刊只剩下4种左右,《大江报》因言论转而附袁,未被封禁,《江西民报》因非国民党主办亦侥幸逃脱罗网。到1915年初,日本提出"二十一条",要求袁政府承认日本在九江南昌的铁路建筑权。当局禁止报界披露中日交涉消息,《江西民报》提出抗议,继续报道,因此被当局命令暂行停刊整顿。袁世凯死后,《江西民报》坚持反对北洋军阀的立场,终被查封。1918年,江西军阀将其复刊,改名《新民报》,由姜颛之子姜岂凡担任社长,名为《民营日报》,实为军阀当局传声筒。由于军阀当局实行高压政策,当时继续营业的江西报纸多半回避敏感的政治问题,依靠刊登花边新闻和工商行情来吸引读者。这时,随着南昌工商业的恢复和发展,出现了一家商业性报纸,即南昌商会于1918年创办的《工商报》。到1936年,该报日出3大张,设有8个经济专栏和14个社会服务专栏,发行于港、澳、日本、朝鲜、蒙古乃至欧美。从1915年到1918年,敢于发表言论抨击北洋军阀的报纸不多,主要有《江西新报》《大江报》和《章贡日报》3家。《江西新报》在1915年创刊于南昌,编辑人员中有革命党人,因而言论比较激进。1918年4月,该报以大字标题刊出《张怀芝检阅使言大而夸,对段祺瑞内阁有狐群狗党之目》一文,引起社会强烈反响,因而触怒军阀当局,终被查封。《大江报》在"二次革命"失败后,言论一度左右摇摆,但是在袁世凯死后,因有进步青年的参与,积极地投入反封建军阀的斗争。1918年,该报突出地报道了段党拥宣统复辟消息,引起各界的注目。它继《江西民报》之后,发展为在全省有很大影响的报纸。"五四"时期,该报馆是革命青年联络的机关。1922年,因受军阀当局迫害而停刊。创刊于1918年初的《章贡日报》则是一家具有大无畏气概的小型报纸。同年9月,山东督军张怀芝率领援湘第二军途经南昌,纵兵大掠,造成当地一场灾难。《章贡日报》发表社论和标题为《鼠疫南征》的漫画,指名揭露张怀芝罪行。张派兵去查封报馆,拘捕该报编辑,发现该报馆早已人去楼空。《章贡日报》这种敢于为人民伸张正义的举动,在市民中传为佳话。民初江西进步报纸,不论是在"二次革命"前出版的,还是在"二次革命"后出版的它们的宣传文字往往都是尖锐泼辣的,在反对封建军阀的斗争中显示出新闻工作者的正义感和战斗性。

在民初报纸上,消息、专电、通讯、特写很多,1912年《江西民报》日出对开六版,第二版全部是省内外要闻,第一版有专电,第五版有本省新闻。以1913年2月17日《晨钟报》为例,在该报第二张上刊载地方通讯六篇,还辟有外省新闻、本省新闻、军事新闻、商界消息等专栏。此外,民初很多报纸有副刊或专刊,这表明在新闻业务上,民初报纸比晚清报纸大有改进。

## 三、从"五四运动"到大革命时期的江西新闻事业

"五四运动"使江西报刊复苏,一批革命的和进步的报刊的兴办,打破了江西新闻界沉寂局面。它们宣传新文化运动,推动各地反帝反封建斗争的发展。

1919年5月12日,南昌市民举行示威游行,学生们赶印出小报,名为《警告》,广为散发,进行反帝爱国宣传,受到市民普遍欢迎。在反帝爱国运动中,九江学生编印《白话周刊》,赣州学生联合会创办油印小报《自由钟》。

一些地方的学界成立各种社团,这些社团出版很多刊物。南昌第二中学学生袁玉冰、黄道等人在1921年初成立"改造社",该社于5月1日出版16开本铅印刊物《新江西》。袁玉冰主编,方志敏、黄道参加编辑和发行工作。《新江西》发表文章探讨社会改造问题,揭露封建军阀统治下旧江西社会的黑暗,批判各种阻挠新文化运动的谬论。同时,它热情赞扬俄国十月革命,努力传播马克思主义,是江西思想界的一颗明星。《新江西》受到省内外许多读者的欢迎,它在北京、南京、上海、广州、武昌等地都设有分销处。1923年,因为受到军阀当局的迫害,它在出版第3期后停刊。1922年初,偏僻的小县万安有进步社团"青年学会"创办的不定期刊物《青年》。该刊介绍江西以及万安的政治概况,向读者进行新思想、新文化的启蒙,具有浓厚的地方特色。此外,有"少年江西学会"出版刊物《赣声》,"丰城旅省学会"创办《丰城周刊》。从"五四运动"到1923年初,各种学会出版刊物20多种,当时报纸有12种左右。南昌《大江报》《九江日报》,赣州《微言日报》等都努力宣传新思潮,并且约请社团负责人撰稿和编辑副刊与专刊。袁玉冰在1922年

为《大江报》编辑《"五一"劳动节特号》。同年,南昌学生刘和珍、孙师毅等人建立的"觉社"为《正义报》编辑副刊《时代之花》。这个副刊宣传民主和科学,提倡妇女解放,提倡白话文,倡导自由讲座的新学风,洋溢着清新的气息。

1924年前后,江西的中共党团组织相继建立,开始筹办报刊。1923年12月7日,中共安源地委领导的安源路矿工人俱乐部出版《安源旬刊》。该刊为三十二开铅印本,辟有"谈话""时事报告""劳动界消息""本地风光""戏剧"等专栏。刘少奇、李求实、施洋、林育南、李维汉、朱少连、毛泽民都在这个刊物上发表政治文章,对提高安源工人的阶级觉悟,指导工人群众斗争起了重要作用。《安源旬刊》是中国共产党人在江西创办的第一个刊物。1924年,中共党员邹努、姜铁英主持的江西学生联合会、南昌学生联合会编辑《江西青年》《南昌青年》,作为《正义报》副刊刊行。

国共合作后,中国共产党帮助国民党在江西办报。国民党江西党部于1925年出版的南昌《民治日报》就是在共产党员参与下开办的。

北伐战争促进了江西共产党报刊和国民党报刊的发展。国民革命军第十四军中共临时组织于1926年秋在赣州创办《国民日报》,萧韶主编。该报与国家主义派把持的《赣南新报》进行针锋相对的斗争。9月,中共兴国县中心支部创办《奋斗》周刊。11月,北伐军攻克南昌,北伐军总司令部政治部主办的《革命军日报》出版南昌版,总政治部组织科科长季方任负责人,孙席珍任编辑。同月,方志敏在九江创办《国民新闻》,报道北伐军攻克九江的经过。11月下旬,国民党江西省党部主办的《南昌民国日报》创刊,中共党员洪宏义担任社长。中国共产党还帮助国民党南昌市党部(左派)创办《贯彻日报》,中共党员陈资始和陈奇涵分别担任该报副社长和经理。

1927年4月,蒋介石叛变革命后,江西的革命报刊绝大部分被迫停刊。中国共产党领导的南昌《红灯》杂志坚持斗争,在汪精卫公开背叛革命之后才被迫停刊。

从晚清到1927年,江西报刊约有120种。其中80%在民国成立后出版,而从"五四"到大革命时期出版的报刊占报刊总数50%。江西省1/5的县是从"五四"到大革命时期开始出版报刊的。

1926年,欧阳幼济、余精一在南昌创建的"三自大同社"是江西第一家通讯社该社向外发稿不到一年即停业。

## 四、十年内战时期江西新闻事业

大革命失败后,中国共产党领导了八一起义、秋收起义,创建了中国工农红军和苏区。国民党江西当局十分恐慌,随即加紧新闻舆论控制,强令各报宣传反共。曾经在大革命中宣传"联俄、联共、扶助农工"三大政策的南昌《民国日报》也开始转向,先是刊登所谓共产党在江西执政的"秘史",后又连载所谓"党义",它在国民党右派控制下变成反共宣传的重要工具。为了控制新闻舆论,1930年,国民党江西省政府颁布《出版法》44条,规定所有报刊都要经过有关机构审查登记才许出版。

在白色恐怖中,共产党在一些城市曾经出版地下报刊进行宣传斗争,但是遭到破坏。中共安源市委在1927年11月创办机关报《新萍周报》秘密发行,不久事发而停刊。次年,中共赣南特委在赣州秘密出版《红旗报》,因为主编萧华燧被捕牺牲而停刊。

国民党在加紧控制民营报刊的同时,还极力发展官方的新闻事业。除了国民党江西省党部出版《民国日报》以外,1931年又有《扫荡三日刊》创刊,到1932年6月改名《扫荡日报》。1934年创办《推进周报》,南昌市政委员会于1934年创办《市光报》。《推进周报》着重党务报道,《市光报》着重市政宣传,都竭力美化国民党在江西的统治。一些市、县的国民党党部和政府机关也出版报刊,如《萍乡周报》《南康日报》等。1933年,国民党中央通讯社设立江西分社。国民党江西当局又创办赣省通讯社。同年,国民党江西省政府创办的南昌广播电台开始播音。国民党官方的新闻机构经常诽谤共产党和红军,歪曲报道苏区情况,为国民党所制定的反共政策和蒋介石所推行的新生活运动效劳。

据1936年许晚成编《全国报馆刊社调查录》一书记载,已经登记和尚在出版的江西国统区报刊共计有70种,在32个省、地区报刊种数中居第13位。

20世纪30年代的江西,除了国统区以外,还存在着全国最大的一个革命根据地即江西苏区。1931年,管理全国苏维埃区域的领导机构中共苏区中央局和中华苏维埃共和国临时中央政府在江西苏区成立,这里成为全国苏维埃运动的中心区域和红军指挥中枢。

在这里出版的报刊数以百计,远非国统区报刊可比。江西苏区报刊创始于1929年。红军攻克万载县城后,出版四开石印的《工农兵》报。从1931年到1933年3月,江西苏区扩大到包括赣、闽、粤、鄂、湘、浙、皖7省边境150余县的地区。这时,各级党委和苏维埃政府以及红军部队,还有各群众组织都纷纷创办综合性或专业性的报刊。苏区最主要的报纸是1931年12月创刊的临时中央政府机关报《红色中华》。它及时传播国内外重要政治消息和红军捷报,广泛报道苏区增产节约运动、拥军优属运动、扩大红军运动以及各项建设成就,监督各级苏维埃政府的工作,反映群众的呼声,帮助政府解决人民生活和生产中的困难。它在组织动员群众积极参加苏区建设事业和反对国民党发动的军事"围剿"斗争中,在把党和政府的政策化为群众实际行动的过程中,起了很大的宣传作用。与《红色中华》报同时创刊的《红星》报在红军中有很高威信,它是中央革命军事委员会总政治部为了加强政治工作,提高全军的政治水平和文化水平而创办的。邓小平、陆定一先后担任过该报主编。周恩来、博古、洛甫等中共党政军领导人为该报撰写社论和文章。在江西苏区出版的4年里,《红星》报发挥了政治思想教育、传播消息、指导工作、批评监督、文化娱乐等多种作用。它在中央红军长征途中继续出版,直到1935年8月。早在1931年7月创刊的《青年实话》是中国共产主义青年团苏区中央局的机关刊物,它广泛反映各条战线上青年斗争生活和广大青年的愿望与要求,办得生动活泼,具有青年化的特点,因而深受苏区工农青年和红军中青年战士的喜爱。在中央级的报刊中,还有中国共产党苏区中央局指导苏区斗争的理论性刊物《斗争》、中华全国总工会苏区中央执行局机关报《苏区工人》等,它们多为铅印或石印,在瑞金出版。省级和县级报刊也纷纷出版,它们多为石印或油印报刊。因为在农村和部队中出版,读者是农民和战士,就是干部也大多来自农村,所以江西苏区报刊普遍实行通俗化方针,力求使不识字的农民和战士听人家读报基本上能听得懂,刚脱盲的农民和战士看报基本上能看懂。江西苏区报刊不仅没有国统区一般报刊上的那种半文不白的调头,而且比较少有大城市中左翼报刊上的那种知识分子文风。江西苏区普遍开展读报活动,因而报刊发行量大。在1933年和1934年之间,《红色中华》发行4万至5万份。而当时著名的天津《大公报》和上海《时报》在全国范围内不过发行3.5万份。江西苏区35种中央级报刊最高期发数合计超过15万份,而当时江西苏区却连一个中等城市也没有。

除各种报刊外,江西苏区还出现了通讯社。1931年11月,中华苏维埃第一次全国代表大会在瑞金举行期间,红中社成立。它向国内外报道大会消息,播发大会宣言等文件。此后,它经常用无线电明码播发苏区消息,并且抄收国民党中央社电讯、塔斯社英文广播,编印成无线电材料,供领导人参考。它在当时是与《红色中华》报合一的,以出版《红色中华》报为主要业务,兼做一些通讯社工作。它虽然没有被建设成为一个独立的通讯社,但是它是人民通讯事业的萌芽,新华通讯社的前身。红中社通过电波打破了国民党对苏区的新闻封锁,开展了对内对外新闻传播的工作,为人民通讯事业奠定了基础。

1934年10月,由于"左"倾错误的领导,江西苏区开展的第五次反"围剿"斗争失败,主力红军举行长征。这时江西苏区只有《红色中华》报在中共苏区中央分局和苏维埃中央政府办事处领导下坚持出版,直到1935年1月底。

30年代的江西苏区新闻事业是第一次在人民政权下创办的党和人民的新闻事业,它在本质上是和国民党的新闻事业根本对立的,和中国共产党在国统区创办的地下报刊、地下通讯社也是有区别的。从1929年到1934年,江西苏区出版报刊203种。还有不少县报,因为缺少具体材料未统计在内。在面积大约只有半个江西省大的农村地区,短短五六年间,涌现出如此众多的报刊,这在中国新闻事业历史上是没有先例的。

## 五、抗日战争时期江西新闻事业

1936年的西安事变,1937年的"七七事变"和上海"八一三事变",促使

1937年9月第二次国共合作正式形成。这些重大的事件鼓舞了江西的新闻舆论界,南昌和其他城市报刊不顾国民党的种种限制,纷纷发表文章,反映民众抗日救亡的呼声。到1938年初,报刊宣传促成了全省抗日救亡运动。上海和平津的爱国进步人士来赣进行抗敌宣传及组织活动,也推动了江西抗日救亡运动的兴起和发展。从1936年到1938年,一批抗日报刊相继创刊,比较早的有1936年10月创刊的吉安《日新日报》。1939年5月,王造时接办该报,改报名为《前方日报》大力进行抗战宣传,使该报声誉日隆。赣南的大余、石城、龙南等县或在1937年或在1938年开始出版报刊,宣传抗战。

1938年,国共两党已实现合作抗日,但是国民党政府仍然千方百计阻挠中国共产党在江西出版报纸。该年5月,新四军设在南昌的驻赣办事处准备创办《抗敌报》,因为国民党设置重重障碍而未果。9月,新四军驻赣办事处接办营业不振的《剑报》国际和国内新闻版,报道新四军在长江南北连日击敌获胜消息,发表许德珩的时事评论和沈钧儒、邹韬奋两先生的演讲速写,社会影响颇大,仅半个月,该报就被查封。

在新四军驻赣办事处的支持下,南昌一些抗日救亡团体于1938年通过报社编印出版了《青年团结》《妇声》《战时农村》等专刊。

南昌是报刊出版中心,有大小报纸12种。主要有江西《民国日报》,该报从1932年起便与省立第二中学合办专刊《抗日周刊》。还有《大众日报》《华光日报》《政治日报》。1938年5月创刊的《大众日报》由江西省教育厅所属民众教育馆主办,中共党员熊德基参加该报编辑工作。该报采用白话文,面向小学教师、政工人员、农民、工人、士兵、店员、徒工、黄包车夫等进行通俗宣传,内容贴近社会生活,受到读者欢迎。该报在抗战时期坚持出版,直到1947年才停刊,每期发行量曾达到8 000余份。由商业界人士创办的《华光日报》在京沪港汉都派驻记者,发回的重要新闻同时配有摄影图片,这是南昌报界一大创举。《政治日报》为省保安司令部政训处主办,不登商业广告,四个版都刊载新闻报道。当时报纸上报道多,读者论坛多,副刊多。《政治日报》有《木刻》《漫画》《歌咏》《戏剧》《电影》《新闻记者》等副刊逐日轮换刊出。《华光日报》有《工余座谈》《工商月刊》《社会服务》等10余种副刊。

## 第七章 江西新闻事业发展概要

这些报刊的新闻信息量大,反映社会生活面广泛。

1938年和1939年之交,赣东、赣南、赣西、赣北都有抗日报刊在创办。国民党第三战区司令长官部于1938年10月1日在安徽屯溪创办的《前线日报》也在1939年4月23日迁至赣东北上饶,后又迁往铅山出版。宦乡曾担任该报总编辑。该报为销行最广的江西报纸之一,抗战胜利后,迁往上海。

1939年2月,战事逼近南昌。南昌报纸停刊的有6家,约占该市报纸种数的一半。记者公会主办的《新闻日报》与私营的《商报》《华中日报》在1938年2月合并,改名为《联合日报》,翌年初即南迁。往赣南迁移的南昌报纸有5家,《民国日报》《大众日报》《捷报》《华光日报》迁吉安,《联合日报》迁宁都。另有《民报》先迁临川,后又向黎川转移。这时的南昌已失去报刊出版中心的地位。

1939年3月27日,南昌沦陷。日伪当局曾出版中文《贯冲日报》(后改名为《江西南昌日报》)和日文《赣报》。另外还有《九江日报》1种,由日伪宪兵队主持。

1940年前后,国统区的吉安商业繁荣。当地有《前方日报》《明耻日报》《新夜报》等,加上从南昌迁去的4种报纸,共有9种报纸,遂成为战时报刊出版的一个中心。

报刊出版的另一个中心是赣县,当地有《赣南民国日报》《新赣南报》《三民日报》等6种报纸和《东南评论》等期刊。中央通讯社江西分社从1939年到1945年在赣县发稿,1939年还有国民、岭北、赣南等3家通讯社在当地营业。

1939年6月,蒋经国来赣县就任国民党江西省第四行政区督察专员之后,主办了多种报刊。1940年蒋经国与商人魏筱芙商妥,将其私营的《新赣南报》改为与专员公署合办,蒋兼任社长。1941年2月,江西《青年日报》创刊,蒋经国又兼任社长。同年10月,蒋经国创办专员公署机关报《正气日报》,仍兼任社长,并邀请著名记者和作家曹聚仁担任总经理,主持报社工作。《正气日报晚刊》也在同年12月开始出版,为赣县第一张晚报。从1943年起,专员公署又出版《人人看》通俗周报。1939年到1943年,蒋经国在赣县还创办了《新赣南》月刊和江西青年通讯社。

抗战时期在赣南从事办报活动的还有记者彭芳草、高汾、陈朗等人,他们都参加了《正气日报》编辑工作。全国木刻界抗敌协会江西区理事、版画家荒烟担任《正气日报》美术编辑,并主持该报《版画》副刊。作家王西彦也参加《正气日报》编辑部工作。儿童文学作家陈伯吹在《民国日报》主编副刊。

抗战时期,报刊言论比较自由,并且有着一致抗日、消灭敌寇的共同目标,报刊有很大发展。程其恒撰《江西新闻事业概览》一文记载,从1939年到1940年,江西报纸有61种,刊物105种,实际上不止此数。抗战进入相持阶段后,国民党顽固派日趋反动,数次掀起反共高潮,进步报刊受到迫害,报刊言论被严加控制,报刊增长速度减慢。这时出版的多为官方或半官方报刊。1942年,赣南有4家报纸创刊,其中3家是国民党县政府机关报。中统特务组织也在江西办报多种,如公开发行的《东南评论》《尖兵》半月刊和内部发行的《前锋报》等。国民党第三战区党政军联席会议秘书处于1943年在铅山创办的《民族正气》半月刊和中统办的江西报刊都大量散布反共言论。但是也有一些江西报刊坚持抗战、团结、进步的立场,如王造时主持的《前线日报》,聘冯英子为总编辑,不少进步人士和左翼作家在该报发表文章,发行量突破5 000份。

抗战中的江西报刊备受磨难,南昌、赣县报纸被迫辗转迁徙。南昌《大众日报》从1938年11月至1945年3月先后迁吉安、遂川、泰和、永丰4县。南昌《民报》于1942年从临川迁黎川途中翻船,遂停刊。1939年,赣县《赣报》被敌机轰炸受损,翌年停刊。还有不少报刊因为缺少经费,出版不久便停刊。萍乡抗敌后援会于1940年创办《抗敌快报》,因经济困难,只出版一月即停。当时官方大报则靠国民党有限的津贴和实行派销来维持。但是有不少报刊得不到官方补助,只好在偏僻的山村里用粗劣的土纸油印出版,每期仅发行一两百份,报社入不敷出,工作人员生活艰苦。进步报纸和进步报人则还要受到国民党政府的迫害。据不完全统计,从1936年到1945年抗战胜利前,江西出版的报纸在95种以上,刊物160种左右。

## 六、解放战争时期江西新闻事业

从抗战胜利到解放战争时期,为国民党统治服务的江西新闻事业由兴盛走向衰亡。

1945年8月15日抗战胜利以后国内暂时和平。国民党政府在舆论的压力下不得不宣布废除抗战时期实行的新闻检查。于是,江西省逐渐出现一些新的进步报刊。与此同时,国民党内各派系和国民党控制的一些社会团体如新闻记者公会与商会等也纷纷创办报刊。

南昌重新成为新闻业集中的城市。除了一些报刊陆续创刊外,中央通讯社江西分社和南迁的报刊在抗战胜利后又迁回南昌市。还有在赣县创刊的《青年报》(原名《青年日报》),在吉安创刊的《文山报》,在瑞金创刊的《知行报》都迁至南昌。1947年,南昌出版的报纸有30种,而它的人口不过22万。30种报纸中有10种四开小报。它们或侧重报道地方新闻和市场消息,或专门报道影剧明星动向,也有些是反映校园生活,以青年学生为读者对象。

赣南各县报刊和通讯社也比较多。1945年初赣县沦陷前迁出的报刊在8月日本投降以后陆续迁返。1946年,赣县有报纸7种,通讯社3家。赣南的大余县既有《大余日报》出版,又办有大同通讯社。

在赣南,除了国统区报刊以外,还有中国共产党出版的报纸。1946年冬,转战于大余、南雄、信丰交界的高山峻岭的中共五岭地委,在信丰油山创办机关报《人民报》。该报每隔三五天出版一次,四开二版,油印。

九江有报纸2种。创刊于永丰县的《型报》在1946年5月迁九江出版。同年,《青年报》复刊。九江旁边的庐山有4种报纸刊行,其中有国民党中央机关报《中央日报》的庐山版、南昌《力行日报》庐山版、九江《型报》庐山版。它们专门为国民党南京政府要员在山上避暑服务,是适应庐山暑期政治活动的需要而创办的。暑期一过,大员下山,它们便停止出版。另一家报纸是国民党特务组织"励志社"的庐山分支机构出版的《励志报》。

据1948年编纂的《中华年鉴》一书统计,1947年核准登记的江西省报社54家,在全国占第7位,期刊社27家,在全国占第9位;1948年江西省报社94家,在全国占第6位,期刊社54家,在全国占第7位。

当时,在分宜、崇文、高安、安义、宜黄、玉山、乐平等许多县和南昌、九江、赣州等较大的城市,都有国民党地方党部与地方政府主办的报刊。三青团主办的报刊也遍布各地,如三青团修水支部出版《青年报》和《新血轮》,三青团南昌一中分团主办《青年时报》。《青年时报》创刊于赣南的宁都,后迁南昌。先后由中统江西调统室主任、江西特种工作办事处主任兼任发行人和社长。此外,还有《戡乱月刊》《特训丛刊》等。属于军统的则有南昌出版的《捷报》。国民党地方党部、地方政府、三青团、中统、军统出版的报刊几乎垄断了江西报业。还有不少报刊打着民营招牌以捞取政治资本为目的,主持人多与国民党、政、军方面渊源甚深。例如《文山报》创办人杨不平是国民党CC系外围组织的人物。他抓住达官贵人害怕舆论的心理,在《文山报》上时常刊登一些内幕新闻,发表一些指桑骂槐、旁敲侧击的杂文,装成一副为民请命的姿态,进行政治投机,暗地里又表示效忠CC系。因而曾当选"国民参政员",后又被钦定为国民党南京政府立法委员。他主办的《文山报》蒙骗了不少读者,读者以为该报能够"仗义执言"。

当时,竭力美化国民党的统治,进行反共反人民宣传的报纸,日益为读者所厌弃。三青团江西支团部主办的《青年报》抗战时期登载过进步作家的文艺作品,发行量曾达7 000份,但是到了1948年以后,由于露骨地进行反共宣传,发行量陡降至5 000份,1949年3月,发行量再降至1 000份。而为读者所欢迎的《中国新报》,发行量高达8 000份。《中国新报》创刊于1945年11月,在南昌出版,它被读者称作"江西大公报"。该报社组成股份有限公司经营,以民营新闻企业面貌出现。董事长文群,曾任江西省财政厅长,发行人兼社长熊在渭,是南京政府立法委员、国民党江西省党部委员。在报纸编辑部中有思想进步的文化人,因而该报刊出过进步文章。聂轰担任该报的主笔,他后来成为中共地下党员。洛丁主编文艺副刊,刊载郭沫若、茅盾、臧克家、艾芜、许钦文等人的作品。担任编辑工作的傅随贤和中共地下党员张自旗原在九江《型报》工作时,就曾掩护过新华社中南前线记者。张自旗执笔的《一江春水向东流》影片座谈会纪要在《中国新报》副刊上发表

## 第七章 江西新闻事业发展概要

后,曾获得影片编导蔡楚生、郑君里的赞赏。解放前夕,中国民主同盟江西地方组织也派盟员到该报工作,其中有担任总编辑的李国华。《中国新报》广泛反映国统区通货膨胀、物价飞涨、民不聊生的情景,报道美军强奸中国妇女的事件,对于反饥饿、反内战的学潮及南昌报业工人罢工持同情与支持的态度。从1948年至1949年5月南昌解放,《中国新报》编辑部基本上为进步力量所掌握。该报发表了农工民主党的《告全市人民书》,为解放南昌起了积极的宣传作用。

南昌即将解放时,农工民主党在南昌创办《平民日报》,表示了对中国共产党和中国人民解放军的欢迎和拥护。

1949年5月,中国民主同盟江西修水县负责人陈言和等组织修水民主自卫军,并且创办《光明报》,目的是揭穿反动谣言,宣传中国共产党政策,安定社会秩序,迎接解放。该报为石印,出版过8期。

从1948年到1949年春,由于国民党发动的反共、反人民的内战迭遭失败,国统区经济衰退,物价不断上涨,不少报刊经费拮据而不得不停刊。1949年5月,南昌只剩下10余种报刊,赣州的报刊还不到10种。它们在南昌、赣州解放时都停刊了。不久,人民报刊在各地陆续出版,江西新闻事业进入新的时期。

1890年到1949年解放前,江西报纸约有390种,期刊约有460种,通讯社50家左右。

通讯社事业创始于1926年,抗战中有较大发展。从20年代到40年代,南昌、赣州、九江、吉安、上饶、泰和、大余等地都有通讯社开设。其中发稿正常的不过1/5,多数通讯社有名无实。

1933年,南昌广播电台开播。抗战时期停播,抗战胜利后恢复播音。

旧中国的江西报社内工作人员不多。江西《民国日报》在1948年只有职工33人,一些小报只有职工3至6人。解放前夕,全省各报社编采人员总数为600人,但是职工文化程度普遍较高,江西《民国日报》社编采人员基本上是专科以上文化程度,有的人获得国外博士头衔。

江西国统区报纸发行量不大,大部分报纸期发数在100份至8 000份之间,最高发行量突破万份的大报只有江西《民国日报》和《正气日报》两种。

出版时间最长的是江西《民国日报》，一共出版了22年。

## 七、从解放初到"文化大革命"前江西报刊和广播事业

1949年4月21日，中国人民解放军进军江西，旧中国江西新闻事业的历史从此结束。在新中国的江西省，社会主义的新闻事业创立并发展起来。

第一批报纸有《南昌新闻》等8种。1949年5月22日南昌解放，中国人民解放军第二野战军第四兵团政治部接管《民国日报》《青年报》《力行日报》《捷报》等国民党报纸印刷厂的机器设备，并吸收了部分工作人员，于1949年5月25日至6月6日出版《南昌新闻》。在该报的基础上，由《中原日报》《吉林日报》《辽北日报》等老解放区报社南下的新闻工作者莫循、戴邦等人创办的《江西日报》，从6月7日起，在全省公开发行。《江西日报》是中国共产党江西省委机关报，同时也是江西人民的报纸。同年，九江市解放后，军事管制委员会没收了《型报》，6月10日创办《九江日报》。9月，《九江日报》改为中共九江地委机关报。在萍乡市，中共萍乡特支于解放前夕已掌握《群报》，1949年8月，中共萍乡市委在《群报》的基础上，改出自己的机关报《萍乡日报》。9月，市委撤销，成立县委，因袁州地委需要办报，县委指示《萍乡日报》停刊，人员和印刷机器迁宜春，筹办《袁州日报》。9月26日，《袁州日报》创刊。在赣州市解放以后，中共赣州地委于8月17日创办机关报《赣州日报》，11月20日，将报名改为《赣西南日报》。此外，还有《吉安日报》《浮梁新闻》等地市报纸创刊。在这些报纸中，《南昌新闻》《江西日报》《赣州日报》《九江日报》是对开四版，其他几种是四开四版或八开二版，它们都是综合性报纸。各报期发数以《江西日报》为最多，但也不过5 100份。《江西日报》社干部和工人总共百余名，印刷厂仅有4台手摇平板机，每台机器每小时只能印刷600份报纸。各报当时面临的主要困难是人力和物力不足。

为了培养新闻干部，充实报社采编力量，中共江西省委于1949年7月开办江西省立新闻学校。100余名学员于1950年元旦结业后，大部分调到《江西日报》社，其余分配到各地、市、县当通讯干事或参加地委报纸的采编工作。

为了解决印报用纸的困难,在省委的支持下,《江西日报》社与省政府工业厅及赣西南行政公署合资在赣州市开办赣西南人民造纸厂。1950年,该厂日产单面光新闻纸6吨。

为了办好全省第一批报纸,为报业发展打下基础,中共江西省委于1949年6月22日发出《关于办报建社和开展党报通讯工作的通知》,明确提出要实行"全党办报"的方针,积极开展党报通讯工作,要登记和号召老区党报通讯员,继续为《江西日报》服务,并以他们为骨干,推广通讯工作。各报都积极落实省委这个批示的精神。《江西日报》社建立群众工作专门机构,加强通讯联络和发展通讯员的工作,开始在各专区成立通讯站。通讯站接受报社和当地党委的双重领导,以便更有效地依靠各级党委来办报。《江西日报》还组织和推动各地的群众读报活动和报纸发行工作。九江地委、袁州地委、赣州地委都根据省委指示的精神,从多方面加强对自己机关报的领导,成立了党报委员会,由地委书记兼任党报委员会主任。又从南下干部、新闻学校结业生、县与区领导干部中挑选一批政治素质较好的同志充实报纸编辑部。报纸编辑部也抽调编辑、记者到各县委宣传部担任通讯干事,以加强报纸的群众工作。

在报社机构建设方面,各报都设立社务委员会,重大事情须经社务委员会讨论决定,报社日常工作实行社长负责制。《江西日报》社在社务委员会下面设立编辑部、采通部、经理部和秘书处。《赣州日报》等地委机关报也都设置由社长负责领导的编辑部、采通部和经理部三大职能机构。

当时,新华通讯社江西分社还未能独立建制,《江西日报》的采通部对外即为新华社江西分社,负责向新华总社发稿。

江西省的人民广播事业也是在1949年5月南昌解放后创始的。中国人民解放军南昌市军事管制委员会接收国民党江西省政府办的"江西广播电台",利用该台1千瓦中波发射机,以"南昌新华广播电台"的名称在5月28日开播。每日播音6个半小时。同年6月3日,改称"南昌人民广播电台",初创时期,全台有工作人员21名。

从1950年下半年起,江西广播台主要是面向农村,同时在全省着重发展农民报。各地委创办的报纸其机关报性质不变,但是以农民和农村基层干部为读者对象,以指导专区农村基层工作为主要任务,亦即办成农民报。《袁州日报》改名为《袁州报》,三日刊。第一期出版后,编辑部立即走访读者,征求意见,研究办农民报的路子。《赣西南时报》更名为《大众报》,三日刊,以农民为特定的读者对象。《九江日报》改名为《新农村报》,改名的原因是省以下工作重点在农村,地委报纸要帮助农民学习和工作,把广大农民组织到社会主义和爱国主义生产战线上来,更好地建设社会主义新农村。江西省的农村人口占全省人口的多数,农业是主要产业。各地委机关报办成了面向农民,为农民服务,为发展农业生产服务的报纸,受到广大农民和基层干部的欢迎。这些新闻媒介紧密围绕党和人民政府各个时期的中心工作,如土地改革、镇压反革命、抗美援朝、"三反"、"五反"、互助合作运动等开展宣传,成为农民学习政策,掌握科学技术,了解外部世界的重要窗口。

这一批农民报都以地方化、群众化、通俗化为指针,力求具有地方特色,并且使粗识文字的人能看得懂,不识字的人能听得懂。《袁州报》聘请一位唱花鼓戏的民间老艺人做报纸通俗化的顾问,稿件编成后念给他听,看是否口语化,是否音韵流畅,把报道中的八股调、学生腔改掉。1951年4月,中宣部召开全国通俗报刊图书工作会议,表彰9家办得较好的通俗报刊,《袁州报》名列第二。5月,《人民日报》发表李龙牧撰写的文章,推荐《袁州报》的通俗化工作。

地委报纸和《江西日报》分工协作,《江西日报》以加强报纸的群众性与指导性为编辑方针,它仍然是综合性的报纸,但是根据江西农业比重较大的实际情况,突出地搞好农业宣传,同时兼顾其他行业的报道。从1950年2月起,《江西日报》实行"邮发合一",报纸全部交各级邮局收订和投递,发行到全省各个农村。

除了农民报以外,还有一批工人报,如1950年创刊的《江西工人》《萍矿工人报》等。工人报和农民报都是专业性报纸。1951年,全省专业性报纸多于综合性报纸。

在刊物方面,既有《江西画报》等综合性期刊,也有《江西教育》等专业性期刊,两类期刊数量相当。

1953年,江西人民广播电台开办《对农村广播》节目。根据全国第一次广播工作会议决议,省台以面向农村为主。全省各专区、县、镇从1950年9月开始建立广播收音站。各县的收音站均以组织农民群众收听省台广播为主要工作。

从50年代中期起到60年代初,江西报刊与广播事业发展迅速。

在报刊方面,随着社会主义改造的胜利和社会主义建设的全面展开,有大批县报创刊。如1956年创刊的《清江报》《赣县报》,1957年创刊的《修水报》《都昌报》等,都是各县县委机关报,多数是八开二版,周二刊。它们面向农民,发行到该县各个乡村。在1956年以前,县报只有鄱阳的《农民小报》等7家,而从1956年到1959年,县报增至50种以上。一些地级市和县级市的市委机关报也陆续创办。其中有《南昌晚报》,由中共南昌市委主办,1958年创刊,初期报名为《跃进快报》,后改名《南昌日报》,1961年9月改用现名。此外还有《萍乡报》《景德镇日报》《九江市报》等。市报共计8种,多为四开四版的综合性报纸。全省各地区都有地委机关报。由于许多县委创办了农民报,这时的地委机关报重新改成综合性报纸。《赣南日报》(原名《赣西南日报》《大众报》)和《赣中报》(原名《袁州报》)等地委报纸主要刊登该地区农业生产和农村工作方面的消息及评论,也刊载国内外要闻和该地区工厂的报道,但是篇幅较小。在地委报社内部,这时多实行编委会领导下的总编辑负责制,不再设立社长。从1956年到1959年,还有一批省级专业性报刊创刊,如《江西青年报》《江西卫生报》《江西体育报》《江西商业》《江西水利电力报》等。因此全省形成省、地、县三级报刊并存和专业性与综合性报刊同时发展的局面。新闻队伍也相应地扩大了。1950年3月,《袁州报》编辑部仅有4人,到1957年6月,改名为《赣中报》时,增加到30人。1958年6月,该报有通讯员2 050人。这个时期新闻队伍的特点是年轻人较多,工作热情高,政治素质好,但是业务水平较低,所以有不少报纸没有能够办出自己的特色。

在1958年"大跃进"运动和反右倾期间,江西报刊上出现了一些假、大、空的宣传报道,违背了实事求是的原则和新闻规律,助长了实际工作中的瞎指挥和浮夸风。

这个时期,各县广播收音站扩建为有线广播站,除转播中央台和省台节目外，也开始自办一部分新闻和文艺节目。县广播站建立后，有线广播开始向区、乡延伸。1958年9月全省第一个乡广播站在高安县杨圩乡建成。到1959年年底，全省已建立公社广播站328个，安装入户扬声器9.4万多只。传输方式是利用农村电话线路，每晚开放广播两小时。同时一些工矿企业也建立了广播站。江西人民广播电台于1956年使用一台30千瓦中波发射机播出节目，到1959年初，发射机功率扩大为150千瓦。南昌人民广播电台是1951年成立的，而在1953年停播，该台又在1959年恢复播音，功率1千瓦。南昌市各区还采用电灯零线发展有线广播。同年，景德镇市人民广播电台开播。此外，在南昌市建立电视台的筹备工作于1958年着手进行，第一台50瓦黑白电视广播发射机也于1960年调试成功。江西省的电视事业由此开端。

1961年前后，主要由于"大跃进"运动和自然灾害的影响，国民经济发生严重困难，经费及纸张紧缺，在这种形势下，江西报业进入调整阶段。根据中共江西省委关于精简报刊、压缩发行份数的通知精神，全省除了《江西日报》、各地市党委机关报、《修水报》与《萍矿工人报》以外，其他各县报、包括企业报在内的各种专业性报刊相继停刊。县报撤销后，地委机关报的编辑方针是以农民和农村基层干部为主要读者对象，以教育农民和指导农村工作为报道重点。1962年12月，全省有报纸11种，其中日刊4种，周六刊2种，隔日刊4种，3日刊1种。只有《江西日报》是对开四版，其他10种都是四开四版报纸。《江西日报》的期发数为10.31万份，其他报纸的期发数在1300份至2.3万份之间。报纸总发行量不超过20万份。刊物有9种，其中月刊5种，半月刊2种，双月刊2种。中共江西省委组织部主办的刊物《支部生活》的期发数最多，为5万份。其他8种刊物期发数在750份至2.6万份之间，刊物总发行量不超过15万份。新闻队伍的规模也相应地缩小了，但是，新闻工作者认真总结"大跃进"运动期间报纸宣传的经验教训，政治水平和业务水平都有提高，因而报刊在宣传贯彻党的路线和政策，动员全省人民艰苦奋斗，完成调整国民经济的任务，加强社会主义建设方面，起了重要的作用。

在这段时间里，广播事业也处于调整过程中。除了江西人民广播电台继续播出节目以外,南昌人民广播电台于1962年停播,景德镇人民广播电台于1963年停播,电视台的筹建工作中断,县、市广播站撤销1/3。经过整顿后,从1964年到1968年,广播事业建设逐渐恢复。停播的县广播站陆续恢复播音,彭泽县棉船公社在1964年实现了户户有扬声器的计划,在全省各公社中实现该计划最早,这显示了农村有线广播建设重新取得进展。在城市里,景德镇人民广播电台于1965年恢复播音。江西人民广播电台为了加强节目的知识性和娱乐性,于1964年开办第二套节目,其中有阅读和欣赏以及英语广播教学,受到城市听众的欢迎。

## 八、"文化大革命"时期江西的新闻事业

从1966年5月到1976年10月持续10年的"文化大革命",使江西报纸受到很大破坏。"文革"开始以后,全省各地市报纸均被"造反派"夺权,更改报名,取消地方稿,专发新华社电讯稿,出版很不正常,经常脱期,报纸失去本来面目和地方特色。到1968年前后又都陆续停刊,报社编采人员下放农村劳动。全省只剩下《江西日报》,也一度不能正常出版,有时停报,并曾改名为《新华社电讯》,直到1967年8月底才恢复原名和地方稿,由江西省革命委员会筹备小组领导。在恢复原名和复出地方稿以后,该报突出宣传"文化大革命"的错误理论和实践。从1968年3月14日起,该报的四个版中有三个版的版头上刊用林彪的题词,直到1971年4月4日,毛泽东同斯诺谈话纪要传达下来以后才拿掉。林彪题词刊用之早,时间之长,这在全国报纸中少见。《江西日报》一方面极力吹捧林彪,另一个方面,以形"左"实右的所谓"工农兵占领版面""工农兵审查版面"来否定全党办报的方针,否定党对机关报的领导。1969年9月,林彪上井冈山时说:"《江西日报》是全国省报中办得最好的一张报纸。"于是,全国各地的报社纷纷派代表来《江西日报》社"取经",造成很坏的政治影响。

在《江西日报》社及各地市报社遭到冲击,被迫改名或停刊的形势下,从1967年起,五花八门的帮派组织主办的小报泛滥,这种报纸可简称为"派报",有实物可征者327种(包括专刊)。另外还有学校、机关团体、企业出版

的大量"文革"小报,总数约为 600 种。"文革"小报集中地是南昌、九江、萍乡和赣州,其他市县虽有,但数量较少。

从现存的"文革"时期小报来看,大部分为铅印,也有些是油印的。当时江西各地报社的印刷设备都被用来印刷"文革"小报。没有印刷设备的帮派组织则用油印出版小报,小报多为四开四版,定期或不定期出版。发行方式有内部发行、自办发行和邮局发行 3 种。内部发行的小报多半免费赠送,期发数在 1 000 份左右。自办发行的"文革"小报广泛设立发行网点,努力扩大销路,争取订户,有的每期发行 8 万余份,尚供不应求。邮局发行的"文革"小报是经过江西省无产阶级革命派大联合筹备委员会或江西省革命委员会筹备小组等机关批准的,出版费用由各地财政部门供给。这一类小报在宣传内容上要贯彻执行审批机关的指示,它们的发行量也比较大,在万份以上。"文革"小报的内容,主要是"中央文革小组"的指示文件、"首长"的讲话、各地"文革"动态(特别是武斗事件)和攻击对立帮派组织的评论文章。"文革"小报歪曲和夸大事实之处甚多。

"文革"小报是在极左和无政府主义的思潮影响下产生的,自它产生之日起,就成了"中央文革小组"的传声筒,中央"两报一刊"的附庸,为推行极左路线服务。"文革"小报经常颠倒事非,栽赃诬陷革命同志,竭力把人们的思想搞乱;同时又鼓吹派性斗争,煽动武斗,对社会动乱起了推波助澜的作用。1969 年 4 月中国共产党第九次全国代表大会召开以后,在提倡党的一元化领导和贯彻毛主席的"精兵简政"指示精神下,江西各地的小报陆续停止出版。在江西,小报从出现到消失只有两年时间,但是它曾经泛滥成灾,严重影响工农业生产,使国民经济受到很大的损害。

1967 年 1 月,"造反派"组织联合夺取江西人民广播电台的领导权,大批领导干部"靠边站",受批斗。江西台从 1967 年 3 月起实行军管,停止一切自办节目,到 8 月底恢复自办节目,节目有《学习毛主席语录》《对农村广播》《新闻》和《语录歌》等数种。1973 年,改设《对工人广播》《对农村人民公社社员广播》《人民解放军和民兵节目》等数种。1974 年,江西人民广播电台全力为"批林批孔"运动服务,广播节目充斥着所谓"儒法斗争"的宣传。"文革"开始后,农村有线广播网也遭到破坏,广播工作一度处于瘫痪状态。

1969年前后,全省广播事业的基本建设开始恢复。各地区先后成立广播站或管理站,从地区到所属各县逐步开通载波广播,并且着手进行从县到公社架设广播专线的工作。此外,在1959年"下马"的电视台筹建工程恢复进行,1970年7月,江西电视台建成,10月1日正式开播。1976年9月,江西电视台开始以黑白机和彩电机相结合,播放电视节目。

## 九、新时期的江西新闻事业

1976年10月粉碎"四人帮"以后,江西新闻界进行拨乱反正。1978年召开的全省新闻报道工作座谈会,联系新闻战线实际,揭发批判了"四人帮",从路线上、理论上、思想上努力分清被"四人帮"搞乱了的新闻战线上的是非问题,端正新闻工作政治方向。这时,地市报纸已开始复刊。中共赣州地委于1977年12月24日恢复机关报《赣南通讯》,该报是"文革"结束以后国内复刊较早的地市报之一,后来恢复原名《赣南日报》。中共南昌市委机关报《南昌晚报》在1979年11月1日复刊,该报是"文革"结束以后国内最先复刊的城市晚报。江西省的广播事业这时续有发展。1977年2月,萍乡人民广播电台正式开播。在有线广播方面,宜春县于1977年年底完成公社广播专线建设,成为全省第一个实现广播专线化的县。据1979年年终统计,全省入户扬声器的普及率为62%,扬声器总数为310万只,各县、市(镇)都有广播站,全省2 000多个公社,除十几个没有电源的边远公社外,都建立了广播站,有电的大队多半建立了广播室。

自从1978年中共十一届三中全会以后,江西省的新闻事业在改革开放中日益繁荣。到80年代,各地市委机关报陆续复刊,共计有11种,都是综合性报纸。新成立的中共鹰潭市委和中共新余市委也分别出版了自己的机关报。县报有中共修水县委机关报《修水报》等4种复刊。另外,在萍乡、丰城、德兴等城市里还有企业报复刊或创刊。从1980年起,南昌恢复了全省报纸出版中心的地位。在这里,有经济、政治、科技、文教各类报纸出版,经济报约占报纸总数的一半。以传播经济信息为主的报纸先后有《信息报》《信息日报》《经济信息》《企业导报》4种。《信息日报》由《江西日报》社与中国经济信息报刊协会联合创办,1984年10月创刊于南昌。它以传播经济信息为主,兼及政治、科技、教育、文化、体育和社会各方面信息。该报在全国建立了拥有数百名特约记者和通讯员的联络网,80年代末的日发行量约15万份,发行到全国几乎所有的县。此外以传播本行业信息为主的报纸,如金融、保险、建筑、交通、医药等行业报,约有15种。南昌大中型工厂创办的企业报,从1981年到1988年,约有13种。而在20世纪50年代和60年代,南昌只有3家企业报。50年代,南昌出版的以特定读者群为对象的专业性报纸,只有《江西青年报》。80年代,不仅有青年报,还有儿童文学报和老年报。中国作家协会江西分会于1982年初创办的《摇篮》,每半个月出版一次,四开四版,为国内最早创办的儿童文学报,最高期发数达100万份。为了满足读者文化娱乐、卫生保健等方面的需要,《江西科技报》《江西文化报》《江西画报》《江西卫生报》《江西体育报》都在80年代复刊或创刊。江西省广播电视厅主办的《江西广播电视报》于1985年开始出版。这份周报的最高期发数达76万份,发行于江西全省及湘、鄂、皖、浙、粤、闽诸邻省。1985年初创刊的《家庭医生》报,创刊初期为旬刊,四开四版,每期发行4万份,到1988年,每期发行量迅速增加到45万余份,在全国30个省市中都有订户。80年代末,江西报业已初步形成了以中国共产党江西地方组织的机关报为核心的多层次、多种类与全省经济文化发展基本上适应的报业结构,同时出现了无线广播和电视大发展的新局面,广播电台从50年代的1座增加到7座,广播人口覆盖率从1985年的45.3%提高到62.3%,电视台从70年代的1座增加到13座,电视人口覆盖率达82%。据1989年景德镇市调查,全市城乡共有电视机12.53万台。电视机数与总户数之比,分别为城区107%、工矿企业96.7%、农村18.7%。景德镇电视台人口覆盖率为87.4%,江西电视台人口覆盖率为93.9%,中央电视台人口覆盖率为69.6%。但是在全省农村有线广播网建设方面,由于许多地方遭受水灾破坏,农村有线广播网尚在恢复之中。在架设广播专线有困难的地方和受灾后无力恢复广播专线的地方,采用调频传输县广播站信号到乡广播站的办法,进行调频广播,既向乡镇传输信号,又可直接覆盖。

广播电视台和报社都十分重视采用新技术、新设备,以改进新闻传播手段,提高工作效率。1989年进行的广播电视调频技改,当年就使全省调频广播人口覆盖率达到44.6%。上饶地区在1989年有1/3的县广播站完成设备更新改造。80年代末,《江西日报》社已拥有5台大型高速轮转机,每台每小时可印报纸6万份,还有2台小型高速轮转机,每台每小时可印3万份报纸,相应的设备如铸字机、浇版机和压板机等也都齐全。此外,《江西日报》社还从国外引进1组黑白、彩色两用胶印轮转机和全套制版设备,每小时可印4万份高质量的报纸。

在1983年开始进行的新闻改革推动了江西省新闻事业的发展。各报扩大报道面,努力面向实际、面向群众,加强思想性、知识性、趣味性、服务性和可读性。管理方面,引进竞争机制,实行目标管理或岗位责任制,转变工作作风,同时开展多种经营,提高社会效益和经济效益。此外,大力进行新闻队伍建设,开始采取向社会招聘和从外地引进专业人才的办法以及鼓励职工参加自学考试的办法,来提高新闻工作者的政治思想、文化知识、新闻业务水平。《江西日报》社在50年代有职工100人,其中具有大专文化程度的还不到10人。到了80年代,在该报179名采编人员中,120人具有大专文化程度。

全省新闻事业进入90年代后继续发展。1991年又有地委报纸1种、市委报纸1种和县委报纸2种创刊或复刊。20种以上的企业报在九江、新余、上饶、贵溪、德兴和吉安市等地创刊,开始改变了企业报集中于南昌市的状况。1992年和1993年,一些报纸增出周末版或文摘版,有助于报纸的扩大发行。各地报纸力求贴近生活,传播改革开放最新信息,开展热点问题的讨论,因而赢得了广泛的读者。

到1997年底,江西报业经过治散治滥,共撤销7家报纸,200家内部报刊,180家转为内部资料。全省有党报16家,其中省级1家,为《江西日报》;地市级11家,如《南昌晚报》《赣南晚报》等;县级4家,如《临川报》《修水报》等。全省另有晚报4家,如《经济晚报》《江南都市报》等,《南昌晚报》因属于党报系统不计在内。江西还有专业行业报10种,社会群体对象报4种,生活服务类报8种,企业报1种(绝大多数企业报转为内部资料)。经过治理整顿,虽然各级广播电视机构由原来的242座减为90余座,但全省人民收听收看广播电视节目的效果明显改善,铜鼓、莲花、婺源等边远县区已结束了以往听不到、看不见省台广播电视节目的历史,到1997年底,江西广播电视的人口覆盖率已分别达到80%和87.5%。

截至1998年底的统计,江西省有国家统一刊号的报纸40家,广播电台10座,电视台13座,有线广播电视台12座,县级广播电视台96座,全省新闻从业人员1.8万人。报纸广告收入总额1.36亿元,广播广告收入总额2 951万元,电视广告收入总额1.72亿元。江西省广播电视系统在认真贯彻中央关于继续抓好治滥治散工作的精神方面做了大量工作,大部分市、县已实行了"三台合一"体制,全省有76个广播电视播出机构获国家广电总局重新登记批准。在2000年度核验工作中,有55座广播电视播出机构被认定合格,20座被认定基本合格,另有2座被认定不合格。73家报纸通过年检,1家晚报被告知限期整改。严格细致的年检工作有力地规范了办台、办报行为,江西新闻事业正踏上健康发展的坦途。

(本章撰稿人:程沄、安薇)

# 第八章

# 山东新闻事业发展概要

## 一、晚清时期山东报业的演变

  山东地处我国东部沿海,黄河下游,古为齐鲁之邦,是我国古代文明发祥地之一。唐、宋时将太行山以东地区称为"山东"。金朝置山东东、西二路,"山东"第一次成为行政区域的名称。明代正式将山东划为行省,并于正统年间在山东地区设地方最高行政长官巡抚;万历年间又增设提督,管理军务。巡抚与提督均派有驻京提塘,传递有关本省的文书和抄发邸报。清代因袭明代制度而加以规范化,全国16个行省,每省派驻京提塘官一人,并在京都设有报房,其中便有山东提塘与山东报房。"邸报"原是仅供官员们阅读的内部参考消息,在清朝乾隆以后规定由直隶提塘负责统一印刷,尔后才逐渐转化为可供民间订阅的报房"京报"。在这一转化过程中,山东籍人士作出了特殊贡献。戈公振《中国报学史》中曾这样记载:"据北京报房中人言,清初有南纸铺名荣禄堂者,因与内府有关系,得印《缙绅录》及'京报'发售。时有山东登属之人,负贩于西北各省,携之而往,销行颇易。此辈见有利可图,乃在正阳门外设立报房,发行'京报',其性质犹南方之信局也。"直到清朝末年,在北京报房中工作的人员仍颇多山东籍人士。

  山东地区出现近代报纸相对较早,在全国各省中,仅次于广东、福建、浙江、江苏、直隶与湖北。第二次鸦片战争中,法国于1858年强迫清政府签订

《中法天津条约》,其中规定增开台湾、潮州、登州、南京等处为通商口岸。后来正式开埠时,台湾选在台南,潮州选在汕头,登州便选在烟台为通商口岸。所以山东的近代报刊就出现在商埠烟台,最初来山东办报的人都是外国商界、政界和教会人士。

1894年在烟台出版的英文报纸《芝罘快邮》是山东地区最早的报纸,也可以说是开山东近代新闻事业的先河。该报为周刊,由英商沙泰(H. Sietas)公司创办①。在1900年时一度停办,1901年复刊,日俄战争期间由美国人麦克米德接办,并得到沙俄的支持,由于当时报纸的内容有明显反日倾向,曾被日本驻烟台领事馆勒令停刊。后更名为《芝罘晨报》(CheFoo Morning Post),仍由沙泰公司出版。1915年,由烟台外国商会接办,不久又转给英商仁德商行出版,同时还出版《芝罘每日新闻》(CheFoo Daily News),1917年停刊。

在1900年之前,山东还出版过两种报纸。一种是1896年美籍传教士赫士(W. M. Hayes)担任登州文会馆监督时,在烟台创办的《山东时报》;另一种是1897年青岛德国租界当局主办的德文《德国亚细亚报》。由此可见,19世纪末期,山东虽然已经出现了现代报纸,但所有报纸都是外国商人、传教士和殖民地行政机构所办。

1897年11月,德国借口两名传教士在山东巨野被杀,派军舰强占胶州湾。11月14日占领青岛,11月21日即出版《德国亚细亚报》。第二年3月,清政府派李鸿章与德驻华公使海靖(Freiherr von Heyking)签订《胶澳租界条约》,这个条约确认被德国占领的青岛市区为德租界,承认山东为德国的势力范围。入侵者擅自出版的《德国亚细亚报》名正言顺地成为了青岛德国租界行政当局的机关报。1900年为扩大影响,采取中文和德文合刊,改称《胶澳官报》,以16开书册形式,每周出版一册。德文《德国亚细亚报》停刊后,德国殖民主义者感到不方便,于1901年又出版了《青岛德文报》。

---

① 据戈公振《中国报学史》《中国新闻事业通史》第一卷等著作记载,英文报纸《芝罘快邮》为英商沙泰(H. Sietas)公司创办,而据《山东省志·报业志》(山东省报业志编纂委员会、山东报业志编辑室承编)的说法为德商沙泰公司创办。考虑到当时德国在烟台地区的势力并不大,且德国公司在中国出版英文报纸这种可能性极小,故在行文中定为英商沙泰公司创办,并录此待考。

# 第八章　山东新闻事业发展概要

1906年《胶澳官报》又改名为《德华日报》，这是一种中文报纸，日刊，刊期另起，一直出版到1914年第一次世界大战开始，日本借口对德宣战，派兵在中国山东半岛龙口登陆，于是年11月占领青岛，该报停刊。

由中国人自己在山东创办的第一张报纸，是1901年11月在青岛创刊的《胶州报》。该报为民办的以新闻为主的周刊，每星期四（后改为星期二）出版八开书页式的8页，用铅字印刷。主要栏目有"谕旨""论说""电讯""北京新闻""各省新闻""山东新闻""本埠新闻"。主办人朱淇（季箴），是南海名儒朱次琦的侄子，康有为出自朱次琦门下，与朱淇是同学。朱淇曾参加过早期兴中会，但很快就离开广东到青岛来办报。由于胶州湾事件后民族矛盾十分尖锐，一些清朝地方官吏出于爱国动机，对朱淇到青岛办报表示支持。当时山东布政使尚其时就曾资助过朱淇办报。就《胶州报》的性质而言，它充其量是属于改良派的报纸[①]，因而得到山东大吏们的帮助。不久，朱淇在尚其时、曹倜等官员们的支持下，集资数千金，只身去北京办报，后来成为北京报业公会会长、中国报界促进会主席。朱淇走后，该报就由山东巡抚周馥派候补道朱钟琪去接办，商局还拨银3 000两充作办报经费，此后又陆续接受过官方多次津贴，成为半官方报纸。

从1903年起，山东正式的官办报纸出现，最早的官报是由山东巡抚周馥创办的《济南汇报》，该报也是济南最早的近代报纸之一。《济南汇报》为5日刊，书册式，页数不定。该报只限于供清政府官员阅读，不刊登广告，属于内部参考消息性质的报刊。该报除刊登皇帝谕旨、各地条陈、奏章及政府公文、章程外，还有国际新闻、外国教育制度与方法、自然科学、奇闻趣事等，内容相当驳杂。有趣的是，该报曾采取三种不同的印刷技术出版，第1至7期采用中国传统的木版印刷，第8—34期用铅字印刷，35期起改为石印出版。从这一特征看，既反映了当时山东报业正处于起步阶段，报刊的基本形

---

[①] 1902年10月21日《胶州报》上有朱淇的一篇题为《论中国今日尚未能民权自由》的论说，谈到："西国人民亦必成了以后方有自主之权，当其少时，亦必听命于师长父母。盖非不许其自主，盖谓年当童蒙，其学识未足以自主也。中国今日之民，其智识学问尚是童蒙之时也，若遽以民权自由授之，是犹以利刃授孺子，必至嬉戏伤人无疑也。"这种观点显然是反对革命的改良主义见解，因而能得到地方官吏的支持。转引自《山东史志资料》1982年第1辑，山东人民出版社1982年版。

态尚未完全定型,也可测知,仅供官员阅读的《济南汇报》发行量是极其有限的,用铅印还不如用石印合算。该报出版到1909年孙宝琦上台后停刊,估计也与发行量少,不胜赔累,而此时传播新闻信息的报纸已很普及有关。

《济南汇报》实际上是一种古代报纸向近代报纸转化的过渡类型,济南还有一种更加直接的由古代报纸向近代报纸转化的新闻媒介《简报》。该报的前身是"辕门抄",由于近代报纸的出现,"辕门抄"因信息来源单一越来越不受读者欢迎。1903年起由工艺局坐办李士可主持,将"辕门抄"改为《简报》出版。该报每天出版四开对折的一张石印报纸,其下半版主要刊登当时官员升迁、禀见等"辕门抄"内容,上半版则摘录南北各大报的新闻,也刊登商业广告,发行量约在400—500份之间。

1903年也是山东商业报纸开始出现的一年,这一年济南商会会所创办了《济南商会日报》。尽管这张报纸未必是真正自负盈亏的报纸,但它的商业化倾向已非常明显,从其发刊缘起和报纸栏目上均可看出。《〈济南商会日报〉缘起》中说:"有商报则居一室之内而知天下之事,治一方之产而知各国之货,披一纸之书而知四方之价……至于闻时务、考外情,其为益又岂致富求赢所能尽哉?"该报栏目有"谕旨""时政""时事""商局文牍""商会案件""商业须知""商事杂志"(银价、粮价之类)等。《济南商会日报》出版时间不长,旋即停办,反映了当时在山东办商业性报纸的时机尚未成熟,看来那时山东的报业还不能成为营利的事业。

1904年3月9日,一份面向社会公众可公开销售的官报《济南报》创刊。该报为两日刊,由山东藩台主管的商局出资创办。同年10月9日改名为《新济南报》,作为两日刊继续出版。1905年5月4日,由两日刊改为日刊,官方拨银一万两为办报经费,更名为《济南日报》。该报原为四开四版,后改为对开四版,并饬令各属派销。杨士骧由署理转为正式山东巡抚后,于1905年8月30日将《济南日报》改为《山东官报》,由新成立的济南山东官报事务所出版。开始时仍每天出版对开四版,星期日休刊。1906年1月25日起,改为两日刊。1908年吴廷斌接任山东巡抚后,将《山东官报》改为线装书形式的旬刊,同时再由山东官报事务所另出《山东日日官报》,每天出对开四版。这一改革可能是考虑到当时各省都有以省名命名的官报,而各省官报均为线装书形状,且大多为旬刊,以对开大报形式出版的《山东官报》在当时确为特例。1909年5月,《山东官报》改为周刊,形式与旬报相仿,1911年因辛亥革命爆发而停刊。1912年进行改组,更名《大东日报》出版,为共和党山东组织的机关报。

1906年2月,山东出现了最早的革命派报纸。该报为济南出版的《济南白话报》,每天出版油印的八开一张,主编为刘冠三。出版不久,即遭封禁,刘冠三因此被开除学籍。这一阶段也曾经出现过一些同情中国民主革命的报纸,如日本民主人士桑名贞次郎(又称桑岛、桑学海)于1907年在烟台创办的《芝罘日报》和1908年4月在青岛德租界登记出版的《青岛时报》等。《芝罘日报》在辛亥革命后卖给曾任《济南白话报》编辑的同盟会员王倬等人,一直出版到1937年,是清末创刊持续出版时间最长的报纸。《青岛时报》后被清政府收买,性质有所改变,由官方命令各州县勒派购阅。

由于烟台与青岛两地清政府的统治力量相对薄弱,所以革命派报纸在这些地区比较活跃。当时最有影响的革命派报纸是1908年于烟台创刊的《渤海日报》。该报为铅印对开大报,由同盟会员陈命官、丁训初、齐树棠等创办。武昌起义后,渤海日报社成为烟台同盟会员筹划武装起义的场所,起义部队从毓璜顶直扑海防营的方案便是由丁训初等人在报社内商定的。烟台起义成功后,革命果实很快被反动势力所攫取,《渤海日报》于1912年停刊。丁训初等人又在烟台办起了《钟声报》。济南的一些同盟会员也创办过《齐鲁民报》等革命派报纸,在鼓吹推翻清朝政权方面作出过一定的贡献。

据现有资料统计,辛亥革命前山东地区先后创办过各类报刊30家左右,其中外文报纸5家,集中在烟台和青岛两地。中文报纸主要集中在济南,约15家;烟台出版的有6家左右,青岛出版的约4家。

## 二、民初斗争激烈的山东新闻界

辛亥革命成功之后,民主气氛一度很浓,为了充分利用言论自由,各派政治力量都纷纷办起了报纸,同盟会及后来改组的国民党、共和党及以后改组的进步党、诚社、民治社、安福系等政党和政治派系都办有自己的报纸。

此外还有一些商人、职业报人办的民办报纸,可谓五花八门,应有尽有。由于各报政治背景不同,除了表现出不同倾向外,也旗帜鲜明地进行针锋相对的斗争,如同盟会员创办的《齐鲁公报》曾公开抨击山东省临时都督孙宝琦突然宣布取消山东独立,揭露袁世凯亲信张广建制造逮捕革命党人的"宜春轩事件"。1912年1月23日被查封后,同年4月1日以《齐鲁民报》名义出版,与共和党山东组织的机关报《大东日报》斗争尤为尖锐,《齐鲁民报》骂共和党对袁世凯政府一味拍马,说是"一犬吠形,百犬吠声"。《大东日报》则称国民党捣乱政府"犹如疯狗"。

日本在中华民国成立以后的最初几年里,不断加深对山东地区的文化渗透和舆论影响力。早在1905年,日本人就曾在济南办过日文《济南日报》,但影响甚微,很快就销声匿迹。从1914年开始到1917年短短4年时间,日本已在青岛和济南办了6种报纸,即中文报纸《大青岛报》《济南日报》《青岛新报》和日文报纸《青岛新报》、《山东新闻》(济南)、《山东新闻》(青岛)。实际上日本帝国主义利用第一次世界大战之机,将德国在山东的势力范围取而代之。从创办报纸的情况也可看出,日本主要的大本营是青岛,并将其势力向济南辐射。在稍后的几年里,日本又在青岛增办了3份日文报《青岛实业日报》《青岛商况日报》《青岛日日新闻》和两家中文报《济南日报》(青岛版)、《青岛公报》。由于日本人办的报纸均有政府作为其政治后台,所以不仅办得多而且经济实力雄厚,出版时间都非常长,如《大青岛报》和日文《青岛新报》都一直办到1942年。

1919年1月,美、英、法、意、日帝国主义国家在巴黎召开"和平会议",中国提出要求取消"二十一条"和收回山东一切被日本夺去的权利,却遭到与会帝国主义国家的拒绝,而中国的军阀政府竟准备在和约上签字,于是爆发了五四爱国运动。《齐鲁公报》等进步报纸旗帜鲜明地仗义执言,对帝国主义和反动军阀进行口诛笔伐,支持爱国学生和人民群众的反帝爱国斗争。安福系的报纸《昌言报》则站在皖系军阀的立场诋毁学生运动,被示威群众捣毁。一些原本有矛盾的报纸在反帝的共同目标下也站到了一起,如《大东日报》在思想比较进步的王景尧主持下,以"山东问题险恶,同胞速起奋争"的大字标题专辟一栏,登载爱国运动的消息和文章,并与《齐鲁民报》《山东

# 第八章 山东新闻事业发展概要

商务报》《山东法报》《简报》《通俗白话报》《齐美报》等一起,一律停登日本广告,不代卖日本报纸,从而将"五四"爱国运动推向高潮。

据《山东省志·报业志》提供的不完全统计,从山东光复到1919年,山东新创办的报纸在46种以上。济南仍然是山东的报业中心,这段时间共创刊28种报纸,其次为青岛8种,烟台7种,潍城、临沂、桓台各1种。46种报纸中外文报纸6种,4种为日文,2种为英文。在40种中文报纸里,党派和政治派系报纸占2/5以上。

"五四"新文化运动揭开了山东新闻史上的新的一页,使报业的发展进入现代阶段。在这个历史时期,山东各地报业有了较大发展,有重大影响的无产阶级报刊《山东劳动周刊》便在这一时期诞生。该周刊原名《济南劳动周刊》,是《大东日报》副刊,经过改组,于1922年7月9日复刊,易名《山东劳动周刊》,独立出版,成为中国劳动组合书记部山东支部的机关刊物。该刊在社长王尽美和总编辑王翔千的主持下,大量报道各地组织起来的工人与帝国主义、北洋军阀和中外资本家及其走狗的英勇斗争,揭露帝国主义、封建主义和军阀、资本家对工人的残酷剥削与压榨,号召工人团结起来,为争取解放而斗争。《山东劳动周刊》的诞生标志着山东工人阶级的觉醒,并开始成为一支独立的政治力量登上历史舞台。在此前后,一批由共产党地方组织和共产党人创办的无产阶级报刊在山东出版,1925年之前,主要集中在济南,有《十日》旬刊、《工人周刊》、《晨钟报》日刊、《社会科学》杂志、《齐鲁青年》周刊、《现代青年》周刊、《铁路工人》等。

这一时期还有一些民办报纸,虽然不是共产党人所办,但由于共产党人在其中起积极的作用,使它成为当时很有影响的进步报纸。如1920年10月1日创刊的《泺源新刊》,原是山东省立第一师范学校学生自治会出版的四开四版的周二刊,编辑也由该校学生担任。因为山东省早期的共产党员王志坚是主要编辑之一,王尽美、邓恩铭都曾在该刊发表过重要文章,因而成为一张积极宣传新文化运动,影响较大的进步报刊。1923年创刊于青岛的《胶澳日报》,原是一张没有明确宗旨的民办报纸,邓恩铭受中共济南直属支部委派到青岛,以《胶澳日报》编辑身份作掩护,联络青岛各界人士,宣传马克思主义,并在该报副刊上转载《列宁传略》,刊登介绍十月革命的文章,深受青年读者的欢迎，一时成为颇有影响的进步报纸。

山东在1920年之前是皖系军阀的天下，皖系军阀在直皖战争中失败以后，山东又成为直系军阀的势力范围。1924年10月，由于直系将领冯玉祥回师北京举行政变，奉系军阀在第二次直奉战争中取得胜利，山东又成为奉系军阀张宗昌的地盘。从1924年到1927年是张宗昌祸鲁时期，他不仅苛捐杂税，聚敛无厌，而且竭力反共反人民，到任不久，就封闭进步报刊，把大批进步学生关进监狱。他还出资办一些御用报纸，如《世界真理日报》《新鲁日报》《大风报》等，为自己歌功颂德、涂脂抹粉。1925年5月在中国共产党领导下，青岛日本纱厂工人举行大罢工。青岛的进步报纸《青岛公民报》在共产党人和工人运动的影响下，大胆抨击时弊，公开支持工人，还全文刊登了《共产党宣言》，深得民心，被誉为"工人的喉舌"，发行量也由几百份猛增到万份以上。同年7月25日，张宗昌亲率大批军警到青岛镇压工人运动。亲日分子、青岛商会会长隋石卿为讨好张宗昌，在一家日本人开的大旅馆里设宴招待，一夜之间花了5 000元。第二天，《青岛公民报》将这件事揭露了出来。张宗昌恼羞成怒，立即以"肆意行邪论，鼓动风潮，扰乱社会，引起重大纠纷，群情慌惧"等罪名，下令查封青岛公民报馆，逮捕社长刘祖谦、总编辑胡信。7月29日进步报人胡信之被杀害，刘祖谦也死于狱中。

胡信之，又名寄韬，1890年出生于北京一个小官僚家庭。清末民初社会剧变、政局动荡，促使胡信之开始关心国家大事。他对孙中山先生为革命奔走呼号的精神十分敬佩，对袁世凯窃国篡权倒行逆施非常愤慨。他忧国忧民，希望借助舆论唤起民众，以期改变祖国的命运。1924年9月10日，他在友人的资助下创办了《青岛公民报》。1925年1月，王尽美以孙中山先生特派宣传员身份来青岛宣传召开国民会议的重要意义，胡信之不仅在《青岛公民报》上发表评论，极力支持召开国民会议，还亲自为王尽美到各界做宣传、联络工作。1925年4月，青岛日本纱厂工人不堪日本厂主虐待和剥削举行大罢工，《青岛公民报》首先报道了罢工消息，全文刊登《青岛大康纱厂工人泣告书》，反映工人生活艰难的情况和罢工真相。胡信之还在报上发表评述，谴责日本厂主虐待工人的罪行，极大地鼓舞了罢工工人的斗志。日本纱厂工人的首次联合大罢工坚持了22天，在各界的支持下，终于取得胜利,胡信之和他主编的《青岛公民报》受到广大市民的爱戴和称颂。1925年5月,青岛发生"青岛惨案",上海发生了"五卅惨案",胡信之对军阀政府媚外屈膝、残酷镇压工人运动义愤填膺,在《青岛公民报》上发表社论说:"这样的政府留他一天,不但不能为国家福,反而为国家累……这样的政府还能要他吗?还能不同他革命吗?"进而号召民众:"一面要坚忍不拔的进行抵制英货日货,一面要根本上推翻现政府,造成有组织的国家,然后人民才能有真正的保障。"①当胡信之被反动当局押赴刑场时,他与其他几位革命烈士一起高呼:"打倒日本帝国主义!""打倒封建军阀!""中国共产党万岁!"胡信之在青岛团岛英勇就义时,年仅35岁。他为威武不能屈的中国爱国报人树立了光辉的榜样。

张宗昌对革命人民的残酷镇压,反而促使共产党人坚决抗争。在张宗昌祸鲁的三年时间里,山东共创刊了28种报纸,其中共产党办的报纸就有10种以上,而且从济南、青岛发展到了寿光等地。

## 三、新军阀统治下的山东新闻事业

1928年4月,奉系军阀张宗昌在蒋介石的国民党军队、阎锡山的晋军和冯玉祥的国民军联合进攻下,被驱逐出山东地区,从而结束了民国以来长达17年的旧军阀统治,但新军阀随即开始了对山东的统治。

奉系军阀退出山东后,冯玉祥的国民军控制了山东的主要地区。虽然自1927年"四一二"反革命改变后,冯玉祥倒向蒋介石一边,参与反共活动,但自1928年起,因与蒋介石集团发生利害冲突,矛盾渐趋激化,在自己的辖区内并不积极反共。于是在全国笼罩于一片白色恐怖之中时,山东地区的共产主义宣传活动显得颇为活跃。从1928年到1930年,据山东省报业志编辑室的不完全统计,这一段时间共创办了50种报刊,共产党的报刊在13种以上,有的虽然名义上是国民党县党部报纸,但实际领导人却是共产党员,如费县的《血花报》。这一时期的共产党报刊已不局限于济南、青岛两

---

① 刘衍琴:《民国时期山东报业概述》,《新闻大学》1996年春季号(总第47期)。

地、高密、烟台、郯城、淄川等地都出现宣传共产主义的报刊。然而这些报刊持续出版的时间都比较短,几乎没有连续出版一年以上的。可见当时共产党人的处境还是相当艰难,经济实力也明显不足。从当时共产党报纸出版情况来看,中共山东省委已从济南转移到青岛,青岛的共产党报刊也略多于济南。

这一段时间,国民党的报纸发展得更快,在50种报刊中竟占40%,即20种,主要为省党部、市党部和县党部的机关报,也有少量国民党军报和政府机关报。国民党报纸的分布面更广,除济南、青岛的省党部与市党部机关报外,日照、临沂、博山、潍县、菏泽、济宁、历城、费县、昌邑、烟台、临淄、禹城等地都有国民党县党部的机关报。实际上山东地区此时已形成了国民党党报的网络。

由于处在新军阀混战的前夜,社会动荡不安,这段时间新创办的民办报纸不多,但是民办报刊也有向县城发展的趋势,临沂、利津、威海等地均首次出现民办报刊。

冯玉祥与阎锡山在中原大战中失败后,山东被韩复榘的国民党第一军团所占领。1930年9月韩复榘被任命为山东省政府主席,于是从1930年9月到1938年1月开始了他那长达八年之久的土皇帝式的统治。

1929年国民党山东省政府由泰安迁回济南,原先在泰安出版的《民国新闻》也随之迁来济南,并改名为《山东民国日报》,成为国民党山东省党部机关报。在新军阀韩复榘统治时期,该报便成了他最主要的御用报纸。

韩复榘原是冯玉祥的老部下,在蒋介石的拉拢与收买下,叛冯投蒋。韩复榘的山东省政府对蒋介石的中央政府保持半独立状态,使蒋韩之间矛盾重重。蒋介石故意在胶东地区安插了一支刘珍年的部队,即国民党第十七军,以牵制韩复榘。刘珍年在烟台驻地也办了一张对开两大张的《东海日报》,作为自己的喉舌。为了笼络刘珍年,蒋介石曾于1931年7月《东海日报》周年纪念之际,为《东海日报》写了贺词"泰岱晨钟"。韩复榘将刘珍年视为心腹之患,屡次制造磨擦。中共烟台支部则利用新军阀之间的矛盾开展工作,通过各种关系,将一些从南京、武汉等地脱险的共产党员安插到刘珍年处从事地下活动。1929年秋在烟台创刊的《胶东日报》,便是中共烟台支

第八章　山东新闻事业发展概要

部公开出版的报纸。该报的主持人就是中共烟台支部负责人许瑞云,社论由当时在刘珍年部工作的共产党员赫联基撰写,每周至少一篇,针对当前时局发表政见,观点鲜明。办了几个月,因地方当局施加压力而停刊。不久改称《胶东新闻》,又出版过几十期。

1932年9、10月中旬,韩复榘联合张学良,在张学良的炮兵援助下,向盘踞在胶东的第十七军刘珍年部进攻,迫使蒋介石把刘部调往浙江。韩复榘在达到独霸山东的目的后,随即将屠刀指向共产党。从1932年到1933年间,韩复榘卵翼下的国民党山东省党部组织捕共队,三次破坏了中国共产党的地下组织——山东省委员会,逮捕和屠杀了大批共产党员。因此1931年时,山东全年创办了17种报纸,共产党报纸占5种,而1932—1933年全省创刊的26家报纸中,仅由中共山东省委办了两种不定期刊《斗争》和《工农》。从中不难看出山东共产党人所处政治环境的险恶。

国民党报纸在1931—1933年这段时间里又有了一些新的发展,过去不曾出版过报纸的地方,如沂水、曹县、鄄城、平原、恩县、益都、郓城、黄县等处,开始出现了县党部或国民党人办的报纸。一些原来出版过国民党县级党报的地方如潍县、威海、沂水等处,开始出现民办报纸。

为了反抗国民党和韩复榘的残暴统治,在韩复榘统治期间,共产党人发动益都、博兴、诸城、日照、荣城、海阳等地的农民举行武装起义,斗争的重心也由城市转入农村。从1934年以后共产党报刊的出版情况来看,也从原来的济南、青岛转向曹县、禹城、昌邑、东平、聊城、济宁等地区。自1937年"七七事变"以后,山东地区再度出现国共合作办报的情况。1937年8月寿光出版的《大众报》便是共产党和国民党合办的报纸,该报一直出版到1937年12月,由于国民党军队溃退,寿光即将陷落而停刊。

韩复榘对共产党残酷镇压,对国民党党部也从明里暗里进行打击。甚至两次截留应上缴国民党中央政府的税收,暗杀国民党党部的负责人,所以国民党党报的发展也受到一定的阻力。在韩复榘统治山东的近八年时间里,山东新创办的报纸约90种,再加上韩上任前已经出版的,在1930年后持续出版的各类报刊20余种,总数接近120种。可是到1937年"七七事变"前,据统计,山东各地仅有为数寥寥的20余家报纸在出版,平均期发数最多的不过二三千份,少的仅一二百份。山东报业的这种寥落衰败现象是韩复榘独裁统治的必然结果。

需要一提的是,山东的无线广播事业倒是韩复榘出任国民党山东省主席之后倡仪创办的。他责成省政府无线电管理处办理筹建山东省会广播电台的事宜。1931年开始建设,到1933年5月1日正式建成播音,发射功率为500瓦,呼号为XOST。该台建有两座高30米的铁塔,上架T形天线,这是山东最早的一座无线广播台。该台每天两次播音,主要任务是向全省传达省政府各机关的政令,新闻则一次播本省新闻,一次播国内外新闻。娱乐性节目为辅,无非播一些京剧唱片之类,偶尔也请人到电台演唱曲艺。抗日战争之前,山东除省会广播电台外,还有6家广播电台分布在济南、青岛两市。

## 四、全面抗战时期革命报刊的大发展

1937年7月抗日战争全面爆发后,蒋介石任命韩复榘为第三集团总司令,要他指挥山东军事并承担黄河防务。但韩复榘一心只想保存自己的实力,只派少数部队过黄河与日军周旋,在日寇大举进攻面前,仓皇溃退。同年12月27日,日本侵略军的铁蹄踏进济南市区,随后青岛、烟台及津浦、胶济铁路沿线城市全部失守。1938年1月,蒋介石借开封召开军事会议为由,将韩复榘诱捕,以"违抗军令,擅自撤退"的罪名将他处决。

日本帝国主义在侵占山东大部分地区后,除继续出版他们早已创办的中文《大青岛报》、日文《青岛新报》等为日本侵略歌功颂德的报纸外,又新办了许多汉奸报和日本侵略军自己办的报纸,如济南的《山东新民报》《山东新民晚报》,青岛的《青岛新民报》《青岛大新民报》《胶东日报》,烟台的《鲁东日报》《芝罘汇报》,威海的《威海卫新民报》《新民周报》等。日寇还办了一些日文报纸,如《青岛兴亚新闻》《胶济时事新闻》等。日军进入济南后,即将济南的山东省会广播台改建为济南广播电台,于1938年6月开始播音。同年秋,又建立了日伪的青岛广播电台。1944年又在烟台建立了烟台广播电台。敌伪的新闻机构以弘扬东方文化,建设东亚新秩序为标榜,蛊惑人心,甘心受日寇奴役。

共产党人则多次发动敌后武装起义,如天福山起义、黑铁山起义、牛头镇起义、湖西武装起义、鲁南地区起义,组织山东各地人民抗战自卫队和人民抗日游击队。直属中共山东省委领导的就有鲁东工委、冀鲁边工委、鲁西北特委、胶东特委、清河特委、鲁中工委、鲁西南工委、济南市委、枣庄中心县委、淄川矿区区委和泰安、莱芜、新泰、博山、博兴、沂水、益都、冠县等县委。由这些特委、工委、县委组织创办的抗日救亡报纸像雨后春笋般发展起来。据不完全统计,从1937年7月到1945年8月八年抗战期间,日伪、国民党、共产党三方共创办报刊120多种,其中共产党人办的就有70多种。可以这样说,山东报业的真正大发展,是在抗日战争全面爆发以后。

1937年10月,鲁西北特委的《抗战日报》(前期为《山东人》)率先在聊城创刊,成为山东敌后最早出现的由中国共产党创办的报纸,总编辑为齐燕铭。抗战之前,山东的地下报刊主要靠交通员秘密投送,所以发行量有限。抗日战争开始后,革命根据地的报纸发行工作采取"报交结合"的办法,即报纸出版后,由报社发行部门交当地党委交通科,由交通员分送各交通站、分销处,再派送给单位与个人。《抗战日报》就这样靠各县和30多个游击支队的政治机关发行到全区,其中一部分经不同渠道发到敌后、武汉前线和大后方。大后方的读者见到敌后出版的《抗战日报》,认为是奇迹。该报1938年5月以后改为四开铅印,日销达6 000份。《抗战日报》登过不少重要文章,在保卫大武汉时,就登过叶剑英《论目前战局——注意敌人沿江跃进》和徐向前的《论开展河北的游击战争》等。

1938年8月中共胶东特委在黄县姜家店创办的《大众报》也是抗战时期很有影响的报纸。该报为铅印出版,战争紧张时用石印,四开四版,初期发行量为2 000份,后来越来越多,一直办到1948年才改名为《胶东日报》,发行量达4万多份。

《大众日报》是中共中央山东分局的机关报,1939年1月1日在沂水县王庄创刊,首任总编为匡亚明。刘少奇、徐向前、罗荣桓在负责主持和领导山东抗日斗争期间,均曾亲自到报社,直接领导过《大众日报》的工作。在1940年元旦报纸创刊一周年之际,毛泽东特地在延安为《大众日报》题词:

"动员报纸,刊物,学校,文化艺术团体,军队,政治机关,民众团体,及其他一切可能力量,以提高民族觉悟,发扬民族自信心、自尊心,反对任何投降妥协的企图,坚持抗战到底,不怕困难,不怕牺牲,我们一定要自由,我们一定要胜利。"足见中央领导对这张报纸的重视。

抗战期间,昌邑、诸城、梁山、寿光、东平、济宁、蓬莱、菏泽、陵县、宁津、桓台、曹县、临清等地,也都先后出版过小型油印报纸。这些报刊,积极、热情宣传共产党、八路军的抗日救国主张,发动群众抗日,揭露和打击了日本帝国主义的侵略暴行,为推动抗日救亡和根据地民主建设作出了贡献。在抗日战争时期,共产党领导的抗日民主根据地的报纸成了山东现代报业的中流砥柱。这些革命报刊在全省广大地区,形成多层次、多类型的报纸宣传网络。既有反映指导全省各项工作的省委机关报《大众日报》,又有各地区党委、地委和县一级的地方报纸;既有军队和人民团体的专门对象报纸,又有以农民群众为对象的通俗化报纸和画报。其中影响较大的地方报纸,除上面介绍过的《抗战日报》和《大众报》外,还有胶东区的《群力报》,鲁中区的《鲁中大众》《泰山时报》《沂蒙导报》,鲁南区的《鲁南时报》,滨海区的《滨海农村》,渤海区的《清河日报》《群众报》《渤海日报》,湖西区的《湖西日报》,八路军一一五师(罗荣桓部)政治部的《战士报》,山东纵队(后改为鲁中军区)政治部的《前卫报》,滨海军区的《民兵》报等。

继韩复榘之后,国民党中央政府派沈鸿烈为山东省政府主席,在靠近江苏的两省交界处开辟鲁苏战区进行游击活动。他们以东阿为中心,在昌邑、桓台、莱阳、沂南、安丘、曹县一带活动。也办有一些报纸,如国民党别动总队在昌邑办的《情报》,国民党鲁苏战区在昌邑办的《政报》,国民党桓台县政府的《民生日报》,国民党暂编12师在莱阳办的《抗战日报》,国民党军统在临沂地区办的《正报》,国民党曹县党部办的《曹县日报》等。如果加上国民党各县总动员委员会办的报纸,在抗战八年间创办过10种左右,然而其发行量和普及面则与共产党报纸不可同日而语了。其中名义上为国民党的县总动员委员会,实际上由中共组织在领导,如国民党曹县抗日总动员委员会出版的《动员报》,事实上由中共曹县县委领导和主持。国民党游击区最主要的报纸是1938年6月在东阿创办的《山东公报》。1945年日本投降后,

## 第八章 山东新闻事业发展概要

国民党山东省政府主席何思源进驻济南时,《山东公报》也随之迁移到济南,成为何思源的省政府机关报。

国民党的游击部队往往游而不击,与日寇订立"互不侵犯,共同防共"的秘密协定(如缪澂流),有的甚至直接反共投降(如石友三)。山东各抗日民主根据地的新闻工作者,既要抵御日寇千百次的"扫荡",又要抗击国民党顽军的突然袭击,他们身经大、小战斗数百次,先后有数百名新闻工作者和交通员为执行任务而献出了宝贵的生命。

为了加强敌后出版发行工作,1943年初,中共中央山东分局和山东省战工委决定,将各级党委的交通科与大众日报社和各地区报社的发行机构合并,建立全省统一的邮政、交通、发行三位一体的战时邮政系统。1943年2月7日,成立了山东战时邮政总局,各行政区也普遍建立战时邮局。从此,报纸的发行工作便由战邮机构所承担,这也许就是"邮发合一"制度的开始。战邮职工一手拿报、一手拿枪,冒着生命危险,穿行于敌人的封锁线和碉堡丛前,日夜奔波在各条邮路上,把党报及时送到广大军民手中。他们有时在夜深人静时潜入敌占区,将根据地的抗日报纸张贴在大街小巷,塞进日伪军官的信箱与住宅门缝里,或用弓箭把报纸、宣传品射到敌人的碉堡里。有的日伪军还拿着抗日报纸作为通行证,向抗日民主根据地的八路军办事处和人民政府投诚。

慑于抗日报纸的强大威力和日军"扫荡"的多次失利,日寇张店旅团司令部参谋三浦梧楼竟然采取鱼目混珠的策略,模仿清河区特委机关报《群众报》的版式,出版伪《群众报》,以欺骗群众。为此遭到《群众报》的痛斥,揭露了敌人的阴谋诡计。其实敌人的这种手段毫无实效,徒留笑柄而已。

山东抗日民主根据地的新闻工作者在极其艰苦的斗争环境中努力办报,尽量美化版面,提高宣传报道质量,在斗争实践中积累了丰富的新闻工作经验。他们还十分重视新闻业务的研究工作。1941年7月,《大众日报》通讯部编辑出版了油印的业务刊物《记者生活》,一月一期。主要内容为通报记者动态,刊登报道提示,反映报社生活,有时也选登一些记者来信、国外名记者作品和新华社内部业务通讯等,不久改名为《青年记者》。由于战争年代的艰难与动荡,该刊多次停刊又多次复刊,反映了革命报人为提高新闻业务的执著追求。

山东新闻工作者在浴血抗战的艰辛岁月中,创造了许多可歌可泣的英勇事迹。1946年元旦是抗战胜利后的第一个新年,恰逢山东《大众日报》创刊7周年和出版1 000期。在该报举行的庆祝大会上,社长陈沂在总结了几年来的成就和进步后,指出,之所以能取得这些进步"主要是由于中共中央山东分局的坚强,同时也由于在长期残酷斗争中,所有同志的努力和数十位党报工作者的英勇牺牲。从前任社长李竹如同志,一直到通讯部长、编辑、记者、政治工作者等同志,曾经用鲜血保卫了党报事业。在战时,工人是保卫机器的武装战士,在反扫荡中,油印报始终坚持出版。我们的机器同样得到了群众拥护,未受损失。我们的发行工作,在不断克服困难中,由迟缓进到迅速,这是和交通员同志的不屈不挠的精神分不开的,有的交通员被敌人埋到土里,有的为了保存文件宁愿跳井而不做敌人的俘虏,他们发扬了高度自我牺牲的精神"[①]。

这既是《大众日报》艰苦卓绝斗争生活的真实写照,又是山东地区革命新闻工作者敌后斗争的缩影。胶东抗日民主根据地的《大众报》,社长阮志刚等49位先烈,也是在历次反扫荡斗争中壮烈牺牲。在抗日战争时期牺牲于山东的新闻界烈士中,还有一位国际主义战士,德国籍的反法西斯名记者汉斯·希伯。1941年11月,在沂南县的大青山遭遇战中,因敌我兵力悬殊,希伯在战斗中光荣牺牲。这些情况既反映了山东敌后抗日斗争的惨烈,革命新闻工作者面临环境的险恶,也显示了他们为人民革命事业而献身的英雄本色。

## 五、解放战争时期新旧报业的交替

1945年8月14日,日本宣布无条件投降。因为国民党在山东的实力有限,无法与强大的共产党兵力抗衡,蒋介石便采取日、伪、蒋合流"交防"的办法,独占山东的抗战胜利果实。1945年9月1日,国民党山东省政府主

---

[①] 穆欣:《抗日烽火中的中国报业》,重庆出版社1992年版,第116—117页。

## 第八章　山东新闻事业发展概要

席何思源在日伪军的护送下进入济南,任命伪军第三方面军总司令吴化文为济南绥靖区司令,为何思源保驾护航。中共中央也作出了重要战略决策,调主力部队6万人,由罗荣桓率领迅速向东北进军,收复东北失地;改中央山东分局为中共中央华东局,调新四军主力一部来山东,陈毅到山东主持工作。《大众日报》也由原中共山东分局机关报改为中共华东局机关报。此时,《大众日报》除主要担负全省宣传报道任务外,还需兼顾整个华东地区的宣传报道工作。按照中共中央和国民党政府在重庆谈判中达成的协议,从1945年冬开始,原华中解放区《苏浙日报》《苏中日报》《淮海报》《拂晓报》《皖江日报》《淮南日报》的干部和印刷工人陆续转移到山东。1946年底,华中《新华日报》又与山东《大众日报》合并,从而实现了华东新闻工作者大会师。

国民党政府、军队、各级党部、中统、三青团也都纷纷到山东办报,1945年9月到1947年底,山东地区新创刊的报纸有近80种,国民党系统的有32种以上,超过总数的40%。这些报纸都集中在青岛(9种)、济南(7种),其次为烟台、博山(各3种),潍县、淄川、淄博、济宁各有2种,菏泽、临沂也各有1种。共产党与解放军办的报纸也至少有32种,除一些军队随军迁移外,潍县、淄博、博山、济宁、沂源、沂山、郯城、莒南、临沂、威海、渤海、蒙山、郓城、郓北、郓巨、鄄城、河西、德州、茌平、掖县、梁山、惠民等地都有共产党的报纸。共产党报纸在地域配置上正好与国民党报纸相反,国民党报纸集中在济南、青岛、烟台等大中城市,而共产党报纸却分散在县城、乡镇,偏偏上述三个城市中一种也没有。这与解放战争时期农村包围城市的战略完全相应。

到了1948年,随着人民解放战争的节节胜利和解放区的迅速扩大,胶东、鲁中南、渤海等地区的报纸有了很大发展,《大众日报》的期发数增加到8万余份。仅1948年这一年,共产党领导的报纸又新增加了至少10家,占这一年新创办报纸总数的近50%(总数为21家)。其实这21家中至少有3家并非真的创刊,而是在战争逼近时,纸张供应不足,只好8家报社联合办一张报纸,如青岛的《青联报》《联青报》和《青联报》(英文版)。

1948年9月济南解放后,中共济南市委机关报《新民主报》创刊。这是由中国共产党领导的山东第一张大型城市报纸,社长兼总编辑为恽逸群。创刊号上头版头条就以特大字号刊登"寿光地方武装 活捉王耀武"。1948年12月26日,编辑部收到新华总社发来的电稿"陕北某权威人士谈话,提出头等战犯名单"。为了向读者介绍这些战犯的主要罪状,恽逸群在资料缺乏的情况下,凭自己的知识积累,当即靠记忆写出"头等战犯简单介绍",对43名战犯中的42名(蒋介石因罪恶昭著人所共知,不作介绍)的别名、籍贯、历任伪职、所属派系及主要罪恶,一一作了介绍,配合电稿于次日同时见报。新华社播发后,解放区各报纷纷转载。这件事影响很大,在新闻界传为佳话。

1949年4月1日,《大众日报》由益都、临朐农村迁至济南出版,结束了该报长达10年在农村游击办报的艰难历程,开始了城市办报的新时期。与此同时,1949年3月31日《新民主报》停刊,人员并入《大众日报》,《大众日报》又兼济南市委的机关报。

在济南解放后不久,青岛、徐州(当时徐州属山东管辖)相继解放,《青岛日报》《新徐日报》也先后创刊。解放战争时期是中共山东报业的大发展时期。

与解放区报业兴旺发达成鲜明对比的是国民党统治区报业的日薄西山,渐趋没落。抗日战争胜利后,济南、青岛、潍县等城市的国民党党政军机构和地方实力派,利用接受日伪报社的大批印刷设备和纸张等资源,竞相创办一些报刊,战前的一些民办报纸也纷纷复刊,还有一些与官方有关系的人士也跑到济南、青岛等大城市来办报,国统区报业在胜利之后曾一度出现短暂的繁荣景象。但是,由于国民党政治腐败,压制民主,内部派系倾轧,军事失利,物价暴涨,使大批报人和印刷工人流离失所,报人也经常受到迫害。报纸"开天窗"时有发生,甚至连国民党山东省政府主席何思源的政府机关报《山东公报》,1945年10月7日的一版左上角竟也出现了一块无字空白。又如青岛市政府机关报《青岛公报》,胜利后发刊之初,有过日销近3万份的最高纪录,但它的一切资产全是靠市政府接收来的,每月还得靠市府补贴,所以其新闻、言论与版面编排,唯市长的马首是瞻。"市长的一篇普通谈话,也一定要用大号标题放头条。而把记者拼力得到的重大新闻挤到次要地位。某次市长夫人为支持一家慈善机构派人去上海买面粉,全部新闻不足一百字,而公报却发了个很长的稿子。"①这样的报纸当然不会受读者欢迎,该报销数每况愈下,最后发行量竟下降到不足 3 000 份。由于蒋介石政府不顾人心向背,发动全面内战,导致民不聊生,百业凋零,老百姓吃饭都成问题,哪里还有兴趣去拿钱买报看。经济萧条,广告来源枯竭,报纸失去了主要财源,再加上无言论自由可谈,报业的萎缩也就成了必然的结局了。

王耀武担任山东省政府主席后,将省政府机关报《山东公报》改名《山东新报》,大量刊载反共反人民的稿件。1947 年春,国民党军队进犯延安,该报出版"号外",以示庆祝。1948 年元旦,蒋介石发表广播讲话,宣称将在一年内消灭共军主力。国民党山东省政府机关报《山东新报》想配合蒋介石的讲话发些新闻,一天在头版头条位置把《鲁境共军蠢动无地》错刊成《鲁境国军蠢动无地》,引起了一场轩然大波。时任国民党第二绥靖区司令官兼山东省政府主席的王耀武立即下令出动人员向读者收回报纸,弄得人心惶惶。他还下令逮捕有关人员,总编辑王笠汀、编辑室主任袁未央等主要人员均被押进第二绥靖区司令部。总编辑王笠汀先受到王耀武的训斥和拘押,后被撤职,他又惊又吓,不久一命归阴。原社长杜若君也引咎辞职,被调离报社。他在王笠汀的追悼会上送上一副挽联:"我辞职,君辞世,去退似曾有约;君闭眼,我闭口,是非付诸无言。"道出了身处末路的无奈。

青岛印刷工人有团结战斗的光荣传统,胜利后曾多次向盘剥工人的资本家开展联合罢工斗争,并取得资方同意提高工人薪金而结束。1948 年 2 月,全市又有 13 家公、私营报纸的工人举行联合大罢工,最后仍然是罢工工人取得胜利。此时解放战争已逐渐逼近济南、青岛,资本家纷纷抽取资金南逃,报业更是一蹶不振。济南解放前夕,青岛终于出现"八报联合"办一报的结局。与此同时,印刷工人的护厂斗争也开始了。1949 年,国民党准备逃离青岛时,通令《民言报》《青岛公报》的工人在两天内拆卸轮印机,妄图将设备劫往台湾,声言"谁敢抗命就抢毙"!尽管反动派杀气腾腾,工人们仍然采取软拖、硬顶的办法进行抵制,终于将印刷设备完好无损地保存下来,解放

---

① 牟敦琮:《青岛报界漫谈》,《新闻学季刊》1947 年第三卷第二期。

后将人民的财产还给了人民。

## 六、新中国成立后新闻事业的发展变化

中华人民共和国成立后,山东新闻事业随之进入了社会主义革命和社会主义建设的历史阶段。在新的历史条件下,报纸的性质、任务和读者对象与以往战争年代和农村环境下有所区别,工作重点也由过去农村包围城市转移到城市领导乡村,以往在各革命根据地分头办报的方式已不适应新形势。鉴于全省各地区因战争而分割的局面已不再存在,1950年,中共中央山东分局和山东省人民政府决定对全省报纸进行调整。原胶东、渤海、鲁中南三个行政区的《胶东日报》《渤海日报》《鲁中南日报》和徐州市的《新徐州日报》停刊,集中人力、物力、财力办好《大众日报》和《青岛日报》。新创办以农民和农村干部为对象的《农村大众报》和青年为对象的《山东青年报》。在济南、烟台、徐州3个城市和淄博工矿区各出版一张工人报纸。距离省城较远的临沂、沂水、文登、莱阳4个专区,各出版一张当地农民报纸。经过这次调整,山东全省共办有各类报纸28家。

济南解放后,中国人民解放军华东军区济南特别市军事管制委员会无线电部接管了国民党政府的山东广播电台,改建为济南特别市新华广播电台,并于1948年11月8日开始播音。1949年6月20日改为济南人民广播电台。1950年4月,中央人民政府新闻总署发布《关于各省会市台改为省台兼市台》的决定,中共中央山东分局宣传部、山东省人民政府指示由济南人民广播电台筹建省台。1950年10月27日山东人民广播电台正式向全省播音,1951年3月26日,济南人民广播电台改称省台经济台。山东人民广播电台建立时,其发射功率只有1千瓦。山东地域辽阔,山川纵横,由于发射功率小,距济南稍远的许多地区就难以收听到山东台的广播。为此山东台不断提高发射功率,到1958年已扩大到150千瓦。

1957年至1966年是山东新闻事业曲折前进的时期。在这段时期里,新闻工作者热情讴歌全省各行各业涌现出的许多先进单位和先进个人,新闻传播媒介成为党和政府的耳目喉舌与得心应手的宣传工具,例如《大众日

报》率先报道郝建秀及其工作法,她很快成为全国家喻户晓的先进工作者。这些典型宣传不仅鼓舞了人民群众的伟大创造力,也为新闻宣传工作积累了有益的经验。但是由于受到"左"的思想的影响,在反右派斗争、"大跃进"和人民公社化运动中,新闻媒介连篇累牍地发表了许多浮夸、虚假的报道,违背了新闻真实性原则和实事求是的党性原则,不仅损害了报纸的威信,更使实际工作蒙受极大损失。这一时期,山东也和全国一样,大办县报,几乎山东的所有县(市)都办了县报。这既是工作中的浮夸风在新闻事业上的反映,又对浮夸风起了推波助澜的作用。由于办报人员素质较差,办报手段落后,且与实际的经济发展水平不相称,近百家县报很快相继停办。1960年到1962年,通过检查、总结、整顿、学习,人们逐渐觉醒过来。从1963年至1966年,随着国民经济调整、巩固、充实、提高方针的贯彻和党中央大兴调查研究之风,深入实际、深入群众要求的落实,新闻宣传工作逐渐走上正规。

山东电视事业也是在20世纪60年代初起步的,1960年济南电视台建成,可是不久即因经济困难而停办。广播事业在这一阶段还是有所建树,从1962年起,相继在淄博、潍坊、烟台、临沂、济宁、聊城、泰安、枣庄、菏泽等地市和几个沿海山区县建立了中波转播台。从1966年开始,又在泰山、大泽山、昆嵛山、蒙山、沂山、济南、德州等地陆续建立调频台,使山东人民广播电台的广播在山东绝大部分地区都能收听到。到1966年底,全省所有的县都建起了广播站和有线广播网。

接下来的"文化大革命"使新闻事业受到更严重的破坏。十年动乱时期,山东只有《大众日报》和7家地、市报纸尚在出版。由于领导权已被篡夺,这些出版的报纸实际上都成了派性斗争的工具。

1978年中共十一届三中全会以后,山东新闻事业经过拨乱反正和正本清源工作,出现了空前繁荣的崭新局面。80年代中期开始,山东报业陆续引进激光照排、卫星传版、胶印、彩印等先进印刷技术,结束了报纸"铅与火"的历史。办公、通讯和采编手段于90年代初也已基本上实现了电子化和现代化。自1988年3月国家新闻出版署、国家工商行政管理局联合下发了《关于报社、期刊社、出版社开展有偿服务和多种经营活动的暂行办法》之后,山东报业经营日趋活跃,全省各类报社绝大部分在财政上实行自主经营,自负盈亏。各级报社除了以广告经营为主要收入外,还广泛开展代印书刊、影像服务、信息咨询、出版期刊等业务,成立各种独立法人的经济实体,为报业进一步实现科技现代化和管理现代化奠定了坚实的基础。1999 年底的《大众日报》为主干的大众报业集团已正式成立。

据 1997 年底的统计,山东全省有公开发行的报纸 100 家,其中日报 17 家、周六报与周五报 25 家。如果加上注册批准出版的内部报纸,大约有 230 家。按照中央调整报刊结构的精神,对山东全省列入调整范围的 44 种厅局报刊进行调整划转,政府机关已彻底退出办报领域,原办有报刊的厅局仅保留一份工作指导性期刊。截至 2000 年底,山东全省有国家统一刊号的报纸为 94 家(不包括高校校报),平均每期印数总计为 950 万份,年总印数超过 20 亿份。全省报业在职人员超过 7 000 人。山东地区的报业已形成一个以省、市、地、县党委机关报为主体,大中城市为中心的多种类、多层次的报业结构。《大众日报》等 6 家报纸已在国外发行。

山东电视台于 1970 年恢复播出。十一届三十全会后,为了加强山东电视的传输质量,1979 年起开始建设微波线路。到 1994 年底,全省已有无线广播电台 81 座,发射功率 805 千瓦,覆盖全省人口 86%;电视台 54 座,发射功率为 409.4 千瓦,覆盖全省人口 85%;有线电视台 56 座,用户 180 多万户。全省建成微波线路为 4 402.9 公里,微波站 108 座;建成地面卫星上星站 1 座,卫星地区接收站 3 390 座。

到了 2000 年 6 月,全省 859 个广播电视盲点村已全部达到了收听收看中央和省一套广播、电视节目的标准,山东省"村村通"工程已通过广电总局和国家计委的验收。山东省内,县到乡镇的网络建设已全部完成,国家级干线网一期工程开通,可与全国包括山东省在内的 14 个省市通过光纤相互联通。山东广播系统的从业人员,在新中国成立初期仅有 200 多人,到 1994 年底,已有职工近 2 万人,获得各种专业职称的有 1 万多人。

1949 年 10 月 25 日,由大众日报社、新华社山东总分社、济南人民广播电台等单位发起,成立中华全国新闻工作者联合会济南分会筹委会。1954 年正式成立全国新闻工作者联合会济南分会。"文革"期间记协停止活动,1980 年起恢复活动。于 1984 年 2 月正式成立山东省新闻工作者协会和山东省新闻学会。1987年3月,山东省广播电视学会成立,学会下设广播学、电视学、广播电视发展战略等10个专业研究委员会。山东省报纸行业经营管理协会也于1989年2月成立,下设经营管理、技术进步、发行工作、广告工作4个专业委员会。山东省还先后成立省专业报刊新闻工作者协会、省企业报新闻工作者协会、省高等学校报纸研究会、省地市报纸研究会、省县市报纸研究会、省新闻摄影学会、省新闻美术家学会、中国电视艺术家协会山东分会、山东电影电视评论学会等。这些学会都为繁荣和发展全省新闻事业作出过贡献。

(本章撰稿人:刘衍琴、姚福申)

# 第九章

# 台湾新闻事业发展概要

## 一、新闻事业的起源与日人对报业的垄断

### （一）新闻事业的起源

台湾自古就是中国的领土，其文化传统与大陆一脉相承。台湾的新闻事业虽然走过一段扭曲发展的历程，但永远改变不了它是中国新闻事业不可分割的一个组成部分的事实。

在中国近代报业产生之前，台湾同大陆一样，"邸钞"等古代报纸是新闻传播活动的主要工具。1885年（光绪十一年），清政府将隶属于福建省的台湾府改建为台湾省，任刘铭传为台湾巡抚。在刘铭传担任台湾巡抚期间，台湾曾仿效北京的《京报》样式，定期发布手抄或木刻印刷的"邸钞"，内容包罗万象，利用旧城门张贴示众。

也正是在1885年前后，祖国大陆近代报业的发展潮流开始波及台湾。与祖国大陆的大多数地区一样，外国传教士出于传布教义与宣扬西方文明的需要，率先在台湾本岛创办报刊，成为台湾新闻事业的揭幕人。

1885年7月12日，台湾地区的第一份近代报刊《台湾府教会公报》（又名《教会新闻》，英文名为 *The Church News*）创刊。该刊为月刊，活版印刷，所用语言是用罗马注音的台湾方言，创办人是英国基督教长老会派往台湾的第五位传教士托马斯·巴塞莱（Thomas Barclay, 1849—1935）。1875

年,时年26岁的巴塞莱远涉重洋来到台湾。1881年,他从英国募得一架新式印刷机并运至台湾,成为台湾第一台新式印刷机的引进者。1884年5月,他又创建起台湾第一家新式印刷机构——聚珍堂(俗称新楼书房)。聚珍堂使用从西方引进的印刷新技术进行活字印刷,字体采用台湾方言白话字罗马拼音。翌年,巴塞莱为台湾教会筹划创办《台湾府教会公报》,《台湾府教会公报》的出版标志着台湾近代报业的诞生。

这一时期,祖国大陆出版的近代中文报刊也开始在台湾销行,如1881年在宁波出版的《甬报》,1884年在广州出版的《述报》等。《述报》还曾在基隆、台北、台南、高雄等地派驻通讯员,以便采集台湾当地消息。这些通讯员,是台湾最早的新闻从业人员,其中有中国人,也有旅居台湾的外国人。

但是,台湾报业作为西方传教士传布教义,宣扬西方文明工具的历史为时仅10年左右。1895年后,西方传教士办报宣传活动戛然中断。

### (二) 日人报刊的出现与一统天下

1895年4月17日,清朝政府因甲午战争中战败,被迫与日本政府签订了丧权辱国的《马关条约》,将台湾岛及其附属岛屿,以及澎湖列岛割让给日本。日本人占领台湾后,立刻采用一系列强暴手段来镇压台湾人民的反抗斗争,并实行"同化"政策,消灭汉族文化,以铲除台湾人民的民族意识,实行皇民化殖民统治。刚刚诞生的台湾新闻事业被异化为台湾殖民当局实行"同化"政策的工具。自1896年至1926年的整整30年间,台湾当局只允许迁居台湾的日本人办报,日人报刊一统天下。

最先出现并成为台湾报业龙头的是日本殖民当局的御用报刊。1896年6月17日,第一份在台湾出版的日文报纸《台湾新报》在台北创刊,初为不定期刊,每周发行一至二期,同年10月1日起改为日报,由山下秀实创办。由于山下秀实与日本驻台湾首任总督桦山资纪关系密切,因而《台湾新报》一创刊就充当台湾当局的御用工具。数星期后,桦山总督下令将《台湾新报》改组为台湾总督府的公报,所有的法令、政令均交该报刊载,还另外予以津贴。但是,这份台湾总督的御用报纸经营得很不景气,读者对象仅为少数日本军警。据《台湾治绩志》记载,全部收费报纸数为4 810份。

《台湾新报》由于一味迎合台湾总督的意旨,因而引起了殖民当局内部其他派系的不满。1897年5月8日,与台湾总督对立的长州派系人士筹办的《台湾日报》在台北创刊,初为不定期刊,后改为日刊,由川村隆实创办,内藤湖南任主笔。该报一创刊即与《台湾新报》展开笔战,不久后因长州派系军人上台就任台湾总督而如虎添翼,发展极为迅速。1898年2月,长州派总督下台,新任总督认为《台湾日报》与《台湾新报》攻讦不休对日本统治不利,因而出面干涉并支持日人守屋善兵卫收买两报,釜底抽薪。1898年5月1日,由两报改组的《台湾日日新报》在台北试刊,6日正式创刊,日出六版,早出两大张,晚出一大张,守屋善兵卫自任社长。《台湾日日新报》虽名为守屋独资经营的民办报纸,但代印总督府报、台湾州报、台北市报并作为附录随报分送,因而本质上仍是新任总督的喉舌。1900年,台湾总督决定将该报改组为股份有限公司,台湾总督府以爱国妇人会的名义投资,并实行企业化经营手段,以期解决经营上的困难。在新闻业务上,《台湾日日新报》于1902年起,其言论由台湾民政长官后藤新平全权负责,后又聘请了一批日本著名人士担任记者或编辑,使该报一时文人云集。日俄战争爆发后,该报以仿效日本国内报纸发行号外、刊载新闻照片,受到读者欢迎。这一系列的举措使《台湾日日新报》呈蒸蒸日上之势,后发展成为日占时期台湾规模最大、销量最多的报纸。1908年后,该报还以采购器材和采访新闻的名义,在日本设立东京和大阪两个支局,把触角伸入日本本土。

在着力经营《台湾日日新报》的同时,台湾总督还根据南北中各办一家御用报纸的报业发展战略,积极扶持在台中地区(台中市)出版的《台湾新闻》和在台南地区(台南市)出版的《台南新报》。《台湾新闻》的前身是《台湾日日新报》的台中分社,早在《台湾日日新报》创刊初期就已经创办,1901年5月1日改组为独立发行的《台中每日新闻》,由实业家金子圭介主持社务,1903年后改组为公司组织,并于3月间改名为《中部台湾日报》,1907年10月定名为《台湾新闻》。《台南新报》的前身是《台澎日报》,1899年6月15日创刊,1903年改组为企业,并改名为《台南新报》。

此外,迁居台湾的各界日本人士还创办起一批纯民办的报刊,如《台湾产业杂志》(后改名为《台湾产业新报》)、《台湾政报》、《高山国》、《台湾商报》、《台湾》、《台湾公论》、《台湾商业新报》、《台北新闻》(后改名为《台北日报》)、《台中新闻》、《台湾民报》、《台湾周报》(后改名为《台湾日报》)、《台报》、《台南每日新闻》等。这些纯民办的报刊在政治上常常批评、指责台湾统治当局。《高山国》一创刊就不畏强权、仗义执言,如实报道了当时台湾民主革命党七千余成员惨遭当局残杀的事件,使整个台湾为之轰动。《台湾民报》是一份小型报纸,其创办目的就是为了批评台湾当局。1900年,台北日籍律师团认为当时的台湾总督根据"六三法案"将立法、行政、司法三权集于一身的做法违反日本基本国法,因而多次召开座谈会、演说会,并于4月间创办起《台湾民报》,严正批评台湾当局。但是,在支持、宣扬日本对台湾的同化这一点上,这些纯民办的报刊与台湾当局御用报刊并无二致。《台湾民报》在其出版《宣言》中明确宣称:"台湾乃大日本帝国南门之雄镇","台湾之经营乃我帝国大事业"。在组织形式上,这些民办报刊都为商业性的报刊,在经济上十分拮据,根本无力同在经济上得到当局扶持和津贴的御用报刊进行竞争,甚至无力在报坛上长期立足。

鉴于当时台湾民众大多不懂日文,《台湾日日新报》《台中每日新闻》等报刊还特地创设中文栏,以加强对中国人的奴化宣传。1903年后,《台湾日日新报》中文栏加印中文刊头"台湾日日新报",1905年扩大为独立发行的中文版。此时,正值日俄战争爆发、国人排满革命运动高涨之时,台湾国人对国内外形势十分关心,因而《台湾日日新报》中文版创刊后读者甚多。1910年10月,《台湾日日新报》中文版实行扩版,每天改出一大张,与当时的其他报纸完全一样。1911年11月,台湾日日新报馆发生经济困难,且又怕台湾国人受辛亥革命影响,决定停刊中文版,在日文版中插入两个版面的中文新闻,内容也尽量少登有关中国革命的消息。《台湾日日新报》中文栏、中文版还聘用过一些中国人担任记者或编辑,因而在客观上培养了一批中国报人,为以后中国人办报活动的兴起作了必要的准备。其中最著名的是章太炎,1898年戊戌政变后至1899年春流亡台湾期间应邀出任《台湾日日新报》记者,时常在该报上著文斥责康有为、梁启超等保皇党人,并在该报汉文栏内发表诗文,被誉为"千言立成的大文章家"。除章太炎外,较著名的还有台湾举人罗秀实、汉学家李连涛、李连横,以及林佛国、魏清德等。

### (三）新闻统制法令的颁行

1900年初，台湾总督根据"六三法案"的精神，制定与颁布了《台湾新闻纸条例》《台湾出版规则》两个法令，以便钳制迅速发展的近代报业。

1900年1月24日，《台湾新闻纸条例》颁行；2月21日，《台湾出版规则》颁行。这些新闻法令以统制为根本原则，且比日本本土实施的《新闻纸条例》《出版法》更为严厉。根据这些法令，日本殖民当局对台湾的新闻出版物实行"许可制""保证金制"和"检查制"，报刊、书籍发行前都要向台湾总督府及其所辖州厅、地方法院检察局缴送样品。而在日本，报刊的创办实行申报制，保证金数量远比台湾合理。在处罚上，《台湾新闻纸条例》《台湾出版规则》的特点是以报纸为对象，如禁止报纸发售、取消发行许可等，而日本本土则以人为对象，以罚款为主要惩罚手段，一般先处罚人（包括发行人、编辑人、印刷人等）而不轻易取消报刊发行。《台湾新闻纸条例》还赋予台湾总督以极大的处罚权力，明文规定："台湾总督可以发出特别命令，禁止有关外交、军事及其他需要保密事项之揭载"；"报纸刊载之文章有碍治安、有伤风化者，台湾总督可以文字或口头警告发行人，发行人不听劝阻，台湾总督有权令其停止发行或吊销其出版许可"等。

《台湾新闻纸条例》《台湾出版规则》等法令颁布后，台湾报业及其报道活动受到了极大的钳制，并动辄遭到当局的残酷迫害。1901年3月，《高山国》因其直言无忌地批评当局而被处以禁止销售的惩罚，同年12月又被勒令停刊一年，使该报被迫于12月2日宣告停刊。《高山国》停刊事件是台湾总督利用《台湾新闻纸条例》扼杀异己报刊的第一个案件。自1901年5月起，《台湾民报》多次因违反《台湾新闻纸条例》等法令而遭到禁止发售、暂停发行等处罚，直至1904年5月被撤销发行许可而停刊。除上述两报外，因违反《台湾新闻纸条例》《台湾出版规则》等法令而遭到禁售、停刊等处罚的报刊，还有《台湾商报》《台湾日报》《台南新报》《台湾产业新报》等十数家。

对于台湾岛外出版的报刊，凡不利于其政权统治的，台湾当局也根据《台湾新闻纸条例》等法令的规定禁止它们在台湾发行。1903年6月，台湾当局以有碍治安为由禁止日本出版的《日本》《人民》两刊在台湾发行，为第一起禁止岛外报刊在台湾发行的事件。此后,特别是在日俄战争期间,这类事件屡见不鲜,仅 1905 年 9、10 月间因讨论"朴茨茅斯日俄媾和"会议而先后被禁止在台湾发行的报刊就有 32 种之多。

1917 年 12 月 18 日,台湾殖民当局公布并颁行《台湾新闻纸令》,原有的《台湾新闻纸条例》同时被废止。《台湾新闻纸令》共有 34 条,比《台湾新闻纸条例》多 11 条。在发行许可制、变更发行人许可制、发行保证金额以及禁载事项等方面,《台湾新闻纸令》基本上袭用了《台湾新闻纸条例》的相关内容。但是,新法令也参照日本的《新闻纸法》(1909 年 5 月 6 日颁行),在新闻纸的定义、发行许可申请应写明的内容、发行人资格等方面作了一些新的规定。新法令还增加了处罚报刊编辑人、作者的规定,对报刊发行人的处罚也较前加重,并赋予台湾总督以"发行前的查封权",明确规定"如认为急待取缔,台湾总督可以在发行前予以查封"(第 21 条)。

## 二、国人自办报刊的兴起与新闻事业的由盛转衰

### (一) 从《台湾青年》《台湾民报》到《台湾新民报》

20 世纪初期,特别是第一次世界大战前后,国内外政治形势发生了巨大的变化。1915 年《新青年》杂志的创办,掀起了一场以民主与科学为思想武器的新文化运动;1917 年十月社会主义革命的胜利,给正在寻求救国真理的中国人民带来了新的希望;1919 年"五四运动"的爆发,揭开了新民主主义革命的第一页。这一切,特别是大陆新文化运动的兴起,使台湾爱国同胞得到了新的启示,认识到民族解放必须从文化启蒙着手,通过宣传新文化来提高民族意识,改革社会风气,用先进的民主与科学思想武装同胞的头脑。而此时日本对台湾的殖民统治政策也由高压改为"怀柔",同意台湾人民实行有限的自治制度。因此,随着台湾同胞的民族解放斗争由以武装起义为主向以政治运动和文化思想启蒙运动为主的转变,台湾同胞自办报刊开始出现和发展。

1919 年后,受大陆新文化运动和"五四运动"的影响,正在日本东京留学的一部分台湾青年知识分子创建的传播新思想、新文化的团体开始出现。

1920年1月11日,由留学日本的台湾大专以上学生发起组织的"新民会"在东京宣告成立,会上一致通过了创办一份会刊的决议。1920年7月16日,这份由"新民会"同人捐款集资办起来的刊物《台湾青年》在日本东京创刊。该刊为月刊,台湾同胞创办的第一份报刊,使用中、日两种语言,蔡培火任发行人兼编辑人。为了争取获得在台湾公开销行的地位,该刊邀请当时上任不久的台湾第一个文人总督田健治郎为之题词,而这位文人总督为了表示其不同于武人总督的开明姿态,欣然题写了"金声玉振"四字。1921年,《台湾青年》同人在台北发起成立"台湾文化协会",该刊转而成为"台湾文化协会"的机关刊物。1922年4月,《台湾青年》自第二卷第一期起改名为《台湾》,并在组织形式上改组为公司,分别出版中文、日文两种版本。同年,台湾文化协会在东京召开留日大学生大会,会上通过了将《台湾》杂志扩大改组为《台湾民报》的决议。1923年4月15日,由《台湾》中文版扩充改组而成的中文《台湾民报》在日本东京创刊,《台湾》日文版则继续沿用旧名出版至1924年6月后停刊。《台湾民报》初为半月刊,自第一卷第九期(1923年11月11日)起改为旬刊,1925年7月12日起改为周刊,每期四开十二版,销数达1万份以上。该报宣传阵营强大,除了台湾新文化运动老战士林呈禄任《台湾民报》编辑人兼主笔外,文艺界的张我军、政治经济界的谢春木、学术界的苏芎雨等不少新战士也加入了编撰队伍。虽然《台湾民报》的发行对象与新闻来源大部分在台湾,但因台湾殖民当局历来不许中国人在台湾办报而只得将报社设在日本东京,在东京付排印刷后再寄回台湾销售,不仅费时费力,而且还受到日本与台湾当局的双重检查。因此,该报自创刊起就努力争取迁台湾出版的权利。

1926年7月16日,经过与台湾当局的数年艰难交涉,《台湾民报》获准在台湾出版。8月1日,该报发行了在台湾出版的第一号(总第167号)。《台湾民报》之所以能够获得台湾殖民当局批准在台湾出版,是因为当局认为与其让该报在东京批评自己,还不如把该报直接置于自己的管制之下。但是,对于《台湾民报》来说,该报发行目的本来就是要启蒙台湾青年,因而迁回台湾发行是最理想的结果。当然,该报在迁台湾出版之初,在言论上对台湾总督不得不有些敷衍迁就之处。在坚持以中文为主的同时,还增设了日本版,并根据宣传内容革新版面。之后,为了进一步提高《台湾民报》的社会地位和在新闻界的竞争力,该报同人决定扩充报社资本,改组报业体制,并将周刊改为日刊。1929年1月13日,"株式会社台湾新民报社"成立,资本为30万元,林献堂被推选为首任董事长。1930年3月2日,《台湾民报》的股份以1∶1的比例并入新民报社。3月9日,《台湾民报》正式改名为《台湾新民报》,初为周刊,自5月20日起获准发行日刊,同时出版中文版和日文版,每天出版对开两大张,林献堂任社长。《台湾新民报》在改版为日刊后,开始具备了与当时日本人在台湾出版的御用报纸进行竞争的实力,发行量超过1万份,最高时达一万五六千份,与日本人在台湾出版的御用报纸《台湾日日新报》(18 970份)、《台南新报》(15 026份)、《台湾新闻》(9 961份)相接近。由于急需大批新闻人才与机器设备,该报面向社会招考了一批大学毕业生,还向日本每日新闻社购买了两部新式轮转机。在编辑技术上也时有革新,1932年后大标题盛行,初号、特号字充满版面,有些重大新闻用二号或四号字排印,以吸引读者。鉴于日本人在台湾出版的4家重要报纸均出版晚刊,《台湾新民报》也在经台湾当局核准后于1934年3月20日正式出版晚刊,每晚增出一大张,内容注重轻松有趣的题材。

除上述三份著名国人自办报刊外,台湾同胞创办的其他报刊还有《三六九小报》《人人》《伍人报》《明日》《洪水报》《现代生活》《赤道》《台湾文学》《南音》《福尔摩沙》《先发部队》《台湾文艺》《台湾新文学》等,其中大部分为宣传新文化、新文学的刊物。

## (二) 国人自办报刊的宣传内容与历史功绩

在宣传报道方面,《台湾青年》《台湾民报》《台湾新民报》以及其他台湾同胞出版的报刊,无不以发起与促进台湾新文化运动为己任,旨在通过思想启蒙以唤醒台湾同胞的民族意识,作台湾同胞的喉舌与耳目,并将文化斗争与现实政治斗争相结合,反对殖民统治与同化政策,引导台湾同胞走上自新自强即民族解放的道路。这些在台湾出版的国人自办报刊,为台湾同胞的民族解放斗争立下了不朽的历史功绩。

宣传新思想、新文化,是《台湾青年》《台湾民报》《台湾新民报》以及其他台湾同胞出版的报刊的主要内容。《台湾青年》《台湾》以在大陆出版的《新青年》为楷模,率先在台湾地区发起了新文化运动并成为台湾新文化运动的主要战斗阵地。1922年1月,《台湾青年》发表陈瑞明撰写的《日用文鼓吹论》一文,首次提出在台湾使用白话文问题。1922年,《台湾》杂志发表了台湾新文学史上的第一篇白话小说《她往何处去——给苦恼的姊妹们》,对封建的婚姻制度进行无情的批判,喊出了妇女要求解放的心声。1923年1月,《台湾》杂志发表了黄呈聪的《论普及白话文的新使命》、黄朝琴的《汉文改革论》等长篇论文,吹响了台湾普及白话文运动的号角。《台湾民报》《台湾新民报》创刊后,接过《台湾青年》《台湾》燃起的火炬,宣称以"启发我岛的文化,振起同胞之气"为办报宗旨,继续通过宣传新思想、新文化来维系台湾同胞的民族精神与情感。《台湾民报》在创刊号上提出了一个响亮的宣传口号:"民权任你评,民心真未死,民族自增荣。"为了将台湾新文化运动引向深入,《台湾民报》《台湾新民报》还比较全面、系统地介绍了大陆新文学运动的辉煌成就,抨击台湾文化界的腐朽状态,在台湾激起新旧文学的论战。《台湾民报》在第一卷第四号上发表许乃昌署名"秀湖生"的长篇文章《中国新文学运动的过去、现在、将来》,第一次向台湾同胞介绍大陆新文学运动的历史与现状,介绍了胡适的"八不主义"和陈独秀的"三不主义"。1924年,曾在北平高等师范就读的《台湾民报》编辑张我军在该报上发表《致台湾青年的一封信》,呼吁台湾同胞排斥旧体诗和八股文。接着,张我军又在《台湾民报》上发表《糟糕的台湾文学界》《为台湾的文学界一哭》《请合力拆下这座败草丛中的破旧殿堂》等文章,猛烈抨击台湾文学界吟风弄月、无病呻吟的沉疴。1925年8月,张我军又在《台湾民报》上发表《新文学运动的意义》,提出了"白话文学的建设""台湾语言的改造"两大主张。此外,《台湾民报》创刊后,不仅大力推广由文言文到白话文的革新,还身体力行,将报上的全部文章改用白话文。1923年4月,《台湾民报》还在台南创设白话文研究会,将台湾的白话文普及运动由理论转入实践阶段。

《台湾青年》《台湾民报》《台湾新民报》以及其他台湾同胞出版的报刊,还勇于批评日本殖民统治,表达台湾人民的呼声。《台湾青年》创刊后,发动了反对日本对台湾实行殖民统治的"六三法案",主张建立台湾议会,实行台湾自治的宣传与组织活动。1923年2月1日,台籍人士请愿者一行抵达东京,并在《台湾》杂志社内成立台湾议会同盟会总部。《台湾民报》辟有《冷语》专栏,专门用以讽刺与批评台湾总督的暴政,深受台湾同胞的欢迎。《台湾新民报》对当时日本帝国主义把侵略的魔掌伸向中国大陆的现象十分关注,并作了充分报道,表现出该报对祖国前途的关切之情。

《台湾青年》《台湾民报》《台湾新民报》等国人自办报刊以反统制、反同化为宗旨,当然无法为台湾殖民当局所容忍。《台湾青年》创刊号就因发表蔡培火撰写的论文而被禁止在台湾销行。此后,该刊每期输入台湾时都要受到台湾总督府的严格检查,并经常因不合统治当局的心意而被没收或禁止发行。1923年初台湾议会请愿运动被镇压下去后,《台湾》杂志被禁止在台湾销行,《台湾》杂志社同人因积极参与这一运动而受到残酷迫害,主办人林呈禄被从东京押送回台湾受审,记者、编辑蔡培火等多人还被判处徒刑。由于台湾当局的钳制与迫害,《台湾青年》《台湾》杂志虽然深受台湾同胞的欢迎,一批追求新思想、新文化的知识分子和青年学生在其影响与启迪下迅速成长,但销路很难扩展,发行量初为2 000份,后降至1 500到1 600份,难以充分发挥对全体台湾民众的思想启蒙和政治领导作用。《台湾民报》《台湾新民报》等台湾同胞出版的报刊问世后,也无不遭到摧残与破坏。《台湾民报》不但要接受日本内务省的检查删改,还经常被台湾总督府扣留没收。当时其他中文杂志大多出版到第三期就难以为继,因而在杂志界有"三号杂志"之说。对于这些报刊的读者,台湾殖民当局也一律视之为"叛逆"之徒而横加迫害。为了抵制《台湾民报》《台湾新民报》等国人自办报刊的社会影响,日本殖民当局还收买少数甘当走狗的中国士绅,创办为日本人张目的报刊,如台湾公益会主办的周刊《昭和新报》,为日本殖民当局收买人心,但出版了一年多后即因被台湾同胞所唾弃而停刊。

### (三)报业的新变化与新闻通讯、广播事业的诞生

这一时期,台湾的报业发展十分昌盛,出现了许多新的变化,并开始脱离殖民当局的操纵而成为社会公益事业。

在报业的发展方面,一是晚报的出现。当时,顺应第一次世界大战爆发

前后风云突变,人们对新闻报道的需求加深,对新闻时效的要求提高的情势,《台湾日日新报》《台南新报》《台湾新闻》等报纸纷纷增发晚刊。最先发刊晚报的是《台湾日日新报》。1914年一战爆发之初,该报鉴于读者对战争的关心而发行晚刊,以及时报道战况。一战结束后,《台湾日日新报》一度停止发行晚刊,直至1924年6月1日才恢复发行晚刊。二是周报的昌盛。由于发行日刊不易获得批准,因而这一时期日本人在台湾新创办的报刊大多为周报,其中不少由杂志改版为报纸。例如,1916年创刊的《经世新闻》《南日本新闻》和《新高新报》,其前身分别是《台湾商事报》《实业之台湾》和《台政新报》,均是由杂志经内部改组并履行变更登记手续后改为周报的。这些以周报为主体的新生报刊虽然也都是日本人创办的,但与先前的殖民当局御用报刊截然不同,不仅注重评论,常常对时事政治问题直言无忌,而且还敢于同殖民当局的御用报刊相对立,给台湾新闻舆论界注入了一股生气。此外,这一时期创刊的周报一般在周末或周日人们休假日出版,内容与形式力求通俗与趣味,更增添了它们在报业市场上的竞争优势,一时发行甚佳。三是日本人在台湾出版报刊重新出现高潮。1916年,日本全国记者大会在台北举行,全日本77家报纸派出99名新闻从业人员来台湾参加这次大会并考察台湾情形。会后,日本新闻从业人员对台湾的认识加深,来台湾创办报刊者络绎不绝。同年,日本人梅野清太创办的《东台湾新闻》在花莲创刊,突破了历任台湾总督只允许3家日刊存在的禁锢政策,该报的创办是在当时开发东部台湾背景下的产物。东部台湾开发后,当地没有一份传播新闻信息的报纸,而外地报纸一般要两三天后才能送达,新闻价值大打折扣,因而使梅野清太萌生了在东部台湾办报的想法。但是,由于东部台湾地理条件特殊,因而使该报发行局限在东部台湾,始终未能走向全岛。《东台湾新闻》在台湾新闻事业史上的意义还在于它顺应时势,以晚刊的面目问世。

在新闻业务方面的变化,数新闻大众化最为重要。自20世纪20年代起,台湾报刊受欧美报刊的影响,开始追求新闻内容的通俗化与大众化,注重读者兴趣与读者心理,所用的文字也由深奥的文言体改为口语体,报纸的版面逐渐改为分门别类,对新闻的重要与否有所区别,重大新闻事件的标题与正文开始采用大号字体,使报刊与社会大众更为接近。为了追求美观,

《台湾日日新报》等报社还开始购置与使用套色轮转印刷机,以提高印刷质量。

新闻通讯与无线电广播事业的出现与初步发展,是这一时期台湾新闻事业发展的新现象。自台湾报业诞生至一战前,处于日本殖民统治下的台湾仅有三家大报。这三家大报均在日本东京设立分局,采访日本国内政界的新闻,并每天以电报形式将新闻发回报社,因而无须依靠通讯社供给新闻稿。1915年,台湾第一家新闻通讯社——台湾通讯社在台北创建。但是,台湾通讯社因当时台北唯一的报纸《台湾日日新报》不用该通讯社的稿子而只得仅以日本报纸为发稿对象,不久后就因经济上入不敷出而停业。"一战"爆发后,国际新闻的地位与作用大为提高,日本电报通讯社(简称"电通社")乘机进入台湾。1920年10月29日,日本电通社在台湾设立分社,正式在台北向台湾各报发稿,成为台湾报刊的重要新闻来源。接着,日本联合社也在台湾设立分社。台湾广播事业的发展始于20世纪20年代末。1928年12月22日,台北广播电台开播,为台湾最早创办的广播电台。作为日本帝国主义重要的新闻舆论宣传工具,台湾的广播电台一直是一个垄断行业,由"台湾放送协会"统一管辖。

**(四)日本侵华战争期间新闻统制的强化与新闻事业的衰落**

1931年,"九一八事变"发生,日本发动侵略中国的战争。之后,日本殖民当局长期实施的新闻统制制度进一步强化,使台湾新闻事业的发展开始由盛转衰并日趋衰落,台湾同胞主办的报刊不断遭到迫害与摧残。

"九一八事变"发生前后,台湾殖民当局进一步加强对报纸的检视工作,强化新闻检查制度。台湾总督府下令由警务局保安课高等特务人员执行报纸内容的检阅事宜,要求报纸在每日印刷前须将原稿交保安课,由其高等特务人员检阅。未经检阅的报刊一律不准发行,批评时政,含有中华民族思想以及指责日本帝国主义的文章均在删除之列,因而没收、禁售甚至收回报纸的事件不时出现。

1936年"三二六事变"后,日本军阀全面得势,军部干涉政治并开始建立战时体制。与之相应,日本军人接任台湾总督,日本殖民统治政策日趋严酷,全面展开"皇民化运动",再次推行"同化"政策。反映到新闻事业上来,一是全面取缔中文报刊。1937 年 4 月 11 日(一说 4 月 1 日①),台湾军事当局明令所有报纸的中文版、中文栏一律停刊。6 月 1 日,《台湾新民报》被迫改为全日文的报纸继续出版。其他中文报刊也被迫停刊或改为日文版,只剩下《风月报》和《诗报》两份中文期刊作为日本军事当局特许的点缀品。其中《风月报》为半月刊,1937 年 9 月创刊,由风月俱乐部主办,为茶余饭后的消遣品,绝不涉及政治与时事,1941 年 7 月改名为《南方》,配合日本军事当局作"东亚共荣"的宣传工作,1943 年 8 月被禁止出版。二是进一步强化新闻检查制度。1937 年 8 月 24 日,台湾总督府设置临时情报部,负责新闻检查及新闻发布事宜。报纸除了政府供给的新闻外,其他事件一律不能自由采写报道。凡批评军部的报道,一律按"离间军民行为罪"惩处。此外,情报部还不时颁发通知,规定新的禁载事项。

1938 年 5 月 5 日,根据日本政府 4 月 1 日颁布的《国家总动员法》有关规定,台湾军事当局开始对报业实行一体化控制的政策,后决定实施一市一报的原则。1940 年前后,经过一番改组合并,整个台湾地区只剩下在台北出版的《台湾日日新报》和《兴南新闻》(即台湾同胞主办的《台湾新民报》,1941 年 2 月 11 日改本名),在台中出版的《台湾新闻》,在台南出版的《台湾日报》,在高雄出版的《高雄新报》和在花莲出版的《东台湾新闻》6 家合法报纸。由于战争造成的经济困难,报刊出版所需的纸张、机械、铅字等物质来源不足,配纸量减少,因而各报还不得不减少印张,在编辑上还采用缩小标题字等方法以救急。

1941 年 12 月太平洋战争爆发后,台湾报业走上了穷途末路。在报刊出版方面,报业所需物资的来源完全断绝,各报只好反复使用旧材料,致使印刷质量不断下降,字迹模糊不清。不久后,数十种周报与杂志被迫宣告停刊,仅剩的 6 家日报也不得不缩小报纸篇幅,减至每天出版一张,并相继取消晚刊。1943 年后,为了解决报业所需物资奇缺和统一战时报道口径,台湾军事当局又根据《新闻事业令》的精神,筹划将 6 家报纸合而为一的报业

---

① 辛广伟:《台湾出版史》,河北教育出版社 2000 年版,第 4 页。

新体制方案。1944年3月,台湾总督兼军部司令官安藤利吉下令将《台湾日日新报》《兴南新闻》《台湾新闻》《台湾日报》《高雄新报》和《东台湾新闻》6家日报合并改组为《台湾新报》,包办台湾全岛的新闻报道。该报的总社设在台北市,并在台中市设立台中支社,在台南市设立台南支社,在高雄市设立高雄支社,在花莲市设立东部支社,分别由《台湾新闻》《台湾日报》《高雄新报》和《东台湾新闻》4家报社改组而成。4月1日,《台湾新报》正式创刊,该报是一份八开小报,发行量不足20万份,1945年后甚至跌至17万份左右。在新闻宣传方面,日本政府下令,凡新闻皆须由日本大本营情报委员会和同盟通讯社供给,或直接报道政府官员的讲话,其他军事、外交以及有关治安事项的消息均在禁载之列。于是乎,各报内容千篇一律,且多为虚假报道。

这一时期,台湾的新闻通讯社只有日本官办的同盟社一家,独家垄断台湾新闻通讯事业。1936年日本政府将电通社与联合社合并改组为官办的同盟通讯社后,原电通社台湾分社和联合社台湾分社于6月间合并改组为同盟社台湾分社,向台湾报纸发行日文新闻稿。无线电广播事业略有发展。1931年后,"台湾放送协会"及其所辖各放送局先后创办了6座广播电台。其中台北放送局的板桥电台第一分部创办于1931年1月25日,第二分部创办于1931年5月1日(旋停播),台南放送局的台南电台创办于1932年4月1日,台中放送局的北屯电台创办于1935年9月28日,台北放送局的板桥电台第三分部创办于1942年9月25日,嘉义放送局的广播电台创建于1943年5月5日,而最后成立的是花莲放送局的广播电台创办于1944年5月1日。为加强控制,台湾地区的收音机一律由"台湾放送协会"及其各地分支机构实行统一登记与收费。截至1945年7月,全台湾的收音机达97 541台。

## 三、台湾光复后新闻事业的开放与禁锢

### (一)台湾光复与新闻事业的开放与昌盛

1945年8月15日,日本帝国主义宣布无条件投降,台湾在沦陷50年后

重新回到了祖国的怀抱。台湾光复后,奄奄一息的新闻事业获得了新生,并出现了繁荣昌盛的可喜景象。

光复之初,台湾唯一的报纸《台湾新报》立即为该报的台湾同胞所接管,1945年10月10日起发刊中文栏。10月25日,即中国政府在台湾举行接受日本投降仪式,国民政府台湾省行政长官公署宣告成立之日,《台湾新生报》在台北创刊。该报为台湾光复后问世的第一家日报,系接收《台湾新报》的设备而创办的公营报纸,隶属于台湾省行政长官公署(后改组为台湾省政府)宣传委员会,社长李万居,副社长黎烈文,报头由于右任题写。1949年5月起,该报馆改组为"新生报社股份有限公司",社长谢然之。

继《台湾新生报》之后,各类报刊,主要是民营报刊,如雨后春笋般在台湾出现,其中影响较大的有《中华日报》《民报》《大明报》《人民导报》等。《中华日报》是一份由国民党经营的报纸,于1946年2月2日在台南创刊,为台湾光复后创刊的第二份报纸,1948年2月20日创刊台北版。《民报》于1946年初在台北创刊,日刊,四开一张,社长林茂生,为民办性质的报纸,1947年停刊。《大明报》于1946年夏在台北创刊,是当时省内唯一的晚报,日出四开一张,社长林子畏,1947年3月停刊。与此同时,各类中文期刊也纷纷创刊。1945年9月,《一阳周报》在台中创刊,为台湾光复后出版的第一份中文杂志。至1946年底,获批准登记的台湾报纸、杂志及新闻通讯社已达77家,已开始发行的有55家,其中报纸21家、杂志30家、新闻通讯社4家,这些新闻机构大多集中在台北市,少数设在台中市、台南市和高雄市[①]。1947年后,又有一大批报纸、杂志创刊,其中在当时或后来影响较大的有《全民日报》《和平日报》《自立晚报》《华报》《国语日报》《民族报》《经济时报》等。至1947年底,台湾报纸、杂志总数为81家[②]。此外还值得一提的是,中国政府在1946年后颁布法令,取缔日文书报刊物。同年2月,有关主管部门发布了日文图书杂志取缔规则。10月25日起,台湾所有的报纸、杂志上的日文版一律取消。

---

① 辛广伟:《台湾出版史》,河北教育出版社2000年版,第26页。
② 同上书,第27页。

1948年后，国民党党政军系统主办的所谓"公营"报纸大批出版，并在台湾所有地区执报业之牛耳。这一局面的形成，主要是由于国民党在大陆失败后大批党营报刊的迁台出版。1948年后，包括国民党中央机关报《中央日报》在内的大批国民党党政军系统的报纸、杂志开始陆续迁至台湾。1948年11月，国民党中央机关报《中央日报》决定将总社迁往台湾，大量器材迅即拆运往台北。1949年3月12日，《中央日报》在台北正式出版。《中央日报》等国民党系统报刊的迁台湾出版，给台湾报业带来了大陆报业的风格与特色，对因地方局限性而带有浓厚乡土色彩的台湾报业具有很大的冲击力，迫使台湾报刊发生变化，报业竞争加剧。其次是由于台湾"二二八"起义失败后国民党当局对民营异己报刊的大肆摧残，许多报纸、杂志被迫停刊，仅台北一地就有半数以上的报纸被迫停刊，其中八家报纸在事件发生后立刻停刊，不久又有四家报社倒闭，《民报》等几家报社的负责人在混乱中失踪，不少报人被杀或被捕。此外，台湾光复初期经济困难、物价波动，也是民营报业发展迟缓的一个原因。当时，民营报刊虽然创刊的不少，但停刊的也很多，许多新创办的报刊维持了一年半载后就难以为继了。据统计，至1947年底，因言论不合政府要求，经营不善等被迫停刊的报纸、杂志竟高达53家[①]。

新闻通讯、广播事业在台湾光复后也有很大的发展。台湾光复之初，国民党中央通讯社派遣叶明勋来台接收日本同盟社在台湾的分支机构及其全部设备，并于1946年2月15日在台北建立中央社台湾分社。在此前后，其他通讯社也迅即恢复或创建，如民权通讯社、台湾通讯社、海疆通讯社、每日新闻通讯社、海外通讯社、中外新闻通讯社、自由通讯社、经济新闻通讯社等。其中民权通讯社于1946年3月1日在台北创建，是台湾光复后出现的第一家民营通讯社。国民党在大陆失败前后，又有一批通讯社迁至台湾，连中央通讯社总社也被迫迁至台湾苟延残喘。1948年12月初，中央社总社决定迁至台湾，并开始将重要电讯器材运往台湾。1949年7月，中央社在台北成立总社办事处，总社大部分人员陆续来到台湾。12月，中央社总社

---

[①] 辛广伟：《台湾出版史》，河北教育出版社2000年版，第27页。

正式迁至台北办公。1950年9月1日,"中央社"改组,成立了相当于企业机构董事会的管理委员会。

在广播事业方面,国民党中央在派员接收"台湾放送协会"及其所属电台的基础上,于1945年10月25日将其改组为"台湾广播电台",并在台中、台南、嘉义、花莲四处设立分台。该电台以XUPA的呼号播音,隶属于"中央广播事业管理处"。紧接着,台湾各界人士也新创建起一批广播电台,如民声广播电台、正声广播电台等。不久后,由于国民党在大陆的失败,国民党党政军系统的中央广播电台、空军广播电台、军中广播电台以及一些追随国民党的民营广播电台也陆续迁至台湾,使台湾的广播事业在规模上日益扩大。

### (二)"报禁"的实施与报业在禁锢中发展

1949年后,随着国民党政治统治基础的日趋动摇,国民党"政府"对台湾新闻事业的控制也日趋严厉。1949年1月,台湾省新闻处决定,未办妥登记手续的报刊不得出版,否则一律予以取缔。5月20日,台湾省政府、台湾警备司令部宣布自是日起全省戒严,台湾由此进入长达38年的戒严状态。接着,台湾当局又发布戒严时期法令,对新闻机构实施严厉管制。12月7日,国民党中央以及"中央政府"迁至台北,并自1950年元月起在台湾全省实行"戒严",以巩固国民党集团在台湾的"独裁统治"。对于新闻事业,国民党台湾当局在"戒严"期间推出"报禁"政策与措施,严格控制和限制新闻事业的发展。

台湾当局自1951年起对报纸实施的"报禁",包括限制报纸的申请登记、限制报纸的篇幅和限制报纸应在申请登记时载明所在地印刷出版三项具体措施,即所谓的"限证""限张"与"限印"三禁。1951年6月10日,台湾国民党当局以"行政院"名义发布命令:"台湾全省报纸、杂志已达饱和点,为节约用纸起见,今后所申请登记之报纸、杂志、通讯社,应从严限制登记"。这一"限证"措施的出台,是台湾开始实行"报禁"政策的标志。1952年4月10日,台湾当局正式宣布停止新报登记。同年12月29日,台湾当局又公布了《新闻用纸供应办法》,对其"党营"报纸采取优惠供纸办法,对民间报纸减少纸张供应。1955年4月21日,台湾当局再次公布了《战时新闻用纸节约办法》,正式开始"限张"发行,通令所有报纸篇幅一律不得超过对开一张半;特定节日各报得出增刊,但篇幅不得超过对开一张。之后,迫于报界要求放宽"限张"的呼吁,国民党当局于1958年8月30日、1967年4月18日,先后两次由"行政院"对《战时新闻用纸节约办法》进行修改,放宽用纸尺度,准许每份报纸可出版正张两张半,增刊一张。除"限证""限张"外,国民党当局还实行"限印"政策。1970年,台湾当局"内政部"发函规定,报社必须在核准登记的发行所在地印刷发行。这个规定的用意,可能是为了便于当局的管理,但使台湾各报社受印刷地的限制而遭遇发展上的阻碍,给一些全省性大报在外县市的推广发行工作增加了难度。

"报禁"的"法律"依据,一是所谓的《国家总动员法》。该"法案"颁布于1942年3月,其中明确规定:"本法实施后,政府于必要时,得对报馆、通讯社之设立,报纸通讯稿及其他印刷物之记载,加以限制停止,或命其为一定之记载。""本法实施后,政府得于必要时对人民之言论、出版、著作、通讯、集会、结社,加以限制。"二是所谓的"《出版法》"及其"《实施细则》"。该"法案"颁布于1930年12月,系国民党政府于大陆当权时,为推行反共反人民的反动政策,维持白色恐怖而制定。国民党败退台湾后,于1952年公布新的"《出版法修正草案》",后经过五次修正并重新公布。其中与"报禁"直接相关的规定是1952年11月29日公布的《出版法实施细则》中说明第27条的规定:"战时各'政府'及'直辖市政府'为计划供应出版品所需之纸张及其他印刷原料,应基于节约原则及'中央政府'之命令调节辖区内之新闻纸、杂志之数量。"1958年6月公布的"《出版法》"第27条也明确规定:"出版品所需纸张及其他印刷原料,主管官署得视实际需要情形计划供应之。"

"报禁"政策的实施严重阻碍了台湾新闻事业的发展。在此后长达30多年的"报禁"时期(在台湾称为"封闭时期""保护时期"),报业发展十分艰苦。自1952年至1960年,国民党当局仅发出过英文《中国邮报》《青年战士报》《商工日报》《中国时报》《中国晚报》《成功报》《马祖日报》《中国日报》(英文)7家报纸的登记证。自1960年至1987年,国民党当局未再发过一张报纸登记证,不少报纸在激烈竞争后被迫偃旗息鼓,但其登记证立刻就会被人出高价买去办新报,因此台湾地区的报纸总数始终为 31 家。这 31 家报纸是:在台北出版的《中央日报》、《台湾新生报》、《中华日报》、《中国时报》、《联合报》、《经济日报》、《民生报》、《国语日报》、《青年日报》、英文《中国邮报》(The China Post)、英文《中国日报》(The China News)、《大华晚报》、《民族晚报》、《自立晚报》、《工商时报》15 家,在高雄出版的《台湾新闻报》《台湾时报》《中国晚报》《成功晚报》《民众日报》5 家,在台中出版的《自由日报》《中国日报》《民声日报》《台湾日报》4 家,在台北县出版的《忠诚报》,在台南出版的《中华日报》南部版,在花莲出版的《更生报》,在嘉义出版的《商工日报》,在澎湖出版的《建国日报》,在金门出版的《金门日报》,在马祖出版的《马祖日报》。

国民党党营的"《中央日报》"系统,由王惕吾经营的《联合报》集团以及由余纪忠经营的《中国时报》集团三大报纸系统在台湾报业中规模与影响最大。据 1987 年 3 月台湾"行政院新闻局"公布的统计数字,31 种报纸的总发行量为 370 万份,平均每五六个人拥有一份报纸,其中《联合报》《中国时报》的发行量在 100 万份以上,《中央日报》的发行量在 55 万份左右。

"《中央日报》"系统的报纸都是国民党党、政、军部门的机关报。《中央日报》于 1949 年 3 月 12 日在台北续刊,每日出版对开九至十二大张不等,三十六至四十八版,日发行约 55 万份,主要在台湾全省发行,港、澳地区及美、日等地也有订户。除《中央日报》外,国民党"党营""公营"的报纸还有:台北的《大华晚报》(1950 年 2 月 1 日创刊),该报实际是"《中央日报》"的晚刊。《台湾新生报》《中华日报》及其南部版,则由国民党台湾省党部主办。《中华日报》于 1946 年 2 月 20 日创刊于台南市,1947 年 8 月改组为股份有限公司,招募民股。1948 年 2 月 20 日在台北创刊北部版,并设总社于此,原在台南市刊行的报纸则称"南部版"。该报南部版曾是台南居首要地位的报纸,与《台湾新生报》南北对峙,竞争激烈。国民党"军营"的报纸有《青年日报》和《忠诚报》,分别由台湾"国防部"和"陆军总部"主办。其中《青年日报》的前身是《青年战士报》,创刊于 1952 年 10 月 10 日,由"国防部政治作战部"主办,原为四开小报,主要在军队中发行。1957 年元旦扩版后,开始向社会发行。1984 年 10 月 10 日易名为《青年日报》,日出对开四大张十六版。《忠诚报》前身为《精忠报》,于 1948 年 2 月 22 日创刊于台湾凤山,每日出八开一小张,1953 年 2 月扩版为四开,并改为三日刊,1963 年 6 月 16 日起,恢复为日刊。1968 年 1 月 1 日,更名《忠诚报》,主要在陆军系统发行。此外,属军报系统的还有《建国日报》(1949 年 11 月 22 日创刊)、《金门日报》(1965 年 10 月 31 日)、《马祖日报》(1957 年 9 月 3 日创刊)等。

由王惕吾经营的《联合报》集团,又称"联经集团",以《联合报》为中心。该报于 1951 年 9 月 16 日在台北创刊,是由王惕吾接办的《民族报》(1949 年 5 月 4 日创刊)、林顶立的《全民日报》及范鹤言的《经济时报》三家合并而成,初名《民族报、全民日报、经济时报联合版》,1953 年 9 月 16 日正式定名为《联合报》,60 年代初起由王惕吾独立经营。《联合报》日出对开报纸九至十二大张、三十六至四十八版,广告占总版面的 1/3。发行量在 100 至 120 万份之间,与《中国时报》同为台湾发行量最大的报纸。除发行于台湾全岛外,还发行过海外航空版。此外,"联经集团"还拥有《经济日报》《民生报》等台湾报纸,在海外出版的中文《世界日报》(泰国)、中文《世界日报》(1976 年 2 月 12 日在纽约创刊)、《欧洲日报》(巴黎)和在香港出版的《香港联合报》(1992 年 5 月 4 日创刊,1995 年 12 月 17 日停刊),以及一些刊物、通讯社和出版事业公司等。其中《经济日报》由王惕吾主持,创刊于 1967 年 4 月 20 日,是台湾著名经济大报之一。《民生报》也是王惕吾 1977 年收购《华报》后于 1978 年 2 月 18 日创刊的,是台湾第一家以报道衣、食、住、行及体育、娱乐等软新闻为主要内容,以知识性、实用性和趣味性并重的报纸。自 1989 年底起,该报采用横排版。

由余纪忠经营的《中国时报》集团,又名"中时集团",以《中国时报》为中心。《中国时报》的前身是 1950 年 10 月 2 日创刊的《征信新闻》,由当时台湾"物资调节委员会"主办,是一份经济专业的报纸,日出四开油印小报一张,1951 年 4 月由私人集资接办,余纪忠任社长。1954 年 9 月起,该报改版为综合性报纸,1960 年 1 月 1 日改名为《征信新闻报》,1968 年 9 月 1 日再次改名为《中国时报》,日出八大张三十二版,在台湾全岛及海外发行,并在美国、日本、法国、英国及港、澳地区等地派驻记者。此外,"中时集团"还拥有《工商时报》和一家月刊、两家周刊,两家出版公司等。《工商时报》创刊于

1978 年 12 月 1 日,现日出对开八大张三十二版,为台湾著名经济大报之一。"中时集团"还曾在纽约出版《中国时报》美洲版,1985 年 3 月 1 日改为《时报周刊》,1992 年 1 月又改为《中国时报周刊》,总社迁至香港,由香港向全球发行,而编辑部则设在台湾。王惕吾与余纪忠都来自大陆,由军界转入报界,靠收购台湾报业发展起来,成为台湾的报业财阀。

杂志的大量出版,是台湾实行"报禁"的结果,也是"报禁"时期新闻出版界的一大奇观。据统计,在台湾出版的杂志,1962 年为 686 家,1971 年为 1 370 家,1973 年为 1 528 家,1982 年为 2 244 家。其中大部分在台北出版,约占 70％。杂志的品种也很多,台湾"行政院新闻局出版处"根据这些杂志的内容将它们分为 25 类:财经工商类、教育文化学术类、政治类、宗教类、工程技术类、通讯类、艺术类、文艺类、医药卫生类、社会类、农林水产类、妇女家庭类、地方报道类、影剧广播类、儿童类、观光旅游类、青少年杂志类、体育类、史地类、科学类、语文类、目录学类、法律类、军事类、综合类等。其中财经工商类种数最多,达 901 种。从外形看,有的是十六开书册式,有的呈报纸型。

台湾新闻通讯社的发展在实行"报禁"后也大受钳制。至 1987 年底,台湾经登记允许营业的通讯社有 37 家,大半设在台北,其他设在高雄、台中、新竹、基隆等地。其中规模最大的是"中央通讯社",在 60 年代中期仅在海外设立的分社或其他分支机构就有 18 处。70 年代中期,台湾当局虽被逐出联合国,但"中央社"在海外的分支机构仍有 24 个之多。1973 年,"中央社"改组为股份有限公司,但实际上仍掌握在国民党中央党部手中。

在宣传报道方面,根据国民党当局颁发的所谓《出版法》《戒严期间新闻纸杂志图书管制办法》《广播电视法》等法律、法令的规定,国民党当局严禁新闻媒介刊登涉及政治、军事等方面的内容。凡对国民党有所批评的,都会被扣上"违背反共国策"等罪名而遭到惩罚。20 世纪 50 年代初,《联合报》如实报道了美国军人雷诺枪杀中国平民刘自然事件,被国民党当局视为挑动反美情绪,将该报记者林振霆长期监禁。60 年代初,雷震主办的《自由中国》杂志发表《反共不是黑暗统治的护符》等社论与署名文章,被国民党当局扣以"为共匪作统战宣传"等罪名,将雷震送交"军事法庭"。70 年代后,台湾新闻媒介公开批评国民党当局的报道日益增多,国民党当局也立刻予以残酷的镇压,先后受到惩罚的有《大学杂志》《台湾政论》《鼓声》《夏潮》《美丽岛》等。其中影响最大的是《美丽岛》事件,因组织万人游行集会,《美丽岛》杂志发行人黄信介被判处有期徒刑14年,总编辑等多人被判处有期徒刑12年,另有152人被捕。

### (三)广播电视事业的日趋垄断

在实行"报禁"之时,国民党当局对广播事业以及20世纪60年代后出现的电视事业也同样实行旨在统制的广播电视法规,日益强化台湾广播电视事业的国家垄断的地位与性质。

台湾的广播事业在国民党集团迁台后进行大规模改组,大部分广播电台属军用或公用,并占用了几乎所有的频率。1949年6月,国民党当局将已迁至台湾的"中央广播电台"改建为"中国广播公司台湾广播电台"。11月16日,"中国广播公司"第一次股东大会召开,正式转为公司组织的新型态,原台湾广播电台所辖的6个分台也并入"中国广播公司"。据统计,1949年间台湾有10家广播电台,其中9家为公营台(7家为"中国广播公司"所辖,2家为军方电台,分别是军中台和空军台),1家民营台。之后,由于20世纪50年代台湾地区物质匮缺、民生凋敝,广播正好发挥其无需纸张等特长,为民众所欢迎,因而公营与民营广播电台均有较大发展,总计在这一时期建立的广播电台共有31家、电台57座。1959年,台湾最高行政当局"行政院"以电波干扰问题严重,函令当时主管机关"交通部"停止民营电台的申设,这一纸禁令使得台湾广播事业发展受到了极大的影响。在此后长达30余年的时间,台湾广播事业虽然数量有所增加,但所增加的几乎都是公营电台,而且几乎没有新的广播经营机构加入。60年代,台湾军营、公营、民营广播机构的总数是38家,但是到了1971年时仍是38家,没有新的广播机构出现。而这38家广播机构在60年代共拥有66座电台,到了70年代末,电台总数增加到104座,各家都在各地增设分支台站。只是同一家的电台数增加,而经营者却未增加。

"中国广播公司"是台湾最大的广播机构,除对台湾本岛广播外,还设有

"大陆广播部"和"对海外广播部",制作并播送对大陆、海外的广播节目。"大陆广播部"是"中国广播公司"的主体和骨干,原名"自由之声大陆部",1954 年改为"大陆广播部",其主要目标是中国大陆,为贯彻所谓反共"心战"政策服务。"对海外广播部"原名为"自由中国之声海外部",专对海外,主要是对美国、日本、韩国、新西兰、澳大利亚及东南亚、南洋一带国家和地区广播,每天用英、法、日语及越南语、马来语等 9 种外国语和国语以及闽南语、客家语、粤语、潮语、藏语等 5 种方言及民族语言广播。国民党的公营电台还有 5 家军方电台,6 家警察广播电台以及幼狮广播电台、教育广播电台、台北广播电台、高雄市政广播电台、台湾区渔业广播电台等。台湾最大的民营广播公司是"正声广播公司",于 1950 年 4 月 1 日开播,当时称"正声"和"正义之声"两部分,至 1955 年改组为"正声广播公司",在全省设有 9 个分台。

  一般来说,公营电台的经费均由官方资助,不接纳广告,但"中广公司"从 1962 年起,开始在每天对本省广播节目时间里插播广告。民营电台大都靠广告收入来维持。50 年代时,台湾广播事业中的广告占广告市场总量的比例约为 20%。60 年代电视出现后,广播的广告业绩呈停滞乃至衰退的迹象。1985 年,广播广告在整体广告数量的占有比例落居杂志之后,由原来维持多年的第三位退居第四位,自此以后广播媒体就脱离了三大媒体阵容,这与电视出现之前广播媒体仍是第二大媒体相比,实在是天壤之别。在节目形态上,1954 年至 1964 年间,为广播节目最讲究表达方式的时期。例如新闻节目在原有的单音播报以外,大量采用双音播报、特写、录音访问、实况转播、电话采访,甚至采用了越洋无线电话访问。谈话节目在原有的单音讲话之外,也大量采用对话的形式,由两人对话发展为多人对话,由平常的对话发展到戏剧性对话。表达方式虽然较富变化,但最重要的是广播的力量对社会发生了空前影响。由于广播提供最快的新闻已是公认的事实,在较早时期,电台新闻的来源多半依赖剪报,广播新闻往往落于报纸之后。随后各大广播机构加强采访阵容,订购境内外各大通讯社的通讯稿,大城市出现多家电台共同作业的联合采访组织,新闻来源更加充裕,服务层面亦愈见广阔。各广播电台的新闻节目除定时的新闻时段之外,还有录音专访、新闻座谈、实况转播等。至于综合性大型新闻节目,以及各地属台与友台之间新闻互播等形式,都深受听众之欢迎,且不断有新的发展和出色表现。值得一提的新现象是"中国广播公司"专业新闻网的成立。为加强新闻播报,"中国广播公司"于1983年推出以播报新闻为主的新闻专业电台,实行24小时播音制,每15分钟至半小时播出新闻一次,同时有各专业记者主持的几个新闻节目,打破过去节目形态大同小异的作法,也促使电台业者开始朝分众化、专业化的方向发展。60年代电视兴起后,台湾的广播事业还纷纷开拓新路,以摆脱困境。"中国广播公司"于1968年开播以立体音广播的调频(FM)广播网,率先成立调频电台并同时致力音乐发展工作,使得广播技术迈向一个新的时代。至1980年,调频广播清晰稳定的音质受到大众的接受与喜爱,调频成为广播的主流,广播事业的发展出现转机。此外,专业电台的出现,为广播事业发展开辟了另一条新的发展道路。1971年,警察广播电台首先成立提供专业服务的台北交通电台,除播送新闻及音乐之外,随时报告路况,提供交通警察和驾驶人作为行车参考。接着,"中国广播公司"成立台中交通专业电台、农业专业电台等。农业专业电台专对农民广播,其内容主要为农业节目以及有关农事法令、常识、新闻等。

20世纪60年代初,电视事业在台湾诞生。1960年5月20日,"中国广播公司"进行电视转播的示范表演,标志着台湾地区电视事业的开端。1962年2月14日,台湾第一个电视台教育电视实验电台试播。该台在台北科学馆试播,每天播出两小时的教学节目,电波涵盖面约10公里,1963年12月1日正式开播。1962年4月28日,台湾电视公司在台北宣告成立,10月10日起正式播放黑白电视,台湾正式进入电视时代。台湾电视公司,简称"台视",是台湾的第一家电视公司。该公司自1961年起开始筹建,由台湾"省政府"、金融机构、台湾水泥公司等民营企业以及日本富士、东芝、日立、日本电气四家公司合资,是台湾最早创办的公私合营及中外合资的商业电视台。在业务上,"台视"走美国商业电视制度的路子,节目靠广告支持,由市场决定节目内容,至于媒体的报道和其他公营的媒体一样,都是当局宣传的喉舌。随着经济的起飞,台湾的电视事业也进一步发展。1969年9月3日,"中国电视公司"正式成立,10月31日开播并在台湾地区率先播放彩色电视。"中国电视公司"简称"中视",由属于国民党党营事业的"中国广播公司"以及一些民营广播公司及有关文化机构合资创办,1967年起在台北开始筹建。1971年10月31日,"中华电视公司"正式开播。该公司简称"华视",在台湾当局"教育部"和"国防部"共同支持下由教育电视台扩大改组而成,采用商业电视台的组织形式。至1975年,台湾地区基本上完成了覆盖台湾全省的电视网,主干是台湾电视公司、"中国电视公司"和"中华电视公司",全部掌握在官方手中。"中视"成立之初即开始传送彩色节目,迫使"台视"也增辟彩色播映,从而使台湾电视迈进彩色播映时代。1969年底,台湾电视通过人造卫星转播美国航天员登月实况,将电视推进到卫星转播时代。80年代后,台湾电视市场生态产生重大的变化,公共电视的诞生,加之无数私接的有线电视和来自台湾岛外的卫星电视,打破了3家电视公司对台湾电视市场的垄断地位,3家电视公司的电视节目收视率开始萎缩,但其晚间新闻的收视率总共高达80%左右,仍是不可小看的强势媒体。

1961年电视出现后,由于广告客户立即意识到电视具有惊人的传播效果,因而广告增长速度令人咋舌。1962年,"台视"全年广告额就达到706万台币,占全年全岛广告总额的2.3%;1967年,广告额达到1.12亿台币,占广告市场总额的16.5%,电视广告总额首次超过广播广告总额。1970年,"台视"加上新开播的"中视",广告总额突破4亿大关,增长率高达107%。1980年,"台视""中视"和"华视"3家电视公司的广告收益高达29.538亿台币,约增加了7倍,平均每年增长率为21.66%,广告额仅次于报纸。1988年,电视广告总额达113亿元;1990年,电视广告总额达157.5亿元,占全年广告量400亿的35%左右。

在广播事业行政管理上,台湾当局于1951年9月成立"广播事业管理委员会",负责管理与指导广播事业节目与新闻报道的设计,以及广播电台的设置审查工作。1959年,台湾当局的所谓"交通部"接管广播事业,下设职能机构分别掌管广播电台设置事项、人员登记及业务考核等事宜。1961年后,一切广播节目事项等改由"新闻局"接管;1967年后,"教育部文化局"接替"新闻局"管理广播事业;1971年2月后,"交通部"、"行政院新闻局"、台湾警备总部等三个机构分掌管理大权。警备总部依据"戒严法",邀集有关机构设置广播安全审核制度,负责节目内容的监听,执行方言艺文节目的审查,违规节目的通报改进及对各电台的考核等工作。1976年,台湾当局颁布《广播电视法》,管理广电媒介的结构与内容。《广播电视法》将电波收归为公有,强调是为了广电媒介的发展,但实际上是保证电子媒介成为当局的宣传工具。《广播电视法》规定,设立电台的资本额下限为5 000万台币,为一般企业或老百姓所无法承受,排除民间申请设立电台的可能,也保障现有公营媒体在市场的占有率。根据《广播电视法》的实行细则,台湾当局对于电子媒体所制作播放的节目还采取事前审查制,除了对节目内容严格筛选、管制,也对节目与广告的分配比例、时段、时间长度、播音语言及强制播出等都有规定和限制。

## 四、"报禁"解除后新闻事业的大发展

### (一)从"报禁"的解除到传媒的全面开放

1988年是台湾新闻事业史上具有划时代意义的一年。自是年1月1日起,台湾国民党当局重新开始接受新办报纸的登记,报纸印张也可增加到日出对开六张二十四个版,解除了长达数十年的"报禁"。90年代后,台湾当局又陆续开放广播电视领域,使有线电视、通信卫星电视、调幅广播、调频广播,甚至无线电视皆可依据有关法律由民众自由开办。

"报禁"的解除当然不可能是台湾当局的一时善举,而是台湾政治、社会和文化条件逐渐成熟和新闻界内外长期抗争的结果。早在1955年3月4日,著名报人成舍我就在台湾"立法院"会议上提出质询:"鼓励人民食粮增产,为什么对于最重要的精神食粮的增产,却千方百计加以束缚?"但是,公开要求取消"报禁"的呼声则迟至20世纪70年代末才出现。在一次所谓"国建会"上,参加新闻组的《联合报》工作人员建议:"开放报纸登记""取消篇幅限制"。1987年初,国民党当局被迫考虑解除"报禁"问题。2月1日,台湾"行政院"院长俞国华责成"新闻局"对"报禁"问题"以积极的态度重新加以考虑"。2月27日,台湾"新闻局"召集11位新闻传播专家组成一个从事"解禁"研究的专案小组。5月,专案小组完成了一份研究报告。这份报告指出:限制报纸登记证的行政命令与"出版法"并无直接关联,因而当局

理应开放报纸登记;台湾白报纸生产过剩,因而过去以"战时新闻用纸节约办法"限制报纸不得超过三大张的理由不能成立。7月15日,国民党当局宣布解除长达37年的所谓"戒严",使"报禁"在政治、军事上也再无任何理由。12月1日,台湾"行政院新闻局"发表声明,宣布自1988年元旦起解除"报禁",民众可以自由申请办报,报纸张数和发行印刷地点不限。

"报禁"解除后,台湾新闻出版界内外人士又进一步提出废除"出版法"的要求,台湾当局也在90年代后被迫多次承诺修改甚至取消该法。1997年7月,台湾当局"新闻局"在一场研讨会上宣布采纳与会代表提出的修订出版法的建议。1998年2、3月间,"新闻局出版处"主持草拟的"出版法修订草案"完成。1998年5月,在由报业、图书业、杂志业等各界代表召开的有关修订"出版法"的研讨会上,近半数代表认为,现行"出版法"的架构难以修订成合乎时代所需的法令,且"出版法"的管理事项已有其他相关法令管理予以规范,因而"出版法"已无继续存在的必要。1998年8月,"新闻局"呈报"行政院"建议废止"出版法";9月,"行政院"通过"废止出版法案"。1999年1月12日,"立法院"三读通过废止"出版法";1月25日,台湾当局正式颁布命令废除施行了69年的"出版法",为配合该法的实施而颁布的近30种相关法令也随之一体废止或予以修正。"出版法"废止后,报纸、杂志、出版社等新闻出版事业按照《公司法》向"经济部"办理登记,无须再向"新闻局"办理登记,在出版数量及类别上亦无任何限制。

在开放报刊的同时,台湾当局还开始着手逐步开放广播电视媒体。在无线广播台的开放方面,台湾当局于1992年宣布电波频率开放政策,1993年起开放广播电台的创建,正式解除长达34年的冻结措施。1993年1月,"新闻局"和"交通部"联合宣布开放28个调频(FM)中功率频道,供民间设立电台。半年后,"立法院"删除"广播电视法"有关语言使用限制之规定。1994年9月,有关部门开始接受小功率社区电台的申请。此外,台湾当局还自1993年起开始进行"广播电视法"的修正,包括强调电波频率公有、稀有及排他性,电台频率专业化,防止跨媒体经营及所有权集中,以及规定新闻公共服务比例等,旨在加强政府之管理,导引电子媒体使用之社会化及合理化。为了适应多频道电视时代的来临,台湾当局在"法令"规章上也做了相当程度的调整,比如取消节目播出的方言比例限制,放宽节目送审制度等。

在无线电视的开放方面,台湾当局于1993年决定开放无线电视频道。早在1982年,台湾当局"新闻局"开始筹设公共电视节目制作机构以平衡商业电视的缺失,但因经费筹措困难等原因而未果。1984年,"新闻局"建立了一个官民合股的广电基金会,并修订了"广播电视法"的相关条文,由广电基金会委托民间制作公司拍摄内容以文化、教育及信息为主的公共电视节目,征用三家电视公司的频道播出公共电视节目。1990年7月1日,台湾公视建台筹备委员会成立,宣称在三至四年内完成建台规划与软硬件设施。1992年9月,由公视建台筹备委员会草拟完成的"公共电视法案"送"立法院"审查。为了游说"立法院"迅速"立法",同时也为了向台湾民意展示过去数年来筹备的成绩,公视筹委会自1995年7月起推出前后三个阶段的节目试播计划,播出各类节目近2 000小时。1997年5月底,"公共电视法草案"在"立法院"三读通过,开启了台湾公共电视传播的新纪元。1998年7月,台湾公共电视正式开播,出现了商业电视台以外的电视台。1994年后,台湾当局还决定开放一个全区性的民营无线商业电视台。1995年6月,民营性质的全民电视股份有限公司筹备处取得了台湾第四家无线电视台的经营权,改变了原有无线电视由三家官办的电视公司垄断的局面。1997年6月,全民电视台正式开播。

在有线、卫星电视的开放方面,台湾当局在1988年11月就正式开放了直播卫星,民众可收视境外的卫星电视频道。1991年,5个卫星电视频道进入台湾电视市场,官方的三家电视公司失去了在市场上的垄断优势,开始进入频道竞争时代。为了建立空中秩序,将卫星电视频道节目纳入管理范围,台湾当局决定制订"卫星广播电视法"。1995年,"卫星广播电视法草案"起草完成,内容包括执照核发、节目及广告管理、权力保护、罚则等。1999年1月,《卫星广播电视法》经"立法院"审议通过。在卫星电视兴起之时,有线电视也趁势而起,并因其能提供多样的频道,满足消费者的信息需求而订户剧增。但是,由于有关法规政策尚未制订,有线电视业者不仅遭到市场竞争的压力,而且还可能被当局无理取缔,因而他们极力呼吁当局尽速制订有线电视法,以规范有线电视产业市场竞争秩序。1992年1月,台湾当局"行政院"通过了"有线电视法草案",7月经"立法院"三读通过。1993年8月,"有线电视法"公告施行,台湾正式步入有线电视时代。11月,《有线电视节目播送系统暂行管理办法》颁布,以作为过渡性质的营运安排。

### (二) "报禁"解除后新闻事业的发展与变化

在"报禁"解除以及随后出现的传媒全面开放后,台湾新闻事业出现了蓬勃发展的势头,在质与量两个方面都出现了前所未有的变化。

在报刊出版方面,一是新出版的报刊如雨后春笋般出现。在"报禁"解除后3个月内,33家新办的报纸,20家新办的通讯社向台湾"新闻局"办理登记手续,使台湾报纸骤增至64家、通讯社增至57家。至1988年底,台湾报纸已接近80家。1993年底,办理登记的报纸有221家,实际发行的有139家。1996年,台湾报社数增至342家,同1988年比增长率高达1 100%。另据统计,至1998年4月止,台湾有关部门共发出883张报纸登记证,其中日报为435家。1999年"出版法"正式废止前,报社已经增加至367家,"出版法"废止后,报社仍在持续增加,至2000年时已超过400家。但值得注意的是,针对一般读者每日发行的报纸却逐渐减少,只剩下了25家。随着报纸家数的不断增加,发行量也较前激增。1987年"报禁"解除前,台湾报纸发行总数每天在350万份左右;"报禁"解除后,虽然一度跌落,但旋即恢复,并持续稳定成长,1990年时达到450万份的空前纪录。1994年,当年报纸发行量达600万份,较"报禁"解除前增长约50%。1996年,报纸日发行总数在400万份至600万份之间,平均3至5人拥有一份报纸。而且,市场自由化之后,报业经营者不再仅局限于公营系统,同时也普及至一般的民间财团,其中包括许多以商业经营著称的财团。篇幅增加,印刷改进,也是"报禁"解除后报纸的重要变化之一。由于报纸限张的取消,报纸张数增加了,从而使报纸的内容更为充实,特别是讨论重大消息的报道更为详尽。以《联合报》和《中国时报》两大报为例,"报禁"解除后,两报立即由原来的三大张增加为六大张,随后又增加至七大张、八大张,广告多时甚至增加到十大张以上。

二是大批新报纸的问世使台湾报业市场形成了全新的格局。"报禁"解除后,台湾出现了联合、中时、国民党、自立四大报系。1)联合报系:为台湾最大报系,下有《联合报》《经济日报》《民生报》《联合晚报》四大报;2)中时报系:中时报系直辖三大报,即《中国时报》《工商时报》和《中时晚报》;3)国民党报系:包括党政军三大系统,属于党报系统的有"《中央日报》"和《中华日报》,属于政府系统的有台湾省政府的《台湾新生报》和《台湾新闻报》,属于军报系统的有《青年日报》《忠诚报》《台湾日报》《建国日报》《金门日报》和《马祖日报》6家;4)自立报系:有《自立晚报》和《自立早报》。《自立早报》是台湾解禁后创刊的第一家报纸,1988年1月21日在台北创刊,由《自立晚报》馆创办。但是,随着报业的进一步分化整合,国民党报系随着国民党作为执政党地位的丧失而日趋衰落。"《中央日报》"社在20世纪90年代累计亏损12亿元台币以上,被迫于1999年6月11日将总部大楼出售给台湾"中影公司",以填补营运赤字。自立报系则因受亚洲金融风暴的影响,经济不景气而走上失败之路。1998年底,自立报系推出"瘦身"计划,600余名员工中的250名被遣散,并于1999年1月21日停办《自立早报》。但这一计划并未能使之摆脱经济危机,已有54年出版历史的《自立晚报》也不得已于2001年10月2日出版最后一份纪念刊,正式宣布停刊。与此同时,《儿童小报》《法政警民日报》《民族时报》《全球时报》等也先后停办。目前,台湾的三大报已由"报禁"解除前的《联合报》《中国时报》和"《中央日报》"改变为《联合报》《中国时报》和《自由日报》。《自由日报》并非"报禁"解除后创办的新报,1978年2月由原《自强日报》改组而成。"报禁"解除后,该报背后的财团放手一搏,采用重金挖角、抽奖促销等一系列纯商业的手段,使该报发行量大幅增加,其影响力可与《联合报》《中国时报》媲美,并号称自己发行量第一。1996年6月3日,《自由日报》在该报头版头条报道了台湾世界新闻学院进行的民意调查结果:《自由日报》发行量已逾100万份,在台湾发行的报纸中位居第一。这一民意调查的结果虽然有大量水分,但《自由日报》的影响力日益增大则是不争的事实。

在电视方面,首先是有线电视与卫星电视蓬勃发展。根据有线电视的有关规定,全台湾被划分为52个区,每区最多可核发5张有线电视从业执照。1993年,向"新闻局"办理登记者共有611家;1994年,正式申请者减至204家;1997年7月,正式审核通过者155家。之后,东森、和信、太平洋等有线电视系统经营者以各种方式进行大购并,因而目前全台湾从事有线电视业者只有80余家,以东森、和信及太平洋三大主要多媒体系统经营业者为主,占市场的50%以上。有线电视的装机率,1990年时只有16%,至1997年6月已达到将近80%(在大都会城市超过90%),已基本达到市场饱和程度。目前,一般家中无论是无线电视台节目、卫星电视台节目及有线电视台本身节目,大部分都由有线电视线缆传送。一般家庭所收看的电视频道可达到八九十个以上。卫星电视的普及与多元化的程度几乎与先进国家不相上下,现有三四十家卫星电视频道商,提供的卫星频道超过150个,节目制作品质也在不断改善之中。其次是电视市场进入完全市场竞争。《有线电视法》在1993年7月通过后,有线电视的发展一日千里,其多频道的特性使订户得以自由选择自己想看的内容,打破无线电视的垄断,并且在收视率和影响力上逐渐与无线电视平起平坐。有线电视不但瓜分了原官方掌握的3家电视公司的收视率,还瓜分了广告份额,使原官方掌握的3家电视公司的广告业绩每况愈下。1997年,台湾地区第四家全区性无线电视台——全民电视台开播。这家民办无线电视公司的创建,改变了过去只有官方掌握的3家电视公司的生态,进一步冲击原官方掌握的3家电视公司的广告业绩,使原官方掌握的3家电视公司几乎都濒临亏损的窘境。

在广播方面,一是中小功率广播电台剧增。1993年未开放广播电台之前,台湾共有33家电台。1993年,台湾当局开放各县市中、小功率电台频道,并分9个阶段陆续开放电台。目前,前8个阶段共计开放192家电台,因而至2000年6月底,广播电台数已增至142家,其中正式营运的有132家。二是民营电台成为广播业发展的主流。在台湾当局开放电台的前8个阶段,新创建的电台几乎全部是民营电台,占全部电台的70%。而且,民营电台大多是调频广播电台,从而使民营电台又成为台湾地区调频广播的主体,可凭借良好的音讯品质与公营电台竞争,有效地开发不同类型受众的市场。三是专业电台的日趋繁荣。台湾地区的专业电台,滥觞于1960年教育电台全天候播送教学节目和1971年警方成立交通专业电台。之后,"中广"

陆续成立新闻网、台中交通台、农业台乃至音乐网(1988年),使广播进一步迈入专业化时代。台湾当局开放电台后,随着电台的剧增和分众化、地方化的发展大趋势,专业电台进入了发展的春天。目前,台湾广播电台大致可以分为三大类:音乐类——包括当代热门音乐、休闲背景音乐、古典音乐、另类音乐等。信息类——包括新闻谈话、生活信息、都会类型、女性类型、语言类型等。特定主题类——包括混合、交通、宗教、农业、渔业、本土文化、医药保健、劳工、教育、校园、旅游等。四是广播重新受到重视,收听率和整体产值回升。在传媒全面开放之前,广播发展速度始终跟不上报业和电视的发展速度,在广告市场所占的广告总额比重不断下降。传媒全面开放后,大批新兴电台的加入,特别是台湾民众生活形态的改变,导致民众对广播市场的需求扩大,广播媒体再度受到重视。例如,台湾拥有汽车的人口大增,开车族平均每天塞车时间约两个小时,大多靠广播获悉最新路况,或听音乐和新闻打发时间。又如,服务业产值逐渐超过制造业,满街的商店、卖场需要流水般的广播音乐或人声以刺激购买欲望。再如,SOHO族、网络工作者等行业日趋自由的工作气氛也增大了广播侵入的空间。据调查,台湾收听广播的人口比例从开放前的10%左右上升到30%左右,在大都会城市地区更高达40%。广播的市场产值也蒸蒸日上,广播产业的广告收入从1988年的19亿台币增加到1998年的47.5亿台币。

此外,台湾新闻通讯事业也有一定程度的发展,新的通讯社纷纷创立。截至1994年,台湾的新闻通讯社已增至176家之多,但是,这些新办的通讯社,绝大多数规模很小,努力朝专业化方向发展。各家通讯社都各自选择其赖以生存的服务对象,不作各行各业一般性的泛泛报道。另外,以报道经济新闻为主的通讯社所占比重很大,几乎占总数的1/3。新成立的通讯社资金少开支大,往往难以满足工商企业对市场信息既专精又迅速的要求,以致订户有限,入不敷出,所以起落很大,能经常见到通讯稿的也不过三四十家。

"报禁"解除后,台湾的新闻舆论环境也有所改善。最令人欣喜的是对大陆报道的限制被突破,海峡两岸新闻交流活动日趋频繁。20世纪80年代后,大陆体育健儿的优异成绩在台湾的新闻媒介上广为传布,突破了台湾当局有关大陆报道的禁区。在1987年春后的一段时期内,围绕允许台湾同胞回祖国大陆探亲的问题,台湾新闻媒介上出现了一股引人注目的"大陆热"。《中国时报》《台湾时报》《自立晚报》等报纸还无视当局的禁令,先期派记者徐璐、李永得到大陆采访。此外,对国民党当局的批评也在"报禁"解除后被突破,并随着国民党统治的摇摇欲坠而越来越频繁与激烈,直至国民党统治集团下台。较早公开批评国民党当局的是《中国时报》。1988年,《中国时报》发表社论,公开批评国民党当局限制台胞赴大陆探亲的政策。接着,许多报纸开始发表文章公开批评蒋介石家族,揭露蒋介石家族控制的圆山饭店严重漏税和蒋经国之子蒋孝勇涉嫌彰化滨海工业区购地等行为。这一现象也反映了台湾家族企业型报团的政商关系深、势力庞大、财力惊人,使当时执政的国民党对此也无可奈何。

(本章撰稿人:黄瑚)

# 第五部分

# 华中地区

# 第一章

# 华中地区新闻事业评述

华中地区由河南、湖南、湖北三省组成。总面积为55.88万平方公里，在秦岭以南，大巴山以东，居全国之中。东邻山东、安徽、江西，南界广东、广西，西连贵州、重庆，北接陕西、山西、河北。周边环绕十个省份，除东北外，和华东、华南、华北、西南、西北五大地区相联结，黄河、长江两大河流横贯其中，与全国各大地区与行省联系之广密，本地区居首位。这一方面具有与各地交流、沟通之便；而另一方面在政治震荡时期，又常成为逐鹿中原，各种政治势力较量的场所，在这里，河南、湖南、湖北三省的地位是各不相同的。

豫、湘、鄂三省曾是历史上经济繁盛地区，影响全国。进入近代以后，经济地位骤降，但比较各地区，仍处中游水平。从1840年至1937年间的统计，中国人自办万元以上的企业，华中地区约有315家；这大大落后于华东地区，华东只上海一市就有740余家；也不及华南，华南只广东一省就有约386家，超过华中全区；但优于西北、西南两区，其中经济发展较好的西南地区只有约167家，只及本区的1/2；和华北、东北两地区相较，发展水平相近，彼此相差有限[1]。本地区三省，情况也各不同。在总数325家大企业中，湖北独占230家，湖南61家，河南只34家[2]。

---

[1] 有关数据均据杜恂诚：《民族资本主义与旧中国政府(1840—1937)》，上海社会科学出版社1991年版。
[2] 顾长声：《从马礼逊到司徒雷登》，上海人民出版社1985年版，第197页。

本地区中华文化源远流长,河南曾为古代京畿之地,影响尤深。而湘湖文化、荆楚文化,饮誉学林,久而不衰。地理上三省深处内陆,距沿海地带较远。进入近代后,当西方思想文化大潮不断向中华大地伸展时,一方面可以看到这种地域性在这里所带来的影响,另一方面也可以感悟到中西文化矛盾在本地区所呈现出某些特色。

武汉是本地区政治、经济、文化的重镇,发挥着愈来愈重要的作用。

本地区新闻事业(特别在解放前)就是在这样的背景下发展起来的。

## 一、清末时期(1866—1911)

本地区的近代报纸出现于 1866 年,第一份报纸是由英国商人汤姆逊(F. W. Thomson)于这年一月在汉口创办的英文《汉口时报》(*HanKow Times*),在此之前,全国只有华南、华东两地区出版过近代报刊,合计共约出外文报刊 157 种(其中葡文报刊约 13 种,余下为英文报刊),中文报刊 15 种左右。华南位居第一。

外报向中国广大内地伸展是在第二次鸦片之后开始的,武汉是其重要基地。外国商人和传教士纷纷汇集此地,他们把报刊作为开展活动的必要工具,第一张商办报纸就是《汉口时报》,六年之后,英国传教士杨格非(Griffith John)于 1872 年在汉口创办了第一张教会报刊《谈道新编》(中文月刊)。至维新运动前夕的 1894 年,一共出版了 12 种外报,其中商办 5 种(英文 1 种)。在这期间,本地区河南、湖南二省,仍然未见办报。西南、西北、东北地区也仍然无报,只华北地区兴办了 7 份报刊,其中北京两种传教士中文报刊,天津两种中文报纸和 3 种英文报纸,均为商办。

武汉作为外国人办报的重要基地,外商和传教士在这里出报并不是简单地着眼于本市和本省的影响,而是要把视野扩向周边广阔的地域。有的甚至要超越本地区 3 省,如英国传教士杨格非等,办报地点是在汉口,但先是着力将其宣传影响推向整个湖北,然后扩展到华中地区(当时他们的"华中"概念,大大超过豫、湘、鄂三省)。自 1876 年起,杨格非在汉口设立了一个书报部,通过华人将宗教书报等出版物向华中各省散发,到 1930 年教会书刊发行量,在华中各省达到 220 万册,在湖北、湖南两省雇用的专职书报推销员有 70 人。

引人注目的是,1873 年 8 月 8 日(农历闰 6 月 16 日),艾小梅主办的中文报纸《昭文新报》在汉口创刊,虽是昙花一现,数月即停,但它是国内由中国人自办报刊最早的一种,有重要意义①。

维新运动打破了外报在华全面垄断局面,掀起了中国人办报的热潮,华中地区广受影响。三省报界形势出现了重大变化,原来是湖北报业独领风骚,现在则是湖南大显身手了。

在湖南,不同于湖北,它没有出现外国商人和传教士活动基地,缺乏外报发展的有利条件。可是如今这里却结集一批像谭嗣同、唐才常等积极探求新学,关心民族危亡的青年知识精英,而当时湖南的巡抚陈宝箴、学政江标(后有黄遵宪、徐仁铸)等多名重要官员,都赞同改革,热心新政。正是在他们的积极推动下,湖南宣传维新运动的报刊,也是该省最早的近代报刊《湘学新报》(旬刊)、《湘报》(日报),应时而出,它们和湖南时务学堂和南学会的活动联成一体,其宣传气势之盛,思想之激进(特别有关民权,平等思想),超越其他地区。所引起的压制也是极其严重的。一是张之洞从省外不断对湖南官方施加压力,进行干预;再就是省内,遭到学术文化界以王先谦、叶德辉为首的封建守旧派的围攻,着重批驳康有为的《新学伪经考》和《孔子改制考》。新学旧学斗争之激烈,举国瞩目,影响深远②。还要指出的是,维新期间除上述两报外,这里还出版了 5 种民办报刊,包括较有影响的《长沙报》《经济报》和文摘性的《博文报》。这期间,湖南地区中国人创办报刊数目居全国省市第三位(第一、二位为上海、浙江)。

而湖北,这期间却不曾创办过一份报刊,和湖南形成鲜明反差。之所以出现这一令人惊异的现象,关键在湖广总督张之洞。他当时是朝廷重臣,权势日盛,在湖北,他实行的是强权专制统治,绅商学界要在这里办报,没有他的首肯和支持是不能实现的。他很重视报刊的作用,十分关注维新派的报

---

① 关于维新期间湖南学界守旧派之围攻新学情况,可参阅苏舆 1898 年 4 月所刊《翼教丛编》。
② 同上。

刊活动，可是他并不在意在自己身边的出版报刊，而是放眼九州，盱衡朝廷大局，着力对活跃于各地的传播新知新学、宣传变革自强的报刊施加影响。这表现为两个方面，一是初始阶段，当彼此矛盾尚未明显显露时，他曾从多方面积极支持这类报刊，如北京的《中外纪闻》，上海的《强学报》和《时务报》，湖南的《湘学报》。有的更札饬湖北各属购阅。可是当它们的宣传趋于激进，超越他所能容忍的界限时，则又痛斥为异端邪说，大张挞伐，对上述报刊广施压制，还致电四川的宋育仁，对他所主持的《蜀学报》横加指责。由于湖南属湖广总督管辖范围，干预更加严厉，曾迫使《湘报》公开检讨、休刊，并改订章程，进行改组。就是说，在维新办报潮流中，湖北一种报刊也没创办，可是从湖北发出的影响各地报刊的政治力量，却是很强劲的。

在河南，这期间也没有创办报刊，但情况却和湖北大异。该省由于地理和历史原因，文化较为闭塞，守旧势力基础厚实。尤为重要的是，当时的省府当局对维新思潮抱抵制态度，一位县官曾因推销改良派的《时务报》《知新报》受到查处，表明在这里出版这类报刊是不可能的。不过在维新运动期间，报界也作出了自己的反响，这就是在百日维新期间，于1989年5月在开封发刊的官报《汇报辑要》。该报由河南官书局出版，实际上可说是北京官书局所办《官书局报》和《官书局汇报》[①]的河南版。《官书局汇报》一大特点，就是"内容除谕旨外，尚有若干关于新事新艺之译文"[②]该报政治思想上比起那些维新报刊存在很大的保守性；报纸体制上仍禁止采访和组稿，还不能说是近代报纸，但这毕竟是清廷报刊工作的一大进步，并开官报改革之先声。河南《汇报辑要》的性质和体制和《官书局汇报》相同，内容有体现其特色的国内新闻，"都是选刻京都《官书局汇报》的原本，并与《官书局汇报》的期数保持一致"[③]。可以看出，《汇报辑要》把兴起于北京的官报改革之风，扩展到河南来了，从报业发展看，这里虽然还没有产生严格意义上的近代报

---

① 1895年8月，维新派在北京成立强学会（又称强学局、强学书局，出版《万国公报》、《中外纪闻》）。1896年1月，受到御史杨崇伊的弹劾，学会和报纸被禁。强学会改归官办，更名为"官书局"，创办《官书局报》《官书局汇报》。
② 戈公振：《中国报学史》，中国新闻出版社1985年版。
③ 陈承铮：《河南新闻事业简史》，河南人民出版社1994年版。

纸,但已出现了近代报纸的萌芽。

三省情况如此不同,展现出这期间华中报坛特有的景象。

庚子之役以后,本地区报业和全国一样,进入大发展时期,出现多元化倾向。不过就各地区创办报刊数量论,本地在全国的地位略有下降,原来仅次于华东、华南,居第三位,现在华北跑到前面了。在1899—1911年间,本地区共创办了97种左右报刊,而华北地区的报刊却出了232种之多,起决定影响的是北京,仅此一市就创办了160种[①],远远把华中地区抛在后面。个中原因,这里不作评述。

这期间,本地区报业发展中一大特点,就是出现官报把持阶段,下限时间大约在1907年前后。这一报坛现象是带有全地区性的。在维新运动期间,如果说三省报坛表现出来的巨大差异性引人注目,那么现在,这种共同性则成为报业发展变化的重要标志。

先说湖北。这期间,官报、民报和外报都有广泛发展。可是张之洞日益强化的权力支撑下,官报却展露出强劲的驾凌其他各类型报刊之上的发展势头,一种以《湖北官报》为核心,多种报刊相结合的官报网络遍布全省州县,有的影响扩及全国,他种报业望尘莫及。在和其他报业的较量中,官报总是处于强势地位。当时民报也呈现一时纷起之势,但其成长受到严重制约,或被扼杀,或走歧路,或依附官厅和官报合流,难成气候。至于外报,在其垄断局面被打破后虽仍有发展,但比起官报有明显滑落趋向。新起的日本报纸常受到官厅压制,其中《汉报》和《汉口日报》被迫停刊后,张之洞将其改组成为官报,这种官报称霸报坛的局怎面,约到1907年前后始见衰落。

在湘南,官报的出版远不及湖北。1902年创办《湖南官报》(1905年改组,改名《长沙日报》),1908年出《湖南教育官报》,共计两种。在1901年至1903年前后,有5种以上民报兴办(《郴州政学征信报》《湖南白话报》《湖南演说通俗报》《俚语日报》等),大有压倒官报之势,可是,这些报刊都是旋办旋停,影响甚微。而官报创刊后持续发展,全省发行,至1908年再出新刊。

---

[①] 其统计数字均据史和、姚福申、叶翠娣编:《中国近代报刊名录》,福建人民出版社1991年版。实际数字略有出入,也未包括外文报刊,但影响甚微,不关涉所作判断。

还应注意的是,湖南属湖广总督辖区,湖北所出官报,其影响常扩及该省,1907年所创办的《两湖官报》,更明确把湖南纳入其宣传活动地区。1908年由湖北官报局附出的《武昌日报》也规定向两湖各属派销,其主要访员都聘自两湖各地。1908年正是官报在湖南活动的鼎盛时期,而这时该省一份民办报刊也没有了,湖南报坛成了官报的一统天下。

河南的报业原就从官报开始,戊戌政变前夕创办的《汇报辑要》在政变后还继续出版,到次年才停,表明该省具有官报生存的良好土壤。1903年这里出现了基督教的《福音宣报》,1907年民办的以宣传国学为主旨的《与舍学报》出版,这是河南报业发展的新现象。可是前者情况难明,不知所终;后者只生存了几个月,当年停刊。我们看到的是《河南官报》《河南教育官报》《豫省中外官报》《开封简报》等官报不断问世。而由河南官书局同人名义所办的《河南白话演说报》,和官报气息相通,实为半官方报纸。在1909年以前,这里的报界也同样是官报世界。

华中三省报界同时出现的官报把持现象为其他地区所未见。不过这种共同现象背后的情况,三省有别。湖北是在他类报刊都有广泛发展的基础上呈现的,而其他两省则不是(尤其是河南)。湖北报界所以产生这种态势,是和张之洞强有力的作用分不开的。日本驻汉口总领事说,汉口报界情况,"完全是按照张总督的个性来支配的"。个性之说并不准确,但他所感受到的张之洞的强大控制力,却合乎实际。

大约在1908年前后,三省官报把持局面渐被打破。威震一时的《湖北官报》,竟被省咨议局提出议案停止发行,"免致以有用之金钱,作无益之费用"①。其他官报处境更为艰难,应时而起的是政治派系报刊。

1909—1910年间,立宪团体与机构主办的报刊盛行一时。三省约出有11种,湖南5种(两种为衡山、宁乡地方自治组织所办)、湖北4种、河南2种,数量在全国地区中名列前茅,可是其影响在全国并不大。梁启超在1907年曾计划将武汉作为该党的办报基地,他在一封信中说:"同人决议以武汉为天下之中,畴昔兵家在所必争,政党为和平的战争,其计划亦当与用

---

① 转引自刘望龄:《黑血·金鼓》,湖北教育出版社1991年版,第225页。

兵无异,故欲以全力首置基础于武汉。其下手之法,一曰设大日报,名曰《江汉公报》。"①后因经费无着,办报计划搁浅。其实,康梁立宪派在国内办报的首选地区当然是京、沪,而不是武汉。

  革命派报刊发展情况则复杂得多。从总的发展进程看,华中落后于东南沿海地区,而华中三省,河南尤较滞后。就两湖而论,两省关系密切,有一类似历史现象,即两省的革命活动都是从留日学生开始的。它们派遣留日学生都比较早,数量也多,就1906年统计,湖北有1366人,湖南有589人,居全国各省第一、二位②。两省的革命报刊都是从留日学生所办报刊开始的,湖南是1902年11月创办于东京的《游学译编》,湖北是1903年1月创办于东京的《湖北学生界》。可是反观国内,两省情况却出现巨大的差异。先看湖北,革命党人在该省报界十分活跃,还在官报把持阶段,他们就广泛利用武汉的教会、商业(有的是消闲性)等各类报刊开展革命宣传活动。自1908年起,独立出版报纸。这时革命精英汇集武汉,办报锐气日盛,以昂扬的气势与当局的高压政策进行不懈的斗争。报纸不断被封,不断兴办,自1908年的《江汉报》起,至1911年起义前夕的《大江报》,先后出版报纸有十种之多,影响日大,一下成为全国关注的中心。反观湖南报坛,革命宣传显得异常沉静,在武昌首义以前,除长沙出现一份为时短暂,曾行革命宣传的《俚语日报》外,其他一份革命报刊也未见。引人深思的是,湖南革命党人中,办报英才辈出,他们曾活跃于东京、上海报坛,也积极参加武汉的革命报纸(如《汉口商务报》的刘复基、李抱良,《大江报》的何海鸣、蒋翊武等均为湖南籍人士),可是却不在湖南办报。他们常在桑梓开展革命工作,发动起义,但无意于报刊活动。原因较为复杂,认为大致有以下三点:一是湖北革命党人的工作重点在争取新军士兵,而湖南革命党人的工作重点则是争取会党,报纸作为一种沟通手段,对后者难以适用;二是湖北武汉华洋杂处,报馆林立,革命党人便于潜处其中,利用所供职的报纸宣传革命主张,而湖南则没有这样的条件。他们可以利用进行革命宣传的场所,通常是学校课堂;三

---

① 丁文江、赵丰田:《梁启超年谱长编》,上海人民出版社2009年版,第435页。
② 《辛亥革命时期期刊介绍》第2辑,《四川学报》1907年第1期,人民出版社1983年版,第302页。

是革命政党组织在两省影响的差异。长期以来同盟会不以两湖为工作重点(1911年春广州起义失败后始有变化)。可是在湖北,从土生土长的日知会到文学社组织,扎根本省,坚持不懈地进行深入的群众工作,这是它们的报纸得以持续发展的根本条件。而湖南,革命党人的活动飘忽无常,工作带有阵发性,而缺乏经常筹划,办报也就不成为迫切需求。

再看河南。和两湖一样,该省的革命报刊活动也是从留日学生从日本开始的,不过时间要晚得多。河南第一批赴日留学的学生是在1906年,比两湖约迟4年,数量也少,有百人左右,和两湖相去甚远。至1907年参加同盟会的有十余人(名单见9人),而湖南有156人,湖北有106人[①]。可是就是这些为数甚少的同盟会员,以满腔热情,立即投入革命报刊活动,自1906年11月至次年末,一下办了4种报刊[②]。其中最出色的是《河南杂志》,其时《湖北学生界》《浙江潮》《江苏》都已停刊,"留学生界以自省名义发行杂志而大放异彩者,是报实为首屈一指","鸿文伟论,足与民报伯仲"[③]。而《二十世纪之中国女子》《中国新世界杂志》则掀起留学生女报的热潮。1908年河南留学生界党人开始陆续返省进行革命活动,开设开封大河书社,将《河南》等革命报刊源源不断地传送到全省。海外办报,省内发行,这是河南革命党人在严峻的政治压力下进行革命宣传的一条主要渠道。1911年春,河南革命思潮勃发,党人纷纷回国加紧活动,河南第一份革命报纸开封《国是日报》在这时出现,同时还在北京办了一份《国维日报》。不久,武昌起义爆发了。《国是日报》是河南在武昌首义前所出唯一的革命报纸,在湖北的《大江报》被封以后,它也成了华中地区当时唯一的革命报纸。

## 二、民初七年(1912—1918)

武昌首义的枪声给两湖报界带来历史巨变。在起义后短短的两周内,革命党一下兴办了5种日报,声振全国。其中武昌的《中华民国公报》和长

---

① 冯自由:《中国同盟会最初三年名册》,《革命逸史》第6集,新星出版社2009年版。
② 一说1908年在东京创刊的《武学》也为河南留学生所办,待考。
③ 冯自由:《河南革命志士与革命运动》,《革命逸史》第3集,新星出版社2009年版。

沙的《长沙日报》(由原官报改造而来),是我国最早两种由革命政府主办的机关报,而封建王朝所出官报,从此在这里绝迹。同为革命策源地的鄂湘两省报界,出现从未有过的同声相应,相互推进(湖北的《大汉报》在长沙起义胜利后立即在那里设立分馆《湘省大汉报》)的新气象。可是河南,这时却成为清军向武汉革命军进行反扑的前沿阵地。革命党人在河南的起义均告失败,河南成立了在袁世凯控制下一直没有宣告独立的省份。新闻界一直受到封建政权严重压制,1912年2月12日,清廷颁发了皇帝退位的诏书,而该省官报《开封简报》却坚持出版到这年3月18日才停刊。我们知道,在全国,湖北、湖南是官报最早消亡的行省,而河南官报的停出则排在最后的行列了。华中报坛形成政治形势对峙的两个不同的世界,引人注目。

  民初二年,华中地区报刊像全国一样出现迅猛发展的形势。为时实际不到两载,三省新出的报刊却达到83种之多(据所见资料统计)。而在1879至1911年13年中,华中地区创办的报刊共97种,只多14种,相比之下,足见民初报业发展的迅速。在83种报刊中,湖北55种,湖南17种,河南11种。河南虽然仍大大落后于前两省,但已出现了县报、画报、商报(河南商务总会主办的《河南实业日报》)和通讯社,对报业结构作了重要突破。

  这两年,华中地区也像全国一样,政党报刊是这次报业发展高潮中的主流,而且在政治斗争中,革命派报刊和立宪派报刊盛衰易位的趋向也大致相似。这里我们要注意的是,华中是袁世凯军阀政府的严控地区,而革命党势力在这里同样基础深厚,从而使立宪派对军阀政权的依附关系不能不日趋密切,这就使得这里的政党报刊斗争带有特别尖锐的性质。当然三省表现也不一样。湖北在首义后革命党报纸勃起,声震一时,直到孙中山辞去临时大总统前,湖北报界仍然是革命党报纸的一统天下。可是在黎元洪与袁世凯携手统治湖北后,形势迅速变化。1912年2月15日,临时参议院选举袁世凯为临时大总统,三日后立宪派在湖北的第一张报纸《群报》创刊,到了4月一下兴办了4种报纸,而原革命党的《中华民国公报》也在这时忽而转向成为立宪派民社的言论机关。这些立宪派报纸结成一伙,拥袁反孙,和革命党报对峙,相互攻击不休。相伴而来的是军阀政府对革命报纸的大施镇压,在1912年8月的一日之间,查封了《大江报》《民心报》,同月杀害了《震旦民报》的主办人张振武、凌大同,全国注目。大致以此为契机,革命派报刊发展的势头下落,处境日益艰难,而立宪党的报刊则倚势上攀,鼓噪不休。在河南,民初政党报纸之活跃也是从革命党报纸开始的,第一家革命派报纸创刊于1912年4月(《大中民报》);立宪派报纸则首创于1912年12月(《河声日报》)。两派报纸都不多,但彼此政治态度鲜明,针锋相对。河南是袁世凯政权直接控制的省份,省督张镇芳是袁系干将,竭力推行袁的政治路线和政策。两派报纸的政治矛盾集中表现为拥袁与反袁,拥护国民党与反对国民党之争。国民党报纸不顾威胁利诱,不断加强反袁宣传,经常指名对袁世凯、张镇芳进行抨击。而立宪派的报纸一创刊便和国民党的报刊相对抗,《河声日报》以有袁世凯的后台而自负,"报社门列武装卫士,戒备森严,被视为督署言论机关"[①]。至1913年1月至7月,国民党的《自由报》《开封民立报》先后被封,报社人员6人惨遭杀害。至此,国民党报纸在河南绝迹。立宪派的报纸遂独霸报坛,已完全沦为袁世凯在豫省的宣传工具了。

据方汉奇主编的《中国新闻事业通史》统计,在袁世凯当权期间,全国新闻工作者共有24人被杀害[②]。而仅华中地区的河南、湖北两省被杀害的记者、编辑就有11人之多,几乎占了全国总数的近一半,河南一地便有6名新闻工作者被害,竟占了全国的1/4。足见在反袁斗争中,华中地区新闻界斗争的惨烈。

## 三、在"五四运动"期间(1919—1921)

1919年"五四运动"爆发,亲日的段祺瑞政府成了众矢之的,中南地区的三省新闻界,由于各省的政治形势不同,当权人物的背景差异,在对待五四运动的态度和宣传力度上也存在着明显的区别。河南的执政者跟段祺瑞最紧,镇压学生运动,控制新闻界也最卖力。湖北统治者虽是直系军阀中"长江三督"之一,但最初对学生运动的镇压也十分疯狂,后来直系首领想到

---

① 陈承铮:《河南新闻事业简史》,河南人民出版社1994年版。
② 方汉奇主编:《中国新闻事业通史》第一卷,中国人民大学出版社1992年版,第1074、1055页。

用"五四"爱国运动打击皖系势力,统治湖北的军阀开始袖手旁观,湖北的学生运动便轰轰烈烈开展起来。湖南处于北洋军阀与南方军阀势力对峙的区域,北洋军阀企图严厉镇压学生运动,却心有余而力不足。在华中地区,"五四运动"开展得最红红火火的就要数湖南了,最后演变为赶走北洋军阀张敬尧的"驱张运动"。现将"五四"时期华中三省情况分别予以介绍。

掌握河南军政大权的北洋军阀赵倜,由于镇压白朗农民起义军有功,受到袁世凯的重用,袁世凯病死后,立即依附于皖系军阀段祺瑞。当"五四运动"席卷全国之际,他坚决站在段祺瑞政府一边,一方面严厉镇压学生运动,一面威胁和收买新闻界,封锁消息。尽管河南地区仍有一些进步师生不畏强权、不避艰险,组建社团,编印报刊,鼓吹新文化运动,如开封一中学生曹靖华、青年教师冯友兰等编印出版过《青年》《心声》等刊物,但因政治环境险恶,这些刊物出版时间很短,仅在学生中或学校间传阅,社会影响有限。

湖北也是北洋军阀的天下,当"五四运动"波及湖北时,身为督军兼民政长的王占元同样采取镇压手段对付群众爱国运动。但是湖北新闻界不畏强暴,与全国新闻界在爱国的立场上结成了统一战线,除声援学生运动外,也揭露地方军阀王占元镇压学生运动的暴行。由于袁世凯死后北洋军阀分化为皖系和直系两派,王占元站在直系一边,当弄清楚"五四运动"的矛头主要是指向段祺瑞政府时,对镇压群众运动也就不十分起劲了。直系军阀主力吴佩孚的军队,当时主要驻扎在鄂、湘两省的交界地区,他更是乘"五四运动"之机,接连发出通电,反对在《巴黎和约》上签字,主张取消《中日密约》,支持学生运动,摆出一副"爱国军人"的姿态,博得舆论界的好评。吴佩孚的这种做法固然是为了打击皖系,捞取个人的政治资本,但客观上也迫使王占元在镇压学生运动和压制新闻舆论方面不得不有所收敛。因此湖北地区的学生运动得以如火如荼地开展起来。武汉地区著名的学生刊物《武汉星期评论》《学生周刊》《新声》《向上》《道枢杂志》《光华学报》《互助》《我们的》等,就是由恽代英、林育南、黄负生、李伯刚、胡业裕、廖焕星等进步青年所创办。可见恽代英、林育南等后来的著名共产党人,在"五四"时期就已崭露头角。据互助社成员老共产党员李伯刚生前回忆,1920年的"某天,恽代英、廖焕星和我在利群书社(《互助》《我们的》均由利群书社出版)作了竟夜谈,商量我们今后怎么样搞集体生活,怎样搞半工半读。代英把谈话内容写了一篇《未来之梦》"在《互助》上发表。陈独秀在《新青年》上写了一篇短评叫《痴人说梦》,"批评我们所谈半工半读的小集体在资本主义社会制度下,是不能实现的,应该参加社会的阶级斗争,给了我们很大的震动"[①]。这一事例不仅说明"五四"时期的进步刊物对革命青年的思想影响,更可证实当时武汉地区的学生刊物已产生全国性政治影响。

"五四运动"爆发时,湖南的督军是段祺瑞一手提拔起来的皖系军阀张敬尧。他以"戒严期间,不得激动民气"为由,勒令各报不得登载有关山东问题的一切消息和评论,连新闻稿被抽掉后开天窗也不允许。因反对袁世凯称帝而出名的长沙《大公报》和《湖南日报》联名质问张敬尧:"山东问题发生,连日两报所有关于此项重要评论与新闻稿件,多被扣留删除,同人等大惑不解。中央报纸既准登载,地方报纸自可转录;外人舆论尚代不平,国人舆论反沉寂无声;究竟成何地方,成何人民?山东是否中国领土?山东问题不许登,要登什么新闻?长沙报纸不许登,能否禁止全国全省报纸都不登?"[②]从1919年5月9日起,两报即大量报道学生运动,揭露北洋军阀政府出卖国家主权,镇压爱国学生运动的罪恶行径。长沙学生上街游行,记者也冒雨参加,学生捣毁贩卖日货的商店,报纸也公然站在爱国学生一边,指斥奸商咎由自取。当时湖南地区除了北洋军阀势力外,还有与之对峙的谭延闿、赵恒惕的地方势力,国民党程潜的势力和陆荣廷等西南军阀势力。在全省70多个县中,张敬尧控制的地盘不及半数,其底气显然不足,所以对《大公报》和《湖南日报》多次查封又多次启封,报纸主要负责人多次被捕又多次释放。

由于张敬尧炮制所谓"湖南公民会",伪造民意,操纵选举,企图成立御用工具省议会,引起各界公愤,遂成立"湖南公团联合会",进行针锋相对的斗争。《大公报》和《湖南日报》刊登湖南公团联合会宣言,声称省议会的选举是非法的,两报再次被封,编辑被捕。公团联合会派出代表向张敬尧质

---

① 均引自李伯刚遗稿:《回忆李汉俊》《自述》,《党史研究资料》1982年第7期、第11期。
② 《湖南省志·新闻出版志·报业》,湖南出版社1991年版,第71页。

问,张迫于形势,只好暂缓选举,启封报纸。《大公报》披露被封始末,又再次被封,拿问经理,使该报停刊近一个月。此时湖南人民轰轰烈烈的"驱张运动"已经发生,使张敬尧惶惶不可终日。1920年5月,吴佩孚为了反对皖系军阀而与南方妥协,得到西南军阀供给的军饷60万元,自衡阳领兵北撤,通电指斥皖系军阀的"安福俱乐部"亲日卖国,矛头直指段祺瑞政府。张敬尧在西南联军的压力下仓惶出逃。在这种形势下,湖南的革命刊物犹如雨后春笋,盛极一时。毛泽东主编的湖南学生联合会机关报《湘江评论》是当时最有名的学生刊物,仅长沙一地尚有《新湖南》《救国周报》《女界报》《明德周报》《岳麓周刊》《岳云周刊》《工学周刊》《体育周报》《长群周报》《励进会旬刊》等10余种。这些学生报刊都是鼓吹新文化,宣传新思潮的进步刊物,既反映了以传统书院文化为特征的湖南知识分子独立思考精神,也为以后风起云涌的湖南人民革命运动奠定了一定的思想基础。

经过了"五四运动"战斗洗礼的湖南新闻界,思想比较开放,也敢于揭露时弊。在华中三省中,湖南是最早传播马克思主义的地方。早在1920年8月,毛泽东、何叔衡等就组织起"俄罗斯研究会",并在长沙《大公报》上发表了一批研究马克思主义的文章。北洋军阀撤走后,湖南政权很快落入地方军阀赵恒惕手中。对赵恒惕贿买省议员、血腥镇压工人罢工和地方官员贪污,《大公报》与《湖南日报》敢于揭露事实真相。虽然这两家报纸曾被赵恒惕勒令停刊,报纸的主持人被拘捕,但赵恒惕最终不得不解禁、放人。这是因为赵恒惕实力不强,不敢过于为所欲为。对于湖南民风的强悍、刚烈,以及进步知识分子向往苏联政治制度,一位久居长沙的外国人对北京记者谈及自己的看法:"现今的俄罗斯是世界所恐惧严防的地方,谈虎色变,谁敢拿来研究呢?我看湖南的民心确有可为,将来贵国的黄金世界,恐怕是湖南先得呵!"[1]

这一段时期里,河南的新闻事业仍显得十分沉闷。自1922年春直奉战争后,赵倜因助奉反直,被冯玉祥赶走。此后河南一直在直系军阀的控制之中,先后担任督军的有冯玉祥、张福来、寇英杰等人,最后成为吴佩孚的大本

---

[1]《湖南省志·新闻出版志·报业》,湖南出版社1991年版,第76页。

营。据陈承铮所撰的《河南新闻事业简史》介绍:"从 1916 年下半年到 1927 年的 10 多年中,河南继续处于封建军阀的残酷统治之下,政治空气沉闷恶浊,思想状态愚昧保守。报纸虽然也做过一些爱国反帝的宣传,但大多依附或听命于当局,对军阀肆虐和军人的种种暴行,在报道中均小心回避,默不作声,以致外地报纸载称:开封各报对溃军土匪在省垣重地明目张胆地抢人,不敢揭载一字(见 1923 年 3 月 2 日北京《晨报》:《河南新闻业之概况》)。同时,由于经济力量薄弱,文化素质不高,报社规模大都很小,新闻来源依靠抄录省署公告命令,加上抄剪外地报纸拼凑而成,内容简陋,印刷粗劣,销数很少,处于自生自灭状态。"[①]在华中三省中,河南的经济发展最为落后,政治环境也较差,新闻事业的闭塞和保守自在情理之中。

王占元在湖北的残酷统治引起当地民众的强烈反对。1921 年 7 月,国民党人李书城联络湖南军阀赵恒惕趁湖北"倒王运动"迅猛发展之机,进攻湖北。王占元战败被迫辞职。吴佩孚以援助王占元为由,派部将萧耀南进兵湖北,镇压了湖北自治军,把湘军赶回湖南,派萧耀南为湖北督军,夺取了王占元的地盘。

## 四、大革命时期(1922—1925)

在第一次国内革命时期,华中地区由于其地位的重要性,成为全国关注的焦点。中国有句成语"逐鹿中原",指的是在社会动荡时期,群雄并起,为争夺华中地区而激战。其理由十分简单,"得中原者得天下"。北伐前后,中国正处于这样的形势之下。

北伐战争开始前,虽然广州护法政府早已成立,但中央政权仍牢牢控制在北洋军阀手中,此时皖系已经失势,代之而起的是曹锟、吴佩孚的直系势力。曹锟在北京当"贿选总统",直系军队实际上完全由吴佩孚掌握。吴将大本营建在河南洛阳,湖北由他嫡系部属心腹将领萧耀南担任督军,湖南军阀赵恒惕此时已完全倒向吴佩孚,中原地区都在北洋军阀控制之中。然而

---

[①] 陈承铮:《河南新闻事业简史》,河南人民出版社 1994 年版,第 20—21 页。

在华中三省中,北洋军阀的控制力度也是有差异的,三省新闻界所表现出来的不同特色,正反映了这种差异。

河南是吴佩孚的老巢,由吴坐镇在洛阳,自然控制得最严,当地新闻界迭遭镇压,早已噤若寒蝉,上一节已有介绍,兹不重复。

湖北是华中三省经济最发达的地区,尤其是省会武汉是我国水陆交通的枢纽,为九省通衢。虽然湖北的直系势力相当强大,但自辛亥革命以来,武汉三镇的民主传统和革命力量也不容低估。湖北新闻界与全国新闻界互通声气,特别与上海新闻界联系密切,相互声援,也足以使萧耀南之流在倒行逆施之余有所顾忌。例如,1923年2月7日,京汉铁路工人在中国共产党领导下举行总工会成立大会,遭到吴佩孚、萧耀南的血腥镇压,造成"二七惨案",当时湖北各报都有记载和批评。由林育南主持的《真报》抨击得最为激烈,萧耀南便加上"扰乱地方,鼓动工潮"的罪名,封报捉人。《汉口日报》公会暨新闻记者联合会联名上书,公开质问萧耀南,萧对此置之不理。武昌《大公报》《大汉报》对此也有露骨的讥评,萧耀南又封了《大公报》,但对其他报纸毕竟不敢一一查封。日报公会再一次上书申辩言辞更为激烈:"此次钧署训令警务处取缔报纸,已非民间官署之所宜,复拟引用已失效力之出版法,缚束言论,尤非法治国家所应有,惟有誓死不能承认,即全体通过在案。"①萧耀南对此也只能装聋作哑。此后,湖北地区多种革命报纸先后出版,如董必武以郭炯堂名义办的《楚光日报》,钱亦石办的《武汉星期评论》,湖北农民协会和妇女协会出版的《湖北农民》《湖北妇女》纷纷问世,反动当局对此也无可奈何。萧耀南只能通过月送干薪的办法收买《大江新报》之类以营利为目的的报纸和新闻界的败类,或派自己的女婿李玉珂筹办《振民日报》,用以制造拥戴政府的舆论。然而公理自在人心,靠金钱收买毕竟收效甚微。

原本周旋于北洋军阀与南方政权之间的湖南地方军阀赵恒惕,1923年以后已完全倒向直系军阀吴佩孚一边,他对湖南新闻界同样采取镇压与收

---

① 管雪斋:《武汉新闻事业》,原载1936年9月汉口市新闻纸杂志暨儿童读物展览大会编印的《新闻纸展览特刊》,转载于《武汉新闻史料》第五辑。

卖相结合的办法,迫使新闻舆论界就范。在软硬兼施的高压政策下,《湖南日报》分化为《大湖南日报》和《湖南日报》。一度起过进步作用的《大湖南日报》最终为赵恒惕所控制,《湖南日报》自行停刊。一向敢言的湖南《大公报》,在1925年上海发生"五卅惨案"时竟然默不作声。然而人民群众毕竟是收买不了的,长沙工人、学生激于义愤上街游行,在高呼"打倒帝国主义""打倒赵恒惕"的同时,也高呼"打倒《大公报》""打倒《通俗报》"的口号。在这次游行示威中,有辱舆论机关声誉的大公报社和通俗报社被群众捣毁。

赵恒惕的倒行逆施引起湖南人民的同仇敌忾,1926年初,湖南人民掀起了轰轰烈烈的"讨吴驱赵"运动。4月吴佩孚以援赵为名,驱军进入湖南。5月下旬,执行孙中山"三大政策"的广州国民政府决定提前北伐,派陈铭枢、张发奎、叶挺、李宗仁等率部入湘增援,北伐战争就此揭开序幕。同年7月攻占长沙,8月在湖北汀泗桥、贺胜桥击垮吴佩孚主力,9月攻入汉口、汉阳,10月10日攻克武昌。1927年5月北伐军击败奉军占领河南全境。至此华中地区已全部在北伐军控制之下,北伐战争的胜局已定。

国民革命军所到之处,各地军阀的御用报人均逃之夭夭,他们所办的报纸也随之被查封,而被他们所笼络和收买的报纸则大多自动停刊。在继续出版的报刊中,除了一些革命报刊外,仍有不少商办的黄色小报,并且不乏攻击和诋毁革命的言论。据当时熟悉武汉新闻界的人士分析:武汉的"报馆、通信社,遍设于烟馆、妓院之内","吴佩孚部下参议、咨议等虚职,汉口报界的新闻记者恐怕要占三分之二,各报记者狂嫖滥赌,买马票、叉麻将、讨姨太、购婢女,也无不是吴佩孚、萧耀南、陈嘉谟的津贴"。"各报的一千元、一千五百元的津贴无形的取消,平时一切挥霍的费用无人接济,这种痛苦明明是革命军给的……所以他们将报纸张数减少,将重要消息搁置,压抑革命的宣传,并于字里行间隐以攻击国民政府的形迹"[①]。面对这种情况,国民革命军总政治部颁布《新闻检查条例》和《新闻电报章程》等规章制度加以整顿,同时党、政、军、工、农、青、妇、商、学等机关、团体创办的革命报刊竞相问

---

[①] 汉口《市声周刊》1926年7月25日、1927年2月7日,转摘自袁继成:《武汉国民政府时期武汉地区的新闻事业》,《武汉新闻史料》第五辑。

世,华中地区的新闻事业出现了欣欣向荣的新面貌。大革命时期武汉新闻事业得到了极大的发展,据统计,从1926年9月到1927年7月的武汉国民政府时期,武汉一地就有各种报纸30余种,刊物60余种,通信社10余家,超过上海、广州,与北京大体相等,已然成为全国瞩目的政治中心和新闻传播中心。

武汉之所以能成为全国新闻传播中心,除国民革命军节节胜利这一军事因素和报社、通讯社众多外,武汉在全国的经济地位也起着重要作用。据统计,截至1927年,资本金额在100万元以上的企业和额定资本在5万元以上的金融产业,上海有606家,排在首位;其次就是武汉,有174家,再次是天津99家,北京63家,重庆、广州更是等而下之①。可见新闻中心的形成,是政治、军事、经济等诸多因素综合起作用的结果。

北伐战争在中原地区取得胜利之后,立即出现新的对峙状态,即国民党内右派势力与共产党及国民党左派势力的对立,并明显地反映在新闻界的斗争中。

湖南是全国农民运动的中心,新闻界的对垒达到了剑拔弩张的程度。革命派报纸主要有中共湖南省委的《战士》周刊、国民党省党部的《湖南民报》和湖南通俗教育馆的《湖南通俗日报》;国民党右派报纸主要是湖南省政府的《南岳日报》、国民党长沙市党部的长沙《民国日报》和民营《大公报》。长沙《民国日报》和《大公报》因公开反对农民运动,于1927年3月被封。大革命失败后,进步报刊被取缔,《湖南民报》经4次改组,与《南岳日报》合并为湖南《民国日报》。

冯玉祥响应北伐,率国民军与北伐军会师郑州,1927年6月到达开封,任河南省政府主席。军阀统治时期的开封、郑州等地的报刊、通讯社均告停刊。新省政府将《新中州报》接收后改为自己的机关报《河南民报》出版,国民军联军总司令部在郑州出版《革命军人朝报》,国民党河南省党部也出版机关报《新中华日报》。因为河南军政大权操在冯玉祥手中,这些报纸的政治倾向完全以冯玉祥的意志为转移,国民党左、右两派的对峙在河南报界中

---

① 杜恂诚:《民族资本主义与旧中国政府(1840—1937)》,上海社会科学院出版社1991年版,第254页。

表现得并不明显。

湖北的新闻界原本也是国民党左派和共产党的报纸占上风,特别是国民党湖北省党部的机关报《汉口民国日报》,国民党汉口特别市党部机关报《楚光日报》、武汉国民党中央机关报《中央日报》、国民革命军总政治部机关报《革命军日报》等都具有全国影响。然而国民党右派报纸并不示弱,蒋介石发动"四一二"反革命政变前夕,《汉口中西日报》就曾刊载蒋介石在南昌的反共演讲,受到武汉政府严重警告后,仍变换方式将禁载的未完部分全文发表。

后来汪精卫集团逐渐向右转化,《中央日报》也开始拒登农民运动的稿件和反蒋的新闻和言论。1927年5月中旬以后,由于帝国主义和新老军阀的联合进攻,武汉国民政府处于十分困难的境地,本想与蒋介石争夺国民党中央权力的汪精卫决定与蒋介石妥协,在武汉发动反革命政变。"七一五"汪精卫叛变后,《楚光日报》《革命军日报》《武汉日报》先后被勒令停刊,《汉口民国日报》被改组为反共反人民的舆论工具,不久也在新军阀集团的斗争中停刊。在武汉出版的中共中央机关报《向导》周刊、中共湖北区委机关报《群众》周刊则被迫转入地下。随着大革命的失败,华中地区的新闻界也笼罩在一片白色恐怖之中,不仅革命报刊受到严重摧残,连一些比较进步的商业报刊也受到沉重打击。

## 五、十年内战(1927—1937)

大革命失败后,华中地区很快又沦为国民党新军阀相互角逐的主战场。先是因分赃不均,盘踞武汉的唐生智与南京政府闹矛盾,谈判不成便兵戎相见,唐部四面受敌,被迫下野。新桂系军阀就近进入武汉,接编了唐生智的部队,声势大振,于是很快又爆发了蒋桂战争。蒋桂战争结束不到十个月又爆发了规模更大的中原大战。随着新军阀政权如走马灯般的更迭,以武汉地区为代表的华中新闻事业也是"你方唱罢我登场,各领风骚几个月",这在其他地区实属罕见。

由于新桂系参加北伐的精锐部队主要集中在武汉地区,唐生智下野后,桂系军队便进入武汉。1928年3月,随即对省市两党部进行改组,成立指导委员会,由桂系军阀直接控制。并派陈绍虞、李慎安等筹建并领导武汉新闻记者联合会。成立大会上由陈谟宜代表第四集团军总司令李宗仁致辞,反映了桂系军阀对新闻宣传工作的重视。由于桂系实力有限而战线又拉得过长,再加上重要将领倒戈,蒋桂战争很快以桂系军阀失败而告终。

1929年4月,湖北与武汉省市党部又再一次改组,新闻记者联合会又再次筹建、再次成立。原省市两党部的机关报《民国日报》改组为《武汉中山日报》,不到半年又改名为《湖北中山日报》;原武汉政治分会机关报《汉口中山日报》停刊。这次蒋桂战争对湖北的党政报刊变动影响极大,而对民间报纸却影响甚微,战后武汉小报风起云涌,良莠不齐。其中主持公道的也有,一时有"舆论在小报"之称,但多数小报诲淫诲盗,招摇撞骗,为社会所诟病。

桂系军阀被逐出湖北后,原本投靠桂系的湖南军阀何键立即更换门庭,表示效忠蒋介石。此时,国民党湖南省党部的《中山日报》才开始出版,同时民营长沙《大公报》复刊,至此长沙新闻界才开始热闹起来。1930年8月又有《市民日报》创刊,湖南大报增至5家。当时小报也仅有数家,1931年以后小报数量激增,至1937年竟出现90家之多。这些小报有不少寿命很短,最短的仅出版10天。

长沙市当时的人口不过三四十万,而大小报纸合计竟也有四五十家之多,因而大多数报纸发行量少得可怜。之所以会出现这种怪现象,是因为省主席何键对新闻界采取收买政策,每年要拿出20多万元津贴报社和通讯社,想通过新闻界的吹捧而博取美誉。有些人为多拿津贴而兼办数家报纸,何键对有功的吹鼓手则论功行赏,由办报而当官的也不在少数。

蒋桂战争刚结束,国民党新军阀的又一场厮杀开始。1930年3月,由阎锡山、冯玉祥、李宗仁三方合作反蒋的中原大战开始。河南的省政府机关报《河南民报》、冯玉祥军部的机关报《革命军人朝报》此时均开足马力反蒋。南京政府派遣的河南省党务指导委员会此时在开封已无法立足,撤至京汉铁路线上的驻马店镇,为配合开展讨冯的舆论宣传创刊《河南民国日报》。最初为石印的四开小报,印数只有500份。同年10月,蒋介石军队进入开封才改为铅印的对开大报。11月,冯玉祥与阎锡山的联军彻底失败,河南全境落入南京国民党政府之手。此时,国民党市党部和县党部纷纷筹备和出版报纸,在郑州、洛阳、南阳、禹县等地均有报纸出版,国民党河南省党部的直属通讯社河南通讯社也宣告成立,在此后的一段时间里,国民党的党报系统在河南地区得到了迅速的发展。

1926年第一次国内革命战争失败以后,倒唐战役、蒋桂战争、中原大战相继爆发,受控于新军阀的国民党"党报"见风使舵毫无原则。这原是军阀统治的必然结果,然而南京国民党中央在总结这一历史教训时却片面认为:由于"过去的宣传工作散漫而不统一",致使"党内之野心分子,尚翻死灰复燃"[1],因此在进行武力征伐的同时,必须在各地建立大规模的各级党报系统,直属于蒋介石为首的国民党中央领导,以加强和统一全国的宣传工作。正是基于这样一种认识,十年内战期间,华中地区的新闻事业有一个共同的特点,那就是以垄断全国舆论为目的的国民党党报系统得到了空前的大发展。

据1936年6月的统计,自1927年以来,河南有省市级党报3家,县党报约20家;湖北有省市级党报2家,区级党报4家,县级党报20家;湖南有省市级党报3家,县级党报50家[2]。三省还各有省党部直属的通讯社和中央通讯社的各地分社,实际上已经形成了由国民党中央控制的新闻宣传网络系统。这一时期,就全国而言,国民党党报系统在华中地区的实力仅次于蒋介石集团的老窝华东;而湖南国民党所办党报之多,仅次于江苏,超过了浙江,位居全国第二。湖北、河南两省党报数量也可排名全国第六、七位,与安徽、四川、河北、广东相伯仲。这也从另一侧面反映了国民党势力在华中地区的扩张,中原大地已不再是南京政府鞭长莫及的地方了。如果说三省之间有所差异的话,湖南与河南省由于民间新闻事业并不发达,国民党党报系统已对新闻事业形成垄断局面。湖北则由于武汉地区商业性报纸影响较大,国民党党报系统还难以形成垄断态势,但在湖北省的偏僻县城里,仍然是国民党党报的天下。

---

[1] 《全国宣传工作会议中央宣传部之工作报告》,上海《民国日报》1929年6月4日。
[2] 蔡铭泽:《中国国民党党报历史研究》,团结出版社1998年版,第83、84页。该数字系据许晚成编:《全国报馆刊社调查录》及各省报业志资料统计。

# 第一章 华中地区新闻事业评述

中国共产党在华中地区的新闻事业由两部分组成,其一是革命根据地的新闻事业,另一部分为国民党统治区内开展的地下新闻宣传工作。

国民党新军阀的内部混战使中国共产党领导的革命根据地得到了一定程度的发展。此时华中地区已建立了由井冈山革命根据地扩散而成的以永新为中心的湘赣革命根据地,由平江起义一部分队伍发展起来的以平江为中心的湘鄂赣革命根据地,位于湖南、湖北两省边界地区的湘鄂西革命根据地,由湘鄂边与洪湖根据地发展而成的湘鄂川黔根据地和黄安、麻城农民起义所建立的鄂豫皖革命根据地。在第二次国内革命战争时期建立起来的9个革命根据地中,华中就占了6个。这主要是因为华中三省界临10省,多边区、山地、江湖汉湾,有利于革命力量的生存和发展。正因为如此,革命根据地出版的革命报刊也多,据现有资料统计,湘鄂赣苏维埃政府先后出版过《战斗报》《列宁青年》等10多种报刊,湘赣革命根据地现存的革命报刊也有《湘赣列宁青年》等11种。湘鄂西革命根据地有中央分局办的机关报《红旗日报》和《布尔什维克周刊》等20余种报刊,该区报纸多办在湖北境内。鄂豫皖革命根据地创办了河南苏区第一份报纸《红日报》,在鼎盛时期曾出版《列宁报》《工人周报》《鄂豫皖红旗》等数十种。这些报刊在苏区内公开发行,影响很大。具有全国影响的是,1930年7月,红三军团在彭德怀、滕代远等领导下攻占湖南省会长沙,占领长沙9天,出版了6期《红军日报》。连反共的湖南《大公报》也惊呼:"红军戎马倥偬,犹知注重报纸宣传,不稍疏懈。吾人对之,宁无愧色乎!"①

北伐战争时期,华中三省都曾出版过一批中共地方组织的报刊,因汪精卫制造反革命政变和"宁汉合流"而不得不转入地下。由于党内推行"左"倾冒险主义路线而使大部分中共地下组织遭到严重破坏,这些刊物均先后自动停刊。为了加强对共产党和进步团体出版物的查禁工作,自1929年起,国民党中央和南京国民党政府先后制定了《宣传品审查条例》《出版法》和《危害民国紧急治罪法》,加紧逮捕与迫害共产党人。然而革命志士仍然前

---

① 黄性一:《过去之湖南新闻事业》,载《大公报二十周年特刊》。转引自《湖南省志·新闻出版志·报业》,第137页。

仆后继,进步报刊并未在国民党统治区内绝迹。一些共产党人隐蔽自己的身份参与新闻工作,不时写一些揭露国民党黑暗统治的文章在较为进步的民办报纸上发表。共产党地下出版的革命报刊和宣传小册子仍不断在国民党统治区内传播,如《河南红旗》《红旗周报》《河南列宁青年》,汉口的《大江日报》《犀报》等。1935年以后,湖南还出现由中共地下党组织领导,民族解放先锋队长沙支队创办的《湘流报》(三日刊)等。

据1933年9月河南省邮电检查所的报告称,近期查获的所谓"违禁"刊物,分载10余辆车,运往开封西北运动场当众焚毁。由此可见,华中地区中共地下刊物数量之多和发行面之广令国民党统治者不能不胆战心惊。

## 六、全面抗战时期(1937—1945)

1936年12月,西安事变的和平解决迫使蒋介石接受停止"剿共",联合红军一致抗日的政治主张。"七七事变"后,全国人民同仇敌忾掀起抗日救亡新高潮。在群情激奋的状态下,国民党政府不得不改变以前步步退让的对日政策。不久,"八一三事变"发生,日寇再次挑起上海战火,这才使国民党政府最后下定抗战决心,公开发布《抗战自卫声明书》。直到1937年的9月22日,中央通讯社才发表延搁了两个多月的《中国共产党为公布国共合作宣言》,次日蒋介石发表谈话,实际上承认了中国共产党的合法地位,宣告国共两党在抗日民族统一战线形式下再次合作。

抗战期间,由于南京、上海等重要城市的迅速沦陷,中共代表团随国民党政府各部、院迁往武汉,武汉再一次成为全国的政治重心和信息传播中心。此时,原在上海出版的全国性大报《申报》《大公报》先后迁往汉口出版,邹韬奋在上海办的著名的《抗战》三日刊也迁往汉口,不久又与柳湜主编的《全民》周刊合并为《全民抗战》三日刊。这一时期进步报刊如雨后春笋般在武汉创刊,如中共中央长江局机关刊物《群众》,中共在国统区公开出版的机关报《新华日报》,茅盾与叶圣陶主编的《少年先锋》,孔罗荪等主编的《抗战文艺》,张申府等主编的《抗战新闻》,张仲实主编的《国民公论》,胡绳主编的《救中国》周刊,东北救亡总会的《反攻》半月刊等,在短短半年时间里,一下子涌现了数十种抗日救亡报刊。范长江等主持的中国青年记者学会和会刊《新闻记者》也是此时在武汉成立和创办的。

湖南与河南的情况也与湖北类似,抗战初期都有大批进步报刊创办,如湖南的《抗日报》《观察日报》《中苏文化》《今天》旬刊和中共各县县委办的报刊邵阳《真报》、溆浦《呼声报》等30余种;河南也有《抗敌导报》《抗战早报》《抗战日报》《自卫日报》《救亡周刊》和中共河南省委的《风雨》等出版,此时华中地区已成了抗日战争和救亡报刊的前沿阵地。如果说华中三省情况有所不同的话,由于湖北的武汉、宜昌、沙市与河南的开封、信阳等重镇很快陷落,国民党政府在这两省已失去了半壁江山,许多重要报刊先后撤离本省,仅少数报刊坚持在湖北恩施、河南洛阳等地出版。而湖南在1944年5月日军为打通大陆交通线大举进攻前,除岳阳外,基本上都控制在国民党政府手中,因此,湖南在抗战时期,几乎每个县都有国民党县党部办的县级党报,有的县还有其他报纸和县以下的报纸。

在华中三省中,国民党在湖南地区的控制力最强,因而在三次反共高潮中对共产党人和进步报人的迫害也最厉害。最著名的反共事件便是1939年6月的"平江惨案",杀害新四军上校参议、八路军少校副官等16人。接着又先后查封《观察日报》、《抗战日报》、邵阳《力报》、《开明日报》,逮捕和迫害湖南的进步报人。在国民党新军阀的刺刀和党报系统的新闻垄断下,抗战时期的湖南报界毫无新闻自由可言。

1944年,日军在太平洋战场上遭到重创,为作垂死挣扎,先发动河南战役,接着向湖南进攻,国民党守军一溃千里,长沙、衡阳、邵阳相继沦陷,新闻界重演5年前在湖北、河南仓惶出逃的一幕。随着多变的战争环境,办报活动已经突破了以省区为界的固有模式,也改变了过去集中在少数大城市的经营方式。在艰苦卓绝的抗战时期,办报已很难成为一种营利的事业,所以绝大多数商业性私营报纸大多在城市陷敌前夕停刊,那些在战争环境中辗转播迁的报纸,几乎都是具有宣传目的的政治性报纸。

这种辗转迁移突破省界的办报模式在抗日民主根据地中更是习以为常的事。例如1938年5月创办的中共冀豫晋区党委机关报《中国人报》,原在屯留县寺底村创刊,1939年1月并入晋东南沁县新创刊的中共中央北方局机关报《新华日报》华北版。又如新四军游击支队的机关报《拂晓报》,原在河南确山县竹沟镇创刊,以后随部队东进,先后在河南永城县、江苏泗洪县、安徽涡阳县出版。在抗日战争时期,由于战争环境的千变万化、严峻残酷,特别是抗日民主根据地的报纸,经常要播迁转移,所以已经很难说这家报纸是哪个省、哪个地区的报纸了。当时的太行、太岳、冀鲁豫、豫皖苏、豫鄂边和豫西等抗日民主报根据地都有一部分地区在河南省境内,共产党人在极其艰苦的条件下创办了多种报刊,虽然就物资设备而言极为简陋,他们却用石印机、油印机等陈旧的印刷技术印刷出版了大量内容新颖的进步报纸。

在华中的大片沦陷区内,日寇及伪政权也先后出版了许多汉奸报纸,如河南安阳的《民声报》,新乡的《新声报》,开封的《新河南日报》,中文版《东亚新报》,湖北武汉的《武汉报》、《大楚报》、《市声》月刊、《两仪》月刊等。这些报刊无非是替日伪政权吹捧,内容尽是些宣传"东亚共存共荣"之类的卖国言论,为老百姓所不齿,在群众中影响甚微。湖南的长沙、衡阳等地沦陷较迟,几个月后日寇即无条件投降,迄今尚未发现有日伪报刊存世,这是与湖北、河南两地稍有不同的地方。

## 七、解放战争时期(1946—1949)

从1945年8月15日日本宣布投降到1949年10月1日新中国成立,总共只有四年零一个半月时间,却经历了翻天覆地、革故鼎新的巨大变化。在国民党统治的全盛时期1947年6月至9月,南京政府内政部曾对全国的报社、通讯社、杂志社作过全面的统计[①],这一统计数足以反映当时华中地区在国民党统治期间的大致情况。现概述如下。

河南省共有报社65家,通讯社71家,杂志社29家。在65家报社中,日刊为50家(其中晚报5家),二日刊与三日刊有8家,周刊7家。这65家报社分布于省会开封与其他28个县市中。

湖北省共有报社100家,通讯社21家,杂志社44家。在100家报社

---

① 参见国民党内政部1947年6月编印的《全国报社通讯社杂志社一览》。

中,日刊为49家(其中晚报9家),二日刊与三日刊共8家,周刊33家,其余10家为旬刊、半月刊和不定期刊。这100家报社分布于省会汉口与其他28个县市中。

湖南省共有报社114家,通讯社40家,杂志社42家。在114家报社中,日刊为78家(其中晚报16家),二日刊与三日刊共22家,周刊14家。这114家报社分布于省会长沙与其他40个县市中。

从三省的数据比较中可以看出,湖南省的新闻事业相对较为发达,河南省由于经济相对滞后,新闻事业也显得较为薄弱。从整体经济发展水平而言,湖北并不亚于湖南,武汉地区经济发展水平更大大高于长沙地区,之所以在县市级报纸的发展上明显地低于湖南,是因为抗日战争前乃至抗战中国民党党报系统在湖南县市一级得到了很大发展,几乎做到每个县都有一份报纸,甚至不止一份。在抗战期间,日军进占岳阳后便停止进攻,直到1944年6月以后才占领了几个主要城市,对国民党在湖南的地方报业破坏不大。湖北与河南的情况就不同了,主要城市和大部分地区都陷于敌手,胜利后不久又展开第三次国内革命战争,地方报业未能及时发展。

就华中三省的主要城市而言,武汉是仅次于上海的全国经济最发达的大城市,新闻事业的发展水平也相应最高,仅汉口一地便有65家报社,其中日报47家,全省95%以上的日报集中在这里。湖北的21家通讯社也全部集中在汉口市内,全省44家杂志社,光汉口一地占了39家。由于当时武昌是一个独立的县,上述统计数字并不包括武昌在内,可见华中地区新闻单位的集中度以汉口为第一。

湖南省会长沙有报社41家,其中35家出版日刊。全省40家通讯社,长沙占38家,全省42家杂志社,35家在长沙。就新闻事业发展程度而言,长沙仅次于汉口。

相比之下,河南省会开封就相形见绌了。在河南的65家报社中,开封占了19家,其中18家为日刊。全省71家通讯社,有18家在开封;29家杂志社,开封占22家。相对而言,新闻单位的集中度开封较其他省会为低,这显然与当地经济发展水平有关。

华中地区出版超过两个以上报纸的城市,除三省的省会外河南有郑州、洛阳、安阳、郑县、汝南、许昌；湖南有湘潭、益阳、衡阳、常德；可是湖北却一个也没有。显然湖北尚未形成省以下地区级的中心城市，这也许是就整体而言湖北新闻事业不如湖南发达的原因吧！

河南新闻事业虽然在三省中明显滞后，但通讯社却特别多，竟达71家。从数量上看，比湖北多50家，超过湖南31家。其实原因很简单，河南离中共的革命圣地延安较两湖为近，而这些通讯社的负责人均有军统、中统或帮会的背景，目的是刺探解放区的情报、造谣诬陷、敲诈勒索，向国民党军政当局邀功请赏。国民党特务、社会流氓的大批渗入河南的新闻界，不仅反映了国民党统治区新闻事业的堕落与无耻，更显示了河南新闻界处于国民党特务的高压与控制之下。在解放战争时期，河南的《中国时报·前锋报联合版》《民权新闻》《工商日报》《力行日报》《河南民报》都有好几名进步记者被捕、被拘禁。但中共冀鲁豫区委还是对进步的《中国时报》积极开展工作，使该报的发行人、总经理、总编辑向革命转化，被吸收为共产党员。在1948年6月开封第一次解放时，该报的主要负责人联络河南文教界许多著名人士集体投奔豫西解放区，在南京引起极大的震动。

湖北新闻界的斗争比河南更激烈一些。一家有国民党背景的民办报纸汉口《大刚报》，在报社内部一些进步知识分子的坚持下，敢于把武汉大学师生悼念"六一惨案"的遇害者、抬棺游行——翔实地报道出来，声援人民群众的正义斗争。汉口硚口被服厂惨案发生后，《大刚报》一方面把官方文件作为"来函照登"，一面发表记者的现场目击记，两相对照，揭露事实真相。由于武汉新闻界有编辑人协会和外勤记者联谊会等组织，将新闻界联合起来，相互声援、相互支持，使国民党反动派不敢贸然采取镇压手段。加上武汉在全国的影响，也促使反动政府顾虑重重，不愿将事态进一步扩大。

由于解放战争的节节胜利，湖南新闻界的斗争则更加尖锐，连国民党中央直辖党报《湖南中央日报》也倾向民主革命阵营。1948年2月，益阳发生农会干部邓梅魁被特务暗杀事件，《湖南中央日报》社长段梦晖亲自标题："好个元宵节，月明灯不明，城里虽好，乡下如何？益阳惨剧赢得千万同情"。揭露社会黑暗，反映群众呼声的稿件更是不胜枚举，如1948年4月27日刊出的标题："在人民世纪民主时代，有如此岳阳县县长！国家法纪破坏无遗，人民权利剥夺殆尽!"1949年春夏间该报连续发表社论,拥护程潜关于湖南的自救政策。这段时间来自外电和港报的新闻更多,《湖南中央日报》的进步立场对各县地方报纸也产生积极影响。1949年6月,段梦晖被逮捕和免职,激起长沙新闻界的公愤,长沙各报于6月21日停刊一天,改出联合特刊,向国民党中宣部提出严重的抗议。8月初程潜起义,湖南宣告解放。湖南新闻界的斗争既反映了反内战、反独裁、反贪污、反暴政是民心所向,也显示了国民党日暮途穷和众叛亲离。

随着解放战争的胜利推动,共产党的新闻事业迅速发生了由弱转强的变化。这一时期中国共产党在华中地区的新闻事业,其发展变化有三大特征:第一,由初期的紧缩到后期的迅速扩张,设备条件大为改善,并派编辑、记者组成先遣队随军南下,为新解放区提供大量新闻干部;第二,新闻事业开始由农村向城市转移;第三,原先跨省区、跨地域变动不居的新闻单位逐渐固定下来,形成发行地域范围明确、省区界限明显的具有地方特征的新闻事业。

这一时期华中三省的新闻事业就发展态势而言基本相同,但新的新闻事业的建立过程却有所不同。河南新闻事业的重建显得较为艰难,因为解放河南时战争尚处于艰苦的拉锯状态。豫西重镇洛阳与省会开封都曾二次解放,使新的新闻事业的建立存在曲折和变数。而解放湖北与湖南时,国共双方的力量对比在短短几个月里发生了根本变化,国民党败局已定,中共新闻事业在鄂、湘两省的建立已经没有任何悬念了。

## 八、新中国成立以来(1949—2000)

解放以后,中国共产党对新闻宣传工作十分重视,新闻事业处于党中央高度集中统一的领导之下,所以各地新闻事业的盛衰消长与党中央决策的正确性休戚相关,从而使各地区新闻事业的发展概况也大同小异。

解放初期,华中地区的新闻事业主要有两个方面的变化。一方面,随着解放区的扩大和各行政区的调整,一些老解放区的新闻单位向南转移、合并和调整,新的党委机关报不断创立。如《雪枫报》停刊,少数人参加创建《开封日报》,一部分新闻干部随军南下,参与南京《新华日报》的创建工作。《豫西日报》停刊,大部人员与《开封日报》合并,一部分人筹建《河南日报》。《鄂豫报》停刊迁往武汉,与《江汉日报》合并组建《湖北日报》与新华社湖北分社。《中原日报》停刊,大部分人参与组建《长江日报》,一部分人南下筹建《江西日报》等。另一方面,对少数民营进步报纸实行保留和改造政策。如湖北民营进步报纸《大刚报》在解放后继续出版,1950年9月实行公私合营,1952年元旦改组为中共武汉市委机关报《新武汉报》出版发行。湖南民营的《晚晚报》和《实践晚报》解放后合并为《大众晚报》继续出版。中国民主同盟湖南省委也一度办起了《民主报》。1950年8月,《大众晚报》改为农村版《大众报》,由新湖南报社领导。《民主报》因亏损严重,职工生活困难,其他兄弟省无类似性质报纸可作借鉴,经民盟省委研究决定并请示中共湖南省委,于1950年12月停办。如果说各省之间有所差异的话,河南地区没有民营报纸保留下来,湖南地区则不存在老解放区新闻单位转移、调整的情况。

  从新中国成立到"文化大革命"的17年间,华中地区报纸和全国所有报纸一样,在宣传马列主义、毛泽东思想,宣传党的路线、方针、政策,报道国内外、省内外伟大革命斗争和建设成就方面,取得了很大的成功。在宣传先进典型和英雄人物方面,也产生了深远的社会影响。然而,1957年夏季开展反右派斗争的严重扩大化,不仅使新闻工作者的队伍元气大伤,更滋长了新闻工作中的"左"倾错误。1958年刮起的共产风、浮夸风,违背了"新闻真实性"的基本原则,给国家与人民造成了极大的损失。与"大跃进"密切关联的各省大办县报,仅湖南一省就达115家,不久即因瞎指挥而造成国民经济严重困难,这些县报几乎全部停刊。

  "文化大革命"初期,《湖南日报》因没有转载姚文元的《评新编历史剧〈海瑞罢官〉》而多次被兴师问罪,先后三次被停止出版,停刊时间长达200多天,只能改出《新华社电讯》。专业报、企业报全部停刊,其他5家州、市报纸也多次受到冲击。湖南在1949年初有报纸60来家,1956年底总数增至80多种,"文革"期间在报纸出版恢复正常时也只有14种。河南地区在"文革"期间所有正式报纸都被迫停刊,只有《河南日报》在省革委会于1967年成立后恢复出版。十年浩劫对新闻事业的损害是全局性的,并不仅仅局限于华中地区,在此不再赘述。

中共十一届三中全会以后,在党中央正确路线指引下,拨乱反正,解放思想,冤假错案得到平反,社会主义新闻事业的优良传统也得到了恢复与发扬,华中地区的新闻事业包括报业与广电业都得到了迅猛的发展。在提高新闻舆论工作的指导性和思想性的同时,充分发挥新闻传媒的多种功能,增强知识性和受众意识。在新技术的运用和经营管理的改进方面也取得了卓有成效的进展。

据1997年底的统计,湖北全省有统一刊号的正式报纸有114种,在华中三省中占首位,其次是河南,有79种,湖南仅有56种。湖北省的内部报纸数量也很多,达207家,而河南的内部报纸仅100来家。湖南地区在新闻出版方面治散治滥的工作开展得较早,不仅停刊了部分报纸,由1996年的63家压缩至56家,还通过合并和转化,将内部厂矿企业报、高校报和部分专业报共164种转为内部资料,使原来200多家内部报纸压缩到100种。

经过对广播电视业的治理,截至1997年,河南全省有广播电台89座,其中省级台3座,市地级17座,县级69座;电视台73座,其中省级台1座,市地级17座,县级55座。此外还有有线电视台105个,其中企业台29个。全省广播与电视人口覆盖率分别达到92%与86%以上。到1996年底,湖北全省有广播电台72座,电视台57座,建中短波发射台、转播台34座,有线广播电视台62座,全省广播与电视人口覆盖率分别达到86.77%与86.2%。据2000年统计,湖南全省有省级广播电台1座,市级台10座;省级电视台3座,地市级电视台14座,县级广播电视台65座。另有省级有线广播电视台与市级有线台各1座。据1999年底统计,全省广播与电视人口覆盖率已分别达到81.09%与90.38%。华中地区于1996年至1997年之间,电视节目上星工作已次第完成,河南广播电视节目于1996年6月1日率先完成,1997年元旦湖南与湖北两省也同时上星成功。华中的电视节目已可覆盖全省及周边国家和地区。

20世纪90年代初,华中地区的省级党报率先采用激光照排与胶版印刷系统,实现了历史性的跨越。90年代中期,所有省、地、市党报、专业报、企业报等全部采用电脑出版系统与胶印机配套使用,从而告别了"铅"与"火",进入了"光"与"电"的时代。实现了激光照排后,带动了抄收新华社电稿可直接拼版。90年代中期起,彩色电子印刷出版系统开始被省报采用,卫星传版技术也已被普遍使用。整个90年代可以说是通讯技术和印刷技术大改革的时代,信息传播的时效性和报纸的印刷质量都有了明显的提高。

受市场经济发展的影响,新闻事业的经营管理从20世纪80年代中期开始逐步进行改革。1985年河南《洛阳日报》率先在发行方式上进行改革,是全国第一家自办发行的报纸,当年就取得社会效益和经济效益的双丰收。此后,河南绝大多数市地党报、部分专业报、企业报及外省市的一些报纸,都纷纷学习《洛阳日报》自办发行的经验,大都取得良好的效果。到90年代中期,全国自办发行的报纸已三分天下有其一。武汉《长江日报》的广告收入超过省报和晚报,处于全省一枝独秀的地位。该报采取负债经营,跳跃式发展,抢占同行竞争强势地位。1994年底长江日报社自筹资金建起高23层的新闻大楼,18个月即投入使用。

华中地区的新闻事业就经济效益而言在全国处于中游地位,但与东南沿海地区经济发达的上海、广州新闻单位相比,差距还是很大。湖北省广告收入最高的长江日报社1994年的广告收入为8 660万元,1995年全年营业收入达到1.5亿元,为整个华中地区之最。而1994年广告营业收入超过2亿元的就有《广州日报》《羊城晚报》《新民晚报》《南方日报》《北京日报》5家,其中《广州日报》超过3亿元,全年营业收入超过6亿元,两者相比真可谓"小巫见大巫"了。1996年河南全省88家报社的广告营业收入之和仅有1.63亿元,只相当于先进地区广告收入较高的一家报社的1/3左右。报业多种经营的情况也大体类似,这与市场经济发展的进程、地理环境、人文因素、新闻事业的基础,乃至经营机制改革滞后均有关系,很难在短时期内有所改变。

(本章撰稿人:徐培汀、宁树藩、姚福申)

# 第二章

# 河南新闻事业发展概要

河南新闻事业源远流长,北宋定都汴梁(开封),设有都进奏院,统一发行"进奏院状报"。北宋末年,还出现有民间的"小报",是河南古代报纸的鼎盛时期。此后国都迁徙,虽有《邸报》传播,均不出自河南。直至清代,才又有《省塘京报》发行。自清光绪三年(1877年)起至今,经历旧民主主义革命、新民主主义革命和社会主义革命、社会主义建设等历史时期,在长达一百余年间,河南的政治经济状况和社会面貌发生了巨大变化,河南新闻事业也有了长足进步和发展。

## 一、清末的河南报刊

### (一)省塘京报及其发行方式

明末清初,北京出现民间报房,刊行《京报》,除发售于京城外,也由提塘代销或发行。按清制,各省督抚派驻京城和兵部派驻各省的有提塘官,专司传递军报和本省与朝廷间的官文书,称为"塘报"。久之提塘事权演变,专以销行"京报"为业。

由开封省塘报局(又称省京报局)发行的"京报",称为《省塘京报》,现存最早的一期出版于清光绪三年二月初六日(1877年3月20日)。该报为窄长书册型,长21厘米,宽9厘米,单面印刷,黄纸封面。多为两天一期。刊登有谕旨、宫廷消息、官吏任免、臣工重要奏章等。它不同于一般"京报"之处在于,着重登载有关河南方面的内容。封面左上方印有"省塘京报"四字,右下方为"汴省京报局""寓住大厅门东边路北"两行文字,均为朱色钤记。光绪二十年(1894年)后,封面左上方只印"京报"二字,右下钤记文为"省塘报局""局设满洲镶黄旗官街"。1894年塘报局移设解元胡同后路北,1907年又移至行宫角东路南。当时在开封任提塘的是满族人塞拉灰,因销售"京报"颇有积蓄,于行宫角东大建宅院,塘报局也就改设那里。因其有利可图,从这时起改为全省提塘经营。

### (二) 由《汇报辑要》到官报垄断时期

光绪二十四年七月(1898年8月)戊戌维新变法期间,在开封发刊的《汇报辑要》是河南近代报纸的萌芽,也是河南第一家文摘式的官报。该报为河南官书局出版,大约半月一期。前三期卷首刊有巡抚刘树堂所撰《河南官书局汇报辑要叙》。说它是河南近代报纸的萌芽,是因为该报内容除上谕、奏折外,每期都有1/3以上的篇幅登载国内外新闻。这些新闻都是选刻京都《官书局汇报》的原本,并与《官书局汇报》期数保持一致。而该报连载湖广总督张之洞所写的《劝学篇》和选登的某些策论,也可算是接近"论说"的性质。《汇报辑要》的出版并不表明河南当局对维新变法的支持,恰恰相反,该报在出版《凡例》中明白宣告,它的宗旨是"以能开豫省风气为主",不但对"纵谈时事,信口雌黄及臆造影射之语,概置不录",而且对"上海天津汉口所刊时务等报"也"概不采入,以昭慎重",从而与这些鼓吹维新变法的报刊拉开了距离。在《汇报辑要》的第四期登载有慈禧太后谕旨,对光绪皇帝明令裁撤的詹事府、通政司等衙门,悉令"照旧设立,毋庸裁撤",证明此时百日维新已告失败。但《汇报辑要》并未就此停刊,而是延续到下一年,又出版了半年左右,共出20余期。很明显,如果它是鼓吹维新的,就决不可能继续存在下去。当时,河南有位候补知县名叫陈丽孙,以在官之身代为推销改良派的《时务报》和澳门出版的《知新报》,大为当局所忌,因而潦倒终身,不被重用。由此也可看出河南当局的政治态度。

此后,直至清廷颁行新政,明令推广官报,河南巡抚陈夔龙以"各省现刊行官报,独豫省阙如",才于光绪三十年八月(1904年9月)下令筹办《河南官报》。就在这之前几个月,清廷军机大臣曾函河南及各省督抚称:近闻各省革命书刊流行,务希密饬各属体察情形,严行查禁。所以,《河南官报》也是在严行查禁革命书刊的情况下创办的。在此前后,尚有《豫省中外官报》一种为官督商办;其后又有《开封简报》(1906年)、《河南教育官报》(1907年)、《自治官报》(1909年,为筹办地方自治而设,一般不向群众销售),形成官报垄断舆论的局面。

《河南官报》作为近代报刊,比起《汇报辑要》来,无论在内容还是形式上都要完备多了。它由抚署在课吏馆内附设的官报局主办,创刊于光绪三十年十一月(1904年12月),每5日为一册,农历逢五、十出版。后改为每周一册,每期一般为12页,共万余字,各县分大、中、小按不同数量派销。该报以"宣上德,通下情,广见闻,开风气"为宗旨,围绕这一宗旨,设立了"圣训谕旨""本省文牍""各省文牍""本省纪事""中外新闻"以及"图表""论说""译书"8项内容。这种精心安排显示了编者的用心,即所谓"本之圣训以正其趋","继之谕旨以见其大","参之奏折以会其通",其他公牍、外政、新闻等,莫不是为了"通其变以启其倦",期在"有裨政教,启发愚蒙"。由于它比较重视刊登新闻,介绍国外的政治、经济、思想文化情况和国情、省情的报道,对人们开阔视野、增长识见起到了一定作用。

《河南教育官报》是河南的第一家专业报纸,由河南提学司根据中央政府学部的规定而开办,半月一册。它的任务是宣传贯彻清政府废科举、兴学堂、改良教育的各项规定,推动教育事业的改革和发展。该报刊登河南学务的重大措施、实地进展、重要文件和统计资料,同时选登省内有关教育著述、教学经验、讲义教材以及国外教育动态等新知识,因而不但反映了当时河南教育变革的进程和面貌,还保存了大量系统的历史资料。

《开封简报》是河南出版的第一家单张日报,由河南学务公所主办,设在该所图书课内。篇幅略小于今四开报,用光纸单面印刷。后销行日广,从宣统三年六月十五日(1911年7月10日)起改名《中州日报》发行,篇幅增加为单面两张,分为四个版,至清帝退位后,于1912年3月18日停刊。

在官报垄断下开河南私人办报先河的,是光绪三十三年一月(1907年2

月)河南名士狄杏南(原名郁,江苏溧阳人)在开封创办的《与舍学报》。这本来是河南新闻史上一件值得大书的事,但因该报以提倡国学为宗旨,没有形成什么影响,河南的第一家私人报刊就这样如微光一现而熄灭了。

### (三)河南留日学生创办报刊的热潮

这时,远在海外东京的河南留日学生却掀起了一股不小的创办报刊热潮,先后创办有《豫报》(1906年)、《中国新女界杂志》(1907年)、《二十世纪之中国妇女》(1907)、《河南》(1907)、《武学》(1908年)等报刊。

《中国新女界杂志》是我国较早的妇女刊物之一,创刊于光绪三十二年十二月二十二日(1907年2月5日),每周一册,共出六期。主编为同盟会员留日学生会书记燕斌,笔名炼石女士。该刊销售国外及国内的20余省,以宣传女权思想,提倡兴女学、结团体的主张而受到人们的瞩目。

《河南》杂志是这些报刊中影响最大的一种。该刊为政治性综合月刊,由同盟会河南支部主办,它旗帜鲜明地鼓吹孙中山的资产阶级民主革命思想,号召武装推翻清廷,废除封建君主制度,建立平民国家。鲁迅曾以令飞、迅行的笔名,先后在该刊发表过《人间之历史》《摩罗诗力说》《科学史教篇》《文化偏至论》《裴彖飞诗论》和《破恶声论》(未完稿)等论著和译述文章,反映了当时鲁迅对该刊的支持。

## 二、民初政党报刊的兴起

1912年民国肇建,清末各种报纸随之停刊,革命党人由秘密状态而公开,纷纷创办报纸,组织团体。一时同盟会——国民党报纸、统一党报纸及一些私营报纸先后在开封创刊,并出现了河南第一家画报《警华画报》。在开封以外,因芦汉(京汉)铁路通车而得风气之先的安阳,亦率先出版了报纸(据《续安阳县志》载,安阳《邺华日报》于宣统三年创刊,时应在1911年末或1912年初)。河南最早的通讯社——环球新闻团与实纪通讯社,也在1913年成立于开封,一度形成了河南新闻事业的繁荣局面。

《大中民报》是民国初年在开封创办的第一家同盟会河南支部的机关

报,发刊于 1912 年 4 月 10 日。该报以"代表人民舆论,鼓吹完全共和"为宗旨,日出对开一大张。在创刊号上还登载了中国同盟会河南支部成立的广告和支部总章草案等。但由于从东京回来的一些老同盟会员没有参加,支部即匆忙建立,招致内部意见分歧,加以经费支绌,出版不及一月,原编辑人即宣布离去,经理侯永煊也两次请辞。豫督张镇芳见有机可乘,拟以 2 万元收购该报,并派员前往接管。事为省议会闻知,认为舆论机关不应由官厅收买,决定大力维持。然而不少同盟会员不承认该支部,其后又有部分同盟会员另组织《自由报》问世,该报遂于 8 月 1 日自动停刊。

## (一)《自由报》的反袁斗争

《自由报》创刊于 1912 年 6 月 30 日,日出对开两大张。后同盟会河南支部改组成立国民党河南支部,该报即自动成为国民党河南支部的报纸。

该报一创刊便与袁世凯的封建复辟势力发生了对抗,以《中华民国临时约法》为武器,不断指名道姓地抨击袁世凯及其亲信豫督张镇芳的倒行逆施,言词十分激烈。张镇芳对其恨之入骨,1913 年 1 月 23 日该报登载评论文章《代表河南三千万同胞质问张镇芳》,张以文中有"杂种"二字,借口"诋毁政府",将贾英捕至督署羁押,并于 1 月 29 日派军队悍然查封了该报。贾英被捕后,河南救国会、教育会、政治研究会、新闻团等十余团体联合召开大会,通电全国主持公道,派代表面见张镇芳说理,并向法庭提起控诉。在社会舆论的强大压力下,张镇芳不得不稍事退让,由地方法庭于 3 月 31 日宣判贾英"罚金保释"。贾英出狱时,开封各团体召开了三四千人的大会,庆祝斗争胜利。

但是,《自由报》的被封闭毕竟已成为事实。为此,国民党河南支部在积极筹办正式机关报《开封民立报》的同时,于 1913 年 2 月首先发刊了《临时纪闻》。在该报创刊号上,登载了《临时纪闻与自由报》一文,表明与《自由报》一脉相承,要将《自由报》进行的斗争继续下去。《临时纪闻》出版不数日即告停刊。接着,贾英的好友、贾英案辩护律师国民党人崔寅彤,创办了《开封公理报》以为声援。因经费困难,出版不足两月也告停刊。崔后曾被捕入狱多年。

## （二）《开封民立报》与火药库爆炸案

《开封民立报》是国民党河南支部机关报，1913年5月20日创刊，日出对开两大张。

1913年7月1日，开封城西南角火药库发生爆炸，全城震动。当时正处在国民党"二次革命"前夕，开封的革命党人鉴于南北决裂已成定局，策划了这一重大行动。参与密谋组织这一事件的该报编辑敖瘦婵、访员章培余被捕遭杀害。张镇芳随即又派军警包围搜查报社，逮捕有关人员，最后封闭了该报。相继被捕杀的还有该报编辑主任罗飞生、编辑刘寿青、会计邢贡臣等。张镇芳乘机再次下令逮捕贾英，于北京将贾英捕获杀害。至此，开封所有国民党及亲国民党报纸均被扫灭，人员或逃亡星散，或被系狱中，全省实行严格的新闻电讯检查，成为河南新闻史上最黑暗的一页。

## （三）统一党的《河声日报》

《河声日报》是当时与国民党相对立的主要报刊，由统一党河南支部创办于1912年12月。该报以"热诚、公平、纯洁"相标榜，该报恃有强硬后台，将《大中民报》所用机器占为己有。报社门列武装卫士，戒备森严，被视为督署的言论机关。

该报内容主要是攻击国民党，为袁世凯专制政权歌功颂德。国民党"二次革命"失败后，该报配合张镇芳在河南的血腥镇压活动，特辟"大梁新鬼"一栏，诅咒被害革命党人是"乱党""土匪""盗贼"等。后又连续刊登各界所谓"劝进"文字，鼓吹河南是袁大总统发祥地，为袁复辟帝制摇旗呐喊。袁称帝时该报刊登其头像，旁注"今上御容"四字，丑态令人作呕。该报还经常敲诈勒索，诋毁同业。在国民党报纸被摧垮后，曾独步报坛于一时。袁垮台后，该报略有收敛，并改组了人事，转而投靠督军赵倜，直至1920年6月停刊。

在这时期我们还看到一种情况，即当《自由报》停刊后，由原股东之一王灿章出资，在《自由报》原址接办了《时事豫报》。该报与《自由报》的立场完全相反，对袁世凯、张镇芳的专制统治歌颂拥护，对孙中山等革命党人攻击诋毁。可是它不仅利用《自由报》旧址,还使报纸序号与《自由报》相衔接,以乱人耳目,造成续《自由报》的假象。它的这种作为遭到报社职工和社会上的不齿与反对,报纸因出版受阻,出版日期不得不由1913年2月22日推迟到3月1日,篇幅也由预定的日出两大张改为勉强出一张,临出版时又被人将排字架捣毁,其以这种狼狈姿态向社会亮了相,结果不到一年即告停刊。

## 三、军阀肆虐时期步履维艰的河南报业

袁世凯帝制垮台,在内外交困中病死,不少人以为"癸丑报灾"的阴影终于褪去,因而仅1916年下半年,省城开封就有《嵩岳》《天中》《大梁》《晚报》等6家新的报纸创刊。它们说:"癸丑以来,没收馆具者有之,逮捕编辑者有之,横遭封闭,指不胜屈。"(《天中日报》发刊词)而今"共和再造,日月重新,言论著作,还我自由。"(《大梁日报》发刊词)似乎新闻工作从此可以步入光明的坦途了。

然而这种乐观的幻想很快破灭,袁去世后至1927年的11年间,河南仍处在封建军阀的严酷统治之下,所谓民主共和等,只不过是镜花水月而已。先有赵倜统治河南8年。赵原是清末毅军统领,以剿灭白朗农民军而受到袁世凯重用,1914年督理河南军务,后任河南督军兼省长,集全省军政大权于一身。后期又有直系大军阀吴佩孚盘踞洛阳,遥控政局。河南军政当权人物走马灯似地更换,各种军阀势力拥兵自重,就地征粮派款。全省兵匪遍地,加以灾害频仍,民间罗掘穷尽,十室九空。因此,新闻事业的发展步履维艰,便注定是不可避免的了。

这一时期,规模最大、出版时间最长的河南报纸,当推《新中州报》。该报1917年1月在开封创刊,1927年6月停刊,创办人为中原煤矿公司总经理胡汝麟,社长孙凌铣,主笔马和庚。胡在清末民初河南人民的爱国保矿运动中多次参与对英商交涉,深感我国势衰微,备受外国欺凌,遂决心筹办该报,以扩大社会影响,而利于与英商抗衡和中原煤矿公司的发展。所以,它实际上是民族资产阶级的报纸。该报日出对开两大张(后期改为一张半)。它在北京、上海设有特派记者,在各省省会亦聘有特约记者,凡中央重要命令和各地重大新闻均有专电及时报道;并与路透社订有合同,供给重要国际

新闻;本省重要县城亦有特约来稿,故每日新闻数量占3个版之多,内容之丰富为省内各报所不及。它还注意报道工商情况,宣传振兴实业,每日均在第一版下部刊登前一天的银价和粮价行情,并经常刊登全国主要铁路行车时刻表,以便利商旅往来。该报创办人要求报纸向上海《申报》学习,努力改进编排。报社自设有印刷厂,报纸印刷质量也好于其他各报。

《新中州报》在充实内容,提高业务方面是有成绩的,但它在政治上则比较软弱和保守。创办人胡汝麟民初曾任国会众议院议员、教育部次长,与北京政府有着千丝万缕的联系。所以,报纸揭示的宗旨就是"拥护国宪,启钥民智,不涉党派,促进文明"。它虽以"扶持正义"自许,但对黑暗的社会现实多不敢触及,对军阀的暴虐罪行保持缄默,因此在时局变乱中得以自保,再加上有中原煤矿公司财力为后盾,经济比较宽裕,故能与这一时期相始终,出版10年以上,至1927年夏被冯玉祥政府接收。

《两河新闻》是这一时期在开封出版的另一家大报,1917年7月创刊,日出一大张。社长鲍增源民初曾任河南官办印刷局局长,是一个文人政客。该报最初依附督军赵倜,后以肆应有术,又受到督军张福来、直系将领靳云鹗等军阀赏识,均曾赠给大笔资金。1926年春,鲍重新谋得暂代河南官办印刷局局长的职位,走马上任,报纸遂告停刊。

《大同日报》为北京中国大学豫籍结业学生所办,1921年9月创刊,1927年停刊,日出一大张,主持人为王奉三等。该报宗旨为"图社会之改良,政治之刷新""不党不偏,群策群力,务裨实际",实则主要为谋集体之出路。胡景翼国民二军向豫推进时,王奉三潜往保定迎接,报纸以显著地位刊载《胡上将军南征记》;在胡憨(玉昆)战争爆发后,大力宣扬胡军战绩,因此在胡景翼督豫时期深受青睐,风行一时。

《豫报》1925年5月4日在开封创刊,是初期曾受到鲁迅关心和赞扬的一家报纸,日出四开四版一张,社长吕蕴儒。该报以"发扬民意,促进文化,改良社会"为宗旨。吕蕴儒是鲁迅在北京世界语专门学校任教时的学生,在报纸出版前后,鲁迅曾多次给吕蕴儒和高歌、向培良回信,鼓励和指导他们把报纸办好。《豫报副刊》上发表过鲁迅的四封信。报纸虽然也做过一些爱国反帝的宣传,但大多依附或听命于当局,对军阀肆虐和军人的种种暴行,在报道中均小心回避,默不作声,以致外地报纸载称:开封各报对溃军土匪在省垣重地明目张胆地抢人,不敢揭载一字。

1919年"五四运动"席卷全国,促进了河南青年思想上新的觉醒,尽管赵倜一面严厉镇压学生运动,一面威胁和收买报纸,封锁消息,但一些青年师生仍然组织进步社团,编印小型报刊,宣传新思想新文化,进行反帝反封建斗争。如开封二中学生曹靖华等创办的《青年》半月刊,由青年教师冯友兰和徐旭生主编的《心声》杂志等,这些刊物大多发行在校内或校际。在洛阳,豫西学联成员和豫西抵制日货总会人士,利用查禁日货中对私商的罚款和没收的纸张,创办了石印的《河洛周刊》。他们以"开通民智,改良社会"为宗旨,内容刊登国内外重要新闻、小品、诗歌、漫画等,期发行500份,出版将近2年,是洛阳最早的一份报纸。

20世纪20年代,无产阶级的新闻事业开始在河南出现,这是河南新闻史上的一件大事。1921年中国共产党已在河南开展革命活动。1924年胡景翼任河南督办,执行孙中山的三大政策,促成了国共合作局面在河南的形成与发展。1925年"五卅惨案"发生后,河南各界反帝爱国运动高涨,在这一形势下,同年9月1日由共产党员萧楚女主持创办的中共刊物《中州评论》出版,随即成为中共豫陕区委的机关刊。发行处设在开封南书店街23号河南书店。它是中国共产党在河南公开出版的,完全不同于其他报刊的第一个无产阶级革命刊物,是在河南传播马克思主义,指导革命活动的重要阵地。该刊初期即由萧楚女主编。

《中州评论》是政治评论性的时事期刊,十六开本,每期8页。开始为3天一期,后改为不定期。在创刊号《我们见面的话》中,该刊指出它的任务是:继承"五卅"以来反帝国主义运动的精神,站在国民革命的旗帜之下,准备着去领导这个运动;它特别要告诉河南的一切人们,在这个反帝国主义的国民革命当中,自己应有的责任和应做的工作。

## 四、国民党统治下新闻事业的发展

从1927年北伐军到达郑汴,至1937年抗日战争全面爆发,是中国共产党进行土地革命时期,也是国民党在河南建立其统治的10年。河南新闻事业在此时期,继续有所发展,其间可分为冯玉祥统治与蒋介石统治两个阶段。

### (一) 冯玉祥主持豫政时期

1927年春,冯玉祥率国民军联军自陕西出潼关东进,响应北伐。5月与武汉北伐军会师郑州,把张作霖的奉系势力赶出了河南。6月,冯氏到达开封,任河南省政府主席。一时军阀统治时期的汴郑各报刊通讯社均告停办。省政府将《新中州报》接收,改出《河南民报》作为自己的机关报。国民军联军总司令部宣传处在郑州出版了《革命军人朝报》。随后,国民党河南省党部改组成立,也出版了机关报《新中华日报》。与这三家报纸同时,还创办有三个通讯社,即同《河南民报》一起的中州通讯社,《革命军人朝报》附设的中华通讯社和《新中华日报》同属国民党河南省党部的河南通讯社。

《河南民报》于1927年7月1日创刊时,原名《河南民国日报》,由武汉国民党中央宣传部主办,顾孟余任社长。出版未及一月,因汪精卫一伙已决定将河南及西北的党政军大权统交冯玉祥管辖,又因"宁汉合流"河南进行"清党",报纸停刊数日进行"整顿",随即改为冯玉祥领导的省政府机关报,报名也改为《河南民报》,由省政府宣传处长李光恒任社长。

1930年蒋介石、阎锡山、冯玉祥中原大战爆发,时局动乱不已,《河南民报》社长屡经更易,报纸几乎不能维持。同年10月蒋军攻入开封,省政府改组,重新委派了社长及总编辑,该报才又延续下去。

此后多年,河南省政府主席虽数次易人,但该报作为省政府机关报的地位始终未变。历届社长均由省政府任命,发行依靠官方力量,省府通令各厅局、各专署、县政府一律订阅。抗日战争中,该报随省政府多次迁徙。日本投降后,1945年9月回开封原址复刊。1948年10月开封被人民解放军再次解放,该报已先期停刊。它是中华人民共和国成立前河南出版时间最长(21年)、较有影响的一家报纸。

《革命军人朝报》1927年10月创刊于郑州,1928年迁开封。创刊时冯玉祥虽已就任国民革命军第二集团总司令职,但该报仍以原国民军联军总司令部宣传处名义出版。报头为冯玉祥题写,旁有冯氏签名。报头下为《总理遗嘱》,再下为《总司令誓词》。冯对出版该报十分重视,在部队经费困难的情况下,派人买来了对开印刷机,并以较高工资招雇一批工人。报纸每天出版后都要先送给他过目,并下令各连队每天必须讲读报纸。该报除在国民革命军第二集团军内发行外,还向豫陕甘党政机关和学校广泛赠阅,每日最多时印至1.5万份,后因中原大战失败停刊。该报还附设有公报处、画报处,每周出《革命军人公报》《革命军人画报》各一张。附设的中华通讯社刊载第二集团军及豫陕甘三省消息。

《新中华日报》于1928年元旦创刊,日出对开一大张,由国民党改组派的河南省党部宣传部长谢劲健兼任社长。其内容重点是宣传三民主义、建国大纲以及冯在河南的各项建设革新成就,兼及陕甘两省消息。

## (二)国民党新闻宣传网的建立

1930年4月开始的蒋阎冯中原大战于同年10月以阎冯的失败而告终。从此,蒋介石掌握的国民党南京政府控制了河南。蒋介石派其嫡系将领刘峙出任河南省主席和陆海空军总司令开封行营主任,集军政大权于一身。在调集数十万大军连续不断地对河南苏区发动大规模武装"围剿"的同时,大力发展、扩充本身的新闻宣传机构,加紧搜捕共产党人和查禁共产党报刊,以实现其一党专政。河南省政府首先加强和充实了《河南民报》,派行营军法处长方其道兼社长,刘峙的机要秘书彭家荃任总编辑(同时负责和平通讯社工作)。此时报社经费充裕,组织健全,规模日益扩大,报纸发行数达5 000多份。1936年,在全省报纸中第一家采用新五号铅字排印。

与《河南民报》成为姊妹机构的,是陆海空军总司令开封行营(后改为驻豫绥靖主任公署)创办的和平通讯社,1931年2月开始发稿。该社具有其他通讯社所不具备的优越条件,本身设有电台,可直接收发报,故其所发稿件不仅有本埠讯、外埠讯,还有巩县电、信阳电、郑州电及省外的南昌电、南京电、太原电等。派出的记者,可以"行营(或绥署)随军记者"的身份进行战地采访。1938年2月,因刘峙在华北日军进攻面前望风而逃,日退四百里,驻豫绥署被撤销,该社随之停刊。

《河南民国日报》是国民党在河南的主要的喉舌,1930年3月10日,南京派遣的河南省党务指导委员会为配合开展讨冯的舆论宣传,在驻马店创办。由于当时每月有固定经费及中央党部补助,经济充裕,一度曾扩充篇幅为两大张。该报也经历了抗日战争和解放战争两个时期,于1948年9月停刊。

河南通讯社是国民党河南省党部的直属通讯社,为《河南民国日报》的姊妹机构,1931年2月开始发稿,1941年11月停刊。该社稿件以党务新闻为主,有的由省党务部门提供,有的采自各县(区)党部的报告,也有的由该社记者采访得来。正如《河南民国日报》与《河南民报》是当时河南两家最大的报纸一样,该社与和平通讯社也是当时河南两家最大的通讯社。

接着,有些国民党县、市党部也陆续创办了铅印或石印的党报。其中最早的是1930年11月创刊的《郑州日报》,由国民党郑州市党部主办。其他如洛阳、南阳、禹县等县党部和陇海铁路特别党部以及个别的专员公署、县政府也都出版了报纸。

1934年,河南省政府创办了河南广播电台,设在开封龙亭,发射功率200瓦,10月10日正式播音,呼号为XGOX,根据省府会议决定,建立河南广播电台的目的是借以"统一意志,传达政令,报告消息,灌输常识,提倡高尚娱乐,陶冶国民性格,介绍新的科学技术,促进国民文化"。电台每日9—12时、18—21时两次播音,除转播中央台节目外,自办节目有新闻、纪念周、科学常识和演讲、气象、商情、音乐等。抗战后该台迁南阳,1940年随省府迁洛阳后恢复播音。这样,在河南境内就形成了包括报纸、通讯社、广播电台的国民党强大的新闻宣传网。国民党新闻宣传机构的迅速发展成为这一时期河南新闻事业的突出特点。

### (三)长期遭到查禁和摧残的中共报刊

国民党当局一面积极发展本身的新闻宣传机构,一面加紧搜捕、迫害共产党人,查禁共产党报刊。1927年前后,为迎接北伐军到来和在基层党建活动中,中共报刊在河南曾有所发展,出版有河南省委的《猛攻》报,中共潢川特别支部的《潢川国民》,中共濮阳县委的《白杨书札》,临颍县委的《红旗报》,杞县县委的《农民之路》,南阳特委的《唐河潮》等,均因"宁汉合流"后河南实行"分共""清党"而转入"地下",不久停刊。自1929年起,国民党中央和南京政府先后制定了《宣传品审查条例》《出版法》和《危害民国紧急治罪法》,将共产党和进步团体及其出版物一律打入"非法"地位,一经发现,立即查禁。1931年1月,国民党河南省党务指导委员会宣传部曾连续发出密令,指示各县市党部严格查禁《河南红旗》《火花报》《豫南红旗》《河南列宁青年》等中共报刊。1932年配合对鄂豫皖根据地的军事"围剿",密令查禁当地出版的《红旗副刊》及《鄂豫皖省苏维埃政府革命法庭训令》。1933年9月,密令查禁信阳发行的《红旗周报》。同月,河南省邮电检查所将近期查获的所谓"违禁"刊物分载10余车,运至开封西北运动场当众焚毁。

在这种严密搜捕、残酷迫害的白色恐怖下,共产党地下组织出版报刊极其危险,印刷发行也极为困难,但许多共产党人不惜坐牢牺牲,为传播革命火种前仆后继,坚持斗争。除上述被当局密令查禁者外,在30年代初期,先后还有过《河南报》《豫中红旗》《郑州红旗》《许昌红旗》《京汉铁路红旗》《中州新闻》《郑州新闻》《火车头》《妇女生活》等许多种中共地下报刊出版。这些地下报刊早已湮没无存,但从当时河南中共机关连遭破坏的情况可以想到,它一般只能采用油印,发行数量很少,刊期也难以固定,而且寿命大多十分短暂,有的只出了几期,有的甚至未及发行即被破获。在内容上,这些报刊也难免带有当时"左"的冒险色彩。但它对坚定党员和群众的革命信念,鼓舞他们的斗志,引导他们为摧毁旧世界,建设新中国而斗争,仍然发挥了可贵的作用。

在革命根据地里,中共领导的报刊一度发展得十分红火。1929—1930年的新军阀混战,给中共领导的武装割据创造了有利条件。1929年12月下旬,红三十二师解放商城县城,创办了河南苏区的第一份报纸《红日报》。1931年,共青团商城县委出版了《少年先锋报》。随着武装斗争的发展,鄂豫皖苏区成为全国较大的革命根据地之一,仅鄂豫皖首府所在地新集(今新县),就先后出版了《列宁报》《工人周报》《苏维埃报》《共产主义ABC》《少年先锋报》《鄂豫皖红旗》等许多种报刊。在鼎盛时期,不仅党政军、工青妇、经济文化教育机关出版报刊,不少县、区、师、团也出版报刊,一时达到数十种之多。这些新型的革命报刊不仅都能够在根据地内公开发行,而且还得到单位领导及成员的重视和支持,成为指导革命斗争的武器。

### (四)对抗日宣传的压制反压制斗争和行都洛阳报业

1931年日军发动"九一八事变",东北三省大片国土沦丧,东北同胞陷入水深火热的亡国奴惨境。一时国内群情激愤,抗日呼声响彻长城内外。国民党政府却一味屈辱退让,坚持"攘外必先安内"的政策,继续加紧对鄂豫皖苏区的军事"围剿",并在统治区内实施新闻检查,压制抗日言论。1931年12月由开封行营改组成立的驻豫绥靖主任公署,即设有新闻检查所,对报社、通讯社稿件进行发布前的检查,这是已知河南最早的新闻检查专门机构。至于各地报刊于出版后须逐日送当地国民党县市党部审查,则仍照例进行。1933年春,驻豫绥署新闻检查所奉命改组,成立开封新闻检查所,改由国民党河南省党部领导。除各报社、通讯社及外埠驻汴记者每天白天将稿件送所检查外,晚间新检所也派人到报社检查稿件及校样。同时在郑州也设有新闻检查组,每晚派人去报社检查稿件。

但是,国人抗日御侮的要求是不可抑止的。即使如国民党省党部的机关报《河南民国日报》,在编辑部内一部分爱国新闻工作者的影响下,也积极参加了抗日救亡的宣传。"九一八事变"后,该报于12月26日曾刊载何香凝《对时局的意见》一文,开篇即指出:"……时至今日,救国救民之功未竟,而反召外侮之来,凡事未见于专制时代及军阀政治下者,反见之于革命热潮之今日……然所以如斯者,非革命之罪,实一般假革命之罪也。"不少私营报纸更是强烈呼吁抗日,新乡《豫北日报》自1931年发刊后,其言论、新闻即以抗日宣传为中心,在副刊发表了许多爱国进步文章,因其强烈的爱国抗日立场被伪满洲国明令禁止入境。为了钳制抗日舆论,1936年10月,当局重新在开封成立了河南新闻检查所,隶属于省政府办公厅,新闻检查工作进一步加强。

1932年日军在上海发动"一·二八事变",淞沪抗战爆发。南京国民政府仓促决定以洛阳为行都,主席林森及中央各院部会急速由南京迁洛。沉寂破旧的九朝古都洛阳,一时冠盖云集,成为全国的政治重心。自1927年冯玉祥部驻洛时出版短期的《中原日刊》后,当地已多年无报纸出版,此时新闻事业却迅速膨胀起来。国民党中央宣传部率先出版了小型的《洛阳日报》,国民党中央通讯社也派记者来洛阳,并一度打出中央社洛阳分社的招牌。原在郑州办报的国民党人杜尊五、郭民铎等,眼见洛阳地位的上升,也迅速赶去,于3月1日出版了《河洛日报》。此外,东亚新闻社由南京移来,西北通讯社由西安迁来,总社在南京的远东通讯社亦着手筹建洛阳分社,当地机关人员还创办了大中华通讯社和《大中华报》。至于派记者驻洛的为数更多,南京有《中国日报》《新民报》《大陆新闻》,上海有《民报》《时事新报》,天津有《大公报》《庸报》《益世报》,北平有《晨报》《新报》等,成都《川报》以及《河南民报》《河南民国日报》与和平通讯社,亦都派专人去洛阳筹建办事处或担任通讯报道工作。

当年5月,《淞沪停战协定》签字,中央机关停止搬迁,至12月全部撤回南京,各外来报社、通讯社及外埠报社驻洛记者亦先后星散。洛阳新闻事业的突然膨胀局面,只半年多时间又告烟熄火灭,仅余《河洛日报》一家继续出版。这种情况足以说明政治形势、政治地理因素对新闻事业兴衰起着重大影响。

### (五)20世纪30年代河南的派报业

派报业是由报刊事业派生的,专门从事代销、经销报刊的行业,在这一时期也与报刊业同步发展起来。但是由派报社代销的报纸并不都是本省、本市的报纸,也可能主要是代销外埠的报纸。前已述及,河南最早销售外地报纸是从光绪戊戌年(1898年)开始的。以后到光绪三十年(1905年初),有张崇轩、刘汉卿、牛宅三名贫苦青年组成开封统一派报社,经销《河南官报》与外埠报刊。1906—1907年,叶仲裕、冯翰飞设开封总派报社,对南北各报一律函约分销。革命党人闻讯争先寄来报纸委托代销,以广宣传。1920年在"五四运动"爱国反帝思想激励下,由梁子恪等青年集资创办开封文化书社,销售各种新书,并代销京、津、沪及豫省各报。至1935年前后,省城开封派报社已发展到十数家,但每家大多只有一两人或二三人,皆贫苦报贩,收入微薄。其中人力财力较充裕、业务量较大的两家,为统一派报社和中州派报社,均在郑、洛等重要城市设有分社,推销《河南民报》《河南民国日报》与外埠几种大报。在开封沦陷时,派报业人员纷纷歇业改行,拒绝为日伪报纸服务,遂绝迹于一时,至日本投降后恢复。

## 五、抗日烽火中的新闻事业

1937年7月7日,日军向北平西南的卢沟桥发动进攻,企图以武力征服全中国。中华民族到了生死存亡的关头。中原大地掀起了波澜壮阔的抗日救亡浪潮。由于全国范围内的国共第二次合作的实现,抗战初期,在共产党推动下,河南许多县市纷纷建立起各种救国协会、抗敌后援会或民运委员会等群众救亡团体。各县创办的抗日救亡报刊一时如雨后春笋,有《抗敌导报》《抗敌早报》《抗战日报》《自卫日报》《救国三日刊》《抗日五日刊》《民运周刊》《救亡周刊》《动员小报》等二三十种。虽然篇幅一般较小,而且多为石印,但在组织发动群众,鼓舞群众的抗战热情,医治"恐日病",坚定群众胜利信心等方面,都起了很好的作用。其中不少报刊是由统一战线组织出版,为中共地下党领导的;也有一些是由国民党县党部、县政府创办的。至于青年学生投向当时文化宣传的救亡活动,所办小型报刊更是十分活跃。原有的国民党大报,如《河南民国日报》《河南民报》《河洛日报》等,也在报上先后开辟了抗日专刊,动员群众,为抗日宣传出力。团结抗日成为当时全省报纸宣传的基调,新闻事业一度呈现出生气蓬勃的局面。

新闻界的进步团体也展开了活动。在第一战区长官部驻在地洛阳,1938年秋,新闻界成立了"中国青年记者学会洛阳分会"(中国青年记者学会简称"青记",是在周恩来的关怀和领导下,由名记者范长江等筹建的,成立于武汉,总会后迁重庆,成为团结抗日进步记者的中心),参加的有20余人。分会通过经常举行集会联谊,参加军政文化界的活动等方式,联络感情,加强沟通,进行自我教育。如出席八路军副总司令彭德怀到达洛阳后对记者的会见,开会声讨汪精卫拼凑成立伪中央政府,组织记者集体采访爱国侨领陈嘉庚等。在郑州,新闻界也有5人参加了"青记",成立了"青记郑州通讯处"。

抗战时期,国民党政府没有放松对舆论的控制,而是进一步加强了新闻检查制度。它继续颁行了许多战时新闻检查条例、办法,加强和增设省内新闻检查机构,对国民党统治区的报刊实行严格的检查。当时报上除中央社电讯稿以外的所有稿件,包括广告在内,出版前须一律进行检查。如有不送检、不遵照删改或涉及其他"违检"事项,轻者警告,重者给予停刊若干日直至永久停刊的处分。国民党省党部则多次指示各级党部和报社,出版的报纸必须按期汇送审查。1939年,河南新闻检查所由镇平迁至第一战区长官部所在地洛阳,改隶国民政府军事委员会战时新闻检查局。1941年5月,河南新检所升格为河南新闻检查处,除直接检查洛阳各报社、通讯社及外埠报纸记者所发稿件外,还指导省内各县市的新闻检查业务。1942年河南省会迁鲁山,在鲁山增设了甲级直属新闻检查室(直属军委会新检局)。自1942年至1943年,河南增设县市级新检室的还有许昌、叶县、潢川、郑县、南阳、偃师、正阳,形成了覆盖全省辖区的新闻检查网。

这种新闻检查制度,犹如套在新闻工作者身上的枷锁,使新闻工作者动辄得咎。河南新闻检查处等新检机构不仅对报纸上宣传民主进步、团结抗日的消息进行删改、扣压,禁止登载八路军、新四军的抗日消息,也不准真实反映民间的疾苦。最突出的是1942年河南大旱,粮食作物绝收,中原赤地千里,饿殍载道,甚至有人相食的惨剧。国民党当局却不顾人民的死活,严禁报刊报道灾情实况,照常在河南征购、征实、征兵。洛阳《中原日报》《行都日报》因报道中透露了灾情,被指责为登载"过于渲染灾情之文字","并诋毁政府救灾不力,影响政府威信",均受到停刊3日的处分。

抗日战争进入战略相持阶段后,1939年1月,国民党中央制定了"防共、限共、溶共、反共"的方针,开始制造分裂摩擦,掀起反共逆流。第一战区长官部政治部下令撤销了各地的民运办事处、民运指导委员会等机构,查抄了河南省青年救亡协会等组织,不少宣传抗战的报刊被迫停办。1939年冬至1940年春,国民党顽固派发动第一次反共高潮。国民党第三十一集团军汤恩伯部,纠集地方武装于1939年11月突然袭击新四军四支队八团留守处和中共豫南省委所在地的确山县竹沟镇,劫掠财产,杀戮伤病员和工作人员家属,造成了震惊全国的"竹沟惨案"。同时封闭了在竹沟出版的豫南省委《小消息》报,并令确山县政府严加查禁。中共豫西特委及后来的豫西省委的机关报《前锋》报原在党内秘密发行,也因形势逆转被迫停刊。

### (一)国民党统治区新闻事业概况

由于华北正面战场的溃败,河南很快成为抗日战争的最前线。1938年2月豫北各县市全部沦陷;6月省会开封失守;10月豫南重镇信阳陷落。至此,河南的豫北、豫东、豫东南半壁河山已陷敌手。因此,河南除国民党统治区的新闻事业外,又出现了沦陷区和敌后抗日根据地的新闻事业。前面所谈国民党当局实行的战时新闻检查和取缔中共报刊,迫害进步新闻工作者,实际上都是国民党统治区内新闻事业有关的重要内容,现再将国统区新闻事业的变化和动态加以记述。

在抗日战争时期河南的国民党统治区内,报纸的停刊、创刊和迁移变化十分频繁。许多报纸包括一般私营或县办的小报,于沦陷时或日军进逼时,因无力搬迁及其他原因而随之停刊;一些县镇为适应形势需要,又陆续办起一批小报;少数报纸迁到省外出版;省党部、省政府所属的两家大报则随省党政机关辗转迁徙逃亡,其情况极为纷纭复杂。但报刊、通讯社总的数量由多变少,报社规模、报纸版面不断缩减,原来日出对开一大张的报纸,多改为四开两版,有时甚至改为八开。由于新闻纸来源缺乏,各报均改用当地土产的麻纸印刷。

省会开封失守后,洛阳、鲁山两地曾是河南国民党统治区报纸比较集中的地方。第一战区司令长官部移驻洛阳后,河南省政府、省党部也由镇平、南阳分别迁洛,一时洛阳成为全省军事、政治、文化中心,新闻事业也随之发展起来。除原有的《河洛日报》《行都日报》外,1939年,《阵中日报》迁返洛阳,《河南民报》亦随省政府迁洛。1940年,《河南民国日报》随省党部迁洛。1941年,当地又创办了《中原日报》和《农民导报》。1943年,冀察党政分会兼河北民军司令张荫梧创办了《大同报》和《大同报晚刊》。同年,一战区政治部主任张雪中创办了《大捷日报》。国民党中央通讯社1941年正式建立了洛阳分社(前身为中央社随军办事处),此外尚有省党部的河南通讯社,省政府的中原通讯社,私营的华北通讯社、河防通讯社等。河南广播电台1940年也由南阳迁洛,恢复了播音。将中波改为短波,呼号为 XGOG,每天

## 第二章　河南新闻事业发展概要

播音时间13—24时。洛阳新闻记者公会也一度活跃起来。

1942年由于局势吃紧，实行军政分治，省政府、省党部均迁至鲁山县，《河南民报》《河南民国日报》亦随同前往。同年，洛阳《河洛日报》亦迁鲁山。河南通讯社结束后，省党部另行创办了复兴通讯社；中央社洛阳分社在鲁山设特派员办事处，华北通讯社设立了鲁山分社。此时，作为河南临时省会的鲁山，报刊、通讯社无论在数量、规模方面，与抗战前夕省会开封新闻事业的情况比较都已大为逊色了。

随着战局的发展，许多报纸不断迁地出版也是国民党统治区内新闻事业的一个特点。国民党在河南最主要的两家大报——省党部的《河南民国日报》和省政府的《河南民报》，都因频繁地迁徙受到极大削弱，尤以《河南民国日报》为甚。一而再、再而三地搬迁逃亡，既反映出国民党当局在战争中的被动处境，也使新闻工作者饱受颠沛流离之苦。

在抗日战争中期，河南国民党统治区内新出版的报纸中，较重要的有《华中日报》和南阳《前锋》报两家。《华中日报》是蒋介石的嫡系将领汤恩伯统率的三十一集团军总部的报纸，1944年日军发动河南战役，因汤恩伯部在敌人进攻下望风披靡，37天连失38座县城，汤恩伯被解除三十一集团军总司令职，该报经鲁山撤至西峡遂告结束。

《前锋报》1942年1月1日创刊，是一家进步的私营报纸，发行人为李静之。在创刊词中提出的办报宗旨是"仗义执言，为民前锋"。1944年春夏之交，南阳沦陷，《前锋报》几经辗转，抵内乡县天宁寺继续出版。此时环境比较安定，报社同仁得以专心办报，又有李蕤到该报任主笔兼编副刊，报纸民主色彩更加鲜明，也更为读者欢迎。日本投降后，《前锋报》回南阳原址复刊。它力主严惩汉奸和发"劫收"财的国民党赃官，敦促实行民主政治，树立廉洁政风。蒋介石悍然发动内战后，该报呼吁停止内战，实施停战令和全国政协决议。该报因坚持进步立场，受到国民党当局越来越多的打击迫害，工作人员多人被列入黑名单，驻军司令和专员拟以共产党的罪名逮捕社长李静之。1947年11月，因南阳面临战时状态，四城戒严而无法再出，遂告停刊。该报在经济上坚持不接受外来津贴或资助，完全凭本身经营收入，此种情况在国民党统治区报刊中也极为罕见。报纸发行量最多时近万份，在豫陕鄂毗邻地区享有较高声誉。

据国民党河南省党部统计,在抗战后期,国民党统治区内共有报社56家,通讯社6家。1944年春日本侵略者发动河南战役,国民党军望风而逃,连失近40座县城后,全省只有西南一隅少数几个山区县还在其控制下,自然已没有几家报纸了,至1945年4月后基本已全部停刊。

### (二)抗日根据地的新闻事业

抗日战争期间,河南人民在中国共产党领导下开辟了广阔的敌后战场,为太行、太岳、冀鲁豫、豫皖苏、豫鄂边和豫西等抗日根据地的创建进行了艰苦的斗争。在这些河南境内的根据地,共产党领导的新闻事业也在极其艰难的条件下,从无到有地逐步发展起来,先后创办了多种报刊。虽然其中大多数报纸的工作条件都很简陋,同国民党统治区或沦陷区报刊的物质条件无法相比,但它却发挥了巨大的作用,如同战斗的号角,奏响了一曲曲抗日战争的凯歌。其简要情况如下。

《拂晓报》是新四军四师及其前身——新四军游击支队党委的机关报。1938年10月1日,彭雪枫率游击支队挺进敌后抗日,该报于部队出发前夕在确山竹沟镇创刊。

该报创刊初期为油印两版。当时物质条件极其困难,办报器材只有两支铁笔、两块钢板、两桶油墨、一支油棍和半筒蜡纸,没有油印机,全靠手工操作,印出的报纸往往油渍斑斑。1939年2月,支队进驻永城书案店,《拂晓报》自第28期起改用油印机和新闻纸两面印刷。第34期以后,由不定期渐改为3天一期,并扩大为四版。第65期后,脱离支队宣传科单独成立报社,王少庸任社长,组建了编辑部和通讯部,版面也趋于固定。一版正上方为彭雪枫手书的报头,下面刊登要闻和社论;二版刊地方新闻,以部队活动地区的消息为主;三版为国际时事,四版为文艺副刊及普及教育专刊。新四军游击支队部先后改变番号,《拂晓报》一直随军行动,先后活动于河南境内的确山竹沟、新蔡、鹿邑、永城等地,1939年出没于豫皖交界数县,以后移至安徽。

《小消息》报1939年元旦前后创刊于确山县竹沟镇,为中共豫南省委的机关报,因中原局这时同豫南省委合署办公,所以《小消息》报也是中原局的机关报。该报前身为中共河南省委的机关报《消息》,1938 年 10 月由省委宣传部长王阑西创办。中共河南省委撤销后,豫南省委将其改名为《小消息》报继续出版,仍由王阑西负责。王撤离后由曹荻秋、吴祖贻负责。1939 年 4、5 月份,日军进攻豫南和豫西南时,形势恶化,大部人员随中原局及豫南省委机关撤离竹沟,只留少数人坚持出版。11 月,国民党顽固派突然进攻竹沟,抢劫杀人,该报被无理查封。

《先锋报》是在开辟豫鄂边区根据地过程中于 1939 年 11 月在四望山创刊的,它是中共信阳地委的机关报,由地委宣传部主办,油印,不定期出版,中原局书记刘少奇为该报题写了报头。1942 年初秋,该报于信阳地委改为信阳中心县委时停刊。

除上述各报外,中共冀鲁豫区委出版过《卫河日报》,扩大后的冀鲁豫边区党委出版过《冀鲁豫日报》,中共豫北地委出版过《群声报》,长垣县委出版过《曙光报》。冀鲁豫根据地的一些地县委也办有报纸。1943 年,冀鲁豫军区政治部在范县出版了《战友报》。豫皖苏区根据地在《拂晓报》带动下也出版了一批报纸,其中河南境内有永城县委的《永光报》,夏邑县委的《夏声报》,睢杞太特委的《光明报》等。在太行区根据地,除有《新华日报》(太行版)发行到豫境外,还有八分区的《新生报》,豫西根据地有一地委的《豫西日报》等。

共产党领导的根据地报刊在长期斗争实践中逐渐形成了自己的风格和传统。这些报刊都具有鲜明的无产阶级党性,宣传方针、报道内容服务于党在各时期的中心工作,言论占有重要位置,党的一些重要指示、文件、命令等直接见诸报端,新闻方面侧重战争消息及根据地各项建设情况。报纸副刊也都紧密结合斗争实际,有较强的鼓动性。重视发动干部、群众、战士写稿投稿,不登消闲性文字,也没有广告。

抗日根据地常处在敌伪顽的夹击下,在四周被敌人封锁、分割的游击战争环境下办报,其条件的艰苦恶劣可想而知。由于物资贫乏,报纸多为石印或油印,所用纸张也以土纸为多。有时报社人员正在编印报纸,突然枪声响起,立即收起工具随军转移,到宿营地又开始编报印报,所以有些报纸的出版地点、刊期无法固定。尽管如此,中共领导下的新闻工作者以顽强的革命精神,克服重重困难,尽一切努力坚持报纸出版,提高报纸质量,为抗日战争的胜利作出了应有的贡献。

### (三)日伪占领区的新闻事业

日本侵略者为巩固在河南沦陷区的统治,除反复进行军事"扫荡",推行"强化治安运动"外,在新闻宣传上也投下很大力量,借以欺骗和麻醉沦陷区人民。自1937年至1945年,先后成立有日伪新闻单位10多家,包括报纸、通讯社、广播电台,还出版过日文报纸,组织有新闻团体。

安阳《民声报》是日伪政权在河南出版的第一份报纸。1937年11月,日军攻占豫北重镇安阳,成立了伪河南省公署,劫夺原安阳《民声报》的器材设备,仍用原名发行了伪政权的机关报,由公署宣传室主任刘焕尧兼社长。该报四开四版,因其为日方歌功颂德,不受中国人欢迎,每期发行不到1 000份,伪省署迁开封前,1938年冬自动停刊,出版不到一年时间。

1938年2月,新乡陷敌。北平《新民报》社长日人武田南阳为扩充其势力和经营范围,在华北日军报道部支持下,征得河南日军当局同意,派日人富田广吉来新乡筹办报纸。他们劫夺原《豫北日报》的机器设备,于1938年4月出版了《河南新报》,第二年改名为新乡《新声报》。

《新河南日报》是河南沦陷区最大的一份汉奸报,1938年6月创刊,对开四版。1939年初伪河南省公署(后改为河南省政府)由安阳迁开封,该报遂成为伪省署机关报,直至日本投降,共出版7年多。

太平洋战争爆发后,日方人力物力匮乏日甚,为了节约纸张和印刷器材,在1943年夏将新乡《新声报》停刊。但1944年春日军侵占郑州、洛阳后,又不得不考虑出版新的报纸。1944年4月郑州第二次沦陷后出版的《郑州新报》是由北平《武德报》抽调人员器材来郑创办的,初期为四开四版,后为节约纸张,篇幅缩小为八开两版,直至停刊。1944年5月洛阳被敌侵占后,由开封《新河南日报》调配人员、机器到洛,创办了《洛阳新报》。此外,有些县的伪组织也出版过报纸,如襄县的《新襄民报》,南阳的《新宛报》等。

在河南沦陷区内还先后出版过两份日文报纸。《新报》是1938年3月在新乡以日本居留民会的名义创办的,由《河南新报》印刷;1941年春创刊的开封日文《东亚新报》是由北平日文《东亚新报》派人创办的,在日本驻开封领事馆内编印。两报均日出四开一小张,以日本居留民为读者对象,都是仅出版几个月即停刊。

在日伪新闻机构中占有特殊地位的是日本同盟通讯社(共同社前身)开封分社。同盟社是日本政府直接管理下的世界性通讯社,所设开封分社于1939年初正式发稿,至1945年8月结束。社长坂本末松,另有3名日人分别担任记者、收发报员和后勤管理人员,其余翻译和勤杂人员均由中国人充任。该社每日发通讯稿一次,约10页,以八开纸油印,不足百份,主要送给日军政机关、伪报社及伪省公署各厅处顾问部。稿件内容以军事消息为主,大多是外地发来的电讯,政治、经济、社会新闻则以本省、本市采访者为多。采访的本省军政要闻以无线电发往北平转发各地。坂本末松除管理分社业务外,还经常参加开封日伪军政机关各种宣传计划的制订和推行。

另一通讯社为中华通讯社开封分社,于1940年春开始发稿。该社总社设北平,是华北大汉奸管翼贤根据日军报道部的指示创办的。开封分社由坂本末松兼任社长,张路平以副社长兼总编辑名义主持业务。社址和同盟社分社在同一院内,设备也是借用同盟社的。该社采访的本省市重要军事、政治、经济新闻,除发往北平总社外,还连同翻译的同盟社国际国内要闻,每天用新闻纸油印七八页,分送伪报社及开封伪机关。

日伪还在1939年冬建立了开封广播电台,有500瓦和50瓦发射机各一部,同时进行华语和日语广播(日语广播是转播东京广播电台节目)。电台由日军驻开封兵团参谋部领导,台长为一日本大尉军官,下设机械室、放送室、总务室,各室均由日人担任领导。放送室的日语室有两名日本女放送员,华语室有中国女放送员两名和男放送员一名。全台共20人左右,中国人约占一半。该台每日早中晚三次报告新闻,此外还播送文娱、广告等。

## 六、解放战争时期新闻事业的革故鼎新

日本投降后,国民党军、政、党、团、特各方面人员纷纷赶往"收复区",争

相"劫收"，利用抢占的敌伪报社、印刷所设备办起了一批新的报纸。在省会开封，除省政府的《河南民报》，省党部的《河南民国日报》先后迁回复刊外，军统骨干分子接收伪《新河南日报》逆产，创办了《力行日报》；第一战区司令长官部系统接收日文《东亚新报》，创办了《大河日报》；三青团系统接收日诚文印刷所，创办了《青年日报》(后改名《正义报》)；《民权新闻》也是用侵吞的敌伪产业办起来的，连同其他私营报纸，1946年有报纸10多家，还建立了中央社开封分社、西北社开封分社等通讯社多家，可谓极一时之盛。郑县、洛阳、新乡、安阳、许昌、漯河、信阳等沿铁路市镇及各县城，也纷纷复刊或新办了一批报纸、通讯社。至1946年春，全省国民党统治区的报纸已迅速恢复到战时的56家；通讯社数已超过战时达到8家。当时和平民主建国空气高涨，全国人民莫不渴望休生养息。然而国民党当局不顾人民的意愿，在美国支持下悍然发动内战。中国共产党领导解放区军民坚决自卫反击，从此展开了艰苦卓绝的四年解放战争。

  国民党当局为了制造"行宪"的假象，在这一时期表面上将公开管理新闻事业的职能由各级党部移交给政府承担，党部只着重进行调查监督。实际上除地方党政当局外，郑州绥靖公署、省与专区保安司令部、警备司令部、省政府警务处、省会警察局等军警机关，对新闻事业都有干预和检查监督的权力，从各方面严密控制新闻舆论。新闻检查制度本来已于1945年10月宣告废止(河南因属"收复区"，于1946年3月才正式废止)，新闻检查机构撤销，邮电检查也已明令取消。但随着内战的爆发和扩大，郑州绥靖公署借口"形势需要"，不但直接对郑州各报实行新闻检查，而且饬令郑、汴、洛等辖区内各部队政工单位对邮电书报继续实施检查。据此，洛阳、安阳等地也都恢复了新闻检查。

  在控制舆论的同时，对新闻界的迫害也与日俱增。但仍有一些中共地下党员和在共产党领导或影响下的进步报纸、进步报人，为争取和平民主，反对内战独裁进行着艰难曲折的斗争。

  1947年，人民解放军强渡黄河，千里挺进大别山，由内线作战转为外线作战，使战略形势发生了根本变化。国民党统治区交通阻断，物价暴涨，报纸篇幅缩小，销路锐减。开封各大报因纸张和印刷器材供应不继，普遍由对开四版缩小为四开两版。

与此同时,国民党的宣传以其不顾事实,一贯颠倒是非而完全丧失了信誉。他们总是把国民党的主动进攻称作"共军挑衅",把国民党军的失败称作"转进",把共军的战略撤退称作"国军的辉煌胜利",把累卵危城称作"固若金汤",把行凶打人的特务称作是"受害者",等等。因此,当年5月开封大中学生游行示威时,特地在中央社开封分社门前刷上"造谣社"三个大字,反映了人民心目中国民党宣传的破产。

据统计,1947年河南国民党统治区有报纸58家,通讯社32家,其中开封有报纸15家(4家已停刊),通讯社22家。1948年河南有报纸56家,通讯社20家。1948年6月河南省会开封第一次解放前夕,有的报纸由四开再缩为八开,有的两报合出一报,河南广播电台也停止了播音。1948年10月郑、汴相继解放前夕,一些报社纷纷变卖或抢运器材南逃。其他各市县城镇报纸、通讯社也都在当地解放前停刊。

当解放战争初起时,装备精良的国民党军队曾气势汹汹,不可一世,短时间内便在河南侵占了根据地的大片土地和几十座县城,解放区的新闻工作者又一次经历了极其严峻的考验。面对国民党军队的大举进攻和地主还乡团武装的袭击,许多新闻工作者一手拿笔,一手拿枪,随军战斗,历尽艰险,终于迎来了胜利。记者柳朝琦、朱言晋、谢文耀、刘保章、许金台等,均在执行采访任务或发动群众的工作中遇难,为河南人民的解放事业献出了宝贵生命。

随着解放战争的发展,豫皖苏解放区得以重建,并开辟了新解放区,各区党委先后创办了自己的机关报,它们分别是豫皖苏区的《雪枫报》,豫西区的《豫西日报》,鄂豫区的《鄂豫报》,桐柏区的《桐柏日报》等。

此外,在豫北老区,许多地、县委都办起了报纸,如冀鲁豫四地委1947年5月创办的《豫北人民报》,八地委1947年3月创办的《直南大众》报,以及汤阴、濮阳县委的两个《翻身报》,滑县县委的《民主报》,长垣县委的《群声报》,内黄县委的《内黄农民报》,南乐县委的《农民通报》,范县工作队的《群众报》等。在豫西区,许昌地委1949年3月也出版了《许昌人民报》。

依托一些报纸的采通部,还建立了新华社的分支社。1948年10月22

日和11月5日,毛泽东连续为新华社撰写了《我军解放郑州》和《中原我军占领南阳》两则电稿,反映了毛泽东当时对中原战局的密切关注。

战争的胜利推进,解放区的不断扩大,河南解放区的新闻事业开始由农村转移到城市中,并在城市站稳了脚跟。这标志着国共双方力量的对比已经发生了根本的转折。如果说,1948年4月,当人民解放军再次解放豫西重镇洛阳,《新洛阳报》创刊时(这是继1925年《中州评论》之后,中共在河南重要城市公开出版的第一家报纸)这一点还不能肯定,那么,到了1948年10月郑州解放,出版了《郑州新闻》;省会开封随之第二次解放,正式创办了《开封日报》;1949年元旦《中原日报》又在郑州创刊,新华社中原总分社亦同时迁郑,此时人们对这些报刊将在城市中长期办下去,就再也没有什么怀疑了。还应当指出的一点是,这些报纸都是人民政府(军管会)接管当地反动报社遗弃的器材创办的,一开始就都是铅印,这也与过去的设备条件大不相同了。

解放军渡江战役之后,中共中央中原局的机关报《中原日报》(1949年1月创刊)派出编辑、记者组成先遣队,由编辑部主任张铁夫率领随军南下,于5月23日在汉口创办了中共中央华中局(后改中南局)的机关报《长江日报》,5月31日《中原日报》停刊。

和《中原日报》毗邻的另一重要新闻单位是新华社中原总分社,该社1948年8月成立于河南宝丰县赵官营村。是年春,中国人民解放军第二野战军主力部队撤出大别山,与挺进豫西的陈赓兵团,挺进豫皖苏的华东野战军一起,纵横驰骋江淮河汉之间,重新创建了中原解放区。5月,中共中央中原局成立,随即建立了新华社中原总分社,社长陈克寒,副社长谢冰岩。

中原总分社此时下辖豫西分社、江汉分社和桐柏分社,同时新华总社另有豫陕鄂野战分社、中原野战分社两个前线分社以及豫皖苏分社、开封分社在河南境内采编发稿。

1948年2月,陈克寒调回新华总社,熊复接任中原总分社社长。1945年5月,由谢冰岩、莫循等率总分社全部人员迁往武汉,7月1日改为华中总分社。

《新洛阳报》是中共洛阳市委的机关报,创刊于1948年4月9日,即洛阳再次解放后的第四天。最初为八开两版,周日刊,10月16日起篇幅扩大为四开四版。1949年3月,洛阳由省辖市改为地辖市,中共洛阳地委为便于指导全区工作,将《新洛阳报》改为地委和市委共同的机关报。1949年8月11日,根据中共河南省委为集中力量办好《河南日报》,并支援江南新解放区办报的决定,《新洛阳报》停刊。

为了迎接全省、全国解放的新形势,在淮海战役、渡江战役之后,河南解放区的一部分新闻单位陆续向南转移或合并、调整。1949年2月,《雪枫报》停刊,除少数人参加《开封日报》外,大部人员随军南下,参加了南京《新华日报》的工作;《豫西日报》也同时停刊,大部人员和设备迁到开封,与《开封日报》合并,筹备出版中共河南省委的机关报《河南日报》;1949年3月,《桐柏日报》停刊,与《新宛西报》合并出版了《南阳日报》;1949年6月,《鄂豫报》停刊迁往武汉,同《江汉日报》社合并,组建了《湖北日报》和新华社湖北分社。《中原日报》亦于5月31日停刊,迁往武汉,大部分人参加了华中局(后改为中南局)的机关报《长江日报》,一部分人继续南下参加了《江西日报》工作,新华社中原总分社也改为华中总分社。1949年3月1日,中共河南省委成立。6月1日,中共河南省委机关报《河南日报》创刊,新华社河南分社同时单独建立。《中原日报》南迁后,1949年7月1日,《郑州日报》出版。豫北部分当时属平原省区划,省会设在新乡,1949年8月21日《冀鲁豫日报》停刊,8月22日在新乡出版了平原省委机关报《平原日报》,成立了新华社平原分社。

## 七、谱写河南新闻事业新篇章

中华人民共和国建立后,河南新闻事业揭开了新的历史篇章。所有报纸都是中国共产党领导的人民的报纸,是团结和教育人民、战胜敌人、推动工作的强大武器,是共产党领导的社会主义事业的重要组成部分。

### (一)新中国成立初期河南的报纸布局

新中国成立前夕,中共河南省委为了集中力量有重点地首先办好几个报纸,对全省报纸的布局进行了调整。要求加强和办好省委机关报《河南日报》;继续努力办好市委机关报《郑州日报》、地委机关报《南阳日报》;停办《新洛阳报》和《许昌人民报》,由确山(后改信阳)、潢川两地委合办《豫南人民报》。同时筹办全省性的通俗报纸《河南大众》。为加强对剿匪工作的指导,可暂出版石印小报。

此后,又出版了新民主主义青年团河南省工委的《河南青年报》,河南军区的《建军报》,郑州铁路局的《人民铁路》。陕州、潢川、淮阳地委也一度出版了机关报。1951年2月,省农民协会机关报《河南大众》创刊,该报以全省农村基层干部和广大农民为主要对象,四开四版,期发行数最多时达17万份,1956年9月终刊。

当时,豫北属平原省区划,省会设新乡市,出版有《平原日报》《平原青年》和《平原战士》。1952年冬平原省建制撤销,豫北部分划归河南,原平原省各报停刊。1953年《豫南人民报》停刊。

随着经济建设的开展,洛阳成为新兴重工业城市,根据省、市委决定,1955年1月出版了《洛阳日报》。《开封日报》则于1957年11月复刊。现将当时河南省的几家主要报纸介绍如下。

《河南日报》是中共河南省委机关报,1949年6月1日在开封创刊,对开四版。1949年11月启用毛泽东题写的报头。1954年10月底,报社随省委和省政府机关迁到郑州,11月1日起在郑出版,社址在郑州纬一路一号。报社初期实行社长制,第一任社长兼总编辑于大申。1954年改为总编辑制,总编辑丁希凌。报社最高领导机构为《河南日报》编辑委员会(1992年成立河南日报党委会)。

中共十一届三中全会以后,《河南日报》大力清除林彪、"四人帮"控制舆论时期的反动新闻观点和假、大、空的流毒,克服长期来"左"的影响,同时也防止右的倾向,使党报的优良传统和作风逐步得到恢复。报纸还进行了新闻改革,扩大报道范围,加强、改进新闻报道和评论工作,调整版面和专刊、副刊,丰富了报纸的内容。在坚持提高思想性、指导性的前提下,加强服务性、趣味性,注重报纸的宣传效果,满足群众多方面的需要。

《河南日报》社还办有《河南农民报》《河南画报》《漫画》《新闻爱好者》等

第二章　河南新闻事业发展概要

报刊。

《郑州晚报》系中共郑州市委机关报,原名《郑州日报》,1949 年 7 月 1 日创刊,四开四版,社长由市委宣传部长漆鲁鱼兼任。1959 年登封、密县、新郑、巩县、荥阳由开封专区划归郑州市领导,行政区域扩大,《郑州日报》从这年元月起改为对开四版。1961 年 1 月,因国民经济遇到困难而停刊。

1963 年随着国民经济形势的好转,根据中共郑州市委决定,《郑州日报》于当年 10 月 22 日(郑州解放纪念日)复刊,并改名为《郑州晚报》。这是新中国建立后河南的第一家晚报。复刊后仍为四开四版,每天出版。在全体办报人员的努力下,为突出晚报特色进行了多方探索,报纸发行量达 5 万多份。"文化大革命"中,1967 年 1 月 7 日再次停刊。1980 年 10 月,中共郑州市委决定恢复出版《郑州晚报》。1981 年 1 月 1 日,该报又以崭新的面貌与读者见面。

《洛阳日报》是中共洛阳市委机关报,1955 年 1 月 1 日创刊,四开四版,周三刊。1960 年改出对开四版,每天出版。1961 年,该报因国民经济遭到困难而停刊。1964 年 5 月 1 日复刊,为四开四版,周六刊。"文化大革命"中,1967 年 1 月 2 日再度停刊,1968 年 1 月 25 日起又出版至 1970 年。1980 年 7 月 12 日,中共洛阳市委作出《关于为〈洛阳日报〉平反的决定》,推翻了"文革"中对该报的种种不实之词,经筹备后于 1981 年 1 月 1 日又告复刊,仍为四开四版,周 6 刊。1985 年为适应市管县和洛阳肩负豫西经济开发任务的形势需要,《洛阳日报》篇幅增加为四开两张八版。1986 年 7 月起,增出星期天版。该报于 1985 年率先自办发行,1987 年发行量达 10 万份,星期天版达 16.8 万份。

《开封日报》是中共开封市委机关报,创刊于 1948 年 11 月 6 日,到 1949 年 5 月 31 日停刊,与《豫西日报》合并改出《河南日报》。1957 年 11 月 1 日,根据开封市委决定,恢复出版《开封日报》,为四开四版,周六刊。后因国民经济遇到困难,纸张供应无来源,于 1961 年 2 月 1 日第二次停刊。1965 年 7 月 1 日再次复刊后,"文革"中到 1970 年 4 月 30 日又停刊。

1982 年 3 月 1 日,《开封日报》第三次复刊,仍为四开四版,周六刊。1981—1983 年实行编委会领导的总编辑负责制。1984 年改为党委制,编委会成为在党委领导下的业务领导机构。1985年1月,《开封日报》增加了星期刊,并创办了全国第一家以通讯员为对象的《通讯员报》,倡导和组织了全国首次通讯员好新闻评选。《通讯员报》于1987年停刊。

新华社河南分社是新中国建立后河南唯一的通讯社,成立于1949年6月1日,当时受新华通讯社和中共河南省委双重领导。1950年春,新华社成为国家通讯社,河南分社不再单独对外发稿,所有成员归总社统一调度。

为了适应国家大规模经济建设的新形势,全省新闻工作者自1950年起还开展了持久的学习苏联报纸经验的活动。通过学习,加深了对无产阶级新闻事业性质的认识,提高了新闻工作者的理论和业务水平,按照社会分工调整了编辑部机构设置,学到了不少有益的经验。但是,由于忽视中国国情,照搬苏联模式,学习中也带来了一些弊病,如思想僵化,要求报纸上发表的都必须是结论性的意见,每字每句都要代表党委,片面强调批评是推动社会前进的动力,稿件采用一行标题,造成版面单调等。

1956年初,《河南日报》版面的文字由竖排改为横排,这是报纸版式的一次历史性的改革,对于改变人们的阅读习惯,提高工作效率都有深远的影响。下半年,根据中共中央对《人民日报》编委会改版报告的批示精神,并参照《人民日报》改进报纸的做法,河南日报在充分发扬民主的基础上,又一次制定了改进方案,经省委批准执行。其要点是:全面理解报纸的党性原则,进一步明确《河南日报》既是省委的机关报,又是人民的报纸;扩大报道范围,有中心地全面反映实际生活和群众意见;选择人民群众在工作、思想、生活、学术等方面存在的迫切和有兴趣的问题,在报上展开自由讨论;增加新闻体裁和专栏、专刊,改进报纸文风等。方案的贯彻执行使报纸面貌发生了可喜变化,出现了丰富多彩、生动活泼的局面。可惜在1957年反右派斗争以后,这个方案实际上就被搁置,甚至被否定了。

1961年冬,为了系统总结"大跃进"时期宣传报道严重浮夸的教训,《河南日报》经过将近一年的讨论,制定了《正确处理报纸工作中的关系问题——改进河南日报工作纲要(修改稿)》。《纲要》共分10个问题:1)严格按照党的意图办事,纪律性与原则性相结合;2)坚持革命精神与科学态度的统一,切实把报纸宣传建立在调查研究的基础上;3)新闻专业队伍与业余写作队伍密切结合,进一步贯彻办报的群众路线;4)在报纸上正确地进行表扬,正确地开展批评;5)把思想性与指导性结合起来,努力提高报纸的思想水平;6)突出中心,统筹兼顾,合理安排报纸内容;7)内容和形式统一,改进报纸文风;8)政治与业务相结合,努力培养干部;9)机关行政工作为编辑出版工作服务,进一步改进经营管理;10)正确贯彻执行民主集中制原则,改进编委会和各部门的领导。这个《纲要》总的方向是纠正当时"左"的倾向,许多规定的内容是正确的,对划清界限,统一思想,改进工作均起了推动作用。但是,由于是在肯定"三面红旗"的前提下进行总结,而且当时的政治气候已经转向反右,因此,《纲要》中对有些问题不可能彻底地解决,制定后也不可能有力地贯彻和实施。

进入社会主义建设新时期后,为反对精神污染,反对资产阶级自由化,省委宣传部对报纸和报刊市场进行了多次检查整顿,制止不健康的小报泛滥,保证报纸宣传沿着正确的方向前进;同时加强对报刊事业的行政管理,区别正式报纸与非正式报纸,重新进行登记。在省委领导下,根据建设社会主义市场经济的要求,报纸工作进行了新的探索和改进,取得了新的成绩和经验。

### (二)报纸工作的失误和挫折

反右派斗争的严重扩大化。1957年6月,河南开展了急风暴雨式的反右斗争。全省不少参加革命多年的共产党员干部,同党长期合作共事的爱国人士,学有专长的知识分子,都被错划为右派,形成了极其严重的扩大化,给他们个人和家庭带来了不幸,也给国家造成了损失。

河南新闻事业的发展还出现过大起大落的现象。1956年,继全省农村合作化高潮之后,兴起了办县报的热潮。这一年,全省县报猛增至104家。1957年,省委发出通知,要求对县报进行整顿,此后曾有少量县报停刊。1958年"大跃进"中,省委宣传部又提出实现县县市市有报纸,建立以《河南日报》为中心的报纸网,促进了各地报纸的继续发展,截至1959年3月,全省地委、市委、县委、省级一些人民团体、部分大型厂矿企业共办起报纸132家,期印数达220万份以上。此后由于纸张供应紧张,于1959、1961年两次对报刊进行压缩,最后仅保留《河南日报》《南阳日报》两家,《河南日报》从1961年2月起,发行份数削减至15万份。其他各地、市、县报,以及《河南民兵》《河南青年》《河南工人》等均告停刊。直至1963年经济形势好转,《郑州日报》才改为《郑州晚报》复刊,1965年《洛阳日报》《开封日报》复刊。

"文化大革命"期间,林彪、江青两个反革命集团篡夺了新闻舆论工作的领导权,把报纸变成对干部群众进行"专政"的工具。当时全省各报纷纷遭到冲击停刊,只剩《河南日报》一家出版(曾数次改出《红色电讯》)。许多新闻工作者横遭打击迫害。充斥版面的"假、大、空"宣传使新闻工作信誉丧失;揭批"走资派"报道则丑化了党和革命事业。新闻工作的这一深刻教训,是永远也不能忘记的。

### (三) 新时期报刊发展、改革的探索和实践

中国共产党十一届三中全会以后是河南新闻事业发展最好最快的时期。全党恢复了马克思主义的思想路线、政治路线和组织路线,通过拨乱反正,清除林彪、江青两个反革命集团的反动新闻观点及其流毒,努力克服多年来"左"的影响,同时也防止右的偏向。报纸工作的指导思想从"以阶级斗争为纲"转到以经济建设为中心,加大了经济宣传的比重,集中力量搞好农村和城市经济改革报道,促进生产力的解放和发展。与此同时,加强四项基本原则的宣传,反对搞精神污染,反对资产阶级自由化,坚持社会主义的思想阵地和舆论导向。在新闻业务上,针对"假、大、空"的弊病,强调新闻报道必须坚持真实性,提倡短小精悍,言之有物。对新时期报纸的性质、功能、作用进行了多方面的探讨,加强报纸对群众的思想教育,掌握好对群众关心的热点和工作中难点的报道时机和分寸,使报纸成为安定团结的阵地;树立河南在新时期的新形象;努力扩大报纸的信息量,满足人民生活多方面的需要,这些都进一步提高了宣传质量。在新闻单位内部实现了领导班子革命化、年轻化、知识化、专业化的转变,对历史上的冤假错案全部予以平反,1979、1980年,相继改正了所有错划的"右派分子"和"文革"中造成的错案。逐步贯彻落实知识分子政策,做好新闻职称的评定工作和知识分子中的建党工作,调动和发挥新闻工作者学习理论、钻研业务的积极性。

## 第二章 河南新闻事业发展概要

新闻单位的经济体制改革取得了令人瞩目的成绩。从1980年起,经地方财政部门批准实行利润留成,有了一定的企业自主权,开始探索由计划经济体制下的生产型企业向市场经济条件下的经营开发型企业转变。各市地党委、政府近几年也都放手让机关报自主经营,从政策上给予扶持,促使报社逐步实现自负盈亏、自我发展。观念的转变带来了丰硕的成果,从1988年至1992年,全省18家省、市、地党委机关报和部分专业报、企业报经营状况大有改善,广告业务、承印业务和多种经营都有较大发展。各报每期广告占用的版面,由改革前的1/30—1/20,上升到1/7—1/4,广告品种也越来越多,正在向正规化、商业化方向发展,广告收入已成为各报经济收入的主要支柱。在报纸发行的改革上,1985年《洛阳日报》在全国率先实行地方党委机关报自办发行,当年就取得了社会效益和经济效益双丰收,读者可以提早看到报纸,促进了发行量的扩大,发行费率降低,预收报款当时即可参与资金周转。此后河南绝大多数市地党报、部分专业报、企业报及外省市一些报纸,纷纷学习洛阳日报社的经验,结合当地实际自办发行,也都取得了良好效果。

各报由于经济实力增强,资金有了积累,大大加快了技术改造的步伐。截至1992年,18家省、市、地党报在排印上均采用了"北大方正"电脑出版系统,与胶印机配套使用,从而全部告别了"铅"与"火"时代,用上了"光"和"电",实现了印刷业技术的历史性跨越。一部分专业报、企业报也采用了激光照排、胶版印刷。河南日报社还先后从日本引进了两台先进的胶印机,1992年末又安装了卫星讯号地面接收站,承印《人民日报》《参考消息》采用卫星传版办法,保证了开印时间。

报纸实现激光照排后,还带动了抄收新华社电讯稿的改进,只要把接收电讯稿的储存器插到照排机上,就可将电稿直接拼版,省去了过去抄稿、贴条、打印纸稿,再次排字等操作工序,节约了排字和几次校对的时间。

在采编工作和稿件传递上也初步进行了技术改造,许多报社给记者、编辑配备了微型便携式录音机,配合手写使采访记录更加完善。1989年,河南日报社还给驻各市地记者站、总编室、记者处装配了图文传真机,记者站利用长途电话线路,几分钟内即可将稿件传到总编室、记者处,相比过去用电话传稿、邮寄或专人投送,效率大大提高。职工的办公和居住条件、福利待遇也有很大改善。

随着改革开放的推进和地方经济实力的加强,新闻事业在发展上出现了繁花似锦的局面。截至1992年底,全省有省、市、地党委机关报18家,县和县级市委机关报10家(其中两家为县委宣传部所办),群众团体报纸8家,各类专业报84家(其中经济信息类24家,科技教育类18家,文化类27家,法制类11家,其他4家),企业报48家以及大专院校报31家,总数达到199家(以上包括已登记的正式报纸和非正式报纸),形成了一个以地方党委机关报为核心的多品种、多层次的报纸网。报社的规模不断扩大,报纸销数日增。《河南日报》期发行60余万份,最高年份达到73万份,各市地党报分别发行几万至十几万份,有的专业报发行六七十万至一二百万份,都是旧中国新闻事业根本不能想象的。

### (四)河南广播事业的迅速发展

新中国建立后的河南的第一座广播电台——河南人民广播电台于1950年7月开始筹建,同年9月15日试播,1951年元旦正式播音,频率820千周。1958年"大跃进"时期,电台发射功率增至150千瓦,频率改为1 420千周。同时,在信阳、南阳两地区和开封、平顶山、洛阳、新乡、焦作5市建立了地、市广播电台。1961年因国民经济调整,这些地、市电台均被撤销。

在"文化大革命"中,1974年,河南电台发射功率增为450千瓦。粉碎"四人帮"后,河南广播电台于1977年7月1日开办了第二套节目,1981年,开办了调频立体声的试验广播。各地、市广播电台也于80年代陆续恢复和兴建。1990年,建立了河南经济广播电台,使用河南电台第二套节目的发射机和频率。同时郑州经济广播电台也告成立。截至1992年,全省共有中波发射台和转播台16座,调频发射机4架,按人口计算的全省广播覆盖率达88%。

### (五)河南电视事业的崛起

河南电视台于1969年2月开始筹建,同年9月15日用2频道试播,10

月 1 日正式播出。建台初期,每周播出 2 次,每次 2.5 小时左右,郑州市周围 20 多个县能收看到电视节目。

1970 年 5 月 15 日,开通了全长 108 公里的汲县罗圈北岭——郑州微波线路,开始试转北京电视台(即以后的中央电视台)节目。此时,每周播出次数增加到 3 次。

1972 年自装了黑白电视转播车,开始直播现场实况。同年 11 月 1 日,每周播出次数增加到 4 次。

1973 年 8 月 7 日起,通过京津、京沪微波线路,试转北京电视台传送的彩色电视节目。由于传送手段的改善,每周的播出次数逐年增加。1974 年元旦起,每周播出 6 次;1975 年国庆开始,每周播出 7 次;1976 年元旦起,每周播出 8 次。这期间,每周两次的自办节目还是黑白的。

1979 年 2 月 8 日开始,转播中央电视台播出的中央电视大学课程。1980 年国庆,用九频道开办了第二套节目。1983 年自办节目全部实现彩色播出。1984 年元旦起,每周自办节目增加到 5 次。1987 年元旦起,自办节目每周增加为 7 次。在此期间,还建立了新闻中心,加强了电视的新闻报道工作。1992 年建立了河南经济电视台。

截至 1991 年,河南省 17 个市、地都已建立了电视台,还建有 4 个县电视台。全省千瓦以上的电视台和转播台有 34 座,按人口计算全省电视覆盖率为 80%。至 1993 年 6 月底,全省经广播电影电视部批准的有线电视网共 38 家,已有 60 万户群众看上了有线电视节目。

(本章撰稿人:陈承铮)

# 第三章

# 湖北新闻事业发展概要

## 一、初兴时期

　　湖北的近代报刊是在第二次鸦片战争之后开始兴办的,创办人是外国商人和传教士。湖北是中国大陆的重要腹地,经济繁盛,文化发达,而其重镇武汉雄踞长江中游,是九省通衢。当西方国家积极将其侵略势力由东南沿海向我国中西部推进的时候,其重要战略地位一下凸现,汉口就成了他们活动的主要据点,活跃非凡。

　　增辟汉口为通商口岸的《天津条约》签订不过半年,很快就有22家洋行在这里开张营业。传教士也联袂而来,在中国有广泛影响的伦敦布道会尤为积极,其英国总部迅速指示上海该会赶紧行动起来。1855年来到上海的传教士杨格非被派担任开辟新传教地区的任务,杨迅即乘英国炮舰向汉口进发。杨格非后来回顾这次旅程说,当他在船上看到长江两岸景象时,好像"一个新世界突然出现在我的眼前","这一条美丽而宏伟的河流已经成为十字架使者们的大道"①。杨在英国商人积极支持下,于1862年秋开始在汉口(后扩及武昌)建立传教基地,接着其他教派,其他国家的传教士也陆续前

---

① 顾长声:《从马礼逊到司徒雷登》,上海人民出版社1985年版。

来。教堂、学校、医院等宗教机构纷纷在这里设立,后复扩及武昌①。在1895年维新运动以前,这些宗教机构已有相当数量,举其大者如:汉口天主堂、汉口东正教会、汉口训蒙书院、汉口圣保罗小学、汉口教会书馆、汉口基督教博济医院、汉口天主堂医院、武昌文华中学、武昌博文书院、武昌文华书院、武昌圣希里达女子中学等。与早期沿海城市一样,正是这些商业和宗教活动推动了外国报刊在汉口的兴起。

最早出现的是商业报纸,第一家为英文《汉口时报》,于1866年1月6日在汉口创刊,汤姆逊任发行人和经理。富瑞德(Fred)负责印刷,日印四版一张,并附出物价商情报告,发行对象主要为英美商人及其他在汉侨民,出版两年许,至1868年3月24日因经营困难而停刊。这是湖北的第一张近代报纸,虽晚于沿海的广东、福建、江苏、浙江诸省,但排名也在全国大多省份之前,列第五位。而汉口在我国出版近代报刊时序的城市排名榜上,也仅次于澳门、广州、香港、宁波、上海、福州,居第七位。

出版外文报纸的活动暂时停了下来,汉口当时毕竟还没有沿海城市那样华洋杂处、外侨众多的条件。六年之后,英人罗底斯(P. Rhodes)于1874年在汉口创办了一份中文报纸《汉皋日报》。关于这份旧报我们所知不多,但从能见到的一些材料看,它仍然是一种商业性拓展。它刊载新闻、评论,尤以经济信息为主,重视商业贸易报道,广告所占篇幅较大,因销路困难,不久也告停刊。

1883年8月,英国人又在汉口创办了一份中文周刊《武汉近事编》。实物未见,从报名和香港报名类似的《近事编录》看,大致可以认为它是以时事新闻报道为主要内容的,非宗教性的报刊②,主编是中国人艾小梅③。书册式,三年半后改为宗教期刊《益文月报》。

1893年是外商报纸在湖北发展的重要一年,有较大影响的《汉报》(初

---

① 武昌为湖北省会,原不对外开放。经传教士通过英驻汉领事向当地官员施加压力,终于获得了在武昌建立传教据点的许可。
② 范约翰(J. M. W. Farnham):《中文报刊目录》,在1890年第二次在华传教士大会上的报告。
③ 据范约翰:《中文报刊目录》。刘望龄的《黑血·金鼓》一书则写明主编为Ngae Sian Mal,待考。

名《字林汉报》）于这年 3 月 23 日在汉口创刊。报主是英国人①，该报是在上海《字林沪报》有力影响和积极支持下兴办的。有材料称："光绪癸巳姚赋秋、梅向羹自上海来创《字林汉报》。托当日《字林沪报》外人之声援也。"又称"汉馆与沪馆本出一家，所有论说、新闻彼多相采用。"②文中把《字林汉报》看成是由《字林沪报》派员来汉创办的类似该报的分馆，这一说法虽似有些夸张，但两馆当时存在一种密切关系则是可以肯定的。该报初创时的主编被认为就是原《字林沪报》编撰成员姚赋秋（文藻）③、梅向羹。《汉报》的出版，可说在汉、沪新闻界之间建立起一重要联系，扩大了湖北新闻界的影响。

《汉报》是按上海外报经验运作的，彼此的客观条件相差甚大，但该报着力经营，建立起相当扎实的报业基础。可以这样说，汉口这种有影响的综合性大报的持续发展，是从《汉报》开始的。

传教士报刊的出现则晚于商报，可是就数量论，居于多数，在 1895 年维新运动以前出有 7 种，而外商报纸只有 4 种。在全国，其数量也仅次于上海、福建（福州、厦门）而居第三位。

最早在这里开展报刊活动的教会是英国伦敦布道会，杨格非于 19 世纪 60 年代初到汉口后忙于筹建传教基地工作，其宣传手段除口头外，主要是散发宗教手册。到了 1872 年 8 月，杨格非创办了汉口第一份宗教刊物《谈道新编》，可是这时他正在英国休假，因此由他的中文教师沈子星和伦敦布道会的仁济医院助理工程师杨鉴堂筹办和担任主编。沈子星在创刊号上所写序言称，该刊旨在"劝集阐道良朋"，对于"大而国政，小则舆情，偶采奇谈"均不入书。就是说该刊以专心阐释宗教道义为任务，这是传教士报刊在华发展的新现象。该刊与由上海《教会新报》改名的《万国公报》保持着密切关

---

① 关于谁创办《汉报》，有英国人、日本人和中国人三说法。李嘉先生在《武汉〈汉报〉考》一文中作详细考证，我们基本同意他的看法。该文载于《湖北新闻史料汇编》总第十一辑，1987 年版。
② 刘望龄：《黑血•金鼓》，湖北教育出版社 1991 年版，第 6 页。
③ 姚赋秋，本名姚湘（文藻），苏州人。曾在《申报》供职，1891 年下半年蔡尔康（紫绂）辞去《字林沪报》主编，即由他继任，但时间不长。1896 年春，高太痴在《漱芳斋诗选》跋中说："昔蔡子紫绂之主《沪报》也，刊行《花团锦簇楼诗辑》。姚子赋秋继之，刊行《通艺阁诗录》。当其时，坛坫巍然，风雅之侪咸以牛耳相诿……嗣是主笔政者此调不弹，屏绝风雅……仆慨然每欲振作之，顾龟山当前，徒兹太息。"直到 1896 年春高太痴出任《沪报》主编，"斧柯稍假"，才刊行《漱芳斋诗选》。

系。沈子星所写该刊创刊号序言,迅即由《教会新报》转载。1874年杨鉴堂在《万国公报》上发表《总论新闻纸有十益说》的文章,还常刊载有关消息和诗文。《谈道新编》初为手抄本,不久改为活字木刻,1876年停刊。

基督教会于1875年和1880年先后创办的《开风报》《新民报》均由宇阿鲁主编。两刊除传教之外,又都广载西方新知,以开风气,表现出和《谈道新编》办刊宗旨不同的趋向①。1880年在汉口创办的《昭文日报》是基督教会所办湖北第一个宗教性日报。1887年7月(一说2月)伦敦教会接办由《武汉近事编》改组而成的《益文月刊》,杨鉴堂任主编。与该会第一个在汉的刊物《谈道新编》专事宗教教义宣传不同,它广载天文、地理、医学等自然科学知识和政法知识,兼登各省近事和诗词歌赋,而对宗教却很少涉及,可以看出伦敦教会在汉办刊方针的变化。该会对宗教宣传还是很重视的,不过着重通过散发、出售传教书籍和小册子的方式进行,除湖北外还扩及华中各省,不少稿子是杨格非亲自撰写的。1888年创办的《中国传教士》,给湖北传教士报刊带来多种新现象,即它是最早在武昌出版,首次用英文印刷,也许还是第一次由美国人主办的教会报刊。报刊的多样性反映了报刊活动的活跃和联系的广泛性。就同期所出报刊的数量论,汉口仅次于上海而居全国城市的第二位。

令人注目的是,这时中国人自己也开始办报了,1873年8月8日(同治十二年闰六月十六日),国人艾小梅在汉口创办了《昭文新报》,起初每日一小张,后改为五日一期,终因销量有限,经营困难,未久停刊。有重要意义的是,该报被认为不仅是湖北,同时也是全国由国人自办的第一张报纸②。

综上所述,自1866年至维新运动前的1893年,武汉共出版了三四种外商报纸,7种传教士报刊,1种中国人自办的报纸,共12种。而这期间,除上海外的整个长江沿岸各省,除九江曾出有一种《护教者》外,未见有其他报刊。汉口是第二次鸦片战争后兴起的最重要的办报城市,这时人们在评说

---

① 关于传教士报刊两种不同的宗旨,在1877年5月上海举行的在华传教士大会上,曾进行热烈的辩论。情况可参阅方汉奇主编:《中国新闻事业通史》(第一卷),中国人民大学出版社1992年版。

② 近据宁树藩考证,1873年6月在上海创刊的《民报》可能是中国人自办的第一家报纸,尚待进一步查证。

中国主要报刊基地时,总是沪、粤、津、汉并提,武汉相对于沿海某些城市而言,有后来居上之势。

甲午战争后进入维新运动时期,这里的报刊发展形势,出现了重大变化。外报在华垄断的局面被打破,迅速兴起的中国人第一次办报高潮猛卷中华大地。长江流域的省市一下子活跃起来了,从未办报的南京、无锡、扬州、苏州、芜湖、长沙、重庆、成都等城市,都纷纷出版报刊了。可是,令人不解的是,当年在这一广大地域独领风骚的湖北(武汉),这时忽趋沉默,一份报刊也不出了。

这一谜团究竟该如何解答呢?

要讲得一清二楚确实有些困难,然而毫无疑问,这一现象的关键在于张之洞。那时中国人办报很大程度上要受到所处省区最高统治者意志的制约。张时任湖广总督,更重要的是他是洋务派中日益受到重视的权势人物,是朝廷的重臣,虽是一地方官员,但关注的是全国风云变幻的大局。在清廷大臣中他是非常注重舆论宣传的一员。著名维新派报刊《时务报》《湘学报》出版之初都曾得到张的积极支持,他曾经令湖北全省"官销《时务报》",后来又复令湖北各道府州县购阅《湘学报》,"发给书院诸生阅看"。他旨在利用维新派报刊不同凡响的宣传,以推行那些看似和他思想吻合的改革主张。他对两报有着强大的影响力,当它们的宣传显露出和他思想的严重分歧,越出所允许的范围时,他就竭力进行"拨乱反正"工作。通过汪康年对《时务报》进行干预,造成该报宣传方针的变化。他更利用湖广总督的身份,对《湘学报》主管人员施加压力,终使该报为张所控制,自第37期起,该报连续刊载张"中体西用"思想的《劝学篇》。

张之洞的视野是广阔的,他并不着意在自己的驻地出版报刊。比如,对于他的幕僚汪康年,他十分赏识其思想才识,可是却并不将汪留在身边办报,而将其向康有为推荐,让他远去上海创办《时务报》。又如,对于梁启超,在他主编《时务报》声名大著之际,张之洞电招梁至武昌晤谈,意拟擢用。但是他并不想发挥梁之所长让他办报,而是请他出任两湖时务学堂院长(未成)。只是胶州事变之后,全国兴起新的一阵报刊宣传热潮,维新变法的斗争更趋激烈的时候,张之洞曾有办报的策划。1898年春,张邀请章太炎来武昌,出任已筹备就绪的《正学报》的主笔。章已与该报写好发刊词《正学报缘起》,嗣章发现彼此宗旨殊异,未肯就职,该报遂也流产。这也表明当时张还没有办报决心,感到时机尚未到来。

整个维新时期,在湖北的中国人竟然没有创办过一份报刊,当然也可能会有其他原因,更不排斥某些偶然因素,容后继续探索。

这期间,湖北的外报却出现重大变化,这就是1896年,日本人宗方小太郎在日军方支持下,接办了汉口的《汉报》①。1894年1月,日本僧人也曾在上海创办《佛门日报》,可说是日本人在华办报的开端。可是该报影响很小,不数月也就停了。而在维新变法期间,原由赣商周崧甫于1893年办的《汉报》,其股权转入日人之手后,则成了日本在华出版的第一张影响广泛的政治性大报。日人控股《汉报》的出版,标志着日本报界向中国大进军的号角已经吹响。

## 二、庚子前后至1911年

这是湖北报业大发展时期,这期间,湖北的经济形势日趋繁盛,华商、外商和官办的现代企业激增,其数量与规模仅次于江、浙、广东而名列前茅。新式学堂一时兴起,1909年湖北学堂数共计2 886所,居全国各省第五位②。而出洋游学,又一时成风。据1906年统计,湖北留日学生高达1 366人,遥居各省之首,新学新知之士广泛活跃于省内外,组织各种挽救危亡、争取社会进步的斗争,这一新的形势推动了报业大发展。在这十三年左右的时间内,武汉新创办的报刊已近80种,超过以前所出总和的6倍,其数量只次于上海、北京、广州,居全国第四位,武汉在新闻界的地位显著提高,引起全国瞩目。

湖北报业形势一个重大变化,就是外报全面垄断的局势终被打破。在此以前,中国人办的报纸除昙花一现的《昭文新报》外,只有出版不久即被日

---

① 据日本东亚同文会1936年所编《对华回忆录》称,宗方小太郎"收买了向来由中国人发行的《汉报》",可知当时《汉报》系中国人所办,而非英国人。
② 桑兵:《晚清学堂学生与社会变迁》,学林出版社1995年版,第148—149页。

本人购走的《汉报》,这里成了外报的天下。而现在,在新创办的近80种报刊中,中国人自办的接近60种,约为外国人所办的3倍。从此,中国人所办报刊跃居湖北报业发展的主流。

不过外国人仍然继续加强在这里办报的势头。当时形势也在不断变化,1895年以前,汉口只有英国租界,此后陆续增加了德、俄、法、日租界,而且面积不断扩大,外商企业、商行、银行、工厂剧增。1901年外商所办洋行增为76家,至1905年再增至114家①。而八国联军之役以后,列强加紧了对华势力范围的争夺,武汉成了众所注目的重点,办报受到了广泛重视。日本驻汉口总领事水野幸吉就曾在1905年11月致日本外务大臣的报告中,明白地解释了在汉口办报的重要意义。他说,"无论从政治上还是从实业上来说,汉口是一个很重要的地方","为了我们日本能在支那的中部扩展势力和宣传政策,必须发行我们自己的汉文报纸"②。这实际上也是各帝国主义共同的思想(当然不限于办汉文报纸)。

这13年间,外报仍有较快的发展,共约出了20种。而在此以前的32年,共出了11种,增长的幅度还是很大的。英国人仍保持一定的优势地位,从数量论约出有10种,差不多是外报总数的一半。而这期间,其报刊活动的重点由宗教期刊转向综合性报纸,影响大增。1904年11月创刊的英文《楚报》(Central China Post),持续出版近40年,是解放前湖北地区连续出版历史最长的报纸。此外,还可能办有其他英文报纸③。中文报纸方面,除英文《楚报》一度发行中文版外,还出有《汉口风月报》《汉口小报》《正言报》等报和宗教性的《崇实学报》等,不过,从全局看,英国人独霸湖北外报报坛的时代从此结束了。这时起,前来办报的国家日益增多,形成群雄角逐的局面,最为活跃的是日本,所出中、日文报纸共有五六种,主要日文报纸为

---

① 费成康:《中国租界史》,上海社会科学院出版社1991年版,第288—289页。
② 刘望龄:《黑血·金鼓》,湖北教育出版社1991年版,第95—97页。
③ 这里有一个对武昌首义期间曾发表大量新闻报道(已辑成《革命日记》出版)的英文《汉口日报》情况认定问题。刘望龄教授在《黑血·金鼓》第249页末行,称该报为"美英主办",但在注释中又说,英文《汉口日报》的发刊时日、主办人等具体情况,目前尚无资料可资判断"。我现经多方查考,基本可以认定,英文《汉口日报》,实即1906年由德商在汉口创办的英文《汉口每日新闻》(HanKow Daily News)接办,至于何时接办,尚不知情。因此在辛亥革命期间,该报是德商报纸还是英商报纸,尚不能断定。须继续考证。

## 第三章　湖北新闻事业发展概要

1905年创刊的《汉皋日日新闻》，1907年改组为《汉口日报》，先后出版21年（1926年停刊），是当时出版历史仅次于《楚报》的湖北外报。它所着意兴办的是中文报纸，但因其一直遵循"抑制旧党，援助新党"的方针而遭受张之洞的压制，所办《汉报》至1900年9月被迫闭馆。1903年再办的《汉口日报》（由中国人出面），次年又为张之洞所收购而易主。遂多方笼络中国报人，收买中国报纸（如《公论新报》）为其服务。日本人办报一大特点，就是多有官方背景，并与情报系统有密切联系。日驻汉总领事馆为在武汉办报问题，经常向日本外务省汇报和接受指示。接办中文《汉报》的宗方小太郎就是日本海军省的大间谍。美国人开始增强报刊活动，首次在这里出版宗教报刊，如《文华学界》《中华至公会报》等。德国人也来办报，1903年创办英文《汉口中西报》（次年出中文版），1906年再办《汉口每日新闻》，影响甚广。1905年初，法国也在汉口筹办《和平报》[①]，1907年俄国商人也来汉口计划办报，虽均因故未能实现，但可看出各帝国主义国家已纷纷把武汉视为在华外报的重镇。

中国人报刊首先兴起的是官报。20世纪初的六七年间，湖北的报业差不多被官方把持，自戊戌政变后至武昌首义前共出官报约10种。其宣传遍及政、学、农、商各领域，影响一时，关键人物仍然是张之洞。维新期间他在《劝学篇》中就曾提出官报"宣国是"的重大作用，政变之后他就积极把兴办官报的思想付诸实践了。最早出版的是1899年4月30日在武昌发刊的《湖北商务报》，由湖北商务局主办。这时办报是很不寻常的，当时全国在厉行报禁，《时务官报》已被饬令停出。这一年在清廷权力所及的国土上，报界一片沉寂，起而出版官报的只此一家。起步还是很慎重的，主办的还只是省府的一个部门——商务局，所涉及的范围也只限于"为富国第一义"的商务，还郑重说明该报是"遵旨奏设"[②]的。张对该报推行甚力，湖北全省一体传阅，还致函他省督抚请为派购。另一重大举措就是张在迫使日本控股的中文报纸《汉报》《汉口日报》停刊后，都曾在一段时期内转为官办，大大扩张了

---

① 上海《警钟日报》，1905年1月26日。
② 张之洞致江苏巡抚鹿传霖函（1899年9月）。

湖北官报的声势,这在中外新闻斗争中实属罕见。而最具有历史影响的则为1905年4月《湖北官报》的创设,这是一份权威性的省府机关报,由张之洞亲自筹划,手订体例章规。引人注目的是,他对当时官报的办报思路有了重要突破。那时《北洋官报》被尊为地方官报的典范,1902年创刊后,清外务部曾饬令各省官报"仿照北洋章程妥酌开办"[1]。张重视《北洋官报》的经验,但不一味追随仿照,他根据新的形势,突出了宣传纲常名教,抵制新思潮、新学术的任务。例如,对于办报主旨,《北洋官报》宣称"专以宣德通情启发民智为要义";而《湖北官报》则提出"以正人心,增蒙识为宗旨",接着特别加一句,"凡邪诐悖乱之说,猥鄙偏谬之谈,一概不录"。关于内容门类,《北洋官报》也列有"圣谕广训一节",而《湖北官报》在其相关的"列朝圣谟"中扩展为"列朝圣训、列朝御制诗文集、列朝德政、本年以前谕旨、本朝典章"等方面,加以泛化和强化。而所设置的国粹篇、纠谬篇,更为前者所未涉及。该报呈现出的新意是很明显的。报纸一出,各省官报纷纷仿行。第一期印两万份,创湖北省内各报印数之最高纪录。它和《北洋官报》可说是清末最有影响的两种地方官报。和《湖北官报》同年创刊的还有《湖北教育官报》《湖北警务杂志》,使得1905年成为国内官报高潮年。大约在1907年以后,官报渐趋萎缩,张之洞已调离鄂省。以后虽出有《两湖官报》《武昌日报》,影响已大为减弱。《湖北官报》虽能支撑到1911年,但是在迅速兴起的反清潮流的冲击下,它已无力回天,丧失当年的锐气了。

继之而起的是民办报刊的大潮。据粗略统计,"仅报纸就有40余家"[2],大约从1906年起,逐步进入高潮,成为报业发展的主流。

一类是商报,共约十数种,出现持续发展的势头,它较适应形势变化。首创本省的小型报、小说报、画报(《不缠足会画报》),推动报纸的广告、发行、编排和文艺副刊的改进。由于商报的纷起,武汉报界开始出现了市场性竞争,并由此于1906年10月,成立了湖北第一个新闻团体——汉口报界总发行所,当时参加者有《汉江报》、汉口《中西报》、《汉报》、《公论报》、《公论新

---

[1] 戈公振:《中国报学史》,中国新闻出版社1985年版。
[2] 《湖北省志·新闻出版》(上),湖北人民出版社,第10页。

报》五家报馆①。还出现具有良好基础和发展潜力的汉口《中西报》，该报由王华轩独资兴办，经营有方，影响渐大。1910年9月，第一个全国性新闻团体"中国报界俱进会"在南京开会，该报是湖北出席会议的唯一报馆。不过，这期间的湖北商报还很不成熟，经营管理、办报业务对市场经济还不甚适应，官厅政治制约非常严重，规模都很小，销行不广。另一种发行于省内外的《公论新报》则受官方资助，为官厅张目。很多商报以迎合市民低级庸俗兴趣为行销手段，如花事小报，当时竟有十种之多。

另一类是政党和政治派系报刊，这是民报中数量多、影响大最为活跃的部分。在全省处于主流地位的是革命派报刊。与其他省份不同，在湖北，主办这些报刊的有两大革命团体，它们相互合作支持，但各有自己的组织，行动各具有自主性。首先要介绍的，是扎根湖北，以新军士兵为主要工作对象的革命志士，他们的组织名称因复杂的斗争经历而不断变化。他们不经常发难，非常重视细致的宣传教育工作。1903年起，个别成员开始在新军士兵中做革命宣传工作，1904年成立科学补习社，宣传工作开始有组织进行。1905—1906年，日知会成员利用编辑外国中文报纸和刊物的条件宣传反清革命，开湖北报刊公开宣传革命之先声。第一张自办报纸是1908年秋由前日知会成员李亚东在狱中主办的《通俗白话报》（旋被迫停刊）。1909—1911年是办报最活跃时期，先有《扬子江小说报》，名噪一时的是群治学社的《商务日报》和文学社的《大江报》。特别是詹大悲主持的《大江报》，这时与新军士兵建立了最广泛的联系，受其影响而加入文学社的士兵有三千余人，文字尖锐泼辣，抨击时政，无所顾忌。而《大江报》被封所引发的强烈抗议浪潮，被认为是推动武昌起义的重要因素。另一大革命团体，是以湖北留日学生回省志士为基础所组成，他们多为同盟会员，主要以会党为工作对象（后期兼及新军）。1908年部分同盟会员在东京组成共进会，次年在汉口建立共进会总机关部，领导该会湖北的革命活动和办报活动。在海外，湖北留日学生自1903年起就出版《湖北学生界》等革命期刊了。在省内，则始于1908年的《江汉日报》，接着，在共进会鄂总会主持和影响下出版了《湖北日报》

---

① 刘望龄：《黑血·金鼓》，湖北教育出版社1991年版，第106页。

《雄风报》《政学日报》《夏报》等一批报纸。这类报纸的影响和历史地位当然比不上前一类,但其积极作用不容低估。特别在 1908 年,当日知会革命宣传因受压而处于低迷状况之际,《江汉日报》《湖北日报》异军突起,大张革命旗帜,影响省内外。而 1910 年 4 月中旬,在《汉口商务报》被勒令停刊,《大江白话报》尚未兴办之际,《雄风报》适时而起,为持续革命宣传作出贡献。在宣传内容上,共进会的报纸曾对革命的基本思想、政治纲领多作具体说明,以补前一类报纸之不足。这两大团体报纸起着相互配合和互补作用,这是其他省市革命报刊所少见的。

还有宣传立宪和地方自治的报刊,虽然不占重要地位,也曾活跃一时。1906 年末,梁启超曾筹划在武汉出版《江汉公报》,以增辟在华中的宣传基地,因故未成。湖北人士之办这类报刊是从日本开始的,1906 年清廷宣布"预备仿行立宪"后,湖北留日学生迅即办起了《新译界》,广泛传播西方君主立宪的理论知识。在 1908 年 6 月,清廷限定各省须在一年内成立咨议局后,又在日本创办了《湖北地方自治研究会杂志》,两刊均获得湖北官绅支持。1900 年前后起,立宪运动的斗争进入高潮,省内立宪派先后在武汉出版了《趣报》《宪政白话报》和《湖北自治报》,在请愿速开国会和铁路收归商办等问题上,和清廷统治进行了斗争,《趣报》被认为是立宪派和湖北铁路协会的言论机关。在湖北,革命和立宪两派报刊的政治观点是对立的,可是它们之间并无论战和斗争,还在铁路商办这样的问题上联合作战。而立宪派在日本出版的《湖北地方自治研究会杂志》,还委托共进会的《湖北日报》作为它在内地的"通行机关",代办一切"交涉事件"。

此外,也还有一些零星的实业、文化性期刊,但无多大影响,湖北报业的发展迎来的是和清廷统治告别的新时代。

## 三、民初征程

武昌枪声开启了我国新闻事业历史的新纪元。湖北是首义之区,占有特殊地位,这次席卷全国的办报大潮,是从这里开始的。起义后第五天就创办了《大汉报》,至"五四"前夕不满八年的时间,中国人所办报刊有 120 种之

第三章 湖北新闻事业发展概要

多,比起前一时期13年80种之数,增加近50%。这里,官报很快出现了重要变化,曾盛行一时的清廷湖北的官报从此消失了。1911年10月16日湖北军政府主办的《中华民国公报》创刊,这是全国第一家革命政府的报纸。接着汉口军政分府的《新汉报》,湖北军政府另一机关报《湖北公报》(文牍性)以及军政府教育司、财政司所办杂志,先后出版。至1912年8月一共有5家之多。可是这些报刊生命都很短促,至1913年"二次革命"后,除《湖北公报》因系文牍性质坚持到1924年外,其他均告停刊。此类文牍性公报,其受重视程度,似尚不及清廷官报。另外,这种政府舆论机关,其政治性质常因政治派系斗争胜负之变动而转化,这也是清廷官报所少见。

发展最快、变化最大的,是政党和政治派系报刊。自1911年10月至1913年为发展高潮期,共约出有30种。最初三数月,革命党人报纸独领风骚,名扬全国。可是,随着湖北军政府很快为黎元洪旧势力所把持,全省沦为袁、黎所直接控制的地区以后,形势迅速变化,立宪派一下活跃起来,纷起与一些旧官绅结合,组成共和党、民社、民主党和后来的进步党,出版了一批报刊,以与革命党人报刊相对抗。在袁世凯当选总统之1912年2月,立宪派出版了《群报》,未及数月,复拥有《群报》《强国公报》《共和民报》《共和党湖北支部杂志》等一批报刊,而原为革命党人的《中华民国公报》内部分裂,转而成为民社的言论机关。它们联合起来以和革命党人的《民心报》《震旦民报》《大江报》《汉口民国日报》《大汉报》相对垒,彼此间相互攻击,争吵不休,为清末所未见。至1912年8月,袁、黎反动政权开始对湖北革命报纸施行镇压,一日之间查封了《大江报》《民心报》,同月诱杀了《震旦民报》主办人张振武。经"二次革命"和"洪宪帝制"运动,革命党人的报刊全被查封,而另一派报纸,虽得逞于一时,但终因依附权势,为其张目,以求分一杯羹,碌碌无所作为,不久也都先后消失。革命党报刊尽管也继承了一些革命历史传统,然而主义和政纲转趋模糊,组织也显得涣散,与群众的联系更大不如前,在袁死后曾有复起的表现,却总难成气候,无力回天。民初八年,政党报纸所经历的是一个从表面繁盛到真正衰落的过程。

商业报纸则出现了发展的好势头。武汉工商业在第一次世界大战期间有了重要发展,为商业报纸的兴旺提供了良好的条件。最突出的表现是清末创办的汉口《中西报》,至1917年又先后兴办了《汉口中西报晚报》和《汉口日报》,报馆主人王华轩统筹规划一家三报,开湖北报业之先声。重要的是,这里出现了群雄并起的局面,一批大型商报,如《汉口新闻报》《商报》《公论日报》等相继问世,影响日见扩张。它们重视报业的发展,资金较为充足,设施较为完备,注重规模效应,一般都出三大张,而《汉口新闻报》则出五大张,成为湖北各报之最。和当时报纸忽办忽停的情况不同,上述报纸历史最短的也有10年,汉口《中西报》出版了33年,成为湖北地区历史最长的报纸,《汉口新闻报》有22年,在湖北也是不多见的。商报当然不讲党派性,可是它们的政治倾向也不一致。《汉口新闻报》的亲日表现受到广泛谴责。

科学、文化、教育报刊的崛起成为一种历史新潮。过去只是偶见,约有三种,内容只及农蚕之类,学术性较强的是《湖北学报》,但多为译稿,"本身无一撰述"。而现在情况大变,共出约15种以上。内容广及自然科学、人文社会科学多个方面,这反映了在新形势下,人们渴望以先进的科学知识改造本省经济落后的要求。更引人注目的是,在辛亥革命失败的沉思中,一场环绕传统思想文化的斗争正从这里悄然兴起,报界批孔与尊孔的笔战炽热一时。在武汉民初兴办的几座高等学府,此时成了科学文化报刊的重要基地,武昌高等师范学校所出数理杂志、博物杂志,曾影响全国,而富有时代气息的则是中华大学的《光华学报》。该刊提出学术、思想左右世界的重要见解,显示出敢于创新的最可贵的新气象。一批具有新思想的年轻知识分子,如恽代英、陈潭秋、林育南、黄负生等受到器重,担任撰述。1917年1月,刚从该校毕业,尚不足22岁的恽代英,出任主编。刊物在王占元专制统治的条件下进行了一些新文化思想的宣传。同时,恽还在校内创设"启智图书室",陈列《新青年》等进步书刊,以壮进步思想声势。这些年轻的知识分子还纷纷集结,组成互助社等社团,"五四"时期一股新的报刊潮流正在这里萌发。

这期间还出现两三家晚报。第一家是1913年5月15日创刊的《汉口中西报晚报》①。武昌首义期间,《大汉报》所发号外和登载的革命党人三烈士慷慨就义后的头颅照片,是湖北最早的号外和新闻照片。1912年3月,

---

① 据《武汉市志·新闻志》,1912年出有《汉口晚报》,似有误,待考。

在武昌成立的湖北通讯社是湖北第一家通讯社,未数年因经济困难而停办,1916年成立武汉通讯社。1912年3月,成立"武汉报界联合会",初期有不同派系的《中华民国公报》《民心报》《大汉报》《强国公报》《群报》五家大报参与,同年6月,组成有七家报馆参加的"武汉报界联合会事务所"。1918年武昌各报记者又成立"新闻记者俱乐部",这些组织虽尚难长期稳健运转,但反映出报业繁盛的趋向。

外报方面,最突出的表现,就是日本利用当时动荡多变政局恣意扩张,以图控制长江流域舆论,并与英国相抗衡。首义期间,日本派出来武汉采访记者,一时多达70余人。1911年末,日驻汉总领事创刊日文《鹤唳》周刊,供日侨阅读,这是武昌起义后,外国在武汉出版的第一份报刊。这以后,日文《汉口日报》的作用不断强化,成为日本在武汉新闻活动与联络策划的据点。为应对不断高涨的反日情绪,日方采用收买中国人办的报纸为其宣传。有数种中国民办报纸和日方建立了不同程度的关系,亲日态度最明显的是《汉口新闻报》。1918年日本军方在汉口出版了中文《湖广新报》(日刊),"主笔以下职员全部聘用华人"[①]。英国报业无大变动,英文《楚报》在武昌首义后由二日刊改为日刊,扩大发行范围,成为全省影响最大的外文报纸。基督教"鄂豫信义会"在1912年末创办中文《信义报》,旋改由"中华信义会"主办,改名《中华信义报》,是基督教信义宗在华首家刊物。德国人主办的英文《中西日报》,1917年5月,因中国对德宣战,奉命停刊。

## 四、在"五四运动"的洪流中

"五四"前夕,湖北地区的进步师生中已经出现了新文化运动的萌芽,私立武昌中华大学成了当时的民主堡垒。1917年初,武昌中华大学校长陈时将原由教师主编的校刊《光华学报》全权托付给刚毕业的恽代英主持编辑工作。恽上任伊始便对刊物作了一番改革,使之面目一新,成为"五四运动"前夜,武汉地区传播新思潮的重要出版物。同时恽代英又与中华大学青年教

---

① 刘望龄:《黑血·金鼓》,湖北教育出版社1991年版,第475页。

师黄负生共同发起组织互助社,吸引林育南、李伯刚等进步学生纷纷加入。

1918年,年仅17岁的李伯刚还在武昌勺庭中学读书,便与几个同学一起创办《科学观摩》杂志,积极提倡科学与民主,虽然只办了两期,影响也不算大,但却深刻地反映了当时进步青年的思想动态。

1919年3月,在《新青年》的影响下,林育南与同学胡业裕、魏以新、汤济川等在中华大学创办了《新声》半月刊,这是湖北地区出版的学生刊物中具有全国影响的新文化出版物。《新声》的发刊词中说:"现今是由旧世界变为新世界的过渡时代,大凡当过渡时代,由乐观一方面看,有许多新希望,由悲观一方面看,亦有许多危险。我们当这个时候,是要着实的立定脚跟向希望那边,猛勇精进去做,把我们所希望的,达到完全成功的地步,那我们才不愧做个人……总而言之,我们是要顺着世界的潮流走,与时同进,才可以适应新时代的生活。"之所以取名《新声》,发刊词也作了说明:"我们是想除去那陈言旧义,趋向世界最新的潮流,发表我们自由思想,所以叫他做新声。"①

北京"五四运动"爆发后,不过三四天,武汉地区的青年师生便起来响应。5月9日,《大汉报》即发布由恽代英、林育南写的传单,历数日本侵略者的暴行,号召群众反对日本侵略者。5月29日,武汉学生联合会及时发行《学生周刊》,由李伯刚担任主编。《学生周刊》是当时唯一采用白话文的刊物,特约恽代英撰写社论,黄负生执笔时事评论,主要内容为反对巴黎和会、反对"二十一条"、抵制日货,唤起国民的爱国热忱。该刊主要由学生在武汉闹市街头和轮渡码头出售,很受学生欢迎,在全国有一定影响。

"五四运动"发生时,萧楚女正担任《大汉报》主笔兼副刊编辑,还任职于日本人所办的华文报纸《湖广新报》。为了声援爱国学生运动,他联合新闻界、教育界的友人,向全国报界联合会、各报馆、通讯社、学校、学会和社会各团体发出通电,抗议日本帝国主义夺我青岛的侵略罪行,并且与另一位《湖广新报》编辑秦仲宣一起声明,与《湖广新报》脱离关系。

当时统治湖北地区的北洋军阀王占元对舆论控制极严,他遵照日本驻

---

① 《五四时期刊物〈新声〉内容简介》,《武汉新闻史料》第六辑。

汉口领事的旨意,不准报纸刊登反日言论,命令所有印刷厂不准印发反日传单。但是风起云涌的"五四运动"打乱了日本侵略者和军阀政府的阵脚,在全国革命形势的推动下,武汉各报纷纷揭露日本帝国主义的侵略罪行,报道全国各地的群众运动。军阀政府对新闻界采取高压手段,对报界进步人士实施种种迫害,萧楚女在军阀政府的压迫下离开《大汉报》编辑岗位,秦仲宣不仅被迫脱离了新闻界,还应日本领事馆的要求被驱逐出租界。有一位进士出身的资深新闻工作者刘云集,"五四"时期在主编的《武汉消闲录》上发表对当局的批评文章,被军阀政府以"讽喻时政"的罪名,勒令停刊,遣返随县老家。进步学生刊物同样遭到军警迫害,《学生周报》才出了第一期就被军阀政府查封。后来到了6月间,运动发展得如火如荼,《学生周刊》自动复刊,在发行中时常受到军警和反动分子的劫夺,出版十余期后,终因经费困难而停刊。同年5月底,湖北督军王占元对学生运动残酷镇压终于酿成血案,汉口《公论日报》《国民新报》《大汉报》《中西报》《汉口日报》《新闻报》《大陆报》七家报社参加武汉十八团体联合追悼殉国五学生活动,到会者有近十万人,形成声势浩大的示威活动。王占元镇压武汉爱国学生的事件立即引起全国人民的愤怒声讨,使军阀政府不得不在强大的舆论面前有所收敛。军阀政府与帝国主义的联手迫害,促使五四爱国运动将反独裁、反迷信、反礼教、提倡科学与民主的新文化运动,与内除国贼、外抗强权的反帝反封建斗争紧密地结合起来。"五四运动"的这一特点在武汉学生的爱国活动中演绎得淋漓尽致。

随着青年学生的回乡度假,"五四"的革命火种又不断向湖北的县城中扩散。如1919年7月,随县出现由回乡学生杨重熙、张绍书、杨文渊等创办的石印周刊《觉剑》。该刊除了报道各地工人、学生反帝反封建的斗争外,还揭露随县落后的现状,甚至转载马克思、列宁的著述,提倡以新文化改造中国。该刊的发行量高达4 000份左右,使随县知县大为震惊,曾将《觉剑》告到省署,说它"乱良民之思想,辱社会之习俗",要求予以查封。该刊顶住重重压力,坚持办了一年多。湖北各地的一些爱国人士为唤起民众救亡图存,在宜昌组织"益智社",在黄梅组成"醒民社",并附设阅报室或书报流通站,提供和发行各种进步书刊,如《共产党宣言》《新青年》《向导》《中国青年》等。

在进步人士的不断努力下,"五四"精神得以在更广泛的范围内深入人心。

在"五四运动"期间,恽代英、黄负生、林育南等还创办《爱国周报》《向上》半月刊等鼓舞进步学生的爱国热情,组织"利群书社",传播新文化运动的书刊。1920年10月以后,又出版互助社同人的内部刊物《互助》和不定期刊物《我们的》。这些进步青年在1912年还组织了"共存社"和马克思主义学说研究会。据互助社成员李伯刚回忆:"1920年恽代英编了一期《互助》和几期《我们的》(都由利群书社出版),介绍了我们的情况。《互助》登了一篇《未来之梦》。""某天,恽代英、廖焕星和我在利群书社作了竟夜谈,商量我们今后怎样搞集体生活,怎样搞半工半读。代英把谈话内容写了一篇《未来之梦》。"陈独秀在《新青年》上写了一篇短评叫《痴人说梦》,"批评我们所谈半工半读的小集体生活,在资本主义社会制度之下,是不能实现的,应该参加社会的阶级斗争,给了我们很大的震动。"①这段回忆资料足以说明,这些武汉地区的进步青年已经与初具共产主义思想的知识分子有了紧密的联系,他们所办的学生刊物不仅在湖北,而且在全国都产生了一定的影响。

值得一说的是,即使是日本人办的《湖广新报》,也因为有张华等进步青年的参与撰稿和编辑,变得勇于针砭时弊,锋芒毕露。该报将大量报道工运、学运的消息刊登在第一版,并发表评论,对工人、学生的爱国热忱表示支持。1921年1月恽代英、黄负生主办的《武汉星期评论》创办后,《湖广新报》还转载该刊关于宣传马克思主义、改造社会、妇女解放等方面的文章。由于《湖广新报》言辞激烈,早已招致军阀政府的嫉恨,加上张华在一次日本新闻界举行的记者招待会上强烈谴责帝国主义干涉中国内政,更引起帝国主义的不满,终于使反动政府找到了借口,《湖广新报》于1922年初查封。

在"五四运动"中,湖北地区有一大批进步青年崭露头角,如恽代英、黄负生、林育南、李伯刚、萧楚女、陈潭秋、张华、李求实、邓雅声、吴致民等,后来这些人都成了著名的中国共产党干部,许多人还以身殉国成了革命的英烈。可以这么说,五四爱国运动为湖北知识界,也为中国共产党培养了一代英才。

---

① 李伯刚:《回忆李汉俊》《自述》,《党史研究资料》1982年第7期。

## 五、大革命前后

据1921年、1922年、1923年英文《中华年鉴》记载,截至1921年12月底,湖北地区出版的报刊有中文45种,英文1种,日文1种。其中汉口出版28种,武昌14种,沙市2种,襄阳、黄陂、蒲圻各1种;计日刊21种,周刊16种,旬刊1种,双周刊2种,月刊7种[①]。当时湖北出版的47种报刊就其性质而言,实际上有四种类型:第一种是以英、美、日帝国主义为背景的报刊,如英文《楚报》、日文《汉口日日新闻》,日本人办的中文日报《湖广新报》和美国人办的中文报纸《光华报》等。由于有帝国主义国家为靠山,军阀政府奈何他们不得,一般出版的持续时间都比较长。第二种是商业性日报和娱乐性小报,如汉口《中西日报》《汉口新闻报》《商报》《长江商务报》《公论日报》《大同日报》等商业性日报和《自由花》《游戏报》等娱乐性小报,因为这些报纸在政治立场上持稳健态度,有的甚至有政府背景和帝国主义背景,娱乐性小报则根本不涉及政治,所以军阀政府尚能予以容忍,商业性报刊的寿命也相对较长些。一些小报由于经济实力薄弱,仅有少数能持续出版一二十年。第三种是由军阀政府支撑和受军阀政府津贴的反动报刊,如《国民新报》《正义报》《崇实报》《中庸》报等,这些报纸有一个明显的特点,便是随着北洋军阀的消长而潮涨潮落,凡是于1926年随军阀政府垮台而停刊的报纸,十有八九属于这一类。第四种为革命派创办的进步报刊,如恽代英等人创办的《武汉星期评论》、萧楚女等人创办的《日日新闻报》、国民党左派杨绵仲等创办的《江声报》等。这些报刊大多在1921年间创办,因为王占元统治湖北时期对新闻舆论控制极严,动辄封报捕人,能持续出版一年以上的进步报刊极少。

1921年对湖北政局而言是一个大动荡的年份。由于王占元在湖北的残酷统治,特别是对爱国学生运动的血腥镇压,引起了社会各界的强烈反对。1921年7月,酝酿了很久的"倒王运动"正式展开,主持"倒王运动"的国民党元老李书城等人联络湖南军阀赵恒惕,从岳州进攻湖北,李书城等在湖北组

---

[①] 湖北省报业志编纂委员会编:《湖北省报业志》,新华出版社1996年版,第36页。

织自治军接应,王占元的防线不到十天便全线崩溃,不得不于8月7日被迫下野,逃往天津。吴佩孚以援助王占元抵御湘军为名,派部将萧耀南由河南进兵湖北,镇压了湖北自治军,把湘军赶回湖南,派萧耀南为湖北督军。

萧耀南是湖北人,他利用"倒王运动"中"鄂人治鄂"的舆论,在执政初期摆出一副兢兢业业造福桑梓、与万民更始的姿态。表面上放松对报纸言论自由的限制,暗中大肆进行收买活动,并派自己的亲信创办报纸,伪造民意,控制舆论。一些无耻文人为牟取不义之财纷纷创办报刊,充当吹鼓手,民办报纸也因此而大行其市,仅1921年湖北省内便至少有20来种报刊问世,英文《中华年鉴》所统计的45种中文报刊中,至少有1/3是萧耀南当政以后创刊的。尽管其中绝大多数民营报刊为牟利而出版,有不少报刊接受萧耀南的津贴,但也使一批进步报刊有了公开出版的机会。据湖北省地方志编纂委员会《湖北省志·新闻出版》的记载,当时"民营报纸种数多、大报多、张数多,对开的就有34种,其中日出三大张的有17种"①。

中共湖北党组织限于财力,仅以中国劳动组合部武汉分部名义于1922年12月23日在武汉创刊了《劳动周报》,由林育南、施洋主持出版工作。许多共产党人积极参与民办报纸的编撰活动,进行革命宣传。如林育南就在领导工人运动的同时,兼任《真报》编辑,经常以新闻与言论支持工人、学生的正义斗争。李汉俊、马哲民、夏之栩等则分别担任《汉口商报》副刊《新社会》、《江声报》副刊和《妇女旬刊》的主编。陆定一、李汉俊等经常在《通俗白话报》上揭露社会黑暗和军阀政府的罪恶,提高劳动人民的政治觉悟。

1923年2月,京汉铁路工人在郑州成立总工会,吴佩孚、萧耀南指使军警进行破坏,下令不准开会。为反抗军阀的专制统治,京汉铁路工人举行总同盟罢工。军阀政府随即派出军队在长辛店、郑州、武汉等处进行血腥镇压,杀死40多人,制造了震惊全国的"二七惨案"。在此之前,吴佩孚、萧耀南一贯以"保护劳工"的伪善面目出现,"二七惨案"发生后,他们的狰狞面目完全暴露在光天化日之下。对汉口发生的"二七惨案",当时各报都有记载和评论,《真报》言论尤为激烈。萧耀南便以"扰乱地方,鼓动工潮"为名,查

---

① 《湖北省志·新闻出版(上)》,湖北人民出版社1993年版,第33—34页。

封《真报》，捉拿编辑。同时被封的还有附设在真报馆内的《实话报》。《真报》被封后，汉口日报公会暨新闻记者联欢会曾联合致函萧耀南质问，萧置之不理。军阀政府以"鼓动工潮"为名逮捕主持《真报》工作的大律师施洋，并不经正规法律程序即予枪毙。对此，袁达三在汉口《大公报》上发表评论予以抨击，《大公报》因此被查封。与此同时《江声报》《大汉报》上也有露骨的讥评，萧耀南虽不敢一一封禁，但公然训令警务处随时注意报纸言论，援引已被废止的出版法，凡触犯该出版法规定者，严加取缔。日报公会当即向萧提出抗辩，这在军阀政府的屠刀统治下是十分难能可贵的，现摘要如下：

> 敝会窃查言论自由本约法所载，其自由范围业受刑法之拘束。报纸倘有妨害他人权利之处，被害者本有案依法提起诉讼之权。各报社为营业计，为人格计，宁甘触犯刑章自蒙其祸？初不待行政官厅之特别取缔也。惟项城窃国时代，惧舆论之抨击引起反抗，乃有出版法之制定。迨共和再造，黎大总统继任之时，即有明令取消袁氏各种非法之法令，出版法当然亦在取消之列。今钧署训令取缔言论，已属有违约法，又复援引废法，重加束缚，窃期期以为不可。……我公来临斯土，论职则为官吏，论人固我父老昆弟之列也。吾鄂人士，则公之拥护爱戴者，亦以鄂人治鄂将必容纳舆论，嘉拜昌言，使吾鄂民治得以发扬，永脱专制之痛苦耳。兹阅前项训令，是他省官吏所不愿为、不忍为者，竟见于鄂人治鄂之鄂省！不特吾鄂人民咸钳口结舌，复见秦代之往迹……倘此界公认之言论自由，我国民尚不能享有，岂非自贬身价，腾笑列邦！……语曰："防民之口甚于防川"；又曰："压力重者其反动力必大"。钧署训令为防口计乎？报纸未尽宣布之事，公论自有是非。为压迫计乎？则悬洋旗之报纸，其议论纵或非常亦法令所不能及。是则受缚束者，不过以国人名义所办之报纸而已。设各报因言论缚束而无以自存，竟趋下策，托庇外人以为反动之计，则将来肆无忌惮，其言论激切，不将反胜于今日乎？事之得失，固不待智者而知也！①

---

① 管雪斋：《武汉新闻事业》，1936 年 9 月汉口市新闻纸杂志暨儿童读物展览大会编印的《新闻纸展览特刊》，该文转载于《武汉新闻史料》第五辑。

军阀政府当然不可能接受日报公会的批评意见,但也感受到湖北新闻界与全国舆论界相呼应的沉重压力,不是一味蛮干所能解决的,只好偃旗息鼓,不了了之。然而正是吴佩孚、萧耀南之流对工人运动的血腥镇压和野蛮屠杀,使湖北乃至全国民众更加看清了直系军阀的真面目,促使他们在北伐战争中迅速崩溃。

早期湖北报业的一个重要特征,便是全省报社高度集中于武汉地区。英文《中华年鉴》1921年底的统计数据表明,武汉一地与整个湖北的其他地区出版报刊的比例,竟高达 8.4:1。北伐前夕,这一高度集中的情况开始有所变化。武汉以外地区出版的报刊明显增加,而且所创办的报刊大多具有进步倾向。如宜昌地区在 1923 至 1926 年间曾创刊《商报》《益世报》和《正心报》,前两种均因揭露官场黑幕被军阀政府查封,后一种具有川军背景,以"正人心,息邪说"为口号,对抗新进入的北洋政权。"五四"以后各地进步青年创办的反帝、反封建、反军阀,提倡新文化的报刊也很多,如蕲春的《新蕲春》、黄梅的《少年黄梅》、襄樊的《襄樊学生》、黄安的《黄安青年》、武穴的《青年周报》等。还有一些中间类型的报刊,如石首的《石首周报》、巴东的《楚峡周报》、襄樊的《稳进》等。在北洋军阀统治后期,中共地下党员在黄梅出版过《农民周报》,为迎接北伐军挺进湖北,在蒲圻创办了《纯川日报》。这些现象表明,大革命已深入人心,以推翻封建军阀统治为目的的北伐战争具有深厚的群众基础,北洋军阀在湖北的统治已岌岌可危。

1926 年 3 月,董必武以湖北教育界知名人士郭炯堂的名义在汉口创办了《楚光日报》,这是中国共产党在武汉出版的第一家报纸。该报由董必武(董用威)任经理,宛希俨任主编,工作人员中很多是共产党员。同年 6 月,《楚光日报》以头条位置刊登"汉口各界汉案周年纪念大会"启事,并刊出汉口"六一一惨案"纪念宣传大纲,还在社论中揭露军阀政府的种种罪恶,遭到吴佩孚的查封,主编宛希俨与编辑夏筠被捕入狱。在董必武的多方营救和新闻界同人的联名保释下,宛、夏两人获释,报纸也随之复刊。在北伐军进入武汉前创办的革命派报刊,还有湖北省临时农民协会办的《湖北农民》,湖北省妇女协会办的《湖北妇女》,名为国民党湖北省党部机关刊物,实为中共党刊的《武汉星期评论》。

## 第三章　湖北新闻事业发展概要

北伐军在广大民众的支持下席卷湖南,直指武汉。经过汀泗桥、贺胜桥两场激战,吴佩孚的主力被击垮。1926年9、10月间,汉阳、汉口、武昌相继光复。国民革命军总政治部在占领武汉后,查封了两家反动报纸,一批接受军阀政府津贴,与北洋军阀有瓜葛的十余家报纸,如《正义报》《国民新报》《江汉日报》《群治日报》《通报》《午报》《快报》《使报》《武汉晚报》等自行停刊。总政治部还组织成立了新闻检查委员会,新闻检查条例规定:"如有发表违背党义及不利于革命之记载,而拒绝检查者,除将该报馆及通讯社即行查封外,所有负责人员一律以军律惩办。"①使一些商业小报诋毁、攻击革命的言论不能不有所收敛,武汉新闻界的面貌明显改观。

国民革命军进入武汉后,《革命军日报》率先于1926年9月由南昌迁汉口出版。接着《汉口民国日报》、《血花世界日报》、《革命生活》日刊、《中央日报》等革命报纸纷纷创刊,及时反映北伐战争节节胜利的大好形势和波澜壮阔的革命群众运动,形成强大的舆论声势。因为《楚光日报》的经费是由国民党中央委员会拨给,武汉光复后该报随即交由国民党汉口特别市党部主办,而实际工作仍由共产党人主持。该报除了及时报道国民革命军胜利进军的消息外,积极支持工农运动,大力宣传共产党的革命主张,坚持维护革命统一战线的团结。在蒋介石发动"四一二"反革命政变后,率先提出"打倒背叛党国残杀工农的蒋介石"的口号。武汉新闻记者联合会成立于1927年3月,4月中旬蒋介石即发动反革命政变,该会立即通过了《质问蒋介石摧残革命舆论》和《肃清新闻界的反动分子》的决议,表明了新闻工作者的严正立场。

华中重镇武汉光复后,国民党中央和国民政府迁至武汉办公,武汉随即成为全国的政治中心和新闻信息总汇地。各级政府机关和群众团体竞相创办各类报刊,新涌现的报刊有《工人日报》《农工日报》《武汉民报》《工人导报》《群众》《汉声周报》《湖北政府公报》《一周时事述评》《革命妇女》《青年之路》等。中国共产党和共青团中央机关报《向导》周刊与《中国青年》也相继迁汉;国民党中央各部刊物如《中国农民》《农民运动》《商民运动周刊》等也

---

① 北京《晨报》1926年12月4日。

于"四一二"政变后移至武汉出版。据统计,从 1926 年 9 月到 1927 年 7 月武汉国民政府时期在武汉地区出版的报纸有 30 余种,刊物 60 余种,通讯社 10 余家,其数量与规模超过上海、广州,而与北京大体相等①。

当时武汉具有全国影响的大型报纸主要有两家,其一为国民党中央宣传部办的《中央日报》,另一为《汉口民国日报》。《汉口民国日报》名义上是国民党湖北省党部机关报,实际上是中国共产党办的大型日报。《汉口民国日报》由董必武、毛泽民任经理,历任总主笔为宛希俨、高语罕、茅盾,编辑孙际旦、宋云彬、马哲民等,都是共产党员。该报积极支持大江南北的工农群众运动,报道反帝、反封建、反军阀的革命斗争,不断揭露和批判国民党右派叛变革命、屠杀人民的滔天罪行。该报公开宣传共产党对时局的科学分析和合理主张,曾全文刊载中共中央《致国民党书》《告全国农民群众》等公开信,还刊登过就蒋介石叛变而阐明中共严正立场的《中国共产党宣言》和中国共产党第五次全国代表大会宣言。《汉口民国日报》通过各种形式宣传马列主义理论,及时报道前方胜利的消息,鼓舞士气,大造工农群众运动的声势。面对蒋介石的反革命政变,该报将每天收到的各地农协反击顽固势力的消息编成一组题为《光明与黑暗斗争》的文章发表。同时刊出茅盾执笔的《整理革命势力》的社论,宣传和指导农民革命运动。汪精卫发动"七一五"反革命政变后,共产党人转入地下,该报为反动分子所把持,遂沦为汪精卫政权的喉舌。

《中央日报》由国民党中宣部长顾孟余任社长,时为共产党员的陈启修任主撰,分别出版中文和英文版两种。该报前期尚有革命气息,当时担任总政治部副主任的郭沫若曾在《中央日报》副刊上发表《请看今日之蒋介石》一文,揭露蒋介石的真实面貌,对反蒋斗争起过积极作用。随着汪精卫的逐渐向右转化,该报"拒绝登载那些反蒋的'过火'的新闻和言论,说是留着将来见面的余地"②。陈启修实际上已成了顾孟余的附庸。

由于帝国主义勾结新老军阀对武汉革命政权实施军事上的联手进攻,

---

① 袁继成:《武汉国民政府时期武汉地区的新闻事业》,《武汉新闻史料》第五辑。
② 参见瞿秋白:《中国革命与中国共产党》,《瞿秋白文集》,人民出版社 1998 年版。

政治上的孤立和打击,经济上的封锁和禁运,使武汉国民政府处于十分困难的境地。汪精卫集团在困难和挫折面前发生动摇,向蒋介石屈服、让步,制造"分共"舆论。在武汉发动"七一五"反革命政变后,武汉的一些革命派报刊或遭封禁,或被夺权,整个城市笼罩在白色恐怖之中。汉口英文《人民论坛报》刊登宋庆龄以国民党中央执行委员身份发表的《为抗议违反孙中山的革命原则和政策的声明》,严厉谴责汪精卫反革命集团的分共叛变行为。中国共产党中央执行委员会也于7月16日发表对时局的宣言,痛斥汪精卫集团的反革命叛变罪行,声明参加国民政府的共产党员一律退出。武汉各报拒绝刊登这一宣言,遂印成传单,四处散发。大革命宣告失败,盛极一时的武汉新闻事业顿时呈现一片萧瑟景象,共产党人的新闻宣传活动被迫转入地下。

## 六、十年内战时期

汪精卫集团发动反共政变,促使国共合作完全破裂。在国民党统治区内,共产党被剥夺了公开创办报刊的权利,便只能采取秘密出版发行的办法,散发报刊、小册子和传单,继续开展革命宣传。

1927年春,中共著名妇女领袖向警予从苏联回国,到武汉出席党的"五大",此后便留在中共汉口市委宣传部和湖北省委工作。她担任过湖北省委机关刊物《群众》周刊的编辑,"七一五"政变后,出任中共湖北区委地下报纸《大江报》的主编。同年年底又接办湖北省委宣传部的党刊《长江》,担任主编。当时是如何将地下报刊秘密传送给党的基层组织和群众的,陶承在《我的一家》中有这样一段回忆:"每天,他(中共交通员欧阳立安)把党报和文件送到指定地点。我把《大江报》折成很小的长条,围在孩子的棉裤腰间,用绳子捆结实,外面把棉袄盖好,一次可捆八张,分送到八个地方。"①1927年底,因年关暴动失败,许多秘密机关遭到破坏,反动派疯狂搜捕共产党人,《大江报》与《长江》相继停刊。1928年2月7日,为纪念"二七惨案",鼓励工农群

---

① 刘茂舒:《向警予和她主编的〈大江报〉》,《武汉新闻史料》第六辑。

众继续革命,《大江报》采取油印的方式复刊,又持续出版了 20 多期。1928 年 3 月 20 日晨,因叛徒出卖,向警予被捕,同年 5 月 1 日英勇就义。

宁汉合流后,在南京改组了国民党政府和军事委员会。由于汪精卫、唐生智等未在改组中取得党政实权,返回武汉后即宣布成立武汉政治分会,与南京对峙。南京方面提出条件均遭到唐生智拒绝,双方磋商不成,南京政府以"通敌叛变"为由,决议永远开除唐生智党籍,解除其一切职务。1928 年 11 月初,派李宗仁、程潜、冯玉祥等举兵征讨。唐生智所部在四面受敌的形势下,为保存实力,通电下野。湖北重镇武汉为李宗仁、白崇禧集团所占领,唐生智军队的大部分也为桂系所统辖。此时,广东、广西、湖南、湖北的一些重要地区都在桂系新军阀控制之下,李宗仁对武汉尤为重视,入主武汉后立即创办《湖北民国日报》,任命亲信李西屏为社长。同年 12 月以国民党军委会训令,勒令《汉口民国日报》停刊,并派部将武汉卫戍司令胡宗铎率军警执行。桂系军阀重组国民党湖北省党部和汉口市党部,成立省市两党部指导委员会,将党、政、军大权掌握在自己手中,又派桂系人物陈绍虞、李慎安等筹备武汉新闻记者联合会,将新闻宣传大权也控制在手中。以桂系为背景的武汉新闻记者联合会成立之日,李宗仁、省政府、省党部、市党部均派有代表参加并致祝词,场面十分隆重。

桂系势力的扩张严重影响了蒋介石的独裁统治,1929 年 3 月,蒋介石密令新来投靠的唐生智收买桂系师长李明瑞、杨腾辉等,又联络冯玉祥、阎锡山、刘湘等对武汉采取包围攻势。4 月初,李明瑞等倒戈,桂系军阀在长达数千里的战线上显得势单力薄,很快全线溃退,湖北地区重又落入蒋介石集团的控制之中。1929 年 4 月,湖北省党部、汉口特别市党部又重新改组,武汉新闻记者联合会又重新成立筹备委员会,并于 1929 年 8 月再次开成立会。由于军阀统治的更替犹如走马灯一般,这两次武汉新闻记者联合会的成立,前后不到 9 个月。

1926 年 6 月,桂系所办的《湖北民国日报》停刊,国民党接收该报的房屋、设备后创办《武汉日报》。这是一家直属国民党中央宣传部管辖,华中地区最大的日报。为了加强对新闻事业的控制,1930 年 9 月,国民党湖北省党部和省政府联合颁布了《湖北省刊物审查委员会审查刊物条例》,据此条例审查了全省12种报纸和7种杂志，汉口特别市也审查了24种报纸。不仅审查本省本市的报纸，武汉警备司令部邮件检查所还检查外地寄来的报刊，上海寄到武汉的《东方日报》《评论周报》等便遭到查禁。

从1929年7月至1935年4月，武汉地区出版的小报犹如雨后春笋般出现。虽然有些人办诲淫诲盗的小报是为了赚取不义之财，甚至也有借办小报进行招摇撞骗、敲诈勒索的，但其中不乏主持公道，对政治事件敢作公正评论的小报，因此一时有"舆论在小报"的说法。对于一心想垄断新闻的国民党政府来说，民间小报的泛滥显然有碍于它的统治和舆论一律。1931年3月，国民党湖北省政府和陆海空军总司令部武汉行营下令取缔一批小报，约10家，其取缔小报的公告原文如下：

  查武汉地面，报社林立，诚恐良莠不齐，致为匪徒利用，作反宣传之工具，淆乱听闻，扰乱治安。在此剿匪紧张期间，不得不严为防范，以遏乱萌。兹特规定各报社及通讯社取缔办法四项：（一）保证金须在二千元以上，并须持有银行折据，缴呈主管官署。（二）主办人须高等专门以上学校毕业，或经主管官署检定合格。（三）三、五、七日刊，暂不准出版，统以日刊为限。（四）日须出报一千份以上，篇幅须两张，每张至少长一尺五寸，宽二尺。①

国民党对小报出版的限制和取缔主要是针对共产党的宣传活动，但这种做法严重压制和摧残了民间舆论。在管雪斋1936年所写的《武汉新闻事业》一文中列有"得社会信仰的"报刊名录，被取缔的《光明报》《春秋报》《江声报》《碰报》《钟声报》《砥报》《庄报》《允报》《醒报》《冷报》等均在"得社会信仰的"报纸之列。

国民党政府的血腥镇压并没有吓倒共产党人，中国共产党武汉市委宣传部主办的地下报纸《犀报》，1930年在武汉创刊。1930年以后，中国工农红军相继在湘鄂西、湘鄂赣、鄂豫皖等边区建立了革命根据地。在革命根据

---

① 管雪斋：《武汉新闻事业》第五节"特种报纸"。

地创办了《红旗日报》《工农日报》《湘鄂西苏维埃》《鄂东南实话》《阳新红旗》大冶《红旗》《暴动报》《工农兵》《铲锤周报》《铁军报》等50多种报刊。虽然由于受"左"倾冒险主义路线的影响，报纸上经常会提出一些"左"倾盲动主义的口号，但这些革命报纸毕竟无畏无私地高举正义的旗帜，极大地鼓舞了工农群众的斗争勇气，点燃了熊熊的革命烈火。

这一时期湖北地区的国民党新闻事业也取得了一定的发展。《武汉日报》初创时发行量只有2 000份左右。1937年夏秋之间，汉口发生空前的大水灾，全市一片汪洋，多数报纸被迫停刊。《武汉日报》因为接收了原《湖北民国日报》的新闻大厦，二楼以上不怕水淹，便将印刷机器搬到二楼，报纸照常出版，于是发行量逐日攀升，一举成为武汉地区的唯一大报。当时的读者都是自费购报，《武汉日报》为了与民办报纸竞争，不得不努力扩大报道领域，增加新闻的数量和质量，以吸引读者。湖北各报开始讲究版面的美化和文化副刊内容的多样化。特别是1935年3月《大光报》的创刊，为了扩大市场份额，该报以新型字体和醒目的大标题吸引读者，使报纸面目焕然一新，从而促进了当地新闻业务的发展。由于《大光报》在政治上和经济上都得到张学良和流亡在武汉的东北知名人士的支持，该报的发刊词上明确表示："站在纯民众的立场来维护国家的统一，培植整个民族的抗战力量。"旗帜鲜明地支持抗日救亡活动。在1935年"一二·九运动"中，武汉学生的抗日示威游行活动很快进入高潮，武汉绝大多数报纸都声援学生的爱国行动，《大光报》更是积极支持，报道得有声有色。《武汉日报》也不敢违背众多读者的意志，热情报道广大市民慰问爱国学生的情景，只有蒋介石自任总司令的湘鄂皖三省剿总主办的《扫荡报》一家，悍然站在爱国群众运动的对立面上，丑化和诋毁学生的示威游行。在全国一致要求团结抗日的形势下，1936年以后的《扫荡报》也开始的所变化，不得不发表一些抗日言论和消息以取得读者的支持和拥护。曾经力图控制武汉地区新闻界舆论，垄断新闻信息的两家国民党官报《武汉日报》和《扫荡报》，在强大的公众舆论面前，也不得不采取妥协和迎合的宣传策略。

## 七、全面抗战岁月

据 1937 年初担任湖北省主席的黄绍竑回忆，当时湖北全省田赋仅 300 余万元，与浙江相比，相差甚远，而其土地面积数倍于浙江。除了管理上的因素外，湖北水灾频仍是一个重要原因，1935 年的大水灾就打破了历史纪录。由于工矿企业经营不善，湖北全年税收也只有 300 多万元。以全省最大的企业汉冶萍公司为例，汉阳炼钢厂、大冶铁矿和萍乡煤矿虽然规模极大，但由于管理不善，负债累累。主要债主是日本，偿债条件十分苛刻，每年只能将大冶铁矿开采下来的矿石，以极其低廉的价格全数交给日本抵债。如果由自己来冶炼，因为设备陈旧，技术落后，生产出的钢铁无法与外国产品竞争。所以，抗战开始之前，汉阳炼钢厂、大冶石炭窑铁厂都已停工①。

由于武汉交通便利，陆路有平汉、粤汉两大铁路直通南北，水上有长江贯通东西，又有汉水连接各地湖港，形成网络，所以商业相当发达，湖北税收以营业税为大宗。正因为湖北繁华地带集中在武汉地区，武汉也就成了全省新闻事业高度集中的核心地段。据《湖北省报业志》提供的资料统计，从 1937 年抗战开始到 1938 年 10 月武汉陷落，湖北地区创办的报刊有 80 余种，仅武汉地区就占 70 余种，湖北的其他地区合计也不过十二三种，足见其集中度之高。

"七七事变"促成了国共两党的再一次合作，1937 年 9 月 22 日与 23 日，报上先后发布中共的联合抗日宣言和蒋介石承认中共合法地位的谈话，宣告内战结束，一致对外。全国群情激昂，抗日浪潮一浪高过一浪。8 月 13 日日寇悍然发动上海事变，更加促使全国人民在共赴国难的口号下联合起来，同时也使南京政府意识到上海、南昌已沦为战场，丢掉与日寇媾和的幻想，将政治重心向武汉转移。在南京陷落之前，中共代表团随国民党各部、院迁往武汉，于是武汉便成为全国各方力量合作抗日的政治中心，再一次成了全国新闻舆论关注的焦点。

---

① 黄绍竑：《五十回忆》，岳麓书社 1999 年版。

这一时期,武汉新闻事业的发展可谓风起云涌,盛况空前。由于武汉战略地位的重要,各派政治力量的代表性报刊纷纷在这里出版。除原来就在武汉发行的国民党中央直属党报《武汉日报》和军报《扫荡报》外,这一阶段还创刊了国民党中央党部的刊物《中央周报》,陶百川主持的《血路》,张道藩主编的《抗战戏剧》以及军政机关的宣传刊物《党军日报》《阵中简报》《中山周报》《救国晚报》等。中国共产党也于1928年1月创办了具有全国影响的大报《新华日报》。号称"第三党"的中华民族解放行动委员会也创办了《前进日报》,青年党除了创刊《新中国日报》外,还出版《国光》等宣传刊物。与此同时,积极宣传抗日救亡的进步刊物也纷纷在武汉出版,著名的有沈钧儒主持的《祖国》,章伯钧主办的《抗战画报》,潘梓年主编的《群众》,丁玲主编的《战地》半月刊,胡绳主编的《救中国》,张申府等主编的《抗战新闻》,孔罗荪与楼适夷等主编的《抗战文艺》,阎宝航主持的《大众报》,冯玉祥创办的《抗战画报》,中共党组织主持的《救亡新闻》《战斗青年》以及毛泽东、冯玉祥等为之题词的《自由中国》等。武汉成为抗日政治中心后,一些沦陷区的进步报刊也先后迁来,有上海的《申报》,邹韬奋与柳湜主编的《抗战》三日刊,孙寒冰主编的《文摘战时旬刊》《救亡漫画》,天津的《大公报》,北京的《蒙藏旬刊》,南京的《抗战》《战斗周刊》等。在众多进步报刊的宣传鼓动下,形成了举国一致同仇敌忾,精诚合作,共赴国难的新局面。

由于共产党"团结抗日"的主张深得民心,共产党的政治影响日益扩大,使国民党首领们深感不安,他们"精诚合作,共赴国难"的决心开始动摇。于是《限制异党活动办法》出台,唆使军队接二连三地制造磨擦,在武汉抗战正激烈的阶段组织流氓、托派捣毁《新华日报》,不断出现亲者痛、仇者快的事件。武汉陷落后,国民党变本加厉,一次又一次掀起反共高潮。此时湖北省政府已迁至恩施,《武汉日报》随政府内迁,出恩施版。第六战区司令长官兼省主席陈诚也在恩施办《新湖北日报》,借皖南事变的反共事件,在恩施建立庞大的特务网,捕杀共产党人,实行文化封锁政策。一些共产党人和进步知识分子却通过各种关系打入《武汉日报》和《新湖北日报》内部,利用副刊,巧妙地宣传抗日,宣传民主和进步,宣传党的政策。

日伪政权在湖北沦陷区内也创办了一些汉奸报刊,鼓吹"日华满亲善"

"建立大东亚共荣圈",竭力美化日本侵略者。沦陷后武汉出版的对开大报仅有《武汉报》和《大楚报》,其他都是刊期并不正常或短命夭折的小报,如《江汉晚报》《江汉日报》《朝宗日报》《晴川民报》之类。在湖北其他地区出版的汉奸报有嘉鱼的《嘉鱼旬报》、应山的《应山新报》、沙市的《新江陵报》、宜昌的《宜昌报》、广济的《广济报》、当阳的《鄂西大江报》、鄂城的《警钟月刊》等。由于得不到民众的信任,影响有限,形不成气候。最后随日本投降而一夜间全部消亡,仅赢得面颜事仇、为虎作伥的千载骂名。

据《湖北省报业志》的资料统计,在湖北地区的抗日根据地先后曾创办过30多种报纸。最早创办的是在1939年春,由中共南宜保中心县委书记马识途创办的《南漳周报》,中共英山中心县委魏文伯创办、林檎主编的《新英山》。这些报纸中以陶铸、李相符等在大洪山创办的《大洪报》,鄂豫边区党委机关报《七七报》,新四军五师办的《挺进报》和《老百姓报》影响最大。除《老百姓报》一开始就是铅印外,其余的初创时期为油印或石印,后来才发展为铅印。

《七七报》出版时间最长,从1939年7月7日创刊一直出版到1946年年初,在群众中影响很大。《七七报》热情宣传鄂豫边区新四军及全国兄弟部队与日寇殊死战斗的英勇事迹,报道本地区及边区各地反"扫荡"斗争的胜利,极大地鼓舞了抗日军民的斗志。《七七报》还重视宣传抗日民主统一战线的政策,报道国内外大事,也揭露敌伪方面捉襟见肘的窘况,为团结对敌作出了重要贡献。在抗日战争最艰难的时刻,该报编辑部曾遭到1 500余日军的奔袭,1939年12月5日,报社随边区党委机关趁黑夜突围,社长兼总编辑李苍江在越过敌人封锁线宋应公路时被日寇发现,在敌人的刺刀下壮烈殉国。许多革命新闻工作者为抗日民族解放战争的胜利慷慨捐躯,给湖北新闻史谱写了可歌可泣的悲壮一页。

1943年日军在太平洋战争中失败,已面临全面崩溃的局面,在鄂豫边区抗日根据地的大悟山杨家冲,新创刊一种特殊的报纸,那就是日文《反战旗报》。该报由日本反战同盟第五支部的坂谷义项郎和森田博美主办,以揭露日本帝国主义侵华罪行,团结日军战俘,壮大反侵略战争阵营为目的。《反战旗报》的出版敲响了日本军国主义的丧钟。虽然日寇为挽救其失败的命运,在平汉、粤汉线上展开进攻,企图打通大陆交通线,使国民党军队一溃千里,但终究是日暮途穷、垂死挣扎而已。

值得玩味的是,抗日战争改变了战前新闻事业集中于大城市的格局,有力地推动了地方报业的发展。如果以武汉陷落为分界线,此前湖北地区除武汉外,仅见宜昌、恩施、蕲春、石首、浠水有少量报刊出版,总数不过十二三种,抗战后期,武汉出版的报刊仅有 10 余种,而宜昌、恩施、宜城、鄂东、鄂城、郧西、咸宁、罗田、麻城、枣阳、蕲春、随县、黄冈、应山、阳新、崇阳、松滋、通城、房县、竹溪、建始、红安、均县、南漳、应城、大悟、竹山、谷城、襄阳、巴东、京山、保康、利川、老河口、安陆、党化、潜江、广建、汉川、郧阳、沙市、襄樊、樊城、江陵、孝感、吴山、嘉鱼、钟祥、公安等地均有报刊出版,总数在 130 种以上。如果说战前湖北省的报纸 90% 集中在武汉地区,那么抗战后期 90% 的报刊分散在武汉以外地区。尽管这是战争环境下的一种特殊现象,却为以后湖北报业的新发展奠定了社会基础。

## 八、从胜利到解放

抗日战争胜利后,湖北的新闻事业面临一个大好的发展时期,可是国民党政府为了抵制共产党舆论宣传的影响,削弱民营报业的势力,一方面作出规定,只准沦陷前在武汉创办的报纸复刊或迁回,另一方面大肆扩张国民党的党报系统,形成其新闻事业在湖北的垄断地位。据湖北省报业志编纂委员会 1996 年 12 月出版的《湖北省报业志》和国民党内政部 1947 年 9 月底编成的《全国报社通讯社杂志社一览》提供的资料统计,从 1945 年 8 月抗战胜利到 1949 年 6 月湖北全省解放,国民党至少在湖北的汉口、武昌、汉阳、宜昌、沙市、襄阳、宜城、巴东、孝感、老河口、均县、武穴、光化、应城、云梦、鄂城、汉川、钟祥、松滋、浠水、江陵、嘉鱼、宜都、潜江、麻城、咸宁、建始、安陆、竹溪、黄安、黄梅、来凤、通城、公安、枣阳、崇阳、随县、谷城、石首、南漳、房县、吴山、应山、罗田、长阳、天门、兴山、枝江、秭归、阳新、大冶、广建、黄州、利川、监利 55 个市和县,创办过不少于 78 家国民党和三青团主办的报刊。看来湖南与湖北两省是国民党党报系统在全国控制最严密的地区。

抗战胜利后,武汉又成为全省新闻事业的中心。武汉经常出版的新闻报刊约有60种,主要的大报有6家,即国民党政当局办的《武汉日报》《和平日报》(由《扫荡报》改名)、《新湖北日报》和《华中日报》,民办报纸《大刚报》和《武汉时报》。其实这两家民办报纸也与国民党CC等派系有千丝万缕的关系。武汉地区还有一些四开小报和新闻周刊,有国民党政府办的,也有民办的,更有民办官助的。民办与民办官助的小报和周刊主要集中在武汉地区,倏生倏灭,从胜利到解放这四年间至少创办过220余种,其中有20余家民办小报分布于宜昌、沙市、孝感、老河口、武穴、襄阳、浠水、江陵、嘉鱼、宜都、咸宁、来凤、英山、枝江等地①。

1945年8月至1949年6月,湖北解放区先后出版过10余种报纸,其中影响较大的有中共中央中原局机关报《七七日报》和江汉、鄂豫、桐柏三个区党委的机关报《江汉日报》《鄂豫报》与《桐柏日报》。解放区出版的报纸主要分布于鄂东、鄂中、襄西、天门与汉川一带,这些报刊除了着重报道当地工作外,还全面介绍国内外形势,在解放战争胜利推进时,及时报道刘邓大军千里跃进大别山、三大战役、胜利渡江、进军中南和西南等振奋人心的消息,极大地鼓舞了各族人民的革命斗志。这些报纸在艰苦斗争的环境中培养出了一大批新闻工作者,他们成了随解放战争胜利而迅速扩大的中共新闻事业的骨干力量。

尽管国民党政府对湖北新闻事业实施了严密的监控,不允许共产党公开合法地办报,但一些共产党员和进步新闻工作者还是通过各种途径进入各大报纸的编辑部工作。有些共产党人凭借自己的才干成了《新湖北日报》《武汉日报》《大刚报》《武汉时报》的总编辑、主笔和部门主任,掌握了部分版面的发稿权,及时揭露美帝国主义和官僚资本主义的丑恶嘴脸。如北平美军强奸北大女生事件、上海与南京美军打死人力车三轮车工人事件、中央社武汉分社主任徐怨宇贪污案、武汉大学"六一惨案"、美军集体强奸中国妇女的武汉"景明大楼事件"等,在上述大报和《正义报》《新闻晚报》《星报》《武汉时报》《中华人报》等小报上都有所披露。

---

① 本数据系根据《湖北省报业志》提供的资料统计得来。

抗战胜利后,国民党政府恢复武汉记者公会活动,又成立了武汉报业同业会,企图借助这两个官办的新闻界组织左右武汉新闻事业。一些职业报人为了维护自身利益自发地组织起来,于1948年5月与7月分别成立汉口外勤记者联谊会和汉口市各报编辑人协会。这两个组织的成立加强了汉口各报记者与编辑的联系和团结,一旦发生变故,可以相互支持和声援。随着革命形势的进一步发展,这两个团体逐渐演变为共产党在武汉新闻战线上争民主,反独裁的一支友军。

由于解放战争的节节胜利,党在武汉新闻界的工作也逐步加强。1948年8月,武汉地下党筹建了华中经济通讯社,该社以湖北省银行所属华中经济研究室名义创办,实际上是中共武汉地下市委的一个据点。1948年底在武汉地下市委指导下成立了新民主主义新闻学会,这是中共在新闻界的外围组织,由市委文化新闻工作组直接领导。1949年5月,武汉解放前夕,这两个组织就成了地下党与新闻界进行联系和开展活动的地方,并且成为武汉地下市委领导和指挥汉口地区反破坏,迎解放的指挥中心。

在迎接解放的日子里,新闻界的地下党和积极分子开展应变、护产的斗争,使国民党政府无法将《武汉日报》尚未搬走的器材和《新湖北日报》的设备搬走。民营的《大刚报》和《正义报》同样担负反迁移和反破坏的艰巨任务,在地下党员、中上层进步人士和广大职工的共同努力下,也都胜利地完成了资产保护的任务。由于工作的深入与成功,《新湖北日报》《武汉时报》和《大刚报》汉口版在解放当天都出了号外。随着湖北全境的解放,国民党在湖北辛苦经营的新闻网络彻底崩溃。

## 九、新中国成立之后

1949年5月16日,武汉解放。武汉市军事管制委员会随即于5月23日创刊《长江日报》,不久该报便成为中共中央华中局的机关报。同年5月底,由原《江汉日报》和《鄂豫报》的编辑出版人员组成湖北日报社和新华社湖北分社的基本班子,于7月1日正式创刊中共湖北省委机关报《湖北日报》。出版不久,该报一度改名为《湖北农民》报,不到一年又恢复原名《湖北

## 第三章 湖北新闻事业发展概要

日报》，另行出版《湖北农民》报。

湖北解放后，除民营的进步报纸《大刚报》继续出版外，其余报纸全部停办。《大刚报》于1950年9月实行公私合营，1951年12月31日停刊。在《大刚报》的基础上，1952年1月1日创刊了中共武汉市委机关报《新武汉报》。1952年年底，由于中共中央决定撤销大区一级建制，中南局机关报《长江日报》终刊，《新武汉报》则于1953年1月1日起沿用《长江日报》报名继续出版。在这段时间里，《长江日报》上辟有《思想杂谈》专栏，从1950年开始特约陈笑雨（笔名司马龙）、张铁夫与郭小川（笔名丁云）三人合作以"马铁丁"署名为该专栏写稿，杂文针对青少年和广大读者进行社会主义思想教育和革命传统宣传，循循善诱，深受读者欢迎，具有全国影响。

从1949年到1957年这段时间里，湖北报业取得了稳步、健康的发展。先后创办了地、市级机关报《宜昌日报》《襄阳报》《郧阳报》《沙市日报》《黄石日报》《襄樊报》《洪湖报》与州级《鄂西报》。还有50多个县出版了近60家县级报纸，这些县报大多是三日刊或隔日刊。出版报纸的县有：大悟、咸宁、应山、安陆、孝感、宜城、襄阳、汉川、鄂城、大冶、云梦、麻城、通山、黄陂、保康、浠水、汉阳、蕲春、红安、南漳、广济、黄梅、来凤、黄冈、松滋、天门、巴东、荆门、蒲圻、沔阳、武昌、枣阳、公安、阳新、罗田、谷城、郧县、京山、新洲、利川、建始、潜江、宣恩、英山、崇阳、鹤峰、钟祥、监利、咸宁、通城、嘉鱼等，咸宁、通山等县还出版过三种以上的报纸。此外，还出版了一些群众团体的机关报和企业报，如华中总工会办的《中南工人日报》，中南团工委办的《新青年报》，中国共青团湖北省委机关报《湖北青年报》，湖北省邮电管理局办的《湖北邮电报》，大冶钢厂的《冶钢报》，长江航运管理局的《长江航运报》，大桥工程局的《桥梁工人报》，武汉钢铁公司的《武钢工人报》等。这些报纸的创办，反映了解放初期各级党政领导对新闻宣传工作的关心和重视。

湖北党政领导对新闻工作的重视，还表现为以省委第一书记王任重任组长的写作小组的成立，该写作班子取了个集体笔名为"龚同文"。1957年，省委工业部和农业部都分别成立了写作小组。据统计，从1958年下半年到1960年4月，与《湖北日报》有联系的各级写作小组就有80个，参加的成员共计775人。湖北各级党委在20世纪50年代普遍建立写作小组，是当时湖北报纸群众工作的一大特色。

1957年夏季,全国的反右派斗争开始后,《湖北日报》《长江日报》于1956年上半年开始的新闻改革被迫中断。由于反右斗争的严重扩大化,使新闻界的一些革命同志受到极大的伤害,也促使极左的错误思潮在新闻工作中蔓延开来。1958年的"大跃进"表现为宣传生产建设成就上的浮夸风,推广先进经验上的瞎指挥风,阐述政策理论上的共产风,从而对实际工作造成重大损失,使人们对新闻宣传产生逆反心理。极左思潮的严重后果直接显现为接连三年的经济困难时期。全省各县陆续创办的县报于1961年2月已全部停刊。此后虽然有《武昌报》《郧阳报》等20家县报复刊,却不再有50年代后期的那种盛况。

在这段时间里,湖北报纸在抓思想典型方面较为成功,并且具有全国影响。1958年《湖北日报》《长江日报》同时刊出武汉重型机床厂工人、共产党员马学礼的先进事迹,并配发了社论。社论将马学礼的事迹总结为"见困难就上,见荣誉就让,见先进就学,见后进就帮",这几句话形象地概括了一位共产党人的优秀品德,成为当时群众的口头禅,在推动社会主义建设中起到了重大的促进作用。

由于"左"倾错误思想并未得到彻底的纠正,在1962年10月提出"千万不要忘记阶级斗争"的口号后又迅速发展起来。在"文化大革命"中,极左思潮和与之相应的"左"倾错误政治路线发展到了登峰造极的地步。《武汉晚报》于1966年年底被迫停刊。武汉晚报社被"造反派"夺权后,用《长江日报》名义出刊(1961年《长江日报》停刊,部分人员调入《湖北日报》,其余人员创办《武汉晚报》)。《湖北日报》经多次夺权和被封,1968年1月改为"湖北省革命委员会"机关报恢复出版。此外,一些地市报纸也先后被"造反派"夺权,在报名前加上一个"新"字,马上就成了派性十足的报纸。在"文革"期间,还出版过一批未经任何领导机关批准登记的"造反"组织的报纸,名目繁多,无论其开张是大是小,群众一律称之为"文革小报"。这些小报都是以毛泽东"最高指示"装点门面,相互攻击,传播小道消息,摆出一副"唯我独革"的姿态,颠倒是非,扰乱社会秩序,实为中国新闻史上畸形的一页。

1976年10月粉碎"四人帮"后,社会主义新闻事业的优良传统逐步得以恢复。特别是中共十一届四中全会以后,在"解放思想、开动脑筋、实事求是、团结一致向前看"的指导思想下,把重点从政治运动转向经济建设,开展真理标准大讨论,推动冤假错案的平反和政策的落实,促进了社会经济的发展。从 20 世纪 80 年代开始,全省报业结构发生了新的变化,除共产党各级组织的机关报外,还有经济类、科技类、政法类、教育类报纸和企业、学校的报纸,形成了以党报为核心的多种类、多层次的社会主义报业结构。全省报业不仅在数量上有很大的发展,而且在质量上也有较大的提高,能适应各类读者的不同需求和对新闻传媒多样化的选择。

随着社会主义商品经济的发展,信息交流不断增强,新闻事业日趋繁荣。据 1985 年的调查统计,湖北省登记的正式出版的报纸共有 81 种,其中 1950 年以前创刊的仅 5 种,1980 年至 1985 年间创刊的达 47 种。81 种报纸中,对开的大型报纸只有 4 种,绝大多数为四开小报。全省有企业报 10 家,县报 8 家[①]。到 1990 年再次调查时,湖北省登记的正式出版报纸已增至 93 种,除 1950 年以前创刊的 5 种报纸和 47 种 1980 年至 1985 年创办的报纸仍在出版外,1985 年以后新增了 12 种报纸。对开大型报纸增至 14 种,其余均为四开小报。企业报增至 14 家,县报增至 20 家[②]。此外还有一些跨地区的报纸,如《湖广经济信息报》《长江开发报》《长江旅游报》《长江航运报》等,反映了市场经济条件下,报业发展的新趋势。

报业经营管理和印刷技术在改革开放后也取得长足的进展。业内人士已充分认识到报业经济良性循环的重要性,经营管理也已经提升到与新闻采编同等重要的地位。经济效益好的报社都先后盖起办公大楼、职工宿舍,改善了职工的工作条件和生活条件。20 世纪 80 年代中期以后,陆续从国外引进先进的印刷设备和信息传送设备,现在各大报社都已使用微电脑技术接收新华社电讯稿,采用激光照排、卫星传版、平版胶印等先进印刷技术,告别了"铅"与"火"的时代。2000 年,《湖北日报》编辑部实施"改版、扩容、套彩"改革,由日出八版增至十二版,由黑白印刷改为彩色印刷,提升了报纸

---

[①] 湖北省地方志编纂委员会编:《湖北省志·新闻出版(上)》,湖北人民出版社 1993 年版,第 129 页。
[②] 湖北省报业志编纂委员会编:《湖北省报业志》,新华出版社 1996 年版,第 12—13 页。

版面的质量和品位。

湖北广播电视方面的发展也经历了曲折的过程。早在1935年2月,汉口市政府已经创建了湖北地区第一座广播电台——汉口市广播无线电台,然而由于连年内战与抗日战争,十余年间毫无发展。直到1946年11月,出于打内战的需要,国民党才又建起了第二座由"华中剿总"主办的华中广播电台。解放前,湖北全省仅有两座设在汉口的民营广播电台,显然与武汉繁华的商业境况极不相称。广播事业的快速发展还是在解放以后。

武汉解放后,中共中央中原局宣传部接管了汉口市广播电台,成立了武汉新华广播电台,不久便改名武汉人民广播电台。1950年5月1日,中南人民广播电台成立,由中共中央中南局宣传部和湖北省委宣传部领导。撤销大区建制后,1953年4月30日,中南人民广播电台停止播音,同年5月1日,湖北人民广播电台成立并开始播音。1958年12月开始修建广播大楼,不久因国民经济遭受严重挫折,大楼被迫停建十余年,直到1971年才竣工。湖北人民广播电台与武汉人民广播电台经过5次的分分合合,于1985年12月两台完全分开办公,并分属湖北省委和武汉市委领导。

继湖北人民广播电台成立后,黄石、沙市、襄樊、宜昌也先后建立广播电台,并在随县、恩施、钟祥、崇阳、襄阳、荆州、宜昌等地建立了中央台和省台的转播台。到1995年初,全省已建电台71座,其中省级台2座,地市级台10座,县级台59座。广播发射功率大大加强,已有15个国家和地区能收听到湖北人民广播电台的广播[①]。

湖北省第一座电视台——武汉电视台(即现在的湖北电视台)于1960年12月1日开始试播,当时整个武汉仅有100多台黑白电视机。1979年2月湖北电视台开始播出彩色节目。1984年以后,武汉、黄石、十堰、荆州、沙市、宜昌等地、市的电视台才相继建立,麻城还建立了全省第一座县级电视台。1993年11月,湖北彩电中心大楼竣工,该彩电中心成为全省电视节目的生产、制作基地和播出中心。

到1995年初,全省已建成电视台55座,其中省级台2座,地市级台14

---

① 见1996年《中国新闻年鉴》:《湖北省新闻事业发展概况》。

座,县级台 39 座。全省已建成有线电视台 62 座,同时还完成了湖北卫星广播地面站的建设,并已正式投入运行[1]。

据 2000 年的统计,湖北省有报纸 96 家,省、市、州及直管市广电局所辖的电台、电视台 87 家。新闻从业人员为 1.4 万余人,全年广告收入 9 亿多元[2]。

(本章撰稿人:王放、宁树藩、姚福申)

---

[1] 见 1996 年《中国新闻年鉴》:《湖北省新闻事业发展概况》。
[2] 见 2001 年《中国新闻年鉴》:《2000 年湖北省新闻事业概况》。

# 第四章

# 湖南新闻事业发展概要

　　湖南近代新闻事业创始于1897—1898年,晚于广州、上海约半个世纪。湖南著名的外交官郭嵩焘做了中国第一任驻外公使,于1879年回到长沙后,日记中间或引用《申报》的新闻,可见那时《申报》已发行到了湖南。1882年(光绪八年)阴历八月初六的日记中说:湖南巡抚涂宗瀛,布政使庞际云,因《申报》登载前任巡抚刘昆家中演堂戏和益阳县民闹事的新闻,停止《申报》在湖南发行。由此可知,在湖南自行办报15年之前,湖南地方官已对外省报纸的发行横加干预了。

　　湖南经济文化素较落后,19世纪中叶,由于湘军的崛起,清末竟有"无湘不成军",甚至"无湘不成衙门"之说。这就助长了湖南人士的保守观念和排外思想。湘军退伍军官周汉曾大量编印各种排外的小册子,当时影响颇大。外人不能来湖南,湖南也不通电报、轮船。1879年,郭嵩焘由英国回湘,路过武昌时,湖广总督派轮船拖带他的官船,长沙县官竟拒绝轮船入境,说是长沙非通商口岸,可见当时湖南风气是如何闭塞。

　　但在另一方面,曾国藩、左宗棠又都曾倡办洋务,湘军中也罗致了一些通晓洋务的人才,曾国藩的儿子曾纪泽就是一位杰出的外交官。郭嵩焘本是曾、左的密友,湘军的谋士,也以提倡洋务而著名。后来担任湖南巡抚的陈宝箴出身于湘军,与郭嵩焘交往密切。湖南维新派领袖谭嗣同则是湘军的子弟。因此,湘军对湖南的影响,也不仅有保守的一面,同时还有进步的一面。

从戊戌变法开始,湖南常处在新旧斗争之中,因此新闻事业较为发达,报人也较多。曾有人说:湖南人有三多,革命的多,当兵的多,办报的多。这或许有点夸张,但仍有相当事实根据。据不完全统计,从光绪二十三年(1897)《湘学报》创刊至湖南和平解放(1949年8月)的52年中,湖南先后出版过700多种报纸。民国二十五年(1936年)以前,缺乏统计数字。民国二十五年国民政府内政部统计,全国报纸共1 503家,连杂志、通讯社共4 166家,湖南有244家,次于上海、南京、北平(今北京市)、江苏、浙江等省市,居第六位。民国三十年(1941),据国民党中央宣传部统计,已登记的报纸555种,该部实际收到377种,其中湖南占64种,在大后方居首位。民国三十六年(1947)8月,国民政府内政部登记报纸共1 781种,湖南为126种,仅次于广东,居第2位。其中历史最长的湖南《大公报》《湖南通俗日报》,前后达30年(中间多次停刊,实际出版20多年);其次为《国民日报》,达20年。余为《全民日报》、湖南《中央日报》《力报》,都达10年。《大刚报》于民国二十七年(1938)冬由河南迁来,1944年湘桂战役中迁贵阳,后在南京、武汉继续出版,亦有10多年历史。从发行来说,仅抗战期间的《大刚报》和民国三十五年至三十八年(1946—1949)间的湖南《中央日报》,销数超过1万份;其余多则五六千份,少则数百份,有的小报甚至只有几十份。这700多种报纸,现有存报的不过1/3,保存完整的只有极少数。

## 一、晚清时期的湖南报业

1895年(光绪二十一年),陈宝箴出任湖南巡抚,锐意改革,通电报轮船,设矿务局、官钱局等,从发展经济入手。同时上任的学政江标则大力提倡新学,以策论取士,这在当时是一次大胆的改革。在民间也有人起而响应,如在浏阳即有谭嗣同、唐才常主办的算学馆。到了1897年光绪二十三年春,由江标出面,唐才常主编出版了《湘学新报》,亦名《湘学报》。江标写的《湘学报序》,开始就说:"变法其宜哉!"谭嗣同赞扬它"立论处处注射民权"。同年冬,江标任满,由另一位维新派徐仁铸接任,同时光绪任命黄遵宪为湖南长宝道,兼署按察使。这样,湖南全省四名长官中除布政使以外,都是维新派。于是原在南京的谭嗣同,原在上海的梁启超,都来到湖南,并邀请一批新人物同来,"群谋大集诸豪杰于湖南,并力经营,为诸省之倡"。加上原在湖南的学者皮锡瑞(经学家)、邹代钧(地理学家)和维新人士唐才常、樊锥、毕永年等,确实是人才济济。他们成立南学会,举办时务学堂,创办《湘报》(1898年3月7日创刊),大张旗鼓,宣传变法,竟使湖南成为全国最富朝气的一省。

《湘报》比《湘学报》迟一年出版,却有显著的进步。《湘学报》是旬刊,木刻,《湘报》是日报(星期日休刊),铅印,因此它也是湖南近代印刷工业的开端。《湘学报》以学术为主,对变法只作理论上的鼓吹,《湘报》则以评论和新闻为主,对变法则进而提出若干具体的方案。《湘学报》由校经书院出版,只有编辑上的分工,《湘报》则由私人集资购置机器,并设立董事会,两次订立章程,经营管理初具规模。因此《湘报》的影响更为巨大。

《湘报》提出的变法方案中,最值得注意的是地方自治。当时湖南维新派有这么一种估计,即认为帝国主义瓜分中国已迫在眉睫,很难避免,正如梁启超所说:"盖当时正德人侵夺胶州之时,列国分割中国之论大起。故湖南志士仁人作亡后之图,思保湖南之独立。而独立之举,非可空言,必其人民习于政术,能有自治之实际然后可。故先为此会以讲习之,以为他日之基;且将因此而推诸南部各省,则他日虽遇分割,而南支那犹可以不亡……"这种想法,其他文章也屡有流露。如姜炳坤的《筹保湘省私议》一文就讲得很清楚:"如此而行(指变法),如天之福,强邻息焰,国势乃张。不幸而有非常之变,则吾众志成城,民权在握,瑞士、巴西、比利时之国可望也。"梁启超在《论湖南应办之事》一文中,建议普及学校以开民智,普设南学会以开绅智,设立"课吏馆"以开官智。他们从台湾被割让得出"世变至无常,而官者至不可恃"的结论,而陈宝箴、黄遵宪之实行官绅合议,正是为了"立吾湘永远不拔之基",希望由此而逐渐形成一种地方自治之局面。

在新闻理论方面,《湘报》也有所建树。一是强调报纸是有别于帝王谱牒的民史,有了报纸,中国人民就不再是"喑哑之民";有了报纸,中国就有希望成为"极聪强极文明之国"。二是主张报纸和学校、学会三者是"假民自新

# 第四章 湖南新闻事业发展概要

之权以新吾民"的重要工具,学堂培养人才,学会广开风气,再加上报纸以扩大学堂学会的影响,那就好比"一一佛化百千身,一一身具百千口,一一口出百千言",推动整个社会前进。因此,《湘报馆章程》第九条规定"本报与学堂、学会联为一气",《南学会章程》也规定将"每期讲义及会友札记函问之新艺新理,随时择优付报馆刊布"。实际上也正是这样做的。

《湘学报》和《湘报》的言论是对封建专制和传统思想的大胆挑战,必然引起顽固派的攻击和迫害。湖南的士绅如叶德辉、王先谦等攻击两报是"灭圣经、乱成宪、堕纲常、无君上"的洪水猛兽,张之洞则认为《湘报》发表的易鼐的《中国宜以弱为强说》一文,"十分悖谬";"此等文字,远近煽播,必致匪人邪士,倡为乱阶"。在他的压力之下,谭嗣同、唐才常的文章再没有见于《湘报》,《湘报》则在戊戌变法后被迫停刊。

《湘学报》和《湘报》出版时间虽短,但是影响巨大。《清议报》曾这样评价戊戌时期的报纸:"《知新报》屹立于澳门,《湘学新报》屹立于吾湘,与《时务报》鼎足分峙,彪炳一时……日报则以《国闻报》《湘报》为巨擘焉。"清末废除八股,还有人选择两报文章编为《湘学报大全集》《西政丛钞》。戊戌政变时,慈禧曾通令全国,封闭一切报纸。不过她的谕旨并不能在租界生效。在八国联军之役以后,清政府迫于形势举办各种新政,其中也包括官报一项。此时湖南以得风气之先,于1902年5月出版《湖南官报》,较之袁世凯的《北洋官报》还早半年。1903年,上海《苏报》曾发表《论湖南官报之腐败》,说:"受彼委托,丧我天良,反主为宾,认贼作子,觍然标之曰'官报',颜之曰'官报馆',则其弊岂止不良而已哉! 太阿倒持,杀尽国民之生气,使中国国亡,万劫不能复者,皆此报之罪也。"这完全是站在排满的立场而言的,不免趋于极端。平心而论,官报把政令的一部分公之于众,较之《邸报》仍是进了一步。不过,它的内容枯燥,形式呆板,不为读者所欢迎,1905年4月终于改日刊为旬刊,另出《长沙日报》。

《长沙日报》格式略仿《申报》,每日一大张,至1909年增出半张"副张","稿件须先由抚院文案核定,实完全官报也"。《长沙日报》露骨地反对革命,甚至主张禁止农村演戏,认为这是会党发展组织、煽动革命的好机会。不过它也主张实行宪政,修订法律,发展经济,反对封建迷信,多多少少有一些新内容。报纸由政府向各州县派销,有的州县曾请求减少派销份数,可见它还是不受读者欢迎。此外,湖南还出现一批通俗报纸,现存的《湖南白话报》《湖南演说通俗报》都是站在官方立场说话。据戈公振《中国报学史》可知长沙还有几种报纸,如《外交俚语报》等,均佚。

与官报截然不同的是以湖南学生为主在日本办的几种革命刊物,如《游学译编》《二十世纪之支那》《洞庭波》《汉帜》,它们都具有地方特色。1902年11月创刊的《游学译编》连续发表过一批公开信,分致湖南士绅、青年、同乡父老、同志、邑人等,宣传革命,并提出具体建议。1906年出版的《洞庭波》发表陈家鼎的《二十世纪之湖南》,反映了清末湖南若干政治思想情况,是一篇重要文献。游学编译社出版的杨毓麟《新湖南》一书,影响尤大。这些书刊都曾秘密输入湖南,据《醴陵县志》记载:"《洞庭波》《汉帜》在萍、浏、醴一带,粗识文字者,莫不先睹为快。豆棚瓜架,引为谈资,数百里风气为之顿变。虽穷乡僻壤之氓,咸了然于革命之不可一日缓矣。"

## 二、民初湖南报坛的兴衰

辛亥革命对于湖南新闻事业具有两方面影响。从积极方面说,在帝制推翻以后,知识分子参政的意识强烈了,新闻记者在社会上也受到重视了,于是政党报纸,私营报纸纷纷创办。专门报纸、县报和通讯社有所发展,新闻界也建立了团体。从消极方面说,湖南处于南北交锋的要道,政局多变,报纸也随之兴衰;加以政治腐败,军阀以金钱收买报纸,以武力镇压报纸,而新闻界中也有人借办报为求官的捷径、敛财的手段,这些都阻碍了新闻事业正常发展。

1912—1916年间,湖南新闻事业三起三落,起伏甚大。

武昌起义后,湖南最先响应,于1911年23日在长沙起义,次日即出版《湘省大汉报》(后改名《大汉民报》)宣传革命,"时人称其敏捷"。继之有军政府的《长沙日报》,同盟会(后改名国民党)的《军事报》《湖南民报》《国民日报》,共和党的《湖南公报》,一度由社会党人主持的《湘汉新闻》,以及全用白话的《演说报》,提倡女权的《女权日报》等,竟达13家之多。有的报纸旋起旋落,但主要几家报纸都办得相当认真,日出二大张或三大张。据李抱一回忆:"(民国)元、二年,各报都注意于政论,各有专任论者三四人,日刊社论二三篇,如《长沙日报》之孔攘夷、黄栩园,《民国日报》之陆爱群、李仲庄,《湖南公报》之张劲公、曾大力、陈天倪,日以社论相商榷、相抨击。虽有时颇伤雅谊,以勇气与努力言之,今人似不及也。"

1913年9月,二次革命失败,以"屠夫"著称的汤芗铭来到湖南,封报捕人。直到1915年9月,《湖南公报》中分裂出湖南《大公报》,它以反对袁世凯称帝而得到湖南人民的信任,在全国来说也比较突出。

1916年夏,袁世凯复辟惨败,谭延闿再度主湘,原来附袁拥汤的《大中报》《湖南公报》停刊,而复刊和新创的国民党报纸达17家之多。但是次年冬,北洋军阀再次入湘,湖南四分五裂,国民党各报南迁到湖南南部的郴州等地,湖南《大公报》被乱兵洗劫,停刊达半年之久,到1918年5月才复刊。同年9月,《湖南日报》创刊。1918—1920年间,在北军范围内,只有这两报以及《湖南通俗教育报》,其他几种报纸都为时短暂,而公开反对湘督张敬尧的《华瀛觉报》主编谭笃恭竟被张杀害。

"五四运动"爆发后,被咒为"张毒"的张敬尧公然禁止报纸刊登有关山东问题的文字。这激起了《大公报》和《湖南日报》的抗议,他们质问:"(山东问题)中央报纸既准登载,地方报纸自可转录;外人舆论尚代不平,国人舆论反沉寂无声,究竟成何地方,成何人民?山东是否中国领士?山东问题不许登,要登什么新闻?长沙报纸不许登,能否禁止全国全省报纸都不登?"与此同时,长沙的革命刊物如雨后春笋,共达11种之多,被北京《晨报》誉为"新潮中的周刊世界"。其中《湘江评论》为学联机关报,由毛泽东主编,《体育周报》为楚怡小学教师黄醒主编,其余9种均为各大、中学校的学生所办。其中《新湖南》第7—10期由毛泽东主编。毛泽东在《湘江评论》发表的《民众大联合》一文,曾被北京《每周评论》誉为"眼光很远大,议论也很痛快,确是现今的重要文字"。

在"五四运动"的推动下,《大公报》再不愿以"游戏文字与阅读者相周旋",除采用白话文外,于民国八年(1919年)10月实行"大改良",设立调查、研究专栏,由李抱一、龙兼公分别负责,聘请杨树达、李肖聃、黄醒等人为馆外撰述员,11月又增聘毛泽东。两个专栏坚持了一年左右,共发表社会调查近百篇,进行过几次重大的讨论。在1919年11月举行的有关"赵女士自杀"的讨论,是由毛泽东发起并主持的,他指出:"社会上发生一件事,不要把它小看了。一件事的背后,都有重叠相生的原因。"因此,他主张:"吾们讨论各种学理,应该傍着活事件来讨论。"这在新闻学上也属创见。

1920年,湖南人民发动"驱张运动",以毛泽东为首的代表团在北京曾创办平民通讯社,在上海曾创办《天问》《湖南》两种期刊,向全国揭发了张敬尧祸湘的滔天罪恶,并提出湘人自治的主张。同年7月,"驱张"胜利。长沙新闻界再度繁荣,仅大报即有9家。这时湖南《大公报》开始介绍马克思主义,而由何叔衡主办,谢觉哉主编的《湖南通俗报》,则"振衰起敝,全体改为白话,精神焕发,销数激增",成为宣传马克思主义的利器,虽坚决反共的李抱一也说"时人多称之"。

1920年9月,毛泽东又与龙兼公合作,在《大公报》开展有关湖南地方自治的讨论,揭发谭延闿、赵恒惕标榜的"湘人治湘",要求实行真正的地方自治,而不是官治。他指出,当时中国还不具备像俄国那样实行"全国彻底总革命"的条件,比较实际的办法,就是各省人民起来实行"各省人民自决主义"。现在机会来了。因此,要"从湖南做起",唤醒3 000万人的觉悟,"实施新思想,创造新生活,在潇湘片土开辟一个新天地,为17个小中国的首倡"。这场讨论随即变为近万人的游行。

1922年秋冬,湖南(包括附近的江西萍乡)连续爆发了安源路矿大罢工,粤汉路长(沙)武(昌)段,长沙泥木工人大罢工,湖南《大公报》都站在同情工人的立场详细报道。但在11月的长沙铅印工人罢工中,由于《大公报》被迫停刊半月,该报总编辑李抱一在复刊后对工人运动加以指责,而工会也立即加以反驳。这样,毛泽东与该报的合作关系宣告结束。加以赵恒惕对于工人运动和爱国运动加强镇压,长沙新闻界又转入低潮。

## 三、国民党统治时期的湖南新闻界

在国民政府统治的22年中,湖南新闻事业仍随政局的变动而起伏,但较之北洋政府时期,发展的速度要快得多,发展的面要宽得多,而且发展的趋势是进步势力越来越占上风。主要原因是由于民族矛盾和阶级矛盾的激化,促使越来越多的人倾向革命。这22年的情况,可分4个时期来叙述。

### (一)北伐战争

湖南是全国农民运动的中心,新闻界也两军对垒,剑拔弩张。革命报刊,主要是中共湖南省委的《战士》周刊、国民党湖南党部的《湖南民报》和湖南通俗教育馆的《湖南通俗日报》;其对立面有湖南省政府的《南岳日报》,国民党长沙市党部的长沙《民国日报》和民营的《大公报》,后二者因公开反对农民运动,于1927年3月被封。《湖南民报》1926年7月创刊,日出对开一张半到两张半,1927年5月21日"马日事变"后改组,由共产党员谢觉哉、龚饮冰主编,为全省工农革命运动的总喉舌。李抱一在《长沙报纸史略》中说:"《湖南民报》异军突起,谓之党报。谢觉哉等主其事,极力为共产党张目以制造杀机,是为长沙新闻界之彗星。"

《湖南通俗日报》由共产党员熊亨瀚主持,这两张革命报纸对于湖南工农运动的发展起了重大作用。但同时也有严重的"左"倾幼稚病,例如1927年2月14日《湖南通俗日报》副刊,一篇题为《什么是反革命》的文章竟列举21种"反革命",其中只有6种是反革命,大部分属于思想作风问题,如"提倡贵族文学,专门作复古运动";"自私自利的拜金主义";"饱食暖衣,言不及义的纨裤儿";"行动暧昧,模棱两可的骑墙派"。将这些都说成是反革命,扩大了打击面。4月21日又有一篇题为《什么是反革命》的文章,内容更"左",认为:"凡是不肯反对帝国主义和不肯提倡工农运动的,都是反革命","中国国民,现在只有两条路,一是革命,二是反革命"。

该报还曾提倡"硬诗",发起组织"硬诗社"。"所谓'硬诗',是别于一般'文学家'的'新典诗'、风花雪月的诗,使我们这般平民(不通'文理,兼没钱用、没饭吃的贫民)看不懂的诗而言。"《湖南民报》的副刊《短棍》也常乱打棍子。如3月20日批评明德中学"暮气太深",实行"奴隶教育",立即收到7封读者来信,提出异议。编者于3月24日的《明德事件的结果》中承认某些地方过火。明德中学是湖南历史最久的私立中学,成绩最著,影响最大,报纸这样轻率地扣上大帽子,显然对革命不利。

在右派报纸中,现仅存长沙《大公报》。1927年1月20日发表张平子批评农民运动的文章,说:"一、农民是避不得纠纷,纠纷是避不得善良受屈的。此譬如战场上的树木和建筑物一样,因为作战计划,有时要斫去树木,毁去建筑物,不能为之迁就。因为农运进行,有时要使善良受屈,不能为停顿。二、农民是暂不能选择分子的。中国的农民自然是安分耕作,不与闻外事的为多。但在这组织开首的时候,若专门只拣选他们,而淘汰不良分子,那么,农运就不能急进了。所以在农运的当中,组织是第一步的工夫,唤起是第二步的工夫,拣选尚是最后一着了。"《湖南民报》即发表《善良受屈论》予以驳斥,双方展开一场论战。2月13日,张平子骂《湖南民报》副刊《短棍》的编者黄衍仁说:"你那种'不准民家点灯,只准皇家放火'的神气,你不是据着高厚的'城'墙,依着坚固的'社'稷,你敢吗?你开口闭口要拿脱罗慈基(今译托洛茨基)的话来搪塞,幸喜脱氏说的是话,假若脱氏屙的是屎,难道也说是香的,自己吃了还要人家同吃吗?"可惜《湖南民报》有关论战的文章多佚,不能看到这场论战的全貌。

谢觉哉于1943年的日记中曾总结北伐战争的教训,一方面指出当时所犯的右倾错误,如不抓农民武装,不抓地方实权,另方面又指出当时的"左"倾错误,说:"在政治上却不惜得罪人,硬要行自己的。对于人——反动的人,不知把弱者拉到自己方面来,或使之中立,反而去拣弱者打,如打雷铸寰,打'左社',打熊梦飞,打袁家普,杀叶德辉等,使自己孤立。"当时湖南两家革命报纸也未能例外。

### (二)土地革命战争时期

"马日事变"后,湖南由农民运动的中心沦为血腥的屠场,一方面是国民党疯狂屠杀共产党和革命群众,"宁肯错杀三千,不肯放走一个";另方面,在国民党各派系之间,连续混战。直到1929年3月,何键上台,利用蒋桂之间的矛盾逐渐得势,对新闻界实行收买政策,他每年要拿出20多万津贴新闻界,长沙一地竟有大小报社四五十家,实为全国少有的怪现象。多数报纸要蓄意迎合读者的低级趣味,如《市民日报》副刊曾坦率地说:"长沙读者对报屁股的要求就是'肉'！编辑先生不得不屈服一点,在这内容上用一点功夫"。可见当时湖南新闻界的乌烟瘴气。

"九一八事变"后,日本帝国主义的疯狂侵略和蒋介石"不抵抗主义",激起全国人民义愤,湖南新闻界也开始转变,特别是《全民日报》《晚晚报》《市民日报》《霹雳报》,都以敢言著称。到了1936年,又先后出现《力报》和《湘流报》。其言论之激烈有时竟超出一般想象的程度,现就以下几个方面,略述各报言论。

(1) 对"不抵抗主义"的愤怒谴责。这方面的言论相当普遍,《晚晚报》曾这样警告国民党:"中国目前是没有什么革命运动的,这不过是一部分青年学生为爱国的热忱而激起的波浪。只要蒋主席决心北上,对日宣战,宁粤真正合作,这个波浪就会平静下来。如果政府始终是现在这样的态度,这种波浪也就有变成革命导火线的可能。"

(2) 抨击国民党独裁和湖南政治的黑暗,常巧妙地利用蒋何之间的矛盾,时有惊人之笔。如1931年11月25日,《市民日报》发表南京特约通讯,报道国民党四全大会的内幕。这次大会恢复了以前因党争而被开除的党员的党籍,为因党争而牺牲的国民党员默哀三分钟。蒋介石在会上说:"以前本党被开除党籍之同志,事实上并非反叛本党,并非反对政府,乃系反对一个人,反对我蒋中正一个人。国民党破碎如此,皆因我中正一个人之故。今日提出此案,我蒋中正愿在总理像前,在大会代表之前,开除我个人党籍……今当忏悔之余,必当改过自新,誓死救国,以赎罪愆。"《晚晚报》当晚即发表:"从蒋主席这一答复中,无异乎将中国内战总原因,与中国国民党一切纠纷现象,一语道破！"

因蒋何之矛盾,当时湖南国民党内分成甲乙两派。甲派受陈果夫、陈立夫指挥,处处与何键为难;何键亦组成乙派,处处与甲派对立,两派闹得全省75县鸡犬不宁。《市民日报》在陈立夫来湘视察时评论说:"湖南党务纠纷,根本原因还是在于关门政策,弄得党内无一个民众,党部成为少数人争权夺利的工具。"《卡麦斯报》写过一篇《告党老爷》,因此被罚停刊3期。《霹雳报》更干脆,在1933年3月4日的社论中,主张取消国民党一切党部,节省经费,移作购飞机之用,牺牲党员饭碗以救国。

对于何键在湖南的"政绩",各报也多抨击,因此何键曾"希望新闻界作同情的宣传","在政治上作善意的批评,幸勿以'模范省'三字开玩笑"。

(3)对于"剿共"的批评。各报在新闻中常常透露,所谓"共匪",实是逼上梁山,而民众在"剿匪"中所受痛苦,远甚于"共匪"。《市民日报》在1938年5月发表的《剿匪者可以借镜矣》一文,揭露国民党"围剿"有四难:"匪军"消息极为灵通,作战极为灵活,因此"难剿";士兵不愿卖命,将领也拥兵自重,因此"不剿";"民众多有为匪之间谍,即剿匪部队中亦间有赤化分子为匪作内应者";"匪军既无海口,又无兵工厂,一切军械,皆给自我军",原因之一,是"有不少士兵,贪匪巨金,暗中供给匪军子弹"。有此四难,所以"通电剿匪者甚多,而持枪毙匪者甚少"。该报所举"四难",除第四点是隐讳国民党军队常打败仗而外,其余都说得相当坦率。1934年红军长征之初,《霹雳报》发表社论,反对国民党在湖南实行坚壁清野,认为此举是加重湖南南部各县人民的痛苦,因此受到停刊处分。在"一二·九运动"后,长沙学生曾举行万人大游行,支持北平学生的爱国行动。新闻界也出现两件大事:一是《力报》发动的关于评价鲁迅的大论战;二是《全民日报》关于西安事变的社论。

1936年10月19日鲁迅逝世后,《力报》《全民日报》都发表纪念文章,《霹雳报》则主张为鲁迅举行国葬。这一切急坏了《国民日报》(省政府机关报)的主编壶公(罗尔瞻)。他写了一篇文章《鲁迅、段祺瑞遗嘱的评价》,尽力抬高段祺瑞而贬低鲁迅。段祺瑞在同年11月2日逝世时,曾发表了8条遗嘱:"勿因我见而轻启政争,勿尚空谈而不顾实践,勿兴不急之务而浪用民财,勿信过激之说而自摇邦本。讲外交者勿忘巩固国防,司教育者勿忘巩固国粹,治家者勿弃固有之礼教,求学者勿骛时尚之纷华。"壶公以此与鲁迅在《死》中的几条遗嘱对比,竟说段祺瑞的遗嘱是"针对中国朝野一般人毛病而发","中国四万万五千万人都应该读",所以"影响很大",而鲁迅的遗嘱所谈尽是私人小事,那就渺小得很。并说,鲁迅不过是"在红旗下面呐喊的一个共产主义的欣赏者而已","说鲁迅死了,就是中国一个损失,我可不敢苟同"。

《力报》的严怪愚立即予以回击。他指出,段祺瑞的遗嘱"似乎处处有西湖十景口味","虽然事实上作不到,到底可以给'幻想'一点安慰"。而"鲁迅的遗嘱,我喜欢它刻毒而近乎实在"。并且强调,"我仍是有点爱鲁迅。因为鲁迅一生中没有作过'媚'的文章"。壶公在论战中给鲁迅加了"断送青年"的罪名,并明确指出对手是为着"到莫斯科领黑面包与卢布"。严怪愚则理直气壮地指责壶公是告密者和刽子手,并且抓住壶公的一些谬误,如说:"鲁迅与陈独秀皆为创造社的主持者"等,指斥其昏聩无知。这位官报的主编竟被攻得体无完肤,最后只得把国民党的密令全文端出来:"查左翼作家鲁迅逝世后,各地报纸刊物,多为文纪念,阅其内容,复逾常轨,殊有纠正之必要。兹指导两点如下:一、鲁氏在五四运动时,提倡白话,创作小说,于文化界自有相当之贡献,此点自可予以赞扬。二、自转变为左翼作家后,其主张既欠正确,著作亦少贡献,对于此点,应表示惋惜之意。至盲从左翼之分子之无谓捧场文章,利用死者大肆煽惑,尤应绝对禁止刊载。此令!"

不久,即发生"西安事变"。当时在国民党统治下,各报都是指责张、杨甚至主张讨伐张、杨,而一向主张抗日的《全民日报》,却发表一篇社论《和平、奋斗、救中国》,指责国民党背叛孙中山,鲜明地反对"假借任何名义发动内战"。坚决主张"努力争取对内和平的胜利","为民族生存解放作打算"。国民党当局十分震动,立即向报社追究。报社则掩护作者刘乐扬迅速转移。

从1928年到1934年,中国共产党先后在湖南边界成立4个革命根据地:湘鄂西苏区,湘鄂赣苏区、湘赣苏区和湘鄂川黔苏区,都出版过若干革命报纸,都是油印或石印的,其中湘鄂赣和湘赣两苏区现存残报约30种。1930年7月27日,红三军团在彭德怀、滕代远、何长工等率领下一举攻占长沙。在占领长沙的9天内,出版了6期《红军日报》。红三军团于28日晨6时全部入城,29日即出报。连反共甚力的湖南《大公报》也不禁赞叹说:"红军戎马倥偬,犹知注重报纸宣传,不稍疏懈。吾人对之,宁无愧色乎!"这6期报纸保存完整,1979年由湖南人民出版社改排,出版单行本。《红军日报》和苏区报纸那种艰苦奋斗的革命精神是值得发扬的,不过,当时是在"左"的错误路线统治下,报纸的宣传往往脱离实际,如《红军日报》第1期的社论即认为,克复长沙以后的责任就是"促进夺取鄂赣皖豫4省政权之实现"。有的文章还提出"全国总暴动"和"全世界总暴动"的口号。为了完成这"最低限度的任务",又"必须汇合湖南全境74县,至少60个县以上之工农兵革命势力的平衡发展"。这样的宣传显然是有害的。

### (三) 抗日战争时期

湖南新闻事业显著进步,这是在国共又合作又斗争的过程中取得的,大体上可以分为两个阶段。

第一阶段,从抗日开始到民国二十八年(1939年)初,这是国共二次合作较为顺利的时期。八路军在长沙设立办事处,由徐特立担任驻湘代表。国民党内部开明人士如覃振、刘岳厚等积极与共产党合作,不久由张治中任湖南省主席。同时大批文化人和进步学生撤退到湖南,一时进步刊物风起云涌,随后即有共产党的《抗战日报》(田汉、廖沫沙主编)、《观察日报》(黎澍主编)的创刊。而原来许多小报则因读者的厌弃,政府取消津贴而迅速淘汰,甚至国民党湖南省党部的《民国日报》也办不下去了。而从平津和沿海撤退来的学者和作家,如吕振羽、曹伯韩、张天翼、沈从文、钱君匋等,都曾在湖南参加新闻界工作或为报刊撰稿,许多革命者也投身新闻界。报纸也展开社会活动,为前线将士募集寒衣,征集慰问信等,朝气蓬勃,面貌一新。

这时,新闻界享有较大的言论自由。张治中还鼓励揭发地方政治的腐败,批评征兵征税的弊端。民国二十七年(1938)秋,湖南省政府曾出版了由王次青主编的《湘政与舆情》一书,搜集湖南40多家报刊280多篇文章和通讯,并选入徐特立、吕振羽的论文。但是,国民党以"战时"为借口,继续实行新闻检查,党部以各种手段压制群众运动,使人们有"长沙犹是救亡难"之叹。外县还发生好几起封书店、封报的事件。

这段时期长沙各报有几件突出的事件:

(1) 国民党内顽固派曾提出"一个信仰、一个组织、一个领袖"的口号,在湖南有易君左为之呐喊。1938年4月,《抗战日报》发表文章加以驳斥,并引用蒋介石、汪精卫给张君劢承认国家社会党的复信,质问易君左:"假如中国只有一个主义,那就除开三民主义之外不许更有所谓一个'国家社会主义';假如中国只有一个党,那就除开国民党之外不许更有所谓'国家社会党'。如果他们'要求几个组织和几个党派并存,那便是别有企图,另有阴谋'。然而蒋、汪分明承认他们的存在。这是易先生主张错了呢？还是蒋、汪错了呢？"

(2) 同年8月14日，《国民日报》发表王次青的署名文章《从八一三周年纪念会讲起》，痛斥国民党顽固派包办群众运动的作法"比汉奸的罪恶还大"，并且警告说："如果战争进入湖南省境，那长沙就会变作一座死城！"《观察日报》立即抓住这个题目，展开关于如何动员民众保卫大湖南的讨论，鼓励湖南人民"勇敢地争取救国的权利"，同时警告国民党的党棍们，不要使自己的政治生命走到牛角尖中"。这次讨论曾引起张治中的重视，他在"长沙大火"前夕成立一个"湖南民众抗战统一动员委员会"，把各方面的代表人物，包括八路军驻湘代表徐特立，都聘为委员。新闻界的代表则有湖南《大公报》《观察日报》两家。

(3) 1937年9月，湘西苗族发生民变，要求革除清代留下来的屯田制度，反对何键的横征暴敛。他们以龙云飞等为首，攻陷乾城（今吉首）等数县，一时震动湖南。龙云飞后虽受抚，各县仍一片混乱，匪多如毛。1938年春，《力报》派记者谭天萍前往湘西采访。谭不计生命安危，与邮递员结伴深入匪区，在45天中步行9县，亲眼看到湘西地方残破，文化落后，各县县长的政令不出城门，老百姓贫穷、愚昧，连起码的人身安全也没有。这是湖南报纸第一次对湘西的较为详细而客观的报道。此外，《力报》还多次派遣记者到战地采访，这在湖南也是首创。

第二阶段从1939年2月开始。这时，国民党消极抗日、积极反共。湖南省主席薛岳上任不久，便制造"平江惨案"，把八路军、新四军代表逼走。对新闻界横加摧残，先后封闭《观察日报》、《抗战日报》(1939年)、邵阳《力报》(1940年)、《开明日报》(1941年)；逮捕邵阳《力报》的康德、严怪愚、冯英子3人，《开明日报》的骆何民等12人，以及益世通讯社的杨任之，《大刚报》的华恕。报纸被罚停刊、警告、扣检稿件以至被迫撤换编辑的事更是不胜枚举。同时，日机的轰炸，物资的匮乏，物价的飞涨，更加重了报界的困难。到1944年6月，湖南大半土地沦陷，长沙、衡阳、邵阳等地的新闻事业也惨遭浩劫！

在这个阶段，湖南新闻界最大的痛苦是缺乏新闻自由。新闻来源被国民党中央社垄断。新闻检查愈来愈严密,关于八路军、新四军在敌后英勇抗战的事迹,全被封锁。对于国民党政治的种种腐败黑暗,不许揭发,不准批评。地方新闻所占地位很小,内容也很少,偶尔透露湘西北民变的情况,八路军南下支队的活动只字未提。人们要想从这个时期的湖南报纸了解湖南情况,非常困难。

但是,由于抗战需要和新闻界的努力,湖南新闻事业在这段时期仍有重大的发展,突出的表现。

(1) 全省由一个新闻中心化为几个中心。首先衡阳变为大江以南的交通枢纽,有河南迁来的《大刚报》,以及《力报》《开明日报》《正中日报》4家大报。《大刚报》在武汉失守之际复刊,江南各省动荡,因此报纸一出,立即影响到粤北、赣南、桂东北,销数逾万份,开湖南报纸的纪录。其次是邵阳,先后有长沙迁来的《力报》和《观察日报》,新创刊的有湖南《中央日报》,影响湘西南各县,后者的销数也达7 000份。三是湘西的沅陵,先后有长沙迁来的《抗战日报》,《国民日报》的分版,新创刊的《力报》,常德迁来的《新潮日报》。至于大火后的长沙,除《国民日报》《大公报》《正中日报》复刊外,还新增九战区《阵中日报》和几家小报,影响限于湘北湘中,销路则不及衡阳。此外,茶陵曾有《开明日报》影响及于赣西,晃县曾有《中国晨报》,影响及于黔东。而民营的长沙《力报》一化为四:邵阳、衡阳、沅陵、桂林,把报纸办到省外去了。湘桂战役后,衡阳的《大刚报》《力报》又都迁贵阳出版,撤退中途还曾在广西出版。由此可见,湖南报纸在这段时间曾影响到粤、赣、黔、贵四省。

(2) 进步报纸在全省的影响显著增强,并与一批知名学者和作者合作,如张天翼主编《观察日报》的副刊《观察台》,廖沫沙、周立波主编《抗战日报》,羊枣(即杨潮)、俞颂华先后主编《大刚报》,刘思慕曾主编衡阳《力报》,储安平曾参加《中国晨报》,此外如翦伯赞、柳亚子、端木蕻良等均对《力报》大力支持。这些报纸的主要编辑记者多为桂林国际新闻社的社员,而国际新闻社提供的大量专稿和国际新闻通讯也充实了这些报纸的内容。这些报纸在新闻业务上也有许多创举,如《大刚报》于1943年10月举办的民意测验和同年冬创刊的"敌后航空版"均为我国首创,而且在当时即引起国际上的注意。那次民意测验,曾收到湘、粤、桂三省读者1.1万件答卷,认为中国抗战能得到最后胜利的占 99.6%。测验结果一公布,很多外国通讯社立即转播,并获好评。《纽约日报》社论指出《大刚报》测验结果,30%以上认为联合国应先以全力解决德国;58%以上认为中国战胜之后,应与日本平等相处,该报对此深表惊奇和赞佩。《敌后航空版》为八开小报,由美国空军带到敌后散发,供敌后军民阅读。此事受到纽约中国新闻处编辑、前太平洋通讯社记者梁琪英的重视,认为是世界创举。又如《开明日报》先后出版抗战木刻和诗与木刻专刊多期,1940 年初并由李桦、温涛合作,刻制大幅《抗战门神》两幅,双色套印,随报赠送读者,这在我国新闻史和美术史上均属创举。又如邵阳《力报》曾举办"敌后报纸展览会",出版《新闻记者》(半月刊),《大刚报》也曾出版《青年记者》,对于新闻学术的研究起了推动作用。

(3) 各个进步报纸尽力冲破新闻检查,揭露黑暗,抨击时弊,宣传革命思想,因而被新闻检查所指责为"久违正轨","社论、专栏等稿,许多不送检。副刊稿虽送检,而不遵删免,甚至开天窗暗讽检扣机构。又改编中央社消息,并搜集来源不明之广播电讯为该报某地专电,极尽改头换面之能事"。《开明日报》也常有类似情况,因而被认为"久违正轨"。其中突出的事件有:1939 年 4 月 7 日,邵阳《力报》发表严怪愚拍发的重庆专电:揭露汪精卫与日本侵略者签订密约,"图作小朝廷之大傀儡",三天后中央社才播出有关的消息和文章。1941 年 3 月 27 日,衡阳《开明日报》公布国民党特务深夜闯入报社逮捕总编辑骆何民等 12 人的暴行,同时呼吁全国新闻界,"联合向中央建议请重申保障记者之法令,俾任何人不得假借口实,非法钳制舆论"。社长刘岳厚以国民党员身份,对国民党借口"异党分子"残害进步人士、破坏团结的作法,提出严正的批评,主张对"异党分子"大度包容。"否则以莫须有三字,动辄指为异党分子,系入囹圄,则必人人自危,反授异党以扩张势力之良机","驯至最后,不仅将因此葬送本党之伟大前途,且将因党派问题而贻误国家"。1943 年 10 月 7 日,沅陵《力报》社论《不要拖》一文尖锐地批评了国民党的消极抗战,重庆《新华日报》于同年 10 月 25 日转载于"舆论一束"一栏,触着了蒋介石的痛处,对新闻检查大发雷霆! 据陈布雷传达:"奉委座谕:'如何此种标题与内容任该报登载? 前屡次指示对各报标题应特别注意检查,是否实行? 应令检查局遵照查报!'"

(4) 1944年夏,衡阳《力报》多次主张在抗战时期实行民主政治,5月19日的《政治革新的机运》一文中,认为"政治的彻底革新已不容再缓"。这篇社评有7处被新闻检查所删略,文气都接不上,经编者注明"被删"字样。湖南新闻检查处因此受到社会责难,不得不将检查员周骥撤职。在向上级呈报时,承认此事"影响检政威信,至为重大"。

(5) 1945年5月22日,湖南《中央日报》副刊发表《柳亚子先生》一文,盛赞柳的高尚品德和爱国精神。战时新闻检查局指责湖南新闻检查处说,《中央日报》为本党机关报,"对于违背党纪被开除党籍之党员备加赞誉,显系不合。而文中之'×××××'符号,显系暗指委座,诋毁同志,莫此为甚"。以上这些事例都体现了湖南新闻工作者刚正不阿的气节。

### (四)解放战争时期

抗战胜利后不久,长沙即重新成为湖南新闻界的中心。在4年中,先后出现大小报纸50多家,以1946—1947年间为最盛。其中官办的有4家:直属国民党中央宣传部的湖南《中央日报》,省政府的《国民日报》,省党部的《湖南日报》以及三民主义青年团的《中兴日报》。民营的大型报纸主要有老牌的《大公报》,自沅陵迁来的《新潮日报》(以上两种1947年底停刊,《力报》(1948年冬停刊),小型报纸则有《晚晚报》《小春秋》《实践晚报》。还有一部分报纸是专门为了领取配给纸、平价米和救济粉而办的,或为了竞选"国大代表""立法委员"而办的。1948年8月18日《湖南日报》曾发表《长沙新闻界的黑暗面》一文,揭露这类报纸"时出时停,忽大忽小(时而四开,时而八开),甚至社长因事休刊,职员因病休刊,种种笑话,不一而足。某某等报,妙想天开,甲报编排完好,印出数十份,即将报牌拆去,将乙报报牌嵌入,印数十份后,再印丙报。有时易换社论一篇,或易换其所欲骂欲捧之文字一篇,有时竟一字不易。方法之妙在既不要编辑,复不要工友,更无撰写、发行之劳,仍可以借此捧人骂人,借此敲竹杠,求津贴,且可以坐分'平价米',坐得'配购纸'。社长、经理可以坐包车、赴宴会,俨然置身于舆论文化界之林。"但这毕竟是一些泛起的沉渣。而这时期湖南新闻界的主流则是反对独裁、反对内战、反对卖国,到1949年更进一步,要求在湖南实现和平解放。1946

年中共长沙市工委成立新闻支部,1948年5月成立"长沙市新闻从业员互助会",这些组织在其中起了巨大的推动作用。到1949年长沙新闻界已呈一边倒之势,除了上述4家官报和3家晚报,又有《法报》《长江日报》等一批进步的小型报纸问世,这种情况在国民党统治区是少见的。

这段时期湖南新闻界的进步,主要表现在以下几个方面:

(1) 打破了国民党中央社的垄断,经常采用外电、港报和国新社的消息与文章,也有自己的特约记者的通讯,甚至把新华广播改头换面作为"本报专电"发表。地方消息,如1936年的湘灾,国民党的"劫收",1947年的"大选"丑剧,邵阳六区专署官匪特务制造的"永和金号惨案",益阳军民冲突的"双十惨案",大庸县党团因磨擦而三次内战的惨剧,1948年的益阳地主惨杀农民邓梅魁案,省田粮处长黄德安贪污行贿的"绿皮箱案",1949年的特务惨杀进步学生高继青案,等,进步报纸均大胆揭发,详细报道。各报记者还集体采访,对于1947年5月22日湖南大学生反内战,反迫害,反饥饿的大游行,1949年4月7日长沙学生反对内战,要求和平的大游行,多做了同情和支持的报道。经济新闻、文教新闻,各报多有专栏。长沙各报并曾几次组织记者团到粤港浙赣采访。

(2) 言论方面,各报除社论外,还有各种形式的短评,有的配合新闻,有的纳入副刊。有的还每周分别评述有关政治、军事、经济、国际诸方面的问题,有的设综合版、星期版、文摘版,用多种方式帮助读者了解国内外和湖南的形势及其发展趋向。以《新潮日报》为例,它在社论《民营报纸的道路》中强调民间报纸必须保持富贵不能淫,贫贱不能移,威武不能屈的节操,但也反对"以过左的姿态"去冲击环境。它的社论能够体现这种主张。当国民党悍然宣布"戡乱总动员"时,《新潮日报》申明:"在过去两年中,我们凡有著论,无一不以和平团结为中心,原期国共两党能化干戈为玉帛。""希望政府能一反从前钳制言论的心理,切实爱护及保障新闻事业,为民众留下一点发表意见的权利,千万不要动不动就给报纸加上一顶帽子,任意勒令停刊,或糊里糊涂打一顿了事。"

(3) 副刊多样化。有的报设两个副刊,风格各异;也有的在一个副刊之外,设多种专刊,包括影剧、文史、青年、妇幼、家庭、音乐、美术等内容,一般都比较扎实。到1949年上半年,某些以青年学生为对象的副刊,如《实践青年》《湖南日报·学生版》,其内容已近似解放区报纸。

(4) 注重与读者联系。各报多有社会服务版,小报也设专栏发表读者来信,以湖南《中央日报》较为突出。据不完全的统计,从1947年3月末到10月初的7个月中,社会服务版发表的读者呼声达180篇,其中有"溆浦暴政何其多! 县长纵属扰民"(3月23日),"在人民世纪民主时代,有如此岳阳县长! 国家法纪破坏无遗,人民权利剥夺殆尽!"(4月27日),"沅江县官争民肥,县长的侄儿枪杀请愿的妇女"(5月27日),"六中学生之冤狱,政府应引为鉴戒! 12名学生被诬为'奸匪',关押月余"(6月26日),"桑植县长诬良为奸,手段毒辣不亚于孙佐齐"(7月22日)等。邵阳"永和金号惨案"发生时,该报社会服务版举行民意测验,半个月中收到数百封来信,有7 000多人要求枪毙凶手傅德明,并追究原六区行政专员孙佐齐的罪责,其中92人要求判处孙佐齐死刑,充分表达了人民的意愿。

(5) 新闻界对于同业中的歪风邪气多次展开斗争,伸张了正义,当时称为"整肃运动"。1946年端阳节前夕,长沙新闻界少数不良分子遍发函件,索取津贴。《湖南日报》6月1日发表社论《整肃长沙新闻界》,说:"新闻界当为社会造福,今此少数不良分子乃为社会造不平;新闻界当为社会揭破黑幕,今此少数不良分子,本身即为黑幕之扮演者。"要求对此少数不良分子举行大扫除。6月13日,长沙新闻从业员27人,联名发表《为树立新闻界新风格宣言》,要求社会各界共同合作,制止新闻界败类的敲诈勒索行为。1947年9月,湖南省田粮处长黄德安贪污案发,查出绿皮箱一只,全是他向上官行贿及应付各方索要的单据,牵涉范围甚广,其中有13家报纸,多数是报社老板。湖南《中央日报》等均披露审讯详情,对有关报纸加以谴责。

(6) 支持湖南和平解放。1949年蒋介石求和之后,长沙绝大多数报纸主张实现真和平,反对假和平。中央、国民、中兴及《小春秋》四报于1月23日联合发表五点主张,强调在湖南先行撤销一切和谈的障碍,如裁撤各种战时体制,停止征兵。《晚晚报》则进一步主张实行"三禁",即禁止兵、粮、金银运出省外。当白崇禧企图劫持或撤换程潜时,长沙各报纷纷发表社论,声称程潜德高望重,是湖南的家长,湖南人民需要他。特务向各报发出恐吓信说,"我们自到长沙来,看你们的报纸,骂政府比共产党机关报骂的还凶",威胁报纸要把"匪军的劣迹"登出来,否则,"取你们的头如探囊取物",但各报屹然不为所动。桂系接着又连续封报捕人,并撤换湖南《中央日报》社长段梦晖、《国民日报》社长刘虚。这样更激起长沙新闻界的公愤,于6月21日全市日晚报停刊一天,同时出版"联合特刊",发行5万份,超过长沙各报平日发行总数。在《我们的抗议和申诉》一文中说:"长沙报人的'获咎',是不该反映湖南人民的广泛意志,要求和平,不该真挚沉痛地为湖南人民申诉苦难!因此,我们不能不严重抗议。因为我们不但要为本身伸张正义,而且还有更重大的为人民伸张正义的责任在我们肩头。"这次罢刊得到湖南各界的坚决支持,使新派的社长不敢来接事。长沙新闻界经过斗争,更加团结紧密。各报员工都组织了应变自救会,反对拆迁,保护机器设备。部分中共地下党员和民主人士还转移到邵阳、常德等地,策动起义,参加武装斗争。

## 四、新中国成立前湖南新闻界情况的一些补充

上文已简述了半个世纪湖南新闻事业的发展过程,现在再从以下几个方面作些补充。

### (一)县报

戊戌变法时,新化县有一种《辑报》,选辑上海各报的文字。另有衡山士绅呈请创刊的《俚语报》。1901年,郴州曾出版《郴州政学征信报》,木刻三日刊,该报"馆说",主张君主立宪,其余均转载外省报纸。现存一册《衡山白话自治报》,系1910年衡山县宣讲所编印。可能其他州县也有类似的宣传品。

民国初年,常德、岳阳、澧县三地有报。常德的《沅湘日报》与林伯渠有关,铅印对开一张,文笔简明,态度严肃,印刷清晰。以后南北混战,湖南四分五裂,湘南湘西少数县份有报,现已荡然无存。其中影响较大的是澧县的《澧报》。1925年该报主编夏国瑞因主张川军早日撤离,被军阀汤子模枪杀,津沪各报均曾报道。20年代初,李六如等在湖南推行平民教育,并在长

沙创办《平江旬刊》,一时有四五十县办了县报,并有"县报联合会"的组织。这种县报大都是各县旅省同乡会所办的周刊、旬刊或月刊,在长沙印刷发行。

北伐战争中,湖南 20 多县有报,但资料全佚。1928 年起,县报逐渐发达,据《湖南年鉴》,1935 年湖南共有县报 74 家,其中党政机关报 46 家,通俗报 7 家,余为民营报纸。当时湖南有 75 县,仅湘南、湘西十余县无报。抗日战争初期,各县民报多停,而进步报刊则风起云涌,一时曾达 30 余种。1940 年,湖南省参议会通过决议,要求扶持湘西地方报纸,决议说:"湖南各县党部或教育局均办有民报(实指党政机关报),非特本省新闻界之特色,且属全国之创举。"以后不但全省各县均有报纸,而且有区乡的报纸。如溆浦的《龙潭壁报》,系三个乡的联立民教馆在"七七事变"时创办,开始为石印,后改铅印,一直坚持到 1947 年。湖南新闻事业这一特色,在袁昶的《中国报业小史》和曾虚白的《中国新闻史》中都曾提到。解放战争时期,各县三民主义青年团又办了一批"青年报",1947 年国民政府举办"大选",有些县份又涌出一批竞选报,泛滥成灾,如益阳县这一年竟有 9 种报纸。在竞选中,各报互相攻击,加剧了"党团摩擦"。如《邵阳民报》攻击三青团的候选人,三青团的《铁报》则指斥县党部负责人为"叛党"(理由是他不支持"中央圈定的候选人"),并"哭求总理在天之灵,予以显应"。

县报中有少数办得较为认真,有的因直言被封或改组,在 1949 年,有的县报为共产党员掌握,邵阳《劲报》甚至成为地下党举行武装起义的机关。

### (二)专门技能

早在清末,湖南即有一些专门报纸,如《算报》《外交俚语报》《养蒙学报》,以及白话报和文摘报(如《大观报》《群报摘要》)。民国初年,除《演说报》外,还曾有《女权日报》,"五四"时期曾有黄醒主编的《体育周报》,黄爱、庞人铨主编的《劳工周报》,都得风气之先,在全国有一定影响。在何键统治时期,长沙曾有几种戏报、妇女报、儿童报和卫生报,以黄曾甫主编的《湖南戏报》为佳。抗战初期曾有《战时儿童》,解放战争中,则曾有《昭报》和衡阳的《儿童导报》,《昭报》是当时国民党地区唯一的"农民报纸",1946 年 4 月创刊邵阳,"以服务农村、启迪农民、发展农业为宗旨",由作家蒋牧良主编副刊,农学家华恕主编《新农业》,仅3个月即被迫停刊。总之,解放前湖南的专门报纸,数量少,且大多数是短命的,这主要与地方经济文化的发展水平有关。

### (三) 报社的经营管理

湖南新闻事业的经营管理是相当落后的,直到1950年湖南还没有轮转机,长沙市印报全靠平板机,铸字机仅少数工厂有,照相制版则另有专店,最大的报社湖南中央日报社也无此项设备。发行也落后,1915年创刊的湖南《大公报》,到1937年10月才采用自行车送报,并且只限于离馆较远的订户。在20世纪30年代,长沙各报才利用收音机收录新闻,以前多到军政机关抄录电报或转载外省报纸消息,1936年《力报》才自备无线电收报机收录中央社广播。抗战初期,中央社长沙分社才向长沙各报发稿。尤其是武汉广州沦陷后,新闻纸来源断绝,湖南各报全靠土纸印刷,加之电力缺乏,有些地方印报全靠人工摇转印刷机。报纸的销数,仅《大刚报》和湖南《中央日报》达到一万多份,还有少数报纸达到六七千份,一般二三千份,甚至几百份。广告也少。因此,报社大多数入不敷出,多赖政府津贴,报人生活尤为艰苦。30年代,官报编辑月薪在百元上下,而民营报纸则仅20元至50元。抗战时期和解放战争时期,有的进步报纸如《观察日报》《实践晚报》编辑记者只供伙食。1948年国民政府发行金圆券失败后,长沙新闻界工资按米价计算。如《晚晚报》,专职编辑记者每月2石白米,兼职减半。每日报费收入,除付出重要开支外,可随时去领工资,按当日米价折算。总之,报社不让纸币过夜,以减少通货膨胀的损失。

### (四) 通讯社

1912年,李抱一等首创湖南通讯社,次年被封。1916年后,通讯社日渐增多,以杜氏三兄弟的"大中通讯社"最著,因其在督署任职,利用职务便利,消息比较灵通。1924年,有些文丐文痞,借通讯社之名敛财。北伐战争中,多数停顿,何键时期又逐渐泛滥,达五六十家之多,且竞争激烈,有所谓"老七通"与"新七通","老十通"与"新十通"之争。1938年冬长沙大火后,仍有四五十家,但经常发稿者不过数家。政府津贴仅每月法币10元,盐2斤,在1944年不够订一份报纸。在这方面值得注意的是:1)1919年12月,以毛泽东为团长的湖南"驱张请愿团"在北京举办"平民通讯社",向全国各报馆发布新闻,揭露张敬尧祸湘罪恶,呼吁全国各界支持湖南人民的"驱张运动",影响巨大。现在国家档案馆尚保存通讯稿10期。此外,共产党员郭亮、龚饮冰、李仲融等也曾在湖南设通讯社以掩护革命工作。2)抗日战争时期,李公朴主办的全民通讯社,胡愈之、范长江主持的国际新闻社,对湖南报纸颇有影响。湖南许多进步的新闻工作者都参加了国际新闻社。3)解放战争时期,湖南一些进步报纸常收录新华社广播,改头换面,作为"本报专电"。4)湖南有一批记者突破地方当局的封锁,向省外(主要是上海)揭露湖南的黑暗,报道湖南人民的革命活动。如清末的萧曙生,曾向《申报》报道1905年的华兴会活动,1906年的萍浏醴起义,1910年的长沙抢米风潮。从1919年起,陶菊隐即向上海《新闻报》供稿,报道湖南政局,颇受读者欢迎,后担任该报主笔。

### (五)广播电台

早在1929年,湖南省便有筹建广播无线电台的设想,由于连年遭受自然灾害,经费难以筹措,始终未能实现。1930年5月湖南省政府发布了第55号公报,公布了《湖南广播无线电台筹备处组织章程》。直到1934年5月5日,才正式在长沙开播,名称为湖南省广播无线电台。

在抗日战争初期,湖南广播电台曾与"湖南文化界抗敌后援会"合作,进行抗战宣传,并曾举办世界语广播,主要由陈世德、郑旦主持,曾将宋庆龄的文章译为世界语在湖南广播电台上向全世界广播,在国际上产生一定影响。

湖南广播电台后改名为长沙广播电台,抗战中期因为长沙陷落而迁往沅陵,又改名湖南广播电台。

### (六)湖南新闻事业与外省的关系

湖南新闻事业受外省的影响,主要来自上海,其次是北京、南京、汉口。早在19世纪70年代,《申报》即发行到湖南。戊戌维新运动中,湖南学政江标提倡新学,上海出版的《万国公报》成为湖南人士讲求新学的主要读物。以后湖南各报多转载上海等地报纸的文章,如1916年7月毛泽东致萧子升的信,批评《大公报》转载外报文章不如《湖南公报》选择之得当,其中即提到上海《时报》。另据陶菊隐回忆,民国初年,上海《时报》在长沙的销路曾达500份,当时订报有"走报"与"定阅报"之分。订"走报"收费减半,但阅后由报贩取回再送"定阅户",因此500份报纸实际可有1 500订户,比本地某些报纸订户还多。1938年长沙大火后,湖南的进步报纸也曾转载香港、重庆报刊的文章。

另一方面,湖南报纸也影响到邻省,其中最主要的是江西西部的萍乡一带。因为在1937年浙赣铁路通车以前,铁路可由株洲通萍乡,萍乡一带去长沙远比去南昌便捷。到了1938年秋冬,南昌、广州相继失守,湖南衡阳成为大江以南的交通枢纽,于是衡阳报纸又销行到粤北、赣西、桂东北一带。茶陵的《开明日报》曾销行赣西,湘西的报纸也销到黔东。1944年湘桂战役中,衡阳有三家报纸在撤退中曾在广西出报,其中两家迁到贵阳出版。抗日战争后,原在衡阳首迁贵阳的《大刚报》即迁到南京,后来又出武汉版,后者即现在《长江日报》的前身。

## 五、湖南新闻事业在新中国成立后的发展

1949年中华人民共和国成立后,新闻事业发生了根本的变化。湖南的情况和各省市自治区大体相同,但也有某些特点。

湖南是个农业大省,又是毛泽东主席的故乡,革命老根据地,富有革命传统,最后是和平解放的。湖南新闻界在和平解放过程中起过重大作用。因此,中共湖南省委的《新湖南报》1964年改名《湖南日报》,是由南下干部、地下党、进步报人和新吸收的革命青年所组成。南下干部主要来自热河的《群众日报》,南下途中参加《天津日报》的创建,在长沙又会合了地下党,所以这支队伍具有老区、大城市的和国统区的办报经验。社长李锐20世纪30年代曾在湖南从事地下工作,对地方情况较为熟悉,富有创造性。副社长为朱九思长于经营管理,富有开拓精神。更重要的是,当时党风良好,朝

气蓬勃。湖南省委如黄克诚、王首道等都是湖南的老革命家,对报社既很关心,又很放手,所以,《新湖南报》在解放初期是朝气蓬勃且富有创造性的。如在1950年朝鲜战争初期,敢于打破地方报纸不评论国际事件的惯例,针对群众心理,连续发表一批社论,反响良好。1951年在土地改革之后,即发现农村基层干部中的松动情绪和退坡思想,抓住李四喜这个典型,发动读者讨论分田以后是不是不要干革命了。这场讨论来得及时,又采取和风细雨的说理加鼓励的方式。对农村干部的启发很大,从而推动了以后各项工作的开展,外省也多仿效。此外如开展批评与自我批评、报纸通俗化改革等方面,都有显著成绩。1954年,中共中央宣传部为准备全国宣传工作会议而召开的大区报纸会议,在省报中仅指定《新湖南报》参加。

1953年冬,农业合作化的宣传压倒一切,而且愈来愈"左"。在1956年报社内部终于发生一场激烈的争论。多数编委和编辑人员主张:报纸应当办得丰富多彩,少登长篇大论,多登群众呼声;不能只有"天线",而且要有"地线";报纸宣传固然应以党的中心任务为中心,同时也要抓好一般社会问题和群众生活问题的报道。但是总编辑和少数编委却坚决贯彻某个省委领导人的指示,要用"碗大的题目"来突出中心工作,并连篇累牍地介绍一些所谓的"先进经验"。如1956年3月11日长沙合心乡的一篇经验,长一万多字,其中一半是"定额表",将169项农活按春夏秋冬和副业分为7级,定出工分标准,全部是繁琐的数字。文章已透露:社员对此顾虑很多,而报纸却加了按语,向全省推荐。许多同志对此深表反感,却被诬为反对省委。1957年这些同志都被划为右派,当时报社编辑人员约150人,竟有54人被错划为右派,受灾之重,可谓全国第一!

在"大跃进"中,《新湖南报》也不能置身"共产风""浮夸风"之外。据湖南省委一位负责人在1960年的追述:"《新湖南报》应当在一个月之内,报道几面鲜艳的大红旗,突出地把它排在头版头条的地位上,其他报道都要给它让路。丢石头,就要起波浪,报纸每一个礼拜之内要丢两个大石头,引起大波浪。"报纸这样大吹大擂,后果可想而知。1961—1962两年,宣传较为实事求是,宣传过包产包工、多种经营。1962年初湖南省委还曾提出"发社会主义之财,致社会主义之富"的口号,但是刚刚提出即遭到多方面的抵制。

## 第四章 湖南新闻事业发展概要

这年冬天,湖南省委关于社会主义教育试点的经验得到毛泽东的赞赏,并由此断定"阶级斗争,一抓就灵"。于是报纸再度"左"转。不过,连续四年的社教运动在报纸上并无报道,而只是发表大量的村史、家史、翻身谱一类的"忆苦思甜"材料。报纸在推广水稻良种等方面还是作了一些有益的宣传。

"文化大革命"初期,《湖南日报》曾三次被封停刊,接着又被"军管",大部分编辑人员被下放。报纸被林彪、江青两个反革命集团利用,在湖南大批所谓"黑三线",说"湖南有三条黑线,有反革命的三结合,黑线很长、黑手很多",把刘少奇和陶铸、彭德怀、贺龙、黄克诚以及党内军内和起义人士,都划在黑线之内,株连之广,为害之烈,实属惊人!1974 年,江青在湖南的"爪牙"唐忠富、胡勇、雷志忠以"富勇忠"的笔名,在《湖南日报》发表三论"革命造反精神万岁",狂呼"造反就是革命",造反是"最骄傲的口号,最响亮的声音",要再来一次"革命风暴的无情横扫",造成"大乱",影响极为恶劣。在"四人帮"覆灭之后,湖南由于历史的原因,在突出宣传华国锋的个人作用方面最为积极;而对于实践是检验真理的唯一标准的宣传,又显然迟滞。不过,在 80 年代,湖南新闻界对于改革开放的宣传就赶上来了。这从历届全国好新闻评选中就可以看出。1980—1988 年间,湖南共有 44 篇好新闻得奖,其中有 4 个一等奖。以《湖南日报》得奖最多,另有《长沙晚报》《株洲日报》《大众卫生报》《耒阳报》《澧县报》。新华社湖南分社的成绩也是突出的,发稿数量和质量在新华社国内各分社中也常居前列。

除了省委机关报《湖南日报》以外,全省各类报纸的变动很大,时起时落。如全省性的农民报、工人报,前后都办过 4 个。地委报纸在 1956 年和 1963 年曾两度停办;县报在 1956—1957 年曾遍地开花,达到 88 家之多,到 1961 年除《南县报》之外,全部停刊。此外如市报、专业报、企业报也多次变动。有些是在 60 年代初调整国民经济时期停刊,剩下的则在"文化大革命"中停刊。

总之,湖南新闻事业在解放后的发展,曾受"左"的严重危害。由于"大跃进"造成国民经济严重困难,在 20 世纪 60 年代初,全省报纸由 115 家减至 23 家,"文化大革命"中全部受到冲击,到 1976 年 10 月,全省报纸仅 14 种。十一届三中全会以后才有蓬勃的发展。到 1988 年,全省公开发行的报纸达 47 家,内部发行的报纸(主要为企业报和学校报)达 120 家。品种之多,编排之善,销路之广,远胜过去。

　　截至 2000 年,全省有公开刊号的报纸 57 家,其中有 3 家正在进行调整中,正常出版的有 54 家。在正常出版的 54 家中,《湖南城市广播电视报》系全省 14 个市州的广播电视报,共用一个刊号。经过报纸结构调整,已基本形成以党报为主体,各类报纸全面发展的合理框架。报纸对社会主义建设事业的积极作用,亦日益显著,如在 1979—1982 年间落实政策的过程中,《湖南日报》收到的读者来信由每年 1 000 多件上升到 8—9 万件,为群众伸张了正义,办了很多好事,许多读者把报纸誉为"报青天"。许多农民自费订阅科技报、县报,把报纸称为"致富报""财神报"。

　　如与解放前相比较,湖南新闻事业的发展更为可观。解放前,湖南报纸销数仅《大刚报》和湖南《中央日报》超过 1 万份。新中国成立后《湖南日报》期发行数曾达 68 万份。《湖南日报》在办好本报之外,还创办和接办了 6 个子报,深受读者欢迎。《湖南科技报》最高发行数达 180 万份。有的县报达数万份,甚至有些厂报(如《涟邵工人报》《涟钢报》《湘钢报》)也发行到 1 万份。全省报纸平均期发数在 10 万份左右。报纸的经营管理和印刷技术也有了显著提高,过去湖南的报纸用平台机铅印,而《新湖南报》创刊一年后即改用轮转机印刷,到 80 年代后期又改用胶印,1988 年开始激光照排。电讯设备亦不断更新,1998 年实现了彩色印刷和办公自动化。过去长沙的报纸到达外县,上海的报纸到达长沙,常需要几天的时间,现在《人民日报》《参考消息》等报,都由微波传真到长沙印刷,当日可到读者手中,凡在铁路、公路沿线的城镇,长沙报纸可当天或隔天到达。《人民日报》在湖南销数达十几万份。上海的《新民晚报》《文汇报》《解放日报》,广州的《羊城晚报》《南方周末》,在湖南销数也不少,而且有许多私人订户。

　　解放后,湖南的广播电视也有相当发展。1949 年 11 月,重新建立的长沙广播台正式播音。1970 年湖南电视台建立,但因电视机尚未普及,影响不大。80 年代发展较快,影响也更加强,在某些方面超过了报纸。

　　据 2000 年统计,全省有省级广播电台 1 家,即湖南人民广播电台,下辖新闻、经济、文艺、交通 4 个频道;省级电视台 4 家,即湖南电视台、湖南有线广播电视台、湖南经济电视台、湖南广播电视信息台。有市级广播电台10座,市级无线电视台14座,市级有线电视台1座,县级广播电视台65座。在实现广播电视"村村通"工作方面,至2000年国庆节前已胜利完成。湖南卫视已覆盖全国27个省会城市、290个地市级城市、1 640个县级城镇。《湖南广播电视报》的销数超过百万份,在全省报纸中居首位。

解放后湖南新闻工作方面存在的问题和全国其他省份大体一样。有些是老问题,如会议新闻太多、太刻板,有些是近年的新问题,如有偿新闻。随着改革的深化,湖南新闻事业将会更健康地发展。

(本章撰稿人:谌震)